# 지형공간정보체계용어사전

Geo-Spatial Information System · GSIS

# 지형 공간정보체계 용어사전

## Geo-Spatial Information System · GSIS

이강원 · 손호웅 공저

도서출판 구미서관

# 들어가면서

개념(概念, concept)은 기본적으로 용어(用語, terminology)에 의해 실제적으로 또는 잠재적으로 표현되는 사고(思考, thinking)의 단위이다. 따라서 개념 체계는 이미 확립된 용어들에 의해 표현되는 안정된 개념들의 정적인 조직과 그 상관관계이며, 새로운 용어의 형성을 지배하는 규칙들에 의해 나타나는 개념 체계에서 새로운 개념들을 수용할 수 있는 동적인 가능성이다. 프랑스의 철학자 앙리 베르크손(Henri-Louis Bergson, 1859~1941)은 「Pensee et Mouvant(사유와 운동)」(1934)에서 "철학의 정수는 단순성의 정신이다."라고 하면서, "문장 너머에 의미가 존재하는 것처럼, 개념들로 이루어진 이론의 복잡함 너머에는 정신의 단순성이 있다."고 한 바 있다. 우리는 개념과 이미지라는 2가지 표현 수단을 갖고 있는 바, 우리가 가지고 있는 직관의 단순성과 그것을 번역하는 추상적 개념들의 복잡성 사이에 그 어떤 "매개상(媒介像, image intermédiaire)을 세워야 한다."고 한 바 있다. 즉 직관과 그 표현 수단 사이에 하나의 "매개상"인 용어정립이 필요한 이유이다. 이것이 「지형공간정보체계(Geo-Spatial Information System, GSIS) 용어사전」의 존재 이유이며, 추구하는 방향이기도 하다.

국제 표준화 기구 ISO의 「전문 용어 작업을 위한 어휘집」에서 전문 용어는 "한 전문 분야에 속하는 일반 개념에 대한 언어 명칭"으로 정의하고 있다. 여기서, 일반 개념이란 유일 개념과 상반되는 것으로서 공통 속성을 갖는 2개 이상의 대상이 하나의 집합을 형성할 때 이에 해당하는 개념을 일컫는다. 이처럼 개념과 용어는 불가분의 관계에 있는데, 개념이 먼저 존재하고 그에 알맞은 명칭을 찾아가는 명칭론적 방법론, 즉 개념의 용어에 대한 우위성과 개념의 체계가 그 명칭의 체계에 그대로 반영되어야 한다는 용어의 투명성, 그리고 개념 체계에 혼돈을 주지 않기 위해 하나의 개념에 하나의 명칭만을 부여한다는 용어의 일의성 등이 용어에 대한 규범적 관점이 주장하는 주요 골자이다. 따라서 전문 용어를 정리하기 위해서는 그 개념 체계와 용어 체계와의 상관관계를 우선적으로 염두에 두어야 한다. 전문 용어는 전문적 개념을 지칭하는 어휘 또는 어휘의 집합을 말한다. 전문 용어는 활동 영역 안에서 분명하고도 기능적인 의사소통의 필요성이 있는데, 이러한 명확한 의사소통의 성패는 그 언어를 구성하는 전문 용어와 표현 어구에 달려 있다. 전문 용어는 전문적 개념을 지칭하는 어휘 또는 어휘의 집합을 말한다. 전문용어는 일반 어휘에 비해 여러 가지 의미를 담거나 의미가 특화되어 있다. 따라서 전문용어의 표준화는 교육, 연구 및 실무에서의 의사소통의 효율화를 위해 핵심적으로 수행되어야 하는 기능이다.

동일한 대상을 부를 때 서로 다른 명칭으로 부르면 혼선이 발생되기 때문이다. 하지만 전문용어의 표준화는 수많은 방언과 고정관념을 깨고 진행되어야 하기 때문에 빠른 시간에 이루어지지 않는다. 이러한 이유로 이 책은 오랜 시간에 걸쳐 준비되었다.

우리나라는 1960년대 후반에 도입된 항공사진측량기술을 시작으로 국가기본도, 부동산, 지적, 도시계획 등을 통해 체계적이며 통합적인 국토 공간관리를 수행하여 오고 있다. 1995년에 종이지도로 대표되는 아날로그 공간정보를 디지털화하는 국가 GIS 구축사업을 착수하였으며, 공간정보기술과 정보기술(Information Technology, IT)의 발전으로 영역이 확대되어 왔다. 공간정보는 2000년까지는 공간데이터베이스 구축, 2005년까지는 GIS활용시스템 구축하여 왔으며, 최근에는 공간정보서비스산업으로 확대・성장하고 있다. GPS 활용기술의 고도화와 함께 현재 우리나라의 GIS산업은 다양한 서비스와 정책개발로 활용되고 있으며, 수많은 GIS 시스템 개발을 통해 민간분야는 물론 중앙부처와 지방자치단체 등이 다양한 민원서비스, 정책개발에 활용하고 있다. 최근 IT기술과 통신기술이 융합한 정보통신기술(Information & Communication Technology, ICT)의 급격한 발전으로 정밀한 측량・측지는 물론 위치기반시스템을 중심으로 측량・측지・ICT・마케팅・산업 등의 고유영역의 경계가 무너지면서, 공간정보와 다른 영역의 산업・기술 및 서비스가 융합된 Geo-Fusion형(形) 산업으로 진화되어 또 다른 새로운 기술과 용어가 매일같이 만들어질 뿐만 아니라 우리의 일상적인 삶과 함께 하고 있다.

공간정보의 구조는 제조업 중심에서 서비스업 중심으로 전환되고 있으며, 공간정보의 양적 생산에서 공간정보를 통한 새로운 가치창조로 전환되고 있다. 또한 데이터 취득보다 데이터 처리(Processing)로 확대되고 있다. 서비스 대상은 확대, 증가되고 있으며, 정보의 상세성은 높아지는 Glocalization(세방화·世方化)[1)] 현상이 부각되고 있다.

---

1) 전 세계 시장을 대상으로 경영활동을 수행하되 현지의 문화, 기호, 소비자 행동의 차이 등을 반영하여 현지에 맞는 전략을 실행하는 것을 말한다. 세계화(世界化)를 의미하는 'Globalization'과 지방화(地方化)를 의미하는 'Localization'의 합성어로서, 소니의 창업자 모리타 아키오가 만들어낸 신조어이다. 헤겔의 3단 논법 측면에서 정(正, 지역화, 세부화) – 반(反, 세계화, 광역화) – 합(合, 새로운 질서)으로 기술, 문화 등이 한 단계 선진화, 고도화되는 것이라 할 수 있다.

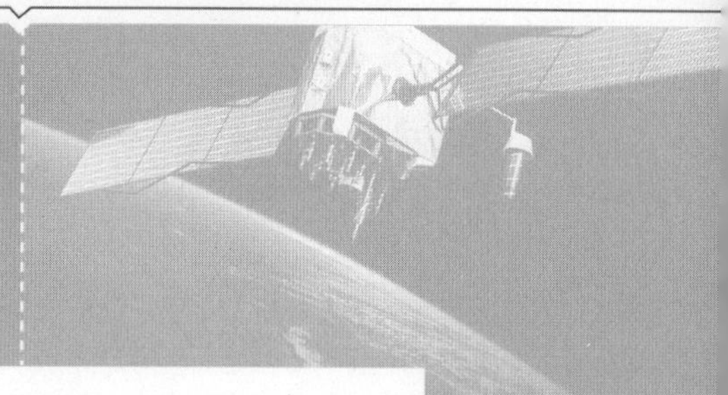

기존의 공간정보는 GNSS(Global Navigation Satellite system, 위성측위시스템), IPS(Indoor Positioning System, 실내측위시스템) 및 ICT(Information & Communication Technology, 정보통신기술) 등을 기반으로 하여 포털 및 위치기반 중심의 서비스를 넓혀가면서 그 영역을 무한히 확대하고 있으며, 응용 솔루션 및 서비스 부문에서 산업・기술의 융・복합 영역이 확산되면서 새로운 기술・서비스・경영 마케팅 등을 창출되고 있다. 우리나라는 초고속통신망과 모바일 기술 등 세계 최고 수준의 인프라를 확보하고 있어, 이러한 인프라 기반 융・복합 공간정보 환경은 안정적인 기반을 확보하고 있다.

이러한 지형공간정보(GSIS)와 ICT 및 타 분야의 기술・산업과의 융・복합은 새로운 기술, 즉 가능성을 매일같이 만들어가고 있으며, 이러한 가능성은 또 다른 가능성을 배태・생산하며 창조・진화하여 나아가고 있다. 「지형공간정보체계(GSIS) 용어사전」은 이러한 가능성들이 나은 ICT, Big Data, GNSS, IPS, GSIS, LiDAR, Drone, UAV, Stationary Satellite, RS, GRS80, Underground Facility, Infrastructure, Sink Hole, Subsidence, Disaster, Safety, 3D Printer, Digital Earth, Navigation, GIS, BIM GIS, 4D GIS, GPS, GNSS, SBAS, ICT, ITS, Spatial Analysis, LBS, Geofencing, Beacon, Web, Web Squared, SNS, LBSNS, Ubiquitous, Cloud, Geo-Cloud, GeoCrowd, Smart, Mobile, VR, AR, IoT, IoE, Geo-IoT, Hadoop, Data Mining, Deep Learning, AI, Ontology, Semantic, O2O 등의 기술들을 담고자 부단한 노력을 하였다.

이러한 공간정보 환경에서 지금 새로이 만들어지고 있는 용어들을 정리하는 것이 적기(適期)라고 판단하여 발효・숙성된 「지형공간정보체계(GSIS) 용어사전」을 감히 용기를 내어 출간하고자 한다. 앞서 언급하였듯이 전문용어의 표준화를 제시하여 교육, 연구 및 실무에서의 의사소통의 효율화 기능을 제공하기 위함이며, 직관의 단순성과 추상적 개념들의 복잡성 사이에 "매개상(媒介像, image intermédiaire)"을 세우기 위함이다.

「지형공간정보체계(GSIS) 용어사전」은 다음과 같은 특징과 형식으로 구성되어 있다.

1. '영어 용어(英語用語)'를 중심으로 용어사전을 편집하였으며, 영어 알파벳(Alphabet) 순서로 나열되어 있다. 이것은 최근의 지형공간정보(Geo-Spatial Information, GSI) 용어가 독립된 영역이나 분야로 발전된 것이 아니라, 다른 영역 및 분야의 기술과 융·복합되면서 진화·발전되어 왔기 때문에 선진국의 기술을 바탕으로 하고 있다. 따라서 영어 위주로 발전되어 왔으며, 우리의 독자 기술조차도 전 세계로 수출 및 세계화하면서 영어화한 경향이 있기 때문에 '영어 용어' 중심으로 편집하였고, 따라서 알파벳순으로 나열되어 있다.

2. 약자(略字, acronym) 및 약어(略語, abbreviation)를 중심으로 설명되어 있다. 일반적으로 우리는 IT, ICT, GPS, GNSS, IPS 등을 포함한 전문기술의 약어를 원래의 단어보다 일상생활은 물론 각종 서적, 방송·신문, 보고서, 논문 등에서 사용하고 있다. 따라서 이 책에서는 약자를 중심으로 기술하고 있으며 원래의 단어에서는 참고표시를 하였다. 예를 들어, Information Technology에서는 IT를 참고하도록 하였으며, IT에서 그 내용을 기술하는 형식으로 편집하였다.

3. 최근 대도시에서 싱크홀(sinkhole)이라 불리는 지반함몰 및 지반침하가 빈번히 발생하면서 정부에서는 지하시설물, 지반·지질정보 등의 지하공간정보를 담은 소위 "땅속 지도"인 '통합 지하공간정보'의 구축을 추진하고 있다. 따라서 「지형공간정보체계(GSIS) 용어사전」에서는 이러한 추세 및 정책을 반영하여 지하시설물, 지반·지질정보와 관련된 지하공간정보 용어도 최대한 반영하고자 하였다. 너무 많은 비중을 지하공간정보 용어에 두게 되면 주객(主客)이 전도될 수 있으므로, 지형공간정보 전문가들이 참고할 수준으로 용어를 반영하였다.

4. 앞서 언급한 바와 같이 기존의 공간정보는 컴퓨터 공학, 전자공학 및 ICT 등의 기술을 기반으로 하여 포털 및 위치기반 중심의 서비스를 넓혀가면서 산업·기술의 융·복합 영역이 확산되었다. 이에 따라 새로운 기술·서비스·경영 마케팅 등을 창출되고 있다. 따라서 이 책에서는 측위기술을 바탕으로 한 최근의 경영 마케팅 기술 등을 포함한 다른 분야의 유관기술 또한 지형공간정보 전문가들이 참고할 수준으로 반영하였다.

5. 한 단어가 여러 가지 의미를 가지고 있는 경우, 가능하면 지형공간정보(Geo-Spatial Information)의 범위 안에서 용어를 정의하고, 편집하였음을 밝힌다.

21세기에 들어오면서 ICT(Information & Communication Technology, 정보통신기술)의 폭발적인 발전으로 지리/지형 정보를 중심으로 한 공간정보(空間情報, Spatial Information)의 영역 및 기술 또한 급격히 확대·진화·발전되어 왔습니다. ICT가 급격한 발전단계에서 수요자 중심의 안정적 발전단계로 접어들고 있는 지금이 「지형공간정보체계(GSIS) 용어사전」의 필요성이 매우 요구되고 시의적절하다고 판단하여, 나름대로 오랜 기간에 걸쳐 숙성, 발효시켜온 용어사전을 여러분 앞에 용기를 내어 감히 내놓으니, 앞으로도 독자 여러분들의 많은 관심과 자문으로 「지형공간정보체계(GSIS) 용어사전」이 거듭날 수 있는 기회를 주시기 바랍니다.

이 책을 완성할 수 있었던 것은 주변의 격려, 그리고 가족들의 성원이었습니다. 특별히 40 성상(星霜)의 오랜 세월에 걸쳐 좋은 책들을 출간하고 계시고, 실력으로 정평이 나 있는 출판사인 '구미서관'의 임해진 사장님과 임직원분들의 전폭적인 지원과 오선미 실장님의 세심한 편집과 꼼꼼한 교정으로 이 책이 세상에 나올 수 있었음을 밝힙니다. 책 내용 중에 다소 불충분하거나 잘못되거나 왜곡된 내용이 있다면 자문하여 주시기 바랍니다. 여러분들의 의견을 적극 반영하여, 조만간 분야별로 분리, 보완한 「드론(Drone) 용어사전」 등의 용어사전들을 발간할 예정이며, 「지형공간정보체계(GSIS) 용어사전」의 개정증보판도 계획하고 있습니다. 이 용어사전이 조금이나마 각 분야의 여러분들에게 도움이 되었으면 하는 바램입니다. 감사합니다.

2016년 1월 1일

저자 이강원·손호웅 드림

Standing On The Shoulder Of Giants(Isaac Newton, 1676)

거인의 어깨위에 올라서서 더 넓은 세상을 바라보라.

# 차 례

# 지형공간정보체계용어사전

Geo-Spatial Information System • GSIS

**1G(First Generation) 1세대 이동통신 기술** 음성통화만 가능한 아날로그통신 시대를 말한다. 아날로그 이동통신시스템은 음성 전송에 아날로그 주파수변조(FM : Frequency Modulation)를, 신호전송을 위해서는 주파수편이변조(FSK : frequency Shift Keying)방식을 사용한다.

**2D Coverage 2차원 커버리지** 하루 중 3개 혹은 그 이상의 위성이 관측 가능한 시간. 3개의 관측 가능한 시간이 있어야 위치와 고도를 결정할 수 있다.

**2D Data(Two Dimensional Data) 2차원 자료** 경도와 위도 또는 북방위와 동방위와 같은 2차원의 면적 자료이다.

**2 Dimensional/3 Dimensional Conversion 2차원/3차원 변환** 아날로그 또는 디지털적인 방법을 이용해 기존의 드로잉이나 사진을 3D 이미지로 옮기는 작업을 말한다.

**2dRMS(2 Distance Root Mean Squared) 2승 평균오차** RMS(Root Mean Square, 평균제곱근)는 참값을 중심으로 통계량이 얼마나 변화하는가를 의미한다. 이 경우는 표준편차와 달리 참값을 기준으로 하므로 정밀도의 척도는 될 수 없지만 정확도의 척도는 될 수 있다. 작은 원과 큰 원의 경우, 작은 원이 큰 원보다 표준편차는 작지만 참값에서 벗어난 정도에 따라 RMS 값은 더 크게 나타날 수 있다. dRMS는 Distance RMS를 말하고 1차원, 2차원, 3차원에 관계없이 거리에 대한 RMS값이다. RMS가 평균값이 아니고 참값을 중심으로 계산되는 값이므로 표준편차와 같이 $1\sigma$(68.2%), $2\sigma$(95.4%), $3\sigma$(99.7%)라고 통계적으로 정규분포에 의해 정의되는 값은 없다. 그러나 일반적인 경향은 크게 다르지 않다고 보고 1dRMS, 2dRMS, 3dRMS라는 용어를 사용한다. 2dRMS는 95.4%정도 확률이라고 하는 것과 같다. 오차의 평균이 0일 때 같은 의미로 성립하게 되며, $\sigma$값은 일반적으로 다음과 같이 정의된다. 즉, $\sigma_x^2 = E\{x^2\} - [E\{x\}]^2$이므로 $E\{x^2\} = \sigma_x^2 + [E\{x\}]^2$이다.

따라서 RMS는 결과적으로 다음식과 같이 나타내어 구할 수 있으며, 2dRMS도 이에 따라 정의된다. 즉,

$$RMS = \sqrt{E\{x^2\}} = \sqrt{\sigma_x^2 + [E\{x\}]^2} = \sqrt{\sigma_x^2 + Average^2}$$

$$2dRMS = 2\sqrt{E\{x^2\}} = 2\sqrt{\sigma_x^2 + [E\{x\}]^2} = 2\sqrt{\sigma_x^2 + Average^2}$$

여기서, $\sigma$는 표준편차(standard deviation), $\sigma^2$는 분산(variance)이다.

2승 평균오차(95%)의 수평 정확도 수치는 2drms와 동일하며 또는 표준편차 반경의 2배와 같다. 수직과 시간에 대한 95%의 오차는 수직오차 또는 시간오차의 2배의 표준편차값과 같다. 예를 들어 측위오차가 100m 2dRMS 이내라는 것은 평면에서 95% 오차 확률의 범위 내에서 위치오차가 100m임을 의미한다. 한편, 평균제곱근(root-mean-square; RMS)오차는 오차의 $1\sigma$(68%) 값과 같다. 원형오차확률(circular error probable; CEP)은 실제위치를 중심으로 한 위치추정값의 50%를 함유하는 원의 반경 수치이다. 구체오차확률(spherical error probable; SEP)은 CEP의 구와 동일한 값으로, 실제 위치를 중심으로 한 3차원 위치 추정값의 50%를 포함하는 구의 반경이다.

**2G(2nd Generation Mobile Telecommunication) 2세대 이동통신 기술** 2세대는 디지털 이동전화를 말하며, 음성통화 외에 문자메시지 · e메일 등의 데이터 전송이 가능한 수준이다. 그러나 데이터 전송 속도는 느리다. 또 정지화상 전송은 가능하나 동화상은 서비스되지 않는다. 주파수 대역은 800MHz를 이용하며, 채널당 데이터 전송 속도는 9.6Kbps/64Kbps이다.

**2nd Generation Mobile Telecommunication(2G) 2세대 이동통신 기술** 2G(2nd Generation Mobile Telecommunication)를 참조.

**2.5 Dimension 2.5 차원(次元)** 지형 정보를 입체적으로 표현할 때는 2.5차원과 3차원으로 표현할 수 있다. 3차원 표현(point, line, face, volume)은 정보가 풍부해서 계산량이 많고 정보량이 2차원 표현(point, line, face)보다 많다. 2.5차원 정보는 각 점에 대해서 하나의 높이값만 가지므로 표면과 필드 데이터를 표현하는데 효율적이다. 2.5차원의 정보로 등고선(Contour Lines), DEM(Digital Elevation Model) 및 TIN(Triangulated Irregular Network) 등을 표현할 수 있다.

**2.5G(2.5 Generation) 2.5세대 이동통신 기술** 개인 통신서비스, 즉 PCS(Personal Communication Service)는 2.5세대라 불리기도 한다. 주파수 대역은 1.7~1.8MHz를 이용하며, 채널당 데이터 전송속도는 6464Kbps이다. 제2세대(2G) 이동 전화 방식을 개량하여 서비스를 3세대에 가깝게 고도화시킨 방식. 2세대 인프라를 그대로 이용하여 3세대에 가까운 통신 서비스를 제공하는 것으로, 특히 디지털 데이터의 전달 속도가 빠르고, 새로운 서비스를 쉽게 공급하며, 3세대로의 이행이 용이한 특징을 갖는 과도기적인 기술 발전 과정을 의미한다. 국내의 CDMA2000(IS-95B), GSM을 개량한 유럽의 GPRS, 일본의 CDMA One(1S-95B) 등이 이에 해당한다. 제2세대인 1S-95A의 패킷 속도가 최대 14.4Kbp인데 반해 1S-95B(1xRTT)는 최대 144Kbps를 제공한다.

**2.5 Generation(2.5G) 2.5세대 이동통신 기술** 2.5G(2.5 Generation)를 참조.

**30th Highest Hourly Volume 30번째 시간 교통량** 1년간(8,760시간)의 시간교통량 중 큰 것으로부터 30번째에 있는 것으로 설계시간교통량으로서 계획목표년도에서의 30번째 시간교통량을 택하는 것을 표준으로 한다.

**30th Highest Hour Factor 30번째 시간 계수** 30번째 시간교통량을 평균일교통량(ADT)으로 나눈 값(K30)을 말한다.

**3 Components of Geomagnetic Field 지자기 3요소** 지구에는 고유의 자기장이 있기 때문에 지구와 그 주위에 자장이 형성되어 있다. 자침이 북을 가리킴은 바로 지구자기장 때문이다. 16세기에 영국의 Gilbert는 그 동안의 지구자기에 관한 연구를 종합하여 지구가 하나의 거대한 자석이라는 견해를 발표하였다. 현재에는 지구자장의 측정기술의 발달과 측정지역의 확대로 지구자기에 대한 지식은 크게 증가되고 있다. 자기장의 세기는 벡터이므로 지구자기장을 완전히 규정하기 위해서는 그 크기와 방향을 측정할 필요가 있다. 즉, (1) 수평면 내에서 지구자기의 방향이 眞北 방향과 이루는 각도를 나타내는 편각(declination, D : 지리적 자오선과의 각으로서 우리나라는 서쪽으로 5~6°기울어져 있다), (2) 수평면과 자장의 방향과 이루는 각도를 나타내는 복각(inclination, I : 자침이 수평면과의 이루는 경사각), (3) 수평면 내에서의 자기장의 세기를 나타내는 수평분력(horizontal intensity, H : 지구자기장의 수평 방향의 분력) 등을 측정하게 되며, 이들 지자기 편각, 복각, 수평 자력을 지자기 3요소라고 하며, 지구상의 한 지점의 자기장의 방향과 세기를 나타내는 데 쓰인다. 이들 지자기 3요소 사이에는 다음의 관계식들이 성립한다. 즉,

$$F^2 = H^2 + Z^2 = X^2 + Y^2 + Z^2,\ H = F(\cos I),\ Z = F(\sin I),$$

$$X = H(\cos D),\ Z = F(\sin I),\ \tan I = \frac{Z}{H},\ \tan D = \frac{Y}{X}.$$

여기서, 편각, 복각 및 수평분력은 각각 D, I, H로 표기하며, 연직분력(vertical intensity)은 Z, 총자력(total intensity)은 F를 쓰기도 한다. 이 외에도 진북(眞北, geographic north)방향의 성분 X와 동쪽 방향의 성분 Y 등이 있다. 북반구에서 자침의 N극은 수평면의 아래쪽을 향하며, 따라서 I는 양의 값을 가진다. 반면에 남반구에서는 위쪽을 향하며, I는 음의 값을 가진다.

지자기의 3요소를 지표의 여러 장소에서 측정하여 등치선도로 작성한 것을 자기도(magnetic chart)라고 한다. 즉, 자기도에는 지표 위의 지구자장의 분포를 나타낸 것으로 편각도, 복각도, 수평자력도가 있다.

자기포텐셜(V)은 중력포텐셜과 같은 방법으로 무한히 먼 곳에서 단위자기량을 가진 입자를 자기량 m에서 거리 r만큼 떨어진 곳까지 옮겨오는 데 필요한 일의 양으로 정의한다. 즉, $V = \frac{1}{\mu} \cdot \frac{m}{r}$로 나타낼 수 있다.

Z(수평자력), H(연직자력)의 방향을 각각 $-r$과 $-\theta$이라고 하면, 다음과 같이 표현할 수 있다.

$$Z = -\frac{\partial V}{\partial r} = \frac{2M}{r^3}\cos\theta = \frac{2M}{r^3}\sin\phi,$$

$$H = -\frac{1}{r}\frac{\partial V}{\partial \theta} = \frac{M}{r^3}\cos\theta = \frac{M}{r^3}\sin\phi.$$

자기위도 $\psi = 90°$일 때 연직분력은 최대가 되므로, 지구 반경을 a라고 할 때, $Z = \frac{2M}{a^3}\cos\theta = Z_0\cos\theta$, $H = \frac{M}{a^3}\sin\theta = H_0\sin\theta$이며, 여기서 $H_0$와 $Z_0$는 각각 H와 Z의 최대치이다. $\theta = 0°, 180°$이면, 이는 지구 중심에 위치한 쌍극자의 연장선이 지표와 만나는 점으로서, 이들을 지자기의 극(geomagnetic pole)이라고 하

며, $\theta=90°$ 되는 지점들을 지자기의 적도(geomagnetic equator)라고 한다.

복각 I, 자기위도 $\psi$로 구성된 자기위도-복각관계식은

$$\tan I=\frac{Z}{H}=\frac{B_r}{B_\theta}=\frac{2\cos\theta}{\sin\theta}=2\cot\theta=2\cot(90-\phi)=2\tan\phi$$

$$\because B=\begin{cases} B_\theta=\dfrac{\mu_0}{4\pi}\dfrac{\cdot M}{r^3}\cdot\sin\theta=B_0\sin\theta \\ B_r=\dfrac{\mu_0}{4\pi}\dfrac{\cdot 2M}{r^3}\cdot\cos\theta=2B_0\cos\theta \end{cases}$$

여기서, $\psi=90°-\theta$로서 지자기의 위도가 된다. 따라서 복각 I는 지자기의 극에서는 ±90°이고, 적도에서는 0이다. 우리나라 주요지역의 이론적인 복각값은 다음과 같다.

| 지 역 | 복각값 |
|---|---|
| 마라도 | 50° |
| 제 주 | 51° |
| 부 산 | 53° |
| 대 구 | 54° |
| 서 울 | 55° |
| 평 양 | 56° |
| 청 진 | 57° |

Magnetic Dipole, Geomagnetic Pole을 참조.

**3D Converting 3차원(次元) 변환** 2차원으로 제작한 영상을 3차원 입체(3D)로 전환하는 작업. 동영상을 구성하는 사진 하나하나를 좌측 눈에 보일 영상과 우측 눈에 보일 영상 2장으로 다시 만든다. 사람의 눈은 이 2장의 사진을 조합해 입체로 만들어 뇌에 전달한다.

**3D Coverage 3차원 커버리지** 하루 중 4개 혹은 그 이상의 위성이 관측 가능한 시간. 4개의 관측 가능한 시간이 있어야 위치와 고도를 결정할 수 있다.

**3D Data(Three-Dimensional Data) 3차원 형상 자료** 위도, 경도, 높이와 같은 각이나 선형 관측처럼 3차원 상에서 부피 자료를 관측해서 나타내는 것. 어떤 GIS는 일정 지역을 3차원으로 나타내는데 아주 적합한 형태가 있다. 한 예로 택지 개발 예정지구 등 지표면의 표고 변화량을 나타낼 필요가 있는 곳을 가지고 있다. 3차원 자료는 GIS에서 서로 다른 저장 기술들을 필요로 한다. 공간적으로는 연속되는 자료들에도 3차원 형상의 개념은 응용될 수 있는데, 그 예로 인구밀도나 수입의 정도들을 3차(Z값)에 할당한 후 인구 통계분석을 하는데 이용할 수 있다.

**3D Engine 3차원 엔진** 3차원 공간의 형상을 만들기 위한 텍스쳐 맵이 적재된 Render Polygonal 모형의 소프트웨어적 순서의 집합을 말한다.

**3 DES(Triple DES) 3중 대칭키 암호, 3 데스** DES를 여러 번 다중 사용한 것으로서, 기존 DES 알고리즘을 2 또는 3개의 112 또는 168 비트 암호키들로 3번 반복 암호화를 수행한다. 암호 알고리즘은 기존 DES와 동일하다. 기존 DES 보다 3배나 많은 계산 필요하므로 소프트웨어적으로 느리다. 관련된 표준으로는 ANSI X.9.17, NIST FIPS PUB 46-3 등이 있다. DES(Data Encryption Standard)를 참조.

**3D Projection 3차원 투영** 3차원 조감도(블록 다이어그램)를 만드는 기능. 이때 은선(Hidden Line)을 제거하는 기능이 함께 사용된다.

**3D Stress 3차원 응력(應力)** 어떤 질점에서 모든 응력 성분이 존재하는 응력 상태를 일컫는다.

**3D Viewing System 3차원 가시화 체계** 폭과 높이 및 두께 깊이를 표현하는 3차원적 시각적 디스플레이를 의미한다.

**3D GIS 3차원 지형공간시스템, 3차원 지아이에스** 3차원 GIS(Geographic Information System)의 기본 기술인 3차원 공간정보 기술은 2차원 위치정보에 높이(심도), 영상 및 속성 정보를 추가하여 현실세계와 유사하게 표현한 정보기술을 의미한다. 이의 핵심은 3차원 전자지도를 만들어 그 안에 관련되는 제반 정보를 모두 포함시켜 u-City, 텔레매틱스, LBS(Location Based Service), 도시계획·개발, 재난방재, 교통 제어 및 환경 등 공공 분야 및 관련 산업의 기반을 마련하는 것이다. 특히 급속히 확산되고 있는 모바일 및 유비쿼터스 환경은 아이폰·안드로이드폰 등 스마트폰뿐만 아니라 일반 피처폰에서도 온라인 지도 서비스 제공이 보편화되는 추세로 발전하고 있다. 아울러 증강현실(Augmented Reality) 기술과 모바일기기의 각종 센서 기술이 접목되면서 지도상의 정보를 카메라 영상을 통해 제공받을 수 있게 되었다. 미래 u-City 환경에서의 u-GIS 정보는 언제·어디서나 사용자에게 적절한 공간정보를 효율적으로 제공해야 하며, 기존의 GIS는 주로 삼각형 메시 기법과 3차원 영상처리시스템을 활용한 실외(outdoor)의 건물 및 시설물 정보(2차원 또는 2.5차원)를 제공해 왔다. 건축·건설 분야에서는 실내(indoor)의 2차원 및 3차원 설계/건설·관리를 위한 컨텍스

트 정보를 포함한 세밀한 건물 정보에 초점을 맞추어 정보를 제공해 왔다. 아울러 기존의 2차원 GIS는 현실세계를 점·선·면의 2차원 객체로 일반화하는 과정에서 데이터 손실이 발생하여 현실세계에 대한 이해와 분석에 한계가 있었다. 3차원 GIS 기술은 현실세계와 유사한 입체공간을 제공함으로써 사용자의 현실세계에 대한 이해도 향상과 정확한 지형분석을 지원함으로써 미래 유망기술로 부각되고 있다. 3차원 GIS 기술의 적용 예는 지형분석, 가시권 분석, 음영 기복 분석, 토공량 산정 분석, 블록 다이어그램 등의 분야에서 쓰이고 있다.

**3D Laser Scanning 3차원 레이저 측량, 지상라이다 측량** Terrestrial LiDAR를 참조.

**3D Painting 3차원 페인팅** [영상처리] 붓을 들고 조각품을 색칠하듯 3차원 상태의 모델을 보며, 그 위에 직접 Texture Map을 그리는 방법이다. 이 방법은 직관적으로 작업이 이루어진다는 점이 가장 큰 장점이다. 그러나 정밀한 작업은 힘들기 때문에 매우 정밀하게 맵을 그려야 하는 경우에는 Texture Unwrap 기법을 사용하는 경우가 많다. Texture Map, Texture Unwrap을 참조.

**3D Printing(Three-Dimensional Printing) 3차원 프린팅** 연속적인 계층의 물질을 뿌리면서 3차원 물체를 만들어내는 제조기술로, 1984년에 개발되었다. 3차원 프린터는 일반적으로 기존 잉크젯 프린터에서 쓰이는 것과 유사한 적층 방식으로 입체물로 제작하는 장치를 말하며, 컴퓨터로 제어되기 때문에 만들 수 있는 형태가 다양하고 다른 제조 기술에 비해 사용하기 쉽다. 단점으로는 현재 기술로는 제작 속도가 매우 느리다는 점, 적층구조로 인해 표면이 매끄럽지 못하다는 점, 인쇄되어 나올 때 휘어짐 현상 등이 있다. 3차원 인쇄 기술은 제3의 산업혁명으로 불리며, 산업 전반에 걸쳐 제조 기술의 큰 변화를 가져올 것으로 예상되고 있다. 작동 방식으로는 다음과 같이 크게 2가지 방식이 있으며, 일반적으로 적층형 방식이 주로 사용되고 있다. (1) 적층형 : 가루나 액체를 굳혀가며 한 층씩 쌓는 방식이다. 비교적 복잡한 모양을 만들 수 있고, 제작과 채색을 동시에 진행할 수 있다는 장점도 있다. 다만 완성품의 표면이 매끄럽지 못하여 품질이 상대적으로 떨어진다. (2) 절삭형 : 커다란 합성수지를 둥근 날로 깎아가며 모양을 만드는 방식으로, 비교적 매끄럽게 인쇄할 수 있지만, 컵 같은 모양은 날이 들어가지 않아 만들기 어렵다. 일반적으로 CAD 또는 3차원 모델링 소프트웨어를 이용하여 3차원 데이터를 완성하며, 3D 스캐너를 이용해 3차원 데이터를 얻을 수도 있다. CAD와 기기 간의 표준 데이터 인터페이스는 일반적으로 STL 파일 형식이다. 3D 스캐너로 생성된 파일은 보통 PLY 파일 형식을 쓴다. 기계가 모델링 과정에서 만들어진 도면을 이용해 물체를 만들어내기 위해서는 STL파일을 읽어 들여 CAD모델에서의 가상적인 단면을 만들어내 액체나 분말 등의 재료의 연속적인 층을 생성한다. 인쇄 과정은 사용 방법과 모델의 크기와 복잡성에 따라 몇 시간에서 며칠 정도의 시간이 소요될 수 있다. 인쇄된 결과물에 대해서는 필요할 경우 마무리 공정이 추가되기도 한다. 사포로 연마하거나, 색칠하거나, 인쇄된 파트들을 조립하는 공정이 추가될 수 있다. 3D 프린터는 기존 잉크젯과 동일한 구동 방식을 이용해 적층 방식으로 찍으므로, XY축 해상도와 함께 각 층의 두께로 해상도가 정해진다. 즉, 한 층의 두께와 XY축의 해상도를 dpi(dots per inch)로 표현하게 된다. 현재 기술로는 일반적으로 한 층에 100$\mu$m 정도되고 어떤 기기들은 16$\mu$m 정도까지도 표현하기도 한다. XY해상도는 50~100$\mu$m 정도이다. 3D 프린터의 보급이 제3의 산업혁명으로 불리는 이유는, 기계 절삭 및 성형 등 기존의 생산 방식을 탈피하여 일괄된 방식으로 어떤 형태의 제품도 만들어낼 수 있기 때문이다. 치과 등의 의료 분야는 물론, 각종 가정용품을 비롯해 자동차나 비행기 등에 쓰이는 기계장치도 3D 프린터에 의한 생산이 가능하다. 이미 자동차 업계에서는 엔진 등 핵심 부품을 3D 프린터로 만들어내는 공정이 연구되고 있다.

**3D Yeovil Town 3차원 요빌 마을** 요빌 마을은 영국 서머싯(Somerset) 군의 도시로, 인구는 약 45,000명이다. 지역 활성화와 고건축물 홍보를 위해 만들어진 웹(Web)GIS 서비스로 지역 커뮤니티 홍보페이지와 관광정보를 제공한다. 영국은 효과적인 전자정부 실현을 위해 런던대학의 공간분석센터에서 추진중인 프로젝트를 통해 관광, 도시계획 및 대국민홍보 등의 콘텐츠를 적용시키고 있으며, 공간정보 기반의 3차원 요빌 마을(3D-Yeovil Town)을 구축하고 웹 GIS 서비스를 통해 지역경제 활성화 및 고 건축물 홍보 등 지역 커뮤니티 홍보 및 관광정보를 제공하고 있다.

**3 Elements of Combustion 연소의 3요소** 불(연소)은 물질이 산소와 급격한 화학반응을 일으켜 열과 빛을 내는 강력한 산화반응현상'이며 연료(가연물), 산소(공기), 열(발화원) 등 3가지 요소가 동시에 있어야만 연소가 이루어질 수 있어 이를 '연소의 3요소'

라고 한다. (1) 연료(가연물) : 불에 탈 수 있는 물질을 말하며 이는 고체, 액체, 기체연료의 3가지로 구분된다. (2) 열(점화원) : 물질이 타서 불붙기 위해서는 반드시 열이 있어야 하는데, 이 열은 높은 열이어야 하며 그 양도 적당히 있어야 한다. (3) 산소(공기) : 물질이 열을 받아서 타려면 산소가 있어야 하며 산소가 없으면 불이 일어나지 않는다. 공기 중의 약 21%는 산소이며 연소하기 위해서 필요로 하는 산소의 양은 가연물질의 종류에 따라 서로 다르다. 대부분의 액체는 공기 중 산소 함량이 15% 이하로 줄어들면 불붙기 어려우며, 고체의 경우에는 6% 이하로 줄어들지 않으면 불은 계속 붙거나 그을면서 탄다.

**3 Elements of Force 힘의 3요소** 힘의 크기, 힘의 작용점, 힘의 방향의 3가지 요소를 일컫는다. 물체에 힘이 작용할 때 물체의 모양이나 운동 상태를 변화시키는 정도는 힘의 크기, 힘의 방향, 힘의 작용점에 의해서 결정된다. 물체에 힘을 가할 때 작용한 힘의 크기에 따라 물체의 모양이나 운동 상태가 달라진다. 한편, 힘을 주는 방향에 따라 물체의 운동 방향이 달라진다. 힘이 물체에 작용하는 위치를 힘의 작용점이라고 하며, 작용점이 다르면 힘의 효과도 달라진다.

**3G(3rd Generation Mobile Telecommunication) 3세대 이동통신 기술** 2001년부터 국내 이동통신업체들이 전국적으로 서비스하는 CDMA2000-1x는 동기식 2.5세대에 속했었다. 미국 퀄컴이 독자적으로 개발한 기술인 CDMA2000-1x는 기존 셀룰러나 PCS용 주파수를 그대로 사용하나 데이터 전송 속도(144Kbps)는 2세대보다 2~10배 빠르다. ITU가 144Kbps~2Mbps의 속도와 동영상을 제공하는 서비스를 3세대로 규정했기 때문에, 이 기준의 하한선인 CDMA2000-1x는 사실상 '3세대'에 속하게 됐다. CDMA2000-1x는 2000년 5월 국제통신연합(ITU)으로부터 IMT2000의 5개 기술표준 중 하나로 공식 채택됐다. 흔히 말하는 IMT-2000이 제3세대(3G) 이동통신서비스이다. 2GHz 주파수 대역을 이용, 2~2.4Mbps의 속도를 제공한다. 문자·음성·동화상 등 멀티미디어 데이터를 현재의 유선 인터넷과 비슷한 속도와 화질로 즐길 수 있다.

**3 Phases of Soil 흙의 3상(相)** 자연 상태에 있는 흙은 골격을 이루고 있는 토립자(土粒子, soil particle)와 토립자 사이의 간극(間隙, void)으로 이루어져 있으며, 간극은 다시 물과 공기로 채워져 있다. 즉, 흙은 토립자, 물, 공기의 3성분으로 있는데 이들은 각각 고체, 액체, 기체상태이므로 이 세 성분을 흙의 3상이라 한다.

**3rd Generation Mobile Telecommunication(3G) 3세대 이동통신 기술** 3G(3rd Generation Mobile Telecommunication)를 참조.

**3 Screen 3 스크린** TV, PC, 스마트폰을 네트워크로 연결해 사용자가 동일한 콘텐츠를 언제, 어디서나 어느 기기를 사용하더라도 끊김 없이 이용할 수 있는 서비스다. PC에서 내려 받은 주문형 비디오(VOD)를 TV에서 그대로 전송해 보기도 하고, TV에서 보던 방송을 외부에서 휴대전화로 연결해볼 수 있다. 3 Screen 개념의 등장은 웹 2.0의 개념과 맞물려 기존의 "1 콘텐츠 : 1미디어"의 개념을 한 단계 더 발전하여 '1 콘텐츠 : 多 미디어'로 확장시켰다. 이러한 개념은 단순히 통신 사업자뿐만 아니라 단말기 제조업자, 콘텐츠 제작자 등 콘텐츠의 제작부터 전달, 배포 등에 이르는 모든 사업자에게 혁명으로 다가서고 3 Screen은 국내외의 IT시장의 커다란 화두를 제공하고 있으며 대규모 기업들이 3 Screen 시장의 우위를 점령하기 위한 핵심전략으로 삼고 있다. 지금은 "N Screen"으로 그 영역과 기능이 확대되어 가고 있다. N Screen, Live Mesh 참조.

**3 Tier 3 티어** 3개의 주요 부분으로 구성되어 있는 응용프로그램으로서, 각각은 네트웍 상의 서로 다른 장소에 분산되어 있다. 3개의 주요 부분이란 워크스테이션 또는 외양 인터페이스 비즈니스 로직 데이터베이스와 그것을 관리하기 위한 관련 프로그램이다. 전형적인 3계층 애플리케이션에서, 프로그램 사용자의 워크스테이션은 GUI를 제공하는 프로그램과 특정 프로그램에 맞는 입력 양식이나 인터랙티브 윈도우 등을 가지고 있다. 비즈니스 로직은 근거리통신망 서버 또는 다른 공유된 컴퓨터 상에 위치한다. 비즈니스 로직은 워크스테이션으로부터의 클라이언트 요청에 대해 마치 서버처럼 행동한다. 그것은 차례로 어떤 데이터가 필요한지를 결정하고, 메인프레임 컴퓨터 상에 위치하고 있을 세 번째 계층의 프로그램에 대해서는 마치 클라이언트처럼 행동한다. 세 번째 계층은 데이터베이스와 그것에 액세스해서 읽거나 쓰는 것을 관리하는 프로그램을 포함한다. 애플리케이션의 조직은 이것보다 더욱 복잡해질 수 있지만, 3계층 관점은 대규모 프로그램에서 일부분에 관해 생각하기에 편리한 방법이다. 3계층 애플리케이션은 클라이언트/서버 컴퓨팅 모델을 사용한다. 3계층에서, 각 부분은 각기 다른 팀의 프로그래머들에 의해 각기 다른 언어를 사용하여 동시에 개발될 수 있다.

어떤 한 계층의 프로그램은 다른 계층에 영향을 주지 않고도 변경되거나 위치가 달라질 수 있기 때문에, 3계층 모델은 새로운 요구나 기회가 생길 때마다 애플리케이션을 지속적으로 진화시켜야하는 기업이나 소프트웨어 패키지 개발자들이 이에 쉽게 대처할 수 있게 해준다. 기존의 애플리케이션들은 영구적으로 또는 일시적으로 계속 유지될 수 있으며, 하나의 컴포넌트로서 새로운 계층 내에 캡슐화될 수도 있다. 3계층 애플리케이션 아키텍처는 분산 객체 지향 프로그래밍과 사상이 일치한다.

**4D(4 Dimensional) 4차원(次元)** ① [영상] 영상의 x, y축에 z축을 더해 입체적 시각 효과를 얻는 것이 3D라면 여기에 비행, 이동 등 동체적 움직임까지 가미해 공간적 입체 효과를 얻는 것이다. 게임, 영화관, 어뮤즈먼트파크 등 활용 분야가 다양하다. 예를 들어 "4차원 영화"는 영화를 볼 때 영상에서 효과가 발생했을 경우, 기계 장비 등을 통해 그 물리적인 효과를 주는 영화이다. ② [4D 프린트] MIT의 Skylar Tibbits 교수는 4D 프린트를 '자기조립 및 재조립(Self-assembly/Re-assembly)'이 가능한 파트를 만들어내는 것이라고 정의하였다. 다층재료를 사용하도록 설계된 프린터에서 인쇄된 조형물은 '스마트' 원료로 만들어지며 이 원료는 표면이 단단한 플라스틱 층으로 구성된다. 물 등에 잠겼을 때 이 스마트 원료가 반응을 하게 된다. 즉, 원료 자체에 물 등과 반응하면 어떤 부분이 어떻게 움직여야 하는지 입력이 되어 있는 것이다. ③ [GIS] 기존의 3차원 GIS정보에 이력관리 등을 포함하여 시간의 변화에 따른 변화양상 파악과 관리를 표율적으로 하기위한 과거의 이력정보가 속성정보 및 3차원 공간 이미지와 함께 관리되는 체계를 말한다.

**4 Dimensional(4D) 4차원(次元)** 4D(4 Dimensional)를 참조.

**4 Forces in Universe 자연계의 4가지 힘** 자연계에 존재하는 기본적인 상호작용의 힘은 중력(Gravitational Force), 전자기력(Electromagnetic Force), 약력(Weak Force), 강력(Strong Force) 4가지로 이루어져 있다. 강력과 약력은 원자핵 내부에서 작용하므로 우리 일상생활에서는 경험할 수 없다.

(1) 거시세계를 구성하는 중력(重力, Gravitational Force): 물체를 잡아당기는 것뿐만 아니라 시공간을 변형시킬 수도 있다. 일반적으로 지구상의 우리가 이해하는 중력은 뉴턴의 만유인력으로서, 물체와 물체 사이에 나타나는 끌어당기는 힘을 말한다. 이 중력은 사물들(Objects)로 하여금 인력을 작용하기도 하고, 행성들이나 은하계의 운동을 관장한다. 중력은 어떤 면에서는 매우 거대한 힘이지만 전자(Electrons)나 양성자로 구성된 미시세계(Micro World)에서는 중력의 힘은 극단적으로 약하여 거의 작용을 하지 않고 있어 중력에 대하여 독립적으로 보인다. 중력의 특징은 힘은 약하지만 그 범위는 매우 넓다.

(2) 미시세계를 구성하는 전자기력(電子氣力, Electromagnetic Force): 전자기력(Electromagnetic Force): 전자기력은 전기력과 자기력에 바탕을 둔 힘을 말한다. 중력과 다르게 인력과 척력이 모두 존재한다. 중력과 마찬가지로 범위가 매우 넓다. 원자는 양성자, 중성자, 전자 등으로 이루어져 있는데, 양성자와 전자 사이에는 전자기력이 작용하고 있다. 전자기력의 상호작용은 하나의 전자와 하나의 양성자를 묶고 있기 때문인데, 그러므로 물질의 기본 구성단위인 원자가 전기적으로 중성이 되어 원자들 사이에서는 전자기력이 작용하지 않으며, 우리 주위의 세계에서는 중력만 존재할 뿐 전자기력은 원자들 내부에 숨겨져 있다. 즉, 중력이 나타나려면 어느 정도의 질량이 필요한데, 그 질량을 이루어지게 한 것이 바로 전자기력이다. 전자기력의 힘은 매우 크다. 예를 들어 수소원자가 이루고 있는 전자기력의 힘은 중력보다 무려 $10^{41}$배 정도 강하다. 전자기력은 강력 다음으로 강력하다.

중력과 전자기력의 상당한 차이에도 불구하고 중력과 전기력의 상호작용은 유사성도 있음이 밝혀지고 있다. 즉, 중력과 전자기력의 상호작용하는 힘은 거리와 범위에 따라 줄어든다는 것이다. 전기력과 중력은 매개입자(Carrier Particle)들인 광자(photon)와 중력양자(graviton)에 의해 조정된다는 것이다. 문제는 광자에 반하여 중력양자는 아직 발견되지 않았다는 점이다. 아마도 거리가 너무 먼 까닭에 중력양자가 지구에 도달했을 때는 아무런 여유분의 질량이 없기 때문인 것으로 추측된다. 광자는 중요한 성질을 가지고 있는데 전기적으로 중성이라는 점이다. 그러므로 광자들은 서로 상호작용을 하지 않는다.

(3) 극미세계를 구성하는 강력(强力, Strong Force): 강력은 강한 핵력을 말한다. 이 힘은 원자핵의 양성자와 중성자를 강하게 결합하게 하는 힘이다. 양성자와 중성자가 쿼크로 되어 있는데, 이 강력은 쿼크와 쿼크 사이의 힘이다. 이 힘은 전기를 띤 입자보다도 매우 강력하다. 거리가 멀어지면 서로 당기는 힘이 더 강력해지다가, 일정한 거리가 지나면 갑자기 0으로 떨어진다. 이 힘은 모든 무거운 원소들을 만들게 한 근본적인 힘이며, 이 힘을 이용하면 핵융합이 가능해진다. 태양은 늘 이 힘을 발휘하

고 있다. 즉, 태양이 수많은 열에너지와 빛에너지를 내뿜는 것은 바로 이 힘 때문이다. 이 힘을 이용하면 수소폭탄이 되기도 한다. 1964년에 인도 출신의 캘리포니아공대(CIT) 물리학자 겔만(Murray Gellmann)은 양성자(Photon)와 중성자(Neutron) 같은 소립자가 3개의 쿼크(Quark)라고 부를 수 있는 더 기본이 되는 입자로 구성되어 있다면 그 동안 관찰한 소립자들 사이에서 규칙적으로 일어나는 성질을 설명할 수 있다고 제안하였다. 그리고 쿼크가 소립자의 구성 입자가 되려면 쿼크는 질량이나 전하(Charge)와 같은 고유한 성질 외에도 다른 성질을 더 지니고 있어야만 했다. 그뿐 아니라 질량은 1가지 종류, 전하는 2가지 종류로 나눠는데 반하여 쿼크가 지니고 있는 이 다른 성질은 3가지 종류로 나뉘어야만 했다. 3가지 종류로 나눠는 성질의 이름으로 마땅한 것이 바로 생각나지 않았다. 그런데 이 경우에 사용하기에 딱 알맞은 것이 있는데 그것이 바로 빛의 삼원색이다. 2가지 종류로 나눠는 전하의 경우 두 종류가 같은 양으로 섞여 있으면 전기적으로 중성임을 나타내기 위해 양전하(+)와 음전하(−)로 구별하는 것이 아주 그럴 듯하였다. 쿼크가 지닌 이 성질도 양성자와 중성자의 외부로는 전혀 나타나지 않는다. 빛의 삼원색은 세 종류가 알맞게 섞이면 백색(White Light)이 된다. 그래서 쿼크가 지닌 이 3가지 종류로 나눠는 성질의 이름을 색(color)이라고 부르며 빛의 삼원색을 따서 빨강(Red), 초록(Green), 파랑(Blue)으로 구별한다. 양성자나 중성자를 이루는 쿼크에는 이들 삼원색이 잘 섞여 들어있어서 양성자나 중성자의 외부에서는 색을 전혀 지니지 않은 것으로 보인다. 그리고 이들 색 사이의 상호작용을 강상호작용 또는 강력(强力)이라고 한다. 강력은 오로지 양성자나 중성자 같은 소립자 내부에서만 작용하며 이들 소립자의 구성을 책임진다. 어떤 쿼크든지 이 3가지 색중에서 어느 1가지 색을 가질 수 있다. 즉, u 쿼크가 Red일 수도 있으며 Green일 수도 있고, Blue일 수도 있다. 그리고 쿼크의 반입자는 이 색들의 보색을 가지고 있다. 이러한 빛의 삼원색 베이스의 쿼크들의 상호작용을 양자색력학(量子色力學, Quantum Chromo Dynamics) 이론이라고 한다. 겔만(Murray Gell-Mann)은 이들 「기본 소립자(elementary particles)의 분류 및 상호작용에 대한 발견」으로 1969년 노벨 물리학상을 수상하였다.

(4) 극미세계를 구성하는 약력(弱力, Weak Force): 약한 핵력이라고도 하며, 방사성 붕괴를 일으키는 힘이다. 이 힘을 이용한 것이 원자력 발전소, 원자폭탄이 그 예이다. 이 약한 핵력은 지구 중심에 열에너지를 제공하는 힘이고, 지구 대륙이동을 하는 에너지의 근원이 되기도 한다. 19세기 말 방사능 원소에서 저절로 나오는 알파선($\alpha$-ray)과 베타선($\beta$-ray), 그리고 감마선($\gamma$-ray) 중에서 베타선($\beta$-ray)은 지금까지 설명한 3가지 기본 상호작용 중 어떤 것으로도 설명할 수가 없었다. 이들 방사선은 모두 원자핵에서 나오는 것이다. 처음에는 이 방사선의 정체가 무엇인지 몰라서 그리스 문자의 처음 3개를 따 알파($\alpha$), 베타($\beta$), 감마선($\gamma$)으로 이름을 지었지만 지금은 이들 방사선의 정체가 무엇인지 잘 알고 있다. 알파선은 원자핵 속에 들어있는 양성자 2개와 중성자 2개가 모두 단단히 결합하여 함께 나오는 것이다. 이것은 바로 헬륨 원자의 원자핵이다. 베타선은 전자의 흐름이며 감마선은 진동수가 매우 큰 전자기파이다. 여기서 문제는 원자핵 내부에 전자가 들어있을 수 없다는 사실이다. 방사능 원소에서 베타선이 방출되는데 원자핵에 원래 들어있던 전자가 나오는 것이 아니다. 원자핵에 포함된 중성자가 저절로 양성자와 전자로 바뀐 다음 원자핵에 남아있을 수 없는 전자가 바깥으로 나오는 것이다. 그런데 중성자가 저절로 양성자와 전자로 바뀌는 현상을 중력이나 전기력 또는 강력으로 설명할 수는 도저히 없음이 밝혀졌다. 그래서 방사능 원소에서 베타선이 나온다는 사실은 자연에 또 다른 기본 상호작용이 존재하여야만 함을 알려준다. 이 네 번째 기본 상호작용을 약상호작용 또는 약력(弱力)이라고 한다. 빛처럼 원자 내부의 미시세계에서 나오는 것들을 모두 한꺼번에 방사선 또는 복사선 등으로 부른다. 영어로는 radiation이라고 한다. 그 중에서 특히 복사선은 물질이 관여하지 않는 순수한 에너지 흐름이라는 의미에서 전자기파를 부를 때 주로 이용되지만 전자기파 중에서 빛이나 빛보다 나르는 에너지가 큰 자외선, 엑스선, 감마선 등을 부를 때 주로 이용된다. 원자(atom)는 원자핵(nucleus)과 전자(electron)로 구성되어 있고 원자핵에는 다시 양성자(proton)와 중성자(neutron)가 들어있다. 양성자는 양전하를 띄고 있고 중성자는 전하를 띄고 있지 않다는 점만 제외하면 양성자와 중성자는 엄밀하게 쌍둥이 입자이다. 즉 똑같은 입자이다. 그래서 양성자와 중성자를 한꺼번에 핵자(nucleon)라고 부르기도 한다. 분자를 더 쪼개면 원자가 된다. 원자는 더 이상 물질의 성질을 갖고 있지 않다.

**4 G(4th Generation Mobile Telecommunication) 4세대 이동통신 기술** 3세대(3G) 이동통신보다 무선인터넷 속도가 10배 이상 빠른 이동통신 기술이다. 유선 초고속인터넷과 비슷한 속도로 고화질 동영상 서비스 등을 이용할 수 있다. 4세대 이동통신기술은 'IMT-2000을 넘어서(SB12K-Systems Beyond IMT-2000)' 라고 규정된다. 국제전기통신연합(ITU)은 4G 이동통신의 조건으로 저속 이동시 1Gbps, 고속 이동시 100Mbps의 데이터 전송이 가능하며, 고속으로 이동하면서 음성이나 데이터 재생에 문제가 없을 것 등을 내세웠다. 주파수는 2~6GHz 가운데 특정대역을 사용할 것으로 보인다. 전송방법도 다르다. IMT-2000이 교환기인 ATM(비동기전송모드) 기반인 데 반해, 4세대는 인터넷 프로토콜(IP), 즉 라우터를 기반으로 한다. 4G 이동통신은 하나의 단말기로 위성망, 무선랜(LAN), 인터넷망 등을 모두 사용할 수 있다. 음성, 화상, 멀티미디어(음성 · 화상 · 데이터), 인터넷데이터, 음성메일, 인스턴메시지(IM) 등의 모든 서비스를 이동전화 하나로 해결할 수 있다.

**4K UHD 4킬로 초고해상도** UHD는 Ultra High Definition(초고해상도)의 약자로서 Ultra HD, UHD 등으로 표기하는데, 일반적으로 UHD로 표기한다. 4K UHD는 가로 해상도가 4 kilo pixel (4kP)로서 차세대 고화질 해상도를 일컫는 용어이다. UHD는 4K 해상도를 가지므로, 4K UHD = UHD를 의미한다. 4,096×2,160 및 3,840×2,160의 두 종류 제품이 출시되고 있다. 미국가전협회(Consumer Electronics Association)는 4K를 텔레비전 방송용풀 HD의 2배인 3,840×2,160으로, 디지털 시네마의 표준규격인 Digital Cinema Initiatives(DCI)에서 규정된 4K는 4,096×2,160로 정하고 있다. 일본 도시바(Toshiba, 東芝)가 2011년 세계 최초로 4K2K 패널 탑재한 LCD TV를 발표한 바 있으며, 앞으로 지원하는 기기가 늘어날 것으로 예상되며, 새로운 동영상 규격으로 주목받고 있다. 8K UHD, Full-HD, HD를 참조.

**4S 4 에스** 공간정보(空間情報, Spatial Information)와 관련이 있는 GIS(Geographic Information System, 지리정보시스템), GNSS(Global Navigation Satellite System, 위성측위시스템), SISS(Spatial Imagery Information System, 공간영상정보시스템), ITS(Intelligent Transport Systems, 지능형교통시스템)의 총칭이다. 인류의 생활터전인 공간과 시간에 대한 정보화를 통해 수치지도, 위성영상 등의 공간정보 활용이 급증하는 추세이다. 공간정보 처리 기술은 각각의 활용분야에 따라 제각기 발전하여 실제 업무에 사용되고 있다. 그러나 각각의 독립적인 분야별 발전은 한계에 다다르기 마련이어서 공간정보를 통합함으로써 상승효과를 얻을 필요가 있다. 4S 기술의 통합을 위해서는 공간정보를 연계하여 공동 활용을 위한 데이터 제공자 컴포넌트 및 4S 핵심 컴포넌트 개념이 필요하다. 데이터 제공자 컴포넌트 기술은 저장형식과 상관없이 표준화된 인터페이스를 제공하여 공간정보를 공동 활용하기 위한 기술이며, 4S 핵심 컴포넌트 기술은 단위 기술별로 공통된 핵심 기능들을 정의하고 컴포넌트로 개발하는 것이다. 데이터 제공자 컴포넌트 및 4S 핵심 컴포넌트 기술은 상이한 공간정보를 연계하는 응용 시스템 개발 시에 효과적으로 적용될 수 있다. 즉, 요구되는 기능에 해당하는 컴포넌트들을 조립식 블록처럼 조합하여 사용할 수 있도록 해준다.

**4 Screen 4 스크린** TV, PC, 휴대폰에 태블릿 PC가 통합된 것이다. 지금은 "N Screen"으로 그 영역과 기능이 확대되어 가고 있다. N Screen, Live Mesh 참조.

**4S VAN 4 에스 밴** 공간정보와 관련된 4가지 시스템을 가리킨다. 지리정보 시스템(GIS : Geographic Information System), 공간 영상정보 시스템(SIIS : Spatial Imagery Information System), 위성 측위 시스템(GNSS : Global Navigation Satellite System), 지능형 교통 체계(ITS : Intelligent Transport System), 를 상호 연계하고 통합한 기술(4S)을 차량에 장착하여 정보를 수집하는 이동 지도제작 체계이다.

**4th Generation Mobile Telecommunication(4G) 4세대 이동통신 기술** 4G(4th Generation Mobile Telecommunication)를 참조.

**5 Elements of Map 지도의 5요소** 지도학의 기본 기술인 축척, 투영법, 표현, 기호, 인쇄를 일컫는다.

**5G(5th Generation Mobile Telecommunication) 5세대 이동통신 기술** 4G LTE 대비 데이터 용량은 약 1,000배 많고 속도는 200배 빠른 차세대 이동통신이다. IMT 2020(International Mobile Telecommunication 2020)은 국제전기통신연합(International Telecommunication Union, ITU)에서 2020년 상용화를 목표로 표준화 계획에 들어간 5세대 이동통신(5G)의 정식 명칭이다. 5G에 대한 관심과 국가간, 기업간 개발 경쟁이 치열해지고 있다. 특히 2018년 평창 동계올림픽에서 5G 시범서비스를 선보이려는 한국과 2020년 도쿄 올림픽을 계기로 5G 상용화를 실현하겠다는 일본의 5G 주도권 선점 경쟁은 더욱 본격화되어가고 있

다. 5G 이동통신 시스템은 기본적으로 트래픽 증가, 디바이스 수 증가, 클라우드 컴퓨팅 의존성 증가, 다양한 5G기반 융합서비스 등장 등 4가지 주요 메가트렌드들을 필수적으로 고려하여 설계되어야 한다. 이러한 사항들을 고려하여 최근 다양한 나라와 회사들에서 5G 이동통신 시스템을 위한 기본 성능지표들에 대해서 제안하였으며, ITU-R(Radiocommunication Sector) WP(Working Party) 5D에서는 이러한 제안들을 기반으로 현재까지 총 8개의 핵심 성능지표 후보를 도출하였다. ITU-R WP 5D에서 도출된 핵심 성능지표들은 user experience data rate (체감 전송률), peak data rate (최대 전송률), mobility (이동 속도), latency (전송 지연), connection density (연결기기 밀도), energy efficiency (에너지 효율), spectrum efficiency (주파수 효율), traffic volume density (면적당 용량) 등이다. 기존의 4G 이동통신 시스템과 달리 5G 이동통신 시스템은 여러 가지 중요한 특징들을 가지고 있다. 특히 가장 중요한 특징으로는 latency와 user experienced data rate가 있다. 첫째로, 기존의 이동통신 시스템이 대부분 단말의 peak data rate 향상에만 초점을 맞추어 연구를 진행해 왔었던 것과는 달리, 5G 이동통신 시스템은 end-to-end latency(종단간 지연)를 고려한 이동통신 시스템 설계에 매우 큰 관심을 가지고 있다. 미래에는 증강현실, 가상 현실, 실시간 온라인게임 등과 같은 다양한 실시간 (real-time) 인터랙티브(interactive) 멀티미디어 서비스가 증가할 것이다. 이러한 서비스를 사용하는 사용자들이 자연스러운 인터랙션을 경험하기 위해서는 저지연 5G 무선통신 서비스의 제공이 꼭 필요하다. 또한, 5G 이동통신 시스템은 end-to-end latency 감소라는 큰 목표와 함께 user experience data rate(체감 전송률) 향상을 중요한 목표 중 하나로 고려하고 있다. user experienced data rate의 보장을 위하여 5G 이동통신시스템은 어느 시간에, 어디에서든지 [gigabit] data rate를 사용자들에게 제공해 줄 수 있어야 한다. 기존의 4G까지의 이동통신 시스템이 cell edge 사용자들 성능저하라는 큰 문제에 대한 근본적인 해결책을 제시하고 있지 못했었기 때문에, 5G 이동통신 시스템은 cell edge 성능 향상을 고려한 user experienced data rate를 중요 목표과제로 두고 해결하고자 노력하고 있다.

**5 Screen 5 스크린** PC, IPTV, 모바일 인터넷 디바이스(MID), 미디어전화(SoIP), 휴대폰 등 각기 다른 스크린에 똑같은 콘텐츠가 연동되면서 이종 사업간 제휴 등 융합 비즈니스 환경 변화도 촉발할 것으로 예상됐다. 지금은 "N Screen"으로 그 영역과 기능이 확대되어가고 있다. N Screen, Live Mesh 참조.

**5th Generation Mobile Telecommunication 5세대 이동통신 기술** 5G(5th Generation Mobile Telecommunication)를 참조.

**6T(6 Technology) 6티, 6대 첨단산업 기술** 오늘날 인류의 미래를 주도할 첨단 산업기술로서, IT, BT, NT, ET, ST, CT 등 6가지 첨단 산업기술을 일컫는다. (1) IT(Information · Technology, 정보기술): 광통신부품, 집적회로기술, 차세대디스플레이, 차세대네트워크 등, (2) BT(Bio Technology, 생명공학기술): 기초 · 기반기술, 보건의료, 농업 · 해양 관련 응용 등, (3) NT(Nano Technology, 나노기술): 나노소자, 나노소재 · 나노바이오, 나노보건, 나노기반공정 등, (4) ET(Environmental Technology, 환경공학기술): 환경기반기술, 에너지, 청정생산, 해양환경기술 등, (5) ST(Space Technology, 우주항공기술): 위성, 발사체, 항공기 등, (6) CT(Cultural Technology, 문화콘텐츠기술): 문화콘텐츠, 생활문화, 문화유산 등이다. 산업구조 고도화가 진행되면서 첨단업종의 산업비중이 빠르게 증대되고 향후 높은 성장으로 국가 산업발전의 중추적 역할이 기대되면서 국가경쟁력을 좌우하는 핵심요소로서 중요성이 부각되고 있다. 첨단 산업은 자체산업뿐 아니라 여타 산업에도 기술파급효과를 유발함으로서 전체 경제의 기술진보를 촉진하고 성장에 기여함으로써 지식 · 기술파급효과라는 외부성을 가지고 있다. 미래의 신산업의 창출은 6T에 의하여 촉진될 것이라는 전망이 대부분이며, 2010년 이후 일어나고 있는 산업구조에 있어서의 생산방식의 변화, 즉 불연속적인 기술발전 과정을 통한 새로운 산업 패러다임의 변화를 촉진할 것으로 기대되고 있다.

**6 Technology 6대 첨단산업 기술, 6티** 6T(6 Technology)를 참조.

**8K UHD 8킬로 초고해상도** 8K Ultra High Definition(초고해상도)의 약자로 8K의 해상도를 가진다. UHD는 Ultra High Definition의 약어로서 Ultra HD, UHD 등으로 표기하는데, 일반적으로 UHD로 표기한다. UHD는 4K 해상도를 가지므로, 7,680× 4,320의 해상도를 지원하는 "8K UHD"는 UHD보다 2배의 해상도를 가지며, Full-HD(1,920×1,080)보다 8배의 해상도를 가지고 있다. 차세대 디스플레이의 선두주자로 시청자가 보는 평균 시야각이 넓어져 말 그래도 안방에서 현장과 똑같은 분위기를 화면에서 체감할 수 있다. 4K UHD, Full-HD, HD를 참조.

**AA(Absolute Altitude) 절대 고도(絕對高度)** [항공] 항공기로부터 지표면과의 실제 높이를 말하며, AGL(above ground level) 단위로 나타낸다. 지구를 둘러싸고 있는 대기는 그 자체의 무게로 하향 압력을 받는다. 고도계는 대기의 하향압력차를 이용하여 고도를 측정하는 계기이다. 압력 고도계의 구성은 계기 내부에 일련의 아네로이드(aneroid wafer)의 엷은 격실이 있으며, 정압공을 통해 전달된 대기압에 따라 수축 및 팽창량을 계기 상에 지시한다.

**AAT(Arc Attribute Table) 선 속성표** 'Arc Attribute Table'의 약어로서, 선형(Arc,아크)에 대한 설명 정보(시점, 종점, 절점 번호, 좌우측 다각형 번호, 길이(둘레),내부 번호)가 저장된다. 전기, 가스, 상·하수도 등의 각종 관로 및 도로, 하천 등의 선형요소로 구성되어 있는 자료를 말한다. Feature Attribute Table을 참조.

**Aberration 수차(收差)** 일반적인 구면렌즈를 통과하는 일련의 광선들을 추적할 때 광선들이 한 점에서 수렴하지 않는다. 렌즈의 주변을 통과하는 광선들은 초점이 렌즈에 가깝게 맺히고, 렌즈의 중심 즉 광축을 통과하는 광선들은 초점이 더 멀리 맺힘을 볼 수 있는데 이것을 수차(aberration)라고 한다. 수차는 렌즈의 제조과정에서 발생하는 결함과 그 밖에 발생되는 다른 결함이 없는 렌즈에서 뿐만 아니라 심지어 양질의 유리로 만들어진 렌즈라 할지라도 렌즈의 고유한 결함에 의해서 발생한다. 수차에는 단색광에서 발생하는 단색수차(monochromatic aberrations)와 최소한 2개 이상의 파장을 포함한 빛에서 발생하는 색수차(chromatic aberrations)로 크게 나눌 수 있으며, 단색 수차는 구면수차(spherical aberration), 코마수차(coma), 비점수차(astigmatism), 상면만곡(field curvature), 왜곡수차(distortion)로 분류되며, 색수차는 종색수차(longitudinal chromatic aberration)와 횡색수차(lateral chromatic aberration)로 나누어진다.

**Absolute Age Dating 절대연대 측정** 인간이 달을 정복한 것은 1969년 7월 19일, 아폴로 11호에 의해서이다. 달에서 가져온 암석(月石)을 분석한 결과, 달의 나이(年齡)는 45억7천만년으로 측정됐다. 이 자료는 지구의 나이를 추정하는데 참고가 된다. 지구 암석 가운데 가장 오랜 암석은 남(南)그린랜드(Green Land)의 편마암으로서, 연령은 37억 년으로 측정됐다. 한반도에서는 경기-서울지역에 분포하는 편마암류의 지층인 경기 육괴의 편마암이 가장 오랜 암석으로 추정되며, 27억 년 전에 형성된 것으로 보인다.

지질작용은 지질시대에 살던 생물의 유해와 흔적을 묻어 놓았는데, 지금까지 남아 있는 것을 화석이라 한다. 지질시대와는 관계없이 종족이 계속 이어져 온 생물이 있는가 하면, 어떤 생물은 한 시대에 원인 모르게 멸종해 버린 것도 있다. 전자는 시상화석(示相化石, Facies Fossil)이며 암석의 생성환경을 연구하는데 쓰이고, 후자는 표준화석(標準化石, Index Fossil)으로서, 암석의 연령을 추정하는데 이용된다. 표준화석으로 알게 된 것을 상대연대(相對年代, Relative Age)라고 하며, 대상 자료의 선후관계를 배열하는 작업이다.

방사성동위원소를 이용하면 암석의 연령을 측정할 수 있다. 동위원소연령이란 바로 그런 방법으로 알게 된 연령이다. 그밖에 화학반응속도를 추정해 연령을 측정한 화학연령도 있다. 이 둘을 합쳐 절대연대(絶對年代, Absolute Age)라고 한다.

원자는 원자핵(양성자, 중성자, 그리고 중간자로 구성)과 원자핵의 주위를 빠른 속도로 회전하는 전자로 구성돼 있다. 원자핵은 원자의 물리적 성질과 관계되고, 원자의 무게는 원자핵의 질량수로 나타낸다. 그와는 달리 전자는 원자의 화학적 성질과 깊은 관계가 있다. 주기율표는 원자의 화학적 성질이 같은 것들로 그룹을 지어 묶어둔 것이다. 그 표에서 같은 위치에 있으면서 질량수가 다른 원자가 있다는 사실이 확인됐다. 영국의 물리학자이 1921년 노벨화학상 수상자인 프레데릭 소디(Frederick Soddy, 1877~1956)는)가 그리스어로 '같은 위치'란 뜻을 처음 붙인 것이 지금의 동위원소(isotope)이다.

동위원소는 불안정한 원자핵을 가진 것과 안정된 원자핵을 가진 것으로 구별된다. 불안정한 원자핵은 방사선($\alpha, \beta, \gamma$, 그리고 중성자)을 원자핵 밖으로 내보내 안정되려고 한다. 원자핵이 불안정한 동위원소를 방사성동위원소라 한다. 핵이 안정된 것은 안정동위원소인데, 암석의 생성과정과 환경을 밝히는 데 매우 중요하다. 원자핵은 일정한 법칙에 따라 붕괴해 방사선을 내보내면서 새로운 동위원소를 만든다. 1900년 프레데릭 소디에 의해 붕괴법칙이 확립됐다. 붕괴하는 쪽이 어미원소, 만들어지는 쪽이 딸원소이다. 어미원소의 무게가 반으로 줄어드는데 걸리는 시간을 반감기라 한다. 반감기와 관계있는 것으로 원자핵이 단위시간에 붕괴할 수 있는 확률을 붕괴율 또는 붕괴상수라 한다. 연령을 계산할 때 바로 이것을 기준으로 삼는다. 어미원소가 반으로 줄면 줄어든 양만큼 새로운 딸원소가 생기는 질량보존법칙은 연대측정에도 적용된다. 연대측정은 어미원소와 딸원소의 질량이나 방사선의 세기를 측정해 서로 비교하는 것이다.

절대연대의 측정방법들은 여러 가지가 있다. 여기서는 중요한 5가지만 살펴본다. 즉, (i) 어미원소와 딸원소의 질량비를 측정해 그들의 비율로 연령을 계산하는 방법, (ii) 우주방사성동위원소의 방사선 세기를 측정해 연령을 얻는 방법, (iii) 우라늄-토륨-프로트악티늄의 비평형에 의한 연대측정법, (iv) 방사선이 물질을 통과할 때 그 물질에 남긴 흠집을 측정해 연령을 얻는 방법, 그리고 (v) 화학반응으로 생긴 물질의 양을 측정해 연령을 얻는 방법 등이 있다.

(1) **어미원소와 딸원소의 비율에 의한 방법:** 많이 이용되는 방법으로는 루비듐-스트론튬(Rb-Sr)법, 칼륨-아르곤(K-Ar)법, 우라늄-토륨-납(U-Th-Pb)법, 아르곤-아르곤(39Ar-40Ar)법, 사마륨-네오디뮴(Sm-Nd)법 등이 있다. 이들은 어미원소의 반감기가 매우 길어서 비교적 오래된(천만년 이상) 암석의 연령을 측정하는데 알맞다. Rb-Sr법은 마그마(magma)가 굳어서 된 암석의 연령을 측정하는 데 주로 이용된다. 암석은 여러 종류의 원소들로 구성되고 Rb과 Sr원소도 함께 들어 있다. Rb은 85Rb(존재 비율: 72.1654%)와 87Rb(27.8346%)이 있다. 그 중에서 87Rb이 방사성동위원소이며 그의 원자핵은 $\beta-$(마이너스 베타)붕괴를 해 딸원소인 87Sr이 된다. 87Rb의 반감기는 48억 8천만 년(붕괴상수: 1.42×10−11/년)이다. Sr원소에도 4개의 동위원소가 있다. 즉, 84Sr(0.56%), 86Sr(9.86%), 87Sr(7.00%), 그리고 88Sr(82.58%)이 그것이다. 87Sr는 암석의 종류와 연령에 따라 그 비율이 다르다. 이는 마그마가 굳어질 때 그의 87Sr의 존재비율이 일정하나 암석이 된 다음부터 지질시대를 경과하는 동안 87Rb이 붕괴된 87Sr(방사계 87Sr)이 점점 쌓이게 되기 때문이다. Rb-Sr법에서는 이 둘을 구별해야 연대측정이 가능하다. 이 둘을 구별하는 방법은 다음과 같다. 같은 마그마에서 굳어진 암석이라도 생길 때의 지질환경에 따라 Rb과 Sr의 분포는 조금씩 다르다. Rb이 많으면 상대적으로 87Sr의 양도 많이 생긴다. 한 암석에서 Rb의 양이 각각 다른 시료를 선정해 '질량분석기'를 이용, 87Sr/86Sr의 비를 측정한다. 87Rb/86Sr의 비는 그 시료의 Rb과 Sr의 함량으로 계산한다. XY좌표에 X축은 87Rb/86Sr, Y축은 87Sr/86Sr의 값으로 그래프를 그리면 직선이 나타난다. 그 직선이 아이소크론(isochron)이다. X축의 값이 0일 때 Y축의 값을 '초기 87Sr/86Sr 값'이라 부르는데, 이는 마그마를 연구하는 데 중요한 자료가 된다. 그리고 그 직선 기울기의 크기로 암석의 연령이 계산된다. 연령이 오래될수록 기울기의 경사는 시계침의 반대방향으로 올라간다.

(2) **우주방사성동위원소의 방사능에 의한 방법:** 대표적인 방법은 탄소-14(C-14)법, 삼중수소(3H)법, 삼중수소-헬륨(3H-3He)법, 베릴륨-10(Be-10)법, 그리고 망간-54(Mn-54)법 등이다. 이들 어미원소들은 모두 우주선(cosmic ray)으로 만들어진다. 대기권의 공기에 섞인 어떤 원자가 우주선을 쪼이면 그의 원자핵이 파열되면서 새로운 방사성동위원소로 변한다. 이들은 대기권에 머물다가 빗물과 눈에 섞여 지표에 스며든다. 또 식물이 광합성 작용으로 직접 대기의 탄소를 영양소로 합성시켜 생장하며 동물은 이들 식물을 먹고 자라는 먹이사슬 과정에서, 동식물에 들어오는 경로가 있다. 예를 들어, 탄소는 3종류의 동위원소가 있다. 즉, 12C(98.89%), 13C(1.11%), 그리고 14C(12C의 $1.2\times10^{-12}$배)이다. 14C는 거의 무시할 수 있는 적은 양이지만 연대측정의 수단으로 쓰인다. 14C는 공기에 있던 '질소-14'가 우주선의 중성자와 핵반응(중성자가 14N의 핵을 때리면 그의 핵이 파괴되면서 14C로 되고 나머지 에너지가 양성자로 빠져 나가는 반응)을 해 생긴다. 14C는 $\beta-$의 붕괴(반감기 : 5,730±40년)를 한다. 14C는 공기 중의 이산화탄소 또는 $CO_2$(0.03% 체적비)에 일정한 비율로 들어 있다. 14C는 탄소사이클에 의해 생체조직의 탄소에 혼합된다.

탄소사이클에는 호수나 바닷물에 녹은 탄산기(CO3−)가 탄산염으로 침전되는 순환과정과 지표 위의 동식물과 대기권의 탄소 사이에서 일어나는 순환계가 있다. C-14의 연대측정은 후자의 순환계와 밀접한 관계가 있다. 탄소사이클이 계속되는 동식물(즉, 살아있는 생체)의 몸을 구성하는 탄소원자에는 일정한 비율의 14C가 섞여 있다. 방사선의 세기로 나타내면 13.56±0.07 dpm/gC(dpm은 1분당 붕괴 횟수, gC는 탄소의 g무게)이다. 생물이 죽으면 탄소사이클이 중단되고 그 후부터 14C는 스스로 붕괴해 양이 줄어든다. 살아있을 때 14C의 양을 알고 있으므로 줄어든 14C의 양은 곧 연령으로 계산된다.

(3) **우라늄-토륨-프로트악티늄의 비평형에 의한 방법**: 암석과 같은 천연물질에는 연속적으로 원자핵의 붕괴가 이어져 나아가는 3개의 계열이 있다. 즉, 238U계열, 232Th계열, 그리고 235U가 시조인 악티늄계열이 그것이다. 각 계열은 대를 이으면서 붕괴를 계속하다가 238U은 납−206(206Pb), 232Th은 208Pb, 그리고 235U는 207Pb에 이르게 되면 끝난다. 이러한 연속적 붕괴의 현상을 이용하면 수천 년에서 수십만 년의 퇴적층 연령을 측정할 수 있다. 그 대표적인 방법은 이오늄-우라늄(230Th-234U)법과 Pb-210 법이 있다. 이들 세 계열은 암석에서 모두 어미원소의 붕괴하는 속도와 딸원소의 생성되는 속도가 일정하게 유지되고 있다. 이런 상태를 방사평형이라 한다. 그와는 반대로 계속 이어지던 연속붕괴에서 중도에 대가 끊어지는 경우가 있다. 그런 상태를 방사비평형 또는 비평형이라 한다. 예컨대 238U계열이 마지막의 206Pb으로 되기까지는 14번의 세대교체가 있다. 238U 계열에서 시조인 238U을 제1세대라 할 때 제4세대인 234U가 붕괴하면 제5세대인 230Th으로 된다. 이 과정에서 비평형이 되는 경우를 살펴보자. 암석과 같이 굳어진 것은 대체로 방사평형이 유지될 수 있지만, 바다나 호수의 경우는 물질이 이동하므로 굳어진 물체와는 다르다. 우라늄은 물에 녹지만 토륨은 그렇지 않다. 물의 234U가 붕괴해 생긴 230Th은 해양퇴적물인 제올라이트(zeolite)와 중정석(重晶石, 황산 바륨: $BaSO_4$)에 섞여 바다 밑에 침전되므로 바닷물 속의 234U와 자연적으로 분리된다. 즉, 비평형이 이루어진다. 시조인 238U계열에서 벗어난 230Th은 독립해 붕괴한다. 그 반감기는 $7.52 \times 10^4$년이다. 퇴적층의 두께와 230Th의 방사선의 세기는 반비례한다. 조사자료에 의하면 해양퇴적층의 230Th은 대부분이 238U계열에서 생긴 것이고, 25% 정도가 232Th계열에서 발생된 것으로 알려져 있다. 비평형에 의한 연대측정은 불가능하던 퇴적층의 정확한 퇴적속도의 측정, 퇴적물의 이동 메커니즘의 규명, 그리고 고(古)해안선 등을 추적할 수 있는 유일한 수단으로 쓰인다. 또한 원자력발전소 같은 국가의 기간산업시설을 건설할 때에는 지각의 안정성이 과거 3만 년 이전에도 변화가 있었는지 주변 암석의 연령을 측정해야 한다.

(4) **방사선의 손상에 의한 방법**: 방사선이 물질에 닿으면 그 물질에 어떤 흠집을 남긴다. 흠집은 연대측정뿐만 아니라 방사선의 계측에도 이용된다. 흠집을 이용한 연대측정의 대표적인 방법은 피션트랙(fisson track, FT)법, 열형광(Thermoluminescence, TL)법, 그리고 전자스핀공명(Electron Spin Resonance, ESR)법 등이 있다. 2가지 형태의 흠집이 연령측정에 이용된다. 방사선에 의해 물질의 기본조직 단위인 결정격자가 파괴된 (i) 피션트랙(fisson track, FT)과 방사선이 물질과의 상호작용으로 그 물질원자의 전자를 그의 궤도에서 얼마동안 벗어나게 잡아둠으로써 결정구조에 결함을 주는 (ii) 전자각현상으로 나눈다. 궤도를 벗어난 전자는 외부에서 열을 가하면 형광 빛을 내면서 정상 궤도에 진입한다. 피션트랙과 뒤의 전자각현상은 각각 FT법과 TL법의 기초가 된다. 광물에 기록된 피션트랙은 앞에서 설명한 세 계열의 '자발 핵분열'로 생긴 방사선(주로 알파입자의 에너지)에 의한 것이므로 '자발 피션트랙'이라 한다. 알파입자는 질량이 무겁기 때문에 고체에서 수십 $\mu$m밖에 날지 못한다. 그러나 높은 에너지 때문에 지나간 곳에 흠집으로 트랙을 남긴다. 현미경으로 그 트랙을 관찰할 수 있다. 광물 $1cm^2$ 면적에는 수백내지 수만개의 트랙이 있다. 광물에서 관찰되는 트랙은 주로 광물에 있던 238U의 자발핵분열에서 만들어진 것으로 알려져 있다. 235U핵이 쪼개져도 트랙이 생긴다. 광물을 원자로 속에 넣고 열중성자(속도가 느린 중성자)를 쪼이면 235U의 원자핵이 분열해 트랙을 만든다. '자발 피션트랙'과 구별하기 위해 이것을 '유도 피션트랙'이라 한다. 피션트랙은 표면밀도(트랙스/$cm^2$)로 표시한다. '유도 피션트랙'의 표면밀도는 원자로의 열중성자 밀도(중성자수/㎠)와 쪼일 물질의 놓이는 위치에 따라 영향을 받는다. 원자로 속의 열중성자 밀도는 ±10%에서 변한다. 연령과 피션트랙의 표면밀도가 잘 알려진 표준모니터(주로 백운모와 인공유리)를 이용하면 열중성자를 쪼일 때의 불확실한 조건들을 포함, 붕괴상수를 동시에 보정할 수 있다. 이런 방식을 제타(zeta)보정이라 한다. 암석은 광물로 구성되고 광물에는 일정량

의 우라늄이 들어 있다. 우라늄이 만든 '자발 피션트랙'의 표면밀도는 우라늄의 양과 경과한 시간에 비례한다. 천연우라늄은 일정 비율의 235U가 포함돼 있으므로 '유도 피션트랙'의 표면밀도는 단지 우라늄의 양에만 의존한다. 따라서 '자발 피션트랙'의 표면밀도와 '유도 피션트랙'의 표면밀도 비는 곧 그 암석의 연령으로 계산할 수 있다.

(5) **화학반응률에 의한 방법**: 화학반응을 이용한 연대측정방법으로서, 대표적인 것은 아미노산-라세미아반응(amino-acid- racemization, AAR)법이다. 원리는 화학반응률을 먼저 가정한 다음, 새로 생긴 화학물질의 양을 측정해 그 비율에 따라 연령을 얻을 수 있다. 이 방법은 상대적으로 손쉽고, 신속하고, 값싼 방법이기 때문에 인류학자, 고생물학자, 그리고 고지형학자 등이 선호하는 방법이다. 화석 속의 해골에는 10여 가지 아미노산이 있다. 아미노산의 구조는 탄소원자를 축으로 한 쪽은 수소, 다른 쪽은 4~5개의 분자그룹이 서로 비대칭으로 마주보고 있다. 분자그룹이 놓이는 위치가 서로 다른 아미노산의 이성체가 연대측정의 수단이 된다. 분자그룹이 놓여 있는 위치가 왼쪽(left, L)이면 L-아미노산, 오른쪽(dextro, D)이면 D-아미노산이하고 한다. 생물체가 살아있을 때 D-아미노산은 없고 L-아미노산만 있다. 그와는 반대로 생물체가 죽게 되면 죽은 시간의 길이에 비례해 D-아미노산이 많아진다. 이것을 라세미아 반응이라 한다. 연령은 D-아미노산/L-아미노산의 비로서 계산한다. 연대측정의 대상이 생물체의 유해를 선정한다는 점은 C-14법과 비슷하나, 전자는 방사성동위원소의 붕괴원리에, 후자는 화학물질의 반응률에 기초를 두고 있다. Relative Age Dating, Half Life를 참조.

**Absolute Altitude(AA) 절대 고도** AA(Absolute Altitude)를 참조.

**Absolute Location 절대 위치** ① 그래픽 화면상에서 나타나는 고정된 점의 위치. ② 원점과 좌표계 등의 표준 측정 단위를 기준으로 한 지리적인 공간에서의 위치 또는 삼각점(또는 기준점)과 같이 알려진 기준점을 기준으로 해 주어진 지형 공간 내의 위치를 말한다. Absolute Position, Relative Location를 참조.

**Absolute Orientation 절대표정** 상호표정에 의하여 구성된 입체모형을 실제지형과 정확히 상사조건이 되도록 하는 과정이며 첫 번째로 모형 축척의 결정, 두 번째로 수준면의 결정, 그리고 세 번째로 절대위치의 결정으로 이루어진다. 한 쌍의 "실체시 사진(實體視寫眞)"을 상호표정을 하여 점들의 y-시차를 소거하면 이 사진의 모든 점의 y-시차도 또한 소거된다. 이는 좌우 카메라에서 나오는 빛다발 중에서 대응하는 광선은 모두가 제대로 교차하여 실체 모델을 형성하게 된다. 하지만, 이 모델은 투영중심으로부터 공간에 내려 비추는 것이므로 축척과 수평이 제대로 맞지 않으며, 따라서 실제의 지형과는 정확한 상사관계가 이루어진 모델이 아니다. 실체시 사진측량에서는 이 실체모델에 의하여 측정을 하게 되므로 모델축척을 도화축척(지도축척)에 정확히 맞추어야 하며 모델의 수평면을 바르게 잡아야 한다. 그렇게 함으로써 모델의 좌표계를 지상의 측지좌표계에 합치(合致)시킬 수 있다. 이를 대지표정(對地標定)이라고 한다. 대지표정에는 축척($\lambda$), 방위각($\psi$), 공횡경사(common lateral tilt, $\Phi$), 공종경사(common longitudinal tilt, $\Omega$), 좌표전이(Origin Shift, $X_0$, $Y_0$, $Z_0$) 등 7개의 표정인자가 있다. 대지표정에서는 이 7개의 미지수를 결정하기 위하여 지상기준점의 좌표가 최소한 7개의 기지(既知)좌표를 제공하여야 한다. 즉, 최소한 평면기준점(X, Y) 2개, 표고기준점(Z) 3개, 계(X, Y), (X, Y), (Z), (Z), (Z) 등의 7개의 기지좌표가 필요하다. 따라서 대지표정을 위해서 실체시 모델에는 최소한 3점의 기준점이 필요하다. 하지만 실제의 도화작업에서는 일반적으로 모델당 6점의 기준점(pass point)을 선정한다. 이 기준점의 위치는 상호표정의 점들의 근처에다 두는 것이 보통이다.

**Absolute Position 절대위치(絶對位置)** ① 그래픽 화면상에서 나타나는 고정된 점의 위치. ② 3차원의 측지좌표(경도, 위도, 고도: 타원체면에서부터의 높이)와 3차원의 직교좌표(X, Y, Z)를 말한다. Absolute Location를 참조.

**Absolute Positioning 절대 위치결정** 공간상의 한 점의 위치를 주어진 좌표계 내에서 결정하는 것으로, 기준점을 설치하고 이에 대한 상대적인 다른 점의 위치를 결정하는 상대위치결정에 상반되는 개념이다. Point Positioning, Single Positioning을 참조.

**Absolute Zero 절대 영도** 0°K 또는 −273℃의 온도를 말한다.

**Absorbed Dose 흡수선량** [방사선] 물질의 단위 질량당 흡수된 방사선의 에너지를 말한다. 흡수선량의 단위로 그레이(Gray, Gy)가 사용되며, 1Gy는 1주울/킬로그램(J/kg)이다(「방사선방호 등에 관한 기준」 제2조 제4호). 모든 간접 또는 직접전리 방사선이 매질에 투여한 에너지(Energy Imparted)를 말한다.

**AC(alternating current) 교류(交流)** 흐름의 방향이 시간에 따라 주기적으로 변하는 전류 또는 전압을 말한다. 대표적인 교류는 사인파(sine curve)의 파형을 가지는 전류 및 전압이다. 1개의 파형의 시간을 주기(단위 : 초)라 하고, 주기의 역수, 즉 1초 동안의 파형의 수를 주파수(단위 : Hz), 파형이 최대가 되는 값을 최대값 또는 진폭(振幅)이라 한다.

**Acceleration Coefficient 가속도 계수** 가속도 계수 A는 (지진) 구역계수(Z)에 지진 위험도계수(I)를 곱한 값(무차원량)이다. Zone Factor, Peak Ground Acceleration 참조.

**Acceleration Sensor 가속도 센서, 가속도계(加速度計)** 이동하는 물체의 가속도나 충격의 세기를 측정하는 센서로서, Accelerometer(가속도계)라고도 한다. 가속도 센서는 가속도, 진동, 충격 등의 동적 힘을 감지하여 관성력, 전기변형, 자이로의 응용원리 등을 이용한 것으로 자동차나 항공기, 공장 자동화, 휴대폰과 로보틱스 등 첨단 제품에 사용되는 핵심기술 중의 하나이다. 움직이는 물체의 가속도나 방향을 측정할 수 있는 점 때문에 로봇이 자신의 위치나 동작을 인식하는데 주로 쓰이며 모바일 기기 등에도 수요가 급증하고 있다.

**Accelerometer 가속도계** 가속도를 측정하는 센서이다. 가속도 센서가 3축이라 함은 센서가 3차원에서 움직일 때 x축, y축, z축 방향의 가속도를 측정할 수 있다는 의미다. 기본적으로 가속도 센서는 정지상태에서 중력 가속도를 감지하기 때문에 z축 방향으로 -g값이다. 움직이는 물체와 견고하게 센서가 장착되어 있는 상태에서 센서의 초기 값은 모두 0이다. 이 상태에서 물체를 y축 방향으로 45도 기울여 보면, 기울어진 상태에서 z축 방향과 x축 방향으로 동일한 값의 가속도가 측정된다. 중력방향으로 g가 측정되어야 하므로 0.707g가 z축과 x축 방향으로 값이 나온다. 결과적으로는 z축과 x축 값의 비율을 atan으로 구하면 45도, 즉 기울어진 값을 알 수 있다. a정지상태의 긴 시간의 관점에서 보면 가속도 센서에 의해 계산된 기울어진 각도는 올바른 값을 보여주지만 자이로 센서에서는 시간이 지날수록 틀린 값을 보인다. 반대로, 움직이는 짧은 시간의 관점에서 자이로 센서는 올바른 값을 보여지만 가속도 센서는 기울어진 각도와는 다른 계산값이 나올 수 있다. 따라서 가속도센서와 자이로센서를 모두 사용해서 각각의 단점을 보상할 수 있는 알고리즘을 적용해서 롤 또는 피치 값을 계산한다. 많이 적용하는 보상 방법 및 필터링으로는 칼만 필터가 있다. Gyro Sensor 참조.

**Access Point 엑세스 포인트** AP(Access Point)를 참조.

**Accelerator 엑셀러레이터, 가속장치** 가속장치(Accelerator)라는 말에서 따온 것으로, 창업 초기 기업이 빨리 성장 궤도에 오를 수 있도록 자금과 멘토링 지원을 하는 프로그램을 말한다. 미국 실리콘밸리 와이컴비네이터(Y Combinator), 국내 프라이머 엔턴십 등이 대표적이다.

**Accommodation 초점 조절현상** [영상] 인간의 눈이 특정 지점에 초점을 맞추려는 생리적 현상으로 초점 적응현상으로도 불린다.

**Accuracy 정확도(精確度)** ① 측정하거나 계산된 양이 실제값과 얼마만큼 가까운지를 나타내는 자료의 신뢰도이며, 관측의 정교성이나 균질성과는 무관하다. 관측 및 계산 결과의 정확도 정도를 관측하기 위해서 사용되는 상대 및 절대기준. 표준 또는 실제값에 가까운 정도를 뜻하며, 종종 확률로 표시된다. ② GIS 데이터베이스의 정확도는 내용의 정확도, 지형 표현의 정확도, 자료의 시간적인 정확도와 도형과 비도형 정보의 위상적 보전을 고려한다. ③ 측정한 값 또는 양이 그 참값에 얼마나 가까운가를 나타내는 절대적인 근접성의 척도. 실제로 참값은 절대로 알 수 없는 값이므로 정확도는 항상 미지라고 할 수 있다.

**Achromatic 아크로매틱, 무채색** 무색, 색수차가 없다는 뜻을 가지고 있다. 아크로매틱의 색은 흰색, 검은색 혹은 중간 정도의 회색에 이르는 책색이 없는 물채색을 말한다. 색수차를 교정 또는 수정한 렌즈를 아크로매틱 렌즈라고 한다.

**Acid Mine Drainage(AMD) 산성 광산 배수** AMD(Acid Mine Drainage)를 참조.

**Acid Wastewater 산성폐수** pH가 낮은 폐수를 말한다. 하수관과 각종 하수처리의 금속성 기기류를 부식시키고 오·폐수처리에서는 미생물의 활동을 저해한다. 하수 속에 황화물이 많으면 황화수소가스를 발생시키고 시안이 함유되어 있으면 시안가스를 발생시킬 우려가 있어 모두 위험하다. 강산인 경우는 알칼리제로 중화침전처리를 하고, 유기산인 경우는 중화처리 후 생물학적 처리를 하여 방류하며, 산성 농도가 높을 때는 증발농축 등으로 산성 성분을 회수한다.

**ACN(AP Centric Network) 에이씨엔, 에이피 중심 네트워크** ACN은 100Mbps 속도의 초고속인터넷 서비스가 가능한 와이파이 네트워크로, 이통사업자가 와이파이 접속 지역에서 다양한 컨버전스서비스를 제공할 수 있는 인프라이다.

**Acoustic Prospecting Method 음파탐사법** 물이 가득 차 흐르는 관로(수도관)에 음파신호(sound wave signal)를 보내 수신기로 하여금 관내에 발생된 음파를 탐사하는 방법으로서 비금속(프라스틱, PVC 등) 수도관로 탐사에 유용하나 음파신호를 보낼 수 있는 소화전이나 수도미터기 등이 반드시 필요한 방법이다.

**Acousto-Optic Modulator (AOM) 음향 광학 변조기** AOM (Acousto-Optic Modulator)를 참조.

**Acquisition Assistance 획득 보조 정보** GNSS 신호는 대부분 대역 확산(Spread Spectrum) 신호로써 각 위성마다 서로 다른 도플러(Doppler) 주파수와 코드 위상(code phase)을 가지고 수신된다. 획득 보조 정보는 A-GNSS 단말기가 각 GNSS 신호를 신속히 탐색하도록 보다 정확한 코드 위상 가설 영역 및 도플러 주파수 가설 영역을 제공한다. 단말기로 전달되는 획득 보조 정보는 단말기가 속한 기지국의 GPS 시각 동기 및 자체 주파수, 그리고 기지국의 위치(또는 단말기의 대략적 위치) 등을 기준으로 만들어진다.

**Activation 액티베이션, 활성화(活性化)** ① 물질 재료가 지닌 기능을 활발하게 하는 것을 말한다. ② 생체물질이나 조직, 세포 등이 기능을 발휘하도록 하는 것을 말한다. ③ 방사선 에너지의 흡수, 전자선의 충격 등으로 원자나 이온 등을 고에너지 상태로 여기(勵起, excitation)시켜, 전자파 방사, 화학반응 촉진 등을 일으키는 것을 말한다. ④ 접점 표면이 오염되어 방전이 일어나기 쉽게 되는 현상을 말한다. ⑤ 휴대폰 및 기기 등을 사용할 수 있게 활성화 시켜주는 작업을 말한다.

**Active Badge 액티브 배지** Active Badge는 Xerox사에서 개발되었으며, 천장에 있는 적외선 센서들이 적외선 신호를 감지하여 배지(Badge) 형태의 적외선 발신기를 부착하고 있는 직원들의 위치를 추적하는 시스템이다.

**Active Earth Pressure 주동토압** 뒤채움재의 압력에 의해 벽체가 흙으로부터 멀어지는 변위를 일으킬 때 뒤채움채 흙은 수평방향으로 팽창하면서 파괴가 일어나는데 이때의 토압을 주동토압이라고 한다. Lateral Earth Pressure at Rest, Passive Earth Pressure를 참조.

**Active Electronically Scanned Array (AESA) Radar 능동형 전자주사 레이더** AESA(Active Electronically Scanned Array) Radar를 참조.

**Active Fault 활성단층(活性斷層)** 지진활동이 일어날 위험성이 높은 단층이다. 우리나라는 원자력안전위원회 고시(제2012-3호)의 '활성단층에 관한 기준'은 미국 연방법 10CFR Part.100을 준용하도록 돼 있고, 10CFR Part 100 Appendix A: "Seismic and Geologic Siting Criteria for Nuclear Power Plants"는 활성단층을 3만 5천 년 이내 1회, 50만 년 이내 2회 이상 움직인 단층으로 정의하고 있다. 미국 원자력규제위원회(NRC)는 원전으로부터 8km 이내에 길이 300m 이상의 이 같은 단층이 존재하면 원전을 설치할 수 없도록 규정하고 있다. 지질학계에서는 일반적으로 신생대 제4기, 즉 200만 년 전 이후 활동한 흔적이 있는 단층을 활성단층으로 분류하여 훨씬 넓은 개념을 적용하고 있지만, 원자력 분야에서는 이를 제4기 단층으로 분류, 활성단층과 구분한다.

**Active Glass Stereoscopic Technique 셔터안경 입체시 방식** 안경 입체 3D(Glass Stereoscopic 3D) 기술 중 하나로서, 고속 구동패널과 액정 셔터안경을 이용하여 좌안과 우안에 각각 다른 영상을 전달하여 3D를 구현하는 방식이다. 디스플레이 패널은 주기적으로 좌·우 영상을 순차적으로 재생하고, 이 신호와 동기화된 셔터안경이 좌·우안 셔터를 닫아 양안시차를 발생시킨다. 2D 대비 화질 저하가 없으며, 3D 풀 HD 해상도 지원이 가능하고 3D 구현에 있어 편광방식에 비해 저렴하나, 셔터안경과 동기가 맞지 않으면 어지러움을 느낄 수 있으며, 셔터안경 제작비용이 상대적으로 고가이고 안경에 액정 셀이 들어가므로 편광안경에 비해 상대적으로 두께감과 무게감이 있다. Passive Glass Stereoscopic Technique 참조.

**Active Matrix Organic Light-Emitting Diode(AMOLED) 능동 유기발광 다이오드(能動有機發光-), 아몰레드** AMOLED(Active Matrix Organic Light-Emitting Diode)를 참조.

**Active Mode 직접법** 수평위치탐사방법 중 한가지로서 능동형 탐사법이라고도 말하며, 송·수신기를 모두 사용하여 탐사한다. 지표면상에 노출된 맨홀, 취수전, 소화전, 등을 통하여 탐사대상물의 일부를 송신기와 연결하여 신호를 보내고 수신기로 탐사한다.

**Active Remote Sensing 능동형 원격탐사** 능동형 원격탐사는 인공적으로 발생시킨 극초단파(microwave) 전자파 에너지를 안테나를 이용하여 지표면을 향하여 보낸 후, 지표면으로부터 반사되어 되돌아오는 전자파 에너지의 경과 시간과 세기를 측정함으로써 지표면에 대한 영상 자료를 얻는다. 능동형 원격탐사는 극초단파 원격탐사(radar remote sensing) 혹은 레이더 원격탐사라고 한다. 수동형 원격탐사와는 달리 구름으로 가려진 부분에 대해서도 볼 수 있으며, 야간에도 영상을 획득하는 것이 가능하다는 장점을 가지고 있다. 그러나 능동형 원격탐사를 통해 제공되는 영상은 인간의 시각을 통하여 인식되는 영상과는 그 특징이 달라 활용에 어려움이 있으며, 장치 구조가 복잡하고 레이더 신호를 이용해 영상을 만들어내는 과정이 복잡하며, 에너지 소모가 심하여 위성의 수명이 짧다.

**Active RFID Tag 능동형 전자식별 태그** 자체적으로 내부 배터리(battery) 및 송신장치를 내장하고 있어 스스로 송신할 수 있는 RFID(전자식별) 단말장치로서, 리더기(reader)의 필요전력을 줄이고 리더기와의 인식거리를 멀리 할 수 있는 장점이 있으나, 전원공급 장치를 필요로 하기 때문에 작동 시간의 제한을 받는다.

**Active Sensor 능동적 탐사기, 능동형 센서** 탐사기에서 전자파를 발사하여 대상물에서 반사되는 전자파를 수집하는 방식으로서, 비주사 방식의 레이저 분광계, 레이저 거리 관측기와 주사방식의 측방향 레이더(Side-Looking-Radar)가 있다. 능동적 탐사기의 대표적인 것이 SAR이다. 파장 선택 방법(X대역, C대역, L대역) 및 송수신 편광 방법의 조합(HH, HV, VH, VV)에 따라 다른 영상이 만들어진다. 또, 영상 촬영 각도에 따라서도 영상이 크게 달라진다. 최근 레이저의 반사를 이용한 LiDAR측량도 대표적인 능동적 탐사방법이다.

**Active Service 능동적 서비스** 이용자가 해당 정보의 필요성을 인지하지 못하고 있는 경우라 하더라도 이용자에게 가치가 있을 것으로 판단되는 정보라면 서비스제공 사업자가 이용자에게 능동적으로 정보를 전달해주는 푸시(Push) 서비스를 의미한다.

**Active Shutter 3D 액티브 셔터 3차원** 3차원 안경이 수행해왔던 셔터 글라스 3차원 기술의 셔터 기술을 TV 패널단에 직접 적용하는 것으로 높은 해상도가 강점이다.

**Activated Sludge Method 활성 슬러지법** 폐수처리에 수용되는 생물학적 방법으로 폐수와 활성슬러지와의 혼합물을 혼합시켜 공기를 주입시킴으로서 생물학적으로 폐수를 처리하는 방법을 말한다.

**Active System 능동적 체계** ① 신호를 발사하고 그 반사 특성을 관측하는 장치이다. ② 원격 탐사에서 물체가 감지됨에 따라 반사되거나 분사되는 전자기 복사의 원천을 공급해주는 체계를 말한다.

**Active Tag 능동적 태그** 태그에 전지가 내장되어 자체전원으로 식별한 정보를 지속적으로 송신하는 태그로서 수동(Passive)형이 수 mm에서 최대 1m 전후인 데 반해, 능동(Active)형은 10~15m, 조건에 따라서는 30m까지 가능하다.

**ActiveX 액티브 엑스** 마이크로소프트사(Microsoft Corporation)가 개발한 재사용 가능한 객체 지향적인 소프트웨어 구성 요소 개발에 사용되는 기술이다. 액티브X는 컴포넌트 오브젝트 모델과 객체연결삽입(OLE)을 적용해 WWW로부터 다운로드받은 컨텐츠들을 이용하는 데 이용된다. 액티브X는 전반적인 기술 혹은 기술을 구현하는데 필요한 구성요소를 가리키며, 액티브X 컨트롤은 액티브X를 이용해 만든 작은 프로그램을 말한다. 대부분 액티브X는 인터넷 익스플로러의 플러그인을 만드는 데 사용된다. 주요기술은 COM이다. COM(Component Object Model, 컴포넌트 오브젝트 모델)은 마이크로소프트가 개발한 소프트웨어 구성요소들의 응용 프로그램 이진 인터페이스이다. COM을 이용해 개발된 프로그램들은 프로세스 간 통신과 동적 오브젝트 생성이 가능하다. 소프트웨어 개발에서는 COM이라는 용어를 종종 OLE, OLE 자동화, ActiveX, COM+, DCOM 기술을 포함하는 포괄적 개념으로 사용한다. 다양한 플랫폼에서 COM이 구현되었지만, 주로 마이크로소프트 윈도에서 사용된다.

**Activity($A_c$) 활성도** 소성지수와 세립자 함량의 비율이다. 즉, $A_c = \frac{PI}{\text{입경 } 0.002\text{mm 이하 점토 함유량}}$. 흙의 상태변화에 필요한 함수비는 입자의 단위중량당 표면적에 따라 달라지는데, 활성도는 흙이 물을 흡수하려는 정도를 나타내며, 활성도가 큰 흙은 팽창잠재력(swelling potential)이 크다. 따라서 활성도가 클수록 소성지수가 크게 되어 공학적으로 불안정하다. 한편, 활성도는 점토광물의 종류를 판단하는데 사용되기도 한다. 즉, (1) 비활성 점토 : $A_c < 0.75$, Kaolinite를 주성분으로 하는 점토, (2) 보통 점토 : $0.75 < A_c < 1.25$, Illite를 주성분으로 하는 점토, (3) 활성 점토 : $A_c > 1.25$, Montmorillonite를 주성분으로 하는 점토. Atterberg Limits 참조.

**Activity Book 액티비디 북** 주로 아이들을 대상으로 하는 책. 게임, 퍼즐, 색칠하기, 쓰기, 그리기 같은 상호작용 콘텐츠를 담고 있다. 인터넷 익스플로러에 플러그인 형태로 설치, 파일 업로드나 전자 결제 등 특정 기능을 수행하는 프로그램이다.

**Act on Land Survey, Waterway Survey and Cadastral Records 측량 · 수로조사 및 지적에 관한 법률** 이 법은 측량 및 수로조사의 기준 및 절차와 지적공부(地籍公簿)의 작성 및 관리 등에 관한 사항을 규정함으로써 국토의 효율적 관리와 해상교통의 안전 및 국민의 소유권 보호에 기여함을 목적으로 한다(「측량·수로조사 및 지적에 관한 법률」 제1조). 제1장 총칙, 제2장 측량 및 수로조사, 제3장 지적(地籍), 제4장 보칙, 제5장 벌칙 등 크게 5개의 장(章, Chapter)으로 구성되어 있으며, 총 111개의 법조항 및 부칙으로 이루어져 있다.

「측량·수로조사 및 지적에 관한 법률」(측량수로지적법)은 2014년 6월 3일 「공간정보구축 및 관리 등에 관한 법률」로 개정(법률 제12738호)되었으며, 2015년 6월 3일부로 "폐기"되었다. 이는「측량·수로조사 및 지적에 관한 법률」은 공간정보의 구축을 위한 측량 및 수로조사의 기준 및 절차와 지적공부의 작성 및 관리 등에 관한 사항을 규정한 것이므로, 법제명을 「공간정보의 구축 및 관리 등에 관한 법률」로 변경하였으며, 2015년 6월 4일부로 시행되었다. Act on the Establishment, Management, etc. of Spatial Data(공간정보구축 및 관리 등에 관한 법률) 참조.

**Act on the Establishment, Management, etc. of Spatial Data 공간정보구축 및 관리 등에 관한 법률** 이 법은 측량 및 수로조사의 기준 및 절차와 지적공부(地籍公簿)·부동산종합공부(不動産綜合公簿)의 작성 및 관리 등에 관한 사항을 규정함으로써 국토의 효율적 관리와 해상교통의 안전 및 국민의 소유권 보호에 기여함을 목적으로 한다(「공간정보구축 및 관리 등에 관한 법률」 제1조). 제1장 총칙, 제2장 측량 및 수로조사, 제3장 지적(地籍), 제4장 보칙, 제5장 벌칙 등 5개의 장(章, Chapter)으로 구성되어 있으며, 총 111개의 법조항 및 부칙으로 이루어져 있다.

「측량·수로조사 및 지적에 관한 법률」(측량수로지적법)이 2014년 6월 3일 「공간정보구축 및 관리 등에 관한 법률」로 개정(법률 제12738호)되었으며, 2015년 6월 4일부로 시행되었다. 한편, 2013년 7월 17일 일부 개정(법률 제11943호)되어 개정된 법이 2015년 7월 1일 시행되었으며, 2015년 7월 24일 타법 개정(법률 제13426호)따라 개정법이 2016년 1월 25일 시행될 예정이다.

• 개정이유 : (1) 「측량·수로조사 및 지적에 관한 법률」은 공간정보의 구축을 위한 측량 및 수로조사의 기준 및 절차와 지적공부의 작성 및 관리 등에 관한 사항을 규정한 것이므로, 제명을 「공간정보의 구축 및 관리 등에 관한 법률」로 변경하려는 것임. (2) 측량업 정보를 효율적으로 관리하기 위한 측량업정보 종합관리체계를 구축·운영하고, 측량용역사업에 대한 사업수행능력을 평가하여 공시하도록 하여 공공 발주시 측량업체선정의 객관성을 확보할 수 있도록 개선하려는 것임. (3) 측량업의 등록 질서를 확립하기 위해 고의적으로 폐업한 후 일정기간 내 재등록할 경우 폐업 전 위반행위에 대한 행정처분 효과의 승계는 물론 위반행위에 대해 행정처분이 가능하도록 함과 동시에 자진폐업을 한 경우에도 폐업 전에 수행중인 측량업무를 계속 수행할 수 있도록 개선하려는 것임. (4) 공간정보산업의 건전한 발전을 도모하기 위해 현행법에 따른 "측량협회"와 "지적협회"를 「공간정보산업 진흥법」에 의한 "공간정보산업 협회"로 전환함과 동시에 현행법에서 협회 관련 조문을 삭제하며, "대한지적공사"의 공적기능을 확대하고 공공기관으로의 위상변화에 맞게 "한국국토정보공사"로 명칭을 변경하며 그 설립근거를 이 법에서 삭제하고 「국가공간정보에 관한 법률」로 이관하려는 것이다.

• 주요내용 : (1) 법제명을 「공간정보의 구축 및 관리 등에 관한 법률」로 변경함. (2) 국토교통부장관이 측량업정보(측량업자 자본금, 경영실태, 업무 수행실적 등)를 종합적으로 관리하도록 하고, 이를 관련기관 등에 제공할 수 있도록 하며, 측량업정보 종합관리체계의 구축·운영의 근거를 마련함(제10조의2 신설). (3) 국토교통부장관은 발주자가 적정한 측량업자를 선정할 수 있도록 측량용역사업에 대한 사업수행능력을 평가하여 공시하도록 하고, 측량업자는 평가 및 공시를 받기 위하여 측량용역 수행실적 등을 국토교통부장관에게 제출하도록 함(제10조의3 신설). (4) 국가안보와 국익을 해칠 우려가 있는 측량성과의 경우 원칙적으로 국외로 반출할 수 없으나, 국가정보원장 등 관계기관의 장과 구성한 협의체에서 반출하기로 결정한 경우는 예외적으로 반출할 수 있도록 함(제16조 제2항 및 제21조 제2항 단서 신설). (5) 측량업자가 폐업신고 후 다시 동일한 측량업을 재등록할 때에는 폐업신고 전 측량업자가 받은 행정처분의 효과가 승계(6월 이내)되도록 하고, 폐업신고 전의 위반행위(과실측량 등)에 대한 행정처분이 가능하도록 함(제52조의2 신설). (6) 자진폐업 시에도 등록취소 또는 영업정지 처분을 받은 경우와 같이 폐업신고 전에 체결된 측량업무를 계속 수행할 수 있도록 개선함(제53조 제1항). (7) 공간정보산업의 건전한 발전을 도모하기 위해 "측량협회"와 "지적협회"를 「공간정보산업 진흥법」에 의한 "공간정보산업협회"로 전환함과 동시에 이 법에서 협회 관련 조문을 삭제함(현행 제56조 삭제). (8) "대한지적공사(현 한국국토정보공사)"의 공적기능 확대에 따라 그 설립근거 및 사업범위를 공간정보에 관한 기본법적 성격인 「국가공간정

보에 관한 법률」로 이관하고, 이 법에서 관련 조문을 삭제함(현행 제58조부터 제63조 삭제). (9)측량업정보 종합관리체계 구축·운영, 측량업자의 측량용역사업에 대한 사업수행능력 공시 및 실적 등의 접수 및 내용의 확인, 측량기준점(지적기준점에 한함)의 관리 업무 등에 대한 위탁 근거를 마련하고, 위임·위탁의 대상에 한국국토정보공사를 추가한다(제105조 제2항 제1호의2, 제1호의3, 제12호 및 제13호 신설).

**Actuator 액추에이터, 구동부** 각종 제어시스템으로, 작동 에너지를 기계적인 변위나 응력으로 변환하는 부품이다. 유압 액추에이터의 경우, 브레이크나 스티어링 등으로 사용되는 유압 실린더식(직선운동용) 외에 유압 모터식(회전운동용)도 있다. 전자기술의 진보와 함께, 압전(圧電), 전왜(電歪), 자왜(磁歪), ER 유체나 열, 광방식(光方式) 등에 의한 새로운 타입의 액추에이터도 등장하고 있다. 드론에서는 기체(機體)에서 모터나 프로펠러, 변속기 등 기체의 물리적인 움직임을 관장하는 부분으로서 모터와 변속기를 "구동부"라고 한다.

**ADB(Asian Development Bank) 아시아 개발 은행** ADB는 1966년 아시아·태평양 개발도상국의 경제성장과 협력촉진, 지원을 목적으로 설립되었으며 현재 67개 회원국으로 구성되었다. ADB의 자금은 OCR(Ordinary Capital Resources) 역내 개발도상국의 개발사업, SFR(Special Funds Resources)의 유상차관과 기술협력으로 구성되어있으며 그 외 기술지원특별기금, 일본특별기금이 있다.

**A/D Converter(Analog to Digital Converter) 아날로그-디지털 변환기, 아날로그 투 디지털 컨버터** 신호를 아날로그 형식에서 디지털 형식으로 변환하는 디바이스(장치)로서, ADC, A/D, A to D라고 표현하기도 한다. 일정한 간격으로 아날로그 신호를 샘플링 한 후, 샘플링한 아날로그 수치를 각 시스템에서 사용하는데 적합한 수치로 양자화(digital)한다. 이와 같은 샘플링 조작이 충분히 이루어지면 디지털 신호는 아날로그 신호를 충실히 재생할 수 있게 된다. 아날로그 신호는 저장이나 조작의 편리성이 디지털 신호보다 어렵기 때문에 현재는 디지털화를 많이 한다. 신호전송 시, 일반적으로 아날로그 신호로 디지털 신호를 변환되면 신호의 잡음 등에 유리하다. 단지 변환 시 생기는 왜곡은 감수해야 한다. 따라서 아날로그를 디지털화하여 신호를 조작하고 다시 디지털-아날로그 변환회로(DAC)를 통해 아날로그로 변환한다.

**Address Matching 주소 정합, 주소 매칭** ① 도로의 주소나 면적(인구분포 조사를 위한 구역과 지역, 행정구역 단위) 혹은 확정되지 않은 빌딩의 위치나 긴급한 상황이 발생한 장소 등과 한 기준점과의 상대적 위치관계를 말한다. ② 특정한 사건이 발생한 장소의 주소나 위치를 기록하여 이를 속성자료로 보관하고, 필요에 따라 그 위치를 지도상에서 쉽게 찾을 수 있도록 하는 기능이다.

**Address Matching and Incident Mapping 주소 정합 및 사건 발생지 표시도 작성** 주소정합은 지도상의 위치를 거리의 주소와 연관시키는데 사용된다. 주소정합에서는 도로망, 수계망, 그 밖의 기본적인 요소들을 참조할 수 있는 지도상에 사건이나, 요소(예, 홍수로 인해 위험한 가옥 등)의 위치를 점으로 표시하는데 적용한다. 사건 발생지 표시도는 일반적으로 도로구획 또는 블록에 대해 주소가 부여되어 있는 도로 기본도를 이용하여 생성된다.

**Address Range 주소 범위** 하나의 블록에 있는 거리의 한 측면에서 가장 높은 수에서 가장 낮은 수(넘버)까지의 범위를 말한다.

**Adenosine Triphosphate(ATP) 에이티피, 아데노신 3인산** ATP(Adenosine Triphosphate)를 참조.

**Adhoc 애드 혹** 라틴어 Ad hoc(애드 혹)은 "특별한 목적을 위해서"라는 뜻의 라틴어로서 특정한 목적의, 임시방편의 등을 의미한다. Ad hoc 네트워크는 임시방편의 네트워크라는 뜻으로서 기존유선 네트워크 환경에서 제공하는 통신 인프라의 지원을 받을 수 없는 곳에서 이동 단말기 간의 라우팅 절차만으로 데이터의 송수신을 수행하는 무선 네트워크를 뜻한다. 자연 재해, 전시 상황과 같이 기반 시설이 없는 환경이나 기지국, AP 등의 고장으로 인해 유선 네트워크와의 단절이 발생한 경우에도 이동단말기 자신이 단말의 기능뿐 아니라 라우터, 서버의 역할도 수행하며, 네트워크 내의 단말 각각의 동적 상태 및 위상 변화를 실시간으로 반영하여 신뢰성 있는 통신을 가능하게 한다.

**Adjacency 인접성** 서로 이웃하여 있는 폴리곤간의 관계를 의미한다. 하나의 폴리곤의 정확한 인접성 파악을 위해서는 해당 폴리곤에 관한 사항이 세부적으로 파악되어야 한다. 또한 이웃하여 있는 경우에는 상·하·좌·우와 같은 상대적 위치성도 파악되어야 할 중요한 요소이다. Topology를 참조.

**Adjacency Analysis 인접분석** ① 같은 속성값을 갖는 지역을 탐색하거나 분류하는 분석을 말한다. ② 인접성은 대상물의 주변에 존재하는 대상물과의 관계를 의미한다. 대상물의 관계는 지도에 존재하는 모든 종류의 자료를 이용하여 표현될 수 있다. ③ 기준 다각형 대상물에 인접한 다각형 대상물들의 검색을 말한다.

**Adjacent Channel Selectivity 인접 채널 선택도** 인접 채널에 존재하는 방해파에 대한 선택성을 나타내는 것으로, 시험대상 기기의 수신감도와 인접채널에 존재하는 방해신호(Unwanted Signal)의 레벨비를 dB 단위로 나타낸 것을 말한다(「무선설비의 적합성평가 처리방법」 제3조).

**Adjustable Autonomy 조정 가능 자율도** 인간과 로봇의 사이의 능력을 조절하고 균형을 맞추는 데 중요시되는 개념이다.

**Adjustment 조정(調整)** ① 기계를 정상 상태로 조절하는 조작을 말한다. ② 위성 영상의 다중 투영 중심을 한 점의 투영 중심으로 수렴시키는 계산을 수행할 수 있도록 회전하는 현상을 말한다. ③ 인접점과 최대한으로 잘 부합되도록 좌표 변환 혹은 보강하는 작업으로, 이는 조정 기술상 변환된 점이 새 좌표계에서 가장 적합한 위치가 되도록 하기 위해서이다. 적합은 기하적인 의미인데 반해서 조정은 계산 절차상의 의미를 갖는다.

**Adjustment of Network 망조정** 관측된 거리, 각도, 방위각 및 기준점 좌표값을 이용한 망(network)조직에 의하여 각 측점의 좌표를 구하는 것을 말한다.

**Admatch 주소정합** 도로의 주소나 면적(인구분포 조사를 위한 구역과 지역, 행정구역 단위) 혹은 확정되지 않은 빌딩의 위치나 긴급한 상황이 발생한 장소 등과 한 기준점과의 상대적 위치 관계를 말한다.

**ADS-B(Automatic Dependence Surveillance-Broadcast) 자동종속감시시설-방송** 「항공정보 및 항공지도 등에 관한 업무기준」 제2조에서 "자동종속감시시설-방송(Automatic dependent surveillance-broadcast, ADS-B)"은 항공기, 공항 차량과 다른 물체가 자동으로 식별, 위치 추가적 정보 등을 데이터 링크를 통하여 방송 모드를 송·수신할 수 있는 도구로 정의하고 있다. ADS-B는 차세대 항행시스템으로서, 이 기술은 조종실내의 조종사와 지상의 관제사가 동시에 항공교통량과 환경을 볼 수 있는 장치로서, 이전의 레이더 등의 보다 정밀한 것이 특징이다. 기존 레이더와 달리 낮은 고도에서도 또는 항공기 상호간에도 감시할 수 있고, 탐지시간(약 1초)도 레이더(약 5~10초)보다 단축되고 정확도 및 신뢰성이 향상된 최신 항행 안전 시스템이다. 항행안전시설이란 항공기가 공항을 이륙하여 목적지 공항까지 비행하여 착륙할 때까지 모든 과정에 필요한 제반 비행정보를 제공해주는 시스템이다. 향후 국제민간항공기구(ICAO)의 2020년대 위성항법으로 전환 계획에 맞추어 ADS-B 및 GBAS 등 차세대 항행시스템 개발을 추진하고 있다. ADS-B는 일반적으로 항공기 또는 지상차량에 장착된 GNSS 수신기 및 GPS로부터 얻어진 자신의 위치정보 및 기타정보를 데이터링크를 통해 규정된 시간간격에 따라 지상·공중에 방송한다. 이 정보는 지상의 항공교통관제국과 항공기의 비행정보 디스플레이(CDTI:Cockpit Display Traffic Information)에 정확하고 폭넓은 자료를 보여준다. 이 때문에 공항지상의 항공기, 차량뿐만 아니라 250NM 이내 항로상을 비행하는 항공기의 비행정보와 상태정보를 실시간으로 감시가 가능한 새로운 항공감시개념이라고 할 수 있다.

ADS-B와 레이더(RADAR)의 차이점은 레이더는 지형장애물(높은 산)의 영향을 많이 받아 전파가 도달하지 않는 미탐지 구역이 발생할 수 있고, 매우 낮게 저고도로 비행하는 항공기 탐지가 되지 않을 수도 있으나, ADS-B는 위성을 이용하여 항공기가 스스로 위치를 파악하여 상공에서 지상에 있는 관제기관으로 항공기 자신의 위치를 전송하므로 저고도 항공기도 탐지할 수 있는 차세대 항공감시 기술이다.

ADS-B는 레이더와 달리 목표물에 전파를 보내 반사파를 받을 필요가 없는 장치로서, 위성을 이용한 GPS(Global Positioning System)를 기본으로 하고 있어 탐색범위에 장애가 있는 레이더보다 더 신뢰할 수 있다. 각각 항공기에 장치된 ADS-B는 '방송'을 하는 데 그 내용은 공역상의 정밀한 위치다. 정밀 위치 정보와 함께 속도, 고도, 회전, 상승과 하강 등의 정보를 디지털 데이터로 링크화하여 방송을 한다. 이러한 방송은 또 다른 ADS-B를 장치한 곳으로 레이더 보다 더 정확한 항공교통량 및 환경을 정밀하게 제공을 한다. 이 장치는 가볍고 작으며 항공기에 탑재되는 장치의 표준으로 제작할 수 있게 되었다. 따라서 운항중인 조종사는 물론 지상 관제사에게 실시간으로 항공교통량과 환경을 나타내어 줄 수 있다. 특히 ADS-B는 레이더로 탐색하기 어려운 곳인 저고도와 지상, 즉 공항의 활주로와 유도로의 교통량도 모니터 할 수 있다. 그리고 리모트 지역, 산악지형으로 레이더의 탐색범위를 벗어나거나 탐색이 제한되는 지역까지 모니터링 할 수 있다. ADS-B의 최대 장점은 지상 관제사와 비행중인 조종사에게 항공 교통정보를 동시에 실시간으로 제공할 수 있다는 점이다.

**ADS Series 이디에스 시리즈** 라이카(Leica)사의 ADS 항공 이미지 센서로서, 라지(Large) 포맷 디지털 이미지 센서이다. 일반 사진 측량 및 원격탐사 어플리케이션의 활용도가 중복되어서 라이카 ADS100는 매우 높은 정확도를 갖는 방사측량을 제공하며 최대 ROI를 제공한다. 라이카 XPro 소프트웨어를 사용하면 ADS100의 와이드 폭이 24,000 픽셀로 넓어지며 QC를 사용하여 이미지 품질을 즉시 확인 또는 4 밴드 정사 이미지와 같은 최종 결과물을 빠르게 생성할 수 있다. 멀티 스펙트럴 컬러(20,000 픽셀 RGBN)를 효과적으로 데이터 획득이 가능하며, 선택 가능한 TDI 단계로 민감성 향상 및 연계가 가능하다. 향상된 사이클 타임으로 더 조밀한 GSD를 보다 빠르게 획득할 수 있다. 풀 컬러 RGBN은 Forward, Nadir, Backward를 지원하여 편리하게 스테레오 이미지 혼합이 가능하며, 연료 소모를 줄일 수 있는 엠비디드 Novatel SPAN GNSS/IMU 장착을 할 수 있다.

**AdSense 애드센스** 광고주를 위한 애드워즈와 대비되는 구글의 광고 프로그램이다. 웹사이트 소유자는 애드센스에 가입함으로써 광고 수익을 구글과 나눌 수 있다. 광고 수익은 사용자가 애드센스 광고를 클릭함으로써 광고게시자는 구글에 광고비를 지급하고, 구글은 그렇게 적립된 광고비를 웹사이트 제작자와 나누어 갖는다. 애드센스는 구글에 가입된 광고풀 가운데 웹페이지와 가장 연관성이 높은 광고가 나오게 되지만, 그렇지 못한 경우에 공익광고가 나오게 된다. 공익광고는 사용자가 클릭을 했다고 해도 수익이 생기지 않는다.

**ADSP(Application Digital Signal Processor) 디지털 신호 처리 프로그램** 동영상이나 음악을 재생할 수 있도록 파일을 압축, 변환하는 장치. 멀티미디어 기능을 지원하는 하드웨어적인 부분과 소프트웨어를 연결할 수 있는 정보를 합해 'ADSP 관련 인터페이스 정보'라고 한다.

**Advanced Metering Infrastructure(AMI) 양방향 원격검침, 양방향 검침 인프라** AMI(Advanced Metering Infrastructure)를 참조.

**Advanced Mobile Phone Service(AMPS) 앰프스** AMPS (Advanced Mobile Phone Service)를 참조.

**Advanced Power Reactor(APR) 1400 한국 신형 원전** APR(Advanced Power Reactor) 1400을 참조.

**Advanced Persistent Threat(APT) 지능형 지속공격** APT(Advanced Persistent Threat)를 참조.

**Advanced Television Standards Committee(ATSC) 미국 디지털 방송 표준위원회** ATSC(Advanced Television Standards Committee)를 참조.

**Advanced Very High Resolution Radiometer(AVHRR) (개량형) 고능분해 복사계, 고성능 고해상도 방사계** AVHRR(Advanced Very High Resolution Radiometer)을 참조.

**Advocacy Blog 여론 블로그** 어떤 사안에 대한 관점을 발전시키거나 여론에 영향을 미치기 위해서 운영하는 블로그. 어떤 사안을 위해 모금하는 데 자주 이용되기도 한다. 이때 모금 방법으로 파트너십 프로그램이나 후원회, 메시지 전달형 광고, 직접적인 기부 등이 있다.

**AdWhirl 애드휠** 애플 앱스토어의 프로그램을 이용한 대표적인 광고회사이다.

**Adverse Selection 역선택** 정보의 격차가 존재하는 시장에서는 도리어 품질이 낮은 상품이 선택되는 가격왜곡현상으로, 불완전한 정보에 기초하여 행동하기 때문에 발생하는 비정상적인 선택(불리한 선택)으로서, 정보력을 많이 가진 집단이 정보력을 갖지 못한 집단에 대해 정보의 왜곡이나 오류를 통해 이익을 취하는 선택의 여지를 많이 갖도록 하는 행위를 말한다.

**AdWords 애드워즈** 모바일기기를 통해 구글 검색을 할 때 검색 결과에 나타나는 짧은 문자나 이미지 광고를 말한다.

**AdZone 애드존** SK텔레콤에서 USIM기반 메모리를 활용해 고객이 사전 지정한 지역에 진입할 경우 쿠폰·광고 등을 전송하는 맞춤광고서비스를 말한다.

**Aeolian Soil 풍적토** 바람에 의하여 운반 퇴적된 것을 풍적토라 하며, 풍적토의 종류에는 레스(loess : 실트크기 이하의 토립자가 대기 중에 날리어서 운반된 것)와 사구(sand dune : 모래 크기 정도의 조립토가 지표면상에서 움직이면서 운반된 것) 등이 있다. 풍적토는 일반적으로 간극비가 크고 일정한 입경을 가지며, 연직방향으로 균열이 생기고 점성이 없기 때문에 물에 포화되면 쉽게 붕괴된다. 일반적으로 기초 지반으로는 부적합하다. 풍적토를 붕괴성 흙(collapsible soil)이라고도 한다.

**Aerial Cableway 가공삭도(架空索道)** 공중에 가설한 강철줄에 운반차를 매달아 사람, 화물, 광석 등을 운반하는 공중 케이블카, 콘베어 벨트, 스키 리프트 등을 말한다.

**Aerial Domain 영공(領空)** 국제법상 개별국가의 영토와 영해 상공의 공간에는 그 국가의 주권이 인정되어 있다. 이 공간을 영공이라고 하고 거기에서 이루어진 국가의 주권을 영공주권이라고 한다. 즉, 영공은 영토와 영해의 한계선에서 수직으로 그은 선의 내부공간을 말한다. 영공의 범위에 대해서는 영공무한설·인공위성설·실효적 지배설 등이 있으나, 대기권에 한정된다고 보는 것이 일반적이다. Territorial Sea를 참조.

**Aerial LiDAR 항공 레이저 측량, 항공 라이다 측량, 라이다 측량** LiDAR를 참조.

**Aerial Perspective 공기투시** [영상] 먼지, 물방울, 오염물질 등이 섞여있는 대기를 통해서 멀리 있는 대상을 보게 되면 가까이 있는 대상들 보다 더 희미하고 흐리거나 대비가 약하게 보이는 것을 말한다.

**Aerial Photo Surveying 항공 사진 측량(航空寫眞測量)** 항공기나 기구 등에 의해 촬영된 항공 사진을 이용하여 형상(지형·지물)에 관한 정보를 파악하고 지형도 등을 작성하는 측량기술. 주로 중복 촬영된 수직사진의 입체모델에서 도화한다.

**Aerial Photogrammetry 항공 사진 측량(航空寫眞測量)** 항공사진의 역사는 1858년 파리의 사진가가 기구에서 육상의 사진을 찍는 것에서 시작되었다. 항공사진 측량은 항공기 및 기구 등에 탑재된 측량용 사진기로 촬영된 사진(또는 중복 촬영한 사진)을 이용하여 지형도 작성 및 판독에 주로 이용하며, 사진 판독(Photographic Interpretation)에 의한 환경 및 자원 해석, 형상해석 등을 하는 측량 방법이다. 지도를 제작하기 위해 항공사진을 촬영하고 해석법에 의하여 중복 투시영상을 정사투영으로 변환시켜 피사체의 위치, 형상 및 특성을 결정하는 기법을 의미한다. 항공사진측량은 기존의 측량에 비해 피사체의 특성 등 정성적인 측량이 가능하고 움직이는 형상을 분석할 수 있으며, 정확도가 균일하고, 접근하기 어려운 지역의 관측이 가능하다는 장점이 있다. 그러나 시설비용이 많이 들고 사진에 나타나지 않는 부분에 대해서는 현장조사로 보완해야 하는 단점이 있다.

**Aerial Photograph 항공 사진(航空寫眞), 공중 사진** 기구, 인공위성, 항공기 등에서 지구의 표면을 찍은 사진. 지표를 바로 위쪽에서 촬영한 것을 수직사진(경사가 3도 이내), 비스듬히 촬영한 것을 사각사진(경사가 3도 이상)이라 한다. 사진측량, 사진판독 등의 전문적인 분야에서 사용되고 있는 것은 대개 수직사진이며, 사각사진은 보도용으로 이용된다. 수치도화 방법에 의한 제작은 비용이 고가이지만, 최신 정보를 획득하고 정확도를 확보하기 위해서는 가장 좋은 방법이다.

**Aerial Triangulation 사진 기준점 측량, 항공 삼각 측량** 많은 항공사진을 서로 접합 또는 연결하여 블록(Block)을 형성하고 이러한 블록을 하나의 실체모델과 같이 취급하여 적은 수의 지상기준점을 사용하여 블록 전체에 대한 대지표정을 완료하고, 블록 안에 포함하여 있는 각 실체 모델의 대지 표정에 필요한 기준점은 도화기에 의하여 실체 모델 안에서 구하거나 계산에 의하여 구하는 것을 말한다. AT를 수행하기 위해서 영상에서 식별이 용이하면서 지상좌표계로 좌표값이 정확하게 주어진 지상기준점이 필요하다. 현재 사용되는 지상기준점은 평면과 수준으로 구분하여 실시하며, GNSS 등을 이용하여 직접 측량 방법을 통해 취득하거나 수치지형도 등에서 간접적으로 취득한다.

**Aerobic Respiration 유기호흡(有氣呼吸)** 생물체가 산소를 소비하면서 '호흡 기질'을 산화·분해하여 생활에 필요한 에너지를 얻는 과정으로서, 단순히 '호흡' 또는 '산소 호흡'이라고도 한다. 호흡 기질(呼吸基質, respiratory substrate)은 호흡의 재료로 사용되는 물질로서 유기 호흡에 이용되는 호흡 기질로는 탄수화물·단백질·지방의 3대 영양소가 있는데, 이 중에서도 특히 탄수화물, 탄수화물 중에서도 포도당이 주로 이용된다. 유기 호흡은 산소를 이용하여 포도당을 이산화탄소와 물로 분해하는 과정으로서, 유기호흡은 무기호흡에 비해 같은 양의 영양소로부터 더 많은 에너지를 얻으며, 사람을 포함한 대부분의 고등 동식물의 세포들은 유기 호흡을 통해 생명 활동에 필요한 에너지원인 ATP를 합성하는 과정이다. 포도당 1분자는 산소호흡의 전 과정을 통해 $6CO_2$와 $12H_2O$로 분해되면서 38분자의 ATP를 생성하며, 포도당 1몰이 완전히 산화되면 686kcal의 에너지가 방출되는데, 이 중 약 277kcal(38ATP)만 저장되고, 나머지는 열에너지로 방출되어 체온유지에 쓰인다.

**Aerodrome 비행장, 공항** [항공] 지상 및 해상에(건물, 시설 장비를 포함) 항공기의 도착, 출발 및 지상 이동을 위하여 전부 또는 일부를 사용하는 일정지역을 말한다.

**Aerodrome Elevation 비행장 표고(飛行場 標高)** [항공] 비행장의 착륙 지역 중에서 가장 높은 지점의 표고를 말한다.

**Aerosol 에어로졸, 연무질** 대기 중 부유하는 고체 및 액체입자를 나타내는 것으로 황사발생에 따른 모래먼지, 화재나 고온 불완전 연소에 의한 블랙카본, 미세먼지 등을 포함한다. 대기 중에 부유하는 고체 또는 액체상의 작은 입자로서 0.001~100$\mu m$ 사이의 크기 범위를 가진다. 주로 지상에서 발생하여 대기 중으로 유입되는 에어로졸은 그 입자크기에 따라 대기 중 부유시간 및 이동범위가 달라지므로 시공간적인 농도 변동성이 크다. 일반적으로 대기 중 수일에서 1달 정도 체류하며, 태양에너지를 흡수 산란시켜 대기질 및 기후변화에 지대한 영향을 미치고 있다. 특히 황사 발원지의 사막화 경향은 황사의 빈도와 강도를 증가시켜 그 피해규모를 더욱 확장시키는 추세이며, 산림화재나 경작지 개간 시의 생체질량(biomass) 연소과정도 점차 빈번해지고 있어 그 증가추이가 관심을 받고 있다. 에어로졸에 의해 발생하는 태양에너지의 흡수와 산란의 효과가 지구의 기후변화에 직접적으로 매우 중요한 영향을 미칠 뿐만 아니라 에어로졸 자체가 구름 및 강수와 관련된 물리과정에 관여함으로써 간접적인 기후변화 효과를 야기하기도 한다. 기후적 효과뿐만 아니라 에어로졸이 인간의 활동이나 건강에 미치는 영향력은 매우 크다. 에어로졸은 호흡을 통하여 인체 내에 흡입됨으로써 기관지에 침착되거나 폐까지 유입되어 건강에 악영향을 미치고 정밀함이 요구되는 산업 등에 피해를 줌으로써 경제적 불이익을 일으킬 수 있다.

**AESA(Active Electronically Scanned Array) Radar 능동형 전자주사 레이더** 레이더 빔의 방향을 순간적으로 바꿀 수 있어 다수의 표적을 실시간으로 추적하여, 조종사의 상황 인식 능력을 혁신적으로 향상시킬 수 있다. 스텔스 관점에서도 기존 레이더 대비 매우 유리하다.

**AF(Automatic Focus) 자동 초점조정** [영상] 렌즈의 초점 조정을 자동으로 행하는 방법으로 다음과 같은 종류가 있다. (1) 초음파 AF방식 : 초음파를 발사하여 반사되는 파의 지연시간으로 거리를 측정하는 방식, (2) 적외선 AF방식 : 적외선을 삼각측량의 원리에 의해 거리를 측정하는 방식. (3) 위상차 AF방식 : 홀센서를 이용한 방식, (4) 콘트라스트 AF방식 : 카메라의 영상신호를 이용하여 특정 주파수 성분이 최대인 점을 찾아내는 방식 등이 있다.

**Affine Transformation 아핀 변환, 어파인 변환, 부등각 사상변환** ① Affine 변환은 오늘날 컴퓨터 그래픽스에서는 일반적인 용어가 되었다. Java2 등에서는 AWT(Abstract Windows Toolkit)의 일부에 Affine Class가 정의되어 있다. Affine 변환은 GIS, 그래픽스에서 중요한 역할을 담당하는 수학적 변환방정식이다.
Affine 변환이란 간단히 일차변환으로서, 병진(translation), 축척(scaling), 회전(rotation), 층밀리기(shearing) 등과 같은 변환이다. 영상입력 장치에 의한 입력영상의 단순한 왜곡(distortion) 등은 컴퓨터에 입력된 후, Affine 변환을 통하여 수정가능하다.
② 평면이나 공간에 좌표를 도입한 것은 유클리드의 기하학을 대수적으로 다루는 해석기하학을 발전시켰다. 공간의 모든 점들의 집합에서 자기 자신으로의 1 대 1 대응을 관례상 한 변환(Transformation)이라도 한다. 좌표평면에 대하여 두 변환 $\sigma$, $\tau$가 있을 때, 처음에 변환 $\tau$를 행하고 다음에 변환 $\sigma$를 행한 것을 $\sigma \circ \tau$라 표현하면, 좌표평면 위에서 점 (x, y)에 점 (x′, y′)을 대응시킬 때, $x'=x+p$, $y'=y+q$는 x축의 방향으로 p만큼, y축의 방향으로 q만큼 '평행 이동'시키는 변환을 나타내고 있다. 이 같은 평행이동 전체 T는 위의 연산 ∘에 관하여 한 아벨 군(Abel群, Abelian group: 교환 법칙이 성립하는 군·群)을 이룬다. 이때의 단위원은 항등변환 $x'=x$, $y'=y$이다. 마찬가지로, 원점을 중심으로 하는 닮음비 k인 닮음변환은 $x'=kx$, $y'=ky$로 나타난다. 또, x축 방향으로 a배, y축 방향으로 b배만큼 확대 또는 축소하는 변환은 $x'=ax$, $y'=by$로 나타난다. 닮음변환 전체 S도 한 아벨군을 이루며, 항등변환이 단위원이다. 또 원점 둘레로 각 $\theta$만큼 회전시킨 변환 $x'=x\cos\theta+y\sin\theta$, $y'=-x\sin\theta+y\cos\theta$ 전체의 집합 U도 아벨군이 된다.
평행이동과 회전을 함께 한 변환

$$\begin{cases} x' = x\cos\theta + y\sin\theta + p \\ y' = -x\sin\theta + y\cos\theta + q \end{cases}$$

전체의 집합 V도 군을 이루는데, 이는 가환군(可換群, commutative group)이 아니다. V의 원소인 임의의 변환에 의하여, 예컨대 곡선의 방정식의 꼴은 바뀌지만, 두 점 사이의 거리, 각의 크기, 도형의 면적 등은 불변이다. 이들 변환을 일반화한

$$\begin{cases} x' = ax + by + p \\ y' = cx + dy + q \end{cases}$$

여기서, $ad - bc \neq 0$이다. 형태의 변환을 아핀(affine)변환 혹은 의사변환(擬似變換)이라 부르는데, 이들 전체는 가환 아닌 군(群)을 이룬다. 이 변환에 의하면, 직선은 직선으로 보내지고, 평행선은 평행선으로 보내진다. 그러나 선분의 길이나 각의 크기는 보존되지 않는다. 또, 2차 곡선은 2차 곡선으로 보내지는데, 타원은 타원으로, 쌍곡선은 쌍곡선으로 보내지며, 원은 원 또는 타원으로 보내진다. 즉, 아핀 변환의 특징은 (1) 직선을 직선으로 대응시킨다, 즉, 직선을 보존한다. (2) 직선 위 세 점의

상대적 위치를 보존한다. 예를 들어 선분과 그의 중점은 변환 후 여전히 선분과 중점이다. (3) 평행선을 보존한다. 가역 아핀 변환은 교차하는 선, 평행하지도 교차하지도 않는 선을 보존한다. (4) 그러나 일반적으로 각도, 직선의 방향, 두 점 사이의 거리를 보존하지 않는다. (5) 또한 일반적으로 면적을 보존하지 않는다. 그러나 면적이 변화하는 배수는 일정하다.

③ 컴퓨터 그래픽스(Computer Graphics, CG)에서의 지오메트리(geometry) 변환은 모형을 평행 이동, 확대, 축소 및 회전 등의 Affine 변환에 의해 변형하는 조작을 일컫는다. 특히, 컴퓨터 그래픽스 화상을 생성하는 렌더링(rendering)시에 지오메트리 변환이 많이 사용되기 때문에 Affine 변환을 하드웨어에 입력하여 고속화하는 지오메트리 엔진도 있다. 하나의 기하체(객체, 오브젝트)에 Affine 변환을 적용하게 되면 변환된 객체는 원래 객체와 평행관계를 유지하게 된다. 객체의 이동, 회전, 스케일(scale), 그리고 변형(shear) 등이 아핀변환에 해당된다.

④ 「공공측량 작업규정」 제158조 제1항에서는 1/5,000 이하 축척 지도와 주제도의 세계측지계 변환과 관련하여, 1/5,000 이하 축척 지도와 주제도의 세계측지계 변환방법으로 (1) 국가좌표변환계수를 이용한 변환, (2) "2차원 Affine 변환"을 제시하고 있다. 한편, 제159조 제1항에서 1/3,000 이상 축척 지도와 주제도의 세계측지계 변환방법으로 (1) 좌표변환계수를 이용한 변환, (2) "2차원 Affine 변환"을 제시하고 있다.

**Aftermarket 애프터 마켓** 제품이 판매된 후에 발생하는 여러 가지 수요를 충족시키기 위해 형성된 2차 시장을 총칭하여 애프터 마켓(Aftermarket)이라 부른다.

**AGC(Automatic Gain Control) 자동 이득 제어, 자동 이득 조절** [신호] 입력 레벨의 변동에도 불구하고 출력 레벨이 상대적으로 일정한 값을 유지하는 자동 이득 제어회로를 말한다. 입력 레벨이 지나치게 요동치지 않도록, 자동적인 가변 증폭(이득) 제어로서 신호 감쇠가 나타나면, 이득을 증가시키며, 신호 강도의 급격한 증가가 출력에 반영되지 않도록, 이득을 감소시킨다. 제어 방식으로는 궤환 방식(Feedback)과 피드 포워드(Feed-forward) 방식이 있다. 일반적으로 출력 레벨 변동에 반응하는 "전압 부궤환(Voltage Negative Feedback)" 방식이 많이 사용된다. 출력 레벨이 넓은 변동폭을 가지면 이를 바람직한 범위 내로 좁혀야하는 여러 응용 분야, 즉 동적범위를 작게 유지할 필요가 있는 응용 분야에 적용된다.

**Aged Pipes 경년관(經年管)** 포설 후 상당 연수 경과한 관로이다. 일반적으로 사용연수의 경과와 함께 노화해 누수사고 발생의 위험도가 높게 되는 한편, 적수발생이나 출수불량의 원인이 된다. 이를 위해 관로를 새로 바꿀 필요성이 생기나, 관의 재질, 수질, 관내유속, 매설 환경에 따라 달라 경년관이 반드시 관로를 새로 바꿔야 할 필요가 있다. 노후관이라고는 할 수 없다.

**Aggregation 통합, 종합, 집단화** ① 입력된 속성자료나 공간자료를 체계적으로 분류하여 단순화시키는 과정. 예를 들어, 선거구 분류와 같이 일련의 인접 지역 단위의 더 큰 단위로의 분류, 모든 관련된 속성 자료는 또한 단일 그룹으로 통합된다. ② 다수의 콘텐츠 소스들을 하나의 인터페이스나 응용으로 모으는 것을 말한다.

**Aggregation Relationship 집합 관계** 각기 다른 형상(건물, 도로 등)들을 모아놓은 것과 같은 복잡한 객체를 설명하는 형상 관계의 하위 유형을 말한다.

**Aging 노화(老化)** 시간이 경과함에 따라 품질이 나빠지는 것을 말한다.

**Agonic Line 무편차선** 자침편차가 없는 것과 같은 지구상의 각 점을 이은 곡선이다.

**Agora 아고라** 고대 그리스 도시에서 시민들이 모여 다양한 활동을 하는 집회장으로 쓰인 야외 공간으로서, 호메로스의 작품에 처음 나오는 이 명칭은 물리적 장소만이 아니라 사람들의 모임 자체도 의미하고 있다. BC 5세기에 고대 그리스인들은 일상생활의 전형적인 특징, 즉 일상적인 종교활동·정치행사·재판·사교·상업활동을 모두 아고라라고 불렀다. 동상·제단·나무·분수로 장식된 아고라는 도시 한복판이나 항구 근처에 있었고 주위에는 공공건물과 사원이 있었다. 흔히 기둥과 벽으로 이루어진 주랑이 아고라를 에워싸고 있었으며 주랑에는 상점이 들어서 있는 경우도 있었다.

**A-GNSS(Assisted GNSS) 보조 지엔에스에스, 에이-지엔에스에스** A-GPS(Assisted GPS)와 같은 개념의 용어이다. 독립형 GPS 수신기(Stand-alone GPS)의 경우 "초기 동기 획득시간(TTFF : Time To First Fix)"이 40초~수 분까지 소요되며 고층빌딩이 많은 도심이나 실내에서는 위성 신호가 미약하여 탐지되지 않는 경우가 발생한다. A-GNSS는 GNSS 신호를 이용한 측위를 할 때, 이동통신망이나 무선 인터넷 망으로 연결된 보조 서버(Assistance Server)를 사용하여 다양한 보조 정보를 제공받아

보다 신속하고 정확한 위치파악이 가능하도록 하는 시스템이다. 예를 들어, 단말기의 신속한 위치 결정과 미약 신호의 탐지를 위하여 획득 보조 정보(Acquisition Assistance Data)를 단말기로 전송하여 초기 동기 획득시간을 줄이며 감도 보조 정보(Sensitivity Assistance Data)를 제공하여 단말기의 신호 탐지 성능을 높인다. 이외에도 차등 보정(Differential Correction) 정보 등을 이용하여 측위 정확도를 높이기 위한 여러 가지 오차 정보 및 기지국의 측위 관련 기능, 위치 계산을 위한 기준 정보(시각 및 위치), 정확도 향상을 위한 D-GNSS정보(이온층 및 대류권 보정 정보 등), 그리고 무결성(Integrity) 검증에 관한 정보(위성 시계 오차, 궤도 오차 등)를 단말기로 제공한다.

미국 퀄컴은 기존 GPS보다 20dB 이상의 고감도 신호 탐지가 가능하고 기존 1분가량의 GPS 초기 위치결정시간(TTFF : Time To First Fix)을 수초 정도로 줄일 수 있는 Assisted GPS(이하 A-GPS) 기술을 구현한 Snpatrack사를 인수하면서 A-GPS는 이동통신 핸드폰의 중추적인 측위 기술로 활용되고 있다. GNSS(Global Navigation Satellite Systems)는 기존 미국의 GPS와 러시아의 Glonass 그리고 현재 개발 중인 유럽의 Galileo와 중국의 Compass 등 모든 위성항법시스템을 통칭하며, 이러한 이동통신에 A-GPS와 비슷한 방법으로 적용하는 기술을 A-GNSS로 명칭한다.

A-GNSS는 관련 표준으로 처음 만들어진 IS-801의 경우, 초기 신호 획득 시간을 단축하고 수신기의 신호탐지 감도를 높이는 것이 주요 기능이었으나, 이후 측위 오차의 보정(DGNSS) 및 반송파 위상 측위(Carrier Phase Measurement) 기술을 포함하여 정확도를 높이고, 신호의 무결성 검증(Real-time Integrity) 등을 통하여 신뢰도 높은 측위를 보장하고 있다. 또한 새롭게 추가된 GNSS 시스템의 반영으로 가용위성 신호의 폭이 넓어졌고, 궤도력 확대 정보를 이용하여 1회의 보조 정보로 약 2주까지도 보조 서버의 협력 없이도 빠른 초기 위치 결정 시간을 갖게 되는 등, 네트워크 의존도를 줄이는 방향으로도 기술의 응용 가능 범위가 확장되었다. OMA-SUPL(Open Mobile Alliance - Secure User Plane Location Protocol) 규격을 통해 이동통신망을 이용한 보조 이상의 범용 보조가 가능하도록 지원하게 되었다. A-GNSS 관련 표준이 다방면으로 확대됨에 따라 더욱 진보된 차세대 GNSS 신호와 A-GNSS 융합 기술은 GNSS의 활용을 더욱 넓힐 것이다.

**A-GPS(Assisted GPS) 보조 지피에스, 에이-지피에스** A-GNSS(Assisted GNSS)를 참조.

**A Horizon 에이 층** 토양단면은 일반적으로 상부에서 하부로 가면서 그 특성에 따라 5개의 주요 토양층(master horizons)인 O층, A층, E층, B층, C층(이들 전체를 'solum'이라 함)과 모암층(bedrock)인 D층 또는 R층으로 분류한다. A층은 토양의 생성작용이 진행되면서 상부의 물질이 하부로 용탈(leaching)되거나 이동되어 변화하는 토양단면 부분으로서, 주로 무기질과 유기질이 혼합되어 있으며, 유기물이 충분히 분해되어(humidified) 흑색을 띈다. A층의 미립자들은 하부로 이동되므로 주로 큰 입자의 성분으로 구성되며, 토양시료를 채취할 때, 상부토양(topsoil)이라 함은 보통 A층을 지칭한다. Soil Profile 참조.

**Ahtty 아띠** 아띠는 '친한 친구'라는 뜻의 순우리말이다. 기존의 휴대폰 연락처를 기반으로 이용이 가능한 메신저 형태의 커뮤니티이다. 웹과 앱의 실시간 연동이 가능하여 이용자는 웹과 앱 중 상황에 따라 편하게 아띠를 즐길 수 있다.

**AI(Artificial Intelligence) 인공 지능** 컴퓨터에서 인간과 같이 사고하고 생각하고 학습하고 판단하는 논리적인 방식을 사용하는 인간지능을 본 딴 고급 컴퓨터프로그램을 말한다. 과거의 인공지능은 확정된 환경에서 유한개의 솔루션을 탐색하는 일이었다. 인공지능은 곧 논리였고, 이에 따른 탐색이었다. 하지만 현실은 환경도 매우 불확정적이고, 솔루션도 미리 유한개로 정해져있지 않은 경우가 많았다. 기계학습은 이런 문제들을 "데이터 중심의 판단"으로 풀어간다. 여기서의 인공지능이란 곧 X와 Y의 관계 추정 또는 전반적인 패턴을 인식하는 것을 의미한다. 예를 들어 "A소설을 산 사람들이 B소설도 사더라."라는 경향을 파악하고 관련 소설을 추천해주는 것 역시 기계학습의 대표적 이용 사례이다. 하지만 여기에도 문제는 있다. 컴퓨터에게 사진 이미지를 통하여 누가 동일인물인지를 물어보았을 경우, 컴퓨터는 픽셀이 비슷한 무조건적 유사성을 따를 것이다. 이는 결국 "이해의 부족"때문이라 할 수 있다. '딥러닝'(deep learning 또는 representation learning) 입장에서 이해란 기계학습하기 좋은 표현법을 찾는 것이라 할 수 있다. 딥러닝은 '무엇이 이들을 구분 짓게 하는 가'에 대해 중요하게 다뤄져야 하는 특징(feature)들과 그렇지 않은 것들을 구분하여 기계학습하기 좋은 2차 표현법을 만들어낸다. 그리고 이런 딥(deep)한 표현법 찾기의 마지막에 최종적인 기계학습 방법을 덧붙이는 것이다. 빅 데이터의 시대가 도래하고 있다. 딥러닝의 뛰어난 점은 역시 "빅 데이터에 가장 최적화된 알고리즘"이란 점이다. 그리고 목표에 적합한 특징을 스스로 추출한다는 점에서 "이해"의 첫걸음을 뗐다고도 표현할 수 있다.

AI 프로그램은 특정 업무의 GIS 운영 의사결정을 도울 수 있다. 인공지능은 거대한 공간정보의 효율적 관리를 위한 전문가 체계기법을 제공하며 지도의 특성을 일반화시키고 지도 자동설계의 기능을 제공한다.

**AIIB(Asian Infrastructure Investment Bank) 아시아 인프라 투자 은행** AIIB는 미국, 일본 중심의 아시아개발은행(ADB), 세계은행(WB) 등에 대항하여 중국 주도로 설립되는 다자 개발은행이다. 아시아, 유럽, 아프리카, 남미 등 총 57개국이 창립 회원국으로 참여하고 있으며, 1천억 달러(초기 500억 달러)의 자본금을 기반으로 융자, 지급보증, 지분투자 등을 통해 아시아 지역의 인프라 개발 자금을 지원할 예정이다. AIIB는 중국의 신 실크로드 구상인 일대일로(一帶一路) 정책의 구체적인 실행 방안으로 중국 중심의 경제권 형성이 목표로서, 중국 중서부 및 동남아시아 등 중국의 신실크로드 경로와 인접국 중심으로 투자가 예상된다. 중국의 일대일로(一帶一路) 정책은 중국 건국 100주년이 되는 2049년까지 중화 진흥을 실현하기 위한 향후 35년간(2014~2049) 중국의 기본 대외노선으로 아시아부터 유럽까지 이어지는 대 중화경제권을 건설하고, 중국 중심의 평화 '팍스 시니카' 시대를 열기 위한 전략으로서, 2013년 9월과 10월 시진핑이 중앙, 동남아시아 방문 시 육상 신 실크로드(一帶)와 해상 신 실크로드(一路) 구축을 제의한 것을 계기로 중국 국가정책으로 부상하였다.

**Aileron 에일러론, 보조 날개** [항공] 양쪽 날개에 부착되어 비행기가 오른쪽이나 왼쪽으로 경사지게 하는 역할을 하며 러더(Rudder, 방향타)와 같이 사용하여 선회하는 역할을 담당한다.

**AI-ML-DL(Artificial Intelligence-Machine Learning-Deep Learning) 인공지능-기계학습-딥러닝**

• 인간의 뇌(Human Brain)는 뉴런(Neuron)이라는 수많은 신경세포로 이루어져 있으며, 각각의 뉴런은 시냅스(Synapse)라고 불리는 연결부위를 통해 수백에서 수천 개의 다른 뉴런들과 연결되어 있다. 각각의 뉴런은 수상돌기(dendrite)를 통해 자신과 연결된 다른 뉴런들로부터 전기·화학적 신호들을 받아들이며, 이러한 신호들을 세포체(cell body)에서 중합(重合)한다. 중합한 값이 임계치(threshold), 즉 뉴런 고유의 한계치보다 커지면 뉴런은 활성화되며, 축색돌기(axon)를 통해 인접 뉴런에 자신의 출력을 전달한다. 뉴런 간 정보교환은 각각 병렬적으로 수행되며, 이러한 정보교환 기능은 학습에 의하여 향상된다.

• "인공지능(人工知能, Artificial Intelligence, AI)"은 이 분야의 기술적 구조에서 볼 때 최고 높은 상위개념이다. 우리 인간의 뇌와 뉴런신경망을 모방해 언젠가는 컴퓨터나 로봇들이 인간처럼 사고하고 행동하게 하는 것이다.

• 우리는 사진만으로 개와 고양이를 아주 쉽게 구분할 수 있지만 컴퓨터는 구분하지 못한다. 이를 위해 "기계학습(Machine Learning, ML)" 방법이 고안됐다. 많은 데이터를 컴퓨터에 입력하고 비슷한 것끼리 분류하도록 하는 기술로서, 저장된 개사진과 비슷한 사진이 입력되면, 이를 개사진이라고 컴퓨터가 분류하도록 하는 것이다. 데이터를 어떻게 분류할 것인가를 놓고, 이미 많은 기계학습 알고리즘이 등장했다. 의사결정나무(Decision Tree)나 베이지안 망(Bayesian network), 서포트벡터머신(support vector machine, SVM), 그리고 인공신경망(Artificial neural network) 등이 대표적이다. (1) 의사결정나무는 의사결정규칙(Decision Rule)을 나무구조로 도표화하여 분류와 예측을 수행하는 분석방법이다. (2) 베이지안 망은 다수의 변수들 사이의 확률적 관계(조건부독립성 : conditional independence)를 그래프 구조로 표현하는 모델이다. 베이지안 망은 비지도(감독/교사) 학습(unsupervised learning)을 통한 데이터마이닝(data mining)에 적합하다. (3) 서포트벡터머신은 패턴인식과 자료분석을 위한 지도(감독/교사) 학습(supervised learning)의 모델이며, 주로 분류와 회귀분석을 위해 사용한다. (4) 인공신경망(Artificial Neural Network, ANN)은 생물학적 뉴런의 동작원리와 뉴런간의 연결 관계를 모델링한 것으로 node 또는 processing element라고 하는 다수의 뉴런들이 층(層, Layer) 구조의 형태로 연결된 정보처리 시스템이다. 이러한 인공신경망 모델은 계층 수에 따라 '단층 신경망'과 '다층 신경망'으로 구분하며, 일반적인 다층 신경망은 입력층과 은닉층, 출력층으로 구성되는데, (1) 입력층(input layer)은 외부의 자료들을 받아들이는 층으로서, 입력층의 뉴런 수는 입력되는 변수의 수와 동일하며, (2) 은닉층(hidden layer)은 입력층과 출력층 사이에 위치하며 입력층으로부터 신호를 받아 특성을 추출하여 출력층으로 전달한다. (3) 출력층(output layer)은 은닉층으로부터 신호를 받아 외부로 출력

한다. 뉴런간의 입력신호는 0에서 1 사이의 값을 갖는 각각의 연결강도와 곱해진 후 합산되며 이 합이 뉴런의 임계치보다 크면 뉴런이 활성화되어 활성화 함수를 통하여 출력값으로 구현된다.

• 딥러닝(Deep Learning, DL)은 인공신경망의 후예하고 할 수 있는데, 인공신경망을 이용하여 데이터를 군집화하거나 분류하는데 사용하는 기술이 바로 "딥러닝"이다. 기계학습과 인지과학에서의 인공신경망은 생물학의 신경망(동물의 중추신경계, 특히 뇌)에서 영감을 얻은 통계학적 학습알고리즘이다. 인공신경망은 시냅스(synapse)의 결합으로 네트워크를 형성한 인공뉴런(node)이 학습을 통해 시냅스의 결합세기를 변화시켜, 문제해결 능력을 가지는 모델전반을 가리킨다.

인공신경망을 이용하는 딥러닝의 핵심은 분류를 통한 예측이다. 수많은 데이터 속에서 패턴을 발견해 인간이 사물을 구분하듯 컴퓨터가 데이터를 나눈다. 이 같은 분별방식은 2가지로 나뉜다. 지도자(감독자/교사)의 신호(정답) 입력에 의해서 문제에 최적화되어 가는 지도(감독/교사) 학습과 지도자의 교사신호를 필요로 하지 않는 비지도(감독/교사) 학습이 있다.

• **지도학습(Supervised Learning)·비지도학습(Unsupervised Learning)** : 기존의 기계학습 알고리즘은 대부분 지도학습에 기초한다. 지도학습 방식은 컴퓨터에 먼저 정보를 가르치는 방법이다. 예를 들어, 사진을 주고 '이 사진은 고양이'라고 알려주는 방식이다. 컴퓨터는 미리 학습된 결과를 바탕으로 고양이 사진을 구분하게 된다. 비지도 학습은 이 배움의 과정이 없다. '이 사진이 고양이'라는 배움의 과정 없이 '이 사진이 고양이군'이라고 컴퓨터가 스스로 학습하게 된다. 따라서 비지도학습은 컴퓨터의 높은 연산능력이 요구된다.

구글은 현재 비지도 학습방식으로 유튜브에 등록된 동영상중 고양이 동영상을 식별하는 딥러닝 기술을 개발한 상태이다. 일반적으로 명확한 해답이 있는 경우에는 지도학습(Supervised Learning)이, 데이터 클러스터링과 마이닝(Data Mining)에는 비지도학습(Unsupervised Learning)이 이용된다. 인공신경망은 많은 입력들에 의존하면서 일반적으로 베일에 쌓은 함수를 추측하고 근사치를 낼 경우 사용한다. 일반적으로 입력으로부터 값을 계산하는 뉴런시스템의 상호연결로 표현되고 적응성이 있어 패턴인식과 같은 기계학습을 수행할 수 있다. 데이터로부터 학습하는 다른 기계학습과 같이, 신경망은 일반적으로 규칙기반 프로그래밍으로 풀기 어려운 컴퓨터 비전(시각, vision) 또는 음성인식과 같은 다양한 범위의 문제를 푸는 데 이용된다.

• **CPU · GPU** : 딥러닝에서 학습(훈련)을 위해서는 많은 데이터를 이용하여 학습시키는 것이 매우 중요하다. 많은 학습데이터를 반복하여 학습시키는 데에는 많은 시간이 걸리게 되는데, 이러한 이유로 컴퓨팅 파워가 약한 과거의 "중앙처리장치(Central Processing Unit, CPU)"로는 많은 학습데이터를 처리하는데 너무 많은 시간이 걸려서 실용적이지 못했다. 요즘의 CPU는 과거에 비해서 비교적 빠른 처리를 할 수는 있으나 획기적으로 빠른 학습을 위해 그래픽카드에 사용되는 "그래픽 처리장치(Graphics Processing Unit, GPU)"를 이용하면서 딥러닝의 성능이 크게 향상되었다. 요즘 PC에 꽂을 수 있는 GPU는 3000개 이상의 처리코어를 가지고 있어서 동시에 병렬적(parallel)으로 딥러닝에 사용되는 수치계산을 할 수 있다. 일반적으로 이미지(얼굴/사물) 인식부터 음성인식 등 다양한 머신러닝 작업을 실제 수행할 때는 GPU나 CPU를 장착한 고객의 스마트 기기에서 구동된다. 특히 구글은 인공지능서비스를 훈련(학습)시킬 때뿐만 아니라 구동할 때에도 GPU 기반 스마트 기기를 활용하고 있다. GPU는 엄청나게 많은 작은 데이터들을 병렬처리 할 수 있다는 장점이 있으나, 데이터가 계속 데이터센터에 제공될 때에만 효율적이라는 단점이 있다.

• **오픈소스** : 이런 이유로 구글은 2015년 11월 일본 동경의 '더매직인더머신(The Magic in the Machine)' 행사에서, 자체 개발한 머신러닝 기술인 "텐서플로우(TensorFlow, http://tensorfloworg/)"를 오픈소스 프로젝트로 공개하고, 외부에서도 무료로 쓸 수 있도록 했다. 이에 따라 외부개발자들은 텐서플로우를 무료로 쓰는 것은 물론 프로젝트에 참여해 수정도 할 수 있게 됐는데, 스마트기기의 CPU에서도 바로 구동되도록 하기 위함이다. 반면, 페이스북은 시스템 상에서 음성인식 서비스를 훈련시킬 때는 GPU를 활용하지만, 이용자들에게 얼굴인식기능 등을 구현해줄 때는 스마트기기의 CPU를 이용한다. 그 이유는 머신러닝과 딥러닝에서는 고객의 경험데이터가 중요하기 때문인데, 이미 페이스북은 월별고객 15억 명을 확보하고 있으며, 15억 명의 풍부한 감성(좋아요 등) 및 다양한 포스팅의 데이터를 확보하고 있다. 이 경우 고객접점의 딥러닝을 통해 고객에게 최적화된 맞춤식 서비스를 할 수 있다. 페이스북은 2015년 1월 "토치(Torch, http://torchch/)"를 위한 오픈소스의 딥러닝(Deep learning) 모듈을 다른 경쟁사들보다 제일 먼저 공

개했다. 페이스북의 FAIR에서 많은 연구프로젝트들이 토치를 사용한다. 토치는 오픈소스 개발환경으로 계산, 머신러닝, 컴퓨터 비전을 다룰 때 딥러닝과 뇌회로망(convolutional neural network, CNN, ConvNet)을 특별히 강조할 때 사용한다. 따라서 토치는 대학연구소, 구글/딥마인드, 트위터, 인텔, NVIDA, AMD 등 많은 기업들이 사용한다. 공개한 오픈소스 모듈은 대용량 ConvNets 뿐만 아니라 자연언어처리(NLP) 어플리케이션에서 주로 많이 사용되는 산재된 활동들을 다루는 네트워크를 위한 그래픽처리장치(GPU)에 최적화된 모듈들이다.

**Airbase 촬영기선 길이** 사진측량에서 60%의 종중복과 30%의 횡중복의 계획된 중복된 중복사진에서 임의의 촬영점에서 다음 촬영점까지의 실제 거리를 말한다. Overlap 참조.

**Airborne Laser Scanning(ALS) 항공 레이저 스캐닝** ALS (Airborne Laser Scanning) 및 LiDAR(Light Detection And Ranging)를 참조.

**Airborne Laser Surveying(ALS) 항공 레이저 측량** ALS(Airborne Laser Scanning) 및 LiDAR (Light Detection And Ranging)를 참조.

**Airborne Laser Terrain Mapper 항공 레이저 지형 매퍼** ALTM (Airborne Laser Terrain Mapper) 및 LiDAR(Light Detection And Ranging)를 참조.

**Airborne Laser Terrain Mapping System 항공 라이다, 레이저 측량** ALTMS(Airborne Laser Terrain Mapping System) 및 LiDAR(Light Detection And Ranging)를 참조.

**Airborne Lidar Bathymetry(ALB) 해양수심측량 라이다, 해저지형측량 라이다** ALB(Airborne Lidar Bathymetry) 및 SHOALS (Scanning Hydrographic Operational Airborne Lidar Survey)를 참조.

**Airborne Lidar Hydrography(ALH) 해양수심측량 라이다, 해저지형측량 라이다** ALH(Airborne Lidar Hydrography) 및 SHOALS (Scanning Hydrographic Operational Airborne Lidar Survey)를 참조.

**Aircraft 항공기(航空機)** [항공] 비행기, 비행선, 활공기(滑空機), 회전익(回轉翼) 항공기, 그 밖에 대통령령으로 정하는 것으로서 항공에 사용할 수 있는 기기(機器)(「항공법」 제2조 제1호) 또는 사람이 탑승·조종하여 항공에 사용하는 비행기, 비행선, 활공기(滑空機), 회전익(回轉翼) 항공기 및 그 밖에 이와 유사한 비행기구로서 대통령령으로 정하는 것을 말한다(「지방세법」 제6조 제9호).

| 구분 | 항공기 | 경량항공기 | 초경량 비행체 |
|---|---|---|---|
| 무게 | 600kg 이상 | 115~600kg | 115kg 이하 |
| 종류 | 비행기, 비행선, 활공기, 회전익항공기 | 조종형 비행기, 회전익 경량항공기 | 무인비행장치, 기구류, 인력활공기, 동력비행장치 |

**Airfield 비행장** Airleash항공기·경량항공기·초경량비행장치의 이륙(離陸)·이수(離水) 및 착륙(着陸)·착수(着水)를 위하여 사용되는 육지 또는 수면(水面)의 일정한 구역으로서 대통령령으로 정하는 것을 말한다(「항공법」 제2조 제6호). Aerodrome이라고도 한다.

**Airfoil 에어 포일, 비행기 날개 단면** [항공] 양력을 일으킬 수 있는 비행기 날개 단면 모양을 말한다. 양력이란 항공기를 뜨게 하는 힘, 즉 항공기가 수평 비행할 때 항공기를 뜨게 하는 힘이다. 양력의 발생 원리는 '베르누이의 원리'에 기초하는데, 물이나 공기 같은 유체의 속도는 압력에 반비례한다. 즉, 유체의 속도가 증가하면 압력은 감소하고, 유체의 속도가 감소하면 압력은 증가한다. 에어포일은 활처럼 둥글게 휘어진 모양으로 날개 윗면의 공기가 아랫면의 공기보다 빠르게 흘러가게 만들어졌다. 그래서 날개 윗면의 압력은 낮고 아랫면의 압력은 높아진다. 이때 생기는 압력 차이에 의해서 양력이 발생하고 비행기가 뜨게 되는 것이다. 에어포일의 모양에 따라서도 양력의 크기가 달라진다. 경항공기는 대개 낮은 속도로 비행한다. 이 때문에 낮은 속도에서도 충분한 양력을 얻기 위해 두꺼운 날개를 사용한다. 그러나 전투기는 얇은 날개단면을 사용해도 빠른 속도로 날기 때문에 충분한 양력을 얻을 수 있다. Lift, Angle of Attack(AOA) 참조.

**Airleash 에어리쉬** [드론] '에어독(Airdog)' 드론은 액션캠 고프로(GoPro) 등을 장착 가능한 아웃도어 드론으로서, '레저활동을 하는 나의 모습을 담을 수는 없을까?'라는 생각에서 착안된 제품이다. 에어독은 에어리쉬(Airleash)라는 컨트롤러(추적기)를 몸에 부착하고 레저활동을 하면, 드론이 공중에서 에어리쉬를 따라다니며 촬영을 해준다. GPS 기능은 물론 에어리쉬로 촬영거리, 각도를 설정할 수 있고, 에어독 앱으로 그 외 자세한 설정도 가능하며 촬영영상 역시 확인할 수 있다. 'Follow Me' 기능이라고도 한다.

**Air Mass 기단(氣團)** 수평 방향으로 기온·습도 등의 대기 상태가 거의 같은 성질을 가진 공기덩어리를 말한다. 지표면과 해면의 온도 차에 의하여 찬 기단과 따뜻한 기단이 생긴다. 보통 기단의 수평 방향의 범위는 수백~수천 km이고, 높이는 일반적인 분류에서는 1~수 km, 대기대순환에 의한 분류에서는 8~20 km이다. 기단은 각각 그 발생지의 고유한 성질을 띠고 있어, 대륙에서 발생된 것은 건조하고 해양에서 발생된 것은 습하다. 기단은 발생지의 열적 특성에 따라 열대(T), 한대(P), 극(A) 등의 3가지로 크게 분류한다. 또 습도 조건에 따라서 대륙에서 발생한 기단을 대륙성기단, c로 표시하고 해양에서 발생한 기단을 해양성기단, m으로 표시한다. 따라서 우리나라 부근의 시베리아기단은 cP, 북태평양기단은 mT 등으로 표시한다. 기단은 주로 넓은 대륙 위나 해양 위에서 발생한다. 이동하면 이동해 온 경로의 지리적인 성질에 따라 변질되는 경우가 많다. 일반적으로 바람이 약한 저위도 지방과 고위도 지방에서, 특히 정체성 고기압권 안이나 기압경도가 작은 거대한 저압부에서 형성되기 쉽다. 중위도대는 편서풍이 강하고 저기압이나 전선 등과 같은 요란의 통로이며, 고기압이 발생해도 이동성이어서 기단은 형성되기 어렵다. 우리나라에 영향을 주는 기단으로는 시베리아기단(한랭건조), 오호츠크해기단(한랭다습), 북태평양기단(고온다습), 양쯔강기단(온난건조), 적도기단(고온다습) 등이 있다.

**Air-mass Correction 대기질량 보정, 대기 보정** Gravity Correction을 참조.

**Air Mass Correction 대기 보정** Gravity Correction을 참조.

**Air Photo Signal 대공 표지** 사진기준점측량과 세부도화작업에 필요한 지점의 위치를 항공사진상에 나타나게 하기 위하여 그 점에 표지를 설치하는 작업을 말한다(국립지리원내규 제51호 제4조).

**Air Photo Surveying 항공 사진 측량** 대공표지설치, 항공사진촬영, 지상기준점측량, 사진기준점측량, 세부도화 등을 포함하며 지도용 제2원도가 제작되기까지의 과정을 말한다(국립지리원내규 제51호 제2조).

**Air-Interface 무선 인터페이스** 무선 통신의 인터페이스 규약, 휴대/자동차 전화 등 이동 단말과 기지국 간의 주파수, 통신 방식, 접속 방법 등 무선 접속 조건을 총칭하는 말이다.

**Airport 공항(空港)** [항공] 공항시설을 갖춘 공공용 비행장으로서 국토교통부장관이 그 명칭·위치 및 구역을 지정·고시한 것을 말한다(「항공법」 제2조 제7호).

**Airport Zone 공항구역** [항공] 공항으로 사용되고 있는 지역으로서 「국토의 계획 및 이용에 관한 법률」에 따라 "도시계획시설"로 결정된 지역을 말한다(「항공법」 제2조 제9호).

**Airspace 공역(空域)** 공역이란 항공기, 초경량 비행장치 등의 안전한 활동을 보장하기 위하여 지표면 또는 해수면으로부터 일정높이의 특정범위로 정해진 공간으로서, 국가의 무형자원 중의 하나로 항공기 비행의 안전, 우리나라 주권보호 및 방위목적으로 지정하여 사용한다.

우리나라 "인천비행정보구역(FIR : Flight Information Region)" 내 공역지정 현황은 (1) 관제공역 : 관제권 28개소, 항공로 25개소, 접근관제구역 14개소, (2) 통제공역 : 비행금지구역 5개소, 비행제한구역 60개소, 초경량비행장치 비행제한구역 1개소, (3) 주의공역 : 훈련구역 7개소, 군작전구역 53개소, 위험구역 12개소, 경계구역 15개소 등이다. 비행안전을 확보하기 위하여 우리나라의 경우 인천 비행정보구역(FIR)을 A, B, C, D, E 및 G 등급으로 세분화하여, '공역 등급(Airspace Classifications)' 별로 비행방식과 항공교통업무 제공 범위 등을 지정 고시하여 시행하고 있다.

■ 공역의 분류

| 구분 | | 내용 |
|---|---|---|
| 관제공역 | A | 모든 항공기가 계기비행을 하여야 하는 공역 |
| | B | 계기비행 및 시계비행을 하는 항공기가 비행가능하고, 모든 항공기에 분리를 포함한 항공교통관제업무가 제공되는 공역 |
| | C | 모든 항공기에 항공교통관제업무가 제공되나, 시계비행을 하는 항공기간에는 비행정보업무만 제공되는 공역 |
| | D | 모든 항공기에 항공교통관제업무가 제공되나, 계기비행을 하는 항공기와 시계비행을 하는 항공기 및 시계비행을 하는 항공기간에는 비행정보업무만 제공되는 공역 |
| | E | 계기비행을 하는 항공기에 항공교통관제업무가 제공되고, 시계비행을 하는 항공기에 비행정보업무가 제공되는 공역 |
| 비관제공역 | G | 모든 항공기에 비행정보업무만 제공되는 공역 |

■ 공역의 사용목적에 따른 구분

| 구분 | | 내용 |
|---|---|---|
| 관제 공역 | 관제권 | "항공법" 제2조 제19호에 따른 공역으로서 비행정보구역 내의 B, C 또는 D 등급 공역 중에서 시계 및 계기비행을 하는 항공기에 대하여 항공교통관제업무를 제공하는 공역 |
| | 관제구 | "항공법" 제2조 제20호에 따른 공역(항공로 및 접근관제구역을 포함한다)으로서 비행정보구역 내의 A, B, C, D 및 E 등급 공역에서 시계 및 계기비행을 하는 항공기에 대하여 항공교통관제업무를 제공하는 공역 |
| 비관제 공역 | 조언구역 | 항공교통조언업무가 제공되도록 지정된 비관제공역 |
| | 정보구역 | 비행정보업무가 제공되도록 지정된 비관제공역 |
| 통제 공역 | 비행금지 구역 | 안전, 국방상 그 밖의 이유로 항공기의 비행을 금지하는 공역 |
| | 비행제한 구역 | 항공사격・대공사격 등으로 인한 위험으로부터 항공기의 안전을 보호 하거나 그 밖의 이유로 비행허가를 받지 아니한 항공기의 비행을 제한하는 공역 |
| | 초경량 비행장치 비행제한구역 | 초경량비행장치의 비행안전을 확보하기 위하여 초경량비행장치의 비행활동에 대한 제한이 필요한 공역 |
| 주의 공역 | 훈련구역 | 민간항공기의 훈련공역으로서 계기비행항공기로부터 분리를 유지할 필요가 있는 공역 |
| | 군작전 구역 | 군사작전을 위하여 설정된 공역으로서 계기비행항공기로부터 분리를 유지할 필요가 있는 공역 |
| | 위험구역 | 항공기의 비행시 항공기 또는 지상시설물에 대한 위험이 예상되는 공역 |
| | 경계구역 | 대규모 조종사의 훈련이나 비정상 형태의 항공활동이 수행되어지는 공역 |

**Air Valve 공기변, 배기변** 상수관의 유체 속에 공기 또는 기체가 유체에 분리되어 체류하게 됨으로서 유량을 감소시키는 현상을 제거해주기 위해 설치. 취・도수관, 송수관, 배수관에 설치한다.

**Airway 항공로** [항공] 국토교통부장관이 항공기의 항행에 적합하다고 지정한 지구의 표면상에 표시한 공간의 길을 말한다(「항공법」 제2조 제21호).

**AIS(Architectural Administration Information System) 건축행정 정보시스템** 건축허가 신고 및 건축물 대장을 컴퓨터 처리하는 시스템으로 건축행정 관련 자료를 DB로 구축하여 각종 건축관련 통계 및 정책정보로 활용함으로서 건축 인・허가시 투명성 확보, 민원 서비스 개선 및 건축행정의 생산성을 향상시키는 시스템이다. 건축허가부터 착공, 사용승인에 이르는 건축행정업무와 주택조합설립부터 사업승인, 사용승인에 이르는 주택행정업무의 전 과정을 컴퓨터 처리하여 그 과정에서 축적되는 정보를 이용하여 건축물대장을 비롯한 각종 문서(대장)를 자동생성하고 전자도면을 즉시 검색조회하고 각종 통계와 정책정보를 실시간(Real Time)으로 제공하는 정보체계이다.

**AIS(Automated Information System) 자동화정보체계** 정보의 수집, 처리, 저장, 전송 및 정보표시 등의 기능을 수행하는 컴퓨터 하드웨어, 소프트웨어, 자료 및 통신 등의 조합을 말한다.

**AisleBuyer 아일바이어** 이 모바일 쇼핑 플랫폼은 스마트폰 기술로 소매업 시스템의 주요 기능을 한군데로 통합해 고객의 매장 내 체험을 향상시키고자 한다. 고객이 매장 내에서 물품을 스캔한 다음 직접 계산할 수 있게 하는 것이 아이디어이다.

**Ajax(Asynchronous Javascript And XML) 에이잭스, 비동기 자바스크립트 및 확장성 생성언어** XML에 기반으로 하여 서버와의 통신을 비동기 방식으로 연결함으로써 시스템 자원의 불필요한 시간낭비를 줄이고, 사용자 환경은 자바스크립트가 지원하는 대화형 웹 Application을 구현한 기술이다.

**Alabaster 설화석고(雪花石膏), 앨러배스터** 석회암의 일종으로서 누런빛에 흰색 줄무늬가 있는 반투명한 아름다운 돌이다. 석상이나 조각용 석재. 석화석이라고도 한다.

**Alan Curtis Kay 앨런 케이** 미국의 컴퓨터 학자로서, 객체 지향 프로그래밍과 사용자 인터페이스 디자인 분야의 선구자로 알려져 있다. 현재 HP 연구소의 명예 연구원이자, 뷰포인츠 연구소의 회장을 역임하고 있으며 UCLA의 겸임 교수이다.

**ALB(Airborne Lidar Bathymetry) 해양수심측량 라이다, 해저지형측량 라이다** SHOALS(Scanning Hydrographic Operational Airborne Lidar Survey)를 참조.

**Albedo 반사율(反射率), 알베도** 물체가 빛을 받았을 때 반사하는 정도를 나타내는 단위이다. 반사율은 입사되는 전자기파에 대한 반사량으로 계산되며, 일반적으로 0%에서 100%로 표현된다. 기후학이나 천문학에서 널리 쓰이고 있으며, 특별한 언급이 없는 경우 가시광선 영역의 평균값을 의미한다. 또한 반사율은 입사각에 영향을 받으며, 일반적으로 수직입사인 경우를 가정한다. 내린 지 얼마 되지 않은 눈은 90% 이상의 값을 가진다. 바다표면의 값은 비교적 작다. 지구는 평균 31%의 반사율을 가지며, 달은 12%의 값을 가진다.

**Albert's Equalarea Conic Projection 알버트 정적 원추도법** 1805년 독일의 H.C.Alberts가 고안한 것으로 위선은 동심원의 호로 나타나고, 경선은 등간격으로 극에 수렴하는 방사상의 직선으로 나타난다. 위선간의 간격이 경선간의 축척의 변화를 상쇄하도록 조정시킴으로써 정적성을 유지시킨다. 미국과 같이 2개의 표준위선사이에 널리 동-서로 펼쳐진 지역을 지도화할 경우 축척의 오차가 매우 적어서 유용하게 이용된다.

**Albert's Projection 알버트 도법** Albert's Equalarea Conic Projection을 참조.

**ALC(Automatic Light Control) 자동 광량 조절장치** [영상] 입력광의 변화에 대해 영상출력 레벨을 일정한 범위 내로 유지하도록 제어할 수 있는 장치이다. 빛의 양이 변화하는 상태에서 카메라의 출력레벨을 일정하게 보정하기 위해, 카메라/렌즈 시스템의 조리개에는 개폐를 조절하는 서보 제어시스템이 적용된다. 이 시스템은 렌즈 자체에 포함되어 있는 것으로 카메라로부터 나오는 전원과 비디오 출력을 받는다. 카메라 내부에 서보시스템이 포함되고, 4개의 선으로 렌즈와 연결되는 다른 시스템도 있다. CCTV 렌즈에서는 AUTO IRIS를 행할 때의 영상신호를 평균적으로 혹은 Peak적으로 검지하는 측광 의미에서 사용된다. IRIS를 참조.

**Alexa.com 알렉사닷컴** 아마존(Amazo.com)이 운영하는 웹사이트 인기도 측정 서비스, 해당 사이트의 트래픽 유형, 링크 인기도, 경쟁자 등을 알 수 있다.

**Algorithm 알고리즘** 어떠한 주어진 문제를 풀기 위한 절차나 방법을 말하는데 컴퓨터 프로그램을 기술함에 있어 실행 명령어들의 순서를 의미한다. 알고리즘이라는 용어는 문제를 해결하기 위한 절차나 방법을 의미하는 단어로 넓은 범위로도 사용되고 있다. 즉, 알고리즘은 어떠한 행동을 하기 위해서 만들어진 명령어들의 유한 집합(finite set)이다. 알고리즘에서 가장 중요한 것은 효율성이라고 할 수 있는데 동일한 문제를 푸는 데 있어 결과는 같아도 해결방법에 따라 실행속도나 오차·오류 등에 차이가 있을 수 있기 때문이다. 알고리즘은 명확해야 하는데 이를 위해 프로그래머들은 주로 순서도나 의사코드(pseudocode) 등을 이용하고 있다. Algorithm은 페르시아의 수학자인 알-콰리즈미(Al-Khowarizmi, 780?~850?)의 이름에서 유래되었다. 알콰리즈미는 2차방정식을 푸는 근의 공식과 인수분해 등을 개발한 수학자다. 그의 저서 '산술(Arithmetics)'이 라틴어로 번역되면서 간결하고도 쉬운 연산 기법을 통칭 알고리즘으로 불렀던 것이다. 이런 연산 기법이 소위 자동화과정을 거치면서 수학자 라이프니츠 등을 통하여 논리 회로를 만드는 것으로 진화했다. 20세기 컴퓨터가 등장하면서 알고리즘적 사고는 빛을 발한다. 컴퓨터를 움직이는 프로그램은 모두 정교한 알고리즘을 기반으로 한다. 내비게이션이 최단 경로를 찾는 것도 알고리즘의 힘이요 휴대폰에서 은행 업무를 처리할 수 있는 것도, 인터넷 검색을 최대한 빨리 그리고 정확하게 할 수 있는 것도 모두 알고리즘 덕분이다. 그래서 미국 MIT MediaLab의 Media Arts and Sciences 교수인 케빈 슬레이븐(Kevin Slavin)은 우리가 알고리즘으로 디자인된 세상에 살고 있으며, 또한 우리는 점점 더 알고리즘에 의해 컨트롤 받고 있다고 주장한다.

**ALH(Airborne Lidar Hydrography) 해양수심측량 라이다, 해저지형측량 라이다** SHOALS(Scanning Hydrographic Operational Airborne Lidar Survey)를 참조.

**Aliasing 알리아싱, 계단상** 영상의 최고 공간 주파수의 2배 보다 적은 비율로 영상을 추출했을 경우 발생하는 결과. 영상과 컴퓨터 그래픽에서 영상면의 해상도가 낮기 때문에 래스터 영상의 가장자리나 선분이 톱니 모양 또는 계단식으로 처리되어 출력되는 것을 말한다.

**Aliasing Effect 알리아싱 현상** 모아레(Moire) 현상이라고도 한다. 수평한 직선이 곧게 보이지 않고 계단모양으로 단절되어 보이는 현상으로 패턴이 일정한 피사체를 찍을 때 빛의 간섭으로 발생한다. Moire를 참조.

**Alife, Artificial Life 인공 생명(人工生命)** 가상 세계에 서식하는 생명체. 인공 현실감에 속하는 기술의 하나로, 소프트웨어로 가상 세계를 구축하고 그 안에서 서식하는 생물의 행동을 모의 실험하여 생물의 발생, 성장, 진화 과정, 생태계 등과 같은 생명 활동의 본질을 재현한다. 생명 활동을 소프트웨어로 재현하는 또 다른 기술로는 인공 지능(AI)이 있다. 그러나 AI는 지능의 구조 자체를 이해하고, 자율적으로 판단하고 행동할 수 있는 인간과 같은 지능 및 의식을 갖는 시스템을 목적으로 한다는 점에서 인공 생명과는 다르다.

**Al-Khwarizmi 알 콰리즈미** Muḥammad ibn Mūsā al-Khwārizmī (780? ~ 850?)는 페르시아의 수학자로 페르시아 최초의 수학책을 만들었는데, 인도에서 도입된 아라비아 숫자를 이용하여 최초로 사칙연산(덧셈, 뺄셈, 곱셈, 나눗셈)을 만들고 0과 위치값을 사용한 수학자이다. 그는 '대수학의 아버지'로 불리기도 한다.

알 콰리즈미는 바그다드에서 살며 수학자이자 천문학자로서의 명성을 떨쳤다. 칼리프 알마문에 의해 지어진 지혜의 집에서 연구하며 그곳의 학자로서 그의 동료들과 함께 대수학, 기하학, 천문학에 어우르는 학문분야를 연구하며 또한 그리스 과학 서적 번역에도 힘썼다. 그의 대표적인 저서 "al-Kitab al-mukhtasar fi hisab al-jabr wa'l-muqabala"(복원과 대비의 계산)를 830년에 썼다. 그를 통해 이차방정식에 대한 해법이 처음으로 체계적으로 연구되었다. 대수학을 뜻하는 영어 단어 'Algebra'는 그의 저서 "al-jabr wa al-muqabala"에서 기원한다. '알고리즘(Algorithm)'이라는 단어도 알 콰리즈미가 집대성한 연산 기술의 이름으로부터 유래한 것인데, 알 콰리즈미의 라틴어 이름을 딴 것이기도 하다. 이 외에도 천문 관측을 하여 지구의 자오선의 1도의 길이를 측정하였다. 그의 천문표에는 사인(sine)과 코사인(cosine), 삼각함수표가 있으며, 구면 삼각법에도 기여하였다. 한편, 그는 프톨레마이오스의 지리학을 수정하고 완성하였는데, "지구의 표면"이라는 책을 통해 2,402개 도시의 좌표 및 다른 지리적 특징을 찾을 수 있었다.

**A-List 에이급 리스트** 영향력 있는 블로거를 가리키는 용어. 일반적으로 형용사처럼 사용하여 'A급 리스트 블로거' 같은 식으로 말한다.

**Allan Alcon 앨 알콘** 아타리의 공동 창업자이자 '퐁'의 개발자. 캘리포니아 대학교 버클리에서 전자공학과 컴퓨터 공학으로 박사 학위를 받았다. 놀런 부시넬과 함께 세운 아타라에서 세계 최초의 비디오 게임인 '퐁(Pong)'을 설계하였다. 히피였던 열여덟 살의 잡스와 그의 친구 워즈니악을 채용해 아타리에서 일하게 한 것으로 알려져 있다.

**Allowable Error 허용 오차(許容誤差), 공차(公差)** 허용할 수 있는 오차의 한계를 말하며, 그 크기는 측량의 목적, 방법, 요구되는 정도에 따라 다르다.

**Allocation 할당** 분할된 릴레이션들을 물리적 이미지로 사상시키는 과정으로서, 네트워크의 여러 노드에 이들을 나누어 저장하는 방법을 의미한다. Relation 참조.

**Allowable Pollution Load 허용 오염부하량** 하천, 오수 등의 공공 수역에 대하여 그이용 목적에 따라 정해진 목표수질 보호 유지할 수 있는 한도 내에서 배출이 허용되는 오염 부하량을 말한다.

**Alluvial Fan 선상지** 하상의 기울기가 완만해 지면서 유속이 느려진 평지에 자갈이나 모래가 퇴적하여 이루어진 부채꼴 모양의 지형을 선상지라 한다.

**Alluvial Soil 충적토(沖積土)** 풍화 생성물이 유수에 의해 운반되어 하상에 퇴적된 것으로서, 유수에 의해 운반된 자갈, 모래, 실트, 점토 등이 하상으로 굴러 흐르면서 파쇄되거나 마모되면서 하류와 해안에 퇴적되어 충적평야를 형성한다. 상류 지역에는 입자가 큰 자갈, 모래 등이 퇴적되며, 하류 지역에는 입자가 작은 실트, 점토 등이 차례로 퇴적된다.

**Almanac 위성력, 위성궤도력, 알마낙** GPS 위성으로부터 전송된 NAVSTAR 위성의 개략정보로써 위성궤도, Keplerian 요소, 시각보정, 대기권 지연변수, 위서의 건강상태에 관한 정보, 즉 위성으로부터의 전파 중 항법메시지 안에 들어 있으며, 이를 바탕으로 수신기에서 제어되어 측량의 관측계획에 이용되는 위성정보이다. GPS 위성의 항법메세지에 포함되어 있는 일련의 변수묶음으로, 수신기가 위성들의 대략적인 위치를 계산하는 데에 쓰인다. 여기에는 모든 GPS 위성의 위치에 대한 정보가 들어있다. Almanac과 같은 의미로 Ephemeris는 가까운 미래에 예상되는 궤도정보로서, 방송력(Broadcast Ephemeris)과 정밀력(Precise Ephemeris)으로 전송한다. 시간의 기능으로서 천체의 위치(Position) 또는 소재(Location)의 목록을 말한다. 시간에 따른 천체의 궤적을 기록한 것(라틴어로 Diary라는 뜻). 각각의 GPS 위성으로부터 송신되는 항법메세지에는 앞으로의 궤도에 대한 예측치가 들어있다. 형식은 매 30초마다 기록되어 있으며, 16개의 Keplerian Element로 구성되어 있다.

**Almost-Enterprise Application 기업용 응용프로그램** 클라우드(Cloud) 컴퓨팅은 기업 등에게 응용프로그램의 "셀프 서비스" 기회를 제공한다. 클라우드 기술을 활용하면 기업에서 사용할 수 있는 응용프로그램들을 자유자재로 사용할 수 있으므로 기업은 IT담당부서 없이도 정보기술의 활용은 물론 비용절감을 할 수 있다.

**Almost Ready to Fly(ARF) 조립 제품** ARF(Almost Ready to Fly)를 참조.

**Alpha Blending 알파 블렌딩** [영상처리] 반투명 기술로서, 256단계까지 표시 가능하다. 알파 블렌딩은 픽셀값을 주는 기능으로서, 반투명인 객체를 렌더링하는 기능이다. 이는 액체나, 보이지 않거나 부분적으로 보이지 않는 객체에도 적용될 수 있다. 이 과정은 일반적으로 폭발, 물, 불과 같은 특수효과를 묘사하는데 주로 사용된다.

**Alpha Ray 알파선** [방사선] 알파(α)붕괴는 방사성 원자의 핵으로부터 2개의 중성자와 2개의 양성자를 가진 입자가 방출되어 나오는 붕괴과정이다. 방출된 입자는 He원자의 핵과 동일하다. 알파붕괴는 우라늄(U), 토륨(Th), 라듐(Ra) 등과 같이 주로 매우 무거운 원소들에서 일어난다. 이러한 원소들의 핵은 과도한 중성자를 가지고 있으며, 알파입자를 방출하면서 새로운 원자로 변환한다. 변환된 원자는 원래의 원자보다 2개의 중성자와 2개의 양성자가 줄어든 원자가 된다. 예를 들면 238U(Z=92)이 알파입자를 방출하면 234Th(Z=90)가 된다. 알파 입자는 2개의 양성자를 가지고 있어 양전하를 띠고 있으며, 다른 방사선들에 비해서 무겁고 에너지가 크다. 이로 인하여 알파선은 공기를 포함한 다른 물질들과 쉽게 상호작용을 일으키고 매우 짧은 거리에서도 다른 물질들을 많이 전리시키게 되어 진행이 어렵다. 알파입자는 공기 중에서 수 cm 정도밖에 진행하지 못하며 종이 한 장 정도로도 그 진행을 막을 수 있다.

**ALS(Airborne Laser Scanning) 항공 레이저 스캐닝** LiDAR(Light Detection And Ranging)를 참조.

**Altitude(ALT) 고도, 표고, 높이** ALT(Altitude)를 참조.

**Alternating Current(AC) 교류(交流)** AC(alternating current)를 참조.

**ALTM(Airborne Laser Terrain Mapper) 항공 레이저 지형 매퍼** LiDAR(Light Detection And Ranging)를 참조.

**ALTMS(Airborne Laser Terrain Mapping System) 항공 레이저 지형 매퍼 체계** LiDAR(Light Detection And Ranging)를 참조.

**Alternative Hypothesis 대립가설(對立假說), 연구가설, 유지가설** 대립가설(기호 $H_1$)은 귀무가설(Null Hypothesis, $H_0$, 영가설 : 설정한 가설의 진실성이 극히 적어 처음부터 버릴 것이 예상되는 가설)에 대립하는 명제이다. 보통, 모집단에서 독립변수와 결과변수 사이에 어떤 특정한 관련이 있다는 것이다. 어떤 가능성에 대해 확률적인 가설 검정을 할 때 귀무가설과 함께 사용된다. 이 가설은 귀무가설처럼 검정을 직접 수행하기는 불가능하며 귀무가설을 기각함으로써 받아들여지는 반증의 과정을 거쳐 받아들여질 수 있다. 대립가설은 양측대립가설과 단측대립가설이 있다. 단측대립가설은 독립변수와 결과변수와의 관련성을 검정할 때 그 방향이 미리 어느 한쪽으로 결정되어 있는 경우이다. 양측대립가설은 독립변수와 종속변수 간에 관련성 혹은 차이의 존재 여부에만 관심을 가지며, 그 방향은 따지지 않는 가설이다. Hypothesis Testing을 참조.

**Altitude Holding 고도 유지, 고도 홀딩** [드론] 기압계나 초음파 센서를 이용하여 수직의 위치를 잡아주는 기능을 말한다. 텔레메트리(Telemetry)나 GPS없어도 기압센서를 이용하기 때문에 가능하다. GPS를 이용하면 위치홀딩도 가능하다.

**Altitude Matrix 고도 행렬** 직사각형의 격자 형태로 저장된 고도자료로서, 고도행렬은 해석입체 도화기를 통해 항공사진에서 취득한 자료나 불규칙하게 분포하는 고도자료를 내삽시켜 구한다. DEM자료라고도 한다.

**Altitude Point 표고점(標高點)** ① 삼각점의 표고를 결정할 목적으로 실시되는 GPS측량에 의한 간접수준측량의 높이 기지점을 말한다(「삼각점측량 작업규정」 제2조). ② 수로조사 시 기본수준점을 기초로 직접 또는 간접수준측량에 의하여 표고를 결정하여 GPS측량 시 표고의 기지점으로 사용할 수 있는 수로측량기준점, 기본수준점, 해안선기준점을 말한다(「수로측량 업무규정」 제6조). ③ 수준점으로부터 직접 또는 간접수준측량에 의하여 표고를 결정하여 GPS측량시 표고의 기지점으로 사용할 수 있는 삼각점, 수준점, 편심점을 말한다(「GPS에 의한 기준점측량 작업규정」 제2조 제6호).

**Ambient Awareness 환경 인식** 소셜 네트워킹을 통해 멀리 떨어져 있는 사람의 온갖 사소한 행동이나 기분 등을 마치 바로 옆에서 보는 것처럼 알게 되는 것을 말한다.

**Ambiguity 모호 정수, 위상 불확실 정수** 사이클에 대한 미지정수를 말한다. GPS수신기는 매우 높은 정확도로 위성과 수신기 사이에 놓인 파의 개수를 셈한다. 그러나 첫 번째 파가 도달한 순간에 그 파에 대한 나머지 부분은 계산할 수 있지만, 그 순간에 위성과 수신기 안테나 사이에 놓여있는 파의 개수는 알 수 없다. 이와 같은 파의 개수를 Ambiguity라 하며, 파의 개수는 정수이므로 모호정수, 미지상수(Integer Ambiguity) 또는 상수편기(Integer Bias)라고도 한다.

GPS 측량계산의 기본은 모호정수를 빨리 또는 적은 양의 데이터로 구하는데 있다. 모호정수치를 구하기 위한 상대측위 방법에는 단일차분(Single Difference), 이중차분(Double Difference), 삼중차분(Triple Difference) 등이 있다. GPS 위상관측식은 다음과 같이 표현된다. 즉,

위상관측치 = (수신된 위상관측치 − 발신된 위상치)
−(수신기 시계의 지연오차량 − 위성시계의 지연오차량)
+(전리층의 전파 지연량 − 대류권 전파지연량)
+(최초 위상관측시 위성과 수신기간의 파장수)
+(불규칙 오차항)

• 단일차분(Single difference)은 1위성/2수신기 간 수신기간 차분의 위상관측식을 계산함으로서 위성시계의 오차항을 제거하거나 또는 2위성/1수신기간(위성간 차분)의 위상관측식을 계산함으로서 수신기 시계의 오차항을 제거한다. GPS 위성의 고도에 비해 두 수신기 사이의 거리가 짧다면 궤도 오차와 대기권 지연오차를 줄일 수 있다.

• 이중차분(Double difference)은 2개 이상의 single difference를 계산하여 수신기 및 위성시계의 오차항을 모두 제거하고, 미지항은 모호정수항 만을 남기게 된다. 따라서 $n(n \geq 4)$ 개의 위성에 대한 관측식으로 $(n-1)$개의 double difference를 이용하여 측량 계산을 실시한다.

• 삼중차분(Triple difference)은 연속된 시간에 따라 빼주는 것으로 정보의 내용이 빈약해서 double difference를 이용하는 것보다 부정확하다. 관측도중 발생하는 사이클 슬립(Cycle Slip)을 보정하는데 이용한다. 사이클 슬립은 관측도중 나무와 같은 장애물을 통과하거나, 전리층의 활발한 활동 또는 전파가 많이 발사되는 지역에서 전자파 장애로 인하여 생긴다.

**Ambiguity Fixed 고정해** 수신기가 각각의 위성에 대해서 반송파 위상을 계속 고정하여 관측하고 관측된 모든 신호에 대해서 모호정수를 계산하여 산출된다. 산출된 모호정수(intger value)는 수신기가 저장하고 있는 부분 파장과 더해지며 측량사는 cm급의 정확도로 관측을 시작한다(이것을 고정해라 부름).

**Ambiguity Floating 유동해** 유동해는 수신기가 계속해서 위성과 수신기 사이의 전체 정수 파장개수를 계산하지 못하여 m급의 정확도를 얻는 것을 말한다.

**AMD(Acid Mine Drainage) 산성 광산 배수** 광산으로부터 흘러나오는 산성을 띠는 배수를 말한다. 산성 광산 배수는 흔히 황화광물이 산화되어 만들어지는데, 지하에 있던 황화광물이 채광활동의 결과 산소에 노출되고, 이에 따라 산화되어서 생성된다. 황화광물은 산화되어 황산 및 금속이온으로 녹거나 황산염 화합물로 바뀌는데, 이때 황산이 만들어지게 되고, 이 황산이 산성배수를 형성하는 것이다. 산성 배수를 발생시키는 황화광물 중 가장 대표적인 것은 황철석(pyrite, $FeS_2$)이다. 황철석의 산화 과정을 살펴보면 다음과 같다.

| • 미생물이 관여하는 반응<br>$FeS_2 + 3.5O_2 + H_2O \rightarrow FeSO_4 + SO_4^{2-} + 2H^+$<br>$2FeSO_4 + 0.5O_2 + SO_4^{2-} + 2H^+ \rightarrow Fe_2(SO_4)_3 + H_2O$<br>$FeS_2 + Fe_2(SO_4)^3 \rightarrow 3FeSO_4 + 2S^0$ |
|---|
| • 무기적인 반응<br>$2S^0 + 3O_2 + 2H_2O \rightarrow 2SO_4^{2-} + 4H^+$<br>$Fe^{3+} + 3H_2O = Fe(OH)_3 + 3H^+$ |

미생물이 관여하는 반응으로 자연계에서 반응이 보다 빨리 진행되는데, 한 연구결과에 의하면 그 속도가 미생물이 관여하지 않을 때보다 최대 10만 배 정도까지 더 빨라지는 것으로 연구되었다. 이러한 반응을 촉진시킬 수 있는 미생물은 여러 종류가 있으나, 대표적인 것으로 Acidithiobacillus ferrooxidans 박테리아가 있다.

**American Standard Code for Information Interchange(ASCII) 미국 정보교환 표준코드** ASCII(American Standard Code for Information Interchange)를 참조.

**American National Standard Institute(ANSI) 미국 표준협회** ANSI(American National Standard Institute)를 참조.

**AM/FM(Automated Mapping/Facilities Management) System 도면자동화 및 시설물관리체계** 지형학적으로 불합리한 시설물의 관리, 형상의 조합에 의한 중첩, 중요한 조건의 기록, 망의 흐름과 다른 특성을 분석, 특정한 표준조건에 부합하는 지역의 선정 등과 같은 다양한 요구에 대응하여 위치 혹은 특성자료를 처리하는 컴퓨터 체계, 도면작성의 자동화, 상수도 시설관리, 하수도 시설관리, 전화시설관리 등에 활용된다. "지도나 시설물에 관한 자료를 저장, 수정하여 가시화 된 도면을 만드는 DBMS로서 GIS가 갖고 있는 공간분석기능이 결합된 시스템이다."(Exler 1988)

**AMI(Advanced Metering Infrastructure) 양방향 원격검침, 양방향 검침 인프라** 유·무선 통신을 이용하여 원격에서 에너지 사용량을 실시간으로 검침하고, 양방향 정보 교환을 통해 에너지 사용량을 효율적으로 관리하는 시스템으로서, 검침된 에너지 사용량을 관리하여 소비성향, 수요분석, 에너지 절감 및 대책 수립 등 효율적 에너지 활용 서비스를 제공한다.

**AMOLED(Active Matrix Organic Light-Emitting Diode) 아몰레드, 능동 유기 발광 다이오드(能動有機發光-)** 액정표시장치(LCD)는 화면 뒤에서 액정화면에 빛을 쏴주는 방식이지만 능동유기발광다이오드(AMOLED)는 전압을 받으면 자체적으로 빛을 내는 유기물질이다. LCD보다 동영상 응답속도가 1000배 이상 빠르고 색 재현성과 선명도도 뛰어나다. 특히 패널 뒤에서 빛을 쏘아주는 후방조명(Back Light)이 필요 없기 때문에 LCD보다 얇게 만들 수 있어 구부리거나 깨지지 않는 차세대 디스플레이에 적합하다. 옆에서 봐도 화질이 변하지 않으며 햇빛 아래서도 선명하게 보이는 게 장점이다.

**Ampère's (Circuital) Law 앙페르의 (회로) 법칙, 암페어의 법칙** 자기장에 대한 물리 법칙이며, 맥스웰 방정식 가운데 하나이다. 프랑스의 물리학자 앙페르(혹은 암페어, André-Marie Ampère, 1775~1836)가 발견하였으며, 맥스웰(James Clerk Maxwell, 1831~ 1879)이 오늘날의 형태로 수정하였다. 앙페르 법칙은 전류밀도 J와 그것이 만들어내는 자기장 H에 관련되는 것으로서, $\nabla \times H = J$ 이다. 즉, 전류가 흐르면 그 주위에 자기장이 만들어지며, 자기장의 방향은 오른나사의 회전방향과 같다. 자기장 H는 자속밀도 B(단위: 테슬라)와 $B = \mu_o H$ 의 관계가 있다. 축전기에 앙페르 법칙을 적용할 때의 모순을 발견한 맥스웰은 이 법칙이 불완전하다고 결론내리고, 이 문제를 해결하기 위해 변위전류(變位電流, displacement current)의 개념을 고안하였으며 이를 통해 맥스웰 방정식에 편입된 일반화된 앙페르의 회로법칙(앙페르-맥스웰 방정식)을 만들었다. 즉, $\nabla \times H = J + \frac{\partial D}{\partial t}$. 여기서, D는 변위전류밀도(단위: $C/m^2$)이다. 변위전류의 개념을 통해 맥스웰은 빛이 전자기파의 일종임을 가정할 수 있었다. 전류 변화로 자기장이 발생하는 것을 이용한 도구로는 전자석, 전동기와 같은 것이 있다.

**Amplitude 진폭(振幅)** ① 파동에서 가장 큰 마루의 높이나 골의 깊이를 말한다. ② 해파에서는 파봉에서부터 정수면사이의 연직거리, 정현파의 경우 진폭은 파고의 절반, 조석에서는 조차의 반을 진폭이라고 한다.

**AMPS(Advanced Mobile Phone Service) 앰프스** 벨 연구소에서 개발한 아날로그 이동전화 시스템 표준이다.

**AMR(Automatic Meter Reading) 자동계량기** 전기, 가스, 수도 등의 사용량 검침을 IT기술을 이용해 중앙검침센터에서 자동으로 수행하는 시스템. 검침원이 고객을 직접 방문하지 않고 검침센터에서 원격으로 검침 및 현장 관리를 할 수 있다.

**AMS(Automated Mapping System) 자동지도제작 체계** 지도를 그리거나 생산해내는 컴퓨터 체계, 도면자동화는 효율적인 위치정보의 처리와 출력을 위해 고안되었으며, 지형에 대한 분석능력이 없으며 단지 위치정보에 의한 영상만을 조작할 수 있다. 지도나 시설물에 관한 자료를 저장, 수정하여 가시화된 도면을 만드는 DBMS로서 GIS가 갖고 있는 공간분석 기능이 결여된 체계이다.

**AMSL(Above Mean Sea Level) 평균 해수면상** 'Above Mean Sea Level'의 약어로 Mean Sea Level을 참조.

**Anaerobic Respiration 무기호흡(無氣呼吸)** 생물체가 산소를 소비하지 않고 호흡 기질을 산화시켜 생활에 필요한 에너지를 얻는 과정이다. 사람을 포함한 많은 생물들은 유기 호흡을 통해 에너지를 얻으므로 산소가 있어야 살 수 있다. 그러나 어떤 미생물들은 산소가 없는 환경에서도 살 수 있는데, 이 미생물들은 산소를 소비하지 않고 유기물을 산화시켜 생활에 필요한 에너지를 얻는다. 이와 같이 생물체가 산소를 소비하지 않고 호흡 기질을 산화시켜 생활에 필요한 에너지를 얻는 과정을 '무기 호흡'이라고 하며, '무산소 호흡' 또는 '혐기성(嫌氣性) 호흡'이라고도 한다. 무기 호흡에서는 호흡 기질을 이산화탄소와 물로 완전히 분해하지 못하여 중간 분해 산물이 생기는데, 중간 분해 산물에는 아직 많은 에너지가 남아 있어 유기 호흡에 비해 에너지 발생량이 적다.

**Anaglyph 여색, 애너글리프** [영상] 애너글리프 방식은 1953년에 개발된 인간의 양눈 시차를 이용한 방식으로, 왼쪽 눈 영상은 빨강, 오른쪽 눈 영상은 청록(Cyan)이나 파랑(또는 녹색)으로 인쇄하는 3D 영상 표현 방식. 보통 청색인 좌측 성분 위에 포개어 적색인 우측 성분을 가진 입체 영상, 상응하는 컬러 필터를 통하여 볼 때 3차원 입체영상이 보인다.

**Anaglyph Imagery Map 입체 영상 지도** 한 쌍의 항공사진이나 위성영상을 여색입체 방법으로 인쇄하여 지형・지물을 입체적으로 판독할 수 있도록 제작된 입체영상지도를 말한다.

**Anaglyph Method 색채안경 방식** 색차 안경은 아주 간단히 제작할 수 있고 입체영상 제작도 쉬운 반면, 눈의 피로도가 높다. 이 때문에 몇 시간씩 상영되는 영화 전체를 3차원 입체로 표현하기에는 어려운 점이 있어, 현대식 3차원 영화의 입체 영상 생성에는 좀 더 발전한 기술이 쓰이고 있다.

**Anaglyph Stereoscopic Technique 적청(赤靑)안경 입체시 방식, 애너글리프 입체시 방식** 보색의 원리를 이용하여 좌안/우안용 영상을 분리하여 시청함으로써 좌/우 시차를 발생시키는 방식이다. 일반적으로 양안 변위가 있는 입체 영상을 보기 위해서는 좌우 영상을 분리해서 양안에 제시할 필요가 있다. 이전부터 사용되고 있는 대표적인 필터안경 방식에는 애너글리프 방식, 농도차 방식, 편광필터 방식 등이 있다. 애너글리프 방식은 보색관계에 있는 색(적과 청)으로 그려진 스테레오 제어 영상을 공통의 투과파장역이 없는 색필터로 좌우안을 선택·분리해서 입체시하는 것이다. 색 필터가 색차가 너무 크거나 높은 콘트라스트 조건에서는 도형의 윤곽부에서 양안시야투쟁(좌영상과 우영상이 교대하면서 우위로 보이는 현상)이 생겨 보기가 불안정해질 뿐 아니라 밝은 화면을 장시간 관찰하면 색순응에 차이가 생겨 피로를 야기하는 원인이 된다. 또, 입체로 융합한 상태에서는 단색 영상이 되어 완전 칼라로 표시할 수 없는 문제점이 있다. Stereoscopic Techniques, Field Sequential Stereoscopic Display, Polarized Filter Stereoscopic Technique, Parallax Barrier Stereoscopic Technique, Lenticular Stereoscopic Technique을 참조.

**Analog 아날로그, 연속형** 0과 1이라는 신호체계로 구성된 컴퓨터와는 달리 진폭, 진동수, 형태 또는 위치와 같은 계속적으로 변하는 양들에 의해 기술되어지는 자료와 같은 매체나 형식. 불연속적인 단계로 변하는 것이 아니라, 실체 유형 또는 변수의 연속적인 표현을 설명하는 용어로 아날로그 실체 유형은 어떤 정밀도라도 값을 갖는다. 즉, 어떤 자료를 '길이', '각도' 또는 '전류'와 같이 외부적인 원인에 의해 연속적으로 변하는 것들을 물리량으로 나타내는 것이다. 빛의 밝기, 소리의 높낮이나 크기, 바람의 세기 등 거시적인 자연에서 얻는 신호는 대개 아날로그이다.

**Analog Signal 아날로그 신호** 연속적인 양의 크기로 나타낸 신호를 말한다.

**Analog to Digital Conversion(A/D Conversion) 아날로그/디지털 변환** A/D Conversion(Analog to Digital Conversion)을 참조.

**Analysis 해석, 분석** 어떤 조건을 만족시키는 새로운 정보를 만들기 위해 자료를 추출하거나 생성하려는 의도로, 먼저 분석 대상을 정한 후 이를 모델화 하고 결과를 검토, 분석하여 가장 적절한 결정을 내리는 과정을 말한다. 또한 측정자료가 시각적으로 패턴과 예측을 위해 정렬, 검증, 평가되는 과학에서의 단계를 말한다.

**Analysis of Variance(ANOVA) 분산분석(分散分析)** ANOVA (Analysis of Variance)를 참조.

**Analytical Hill Shading 음영기복 분석** 특정 방위나 지평선으로부터 특정 고도에 위치한 인위적인 빛을 틴(TIN)이나 래스터 데이터의 픽셀에 측면으로 비추어 입체적인 효과를 표현하는 방법이다.

**Android 안드로이드** 오픈소스인 안드로이드 OS는 '인간을 닮은 인공적 존재'라는 뜻의 그리스 말에서 유래되었다. 프랑스 작가 매티아 빌러스가 그의 SF소설에서 인간이 만든 인간을 닮은 겉보기에 말이나 행동이 사람과 거의 구별이 안 되는 로봇을 뜻한다. 영화 〈블레이드런너〉나 〈터미네이터〉에 나오는 인조인간들이 안드로이드의 대표적인 예이다. 외모는 물론 동작이나 지능까지도 인간과 다를 바 없어야 하며 현재의 기술로는 아직 먼 미래에나 가능하다. 세계 스마트폰 시장 전면전을 앞두고 인간의 두뇌에 버금가는 안드로이드의 똑똑한 업무처리와 빠른 속도를 강조하기 위한 작명인 셈이다. PC 운영체제인 '윈도우'처럼 스마트폰에서 프로그램을 실행하도록 하는 구글이 만든 모바일 전용 운영체제다. 애플 아이폰 콘텐츠 장터인 '앱스토어'와 같이 '안드로이드 마켓'이 있어서 누구나 원하는 게임, 뉴스, 음악 등 콘텐츠를 내려 받을 수 있으며 구글 검색도 초기화면에서 쉽게 할 수 있다. 특히 애플이 폐쇄적으로 운영 중인 아이폰 체제와 달리 운영체제를 공개하고 있어 휴대폰 제조업체는 물론 SK텔레콤 등 이동통신사도 채택할 수 있는 것이 특징이다.

**Angle 각(角)** 각은 평면각(Plane Angle), 곡면각(Curved Surface Angle), 입체각(Solid Angle)으로 구분된다. 거리와 함께 측량의 중요한 요소로서 한 점 O로부터 2개의 반직선 OA와 OB에 의하여 이루어진 도형의 경우 이를 ∠AOB라 한다. 각을 나타내는 단위로는 직각을 90°하여, 1°를 60′, 1′을 60″로 하는 60진법, 직각을 100g(grade), 1g를 100c, 1c를 100cc로 하는 100진법, 반지름과 같은 길이의 원호가 품는 중심각을 1라디안(rad), 직각을 $\pi/2$라디안으로 하는 호도법(弧度法) 등이 있다.

**Angle Condition 각 조건(角條件)** 각 관측에 의한 다각형의 내각, 외각, 편각 등의 합이 다각형의 기하학적 각의 합과 동일하여야 한다는 조건으로, 각의 수를 n이라 한다면 폐합다각형의 내각의 합은 (n−2)180°, 외각의 합은 (n+2)180°, 편각의 합은

360°가 되어야 한다는 조건이다.

**Angle Observation 각 관측** 어떤 한 점에서 시준한 2점 사이의 낀 각을 결정하는 것으로, 수평각 관측과 수직각 관측으로 구분 할 수 있으며, 관측방법에는 단각법, 배각법, 방향각법, 조합각 관측법 등이 있다.

**Angle of Attack(AOA) 받음 각** AOA(Angle of Attack)를 참조.

**Angle of Convergence 수렴각** 한 쌍의 입체사진에 있어서 좌우사진이 촬영시의 사진 축과 이루는 각을 말한다.

**Angle of Intersection 교각(交角)** 전측선이 다음 측선과 이루는 각을 말한다.

**Angle Of View(AOV) 화각(畵角)** AOV(Angle Of View)를 참조.

**Angry Bird 앵그리버드** 핀란드 게임업체인 로비오가 2009년 출시한 스마트폰·태블릿 PC용 게임. 고무총으로 새를 날려 돼지를 맞추는 게임이다.

**Angular Beam Width 분광폭** 레이더에서 레이더빔에 의해 수평면에 퍼지는 호의 각을 말한다.

**Angular Distance 각 거리** 공간에 있는 2점 사이의 거리를 원점에서 본 각도로 나타낸 것으로 겉보기거리라고도 한다. 공간에 있는 2점 A, B 사이의 거리는 관측자(원점 O)와 두 점을 각각 연결한 직선(시선방향이라 한다)이 이루는 각($\alpha$)으로 나타낸다. 구면상에서는 두 점을 잇는 대원(大圓) 위에서의 거리를 그 중심각으로 표시한다. 또한 천문학에는 멀리 떨어진 천체 사이에서는 실제거리를 잴 수 없으므로 일반적인 길이 대신 각거리로 거리를 나타낸다.

**Angular Field of View 가시권, 시야각** ① 자신이 볼 수 있는 시야를 확인하는 것을 말한다. ② 원격탐사 체계로부터 그 체계에 의하여 보여 지는 지형의 스트립에 대한 바깥 여백까지가 주사선들에 의하여 잘려지는 호의 각이다.

**Angular Momentum 각운동량(角運動量)** 어떤 원점에 대해 선운동량이 돌고 있는 정도를 나타내는 물리량이다. 어떤 원점에 대한 각운동량을 수학적으로 정의하면 다음과 같다. 즉, $\vec{L} = \vec{r} \times \vec{p} = \vec{r} \times m\,\vec{v}$. 여기서, $m$은 입자의 질량, $L$은 각운동량, $p$는 선운동량, $r$은 원점에서 입자까지의 위치벡터, $v$는 속도이다.

**Angular Velocity 각속도(角速度)** 회전속도(rotational velocity)로서, 특정 축을 기준으로 각이 돌아가는 속력을 나타내는 벡터다. 즉, $\omega = \dfrac{d\theta}{dt}$이며, SI 단위는 초당 라디안(rad/s)이다.

**Angular Velocity of Earth 지구의 회전 각속도** 지구는 구형이라 위도면의 둘레 길이가 다르기 때문에 지구의 자전속도는 위도에 따라 다르다. 적도면에서의 자전속도는 시속 1,674km이며, 우리나라의 경우 위도 38도에 해당하므로 자전속도가 시속 1,337km이다. 참고로 KTX의 속도는 시속 300km이다. 한편, 지구의 공전속도는 초속 약 30km가 된다.

**Animatronics 애니메트로닉스** 애니메이션(animation)과 일렉트로닉스(electronics)의 합성어인데, 여기에 메이크업(make-up)이 추가된 용어로 기계적 뼈대나 전자 회로를 가지고 제작한 실물과 흡사한 캐릭터를 원격 조정을 통해 움직이게 하는 CT(Culture Technology) 기술. 애니메트로닉스로 제작된 모형은 배우와 함께 같은 시공간에서 실제 존재하는 장면을 연출하며 실물과 똑같으면서도 미세한 움직임까지 원격으로 조정이 가능하여 위험한 장면에 주로 활용된다. 컴퓨터 그래픽스(CG)와 달리 사실감이 뛰어나다.

**Anisotropic Filtering 이방성 필터링** [영상처리] 3차원 컴퓨터 그래픽스에서 빗각에 놓인 표면 위의 질감의 품질을 강화하는 방법이다. 이중 선형 및 삼중 선형 필터링과 같이, 비등방성 필터링은 텍스쳐가 거칠게 보이는 효과를 제거하지만 뭉개짐을 제거하고 비스듬한 시야각에서 세부 형태를 보존하기 위해서는 다른 기술들을 동원한다. 이방성 필터링은 렌더링에 영향을 미친다.

**Ankh 앙크** '영원한 삶'을 뜻함. 십자 모양. 내세의 문을 열 수 있는 열쇠를 말한다.

**Annexation 합병** 지적공부(Cadastral Record)에 등록된 2필지 이상을 1필지로 합하여 등록하는 것을 말한다(「측량·수로조사 및 지적에 관한 법률」 제2조 제32호).

**Annotation 주기(註記), 주석** ① 도형 기본 요소가 지정하는 위치의 특성 자료. 다른 지형 요소와 위상학적 구조로 연결되어 있지는 않다. 출력하려는 목적으로만 쓰이고, 분석에서는 사용되지 않는다. 주석문을 위해 저장되는 정보는 문자열, 출력될 위치, 문자(Text), 기호(색상, 폰트, 크기 등)이다. 하나 이상의 주석문이 하나의 커버리지를 위해서 필요하다. ② 지도에 기호로만 표시하기 힘든 내용은 숫자, 문자와 같은 주기로 표시한다. 인공물 및 자연물의 명칭, 산정의 표고, 등고선 수치, 수심들을 주기로 나타낸다. 제목, 범례, 축척바, 방위 등은 일반적인 주석의 형태이다. 가장 단순한 형태에서 제목과 범례는 일반적으로 지도의 바깥쪽 경계 부분 같은 고정된 위치에 놓고 문자나 범례 기호를 입력할 수 있다.

**Annotation DB 주석 데이터베이스** 지도상에 사용자가 직접 입력한 개인적인 정보를 중첩하여 표시하기 위한 DB(데이터베이스)로서 그래픽 요소들을 좌표와 같이 저장한다. 사용자가 백그라운드 지도 DB를 다른 종류의 것으로 변경하더라도 개인적인 정보를 정확한 위치에 표현하기 위해서는 좌표체계의 저장 및 변환이 필요하다 다른 DB와는 달리 개인의 사생활 보호를 위하여 암호화가 필요할 경우도 있다.

**Annual Motion 연주운동(年週運動)** 지구 주위를 도는 태양이 1년에 걸쳐 하는 주기적 운동 또는 태양의 주위를 도는 지구가 1년에 걸쳐 하는 주기적 운동 및 그 운동에 따라 생기는 천체의 1년 주기의 겉보기 운동을 연주운동이라 한다.

**Annual Parallax 연주시차(年週視差)** 지구는 그 궤도를 공전함에 따라 관측자의 위치는 언제나 이동하고 있어 항성에 대한 시차가 생긴다. 이 시차는 1년을 주기로 하므로 연주시차라 한다.

**Anomaly 이상(異狀)** ① 자료의 수정, 삭제, 생성과 같은 조작으로 인하여 발생하는 결과 중, 예상한 결과 이외에 발생하는 원하지 않은 결과를 말한다. 특정자료의 생성시 원하지 않는 자료까지 생성되는 삽입 이상, 특정 자료의 속성값을 변경함으로써 자료의 일관성이 깨지는 갱신이상, 특정 자료를 삭제할 때 유지되어야 할 다른 자료까지 삭제되는 삭제이상 등이 있다.
② 이론적 예상치 또는 주변의 평균적인 측정값보다 크거나 작은 측선상의 부분 혹은 공간적 영역을 뜻한다.
③ [데이터베이스] 정규화(Normalization)를 거치지 않은 데이터베이스 내에 데이터들이 불필요하게 중복되어 릴레이션(relation) 조작 시, 발생하는 예기치 못한 곤란한 현상이다. Relation을 참조.

| | |
|---|---|
| 삽입 이상 (Insertion Anomaly) | 릴레이션에 데이터를 삽입할 때 의도와는 상관없이 원하지 않은 값들도 함께 삽입되는 현상 |
| 삭제 이상 (Deletion Anomaly) | 릴레이션에서 한 튜플을 삭제할 때 의도와는 상관없는 값들도 함께 삭제되는 연쇄 삭제 현상 |
| 갱신 이상 (Update Anomaly) | 릴레이션에서 튜플에 있는 속성값을 갱신할 때 일부 튜플의 정보만 갱신되어 정보에 모순이 생기는 현상 |

**ANOVA(Analysis of Variance) 분산 분석(分散分析)** R. A. Fisher가 1923년에 발표한 분산의 근원을 밝히고 분할하고 통계적 유의도 검정을 하는 방법으로서, 변량분석이라고도 한다. 분산을 분석하지만 실제적으로는 평균치들의 차의 유의도 검정에 사용된다. 분산분석의 검정통계량은 집단 간 분산과 집단 내 분산의 비율인 F통계량(F=집단 간 분산/집단 내 분산)이다. 집단 내 분산보다 집단 간 분산이 의미 있게 클 때 처치효과가 나타난다. 집단 간 분산이란 각 집단의 평균치가 전체 평균으로부터 얼마나 이탈해 있는가를 나타내는 것이고, 집단 내 분산이란 각 사례의 점수가 자신이 속한 집단의 평균치로부터 얼마나 이탈해 있는가를 나타내는 것이다. 1개의 독립변수와 1개의 종속변수가 있을 때는 일원분산분석, 2개의 독립변수와 1개의 종속변수가 있을 때는 이원분산분석, 그리고 독립변수가 증가함에 따라 다원분산분석을 적용해 자료를 분석한다.

**Anoxic 산소결핍** 공기 중의 산소농도가 18% 미만인 상태를 말하며(「산업안전보건기준에 관한 규칙」 제618조 제4호), 산소결핍증(anoxemia)이란 산소가 결핍된 공기를 들이마심으로써 생기는 증상"으로 정의하고 있다.

**ANSI(American National Standard Institute) 미국 표준협회** 1918년에 미국 공업 표준 위원회로 창립된 비영리 민간단체. ANSI는 표준의 적합성 여부에 따라 미국 국가 표준(ANS : American National Standard)으로서 승인 여부를 결정하고 미국에서의 자발적인 표준 활동을 관리한다. 직접 표준을 개발하지 않으나, 각 기구들의 표준 과정을 관리하여 여러 기구가 작성, 처리, 승인 및 배포하려는 표준안을 국가 표준으로 승인하고 조정하는 역할을 한다. ANSI는 ISO와 깊은 관련이 있고 따라서 많은 ANSI 표준들이 ISO에서 승인된다. ANSI 표준은 오늘날 모든 면에 적용되고 있으며, SQL 적용범위의 확대와 SQL 영역에서 이들의 노력은 GIS 업계의 특별한 관심의 대상이 되고 있다.

**Antarctica 남극(南極)** 남극은 지구의 최남단에 있는 대륙으로, 한가운데 지리적 남극점이 있다. '남극'이라는 영역의 정의에 대해서는 남극대륙 및 그 주변 섬만을 남극이라 하기도 하고, 남극 유빙의 한계선인 남위 45° 이하의 지역을 남극이라고 부르기도 한다. 국제법적으로는 남극조약(Antarctic Treaty, 1959)의 적용대상 영역인 남위 60° 이남 지역을 남극이라고 하는데 이 정의가 일반적으로 받아들여지고 있다.
남극 대륙은 거의 대부분 남극권 이남에 자리 잡고 있으며, 주변에는 남극해가 있다. 남극권은 남위 66° 33′ 44″ 이남이며, 여름에 해가 지지 않는 백야와 겨울에 해가 뜨지 않는 극야 현상이 일어나는 북쪽 한계이다. 남극권의 위치는 고정되어 있지 않고, 지구 자전축 기울기의 변화에 따라 현재는 1년에 약 15m 가량의 속도로 남쪽으로 움직이고 있다.

남극의 면적은 약 14,000,000km$^2$로서, 한반도의 약 60배이며, 지구 전체 육지면적의 약 10%에 달할 정도로 광활하다. 아시아, 아프리카, 북아메리카, 남아메리카에 이어 다섯 번째로 큰 대륙이며 남극보다 면적이 넓은 나라는 러시아가 유일하다. 남극 전체표면의 약 98%는 평균두께 2,160m의 만년빙으로 덮여 있고 지구상 담수의 약 90%가 이곳에 얼음 형태로 보존되어 있다. 우리나라는 남극기지의 설치운용 및 남극과 관련된 일련의 과학적 연구 성과를 바탕으로 1989년 세계에서 제23번째로 "남극조약협의당사국"(Antarctic Treaty Consultative Party) 지위를 획득하여 남극의 운영에 있어서 직접적인 발언권을 행사하고 있다.

**Antarctic Circle 남극권(南極圈)** 지구 자전축이 23.44도 기울어져 있어, 위도가 남・북위 66.56도 이상인 지역에서 여름에 햇빛이 비치는 곳과 그 곳의 표준시가 일치하지 않아서 생긴다. 매년 하지(6월 22일경)와 동지(12월 22일경)에 하루나 또는 그때부터 여러 날 동안 해가 지지 않거나 뜨지 않는 지역의 북쪽 한계선이 된다. 계속되는 낮이나 밤의 길이는 남쪽으로 갈수록 길어져서 남극권에서는 하루 정도이지만 남극에서는 6개월에 이른다. 2011년을 기준으로, 남위 66°33′44″(66.5622°)을 지난다. 남극권은 여름에 해가 지지 않는 백야(白夜, nights with the midnight sun)와 겨울에 해가 뜨지 않는 극야(極夜, polar night) 현상이 일어나는 북쪽 한계이다. 남극권의 위치는 고정되어 있지 않고, 지구 자전축 기울기의 변화에 따라 40,000년 주기로 2°가량 변한다. 현재는 1년에 약 15m 가량의 속도로 남쪽으로 움직이고 있다.

**Antarctic Treaty 남극조약(南極條約)** 남극지역의 영유권에 관하여 1959년 10월 미국 워싱턴에서 12개국이 체결한 조약이다. 1908년 영국이 남극지역의 영유권을 주장한 것을 계기로 이 지역의 영유권문제가 표면화됨으로써 조약 체결이 이루어지게 되었다. 남극(the Antarctic)이란, 남극대륙(Antarctica)과 주변을 둘러싸고 있는 남극해(the Southern Ocean)로 정의되며, 1819년에 발견되었다. 남극은 이전까지 남반구에 위치한 호주, 뉴질랜드, 칠레, 아르헨티나와 포경어업 관련 산업이 활발했던 영국, 노르웨이, 프랑스 등 7개국에 의해 영유권이 주장되어 왔었다. 따라서 미국, 러시아 등 영유권 주장 유보국들은 지속적인 남극활동을 보장받기 위해서 남극을 관리하는 국제기구의 필요성을 인식하고, 미국의 요청에 의해 1959년 12월 1일 12개국(아르헨티나, 오스트레일리아, 벨기에, 칠레, 프랑스, 일본, 뉴질랜드, 노르웨이, 남아프리카공화국, 소련, 영국, 미국)이 워싱턴에 모여 남극조약에 서명하게 되었다. 모두 14개 조문으로 구성된 남극조약은 남위 60° 이남 지역의 평화적 이용과 과학연구의 완전한 자유보장을 명시하고, 남극에 대한 기존의 영토권 주장을 유예하도록 명시하고 있다. 남극조약은 1961년 6월 23일 비준됐으며 전문과 14개 조항으로 이뤄졌다. 이 조약의 주요 내용은 남극의 군사사용 금지, 평화사용만 허용하고(1조), 과학조사의 자유 보장(2조), 과학조사를 위한 국제협력 증진을 위해 조사계획에 관한 정보와 과학자와 조사 결과 서로 교환(3조), 영유권 주장 동결(4조), 핵실험, 방사능유출, 발암물 처분금지(5조), 협약적용범위 남위 60°의 남쪽지역의 함(6조), 조약가입은 유엔회원국이거나 그렇지 않을 경우 남극조약협의당사국의 만장일치 동의를 받아야 한다는 것 등이다(13조). 2015년 현재 남극조약국은 총 52개국에 달한다.

**Antarctic Treaty Consultative Party(ATCP) 남극조약협의당사국** ATCP(Antarctic Treaty Consultative Party)를 참조.

**Antenna 안테나** ① 전파를 송수신할 수 있는 금속장치를 말한다. ② 레이더 시스템에서 마이크로파와 래디오 에너지를 송수신하는 장치를 말한다.

**Antenna Height 안테나 높이** GPS 안테나 중앙점의 지표면으로부터의 높이를 말한다.

**Antenna Offset 안테나편심** GPS 안테나의 물리적인 중앙점과 실제적으로 신호를 수신하는 관측의 기준이 되는 점은 일치하지 않으며, 이 두 점 사이의 이격을 안테나편심이라 한다.

**Antenna Swapping 안테나 교환, 안테나 스와핑** GPS에서 정지 및 이동(Stop and Go) 방식은 키네마틱 위치결정 시, 초기에 기준점과 임의점의 안테나 사이에 수신기의 안테나를 이동하여 초기화 작업 후에 관측하는 것으로 정수치 편기(Bias)를 확정한다.

**Anti Aliasing 계단상 방지** 일반적으로 컴퓨터 체계에 장착되어 사용되는 대부분의 모니터에서는 래스터 방식을 사용하여 화면에 영상정보를 표현하고 있다. 컴퓨터 그래픽에서 경계 부위의 계단 현상을 완화하기 위해 사용되는 기술로서 계단상(Aliasing)은 들쭉날쭉한 효과를 부드럽게 처리하는 방법이다.

**Anti-Matter 반물질(反物質)** 우주를 구성하는 모든 물질은 무(無)에서 탄생했다. 양자역학에 의하면 우주공간은 무가 무로서 존재할 수가 없다. 미시세계에서의 공간은 끊임없이 요동치고, 소립자가 탄생하기 때문이다. 그러나 물질은 무(無)에서 탄생했다고 할 수 있다. 물질이 생겨남과 동시에 반물질도 생기기 때문이다. 서로 상쇄되며 우주 전체로 따지면 여전히 우주 전체의 에너지 총량은 0이다. 빅뱅 당시에 우주에서 생겨난 물질과 에너지도 마찬가지이다. 빅뱅 시에 엄청난 양의 물질과 반물질이 생겼다 해도 순식간에 쌍소멸을 일으키며 감마선 방출과 함께 사라져 버렸을 것이다. 그러나 상쇄되지 않은 몇몇 짝들은 우주 반대편으로 멀어져서 각각의 우주를 구성하게 되었을 것이다. 짝을 찾아서 상쇄되지 못한 초과분의 물질은 당시 생겨났던 전체 물질의 20억분의 1정도인 것으로 알려져 있다. WMAP (Wilkinson Microwave Anisotropy Probe, 윌킨슨 마이크로파 비등방성 탐색기) 위성의 관측 자료와 양자역학 분석을 통해 나온 이론의 결과이다. 이 이론에 의하면 물질로 된 우주와 반물질로 된 우주가 각각 존재한다는 뜻이 된다. WMAP 위성은 2001년 우주 마이크로파 배경의 온도의 미세한 차이를 측정하기 위해 발사한 위성이다.

**Anti Reflection(AR) 반사방지, 무반사** AR(Anti Reflection)를 참조.

**Anti Spoof(AS) 안티스푸프, 위성사용금지** AS (Anti Spoof)를 참조.

**Anti-Vibration 방진(防振)** 카메라 촬영시 구동부에서 발생한 진동이 카메라와 짐벌(gimbal)에 들어오는 것을 막는 행위 및 장치를 뜻한다. 예들 들어 IP등급에서 'IP67'은 '방진 6등급', '방수 7등급'을 의미하는데, 방진 6등급은 외부 먼지에 대한 완벽한 보호, 방수 7등급은 물 속 15cm~1m 이내의 수심에서 30분간 견더내는 정도의 수준을 말한다. IP 참조.

**Antwerp Port Information and Control System (APICS) 벨기에 앤트워프 항만관리 정보체계** APICS(Antwerp Port Information and Control System)를 참조.

**AOA(Angle of Attack) 받음각** [항공] 받음각이란 공기가 흐름의 방향과 날개의 경사각이 이루는 각도를 말한다. 일반적으로 받음각이 커질수록 양력(lift)도 증가하게 된다. 양력이란 항공기를 뜨게 하는 힘, 즉 항공기가 수평 비행할 때 항공기를 뜨게 하는 힘이다. 그러나 받음각이 일정한 수준을 넘어서면 양력이 감소하고 항력이 증가한다. 항력은 비행기의 움직이는 방향과 반대로 작용하는 힘이므로 항력이 커지면 비행기가 추락한다. 양력의 크기는 받음각(angle of attack), 비행속도, 날개 모양에 따라 달라진다. Lift, Drag, Thrust, Airfoil 참조.

**AOI(Area Of Interest) 관심 지역** 특정인이 관심을 가지는 현실 세계 또는 지도나 도면상의 특정지역을 말한다. POI 참조.

**AOM(Acousto-Optic Modulator) 음향 광학 변조기** 광신호와 수신기의 광변조를 위해 사용된다. 이 변조기는 500 kHz의 변조 주파수 대역에서 90dB 이상의 소광비(extinction ratio)를 갖기 때문에, 광신호와 수신기를 소광비가 매우 높은 펄스로 변조할 수 있다. AOM을 이용하여 펄스로 변조된 광신호는 광섬유 라만 증폭기(FRA : fiber Raman amplifier)를 통과하면서 MPI (multi-path interference, 다중경로 간섭) 잡음이 발생하게 된다. 이 때, 신호의 변조 주파수가 매우 낮으면, 수신기에 도달하는 MPI 잡음의 파워도 역시 시간축 상에서 변조되어 있다. 따라서 광신호의 extinction 부분에 도달하는 MPI 잡음을 optically gated 수신기에서 샘플링하여 수신하면 광신호를 제외한 잡음 성분들만 수신할 수 있다. 하지만 변조 신호의 주기가 FRA 내부의 round trip 시간보다 짧으면 수신기에서 수신하는 MPI 잡음은 서로 평균이 되어 MPI 잡음의 파워는 변조되지 않는다.

**AOP(Aspect-Oriented Programming) 관점 지향 프로그래밍** 프로그래밍 영역이 수행 프로그램 컴파일러 방법을 결정하는 프로그래밍 방법이다. 컴퓨팅에서 메인 프로그램의 비즈니스 로직으로부터 2차적 또는 보조 기능들을 고립시키는 프로그램 패러다임이다. 이것은 횡단관심사(cross-cutting concerns)의 분리를 허용하고, 관점 지향 소프트웨어 개발의 기초를 형성하여 모듈화를 증가시키려 한다. 관점 지향 소프트웨어 개발이 모든 엔지니어링 분야에 관련되는 반면에, 관점 지향 프로그래밍은 소스코드 레벨에서 관심사들의 모듈화를 지원하는 프로그래밍 기술과 툴들을 포함한다. AOP는 프로그램을 명확한 부분으로 나누는 것을 수반한다. 모든 프로그래밍 패러다임은 이들 관심사들을 구현, 추상화, 구성하는 추상적 개념을 제공하는 분리되고, 독립적인 통로들을 통해 Grouping의 같은 레벨과 관심사들의 캡슐화(Encapsulation)를 지원한다.

**AOV(Angle Of View) 화각(畵角)** [영상] ① 일정한 화면 내에 촬영 가능한 피사체의 범위를 광학계의 각도로 표시한 것이다. 일반적으로는 화면의 최대 직경으로 표시한다. TV화면처럼 화면이 장방형인 경우에는 대각선에 대한 촬영 가능한 범위를 말한다. 이 경우 촬영 가능한 수평방향의 범위를 수평 화각, 수직방향의 범위를 수직 화각으로 사용하는 경우가 많다. ② 화각이란 결정된 이미지 크기 내에서 촬상 가능한 범위를 각도를 나타낸 것이다. 화각(W)은 렌즈의 초점거리(f)와 카메라의 이미지 사이즈(H)에 의해 다음 식과 같이 결정된다. 즉,

$$W = 2\mathrm{Tan}^{-1}\frac{H}{2f}$$

**AP(Access Point) 엑세스 포인트** 유선 랜과 무선 랜을 연결시켜주는 독립적인 장치. 휴대폰에서 기지국의 역할과 비슷한 개념. AP는 장비에 따라 접속 가능 회선 수의 제한이 있으며 또한 안정적으로 도달할 수 있는 거리가 다르다. 때문에 한정된 공간에서는 제한된 수의 사용자만 접속할 수 있다.

**AP(Application Processor) 스마트폰 중앙처리장치** 스마트폰・태블릿 PC・디지털 TV 등에 사용되는 비메모리 반도체로 일반 컴퓨터의 중앙처리장치(CPU)와 같은 역할을 한다. 스마트폰에 들어가는 반도체중 가장 기술집약적이다. 코어(core)라는 기본 단위로 이뤄졌다. 일반적으로 코어가 많을수록 앱실행이나 그래픽 작업이 빠르다. 2세대 모바일 AP는 '옥타코어'이다. '옥타(Octa)'는 코어가 8개 있다는 뜻이다.

**AP Centric Network(ACN) 에이피 중심 네트워크, 에이씨엔** ACN(AP Centric Network)를 참조.

**Aperture 조리개, 개구경** ① [카메라] 사람의 눈에 있어서 홍채와 같은 기능을 지니고 있는 조리개는 렌즈를 통해서 필름면에 달하는 빛의 양을 조절하는 창 역할을 하는 구경의 장치를 조리개라 한다. 조리개는 렌즈 안에 몇 개의 얇은 날들이 구경을 만들어서 구경의 크기가 커지면 빛을 많이 받고 구경이 작아지면 빛을 조금 받아들인다. 그 변화의 정도는 F치로 나타내는데 조리개의 구경은 빛의 양만을 조절하는 것이 아니라 초점이 맞는 범위, 즉 피사계 심도에도 영향을 준다. 조리개의 순열 f1.4 f2 f2.8 f4 f5.6 f8 f11 f16 f22 f32 f44 f64로 되어 있는데, 수치가 클수록 빛의 양은 줄어들고 1단씩 변할수록 빛의 양은 1/2이 되며, 1단씩 작아지면 빛의 양은 2배로 증가된다. 렌즈의 밝기가 조리개의 기본 구경이며 F치는 FOCUS RATIO 의 약자로 조리개 수치가 작을수록 초점이 맞는 범위가 좁아서 심도가 얕은 사진이 되고 반대로 조리개 수치가 클수록 초점이 맞는 범위가 넓기 때문에 심도가 깊은 사진이 된다. ② [레이더] 레이더 시스템에서 전자기파가 들어오는 원격탐사 시스템의 열린 부분이다.

**Aperture Compensation 윤곽 보정** [영상] 모니터 영상의 윤곽을 강조하여 선명한 영상을 얻도록 하는 것이다. 윤곽 보정은 수평 방향이 주류이지만 디지털 기술의 발전에 따라 수평, 수직 양방향 모두의 윤곽을 강조한 비디오카메라가 많다. 지나치게 강조하면 검은 윤곽 뒤에 강렬한 흰 선이 나타나 화질이 나빠진다.

**Aperture Ratio(AR) 개구비, 구경비** AR(Aperture Ratio)을 참조.

**Aphelion 원일점(遠日點)** 태양계의 행성・혜성 등 태양의 둘레를 도는 천체가 타원궤도 상에서 태양에 가장 먼 지점을 말한다. 타원궤도 상의 각속도와 속도는 근일점에서 최대, 원일점에서 최소가 된다. 태양과 지구의 거리가 최대가 되는 지점(1억 5200만 km)은 매년 7월 4일경에 나타난다.

**API(Application Programming Interface) 응용 프로그램 인터페이스, 응용 프로그램 개발환경** 운영 체계(OS)에서 응용 프로그램을 만들 수 있도록 제공하는 소프트웨어이다. API는 응용프로그램이 운영체제나 데이터베이스 관리시스템처럼 시스템 프로그램과 통신할 때 사용되는 언어로 프로그램 내에서 실행되기 위한 특정 서브루틴(subroutine)에 연결을 제공하는 함수를 호출하는 것으로 구현된다. 응용프로그램은 API를 사용하여 운영체제 등이 가지고 있는 다양한 기능을 이용할 수 있다. 즉, API는 개방형 시스템 환경을 위해 사용자 인터페이스(UI)에 대한 이식성과 호환성을 확보하기 위한 프로그래밍 환경을 제공하는 함수 라이브러리를 말한다.

**APICS(Antwerp Port Information and Control System) 벨기에 앤트워프 항만관리 정보체계** 앤트워프항만공사의 정보도구로서 항해와 내륙의 선적 화물을 원활하게 처리하기 위한 데이터 전송체계를 말한다.

**Apogee 원일점, 원지점(遠地點)** 지구를 도는 위성(달, 인공위성)이 타원궤도 장축의 한 끝에서 지구와 가장 멀리 떨어져 있을 때의 점을 말한다.

**App 앱** 애플리케이션(혹은 어플리케이션)을 줄여 앱이라고 부른다. 앱은 스마트폰이나 스마트TV 같은 스마트 기기에서 돌아가는 응용 프로그램을 말한다. 원래 스마트폰이나 태블릿PC에 들어가는 응용 프로그램을 뜻하지만 최근 스마트TV용 응용프로그램도 앱으로 통칭한다.

**App Hosting 앱 호스팅** 앱 호스팅은 애플리케이션(앱)과 호스팅을 결합한 신조어이다. 개인이나 기업들을 대상으로 모바일 서비스를 제공하는데 필요한 앱이나 관리시스템, 서버·네트워크 등을 통합 서비스하는 것을 뜻한다. 이 서비스를 이용하면 기존 웹에서 제공되던 정보 서비스, 오프라인 매체 기반의 서비스, e러닝, 방송 등 다양한 콘텐츠나 정보를 스마트폰에서 제공할 수 있게 된다. 이를 위해 앱 호스팅 서비스 업체들은 스마트폰용 앱 기획에서부터 개발, 등록, 유지보수, 콘텐츠 관리 시스템 등을 제공하고 여기에 덧붙여 호스팅 서비스까지 지원한다.

**App Store 앱스토어** 개발자나 이용자가 콘텐츠를 올리거나 내려 받을 수 있게 만든 온라인 장터다. 앱스토어는 애플의 스마트폰인 아이폰에서 쓰는 응용프로그램(애플리케이션)을 사고파는 장터(스토어)이다. 애플은 애플리케이션(Application·응용프로그램)과 장터(Store)를 붙여 앱스토어(App Store)라 이름붙였다. 애플(앱스토어), 구글(안드로이드 마켓), 노키아(오비스토어), SK텔레콤(T스토어), 삼성전자(삼성앱스) 등이 있다. 서비스 인기에 따라 수익을 얻을 수 있는 것이 특징이다.

**Apparent Solar Time 시태양시** '시태양시'는 지구에서 관측되는 태양의 위치를 기준으로 나타낸 시각이다. 관측되는 태양이 남중하는 때를 정오로 삼고, 일주운동 각에 따라 시각을 도출한다. 앙부일구와 같은 해시계가 나타내는 시각이 바로 이 시태양시이다. 시태양시와 평균태양시의 차이를 균시차라 한다. 균시차의 영향으로 일정한 지역에서의 남중시각은 1년 주기로 수시로 변한다.

**Apple 애플** 애플리케이션(혹은 어플리케이션)의 약어이다.

**Apple TV 애플 티브이** 응용프로그램을 뜻하는 애플리케이션(Application)의 앞 자를 따서 만든 조어. 애플(응용 프로그램)을 스마트폰·태블릿 PC에 다운로드받아 설치한 뒤, 수십 개의 방송 채널을 마치 TV를 보듯 시청할 수 있다.

**Apple·SamSung·Amazon 에이에스에스에이** ASSA(Apple·Samsung·Amazon)를 참조.

**Appler 애플러** 스마트폰의 애플리케이션(application)을 자유자재로 쓰는 모바일족을 뜻하는 용어이다.

**Applet 애플릿** 하이퍼 텍스트 기술 언어(HTML : Hyper Text Markup Language) 문서에 들어갈 수 있는 소형 자바 어플리케이션. 이용자가 자바 호환 브라우저를 이용해 HTML 페이지에 액세스 하면 애플릿을 클릭함으로써 해당 애플릿 코드를 자신의 컴퓨터 체계로 전송받아 브라우저를 통해 애플릿을 실행시킬 수 있다.

**Appliance 어플라이언스** 각종 기업용 SW를 서버와 스토리지 등 HW에 최적화해 통합한 장비를 말한다. 별도의 운용체계(OS)나 SW를 설치하지 않아도 전원을 켜면 곧바로 사용할 수 있는 정보기기이다.

**Application 응용(프로그램), 어플리케이션** 개인이나 조직이 유용한 업무를 수행할 수 있도록 도와주는 프로그램 또는 컴퓨터 체계와 기계장치 혹은 컴퓨터망을 관리하기 위해 사용하는 프로그램을 의미한다. 응용프로그램은 그 프로그램이 설계된 작업의 특성에 따라 문자, 그림 또는 영상 등과 같은 자료를 처리한다. 그리고 몇몇 응용프로그램들이 서로 연관성이 있는 프로그램들을 하나로 묶어 패키지 형태로 제공되기도 한다. GIS와 그 자료를 실용적으로 실제 사용함을 말한다. 예를 들면 임업서비스는 생태학적 지도제작을 위해 식생 자료를 사용한다.

**Application Digital Signal Processor(ADSP) 디지털 신호 처리 프로그램** ADSP(Application Digital Signal Processor)를 참조.

**Application Ontology 응용 온톨로지** 특정 영역 내지는 업무에 관련된 개념들을 기술한다.

**Application Processor(AP) 스마트폰 중앙처리장치** AP(Application Processor)를 참조.

**Application Programming Interface(API) 응용 프로그램 인터페이스, 응용 프로그램 개발환경** API(Application Programming Interface)를 참조.

**Application Service Provider(ASP) 애플리케이션 서비스 제공업체** ASP(Application Service Provider)를 참조.

**Application Software 응용 소프트웨어, 앱** ① 넓은 의미에서는 운영 체제(OS)에서 실행되는 모든 소프트웨어를 뜻하며, 좁은 의미에서는 운영 체제 위에서 사용자가 직접 사용하는 소프트웨어들을 뜻한다.

PC 보급이 일반화되기 시작하면서 컴퓨터 개발 업체 및 소프트웨어 개발업체에서 프로그램을 개발, 상품화하기 시작하였는데, 이와 같은 완성된 형태로 상품화된 응용 소프트웨어 프로그램을 '패키지(package)'라 한다. 즉, 패키지 소프트웨어는 사용자 의도에 따라 여러 가지 목적으로 사용되도록 개발한 소프트웨어로써 주위에서 흔하게 접할 수 있는 워드프로세서, 스프레드시트, 그래픽 패키지, 데이터베이스, 프리젠테이션 프로그램 등의 프로그램이다. ② 소프트웨어 공학적 관점에서 웹 애플리케이션(web application) 또는 웹 앱은 인터넷이나 인트라넷을 통해 웹 브라우저에서 이용할 수 있는 응용 소프트웨어를 말한다. 웹 애플리케이션은 클라이언트로서 웹 브라우저를 사용하는 사람이 많기 때문에 인기를 누리고 있다. ③ 스마트폰 등에서 사용하는 응용프로그램(Application Software)의 경우, Application을 줄여서 App(앱)이라고 한다.

**Appropriate Air 적정공기(適正空氣)** 산소농도의 범위가 18% 이상 23.5% 미만, 탄산가스의 농도가 1.5% 미만, 황화수소의 농도가 10ppm 미만인 수준의 공기를 말한다(「산업안전보건기준에 관한 규칙」 제618조 제3호).

**Appropriate Technology 적정 기술(適正技術)** 영국의 경제학자인 슈마허(Ernst Friedrich Schumacher, 1911~1977)가 1973년 출간한 "작은 것이 아름답다(Small is Beautiful)."에서 제안한 '중간기술(Intermediate Technology)'이란 개념에 기초를 두고 있다. 슈마허는 대량생산 기술이 생태계를 파괴하고 희소한 자원을 낭비한다고 지적하면서 근대의 지식과 경험을 잘 활용하고 분산화를 유도하며 재생할 수 없는 자원을 낭비하지 않는 대중에 의한 생산 기술을 제안하였다. 이러한 기술이 저개발국의 토착기술보다는 훨씬 우수하지만 부자들의 거대기술에 비해서는 값싸고 소박하다고 하면서 '중간기술(intermediate technology)'이라고 명명하였으며, "중간기술"의 목표를 "사람들이 살고 있는 현지에 존재하며, 일반적인 사용이 가능할 만큼 충분히 싸고, 상대적으로 간단한 기술과 현지 재료를 사용하여 만들고 활용할 수 있으며, 일자리를 창출할 수 있는 기술"로 정의하였다.

슈마허가 제시한 '중간 기술'은 그 후에 '적정 기술' 또는 '대안 기술' 개념으로 발전되었다. 오늘날에는 '적정기술'이 '중간 기술' 및 '대안 기술' 개념에 비해 선호되는데, 이는 세 개념이 모두 비슷한 의미를 지니고 있음에도 불구하고 '중간기술'이나 '대안기술'의 경우 이것이 항상 적절한 기술을 의미하는지 명확하지 않기 때문이다. 기술적 관점에서 어떠한 기술은 그것이 지역적, 문화적, 경제적 조건과 양립가능하고, 지역적으로 물질과 에너지원이 이용가능하며, 그리고 그 지역이 사람들에 의해 그 도구와 과정들이 유지, 작동할 수 있을 때 적절한 것으로 여겨진다. 따라서 기술은 그것이 사용되는 문화, 사회, 경제, 정치적 기구들과 조화를 이루는 수준에서 '적정한' 것으로 간주된다.

**Approximately Highest High Water 약최고고조위** 4대 주요 분조(M2, S2, K1 및 O1)의 각각에 의한 최고 수위 상승치가 동시에 발생했을 때의 고조위로서 해륙의 경계인 해안선으로 채택한다.

**Approximately Lowest Low Water 약최저저조위** 우리나라의 해도 및 항만공사의 기준이 되는 해면으로 약 최저간조면과 동의어이다. 4대 주요 분조(M2, S2, K1, O1) 각각에 의한 최고 수위 상승치가 동시에 발생했을 때의 고조위로서, 해륙의 경계인 해안선으로 채택한다.

**APR(Advanced Power Reactor) 1400 한국 신형원전** APR 1400은 OPR 1000의 안전성과 경제성을 크게 높인 개량형 제품이다. 개선된 원전이라는 뜻의 'Advanced Power Reactor'의 머리글자를 땄다. OPR 1000과 비교해 발전용량이 40% 늘었고 사고 발생 확률은 10분의 1 수준으로 감소하는 등 성능이 크게 개선됐다.

**APRIL(Augmented Presentation and Interaction Language) 혼합 현실 제작 언어, 에이프릴** 혼합현실(mixed reality) 기술은 현실세계와 가상세계를 결합하여 실물과 가상 객체들이 공존하는 새로운 환경을 만들고 사용자가 해당 환경과 실시간으로 상호작용을 함으로써 다양한 디지털 정보들을 보다 실감나게 체험할 수 있도록 하는 기술이다. 혼합현실 저작도구인 APRIL은 오스트리아 Graz 대학교와 Vienna 대학교에서 개발한 저작도구로서 하드웨어 플랫폼과 애플리케이션에 상관없이 독립적으로 수행할 수 있는 환경을 제공한다. 사용자는 트랙볼이나 버튼 등을 사용하여 가상의 scene과 인터랙션하게 되고 APRIL에서는 이러한 가상의 showcase를 위한 설치 정보파일을 쉽게 구성할 수 있게 하는 방법을 제공한다.

**APT(Advanced Persistent Threat) 지능형 지속공격** 지능형 지속공격(APT)은 조직이나 기업을 표적으로 정한 뒤 장기간에 걸쳐 다양한 수단을 총동원하는 지능적 해킹 방식이다. '지능형 지속위협', '지능형 지속가능위협'이라고도 한다. APT는 일반적으로 해킹 표적의 관심을 끌만한 내용의 이메일과 첨부파일을 끊임없이 보내, 사용자가 호기심에 이를 열어보거나 내려 받는 순간 PC에 악성코드를 감염시킨다. 해커는 감염된 PC와 연결된 다른 PC를 차례로 감염시켜 전체 컴퓨터망을 해킹한다. APT는 실시간으로 해킹 공격을 시도하는 것이 아니라 미리 악성코드를 숨겨 놓았다가 시간이 지난 뒤 동시에 작동시키는 수법으로, 스위치를 눌러 한꺼번에 폭탄을 터뜨리는 것에 비유된다. 미국 보안회사 파이어아이가 분석한 '2013 지능형 위협 보고서'에 따르면 한국은 2012년 4198건의 APT 가운데 417건의 공격을 받아 미국에 이어 두 번째로 APT 공격을 많이 받은 것으로 나타났다.

**Aquifer 대수층(帶水層)** 채수가 가능한 지하수를 포함하는 지층(地層)이다. 지질학적으로 모래와 자갈(sand and gravel)이 대수층의 주요 구성 성분이지만, 절리가 발달한 용암과 석회암도 대수층을 구성할 수 있다. 실트나 점토(silt and clay)로 이루어진 대수층은 지하수를 투과시키기 어려우므로 난대수층, 밀도가 높은 암반(bedrock)으로 이루어진 대수층은 비대수층이라고 한다. 우리나라의 경우 크게 충적대수층과 암반대수층이 있다. 충적대수층은 한강, 낙동강 등을 비롯한 대규모 하천 연안에 넓게 분포하며, 전 국토 면적의 약 27%, 대수층 두께는 2~30m이다. 암반대수층의 지하수 산출성은 암석 형성 당시에 생성된 1차공극과 그 후 지각변동에 의해 형성된 절리, 단층, 파쇄대 등으로 이루어진 2차공극의 발달 정도에 따라 결정된다.

**AR(Anti Reflection) ITO Film 무반사 처리 아이티오 필름** ITO 필름에 빛이 덜 반사되도록 AR 처리를 해, 기존 필름에 비해 빛 투과율이 높아지도록 한 필름을 말한다.

**AR(Aperture Ratio) 개구비, 구경비** ① 안테나의 직경을 전파의 파장으로 나눈 값이다. SAR를 참조. ② [영상] 광학계의 입사렌즈의 직경과 초점거리(f)와의 비(D : f)로서 광학계의 밝기를 표시하며, 렌즈의 F값(F=f/D)은 구경비의 역수인 D/f로 표시된다. 즉, 초점거리 50mm이고 입사렌즈 직경이 25mm인 경우 1 : 2로 표시한다. F Number를 참조.

**AR(Artificial Reality) 인공현실(人工現實)** 컴퓨터가 만들어내는 가상 세계로 사람이 끌려 들어가 마치 실제의 세계 속에 있는 듯한 느낌으로 행동할 수 있도록 하는 기술로서 가상공간(Virtual Space) 가상 현실감(Virtual Reality)이라고도 한다.

**AR(Augmented Reality) 증강현실(增强現實), 혼합 현실** 증강현실은 사용자가 눈으로 보는 현실세계에 가상 물체를 겹쳐 보여주는 기술이다. 즉, 가상현실(Virtual Reality)의 한 분야로 실제 환경에 가상 사물이나 정보를 합성하여 원래의 환경에 존재하는 사물처럼 보이도록 하는 컴퓨터 그래픽 기법이다. 기존의 가상현실은 가상의 공간과 사물만을 대상으로 하고 있었다. 증강현실은 완전한 가상세계를 전제로 하는 가상현실과는 달리 현실세계의 환경위에 가상의 대상을 결합시켜 현실의 효과를 더욱 증가시키는 것이다. 이러한 이유로 증강현실을 혼합현실(Mixed Reality, MR)이라고도 한다. 증강현실은 물리적 공간에 컴퓨팅 파워를 가진 정보화된 인공물(information artefacts)이 가득 채워지게 되면 물리적 공간의 성격 자체가 변화하게 된다. 이러한 특징 때문에 단순히 게임과 같은 분야에만 한정된 적용이 가능한 기존 가상현실과 달리 다양한 현실 환경에 응용이 가능하다. 특히, 유비쿼터스 환경에 적합한 차세대 디스플레이 기술로 각광받고 있다.

**Arc 아크, 호** 일련의 연속된 점으로 표현되는 선으로서 GIS의 구성요소로서 어느 위치에서 시작하여 다른 위치에서 끝나는 X, Y 좌표값(Vertex)들이 순서대로 연결되어 있는 형태로, 길이만 갖고 면적은 갖지 않는다. 선 지형요소, 면적 지형요소의 경계 또는 이 2가지를 다 표현한다. 하나의 선 지형요소는 많은 아크(Arc)들로 구성될 수 있다. 아크는 끝점(Node)과 면적(Polygon)의 양쪽 면과 위상학적으로 연결되어 있다. Chain, Node, Vertex를 참조.

**Arc Attribute Table(AAT) 선 속성표** AAT(Arc Attribute Table)를 참조.

**Arc Data 아크 자료** 방향을 가지고 있는 선형 형상 또는 다각형 형상에서 절점과 절점을 연결하기 위하여 사용되는 간선이나 경계를 표현하는 위치 자료이다.

**Arc Digitized Raster Graphic 래스터형 수치지도** 기존의 종이 지도를 스캐닝하여 수치 래스터 형식으로 재현한 영상. 군사적으로는 상황도시용으로 사용된다.

**Arc Features 아크 형상** X, Y 좌표를 일렬로 모아 놓은 것으로, 선형 형상 및 다각형을 구성하고 있다. 아크로 표현되는 형상은 길이를 가지며 면적은 갖지 않는다.

**Arc Geographic Information System(Arc GIS) 아크 지아이에스** Arc GIS(Arc Geographic Information System)를 참조.

**Arc GIS(Arc Geographic Information System) 아크 지아이에스** Arc Map, Arc Catalog, Arc Tool Bax로 이루어진 통합 애플리케이션으로 지도를 만들거나 데이터 관리, 분석, 편집 등을 수행할 수 있다.

**ARC Node 아크노드 자료구조** Arc-Node 자료구조는 Arc와 Node를 이용하여 면 대상체를 구성하는 방식이다. Arc는 시작점(하나의 Node)과 끝점(하나의 Node)으로 정의되어진 선분들의 조합이고, Node는 둘 이상의 선분이 교차되는 지점을 의미한다. Arc-Node 자료구조는 대상체를 계층적으로 조직해서 저장한다. 즉, 대상체의 좌표값이 입력되고, 이 좌표값은 각 선분의 구성요소로, 각 선분들은 다시 Arc의 구성요소로, 각 Arc는 면 대상체의 구성요소로 참조된다. 이 방식의 최대 장점은 자료의 계층적 조직으로 인해 자료의 중복이 발생하지 않는다는 점이다. 따라서 일부분만의 자료 수정이 매우 용이하며, 자료의 부분수정은 특별한 처리과정 없이 곧바로 전체 자료의 위상적 관계에 반영된다. 또한 DIME과는 달리 비공간적 속성에 대한 자료의 입력과 관리가 한결 용이하다는 장점도 있다. 이러한 장점으로 인해, 이 방식은 대다수의 상업용 응용 프로그램에 채택되어 사용되어져 왔다.

**Arc Node Data Structure 아크노드자료구조** 호와 절점을 이용하여 면 대상체를 구성하는 방식이다. 호는 시작점과 끝점으로 정의되어진 선분들의 조합이고, 절점은 둘 사이의 선분이 교차되는 지점을 의미한다.

**Arc Node Model 아크 절점 모형** 수치지형도에서 선형 지형요소와 다각형의 경계선을 나타내기 위해서 사용되는 좌표 자료. 아크는 선의 형태를 나타내고 다른 아크와의 교차점에서 갈라진다. 절점은 각 아크의 시작과 끝점의 정점(Vertex)을 나타낸다. Adjacency, Connectivity를 참조.

**Arc Node Topology 아크 절점 위상구조** 아크와 절점의 연결성을 표현하기 위해 사용하는 위상 관계 자료 구조, 아크 절점 위상구조로 선형 형상과 다각형의 경계를 정의할 수 있으며, 네트워크 추적과 같은 분석 기능을 실행할 수 있다. 아크 절점 위상 구조는 본질적으로 연결과 절점구조이다. Topology를 참조.

**Arc SAR(Arc Synthetic Aperture Radar) 아크사** 지능형국토정보기술혁신사업에서 제작한 SAR(Synthetic Aperture Radar) 장비이며, 기존 SAR 시스템과 다르게 차량에 원형레일을 기반으로 탑재하여 이동성과 사용성 측면에서 기존 시스템에 비해 차별성이 있다.

**Arc Synthetic Aperture Radar(Arc SAR) 아크사** Arc SAR(Arc Synthetic Aperture Radar)를 참조.

**Arc/INFO 아크 인포** Environmental Systems Research Institute (ESRI)사의 제품으로서 도형정보와 속성정보를 통합관리하는 도면관리/시설물관리/공간분석용 GIS 소프트웨어로서 탄력성을 지닌 툴박스 형태의 디자인을 갖고 있으며, 최대한으로 컴퓨터 하드웨어의 호환성을 보장하고 있다. 다양한 유닉스 기종에 적용이 가능한 개방형 체계로서 본격적인 클라이언트/서버 환경에서의 시스템운용이 가능하다. 이 프로그램은 지방 자치 단체의 토지이용 계획 및 시설물 관리 업무 및 하천 오염 모형 및 보고서 작성 업무, 산림 자원의 투자 및 계획 업무, 인구 통계 분석을 통한 상업적 입지 선정 등의 여러 가지 업무에 적용될 수 있다.

**Arcade Game 아케이드 게임** 오락기기를 갖춘 전문 오락실에 설치된 게임기의 게임을 통칭하는 말. 오늘날에는 온라인게임이 널리 확산돼 PC방이나 자신의 PC로 게임을 즐기지만 2000년 이전만 해도 아케이드 게임기가 오락실에 설치돼 유행했다. 아케이드란 지붕이 덮인 상가를 지칭하는 말로 북미지역 오락실이 주로 아케이드에 자리 잡고 있던 데에서 유래한 말이다. 게임기는 대개 동전을 넣고 게임을 즐기는 형태로 이뤄져 있다. 최초의 본격적인 상업화에 성공한 아케이드 게임기는 미국 아타리사가 개발한 '퐁' 게임기였다. 이어 일본의 타이토(Taito)에서 개발한 '스페이스 인베이더' 등이 인기를 누렸다. 대표적인 일본의 게임개발사인 닌텐도나 남코 등도 아케이드 게임으로 사업을 시작했다.

**Arch 아치** 물체의 무게를 지탱하기 위해 개방 공간 위로 설치된 곡선 구조물을 말한다.

**Archie 아키** 아키는 인터넷의 각각의 컴퓨터들이 가지고 있는 파일을 검색하는 데이터베이스를 말한다. 그러나 아키가 인터넷에 연결된 모든 컴퓨터의 모든 파일을 검색할 수 있는 것은 아니다. 대부분은 파일 서비스를 하는 시스템이 가지고 있는 파일을 검색할 수 있는 데이터베이스이다.

**Archimedes' Principle 아르키메데스의 원리** 유체 속의 물체가 받게 되는 부력에 대한 법칙으로, BC 220년경 그리스의 아르키메데스가 발견하였다. 부력(浮力, Buoyancy Force)은 중력의 작용 하에 있는 유체 속에 잠겨있는 물체가 유체로부터 받는 힘을 말하며, 이 힘은 중력과 반대방향으로 작용하고, 배가 물 위에 뜨거나 기구(氣球)가 공기 중에서 뜨는 원리이다. 부력의 크기는 유체 속에 잠겨있는 물체의 부피와 같은 부피의 유체의 무게와 같다. 즉, 부력 $F=\rho g V= m V$. 여기서, $\rho$는 유체의 밀도, $g$는 중력가속도, $V$는 물체의 부피, $m$은 유체 속에 잠겨있는 물체의 부피에 해당하는 유체의 질량이다. 부력의 작용점을 부력 중심(또는 부심)이라 하며, 물체가 밀어 낸 부분에 유체가 있다고 가정했을 때 유체의 무게중심과 일치한다. 이 작용점은 유체(물) 위에 떠 있는 물체(배)가 기울어져 있을 경우 다시 원상으로 돌아갈려는 복원력에 영향을 미친다.

**Architectural Administration Information System(AIS) 건축행정정보시스템** AIS(Architectural Administration Information System)를 참조.

**Architecture 구조, 아키텍처** ① 컴퓨터 체계의 하드웨어 구조, 즉 컴퓨터 체계를 구성하고 있는 하드웨어 장치인 중앙 연산 장치(CPU), 등록기, 기억장치, 입출력 장치 등과 같은 여러 가지 컴퓨터의 구성 요소들에 대한 전반적인 기계적 구조와 이를 설계하는 방법을 말한다. ② 프로세스와 전체적인 구조나 논리적 요소들 그리고 컴퓨터와 운영체계, 네트워크 및 기타 다른 개념들 간의 논리적 상호관계 등을 정의하는 용어이다. 소프트웨어 시스템에 대한 최상위 레벨의 개념이다. 여기에는 시스템을 구성하는 구조적 요소와 그들의 인터페이스 식별, 협력의 형태로 요소들 간에 지정된 행위가 포함되어 구조적이고 행위적인 요소들을 점진적으로 큰 서브시스템으로 만드는 것도 포함된다. 소프트웨어 아키텍처는 구조와 행위에만 국한되는 것은 아니며 시스템의 용도, 기능성, 성능, 재사용, 경제적 및 기술적 제약조건과 장단점과도 관련된다. ③ 각종 구조물에 가해지는 힘(과재하중, 재료의 무게, 바람, 수압, 지진 등)에 대한 역학적 특성 및 거동과의 관계를 말한다.

**Archive 아카이브** ① 저장 공간을 효율적으로 활용하기 위해 하나 이상의 파일을 압축시켜 저장하는 것을 말한다. ② 복수의 파일을 하나의 파일에 정리하거나 정리돼 있는 파일을 원래의 상태로 되돌리는 기능을 갖는 소프트웨어이다.

**Arcs 아크** X, Y 위치의 연결체계. 예를 들어 길 · 하천 · 시설물경로 등이 있다.

**Arctic 북극(北極)** 북극(北極, Arctic)은 지구의 지리적 북극점 근처 지역이다. 북극점을 '북극'으로 부르기도 한다. 북극권은 얼음으로 덮여 있는 넓은 해양과 이를 둘러싼 나무가 없는 동토로 되어 있다. 북극은 연평균 강수량이 100mm를 넘지 않아 눈으로 덮여 있는 한랭 사막에 속한다. 북극권은 북극해뿐만 아니라 러시아, 시베리아(러시아), 알래스카(미국), 캐나다, 그린란드, 아이슬란드, 스칸디나비아(노르웨이, 스웨덴, 핀란드)를 포함한다. 북극해는 면적이 1,200만$km^2$로 전 세계 바다의 3%를 차지한다. 전체 면적의 70%를 차지하는 대륙붕에는 광물자원이 풍부하고 주변해역에는 전 세계의 주요 수산어장이 있다. 북극해의 평균 수심은 1,200m이며 연중 두꺼운 얼음으로 덮여 있다. 북극 지방은 여름에 해가 지지 않고 겨울에 해가 뜨지 않는 북위 66° 33′의 북극권 북쪽 지방으로 정의하거나 기후와 식생을 기준으로 여름철 기온이 10℃를 넘지 않는 선(수목한계선)을 기준으로 하기도 한다. 우리나라는 북극의 환경 및 자원 연구를 위하여 2002년 노르웨이령 스발바드 군도(Svalbard Islands), 스피츠 베르겐 섬(Spitsbergen Island)의 니알슨(Ny-Alesund)에 다산기지를 개설하였다.

북극은 기상, 기후, 해류 순환 등의 전 지구환경에 중요한 역할을 하고 있다. 북극은 지구상 다른 어떤 지역보다도 작은 환경변화에 쉽게 영향을 받을 뿐만 아니라, 반대로 북극에서 일어나는 변화가 지구전체에 중대한 영향을 미치고 있어 북극을 '지구의 기후 조절자'라고 부르기도 한다. 북극은 지난 50년간 북극의 겨울철 평균 지표 온도가 무려 10~15℃나 상승했으며, 북극해를 덮고 있던 해빙의 면적도 매 10년간 4%씩 감소하고 있다. 이러한 북극에서의 해빙면적 감소는 태양열의 지표 반사율을 낮춤으로써 더욱더 북극 지표의 온도를 상승시키고 있다. 또한, 북극해를 둘러싸고 있는 얼어붙은 땅인 툰드라지역의 얼음까지 녹여 그곳에 매장된 메탄이 공기 중으로 다량 방출되면 북극지역의 온난화는 더욱 가속화되고 전 지구 평균 온도도 급상승할 것으로 예상된다.

**Area 면, 영역, 지역, 구역** ① 면은 지구 표면의 지속된 한 부분으로 경계 지어진 공간으로, 경계를 포함하는 것과 포함되지 않는 것이 있다. 각 면은 다각형으로 표현된다. 면적 지형 요소의 예로는 지적도의 필지, 행정 구역(도, 시, 군, 읍, 면), 호수, 토지 이용면적, 그리고 인구조사 영역 등이 있다. (참고) 면적 계산에는 경계선이 포함될 수도 혹은 되지 않을 수도 있다. Polygon을 참조. ② 지적공부에 등록한 필지의 수평면상 넓이를 말한다(「공간정보 구축 및 관리 등에 관한 법률」 제2조 제27호).

**Area Features 영역 형상, 면 사상** ① 폐쇄된 지역이나 원을 따라 그려진 연속된 위치나 선으로 지도에 기록된 지리적 사상(예 : 호수 해안선). ② 다각 형상(Polygon Feature)이라고도 불리며, 이것은 2차원 면적으로 정의되고 경계선을 갖는 지역을 표시한다. 지적선이나 인구조사 표준지역 및 유지보수 구역 등을 표시하는 것을 그 예로 들 수 있다. GIS자료 구조 내에 다각형상을 표현하는 것은 단순히 선의 나열만으로 표현할 수 있는 간단한 작업이 아니다. 완벽하게 닫혀진(선으로 다각형을 표현할 때 시작점과 끝점이 좌표상으로 일치한) 상태여야 한다. 각종 중첩 작업 및 여러 종류의 다각형(면) 분석 작업을 하는데 인접한 모든 도면 요소의 경계가 참조되어 수행하게 된다.

**Area Measurement 면적측정** 폐곡선의 면적을 계산하는 기능을 말한다.

**Area of Constant Elevation 일정고도 영역** 원시자료(mass point)에서 등고선 값의 누락이나 위(僞, flase)고도의 영향 혹은 자연적으로 수치표고 자료 내에 일정고도영역이 발생하며, 무효화영역(void areas), 교란지역(suspect areas), 수치지역(water body areas) 등이 있다.

**Arena 2000 Real Cyber City 아레나 2000 가상 현실도시** 핀란드의 '아레나 2000 가상 현실도시'의 경우 교통체증, 화재, 사건, 관광분야 등에 활용 중이다.

**ARF(Almost Ready to Fly) 조립 제품** [드론] 기체, 조종기 및 콘트롤로와 액세서리 등 모든 부품이 다 있는 제품이지만 조립을 해야 하는 상품을 말한다. Assemble Required to Fly(ARTF)라고도 한다. 조립에 자신이 없는 초보라면 RTF(Ready To Fly, 완제품) 상품을 구매할 수 있다. RTF(Ready To Fly) 참조.

**Arirang 1 아리랑 위성 1호** 아리랑 1호는 대한민국이 발사한 최초의 다목적 실용 인공위성이다. 1999년 12월 21일에 미국 캘리포니아 주에서 발사되었다. 685km 상공을 운행했으며, 공전주기는 98분이다. 위성 본체는 KARI에서 만들었다. 발사 목적은 한반도 부근의 지도 제작 및 해양과 우주 관측 등이다. 2007년 12월 29일부터 임무 수행이 정지되었고, 2008년 2월 20일부로 임무를 공식 종료했다.

**Arirang 2 아리랑 위성 2호** 아리랑 2호는 2006년 7월 28일 대한민국의 한국항공우주연구원(KARI)이 발사한 다목적실용위성(KOMPSATⅡ)이다. 대한민국이 개발한 10번째 인공위성인 이 위성은 러시아의 플레세츠크 우주 기지에서 ICBM을 개량한 흐루니체프사의 고체 연료 추진 방식 발사체인 로콧(ROCKOT)에 실려 고도 685km로 발사되었다. 지구 위 685km 의 궤도를 하루 열네 바퀴 반씩 돈다. 이스라엘 ELOP사와 MSC(Multi Spectral Camera) 렌즈를 공동 개발하였으며, 직경 60cm인 이 렌즈의 해상도는 흑백 1m급(가로, 세로 1m가 점 하나로 표시됨), 천연색 4m급이다. 아리랑 2호의 MSC는 80cm 직경의 망원경 (렌즈 직경은 60 cm)에 전자 장치를 포함해 길이가 1.6m에 달하며, 무게는 대략 250kg 정도이다. 또한 4개의 밴드를 이용해 한 번에 가로, 세로 15km 지역을 촬영할 수 있다.아리랑 2호는 대한민국 제작 기술 비율이 70%가 넘는다.

**Arirang 3 아리랑 위성 3호** 아리랑 3호는 한국항공우주연구원(KARI)에서 2012년에 발사된 관측위성이다. 다목적실용위성 3호(KOMPSAT 3)라고도 한다. 광학 카메라(AEISS)를 탑재하고 있으며 아리랑 1호와 아리랑 2호보다 뛰어난 70cm 해상도를 가진다. 광학기기의 개발에서는 EADS 아스트리움의 기술지원을 받았다. 위성영상 촬영은 한국항공우주연구원에서 관할하고 있다.

**Arirang 3A 아리랑 위성 3A호** 아리랑 3A호는 한국항공우주연구원에서 2015년 3월 26일 오전 7시 8분 경 발사된 관측위성이다. 다목적실용위성 3A호(KOMPSAT-3A)라고도 부른다. 아리랑 3A호는 55cm급 해상도의 전자광학카메라와 적외선 센서를 탑재한 고성능/고해상도 지구관측위성이다. 아리랑 3A호는 아리랑 3호 설계를 기반으로 개발되었으며, 아리랑 3호의 70cm급 해상도에서 55cm급으로 정밀도가 향상되었다. 아리랑 3A호는 아리랑 3호에 비해 임무궤도가 낮아지면서(3A호-528km, 3호-685km) 지구궤도를 공전하는 속도가 증가함에 따라 영상자료처리장치(DHU) 속도 개선과 미세진동 최소화를 위한 탑재체 안테나 개선 등의 기술 개발이 이루어졌다. 아리랑 3A호는 적외선 센서를 탑재하고 있어 산불감지, 화산폭발 감시 등에 적외선 영상 활용이 가능하다. 아리랑 3A호가 운용되면 현재 운용중인 고해상도 광학관측 위성인 아리랑 2호, 3호, 합성개구레이더(SAR)를 탑재한 아리랑 5호와 함께 상호보완적으로 운용되어 주야간은 물론 보다 정밀한 지구관측이 가능해진다.

**Ariul 아리울** 새만금의 국제 명칭인 '아리울(Ariul)'은 물을 의미하는 '아리(ari)'와 터전을 뜻하는 '울(UL)'을 결합한 순 우리말로 물의 도시를 상징한다. 외국인에게 '새만금'이란 발음이 어렵다는 불편이 나와 새로 만든 이름이다.

**Array 배열** ① 도면 요소를 원래의 크기에는 변화 없이 일정한 규칙에 의해 배치하는 작업을 말한다. ② 그리드를 위한 물리적 데이터 구조로서, 대부분의 컴퓨터 프로그래밍 언어에서 지원되며, 래스터 데이터의 저장과 조작에 사용됨. ③ 동일한 특성을 가지며 일정한 규칙에 따라 몇몇 요소가 나열되어 있는 데이터 집합. 배열은 차원을 가지며, 1차원의 목록 또는 벡터, 2차원의 테이블 또는 행렬 등은 컴퓨터에서는 배열로서 표현되어 처리된다.

**Artifact 인위적 생성, 결함** [영상처리] 압축기술의 결점으로 인해 야기되는 그래픽 측면에서의 '결함'이라고 할 수가 있다. 이러한 결함은 단색으로 색 표현 시 얼룩과 같은 현상으로 종종 나타난다.

**Artificial Intelligence(AI) 인공 지능** AI(Artificial Intelligence)를 참조.

**Artificial Intelligence-Machine Learning-Deep Learning(AI-ML-DL) 인공지능-기계학습-딥러닝** AI-ML-DL(Artificial Intelligence-Machine Learning-Deep Learning)을 참조.

**Artificial Life 인공생명** 생명체의 구조와 분석을 통해 축적된 연구결과를 체계화시키고 그 특징이나 기능을 인공적인 매체(하드웨어, 소프트웨어, 인공적인 유기체 등)에 구현하여 생명체가 가지는 특성을 사용하는 일련의 행위를 가리킨다.

**Artificial Reality(AR) 인공 현실** AR(Artificial Reality)를 참조.

**Artificial Satellite 인공위성** 인공위성이란 인간에 의해 지구 또는 다른 천체의 주변을 회전하도록 만들어진 물체를 말한다. 나아가 넓은 의미에서 보면, 궤도 비행을 하는 우주 왕복선, 우주 정거장, 스페이스 캡슐 또한 인공위성이라 할 수 있다. 인공위성은 주로 로켓을 통하여 궤도에 진입하고 이후엔 만유인력에 따른 회전력으로 궤도상에서 지구주위를 회전한다.

**Artificial Stereoscopy 인공 입체시, 인공실체시(人工實體視)** 자연의 형상을 두 눈으로 보는 대신 한 쌍의 입체도 또는 입체사진을 좌우의 눈으로 동시에 보아 입체적인 감각을 얻는 방법을 말한다.

**Artik 아틱** 삼성전자가 개발한 개방형 사물인터넷(Internet of Things, IoT) 플랫폼으로서, 2016년부터 양산한다. 플랫폼은 세계 개발자와 제조사를 상대로 판매한다. 인텔이 먼저 선보인 '큐리' '에디슨' 등과 차세대 IoT 플랫폼 시장에서 경쟁이 예상된다. 2016년부터 불특정 다수 개발자에게 판매되어, 아틱을 활용한 웨어러블, IoT 기기가 시장에 출시되면 주요 고객사에 대량 판매도 가능할 것으로 전망된다.

아틱은 삼성전자 시스템온칩(System on Chip, SoC), 메모리, 커넥티비티칩(Connectivity Chip) 등이 탑재된 하드웨어 개발 보드이다. 이를 활용하면 사물인터넷이 가능한 다양한 전자기기를 자유롭게 만들 수 있다. 삼성전자는 '아틱'으로 IoT 하드웨어 생태계를 창출하겠다는 전략이다. 구글이 '안드로이드'를 배포해 소프트웨어 생태계를 만든 전략과 비슷하다. '아틱' 사용자가 늘어날수록 삼성전자 반도체 판매량도 비례해 늘어난다. 구글이 모바일 앱 생태계를 만든 뒤 모바일 광고시장에서 막대한 수익을 창출한 것처럼 삼성전자도 '아틱'을 발판으로 IoT 관련 반도체 시장을 석권하겠다는 포석이다. 아틱은 성능에 따라 아틱1, 아틱5, 아틱10으로 나뉘며, 홈 서버, 네트워크 카메라, 스마트밴드 기기에 따라 최적화된 형태로 제공된다.

(1) 아틱1은 업계 최저 수준 소비전력, 최소 보드 면적(12×12mm)이 특징이다. 80~250MHz로 작동하는 밉스(MIPS327) S32 코어 기반 마이크로컨트롤러(MCU)와 1MB D램이 탑재돼 있다. 자이로스코프, 가속도, 지자기 센서가 통합된 9축 센서가 내장된다. 통신 기능은 블루투스 로에너지(LE)를 지원한다. 스마트밴드 같은 가벼운 기기에 채택될 전망이다. (2) 아틱5에는 1GHz로 작동하는 ARM 코어텍스 A7 코어 2개를 넣은 SoC가 탑재된다. 이 SoC 위로는 512MB LPDDR2 D램과 4GB 임베디드 멀티미디어 카드(eMMC)가 이팝(ePoP) 형태로 적층돼 있다. 크기를 줄이기 위한 조치다. 무선랜, 블루투스, 블루투스 LE를 지원한다. 홈 허브, 네트워크 카메라에 적합하다. 보드 면적은 29×25mm다. 인텔 에디슨과 경쟁하는 개발보드다. (3) 아틱10은 ARM 코어텍스 A15, A7 코어를 각각 4개씩 탑재한 옥타코어 SoC를 탑재했다. GPU는 ARM 말리 T628 MP6이다. 2GB LPDDR3 D램이 패키지온패키지(PoP) 형태로 SoC에 적층된다. 저장장치는 16GB eMMC다. 보드 면적은 29×39mm이다. 홈 서버, 멀티미디어 재생기기에 적합하다.

**ARToolKit 에이알 툴킷, 증강현실 라이브러리** 범용으로 사용되는 증강현실(Augmented Realit, AR) 구현을 위한 라이브러리이다. 사용자가 눈으로 보는 현실세계와 부가정보를 갖는 가상세계를 합쳐 하나의 영상으로 보여주는 가상현실의 하나이다. 현실환경과 가상환경을 융합하는 복합형 가상현실 시스템(hybrid VR system)으로 1990년대 후반부터 미국·일본을 중심으로 연구·개발이 진행되고 있다. Windows, Mac OS X, Linux 등 다양한 플랫폼을 지원하며, ARToolKit Professional 4, osgART, ARToolKit NFT 등 다양한 버전을 제공한다. 현실세계를 가상세계로 보완해주는 개념인 증강현실은 컴퓨터 그래픽으로 만들어진 가상환경을 사용하지만 주역은 현실환경이다. 컴퓨터 그래픽은 현실환경에 필요한 정보를 추가 제공하는 역할을 한다. 사용자가 보고 있는 실사 영상에 3차원 가상영상을 겹침(overlap)으로써 현실환경과 가상화면과의 구분이 모호해지도록 한다는 뜻이다. ARToolkit을 사용하기 위해서는 우선 Camera Calibration을 한다. 사용하는 카메라에 따라서 초점 거리와 렌즈의 뒤틀림 등 특성이 달라지는데 이러한 카메라의 특성 값은 영상으로부터 마커(marker)의 3차원 위치 상태를 구하는 계산과 3D개체를 정확하게 처리하는데 영향을 미친다. 보다 정확한 계측을 위해 카메라 파라미터를 구하는 작업을 Camera Calibration이라 한다.

**ARX(AutoCAD Runtime Extension) 에이알엑스** AutoCAD를 개발한 Autodesk사 소유의 프로그래밍 라이브러리이다.

**AS(Anti-Spoofing) 안티스푸핑, 위성사용금지** 유사시 미군 관계자 외에 위성의 신호를 이용하지 못하게 하는 일종의 비상조치 방법으로서 미 국방부에서 1994년 1월 이후 발사된 블록 II 위성들에게 P코드에 암호화된 W코드를 삽입하여 Y코드로 변조된 신호를 줄 수 있는 장치로, 이 조치가 발동되면 일반 이용자의 GPS 수신기를 이용한 위성자료는 대부분 사용할 수 없게 된다. GPS 자료 중 군사적 목적으로 사용되는 정밀한 코드인 P 코드가 적군에 의해 사용될 수 없도록 P 코드에 W 코드를 첨가하여 Y 코드로 암호화하여 군인 및 일부 허가된 사용자들에게만 P 코드를 암호화하는 방법으로 2개의 변조된 코드를 합성한다. 즉, P코드에 암호화된 W코드를 합성하는 방식이다.

**ASCII(American Standard Code for Information Interchange) 미국 정보교환 표준코드** 대부분의 마이크로컴퓨터, 컴퓨터 단말기, 프린터에서 문자를 숫자로 나타내기 위해서 사용되는 표준 코드. ANSI 코드로서 아스키는 인쇄 가능 문자는 물론 개행, 종이 넘기기 등의 제어 문자도 포함된다.

**Asian Development Bank(ADB) 아시아 개발 은행** ADB(Asian Development Bank)를 참조.

**Asian Infrastructure Investment Bank(AIIB) 아시아 인프라 투자 은행** AIIB(Asian Infrastructure Investment Bank)를 참조.

**ASIMO 아시모** 지능형 휴머노이드 로봇으로 지난 2000년 일본의 혼다 사가 선보인 세계 최초의 2족 로봇이다.

**As-Is 현재 상태, 에즈-이즈** ① 제품 판매에 있어서 구매자는 해당 물건의 모든 문제를 함께 구매한다는 의미이며, 이에 대해서 판매자에게 법적으로 보상이나 보증을 요구할 수 없다. 현재 판매되고 있는 제품(Item)에 대해 보증(warranty)을 묵시적으로 부인하는데 사용되는 용어이다. 주로 중고(second hand) 상품에 대해서 판매를 할 때, 현재 보여 지는 데로 판매하며, 판매 이후에 발견되는 문제점 등에 대해서는 보증하지 않을 때 "As-Is"라는 용어를 쓴다.

② AS-IS 분석이란 현재의 업무 프로세스를 분석하는 것을 말한다. 이는 크게 3가지로 나누어지는데, (1) AS-IS 프로세스 목록 작성, (2) AS-IS 프로세스 체계도 작성, (3) AS-IS 프로세스 정의서를 작성하는 일련의 작업이 수반이 되어 진다. 첫 번째의 AS-IS 프로세스 목록작성이란 업무를 대분류, 중분류, 세분류, 프로세스 설명 등을 엑셀 등을 이용하여 목록을 작성하는 것이고, 두 번째의 AS-IS 프로세스 체계도 작성이란 업무가 어떤 체계의 구조를 가지고 있는지에 대하여 계층구조 형태로 업무를 분류하는 작업을 말하여, 세 번째의 AS-IS 프로세스 정의서란 업무의 흐름에 대하여 Flow Chart 형태로 업무를 정의하는 작업이다. AS-IS 분석은 부서의 Needs 분석 자료를 가지고 AS-IS와 Needs간의 Gap 분석을 통하여 구현하고자 하는 이슈들을 도출하는 자료가 된다.

③ 기업에서 업무 계획 및 추진에 있어 "As is to be" 개념이 사용된다. AS IS(현재 상태), TO BE(미래 상태)는 현행 업무 등을 파악하여 어떤 것을 선택하고 어떤 것을 버리며, 어떤 것을 강화 시키고, 어떤 것을 새롭게 해야 할지를 분석, 전략수립 등에 사용되는 프로세스이다.

**ASP(Application Service Provider) 애플리케이션 서비스 제공업체** ① 자사의 하드웨어와, 소프트웨어, 컴퓨터망 장비를 사용해 다양한 애플리케이션을 호스팅하는 업체를 말한다. ② 미국 마이크로소프트사가 월드 와이드 웹(WWW) 애플리케이션을 실현하는 방법으로 추진하고 있는 기술로서, 서버상에서 VBScript · 자바 스크립트 등의 스크립트 언어나 ActiveX Control(ActiveX를 기초로 한 소프트웨어 부품)을 실행시켜 그 결과를 하이퍼텍스트 생성 언어(HTML)로 동적(動的)으로 생성한다.

**Asphalt 아스팔트** ① 천연 또는 석유 증류에 의해 얻어지는 역청을 주성분으로 한 반고체 또는 고체의 점착성 물질. 석유아스팔트 중 통상 포장에 사용되는 것은 침입도가 40~300 정도의 스트레이트 아스팔트(straight asphalt)로 포장용 석유 아스팔트라고 한다. ② 원유를 증류하여 가솔린(gasoline), 케로신(kerosene), 기타의 기름을 적당하게 제조한 잔류물이며, 제조방법에 따라 스트레이트 아스팔트와 플론 아스팔트로 나누어진다.

**Aspect 향, 경사 방향, 주향면, 축향** TIN 데이터나 래스터 데이터 구조의 픽셀이 속한 경사면이 바라보는 주요 방향으로서, 각도의 단위로 표현된다(예 : 0°면 정북방향, 180°면 정남방향). 북쪽을 기준으로 하여 경사면의 방향을 시계방향으로 관측한 각도. 태양의 노출에 따른 토양 함수율이나 식생에 영향을 미치는 요소 등을 결정하는 데 중요하다. GIS는 생태학과 자원 평가에 방향 및 경사 자료를 생성하고 사용할 수 있다.

**Aspect-Oriented Programming(AOP) 관점 지향 프로그래밍** AOP(Aspect-Oriented Programming)를 참조.

**Aspect Ratio 화면 비율, 종횡비** [영상] 화면 비율은 프레임의 종횡비, 즉 가로와 세로의 비율을 뜻한다. (1) 스탠다드(Standard) 1.33 : 1(4 : 3) – 현재 대부분의 TV 화면과 컴퓨터에서 재생되는 동영상들이 가지고 있는 화면 비율로서 320×240의 동영상 역시 1.33 : 1(4 : 3)의 비율을 가진다. (2) 시네마스코프(CinemaScope) 2.35 : 1 – 1950년대 미국의 가정에서 TV가 선풍적인 인기를 끌면서 미국의 영화계는 절대적인 위기에 직면하게 되고 이를 극복하기 위해 와이드 스크린을 일반화하기 시작하면서부터 현재까지 표준으로 자리 잡고 있다. 시네마스코프는 넓은 영상을 특수한 렌즈를 이용하여 필름의 정상 프레임 안에 좌우로 압축시켜 저장하고, 상영 시에는 반대로 역시 렌즈를 사용하여 압축된 영상을 확대하여 와이드화면 비율로 재생시켜 내는 것인데 이 방식을 바로 '변형된 상'이라는 의미에서 "아나몰픽(Arnamorphic)"이라고 불렀으며, 이때 사용되는 렌즈를 아나몰픽 렌즈라고 한다. 그 후 일반화된 아나몰픽 시스템의 표준 축소비율은 2 : 1로 확정되었다. (3) 비스타비전(VistaVision) 1.85 : 1 / 1.66 : 1 – 919년에 처음 시도되었으며 그 후 1953년에 파라마운트 영화사가 시네마스코프에 대항하기 위해 재개발한 와이드 스크린 방식이다. 비스타비전은 새로운 장치를 부가하지 않고 선명한 와이드 스크린 영상을 영사할 수 있도록 설계되었으며 현재 극장에서 가장 보편적으로 볼 수 있는 방식이다. 1.85 : 1은 미국 등 대부분의 나라에서 많이 채택하고 있으며 유럽등지에선 1.66 : 1을 주로 채택하고 있다. (4) 와이드스크린(Wide Screen) 1.78 : 1 (16:9) – 와이드스크린은 와이드 TV 또는 HDTV의 표준규격으로 화면의 가로 세로 비율이 16 : 9를 가리킨다. 일반 TV(4 : 3 화면)에서 와이드 화면을 볼 경우에는 비율상 화면 위·아래에 검은 띠가 생길 수 있다.

**ASSA(Apple·SamSung·Amazon) 에이에스에스에이** 세계 IT 시장을 주도하는 애플(Apple)·삼성전자(SamSung)·아마존(Amazon)의 머리글자를 딴 신조어다. 아이폰·아이패드를 앞세운 애플과 세계 최대 스마트폰 회사 삼성전자의 양강 구도였으나, 아마존이 '킨들파이어'라는 태블릿 PC로 돌풍을 일으키면서 두 업체와 경쟁하고 있다.

**Assisted GNSS(A-GNSS) 보조 지엔에스에스, 에이-지엔에스에스** A-GNSS(Assisted GNSS)를 참조.

**Assisted GPS(A-GPS) 보조 지피에스, 에이-지피에스** A-GNSS (Assisted GNSS)를 참조.

**Association of Chinese Professionals in Geographic Information System(CPGIS) 중국지형공간정보체계 전문가 협회** CPGIS(Association of Chinese Professionals in Geographic Information System)를 참조.

**Asthenosphere (연)약권** 암석권의 하부에 위치하며, 점성 유체적 성질을 지닌 층으로서, 맨틀의 일부분이다. 암석권의 판(plates)들은 약권 위에서 움직인다.

**Astronaut Shift 월면 이동** 노출과 노출 사이에 몸의 무게 중심을 왼쪽에서 오른쪽으로 이동하면서 한 대의 카메라로 3D 사진을 촬영하는 기법. NASA의 우주인들이 달에서 사진을 찍을 때 썼던 방법에서 착안한 이름이다.

**Astronomic Latitude 천문위도(天文緯度)** 지구상 임의의 한 점에서 지오이드에 대한 연직선이 적도면과 이루는 각으로 지오이드를 기준으로 한 위도이다.

**Astronomical Unit(AU) 천문단위** AU(Astronomical Unit)를 참조.

**Astronomy Surveying 천문측량(天文測量)** 지구자전축과 연직선을 기준으로 태양, 별 등을 관측함으로써 시(時) 및 경위도와 방위각 등을 결정하는 측량을 말한다. 천문측량의 기본이론은 구면삼각형의 공식인 sine법칙, cosine법칙, 그리고 두 각과 세 변의 관계를 확장한 천문삼각형을 해석하여 경위도 및 방위각을 결정하는 것으로 정확도를 높이기 위한 정확한 시계와 계산에 이용되는 역표(almanac) 등을 활용한다. 천문측량을 위한 관측에서 정밀한 기계로 관측하여도 대기의 굴절에 의한 대기굴절 차이(refraction)에 의한 구차, 지구중심이 아닌 지표면에서 관측하므로 생기는 시차(parallax)를 주의하여야 하며, 바다에서 관측시 지평복각(dip of horizon)을 보정하여야 하며, 지구가 회전함에 따라 생기는 광행차(aberration)인 연주광행차 및 일주광행차를 보정하여야 하고, 태양관측시는 시반경을 보정하여야 한다.

**Asynchronous Javascript And XML(Ajax) 에이잭스, 비동기 자바스크립트 및 확장성 생성언어** Ajax(Asynchronous Javascript And XML)를 참조.

**AT(Atomic Time) 원자시(原子時)** 1967년 국제도량형총회에서 세슘원자(Cs133)의 에너지준위간의 천이에서 방출되는 축사(軸射)의 고유진동수를 기준으로 정의한 시간이다. 1초는 Cs133의 바닥상태에 있는 2개의 초미세준위사이의 천이에 대응하는 방사선의 9,192,631,770주기의 지속시간이다.

**Atari 아타리** 미국의 컴퓨터 제조업체로, 비디오 게임기를 비롯해서 개인용 컴퓨터를 생산한다. 주로 가정용, 오락용 컴퓨터를 개발한다. 게임기로도 유명하지만 지금의 노트북처럼 모니터가 부착되어있고 접히기도 하는 형태의 외관을 지니고 있지만 크기는 지금의 노트북보다 훨씬 거대한 컴퓨터를 만들었던 회사이다. 1972년 부슈널(Nolan Bushnell)과 다비니(Ted Dabney)가 Atari를 설립했다. 1972년은 비디오게임 산업이 탄생한 해라고 해도 과언이 아니다. 평소에 일본문화에 심취해있던 부슈널은 바둑의 아다리에서 회사 이름을 가져왔다. 1972년에 나온 Pong은 1975년 Home Pong이란 이름으로 TV에 연결할 수 있는 가정용으로 발매되었다. 이후 닌텐도가 라이센스해 닌텐도가 화투 회사에서 비디오 게임기를 제작하는 회사로 본격적으로 거듭나는 계기가 되었다. 아타리 쇼크(Atari Shock)로 1984년 워너 커뮤니케이션은 Atari를 매각했고 Atari는 3개로 쪼개져 흩어졌다. 아케이드 산업은 Namco가 인수했다. 혁신에 혁신을 거듭하며 비디오게임 시장을 만들어낸 기업은 결국 창업자가 쫓겨나고 개발과 멀어지는 회사 운영으로 초라하게 끝나고 말았다. 애플(Apple) 사의 창립자인 스티브 잡스는 이 회사 출신이다. Atari Shoc을 참조.

**Atari Shock 아타리 쇼크** 1983년 북미 비디오 게임 업계의 판매 경쟁의 과열로 수익률이 대폭 하락한 위기 사태를 일컫는 말로 「1983년 북미 비디오 게임 위기」라고도 한다. 일본 매체에서 이를 닉슨 쇼크에 빗대어 표현한 이후, 게임 소프트웨어의 과잉 공급으로 소비자의 흥미가 떨어져 수요가 급감하는 현상을 지칭하게 되었다. 1977년 비디오 게임 회사인 아타리(Atari) 사는 게임기 안에 게임이 내장되어 있던 기존의 게임기와는 다르게 외부에서 게임팩을 끼워 넣어 즐길 수 있는 가정용 게임기 아타리 VCS(Video Computer System)를 개발하였다. 이 게임기가 큰 인기를 끌면서 미국 게임 시장이 급격히 확대되었다. 높은 수익이 나면서 질 낮은 게임들이 넘쳐나기 시작했고 소비자들은 게임에 점차 흥미를 잃었다. 잇따른 반품 요청과 대량 재고 발생으로 막대한 손실을 보게 되자 아타리 사는 이를 극복하기 위해 더욱 질 낮은 게임들을 유통하기 시작했다. 상황은 악순환을 거듭하여 게임 수요가 급감하면서 덤핑 경쟁으로 치달아 북미 게임 산업의 가치는 1억 달러 상당으로 추락했다. 이후 1985년 닌텐도가 발매될 때까지 북미 게임 시장은 침체기를 겪었다.

**ATCA(Advanced Telecom Computing Architecture) 에이티씨에이** 개방형 표준을 지향하는 차세대 네트워크 장비의 표준이다. 시스코, 주니퍼와 같은 대형 공급업체의 장비시장 독점에 대항하고자 인텔을 중심으로 중소장비 벤더들이 연합하여 제안한 통신 장비 아키텍처가 ATCA이다. ATCA는 2001년 PICMG(PCI Industrial Computer Manufacture's Group) 회원사 약 100개를 중심으로 처음으로 아이디어가 제안되어 기본 스펙 제정을 위한 작업에 들어가기 시작하였고 이듬해인 2002년에 최초 버전인 PICMG3.0 스펙을 완성시켰다. 이러한 개방형 통신장비 플랫폼이 갖는 장점은 다음과 같다. 첫째, 장비 규격의 표준화에 따라 다양한 벤더들이 표준에 기반 한 장비제조가 가능하여 장비 원가의 절감 효과를 가져 올 수 있다. 둘째, 통신장비 제조업체의 경우 모든 부품의 자체 개발에 대한 부담을 줄일 수 있다. 기업의 핵심 역량에 해당하는 부품을 제외하고는 모듈별로 구매가 가능함으로 자신이 원하는 제품 스펙을 설계 제조함으로써 플랫폼 개발에 따른 시간적, 인력적 비용을 절감하는 효과를 가져다준다. 이러한 효과는 서비스 업체의 시장 진입 시기를 앞당기는 효과로 이어진다. ATCA가 가지는 단점은 첫째, 표준화에 따른 필요 이상의 스펙으로 인한 리던던시(redundancy)가 존재한다는 것이다. 이는 장비에 대한 불필요한 비용 지급을 의미하는 것일 수도 있다. 둘째로 ATCA를 조직에 도입할 경우 기존 장비들과의 통합 비용 발생이다. 이러한 통합 비용에는 장비의 구매, 연동, 교육 및 유지보수 비용 등이 포함된다.

**ATCP(Antarctic Treaty Consultative Party) 남극조약협의당사국** '남극조약협의당사국회의'(Antarctic Treaty Consultative Meeting, ATCM)는 남극조약 제9조에 따라 동 조약의 12개 원당사국 및 과학기지의 설치 또는 과학탐험대의 파견과 같은 남극지역에서의 실질적인 과학 연구 활동을 수행함으로써, 남극에 대한 이해관계를 입증한 협의당사국이 남극조약에 따라 남극의 평화적 이용 보장, 과학적 연구의 촉진, 연구관련 과학적 협력의 증진, 조사권행사의 보장, 생물자원 보존 등의 목적을 위해 개최하는 회의이다. 남극조약협의당사국(ATCP)은 남극조약 운영의 실질적 권한과 배타적 심의결정권을 가진, '배타적 그룹'(exclusive group)으로서 권한 행사에서 남극조약의 일반 서명국은 물론 외부 국가들의 참여를 허락하지 않는 전유권을 행사한다. 남극조약협의당사국(ATCP)은 2년마다 개최되는 정례회의에 참가, 투표권을 행사할 수 있는 권한이 있으며, 남극

지역에 관한 공통의 이해관계를 협의한다. 우리나라는 1989년 10월 18일 세계에서 23번째로 협의당사국의 지위를 획득하였다.

**Atmosphere 대기권(大氣圈)** 지구 중력에 의해 지구와 함께 회전하고 있는 공기층으로서, 대기가 존재하고 있는 층을 대기권이라고 한다. 대기권은 지표로부터 1,000km까지이지만, 지표에서 100km까지의 균질권(공기의 운동으로 상하의 공기가 잘 혼합되어 기체들의 조성비가 일정한 대기층) 만을 대기권이라고 부르기도 한다. 대기의 대부분은 78%의 질소와 21%의 산소로 구성되며 나머지 1% 정도를 수증기, 아르곤, 이산화탄소 등이 차지한다. 대기권은 지구의 온도를 유지시켜 주고, 생명체에 산소를 공급해 주며, 지구 외부의 해로운 빛과 운석 충돌로부터 지구를 보호해 주는 중요한 역할을 하고 있다. 이러한 대기권은 지표면에서부터 기온의 변화에 따라 대류권, 성층권, 중간권, 열권 등으로 구분된다. (1) 대류권 : 지표면으로부터 고도 약 12km까지의 대기층이다. 지표면에서 방출되는 지구 복사 에너지의 영향으로 고도가 높아질수록 온도가 낮아진다. 대류권의 특징은 공기가 이동하며 열을 전달하는 대류 현상이 나타난다는 점인데, 이로 인해 바람이 불고 비가 오는 등 여러 가지 '기상 현상'이 일어난다. (2) 성층권 : 대류권 위의 대기층으로서 지표면으로부터 고도 약 10~50km까지의 대기층이다. 고도가 높아져도 온도 변화가 거의 없다가 어느 위치부터는 오히려 기온이 상승하는 기온 역전 현상이 일어난다. 대기의 움직임이 적어 기상 현상이 거의 없는 안정된 층으로 비행기의 항로로 이용된다. 특히 성층권에는 오존층이 존재하고 있다. (3) 중간권 : 고도 50~80km 사이의 성층권 위의 대기층으로 대류권과 마찬가지로 대류 현상이 일어나지만 수증기가 없기 때문에 기상 현상은 나타나지 않는다. 중간권에서는 유성과 야광운을 볼 수 있다. (4) 열권 : 고도 80km 이상의 대기층으로 오로라 현상이 나타난다.

**Atmospheric Absorption 대기 흡수** 이것은 대기상에 존재하는 물 입자나 오존과 같은 미립자들을 통과하면서 발생하는 전자기 에너지의 손실을 의미한다. 손실의 정도는 입자의 크기 및 에너지의 파장길이에 의해서 결정된다.

**Atmospheric Diffuse 대기 산란** 대기에 있는 입자들로 인해 발생하며 예측할 수 없는 복사에너지의 확산 현상을 말한다.

**Atmospheric Pressure 기압(氣壓), 대기압(大氣壓)** 대기의 압력. 수은주 760mm를 기본 단위로 하고, 수은주 760mm의 높이의 압력과 거의 같다. 대기의 무게로 인해 지구의 지표에 생기는 압력으로 장소·기온·계절 등에 따라 변화하나 $1cm^2$ 당 약 1kg중이다.

**Atmospheric Propagation Delay 대기 전파 지연** 지구 대기의 전리층과 대류권에 의한 위성 신호에 영향을 끼치는 지연시간을 말한다.

**Atmospheric Refraction 기차, 대기 굴절** 지구를 둘러싸고 있는 대기는 지표면에 가까울수록 그 밀도가 크다. 따라서 광선이 대기층을 통과할 때는 굴절되어 곡선을 그린다.

**Atom 원자(原子)** 화학 반응을 통해 더 쪼갤 수 없는 단위를 말한다. 현대 물리학에서 원자는 기본 단위가 아닌 원자핵과 전자가 결합한 형태이다. 즉, 원자는 전자구름 여러 개가 덮고 전자가 전자구름 층 안에서 돌고 있으며, 한가운데는 원자핵이 있다. 핵은 양성자와 중성자로 이루어져 있다. 화학적 성질은 원자의 성질과 직접적인 관련이 있다. 원자는 핵반응을 통해서는 더 작은 단위로 나누어진다.

**Atomic Phrase 아토믹 프레이즈** 가장 구체적이고 단일한 결과를 끌어낼 수 있는 문구이다.

**Atomic Time(AT) 원자시(原子時)** AT(Atomic Time)를 참조.

**ATP(Adenosine Triphosphate) 에이티피, 아데노신 3인산** 아데노신에 3분자의 인산이 결합한 유기 화합물이다. 대부분의 화학 결합이 2~3kcal의 화학 에너지를 함유하는 데 비해, ATP의 끝 부분에 결합한 2개의 인산은 각각 7.3kcal의 에너지를 함유하고 있다. 이것을 고에너지 인산결합이라고 하는데, 세포 호흡 동안 유기 양분을 산화·분해시켜 얻은 에너지의 40% 정도는 ATP가 합성되는 과정 동안 고에너지 인산 결합의 화학 에너지로 전환되어 저장된다. 이 ATP는 생명 활동의 직접적인 에너지원으로서 고에너지 인산 결합을 풀고 에너지를 방출하여 생명활동에 필요한 에너지원으로 쓰이다.

**ATSC(Advanced Television System Committee) 미국 디지털 방송 표준위원회** 미국의 고도화 텔레비전(ATV) 방식을 심의하기 위하여 설치된 위원회 또는 규격을 말한다.

**Attenuation 감쇠** ① 다양한 손실 요인(주로, 진행거리 등)에 의해 신호가 약화되는 현상, ② 기계적 진동 등이 점성 등에 의해 그 크기가 점차적으로 약화되는 현상, ③ 특정 상태에 있는 물질의 물리량이 시간이 경과함에 따라 감소하는 것 등을 의미한다.

**Atterberg Limits 애터버그 한계** Albert Atterberg(1846~1916, 스웨덴의 화학자이자 농학자)는 액체상태, 소성체상태의 경계가 되는 함수비를 액성한계(liquid limit, LL), 소성체 상태와 반고체 상태의 경계가 되는 함수비를 소성한계(plastic limit, PL), 그리고 반고체상태와 고체 상태의 경계가 되는 함수비를 수축한계(shrinkage limit, SL)로 정의하였다. 이러한 액성한계, 소성한계, 수축한계 등의 한계함수비를 애터버그(Atterberg) 한계라고 한다. 소성체는 외력을 가하면 인장균열 발생 없이 형상이 변한다. 점토의 경우 찰흙정도의 연경도(軟硬度, consistency) 상태를 말한다.

**Attitude Mode 자세 모드** [드론] 드론 모델에 따라 조종기가 지원하는 1~3가지 조종모드가 있다. Manual : 수동모드로 사용자가 모든 것을 조정해야 하는 모드이다. 고감도와 저감도로 나눠진다. 저가의 연습용 드론은 이 모드만 가지고 있다. Attitude : 고도를 유지시켜 주는 모드로 사용자가 조종을 하지 않아도 고도는 유진된다. GPS : GPS를 통해 드론의 고도와 위치를 지정할 수 있는 모드로 가장 조정이 쉽다. 기체를 사고 없이 잘 다루려면 처음 한동안은 연습용 기체의 Manual 모드로 연습해보는 것이 좋다. 드론은 차와 달리 무선으로 조종되기 때문에 언제라도 신호문제가 발생할 수 있다. 비행 상태에서 GPS가 갑자기 안 잡히면 이때는 수동조종을 해야 한다.

**Atto 아토** $10^{-18}$을 뜻하는 접두어로서, 기호 a로 표시하며, quintillionth 단위이다.

**Attribute 속성(屬性)** ① [데이터베이스] 데이터베이스를 구성하는 가장 작은 논리적 단위로서, 파일 구조상의 데이터 항목 또는 데이터 필드에 해당된다. 개체(Entity)를 구성하는 항목이다. ② 지리사상의 값이나 측정 결과의 입력값이다. 속성은 레이블, 범주형 자료, 양적자료 등으로 구분되며 날짜, 표준화된 점수, 기타 측정값이 이에 속함. 데이터를 수집하고 조직하는 항목. 테이블 또는 데이터 파일의 열(column)에 해당한다. 실체의 기하학적 특징이나 위상적인 특징, 주제적인 특징 또는 다른 특징들을 기술하는 실체고유의 성질 및 요소이다.

**Attribute Accuracy 속성 정확도** 속성값의 참값에 대한 근접도로 정의된다. 위치는 시간에 따라 변화하지 않지만 속성은 시간에 따라 종종 변화한다. 따라서 속성은 불연속 변수일 수도 있고 연속 변수일 수도 있다. 연속 변수가 임의의 변수값을 취할 수 있는 반면, 불연속 변수는 한정된 값만을 취할 수 있다. 속성정보의 정확도를 확인하기 위해서는 오기된 사항이나 누락된 테이블의 구성에 대한 검사가 필요하다. 속성의 정확성에 대한 평가 방법에는 ① 연역적 관측-연역적 평가의 토대 위에서 정량적인 방식으로 평가를 수행한다. ② 독립적인 표본에 기초한 검사-독립적 표본을 통하여 속성의 정확성에 대한 평가를 수행한다. ③ 다각형 중첩에 기초한 검사-다각형의 중첩을 통하여 속성의 정확성을 평가하는 방법 등이 이용되고 있다.

**Attribute and Relation Database 속성과 관계형 데이터베이스** 속성이란 형상에 대한 설명 또는 형상의 특성에 대한 설명자료를 의미한다. 속성은 이름, 분류, 색상과 같은 비공간적 자료를 포함하여 양과 질의 특성을 소유한다. 데이터베이스는 속성자료를 관리하는 매우 편리하고 효율적인 수단으로 이용되며 열(Row)은 레코드 (Record)를 행(Column)은 항목(Field)을 나타낸다. 이러한 관계형 데이터베이스에서 특정한 조건을 부여하여 해당되는 속성을 쉽게 찾을 수 있다.

**Attribute Data 속성자료** 기록된 공간객체의 속성은 공간적(spatial), 시간적(temporal), 그리고 주제적(thematic) 속성의 3가지로 구분될 수 있다. 공간적 속성에 기록되는 것은 공간사물의 장소(location), 위상(topology) 그리고 기하학적인 것을 들 수 있다. 이러한 공간적인 속성은 도형정보와 속성정보를 연계시키는 매개체의 역할을 하기 때문에 2가지 정보를 동시에 활용하는 공간분석이 가능하게 된다. 도로의 길이, 인접한 건물번호 등이 대표적인 예이다. 시간적 속성은 GIS가 현실세계를 반영하는 것이기 때문에 '어떠한 시점의 데이터를 기준으로 작성되었는가'하는 것이 중요한 문제이다. 이것은 시간의 변화에 따라 속성정보 또한 변하기 때문이다. 주제적인 속성은 공간적이지도 않고, 시간적이지도 않은 것으로 전주의 높이, 재질, 토지의 용도 구분 등의 특정한 주제를 표현하는 것이다. 이러한 속성데이터는 database에 저장되는데 DBMS에서 제공되는 수치필드(numeric field), 날짜필드(date field), 논리필드(logical field), 문자필드(character field)의 4가지가 있다.

**Attribute DB(Database) 속성 데이터베이스** Spatial and Attribute DB(Database)를 참조.

**Attribute Information 속성정보(屬性情報)** 대상물의 자연, 인문, 사회, 행정, 경제, 환경적 특성을 나타내는 정보로서, 지도 및 수치지도는 지물의 형상과 위치를 나타내는 좌표자료와 그 지물의 성질과 내용을 나타내는 속성자료로 대별된다.

**AU(Astronomical Unit) 천문단위(天文單位)** 천문단위의 정의는 '태양과 지구의 평균 거리'이다. 2012년 IAU(International Astronomical Union, 국제천문연맹, L'Union astronomique internationale) 총회 결의에 따라 1AU는 1억 4959만 7870.700km이다. 단위 표기는 일반적으로 'AU' 기호가 사용되지만, 프랑스는 프랑스어로 천문단위인 'unit astronomique'를 줄인 'UA'기호를 사용한다. 한편, 1광년(light year)은 약 63,241.1 AU이다. 1광년은 빛이 1년 동안 이동한 거리이다. Parsec, Light Year를 참조.

**Audible Freguency 가청 주파수** 사람의 귀로 들을 수 있는 음파의 주파수. 사람에 따라 또는 음의 크기에 따라 다르지만 보통 20Hz~20kHz인 것으로 간주되고 있다. 이 대역을 가청 주파수대(audio frequency band)라고 한다. 통신 시스템에서는 음성만을 전송하는 전화와 같은 제한적인 매체와 가청 주파수대의 모든 주파수를 전송할 수 있는 방송 매체를 구별하는 것이 필요하다. 전화와 같이 음성만을 전송하는 데는 300Hz~3.4kHz의 대역폭이면 충분하지만, 라디오나 텔레비전 방송에서 요구되는 음질로 음악과 음성을 전송하는 데는 가청 주파수대의 모든 주파수를 사용하는 것이 바람직하다.

**Augmented Humanity 증강 인류** 스마트폰이 제공하는 정보를 이용해 인간의 능력을 확장시킨다는 개념. 산소통과 같은 잠수 장비를 가진 사람이 깊은 물속에 들어갈 수 있듯, 스마트폰을 가진 사람은 인터넷과 연결돼 이전에 할 수 없었던 일을 할 수 있게 된다는 것. 음성 인식, 자동 번역 등을 통해 외국어를 배우지 않고도 서로 다른 언어를 쓰는 사람들끼리 의사소통하는 기술이 대표적이다.

**Augmented Presentation and Interaction Language (APRIL) 혼합 현실 제작 언어, 에이프릴** APRIL(Augmented Presentation and Interaction Language)를 참조.

**Augmented Reality(AR) 증강현실(增强現實), 혼합 현실** AR (Augmented Reality)를 참조.

**Augmented Surface 증강표면** 2002년 일본 소니사가 개발한 '증강표면' 시스템은 컴퓨터 모니터 속의 '내용물'을 통째로 꺼내놓은 경우이다. 컴퓨터의 모니터 화면을 책상 위에 쏴 손가락으로 바탕화면의 아이콘을 움직이고 파일을 정리할 수 있다.

**Aurora 극광(極光)** 고위도 지방의 하늘에 나타나는 발광 현상을 말하며, 오로라라고도 한다. 오로라는 라틴어에서 '새벽'이라는 뜻이다. 우리나라의 옛 기록에는 '적기(赤氣)'라 기술되어 있다. 원인은 태양 표면의 폭발로 우주 공간으로부터 날아온 전기를 띤 입자가 지구자기(地球磁氣) 변화에 의해, 극지방 부분의 고도 100~500km 상공에서 대기 중 산소 분자와 충돌하여 빛을 내기 때문이다. 황록색이나 암적색을 띤다.

**Auto CAD 오토캐드, 자동(컴퓨터) 설계** 범용 캐드로 가장 많은 사용자를 갖고 있고 GIS 및 수치지도를 위한 데이터베이스 구축시 사용되며 도면 입력 및 수정이 용이하다. ACAD라고도 한다. 오토캐드(AutoCAD)는 2차원/3차원 디자인, 제도를 위한 CAD 응용 소프트웨어이며 오토데스크사가 개발하여 판매하고 있다. 1982년 말에 처음 출시한 오토캐드는 개인용 컴퓨터, 특히 IBM PC에서 실행할 수 있는 최초의 CAD 프로그램들 가운데 하나였다. 오토캐드는 현재 사용자가 원하는 설정 및 자동화를 위해 수많은 API를 지원하고 있다. 오토리스프, 비주얼리스프, VBA, 닷넷, ObjectARX를 포함한다. ObjectARX는 오토캐드의 기능을 특정한 분야로 확장하는 데 쓰이는 C++ 클래스 라이브러리이며 오토캐드 아키텍처, 오토캐드 일렉트리컬, 오토캐드 시빌 3D, 서드파티 오토캐드 기반 응용 프로그램과 같은 제품을 만들어 낸다. 오토캐드의 파일 형식은 기본 형태로는 DWG이었으나, 교체 파일 포맷 DXF이 캐드 데이터 상호 운용성을 위한 de facto 표준이 되었다.

**Auto CAD Map 오토캐드 맵** 미국 오토데스크(Autodesk)사에서 개발된 PC용 GIS 소프트웨어로서 외부자료(다른 GIS 프로그램에서 생성된 파일)의 일부 또는 대부분에 대한 입출력(Import/Export)이 가능하다.

**AUTOCARTO(International Symposium on Automated Cartography) 오토카르토** 국제 컴퓨터 지도학 및 GIS 회의를 말한다.

**AutoCAD Runtime Extension(ARX) 에이알엑스** ARX(AutoCAD Runtime Extension)를 참조.

**Autocorrelation 자기상관** 시간 또는 공간적으로 연속된 일련의 관측치들 간에 존재하는 상관관계로서 시계열(時系列) 데이터에 내재하는 시점간의 상관(相關)이다. 시계열자료(time series data)에서는 현재의 상태가 과거와 미래의 상태에 밀접한 연관을 지니는 경우가 많다. 이럴 때 자기상관(autocorrelation) 또는 계열상관(series correlation)이 있다고 한다.

**Auto-focusing Technique 자동 초점 기술** Autofocusing Technique를 참조.

**Auto Iris Lens 자동 조리개 렌즈** [영상] 직류 전원과 영상신호를 공급받아 렌즈 자체에서 일정한 광량을 유지하는 기능의 회로를 갖고, 영상신호의 레벨을 판단하여 렌즈의 조리개를 자동으로 조정할 수 있도록 한 렌즈를 말한다.

**Automated Information System(AIS) 자동화 정보체계** AIS (Automated Information System)를 참조.

**Automated Mapping System(AMS) 자동 지도 제작 체계** AMS (Automated Mapping System)를 참조.

**Automated Mapping/Facilities Management System(AM/FM System) 도면자동화 및 시설물관리 체계** AM/FM System (Automated Mapping/Facilities Management System)를 참조.

**Automatic Dependence Surveillance-Broadcast(ADS-B) 자동종속감시시설-방송** ADS-B(Automatic Dependence Surveillance-Broadcast)를 참조.

**Automatic Digitizing 자동 자료 생성, 자동 수치화** 스캐너로 읽은 래스터 파일 전체를 자동적으로 벡터 파일로 변환하는 방법. 벡터화된 파일은 부분적으로 수정을 거쳐 원도에 일치하도록 편집과정을 거친다.

**Automatic Focus(AF) 자동 초점조정** AF(Automatic Focus)를 참조.

**Automatic Gain Control(AGC) 자동 이득 제어, 자동 이득 조절** AGC(Automatic Gain Control)를 참조.

**Automatic Light Control(ALC) 자동 광량 조절장치** ALC (Automatic Light Control)를 참조.

**Automatic Meter Reading(AMR) 자동계량기** AMR(Automatic Meter Reading)를 참조.

**Automatic Voltage Regulator(AVR) 자동전압 조정기** AVR (Automatic Voltage Regulator)을 참조.

**Automatic Snapping 자동연결** 운영자의 개입 없이 교차점이나 절점에 미리 정의된 인접영역 내에서 선을 연결하는 처리기능을 말한다.

**Autonomic Computing of Sensor Node 센서노드 자율컴퓨팅** 유비쿼터스 센서 네트워크(USN) 미들웨어는 한 번 설치된 이후로 사용자에 의하여 unattended인 센서노드에 대하여, 무선통신을 이용하여 센서노드장애의 자동복구 및 센서노드기능의 자동갱신기능을 수행할 수 있어야 한다. 특히, 이러한 센서노드의 자동갱신기능은 표준화된 컴포넌트아키텍처 또는 VM(Virtual Machine) 기반아키텍처를 이용한다.

**Autonomic u-Learning 자율화된 유-러닝** 오토노믹 컴퓨팅 기술, 클라우드 컴퓨팅, 지능형 센서 기술, 4G서비스, 휘는 디스플레이, UFC폰 기술, 감성인식 등 기술이 활용된다.

**Autonomous Car 무인자동차, 자율주행 자동차** 기존의 자동차 주요 수송 기능을 수행 할 수 있는 자동 운전 차량으로서, uncrewed vehicle, driverless car, self-driving car, robotic car라고도 한다. 자동 운전 차량은 인간의 개입이 없이 주위의 환경을 감지하고, 자동항법 운행이 가능하다. 현재 로봇 자동차가 프로토 타입(prototype)으로 존재한다. 주행 차량은 레이더, 라이다(LIDAR), GPS, 및 컴퓨터 비전(vision) 기술 등으로 주변 환경을 감지한다. 보다 발전된 제어 시스템은 해당 내비게이션 경로뿐만 아니라 장애물과 관련된 표지 등을 식별하는 정보를 해석한다. 무인자동차는 등록되지 않은 환경이나 조건이 변한 상황에서도 경로를 유지할 수 있도록 센서 입력에 따라 지도를 자동 갱신할 수 있어야 한다.

다임러 자율주행 트럭의 경우, 전면의 장거리·단거리 레이더와 입체 카메라 그리고 적응형 순항 제어기술 등을 통해 구현하는데, '액티브 크루즈 컨트롤(Active Cruise Control, ACC)'과 '액티브 브레이크 어시스트(Active Brake Assist, ABA)'가 장거리 레이더와 단거리 레이더를 이용해 주행과 감속을 조정하며, 자동차 간 거리를 자동으로 조절한다. 장거리 레이더는 18° 시야각으로 전방 250m까지 탐색하고, 단거리 레이더는 130° 시야각으로 전방 70m까지 탐색한다. 그리고 트럭 전면 유리에 부착된 입체 카메라는 수평 45°·수직 27° 시야각으로 100m까지 탐색하며 차선 표시를 인식하고, '하이웨이 파일럿(Highway Pilot)' 시스템은 전면 레이더와 입체 카메라를 연결해 차선 유지·충돌 회피·속도 제어·감속 등의 기능을 제공한다. 이러한 차량 자체적인 실시간 주변상황 감지 외에도 GPS(Global Positioning System) 등을 활용해 정밀지도를 통한 예측시스템도 작동하고, 이 모든 것들을 종합적으로 판단해서 자동차 구동장치를 사람이 아닌 컴퓨터가 실제로 제어하도록 만드는 것이다.

**Autonomous Positioning 단독측위** GPS수신기 1대를 이용하여 측위하는 것으로서 GPS 측위의 기본적인 방법이다. 1점 단위의 위치 좌표 결정방법이며, '1점 측위'(Point Positioning) 또는 '절대측위'(Absolute Positioning)라고도 한다. 항법 등에 주로 이용되고 있다.

단독측위는 1개의 GPS수신기에서 여러 개(4개 이상)의 위성을 한꺼번에 관측하여 의사거리를 이용한 위치결정 방법이며, 일반적으로 L1 반송파의 1주파만을 사용하므로 상대적으로 정확도가 낮다. 수신기의 절대위치는 C/A-code 유사거리(Standard Positioning System, SPS)나 P-code 유사거리(Precise Positioning System, PPS)를 사용함으로써 현장에서 관측하는 동안에 계산될 수 있다. 이러한 위치는 같은 순간에 관측하는 다른 수신기에 관계없이 계산되는 것이다. 이러한 형태의 위치계산은 상대위치결정 방식으로 계산된 위치보다 정확도가 매우 떨어진다. 일반적으로 P-code 유사거리로부터 유도된 자체적인 위치(Autonomous Position)의 정확도는 약 ±30m 정도이며, C/A-code 유사거리로부터 유도된 위치의 정확도는 약 ±100m 수준이다.

**Autorotation 자전강하(自轉降下)** [항공] 헬리콥터는 비행 중 엔진이 고장 났을 때 일정고도와 일정 전진비행 속도가 있다면 자전강하에 의해 안전하게 지상에 착륙할 수 있다. 즉, 헬리콥터의 엔진이 고장 났을 때 엔진은 자동적으로 트랜스미션(transmission)과 연결되어 있는 프리휠 장치(free wheeling device)를 통하여 로터와 분리되며, 로터 블레이드는 엔진과의 연결 없이 독립적으로 자유회전하며 강하비행을 하게 된다. 이것을 '자전강하'라고 한다. 자전강하할 동안 공기 흐름은 더 이상 하향 흐름하지 않고 오히려 주 로터를 통하여 상향하며 이 상향 공기흐름은 정상 작동 때와 같은 방향으로 로터를 회전시키는 원인이 되어 로터의 회전은 양력을 발생시키고 이 양력은 안전하게 착륙을 할 수 있게 하강할 동안 계속 비행조종을 가능하게 한다.

**Autostereo 오토스테레오** 3D 안경이나 렌즈 없이 감상할 수 있는 3D 이미지이며, 대개 컴퓨터나 텔레비전에 응용된다.

**Autostereogram 오토스테레오그램** 하나의 영상에 인쇄한 3D 영상, 매직아이(Magic Eye)가 대표적인 예이다.

**Auto Stereoscopic 3D 무안경 3차원 입체영상** Non-glass Stereoscopic 3D, Glass-free Stereoscopic 3D 등 다양한 명칭이 혼용되고 있다. 입체안경을 착용해야 하는 불편함은 3D 입체영상 초기부터 현재까지 지속적으로 제기되고 있으며, 이는 3D 입체영상 관련 콘텐츠 및 3DTV 등 디스플레이 시장매출에도 부정적인 영향을 미치고 있다. 이에 따라 2010년부터 '무안경 3D' 기술에 대한 연구 개발이 본격적으로 진행 중이며, 상당한 기술적 진보를 거둬 상용화 단계에 이르렀다.

무안경 3D 기술은 입체안경의 역할을 디스플레이에 장착한 형태를 띠고 있으며, 원통형의 렌즈 어레이(lens array)를 수직으로 배열한 렌티큘러(lenticular) 렌즈 판을 영상 패널 전방에 설치하는 렌티큘러 방식과, 영상 패널 상부에 주기적인 슬릿(slit)을 갖는 배리어 층(barrier layer)을 구비하는 패러랙스 배리어(parallax barrier) 방식이 있다. (1) 패럴랙스 배리어 방식은 디스플레이 패널 앞에 일정한 간격마다 공간이 있는 배리어를 액정형태로 장착해 양쪽 눈의 가시영역을 서로 다르게 제한하는 방식으로, 상대적으로 제작단가가 낮고 2D와 3D의 전환이 용이하다는 장점을 지닌 반면, 배리어 때문에 해상도가 낮고 어두우며 시야각이 좁다는 단점이 있다. (2) 렌티큘러(Lenticular) 방식은 반원통형의 렌즈가 배열된 시트를 부착시켜 빛의 굴절을 통해 양쪽 눈의 가시영역을 분할하는 방식으로, 상대적으로 높은 해상도와 화면밝기, 넓은 시야각을 제공하는 반면, 제작단가가 높고 2D와 3D의 전환이 용이하지 않다.

한편, 무안경 3D 기술의 최대 단점은 3D 영상이 구현되는 특정 지점에서만 3D를 시청할 수 있다는 것으로 이를 보완하기 위해 User Tracking 및 Multi-view 기술 등이 개발, 적용되고 있다. (1) 일반적으로 User Tracking 기술은 사용자가 자리를 이동하거나 자세를 바꿀 경우 디스플레이 상단의 웹캠이 사용자 위치를 추적해 시야에 따라 3D 화면을 보여주는 형태로, 보통 3D 스마트폰 및 게임기에서 많이 활용된다. (2) Multi-view 기술은 다수의 이용자가 여러 시점에서 동시에 3D 콘텐츠를 시청할 수 있는 기술로, 아직 개발 초기 단계에 있다.

**Autumnal Equinox 추분점(秋分點)** 황도와 천구 적도의 교점을 분점(equinox)이라 하며 태양이 적도를 북에서 남으로 자르며 갈 때를 말한다. 천구의 북회귀선(북위 23.5°)까지 올라갔던 태양이 그 후부터 남하하여 추분에 적도 위에 위치하게 됨으로써 다시 밤과 낮의 길이가 같아지는 것이다. 말하자면, 태양의 위치는 천구상의 황도와 적도가 만나는 지점으로 황경 0°인 춘분으로부터 시계 반대 방향으로 180° 돈 지점이다. 그래서 추분일은 춘분일로부터 정확하게 반년 뒤다. 추분이나 춘분은 똑같이 태양이 황위 0°인 적도에 위치하는 때이나 추분은 여름에서 겨울로 가는 길목이고, 춘분은 겨울에서 여름으로 가는 길목이기 때문에 추분 때의 기온이 춘분 때보다 약 10° 정도 더 높다. 추분부터 태양은 천구의 남반부로 내려가 동지 때 남회귀선(남위 23.5°)에까지 이르렀다가 다시 북상하여 춘분 때 적도에 다다르게 된다. 그래서 추분부터 동지까지 밤이 점점 더 길어지고 낮이 점점 더 짧아졌다가 동지부터 다시 낮이 점점 길어지고 밤이 점점 더 짧아져 춘분에 다시 밤낮이 같아진다. 추분부터 낮보다 밤이 더 긴 어둠의 시절이 시작되어 춘분까지 계속되는 셈이다. 천문학적으로는 추분부터 동지 전날까지를 가을로 친다. Vernal Equinox, Ecliptic(황도, 黃道)을 참조.

**Auxiliary Memory Unit 보조기억장치** 컴퓨터 내에서 프로그램이나 데이터는 원칙적으로 ROM, RAM 등의 주기억장치에 기억시켜 처리하여야 신속하게 처리할 수 있는데 소자의 한계성 때문에 무한정 기억용량을 확장시킬 수 없다. 따라서 꼭 필요한 내용만을 주기억장치에 기억보관하고 그렇지 않는 내용은 별도의 장치에 보관한 다음 필요할 때마다 호출해서 사용해야 한다. 이와 같이 주기억장치의 기억능력을 보조할 목적으로 사용되는 장치를 '보조기억장치'라 한다. 보조기억장치는 주기억장치에 비해 값이 저렴하고 기억시키고자 하는 내용을 반영구적으로 안전하게 보존할 수 있다. 자기테이프, 자기디스크, 자기드럼, CD-ROM, 하드디스크, 플로피디스크 등 종류가 다양하다.

**Avadis Tevanian II 애비 테버니언** 애플의 전 수석 부사장. 카네기 멜론 대학교에서 컴퓨터 공학으로 박사 학위를 받고 넥스트에서 일하다가 잡스의 복귀와 함께 애플에 들어가게 된다. 애플에서는 운영체제 개발의 중역으로 활약했으며 맥 OX X의 초기 설계를 담당했다.

**Availability 가용성** 자료의 존재 여부와 활용가능성을 의미한다.

**Avalanche effect 전자사태 효과** 부도체나 반도체의 물질에 매우 강한 전기장을 가하면 전류가 급격히 증가하는 현상. 매우 강한 전기장은 고체를 이루는 원자로부터 다수의 전자를 떼어내어 자유롭게 하여 다량의 전류가 물질 내를 흐르게 할 수 있다. 이러한 전자사태 효과에 의해서 절연체나 반도체에서 항복(breakdown)현상이 발생하게 되는데, 이러한 현상은 '제너 효과'라고 불린다. 방출된 전자(여기된 전자)는 고체 내를 자유로이 운동하여 동일한 방법으로 다른 전자를 여기시키는데, 이러한 과정은 산사태가 발생하는 것과 유사하다. 전기력이 제거되면 자유롭게 된 전자들은 고체 내의 원자에 의해서 다시 포획이 되어 전기에 대한 부도체로 돌아가게 된다.

**Avata 아바타** 3차원이나 가상현실 게임 또는 웹에서의 채팅 등에서, 자기 자신을 나타내기 위한 그래픽 아이콘을 말하는데, 사용자가 시스템에 들어가면 기상천외한 수많은 아바타 중에서 하나를 고르게 된다. 정교하게 만들어진 3차원 아바타는 그들이 걷거나 앉거나 하는 행동에 따라 모습을 바꾸기까지 한다.

**AVHRR(Advanced Very High Resolution Radiometer) (개량형) 고분해능 복사계, 고성능 고해상도 방사계** 가시광선과 적외선(가시적외)을 탐지하는 다섯 분광대역에 대하여 감지할 수 있는 NOAA 기상 위성에 탑재된 탐측센서이다. 즉, (1) channel 1 : 0.58~0.68$\mu$m의 파장대, 하층운, 안개 등 지표면 관측, (2) channel 2 : 0.73~1.0$\mu$m의 파장대, 식생, 해안선 관측, (3) channel 3A : 1.58~1.64$\mu$m의 파장대, 해수면온도, 하층운 관측, (4) channel 3B : 3.55~3.93$\mu$m의 파장대, 해수면온도, 하층운 관측, (5) channel 4 : 10.3~11.3$\mu$m의 파장대, 구름온도, 해수면온도 관측, (6) channel 5 : 11.5~12.5$\mu$m의 파장대, 구름온도, 해수면온도 관측. 3000km의 관측폭 1.1km의 공간 해상도, 10비트의 방사해상도를 갖는다. 기상관측용 센서인 AVHRR(개량형 고분해능방사계)의 주사경 회전속도를 1분당 360회전을 하고, 1회전 동안에 위성은 1.09km 나아가므로 AVHRR의 순간시야 1.1km와 일치하고 있다. 1선당 2,048점(pixel)의 화소를 관측하므로 수평거리 약 3,000km가 된다. NOAA 위성은 남북 방향으로 진행하며 1초당 6선씩 주사하므로 위성의 속도는 1초당 6.6km/sec가 된다. 위성이 우리나라 상공을 지날 때 자료수신 시간이 약 12~15분 정도이므로 남북 방향의 관측범위는 약 5,000km 정도가 된다.

**Aviation Light 항공 등화** [항공] 불빛을 이용하여 항공기의 항행을 돕기 위한 항행안전시설로서 국토교통부령으로 정하는 시설을 말한다(「항공법」 제2조 제18호).

**Aviation Safety Hindrance 항공 안전 장애** [항공] 항공기 사고, 항공기 준사고 외에 항공기 운항 및 항행 안전시설과 관련하여 항공안전에 영향을 미치거나 미칠 우려가 있었던 것으로서 국토교통부령으로 정하는 것을 말한다(「항공법」 제2조 제15호).

**AVR(Automatic Voltage Regulator) 자동전압 조정기** 교류전압의 불규칙한 전압변동을 자동적으로 조정하여 일정한 전압을 부하에 공급하므로 컴퓨터 및 주변장치의 효율적인 운영과 신뢰할 수 있는 동작상태를 안정적으로 수명의 극대화를 보장할 수 있는 장비이다.

**AWB(Auto White Balance) 자동 색온도 보정장치** [영상] 밝은 영역에서의 고속도 셔터와 어두운 영역에서의 저속도 셔터를 하나로 모아 형상화시킴으로써 역광의 문제점을 해결하여 선명한 영상을 구현할 수 있는 기능으로 역광보정기능(Back Light Compensation, BLC)보다 한 차원 높은 기능이다. 감시용으로 사용하는 칼라 카메라에서는 일반적으로 카메라 설치장소에 따라 아침과 저녁으로 시간에 따라 색온도가 3,000(°)K부터 7,000(°)K까지 변하게 되는데, 이 영향으로 모니터 화면의 색 변화가 심해지게 된다. 이런 문제를 해결하기 위해 AWB 기능을 추가하여 자동적으로 색의 균형을 맞추어 자연스러운 화면을 볼 수 있게 하고 있다.

**Axial Jet 축 젯** 정지위성 자전축에 평형하게 붙어 있는 소형 분사체로서 위성 궤도의 자세 제어에 사용된다.

**Axiomatized Ontology 공리 온톨로지** 정보시스템과 관련된 영역의 부분적 이해를 표현하는데 이용되는 규칙, 이론, 제한점 등의 스키마나 어플리케이션을 자동으로 생성시키는 것을 지원하는 온톨로지(웹 온톨로지)를 말한다.

**Axis (좌표)축** 2차원 또는 3차원 공간에서 어떤 하나의 위치를 표시하기 위하여 사용되는 기준, 예를 들어 2차원 평면에서는 수평과 수직 방향에 대하여 각각 X(N) 와 Y(E)라는 기준 축을 사용하고 있다. 그리고 3차원 공간에서는 평면에 대한 수평과 수직 방향, 평면에 대한 높이에 대하여 각각 X, Y, Z(H)라는 기준 축을 사용하고 있다.

**Azimuth 방위각** ① 지도 방위는 지구상과 지도와의 방향을 일치시키는 역할과 지도 표정 및 임의의 지점에 대한 방위를 알기 위해 필요하다. 우리나라 지도 중에 경위도로 표시되는 지도는 통상 경선이 진북이며 도면의 윗부분을 북쪽으로 제작되었으며 자침 표정에 필요한 자침편차 등도 표시되었다. 도지와 지역 형상으로 진북을 북쪽으로 하지 않을 경우에는 방위 기호를 표시하여 진북 방향을 표시하여야 한다. 지도의 방위는 진북, 도북(방안북), 자북이 있다. ② 벡터의 수평선분을 양수 값의 Y축으로부터 시계방향으로 회전 각도를 측정한 것으로 나침반의 방위각과 같은 것이다. ③ GPS 관측에 방위각이 적용되면, 이는 Normal Section Azimuth로 언급된다. 즉, 각 위성의 현재 방위각을 표시한다. 방위각은 현재 사용자의 위치에서 위성까지의 방향이며, 방위각은 °(도)로 측정되고 북쪽(N)에서 시계방향으로 측정된 값이다.

**Azimuth Angle 방위각(方位角)** 자오선을 기준으로 어느 측선까지의 시계방향으로 관측한 수평각을 말한다. 일반적으로 자오선의 북쪽(N)을 기준으로 하지만 남반구에서는 자오선의 남쪽(S)을 기준으로 한다. Meridian Angle 참조.

**Azimuth Method 방위각법(方位角法)** 각 측선이 일정한 기준선(진북, 자오선) 방향과 이루는 각을 우회로 관측하는 다각측량에서의 각 관측의 한 방법으로서, 반전법과 고정법의 2가지 방법이 있다. 각 관측값의 계산과 제도에 편리하며 신속히 관측할 수 있어 노선측량 또는 지형측량에 널리 쓰인다.

**Azimuthal Equidistant Map Projection 등거리 방위도법** 투영중심점에서 지도상의 어떤 지점이라도 그 방위가 정방위이며, 또 거리도 실제 지표면상에서와 같도록 고안된 도법을 말한다.

**Azimuthal Equivalent Projection 등적 방위 도법** 방위도법 가운데 등적이 되도록 위선의 간격을 정한 도법을 말한다. J.H Lambert가 1772년에 발표하였다. 사축일 때에 많이 쓰인다.

**Azimuthal Orthomorphic Projection 등각 방위 도법** 투시도법에서의 평사도법과 동일한 도법이다. 대항해시대에 있어서 표준적인 세계지도의 도법으로 쓰였으나 현재에는 지리학의 분야에 사용되고 있다.

**Azimuthal Projection 방위 도법, 방위 투영법** 지구상의 한 점에 접하는 평면에 투영하는 투영법으로서, 투영에 사용된 가상 지구본을 평면에 직접 투영한 투영법. 가상 지구의 반구만이 표현될 수 있음. 지도의 길이나 면적의 왜곡이 크더라도 방위가 정확하게 표시되는 것을 요구할 경우에 사용되는 투영법으로, 지도면을 지구 위의 한 점에 놓고 이에 접하는 지구의 위의 경위선을 지도면에 투영한다. 이 투영법은 지표의 각 지점으로부터의 방위를 모두 정확하게 표현할 수는 없으나, 한 지점으로부터 모든 지점에 이르는 방위를 정확하게 나타낼 수 있다. 투시점을 어디에 두느냐에 따라서 정사(正射)도법, 평사(平射)도법, 심사(心射)도법으로 나누어지며, 평면과의 접점의 위치에 따라 정축법, 사축법, 횡축법 등으로 나누어진다.

**B2B(Business to Business) 기업 간 전자상거래, 비투비** 모바일 네트워크 또는 인터넷을 사용한 기업과 기업 간의 거래 형태를 말한다.

**B2C(Business to Consumer) 기업-소비자 간 전자상거래, 비투시** 기업과 소비자 간의 전자상거래를 의미한다. 소매 중심 상거래 사이트를 의미하기도 한다. 현재는 B2C에서 시작하는 기업이 많지만 전자상거래가 활성화될 경우 궁극적으로는 기업을 상대로 한 비지니스 B2B의 규모가 더 커질 것이다.

**B2G(Business to Government) 기업-정부 간 전자상거래, 비투지** 'Business to Government'의 약어로서 웹 기반의 정부기관의 커뮤니케이션과 온라인 구매명칭을 말한다.

**BaaS(Backend as a Service) 바스, 서비스형 백엔드** 모바일 애플리케이션에 특화된 아웃소싱 클라우드 서비스이다. 일반적으로 모바일 애플리케이션 백엔드로 자주 사용되는 데이터 저장, 푸시, 사용자 관리 및 접속제어 기능 등을 제공한다. 자체 인증과 SNS 인증 등과도 연계해 위치서비스, 분석 및 통계 정보 등을 제공한다. 최근 클라우드 이용은 PC보다 스마트폰 등 모바일기기에서 늘어나고 있다. 향후 클라우드 애플리케이션의 중심이 모바일로 이동하고 있다는 의미이다. BaaS는 모바일 애플리케이션 개발 과정에 API(Application Program Interface)를 사용해 서버 측 코드를 작성하지 않고도 클라우드와 연동할 수 있게 한다. 애플리케이션을 효율적으로 개발할 수 있는 환경을 제공하는 것이다.

**Back Bearing Method 역방위법** 트래버스의 각점에서 망원경을 정위만으로 계속하여 방향각을 측량하여 전진하는 방법을 말한다.

**Backbone 기간망, 백본** ① 소규모의 "구내 정보 통신망(local area network, LAN)" 또는 지선 구내 정보 통신망(branch LAN) 상호 간의 통신량을 전송하는 주요 전송로를 말한다. ② "패킷 교환망"에서 통신량의 대부분을 전송하기 위한 주요 전송로를 말한다. 패킷 교환망(packet switching network)은 정보의 송수신을 패킷 교환 방식으로 실현하는 교환망으로서, 패킷 다중 통신이 가능하여 회선을 유효하게 이용할 수 있다. 또 취급하는 정보는 일반적으로 발생 빈도가 높고, 데이터의 길이가 짧으며, 고품질을 요구하는 것에 적당하다. ③ "광역 통신망(WAN)"에서 주요 "노드(node)"를 연결하는 고속 전용 회선을 말한다. 노드(node)는 교환 회선들의 접합부로서 각종 공중 정보망의 데이터 교환점이다. 접속점은 데이터의 송신원, 수신처 또는 중계점 중 하나이며, 실제로는 주 컴퓨터, 원격 처리 장치, 단말 장치 등이 접속점에 해당한다. ④ 통신망 내에서 통신량의 대부분을 전송하는 케이블을 말한다. LAN에서는 "버스(bus)"가 기간이 될 수 있다. 버스(bus)는 컴퓨터 시스템을 구성하는 중앙 처리 장치(CPU)와 비디오 카드, 각종 입출력 장치, 주변 기기 사이에 주고받는 정보가 전달되는 정보의 통로 또는 전송로로서, 노선상의 모든 정류장에 정차하는 승합자동차를 가리키는 버스에서 따온 것이다. 버스를 통해 동시에 전달될 수 있는 비트의 수를 버스 폭(bus width)이라고 하며, 버스 폭에 따라 16비트, 32비트 등 한 번에 전달될 수 있는 데이터의 크기가 일정하게 되어 있다. 버스의 규격, 즉 버스 폭과 버스의 동작 주파수 등에 따라 버스의 데이터 전송 능력(초당 데이터 전송 속도)이 결정되며, 어느 방식의 버스를 채택하느냐에 따라 컴퓨터의 전체 처리 속도가 달라진다.

**Back-End 백 엔드, 후위(後位) 처리** Back-End는 클라이언트와는 직접 대면하지는 않으나, Front-End프로그램과 연동하여 기술적인 기능을 하는 프로그램을 말한다. 즉, 백 엔드(Back-end)는 UI없이 프로세스 형태로만 존재하는 반면, 프런트 엔드(Front-end)는 UI(User-Interface)를 가지고 동작한다. 프론트엔드와 백엔드는 프로그램 인터페이스와 서비스의 최초 사용자와 관련된 특성을 나타내는데 사용되는 용어이다. 여기서 "사용자"란 사람 또는 프로그램이 될 수 있다. 프론트엔드 응용프로그램은 사용자들과 직접 상호작용을 하는 프로그램이다. 백엔드 응용프로그램은 보통 요구되는 자원들에 가깝게 있거나 또는 요구되는 자원들과 교신할 수 있는 능력을 가지는 등을 통해 프론트엔드 서비스를 간접적으로 지원한다. 백엔드 응용프로그램은 프론트엔드와 직접 상호 작용할 수 있지만, 보다 일반적인 것은 중간에 또 다른 프로그램이 개입되어 프론트엔드와 백엔드의 활동을 조정한다. 프론트엔드 응용프로그램은 사용자와 직접 인터페이스할 수 있으며, 요구된 데이터를 얻거나 요구된 서비스를 수행하기 위하여 원격지의 다른 컴퓨터에 위치한 백엔드 프로그램으로 요구를 전달한다. 클라이언트/서버 컴퓨팅 모델과 비교한다면, 프론트엔드는 클라이언트로, 백엔드는 서버로 이해할 수 있다.

**Backend as a Service(BaaS) 서비스형 백엔드, 바스** BaaS (Backend as a Service)를 참조.

**Back-fill 되메움** 굴착을 완료하고 구조물을 축조한 후 흙과 모래로 빈 공간을 메우는 작업을 말한다. 되메움에 있어서는 관 및 기타 구조물에 손상을 주거나 관의 이동을 발생하지 않도록 시공하는 것과 더불어 상부 및 측부는 인력 또는 기계식 다짐기를 이용해서 되메움을 완료한다. 신축관 주변은 특별히 부동침하 등이 발생하지 않도록 주의를 하여 시공하도록 한다.

**Back Focus 백 포커스, 백 초점** [영상] 렌즈 최종면에서 영상이 맺는 촬상면까지의 거리를 말한다. 가까울수록 영상 프레임 외곽부에 노출 부족을 일으키기 쉽다.

**Background 배경** ① 신호에 중첩된 일관성 잡음이나 무작위 잡음의 평균값으로 일반적으로 총 잡음의 수준을 의미한다. ② 대상지역이나 타깃 주변의 지형이나 영상의 영역을 말한다.

**Background Image 배경 영상** 지리정보체계 분석을 위한 레이어보다는 보여주고 등록하는 목적을 위한 배경으로 제공되는 위성 영상이나 항공사진영상을 말한다.

**Back Light 역광(逆光)** [영상] 대상물의 후면에서 강한 빛이 투사되어 대상물의 밝기가 상대적으로 낮아 보이는 상황을 말한다.

**Back Light Compensation(BLC) 역광 보정** BLC(Back Light Compensation)를 참조.

**Back Light Unit(BLU) 백 라이트 유닛** BLU(Back Light Unit)을 참조.

**Back List 백 리스트** 백 리스트란 연간 1000부 이상 팔리는 책을 가리키는 표현으로, 판매량은 크지 않지만 오랫동안 꾸준하게 팔리는 책들이 뒤를 받쳐준다면 베스트셀러가 터질 경우 고스란히 알짜수익이 된다는 뜻의 용어이다.

**Back-ported 백포트** 최신 버전의 기능이 이전 버전에서도 지원되도록 구현하는 것을 말한다.

**Back Pressure 배압(背壓)** 실험실에서 흙 시료를 100% 포화시키기 위하여 흙 시료 속으로 가하는 수압을 말한다.

**Backscatter 후방 산란** ① 에너지 원천의 후방으로 지구대기 입자에 의한 전자기 에너지의 반사를 말한다. Backward Scatter를 참조. ② 라이다 안테나 방향에서 표면에 반사되는 마이크로웨이브 신호를 말한다.

**Back Sight(BS) 후시(後視)** BS(Back Sight)를 참조.

**Backup 백업, 보관** 일반적으로 데이터의 보전이나 사고에 대비해 중요한 데이터들을 미리 다른 장소에 보관하는 작업을 말한다. 즉, 시스템 파괴나 자연적인 재앙, 데이터의 안전 그리고 우발적인 사고에 대비하여 사용자의 파일을 보호하기 위해, 또 시스템의 재설치시 자료의 손쉬운 이동을 확실히 하기 위해 백업을 하게 된다. GIS 체계 중 가장 중요한 것은 데이터베이스이다. 소프트웨어나 하드웨어는 장애나 고장이 있더라도 데이터베이스는 손상이 없어야 한다. 이렇게 귀중한 데이터베이스를 디스크, 파일 또는 자료 등과 같은 항목에 대하여 동일한 구조와 내용을 가지고 있는 똑같은 또 하나의 제품을 만드는 작업이나 백업 작업에 의하여 만들어진 복제품을 말한다.

**Balancing (측량)평균법, 오차배분법** 측량의 오차를 합리적으로 배분하는 것을 말한다.

**Balloon Effect 풍선효과** 어떤 부분에서 문제를 해결하면 또 다른 부분에서 새로운 문제가 발생하는 현상을 말한다. 한 쪽을 누르면 다른 쪽이 부풀어 오르는 풍선의 형상을 빗대어 풍선효과라고 불린다. 사회적으로 문제가 되는 특정 사안을 규제 등의 조치를 통해 억압하거나 금지하면 규제조치가 통하지 않는 또 다른 경로로 우회하여 유사한 문제를 일으키는 사회적 현상을 의미한다.

**BAN(Body Area Network) 인체통신망** '사용자를 중심으로 통신거리가 수 미터로 제한되는 네트워크'로 정의되며, 의료 및 비의료 분야를 대상으로 인체 내 혹은 인체를 중심으로 하는 근거리 영역에서의 통신에 대한 표준안 마련을 목적으로 하고 있다. 인체 통신 기술은 인체를 전송 매개로 하여 사람과 사람, 사람과 기기 간에 편리한 서비스를 제공할 수 있는 특징을 바탕으로 BAN에서 새로운 통신 표준으로 부각되고 있다.

**Band 밴드, 대역** 원격탐사에서는 지상 물체에 대한 다양한 정보를 얻어내기 위하여 여러 가지 파장대에서 촬영한 영상 자료를 많이 사용한다. 이와 같이 영상 자료의 획득에 사용한 특정한 파장대를 일반적으로 밴드(Band)라고 하는데, 이들 각 밴드의 영상 자료는 동일 지역을 나타내는 독립적인 영상 자료로서 저장이 된다. 즉, 반사광 또는 반사열의 전자기 스펙트럼에서의 특정 범위에 대한 자료 값을 나타내는 멀티스펙트럼 영상의 한 레이어(예, 자외선, 청색, 녹색, 적색, 근적외선, 적외선, 열선, 레이더 등)를 말한다. 원래의 영상 밴드를 사용자가 값을 지정하여 조작해서 얻어진 값도 이에 해당된다. 다음은 30×30m 해상도(단, 밴드 6은 120×120m 해상도) 및 185 km swath를 가지는 Landsat TM(Thematic Mapper)의 밴드 및 특징이다.

| 밴드 | 파장영역 ($\mu$m) | 특징 및 활용분야 |
|---|---|---|
| 1 | 0.45~0.52 | - 물 침투력 높음; 해저지형, 연안, 해색 연구 등에 사용<br>- 식생과 토양・암석과의 경계면 구분<br>- 대기 중에서의 haze 영향 |
| 2 | 0.52~0.60 | - 식생의 녹색 반사; 식생의 발육상태<br>- 수괴 내의 탁도, 퇴적물, 오염물질에 민감 |
| 3 | 0.63~0.69 | - 엽록소의 흡수정도를 나타내는 파장 영역; 식생 종류 구분<br>- 대부분의 토양에서 강한 반사; 즉 토양과 수목지역 구분<br>- 지질학적 경계면 구분<br>- 0.68-0.75$\mu$m는 식생에 의한 변화 심한 영역으로 제외 |
| 4 | 0.76~0.90 | - 식생의 총량에 민감, 식생 종류 및 상태 파악<br>- 물에 의해 흡수; 물과 육상 경계면, 토양의 수분함량 구분 |
| 5 | 1.55~1.75 | - 수분 함량 증가 시 반사도 감소; 수목의 종류 및 수분상태<br>- 토양 수분 함량<br>- 구름, 눈, 얼음의 구분 등 수리연구 |
| 6 | 10.4~12.5 | - 열적외선 측정에 의한 지표면 온도<br>- 수분함량 |
| 7 | 2.08~2.35 | - 광물에 의한 흡수파장 영역; 암상이나 광상(구리 등) 구분<br>- 수목이나 토양내의 수분함량에 민감<br>- 밴드 5와의 비율로 광상연구 |

**Band Differencing 대역 차** 하나의 영상 각 지점의 값을 다른 지점의 값으로 빼준다. 이는 영상간의 차이점을 분석하는 데에 유용하다.

**Banding 밴딩** [영상처리] 부드러운 색 변화가 있는 곳에서 색의 띠가 명백하게 나타나는 경사면이다. 이 문제는 Image나 장면이 매우 낮은 컬러수로 표현되어서 부드러운 경사면이 보여지는 형태로 나타날 때 발생한다.

**Band Interleaved by Line(BIL) Format 비아이엘 형식, 선 대역별 형식** BIL(Band Interleaved by Line) Format을 참조.

**Band Interleaved by Pixel(BIP) Format 비아이피 형식, 영상소 대역별 형식** BIP(Band Interleaved by Pixel) Format을 참조.

**Band Pass Filter 대역 투과 필터** 특별한 영역의 주파수에 대해 투과가 크나 이러한 영역을 벗어나는 주파수에 대해서는 통과하지 못한다. 이러한 필터를 사용하여 얻어진 투과 스펙트럼이 그림에 보여 진다. 투과 영역은 색깔필터의 경우 수십 나노미터의 파장 필터 영역을 가지나 띠필터의 경우는 수 나노미터의 파장 투과 영역을 가짐. 특별히 레이저 파장에 해당하는 파장만을 투과시키는 필터는 박막 두께를 조절함으로서 투과 영역을 조절할 수가 있다.

**Band Ratio 대역 비율** 일반적으로 식물집중을 확인하는데 사용되는 형상과 나머지 형상 사이의 파이를 높이는 수치 영상 처리 기술, 비율 또는 영상 구분은 한 영상에서의 픽셀 수치 숫자(DN)값을 두 번째 영상에서 픽셀의 상응하는 수치 숫자(DN)값과 구분함으로써 달성된다. 공통 비율은 랜드샛 MSS 밴드 5(적색)에서 밴드 7(NIR)까지이다. 결과는 생체수(Biomass) 밀도에서의 변화를 보이는(매끄럽고 밀도가 엷은) 흑백 영상이다.

**Band Rationing 밴드비 연산** 동일한 사물이라도 지형조건, 그림자, 계절에 따른 태양의 각도와 조도의 변화 등에 의해 때때로 차이를 보이는 경우가 발생하는데 이것은 영상분류 시 오분류의 원인이 되기도 한다. 이러한 경우 밴드비 연산(ratio transformation)을 사용하여 영향을 감소시킬 수 있으며, 밴드비 연산을 통하여 환경의 영향을 감소시킴과 동시에 한 밴드에서는 얻지 못하는 토양과 식생을 구분하는 정보를 얻을 수 있다. 비연산이란 한 분광밴드의 DN 값을 다른 밴드의 DN 값으로 나누어 얻어진 결과를 이용한 강조기법이다. 비율영상의 가장 큰 장점은 영상이 취득 될 때 광량의 변화에 관계없이 비율영상은 대상물체의 분광 혹은 색상 특성을 알려준다.

**Band Reject Filter(BRF) 대역 차단 필터** 주어진 f1과 f2 사이의 주파수를 제외한 나머지 주파수 부분만을 통과시킨다.

**Band SeQuential(BSQ) Format 비에스큐 형식, 대역별 형식** BSQ(Band SeQuential) Format을 참조.

**Band Wagon Effect 밴드왜건 효과, 편승효과** 유행에 따라 상품을 구입하는 소비현상으로, '밴드왜건'은 곡예나 퍼레이드의 맨 앞에서 대열을 선도하는 악대차를 의미한다. 악대차가 지나가면 사람들이 모여들고 즐거워하며 뒤따르는 것처럼 별 생각

없이 남의 행동을 따르는 현상을 '밴드왜건 효과'라고 한다. 일종의 군중심리(편승)효과로 볼 수 있는데, 기업에서는 이러한 현상을 충동구매를 유도하는 마케팅으로 이용하였고, 정치계에서는 유력후보를 위한 선전용으로 이용한 바 있다. 밴드왜건 효과를 이용한 마케팅은 일상생활에서 흔히 접할 수 있다. '매진임박', '한정판매', '한정수량'과 같은 문구를 예로 들 수 있다. 이러한 현상은 사회/문화적으로도 이슈가 되곤 한다. 이와 반대되는 개념으로는 특정제품에 대한 소비가 증가하게 되면 그 제품의 수요가 줄어드는 현상을 의미하는 '스놉효과(snob effect)'가 있다. 명품 가방이나 수입자동차가 대중화되면 희소성을 중시하던 기존 수요층이 이탈하는 현상을 예로 들 수 있다.

**Bandwidth 대역폭, 띠너비** 특정한 기능을 수행할 수 있는 주파수의 범위로, 헤르츠 단위로 측정된다. 대역폭은 정보 이론, 무선 통신, 신호 처리, 분광학 등 여러 분야에서 중요한 개념으로 다룬다. 섀논 하틀리(Shannon-Hartley) 이론에 따르면, 신뢰성 있는 통신의 자료 전송율(data rate)은 통신을 위해 쓰이는 신호의 주파수 범위에 밀접하게 비례한다. 여기서 말하는 대역폭이라는 용어는 통신 시스템의 자료 전송율 또는 주파수 범위(또는 둘 다)를 말한다. 이를테면, 무선 통신에서는 변조된 반송파(carrier wave)가 차지하는 주파수 범대역폭이라고 한다. 전자 통신 분야에서 '전송 속도'란 어떤 네트워크 또는 시스템의 한 지점에서 다른 지점으로 데이터가 이동하는 속도를 말한다. 이것은 단위 시간(보통 1초) 동안 한 지점에서 다른 지점으로 옮겨진 데이터의 양을 나타낸다. 일정기간동안 전송한 정보의 양을 전송한 시간으로 나누는 방법으로 측정하며, 이것은 측정시간 동안의 평균 전송속도를 나타낸다. 단위로는 초당 비트수(bps)를 가장 많이 사용한다.

**Bank 퇴(堆)** 비교적 수심이 얕고(흔히 200m 이하) 평탄한 정상부를 갖는 해저융기부로서, 흔히 대륙붕이나 섬 부근에 특징적으로 발달하고, 모래톱(Shoal)이나 초(reef)에 비해 약간 더 깊은 해저지형이기 때문에 안전항해가 가능하다. 해안주변에 발달하는 사퇴(sand ridge)와는 구별되며 항해에 지장을 주는 천퇴(sand bar)와도 구별된다.

**Banner Ad 배너 광고** 그래픽 이미지로 된 웹페이지상의 광고. 방문자가 해당 페이지에 와서 광고를 보는 것을 노출(Impression)이라고 한다. 방문자가 배너를 보고 클릭해서 해당 회사의 사이트로 가는 비율을 클릭률(CTR : Click Through Rate)이라고 한다.

**Bar 하주(河洲), 모래톱** 해저에 뻗어 있으면서 물속에 잠기기도 하고 수면위로 드러나기도 하는 모래둔덕, 사구열 혹은 기타 물질로서 항해하는데 장애물이 될 수 있다.

**Bar Chart Map 막대 차트 지도** 테이블 각각의 레코드에 대한 주제 변수들의 막대차트를 보여주는 주제도의 한 종류. 막대차트 지도는 가로 막대형(Bar)과 세로 막대형(Column)차트가 있으며 값이나 경향을 확인하는데 유용하다. Gantt Chart를 참조.

**Bar Code 바코드** 컴퓨터가 판독할 수 있도록 고안된 굵기가 다른 흑백 막대로 조합시켜 만든 코드이다. 상품의 종류, 매출 정보, 도서 관리 등 다양한 용도로 사용할 수 있으며, 종이 외에도 다양한 재질에 인쇄할 수 있으며, 원하는 정보에 빨리 접근할 수 있다는 장점이 있으며, 일부가 손상되더라도 다른 부분을 읽어서 정상적인 정보를 얻을 수 있다. 전통적인 형태의 바코드인 선형(1차원) 바코드는 많은 정보를 담기 어렵기 때문에 매트릭스(2차원) 코드가 개발되었으며, 육각형이나 사각형 배열의 점으로 이루어져 있다. 종류에 따라 약 4천 바이트까지 코드화할 수 있기 때문에, 더 많은 정보를 담을 수 있다. 현재 제품 고유 번호를 나타내는 바코드가 대부분의 제품 포장지에 인쇄되어 계산대에서 널리 활용되고 있다. RFID 기술은 칩 하나의 가격이 500원 정도이지만 바코드는 5원 수준으로 거의 돈이 들지 않기 때문에, 지속적인 연구에도 불구하고 RFID가 바코드를 대체하지는 못하고 있다.

바코드는 부호화 방법에 따라 구분된다. 부호화 방법은 바코드가 나타내는 원문의 한 자리 숫자나 한 글자를 흑백 막대의 조합으로 표현하는 방법을 비롯해 바코드의 시작과 끝, 체크섬 등을 제공한다. 부호화 방법은 대개 크게 2가지 기준에 의해 구분된다. (1) 연속(continuous) 바코드와 불연속(discrete) 바코드 : 연속 바코드에서 숫자나 글자를 나타내는 부호는 연속해 있으며, 이를 구분하기 위해 처음과 끝이 다르다. 반면에 불연속 바코드에서 숫자나 글자를 나타내는 부호는 모두 떨어져 있으며 처음과 끝이 모두 흑색인 경우가 대부분이다. 불연속 바코드에서 한 자리 숫자나 한 글자 사이의 간격은 제한이 없다. (2) 두 폭(two-width) 바코드와 여러 폭(many-width) 바코드 : 두 폭 바코드에서 흑색 막대나 백색 막대의 너비는 좁거나 넓은 2가지로 구분된다. 즉, 넓은 막대가 좁은 막대에 비해 얼마나 넓은지는 의미가 없다. 그러나 여러 폭 바코드에서 모든 막대의 너비는 좁은 막대의 정수배이다. 여러 폭 바코드에서 좁은 막대의 너비를 모듈이라고 한다.

**Baroclinic Flow 경압류** 해양에서 수직 밀도분포가 변하게 되면 등압면(isobaric surface)은 해수 표면에 평행하지 않게 된다. 이와 같은 상황에서 해양 내부의 밀도 분포 차이에 의한 밀도면의 경사에 의해서 생기는 해류를 경압류라 한다. 물에서의 수평 압력 강도는 수심에 따라 다르며, 지형류 평형(geostrophic balance)은 수심에 따라 변하는 경압류를 일으킨다. 한편, 경사류(gradient current, 경도류)는 기압, 바람, 바다에 유입되는 강물 등에 의하여 형성되는 해면의 경사로 인하여 생기는 해류를 말한다.

**Barometer 기압계(氣壓計)** 대기의 압력을 측정하는 계기. 수은기압계, 아네로이드기압계 등이 있다.

**Barrel Distortion 배럴 왜곡, 술통형 왜곡** 선의 가운데를 중심으로 바깥으로 볼록 솟아오르는 배불뚝이 모양의 왜곡으로서 주로 광각렌즈에서 많이 보인다. 즉, 영상을 물고기 눈으로 본 것과 같이 만드는 일반적인 왜곡을 말한다.

**Barrier Strip 배리어 스트립** 3D 안경 없이 감상할 수 있는 3D 이미지를 텔레비전, 휴대전화 등에 표시할 때 사용하는 기술. 왼쪽 눈으로 왼쪽 이미지만 보고 오른쪽 눈으로 오른쪽 이미지만 볼 수 있게 하는 일련의 수직 슬릿(Slit)을 통해 화면을 보게 된다.

**Barriers 장애** 통신망 상에서 자원이 통과할 수 없는 노드 지점을 의미한다. 예로서 울타리, 산울타리, 담 등이다.

**Barycentric Dynamical Time(TDB) 태양계 역학시** TDB (Barycentric Dynamical Time)를 참조.

**Base 촬영기선, 진법, 고정국** ① 입체사진에서 인접되는 촬영점을 연결한 선의 길이를 말한다. ② 산술 값의 표현법. 예를 들면, 2진법 혹은 10진법을 말한다. ③ GPS에서 순회 수신기에 차보정을 적용시키기 위해 사용되는 정확하게 측량된 기지점 위에 설치한 GPS 수신기를 말한다.

**Base Data 기본자료** 비교나 지리적 상관관계를 나타낼 목적을 위해 다른 정보가 위치해 있는 지도 자료의 기본 표준이다. 종종 기본도의 형태로 나타난다.

**Base-Height Ratio 기선고도비(基線高度比)** 사진측량에서 기선장과 기선(또는 기준면)으로부터 피사체까지의 평균거리(기선과 목표까지의 거리)이며, 기선비(B/H)라고도 한다. 입체사진의 조건 중 하나는 기선고도비(B/H)가 약 0.25정도의 적당한 값이어야 한다.

**Base Length 기선장** ① 삼각측량의 기초가 되는 일변의 길이, 즉 기선의 길이를 말한다. 기선은 삼각측량에서 삼각망중의 한 변의 길이를 직접 실측하는 변이다. 우리나라의 삼각측량을 위한 1등기선장 중 최장의 것은 평양기선이며, 4,625.4777m이다. ② 기선간의 거리를 말하며 실체 관측계산의 기초적 요소 가운데 하나이다. ③ GPS 기선 길이로서, 한 쌍의 GPS 수신기를 연결하는 직선이다. ④ 영해의 폭을 측정하기 위한 통상의 기선은 대한민국이 공식적으로 인정한 대축척 해도에 표시된 해안의 저조선으로 한다. 지리적 특수사정이 있는 수역에 있어서는 대통령령으로 정하는 기점을 연결하는 직선으로 할 수 있다.

**Base Length on The Photo 사진 기선 길이** 사진에서의 촬영길이를 말한다. 주점 기선길이는 인접 사진 주점간 거리이며, 촬영 기선길이는 인접 촬영점간 거리이다.

**Baseline 기선, 기선길이** ① 삼각측량에서 삼각망 중의 한 변의 길이를 직접 실측하거나 기지의 선을 말한다. ② GPS 자료가 동시에 수집되고 차분기법(Differential Techniques)으로 처리된 한 쌍의 측점들 사이의 3차원 벡터의 길이를 말한다. ③ 소프트웨어 공학에서 공식적인 검토 및 합의가 끝난 명세서 또는 산출물을 말하며, 개발을 위한 기준이 되고, 공식적인 변경 제어 절차를 통해야만 변경이 가능하다.

**Baseline Analysis 기선해석** GPS측량의 계산에 있어서는 두 관측점간의 기선벡터 성분(기선)을 정해진 계산식에 의하여 산출하며, 이러한 과정을 기선해석이라 한다(「GPS에 의한 기준점측량 작업규정」 제17조 제1항). 기선해석은 다음과 같이 실시한다. 즉, (1) GPS위성의 궤도요소는 정밀력 또는 방송력에 의한다. (2) 해당 관측지역과 가장 가까운 국토지리정보원 GPS 상시관측소(CORS) 2점 이상의 WGS84 좌표값을 기지로 하여 실시한다. 그 다음의 기선해석은 바로전의 기선해석에서 구하여진 WGS84 좌표값을 사용하여 순차해석 한다. (3) ITRF좌표계나 실용성과로부터 WGS84 좌표로의 변환은 원칙적으로 국립지리원의 국가좌표변환계수를 사용한다. (4) 기선해석의 방법은 세션(Session)마다의 단일기선해석에 의한다. (5) 기선해석은 세션(Session)도에 있는 전 기선벡터를 산출한다. (6) 사이클슬립의 편집은 원칙적으로 기선해석프로그램에 의하여 자동편집이나, 수동편집을 할 수 있다. (7) 기선해석의 결과는 FIX해에 의한다(「GPS에 의한 기준점측량 작업규정」 제17조 제2항).

**Base Map 기본도(基本圖)** ① 기본 측량에 의해서 만들어진 지도로서, 국토에 대한 여러 가지 지도 중에서 가장 기초적인 지도이다. ② 여러 가지 축척의 지도 중 가장 기초가 되는 지도를 일컫는다. ③ 편집도를 작성할 때에 기초자료로 하는 지도를 말하며, 기도(基圖)라고도 한다. ④ 주어진 지도에서 기본이 되는 계층으로서, 사용자들은 자신의 데이터들을 기본 지도 위에 첨가하거나, 기본도를 이용하여 새로운 계층의 좌표를 지정하거나 만든다.

**Base Sheet 원도** 투명하며 신축이 작은 마일러 같은 것 위에 기준점을 전개한 것을 말한다.

**Base Station 기지국** 관측값을 정확하게 알 수 있거나 알고 있는, 모든 측량의 기준이 되는 지점. 다른 측점들의 자료를 기준 하는데 이용된다. 예로써 삼각점, 지적점, 수준점 등, 이미 알고 있는 기준이 되는 점이다. (참고) Reference Station, Differential Correction.

**Base Station Controller(BSC) 기지국 제어기** BSC(Base Station Controller)를 참조.

**Base Transceiver Station(BTS) 베이스 트랜시버 스테이션** BTS(Base Transceiver Station)를 참조.

**Basic Graphical Elements 기본 도형 요소** 지형 자료의 점, 선, 면을 말한다.

**Basic Image Interchange Format(BIIF) 기본 영상 교환 형식** BIIF(Basic Image Interchange Format)를 참조.

**Basic Land and Property Unit(BLPU) 기본 영역과 특성 단위** BLPU(Basic Land and Property Unit)를 참조.

**Basic Relief Line 지성선** 토지기복이 되는 선으로 주로 산악에 있어서 요선, 철선, 경사변환점, 방향변환점 등을 나타내는 선이다. 실측에 의하여 지모를 그릴 때에는 먼저 지성선을 측량한 다음, 이에 따라 등고선을 그리는 것이 보통이다.

**Basic Software 기본 소프트웨어** 하드웨어가 가지는 다양한 기능을 충분히 발휘시키기 위한 소프트웨어로서 그 대부분은 하드웨어 제작사가 하드웨어와 함께 판매하고 있다. 제어프로그램(OS), 언어처리프로그램(Compiler), 유틸리티 프로그램, 데이터베이스 관리시스템(DBMS), 개발지원 Tool 등이 이에 속한다.

**Basic Spatial Unit(BSU) 기본 공간단위** BSU(Basic Spatial Unit)를 참조.

**Basic Surveying 기본 측량(基本測量)** 모든 측량의 기초가 되는 공간정보를 제공하기 위하여 국토교통부장관이 실시하는 측량을 말한다(「공간정보의 구축 및 관리 등에 관한 법률」 제2조). 전국적으로 통일된 기준에 의하여 실시되는 측량으로서, 다른 모든 측량의 기초가 된다.

**Basin 분지(盆地), 해저분지(海底盆地)** ① 일반적으로 주변 가장자리가 비교적 높고 중심부분은 움푹하게 내려간 저지대. 또는 주위가 산지로 둘러싸인 저평한 지역을 말한다. 위치에 따라 산지 내부에 있는 것을 산간분지, 대륙 내부에 있는 것을 내륙분지라고 한다. 분지저(盆地底)의 성인(成因)에 따라 침식분지와 퇴적분지로 나누어진다. 침식분지는 기반암석이 분지저에 노출하여 침식된 것으로 대륙 내부의 건조지역에 많다. 퇴적분지는 분지저에 퇴적물질이 두껍게 쌓인 것을 말한다. 또 분지 구조가 생성된 원인에 따라 단층분지, 곡강분지(曲降盆地), 칼데라 등으로 구분되는데 이들을 총칭하여 구조분지라고 한다. ② 주변이 높은 지형으로 둘러싸인 움푹하고 낮은 해저지형. 위에서 보면 원형, 타원형, 계란형 등의 모양을 띠고 있고 크기도 다양하며, 해분(海盆)이라고도 한다.

**Batch 일괄** 축적되어있는 자료를 즉각적으로 처리하는 것이 아니라 처리에 필요한 자료를 모아 그것을 일괄로 처리하는 방식을 말한다.

**Batch Processing 일괄처리(一括處理)** 외부로부터 입력되는 일련의 자료들을 모아 두었다가 일정한 시간이 되면 이들 자료들을 한꺼번에 처리하는 것. 이 방식은 자료의 발생으로부터 최종 결과를 얻을 때까지의 시간이 비교적 길고 마스터 파일의 갱신이 주기적으로밖에 되지 않는 단점이 있으나, 컴퓨터를 능률적으로 사용할 수 있고 체계의 사용 계획을 세울 수 있는 장점이 있다.

**Bathtub Curve 욕조특성곡선, 배스터브 곡선** 어떤 제품이 정상적인 공정으로 만들어졌다면, 특별한 경우를 제외하고는 대부분의 경우, 사용시간이 경과함에 따라 특성곡선과 같은 고장률(failure rate)이 나타난다. 사용시간과 고장발생 빈도의 관계를 도시한 이 곡선은 욕조를 닮았다고 하여 '배스터브 곡선'으로 불리기도 하는 유명한 특성곡선이다. 이 특성곡선은 해당 제품이 정상적인 제조공정으로 만들어 졌고 또한 정상적인 운용방법으로 사용되고 있을 때를 나타낸 것이다. '정상적인 제조공정'이라 함은 구체적으로 소정의 제조공정 절차를 준수하고, 그 절차가 일관성 있게 전체 제조제품에 적용된 상태를 말하며, '정상적인 운용방법'이라 함은 규정된 사용조건을 지키면서 지정된 조작방법과 취급방법을 준수하는 것이다. 이 외에도 사용 장소의 습도가 얼마 이하여야 하고 실내온도나 주위온도가 특정 범위여야 한다는 조건 등이 '규정된 사용조건'에 해당한다. (1) 초기 고장기간 : 욕조곡선은 제품의 사용 초기에는 고장률이 많다가 사용시간이 경과함에 따라 점점 감소하여 일정 시간이 지나면 최저수준으로 떨어진다. (2) 우발 고장기간 : 욕조곡선 중간의 수평부분은 고장률이 일정한 부분으로서, 제품의 내용수명(Normal Life)기간이다. (3) 마모고장기간 : 욕조곡선의 오른쪽 부분은 제품이 수명을 다하고 노후화되는 기간으로 폐기까지의 고장률(노후기 고장률, Wearout Mortality)로서, 서서히 고장률이 증가하는 부분이다.

**Bathymetric Chart 수심도, 해저지형도(海底地形圖)** 특수해도의 한 종류로서, 해안의 저조선을 포함한 해저면의 지형을 도시한 해도를 말하며, UN해양법에서 규정한 관할해역 및 인접국간의 경계선이 그어져 있다. 이 지도는 어장개발, 자원개발, 해저통신설 부설, 침몰선 인양, 해양오염 방제, 군작전 및 해양의 과학적 이용과 환경보존 등에 중요한 자료로 제공된다.

**Bathymetric Contour 등심선** 어떤 기준면으로부터 깊이가 같은 지점을 이은 곡선을 말한다.

**Bathymetric Survey 수심측량(水深測量), 측심** 호수, 바다, 그리고 대양저의 물속 깊이를 측량하는 것으로서, 수면에서 수저까지의 수심 결정 측량으로서 초음파 왕복시간차에 의하여 수심을 관측하는 음향측심 방법이 있다.

**Bathymetry 수심측량(水深測量), 측심** Bathymetric Survey를 참조.

**BAU(Business As Usual) 2030년 온실가스 배출전망치** 온실가스 감축을 위한 인위적인 조치를 취하지 않을 경우 배출이 예상되는 온실가스의 총량이다. 2030년 BAU는 의도적인 감축 노력을 하지 않고 지금 추세로 진행할 때 2030년 배출될 온실가스의 총량을 뜻한다. 경제성장률, 국제 유가, 에너지효율 같은 온실가스 배출 관련 요인은 감안한 것이다.

**Baud 전송속도** 자료 통신에서 통신 회선을 통하여 1초 동안에 전달되는 통신로에서 전송속도를 나타내는 단위 또는 컴퓨터 분야에서 자료의 흐름을 나타내는 단위이다.

**Baud Rate 전송 속도 비율** 컴퓨터와 다른 장치에서 1초 동안에 전송할 수 있는 자료 비트의 크기를 자료 전송 속도라 한다. 이것은 모뎀과 모뎀사이나 컴퓨터와 프린터 사이에서의 자료 전송속도를 나타내는데 사용된다.

**Bayesian Estimate 베이시안 추정** (어떤 변수의) 관측된 값이 관심 있는 매개변수에 관계하는 사전지식을 고려한 평균 또는 예상값과 어떻게 다른지를 보이는 공간 분석을 기술을 말한다.

**BC(Beginning of Curve) 곡선시점(曲線始点)** 도로나 철도의 곡선부 선형으로 사용되는 평면곡선, 완화곡선 및 종단곡선의 시작점을 말하며, 일반적으로 평면곡선중 원곡선의 시작점을 주로 곡선시점이라고 한다.

**BcN(Broadband Convergence Network) 광대역 통합망** 음성 · 데이터, 유 · 무선 등 통신 · 방송 · 인터넷이 융합된 차세대 통합 네트워크이다. BcN은 국제 표준인 NGN에 통신과 방송의 융합이라는 개념을 포함시켜 브랜드화 시킨 신조어다. 다양한 서비스를 쉽게 제공할 수 있는 개방형 구조의 통신망과 안전하고(Security), 품질보장(QoS) 및 망관리가 용이한 통신망, 광대역 서비스를 원활하게 이용할 수 있는 유 · 무선 · 방송 가입자망, 그리고, 네트워크나 단말에 구애받지 않고 다양한 서비스를 끊김없이(Seamless) 이용할 수 있는 유비쿼터스 서비스 환경을 지원하는 통신망 등을 일컫는다.

**BCR(Benefit-Cost Ratio) 편익비용비** 효과를 투자비용으로 나눈 수치로써 제안된 사업에 대한 효율의 경제 수치. 대개의 경우 수익과 비용은 실제의 계획 · 예상보다 감소하며, 투자대 효과는 미래 비용과 수익의 현가치 효율성을 반영한다.

**BCS(Beacon Control System) 비콘 제어 체계** Beacon Control System의 약어로서, RSIM, 송신기 등 원격감시 및 제어를 하기 위한 소프트웨어를 말한다.

**Beach 해빈(海濱)** 파도나 조류에 의해 씻겨 완만하게 경사진 바다의 기슭, 특히 모래와 자갈로 덮여진 지역이다.

**Beacon 비콘** ① 무선표지(radio beacon)를 뜻하며, 특정한 위치에 설치된 무선국에서 특정한 전파를 발사하고, 선박 또는 항공기에서 이 전파를 수신함으로써 그 무선국의 위치와 방위를 알아서 항로 또는 항공로의 식별이 될 수 있게 하기 위한 전파에 의한 항행의 지표를 말한다. ② 항공로에 설치되는 등대를 말한다. ③ 전자유도장치를 갖춘 항공기의 유도장비로서 주로 적 지역 내에서 항공기 유도, 공중폭격 유도, 근접항공지원 유도 등을 위하여 사용하는 장비를 일컫는다. ④ 사전적 의미와 실제 적용 사례를 고려해 Beacon을 재정의하면, 형상, 빛, 소리, 색채, 전파 등으로 약속된 신호를 보내고, 위치 및 방향 등의 정보를 제공하는 특성을 가지고 있는 송 · 수신기기 및 장비다. 현재의 비콘은 블루투스(Bluetooth)를 사용하는 근거리 무선통신 기술을 말한다. 일정 범위에 있는 사용자의 위치를 찾고, 사용자에게 필요한 다양한 정보를 전달한다. 블루투스 4.0 버전인 BLE(Bluetooth Low Energy)을 기반으로 하고 있어 전력 소모가 적은 것이 특징이다. BLE는 기존 블루투스의 전력 소모량을 개선해 소형 배터리 하나로도 1년 이상 사용할 수 있다. 또한, 동시 연결 수에도 제한이 없어 한정된 공간에서 여러 기기와 동시 연결이 가능하다. 10cm 이내에서 스마트폰을 직접 태그하는 방식인 NFC(근접무선통신, Near Field Communication)보다 가용거리가 길다. 비콘은 약50~70m(최대 100m) 범위에 사용자가 들어오면 자동으로 감지・교신한다. 또한, 5~10cm 단위로 기기별 구분도 가능해 한정된 공간에 여러 사용자가 있어도 개인별로 맞춤형 정보 송신을 할 수 있다.
전력 소모가 적고 가용거리가 길어 모든 물체에 인터넷을 적용하는 사물인터넷(IoT, Internet of Things)이나 온라인과 오프라인을 연결하는 O2O(Online To Offline) 서비스 활용에 적합하다. 스마트폰의 배터리를 많이 소모하지 않으면서도, GPS 기술로 파악이 어려운 실내 위치 정보 등을 쉽게 알 수 있기 때문이다. 애플은 2013년 '아이비콘(iBeacon)'이라는 비콘 서비스를 시작했는데 아이비콘(iBeacon)은 실내 측위 시스템을 갖추고 있으며, 비콘 신호 영역 안에 모바일 폰을 소지한 사람이 들어오면, 모바일 폰에 그 지역의 특화된 여러 서비스, 예를 들어 자동 체크인, 쿠폰 제안, 실내 위치 파악, 자동 결제 등의 애플리케이션 제공 등이 가능하다.

**Beacon Control System(BCS) 비콘 제어 체계** BCS(Beacon Control System)를 참조.

**Beacon Mode 비콘 방식** 교통정보 수집의 한 방식으로 도로변에 비콘을 설치하고 차량내부에 신호송출 장치를 부착하여, 차량이 비콘을 통과하면 정보를 무선기지국을 통해 중앙센터로 전송, 자료를 분석하는 체계를 말한다.

**Beacon Signal 비콘신호** 이동국의 위치보정을 위한 기준국의 보정신호 방송체계를 말하는 것으로 본래 선박항해의 유도에 사용되었다.

**Beam 빔** 에너지의 집중된 맥동을 말한다.

**Beam Compass 빔 컴파스** 선분의 길이를 재거나 분할하는데 사용하는 제도 기구를 말한다.

**Beam Divergence 빔 확산도** [항공 레이저(라이다) 측량] 레이저 광이 렌즈를 통해 확산되는 레이저 빔(beam)의 넓이 각으로서, 최대강도의 1/e(e : 자연수의 밑)이 되는 빔의 범위가 이루는 입체각에 해당한다. 밀리 라디안(mrad)단위로 표현된다.

**Beam Splitter 광선 분할기, 반투경** 이 방식은 1개의 렌즈를 통한 빛을 사진기의 내부에서 이중거울을 사용하여 여러 분광대로 나누어 사진을 촬영하는 것이다.

**Beam Splitter Attachment 광선 분할 어댑터** 하나의 필름 프레임에 3D 포토쌍을 촬영할 수 있도록 보통 카메라에 4개의 거울을 W자 형태로 설치한 장치를 말한다.

**Beam Width 빔폭(-幅)** 안테나의 지향 특성을 각도로 나타낸 것이다. 지향성 공중선이 방출하는 전계강도(electric field strength)에서 이득이 3dB 이하의 두 점을 이은 각도로서, 빔 폭 값이라고도 한다.

**Beaman's Arc 비이만 아아크** 수직분도원과 함께 장치되어 있는 것으로, 좌반은 각도를 읽는 버어니어로, 우반에는 비이만아크를 읽을 수 있도록 지표가 있는 이것으로 수평값과 수직각을 동시에 읽게 되어 있다.

**Bearing 방위** ① 남북을 기준으로 하여 동(東, East) 또는 서(西, West)로 관측한 각이며, 90°보다 작은 각으로 표시한다. ② 목적지 방위각으로서, 고정방향(예, 진북, 자북, 도북)과 궤도 사이의 각으로 설명하며, 항해에서 사용되는 용어이다. 헤딩(Heading, 진행방향각)과는 다른 의미이다. 목적지 방향이 북쪽을 기준으로 70도이고 현재 북쪽을 기준으로 30도 방향으로 가고 있다면 우측방향으로 40도로 방향을 틀어야 목적지로 갈 수 있다. 이때 40도가 Bearing이 된다. 즉, 배의 방향을 40도로 돌리라는 의미이다. ③ 지도 방위는 지구상과 지도와의 방향을 일치시키는 역할과 지도 표정 및 임의의 지점에 대한 방위를 알기 위해 필요하다. 우리나라 기본도에서 경위도로 표시되는 지도는 통상 경선이 진북이며 도면 위쪽이 북쪽으로 제작되며 자침 표정에 필요한 자침편차 등도 표시되었다. 도지(圖紙)와 지역 형상으로 진북을 북쪽으로 하지 않을 경우에는 방위 기호를 표시하여 진북 방향을 표시하여야 한다.

**Bearing of The Exposing Axis 촬영 방향** 촬영공간에 있어서 카메라의 축 방향을 말한다. 촬영방향은 동서(東西) 방향을 원칙으로 하지만, 촬영구역의 모양, 지형, 지세 및 풍향을 고려하여 변경할 수 있다.

**Bearing Reference Direction 방향각 기준 방향** 방향각이 관측되는 기준 방향을 말한다.

**Bearing Reference Meridian 방향각의 기준 자오선** 방향각이 관측되는 기준 축을 말한다.

**Bearing Resolution 방향각 해상도** 방향각 단위로 표현되는 두 점간의 관측 가능한 최소각도이다.

**Bearing Units 방향각 단위** 각에 대한 관측 단위이다.

**Beat Frequency 진동 주파수** 두 주파수의 신호가 혼합될 때 가·감에 의한 부가적인 주파수. 진동 주파수는 2개의 원래 신호를 더하거나 감하여 생성되는 주파수를 말한다.

**Becquerel 베크렐** [방사선] 방사능 활동의 양을 나타내는 단위로서, 국제 표준 단위(SI)이며, 기호는 Bq다. 1초에 방사성 붕괴가 1번 일어날 때 1베크렐이다. 이전에는 단위로 퀴리(Ci)를 썼다. 1퀴리는 $3.7\times10^{10}$ 베크렐(=37 GBq)이다. 베크렐이라는 이름은 방사선을 발견해 피에르 퀴리와 마리 퀴리 함께 노벨상을 수상한 프랑스의 베크렐(Antoine Henri Becquerel, 1852~1908)의 이름을 따 정의되었다. $1\,Bq = 1\,s^{-1}$의 관계식이 있다.

**Before iPhone(BI) & After iPhone(AI) 아이폰 전후** BI(Before iPhone & AI(After iPhone)를 참조.

**Beginning Date of Attribute Values 속성값 인정 일자** 속성값이 인정되는 유효 시작일을 말한다.

**Beginning Event 시작 단계** 활동의 시작을 나타내는 단계를 말한다.

**Beginning of Curve(BC) 곡선시점(曲線始点)** BC(Beginning of Curve)를 참조.

**Beginning of Transition Curve(BTC) 완화곡선 시점(緩和曲線始點)** BTC (Beginning of Transition Curve)를 참조.

**Beginning Point(BP) 기점** BP(Beginning Point)를 참조.

**Beginning Point of Clothoid Curve 크로소이드곡선시점** 1개의 크로소이드곡선이 시작되는 점이며, 그 크로소이드곡선구간에서 곡률이 가장 작은 지점이다. 완화곡선이 직선과 접속될 때는 직선구간과 완화곡선이 접속되는 점이다. 일반적으로 KA라는 약자를 사용한다.

**Beginning Supplementary Chord 시보호** 시단현에 대한 호를 말한다.

**Behavior 행동방식, 행위** 주어진 객체에서 속성값의 변화가 동일 또는 다른 객체의 속성값에 어떻게 영향을 줄 것인가 또는 어떻게 영향을 받을 것인가에 대한 것을 말한다. 행동방식(behavior)은 구현레벨에서는 Method와 유사한 개념이다. Method는 객체지향 개념의 클래스(class)의 하나의 부분으로 정의되는 것으로 클래스에 포함되어있는 프로그램 프로시져이다. 즉, 객체가 '할 수 있는' 모든 것을 method로 정의하게 된다. Behavior는 실제 공간객체의 행동방식을 그대로 GIS 시스템에서 운영되도록 하는 것이다. 공간객체의 추상화방법에 따라 점, 선, 면의 구분에서 발전하여, 같은 점형의 데이터이지만 전주만이 가진 행동방식과 상수도 시설물의 밸브가 서로 다른 behavior를 가짐으로써 더욱 실세계와 유사한 GIS 데이터를 작성할 수 있다.

**Behrmann Cylindrical Equal-Area Projection 베흐만 원통 등적 투영** 왜곡이 없는 평행선으로 30:00N을 사용한다.

**Beidou 베이더우, 북두(北斗)** 베이더우 또는 Compass는 중국에서 개발하고 있는 독자적인 위성항법시스템 프로젝트이다. 1983년 陳芳允(Chen Fangyun)의 제안으로 시작되었으며, 2개의 정지궤도 위성을 이용한 Twinsat 시스템이다. 이 개념은 1989년 DFH-2/2A 통신위성으로 검증되고 1993년 베이더우가 공식적으로 시작되었다. 베이더우 위성 항법시스템은 5개의 정지궤도 위성과 30개의 비정지 위성으로 구성된다. 2가지 서비스 방식, 즉 개방 서비스와 권한 위임 서비스 방식으로 서비스를 제공한다. 개방 서비스는 서비스 구역 내에서 무료로 위치를 결정할 수 있는 서비스로, 속도측정 및 시간전달 서비스를 제공한다. 위치결정 정확도는 10m, 시간전달 정확도는 50Ns, 속도측정 정확도는 0.2m/s이다. 권한위임 서비스는 권한을 위임받은 사용자에게 더 정확한 위치결정, 속도측정 및 시간전달, 통신서비스를 제공한다. 북두 위성항법 시스템과 GPS 및 GLONASS 시스템 사이의 가장 큰 차이점은 사용자가 자기 위치를 알 수 있게 하는 것과 다른 사람에게도 자기가 어디에 있는지 알려줄 수 있다는 점이다. 특히 항법과 이동 데이터 통신 장소, 예를 들면 교통 수송, 조정 지휘, 수색 구조, 지리 정보 실시간 문의 등의 이용에 적합하다.

**Bell Curve 종 모양 곡선** 일반적인 분포에 대한 보통 항을 말한다. Normal Distribution 참조.

**Belt Method 띠측법** 선 사이의 부분을 사다리꼴로 보고 계산하는 방법을 말한다.

**Bench 단구** 침식의 부활이나 땅의 융기로 말미암아 강가, 바닷가, 호숫가에 생기는 계단모양의 지형을 말한다.

**Bench Mark(BM) 수준점(水準點)** BM(Bench Mark)를 참조.

**Benchmark 기준(성능 평가), 벤치마크** 서로 다른 회사의 하드웨어나 소프트웨어 성능을 시험하기 위해 사용되는 표준 측정 방법이다.

**Benchmark Test 기준시험, 벤치마크 테스트** 하드웨어나 소프트웨어가 사용자의 요구에 부합된다는 것을 보장하기 위하여 성능평가에 사용되는 시험방법으로서, (1) 사용자의 필요에 의해서 컴퓨터 체계의 능력을 시험해보는 것을 말한다. (2) 소프트웨어나 하드웨어의 기능을 살펴보기 위해 시스템적으로 마련된 일련의 시험을 말한다.

**Benefit-Cost Ratio(BCR) 편익비용비(便益費用比)** Benefit-Cost Ratio (BCR)를 참조.

**Benjamin M. Rosen 벤 로젠** 컴퓨터 업계 분석가이자 컴팩의 전 회장. CEO 대행. 컬럼비아 대학교에서 경영학 석사 학위를 취득하고 월 가에서 20여 년간 일하던 그는, 벤처 투자 회사를 세운 뒤 컴팩에 투자하면서 실질적인 회장직을 역임한다. 1999년부터는 CEO 대행으로 컴팩을 이끌었다. 애플 II 발매 당시 업계에서 높은 영향력을 가지고 있었던 그는 열광적인 지지를 보였다.

**Bent Plub Line Method 만곡 추선법** 경사수갱에서 경사가 고르지 않아 도중에서 만곡되어 있을 때 와이어(Wire)에 적당한 수의 추를 달아서 절선에다 기계를 설치하고, 그각 변마다 연직각과 경사거리를 재고, 수평거리와 높이차를 구해서 지상과 지하를 연결하는 측량을 말한다.

**Berkeley Software Distributation(BSD) 비에스디** BSD(Berkeley Software Distributation)를 참조.

**Bernoulli's Equation 베르누이 방정식** 이상 유체(理想流体, ideal fluid)에 대하여 유체에 가해지는 일(work)이 없는 경우, 유체의 속도와 압력, 위치 에너지 사이의 관계를 나타낸 식이다. 스위스의 수학자 베르누이(Daniel Bernoulli ; 1700~1782)가 밝힌 유체에 대한 에너지 보존 법칙으로서, "마찰에 의한 에너지 손실이 없다고 가정하면, 유체가 가지고 있는 위치에너지, 운동에너지, 압력에너지의 합은 항상 일정하다."는 것이다. 베르누이 정리는 유압회로의 해석, 유량계의 원리, 비행기 날개가 양력을 발생하는 원리, 자동차의 공기저항을 최소화하기 위한 차체 모양 개발, 회전하는 야구공이 커브를 그리며 날아가는 원리 등 다양한 분야에 적용된다. 1738년 베르누이(Daniel Bernoulli, 1700~1782)가 "Hydrodynamica(유체역학)"에서 발표하였다. 베르누이의 방정식은 유체 입자는 유선을 따라 움직이며, 유체는 점성력이 없으며, 비압축성 유체에 적용할 수 있다. 베르누이 방정식을 수두(水頭, waterhead)의 관점에서 정리하면 다음과 같다. $\frac{p_1}{\gamma}+\frac{V_1^2}{2g}+Z_1=\frac{p_2}{\gamma}+\frac{V_2^2}{2g}+Z_2=H$. 여기서, P는 압력, $\gamma$는 단위중량, V는 유체의 속도이다. 따라서 $\frac{P}{\gamma}$ 는 압력수두, $\frac{V^2}{2g}$ 는 속도수두, Z는 위치수두, H는 전수두이다. 한편, 압력의 관점에서 정리하면 다음의 식으로 주어진다. 즉,

$$p_1+\frac{1}{2}\rho V_1^2+\rho g Z_1=p_2+\frac{1}{2}\rho V_2^2+\rho g Z_2.$$

여기서, $\rho$는 유체의 밀도이다.

**Berth 정박소** 배가 부두나 선창에서 안전하게 닻을 내리고 있는 곳을 말한다.

**Bessel Ellipsoid 베셀타원체** 1841년 베셀이 제창한 지구타원체로서, 장반경 a=6377.397km, 단반경 b=6356.079km, 편평률 f=1/299.1528을 취하고 있다. 이 값이 우리나라, 일본, 동남아, 러시아 및 동부유럽 등에서 채택해 사용해 왔던 지역타원체로, 측량의 기준이 되는 지구의 형상과 크기가 된다. 우리나라는 2010년부터 공식적으로 베셀타원체에 의한 지도기준을 폐기하고 광역타원체인 GRS80을 채택하고 있다.

**Besselian Year 베셀년** 1태양년은 약 365.2422일이며, 1년을 365일로 하고 4년마다 하루의 윤일을 두고 있다. 그러나 이러한 역년은 그 길이가 달라서 역추산과 같이 1년을 단위로 하여 연속된 일을 하는 데는 지장이 있다. 그래서 편의상 고르게 경과하는 년을 생각하게 되었으며, 이것을 베셀년이라 한다.

**Bessel's Method 베셀법** 구점에 평판을 세우고 변화하지 않은 ABC점을 정하여 도면상에 abc를 이용하여 구점을 구하는 방법이다.

**Best Hydraulic Section 수리학적 유리한 단면** 수로(水路)의 경사와 조도(거친 정도), 단면적이 일정할 때 최대의 유량을 흐를 수 있는 수로의 단면을 말한다. Chezy의 평균유속 공식을 이용하면, 유량 $Q=AV=AC\sqrt{RI}=AC\sqrt{\frac{A}{P}I}$ 이다. 수리상 유리한 단면이 되기 위한 조건으로는 (1) R(경심)이 최대가 되거나, (2) P(윤변)가 최소가 될 때 유량 Q가 최대가 된다. 한편, 위의 식을 다음과 같이 정리할 수 있다. 경사와 단면적이 일정한 경우, 윤변이 최소일 때 최대유량은 발생한다. 일정한 구배 하에서 일정한 유량을 얻으려고 할 때 윤변이 최소이면 단면적은

최소로 하여야 한다. 일정한 단면에서 일정한 유량을 얻으려면 윤변이 최소이면 가장 완만한 구배로 하여야 한다. Hydraulic Mean Depth를 참조.

**Best Linear Unbiased Estimate(BLUE) 최적 선형 불편 추정량** BLUE(Best Linear Unbiased Estimate)를 참조.

**Beta 베타** 공식버전을 출시하기 전에 결함을 교정하기 위해 시험용으로 대중에게 배포되는 개발 중인 소프트웨어 프로그램이다.

**Beta Angle($\beta$ Angle) 베타 각** 위성을 중심으로 지구와 태양이 이루는 각도를 말한다.

**Beta Ray 베타선** [방사선] 베타($\beta$)붕괴는 방사성 원자의 핵으로부터 뉴트리노(neutrino)입자와 함께 전자가 방출되는 방사성 붕괴과정이다. 뉴트리노는 중성미자(中性微子)라고도하며, 약력과 중력에만 반응하는, 아주 작은 질량을 가진 기본입자다. $\beta$붕괴 과정에서 생긴 전자는 원자의 핵으로부터 방출된 것이기 때문에 원자의 궤도상에 있는 전자와 구별하기 위해서 $\beta$입자라고 한다. $\alpha$붕괴와 같이 $\beta$붕괴는 과도한 중성자를 가진 동위원소에서 일어난다. $\beta$붕괴를 하는 원자의 핵이 $\beta$입자를 방출하면 핵내의 중성자 하나가 양성자로 변환된다. 핵 내부의 양성자수가 감소하므로 새로운 딸핵종(daughter nuclide)은 모핵종(parent nuclide)보다 중성자수는 1개가 줄고 양성자수는 1개가 늘어난 원자가 된다. 예를 들어, 137Cs(Z=55)이 $\beta$붕괴를 하면 137Ba(Z=56)이 된다. $\beta$입자는 1단위의 음전하를 띠고, 질량은 중성자나 양성자에 비해 대단히 작다(1/1836). 그 결과 $\beta$입자는 $\alpha$입자보다 물질과의 상호작용이 작게 일어난다. $\beta$입자의 에너지에 따라 다소 다르나, $\beta$입자는 공기 중에서 수 m까지 진행하는 경우도 있지만 얇은 금속조각이나 플라스틱 정도로 그 진행을 막을 수 있다.

**Beta Test 베타 시험** 소프트웨어가 개발되면 먼저 사내에서 시험검사(알파검사)를 한 후, 공식적인 발표 전 특정인들에게 의뢰하여 일정 조건의 사용 환경에서 실제로 사용해 보는 시험 운영을 말한다. 이 시험에서 오류가 없으면 실용화된다.

**Beta Version 베타 버전** 완성품으로 정식 판매되기 바로 전 단계 버전을 말한다.

**Beyond Blades Servers 비욘드 블레이드 서버** 블레이드 서버란 하나 이상의 마이크로프로세서와 메모리, 하드디스크 드라이브, 운영 체제 등 서버의 핵심 요소를 내장하고 서버 시스템 본체에 끼워 작동시키는 얇은 서버를 의미한다. 좁은 공간에 많은 수의 서버를 설치할 수 있어 '고밀도 서버'라고도 한다. 증설하기 쉬운 까닭에 빠르게 변하는 비즈니스 환경에 대응하기 쉽다. '블레이드 서버를 넘어선다.'는 의미의 '비욘드 블레이드 서버'는 블레이드 서버가 진화한 형태로, 스토리지 향상 기술을 통해 스토리지 네트워크와 블레이드가 함께 구성될 수 있는 기술이다.

**Bezier Curve 베지어 곡선** [자료처리], [영상처리] Hermite Interpolation(허마이트 보간법)을 응용한 첫 Spline이 Bezier 곡선이다. Hermite Interpolation은 사실 사용자가 대화형 설계를 진행하기에는 적합하지 않은데, 그 이유는 (1) 원하는 형상을 자유자재로 생성하는데 부적절하며, (2) $P_0'$, $P_1'$의 크기변화에 의한 곡선형상의 변화가 일반인의 직관과 일치하지는 않기 때문이다. 이를 해결하기 위해 개발된 것이 Bezier 곡선으로서, 1962년 프랑스 르노(Renault) 자동차의 베지어(Pierre Étienne Bézier, 1910~1999)가 제안하였다. 개발자의 이름을 딴 Bezier 곡선은 모든 조절점(Control Point)들을 통과하지만, 각각의 조절점(Control Point)마다 tangent vector라고 하는 방향과 길이를 동시에 표시하는 조절선을 가진다. 특정한 조절점에서 곡선을 스치고 지나가는 이 접선(tangent)의 방향과 길이(vector)는 각각 Spline 곡선의 "곡률 방향" 및 tangent vector에 의해 "영향을 받는 범위"를 나타낸다. 벡터 소프트웨어인 Adobe Illustrator에서 쓰이는 곡선이 바로 Bezier Curve이며 3D에서도 쓰인다.

이 곡선의 특징은 첫 점과 끝점이 반드시 곡선 안에 있으며, 두 조절점(Control Point)은 언제나 이 곡선을 매끄럽게 해주는 효과를 갖는다. 따라서 사용자가 그래픽 인터페이스를 통하여 쉽게 곡선을 표현할 수 있으며, 항상 매끄럽고 정확한 곡선을 그려내는 장점을 갖는다. 그러나 Bezier 곡선의 경우, 일반적인 방정식이 x와 y에 관한 식이 아닌 t에 관한 식으로 정리되며 처음과 마지막 점을 제외하면 공간상의 점을 통과하지 않고 근사적으로 나타내게 된다. 또한 global modification(전역 조정)만 가능하다는 제약이 있다. 즉, 블렌딩 함수(blending function, 복합함수)가 $0<u<1$의 전 영역에서 0이 아닌 값을 가지게 되므로, 조정다각형의 조정점 중 하나라도 움직이게 되면 곡선의 모든 위치가 영향을 받게 되며, 원하는 정점을 지나게 하기 어려운 단점이 있다. Interpolation, Linear Interpolation, Ferguson Curve, Hermite Interpolation, Newton Interpolation, Lagrange Interpolation, Spline Interpolation, Cardinal Spline, Cubic Spline Curve, Patch Surface, B-Spline, NURBS를 참조.

**Bhattacharyya Distance 바아타체리 거리** 정확한 분류의 확률값이 주어질 때, 분광 등급의 통계적 분리성을 측정하는 수치 영상 처리 기술을 말한다.

**B Horizon 비층** 토양 단면은 일반적으로 상부에서 하부로 가면서 그 특성에 따라 5개의 주요 토양층(master horizons)인 O층, A층, E층, B층, C층(이들 전체를 'solum'이라 함)과 모암층(bedrock)인 D층 또는 R층으로 분류한다. B층은 A층에서 내려온 규산염 점토, Fe/Al 산화물 및 유기물이 집적되어(accumulated) 있는 토양층으로서, 식물의 뿌리가 거의 없으며, 기둥모양 또는 덩어리 모양의 토양이 형성된다. 온대지역에서는 무기성분이 다량 축적되어 있으며, 건조 또는 반건조 지역의 토양에서는 탄산칼슘과 황산칼슘 등의 염이 쌓이기도 한다. Soil Profile 참조.

**BI(Business Intelligence) 비즈니스 인텔리전스** 기업 사용자들이 의사 결정을 위해 사용하는 데이터의 접근, 수집, 보관, 분석 등을 위한 응용 프로그램과 기술의 집합을 말한다.

**BI(Before iPhone) & AI(After iPhone) 아이폰 전후** 아이폰이 등장하지 않은 시기와 이후 시기가 모바일 통신시장에서는 너무나 큰 전환시점이라는 의미에서 나온 말이다.

**Bias 편기, 바이어스, 구조적 오차** ① 일반적으로 시스템화 되어 버린 오차를 일컫는다. ② 참값과 관측 평균과의 차이, 실제로 참값은 높은 정확도의 관측으로 근사시킬 수 있을 뿐이다. ③ GPS의 간섭위치결정에서 수신기의 반송파를 적산한다. 반송파는 정현(Sine)파의 연속으로 정수파의 불확정이 일어나는데, 이 정수치를 Bias라 한다. Bias는 예측가능하며 정량화하여 제거할 수 있는 오차이며, 위성궤도 편기량, 위성시계 편기량, 수신기 시계 편기량, 전리층 전파지연, 대기권 전파지연, 수신초기의 위성과 수신기간의 정수 Cycle 편기 등을 말한다.

**Biaxial Ellipsoid 2축 타원체** 장반경과 단반경만으로 정의되는 타원체로 같은 위도면은 원의 형태를 띠는 타원체를 말하며, 지구의 형상을 나타내는 타원체이기도 하다. 지구가 이축 타원체로 나타내지는 것은 지구의 자전으로 인하여 적도면과 평행한 면에서는 원의 형태를 띠기 때문이다.

**Bibliography 수로특수서지(水路特殊書誌)** 항해 참고용으로 항로지, 국제신호서, 등대표, 거리표, 천측력, 조석표 등으로 구분한다.

**BiCopter 바이콥터** [드론] 2개의 프로펠러로 비행하는 콥터(드론)를 말한다.

**Bid 입찰** 용역 공사에서 공사의 발주자가 용역인 가운데서 공사 시공 최적 업체를 선정하는 방법. 보통 용역인이 공사비의 총액을 기재한 서면을 제출하여 그 결과에 따라 용역인을 결정한다.

**Bidimensional Datum 2차원 데이텀** 지표에 대한 2차원 좌표를 정의하기 위해 기준이 되는 데이텀으로, 여기에서 지표란 투영면, 기준타원체, 수준면 등을 말한다. 평면데이텀이라고도 한다.

**Big Brother 빅브라더** 조지 오웰의 소설 '1984'에서 비롯된 용어로, 정보의 독점을 통해 사회를 통제하는 공권력이나 그러한 사회 체계를 일컫는다. 긍정적 의미로는 선한 목적으로 사회를 돌보는 보호적 감시를 뜻하지만, 보통 부정적 의미로 음모론에 입각한 권력자들의 사회 통제 수단을 말한다.

**Big Data 빅데이터** 기존 데이터베이스 관리도구로 데이터를 수집, 저장, 관리, 분석할 수 있는 역량을 넘어서는 대량의 정형 또는 비정형 데이터 집합 및 이러한 데이터로부터 가치를 추출하고 결과를 분석하는 기술을 의미한다. 빅데이터는 통상적으로 사용되는 데이터 수집 및 관리, 처리 소프트웨어의 수용 한계를 넘어서는 크기의 데이터를 말하는데, 빅데이터의 사이즈는 단일 데이터 집합의 크기가 수십 테라바이트에서 수 페타바이트에 이르며, 그 크기가 끊임없이 변화하는 것이 특징이다. 가트너(Gartner, Inc.)의 Laney는 2001년 연구보고서에서 데이터의 급성장에 따른 이슈와 기회를 데이터의 양(volume), 데이터의 입출력 속도(velocity), 데이터 종류의 다양성(variety)이라는 3개의 차원(3V)으로 정의하였다. 이 '3V'모델은 이후 가장 널리 사용되는 빅데이터의 정의가 되었다. 2012년 Laney는 2001년의 빅데이터에 대한 자신의 정의에 더하여 "빅데이터는 큰 용량, 빠른 속도, 그리고 높은 다양성을 갖는 정보자산으로서, 이를 통해 의사결정, 새로운 정보의 발견, 프로세스 최적화를 향상시키기 위해서는 새로운 형태의 처리 방식이 필요하다"고 정의하였다. IBM은 정확성(혹은 진실성, Veracity)이라는 요소를 더해 4V를 정의하였고, 또 다른 사람들은 가변성(Variability) 혹은 가치(Value)를 추가하여 4V를 정의하기도 한다. 그러나 빅데이터와 관련하여 가트너의 Laney가 내린 3V 정의가 여전히 널리 사용되고 있다.

**BIH(Bureau International de l'Heure) 국제 시보국(國際時報局)** 시간단위의 확립 및 시각의 국제적 통일을 수행하는 국제천문연맹(IAU) 산하 국제기구로, 1919년 브뤼셀에서 열린 국제학술회의에서 각국이 독립적으로 정하여 쓰던 표준시를 통일하자는 제안에 의해 파리천문대에 설치되었다. 각국이 독립적으로 사용하는 원자시를 통합하여 더욱 정밀도 높은 국제원자시를 확정·공표하여 초 단위부터 국제적으로 통일을 유지시키는 일을 하였다. 1987년 12월 31일까지 국제시보국(BIH)에서 TAI(국제원자시), UTC(협정세계시), 지구자전요소 계산 업무를 했고, 1988년 1월 1일부터는 국제도량형국(BIPM)의 Time Section에서 TAI, UTC 결정업무를 맞고 지구자전요소 결정 및 윤초의 결정 통보는 국제지구자전연구부(IERS)에서 담당하게 되었다.

**BIIF(Basic Image Interchange Format) 기본 영상 교환 형식** 미연방 지리 정보 위원회(FGDC)에서 발행한 국제 표준 영상 처리와 교환(International Standard for Image Processing and Interchange) 영상 데이터 표준이다. 미국 국방성에 의하여 개발되고 NATO에서 채택된 NITFS (National Imagery Transmission Format Standard)를 기초로 제작되었다. BIIF의 목적은 영상 데이터의 교환에서 상호연동성을 목적으로 한다. 즉, 영상 데이터를 매개로 정보의 교환 및 통합을 위한 것이다.

**Bikenwalk 시민참여 지도제작** 학생과 학부모들을 동원해 학교 주변의 인도나 자전거도로의 안전성을 조사한 다음 지도 위에 표시해서 지자체의 개선을 이끌어내는 것을 말한다.

**BIL(Band Interleaved by Line) Format 비아이엘 형식, 선 대역별 형식** [영상] 각 밴드의 라인별로 교대로 저장되는 형식이다. 첫 번 주사선의 첫째 밴드의 영상자료를 기록한 후 다음 밴드를 차례로 기록하여 완료되면 다음 주사선의 영상자료를 동일하게 차례로 기록하는 방식이다. 인공위성에는 각각의 밴드에 해당하는 독립적인 센서를 가지고 있으며, 이들 센서가 인공위성이 진행함에 따라 동시에 동일한 지역의 영상을 획득하게 된다. 이러한 다중 밴드 영상 자료의 대표적인 예가 Landsat TM 위성 영상 자료이다. Landsat TM 영상 자료는 30m의 지상 해상도로 비교적 넓은 영역을 나타내지만, 가시광선과 적외선 영역에 7개의 밴드를 가지고 있기 때문에 흑백의 단일 밴드 영상에서는 얻을 수 없는 다양한 정보를 얻어낼 수 있다.

획득된 다중 밴드 영상 자료는 영상 자료의 개수 때문에 단일 밴드 영상 자료와는 다른 형식으로 저장이 되어 진다. 일반적으로 다중 밴드 영상 자료를 저장하는 방식에는 BIP(Band Interleaved by Pixel), BIL(Band Interleaved by Line), BSQ(Band Sequential)의 3가지 방식이 사용되어 지며, 각각의 방식에 따라 각 밴드의 Pixel 배열 방식에 차이가 나타난다. BSQ 방식은 각각의 밴드 영상을 그 순서에 따라 밴드 단위로 차례로 저장한 것이다. BIL 방식은 각 밴드 영상을 밴드 단위가 아닌 라인 단위로 순서대로 저장한 것으로, 1번 밴드의 첫 번째 라인, 2번 밴드의 첫 번째 라인, 3번 밴드의 첫 번째 라인을 저장한 뒤 다시 1번 밴드의 두 번째 라인, 2번 밴드의 두 번째 라인 등과 같은 방식으로 파일에 저장하게 된다. 이러한 BIL 형식의 저장 방식은 각 밴드별 데이터가 순차적으로 배열되어 있는 포맷으로 BSQ와 BIP의 장점을 갖고 있으며, 일반적으로 가장 널리 사용하는 자료포맷으로 효율적인 처리가 가능하며, 지상을 스캐닝하는 형태의 위성 영상 획득 방법과 가장 유사하기 때문에 일반적으로 다중 밴드 영상 자료의 저장에 가장 많이 사용되어 진다. 이 밖에 BIP(Band Interleaved by Pixel) 방식의 저장 방식도 간혹 사용되는데, 이 방식은 BIL 방식과 거의 유사하지만 라인이 아닌 Pixel 단위로 저장한다는 점에서 차이를 나타낸다. BIP, BSQ, RLE를 참조.

**Bilevel 이진 레벨** 0과 1, 검정과 흰색 둘 중 하나의 값으로 이루어진다.

**Bilinear Filtering 겹선형 필터링** 텍스처를 픽셀화가 적게 된 것 같이 보이게 하는데 필요한 기법이다. 이 과정은 RGB와 4개의 알파 Texel 값을 보간 및 평균화과정에 의하여 최종적으로 필터된 픽셀을 만드는 부분을 포함하고 있다.

**Bilinear Interpolation 공일차 보간, 겹선형 보간** 2개의 축을 따라서 선형 보간법을 기본으로 미지수의 값을 수학적으로 계산하는 것, 보간법은 가장 가까운 위치에 있는 4개(영상소값)의 기지점의 가중 평균을 기반으로 해서 미지점을 계산한다. 겹선형 보간법은 영상에 존재하는 영상소값을 계산하거나 격자 표고 모형에서 표고값을 계산하는데 사용된다.

**Bilinear Transformation 겹선형 변환** 목표 화소의 원천 주소를 결정하기 위한 선형 보간법을 사용하는 변환을 말한다.

**BIM(Building Information Modeling) 건축 정보 모델, 빌딩 정보 모델** 3차원 정보모델을 기반으로 시설물의 생애주기에 걸쳐 발생하는 모든 정보를 통합하여 활용이 가능하도록 시설물의 형상, 속성 등을 정보로 표현한 디지털 모형을 뜻한다. BIM 기술의 활용으로 기존의 2차원 도면 환경에서는 달성이 어려웠던 기획, 설계, 시공, 유지관리 단계의 사업정보 통합관리를 통해, 설계 품질 및 생산성 향상, 시공오차 최소화, 체계적 유지관리 등이 이루어질 것으로 기대되며, 이와 같은 이유로 국내·외 선진 국가의 정부 및 건설회사에서도 BIM 기술을 도입하고자 많은 노력을 기울이고 있다.

BIM은 관점과 정보의 수준에 따라 크게 3가지 뜻으로 구분할 수 있다. 첫째, BIM은 건물을 표현하는 하나의 정보 집합이다. 이는 BIM을 특정 소프트웨어에서 만든 하나 혹은 여러 개의 모델파일(예: Revit 모델, ArchiCAD 모델 등)로 보는 경우이다. 이 경우 BIM을 Building Information Model(건축정보모델)로 표현하는 초창기 개념에 속한다. 둘째, BIM을 건물 생애 주기 동안의 정보처리 및 관리과정(process)이다. 이 경우 BIM은 Building Information Modeling 혹은 Building Information Management로 볼 수 있다. 최근 BIM의 구현 및 관리방법이 강조되면서 주로 사용되는 개념이다. 셋째, BIM을 소프트웨어적인 관점에서 빌딩관리를 위한 도구로서 Building Information Modeler로 본다. BIM은 오토데스크(Autodesk)사가 2003년 'Building Information Modelling'이라는 백서를 내면서 본격화되었지만 빌딩 관리시스템의 기원은 보다 오래되었다. BIM의 근본적인 목적은 디자인 정보를 명확하게 하여 설계의도와 프로그램을 빠른 시간 내에 이해하고 평가함으로써 신속한 의사결정을 유도하도록 하는 것이다. BIM은 현재 건축계획, 설계, 엔지니어링, 시공, 유지·관리, 에너지 등 건설 산업의 전 분야에 걸쳐 광범위하게 적용되어 가고 있으며, 기존의 2차원 기반의 도면정보 체계를 건물의 실제 형상과 정보를 가지는 3차원 파라매트릭 솔리드 모델링 기반의 정보체계로 건설산업의 패러다임을 변화시키고 있다. 대부분의 BIM용 프로그램들은 국제 표준 데이터 모델인 IFC(Industry Foundation Classes) 데이터를 읽고 저장하는 기능을 지원한다. BIM의 장점은 다음과 같다. 설계, 엔지니어링 및 관리시스템의 개발 및 통합을 통한 정보의 재활용 및 공유, 설계, 엔지니어링, 시공시스템 연계를 통한 기간단축, 재작업이나 실수로 인한 손실감소, 통합적 공학시스템, 전문가 시스템, 지식 개발 시스템(knowledge-based system)을 통한 건축물 설계 및 시공방법의 최적화 등이다.

**Bimodal Distribution 양봉분포(兩峰分布), 이봉분포(二峰分布)** 최빈값(mode) 또는 봉우리가 2개인 확률분포나 도수분포. 예를 들어, 대학생 100명과 유치원생 100명으로 이루어진 두 집단의 키의 도수분포는 이봉(양봉)분포를 이룰 것이다.

**Bin 빈** 자료의 범위에서 일련의 동일간격을 말하는 것으로 대부분 히스토그램의 분할을 설명하는데 이용된다.

**Binary 이진** 단지 2개만이 사용된다는 의미를 내포하고 있는 형용사. 예로 0 = OFF, 1 = ON 또는 YES/NO, 컴퓨터 구조는 일반적으로, 이진 자료를 사용한다.

**Binary Arithmatic 이진법** 2개의 숫자만으로 계산하는 수학의 한 갈래를 말한다.

**Binary Biphase Modulation 이진수 2위상 변조** GPS 신호를 송신할 때 쓰이는 위상변조기술로서 코드나 메시지가 2진수레벨로 송신될 때 반송파의 위상을 180°Shift 시키는 기술이다. 위상은 일정한 반송주파수상에서 0 또는 1의 2진수로 표현하기 위하여 0° 또는 180° 변경한다. 이들은 $y = A\cos(wt+p)$ 방정식에 의해 모형화 할 수 있다. 여기서 증폭기능 A는 +1과 −1값은 0°와 180°의 위상변화에 의한 결과이다. GPS신호는 2위상(Biphase)으로 변조된다. 예를 들면, 0이 1로 변한다든지 1이 0으로 바뀌어 송신된다.

**Binary Color Schemes 이진 배열** 이 방법은 2가지 범주로 나누어지는 차이가 있다. 두 범주 간의 주요 인지적 차이점은 여러 값을 가진 정성적 변수를 표현할 때 쓰이는 색상보다는 명도로써 표현된다. 예를 들어 통합된 도시와 통합되지 않은 도시 지역의 자료 표현에서 이 방식은 효과적이다.

**Binary Digi (BIT) 비트, 이진숫자** BIT(Binary Digit)를 참조.

**Binary Digital Mask 이진 수치 실행영역** 수치적인 임계값을 기반으로 해서 두 계급의 이진 영상을 만드는데 사용되는 해석적인 기술이다. 한 예로 영상에 대해서 특정한 고도보다 높거나 낮은지에 따라 다시 재분류하는데 사용된다.

**Binary File 이진 파일** 숫자가 이진 형식으로 저장되는 데이터 파일 형식. 기계어 부호로 되어 있는 프로그램을 포함한 문자, 그림, 사운드 등과 같이 다양한 부호 문자로 구성된 정보를 담고 있는 파일이다. 데이터를 저장하는 데는 아스키 파일보다 효율적이다.

**Binary Format 이진 형식** 인간이 판독할 수 있는 텍스트로 구성된 문서 파일(text file)과는 달리, 2진수 데이터(8비트 데이터) 또는 실행 명령어들로 구성된 파일을 말한다.

**Binary Image 이진 영상** 한 셀이 0과 1 같이 2개의 값만을 가지게 되는 격자영상을 의미한다. 이진 영상은 논리적인 표현이나 다른 함수들을 적용한 결과이다.

**Binary Large Object(BLOB) 이진 대형 객체, 블럽** BLOB(Binary Large OBject)를 참조.

**Binary Runtime Environment for Wireless(BREW) 브루** BREW(Binary Runtime Environment for Wireless)를 참조.

**Binary Scanning 흑백 이중 독취** 일반적으로 많이 쓰이는 방법으로 1픽셀당 반사된 광량을 원하는 한계치(Threshold)를 기준하여 0 또는 1로서 나타내는 방식. 이 방법은 대부분의 도면이 2가지 색상으로만 작성되어 있고, 자료의 양이 상대적으로 적음으로 많이 사용되고 있다.

**Binary Synchronous Control 이진 자료 동기 조절** 동시 통화에 사용되는 규약(대화에 필요한 통신규약. 메시지의 처음이나 끝에 붙임). 종종 Bisynch나 Bisynchronous 규약으로서 언급된다.

**Binary Tree 이진 트리** [자료 구조] 트리구조 중에서 구조가 간단하며, 쉽게 그 구조를 유지하고, 메모리를 적게 사용한다. 이진 트리는 다음과 같은 3가지의 기본적인 성질을 만족한다. (1) 이진트리의 레벨 i에서의 최대 노드 수 = $2^{i-1}(i \geq 1)$, (2) 깊이가 k인 이진트리의 최대 노드 수 = $2^k - 1(k \geq 1)$, (3) T를 공백이 아닌 이진트리, $n_0$을 단말 노드 수, $n_2$를 차수가 2인 노드 수라 하자. 그러면 $n_0 = 1 + n_2$를 만족한다. 한편, 이진트리(binary tree) T는 다음의 두 성질을 만족하는 노드들의 유한 집합이다. 즉, (1) T가 공백(empty)이거나, (2) T가 루트 노드를 포함하고, T의 나머지 노드들이 서로 분리된 2개의 이진트리 $T_1$, $T_2$의 순서쌍을 구성한다. 즉, T는 루트노드와 왼쪽 부트리, 오른쪽 부트리로 구성된다. 이진 트리의 종류로는 트리의 구조에 따라서 (1) 엄밀한 이진 트리: 트리를 구성하는 각 노드의 차수가 0 또는 2인 트리, (2) 크누스 이진트리(Knuth binary tree): 트리를 구성하는 각 노드의 차수가 0, 1, 2인 트리를 말하며, 일반적인 이진 트리를 의미, (3) 정 이진 트리(Full binary tree): 포화 이진트리라고도 부르는 정이진 트리는 트리를 구성하는 각 노드의 차수가 0 또는 2로 구성된 트리, (4) 전이진트리(Complete binary tree): 완전 이진트리라고도 부르는 전이진 트리는 트리의 노피가 k인 이진 트리의 전체 노드 수가 n일 때, 레벨 1로부터 시작해서 하위 레벨 순서로 정이진 트리의 형태를 취하면서, 동일한 레벨에서는 왼쪽에서 오른쪽으로 순서대로 n개의 노드를 배열한 형태, (5) 사향 이진 트리(Skewed binary tree): 트리를 구성하는 노드들이 한쪽 방향으로만 모여 있는 트리 형태 등이 있다.

**Bind and Fly(BNF) 반 완제품, 기체만 판매 제품** BNF(Bind and Fly)를 참조.

**Bindery 바인더리** 네트웨어 2.X, 3.X에서 사용된 다양한 통신망 구성 요소를 의미한다. 네트웨어 4.X에서는 이 부분이 NDS로 바뀌었기 때문에 이를 위한 바인더리 대행기(Bindery Emulator)를 사용한다.

**Binding 연결** [드론] 드론 장비에서 송신기(조종기)와 수신기(드론)를 무선 연결(pairing)하는 과정을 일컫는다. Pairing 참조.

**Bing 빙** 빙은 마이크로소프트사에서 2009년 6월 1일 서비스를 시작한 검색 서비스이다. 마이크로소프트가 기존에 개발했던 라이브 검색과 2008년 인수한 파워서치 기술을 결합한 서비스이다.

**Bing Maps 빙 맵스** 마이크로소프트사는 2005년 2D 지도 서비스를 하던 버추얼 어스(Virtual Earth)라는 이름으로 시작되었다. 2006년 레이더 기술, 위성 체계, 디지털 항공 카메라 생산, 3D 매핑 기술을 보유한 벡셀(Vexcel)인수・합병하고 액티브엑스(Active-x) 컨트롤 기술을 이용하여 본격적으로 버추얼 어스 3D 서비스를 하기에 이르렀다. 2009년 1월에는 버추얼 어스에서 빙 맵스로 이름을 바꾸었고, 이듬해에는 빙 맵스 실버라이트(Silverlite)가 베타 버전에서 정식 버전으로 바뀌어 서비스되고 있다.

**Bing Maps Silverlite 빙 맵스 실버라이트** Bing Maps를 참조.

**Bingtweets 빙트윗** 마이크로소프트가 빙(Bing)과 트위터를 묶은 새로운 검색 서비스를 말한다.

**Binocular 쌍안** 2개의 눈 또는 2개의 렌즈를 지칭한다.

**Binocular Disparity 양안 시차** [영상] 인간의 눈은 가로 방향으로 약 65mm 떨어져서 존재하는데, 이로 인해 나타나게 되는 양안시차(binocular disparity)는 입체감의 가장 중요한 요인이라 할 수 있다. 즉, 좌우의 눈은 각각 서로 다른 2차원 영상을 보게 되고, 이 두 영상이 망막을 통해 뇌로 전달되면, 뇌는 이를 정확히 서로 융합하여 본래 3차원 입체 영상의 깊이감과 실제감을 재생하는 것이다. Stereoscopic Techniques를 참조.

**Binocular Streoscopic Vision 육안 입체시** 한 쌍의 중복 촬영한 사진을 눈의 훈련을 통하여, 기구를 이용하지 않고 눈으로만 입체시 하는 방법을 말한다.

**Binocular Vision 쌍안시** 사물을 두 눈으로 보는 것을 말한다.

**Binomial Distribution 이항분포(二項分布)** 이항분포(二項分布)는 연속된 n번의 독립적 시행에서 각 시행이 확률 p이고 여사건이 일어날 확률이 q=1−p인 이산 확률 분포(discrete probalilistic distribution)이다. 이러한 시행은 베르누이 시행이라고도 한다. n=1일 때 이항 분포는 베르누이 분포이다. 이 분포의 평균은 np이며, 분산은 각각 np와 npq이다. 남/여 또는 찬/반 같은 이분변수로 포착되는 자료의 분포를 추론하는 데 사용한다.

**Biochemical Oxygen Demand(BOD) 생화학적 산소 요구량** BOD (Biochemical Oxygen Demand)를 참조.

**Biofuel 바이오연료** 사탕수수・옥수수와 같은 곡물이나 식물・나무・해조류・축산폐기물 등에서 기름을 뽑아내거나 발효・추출시키는 방식으로 만드는 연료. 화석 연료보다 이산화탄소를 적게 배출해 신재생에너지로 각광받고 있다.

**Biology 생물학** 살아있는 유기체(생물)와 그들의 생명에 관련된 과정을 다루는 학문을 말한다.

**Biomass 바이오매스, 생물에너지** 어느 지역 혹은 부피에 있는 생물체의 총량. 죽은 식물도 죽은 바이오매스로서 포함될 수 있다.

**Biometrics 생체인식 기술** 생체인식은 사람의 측정 가능한 신체적, 행동적 특성을 추출하여 본인 여부를 비교, 확인하는 기술을 말한다. 즉, Biometrics는 신체특성 또는 행위특성을 자동적으로 측정하여 신원을 파악하는 것으로 정의된다. 국내의 생체인식포럼에서는 행동적, 생물학적(해부학적, 생리학적) 특징의 관찰에 기반한 사람의 인식으로 정의하고 있다. 신체정보는 인간의 신체에서 직접적으로 정보를 추출하는 것으로 지문 인식(Fingerprint), 홍채 인식(Iris-scan), 망막 인식(Retina-scan), 손모양(Hand geometry), 안면 인식(Facial recognition)의 방법이 있다. 행위특성을 이용하는 방법은 음성인식(Voice recognition), 서명(Signature-scan) 등이 이용된다. 생체인식 시스템에서 음성, 망막, 홍채, 얼굴, 지문 등을 이용하는 것은 이미 개발되어 있으며, 심지어 영국에서는 사람의 체취를 이용하는 방법까지 개발되어 있다. 생체인식기술은 신원 확인을 위해 지문, 음성과 같이 사람의 변하지 않은 신체적 또는 행동적 특성을 사용한다. 고대 이집트로 거슬러 올라가면 파라오들은 사람의 키를 측정하여 개인의 신원확인을 하였다. 지문채취는 한 세기 이상 동안 활용되어 왔다.

생체인식을 위한 기술에는 "검색"과 "조회"가 있다. (1) One-to-one 비교 : 제시된 특성이 여럿 중 누구의 것인지 "검색"하는 기술, (2) One-to-many 비교 : 제시된 2개의 특성이 동일한 것인지 "조회"하는 것이다.

생체인식 시스템이란 다음과 같은 기능들이 자동화된 시스템이다. 즉, (1) 획득 : 생체 특성을 디지털 형태로 변환, (2) 특징 추출 : 사람마다 고유하면서 변별력이 높은 특징점 추출, (3) 비교 : 등록된 특징과 입력된 특징을 신속, 정확하게 비교, (4) 유사도 판정 : 비교된 두 특징들이 동일인의 특성인가를 판단 등이다.

생체인식 시스템 구성요소 및 이를 위한 순서는 일반적으로 획득 → 특징 추출 → 비교 → 유사도 판정 순으로 이루어진다. (1) 획득 : 개인의 특성이 완전하게 추출될 수 있도록 안정적으로 획득하도록 하는 기능, (2) 특징 추출 : 비교에 사용될 특징이 될 수 있는 정보를 오류 없이 추출하여 효율적으로 사용될 수 있도록 작성하는 기능, (3) 비교 : 제공된 두 특징량을 이용 동일인이라 판정할 변별력 있는 근거들을 계산해내는 기능, (4) 유사도 판정 : 계산된 비교 결과를 시스템의 오인식율을 최소화하도록 만들어진 판별식에 근거하여 본인 여부를 판정하는 기능이다.

생체 인식 기법의 요구 특성은 다음과 같다. (1) 보편성 : 모든 사람이 가지고 있는 특성인가? (2) 유일성 : 동일한 특성을 가진 타인이 없는가? (3) 영구성 : 시간에 따른 변화가 없는 특성인가? (4) 획득성 : 정량적으로 계측이 가능한 특성인가? (5) 정확성 : 환경변화와 무관하게 높은 정확성을 얻을 수 있는가? (6) 수용성 : 사용자의 거부감은 없는가? (7) 기만성 : 작위적인 부정사용으로부터 안전한 특성인가?

■ **생체인식의 필요성**

| 구분 | 소유물 | 기억 | 생체특성 |
|---|---|---|---|
| 예 | 열쇠, 신분증, 도장 등 | 암호, 전화번호, 사번 등 | 지문, 홍채, DNA 등 |
| 신뢰성 | 분실, 도난, 위조 | 망각, 도용 | 부정확 |
| 안전성 | △ | △ | ○ |
| 수행시간 | ○ | ○ | ○ |
| 개발단계 | 사용 중 | 사용 중 | 개발 및 보급 중 |

※ 생체특성 : 망각, 분실, 도난, 복제의 위험성이 없다.

■ **생체인식 기술의 문제점**

| 구분 | 기술의 문제점(Difficulties) |
|---|---|
| 지문 (Fingerprint) | Non-uniform distortion, Latent image, Imitation |
| 얼굴 (Face) | Aging, Lighting, Background, Wig, Glasses, Make-up |
| 음성 (Voice) | Changes due to emotion & illness, Environmental noise, Replay attack |
| 홍채 (Iris & Retina) | Cost, Acceptability, Focusing |
| 사인 (Signature) | Poor FAR, Bulky system |
| 기타 | FAR, FRR > 0, Liveness-check |

FRR(False Rejection Rate) 본인 거부율
FAR(False Acceptance Rate) 타인 오수락율

생체인식 기술 변화 전망은 다음과 같다.

(1) 여러 생체인식 기술의 접목 : 사용자와 적용환경에 맞는 생체인식 방법 적용(예 : 공사현장에서는 지문인식보다 손 모양 인식 적용), 여러 생체인식 기술을 함께 도입하여 개인 인증 능력 향상 → 보안능력 향상

(2) 표준화 : 생체정보를 교환하기 위한 표준안 마련[ANSI/NIST-ITL 1-2000, Human Recognition Services(HRS), Common Biometric Exchange File Format(CBEFF)], 표준함수 정의(BioAPI)

※ 표준화의 이점 : (i) 표준화로 인해 초기시장 형성 유리, (ii) 국제적 경쟁력을 갖추어 시장 확대 가능, (iii) 사용자로부터 신뢰성 확보

(3) 기존 암호 방식 대체 : 패스워드를 이용한 사용자 인증 방법의 단점(망각이나 타인에게 노출되기 쉬움 → 정보보호 및 개인 인증의 좋은 수단이 못됨, 신체는 타인에게 대여 및 도난 복사가 불가 → 생체인식은 차세대 보안 산업의 핵심기술)

(4) 스마트카드와 생체인식의 결합 : 기존 문자 암호체계 대체, 주민카드 대체, 전자상거래 활용 가능

■ **생체인식 기술은 종합기술로서 다른 기술과의 융복합을 필요로 한다.**

| 기술 요소 | 내용 |
|---|---|
| 센서공학 | 영상센서(CCD, CMOS, 적외선, 초음파),<br>광학시스템(프리즘, 렌즈, 홀로그램) |
| 신호처리<br>영상처리 | 아날로그/디지털 신호 변환<br>음성/영상 신호의 처리 · 분석 및 암호화 |
| 데이터베이스 | 생체특징자료의 관리 및 보관 |
| 패턴인식 | 생체특징 정보의 비교 및 판단 |
| 컴퓨터통신 | 센서와 프로세서 사이의 자료 통신<br>원격지 생체인식 및 인증을 위한 통신 |
| 기타 | 마이크로프로세서, 인체 생체학(법의학 등) |

■ **생체인식 기술에 대한 기술적 분석 및 수준**

| 생체인식 기법 | 보편성 | 유일성 | 영구성 | 획득성 | 정확성 | 수용성 | 기만성 |
|---|---|---|---|---|---|---|---|
| 얼 굴 | 상 | 하 | 중 | 상 | 하 | 상 | 하 |
| 지 문 | 중 | 상 | 상 | 중 | 상 | 중 | 상 |
| 손 모양 | 중 | 중 | 중 | 상 | 중 | 중 | 중 |
| 키보딩 습관 | 하 | 하 | 하 | 중 | 하 | 중 | 중 |
| 손등 정맥 | 중 | 중 | 중 | 중 | 중 | 중 | 상 |
| 홍 채 | 상 | 상 | 상 | 중 | 상 | 하 | 상 |
| 망 막 | 상 | 상 | 중 | 하 | 상 | 하 | 상 |
| 서 명 | 하 | 하 | 하 | 상 | 하 | 상 | 하 |
| 음 성 | 중 | 하 | 하 | 중 | 하 | 상 | 하 |
| 안면 열분포 | 상 | 하 | 하 | 중 | 하 | 상 | 하 |
| 체 취 | 상 | 상 | 상 | 하 | 하 | 중 | 하 |
| DNA | 상 | 상 | 상 | 하 | 상 | 하 | 하 |
| 걸음새 | 중 | 하 | 하 | 상 | 하 | 상 | 중 |
| 귀 모양 | 중 | 중 | 상 | 중 | 중 | 상 | 중 |

**Biosensor 바이오 센서** 생물이 가지고 있는 기능을 이용하여 물질의 성질 등을 조사하는 장치이다. 측정 대상물로부터 정보를 얻을 때 생물학적인 요소를 이용하거나 또는 모방하여 생화학 반응에 의한 신호를 색, 형광, 전기적 신호 등과 같이 인식 가능한 유용한 신호로 변환시켜 주는 화학센서의 일종이다.

**BIP(Band Interleaved by Pixel) Format 비아이피 형식, 영상소 대역별 형식** [영상] 각 밴드의 픽셀(Pixel)별로 교대로 저장된 형식이다. 원격탐사에서는 지상 물체에 대한 다양한 정보를 얻어내기 위하여 여러 가지 파장대에서 촬영한 영상 자료를 많이 사용한다. 이와 같이 영상 자료의 획득에 사용한 특정한 파장대를 일반적으로 밴드(Band)라고 부르는데, 이들 각 밴드의 영상 자료는 동일 지역을 나타내는 독립적인 영상 자료로서 저장이 된다. BIP 방식은 이 방식은 BIL 방식과 거의 유사하지만, 라인이 아닌 Pixel 단위로 저장한다는 점에서 차이를 나타낸다. 즉, 화소를 개별저장단위로 취급하며, 각각의 화소의 밝기 값은 하나씩 저장된다. BIP는 화상자료를 line별, 밴드별, 픽셀별로 배열하는 방법으로 다파장화상분석 및 주성분분석(PCA) 등 모든 화소값을 활용하는 경우 효율적이나 모든 파장대를 다 사용하지 않고 일부만 사용할 경우 처리속도가 늦어져 비효율적이다. BIL, BSQ, RLE를 참조.

**BIPM(Bureau International des Poids et Mesures) 국제 도량위국(國際度量衡局)** 1870년 28개국 대표가 프랑스 파리에서 협의한 결과에 따라 1875년 설립된 기관. 가장 먼저 미터법의 추진을 착수하고, 1921년에 표준화 대상을 전자기 단위계까지 확장하여 이 기관이 정한 전자기 단위가 1948년 국제적으로 승인되었다. 1969년에 길이, 질량, 시간, 전류, 열역학 온도, 물질량, 광도(光度) 등 7종류의 기본 단위 등을 포함하는 국제단위계(SI)를 국제 도량형총회(CGPM)의 결의를 거쳐 국제 표준으로 제정, 공표했다. 특히 1967년에는 시간의 단위인 초를 종전의 천문시에 의한 초에서 원자시에 의한 초를 채택하도록 하고 국제 원자시(TAI)를 유지하는 등의 역할을 하고 있다.

**Bird 버드, 반지형 가상 현실 단말용 컨트롤러** 이스라엘에 본사를 두고 있는 Muv Interactive가 개발한 Bird는 가상현실 단말용 컨트롤러로(controller)로 사용이 가능할 반지처럼 끼는 스마트 링(smart ring)으로서, 동작, 음성, 터치 인식을 통해 TV를 비롯한 다양한 스마트 가전 제어가 가능하다. 단말에 동작인식 센서, 근접 센서, 음성 인식용 마이크, 터치 인식용 버튼 등이 내장되어 있으며, 프로젝터와 연동해 프로젝터 스크린 화면에서 각종 콘텐츠 선택, 스크롤, 화면 확대 및 축소 등이 가능하며, 가정 내 TV나 스마트 가전용 리모컨으로도 활용이 가능하다. 아울러, 업무 시 다수가 Bird를 착용한 후 특정 객체를 선택해 이동을 하는 등 업무 용도로도 사용이 가능하다. 한편, Bird의 경우 손가락에 착용해 사용이 가능하다는 점에서 가상현실 단말용 컨트롤러로도 사용이 가능할 것으로 전망되며, Bird를 착용한 손가락을 편 상태로 손을 돌리는 동작을 통한 가전 제어 기능 등은 스마트 시계에도 적용이 가능할 것으로 기대된다.

**Bird's Domino Law 버드의 도미노 법칙** [안전] "1 : 10 : 30 : 600"이라고도 한다. 버드(Frank E. Bird. Jr., 1921~2007)는 하인리히의 도미노 이론(Heinrich's Law)을 변형한 이론을 제안하였다. 이 모델에 의하면 재해는 근본적으로 관리의 문제이고 사고 전에는 항상 사고가 발생할 전조(직접원인)가 나타난다고 보고 있다. 이 직접원인은 사고 발생시 어느 정도 그 원인을 쉽게 알 수 있는 것으로, 하인리히의 불안전 상태나 불안전행동 등이 이에 해당된다. 버드의 이론에서는 사고의 발생원인 중 불안전한 상태나 불안전한 행동을 사고의 직접원인으로 보지만, 이러한 원인이 나타나게 한 기본 원인에 보다 초점을 두고 있다. 버드도 하인리히와 같이 사고 데이터를 분석하였는데, 중상과 경상, 재산상 손실만 가져오는 사고, 그리고 '앗차 사고(near miss)'가 '1 : 10 : 30 : 600'의 비율로 발생한다고 하였다. Heinrich's Law, Swiss Cheese Model, Human Error, Broken Windows Theory, Safety, Danger를 참조.

**Bird's Eye View 버드아이뷰** 마이크로소프트의 빙 맵스의 버드아이뷰는 구글보다 먼저 제공된 서비스이다.

**Bird's-Eye View Map 조감도(鳥瞰圖)** 새가 공중에서 내려다 본 것과 같은 상태의 지도를 말한다.

**B-ISDN(Broadband Integrated Service Digital Network) 광대역 종합 정보 통신망** 현재 ISDN을 이용하는 사용자가 기본 인터페이스나 1차군 인터페이스로 ISDN에 접근하여 서비스를 받는 것은 최대전송속도 1.5Mbps까지가 한도이다. 이러한 서비스를 협대역ISDN이라고 부른다. 한편, 음성, 데이터, 화상, 동화상(HDTV 등) 등 다양한 서비스를 통일화된 광대역가입자 접근구조로 제공하는 광섬유케이블을 기초로 한 망을 광대역 ISDN이라 부르고 있다.

**Bit 비트** 비트는 "이진 숫자(binary digit)"라는 뜻을 가지며, Binary digIT에서 알파벳을 조합하여 단순하게 줄인 "bit"로 하였다. 컴퓨터에서 자료의 양을 나타내는 최소의 정보저장 단위이다. 양자컴퓨터에서는 이를 대신할 큐비트(qubit)에 대한 연구가 진행 중이다. 하나의 비트는 0이나 1의 값을 가질 수 있고, 각각은 참, 거짓 혹은 서로 배타적인 상태를 나타낸다. 비트가 여러 개 모인 것을 바이트(Byte)라고 하며, 일반적으로 8비트가 1바이트이다. 4비트는 니블(nibble)이라 부르며, 2바이트는 워드(word)라고 한다. Byte를 참조.

**Bitcoin 비트코인** 2009년 나카모토 사토시(Nakamoto Satoshi)가 만든 디지털 통화로, 통화를 발행하고 관리하는 중앙 장치가 존재하지 않는 구조를 가지고 있다. 비트코인의 가장 중요한 특징은 통화를 발행하고 통제하는 중앙기관이 아예 존재하지 않는다는 점이다. 대신에 P2P 기반의 분산시스템에 의해 거래가 이뤄지고 검증된다. 비트코인은 '공개 키 암호'방식을 통해 공개된 형태로 공개된 계정 간에 거래를 한다. 이와 같은 독특한 방식을 통해 비트코인은 현재까지 등장한 가상통화 중 전 세계에서 가장 성공한 가상통화가 됐다. 물론 앞으로의 전망에 대해서는 논쟁의 여지가 있지만, 그와 관계없이 비트코인이 IT역사에서 중요한 발명품 중 하나인 것만은 분명하다. 비트코인에 사용된 수많은 기술 중 가장 주목해야 하는 기술은 바로 '블록체인

(Blockchain)'이다. 오픈소스 소프트웨어 형태로 만들어진 블록체인은 비트코인에 참여한 사용자 모두에게 나누어 공개된 일종의 거래원장이라고 볼 수 있다. 블록체인에는 모든 거래내역들이 포함돼 있으며, 비트코인 네트워크는 이러한 블록체인을 토대로 작동된다. 비트코인 사용자들이 거래를 하고 거래내역과 잔액을 확인하는 기반이 바로 블록체인인 것이다. 만일 사용자 A가 사용자 B에게 비트코인을 송금하는 거래를 한다면, 비트코인 네트워크에 참여중인 기기들이 이를 검증한다. 검증에 통과해야만 사용자 B는 비트코인을 얻게 된다. 이 과정에서 블록체인의 참여자들은 일정한 규칙에 따라 데이터를 담은 각각의 블록(파일)을 생성하게 되며, 각 블록은 이전 블록의 정보를 갖고 있고 블록들이 모여 체인을 이루는 형태, 즉 블록체인이 만들어진다. 블록체인 내에는 전자서명을 통해 체인형태로 연결된 데이터의 집합이 있다. 각 데이터는 모두 연결되어 상호 유효성을 증명한다. 이 모든 과정이 분산시스템을 통해 수행되기 때문에 위조, 변조, 해킹의 위험이 현저하게 감소한다. 예를 들어, 해킹을 하려면 수많은 사용자의 기기를 한꺼번에 공격해야 하는데 이는 현실적으로 불가능한 일이다. 물론 프로토콜의 취약점을 찾아내거나 거래소를 공격하는 등 공격방법은 다양하기에 해킹위험이 0%는 아니다(해킹위험 0%의 시스템은 현존하지 않으며 앞으로도 그럴 것이다). 이는 설계방식과 동작구조가 상대적으로 안전하다는 뜻이다. Ethereum 참조.

**Bit Cross 비트 크로스** 동적 램(DRAM) 등 메모리 반도체 시장에서 신제품의 비트당 가격이 이전 제품의 가격보다 낮아져 신제품에 수요가 집중되면서 제품의 세대교체가 일어나는 현상을 일컫는다. 비트크로스가 발생하게 되면 수요처 입장으로서는 당연히 비트당 단가가 낮은 대용량 제품을 구매하기 때문에 주력 제품이 이동된다. 반도체기업으로서는 같은 웨이퍼에서 1Gb를 제조하는 것에 비해 2Gb를 제조하는 것이 더 수익성이 높지만 미세공정 기술 확보가 관건이다. 예를 들어, DDR2 1Gb 제품 평균 가격이 1.9달러인 데 반해 DDR2 512Mb 제품이 1달러를 기록한 바 있다. 이 경우, 512Mb 제품 2개 값이 1Gb 제품 1개 값보다 비싸지는 크로스 현상이 발생한다.

**Bit Image 비트 영상** Bit Map을 참조.

**Bit Map 비트맵** 디지털 이미지를 저장하는 데 쓰이는 이미지 파일 포맷 또는 메모리 저장 방식의 한 형태이다. 일반적으로 래스터 그래픽스(점방식)라고 한다. 화면상의 각 점들을 직교좌표계를 사용하여 화소 단위로 나타낸다. 그림을 확대하면 각 점이 그대로 커져 경계선 부분이 계단 현상이 나타나며, 이를 좀 더 부드럽게 처리하기 위한 알고리즘들(쌍삼차 필터링, 이중선형 필터링 등)이 있다. 가로×세로만큼의 픽셀 정보를 저장해야 하기 때문에 벡터 방식의 이미지나 텍스트 자료에 비해 상대적으로 용량이 크고 처리 속도가 느리다. 이를 개선하기 위해 JPEG, GIF, PNG 등의 다양한 파일 형식이 개발되었다. 이와 상반되는 방식의 그림 표현 방법에는 어떤 도형을 나타낼 것인지를 저장하는 벡터 방식이 있다.

**Bit Map Image 비트맵 영상** Raster를 참조.

**Bit Map Protocol(BMP) 비엠피** BMP(Bit Map Protocol)를 참조.

**Bit Per Second(BPS) 초당 비트수** BPS(Bit Per Second)를 참조.

**Bit Plane 비트 판** VGA 등과 같이 여러 가지 색상 기능을 제공하는 비디오 장치에서는 영상면에 나타나는 정보의 색상을 표현하기 위하여 1개 이상의 여러 개 비트판을 사용하고 있다. 즉, 여러 개의 비트판에 대하여 각각 하나의 판에서 하나의 비트를 가져와 이들 여러 개의 비트들을 조합하여 영상면에 나타나는 하나의 픽셀이 대한 색상을 정의하게 된다.

**Bit Torrent 비트 토렌트** P2P 방식의 파일공유 프로그램이다.

**Bits Per Pixel Per Band 비트/픽셀/대역** 압축 없이 각 픽셀의 각 대역 내 최대 비트 수이다.

**Bits Per Second(BPS) 초당 비트수** BPS(Bits Per Second)를 참조.

**Bivariate Interpolation 이변량 보간법** 보간의 기술로써 2개의 변수를 사용해서 제3의 변수에 대한 값을 계산하는 방법. 이 방법은 종종 고도 자료를 보간하는 데 사용된다.

**BizTalk 비즈토크** 마이크로소프트사에서 제안한 B2B 환경을 위한 XML 표준이자 XML 프레임워크이다. XML을 이용해 B2B 메시지를 온라인에서 송·수신하는 표준 역할을 할 뿐만 아니라, 서로 다른 이기종 환경에서의 원활한 통합을 제공할 수 있는 역할도 수행하고 있다.

**BlackBerry 블랙베리** 2002년에 캐나다의 블랙베리가 개발한 스마트폰이다. 우리나라에서 '슈퍼 복분자' 또는 '곰딸기'라고 불리는 '블랙베리'처럼 작고 까만 쿼티(QWERTY)자판의 특징을 반영하여 이름이 붙여졌다. '블랙베리'라는 이름의 휴대용 무선기기로는 1999년에 공개된 양방향 무선 호출기이나, 2002년부터 발매된 스마트폰 '블랙베리'가 널리 알려졌었다. 이 기기에는 푸시형 전자 메일, 휴대 전화, 텍스트 메시징, 인터넷 팩스, 웹 브라우저 기능을 비롯한 몇 가지 무선 정보 서비스가 탑재되어 있었다. 특히, 블랙베리를 이용하여 휴대전화 서비스 업체가 제공하는 무선 네트워크 환경에 접속하면 전자 메일을 주고 받는 것이 가능하다. 다른 PDA와 유사하게 주소록, 캘린더 서비스, 일정 목록 등을 갖추고 있으며, 휴대전화로서도 사용할 수 있지만 블랙베리의 큰 특징으로는 전자 메일 위주의 서비스에 적합하게, 손가락으로 누를 수 있는 쿼티(QWERTY) 컴퓨터 자판과 유사한 키보드 단추가 내장되어 있는 것을 들 수 있다. 블랙베리의 과거 선풍적인 인기는 '블랙베리 증후군(BlackBerry thumb)'이라는 신조어를 만들어내기까지 했다. 블랙베리 증후군은 블랙베리의 과도한 사용으로 엄지에 발생하는 통증 질환을 의미한다. 법인대상 서비스인 블랙베리 엔터프라이즈 서비스(BlackBerry Enterprise Service, BES) 개인 및 중소기업 대상 서비스인 블랙베리 인터넷 서비스(BlackBerry Internet Service, BIS)가 블랙베리로 사용할 수 있는 서비스이다.

그러나 애플의 '아이폰(iPhone)'과 안드로이드폰이 등장한 2007년 이후, 세계 휴대폰 시장은 큰 변화를 겪었다. 오랫동안 대표적인 '혁신'기업으로 불렸던 '노키아(Nokia)'가 몰락하면서 결국은 '휴대폰 사업부'를 마이크로소프트(Microsoft, MS)에 매각했고, 블랙베리(Black Berry) 또한 부도 위기에 내몰리면서 새로운 주인을 찾아 헤매기도 했다. 휴대폰 시장의 변화, 즉 스마트폰 중심의 모바일 시대로 접어들면서 IT 산업 전반은 물론이고 '휴대폰 시장'의 판도가 크게 바뀌는 과정 중에서 여러 차례 위기를 맞이했던 '블랙베리'는 2013년부터 흑자로 돌아섰고, 그 자신감을 바탕으로 출시한 제품들이 인기를 끌면서 '블랙베리의 부활'이라는 이야기가 나오기도 했다. 최근 블랙베리는 자신들의 강점을 잘 살린 마지막 승부수라고 할 수 있는 '프리브(Priv)'라는 제품을 출시했는데, '프리브'의 특징은 '슬라이드' 방식을 채택하면서 큰 화면을 유지하면서 '키보드'를 여전히 가지고 있다는 것이고, 엣지 스크린(Edge Screen)을 장착하면서 디자인 면에서 날렵함을 더하면서도 실용성을 높였으며, 큰 변화로 지목되는 '안드로이드 OS'를 탑재했다. 이 제품이 과연 블랙베리 스마트폰의 부활을 가져올지 관심이 모아지고 있다.

**Black body 흑체** 모든 투사 방사선을 흡수하고, 반사가 전혀 없으며, 모든 분광의 방사선을 방사시키는 완전 방사체인 동시에 완전 흡수체. 원격탐사에서 흑체의 온도에 따른 복사 곡선은 태양 복사나 지구 복사와 같은 자연 현상을 설명하는데 이용된다.

**Black Body Radiation 흑체복사** Blackbody Radiation를 참조.

**Blackbody Radiation 흑체 방사** 흑체가 내는 복사를 흑체복사라 하며, 에너지의 크기, 파장 등이 온도와 연관되어 흑체의 온도가 정해지면 흑체복사의 성질이 결정되며, 반대로 흑체복사의 성질로부터 흑체의 온도를 구할 수 있음.

**Black Box Model 블랙 박스 모델** 입력과 출력 및 수행기능은 알려져 있으나, 내부적인 구현은 알려져 있지 않거나, 크게 개의치 않은 모델을 말한다.

**Black Consumer 블랙 컨슈머, 악덕 소비자** 악성을 뜻하는 블랙(Black)과 소비자란 뜻의 컨슈머(Consumer)를 합친 신조어로 구매한 상품의 하자를 문제 삼아 피해를 본 것처럼 꾸며 악의적 민원을 제기하거나 기업을 상대로 과도한 피해보상금을 요구하는 소비자를 이르는 말이다. 국립국어원은 black consumer의 다듬은 말로 '악덕소비자'를 선정하였다.

**Black Hacker 블랙 해커** 크래킹 행위를 하는 공격자로 크래커와 같은 개념이다. 악의적인 목적으로 다른 사람의 컴퓨터에 침입하여 자료를 불법적으로 탈취하고 열람, 파괴 등의 행위를 하는 사람들이다. 이러한 블랙해커는 크래커라고도 한다.

Hacker, White Hacker, Gray Hacker, Elite Hacker, Semi-Elite Hacker, Developed Kiddie Hacker, Script Kiddie Hacker, Lamer Hacker를 참조.

**Blackhole 블랙홀** 질량이 매우 큰 별이 극단적으로 수축한 천체로, 중력이 매우 커 물질은 물론 빛까지도 빨아들인다. 그 가운데서도 거대질량 블랙홀이란 태양보다 100만~수십억 배 더 무거운 것을 이룬다.

**Blacklist 휴대폰 자급제, 블랙리스트** 도난당하거나 분실한 휴대전화의 단말기 국제고유 식별번호(IMEI)만 이동통신사가 관리하는 제도로 이통사에 등록하지 않아도 모든 휴대전화가 유통될 수 있다. 도난·분실 휴대폰만 통신 서비스 이용을 할 수 없도록 제한한다고 해서 블랙리스트라 부른다.

**Black Mirror 블랙 미러** PC나 TV 디스플레이 화면이 꺼진 상태를 말한다.

**Blackphone 블랙폰** 일반 안드로이드폰에 비해 개인정보와 사생활 보호 기능이 뛰어나다. 전화나 메시지를 보낼 때 암호화하는 방식이다. 블랙폰 사용자끼리 통화나 화상채팅은 종단간(End to End) 암호화 기술을 적용해 전송 구간 보안을 보장한다. 블랙폰 제조업체인 사일런트 서클(Silent Circle)은 이를 위해 독자 개발한 보안 운용체계(OS)인 '사일런트OS'를 적용했다. 온라인 보안기능을 높이기 위해 자체 개발한 앱도 제공한다. 암호화 키는 사일런트 서클이 따로 보관하지 않는다. 'ZRTP'라는 암호화 프로토콜을 사용해 통신내역을 중간에서 가로채는 중간자 공격(MITM)을 방어한다. 2014년 초 블랙폰이 처음 출시된 후, 2015년 후속 모델로 새로 출시된 블랙폰2는 5.5인치 디스플레이에 1.7GHz 옥타코어 프로세서를 탑재했다. 3GB 메모리와 마이크로SD 슬롯, 13메가 픽셀 후면 카메라도 갖췄다. 해당 폰은 미국 국가안보국(NSA331), 연방수사국(FBI) 등으로부터 테러단체에서 악용하기 때문에 이에 대응하기 위한 조치로서 필요에 따라 암호화 기능을 해제하여야 하지만 해제하기 어렵다는 점에서 반발을 사고 있다. CEO 짐머만(Phil Zimmermann)은 암호화 스마트폰 개발사 사일런트서클을 미국 정부의 감시에서 벗어나기 위해서 2015년 스위스로 이전했다.

**Blade Server 블레이드 서버** 하나 이상의 마이크로프로세서와 기억장치, 하드디스크드라이브(HDD), 운용 체계(OS) 등 서버의 핵심 요소를 내장하고 서버 시스템의 본체에 끼워 동작시키는 얇고 모듈화된 증설품 서버. 좁은 공간에 많은 수의 서버를 삽입, 설치할 수 있다는 의미에서 고밀도 서버라고도 한다.

**BLC(Back Light Compensation) 역광 보정** [영상] 역광의 단점을 극복하기 위한 기능으로 피사체가 역광상태 하에서 촬영될 경우 모니터에 재생 시, 배경은 밝고 피사체는 어둡게 되어 피사체가 식별불능 상태가 되는 것을 방지하기 위한 기능으로, 역광상태의 화질을 개선시키기 위하여 사용되는 기능이다.

**BLE(Bluetooth Low Energy) 저전력 블루투스 기술** 저전력 블루투스를 사용하면 전력 소비를 급격하게 줄일 수 있기 때문에 스포츠·헬스케어·센서·기기제어 등에 사용 가능한 싱글모드 제품(블루투스 스마트)과, 기존 블루투스와 BLE를 기술이 동시에 존재하는 듀얼모드 제품(블루투스 스마트 레디)이 가능하다. 블루투스는 싱글모드로 센서 역할을 하는 블루투스 스마트(Bluetooth Smart)와 듀얼모드로 호스트 역할을 하는 블루투스 스마트 레디(Bluetooth Smart Ready)로 구분된다. 블루투스 스마트 디바이스는 창문은 잠겼는지, 내 인슐린 농도는 어떤지 같은 특정 정보를 수집해 이를 블루투스 스마트 레디 디바이스로 보내기 위해 만들어진 것으로 심박모니터, 혈압 팔찌, 보안센서, 자동차 키 체인, 피트니스 및 운동센서 등에 활용된다. 블루투스 스마트 레디 디바이스는 블루투스 디바이스들과 매일 쏟아져 나오는 블루투스 스마트 디바이스에 연결하는 효과적인 방법으로, 블루투스 디바이스나 블루투스 스마트 디바이스가 보내는 데이터를 수집해 유용한 정보로 변환시키며, 다른 디바이스로 보내는 허브 역할을 한다. 홈 모니터링, 헬스케어 기기, 온도 조절기 등 배터리로 동작하는 디바이스는 블루투스 스마트로 연결되고 PC, 스마트폰, 랩탑, 태블릿 등은 블루투스 스마트 레디로 설정된다.

**Blekko 블레코** 검색엔진으로, 검색어에 슬래시태그(/)를 추가해 검색하면 필요한 내용만 걸러서 정보를 찾을 수 있다. 검색과정에서 악성 콘텐츠에 노출될 수 있는 위험을 줄였다는 게 특징이다. 한편, Izik라는 앱은 태블릿 환경 맞춤형 검색을 제공하는 것으로 특정 단어를 검색한 경우 관련 링크를 보여주는 것이 아니라 영상을 보여준다.

**Blind Digitizing 익명 디지타이징** 운영원에 레지스터 진행에 즉각적인 그래픽 피드백을 하지 않는 수동 디지타이징 법을 말한다.

**Blindspots 블라인드스팟** 어떤 캠페인에 내재된 한계로 인해 마케팅 메시지를 전달받지 못하는 고객층을 말한다. 가령 아이폰에서만 쓸 수 있고 안드로이드 폰, 블랙베리, 일반 휴대전화에서는 사용할 수 없는 앱을 통해 어떤 캠페인을 진행할 경우 판매자가 타깃 시장의 일부를 놓칠 수 있다.

**Blinking Method 깜박임 법** ① 투영 또는 직접 관측에 의해 나타나는 깜박거리는 차이로서 판별하는 방법을 말한다. ② 양쪽 눈에 극히 짧은 주기로 교대하여 입체사진 또는 입체도의 상을 보내어 그 잔상을 이용하여 실체감을 알아보는 방법을 말한다.

**BLOB(Binary Large OBject) 블럽, 이진 대형 객체** 큰 용량의 음성, 애니메이션과 영상이나 조직적인 자료를 속성 정보로 저장할 수 있는 RDBMS 테이블내의 칼럼에 대한 자료 유형을 말한다.

**Block 블록, 구획, 가구, 종횡 접합** ① 컴퓨터 체계 또는 프로그램에서 보조 기억장치에 저장되어 있는 자료를 접근할 때 디스크 또는 테이프 등과 같은 보조기억장치에서 입출력 작업의 단위로 사용되는 하나의 기억장치 단위를 말한다. ② 구조화된 프로그래밍 언어를 사용하여 작성되는 프로그램에서 프로그램을 구성하는 하나의 단위를 말한다. ③ 이웃하여 서로 교차하는 4개의 도로로 둘러싸여 있고 통과 교통이 이용하는 다른 도로에 의해서도 끊어지지 않는 도시 내의 한 구획을 말한다. Census

Block를 참조. ④ 사진이나 모델이 종횡으로 접합된 형태 이거나 스트립이 횡으로 접합된 형태를 말한다.

**Block-I Satellite (지피에스) 블록-I** 1950년대 후반과 1960년대 초기에 걸쳐 미 해군은 위성에 기초한 두 종류의 측량 및 항해 체계를 마련하였다. 트랜짓(Transit) 시스템은 1964년부터 가동되었고 1969년에 일반에게 공개되었다. 한편 티메이션(Timation)은 위성에 기초한 측량 및 항해 체계의 원형으로만 자리 잡았을 뿐 실행에 옮겨지지 못하였다. 위성에 기초한 항해 이론이 타당성이 입증되어 1978년 최초의 Block I 위성이 발사되었다. 1985년부터는 2세대의 Block II 위성이 제작되면서 시작하였다. 1978년부터 1985년까지 초기에 발사된 GPS 위성들을 Block-I/IA로 분류하며 현재 이들 위성은 모두 퇴역하였다. 이들을 대체한 Block Ⅱ, Block ⅡA, Block ⅡR 위성 등 총 28개의 위성들이 운영되고 있다. 4세대 위성인 Block ⅡR 위성들이 새롭게 계획되고 있다. GPS 신호의 민간 수신은 1983년 소련에 의한 한국의 민간항공기 KAL 007기 격추사건을 계기로 1984년 레이건 대통령이 공식 선언하였다.

**Block-II Satellite (지피에스) 블록-II** 1978년부터 1985년까지 초기에 발사된 GPS 위성들을 Block-I/IA로 분류하며 현재 이들 위성은 모두 퇴역하였으며, 1989년부터 발사된 위성들은 Block-II로 분류된다. 1995년에 Block-II의 완전 작전능력이 선언되었다. Block-IIR 위성은 1997년부터 기존의 Block-II/IIA 위성을 대체하기 시작하였다. Block-IIR 위성은 중앙처리 장치를 재(再)프로그래밍할 수 있도록 개선되었으며, 또한 새로운 군사용 신호인 M-코드 신호를 L1과 L2 채널에, 민간용의 개량된 신호인 L2C 신호를 L2 채널에 담아 송신하는 기능이 추가되었다. Block-IIR의 개량형인 Block-IIR-M 위성은 2005년 9월 25일에 최초로 발사되었다.

**Block-IIIA Satellite (지피에스) 블록-IIIA** GPS III라고도 하며, GPS위성의 다음 세대의 위성으로서 2017년경 발사될 예정이다. 민간용 L2C, L1C 신호, 군사용 M 코드 및 L5 반송파가 송신될 예정이다. 기술의 발전과 새로운 수요의 발생에 따라서 GPS 체계를 더욱 개량할 필요가 대두되었다. 1998년 미국 부통령과 백악관의 공표에 따라서 GPS 현대화 계획이 시작되었고, 미국 의회는 2000년 GPS III로 명명하면서 이 계획을 인가하였다. GPS 현대화 계획은 모든 사용자에 대해 정확도와 사용성을 향상하는 것을 목표로 하며, 새로운 지상국, 새로운 위성 및 4개의 추가적인 GPS 신호 대역을 포함한다. 민간용의 새로운 신호 대역은 L2C, L5와 L1C이며, 군용의 새로운 신호 대역은 M-Code이다. L2C1 신호는 상업적 용도를 만족시키도록 설계되었으며, 전리층 보정을 통하여, 정확도를 증진시켰으며, 2005년부터 GPS IIR-M에서 처음 적용되었으며, 2016년 까지 총 24개의 위성이 계획되었다. GPS IIIA에서는 정확도와 Earth coverage power를 증진시키고, 민간용 신호 L1C를 추가한다. 또한 Galileo, Compass, QZss 등과의 호환성(Interoperability)를 갖도록 개발되며, IIIB, IIIC에 대한 Bus capacity를 포함한다. GPS IIIB는 실시간으로 명령 및 통제가 가능한 cross-link를 적용함으로써, 위성에 upload가 가능하도록 하고, constellation 정확도를 증진시킨다. GPS IIIC는 고출력 spot beam을 적용함으로써, 군용 anti-jamming 능력을 제공하며, 무결성이 개선될 예정이다. GPS IIIB의 경우, 약 20cm 정도로, 기존 IIR-M 위성보다 15배까지 정확도가 향상되었다. 설계수명은 12년에서 15년으로 개선되며, 4번째 민간용 신호인 L1C를 적용한다. GPSIII에서는 차세대 제어부분(Operational Control Segment:OCX)이 적용되며, OCX는 L2C와 L5신호를 이용한 모든 기능을 제공할 예정이다.

**Block Adjustment 블록조정(-調整)** 블록은 사진이나 입체모델을 종횡으로 접합시킨 형태이다. 블록조정은 기준점과 사진상의 접합점(Tie Point)을 이용하여 2개 이상의 단위를 동시에 표정을 하여 절대좌표(Absolute Coordinate)를 얻는 조정으로 스트립(종횡접합모델, Strip)인 경우는 다항식법, 입체모델인 경우는 독립입체모델법, 사진좌표인 경우는 광속법을 이용한다. Block Adjustment of Aerotriangulation 참조.

**Block Adjustment of Aerotriangulation 사진 기준점 측량의 블록 조정** 몇 개의 평행된 코스의 항공사진측량에 대한 오차의 조정을 모아 블록적으로 행하는 방법을 말한다. Block Adjustment 참조.

**Block Artifact 블록 인공 잡음** 영상을 작은 단위 블록으로 구분하여 독립적으로 처리함에 따라 발생하는 인접 블록간의 불연속성 때문에 생기는 화질 저하. 블록화 현상(Block Effect)이라고도 한다. 주로 8×8의 크기를 갖는 블록 단위로 압축하기 때문에 블록화 현상도 이 단위로 발생한다.

**Blockchain 블록체인** 블록체인은 처음에는 비트코인(Bit Coin)의 거래를 위한 보안 기술로 활용됐다. 비트코인은 한때 미래 화폐로 각광받았으나, 2014년 대형 거래 중개업체였던 '마운트곡스'가 파산 보호를 신청하면서 인기가 시들해졌다. 다만 블록체인 기술은 비트코인처럼 특허가 없는 오픈 소스인 데다 활용 가치가 적지 않아 관심이 날로 높아지고 있다. 글로벌 금융회사들이 이 기술에 눈독을 들이는 것은 막대한 비용 절감 효과 때문이다. 블록체인 기술의 핵심은 누적된 거래 내역 정보가 특정 금융회사의 서버에 집중되지 않고 온라인 네트워크 참여자의 컴퓨터에 똑같이 저장된다는 점이다. 추가적인 거래가 일어나면 각 참여자의 승인을 받도록 했다. 장부 자체가 인터넷상에 개방돼 있고 수시로 검증이 이뤄지기 때문에 해킹이 원천적으로 불가능하다. 오픈 소스 소프트웨어 형태로 만들어진 블록체인은 비트코인에 참여한 사용자 모두에게 나누어 공개된 일종의 거래원장이다. 블록체인에는 모든 거래내역들이 포함돼 있으며, 비트코인 네트워크는 이러한 블록체인을 토대로 작동된다. 비트코인 사용자들이 거래를 하고 거래내역과 잔액을 확인하는 기반이 바로 블록체인인 것이다. 만일 사용자 A가 사용자 B에게 비트코인을 송금하는 거래를 한다면, 비트코인 네트워크에 참여중인 기기들이 이를 검증한다. 검증에 통과해야만 사용자 B는 비트코인을 얻게 된다. 이 과정에서 블록체인의 참여자들은 일정한 규칙에 따라 데이터를 담은 각각의 블록(파일)을 생성하게 되며, 각 블록은 이전 블록의 정보를 갖고 있고 블록들이 모여 체인을 이루는 형태, 즉 블록체인이 만들어진다. 블록체인 내에는 전자서명을 통해 체인형태로 연결된 데이터의 집합이 있다. 각 데이터는 모두 연결되어 상호 유효성을 증명한다. 이 모든 과정이 분산시스템을 통해 수행되기 때문에 위조, 변조, 해킹의 위험이 현저하게 감소한다. 예를 들어, 해킹하려면 수많은 사용자의 기기를 한꺼번에 공격해야 하는데 이는 현실적으로 불가능하다. 이는 설계방식과 동작구조가 상대적으로 안전하다는 뜻이다. 비트코인(Bit Coin)은 2009년 나카모토 사토시(Nakamoto Satoshi)가 만든 디지털 통화로, 통화를 발행하고 관리하는 중앙 장치가 존재하지 않는 구조를 가지고 있다. 비트코인의 가장 중요한 특징은 통화를 발행하고 통제하는 중앙기관이 존재하지 않는다는 점이다. Bit Coin, Ethereum 참조.

**Block Code 블록 코드** Run Length Encoding 방식에 기반을 둔 것으로 정사각형으로 전체 객체의 형상을 나눈다. 이 방식은 각각의 블록에 대하여 블록 중심이나 좌하축 시작점의 좌표(x, y)와 격자의 크기를 나타내는 3개의 숫자로 블록의 형상을 나타내는 기법이다. 따라서 정사각형의 크기가 클수록 경계가 단순해지고 보다 효율적인 블록의 부호화가 가능하다.

**Block Diagram 구역 도표** 가장 잘 알려진 수치표고모형(DEM) 응용 기능의 하나로, 표고뿐 아니라 다른 속성의 수량적 변화도 입체적으로 잘 그려낼 수 있다. 규칙 격자 또는 불규칙 자료의 위치(X, Y)에 관련된 속성을 입체의 형태로 출력시키는 기능은 대부분의 지도제작 및 토목 설계용 소프트웨어에 내장되어 있으며, 모든 분야에 널리 쓰이는 범용 소프트웨어로는 SUPER (Golden Software Inc), Tecplot(Amtec Engineering Inc), MATLAB(Math Works Inc) 등이 있다.

**Block Encoding 블록 부호화** 데이터 압축 기술로 격자 데이터의 저장 공간을 줄이는데 사용된다.

**Block Face 블록 페이스** 조사 블록의 한 면으로 가로를 따라 위치하며, 뚜렷한 연속된 주소를 가지고 있다. 한 블록상 한 면의 거리에서 두 거리의 교차점을 말한다.

**Block Group 블록 그룹** 인구조사를 위하여 도로구획이나 자연적인 지형을 이용하거나 행정경계 및 법정경계에 의한 경계선의 범위를 말한다.

**Block Kriging 블록 크리깅** 원하는 구역에 대하여 하나의 크리깅 방정식을 세워 값을 예측할 수 있다. 산술평균을 적용하기에 큰 어려움이 없는 물성치들은 많은 경우에 구역 크리깅이 정규(또는 단순) 크리깅보다 더 신뢰할 만한 결과를 준다.

**Block of Photos 사진블록** 항공기의 비행방향으로 촬영된 사진은 하나의 스트립(strip)을 이루는데 이 스트립들이 횡중복을 통해 결합된 것을 블록(block)이라고 한다.

**Block Point 가구점** 토지구획정리사업에 있어서 사업계획에서 정해진 공공용지 및 시행지구 지구계에 둘러싸인 택지구역을 가구라고 하며, 이 가구가 형성하는 다각형의 정점을 가구점이라 한다.

**Blocky 블록** 일종의 속어로서 부드럽고, 필터링된 텍스쳐에 반하여 딱딱하고 픽셀화된 텍스쳐를 지칭한다.

**Blog 블로그** 웹로그(Web Log)의 준말. 웹(Web)+일기( Log)의 합성어로서 종류는 개인 블로그, 정치 블로그, 기업 블로그, 미디어 블로그 등 다양하다. 기존 개인 홈피에 비해 만들고 관리하기가 편하며 등록된 글이 시간 순으로 표기되고 개인 일기 형식으로 운영된다.

**Blogger 블로거** (1) 블로그에 글을 쓰거나 운영하는 사람.
(2) 구글에서 운영하는 무료 블로그 호스팅 서비스 이름이다.

**Blogging 블로깅** 타인의 블로그에 방문해 글을 읽거나 스크랩을 하는 행동

**Blogosphere 블로그스피어** 블로그의 집합체. 온라인상의 블로거 공동체나 그들이 올려놓은 콘텐츠를 말한다.

**BlogPulse 블로그펄스** 닐슨(The Nielsen Company) 사에서 운영하는 블로그 검색엔진. 트렌드 분석과 데이터 마이닝 도구로 유명하다.

**Blogswarm 블로그 운집** 수천 명의 블로거가 똑같은 이야기나 사건에 대해 말하는 현상. 일반적으로 강한 주장들이 오고감. 이런 현상은 블로고스피어나 주류미디어 모두에서 그날의 화제가 될 수 있다.

**Blooming 블루밍** [영상] 화면에 부분적으로 전구, 태양 등의 강한 빛이 들어올 때 밝은 부분 주위로 신호가 넓게 퍼지는 현상으로서, 신호 전자가 너무 많아서 한 화소에 담아둘 수 없어서 인접 화소로 넘치기 때문에 발생한다. CCD형에서는 OFD(Over Flow Drain) 구조로 어느 정도 해결할 수 있고, CMOS에서는 전원 전압 단자로 배출해서 해결한다.

**Blow-off Pipe 이토관(泥土管)** 관로의 낮은 곳에 설치하여 관내의 토사를 배출하는데 사용되는 특수 T자관을 말한다.

**BLPU(Basic Land and Property Unit) 기본 영역과 특성 단위** 균일한 특성 상태에서 인접 영역의 물리적인 범위를 말한다.

**BLU(Back Light Unit) 백 라이트 유닛** LCD는 스스로 빛을 내지 못하므로 외부의 빛을 이용하게 되는데, 액정이 이 빛의 양을 조절하여 화상을 만든다. 즉, BLU는 TFT-LCD 패널 전체에 고르게 빛을 전달하는 조광장치로 사용되며, LCD 패널에서는 투과되는 빛의 양을 일정하세 조절하여 화상을 표시한다. 백라이트는 LCD에 있어서 반드시 필요한 핵심부품이다. CRT, PDP, FEL와 달리 LCD에 의한 표시는 그 자체가 비발광성이기 때문에 빛이 없는 곳에서는 사용이 불가능하다. 이러한 단점을 보완하여 어두운 곳에서의 사용이 가능하게 할 목적으로 정보표시면을 균일하게 면조사하는 장치가 백라이트이다. BLU는 광원에 따라서 (1) 직광형(direct type): LGP 배면에서 광원에 의해 빛을 발하는 방식, (2) 사이드형(side type): LGP 옆에서 광원에 의해 빛을 발하는 방식, (3) 쐐기형(wedge type): 경사가 진 LGP 옆에서 광원에 의해 빛을 발하는 방식 등이 있다. 한편, BLU는 빛의 발산 위치에 따라서 (1) 1WAY TYPE: 한 방향으로만 빛을 발하는 방식, (2) 2WAY TYPE: 하나의 LGP를 가지고 양방향으로 빛을 발하는 방식으로서, 주로 소형 LCD(핸드폰)에 사용한다.

**BLUE(Best Linear Unbiased Estimate) 최적 선형 불편 추정량** 토질과 같은 어떤 공간 요소의 변화는 매끄러운 수학적 외관으로 모형화되기에 불규칙적이나, 확률적 표현을 사용하여 더 적절하게 표현될 수 있는 토양 성질과 같은 모든 공간 특성의 변화를 인정하는 근사 보간법의 결과를 말한다.

**Blue Bird Syndrome 파랑새 증후군** 현대 사회는 빠르게 변해가고 있다. 그런 변화는 사람들 스스로 만들어가는 것이지만 거기에 적응하지 못하는 사람들은 스트레스를 받는다. 변화에 적응하지 못하는 직장인에게서 나타나는 대표적인 부적응 현상이 '파랑새 증후군'이다. 파랑새 증후군은 직장인들이 겪는 노이로제(Neurosis)의 일종이다. 노이로제란 신경증을 말한다. 다시 말해 욕구 불만, 갈등, 스트레스 때문에 발생하는 심리적 긴장이 신체적인 증상으로 나타난 것이다.

**Blue Green 청록(青綠)** 애너글리프(Anaglyph) 인쇄에 쓰이는 Cyan을 말한다.

**Blue Scattering 레일리 산란** Rayleigh Scattering를 참조.

**Blue-Jacking 블루재킹** 블루투스가 장착된 휴대폰에 퍼뜨리는 휴대폰 바이러스를 말한다.

**Bluetooth 블루투스** 1994년 에릭슨(Ericsson, 스웨덴의 통신장비 제조사로서 1876년 라르스 마그누스 에릭손이 창립했으며, 현존하는 가장 오래된 통신업체)이 최초로 개발한 근거리에서 기기 간에 저전력으로 무선통신을 하기 위한 개인 근거리 무선통신(Personal Area Networks, PANs)을 위한 산업 표준이다. 1999년 블루투스 버전 1.0B가 발표된 이후 AFH(Adaptive Frequency Hopping)를 적용한 버전 1.2가 2003년 채택되었다. 2007년 블루투스 SIG(Special Interest Group)는 Wibree 포럼에서 표준화를 진행하고 있던 초저전력 응용기술인 Wibree 기술을 블루투스 규격으로 흡수하면서 블루투스 Low Energy라는 새로운 응용 분야를 개척하면서 2010년 Low Energy기술이 탑재된 블루투스 4.0을 발표하였으며, 블루투스 SIG는 2013년 블루투스 4.1의 새로운 기능을 발표했다. 블루투스는 공용 ISM(Industrial, Scientific, Medical) 주파수 대역인 2.4~ 2.485GHz 대역에서 작동하며, 초당 1,600회 호핑을 하는 주파수 호핑 대역 확산(FHSS : Frequency Hopping Spread Spectrum) 방식을 사용한다. 주파수가 계속 변함에도 양방향 동시 통신 가능하다. 2.4GHz 대역은 대부분 국가에서 특정 목적(ISM)만을 위해 라이선스 되지 않은 공용 주파수 대역이다. 블루투스 표준화 단체인 블루투스

SIG는 Wibree포럼에서 표준화를 진행하던 초저전력 응용기술인 Wibree를 블루투스 규격으로 흡수하면서 BLE를 개발하고, 2010년 6월 BLE를 탑재한 블루투스4.0 발표하였다. BLE는 와이브리(Wibree)로 불리던 초저전력 근거리 무선 개인통신망(WLAN) 기술로서, 초저전력 · 초소형 모듈화로 제작되며, 블루투스4.0을 지원하면서 부각되었다.

블루투스 4.1의 주요 특징은 다음과 같다. 즉, (1) 공존성(coexistence) 향상 : 블루투스와 LTE 무선이 서로 통신 상태를 조정해 가까운 대역폭으로 인한 간섭 현상을 줄여준다. (2) 보다 나은 연결(better connections) : 블루투스 연결 장치끼리의 거리가 증가해 잠시 연결이 끊어지게 되면, 4.1 블루투스 장치는 거리 내로 되돌아올 시 자동으로 재연결된다. (3) 데이터 전송 개선(improved data transfer) : 블루투스를 사용하는 악세서리 장치(헬스 기구) 등과의 통신 전송 상태를 보다 효율적으로 개선하였다. (4) 개발자에게 더 많은 유연성 제공(more flexibility to developers) : 앞으로 있을 웨어러블 기기 붐에 대비한 업데이트로, 블루투스 연결을 통해 웨어러블 기기가 스마트폰의 주변장치이자 동시에 다른 장치와의 허브 역할도 할 수 있게 해준다. 또한 장래를 위해 사물 인터넷(The Internet of Things, IoT)을 위한 새로운 IPV6 사용 표준도 들어가 있다.

**Bluetooth Low Energy 저전력 블루투스 기술** BLE(Bluetooth Low Energy)를 참조.

**Blunders 착오(錯誤)** 관측자의 미숙이나 부주의에 의해 주로 발생되는 오차로, 관측 시 주의를 기울이면 방지할 수 있으며, 일반적으로 반복 관측한 값에 큰 오차가 있을 때에는 발생하는 과오(過誤)이다. 눈금 읽기나 야장 기입을 잘못한 경우도 포함되며 주의를 하면 방지할 수 있다. 일반적으로 관측한 값에 큰 오차가 있을 때는 반드시 착오가 있음을 알 수 있다.

**Blu-ray 블루레이** 광디스크 1장당 최대 용량은 블루레이가 56GB인 반면 DVD는 8.5GB이어서 최대 100GB(Gigabyte)에 이르는 대용량 3D 콘텐츠를 저장할 수 있는 광디스크는 현재 블루레이가 유일하다.

**BM(Bench Mark) 수준점(水準點)** ① 높이 측정의 기준으로 사용하기 위하여 대한민국 수준원점을 기초로 정한 기준점으로 수준면 높이를 정확히 구하여 고저측량의 기준이 되는 점을 말한다(「공강정보의 구축 및 관리 등에 관한 법률 시행령 제8조」). ② 지구공간상에서 결정되는 위치는 3차원 공간상에서 표현되며 평면위치와 수직위치로 나뉜다. 평명위치는 평명직각좌표로 표현되고 수직위치는 표고로 표현되는데 이 수직위치인 표고를 결정하는 측량방법을 수준측량이라 한다. 수준측량은 지표면에 있는 여러 점 사이의 고자차를 측정하여 표고를 결정함으로써 각종 공사의 설계 자료로 이용되거나 표고가 설계되어 있는 점들을 현장에서 찾아 설치하는데 이용되기도 한다. 따라서 수준측량은 이미 표고가 정밀하게 결정되어 있는 수준점을 기준으로 원하는 지점까지의 표고차를 측정함으로써 이루어진다.

**BM(Break-down Maintenance) 사후보전(事後保全)** 시설물의 기능과 성능에 확실한 결함이 있을 때 비로소 수선하는 방법으로 안전상의 문제와 운전비 및 수선비가 증가하므로 소모품과 같이 중요도가 낮은 부위 외에는 바람직한 방법이 아니다. 경제성을 고려하여 계획적으로 폐기될 때까지 사용하고 보전하는 '계획 사후보전'(Planned Break-down Maintenance, PBM) 방식과 고장 발생 시 긴급히 교체, 보수하는 '긴급 사후보전'(Emergency Break-down Maintenance, EBM) 방식이 있다.

**BMP(Bit Map Protocol) 비엠피** 마이크로 소프트 윈도우에서 비트맵 파일들을 쓰기 위해서 만든 형식이다. 이 구조는 영상의 크기, 색상, 구조는 PCX와 비슷하다. 장점으로는 마이크로 소프트 윈도우를 잘 지원해준다. 단점으로는 호환성이 낮다.

**BNF(Bind and Fly) 반 완제품, 기체만 판매 제품** [드론] 기체만 판매하는 제품으로서, 구매 후 송신기와 바인딩만 하면 비행이 가능한 구성을 말한다. 기체 구매 후 조종기와 드론의 송수신 신호를 무선 연결(pairing, binding)하면, 드론 비행을 시작할 수 있는 과정을 말한다. RTF, ARF를 참조.

**Board 부서** 행정단위의 정치적 결정 단위 기능을 하는 비상근(Part Time) 회의나 부서를 말한다.

**BOD(Biochemical Oxygen Demand) 생화학적 산소 요구량** 수중의 유기물질이 안정화될 때까지 소비될 수중의 용존산소량을 mg/ℓ로 표시한 것으로서, 물의 오염 상태를 나타내는 지표 중의 하나이다. 20℃에서 5일간에 소비되는 산소량을 표준으로 한다.

**Body Area Network(BAN) 인체통신망** BAN(Body Area Network)를 참조.

**Body Wave 실체파(實體波)** 탄성매질 내에서 전파되는 파를 '실체파'라고 한다. 실체파 중에서 매질내 입자의 진동 방향이 파의 진행방향과 평행하게 일어나는 파를 종파(縱波) 또는 소밀파(疎密

波), 압축파(compressional wave)라고 하며 지진기록상에 가장 먼저 도착하는 지진파이므로 P파(Primary wave)라고 부른다. P파 다음으로 지진기록상에 나타나는 또 다른 실체파를 S파(Secondary wave)라고 부르는데 S파는 매질 입자의 진동이 파의 진동방향에 대하여 수직으로 일어나는 횡파(横波) 또는 전단파(shear wave)이다. 실제 관측결과에 의하면 지진파의 속도는 밀도가 커짐에 따라 증가한다. 대륙지각에서 P파는 보통 5~6km/s의 속도로 전달되고, S파는 그 보다 느린 3.5km/s의 속도로 움직인다. 실체파는 지구내부로 전파되면서 주위매질의 특성에 따라 반사하거나 굴절되고 간섭에 의해 암영을 만들기도 한다.

**Boiling(Sand) 보일링** 현상투수성이 좋은 사질지반에서 흙파기 공사를 하는 경우 흙막이 벽체 배면의 지하수위가 굴착저면보다 높을 때 굴착저면 위로 모래와 지하수가 부풀어 오르는 현상을 말한다. 원인으로는 굴착저면 하부의 투수성이 좋은 사질지반, 흙막이 벽체의 근입장 깊이 부족, 흙막이 배면 지하수위 높이가 굴착저면 지하수위 보다 높을 경우, 굴착저면 하부의 피압수 등이 있다.

**Boiling Point Thermometer 비점 기압계** 액체가 끓는 온도는 기압에 따라 다른 것을 이용한 기압계를 말한다.

**BOINC 보잉크** 네트워크 컴퓨팅을 위한 버클리 공개 인프라스트럭처(Berkeley Open Infrastructure for Network Computing)의 약자로서, 다양한 과학 연구를 진행하기 위한 통합 프로젝트 세계에 퍼져 있는 개인용 컴퓨터 자원을 끌어올수록 더 높은 성능을 내도록 설계됐다. 즉, 생물학, 천문학, 물리학, 수학 등 여러 자연과학 분야를 넘나들며 다양한 과학 연구를 진행하기 위한 통합 프로젝트로 분산형 컴퓨팅 기술에 기반을 둔 것으로서, 세계에 퍼져 있는 개인용 컴퓨터 자원을 끌어올수록 더 높은 성능을 내도록 설계됐다. 분산 컴퓨팅 기술은 개인용 컴퓨터가 사적인 영역을 넘어 공공의 이익을 위해 쓰는 방법으로 고안된 기술이다. 프로젝트에 참여하는 전 세계 컴퓨터 성능을 모두 더하면 약 3.5페타플롭스(PetaFlops)이다. 미국 오크리지 국립 연구소가 보유한 세계 1위의 슈퍼컴퓨터 '타이탄' 성능은 20페타플롭스 수준이라는 점을 고려하면, BOINC 프로젝트가 전 세계 개인용 컴퓨터를 십시일반으로 모아 얼마나 막대한 성능을 끌어내고 있는지 알 수 있다. 페타플롭스(PetaFlops)는 $10^{15}$를 나타내는 접두어 페타(Peta)와 컴퓨터 성능 단위인 플롭스(Flops)를 합성한 용어로 1초당 1,000조번의 부동소수점 연산처리를 수행한다. 1페타플롭스 프로세서를 장착한 컴퓨터는 펜티엄 133Mhz 프로세서보다 1억 배 빠른 연산처리속도를 갖는다.

**Bond Projection 본드 도법** 기본위선등 거리원추도법을 변형하여 각 위선상에서도 등거리가 되도록 한 도법이다.

**Bookmark 북마크** 인터넷 상의 여러 사이트를 돌아다니다가 기억해 놓고 싶은 사이트를 체크하여 보관, 관리하고, 후에 그 사이트로 가고자 할 때 사이트의 URL을 외우지 않고도 보관되어 있는 목록에서 선택만 하면 바로 접속할 수 있도록 URL주소를 관리할 수 있는 것이 바로 북마크이다.

**Boolean 불린** 영국의 수학자였던 조지 부울(George Boole)의 이름을 따서 만든 부울 데이터형은 참(True)/거짓(False) 혹은 0/1이라는 이진값을 갖는다.

**Boolean Algebra 부울 대수, 논리 대수** 부울 변수가 갖는 값과 부울 변수에 대한 연산이 정의되어 있는 대수계. 부울 대수는 특정한 조건이 참인지 거짓인지 알아보기 위해 AND(곱하기), OR(더하기), XOR(eXclusive OR : 더한 것을 제외한), NOT(빼기), IMP(IMPication : 포함), EQV(EQuiValence : 등적)와 같은 연산자를 사용한다.

**Boolean Analysis 부울 분석** 부울(George Boole : 영국의 수리논리학자)논리 연산자에 근거한 분석을 말한다.

**Boolean Expression 부울표현, 논리 표현** 참 또는 거짓으로 표현하는 표현의 유형. 부울 표현에는 논리적 표현과 부울 연산자가 있다.

**Boolean Operation 부울연산** AND, OR, XOR과 같은 논리 연산에 의해 지정된 기준을 바탕으로 한 관계를 나타내는 여러 상태의 질의를 말한다.

**Boolean Retrievals 부울 검색** 기호적 관련성을 표현하기 위해 논리적 오퍼레이터인 AND, OR 그리고 NOT의 이용을 기본으로 한 정보의 탐색과 검색을 위한 전략을 말한다.

**Boomerang 부메랑, 지프형 1초 동영상 촬영 앱** Instagram에서 개발한 Boomerang 앱(App., 애플리케이션)은 스크린 하단에 있는 촬영 버튼을 탭하면 사진촬영이 시작되고 총 10장의 사진을 촬영한 후 이를 통합해 1초짜리 GIF(지프) 동영상이 생성된다. 이용자가 원할 시 최대 4초짜리 동영상까지 생성이 가능하다. 촬영한 영상은 이용자의 사진첩에 자동 저장되는 형태로 Facebook이나 Instagram 등으로 바로 공유할 수 있으며, 원할 시 타 소셜 미디어로 공유도 가능하다. 한편, Apple 역시 iPhone 6S에 Live Photos 기능을 추가했는데, 소셜 미디어에서 공유되는 콘텐츠가 이미지에서 동영상으로 넘어가는 과정에서 이미지가 동영상적 특징을 포함해 1~2초 정도의 아주 짧은 동영상으로 진화하고 있으며, 뉴스 콘텐츠에서 이미지 내 특정 부분만 움직이는 시네마그래프 이미지 공유도 확대될 것으로 전망된다. GIF를 참조.

**Booster Pump 가압 펌프** 배수지에서 자연적 수압에 의해 공급하기 곤란한 고지대에 수돗물을 공급하기 위하여 펌프 시설을 갖는 수돗물 공급시설로서, 수압을 증가시킬 목적으로 관로 도중에 설치된 가압 펌프모터가 작동하는 곳을 말한다.

**Booting 시동** 컴퓨터를 켜서 운영 체제를 하드디스크나 플로피디스크에서 기억장치로 읽어 들이는 과정을 말한다.

**Border 규반(畦畔)** 경지 구획의 경계로서 구획의 형상을 표시하는 두렁을 말하며 논에서는 물의 통로로도 사용된다.

**Border Arcs 경계 아크** ① 다각형 커버리지의 외부 가장자리에 경계를 형성하는 아크를 말한다. ② 라이브러리안(Librarian)에서는 다각형 커버리지를 타일로 분할하는 타일의 경계선 아크를 말한다.

**Boresight 회전량 보정** 카메라 좌표축과 INS 센서의 축이 서로 불일치하는 직각좌표계의 X, Y, Z축의 회전량을 말하며, 한번 설정된 보정값은 일정시간과 촬영지역이 변경하게 되면 그 양이 변화되므로 보정값에 대한 갱신이 필요하다.

**Boring 시추, 보링** 시추조사는 시추기를 사용하여 지반을 착공하며 채취된 시료관찰에 의하여 지반의 구성 상태, 지층의 두께와 심도, 층서, 지반구조 등을 조사하는 것이 주목적이다. 시추조사는 지반상태를 직접 관찰할 수 있을 뿐만 아니라 시료채취 및 시추공을 이용하여 다양한 현장시험을 수행할 수 있기 때문에 가장 보편적으로 적용되는 지반조사법이다. 시추조사 시 채취되는 시료는 교란시료(Disturbed Sample) 및 불교란시료(Undisturbed Sample)로 구분되며, 일반적으로 교란시료는 토질의 물리적 특성을 파악하는데 이용되며 불교란시료는 역학적 특성을 측정하기 위하여 사용된다. 추가적으로 시추공을 이용해서 투수시험, 지하수 조사, 각종의 검층, 탄성파 탐사, 공내시험, 계기매설 등을 수행하기도 한다. 시추는 일반적으로 시추방식에 따라 변위식 시추, 수세식 시추, 충격식 시추, 회전식 시추, 오거식 시추 등으로 분류된다.

**Boring Test 시추조사** 시추조사는 일반적으로 NX규격의 회전수세식 또는 유압시추기 장비를 사용한다. 시추깊이는 토층 조사의 경우 연암 1.0m까지 굴진하는 것을 원칙으로 하되 구조물의 굴착깊이 이하로 굴진하여 구조물의 기초검토가 충분하도록 한다. 시추공 굴진이 완료되면 시추주상도에 지질 및 지질구조의 수직분포를 심도별로 정확하게 기재하고 절리 및 균열의 발달상태, 코아 회수율 R.Q.D 및 균열지수 등 필요한 사항을 상세하게 기록한다. 암반층 시추조사시에는 더블코아바렐을 사용하여 코아회수를 한다. 시추조사 심도의 기준은 계획구조물의 굴착고 아래까지, 관로의 경우는 관저고 아래 또는 N값이 50 이상이 되는 깊이까지를 원칙으로 하되 지층의 상태, 연약지반 등 현장여건에 따라 감독관의 협의 및 승인을 받아 수행한다. 시추조사시 채취된 STP시료 및 자연시료와 암석코아에 대해 관련규정에 의한 용기에 심도별로 배열·보관하여 물리시험 및 역학시험을 실시하여야 한다. 완료된 시추공에 대하여 시추공의 좌표와 표고를 정확하게 표시한 도면을 작성하여야 하고 현장명, 공번호, 표고, 좌표, 굴착방법, 심도, 지층의 분포, 공내 지하수위, 코아 회수율, 절리 및 균열 등 불연속면의 발달상태 및 현장시험 성과 등 제반 지반공학적 사항을 수록한 토질주상도 및 보고서를 작성한다. 시추를 완료한 시추공은 시멘트 그라우팅으로 반드시 폐쇄시켜야 한다.

**Boson 보존** 힘 입자이다. 페르미온(Fermion)과 반대되는 가장 기본이 되는 소립자의 모임이다. 인도의 물리학자 '사티엔드라 보즈'(Satyendra Nath Bose, 1894~1974)의 이름을 딴 것이다. 모든 소립자는 정수배의 스핀 값을 가지며(광자 1, 중력자 2 등) 페르미온들 사이에서 상호작용을 주관한다. 종류로는 글루온(gluon), 광자(photon), W-보존, Z-보존, 중력자(graviton) 등이 있다. W-보존과 Z-보존은 원자핵에 존재하는 약력을 매개하는 소립자이다. 약력은 강력보다 10만 배 정도 약하다. 그리고 강력과 마찬가지로 매우 가까운 거리에서만 작용한다. 질량은 두 종류로 나뉘는데 86, 97이다. 양성자 1개의 질량을 1로 기준 삼았다. 또한 W-보존의 전하는 음과 양으로 나뉘며, Z-보존은 중성을 띤다. 중성자의 베타 붕괴를 일으키는 힘이다.

**Bot 봇** 로봇의 준말이며 정보를 찾기 위해 자동적으로 인터넷을 검색하는 프로그램을 말한다. 구글은 딥봇(Deepbot)과 프레시봇(Freshbot), 2가지 버전의 검색 봇을 사용한다. 딥봇은 웹상의 모든 링크를 크롤링하고 최대한의 페이지를 인덱싱하려고 노력하는 반면, 프레시봇은 새롭게 나타나거나 업데이트된 콘텐츠와 웹사이트를 찾아낸다.

**Both Sides Level Vial 양면 기포관** 수준기의 기포관은 유리로 된 원통으로 내면을 원호형으로 깎아서 만든 것으로, 주로 미동 레벨에 사용된다.

**Bottom 해저** 수면 아래의 지표면을 말한다.

**Bottom UP 상향식** ① 업무요건을 모형화할 때, 업무요건의 개념적인 상위 수준부터 구체적인 하위 수준으로 요건을 상세화시키는 것이 아니라, 구체적인 하위 수준부터 개념적인 상위수준으로 요건을 개념화시키는 방법을 말한다. ② 실무를 담당하는 직원이 GIS에 대한 이점을 파악하여 추진하는 경우로서, 실무 담당자가 업무 체계의 불합리성을 파악하고 있어 적극적이므로, 시스템 구축과정에서 가장 유리하다. 그러나 관리자를 설득하여 예산을 배정받는데 시일이 걸리며 어느 특정인에 의해 주도되는 경우가 많아서 전반적인 공감대 형성이 어렵다.

**Bouguer Anomaly 부게 이상** 지형 및 프레이어 보정, 부게 보정을 한 후 표준 중력치를 뺀 값을 말한다. 부게 이상은 프레이어 이상과는 반대로 고도가 높을수록 (-)로 감소한다. Gravity Correction을 참조.

**Bouguer Correction 부게 보정** Gravity Correction을 참조.

**Boundary 경계** ① 특정 지역의 경계를 표시하기 위한 선분 또는 선분들의 집합을 말한다. ② 국가 또는 행정구역의 구분을 위하여 정한 분할선을 말한다. ③ 필지(Parcel)별로 경계점들을 직선으로 연결하여 지적공부에 등록한 선을 말한다(「측량 · 수로조사 및 지적에 관한 법률」 제2조 제26호).

**Boundary Appraisal Surveying 경계 감정측량** 토지분쟁이 있을 경우 법원에 민사사건으로 재소하면 법관의 요청에 의하여 경계확인 측량을 수행하는 것을 말한다.

**Boundary Corner Point 필계점(筆界點)** 각 일필지의 경계가 되는 지점을 말하며, 필계선은 논둑이나 밭둑, 도로를 경계로 하는 경우가 많으며, 또 산지에서는 능선이나 계곡선에 따르는 경우가 많으나 확실하지 않은 부분도 많다. 그래서 표석을 세우거나 경계수를 심는 경우도 있다.

**Boundary Correction Surveying 경계 정정측량(境界訂正測量)** 지적 공부에 잘못 등록된 경계를 정정하여 바로잡는 측량. 바꾸어 말하면 현지의 경계는 변동이 없는데, 지적도나 임야도에 등록된 토지의 경계가 잘못 그려져 있거나 수치 지적부에 등록된 좌표에 오류가 있을 때에 현지의 경계대로 정정하기 위하여 실시하는 측량을 말한다.

**Boundary Current 경계류** 중위도 해역에서는 편서풍에 의한 해양순환이 있어서 적도를 경계로 북반구에서는 시계 방향, 남반구에서는 반시계 방향으로 흐르면서 대칭적인 양대류를 이루고 있다.

**Boundary Mark 경계표(境界標)** 인접지의 경계에 있어서 굴절점마다 설치하는 경계 표지를 말한다.

**Boundary of a Lot of Ground 필계(筆界)** 일필지의 경계를 말한다.

**Boundary Plat 경계된 땅** Boundary Surveying을 참조.

**Boundary Point 경계점** 필지(Parcel)를 구획하는 선의 굴곡점으로서 지적도나 임야도에 도해(圖解) 형태로 등록하거나 경계점좌표등록부에 좌표 형태로 등록하는 점을 말한다(「측량 · 수로조사 및 지적에 관한 법률」 제2조 제25호).

**Boundary Polygon Coordinate 경계 면 좌표** 면을 규정하는 연속적인 (x, y) 좌표를 말한다.

**Boundary Polygon Type 경계 면 종류** 표현된 면의 종류를 말한다.

**Boundary Region 경계 영역** 경계선에 의해 구분되는 지도상의 영역이다.

**Boundary Relocation Surveying 경계 복원측량** 경계감정측량이라고도 하며, 지적도 또는 임야도에 등록된 경계 또는 경계점좌표등록부에 등록된 좌표를 실지에 표시하거나 점유하고 있는 토지의 경계가 일치한지 여부를 확인할 목적으로 실시하는 측량을 말하며 경계복원측량 방법은 등록할 당시의 측량 방법과 동일한 방법으로 시행토록 지적법에서 규정하고 있다.

**Boundary Representation 경계 표현** 3차원 자료 구조에서 면의 집합으로, 면은 모서리 집합으로, 모서리는 절점으로 표현한다.

**Boundary Surveying 경계 측량** 현황측량을 마치고 실시하는 측량으로서, 지구경계를 결정하고 지구 총면적을 산출하기 위해 실시하는 측량을 말한다.

**Bounding Box 경계 박스** 맵서버에서 그려지는 지리적 영역의 범위(최소점 X, 최소점 Y, 최대점 X, 최대점 Y)를 나타내는 소수점 또는 매개변수를 말한다.

**Bounding Coordinate 경계 좌표** 서, 동, 북, 남의 순으로 경도, 위도값으로 표현되는 자료 영역의 범위를 말한다.

**Bounding Coordinate Reference System 경계 좌표 기준 체계** 경계면에서 사용된 좌표 체계명을 말한다.

**Bounding Polygon 경계면** 자료군에 포함되는 좌표(x, y)들로 표시한 다각형을 말한다.

**Bounding Polygon Coordinate 경계면 좌표** 경계면을 규정하는 연속적인 좌표(X, Y) 열을 말한다.

**Bounding Polygon Type 경계면 유형** 표현된 경계면의 유형을 말한다.

**Bounding Rectangle 경계 사각형, 최소범위사각형** 한 객체를 둘러싸고 있는 최소 직사각형으로, '최소 경계 직사각형'이라고도 한다. 대각선 위의 두 점, 즉 객체의 가장 작은 X, Y 좌표점과 가장 큰 X, Y 좌표점으로 정의된다. 경계 사각형은 객체의 형태를 미리 추정함으로써 객체 검색 시간을 줄이기 위해 사용된다. 지리사상의 모든 부분은 반드시 최소범위사각형의 경계선을 포함한 내부 영역에 존재한다.

**Box Counting Method 박스 계수법** 주로 해안선의 길이 혹은 복잡한 경로의 총 길이를 계산 하는데 주로 사용하였다. 이 방법은 정사각형(박스) 내를 지나는 길이를 정사각형의 한 변의 길이로 생각하여, 정사각형 내의 객체의 개수 혹은 경로가 지나는 박스의 개수와 박스의 한 변의 길이를 곱한 것으로 최종 길이를 계산한다.

**BP(Beginning Point) 기점** 측량에서 중심선 또는 거리표의 위치가 시작되는 지점이며, 일반적으로 측점번호를 0으로부터 시작한다.

**BPI(Bytes Per Inch) 인치당 바이트 수** 자성 매체에 저장된 정보의 밀도를 표현하는 단위. 1인치에 기록할 수 있는 바이트 수를 말한다.

**BPM(Business Process Management) 비즈니스 프로세스 관리** 업무 프로세스를 가시화하고 업무를 수행하는 사람과 시스템을 실행/통제하는 기술을 말한다.

**BPO(Business Process Outsourcing) 비즈니스 프로세스 아웃소싱** 업무처리 일부 과정을 주로 외부 IT서비스 업체에 맡겨 기업 가치를 창출하는 아웃소싱 방식으로서 기업은 비용절감뿐만 아니라 역량을 핵심 사업에 집중할 수 있는 이점이 있다.

**BPR(Business Process Reengineering) 업무 과정 재설계** 수익률과 고객 만족도를 향상시키기 위해 업무 절차를 본질적으로 재고하여 재설계하는 것으로, 동시공학(Concurrent Engineering)을 이용하여 혁신적인 해결책을 제시하는 것이다. 이러한 리엔지니어링은 무한 경쟁 시대의 도래, 고객 중심 체제로의 전환, 급속한 기술과 정보의 진보 등 급변하는 환경에 적응하여 생존하기 위한 전략의 일환으로 등장하였다. 경영과정 재설계를 하면 업무와 정보의 흐름이 크게 변한다. 그래서 업무과정 재설계 이후의 태세로 자연스럽게 옮겨가기 위해 리스트럭 처리용 도구로서 정보 체계를 이용하는 예가 많다. 전형적인 형태는 ① 중장기 목표에 따른 형태로 업무 전략 비전을 책정한다. ② 그것을 실현하기 위해 필요한 기업 형태와 사업 형태와 업무 형태를 분석하고 그에 맞게 설계한다. ③ 설계한 내용을 세분화한다. ④ 최적의 업무 실행 체제를 만드는 것이다.

**BPS(Bit Per Second) 초당 비트수** 1초 동안에 몇 개의 비트를 전송할 수 있는가를 나타내는 단위이다. 1초 동안에 1비트를 전송하면 1bps로 표시한다. BPS는 컴퓨터 통신에서 주로 사용되는 용어로서 데이터 전송의 빠르기를 평가하는 단위로 사용된다. 비트(Bit)는 컴퓨터가 다루는 정보의 최소 단위로 0과 1의 조합인 2진법으로 나타낸다.

**Bragg Angle 브래그** X선 파장과 결정 원자들의 거리가 알려졌을 때 결정에 의해 X선이 가장 효과적으로 회절되는 각을 말한다.

**Branch 분기** 동일한 상위 수준의 작업을 가지고 있는 모든 WBS 작업 단위를 말한다.

**Branch Pipe 분기관** 수도관로 등에서 다른 곳으로 분기하기 위한 관으로서, 예를 들면 배수관에서 배수관, 배수관에서 급수관을 분기하는 경우에 이용하는 T자관, ㄱ자관, 새들(saddle)부분 수전 등이 있다.

**Brand 브랜드** 옛날에 가축에게 주인이 있음을 알리는 불도장인 '낙인(烙印)'에서 유래되었다. 대부분의 기업들은 제품 자체보다 고객의 인식에 낙인을 찍은 브랜드전략에 주력하고 있다.

**Brand Identity(BI) 브랜드 식별자** BI(Brand Identity)를 참조.

**Branded App 브랜디드 앱** 일반적으로 유명 브랜드가 만든 앱을 가리킨다.

**Branding 브랜딩** 소비자로 하여금 상품을 이미지화하기 위해서 광고 홍보 등을 통하여 지속적인 관리로 소비자들로부터 상품의 이미지만으로도 상품과 회사를 알리는 마케팅의 한 방법이다.

**Bread-Crumbs 브레드크럼** 웹페이지 상단에 앞서 방문한 페이지의 링크를 가로로 나열해 사용자가 이전의 특정 페이지로 손쉽게 들어갈 수 있도록 하는 기능을 말한다.

**Break-down Maintenance(BM) 사후보전** BM(Break-down Maintenance)을 참조.

**Breakers 파쇄대** 해안 쪽을 향해 파도가 전진할 때 파도가 부서져서 거품을 이루는 지역을 말한다.

**Breakline 불연속선** 일정하게 지속되던 형상이나 성질이 급격히 변하는 층을 말다. 국토지리정보원의 '수치표고자료 구축에 관한 작업규정'에서는 지형자료(DEM) 중 표고 또는 경사가 급격히 변하는(불연속적인) 경계선으로 정의하였다. 또한 제방선이나 도로와 같이 지형이 급격한 변화를 보이는 부분으로 정의하기도 한다. 미국 NDEP(National Digital Elevation Program)에서는 표면이나 형상의 매끄럽고 연속적인 곳에서 상대적으로 급격한 변화를 표현하는 것으로 정의하였다. 불연속선은 강불연속선(Hard Breakline)과 약불연속선(Soft Breakline)으로 분류할 수 있다. '강불연속선'은 매끄러운 지표면에서 지형의 단절 및 중지를 표현하며, 하천의 수로와 같은 경사의 불연속을 표현한다. 한편, '약불연속선'은 이미 알고 있는 선형 지형지물의 표고값을 유지하게 된다. 즉, 불연속선이나 특성의 흔적만을 나타내게 된다. 동일한 표고값을 갖는 지점에 대한 지형의 기복을 표현하는데 있어 강불연속선은 보다 급격하게 경사를 표현하는데 반하여 약불연속선은 경사를 보다 부드럽게 표현한다. ArcGIS상의 불연속선은 일반적인 불연속선의 정의와 비슷하지만, 처리방법에 따라 약간의 차이가 있다. ArcGIS상에서 불연속선은 표면의 매끄러움과 연속성을 의미하는 용어로 선의 형상으로 표면모델링 시 중요한 역할을 한다. 즉, 표면의 형태를 묘사하거나 변형시킬 수 있으며 불연속선을 따라 Z값 표고값을 고정하거나 그 길이를 통해서 지형표면에 변화를 주게 된다. ArcGIS상에서는 불연속선을 크게 강불연속선, 약불연속선, 단층(faults) 등 3가지로 분류, 적용한다. 즉, ① 강불연속선 : 매끄러운 표면에 단절, 중지 등 불연속으로 정의, ② 약불연속선 : TIN(불규칙 삼각망)에서 선형 지형지물을 따라 이미 알고 있는 표고값을 유지시킬 때 사용, ③ 단층(Faults) : 표면 연속성의 중절을 묘사하는데 사용한다. 결론적으로 불연속선은 인공물, 변형지 중 표고 또는 경사가 급격히 변하는 경계선(특이선)을 말하며, DEM 작성에 있어 지형 표현을 보조하기 위한 자료를 말한다. 매끄러움과 연속성의 견지에서 불규칙 삼각망의 표면 성질을 규정하고 제어하는 선형 요소, 불연속선은 불규칙 삼각망에서 항상 선형요소로 유도된다. 높고 낮은 속성을 포함하는 개울과 해안선과 같이, X, Y, Z값을 포함하는 입체 수치화 요소는 주로 불연속선 요소로 저장된다.

**Breakwater 방파제(防波堤)** 파도의 힘을 분산시켜 해변, 항구 혹은 바다에 근접한 시설물을 보호하기 위해 설치된 구조물을 말한다.

**Breat Chain 단 체인** 노선의 일부를 변경하므로 인하여 중심선의 측점간 거리가 재래의 측점간의 거리보다 짧아진 측점과 측점간의 거리를 말한다.

**BREW(Binary Runtime Environment for Wireless) 브루** 핸드폰에 내장되어 있는 CDMA 칩의 제조사인 퀄컴사(Qualcomm)에서 개발한 모바일 플랫폼으로써 Binary형태의 파일을 실행할 수 있어서 속도가 타 무선 플랫폼과 비교해서 매우 월등하다. 퀄컴 칩셋을 쓰는 단말기에서만 사용된다. 자바기반의 기존 플랫폼들과는 달리 이용자들이 원하는 소프트웨어를 단말기에 직접 내려 받아 쓸 수 있는 점이 특징이며, 통신 사업자마다 플랫폼이 달라 많은 문제를 초래하고 있는 이동 콘텐츠 분야의 기술 표준으로 무선 인터넷 활성화에 크게 기여하고 있다.

**Bricolage 브리콜라주, 공작** "손으로 하는 수리"를 뜻하는 프랑스어로서 여러 자료를 갖고 조각과 단편을 짜 맞추는 작업이라고 프랑스의 레비 스트로스가 정의하였다. 즉, 미래사회의 창의 인재는 알고 있는 지식을 변용하거나 조합하고 발전시켜 제2, 제3의 새로운 것을 만들어내는 능력을 가진 사람이라는 뜻이다.

**Bridge 교량(橋梁)** 도로, 철도, 수로, 관로(管路) 등의 통로가 하천, 계곡이나 기타의 장소에서 다른 도로나 철도로 넘어가게 하기 위하여 가설한 구조물을 말한다.

**Bridge Management System 교량 관리 시스템** 교량의 계획, 설계 시공, 보수, 보강 개축 등과 관련된 업무를 효율적으로 수행하기 위한 체계를 말한다.

**Bright Shiny Object Syndrome 스타 물건 증후군** 그럴듯해 보이는 모바일 혁신이 새롭게 나타났을 때 기업이 거기에 성급하게 몰려드는 경향을 말한다.

**Brightness 밝기** 물체의 표면이나 점광원(點光源)에서 방출되는 빛의 세기의 차이를 주관적으로 느끼는 시각적 인식이다.

**Brightness Temperature 밝기 온도** 어떤 물체와 동일한 방사에너지를 방사하는 흑체의 온도를 말한다.

**Brightness Value 밝기 값, 휘도 값** 영상에 존재하는 영상소값으로 불연속적인 밝기의 양을 나타내는데 사용되는 값이다. 일반적으로 0~255 값으로 표시된다.

**British National Grid System 영국 도곽 체계** 영국의 도곽 체계를 기준으로 하였으며, 영국 국립 지리원(British Ordnancy

Survey)에 의하여 유지된다. 이 체계의 원점은 북위 49도, 서경 2도이다.

**British Standards Institute(BSI) 영국 표준 협회** BSI(British Standards Institute)를 참조.

**Brittle Material 취성 재료** 고체 재료들은 대부분 연성 재료와 취성 재료로 나눌 수 있다. 취성 재료는 유리, 콘크리트, 세라믹, 지구의 지표면처럼 항복강도가 존재하지 않는 재료들을 말한다. 이러한 재료들은 탄성 구간을 넘어 소성구간에 접어들면 거의 즉시 파괴된다. 취성 재료의 응력-변형율 선도는 탄성구간밖에 존재하지 않으며, 항복 응력이 거의 극한 강도와 동일하다. 따라서 기준 강도 또한 극한 강도이다. 변형이 일어나면 변형이 한 지점에서 집중적으로 일어나다가 변형이 집중적으로 일어난 부분이 파괴되며 그 부분을 중심으로 균열이 생기는 연성 재료와는 달리, 변형이 재료 전체에서 일어나다가 파괴가 되는 순간 축적되어 있던 탄성 에너지가 재료 전체로 퍼지며 균열이 빠르게 확산되는 것이 특징이다. Ductile Material을 참조.

**Brittleness 취성, 메짐성** 외부에서 힘을 받았을 때 물체가 소성변형을 거의 보이지 아니하고 파괴되는 현상을 말한다. 3~5% 이내의 변형에서 부서지거나 깨지는 암석의 성질을 취성이라고 한다. 취성이 큰 물질은 외부의 힘에 대하여 탄성이 약하기 때문에 저항하지도 못하고 소성이 없기 때문에 순응하지도 못하여 파괴된다.

**Broadband Convergence Network(BcN) 광대역 통합망** BcN (Broadband Convergence Network)을 참조.

**Broadband Integrated Service Digital Network(B-ISDN) 광대역 종합 정보 통신망** B-ISDN(Broadband Integrated Service Digital Network)를 참조.

**Broadband Network 광대역 통신망** 라디오 주파수에 해당되는 신호를 사용하여 정보를 교환하는 근거리 통신망의 1가지 형태. 광대역 통신망에서 스테이션은 동축케이블 또는 광섬유에 연결되어 있다. 따라서 스테이션에서는 주파수 분할 멀티플렉싱을 사용하여 자료 또는 음성 등과 같은 정보를 전달하게 된다.

**Broadcast 브로드캐스트** 통신망에 존재하는 모든 노드에 동일한 패킷을 동시에 전송하는 방식을 말한다.

**Broadcast Ephemeris 방송력(放送歷), 방송궤도력** 시간에 따른 천체의 궤적을 기록한 것으로, 각각의 GPS 위성으로부터 송신되는 항법메시지에는 앞으로의 궤도에 대한 예측값이 들어 있다. 형식은 매 30초마다 기록되어 있으며 16개의 Keplerian element로 구성되어 있다. GPS위성의 궤도정보(Ephemeris, 위성력)는 GPS측위의 정확도를 좌우하는 중요한 사항으로서 방송력과 정밀력으로 구분되며, Almanac과 같은 뜻이다. 방송력은 사전에 계산되어 위성에 입력한 예보궤도로서 실제 운행궤도보다 정확도가 낮다. 방송력은 위성전파를 수신하지 않고도 획득가능하다. 한편, 정밀력(Precise Ephemeris)은 실제 위성의 궤적으로서 지상추적국에서 위성전파를 수신하여 계산된 정밀한 궤도정보로서 후처리 방식의 정밀 기준점 측량 시 적용된다.

**Broadcast Ephemerides Message 방송궤도력 메시지** 위성의 궤도에 관한 정보를 시간의 함수로 결정할 수 있는 메시지를 말한다.

**Broad Data 브로드 데이터** 빅데이터와 비슷한 의미로 보다 나은 방법을 찾기 위해 요구되는 다양한 정보를 일컫는 말이다. 브로드데이터는 대량의 의미를 가진 빅데이터와 다른 다양한 정보이다. 전자상거래 등 마케팅에 빅데이터 분석이 널리 쓰이기 시작하며 다양한 소비자 정보가 요구되면서 각광받고 있다. 데이터 분석으로 소비자의 성향이나 효율적인 마케팅 방법을 찾기 위해서는 소셜 정보나 위치정보, 휴대폰 번호 정보 등이 기본으로 요구된다. 마케팅 활동의 핵심 정보로 '솔로모(SOLOMO: SOcial, LOcation, MObile)'가 꼽힐 정도로 데이터 분석은 중요해졌다. 최근 소비자는 의료에서부터 여행에 이르기까지 여러 산업군에서 다양한 채널을 통해 개인화된 상호작용을 기대하고 맞춤형 서비스를 얻을 수 있다면 자신의 개인정보를 기꺼이 유통업체와 공유하겠다는 생각을 갖고 있다. 따라서 기업들은 브로드데이터를 분석해 소비자에게 가치를 제공해야 할 필요가 있다.

**Broken Windows Theory 깨진 유리창 이론** [안전] 미국의 범죄학자인 하버드대 교수 윌슨(James Q. Wilson, 1931~2012)과 Northeastern 대학교와 하버드대 교수였으며, 현재 Rutgers-Newark대학교 명예교수인 켈링(George L. Kelling)이 1982년 "The Atlantic Monthly"에 공동 발표한 깨진 유리창(Fixing Broken Windows : Restoring Order and Reducing Crime in Our Communities)이라는 글에 처음으로 소개되었는데, 기본적으로 사회무질서에 관련된 이론이다. 깨진 유리창 하나를 방치해 두면, 그 지점을 중심으로 범죄가 확산되기 시작한다는 이론으로, 사소한 무질서를 방치하면 큰 문제로 이어질 가능성이 높다는 의미를 담고 있다. 이 이론은 마케팅 분야에서도 활용되었다. 마케팅 전문가인 마이클 레빈은 "깨끗한 길모퉁이에 누군가가 쓰레기를 하나 던져두면 반나절도 안 돼, 그곳은 쓰레기장으로 바뀐다."며 "직원 한 사람의 태만이나 불친절 때문에 큰 기업도 깨진 유리창 신세가 될 수 있다."고 지적했다. Heinrich's Law, Bird's Domino Law, Swiss Cheese Model, Human Error, Safety, Danger를 참조.

**Brownian Movement 브라운 운동, 영동작용** 브라운 운동(Brownian movement)은 입자와 그 주위에 있는 유체의 분자간의 충돌로 인하여 매우 작은 입자에 주어지는 불규칙한 운동(random motion)으로서, 입도가 2~3$\mu$m일 때 상당한 영향을 나타내고, 입도가 0.1$\mu$m 이하일 때는 중력의 영향보다 우세해서 중력침강의 효과가 크게 줄어들고, 중력침강이 일어나지 않는다. 이러할 때는 원심력을 이용함으로써 브라운운동의 효과를 상대적으로 줄일 수가 있다. 이론적으로 점토입자는 입경이 작고 비표면적이 커 중력보다 전기적인 힘에 크게 지배를 받아 입자자체가 주변입자에 영향 없이 자유로이 이동하는 현상을 말한다. 점토입자들은 초기에 영동작용에 가까운 거동을 보이지만, 영동작용 중에 응집이 발생하여 입자의 크기와 중량이 커져 전기적 거동을 하지 않기 때문에 이론적인 침강속도보다 실제 침강속도가 빠르게 나타난다.

**Browse 도시용, 브라우즈** 문서나 목록을 살펴보기 위해 대화상자나 목록 상자를 사용하는 것을 말한다.

**Browse Graphic 도시용 도형** 자료들에 대한 도식을 제공하는 도형으로서, 이것의 해석에 필요한 범례가 포함되어야 한다.

**Browse Graphic Fild Description 도시용 도형 필드기술** 도식에 대한 문자 설명을 말한다.

**Browse Graphic File Name 도시용 도형 파일명** 자료들의 도식을 제공하는 도형 파일명을 말한다.

**Browse Graphic File Type 도시용 도형 파일 유형** 관련된 도형 파일의 도형 파일 유형을 말한다.

**Browser 브라우저** 인터넷의 각종 자원을 검색할 때 사용하는 클라이언트 프로그램. 일반적으로 월드 와이드 웹(www) 브라우저를 의미하는데, 흔히 웹 브라우저라고도 한다.

**Browsing 검색, 일괄탐색** 주파수 분할 멀티 플렉싱을 사용하여 자료 또는 음성 등의 정보를 연산자를 사용하지 않고 데이터베이스를 탐색하는 기능을 말한다.

**BRS(Business Recovery System) 재해복구시스템** 재해복구시스템은 천재지변이나 테러 같은 참사에도 데이터를 보존하고 자동 복구하는 장치로, 회사 외부의 공간에 데이터보관을 위한 공간을 마련해 두는 방식이 대표적이다. 원격지에 별도의 컴퓨터 센터를 세워 시스템, 데이터 등 정보자산을 보호하고 재해가 발생하면 즉각 주 컴퓨터 센터를 대체, 기업의 경영활동이 계속될 수 있도록 하는 체계이다.

**Brun's Formula 브런스 공식** 중력교란 퍼텐셜과 정규중력 r로부터 지오이드고 N을 구할 수 있는 관계식 N=T/r의 간단한 형태로 표시된다. 따라서 브런스의 공식을 이용하면 중력의 교란 퍼텐셜이 구해졌을 때 정규중력 값으로부터 지오이드의 기복을 계산할 수 있다.

**Brunton's Universal Compass 브란톤 만능 컴퍼스** 자침방위와 경사각 측정이 가능한 컴퍼스로서 군용으로 많이 사용된다.

**Brushless 브러시리스 모터** [드론] 자기센서를 모터에 내장하여 회전자가 만드는 회전자계를 검출하고 이 전기신호를 고정자의 코일에 전하여 모터의 회전을 제어할 수 있게 한 것이다. 자기센서로 반도체 홀 소자를 사용한 것이 실용화되어 있어서 드론 등 정밀회전 제어를 필요로 하는 분야에서 널리 이용되고 있다. 브러시리스(Brushless) 모터는 3상전류를 사용해야 하기 때문에 ESC(Electronic Speed Controls, 전자 속도 제어)가 필요하다. ESC는 모터 회전을 위해서 지속적으로 다른 위상의 고주파 신호를 만들어 모터에 인가한다.

레이싱 쿼드콥터는 작은 브러시리스(brushless) 모터를 사용한다. 1306~2206 사이즈의 모터가 사용되는데, 처음 두 자릿수(mm)는 모터 몸체의 직경을 표시하고 마지막 두 자리는 고정자의 길이를 나타낸다. 모터의 특성 중에 kV값은 1볼트를 모터에 공급할 때의 RPM(분당 회전수)을 의미한다. 이 kV값이 크다고 더 좋거나 빠른 것은 아니다. 이 값은 모터의 토크에 반비례한다. 모터 kV값과 배터리 전압, 프로펠러의 크기는 중요한 상관관계가 있다. 너무 큰 프로펠러를 선택하면 쿼드 시스템에 과도한 전류를 흐르게 되어 문제를 발생할 수 있다. 그렇다고 작은 크기의 프로펠러는 모터를 효율적으로 사용할 수 없다. 모터 제조사는 모터에 연결되는 전압에 따라 적당한 프로펠러 크기를 표시하고 있다. ESC(Electronic Speed Controls) 참조.

**BS(Back Sight) 재시, 후시(後視)** 수준측량에서 표고높이를 알고 있는 점에 표척을 세워서 얻은 표척의 값을 말한다.

**BSC(Base Station Controller) 기지국 제어기** 기지국과 교환기 사이의 인터페이스 기능이다. 핸드오버 기능 및 기지국 관리를 담당한다. 기지국 제어 장치의 기능은 무선 접속 방식, 망요소 간 인터페이스 등에 의해 결정된다.

**BSD(Berkeley Software Distributation) 비에스디** 1977년 미국 캘리포니아 대학교 버클리(University of California, Berkeley)에서 개발한 유닉스 계열의 컴퓨터 운영 체제이다.

**BSI(British Standards Institute) 영국 표준 협회** 영국의 표준화 기구. 영국의 공간자료 교환표준인 NTF를 BS 7567로 인증하고, 이를 유지, 관리하는 권한을 가진다.

**B-Spline 비 스플라인** [자료처리], [영상처리] B-spline은 "Bezier(베지어)-Spline(스플라인)" 곡선을 뜻한다. Spline의 곡률을 조정하는 방법은 크게 2가지가 있는데, (1) 조절점(control point)이 곡선(curve) 위에 존재하는 보간 spline 방식(Bezier curve, Cardinal spline), (2) 곡선(curve) 근처에 놓이기는 하지만 직접적으로 조절점(control point)이 곡선 위에 놓이지 않는 근사(approximating) 형태의 spline이다.

조절점이 곡선 위에 있는 Bezier curve, Cardinal spline의 경우, 단위 곡선 구간(patch) 하나를 구성하는 조절점 가운데 어떤 것을 움직여도 곡선이 전체적으로 변한다. Adobe Illustrator와 같은 프로그램에서 곡선 한 조각과 관련된 네 점 가운데 어떤 것을 움직여도 전체 모양이 변한다. 즉, 편집과정에서 곡선 가운데 일부 형상만 바꾸고 싶어도 전체적으로 번거롭게 다루어야 하는 문제점이 있다. 한편, 조정점의 개수와 곡선식의 차수가 직결되어 근사적으로 나타낼 수 있는 점의 수에 어느 정도 제약이 있다. 이러한 문제점을 해결하기 위하여 드보어(de Boor), 콕스(Cox)가 제안한 방법이 B-spline(Bezier-Spline) 곡선이다. B-spline은 Bezier 곡선이나 Cardinal Spline과 같이 곡면을 조절하는 조절점(control point)이 spline위에 존재하지 않고, 곡선 근처에 놓이기는 하지만, 직접적으로 조절점이 곡선 위에 놓이지 않는 근사(approximating) spline의 형태를 가지고 있다. 근사 spline의 경우는 어느 정도 잘못된 위치의 조절점에도 부드러운 곡선을 계산할 수 있어 각 조절점이 일정한 범위에만 영향을 미치기 때문에 전체적으로 모양을 바꾸지 않고 원하는 부분만 조절해줄 수 있는 장점이 있다.

베지어(Bezier) 곡선은 조정점을 2개 이상 가질 수는 있지만, 단 1개의 점만 움직여도 곡선 전체가 변하기 때문에 최소 숫자인 2개만을 쓰는데 반해, 시작점과 끝점, 4개의 조정점으로 이루어진 B-spline(Bezier-Spline) 곡선은 여러 개의 조정점을 가져도 각각이 영향을 미치는 구간이 제한되어 있기 때문에 여러 조정점을 한 기본 곡선 단위인 패치(patch)에 한 번에 쓰는 경우가 많다. 또한 시작점과 끝점이 곡선 위에 있는 베지어(Bezier)와는 달리 B-spline은 $V_0$, $V_5$가 점 위에 있지 않다. 그렇다고 떨어져 있는 것은 아니며, 적절한 방법으로 시작점과 끝점이 곡선 위에 있도록 만들 수도 있다. 정확하게 말하면 B-spline은 베지어를 포함하고 있으며, B-spline 곡선을 특정한 형태로 제한해 보면 베지어와 같은 특성을 갖게 할 수도 있다. B-spline 곡선은 Bezier 곡선이나 Cardinal Spline 같이 곡면을 조절하는 조절점이 spline위에 존재하지 않고, 곡선 근처에 놓이기는 하지만 직접적으로 조절점이 곡선 위에 놓이지 않는 근사(approximating) spline의 형태를 가지고 있다. 근사 spline은 어느 정도 잘못된 위치의 조절점에도 부드러운 곡선을 계산할 수 있어 각 점이 일정한 범위에만 영향을 미치기 때문에 전체적으로 모양을 바꾸지 않고 원하는 부분만 조절해 줄 수 있는 장점이 있다. B-spline은 NURBS가 나오기 이전에 컴퓨터 그래픽스(Computer Graphics, CG)에서 구현되는 최강의 Spline이었다. Interpolation, Linear Interpolation, Ferguson Curve, Hermite Interpolation, Newton Interpolation, Lagrange Interpolation, Spline Interpolation, Bezier Curve, Cardinal Spline, Cubic Spline Curve, Patch Surface, NURBS를 참조.

**BSQ(Band SeQuential) Format 비에스큐 형식, 대역별 형식** [영상] 밴드(Band)순으로 순차적으로 저장된 형식이다. 원격탐사에서는 지상 물체에 대한 다양한 정보를 얻어내기 위하여 여러 가지 파장대에서 촬영한 영상 자료를 많이 사용한다. 이와 같이 영상 자료의 획득에 사용한 특정한 파장대를 일반적으로 밴드(Band)라고 부르는데, 이들 각 밴드의 영상 자료는 동일 지역을 나타내는 독립적인 영상 자료로서 저장이 된다. BSQ 방식은 각각의 밴드 영상을 그 순서에 따라 밴드 단위로 차례로 저장한 것으로서, 각 밴드의 영상자료를 독립된 파일의 형태로 만들어 순차적으로 기록하는 방식으로 영상자료 처리시 관측된 자료 중 일부의 밴드만 이용될 경우에 유리하다. 각 밴드별로 하나의 파일을 구성하는 방식으로 한 밴드만 모니터에 출력하거나 또는 영상처리가 필요할 때 해당 밴드만 읽어서 처리할 수 있으나, 두 밴드 이상의 영상을 읽어서 분석하는 경우는 각각의 밴드를 모두 읽어야 하는 번거로움이 있다. BIP, BIL, RLE를 참조.

**BSU(Basic Spatial Unit) 기본 공간단위** 관리 책임 또는 소유권 등의 요구되는 주제면에서 균등한 성질을 갖는 기본 영역 단위를 말한다.

**BTC(Beginning of Transition Curve) 완화곡선 시점(緩和曲線始點)** 완화곡선의 곡률(1/R)이 가장 작은 지점이며, 완화곡선이 직선과 접속되는 경우 완화곡선 시점의 곡선반지름은 무한대에 가깝다.

**BTS(Base Transceiver Station) 베이스 트랜시버 스테이션** 기저 대역 신호 처리, 유·무선 변환 및 무선 신호 송·수신 등을 수행하여 단말기와 직접적으로 연결되는 망종단 장치. 이 기지국 장치는 가입자 데이터를 단말기 또는 기지국 제어 장치로 투명하게 전달하는 것을 그 주요 기능으로 한다. BTS는 송신기, 수신기 및 전파 서비스가 될 수 있는 영향권 내에서 무선 전화 장치와 무선 채널을 통하여 통신하는 다른 장비들을 포함한다.

**Bubble Tube 기포관(氣泡管)** 유리관의 상부를 일정한 곡률로 굽히고 내부에 점성이 적은 알코올과 에테르를 넣고 기포가 되는 약간의 공간을 남기고 밀폐한 관으로, 측량기기를 수평으로 하는데 중요한 장치이다. 관의 상부에는 2mm 간격의 눈금이 매겨져 있다. 관을 굽히는 곡률이 기포관의 감도를 결정한다.

**Buffer 대상지역, 버퍼** GIS 연산에 의해 점·선 또는 면에서 일정거리 안의 지역을 둘러싸는 다각형으로서 점버퍼, 선버퍼, 면버퍼가 있다. 선택된 지도 객체의 주변으로 주어진 거리의 영역이 생성되는 근거리 분석의 하나이다. 버퍼는 사용자에 의해 정의되거나, 특정 객체의 속성값에 기초한 객체들의 집합을 위해 생성될 수 있다. 특정 객체에서 지정된 버퍼 거리 안에 있는 구역을 나타내는 영역 객체를 형성한다. 예) 벌목 예정지역의 2km 이내에 있는 모든 하천들을 찾는 경우 확장(Spread) 등의 이름으로 사용되기도 한다.

**Buffer Analysis 대상지역 분석** 점, 선 또는 다각형을 기준으로 특정한 지역을 설정하여 이 지역 내에 있는 모든 자료에 대한 검색, 질의 및 분석을 가능하게 하는 기능이다.

**Buffer Creation 대상지역 생성** 사용자가 지정한 어떤 점, 선, 면에서 일정 거리 안의 배후지를 생성하여 관련된 영향권을 분석할 때 사용한다.

**Buffer Generation 버퍼 생성** 대상영역(커버리지) 지형요소 주변에 주어진 거리의 영역이 발생되는 근접지점(proximity)분석의 한 형태이다. 이러한 버퍼 생성 응용은 이용권 파악, 영향권 설정, 토지 이용의 적지 분석 및 평가와 신규 도로를 개설할 때 용지 현황의 작성 등에 이용할 수 있다.

**Buffering 대상 지역 분석, 버퍼링** 적합한 지역 분석에 꼭 필요한 기능으로 점, 선, 다각형, 가중치(Weight) 대상 지역 분석이 있다. 예를 들면 일정한 지역 내에서 점, 선, 다각형으로부터 실거리 20m이내 지역만 허용할 수 있다. 가중치 대상 지역 분석은 점, 선, 다각형의 자료에 파급 효과와 관련되는 속성에 따라 가중치를 다르게 적용할 수 있는 분석 기능이다.

**Buffering Zone 대상 영역** 점, 선, 면과 같은 기본 지형요소와 대상지역, 주석과 같은 보조지형 요소 주변에 주어진 거리만큼 형성되는 영역을 말한다.

**Bug 오류, 버그** 컴퓨터가 제대로 작동하지 못하도록 하는 기계적, 전기적 혹은 전자적인 결함이나 프로그램을 코딩하는 과정에서 일어나는 오류를 의미한다.

**Building 빌딩, 건물** 내구성 있는 벽과 지붕으로 구성된 건축물. 사람이 살고 있거나 또는 살 수 있는 가옥을 말하며, 건물 유사구조물 또는 부속건물도 이에 포함된다.

**Building Area 건축 면적(建築面積)** 보통 1층이 차지하는 건축물의 면적을 말한다.

**Building Complex 빌딩군** 하나의 단위로서 같은 기능을 가진 빌딩이나 기타 관련시설물의 군집을 말한다.

**Building Information Modeling(BIM) 건축 정보 모델, 빌딩 정보 모델** BIM (Building Information Modeling)를 참조.

**Building is Open 건물 폐합 오류** 건물이 1개의 선형 요소로 폐합되어 있지 않은 경우에 발생한다.

**Building Site 건축 부지(建築敷地), 대지** 건축에 적합하고 건물이 그 위에 건립할 수 있도록 구획된 토지 공간을 말한다. 또한 건축 공사를 위하여 필요한 주위의 토지도 포함한다. Housing Lot 참조.

**Building Symbol Outside 건물 기호 위치 오류** 건물 내부에 존재해야 하는 기호가 건물 내부에 존재하지 않을 때 발생한다.

**Bulking 부피 팽창** 지하채굴로 공동이 형성되면 지반압력(地壓)이 낮아지게 되고, 암석의 부피팽창 현상이 나타난다. 이로 인해 지하공동의 천반 등이 붕락이 발생하게 되는데, 응력아치 형성에 의해 공동이 안정화되거나 암석의 부피팽창에 의해 채굴적이 채워질 때까지 붕락이 진전된다. 이때, 암석의 체적팽창으로 채굴석이 채워지는 경우 돔의 높이는 직상반의 강도, 채굴적(동공·洞空)의 크기와 함께 암석의 부피 팽창율이 중요한 인자가 된다. 암석의 부피증가율=파쇄상태의 암석부피/자연상태의 암석부피($m^3$)이다. Swelling을 참조.

■ 암종별 부피증가율(건설표준품셈)

| 암분류 | 암종별 | Bulking Factor |
|---|---|---|
| 극경암 | 규암, 각석 등의 석영질 경암 | 1.0 |
| 경암 | 화강암, 안산암 | 0.7 |
| 보통암 | 석회암, 다공질 안산암 | 0.6 |
| 연암 | 혈암, 사암 | 0.4 |

**Bulk Modulus 체적 계수** 일정한 '체적 변형률'을 발생시키기 위해 요구되는 정수압의 비(比)로서, 정수압에 대한 물체의 저항성을 나타낸다. 정수압이므로 $P = \sigma_x = \sigma_y = \sigma_z$이며, 이에 의한 체적 변형률 $\epsilon_V = \epsilon_x + \epsilon_y + \epsilon_z$이다. 체적 계수(K)는 $K = \frac{P}{\epsilon_V}$으로 정의되므로, $K = \frac{E}{3(1-2\nu)}$이다.

**Bump Mapping 범프 매핑** [영상처리] 객체(오브젝트) 표면의 울퉁불퉁함을 표현하기 위한 특수한 형태의 Texture 매핑(Mapping)으로서, (1) 아스팔트 표면처럼 모델링으로는 처리하기에 너무 미세하게 거친 표면이나 (2) 수면처럼 울퉁불퉁한 모양이 애니메이션 되어야 하는 경우에 주로 사용된다. 객체에 적용된 매핑 소스의 밝기 값에 따라 객체 표면의 법선(法線 Normal) 값을 변화시켜 울퉁불퉁한 표면을 처리하는 방법을 Bump 매핑이라고 한다. 일종의 눈속임으로서, 법선(Normal) 방향만 흐트러뜨렸을 뿐이며 객체 자체에는 아무런 변화가 없으므로 중간 부분은 그럴듯하게 보이지만 객체 가장자리는 여전히 직선을 이루는 문제가 발생한다. Mapping, Displacement Mapping을 참조.

**Bundle Adjustment 광속 조정(光束調整)** 중심투영의 기하학적 원리인 공선 조건(Collinear Equation)을 이용한 광속 조정법은 사진을 단위로 하여 조정을 수행함으로서 사진기의 위치와 자세를 나타내는 6개의 외부 표정(Exterior Orientation) 요소 및 대상점의 3차원 좌표를 결정한다. 공선 조건의 해석은 최소제곱법을 이용하여 관측 방정식과 정규 방정식 및 축약 방정식을 구성함으로서 수행된다.

**Bundle Block Triangulation 번들법** 번들 조정은 모델좌표의 계산과정을 거치지 않고 사진좌표로부터 직접 지상좌표로 환산한다.

**Buoy 부표(浮標)** 닻이나 암초, 수로 등의 위치를 알리기 위해 수면위에 떠있는 표시를 말한다.

**Bureau International de l'Heure(BIH) 국제 시보국** BIH(Bureau International de l'Heure)를 참조.

**Bureau International des Poids et Mesures(BIPM) 국제 도량위국(國際度量衡局)** BIPM(Bureau International des Poids et Mesures)를 참조.

**Bureau Marker 매표(埋標)** 삼각점, 수준점 및 정밀도가 높은 점을 설치할 때 그 성과를 영구히 보존하기 위하여 석재, 콘크리트, 금속재 등을 재료로 만든 표지를 지하에 매설하며, 이를 매표라 한다. 이때 지하의 반석표시 중심과 지상의 표시의 중심은 동일한 수직선상에 있어야 하는 등 지상표시와의 관계를 정확하게 정립하여야 한다.

**Bureau of Census 미국 통계국** 미국 통계국은 우리나라의 통계청과 비슷한 기관으로, 통계 자료를 주로 취급하고 있으며, 이에 대한 결과를 수치 자료로 제작·배포하고 있다.

**Buried Cable Marker 매설 표지** 케이블 등을 지하에 매설할 때에 굴착 및 매설시의 사고방지를 위하여 케이블 부설선 지상에 설치하는 콘크리트 표지기둥을 말한다.

**Buried Conduit 매설관** 지하에 매설된 수도관, 가스관 등의 관을 말한다.

**Buried Deph 매설깊이, 매설심도** 시설물을 지하에 설치하는 깊이를 말한다. 지면으로부터 지하시설물의 중앙 상단까지의 거리를 말한다.

**Burrell Carver Smith 버렐 스미스** 매킨토시의 하드웨어 핵심부문을 설계한 엔지니어. 1979년 입사한 후 매킨토시 프로젝트에 투입되어 잡스의 지시 아래 혁신적인 디지털 보드를 설계했다. 그는 개발 단계에서 5종의 서로 다른 디지털 보드를 제작했으며 기존의 디지털 보드 성능을 크게 개선하는 데 성공하여 매킨토시 기능 혁신의 주역으로 꼽힌다.

**Bus 버스, 본체** ① 컴퓨터 내에서 기억장치, 저장 장치, 주변장치와 같은 한 장치에서 다른 장치로 관련 신호나 정보를 전달하기 위해 사용되는 신호의 집합이다. ② 위성체에서 위성의 임무를 수행하는 탑재체를 싣고 항해할 구조물인 위성을 흔히 본체라고 부르며, 본체의 목적은 위성을 정해진 위치에 안정된 자세로 있도록 조정하는 목적을 갖는다.

**Bus Stop 버스 스톱** 현 위치 기반의 버스 정류장 검색 서비스를 제공하는 애플리케이션을 말한다.

**Business Area 업무 영역** 기업의 전체 업무를 그 성격에 따라 구분한 형태. 구분된 업무영역은 업무분석 사업의 단위가 된다.

**Business As Usual(BAU) 2030년 온실가스 배출전망치** BAU(Business As Usual)를 참조.

**Business Function 업무 기능** 기업의 사명을 달성하기 위하여 수행하는 업무 활동의 집합으로, 기업의 한 측면을 지원하는 데에 연관된 모든 업무활동을 나타낸다. 추상적인 차원에서 정의되며, 실행의 의미를 가지지 못한다. 또한 조직 구조와는 독립적으로 수행되므로, 조직이 변경되어도 기업의 목표가 변하지 않는 한 조직과 상관없이 정의할 수 있고, 기존 시스템과의 구조와도 독립적이다. 업무 기능은 개념저인 최상위 수준부터 분해되며, 분해된 결과는 업무 기능 계층도에 그 내용과 계층이 표시된다.

**Business Functional Hierarchy 업무 기능 계층성** 시스템 디자인과 분석에서 업무의 기능이나 과정을 점점 더 상세한 수준으로 분석하여 서술하는 문서를 말한다.

**Business GIS 비즈니스 지아이에스** 복잡한 분석을 필요로 하지 않고 단순히 주어진 데이터를 쉽게 지도로 생성하여 사용자들이 직관적으로 그 공간적 분포를 이해할 수 있도록 도와주는 사용자 어플리케이션. 비즈니스 GIS 제품에는 공간 연산 및 질의 등이 포함되지 않으며, 업무에서 그 사용이 빈번하고 동작이 단순하여 쉬운 것이 특징이다.

**Business Intelligence(BI) 비즈니스 인텔리전스** BI(Business Intelligence)를 참조.

**Business Logic 비즈니스 로직** 자료의 조작과 계산의 수행을 말한다.

**Business Model 업무 모형** 업무요건을 명확히 정의하여 이를 논리적으로 체계화한 것으로서, 자료 모형, 업무 활동 모형, 상호 작용 모형을 총칭. 사업의 수행단계에 따라 업무모형의 분석 수준이 상세해진다.

**Business Modeling 업무 모형화** 기업의 환경과 업무요건에 따라 모형을 작성하는 작업. 사업이 수행되어 업무 모형화가 진행됨에 따라 업무 모형의 분석 수준이 상세해진다.

**Business Process Management(BPM) 비즈니스 프로세스 관리** BPM(Business Process Management)를 참조.

**Business Process Outsourcing(BPO) 비즈니스 프로세스 아웃소싱** BPO(Business Process Outsourcing)를 참조.

**Business Process Reengineering(BPR) 업무 과정 재설계** BPR(Business Process Reengineering)를 참조.

**Business Recovery System(BRS) 재해복구시스템** BRS(Business Recovery System)를 참조.

**Business Requirement 업무 요건** 업무 분석의 결과로 얻어진 업무 처리 절차, 문제점, 정보 요구 등의 사항, 정리된 업무 요건은 모두 새로운 업무 모형에 반영되어야 한다.

**Business Software 업무용 소프트웨어** 상업용으로 개발된 프로그램으로 스프레드시트, 데이터베이스 시스템, 그래픽용 패키지, 봉급 프로그램, 회계 프로그램 등이 있다.

**Business Strategy 경영 전략** 기업의 존재 이유, 주요사업, 미래의 사업 방향 등에 대한 것이다. 기업은 경영 전략 없이 운영될 수 없으며, 기업에 따라 경영 전략이 문서화되어있지 않거나, 환경 요인 등으로 인하여 새롭게 수립해야 하는 경우가 있다.

**Business to Consumer(B2C) 비투시, 기업-소비자 간 전자상거래** B2C(Business to Consumer)를 참조.

**Business to Government(B2G) 비투지, 기업-정부 간 전자상거래** B2G(Business to Government)를 참조.

**Business-to-Business(B2B) 비투비, 기업 간 전자상거래** B2B(Business-to-Business)를 참조.

**Button Menu 버튼메뉴** 타블릿, 스타일러스, 퍽 또는 다중 버튼을 사용하는 마우스로 선택할 수 있는 메뉴를 말한다.

**Buzz 버즈** 인터넷 공간에 넘쳐나는 댓글. 버즈는 '벌이 귓가에서 윙윙거리는 소리' 혹은 '소문'이란 뜻을 가진 단어다.

**Buzz Analysis 버즈 분석** 선거 캠페인과 관련해 사회네트워크 혹은 커뮤니티, 블로그, 트위터, 기타 온라인 사이트 등에 올라오는 대화 언어를 분석하는 소프트웨어를 말한다. 우리나라 업체로는 엠브레인, 매트릭스, 다음소프트 등이 있다. 외국에서는 오피니언마이닝(Opinion Mining)이란 단어로 사용되고 있다.

**Buzz Map 버즈 맵** 하나의 콘텐츠가 어떻게, 어떤 경로로, 얼마만큼 확산되었는지를 한 눈에 보여주고 모니터링 할 수 있게 도와주는 서비스이다.

**Buzz Word 버즈워드** 특정 주제와 관련해 인터넷에 떠도는 방대한 글들을 수집해 추세를 분석하고 글의 성향이 긍정적인지, 부정적인지 등을 분석하는 기법이다.

**Bypass Pipe 부관** 표면 구배가 급격한 장소 등에서 관거의 단차접합을 하는 경우, 단차가 60cm이상일 경우에는 맨홀 유입

직전에 수직인 관에 의하여 하수를 낮은 쪽의 수위까지 유하시키고 맨홀 내부로 유도하는 관이다. 부관은 맨홀 내에서의 점검이나 청소작용을 용이하게 함과 동시에 측벽 등의 마찰을 방지하는 역할을 한다.

**Byte 바이트** 정보량의 최소 단위인 비트(Bit, 0과 1)의 집합으로 구성된 기본 단위로서, 바이트는 컴퓨터에 의한 데이터 처리, 저장, 전송의 기본적인 정보 단위로서 많이 사용된다. 일반적으로 1바이트는 8비트로 구성되는데, 이 경우 비트의 조합은 $2^8=256$가지가 되며, 이것을 문자 부호로서 사용하면 알파벳 문자의 대문자와 소문자, 구두점 등 문법 기호 및 일부 특수 기호를 표현할 수 있다. 따라서 바이트의 실질적 의미는 ASCII 문자 하나를 나타낼 수 있다는 것이다. 참고로 한글이나 한자는 수천 또는 수만 종류가 있기 때문에 2바이트 부호가 사용된다. 2바이트 부호로는 65,536 종류의 문자를 표현할 수 있다. Bit를 참조.

**Bytes Per Inch(BPI) 인치당 바이트 수** BPI(Bytes Per Inch)를 참조.

**C 씨** PDP-11에서의 시스템 프로그래밍을 위하여 1972년에 California At &T Bell Labs의 Dennis Ritchie에 의해 설계된 유닉스 환경에서 가장 뛰어난 개발 언어. C는 매크로 전 처리기 CPP를 가진다. 부분적으로 유닉스와 함께 공급되기 때문에 C는 약 1980년 이후에 Bell Labs 개발된 운영 체제. UNIX에서는 운영 체제의 대부분을 C로 작성하고 있다. 이러한 이유로 오늘날 시스템 소프트웨어를 개발하기에 가장 적합한 시스템 프로그래밍 언어로 인정받고 있다. C는 현재 객체 지향 프로그래밍 방법을 허용하는 C++로 확장되었다.

**C++ 씨 플러스 플러스** At & T사의 벨 연구소에서 개발한 고급 프로그래밍 언어. C언어의 모든 장점과 객체 지향 프로그래밍의 장점을 결합했다.

**C1 Gas 씨원 가스** C1 가스는 넓은 의미에서 셰일가스를 비롯해 이산화탄소($CO_2$), 일산화탄소(CO), 바이오가스 유래 메탄($CH_4$)처럼 탄소의 개수가 1개인 가스를 의미한다. 메탄가스는 이산화탄소보다 큰 온실 효과(Greenhouse Effect)를 유발하는 환경오염 물질이며, 주로 오일 및 가스 채굴과정에서 유출되거나, 폐수처리, 가축들에 의해서도 대량 발생되고 있다. 메탄은 환경오염의 원인이 되기도 하지만, 셰일가스의 주성분으로 에너지 자원으로도 큰 주목을 받고 있다. 북미에서 셰일가스 바람이 불면서 전 세계적으로 셰일가스를 포함한 C1 가스가 주목받고 있는데, C1 가스를 활용하는 원천기술이 개발되면, 미래의 화학, 에너지산업에는 녹색 바람이 불 것으로 예상된다.

제철소나 화학공장 등에서 발생하는 부생가스인 CO는 호흡 시 질식사를 유발하는 대단히 독성이 높은 가스로서, 현재로는 단순한 산화반응으로 저부가가치 열량을 얻어내는 목적으로 주로 사용된다. 이때 최종산물로 온실효과의 주범인 이산화탄소가 나오므로 다른 활용 방법이 필요하다. 따라서 메탄과 CO를 산업적으로 더 유용하게 활용할 수 있는 원천기술의 개발이 요구되고 있다. 이 기술이 바로 'C1 가스 리파이너리(refinery, 정제) 기술'이다. 이는 생물학적·화학적 직접 전환을 통해 메탄 및 CO를 고부가가치 화학원료나 가솔린 등을 대체할 수 있는 수송용 연료를 제조하는 기술이다. C1 가스 리파이너리 기술은 대기오염 물질이 될 수 있는 메탄과 CO를 산업적으로 재활용해 기후변화 예방에도 기여할 수 있는 대표적인 녹색기술이다.

북미에서 시작된 셰일가스 혁명이 세계 에너지 · 화학산업에 큰 영향을 주고 있으며, 메탄 기반의 C1 리파이너리 원천기술을 개발하는 도화선이 되고 있다. 셰일가스 자원의 존재는 오래전부터 알고 있었으나, 수평시추·수압파쇄법이라는 경제적인 채굴방법이 개발되면서 본격적으로 활용되고 있다. 지하 퇴적암층인 셰일층의 미세한 틈새에 분포돼 있는 셰일가스는 메탄이 70~90%, 에탄이 5~10%, 프로판 및 부탄이 5~25% 정도로 존재하고 있다. 미국의 경우 나프타 원료 기반의 석유화학산업이 경쟁력을 잃고 있었으나, 셰일가스가 미국 석유화학산업을 부흥시키고 있다. 리온델바젤사(LyondellBasell)가 셰일가스 에탄을 원료로 활용해 2010년 기준으로 100억 달러의 적자를 내다가 1년여 만에 29억 달러의 흑자로 전환한 성공 스토리는 유명하다. 이러한 성공을 바탕으로 미국 에너지부(DOE)에서 셰일가스 기반의 연료 및 화학소재 기술 개발 프로그램에 수천억 원을 지원하기로 했으며, 메탄가스 전환 기술을 개발하기 위해 DOE의 '에너지 고등연구 계획국(ARPA-E)' 아래 REMOTE (Reducing Emission using Methanotrophic Organisms for Transportation Energy) 프로그램을 통해 C1 전환 원천기술 개발을 추진하고 있다. CO 전환은 합성가스($H_2$ + CO) 내 CO를 화학공정을 이용해 합성연료 및 화학원료를 제조하는 기술 개발을 중심으로 진행해왔으며, 일부 상업화에 성공했다. 또한 란자테크(LanzaTech), 이네오스 바이오(INEOS Bio), 코스카타(Coskata) 등의 회사가 중심이 되어 생물학적 CO 전환공정에 대한 상업화도 추진하고 있다. CCS를 참조.

**C4I(Command, Control, Communication, Computer, Intelligence) System 씨포아이, 합동지휘통제체계** 지휘(Command), 통제(Control), 통신(Communication), 컴퓨터(Computer), 정보(Intelligence)를 통합・관리하는 지휘(Command), 통제(Control), 통신(Communication), 컴퓨터(Computer), 정보(Intelligence)를 말한다. 지휘관이 전장(戰場)에 성공적인 지휘 및 통제를 하기 위해서는 정확한 시간과 장소에 정확한 정보를 필요로 하며, 통신수단을 이용하여 신속히 정보를 전파 또는 전송해야 한다. 이와 같은 지휘/통제/통신 및 정보의 4가지 요소를 유기적으로 통합하고 전산화함으로써 지휘관이 실시간 작전대응능력을 갖도록 지원하는 시스템이 C4I체계이다.

이러한 군(軍)의 합동지휘통제체계(C4I)는 국민의 안전과 직결된 재난대응은 물론 지상시설물・지하시설물・지하구조물・지질・지반의 효율적인 안전한 관리를 위해서는 지하공간체계・유관부처・기관을 엮는 C4I시스템의 구축이 필요하다. 현재 단방향적 지하시설물 관리체계에서 사물인터넷(IoT)을 적용함으로써 지하공간체계・유관부처・기관의 양방향 커뮤니케이션이 가능해진다.

**C/A Code(Coarse/Acquisition Code) 씨에이 코드** GPS 위성에서 송신되는 코드로 PRN 코드와 같은 계열의 코드로 각각의 위성은 자신만의 고유한 코드를 1개씩 나누어 가지고 있다. 각각의 코드는 1,023chips로 구성되어 초당 1.023MB의 속도로 전송되며, 이 코드의 순서는 1/1,000초마다 반복된다. C/A 코드는 Gold 코드와 PRN(Pseudo-Random Noise) 코드로 나뉘는데, 이들은 두 코드 간에 매우 낮은 상관관계를 갖고 있어 구분된다. PRN 부호는 각 위성마다 유일하도록 서로 다르며 이진(binary) 부호로 구성되는데 매우 길고 복잡하기 때문에 신호 자체만 보았을 때는 의미를 파악할 수 없다. 사실상 PRN 코드는 어떠한 정보를 담고 있는 것이 아니라, 이름에서 알 수 있듯이(Random Noise) 어떠한 규칙에 의해 만들어지는 불규칙한 이진수열로써 위성까지의 거리를 측정하는데 사용된다. 이 PRN 코드는 다시 C/A 코드와 P 코드의 두 종류로 나누어진다. C/A 코드는 현재 L1 주파수로 송신되며, L1 반송파에 담겨지는 데이터이다. 이 코드는 대역폭이 1MHz인 PRN을 반복하게 되는데, PRN은 Noise 같이 보이지만, 실제로는 일정한 규칙성을 나타내는 사람이 만들어낸 신호를 1MHz의 대역폭 내에 분포하고 있다. 이 PRN은 각 위성마다 달라서 각각의 위성의 고유한 Code No.로서 위성을 식별할 수 있는 지표가 된다. C/A 코드는 L1 반송파에 변조되어 일반 SPS(Standard Positioning System)에 제공된다.

**C/A Code Receiver 씨에이 코드 수신기** GPS 신호 중 C/A코드만 수신할 수 있는 수신기를 말한다.

**CaaS(Communications as a Service) 커뮤니케이션 서비스, 카스** 커뮤니케이션을 서비스로 가트너에서 정의한 용어로, 기업용 인터넷 전화를 의미한다. 가트너는 CaaS를 "인터넷 프로토콜(Internet Protocol)망을 기반으로 한 음성전화 서비스"로 정의했다.

**Cable Way 삭도(索道)** Cableway를 참조.

**Cableway 삭도(索道)** 기둥 사이에 길게 연결되어 있는 케이블선을 이용하여 물건을 운반하는 운송 체계를 말한다.

**Cabling 케이블링** 어떤 케이블로 어떻게 배선할 것인지를 의미하며, 미국 전자 기술자 협회(IEEE) 규격에 따른 이더네트에는 IEEE 802.3 토큰링에는 IEEE 802.5가 사용된다.

**Cache Memory 캐시 기억 장치** 속도가 빠른 중앙 처리 장치(CPU)와 CPU에 비하여 상대적으로 속도가 느린 주기억장치 사이에서 원활한 정보의 교환을 위하여, 주기억장치의 정보를 일시적으로 저장하는 고속 기억장치. 자주 사용하게 되는 자료나 프로그램을 위한 일시적인 저장소를 말한다.

**Caching 캐싱** 사용자들의 요청이 많은 콘텐츠를 별도 서버에 임시저장한 뒤 필요할 때마다 바로바로 데이터를 전송하는 기술. 데이터가 인터넷을 통해 전송되는 과정에서 낭비되는 시간을 줄여주기 때문에 데이터베이스의 과부하를 감소시키고 응답시간을 단축시킨다.

**CAD(Computer Aided Design) 캐드, 컴퓨터 이용 설계・제도** 컴퓨터를 이용하여 설계 작업의 소요시간과 경비절감으로 효율화를 추구하며, 생산성을 향상시킴과 더불어 품질, 신뢰성의 향상을 목적으로 하는 설계방법이다. 컴퓨터를 이용하여 각종 디자인(설계)의 기획, 도면 작성, 수정 등을 최적의 상태로 수행하며 Database 구축으로 설계업무의 제반 사항을 신속, 정확하게 처리하여 주는 시스템으로 정의할 수 있다. 넓은 의미로는 CAD란 설계 분야뿐만 아니라 생산 및 물류관리, 판매에 이르기까지의 모든 공정을 컴퓨터의 도움으로 발전시킨다는 개념으로 확대하여 볼 수도 있다.

CAD는 컴퓨터의 강력한 데이터 처리 능력을 이용하여 디자인

(설계)에 필요한 자료를 그림의 형태로 나타내어 디자이너(설계자)의 이해를 돕게 해주는 역할을 수행하기도 한다. 컴퓨터에 의해 만들어지는 이미지(image)작업은 컴퓨터를 사용하는 기법 가운데 가장 효율적으로 사용된 기법으로, 특히 컴퓨터에 의해 디스플레이(display)시키는 방법은 초기에는 입・출력 장치 간에 생기는 문제를 해결하기 위해서 시작되었으며, 디스플레이(display) 기법과 컴퓨터 운용기법의 발전으로 사람과 기계사이의 대화식(interactive) CAD로 발전을 가져와 CAD에 의한 결과를 이미지 형태로 나타내어 볼 수 있게 되었다. Interactive Graphic Computer Aided Design이라는 단어에서 interactive는 "대화식"이라는 뜻으로 사람과 컴퓨터 시스템간의 의사전달 방식으로 마치 사람과 사람이 서로 말을 주고받는 것과 같은 방식을 나타내며, graphic이라는 단어는 이 같은 대화식에 의한 중개방식을 그림이라는 대상을 통해 수행되게 해주는 것이다. Computer Aided Design이라는 단어는 컴퓨터의 도움으로 설계할 대상을 컴퓨터와 사람이 동시에 이해할 수 있는 상태로 표현하는 것을 의미한다. 이처럼 단어가 뜻하는 바와 같이 장비 및 소프트웨어를 활용하여 실물과 같은 사실 감각을 느끼게 하는 것이다. 컴퓨터 이용 제조(Computer-aided manufacturing, CAM)와 대비를 이룬다. CAD/CAM기술은 기계설계, Bio/Nano/Medical CAD, 선박설계, 건축설계, 토목설계, 플랜트설계 등 매우 다양한 분야에서 활용되고 있고, 그 기반기술은 형상모델링, 그래픽스, 휴먼 모델링 및 인터랙션, PLM 등 매우 광범위하게 퍼져 있다. 우리나라의 경우 "한국CAD/CAM학회(www.cadcam.or.kr)가 1995년 설립되어 활동 중이다. CAM, CAE, CAD/CAM/CAE를 참조.

**Cadastral 지적(地籍)** 토지에 대하여 일정한 사항(지번, 지목, 경계 등)을 국가가 등록(지적공부)하여 국가에 비치하는 기록을 말한다.

**Cadastral Book 지적부** 지적측량에 의하여 만든 부책으로서 토지소재지, 지번, 지목, 지적, 등기이전 및 그 일자 등을 기입한 장부. 지적측량이 끝나고 등기소에 보내지면 토지등기부의 표제로 되며 지적도는 부도로서 공도가 된다.

**Cadastral Committee 지적 위원회(地籍委員會)** 「측량・수로조사 및 지적에 관한 법률」 제28조(지적위원회) 제1항에 의거 국토교통부에 중앙지적위원회를 두며, 위원회는 (1) 지적 관련 정책 개발 및 업무 개선 등에 관한 사항, (2) 지적측량기술의 연구・개발 및 보급에 관한 사항, (3) 지적측량 적부심사(適否審査)에 대한 재심사(再審査), (4) 측량기술자 중 지적 분야 측량기술자(지적기술자)의 양성에 관한 사항, (5) 지적기술자의 업무정지 처분 및 징계요구에 관한 사항 등을 심의・의결한다. 한편, 제28조 제2항에 의거 지적측량에 대한 적부심사 청구사항을 심의・의결하기 위하여 특별시・광역시・특별자치시・도 또는 특별자치도에 지방지적위원회를 둔다. 또한 중앙지적위원회와 지방지적위원회의 구성 및 운영에 필요한 사항은 대통령령으로 정한다. 참고로 「공간정보 구축 및 관리 등에 관한 법률」 제29조(지적측량의 적부심사 등) 제1항에서 토지소유자, 이해관계인 또는 지적측량수행자는 지적측량성과에 대하여 다툼이 있는 경우에는 대통령령으로 정하는 바에 따라 관할 시・도지사를 거쳐 지방지적위원회에 지적측량 적부심사를 청구할 수 있다고 규정하고 있으며, 지적측량 적부심사청구를 받은 시・도지사는 30일 이내에 (1) 다툼이 되는 지적측량의 경위 및 그 성과, (2) 해당 토지에 대한 토지이동 및 소유권 변동 연혁, (3) 해당 토지 주변의 측량기준점, 경계, 주요 구조물 등 현황 실측도 등을 조사하여 지방지적위원회에 회부하여야 하며. 지적측량 적부심사청구를 회부받은 지방지적위원회는 그 심사청구를 회부받은 날부터 60일 이내에 심의・의결하여야 한다. 다만, 부득이한 경우에는 그 심의기간을 해당 지적위원회의 의결을 거쳐 30일 이내에서 한 번만 연장할 수 있다.

한편, 「공간정보 구축 및 관리 등에 관한 법률」 부칙(법률 제9774호) 제7조에서는 종전의 「지적법」에 따라 설치된 중앙지적위원회와 지방지적위원회는 각각 「공간정보 구축 및 관리 등에 관한 법률」 제28조에 따라 설치된 중앙지적위원회와 지방지적위원회로 정의하고 있다.

**Cadastral Control Point 지적 기준점** 지적 측량 지역 전체에 걸쳐 골격을 이루는 점으로서 위치가 결정된 표석을 말한다.

**Cadastral Control Traversing 지적 도근 다각 측량** 지적 도근 다각 측량은 도근 측량을 시행함에 있어 기설 지적 삼각점과 연결이 곤란한 경우, 설치하며, 삼각점 또는 지적 삼각점을 기준으로 행한다.

**Cadastral Control Triangulation 지적 도근 삼각 측량** 국가 기본 삼각점과 지적 삼각점을 기초로 하여 실시하는 측량이다. 지적삼각점 간 거리는 평균 2~5km로 하며, 삼각점은 영구히 보존할 수 있는 장소, 명칭은 해당 지역의 시・도명과 시・군・구명 중 1자를 채택하고 행정 단위별로 일련번호를 부여하여 설치한다.

**Cadastral Data Content Standard 지적 내용 표준** 이 표준은 공공지적에 대한 일반적 정의 및 개체, 속성정의 등을 제시하였다.

**Cadastral Detail Map 지적 명세도** 지적도는 법적으로는 최대 1/500으로 하게 되어 있으나 국부적으로 이러한 축척으로는 바라는 정도를 얻을 수 없을 때 부분적인 확대도를 작성하게 되어 있다. 이것을 지적명세도라 하며 1/100, 1/50, 1/25 등을 쓴다.

**Cadastral Detail Surveying 지적 세부 측량** 평판상에서 좌표 방안 및 기준점의 위치를 전개하고, 이것을 기준으로 필계선 등을 측량하여 그리는 것을 말한다.

**Cadastral Investigation 지적 조사** 토지에 대한 등기조사 이다. 토지의 일필지 단위에 대한 요건을 권력적 입장에서 행정적 또는 사법적으로 조사하여 대장에 등기하는 것을 말한다.

**Cadastral List 지적부** 지적측량에 의하여 만든 부책으로서 토지소재지, 지번, 지목, 지적, 등기이전 및 그 일자 등을 기입한 장부. 지적측량이 끝나고 등기소에 보내지면 토지등기부의 표제로 되며 지적도는 부도로서 공도가 된다.

**Cadastral Map 지적도(地籍圖)** 토지대장에 등록된 토지의 경계를 밝히기 위한 도면(지적도, 임야도)으로 국가가 만들어 보관하는 지적공부의 일종이며 토지 소유권 확립 상 중요한 요소이다. 토지의 소재, 지번, 지목, 경계등을 등록한 도면으로 지적도의 축척은 1/500, 1/600, 1/1,000, 1/1,200, 1/2,400 등이 있다.

**Cadastral Measuring 지적 측정** Cadastral Survey를 참조.

**Cadastral Parcel 토지 대장** 법적으로 실제 물건의 양, 값, 소유권의 공적인 등록을 말한다.

**Cadastral Photogrammetry 지적 항공 측량** 지적목적(위치결정, 지형측량, 항측도 작성)을 위해 종이지도 또는 수치지도 방식으로 대규모 지역에 항공사진을 이용하는 측량기법을 말한다.

**Cadastral Record 지적공부(地籍公簿)** 토지대장, 임야대장, 공유지 연명부, 대지권 등록부, 지적도, 임야도 및 경계점 좌표 등록부 등 지적측량 등을 통하여 조사된 토지의 표시와 해당 토지의 소유자 등을 기록한 대장 및 도면(정보처리시스템을 통하여 기록·저장된 것을 포함한다)을 말한다(「공간정보구축 및 관리 등에 관한 법률」 제2조 제19호).

**Cadastral Resurvey 지적 재측량** 지형선과 지적선의 불부합 문제를 해결하기 위한 측량을 말한다.

**Cadastral Supplementary Control Station 지적용 도근점(地籍用圖根點)** 국가 기본 삼각점, 지적 측량용 삼각점, 삼각 보조점을 기초로 하여 세부측량의 기준이 될 수 있도록 설치한 기준점을 말한다.

**Cadastral Surveying 지적측량** 토지를 지적공부에 등록하거나 지적공부에 등록된 경계점을 지상에 복원하기 위하여 필지(parcel)의 경계 또는 좌표와 면적을 정하는 측량을 말하며, 지적확정측량 및 지적재조사측량을 포함한다(「공간정보구축 및 관리 등에 관한 법률」 제2조 제4호). Fundamental Survey, Public Survey, General Survey, Waterway Survey를 참조.

**Cadastral Survey Result 지적 측량 성과(地籍測量成果)** 지적 측량을 실시하여 작성한 측량부. 측량 원도 및 면적 관측부에 등재된 측량 성과. 지적 삼각측량, 지적 삼각 보조 측량, 도근 측량을 실시하고 그 성과를 기록한 측량부와 세부 측량을 실시하고 측량 결과를 기록한 측량 원도 및 필지별 면적 관측 결과를 기록한 면적 관측부 등에 등재된 측량 성과를 뜻한다.

**Cadastral Terrier(or Book) 지적 대장(地籍 臺帳)** 토지 대장과 임야 대장을 말하며, 주로 토지의 물리적 현황과 법적 권리 관계 등을 등록 공시하는 지적 공부. 그 외의 부수적인 대장은 공유지 연명부와 집합 건물의 대지권을 등록하는 공유지 연명부이다.

**Cadastre 토지 대장** 일필지의 토지에 대한 정보를 총괄적이며 체계적으로 가장 최신의 자료를 내포하고 있는 공적 등록부. 공유지나 사유지의 경계와 함께 토지에 대한 소유권이나 조세 정보를 담고 있는 기록이다. 법적으로 실제 재산의 소유권, 가치, 물량의 공공 등기 대장을 말한다.

**Cadastre of Three Dimensionnal 3차원 지적** 입체 지적이라고 하며, 토지의 지표·지하·공간에 형성되는 선, 면, 높이로 구성된다.

**CAD/CAM/CAE(Computer Aided Design/Computer Aided Manufacturing/Computer Aided Engineering) 캐드/캠/씨에이이** 일반적으로 CAD/CAM/CAE는 컴퓨터를 이용한 설계 및 생산과 해석을 의미한다. 즉, 과거에는 수작업으로 행하던 일들을 컴퓨터를 이용하여 제품의 설계와 생산과 해석을 자동화함으로써 생산성을 높이는 기술을 일컫는 것이다. CAD/CAM/CAE 시스템이 필요하게 된 배경은 소비자 요구의 다양화, 가격 경쟁의 격화, 국제 경쟁의 격화, 제품 지식의 집약화, 제품의 라이프사이클(life cycle)의 단축, 창조 작업으로의 지향 등이다. 현대 산업

구조에서 CAD/CAM/CAE의 구조 및 고유 영역을 세밀하게 구분하는 것이 어려울 정도로 CAD/CAM/CAE는 서로 연동성을 가지며, 중복된 범위에서 생산 활동이 이루어지고 있기 때문에 산업현장에서는 CAD, CAM, CAE의 세부적인 분류는 크게 의미를 두지 않고 있다.

**Cadmiumsulfide(CDS) 빛 감지센서, 광센서, 황화카드뮴 광센서** CDS(Cadmiumsulfide)를 참조.

**CADRG(Compressed Arc Digitized Raster Graphics) 압축된 래스터형 수치지도** NIMA에서 생산한 표준 지형도를 독취해 놓은 표준 형식을 말한다.

**CAE(Computer Aided Engineering) 컴퓨터 응용 해석** 컴퓨터를 이용한 해석, 분석 등의 과정을 의미하며, 흔히 공학 시뮬레이션(Engineering Simulation)으로 정의되어지고 있다. 컴퓨터상에서 제품의 3차원 모델을 작성하고, 이를 기초로 기능 및 성능 평가를 수행하여 최적설계 및 도면작성의 수행을 의미한다. 즉, CAE는 제품의 설계, 개발 분야에 컴퓨터를 응용하는 새로운 기술로서 컴퓨터를 이용한 모의시험(시뮬레이션)을 통해 테스트 기간 및 비용을 대폭 감소시킬 수 있는 기술이며, 공학해석, 비용 해석, 제품 계획, 공정 관리 등 제품 개발의 모든 과정을 통합하는 개념이다. CAE의 적용이 확산되고 있는 배경에는 개발 품목이 다양화 및 고도화되고 개발기간의 단축에 대한 요구가 높아짐에 따라 숙련된 기술자의 부족, 중복 설계 빈발, 잦은 설계 변경 등에 의한 문제점을 최소화할 수 있는 엔지니어링 환경을 구현하고자 하는 데 있다.

CAE라는 개념은 1970년대 중반으로 CAD/CAM이 통합한 개념으로 미국의 SDRC사에 의해 최초로 제창되었으며, FEM(Finite Element Method, 유한요소법)은 이것과는 완전히 별도로 1956년에 항공기공학 분야에서 실용화 및 항공기의 설계에 응용되기 시작하였고, 60년대에 들어와서 FEM 연구의 진전으로 인하여 그 유용성이 다른 분야에서도 인정되어 응용이 점차 넓어져 갔다. 그로 인하여 1970년대에 보급기를 거치면서 FEM은 기능·성능평가 시스템으로서 중심적 해석방법으로 자리를 잡게 되었다. 1980년대 초기까지는 3차원 CAD보다는 2차원 CAD가 더욱더 활발하게 사용 및 발전되었다. 이 시기에 CAE에 대한 개념이 일부 선진 사용자들에 의해 수용되기는 시작하였으나, 제품모델구축을 위한 3차원 형상의 모델러 기능 미비로 인하여, FEM 모델을 생성하기 전(前) 준비에 이용되는 정도였으며, 따라서 CAE는 기능·성능 평가만을 수행하는 시스템으로만 인식되고 있었다. 이후 활발한 연구 활동으로 인하여 새로운 알고리즘들이 개발되고 데이터베이스와 CAD/CAM/CAE를 결합하는 시스템이 등장하기 시작하였으며, 형상 모델링이 3차원으로 확장되어 솔리드 모델링으로 불리는 3차원 설계가 가능하게 되었다. CAD, CAM, CAD/CAM/CAE를 참조.

**CAG(Canadian Association of Geographers) 캐나다 지리협회** 지리적인 연구와 교육을 장려하는 목적으로 만들어진 단체. 과학적인 모임과 상업적인 모임에서 전문성을 보여주고 있다.

**Caisson 케이슨** 수상이나 육상에서 제작한 속이 빈 콘크리트 구조물, 즉 케이슨(caisson)을 자중이나 적재 하중에 의하여 지지층까지 침하시킨 후, 모래, 자갈 또는 콘크리트 등으로 속채움하는 기초(基礎, foundation)이다. 케이슨의 종류로는 오픈 케이슨(open caisson), 공기 케이슨(pneumatic caisson), 박스 케이슨(box caisson) 등이 있다.

(1) 오픈 케이슨 : 시공 도중에 상부와 하부가 열려있는 콘크리트 통으로 우물통 기초(well foundation)라고도 하며, 원형, 정사각형, 직사각형, 타원형 등의 다양한 형태가 있다. (i) 육상공법 : 케이슨은 일반적으로 높이 2~3m로 구분하여 제작(로드, 리프트)하며, 제1로드 하부의 절삭날(cutting edge)에는 강재 커브슈(curve shoe)가 부착되어 있다. 제1로드를 소정의 위치에 놓고, 그래브 버켓으로 케이슨 내의 흙을 굴착하여 침하시키면서 다음 로드를 연결하고 작업을 진행하여 지지층까지 침하시킨다. 지지층에 도달하면 케이슨 하부에 수중콘크리트를 타설하여 바닥을 막는다. 저면슬래브(concrete seal)가 양생되면 케이슨내의 물을 펌프로 퍼내고, 모래, 자갈이나 콘크리트 등으로 속채움한다. 케이슨 상부는 완전히 육상시공에 의하여 콘크리트를 쳐서 상부슬래브를 만든다. (ii) 수중공법으로는 축도법, 부동법, 조하법 등이 있다. 축도법은 널말뚝으로 물을 막고 모래나 자갈을 채워서 모래섬을 만들고 그 위에 케이슨을 놓은 후 모래를 굴착하여 지지층까지 침하시키는 방법이다. 부동법은 강재로 만든 부동케이슨을 침설현장까지 예인하여 콘크리트를 타설하고 소정의 위치에 침하시키는 공법(예항법)이다. 조하법은 케이슨을 가라 앉혔을 때 수면위로 50cm 이상 나올 정도의 높이로 가설발판 위에서 만든 후, 일단 달아 올려서 가설물을 빼내고 서서히 끌어내리는 공법이다.

(2) 공기케이슨 : 하부에 작업실이 있는 케이슨으로, 하부가 열

려있는 케이슨을 사용하면 굴착된 흙보다 밀려들어오는 흙이 더 많아서 굴착이 곤란한 곳에서 적용하며, 약 15~40m 깊이에 많이 사용한다. 작업실 내로 물과 흙이 유입하는 것을 방지하기 위하여 작업실내의 압축공기의 압력을 상당히 높게 유지하여야 한다. 대기압보다 약 $30t/m^2$ 정도 높은 압력의 작업실에 한 번에 1.5~2시간 이상 있어서는 안 된다. 굴착을 진행함에 따라 케이슨은 점차로 아래로 내려가고 지지층에 도달하면 작업실을 콘크리트로 채운다. 공기케이슨은 지하수를 완전히 배제하고 작업할 수 있으며, 저면슬래브가 수중콘크리트가 아니므로 품질을 신뢰할 수 있다. 공기케이슨은 압축공기를 이용하므로 기계설비가 복잡하고 소음과 진동이 크며, 노동 조건에 제약을 받으며, 수면 아래 40m 이상의 굴착은 불가능하다.

(3) 박스케이슨 : 육상에서 만들어 시공장소로 운반한 후, 내부에 모래, 자갈, 물 또는 콘크리트를 채워서 점차로 침하시킨다. 시공비용이 적게 들지만, 지지층이 수평하여야 하며, 지지층이 수평하지 않는 경우에는 미리 굴착하여 수평하게 해야 한다. 수심이 깊은 경우에는 사석을 쌓고 그 위에 케이슨을 설치한다.

**Calculating The Area 면적 계산** 경계 측량의 성과에 의하여 각 필지 등의 취득 용지 및 나머지 토지의 면적을 산출하는 것을 말한다.

**Calculating Your Location 위치 계산** GPS 측량 수신기들은 측량기능과 일점위치결정(Single-point Positioning, Navigation)을 실행할 수 있는 능력을 지니고 있다. GPS 측량의 근본적인 목적은 하나의 수신기에 대해 다른 수신기의 상대 위치를 매우 정확하게 결정하는 것이다. 이러한 목적을 달성하기 위해서는 반송파 위상이 사용되어야 하는데, 이때 2대의 수신기가 동시에 같은 위성을 관측해야 한다. 보통 자료 처리는 관측 자료가 모두 수집된 이후에 행하는 사후 처리로 이루어진다. 그러나 실시간 처리 기능을 가진 수신기와 부가적인 장비를 이용해 cm 수준의 정확도로 현장에서 실시간으로 상대위치를 결정할 수 있다.

**Calculation 연산** 기존의 속성을 이용하여 새로운 속성을 만들어 내는 기능으로 수학의 연산식을 이용하여 계산한다. 예를 들면, Add(+), Subtract(○), Multiply(×), Oivide(/)를 이용한다.

**Calculation of Map Quadrangles Shrinkage 도곽선 신축량 계산** 도곽선을 좌표로 설정하여 도면의 크기와 범위를 정하고 도면 제작의 기준선이 되는데, 도면용지가 제작당시와 달리 신축 또는 변경되는 경우 이를 보정하기 위하여 도곽선을 기준으로 이 신축량을 계산하는 것을 말한다.

**Calendar 역, 역법, 역서, 달력** 위치와 날짜와 시간으로 표현되는 등간 축척에 근거한 기준 체계를 말한다.

**Calendar Date 달력 일자** 1년 중 특별한 날을 지정하는 것을 말한다.

**Calendar Era 달력 연대, 캘린더 시기** 특정한 일자로부터 계산된 1가지 유형으로 된 일련의 기간으로 구성된 캘린더의 분할(division) 단위를 말한다.

**Calendar Era External Reference Date 달력 연대 외부 기준 일자** 그리고리안 달력에서 기준 사건의 일자를 말한다.

**Calendar Era Internal Reference Date 달력 연대 내부 기준 일자** 설명된 달력에서 기준 사건의 일자를 말한다.

**Calendar Era Name 달력 연대명** 알려진 연대명을 말한다.

**Calendar Era Period of Use 달력 연대 이용 주기** 해당 달력 연대의 사용 기간을 말한다.

**Calendar Era Reference Event 달력 연대 참조 사건** 달력에 대한 참조 시점으로 사용된 사건을 말한다.

**Calendar Information 달력 정보** 달력에 대한 설명을 말한다.

**Calendar Year(CY) 달력 연도, 역년(曆年)** CY(Calendar Year)를 참조.

**Calibrated Airborne Multispectral Scanner(CAMS) 캠스** CAMS(Calibrated Airborne Multispectral Scanner)를 참조.

**Calibrated Focal Length(CFL) 검정 화면 거리(檢定畵面距離)** CFL(Calibrated Focal Length)를 참조.

**Calibration 검교정, 검정** ① 모델에서 분석하려는 실세계의 상태가 올바르게 표현되도록 속성값과 계산에 사용되는 매개변수를 선택하는 과정. 예를 들어, 경로찾기와 할당의 검교정은 일반적으로 저항(Impedance)과 요구 항목에 들어가는 적절한 값을 계산하거나 할당하는 것을 뜻한다. ② 기구의 관측을 기준과 비교하는 과정을 말한다. ③ 데이터의 보정처리. VISSR 데이터의 경우에는 영상 데이터에서 얻어지는 Staircase 휘도, 흑체 Shutter휘도, 우주공간휘도, 태양휘도 및 House Keeping(HK) 데이터에서 얻어지는 온도정보 등을 기초로 적외데이터 및 가시 데이터의 보정 정보를 작성하고 있다. ④ [항공 레이저(라이다) 측량] 항공레이저 측량 시스템의 구성기기를 최적화하기 위한 조정작업으로 미리 설정한 캘리브레이션 사이트(site) 계측결과로부터 계측기기의 매개변수 설정을 조정하는 것을 말한다. '장비검정(Boresight Calibration)'이라고도 한다. 이는 레이저 스캐너의 주광축과 디지털카메라 등의 이미지 센서 관축의 관계를 조정하는 작업이다. '장비검정'은 INS를 설치하면 항공사진기와 INS 좌표계의 방향이 정확하게 일치하지 않으므로 INS로 측정한 회전인자를 외부표정요소로 사용하기 위해서는 두 센서의 좌표축의 이격(offset)을 측정하여야 하며, 이 과정을 '장비검정(Boresight Calibration)'이라고 한다. 따라서 GPS/INS를 장착한 센서를 이용하여 Direct georeferencing이나 항공삼각측량 수행시 정확도에 중대한 영향을 미치므로, 항공기용 센서의 '장비검정(Boresight Calibration)'을 위해서는 정확하고 균등하게 분포된 GCP가 포함된 검증된 테스트베드에서 촬영을 수행하여야 한다.

**Calibration Data 검교정 자료** 방사원의 파장대 자료 또는 검지기의 기하학적인 특성 등에 관한 관측치, 검정 자료는 보정 램프, 온도판 또는 기하학적인 무늬 등 일정한 에너지원 밑에 있는 것들을 써서 얻는다.

**Calibration Focal Length 검정된 초점거리** 일정한 화각 내의 왜곡 수차의 영향을 최소로 되게 한 화면 거리를 말한다.

**Calibration Report 검교정 보고서** 렌즈의 왜곡을 정기적으로 측정하여 작성한 보고서를 말한다.

**Call-to-Action 콜-투-액션** 소비자가 어떤 행동을 하도록 유도하거나 요청하는 메시지를 말한다. 궁극적으로는 구매 행위를 이끌어내는 것이 목적이다.

**CALS(Commerce At the Light Speed) 칼스, 광속 상거래** 모든 정보를 국제 표준에 맞추어 디지털화한 뒤 컴퓨터를 통해 기업간, 국가 간에 유통시킴으로서 빛의 속도만큼 빠르게 상거래와 물류 자금 결재 등 모든 산업 활동을 하게 하는 생산-거래-운영 통합 정보 체계. 이는 1980년대 초 미국 국방부가 새로운 병기 개발 및 조달과 관련해 방대한 문서를 전자 정보로 변환시키는 서류 없애기 운동을 전개하면서 창안한 개념이다. Computeraided Acquisition and Logistics Support로 표시하기도 한다.

**CALS/EC(Continuous Acquisition & Life-cycle Support/ Electronic Commerce) 건설사업 정보화, (건설) 칼스** 건설(Construction) CALS/EC란 기획, 설계, 시공, 유지관리 등 건설사업의 모든 과정(Whole-Life)에서 발생되는 정보(Information)를 발주기관, 수주업체 등 관련 주체가 정보 통신망(Network)을 통해 교환, 공유하기 위한 시스템으로 건설산업의 디지털화를 위해 추진되고 있는 국가 정보화사업이다. 건설 CALS/EC는 기존의 기업 경영 마인드로는 고비용 저효율 건설생산 체계를 극복하는데 한계가 있다고 보고, 건설사업을 효율적으로 수행하여 사업비를 절감하고 공사 품질도 향상시키기 위한 전략 차원에서 지난 1998년부터 도입되기 시작하였다.

건설CALS/EC의 주요 목표는 건설사업의 기획, 설계, 입찰, 계약, 시공 및 유지관리 등 건설생산 프로세스의 전 과정에 있어서의 관련 정보의 공유 및 교환이며, 이를 위한 방안으로 기존의 종이문서를 전자화하고, 전자화된 문서와 자료들을 최신 정보기술과 컴퓨터 자원(하드웨어, 소프트웨어, 네트워크)을 활용하여 원격지에서 실시간으로 교환할 수 있게 한다. 이를 건설분야에 도입하게 되면 설계 단계의 정보가 유지관리 단계에서도 이용되어 일관성 있는 업무수행이 가능하게 되고, 1번 생성된 정보를 저장하여 지속적으로 재활용함으로써 지식 기반의 정보 활용도가 커질 뿐만 아니라 생산 과정도 보다 투명해진다. 또한 발주자, 설계자, 시공자, 감리자 등 사업 수행 기관간에 표준화된 전자문서교환 체계를 갖춤으로써 방대한 공사 관련 문서를 작성하는데 소요되는 비용을 절감하고, 비효율적인 업무흐름도 개선할 수 있다. 궁극적으로 이 시스템이 도입되면 '건설공사 종합정보통신망'을 통해 국가기관, 정부 산하기관, 지방자치단체 등 발주자와 설계사무소, 건설회사, 자재공급회사, 건설현장 등 건설 관련 업계와 해외기업, 일반 이용자가 건설 관련 정보를 공개 검색하고 활용까지 할 수 있게 된다.

**CAM(Computer Aided Manufacturing) 캠, 컴퓨터 응용 가공** CAD가 설계와 제도 분야에 컴퓨터를 도입하여 작업을 효율적으로 수행하는 것이라면, CAM은 생산과 제조 분야에서 컴퓨터를 도입한 것으로 볼 수 있다. CAD에 의해 제품도, 부품가공도, 조립도 등의 최종 설계안이 확정되면 제품 제조단계에 들어가게 된다. 이때의 관련된 기술이 CAM이다. 일반적으로 CAM은 공정설계(Process Planning : 생산방법 및 순서결정), 생산관리와 MRP(Material Requirements Planning : 원재료에서 제품을 완성하는 데 필요한 자재의 흐름을 관리하여 제조 활동의 최적화를 이루려는 계획), 작업기술결정(절삭양식 및 순서, 절삭조건, NC 프로그래밍), 가공, 검색, 조립(산업용 로봇) 등의 제품 제조전 과정에서 컴퓨터의 지원을 받는 기술의 총칭으로 정의되고 있다. CAM은 컴퓨터 내에서 입력된 설계도 혹은 제작도 등을 디스플레이하고 생산 및 가공 단계에서 필요한 여러 가지 자료를 얻어내고 실행시킨다. 예를 들면 공구의 궤적을 지시하여 공작 기계의 작동을 지정 및 제어하는 NC프로그램을 작성함으로써 원하는 제품을 만드는 과정을 CAM 시스템에서 행한다. 따라서 CAD/CAM은 단순한 대화형의 도형시스템이나 NC 프로그램 제작시스템이 아니라 설계에서 제조에 이르는 다양한 생산기술 활동과 그 기술 정보의 흐름을 그래픽 환경을 제공하는 컴퓨터를 이용하여 종합적으로 처리하는 시스템화 기술인 것이다. 즉, 설계자, 제도기술자, 생산기술자의 업무를 위한 생산성을 개선하고, 의사소통을 효율적으로 수행하는 컴퓨터의 이용 기술이다. CAD, CAE, CAD/CAM/CAE를 참조.

**CAMA(Computer-Assisted Mass Appraisal) 컴퓨터 보조 대량 감정** 세금사정을 위해 재산 가치를 평가하는데 사용되는 재산 특성을 기술하는 컴퓨터 보조 자료 분석이다.

**Camera 사진기(寫眞機), 카메라** 감광 층상의 영상을 기억하는 기기, 감광층의 광의 집점을 모으기 위한 한 장 이상의 렌즈와 노광시간을 제한하기 위한 셔터가 있다. 사진측량용 사진기는 항공사진측량과 지상측량으로 크게 나눌 수 있으며, 입체사진을 동시에 찍을 수 있도록 2대의 사진기를 장치한 입체사진측량용 사진기와 다중파장대의 사진을 얻을 수 있는 다중 파장대 측량용 사진기가 있다. 측량용 사진기는 표정요소, 즉 지표 및 검정자료를 갖고 있으며 렌즈가 그 생명이다.

**Camera Axis 사진기축(寫眞機軸)** 촬영용 사진기 또는 도화기의 투사기 렌즈 중심을 통해 사진면에 연직인 직선을 말한다.

**Camera Calibration 사진기 검교정** 카메라는 제조회사에서 제조 후에 이어지는 측량특성을 검증하기 위한 것을 말하며, 카메라의 초점거리, 렌즈의 방사 또는 법선 방향의 왜곡, 렌즈의 해상력, 지표에 대응하는 주점의 위치, 초점면의 평탄성 및 지표간의 상대적 위치나 거리가 이 특성에 포함된다.

**Camera Calibration Information Availability 사진기 보정 정보의 이용 가능성** 렌즈 왜곡 조정 정보가 적용 가능한가 또는 사진기 정상 수정을 허용하는 상수가 있는가를 말한다.

**Camera Constant 주점 거리, 화면 거리** Principal Distance를 참조.

**Camera Module 카메라 모듈** 이미지 센서를 활용, 렌즈를 통해 들어오는 광신호를 RGB(Red, Green, Blue) 전기신호로 변환해 휴대폰, 모니터 등 디지털 영상기기의 화면에 디스플레이 해주는 부품이다.

**Camera Mount 사진기 설치대, 사진기 지지대(寫眞機架臺)** 항공기의 기체 내에서 사진기를 연직 또는 경사방향으로 고정시키는 장치를 말한다.

**Camera Station 촬영점(撮影點)** 촬영 시 사진기 렌즈의 위치를 말한다. Exposure Station를 참조.

**Cameron Effect 카메론 효과** 입체사진에서 이동하는 물체를 입체시하면 그 운동에 의해서 물체가 시차를 가져와 떠 있거나 가라앉아 보이는 효과를 말한다.

**Camouflage Detection Film 위장 탐색 필름** 이 필름은 적외선, 초록, 빨강 파장에 민감한 3개의 유액층으로 이루어진다.

**Campground 야영지** 임시 숙소로 세워진 텐트, 산막 등이 있는 지역이나 땅을 말한다.

**CAMS(Calibrated Airborne Multispectral Scanner) 캠스** NASA의 스테니스 우주국(Stennis Space Center)의 Learjet에 탑재된 센서로서 가시광선, 근적외선 및 열적외선 영상을 수집하며, 공간해상도는 항공기의 비행높이에 따라 다르다.

**Canada Centre for Remote Sensing(CCRS) 캐나다 원격탐사 센터** CCRS(Canada Centre for Remote Sensing)를 참조.

**Canadian Association of Geographers(CAG) 캐나다 지리 협회** CAG(Canadian Association of Geographers)를 참조.

**Canadian Earth Observation Network(CEONet) 캐나다 지구 관측망** CEONet(Canadian Earth Observation Network)를 참조.

**Canadian General Standards Boards Committee On Geomatics(CGSB COG) 캐나다 지형 표준 이사회** CGSB COG (Canadian General Standards Boards Committee On Geomatics)를 참조.

**Canadian Geographic Information System(CGIS) 캐나다 지형공간정보 체계** CGIS(Canadian Geographic Information System)를 참조.

**Canadian Geospatial Data Infrastructure(CGDI) 캐나다 지형 공간 정보 기반** CGDI(Canadian Geospatial Data Infrastructure)를 참조.

**Canadian Institute of Geomatics(CIG) 캐나다 지형 정보학회** CIG(Canadian Institute of Geomatics)를 참조.

**Canadian Space Agency(CSA) 캐나다 우주국** CSA(Canadian Space Agency)를 참조.

**Candidate 후보(지원자)** 자격과 인증제도 아래 인증을 취득하고자 하는 개인을 말한다.

**Candidate Key 후보키** Primary Key를 참조.

**Canonical Structure 정규형 구조** 특정한 적용 예와 그러한 자료를 관리하는 체계와 독립적인 자료 세트(Set)의 고유 구조(구성)를 나타내는 자료 모형을 말한다.

**Cant 편경사, 캔트** 차량이 곡선부를 주행할 때 외측으로 향하려는 원심력이 작용하며, 이 원심력 때문에 차량이 전도될 우려가 있다. 원심력에 의한 차량 전복이나 탈선을 막기 위해 rail의 높이차를 두거나, 노면에 편경사를 둔다. 이 높이의 편경사를 칸트(Cant)라 한다. $\tan\theta = \frac{P}{W} = \frac{MV^2/R}{Mg} = \frac{V^2}{gR}$. 여기서, M은 차량의 질량, V는 주행속도, R는 곡률반경이다. 철도인 경우 캔트(C)와 차도간격(b)을 사용하면 $i = \tan\theta = \frac{P}{W} = \frac{V^2}{gR} \approx \frac{C}{b}$ 이다. 속도(km/h), $g = 9.8m/s^2$, c, b, R을 m단위로 하면 $i = \frac{V^2}{127R}$ 이 된다.

**Can't make up my mind 햄릿 증후군** 셰익스피어 작품 속 햄릿은 "죽느냐 사느냐, 그것이 문제로다."라고 말했다. 햄릿 증후군은 우유부단을 나타내는 대사처럼 정보과잉의 시대에 넘쳐나는 콘텐츠와 상품들로 쉽게 결단을 내리지 못하고 결정장애를 앓고 있는 현대인을 빗대어 표현한 신조어다. '예, 아니요' 대신 '글쎄'라는 애매한 대답으로 결정을 못하는 사람들을 위해 소비자의 취향, 성격, 연령 등을 분석한 뒤 최적의 상품을 추천해 주는 '큐레이션' 서비스가 각광받고 있다. 큐레이션 서비스는 패션, 도서, 음식 등 다양한 분야에서 서비스되고 있으며 상품추천을 넘어 일정비용을 지불하고 다양한 서비스까지 정기적으로 배달하는 '서브스크립션 커머스'로 확장되고 있다. 또한, 광고 역시 소비자에게 최적화되어 노출시키는 방식으로 변화하고 있다. 빅데이터를 활용해 소비자의 성·연령별 데이터부터 콘텐츠 소비이력까지 파악한 뒤 관심 있는 콘텐츠를 노출시키는 방식으로 서비스를 제공하고 있다. 이처럼 기업들은 번거로운 것을 기피하며 수동적인 태도를 보이는 소비자들의 특성을 고려하여 선택의 폭을 최소화하고 후회할 결과를 미리 차단할 수 있는 무료체험 서비스 등 다양한 방안을 마련하고 있다.

**Capability Maturity Model(CMM) 능력 성숙도 모델** CMM (Capability Maturity Model)를 참조.

**Capability Maturity Model Integration(CMMI) 프로세스 능력 성숙도 모델, 체계 공학 적용능력** CMMI(Capability Maturity Model Integration)를 참조.

**Capability Test 능력 시험** 시험도중 연구된 결과가 시험 목적 표준을 따랐는지의 여부를 결정하기 위해 만들어진 시험을 말한다.

**Capacitance 전기 용량, 전기 들이** 축전기가 전하를 저장할 수 있는 능력을 나타내는 물리량이며, 단위 전압에서 축전기가 저장하는 전하이다. 국제단위는 패럿이며, 기호는 대문자 C이다. 전기용량(C)의 관계식은 다음과 같다. 즉,

$$C = \frac{Q}{V} = \varepsilon_o \frac{A}{d}$$

여기서, Q는 축전 총 전하량, ε은 유전상수, d는 '평행 판' 사이의 거리이며, A는 '평행 판'의 면적이다. 즉, 전기용량은 평행 판 사이의 유전상수와 평행 판의 크기(면적과 간격)에 의존한다. 전기용량의 단위는 패럿(farad)이다. 즉,

$$1\ \text{farad(F)} = 1\ \frac{\text{coulomb(C)}}{\text{volt(V)}}$$

한편, 축전기(蓄電器, capacitor)는 용어가 의미하듯 전기회로에서 전류를 저장하는 장치로서, 축적되는 전류 $i_c = c\frac{dv}{dt}$ 로 정의된다. 축전기 내부는 두 도체판이 떨어져 있고, 사이에는 절연체가 들어간다. 각 도체판의 표면과 절연체의 경계 부분에 전하가 축적되는데, 전하량의 크기는 같지만 음극 판에는 (−)전하가, 양극 판에는 (+)전하가 유도된다. 이로 인해 전기적 인력이 발생하여, 전하들이 모여 있게 되므로 에너지가 저장된다. 축전기에 저장될 수 있는 전류(전하)의 양은 판의 면적, 그 사이의 간격, 그 사이의 유전체, 그리고 가해진 전압에 좌우된다.

**Capacity 용량(容量), 수용 능력** ① 위치 할당에서 센터에 의하여 지정(할당) 또는 서비스될 수 있는 최대 지원. 예를 들면, 학교의 수용 능력은 그곳에 등록될 수 있는 학생의 수이다. ② 기억장소의 량을 말한다. ③ 통신망 사용자에 의해 발생하는 트래픽을 처리하는 능력을 말한다.

**Cape 곶, 갑** 바다나 호수로 가늘게 뻗어있는 육지의 끝 부분을 말한다. Point를 참조.

**Capillary Phenomena 모세관 현상** 응집력과 부착력의 작용으로 일어나는 현상으로서, (1) "부착력>응집력"일 경우, 수면은 상승하며(예: 모세관과 물), (2) "부착력<응집력"일 경우 수면은

하강한다(예: 모세관과 수은). 모세관의 상승 높이 $H=\frac{4\cos\theta}{\rho g D}=\frac{4\cos\theta}{\gamma D}$이다. 여기서, $\rho$는 밀도, g는 중력가속도, $\gamma$는 단위중량이다.

**CAPTCHA 캡차** 사람과 컴퓨터를 구별하기 위한 테스트 절차로서, 'Completely Automated Public Turing test to tell Computers and Humans Apart'의 앞 글자를 따서 이름이 지어졌다. 흔히 인터넷 회원가입 과정에서 사용된다. 캡차는 2000년 미국 카네기멜론대학 연구원이 만들었다. 페이지 상에서 악의적으로 사용되는 프로그램인 '봇(bot)'을 구별하는 역할을 한다. 봇은 스팸 메시지 등을 반복적으로 보내는 등 악의적으로 이용되는 때가 많다. 캡차는 찌그러진 문자나 단번에 인식하기 어려운 숫자를 활용해 문제를 만든다. 캡차는 초기부터 무료로 제공됐다. 블로그 등 여러 사이트에서 쉽게 적용할 수 있도록 했다. 구글 등 여러 포털업체가 도입하면서 대중화됐다. 캡차는 이용이 많아지며 모습도 진화했다. 시각장애인을 위해 소리로 문자를 읽어주는 오디오 캡차도 있다. 소리에 임의 문자음과 잡음을 섞어 프로그램이 아닌 사람만이 테스트를 통과하도록 한다. 이밖에도 간단한 계산식을 이용해 문제를 내거나 최근에는 한글을 섞어 해외에서의 악성적인 이용을 막는 캡차도 나왔다. 구글은 2014년 말 새로운 캡차 시스템인 '리캡차'를 발표했다. 인간과 인공지능 구분을 간단하게 할 수 있는 시스템이다. 구글의 새 시스템은 난 로봇이 아니라는 문구 옆 박스를 클릭하기만 하면 인증이 가능하다. 행동패턴을 구분해 봇을 구별해내는 기술이다.

**Cardinality 기수, 대응 수** [데이터베이스] 튜플(Tuple)의 개수이다.

**Cardinal Spline 카디널 스플라인 (곡선)** [자료처리], [영상처리] 각 곡선의 단위 구간(patch)의 곡선들이 합쳐져 하나의 곡선을 이룬 것을 말한다. Cardinal spline은 각 조절점(Control Point)과 tension parameter에 의해 특성지어 지는데, 곡선을 구성하는 모든 조절점(Control Point)들을 통과하는 Spline 곡선이다. Cardinal Spline의 장점은 조절점(Control Point)의 위치와 곡선이 그리는 궤적의 직접적인 상관관계에 있다. 특정한 지점을 지나는 곡선을 그리기 위해서는 조절점을 간단히 "그곳"에 위치시키면 된다. 이러한 방식의 장점은 조절점의 위치에 곡선이 만들어지는 직접적인 관계를 가지고 있기 때문에, 만약 곡선이 위치하고자 원하는 지점이 있다면 그곳에 조절점을 위치시키면 된다. 반면에 이러한 직접적인 관계의 단점은 그것이 부드럽고 점진적인 곡률의 곡선을 만드는데 있어서 문제점을 가지고 있다. 조절점의 위치가 조금이라고 잘못 놓인다면, 곡선은 잘못 놓인 위치를 통과하면서 튀는 듯한 부드럽지 못한 모양을 가지게 된다. Interpolation, Linear Interpolation, Ferguson Curve, Hermite Interpolation, Newton Interpolation, Lagrange Interpolation, Spline Interpolation, Bezier Curve, Cubic Spline Curve, Patch Surface, B-Spline, NURBS를 참조.

**Car Navigation System(CNS) 차량 항법 체계** CNS(Car Navigation System)를 참조.

**Carbon Calculator 탄소 계산기** 구글 맵 도구를 사용하면 지도상의 지역을 둘러싸는 다각형을 그려 해당 지역이 기후 변화로 인한 이주에 얼마만큼 영향을 미치는지 볼 수 있다. 이 도구는 여러 개의 데이터 계층을 사용하므로 각 다각형 지역의 보존 가치와 숲 상태, 숲 복원을 통해 제거할 수 있는 탄소량에 대한 정보를 제공할 수 있다.

**Carbon Capture and Storage(CCS) 탄소 포집 및 저장** CCS(Carbon Capture and Storage)를 참조.

**Carbon Credits 탄소배출권** 정해진 기간 안에 이산화탄소 배출량을 줄이지 못한 각국 기업이 배출량에 여유가 있거나 숲을 조성한 사업체로부터 돈을 주고 권리를 사는 것을 말한다.

**Carbon Emission Trading 탄소배출권 거래(탄소배출권거래제)** 온실가스 감축 의무가 있는 사업장(국가)에 배출 허용량을 부여하고 이 한도를 밑도는 온실가스를 배출할 경우 차이만큼 탄소배출권을 팔 수 있다. 반대로 한도를 초과해서 온실가스를 배출하는 사업장(국가)은 탄소배출권을 사와서 초과분을 상쇄해야 하기 때문에 이들 간에 거래가 이뤄진다.

**Carbon Footprint 탄소 발자국** 개인 또는 단체가 직·간접적으로 발생시키는 온실가스, 특히 이산화탄소($CO_2$)의 총량을 의미한다. 여기에는 이들이 일상생활에서 사용하는 연료, 전기, 용품 등이 모두 포함된다. 비슷한 개념으로 개인 및 단체의 생활을 위해 소비되는 토지의 총 면적을 계산하는 '생태발자국'이 있다. 생태발자국(EF)은 인간이 지구에서 삶을 영위하는 데 필요한 의·식·주 등을 제공하기 위한 자원의 생산과 폐기에 드는 비용을 토지로 환산한 지수를 말한다. 면적 기준은 1인당 1.8 ha이고 면적이 넓을수록 환경문제가 심각하다는 의미가 된다. 선진국으로 갈수록 이 면적이 넓은 것으로 나타났으며, 선진국에 살고 있는 사람들 가운데 20%가 세계 자원의 86%를 소비하고 있다.

**Carcloud 카클라우드** 자동차에 클라우드 컴퓨팅 기술이 접목돼 차가 스마트 기기로 진화한다는 개념. 차량 내에서 인터넷 기반 서비스를 자유롭게 활용하고 원격제어, 무인운전 등이 가능해진다.

**Cardinal Points 기본 방위** 동, 서, 남, 북의 기본 방위로, 나침반 방향을 말한다.

**Cardinality 관계 수** 서로 연관된 실체 유형 간의 관계유형. 한 실체 유형과 쌍을 맺고 있는 다른 편 실체 유형의 수를 정의한다. 관계 소속의 관계 수 1 : 1, 1 : n(일대다), n : 1(다대일) 혹은 n:n(다대다) 관계의 정도 혹은 순서 3가지가 있다.

**Carpentier Inversor 카아펜틸 기구** 편위 수정기로서 샤인풀러 그의 조건을 자동적으로 만족시키기 위한 기구를 말한다.

**Carpentier's Mechanism 카르펜틸 기구** Carpentier Inversor를 참조.

**Carrier 반송파** 전파로 정보를 전달할 때 작용하는 고주파(라디오파)로서, 자료 통신에서 신호를 변조하기 위해 사용되는 기준 파형이다. 반송파는 그 주파수의 연속 일정한 사인파로서 진폭, 주파수, 위상의 변화를 주는 데 따라 통신 상대방에 전달한다. GPS에서 반송파는 L1, L2의 주파수 파장으로 전달하는 정보는 C/A코드, P코드의 항법 메시지가 있다. 이 정보는 전부 수치 자료로서 0도와 180도 위상 변화에 따라 반송파로 보내진다.

**CARRIER 공중 전기 통신 사업자** 불특정 다수의 공중에게 차별 없이 서비스를 제공하는 전기 통신 사업자. 우리나라에는 한국통신, 미국 at&t사 등이 있다.

**Carrier Beat Phase 반송파 진동 위상** 수신기 내부의 발진기에 의해 생성된 반송파 신호와 위성에서 수신된 반송파 신호의 차이를 말한다.

**Carrier Differential Global Positioning System(CDGPS) 반송파 정밀 위치 결정 체계** CDGPS(Carrier Differential Global Positioning System)를 참조.

**Carrier Ethernet 캐리어 이더넷** 광역통신망에서 고속으로 데이터를 전달하고 교환하는 차세대 전송기술이다. 망구조가 인터네프로토콜(ALL-IP)로 바뀌고 스마트폰 등으로 데이터 규모가 폭발적으로 성장하며 각광받고 있다. 기존 음성(서킷) 위주 네트워크가 패킷 기반으로 전환되는 데 한 축을 담당한다.

**Carrier Frequency 반송파 주파수** 라디오 발신기에 의해 생성된 변조되지 않은 반송파의 주파수를 말하고 GPS L1의 반송파 주파수는 1575.42MHz, GPS L2 반송파 주파수는 1227.60 MHz이다. 반송파 진동 위상(Carrier Beat Phase)은 수신기 내부의 발진기에 의해 생성된 반송파 신호와 위성으로부터 수신된 반송파 신호의 차이를 말한다.

**Carrier Phase 반송파 위상** GPS 수신기가 신호를 잡은 L1이나 L2 반송파로 축적된 위상이므로 통합 도플러(Integrated Doppler : 시간에 대한 Doppler Shift 주파수나 위상의 관측값을 말한다)와 같은 말로서 Delay-Lock Loop라고도 한다.

**Carrier Phase Positioning 반송파 위상 위치 결정** 반송파(운송파)의 위상을 측정할 수 있는 수신기 2대를 사용하여 동시에 관측한 반송파 위상의 차이를 구함으로서 기선 벡터를 훨씬 정확하게 구하는 방식. 간섭 측량은 관측 시간, 해석 방식 등에 따라 정적 측량, 신속 정지 측량, 의사 이동 측량, 이동 측량 등 4종류로 구분된다.

**Carrier Sense Multiple Access(CSMA) 반송파 감지 다중접속** CSMA(Carrier Sense Multiple Access)를 참조.

**Carrier Smoothing 반송파 평탄화** 연속된 위치에서 개별 위치의 변화를 평탄화 함으로써 C/A-코드 위치결정의 정확도를 향상시키기 위해 반송파가 사용되는 신호 처리 방법을 말한다.

**Carrier to Noise Power Density(C/No) 반송파신호대 잡음 강도비, 반송파 잡음비** C/No(Carrier to Noise Power Density)를 참조.

**Carrier Tracking Loop 반송파 추적 루프** GPS 수신기내에 있는 모듈로 수신기의 발진기 신호가 주파수 shift되어 수신된 반송파(carrier)와 공조되는 신호를 찾아서 위성의 항법메시지를 변조하고 끄집어낸다. 수신기의 발진기 신호가 반송파와 공조되면 반송파 위상 관측치를 만들기 위해 반송파의 위상이 측정된다.

**Carrier Wave 반송파, 운송파** 어떤 변조된 신호를 실어 나르는 라디오파를 말한다. 반송파(Carrier Wave)는 기준 무선이며, 이 무선에 원하는 데이터를 입히는 것으로서, 이러한 과정을 변조(modulation)라고 한다. 이와 반대되는 과정을 복조(demodulation)라고 한다.

반송파(운송파)란 글자 그대로 신호를 실어 나르는 파(wave)인데, 신호를 반송파에 싣기 위해서는 반송파의 진폭이나 주파수 혹은 위상을 신호의 파형에 따라서 변화시킬 필요가 있다. 이것이 변조(modulation)로서, 변화되는 요소에 따라 진폭변조(AM), 주파수 변조(FM), 위상 변조(PM)라고 부른다. 디지털 무선통신에서는 PM 또는 AM을 조합한 변조방식이 널리 이용된다. 디지털 신호에 의한 PM 변조의 기본은 위상이 180° 서로 다른 2종류의 반송파를 각각 신호의 0 또는 1에 대응시키는 2상 PM이다. 실제로는 하나의 반송파의 위상은 0°로부터 180°로 180°로부터 0°로 쉬프트(shift)시키는 방법을 이용하므로 2상 PSK(Phase Shift Keying)방식이라 불린다.

각각의 GPS 위성은 위성에 탑재된 시계의 시각 및 오차와 위성의 상태 정보, 모든 위성과 관련된 궤도 정보와 상태(almanac), 각각의 궤도정보와 이력(ephemeris), 오차 보정을 위한 계수 등이 포함된 항법메시지(navigation message)를 50bps의 속도로 지속적으로 방송한다. 이와 같은 항법메시지는 C/A 코드(Coarse/Acquisition code 또는 Standard code)와 P 코드(Precision code)와 함께 반송파(搬送波, carrier wave)에 실려 송신된다.

**Carry Trade 캐리 트레이드** 통화 가치가 하락할 것으로 예상되는 저금리 국가에서 자금이 유출돼 고금리, 통화 강세가 예상되는 국가로 자금이 유입되는 현상을 말한다. 저금리 국가에서 자금을 빌려 외국에 투자해 고수익을 내려는 투자인데 환율 변동에 따라 손실을 입을 수도 있다.

**Cartesian 직교** 어떤 '실세계' 시스템에 매이지 않은 X, Y값을 사용하는 좌표계. 만약 그림이 직교 좌표계를 사용한다면 그 그림의 한 코너는 좌표 0, 0을 갖는다.

**Cartesian Coordinate System 평면 좌표계, 직교 좌표계** ① 임의의 차원의 유클리드 공간을 나타내는 좌표계의 하나이다. 이를 발명한 프랑스의 수학자이자 철학자 데카르트의 이름을 붙였으며, rectangular coordinate system라고도 한다. 직교 좌표계는 임의의 차원으로 쉽게 일반화할 수 있으며, 대상이 평행이동(translation)에 대한 대칭을 가질 때 유용하다. 통상적으로 x, y, z로 표기하며, 4차원인 경우 t를 쓴다. 임의의 차원의 경우에는 첨자로 $x_n$으로 표현한다. 2차원 직교좌표계는 xy 평면을 이루는 서로 직교하는 x축(수평 방향)과 y축(수직 방향)으로 정의한다. x축과 y축이 만나는 점을 원점이라고 한다. 3차원 좌표계는 xy, xz, 그리고 yz 평면으로 이루어지는데, 이들 세 평면은 서로 직교하며, 평면을 이루는 x축(수평 방향)과 y축(수직 방향), 그리고 z축 또한 서로 직교한다. x, y, z축이 만나는 점을 원점이라고 한다. ② 지구 표면을 평면에 투영할 때 생기는 오차를 일정 한도 내에 두기 위해서는 투영지역의 범위를 제한하여야 한다. 그래서 광범위한 지역을 대상으로 할 경우에는 지역 내에 여러 개의 원점을 설치할 필요가 있다. 이때 나눈 지역을 좌표계(ZONE)라 한다. 「공간정보의 구축 및 관리 등에 관한 법률」 제6조 제1호에서 측량의 기준으로 "위치는 세계측지계(世界測地系)에 따라 측정한 지리학적 경위도와 높이(평균해수면으로부터의 높이)로 표시한다. 다만, 지도 제작 등을 위하여 필요한 경우에는 직각좌표와 높이, 극좌표와 높이, 지구중심 직교좌표 및 그 밖의 다른 좌표로 표시할 수 있다."고 하였으며, 우리나라 직각좌표는 TM(Transverse Mercator, 횡단 머케이터) 방법으로 표시하고, 원점은 다음과 같다(「공간정보의 구축 및 관리 등에 관한 법률 시행령」 제7조 제3항).

| 명칭 | 원점의 경위도 | 투영원점의 가산(加算)수치 | 원점축척계수 | 적용 구역 |
|---|---|---|---|---|
| 서부 좌표계 | 경도 : 동경 125°00′<br>위도 : 북위 38°00′ | X(N) 600,000m<br>Y(E) 200,000m | 1.0000 | 동경 124°~126° |
| 중부 좌표계 | 경도 : 동경 127°00′<br>위도 : 북위 38°00′ | X(N) 600,000m<br>Y(E) 200,000m | 1.0000 | 동경 126°~128° |
| 동부 좌표계 | 경도 : 동경 129°00′<br>위도 : 북위 38°00′ | X(N) 600,000m<br>Y(E) 200,000m | 1.0000 | 동경 128°~130° |
| 동해 좌표계 | 경도 : 동경 131°00′<br>위도 : 북위 38°00′ | X(N) 600,000m<br>Y(E) 200,000m | 1.0000 | 동경 130°~132° |

**Cartesian Product of Domains 영역 직교 곱** 각 세트의 요소들로 구성된 요소들의 집합을 말하다.

**Cartogram 통계 지도** 특정한 목적을 위해 기본도의 형상이나 지역 간의 연속성을 강조하여 만든 변형된 지도의 일종. 흔히 거리를 관측단위로 하여 기본도가 작성되는데 비해, 이 지도는 시간이나 비용 및 특정한 속성의 크기를 관측 단위로 하여 기본도를 만들기 때문에 주제도에 나타난 지역들의 크기와 형상 및 거리 등이 왜곡되어 나타난다. 따라서 전통적인 지도와는 매우 다른 영상을 주게 되지만 나타내고자 하는 현상의 공간적 분포의 구조를 매우 효과적으로 나타낼 수 있다.

**Cartographic Accuracy 지도 정확도** Accuracy를 참조.

**Cartographic Annotation 지도 주기** Annotation를 참조.

**Cartographic Convention 지도규칙** 수용된 지도 제작안이다. 예) 세계지도에서 물을 하늘색 또는 연파랑색으로 표현한다.

**Cartographic Data 지도 자료** 지도로 표현하기 위한 컴퓨터 체계에 저장된 수치 지도 객체의 속성. 특별히 구분한다면 지도 자료는 지형도 등에 기재되어 있는 형상을 대상으로 한 자료이며, 지리 정보 자료는 공간적 정보 전반을 가리키는 것을 구분할 수 있다.

**Cartographic Database 지도자료기반** 지형 정보 자료기반은 지도 정보로서의 도형 자료(점, 선, 면)와 속성자료로 구분된다.

**Cartographic Eiement 지도요소** 지형 공간 또는 지도에서 묘사될 수 있는 물리적인 물체를 말한다.

**Cartographic Enhancement 지도 세련화** 지도의 해석력과 예술성을 증대시키기 위해 지도에 정보를 추가하는 과정을 말한다.

**Cartographic Entity 지도 실체 유형** 지형 공간 또는 지도에서 묘사될 수 있는 물리적인 실체를 말한다.

**Cartographic Feature 지도 형상** 지도나 도표에 나타난 물체의 자연적 문화적 속성이다.

**Cartographic License Cartographic Projections 지도 투영** 측지좌표계로부터 평면좌표계로의 변환을 말한다. 지도 투영법은 단순히 도법이라고도 불리며 이는 경위선으로 이루어진 지구상의 가상적인 망 또는 좌표를 평면에 옮기는 방법을 의미한다. 지도 투영법은 보통 방위, 원추, 원통 등 투영되는 면의 종류에 따라 분류된다. 지도는 GIS 데이터베이스 구축에 쓰이는 기본 자료로 지도에서 얻어진 도형자료는 모니터스크린 또는 종이 등에서 그 결과를 확인하여야 하므로 둥근 지표면을 평면으로 변화시켜주어야 한다.

**Cartographic Scanner 지도 주사기** 직작 좌표로서 명암(흑백) 부분의 수치 기록을 하기 위한 장비. 2차원 복사의 종접합(Strip) 주사를 위한 장비를 만든다.

**Cartographic Spaghetti 지도(학적) 스파게티** 접시 위의 스파게티처럼 복잡한 선. 부호화가 완전하고 지속적인지를 검증할 수 있는 내부적인 논리(Logic)가 없다. 스파게티 파일은 단지 그 결과물에 의해서만 평가될 수 있다. 벡터 데이터를 표현하는 엄격하지 않은 데이터 구조로서, 위상관계 없이 지리사상을 구성하는 점의 순서만으로 나타낸다.

**Cartography 지도학(地圖學)** 지도를 만들고, 사용하고, 연구하는 과학, 예술, 기술. 지도제작에 필요한 기초 지식을 예술과 과학분야로부터 습득하고, 이를 토대로 지도제작 방법과 기술을 연구하는 학문이다. 지도학은 단순히 지도제작만을 목적으로 하고 있는 것은 아니며 지도 사용법에 관한 기술, 지도학의 발달사 연구, 그리고 지도화하기 위한 기본 자료의 수집과 처리에 필요한 통계적 기법 및 지도의 디자인과 지도의 제작과정에 필요한 기술 등 지도와 관련된 일련의 모든 활동들을 다 포함하고 있다.

**Cartography Database 지도제작 데이터베이스** 어떠한 자료의 저장, 수집, 그리고 조종을 포함하여 사용자의 필요에 따라 구성되었거나 2차원 좌표상의 위치에 따라 참조된 자료 요소들을 포함하는 데이터베이스를 말한다.

**CartoucheCartridge Disk 카트리지 디스크** 플라스틱 카트리지에 의해 밀봉되어있는 자기 저장 디스크의 한 유형을 말한다.

**Cartridge Tape 카트리지 테이프** 기록 매체로 사용되는 자기 테이프와 자기 테이프를 구동하는 장치와 테이프릴 등이 하나의 물건으로 일체화된 모습으로 구성된 기억장치를 말한다.

**CAS(Context Aware Service) 상황 인식 서비스(狀況認識–)** 통신 및 컴퓨팅 능력을 가지고 주변 상황을 인식하고 판단하여 인간에게 유용한 정보를 제공하는 서비스. 상황 정보는 사용자가 상호 작용을 하는 시점에 이용할 수 있는 모든 정보로서 사람, 객체의 위치, 식별, 활동, 상태 등을 포함한다. 이러한 상황 정보의 수집 및 교환을 통해 인식하고, 해석 및 추론과 같은 처리 과정을 거쳐, 사용자에게 상황에 적절한 서비스를 제공하는 상황 인식 서비스는 특히 유비쿼터스 환경과 맞게 의료, 교육, 재난, 구호, 쇼핑 등 사회 전 분야에 걸쳐 많은 영향을 줄 수 있는 서비스로 발전될 것이다.

**CASE(Computer-Assisted Software Engineering) 컴퓨터 이용 소프트웨어 공학** 이미 개발된 소프트웨어 자원들에 해당하는 각종 자동화 도구들을 소프트웨어 공학 부문에서 취급하는 여러 응용 분야에서 이용하는 것을 말한다.

**Case of Avertence 편각 촬영(偏角撮影)** 입체 사진 촬영에서 촬영 방향은 서로 평행이지만, 기선방향에는 직각이 아닌 경우의 촬영을 말한다.

**Case of Convergence 수검 촬영** 입체 사진 촬영으로 좌우의 촬영 방향이 기선에 대하여 서로 내측으로 기울어져 있을 경우의 촬영을 말한다.

**CASE Tool(Computer-Aided Software Engineering Tool) 케이스 도구, 컴퓨터 이용 소프트웨어 공학 도구** CASE 도구는 시스템의 분석, 설계 및 구현단계에서 시스템 개발의 일관성과 무결성을 유지하도록 자동화된 개발 기법의 사용을 가능하게 해준다. 또한 개발 방법론과 밀접한 연관성을 가지고 구조적 개발 기법을 지원하여 개발 기간 단축, 시스템의 완성도 제고 측면에서 작업 효율을 개선하여 개발 생산성을 높이는 역할을 한다.

**CASI(Compact Airborne Spectrographic Imaging) 카스영상** 연속적인 분광밴드의 하이퍼 스펙트럴 영상(Hyper-Spectral Imagery), 초분광영상을 획득하기 위해서 CCD(Charge Couple Device)를 이용한 Pushbroom 방식의 영상분광계이며 항공기에 장착하여 사용한다.

**Cassini Projection 캐시니 투영법** 등각이 아닌 원통 투영법. 소수의 대륙에서 지역좌표계로 사용하고 있다. 이러한 투영법의 축척은 각 측점에서 서로 다르기 때문이다.

**Cassini-Soldner's Coordinates 등거리 횡원통 좌표** Cassini-Soldner's Projection를 참조.

**Cassini-Soldner's Projection 등거리 횡원통 도법** 이 도법은 y의 값을 지구상의 거리와 같게 하는 도법이다.

**CAT(Computer-Aided Tomography) 컴퓨터 이용 단층 촬영** 전자계산기로 만들어진 단층 사진을 뜻한다.

**Catalog 목록** 전체 자료의 내용을 보여주는 상세한 정보의 모음을 말한다.

**Catalogue 카탈로그** 자료원의 사례에 대한 식별자를 포함하는 메타데이터의 검색을 제공하고 질의에 반응하는 요소를 말한다.

**Cataloguing Metadata Information 목록 메타데이터 정보** 전체 자료와 자료의 순서를 고유하게 식별하기 위한 정보를 말한다.

**Catchment 유역** 단일 유로에서 물이 모이는 지역. 자연 배수지로 하천 유역과 동일한 의미일 수도 있으며, 강우나 삼투수를 하천으로 흐르게 하는 분수령이다. 그러나 지하수가 있는 지역에서는 지표 기복에서 찾아낸 유역보다 더 넓거나 좁을 수도 있다. Drainage Basin를 참조.

**Catchment Management 유역관리** 유출수의 수질을 개선하기 위한 유역의 관리, 홍수 발생을 줄이기 위하여 위험 지역이 있는 유역 상류부 관리 등이 있다. 예를 들면, 조림은 홍수 발생을 줄이는 데 가끔 이용되며, 소규모 저류지도 자주 이러한 목적으로 설치된다. 이런 유역 관리 방법은 화재와 손상으로부터 안전 확보, 침식 방지, 그리고 지피 식물의 보전 등을 포함한다.

**Categorical Data 범주형 자료** 학년, 성별 등에 해당하는 통계 자료를 말한다.

**Category 유별, 범주** 올리는 글을 주제별로 모을 수 있게 해주는 블로그 소프트웨어의 기능. 태그 같은 짧은 설명을 붙일 수 있다.

**Cathode Ray Tube(CRT) 음극선관** CRT(Cathode Ray Tube)를 참조.

**Cave 동굴** 자연적으로 형성된 지하의 개방공간이나 구멍을 말한다.

**Cavity 동공(洞空)** 지반 내의 빈 공간(동굴)로서 일본 등에서는 공동(空洞)이라고 한다. 주로 지하수의 작용에 의해 발생하며, 암반층인 경우 용식작용으로, 토사층인 경우 상하수관로의 누수, 미사용 지하수 유출, 지하수위 저하, 지반굴착 등 지하수 흐름에 따른 토사의 유실 등 다양한 원인으로 동공이 발생한다.

**CBA(Cost Benefit Analysis) 비용 편익 분석** 효과를 금액과 같은 화폐적・재무적 측정치로 측정하는 것으로, 하나의 사업 또는 작업을 진행하거나 새로운 기술을 도입할 때, 소요되는 비용과 이에 따른 이익의 발생 형태를 시간의 경과에 따라 분석해내는 작업이다. 손익 분기점의 파악, 기술 도입에 따른 추후의 손익 발생 추이 등을 조사하는 데 사용되는 도표 분석 방법이다.

**CBD(Component Based Development) 컴포넌트기반 개발** 컴포넌트를 근간으로 한 개발에서의 모든 요소, 즉 아키텍처링, 전체 개발 생명 주기 테크니컬 인프라스트럭처 및 프로젝트 관리 등을 포함한 소프트웨어 개발 접근방법을 일컫는다.

**CBM(Condition Based Preventive Maintenance) 상태기준 보존** 시간기준 보전방식의 단점을 보완하기 위한 방식으로서 설비의 운전상태를 감시하는 보전방식이다. 즉, 시설물의 상태를 정기 계측하거나 상시 관리하여 이상을 조기에 발견하고, 그 경과를 분석하여 다음 상황을 예측하여 적절한 시기에 보전하는 방식이다.

**CBT(Computer Based Training) 컴퓨터 기반 훈련** 훈련과 교육을 위해 컴퓨터를 사용하는 것으로 코스웨어라고도 한다. 대화식 훈련 과정을 제공하며, 시디-롬과 비디오디스크, 그래픽을 사용해 프로그램이 구성된다.

**CC(Creative Commons) 크리에이티브 커먼즈** 기존의 저작권과 다른 대안적 저작권을 발전시키기 위한 비영리 조직. 상업적 목적을 위해 재사용하는 것이 아니라면, 합법적으로 활용할 수 있는 창작의 범위를 넓히고 다른 사람과 공유할 수 있게 하기 위해서 노력하고 있다.

**CCC(Cloud Communication Center) 씨씨씨** IT의 클라우드 컴퓨팅 개념(분산 처리를 집중화 처리 구조화하여 자원 및 서비스 활용도를 높이는 기술 개념)을 응용한 DU와 RU로 구성된 무선 통신망 구조이며 KT에서 최초로 도입한 용어이다. 기존 무선 기지국에서 하나의 장비 내에 있던 디지털신호처리부(Digital Unit, DU)와 무선신호처리부(Radio Unit, RU)를 분리하여 DU를 별도의 DU센터에 집중화하고 RU는 서비스대상 지역에 원격으로 설치해 DU와 RU를 광케이블로 연동하는 새로운 그린(Green) 무선 통신망 기술.

**CCD(Charge Coupled Device) 씨씨디, 전하 결합 소자(電荷結合素子)** [영상] 반도체 기판상의 산화막 위에 근접하여 배열한 다수의 전극에 순차 Clock신호를 가해 전위 우물을 이동시켜 신호전하를 일정 방향으로 전송하는 반도체 소자로서 고체 촬상 소자 중의 하나이며, 입사광에 의해 축적된 신호전하를 읽어내기 위해 CCD를 이용한 카메라가 방송용과 민생용을 시작으로 여러 용도로 이용되고 있다. 전위 우물(Potential Well, 포텐셜 우물)은 입자(전하)가 어떤 힘의 장벽에 의해 특정 공간에 갇혀 있게 되는 것으로서 구속 에너지(Bound Energy) 상태에 있게 되는 것을 말한다. CCD는 기본적으로는 빛 에너지를 전기적인 신호로 변환하는 수천만 화소를 포함하는 집적회로가 내장된 이미지 센서로서 원화상을 광학계를 이용해 고체소자에 결상시켜 그 상을 고체소자 내에서 전자적으로 주사하여 전기신호로 변환해 출력하는 소자를 말한다. 촬상관은 인체 중 눈의 망막에 해당되는 부분이며, CCTV 카메라 중 중요한 부분 중의 하나이다.

**CCD Camera(Charge Coupled Device Camera) 전하 결합 소자 사진기** 디지털 카메라의 하나로, 전하 결합 소자(CCD)를 사용하여 영상을 전기 신호로 변환함으로써 디지털 데이터로 플래시 메모리 등의 기억 매체에 저장하는 장치. CMOS형 카메라보다는 화질이 우수하나 전력 소모와 가격 면에서 불리하다.

**CCD Image Sensor 전하결합소자 이미지 센서** 빛 에너지를 전기적인 신호로 변환하는 집적회로가 내장된 이미지 센서로서 원화상을 광학계를 이용하여 고체소자에서 결상시켜 그 상을 고체소자 내에서 전자적으로 주사하여 전기신호로 변환해 출력하는 소자를 말한다. CCD에는 많은 수의 광다이오드 소자가 집적되어 있고 이곳에 빛이 비추어지면 빛의 양에 따라 전자가 발생하고 그 전자가 생성된 량에 따라 화상(이미지)이 생겨난다. CCD 이미지 센서는 치수나 화질 등의 여러 종류가 있으며, 디지털 카메라를 비롯하여 스캐너, 휴대폰, 자동차, 미사일의 센서 등에 폭넓게 쓰인다. 좋은 화질의 화상을 얻기 위해서는 CCD가 클수록 좋다.

**CCD Scanner 평판 스캐너, 전하 결합 소자 평판 주사기** CCD 주사기는 4,000~20,000개의 감광소자를 배치한 CCD 주사기로서 일반적으로 필터 등을 사용하여 가시광선, 근적외영역에서 복수개의 밴드(다중 밴드)로 나눌 수 있다. 보통 4~10개의 밴드를 사용하지만, 64~384개와 같이 밴드수가 많은 경우 이미징 스펙트로미터(Imaging Spectrometer)라고 한다.

**CCITT(Comité Consultatif International de Télegraphique et tél éphonique) 국제 전신 전화 자문 위원회** 영상을 팩스로 전송하기 위해 개발된 구조로 그룹 Ⅲ, 그룹 Ⅳ 2가지 종류가 있다. CCITT는 모뎀, 컴퓨터 통신망 디지털 신호 전송 장치, 팩스를 포함하여 아날로그 통신과 디지털 통신에 대한 표준 규격을 설정하는 UN 산하 단체로서 1865년 창설, 제네바에 본부를 두고 있다. 1993년 2월 이후부터는 ITU-TSS로 불리고 있다.

**CCITT Group IV 국제 전신 전화 자문 위원회 그룹 4 팩시밀리** 팩시밀리 정보교환을 위하여 CCITT에서 제정한 국제 팩시밀리 통신 규격의 이름이다.

**CCL(Creative Commons Licence) 크리에이티브 커먼즈 라이선스** 콘텐츠를 만든 사람이 좋은 취지라면 누구나 사용해도 좋다고 허락하는 인증이다. 비영리단체인 CC가 이 인증을 만든 후 이를 지지하는 수많은 네티즌들이 자신의 저작물에 CCL을 붙인다.

**CCRS(Canada Centre for Remote Sensing) 캐나다 원격탐사 센터** Landsat, SPOT, NOAA, ERS, JERS, RADASAT 위성 영상 등을 수신할 뿐만 아니라, 여러 가지 공간 영상 정보를 생산, 처리하여 캐나다 지구 관측망(CEONET : Canada Earth Observation Network)을 통해 유통하고 있다. 그리고 국가의 기술을 민간에 이양하여 레이더셋(Radarsat) 위성 영상을 위주로 한 수치 정사 영상, 모자이크 영상, DEM의 가공·판매를 지원하고 있다.

**CCS(Carbon Capture and Storage) 탄소 포집 및 저장** 온실가스(Greenhouse Gas) 저감 대책 및 자원 활용화의 일환으로 이산화탄소를 대량 발생원으로부터 포집(Capture)한 후, 압축/수송과정(Transportation)을 거쳐 육상 또는 해양지중에 저장(Storage)하거나 유용한 물질로 전환하는 일련의 과정을 말한다.

■ CCS(탄소 포집 및 저장)의 단계 및 내용

| 기술구분 | 내 용 |
|---|---|
| 포집<br>(Capture) | 화석연료 배가스 중에서 $CO_2$를 분리하는 기술로서, 연소 후, 연소 전 및 연소 중 포집기술로 구분 |
| 수송<br>(Transportation) | 고농도로 포집된 $CO_2$를 탱크로리, 파이프라인, 선박 등을 통해 저장소 또는 전환 플랜트로 이송하는 기술 |
| 저장<br>(Storage) | 이송된 $CO_2$를 지중에 저장하거나 화학적, 생물학적 방법을 통해 화학소재 또는 연료 등으로 전환, 재활용하는 기술 |

CCS는 에너지효율 향상, 신재생에너지 사용과 함께 주요 온실가스 감축 수단의 하나로 현재의 화석연료기반 경제를 유지하면서도 온실가스를 감축할 수 있는 현실적 대안기술로 세계 각국의 주목을 받고 있다. 한편, 육상폐기물의 해양투기에 의한 해양오염방지를 위한 국제협약인 런던의정서에 따르면 2006년에 이미 이산화탄소를 해양지중저장이 가능한 물질로 규정했으며, 국제에너지기구(IEA)는 오는 2050년에는 전 세계 탄소 감축량의 19%에 해당하는 100억 톤을 CCS 방식으로 처리할 것으로 전망하고 있다.

우리나라는 온실가스를 2030년까지 배출전망치(Business as Usual, BAU) 대비 37% 줄이는 목표를 확정한 가운데 2015년 새로운 기후변화협약(Post-2020)이 도출되면 세계 각국은 감축 의무를 이행해야 한다. 국내에서 25.7%를 감축할 계획인 우리나라에선 산업계 감축률이 BAU의 12%를 초과하지 않도록 하는 대신 발전과 운송 등 다른 분야의 감축을 늘리기로 하면서 투자 부담 및 요금 인상에 대한 우려가 커졌다. '한국환경산업기술원(KEITI)'에 따르면 세계적으로 22개 CCS 프로젝트를 가동 중이거나 건설 중이다. 우리나라도 기후변화에 대한 중장기 대응 수단으로 2010년 '국가CCS종합추진계획'을 마련했다. 원천 기술은 미래창조과학부, 포집 기술은 산업통상자원부, 육상 모니터링은 환경부, 해양은 해양수산부에서 맡았다.

환경부는 이산화탄소 누출 위해성 관리와 CCS 기술 적용을 위한 기술 개발 및 제도 마련을 추진하고 있다. 이에 따라 '이산화탄소 지중 저장' 환경관리연구단을 발족하였다. CCS는 화력발전소와 같은 대규모시설에서 배출되는 탄소를 추출한 후 압력을 가해 액체 상태로 만들어 최소 800m 지하에 저장하는 기술로 배출된 탄소를 없앨 수 있는 유일한 수단으로 평가된다. 2018년까지 지하에 탄소를 누출시켜 토양과 지하수, 식생 변화 등 위해성과 환경 영향 등을 모니터링한 뒤 통합 실증에 적용할 계획이다. 화석연료는 2035년 세계 에너지 수요의 75%를 차지하고, 탄소배출량이 20% 이상 증가할 것으로 예측돼 CCS를 적용하지 않으면 감축비 증가가 불가피하므로, 경제성과 포집 및 모니터링 기술개발이 필요하다.

국토해양부는 2015년 온실가스 감축대책의 일환으로 발전소 등에서 포집한 이산화탄소의 해저 지중 저장소 선정을 위한 R&D 사업 결과, 이산화탄소 50억 톤 가량을 영구적으로 저장할 수 있는 대규모 해저 지중 저장소가 동해 울릉분지 남서부 주변 해역 대륙붕에 존재하는 것으로 확인됐다. 50억 톤의 저장 용량은 오는 2030년 우리나라가 이산화탄소 포집 및 저장(CCS)방식으로 달성하려 하는 연간 감축목표량인 3200만 톤을 기준으로 150년 이상을 저장할 수 있는 규모다. 한편, 세계적인 이슈인 온실가스 감축에서 2050년까지 세계 온실가스 감축량의 약 20%를 CCS가 담당할 것으로 전망됨에 따라 CCS의 보급 확산 및 수출산업화를 위한 정책 수립 지원을 위하여 "한국 이산화탄소 포집 및 저장협회(Korea Carbon Capture and Storage Association, KCCSA)"가 2010년 업계와 학계를 중심으로 설립되었다.

**C/CS Mount 씨/씨에스 마운트** [영상] CCTV용 렌즈에서 2가지 종류의 렌즈마운트가 있다. "렌즈 마운트"(Lens Mount)는 사진기와 렌즈 사이의 기계적·전기적 접속장치다. 최초로 기준으로 채택된 것이 C렌즈 마운트이며, C 마운트 렌즈(Cine-Mount)는 플랜지 백 거리가 17.5mm이며, CS 마운트(Cine-short-Mount) 렌즈는 12.5mm이다. 근래에는 대부분 카메라 제품들이 이들 2종류의 렌즈 마운트를 모두 사용할 수 있게 제작되고 있으며 카메라와 렌즈를 적절히 세팅하기 위해서, C 마운트 렌즈는 5mm 어댑터를 사용하면 CS 마운트 카메라에서도 사용이 가능한 반면, CS 마운트 렌즈는 C 마운트 카메라에서는 사용할 수 없다. Lens Mount, Flange Back 참조.

**CCT(Computer Compatible Tape) 컴퓨터 호환 테이프** 컴퓨터가 읽을 수 있는 형식으로 데이터를 보존하는 자기테이프. 잠재적인 큰 용량 때문에 백업을 수행하는데 사용된다.

**CCTV(Closed Circuit Television) 폐쇄회로 텔레비전, 씨씨티브이** [영상] 비디오카메라를 이용하여 특정 장소의 한정된 모니터로 신호를 전송하는 기술이다. 폐쇄회로 TV의 반댓말로 Open-circuit Television(개방회로 TV)이 있는데 일반적으로 방송시청용 TV로서 불특정 다수에게 보여 지기 위한 TV이다. 따라서 폐쇄회로 TV는 특정목적을 위해 특정인들에게 제공되는 TV라는 뜻이다. 그러므로 CCTV는 유・무선으로 밖과 연결되지 않으므로 폐쇄회로 TV라고 불린다. CCTV를 구성하는 요소는 카메라와 이 카메라가 찍는 영상을 녹화해줄 DVR로 구성된다. 「주택법 시행령」 제48조 및 「주택건설기준 등에 관한 규정」 제39조에 의거 300세대 이상의 공동주택, 150세대 이상으로서 승강기가 설치된 공동주택, 150세대 이상으로서 중앙집중식 난방방식(지역난방방식을 포함)의 공동주택, 「건축법」 제11조에 따른 건축허가를 받아 주택 외의 시설과 주택을 동일건축물로 건축한 건축물로서 주택이 150세대 이상인 건축물 등은 보안 및 방범을 위하여 폐쇄회로 텔레비전을 설치해야 한다.

**CCTV Survey 폐쇄회로 티비 조사, 씨씨티브이 조사** 폐쇄회로 텔레비전(Closed-Circuit television, CCTV)이 설치된 유・무선 원격조정 차량이나 로봇을 관로 내부로 투입해 관로 상태를 관찰하는 방식이다. 관로 내부의 실태조사에서는 관로 내부의 부식 및 크랙, 연결관 돌출, 본관 및 연결관 접속부위 파손, 관 연결부 단차, 토사 퇴적, 타관(他管) 통과, 오접(誤接) 등을 조사한다. 관로 내부의 실태조사를 위해서는 CCTV조사 및 육안조사를 기본적으로 실시하는데, 관경 1,000mm 미만의 관로는 CCTV를, 관경 1,000mm 이상에서는 육안조사를 원칙으로 한다. 이 장비는 관내에 삽입하여 상황을 파악할 수 있는 것으로서 일반적으로 ϕ800mm 미만의 관에 사용한다. 자주식(自走式, Self-propelled)과 견인식(牽引式, Personnel carrier)이 있으며, 일반적으로 자주식이 사용된다. 간단한 확인을 위해서는 전면(直視式, 전방카메라) 영상만으로도 충분하나, 균열(crack) 등을 상세히 파악하기 위해서는 전면과 측면(側視, 측방향 카메라) 영상이 필요하다. 최근 어안 렌즈(魚眼렌즈, fish-eye lens)나 거울방식을 사용함으로써 직시만으로도 관거 전체를 파악할 수 있는 기술이 개발되고 있으며, 연결관용 CCTV도 개발되어 연결관 내부까지도 조사할 수 있게 되었다. CCTV 조사과정에서 많은 비용이 발생하고 기술적으로도 복잡하기 때문에 유량계 모니터링을 통해 불명수 유입 여부가 파악된 중점 관리지역에 대해서 CCTV조사를 시행한다. CCTV조사를 통한 판독에 의해 점수화하여 구조적 상태 등급, 운영적 상태 등급, 하수관거의 양호도 판정을 하며, 하수관거 긴급보수 판단기준 등으로 활용한다.

**CDC(Connected Device Configuration) 씨디씨** 자바 플랫폼으로서, CLDC[Connected Limited Device Configuration, 핸드폰과 같이 극한의 환경을 가진 디바이스를 위한 구성(configuration)으로서 자바 언어로서의 기본 특징들을 유지]가 정의하는 디바이스보다 덜 제한적인 환경의 디바이스를 위한 구성(configuration)으로서, 완벽한 자바 언어를 지원하며, JVM을 완벽하게 지원한다. CDC 디바이스는 32비트 이상의 CPU, 4메가 이상의 비휘발성 메모리, 4메가 이상의 휘발성 메모리를 가지며, 셋톱박스 TV, 자동차 항법 시스템, PDA 등 고정된 위치의 디바이스를 지원한다.

**CDGPS(Carrier Differential Global Positioning System) 반송파 정밀 위치관측 체계** 반송파는 코드보다 해상도(Resolution)가 훨씬 높으므로 이를 이용하여 위치를 계산할 경우 cm 정도의 위치 정확도를 기대할 수 있다. 그러나 위치 계산을 위해 반송파를 사용할 경우, 코드를 사용한 위치 계산에 비해 계산량이 많고 시스템의 무결성이 저하된다. 왜냐하면 반송파 위상에는 초기 미지 정수가 존재하므로, 이를 정확히 계산하기 위해 부가적인 복잡한 계산이 필요하고, 올바른 미지 정수 결정 여부에 대한 충분한 신뢰도(Confidence Level)가 확보되지 않기 때문이다. 반송파 보정 위성 항법 시스템의 포괄 영역은 일반적인 보정 위성 항법 시스템보다 훨씬 좁으며, 포괄 영역을 넓히기 위해 별도의 고가(Expensive) 장비가 필요하다. 따라서 반송파 보정 위성 항법 시스템은 좁은 영역에서 고도의 위치 정확도를 요구하는 시스템 또는 후처리 기법에 의한 측지 분야에서 널리 이용된다.

**CDMA(Code Division Multiple Access) 코드분할 다중 접속, 부호분할 다중접속** 디지털 이동 통신 시스템의 한 방식이다. 통화 시 음성 신호를 비트 단위로 분할해 코드화 한 후 이 신호를 통신 주파수 대역에 삽입하는 방식으로, 아날로그 시스템에 비해 가입자 수용능력을 10~20배 향상시킬 수 있다. 미국 퀄컴사가 먼저 개발된 TDMA의 대안기술로 1989년 개발을 시작하여 1992년 IS-95표준으로 통합하였다. 2개의 주 표준이 있는데 IS-95와 PCS-CDMA이다. PCS-CDMA는 IS-95를 1.8GHz 대역에 맞춘 것이다. 주파수를 효율적으로 사용하기 위해서 대화 내용이 활발할 때는 코드화 속도가 8kbps이지만, 대화가 적을 때나 말을 하지 않을 때는 4.2kbps 또는 1kbps 속도까지 떨어지므로 많은 사용자가 한 주파수 대역을 공유할 수 있다. 페이딩 제거 현상 및 핸드오프 기능이 우수하고 사용되는 주파수 신호도 멀리 전달되고 잡음도 적다. 여기까지가 2세대(2G) 통신 시스템이라고 하고, 유선 통신 품질과 동등한 서비스를 제공하기 위해 144kbps~2Mbps 전송 속도를 갖는 3세대(3G) 시스템 표준화 작업으로

1999년 초에는 2가지 방식이 있다. IS-95(흔히 CDMA)을 기반으로 하는 동기식 CDMA2000과 GSM(Global System for Mobile Communication)과 TDMA의 연장 방식인 비동기식 WCDMA(wideband-CDMA)방식이 있다.

**CDMAone 부호분할 다중접속 일(符號分割多重接續一), 씨디엠에이 원** 부호분할 다중접속(Code Division Multiple Access, CDMA) 방식의 휴대전화 시스템의 표준화를 추진하는 국제 단체인 CDG(CDMA Development Group)가 1997년에 정한 현행 CDMA방식의 명칭이다. CDMAone은 1993년 미국전자공업협회(EIA) 및 통신산업협회(TIA)가 작성한 CDMA방식의 디지털 휴대폰 시스템 표준 규격인 IS-95와 내용이 동일하다. CDG는 국제 이동 통신-2000(IMT-2000)의 CDMA방식으로 광대역 CDMA를 제안하고 있는데, 이것을 Wide-band cdmaOne이라고 부른다.

**CDN(Contents Delivery Network) 콘텐츠 전송 네트워크** 영화나 방송 등 대용량 콘텐츠를 빠르고 안정적으로 전달하기 위해 트래픽을 분산시켜 고객에게 전달하는 네트워크 기술을 말한다.

**CDPD(Cellular Digital Packet Data) 코드 분할 다중 접속** 미국 모토롤러가 실용화한 디지털 이동통신 방식에 채용된 기술로서, 디지털 데이터 통신 방식에 관한 업계 표준 기술 중의 하나이다.

**CD-ROM(Compact Disk Read-Only Memory) 씨디-롬, 컴팩트 디스크-읽기 전용 메모리** 오디오 컴팩 디스크와 유사한 광학 자료 저장 매체. 저장능력 최대 650MB의 데이터를 저장 할 수 있고, 모든 데이터를 컴퓨터 영상면 위에서 대화 방식으로 사용할 수 있다.

**CdS(Cadmiumsulfide) 조도 센서, 광센서, 황화 카드뮴 광센서** [영상] 빛이 입사하면 전도성이 되는 반도체로서, 빛의 세기에 따라 저항 값이 변하는(빛의 세기가 셀수록 저항이 작아짐) 광가변저항이다. 일반적으로 CdS(황화카드뮴)를 사용하므로 CdS라고 한다. 광센서(sensor) 중에 하나로 가장 간단하고 저렴하지만 우리 주변의 많은 곳에 쓰이고 있다.

**CE(Circular Error) 원형오차** 수평 위치 오차는 관측된 위치를 중심으로 하는 원의 반경으로 정의된다. 이는 정위치가 정의된 신뢰도로 반경 원형 오차의 원 내부에 있다는 것을 의미한다.

**Celestial Axis 천축(天軸)** 지구의 회전축을 천구에까지 연장한 것을 말한다. Celestial Sphere, Celestial Pole, Celestial Equator, Hour Circle을 참조.

**Celestial Coordinates 천구좌표(天球座標)** 천구상 천체의 위치를 표시하는 데는 지구상 각 지점을 위도와 경도와 같은 구면좌표를 사용하며, 천구좌표에는 지평좌표 · 적도좌표 · 황도좌표 · 은하좌표 등이 있다.

**Celestial Equator 천구 적도** 지구 적도면의 연장과 천구의 교선인 대원을 말한다. Celestial Sphere, Celestial Axis, Celestial Pole, Hour Circle을 참조.

**Celestial Pole 천극(天極)** 천축(Celestial Axis)과 천구의 교점으로 천구북극(north celestial pole)과 천구남극(south celestial pole)이 있다. Celestial Sphere, Celestial Axis, Celestial Equator, Hour Circle을 참조.

**Celestial Sphere 천구(天球)** 모든 천체가 지구를 중심으로 하는 반지름이 무한대인 구면에 고정되어 있다고 생각하는 가상의 구면을 말한다. 천체를 포함하는 천구는 지구의 자전 때문에 하루에 한 번씩 동쪽에서 서쪽으로 회전하는 것처럼 보이는데, 이를 천구의 일주운동(diurnal motion)이라 한다.

**Cell 셀** ① 도형의 최소 구성단위인 기본(Primitive)요소의 그룹 또는 복합(Complex)요소로 구성하여 반복되는 형태의 기호나 도형 요소를 처리하기 위한 하나의 복합 요소. Raster를 참조. ② 행렬의 가로축과 세로축이 만나는 지점의 모든 공란. 각 셀에는 가로축과 세로축에 배열된 각 항목 간의 상호 작용을 기호로 표시한다. 기호는 행렬의 작성 목적에 따라 단순히 체크(V)하거나 'CRUD'나 숫자와 같이 특별한 값을 이용한다.

**Cell Animation 셀 에니메이션** 배경 화면 위에 그림을 그린 투명한 셀룰로이드 판을 연속적으로 올려놓아 움직이는 듯한 착각을 일으키는 애니메이션 기법을 말한다.

**Cell Code 셀 부호** 속성값과 동의어로 속성 부호와 혼동해서는 안 된다.

**Cell Decomposition 셀 분할** 3차원 자료 구조에서는 복잡한 입체를 간단한 입체(즉, 입체 기본 요소)로 분할할 수 있으며, 입체를 이러한 기본 요소의 집합으로 표현한다.

**Cell Geometry 셀 기하** 픽셀이나 행렬로써의 격자자료의 식별을 말한다.

**Cell Library 셀 라이브러리** 셀을 저장하기 위해 사용하는 파일. 셀 라이브러리 상에 있는 셀에 접근하기 위해서는 셀 라이브러리가 부착(Attach)되어야 한다.

**Cell Origin 셀 원점** 셀이 위치하게 될 원점. 셀의 생성과정에서 부여된다.

**Cell Planning 셀 위치선정** 건물의 고도자료와 고해상도 영상을 이용하여 전파 장애물 및 사각지대를 판정하여 전파영향권을 분석한 후 기지국 위치선정 및 최적 중계망 설계를 하는 것을 말한다.

**Cellular 셀룰러** Cell '세포'를 뜻하며 통신에서 말하는 Cellular는 서비스 지역을 세포형태로 나누어 소형 기지국을 설치 한다는 개념에서 나온 말이다.

**Cellular Automata 휴대용 자동 장치** 컴퓨터 모델링의 한 형태. 각각의 독립적인 격자 셀 자료에 의해 서로 작용하도록 적용되는 간단한 변환 규칙에 의해서 만들어지는 전체론적인 구조의 결과이다.

**Cellular Digital Packet Data(CDPD) 코드 분할 다중 접속** CDPD (Cellular Digital Packet Data)를 참조.

**Cellular Phone 휴대용 전화기** 일반 사용자들이 몸에 지니고 다니면서 무선으로 자유롭게 통화할 수 있는 휴대용 무선 전화기를 말한다.

**Celsius 섭씨 온도(攝氏溫度)** 1 atm에서의 물의 어는점을 0°, 끓는점을 100°로 정한 온도 체계로서, 이 사이의 온도는 100등분된다. 기호는 ℃이다. 1742년 스웨덴의 천문학자 셀시우스(Anders Celsius, 1701~1744)가 처음으로 제안하였다. 현재는 위와 같이 정의하지 않고 물의 삼중점을 0.01℃로 정의한다. '섭씨(攝氏)'라는 이름은 셀시우스의 중국 음역어 '섭이사(攝爾思)'에서 유래한다. 섭씨 온도에서 화씨 온도로 변환하기 위한 공식은 °F = ℃×1.8+32이다. Triple Point, Fahrenheit, Kelvin 참조.

**CEN(Comité Européen de Normalisation) 유럽 표준 위원회** 유럽 지역의 표준화 그룹. 잘 알려진 표준화 개발 기구가 아니므로 ISO에 곧바로 영향을 미치지는 않지만, 유럽 전체에서는 ISO와 동등하게 영향력을 행세한다. 이 기구의 주된 목적은 각 회원 국가들의 표준화기구에서 만들어진 표준화를 조화시키는 것이다. 멤버 가입은 유럽 연합이나 유럽 자유 무역 기구의 회원국들에게 열려 있다.

**CEN/TC 287(Comité Européen de Normalisation/Technical Committee 287) 유럽 표준 및 기술 위원회 287** 1991년 유럽 표준 기구는 'TC 287'이라는 기술 위원회를 설립하였는데, 유럽 모든 국가에 적용할 수 있는 지리 정보의 표준 작업을 위한 것이다. 회원 자격은 EC와 EETA 국가에 개방된다. 22개의 멤버 국가와 4개의 컨소시엄은 옵저버들로 구성되며, 지리 정보 분야의 표준화 노력을 수행하고 있다. ISO/TC211과 CEN/TC287은 기술 위원회 수준에서 서로 표준활동을 공유하고, 공동 작업을 통해 얻은 결과를 활용하고 있다.

**Censor Resolution 감지기 해상도** DPI로 표기되며 수치가 높은 쪽이 해상도가 높다. 캐드 도면 입력에서의 사용은 높은 정확도가 요구되기 때문에, 고해상도의 제품이 필요하지만 PC급에서 영상을 표현할 때는 200DPI 정도가 실용적이다.

**Census 인구 총조사, 인구 주택 총조사** 인구와 관련된 모집단(母集團, population)에 대한 정보를 체계적으로 표본(sampling) 취득하는 작업 및 과정을 말한다. 1990년 '인구 총조사' 및 '인구 주택 총조사'로 용어가 바뀌었다.

「인구주택총조사 규칙」 제2조에서는 Census와 관련된 각종 용어를 다음과 같이 정의하고 있다. 즉, (1) "인구총조사"란 정부가 특정한 시점에 대한민국 영토의 인구 및 가구의 실태를 파악하기 위하여 실시하는 전수조사를 말한다. (2) "인구총조사"란 정부가 특정한 시점에 대한민국 영토의 인구 및 가구의 실태를 파악하기 위하여 실시하는 전수조사를 말한다. (3) "주택총조사"란 정부가 특정한 시점에 대한민국 영토의 주택의 실태를 파악하기 위하여 실시하는 전수조사를 말한다. (4) "가구"란 1명이 단독으로 생계를 영위하거나 2명 이상이 공동으로 취사·취침 등을 하며 생계를 영위하는 생활 단위를 말한다. (5) "주택"이란 하나 이상의 가구가 독립된 주거생활을 할 수 있는 구조로 된 건축물을 말한다. (6) "상주"(常住)란 일정한 장소에서 거주한 기간과 거주하려는 기간을 합한 기간이 3개월 이상이 되는 것을 말한다. (7) "조사구"(調査區)란 조사대상 지역을 통계청장이 정하는 기준에 따라 나눈 조사구역을 말한다.

한편, 「인구주택총조사 규칙」 제3조에서는 인구총조사 조사대상으로 (1) 대한민국 영토에 상주하는 대한민국 국민, (2) 대한민국 국민으로서 외국에 공무(公務)로 체재 중인 사람과 그 가족, (3) 대한민국 영토에 상주하는 외국인. 다만, 외국인 중 군인·군무원·외교관과 그 가족 및 국제연합·외국정부의 공무로 체재 중인 사람과 그 가족은 제외한다고 규정하고 있다. 또한 주택총조사는 조사기준일시에 대한민국 영토에 있는 주택을 대상으로 한다. 다만, 주한 외국공관 등 외국정부의 공적 기관이나 국제기관이 관리하고 있는 주택은 제외한다.

「인구주택총조사 규칙」 제4조(조사사항)에 의거 인구총조사에서는 (1) 조사대상자의 성명, 성별, 나이, 가구주(家口主)와의 관계, 국적, 교육 정도 및 혼인 상태 등 인구 특성에 관한 사항, (2) 조사대상자의 출생지와 특정 시점의 거주지 등 인구이동에 관한 사항, (3) 조사대상자의 경제활동 상태 및 직업(직위를 포함한다) 등 경제활동에 관한 사항, (4) 조사대상자의 가구 구분, 주거시설 형태, 사용 방수 및 점유 형태 등 가구 특성에 관한 사항, (5) 그 밖에 인구 및 가구의 실태를 파악하기 위하여 필요한 사항으로서 통계청장이 정하는 사항 등을 조사한다. 한편, 주택총조사에서는 (1) 거처의 종류에 관한 사항, (2) 주택의 주거용 연면적, 대지면적, 총 방 수, 건축연도, 주거시설 수 등 주택의 구조·시설 및 그 특성에 관한 사항, (3) 그 밖에 주택의 실태를 파악하기 위하여 필요한 사항으로서 통계청장이 정하는 사항 등을 조사한다.

**Census Block 인구 주택 총조사 조사구** 인구 조사 자료가 수집되는 가시적인 경계에 의하여 한정되는 가장 적은 지리적 영역을 말한다.

**Census Geography 인구 지리** 인구 구획, 열거구역, 인구 지방보다 적은 문화 구분 등을 포함하는 지리 정보의 비교적인 수준을 제공하는 지역들의 구분을 포함하는 인구 통계에 의해 보완된 자료들에 사용된 위치의 코드화를 위한 시스템을 말한다.

**Center 중심** 네트워크의 연결에서 자원을 수취하는 교점지점의 시설을 나타낸다. 공간 상호 작용에서 중심은 최적지로 고려된다.

**Center Leveling 등거리 시준** 수준측량 시 전시의 거리와 후시의 거리를 같게 취하는 것으로, 이렇게 등거리시준을 하게 되면 시준축오차(레벨의 조정이 불완전하여 시준선이 기포관축과 평행하지 않음으로서 발생하는 오차)와 지구곡률오차와 빛의 굴절오차인 양차를 제거할 수 있다. 또한 초점나사를 움직일 필요가 없으므로 조준나사 작동에 의한 오차가 줄어들게 되고 신속하게 관측할 수 있는 장점이 있다.

**Center Line 중심선(中心線)** 선형 형상의 중심을 따라 수치화된 선. 중첩되는 항공 사진의 중심점을 통하여 수직 항공 사진의 중심점에서 그려진 선을 말한다.

**Center Line Connection is Ambiguous 미구현 중심선 연결** 미구현 실폭 도로 중심선의 연결성 정확성 여부 검사, 실폭 도로 중심선의 교차점의 생성, 인접도로와의 연결 등을 검사하는 것을 말한다.

**Center Line Input Miss 중심선 입력 오차** 실폭 도로의 중심선이 입력되지 않았을 때를 말한다.

**Center Line Surveying 중심선 측량(中心線測量)** 도로나 터널의 양 갱구의 중심선에 기준점을 설치하고, 이 두 점의 좌표를 구하여 노선 설치나 터널을 굴착하기 위한 방향과 거리를 계산하기 위한 측량 방법을 말한다.

**Center of Excellence(CoE) 전문가 조직** CoE(Center of Excellence)를 참조.

**Center of Photograph(Fiducial Center) 화면 중심, 영상 중심, 사진 중심** Fiducial Center(Center of Photograph)를 참조.

**Center of Projection 투영중심(投影中心)** 어떤 물체 등을 평면상에 투영할 때 투영의 중심을 말한다.

**Center of Projection(Camera) 사진기의 투영중심(撮影寫眞機의 投影中心), 투영점** 촬영용 사진기 렌즈의 입사동 중심점을 말한다.

**Center Point 중심점, 주점** Centerpoint를 참조.

**Center Post 중심주** 측표의 중심을 표시하는 기둥을 말한다.

**Centering 중심맞추기** 평판측량의 경우 지상의 점과 평판상의 대응점이 동일연직선상에 있게 하는 것을 말하며, 트랜싯의 경우 기계의 중심과 지상의 점(삼각점 등)이 동일 연직선상에 있게 하는 것을 말한다. 치심 또는 구심이라고도 한다.

**Centerpoint 중심점, 주점** 사진기의 광축에 대한 위치에 대응하는 항공 사진의 정확한 중심의 점을 말한다.

**centi 센티** $10^{-2}$을 뜻하는 접두어로서, 기호 c로 나타내며, hundredth 단위이다.

**Central Angle 중심각** 곡선의 각부 명칭의 한 가지로 원곡선의 중심을 0, 곡선시점과 곡선종점을 각기 A, B라 하면 ∠AOB를 중심각이라 한다. 따라서 중심각은 교각과 같다.

**Central Axis 중심축** 중심을 지나는 축을 말한다.

**Central Datum 중부원점(中部原點)** 경위도 좌표에서 평면 직교 좌표로 계산하기 위해 우리나라에서 채택하고 있는 가상의 원점으로, 위도 38°, 경도 127°의 지점이다.

**Central Limit Theorem 중심극한정리(中心極限定理)** 모평균이 $\mu$, 표준편차가 $\sigma$인 모집단으로부터 추출된 크기 n인 무작위 표본(random sample)에서 얻은 표본평균치 들의 표집분포는 그 표본 속에 포함된 n의 크기가 커질수록 평균이 $\mu$, 표준오차가 $\sigma$인 정규분포에 접근한다는 수리통계학적 정리이다.

**Central Meridian 중앙 경선, 중앙자오선(中央子午線), 기준자오선, 본초자오선** ① 경도가 관측되는 기준 자오선. 기준 또는 본초 자오선은 일반적으로 영국 그리니치(Greenwich)를 통과하는 중앙 경선(Greenwich Meridian)으로, 1884년에 받아들여졌다. ② UTM 좌표에서 경도 6°간격으로 분할한 지대의 중앙을 통과하는 자오선을 말한다. Meridian를 참조.

**Central Office 중앙사무소** 기준국과 감시국의 DGPS시스템 운영상태를 PSDN 망을 이용하며 실시간 원격 감시 및 제어와 함께 위치결정 정보에 대한 감시, 위성상태 Integrity 감시, 기준국 및 감시국 위치 결정 분석을 통한 GPS 가용 상태 확인과 위치결정 보정 데이터 RINEX는 웹으로 24시간 무료 제공을 하고 있다.

**Central Pag 중심 말목** 노선측량에 있어서 노선의 중심선 20m마다 박아 나가는 말목을 말한다.

**Central Polygon 유심 삼각망(有心三角網)** 광대한 지역의 측량에서는 삼각망을 유심 삼각망으로 한다. 이것은 동일 측점 수에 비하여 피복 면적이 가장 넓기 때문이다. 이 삼각망은 넓은 지역의 측량에 적당하다.

**Central Processing Unit(CPU) 중앙 연산처리 장치** CPU(Central Processing Unit)를 참조.

**Central Projection 중심투영** 일반적인 사진의 상은 반사된 빛이 모두 렌즈의 초점 또는 렌즈중심을 지나 필름 면에 투영되어 그 결과 사진상은 사진중심으로부터 방사상 변위를 갖게 된다. 이와 같은 투영을 이르는 말이다.

**Central Standard Time 중앙 표준시(中央標準時)** 나라나 지방에서 표준으로 하는 시간을 말한다.

**Central Tendency 집중경향치(集中傾向値)** 하나의 점수분포에서 중심적 경향을 나타내는 값. 대표치라고도 한다. 이 값은 분포내 어떤 "값"과도 정확히 일치하지 않을 수 있지만 그 "값"에 좋은 추측치로서의 성질은 가져야 한다. 최빈치(mode), 중앙치(median) 또는 평균치(mean)를 집중경향치로 사용하며, 이들은 각기 다른 방식으로 "좋은 추측치"를 정의한다.

**Centralized Processing 중앙 집중 처리** 중심이 되는 센터에 대형 컴퓨터를 설치하고 각 지역 또는 지방에 있는 사무소를 이 대형 컴퓨터와 연결하여 모든 작업을 이 컴퓨터에서 통합·관리, 수행하는 방법. 이 컴퓨터가 고장 나면 모든 것이 정지하는 문제점이 있다.

**Centre 중심** Center와 동일어이다.

**Centre Line 중심선** 선형 객체의 중앙을 따라서 만들어진 선. 주로 강과 도로가 이 방법으로 표현된다.

**Centre National d' Etudes Spatiales(CNES) 프랑스 국립 우주 센터** CNES(Centre National d' Etudes Spatiales)를 참조.

**Centre National d' Information Geographique(CNIG) (France) 프랑스 국가 지리 정보 센터** CNIG(Centre National d' Information Geographique)(France)를 참조.

**Centre National d' Etudes Spatiales(CNES) 프랑스 국립우주 연구센터** CNES(Centre National d'Etudes Spatiales)를 참조.

**Centrepoint 중심점** Centerpoint와 동일어이다.

**Centrifugal Force 원심력(遠心力)** 회전하는 좌표계에서 관찰되는 관성력으로, 회전의 중심에서 바깥쪽으로 작용하는 것처럼 관찰된다. 하지만 다른 관성력과 마찬가지로 실제 존재하는 힘은 아니다. 즉, 원 운동하는 물체의 관성운동(원의 접선방향으로 직선운동을 유지하려는 힘)때문에 발생하는 힘으로 원의 바깥쪽으로 작용하는 것처럼 보이는 가상의 힘이다. 원심력은 관성력 중에서도 회전하고 있는 계 안의 관찰자가 느끼는 가상의 힘이다. 원심력은 $F = m\frac{v^2}{r}$ 이다.

**Centripetal Force 구심력(求心力)** 원 운동에서 운동의 중심 방향으로 작용하여 물체의 경로를 바꾸는 힘이다. 달이나 인공위성이 지구 둘레를 원운동하는 것은 지구의 중력이 구심력으로 작용하기 때문이다. 원운동은 등속도 운동이 아니므로, 뉴턴의 운동 제1법칙에 따르면 원운동을 하고 있는 물체에는 계속해서 변위의 방향을 바꾸는 방향으로 힘이 작용하고 있다. 이러한 힘을 구심력이라고 한다. 구심력은 물체의 속도 벡터에 수직으로 작용하므로, 물체의 속도의 방향만을 변화시키고 속도의 크기는 변화시키지 않는다. 또한 구심력은 물체와 물체의 운동의 중심을 잇는 선과 그 작용선이 항상 평행하므로, 구심력에 의한 돌림힘은 0이 된다. 따라서 구심력 외에 다른 힘이 작용하지 않는 등속 원운동의 경우, 각운동량 보존 법칙이 성립한다. 구심력은 $F = m\frac{v^2}{r}$ 이다.

**Centro Nacional de' Informac o Geogrfica(CNIG)(Portugal) 포르투갈 국가 지리 정보 센터** CNIG(Centro Nacional de' Informac o Geogrfica)(Portugal)를 참조.

**Centroid 중심(기하학적 도형의), (질량)중심(重心), 도심** 주어진 영역 내에 포함되는 모든 점의 좌표값이 평균이 되는 다각형내의 점. 다각형내의 기하학적 중심. 다각형을 구성하는 점들의 좌표 평균으로 구한다. 불규칙한 다각형의 중심을 계산하는 것은 기하적인 알고리즘의 사용을 요구한다. 공간 정보 체계에서 중심은 특별한 지역에 관한 속성 정보가 연결되는 다각형의 점이다.

**CEO(Chief Executive Officer) 경영 대표 임원** 기업의 최고 의사 결정권자. 즉, 한 회사를 대표해 회사의 비전과 전략을 수립, 최종적인 결정을 내리는 최고 경영자를 말한다.

**CEONet(Canadian Earth Observation Network) 캐나다 지구 관측망** 캐나다의 공간 정보 시장의 확대 및 데이터의 일괄 제공을 목적으로 하고 있으며, 데이터뿐만 아니라 가공 기술, 분석 과정 등 부가적인 서비스를 제공하고 있다. 또한 공간 정보와 관련된 서비스, 그리고 캐나다 공간 정보의 주요 구성 요소가 되는 공급자와 사용자에 대한 광범위한 유통 기구이다.

**CEOS(Committee on Earth Observations Satellites) 지구 관측 위성 위원회** 지구 관측 위성 발사국 간의 데이터 교환 조정 업무를 주로 하고 있다.

**CEP(Celestial Ephemeris Pole) 씨이피** 지구 회전운동의 기준이 되는 회전 각운동의 축이 천구와 만나는 점을 말한다.

**CEP(Circular Error Probable) 원형 오차확률** 원 둘레를 100으로 본다면 중앙의 50%를 갖는 값을 CEP라고 한다. 실제 수평좌표의 오차타원에서 그 반경을 나타내는 것으로 현재 위치가 실제 위치에 있을 확률이 50%임을 나타낸다. GNSS 위치정밀도 측정치로서 실제 수평좌표에서 오차타원에서 그 반경을 나타내며, 이 값은 현재 위치가 실제 위치에 있을 확률이 50%임을 나타낸다. 수평 위치오차는 추정된 위치를 중심으로 하는 원의 반경으로 정의된다. 이는 정위치가 정의된 신뢰도로 반경 원형오차의 원 내부에 있다는 것을 의미한다.

**CEP(Complex Event Processing) 복잡 이벤트 처리** 실시간으로 발생하는 많은 사건 중 의미가 있는 것만 추출할 수 있도록 사건 발생 조건을 정의하는 데이터 처리 방법으로서, 빅데이터의 스트림 데이터 처리에서는 입력된 데이터를 하드디스크에 기록하지 않고 메모리에서 데이터 처리가 이루어지므로 빠른 속도로 처리할 수 있다. 또한 바로 직전에 처리한 결과를 중간 데이터로서 가지고 있어 데이터를 모두 처리할 필요가 없으며, 메모리에 흘러가는 데이터에서 중간 데이터와의 차이가 난 데이터양만큼만 처리하면 된다. 이런 방식으로 입력에서 결과 출력까지의 지연 시간을 1/100만 초 수준까지 낮추고 1초당 수십만 건부터 수백만 건의 초고속 처리를 실현한다. 금융, 통신, 전력, 물류, 국방 등에서 실시간으로 대용량의 데이터 스트림에 대한 요구에 대응하기 위하여 개발된 기술이며, 미들웨어에 접목시키면 기업이 독자적인 실시간 응용 애플리케이션을 개발할 수 있도록 도와준다.

**CER(Certified Emission Reduction) 탄소 배출권, 탄소 인증 감축량** 탄소 배출권이란 CDM(Clean Development Mechanism, 청정개발체제) 사업 등을 통해서 온실가스 방출량을 줄인 것을 유엔의 담당기구에서 확인해준 것을 말한다. 이러한 탄소배출권은 배출권거래제에 의해서 시장에서 거래가 될 수 있다. 2014년 현재 탄소배출권 1톤의 가격은 5유로다. 선진국이 개발도상국에 가서 온실가스 감축사업을 하면 유엔에서 이를 심사·평가해 일정량의 탄소배출권(CER)을 부여한다.

국제적 기후변화 대응 체제 기틀을 형성한 교토의정서(Kyoto protocol)는 의무감축국의 온실가스 저감 활동비용 부담을 완화하기 위해 시장 기반 메커니즘인 '교토메커니즘(Kyoto flexible mechanism)'을 제시하고 있다. 교토메커니즘은 탄소배출권거래(ET, Emissions Trading), 청정개발체제(CDM, Clean Development Mechanism), 공동이행제도(JI, Joint Implementation)로 이루어져 있으며, 이 중 탄소배출권거래(Emissions Trading)는 온실가스 배출 권리인 '탄소배출권'을 시장을 통해 사고파는 행위를 의미한다.

탄소배출권은 할당량(allowance) 및 크레딧(credit)을 포괄하는 개념으로, 할당량은 국가 또는 지역 내에서 정한 온실가스 배출총량(cap)만큼 발전 설비나 생산 설비 등 주요 온실가스 배출원(emission source)에 지급된 온실가스 배출 권리를 의미하며, 크레딧은 외부 온실가스 저감 프로젝트에 대하여 기준 전망치(BAU, Business-As-Usual) 대비 온실가스 배출량을 줄였다는 증서로서 해당 프로젝트에 지급되는 배출권을 의미한다. 국내에서는 '탄소배출권'이라는 단어가 매우 일반적으로 사용되고 있으나, 실제 EU 지역 등에서는 할당량(EUA)과 크레딧(CER/ERU)을 비교적 명확하게 구분하고 있으며, 이를 포함하는 의미인 '탄소배출권'에 해당되는 'emission right'이 잘 사용되지 않는다. 한편, '시장'의 의미는 탄소배출권의 가격이 정책에 의해 고정되기보다는 시장 내 탄소배출권의 수요와 공급에 의해 결정됨을 의미한다. 이는 재화나 서비스 생산 비용에 기후변화 유발로 인한 환경적·사회적 비용을 반영시키는 한 방식으로, 정책에 의해 비용규모가 결정되는 탄소세(carbon tax)와 는 대비된다.

**CERCO(Comite Europeen des Responsables de la Cartographie Officielle) 유럽 지도 제작 공동체** 유럽 심의회의 후원하의 공식적 지도제작 대표의 유럽 공동체를 말한다.

**CERN(Conseil Europeean Pour La Researehe Nucleaire) 세른** 월드 와이드 웹을 개발한 기관으로 스위스에 있는 핵물리 연구 기관이다.

**Certification 인증, 증명, 자격** 지리정보체계/지리정보학에서 개인 능력에 대한 자격을 문서화된 증거로 이끌어내는 과정을 말한다.

**Certified Emission Reduction(CER) 탄소 배출권, 탄소 인증 감축량** CER(Certified Emission Reduction)을 참조.

**Certifying Body 인증 기관** 국제 표준의 요구에 부합하는 지리정보체계 및 지리정보학 전문가의 인증에 대한 절차를 관리하는 기관이다.

**CES(Consumer Electronics Show) 국제 가전제품 박람회** 미국가전협회(Consumer Electronics Association, CEA)가 주관해 매년 열리는 세계 최대 규모의 가전제품 박람회이다. 1967년 미국 뉴욕에서 제1회 대회가 열린 이후 세계 가전업계의 흐름을 한눈에 볼 수 있는 권위 있는 행사로 자리매김했다. IT(정보통신) 전반을 다루는 컴덱스와는 달리 TV·오디오·비디오 등 일상생활과 밀접한 전자제품을 주로 소개한다. 그러나 가전제품과 IT의 결합이 활발해지면서 컴덱스와 CES의 영역은 사실상 모호해졌다.

**Cesium Clock 세슘 시계** 세슘원자의 진동을 기준으로 만든 시계로 하루를 기준으로 $10^{-13}$~$10^{-15}$의 안정도를 갖는다.

**CETCS(Congestion Electronic Toll Collection Service) 혼잡 통행료 전자지불 서비스** 교통혼잡이 심각한 도심지를 진입하는 차량에 대해 혼잡유발에 대한 비용을 DSRC 단말기를 통해 주행상태에서 자동으로 통행료를 징수하는 서비스이다. DSRC 참조.

**C-Factor 씨 계수** 입체영상(sterescopic) 체계의 수직 관측능력을 표시하는 경험치를 말하며, 도면화될 수 있는 최소 등고선 간격에 대한 비행고도의 비로 정의된다. 즉, 특정 등고선 간격에 대한 비행고도의 비다. 등고선 간격, 사진기, 기구체계에 요구되어지는 비행고도를 결정하는데 이용되며, '고도 - 등고선비'라고도 한다.

**CFCs(Chlorofluorocarbons) 염화불화탄소** 염화불화탄소의 약자로 상품명 프레온가스로도 불린다.

**CFD(Computational Fluid Dynamics) 컴퓨터 유체 역학** 유체역학 문제를 수치적으로 푸는 것에 대한 학문을 말한다. 기존의 풍동실험 등을 컴퓨터로 대신하는 것으로 사용 분야는 항공, 자동차, 토목, 플랜트 등 유체가 사용되는 모든 부분에 적용할 수 있다.

**CFL(Calibrated Focal Length) 검정 화면 거리(檢定畫面距離)** 일정한 화면내의 왜곡수차의 영향을 최소로 한 화면 거리를 말한다.

**CFO(Chief Financial Officer) 재무 담당 중역** CIO가 등장하기 전까지 CFO 다음으로 중요한 위치였다. 기업의 재무·회계를 총괄, 담당하는 의사 결정자를 말한다.

**CG(Computer Graphics) 컴퓨터 도형** 도형 영상을 출력하기 위한 계산 활동을 포함하는 일반적인 용어. 컴퓨터에 의한 그래프의 입력·출력 및 처리를 말한다.

**CGDI(Canadian Geospatial Data Infrastructure) 캐나다 지형 공간 자료 기반** 캐나다 공간 정보의 사용을 적극적으로 지원하기 위해 상호 협력하는 국가 체계이다.

**CGH(Computer Generated Hologram) 컴퓨터 홀로그램** Hologrphy Pattern를 참조.

**CGI(Common Gateway Interface) 공통 게이트웨이 접속** 두 시스템간의 서로 정보를 교환하는 인터페이스 혹은 응용프로그램을 의미한다. WWW에서는 HTML에 의해 여러 가지 정보를 처리하지만 HTML은 모든 정보를 다 처리할 수 없고 단방향식의 정보제공 역할만 할 따름이다. 이것을 보충하기 위하여 외부 프로그램을 수행하여 그것의 결과를 HTML형태로 뿌려주는 방식이 마련되었는데, 이때 외부 프로그램과 웹 서버(Web Server) 간의 연결 역할을 하는 것이 CGI이다.

**CGI(Computer Generated Imagery) 컴퓨터 애니메이션 테크닉** 컴퓨터 그래픽스 분야의 응용으로서, 영화, 텔레비전 프로그램, 광고, 시뮬레이션, 인쇄 매체 등의 특수효과를 위한 "3차원 컴퓨터 그래픽스"를 말한다. 비디오 게임은 "실시간 컴퓨터 그래픽스"(이 경우, CGI라고 하지는 않는다)를 사용하지만, 미리 렌더링된 영상과 CGI를 응용한 동영상을 포함한다. 이러한 것을 FMV(Full Motion Video)라고 한다. 컴퓨터가 만들어내는 효과들은 제어가 가능하고 다른 기술로는 불가능한 영상을 만들어낼 수 있으므로 CGI는 시각효과에 사용된다. 3D맥스 마야, 소프트이미지 XSI 등의 컴퓨터 소프트웨어는 CGI를 만드는 데 사용한다.

**CGI Script(Common Gateway Interface Script) 공통 게이트웨이 접속 스크립트** HTTP를 시작으로 하는 많은 웹 서버 소프트웨어가 표준으로 채택하고 있는 응용 서비스 기능으로 웹서버와 외부 프로그램 사이에서 정보를 주고받는 방법이나 규약들을 말한다. 브라우저가 서버를 경유하여 데이터베이스 서버에 질의를 내는 등 대화형 웹페이지를 작성할 때 이용된다. 두 시스템간의 서로 정보를 교환하는 인터페이스 혹은 응용프로그램을 의미한다. www에서는 HTML에 의해 여러 가지 정보를 처리하지만 HTML은 모든 정보를 다 처리할 수 없고 단방향식의 정보제공 역할만 할 따름이다. 이것을 보충하기 위하여 외부 프로그램을 수행하여 그것의 결과를 HTML형태로 뿌려주는 방식이 마련되었는데, 이때 외부 프로그램과 웹 서버(Web Server) 간의 연결 역할을 하는 것이 CGI이다.

**CGIS(Canadian Geographic Information System) 캐나다 지형공간정보 체계** 1960년대 중반 캐나다에서 개발된 세계 최초의 지리 정보 체계. 목적은 토지 생산성에 관한 수많은 지도를 작성하여 농지의 재생 회복 사업을 위한 자료를 해석하는 것이다.

**CGM(Computer Graphics Metafile) 컴퓨터 도형 메타 파일** 도형 정보의 저장과 교환할 수 있도록, 장치와는 무관하게 객체지향 그래픽을 저장할 수 있게 해주는 국제적인 표준(ISO 8632) 파일 형식 사양을 말한다.

**CGPM(Conference General des Poids et Measures) 국제 도량형 총회(國際度量衡總會)** 미터법에 관한 규정과 변경을 관장하는 국제 도량형국(BIPM)에서 주관하는 회의로 도량형에 관한 단위계를 의결하는 기관. 이 회의에서 의결된 단위는 국제 표준으로 권고된다. 대체로 4년 주기로 개최된다. 현재 전 세계적으로 사용되는 국제단위계(SI)는 이 회의에서 결정되어 공표한 것이다.

**CGSB COG(Canadian General Standards Boards Committee On Geomatics) 캐나다 지형 표준 이사회** 캐나다에서 GIS 표준 업무를 담당하는 기관이다.

**Chain 측쇄(測鎖), 체인** ① 거리 측량 기구이다. 17세기 초 영국의 수학자 에드먼드 건터(Edmund Gunter, 1581~1626)가 처음 만들었다. 1Gunter's chain(건터 체인)은 약 20m이며, 이의 1/100을 1 link(링크)라고 한다. 1 link는 1개의 쇠막대기로 되어 있다. 캐나다와 미국은 공공용지를 측량할 때 건터 체인을 기본 측량단위로 사용한다. 10평방체인은 오늘날의 1ac(에이커)이다. ② Vertex와 Node간의 연결, 선 또는 면의 한 부분이다. 2개의 선일 경우, 2개의 Chain으로 구성되어 있다. 사각형은 4개의 체인을 가진다. GIS요소의 Line과 동의어로 사용하지 않으며 양쪽 끝에 노드를 가지는 아크를 말한다. Line Segment나 Arc의 방향성을 가지면서 연결된 선으로 3가지 유형(Complete Chain, Area Chain, Network Chain)이 있다. ③ 체인은 정지, Stop and Go, 이동측량 등에 적용할 수 있다. 체인은 일련의 위상불확실(Ambiguity)을 결정할 수 있는 하나의 가정을 위한 모든 자료를 포함한다. ④ 전파항법 시스템에서 한정된 지역을 커버하는 송신국의 집합으로서, 장거리 지상 무선항법 시스템의 일종(LOng RAnge Navigation, Loran)이다. 하나의 주국과 2~4개의 종국으로 구성되며, 쌍곡선 원리의 주·종국간 정확한 펄스 전파 도달시간차로 위치를 측정할 수 있다. 넓은 이용범위와 높은 정확도로 선박, 항공기, 차량 등의 항행에 이용되며, 세계표준시(UTC)에 동기하여 시간표준으로도 이용한다.

**Chain Code 체인 코드** 래스터 자료구조에서 자료를 압축하여 표현하는 기법의 하나이다. 자료의 시작점에서 동, 서, 남, 북 방향으로 이동하는 단위거리를 통해서 표현하는 방법으로서, 자료의 압축에 매우 효과적일뿐만 아니라 면적과 둘레의 계산, 첨점(Sharp Turn), 오목성(Concavity)등의 연산이 쉽다. 그러나 합집합, 교집합 등의 연산이 어려우며, 경계선의 중복을 피할 방법이 없다.

**Chain Man 거리원** 측량하는 사람 중에서 거리 측량에 종사하는 사람을 말한다.

**Chain Node 체인 노드, 체인 절점** 노드와 가장자리로 이루어지며 각 가장자리는 시작과 끝 노드로서 연결된 노드를 참조한다. 참조된 노드의 형상은 가장자리의 일부분이 아니다. 점은 고립 또는 연결된 노드로써 코드되며 면적은 공통으로 연결된 노드에서 시작과 끝의 가장자리 루프를 닫음으로써 코드된다.

**Chain Node Graph 연쇄 절점 그래프** 절점과 경계로 구성된 공간 집합체를 말한다.

**Chain of Central Pointes 유심 다각망** 면적이 넓고 광대한 지역의 측량에 적합하다.

**Chain Of Quadriaterals 복쇄(複鎖), 사각형쇄** 삼각형의 변장 계산은 각각 다른 각을 사용하여 각각 다른 경로로 계산할 수 있으므로 쉽게 검사할 수 있으며, 특히 조건식의 수가 많아서 정밀도가 가장 높다.

**Chain of Triangle Among Principal Points 주점 삼각쇄** 중복부가 50% 이상이면 근접 코스와의 주점과 주점간의 방향선만을 사용하여 쇄를 조립하고 강도가 강한 것이 특징이다.

**Chain of Triangles (단열)삼각쇄(單列三角刑鎖)** 삼각형이 일렬로 연결된 삼각형쇄이며, 가늘고 긴 지역을 측량할 때에 쓰인다. 이때에는 양 끝에 기선을 설치하는 것이 좋다. Single Row Triangles를 참조.

**Chain Surveying 체인 측량, 측쇄 측량(測鎖測量)** 체인 또는 거리측정용 기구만을 사용하여 거리 및 각을 측정하는 개략측량의 일종, 각을 정하는 데는 삼각형의 삼변을 측정하고 도해법에 따른다.

**Chainage 체인 거리** 정점으로부터 링크를 따라 관측된 거리를 말한다. Chain을 참조.

**Chaining 측장** 자를 써서 거리를 재는 것을 말한다.

**Chaining Downhill Method 강측법** 경사지에서 행하는 거리 측량방법의 1가지로 사면을 측량할 때 내려가는 방향으로 측량하는 방법을 말한다.

**Chaining Uphill Method 등측법** 경사지 거리를 측량하는 1가지의 방법으로 오르는 구배 방향으로 측량하는 것을 말한다.

**Change Detection 변화 탐지** ① 지구의 표면은 기후, 계절, 환경 등의 자연적 요인과 도시의 개발 등 인위적 요인에 의해 지형과 생태, 토지 이용이 변하며, 따라서 지구관측 위성에 의해 관측 되는 영상도 달라지게 된다. 동일한 공간, 즉 위성영상을 이용하여 그 변화의 정도를 파악하는 것 또는 이와 관련된 기술을 말한다. ② 지리적 현상은 지형적, 주제적, 위상적 특성 외에도 시간에 따라 변화한다는 특성이 있다. 예를 들어, 어떤 필지의 2015년도 소유주를 알아내거나, 당초 산림이었던 지역이 어떤 과정을 통해 목초로 바뀌었는지 등이 변화 탐지의 예이다.

**Change Detection Image 변화 탐지 영상** Change Detection를 참조.

**Channel 채널, 통신로, 수로** ① 일반적인 통신에서의 채널은 데이터가 흐르는 개별적인 경로를 의미한다. ② PSTN(public switched telephone network, 공중 전화망)에서의 채널은 네트워 지점 간에 상호 연결되어 있는 단일 링크 내 여러 전송 경로 중 하나를 의미한다. ③ 라디오나 TV에서의 채널은 사용자의 선택에 의해 별도로 들어오는 신호나 방송 프로그램을 말한다. ④ 파장분할 다중화를 사용하는 광통신에서의 채널이란 하나로 결합되고 복합된 빛의 흐름 내에서 분리된 광파장을 말한다. ⑤ 월드와이드웹(www)에서의 채널은 수정된 정보를 즉시 나타내거나 요구에 의해 보여줄 수 있도록 자동으로 보내기 위해 미리 선정된 웹사이트를 의미한다. ⑥ 인터넷 마케팅에서의 채널은 제품 생산자와 시장의 중간에 위치하는 중간 상인이다. 부가가치 재판매사업자들과 소매점 체인들이 이런 상황에서의 채널의 예이다. ⑦ 인터넷 채팅(IRC)에서의 채널이란 특정한 채팅 그룹을 말한다. ⑧ IBM 메인프레임 시스템에서의 채널이란 프로세서와 비교적 서로 근접한 거리 내에 있는 다른 프로세서, 워크스테이션, 프린터 그리고 저장 장치들 간의 고대역 접속을 의미하는데, 통신을 통한 원격접속의 반대 개념으로서, 로컬 접속이라고 부른다. ⑨ 배수 및 관수로를 말한다. ⑩ 원자력 분야에서, 연료봉과 연료봉 사이 또는 연료봉과 흑연 감속재 사이의 공간으로 냉각재가 순환되는 통로를 채널이라고 한다. ⑪ GPS 수신기에 내정되어 있는 신호처리 회로를 말한다. 채널 수는 신호처리 회로의 수이다. ⑫ [드론] 드론이 움직일 수 있는 방향의 수를 의미한다. 채널 수에 따라 2채널, 3채널, 4채널, 6채널로 분류된다. 2·3채널 기체는 위로 뜰 수만 있거나, 떠도 앞뒤로만 움직일 수 있다. 그러나 2·3채널 기체는 거의 없으며 대부분 4채널이 있다. 4채널이라고 하면 상하(스로틀, Throttle), 좌우(롤, Roll), 좌우회전(요우, Yaw), 전후(피치, Pitch)의 4방향으로 움직일 수 있다는 의미이다. 6채널은 여기에 배면 비행까지 가능하다. 6채널 드론은 다양한 움직임이 가능한 대신 미세한 조종에도 예민하기에 숙련도를 요구한다.

**Channel Service Unit 채널 서비스 장치** CSU(Channel Service Unit)를 참조.

**Chaos Theory 카오스 이론, 혼돈 이론** 미국의 기상학자인 로렌츠(Edward Norton Lorenz, 1917~2008)가 처음 제안한 "나비효과(Butterfly Effect)"는 '중국 베이징에 있는 나비의 날갯짓이 다음 달 미국 뉴욕에서 폭풍을 발생시킬 수도 있다'라는 매우 작은 확률에 의존하는 과학적 추측이다. 그러나 이러한 발상의 전환은 물리학계에서 새로이 주목을 받고 오늘날 카오스 이론(Chaos Theory)의 토대가 되었다. 카오스 현상은 과학과 공학 등 주변의 모든 영역에서 발견할 수 있다. 불규칙한 심장의 박동, 태양계에서 행성의 운동, 수도꼭지에서 떨어지는 물방울, 전기회로, 기상변화, 전염병, 원자내의 전자의 운동 등에서 카오스 현상을 찾아볼 수 있다. 푸앵카레(Poincare)는 태양계에서 행성과 같이 단순히 보이는 계의 운동이 실은 아주 복잡하다는 사실을 처음 발견했다. 이후, 카오스의 존재를 이해하려는 많은 시도가 있었지만, 1970년대에 들어서 컴퓨터를 계산에 실용하게 된 것에 힘입어 본격적으로 카오스에 대한 이해가 이루어졌다. 오늘날 카오스에 대한 연구와 응용이 과학을 구성하는 중요한 부분으로써 자리매김하였다.

고전 물리학의 중심인 뉴턴 법칙(Newton's Law)에 따르면 자연의 현상은 질량을 갖는 물체의 처음 위치와 속도가 주어지면 그 후의 위치와 속도를 구할 수 있다. 이를 "결정론적인 관점"이라고 한다. 그러나 현실에서 일어나는 많은 운동들은 여러 가지 변수들로 인하여 뉴턴의 법칙만으로는 완벽한 설명이 불가능하며, 주변에서 흔히 벌어지는 현상부터 드문 현상에 이르기까지 그 사건들 안에 내포된 자연의 법칙의 의미를 알기에 충분하지 않다는 사실을 깨닫게 되었다. 즉, 자연 현상의 많은 부분에 기존의 법칙과 이론들로 설명할 수 없는 카오스(chaos : 혼돈) 현상이 존재하며 그 존재를 인정하게 된 것이다.

물리계 중에는 예측 불가능한 물리계가 있다. 이와 같은 물리계가 예측 불가능한 이유는 "초기 조건"의 민감성 때문이지, 물리 현상이 물리학의 인과법칙을 따르지 않기 때문은 아니다. 지구의 대기에서 나비 한 마리가 날갯짓을 한 경우와 하지 않은 경우를 비교하면 그로부터 3주 뒤 두 경우의 결과는 판이하게 달라질 수 있다. 따라서 몇 주일 뒤의 기상이 어떻게 전개될 지 정확히 예측하려면 초기 데이터와 수많은 변수들을 아주 정밀하게 처리해야만 가능하다. 그러나 아무리 성능이 뛰어난 컴퓨터라고 해도 이를 제대로 처리하기 어렵다. 초기상태가 완전히 파악되지 못한 물리계의 경우 초기 데이터의 불완전성은 이 물리계의 미래 상태에 대한 예측의 정밀도를 훼손할 것이다. 그리하여 예측은 시간이 흐를수록 점차 부정확해지지만 부정확성이 증가하는 양상은 물리계마다 다르다. 부정확성은 어떤 물리계에서는 느리게, 어떤 물리계에서는 빠르게 증가한다. 부정확성이 천천히 증가하는 물리계의 경우, 기술 발전에 따라 정밀하게 변화를 예측하는 데 필요한 시간은 점점 더 줄어들 것이다. 그러나 부정확성이 빠르게 증가하는 물리계의 경우, 예측에 필요한 계산 시간은 그다지 크게 단축되지 않을 것이다. 흔히 앞의 유형을 "비 카오스계"라고 부르고 뒤의 유형을 "카오스계"라고 부른다. 카오스계는 예측 가능성이 지극히 제한적이라는 것이 그 특징이다. 지구의 대기 같은 아주 복잡한 물리계는 카오스계의 대표적인 사례이다. 그러나 연결된 한 쌍의 진자처럼 몇 안 되는 변수들만으로 기술할 수 있고 단순한 결정론적 방정식을 따르는 물리계라 하더라도 초기 조건에 민감하며 아주 복잡한 운동을 보인다는 점은 놀라운 일이다. 카오스 이론은 과학의 한계를 보여주었다고 단언하는 사람들이 적지 않지만 자연 속에는 비카오스계가 더 많다. 그리고 카오스계를 연구하는 과학자들은 자신들이 막다른 골목에 봉착했다고 생각하지 않는다. 카오스 이론은 앞으로 연구가 이루어져야 할 드넓은 영역을 열어주었고 수많은 새로운 연구 대상들을 제시한다.

**Character 캐릭터, 문자** 문자로 표현할 속성 정보에 대한 값을 나타내는 속성 정보의 자료 유형. 자료의 한 단위로 취급되는 문자(a, b, c 또는 d), 숫자 또는 특수 도형 기호(*, |, –)를 말한다.

**Character Display Unit 문자 표시 장치** 문자를 출력할 수 있는 능력을 가지고 있는 영상면 표시 장치를 말한다.

**Character Generator 문자 발생기** 영상면이나 출력물에 문자나 숫자를 형성시키는 회로를 말한다.

**Character Graphics 문자 도형** 도형을 생성하기 위하여 알파벳 문자들과 함께 표현한 특수 기호 등을 말한다.

**Character String 문자 형** 임의 서술 필드를 말한다.

**Characteristization 특성화** 주어진 자료를 이용하여 관심 있는 대상 시스템의 특성값의 분포를 찾아내는 과정을 말한다.

**Characters Per Inch(CPI) 인치당 문자수** CPI(Characters Per Inch)를 참조.

**Characters Per Second(CPS) 초당 문자수** CPS(Characters Per Second)를 참조.

**Charge Coupled Device(CCD) 전하 결합 소자** CCD(Charge Coupled Device)를 참조.

**Charge Coupled Device Camera(CCD Camera) 전하 결합 소자 사진기** CCD Camera(Charge Coupled Device Camera)를 참조.

**Chart 도표, 차트** ① 항해도, 항법도 등과 같이 특별히 선박이나, 비행기의 운항에 이용되는 지도, 차트는 일반지도와는 달리 노선이 표시되어 있다. ② 하나의 작업을 수행하는데 필요한 각각의 세부 작업 목록과 이들 세부 작업의 흐름을 하나의 도표로 표시하여 놓은 것. PERT 차트 등이 널리 사용되고 있다. ③ 자료 처리 결과 생성된 정보를 그림으로 표시하여, 한 눈에 내용을 파악할 수 있도록 구성된 그래픽 정보. 막대그래프(세로 막대, 가로 막대), 면적형 그래프, 꺾은선 그래프, 파이 차드, 분산형 그래프 등과 같은 것이 있다. Graph를 참조.

**Chart Datum 해도기준면** 해도에서 나오는 수심기준면과 높이기준면을 말한다. 수심기준면은 조석이 더 이상 내려가지 않는 면으로 정하는데 우리나라의 수심기준면은 약최저저조면(approximate lowest low water)을 채택하고 있다. 그리고 높이기준면은 평균해면(mean sea level)을 채택하고 있다. 이 외에 다리 및 가공선의 높이는 약최고고조면(approximate highest water)을, 간출암의 높이는 수심기준면인 약최저저조면을 기준으로 하고 있다.

**Chasm 캐즘, 공백, 간격** 균열을 뜻하는 단어로서 첨단 기술 관련 분야에서는 기업 컨설턴트인 제프리 무어(Geoffrey A Moore) 박사가 최초로 사용하였다. 혁신성을 중시하는 소비자가 중심이 되는 초기 시장과 실용성을 중시하는 소비자가 중심이 되는 주류 시장 사이에 일시적으로 수요가 정체하거나 후퇴하는 단절 현상을 말한다.

**Chatting 대화** 통신망으로 연결된 2대 이상의 컴퓨터를 이용해 사용자들이 대화하는 것을 말한다.

**Check Base for Steel Tape 테이프 검정장** 테이프를 검정하는 도량형 검사소를 말한다.

**Check Baseline 검기선(檢基線)** 삼각망에서 한 변에 기선을 설치하고, 관측각을 사용하여 그 기선으로부터 삼각망의 각 변의 길이를 계산하여 가는데, 이 계산된 변 길이가 관측 기선장과 일치되는가의 여부를 점검하기 위하여 또는 삼각망 전체의 오차를 작게 할 목적으로 삼각망의 또 다른 변에 설치하는 기선을 말한다.

**Check Box 검사 상자** 대화 대상 영역 상자에 나타나는 작은 정사각형 상자. 옵션을 선택하기 위해 검사 상자나 글자를 클릭할 수 있다. 검사 상자는 일반적으로 여러 개의 선택을 한꺼번에 선택할 수 있을 때 나타난다.

**Check In 체크 인** 기존 웹 서비스의 로그인과 유사한 개념으로 위치기반 모바일 SNS에서는 이용자가 방문 중이거나 방문 예정인 장소에서 자신의 로그인을 다른 이용자에게 알리고 친구들의 위치를 파악하는 용도로 사용. 포스퀘어 등의 앱에서 사용자가 어떤 장소에 다녀갔다는 표시를 남기는 것을 말한다.

**Check Line 검사선(檢査線), 검기선** 측량이나 제도할 때 서로 연결된 관측점 사이에 거리와 방향의 오차를 검사하기 위하여 이용되는 임의의 선으로, 주로 대각선 방향에 설치한다.

**Check Plot 검사 출력** 수치 레코드를 생성하기 위해 사용된 원래의 지도에 직접 중첩하여 수치 자료의 내용 또는 위치 정확도를 검정하기 위해 사용되는 지도 출력을 말한다.

**Check Survey 점검측량** Checking Survey, Inspecting Survey를 참조.

**Checking Survey 점검측량(點檢測量)** 수준측량에 있어 주로 중심말뚝의 검측을 뜻한다.

**Checksum 체크섬** 오류 검출을 위해 사용되는 자료. 한 영상의 모든 바이트가 오버플로우를 무시하면서 더해진다. 그 결과 바이트가 체크섬이다. 영상의 전송시에 체크섬이 영상자료와 함께 전송된다. 만약 체크섬이 영상을 받은 컴퓨터에서 계산한 값과 다르면, 전송 오류가 발생한 것이다. 체크섬은 때때로 영상의 헤더 부분에 저장되기도 한다.

**Chemical Markup Language(CML) 화학 마크업 언어** CML (Chemical Markup Language)를 참조.

**Chemical Oxygen Demand(COD) 화학적 산소요구량** COD (Chemical Oxygen Demand)를 참조.

**Cherry Picking 체리 피킹** 원래는 고객이 기업의 특정 서비스나 제품만을 골라 구매한다는 마케팅 용어였으나 최근에는 가치에 비해 과도하게 떨어진 기업의 주식이나 상품을 골라 투자하는 행위를 일컫는 말로도 사용된다. 또한 물건을 사지 않으면서 선물만 받아가는 행위를 말한다. 예를 들어 신용카드의 경우 카드를 많이 쓰지도 않으면서 포인트 등의 혜택만 받아가는 것 등이다.

**Chezy Formula 체지 (평균유속) 공식** 실험적 평균유속(流速) 공식으로서, $v = C\sqrt{RI}$ 이다. 여기서, v는 등류의 평균유속, C는 계수, R은 경심, I는 동수경사이다.

**Chicken Game 치킨게임** Game of Chicken를 참조.

**Chief Executive Officer(CEO) 경영대표 임원** CEO(Chief Executive Officer)를 참조.

**Chief Financial Officer(CFO) 재무담당 중역** CFO(Chief Financial Officer)를 참조.

**Chief Information Officer(CIO) 정보담당 임원** CIO(Chief Information Officer)를 참조.

**Chief Innovation Officer(CIO) 최고 혁신 책임자** CIO(Chief Innovation Officer)를 참조.

**Chief Knowledge Officer(CKO) 최고 지식 임원** CKO(Chief Knowledge Officer)를 참조.

**Chief Technology Officer(CTO) 최고 기술 임원** CTO(Chief Technology Officer)를 참조.

**Chimney 굴뚝** 연소될 때 만들어지는 연기와 가스를 분출하도록 하기 위한 연도와 통로를 포함한 구조물을 말한다.

**Chip 칩** ① "마이크로 칩 (microchip)"을 줄여서 말한 것으로서, 그 안에 컴퓨터 메모리나 마이크로프로세서의 논리 회로 등이 들어 있는, 작지만 대단히 복잡한 모듈들을 의미한다. 칩은 실리콘 웨이퍼로부터 만들어지는데, 먼저 크기에 맞게 잘라진 뒤 회로 및 기타 전자기기들과 함께 에칭(etching)된다. 칩은 집적회로(IC) 라고 부르기도 한다. ② 디지털 심볼(Symbol)을 주파수영역 상으로 대역확산 시키기 위해 사용되는 아주 빠른 신호 파형을 말한다. 칩은 확산코드 파형 하나하나의 펄스이며, 데이터 비트(bit)와는 구별된다. 칩 속도는 변조 이전의 비트 속도보다 수십~수천 배가 된다. 칩 속도 단위는 cps(칩/초)이다. 대역 확산 방식은 이러한 칩을 원래의 신호 정보에다가 곱(convolution)하는 것이다. GPS의 PRN 코드는 일련의 Chips로 구성되어 있다. ③ 2진 코드에서 0 또는 1을 chip 또는 Code Chip이라 한다. 2진 코드파의 길이로 GPS C/A 코드는 293m, P 코드는 29.3m이다. 즉,

$$\lambda_{C/A} = \frac{v}{f} = \frac{300 \times 10^6 m/s}{1.023 \times 10^6 Hz} \fallingdotseq 293.3m$$

$$\lambda_P = \frac{v}{f} = \frac{300 \times 10^6 m/s}{10.23 \times 10^6 Hz} \fallingdotseq 29.3m$$

한편, Chip rate는 초당 chip의 수를 나타낸다. (예, C/A 코드 = 1.023MHz)

**Chipless Tag 무칩 태그** 칩의 기술의 향상으로 직접적으로 칩이 들어가지 않고 칩의 역할이 가능하게 할 대표적인 예로 종이나 플라스틱에 매우 얇은 금속 파이버를 내재하여 전파의 투과와 산란을 만들어내어 고유한 식별을 가능하게 한다.

**Chi-Square Test 카이 자승 검정(-自乘檢定)** 단위 경중률의 표준 오차에 대한 통계적인 검사를 말한다.

**Chlorofluorocarbons(CFCs) 염화불화탄소** CFCs(Chlorofluorocarbons)를 참조.

**Chlorophy ll 엽록소 II, 클로로필 2** 엽록소(葉綠素)라고도 함. 녹색식물의 잎 속, 엽록체라는 주머니에 들어 있음. 광합성작용시 태양빛을 흡수하여 화학에너지로 바꾸어 탄수화물을 만들게 하는 중요한 화합물이다.

**Chlorophy ll Effect 엽록 2 효과(葉綠效果)** 식물의 엽록소는 적외선 반사율이 높고 수조에 따라 다르게 나타나므로 적외선 사진에 비춰 판독의 자료로 삼을 수 있다. 이러한 현상을 엽록효과라 한다.

**Chlorosis 백화현상** 식물 내의 구리, 아연, 망간 또는 기타 요소의 과장 집중에 의해서 발생하는 철분 물질대사의 불균형에 의해 나타나는 식물 잎의 황색화 현상이다.

**Choice of Adopted Matter 취사선택** Choice Selection를 참조.

**Choice Selection 취사선택** 실제의 형상(지형 · 지물)을 지도에 표현하기 위하여 도식 규정에 따라 생략하거나 대표의 형식으로 나타내는 것. 취사선택에서 작업자의 주관적인 기준에 의하여 실시하는 것이 아니라, 축척 · 도식규정 등의 기준에 따르며 객관적이어야 한다. 기준에는 미치지 못하더라도 지역의 경관을 나타내는 것(육교 등)이나 전체적인 면에서는 중요성이 떨어진다 하더라도 국지적인 면에서 중요하다면 지도에 나타나야만 한다. 즉, 고밀도 지역의 자동차 도로보다는 저밀도의 촌락 등을 연결하는 도로가 더 중요한 경우가 있다.

**Choke Ring Antenna 초코링 안테나** GPS에서 다중경로(Mutipath)에 의한 신호오차를 제거하기 위하여 고안된 안테나를 말한다.

**Chord Length 현장(弦長)** 곡선상의 두 지점을 연결한 직선 또는 그 길이를 말한다. $C = 2R\sin\frac{I}{2}$이다. 여기서, R은 곡선반경, I는 교각이다.

**C Horizon 씨층** 토양단면은 일반적으로 상부에서 하부로 가면서 그 특성에 따라 5개의 주요 토양층(master horizons)인 O층, A층, E층, B층, C층(이들 전체를 'solum'이라 함)과 모암층(bedrock)인 D층 또는 R층으로 분류한다. C층은 산화된 토양으로서 다양한 색을 가기며, 토양 생성작용과 직접적인 관련성은 없으며, 토양과 모암의 파편으로 구성된다. Soil Profile 참조.

**Chorley Report 초올리 보고서** Handling of Geographic Information에 제출하는 Report of the Committee of Inquiry의 공통적인 이름으로서, Lord Chorley가 의장으로 있을 때 1987년에 영국에서 완성했다. 이 보고서의 출판과 이에 따른 행동은 GIS의 발전에 있어서 중요한 시금석으로 인정된다.

**Choropleth Map 단계구분도** 기본 공간 객체를 면으로 하여 집계된 자료를 여러 개의 계급으로 나누어 각각의 계급을 알맞은 기호로 표현한 지도이다.

**Chris Shipley 크리스 시플리** Social Media를 참조.

**Chroma 색도, 채도(彩度)** 색의 명암 또는 색체의 탁함 정도를 표시하는 정보이다. Saturation, Hue, Value를 참조.

**Chromatic Aberration 색수차(色收差)** [영상] 카메라 렌즈의 결함으로 색깔마다 빛의 파장이 달라 발생하는 이상 현상. 각 파장의 빛에 대하여 렌즈의 굴절률이 다르므로 각 파장의 빛이 만드는 상의 위치나 크기가 달라져 상의 둘레에 색이 나타나 상이 흐리게 보인다. 색에 의한 광축상에서 결상위치의 틀어짐을 축상 색수차, 배율의 틀어짐을 배율 색수차라 한다.

**Chromatic Vision 유채색비젼** 색조 변화에 대한 인간 눈의 지각작용체계를 말한다.

**Chrome 크롬** 대부분의 컴퓨터 프로그램에 특징적인 툴바와 태스크 바를 일컫는 소프트웨어 속어이다. 구글은 자체 인터넷 브라우저에 이 고전적 툴의 이름을 붙였다.

**Chromecast 크롬캐스트** 구글에서 개발하여 판매되고 있는 멀티미디어 스트리밍 어댑터이다. - 크롬캐스트는 2인치 크기의 동글이며 일반TV의 외부 입력장치에 있는 HDMI 포트에 꽂으면 오디오나 비디오를 와이파이를 통해 수신해 TV에서 재생한다. 2013년 미국에서 처음 출시되었고 국내에서도 2014년 정식으로 판매가 시작되었다. 2015년 현재 인도를 포함하여 총 27개 국가에서 판매되고 있고 지금까지 약 1천만대가 팔린 것으로 알려져 있다. 크롬캐스트의 기능을 출시 이후부터 계속 업데이트 되다가 2014년 스마트폰 콘텐츠를 크롬캐스트로 보낼 수 있는 캐스팅 API까지 공개되었다. 2014년 안드로이드폰에서 미러링이 가능해졌으며 크롬캐스트 게임 API가 공개될 정도로 탄탄한 생태계를 구축했다. 2105년 이후의 크롬캐스트2는 여러 가지의 색상옵션과 강화된 Wi-Fi기능, 그리고 'Fast Play'라는 새로운 기능이 탑재될 예정이다. Wi-Fi의 경우 802.11n을 지원하던 전작과 달리 크롬캐스트2는 802.11ac를 지원해 더 빠른 전송속도를 지원할 것으로 예상된다. 또한 크롬캐스트2는 오디오 잭이 추가 탑재되어 TV 없이도 음악을 들을 수 있을 것으로 알려졌다. Mirroring 참조.

**Chrominance 색상** 하나의 색상과 같은 밝기값을 가지는 기준의 흰색사이의 차이를 말한다.

**Chronometer 크로노미터** 대항해 시대(15세기 후반부터 18세기 중반)에는 항해가 증가하면서 현재 위치를 파악하기 위한 정확한 위도와 경도 측정법이 요구되었다. 위도는 육분의 등에 의한 천체의 위치를 측정하여 비교적 쉽게 구할 수 있지만, 정확한 경도 측정은 쉽지 않았다. 경도의 측정에는 여러 가지 방법 중 하나가 시간과 태양의 위치에서 측정하는 방법이었다. 크로노미터는 선박의 진동 및 온도 변화에 영향을 받지 않는 정밀 휴대용 태엽 시계를 말한다. 명칭은 그리스 신화의 시간 신 크로노스에서 유래한다.

**Choropleth map 단계구분도** ① 계급으로 데이터를 집단화하고, ② 지도에 각 계급을 단계적으로 표현함으로써 지역을 집단으로 하여 단순한 개수(count)가 아닌 숫자 데이터를 보여주는 지도.

**Chutzpah 후츠파** 후츠파는 '뻔뻔함, 당돌한, 철면피'라는 뜻의 이스라엘 말로, 형식과 권위에 얽매이지 않고 서슴없이 질문하고 토론을 통해 해법을 찾아가는 창조 정신을 뜻한다.

**CIB(Controlled Image Base) 조정된 영상 기반** 인공위성 영상, 항공사진 데이터 등을 데이터베이스화한 표준이다.

**CIDR(Classless InterDomain Routing) 사이더** IP(Internet Protocol)는 초기에 주소를 A, B, C 등으로 분류해 기관에 배정되었으나, 인터넷 주소의 고갈 문제가 대두되면서 생겨난 새로운 인터넷 주소 방식이다.

**CIF(Color Infrared Film) 적외선 유색 필름** 적외선을 통과한 녹색으로부터의 감광도를 지닌 필름 감광 유제이다. 이 감광 유제는 흔히 쓰이는데, 살아있는 채소의 각기 다른 특성의 감광도에 기인하는 부분이다.

**CIG(Canadian Institute of Geomatics) 캐나다 지형 정보 학회** 캐나다의 지리 정보 과학의 개발을 발전시키기 위한 국가적인 조직. 앞서 존재하던 캐나다 측량 및 지도 제작 학회(Canadian Institute of Surveying and Mapping : CISM)는 측량사 · 해양측량사 · 사진측량사 · 원격탐사 전문가 · GIS/LIS전문가 · 지도 제작사 · H/W · S/W 제작사 · 공급자 및 관련 분야의 사람들을 포함하는 조직이었다.

**CIGNET(Cooperative International GPS NETwork) 국제 공동 지피에스 망** NGS가 1992년부터 운영하고 있는 약 20점의 추적국(가장 널리 알려진 민간용 추적체계)을 말한다.

**Cinemagram 시네마그램** 동영상 공유 소셜 서비스로서 원하는 영역에 애니메이션 기능, 전체 색상 톤 설정이 가능하다.

**Cinemagraph 시네마그래프** 이미지의 특정 부분만 움직이는 GIF 파일을 만드는 기술이다. 미국의 사진작가인 제이미 벡(Jamie Beck)과 웹 디자이너인 케빈 버그(Kevin Burg)가 함께 개발한 기술로, 동영상 혹은 연속 촬영된 사진 중 일부분을 추출하여 GIF 파일로 합성하는 방식이다.

**CIO(Chief Information Officer) 정보 담당 임원** 정보담당 중역, 정보기술과 관련된 인사권과 예산권을 갖고 실제적인 집행권을 갖고 있는 의사 결정자로, 정보담당 최고 경영자를 말한다. 기업의 정보화가 진전되고 정보의 원활한 확보와 흐름, 그리고 경영에의 적응이 기업의 사활을 좌우한다는 인식이 확산되면서 정보를 총괄·관리하고 제대로 흐르게 하는 최고 경영자의 역할과 위치가 날로 강화되고 있다.

**CIO(Chief Innovation Officer) 최고혁신책임자** 사내 IT 인프라 관리, 기획뿐 아니라 전사적인 경영 혁신과 프로세스 혁신도 총괄한다.

**CIO(Conventional International Origin) 시아이오, 국제 근원 협정** 지구 회전축은 극운동에 의해 변화하게 되는데 1900년부터 1905년까지의 극운동의 평균을 구하여 지형좌표계를 결정하기 위한 기준으로 삼은 점을 의미한다.

**CIR(Color Infrared Film) 컬러 적외선 필름, 유색 적외선 필름** CIR Film(Colour Infrared Film)을 참조.

**CIR Film(Colour Infrared Film) 컬러 적외선 필름, 유색 적외선 필름** 적외선 파장에 특별히 민감한 필름으로서 식생을 측정할 경우에 많이 사용된다.

**Circle Radial Coordinate 원 방사선 좌표** 원점을 중심으로 하는 동심원과 원점을 지나는 방사선을 좌표선으로 하는 좌표로서 각 좌표선이 되는 원과 방사선은 평면상 모든 곳에서 서로 직교하므로 평면좌표계를 형성한다. 이 좌표계는 레이더에 의한 물체의 위치 표시나 지도투영에서 극심입체원법, 원추도법에 의한 좌표계 등에 쓰인다.

**Circular Curve 원곡선(圓曲線), 단곡선(單曲線)** 두 직선형 중심선이 교차하는 구간에 두 직선에 접하는 일정한 크기의 반경을 가진 하나의 원호로서 구성된 곡선을 말한다.

**Circular Error(CE) 원형오차** CE(Circular Error)를 참조.

**Circular Error Probable(CEP) 원형 오차 확률** CEP(Circular Error Probable)를 참조.

**Circular Level 원형 수준기(圓型水準器), 원형 기포관** 상부를 구형으로 만든 원통형의 유리관에 알코올(Alchol)이나 에테르(Ether)를 넣고 기포를 조금 남기고 밀봉한 것이다.

**Circular Measure, Radian 호도법(弧度法)** Plane Angle, Circular Method를 참조.

**Circular Method 호도법(弧度法)** 라디안을 단위로 하여 중심각을 표시하는 방법이다.

**Circular Polarization 원편광 방식** 회전필터판을 이용해 빛을 편광시키는 편광방식의 한 형태로 입체영화관람에 이용된다.

**Circular Scanner 원형 주사기** 지형에 대하여 일련의 원형스캔라인 내에서 탐사기 IFOV가 회전하도록 매끄러운 거울이 수직축 주위를 회전하는 주사기를 말한다.

**Circular Sequence 순환정렬** 논리적인 시작점이 존재하지 않기 때문에 어떤 한 점에서 수열을 이동하더라도 항상 동일한 연속, 따라서 연속의 마지막 항목이 첫 항목에 앞서는 것으로 간주된다.

**Cirque 권곡** 산정 근처에 깊게 팬 자연적인 우묵한 지역을 말한다.

**CIT(Convergence, Collaboration, Cost Cut, Corporate Culture+IT) Korea 씨아이티(컨버전스+협력+비용절감+기업문화+정보통신) 코리아** 기존 IT의 새로운 효율성을 위한 변화를 의미한다. 'IT의 C혁명'을 의미하며, C는 컨버전스(Convergence), 협력(Collaboration), 비용절감(Cost Cut), 기업문화(Corporate Culture) 변화 등에 따르는 산업 생산성 향상을 의미한다. 기존 정보통신사업 위주인 IT코리아가 'C혁명'을 통해 또 한번 퀀텀점프를 이뤄야 한다는 뜻을 담고 있다. 한국 IT 재도약 발판이 될 C혁명은 여러 의미를 포괄적으로 담고 있다. 한국이 세계 수준의 네트워크와 휴대폰, 반도체 등 하드웨어 중심 IT강국을 유지해 왔다면 앞으로는 IT를 바탕으로 다른 산업과 융합(컨버전스)을 적극 모색해야 한다. 거대한 시장으로 부상하고 있는 'IT+타 산업'의 기업시장을 공략하고 IT에 통신과 협력을 접목해 효율성을 높여야 한다. 또 C혁명은 녹색 성장을 위한 이산화탄소 감축에 기여하고 클라우드 컴퓨팅과 같은 신기술 구현에도 중점을 둬야 한다는 취지를 포함한다.

**Citation 인용** 자료군에 이용되는 참조(Reference)사항 소개를 말한다.

**Citation Information 인용 정보** 자료군의 이용을 위해 제안된 참고 사항을 언급하는 수단을 제공하며, FGDC의 메타데이터 표준의 다른 면에 의해 사용된다. 이 면은 절대로 홀로 사용되지 않는다. 인용 정보는 제작자, 발행일, 제목, 판수 등의 필수 항목과 발행일 등의 선택 항목으로 구성된다.

**Cited Responsible Party 참고 자료 책임 담당자** 자원에 대해 책임을 가지는 개인이나 기관에 대한 명칭 및 직위정보를 말한다.

**Citizen Journalist 시민 기자** 주로 블로그나 커뮤니티 웹사이트에 글을 올리는 아마추어 언론인을 말한다.

**City 도시** 사람이 많이 모여 사는 곳 "도"와 물건을 사고파는 "시"라는 뜻으로 된 한자의 상형 문자와 같이 도시란, 일정한 범위의 구역을 갖고 그 안에서 정치 · 경제 · 사회적 활동을 하는 곳을 말한다. 행정적으로 도시의 규모(대개 인구수)나 성격 등에 따라서 명칭을 달리하고 있다. 우리나라는 면 · 읍 · 시 · 광역시 등으로 구별하며, 시급(인구 5만 명 이상)을 도시로 간주하고 있다. 단 도시화율을 계산할 때는 읍급(인구 2만 명 이상)도 도시계획법을 적용하여 도시로 취급한다. 영어의 'City'란 라틴어의 'Urbs' 또는 'Ciritas', 즉 'City Sate(도시국가)'에서 유래되었다. 고대 희랍어에서는 'Polis'라 하였으며 역시 도시국가란 뜻이다. 한편 불어에서는 'Ville', 즉, 봉건영주의 저택(Villa)에서 'Urban'이란 단어가 유래되었다. Urban이 동일어이다.

**City Gas 도시가스** 도시에서 일반 수요자에게 관로에 의하여 공급하는 가스의 총칭을 말한다.

**City Geographic Markup Language(City GML) 씨티 지엠엘** City GML(City Geographic Markup Language)를 참조.

**City GML(City Geographic Markup Language) 씨티 지엠엘** 인터넷에서 3차원 공간정보를 표현하기 위한 마크업 언어로서 국제표준화기구(개방형 공간정보 컨소시움)에서 표준화한 언어이다.

**City Planning Map 도시 계획도(都市計劃圖)** 도시 계획법에 따라 확정된 도시 계획선과 용도별 지역 · 지구, 도시 계획 시설 등의 도시 계획 사항과 면적, 고시 일자, 도시 계획 시설 코드를 포함한다. Town Planning Map를 참조.

**City Surveying 시가지 측량** 시가지를 대상으로 하는 측량. 도시 기준점의 설치, 지적도의 작성, 각종 공공사업에서의 공공측량, 토지의 개발 보전에 관련한 대축척 지형도 작성 등 넓은 범위의 측량에 대한 총칭이다.

**Civil Engineering 토목공학(土木工學)** GIS는 사회 기반 시설을 관리하고 유지하는데 많이 이용되며, 이를 위해서는 토목공학과의 연결이 매우 중요하다. 토목공학에 의한 각종 자료는 GIS의 중요한 자료기반으로 활용되며, GIS의 분석 결과는 토목공학에 필수 자료로 이용되는 상호 보완 작용을 하게 된다.

**Civil Time 평균 태양시, 상용시(常用時)** 일상생활에 사용하는 시법. 태양평균시의 시법 중 1일이 정오에서 시작되고 다음의 정오에 끝나는 것을 말한다. Mean Solar Time를 참조.

**Civilan Code 민간 부호** C/A Code를 참조.

**CKO(Chief Knowledge Officer) 최고 지식 임원** 최근 등장하고 있는 신개념이다. 최고 정보 임원(CIO)이 업무 처리 측면에 비중을 두고 있다면, CKO는 경영 측면에 더 많은 비중을 둔다. CKO는 경영 혁신에 필요한 새로운 아이디어와 가치를 창출하고 전략화하는 의사 결정자를 말한다.

**Clairaut's Theorem 클레로정리** 타원체의 기하학적 편평률(f)과 중력편평률(fx)의 합은 적도상 원심력과 중력의 비의 5/2배와 같다는 정리로, 기하학적인 지구형상과 순수한 역학적인 양인 중력과의 관계를 나타낸다.

**Clamp Screw 고정나사(固定螺絲)** 측량기계의 가동부분을 고정시키는 나사로 데오드라이트나 토털스테이션에는 수평고정나사, 수직고정나사가 있다.

**Clarinet News 클라리넷 뉴스** 유스넷 뉴스 형식으로 제공되는 전문적인 전자신문이다.

**Clarity 명확성** 실수 없이 지도 구성 요소를 이해하도록 지도 사용자를 위해 최소의 기호를 이용한 시각 표현의 특성을 말한다.

**Class 클래스, 분류** ① 동일한 속성을 갖는 객체의 집합. 특히 지리 데이터베이스에 유용하다. 같은 속성, 조건, 방법, 관계 및 의미를 공유하는 객체들의 집합에 대한 기술로서 기본요소(Element) 속성값으로 일반적으로 기본(Primary) 또는 (Construction)으로 구성된다. ② 이미지 해석과 이미지 분류에 있어서 정의되는 클래스는 다양한 형태의 명칭이 있다. 클래스 설계는 그들 사이의 계측적 관계를 묘사하는데 사용되어진다.

**Class Diagram 클래스 다이어그램** UML(Unified Modeling Language, 통합 모델링 언어)의 클래스 다이어그램은 다른 엔터티들(사람, 제품, 데이터)이 서로 어떻게 관계를 맺고 있는지를 표현한다. 즉, 시스템의 정적 구조라고 할 수 있다. 클래스 다이어그램은 주로 프로그래머들이 다루는 구현 클래스들을 보여주는데 쓰이는데, 구현 클래스 다이어그램은 논리적 클래스 다이어그램과 같은 클래스를 보여준다. 하지만 이 구현 클래스 다이어그램은 같은 Attribute로는 그릴 수 없다. 벡터(Vectors)와 HashMaps 같은 것에 대한 레퍼런스를 갖고 있기 때문이다.

클래스 다이어그램의 경우 상속 관계를 그릴 때에는 화살표 방향을 위로 향하게 하여 수퍼 클래스를 지시하게 하면서 화살표 모양은 완벽한 삼각형이 되도록 해야 한다. 상관관계는 두 클래스들이 서로를 인식하고 있다면 일직선이 되어야 하고, 클래스의 한 편만 알고 있는 관계라면 화살표 표시가 되어있는 선을 그어야 한다. UML 참조.

**Classification 분류(分類)** ① 일반화의 한 방법으로, 원 자료의 복잡성을 줄이기 위해 대상들이 동일하거나 유사할 경우 그룹으로 묶어서 표현하는 것. 분류화 과정을 통해 개개 요소의 세부적인 면은 손실되지만 지도 영상의 복잡성을 덜어주게 되며, 지도화 되어 나타날 정보들을 조직화하는데 도움을 준다. ② 지형요소와 그에 관련되는 속성에 관한 자료를 유형별로 분류시켜 집합체를 만드는 과정. 대표적인 자료의 분류기법은 감독 분류(Supervised Classification)와 무감독 분류(Unsupervised Classification)법이 있다. Classification Scheme를 참조.

**Classification and Data Processing of Image Data 영상자료의 분류와 자료처리** [영상처리] 수치 정사영상의 원시자료는 항공사진 측량용 카메라 및 인공위성에 탑재된 감지기로부터 취득된 지형지물 등 대상물에 대한 수치화된 항공사진 및 위성영상을 말한다. 원격탐사로 획득한 보정되지 않은 래스터 영상인 항공사진과 위성영상을 기준으로 하여 원시자료의 종류와 공간해상도에 따라 다음의 표와 같이 구분한다. 위성영상은 항공사진에 비해 짧은 촬영주기와 뛰어난 접근성을 가지고 있을 뿐 아니라, 원격탐사 센서에 따라 다양한 공간 및 분광특성을 지니고 있어 대부분의 위성영상은 가시광선의 RGB 파장영역을 비롯하여 근적외선 영역까지 포함하고 있으며, 비행고도가 높고 위성의 자세가 비교적 안정되어 있어 기하학적 왜곡이 적다.

■ 영상 원시자료의 종류

| 축척 \ 원시자료 | 항공사진 기반 | 위성영상 기반 |
|---|---|---|
| 1 : 5,000 | TYPE I | TYPE II : 고해상도 위성영상 (IKONOS, Quickbird 등) |
| 1 : 25,000 (1 : 10,000) | – | TYPE III : 중해상도 위성영상 (Landsat ETM+, SPOT 등) |

(1) TYPE Ⅰ

"항공사진"을 이용한 수치 정사영상 제작과정으로 다음과 같다.

(ⅰ) 항공사진 : TYPE Ⅰ의 원시자료는 정사영상제작에서 가장 일반적으로 사용되는 항공사진으로 대부분 필름에 의한 아날로그 항공사진이며, 디지털 카메라에 의한 수치항공사진도 있다.

(ⅱ) 자동독취(스캐닝) : 일반적으로 필름을 사용하여 촬영한 항공사진은 컴퓨터 프로세싱에 적용하기 위해서 디지털 형식 자료로의 변환이 필요하다. 이러한 변환에 사용되는 것이 스캐너로 레이저 광원의 강도 등을 정기적으로 검정(Calibration)한 것이어야 하며, 자동독취(스캐닝)하기 전 이물질 및 얼룩을 제거하고 작업 전에 인자를 조정하여야 한다. 작업장의 환경은 항온 항습 시설을 설치하여 원판필름 및 데이터에 손상이 가지 않도록 온도 및 습도를 유지한다. 항공사진의 스캐닝은 원판 필름을 자동독취(스캐닝)하는 것을 원칙으로 하며, 사진측량용 스캐너를 사용하여 ±3 마이트로 이내의 기하학적 정확도를 유지해야 한다. 또한 1 화소의 크기는 21마이크로미터(1,200dpi)이상이어야 한다.

(ⅲ) 지상기준점의 선점 : 지상기준점의 선점은 「항공사진측량 작업내규」에 의거, 다음과 같은 자료로부터 지상기준점을 선정한다. ㉮ 기존의 항공사진 기준점, ㉯ 1/1,000, 1/5,000 수치지도 또는 1/25,000 국가기본도, ㉰ 위의 두 방법이 불가능한 경우에는 「항공사진측량작업내규」에 의거 지상기준점 측량 또는 사진기준점측량을 실시할 수 있다.

(ⅳ) 표정 : 항공사진의 표정은 「항공사진측량 작업내규」에 의하며 다음과 같다. 즉, ㉮ 내부표정은 사용하는 양화필름의 신축을 고려하여 도화기 화면거리를 결정하고 양화필름의 신축으로 인한 좌표의 오차는 4개의 지표에 동일하게 분배하여야 한다. ㉯ 상호표정의 잔여시차는 양화필름상 0.02mm 이내여야 한다. ㉰ 대지표정후 평면위치의 교차는 도상 0.3mm 이내이어야 하며 표고의 교차는 다음과 같다.

■ 도화 축척과 표고의 교차

| 도화의 축척 | 표고의 교차 |
|---|---|
| 1/500 ~ 1/600 | 0.15m 이내 |
| 1/1,000 ~ 1/1,200 | 0.2m 이내 |
| 1/2,500 ~ 1/3,000 | 0.5m 이내 |
| 1/5,000 | 0.7m 이내 |
| 1/10,000 | 1.5m 이내 |
| 1/25,000 | 2.5m 이내 |

(ⅴ) DEM(수치표고자료) : 정사영상제작에 이용하는 수치표고자료의 격자간격은 영상의 2화소 이내의 크기에 해당하는 간격이

어야 하며, 그 정확도는 영상표정 결과의 2배 이내여야 한다. 지형·지물이 변화된 수치지도를 이용하여 추출된 수치표고자료를 이용할 때에는 「수치표고자료 구축에 관한 작업규정」에 따라 이를 보완하여야 한다.

(vi) **정사보정** : 표정의 결과와 수치표고자료를 이용하여 엄밀법에 의한 미분편위수정을 실시하여야 한다. 다만, 특별한 경우에는 다항식에 의한 방법을 사용할 수 있다. 편위수정(Rectification)이란 촬영 당시 생기는 피사체의 변위나 왜곡을 제거하는 과정으로 지상의 모든 점을 지면에 수직으로 투영하는 정사투영으로 맞추는 과정이며, 미분편위수정 과정에서 격자위치에 해당되는 수치영상의 위치는 화소 중심에 정확히 일치하지 않으므로 주변 화소의 밝기값을 이용하여 재배열하여야 한다.

(vii) **색상보정 및 영상집성** : 인접 정사영상간의 영상집성을 실시하기 전 과정으로 히스토그램 매칭 기법을 통해 영상간의 밝기값 차이를 제거하고, 중심투영에 의한 영향을 최소화할 수 있는 범위 내에서 집성해야 한다. 영상을 집성하기 위한 접합선은 기복변위나 음영의 대조가 심하지 않은 산능선, 하천, 도로 등으로 설정하여 영상 색상의 연속성을 유지하며, 영상집성 후 경계부분에서 음영이나 선사상의 이격 등이 없어야 한다. 영상에서 지형지물의 판독을 용이하게 하기 위해서 영상강조처리를 실시한다. 영상강조처리는 영상의 분석과 도로, 철도, 대규모 시설물 등과 같은 선형요소들의 판독을 용이하게 하기 위한 기법을 말하는 것으로, 대비(contrast) 조절 및 필터링 등의 과정을 포함한다.

(viii) **손실압축과 영상재배열** : 영상집성의 결과를 그대로 보관하고자 할 때는 파일의 용i)을 줄이기 위해 화소의 공간 해상도를 1/10으로 낮추는 손실압축(degraded; loss compression) 과정을 거친 후 영상재배열을 실시한다.

(ix) **영상분할** : 정사보정하여 집성한 정사영상을 축척에 맞게 도곽형식으로 분할하는 과정을 말하며 영상지도의 도곽은 축척별 「지도도식 규칙」에 따른다. 후속작업을 고려하여 도곽의 크기보다 도상 1cm 이상의 여유를 둔다.

(x) **저장 및 보관** : 칼라 및 칼라 적외선 영상의 경우, RGB형태를 보관 시 CYMK로 변환하며, 파일 포맷은 좌표를 포함한 파일형식인 GeoTIFF와 JPEG2000으로 한다. 영상파일의 압축은 원영상의 정보를 유실하지 않는 압축프로그램을 사용하여야 한다.

(xi) **명명법** : 영문소문자 'i'와 수치지도 도엽번호를 결합하여 9자리로 한다. 예를 들어, 1/5,000 대전001(36710001)의 경우 "d36710001.tif"로 한다. 손실압축을 사용하여 공간해상도를 1/10으로 낮추어 지역별로 일반화한 경우에는 영문소문자 'g'와 수치지도 도엽번호를 결합하여 6자리로 한다. 예를 들어, 대전 1 : 5,000 25장을 집성하여 손실압축한 수치정사영상은 "g36710.tif"로 한다.

### (2) TYPE II

Quickbird, IKONOS 및 이미 발사 성공한 우리나라의 다목적 실용위성인 아리랑(KOMPSAT)II 등 공간 해상도가 1m이하인 "고해상도 영상"으로 수치 정사 영상을 제작하는 과정을 말한다.

(i) **고해상도 위성영상** : 지금까지의 위성자료는 항공사진에 비해 해상도가 낮아 정밀하지 못하여 축척의 한계를 지니고 있었으나 미국의 IKONOS, Quickbird 등 고해상도 위성영상(공간해상도 1m 이하)의 출현으로 이러한 한계를 극복하였다.

(ii) **지상기준점 선정** : 1/1,000, 1/5,000 수치지도 또는 1/25,000 국가기본도를 이용하여 위성영상과 수치지도에서 동일지점이라고 판단되는 곳을 선택하여 좌표값을 선정하거나, 이와 같은 정사보정을 거쳐 좌표를 가지고 있는 영상을 사용하여 지상기준점을 획득한다. 계절 및 시간에 따라 변하기 쉬운 하천, 저수지, 해안선 등은 피해 도로 교차로 및 제방, 교량 등 인공구조물 중심으로 지상기준점을 선정한다. 또한, 수직적, 수평적으로 골고루 분포하게 해야 하며, 다항방정식의 차수에 필요한 최소 지상기준점 개수보다 충분한 점을 획득하며, 과대오차를 일으키게 하는 점은 제외시킨다. 정확한 지상기준점의 수에 대한 것은 사용되는 다항방정식의 미지수의 개수보다 많아야 하며, RMSE값이 세 픽셀의 해상도를 넘지 않도록 한다. 예로 IKONOS 스트레오 영상으로 정사영상을 작성할 경우 수평 정확도가 3미터 이상 되지 않도록 조정해야 한다.

(iii) **정사보정** : 위성영상 획득 시 위성정보가 기록된 헤더파일(header file)과 정확한 수치표고자료가 필요하며, 영상의 기하학적 왜곡 정도에 따라 다항방정식의 차수를 결정한다. 변환식에 의해 수치 정사 영상의 위치는 화소 중심에 정확히 일치하지 않으므로, 변환된 좌표에 맞추어 원래의 영상데이터를 주변 화소의 밝기값을 이용하여 재배열하여야 한다.

(iv) **DEM(수치표고자료)** : 정사영상제작에 이용하는 수치표고자료의 격자간격은 영상의 2화소 이내의 크기에 해당하는 간격이어야 하며, 그 정확도는 영상표정 결과의 2배 이내여야 한다. 지형·지물이 변화된 수치지도를 이용하여 추출된 수치표고자료

를 이용할 때에는 「수치표고자료 구축에 관한 작업규정」에 따라 이를 보완하여야 한다.

(v) **색상보정 및 영상집성** : 인접 정사영상간의 영상집성을 실시하기 전 과정으로 히스토그램 매칭 기법을 통해 영상간의 밝기값 차이를 제거하고, 중심투영에 의한 영향을 최소화할 수 있는 범위 내에서 집성해야한다. 영상을 집성하기 위한 접합선은 기복변위나 음영의 대조가 심하지 않은 산능선, 하천, 도로 등으로 설정하여 영상 색상의 연속성을 유지하며, 영상집성 후 경계부분에서 음영이나 선사상의 이격 등이 없어야한다. 영상에서 지형지물의 판독을 용이하게 하기 위해서 영상강조처리를 실시한다. 영상강조처리는 영상의 분석과 도로, 철도, 대규모 시설물 등과 같은 선형요소들의 판독을 용이하게 하기 위한 기법을 말하는 것으로, 대비(contrast) 조절 및 필터링 등의 과정을 포함한다.

(vi) **영상융합** : 분광해상도가 높은 다중분광 영상과 공간 해상도가 높은 흑백 영상을 서로 융합하는 과정을 말하며, 영상융합의 결과 공간 해상도가 높은 칼라영상이 생성된다.

(vii) **손실압축과 영상재배열** : 영상집성의 결과를 그대로 보관하고자 할 때는 파일의 용량을 줄이기 위해 화소의 공간 해상도를 1/10으로 낮추는 손실압축(degraded; loss compression) 과정을 거친 후 영상재배열을 실시한다.

(viii) **영상분할** : 정사보정하여 집성한 정사영상을 축척에 맞게 도곽형식으로 분할하는 과정을 말하며 영상지도의 도곽은 축척별 「지도도식 규칙」에 따른다. 후속작업을 고려하여 도곽의 크기보다 도상 1cm 이상의 여유를 둔다.

(ix) **저장 및 보관** : 칼라 및 칼라 적외선 영상의 경우, RGB형태를 보관 시 CYMK로 변환하) 원영상의 정보를 유실하지 않는 압축프로그램을 사용하여야 한다.

(x) **명명법** : 영문소문자 'i'와 수치지도 도엽번호를 결합하여 9자리로 한다. 예를 들어, 1/5,000 대전001(36710001)의 경우 "d36710001.tif"로 한다. 손실압축을 사용하여 공간해상도를 1/10으로 낮추어 지역별로 일반화한 경우에는 영문소문자 'g'와 수치지도 도엽번호를 결합하여 6자리로 한다. 예를 들어, 대전 1 : 5,000 25장을 집성하여 손실압축한 수치정사영상은 "g36710.tif"로 한다.

### (3) TYPE III

Landsat ETM+, SPOT 등 가장 많이 사용되는 "중해상도 위성영상"을 이용하여 수치 정사 영상을 제작하는 방법으로 다음과 같다.

(i) **중해상도 위성영상** : 중해상도 위성영상은 항공사진이나 고해상도 위성에 비해 위치정확도는 떨어지나, 전국을 대상으로 하는 국토모니터링사업이나 주제도 제작 등에 활용성이 높다. 미국의 Landsat ETM+ 및 SPOT 등의 중해상도 영상(공간 해상도 1m 이상)은 원격탐사영상으로 가장 범용적으로 사용되어왔다.

(ii) **지상기준점 선정** : 1/1,000, 1/5,000 수치지도 또는 1/25,000 국가기본도를 이용하여 위성영상과 수치지도에서 동일지점이라고 판단되는 곳을 선택하여 좌표값을 선정하거나, 이와 같은 정사보정을 거쳐 좌표를 가지고 있는 영상을 사용하여 지상기준점을 획득한다.

계절 및 시간에 따라 변하기 쉬운 하천, 저수지, 해안선 등은 피해 도로 교차로 및 제방, 교량 등 인공구조물 중심으로 지상기준점을 선정한다. 또한, 수직적, 수평적으로 골고루 분포하게 해야 하며, 다항방정식의 차수에 필요한 최소 지상기준점개수보다 충분한 점을 획득하며, 과대오차를 일으키게 하는 점은 제외시킨다. 정확한 지상기준점의 수는 사용되는 다항 방정식의 미지수의 개수보다 많아야 하며, RMSE값이 한 픽셀의 해상도를 넘지 않도록 한다. 예로 SPOT 흑백영상으로 정사영상을 작성할 경우 수평 정확도가 10미터 이상 되지 않도록 조정해야한다.

(iii) **기하보정** : 중해상도 위성영상은 굳이 정사보정을 하지 않아도 공간 해상도가 낮기 때문에 기하학적 왜곡이 나타나지 않아 기하보정만으로 충분하다. 영상의 기하학적 왜곡 정도에 따라 다항방정식의 차수를 결정한다. 변환식에 의해 수치 정사 영상의 위치는 화소 중심에 정확히 일치하지 않으므로, 변환된 좌표에 맞추어 원래의 영상데이터를 주변 화소의 밝기값을 이용하여 재배열하여야 한다.

(iv) **색상보정 및 영상집성** : 인접 정사영상간의 영상집성을 실시하기 전 과정으로 히스토그램 매칭 기법을 통해 영상간의 밝기값 차이를 제거하고, 중심투영에 의한 영향을 최소화할 수 있는 범위 내에서 집성해야한다. 영상을 집성하기 위한 접합선은 기복변위나 음영의 대조가 심하지 않은 산능선, 하천, 도로 등으로 설정하여 영상 색상의 연속성을 유지하며, 영상집성 후 경계부분에서 음영이나 선사상의 이격 등이 없어야 한다. 영상에서 지형지물의 판독을 용이하게 하기 위해서 영상강조처리를 실시한다. 영상강조처리는 영상의 분석과 도로, 철도, 대규모 시설물 등과 같은 선형요소들의 판독을 용이하게 하기 위한 기법을 말하는 것으로,

대비(contrast) 조절 및 필터링 등의 과정을 포함한다.

(v) **영상융합** : 분광해상도가 높은 다중 분광영상과 공간 해상도가 높은 흑백 영상을 서로 융합하는 과정을 말하며, 영상융합의 결과 공간 해상도가 높은 칼라영상이 생성된다.

(vi) **손실압축과 영상재배열** : 영상집성의 결과를 그대로 보관하고자 할 때는 파일의 용량을 줄이기 위해 화소의 공간 해상도를 1/10으로 낮추는 손실압축(degraded; loss compression) 과정을 거친 후 영상재배열을 실시한다.

(vii) **영상분할** : 정사보정하여 집성한 정사영상을 축척에 맞게 도곽형식으로 분할하는 과정을 말하며 영상지도의 도곽은 축척별 「지도도식 규칙」에 따른다. 후속작업을 고려하여 도곽의 크기보다 도상 1cm 이상의 여유를 둔다.

(viii) **저장 및 보관** : 칼라 및 칼라 적외선 영상의 경우, RGB형태를 보관 시 CYMK로 변환하며, 파일 포맷은 좌표를 포함한 파일형식인 GeoTIFF와 JPEG2000으로 한다. 영상파일의 압축은 원영상의 정보를 유실하지 않는 압축프로그램을 사용하여야 한다.

(ix) **명명법** : 영문소문자 'i'와 수치지도 도엽번호를 결합하여 9자리로 한다. 예를 들어, 1/5,000 대전001(36710001)의 경우 "d36710001.tif"로 한다. 손실압축을 사용하여 공간해상도를 1/10으로 낮추어 지역별로 일반화한 경우에는 영문소문자 'g'와 수치지도 도엽번호를 결합하여 6자리로 한다. 예를 들어, 대전 1 : 5,000 25장을 집성하여 손실압축한 수치정사영상은 "g36710.tif"로 한다.

**Classification Code 분류코드** 건물, 철도, 도로 등 그 도형이 나타낸 항목을 분류하기 위한 코드이다.

**Classification Map 분류지도** 자료를 분석한 후 각 자료 벡터(Vector)의 분류, 종류를 표시한 지도와 흡사한 그림. CRT 영상으로 나타낼 수도 있으며 컴퓨터의 선형 인쇄기로 작성될 수도 있다.

**Classification of Land 지목** 토지의 주된 용도에 의한 구분. 논・밭・택지・염전・광천지・산림・목장・묘지・용수로・저수지・공원・잡종지 등을 말한다.

**Classification of LiDAR 라이다 데이터의 분류** 펄스가 반사한 대상체에 따라 데이터를 분류하는 것으로서 일반적으로 지면(bare earth)에서 반사된 점군을 데이터로 분류(classified)하고 건물이나 수목에서 반사된 것은 데이터 군으로 분류하지 않는다(unclassified).

**Classification Rule 분류 규칙** 분류에 사용되는 판별함수를 형성하는데 사용되는 기준을 말한다. 예) 최근접 규칙(Nearest Neighbor), 최단거리 규칙(Minimum Distance to Means Rule), 최대 공산 규칙(Maximum Likeli-hood Rule) 등이다.

**Classification Schema 분류 스키마** 그들의 이름과 1개의 카테고리를 다른 것과 구별하는 각각의 특징 분류에서 카테고리의 수를 보여주는 표를 말한다. Classification을 참조.

**Classless InterDomain Routing(CIDR) 사이더** CIDR(Classless InterDomain Routing)를 참조.

**Classmates.com 클래스메이트닷컴** 최초의 성공적인 소셜네트워크로 인정받는 사이트로 1995년에 시작됨. 옛 동창들을 찾거나 정보를 공유하며 동창회 등의 이벤트를 계획할 수 있게 해준다.

**Clay 점토(粘土)** ① 입경 0.002mm(=2$\mu$m)이하인 흙을 말한다. 이 경우 점토는 점토크기(clay size)의 흙을 의미한다. ② 적당한 함수비에서 소성(plastic)을 발휘하는 흙을 의미한다. 이 경우 점토는 점토광물로 이루어진 흙으로서 적절한 함수비에서 소성체 거동을 하는 흙을 의미한다.

**Clay Mineral 점토광물** (토양) 넓은 의미로는 점토에 포함된 일차 광물 이외의 모든 광물을 가리키는데 좁은 의미로는 점토 중에 규산염 이차 광물을 가리킨다.

**Clay Pipe 토관** 점토를 주원료로 하여 유약을 칠해서 소성한 관. 보통관・후관・특후관의 3종류가 규격화 되어 있다. 보통관은 외압이 비교적 약한 배수용, 후관은 도시에서의 하수관, 특후관은 철도 배수용으로 사용되고 있다.

**CLDC(Conneted, Limited Device Configuration) 제한적 접속장치 구성** 자원이 한정 되어 크기가 작고 통신 가능한 장치(휴대전화, 호출기, PDA 등)를 대상으로 상정한 자바플랫폼이다. 가상(Virtual) 머신에는 KVM을 채택하고 있다.

**Clean Data 크린 데이터, 무결점(수치지도)** ① 오차가 전혀 없는 자료나 위상 오차가 없는 커버리지(Coverage)를 말한다. ② 국가지리정보체계 1차년도 결과물인 수치지형도의 정확도를 향상시킨 갱신된 수치 지형도로서 2000년 국토지리정보원 과제 결과물이다.

**Cleaning 수정** Scrubbing를 참조.

**Cleanup 정리** 좌표를 획득하거나 기존의 수치 지도에서 자료의 위상을 구축하기 위해 사용되기 전에 문제점 및 잠재적 오류를 제거하는 과정을 말한다.

**Clear Access(C/A) 씨에이** C/A Code를 참조.

**Clear Text Encoding 클리어 문자 부호화** ISO 8859-1의 G(02/00)에서 G(07/14)까지의 문자세트에 상응하는 8bit 값만을 사용한 정보의 부호화를 말한다.

**Clear Way 정지구역(整地區域)** 항공기가 일정고도에 이르기까지의 초기 상승의 단계로 진입하는 선정되거나 마련된 적절한 범위로써 주무 당국의 관리 아래 있는 지상 또는 해상의 장방형의 지역을 말한다.

**Clearing 개간지** 숲 속에 있는 광활한 지역을 말한다.

**Clearing House 클리어링 하우스, 정보유통기구** 정보센터로서 공간자료 생산기관, 사용자가 통신망을 매개로 상호 연결되어 필요한 공간정보 검색, 메타데이터 관리, 데이터 제공 및 판매하는 체계. 공간정보유통관리기관이라고도 한다. 클리어링 하우스의 근본 목적은 메타데이터를 통하여 디지털화된 지리공간정보에 접근할 수 있도록 하는데 있다. 1995년 4월 설립된 미국 정보 관리 및 유통 기구. 공간 데이터의 소재, 규격, 특징, 접근 방법 등의 정보를 일반에 제공하기 위한 서비스 체계이다. 미국의 경우에는, 데이터의 생산 주체가 이들 정보를 홈페이지에 작성해 두고 인터넷에 의한 자유로운 접근을 허용하고 있다.

**Cleaning Pig 클리닝 피그, 세척 피그** 배관애부의 세척을 위한 피그로서, 형태에 따라 (1) 폼피그(foam pig, 몰드 내에서 발포시킨 우레탄), (2) 맨드렐 피그(steel mandrel pig, 금속제의 심봉에 컵형 혹은 디스크 형의 견고한 폴리우레탄을 부착, 목적에 따라 와이어 브러쉬, 자석 등을 덧붙임), (3) 견고한(sloid) 캐스트 피그, (4) 구형 피그 등 다양한 피그가 있다. 폼(foam)피그는 최초 배관 상태를 점검하며, 브러쉬(brush) 피그의 통과여부를 평가하고 배관 내 이물질을 제거한다. 브러쉬 피그는 인텔리전트 피그 적용 시 데이터 품질을 확보할 수 있도록 배관을 청소한다. 배관 청결 상태에 따라 2~3회 반복 청소를 수행한다.

**Clearway 정지구역(整地區域)** Clear Way를 참조.

**Click 클릭, 딸깍** 배너나 텍스트 광고를 마우스로 누르는 행동. 클릭을 하면 동영상이 시작되거나 광고주 사이트에 방문자를 보내주는 등의 결과가 발생한다.

**Clickstream 클릭스트림** 인터넷 사용자가 어디에 있었는지를 보여주는 디지털 경로(Path), 마우스 클릭이 경로의 각 단계를 나타낸다.

**Click-to-Call 클릭-투-콜** 스크린 상의 어떤 대상을 클릭해 전화를 거는 기능을 말한다.

**Client 클라이언트** ① 객체 중심 프로그래밍에서 관련이 없는 다른 클래스의 서비스를 이용하는 어떤 클래스(또는 그룹)의 멤버를 말한다. ② 컴퓨터 처리에서 다른 프로그램이 제공하는 서비스를 요구하는 프로세스(프로그램 또는 태스크라고 할 수도 있다). 다른 프로그램에 내장된 소트 루틴(Sort Routine)을 요구하는 문서 처리기이다. 클라이언트 프로세스는 요구한 서비스를 사용하면서 서비스를 제공하는 상대편 프로그램이나 서비스 자체에 대한 동작을 상세히 알 필요는 없다. ③ 구내 정보 통신망(LAN)상에서 다른 컴퓨터(서버)가 제공하는 망 공유 자원에 접속하는 컴퓨터이다.

다른 개체인 서버에게 자기 대신 행할 특정 서비스를 요청하는 체계 개체(H/W, S/W 구성 요소들)로서, 컴퓨터의 통신망에서 서버에 명령어를 전달하고 정보를 제공받은 컴퓨터를 의미한다. 따라서 서버에 접속한 개인용 컴퓨터를 일반적으로 클라이언트라고 생각하면 된다. 예를 들면, 데이터베이스 서버로부터의 자료를 요구하는 GIS 워크스테이션은 데이터베이스 서버의 클라이언트이다.

**Client Database 클라이언트 데이터베이스** 다른 자료기반으로부터 정보를 요구하는 자료기반을 말한다.

**Client/Server 클라이언트/서버** 정보 통신망에서 서비스나 정보를 요구하고 요구사항을 제공받는 장치와 서비스나 정보를 수집, 저장 또는 처리하여 이를 제공하는 장치를 말한다.

**Client/Server Architecture 클라이언트/서버 구조** 서비스를 이용하는 측을 클라이언트(client)라고 하고, 서비스를 실행하는 측을 서버(server)라고 하여 양자가 결합하여 하나의 기능을 실현하는 제어 방식을 말한다. 서버용 컴퓨터 사양을 하향조정(Downsizing), 다양한 플랫폼에 적합한 유연한 응용 프로그램을 구성(Rightsizing), 클라이언트용 PC를 네트워킹으로 묶어 상향 조정(Upszing)하는 방향으로 진행되는 분산 환경의 새로운 구현 형태를 말한다.

**Client/Server System 클라이언트/서버환경** 클라이언트를 사용자 단말로 하고, 서버를 호스트 컴퓨터로 하는 통신망 시스템. 자동적으로 열고 있는 CPU 자원을 할당하여 계산 처리를 한다. 사용자 측에는 각자의 단말기에서 호스트 컴퓨터의 모든 자료를 이용할 수 있으며, 처리 속도도 호스트 컴퓨터에 준해 처리된다.

**Cliff 절벽** 높고 가파르며 돌출된 암벽. 지도에는 등고선이 중첩된다.

**Climate Change 기후 변화** 장기간에 걸쳐 지속되면서, 기후의 평균 상태나 그 변동 속에서 나타나는 통계적으로 의미 있는 변동(IPCC). 전 지구 대기의 조성을 변화시키는 인간의 활동이 직・간접적으로 원인이 되어 일어나고, 충분한 기간 동안 관측이 된 자연적인 기후 변동성에 추가적으로 일어나는 기후의 변화(UNFCC).

**Climatic Map 기후도** Slope Map를 참조.

**Climax Vegetation 극상 식생(極相植生)** 주어진 환경조건 하에서 발달할 수 있는 최고한계까지 발달한 생물군집을 말한다.

**Clinometer 클리노미터, 경사계** 어느 기준면에 대한 경사의 크기를 관측하는 기계의 총칭으로, 주로 지면에 대한 경사각, 지층의 주향 및 경사각을 관측하며 클리노미터라고도 한다.

**Clip 자르기, 절단** 하나의 대상영역에서 다른 절단 대상영역(Clip Coverage)의 경계 내에 포함되는 지형 요소를 공간적으로 추출하는 것을 말한다.

**Clip Art 클립아트** 소유권이 있거나 무료로 사용할 수 있는 사진・도표・지도・도면, 기타의 도형을 책이나 디스크의 형태로 수록한 것. 이들은 컬렉션에서 클립하여 다른 문서로 받아들일 수 있다.

**Clipping 자르기** 클립 레이어에 포함된 1개의 폴리곤의 외곽경계를 이용하여 입력 레이어의 지리적 면적을 추출하는 연산 과정으로서, 원 공간자료에서 필요한 부분만 추출해내는 과정으로서 일정한 폐곡선의 내・외부 자료만을 선택하여 새로운 파일을 만드는 기능이다.

**Clipping Window 대상영역 자르기** 자르기를 수행하기 위해 사용되는 다각형을 말한다.

**Clobbering 클로버링** 파일 또는 데이터의 우연적인 삭제 또는 겹쳐 씀을 말한다.

**Clock 클럭** 램(RAM)을 동작시키기 위해 메인보드에서 발생하는 일정한 주기 신호를 말한다. 예를 들어 DDR PC3200(400MHz) SDRAM을 장착하면 메인보드는 램을 동작하기 위해 초당 2억번(200MHz)의 주기 신호를 발생시킨다. 마찬가지로 DDR PC2100(266MHz)는 메인보드에서 133MHz의 신호를 발생시킨다.

※ **대역폭** : 한 번의 클럭 신호를 통해서 처리할 수 있는 용량을 말한다. SDRAM이나 DDR RAM의 경우에는 8bit 씩 8개의 칩에서 병열로 처리하기 때문에 한 번의 주기 신호로 총 8Byte의 데이터를 처리할 수 있다. 즉, DDR 400의 경우에 대역폭은 400MHz×8Byte = 3200MB가 된다. 일반적으로 메모리에 이름을 붙일 때 클럭으로 이름을 붙이기도 하고 대역폭으로 붙이기도 한다. DDR 400의 경우 400MHz의 클럭 스피드를 메모리의 이름으로 표현한 것이고 같은 메모리를 PC3200이라고 부르기도 하는데 이는 DDR 400메모리가 구현할 수 있는 최대 대역폭인 3200MB를 이름으로 사용한 것이 된다.

**Clock Bias 시계 편차** 시계의 표시 시간과 실제의 국제 표준 시간 사이의 차를 말한다.

**Clock Offset 시간 지거** 2개의 시계로 시간을 읽을 때의 일정한 차이. 일반적으로 GPS에서는 위성 시계와 수신기 시계에 존재하는 차이를 의미한다.

**Clock Recovery 클락 추출** 연속되는 광 신호에서 언제 1 또는 0을 추출하여야 할지를 알려주는 클락(Clock) 정보를 추출하는 과정을 말한다.

**Clockwise Direct Angle 우회교각** 교각 관측 시 시계 방향으로 관측한 각이다. 우관측교각이라고도 한다. Angles to the Right를 참조.

**Cloe App 클로 앱** [앱] 미국 뉴욕에 위치한 CloLa사가 개발한 SMS 기반의 개인 어시스턴트(Assistant) 서비스로, 앱을 다운로드할 필요 없이 Cloe의 전화번호를 자신의 연락처에 등록한 후 문자 메시지로 이용자 주위의 음식점, 쇼핑 매장 등 원하는 정보를 물어볼 수 있다. 특히, Cloe가 제공하는 정보는 실제 사람들이 큐레이션한 정보로 관련성이 높으며, 이용자가 요구한 정보 외에 음식점 예약, 만나기로 한 사람의 특징(머리색, 키 등) 등의 추가 정보 제공 기능도 있다. Cloe의 경우 음성인식 보다 인식률이 높은 문자로 이용자가 원하는 정보를 물어볼 수 있고 사람이 큐레이션한 정보를 제공한다는 점에서 활용도가 높을 것으로 전망되며, 향후 음성인식 기능을 추가하게 된다면, 상황에 따라(가정 내에서는 음성으로, 외부에서는 텍스트로) 각종 정보를 제공하는 지능형 개인비서 서비스로 발전할 수 있다.

**Cloning 클로닝** 네트워크에서 원본 시스템의 복제본을 하나 이상을 생성하는 것으로, 기존에 체크인 되었던 대상물의 정보를 복제하여 그 대상물이 없어도 있는 것처럼 속여서 정보를 빼내는 방법이다.

**Close Coupling 폐합 결합, 밀결합** GIS에 공간 분석 기능의 통합이 적용된 용어. GIS와 통계 기능의 폐합 결합은 GIS 내에서 직접 불릴 수 있는 표준 프로그래밍 언어로 쓰인 함수 또는 매크로 언어 함수의 사용을 묘사한다.

**Close Range Photogrammetry 근거리사진측량(近距離寫眞測量), 근접 사진측량(近接寫眞測量)** 사진 측량의 한 분야. 근거리의 대상물에 대하여 실시하는 측량이다. 현미경으로 촬영한 사진에서 건축물 등의 사진까지 수밀리미터에서 수십 미터까지의 거리(최대 300m 이내)에서 촬영한 사진을 사용한다.

**Closed Circuit Television(CCTV) 폐쇄회로 텔레비전, 씨씨티브이** CCTV(Closed Circuit Television)를 참조.

**Closed Loop Traverse 폐합 다각형** 어느 한 측점에서 측량을 시작하여 각 측점을 차례로 측정하고 최후에 다시 출발점으로 되돌아오는 것을 말한다.

**Closed Routine 폐쇄 루틴** 주프로그램에 직접 넣지 않고 기본 연결에 의해 부프로그램에 연결되는 서브루틴. 처리가 끝나면 주프로그램으로 제어가 되돌려진다.

**Closed Sewer Conduit 하수 암거** 지하에 매설한 관거 또는 밀폐형 덮개가 있는 인공수로를 말한다. 수로가 제방, 도로, 철도 등의 축제를 가로지를 때나 지하에 하수도를 설치할 때에 이용된다. 작은 것은 철근 콘크리트관이 이용되지만, 큰 것은 축조장에서 말굽형 단면까지는 뚜껑이 있는 장방형 단면의 철근콘크리트제가 사용된다.

**Closed Traverse 폐합 트래버스, 폐다각형(閉多角形)** 시점과 종점이 일치하여 모양이 폐합된 다각형을 이루는 트래버스이다. Closed Loop Traverse를 참조.

**Closed User Group(CUG) 회원제 그룹** CUG(Closed User Group)를 참조.

**Closure 폐쇄** 객체의 내부와 경계의 합집합이다.

**Closure Divergence 왕복차(往復差)** 동일한 고저측량(수준) 노선을 독립적으로 2회 관측하여 얻은 2개 결과값의 차이. 고저(수준)측량에서는 왕복관측할 때 독립적으로 얻어지는 2점의 비고차를 왕복차라 한다.

**Cloth Tape 베줄자** 휴대 및 사용하기가 편리하여 좋으나 건습 및 장력에 대하여 신축이 심하여 정도가 좋지 않다.

**Clothoid 클로소이드** 완화곡선(transition curve)의 한 종류이다. 곡률변경이 곡선길이에 반비례하는 나선(spiral)의 하나로 자동차의 핸들을 등각속도로 돌렸을 때 자동차의 주행궤적에 일치하는 곡선으로 도로에 가장 많이 사용된다. 즉 곡률 반경 R이 곡선장 L에 반비례하여 연속적으로 감소하는 성질의 곡선으로 자동차가 일정 속도로 주행하고 그 전륜의 회전 각속도가 일정한 경우 차바퀴가 그리는 운동 궤적이다. 클로소이드의 기본식은 $RL = A^2$이다. 원에서 반지름 R이 정해지면 원의 크기가 정해지는 것과 같이 clothoid에선 A가 정해지면 clothoid의 크기가 정해진다. $RL = A^2$에서 A=1일 때를 "단위 클로소이드"라 하고 소문자로 표시한다. 즉, $r \cdot l = 1$. 이것은 클로소이드 기본식에서 $ZA^2$으로 양변을 나눈 것으로 생각할 수 있다. 즉 $\frac{R}{A} \times \frac{L}{A} = 1$. 여기서 $\frac{R}{A} = r$, $\frac{L}{A} = 1$이라고 하면 $R = A \cdot r$, $L = A \cdot l$이 되므로 매개변수가 커지면 곡선장 L에 대해 클로소이드 곡선이 부드러워지고, 클로소이드 전체의 크기가 커지는데 이는 원의 경우 반지름이 커지면 원의 곡선이 부드러워지고 원전체가 커지는 것과 같다.

**Cloud Communication Center(CCC) 씨씨씨** CCC(Cloud Communication Center)를 참조.

**Cloud Computing 클라우드 컴퓨팅** 모든 소프트웨어 및 데이터는 클라우드(IDC 등 대형 컴퓨터의 연합체)에 저장되고 네트워크 접속이 가능한 PC나 휴대폰, PDA 등의 다양한 단말기를 통해 장소에 구애받지 않고 원하는 작업을 수행할 수 있는 컴퓨팅 기술을 말한다. 즉, 개인 PC나 기업의 서버에 개별적으로 저장해 두었던 프로그램이나 문서를 인터넷으로 접속할 수 있는 대형 컴퓨터에 저장하고, 개인 PC는 물론이고 모바일 등 다양한 단말기로 웹 브라우저 등 필요한 애플리케이션을 구동해 원하는 작업을 수행할 수 있는 이용자 중심의 컴퓨터 환경으로서, 사용자는 서버, 디스크, 소프트웨어 등을 임대해서 사용하고 사용한 만큼의 요금을 서비스 회사에 지불하는 컴퓨팅 사용 방식을 의미한다. 이를 통해 사용자는 단말기에 소프트웨어의 설치가 불필요하여 하드웨어를 단순화할 수 있고 사용자는 소프트웨어를 구매할 필요가 없으며 보안패치, 업그레이드 등의 관리도 불필요하게 된다.

• 정의: 클라우드 컴퓨팅의 정의에 대한 여러 가지 견해들을 살펴보면, 시카고 대학 Ian T. Foster 교수는 "인터넷을 통하여 외부 고객의 요구에 따라 컴퓨팅 파워, 스토리지, 플랫폼 및 서비스를 제공하기 위해 가상화되고, 동적 확장성 및 관리가 가능

하며, 규모의 경제성이 있는 대규모 분산 컴퓨팅 패러다임"으로 정의하였으며, Gartner는 "인터넷 기술을 활용하여 여러 고객들에게 높은 수준의 확장성을 가진 IT 자원들을 서비스하는 컴퓨팅"으로, Forrester Research는 "표준화된 IT기반 기능들이 인터넷 프로토콜로 제공되고, 언제나 접근이 허용되며, 수요가 변함에 따라 가변적이고, 사용량이나 광고에 따라 과금 모형을 달리하는 형태"라고 설명하였다. 한편, IBM은 "웹 기반 응용 소프트웨어를 활용해 대용량 데이터베이스를 인터넷 가상공간에서 분산 처리하고, 이 데이터를 컴퓨터나 휴대전화, PDA 등 다양한 단말기에서 불러오거나 가공할 수 있게 하는 환경"으로 Google은 "사용자 중심, 업무 중심의 수백 또는 수천 대의 컴퓨터를 연결하여 단일 컴퓨터로는 불가능한 풍부한 컴퓨팅 자원을 활용할 수 있도록 하는 기술"로 정의하고 있다.

• **특징**: 포레스트 리서치(Forrest Research)에서는 클라우드 컴퓨팅의 특징들을 다음과 같이 6가지로 요약하였다. 즉, (1) 표준화된 IT기반 기능 : 하드웨어, 소프트웨어를 포함하는 전반적인 표준화된 IT 자원들을 공급한다. (2) 임의 컴퓨터에서 인터넷 프로토콜을 통한 접근 : 클라우드 컴퓨팅에 사용자가 연결될 때에는 기존의 클라이언트-서버 환경과는 다르게 HTTP, REST SOAP 등의 표준 프로토콜을 통해 표준 웹브라우저를 통해 접속 가능하다. (3) 항시 가용성, 수요에 따른 자동 확장성 : 사용자의 필요에 따라 컴퓨팅 자원이 항상 안정적으로 유동성 있게 공급될 수 있어야 한다. (4) 사용량 기반 또는 광고 기반 과금 방식 : 광고를 보는 것, 기간별 정액 과금 또는 순 사용량에 의한 과금 체계를 가진다. (5) Web 인터페이스 혹은 특화된 프로그램에 의한 조작 방식 : XML, REST 등의 기술에 기반을 둔 서버 기반의 조작 인터페이스 제공한다. (6) 완전한 사용자 셀프 서비스 : 사용자가 직접 서비스를 관리할 수 있고, 웹상에서의 인터페이스나 제공되는 API를 통해 제어할 수 있다.

• **서비스**: 클라우드 컴퓨팅에서 제공하는 서비스는 제한적인 것은 아니지만, SaaS(Soft as a Service), PaaS(Platform as a Service), IaaS(Infrastructure as a Service) 3가지를 가장 대표적인 서비스로 분류한다. (1) 애플리케이션을 서비스 대상으로 하는 SaaS는 클라우드 컴퓨팅 서비스 사업자가 인터넷을 통해 소프트웨어를 제공하고, 사용자가 인터넷 상에서 이에 원격 접속해 해당 소프트웨어를 활용하는 모델이다. 클라우드 컴퓨팅의 최상위 계층에 해당하는 것으로 다양한 애플리케이션을 다중 임대 방식을 통해 온디맨드(On Demand) 서비스 형태로 제공한다. 여기서, 다중 임대 방식은 공급업체 인프라에서 구동되는 단일 소프트웨어 인스턴스를 여러 클라이언트 조직에 제공하는 것을 말한다. 즉, 우리가 흔히 사용하는 이메일 관리 프로그램이나 문서 관련 소프트웨어에서 기업의 핵심 애플리케이션인 전사적 자원관리(ERP), 고객 관계 관리(CRM) 솔루션 등에 이르는 모든 소프트웨어를 클라우드 서비스를 통해 제공받는다. 그러나 SaaS는 클라우드 컴퓨팅이 IT 업계의 화두로 부상하기 이전에 독립적인 영역으로 이미 상용화된 기술로 다른 서비스에 비해 인지도가 높다. Sales-force.com에서 수행하는 서비스가 대표적이다. (2) PaaS는 사용자가 소프트웨어를 개발할 수 있는 토대를 제공해 주는 서비스이다. 클라우드 서비스 사업자는 PaaS를 통해 서비스 구성 컴포넌트 및 호환성 제공 서비스를 지원한다. 컴파일 언어, 웹 프로그램, 제작 툴, 데이터베이스 인터페이스, 과금모듈, 사용자관리모듈 등을 포함한다. 응용 서비스 개발자들은 클라우드 서비스 사업자가 마련해 놓은 플랫폼 상에서 데이터베이스와 애플리케이션 서버, 파일시스템과 관련한 솔루션 등 미들웨어까지 확장된 IT 자원을 활용하여 새로운 애플리케이션을 만들어 사용할 수 있다. 구글의 AppEngine 서비스가 대표적인 예가 될 수 있다. (3) IaaS는 서버 인프라를 서비스로 제공하는 것으로 클라우드를 통하여 저장장치(storage) 또는 컴퓨팅 능력(compute)을 인터넷을 통한 서비스 형태로 제공하는 서비스이다. 사용자에게 서버나 스토리지 같은 하드웨어 자체를 판매하는 것이 아니라 하드웨어가 지닌 '컴퓨팅 능력'만을 서비스하는 것이다. 클라우드 컴퓨팅 서비스의 대표적인 사례로 알려진 아마존 웹 서비스(AWS)의 스토리지 서비스 S3 및 EC2가 IaaS에 해당한다.

**Cloud Cover Percentage 구름 량** 위성 또는 항공사진 영상에서 촬영된 지표 영역에 대하여 구름에 의해 가려진 정도를 나타내며, 주로 관측 영역의 크기에 대한 퍼센트(%)로 나타낸다.

**Cloud GIS 클라우드 지아이에스** 클라우드 지아이에스란, 클라우드 컴퓨팅의 개념을 GIS에 적용한 것으로 클라우드 인프라 위에 GIS 콘텐츠, GIS 소프트웨어, GIS 애플리케이션 개발 플랫폼을 서비스 형태로 제공하는 것을 의미한다. 따라서 사용자는 탄력적인 IT 인프라 위에서 제공되는 GIS 콘텐츠와 서비스를 효율적인 비용으로 활용할 수 있다.

**CloudlightFPV 헤드트래킹 1인칭 시점 앱(애플리케이션)** [드론] 드론에 부착된 카메라로 촬영하는 실시간 영상을 모바일 VR에서 확인이 가능한 앱(App., 애플리케이션)으로, 모바일 VR 단말의 헤드 트래킹 기술을 활용해 드론에 부착된 카메라를 상하좌우로 조절이 가능하다. CloudlightFPV 앱은 개발자인 Kai Aras가 중국 드론 업체인 DJI Drones와 독일 모바일 VR 단말 개발 업체인 Zeiss(Zeiss VR One 개발 업체)와 협력해 개발한 앱으로, 드론에 부착된 카메라로 촬영하는 실시간 영상을 모바일VR 단말에서 확인이 가능하다. 특히, 모바일 VR 단말의 헤드트래킹 기술을 활용해 드론에 부착된 카메라를 상하좌우로 움직일 수 있어 좀 더 실감나는 영상 시청이 가능하다. DJI의 Phantom 2 Vision, Phantom 3 Advanced, Inspire 1 등 3개 드론을 지원하고 Zeiss VROne을 포함한 대부분의 모바일 VR 단말에서 이용이 가능하다. 휴대성이 높은 모바일 VR 단말에서 드론에 부착된 카메라로 촬영하는 영상을 실시간으로 확인이 가능하다는 점에서 개인 여가 용도뿐만 아니라 다양한 상업 분야에서 광범위하게 사용이 가능할 것으로 전망된다.

**Cloud Profiling Radar(CPR)** CPR(Cloud Profiling Radar)를 참조.

**Cloud Service 클라우드 서비스** ① 일반 소비자 및 기업 고객을 대상으로 인터넷을 통해 실시간으로 제공되고 소비되는 제품 및 서비스와 솔루션을 말한다. ② 영화, 사진, 음악 등 미디어 파일, 문서, 주소록 등 사용자가 콘텐츠를 서버에 저장해 두고 스마트 폰이나, 스마트 TV 등 어느 기기에서든 다운로드 후 사용할 수 있는 서비스를 말한다.

**Cloud Service Broker 클라우드 서비스 브로커** 브로커는 마치 '웨딩플래너'처럼 클라우드 서비스 사용자와 서비스 제공업체 사이에서 사용자 요구에 맞춰 클라우드 서비스 선택을 돕고 기업이 사용할 다중 클라우드 서비스들 간 조율 관리를 담당하는 것을 말한다.

**Cloud Service Brokerage(CSB) 클라우드 서비스 브로커리지** CSB(Cloud Service Brokerage)를 참조.

**Cloud TV 클라우드 티브이** 클라우드 컴퓨팅이라는 IT 서비스를 TV로 확산한 개념이다. 클라우드 컴퓨팅이 값싼 PC로 인터넷에 접속해 각종 소프트웨어 프로그램을 빌려 쓰는 것이라면, 클라우드 TV는 저가의 케이블TV 셋톱박스를 설치해 실시간 방송은 물론, 인터넷에 접속해 각종 콘텐츠를 즐기는 것이다.

**Cloud Worker 클라우드 워커** 클라우드 워커는 모바일과 연계된 클라우드 서비스가 폭발적으로 생겨나면서, 이들 서비스를 활용해 시간과 장소에 구애받지 않고 업무를 보는 사람을 가리켜 지칭하는 말이다. 국내에서도 스마트폰과 스마트패드 보급이 기하급수적으로 확산되면서 다양한 형태의 클라우드 워커가 등장할 것으로 예상된다.

**Clump 군집** 하나의 형상에서 비슷한 특성을 가진 형상끼리 함께 묶어 공간적으로 모으는 것을 말한다.

**Cluster 집단, 클러스터** ① 단말 제어 장치와 그에 접속된 입출력 장치로 구성된 단말 장치를 말한다. ② 클러스터링 작업을 통하여 생성된 유사성이 있는 객체들의 집합을 말한다. ③ 서로 연관이 있으나 독립성이 강한 기업, 연구기관, 대학, 컨설턴트, 서비스사업체가 함께 모여 부가가치 생산에 강력한 시너지 효과를 내는 네트워크를 말한다.

**Cluster Analysis 집단분석** 일반적으로 유클리드 공간 내 둘 이상의 변수간에 점 데이터 내의 집단을 인식하기 위해 사용되는 기술들의 집합을 묘사하기 위해 사용되는 일반적인 용어, 이것은 점 사이의 유클리드 거리를 계산하고, 예를 들면 Poisson 분포와 같은 벤치마크 분포에 대한 값들의 확산을 비교함으로서 성취될 수 있다.

**Cluster Sampling 군집 표본** 많은 표본에서 빠르게 정보를 수집할 때 사용하며 각 화소가 나머지에 종속적이고 적은 정보가 군집에 추가되므로 큰 군집들을 사용하는 것은 타당한 방법이 아니다.

**Cluster Storage 클러스터 스토리지** 노드를 추가해 클러스터 용량을 물리적으로 확대하면서도 전체적인 데이터 저장 영역이 하나의 볼륨으로 인식되는 데이터 저장 공간을 말한다. 가상화와 클러스터 기술을 통해 용량이 커지더라도 계속 단일 볼륨으로 인식되기 때문에 스토리지 도입 비용뿐 아니라 관리 비용이 획기적으로 저렴해진다.

**Clustering 집단화, 클러스터링** ① 다차원 측정 공간에서 측정 벡터들이 집단을 형성하려는 고유의 경향을 감지하기 위한 분석 방법이다. ② 행렬을 작성한 객체들 간의 유사성을 조사하고 그룹화하는 방법. 집단화에는 상호작용 집단화 연관에 의한 집단화와 인접성 집단화 등이 있다. ③ 비슷한 특성을 가진 여러 개의 장치를 묶어서 하나로 제어하는 것을 말한다.

**Clustering Operations 결성 운용** 지역적으로 인접해 있거나 기능적으로 동일하기 때문에 하나의 단위로 취급되도록 그룹 짓는 과정을 말한다.

**CM(Construction Management) 건설관리자** 발주자의 대리인으로 사업성 검토, 설계와 시공부터 감리까지 맡아주는 '기술 용역업'이다. 1960년 미국에서 공공기관의 만성적인 공기 지연과 예산 초과를 바로잡기 위해 도입됐다. CM사는 의뢰인에게 일일이 건설 과정을 공개하기에 투명성 부문에서 강점을 갖는다. 국내에는 삼풍백화점과 성수대교 붕괴 등으로 건설산업 불신 문제가 커진 후인 1997년 도입됐다.

**CMap Objects 시맵 오브젝트** 지도와 CIS 구성은 어플리케이션을 기본으로 하는 실행영역에서 사용되는 액티브X조절(OCX)에 포함한다.

**CMIP(Common Management Information Protocol) 공통 정보 관리 규약** 이 규약은 ISO 9596에 의해 만들어진 규약이다. 이 규약은 인쇄기와 자료 취합용 프로그램의 중간에서 자료 교환은 물론, 메시지의 블록화 형식을 사용하는 데 쓰인다.

**CML(Chemical Markup Language) 화학 마크업 언어** 최초의 XML 언어이다.

**CMM(Capability Maturity Model) 능력 성숙도 모델** 소프트웨어 품질관리체계중 하나로 소프트웨어 기술을 지원하는 조직의 응용 프로그램을 개선하는데 도움을 주기 위해 1986년 미국 소프트웨어 공학 연구소에서 개발한 절차이다. 이 절차는 개발 절차, 즉 초기단계, 반복단계, 정의단계, 관리단계 및 최적화 단계의 다섯 단계로 나눠진다. 이러한 다섯 단계는 성숙도, 즉 소프트웨어 기술을 사용하는 조직의 소프트웨어 개선 노력에 우선순위를 매기는 데에도 도움이 된다.

**CMMI(Capability Maturity Model Integration) 프로세스 능력 성숙도 모델, 체계공학적용능력** 국제 소프트웨어 및 정보기술 품질인증 기준 CMMI(Capability Maturity Model Integration)는 미국 국방성이 우수한 소프트웨어 · 시스템 개발업체를 선정하기 위해 카네기 멜론 대학교의 소프트웨어공학연구소에 의뢰해 개발했다. 소프트웨어 개발과 시스템 설계, 하드웨어, 시스템 운영 전반에 대한 절차를 평가하는 국제 공인 품질인증 모델이다.

**CMOS(Complementary metal-oxide-semiconductor) 시모스** [영상] 집적 회로의 한 종류로, 마이크로프로세서나 SRAM 등의 디지털 회로를 구성하는 데에 이용된다. Complementary metal-oxide-semiconductor, 즉 상보성 금속 산화막 반도체(相補性 金屬 酸化膜 半導體) 용어도 통용된다. CMOS 이미지 센서는 고체 촬상장치(Image Device) 소자로서, CCD 이미지 센서와 동일하게 광다이오드를 사용하지만 제조 과정과 신호를 읽는 방법이 다르다. CMOS는 단위 셀마다 증폭기를 가지고 있으며 광변환된 전기신호의 읽기에 의해서 전기 노이즈의 발생이 적어지는 특징이 있다. CMOS 로직 LSI 제조 프로세서의 응용으로 대량생산이 가능하기 때문에 고전압 아날로그 회로를 가지는 CCD 이미지 센서와 비교해서 제조 단가가 낮고 소자의 크기가 작아서 소비 전력이 적은 장점이 있다.

**CMS(Coverage Monitor Station) 이용범위 감시국, 위성항법 보정시스템 이용범위 감시국** 위성항법 보정시스템(Differential GPS, DGPS)은 이미 알고 있는 기준점에 기준국용 GPS 수신기를 설치하여 정밀하게 측정된 자신의 위치와 GPS 위성 신호를 받아 수신기로 계산된 위치를 비교하여 오차를 계산한다. DGPS 기준국 시스템은 기준국(Reference Station, RS), 감시국(Integrity Monitor, IM), 그리고 제어국(Control Station, CS)으로 구성되고, 사용자에게 보정정보를 송신하기 위한 변조기와 송신기 시스템으로 구성되어 있다. 이용범위감시국(Coverage Monitor Station)은 해당 기준국으로부터 일정거리 이상 떨어진 지점에서 신호전계강도, SNR 등 측정하는 기지다. DGPS를 참조.

**CMY(Cyan, Magenta, Yellow) 색 모델** 청록 · 자홍 · 노랑의 기본 값들로 구성된 차분 색상 공간. 이것은 RGB 컬러 공간의 반대이다.

**CMYK(Cyan, Magenta, Yellow, BlacK) 시엠와이케이** 청록 · 자홍 · 노랑만으로는 깊은 흑색이 나오지 않기 때문에 흑색의 성분을 추가한 것을 말한다.

**CNC(Computerized Numerical Control) 컴퓨터 수치 해석** 선반과 같은 공작기계를 컴퓨터로 제어하는 체계. 즉, 컴퓨터를 내장한 NC 공작 기계를 말한다.

**CNES(Centre National d' Etudes Spatiales) 프랑스 국립 우주 센터** 1962년 3월에 설립된 프랑스 정부 조직으로 프랑스의 우주정책과 방향을 결정하는 기관이다.

**CNG(Compressed Natural Gas) 압축 천연가스** CNG는 운반의 용이성을 위해 천연가스를 압축한 것으로서 경유(Diesel)와 비슷한 성격을 갖고 있으며, 버스나 청소차 등의 대형차량에 이용되고 있다.

**CNIG(Centre National d' Information Geographique)(France) 프랑스 국가 지리 정보 센터** 지리정보를 위한 국가적인 센터이다.

**CNIG(Centro Nacional de' Informac o Geogrfica)(Portugal) 포르투갈 국가 지리 정보 센터** 지리정보를 위한 국가적인 센터이다.

**C/No(Carrier to Noise Power Density) 반송파 신호대 잡음 강도비, 반송파 잡음비** 1Hz 밴드폭에서의 반송파 신호대(對) 잡음 강도비(比)로서, GPS 수신기의 수행능력을 분석하는 데 있어 중요한 지표이다. GPS 수신기의 일반적인 신호대 잡음비는 40~50dB-Hz정도이다.

**CNS(Car Navigation System) 차량 항법 체계** CNS는 차량의 위치 확인 및 주행 안내를 위한 차량 내의 수치지도 데이터베이스와 실시간으로 변하는 교통 정보 데이터베이스를 중안 교통 관제소나 비이콘 등과의 통신으로 연결하여 최적의 경로를 운전자에게 안내하는 체계이다. CNS는 차량(또는 선박, 항공기)의 위치 확인 및 주행 안내를 위한 차량 내의 수치지도 데이터베이스와 실시간으로 변하는 교통 정보 데이터베이스를 중앙 교통 관제소나 비이콘 등과의 통신으로 연결하여 최적의 경로를 운전자에게 안내하는 체계이다.

**Co Kriging 코크리깅** 코크리깅 방법은 2개 이상의 속성과 속성의 연결 공간변이를 이용하여 보간을 유도하는데 사용된다. 속성과 코크리깅 연결 공분산도에 대한 분산도를 산정하는데 이용된다.

**Co Located Line 공유 위치 선** 같은 공간을 공유하는 선, 예를 들어 특정 강과 국가 경계가 한 선을 공유한다면 이것은 동일 위치에 있는 것이다.

**Coarse Acquisition Code(C/A Code) 씨에이코드** C/A Code(Coarse Acquisition Code)를 참조.

**Coarse and Acquisition Code(C/A Code) 씨에이코드** C/A Code(Coarse Acquisition Code)를 참조.

**Coarse (Grained) Soil 조립토(組立土)** 입경(粒徑, grain size)이 큰 흙으로서 자갈(礫, gravel)과 모래(砂, sand) 등이 포함된다. 입상토(粒狀土, granular soil)라고도 한다. 시료의 50% 이상이 75$\mu$m 체에 남는 흙을 말한다.

**Coase Acquisitio(C/A) 씨에이** C/A Code를 참조.

**Coast 해안(海岸)** 연해로부터 육지 쪽으로 지형 변화가 처음 나타나는 곳까지 연장되어 있는 일정하지 않은 폭을 가진 지역을 말한다.

**Coast Chart 연안 해역 기본도** 연안 항해에 사용되는 해도. 연안의 제반지형, 목표가 상세하게 표시되어 있다. 축척은 1/50,000 이하로 통일된 연속도로 함을 원칙으로 한다.

**Coast Line Survey 해안선 측량** 해안선의 형상과 그 성질을 조사하는 측량을 말한다.

**Coast Navigation Chart 근해 항해도** 육지의 가시거리 내에서 항해할 때 사용되는 해도를 말한다.

**Coastal Chart 해안도** 연안항해에 사용하는 해도. 연안의 여러 가지 물표나 지형이 매우 상세히 표시되어 우리나라 연안에서 가장 많이 사용되는 해도이다.

**Coastal Erosion 해안침식(海岸浸蝕)** 해안의 구성물이 해식작용에 의해 깎여 해안이 후퇴하는 현상을 말한다.

**Coastal Line Survey 해안선 측량** Coast Line Survey를 참조.

**Coastal National Spatial Data Infrastructure 미국 해양공간정보기반** 정부, 기업, 민간단체 등 모든 분야에서 참여하여 공간지리 자료의 공유에 필요한 기술, 정책, 인적 자원 등에 대한 제도적 준비로 정의하고 있다.

**Coastal Navigation 연안 항법** 정확한 위치가 알려져 있는 육상목표로부터의 거리와 방위 혹은 다수 목표에 대한 거리나 방위 중 1가지에 의하여 선박위치를 결정하는 방법이다.

**Coastal Sea Road Survey 연안 항로조사** 연안을 항해하는 선박의 출입항 및 안전운항과 경제항로 선정을 위해 해도에 표기할 수 없는 상세한 각종 항해정보를 수집하여 연안항로지를 수정, 간행하기 위한 조사이다.

**Coastal Surveying 연안측량, 해빈측량** ① 수로측량의 한 종류로서, 연안해역에 있어서 안전항해 및 해저지형, 저질 등의 조사를 목적으로 실시하는 측량을 말하며, 연안측량 결과로부터 작성되는 도면의 축척은 주로 1/50,000이다. ② 해안에 있어서 전빈과 후빈을 포함하는 범위의 등고선도 및 등심선도를 작성하는 작업을 말한다. 해빈측량을 위하여 해안선을 따라 연안에 기준선을 설치한 후, 일정 간격으로 측점을 설치하고, 측점마다 기준선에 직각인 방향으로 횡단측량을 실시한다.

**Coastal Zone Color Scanner(CZCS) 해안지역 유색 주사기** CZCS(Coastal Zone Color Scanner)를 참조.

**Coastlining 안선측량** 해안선 및 부근의 지형·지물을 실측하여 도화하는 작업을 말한다. 실측을 대신하여 기존의 지형도나 항공사진을 이용할 수도 있다.

**Coast-Per-Click(CPC) 클릭당 비용** CPC(Coast-Per-Click)를 참조.

**Coaxialwire 동축 케이블** 장거리 전화, 케이블 TV, TV 안테나와 TV, 비디오 등을 연결하는 데 사용되는 고주파 통신선. 이중 연선과 광섬유의 중간 기능을 제공한다.

**Cocoon 코쿤 족** 누에고치를 뜻하는 '코쿤'족은 안전한 공간에서 자신만의 생활을 즐기는 '칩거증후군'을 갖고 있는 사람들을 의미한다. 흔히 말하는 나홀로족, 귀차니스트, 디지털 폐인, 싱글족 등의 의미가 혼합된 개념이다.

**Cocooning 코쿠닝** 코쿠닝은 카페나 거리 같은 공적 공간에서 외부 환경과 상호 작용하지 않고 모바일 매체를 이용해 자신만의 안전하고 편안한 공간을 확보하는 것을 말한다. 카페에서 이어폰을 끼고 음악을 들으면서 카카오톡을 하는 식이다.

**COD(Chemical Oxygen Demand) 화학적 산소요구량** 물속의 피산화성 물질을 산화제인 중크롬산칼륨($K_2Cr_2O_7$) 또는 과망간산칼륨($KMnO_4$)을 이용하여 화학적으로 산화시킬 때 소비되는 산소량으로서, 보통 ppm단위로 표시한다. COD는 BOD와 더불어 폐수의 유기물 함유도를 간접적으로 나타내는 중요한 지표로 COD는 유기물을 화학적으로 산화시킬 때 얼마만큼의 산소가 화학적으로 소모되는가를 측정한다.

**Code 코드, 부호** ① 컴퓨터가 이해할 수 있는 자료와 프로그램의 표현을 위한 특별한 기호와 규칙들의 체계를 말한다. ② 지형지물 및 속성을 분류기준에 따라 구분하여 부여한 문자, 숫자 및 기호를 말한다. ③ GPS는 송신하는 코드에는 C/A코드와 P코드가 있으며, 각각 비트율 1.023 Mbps, 10.23 Mbps로 위성마다 고유한 의사잡음신호(PRN, Pseudo-Random Noise)가 담긴다. C/A코드는 민간에 개방되어 있으나 P코드는 군사 목적으로 전용하기 위해 공개되지 않은 W코드를 이용해 암호화되는데, 암호화된 P코드를 Y코드 또는 P(Y)코드라고 한다. 의사잡음신호(PRN, Pseudo-Random Noise)는 잡음과 같은 성질을 지닌 1과 0의 2진 sequence로 Pseudonoise codes라고도 불리운다. 이러한 코드는 확산 스펙트럼 방식 통신 시스템과 GPS와 같은 거리계산 시스템에 사용된다.

**Code Book 코드 북** 각각의 색인을 가진 영상 형태의 집합. 영상 압축은 영상 전체의 형태를 대신해서 코드북의 색인만으로 영상 부분을 표현함으로써 이루어질 수 있다.

**Code Correlation 코드 상관** Code-Correlation를 참조.

**Code Division Multiple Access(CDMA) 부호분할다중접속** CDMA(Code Division Multiple Access)과 GSM(Global System for Mobile Communication)를 참조.

**Code List 코드 목록** 개방된 목록을 기술하는데 사용된다. 코드 목록은 적용성이 뛰어난 목록으로 표현 가능한 값들의 긴 목록을 기술 하는데 유용하다.

**Code Phase Difference 코드 위상차** 수신된 C/A-코드나 P-코드와 수신기 내부에서 발생된 같은 코드의 위상차. 이는 위성에서의 거리를 계산하는 데 사용된다.

**Code Tracking Loop 수신지연 환** 위성과 수신기의 PRN 코드와 공조시키는 수신기 내의 모듈로 수신기에서 발생된 PRN 코드를 이동시켜 위성의 PRN 코드와 맞춘다. Deley-Lock Loop를 참조.

**Code-Correlation 코드 상관** 유일한 부코드의 위성과 수신기의 복사물 사이의 시간차를 비교함으로서 위성-수신기 범위가 결정되는 방법을 말한다.

**CODEC 코덱** 코덱은 음성 또는 영상의 아날로그 신호를 디지털 신호로 변환하는 코더(Coder)와 디지털 신호를 음성 또는 영상으로 변환하는 디코더(Decorder)의 합성어(Co+Dec)로 부호기와 복호기의 역할을 동시에 수행하는 장치로도 풀이될 수 있다. 부피를 줄여서 효율적으로 보관하고 전송 시 부담을 줄이기 위해 파일을 압축하고 또 그 파일의 압축을 풀 때는 압축프로그램이 필요하듯이 동영상, 음악을 압축하고 그것을 해제하는데 필요한 것이 코덱이다.

**Codeless Type 코드레스 형식** 간섭 위치 결정용 수신기에서 L2대의 신호를 P코드를 사용하지 않고 처리하는 방식. P코드 정보와 무관하게 L2대를 수신하기 때문에 현재도 측량용 수신기로 많이 이용되며, P코드를 이용하여 처리하는 형식의 수신기에 비하여 감도가 떨어지는 결점이 있다.

**Codes 항목 세트** 약어, 숫자와 같이 별개의 세트수를 나타내기 위한 것을 말한다.

**Codeset Domain 부호군 영역** 유효한 값으로 정립된 부호군을 구성하는 구성 성분의 목록이나 표준에 대한 참조를 말한다.

**Codeset Name 부호군 제목** 부호군의 제목을 말한다.

**Codeset Source 부호군 근거** 부호근의 근거를 말한다.

**Code-Tracking Loop 코드추적환** 위성과 수신기의 PRN코드를 공조시키는 수신기내의 모듈이다. 수신기에서 발생된 PRN

코드를 변화시켜 위성의 PRN코드와 맞춘다.

**Coding 부호화 중복성** 컴퓨터가 작업을 수행할 수 있도록 명령어들을 사용하여 프로그램을 작성하는 과정을 말한다.

**CoE(Center of Excellence) 전문가 조직** 조직 내 새로운 역량을 만들고, 확산하기 위한 전문가들의 조합으로 구성한 조직을 말한다.

**Coefficient of Discharge 유량계수(流量係數)** 단면 A가 되는 오리피스(orifice)를 유속 V로 통과하는 물의 유량(流量, discharge)을 Q라고 하면, Q=AV가 되지 않고, 실제로는 Q=cAV가 된다. 이때의 c를 유량계수라고 한다. 유량계수는 보통 0.6 전후의 값을 갖는다. 즉, 오리피스(orifice)를 통과하면서 실제 유량은 이론적인 유량보다 줄어든다.

**Coefficient of Over-Correction 과량 수정 계수** 입체사진을 상호표정시 과량 수정을 할 때의 계수를 말한다.

**Coefficient of Refraction 굴절계수, 반사계수** 지구타원체의 평균곡률반경과 전자파의 곡률반경의 비로서, 광파에서는 약 0.13, 전파에서는 0.25 정도이다.

**Coefficient of Roughness 조도계수(粗度係數)** 하천이나 수로를 흐르는 물의 속도는 물에 접하고 있는 수로표면(하저지형 또는 하상)의 거친 정도에 따라 달라진다. 이 거친 정도를 조도라고 하며 조도를 수치로서 표현한 것을 조도계수라고 한다.

**Coefficient of Thermal Expansion 열 팽창 계수** 온도의 증감에 따라 물질이 늘어나고 줄어드는 척도를 계수로 표시한 것을 열팽창계수라 한다.

**Cognitive Radio(CR) 주파수 공유 기술** CR(Cognitive Radio)를 참조.

**COGO(COordinate GeOmetry) 좌표 기하, 코고** 측량계산과 토목설계에서 좌표・위치・면적・방향 등을 구하거나 도면 전개할 수 있도록 구성된 프로그램(Coordinate Geometry Program), 1950년대에 MIT에서 시초로 사용하였다. 토지의 분할 및 분배, 도로 및 시설물에 관한 설계에 필요한 측량, 토목 엔지니어링에 필요한 기능을 제공하는 기하좌표의 입력과 관리 체계이다. COGO자료는 실제 현장에서 측량의 결과로 얻어진 자료를 이용하여 수치 지도를 작성하는 방식이다. 즉, 현장의 각 측량 지점에서의 측량 결과를 컴퓨터에 입력시킨 후 지형 분석용 소프트웨어로 지표면의 형태를 생성한 후, 수치의 형태로 저장시키는 방식이다. 최근에는 전자 측정 장비(Electronic Distance Measurement)로 쉽게 측정 가능하여 GIS자료로 많이 이용하고 있다.

**Coherence 일관성** ① 자료가 다른 자료와 일치 혹은 상응하는가를 말한다. ② 주영상과 부영상의 상호 관계성을 나타내는 척도 수치는 SAR Interferogram의 유용성에 대한 근본적인 정보를 제공하는 정량적인 척도로서 1에 가까울수록 좋은 상관성을 나타내고, 최종 결과물인 DEM의 정확도를 나타낸다.

**Coherent Radiation 간섭 파장** 레이저와 SAR에서처럼 공간 내 서로 다른 점에서의 파가 조화롭게 운동하는 파장과 파형이 같은 전자기 복사에너지이다.

**Cold Current 한류(寒流)** 해류지역 이외의 해수에 비하여 부유생물이 많아 생산성이 높은 해류이며, 투명도가 낮아 암록색을 띠고 있다.

**Cold Front 한랭 전선(寒冷前線)** 차가운 기류가 따뜻한 기류를 향하여 돌진하여 그 밑으로 쐐기형으로 잠입해 있을 때 그 경계면과 지면이 만나는 선을 말한다.

**Cold Start 완전 시작** GPS 수신기가 최초 위치, 시간, 현재, 천체 위치 그리고 위성력에 대한 자료 없이 항법을 할 수 있는 조건을 말한다.

**Collaborative Filtering 협업 필터링** 컴퓨터 이용자의 모든 사용 및 소비 기록을 입력시켜 불필요한 정보를 걸러 내는 기술이다.

**Collaborator 주최자** SNS와 같이 인맥구축 사이트를 통해 각종 이벤트나 행사를 조직하고 추진하는 사람을 의미한다. 이들 주최자들에 의해 정보의 소통범위가 넓어지고 있다.

**Collecting Data 자료 수집** Date Acquisition을 참조.

**Collection 수집** Data Acquisition를 참조.

**Collective Dose 집단 선량** [방사선] 다수의 사람이 피폭되는 경우에 그 집단의 개인피폭방사선량의 총합을 말한다. 집단선량의 단위로 맨 시버트(man-Sv)가 사용된다(「방사선방호 등에 관한 기준」 제2조 제7호).

**Collective Intelligence 집단지성** 집단지성은 다수의 사람들이 서로 협력해 얻게 된 집단의 지적 능력을 의미. 이 개념이 처음 나오게 된 것은 1910년 미국 하버드대 교수이자 곤충학자인 윌리엄 모턴 휠러가 개미의 사회적 행동을 관찰하면서다, 개미 한 마리는 미미한 존재지만 함께 모여 일하면 거대하고 복잡한 개미집을 만들어낸다는 것이다. '우리는 나보다 똑똑하다'(We aresSmarter than me)는 집단지성의 모토가 여기에서 나왔다.

**Collective Service 종합(행정)서비스** 일반 공공 서비스, 국방, 안전, 교육, 경제, 환경 등의 종합 행정 서비스를 말한다.

**Collimating Mark 표정 지표선** 도화기의 건판지지기에 새겨진 내부정위를 위한 선을 말한다.

**Collimation 콜리메이션** 광학장비의 중심선 등의 상호관계를 정렬시키는 일련의 작업. 시준축 조정이나 사진지표에 의한 사진주점의 조정을 의미한다.

**Collimation Axis 시준축(視準軸)** 망원경 대물렌즈의 광심과 십자선의 교점을 잇는 선을 시준축이라고 한다.

**Collimation Line 시준선** 측량장비에서 관측점을 바라보는 방향선을 시준선이라 한다.

**Collinearity Condition 공선조건(共線條件)** 사진상의 한 점과 렌즈의 중심 및 대응하는 지상의 한 점이 일직선상에 존재하도록 하는 조건을 말한다.

**Collinearity Equation 공선조건식, 공선방정식** 지상좌표계의 x', y', z'축에 대하여 3×3의 회전행렬 M만큼 순차적으로 회전하여 사진기의 경사를 재현하는 회전변환식을 말한다.

**Collision 충돌** LAN에서 둘 이상의 워크스테이션이 같은 시간에 같은 통신망으로 전송할 때 생기는 왜곡된 전송을 말한다.

**Collision Detect 충돌 감지** 이더넷(Ethernet)의 기본 동작은 하나의 통신경로에 연결 된다. 데이터를 보내거나 받거나 동일한 통신 경로를 사용한다. CSMA/CD라는 개념은 바로 이 통신경로가 하나라는 점에서 출발한다. 통신경로의 또 다른 특징으로는 한 번에 1대의 컴퓨터만 데이터를 전송할 수 있고, 만약에 2대가 동시에 보내게 될 경우 데이터가 깨지는 충돌(Collision) 현상이 발생해 정상적인 통신이 안 되는 점이다. 그래서 컴퓨터는 데이터를 보내기 전에 제일 먼저 다른 컴퓨터가 이 통신 경로를 사용하고 있는지를 먼저 확인하고 보내게 된다. CSMA (Carrier Sense Multiple Access)는 '다중 접속시 전송 감시'라는 뜻으로 연결된 모든 컴퓨터는 데이터를 보내기 위해 다른 컴퓨터가 보내고 있는지를 감시하고 있다는 의미를 지니고 있다. CD(Collision Detect)는 '충돌 감지'로서, 만약에 동시에 같이 보내게 될 경우, 충돌이 발생하게 되고, 이 충돌을 알리는 신호가 모든 컴퓨터들에게 전달된다. 이 신호를 잼(Jam)이라고 부른다. 잼 신호를 받은 컴퓨터들은 보내는 것을 중단하고 일정 시간 후에 재전송을 시도한다. 다시 보내기를 시도한다고 해서 바로 보내는 것이 아니라, CSMA 논리에 따라 다른 컴퓨터가 사용하고 있는지를 우선 확인하게 된다.

**Colluvial Soil 붕적토(崩積土)** 사면상의 잔류토가 중력에 의하여 서서히 밀려내려 가거나 갑자기 붕괴되어 산기슭에 퇴적된 것을 붕적토(또는 애추)라고 한다. 투수성을 큰 특징을 갖는다. 붕적층과 하부 지반의 경계부는 매우 연약할 수 있으며, 일반적으로 기초 지반으로 부적합하다. 붕적층으로 지하수 유입시 갑작스러운 사면 붕괴로 이어질 수 있으며, 터널 갱구부 붕괴의 주요 원인이 되기도 한다.

**Colocation 콜로케이션** 사업자가 직접 서버를 관리하지 않고 인터넷 서비스를 제공하는 사업자가 초고속 인터넷 망에 서버를 연결해 주고 관리하는 사업 형태를 의미한다.

**Color 색** ① 색상(hue), 밝기(Intensty), 채도(Saturation)가 미학적으로 선택되어진다. ② 0.4~0.7$\mu$m 파장에 속하는 전자기 파장대의 가시 부분을 인간은 다양한 색으로 본다. 무지개의 다양한 색은 적·녹·청의 부가적인 기본 물리색의 혼합이다. 청·녹·적의 같은 양은 백색광으로 나타낸다. 모든 3개의 부재는 흑색의 결과가 된다. 가시광은 사진기 또는 다중 분광대 감지기에 의해 감지된다.

**Color Balance 색 평형** 지도의 색상들을 시각적으로 조화시키는 작업으로서, 인접했을 때 비슷한 대조를 보이는 색을 피하도록 한다.

**Color Burst 컬러 버스트** [영상] 컬러 텔레비전 방송 신호의 색차 부반송파의 동기를 맞추기 위해 사용되는 신호이다. 각 주사선(scan line)의 시작마다 발진기의 주파수를 컬러버스트 신호와 동기시킴으로써, 텔레비전 수신기는 색차 신호의 억제된 반송파를 복구하여 색상 정보를 뽑아낼 수 있다. NTSC 시스템에서 컬러버스트 신호는 180°의 위상차를 가지는 3,579,545Hz의 신호이고, PAL 시스템에서는 라인마다 135°와 225°로 변화되는 4.19MHz의 신호이다. SECAM 시스템에서는 색차 신호가 직교진폭 변조(QAM) 방식이 아닌 주파수 변조(FM) 방식으로 부호화되기 때문에 동기를 맞출 필요가 없다. 컬러버스트 신호는 이미 알고 있는 진폭을 가지고 있으므로 전체 신호의 진폭 변화를 보상할 때는 기준 레벨(reference level)로 사용되기도 한다.

**Color Composite 색 합성** 선택된 3개 대역의 파장대 영상에 삼원색을 할당하여 컬러 영상을 만드는 것. 많은 단색 영상의 각각에 다른 기본 색을 지정하고, 중첩된 결과를 표시함으로서 산출된 컬러 영상을 말한다.

**Color Composite Image 색 합성 영상** 서로 다른 컬러필터를 통하여 개별의 흑백 다중분광영상의 처리에 의해 준비된 컬러 영상. 처리된 영상이 중첩될 때, 컬러합성영상이 얻어진다.

**Color Depth 컬러 심도** [영상처리] 한 번에 화면상에 발색할 수 있는 고유 컬러의 수를 말한다. 슈퍼 패미콤의 경우 최고 표현 색상 수는 256색(8비트 컬러)이고 DC의 경우는 한 번에 1670만 컬러(16비트 컬러)를 나타낼 수 있다. 사람의 눈은 한 번에 인식할 수 있는 색이 한정돼 있으므로 미래에도 이런 컬러는 크게 발전하지 않을 것으로 보인다.

**Color Difference Method 색차방식** 한쪽엔 붉은색, 다른 한쪽엔 파란색으로 된 색안경을 가지고 양 채널의 화상을 색상 차원에서 분리하여 입체를 구현하는 방식이다. 색차방식의 왜곡 문제가 있어 색차방식은 쇠퇴하고 있는 추세이다. 참고로 색차 방식은 1853년에 Rollman에 의해 2색 입체표시방식의 원리가 제시된 후 1858년에 d'Almeida에 의해 발표된 방식으로, 편광방식 만큼이나 역사가 오래된 방식이다.

**Color Display 색 영상면 출력 장치** 지도와 결과를 컬러로 표시할 수 있는 영상면 표시 장치(CRT)를 말한다.

**Color Film 색 필름** 컬러 촬영에 사용되는 필름의 총칭으로, 일반 촬영용 컬러 필름은 크게 인화 목적의 네거티브 필름(color negative film)과 슬라이드 제작 및 인쇄원고를 위한 리버설 필름(color reversal film)으로 구분된다. 또한 이용 광원에 따라 태양광 아래에서 촬영하여 정상적인 컬러 밸런스를 얻을 수 있게 설계된 데이라이트 타입(daylight type)의 필름과 텅스텐 타입(tungsten type)필름으로 분류된다. 또 발색현상 방식에 따라 색소생성용 커플러를 필름의 각 유제층에 미리 함유한 내식 필름과 이를 현상액 중에 함유시킨 외식 필름으로 분류할 수 있다.

**Color Filter 색 필터** 전자기파의 특정 영역을 통과시키고, 다른 영역은 투과하지 못하게 하는 선택적 투과 특성을 가지는 것으로, 색 염료를 포함하는 유리, 젤라틴, 플라스틱 등으로 제조됨. 여러 개의 색 필터를 이용하면 띠 필터와 같은 좁은 영역의 빛 투과 영역을 만들 수 있음. 조명에 있어 색 필터의 종류는 젤라틴 필터, 유리 필터, 플라스틱 필터 등이 있음. 젤라틴 필터는 오랫동안 널리 사용된 컬러 필터이며, 유리 필터는 내열성 유리에 색상을 착색한 것으로 퇴색이 잘 안되고 더러워지면 닦아서 사용할 수 있는 장점이 있지만, 무겁고 파손되기 쉬운 단점이 있음. 플라스틱 필터는 투과율도 좋고 착색을 자유로이 할 수 있어 최근 색 필터의 대종을 이룸.

**Color for Facebook 실시간 동영상 공유 앱** 동영상 공유 소셜 서비스로서 페이스북과 연계한 실시간 동영상 공유 앱으로서, 사업자는 Color이다. 특정 통신사(Verizon) 이용 시 빠른 로딩을 할 수 있다.

**Color Gamut 색 전역** 기본 색들의 비율을 바꾸어 혼합하여 얻어 수 있는 전체 색상의 파장대를 말한다.

**Color Infrared Film(CIF) 적외선 유색 필름, 유색 적외선 필름** CIF(Color Infrared Film)를 참조.

**Color Jet Plotter 컬러 젯 플로터** 3가지 색의 잉크가 나오는 구멍으로 잉크를 지면에 방출하여 각각의 색으로 도형을 그리는 인쇄기. X-Y 인쇄기 같이 펜은 필요 없다.

**Color Pallette 컬러 색판** 색 중에서 몇 가지를 선택하여 색판 배열에 등록해 두고, 그 색을 사용할 때 색판 배열을 번호로 지정한다.

**Color Photo Montage 천연색사진합성** 천연색사진 합성이나 모의실험을 위한 사진은 원격지점, 중경지점, 근지점 등의 지점에 따라 촬영한 환경지점, 중경지점, 근경지점 등의 지점에 따라 촬영한 원경사진, 중경사진, 근경사진으로 나누어 촬영하고 시각, 기상, 계절 등 상황의 변화에 따라서도 촬영하여 둔다.

**Color Photo Simulation 천연색사진모의실험** Color Photo Montage를 참조.

**Color Printer 컬러 프린터** 도트 매트릭스, 전자 사전, 정전기, 잉크젯 또는 열전달 방식을 컬러를 인쇄하는 프린터. 영상의 RGB 정보를 이용하여 출력하므로 RGB 프린터라고도 부른다.

**Color Scanning 색 독취** 최대한 원도의 영상과 가깝게 독취하는 방법. 흑백 명암과 채도를 각각 수 개의 상태로 구별하여 저장하는데, 대개 적색·녹색·청색·흑백 광량을 256개의 상태로 구분 저장한다. 이런 경우에는 저장해야 할 자료가 흑백 이진 독취의 24배가 되며, 연속 명암 독취 때보다 3배의 기억 공간이 필요하다. 컬러 디자인이나 애니메이션, 위성자료 처리 등 특정 분야에서만 이용된다.

**Color Sensitivity 감색성(感色性)** 사진 건판 필름이 여러 가지 빛에 대하여 감광하는 성질을 말한다.

**Color Separation 색 분해** 다색 제판 시 원고의 여러 색에 포함되어 있는 노랑(Yellow), 자홍색(Magenta), 청록색(Cyan) 및 회색(Gray) 균형을 조절하기 위하여 구역별로 나누는 일. 4가지 네가티브 필름을 얻기 위하여 촬영 또는 스캐너 등에 의하여 색을 나누어 분해하는 과정을 말한다.

**Color Separation Drafting 색 분리 제도(色分離製圖)** 분판제도(分版製圖)라고도 하며 다색의 지도를 제작할 때 색마다 제판용 원판을 만들기 위하여 주로 스크라이브 베이스에서 하는 제도를 말한다.

**Color Space 색상 공간** 색상의 수학적 표현. 이것은 직교 좌표 체계에 기반을 둔다. 또 다른 색상 공간인 HIS(색상, 채도, 밝기)는 극 좌표 체계에 기반을 둔다.

**Color Table 색상표, 색상테이블** ① 디지털 이미지 파일의 헤더 부분에 인덱스 번호에 해당하는 색상을 지정한 것을 말한다. ② 컴퓨터에서 색상을 표현하기 위하여 적(Red), 녹(Green), 청(Blue)색을 조합하여 미리 만들어 놓은 색상 표를 말한다.

**Color Temperature 색 온도** [영상] 캘빈 온도로도 불리며, 기호 K로 표시한다. 이상적인 흑체를 가열하면 암적색에서 주황색, 황색, 백열상이 되고 온도가 상승할수록 푸른빛을 낸다. 즉 빛의 색조성을 절대 온도의 단위로 표시할 수 있다는 캘빈(William Thomson, 1st Baron Kelvin, 제1대 켈빈 남작 윌리엄 톰슨, 1824~1907)의 연구에 의한 것으로, K는 그 머리글자를 나타낸다. 한 낮의 태양광은 5500~6700K이며 색 온도가 낮아지면 적색이 강해지고 반대로 높아지면 청색이 강해진다. 켈빈(kelvin)은 온도의 국제단위이다. 켈빈은 절대 온도를 측정하기 때문에, 0K은 절대 영도(이상 기체의 부피가 0이 되는 온도)이며, 섭씨 0도는 273.15 K에 해당한다. 상대온도의 단위로는 섭씨도와 같다.

**Colorimeter 비색계(比色計)** 용액에 의한 빛의 흡수가 농도와 액층의 두께에 의존한다는 람베르트-베르의 법칙을 이용해서 용액이나 현탁액의 농도를 측정하는 계기이다.

**Colorzip Code 컬러 코드** 컬러코드는 카메라를 통해 인덱스 코드를 인식함으로써 코드와 정보를 연결하는 솔루션으로서 현재 개발된 컬러코드는 4가지 색(Red, Green, Blue, Black)을 이용하여 데이터를 제공하고 있다.

**Colour 천연색** 색상을 나타내는 용어이다.

**Colour Film 컬러 필름** 항공사진에서는 Ztrue Colour 필름이라고도 한다. 컬러 필름의 원리는 Sensitized Dyes 할로겐 화합물에 감광성의 색깔을 입히는 것이다.

**Colour Infrared Film(CIR Film) 컬러 적외선 필름, 유색 적외선 필름** CIR Film(Colour Infrared Film)를 참조.

**Column 세로줄, 열, 기둥** ① 테이블의 세로 칸으로서, 행은 이름과 자료 유형이 있다. 데이터베이스에서 필드에 대한 또 다른 용어이다. (참고) Field, Item, Attribute Table. ② X축 상에 존재하는 래스터 객체의 최대수를 말한다.

**Column Count 행수** X축 상에 존재하는 래스터 객체의 최대수를 말한다.

**Column Method 종란식 기장법** 지거측량시 야장기입법의 하나이다. 야장의 중앙에 종으로 2개의 평행선을 약 2cm 간격을 두고 그린 다음, 그 사이에 측선상에서 잰 거리를 기입하고 평행선의 양측에는 지거를 기입하는 야장기입법이다.

**COM(Common Object Model) 공통 객체 모형** 객체 지향 기술에 기반한 클라이언트서버 응용프로그램의 Cross Platform 개발을 위한 마이크로소프트의 개방구조. 이것은 마이크로소프트의 컴포넌트 객체 모형에 기반한 마이크로소프트의 객체 연결과 내장 또는 OLE가 DEC의 CORBA 호환 객체 중재자와 동작하게 하는 합동 개발을 말한다.

**COM(Component Object Model) 컴포넌트 객체 모형** 다른 프로그래밍 언어로 다른 회사에 의하여 사용된 객체가 상호 작용되도록 허용하는 마이크로소프트의 기본 객체 구조를 말한다.

**Coma 코마** 구면수차를 보정한 렌즈라도 물체나 광원이 주축(主軸) 위에 없고 렌즈에 대해 빛이 비스듬히 들어갈 경우에는 상(像)을 또렷이 맺지 못하며, 짙은 부분을 정점(頂點)으로 하여 차차 어렴풋하게 꼬리를 가진 혜성 모양의 상이 생긴다.

**Combinational Explosion 조합의 급증** 전체 영상에 대해 정합 요소 사이의 유사성을 측정할 경우 발생한다.

**Combined Level 절충형레벨** Y레벨의 조정이 쉬운 점과 덤피 레벨의 견고한 구조 등 두 레벨의 장점을 절충해서 만든 레벨을 절충형레벨이라고 하며, 현재는 거의 사용하지 않는다.

**Combined Sewer 합류식 하수관거** 합류식은 단일 관거로 오수와 우수를 한꺼번에 배제하는 방식으로 침수피해가 빈번한 지역에 효과적인 방법이다. 장점으로는 (1) 분류식에 비해 건설비가 적게 든다. (2) 시공이 용이하다. (3) 지면상의 오염물질 등을 하수 처리장으로 운반 처리한다. (4) 경사가 완만하고 매설 깊이가 얕아도 된다. (5) 점검 및 청소, 관리가 용이하고 환기가 잘 된다. (6) 우천시 대량의 우수로 관내의 세정이 자연적으로 이루어진다 등이다. 단점으로는 (1) 경사가 완만하여 청천(靑天)시, 즉 비가 오지 않을 때에는 유속이 느려 부유물이 침전, 부패되어 처리장에서의 효율을 저하시킨다. (2) 우천시 다량의 토사가 처리장으로 유입, 침전지 및 슬러지 소화조등에 퇴적된다. (3) 오수 부하량(負荷量, load)이 커서 처리비용이 많이 소요된다. (4) 강우 초기에는 하수의 수질이 악화되며, 이때 계호기 오수량의 일정배율 이상의 것은 우수토실 또는 펌프장을 통해 공공수역으로 방류되어 수질 오탁의 원인이 된다. (5) 우수토실에 모래 등이 퇴적되어 하수의 흐름을 방해하는 경우에는 우수토실에서 오수가 수역으로 방류되어 수질오염의 원인이 된다.

**Combined Sewer Overflows(CSOs) 합류식 하수관거의 월류수(越流水)** CSOs(Combined Sewer Overflows)를 참조.

**Combustion 연소(燃燒)** 연소란 가연성 물질이 공기 중의 산소 등과 급격한 반응으로 다량의 열과 빛을 내는 발열 산화반응에 의해 발생하는 열에너지에 의하여 자발적으로 반응이 지속되는 현상이다. 따라서 연소는 산화반응의 한 형태로서 그 반응속도가 매우 빠르기 때문에 열과 빛을 수반하게 된다. 연소는 반응물의 총 열에너지와 생성물의 총 열에너지 사이에 평형을 이루면 끝난다. 연소의 화학적 과정 외에 질량과 에너지를 전달하는 물리적 과정도 일어난다. 또한 거의 대부분이 적외선 스펙트럼에 해당하는 빛에너지를 발산한다. 온도상승이나 연쇄반응 길이의 증가에 의해 일어나는 연소반응은 가속화되어 폭발이 일어날 수 있다.

**Comité Consultatif International de Télegraphique et téléphonique(CCITT) 국제 전신 전화 자문 위원회** CCITT (Comité Consultatif International Télegraphique et téléphonique)를 참조.

**Comité Européen de Normalisation(CEN) 유럽 표준 위원회** CEN(Comité Européen de Normalisation)를 참조.

**Comité Européen de Normalisation/Technical Committee 287 유럽 표준 및 기술 위원회 287** CEN/TC 287(Comité Européen de Normalisation)을 참조.

**Comite Europeen des Responsables de la Cartographie Officielle(CERCO) 유럽 지도 제작 공동체** CERCO(Comite Europeen des Responsables de la Cartographie Officielle)를 참조.

**Command 명령** 원하는 기능을 실행하기 위해 사용자가 입력하여 컴퓨터 프로그램에 대해 작동하는 특정한 명령을 말한다.

**Command, Control, Communication, Computer, Intelligence (C4I) System 씨포아이, 합동지휘통제체계** C4I(Command, Control, Communication, Computer, Intelligence)를 참조.

**Command Language 명령어** 복잡한 프로그램의 조합을 위해 명령을 사용할 수 있도록 정의된 프로그래밍 언어를 말한다.

**Command Line 명령 행** 키보드 입력, 프롬프트 및 특정 메시지를 위해서만 사용되는 문자 영역을 말한다.

**Command Line Interface 명령행 접속** 유닉스 또는 DOS에 의하여 전형으로서 프롬프트에서 명령어를 사용자가 타이핑하게 허용하는 소프트웨어 상품을 말한다.

**Command Procedure 명령 절차** 자동적으로 수행될 수 있는 일련의 명령어들을 포함한 파일을 말한다.

**Command Processing 명령 처리** 컴퓨터 체계에는 사용자가 O/S 기능을 실행할 수 있는 특정 명령어 집합인 명령어(Command)를 제공한다. 특별한 작업을 수행하기 위해, 명령어 처리 프로그램은 이런 명령어들을 해석해 준다. 명령어의 한 예로 작업 제어 언어(Job Control Language : JCL)가 있는데 메인 프레임이나 마이크로 컴퓨터에서 일괄처리 프로그램을 실행할 때 사용된다. 또 다른 예는 PC 사용자들에 익숙해져 있고, IBM PC의 O/S 기능에 접근할 수 있는 명령어인 DOS 명령어들이 있다.

**Comment 댓글** 게시물 바로 밑에 즉시 남길 수 있는 짧은 글. 블로그에서 독자가 블로거의 글에 공개적으로 의견을 달 수 있도록 해주는 기능. 댓글을 달면 자동으로 올라갈 수도 있고, 사람이나 컴퓨터 프로그램에 의해 걸러질 수도 있다.

**Comment Spam 스팸 댓글** 블로그 댓글에 자동화된 로봇 프로그램으로 제품을 홍보하거나 특정 웹사이트의 검색순위를 올리기 위해 올린 메시지나 링크를 말한다.

**Commerce 3.0 커머스 3.0** 현재의 모바일 커머스 시대가 더욱 발전해, 소셜네트워크에서 실시간으로 쇼핑경험을 공유하고, LBS를 활용해 쇼핑영역이 온라인과 오프라인으로 끊임없이 연결되는 시대를 말한다.

**Commerce At the Light Speed(CALS) 광속 상거래, 칼스** CALS(Commerce At the Light Speed)를 참조.

**Commerce-enabled 매장 거래 기능** 사용자가 정해진 매장에서 즉시 제품을 구매할 수 있게 하는 기능이다. 예컨대 아이폰의 아이튠스 스토어가 이에 해당한다.

**Commercial Display 상업용 디스플레이** 공항·쇼핑몰·관공서·대형 빌딩 등 공공장소에 설치해 정보 전달과 광고 등을 목적으로 하는 기업(B2B)용 대형 디스플레이 장치다. 항공기 이착륙 정보용 모니터, 쇼핑몰의 안내용 터치스크린, 호텔의 광고판 등으로 쓰임새가 계속 확대되고 있다.

**Commercial Vehicle Operation(CVO) 첨단화물운송체계** CVO(Commercial Vehicle Operation)를 참조.

**Commission 부(部), 위원회** 부, 독립 부서, 부내의 다른 하부단위, 분과를 담당하는 관리 기구를 말한다.

**Commit 커밋, 완료** 데이터베이스 처리 중에 만들어진 영구적인 변경 내용을 말한다.

**Committed Dose 예탁 선량** [방사선] 체내에 존재하는 방사성 핵종으로 인하여 그 사람이 일정기간 받게 되는 내부피폭방사선량을 말한다. 예탁선량은 예탁등가선량이나 예탁유효선량으로 나타낼 수 있으며, 피폭을 고려하는 기간이 사전 지정되어 있지 아니 할 경우에 일정기간은 성인에 대해서는 50년, 아동에 대해서는 70년으로 한다(「방사선방호 등에 관한 기준」 제2조 제8호).

**Committee European de Normalization(CEN) 유럽 표준 위원회** CEN/TC 287를 참조.

**Committee European des Responsables de la Cartographie Officielle(CERCO) 유럽 지도 제작 공동체** CERCO(Comite Europeen des Responsables de la Cartographie Officielle)를 참조.

**Committee on Earth Observations Satellites(CEOS) 지구 관측 위성 위원회** CEOS(Committee on Earth Observations Satellites)를 참조.

**CommomKADS 커먼케이에이디에스** 유럽의 ESPRIT IT 프로그램 개발사업의 한 부분이다. 대규모의 산업기반 지식 시스템을 만들기 위한 방법. 구조적인 지식공학을 지원하는 주도적인 방법론. 유럽의 대학 및 기업에서 이 방법론의 정확성을 검증해왔다.

**Common Action Block 공통 활동 블록** 모듈(Module)이라고도 불리며, 업무 활동 분해 과정 중 업무 처리 결과의 조회나 장표 출력 등의 경우처럼 업무의 표현을 위하여 필요하기는 하나 절차로서는 의미를 갖지 않는 업무 활동들을 절차로 도출하지 않고 일련의 업무 활동의 묶음으로 정의한 것을 활동 블록(Action Block)이라고 하며, 절차의 로직 중 공통적으로 많이 쓰이는 부분을 재사용이 가능하도록 하나의 블록으로 정의한 것을 공통 활동 블록이라도 한다. 빈번하게 사용되는 계산공식, 기능, 함수 등이 이에 속한다.

**Common Duct 공동구(共同溝)** 공동구란 「국토의 계획 및 이용에 관한 법률」에서 전기·가스·수도 등의 공급설비, 통신시설, 하수도시설 등의 지하시설물을 공동 수용함으로써 미관의 개선, 도로구조의 보전 및 교통의 원활한 소통을 기하기 위하여 지하에 설치하는 시설물로 정의된다. Utility Tunnel이라고도 한다. 공동구를 설치하는 경우 공동구에 수용되는 시설공동구를 설치하기 위해서는 공동구의 설치현황, 장기 수요예측 및 경제적 타당성과 주변시설물에 미치는 영향을 충분히 조사·검토하여야 하며, 공동구가 설치된 경우에는 해당 공동구에 수용되어야 할 시설들이 빠짐없이 공동구에 수용되도록 하여야 한다.

**Common Features 공통 형상** 동일한 경계를 공유하는 모든 공통 형상은 수치지도 레이어에 상관없이 그 경계 형상과 정확히 같은 수치 표현 형태를 가져야 한다. 또는 같은 경계를 갖는 지도 주제 내의 모든 형상은 하나의 도형 요소로 표현되어야 한다.

**Common Gateway Interface(CGI) 공통 게이트웨이 접속** CGI(Common Gateway Interface)를 참조.

**Common Gateway Interface Script(CGI Script) 공통 게이트웨이 접속 스크립트** CGI Script(Common Gateway Interface Script)를 참조.

**Common key 공통 키** 데이터베이스에서 기본 키와 외래 키가 동일한 필드 이름을 가지는 경우를 일컫는다.

**Common Management Information Protocol(CMIP) 공통 정보 관리 규약** CMIP(Common Management Information Protocol)를 참조.

**Common Mid 공중점(共中点) 기법** 송신기와 수신기를 일정한 간격으로 벌려가면서 탐사하는 방법이다.

**Common Object Model(COM) 공통 객체 모형** COM(Common Object Model)를 참조.

**Common Object Request Broker Architecture(CORBA) 공동 객체 요구 중재구조, 코바** CORBA(Common Object Request Broker Architecture)를 참조.

**Common or Generic-Sense Ontology 일반온톨로지** 우리 주위를 둘러싸고 있는 세상을 구성하는 일반적 개념들을 대상으로 구축한 온톨로지. 공간, 상태, 사건, 시간과 같은 일반적이고 포괄적이 지식에 대하여 의미론적 연관관계를 구축한 개념의 집합체.

**Common People Trust Business 민간위탁사업** 지도의 제작, 인쇄 및 관리업무 등의 단순·반복적인 업무를 민간에게 위탁한 업무로 이를 통하여 측량업계의 기술 및 경영발전 도모하고 도로건설, 택지개발 들 국토개발 및 관리 등 각종 정책집행과 자연적으로 발생하는 지모·지물 변화에 신속히 대응, 최신의 정확한 정보를 지도수정에 반영할 수 있다. 따라서 신속 정확한 국가기본도를 제공함으로써 최신의 정확한 지형정보 제공으로 국민생활의 편익을 도모하고 국토 변천과정의 영구보존과 지리연구 조사·분석용으로 사용되기도 한다.

**Common Thematic Map 공통 주제도** 주제도 자체의 작성 목적 이외에 다른 분석이나 행정 또는 계획 수립 시 빈번하게 사용되는 주제도. 대표적인 것으로는 지형 지번도, 행정 구역도, 토지 이용 현황도, 도로망도, 국토 이용 계획도, 도시 계획도 등이 있다.

**Common Use Systems 공통 사용 체계** 군과 민간 부문 둘 다에 의하여 사용되는 체계를 말한다.

**Communication as a Service(CaaS) 커뮤니케이션 서비스, 카스** CaaS(Communication as a Service)를 참조.

**Communication Control 통신 제어** 모든 컴퓨터 체계는 사용자가 시스템에 접근하는 동안 컴퓨터 처리 장치(Processing Unit)와 주변장치의 상호 작용을 관리해야만 한다. 이런 통신 프로그램은 자료의 흐름을 관리한다. 운영 시스템은 각각의 주변 기기에 시스템 사용자들의 입·출력을 관리하는데 사용하기 위한 장치번호(Device Number) 또는 장치 번지(Device Address)를 할당한다. 일부 대형 컴퓨터 망에는 통신 처리와 그 기능을 수행하는 별도의 시스템(Communication Processors 또는 Front-end Processors)을 가지고 있다. 많은 주변 장치와 여러 대의 주 컴퓨터로 구성된 대형 컴퓨터 망에서는 이러한 별도의 통신 처리 체계에서 그 기능을 수행할 수 있도록 특별한 프로그램을 필요로 하기도 한다.

**Communication Network 통신망(通信網)** 넓은 뜻으로는 지리적으로 떨어져 있는 다른 위치에 있는 장치(전화기, 팩시밀리, 컴퓨터, 단말기 등) 간에 정보를 교환할 수 있도록 이들 장치를 상호 접속하기 위하여 사용되는 전기통신기기와 장치, 전송로의 결합을 말한다.

**Communication Network Blackout 통신망** 통신망이 전국 혹은 일부 지역에서 차단되는 상황이다. 과거 음성통화 중심 통신망에서는 통화량 폭주로 인한 통화 지연에 그쳤지만 데이터서비스가 대중화된 지금은 폭주하는 데이터 트랙픽을 처리하지 못해 시스템을 차단하는 상황이 빚어질 수 있다. 지난해 전력망 블랙아웃 사태 때 지역별로 전력 공급을 차단한 것과 유사하다.

**Communication, Ocean and Meteorological Satellite(COMS) 천리안 위성** COMS(Communication, Ocean and Meteorological Satellite)을 참조.

**Communication Satellite 통신 위성** TV방송·통신 신호를 중계하는 위성. 3만 6000km 상공의 정지궤도에서 지구 자전 속도에 맞춰 돌기 때문에 늘 한 지점에 정지해 있는 것처럼 보인다. 우리나라 위성으로는 무궁화 위성이 대표적이다.

**Communicative u-Learning 의사소통 유-러닝** 웹 2.0, 그리드 컴퓨팅, P2P 컴퓨팅, 멀티미디어 검색, 위치추적, 실시간 임베디드, IPTV, 홈네트워크, 와이맥스, 유틸리티 컴퓨팅 등 기술이 활용된다.

**Community Cloud 커뮤니티 클라우드** 커뮤니티 클라우드는 특별한 보안 요구나 공통 미션 같은 관심사를 공유한 조직의 그룹에 의해 제어되고 이용된다.

**Community Map 커뮤니티 맵** Community Mapping를 참조.

**Community Mapping 커뮤니티 맵핑** 커뮤니티 맵핑은 스마트폰이나 PC에서 지역 현안사항이나 불편사항을 시민이 직접구글맵, 마이크로소프트 빙 맵스 등이 제공하는 지리정보시스템을 활용해 교통, 생활정보, 각종 시설물 등 다양한 요소들을 시민이 직접 지도에 표시해 문제점을 해결해 나가는 새로운 형태의 시민참여형 지도 제작 기술을 말한다. 예를 들면 장애인이 휠체어 이동에 장애가 되는 시설물을 발견하면 스마트폰을 이용해 지도 위에 표시하고, 시는 이를 장애인 보행환경 개선에 활용하는 형식이다.

**Community Visioning 커뮤니티 비전 설정** 계획에 관심을 가지는 시민들과 이해 관계자들에게 그들의 참여를 통해 지역사회의 미래를 제시할 기회를 제공하는 과정을 말한다.

**CommunityWalk 커뮤니티 워크** 다른 사용자에게 읽기, 쓰기 권한을 설정하여 함께 지도를 만들 수 있다.

**Compact Airborne Spectrographic Imaging(CASI) 카스영상** CASI(Compact Airborne Spectrographic Imaging)를 참조.

**Compact Disk Read-Only Memory(CD-ROM) 콤팩트 디스크-읽기 전용 메모리, 씨디-롬** CD-ROM(Compact Disk Read-Only Memory)를 참조.

**Compact Method(Raster Information) 압축 방법(래스터 정보)** 래스터 정보에 자료를 압축하는 주요 방법으로는 체인코드(Chain Code), 런렝스코드(Run-Length Code), 블록코드(Block Code), 그리고 사지수형 (Quadtree)의 4가지가 있다.

**Compacted Data 켐팩티드 데이터** 기록을 위하여 하나의 단관측으로 특정한 시간 간격 위에 구성된 원시자료를 말한다.

**Compaction 압축, 다짐** ① 프로그램 실행 중에 필요가 발생할 때 기억 영역을 할당하는 동적 기억장치 할당 방식(Dynamic Memory Allocation)에서, 할당된 기억 영역 내에서 작업 중인 영역의 내용을 기억 공간의 선두부터 최소의 공간에 모으고 꽉 채워서 비어 있는(사용 가능한) 연속 공간을 최대한 확보하는 조작, 압축을 말한다. ② 인위적인 압력(동적 에너지)으로 흙의 간극 속에 있는 공기를 배출하는 것으로서 흙의 밀도를 높여 흙의 물리적, 역학적 성질을 개선하는 공학적 처리이다. 즉, 다짐은 전압 등 흙에 인위적인 하중을 가하여 밀도를 증대시켜 토질의 역학적 성질을 개선하는 것으로서, 하중에 의해 흙속의 공기가 배출시키는 공법으로서, 다짐에 의해 단위중량을 증가시키고 전단강도를 증진시켜서 투수성 및 압축성을 감소시켜 침하를 감소시키고 지지력을 증진시키는 것을 목적으로 한다. 일반적으로 흙의 다짐정도는 흙의 건조단위중량을 통해 알 수 있다. 다짐곡선은 함수비와 다져진 흙의 건조단위중량과의 관계 곡선으로서 다짐곡선으로부터 다음의 사항들을 파악할 수 있다. 즉, (1) 최적함수비(OMC) : 다짐곡선의 정점에 해당하는 함수비로서 흙이 가장 잘 다져지는 함수비이다. (2) 최대건조밀도 : 최적함수비에 대한 단위중량, 토공시공관리기준으로 이용할 수 있다. (3) 영공기-공극곡선(=포화곡선) : 공극내 공기함유율이 0(s=100%)인 경우 함수비에 대한 이론적 최대단위중량이다. 잘 다져진 경우라도 공기가 100% 소산되진 않으므로 다짐곡선은 항상 영공기-공극곡선의 왼쪽에 위치한다.

**Company Blog 기업 블로그** 기업의 소식이나 특정 이슈에 대해 글을 올리기 위해서 기업이 운영하는 블로그. 일반적으로 여러 명이 글을 올리는데 대부분 기업에서 고용한 직원이다.

**Comparative Error 교차** 같은 량을 동일 정도로 2회 관측하였을 때 그 차를 교차라 한다.

**Comparator 정밀 좌표관측기(精密座標-)** 사진좌표 관측장비로서 최고의 정밀도를 가지는 사진좌표독취기의 일종으로 한 번에 한 장의 사진좌표를 독취하고, Leadscrew의 피치는 1mm이고, Micrometer(Wheel)의 최소진행은 1/1000 피치(0.001mm)이다. 예) 항공삼각측량, 응용사진측량, 지적측량, 수치사진측량 등에 사용되는 장비이다.

**Compass 나침반(羅針盤)** 자침이 자북을 가리키는 성질을 이용하여 측선의 방향을 관측하는 장비이다.

**Compass Error 나침판 오류** [드론] 기체(機體)에 달려있는 나침반, 즉 지자계 센서의 오류로서, 강한 자성체가 센서에 가까이 가면 센서가 정상작동 하지 않을 수 있다. 보통 '캘리(Cali, Calibration)'하면 회복되지만, 안될 수도 있다. 나침반은 기체가 동서남북, 기울기 등의 입체적인 방향을 인지하게 된다. 나침반 오류로 인해 방향을 상실하면 GPS를 통해 홈으로 오고 싶어도 반대로 갈 수 있다. 지자계 센서의 오류는 기체가 기울어 날거나 카메라가 삐딱하게 서게 되는 이유 중 하나이다. 이동 과정에서 차량 등의 진동으로 스피커, 자석 드라이버 등과 가까이 했거나, 교량이나 철근이 내장된 건물, 철 구조물 등에 위치하여 자성체의 영향을 받은 경우, 보정(캘리, Calibration)은 필수다.

**Compass North 나침반 북** Magnetic North를 참조.

**Compass Rose** Wind Rose를 참조.

**Compass Rule 컴퍼스 법칙(-法則)** 보우디치법칙(Bowtch rule)이라고도 부르며, 트래버어스측량의 경, 위거의 폐합오차 조정에 사용되는 방법이다. 각과 거리는 같은 정밀도로 측정되었으며 측정에서 발생하는 오차는 우연오차로서 변의 길이에 비례한다고 가정하고 폐합오차를 각 측선의 크기에 비례하여 그 조정량을 구하는 방법이다.

**Compass Surveying 나반 측량** 자침의 성질을 기본적으로 이용한 각 관측 기계인 나반(compass)을 이용한 측량으로, 주로 측선의 방향을 관측한다. 나반은 구조나 취급이 간단하여 신속하게 측량할 수 있고 직접 방위각을 얻을 수 있지만 정확도가 낮고, 국소인력의 영향을 많이 받는다는 단점이 있다.

**Compatibility Information 호환성 정보** 매체의 사용을 위한 요구 사항이나 제약 사항에 대한 설명을 말한다.

**Compatibility Test Suite(CTS) 호환성 테스트** CTS(Compatibility Test Suite)를 참조.

**Compensating Error 상차(償差), 우연 오차** Accidental Errors를 참조.

**Compensating Plate 왜곡 수차 보정판(歪曲收差補整板)** 입체도화기에 있어서 촬영 사진기의 렌즈와 투사기 렌즈와의 수차가 틀린 것을 보정하기 위하여 양화건판과 투영 렌즈와의 사이에 넣는 렌즈를 말한다.

**Compensator 자동보상장치(自動補償裝置)** ① 자동 레벨의 시준선이 경사진 경우 그 경사를 보상하여 정확한 위치가 독취되도록 하는 장치를 말한다. ② 사진측량에서 광학적투영법, 광학·기계적 투영법의 도화기나 사진의 변상기, 축소기 등에 있어서 투영 카메라 렌즈의 왜곡수차를 보정하기 위하여 사용하는 유리관을 말한다.

**Competent Agency 소관청(所官廳)** 지적공부를 관리하는 시장(구청장), 군수를 말한다.

**Compilation 세부 도화, 편집, 번역** ① 표정이 끝난 한 쌍의 입체 사진에 의하여 세부 도화하는 작업이며, 등고선이나 가옥, 도로 등, 지형·지물을 그려 넣는 작업을 말한다. ② 새로 지도를 제작하거나 지도의 내용을 수정하기 위하여 기존의 최신 항공 사진, 새로운 지형 정보 및 기타 지도 제작에 이용되는 각종 자료 중에서 축척과 사용목적에 맞게 지형·지물을 발췌하여 지도에 표기되는 지물을 색판별로 새로 원고를 작성하는 공정을 말한다. ③ C 또는 포트란과 같은 고급언어로부터 기계가 읽을 수 있는 형태로의 컴퓨터 프로그램의 번역을 말한다.

**Compilation of Small Scalemap 소축척 도화** 촬영고도 3,000m 이상에서 얻어진 사진도화를 말한다.

**Compilation Scale 세부도화축척** 세부 도화 축척은 항공 사진 축척의 5배를 기준으로 하며, 도화 축척이 1/1,000보다 큰 경우에는 6~8배를 기준으로 한다. 도화 축척, 정확도에 따라 항공 사진 축척이 결정된다.

**Compile 컴파일, 번역** 고수준 언어로 작성된 원시 프로그램을 어셈블리 언어나 기계어 등의 저수준 언어로 된 목적 프로그램으로 번역하는 것을 말한다. C, Pascal, Fortran 등과 같은 고급 언어로 작성된 원시 프로그램을 번역하여 컴퓨터에서 직접 실행될 수 있는 기계어 프로그램을 생성하는 작업을 말한다.

**Compiled Language 번역어** 실행 전에 기계가 읽을 수 있는 형태로 변화될 수 있는 프로그래밍 언어를 말한다.

**Compiled Map 편집도(編輯圖)** 기존의 지도나 실측도를 주된 자료로 하고, 그 밖의 지도 관련 자료 및 현지 조사에 의한 자료를 편집하여 제작한 원도를 편집 원도라 하며, 이로부터 제도, 인쇄한 것을 편집도라 한다. 편집도를 이용하여 이를 재편집한 경우에도 편집도라 한다.

**Compiler 컴파일러, 번역기** 고급 언어로 작성된 원시 프로그램을 해석하고 분석하여 컴퓨터에서 실행될 수 있도록 기계 언어로 변환하는 프로그램. 포트란 또는 파스칼과 같은 컴퓨터 언어를 기계가 읽을 수 있도록 부호로 번역해 주는 컴퓨터 프로그램을 말한다.

**Complaint 불만** DEP에 대해 불만사항을 등록할 경우 고객 불만서비스나 전화를 이용하도록 한다.

**Complection Surveying 준공측량** 준공된 시설물의 검측 및 관리를 위해 실시하는 측량으로 준공평면도, 도로대장평면도, 지하시설물평면도 등을 작성하는 측량을 말한다.

**Complementary Colors 보색** 여색(餘色)이라고도 한다. 빨강과 녹색, 노랑과 파랑, 녹색과 보라 등의 색광은 서로 보색이며, 이들의 어울림을 보색대비(補色對比)라 한다.

**Complementary Metal Oxide Semiconductor(CMOS) 촬상장치, 상보성 금속 산화막 반도체, 시모스** CMOS(Complementary Metal Oxide Semiconductor)를 참조.

**Complete Bouguer Anomaly 완전 부게이상** Gravity Correction을 참조.

**Complete Chain 완전 사슬** 2개의 종점 절점(Node)과 1개 이상의 기하학적 위치를 나타내는 점(Shape Point)으로 이루어진 방향선을 가진 선. 왼쪽 다각형, 오른쪽 다각형, 시작절점, 종점 절점의 정보를 명확히 가지고 있으며, 2차원 집합체의 구성요소를 말한다.

**Complete Automated Public Turing test to tell Computers and Humans Apart(CAPTCHA) 캡차** CAPTCHA(Complete Automated Public Turing test to tell Computers and Humans Apart)를 참조.

**Completeness 무결성, 완결성** 무결성(완전성, 완결성)에 대한 평가는 자료기반 전반에 대한 품질을 검수하는 것으로서 선택기준, 사용된 정의, 다른 관련 지도제작 규칙에 대한 정보와 더불어 최소면적이나 최소 넓이 등 기하학적 임계값 내용을 포함한다. 실제사례, 관련사례, 속성사례의 유·무를 기술하는 품질매개변수이다.

**Completion(or Dedication) Surveying 준공측량** 준공된 시설물의 검측 및 관리를 위해 실시하는 측량으로 준공평면도, 도로대장평면도, 지하시설물평면도 등을 작성하는 측량을 말한다.

**Completion Inspection Surveying 준공검사측량** 계획대로 공사를 시공했는지의 여부를 검사하는 측량을 말한다.

**Complex 복합(기하 객체)** 객체의 경계가 다른 원시기하객체의 합집합으로 표현되는 원시기하객체의 집합을 말한다.

**Complex Chain 복합 사슬** 개방된 연속적인 도형요소로 구성된 개방된 복합요소를 말한다.

**Complex Continuous Query 복합 연속 질의** Simple continuous query와 동일하며, 2개 이상의 multiple 센서네트워크를 동시에 접근해야하는 query를 의미한다.

**Complex Dielectric Constant 복소 유전율** 물질의 자유 전기 전하의 척도. 레이더 원격 탐사에서의 물질의 반응은 물질의 전기적인 전도성에 의해서 영향을 받는데, 높은 상수(많은 자유 전기 전하를 의미)를 가질수록 높은 반사치를 갖는다.

**Complex Element 복합 요소** 여러 가지 주요소로서 구성되어 생성되는 요소를 말한다.

**Complex Event Query 복합 이벤트 질의** 단순 이벤트 질의(Simple event query)와 동일하며, 2개 이상의 다중(multiple) 센서네트워크를 동시에 접근해야 하는 질의(query)를 의미한다.

**Complex Feature 복합 지형지물, 복합 형상** 다른 복수의 형상으로 구성된 형상을 말한다.

**Complex Line 복합 선** String을 참조.

**Complex Object 복합 사상** ① 여러 사상이 서로 연결되어 하나로 이루어진 사상을 말한다. ② 보다 간단한 객체들로 분해될 수 있는 객체를 말한다.

**Complex Event Processing(CEP) 복잡 이벤트 처리** CEP(Complex Event Processing)를 참조.

**Complex Polygon 복합 다각형** 1개 이상의 아일랜드(Island; 다각형 안에 있는 다각형) 또는 홀(Hole)을 갖고 있는 다각형을 말한다.

**Complex Query 복합 질의** Instant query로서, 하나의 센서네트워크가 아닌 2개 이상의 다중(multiple) 센서네트워크를 동시에 접근해야 하는 질의(query)를 의미한다.

**Complex Shape 복합 형상** 폐합된 주요소로서 구성된 복합 요소를 말한다.

**Complex Shape Header 복합 형상 헤더** 여러 개의 형상(Shape) 공간객체를 묶어 하나의 공간 객체로 표현한다. Lines, Linestring, Curves, Arcs, Open B-spline Curves와 같은 여러 개의 단순 공간 객체를 묶어 하나의 공간객체로 표현한다.

**Complex Surface 복합 표현** 결정 함수에 의하여 표시될 수 없는 표면, 공간분석에서 특별히 보간의 목적을 위해 추측 통계학적인 함수가 복합 표면을 표현하기 위해 사용될 수 있다.

**Compliance Code 적합성 코드** 설명된 형상목록이 ISO 19110에 적합한지의 여부를 말한다.

**Component 컴포넌트** 일련의 인터페이스의 현실성을 제공하고, 확인, 구현이 일괄적으로 짜여진 시스템의 물리적이고 대체 가능한 부분이다.

**Component Based Development(CBD) 컴포넌트 기반 개발** CBD(Component Based Development)를 참조.

**Component GIS 컴포넌트지아이에스** 컴포넌트 기술을 이용한 GIS의 구현을 말함. 즉, 컴포넌트 지리정보체계는 마치 부품을 조립하여 물건을 완성하는 것과 같은 방식으로 고객이 원하는 특정 목적의 지리정보체계를 적절한 컴포넌트의 조합으로 손쉽게 개발하게 한다. Embeddable을 참조.

**Component Object Model(COM) 컴포넌트 객체 모형** COM(Component Object Model)를 참조.

**Components of Wastewater Systems 하수도 구성요소** 하수도 시스템의 구성은 (1) 하수 수거(Collection): 배수구, 하수구, 관거, 저장조, (2) 이송(Transport): 펌핑 또는 저장설비, 월류구조, 감시제어설비, (3) 하수 처리(Treatment): 유입수 저장조, 처리시설, CSO 처리설비, 에너지 절감설비, (4) 처분·재이용(Disposal, Reuse): 저류조, 화학처리설비, 열량파쇄설비, 매립지 등이다.

**Component Software 컴포넌트 소프트웨어** 하드웨어를 조립하듯 소프트웨어도 필요한 기능을 가진 부품을 조립한다는 개념으로 발전해왔으며 객체 지향 기술 발전의 연장선에 있다.

**Componentization 컴포넌트화** 분산 환경과 밀접한 관계를 가지면서 발전하는 기술. 소프트웨어의 재사용 측면을 고려한 개발 방법으로, 사용자의 다양한 요구 사항에 즉각적으로 대처할 수 있는 유연성을 가지고 있다.

**Composite Video Signal 복합 비디오 신호** [영상] 휘도 신호, 동기 신호, 귀선 신호, 색 신호, 버스트 신호 등을 합성한 신호를 말한다. 비디오에 필요한 여러 가지 신호를 복합하여 하나의 신호로 만든 것으로서, 비디오 신호는 화면의 밝기를 결정하는 '휘도(輝度) 신호', 색을 결정하는 '색 신호', 색을 올바르게 재현하기 위한 '컬러 바스트 신호', 텔레비전의 화면 하나하나를 정확히 재현하기 위한 '수직 · 수평 동기 신호' 등으로 성립되어 있다. 이것이 모두 복합되어 하나의 파형 신호로 이루어진 것이 복합(Composite) 신호다. VTR이나 LD 등의 출력에 사용되며, 기재에 '비디오 입력 · 출력'이라고 표시되어 있는 단자(端子)는 콤퍼짓 신호의 입출력이다. 이에 비해 신호를 복합하지 않고 몇 개의 다른 신호로 취급한 경우는 컴포넌트 신호라고 한다.

**Compound Curve 복곡선(復曲線), 복심곡선(複心曲線)** 반경이 다른 2개의 단곡선이 그 접속점에서 공통접선을 갖고 중심이 공통접선과 같은 방향에 있을 때, 이것을 복곡선이라 하고 접속점을 복곡선접속점(point of compound curve, PCC)이라 한다. 철도나 도로에서 복곡선을 사용하면 그 접속점에서 곡률이 급격히 변화하기 때문에 차량에 동요를 일으켜 승객에게 불쾌감을 주고 운전하기에도 좋지 않으므로 될 수 있는 대로 피하는 것이 바람직하다. 어쩔 수 없는 경우에는 접속점 전후에 걸쳐서 완화곡선을 넣어 곡선이 점차로 변하도록 해야 한다.

**Compound Element 합성 요소** 독립 요소의 집합으로 구성되며, 독립 요소만으로는 표현될 수 없는 보다 상위 등급의 개념을 표현한다.

**Compound Topographic Index 복합 지형지수** CTI(Compound Topographic Index)를 참조.

**Comprehensiveness 포괄성** 모든 자료가 공간화 되어야 하지만, 경제적인 한계가 있으므로 우선 필요한 지역부터 순차적으로 공간화 시킨다.

**Compressed Arc Digitized Raster Graphics(CADRG) 압축된 래스터형 수치지도** CADRG(Compressed Arc Digitized Raster Graphics)를 참조.

**Compressed Gas 압축가스** 보통 상온에서 액화하지 않을 정도로 압축한 고압가스를 말하며, 압력 10kg/cm$^2$(35 ℃) 이상의 가스를 가리킴. 기체를 판매하려면 보통 부피를 적게 하기 위해 압축가스로 만든 다음 용기에 넣어 공급함. 용접 · 인공호흡 · 실험 등에 쓰이는 압축산소나 고온가열에 쓰이는 압축수소 등이 잘 알려져 있으며, 이 밖에 압축질소 · 압축공기 등이 있다. 압축하여 액체로 되는 경우에는 액화가스라고 하여 구별한다.

**Compressed Natural Gas 압축 천연가스** CNG(Compressed Natural Gas)를 참조.

**Compressed SLIP(CSLIP) 씨슬립** CSLIP(Compressed SLIP)를 참조.

**Compression 압축(壓縮)** 공간 · 파장 · 비용 · 전송 · 소요시간, 그리고 자료의 저장메모리를 줄이는 일련의 기술, 이런 기술들은 반복적인 제거, 부적당한 자료의 제거, 그리고 런-렝스-엔코딩(Run-Length Encoding) 등의 특별한 코딩기술 사용을 위해 설계된다. PC에서 주로 사용되는 대표적인 압축 프로그램은 PKZIP, PKUNZIP, LHA, RAR 등이 있고, 유닉스에서 주로 사용하는 자료 압축 프로그램은 GZIP, COMPRESS 등이 있다.

**Compression Algorithm 압축 알고리즘** 얼마나 적절하게 하나의 이미지를 프로세서가 작은 패턴정보의 텍스쳐 데이터로 대신할 수 있게 해주는지를 정의하는 공식. 최종적인 결과는 더 작은 화일과 더 인공화된 객체의 형태로 나타나게 된다.

**Compression Generation Quantity 압축 생성** 영상에서 수행되는 손실 압축 사이클의 수를 계산한다.

**Compression Ratio 압축률** 자료가 얼마나 압축되는가 하는 정도. 만약 2메가바이트 영상을 100킬로바이트로 압축하는 압축 알고리즘을 적용한다면, 압축률은 20이 된다.

**Compression Support 압축 지원** 신속한 자료 교환을 위해 모뎀 서비스를 통해 이용되는 데이터 압축을 말한다.

**Compressional Wave 압축파** 진동방향은 진행방향과 일치하며 도달시간은 "0"분. 속도는 7~8km/sec이고 모든 물체에 전파하는 성질을 가지고 있으며, 아주 작은 폭으로 일어난다.

**Compressive Stress 압축 응력(壓縮應力)** 어떤 재료의 중심축에 수직방향으로 작용하는 힘에 의한 응력을 말한다. 방향에 따라 "압축응력"과 "인장응력"이 있다. 재료 표면의 법선 방향으로 작용하므로 "법선 응력"(Normal Stress)이라고도 한다.
길이가 $L$인 기다란 막대가 있다고 하자. 이 막대의 한 쪽 끝을 벽에 단단히 고정하고 다른 쪽 끝을 잡은 뒤 막대 방향으로 크기 $F$만큼의 인장력을 가하면 이 막대는 강체가 아닌 이상 길이가 늘어나는 변형이 일어난다. 이때 막대가 늘어난 길이를 $x$라고 하자. 이때 주어진 재료 막대의 변형율(Strain)은 $\epsilon = x/L$이다. 이때 막대의 변형은 응력(Stress)에 의해 일어난 것이다. 응력은 막대의 단면에 작용하는 단위면적당 힘이므로, 막대의 단면의 면적을 $A$라고 했을 때 막대에 가해지는 응력은$\sigma = F/A$이다. 훅의 법칙(Hooke's Law)은 막대에 가하는 힘과 변형된 길이는 탄성 한계 내에서 비례한다는 것이므로 막대를 잡아당기는 힘 $F$와 막대가 늘어난 길이 $x$ 사이에는 $F = kx$의 관계가 성립한다. 여기서, $k$는 비례상수이다. 이 식의 양변을 막대의 길이 $L$과 막대의 단면적 $A$로 나누면, $F/LA = kx/LA$. 이 식을 정리하여 변형율과 응력에 대한 식으로 바꾸면 $\sigma = kL/A = E\epsilon$이다. 여기서 응력과 변형율이 탄성 한계 내에서 비례관계이므로 비례상수 $kL/A$는 비례상수 $E$로 쓴다. $E$는 "탄성 계수"(modulus of elasticity)다. 탄성계수 $E$는 물질의 고유한 성질이며, 여기에 재료의 단면적을 곱하고 재료의 길이로 나누면 그 재료의 스프링 상수를 알 수 있다. 이를 "영률" 혹은 "영의 계수"(Young's modulus)라고 한다. 이때 변형율 $\epsilon$의 값이 양수(+)일 경우 인장이라고 하며, 이때 작용하는 응력 $\sigma$를 인장 응력(Tensile Stress)이라고 한다. 변형율의 값이 음수(−)일 경우에는 압축이라고 하며, 작용하는 응력을 압축 응력(Compressive Stress)이라고 한다. Stress, Poisson's Ratio를 참조.

**Compromise Projection 절충 투영** 투영법의 성질 중 정적(영역 보전)과 정형(형상 보전) 특성을 모두 지니지 않지만 두 특성을 절충한 투영법으로서 로빈슨 투영법이 그 예이다.

**CompuServe 컴퓨서브** 미국 제2위의 PC통신 서비스 회사로서 각종 뉴스, 정보 제공은 물론 온라인 쇼핑, 항공기 예약 등이 가능하며, 특히 잘 발달된 동호회 운영이 특기할 만하다.

**Compustorage 컴퓨스토리지** 컴퓨트(Compute)와 스토리지(storage)의 합성어다. 하드웨어인 스토리지에 소프트웨어(SW) 기능이 융합된 저장장치다. 컴퓨스토리지는 이전까지 스토리지는 하드웨어로만 여겨졌지만 최근 스토리지에 소프트웨어 기능을 탑재해 이 둘의 경계가 사라지고 있는 상황을 반영했다. 애플리케이션이 수백만 개, 시장 참여자가 수십억 명에 달해 클라우드와 연계해 비정형 데이터를 관리하는 컴퓨스토리지가 각광받는다는 것이다. 클라우드 또한 컴퓨스토리지의 일종이다. Compustorage 용어는 2012년 시장조사업체 IDC가 처음 사용했다. IDC는 '세 번째 플랫폼(3rd Platform)'이라는 개념을 발표했다. 핵심은 정보통신기술(ICT) 시장 참여자가 이전보다 크게 늘었다는 것이다. IDC는 이를 20~25년마다 한 번씩 있는 '초붕괴(hyperdisruption) 현상'으로 정의했다. 애플리케이션이나 서비스, 콘텐츠 등이 풍부해졌다는 의미다. 이와 동시에 IT 기기가 모바일화되고 기기 간 통합 인터페이스가 화두에 올랐다. 이런 ICT 업계의 혁신 트렌드는 오는 2020년까지 이어질 것이란 관측이다. 세 번째 플랫폼의 등장으로 모바일 이용자가 늘어나면서 비정형 데이터가 급증하고 데이터 수요처가 클라우드 시장으로 이동하는 등 정보통신(IT) 환경은 변했다. 이에 데이터 이동성과 사용자 경험(User Experience, UX), 사용자 인터페이스(User Interface, UI) 등 다른 시스템과의 인터페이스 기능을 강화한 파일 및 오브젝트 스토리지는 각광받고 있다.

**Computation of Area 면적측량** 토지의 면적을 직접 현지에서 구하거나 도상에서 산정하는 측량을 말한다.

**Computation of Reduction to Center 귀심 계산** 편심관측하여 얻은 편심요소(편심거리, 편심각)를 이용하여 삼각점의 표석, 측표, 기계의 중심이 수직선으로 일치되도록 하는 계산으로, 주로 Sin법칙을 이용하여 계산한다. 편심보정이라고도 한다.

**Computation of Side Length 변장 계산(邊長 計算)** 삼각형의 한 변의 길이와 다른 두 협각이 알려져 있을 때, 평면 삼각함수의 여현, 정현법칙을 써서 다른 두 변의 길이를 구하는 계산을 말한다.

**Computation of Volume 체적 측량** 토공량이나 담수량을 산정하는 방법으로, 단면법, 점고법, 등고선법 등이 있다.

**Computational Cadastre 계산 지적측량** 일반적으로 수치지적은 국지적인 수치데이터로 작성된 것을 의미하거나 계산지적은 국가의 기준계에 의하여 각 경계 굴곡점을 표시한 것이다. 따라서 이것을 좌표지적이라고도 한다. 좌표지적의 장점은 단일 기준좌표계로 되어 지적의 자동화가 용이하도록 되어 있다는 점이다.

**Computational Fluid Dynamics(CFD) 컴퓨터 유체 역학** CFD (Computational Fluid Dynamics)를 참조.

**Computational Geometry 수리 기하학** 기하학적 운영을 구현하기 위해 기하학적 표현으로 계산하고 조작하는 학문분야를 말한다.

**Computational Topology 계산 위상** 보통, 수리기하학에서 실행되는 위상객체의 연산을 정의하고, 확장하고, 지원하는 위상적 개념, 구조 및 대수이다.

**Computational Viewpoint 계산 시점** 인터페이스에서 상호작용하는 객체들로 시스템의 기능적인 분해를 통하여 확산 분포를 가능하게 하는 ODP 시스템과 그것의 환경에 대한 관점이다.

**Compute 계산** 명령어에 의해 생성된 새로운 속성값을 계산하기 위해, 하나 또는 그 이상의 속성의 수치값을 이용하는 데이터 관리 명령어이다.

**Compute Command 계산 명령** 데이터베이스를 운영함에 있어서 덧셈, 곱셈, 나눗셈과 같은 특성의 조합이나 이러한 것의 기초적인 계산을 부여하는 명령을 말한다.

**Computer Aided Design (CAD) 캐드, 컴퓨터 이용 설계 · 제도** CAD(Computer Aided Design)를 참조.

**Computer Aided Engineering (CAE) 컴퓨터 응용해석, 컴퓨터 이용 공학** CAE(Computer Aided Engineering)를 참조.

**Computer Aided Mapping (CAM) 컴퓨터 이용 지도제작, 캠** CAM(Computer Aided Mapping)을 참조.

**Computer Aided Manufacturing (CAM) 컴퓨터 응용가공, 캠** CAM(Computer Aided Manufacturing)를 참조.

**Computer Aided Design/Computer Aided Manufacturing/Computer Aided Engineering(CAD/CAM/CAE) 캐드/캠/씨에이이** CAD/CAM/CAE(Computer Aided Design/Computer Aided Manufacturing/Computer Aided Engineering)를 참조.

**Computer Aided Software Engineering(CASE) 컴퓨터 이용 소프트웨어 공학** CASE Tool을 참조.

**Computer Aided Tomography(CAT) 컴퓨터 이용 단층 촬영** CAT(Computer Aided Tomography)를 참조.

**Computer Animation Storytelling 컴퓨터 애니메이션 스토리텔링** 전통적인 영화 및 애니메이션의 서사구조와 유사한 선형적인 방식의 스토리텔링이다. 기존의 영화 및 애니메이션에서 활용되던 스토리텔링 방식과 다르게 컴퓨터 애니메이션 스토리텔링은 장소의 활용도, 디지털 광각을 활용한 사물 묘사의 자유로움, 모션 캡처, CG를 활용하여 선형적인 서사에서 가능한 다양한 스토리의 범주를 보여주고 있다.

**Computer Architecture 컴퓨터 구성** 컴퓨터 체계를 구성하고 있는 하드웨어 장치인 CPU, 레지스터, 기억장치, 입출력 장치 등과 같은 여러 가지 컴퓨터의 구성 요소에 대한 전반적인 기계적 구조와 이를 설계하는 방법을 말한다.

**Computer Assisted Mass Appraisal(CAMA) 컴퓨터 보조 대량 감정** CAMA(Computer Assisted Mass Appraisal)를 참조.

**Computer Assisted Software Engineering(CASE) 컴퓨터 이용 소프트웨어 공학** CASE(Computer Assisted Software Engineering)를 참조.

**Computer Based Conferencing 컴퓨터 회의** 모든 통신이 컴퓨터의 키보드와 모니터 영상면 등의 입출력 장치를 통해 이뤄지는 곳에서 회의하는 것을 말한다.

**Computer Based Training(CBT) 컴퓨터 기반 훈련** CBT(Computer Based Training)를 참조.

**Computer Compatible Tape(CCT) 컴퓨터 호환 테이프** CCT(Computer Compatible Tape)를 참조.

**Computer Contact Information 컴퓨터 획득 정보** 공급 컴퓨터와의 호환을 위한 지침을 말한다.

**Computer Game Storytelling 컴퓨터 게임 스토리텔링** 게임 기획자가 게임 제작을 위해 구사하는 스토리텔링과 사용자가 게임을 진행하면서 생산하는 스토리텔링을 가리킨다. 그래픽, 사운드, 영상과 더불어 텍스트와 결합된 형태로 존재하며 사용자의 시점, 게임을 하고 있는 사용자의 현재 시간 및 게임 속의 공간이 중요한 요소로써 작용한다.

**Computer Generated Imagery(CGI) 컴퓨터 애니메이션 테크닉** CGI(Computer Generated Imagery)를 참조.

**Computer Graphics(CG) 컴퓨터 도형** CG(Computer Graphics)를 참조.

**Computer Graphics Metafile(CGM) 컴퓨터 도형 메타 파일** CGM(Computer Graphics Metafile)를 참조.

**Computer Mapping 컴퓨터 지도 제작, 컴퓨터 매핑** 컴퓨터를 기본적인 또는 유일한 도구로 사용하여 지도를 제작하는 것.

**Computer Memory 컴퓨터 메모리** 컴퓨터 내부에 일련의 질서 있는 바이트 저장소가 배치되어 충돌 없이 검색될 수 있도록 마련된 일관되고 연속된 바이트의 배열이다.

**Computer Output Microfilm 마이크로 필름 출력장치** 지도와 다른 서류들의 컴퓨터 작업 처리 결과 생성된 수치 정보를 아날로그 신호로 변환하여, 마이크로 필름에 기록하기 위하여 사용되는 여러 가지 장치를 지칭하는 용어를 말한다.

**Computer Science 컴퓨터학** 컴퓨터학은 공간정보의 입력과 3차원 도식 및 시각화 등을 위한 도구(S/W)를 제공하며, 그래픽을 이용한 객체의 도식이나 시각화를 위한 H/W, S/W를 제공한다.

**Computer Supported Cooperative Work(CSCW) 컴퓨터 지원 공동 작업** CSCW(Computer Supported Cooperative Work)를 참조.

**Computer System 컴퓨터 체계** 지리정보체계를 위한 컴퓨터 체계는 지형 공간 자료의 자료 획득, 처리, 분석, 모형화 표시를 지원하기 위해 설계된 하드웨어, 소프트웨어 절차로 구성된다.

**Computer Tomography(CT) 컴퓨터 단층 촬영** CT(Computer Tomography)를 참조.

**Computer Vision 컴퓨터 시각** 컴퓨터 상에 투시된 영상들로부터 주어진 장면에 관한 유용한 정보를 추출하는 작업을 말한다.

**Computerized Numerical Control(CNC) 컴퓨터 수치 해석** CNC(Computerized Numerical Control)를 참조.

**Computing 계산** 수평위치 및 표고를 구하기 위하여 이와 관련된 모든 요소의 계산을 실시하고, 성과표 등을 작성하는 작업을 말한다.

**Computing Environment 컴퓨터 가동 환경** 어떤 호스트 컴퓨터와 그 오퍼레이팅 시스템의 구성이 공급하는 하드웨어와 소프트웨어 설비의 전체 범위를 말한다.

**COMS(Communication, Ocean and Meteorological Satellite) 천리안 위성** 2010년 6월 발사되어 현재 운용 중(설계수명 7년)인 우리의 기술로 개발한 최초의 정지궤도위성이다. 위성의 임무는 영문명칭인 Communication, Ocean and Meteorological Satellite이 의미하듯 "통신해양기상위성"이다. 즉, 대한민국 최초의 해양 관측, 기상 관측, 통신 서비스 임무를 수행하는 정지궤도 복합위성으로서, 지구의 적도 상공 36,000km 고도와 동경 128.2도에 위치하면서 해양관측, 기상관측, 통신서비스 임무를 수행한다. 위성 발사에 성공하면서 대한민국은 세계 최초의 정지궤도 해양관측위성 보유국이자, 미국, 중국, 일본, 유럽 연합(EU), 인도, 러시아에 이어 세계 7번째로 기상관측위성 보유국이 되었다.

현재 세계 각국은 국가위상 제고 및 국가안보와 위성통신, 항법 등을 통한 미래신산업 창출을 위해 우주영토 선점을 위한 물밑전쟁을 벌이고 있다. 특히, 정지궤도는 지구의 자전방향과 속도가 동일하여 특정지역의 24시간 관찰과 통신이 가능한 한정된 우주공간으로서 각 국은 정지궤도와 주파수 확보에 총력을 다 하고 있다. 2015년 기준, Union of Concerned Scientists(UCS) Satellite Database에 의하면 전 세계적으로 약 481개 정지궤도위성 운영 및 한반도 주변에 중국 41개, 일본 22개 및 한국 3개[113도(무궁화위성 5호), 116도(무궁화위성 6호), 128.2도(천리안위성 1호)] 운영 중에 있다.

위성의 탑체는 태양 전지판을 제외하고, (1) 통신탑재 시스템, (2) 해양탑재 시스템, (3) 기상탑재 시스템으로 구성되어 있다. (1) 해양탑재 시스템은 한국해양연구원의 소요제기 및 임무개발을 통해 한국항공우주연구원과 프랑스의 EADS 아스트리움에서 공동으로 개발하였다. 정지궤도 위성으로는 세계 최초로 개발된 천리안위성 해양탑재체는 한반도 주변해역 해양환경 및 해양생태 감시하는 역할과 해양의 클로로필 생산량 추정 및 어장 정보를 생성한다. (2) 기상탑재 시스템은 기상임무를 수행하며, 태풍, 집중호우, 황사 등 위험기상을 조기 탐지하는 기능과 장기간의 해수면온도, 구름 자료를 통한 기후변화를 분석한다. 미국 ITT사의 미국 GOES-8호~GOES-13호 및 일본 MTSAT-2에 탑재된 기상센서와 동일한 시스템이다. (3) 통신탑재 시스템은 대한민국산 Ka 밴드 통신탑재체로 광대역 위성 멀티미디어 시험서비스를 위한 것이다.

천리안 위서의 촬영영역은 2,500km×2,500km(중심 지점 : 130E, 36N)이며, 공간해상도는 500m×500m이다. 한편, 최소 MTF (Modulation Transfer Function)는 0.3(Frequency/Nyquist Frequency = 1일 때)이다.

■ **천리안 위성의 기본 성능**

| 채널 수 | 5채널(가시1, 적외4) |
|---|---|
| 전구관측시간 | 27분 이하 |

| 채널 | 파장(㎛) | 공간 해상도 | 활용분야 |
|---|---|---|---|
| 가시광선 | 0.67 | 1Km | 주간 구름영상, 대기운동벡터 · 황사 · 산불 · 연무관측 |
| 단파적외 | 3.7 | 4Km | 야간안개 및 하층운, 산불감지, 지면온도 추출 |
| 수증기 | 6.7 | 4Km | 중상층 대기 수증기량, 상층대기 운동파악 |
| 적외1 | 10.8 | 4Km | 구름정보, 해수면온도, 황사관측 |
| 적외2 | 12.0 | 4Km | 구름정보, 해수면온도, 황사관측 |

■ 기상자료처리시스템 산출 기상요소

| 산출자료 | 내용 | 활용 |
|---|---|---|
| 구름탐지 | 구름 유무 정보 | 날씨 및 수치예보 |
| 청천복사휘도 | 구름이 없는 지역 복사량 추정 | 날씨 및 수치예보 |
| 대기운동벡터 | 수증기의 이동경로 추적 | 수치예보 |
| 해수면온도 | 바다의 표면온도 | 수치예보 및 기후감시, 해양 |
| 지표면온도 | 동아시아 지역의 지면온도 | 수치예보 및 기후감시 |
| 해빙/적설역탐지 | 극지방 해빙과 눈 쌓인 지역 추정 | 수치예보 및 기후감시, 황사예측 |
| 표면도달일사량 | 지면에 도달하는 태양에너지 | 농업기상, 기후연구 |
| 상층수증기량 | 대류권 상층부의 수증기량 | 수치예보 및 기후감시 |
| 가강수량 | 대류권이 수증기 총량 | 수치예보 및 기후감시 |
| 구름분석 | 구름형태 및 양, 구름입자의 특성 추정 | 수치예보 및 기후감시 |
| 운정온도 및 고도 | 구름 정상부의 높이 및 온도 추정 | 수치예보 및 기후감시 |
| 안개 | 하층운과 안개를 구분하여 안개 탐지 | 항공기상 |
| 강우강도 | 구름의 종류에 따른 강우강도 | 날씨 및 수치예보 |
| 지구방출복사 | 대기상한에서의 지구장파 복사량 추정 | 수치예보 및 기후감시 |
| 에어로솔탐지 | 대기 중에 떠있는 황사 관측 | 황사예보 및 환경감시 |
| 에어로솔광학두께 | 에어로솔에 의한 대기 혼탁정도 추정 | 황사예보, 환경감시 및 기후연구 |

현재 운용중인 천리안 위성은 2010년 6월 발사되었으며, 설계수명은 7년이다. 미래부, 해수부, 환경부, 기상청 등 정부부처는 2011~2019년까지 7,200억 원을 투자하여 기상관측위성(우주기상관측 포함), 해양·환경관측위성 등 정지궤도위성 2기를 개발 중이다. 미래창조과학부는 2015년 11월 한반도 기상·해양·환경 상시관측을 위해 현재 개발 중인 차세대 정지궤도복합위성을 현재 운용 중에 있는 '천리안(통신·해양·기상관측)**'으로 고유 명칭을 부여한다고 밝혔다. 즉, 천리안위성의 후속 위성 개념으로서 천리안위성 2A/2B호를 부여키로 확정하였다.

우리나라는 2019년까지 천리안위성의 독자개발 기술을 확보하고 우주개발중장기계획에 따라 2040년까지 민관통신방송위성, 항법위성 등 26기의 정지궤도위성을 전략적·지속적으로 개발·활용함으로써 우주영토 주권을 보존·개척하고 우주첨단산업 육성을 도모할 계획이다. 「State of Satellite Industry Report」(SIA) 및 「2014 우주산업실태조사」(항공우주연구원)에 의하면 세계 우주산업시장은 2013년 기준으로 3,020억US$로서, 우리나라는 0.6%를 차지하고 있다. 2011년부터 추진한 천리안위성 2A/2B호 사업은 2016년 1월까지 상세설계를 마무리하고 천리안위성 2A호의 비행모델(FM : Flight Model) 조립을 시작하여 위성 2A호는 2018년 5월, 위성 2B호는 2019년 3월에 발사할 예정이다. 천리안위성 2A/2B호는 기상예보·기상이변, 해양오염·해양감시 및 한반도 주변 월경성(越境性) 대기오염물질 등에 효과적으로 대응케 함으로써 향후 공공·사회적 편익 제고와 함께 기술 파급효과도 클 것으로 기대된다.

**Concatenate 접합** 2개 이상의 영상을 서로 연결시켜 하나의 영상으로 모자이크하는 것을 말한다.

**Concavity 오목성** 볼록한 정도(Convexity)의 반의어를 말한다.

**Concept Harmonization 개념조화** 이미 밀접하게 연관되어 있는 2개 이상의 개념들 간의 차이점을 최소화하거나 제거하는 행동을 말한다.

**Concept Design 기본설계** [지반] 예비타당성 조사, 타당성 조사 및 기본계획을 감안하여 시설물의 규모, 배치, 형태, 개략 공사방법 및 기간, 개략 공사비 등에 관한 조사, 분석, 비교·검토를 거쳐 최적안을 선정하고 이를 설계도서로 표현하여 제시하는 설계업무로서 각종사업의 인·허가를 위한 설계를 포함하며, 설계기준 및 조건 등 실시설계용역에 필요한 기술자료를 작성하는 것을 말한다('기본설계 등에 관한 세부시행기준', 국토교통부고시 제2014-268호, 2014. 5. 21). 기본설계 업무에는 다음과 같은 사항들이 포함된다. 설계 개요 및 법령 등 제기준의 검토, 예비타당성조사 및 타당성조사 결과의 검토, 공사지역의 문화재 등에 대한 문화재지표조사, 기본적인 구조물 형식의 비교·검토, 구조물 형식별 적용 공법의 비교·검토, 기술적 대안 비교·검토, 대안별 시설물의 규모검토 및 공사비 등 경제성 비교, 시설물의 기능별 배치 검토, 개략 공사비 및 공기 산정, 측량 및 지반·지질·기상·기후조사, 주요 자재·장비 사용성 검토, 설계도서 및 개략 공사시방서 작성, 설계설명서 및 계산서 작성, 관계 법령 등의 규정에 따라 기본설계 시 검토하여야 할 사항, 기타 발주청이 계약서 또는 과업지시서에서 정하는 사항 등이다.

**Concept of Public Ownership of Land 토지의 공개념(土地의 公槪念)** 토지는 사회적 소산이 아닌 자연적 소산이므로 이의 공급은 유한하다. 따라서 평면적 확산은 토지 자원의 이용 효율성에서나(경제적) 관리면에서(기술적) 크게 제약을 받는다. 더구나 이와 같은 토지공급의 제약성은 긴급한 인구증가와 산업화의 진전에 따라 토지에 대한 수요를 증대시켜 지가의 앙등을 초래하고, 사회적으로 생산된 경제 잉여를 토지 소유자에게 일방적으로 전이시키는 결과가 된다. 토지는 사회적 소산이 아니므로 근본적으로 사적 권리를 주장하는 것은 정당하지 않고 만일을 위해 공유되어야 한다는 주장이다. 토지의 소유권과 개발권을 적절히 조절해서 제한된 자원인 토지를 공공의 이익에 최대한 이용한다는 뜻에서, 소유하기 위한 토지에서 이용하기 위한 토지로 개념을 바꾸는 이론이다.

**Conceptional Design 개념 설계** 설계에 포함된 조건으로 우선 요구 사항이 무엇인지, 요구 사항이 설정되면 실현 여부는 어떻게 할 것인가에 대한 구체적인 분석과 평가가 선행되는 것을 말한다.

**Conceptual Database Design 개념 자료기반 설계, 개념 데이터베이스 설계** 사용자의 요구를 전체적으로 정의하는 데이터베이스 설계의 초기 단계. 개념 데이터베이스 설계는 소프트웨어와 하드웨어 양쪽에 독립적이다. 즉, 소프트웨어와 하드웨어는 데이터베이스 설계 단계에서는 고려하지 않는다.

**Conceptual Formalism 개념 정형화** 개념모형을 기술하기 위해 이용되어진 일련의 모형작성을 위한 개념의 집합을 말한다.

**Conceptual Model 개념 모형** 현실 세계에 존재하는 정보들을 컴퓨터에서 자료기반으로 표현하기 위해 모형화하는 것을 말한다.

**Conceptual Modeling 개념 모델링** 지리 정보를 변화하고 교환하는데 사용되는 서비스를 말한다.

**Conceptual Schema 개념 스키마** 객체에 관한 정보를 활용할 수 있는 내용과 구조와 제약을 추상적으로 설명하고 정의한 것을 말한다.

**Conceptual Schema Language 개념스키마언어** 개념 스키마를 표현하기 위한 개념형식에 기초를 둔 형식언어이다. 컴퓨터나 인간이 분석할 수 있는 정형화된 언어로서, 개념 스키마를 정형화하고 그 내용을 처리하는데 필요한 모든 언어학적 구조를 포함하고 있다.

**Conceptual System 개념 체계** 개념들 간의 관계에 따라 설정된 구조화된 개념들의 집합을 말한다. 이러한 구조화된 집합에서 자리 잡고 있는 개념의 위치에 의해 각각의 개념이 결정되어진다.

**Concrete Neutralization 콘크리트 중성화(－ 中性化)** 경화(硬化)한 콘크리트는 시멘트의 수화생성물로서 수산화칼슘을 함유하여 강알칼리성(pH 12~13)을 나타낸다. 공기 중의 탄산가스($CO_2$) 또는 산성비가 콘크리트 중의 수산화칼슘($Ca(OH)_2$)과 화학반응하여 서서히 탄산칼슘($CaCO_3$)이 되면서 콘크리트의 알칼리성을 상실한다. 이와 같은 현상을 '콘크리트 중성화'라고 한다. 탄산화(Carbonation)라고도 한다.

$$Ca(OH)_2 + CO_2 \rightarrow CaCO_3 + H_2O[CaCO_3\uparrow \Rightarrow \text{중성화}\uparrow]$$

콘크리트 내부의 pH가 11이상에서는 철근의 표면에 부동태 피막이 형성되므로 산소가 존재해도 녹슬지 않지만, 중성화에 의하여 pH가 11보다 낮아지면 철근에 녹이 발생하고, 또 이러한 녹에 의하여 철근은 약 2.5배까지 체적이 팽창한다. 즉, 콘크리트 중성화(pH 8.5~10)로 철근이 부식하고 팽창압이 발생하는데, 이 팽창압이 콘크리트 응력을 넘어서면 균열이 발생하고 균열부로 물과 이산화탄소가 침투하여 열화(劣化, 노후화)가 급격히 진행된다. 중성화 판정은 페놀프탈레인 1%의 알콜 용액을 콘크리트에 뿌리면 알칼리성의 부분은 붉은 보라색으로 나타나기 때문에 색깔이 변하지 않는 부분을 중성화된 것으로 판정한다.

**Concurrency Management 병행 관리** 여러 명의 사용자가 동시에 접근할 때 자료의 일관성을 유지하는 데이터베이스 관리 기능. 일반적인 방법은 여러 명의 사용자에게 읽기 접근을 허용하고 단 한 사람의 사용자에게만 쓰기 접근을 부여한다. 두 번째 사용자가 쓰기 접근을 원할 경우에는 첫 번째 사용자의 트랜잭션이 끝날 대까지 기다려야 한다.

**Condition Equation 조건 방정식(條件 方程式)** 관측에 따른 조건이나 기하학적 조건이 존재하는 경우, 조건식을 정규 방정식으로 구성하는 방법을 말한다.

**Conditional Equation for Residuals 잔차 조건 방정식** 주어진 조건방정식 중 미지량의 최확치를 관측값과 잔차로 바꾸어 놓고 얻은 조건식을 미지량으로서 잔차만이 들어있다. 이것을 잔차 조건 방정식이라 한다.

**Conditional Observation 조건 관측(條件觀測)** 직접관측한 미지량 또는 간접으로 구한 미지량 사이에 어떤 제한조건을 붙이는 관측이다. 예를 들면 평면사각형의 내각의 합은 360°가 되어야 한다든지 하는 조건이다.

**Conditional Operator 조건 연산자** 값을 비교하는 방법을 지정하는 기호나 키워드, 조건연산자는 데이터베이스를 조회하는 데 사용된다. 다음은 SQL의 조건 연산자이다. =(같다) BETWEEN <(보다 적다)LIKE >(보다 큰)CONTAINING.

**Conditional Simulation 조건부 모의관측** 주어진 확률변수의 평균과 분산을 유지하면서 주어진 자료값 그대로 보전하는 변수의 분포를 생성해내는 기법이다.

**Condition Based Preventive Maintenance(CBM) 상태기준 보존** CBM(Condition Based Preventive Maintenance)을 참조.

**Conduction 전도(傳導)** 분자 간 상호작용에 의해 고형물질을 통한 전자기에너지의 이동을 말한다.

**Conduit 관거** ① 관수로와 개수로를 포함하는 수로의 총칭으로서, 개수로는 개거, 암거, 터널 등으로 분류한다. 관형식의 개수로를 관거라 부르는 경우도 있다. 본래 거(渠)는 도랑의 의미한다. ② 어플리케이션으로 데스크탑 컴퓨터에서 운영하고 응답하는 모바일 기기의 데이터를 동기시키는데 사용된다.

**Cone 콘** 색을 감지하고 물체를 상세히 볼 수 있는 눈을 구성하고 있는 색채감지기를 뜻한다.

**Conference General des Poids et Measures(CGPM) 국제 도량형 총회(國際度量衡總會)** CGPM(Conference General des Poids et Measures)를 참조.

**Confidence 신뢰성** 품질정보의 정확도를 기술하는 메타품질의 요소이다.

**Confidence Ellipse 신뢰타원** 2차원의 랜덤변수의 신뢰도를 나타내는 타원을 말한다. 즉, 추정된 2차원 랜덤 변수의 값은 2차원 평면상에 도시되며, 이점을 기준으로 하여 두 변수의 추정오차를 타원으로 도시하는 것으로 추정값의 상관관계와 오차의 크기에 따라 타원의 방향과 크기가 달라지게 된다.

**Confidence Factor 신뢰 인자** 도형 자료의 정확도에 대한 상대적 신뢰 정도를 지칭하는 숫자, 각 숫자들은 자료 출처의 오래된 정도, 그 유형, 구축 과정과 그것의 검열, 사용된 수치화 기법, 측량의 정도, 정밀도의 필요성 등을 나타낸다.

**Confidence Interval 신뢰구간(信賴區間)** 모집단(population)의 평균은 표본의 평균을 바탕으로 추정되는데, 이때 모집단의 평균을 포함하고 있으리라 확신하는 구간이다. 예를 들어, 95%의 신뢰구간을 설정했다면, 모집단의 평균이 이 구간 내에 포함될 수 있는 가능성이 95% 정도임을 의미한다. 신뢰구간은 모집단의 모수치에 대한 최하위값과 최상위값으로 표현되는데, 이때 신뢰구간의 최하위값과 최상위값을 결정하는 위치를 신뢰한계라고 한다.

**Confidentiality 기밀성** 기록의 비공개적 특성에 의한 접근 제한(성)을 말한다.

**Configuration 구성(환경설정)** 주어진 프로그램 또는 운영 체제의 환경 설정을 위하여 사용되는 일련의 매개 변수와 환경 설정들의 집합을 말한다. 구성 컴퓨터 하드웨어를 기능 단위로 묶은 것으로, 하드웨어 자원의 할당이나 소프트웨어 매개 변수 설정 등이 포함되기도 한다.

**Confined Aquifer 피압 대수층(被壓帶水層)** 지하수가 비교적 불투수성인 두 암석층 사이에 끼어서 대기압보다 큰 압력을 받고 있는 대수층을 말한다.

**Confined Space 밀폐공간(密閉空間)** 우물, 수직갱, 터널, 잠함, 피트(pit), 암거, 맨홀, 탱크, 반응탑, 정화조, 침전조, 집수조 등 근로자가 작업을 수행할 수 있는 공간으로 환기가 불충분한 장소로서, 「산업안전보건기준에 관한 규칙」 제618조 제1호에서는 "산소결핍, 유해가스로 인한 화재・폭발 등의 위험이 있는 장소"로 정의하고 있다. 특히 지하시설물과 관련하여 "케이블・가스관 또는 지하에 부설되어 있는 지하시설물을 수용하기 위하여 지하에 부설한 암거・맨홀 또는 피트의 내부" 등을 포함하고 있으며, 지하공간통합정보 구축을 위한 지하공간도 다수 포함되어 있다.

**Confirmation Bias 확증편향** 자기가 좋아하는 대상이나 명제를 이미 확증해 놓고 그 확증을 뒷받침하기 위하여 끊임없이 반복하고 그 증거를 찾는데 몰입하는 경향을 말한다. 통계적 추론에서, 가설을 확증하는 쪽으로 치우치는 인지적 편향의 일종이다. 이런 인간의 경향을 보정하기 위해, 과학적 연구방법은 연구자가 자신의 가설을 반증하도록 노력하게 되어있다. 심리학에서, 의사결정자가 그들의 주장을 확증하는 증거에 더 무게를 두고, 더 잘 알아차리고, 더 활발하게 찾는 행동을 보이는 경우를 일컫는다. 따라서 확증 편향은 증거 수집에서 선택편향의 일종으로 볼 수 있다.

**Confirmation Surveying for Cadastral 지적확정측량** 토지 구획 정리 사업 등에 의하여 구획 정리하고 환지 하는 토지의 소재. 지번, 지목, 경계 또는 좌표와 면적 등을 지적 공부에 새로이 등록하기 위하여 실시하는 수치 측량이다. 주로 토지 구획정리, 농지 개량, 공업 단지 조성 사업 등의 공사 완료 이후에 새로이 지적 공부를 조제하기 위하여 실시하는 측량을 말한다.

**Conflation 통합, 합성, 동형화** ① 기존의 지도 파일에서 필요한 사상을 선택하여 하나의 새로운 지도파일을 만드는 과정을 말한다. ② 동형화란 서로 다른 레이어 간에 존재하는 동일한 객체의 크기와 형태가 서로 다른 경우에 이를 동일하게 보정하는 것을 말한다. 동일 지역에 관한 2개 레이어의 자료는 이론적으로는 일치해야 하나 실제는 그렇지 않은데, 이는 2개의 레이어가 입력되는 과정에서 각기 다른 유형의 오차가 발생할 수 있기 때문이다. 동형화를 위해서 보기판(Template) 방식이 가장 많이 쓰이는데, 이는 상대적으로 정확한 하나의 자료를 표준 형태로 하여 다른 레이어에 나타난 경계를 수정 보완하는 방식이다.

**Conformal 등각** 지도에 형상(지형 · 지물)의 원 형태를 보존하기 위한 지도 투영법의 한 형태. 정형 투영법에서는 십자 선이 실제 지구에서와 마찬가지로 직각으로 만난다.

**Conformal Conical Projection 등각 원추 도법** 람베르트 등각 원추 도법으로 불린다. 중위도 지역의 항공도, 천기도에 널리 쓰인다.

**Conformal Double Projection 등각 이중 투영** 등각투영에서의 상사변환은 먼저 지구 타원체를 이에 대응되는 가상적 상사형 구체로 변환하고 다시 상사 변환된 구체로부터 다른 투영면(평면, 원뿔, 원기둥)에 투영하는 것을 말한다.

**Conformal Latitude 등각 위도** 타원체상의 위도에 등각으로 대응하는 구체상에 등각 투영한 것을 말한다.

**Conformal Map 등각 지도** 미소부분의 형상과 방향각이 다르게 나타나 있으나 넓은 지역 전체의 형상과 면적과의 비율은 심히 비뚤어져 있다.

**Conformal Projection 등각투영법, 정형투영법** 어떤 점에서 모든 방향으로 동일한 축척을 가질 때 이 지도투영법은 정형성을 갖는다. 그러나 대부분 지역의 크기는 왜곡된다. 모든 평면 지도는 정적성과 정형성을 동시에 가질 수 없다. 지도상의 어느 곳에서나 각의 크기가 동일하게 표현되도록 하는 투영법으로서 등각성을 유지하기 위해서는 경선과 위선이 등각으로 교차해야 하며 한 지점에서 모든 방향으로의 축척이 동일해야 한다. 소지역에서 바른 형상을 유지한다. 두 점간의 거리는 다르게 나타나고 지역이 커질수록 형상이 부정확하다. 대표적인 등각투영은 Marcator도법이다.

**Conformal Transformation 등각 변환** 미소부분의 형상, 각도가 달라지지 않는 변환을 말한다.

**Conformality 상사, 정각, 등각** 이 성질을 갖는 지도상에서는 임의 방향의 각이 지상에서 재는 협각과 언제나 같게 표시되어 있다. 따라서 아주 좋은 장소에서 형상은 상사형이 된다.

**Conformance 적합성** 명시된 모든 요구사항을 구현한 것에 대한 충실도이다.

**Conformance Assessment Process 적합성평가과정** 표준 규격에 맞게 구현했는지 여부를 결정하는데 필요한 활동을 수행하는 과정이다.

**Conformance Clause 적합성 조항** 표준 규격의 요구 사항 충족을 위해 필요한 것이 무엇인지를 정의하는 조항이다.

**Conformance Explanation 적합성 설명** 적합성을 산출하는 테스트 및 방법에 대한 설명을 말한다.

**Conformance Implementation 적합성 구현** 적합성 요건을 만족시키고 있는 구현을 말한다.

**Conformance Quality Level 적합성 품질 수준** 자료 집합이 제품사양서를 어느 정도 만족하는지를 판단하기 위해 이용하는 임계치 혹은 임계치의 집합. (비고) 자료 생산자가 얼마나 지리적 자료들이 제품 규격에 잘 맞는지를 결정하기 위한 초기 자료 품질 결과의 집합을 말한다.

**Conformance Result 적합성 결과** 측정으로 평가되어질 자료에 대한 적합성 품질정보를 말한다.

**Conformance Specification 적합성 (제원)명세서** 적합성 규정 평가 기록 유형의 적합성에 대해 평가된 명세서를 포함하는 문서명을 말한다.

**Conformance Test Report 적합성시험보고** 규격에 적합한 전체 개요보고 및 그 전체개요의 근원이 되는 시험결과의 상세보고 시험도중 연구된 일부 보고서가 시험의 상세내용뿐만 아니라, 표준에 대해 적합한지 여부를 전반적으로 요약한 보고서로, 이것은 적합성 평가 과정의 종료 시에 작성되는 문서이다.

**Conformance Testing 적합성 시험** 제품 구현의 적합 정도를 정하기 위해, 그 제품에 대해 행하는 시험이다.

**Conforming Implementation 적합성 구현** 수행 가능한 기능에 적합 요구 사항을 만족하도록 구현하는 것을 말한다.

**Congestion Electronic Toll Collection Service(CETCS) 혼잡 통행료 전자지불 서비스** CETCS(Congestion Electronic Toll Collection Service)를 참조.

**Conic 원추** Conical Projection을 참조.

**Conical Equivalent Projection 등적 원추 투영법** 지구상의 모든 지역 간의 면적 관계가 지도상에서도 그대로 유지되도록 하면서도 지구를 원추에 투영시켜 원추를 전개하는 투영법이다. 2개의 표준위선을 설정하고 위선들 간의 간격을 조절함으로써 정적성을 지니도록 지도를 제작한다. Alberts와 Lambert에 의한 방법이 있다. 등적원추도법이라고도 한다.

**Conical Projection 원추 도법, 원뿔 도법** 원추 모양의 표면에 지구를 투영한 후 이를 전개하여 제작한 지도 투영법으로서, 모든 위선의 투영을 동심원호로 하고 그 중심을 지나는 반직선군을 경선의 투영으로 하는 도법으로 투영된 경위선은 직교한다. 이것은 지구에다 직원추를 씌워서 투영면을 본 것이 된다. 또 일직선상에 중심을 두는 원호군을 위선의 투영으로 하는 도법을 다원추도법이라 한다. 이것은 지구상의 위선마다 직원추를 씌운 것이 된다. 이때에 투영된 경선은 일반적으로 직선이 되지 않으며 투영된 경위선이 직교하지 않는 것도 있다. 1772년 램버트(John Heinrich Lambert)에 의해 고안되었다.

**Con Intersected 등고 중첩** 작업 파일의 개체 중 등고선이 중첩되어 있을 경우를 말한다.

**Conjoint Boundary 공유 경계선** 다각형 또는 지도 도곽과 같은 2개의 인접 지역이 공유하는 경계선을 말한다.

**Conjugate Condition 공액 조건** 공액기하(epipolar geometry)를 이루고 있는 각각의 투영중심이 C',C"인 입체쌍이 있을 때 공액면(epipolar plane)은 2개의 투영중심(C', C")과 대상점 P에 의해 정의된다. 공액선(epipolar line)은 공액면과 영상면의 교선인 e', e"이고, 공액은 사진과 모든 가능한 공액면과의 교선인 공액들의 수렴중심이다. 공액선은 주사선에 대해 평행하고 동일하다. 또한 수직사진이므로 공액은 무한대에 놓여있다.

**Conjugate Edges 공액 경계선** 중복촬영된 입체영상에 촬영된 경계선을 말한다.

**Conjugate Entity 공액 요소, 공액 실체** 고액점보다 더 일반적인 개념으로 공액 실체는 영상에 나타나는 점·선·면 등을 포함하는 객체 공간 형상(Object Space Feature)이다.

**Conjugate Principal Point 공액 주점** 한 쌍의 입체사진에서 어느 한 쪽의 사진상에서 이미 알고 있는 주점에 대응하는 상대 사진의 주점을 말하며, 주점에 해당되는 화소를 이용하여 찾는다.

**Connected 연결** 객체에서 임의의 2개의 직접 위치가 그 객체 내부에 완전하게 포함되는 곡선으로 이어질 수 있는 것을 의미하는 기하 객체의 특성을 말한다.

**Connected 커넥티드, 연결된** IT업계에서는 각종단말이나 기기가 네트워크로 연결돼 정보를 주고 받거나 호환되는 상태를 의미한다. 스마트폰, 스마트패드, TV, 게임기, 로봇, 차량 등 다양한 기기가 통신 네트워크로 연동하면서 서비스와 콘텐츠를 공유하는 것. 이들 기기는 가정, 직장 혹은 외부에서 또 하나의 생태계를 구성해 상호 작용한다. 넓게는 M2M, N스크린, 모바일 클라우드, 스마트워크 등이 모두 포함된다.

**Connected Car 커넥티드 카** 커넥티드 카란 '연결된 자동차', 즉 인터넷과 모바일 기기, 그리고 나아가 운전자와 연결된 자동차를 의미한다. 커넥티드 카는 '타고 다닐 수 있는 스마트폰'이라 할 수 있을 만큼 다양한 기능을 제공한다. 음성으로 전화를 하고 지도를 찾는 것은 물론, 뉴스, 날씨, 실시간 교통정보를 운전자에게 제공하며, 실시간으로 자동차의 상황을 점검해 이상이 발생했을 경우 경고하기도 하고, 영상, 음악 등 다양한 콘텐츠를 실시간으로 즐길 수도 있다. 자동차에 IT가 융합된 커넥티드 카의 핵심은 자동차 대시보드에 스마트폰 화면을 띄울 수 있는 차량용 인포테인먼트(infotainment) 시스템이라고 할 수 있다. 애플은 2014년 아이폰 사용자들을 위한 카플레이(CarPlay)를 공개했는데, 자동차와 아이폰을 연결해 마치 스마트폰을 사용하는 것처럼 자동차 대시보드를 사용할 수 있다. 구글도 2014년 안드로이드 스마트폰 사용자들을 위한 안드로이드 오토(Android Auto)를 선보였으며, 독자적인 커넥티드 카 연합인 OAA(Open Automotive Alliance)를 발족했다. 차량용 인포테인먼트 시스템 외에도 커넥티드 카의 중요한 부분은 '센서'이다. 차량용 인포테인먼트가 스마트폰의 다양한 기능을 통해 편의를 제공한다면 차량의 바퀴, 엔진, 헤드라이트 등에 탑재된 센서들은 사용자에게 보다 안전한 운전 경험을 제공하며 나아가 교통 정체 상황과 같은 전체 시스템에서의 개선을 도모한다.

이러한 커넥티드 카의 궁극적인 모습은 모든 상황을 자동차가 판단, 제어해 스스로 운전하는 무인자동차라고 할 수 있다. 전문가들은 무인자동차는 하나의 로봇이기 때문에 음주운전이나 부주의 등으로 사고를 낼 수 있는 사람에 비해 훨씬 안전하게 운전할 수 있으며 나아가 매우 체계적인 교통 시스템을 구현할 수 있다고 전망하고 있다.

**Connected Device 연결된 디바이스** 단말기 종류에 관계없이 단말기 간 콘텐츠를 주고받으며 소통하는 것.

**Connected Device Configuration(CDC) 씨디씨** CDC(Connected Device Configuration)를 참조.

**Connected Limited Device Configuration(CLDC) 제한적 접속 장치 구성** CLDC(Conneted Limited Device Configuration)를 참조.

**Connected Node 연결된 노드** 1개 이상의 인접과 연관된 절점을 말한다.

**Connected Traverse 결합 트래버스** 임의 기준점의 좌표를 결정하기 위하여 좌표를 알고 있는 한 기지점(삼각점)에서 출발하여 다른 기지점에 결합시키는 트래버스로, 기지점의 관계위치가 측량결과를 점검하기 위한 조건이 되기 때문에 측량결과의 오차 점검이 가능하여 정확도가 높다. 따라서 대규모 지역의 정확도 높은 측량에 사용한다.

**Connected TV 커넥티드 티브이** TV에 인터넷 접속 기능을 내장해 PC에서 제공하는 인터넷 서비스가 가능한 TV이다. 초기에 셋톱박스로 인터넷 접속을 지원하는 형태였지만 점차 TV 자체를 통한 접속 방식으로 바뀌었다. 스마트TV · 인터넷TV라고도 부른다. 인터넷망을 활용하지만 통신사업자가 직접 콘텐츠를 보내는 IPTV와 다른 개념이다. IPTV 기능은 물론이고 웹 검색도 지원한다. 이밖에 스마트폰의 애플리케이션 스토어도 TV에 적용할 수 있다. IPTV와 유사해 보이지만 IPTV는 통신사업자가 과금하는 방송서비스에 국한된 반면에 커넥티드 TV는 더욱 확장된 개념이면서 제조사마다 제공하는 기능이 서로 다르다. 구글 TV와 애플 TV 등은 그 플랫폼을 통칭한다.

**Connection 커넥션** 링크드인에서 사용되는 용어. 두 회원이 서로 개인 정보와 커넥션을 볼 수 있도록 허용한 관계를 말한다. 페이스북의 '친구'와 비슷한 개념이다.

**Connection Pipe 연결관** 오수받이, 우수받이 또는 집수반이 본관을 접속하기 위하여 부설하는 관을 말한다.

**Connection Surveying 관통 측량** 터널이나 갱도에서 두 개의 터널 간을 연결하는 연결터널이 필요할 때 이를 굴진하기 위한 두 점간의 굴진 방향, 경사, 거리 등을 측량하는 작업이다.

**Connection Surveying Between Two Working 관통 측량** Connection Surveying을 참조.

**Connectivity 연결성** ① 공간 객체 사이의 연결에 대한 정보로서, 서로 연결된 지역의 공간 객체들의 특징을 파악하는 것으로, 서로 연결된 지역은 하나 혹은 그 이상의 특징을 가지고 구성된 공간 객체들의 집합으로 이루어진다. 연결성은 첫째, 도로와 같은 공간 객체가 상호 연결되는 방식이 명시되어야 한다는 것과 둘째, 상호연결성에 따라 허용 가능한 움직임이나 행동을 명시할 규정이 정해져야 한다는 것과 셋째, 관측을 위한 단위가 설정되어야 한다. ② 시각적으로 연결되는 모든 도형 요소는 정확히 수치적으로 연결되어야만 한다. 즉, 모든 선과 다각형 자료의 교차는 수학적으로 정확히 일치해야 한다. 기준선 초과 오류(Overshoot) 및 기준선 미달 오류(Undershoot) 및 지거(Offset)는 허용되지 않는다. 다각형에 연결된 선은 다각형을 정확하게 분할해야 한다. 즉, 선의 종점은 다각형의 교차점과 연결되어야 하며 아크(Arc)는 절점(Node)에서 연결된다. ③ 망에서 링크와 절점이 서로 어떻게 결합되고, 그것이 적용되는 정도는 얼마인지(예 : 단순, 다중) 대부분의 GIS는 실체 사이의 연결 정도와 본질을 결정하는 기능을 가진다. Topology를 참조.

**Connectivity Analysis 연결성 분석** 일련의 점 또는 절점이 서로 연결되었는지를 결정하는 분석적 기술로서 공간 분석의 일종. 거리 · 면적 · 수송 시간 · 최적 노선 등에 관하여 점 · 선 · 다각형 사이의 연결성 분석(접속 관계) 대상 지역 분석에 의한 근접 분석, 최정 경로의 탐색 분석, 관망 분석 등이 포함된다.

**Connectivity Operation 연결 기능** 대상물을 차례로 방문하여 값을 더하는 기능이다.

**Connector 커넥터** 인터넷에서 유용한 정보를 발견할 때마다 스스로 '퍼나르기'를 하거나 자신의 사이트와 연결해 다른 이용자들에게 정보를 전달하는 사람을 말한다. 이들에 의해 구석구석의 작은 목소리도 순식간에 기대여론으로 발전될 수 있다. 커넥터들에 의해 정보의 최신성이 비약적으로 발전한다. 이들은 채팅 혹은 블로그나 홈페이지를 통해 즉각적이고 폭넓은 정보를 수집하여 끊임없이 정보를 수정 · 가공하고 있다.

**Con Over Degree 콘 오버 디그리** 작업 파일 개체 중 등고선이 90° 이내의 예각일 경우를 말한다.

**Conseil Europeean Pour La Researehe Nucleaire(CERN) 세른** CERN(Conseil Europeean Pour La Researehe Nucleaire)를 참조.

**Consensus Standard 합의 표준** OGC 표준이나 ANSI 표준과 같은 표준개발 기관의 합의를 통해 제정되는 표준을 말한다.

**Conservation District 보전구역** 경계 내의 개발 · 사용 · 자원 보호 · 물 · 토양에 관련된 계획을 수행하기 위해 특별 목적 구역을 법으로 설정한 공공 지역, 토양 보존 지역 또는 토양 물 보전구역을 말한다.

**Conservation Easement 보전 지역권** 어떤 자연 자원을 보호하거나 공지를 보존하기 위해 개인적으로 소유된 땅을 조정(협상)한 것에 대한 동의(계약) 지역을 말한다.

**Conservation Plan 보전 계획** 농장, 토지 이용, 담장, 경계를 포함한 보전계획을 말한다.

**Conservation Plan Map 보전 계획 지도** 농장, 토지이용, 담장, 경계를 포함한 보전계획을 나타낸 지도를 말한다.

**Consistence 일관성** 데이터가 일정하게 유지되어 변형이나 모순되지 않는 성질을 말한다.

**Consistency of Soil (흙의) 연경도** 점착성이 있는 흙은 함수량이 차차 감소하면서 액성→소성→반고체→고체의 상태로 변하는데, 함수량에 의하여 나타나는 이러한 성질을 흙의 연경도라 하고 각각의 변화 한계를 애터버그(Atterberg) 한계라고 한다.

**Console 제어장치** 조작자가 컴퓨터와 의사소통이 가능하도록 해주는 장치를 말한다.

**Console Game 콘솔 게임** 비디오 게임의 다른 말. 전용 게임기로 즐기는 게임을 말한다. 마이크로소프트의 엑스박스나 소니의 플레이스테이션, 닌텐도 위가 대표적인 콘솔 게임기다. 콘솔 게임을 하기 위해서는 전용게임기를 구입하고 그 게임기에서만 돌아가는 게임 소프트웨어를 구입해야 한다.

**Consolidation 압밀(壓密)** 점토지반에서 상재하중으로 인하여 오랜 시간동안 간극수가 배출되면서 서서히 압축되는 현상이다. 부분 또는 완전히 포화된 흙에 하중을 가하면 그 하중에 의해 공극수압이 발생한다. 이것을 과잉공극수압이라 한다. 이 수압으로 인하여 두 점사이의 수두차가 생겨서 공극수의 흐름이 발생하게 된다. 공극수의 흐름속도는 투수계수에 의존하므로 투수계수가 작은 점토의 경우 물이 흐르는 속도는 매우 느리다. 이와 같이 오랜 시간에 걸쳐 흙속의 공극을 통하여 물이 흘러나가면서 흙이 천천히 압축되어 체적이 감소하는 현상을 압밀이라 한다. 흙의 압축성이 클수록 완전히 압밀될 때까지의 시간이 많이 소요되며, 흙의 투수계수가 클수록 압밀속도는 빠르다.

**Consolidation Settlement 압밀 침하** 압밀은 지속하중에 의한 간극수 배출현상으로서 1차 압밀과 지속하중에 의한 흙입자 구조의 재배열되는 2차 압밀로 구분된다. 점성토에서 발생하는 1차 압밀침하(primary consolidation settlement)는 포화점토에서 간극을 채우고 있는 물이 빠져나감으로서 발생되는 체적의 변화로 인하여 발생하는 시간의존적 침하이며, 2차 압밀침하(secondary con-solidation settlement)는 과잉 간극수압이 모두 소산된 후에도 하중이 지속적으로 작용하는 경우에 발행하는 시간의존적 침하로 흙 구조의 소성적 조정(plastic adjustment)이 주원인이다. 침하량은 St(전체침하량) = Si(즉시침하량) + Sc(1차 압밀침하량) + Ss(2차 압밀침하량)으로 일반적으로 표현된다. 사질토는 투수계수가 커서 간극수압 증가와 함께 배수가 일어나 지반의 부피감소로 지반침하가 발생하며, 즉시침하와 압밀침하가 동시에 일어난다. 점성토는 투수계수가 매우 작아 하중에 의한 과잉간극수압의 소실 시간이 오래 걸린다. 따라서 즉시침하가 발생한 후 오랫동안 압밀침하가 발생하며, 일반적으로 압밀침하량이 즉시침하량보다 매우 크다. Consolidation 및 Immediate Settlement 참조.

**Constant 상수** 프로그램이 실행되는 동안에 그 값이 변하지 않는 기억 장소를 말한다.

**Constant Azimuth 항정선** Rhumb Line을 참조.

**Constant Error 정오차(定誤差)** 일정한 조건하에서 일련의 관측값에 항상 같은 방향(+ 또는 −)과 같은 크기로 발생하는 오차로, 관측 횟수에 따라 오차가 누적됨으로써 누차 또는 정오차라고도 한다. 오차가 일정한 법칙에 따라 발생함으로 그 원인과 크기를 알면 이 오차는 보정할 수 있다. 누차 또는 계통오차라고도 한다.

**Constant for Correction 개정수** 조석에서 사용되는 용어로 임의 지점의 조사와 조고를 표준항으로부터 구하기 위한 조시차(Time Difference for Tide)와 조고비(Height Ratio for Tide)를 말한다.

**Constant Market Price 불변가격(不變價格), 실질가격** 당해 연도의 금액은 당해 연도의 구매력을 나타내지만 연간 비교에 있어서는 물가변동으로 인해 절대금액으로는 비교할 수 없으므로, 기준연도를 설정하고 물가지수 변동에 따른 가치 변동을 조정하여 나타낸 구매력으로 비교한다. 이를 불변가격이라고 한다.

**Constant of Scale 축척 정수** 시판되고 있는 자를 비교검사해서 어느 장력과 어느 온도하에서 자가 신축되어 있는 값을 말한다.

**Constant Shading 고정 셰이딩** [영상처리] 하나의 평면을 1가지 색상으로만 shading하는 가장 단순하고 빠른 방식이다. 셰이딩(shading, 그림자 처리)은 3차원 컴퓨터 그래픽스 분야에서 렌더링 과정에서 빛의 거리와 각도에 따라 물체 표면의 조도를 변화시키는 기법으로서, 각각의 폴리곤(polygon)이 표면과 빛의 각도에 따라서 밝기가 달라지므로 매우 사실적인 물체표현을 할 수 있고, 육안으로 식별하기 쉬워지는 효과가 있다. Constant Shading(고정 셰이딩)은 각 폴리곤의 surface normal 값이 광원과 이루는 각도를 계산해서 표면의 밝기를 결정한다. surface normal값이 광원을 지향할수록, 다시 말해 표면이 광원을 정면으로 바라볼수록 밝은 색을 띠게 된다. 표면의 반사도나 조명의 세부 속성 등을 계산에 포함시키지 않기 때문에 표면 색상이나 매핑된 이미지의 색상이 원래 지정한 색상에 가장 가깝지만 현실 세계에서는 평면이라고 하더라도 1가지 색상만으로 이루어지는 경우가 없으므로 shading 된 이미지의 현실감은 별로 기대할 수 없고 인접한 다른 폴리곤과의 모서리를 부드럽게 보간(補間, interpolating)하지도 않는다. Shader, Gouraud Shading, Phong Shading을 참조.

**Constellations 별자리, 배열, 컨스텔레이션** ① 별자리(성좌·星座)는 천구(天球)의 별을 지구에서 보이는 모습에 따라 이어서 어떤 사물을 연상하도록 이름을 붙인 것이다. 별자리는 보통 비슷한 방향에 놓이지만, 실제로 같은 별자리에 속한 별들이 반드시 3차원 상으로 가까운 위치에 있는 것은 아니다. 별자리는 문화권별로 다르며 시대마다 다르지만, 현재는 1930년 국제천문연맹(International Astronomical Union, IAU)에서 정한 88개의 별자리가 공통적으로 쓰이고 있다. 별자리는 인공위성을 추적할 때와 천문학자나 항해자들이 특정한 별을 찾을 때 유용하다. ② 천구상의 GPS배치 상태로서, GPS위치를 계산하기 위하여 수신기에 의해 사용된 3대 이상의 위성 군을 말한다. '천구상의 GPS배치 상태'(Constellations)는 위성 수와 서로의 상대적인 위치는 상대적인 기선성분의 정확도에 영향을 미친다. 위치계산을 위한 최적의 컨스텔레이션은 PDOP가 가장 낮은 경우이다.

**Constrained Query 제약 질의** Instant query로서, 센싱데이터값에 대한 주어진 조건수행, 센싱데이터들에 대하여 aggregation 연산수행 등의 제약을 가진 질의를 의미한다.

**Constraints 제약 조건** ① 형상(지형·지물)의 상호 관계상의 제약 조건. 예를 들어, 상호 작용 모형(Interaction Model)에서 출발점으로부터 모든 목적지까지 만들어지는 여행 경로의 수를 지정할 때에는 출발점의 생산 용량을 초과할 수 없다. 위치 할당 모형에서, 특별한 병원에 할당되는 환자의 수가 병원의 능력(예: 침대 수)을 초과할 수 없다고 지정하는 것. ② 프로젝트의 목표 및 목적들이 어떻게 달성되어야 하는가에 대한 조건들로서 절차, 환경, 인원, 기술적 요구 사항, 예산 및 일정들을 포함한다.

**Construction CALS 건설 칼스** 'Continuous Acquisition Lifecycle Support'의 약어로서, 기획·설계·시공·유지 관리 등 건설 생산 활동 전 과정의 정보를 발주 기관, 건설 관련 업체들이 컴퓨터망을 통해 신속히 교환·공유하는 건설 사업 지원 통합 정보 체계이다.

**Construction Cost 공사비** 용역하는 데에 드는 직접비, 간접비의 총 비용의 합계를 말한다.

**Construction Management(CM) 건설관리자** CM(Construction Management)를 참조.

**Construction of Target 조표** 측표를 설치하는 것을 말한다. 즉, 삼각, 삼변, 다각측량을 실시할 때 원거리에서 지상의 기준점표지를 보기 곤란한 경우, 대체목표물이 되는 측량용표지를 설치하는 것을 말한다.

**Construction Surveying 공사측량** 공사계획 또는 공사의 각 단계를 계획하고 수행하며, 그 비용을 추정하거나 공사 진행 단계에서 필수적인 정보를 얻을 목적으로 시행하는 측량으로 얻어진 정보의 일부분은 공사도면의 형태로 기록될 수 있다. 시공측량이라고도 한다.

**Constructive Solid Geometry 구조적 입체** 3차원 자료 구조에서는 기본 형태와 기본 요소로 기술하며, 논리 연산 트리를 사용하여 복잡한 입체를 표현한다.

**Consumer Electronics Show(CES) 국제 가전제품 박람회** CES (Consumer Electronics Show)를 참조.

**Consumer Reports 컨슈머 리포트** 미국의 비영리단체인 소비자협회(Consumer Union)가 발행하는 소비자 잡지. 가전제품·자동차 등 특정 상품을 비교 평가해 소비자들의 구매 결정에 큰 영향을 미친다.

**Consumer-Generated Media 소비자생성 미디어** 사용자생성 미디어(User-Generated Media)나 UCC(User-Created Contents) 등으로도 불린다. 블로그, 리뷰 사이트 등에 올라온 콘텐츠를 지칭하는 광범위한 용어로 글과 사진, 음성 녹음, 동영상 등을 포함한다.

**Consumerist 컨슈머리스트** 가장 유명한 소비자 보호 사이트 중 하나. 소비자들의 경험을 모아서 재출판하며, 소비자들이 관심을 가지는 뉴스나 자문도 제공한다.

**Contact Address 획득 주소** 자료군과 관련된 사람이나 기관의 주소를 말한다.

**Contact Analogue 콘텍트 아날로그** 콘텍트 아날로그란, 도로, 표지판 등 창밖으로 보이는 외부 환경의 실제 물체에 디지털로 생성한 가상의 '표시'를 덧붙이는 기법으로, 내비게이션 정보나 운전자 보조 장치의 정보를 창밖 도로 풍경의 해당 위치에 정확히 표시할 수 있다. 내비게이션상의 이동 경로를 실제 도로에 겹쳐 표시할 수도 있고, 차량이나 안전관련 물체가 눈에 잘 띄도록 강조해서 표시할 수도 있다. 이를 위해서는 우선 차량의 디스플레이 영역이 커져야 한다.

**Contact Electronic Mail Address 연락 전자 메일 주소** 관련 기관이나 개인의 전자메일 주소를 말한다.

**Contact Facsimlle Telephone 연락 팩스 번호** 관련 기관이나 개인의 팩스번호를 말한다.

**Contact Information 연락 정보** 정보의 획득처 및 획득 형태, 정보의 가격에 대한 정보가 포함된다. 이 면은 개인과 기관을 식별하는 수단을 제공하며, 메타데이터 표준의 다른 면에 의해 사용된다. 이 면은 홀로 사용되지 않는다. 연락 정보는 연락 담당자, 연락 담당 기관, 연락 주소, 연락 전화 등의 필수항목과 연락 위치, 서비스 시간, 연락 설명 등의 선택 항목으로 구성된다.

**Contact Instructions 획득 지침** 책임담당자나 기관과의 연락 방법에 대한 보충 지침을 말한다.

**Contact of Upper Limb 상변 접촉** 태양의 고도를 측정할 때 미리 일정한 고도를 정해 놓고 망원경의 십자선에 태양의 상변이 접촉하는 시각을 정확하게 측정하는 방법을 일반적으로 쓰고 있다. 이 순간을 상변접촉이라 하고 하변일 때를 하변접촉이라 한다.

**Contact Organization Name 연락 기관명** 자료군과 관련된 기관명을 말한다.

**Contact Organization Primary 연락 주기관 명** 자료군을 주관하는 담당자나 기관으로, 이 경우 기관의 이름이 담당자의 이름보다 더 중요하다.

**Contact Person Name 연락 담당자 명** 자료군과 관련된 기관, 담당자 이름을 말한다.

**Contact Person Primary 연락 담당자** 자료들을 주관하는 담당자나 기관으로, 이 경우 담당자의 이름이 기관의 이름보다 더 중요하다.

**Contact Position Name 연락 부서명** 자료군과 관련된 담당자의 역할과 지위를 말한다.

**Contact Print 밀착 인화** 투사기를 이용하지 않고 직접 필름을 인화지위에 놓고 인화하는 방식을 말한다.

**Contact Printer 밀착기** 네거티브 필름으로 만들어진 사진 인쇄를 말한다.

**Contact TDD/TTY Telephone 획득 티디디/티티와이 전화번호** 청각 장애자가 관련 기관이나 개인과 연락할 수 있는 전화번호를 말한다.

**Contact Voice Telephone 획득 전화 번호** 관련 기관이나 개인과 연락할 수 있는 전화번호를 말한다.

**Contain 포함** 한 공간 객체가 다른 공간 객체를 포함(경계가 만나지 않는 경우)하고 있는지를 나타내는 것을 말한다.

**Containment Analysis 포함 분석** 기준 다각형 객체 내부에 포함되는 객체들의 검색. 예로서 호수 위에 작은 섬들이 있는 경우 호수는 하나의 다각형으로 표현되며, 작은 섬들 역시 여러 개의 작은 다각형으로 표현된다. 또한 호수를 나타내는 다각형간의 포함여부를 나타내는 것을 포함성이라 한다. Topology를 참조.

**Content Communities 콘텐츠 커뮤니티** 특정한 종류의 콘텐츠를 만들고 공유하는 커뮤니티로 가장 인기 있는 콘텐츠 커뮤니티로는 Flickr(사진), Del.icio.us(북마킹), YouTube(비디오) 등이 있다.

**Content Information 내용 정보** 지리자료군에 발생하는 형상의 유형, 기능, 속성관계를 정의하고 기술하는 목록에 대한 정보를 제공한다.

**Content Standards for Digital Orthoimagery 수치 정사영상 내용표준** 이 표준은 FGDC의 프레임워크 데이터인 수치정사영상 데이터의 일반적인 기준을 제시한 표준이다. 수치정사영상의 프로세스, 정확성, 보고 및 활용에 대한 내용을 포함하고 있다.

**Content Standards for Framework Land Elevation Data 표고 데이터의 내용표준** 이 표준은 FGDC의 프레임워크 데이터인 수치표고데이터의 일반적인 기준을 제시한 것이다.

**Content Standards for Spatial Metadata(CSSM) 공간 메타데이터 내용표준** CSSM(Content Standards for Spatial Metadata)를 참조.

**Content Type 내용 유형** 셀 값에 의해 표현되는 정보의 형태를 말한다.

**Contents Delivery Network(CDN) 콘텐츠 전송 네트워크** CDN (Contents Delivery Network)를 참조.

**Contents Provider(CP) 콘텐츠 제공자** CP(Content Provider)를 참조.

**Context Aware Computing 상황인지(狀況認知) 컴퓨팅** 사용자의 개인이력정보와 외부의 상황 정보(Location, Identity, Activity, State)를 동원하여 사용자의 현재의 시간과 위치에서 발생 가능한 최적화된 정보를 제공해주는 역할을 수행하는 것을 말한다. 사용자와 객체 간의 환경, 선호도 등에 관한 정보를 이용하여 사용자에게 최적의 서비스를 제안하는 일련의 활동들을 의미한다. 상황인지(狀況認知) 컴퓨팅은 LBS, SNS, 개인화, 비즈니스 인텔리전스, 시맨틱 웹, 데이터 마트, 휴먼컴퓨터 상호작용, SOA 등 다양한 기술 분야에 직접 또는 간접적으로 내장/결합되어 적용될 것이다.

**Context Aware Service(CAS) 상황 인식 서비스** CAS(Context Aware Service)를 참조.

**Context Awareness 상황 인지(狀況認知)** 상황인지기술은 사용자, 디바이스 및 환경으로 이루어진 현실공간에서 일어나는 동적(Dynamic), 내적(Individual), 정적(Static) 상황을 포함하는 각종 상황정보들을 추상화하여 가상공간 안으로 주입시킨 후 이 정보들을 활용하여 사용자의 상황에 맞는 맞춤형 정보나 지능화된 서비스를 제공하는 것이다. 상황인지는 사람의 명령에 의해서가 아니라 사람의 행동이나 음성 또는 그를 둘러싼 환경의 변화를 인식하고 그 사람의 내재된 의도나 요구에 적합하도록 환경을 제어하고 서비스를 제공하는 것을 의미한다.

**Context-Aware Computing 상황 인식 컴퓨팅(狀況認識-)** 현실 공간과 가상 공간을 연결하여 가상 공간에서 현실의 상황을 정보화하고 이를 활용하여 사용자 중심의 지능화된 서비스를 제공하는 기술. 현실 세계의 모든 상황을 표현하는 기술적 수단을 제시하며, 이를 기반으로 상황 인식, 상황의 특징 추출, 학습, 추론 등의 지능화된 기법을 적용하여 인간 중심의 자율적인 서비스를 가능하게 한다. 달성하고자 하는 목표로 볼 때 유비쿼터스 컴퓨팅의 일부분으로 볼 수도 있으나 목표에 대한 접근 방법에 차이가 있다.

**Context-Aware U-Learning 상황인식 유-러닝** 증강현실 기술, 상황인식 기술, 상황인지 기반 검색 기술, 네트워크 기반 로봇, 주변환경 인지 및 통신 기술, 멀티터치 기반 컴퓨팅, 전자종이 등 기술이 활용된다.

**Context Cognition Technology 상황 인지 기술(狀況認知技術)** 단말에서 제공되는 입력 정보와 사용자의 정보로 최적의 솔루션을 찾아 주는 기술. 미래의 사용자 인터페이스(UI)는 지능을 가져야 하고, 이를 구현하기 위해 필요한 기술이 상황 인지 기술이다. 예를 들면, 사용자가 아침 9시로 모닝콜을 정해 놓았을 경우에도 오전 시간의 스케줄 정보 및 날씨, 교통 정보 등을 활용해 모닝콜이 울리는 시간을 단말기가 자동으로 변경해 준다.

**Context Information 상황 정보** 사용자와 다른 사용자, 시스템 혹은 디바이스의 애플리케이션 간 상호 작용에 영향을 미치는 사람, 장소, 사물, 개체, 시간 등 상황(situation)의 특징을 규정하는 정보를 말한다.

**Context-Sensitive Help 환경에 따른 도움말** 응용 프로그램 패키지에서 현재 실행 중인 명령어. 모든 동작과 관련된 문서를 영상면에 나타내는 사용자 보조 방식을 말한다.

**Contiguity 인접성** 각 아크의 좌측 다각형(Left Polygon)과 우측 다각형(Right Polygon)을 기록하여 인접한 다각형은 위상 관계로 인식하게 하는 것을 말한다. 인접은 다각형의 정확한 위치와 관계하지 않고, 단지 그들의 상대적인 위치만 관계한다. 인접 자료가 요구된다면 관련 좌표자료에 상호 참조될 수 있는 표, 행렬 또는 간단히 목록으로서 저장될 수 있다. 아크는 방향과 함께 좌측과 우측과 우측변을 갖는다. Polygon-Arc Topology를 참조.

**Contiguity Analysis 인접 분석** 일련의 다각형들이 서로 근접해서 위치해 있는지를 결정하는 분석적 기술, 때때로 근접 분석이라고도 한다. Adjacency Analysis를 참조.

**Contiguity Measure 인접관측** 연결되는 공간적인 단위의 특성을 평가하는 것. 연속적인 영역은 하나 또는 그 이상의 특수한 성격을 가지는 공간단위의 집합으로 구성된다. 연속적인 영역이란 끊어짐 없이 연결되어 있음을 의미하며, 어떠한 공간적 차이도 허용치 않는다. 일반적으로 인접관측에 사용되는 것은 연속적인 영역의 크기와 그 지역을 가로지르는 최단거리와 최장거리이다. 이러한 관측은 일반적으로 규격화된 크기와 형상 특성을 지닌 일정한 영역을 선택해 내는 데 응용된다. 예로 공원을 조성하는 데 필요한 지역으로 최소 20km 이상의 1000$km^2$ 이상 되는 지역을 찾는 것을 들 수 있다.

**Contiguous 인접의** 인접의 접촉, 수치 도화 내용에서 이것은 연결된 다각형 실체를 의미한다.

**Continent 대륙** 지표면이 몇 개로 분리되면서 형성된 대규모의 분리되지 않은 육지를 말한다.

**Continental Drift Theory 대륙 이동설** 1910년 Wegener가 남미와 대서양 연안의 굴곡이 서로 잘 들어맞는 것에 착안하여 모든 대륙이 옛날에는 한 덩어리였는데 분리 이동하여 현재와 같은 모양이 되었다고 주장한 학설이다.

**Continental Borderland 대륙 경계지(大陸 境界地)** 일반적으로 대륙붕을 수반하면서 대륙붕보다 훨씬 지형적 기복이 복잡한, 대륙에 인접한 지역으로서, 간단히 Borderland라고도 한다. 대륙붕의 경계에 있는 것이 일반적이며 바다 쪽에는 보통 대륙 사면이 존재하며, 지형적 고저에 따라 다수의 작은 분지들로 나뉘고, 때때로 섬처럼 새롭게 생기기도 한다. 평면이나 측면이 불규칙하거나 뭉툭한 형태를 띠고 있다.

**Continental Rise 대륙대(大陸帶)** 대양의 심부(深部)로부터 대륙 사면의 아랫부분을 향해 있는 완만한 사면으로서, 대륙사면의 하단부는 대양저 평원과 만나면서 경사가 약 0.2° 정도로 완만해지며, 대륙대는 대륙 사면을 통해 운반된 육성기원 퇴적물이 두껍게 쌓인 해저 퇴적지형이다.

**Continental Shelf 대륙붕(大陸棚)** 해안선으로부터 바다 쪽으로 해저면의 큰 기복 없이 넓고 평탄하게 펼쳐진 천해 지형이다. 대륙붕의 바다 쪽 경계는 해저면의 경사가 급격히 가파라지기 시작하는 대륙붕단(shelf edge)이며, 이 붕단을 경계로 하여 외양 쪽으로는 비교적 가파른 경사의 대륙 사면이 이어진다. 해저에 있는 대륙붕의 바깥 한계선을 이루는 고정점은 영해 기선으로부터 350해리를 넘을 수 없고, 2500미터 수심을 연결하는 선인 2500미터 등심선으로부터 100해리를 넘을 수 없다. 대륙붕이 영해 기선으로부터 200해리 밖으로 확장되는 경우, 연안국은 경도와 위도 좌표로 표시된 고정점을 연결하여 그 길이가 60해리를 넘지 아니하게 직선으로 대륙붕의 바깥 한계선을 그어야 한다. 연안국의 관할권 행사와 관련된 경우에는 UN해양법협약의 정의를 참고로 한다.

**Continental Slope 대륙 사면(大陸斜面)** 대륙붕의 바다 쪽 경계인 대륙붕단에서 시작하여 대륙대가 시작하는 위치까지 또는 해저의 경사면이 급격히 감소하는 위치까지의 사면으로서, 세계적인 평균 경사도는 약 4° 이상이다.

**Continuity 연속성, 연속자료** 특정 위치에서만이 아닌 모든 위치에서 측정 가능한 특징이나 대상물의 지리적인 속성값으로서, 지형이나 기압 등이 그 사례이다.

**Continuous Carrier Phase 연속적 반송파 위상** 각각의 위성으로부터 발송되고 있는 연속적인 파로 반송파 위상 관측 시 GPS 수신기는 첫 번째, 관측 순간에 수신되는 파의 일부를 알려줄 수 있지만, 이 파가 위성에서 발송되는 순간에 얼마나 많은 파가 수신기와 위성 사이에 놓여 있는가는 알려줄 수 없다. 그러므로 수신기는 첫 번째 파의 나머지 부분을 결정할 수 있지만, 첫 번째 파가 위성으로부터 발송되는 순간에 수신기와 위성 사이에 존재한 파의 정수를 알 수 없다. 이러한 미지수는 정수의 모호함(Integer Ambiguity)으로 언급한다. 첫 번째 관측이 이루어진 후에, 수신기는 관측한 전체 파의 수를 계산할 수 있다. 즉, 수신기가 첫 번째 관측에 대한 나머지 부분의 위상을 인지한 후에, 그 순간부터 반송파에 대한 연속적인 추적을 통해(위상의 변화를 계속해서 추적) 위성과 수신기 사이에 놓인 전체 파의 정수를 계산한다. 이것이 연속적인 반송파 위상(Continuous Carrier Phase)이다. 위성신호에 대한 추적이 끊어지면, 연속적인 반송파 위상은 재설정된다. 신호의 추적이 끊어진 후에, 연속적인 반송파 관측은 끊어진 다음에 다시 계속되는 파의 나머지 부분을 관측하기 위해 재설정된다. 정밀한 모든 기선처리 절차는 미지수인 파의 정수(정수의 모호함)를 계산한다. 파의 정수부분과 나머지 부분을 안다는 것은 위성과 수신기 사이의 정밀한 거리를 제공하는 것이다. 이는 기선성분에 대해 cm 수준의 해답을 제공한다. 반송파 위상 관측 값으로부터 유도된 상대위치는 몇 cm 이하의 정확도를 갖는다.

**Continuous Data 연속 자료** 각각의 위치가 지정된 값이나 파생되는 값을 가지는 지표면 형상. 일반적으로 불규칙 삼각망(TIN) 또는 격자구조(Lattice)로 표현된다. 예를 들면 온도와 같이 이산적인 단계 없이 계속적으로 변하는 자료를 말하나, 컴퓨터에서 연속적인 자료는 가능하면 등고선 또는 어떤 종류의 격자를 사용하여 이산적인 형태로 저장되어야만 한다. Interpolation를 참조.

**Continuous Database 연속 데이터베이스** 둘 이상의 분리된 지도 도엽에 걸치는 공간 정보를 하나의 연속적인 자료 구조처럼 저장하는 수치 데이터베이스를 말한다.

**Continuous Field 연속장** 경계를 구분할 수 없이 연속적으로 변화하는 현상을 일컫는 말로서, 예를 들면 카테시안 이차원 또는 삼차원 좌표계에서 각 좌표값에 따른 표고, 온도, 강수량의 변화량 등은 연속장의 형태로 표현된다.

**Continuous Geographic Database 연속 지형공간 자료** 기반 ArcStorm를 참조.

**Continuous geographic features 연속 지리 사상** 경관에 연속적으로 존재하는 지리공간 데이터 형태. 고도, 기온, 대기압, 경사도 등을 예로 들 수 있다.

**Continuous Intelligence 지속적 지능화** 대용량 데이터를 예측에 활용해 실시간 대응하는 기술과 서비스.

**Continuous Kinematic Survey 연속 이동 측량** 불확실 정수를 결정한 후에 이동 수신기를 차량 등에 부착하고 이동하는 순간마다의 위치가 궤적으로 구해진다. 따라서 위성에 대한 장애물이 거의 없는 지역에서 사용이 가능하며 수치 지도 작성과 종횡단도, 등고선 도면과 같은 지형도를 작성할 때 사용되기도 한다.

**Continuous Level of Detail 연속 세밀도** 고정된 다각형 숫자를 보유하는 것 대신에, 3차원 객체는 가깝게 이동할수록 더욱 복잡하게 되며, 더 효과적이고 측정 가능한 프로세서 능력을 만들며, 더 많은 영상리얼리즘과 높은 프레임레이트를 생성하는 기능을 제공한다.

**Continuous Mapping 연속적 지도제작** 지도가 제작되는 지역의 전체 범위가 어떤 분명한 공간적 세분 없이 전체로서 표현되는 지도 제작 체계를 말한다.

**Continuous Model 연속 모델** 결과 변수가 연속적으로 변하는 수학적 혹은 계산적 모델을 말한다. 이산적 모델(Discrete Model)이 반대의 개념이다.

**Continuous Query 연속 질의** USN(Ubiquitous Sensor Network, 유비쿼터스 센서 네트워크) 등의 네트워크 모니터링, 웹 추적, 센서 네트워크 등에서 제공하는 응용 서비스의 request가 USN middleware에서 주어진 주기와 기간을 기반으로 계속하여 수행되어 결과를 반환한다. 센서 네트워크 응용과 같이 환경변화에 따라 새로운 센싱 데이터가 끊임없이 제공될 때, 이러한 연속 질의가 주로 활용된다. 일반 질의는 정해진 크기의 데이터가 존재할 때, 이 데이터에 대하여 질의가 입력으로 주어지고, 결과가 생성되는 방식에 비하여, 연속 질의는 이미 존재하는 질의에 대하여 센싱 데이터가 입력으로 주어지고, 결과가 생성되는 방식으로 동작한다. 특히 join 연산과 같이 데이터의 끝이 정해져야 수행할 수 있는 blocking 연산에 있어서, 연속 질의가 끊임없이 입력되는 센싱 데이터에 대하여 blocking 연산을 효율적으로 수행하기 위한 방법도 필요하다.

**Continuous Tone 연속된 색조** 일관성 있고 끊기지 않는 밝기 값. 사진은 연속된 색조이다.

**Continuous Tone Image 연속 색조 영상** Halftone Image, Dot Screen를 참조.

**Continuous Stream Mode 컨티뉴어스 스트림 방식** 보통 재순환을 위해 전극 방향의 홈통에 다시 모이는 잉크의 연속적인 흐름을 통해 인쇄한다.

**Continuous Variable 연속변수(連續變數)** 양의 크기를 나타내기 위하여 수량으로 표시되는 변수로 주어진 범위 내에서 어떤 값도 가질 수 있는 변수이다. 소수점으로 표시될 수 있는 변수로서 길이, 무게 등의 예를 들 수 있다.

**Continuously Operating Reference Station 지피에스 상시관측소** CORS(Continuously Operating Reference Station)를 참조.

**Contour 등고선** 지형도에서 지상에 표시되는 가상의 선으로 지표면의 동일한 높이의 점을 연결하는 선. 선상의 모든 점은 평균해수면을 기준으로 같은 높이를 가진다. GIS에서 등고선은 지형뿐만 아니라 지역의 범죄율, 건물의 가격, 지질의 화학적 성질의 분포, 야생동물의 분포 현황, 기후 자료와 같은 다양한 속성의 값을 표현하고 가상의 선을 형성하는 점들의 집합을 말한다.

**Contour Factor(C-Factor) 등고선 계수, 씨-계수** C-Factor (Contour Factor)를 참조.

**Contour Generation 등고선 생성** 등고선은 같은 값을 가진 점들을 연결시켜 표면(예 : 범죄율, 집 값, 유목 인구의 수 등)을 묘사하는데 사용된다. 실제 등고선의 생성 과정은 단순히 같은 값을 가진 점들을 연결하는 개념이 아닌, 보간 기능을 통해 오류값들을 처리하는 보다 포괄적인 과정이다.

**Contour Interval 등고선 간격(等高線間隔)** 이웃하는 등고선 사이의 간격으로서, 연직거리, 즉 표고 차(差)이다. 등고선 간의 수직거리로 지형도의 축척과 목적에 따라 달라지며, 그 간격의 기준은 일반적으로 주곡선이다. 우리나라 국가 기본도의 등고선 간격은 축척 1:5,000에서 5m, 1:10,000에서 5m, 1:25,000에서 10m, 1:50,000에서 20m, 1:250,000에서 100m이다.

**Contour Line 등고선(等高線)** 지표면의 동일한 표고점을 연결한 선으로, 지형의 기복을 나타내는 데 편리하다. 1799년 프랑스의 뒤팽 트리엘이 최초로 프랑스의 지도를 작성할 때 사용했으며, 그 후 세계 각국에서 지형도에서는 등고선을 사용하여 지표의 기복을 표현하고 있다. 등고선은 일종의 등치선(等値線)이므로 계량적인 분석이 가능하여 등고선이 지형도에 이용된 이후 지형을 보다 과학적으로 관측・분석할 수 있게 되었다. 등고선에는 계곡선(計曲線), 주곡선(主曲線), 간곡선(間曲線), 조곡선(助曲線) 등이 있다.

**Contour Line Break 등고선 끊김 오류** 등고선은 특성상 선형이 도곽 내에서 폐합하거나 도곽 밖에서 항상 폐합하며 연결된 직선이어야 한다.

**Contour Line Intersected 등고선 교차오류** 검수도엽 내의 등고선이 자기 등고선과 교차되는 부분이 있거나 옆 등고선과 서로 교차되는 경우를 말한다.

**Contour Line Mapping 등고선 도화** 사진측량에서 등고선을 그려 넣는 것을 말한다.

**Contour Line Method 등고선법** 지표면 위의 같은 높이의 점을 연결하는 방법을 말한다.

**Contour Line Over Degree 등고선 꺾임 오류** 등고선 입력이 부드럽게(Smoothing) 처리를 하지 않은 경우 발생한다.

**Contour Map 등고선도** 같은 높이의 점을 연결한 선으로 도상에 표시한 지형도. 지가・인구밀도・강수량・소음도・대기오염 등의 내용을 등가의 지점을 연결하여 선적으로 표시한 지도를 말한다.

**Contour Pen 곡선 오구(曲線烏口)** 곡선을 긋는데 이용하도록 두부가 곡선의 방향에 따라 회전되는 오구를 말한다. 오구는 펜 끝의 모양이 까마귀 부리를 닮은 데서 기인한다.

**Contour System 등고선법(等高線法)** 동일한 높이의 점을 연결하는 선인 등고선을 이용하여 지형의 기복을 표현하는 기법이다. 지형의 기복을 정확하게 표현할 수 있고, 표현된 등고선을 정량화 분석이 가능하다는 장점이 있어 토목공학에서 많이 이용하는 기법이다.

**Contour Tagging 등고 표지** 독취된 등고선에 값을 지정하는 자동화된 공정을 말한다.

**Contour Value 등고선 수치(等高線 數値)** 등고선의 높이를 나타내는 수치. 산정을 향하여 계단식으로 표시한다.

**Contouring 등고도화, 컨투어링** ① 계급화된 영상을 등 간격의 계급마다 등농도 또는 등색에 대응시킨다. 등고선을 발생시키는 공정을 말하다. ② 영상을 충분한 비트로 표현하지 않음으로써 만들어지는 영상 제작물 윤곽 영상에서 부드러운 전환 대신에 날카로운 대비를 가진다. 이러한 색상 영역은 지리적 윤곽 지도와 유사하게 영상을 만든다.

**Contract Document 계약서** 도급 공사에서 공사 발주자와 도급인 사이에 공사 집행에 관하여 서로 주고받은 약정 서류. 공사 도급 계약서, 계약 조건, 시방서 그리고 설계서 및 설계도서와 기타 이것을 보완하는 서류를 말한다.

**Contract Specifications 공사 시방서** 공사 내용, 방법, 주의사항 등, 공사하는 데 필요한 사항을 제시한 서류를 말한다.

**Contrast 콘트라스트, 대비** [영상] 농도나 밝기에 있어서의 어느 한 톤과 다른 톤 사이의 차이를 말하며 대비라고도 한다. 사진 또는 영상에서 밝은 부분들과 어두운 부분들 간의 밝기 차이. 콘트라스트가 클수록 밝은 부분들과 어두운 부분들 간의 차이가 커서 구분이 쉬워져 영상 처리 과정 또한 용이하다.

**Contrast Enhancement 명암차 강조, 대조 강조** 어떤 영상에서 명암차를 인공적으로 증가시키는 방법이다. 명암차 강조는 크게 전역 변환(Global Transform) 방법, 지역 변환(Local Transform) 방법, 컬러 변환(Color Image) 방법이 있다.

**Contrast Stretching 대비 확장, 휘도 증폭, 명암차 확장** 영상에서 그레이스케일 값의 원래 범위가 표시 장치의 전체 범위로 확장되는 수치 영상 처리에서 사용되는 영상 대비를 높이는 기술. 영상 히스토그램의 X축의 특정 구간을 더욱 확대하여 강조한다.

**Control 기준** Ground Control를 참조.

**Control Area 관제권(管制圈)** [항공] 비행장과 그 주변의 공역으로서 항공교통의 안전을 위하여 국토교통부장관이 지정한 공역을 말한다(「항공법」 제2조 제19호).

**Control Character 제어 문자** 한둘 진행 또는 개행(Carriage) 조절과 같은 컴퓨터 작동에 변화를 일으키기 위하여 사용되는 문자를 말한다.

**Control Data 기준점 성과** 기준점의 성과를 모아서 기록한 표를 말한다. 수평위치, 높이 인접점으로부터의 방향각 및 거리 등이 기록되어 있다.

**Control Key 제어키** 키보드에서 특수한 기능을 수행하기 위해 다른 키와 함께 사용되는 키의 이름을 말한다.

**Control Mosaic Photo Map 조정 집성 사진 지도** 편위 수정기에 의해 편의를 수정한 사진을 집성하여 만든 지도. 등고선이 삽입되어 있지 않다.

**Control Network 기준망** 우리나라의 기준망은 1970년대 후반부터 정밀측지망을 수행하고 있다.

**Control Point (측량)기준점(基準點)** 국토에 관한 각종 개발 및 이용계획 등의 입안을 위한 지도제작, 건설·토목공사용 도면 작성이나 측량에 토대가 되는 좌표점이다. 「공간정보의 구축 및 관리 등에 관한 법률」 제2조에서는 측량의 정확도를 확보하고 효율성을 높이기 위하여 특정 지점을 측량기준(「공간정보의 구축 및 관리 등에 관한 법률」 제6조)에 따라 측정하고, 좌표 등으로 표시하여 측량 시에 기준으로 사용되는 점으로 정의하고 있다. 측량기준점에는 다음과 같은 종류가 있다. 즉, 1. 국가기준점 : 측량의 정확도를 확보하고 효율성을 높이기 위하여 국토교통부장관 및 해양수산부장관이 전 국토를 대상으로 주요 지점마다 정한 측량의 기본이 되는 측량기준점, 2. 공공기준점 : 제17조 제2항에 따른 공공측량시행자가 공공측량을 정확하고 효율적으로 시행하기 위하여 국가기준점을 기준으로 하여 따로 정하는 측량기준점, 3. 지적기준점 : 시·도지사나 지적소관청이 지적측량을 정확하고 효율적으로 시행하기 위하여 국가기준점을 기준으로 하여 따로 정하는 측량기준점 등을 말한다(「공간정보의 구축 및 관리 등에 관한 법률」 제2조).

**Control Point Surveying 기준점 측량(基準點 測量)** 사진측량, 지형측량 등의 표정점, 도근점 등의 기준점 좌표를 얻기 위해 실시하는 측량으로 트래버스측량, 삼각측량, 수준측량 등을 이용한다. 세부측량의 기준이 되므로 세부측량보다 높은 정확도를 요구한다. 골조측량이라고도 한다.

**Control Segment 제어부분** GPS는 우주 부분(SS, space segment), 제어 부분(CS, control segment), 사용자 부분(US, user segment)로 구성되어 있다. GPS 위성의 궤도를 추적하고 위성을 관리하는 제어 부분(CS)은 (1) 주제어국(Master Control Station, MCS), (2) 보조제어국(alternate master control station), (3) 4개의 지상 안테나기지, (4) 6개의 추적기지(혹은 제어국, monitor stations) 등으로 구성된다.

(1) 하와이(Hawaii), (2) 마샬군도(Marshall Islands)의 콰절런(Kwajalein) 환초(環礁, Atoll, 산호에 의해 둘러싸인 반지 모양의 산호초), (3) 남대서양 적도부근의 화산섬인 어센션 섬(Ascension Island), (4) 인도양 적도 남쪽의 디에고 가르시아(Diego Garcia) 환초, (5) 미국 콜로라도 스프링스(Colorado Springs), (6) 미국 플로리다주 캐너버별 공군기지(Cape Canaveral Air Force Station) 등 6개의 추적기지(제어국)에서 위성을 추적한다. 위성 추적 자료는 콜로라도 스프링스의 슈리버 공군기지(Schriever Air Force Base)에 위치한 주제어국(2nd Space Operations Squadron, 2 SOPS)으로 보내진다. 주제어국(2 SOPS)에서는 취합된 최신의 궤도 정보를 분석하여 각 추적제어국의 안테나를 통해 GPS 위성으로 새로운 궤도 정보를 송신함으로써 위성의 시각을 동기함(synchronize)과 동시에 위성력(ephemeris)을 조정한다. 전송국에서는 이 자료를 하루에 적어도 한번 각 위성에 전송(Uploaded)한다.

**Control Station(CS) 제어국, 위성항법 보정시스템 제어국** CS(Control Station)를 참조.

**Control Surface 기준면** Datum을 참조.

**Control Survey 기준점 측량, 기초 측량, 골조 측량** 수평 위치 또는 표고점을 설정하는 작업. 기준점 측량은 측량 지역의 넓이와 필요 정확도에 따라 측지 측량과 평면 측량으로 구분한다. Skeleton Surveying을 참조.

**Control Survey Classification 기준점 측량 분류** 기준점 측량의 정확도와 정밀도에 따른 분류를 말한다.

**Control Traversing 기준 다각 측량** 3등 이하의 삼각점을 출발점 또는 폐합점으로 하는 다각측량을 말하며 삼각측량을 실시할 수 없는 지역에서 삼각측량을 실시하는 측량을 말한다.

**Control Traversing Point 기준 다각점** 기준다각측량에 의해서 설치한 다각점을 말한다.

**Control Triangulation 기준 삼각 측량** 평균거리 1.5~2.0km마다 설치하는 삼각점에 관한 측량이며, 지적도근 삼각측량 등과 같이 조건이 주어지는 것도 있다.

**Control Triangulation Point 기준 삼각점** 1~4등 삼각점 또는 기설의 기준삼각점에서 실시한 삼각측량으로 얻은 점을 말한다.

**Control Zone 관제구(管制區)** [항공] 지표면 또는 수면으로부터 200m 이상 높이의 공역으로서 항공교통의 안전을 위하여 국토교통부장관이 지정한 공역을 말한다(「항공법」 제2조 제20호).

**Controlled Image Base(CIB) 조정된 영상 기반** CIB(Controlled Image Base)를 참조.

**Controlled Mosaic 조정 집성** 편위 수정된 항공사진으로 만들어진 집성 사진이다.

**Controlling 조정** 목적 달성의 진척 측정, 수행되지 않는 작업들의 평가 및 해당 목적을 달성하기 위해 필요한 조치행위를 이행하는 것을 말한다.

**Controlling Relationship 조정 관계** 프로젝트 진행의 역 방향 경로에 따른 최지 개시(Late Start) 혹은 최지 완료(Late Finish) 또는 프로젝트 진행 경로에 따른 최조 개시(Early Start) 혹은 최조 완료(Early Finish)를 결정하는 작업 네트워크 관계를 말한다.

**Convection 대류(對流)** 열을 받은 물체의 물리적 운동을 통한 열의 이동이다.

**Convectional Projection 편이 도법** 여러 가지 조건, 예컨대 경위선망의 작도법 등을 편의적으로 미리 정하거나 도법의 성질 등에서 해석적으로 도법을 유도한 것을 일괄해서 이렇게 부르고 있다.

**Conventional International Origin(CIO) 국제 근원 협정, 시아이오** CIO(Conventional International Origin)를 참조.

**Conventional Terrestrial System(CTS) 관용 지표 좌표체계** Conventional Terrestrial System(CTS)를 참조.

**Converge 수렴** ① 하나의 값에 대한 특정 값의 최종적인 합의점을 말한다. ② 해답에 가까워지기 위해 반복된 결과로 나타난 것으로, 스프레드시트처럼 프로그램 내에서 일어난다.

**Convergence 수렴, 컨버전스, 폭주** ① [영상] 본래는 인간의 특정 피사체를 바라볼 때 두 눈을 피사체를 향해 안으로 모으는 현상 자체를 말한다. 입체영화 제작에서는 인간의 입체시 인지 방식을 모방하여 입체영상 촬영 역시 카메라를 안으로 모으는 방식을 통칭한다. 외국에서 Convergence, Toed In 등으로 불리며, 한국은 폭주, 주시, 수렴, 토인 등의 용어가 혼재되어 사용되고 있다. ② 디지털 컨버전스(Digital Convergence)로서, 하나의 기기나 서비스에 모든 정보통신기술이 융합되는 현상을 말한다. '컨버전스'의 본래 단어의 뜻은 "융합"으로, 디지털 컨버전스에서는 여러 기능을 복합적으로 쓸 수 있게 만든 제품을 뜻한다. 기본적인 통화 기능뿐 아니라 디지털 카메라, MP3, 방송, 금융 기능까지 갖춘 휴대전화, 와이브로(Wibro)와 같은 유무선의 결합 등이 대표적인 예이다. 또 통신과 방송을 연결한 DMB 서비스가 상용화되면서 휴대전화나 차량용 리시버에서 방송을 시청할 수 있게 됐다. 이처럼 영상, 음성, 데이터 등 종류가 다른 미디어가 단말기나 네트워크에 관계없이 융합되어 새로운 서비스를 만들어낸다. 반대되는 개념은 디버전스(divergence)로서 전문적으로 사용되는 기능만을 강조하는 제품을 말한다. 한 곳에 모여 있던 기능들이 반대로 흩어지는 '탈융합'이다. 여러 기능들이 모여 있는 컨버전스 트렌드가 갖는 단점을 보완하려는 움직임이다. 디버전스 움직임이 나타나는 이유는 무엇보다 '단순함'이 갖는 장점 때문이다. ③ 산업간 컨버전스는 IT의 활용범위가 보다 확대되고 타 산업 분야 기술과의 접목이 활발해지면서 산업간 경계가 무너지고 산업지도 재편 및 이종 산업간 경쟁이 격화되는 현상을 말한다. IT와 금융의 융합에 따른 U-금융(인터넷 및 모바일 금융), 방송과의 융합에 따른 오디오/비디오 서비스, 자동차와의 융합에 따른 e-Car, 건설과의 융합을 통한 u-Building 등이 그 대표적인 사례라 할 수 있다. ④ 기술간 컨버전스는 서로 다른 기술 요소들이 결합되어 개별 기술 요소들의 특성이 상실되고 새로운 특성을 갖는 기술과 제품이 탄생되는 현상으로 정의된다. 기술간 컨버전스는 개별 요소 기술의 속성이 상실된다는 점에서 기술의 통합(integration of technology)과 구별되기도 한다. 현재 추진 중인 기술간 컨버전스의 대표적인 사례들로는 다생체 정보처리(IT+BT), 지능형 극미세 전자기계 시스템(IT+BT+재료), 메카트로닉스(IT+기계), 생체 친화성 재료기술(IT+재료) 등을 들 수 있다.

**Convergence Angle 도편각(圖偏角), 수렴각** 진북과 도북 사이의 차이를 나타내는 편차각을 말한다.

**Convergent Camera 수렴 카메라** 수렴 사진을 촬영하기 위한 사진기. 촬영 방향을 서로 마주 기울여 고정한 한 쌍의 사진기를 말한다.

**Convergent Photographs 수렴 (항공)사진** 한 쌍의 사진 촬영 방향을 기선에 대하여 안쪽으로 향하게 하여 촬영한 실체 사진을 말한다.

**Conversation 대화** (1) 소셜미디어에서 쓰일 때는 블로그와 개인적인 출판 도구에 의해 이루어지는 양방향 의사소통을 말함. (2) 마케팅에서 쓰일 때는 메시지나 판촉 활동이 고객과의 토론으로 발전하는 것을 말한다.

**Conversation Mining 컨버세이션 마이닝** 대화를 분석하여 패턴을 찾아내는 작업을 말한다.

**Conversion 전환** 다른 기준면에 기초를 두고 있는 좌표참조체계로부터 다른 좌표참조체계로의 일대일 관계에 의해 좌표를 변경하는 것이다.

**Conversion Accuracy 전환 정확도** 전환된 좌표값이 그것들의 목표참조체계 위에서 사실값 또는 사실값으로 간주되는 값에 대한 근접도이다.

**Conversion ID 전환 식별자** 좌표 체계의 명칭 또는 식별자를 말한다.

**Conversion Method 전환 방법** 전환 방법과 함께 사용하기 위해 정의된 매개 변수의 이름 또는 이름들을 말한다.

**Conversion Method Formula 전환 방법 공식** 전환방법으로 사용되는 공식을 말한다.

**Conversion Method Name 전환 방법명** 지도 투영법의 이름을 말한다.

**Conversion Method Remarks 전환 방법 해설** 전환 방법에 대한 정보를 말한다.

**Conversion Parameter Name 전환 매개 변수명** 전환 방법으로 사용되기 위해 정의된 파라메터 명을 말한다.

**Conversion Parameter Value 전환 매개 변수값** 전화 매개 변수 값을 말한다.

**Conversion Precision 전환 정밀도** 계산에 의해 환산된 좌표값과 그것들의 정확한 값에 대한 근접도이다.

**Conversion Rule 전환 규칙** 입력 자료 구조를 갖는 사례를 출력 자료 구조를 갖는 사례로 변환하는 방법에 대한 사양이다.

**Converted Paper 가공지(加工紙)** 종이에 새로운 특성을 부여하기 위하여 윤을 내거나 물을 들이는 등 가공을 한 종이. 색종이·인화지 등을 말한다.

**Converter 변환기(變換機)** In Pulse를 어떤 형식에서 다른 형식으로 변환하는 장치. 예를 들면, 아날로그를 디지털에, 병렬식을 직렬식에 혹은 어떤 코드에서 다른 코드로 변환하는 장치를 말한다.

**Convex Hull 볼록 껍질** 기하 객체를 포함하는 최소의 凸집합을 말한다.

**Convex Set 볼록 집합** 기하학적 집합에 포함되는 임의의 2개의 점을 결합하는 직선(直線)상의 모든 점이, 그 기하학적 집합에 포함될 경우, 그 기하학적 집합이다.

**Convexity 볼록한 정도** 경사가 볼록하게 나와 있는 정도, 고도 분포 곡선의 이차 미분 계수로 관측된다.

**Convolution 상승** 영상의 완만화(smoothing)와 선명화(sharpening)와 같은 효과를 위해 사용되는 영상 작업으로서, 매우 간단하다. 중심 영상의 인접 영상들에 대한 가중화된 합이 중심 영상의 위치에 할당된다. 이 가중치들은 상승 커널이나 실행 영역으로 불리는 배열로 구성된다. 3×3, 5×5 행렬을 사용하여 영상을 재배열하는 기법이다.

**Convolution Coefficient 상승 계수** 상승 커널이나 실행영역의 개별적인 가중치를 말한다.

**Convolution Kernel 상승 커널** 상승 계수들의 배열, 상승 실행영역이라고도 불린다.

**Convolution Mask 상승 실행영역** 상승 계수들의 배열, 상승 커널이라고도 불린다.

**Cookie 쿠키** 한 웹 브라우저에서 다른 웹 브라우저에 주어지는 메시지. 브라우저는 이 메시지를 'cookie txt'라고 하는 텍스트 파일에 저장하며, 이 메시지 정보는, 쿠키를 제공하는 서버의 웹 페이지를 요청할 때마다 그 서버로 전송된다. 쿠키의 주된 목적은, 사용자들을 식별하고 사용자들의 기호에 맞춰 웹 페이지를 제공하기 위함이다. 인터넷 사이트가 방문자의 접속 정보를 기억하기 위해 사용자의 컴퓨터에 남기는 작은 파일. 쿠키를 이용하면 사용자가 해당 사이트를 재방문했을 때 자동으로 로그인(접속)해 주거나 즐겨 쓰는 서비스를 곧바로 보여줄 수 있다.

**Cookie-Cut 쿠키 컷** 특정한 대상 지역 이외의 지역을 배제하는 공간연산법. 예를 들어 국가의 윤곽도는 위성영상에서 픽셀을 도려낼 때 사용할 수 있다. Clip을 참조.

**Cooperative International GPS NETwork(CIGNET) 국제 공동 지피에스 망** CIGNET(Cooperative International GPS NETwork)를 참조.

**Cooperative Research and Development Agreement (CRADA) 공동 연구개발 협정, 협력적 연구개발 협정** CRADA (Cooperative Research and Development Agreement)를 참조.

**Coordinate 좌표(座標)** 공간좌표계 상에서 점의 위치를 나타낸 값이다.

**Coordinate Analysis 좌표 해석** 공간상 한 물체 또는 한 점 위치는 통상좌표로서 표시된다. 위치란 어느 계에 있어서 다른 점들과 어떤 기하학적인 상관관계를 갖는가를 의미하는 것으로, 통상 그 계의 기준이 되는 고유한 1점을 원점·매개가 되는 실수를 좌표라 한다.

**Coordinate Conversion(Transform) 좌표변환** ① 좌표 변환은 동일 좌표에서의 변환과 다른 좌표계로의 변환으로 나눌 수 있다. 기본적인 2차원 직교 좌표계는 극좌표($\gamma$, $\theta$)와 평면 직교 좌표(X, Y)와의 관계에서 기하학적으로 쉽게 좌표 변환된다. 그러나 구면 좌표계 또는 3차원 직교 좌표계에서의 좌표 변환은 기하학적으로 고려해야 할 사항이 많으며, 복잡한 좌표변환식이 요구된다. 특히, 지구 좌표계에서의 변환은 2차원에서 3차원으로 또는 3차원에서 2차원으로의 변환이 필요하며, 연속적인 좌표변환이 요구되는 경우도 있다. ② 디지타이징이나 스캐닝에 의해 입력된 지도의 대상영역은 실제 지형과 축척이나 방향이 다르며, 때에 따라서는 입력오차로 왜곡이 발생한 경우가 있다. 따라서 입력된 대상영역은 가장자리에 위치하고 있는 기준점(TIC)을 이용하여 일정한 좌표계로 변환해야 한다. ③ GIS를 위한 좌표 변환은 서로 다른 좌표계를 가지고 있는 자료층들을 동일 좌표계로 변환시킴으로써 동일 지역에 대한 다양한 정보의 분석과 자료의 추출을 위한 것이다. 좌표 변환의 과정은 각기 다른 좌표를 가진 자료층을 동일 좌표계로 등록시킨다 하여 등록(Registration)이라고도 한다.

**Coordinate Converting 좌표 변환** 이동(Panning)이나 확대와 축소(Zooming) 등의 도형 이동·회전·확대·축소를 위한 계산에 사용되는 좌표 변환으로 투영도나 투시도의 작성에도 사용된다.

**Coordinate Data 좌표 자료** 각종 자료 파일을 구성하는 자료 중에서 지상 또는 도상의 위치를 표현하는 수치 자료. 정위치 자료에서 좌표 자료는 평면 위치와 높이를 가지고, 평면 위치는 평면 직각 좌표계에 의한 좌표치(X, Y)로 표현한다.

**Coordinate Definition 좌표 정의** 축의 명칭·단위·방향과 순서를 정의하는 체계. 순서에 의해 목록화된 좌표들을 말한다.

**Coordinate Dimension 좌표차원** 좌표계 안에서 위치를 기술하기 위해 필요한 좌표축이나 측정치의 수를 말한다.

**Coordinate Filtering 좌표 필터링** Curve Fitting을 참조.

**COordinate GeOmetry(COGO) 좌표 기하, 코고** COGO(COordinate GeOmetry)를 참조.

**Coordinate Graph 종횡선 전개기** 도지상에 각 기준점의 위치를 정확하게 전개하기 위하여 종횡선의 묘사를 하는 기계로서 여러 가지 형식의 것이 쓰이고 있다.

**Coordinate Matrix 좌표 행렬식** 3D 객체를 영상에 그리는데 요구되는 숫자의 배열. 하나의 3D 객체는 여러 가지 숫자의 다각형으로 구성되어 있으며 각각의 꼭짓점의 각각의 다각형은 가상 공간에서 자신의 위치를 표시하기 위해 자체의 Coordinate Matrix가 요구된다.

**Coordinate Method 좌표법** 다각형으로 되어 있는 지지면의 각 정점의 X, Y 좌표값에서 그 면적을 계산하는 방법을 말한다.

**Coordinate Name 좌표 명** 연속된 순서에서 좌표의 명. 순서는 자료군에서 좌표의 순서를 반영해야만 하고 중요하다.

**Coordinate Pair 좌표 쌍** 데이터베이스의 일반적인 상대좌표 또는 절대좌표체계에 대해서 점·선 또는 다각형 형태의 2차원 위치(x, y)를 기술하는 3차원 좌표(x, y, z) 집합이다.

**Coordinate Point System 좌표점 체계, 방안법** 등고선을 그리는 간접법의 한 가지로서 구역을 다수의 장방향으로 나누어, 각 모서리 점의 표고를 구해서 비례에 따라서 등고선을 그리는 방법이다.

**Coordinate Reference System 좌표 기준계** 기준면 의해 지구에 관련지어진 좌표계. 점이 있는 위치에서 선형 또는 각도량이 측정되고 할당되는 기준 프레임 또는 체계를 말한다.

**Coordinate Reference System Alias 좌표 기준 체계 별명** 좌표 기준 체계가 알려지기 위한 또 다른 명칭들을 말한다.

**Coordinate Reference System Data 좌표 기준 체계 날짜** 좌표 기준 체계의 현실적인 일자를 말한다.

**Coordinate Reference System Datum 좌표 기준 체계 기준** 지구 모양에 대한 매개 변수를 말한다.

**Coordinate Reference System Datum Name 좌표 기준 체계 자료명** 점에 대한 좌표를 정의하기 위해 사용된 기준 체계에 부여된 식별명을 말한다.

**Coordinate Reference System Name 좌표 기준 체계명** 좌표 기준 체계명을 말한다.

**Coordinate Reference System Remarks 좌표 기준 체계 기준** 원 자료 정보를 포함하는 좌표 기준 체계에 대한 해설을 말한다.

**Coordinate Registration 좌표계 설정** 일반적으로 GIS 데이터베이스 구축에는 많은 유형의 자료 레이어가 필요하다. 다양한 자료 레이어를 서로 연관 지어 자료로 활용하기 위해 개별 데이터베이스는 동일한 좌표 체계를 갖는 것이 일반적이다.

**Coordinate Representation 좌표의 표현법** 수직 기준 축에서 거리를 측정하여 점의 위치를 기호화하는 방법을 말한다.

**Coordinate String 좌표 문자열** 구획 문자에 의해 분리된 X, Y 도표상의 문자열을 말한다.

**Coordinate System 좌표계(座標系)** 공간상에서 점들 간의 기하학적 관계와 위치를 수학적으로 나타내기 위한 체계로서, 2차원이나 3차원에서 한 점의 위치를 나타내기 위해 필요한 요소들로 구성된 시스템이며 원점, 축, 거리, 각 등의 단위를 의미한다.

**Coordinate System Dimension 좌표계 차원** 좌표에서 좌표의 수를 말한다.

**Coordinate System Identifier 좌표계 식별자** 좌표축 표기·이름·단위·순서를 정의하는 방법들. 좌표는 이 순서에 의해 작성된다.

**Coordinate System Name 좌표계명** 좌표계명 또는 식별자를 말한다.

**Coordinate System Remarks 좌표계 해설** 좌표계에 대한 해설 또는 정보를 말한다.

**Coordinate System Type 좌표계 유형** 수평적인 위치를 표현하기 위해 사용된 좌표계의 종류(Cartesian, Geodetic, Projected, Polar, Gravity Related)들을 말한다.

**Coordinate Thinning 좌표 세선화** 동일 경계를 나타내는 선의 모양이 변화하지 않는 범위에서 각각의 선에 포함된 좌표를 최대한 줄임으로써 자료의 양을 줄이는 방식을 말한다.

**Coordinate Transformation 좌표 변환(座標變換)** 하나의 좌표계를 사용하여 표시된 영상 또는 지도 정보를 다른 좌표계에서 사용되는 좌표 정보로 변화하는 작업. 예를 들어 직교 좌표계를 사용하여 표현된 점의 좌표를 극 좌표계에서 사용되는 좌표값으로 변환하는 작업을 말한다.

**Coordinate Transformation Method 좌표 변환법** 틱(TIC)표시, 격자 조직, 지상 기준점 등의 방법이 있다.

**Coordinate Units 좌표 단위** 경도와 위도값에 사용된 측정 단위와 거리에 대해 사용된 측정 단위를 말한다.

**Coordinated Universal Time(UTC) 협정세계시((協定世界時)** UTC(Coordinated Universal Time)를 참조.

**Coordinates 좌표** 지구상 한 지점의 2차원 혹은 3차원 위치를 나타내는 수치를 말한다.

**Coordinatograph 좌표 전개기** 평면 좌표에 의해 도면화하기 위해 사용하는 장비, 직각 좌표 도화기(Plotter)라고도 한다.

**Coorpertive International GPS Network 국제공동 지피에스망** 미국 국가측지측량(NGS)에서 1992년부터 현재까지 운영 중인 약 20점의 추적국을 연결한 망이다.

**COP(Copper Pipe) 동관(銅管), 구리관** 보통 냉간, 인발로 생산되는 이음매 없는 관. 열, 전기열, 전기 전도율이 뛰어나고 내식성이 양호하며, 굽힘 가공도 용이하다. 용도는 열교환기, 급수가열기, 화학 공업용 관등에 사용된다.

**CORBA(Common Object Request Broker Architecture) 코바** 다양한 지리 정보 간에 사용자들이 접근 및 자료 처리를 할 수 있도록 개발되고 있는 사양이다.

**Coplanarity Condition 공면조건(共面條件), 동일평면조건** 좌측과 우측 투영중심 간의 벡터, 대상점까지의 좌측영상 벡터 그리고 대상점까지의 우측영상 벡터가 하나의 면(공면)상에 존재해야 한다는 조건을 말한다.

**Copper Pipe(COP) 동관(銅管), 구리관** COP(Copper Pipe)를 참조.

**Copy Drawing 복사도** 원도를 복사기로 복사한 그림이나 도면을 말한다.

**Copyright 저작권** 저술가와 예술가에게 그들의 작품을 출판하거나 그들 외에 누가 출판할 수 있는가를 결정할 수 있도록 독점권을 부여 하는 법. 소프트웨어와 데이터베이스는 제한된 범위까지 저작권화 할 수 있다.

**CORBA(Common Object Request Broker Architecture) 코바, 공동 객체 요구 중재구조** 1989년 객체기반 분산 컴퓨팅을 위한 표준 구조 개발을 목적으로 결성된 OMG(Object Management Group)에서 개발된 단체 표준으로, 이기종의 분산환경에서의 객체 지향 시스템 개발을 위한 표준이다.

**Cord-Cutting 코드 커팅** 유료 케이블 방송 시청자가 가입을 해지하고 인터넷TV, OTT 등 새로운 플랫폼으로 이동하는 현상이다. 실제로 미국을 시작으로 넷플릭스, 구글 크롬캐스트 등 OTT 사업자가 대거 등장하면서 대규모 '코드커터(가입 해지자)'가 발생했다. OTT란 Over-the-Top의 약자로, 기존 통신 및 방송 사업자와 서드파티(3rd Party) 사업자들이 인터넷을 통해 드라마, 영화, 애니메이션 등 미디어 콘텐츠를 제공하는 서비스를 뜻한다. 초기 OTT는 TV와 연결해 사용하는 셋톱박스 형태와 관련 서비스를 뜻했지만, 현재에 이르러 PC, 스마트폰, 태블릿PC 등 다양한 기기로 인터넷 기반 동영상 서비스를 이용하는 의미로 확대됐다. 시장조사업체 익스페리언에 따르면 2013년 미국에서 760만 가구가 유료방송 가입을 해지한 것으로 나타났다. 미국 전체 가구 수 가운데 6.5%에 달하는 수치다. 스트리밍 서비스를 선호하는 만 35세 이하 세대 코드커팅 비율은 12.4%로 집계됐다. 우리나라도 코드커팅 현상이 발생할 가능성이 높은 것으로 전망된다. 20, 30대 시청자를 중심으로 OTT 서비스 수요가 증가하고 있기 때문이다.

**Core 코어** 스마트폰이나 컴퓨터의 두뇌에 해당하는 프로세서 내부의 핵심 연산장치. 코어 개수가 많아질수록 동시에 여러 작업을 빨리 처리할 수 있다.

**Core Competences 핵심 역량** 과거에 그 기업을 이끌어 왔으며, 추가 역량 축적 및 전환을 통해 미래의 견인차 역할을 할 수 있는 기업 내부에 공유된 기업 특유의 총체적인 능력, 기술, 지식, 문화 등을 의미한다.

**Core Memory 핵심 기억장치** 1960년대부터 1970년대에 걸쳐 컴퓨터의 주기억장치로 널리 사용되던 기억장치. 프로그램 실행 자료나 프로그램 문구에 빠른 속도로 접근할 수 있도록 하는 컴퓨터 주기억장치이다.

**Coriolis Force 전향력, 코리올리 힘** 반시계 방향으로 자전하는 지구의 북극지방에서 적도지방의 한 지점을 향하여 대포를 발사하면 대포알은 원하는 지점에 떨어지는 것이 아니라 그 오른쪽에 위치한 지점에 떨어진다. 그 이유는 실제로 대포알은 목표지점을 향하여 똑바로 날아가지만 대포알이 날아가는 동안 지구가 자전을 하여 대포알의 실제 타격지점이 목표지점이 있던 위치로 오기 때문이다. 이것을 지구상의 관측자가 연속적으로 관찰하면 대포알은 목표지점을 향하여 직선으로 날아가는 것으로 보이는 것이 아니라 오른쪽 방향으로 점점 휘어져 목표지점보다 오른쪽에 떨어지는 것처럼 보이게 된다. 이것을 관찰한 지구상의 관측자는 날아가는 대포알의 오른쪽 방향으로 "어떤 힘"이 계속적으로 작용하여 대포알의 이동경로를 휘게 만들었다고 보게 된다. 이와 같이 지구상에서 운동하는 물체의 이동경로를 휘어지게 만드는 "어떤 힘"을 전향력(轉向力) 또는 전향력을 최초로 발견한 프랑스의 물리학자 코리올리(Gaspard-Gustave de Coriolis, 1792~1843)의 이름을 따서 "코리올리 힘"이라고 한다. 전향력은 북반구에서는 물체의 운동방향에 대하여 오른쪽 직각방향으로 작용하고, 남반구에서는 왼쪽 직각방향으로 작용한다. 남극지방에서 적도지방의 목표지점을 향하여 대포를 발사하면 전향력이 왼쪽으로 작용하여 대포알은 목표지점보다 왼쪽 지점에 떨어지게 된다.

위도가 $\phi$인 곳에서 질량 m인 물체가 속도 v로 운동할 때 작용하는 전향력의 크기 $C = 2mv\omega\sin\phi$이다. 여기서, $\omega$는 지구의 자전각속도이다. 따라서 전향력의 크기는 물체의 질량이 클수록, 운동 속도가 빠를수록, 위도가 높을수록 커진다. 즉, 전향력은 운동하는 물체에만 작용하는 것으로 나타나는 가상적인 힘으로 나타나며 적도에서는 나타나지 않는다. 전향력은 지구적인 규모의 대기운동과 해류흐름에 큰 영향을 준다. 북반구에서 고기압의 중심에서 바람이 불어 나갈 때 언제나 시계방향으로 회전하는 것이나 저기압 중심으로 바람이 불어 들어갈 때 언제나 반시계 방향으로 회전하는 것은 모두 전향력의 작용 때문이다. 또한 북반구에서 해류가 시계방향으로, 남반구에서 반시계 방향으로 흐른다는 것도 전향력의 효과 때문이다.

**Corner Joins 코너 연결** 인접한 3장 또는 4장의 지도가 겹쳐지는 위치의 연결 방법을 말한다.

**Corner Reflection 모퉁이 반사** 탐사기에 반사되는 높은 전자기적 에너지는 지표 물체의 기하학적인 특징과 물체의 성질에 의한 결과이다. 모퉁이(corner) 반사는 건물의 기하학적인 특징에 의한 결과이다.

**Corner Reflector 코너 반사체, 코너 반사기** 코너 반사(건물의 기하학적 특징에 의한 반사)를 일으키는 대상을 말한다.

**CORONA(Satellite) 코로나** 원래는 1962~1972년 동안 초창기 키홀(Keyhole) 사진기를 탑재한 첩보 위성 기반의 원격탐사 체계. CORONA에서 얻은 고해상도의 모노크롬 데이터는 현재 USGS의 EROS 데이터 센터에서 온라인으로 얻을 수 있으며 몇몇 데이터는 미국지역을 포함한다.

**Corporate Blogging 기업 블로그** 기관의 목적을 위해 기관에 의해서 만들어지고 사용되는 웹기반 블로그를 말한다.

**Correction, Calibration 보정(補正)** (실험이나 관측, 근삿값 계산 등에서) 외부적 원인에 의한 오차를 없애고 참에 가까운 값을 구하는 것으로서, 보다 참값에 가까운 값을 구하기 위하여, 읽거나 계산된 값 또는 설정한 값에 어떤 값을 더하거나 곱하는 것을 일컫는다.

**Correction Age 보정 나이** 위성항법 보정시스템(Differential GPS, DGPS)에서 기준국(Reference Station, RS)에서 계산한 보정정보로 이용자가 PRR(PseudoRange Residual, 의사거리 잔차)를 계산하기까지의 시간을 말한다. 우리나라의 경우 감시국의 평균 보정나이는 약 4초이며 이용자의 측정장비에서 측정되는 실제 보정나이는 수신환경, 통신환경에 따라 차이가 있을 수 있다. RTCM에서 방송주기는 1초이지만 NTRIP을 통한 보정나이(Correction Age)는 통신환경 및 수신환경(이용자의 수신기, 프로그램 등)에 따라 차이가 있을 수 있다.

**Correction Beaning 보정 방위** 오차를 각 측점마다 분배해서 구한 보정방위 각에 의한 자방위를 말한다.

**Correction Defect 결함 보정** 영상 결함을 고치는 것을 목적으로 한다. 즉, 밝기값의 큰 착오를 제거하는 것이다.

**Correction for Crab 편류 보정** 편류에 의한 영향을 보정하기 위하여 카메라 거치대에 새겨진 눈금에 따라 편류각만큼 초점 평면을 바람방향으로 미리 회전시켜주는 보정방법이다.

**Correction for Curvature 곡률 보정** 곡선부에서 토량 산정을 할 때 단면에서의 도심이 벗어나 있을 때의 보정량을 말한다.

**Correction for Geometrical 기하학적 보정** 영상에 포함되는 왜곡의 보정을 말하며, 그것은 발생원인 및 성질에 관한 자료를 이용하여 계통적으로 보정하는 방법과 지상기준점을 이용하여 좌표를 변환시키는 방법이 있으며, 경우에 따라서는 조합하여 보정하기도 한다.

**Correction for Grarity 중력 보정(重力 補整)** 지구는 타원이기 때문에 중력의 차가 있다. 따라서 수준의 기준면인 지오이드(Geoid)면과 일치하지 않으므로 이에 따른 보정이 필요하다.

**Correction for Inclination of Tape 경사 보정** 경사거리를 관측하고 이 값을 경사각이나 경사높이를 이용하여 보정함으로써 수평거리로 환산하는 것이다.

**Correction for Pull 장력 보정(張力補正)** 테이프의 표준 장력(당기는 힘)과 측정시의 장력에 의한 길이 차를 구하여 보정한다.

**Correction for Sag 처짐 보정** 쇠줄자 등으로 거리를 측정할 때 중력에 의해 자의 중간에 처짐이 발생하는데, 이를 보정해 주는 것을 처짐 보정이라 한다.

**Correction for Scale 축척 보정(縮尺補正)** 타원체를 평면좌표로 표현하는데 있어서 축척계수에 의해서 축척을 보정하는 것을 말한다.

**Correction for Temperature 온도 보정** 표준온도와 관측시의 온도차를 보정하는 것을 말한다.

**Correction Survey 보정 측량** 해저 기복의 국시적인 변화에 따른 해도의 정비를 위한 측량(준설지역, 해안선 및 항로변동, 정박지의 수심보정, 해양 시설물 준공후의 확인 측량)을 말한다.

**Corrective Maintenance 하자보수, 사후정비** 납품된 소프트웨어에서 발견되는 소프트웨어의 결함을 수정하는 것을 말하며, 요구사항 변경 및 환경의 변화에 따른 기능변경은 포함되지 않는다.

**Correlate Equation 미정 계수 방정식** Lagrange의 미정계수법에 있어서 미정계수를 정하는 연립방정식을 말한다.

**Correlation 상관(관계)** 적어도 하나의 공통된 오차원을 갖는 둘 이상의 유도된 값이나 관측값의 한계를 정의하는 항을 말한다.

**Correlation Coefficient 상관계수(相關係數)** 두 변수 X, Y 간의 관계의 정도를 나타내는 지수로서, 일반적으로 Pearson의 적률상관계수를 가리킨다. Pearson의 적률상관계수는 두 연속변수가 선형관계를 보일 때, 두 변수가 얼마나 직선적으로 관계되어 있는가의 정도를 나타내고, 기호는 표본 상관은 r로, 모집단 상관은 $\rho$로 표시한다. 상관계수는 두 변수간의 관계의 정도만을 표시할 뿐 인과관계를 나타내지는 않으며, 크기는 −1에서 1까지이다. 부호가 +인 경우는 정적 상관을 나타내고, −인 경우는 부적 상관을 나타낸다.

**Correlation Method 상관법(相關法)** 상관식 누수 탐지장비를 이용하여 누수위치를 탐지하는 방법으로서, 수도관에 누수가 있는 경우 2개소에 센서를 놓아 누수음을 잡아 상관기로 양쪽 소리의 상관을 취해 양센서까지의 도달시간차를 구하여 이 도달시간과 양센서 간의 거리 및 수도관 내를 전해오는 누수음의 속도에서 누수위치를 산출해내는 방법이다.

**Correlation Type Channel 상관형 채널** 수신기에서 발생된 GPS 코드의 복제품과 수입(Incoming) 코드사이의 일직선(상관관계 피크)을 유지하기 위한 수신 지연환(Delay Lock Loop)에 사용한 GPS 수신기 채널이다.

**Corridor 회랑, 통로** 선형 형상을 따라서 완충지역으로 버퍼와 같은 용어이다.

**Corridor Analysis 회랑 분석** Buffer Analysis를 참조.

**Corridor Generation 코리더 제너레이션** Buffer를 참조.

**Corrosion 부식(腐蝕)** 부식은 주위 환경과의 화학 반응으로 인하여 물질이 구성 원자로 분해되는 현상을 말한다. 일반적으로 산소와 같은 산화체와 반응하여 금속이 전기화학적으로 산화되는 것을 가리킨다. 부식이 발생하기 위해서는 양극(anode), 음극(cathode), 전해질(electrolyte), 전기회로 (return circuit) 등 4가지 요소를 갖추어야 한다. 이를 부식전기의 4가지 조건이라 한다. 일반적인 배관재는 양극이나 음극에 해당되며 관 내부에 흐르는 유체는 전해질에 해당되고, 배관이 연결되어 있으므로 결국 부식발생의 조건을 다 갖추었음을 알 수 있다. 전기적으로 완전한 회로를 이루기 위해서는 전극반응을 이온의 이동이 수반되어야 한다. 양극은 전자가 나오는 부분, 화학적으로는 산화

반응이 이루어지므로 부식이 되는 부분이다. 음극은 양극에서 나온 전자를 흡수하며 환원반응이 이루어지는 부분이므로 부식은 되지 않는다. 즉, 부식은 전류가 양극의 금속을 떠나 전해질로 들어가는 곳에서 발생하며, 양극을 떠난 전류는 음극으로 흘러가 소모되므로 음극에서는 어떠한 부식도 발생하지 않는다.

**Corrosion Potential 부식전위** 전해질에서 부식이 되면 부식전지의 형성에 의해 금속에 전류가 흐르고 분극(分極)이 생긴다. 전류가 증가하면 음극(cathode)의 전위가 하강하고, 양극(anode)의 전위가 상승하여 결국에는 양극의 전위는 같아진다. 그 때의 전위를 부식전위라 하고 자연 상태에서의 부식전위를 자연부식 전위라고 한다. 부식전위의 수치는 금속과 전해질용액과의 전위차를 직접 측정하는 것이 불가능하기 때문에 전극전위를 일정하게 한 조합전극을 사용해서 금속의 전위와 조합전극의 전위와의 전위차를 측정해서 나타내는 것이 보통이다. 조합전극에는 수소전극, 포화염화제일수은전극, 염화은전극, 황산구리전극 등이 있으나 사용하는 전극에 의해서 부식전위의 수치가 다르기 때문에 전위표시에는 사용한 조합전극을 명시해야 한다.

**Corrosion Resistance 내식성(耐蝕性)** 금속 부식에 대한 저항력, 즉 내식성은 금속의 조성과 조직에 따라서 달라지고, 물이나 산, 알카리, 염류 등의 종류, 농도, 온도 및 그 밖의 상태에 의해서 달라지는 것으로 이온화 경향이 큰 금속일수록 화합물이 되기 쉬워서 부식이 잘 되기도 한다. anticorrosion, corrosionproof라고도 한다.

**Corrosive Gas 부식성 가스** 금속, 콘크리트 등에 화학변화에 의하여 파괴, 손상을 주는 가스. 하수처리, 슬러지 처리에서는 황화수소가, 슬러지 소각에서는 황화산화물, 질소산화물, 염화수소 등의 부식성 가스가 문제된다.

**CORS(Continuously Operating Reference Station) 지피에스 상시관측소** GPS의 실용화를 위한 시스템으로 시간, 거리, 장소, 기상 등의 제한 없이 실시간으로 정확한 위치정보를 제공하여 국가기본측량, 공사측량, GPS를 위한 D/B갱신, ITS 운영, 지구활동 감시를 통한 지진감지 등에 효과적으로 활용하기 위한 상시관측소이다. 특히 기준점측량은 물론 RTK기법을 이용한 측량까지도 실용화시킬 수 있는 체계이다. GPS 상시관측소를 설치함으로서 얻을 수 있는 가장 큰 장점은 GPS 사용자가 원하는 위치에서 균일한 고정밀의 성과를 획득할 수 있으며, 기준국에 따로 수신기를 설치할 필요가 없다는 점이다. 또한 GPS 사용자에게 다량의 정보가 신속히 제공되며, 인공위성에서 발생하는 각종 오차보정정보를 제공함으로서 사용자는 보다 편리하게 정보를 제공받을 수 있다. 미국, 유럽, 일본 등의 외국에서는 1990년대 초 이미 GPS 상시관측망을 구성하였고, 우리나라는 「GPS 상시관측소의 관리 규정」(국토해양부예규 제2008-19호)을 제정하여 관리하고 있으며, 2015년 현재 우리나라에 24시간 가동 중인 국토지리정보원에서 운영하는 상시관측소는 총 51곳이 있다.

**Cost Benefit Analysis(CBA) 비용 편익 분석** CBA(Cost Benefit Analysis)를 참조.

**Cost Effectiveness Analysis 비용 효과 분석** 비용 효과 분석과 경제성 평가의 한 방법으로 투입과 산출을 각각 비용과 효과 단위로 측정・평가하는 방법. 비용 편익 분석과는 달리 투입에 의해 발생되는 편익이 현금 가치로 표현되는 것도 있지만 그렇지 않은 것들도 있다. 이는 화폐 가치로 측정하기 어려운 경우에, 화폐 가치가 아닌 비 재무적 측정치로 측정하는 분석 기법으로, ① 일정한 효과를 얻기 위해 가장 적은 비용이 들어가는 대안을 선택하는 방법과, ② 일정한 비용이 주어진 경우, 그 비용에서 효과를 최대한 달성하는 여러 대안을 비교하는 2가지가 있다. 이 경우 화폐 단위가 아니라 확률개념에 의한 것이라도 그 효과와 비용은 명확하게 측정될 수 있어야 한다. 예를 들어 GIS가 잇을 경우와 없을 경우의 지적 소유권에 대한 정보를 제공하는데 드는 비용을 비교하는 것이 이에 해당된다.

**Cost Function 비용 함수** GIS 도입을 위한 투자 대비 효과 분석을 위해 필요한 함수를 말한다.

**Cost Per Action(CPA) 클릭시 비용** CPA(Cost Per Action)를 참조.

**Cost Per Click(CPC) 클릭당 비용** CPC(Cost Per Click)를 참조.

**Cost Per iMpression(CPM) 광고 노출 비용** CPM(Cost Per iMpression)를 참조.

**Cost Per Mile(CPM) 광고 노출 비용** CPM(Cost Per Mile)을 참조.

**Cost Value 비용 가치** 하나의 아이템을 생산하거나 한가지의 서비스를 제공하기 위해 요구되는 임금, 원료비, 간접비와 그 외 모든 비용의 총합계를 말한다.

**Costal Survey 연안 측량** 연안지역에서 선박의 안전운행을 목적으로 실시하는 측량으로 1/50,000을 표준 축척으로 한다.

**Costas Loop 중심 환(環), 코스타스 루프** ① [무선공학] 반송파를 발생시켜 수신된 피 변조파로부터 원래의 변조신호를 찾아내는 신호이다. 변조는 채널을 통해 효율적으로 전송되도록 송신신호를 변환하는 것이다. ② [GPS] 압축된 반송파신호를 보낼 때 사용되는 2중 변조주파수에서 변조신호를 제거하는데 쓰이는 일종의 Carrier Tracking Loop로서 I-Q(Inphase and Quardrature) Loop라고도 한다.

**Cotangent Scale 여절 축척** 알리다드의 자 끝 쪽에 눈금이 새겨진 여절의 자를 말하며 알리다드를 써서 시거 측량을 할 때 일정한 높이와 여러 가지의 경사에 대한 수평거리를 나타낸 것이다.

**Cotidal Line 등조시선** 시간에 따른 조석의 진행을 쉽게 파악하기 위해 같은 시간에 만조가 되는 해역을 선으로 연결한 곡선을 말한다.

**Country 국가** 주소상의 국가명을 말한다.

**Country Lock 컨트리록** 국내 출시된 휴대폰에 해외 이동통신 사업자의 유심(USIM)을 끼워 넣어 서비스를 이용하지 못하도록 한 것이다.

**Couple Forces 우력(偶力)** 크기가 같고 서로 평행으로 작용하지만 방향이 반대인 두 힘으로서, 크기가 같고 일직선상에 있지 않은 방향이 다른 두 힘 벡터에 의해 생기는 모멘트 합을 우력(偶力)이라고 한다. 즉, 회전의 중심에 대해, 서로 등거리 또한 동등의 힘으로 반대방향에 작용하는 한 쌍의 힘으로 발생하는 토크를 말한다. Couple Forces, Internal Forces, External Forces를 참조.

**Coupling 결합** 업무 활동 모형에서의 업무 활동 간의 상호 의존성의 정도. 다른 계층의 업무 활동과의 관련 정도를 가리킨다. 이 결합력의 측정 기준은 업무 활동 간에 공유하는 자료이다. 자료 모형에서의 결합력은 타 주제 영역에 속하는 요소와의 연결 강도로서, 그 측정 기준은 실체 유형 간의 관계이다. 업무 모형화 시에는 결합력을 낮추는 것이 바람직하다.

**Course 측선(測線)** 측점과 측점을 잇는 선을 말한다.

**Course of Flight 비행(촬영) 경로(飛行-)** 항공사진을 촬영하기 위한 비행기의 전진경로 1코스에서 끝낼 수 없을 때에는 2 코스, 3코스, …로 되돌아가며 비행한다. 이때 인접되는 코스에서 촬영되는 실체사진은 약 30%씩 중복시킨다.

**Covariance 공분산(共分散)** 2개의 확률변수가 있을 때 이들 상호간의 분산을 나타낸다. 공분산은 X, Y의 관측단위에 관계하므로 상관의 정확도를 나타내는 척도로서는 좋지 않다. 따라서 단위에 관계하지 않는 X, Y의 표준편차에 의해 X, Y의 상관관계를 나타내는 척도로서 상관계수(correlation coefficient)가 이용되고 있다.

**Cover 커버, 토피(土皮)** ① 한 공간 객체가 다른 공간 객체를 덮음 또는 경계가 만나는 경우를 말한다. ② 지표면에서부터 매설하는 바깥쪽 제일 윗부분까지의 덮개흙 깊이를 말한다. "터널 설계기준"은 갱문 구조물 배면으로부터 터널 길이방향으로 터널 직경의 1~2배 정도의 범위 또는 터널직경 1.5D배 이하의 토피고(Cover Depth)가 확보되는 범위를 갱구부로 정의하고 있다.

**Cover Correction 보정 과잉** 보정 과잉은 주변 광선이 근축광선보다 렌즈에 멀리서 합해지는 경우이다.

**Coverage 커버리지, 대상영역, 지역피복** 지리정보에 대한 내재된 위상관계를 갖도록 ESRI에서 개발한 지리관계형 벡터 저장 체계이다. 분석을 위해 여러 지도 요소를 겹칠 때 그 지도요소 하나하나를 가리키는 말. 통상적으로 여러 자료가 나타내는 '일반사항'(종합 주제와 다양한 종류의 자료)을 나타내지 않으며, 일반적으로 GIS 커버리지는 토지 이용 또는 특장물과 같이 하나의 주제를 갖고 있다. 커버리지는 지형 · 지물 혹은 주제적으로 일치하는 점 · 선 · 면으로 구성되어 있으며, 그들의 속성은 속성 테이블에 저장된다. 지도자료 파일, 지도를 위한 수치 형식의 자료, 보통 한 가지의 주제 또는 형식의 자료로서 공간자료와 속성 자료(또한 Layer Attribute를 의미)를 갖고 있는 수치지도로, 하나의 인공위성 영상에 포함되는 지상의 면적을 의미하기도 한다. ARC/INFO에서 자료를 저장하는 기본지형 요소(Polygon, Label, Point, Node 등)와 보조 지형 요소(Tic, Band, 주석)를 내포한다.

**Coverage Attribute 대상영역 속성** 커버리지 속성 테이블은 내장 함수(Library) 내의 모든 지역에 대한 속성들을 포함한다.

**Coverage Description 대상영역 설명** 격자 자료 셀의 내용에 관한 정보를 말한다.

**Coverage Element 대상영역 요소** 대상영역과 관련된 속성에 대해 단일 값을 지니는 지역 구성 요소를 말한다. 연속된 래스터 셀로 구성된 래스터 데이터는 커버리지의 한 형태이다.

**Coverage Extent 대상영역 범위** 커버리지 또는 격자의 최소 범위 사각형(Xmin, Ymin과 Xmax, Ymax)을 정의하는 좌표들. 정의되는 커버리지의 경계인 커버리지 영역 파일(BND)로도 간주되며, 커버리지 아크와 표지(Label)를 포함할 만큼 큰 사각형의 좌하단과 우상단을 형성한다. 커버리지나 그리드의 모든 좌표는 이 경계 안에 포함된다.

**Coverage Features 대상영역 형상** 커버리지는 다양한 형상층(Feature Class)을 포함한다. (점·선·아크·면 등) 특히 아크나 라벨점 등은 다른 형상층에서 정의한 좌표를 공유한다.

**Coverage Monitor Station(CMS) 이용범위 감시국, 위성항법 보정시스템 이용범위 감시국** CMS(Coverage Monitor Station)를 참조.

**Coverage Rebuilding 대상영역 개편** 도형의 갱신·삭제·자름·분할·결합·추가 등에 의한 공간 자료와 위상을 재건하는 것을 말한다.

**Coverage Stereoscopic 대상 입체 지역** 항공 사진을 입체시가 가능하도록 중복 촬영한다. 보통 종중복 60%, 횡중복 30%로 한다.

**Coverage Topology 대상영역 위상 관계** 위상은 커버리지를 구성하고 있는 모든 요소 간의 공간적 관계를 명확하게 구분하기 위한 것으로, ARC/INFO에서는 연결성(Connectivily), 인접성(Contiguity), 면적성(Area Definition)의 3가지 원리에 의해 생성된다.

**Coverage Type 대상영역 유형** 데이터베이스 설계의 레이어 설계 단계에서 결정된다. 커버리지의 형태는 커버리지를 구성하는 도형 요소에 따라 크게 점 커버리지, 선 커버리지, 면 커버리지로 분류되며, 구성 요소는 표현하려는 실제 세계와 주제에 따라서 달라진다. 실제 세계는 도로·등고·하천 등 구체적인 대상물이 되며, 주제는 사용자의 요구 및 목적에 의해 결정된다.

**Coverage Unit 대상영역 단위** 커버리지가 저장되는 좌표계의 단위를 말한다. 예로, 피트·인치·미터 등이 있다.

**Covered 포함된** 한 공간 객체가 다른 공간 객체에 포함(경계가 만나는 경우)된 상태를 말한다.

**CP(Content Provider) 콘텐츠 제공자** IP(Information Provider)가 문자 중심의 정보 서비스인데 반해 CP는 그래픽과 음성 동영상 등이 가미된 콘텐츠가 기본 단위인 멀티미디어 정보 서비스이다.

**CP(Control Point) (측량)기준점** 노선측량에 있어서 현장여건에 따라서 중심선이 꼭 통과해야 하는 점이나 꼭 피해야 하는 점 등 설계에 조건이 되는 점을 말한다.

**CPA(Cost Per Action) 클릭시 비용** 클릭에 의해 들어온 유저가 광고주가 원하는 반응을 보일 때만 광고비를 지불하는 방식이다.

**CPC(Cost Per Click) 클릭당 비용** 클릭 수에 따라 요금을 부과하는 광고 방식이다.

**CPGIS(Association of Chinese Professionals in Geographic Information System) 중국 지형공간정보 체계 전문가 협회** CPGIS는 비영리목적의 단체로써 GIS, 원격탐사, GPS 및 이와 관련된 분야에 있는 학생들과 전문가들로 구성된다. 이 단체는 회원들에게 전문가적인 개발을 장려하거나, 중국 GIS 전문가와 다른 외국나라의 GIS 전문가 사이의 지식이나 생각들을 교환하는 것을 목적으로 한다.

**CPI(Characters Per Inch) 인치당 문자수** 인쇄기 또는 영상면 등과 같은 정보 인쇄 장치에서 1인치 길이에 인쇄하는 문자의 개수를 의미한다.

**CPM(Cost Per Mile) 광고 노출 비용** 1000번 노출에 대해 고정된 광고비를 지불하는 정액제 광고를 말한다.

**CPM(Critical Path Method) 씨피엠, 주 경로법** 공정관리에서 각 활동(activity)별로 여유시간(float time)을 갖지 않는 공정만을 나타낸 공정선을 주공정선(critical path)이라 하며, 주공정선 방법을 이용하여 최적공사기간, 최소공사비용을 산출할 수 있는 공정관리기법.

**CPM Network Calculation 주 경로법 네트워크 계산** 작업 네트워크상의 시작 시점, 종료 시점 및 여유 시간을 결정하기 위한 방법이다.

**CPS(Cyber-Physical Systems) 사이버 물리시스템** 이종 시스템들이 상호 연동되는 초연결 및 사물인터넷 실현을 위한 기술로서 센서와 액추에이터를 갖는 물리시스템과 이를 제어하는 컴퓨팅이 강력하게 결합된 네트워크 기반 분산 제어 시스템이다. 센서와 엑추에이터를 이용해 물리 프로세스를 모니터링 함으로써 물리시스템에 새로운 특성과 능력을 제공하는 것으로서, 특징으로는 SW에 의한 고신뢰성·실시간성·지능성·안전성·보안성 등을 포함한다. 기존 임베디드 SW가 주로 휴대폰과 정보가전 등의 운용에 집중된 반면 사이버물리시스템은 무인자동차 및 제조공정 등 자율적인 물리시스템 제어를 목표로 한다. 사이버물리시스템은 물리시스템과 제어 SW 간의 관계를 설계단계부터 단순화, 체계화하여 신뢰성을 예측 가능한 수준으로 개발하고 운영·관리하는 것이 핵심이다. 독일의 경우 인더스트리 4.0을 통해 제조업과 같은 전통 산업에 IT를 결합, 사이버물리시스템을 통해 지능형 스마트 공장 구현으로 생산성 증가 등 신부가가치 창출하려고 노력하고 있다.

**CPS(Characters Per Second) 초당 문자 수** 인쇄기와 같은 장치들이 문자 형식으로 된 자료를 처리하는 속도를 관측하는 단위. 1초에 인쇄할 수 있는 문자의 수를 말한다.

**CPU(Central Processing Unit) 중앙 연산처리 장치** 컴퓨터 시스템 전체를 제어하는 소형 칩으로 칩 하나가 컴퓨터 한 대와 맞먹는 처리능력을 보인다. 집적도는 높아지고 크기는 점점 작아지면서 컴퓨터 소형화 시대를 여는 기폭제가 되었다.

**CPU Time 중앙 처리 장치 시간** 응용 프로그램에 의하여 CPU로 보내지는 명령어들의 수행에 요구되는 시간을 말한다.

**CR(Cognitive Radio) 주파수 공유 기술** CR은 같은 주파수 대역에서 서로 다른 형태 서비스와 단말기를 사용하면서 주파수 간섭 등을 최소화한 기술이다.

**Crab 편류** 비행기가 옆바람을 받았을 때 표류하는 것을 방지하기 위해 비스듬히 도는 것. 사진기의 방향 설정을 잘못하여 야기되는 상태로서 필름의 긴 쪽에 수직인 축이 비행기의 항로와 수평을 이루게 된다.

**Cracker 파괴자, 크래커** 해커(Hacker)와 반대되는 말로서, 통신망을 통하여 상대편 컴퓨터에 위해를 가하는 일을 하는 컴퓨터 광을 지칭하는 말이다.

**Cracking 크래킹** 타인 컴퓨터나 네트워크, 시스템에 몰래 들어가 정보·프로그램 등을 훼손하는 불법 행위를 말한다.

**CRADA(Cooperative Research and Development Agreement) 공동 연구개발 협정, 협력적 연구개발 협정** 연구기관, 대학, 기업, 국가 간의 공동 연구협정을 통해 기술이전을 촉진하기 위한 제도이다. 기술이전(Technology Transfer)이란 지식재산권 등 법적 권한 또는 정보, 지식, 기술의 공식적인 이전 등을 통해 기술이 조직간, 영역간에 공유되는 과정을 말한다. 미국은 연방 차원에서의 법제도 정비(1980년의 '스티븐슨-와이들러 법')를 통해 기술이전 환경의 기반을 구축하고, 그에 따른 기술이전의 활성화나 기술의 진보에 맞춰 법제도의 재정비와 보완을 시행하는 방식으로, 연방정부 주도의 기술 이전 활동이 활발한 상황이다. 미국의 경우 1999~2003년간 약 2,800~3,000개의 CRADA가 구성되었으며, 매년 700~950개의 신규 협정이 맺어지고 있다. 협정 당사자 상호간에 자금, 인력 및 지식재산권 사용을 지원할 수 있으며, 정부는 간접비를 지원한다. 공동 연구개발에 참여하고 있는 기업 및 대학에 대한 지식 재산권 분배 권한을 연구기관에 부여하고 있으며, 기술이전 활동을 촉진하는데 기여한 연구원에게는 기술료의 15% 이상의 해당하는 현금보상을 제공하고 있다. 각국은 혁신적 아이디어나 연구개발 성과의 성공적 상업화가 경제 성장과 사회발전을 위한 핵심적 추진력이라는 인식 아래, 효율적으로 기술이전을 꾀하고 궁극적으로 상업화로 유도하려는 다양한 노력을 펼쳐오고 있다.

**Crandall Method 카랜달법** 폐합되기 위한 총각관측차(總角觀測誤差)를 모든 각 관측 값에 동일하게 분배하여 각을 조정하고, 조정된 각을 고정시키고 경중률을 고려하여 최소제곱법에 따라 거리 관측값에 남아 있는 오차들을 조정하는 방법이다.

**Crash 충돌** 프로그램 실행의 비정상적인 종료. 주로 키보드가 작동하지 않거나 시스템의 상태가 불안정해진다.

**Crawler 크롤러** 정보 수집 프로그램을 말한다.

**Crawling 크롤링** 많은 컴퓨터에 분산, 저장된 문서를 수집하고 검색 대상의 색인으로 포함시키는 기술.

**CRC(Cycle Redundancy Check) 주기적 덧붙임 검사** 오류를 검출하기 위한 하나의 방법. 예로, 다항식을 기반으로 하는 수치 해석 등의 알고리즘은 CRC를 생성 또는 보여주는 것으로 데이터의 장애를 표시한다.

**Creasumer 크리슈머** 크리슈머는 창조(creative)와 소비자(consumer)의 합성어로 기존 제품을 자신에 맞게 새롭게 창조하는 소비자를 의미한다.

**Creater 분화구** 화산추의 정상이나 지표면 위에 있는 원형의 움푹 팬 곳을 말한다.

**Creative Commons(CC) 크리에이티브 커먼즈** CC(Creative Commons)를 참조.

**Creative Commons Licence(CCL) 크리에이티브 커먼즈 라이선스** CCL(Creative Commons Licence)를 참조.

**Credits 크레디트** 지도의 출처, 원작자, 소유자 및 지도의 속성을 인증하는 지도 제작의 한 요소. 때로는 데이터와 참조자료도 포함한다.

**Crest Curve 볼록 곡선(曲線)** 볼록한 형태의 종단곡선이다.

**Crevasse 크레바스** 눈이나 얼음이 깊게 갈라진 틈을 말한다.

**Crisp Filtering 크리스프 필터링** 영상 내 고유값들의 왜곡 없이 전체 밴드들의 색 대비를 날카롭게 만들어 주는 방법. 이 방법은 영상이 대기의 연무나 너무 빠른 위성탐사기의 동작 등에 의해 흐리게 되었을 경우 이용 가능하다.

**Critical Angle 임계각** 굴절각이 90°일 때의 입사각으로서, 임계각($i_c$)은 두 물질의 굴절률이 $n_1, n_2 (n_1 < n_2)$ 일 경우, $\sin i_c = n_1 / n_2$ 이 된다.

**Critical Path 주 공정** 프로젝트를 완료하기까지 필요한 일련의 상호 연관된 작업 단위들 중 최장 경로. 이 경로상의 모든 작업 단위는 여유 시간을 가지고 있지 않다. 프로젝트가 종료될 때에 영향을 미치는 공정을 보여줌으로서, 어떠한 공정을 중점적으로 관리 또는 재배치하여 프로젝트가 단축될 수 있는 공정들으 의미한다.

**Critical Path Method(CPM) 주 경로법, 씨피엠** CPM(Critical Path Method)를 참조.

**Critical Points 임계점** 정사 투영하에서 안정되게 남아있는 선상의 점들, 임계점은 곡률 최소, 최대, 끝점, 교차점을 포함한다. 임계점은 선 일반화 알고리듬에서 중요하다.

**Critical Six 결정적인 6개의 요소** Dueker의 GIS 정의에 포함된 GIS의 기능적 능력. 지도 입력, 저장, 관리, 검색, 분석 및 가시화를 말한다.

**Critical Success Factor(CSF) 주요 성공 요인** CSF(Critical Success Factor)를 참조.

**CRM(Customer Relationship Management) 전사적 고객 관리** 전사적 관점에서 통합된 고객 관련 정보를 집중 관리하고 이를 세분화함으로써 대상 목표 고객의 통합적 이해와 함께 장기적인 이익 관계를 형성하기 위한 제반 전략과 이를 지원하는 시스템을 말한다.

**Cropland 경작지** 갈아 일구거나 경작된 땅을 말한다.

**Cropping 마름질** 사진의 불필요한 영역을 잘라내는 것. 3D 포토에서는 깊이 조절 과정에서 두 사진의 불필요한 부분을 잘라내는 것을 말한다.

**Cross 교차** 두 객체가 서로 교차하는 것을 말한다.

**Cross Cutter 가로 절단기** 두루말이 인쇄기에서 두루말이를 낱장으로 자를 때 사용하는 기구를 말한다.

**Cross Direction 가로 결** 평판지에서 종이 섬유의 흐름이 짧은 변과 평행방향으로 된 종이 결을 말한다.

**Cross Dissolve 교차 단순화** 영상소 대 영상소의 보간을 통해 한 영상을 다른 영상에 혼합시키는 기술을 말한다.

**Cross Hair 십자선(十字線)** 망원경의 접안경에 새겨져 있는 십자모양의 선으로 망원경통에 설치한 것이다. 십자선은 십자선틀에 긴 유리면에 새겨진 것도 있다.

**Cross Hair Reticle 십자선** Cross Hair를 참조.

**Cross Hatching 교차 해칭** 도면상의 폐곡선 영역에 2개 이상의 교차하는 평행선 집합 또는 규칙적인 형태의 무늬로 영역을 채우는 것을 말한다.

**Cross Levelling 횡단 수준 측량(橫斷水準測量)** 노선 중심선상의 각 측점에서 중심선에 대하여 직각 방향으로 지표의 고저차를 측량함으로써 횡단면도를 작성하기 위한 측량이다.

**Cross Media Platform 크로스 미디어 플랫폼** 다양한 형태의 플랫폼과 기기에 콘텐츠를 제공하는 통합 플랫폼을 말한다.

**Cross Ratio 교차율(交叉率)** 사진의 중심투영에 의한 직선의 대응관계에서 투영시 대응되는 변의 길이가 어느 경우이든 일정하다는 관계로, 복비 또는 비조화비라고도 한다.

**Cross Reference 관련 정보** 기타 관련된 자료들에 대한 정보를 말한다.

**Cross Section 단면도, 횡단면도** 노선 중심점의 직각 방향으로 형상(지형 · 지물)을 관측하여 횡단면도를 작성하는 작업. 특정 방향을 따라 나타나는 고도값을 표현한 그래프이다.

**Cross Section Method 횡단면법** 노선측량에서 토공량을 산정하기 위하여 인접하는 두 측점의 단면적을 구하고, 이 두 측점 사이의 거리를 곱하여 토공량을 구하는 방법이다.

**Cross Section Point System 횡단점법** 기지점을 지나는 중심선을 설정하고 이로부터 좌우로 수선을 내려 그 위의 여러 점의 거리와 표고를 정해서 횡단을 잡아 등고선을 그리는 방법이다.

**Cross Sectioning 횡단측량(橫斷測量), 횡단수준측량** 노선측량에서 종단의 중심선 방향에 직각 방향으로 횡단면도를 작성하기 위한 측량이다.

**Cross Staff 직각기(直角器)** 직각을 만드는 기구로서 90°, 45° 측정이 가능하다.

**Cross Tile Indexing 교차 타일 인덱싱** 타일의 경계를 가로지르는 대상물의 인덱스를 만드는데 사용되는 방법. 이러한 대상물은 각 타일 내에 여러 개의 대상물로 저장된다.

**Cross-eyed Free Viewing 교차식 육안 감상** 나란히 배치된 한 쌍의 사진을 안경이나 렌즈 없이 감상하되, 왼쪽 눈 사진은 오른쪽 눈으로, 오른쪽 눈 사진은 왼쪽 눈으로 보는 방식을 말한다.

**Cross-Sell 교차 판매** 자신이 판매하는 제품뿐 아니라 같은 쇼핑몰 내의 다른 제품까지 판매하는 활동을 말한다.

**Crosssubsidies 교차보조** 두 당사자 간 무료 교환, 비용은 제3자가 지불하는 것. 제품을 구매하면 공짜로 다른 서비스나 연계 상품을 이용하도록 하는 모델(예 : 와인을 사면 치즈가 공짜)을 말한다.

**Crosstalk 크로스토크** 크로스토크는 왼쪽에 보여주어야 할 영상이 오른쪽에 보여지지는 않는지 또는 반대로 오른쪽 눈에 보여주어야 할 영상이 왼쪽 눈으로 들어와 3D TV의 좌우영상이 겹쳐보이는 현상. 입체감을 떨어뜨리고 어지러움증을 유발해 3D TV의 가장 큰 단점으로 꼽힌다.

**Crowd Clout 크라우드 클라우트** 소비자들이 인터넷에서 집단행동을 통해 사회나 시장에 특별한 변화를 주는 영향력을 말한다. 예를 들어 특정 정치인을 선거에서 떨어트리거나 공급자가 시장에 내놓은 가격을 낮추도록 압력을 가하는 단체행위 등에서 크라우드 클라우트 현상을 찾아볼 수 있다.

**Crowd Funding 크라우드 펀딩** 대중(crowd)으로부터 자금조달(funding)을 받는다는 의미로서, 자금이 필요한 개인, 단체, 기업이 웹이나 모바일 네트워크 등을 이용해 불특정다수로부터 자금을 모으는 것을 말한다. 소셜 네트워크 서비스(SNS)를 통해 참여하는 경우가 많아 소셜 펀딩이라고도 한다. 크라우드 펀딩은 크게 대출형, 투자형, 기부형 등으로 나눌 수 있다. (1) 대출형: 개인과 개인 사이에서 이루어지는 '개인간 직거래 금융방식'이다. 여유 자금이 있는 개인은 돈을 빌려주고 나중에 이자와 함께 돌려받음으로써 수익을 올릴 수 있고, 돈을 빌리는 개인 또는 법인은 까다롭고 복잡한 절차를 거쳐야 하는 금융권을 통하지 않아도 쉽고 간단하게 돈을 조달할 수 있기 때문에 특히 금융기관으로부터 대출받기 어려운 이들이 주로 찾는다. (2) 투자형: 신생기업이나 벤처기업, 개발프로젝트 등에 투자하는 것으로서 자금수요자는 은행을 통하지 않고도 쉽게 투자금을 조달할 수 있고, 투자자는 투자에 따른 지분 획득 등을 통해 수익을 낼 수 있다. (3) 기부형: 금전적 보상을 기대하지 않는 펀딩으로서, 창작활동, 문화예술상품, 사회공익활동 등을 지원하는 순수하게 기부하는 형태이다.

**Crowdsourcing 크라우드 소싱, 사회적 인력활용** 기업 활동의 전 과정에 소비자 또는 대중이 참여할 수 있도록 일부를 개방하고 참여자의 기여로 기업활동 능력이 향상되면 그 수익을 참여자와 공유하는 방법이다. 크라우드 소싱(crowdsourcing) 용어는 제프 하우(Jeff Howe)에 의해 2006년 와이어드(Wired) 잡지에 처음 소개되었다. '대중'(crowd)과 '외부 자원 활용' (outsourcing)의 합성어로, 전문가 대신 비전문가인 고객과 대중에게 문제의 해결책을 아웃소싱하는 것이다. 이전에는 해당 업계의 전문가들이나 내부자들에게만 접근 가능하였던 지식을 공유하고, 제품 혹은 서비스의 개발과정에 비전문가나 외부전문가들의 참여를 개방하고 유도하여 혁신을 이루고자 하는 방법이다. 내부의 전문가나 해당 분야 전문가들은 소유한 자원 및 결과를 공유하고 개방하여 해당 또는 다른 분야 전문가 혹은 일반 대중과 함께 연구 개발을 진행하게 된다. 이를 통해 한정적인 내부의 인적 자원에만 의존하지 않고 많은 외부의 인적 자원의 도움을 받을 수 있으며 또한 외부인은 이러한 참여를 통해 자신들에게 더 나은 제품, 서비스를 이용하게 되거나 이익을 공유하는 것도 가능하다. 크라우드소싱은 롱테일 현상을 활용하는 방법 중 하나이다. 롱테일 현상에 근거한 경영 방법은 우수한 인력에 집중하는 파레토 경영 방법이 아니라 인력 활용을 다양화하는 경영 방법이다. 아웃소싱과 크라우드소싱은 외부의 능력을 활용한다는 의미에서 그 경계가 명확하지 않다. 아웃소싱이 소수 전문가의 도움에 중점을 두었다면 크라우드소싱은 외부의 다수 비전문가에까지 그 영역을 확장시킨다는 점이 다르다. Geo-Crowd를 참조.

**CRT(Cathode Ray Tube) 음극선관** ① 컴퓨터 모니터 등과 같은 화면 출력 장치에서 가장 널리 사용되는 화면장치이다. ② 자료처리 체계의 부품으로서 CRT는 수치자료에의 신속하고 시각적인 접근을 위하여 사용된다. Monitor를 참조.

**CRUD Matrix 씨알유디 매트릭스** 단위 업무 기능과 엔티티타입, 단위 업무 기능과 단위 주제 영역, 기본 프로세스와 엔티티타입, 현시스템의 프로시저와 엔티티타입 간의 관계를 표시하는 매트릭스. 단위 업무 기능이나 기본프로세스가 실행될 때 각 엔티티타입에 어떤 액션을 취하는지를 C(Create : 생성), U(Update : 수정), D(Delete : 삭제), R(Read : 조회)로 표시한다. 이 매트릭스를 통하여 각 업무활동이 각 자료를 충분히 사용하고 있는가, 누락된 자료나 업무 활동은 없는가, 중복 정의된 자료나 업무 활동은 없는 가 등을 검증한다. 모든 동작이 표시되면 클러스터링을 수행한다.

**Crust 지각(地殼)** 암석으로 구성된 지구의 표면을 지각이라 하는데, 지각은 대륙지각(평균두께 35km)과 해양지각으로 구분된다. 대륙지각은 밀도 2.7 정도의 화강암질 암석(화강암을 의미하는 것이 아니고 화강암과 유사한 성분을 가지는 암석이란 의미임)으로 구성된다. 지각의 구성원소는 대체로 O, Si, Al,

Fe, Ca, Mg, Na, K 등 8대 원소가 약 98% 이상을 차지하고 있다. 이 중 O(45.20%)와 Si(27.20%)가 2/3 이상을 차지하고 있어서 이들이 형성하는 규산염 광물($SiO_2$ 등을 포함)이 지각의 주 구성 광물을 형성하고 있다.

**CS(Control Station) 제어국, 위성항법 보정시스템 제어국** 위성항법 보정시스템(Differential GPS, DGPS)은 이미 알고 있는 기준점에 기준국용 GPS 수신기를 설치하여 정밀하게 측정된 자신의 위치와 GPS 위성 신호를 받아 수신기로 계산된 위치를 비교하여 오차를 계산한다. DGPS 기준국 시스템은 기준국(Reference Station, RS), 감시국(Integrity Monitor, IM), 그리고 제어국(Control Station, CS)으로 구성되고, 사용자에게 보정정보를 송신하기 위한 변조기와 송신기 시스템으로 구성되어 있다. 먼저 기준국 시스템은 의사거리 보정정보(PseudoRange Correction, PRC)를 계산하여 RTCM 국제표준 포맷에 맞게 변환한 다음, MSK(최소 편이 방식) 변조기 및 송신기를 통해 사용자에게 방송한다.

제어국(CS)은 기준국(RS)과 감시국(IM), 송신국의 시스템 상태를 RSIM 국제표준 포맷에 따라 운영제어 및 모니터링 기능을 수행한다.

현재 우리나라 DGPS 기준국은 해양기준국 11개소, 내륙 기준국 6개소, 감시국 17개소로 구성되어 운영되고 있으며, 국제항로표지협회(IALA)의 권고에 따라 사용자에게 실시간 보정서비스를 하고 있다. DGPS를 참조.

**CSA(Canadian Space Agency) 캐나다 우주국** 캐나다 우주청은 1989년 3월에 NRCC와 과학성을 통합하여 설립된 기관으로 현재 유럽우주청(ESA)의 우주개발 프로그램에 참여. CSA는 우주 시스템 분야, 우주기술 분야, 우주과학 분야, 캐나다 우주비행본부, 우주운용 분야 등 5개의 핵심 연구 분야로 나뉘어 연구 기능을 수행하고 있음.

**CSB(Cloud Service Brokerage) 클라우드 서비스 브로커리지** 클라우드 서비스에 전문적 지식을 갖추고 적절한 클라우드 서비스를 제공하는 디자인 전문가 그룹이다. 때로는 협상도 하고 제안도 한다. CSB는 크게 3가지 형태로 나뉜다. 다양한 클라우드 서비스를 선별하는 중개업, 맞춤형 수정 전문 중개업, 기존 시스템과 클라우드를 연결하는 중개업 등이다. 각 분야에서 와이프로, 인그램마이크로 아프리오, 인포시스, 액센츄어, GXS 등이 대표적인 기업으로 꼽힌다.

**CSCW(Computer Supported Cooperative Work) 컴퓨터 지원 공동작업** 컴퓨터 관리 시스템을 이용하여 서로 간에 원활한 공동 작업을 실행하는 것을 말한다.

**CSF(Critical Success Factor) 주요 성공 요인** 기업이나 개인이 성공하기 위하여 반드시 수행해야 하는 핵심적인 요소. 주요 성공 요인은 숫자가 제한되어 있으며, 이들 관리만 잘하면, 개인・부서 또는 기업 전체의 성과가 향상되는 특징을 갖고 있다.

**CSLIP(Compressed SLIP) 씨슬립** SLIP의 비효율성을 위해 새로 개발된 몇 가지의 압축옵션 가운데 하나이다. 별로 쓸모가 없는 TCP 헤더의 크기를 줄임으로써 전송효율을 높여보고자 하는 것이다. 이 결과 40byte이던 TCP 헤더가 4byte로 줄었다.

**CSMA(Carrier Sense Multiple Access) 반송파 감지 다중접속** LAN의 각 클라이언트가 동시에 통신 회선을 사용할 때 발생할 수 있는 충돌을 막아주는 규약. 통신 회선의 사용여부를 반송파를 통해 진단한 후 패킷을 전송하는 방식으로 네트워크의 부하가 크다는 단점이 있다.

**CSOs(Combined Sewer Overflows) 합류식 하수관거의 월류수(越流水)** 합류식 하수관거 시스템은 집수 유역 및 하수 배출원, 하수 관망 및 차집 관거, 우수 토실, 월류 토구 등으로 구성된다. 강우시 배수 구역에 모인 우수와 하수가 배수구역 말단의 우수토실에서 일정량이 차집되어 하수종말처리시설로 이송되고 차집되지 못한 우수와 하수는 방류수역으로 월류하게 되는데 이를 합류식 하수관거의 월류수라고 한다.

**CSSM(Content Standards for Spatial Metadata) 공간 메타데이터 내용 표준** 공간메타데이터를 묘사하는 표준으로 미연방지리 정보 위원회(FGDC)에 의해 산출된 문서를 말한다.

**CSU(Channel Service Unit) 채널 서비스 장치** 디지털 전송 장비다. 모뎀은 아날로그 전송 장비인 반면 CSU는 디지털 전송장치다. 모뎀은 아날로그 신호를 변복조 해야 하므로 기술적으로 어렵고, 속도 향상에 한계가 있다. CSU 등의 디지털 전송로를 설치하면 모뎀보다 고속으로 정보를 송수신할 수 있다. 또한 아날로그와 달리 원거리 전송시에도 디지털 신호를 샘플링하여 에러의 정정 및 보상이 용이하며, 모뎀보다 비교적 기술적으로 간단하다. CSU는 최대속도 1.544M/2.048M 에서 1.2M, 768k, 512k, 256k, 128k 등 최저 56k/64k 등을 지원하는 디지털 전송장비로서, 대부분의 CSU들은 DSU(Digital Service Unit)기능을 가지고 있으며 DS1급(1,544kbps) 전송로에 사용된다.

**CT(Computer Tomography) 컴퓨터 단층 촬영** 엑스(X)-선을 이용한 영상 획득 체계. 전형적으로 골격 영상을 얻기 위해 사용된다.

**CTI(Compound Topographic Index) 복합 지형지수** '지형 습윤지수'(Topographic Wetness Index, TWI)라고도 한다. 수문(水文, hydrology) 및 토양의 습윤 함량을 나타내는 집수(catchment) 모델링 방법 중의 하나이다. '복합 지형지수(CTI)'는 경사와 유출량(runoff)와 관계가 깊다. CTI 값은 이차 지형속성 또는 경사, 향 등의 일차적인 지형속성 들로부터 계산된 '복합 지수'이다. CTI = LN (A/tan$\beta$), 여기서, A는 특정지역의 집수면적이며, $\beta$는 경사 각도이다.

**CTO(Chief Technology Officer) 기술 담당 임원** 기업의 연구개발과 관련, 프로젝트 과제를 정하고 프로젝트를 수행하는 연구소장 역할은 물론, 기업의 중장기적인 기술 전략을 수립하고 세우는 의사 결정자를 말한다.

**CTS(Compatibility Test Suite) 호환성 테스트** 구글의 검수절차로서 안드로이드마켓을 사용하려면 이 과정을 반드시 통과해야 한다.

**CTS(Conventional Terrestrial System) 관용 지표 좌표체계** 기존의 NNSS도플러기준계(NSWC 9Z-2; a=6,378,145m, f=1/298.25)의 원점, 축척, 회전량 등을 수정하고, 기준자오선을 국제시보국(BIH)에서 정의한 본초자오선과 일치시킨 WGS84 체계로, NSWC 9Z-2의 원점을 4.5m 낮게 하였으며, NSWC 9Z-2의 기준자오선을 BIH에서 정의한 WGS84의 본초자오선 쪽으로 0.814 arcsec만큼 서쪽으로 회전시켰고, NSWC 9Z-2의 축을 -0.6×106만큼 변경하였다. 따라서 WGS84의 원점은 지구의 질량중심이며 Z축은 지구의 회전축인 관용 지표 좌표축(CTP : conventional terrstrial pole)의 방향과 평행하며 WGS84 타원체의 회전축이다. X축은 BIH에서 정의한 본초자오선에 평행한 WGS84 기준자오면과 CTP 적도면과의 교차선이며, Y축은 X축으로부터 적도면을 따라 동쪽으로 90° 위치에서 결정된다.

**Cubesat 큐브샛** 큐브샛은 가로・세로가 각각 10cm인 정육면체인 모양의 위성 종류를 말한다.

**Cubic Convolution 3차 회선** 3차 방정식을 이용한 새로운 영상소 값을 결정하는 것을 말한다.

**Cubic Convolution Resampling 3차 회선(영상) 재배열** 자신을 포함한 주위 9개 영상소의 평균값을 취하여 영상소를 재배열하여 영상 내 형상(지형・지물)의 외곽 경계(Edge)에 대한 계단현상을 제거하는 것을 말한다.

**Cubic Interpolation 3차 보간** 주위에 존재하는 3×3 크기의 격자들을 이용하여 3차 다항식을 적절하게 맞추는 것을 기반으로 해서 새로운 셀 값을 계산하는 기술을 말한다.

**Cubic Parabola 3차 포물선(三次拋物線)** 완화곡선의 형상을 나타내는데 있어서 3차 포물선 형태로 나타낸 것이며, 주로 철도에서 적용하고 있는 완화곡선 형상이다.

**Cubic Spline Curve 3차 스플라인 곡선** [자료처리], [영상처리] 주어진 구간에서 점들을 보간(補間, interpolation)하는 경우, 여러 개의 곡선 segment(조각)들을 이어서 "복합곡선(composite curve)"을 형성하게 된다. 공간상의 곡선을 정의하는 최소 차수의 다항식은 '3차 곡선'이므로 여러 개의 Hermite(보간・補間) 곡선을 이어서 적절한 복합 곡선을 만들 수 있다. 그러나 사용자에게 각 점의 접선 벡터값을 입력하는 것은 실제로는 매우 불편하므로, 곡선의 중간점에서 1차 및 2차 미분 연속조건을 사용하는 것이 보편적이다. 이렇게 만들어진 곡선을 2차 미분 연속의 Cubic Spline Curve(3차 스플라인 곡선)라고 한다. Interpolation, Linear Interpolation, Ferguson Curve, Hermite Interpolation, Newton Interpolation, Lagrange Interpolation, Spline Interpolation, Bezier Curve, Cardinal Spline, Patch Surface, B-Spline, NURBS를 참조.

**Cubic Transformation 3차 변환** 3차 왜곡 보정을 말한다.

**CUG(Closed Users Group) 회원제 그룹** PC통신 서비스 이용형태의 하나. 특정 이용자를 대상으로 한 서비스 또는 이용자 그룹을 가리키는 것으로 회원 전용 게시판이나 전자 회의실을 갖는다. PC통신 서비스의 전자우편이나 전자회의 등을 기업 내 네트워크로 이용하는 경우 일반 사용자들에게 사내 정보를 유출시키지 않을 목적으로 만들어졌다.

**Culmination 남중(南中)** 지구가 자전함에 따라 천체가 일주운동하여 천정보다 남쪽에서 자오선을 통과하는 때로, 천체가 남중하는 남중시의 시각을 관측하면 천체의 적경 또는 관측지의 경도, 항성시 등을 구할 수 있다.

**Cultural Assets Surveying 문화재 측량(文化財測量)** 문화재를 정확히 기록 보존하기 위한 측량. 사진측량 및 레이저 측량 등 방법을 이용하여 문화재의 크기 형태 및 조형비 해석 등을 하는 것을 말한다.

**Cultural Heritage 문화재(文化財)** 「문화재보호법」 제2조 제1항에서 "문화재란 인위적이거나 자연적으로 형성된 국가적·민족적 또는 세계적 유산으로서 역사적·예술적·학술적 또는 경관적 가치가 큰 것"으로 정의하고 있으며, 유형문화재, 무형문화재, 기념물, 민속 문화재 등으로 분류하고 있다. 여기서 (1) 유형문화재는 건조물, 전적(典籍), 서적(書跡), 고문서, 회화, 조각, 공예품 등 유형의 문화적 소산으로서 역사적·예술적 또는 학술적 가치가 큰 것과 이에 준하는 고고자료(考古資料), (2) 무형문화재는 연극, 음악, 무용, 놀이, 의식, 공예기술 등 무형의 문화적 소산으로서 역사적·예술적 또는 학술적 가치가 큰 것이며, (3) 기념물은 (가) 절터, 옛무덤, 조개 무덤, 성터, 궁터, 가마터, 유물포함층 등의 사적지(史蹟地)와 특별히 기념이 될 만한 시설물로서 역사적·학술적 가치가 큰 것, (나) 경치 좋은 곳으로서 예술적 가치가 크고 경관이 뛰어난 것, (다) 동물(그 서식지, 번식지, 도래지를 포함한다), 식물(그 자생지를 포함한다), 지형, 지질, 광물, 동굴, 생물학적 생성물 또는 특별한 자연현상으로서 역사적·경관적 또는 학술적 가치가 큰 것 등이다. (4) 민속 문화재는 의식주, 생업, 신앙, 연중행사 등에 관한 풍속이나 관습과 이에 사용되는 의복, 기구, 가옥 등으로서 국민생활의 변화를 이해하는 데 반드시 필요한 것이다. Cultural Property, Cultural Asset이라고도 한다.

**Culture Feature 인공지물(人工地物)** 인간의 문화 활동에 의하여 인공적으로 만들어진 도시, 철도, 수로 등의 지상에 나타나 있는 모든 물체를 말한다.

**Culvert 암거** 상부를 개방하지 않는 도랑으로 된 수로를 말한다. 도로, 철도, 제방 등의 밑을 통과하는 것을 말하며, 개거에 대한 반대말. 개거의 경우에는 증발에 의한 물 손실, 식물의 번식, 수질오염, 재해에 의한 매설 등의 문제가 있다.

**Cumulated Distance 추가거리** 노선측량에서 노선기점으로부터 어떤 점까지의 중심선의 거리를 말하며, 노선측량에서는 보통 중심선 20m마다 중심말뚝을 박는데 이들 점들 간의 누적된 거리를 말한다.

**Cumulated Stake 추가말뚝** 노선측량에서 추가거리에 타설된 말뚝을 말한다.

**Cumulative Error 누차(累差), 누적오차(累積誤差)** Constant Error를 참조.

**Cumulative Probability Distribution Function 누적 확률 함수** 모집단에서 주어진 값보다 작거나 같은 모든 값들을 합한 것을 전체 수에 대한 비로 표시한 것을 말한다.

**Cup Current Meter 완형 유속계** Current Meter를 참조.

**Curasumer 큐레이슈머** 전시회의 큐레이터처럼 스스로의 삶을 꾸미고 연출하는 '편집형 소비자'를 말한다. 미술관이나 박물관에서 진열품을 선정하는 사람을 일컫는 '큐레이터curator)'와 소비자를 뜻하는 consumer를 합성한 크레이슈머는 스스로의 삶을 꾸미고 연출하는데 능수능란한 '편집형 소비자'다. 기업이 전형화한 세분시장에 속하는 것을 거부하고 자신만의 스타일을 주도적으로 창출한다. 이들은 원래 용도와 전혀 다르게 사용하거나 원하는 상품 조건을 적극 요구한다. 예전의 큐레이슈머는 패션, 자동차 등 특정 분야에 한정됐지만, 최근에는 다양한 분야로 확대되고 있다. 큐레이슈머의 구매욕구를 자극해 성공한 사례로 세계 최대 가구업체가 된 스웨덴의 이케아를 들 수 있다. 이케아는 합리적인 가격과 다양한 디자인으로 소비자들의 마음을 사로잡았다. 품목별로 구분해 놓던 기존 가구점 진열방식을 버렸고 제품선택을 돕기 위해 줄자, 모눈종이, 연필 등을 가구점 곳곳에 비치했다. 모든 것을 소비자의 기준에 맞게 활용할 수 있도록 도와주는 체계로 변모한 것이다.

**Curie Temperature 큐리 온도** 물질이 자성을 잃게 되는 온도를 말한다. 이 온도 이상으로 올라가면 강자성체가 상자성체로 변화하거나, 강유전체가 자발 분극을 잃는다. 큐리 온도는 큐리점이라고도 한다. 즉, 자성체의 온도가 어느 값 이상이 되면 자기 모멘트의 방향이 흩어져서 자성을 거의 잃어버린다.
방사능 분야의 선구자이며, 노벨 물리학상과 화학상 수상자인 마리 큐리(Maria Skłodowska-Curie, 1867~1934)의 남편이자, 프랑스의 물리학자인 피에르 큐리(Pierre Curie, 1859~1906)에 의해 발견되었다. 피에르 퀴리는 온도 영역에 걸친 물질의 자기화를 조사하여 자화(磁化)가 온도에 역비례한다는 '퀴리의 법칙'을 발견했고, 퀴리온도를 확립하는 등 자성물리학 발전에 공헌했다. 철로 만든 자석을 높은 온도로 가열하면 자석의 작용이 없어진다. 이것은 열운동이 활발해져, 원자의 자기 모멘트가 한 방향으로 가지런하게 된 강자성의 상태에서, 가지런하지 않은 상자성의 상태로 옮아가는 것이다.

**Currency 유통** 자료의 판매 과정. 자료는 가장 최신의 것으로 사용자의 필요성에 맞아야 한다.

**Current Market Price 경상가격(經常價格), 명목가격** 어느 한 시점의 화폐단위로 표시한 재화의 가격으로서, 한해의 경제활동을 비교 분석하는데 주로 이용된다. 실질적인 변화를 반영하지는 못하기 때문에 서로 다른 시점의 경제활동을 비교 분석하는 데에는 부적합하다.

**Current Measurement 유속 관측** 하천이나 수로의 횡 단면을 통과하는 물의 속도를 유속이라 하며, 유속관측 방법은 여러 가지가 있으나 많이 사용하는 것은 유속계에 의한 방법과 부자관측이 있다.

**Current Meter 유속계(流速計)** 하천이나 수로의 유속을 관측하는 기구로서 유수의 운동을 프로펠러의 회전운동으로 바꾸고 그 회전수를 이용하여 유속을 관측한다. 유속계는 프라이스유속계가 가장 널리 이용되고 있다.

**Cursor 영상면 지시기, 커서** 영상면에 보통 밑줄이나 십자가로 나타나는 현재의 위치를 표시하는 기호. 예를 들어 ① 컴퓨터로 지도상의 위치를 알려주기 위해 지도상에 정확하게 위치된 움직일 수 있는 장치. ② 다음 입력자료가 나타날 위치를 가리키기 위해 영상면에서 깜박이는 점. ③ 컴퓨터와 통신하기 위해 운영자에 의해 영상면에 움직이는 점을 말한다.

**Curvature 곡률(曲率)** 곡선상의 한 점에서 곡선반지름을 R이라 할 때, 곡선반지름의 역수를 말하며, 곡률이 클 경우에는 곡선이 급한 상태이고, 곡률이 작을 경우에는 곡선이 완만한 상태이다.

**Curvature Correction 구차** Error of Curvature를 참조.

**Curvature of Image 상의 만곡** 비점 수차가 제거된 렌즈계이고 또한 물체의 점이 평면이라도 그 상의면은 일반적으로 안쪽으로 만곡되는 현상을 말한다.

**Curvature of the Earth 지구 곡률** Earth Curvature를 참조.

**Curve 곡선(曲線)** 경계를 이루면서 연결되어있는 1차원 기하학적 원형은 연속된 선의 이미지를 나타내며, 점들의 연속으로 지형지물화될 수 있다.

**Curve Fitting 곡선 일치** 호 또는 다항 선분을 여러 번의 보간점을 통하여 부드러운 곡선을 작성하기 위한 과정을 말한다.

**Curve Length 곡선장(曲線長), 곡선길이** 원곡선 또는 단곡선에서 곡선시점과 종점사이의 '곡선의 길이'다. 곡선장 CL = RI (I : 라디안)=0.01745RI°(도)=0.000291RI′(분)이다. 여기서, R은 곡선 반경, I는 교각이다. 한편, Chord Length(현장)은 곡선시점과 종점 사이의 '직선거리'이다. Chord Length를 참조.

**Curve of Cross Section 횡단 곡선** 도로, 광장 등의 횡단면 형상에 배수를 위하여 경사를 설치하고 있으며, 이 경사의 종류에는 직선, 포물선, 쌍곡선 등이 있고, 포물선, 쌍곡선과 같이 직선형상이 아닌 것을 횡단면에 설치할 때 횡단곡선이라 한다.

**Curve Pen 곡선 오구(曲線烏口)** 곡선을 긋는 데 이용하도록 두부가 곡선의 방향에 따라 회전되는 오구를 말한다. 촉의 모양이 마치 까마귀의 부리처럼 생겼다 해서 '오구'라고 한다. 우리말로는 '먹줄 펜', 영어로는 'rulling pen'이라고도 한다.

**Curve Ruler 곡선자** 곡선을 그릴 때 사용하는 자를 말한다.

**Curved Surface Angle 곡면각(曲面角)** 곡면상에서 이루어지는 각으로서 대단위 정밀삼각측량이나 천문측량 등에서와 같이 구면 또는 타원체면상의 위치결정에는 평면삼각법을 적용할 수 없으며 구과량이나 구면삼각형의 원리를 적용하여야 한다.

**Curvilinear Interpolation 곡선 보간** 단면별로 수집된 점에서 지형 변화에 상당하는 곡선식을 구하여 보간하는 방법. 각 단면의 곡선식을 구하는 방법에는 일반적인 수치 해석 방법으로서 Newton의 전향 보간법, Lagrange 보간법, Aitken–Neville 보간법 및 Spline 보간법과 최소제곱법 등이 이용된다.

**Curvimeter 커브 미터, 곡선계(曲線計)** 곡선의 길이를 측정하기 위하여 고안된 자, 도상에서 회전바퀴를 이용하여 회전수를 가지고 거리를 환산할 수 있으며, 지상에서도 같은 원리를 이용하여 곡선의 길이를 측정할 수 있다. 요즘은 컴퓨터상에서 쉽게 곡선의 길이를 관측할 수 있는 알고리즘이 개발되어 있다.

**CU-SeeMe 시유시미(영상회의)** Cornell 대학에서 만들어진 영상회의 소프트웨어이다. 기존에는 양쪽의 환경이 같아야만 회의가 이루어질 수 있었으나, 이제는 CU-SeeMe만 설치하면 기본적으로 영상을 받고 음성을 들을 수 있다.

**Custom Order Process 고객 주문 과정** 이용 가능한 고객배분 서비스. 이러한 서비스를 획득할 수 있는 기간 및 조건에 대한 설명을 말한다.

**Customer Interaction Management(CIM) 고객 상호 관리** 콜센터의 기능이 단순히 걸려온 전화를 받아 응대하는 수동적인 개념에서 다양한 접촉 창구를 이용한 멀티콘택트 센터로 전환되며 발생한 용어다. 기존의 콜센터가 전화를 통한 서비스 응대에 한정된 반면 최근 부상하는 멀티콘택트 센터는 음성, 전자우편, 팩스, 웹, 영상 등 새롭고 다양한 미디어 제공과 이들의 완벽한 통합을 위한 솔루션이다. CIM은 기업과 잠재고객 간에 인바운드,

아웃바운드 접촉을 가능하게 하기 위해 다양한 미디어를 사용하는 제품군과 서비스로 기존 콜센터가 멀티콘택트 센터로 변화 발전하는 데 필수적이자 핵심적인 역할을 할 것으로 기대되는 분야이다. CIM 시스템은 일방적인 CRM과 달리 양방향 영상, 음성, 웹, 모바일 등 모든 채널에서 수시로 이뤄지는 기업과 고객 사이의 접촉을 지원하고 관리하는 게 가장 큰 특징이다.

**Customer Relationship Management(CRM) 전사적 고객관리** CRM(Customer Relationship Management)를 참조.

**Customization 맞춤화** 특정 GIS 프로그램을 이용하여 사용자 목적에 맞도록 새롭게 프로그램을 재구성, 개발해나가는 작업. 한 예로, 상업적인 GIS 상품의 주문한 버전은 어떻게 GIS를 이용해서 주문된 데이터를 데이터베이스에 입력하는지에 대해서 모르는 관리자를 위한 메뉴를 포함할 것이다.

**Customizing 커스터마이징** 커스트마이즈(Customize)란 '원래 무엇을 주문 받아서 만들다.'라는 의미로, 이용자가 사용 방법과 기호에 맞춰 하드웨어나 소프트웨어를 설정하거나 기능을 변경하는 것을 말한다.

**Cut 절토지** 도로·철도·수로 등을 놓기 위해 지표면을 절취한 지역을 말한다.

**Cut and Fill 절토(땅깍기) 및 성토** 이 용어는 도로 설계와 같은 토목 공사의 응용을 이용해서 DTM(수치 표고모형)으로부터 체적량을 계산하는 것을 일컫는다.

**Cut Off Angle 차단각** 감지기에 의해 더 이상 추적되지 않는 GPS 위성의 최소 고도각을 말한다.

**Cutting 절토** 철도, 도로, 택지, 공항건설 등을 목적으로 지반을 절취하는 것을 의미한다.

**Cutting Area 흙깎기** 단면적토목공사에서 절취할 단면적을 말한다.

**Cutting Height 절취고** 굴착공사를 할 때의 높이를 말한다.

**Cutting Soil 흙깎기** 철도, 도로, 택지, 공항 등의 토지이용을 목적으로 천연 지반을 잘라내는 것을 말한다.

**CVO(Commercial Vehicle Operation) 첨단 화물 운송 체계** 1980년대부터 미국·유럽·일본 등지에서 본격적으로 추진하고 있는 지능형 교통 시스템(ITS)의 일환. 화물과 화물 차량의 운행 체적화를 위해 한 도로의 지능화·첨단화를 목적으로 하며, 미국을 주축으로 이와 같은 분류 방식을 사용한다. 효율적인 화물 수송 체계 및 위험물 차량에 대한 특별 관리 체제 구축을 말한다.

**CX-10 시엑스-10** [드론] Cheerson에서 만든 대표적인 미니 드론이다. 3만 원 정도의 저렴한 가격에 귀여운 디자인이 장점이지만 미니 드론 특유의 낮은 비행 안정성과 짧은 비행시간(5분)은 단점이다.

**CY(Calendar Year) 달력 연도, 역년(曆年)** 지구가 태양의 주위를 1회전하는 시간과 거의 같은 시간의 길이를 말한다.

**Cyan, Magenta, Yellow(CMY) 색 모델** CMY(Cyan, Magenta, Yellow)를 참조.

**Cyan, Magenta, Yellow, BlacK(CMYK) 시엠와이케이** CMYK(Cyan, Magenta, Yellow, BlacK)를 참조.

**Cyber Bullying 사이버 왕따** 페이스북, 트위터 등 SNS나 블로그 게시판, 모바일 대화방 등에서 의도적이고 지속적으로 욕설이나 비방 등 피해를 당한 당사자를 일컫는 말이다. 사이버 왕따는 오프라인에서 받는 고통에서 그치지 않고 온라인까지 고스란히 연결되는 등 사회문제로 커지고 있다.

**Cyber Money 사이버 머니** 사이버 공간에서 사용할 수 있는 돈을 말한다. 사이버머니는 실제 화폐는 아니지만 사이버 공간에서 온라인 쇼핑을 하거나 게임을 즐기고 인터넷 포털 사이트에서 지식을 매매할 때 실제 화폐처럼 사용할 수 있고 오프라인의 경품으로도 활용된다.

**Cyber Now 사이버 나우** 인체에 부착되어 사람을 24시간 사이버 공간과 연결해 주는 미래의 가상 현실 특수 장비. 특수 콘텍트 렌즈나 특수 의복의 형태로서 피부에 이식될 수도 있고, 옷이나 안경처럼 착용할 수도 있으며, 뇌의 지시를 받아 동작한다. 미래의 사람들은 사이버 나우를 통해 원격교육과 의료검진을 받으며, 원격직장을 다니는 시공간을 초월한 삶을 향유하게 된다.

**Cyber-Physical System 사이버 물리시스템** CPS(Cyber-Physical Systems)를 참조.

**Cyber Space 사이버 공간** 컴퓨터의 네트워크화로 컴퓨터 내에 번져 나가는 정보 세계. 정보화 사회를 상징하는 개념으로서, 물질적인 실체와 떨어진 가상 공간을 말한다. 1980년대에 캐나다의 공상 과학 소설가 윌리엄 깁슨(William Gibson)이 만든 말이다. 현실 세계와 가장 큰 차이점은 거리감이 없다는 것이다. 지구의 반대편에 있는 사람들이 이웃에 사는 사람들처럼 정보를 주고받을 수 있어서 사이버 공간은 국경·인종·언어의 차이를 초월하여 사람들이 모이는 가상 광장이며 온갖 정보를 주고받을 수 있는 정보의 전시장이라고 할 수 있다. 사이버 공간의 주민, 즉 컴퓨터망에 참가하는 사람은 익명성이 높다. 자신의 신분을 은폐할 수도 있고 한 사람이 복수의 인물을 연출하여 각종 정보나 주장을 펴기도 한다.

**Cyber Terror 사이버 테러** 광의로는 주요조직 및 정부기관의 시스템에 불법으로 접근하여 기밀정보 등을 해킹 및 파괴하여 순식간에 모든 국가 주요기능을 정지 및 훼손하는 행위를 의미하며, 협의로는 개인의 PC 등에 접근하여 바이러스, 스팸메일 등으로 공격하여 일시·영구적으로 사용을 못하게 하거나 정보를 파괴하는 행위를 말한다.

**Cyberspace 사이버 공간** Cyber Space를 참조.

**Cyborg 사이보그** 사이보그란 과거 50년대 말 미국의 맨프레드 클레인 사이버네틱(Cybernetic)과 오가니즘(Organism)의 두 단어를 합성하여 만든 단어로 생물과 기계장치의 결합체를 뜻한다. 인간의 지적능력은 대행될 수 없다고 보기 때문에 뇌 이외의 수족이나 장기 등을 교체한 개조인간만이 사이보그로 지칭된다. 미래에 인간이 우주공간이나 바다 속에서 생활해야 할 경우, 특수한 인공 장기를 달아서 물속에서 숨을 쉴 수 있게 한다거나 기계 팔을 달아서 정상인보다 더 강한 완력을 낼 수 있게 하는 등의 가능성을 연구하면서 생겨난 말이다. 따라서 사이보그란 로봇이나 안드로이드와는 달리 처음부터 사람을 대상으로 인체공학·생물공학적인 기술로 탄생시키는 것이다.

**Cycle 주기(週期)** ① 이벤트 또는 상태의 규칙적인 반복을 말한다. ② 일정한 시간이 경과할 때마다 어떤 상태가 반복해서 나타나는 것을 일반적으로 주기변화라고 하며, 동일상태로 돌아가는데 필요한 시간을 주기, 그 역수를 진동수 또는 주파수라고 한다.

**Cycle Redundancy Check(CRC) 주기적 덧붙임 검사** CRC(Cycle Redundancy Check)를 참조.

**Cycle of Rocks 암석의 윤회** 퇴적암, 화성암 및 변성암으로 대분되는 암석은 기계적·화학적으로 풍화되어 세립자로 분리되어 그 곳에 잔류하거나 다른 곳으로 이동·퇴적되어 다른 퇴적암이 되기도 하고, 지각운동으로 고온·고압을 받거나 화성암체의 관입 시 열변성작용을 받아 다른 암석으로 변성되기도 하며, 초변성작용을 받아 화성암이 되기도 한다. 이와 같은 암석의 변천을 암석윤회라 한다.

**Cycle Slip 사이클 슬립, 주파수 단절** GPS 관측도중 장애물 등으로 인하여 GPS신호가 일시적으로 단절되는 현상으로 반송파 위상 관측 회로가 Freerun 상태로 되어 위상 관측에 오류가 발생한다. 이를 주파수 단절이라 한다. 주파수 단절은 수신 회로의 특성에 의해 파장의 정수배만큼 점프한다는 특성이 있다. 이 때문에 자료 전처리 단계에서 주파수 단절을 발견, 편집할 수 있고, 이에 따라 기선 해석 소프트웨어에서 자동처리가 가능하다. 주파수 단절은 연속적인 위성신호의 추적 중에 신호가 끊어지는 현상이 발생하는 것을 말한다. 또한 연속적인 반송파 추적을 시행하는 동안에 수신기가 셈한 파는 주파수로 언급된다. 그러므로 위성 추적에 대한 방해로 인해 수신기가 셈을 잃어버리게 되면, 사이클(Cycle)이나 파(Wave)의 셈에 단절(Slip)이 발생한다. 따라서 주파수 단절은 연속적인 반송파 위상의 재설정을 야기한다. 기선처리기(Baseline Processor)는 주파수 단절의 계산을 통해 셈을 복원할 수 있다. 주파수 단절은 매우 약한 위성 신호, 낮은 위성의 고도각, 나무와 같은 장애물에 의해 야기될 수 있다.

**Cydia 시디아** 아이폰 사용자가 어드밴스트 패키징 툴(Advanced Packaging Tool, APT)을 이용해 탈옥한 아이폰 유저들에게 "앱스토어"에서 지원하지 않는 앱을 다운받기 위한 그래프 인터페이스를 제공하는 앱이다. APT는 소프트웨어를 설치하고 제거하는 일을 한다. 시디아는 APT를 기반으로 하고 있다. 즉, 아이폰 사용자가 탈옥된 아이폰을 위해 소프트웨어 패키지를 찾아서 내려받을 수 있게 도와주는 iOS용 응용 소프트웨어이다. 제이 프리맨이 개발하였다. 소스와 앱 등을 이용하여 사용자가 원하는 대로 아이폰을 바꿀 수 있다. 시디아와 비슷한 프로그램으로는 Rock, Icy, Installer 등이 있다.

**CyPhy LVL 1 사이파이 레벨 1** [드론] 로봇 청소기로 유명한 아이로봇(iRobot)의 공동 창업자 헬렌 그라이너(Helen Greiner)가 이끄는 사이파이 웍스(CyPhy Works)가 기존의 RC 방식뿐만 아니라 스마트 폰으로도 손쉽게 컨트롤할 수 있는 차세대 드론이다. 사이파이 레벨1은 6개의 프로펠러를 가진 납작한 헬리캠 형태(헥사 드론)로 물 흐르듯 안정적으로 하늘을 날고 90도까지 틸트되는 800만 화소 카메라를 이용해 실시간으로 1080P 동영상을 촬영해 공유할 수 있을 뿐 아니라 사용자가 지정한 영역 안만 비행하는 (지오펜스)기능도 있어 불필요한 사고 위험을 최소화하고 있다. CyPhy LVL 1의 특징은 레벨 업 레벨 플라이트 기술, 배우기 쉬운 컨트롤, 실시간 공유, 사용자 설정 지오 펜스, 20분 비행시간, 빠른 USB 충전이 가능한 배터리, iOS와 안드로이드 앱, 8백만 화소 1080p HD 카메라, 90도 틸트 가능, 내장 이미지 저장소, 비와 물에 저항력 있음, 배터리 포함 800g, 최신 기술의 추적 기능과 웨이포인트(waypoint, 경유지) 내비게이션 기능 등이다.

**Cylindrical 원통** Cylindrical Projection을 참조.

**Cylindrical Coordinate 원주 좌표, 원통 좌표** 공간에서 점의 위치를 표시하는데 원주좌표가 종종 편리하게 쓰인다. 원주좌표에서는 평면 Z=0 위의(x, y) 대신 극좌표(r, $\theta$)를 사용한다.

**Cylindrical Equal Spaced Projection 등거리 원통 도법** 방안 도법 이라고도 하는데 이 도법은 작도가 용이하며 변형도 전체에 작게 나타나므로 세계도의 도법으로 사용된다.

**Cylindrical Equivalent Projection 등적 원통 투영** 무한대의 거리에 떨어져 있는 지점으로부터 빛이 투사된다고 보고 투영하기 때문에 위선간의 간격은 극으로 갈수록 점차적으로 가까워지는 투영법이다. 그러나 극으로 갈수록 남, 북 방향에서의 축척의 감소는 동, 서 방향으로의 축척의 증가에 의해 상쇄되며, 그 결과 등적성은 유지된다. 따라서 어떤 주어진 두 경선과 두 위선에 의해이루어지는 면적은 지구상에서의 이들 경선과 위선으로 둘러싸여진 면적과 같게 된다. 등적원통도법이라고도 한다.

**Cylindrical Orthomorphic Projection 등각 원통투영법** 보통 메르카도르도법이라 불리는 투영법으로, 항정선(loxodrome; 경선을 일정한 각으로 통과하는 선)이 직선으로 표시되는 특징이 있어 항법상 널리 쓰이는 투영법이다. 등각원통도법이라고도 한다.

**Cylindrical Projection 원통도법(圓筒圖法)** 원통 모양의 표면에 지구를 투영한 후 이를 전개하여 제작한 지도 투영법이다. 원통의 축을 지축과 일치시키면 위선과 경선을 모두 직교하는 평행직선군이 된다. mercator도법은 대표적인 것이다. 원통의 축이 적도면상에 있는 횡원통도법은 좌표계로서 잘 쓰인다.

**CZCS(Coastal Zone Color Scanner) 해안지역 유색 주사기** 해양의 해안지역의 온도와 색을 관측하기 위한 SEASAT에 탑재된 스캐너를 말한다.

**DA(Density Altitude) 밀도 고도(密度高度)** [항공] 압력 고도에서 비표준 온도와 압력을 수정해서 얻은 고도를 말하며, 밀도 고도는 항공기 이륙 및 상승 성능에 직접적으로 영향을 미친다. 표준 대기압 상태에서는 기압 고도와 밀도고도가 일치한다. 그러나 표준 온도보다 높을 때 밀도 고도는 기압 고도보다 높고 반대로 표준 온도보다 낮을 때 밀도 고도는 기압 고도보다 낮다. 지구를 둘러싸고 있는 대기는 그 자체의 무게로 하향 압력을 받는다. 고도계는 대기의 하향압력차를 이용하여 고도를 측정하는 계기이다. 압력 고도계의 구성은 계기 내부에 일련의 아네로이드(aneroid wafer)의 엷은 격실이 있으며, 정압공을 통해 전달된 대기압에 따라 수축 및 팽창량을 계기 상에 지시한다.

**DA(Dipole Antenna) 다이폴안테나** 높은 주파수 성분의 전파는 지하에서 많이 감쇠하게 되므로 반송파가 없는 펄스파를 사용하기 때문에 안테나의 과도특성에 의해 송신파와 수신파의 진동이 생긴다. 또한, 안테나의 급전부와의 임피던스 정합이 곤란하게 되어 대부분의 근거리용에는 저항체를 가진 특수한 안테나를 사용하게 되는데 이를 다이폴안테나라고 한다.

**DaaS(Datacenter as a Service) 서비스로서의 데이터 센터** 기업의 사업 모델에 따라 필요한 컴퓨팅 자원과 서비스를 유연하게 제공할 수 있는 새로운 개념의 데이터 센터를 의미한다.

**DAC(Discretionary Access Control) 임의 접근 제어** 임의 접근 제어는 사용자가 자신이 소유한 자원의 접근 권한을 임의로 설정하는 것을 뜻한다. 대표적으로 유닉스의 파일 허가를 들 수 있다.

**D/A Converter(Digital to Analog Converter) 디지털/아날로그 변환기** 디지털컴퓨터의 값을 아날로그 량으로 변환하는 기기로서 컴퓨터 표시 체계를 갖고 있으며, 비디오 표시관 중 전자선을 조작하기 위해 디지털컴퓨터의 값이 아날로그 신호로 변환된다.

**Daguerre 데가르** 1839년 프랑스인으로 사진술을 발명하였다.

**Daguerreotype 은판(銀板) 사진법** 프랑스의 다게르(Louis-Jaques-Mand Daguerre)가 발명한 사진기법이다.

**Daily Edition 데일리 에디션** 소니에서 만든 e-Book 이름이다.

**Dam 댐** 「저수지 · 댐의 안전관리 및 재해예방에 관한 법률(약칭: 저수지댐법)」 제2조 제1호에 의거 "저수지 · 댐"은 하천의 흐름을 막아 그 저수(貯水)를 생활 및 공업용수, 농업용수, 환경개선용수, 발전, 홍수조절, 주운(舟運), 그 밖의 용도로 이용하기 위하여 설치한 공작물로 정의하고 있으며, 여수로(餘水路) · 보조댐, 그 밖에 해당 저수지 또는 댐과 일체가 되어 그 효용을 다하게 하는 시설 또는 공작물을 포함한다.

댐은 사용목적 · 재료 · 구조 등에 따라 분류된다. (1) 사용목적에 따라 나누면 저수댐 · 취수댐 · 사방댐 등이 있다. (2) 건축재료별로 분류하면 콘크리트댐(다시 구조에 따라 중력댐 · 아치댐 · 부벽댐 · 중공중력댐이 있다)과 사력댐으로도 나누어진다.

**▪ 사용목적에 따른 분류**

(1) 취수(取水)댐 : 하천으로부터 물을 끌어들이기 위해서는 끌어들이는 거점이 어느 정도의 수심을 유지해야 한다. 따라서 물을 끌어들이는 바로 아랫부분에서 하천을 막아 필요한 수심을 유지한다. 이를 위해 만들어진 댐을 취수댐이라 하며, 높이는 일반적으로 그리 높지 않고 수위 조절을 위한 수문이 설치되어 있다. 막아두는 물의 용도에 따라 상수도용 · 공업용수용 · 관개용 · 발전용 등이 있다.

(2) 저수(貯水)댐 : 대량의 물을 확보하기 위해 하천수를 불리려는 목적으로 만들어진 댐을 말한다. 일반적으로 높이가 높다. 사업목적에 따라 수도용 댐, 관개용 댐, 치수(治水)용 댐, 발전용 댐, 다목적 댐 등이 있다. 수도용 댐은 수도용수나 공업용수를 확보하기 위해 수원지역(水源地域)에 만드는 댐이다. 양질의 물을 얻을 수 있고 수원지보호에도 적합한 지역을 선정해야 한다. 관개용수를 확보하기 위해 짓는 댐이 관개용 댐이며, 크기

는 다양하다. 한편, 하천유량의 변동을 전력수요에 이용할 목적으로 만드는 댐을 발전용 댐이라 하는데, 저수용량이 많아야 하고, 깊은 유효수심과 높은 낙차가 필요하므로 일반적으로 규모가 크다. 또한 홍수시 물의 일부 혹은 전부를 가두어 하류의 수량을 줄이기 위해 만드는 댐이 치수용 댐이다. 하천수는 물을 이용하는 이수(利水)와 물을 다스리는 치수 양측면을 고려하여 가장 합리적인 방법으로 다루어야 한다. 이를 위해 수립되는 계획이 하천종합개발계획으로, 이때에는 저수지도 많은 목적으로 만들어지며, 물은 일정한 계획 하에 조정되어 사용된다. 이와 같은 많은 목적을 달성하기 위해 만드는 것이 다목적댐이다.

(3) 사방(砂防)댐 : 황폐해진 산지로부터는 많은 양의 모래와 자갈이 유출되는데 이것을 상류에서 막아두기 위해 만들어진 댐이 사방댐이다. 이 댐은 또한 하상(河床)의 경사를 완만하게 하고 하상 및 양안(兩岸)이 깎여 내리는 것을 방지하는 데도 도움이 된다.

**▪ 건축재료에 의한 분류**

(1) 콘크리트 중력댐 : 댐자체의 중량으로 저수에 따르는 수압을 견뎌내는 형식으로, 제방의 재료가 콘크리트인 댐을 '콘크리트 중력댐' 혹은 '중력댐'이라고 한다. 단면은 기본적으로 삼각형을 이루고, 상류면은 거의 연직(鉛直)에 가까운 급경사이며 하류면은 50° 정도의 경사를 이룬다. 보통 댐 상부의 중앙부분에 수문이 있다. 이 부분은 수문의 개폐에 의해 가둬둔 물이 방류(放流)되는 부분으로, 소정의 수량을 안전하게 방류시킬 수 있는 방류폭과 수심이 설정되어 있다. 댐의 하부는 양질의 암반 위에 얹혀 있다. 하상은 풍화되지 않고 균열이 거의 없는, 딱딱하고 세밀하며 오래되지 않은 암반이 나타날 때까지 굴착하여, 그 면을 압력이나 물로 잘 닦아내어 바위조각 따위를 완전히 제거하고 그 위에 콘크리트를 붓는다. 제방 속에는 여러 가닥의 복도가 있으며, 이를 감사랑(監査廊, gallery)이라 한다. 댐 완성 후 이 복도는 형태변화나 누수의 감시, 그라우트 작업장·계측작업장 등으로 쓰인다. 제방에는 약 15m 간격으로 세로로 맞춤새가 있어 이 맞춤새를 경계로 콘크리트를 따로따로 친다. 연속되는 거대한 덩어리를 콘크리트로 만들 경우 온도변화에 따른 변형이나 콘크리트 자체의 경화에 따른 수축으로 인해 내부에 금이 가므로 이것을 막기 위해 횡이음매를 만든다. 이음매에는 누수되지 않도록 차수판(遮水版)이 들어있으며 댐이 완성된 후 이음매에 그라우트공법을 가하는 경우도 있다. 댐의 하류부는 방류한 물에 의해 깎여지지 않도록 충분한 주의를 기울여야 한다. 그래서 보통 하류부를 콘크리트로 깔든지 하류부에 또 하나의 낮은 댐을 만들어 댐의 하류부에 물을 막아 흐름의 기세를 꺾는 경우도 있다. 이를 위해 만들어진 댐을 부(副)댐이라 한다.

(2) 아치(Arch)댐 : 저수에 따른 수압을 주로 제방의 아치작용으로 견디는 형식을 말한다. 아치작용에 의한 강력한 수평력이 양기슭의 암반에 미치는 것이 특징이다. 따라서 양측 및 기초암반이 양질이고 단단해야 한다. 재료는 콘크리트이다. 수평단면은 거의 원호(圓弧)에 가까운데 하부로 내려갈수록 골짜기 폭이 좁아지기 때문에 반지름은 작다. 따라서 댐 전체 형태는 원통형의 일부가 아닌 이중으로 곡률(曲率)이 있는 곡면으로 되어 있다. 댐의 두께가 중력댐에 비해 매우 얇은 것이 특징으로, 이 때문에 중력댐보다 소요되는 콘크리트량이 훨씬 적다. 새로운 시공방법으로는 댐의 횡단형을 꼭대기에서 하류측으로 많이 치우치게 하고 있다. 골짜기의 형태에도 의하지만 이와 같이 하류쪽으로 치우친 댐은 안정적이고 경제적이라 할 수 있다. 이러한 형태를 특히 '돔형'이라 하며 현재 이탈리아에 많이 있다. 물을 방류할 때 중력댐처럼 꼭대기 중앙부로 방류시키는 방법은 방류되는 물이 폭포와 같이 댐 바로 배후에 낙하하여 기초부분을 깎아내릴 우려가 있기 때문에 방류량이 적은 경우 이외에는 쓰지 않는다. 방류량과 지형에 따라 꼭대기 양측면에서 충분히 보강된 양 기슭을 반상(盤上)으로 허물어내려 그 경사면을 따라 낙하시키기도 하고, 따로 양 기슭에다 터널을 뚫어 방류시키는 방법, 제방 가운데의 복부 부분에다 구멍을 뚫고 여기에 수문을 달아, 물을 제방에서 훨씬 떨어진 위치까지 끌어내어 방류시키는 방법이 있다. 지형에 따라서는 중력댐에 호형(弧形)을 가미해 아치작용을 덧붙여 그 두께를 얇게 할 수도 있다. 이 같은 댐을 아치형 중력댐이라 한다. 높이 221m인 미국의 후버댐이 여기에 속한다.

(3) 중공(中空) 중력댐 : 콘크리트 중력댐의 일종이긴 하지만, 중력댐 내부에 커다란 공동(空洞)을 갖고 있다. 모양은 삼각형을 기준으로 하며 상·하류면과 약 60°의 경사가 진 블록을 여러 개 만들어 앞면에 미치는 수압을 제방의 중력으로 버티는 것이다. 중력댐과 다른 점은, 중력댐이 댐의 중량에 의해 생기는 댐 바닥과 암반 사이의 수평저항력으로 수압을 견뎌내는데 비해 이 댐은 댐의 중량과 댐 앞면에 실리는 물의 중량에 의해 생기는 댐 바닥과 암반 사이의 수평저항력으로 수압을 견딘다는 점이

다. 따라서 콘크리트 중량은 댐체 내부의 공동(空洞) 때문에 가볍게 되지만 저항력은 훨씬 커진다. 이 댐의 장점은 콘크리트 용적을 절약할 수 있고, 콘크리트에서 발산되는 열을 방산(放散)하기 쉬우며, 제방 바닥부분에서 생기는 양력(揚力)이 작다는 점 등이지만 기초암반에 미치는 압력강도는 커진다. 이탈리아에서 생긴 새로운 형식의 댐이다.

(4) **부벽(扶壁)댐** : 물의 압력을 상판(床版) 혹은 연속아치로 받은 뒤 이 압력을 버트리스(buttress)로 기초지반에 전달하는 댐으로, 철근콘크리트조(造)이다. 사용재료가 적고 강폭이 넓은 경우에는 적합하지만, 구조가 복잡하고 시공이 불편하며 지진에 대한 버팀이 중력댐보다 떨러진다. 차수벽(遮水壁)으로는 상판과 아치가 있으며 아치쪽이 버팀이 강하다.

(5) **록필(Rock-fill)댐** : 암괴(岩塊)를 쌓아올려 만드는 댐으로, 제방을 구성하는 암석군과 댐에 물이 가득차면 닫는 차수벽, 그리고 차수벽과 암괴 사이에 놓이는 조석층(粗石層)의 3층으로 되어 있다. 기본형은 거의 삼각형으로 상·하류면의 경사는 각각 1 : 1.5 정도이다. 암괴의 크기는 0.5~10t 정도이고 차수벽은 40~60cm 두께의 콘크리트판이다. 물을 이 위로 방류시킬 수는 없기 때문에 따로 장치를 마련해야 하는데, 그 단면을 충분히 잡아 물이 이 위를 넘어가지 않도록 할 필요가 있다. 이 형식의 댐은 압력이 기반에 광범위하게 미치기 때문에 기반에 발생하는 응력(應力)이 작은 것이 이점이다. 미국에서 발달한 댐 형식이다.

(6) **흙댐(Earth Dam)** : 흙을 주재료로 한 댐으로, 중량으로 수압을 견딘다. 형태는 거의 삼각형이고 상류면은 약 1 : 3 정도, 하류면은 1 : 2~2.5 정도의 경사가 있다. 단면 중앙에 불투수성(不透水性)의 흙을 넣어 수밀화(水密化)하고, 상류측에는 반투수성, 하류측에는 투수성 흙을 두어 물을 차단하며 안정을 기한다. 이 댐은 특별히 견고한 기초를 필요로 하지 않으므로, 댐 건설을 위한 적지(適地)를 많이 찾을 수 있다.

**Dam Surveying 댐 측량(測量)** 댐 축조 및 관리를 위한 측량으로 조사계획측량, 댐 실시설계측량, 댐 안전관리측량 등이 있다.

**Damper 댐퍼** [드론] 드론 등의 비행체에서 발생하는 고주파의 진동을 막기 위해 구동부와 카메라 짐벌(Gimbal) 사이에 장착하는 고무나 실리콘 등의 부품을 말한다.

**Danger 위험(危險)** [안전] 독일의 사회학자 울리히 벡(Ulrich Beck, 1944~2015)은 저서 위험사회(1986, Risikogesellschaft / Risk Society)에서 산업화와 근대화에 의한 과학기술의 발전으로 현대인은 물질적 풍요를 누리고 있지만 한편으론 위험사회가 도래했는데, 이러한 위험사회는 기회와 위해(危害)가 동시에 존재하는 이중적·복합적 사회라고 기술한 바 있다.

위험은 안전의 반대말로서, 사물의 불안전한 상태나 인간 및 조직의 불안전한 행동에 의해 야기된다. 위험은 일정 수위를 넘으면 언젠가는 필연적으로 사고(accident)로 이어진다. 사고는 다시 인명피해를 수반한 재해로 이어질 수도 있다. 안전관리(safety control)는 이러한 사고와 재해에 대한 보상 등 사후처리와 이를 예방하기 위해 위험을 제거하는 예방적 관리활동을 모두 포함하지만, 사전예방이 인명과 재산을 지키는 데 효과적이므로 적극적으로 노력할 필요가 있다. Heinrich's Law, Bird's Domino Law, Swiss Cheese Model, Human Error, Broken Windows Theory, Safety를 참조.

**Dangle 현수선** 부정확한 디지타이징 때문에 흔히 발생하는 위상오차로서 한쪽 끝이 다른 연결점이나 절점에 완전히 연결되지 않은 상태의 연결선을 말한다.

**Dangle Length 현수선 길이** 커버리지를 Clean하여 위상관계를 형성할 때 제거할 수 있는 호의 최소거리로, 호가 현수선 길이보다 짧으면 Clean과정에서 제거된다.

**Dangle Tolerance 현수선 한계** 호(Arc)의 최소길이. 이 값보다 짧은 호는 Clean이나 Build 시에 없어진다.

**Dangling Arc 현수선 호** 좌측과 우측 양편에 동일 폴리곤을 갖고 다른 어느 아크와도 연결되지 않는 노드를 적어도 하나 가지고 있는 아크. 주로 폴리곤이 완전하게 닫히지 않았거나(Undershoot), 아크가 완전히 연결되지 않은 경우. 또는 다른 아크와 교차하는 부분을 넘어서 디지타이즈된(Overshoot) 경우이다. 현수선 아크는 항상 에러로 취급되는 것은 아니다. 예를 들어, 거리의 중앙선을 나타낸 지도에서는 막다른 길을 Dangling 마크로 표현할 수 있다.

**Dangling Node 현수선 절점** 다른 호와 연결되지 않은 현수선 호의 끝점. 대개 폴리곤이 적합하게 되지 않는 경우(Undershoot), 호가 적합하게 연결되지 않는 경우 또는 다른 아크와의 교차점을 지나서 디지타이징된 경우(Overshoot)를 확인하게 된다. 어떤 경우에는 현수선 절점은 허용된다. 예를 들면, 가로 중심선 지도에서 막다른 골목(cul-de-sac)은 종종 Dangling Arc로 표시된다.

**Daniel Kottke 대니얼 콧키** 애플의 컴퓨터 엔지니어. 잡스와 리드 대학교에 다니던 시절 함께 인도 등지를 여행하는 등 친한 친구였으며 후일 초창기 매킨토시 팀의 팀원이 되었다. 1980년대 초까지 매킨토시 키보드의 디자인을 맡아 일했으며 개발 부서의 초기 멤버 중 한 명이었다.

**DAO(Data Access Object) 데이터 접근 객체** 마이크로소프트사 젯 엔진을 사용하여 데이터베이스와 ISAM 데이터베이스를 사용할 수 있는 인터페이스. DBCDirect 작업 영역을 사용하면 ODBC를 통하여 백 엔드서버(SQL서버)를 사용할 수 있다. 소규모의 지역적인 클라이언트/서버 환경에서 저렴한 비용으로 데이터베이스를 구축할 수 있다.

**DAP(Dispatch Application Processor) 디에이피** 디스패치 호 기능 수행을 위한 제어 프로세서. 이 프로세서는 디스패치 호 서비스 할당 및 루팅을 담당한다.

**Dark Matter 암흑 물질** 138억 년 전 우주 대폭발(Big Bang · 빅뱅)로 탄생한 우주의 구성은 물질(양성자, 중성자, 전자 등)은 4.9%밖에 안 되고 나머지 95.1%는 아직 실체도 모르는 것이 현실이다. 다만 존재 양식을 추측하건데, 물질의 형태가 26.8%, 에너지의 형태가 68.3% 정도라고 추정되는데, 이를 암흑물질(dark matter)과 암흑에너지(dark energy)라고 부른다. 우주 공간의 약 27%를 차지하고 있는 암흑물질은 우주를 만든 '씨앗'이다. 별과 은하는 입자끼리 서로 뭉쳐져 만들어졌다. 그러나 입자끼리 서로 끌어당기는 중력(重力)은 별을 만들 정도로 물질을 뭉치게 하기에는 힘이 부족하므로, 입자보다 훨씬 많은 암흑물질이 중력을 발휘해야 입자가 뭉쳐 별이 될 수 있다. 우주 공간의 68.3%를 차지하는 암흑 에너지는 아인슈타인의 아이디어에서 시작됐다. 아인슈타인은 일반상대성 이론을 만들면서 중력 때문에 고민했다. 끌어당기는 힘인 중력만 있다면 우주는 다시 한 점으로 모여야 한다. 그러나 우주는 팽창하고 있다. 이 문제를 해결하기 위해 아인슈타인은 중력에 대항하는 미지(未知)의 '밀어내는 힘'이라는 개념을 도입했다. 이 힘이 바로 암흑 에너지이다. 그러나 우주 팽창시키는 암흑에너지 개념 도입했던 아인슈타인은 "최대 실수"라며, 이 이론을 철회했다.

• 암흑물질은 1930년대 천문학자들이 은하무리의 무게를 측정하려고 관측을 하다가 기존의 물질 추정량으로는 이해하기 어려운 중력효과를 설명하기 위해 도입했다. 기존 물질과 암흑물질의 비율은 1대 5에서 1대 6 사이로 추정된다. 암흑물질이라는 이름은 이 물질의 존재를 중력으로 짐작할 뿐 빛으로는 어떤 정보도 얻을 수 없기 때문이다. 현재까지 알려진 4가지 힘 가운데 원거리에서 작용하는 게 중력과 전자기력인데, 빛, 즉 광자는 전자기력의 매개입자(보손) 등의 전자기력이 작용하지 않는다는 것은 이 물질이 양성자, 중성자, 전자 같은 입자로 이뤄진 게 아니라는 뜻이며, 빛을 내지 않으니 어두울(dark) 수밖에 없다.

• 암흑 물질은 지금 이 순간에도 우리 몸과 지구 전체를 뚫고 지나가고 있지만 보이지 않는다. 이는 암흑 물질은 다른 입자와 반응하지 않는 특성이 있기 때문이다. 일반적으로 입자는 상호작용을 하면서 보이거나 검출된다. 예를 들어, 눈으로 보이는 빛은 물체와 빛의 입자인 광자(光子)와 반응한 결과이다. 입자들이 전기적 반응을 하면 전류가 흐른다. 반면 암흑 물질은 빛을 비롯한 어떤 물질과도 반응하지 않기 때문에 보이지도 않고, 검출하기도 힘들다. 그동안 수많은 과학자들이 암흑물질의 실체를 찾기 위해 뛰어들었고 여전히 찾고 있지만 아직 이렇다 할 성과는 없다. 그런데 2012년 힉스입자가 발견돼 표준모형이 제안한 기본 입자가 모두 밝혀지면서 이제 많은 과학자들의 관심이 암흑물질 규명에 쏠리고 있다. 일본 동경대학의 천체물리학자인 요시다 나오키(吉田直紀, Yoshida Naoki) 교수는 우주 대폭발 직후 우주에 암흑 물질이 탄생하지 않았다는 전제 아래 현재의 우주를 가상 실험했다. 그 결과 암흑 물질이 없을 때, 별과 은하는 거의 형성되지 않았다. 결국 지구상에 우리가 살고 있는 것 역시 암흑 물질의 덕이라는 것이다. '네이처' 학술지 2014년 3월 6일자에는 미국 우주망원경과학연구소의 천체물리학자인 마리오 리비오와 프랑스 피에르마리퀴리대 천체물리학연구소 조 실크 교수는 암흑물질 연구의 현황과 전망을 다룬 글에서 미국 사우스다코타주의 한 폐광에 가장 감도가 높은 검출기를 설치한 LUX실험 프로젝트가 2013년 첫 관측(3개월간)에 들어갔지만, 어떤 신호도 감지하지 못했다는 관측의 실패 사례를 싣고 있다.

• 암흑물질은 윔프(WIMP)라는 가상입자로도 불린다. 윔프는 '약하게 상호작용을 하는 무거운 입자(weakly interacting massive particle)'의 머리글자이다. 윔프는 질량이 양성자의 수십~수천 배에 이르는 입자로, 4가지 힘 가운데 중력과 약력만이 작용할 것으로 추정하고 있다. 한편, 입자가 상대적으로 느리게 움직여야 하기 때문에 윔프를 '차가운(cold) 암흑물질'이라고도 부른다(통계열역학에서 기체분자의 평균속력은 절대온도의 제곱근에 비례한다). 현재 윔프의 가장 유력한 후보로는 가장 가벼운 초

대칭(supersymmetric, SUSY) 입자이다. 초대칭 입자는 표준 모형에서 제시하는 기본입자에 쌍이 되는 무거운 입자로 초기 우주의 수학적 대칭성을 만족하기 위해 도입했지만 아직 하나도 발견하지 못한 상태이다. 이론물리학자들은 초기 우주에서 초대칭입자 대다수가 소멸했고 가장 가벼운 종류만이 남아 암흑물질을 이루고 있다는 가설을 내놓았다. 2019년에는 LUX실험에서 현재 370kg의 액체 제논을 7t으로 늘린 검출기가 작동될 예정이다. 윔프는 물질과 거의 상호작용을 하지 않지만 매우 드물게 제논과 충돌해 소멸하면서 광자를 내놓을 것으로 예상된다. 따라서 제논 양이 20배 가까이 늘면 검출확률도 그만큼 높아지는 셈이다. 한편, 유럽입자물리연구소(CERN)의 거대강입자가속기(LHC)에서 입자충돌로 초대칭입자를 만드는 실험도 내년에 시작될 예정이다. 힉스입자를 만들 때 에너지의 2배인 14테라전자볼트(TeV, 테라는 1조를 뜻함)를 구현할 예정이며, 2020년경에는 100TeV의 충돌기가 작동될 예정이다. 간접적인 방법으로 암흑물질의 존재를 입증하려는 시도도 진행되고 있는데, 우주정거장에 설치된 AMS(알파 자기분광계) 실험도 그 가운데 하나다. AMS는 지난해 350기가전자볼트(GeV, 기가는 10억을 뜻함)까지의 우주선 스펙트럼을 분석한 결과 양전자가 과잉으로 존재했다며, 이는 암흑물질이 충돌해 소멸하면서 나온 것일지도 모른다고 발표하면서, 암흑물질의 후보를 좀 더 확대해 찾아볼 필요가 있다고 덧붙였다. 즉, 차가운 암흑물질뿐 아니라 좀 더 '따뜻한(warm)', 즉 입자의 속도가 다소 빠른 암흑물질도 고려해야 한다는 것과 여기에는 뉴트리노(중성미자)도 포함된다고 덧붙였다.

• 뉴트리노는 암흑물질의 후보로 거론돼 왔고 지금도 그렇게 믿는 사람이 꽤 된다. 실제로 뉴트리노는 우주에서 광자(빛) 다음으로 숫자가 많은 입자(약 $10^{89}$개로 추정된다)다. 광자는 질량이 '0'이기 때문에 암흑물질 후보도 안 되지만 뉴트리노는 질량 여부를 둘러싼 오랜 논쟁 끝에 '매우 미미하지만' 있는 것으로 결론이 나고 있다(전자질량의 10억 분의 1 미만으로 추정된다). 따라서 티끌모아 태산이라고 우주의 뉴트리노를 다 합치면 굉장한 질량이 되겠지만, 그럼에도 뉴트리노로 암흑물질을 설명하기는 역부족이라는 게 많은 물리학자들의 생각이다.

• 2014년 4월 25일자 "Physical Review Letters"에는 "불임 뉴트리노"가 암흑물질일거라는 연구결과가 실렸다. 미국 어바인 캘리포니아대 물리천문학과 케보르크 아바자니안 교수는 유럽우주국(ESA)의 XMM-뉴턴우주망원경에서 관측한 X선 스펙트럼을 분석한 결과, 존재하는 3.5킬로전자볼트(KeV)의 X선이 7KeV 질량의 불임 뉴트리노가 붕괴할 때 나온 신호임을 이론적으로 규명했다고 밝혔다. 전자의 질량이 0.51메가전자볼트(MeV, 메가는 100만을 뜻함)이므로 7KeV이면 '꽤 큰' 질량이다. 따라서 이게 정말 불임 뉴트리노에서 온 신호가 맞다면 불임 뉴트리노야말로 암흑물질을 설명할 수 있는 가장 단순한 모형이다. 다만 관측한 신호가 매우 미약해 아직은 갈 길이 멀다는 게 중론이다.

**DAS(Data Acquisition System) 자료 수집 체계, 자료취득 체계** 자료처리체계의 입력으로 들어가기 전에 물리적인 변수를 관측키 위한 장치와 모체의 집단을 말한다.

**DASD(Direct Access Storage Device) 직접 접근 저장장치** 저장 장치 내의 각 기억 장소에 직접 자료를 저장하고 검색할 수 있게 해 준다. 가장 대중적인 직접 접근 저장 장치인 디스크 드라이브는 마그네틱 드라이브 기법이나 광 드라이브 기법을 사용한다. 디스크 드라이브는 시스템 사용자가 자료를 직접 검색할 수 있도록 고속채널을 통하여 처리 장치와 연결된다. 요즘에는 성능과 용량이 대폭 개선된 RAID(Redundant Arrays of Inexpensive Disk) 체계를 이용, 대용량 디스크 장치의 경제성과 신뢰성을 높일 수 있게 되었다.

**Dashboard 대시보드** 다양한 정보를 중앙집중적으로 관리하고 찾을 수 있도록 하는 사용자 인터페이스를 말한다.

**Data 자료(資料), 데이터** ① 현실 세계로부터 관찰이나 측정을 통해서 수집한 사실(fact) 또는 값(value)들을 말한다. 정리되지 않은 자료를 의미하기도 하며, 어떤 기준에 의해 정리되고 기록된 자료인 정보와 구분된다. GIS는 컴퓨터를 통해서 현실세계의 공간정보를 표현하는 것으로서 대상물을 컴퓨터를 통해서 정확한 위치를 표현하고, 그 대상물에 대한 여러 가지 정보를 제공하는 것이다. 즉, 대상물의 위치와 대상물의 속성을 컴퓨터를 통해 표현하는 것이다. 따라서 GIS는 데이터 없이는 아무런 의미가 없으며 데이터에 많은 주의를 기울여야 한다. 사실 가장 많은 작업들이 데이터 입력 및 관리에 소요되며, 데이터는 GIS 응용의 기본이다. GIS 분야에서 사용되는 자료를 GIS 자료 또는 지리 자료라 한다. 이 자료는 공간 자료와 속성 자료로 구성되며, 공간 자료는 크게 벡터 자료와 래스터 자료로 구성된다. 자료가 없다면, 의미나 목적이 없는 것이다. 자료에 작업의 초점이 맞추어져야 하며, 실제로 대부분의 작업이 자료를 입력하거나 관리하는 것과 관련된다. ② 의미가 부여된 표현을 말한다. 예를 들면 문자나 숫자 또는 이의 조합으로 이루어진 기호 등의 컴퓨터가 처리하는 값이다. 즉, 입력된 값, 중간 계산 결과, 최종 처리 결과를 명령어나 제어 신호와 구분해서 데이터라 하기도 하고, 명령어까지 포함하여 넓은 의미로 데이터라 부르기도 한다. 데이터는 비트(bit) 또는 바이트(Byte)로 표현된다. 데이터의 유형으로는 (1) 수치 데이터(정수형, 실수형), (2) 비수치 데이터(문자형, 논리형, 포인터형, …), (3) 추상화된 데이터 등이 있다.

**Data About Data 자료에 대한 자료, 메타자료** Metadata를 참조.

**Data Access Object(DAO) 데이터 접근 객체** DAO(Data Access Object)를 참조.

**Data Access Security 자료 접근 보안** 시스템 사용자의 자료 조회나 수정에 대한 권한을 통제하기 위한 장치. 이러한 장치에는 자료에 대한 논리적인 조회와 그룹 또는 개인별의 명확한 접근 권한이 포함될 수 있다.

**Data Acquisition 자료 수집, 자료 취득** ① 사용자가 원하는 요구에 부합하는 자료를 수집하고 구분하는 일련의 절차. 자료 취득 방법은 항공 사진에 의한 해석 도화와 GIS와 토털 스테이션에 의한 지상 측량과 기존 지도의 수치화에 의한 방법 등이 있다. ② 위성 영상 자료는 각 물체마다 분광 반사율이 다르다는 성질을 이용하여, 물체가 방사하는 전자기적 에너지를 탐사기가 탐사하여 취득된다. 탐사기가 받아들인 에너지는 일정한 크기(공간 해상도)로 나누어 격자 형태로 기록된다.

**Data Acquisition System(DAS) 자료 수집 체계, 자료취득 체계** DAS(Data Acquisition System)를 참조.

**Data Aggregation 자료 통합** 구분된 지도 대상물들을 하나의 대상물로 결합할 때 실시하는 작업을 말한다.

**Data Analysis 자료 분석** GIS 자료를 분석하는 컴퓨터 작업을 말한다. 디지털 영상자료는 컴퓨터에서 다양한 영상처리 기법을 이용하여 대상물의 물리화학적 특성에 관한 정보를 얻기 위하여 분석된다. 원격탐사 자료에 의하여 해수면의 표면 온도, 식물의 현존량, 엽록소의 농도 등과 같은 정략적 성질을 가진 것과 토지이용 구분, 산림의 수종분포, 암석의 종류구분 등과 같은 정성적 정보로 구분될 수 있다.

**Data Analyst 자료 분석자** 생산위주의 시스템에서 생산품의 흐름을 감시하고 시스템의 작동을 제어하는 것을 임무로 하는 자료분석시스템의 오퍼레이터를 말한다.

**Data and Information Sharing 자료와 정보공유** 수치화를 위한 비용과 시간을 절약하기 위해 자료공유는 추진되어져야 한다. 지형공간자료의 연산적인 사용을 촉진하기 위해 정보와 경험은 사용자들 사이에 공유되어야 한다.

**Data Archaeology 데이터 고고학** Data Mining(데이터 마이닝)을 참조.

**Data Architecture 데이터 아키텍처** 효과적인 업무처리 및 의사결정을 위해 어떤 정보가 사용되고, 전달되어야 하는지를 표현한 아키텍처.

**Data Attribute 속성자료** 산업의 토지이용 특정한 모양의 형태, 지리적 특성과 같은 자료 형태에서의 특별한 요소를 말한다.

**Data Automation 데이터 자동화** 테이블 디지타이징 또는 스크린 디지타이징, 위상처리 및 선택된 데이터 구조 또는 포맷으로 디지털 데이터의 저장을 포함하는 종이지도를 디지털 데이터로 변환하기 위한 일련의 과정을 말한다.

**Data Bank 자료 은행** 정보를 효율적으로 관리, 활용하기 위해서는 컴퓨터를 비롯한 각종 정보처리기기를 사용하여 모든 정보를 집중시킴으로서 정보의 입력 및 출력을 편리하게 할 필요가 있다. 자료 뱅크에는 단순한 자료 파일도 있고 국가적인 정보센터의 경우도 있어 그 형식이 반드시 일정하지는 않다.

**Data Base(DB) 자료기반, 데이터베이스** DB(Database)를 참조.

**Database Administrator 데이터베이스 관리자** 스키마, 저장 구조, 접근 방법 등을 정의하고 스키마와 물리적 조직의 수정, 데이터 접근 권한의 설정, 무결성 제약 조건의 지정과 같은 업무를 수행하여 데이터베이스에 통제 기능을 수행하는 사람을 말한다.

**Database Approach 자료기반 접근** 재고관리나 해석적인 작업에서 필요할 때 자료기반을 이용하는 것. 자료기반은 막대한 양의 자료와 이를 다루는 선택이 있기 때문에, 도형을 이용하는 것보다 작업들이 더욱 효과적이며 정확하게 이루어진다.

**Database Creation 자료기반 편성** 이후에 사용하기 위하여 자료를 수치화시켜 저장하는 처리과정을 말한다.

**Database Design 자료기반 설계** 조직에서 사용자의 요구와 응용분야, 다양한 자료간의 관계성, 자료와 적용분야간의 관계성 등을 고려하여 유용하게 사용되는 자료들을 모두 통합 관리하기 위하여, 모든 자료들을 하나의 데이터베이스로 구축하기 위한 설계를 말한다. 데이터베이스를 설계하기 위해서는 업무분석에서 식별된 기능을 처리하는데 필요한 각종 레이어, 지형지물(Feature) 등을 정의하고 이들을 체계적으로 부호화 시키는 작업이다. 개념설계(Conceptual Design)와 세부설계(Physical Design)로 구분할 수 있는데 개념설계는 데이터베이스에 대한 전반적인 논리적 구조이며, 어떤 특정 하드웨어나 소프트웨어와 관련 없이 설계된다. 세부설계에 들어가서는 실제로 필요한 레이어, 커버리지, 지형지물 코드(Code)를 부여하고 각각 해당되는 속성표를 설계하는데 이때는 특정한 하드웨어와 소프트웨어를 기준으로 설계하여야 한다.

**Database Development 자료기반 개발** 데이터베이스 내에 어떤 요소와 그 요소들 간의 관계가 포함될지를 결정하는 처리과정. 데이터베이스 개발은 일반적으로 설계(Design)와 수치화(Data Conversion)의 과정을 거치게 되는데 설계는 업무지원 프로그램의 정의 및 설계가 완성되어야 할 수 있다. 즉, 업무지원 프로그램 설계서에서 필요한 입력 자료 및 처리 자료 등의 요구조건이 나오기 때문에 여기에 맞추어서 자료기반부를 개발하여야 한다. 자료기반부의 설계는 개념적 지도 레이어설계, 커버리지 설계, 지형형상(Feature) 코드 설계 그리고 속성표 설계로 구분할 수 있다. 지도 레이어설계는 여러 커버리지를 주제별로 분류시키는 것으로서 커버리지의 체계적인 관리방법이다. 예로서, 지도레이어를 6개 기준점 레이어, 색인도(Index) 레이어, 평면형상 레이어, 지형 레이어 및 상수도시설 레이어로 구분할 수 있다.

**Database Hierarchical 계층형 데이터베이스** 가계 족보와 유사한 개념인 트리 구조 형태로 데이터들이 다함께 연결된 데이터베이스로서 관련성을 계층구조를 따라 추적할 수 있다. 관계 데이터와는 달리, 정보 추출을 위해 데이터 구조를 알아야 하고 데이터 파일은 서로 종속적이다.

**Database Integrity 자료기반 무결성** 자료모형과 자료유형에 따라 데이터베이스 내부의 자료 값의 유지, 예를 들어 무결성을 유지하기 위해 수치칼럼은 알파벳자료를 수용하지 않는다.

**Database Language 데이터베이스 언어** [데이터베이스] (1) 데이터 정의 언어(DDL; Data Definition Language) : DB 구조, 데이터 형식, 접근 방식 등 DB를 구축하거나 수정할 목적으로 사용하는 언어로서, 번역한 결과가 데이터사전(Data-dictionary)이라는 특별한 파일에 여러 개의 테이블로서 저장된다. 데이터 정의 언어의 기능으로는 외부 스키마 명세 정의, 데이터베이스 정의 및 수정, 스키마에 사용되는 제약조건에 대한 명세 정의, 데이터의 물리적 순서 규정 등이다.
(2) 데이터 조작 언어(DML; Data Manipulation Language) = 서브언어 : 사용자로 하여금 데이터를 처리할 수 있게 하는 도구로서 사용자(응용프로그램)와 DBMS간의 인터페이스를 제공한다. 응용 프로그램을 통하여 사용자가 DB의 데이터를 실질적으로 조작할 수 있도록 하기 위해 FORTRAN, COBOL 등의 호스트 언어에 DB 기능을 추가시켜 만든 언어이다. 대표적인 데이터 조작어(DML)에는 질의어가 있으며, 질의어는 터미널에서 주로 이용하는 비절차적(procedural) 데이터 언어이다.
(3) 데이터 제어 언어(DCL; Data Control Language) : 무결성, 보안 및 권한 제어, 회복을 등을 하기 위한 언어로서, 데이터를 보호하고 데이터를 관리하는 목적으로 사용된다. 데이터 제어 언어의 기능은 불법적인 사용자로부터 데이터를 보호하기 위한 데이터 보안(Security), 데이터 정확성을 위한 무결성(Integrity) 유지, 시스템 장애에 대비한 데이터 회복과 병행 수행 등이다.

**Database Lock 자료기반 락** Locking이란 여러 사용자가 자료를 필요로 할 때 데이터베이스 시스템이 액세스 충돌을 막아 주는 메커니즘이다.

**Database Management 자료기반 관리** GIS 도형정보와 비도형 정보를 저장하고 상호 연결시켜 다양한 형태의 조회와 분석을 가능하게 하여야 한다. 보통의 경우 도형자료는 GIS가 자체 보유하는 도형 데이터베이스로 관리하고, 비도형 데이터베이스는 GIS 자체에서 제공하는 데이터베이스를 사용하는 형태와 ORACLE, INFOMIX, INGRESS 등의 외부 범용데이터베이스를 GIS와 연결하여 사용하는 형태가 있다.

**DataBase Management System(DBMS) 자료기반 관리체계, 데이터베이스 관리시스템** DBMS(DataBase Management System)를 참조.

**Database Manager 데이터베이스 관리자** 사용자가 데이터베이스의 구조와 조직을 한정하고, 데이터베이스에 레코드를 입력, 유지하고, 정렬을 수행하고, 데이터 재조직화, 검색, 보고서나 그래프 같은 유용한 산출물을 생성하도록 해 주는 컴퓨터 프로그램 혹은 프로그램들의 집합체이다.

**Database Manager Program 자료기반 관리프로그램** 자료기반 내에 저장된 하위계층 자료와 시스템에 제기되는 응용프로그램(또는 사용자 질의) 간의 인터페이스를 제공한다.

**Database Model 자료기반 모형** 데이터베이스에 접근하기 위한 모형. 모형에는 4개의 데이터베이스 모형이 있다. 계층 모형, 네트워크 모형, 관계 모형, 객체 지향 모형이 있다.

**Database Query 자료기반 검색** 사용자에 의해 특성 지어진 속성과 연결된 지역 확인을 말한다.

**Database Schema 데이터베이스 스키마, 자료기반 스키마** 데이터베이스의 구조와 제약조건에 관한 전반적인 명세를 기술한 것이다. 즉, 개체의 특성을 나타내는 속성과 속성들의 집합으로 이루어진 개체, 개체 사이에 존재하는 관계에 대한 정의와 이들이 유지해야 할 제약조건들을 기술한 것으로서, 데이터베이스(Datbase, DB)에서 자료의 구조, 자료의 표현 방법, 자료 간의 관계를 형식 언어로 정의한 구조이다. 데이터베이스 관리시스템(DBMS)이 주어진 설정에 따라 데이터베이스 스키마를 생성하며, 데이터베이스 사용자가 자료를 저장, 조회, 삭제, 변경할 때 DBMS는 자신이 생성한 데이터베이스 스키마를 참조하여 명령을 수행한다. 스키마는 3층 구조로 되어있다. (1) 외부 스키마(External Schema) : 프로그래머나 사용자의 입장에서 데이터베이스의 모습으로 조직의 일부분을 정의한 것이다. (2) 개념 스키마(Conceptual Schema) : 모든 응용 시스템과 사용자들이 필요로 하는 데이터를 통합한 조직 전체의 데이터베이스 구조를 논리적으로 정의한 것이다. (3) 내부 스키마(Internal Schema) : 전체 데이터베이스의 물리적 저장 형태를 기술하는 것이다.

**Database System 자료기반 체계** 다목적 범용 파일군(데이터베이스)으로 구성되는 정보 공급 체계. 사용자가 보는 관점에서는 자료 뱅크 체계라고 할 수 있다. 원래의 뜻은 자료 공급 기지를 말한다.

**Database Tool 자료기반 도구** 데이터베이스를 보다 쉽게 구축할 수 있도록 제공되는 부가적인 프로그램들을 말한다.

**Data Cache 데이터 캐시, 임시 데이터 저장소** 컴퓨터에서 데이터를 미리 복사해 놓는 임시 장소를 가리킨다. 즉, 컴퓨터의 성능을 향상시키기 위해 사용되는 전용의 소형 고속 기억장치이다. 캐시는 고속의 중앙처리장치(CPU)와 CPU에 비해 속도가 느린 주기억장치 사이에 데이터와 명령어들을 임시 저장하는 장소를 제공하여, CPU가 주기억장치로부터 읽고 주기억장치에 기록할 때보다 몇 배 빠른 속도 또는 CPU에 가까운 속도로 접근할 수 있게 한다.

**Data Capture 자료 획득** 컴퓨터가 읽을 수 있는 수치 형태로, 자료를 변환하는 일련의 조작을 말한다.

**Data Category 자료범주** 같은 자료 세트(예 : 도로, 강)에 포함된 비슷한 특성을 가지는 자료를 말하며. 대개 하나의 자료 레이어에 포함된 정보는 다른 레이어들과 같이 사용되도록 설계된다.

**Data Center 데이터 센터** 온라인 사업에 필수적인 설비를 제공하며, 고객과 기업 정보를 보관하는 시설. 막대한 전기가 필요해 '전기 먹는 하마'로 불린다.

**Datacenter as a Service(DaaS) 서비스로서의 데이터 센터** (DaaS)Datacenter as a Service를 참조.

**Data Classification 자료 분류** 자료군을 몇몇의 공통된 특징을 가진 부분군으로 나누는 것을 말한다.

**Data Collection 자료 수집, 데이터 수집** 여러 가지 영향과 왜곡을 포함한 전자파 정보를 탑재기에 탑재된 탐측기가 탐측하여 아날로그 또는 수치형태로 초기 자료를 수집하는 것을 말한다.

**Data Collection System(DCS) 자료 수집 체계** DCS(Data Collection System)를 참조.

**Data Communication 자료 통신(通信)** 자료처리장치와 자료전송장치를 결합하여, 지역적으로 떨어져 있는 두 대의 자료처리장치 사이에서 통신선로를 통하여 자료를 전송하고 수신하는 작업을 말한다.

**Data Compression 데이터 압축** 최소의 정보손실로 자료의 저장 또는 전송을 더욱 효과적으로 할 수 있도록 현재 보유하고 있는 자료를 압축하는 기술을 말한다.

**Data Conversion 데이터 변환** 어떠한 형식의 자료를 다른 형식으로 변환하는 것을 말한다. 한 시스템에서 다른 시스템으로 자료가 이동할 때 수신시스템이 해석할 수 있는 형식으로 자료를 변환할 자료변환형식이 필요하다. 때때로 중간형식을 갖는 것이 필요할 수 있다. 많은 GIS는 다른 형식으로 자료를 변환할 수 있는 변환알고리즘을 지원한다.

**Data Definition Language(DDL) 자료 정의 언어** DDL(Data Definition Language)를 참조.

**Data Design 자료 설계** 분석 시에 얻어진 정보영역 모형을 소프트웨어 구현에 필요한 자료구조로 변환하는 것을 말한다.

**Data Dictionary 자료 사전** 지도현상이나 속성에 관한 정보를 포함하는 목록으로 제공되는 데이터베이스. 목록은 자료파일, 성분이름, 출처, 정확성, 입력 또는 갱신날짜, 그리고 자료와 자료출처의 다른 특징들을 정할 수 있다. 데이터베이스간의 관계와 데이터베이스내의 모든 사항에 대한 정보를 담고 있다.

**Data Dimensionality 자료 차수** 자료집합에 존재하는 변수의 수. 고유차수라는 말은 자료집합을 정확하게 대표하는데 사용될 수 있는 변수의 최소한을 뜻한다.

**Data Distribution Information 자료 유통 정보** 자료로부터 취득 가능한 것은 무엇이며, 포맷의 종류는 어떠하며, 이용 가능한 매체는 무엇이며, 자료가격과 온라인(On-Line) 상태 등에 관한 정보를 수록. 메타자료의 구성요소의 한 항목을 말한다.

**Data Dredging 데이터 채취** Data Mining(데이터 마이닝)을 참조.

**Data Driven Attack 데이터 주도 공격** 불법프로그램을 이식하는 경우로서 만약 포스트스크립트 파일을 전자우편으로 보냈다면 수신자가 만약 이를 인식 시 불법명령 등이 실행될 수 있고, 침입차단(Firewall)시스템을 이용한 서비스의 제한 등이 요구된다.

**Data Element 자료 요소** 일정한 상황아래에서 더 이상 나눌 수 없는 자료의 단위. 예를 들어 학생이라는 자료를 구성하고 있는 이름, 성별, 나이, 학번 등과 같은 것들이 하나의 자료 항목이 될 수 있다. Data Item, Metadata Element를 참조.

**Data Encoding 자료 부호화** 개개 또는 자료의 그룹을 표현하기 위해 주로 2진수를 코드에 적용하는 과정을 말한다.

**Data Encryption Standard(DES) 데이터 암호화 표준** DES (Data Encryption Standard)를 참조.

**Data Entry 자료 입력** 사용자에 의해서 또는 자동으로 데이터베이스에 자료를 로딩(적재)하는 과정을 말한다. Digitize와 Digitizer를 참조.

**Data Entry Module 자료 입력 모듈** 사용자가 데이터베이스의 레코드를 입력 또는 수정할 수 있도록 하는 데이터베이스 관리자의 일부분으로 모듈은 통상적으로 값의 기입과 수정을 모두 지원하고 데이터 정의에 의해 데이터를 제약한다.

**Data Entry Procedures 자료 입력 절차** 자료 입력 기능(Data Entry Facilities)은 DDL로 구성된 파일을 생성할 수 있으며, 사용자가 체계 프롬프트에 따라서 자료를 입력할 수 있다. 대부분의 발전된 데이터베이스 관리체계는 비도면 자료를 보다 효율적으로 입력할 수 있는 스크린 설계기능을 가지고 있다. 또한 입력유형 설계프로그램은 입력되는 동안 논리적인 오류를 검색하거나 검색할 수 없는 자료의 입력을 막아준다.

**Data Exchange 자료교환** ① 상호 데이터 교환을 위하여 어떤 레코드들을 선택하는 방법에 어려움이 따르는데, 통계적 데이터베이스의 보안성 유지를 위해 추적식에 의해서 특정한 값이 탐지되더라도 그 값이 특정한 개인의 레코드와 연관되지 못하게 하기 위해서 전체적인 통계값은 변하지 않고 그 항목의 값들을 여러 레코드들끼리 서로 바꿔가면서 저장하는 방법이다. ② 특정한 컴퓨터 시스템용으로 개발된 데이터 표기법에서는 데이터와 기계가 서로 의존하고 있는 경우가 있는데, 서로 다른 아키텍처의 컴퓨터 시스템 사이에서 데이터를 사용하는 것으로서. 데이터 표기법이 다른 경우 상대방과 문제가 되는 것들을 미리 정해두어 데이터 교환이 가능하게 된다. ③ 비슷한 GIS 패키지들간의 자료의 교환을 말한다.

**Data Exchange Format 자료 교환 형식** 유사한 GIS 패키지들간의 자료교환이 가능하도록 하는 특정하고 물리적인 자료형식을 말한다.

**Data Exchange Standard 자료 교환 표준** 서로 다른 데이터 포맷으로 데이터를 교환하기 위해 개발한 중간 데이터 포맷을 위한 설명서, 공통 데이터 교환 표준을 사용하면 각각의 포맷 사이에서 데이터 변환기를 개발할 필요가 없다. 하나의 포맷의 원시데이터는 항상 먼저 데이터 교환 표준으로 번역된 다음 데이터가 사용되는 시스템의 포맷으로 번역될 수 있다. Data Transfer Standard를 참조.

**Data Extremes 자료 극단값** 정렬 후 첫 번째와 마지막 레코드를 선택함으로써 얻어지는 속성의 최고값과 최저값이다.

**Data Field 자료 필드** 자료를 구성하는 세부 항목을 저장하기 위하여 사용되는 기억장소 항목 또는 기억 장소 구조를 말한다.

**Data File 자료 파일, 자료철** 컴퓨터에서 작업 수행 과정에서 사용되는 자료들을 저장하고 있는 파일. 실제 작업을 수행하는 프로그램들이 저장되어 있는 프로그램 파일과 구분된다.

**Data Flow 자료 흐름** 원격탐사체계를 통한 또는 자료들로부터 그 분석과 사용에 이르는 전달의 경로와 속도를 말한다.

**Data Flow Diagram(DFD) 자료 흐름도** DFD(Data Flow Diagram)를 참조.

**Data Format 자료 형식** ① 파일 또는 레코드에서 자료가 관리되는 구조. 예를 들어 자료를 처리하기 위하여 자료를 2진수로 표현하는 방법 또는 ASCII 문자로 표현되는 방법 등이 모두 하나의 자료형식이 될 수 있다. ② 데이터를 표현할 때 열과 길이를 규정한 것. 예를 들어 최신의 2바이트분에서 데이터를 식별하는 고유번호를 표현하여, 다음의 4바이트에서 구축 일시, 그 다음의 8바이트에서는 대상이 되는 형상의 위치 좌표를 기록하는 경우, 이것을 포맷이라고 한다.

**Data Fusion 데이터 융합** 2개 혹은 그 이상의 MG&G 데이터셋을 지도제작 공정에 등록 혹은 삽입해서 래스터와 벡터와 같이 서로 다른 MG&G 데이터 형식 사이에 혹은 같은 데이터 형식을 가진 데이터셋의 해상도와 비례한다.

**Datagram 데이터그램** 패킷 교환에서, 데이터 단말 장치와 망과의 사전 접속 절차에 의하지 않고, 하나하나의 패킷이 발신 데이터 단말 장치와 수신처 데이터 단말 장치 간의 경로 지정을 위한 충분한 정보를 가지고 있는 패킷을 말한다.

**Data Handling 자료 변환** 수집된 원자료를 후속작업에 편리하도록 변환, 주기, 수치화, 표현 등을 행한다.

**Data Identification 자료 식별정보** 자료의 제목이 무엇이며, 자료 구축의 주제는 어느 곳이며, 자료 구축의 지리적 범위는 어느 정도이며, 어떠한 정보가 포함되어 있으며, 자료의 유통성과 자료를 이용하거나 접근하는데 있어서의 제한성 등에 관한 정보를 수록. 메타자료의 구성요소의 한 항목을 말한다.

**Data Independency 자료 독립성** 데이터베이스 내의 데이터와 이를 사용하는 응용프로그램이 서로 영향을 받지 않은 성질로서 크게 2가지로 분류된다. 하나는 논리적 자료 독립성(Logical data Independency)이며, 다른 하나는 물리적 자료 독립성(Physical Data Independency)이다.

**Data Input 자료 입력** 컴퓨터에서 자료를 사용할 수 있는 형태로 변환하기 위하여, 자료입력 과정에서는 도면과 같은 자료들을 수동방식(디지타이저) 또는 자동방식(스캐너)에 의하여 수치화시켜 입력한다. 기존 수치자료는 지형공간자료를 감안하여 기본도의 투영법 및 축척 등에 맞도록 재편집된다.

**Data Input S/W 자료입력 소프트웨어** 기존의 지도와 현장탐사 및 조사 등을 통한 자료를 단말기나 디지타이저, 스캐너, 마그네틱테이프, 문자파일 등의 도구를 이용하여 컴퓨터에 입력시키는 역할을 한다.

**Data Integration 자료 통합** 데이터베이스의 객체 관계 모형에서, 관계(Relation)들 사이에 존재하는 관계를 표현하기 위한 방법으로 관계를 상위 레벨의 객체로 취급하는 추상화(Abstraction)를 말한다.

**Data Integrity 자료 무결성** 자료모형이나 자료유형에 따라 데이터베이스 내에 있는 자료 값의 규약, 예를 들어 무결성을 유지하기 위해서는 수치칼럼은 알파벳 자료를 수용할 수 없다.

**Data Interchange 자료 교환** 자료의 송·수신 및 해석을 위한 처리과정을 말한다.

**Data Interchange Format(DIF) 자료 교환 양식** DIF(Data Interchange Format)를 참조.

**Data Item 자료 항목** 정위치 자료로서 작성된 각각의 지도 자료의 분류 항목을 말한다. 지도 도식으로 통상 분류된 항목에 대강 일치해있다. 자료 항목을 표현하기 위하여 2자리의 자료 항목 코드가 설정되어 있다.

**Data Level 데이터 수준** 자료가 응용모형 수준에서 발견되는 유형의 정의를 따르면서 기록되는 자료에서 일련의 계층화된 수준들내에서의 계급이다.

**Data Link 자료연결** 하나의 전송을 위한 선으로서의 TV선, 광섬유, 위성망 등을 통해서 2개 혹은 그 이상의 컴퓨터 사이에 자료를 전송하고자 하는 정보처리기와 정보처리 기법과 관련이 있다.

**Data Logic 자료로직** 자료화일과 데이터베이스에 대한 접근을 관리하고 사용자의 자료에 대한 요청을 조정하는 것을 말한다.

**Data Management 자료 관리** GIS의 핵심은 자료를 관리하고 분석하는 컴퓨터 작업이다. 자료 관리 기능은 데이터베이스의 창출, 관리, 운용 등에 관련된 기능을 수행한다. 이런 기능은 자료의 입력, 갱신, 삭제, 추출 등에 일관성 있는 방법을 제공하게 되며, 사용자에게 손쉽게 정보와 접근할 수 있는 기능을 제공한다. 최근에 자료 관리 분야에 중요한 논제로 등장하고 있는 보안관리 기능은 향후 자료의 상호 공유를 가정할 때 상당히 중요한 요소로 판단된다.

**Data Manipulation 자료 처리** 분류, 입력, 출력작동, 그리고 보고서 생성과 같은 대부분의 사용자가 사용하는 자료 처리 과정을 말한다.

**Data Manipulation Language(DML) 자료 처리 언어** DML(Data Manipulation Language)를 참조.

**Data Manipulation Options 자료 처리 옵션** GIS 응용에서 자료 선택은 다양한 방법으로 수행된다. 다음은 데이터베이스에서 자료를 추출하는 방법들이다. ① 선택된 레코드 또는 선택된 필드를 나열한다. ② 어떤 순서로, 필드를 알파벳 또는 수치에 따라 구분한다. ③ 필드 데이터의 범위에 의해 나열한다. ④ 1~3 조작을 조합한다. ⑤ 필드와 레코드의 변경, 변화, 추가가 쉽다.

**Data Marker Data Message 자료 메시지** 위성의 위치, 시계(Clock) 보정, 건강상태 등을 보고한 GPS 신호에 포함된 메시지이다. 성좌(Constellation)에서 다른 위성들의 상태에 대한 거친(Rough) 정보를 포함한다.

**Data Mining 데이터 마이닝** 대량의 데이터로부터 새롭고 의미 있는 정보를 추출하여 의사결정에 활용하는 작업으로 정의된다. 데이터에서 패턴(patterns), 연관(associations), 변화(changes), 예외(anomalies), 규칙(rules), 통계적으로 중요한 구조와 사건(event)들을 찾아내는 반자동(semi-automatic) 시스템이다. 즉, 데이터에서 지식을 추출해 내려는 시도이며 여러 가지 면에서 전통적인 통계와는 다르다. 데이터 마이닝은 잠재적으로 유용하고, 새롭고 타당성 있으면서 궁극적으로 데이터에서 이해할 수 있는 패턴을 찾아내는 단순하지 않은 프로세스로 정의할 수 있다. 여기서 '데이터'는 데이터베이스내의 사례를 나타내는 사실의 집합이며, '패턴'은 사실의 부분집합으로 사실을 묘사할 수 있는 언어의 표현이다. '프로세스'란 데이터 마이닝이 여러 단계로 구성되어 있고 각 단계는 데이터 준비, 탐색, 지식 평가, 정제, 변경 후 반복을 하는 작업을 포함한다. 한편, '단순하지 않다'는 것은 탐색이나 추론이 포함된다는 뜻이다. 발견된 패턴은 '새로운' 것이어야 하며 데이터와 지식의 변화된 관계를 비교하여 측정된다. 또한 발견된 패턴은 어느 정도의 확실성을 가지고 새로운 데이터에 대해 '타당'해야 한다. '궁극적으로 이해할 수 있다'는 것은 데이터마이닝의 목표는 패턴을 기초로 하는 데이터의 더 나은 이해를 돕기 위하여 인간이 이해할 수 있도록 패턴을 만드는 것이다. 데이터로부터 유용한 패턴을 발견하고자 하는 개념 및 연구분야에는 다양한 명칭이 부여되어 왔으며, 데이터베이스 내의 지식발견(Knowledge Discovery in Database : KDD), 데이터마이닝(Data Mining), 데이터 채취(Data Dredging), 지식추출(Knowledge Extraction), 정보발견(Information Discovery), 정보수확(Information Harvesting), 데이터 고고학(Data Archaeology), 데이터 패턴처리(Data Pattern Processing) 등이 있다.

**Data Model 자료 모형** 현실세계에 존재하는 정보들을 컴퓨터에서 데이터베이스로 표현하기 위하여 사용되는 모형화 방법. 자료 모형을 좀 더 구체적으로 표현하면 "자료를 정의하고 자료들 간의 관계를 규정하며, 자료의 의미와 자료에 가해진 제약조건을 나타내는 개념적인 도구"라 할 수 있다. 또한 어떤 목적에 필요한 자료 환경에 대한 개념들의 집합이라 할 수 있다. 자료 모형은 일반적으로 관계 자료 모형(Relational Data Model), 계층 자료 모형(Hierarchical Data Model), 통신망 자료 모형(Network Data Model) 등 크게 3가지로 구분된다. 이 자료 모형들 간의 주요 차이점은 자료 요소간의 관계를 표현하는 방식에 있으며, 이 가운데 하나의 자료 모형만이 어떤 현실세계를 표현하기 위해서 사용될 수 있다는 사실이다. 그 이유는 일반적으로 데이터베이스 관리 체계가 하나의 자료 모형만을 지원할 수 있기 때문이다. GIS는 자료구조의 특성상 관계형 자료모형을 사용하는 것이 가장 바람직하다. 따라서 대부분의 GIS 소프트웨어는 관계형 자료모형을 사용하고 있다.

**Data Output 자료 출력** GIS는 도면이나 도표의 형태로 검색 및 출력할 수 있다. 대부분의 체계에서는 인쇄도면, 이산도, 표 및 지도 등을 여러 가지 형태와 크기로 제작할 수 있으며, 모니터 스크린을 통해서 자료기반의 한 구역 또는 다중 자료기반에 관한 도형 및 도형정보를 표시해 볼 수 있다.

**Data Pattern Processing 데이터 패턴처리** Data Mining(데이터 마이닝)을 참조.

**Data Portrayal Catalogue 데이터 기술 카탈로그** 특정 자료들에 대해서만 유효한 묘사 카탈로그이다.

**Data Presentation 자료 표현** 분석 단계의 결과를 적당한 방법으로 출력/표현하는 단계를 말한다.

**Data Processing 자료 처리** GIS의 조작 처리(Manipulative Operations)에는 표면 분석(Surface Analysis)과 중첩 분석(Overlay Analysis)의 2가지 자동 분석이 가능하다. 표면 분석은 하나의 자료층에 있는 변량들 간의 관계 분석에 적용되며, 중첩 분석은 둘 이상의 자료층에 있는 변량들 간의 관계분석에 적용된다.

**Data Processing System 자료 처리 체계** 자료입력, 자료처리, 출력의 3단계로 구분할 수 있으며, 보다 세부적으로는 부호화, 자료입력, 자료정비, 조작처리, 출력의 5단계로 구분할 수 있다.

**Data Protection System 자료 보호 체계** 시스템 오류가 발생한 PC에 장착된 하드 디스크의 작동 상태를 신속하고 용이하게 진단해주는 기술을 말한다.

**Data Provider 데이터 제공자** 토지종합정보방의 토지미들웨어 중 OGIS의 표준된 도형 및 속성을 공간데이터서버에서 수신하고 MapAgent에 송신한다. 코바미들웨어의 구성요소로 공간데이터 및 속성 데이터를 제공해 주는 역할을 한다. SDE용 Data Provider, ZEUS용 Data Provider, 고딕용 DataProvider 가 존재한다.

**Data Provider Style 자료 제공자 종류** 자료제공기관의 공간정보를 보유하고 있는 데이터베이스의 종류를 말한다.

**Data Quality 자료 품질** 데이터의 적합성, 적시성, 정확성, 완전성, 적절성 및 접근 가능성 등을 이르는 용어로서 자료가 설명되거나 실제 현상의 묘사 요구를 만족시키는 정도의 지수. 이것은 계통, 완전성, 유통, 논리적 일관성과 자료의 위치 정확도와 속성 정확도에 대한 정보를 포함한다. 품질은 '명시되거나 내포된 목적을 만족하는 능력을 가졌는지에 관한 제품의 통합특성'(ISO : 국제표준기구)을 말한다.

**Data Quality Assessment 자료 품질 평가** 품질 정보 범위의 품질에 대한 정보를 말한다.

**Data Quality Date 자료 품질 일자** 자료의 품질을 측정한 일자 또는 기간을 말한다.

**Data Quality Element 자료 품질 요소** 정량적 품질정보를 기술화하는 자료들의 품질 구성요소를 말한다.

**Data Quality Error Statistic Term 자료 품질 오류 통계 조건** 자료 품질값을 산출하여 보고하기 위해 사용된 알고리즘을 말한다.

**Data Quality Evaluation Procedure 자료품질 평가절차** 자료 품질 측정을 적용하고 보고하는데 사용되는 처리과정을 말한다.

**Data Quality Geographic Extent 자료 품질 지리적 범위** 품질 정보 수준이 적용되는 지리학적 영역을 말한다.

**Data Quality Geographic Extent Bounding Area Type 자료 품질 지리적 범위 경계 영역 유형** 품질 범위 경계 좌표열에 의해 표시되는 지리적 영역의 유형을 말한다.

**Data Quality Geographic Extent Bounding Coordinate String 자료 품질 지리적 범위 경계 좌표열** 품질 정보 수준을 나타내는 지리적 영역을 정하는 연속적인 X, Y좌표를 말한다.

**Data Quality Information 자료품질 정보** 자료 질에 대한 일반적인 평가를 말한다. 자료의 정확도는 어느 정도이며, 사용자가 사용 목적에 맞는 자료인지 인지할 수 있는 정보를 소개하고, 위치적 정확도, 속성의 정확도, 자료의 완전성, 논리적 일치성을 제시하고, 자료구축에 사용된 데이터의 종류와 자료 정보원(Source)에 이용된 자료 처리과정 등에 대한 내용을 수록. 메타자료의 구성요소의 한 항목을 말한다.

**Data Quality Level 자료 품질 수준** 자료군 전체의 품질 수준과 다른 품질 정보가 적용되는 특정한 데이터 그룹을 말한다.

**Data Quality Matrics 자료 품질 미터** 정의된 유형의 값이나 값들의 집합으로 자료 품질 측정의 내용이 기술되고 기록된 결과를 말한다.

**Data Quality Measure 자료 품질 측정** ① 자료 품질 범위에 적용되는 시험 유형을 말한다. ② 자료 품질 하위요소를 정량화하는 것을 기술한 것을 말한다.

**Data Quality Measure Result 자료 품질 관측결과** 자료 품질 결과값 혹은 구체적인 허용가능 품질수준에 획득한 값을 평가한 결과를 말한다.

**Data Quality Model 자료 품질 모형** 품질정보를 식별하고 평가하기 위한 정형화된 구조를 말한다.

**Data Quality Overview Element 자료 품질 개관요소** 비정량적 품질정보를 기술하는 자료집합의 품질 구성요소이다.

**Data Quality Report Type 자료 품질 보고 유형** 서술적으로 보고되는 품질의 요소를 말한다.

**Data Quality Result 자료 품질 결과** 자료품질측정값을 자료품질 영역이나 정해진 품질수준을 만족하는 값을 평가한 결과물에 적용시킴으로써 형성된 값 또는 값의 집합을 말한다.

**Data Quality Scope 자료 품질 영역** 품질정보가 기록된 식별가능한 자료의 수집을 말한다.

**Data Quality Scope Level Description 자료 품질 범위 수준 설명** 품질 정보 수준에 속하는 항목에 대한 설명을 말한다.

**Data Quality Subelement 자료 품질 하부요소** 자료품질 요소의 특정한 측면을 설명하는 자료품질 요소의 구성 요소를 말한다.

**Data Quality Temporal Extent 자료 품질 시간 범위** 품질 자료의 시간적 범위가 전체 자료군의 시간적 범위와 다를 경우 품질 평가에 적용되는 시간적 범위를 말한다.

**Data Quality Temporal Extent Date/Time 자료 품질 시간 범위 날짜/시간** 적용 가능한 자료 품질 수준의 시간적 한계를 정의하는 일자(또는 일자의 범위)와 시간(또는 시간의 범위)을 말한다.

**Data Quality Unit 자료 품질 단위** 자료 품질 결과가 기록되어지는 값의 유형을 말한다.

**Data Quality Value Domain 자료 품질 결과값** 품질 정보 적용 대상에 시험을 수행한 결과값을 말한다.

**Data Reality 실제 자료** 자료에 있는 지형이 가지고 있는 실제를 말한다.

**Data Recorder 전자 야장(電子野帳)** 관측자료를 현장에서 직접 기계에 부착된 자료저장 장치를 통해 입력과 출력을 할 수 있도록 고안된 전자식 야장을 말한다.

**Data Records 자료 레코드** 하나의 정보를 표현하기 위하여 여러 개의 필드로 구성된 자료 구조를 지칭하는 용어로 사용된다.

**Data Reduction 자료 정리** 가공되지 않은 형태의 원시 자료를 보다 유용한 형태로 요약하고 정리하는 작업을 말한다.

**Data Reporting S/W 자료 출력 소프트웨어** 자료 분석결과를 단말기나 프린터, 플로터, 마그네틱테이프와 같은 매체를 통하여 종이 지도나 표, 그림 등으로 출력하는 역할을 한다.

**Data Representation Model(DRM) 데이터 표현모델** SEDRIS (Synthetic Environment Data Representation & Interchange Specification)를 참조.

**Data Retrieval 자료 검색** 컴퓨터 메모리로부터 이전에 저장된 레코드들을 되찾는 데이터베이스 관리 시스템의 능력을 말한다.

**Data Retrieval And Reporting 자료 검색과 결과** 항목을 검색하고 면적, 둘레, 거리등을 정리하여 출력하는 루틴, 결과는 텍스트 파일로 만든다.

**Data Scope 자료 적용 대상** 자료 품질정보가 적용되는 구체적인 자료를 말한다.

**Data Segment 자료 세그먼트** 프로그램에서 작업 처리를 위하여 사용되는 자료들이 저장되어 있는 기억 장소 영역을 말한다.

**Data Set 자료 집합, 데이터 셋** ① 컴퓨터에서 사용할 수 있도록 저장된 유사하거나 관련된 데이터(자료)들의 집합체이다. ② 특정한 작업을 위하여 지리적 자료를 확인 가능하게 서로 관련된 자료를 모아 놓은 것으로 자료 원(Source)으로부터의 여러 형식(Format)으로 된 자료를 포함할 수 있다. 때때로 하나의 파일을 일컫기도 하지만 보통 관련된 일련의 파일을 말한다. 데이터베이스에 데이터를 제공한다. 종이 지도나 차트 등도 하나의 자료군으로 간주될 수 있다.

**Dataset Association 자료군의 관련성** 자료군과 또 다른 자료군과의 관계를 말한다.

**Dataset Character Code Set 자료군 문자코드 집합** 자료군에 의해 사용된 문자 코드 집합을 말한다.

**Dataset Constraints 자료군 제약** 데이터 셋의 입수 및 이용상의 제약을 말한다.

**Dataset Credit 자료군 승인사항** 데이터 셋의 제공자에 대한 인적 사항을 말한다.

**Dataset Environment 자료군 환경** 소프트웨어 명, 컴퓨터 운영시스템, 파일명, 데이터 셋 사이즈 등의 항목을 포함한 데이터 셋 생산 환경측면에서 본 데이터 셋에 대한 설명을 말한다.

**Dataset Extent 자료군 범위** 자료군이 포함하는 시공간(수직, 수평)적 범위와 시간적 주기를 말한다.

**Dataset g-Polygon 영역 외곽 자료군** 자료군에 의해 포함되는 시공간(수직・수평)적 범위와 시간적 주기를 말한다.

**Dataset g-Polygon Exclusion g-Ring 영역 내 영역 자료군** 어느 다각형 내부에 있는 또 하나의 다각형(Hoel)으로 교차하지 않는 폐쇄된 경계를 말한다.

**Dataset g-Polygon Outer g-Ring 영역 내 경계 자료군** 내부영역에 대한 교차하지 않는 폐쇄된 경계를 말한다.

**Dataset Identifier(ID) 자료군 식별자** ID(Dataset Identifier)를 참조.

**Dataset Identifier Type 자료군 식별자 유형** 고유 식별자(ID)에 대한 참조 형식을 말한다.

**Dataset Series 자료군 순서** 동일한 제품사양서를 사용해 작성된 자료 집합의 모음이다.

**Data Source 자료 송신부, 자료 출처** ① 자료 통신에서 통신회선을 통하여 자료를 전송하는 장치를 부르는 이름을 말한다. ② 임무 또는 전문성에 의해 자료를 생산하는 역할을 담당하는 조직 또는 특정 관련분야 전문가를 말한다.

**Data Store 자료 저장소** 하나 이상의 연관되는 주제분야의 자료를 포함하는 자료저장소(Datawarchous) 정보의 하나의 물리적 저장소를 말한다. 자료를 보관하고 정기적으로 갱신하는 장소, 시스템으로 관리하는 데이터베이스나 자료파일 외에도 수작업으로 관리하는 문서 폴더 등도 모두 포함한다.

**Data Stream Management System(DSMS) 데이터 스트림 관리시스템** (DSMS)Data Stream Management System를 참조.

**Data Structure 자료구조(資料構造), 데이터 구조** ① 같은 계열에 속하는 자료 항목들을 어떤 특정한 규칙에 따라 한 덩어리로 만든 것 또는 이때 각 자료 항목들 간의 관계를 규정짓는 규칙이다. 선형(linear) 자료 구조와 비선형(nonlinear) 자료 구조로 나눌 수 있다. 대표적인 선형 자료 구조는 리스트, 큐, 스택, 데크 등이며, 대표적인 비선형 자료 구조는 트리, 그래프 등이 있다. ② 지리사상이나 속성을 디지털 자료화하는 논리적 및 물리적 수단으로서, 자료를 저장하고, 접근하고, 교환하고, 획득하기 위해 사용되는 컴퓨터가 해설할 수 있는 형식을 말한다. 예) Raster 구조는 GIS 자료 정의를 위해 Grid 형식을 사용한다.

**Data System 자료 체계** 자료를 입출력하는데 더하여 자료 사전(Data Directory), 목록(Catalog), 명세서(Inventory)를 포함하기 위해 기능을 결합하는, 관리 자료를 위한 기능의 복합체이다.

**Data Topology 자료 위상학** 자료의 특정 항목과 다른 자료의 항목 간 관련성이나 순서를 언급한 것을 말한다.

**Data Transfer 데이터 전송** 매개물(매체)에 의해 한 지점에서 다른 지점으로의 자료를 이동시키는 것을 말한다.

**Data Transfer Standard 자료 전송 표준** Data Exchange Standard를 참조.

**Data Transformation 자료변환(資料變換)** 트랜잭션(처리) 데이터베이스 형태로부터의 데이터를 자료 저장소로 데이터를 요약하고, 조화시키고, 관계시키거나 버리는 공정을 말한다.

**Data Translator 자료 번역기** 하나의 포맷으로부터 다른 것으로 데이터를 변환하는 프로그램을 말한다. Data Exchange Standard를 참조.

**Data Type 자료 유형** 자료값의 부여될 수 있는 유형을 정의하는 값의 종류이다. 예) 정수(Integer), 실수(Real), 불린(Boolean), 문자(String), 일자(Date) 등.

**Data Visualization 자료 시각화** 이해 증진을 위해 시각적으로 자료를 표시하는 것. 지도는 복잡한 자료기반보다 더욱 해석하기 쉽다.

**Data Warehouse 데이터 웨어하우스** 사용자의 의사 결정에 도움을 주기 위해 다양한 운영 시스템에서 추출, 변환, 통합, 요약된 데이터베이스를 의미한다. 기존에는 공간정보가 시설, 기록관리 및 지도와 같은 공공분야에만 국한되었지만, 현재는 업무통합관리, 의사결정지원 등에서 데이터 웨어하우스(Data Warehouse)로서의 역할을 담당하고 있다.

**Database(DB) 자료기반, 데이터베이스** DB(Database)를 참조.

**Date Line 날짜 변경선** 경도(經度) 180°의 자오선(子午線)을 기준으로, 동서(東西)에서 쓰는 날짜를 일치시키려고 정하여 놓은 선. 이 선에서 동쪽에 있는 지점은 서쪽에 비하여 하루 늦다.

**Datum 데이텀, 기준계** 위치 측정이 이루어지는 기준면으로서, 지표상의 점을 3차원으로 나타내기 위한 기준. 데이텀은 지구의 모델인 타원체와 해수면의 정의에 의해 결정됨. ① 표고의 기준이 되는 수평면, 표고를 0으로 정한 수평면 ② 별도의 파라미터 계산을 위해 참조하거나 기초로서 사용되는 파라미터 또는 파라미터의 집합 관측의 기준이 되는 값(점, 선, 표면), 즉 관측을 보정하는데 사용되는 임의의 기준으로서 기준면은 위도, 경도, 방위각으로 구성되며, 수평 기준면 또는 수평측지 기준면이라고 함.-기준면은 지구에 관계한 좌표계 축의 원점위치, 축척 및 방향을 정의함-datum의 복수형은 datums이며, 기준면은 측지원점(geodetic datum), 표고기준면(vertical datum) 및 시공기준면(engineering datum) 등의 형태로 되어있음. 지구의 만곡을 고려한 위도와 경도 계산의 기초를 만드는 수평원자(2차원 측지원자)와 표고 또는 정표고를 참조하기 위한 표고기준면원자임. 오늘날 위성이나 다른 우주측지기술의 이용에 의해 이루어진 측정으로부터 높은 정확도의 지심원자(지심, 지구고정) 예를 들면, ITRF-96가 3차원으로 정의되어 있음. 기준면은 전지구, 국제적, 지역, 국내, 지구(地區)와 같이 이용되는 범위에 의해 정의된다.

**Datum Alias 기준면 별명** 수평적인 측량의 기준면을 식별하는 코드를 말한다.

**Datum Azimuth 원방위** Standard Datum of Geographical Coordinates를 참조.

**Datum Identifier 기준 식별자** 지구와 관련하여 원점의 위치・축척 및 좌표축의 표정 등을 나타내는 기준의 이름 또는 식별자를 말한다.

**Datum Level 기본수준면(基本水準面), 기준면, 수준면** 지상표고의 기준이 되는 수평면으로서 일반적으로 기준면(Geoid)이라고 하며, 고저측량의 높이를 나타내는 기준이 되는 높이가 0인 수평면으로 지표의 경우 평균해수면 높이를 기준으로 한다. 조석 및 해도의 기준은 평균 최저 저조면을 기준으로 하고, 지도상의 육지의 경계선은 평균 최고 고저면을 기준으로 한다.

**Datum Name 측지계 명칭** 점의 좌표를 정의하는 데 사용되는 기준 체계에 주어진 이름을 말한다.

**Datum Plane 기준면(基準面)** Datum Level, Reference Level 를 참조.

**Datum Plane for Air-photo Flight 촬영 기준면** 원칙적으로 촬영구역에 대해 1개를 정하지만 비고가 큰 지구에 있어서는 스트립 단위로 설정할 수가 있다.

**Datum Remarks 원점 해설** 원자료 정보를 포함하는 원점에 대한 해설을 말한다.

**Datum Station 기준점** Control Point, Base Station을 참조.

**Datum Station of Leveling 수준 원점** 평균 해수면은 일종의 가상면으로, 수준 측량에 직접 사용할 수는 없으므로 평균 해수면과 관계된 높이의 기준점으로서 지상에 영구 표석으로 설치한 점으로서 수준(고저)측량의 최초의 출발점을 말한다. 우리나라의 수준 원점은 인하공업전문대 교정 내에 설치되었다(높이 : 26.6871m). Vertical Datum을 참조.

**Datum Type 데이텀 유형** 기준계 종류(Geodetic, Vertical, Nom-standard)를 말한다.

**David Packard 데이비드 패커드** 휼렛패커드의 공동 창업자. 스탠퍼드대학교 전기공학과에서 수학하던 중, 친구인 빌 휼렛과 함께 휼렛패커드를 창립했으며 1947년부터 대표를, 1964년부터 CEO를 역임한 후 닉슨 행정부에서 일하기도 했다. 휼렛패커드는 실리콘밸리에 안착한 기업의 시조로 꼽히며 1939년 최초로 창업을 준비한 차고는 캘리포니아 주 정부에 의해 '실리콘밸리의 발상지'로서 보존 중이다.

**Day 일, 날** 지구 자전주기와 거의 같은 길이를 갖는 기간을 말한다.

**DAY & NIGHT(D/N) 주 · 야간 영상보정** D/N(DAY & NIGHT)을 참조.

**DB(Database) 데이터베이스, 자료기반** ① [데이터베이스] 한 조직의 여러 응용 시스템들이 공용(Shared)되기 위해 통합(Integrated)하여 저장(Stored)한 다음 운영(Operational)하는 데이터의 집합을 말한다. 여기서 데이터는 (1) 공용 데이터(Shared data): 한 조직의 여러 응용 프로그램이 공동으로 소유, 유지, 이용하는 데이터이다. (2) 통합된 데이터(Integrated data): 최소의 중복(minimal redundancy) 및 통제된 중복(controlled redundancy)을 바탕 · 전제한다. (3) 저장 데이터(Stored data): 컴퓨터가 접근 가능한 저장 매체에 저장함을 뜻한다. (4) 운영 데이터(Operational data): 한 조직의 고유 업무를 수행하기 위해 필요한 데이터이다. 데이터베이스의 특성으로는 (1) 실시간 접근성(Real-time accessibilities): 질의에 대한 실시간 처리 및 응답, (2) 계속적인 변화(Continuous evolution): 갱신, 삽입, 삭제 등 동적 특성, (3) 동시 공용(Concurrent sharing): 여러 사용자가 동시에 사용, (4) 내용에 의한 참조(Content reference): 위치나 주소가 아닌 값에 따라 참조 등이다.

데이터베이스 구성은 논리적 구성요소와 물리적 구성요소로 구성된다. 논리적 구성요소는 사용자의 입장(개념) 및 {개체, 관계}의 집합이다. 물리적 구성요소는 bit, byte, block, cylinder 등이다. 데이터베이스의 3단계 표현은 데이터베이스에 대한 관점(View)에 따라 (1) 개인: 외부 단계로서, 뷰(view) 단계이다. (2) 기관전체: 개념 단계로서, 논리(logical) 단계이다. (3) 저장장치: 내부 단계로서, 물리(physical) 단계이다.

데이터베이스에서 데이터의 독립성은 차상위 단계의 스키마 정의에 영향을 주지 않고 어떤 단계의 스키마 정의를 수정할 수 있는 능력으로서, 다양한 단계와 구성 요소 간의 인터페이스는 어떤 부분의 변화가 다른 부분에 심각한 영향을 주지 않도록 잘 정의되어야 한다. 데이터 독립성에는 물리적 데이터 독립성, 논리적 데이터 독립성의 두 종류가 있다.

② [GIS] 일반적으로 공간자료 및 비공간자료의 효과적인 저장 운영 및 불러오기를 통해 신속한 질의(선택) 또는 그래픽과의 연결에 사용되는 컴퓨터 프로그램을 의미한다. GIS사업을 수행하기 위해서는「대상결정 → 데이터베이스 구축 → 정보분석 → 분석결과의 표현」등의 4단계 작업과정을 거쳐야하는데, 이때 데이터베이스 구축은 사업수행에 있어서 가장 중요한 단계로서, 이 과정에서 시간이 가장 많이 소요되며, 데이터베이스의 구축의 완성도와 정확도에 따라 분석내용과 최종결과물의 질이 결정된다. 데이터베이스 구축은 데이터베이스 설계, 공간자료 입력, 편집과 위상관계 설정, 속성자료 입력, 자료관리 등의 과정을 거치게 된다. GIS 데이터베이스에는 점, 선, 면, 픽셀, Grid 셀이나 TIN 뿐만 아니라 이러한 것들의 속성정보로 기록되는 공간적 위치에 대한 자료와 지리요소의 형태가 포함된다.

**DBEF(Double Bright Enhancement Film) 이중 휘도 향상 필름** LCD 패널에 사용되는 백라이트유닛(BLU)의 밝기를 향상시키기 위한 핵심 광학 소재. 그동안 거의 모든 LCD 패널에 사용됐지만, CCFL 및 LED 광원의 효율이 높아지고 대체 기술개발이 이뤄져 서서히 사라질 전망이다.

**DBMS(Database Management System) 데이터베이스 관리 체계, 디비엠에스** 데이터베이스내의 정보를 구성하는 컴퓨터 프로그램의 집합으로서, 자료의 중복성을 제거하고 다른 특징들 중에 무결성, 일관성, 유용성을 보장하기 위해서 자료를 제거하고 관리하는 소프트웨어 체계이다. GIS에서는 속성 자료를 제어하고 관리하기 위하여 사용한다. 수치 형태로의 자료저장 및 양이 큰 자료의 저장 및 양이 큰 자료의 조작을 위한 체계의 설계 및 조작의 전반적인 사항을 제공한다. DBMS에서 저장, 관리되는 공간정보는 지표면의 위치에 바탕을 둔 공간정보, 그와 관련된 속성정보, 공간상의 객체들의 연결성과 인접성을 묘사하는 위상구조에 관한 정보가 필수적으로 저장되어야 한다. 데이터베이스 기술의 추세를 살펴보면, 종전의 파일형 데이터베이스에서 관계형 데이터베이스를 거쳐 최근에는 오브젝트 지향 데이터베이스가 주류를 형성하고 있다. 관계형 자료베이스는 자료간의 복합한 관계를 잘 정리해 주긴 하지만, 멀티미디어 자료를 처리하는데 어려움이 있다. 반면, 오브젝트 지향 데이터베이스는 복합적인 자료를 쉽게 처리해 주는 대신 자료간의 관계 처리에 있어서는 단점을 가지고 있다. 따라서 차세대 데이터베이스 기술은 관계형과 오브젝트 지향을 통합하는 쪽으로 방향이 설정되고 있다.

**DBpedia 디비피디아** 구조화된 정보를 추출, 이를 웹에서 이용할 수 있도록 만들기 위한 커뮤니티이다.

**DC(Direct Current) 직류(直流)** 크기와 방향이 시간에 따라 변화하지 않고 늘 일정한 전류를 일컫는다.

**DCE(Distributed Computing Environment) 분산 컴퓨터 환경** DCE는 분산된 DBMS에 접근이 가능하므로 분산 처리가 용이하다. 정보와 어플리케이션은 모든 컴퓨터에서 접근이 가능하므로, 서버에서 자료를 보내고 그것을 즉시 처리할 수 있다.

**DCP(Distributed Computing Platform) 분산 컴퓨터 플랫폼** 분산된 자료기반관리체계에 접근이 가능하므로 분산 처리가 용이하다. 정보와 어플리케이션은 모든 컴퓨터에서 접근이 가능하므로, 서버에서 자료를 보내고 그것을 즉시 처리할 수 있다.

**DCS(Data Collection System) 자료 수집 체계** Landsat 1, 2호상에서 지진계, 홍수계측기 및 기타 측정장치로부터 정보를 취득하는 시스템. 이러한 자료는 지상수신소에서 중계된다.

**DCS(Digital Crossconnect System) 디지털 교차 연결 시스템** 망 구성 형태에 따라 선택으로 부가할 수 있는 장비이다. 필링 및 그루밍 기능을 제공하여 백본 전송 시 대역 관리가 가능하므로, 별도의 멀티플렉서 및 수동교차 접속 과정을 필요로 하지 않는다.

**DCT(Discreat Cosine Transform) 이산 코사인 변환** 영상압축을 포함한 많은 응용프로그램에 사용되는 변환. 영상의 전체를 주파수 형태로 보는 방법으로서, 영상을 디지털 신호로 규정하고 이 신호를 이용하여 영상을 압축하는 방법이다.

**DCW(Digital Chart of the World) 세계 전자 해도** 세계 전자 해도는 수치 지형 고도 자료(DTED)의 하나로 전 세계에 대한 대규모 GIS 자료이다. 이는 ARC/INFO 제작 회사인 ESRI를 주계약사로 하여, Geovision 등의 여러 회사가 참여하여 제작 하였다. 지도의 축척은 1/1,000,000 축척의 항공 항법 해도에 기초한, 벡터 자료 집합이고, 제반 속성 정보도 입력되어 있다. 이 자료는 시디-롬으로 사용소프트웨어와 함께 판매되었다. 세계 전자 해도 제작 사업은 미국, …, 캐나다, 호주 등 4개국이 주체가 되어 수행되었으며, 군사 기관인 미국방 지도국(DMA : 현 NIMA)이 군사적인 사용은 물론, 일반인의 사용을 목적으로 제작된 획기적인 자료이다.

**DDE(Dynamic Data Exchange) 이동 자료 교환** 마이크로소프트 윈도우 응용 프로그램 사이의 원활한 정보 교환을 위해 사용되었던 방법. DDE는 정보가 변경되는 즉시 데이터 교환을 위해 프로그램들을 동시에 실행시킬 수 있다.

**DDL(Data Definition Language) 자료 정의 언어** ① 데이터베이스와 구성 요소를 정의하기 위해 대화식 또는 프로그래밍 언어 소스 코드 내에서 사용될 수 있는 SQL 문장. 예를 들어 Create, Drop, Alter, Grant 그리고 Revoke는 DDL의 예이다. ② 자료 부호화 또는 수치화 자료를 기계가 읽을 수 있는 형태로 변경하는 과정이다. DDL은 사용자에게 비도형 속성을 포함한 파일에 대한 특성과 스키마(Schema)를 설명할 수 있게 한다. 스키마는 자료 요소의 이름, 각 요소 필드의 크기(Bytes), 자료 요소 형식(알파, 정수, 소수점 등) 및 속성 자료를 처리하기 위해 소프트웨어가 필요로 하는 기타 자료와 같은 정보를 가진다.

**DDMS(Distributed Data Management System) 분산 데이터 관리 시스템** 대규모의 구조화된 데이터를 여러 부분으로 나눈 다음, 분산해 저장・관리하는 시스템으로 클라우드 컴퓨팅이 소개되면서 클라우드 데이터를 위한 기술로 활용되고 있다.

**DDoS(Distributed Denial of Service) 분산 서비스 거부(分散-拒否), 디도스** 특정 웹사이트를 무력화하기 위해 악성 코드에 감염된 PC를 이용해 한꺼번에 대량의 접속 신호를 보내는 사이버 테러 기법이다. 접속 신호가 공격당한 웹사이트가 처리할 수 있는 용량을 넘어서면 접속이 느려지고 결국엔 사이트가 다운된다. 매우 잘 알려진 사이버 테러방법으로 대응책 역시 많이 알려져 있다.

**DDP(Distribtued Data Processing) 분산 자료 처리** 정보통신 통신망으로 상호 접속된 복수의 컴퓨터 사이에 입·출력 기능 이외에 처리, 기억 및 제어 기능의 일부 또는 전부를 분산하여 처리하는 자료 처리 방식. 분산 처리 방식은 크게 평범한 분산 처리(작업네트워킹), 진정한 분산 처리(분산 트랜잭션 처리)의 2가지로 분류된다. 평범한 분산처리는 상호 접속된 컴퓨터 사이에 작업량을 분담하여 처리하는 방식이다. 진정한 분산 처리는 상호 접속된 복수의 컴퓨터가 협력하여 여러 가지 다른 태스크를 수행하여 그 공동 작업의 결과로 한 은행과 다른 은행 간의 자금 이체와 같은 커다란 기능을 수행할 수 있게 하는 처리 방식이다. 이러한 분산 처리 방식은 하드웨어와 소프트웨어 간의 통신으로 상호 간에 자유로운 자원의 공유와 정보의 교환을 가능하게 하는 고도로 구조화된 환경을 필요로 한다. 이러한 구조의 최상층에는 사용자는 잘 볼 수 없으나, 여러 가지 프로그램 사이에 서로의 데이터를 공유하고 이용할 수 있게 하는 데이터 전달 매커니즘이 필요하다.

**DDR4 DRAM 디디알4 동적 램, 디디알4 디램** 3차원 'TSV(Through Silicon Via, 실리콘 관통 전극)' 적층 기술을 적용한 64기가바이트(GB) 차세대 D램이다. DDR은 Double Data Rate의 약자이다. 64기가바이트(GB) DDR4 D램 모듈은 20나노급 4기가비트(Gb) D램 칩 144개로 구성된 대용량 제품이다. 최첨단 3차원 TSV 기술로 4기가비트 D램을 4단으로 쌓아 만든 4단 칩 36개를 탑재했다. 'TSV(Through Silicon Via, 실리콘 관통 전극)'란 D램 칩을 일반 종이 두께의 절반보다 얇게 깎은 후 수백 개의 미세한 구멍을 뚫고, 상단 칩과 하단 칩의 구멍을 수직으로 관통하는 전극을 연결한 첨단 패키징 기술이다. 기존 와이어(금선)를 이용한 패키징 방식에 비해 속도와 소비전력을 크게 개선할 수 있다. 3차원 TSV 기술 기반의 서버용 D램은 기존 와이어(Wire Bonding)를 이용한 D램 대비 동작 속도가 2배 빠르면서도 소비전력을 절반 수준으로 절감할 수 있다. 특히 TSV 기술 적용으로 D램에서 속도 지연 문제로 최대 4단까지 밖에 쌓지 못했던 기술 한계를 넘어 더 많은 칩을 쌓을 수 있어 향후 64기가바이트 이상 대용량 제품을 양산할 수 있게 됐다. 삼성전자가 2010년 세계 최초로 TSV기반 D램 모듈을 개발하고 글로벌 서버 고객과 기술 협력을 추진해 왔다. 서버 D램 시장이 DDR3 D램에서 DDR4 D램으로 전환되는 트랜드에 맞춰 3차원 TSV 기술을 적용한 64기가바이트 이상의 고용량 DDR4 모듈도 출시해 프리미엄 메모리 시장을 더욱 확대할 수 있게 되었다. 신기술 적용에 따른 가격 프리미엄도 이미 사라져 DDR4 가격이 동일 용량 DDR3보다 저렴해지는 '비트크로스(Bit Cross)'도 초읽기에 들어갔다. 1970년대 초 칩 하나에 1,024비트를 담은 D램이 개발된 뒤 약 3년마다 4배 정도의 비율로 대용량화되어 1980년에는 6만 4,000비트(64 kbit), 1985년에는 1Mbit(메가비트)의 D램이 생산되었다. 1996년 1기가비트(Gbit) 램이 개발되어 1999년부터 출하되었으며 2001년에는 4기가비트(Gbit) 램이 개발되었다. 2010년 TSV기반의 64기가바이트(GB)의 DDR4 D램이 개발되었다. ※ PC용 DDR4와 DDR3의 성능 비교 : DDR4는 DDR3와 비교해 전력 소모량은 적고 속도는 빠르다. DDR4의 동작전압은 1.2V로 DDR3(1.5V) 대비 0.3V 낮다. 메모리 버스 클록은 DDR3가 1066, 1333, 1600MHz인데 비해 DDR4는 2133, 2400, 2666, 2800MHz로 높다. DRAM, Bit Cross를 참조.

**Dead Area 사각 지역** 태양각 및 촬영방향 등에 의하여 발생한 음영으로 인하여 피사체의 식별이 불가능한 지역을 말한다.

**Dead Load 고정하중(固定荷重), 사하중** 구조물의 시공 중 또는 건설이 완료된 후 변동 없이 지속적으로 구조물에 작용되는 하중을 말한다. Service Load, Live Load 참조.

**Debris Flow 토석류** 산에서 흙과 돌, 바위, 나무 등이 물과 섞여 빠른 속도로 흘러내리는 현상. 토석이 다량으로 급격하게 쏟아지면 막대한 파괴력을 가지므로 가옥 파괴와 인명 희생이 따르는 경우가 많다. 주로 단시간의 폭우에 의해 발생한다.

**Debug 디버그, 오류 수정** 컴퓨터의 프로그램 또는 하드웨어 장치에 존재하는 잘못된 부분을 찾아내어 수정하는 작업을 말한다.

**Debugging 디버깅** 프로그램의 오류를 발견하고 그 원인을 밝히는 작업 또는 그 프로그램을 말한다.

**DEC(Digital Equipment Corporation) 덱** 미니컴퓨터를 제작하는 등 컴퓨터 산업에 중요한 족적을 남긴 미국의 회사이다.

**deca 데카** $10^1$을 뜻하는 접두어로서, 기호 da로 나타내며, ten(십) 단위이다.

**Deca(DA) 데카** 2차 세계대전 후에 영국에서 실용된 전파항법 시스템. 다른 방식에 비해 커버할 수 있는 범위가 좁으며 최고 정확도는 수십 m에서 100m 전후이다.

**Decennial Census 10개년 인구조사** 미국 법령에 의해 매 10년마다 모든 인구를 조사하고 거주지를 파악하는 작업이다.

**Decentering Distortion 비중심 왜곡, 편심 왜곡** 렌즈의 광학 중심과 사진건판의 중심이 정확히 동일 직선상에 존재하지 않아서 발생하는 왜곡으로서 두 중심 간의 수평 또는 수직 거리차에 따라 사진면의 비대칭성이 증감한다.

**Decentralized Processing 분산처리** 기업 등과 같이 대규모의 자료 처리 기능을 필요로 할 때 각각의 부서마다 별도의 시스템을 설치하여 독립적으로 업무를 수행한다. 따라서 각각의 부서 사이에는 자료의 공유가 이루어지지 않으며, 분리되어 있는 처리 장치들로 컴퓨터의 작업을 분산시켜 행하는 것을 말한다.

**deci 데시** $10^{-1}$을 뜻하는 접두어로서, 기호 d로 나타내며, tenth 단위이다.

**Decibel(dB) 데시벨** 전기공학이나 진동·음향공학 등에서 사용되는 무차원의 단위이다. 데시벨은 국제단위계(SI)에서 'SI와 함께 쓰지만, SI에 속하지 않는 단위'로 규정되어 있다. 벨(bel)은 소리의 어떤 기준 전력에 대한 전력비의 상용로그 값이며, 그 값을 10분의 1배(Deci, d)한 것이다. 즉, 데시벨[dB]은 벨(bel)의 10분의 1이란 의미다. 벨은 일반적으로 큰 값이므로 데시벨을 이용한다. 소리·전력 등의 비교나 감쇠량 등을 에너지 비로 나타낼 때 사용된다. 어떤 기준치 A에 대하여 B의 데시벨 값 $L_B$은 $L_B = 10\log_{10}\frac{B}{A}$[dB]이다.

**Decimal 소수의, 십진법의** 10을 기수로 한 기수법으로서, 자리수로 0, 1, 2, 3, 4, 5, 6, 7, 8, 9를 쓴다. 십진법은 고대 이집트 문명에서 나온 것으로 가장 많이 쓰이는 기수법이다. 이것은 인간의 손가락이 10개인 것과 밀접한 관련이 있는 것으로 추정되며, 현재 세계에서 가장 일반적으로 쓰이는 진법이다.

**Decision Region 결정 지역** 판별함수에 의해 정해진 특정 종류에 해당하는 관측공간의 한 지역으로 미지의 자료벡터를 분류하는데 사용된다.

**Decision Rule 결정 규칙** Classification Rule를 참조.

**Decision Support System(DSS) 의사 결정 지원 체계** DSS(Decision Support System)를 참조.

**Decision Tree 결정 계통도** 종류소속여부의 결정을 순차적으로, 또 각 분기점에서 비교적 작은 선택으로 가능케 하는 결정 과정(여기에는 종류, 특징, 결정규칙이 수반됨)의 논리적 분기 배치를 말한다.

**Declarative 평상어** 사용자가 데이터베이스에서 어떻게(How)가 아닌, 무엇(What)을 추출해야 하는지를 정의할 수 있는 검색언어·검색 요청으로부터 어떻게 자료를 추출할 것인가는 DBMS가 자체적으로 파악한다. 평상어는 사용자가 '방법(How)'를 몰라도 대상 '(What)'만 알면 되므로 일반적으로 사용자 편의성이 높다.

**Declination 적위(赤緯)** 자오면 상에서 천구의 적도로부터 북쪽 또는 남쪽으로 잰 각을 의미한다.

**Declination Vernier 편각 버니어** Compass에 부속되어 있는 버니어를 말한다.

**Declinatoire 자침기** 좁고 긴 직사각형의 상자 속에 자침을 장치한 것을 말한다.

**Declinator 나침함** 장방형의 상자 속에 자침을 장치한 것을 말한다.

**Decoder 해석기, 디코더** 암호화된 자료를 원래의 자료 또는 합당한 표현으로 해석해 주는 시스템의 일부이다.

**Decoding 해독** 정보를 변형시키는 암호화의 반전을 말한다.

**Decompress 환원** 압축된 자료가 그 전의 파일 크기로 돌아가는 과정을 말한다.

**DECT(Digital Enhanced Cordless Telecommunications) 유럽 디지털이동전화방식** 1.88GHz~1.9GHz 주파수 대역을 이용하는 유럽형 디지털 무선전화기를 말하는 것으로 현존하는 가정용 무선전화(CT1), 발신전용 휴대전화(CT2)에 이은 3세대 무선전화로 일컬어진다. 현재 상용화된 제품은 여러 대의 휴대장치를 설치하여 가정 및 사무실에서 사용할 수 있는 홈 시스템과 본체에 2개의 전화선을 연결해 사용하는 키 시스템 등 2종류이며 향후 이동전화와 같은 형태의 공중이동 통신망으로 발전될 가능성이 높은 기술이다. 디지털 무선전화 통신-DECT는 최근 몇 년간 디지털 무선전화기 통신들에 대한 기준으로서 주요 시장으로 자리매김하였다. 일반적으로 DECT 송·수화기 서비스는 몇몇 국내 사무실 환경에서 100m 범위로 사용되고 있다.

**Dedicated Frame Buffer 할당된 프레임버퍼** 3D 프로세서는 Frame-Buffer/Z-Buffer 데이터 저장공간을 위한 특화된 메모리 공간을 요구한다. 이 용어는 2개의 독립적인 메모리공간이 필요한 3D 구조로서 하나는 프레임버퍼이며 다른 하나는 텍스쳐 저장공간인 분리된 메모리 구조를 묘사하는 것을 의미한다.

**Dedicated Road Infrastructure for Vehicle safety In Europe (DRIVE) 유럽 지능형 도로 기반 교통 체계** DRIVE(Dedicated Road Infrastructure for Vehicle safety In Europe)를 참조.

**Dedicated Short Range Communication(DSRC) 근거리 전용 고속 패킷 통신 시스템, 단거리 무선통신** DSRC(Dedicated Short Range Communication)를 참조.

**Deep Factors 딥 팩터들** 정치, 경제, 사회, 문화에 내재돼 있어 단기간에 변하기 힘든, 한 국가의 경제성장에 영향을 미치는 요인을 통칭해 '딥 팩터'라고 부르고 있다. 예를 들면 지정학적 위치, 정치제도, 법률, 인구, 교육 수준 등이 딥 팩터에 속한다.

**Deep Learning 딥 러닝 기술** 기계가 데이터로부터 유용한 정보를 추출하는 방법을 연구하는 분야인 인공지능 표현학습(representation learning) 분야의 대표 기술이다. 신경망(artificial neural network)의 진화된 형태로 많은 수의 중간 은닉층(hidden layer)을 가지고 있는 것을 특징으로 한다. 1950년대 Frank Rosenblatt가 제안한 인간의 뇌처럼 감각을 느낄 수 있고 인지할 수 있으며 기억하고 반응하는 기계인 퍼셉트론(Perceptron)이 XOR문제를 풀지 못한다는 Marvin Minsky와 Seymour Papert의 문제제기(1969년)가 있었는데, 이를 해결하기 위해 1980년대 Geoff Hinton이 은닉층을 추가한 다층신경망을 제안한 것에서부터 시작되었다고 볼 수 있다. Hinton이 제안한 다층신경망을 학습(정답을 알고 있는 상태에서 학습하는 지도학습(supervised learning)을 의미하는 것으로 계산된 값과 정답 사이의 오차를 최소화하기 위해 각 계층의 뉴런과 뉴런 사이의 연결강도의 값을 조정하는 것을 의미함)시키기 위해서는 역전파기법(backpropagation, 학습을 위한 값의 변화 방향을 각 계층 사이 함수 편미분의 연쇄법칙(chain rule)을 이용해서 구하는 것)을 이용해야 하는데, 계층 수가 늘어날수록 변화 방향을 상실하는 문제, 학습성능 향상이 장시간 더뎌져 학습시간이 길어지는 문제, 전역최소값이 아닌 지역최소값에서 학습이 종료될 가능성, 과적합(overfitting) 등의 이유로 그 성능이 충분하지 않았다. 이후 뉴런 함수로 ReLU(Rectified Linear Unit, f(x)=max(1,x)≈n(1+ex))의 사용과 계층화 신경망인 콘볼루션 신경망(Convolution Neural Network), 신경망의 계층 간 모든 뉴런들 사이의 연결을 상정하는 것이 아니라 일부 연결만 상정하는 것으로 인간의 시각과 언어 인지과정이 계층화된 프로세스를 따른다는 것과 유사한데, 1990년대 도입되었음) 구성, 순환 신경망(recurrent neural network, 시간 순서로 받아들인 입력데이터를 학습할 때 은닉층에 기억 기능이 있어서 각각의 상태를 저장했다가 학습에 활용하는 신경망) 활용 등으로 성능을 향상되었는데, 결정적으로 2006년에 LeCun 등이 신경망의 지도학습 전에 비지도 학습(unsupervised learning)으로 데이터의 패턴을 군집(clustering)한 후 신경망 학습으로 미세조정(fine-tuning)하는 방법을 개발하면서(이 방법 이후를 딥러닝이라고 부르기도 함) 성능이 대폭 향상되었다. 딥러닝은 음성인식과 이미지 인식, 오류 탐지 등에서 탁월한 성능을 보이고 있으며, 딥러닝은 향후 (1) 비지도학습에서의 기술발전 (2) 콘볼루션 신경망 방식과 순환 신경망의 결합 (3) 표현학습과 복잡 추론(complex reasoning)의 결합의 방향으로 진화할 것으로 예상된다. 딥러닝의 유망 응용 분야로는 (1) 로봇 분야(시각 기능을 사용하는 인간의 모든 노동 대체 가능), (2) 보건의료(유전자 분석, 이미지 분석, 실험결과 분석, 의사의 진단 보조 등), (3) 인공위성 영상(농업용, 지도제작용 등) 등이다.

**Deep Link 딥 링크** 메인 페이지나 홈페이지 대신 사이트 내의 특정 페이지나 이미지로 연결되는 하이퍼링크를 말한다.

**Deep Packet Inspection(DPI) 딥 패킷 인스펙션** DPI(Deep Packet Inspection)를 참조.

**Deep Structure 딥 스트럭춰** 실제지도에 있는 표시나 부호 사이에 놓인 관계를 말한다.

**Defacto Standard 실질적 표준** 시장기반으로 시장 경쟁을 통해 많은 수가 사용하는 표준을 말한다.

**Default 기본값** 사용자가 특별히 어떤 값을 지정하지 않을 경우 시스템이 미리 준비되어 있는 표준값으로 지정하는 것을 말한다.

**Defense Mapping Agency(DMA) 미국방성 지도국** DMA(Defense Mapping Agency)를 참조.

**Defense Navigation Satellite System(DNSS) 미 국방 위성항법체계** DNSS(Defense Navigation Satellite System)를 참조.

**Defensive Stone 방위석, 보호석** 수준점, 삼각점과 같은 영구표지인 표석을 사방에 묻어서 표석이 파손되지 않도록 보호하는

숫자 A B C D E F G H I J K L M N O P Q R S T U V W X Y Z

돌을 말한다.

**Define Each Attribute 속성관리 구조설계** 데이터베이스에 구축될 레이어 및 자료가 정해지면 각 속성의 특성 및 저장방식을 결정해 주어야 한다. 자료는 각 특성에 맞게 분류하여 자료 유형을 정해 주며, 가능하면 자료는 분류가 편하고 속성 조회 또는 자료를 선택하는 등에 소요되는 시간이 짧고 편한 방식으로 관리되어야 하며, 사전을 만들어 주면 관리가 편하다.

**Definition 정의** 프로그램 언어에서 번역기에게 어떤 정보를 주기 위한 표현을 말한다.

**Definition Source 정의 근거** 내부 형상 목록 요소에 대한 정의의 근거를 말한다.

**Deflection Angle Method 편각법(偏角法)** 어느 측선이 바로 앞 측선의 연장선과 이루는 각을 편각이라 하며, 이 각을 관측하는 방법을 말한다.

**Deflection of Vertical 수직선 편차** 한 지점의 중력방향과 측지타원에서 내린 수선이 이루는 각도로서 연직선 편차가 0이면 천문경위도와 측지경위도가 같다.

**Deflection of Plumb Line 연직선 편차(鉛直線 偏差)** Deviation of the Vertical를 참조.

**Deformation in Map 지도 왜곡** 투영의 비틀림 때문에 생긴 지도의 비틀림을 말한다.

**Deformation Lattice Modeling 변형 격자 모델링** 모델링되는 객체를 둘러싸고 있는 이상적인 격자점을 3D 오브젝트에 적용함으로서 객체의 모양을 변경하는 것이다. 격자의 이동은 객체에 강제로 영향을 미치게 하는 원인이 되며, 객체를 훼손시키는 원인이 되기도 한다.

**Deformation Monitoring 변형 감시** 시설물이나 지구 형태 등이 주위의 여건에 의하여 변하여 달라진 정도나 변화하여 가는 과정을 감시하는 것을 말한다.

**Deformation Surveying 변형측량(變形測量)** 사진측량이나 측지측량을 이용하여 시설물을 손상시키지 않고 가까운 거리에서부터 멀리 떨어진 곳에서 변형과 안전성을 관측하여 진단하는 측량이다.

**Degeneracy Line 축퇴선** 지도상에 독립된 형상으로 상징화될 때 사용되는 1차원 공간 객체이다. 시작 절점과 종점 절점이 서로 같고 길이가 0이다.

**Degree 도, 차수** ① 도는 각도의 단위 중 하나로, 각의 한 회전을 360등분한 것을 1도(기호 °)라고 한다. 따라서 전원(全圓)은 360°이며 라디안(radian) 값은 $2\pi$이다. 한편, 1직각 = 90° = $\pi/2$이다. 60진법으로 각을 표현하므로 1°는 60분(기호 ′)이고, 1′은 60초(기호 ″)이다. ② [데이터베이스] 속성(Attribute)의 개수이다.

**Degree of Freedom 자유도(自由度)** 관측값의 개수에서 미지수의 개수를 뺀 값으로 잉여관측이라고도 한다.

**Degree of Saturation 포화도(飽和度)** 간극 부피($V_v$) 중에서 물이 차지하는 부피($V_w$)의 비(比)를 백분율로 나타낸 것이다. $S=\frac{V_w}{V_v}\times 100$, 여기서 $S$는 포화도(%)이다. $S$=0%이면 건조토(dry soil), $0<S<100\%$이면 습윤토(wet soil), $S$=100%이면 포화토(saturated soil)이다. 지하수면(groundwater table, GWT) 아래의 흙은 일반적으로 포화상태($S$=100%)라고 가정한다.

**Del.icio.us 딜리셔스** 회원들이 좋아하는 웹페이지를 웹에 저장하고, 분류하고, 주석을 달고, 공유할 수 있게 해주는 소셜북마킹 사이트를 말한다.

**Delaunay Triangulation 델로니 삼각분할** 삼각형을 점들의 집합에 적합하게 맞추어 삼각형의 네트웍을 구성하는 방법으로, 삼각형을 정의하는 3개의 점을 제외한 어떤 다른 점도 삼각형을 감싸고 있는 원에 포함되지 않아야 한다.

**Delay Lock 수신지연** 수신된 코드(위성의 시계에 의하여 생성된)는 내부 코드(수신기의 시계에 의하여 생성된)와 비교되는 기법이다. 2개의 코드가 일치될 때까지의 시간에 대한 후자(내부 코드)의 변위를 말한다.

**Delay Lock Loop(DLL) 수신지연 환** DLL(Delay Lock Loop)를 참조.

**Delineation 디리니에이션** 지적지의 경계를 표시하는 점들의 위치를 합법적으로 기술한 것을 말한다.

**Delisle Projection 돌리슬 투영** 원추 도법 중에서 두 기본 위선의 길이를 지구상의 길이와 같게 함과 동시에 경선 전부의 길이도 지구상의 길이와 같게 투영하는 도법이다.

**Deliverable 디리버러블, 구조** 프로젝트 작업 수행의 산출물로, 사용자에게 제공되는 것이다.

**DELLification 델리피케이션** 델 컴퓨터의 공급망 관리 기법을 타 산업에 적용하는 것. 생산거점을 강점이 있는 대륙별로 나눠 적절히 활용하는 것을 의미한다.

**Delphi 델파이** 개발툴 분야에서 독보적인 위치를 구축했던 블랜드가 만든 범용적인 비주얼 툴. 시스템 개발용 도구로서 통합된 환경에서 객체 지향적인 프레임워크를 사용하며, 순수 컴파일 방식이라 속도 문제에서는 비주얼 툴이 가지고 있는 근본적인 약점을 극복했다.

**Delphi Method 델파이법** 도시계획이나 지역계획 등 계획수립을 위한 장기적인 미래 예측방법 중의 하나로서, 각 분야의 전문가들에게 어떤 문제에 대한 설문을 보내 그들의 의견을 자유로이 기입시키고 그것을 집계한 결과를 전원에게 고루 돌려 다시 의견을 구하는 과정을 몇 차례 거듭하여 그 결과를 종합하여 미래예측에 접근하는 방법을 말한다.

**Delta 삼각주(三角洲)** 하천에서 운반된 부유 물질의 퇴적 속도가 침식 속도를 초과하여 하구에 형성된 충적 평야를 말한다.

**Delta Pseudorange Correction(dPRC) 델타 의사 거리 보정값** dPRC(Delta Pseudorange Correction)를 참조.

**DEM(Digital Elevation Model) 수치 표고 모형(數値標高模型), 수치 표고 모델** 수치표고모델은 수치지면자료(또는 불규칙삼각망자료)를 이용하여 격자형태로 제작한 지표모형을 말한다("항공레이저측량 작업규정"〈시행 2013.1.1., 국토지리정보원고시 제2012-1669호〉 제2조 제13호). 즉, 지형의 위치에 대한 표고를 일정한 간격으로 배열한 수치정보이다.

실세계 지형 정보 중 건물, 수목, 인공 구조물 등을 제외한 지형(bare earth) 부분을 표현하는 수치 모형이다. 지형 기본도 상에서의 표고 데이터의 디지털과 동등한 격자 형태의 규칙적인 공간 간격으로 기록되고 사변형에 의해 조직된 지형고도에 관한 파일. DEM은 지형의 위치에 대한 고도를 일정한 간격으로 배열한 수치정보이다. 1955년경 Miller. C. L. 교수(미국MIT공대)에 의하여 처음 연구가 시작된 이래 주로 도로 설계와 같은 일반 도로 분야에서 응용되어 왔으나, 오늘날 고성능 컴퓨터가 발달함에 따라 일반 토목 분야는 물론, 지도 제작 분야 및 기타 산업 분야로 확대 발전되었다. DEM을 구분해보면 여러 가지 방법이 있을 수 있으나, 가장 일반적인 것은 Point Model의 높이 행렬로 표현하는 것으로 미국과 영국들 대부분의 국가에서 GIS에서 사용하는 형식이다. 이는 Data Redundancy존재, 복잡한 지형의 표현에 불리, 선형 지도로의 변환시 보간작업 필요 등의 단점이 있지만. 쉽게 광범위한 지형의 자료를 얻을 수 있다는 장점 때문에 일반화되었다. 미국 지질 조사국(USGS)이 만든 이 자료는 지형정보를 제공하는 격자형의 고도자료 파일이다. 이 지형정보는 경사방향, 경사도, 3차원 투시도 등의 지형특성을 표현하는데 사용되며, GIS 분야에서 다른 자료형태와 결합되어 이용되기도 한다. 수치 지도, 레이저 단면, 스캐너, 지상 측량 및 항공 사진과 위성 영상의 중첩 영상(Stereo Image)에서 모두 추출 가능하다. 수치 지형 모델(Digital Terrain Model)은 해발고도를 사용하는 DEM이다. TIN을 참조.

**Demand 요구** 공간적 상호 작용에서 요구는 목적지까지 이동을 원하는 특별한 형태의 서비스나 상품에 대한 요구의 측정치이다.

**Demarcation 경계** 지적의 경계위치를 결정하는 야외 조사(토지 측량)를 말한다.

**DeMilitarized Zone(DMZ) 비무장지대** DMZ(DeMilitarized Zone)를 참조.

**Demodulation 복조** 전화회선을 통해 전송된 아날로그 신호를 디지털 신호로 변환시키는 작업을 말한다.

**DEMTS(Digital and Electronic Maps Transfer Standard) (러시아)수치 지도 교환 표준** 러시아의 수치지도 교환을 위하여 만들어졌으면, 러시아 내 연방 조직들과 업계들 간에 지리 자료의 교환에 사용되는 것을 말한다.

**Demultiplexer 디멀티플렉서, 분배기** DMUX라고도 한다. 멀티플렉서와 반대 기능을 수행하여 하나의 입력 회선을 여러 개의 출력 회선을 연결하여, 선택 신호에서 지정하는 하나의 회선에 출력하므로, 분배기라고도 한다. 중앙 처리 장치에서 어떤 내용을 특정 장치로 출력시킬 수 있게 하는데, 이때 선택 신호는 특정 장치를 나타낸다. Multiplexer를 참조.

**Dendritic or Tree-Like 수지상** 나뭇가지 모양의 수계모양을 말한다.

**Denominator of Flattening Ratio 편평도 비율분모** 분자가 1일 때, 적도 반경과 극반경의 차이 비율의 분모, 즉 편평률의 역수를 말한다.

**Denormalisation 비정규화** Denormalization를 참조.

**Denormalization 비정규화** 처리 과정의 한계나 시스템의 제한 사항을 적절히 조절시키기 위해 정상화된 자료 모형을 재구성하는 과정. 정규화된 실체 유형 모형을 성능적인 측면을 고려하여 조정하는 작업이다. 단순히 정규화 작업을 하지 않고 지나치는 것을 의미하는 것은 아니며, 반드시 정규화 작업 이후에 수행되어야 한다. 정규화된 자료 모형 없이는 비정규화 작업에 의해 자료의 의미가 변했는지에 대한 판단을 할 수가 없으며, 비정규화 작업에 의해 자료의 의미가 변경되거나 깨진다면 그 작업은 잘못된 것이다.

**Densification 고밀도화** 주어진 영역에 대하여 유용한 기본 단위의 수를 증가시키는 'Infill' 프로그램으로, 단위 요소 사이의 간격을 줄이고 단위 요소의 유용성을 높인다. 토지 정보 체계의 경우에는 통상적으로 좌표기준점(Control Point)을 기준한다.

**Densitometer 사진 농도계** 필름을 통해 전송되는 빛의 양을 측정하는 장치. 농도계는 여러 가지 종류가 있는데 그 중에는 평상형과 드럼형 극소농도계(Microdensitometer), 비디오 농도계, 그리고 선형 또는 면형배열 CCD(Charge Coupled Device) 농도계가 있다.

**Density 밀도(密度), 농도** 물질의 단위 체적당 질량. 일반적으로 $cm^2$당 그램으로 나타낸다.

**Density Altitude(DA) 밀도 고도** DA(Density Altitude)를 참조.

**Density of Arrangement Point 배점밀도** 단위 면적당 삼각점, 수준점, 다각점 등의 수로, 요구하는 측량의 정밀도에 따라 달라진다.

**Density of Images 영상투명도** 음화 또는 양화 투명도에 대한 불투명 또는 어둠의 정도를 말한다.

**Density of Materials 물질밀도** 물질의 체적에 대한 질량의 비로 전형적으로 입방센티미터당 그램으로 나타낸다.

**Density Slicing 색조 분할, 농도 분할, 밀도 분할** 수치 영상 처리에서 단일 주파수대의 단색영상에 적용되는 의사 색상 강화 기법. 그레이스케일값(0~255)의 범위를 나누고 각 부분에 다른 색상을 할당함에 의해 영상 내부와 다르지만, 분명히 동질의 부분을 강조하는 효과적인 방법으로 생각된다. 이 기법은 생물량(Biomass)의 밀도에서 차이를 강조하기 위한 정규 식생 지수(NDVI)처럼 수림 지표와 결합해서 사용한다.

**Density Tolerance 밀도허용한계** 호의 형태를 변경하지 않고 지정된 거리에 호의 정점을 추가하는 과정이다.

**Department of Defense(DoD) 미 상무성** DoD(Department of Defense)를 참조.

**Department of Surveying and Mapping Malaysia(JUPEM) 말레이시아 측량 및 지도 제작국** JUPEM(Department of Surveying and Mapping Malaysia)를 참조.

**Departure 경거(經距)** 임의 측선을 동서선상 위에 정사투영한 것으로 측선길이에 방위나 방위각의 sin값을 곱한 것임. 측점에서 동쪽으로 향하면 (+), 서쪽으로 향할 때는 (−)로 한다.

**Dependency 의존성, 종속성, 종속(적), 의존(적)** 동일한 상위 업무 활동 밑에 있는 하위 업무 활동들. 즉, 볼링 관계에 있는 업무 활동들 간의 선후 관계를 말한다. 선행되는 업무 활동의 산출에 후속되는 업무 활동이 투입될 때, 두 업무 활동 간에 의존성이 있다고 표현한다. 의존성의 유형에는 순서 의존성, 병행 의존성, 배타적 의존성, 복수 의존성 등이 있다.

**Dependent Variable 종속변수(從屬變數)** 변수들 간의 관계에 있어서 영향을 받거나 예측되는 변수로서, 한 관측에 2개 이상의 변수들을 취할 때, 변수상호간의 관계 양상에 따라 독립변수와 종속변수로 구분하는데, 종속변수는 독립변수의 조작 또는 통제 여하에 따라 영향을 받게 된다. 기술적 관측, 측정에서는 변수들을 임의로 조작하거나 통제하지 못하는 상황이므로 종속변수 대신 반응변수라는 용어를 사용하기도 한다.

**Deprecated Term 비선호 용어** 공인기관에 의해 거절된 용어를 말한다.

**Depreciation (감가)상각(減價償却)** 내용년수가 1년 이상인 자산에 적용하는 자본회수방법. 자산가치의 일정한 비율을 주기적으로 당기 영업에 비용화시킨다.

**Depression Angle 내려본 각** 어느 지점의 자계방향과 수평면과의 짓는 각을 말한다.

**Depression Contour 복등고, 함몰 등고선** Pit, Hachured Contour를 참조.

**Depth(DP) 심도, 깊이** ① 물체의 표면에서 물체 내부의 한 지점까지의 직선거리를 말한다. ② 수면에서 바닥까지의 수직 거리를 말한다. ③ 지표면에서 지하시설물 관로 상단 중앙까지의 거리를 말한다.④ 피사계 심도(depth of field, DOF)는 사진의 초점이 맞은 것으로 인식되는 범위이다. 렌즈의 초점은 단 하나의 면에 정해지게 되어 있으나 실제 사진에서는 초점면을 중심으로 서서히 흐려지는 현상이 나타나는데, 이때 충분히 초점이 맞은 것으로 인식되는 범위의 한계를 피사계 심도라 한다.

**Depth Bias 심도 왜곡, 심도 바이어스** [항공 레이저(라이다) 측량] 빛의 진행속도가 수중(水中)에서 느려지게 되어 발생하는 심도의 변위이다. 해안으로부터 수저(수저)를 관찰해보면 실제보다 얕게 느껴지는 현상이 발생한다. 빛의 수중속도는 진공속도의 1/n(n: 굴절률)이다.

**Depth Contour 등심선(等深線)** Isobath를 참조.

**Depth Curve 깊이 곡선** Depth Contour, Bathymetric Curve를 참조.

**Depth Information 심도정보** 목적관의 지표면에서 지하시설물 관로 상단 중앙까지의 거리를 나타내는 심도의 정보를 말한다.

**Depth Limits 한계심도(限界深度)** 토지소유자의 통상적 이용 행위가 예상되지 않으며 지하시설물설치로 인하여 일반적인 토지이용에 지장이 없는 것으로 판단되는 깊이를 말한다. 일본에서는 대심도(大深度)라고도 하며, 우리나라의 경우 통일된 기준은 없으나 일반적으로 고층시가지는 40m 이하를 한계심도로 인정하고 있다.

**Depth of Field(DOF) 피사계 심도, 초점 심도** DOF(Depth of Field)를 참조.

**Depth of Frost Penetration 동결심도** 노면에서 땅 속의 빙점 최심부까지의 깊이로서 주로, 기온, 토질, 지하수의 상태에 따라 정해진다.

**Depth of Image 초점 심도** Depth of Field를 참조.

**Depth of Pipe 매설심도** 지표면에서 매설된 관 상단까지의 깊이를 말한다.

**Depth Perception 심도지각, 거리 지각** [영상] 관찰자로부터 자극 대상까지의 거리에 대한 지각을 말하며, 3차원 입체의 전면에서 배후까지의 거리에 대한 지각도 포함된다.

**Depth Positioning 깊이 위치결정** 0점을 기준으로 피사체에 0점을 설정하여 돌출, 후퇴정도를 설정하는 작업이다.

**Depth Range 뎁스 레인지** 특정 장면에 포함된 가장 돌출된 영역과 가장 후퇴한 영역 사이의 물리적인 입체거리이며 마야에서는 Zeroplane의 위치를 조정해가면서 뎁스레인지를 세팅한다.

**Depth Survey 심도 측정** 지하에 매설된 시설물의 깊이를 측정하는 것으로, 심도는 목적관의 상단 중심까지의 깊이를 말한다.

**Deque 데크** [데이터베이스] 삽입과 삭제가 리스트의 양쪽 끝에서 모두 발생할 수 있는 자료구조이다. Stack과 Queue의 장점만 따서 구성한 것으로서, 입력이 한쪽에서만 발생하고 출력은 양쪽에서 일어날 수 있는 입력제한과 입력은 양쪽에서 일어나고 출력은 한곳에서만 이루어지는 출력제한이 있다. 입력 제한 데크 : Scroll, 출력 제한 데크 : Shelf이다.

**Derived Data 파생자료** 다른 자료로부터 만들어진 자료. 2개의 자료나 주제(Theme)는 제3의 또 다른 주제를 만드는데 합쳐질 수 있다. 여기서의 결과 자료는 입력 자료로부터 파생된 자료이다.

**Derived Map 파생지도** 최초 측량에 의해서가 아니라 다른 지도로부터 제작된 지도. 파생 지도는 특별한 주제에 관계된 지도, 즉 주제도를 생성할 목적으로 중복 조작과 같은 공간 분석으로 형성된 결과이다.

**Derived Units 조합 단위** 유도단위라고도 한다. 기본단위 및 보조단위를 사용하여 대수적인 관계로 구성한 단위로서, 필요에 따라 만들어낼 수도 있으나 명칭이 길고 복잡해짐을 해결하기 위하여 19개의 SI 조합단위에 대해서는 고유 명칭이 주어져 있다.

**Dermatograph 데르마토그래프** 특수한 색연필이며, 유리판이나 사진의 광택 인화지 상에도 그려 넣을 수 있도록 되어있다.

**DES(Data Encryption Standard) 데이터 암호화 표준** DES는 64비트의 평문을 46비트의 암호문으로 만드는 블록 암호 시스템으로 64비트의 키를 사용한다. 64비트의 키(외부 키) 중 56비트는 실제의 키(내부 키)가 되고 나머지 8비트는 거사용 비트로 사용한다. 또한 DES의 안전성을 증가시키기 위하여 키의 길이를 2배, 즉 128비트, 십진수 16개를 키로 선택한 변형된 알고리즘을 일반적으로 사용한다. DES는 16라운드(Round)의 반복적인 암호화 과정을 갖고 있으며, 각 라운드마다 전치(Transposition) 및 대치(Substitution)의 과정을 거친 평문과 56비트의 내부키에서 나온 48비트의 키가 섞여 암호문을 만든다. 복호화는 암호화 과정과 동일하나 사용되는 키만 역순으로 작용하는 것이다. 현재 DES는 안전하지 않다. DES는 컴퓨터 성능의 발달에 힘입어 보안성이 약화되어 2, 3 DES를 사용하고 있다. 매 5년마다 안전성을 검증하다가 97년에 NIST는 AES를 제시했고 2000년에 Rijndeal을 AES로 선택했다.

**Descriptive Data 설명자료, 특성자료** 지도형상과 주석을 설명하는 도형자료, 지도형상의 특징 및 관계를 나타내는 속성자료, 그리고 위성영상, 항공사진 등의 영상자료로 구분된다. 도형자료는 지도의 점, 선, 면, 면적, 격자셀, 영상소의 6가지 도형요소로 구성된다(NCGIA, 2000).

**Descriptive Information 특성정보, 설명정보** 성명 정보는 도면 또는 지도에 표시된 도형 정보, 항공사진 또는 인공위성 영상에서 수치 영상 처리에 의해 취득된 도형 및 영상 정보와 관련한 속성 정보로 세분된다.

**Descriptive Keywords 주제어 정보** 목록 핵심어, 그 유형, 참고 원시자료를 제공한다.

**Descriptive Statistics 기술통계학(記述統計學)** 실제 현상을 요약하고 설명하기 위하여, 수집된 자료를 요약하거나 조직화하고 기술하는 통계적 방법을 총괄하는 것으로 수집된 자료의 특성 및 변수들 간의 관계에 대한 정보. 기술통계학에서는 평균, 표준편차, 상관계수 등의 통계량으로 자료분포의 특성을 기술하는 방법과 도수분포, 히스토그램, box-plot, stem-and-leaf, 산포도 등의 그림으로 자료의 특성을 요약하는 방법이 있다.

**Desert 사막** 적은 양의 강수량과 같은 극단의 환경 요소에 의해 형성된 전체 또는 국지적인 불모지를 말한다.

**Design Loop 설계순환** 지리정보체계 지도를 제작하고 설계를 위해 검토하여, 개선하고 수정된 편집도에 의해 다시 제작하고 이를 사용자가 훌륭한 설계라고 만족할 때까지 계속되는 반복적인 과정이다.

**Design Map 설계도(設計圖)** 제작, 공사 등의 목적으로 공비, 부지구조 등에 관해 계획을 명시한 지도를 말한다.

**Designed Section 계획 단면** 계획 고수유량과 평균유속으로 소요 단면적을 계산하여 결정한 단면적을 말한다.

**Desktop Computer 탁상형 컴퓨터** 일반적으로 컴퓨터를 지칭할 때 Desk Top, Laptop, Notebook, Palmtop 등과 같은 용어를 사용하는 경우가 있다. 이러한 모든 용어는 컴퓨터의 크기를 기준으로 하여 컴퓨터를 분류하는 용어인데, 이들 중에서 테스크탑이라는 용어는 다음과 같은 의미를 가지고 있다. 먼저 용어는 책상 위라는 뜻을 가지고 있는데, 말 그대로 사람이 책상 위에 올려놓고 사용할 수 있는 컴퓨터를 가리킨다. 즉, 우리가 일반적으로 사용하는 대부분의 개인용 컴퓨터와 개인용 워크스테이션 등이 바로 이에 해당된다.

**Desktop GIS 데스크톱 지아이에스** Client/Server 기술을 이용하는 시스템통합(System Integration)의 영향으로, 데스크톱 PC에서 사용자들이 손쉽게 지형공간정보의 지도와 공간 분석을 수행할 수 있는 GIS. 데스크톱 GIS의 출현 원인은 전통적인 GIS 소프트웨어가 복잡한 공간 분석 중심의 과중한 기능들을 보유하고 있지만 자주 쓰이지 않고, 의외로 대부분의 공간적 질의는 간단한 검색 기능들로 해결할 수 있는 데 있다. 물론, 이용 측면에서는 구입 가격이 기존의 워크스테이션용 GIS 소프트웨어 가격의 1/10~1/20에 지나지 않기 때문에 쉽게 구입할 수 있는 이점 때문이기도 하다.

**Desktop Mapping 데스크톱 지도제작** 업무용 GIS의 단순 지도작성 기능에서 한걸음 더 나아가 자료에 대한 시각화(Visualization)뿐만 아니라, 일부 기본적인 공간분석 기능을 수행할 수 있는 GIS. 이 제품에서 시각화에는 대개 데이터 간의 관계·경향·형태 등에 대한 내용이 포함되며, 공간 분석의 내용에는 의사결정자보다 신속하게 의사결정을 할 수 있도록 산술적 연산 기능, 각종 거리 계산, 간단한 공간 질의 기능 등이 포함되며 제품에는 ESRI사의 Atlas GIS와 Mapinfor사의 Mapinfo Desktop이 있다.

**Desktop Metaphor 데스크톱 은유** PC 사용자가 컴퓨터 응용프로그램과 상호 작용하도록 도와주는 물리적 상사 또는 아이콘의 사용을 말한다.

**Destination 행선지(行先地)** ① 지도에서 도로·철도가 그 도엽을 경과하여 인접 도엽에 가까운 주거지나 역까지 도달할 때, 도달하는 주거 지역을 행선지라 하며 행선지명과 이정거리를 표시한다. ② 자료 전송처를 의미하며 통신망에서는 전송할 컴퓨터를 가리킨다. ③ 공간적 상호 작용에서 이동의 통행(Trip) 끝점. 예를 들어, 소비자나 근로자가 가는 상점이나 사무실, 목적지는 네트워크 커버리지에서는 센터로, 점 커버리지에서는 점으로, 다각형 커버리지에서는 라벨 포인트로 표현된다.

**Destriping 디스트리핑** 인공위성 센서의 CCD Array를 구성하는 감지기의 개수와 관련된 자료의 Striping 현상을 제거해 주는 방법이다. 인공위성 관측 센서를 구성하는 감지기 중 어느 하나가 감지 특성의 변화나 기능 저하를 나타내는 경우, 영상자료에는 일정한 간격의 줄이 나타나게 되는데 이를 Strip이라고 한다. 이러한 Strip은 Landsat MSS 영상의 경우 6줄 간격, Landsat 영상의 경우 16줄 간격의 가로 방향으로 발생하며, 이를 제거하기 위해 일반적으로 모든 Scan Line 자료의 평균을 구해서 이를 Strip에 적용해 주게 된다.

**Detail Design 상세설계, 실시설계** ① 자료, 소프트웨어 그리고 하드웨어 기능의 상세한 정의를 포함한 설계. 이 단계에서는 어플리케이션이 자세히 묘사되고, 기능의 정의, 자료 취득 혹은 수집이 정의된다. 상세 설계의 효과는 소프트웨어, 하드웨어 그리고 자료의 취득으로 얻어진다. ② [지반] Working Design을 참조.

**Detail Drawing 상세도(詳細圖)** 설계한 것의 내용을 도면으로 상세하게 나타낸 것. 특히, 건축 관계에서는 중요한 부분을 확대해서 치수나 마무리법 등을 명확하게 나타내기 위하여 사용한다.

**Detail Mapping 세부도화(細部圖化)** 도화기에 의해 측량 대상의 세부를 원도에 나타내는 작업. 세부도화는 일반적으로 선형 시설물·건물·등고선·식생 등의 순서로 작업한다.

**Detail Survey 세부측량(細部測量)** ① 목적에 따라 상세한 지도를 제작하기 위하여 골격 측량에서 얻은 점을 기준으로 지형, 지물 등 세부 사항을 관측하는 것. 정확도가 골격 측량에 비해 다소 떨어지나, 능률과 경제성을 위주로 한다. 이 방법에는 도해법과 수치법이 있다. ② 주요한 구조물의 설계에 필요한 세부 평면도, 종단면도 및 횡단면도를 작성하는 작업을 말한다.

**Detail Surveying to a Lot of Ground 일필지 측량** 도시계획이나 토지의 교환, 분할 등의 목적으로 일필지마다의 면적을 측량하는 작업을 말한다.

**Detailed Description 세부 기술** 자료들 내의 부호화된 실체, 속성, 속성값, 관련 특성에 대한 기술을 말한다.

**Detection 검출** 검사하여 찾아내거나, 화학적 분석에서 시료 속의 어떤 원소나 이온 화합물의 유·무를 알아내는 것을 말한다.

**Detectivity 검출 감도** 측정기기·수신기 등이 외부의 자극·작용에 대해 반응하는 예민성의 정도로서 검사하여 찾아내는 것을 말한다.

**Detector 검출기, 검지기(檢知器), 감지기(感知器)** 전자기 복사 에너지를 기록된 신호로 변환하는 원격탐사체계의 구성성분이다.

**Determination of Pass Point 선점** 항공사진에서 표정점을 골라 인접사진에 그 점을 옮기는 것을 말한다.

**Deterministic 결정형** 주어진 조건들을 만족하는 유일해가 존재한다는 가정에서의 문제 접근 방법. 이에 대응하는 용어는 통계적(Statistic) 혹은 확률적(Probabilistic)이다.

**Deterministic Interpolation 결정론적 보간** 확률 이론을 사용하지 않는 보간 방법을 말한다.

**Detraction 감쇠** 음파의 하수중의 전파가 음원에서 거리가 멀어져 나감에 따라 강도가 저하하는 것을 말한다.

**Deutsches Institut fur Normung(DIN) 딘, 독일공업표준규격** DIN(Deutsches Institut fur Normung)를 참조.

**Develop 현상** ① 필름, 인화지 등에서 할로겐화은의 감광막 노출에 의하여 생긴 잠상을 환원제로 처리하여 가시상으로 바꾸는 조작을 말한다. ② 사진 체판 시 판제에 도포된 감광막에 노광을 하고, 현상 잉크를 칠한 다음 세척하여 미감광 부분의 감광막을 제거하는 조작을 말한다.

**Developable Surface 전개(展開) 가능면** 전개 가능면은 확대 없이 편평해질 수 있는 능력을 갖고 있는 단순한 기하학적인 형태이다. 다수의 지도투영법은 원통이나 원뿔, 평면과 같은 사용된 전개 가능면에 따라 구분될 수 있다.

**Developed Kiddie Hacker 디벨로프 키디 해커** 해커의 등급은 엘리트, 세미 엘리트, 디벨롭 키디, 스크립트 키디, 레이머 등 5등급으로 분류된다. 디벨로프 키디 해커는 3등급으로서, 대부분 해킹 기법을 습득해 알고 있으나 새로운 취약점을 발견하거나 상황에 맞게 바꿀 만한 실력은 없는 해커다. 실제 해킹의 80~90%는 3~5등급 수준 해커들에 의해 이뤄지고 있다. Hacker, White Hacker, Black Hacker, Gray Hacker, Elite Hacker, Semi-Elite Hacker, Script Kiddie Hacker, Lamer Hacker를 참조.

**Development 전개(展開)** 측량점의 상대적 위치를 정하여 지도에 투영하는 것을 말한다.

**Development Area 개발구역(開發區域)** 개발 계획의 대상구역, 지역. 지구로 지정된 토지 안에서 건축물이나 구조물을 새로 건설하는 기성시가지 개발, 재개발, 신개발 등을 포함한다.

**Development Costs 개발원가** 어떤 특정 프로젝트에 필요한 원가들로서, 상업적 판매 이전에 그 프로젝트의 경제성과 계속적인 추진 여부를 결정하는데 필요한 자본 및 비용이다.

**Deviation of The Vertical 연직선 편차** 타원체의 법선과 연직선이 이루는 차를 말한다.

**Device 장치, 단말기, 소자(素子)** 데이터 입력, 데이터 기억이나 출력 등 특정 기능에 사용되는 컴퓨터 외부 설비를 말한다.

**Device Coordinates 장치 좌표** 장비에 의존적인 좌표 체계에 의해 명세된 좌표. 예를 들어, 실제의 좌표 체계에 기반을 두고 있는 것들과 반대인 디지타이저나 영상면 표시 좌표인 것을 말한다.

**Device Driver 장치 구동기** 프린터·모니터·디스크 등과 같은 주변 장치들을 제어·관리하는 방법을 운영 체제에 알려주는 프로그램. 운영 체제에서는 시스템에 설치되어 있는 주변 장치들을 제어하고 관리하기 위하여 장치 구동기에서 제공되는 기능을 이용한다. GIS에서 장치 드라이버는 펜 플로터, 정전식 플로터, 그리고 그래픽 출력 장치를 지원하기 위하여 사용되고 있다. 이 경우 장치 드라이버는 출력할 도면의 축척·문자·색상·음영·선의 굵기와 종류, 출력 미디어에서의 펜 위치 등을 포함한 출력 형식과 외형을 나타내는 특정 출력 명령어들을 해석해 준다.

**Device Firmware Update(DFU) 단말기 펌웨어 업데이트** DFU (Device Firmware Update) Mode를 참조.

**Device Free 디바이스 프리** 콘텐츠를 서버에 저장해 스마트폰・태블릿PC・노트북 등 다양한 모바일 디바이스를 통해 언제든 이용할 수 있는 서비스를 말한다. 클라우드 컴퓨팅 시대에는 엄청나게 늘어난 네트워크 용량 덕분에 이처럼 고품질 인터넷 전화를 사용하고, 휴대폰으로 TV 시청 등이 가능하게 되었다.

**Device Independence 장치 독립성** 프린터・플로터와 같은 어떤 특정한 장비에서나 어떠한 컴퓨터에서도, 사용자의 관점에서 거의 차이 없이 구동할 수 있는 소프트웨어의 능력을 말한다.

**Device Server 장치 보조기** 단말기나 도화기, 프린터 등의 다양한 장치를 지역망에 접속시키기 위한 정보 처리기의 구성 요소. 장치 보조기는 장치와 망을 접속시키는 데 사용되는 컴퓨터 처리기를 가지고 있다.

**Device Space 장치 공간** 디스플레이 장비의 주소 지정 가능점의 완전한 집합에 의해 정의된 공간을 말한다.

**Devil's Principle 데블의 원리** 반투명경을 통하여 지도와 사진을 동시에 겹치기로 관찰하는 원리를 말하며, 도화나 수정에 응용되고 있다.

**Dewey Decimal System 듀이 십진분류법** 도서의 분류체계의 한 가지로 서양에서 사용하는 분류 방법이다.

**DF(Dependent Float) 종속 여유** 후속 작업의 총 여유에 영향을 미치는 여유 시간을 말한다.

**DF(Distribution Frame) 배선반** 배선반은 케이블의 단점을 수용하는 기기로서 케이블 간의 접속을 위해 사용된다.

**DFAD(Digital Feature Analysis Data) 수치 형상 분석 자료** 도시와 인공 지물로 구성된 벡터 데이터베이스. 자료는 상대적인 크기 및 구성에 따라 구분된 점・선・면 형상의 위치 및 속성으로 구성되어 있다. 하나의 대상 범위는 10m×10m이며, 1/250,000 축척의 지도에 표현되는 대상을 기록하고 있다. 기록된 지물 자료의 내용이 상세하지 못하고 정확도도 떨어지기 때문에, 레이더 반사 시뮬레이션 항법 및 지형 장애물 정보를 필요로 하는 분야에 주로 사용되고 있다.

**DFD(Data Flow Diagram) 자료 흐름도** 하나의 체계에서 이루어지는 모든 자료의 흐름을 알기 쉽게 그림으로 나타내기 위하여 사용되는 것을 말한다.

**DFS(Distribute File System) 분산 파일 시스템** 막대한 양의 데이터를 저장하고 관리하기 위해 수많은 서버들에 데이터를 나누어 저장하고 관리하는 파일 시스템이다. 분산 파일 시스템의 클라이언트는 서버들에 저장된 데이터를 마치 자신의 단말기에 저장되어 있는 것처럼 접근하고 처리할 수 있는 클라이언트/서버 기반의 파일 시스템으로 볼 수 있다.

**DFT(Discrete Fourier Transform) 이산 푸리에 변환** 푸리에 변환의 한가지로, 주파수×시간 축 데이터를 1:1로 변환하는 것을 의미한다. 그냥 푸리에 변환을 의미하는 것으로서 그 자체는 별 의미는 없다. DFT란 개념이 나오는 이유는 실제로 푸리에변환은 대부분 FFT를 사용하기 때문에 그 반대의 개념으로 FFT를 사용하지 않는 평범한 푸리에 변환을 DFT라고 부를 뿐이다. FFT를 참조.

**DFU(Device Firmware Update) 단말기 펌웨어 업데이트** 단말기(device)의 펌웨어를 업데이트하기 위한 환경을 말한다.

**DG (Direct Georeferencing) (외부 표정 요소) 직접 결정** 촬영 시 센서의 위치와 회전각을 직접 결정(외부 표정 요소의 직접 결정)하여 모든 영상소를 지상의 대응점에 매칭시키는 작업을 말한다.

**DGI(Digital Geographic Information) 수치 지형 공간 정보** 수치 지형공간 정보는 고도 및 수심 정보, 지형, 지물의 형태 및 속성 정보, 지구 표면의 형체 및 상태와 전자기적 분광대에서 나타나는 형태와 관련된 지리 정보를 그 외의 부수적인 정보와 수치 정보와 함께 수치 형식으로 표현한 것을 말한다.

**DGIWG(Digital Geographic Information Working Group) 수치 지형 공간 정보 운영위원회** 1993년 NATO 국가들의 군 지도 제작 조직들은 그들 조직들 간에 공간 자료 교환 표준을 개발하려는 목적에서 DGIWG를 구성하였다. 현재 DGIWG는 11개국 NATO 국가들로 구성된 정회원국과 호주와 뉴질랜드로 구성된 업저버 국가들로 조직되어 있다.

**DGM(Digital Geospatial Metadata) 수치 지형공간 메타데이터** 미연방 지리 정보 위원회(FGDC)에 의해 1994년 6월에 승인되었다. DGM은 내용 품질, 조건, 다른 메타데이터의 특징에 대한 명세를 기술한다. 표준은 지리 공간 자료의 문서에 대한 용어와 정의의 공통집합을 제공한다. DGM은 그러한 목적을 위해 사용되는 자료 요소의 이름, 자료 요소 집합, 자료 요소와 집합의 정의 그리고 자료 요소에 대해 제공되는 값에 대한 정보를 설정한다.

**DGM(Digital Ground Model) 수치 지면 모형** 지표면의 수치적인 모델을 강조한 용어로서 지표면상에 위치하고 있는 요소들 간에는 어떤 연결성이 있는 것으로 생각하여 수학적인 보간함수들을 사용하여 지표면상의 점들을 생성한다는 의미를 가진다. 주로 영국에서 사용되며, DTM 보다는 광범위한 의미를 가진다. 따라서 건물, 수목 등 지표면 위의 모든 고정물을 포함하여 표면현상을 재현하게 된다.

**DGNSS(Differential Global Navigation System) 보정 전 세계 항행 위성 체계** ITU는 1992년 9월 해상무선표지를 이용한 데이터 송신 포맷 등에 관한 권고를 행하였다. 본 권고는 해상 무선표지를 이용한 차등 보정값 송신 방식의 세계적 통일을 원하는 IALA, IMO 등의 생각을 기초로 행하여졌다.

**DGPS(Differential Global Positioning System) 상대 위치결정법, 위성항법 보정시스템** ① GPS수신기가 받는 오차에는 위성의 시계 요동, 위성의 궤도 요동, 대기권 통과시 전파의 지연 등이 있다. 이와 같은 오차의 요인은 GPS수신기 내부에서는 예측할 수 없다. 따라서 이들 오차를 계측하여 보정할 필요가 있다. 이 때문에 실제로 측위를 하는 GPS수신기 이외에 또 1대의 GPS수신기를 사용한다. 이들 GPS수신기 중에서 적어도 1대는 위치가 정확하게 알려진 고정된 장소에 설치하여 위성으로부터 보내져 온 신호로부터 자신의 위치를 계산하여 사전에 알고 있는 위치와 비교한다. 이 차가 GPS신호의 오차이며 GPS의 오차는 시간과 더불어 시시각각 변하고 있으므로 한번 계측한 오차를 간단히 처리할 수는 없다. 이들 2대 이상의 GPS수신기는 항상 동시에 동작하고 있어야 된다. 이 오차를 계측하는 수신기를 기준국이라 부르며 기준국은 항상 오차를 계측하여 이동하는 GPS 수신기에 이 계측한 오차 정보를 보낸다. 이동하고 있는 GPS 수신기는 기준국과 동일한 오차를 받고 있다고 생각하고, 실제로 수신한 관측값으로부터 그 오차분을 차감한다. 이 차를 취한다는 뜻에서, 이 방식을 DGPS라 부르고 있다. 이 오차 정보는 기준국에서 이동국으로 일방적으로 보내지는 정보이기 때문에 기준국이 1국이면 상당히 넓은 범위의 이동국에 서비스할 수 있다. 이동국은 어느 GPS 제조회사의 수신기라도 사용할 수 있도록 국제적으로 인정된 데이터 표준포맷인 RTCM-SC104 (Maritime Service Special Committee 104) 또는 간단히 RTCM(Radio Technical Commission for Maritime)이라고 하는 형식으로 정의되어 있고 무선데이터모뎀, RDS(Radio Data System), TRS(Trunked Radio Service), 셀룰러(cellular) 등의 무선통신망을 통하여 보정 정보를 송신할 수 있다. ② 위성항법 보정시스템(Differential GPS, DGPS)으로서 DGNSS (Differential Global Navigation System)라고도 한다.

위성항법보강시스템(DGPS 또는 DGNSS)은 보정치 전달 매체로 '정지위성'을 사용하는가, '지상시스템'을 사용하는가에 따라 크게 "위성기반 보강시스템"(Satellite Based Augmentation System, SBAS)와 "지상기반 보강시스템"(Ground Based Augmentation System, GBAS)으로 구분할 수 있다. 미국의 WAAS, 유럽의 EGNOS, 일본의 MSAS, 인도의 GAGAN 등이 SBAS에 해당되며, 우리나라의 NDGPS(Nationwide Differential GPS) 및 호주의 GRAS (Ground -Based Regional Augmentation System) 등이 GBAS에 해당된다. 또한, 광역의 기준국 망을 사용하는가 아니면 독립적으로 지역 기준국 정보를 사용하는가에 따라 "광역보정시스템"(Wide Area DGPS, WADGPS)과 "지역보정시스템"(Local Area DGPS, LADGPS)으로 구분하기도 한다.

일반적인 DGPS(Differential GPS)와 같은 개념이며, 기준국을 국가나 기관에서 운용하며, 수정값을 방송한다. 위성항법 보정시스템은 이미 알고 있는 기준점에 기준국용 GPS 수신기를 설치하여 정밀하게 측정된 자신의 위치와 GPS 위성 신호를 받아 수신기로 계산된 위치를 비교하여 오차를 계산한다. DGPS 기준국 시스템은 기준국(Reference Station, RS), 감시국(Integrity Monitor, IM), 그리고 제어국(Control Station, CS)으로 구성되고, 사용자에게 보정정보를 송신하기 위한 변조기와 송신기 시스템으로 구성되어 있다. 먼저 기준국 시스템은 의사거리 보정정보(PseudoRange Correction, PRC)를 계산하여 RTCM 국제표준 포맷에 맞게 변환한 다음, MSK(Minimun Shift Keying, 최소 편이 방식) 변조기 및 송신기를 통해 사용자에게 방송한다.

DGPS 기준국에서는 추적 위성수, 최대 보정치, UDRE(User Differential Range Error), 보정나이(Correction age), 의사거리 잔차, 절대위치오차의 무결성 감시를 수행하고 있다. 무결성 감시국(IM)에서는 기준국(RS)에서 보내온 RTCM 정보를 수신하여 보정정보의 무결성을 감시한다. DGPS 무결성 감시국의 핵심 기능은 보정정보의 검사와 기준국으로 피드백 메시지를 전송하는 것이다. 감시결과를 피드백 메시지를 이용하여 기준국과 제어국에 상시 전송하며, 이상이 발생할 경우 '이상 플래그'를 전달하여 사용자가 해당 보정정보를 사용하지 않도록 조치를 취한다. 그리고 제어국(CS)은 기준국(RS)과 감시국(IM), 송신국의 시스템 상태를 RSIM 국제표준 포맷에 따라 운영제어 및 모니터링 기능을 수행한다.

현재 우리나라 DGPS 기준국은 해양기준국 11개소, 내륙 기준국 6개소, 감시국 17개소로 구성되어 운영되고 있으며, 국제항로표지협회(IALA)의 권고에 따라 사용자에게 실시간 보정서비스를 하고 있다.

**DHM(Digital Height Model) 수치 높이 모델** 독일과 영국에서 주로 사용되며 DHM은 일반화된 용어는 아니지만 표고와 높이가 거의 동의어로 정의되기 때문에 DEM과 동일하다. DEM (Digital Elevation Model)를 참조.

**DHTML(Dynamic Hyper Text Markup Language) 다이나믹 하이퍼 텍스트 기술언어** 다이내믹 HTML은 이전 버전의 HTML에 비해 애니메이션이 강화되고, 사용자 상호작용에 좀 더 민감한 웹페이지를 만들 수 있게 해주는, 새로운 HTML 태그, 옵션, 스타일 시트 및 프로그래밍 등을 의미하는 집합적인 용어이다.

**Diagonal and Perpendicular Method 삼사법(三斜法)** 다각형의 면적을 측량할 때, 여러 개의 삼각형으로 분할하여 전체 면적을 계산하는 방법이다.

**Diagonal Method 대각선 법** 거리 측량기구인 테이프 등을 사용하여 토지의 형상 및 세부측량을 하는 경우 도근점의 위치를 결정하는 방법 중의 하나로, 측량 지역의 도근점을 대각선 형태의 삼각형으로 구분하고 이 삼각형의 각 변 길이를 관측함으로써 도근점의 위치를 결정하는 방법이다.

**Diagonal Offset Method 사지거법, 경사 지거법** 본선 위의 두 곳에서 측점까지 비스듬하게 지거를 잡아서 점의 위치를 결정하는 방법이다.

**Diagonal Prism 대각선 프리즘** 경면을 수평면과 45°되게 경사시키면 경면에 수평으로 들어오는 광선을 연직으로 굴절시킬 수 있도록 만든 것을 말한다.

**Diagonal Surveying 대각선 측량** 삼각형으로 나누어 각 변장을 재어서 측량하는 방법이다.

**Diagram for Checking Eccentric Location 편심 요소 관측지** 편심요소가 비교적 작을 때 표석 위에 붙여서 편심요소를 관측하는데 사용하는데 사용하는 종이를 말한다.

**Diagram of Stadia Reduction 스타디아 원표** 스타디아 공식을 도표로 한 것의 총칭이다.

**Dial Compass 다이얼 컴퍼스** 갱내용 컴퍼스로서 망원경내에 장치된 스타디아선으로 간단한 스타디아를 할 수 있는 기계를 말한다.

**Dialogue Box 대화상자** 프로그램에서 특정 기능을 수행하도록 명령하기 위해 필요한 내용을 결정하도록 보여주는 상자를 말한다.

**Dialogue Generation and Management System 대화 생성 관리시스템** 모든 공간 의사결정 시스템의 기능은 DGMS를 통해 유기적으로 연관되며 수행된다.

**Dialup File Name 전화회선 이용파일명** 배포 컴퓨터상의 자료군을 포함하는 파일명을 말한다.

**Dialup Instructions 전화회선 이용지침** 전화 회선을 통해 배포 컴퓨터에 접근하기 위해 필요한 정보를 말한다.

**Dialup Telephone 전화회선 이용전화** 배포 컴퓨터의 전화번호를 말한다.

**Diaphragm 조리개** 카메라 렌즈에는 투과광의 광량을 조절하는 조리개가 달려 있으며, 일반적으로는 조리개의 지름을 연속적으로 변화시킬 수 있는 홍체조리개(Iris Diaphragm)가 사용된다.

**Diapositive 투명 양화** 투명한 재료에 사진을 복제한 것. 필름 투명 양화와 유리 투명 양화가 있으며, 실제 도화기에 넣어서 도화하는 데 쓴다.

**Diastrophism 지각 변동** 지각의 변동이나 변위를 말하며, 약하지만 장기간 동안 넓은 지역에 걸쳐 발생하는 조륙운동과 지층의 강한 변동인 조산운동으로 크게 나누어진다.

**DID(Digital Information Display) 디지털 정보 디스플레이** 기업 광고 또는 홍보를 위해 설치, 운용하는 옥내외용 디스플레이. 전광판을 통한 광고 활성화와 병원, 쇼핑몰, 호텔 등에서 홍보용 수요 증가로 새로운 시장으로 뜨고 있다. 액정 표시 장치(LCD) 패널을 사용하는 디지털 정보 디스플레이(DID)는 개발비가 발광 다이오드(LED) 광고판의 30% 수준밖에 안 되는데다 PC, 네트워크 등과 연동도 자유로워 급속히 LED 광고판을 대체할 것으로 전망하고 있다.

**Didicated Short Range Communication 단거리 전용 통신** 차량에 부착된 단말기와 노변 통신 장치 간의 고속 무선 통신을 통해 자동 요금 징수, 교통 정보 송・수신, 차량 인식 등의 다양한 ITS 단위 서비스를 가능하게 하는 통신 기술을 말한다.

**Dielectric Constant 유전 상수** 전자적 특성을 나타내는 변수. 이 변수들을 이용하여 물질에 대한 마이크로 웨이브의 투과성과 표면에 대한 반사도가 결정되어진다. 되돌아오는 레이더의 영향을 받는 물체의 전기적인 특성. 또한 복합유선상수라고도 한다.

**DIF(Data Interchange Format) 자료 교환 형식** 다른 소프트웨어/하드웨어를 가진 컴퓨터 체계 사이의 자료 교환을 위하여 파일들을 한 GIS 포맷으로부터 다른 포맷으로 변환하는데 사용되는 중간 포맷을 말한다.

**Dif of Horizon 안고차** 천체의 고도를 바다 위에서 관측할 때, 지구는 둥글기 때문에 눈에 보이는 지평선은 실제 지평선보다 아래에 있게 된다. 이와 같이 눈에 보이는 지평선과 실제 지평선의 사이각을 안고차 또는 지평복각이라 한다.

**Difference Image 감산 영상** 하나의 영상으로부터 다른 영상을 빼서 하나의 새로운 픽셀값을 가지는 영상. 이 결과로 나온 픽셀값은 감산영상을 형성하기 위해 사용된다.

**Difference of Elevation 표고차, 고저차(高低差)** 한측점과 다른 측점과의 높이의 차를 말한다.

**Difference of Means 평균차** 2개의 표본이 통계적으로 서로 다른지 아닌지를 결정하는 통계적 검증을 말한다.

**Difference of Observation 관측차(觀測差)** 각, 거리 등의 관측에서 동일대상에 대한 관측값의 최대값과 최소값의 차를 말한다.

**Difference Vegetation Index(DVI) 식생 차이 지수** DVI(Difference Vegetation Index)를 참조.

**Differenced Measurements 차등 관측** GPS 관측은 수신기, 위성, 시간 등에 따라 각각의 차를 구할 수 있고, 비록 많은 조합이 가능하다 할지라도, GPS 위성관측차를 위한 현재의 약정은 규칙에서의 차를 수행하기 위해서 만들어진 것이다. 첫째는 수신기, 두 번째는 위성, 세 번째는 시간을 따라 1중차 관측(수신기를 따라)은 2대의 수신기에 하나의 위성이 동시에 관측되어 수신된 신호의 위상에서 순간적인 차이이다. 2중차 관측(수신기와 위성을 따라)은 선택된 기준 위성과 유사한 1중차에 관계되는 다른 한 위성의 1중차의 차이에 의해 취득된다. 3중차 관측(수신기, 위성, 시간을 따라)은 시간의 1Epoch에서 동일한 2중차 사이의 차이이다.

**Different Accuracy 정확도 차** 어떤 양의 측정치가 여러 개 있어서 각기 관측기계의 종류나 관측회수 등이 다를 때를 말한다.

**Differential Global Navigation System(DGNSS) 보정 전 세계 항행 위성 체계** DGNSS(Differential Global Navigation System)를 참조.

**Differential Global Positioning System(DGPS) 상대 위치결정법, 위성항법 보정시스템** DGPS(Differential Global Positioning System)를 참조.

**Differential GPS 상대 위치결정체계** DGPS(Differential Global Positioning System)를 참조.

**Differential Interferometry 차분 간섭** 지형의 위상을 제거함으로써 지형과 변위에 대한 2가지의 위상효과를 분리해내는 것이다.

**Differential Leveling 고차 수준측량, 높이차 측량** 단지 두 지점간의 높이차를 결정하기 위한 고차측량으로 수준측량이라고도 한다. 오차를 검검하기 위해서는 왕복수준측량을 하여야 한다.

**Differential or Two Column System 고차식** 두 지점간의 높이를 구하기 위한 수준측량의 야장 형식으로, 후시란과 전시란만 있기 때문에 2란식이라고도 한다. 두 지점간의 고저차는 후시값의 합과 전시값의 합의 차이로서 구할 수 있다.

**Differential Orthographic Rectification 미분 정사 편위 수정** 수치표고모델과 사진측량의 원리를 결합한 편위수정 방법을 말한다.

**Differential Positioning 상대 위치 결정** 우선 기선처리와 위치결정기법은 많은 차이가 나므로 혼동하면 안 된다. 상대 위치결정은 미지점 수신기의 위치를 보정하고 계산하기 위해 두 수신기에서 취득된 의사거리를 사용한다. 즉, 기지점 수신기의 의사거리를 이용해 보정값을 계산하고, 이를 미지점 수신기의 의사거리에 보정하여 미지점 위치를 계산한다. 또한, 기선처리는 미지점 수신기의 위치를 계산하기 위해 반송파 위상의 관측값을 사용한다. 상대 위치결정은 C/A 코드 의사거리나 P-코드 의사거리로부터 유도된 측점을 사용하며, 미지점의 측점에 보정값을 적용하는 것이다. 이러한 보정값은 고정점 수신기에 의해 계산되며, 미지점 수신기에서 계산된 측점을 보정하기 위해 사용된다. 고정점 수신기는 기지점에 위치하기 때문에, 알고 있는 위치와 측점으로 계산된 위치를 이용해 계산된 위치에 포함된 오차를 계산하고, 이러한 보정값을 미지점 수신기에 적용한다. 이러한 기법은 두 수신기에 포함된 시간 오차와 대부분의 공통적인 오차가 같다는 가정이 필요하다. 일반적으로 C/A 코드 의사거리를 사용한 상대 위치 결정의 정확도는 약 5m 이하의 수준이다.

**Differential Rectification 미분 편위수정법(微分偏位修正法)** 정사편위수정법의 미소부분만을, 투영거리를 수정하면서 차례차례로 투영해 나가는 방법이다.

**Diffraction Grating 회절격자** 회절격자는 빛의 회절 현상을 이용하여 빛의 스펙트럼을 파장에 따라 분리하는 장치로, 이상적인 회절격자는 무수히 많은 동일한 슬릿이 등간격으로 배치된 형태를 갖으며, 많은 수의 슬릿에 의한 회절 효과들의 벡터 합은 1개의 회절격자 효과로 표시할 수 있음. 회절광 세기의 극대치는 0-차, 1-차, 2-차, 3-차 등의 순서로 분포하는데 극대치의 회절각은 파장과 슬릿 사이의 간격에 따라 결정된다. 따라서 슬릿사이의 간격을 알고 회절각을 측정하면 그 각도에서 파장을 알 수 있기 때문에 분광 장치에 널리 사용되며, 빛을 회절시키는 방식에 따라 반사식과 투과식 회절격자가 있다. 홀로그램 제작 기법 중의 하나이다.

**Diffuse 퍼진, 확산** 확산은 일정 공간상의 위치에서 특정 기능이나 현상이 일정방향으로 영향을 넓혀 가는 것을 의미한다. 확산은 복잡한 지표면의 여행시간이나 그와 관련된 제반 비용의 계산을 위하여 사용될 수 있으며, 임의의 지점에서 시작하여 지형의 높이를 이용하여 물의 흐름을 파악하기 위한 배수지역을 구분하는데 사용되기도 한다.

**Diffuse Reflectance 산란 반사** 반사된 에너지가 모든 방향으로 흩어지는 곳의 물체로부터의 전자기적 에너지의 반사, 확산 반사는 반사 표면이 부수적 에너지의 파장에 상대적으로 거칠 때 발생한다. 예를 들어, 1장의 종이는 분산 반사기이다.

**Diffuse Reflector 등반사체** 모든 방향에서 거의 동일하게 입사하는 복사 에너지를 반사하는 면을 가진 물체이다.

**Diffuser 확산판** 슬라이드의 뒷면을 고르게 비춰 주는 반투명의 젖빛 유리나 흰 플라스틱을 말한다.

**DIGEST(Digital Geographic Exchange Standard) 다이제스트, 수치지형공간정보 교환표준** SDTS와 더불어 주요 GIS 데이터 교환 표준인 DIGEST는 원래 미국의 국방 분야 지도제작 기관인 Defence Mapping Agency(DMA)가 주도적으로 개발한 데이터 교환 포맷인 Vector Product Format(VPF)가 발전된 형태이다. 미국뿐만 아니라 나토국가들 간에 통일된 규약에 의한 공간 데이터 제작에 사용되고 있으며, 우리나라에서도 국방 분야에서 표준으로 사용하고 있다.

**Digg 딕** 소셜북마킹 서비스의 작동 방식 중 하나로, 다른 사람이 올린 북마크에 의견을 달고 투표하는 것을 말한다. 이를 통해서 인기 있는 아이템일수록 사이트에서 좋은 자리를 얻게 된다. 딕 인기도는 북마크된 콘텐츠가 그만큼 인정받고 있다는 증거로 사용되기도 한다.

**Digg.com 딕닷컴** 사용자가 온라인 콘텐츠를 올리고 투표하는 사이트. 스스로 '소셜뉴스 사이트'라고 지칭한다. 웹페이지의 인기가 많을수록 사이트에서의 위치가 더 좋아진다.

**DigiSensus 디지센서스** 스마트폰에는 다양한 센서가 내장되어 있다. 인간의 눈을 대신할 수 있는 카메라, 귀를 대신하는 마이크, 입을 대신하는 스피커, 공간지각을 대신하는 A-GPS와 지자기센서 등 여러 개의 센서가 있다. 이러한 센서를 통해 기계와 인간이 상호 교감하는 것을 '디지센서스'라고 한다.

**DigiSnap 디지스냅** 2대의 이상의 카메라를 전기적으로 연결하는 장치를 말한다.

**Digital 디지털, 수치형** 연속되는 숫자로 표시하는 아날로그와 달리, 모든 정보를 이산적인 숫자로 표시하는 방식. 컴퓨터에서는 정보를 표현하기 위하여 모든 숫자와 문자 등을 0과 1이라는 2개의 이산적인 숫자를 조합한 2진수로 표현하고 있다.

**Digital and Electronic Maps Transfer Standard(DEMTS) (러시아) 수치 지도 교환 표준** DEMTS(Digital and Electronic Maps Transfer Standard)를 참조.

**Digital Archiving 디지털 아카이빙** 아날로그 콘텐츠를 디지털로 변환해 압축 저장하는 것은 물론이고 기존 디지털 콘텐츠도 체계적으로 분류하고 메타데이터를 만들어 DB화하는 작업을 포함한다.

**Digital Blood 디지털 블러드** SNS 등을 통해 맺은 네트워크를 뜻한다.

**Digital Body Model 수치 인체 모형** 사진측량에서 여러 가지 인체의 동적상태를 3차원적인 공간좌표로 취하고 이러한 자료로부터 컴퓨터에 연속되는 3차곡면군으로 구성한 모형을 말한다.

**Digital Camera 수치 사진기** 통상의 사진기는 영상을 아날로그 양으로 기록하지만 수치 사진기는 영상을 비트맵으로 분할하고, 각각의 휘도를 수치 양으로 기록한다. 퍼스널 컴퓨터의 영상 자료와 호환성이 높아 편집 및 수정이 간편하다. 일반적으로 CCD 사진기, 전자(Solid State) 사진기 등이 있다.

**Digital Capture Device 수치 획득 장치** 하드카피 지도나 항공사진 같은 아날로그 영상의 색조나 명암 변화를 광학적으로 읽거나 디스플레이와 분석에 적합한 래스터 형태로 전환함으로써 수치형으로 전환하는 장치이다.

**Digital Cartographic Analysis 수치 지형 분석** 정보를 얻기 위해 수치 지형을 해석하는 것을 말한다.

**Digital Chart of the World(DCW) 세계 전자 해도** DCW(Digital Chart of the World)를 참조.

**Digital Code 디지털 코드** 사진, 영화, TV, 비디오, 컴퓨터, 애니메이션 등과 같이 문자 텍스트의 개념을 기반으로 설계된 초언어적 코드로서 비언어적 매체인 영상이 그 중심 개념을 이루고 있다.

**Digital Computer 디지털 컴퓨터** 연속적이거나 아날로그 수치(아날로그 컴퓨터와 비교)보다 더 분리된 다양한 표시 위에서 수행하는 전자 계산 장치. 컴퓨터라고 할 경우 보통은 디지털 컴퓨터를 가리킨다. 용도와 규모에 따라 슈퍼 컴퓨터, 범용 컴퓨터, 미니 컴퓨터, 워크스테이션, 오픈 컴퓨터, 퍼스널 컴퓨터, 제어용 컴퓨터 등이 있다.

**Digital Contents 디지털 콘텐츠** 각종 유·무선 통신망을 통해 매매 또는 교환되는 디지털화된 정보의 통칭으로 유·무선 통신망에서 유통될 수 있도록 디지털 방식으로 제작하거나 처리된 콘텐츠로 풀이된다.

**Digital Convergence 디지털 컨버전스, 디지털 융합** 여러 분야의 정보통신 기술을 하나의 기기나 서비스에 묶어서 융합하는 것을 말한다. 이러한 현상은 크게 유선과 무선의 통합, 통신과 방송의 융합, 온라인과 오픈라인의 결합 등 3가지로 압축된다.

**Digital CountDigital Coverage 수치 커버리지** 도로망이나 하천도와 같은 수치 레이어에 관련된 정보가 들어 있는 수치 지도. 즉, 수치 커버리지는 수치레이어에 속성의 의미를 더한 것이다.

**Digital Crossconnect System(DCS) 디지털 교차 연결 시스템** DCS(Digital Crossconnect System)를 참조.

**Digital Data 수치 자료** 숫자 형태의 자료 또는 그와 관련된 자료. 컴퓨터 호환 형식으로 표현된 자료로서, 자료 디스플레이, 기록, 저장 시 이진 형태로 처리된다.

**Digital Data Base 수치 자료기반** 어떠한 자료의 저장·수집·조정을 포함하여 사용자의 필요에 의해 구성되며, 2차원 좌표상의 위치에 따라 참조된 자료 요소들을 포함하는 자료기반을 말한다.

**Digital Data Editing Device 수치자료 편집 장치** 수치자료 편집 시 사용하는 장치. 자료의 추가·삭제·수정을 일괄 처리 또는 대화 처리로 할 수 있는 장치로서, 일반적으로 컴퓨터 및 외부 기록장치로서 디스크 또는 자기테이프, 입력 장치로서 키보드 또는 디지타이저 등으로 구성되어 있다.

**Digital Dieting 디지털 다이어팅** 디지털로 촬영한 사진을 포토샵을 이용해 날씬한 모습으로 수정하는 것을 의미한다.

**Digital Differential Rectification 수치 차분 편위수정** 인공위성으로 수집되거나 항공사진을 주사하여 수집된 영상자료(Raster Data)와 수치표고 모형자료를 이용하여 정사투영사진을 제작하는 방법으로 지상기준점(또는 수치표고모형·Digital Elevation Model)의 자료가 입력용으로 사용되는가의 구분에 의해 직접적 방법(Direct Method)과 간접적 방법으로 구분된다. 우선 직접적 방법은 주로 인공위성 영상을 기하보정할 때 사용되는 방법으로 지상좌표를 알고 있는 현저한 지물의 영상좌표를 관측하여 각 출력 영상소의 위치를 결정하는 방법이며, 간접적 방법은 지상기준점의 좌표에 의해 출력영상의 위치가 이미 결정되어 있으므로 입력영상에서 관측된 좌표로 출력 영상소값을 구하기 위한 입력 영상소의 위치를 결정하는데 사용되므로 On-Line 방법이라고도 한다.

**Digital Divide 디지털 디바이드** 인터넷·태블릿 PC 등 새로운 정보통신기기나 서비스를 이용할 수 있는 환경에 있는 사람과 그렇지 못한 사람들 간에 세상의 정보를 얻거나 이용하는 데 차이가 발생하는 것. 디지털 디바이드가 커질수록 정보 격차가 커지고, 이것이 계층 간의 소득격차 확대로 이어질 수 있다는 우려가 나오고 있다.

**Digital Earth 디지털 지구** 1998년 미국의 부통령인 앨 고어는 다양한 해상도로 지표면을 볼 수 있으며, 3차원적 표현이 가능한 "Digital Earth"라는 비전을 제시했다. 이를 통해 물리적, 사회적 환경에 대한 막대한 양의 지리참조 정보를 찾아내고, 시각화하고 의미 있는 것으로 만들어낼 수 있다. Digital Earth는 공간과 시간을 수단으로 내비게이션 가능하며 역사적 데이터는 물론 환경 모델을 바탕으로 미래를 예측할 수 있는 시스템으로서 과학자, 정책입안자는 물론이고 모든 사람들도 접근이 가능한 시스템이다.

오늘날 Digital Earth를 구현하기 위해 필요한 컴퓨터 프로세싱, 광대역 인터넷망, 시스템간 상호 운용성, 그리고 데이터의 구조, 저장, 검색, 데이터 표현 등의 제반 문제들이 빠른 기술적 진보에 의해 세계 수백만의 사람들에 의해 매일 사용되어질 정도로 기술상의 문제가 해결되었다. 지오 브라우징(Geo-browsing : 웹을 이용한 디지털 지리정보 탐색)은 주요 산업이 되었으며, 지리적인 데이터를 탐색하고 정보를 시각화하는 새로운 방법들이 개발되었다.

**Digital Elevation Model(DEM) 수치 표고 모형(數値標高模型), 디이엠** DEM(Digital Elevation Model)를 참조.

**Digital Enhanced Cordless Telecommunications(DECT) 유럽 디지털이동전화방식** DECT(Digital Enhanced Cordless Telecommunications)를 참조.

**Digital Equipment Corporation(DEC) 덱** DEC(Digital Equipment Corporation)를 참조.

**Digital Feature Analysis Data(DFAD) 수치 형상 분석 자료** DFAD(Digital Feature Analysis Data)를 참조.

**Digital Footprint 디지털 발자국** 사람들이 웹상에 남겨 놓는 다양한 디지털 기록을 일컫는다. '디지털 흔적', '디지털 풋프린트'라고도 한다. 소비자가 여러 홈페이지에 로그인을 하거나 결제 정보를 입력하는 등의 온라인 활동을 하면서 남긴 흔적이다. 구매패턴, 속성, 결제 방법, 구매 이력 내용, 검색어 기록과 같은 다양한 디지털 기록을 말한다. 최근 개인정보가 관리 대상이 되면서 급부상하고 있는 개념이다. 기업용 소프트웨어 업체들은 디지털 발자국을 자동으로 분석, 이를 토대로 기업들에 고객 맞춤형 디지털 광고나 프로모션을 할 수 있는 툴도 개발하고 있다. 기업들은 이 소프트웨어를 활용해 소비자에게 맞춤형 광고를 노출시킨다.

**Digital Forensic 디지털 포렌식, 컴퓨터 법의학** 전자증거물을 사법기관에 제출하기 위해 휴대폰, PDA, PC, 서버 등에서 데이터를 수집 분석하는 디지털 사과정을 뜻한다. 휴대폰이나 PC 같은 디지털 기기에 담긴 범죄 관련 정보 데이터를 수집・분석해 수사기관에 증거로 제공하는 것을 말한다. 디지털 통신기기의 암호를 풀거나 일부러 훼손한 데이터를 복구하는 등의 통신기술을 활용한다. 디지털 포렌식을 기업에 활용하려는 흐름도 있다. 기업 내 정보자원이 밖으로 새어나갈 틈을 미리 차단하는데 디지털 포렌식 관련 기술을 적용하려는 것이다.

**Digital Form 수치 형식** 컴퓨터와 호환되는 매체상의 자료들을 획득하기 위한 선택에 대한 기술을 말한다.

**Digital Geographic Exchange Standard(DIGEST) 수치 지형 공간 정보 교환표준, 다이제스트** DIGEST(Digital Geographic Exchange Standard)를 참조.

**Digital Geographic Information(DGI) 수치 지형 공간 정보** DGI(Digital Geographic Information)를 참조.

**Digital Geographic Information Working Group(DGIWG) 수치 지형 공간 정보 운영위원회** DGIWG(Digital Geographic Information Working Group)를 참조.

**Digital Geospatial Metadata(DGM) 수치 지형 공간 메타 자료** DGM(Digital Geospatial Metadata)를 참조.

**Digital Globe 디지털 글로브** Digital Globe는 퀵 버드와 월드뷰 위성으로 획득한 기본위성영상, 표준위성영상, 정사위성영상, 정사항공사진, 입체위성영상, 각종 주제도 등을 제작하는 업체이다. 제작된 제품들을 전 세계에 분포한 판매처를 통하여 직접 제공하거나 판매대행업체를 통해 온라인상에서 판매한다. QuickBird를 참조.

**Digital Ground Model(DGM) 수치 지면 모델** DGM(Digital Ground Model)를 참조.

**Digital Height Model(DHM) 수치 높이 모델** DHM(Digital Height Model)를 참조.

**Digital Heritage 디지털 유산** 사망한 사람이 남긴 디지털 형태의 모든 자료를 말한다. 사이버 공간에 남긴 글과 그림, 동영상을 말한다. 법률상 정보에 해당하며, 정보통신망법 등의 적용을 받는다.

**Digital Holography 디지털 홀로그래피** 디지털 홀로그래피는 기존의 CCD(Charge-Coupled Device) 카메라를 이용하여 홀로그램을 촬영하고 컴퓨터를 이용하여 영상을 재생하는 방식과 기존의 프린팅 기술을 이용하여 엠보스(Embossed) 홀로그램을 제작하는 방식 등을 통틀어 지칭한다. 공간상 실사에 대한 상을 완벽하게 재현하며 관찰자에게 실사 관찰과 같은 입체감을 제공한다. 특히 문화, 예술, 디스플레이, 측정산업, 의료, 학술 등 폭넓은 산업에 활용할 수 있는 것이 특징이다.

**Digital Image 수치 영상** 측정되어지고 있는 특성이 아날로그 값의 연속된 범위로부터 0에서부터 255까지의 이진코드 또는 1바이트로 기록되어진 유한 정수로 표현되는 범위로 변환되어진 영상이다.

**Digital Image Processing(DIP) 수치 영상 처리, 디지털 영상 처리** DIP(Digital Image Processing)를 참조.

**Digital Information Display(DID) 디지털 정보 디스플레이** DID(Digital Information Display)를 참조.

**Digital Interactive Storytelling 디지털 인터렉티브 스토리텔링** 디지털 게임 스토리텔링을 포함한 상호작용이 가능한 모든 매체에서 나타나는 스토리텔링이며 그 시작은 CD-ROM 콘텐츠에서 발생하는 사용자와 콘텐츠 사이의 커뮤니케이션을 위한 스토리텔링 방식에서 그 기원을 찾을 수 있다.

**Digital Lavel 디지털 레벨** 레벨에 전자적인 장치를 부착하여 바코드로 되어있는 표척을 자동으로 읽게 할 뿐만 아니라 0.1mm까지 정확하게 읽을 수 있도록 한 레벨로, 보통 표척까지의 거리도 관측할 수 있다. 바코드레벨이라고도 한다.

**Digital Layer 수치 레이어** 도로망이나 하천의 흐름을 나타내는 수계도와 같은 일정 주제에 관하여 시각적인 그래픽 자료만이 표기된 수치 지도를 말한다.

**Digital Library 디지털 도서관** 인터넷 혹은 인트라넷을 통해 학위 논문 및 간행물 등 대학의 각종 출판물과 보존 문서의 원문 정보를 이용자에게 제공하기 위한 목적으로 구축된 시스템을 말한다.

**Digital Line Graph(DLG) 수치 선형 지도** DLG(Digital Line Graph)를 참조.

**Digital Linear Storytelling 디지털 리니어 스토리텔링** 디지털 매체에서 사용자에게 이야기를 전달하는 선형적인 구조의 스토리텔링을 가리킨다.

**Digital Map 수치지도** ① 컴퓨터상에서 도로, 철도, 건물, 하천 등 다양한 인공지물과 자연지형을 도식(기호)과 3차원의 위치좌표로 표현한 디지털 지리정보 지도를 말한다. 수치지도는 논리적 모순 및 기하학적 문제점이 제거된 지형 및 속성정보를 동시에 가지고 있는 지리정보데이터(무결점 수치지도, Clean Data)를 의미하기도 한다. 교통, 수계 및 해양, 건물 및 시설물, 문화 및 시설, 식생, 지형, 경계, 주기 등으로 구성되었으며, 사용자 중심으로 제작되어 있어 필요한 주제도 및 지리정보 시스템에 활용이 가능하다. ② 국토지리정보원에서 보급하는 수치지도를 이용하여 수치표고자료 구축이 가능하며, 수치표고자료의 정확도는 수치지도의 정확도와 밀접한 관련이 있다. 1/1,000, 1/5,000, 1/25,000 축척의 수치지도가 있으며 수치지도의 등고선, 표고점, 능선(ridge) 등을 포함한 지형레이어와 호수, 저수지, 해안선 등을 포함하고 있는 하천 경계 레이어는 수치표고자료 생성 시 중요한 원시자료가 된다.

**Digital Map Data 수치 지도 자료** 지도를 나타내기 위해 요구되는 수치 자료를 말한다.

**Digital Map Information 수치 지도 정보** 지형·지물 등에 관계하는 지도적 정보와 일정한 정밀도를 유지한 위치, 형상을 나타낸 좌표 자료 및 그 내용을 나타내는 속성 자료. 컴퓨터에 의한 자료 처리가 가능한 형태로 표현한 것을 말한다.

**Digital Map Manuscript 수치 지도 원도** 수치지도에 의하여 작성된 정위치 자료 파일의 내용을 컴퓨터를 이용한 자동 처리 등에 의하여 소정의 지도 표현 기준에 의거 표현하고, 자동 제도 장치 등을 사용하여 출력하여 작성한 도면이다.

**Digital Mapping 수치 지도 작성** 컴퓨터를 이용한 수치지도화, 지도입력 등, 지형지물을 수치자료로 취득하여 목적에 따라 편집하는 것을 말한다.

**Digital Mapping and Map Information System 수치 지도 제작 및 지도정보 체계** 중·소축척 지도 제작, 각종 주제도를 제작하는데 활용된다.

**Digital Mapping System 수치지도제작체계(數値地圖制作體系)** 수치 지도를 제작하기 위한 체계로서, 입력 체계, 편집 체계, 출력 체계로 구성되며 수치 지도화 체계라고도 한다.

**Digital Mapping Version 2.0 수치지형도 버전 2.0** 수치지형도 V2.0의 가장 큰 특징은 지도를 제작하기 위해 표현하였던 그래픽 정보가 속성정보화 되었다. 즉, 기존의 수치 지형도의 경우 속성정보가 없었는데 반하여 수치지형도 V2.0은 속성정보를 가지고 있다.

**Digital Method 수치적 방법** 지하시설물의 깊이관측방법 중 하나로서 수신기의 깊이 관측버튼을 누르면 지하시설물의 깊이가 디지털로 나타난다.

**Digital Modular Camera(DMC) 디지털 모듈 사진기** DMC(Digital Modular Camera)를 참조.

**Digital Nautical Chart(DNC) 수치 해도** DNC(Digital Nautical Chart)를 참조.

**Digital Nomad 디지털 유목민, 디지털 노매드, 디지털 노마드** 디지털(digital)과 유목민(nomad)이 합성된 표현이다. 인터넷과 최첨단 정보통신기기를 가지고 사무실이 따로 없이 새로운 가상조직을 만들며 살아가는 인간형을 '디지털 노매드(digital nomad)'라고 한다. 프랑스의 사회학자 자크 아탈리는 그의 저서 "21세기 사전"에서 21세기형 신인류의 모습으로 '디지털 노매드'를 소개했는데 정보기술의 발달을 통해서 이제 인류는 한 곳에 정착할 필요가 없어진다고 예견했다. 첨단 정보통신 기기를 활용해 정보를 생산하고 소비하는 21세기형 정보유목민으로서, 정보와 지식이 중심인 현재의 디지털시대에는 자신의 삶의 질을 극대화시키기 위해 자유로우면서 창조적인 생각을 하는 유목민이 증가하고 있다. 그들은 생산과 소비를 주도하면서 사회의 주도세력으로 떠오를 것으로 분석되고 있다. 디지털시대를 선도할 수 있는 잠재력을 갖고 있는 사이버 신인류이다. Nomad를 참조.

**Digital Number(DN) 영상소 값** DN(Digital Number)를 참조.

**Digital Object Processing 수치객체처리** 컴퓨터를 이용하여 영상 정보를 목적에 맞추어 인식하고 판독하는 등의 처리과정. 여기에는 영상의 분할 및 강조과정도 포함된다.

**Digital Orthoimagery 수치 정사 영상** [영상처리] 높이차나 기울어짐 등 지형으로 인해 생긴 기하학적 왜곡을 제거하여 모든 물체를 수직으로 내려다보았을 때의 모습으로 변환한 영상을 말한다. 수치 정사 영상 표준 형식은 GeoTIFF(Geographic Tagged-Image File Format) 및 ASCII 헤더파일인 TFW(TIFF World File)를 포함한 TIFF(Tagged-Image File Format)와 JPEG2000 (Joint Photographic Expert Group file 2000)이다.

**Digital Orthophoto 수치 정사 사진** 지형도의 정확도를 갖는 사진지도로 일반적으로 항공사진이나 인공위성 영상은 사진기가 수직으로 촬영되었다고 볼 수 없으므로 그에 따라 사진상의 축척은 일정하지 않음. 이에 비해 수치정사사진은 사진영상을 수치적으로 처리하고 사진기가 수직방향으로 촬영한 것처럼 항공사진 또는 원격탐사 영상자료로부터 편위수정과정을 거쳐 생성되는데 이 과정은 사진기 회전과 지형의 고저차로 발생하는 영상편위를 보정하는 것이다.

**Digital Ortho Image 수치 정사 영상** 높이 차나 기울어짐 등 지형으로 인해 생긴 기하학적인 왜곡을 제거하여, 모든 물체를 수직으로 내려다보았을 때의 모습으로 변환한 영상. 정사투영 영상이라고도 한다. 정사 영상은 다른 지도의 배경이 되는 바탕 지도로서 이용되며, 수치 지형도에 아직 반영되지 못한 최신의 정보를 추출할 수 있다.

**Digital Orthophoto Quad(DOQ) 수치 정사 도곽** DOQ(Digital Orthophoto Quad)를 참조.

**Digital Orthophoto Quadrangle(DOQ) 수치 정사 도곽** DOQ (Digital Orthophoto Quadrangle)를 참조.

**Digital Orthophoto Quarter-Quadrangle(DOQQ) 사분의 일 도곽 수치 정사 사진** DOQQ(Digital Orthophoto Quarter-Quadrangle)를 참조.

**Digital Orthophotos(DO) 수치 정사 사진** DO(Digital Orthophotos)를 참조.

**Digital Orthophotos Standard 수치 정사 표준** 수치정사 자료의 수집, 절차, 목록화 및 품질관리에 관한 내용을 정의하고 있다.

**Digital Photogrammetric Workstations(DPW) 수치사진측량 장비** DPW(Digital Photogrammetric Workstations)를 참조.

**Digital Photogrammetry 수치사진측량학(數値寫眞測量), 디지털 사진측량학** 수치영상을 이용하여 대상물을 처리하는 사진측량기법으로서 디지털 센서를 이용하여 대상물의 수치영상을 취득하거나 기존의 항공사진을 디지타이징이나 스캐닝하여 간접적으로 수치영상을 취득한다.

**Digital Photogrammetry Plotter 수치 도화기** 촬영된 한 쌍의 사진을 이용하여 사진에 촬영된 내용물들을 전산화된 파일의 형태로 그려내는 장비이다.

**Digital Photogrammetry System 수치 사진 측량 체계** 수동화(Manual) 또는 자동화된 기법을 이용하여 디지털 영상으로부터 사진측량의 결과를 이끌어내는 하드웨어와 소프트웨어이다. 수치 사진 측량체계 장비로는 라이카의 SOCETSET, DVP 장비와 인터그래프의 Image Station Photogrammetry Software와 사진 측량 전용 소프트웨어는 아니지만 정사 사진 제작 기능이 포함되거나 제작할 수 있는 ER Maperr와 ERDAS의 Orthobase, PCI 등이 있다.

**Digital Photogrammetry Workstation(DPW) 수치 사진 측량 장비** DPW(Digital Photogrammetric Workstations)를 참조.

**Digital Planimeter 디지털 구적기** 구적기에 전자적인 장치를 부착하여 도면상의 면적을 쉽고, 다양하게 관측할 수 있도록 한 면적관측기구이다.

**Digital Plotter 수치 플로터** 수치 신호를 입력받아 X, Y좌표 방향으로 수직 이동하는 펜과 볼펜을 사용하여 종이 위에 그림을 그리는 출력 장비를 말한다.

**Digital Plotting Instrument 수치 도화기** 촬영된 한 쌍의 사진을 이용하여 사진에 촬영된 내용물들을 전산화된 파일의 형태로 그려내는 장비이다.

**Digital Products 디지털 제품** 수치 형태로 컴퓨터의 디스크나 테이프, 시디-롬 디스크와 통신망에 이미 저장되어 있는 자료를 말한다.

**Digital Prosumer 디지털 프로슈머** 프로슈머란 공급자(Producer)와 소비자(Consumer)의 합성어로, 생산자이면서 곧 소비자라는 의미다. 디지털 프로슈머란 인터넷 커뮤니티에 참여해 콘텐츠를 즐기고 정보와 자료를 얻는 소비자이면서 동시에 의견을 적극 개진해 생산에도 영향을 미치는 사람을 말한다.

**Digital Raster Graphic(DRG) 수치 격자 도형** DRG(Digital Raster Graphic)를 참조.

**Digital Reading Assessment(DRA)** DRA(Digital Reading Assessment)를 참조.

**Digital Restitution 수치 도화** 측량용 항공사진 또는 위성영상의 형상을 해석도화기 또는 좌표입력장치 부착도화기에 의하여 수치자료로 측정하여 이를 컴퓨터로 수록하거나 수록된 자료를 이용하여 정위치편집, 구조화편집 또는 도면제작편집을 실시하는 것이다.

**Digital Restitution Data 수치 도화 자료** 좌표 독취 장치가 부착된 도화에 의하여 수치 형식으로 관측된 각종 지도 정보를 말한다.

**Digital Restitution Digital Mapping 수치 지도화** Digital Restitution를 참조.

**Digital Restitution Edit System 수치 도화 편집 체계** 지도 작성을 컴퓨터의 지원에 의해 행하는 시스템을 말한다.

**Digital Right Management(DRM) 디지털 저작권 관리** DRM (Digital Right Management)를 참조.

**Digital Service Unit(DSU) 디지털 전송장비** DSU(Digital Service Unit)를 참조.

**Digital Signage 디지털 사이니지** 공공장소나 개인 사업장에 설치해 광고 및 각종 정보를 전용 스크린으로 제공하는 장치다.

**Digital Signal Processor(DSP) 디지털 신호 처리 장치** DSP (Digital Signal Processor)를 참조.

**Digital Signature 전자서명** 전자적인 형태로 발급되는 자신만의 인감이며 서명이다. 거래를 증명하거나 상대방이 누구인지 신원을 확인하는데 사용할 수 있다. 상대방의 신원을 확인하기 어려운 사이버 공간에서 서로를 알아볼 수 있도록 한 쌍의 정보를 사용하여 신원을 증명하는 것이 전자서명의 원리이다.

**Digital Single Lens Reflex(DSLR) 디지털 일안 반사식 카메라** DSLR(Digital Single Lens Reflex)을 참조.

**Digital Sixth Sense 디지털 식스센스** 센서, 증강현실 등의 IT 기술을 활용, 사람이 가진 오감을 넘어 현실과 사이버세계를 연결해주는 것이다. 예를 들어 사람의 손목에 찬 띠에 달린 센서를 통해 각종 건강정보를 의사에게 실시간으로 전달하며, 휴대전화 카메라로 옷을 비추면 가격, 상품정보 등을 한눈에 확인할 수 있다.

**Digital Soldier 디지털 솔저** 군모 앞에 부착된 투시경을 통해 전방에 보이는 적군의 동태가 실시간으로 지휘본부에 전송되는 첨단 하이테크로 무장하고 있다.

**Digital Storytelling 디지털 스토리텔링** 1995년 미국 콜로라도에서 열린 디지털 스토리텔링 페스티벌에서 처음 사용된 개념이며 디지털 매체 기반의 콘텐츠 제작을 위한 스토리 창작기술을 말한다. 디지털이라는 기술환경에서 멀티미디어라는 툴을 활용해 창조되는 모든 이야기 행위이다. U.C. 버클리 대학의 디지털 스토리텔링 센터의 공동창립자인 Joe Lambert는 "오래된 이야기 기술을 새로운 미디어에 끌어들여 변화하고 있는 현재 삶에 맞게 가치 있는 이야기들로 맞춰가는 것"이라고 정의했다. 네트워크로 연결된 컴퓨터 환경에서 디지털 기술을 이용해 이야기를 전개하는 것으로 온라인 게임과 디지털 영화, 디지털 애니메이션, 인터렉티브 드라마 등을 포함한다.

**Digital Storytelling for Blog 블로그를 위한 디지털 스토리텔링** 사용자가 블로그를 통해 사진, 사운드, 동영상과 같은 멀티미디어를 활용하여 특정 및 불특정 다수를 위해 행하는 스토리텔링을 가리킨다.

**Digital Storytelling for Media art 미디어 아트를 위한 디지털 스토리텔링** 사용자 행동에 따라서 예측 불가능한 스토리텔링 또는 예측 가능한 반응을 만들어내고 그에 따른 사용자의 재반응을 가능하게 하는 스토리텔링을 가리킨다.

**Digital Subscriber Line(DSL) 디지털 가입자 회선** DSL(Digital Subscriber Line)를 참조.

**Digital Surface Model(DSM) 수치 표면 모형, 수치 외관모형** DSM(Digital Surface Model)를 참조.

**Digital Terrain Analysis Data(DTAD) 수치 지형 분석자료** DTAD(Digital Terrain Analysis Data)를 참조.

**Digital Terrain Data(DTD) 수치 지형 자료** DTD(Digital Terrain Data)를 참조.

**Digital Terrain Model(DTM) 수치 지형 모델** DTM(Digital Terrain Model)를 참조.

**Digital Thematic Map 수치주제도** 특정한 주제에 관하여 제작된 수치지도로서, 「공간정보의 구축 및 관리 등에 관한 법률 시행령」 제4조에 따른 수치주제도(數値主題圖)의 종류는 1. 지하시설물도, 2. 토지이용현황도, 3. 토지적성도, 4. 국토이용계획도, 5. 도시계획도, 6. 도로망도, 7. 수계도, 8. 하천현황도, 9. 지하수맥도, 10. 행정구역도, 11. 산림이용기본도, 12. 임상도, 13. 지질도, 14. 토양도, 15. 식생도, 16. 생태・자연도, 17. 자연공원현황도, 18. 토지피복지도, 19. 관광지도, 20. 풍수해보험관리지도, 21. 재해지도, 22. 국토교통부장관이 정하여 고시하는 수치주제도 등이다.

**Digital Theodolite 디지털 데오도라이트** 각측량기기인 데오드라이트에 전자적인 장치를 부착하여 각 관측값을 액정판에 나타나게 함으로써 각 읽기 오차를 줄일 수 있을 뿐만 아니라 쉽게 각을 읽을 수 있게 한 기기이다.

**Digital to Analog Converter(D/A Converter) 디지털/아날로그 변환기** D/A Converter(Digital to Analog Converter)를 참조.

**Digital Topographic Map(DTM) 수치 지형도** DTM(Digital Terrain Model)를 참조.

**Digital Tracing 디지털 추적** 수문지도와 같은 기하시설물 네트워크에서 연결된 사상들을 추출하는 기법이다. 네트워크에서 에지/분기점 등의 구성요소는 다른 구성요소와 연결되어 있으며, 이를 추적한다.

**Digital Transfer Information 수치 교환 정보** 배포되는 자료 형식에 대한 설명을 말한다.

**Digital Transfer Options 수치 교환 옵션** 배포 자료에서 자료들을 획득하기 위한 방법 및 매체를 말한다.

**Digital Unit(DU) 디지털 신호 처리부** DU(Digital Unit)를 참조.

**Digital Video Disk(DVD) 디지털 비디오 디스크** DVD(Digital Video Disk)를 참조.

**Digital Video Recorder(DVR) 디지털 비디오 레코더** DVR (Digital Video Recorder)을 참조.

**Digital Video Plotter(DVP) 수치 영상 도화기** DVP(Digital Video Plotter)를 참조.

**Digital Visual Interface(DVI) 디지털 비주얼 인터페이스** DVI (Digital Visual Interface)를 참조.

**Digiteria 디지테리아** 무선 인터넷을 접속할 수 있는 카페를 뜻한다. 미국의 일부 스타벅스 매장에서는 무선 인터넷을 통해 음악 등 콘텐츠를 다운로드할 수 있도록 지원한다.

**Digitiser 수치화** 수동 수치화 장치. 디지털 입력 장치의 한 종류로 전자기 유도 방식의 펜을 사용해 그림, 도표, 도면 등을 표현 하는데 사용. 문서가 부착될 수 있는 평면표면과 컴퓨터에 지도의 지형물을 위치시키고 입력하는 데 사용될 수 있는 커서와 퍽으로 구성된다.

**Digitization 수치화, 디지털화** Digitizing를 참조.

**Digitize 수치화** 지도나 이미지를 수치 형식으로 변환하는 것. 대부분 디지타이저를 사용하지만 아날로그에서 디지털 형식으로 변환하는 장비를 사용할 수도 있다. Digitizer를 참조.

**Digitizer 수동입력기, 디지타이저** 전기적으로 민감한 테이블을 사용하여 종이로 제작된 지도 자료를 컴퓨터에 의하여 사용할 수 있는 수치 자료로 변환하는데 사용되는 장비이다. Digitising를 참조.

**Digitizer Coordinates 디지타이저 좌표계** 컴퓨터에 전달되도록 디지타이저면에 있는 점을 나타낼 수 있는 X, Y좌표계를 말한다.

**Digitizing 수치화, 디지털화** 종이 지도, 영상, 도표 등을 디지털 정보로 변환하는 것으로서, GIS를 이용하여 다른 공간정보와 함께 보정하거나 분석될 수 있다. 지도나 도면을 표현할 수 있는 전자적 또는 전자기적 평판인 디지타이저를 사용하여 점, 선, 면의 좌표를 입력하는 지도 또는 도면의 수치화 작업의 하나이다.

**Digitizing Table 디지타이징 테이블** 지도를 수작업으로 디지타이징하기 위한 장치를 말한다.

**Digitizing Tablet 디지타이징 태블릿** ① 반자동 디지타이징으로 지오코딩하도록 고안된 장치로서 제도 테이블 모양과 흡사하나 태블릿 위에서 커서로 지도를 따라 그릴 수 있도록 반응하여. 위치를 선택하면 숫자로 변환하여 컴퓨터에 전달함. ② 표면에 조밀하게 점선들이 구성되어 있어서 표면 위로 물체가 움직임에 따라 발생하는 자기장 변화를 이용하여 컴퓨터에 그림이나 도형의 위치관계를 읽어 수치화하여 컴퓨터에 입력하는 장치. 주로 CAD등에서 사용되는 입력 장치로, 포인터 커서난 스타일러스 펜 등의 이동을 검출한다. 디스플레이의 전면에 장착하여 손가락으로 입력하는 터치 패널도 디지타이저라 할 수 있으나 주로 A3 이상의 크기의 것을 디지타이저, 그것 이하의 것을 태블릿이라 부르는 것이 일반적이다.

**Diglog 디지로그** 디지털(Digital)과 아날로그(Analog)를 결합한 말이다.

**Dilution Of Precision(DOP) 정도 저하율, 위치 정도 열화, 답** DOP(Dilution Of Precision)를 참조.

**DIME(Dual Independent Map Encoding) 다임, 2중 독립 지도 부호화** 미국 통계국에서 자료 산정과 보고를 위해 사용된 가로망과 점·선·면의 망으로 구성된 가로망(Street)의 경계를 기술한 지리코드체계(Geocoding System)를 위해 사용한 벡터 자료 구조 형식의 포맷. 이 자료는 최초로 명시적 위상 관계를 지리자료 구조에 도입한 것으로, 이는 인구 조사를 목적으로 1976년부터 만든 데이터베이스로서 350개 주요 도시에 구축되어 있으며, 공간정보를 위상적으로 구축하기 위하여 제작되었다. GBF(Geographic Base File)를 참조.

**DIME File(Dual Independent Map Encoding File) 다임 파일, 이중 독립 지도 부호화 파일** 지리적 파일로, 미국의 표준 도시 통계 지역을 위해 미통계국에 의해 만들어진 선 구획에 기초한다. 거리 구획들이 지리적 좌표계에 의해 지정될 때 "The Geographic Base File/Dual Independent Map Encoding (GBF/DIME)"이라 불리기도 한다.

**Dimension 차원(次元), 치수(置數)** ① 어떤 물리량 Q가 기본물리량 A, B, C, …의 조합으로 이루어진 경우, 즉 $[Q]=[A^{\alpha}, B^{\beta}, C^{\gamma}\cdots]$이며, $\alpha, \beta, \gamma$를 기본 물리량 A, B, C, …에 관한 차원(Dimension)이라 하고, $[A^{\alpha}, B^{\beta}, C^{\gamma}\cdots]$을 물리량 Q를 차원식이라 한다. (1) [LMT]계 차원식 : 기본물리량이 길이[L], 질량[M], 시간[T]인 '기본 단위계'이며, (2) [LFT]계 차원식 : 기본물리량이 길이[L], 힘 [F], 시간[T]인 '공학 단위계'가 있다.
② 도면요소에 관계되는 길이, 각도 등을 나타내기 위해 사용되는 선, 문자, 기호 등을 총칭한다.

**Dimensionality 차원, 차원 가능성** 점, 선, 면으로 구성된 요소로 나누어 표현할 수 있는 지리적 사상의 성질로서 점, 선, 면은 각각 0, 1, 2차원을 나타낸다. 시추공은 점, 강은 선, 산림은 면에 해당한다.

**Dimensioning 치수 기입** 도면의 관측들을 보여주는 방식, 치수 기입 명령은 선택한 객체의 관측값을 자동으로 계산하고 치수 보조선, 치수선 및 화살표를 그려 사용한다.

**DIN(Deutsches Institut fur Normung) 딘, 독일공업표준규격** 1917년에 설립된 독일의 국가 표준 제정 기관. 독일을 대표하여 국제 표준화 기구(ISO), 국제 전기 표준 회의(IEC) 등 국제 표준 기구와 유럽 표준 위원회(CEN), 유럽 전기 표준 회의(CEN-ELEC) 등 유럽 표준 기구와의 창구 역할을 담당한다. ISO/IEC JTC 1에서는 SC24, SC25, SC27 등 분과 위원회 간사국으로서 정보 처리 관련 국제 표준화에 기여하고 있다. DIN은 표준의 명칭으로도 잘 알려져 있다.

**Diopter 디옵터** B.C 120년경 Heron이 발명한 각도 및 거리 측량기를 말한다.

**Dip 경사(傾斜)** 경사는 수평면을 기준으로 구조면이 기울어진 정도를 각도로 나타낸다. 수평면일 경우 경사는 0°이고 수직면일 경우 경사는 90°이다. 경사방향은 주향과 수직이다. 직선 형태인 주향선과 수직인 방향은 2가지가 있다. 그러므로 하나의 주향선에 두 방향의 경사방향이 나올 수 있으므로 이를 구분해야한다. 경사방향이 동서선을 기준으로 북쪽에 있으면 N으로 표시하며 경사방향이 동서선 기준으로 남쪽에 있으면 S로 표현한다. 예를 들어 경사가 30°이고 동서선을 기준으로 북쪽에 있으면 30°N으로 경사를 표시한다.
주향과 경사는 지질답사에서 관찰되는 다양한 구조면을 간단한 기호로 표현하기 위해 고안된 약속이다. 주향방향과 경사방향의 기록은 공간상의 면구조를 평면상의 기록물에 표현할 수 있는 방법으로 야외지질답사에서 지도, 종이, 사진과 같은 2차원적인 기록도구로 층리, 습곡, 단층, 벽개면, 암맥 등 3차원의 공간구조를 표현하기 위해 사용된다.
불연속면의 방향성은 일반적으로 주향/경사, 경사방향/경사(3자리 숫자/2자리 숫자) 방법으로 표현한다. 일반적으로 불연속면의 주향/경사는 클리노미터에 의해 측정이 되며, 경사방향/경사는 실바콤파스에 의해 측정된다. 주향/경사는 지질조사시에 측정, 사용되며, 경사방향/경사는 공학적 목적으로 측정되며, 통계처리에 유용하다.

**DIP(Digital Image Processing) 수치 영상처리, 디지털 영상처리** 영상의 디지털 수 값을 컴퓨터에 의해 편집 처리하는 것을 말한다. 디지털로 취득한 원격탐사 데이터를 특별히 고안된 소프트웨어를 이용하여 전처리(방사 및 기하 보정), 영상 강조, 분류, 변화 탐지 등을 수행하는 것이다.

**Dip Direction 경사방향** 주향에서 시계방향으로 90° 더하여 북방향(N)과 이루는 각이다. 불연속면의 방향성은 일반적으로 주향/경사, 경사방향/경사(3자리 숫자/2자리 숫자) 방법으로 표현한다. 일반적으로 불연속면의 주향/경사는 클리노미터에 의해 측정이 되며, 경사방향/경사는 실바콤파스에 의해 측정된다. 주향/경사는 지질조사시에 측정, 사용되며, 경사방향/경사는 공학적 목적으로 측정되며, 통계처리에 유용하다. 즉, 주향은 N40°E 등으로 표현되지만 경사방향은 각도로만 표현되므로 공학분야에서는 주향대신 경사방향을 사용한다. Dip과 Strike 참조.

**Dipole Antenna 다이폴 안테나** 높은 주파수 성분의 전파는 지하에서 많이 감쇠하게 되므로 반송파가 없는 펄스파를 사용하기 때문에 안테나의 과도특성에 의해 송신파와 수신파의 진동이 생긴다. 또한, 안테나의 급전부와의 임피던스 정합이 곤란하게 되어 대부분의 근거리용에는 저항체를 가진 특수한 안테나를 사용하게 되는 데 이를 다이폴안테나라고 한다.

**Dipole Antenna(DA) 다이폴안테나** DA(Dipole Antenna)를 참조.

**Dipole-Dipole Array 쌍극자 배열** 전류전극과 전위전극을 각기 쌍으로 전개하여 전기비저항을 측정하는 전극배열을 말한다.

**Direct 3D 다이렉트 3디** 개발자가 3D 처리의 부하를 전용하드웨어를 통하여 덜어주는 방법에 의하여 게임을 더욱 빠르게 하고 더 좋은 화질을 보여주는 것을 가능하게 하는 것을 도와주는 3D 그래픽용 하드웨어 가속을 사용하는 것을 가능하게 하는 프로그래밍된 API로서 마이크로소프트사에서 제창한 규격이다.

**Direct Access Storage Device(DASD) 직접접근 저장장치** DASD(Direct Access Storage Device)를 참조.

**Direct Angle Method 교각법(交角法)** 수평각 관측방법 중 교각을 관측하는 방법으로, 각의 회전방향에 따라 우회교각, 좌회교각으로 구분한다. 협각법이라고도 한다.

**Direct Angle on Left 좌측 교각** 수평각 관측 시 관측진행방향을 기준으로 왼쪽 방향에 있는 교각이다.

**Direct Batch Transfer 배치 파일 전송** 시스템은 국지 또는 원격 통신 설비들을 이용해 일괄 파일 전송이 용이하도록 곧바로 연결될 수 있다. 이러한 전제에서, 파일 전송을 지원하는 적절한 소프트웨어를 가진 통신망이 두 시스템 사이에 생기게 된다. 이러한 자료 전송 방식은 원시스템과 목적 시스템 모두에 자료 파일의 복사본을 만든다.

**Direct Current 직류(直流)** DC(Direct Current)를 참조.

**Direct Data 직접 자료** 컴퓨터에서 OMR 카드를 해독하여 자료를 입력하는 것과 같이, 컴퓨터에서 해독할 수 있는 형태로 표현되어 있는 자료를 말한다.

**Direct Evaluation Method 직접 평가법** 자료집합 안의 아이템 검사에 의거해 자료집합의 품질을 평가하는 방법이다.

**Direct File 직접 파일** 각 항목의 레코드에 충분한 정보가 기록되어 있기 때문에 불필요한 항목을 피해감으로써 효율적인 검색을 할 수 있다.

**Direct Georeferencing(DG) (외부 표정 요소) 직접 결정** DG(Direct Georeferencing)를 참조.

**Direct Leakage Measurement 직접 누수량 측정법** 누수량 측정구역내 사용수량을 완전히 중단시킨 상태에서 순수 누수량만을 측정하는 방법으로서 측정지역을 하나의 폐쇄구역으로 형성하되 소규모로 설정한다. 시간과 노력이 많이 들며 급수서비스 측면에서의 문제 때문에 현실적으로 적용하기에는 매우 제한적이다.

**Direct Leveling 직접 수준 측량** 레벨로 지평면을 형성한 후, 두 점에 연직으로 세운 표척(수준표척 또는 수준척)의 눈금을 읽어 두 점간의 높이차를 관측하는 측량을 말한다.

**Direct Measurement of Distance 직접거리측량** 줄자 등을 이용하여 거리를 직접 측량하는 것을 의미한다.

**Direct Memory Access(DMA) 기억장치 직접 접근** DMA(Direct Memory Access)를 참조.

**Direct Message(DM) 다이렉트 메시지** DM(Direct Message)를 참조.

**Direct Numerical Control(DNC) 직접 수치 제어** DNC(Direct Numerical Control)를 참조.

**Direct Observation 직접관측(直接觀測)** 구하고자하는 미지량을 직접관측하는 것으로, 줄자를 이용하여 거리를 측량한다든지 데오드라이트로 각을 관측하는 것 등을 의미한다.

**Direct Optical Projection Instruments 광학식 도화기, 아날로그식 도화기** 표정작업을 기계적 방법에 의한 수동으로 조정하여 제어하는 도화기를 말한다.

**Direct Position 직접 위치** 좌표참조계안의 좌표에 의해 기술된 위치. (비고) 지리정보표준에는 위치와 좌표에 의해 나타내지는 위치 및 지리식별자에 의해 나타내지는 위치의 2종류가 있는데 직접위치는 전자에 대해서 사용되는 지리정보표준특유의 용어이다(direct positioning : 지표상의 사상(事象)을 위치좌표로 나타내기에 적합한 측지학적 참조체계와 관련된 좌표로 위치를 표현한 것).

**Direct Positioning 직접 위치표시** 지표상의 형상을 위치좌표로 나타내기에 적합한 측지학적 참조체계와 관련된 좌표로 위치를 표현한 것을 말한다.

**Direct Precipitation 직접 강수(降水)** 땅이나 지표유출을 거치지 않고 호수나 하천으로 직접 떨어지는 비를 말한다.

**Direct Recording Bottom Current Meter 저층 자기 유속계** 원래는 해류 또는 조류의 자기기로서 고안된 것이었으나 연안류의 관측에도 유효하다.

**Direct Recording Underwater PresSure Type Wave Meter 수압식 파고계** 수면에서 물결에 의한 수중 또는 해저의 입력변동을 측정하여 간접적으로 파고를 측정한다.

**Direct Sequence Spread Spectrum(DSSS) 직접 확산 스펙트럼, 직접 시퀀스 대역 확산** DSSS(Direct-Sequence Spread Spectrum)를 참조.

**Direct Sight 직시** 평판측량, 삼각측량 등에서 기지점으로부터 미지점의 방향을 시준하는 것을 말한다.

**Direct Spatial Reference Method 직접 공간 참조 방법** 자료들의 공간 표현에 이용되는 직접 참조 체계를 말한다.

**Direct TessellationDirect Vernier 순유표, 순버니어** 주척의 한 눈금을 1/n까지 읽기 위하여 주척 눈금 (n-1)개를 n등분하여 만든 버니어. 읽기의 끝수는 눈금이 진행되는 방향과 같은 쪽에서 주척과 부척의 눈금이 일치되는 곳이 된다.

**Direct X 다이렉트 엑스** 다이렉트 엑스는 Windows계열 OS에서 실행되는 게임이나 동적 웹페이지 등과 같은 응용프로그램에서 그래픽 이미지와 멀티미디어 효과를 만들고 관리하는데 사용되는 Microsoft사의 응용프로그램 인터페이스(API)이다.

**Directed Edge 방향성 경계선** 하나의 경계선과 그것의 방향성을 갖는 경계선간의 관계를 나타내는 객체. 변의 방향과 일치하고 있는 변은 (+)방향, 그렇지 않으면 반대(-)방향이다. 변은 위상속성 안에서 그 우측(-)과 좌측(+)이나, 변의 시작절점(-)과 끝점 절점(+)을 구별하거나, 위상계산기하학의 안에서 이것들의 개념을 표현할 때 사용된다.

**Directed Face 방향성 표면** 표면의 어느 면이 윗면인지를 나타내는 벡터를 갖는 표면을 말한다.

**Directed Link 방향성 연결선** 한쪽 방향이 정의된 두 절점 사이의 연결선을 말한다.

**Directed Network 방향성 네트워크** 각 호나 링크가 연결된 흐름의 방향을 가지는 네트워크. 흐름의 방향은 호 방향(각 호는 수치 입력되어 아래로 흐르는 방향을 갖는다)이나 선택된 파일의 사용을 통해서 결정될 수 있다.

**Directed Node 방향성 절점** 한 절점과 그의 방향성의 관계를 나타내는 직접적인 위상을 갖는 객체를 말한다.

**Directed Solid 방향성 입체** 입체란 그것이 가질 수 있는 방향 내의 하나와의 사이의 관련을 표현하는 방향을 가지는 입상객체. 방향성을 가지는 입체는 표면과 입체 사이의 공간적인 관련을 유지하는 양대관계 안에서 사용된다. 입체의 방향은 표면에 의존하고, 표면으로부터 나온 법선이 입체에서 봐서 바깥쪽일 때는 (+), 안쪽일 때는 (-)이다. 이것은 입체의 경계가 되는 곡면이 갖는 「상(上)=외측」이라고 하는 개념과 일치한다.

**Directed Topological Object 방향성 위상학적 객체** 위상학적인 객체와 그의 방향성을 나타내는 것 간의 논리적인 관계를 말한다.

**Directing 방향 맞추기** 평판을 일정한 방향에 따라 고정시키는 것을 말한다.

**Direction Angle 방향각(方向角)** 어느 일정한 기준선으로부터 측선에 이르는 각을 시계 방향으로 측정한 각을 말한다.

**Direction Method 방향각법** 관측 방향이 많은 경우에 일반적으로 사용하며, 어느 한 점으로부터 주위의 점들을 순차적으로 관측하여 각 관측값의 차로서 구하는 방법이다. 많은 각을 단시간에 관측할 수 있다는 장점을 갖으며, 정밀을 요하는 삼각측량이나 천문측량에서 많이 사용한다. 관측 정확도는 단측법과 비슷하다.

**Direction of Reference 영방향** 방향관측법으로 기준으로 한 방향을 영방향이라 한다.

**Directional Filter 방향 필터** 특정한 방향성을 가지는 선형대상물을 인식하기 위해 수치영상처리에서 사용하는 영상 필터의 한 종류이다.

**Directionality 방향성** 각 아크는 시작 절점과 종점 절정을 가진다.

**Directives 지시사항** FGDC의 프로세스와 절차적인 면에 적용할 수 있는 '업무규칙'을 자세히 기술하고 있는 FGDC 위 내부 교육용 문서이다.

**Director of National Intelligence(DNI) 미국 국가 정보국** DNI (Director of National Intelligence)를 참조.

**Directory 목록, 파일형태, 디렉토리** 디스크나 디스크의 일부에 저장된 파일을 영상면에 나타낼 수 있게 하는 색인. 운영 체제는 디스크에 저장된 파일의 내용, 생성 시간, 크기 등의 충분한 정보와 함께 그 파일에 대한 가장 최근의 기록을 가지고 있다.

**Dirichlet Tessellation 디리클레 공간 분할** 어떤 인접점보다 어떤 점에 보다 근접한 영역을 에워싸는 다각형이다. 다각형은 선들이 2개의 인접점 간에 같은 거리가 되게 그려진다. 또한 브르노이도식(Voronoidiagram)과 디리클레 공간 분할로서 알려진 티센 다각형은 때때로 특별히 지구과학 내에서 보간의 형태로 사용된다. Thiessen Polygons와 Voronoi Diagrams를 참조.

**DIS(Disaster Information System) 재해 정보 체계** 재해 정보 체계는 홍수방재 체제 수립, 민방공 체제 구축, 산불 방재 대책 수립 시 필요하다. 재해 정보 체계를 이용하여 수계 특성, 유출 특성 추출 및 강우 빈도와 강우량을 고려하여 홍수 도달 시간의 예측이 가능하다. 지진 빈발 지역의 정기적 탐측에 의한 이상 징후 수집 체계 구축, 지구 과학 정보의 종합 해석을 통한 지진 예측, C4I(지휘・통제・통신・정보) 체제에 의한 긴급 출동 및 범죄 예방 체제 구축, 수종, 산악 지형, 풍향, 토지 경사, 주변 지역 급수 대책을 수립할 수 있다. 강수량・토질・사면 경사・골프장 시설물 건설에 따른 지형 변화 등을 고려한 산사태 방재 대책, 인공위성영상 분석에 의한 핵누출 사고 탐지 및 경보, 방사능 물질 운송 경로 추적 및 영향 평가, 원자력 발전소 위치 선정 및 방사능 오염 모의 관측 등도 할 수 있다.

**Disaster 재난(災難)** 터너(Turner)는 "재난이란 사전 경고들을 무시하거나 간과하는 문화 속에서 축적된 위험요소들이 한꺼번에 동일한 시간과 공간에서 집중하여 나타나서, 한 사회의 하위 체계의 존속을 위협하는 사건"이라고 정의한 바 있다. 「재난 및 안전관리 기본법(약칭 : 재난관리법)」 제3조 제1호에서는 "재난"이란 국민의 생명・신체・재산과 국가에 피해를 주거나 줄 수 있는 것으로서 (1) 자연재난 : 태풍, 홍수, 호우(豪雨), 강풍, 풍랑, 해일(海溢), 대설, 낙뢰, 가뭄, 지진, 황사(黃砂), 조류(藻類) 대발생, 조수(潮水), 화산활동, 그 밖에 이에 준하는 자연현상으로 인하여 발생하는 재해, (2) 사회재난 : 화재・붕괴・폭발・교통사고(항공사고 및 해상사고를 포함)・화생방사고・환경오염사고 등으로 인하여 발생하는 대통령령으로 정하는 규모 이상의 피해와 에너지・통신・교통・금융・의료・수도 등 국가기반체계의 마비, 「감염병의 예방 및 관리에 관한 법률」에 따른 감염병 또는 「가축전염병예방법」에 따른 가축전염병의 확산 등으로 인한 피해 등으로 구분한다.

**Disaster Information System(DIS) 재해 정보 체계** DIS(Disaster Information System)를 참조.

**Disaster Monitoring 재해 감시** 전자 광학 사진기(EOC)는 6.6m의 고해상도를 가지고 있어 각종 재해 평가와 예방에 쓰일 수 있다. 산간 지방의 폭설과 이로 인한 눈사태, 호우로 인한 홍수 피해 지역 그리고 해일과 지진 등에 의한 피해 정도를 평가할 수 있다. 평소 산사태의 위험 지역을 정기적으로 감시하여 지표의 변화가 탐지되면 사태를 사전에 경고할 수 있으며, 지표의 절리나 단층선을 관찰하여 가뭄이 심할 때 지하수 탐색에 활용할 수 있다.

**Discharge 유량(流量)** 주어진 시간 동안 하천이나 대수층의 어느 지점을 흘러가는 물의 양을 말한다.

**Discharge Measurement 유량 관측** 하천이나 수로내의 어떤 점의 황단면을 단위시간에 흐르는 수량을 관측하는 것이며, 유량은 평균유속에 단면적을 곱한 것이므로 유량관측은 유속관측과 횡단면 측량으로 나눌 수 있다.

**Discount Rate 디스카운트 레이트** 미래 수익과 비용을 현재치로 결정하는 비율을 말한다.

**Discounting 할인, 할인율** 장래의 수입과 지불을 현재 치로 결정하는 것을 말한다.

**Discreat Cosine Transform(DCT) 이산 코사인 변환** DCT(Discreat Cosine Transform)를 참조.

**Discrepancy 교차(較差)** 어떤 양에 대한 2가지의 측정치 차를 말한다.

**Discrepancy of Double Running 왕복차** 같은 수준노선을 독립하여 2회 관측하여 얻어진 결과의 차를 말한다.

**Discrete Cosine Transform(DCT) 이산 코사인 변환** DCT (Discrete Cosine Transform)를 참조.

**Discrete Data 이산자료, 이산형 데이터** ① 경계를 포함하는 지리 요소인 점・선 및 면의 경계를 말한다. ② 형제자매의 숫자 등과 같은 형태의 자료는 범주형 자료의 경우처럼 이산적인 값을 갖기 때문에, 두 형태의 자료를 묶어서 이산형 자료라고 한다.

**Discrete geographic features 불연속 지리 사상** 일반적으로 점(예 : 건물의 중심점), 선(예 : 도로 네트워크), 면(예 : 건물 윤곽)으로 구성된 불연속 지리공간적 데이터를 말한다.

**Discrete Fourier Transform(DFT) 이산 푸리에 변환** DFT(Discrete Fourier Transform)를 참조.

**Discretionary Access Control(DAC) 임의 접근 제어** DAC (Discretionary Access Control)를 참조.

**Discretization 이산화** 한 지역에 존재하는 실체 그룹을 구별되는 단위로 나누는 작업. 이것은 특히 컴퓨터에서 직접적으로 표현할 수 없는 연속적인 현상들을 가지고 작업할 때 중요하다.

**Discriminant Function 판별 함수** 측정공간을 결정지역들로 나누는 데 사용되는 일단의 수학적 함수들이며, 원격탐사에서는 흔히 지도샘플들과 결정규칙으로부터 구해진다.

**Disease Host 숙주** 질병을 감추고 키우는 역할을 하는 동물 또는 식물. Lyme 병의 경우는 통상적으로 쥐와 사슴이 그 예이다.

**Disease Transmission 질병 전염** 질병을 다른 개체에게 옮기는 것을 말한다.

**Disk 원반** 수치 정보의 기록을 위해 플라스틱 또는 금속으로 구성된 정보를 회전 디스크로 저장하는 매체를 말한다.

**Disk Backup Utilities 디스크 백업 유틸리티** 대부분의 컴퓨터 체계에서는 시스템 디스크 장치에서 자료 및 소프트웨어를 백업받을 수 있는 프로그램을 지원하고 있다. 백업 처리는 디스크에 문제가 생겼을 때, 발생할 수 있는 자료의 유실을 막아준다. 백업 유틸리티는 디스크의 자료를 테이프에 완전히 복사하거나, 마지막으로 행한 백업 이후 일어난 변화에 대해서만 백업을 하는 증분 백업(Incremental Backup)이 있다.

**Disk Drive 디스크 구동 장치** 대용량의 저장을 위해 마그네틱 또는 광학 기술을 사용하는 주변장치. 자료의 탑재 없이 신속한 저장 및 검색을 할 수 있다. 디스크 장치는 고속채널을 통해 처리 장치에 연결되어 모든 소프트웨어와 자료를 직접 접근할 수 있게 저장한다.

**Disk Operating System(DOS) 디스크 운영 체계, 도스** DOS (Disk Operating System)를 참조.

**Diskette 디스켓** 저용량의 저장 매체로 일반적으로 지름이 3.5인치이며, 흔히 플로피디스크라고 한다.

**Disparity 불일치** 왼쪽 눈 사진과 오른쪽 눈 사진의 정보 차이를 가리킨다. 구름이나 탈 것 등과 같이 움직임이 있는 물체들은 카메라들이 서로 동기화되지 않으면 양쪽 사진에서 같은 지점에 위치하지 않게 된다.

**Dispatch Application Processor(DAP) 디에이피** DAP(Dispatch Application Processor)를 참조.

**Dispersion 분산(分散)** 분산된(상호 접속된) 컴퓨터 체계에서 자료가 임의의 어떤 시각에 복수의 다른 장소 또는 다른 장치에 저장되는 정도를 말한다.

**Displacement 변위, 전위, 편위** ① 어떤 입자나 물체가 특정한 방향으로 이동한 변화량으로서, 벡터량으로서 크기와 방향을 모두 포함하고 있다. ② 지도작성에 있어서 표현하는 대상물의 기호화축척에 의하여 대상물을 정위치에서 이동하여 표시하는 것. 전위량은 소축척지도일수록 크게 되지만 허용 범위를 넘을 경우에는 지도의 정확도에 영향을 주게 되므로 다른 대상물과의 관련을 고려하여 생략 가능한 대상물을 생략하여 지도의 정확도를 유지하여야 한다. 지형도에 표시하는 각종 표현 사항의 위치는 부득이한 경우에 한하여 최소한의 이동(전위)를 인정하고 있으나 그 범위는 도상에서 최대 1.2mm이다. 전위를 할 때 하천, 호수 등의 자연물과 철도, 도로, 제방 등의 인공물을 접할 때는 자연물은 되도록 정위치에 표시하고 인공물을 전위한다. 그리고 도로, 하천 등의 유형선과 등고선이나 경계 등의 무형선이 접할 때는 원칙적으로 유형선을 정위치에 표시하고 무형선을 전위한다. ③ 항공사진이 중심투영이므로 지형의 기복에 따라서 영상의 차이가 나타나는 것을 말한다.

**Displacement Mapping 변위 매핑** [영상처리] 객체(오브젝트) 표면의 울퉁불퉁함을 표현하기 위한 특수한 형태의 Texture 매핑으로서, 객체에 적용된 매핑 소스의 밝기 값에 따라 객체 표면의 Normal 값을 변화시켜 울퉁불퉁한 표면을 처리하는 눈속임 방법인 Bump Mapping과는 달리 기하 형태 자체를 매핑 소스의 밝기 값에 따라 바꿔버리는 방법을 Displacement 매핑이라고 한다. 가장자리를 보면 Bump 매핑과의 차이를 쉽게 구별할 수 있다. Bump Mapping을 참조.

**Display 영상면 표시** 컴퓨터에서 사용자에게 정보를 보여주기 위하여 다양한 방법으로 정보를 표현하는 작업을 말한다. 예를 들어, 지도나 보고서를 들 수 있다.

숫자 A B C D E F G H I J K L M N O P Q R S T U V W X Y Z

**Display Information 영상면 표시 정보** 지리 정보와 속성을 영상면이나 도면에 표시하는 방법으로 자료, 요소의 색, 선폭, 선 형태(실선 · 점선 · 쇄선 등), 해칭 모양, 문자 모양 등을 나타낸다.

**Display Resolution 영상면 해상도** 특정 그래픽 컨트롤러나 모니터에 의해 표시할 수 있는 가로, 세로 픽셀 수. 640컬럼 × 350 라인픽셀은 EGA 그래픽 컨트롤러와 컬러 모니터의 해상도를 나타낸다.

**Display ScaleDisplay Screen 표시 영상면** 그래픽 정보 송신에 사용되는 비디오 디스플레이 튜브 또는 CRT를 말한다.

**DisplayPort 디스플레이포트** 풀HD 전송규격인 HDMI나 디스플레이 인터페이스인 LVDS를 대체할 것으로 각광받는 차세대 신호 전송(인터페이스) 규격이다. 대역폭이 넓어 여러 대의 기기에 동시에 고화질 · 고음성 신호를 전송할 수 있다. 양방향으로 작용하기 때문에 카메라와 마이크 등을 연결해 신호를 주고받을 수 있다. 1.2버전의 경우에는, 레인 당 대역폭이 5.4Gbps에 달한다. 이 같은 장점으로 인해 인텔, 애플, HP 등이 2013년부터 이 기술을 대폭 채택키로 했다.

**Dissolve 결합된** 다각형의 속성값이 같으면서 인접한 다각형 사이의 경계를 제거하여 통합(중첩 또는 병합)하는 과정을 말한다.

**Dissolved Oxygen 용전 산소** DO(Dissolved Oxygen)를 참조.

**Dissolving 용해** 주변에 있는 2개의 지역이나 다각형들을 합성하고, 그들 사이에 존재하는 경계선을 제거하는 작업이다.

**Dissymmetry of Lift 양력 불균형** [항공] 로터 회전면에서 발생하는 양력이 균일하지 않고 불균형하게 발생하는 현상으로서, 전 · 후 · 횡 진 비행시 상대 풍에 대한 전진하는 로터 블레이드(advancing rotor blade)와 후퇴하는 로터 블레이드(retreating rotor blade)의 상대속도 차에 의해서 발생한다. 양력 불균형은 상대 풍에 대한 로터 블레이드의 상대속도 차에 의해서 발생하므로 헬리콥터가 제자리 비행(hovering) 시에는 발생하지 않는다. 예를 들어, 로터블레이드 끝 속도가 350 Knot으로 회전하면서 제자리 비행을 수행하고 있던 헬리콥터가 속도 100 Knot로 전진비행을 시작한다면, 상대속도는 뒤쪽에서 앞쪽으로 전진하는 로터 블레이드에서는 100 Knot씩 증가하고 앞쪽에서 뒤쪽으로 후퇴하는 로터 블레이드에서는 100 Knot씩 감소하게 된다. 따라서 회전면내 블레이드의 받음각이 동일하다면 회전면 우측에서의 양력은 좌측에서의 양력보다 훨씬 크게 되어 헬리콥터가 좌측으로 기우는 양력 불균형의 원인이 된다. 양력 불균형을 해소하기 위하여 헬리콥터는 플래핑 로터 블레이드(Flapping Rotor Blade), 싸이클릭 피치 조종장치(Cyclic Pitch Control System) 등의 기술을 적용한다.

**Distance 거리** ① 두 점 간의 수평선에 따른 길이를 말한다. ② 공간 객체들 간의 최소 거리를 말한다. ③ GIS에서 공간 자료 간의 거리 종류는 유클리드 거리(Euclidean Distance), 맨해튼 거리(Manhattan Distance), 대원 거리(Great Distance), 마할라노비스의 거리(Mahalanobis Distamce), 시간 거리(Time Distance) 등이 있다.

**Distance and Bearing Representation 거리와 방향각의 표현법** 다른 점부터의 거리나 방향(방위각)을 측정함으로써 점의 위치를 기호화하는 방법을 말한다.

**Distance Angle 거리 각** 삼각측량에서 변장방정식을 만들 때 사용하는 각 가운데 기지변 및 미지변에 대한 각을 말한다.

**Distance Decay 감쇠 거리** 공간 상호작용에서 위치들 사이의 상호 작용의 수와 접근성의 거리 효과의 수학적 표현. 이것은 일반적으로 증가하는 여행비용 때문에(어떤 공급원에서) 거리가 증가할 때에 요구의 감소를 반영하는 역 또는 지수 함수로 표현될 수 있다. 감쇠 거리의 생각은 1954년에 Losch가 소비자에 대한 상품의 전체 비용은 공급 지점에서의 상품의 가격뿐만 아니라, 공급 지점으로 여행하는 비용에도 의존한다고 언급했을 때 그에 의하여 처음 형성되었다.

**Distance Decay Function 감쇠거리 함수** 공간적 상호 작용에서, 여러 위치 간의 상호 작용의 수와 접근성(Accessibility)에 대한 거리의 효과에 대한 수학적인 표현이다. 이러한 함수는 거듭 제곱이나 지수 함수일 수 있다.

**Distance Mark 거리표(距離標)** 하천측량에서 한 쪽 제방을 따라 하구 또는 합류점에서 100m 또는 200m마다 설치하는 측량표(측량표지)를 말하며, 다른 쪽 제방에는 설치한 거리표로부터 하천 중심에 직각으로 보이는 선상에 설치한다. 그리고 도로나 철도에서는 노선을 따라 원점으로부터 추가거리를 나타내는 표지를 말한다.

**Distance Measurement 거리관측, 측거(測距)** 두 점 간의 거리(실거리 환산)를 계산하는 기능. 일반 측량에서 모든 관측 거리를 기준면에 투영한 수평 거리로 환산하여 사용하는 것을 원칙으로 한다. 이때 기준면으로는 평균 해수면 등의 표고 기준점을 사용하는 것이 이상적이나, 측량의 편의상 관측 지역 부근의 평균 표고의 수준면을 취하기도 하며, 지도 투영상에는 도법에 따라 적당한 평면, 원통 또는 원추 등을 사용한다. 그림에서 두 점 A, B의 관측거리 a가 경사 거리일 때에는 수평 거리 b로 고쳐 사용하며, 이 수평 거리는 필요에 따라 0m인 타원체면이나 구면상의 거리 c로 환산한다. 또한 지도 편집에는 투영면상의 거리 d로 표시하게 된다. 기준면상의 거리 c를 투영면상의 거리 d로 고치려면 축척 계수를 곱한다.

**Distance of Distinct Vision 명시거리(明示距離)** 눈이 피로하지 않게 물체를 볼 수 있는 거리. 건전한 눈으로는 약 25cm이며 근시안은 이것보다 짧고 원시안은 이것보다 길다.

**Distance of Eccentricity 외심거리(外心距離), 편심거리, 이심거리(移心距離)** 망원경축과 기계 중심축이 일치하지 않을 때 두 축 간의 거리, 즉 수평 눈금반의 중심과 시준축의 회전축 중심과의 간격을 말한다.

**Distance Query 거리 질의** 일정 거리 이내에 위치한 필요 정보를 검색하는 것을 말한다.

**Distance Resolution 거리 해상도** 평면 거리 단위로 표현되는 두 점 간의 측정 가능한 최소 거리를 말한다.

**Distance Root Mean Square(DRMS) 거리 평균 자승근** DRMS (Distance Root Mean Square)를 참조.

**Distance Surveying 거리 측량(距離測量)** 관측점 사이의 수평거리를 관측하기 위한 작업으로, 강철줄자 유리섬유줄자와 같이 직접 거리를 관측할 수도 있고, 기하학적인 방법 등으로 간접적으로 거리를 관측할 수 있다.

**Distance Table 거리표** 주요 항만간의 항정거리를 게재하여 경제적 항해 및 항정거리 산정 등에 편리하도록 만들어진 서적이다. 우리나라는 국립해양조사원에서 간행하고 있다.

**Distance Transformation Method 거리 변환법** 영상 처리 기법 중의 하나. 형상을 이루는 영상소로부터 주변 영상소와의 최단거리를 산출하는 방법이나 지형 보간에서 두 등고선 사이의 한 점의 고도는 두 등고선까지의 최단거리로 계산된다.

**Distance-Decay Function 감쇠거리 함수** Distance Decay Function을 참조.

**Distortion 뒤틀림, 왜곡** ① [영상] 상의 가장자리에 있는 직선을 휘어져 보이게 만드는 렌즈의 수차를 말하며, 렌즈가 피사체에 아주 가깝게 접근했을 때(광각효과)나 혹은 아주 멀리 떨어졌을 때(망원효과) 일어나는 원근감의 변화를 말한다. ② 그래픽 프로그램의 기능으로 영상의 사각 선택 부분을 전후좌우로 변형시키는 것으로, 다양한 효과를 연출할 수 있다. ③ 필름과 인화지의 신축, 광선의 대기 중 굴절, 영상의 이동, 렌즈의 왜곡이 있고 편위에서 보면 지구의 곡면, 경사(Tilt), 지형의 기복(물체의 고저차)이 있다. ④ 자료 수집 또는 자료 처리과정의 결과로서 실제의 형상, 축척, 위치로부터 지리적인 지표면의 거리, 면적, 축척의 오차 등으로 지도 투영에서 발생하는 공간상의 뒤틀림이다.

**Distorsion of Image 상의 왜곡, 상의 일그러짐** 물체의 형상과 상의 상사형이 아닌 수차이며 주광선의 광축에 대한 경사에 따라 상의 배율에 상사를 일으키게 하는 것이 원인이다.

**Distorsion of Map Projection 투영의 비틀림** 지구곡면을 평면인 지도 위에 그릴 때 필연적으로 발생하는 지도의 비틀림을 말한다.

**Distribute File System(DFS) 분산 파일 시스템** DFS(Distribute File System)를 참조.

**Distributed Analysis 분산 분석** 업무 시스템의 효율을 높일 수 있도록, 업무 시스템의 특성과 기업의 사업장 소재지를 고려하여 자료나 업무 로직을 각 사업장마다 클라이언트와 서버 간에 적절히 분산 배치하기 위한 분석 방법을 말한다.

**Distributed Computing 분산컴퓨팅** 여러 대의 컴퓨터를 연결하여 상호 협력하게 함으로써 컴퓨팅의 성능과 효율을 높이는 것을 말하는데 넓은 의미의 분산컴퓨팅에는 여러 개의 컴퓨팅 자원을 하나의 시스템 안에 밀결합하여 연결한 병렬컴퓨팅까지 포함시키기도 한다. 분산컴퓨팅의 기본적인 목적은 성능확대(scalability)와 고 가용성(High Availability)에 있다. 분산컴퓨팅을 통한 고가용성의 추구를 위해서는 (1) 장애극복을 위한 2중화와 Failover 기능 추가 및 로드 밸런싱, (2) 주요 데이터의 복제본을 통한 예방과 같은 방법을 동원한다. 컴퓨터의 성능을 확대시키기 위한 방식에는 수직적 성능확대와 수평적 성능확대의 2가지가 있다. (1) 수직적 성능확대(Vertical scalability) : 수직적 확대는 Scale-up으로 표현되며 일단 HPC에 맞도록 프로그램이 개발되기만 하면 이후부터는 시스템 업그레이드 시에도 변경 없이 적용할 수 있는 장점이 있다. 반면 컴퓨터의 사양이 높아질수록 비용이 기하급수적으로 높아지게 된다는 단점이 있다. 수직적 성능확대를 위해서는 연산능력이 보다 강한 CPU로 업그레이드, 메모리, 하드디스크 또는 하드디스크 컨트롤러 (HDC) 등을 증설하거나 고성능의 것으로 교체, 통신연결을 높은 대역의 통신회선으로 업그레이드, I/O 측면에서 Non-blocking I/O와 비동기적 I/O를 적극 도입, 병렬 프로그래밍 모델의 재설계 등이다.
(2) 수평적 성능확대(Horizontal scalability): 수평적 성능확대를 Scale-out으로 표현하는데 무엇보다 기존 투자를 보호하고 점진적인 성능개선을 추구할 수 있다는 장점이 있다. 예컨대 2배의 성능이 필요하면 여기에 동일성능 컴퓨터를 몇 대 추가 장착하는 방식으로 해결하는 것이다. 수평적 성능확대를 위해서는 컴퓨터(Node)의 추가, 기능상 Peer-to-Peer모델과 Master-Slave 모델 등의 적용 등이다.

**Distributed Computing Environment(DCE) 분산 컴퓨터 환경** DCE(Distributed Computing Environment)를 참조.

**Distributed Computing Platform(DCP) 분산 컴퓨터 플랫폼** DCP(Distributed Computing Platform)를 참조.

**Distributed Data 분산 자료** 몇 개의 컴퓨터에 유지되고 통신망에 의하여 다른 컴퓨터의 사용자에게 접근 가능한 자료를 말한다.

**Distributed Data Management System(DDMS) 분산 데이터 관리 시스템** DDMS(Distributed Data Management System)를 참조.

**Distributed Data Processing(DDP) 분산 자료 처리** DDP(Distributed Data Processing)를 참조.

**Distributed Database 분산 데이터베이스** 데이터를 여러 장소에 분리 보관하는 방법으로서, 가장 본격적인 클라이언트/서버 구조라 할 수 있다. 분산 데이터베이스 환경은 통신 네트워크로 상호 연결된 노드의 집합으로 이루어져 있다. 각 노드는 자신의 하드웨어 및 소프트웨어를 가지고 있다. 분산 데이터베이스의 주요 목적은 사용자 및 어플리케이션 프로그램이 원격지 데이터와 지역 데이터에 접근할 수 있도록 하는 것이다. 분산 데이터베이스 설계에서는 분산 환경의 형태를 결정하고, 현재 구현된 시스템에 적합한 분산 데이터베이스의 구조를 선정하는 작업으로 이루어진다. 가장 기본적인 분산 환경의 형태는 한 노드에서 단일 사용자가 원격지에 위치한 데이터베이스를 접근하는 클라이언트/서버 구조(client/server architecture)이다. 이때, 데이터베이스에 대한 접근 요청을 하는 노드를 클라이언트 노드(client node)라고 하고, 요청된 데이터베이스 서비스를 제공하는 노드를 서버 노드(server node)라고 한다. 무엇을 어떻게 분산 처리할 것인가에 따라 여러 가지 형태의 클라이언트/서버 시스템이 존재할 수 있다.
분산 데이터베이스는 Distributed Presentation, Remote Presentation, Distributed Logic, Remote Data Management 방식과는 달리 데이터를 여러 장소에 분리 보관하는 방법으로서, 가장 본격적인 클라이언트/서버 구조라 할 수 있다. 이러한 구조가 제대로만 구현될 수 있다면 중앙 집중식의 거대한 호스트에 대한 필요성은 사라진다. 오늘날 다운사이징의 가장 핵심적인 기술로 분산 데이터베이스가 거론되는 이유가 바로 여기에 있다. Distributed Database Environment, Distributed Presentation, Remote Presentation, Distributed Logic, Remote Data Management를 참조.

**Distributed Database Design 분산 데이터베이스 설계** 기존의 데이터베이스 설계에 속하는 개념적인 스키마와 물리적 데이터베이스를 설계할 뿐 아니라, 개념적 스키마를 어떻게 분할하고 이를 어떤 영역에 할당할 것인가를 결정하는 모든 활동을 말한다.

**Distributed Denial of Service(DDoS) 분산 서비스 거부(分散-拒否), 디도스** DDoS(Distributed Denial of Service)를 참조.

**Distributed Database Environment 분산 데이터베이스 환경** 분산 데이터베이스 환경은 통신 네트워크로 상호 연결된 노드의 집합으로 이루어져 있다. 각 노드는 자신의 하드웨어 및 소프트웨어를 가지고 있다. 분산 데이터베이스의 주요 목적은 사용자 및 어플리케이션 프로그램이 원격지 데이터와 지역 데이터에 접근할 수 있도록 하는 것이다. 분산 데이터베이스 설계에서는 분산 환경의 형태를 결정하고, 현재 구현된 시스템에 적합한 분산 데이터베이스의 구조를 선정하는 작업으로 이루어진다. 가장 기본적인 분산 환경의 형태는 한 노드에서 단일 사용자가 원격지에 위치한 데이터베이스를 접근하는 클라이언트/서버 구조(client/server architecture)이다. 이때, 데이터베이스에 대한 접근 요청을 하는 노드를 클라이언트 노드(client node)라고 하고, 요청된 데이터베이스 서비스를 제공하는 노드를 서버 노드(server node)라고 한다. 무엇을 어떻게 분산 처리할 것인가에 따라 여러 가지 형태의 클라이언트/서버 시스템이 존재할 수 있다. 어떤 기능들을 분산할 것인가에 따라 클라이언트/서버는 일반적으로 Distributed Presentation, Remote Presentation, Distributed Logic, Remote Data Management, Distributed Database 등의 5가지 유형으로 구분된다. 하나의 네트워크 시스템에서 각각의 적용 업무에 따라 이러한 여러 가지 유형들이 공존하게 되며, 분산 환경의 구축시 어떠한 형태의 클라이언트/서버 시스템을 구축할 것인지에 대하여 신중하게 고려하여야 한다. Distributed Presentation, Remote Presentation, Distributed Logic,

Remote Data Management, Distributed Database를 참조.

**Distributed Data Management 분산 자료관리** 클라이언트 노드에서 지역적(Local) 자료를 관리할 수 있는 데이터베이스 관리기를 가지지만, 가지고 있지 않은 자료에 대해서는 서버의 데이터베이스관리기에 의뢰하여 자료를 가져오는 모형을 말한다.

**Distributed File System 분산 파일시스템** 데이터를 물리 매체에 효율적으로 저장, 관리하기 위해 만들어진 유틸리티 소프트웨어로서 보통 파일단위로 관리한다. 반면에 하위의 물리매체에서는 보통 블록(block)단위로 저장 및 전송한다. 이러한 파일시스템은 컴퓨터 개발 초기부터 운영체제의 일환으로 발전해왔으며 오늘날에도 운영체제의 연장선상에서 지속적으로 발전하고 있다. 분산 파일시스템은 분산 환경에서 여러 대의 컴퓨터가 파일시스템을 함께 이용할 수 있도록 하는데 초점이 맞추어져 있다. 즉, 다수 사용자가 원격의 파일을 이용할 때 불편을 느끼지 않도록 하기 위한 각종 투명성(transparency)의 개념이 핵심적 요소가 되고 여기에 복제(데이터의 복제 및 동기화 등) 및 캐싱(caching) 기술을 통해 안정성과 성능개선을 도모하였다. 한편, 파일시스템에 있어서도 분산컴퓨팅에서와 마찬가지로 수평적 및 수직적 확장 방식이 존재하는데 최근에는 이것이 가상스토리지 개념으로까지 발전하였다. 분산파일시스템의 대표적인 것은 다음과 같다. (1) NFS(Network File System) : 1980년대 초에 개발된 최초의 분산 파일시스템 프로토콜로서 네트워크 드라이브를 로컬 컴퓨터의 디렉토리로 mount하여 사용하는 방식이다. (2) Lustre : 병렬형 분산파일시스템으로서 대규모 클러스터 컴퓨팅에서 주로 이용되고 있으며 GPL v2 라이센스에 따른 오픈소스이다. Luster(러스터)는 Linux와 cluster를 합성시킨 명칭이며 오늘날 대부분의 슈퍼컴퓨터에서 사용 중이다. (3) 마이크로소프트의 DFS (Distributed File System) : 마이크로소프트가 SMB를 기반으로 재구축한 분산파일시스템이다. (4) GFS (Google File System) : GFS는 Google이 개발한 독자적인 분산파일시스템이다.

**Distributed Function 분산 기능** 최상으로 컴퓨팅 자원을 이용할 수 있는 모형. 구성에 위험 요소가 많아 잘못 설계하면 효율이 나빠질 수 있다. 클라이언트에는 표현과 어플리케이션 로직과 자료 관리 기능이 있다. 따라서 설계를 할 때 어떤 기능을 서버와 클라이언트로 분산시킬지에 대해 각별히 고려해야 한다.

**Distributed Logic 분산 로직** 적용 업무 프로그램의 기능이 분산되어 있는 경우이다. 분산 데이터베이스 환경은 통신 네트워크로 상호 연결된 노드의 집합으로 이루어져 있다. 각 노드는 자신의 하드웨어 및 소프트웨어를 가지고 있다. 분산 데이터베이스의 주요 목적은 사용자 및 어플리케이션 프로그램이 원격지 데이터와 지역 데이터에 접근할 수 있도록 하는 것이다. 분산 데이터베이스 설계에서는 분산 환경의 형태를 결정하고, 현재 구현된 시스템에 적합한 분산 데이터베이스의 구조를 선정하는 작업으로 이루어진다. 가장 기본적인 분산 환경의 형태는 한 노드에서 단일 사용자가 원격지에 위치한 데이터베이스를 접근하는 클라이언트/서버 구조(client/server architecture)이다. 이때, 데이터베이스에 대한 접근 요청을 하는 노드를 클라이언트 노드(client node)라고 하고, 요청된 데이터베이스 서비스를 제공하는 노드를 서버 노드(server node)라고 한다. 무엇을 어떻게 분산 처리할 것인가에 따라 여러 가지 형태의 클라이언트/서버 시스템이 존재할 수 있다.

분산 로직은 적용 업무 프로그램의 기능이 분산되어 있는 경우로서, 클라이언트와 서버 간에 부하를 분산할 수 있으며, 특정 연산이나 데이터 처리를 이에 적합한 해당 시스템에서 처리할 수 있는 장점이 있다. 이 경우, 프로그램 개발자들은 서버용과 클라이언트용의 응용 프로그램을 별도로 작성해야 한다. 유닉스 시스템에서 제공하는 프로세스간 통신(Inter-Process Communication) 또는 원격 프로시쥬어 호출(Remote Procedure Call) 등이 이러한 적용 업무를 개발하는 도구로서 이용될 수 있다. Distributed Database Environment, Distributed Presentation, Remote Presentation, Remote Data Management, Distributed Database를 참조.

**Distributed Network 분산 통신망** 통신망으로 연결되어 시스템의 1가지 요소만을 각각 저장하고 있는 컴퓨터 기억 장소의 집합. 분산 GIS는 워크스테이션에서 GIS 소프트웨어를 구동하지만, 지역 또는 광역 통신망에 존재하는 여러 컴퓨터의 저장 장소에 산재하는 데이터를 이용하기도 한다.

**Distributed Presentation 분산 프리젠테이션, 분산 표현** 데이터 및 적용 업무에 대한 프로그램이 모두 서버에서 운용되며, 최종 사용자를 위한 화면의 표현 부분이 분산 처리되는 형태다. 분산 데이터베이스 환경은 통신 네트워크로 상호 연결된 노드의 집합으로 이루어져 있다. 각 노드는 자신의 하드웨어 및 소프트웨어를 가지고 있다. 분산 데이터베이스의 주요 목적은 사용자 및 어플리케이션 프로그램이 원격지 데이터와 지역 데이터에 접근할 수 있도록 하는 것이다. 분산 데이터베이스 설계에서는 분산 환경의 형태를 결정하고, 현재 구현된 시스템에 적합한 분산 데이터베이스의 구조를 선정하는 작업으로 이루어진다. 가장 기본적인 분산 환경의 형태는 한 노드에서 단일 사용자가 원격지에 위치한 데이터베이스를 접근하는 클라이언트/서버 구조(client/server architecture)이다. 이때, 데이터베이스에 대한 접근 요청을 하는 노드를 클라이언트 노드(client node)라고 하고, 요청된 데이터베이스 서비스를 제공하는 노드를 서버 노드(server node)라고 한다. 무엇을 어떻게 분산 처리할 것인가에 따라 여러 가지 형태의 클라이언트/서버 시스템이 존재할 수 있다.

분산 프리젠테이션은 데이터 및 적용 업무에 대한 프로그램이 모두 서버에서 운용되며, 최종 사용자를 위한 화면의 표현 부분이 분산 처리되는 형태이며, 클라이언트/서버 구조의 가장 초보적인 유형에 속한다. Distributed Database Environment, Remote Presentation, Distributed Logic, Remote Data Management, Distributed Database를 참조.

**Distributed Processing 분산 처리** 통신망과 다수의 프로세서가 존재하고, 데이터베이스는 분산되어 있는 환경에서 자료를 그 생성 지역에서 처리하는 방법을 분산 처리라 한다.

**Distributed Processing System 분산 처리 체계** 하나의 업무를 수행함에 있어 하나의 중앙 컴퓨터가 작업 전체를 도맡아 처리하는 것이 아니라, 지리적 또는 기능적으로 분리된 여러 대의 컴퓨터가 작업을 분담해서 처리하는 체계를 말한다.

**Distributed System 분산 체계** 지리적으로 여러 곳에 분산되어 있는 컴퓨터 주변장치들을 통신망을 통해 연결시켜놓은 시스템이다.

**Distribution 분포(分布)** 하나의 변수에 대한 전체 관찰치나 자료의 집합으로서, 통계학에서의 분포는 확률변수의 분포를 의미한다. 확률변수는 이산형과 연속형 2가지가 있다. 이산 확률변수의 분포는 2항분포, 포아송분포, 기하분포 등이 있으며, 연속확률변수의 분포는 정규분포, 지수분포, 감마분포, 그리고 베타분포가 있다.

**Distribution Equipment 배수관** 배수를 위하여 지중에 매설하는 관, 도관 또는 철근 콘크리트관을 사용, 구멍 뚫린 또는 초벌구이 도관은 주위의 토중의 침투수를 배제하는 작용을 한다.

**Distribution File Decompression Technique 배포 파일 압축 기법** 자료 압축 기법이 적용되는 자료군을 읽거나 확장하기 위해 적용될 수 있는 과정이나 알고리즘을 말한다.

**Distribution Format 배포 형식** 배포되어질 자료의 형식에 대한 기술을 제공한다.

**Distribution Format Amendment Number 배포 형식 수정 번호** 형식 버전의 수정 번호를 말한다.

**Distribution Format Information Content 배포 형식 정보 내용** 데이터 형식으로 부호화된 자료의 내용에 대한 설명을 말한다.

**Distribution Format Name 배포 형식명** ARC/INFO와 도면 교환 형식(DXF)과 같은 데이터 변환 형식명을 말한다.

**Distribution Format Specification 배포 형식 설명** 형식의 서브셋, 프로파일이나 제작 명세서에 대한 이름을 말한다.

**Distribution Format Version Date 배포 형식 버전 날짜** 형식 버전의 일자를 말한다.

**Distribution Format Version Number 배포 형식 버전 번호** 형식의 버전 번호를 말한다.

**Distribution Frame(DF) 배선반** DF(Distribution Frame)를 참조.

**Distribution Identifier 배포 식별자** 자료 공급자가 자료를 구분하기 위한 식별자를 말한다.

**Distribution Information 유통 정보, 배포정보** ① 자원을 획득하는데 공급자와 선택에 대한 정보를 제공한다. ② 미연방 지리정보 위원회(FGDC)의 메타 자료 구성 요소의 한 항목. 자료의 획득에 관한 방법, 공급자에 관한 정보, 이용 매체 등과 같은 정보를 기술하고 있다. 이를 위해 공급자의 연락처, 이용 가능한 형식, 온라인이나 물리적 매체를 통해 자료를 얻는 방법에 대한 정보, 자료 취득에 드는 비용을 포함한다.

**Distribution Liability 배포 책임** 자료 배포자에게 주어진 의무 및 책임 설명을 말한다.

**Distribution Media 배포 매체** 자료군을 받을 수 있는 매체의 명칭을 말한다.

**Distribution of Points 표정점의 배치** 일반적으로 절대표정에 필요로 하는 최소 표정점은 수평위치기준점 2점과 수직위치기준점 3점이다.

**Distribution on Line Resource Function 배포 온라인 자원 기능** 자원에 의해 수행되는 기능. 예를 들면 부가적인 정보, 접근, 다운로드, 검색, 주문 등을 말한다.

**Distribution on Line Resource URL 배포 온라인 자원 유알엘** 자료군에 접근하기 위한 URL(Uniform Resource Locator)을 말한다.

**Distribution Transfer Size 배포 전송량** 전송된 데이터의 크기(메가바이트로 표시)를 말한다.

**Distributor 배포자** 자료를 공급한 부서를 말한다.

**Distributor Contact 배포자 연락** 자료를 배포하는 담당자의 연락정보를 말한다.

**Distributor Format 배포 형식** 자원이 획득되어지는 형식에 대한 정보를 제공한다.

**Distributor Transfer Options 배포 전송 옵션** 배포자가 사용하는 기술적 방법이나 미디어에 관한 정보 제공을 말한다.

**District 지구** 특정한 네트워크에 둘러싸인 다각형. 즉, 속성에 의해 거리 등으로 정의된 도시 구역 등의 설정을 말한다.

**District Heating 지역 난방** 일정지역에 있는 아파트와 빌딩, 상가 등 건물에 개별 열생산시설(유류, 가스보일러 등)을 설치하지 않고 집중된 대규모 열생산시설(열병합발전소, 쓰레기소각로 등)에서 생산된 열(온수)을 이중보온관을 통하여 일괄적으로 공급하는 난방형태를 말한다.

**District Unit Planning 지구단위계획** 해당 지역 건축물 높이와 용도, 용적률, 기반시설 등을 총체적으로 관리하는 마스터플랜. 지역 내 모든 정비사업과 건축계획 등은 지구단위계획에 따른다. 지구단위계획안이 결정돼야 재건축・재개발 등 정비사업이 구체적으로 진행된다.

**Ditch 구거(溝渠)** 도로나 하천의 부속 시설로서 용배수 목적의 일정한 형태를 갖춘 인공적인 수로를 말한다. 폭이 좁고 적은 물이 흐르는 인공적인 작은 개울로서, 하천보다 규모가 작은 4~5m 폭의 개울을 뜻한다. 지적법에 의한 지목 중 하나로, 용수・배수를 목적으로 하여 일정한 형태를 갖춘 인공적인 수로 및 그 부속시설물의 부지와 자연의 유수가 있거나 있을 것으로 예상되는 소규모 수로의 부지이다.

**Dithering 혼합, 디더링** ① 렌더링을 위하여 1개 이상의 음영 색상을 작성하는 것. 실제로 사용가능한 것보다 더 많은 색상을 표시할 수 있게 색상점을 조합하는 것을 말한다. ② 백과 흑, 2가지 도트의 배분을 변화시켜 회색처럼 중간층 색조를 표현하는 것이다. 그림의 회색 부분을 백과 흑이 불규칙하게 늘어선 점의 집합으로 수치화한다. ③ 사용자 제약(SA)의 구현에서 GPS 신호의 시계 조절 오차의 소개이다.

**Diurnal Inequality 일조 부등** 반일주조에서 연달은 2개의 고조 및 2개의 저조가 같은 날일지라도 조위가 다른 것을 말한다. 이것은 조류에도 적용된다. 일조부등의 원인은 분조 중에서 반일주조 외에 일주조도 있기 때문이다. 일조부등의 크기는 달의 적위에 따라 변한다. 그리고 영향은 적지만 태양의 적위에 따라서도 변한다. 일조부등은 달의 적위가 적을 때, 즉 달이 적도 부근에 있을 때인 적도조에 적고, 달의 적위가 클 때, 즉 달이 북 또는 남에 있을 때인 회귀조에서 크다. 일조부등이 매우 클 경우에는 저고조 및 고저조가 거의 소멸되어 1일 1회의 고조와 저조가 있을 뿐이다.

**Diurnal Motion 일주 운동** 천체를 포함하는 천구는 지구의 자전 때문에 하루에 한 번씩 동쪽에서 서쪽으로 회전하는 것처럼 보이는데 이것을 천구의 일주운동이라 한다.

**Diurnal Tide 일주조** 반일주조에 대비되는 용어로서, 하루에 한 번 고조와 저조가 있는 조석을 말한다.

**Diurnal Variation 일차(日差)** 자기편차(磁氣偏差)가 1일을 주기로 한 변화이며 매일 5~15′ 정도의 범위로 왕복하고 있다.

**Divergence 디버전스** 특정 기술, 기능 중심으로 전문화 혹은 분화되거나 복잡 다양한 기능들이 보다 간편화되고 단순화되는 현상을 뜻한다.

**Divergence 발산** 시선이 큰 각도로 벌어지는 것. 병렬식 육안 감상(Parallel Free-Viewing)에 적용되는 원리. 수렴(Convergence)의 상대 개념이다.

**Divergence of Earth Curvature 지구 곡률 오차(地球曲率誤差), 구차(球差)** 지구표면을 평면으로 가정하고 측량을 실시할 경우 특정 반경이상 규모의 측량 시 발생하는 지구의 곡률에 따른 오차를 말한다.

**Diverging Color Schemes 발산 배열** 정량적 데이터 디스플레이의 강조를 통해 데이터 영역의 중심점을 기준으로 등간격으로 구간이 나누어지는 방식. 이 색채 배열은 데이터의 주요 중심에서 양방향으로 다른 색채로 뻗어나간다. 질병 사망률의 경우, 사망률의 중간값(Median)의 아래, 위의 편차는 이 방법으로 잘 표현된다.

**Diversion Channel 가배수로** 공사를 위해 유로를 변경한 수로이다.

**Diversion of Water Line 분수선** 빗물이 능선을 경계로 좌우로 흐른다하여 이 능선을 분수선이라고 한다. 능선은 높은 곳의 꼭대기 점을 연결한 선으로 보통 완만한 둥근 선으로 등고선이 나타난다. 일반적으로 직선이고, 산꼭대기 이외에서는 1점에서 동시에 3방향으로 분리되지 않으며, 등고선과 직각 방향이다.

**Diversion Tunnel 가배수 터널** 댐 공사 등을 위하여 하천 흐름을 일시적으로 바꾸기 위해 건설되는 터널식 수로이다. 공사 후 발전용 또는 방수용 수로로 사용되기도 한다.

**Diversity 다이버시티** 우리말로 다양성을 의미하며 통신에서의 의미는 신호가 전달되는 다양한 무선 경로를 뜻한다. 실제로 Diversity란 의미는 Fading을 해결하기 위한 방법론으로 많이 사용된다.

**Divide 분할** 영역 객체 분할을 말한다.

**Divide and Conquer 분할과 정복** 업무 모형화의 전 과정. 이는 업무 모형은 전체 업무를 대상으로 개념적인 상위 수준에서 점차적으로 세분화해 나가기 때문이다.

**Division Method Into Triangle 삼각형 분할법(三角形分割法)** 도면상의 도형을 삼각형으로 분할하여 각개의 변장이나 높이들을 측정 계산한 다음 합계하는 방법이다.

**DIY Drones 디아이와이 드론** [드론] 세계 최대 아마추어 드론 커뮤니티이다. 드론 제작업체 3D Robotics와 연계되어 운영 중이다. www.diydrones.com

**Dizital 디지털** 데이터를 이산적으로 양자화한 단위를 말한다.

**DJI 디제이아이** [드론] DJI의 공식 명칭은 DJI Technology Co., Ltd(大疆创新科技有限公司 · 대강 창신 과기 유한공사)은 중국 광둥성 선전(深圳)에 있는 드론 메이커이다. 전 세계 일반 상업용 드론 시장의 70%를 장악하고 있다. 일반상업용 드론은 일반 동영상, 등산 등 취미활동, 소량물량 배달, 방송촬영 등 용도의 드론을 말한다. 전 세계 일반상업용 드론의 표준기술은 대부분 DJI가 채택하고 있거나 개발한 기술들이다. 드론 관련 특허를 가장 많이 갖고 있는 업체도 DJI다. 군사용 드론은 미국이 장악하고 있지만, 일반상업용 드론은 미국, 독일, 일본도 DJI 경쟁자가 되지 못할 정도다. 애플이 스마트폰에서 세계 최고 회사라면, DJI는 상업용 드론에서 세계 최고 회사이다. 그리고 DJI 창업자 프랭크 왕(Frank Wang, 汪滔)은 드론업계의 스티브잡스로 불린다. 프랭크 왕은 처음 회사를 설립할 때부터 조립할 필요가 거의 없는, 어린 꼬마들도 쉽게 조정할 수 있는 세계 최고의 하드웨어(드론)와 소프트웨어(조정시스템)를 개발하는 것을 목표로 하고 있다. 대중성을 가진 히트작 팬텀(Phantom 시리즈와 전문가용 촬영 드론인 인스파이어(Inspire)가 대표적인 제품이다.

**DLG(Digital Line Graph) 수치 선형 지도** 지도 제작을 할 때 쓰이는 수치 자료를 위한 벡터 자료형식의 표준이다.

**DLL(Delay Lock Loop) 수신지연 환** 위성의 시계에 의하여 생성한 수신코드는 수신기의 시계에 의하여 생성된 내부 코드와 비교되는 기법으로, 2개의 코드가 일치될 때까지의 시간에 대한 내부 코드의 변위를 의미한다. 즉, 위성과 수신기의 PRN 코드와 공조시키는 수신기내의 모듈로 수신기에서 발생된 PRN 코드를 변화시켜 위성의 PRN 코드와 맞춘다.

**DLL(Dynamic Link Library) 동적 연결 라이브러리** 구성요소 객체간의 의사소통을 위한 마이크로소프트사의 Com(Component Object Model) 구조의 구현. 예를 들면, 그래프 요소에 의해 생성된 막대그래프에 표시된 자료로부터 통계들의 일람표를 작성하기 위해 통계 구성 요소를 사용한다.

**DLL(Dynamic Linking Library) 동적 라이브러리** OS/2, 윈도 등의 운영 체제 본래의 기능으로 소프트웨어의 루틴(컴퓨터가 특정한 기능을 수행할 수 있도록 마련된 일련의 명령군)을 몇 개의 파일로 나누어 디스크에 두고 필요한 것만을 실행 메모리에 실어서 사용하기 위한 파일이다.

**D-Log E curve 필름특성곡선** 사진에서 필름과 같은 감광재료의 성질을 나타내는 곡선을 말한다.

**DM(Direct Message) 다이렉트 메시지** 사람들끼리 주고받을 수 있는 비공개 메시지이다. 이건 다른 사람에게 공개되지 않는 메시지인데, 아무한테나 보낼 수 있는 것이 아니라 서로가 팔로우하는 사람끼리만 주고받을 수 있다.

**DMA(Defense Mapping Agency)(US) 미국방성 지도국** 'National Imagery Mapping Agency(NIMA)'의 전 이름으로, 미 국방성의 산하 기관으로서 지도제작에 관한 모든 업무를 담당한다. DMA는 우리나라 육군 지형정보단과 비슷한 기관이며, 여기서는 주로 군사 지도를 제작, 배포하고 있다. DMA에서 제작되는 수치 지형 자료를 총칭하여 수치 지형 자료(Digital Terrain Data : DTD)라 하며, DTD의 종류에는 20여 가지가 있다.

**DMA(Direct Memory Access) 기억장치 직접 접근** CPU와 무관하게 입 · 출력을 하며 기억장치와 직접 자료 교신이 가능하다. 제어를 하는 전용 프로세서가 필요하지만, CPU에서는 하나의 명령만으로 출력을 할 수 있다.

**DMC(Digital Modular Camera) 디지털 모듈 사진기** 기존의 필름 기반 사진기와 동일한 면적 센서(Full Frame Array)이며, 기하학적인 측면에서 아날로그 사진기와 상이한 점은 기존의 아날로그 사진기는 단지 하나의 렌즈로만 구성되어 있으나, 디지털 사진기는 다중의 모듈로 구성되어 있다.

**DML(Data Manipulation Language) 자료 처리 언어** 데이터베이스 관리 체계에 저장된 자료에 접근하고 조회하기 위해 대화 방식으로 사용하거나, 프로그래밍 언어 소스 코드에서 사용될 수 있는 SQL 문장을 말한다. 선택·삽입·갱신·삭제·완료·복키와 같은 명령이 DML의 모든 예이다. Data Definition Language, DBMS를 참조.

**DMZ(DeMilitarized Zone) 비무장지대** 군사 활동이 금지된 지역을 말한다.

**D/N(DAY & NIGHT) 주·야간 영상보정** [영상] 정확한 컬러를 재생하기 위해 주간에는 IR Cut Filter로 적외광 대역을 차단하다가 야간에는 흑백 모드로 저조도 성능을 극대화하기 위하여 근적외광 파장 대역의 빛까지 수광하여 감도를 높여주는 기능이다.

**DN(Digital Number) 영상소 값** 수치 영상의 하나의 픽셀 수치로 대상물의 상대적인 반사나 발산을 표현하는 양의 정수 8bit 영상에서 DN값 또는 Digital Number의 범위는 0~255이다.

**DN Value 수치 숫자값** 수치 영상에서 객체의 상대적인 반영이나 방출을 나타내는 양의 정수. 8bit 영상에 대해 수치 숫자값 또는 수치 번호는 0~255 안에 있다.

**DNC(Digital Nautical Chart) 수치 해도(海圖)** 전자해도라고 하며 전자해도표시 컴퓨터 시스템에 사용하기 위해 종이해상도에 나타나 있는 해안선, 등심선, 수심항로표시(등대, 등부표), 위험물 항로 등 선박의 항해와 관련된 모든 해도정보를 국제수로기구(IHO)의 표준규격(S-57)에 따라 제작된 수치해도이다.

**DNC(Direct Numerical Control) 직접 수치 제어** 여러 대의 수치 제어 공장 기계를 1대의 컴퓨터에 연결하여 이 기억장치에 기억된 부분 프로그램이나 기계 프로그램을 요구에 따라 기계에 제공할 수 있도록 연결된 체계를 말한다.

**DNI(Director of National Intelligence) 미국 국가 정보국** 중앙정보국(CIA)·연방수사국(FBI)·국가안전보장국(NSA) 등 15개 정보기관을 총괄하는 미국의 최고 정보기관.

**DNS(Domain Name System) 체인저** 도메인 이름 서버를 바꿔 인터넷 접속 때 엉뚱한 사이트로 연결토록 해 돈을 빼가는 악성코드를 말한다.

**DNSS(Defense Navigation Satellite System) 미 국방 위성항법체계** 'Defense Navigation Satellite System'의 약어로서 후에 NAVSTAR로 발전되었다.

**DO(Digital Orthophotos) 수치 정사사진** 미국의 DO는 7.5'(USGS 표준구획)과 3.75의 구획(USGS의 표준 축척의 1/4)을 표현하는 정사 보정된 항공사진을 컴퓨터로 표현한 영상이다. 이것은 사진의 영상과 지도 좌표정보에 관한 특성을 혼합적으로 가지고 있는 것으로써 독자적으로 또는 DLG나 DRG와 함께 사용하여 다양한 GIS 응용 목적에 사용될 수 있다.

**DO(Dissolved Oxygen) 용전 산소** 수중에 용해되어 있는 산소를 일컫는다.

**Docking 도킹** 두 비행체가 기계적으로 맞물려 결합하는 것을 말한다.

**Document 문서** ① 사실 혹은 정보류를 책, 논문이나 문서로 기술한 것을 말한다. ② 업무 보고서·메모·워크시트 등 사용자가 작업한 내용이 들어 있는 파일을 말한다.

**Document Digital 디지털 기록** 원 텍스트 항목의 디지털 표현형식(그래픽 역시 포함가능)을 말한다.

**Document Hardcopy 비디지털 기록** 종이, 사진 또는 다른 매체상에 기록된 원 텍스트 항목의 표현양식(그래픽 역시 포함가능)을 말한다.

**Documentation 문서화** 하나의 새로운 체계 또는 소프트웨어를 개발하는 과정에서, 제품의 개발에 수반되는 모든 내용을 요건 분석 단계에서 최종검사 작업에 이르는 모든 과정을 문서로 만들어 보관하는 작업을 말한다.

**Documentation File 주석 파일** 영상 파일, 벡터 파일, 속성값 파일에 관한 중요 정보를 기록, 유지하는 아스키 파일을 말한다.

**DoD(United States Department of Defense) 미국 국방성** 미국의 방위를 담당하는 정부 기관으로, 육군, 해군, 공군, 해병대 및 해안 경비대를 총괄한다. 본부는 버지니아 주에 위치한 펜타곤에 위치해 있으며, 건물의 외형이 5각형이라서 펜타곤(Pentagon)이라 불리는 펜타곤은 국방부를 가리키는 데 쓰기도 한다. 원래 미국에는 통합된 국방성이 없었고 육군을 담당하는 전쟁성(Department of War)과 해군을 담당하는 해군성으로 분리돼 있었다. 하지만 제2차 세계대전을 치르면서 군 전체를 종합적으로 지휘·감독할 수 있는 기구가 없는 것이 바람직하지 않다는 교훈을 얻었다. 그 결과 1947년부터 49년에 걸쳐 육·해·공군을 모두 지휘·감독할 수 있는 국방성을 새롭게 창설했다. 동시에 전쟁성에서 이름을 바꾼 육군성, 새로 창설된 공군성, 해군성 등 3개의 각군성을 국방성 예하 조직으로 편입시켰다. 각 군성은 국방성의 예하 조직이며 각군성 장관은 국방장관의 지휘·감독을 받는다. 각 군성이 사실상 국방성의 일개 부서에 불과함에도 행정 각부와 동격의 부서 명칭과 장관이라는 직함을 사용하고 있는 것이다.

STIG(Security Technical Implementation Guide)은 미국 국방성 보안 인증 체계이다. STIG 2.0은 국가정보보증협회(NIAP)의 휴대 단말 기본 보안 프로파일의 보안기능 기준에 기반을 두고 있으며, 국방부 내 정보 관리를 위해 사용되는 모든 IT 기기가 가장 높은 수준의 보안 정책, 기준, 구조, 보안 통제와 승인 절차를 지킬 것을 요구하고 있다.

**Dodeca 도데카** [드론] 12개의 프로펠러로 비행하는 드론(콥터)를 '도데카'라고 한다. 일반적으로 6개의 프로펠러로 이루어진 헥사(Hexa)콥터에서 위아래에 프로펠러를 배치시켜 12개의 프로펠러를 구성한다.

**Do Engine 두 엔진** 포털 검색창에 찾고자 하는 단어를 입력하면 해당 포털사가 보유한 사이버 로봇(검색엔진 프로그램)이 인터넷 세상 웹페이지를 뒤져 원하는 결과를 보여준다. 쉽게 말해 PC나 스마트폰 상에서 검색을 하면 결과만을 보여주는 게 일반적이다. 하지만 검색 결과를 보여줄 뿐 아니라 실행까지 해주는 엔진(Do엔진)이 앞으로 각광받을 수 있다고 미국 벨연구소가 전망했다. Do엔진은 이용자가 글이나 음성으로 명령을 내리면 각종 잡일을 처리해주는 비서 노릇을 해준다.

**DOF(Depth of Field) 피사계 심도(被寫界 深度)** [영상] 피사계 심도는 사진술에서 한 사진의 초점이 맞은 것으로 인식되는 범위이다. 렌즈의 초점은 단 하나의 면에 정해지게 되어 있으나 실제 사진에서는 초점면을 중심으로 서서히 흐려지는 현상이 나타나는데, 이때 충분히 초점이 맞은 것으로 인식되는 범위의 한계를 피사계 심도라 한다. 심도는 초점이 맞게 찍히는 가장 가까운 거리에서 가장 먼 거리 사이의 거리를 말한다. 이 초점이 맞게 찍힌 거리가 긴 것을 '심도가 깊다'고 하고, 초점이 맞는 거리가 짧은 것을 '심도가 얕다'고 한다. 사진으로 찍힌 결과물을 예로 든다면 흔히 말하는 '아웃 포커싱'에 의해 피사체를 극도로 강조하는 경우가 '심도가 얕은' 것이고, 풍경 사진에서와 같이 화면 전체에 보이는 피사체가 멀리 있건 가까이 있건 잘 보이는 경우를 '심도가 깊다'고 한다. 심도는 물리적 "길이"를 나타내는 말이 아니라, 화면의 심미적 표현이다. 일반적으로 조리개를 조이면(조리개를 닫으면, f수를 높이면) 심도가 깊어지고, 조리개를 풀면(조리개를 열면, f수를 낮추면) 심도가 얕아진다.

심도를 기술적으로 살펴본다면 다음 3가지 측면으로 볼 수 있다. 피사체 쪽의 초점이 맞는 구간을 의미하는 피사계심도(被写界深度)와 렌즈 뒤에서 다시 초점이 맞는 구간인 초점심도(Depth of Focus)가 있고, 이것이 필름의 인화면에 수평으로 배치되는 범위인 착란원(Circle of Confusion)이 있다.

**Domain 도메인** 하나의 속성이 취할 수 있는 같은 타입의 원자(Atomic)값들의 집합이다. 원자는 관계 데이터베이스에서 독립 요소로 분해될 수 없는 속성이다. Attribute 참조.

**Domain Name System(DNS) 체인저** DNS(Domain Name System)를 참조.

**Domain Ontology 영역온톨로지** 특정 (주제)영역에서 유효한 지식들을 대상으로 구축한 온톨로지. 구체적인 사물 혹은 특정 학문영역과 같은 제한된 영역에서 의미론적 연관관계를 구축한 개념의 집합체.

**Domain Reference Model 영역 참조 모형** 데이터 모형에서의 지리 정보의 구조와 연산들에 대한 정의 그리고 지리 정보의 관리에 대해서 정의하고 있다.

**Domesday 2000 도메스데이 2000** 영국에서 사유 재산과 토지 자료의 국가적 컴퓨터 기록물을 만들기 위한 프로젝트를 말한다.

**DOP(Dilution Of Precision) 정도(精度) 저하율, 위치 정도 열화(劣化), 답** 위성들의 상대적인 기하학이 위치결정에 미치는 오차를 표시하는 무차원수로서 정도 저하율이라 한다. 상공에 있는 GPS 위성의 배치에 따라 단독위치결정, 상대위치결정과도 위치결정정도가 영향을 받는다. 그 정도를 나타내는 수치로서 수치가 커지면 정도가 저하된다. DOP은 위치의 질을 나타내는 지표가 된다. 이는 천구상의 위성배치(Constellation)로부터 취득된 위치 정확도를 예측하기 위해 위성들의 기하학적인 배치상태를 계산한다. 이 값의 크기는 관측점(GPS 수신기)을 중심으로 한 구(球)를 상정하고, 관측점과 계산에 사용하는 4개 이상의 위성을 각각 연결하는 직선이 그 구면과 교차하는 점을 정점으로 하는 다면체의 체적을 기초로 한 값이다. 낮은 DOP은 위성의 기하학적인 배치상태가 좋다는 것을 나타내며, 정확도에 대해 높은 확률을 나타낸다. 높은 DOP은 위성의 기하학적인 배치상태가 나쁘다는 것으로 정확도에 대해 낮은 확률을 나타낸다. 일반적으로 다음과 같은 DOP가 계산된다.

| DOP 종류 | 정확도에 미치는 영향 |
|---|---|
| Relative (RDOP) | 상대적인 위치 오차 |
| Geometric (GDOP) | 기하학적 위치 오차. 3D+시각에 따른 정확도 |
| Position (PDOP) | 수평성분과 수직성분 정확도 (위도, 경도, 높이) |
| Horizontal (HDOP) | 수평성분 정확도 (위도, 경도) |
| Vertical (VDOP) | 수직성분 정확도 (높이) |
| Time (TDOP) | Clock Offset |

GPS수신기는 관측된 데이터를 이용하여 PDOP(Position Dilution of Precision)를 계산하고, 이를 거리오차에 곱하면 측위오차가 된다. 즉, 거리오차(Range Error) × PDOP = 측위오차. 따라서 대부분의 수신기는 PDOP이 작은 위성의 조합을 선택하여 측위계산을 하고 이를 표시하도록 설계되어 있다. PDOP이 3인 경우 위치오차는 대략 15m CEP(Circular Error Probability), 즉, 50% 오차확률의 범위에서 평면으로 약 15m 정도이다. DOP 수치는 0에 가까울수록 좋으며, 2보다 적으면 매우 우수, 2~3값을 가지면 우수, 4~5값을 가지면 보통, 6 이상이면 오차가 커서 정밀측위에 부적합하다.

**Doppler Aiding 도플러 보정** 수신기가 더욱 정확한 속도와 위치값을 구하기 위해 매끄럽게 GPS신호를 추적하도록 도플러 변위를 이용하는 추적신호처리 기법이다.

**Doppler Effect 도플러 효과** 파원(波源)에 대하여 상대속도를 가진 관측자가 수신한 파동의 주파수가 파원에서 송신한 주파수와는 다르게 관측되는 현상이다. 1842년 C.J.도플러가 음향현상에 대하여 발견하였으며, 음파 이외의 파동에서도 볼 수 있다.

**Doppler Principle 도플러 원리** 파원에 대하여 상대속도를 가진 관측자에게 파동의 주파수가 파원에서 나온 수치와는 다르게 관측되는 현상이다.

**Doppler Radar 도플러 레이더** 움직이는 목표물에 전파가 부딪히면 반사전파주파수가 목표물의 속도에 따라 변동하는 이른바 도플러효과를 응용한 레이더를 말한다.

**Doppler Shift 도플러 변위** 송신기와 수신기 사이의 거리 변화로 야기된 수신신호 주파수에서 예측 가능한 변화의 양이다. 임의 점에서부터 수신기와 파원의 송신기가 서로 움직이고 있을 때 관찰자와 수신된 방사 주파수를 fo, 송신기의 방사 주파수 fs라 하면, 도플러변위 $\Delta f=fo-fs=-fs\{(c+v)/(c-v)\}1/2$이다. 여기서 c는 파의 방사 속도이고, v는 수신기의 속도이다. 도플러 편이라고도 한다.

**Doppler Synthesis Approach 도플러 합성 밥법** 안테나를 합성하는 기법의 하나로서, 주로 SAR 자료를 형성하는데 사용된다.

**DOQ(Digital Orthophoto Quadrangle) 수치 정사 도곽** DOQ는 별도로 표현되지 않는 한 사분의 일구획(Quarter Quadrangle)과 구획(Quadrangle) 수치 정사 사진을 모두 일컫는 것으로 정의한다. 또한 DOQ는 사진기에 의해 왜곡된 항공사진을 기하학적으로 지형과 같이 만들어 놓은 사진 지도이다. 국가 고고도 사진 프로그램(National High Altitude Photography Program : NHAP)의 흑백사진(축척 1: 80,000)과 NHAP 유사 사진으로 7.5분×7.5분의 표준 구획의 지상 해상도 2m 수치 정사 사진을 제작한다. DOQ 수치 정사 사진은 4장의 DOQQ를 모자이크해서도 만들 수 있다.

**DOQQ(Digital Orthophoto Quarter-Quadrangle) 사분의 일 도곽 수치 정사 사진** USGS에서 제작되는 표준 수치정사사진은 경도 3.75′과 위도 3.75′ 지역을 커버하도록 제작되어 있으며 UTM 좌표체계에 기준한다. 각 영상소는 지상 1m×1m에 해당된다. DOQQ 제작을 위한 사진은 National Aerial Photography Program : NAPP)의 사진과 NAPP 유사 사진들이 기본적으로 사용되며 초점거리 152mm 카메라로 지표면으로부터 평균고도 20,000ft에서 촬영되어 사진축척은 약 1 : 40,000이다.

**DORIS 도리스, 도플러 위성 궤도결정 및 무선측위시스템** DORIS는 "Doppler Orbitography and Radiopositioning Integrated by Satellite"(도플러 위성 궤도결정 및 무선측위시스템)의 약자로서 정밀궤도결정과 위치측정을 위해 개발된 위성추적시스템의 일종이다. 지상에 설치한 비콘(beacon)에서 무선신호를 발신하고 이 신호를 위성이 수신한다. 그 신호의 주파수 변이는 위성의 움직임에 의해 야기된다(도플러 효과). 도플러 효과는 파동을 발생시키는 파원과 그 파동을 관측하는 관측자 중 하나 이상이 운동하고 있을 때 발생하는 효과로, 파원과 관측자 사이의 거리가 좁아질 때에는 파동의 주파수가 더 높게, 거리가 멀어질 때에는 파동의 주파수가 더 낮게 관측되는 현상이다. 이 관측으로부터 위성의 궤도, 지상위치, 다른 파라미터를 구할 수 있다. DORIS는 프랑스 시스템으로 프랑스 우주국(CNES)에 의해 시작되었고 유지・관리된다. 이 시스템은 주 비콘(Beacon)이 위성들과 통신을 확인하는 Toulouse에서 운영되고 있다. IUGG 총회 국제측지학회 이사회의 결정으로 2003년 7월 1일 이후 공식적으로 국제측지학회(IAG)의 한 서비스로서 "국제DORIS서비스 (International DORIS Service)" 운영되고 있다.

(1) **지상관측국**: 약 56개의 관측소가 전 세계에 균등하게 분포되어 있고 이것은 궤도결정을 위해 적정한 밀도이다. 1개의 비콘을 설치하기위해서는 관측소가 단지 1개의 신호만을 발신하면 되고 다른 어떤 정보도 수신하지 않기 때문에 단순히 전원만 있으면 된다. 따라서 에베레스트 산의 베이스캠프와 같은 원격지에도 비콘을 설치하는 것이 가능하다.

(2) **위성**: 최상의 DORIS가 설치된 것으로 알려진 위성은 Topex/Poseidon과 Jason이다. 이 위성들은 파도의 높이 또는 해류뿐만 아니라 해수면을 관측하기 위해서도 사용된다. DORIS의 궤도 결정정확도는 약 2cm이다. 다른 DORIS위성들은 ERS-1, ERS-2, SPOT위성들이 있다.

(3) **측위**: 궤도결정과는 별개로 DORIS관측은 지상관측소의 위치측정에 사용된다. 정확도는 GPS보다 조금 낮지만 아직까지 국제기준좌표계(ITRF)에 기여하고 있다.

**DOS(Disk Operating System) 도스, 디스크 운영 체계** 마이크로 컴퓨터 산업계의 사실상 표준이 된 IBM사와 마이크로소프트 주식회사에 의해 개발된 마이크로 컴퓨터 운영 체계이다.

**Dot Density Map 점밀도 지도** 특정 단위량을 나타내는 작은 점들에 의해 정보를 제공하는 주제도의 일종. 지도 안의 점들은 일정량의 단위를 나타낸다.

**Dot Display 점 영상면표시** 점으로 선형 분포도, 그래프나 문자 등을 표시할 수 있는 영상면 표시 장치를 말한다.

**Dot Map 점지도** 일정한 크기를 가진 점의 밀도를 사용하여 어떤 사상의 수치나 양을 나타내는 통계지도의 하나로서 점묘도라고도 한다.

**Dot Matrix Printer 점 행열 프린터** 작은 점들을 조합하여 종이 위에 문자와 그림 정보를 인쇄하는 인쇄기를 통칭하는 용어를 말한다.

**Dot Per Inch(DPI) 단위 인치당 점의 개수** DPI(Dot Per Inch)를 참조.

**Double Angle 배각** 각 관측 방법 중에서 어떤 대회에서 같은 방향에 대한 정위와 반위로 관측한 값을 합한 것이다.

**Double Angle Difference 배각차(倍角差)** 각 대회에서 배각을 구했을 때 같은 방향에 대한 가장 큰 배각과 가장 작은 배각의 차로서, 관측의 정확도를 판단하는 기준이 되며, 제한을 둔다.

**Double Area 배면적** 다각형의 배면적(또는 배종거)에 의거(또는 경거)를 곱한 값을 말한다.

**Double Axis Type Transit 복축형 트랜시트** 연직축이 내축과 외축의 2중축으로 구성되어 있는 트랜시트를 말한다.

**Double Bright Enhancement Film(DBEF) 이중 휘도 향상 필름** DBEF(Double Bright Enhancement Film)를 참조.

**Double Circle Coordinate 원원좌표(圓圓座標)** 한 점을 중심으로 하는 동심원과 또 다른 동심원선으로 이루어지는 좌표계로 각 좌표선은 한 정점으로부터 등거리인 위치선으로서 원을 이루고 좌표선간의 간격은 일정하다. 한 점의 위치는 2개의 원호의 교점으로 결정되며 그 좌표는 한 정점에서의 거리와 다른 정점에서의 거리에 의해 표시된다. 이 좌표계는 전파측량에서 주로 중단거리용인 Raydist 등의 원호 방식에 응용된다.

**Double Click 두 번 누름** 마우스 버튼을 연속적으로 2번 재빠르게 눌렀다 떼는 동작으로 프로그램을 실행할 경우에 이용한다.

**Double Difference 이중차분, 이중차** 두 수신기가 같은 두 위성을 동시에 추적하여 측정한 반송파 위상의 수학적인 차이를 이용하는 GPS 관측으로서, 첫 번째 위성으로부터 각각의 수신기가 수신한 위상의 차이와 두 번째 위성으로부터 각각의 수신가가 수신한 위상의 차이들에서, 이들 차이들을 빼줌으로서 위성과 수신기의 시계오차를 제거할 수 있다. 즉, 2개 이상의 single difference를 계산하여 수신기 및 위성시계의 오차항을 모두 제거하고, 미지항은 모호정수항만을 남기게 된다. 따라서 n(n≥4)개의 위성에 대한 관측식으로 (n-1)개의 double difference를 이용하여 측량 계산을 실시한다. 주로 위상관측치에 사용되는 방법이지만, 의사거리 관측치에도 사용할 수 있다.

$$DD\Phi = -\Delta\Delta\rho/\lambda + \Delta\Delta N + \Delta\Delta\epsilon$$

**Double Digitized 이중 디지타이징** 중복 디지타이징 함으로써 발생하는 중복된 지리사상을 말한다.

**Double Ended Connection 이단 결합** 지하시설물과의 신호연결방법 중의 하나로 원거리에 접지를 사용하는 방법이며 이단 접지라고도 한다.

**Double Float 이중 부자(부표)** 하천이나 수로의 유속을 관측하는 기구로서 이중부자는 표면부자에다 수중부자를 연결한 것으로 중량이나 쇠줄 길이를 조정하여 수면에서 60 % 되는 곳에 가라앉혀 평균 유속을 관측한다.

**Double Folded Vernier 이중 복유표** 복 유표의 길이가 이어지는 결점을 피하기 위하여 눈금이 되돌아오게 이중으로 잣눈을 새긴 것이다.

**Double Graphical Traversing 복 도선법(전진법)** Method of Pregression, Double Traversing를 참조.

**Double Meridian Distance 배횡거** 각 측선의 중앙점에서 종축 기준선에 내린 수선의 길이인 횡거의 2배로, 폐합트래버스의 배면적을 계산하여 전체 면적을 구 할 때 이용한다.

**Double Meridian Distance Method 배횡거 법(倍橫距法)** Double Meridian Distance를 참조.

**Double Phase Difference 이중 위상차(二中位相差)** 간섭 위치 결정에 의하여 기선 양측 수신기에서 기록한 1위성의 위상 적산치의 차를 구한다. 이에 의해 양수신기의 시계차를 완전히 소거한다. 간섭 위치 결정에서는 4위성에 의해 3조의 2중 위상차로 기선을 구한다.

**Double Precision 배 정밀도** 각 좌표에 대하여 저장될 수 있는 유효 숫자의 가능한 수에 기반한 좌표 정확도의 고수준을 언급한다. 배정밀도 커버리지는 좌표당 15개까지의 유효숫자를 저장할 수 있으며, 전 세계 범위에서 1m보다 훨씬 적은 정확도를 보존한다.

**Double Precision Number 배정밀도 실수형** 64bit의 공간에 0~51번 bit까지는 가수부로, 52~62번 bit까지는 지수부로 63번 bit는 부호로 이용한다.

**Double Projection 이중 투영** Gauss의 등각(等角) 2중 투영도법에서와 같이 타원체에서 구체(球體)로 등각 투영하고, 구체로부터 평면으로 등각 횡원통 투영하는 방법으로 2회 투영한다.

**Double Traversing 복도선법(전진법)** 평판측량 중 전진법의 한 방법으로서 매 측점마다 관측하는 방법이다.

**Double Vernier 복유표(複遊標)** 유표가 0을 중심으로 좌우로 눈금이 새겨져 있는 것을 말한다.

**Doughnut Polygon 도넛 폴리곤** 내부의 면적을 가지지 않는 면적. 예를 들어 그 안에 섬이 있는 호수일 경우, 섬은 그 다각형에 포함되지 않는다.

**Douglas C. Engelbart 더그 엥겔바트** 북유럽 출신 발명가. 컴퓨터 마우스의 발명자로 유명한 그는 그래픽 유저 인터페이스, 하이퍼텍스트, 네트워크 컴퓨터 등의 분야를 연구한 세계적 권위자로, 1960년대 말 실리콘밸리의 독특한 문화적 흐름을 주도했다.

**Douglas-Peucker(Poiker) Algorithm 더글러스 패커 알고리즘** GIS를 위한 최초의 불규칙 삼각망(Triangulated Irregular Network, TIN)프로그램은 1973년 Simon Fraser 대학교의 David Douglas and Thomas Peucker (Poiker) 교수 지도아래 Randolph Franklin이 작성하였다. 다각형의 단순화에는 여러 가지 방법이 있는데, 그 중에서 더글라스-패커(Douglas-Peucker) 알고리즘이 가장 널리 사용된다.

**Dowel 다보** 터널 내에서 기준점으로 사용되는 중심말뚝으로, 차량 등에 파손되지 않도록 견고하게 설치한다. 설치장소는 작업상 반·출입에 지장이 없고 측량기계를 세우기 용이한 중심선상에 설치한다. 기본 다보는 100m마다, 보조 다보는 20m마다 설치하며 터널의 굴착이 끝난 구간이나 복공이 끝난 구간은 천정에 다보를 설치하는 것이 일반적이다.

**Down Sampling 다운 표본화** 하나의 영상을 더 작은 표본들로 표현하는 과정. 가장 대표적인 예가 영상을 1보다 작은 비율로 축소하는 것이다.

**Down Sizing 다운사이징** 개인용 컴퓨터(PC)의 중앙처리장치의 성능이 향상됨에 따라 과거 값비싼 대형컴퓨터로 처리했던 일들을 개인용 컴퓨터나 워크스테이션 등 책상 위로 올라가는 작은 컴퓨터로 대신하는 경향을 말한다. 그러나 크기만을 줄이는 단순한 소형화가 아니라 기업의 컴퓨터 업무를 세부적인 기능별로 분할하고, 그 분할된 업무에 적합한 컴퓨터로 정보관리업무를 관리하도록 하는 컴퓨터 운영방식이다.

**Down-Load 내려 받기** 중앙에 있는 대형의 메인 프레임에서 단말기로 동작하고 있는 소형 시스템. 파일을 이동하거나 통신망으로 연결된 호스트에서 파일을 받아오는 작업을 말한다.

**Downstream 하류부(下流部)** 트레이싱에서 다운 스트림은 물의 흐름방향과 같은 아크의 방향이다. 흐름의 방향은 사용자 지정 방식에 의해 결정된다.

**Downwash 하강기류, 내리흐름 공기** [항공] 항공역학적 작용에 의해 비행기의 날개 또는 헬리콥터 및 드론 등의 로토(Rotor) 아래와 후방으로 내리 밀리는 공기를 말한다.

**DP(Depth) 심도, 깊이** Depth(DP)를 참조.

**DPCM 예측 부호화 방법** 근접한 영상소는 서로 거의 같은 값을 지니고 있다는 성질을 이용하여 영상 압축을 수행하는 방법. 영상의 예측 부호화는 영상의 각 점을 순서대로 주사하면서 주변의 영상소값을 이용하여 다음에 오는 영상소값을 예측하는 것이다. 이러한 예측을 통하여 그 값을 저장하지 않더라도 실제 영상소값을 표현할 수 있으므로, 자료의 용량을 줄일 수 있다.

**DPI(Deep Packet Inspection) 딥 패킷 인스펙션** 통신망에서 데이터는 패킷 단위로 나눠져 전송된 뒤 목적지에서 재조합되는데 이 기술을 적용하면 각각의 패킷 정보를 모니터링하면서 이를 통제할 수 있다. 고정밀도의 검사를 실현하는 기술로서 패킷의 내용을 분석해 검사한다.

**DPI(Dot Per Inch) 단위 인치당 점의 개수** 독취 또는 인쇄 장치에서 정보를 출력하기 위하여 1인치의 길이에 출력하는 점의 개수를 의미한다. 따라서 DPI 값이 클수록 정보를 선명하게 출력할 수 있다.

**dPRC(Delta Pseudorange Correction) 델타 의사 거리 보정값** 현재의 Data Ephemeris(IODE)로 계산된 의사거리 보정항(PRC)과 이전의 Data Ephemeris(IODE)로 계산된 의사거리 보정항 사이에 존재하는 차이를 말한다. 이러한 dPRC로 인해 DGPS의 이동국이 보정을 위해 계속해서 새로운 Ephemeris를 취득할 수 없다.

**DPW(Digital Photogrammetric Workstations) 수치사진측량용 장비** 수치 사진측량에서 위성 또는 항공 사진 영상을 이용한 데이터를 획득할 수 있는 장비를 말한다.

**DRA(Digital Reading Assessment) 인터넷 독해능력 평가** 컴퓨터를 이용한 하이퍼미디어 기반의 평가로서 여러 사이트와 웹 페이지에 다양한 형태(글자, 이미지, 동영상 등)로 존재하는 다방면(인문, 사회, 자연)의 정보들을 하이퍼링크를 통해 수집・적용・종합하는 사고력과 창의력 측정을 말한다.

**Draft 흘수(吃水)** 수면에서 배, 케이슨(caisson) 등의 부체(浮体) 최심부까지의 수직거리를 말한다. 수상이나 육상에서 제작한 속이 빈 콘크리트 구조물(caisson)을 배처럼 바다에 띄워 목표지점까지 이동한 후 침하시켜 해저면 공사를 하기도 한다. 따라서 흘수는 좌초가 안 되게 하는 중요 요소이다.

**Drafter 제도기, 제도사** ① 도형을 그리는 장치이다. ② GIS에서 제도사는 수치변환을 위하여 많은 원천자료로부터 지형자료를 편집하고 통합한다.

**Drag 항력(抗力)** ① 물체가 누를 때 버티는 힘을 항력이라 하고, 물체의 운동을 제한하는 구속력의 하나이다. 물체가 정지한 상태로 놓여있는 경우, 물체는 지구가 당기는 중력과 이를 받쳐주는 항력(수직 항력)이 평형을 이루게 되며, 항력은 물체 무게에 의한 물체의 변형을 복원시키려는 복원력의 일종이다. ② [항공] 물체가 공기 및 물 등의 유체 내를 움직일 때 이 움직임에 저항하는 힘이다. 항력은 마찰력과 압력으로 구분된다. 마찰력은 물체의 표면에 평행한 방향으로 작용하며, 압력은 물체의 표면에 수직한 방향으로 작용한다. 유체 내에서 움직이는 고체 물체의 경우, 항력은 유체의 유동과 동일한 방향으로 작용하는 모든 유체역학적 힘의 합이다. 따라서 항력은 물체의 움직임을 방해하는 힘이다. 항공기에서 추력이 필요한 것은 바로 이 항력이라는 힘을 극복하고 나아가기 위해서이다. 물체에 대한 항력은 무차원인 항력 계수(coefficient of drag, Cd)로 나타낼 수 있으며, 항력 방정식을 사용해 계산할 수 있다. 일반적으로 항력은 속도의 제곱에 비례한다. 항력 방정식 $F_d = -\frac{1}{2}\rho v^2 A C_d \hat{v}$. 여기서, $F_d$는 항력, $\rho$는 유체의 밀도, v는 유체에 대한 물체의 상대 속도, A는 기준 면적, $C_d$는 항력 계수, $\hat{v}$는 속도의 방향을 나타내는 단위 벡터이다. 한편, 음(−) 기호는 항력이 속도 벡터의 반대 방향으로 작용함을 나타낸다. Lift, Thrust 참조.

**Drag and Drop 끌기와 놓기** 사용자가 선택한 객체를 마우스를 이용하여 응용 프로그램 아이콘으로 끌고 감으로써 그곳에서 작업할 수 있게 하는 기법. 문서를 응용 프로그램으로 끌고 감으로써 문서를 열거나, 아이콘을 원하는 대상 영역으로 끌고 감으로써 다른 그룹 대상 영역에 아이콘을 설치할 수 있다.

**Draiange Area 배수 면적** 배수구역 내의 면적을 말한다.

**Draiange Basin 유역** 지표유출이 수계로 흘러가는 모든 지면을 말한다.

**Draiange Interpretation 수계 판독** 수계도 작성에 이용되며 지형 및 지질판독에 기초가 된다.

**Draiange Pattern 수계 모양, 유역 형태** 항공사진에 의해 쉽게 식별되며 지질과 지질구조에 크게 반영되며, 기본 형태는 수지상, 평행상, 격자상, 방사상으로 구분된다.

**DRAM 동적(動的) 램, 디 램** D램은 Dynamic Random Access Memory(동적 임의 접근 기억장치)의 약자로서, 일반적으로 컴퓨터 및 전자제품의 데이터를 저장하는 기능을 하는 반도체이다. 정보를 구성하는 개개의 비트를 각기 분리된 축전기(Capacitor)에 저장하는 기억장치이다. 램(RAM)은 각각의 축전기가 담고 있는 전자의 수에 따라 비트의 1과 0을 나타내지만, 축전기가 전자를 점차 누전(leakage)하므로 기억된 정보를 잃게 된다. 이를 방지하기 위해 기억장치의 내용을 일정 시간마다 재생시켜야 하므로, '동적(Dynamic)'이란 명칭이 주어졌다. 정보를 유지하려면 지속적인 전기 공급이 필요하기 때문에 DRAM은 휘발성 기억장치(Volatile Memory)에 속한다.
D램은 속도는 느리지만 가격이 저렴해 PC에서 주로 쓰인다. 컴퓨터의 두뇌 역할을 하는 CPU가 연산작업을 할 때는 데이터를 빨리 쓰고 지우는 고속 메모리가 필요하다. 이것이 바로 D램이다. 낸드플래시가 자료를 보관해둔 책장이라면, D램은 자료를 책장에서 꺼내서 펼쳐놓은 책상이다. D램은 컴퓨터의 속도를 좌우하는 핵심 부품이다. D램은 CPU보다 100배 정도 느리지만 낸드플래시보다는 1만 배 빠르다. 여러 개를 병렬로 연결하면 CPU가 처리하는 대량의 데이터를 충분히 소화할 수 있다. 그러나 D램은 낸드플래시와 달리 전원이 꺼지면 데이터가 완전히 사라져버리는 것이 단점이다. 전원을 끄면 약 0.1초 만에 방전이 되면서 그때까지 담아둔 데이터가 모두 사라진다. 데이터를 지키려면 낸드플래시에 저장을 하거나 계속 전원을 켜둬야 한다. 현재 세계 메모리 시장은 한국이 지배하고 있다. 삼성전자와 SK하이닉스가 합쳐서 D램 시장의 70%, 낸드플래시 시장의 50% 이상을 장악하고 있다. 메모리 반도체를 맨 처음 만든 나라는 미국과 일본이었다. D램은 1970년 인텔이, 낸드플래시는 1984년 일본 도시바가 개발했다. Memory Semiconductor, Non-Memory Semiconductor, Nand Flash Memory, Plastic Semiconductor를 참조.

**Drape 드레이프** 3 또는 2.5 차원 표면에 중첩된 2차원 영상의 원근 또는 파노라마식 표현 드레이프는 보통 수치 지형 모형(DTM)에 대한 배경을 제공하기 위해 사용되는 원격탐사 영상이다.

**Draping 덧씌우기** 지형이나 여타 공간자료의 3차원 형태 위에 2차원 자료를 덧씌워서 나타내는 기법을 말한다.

**Drawing 제도** 지면을 투영면으로 하여, 적당한 투영법에 따라서 대상을 투영하여 얻어지는 도면을 그려서 그 결과를 표시하는 방법. 목적이나 용도에 따라 규칙과 기호가 정해져 있다.

**Drawing Board 도엽 측판** 평판 측량을 할 때 삼각 위에 올려놓고 표면에 종이를 부착하여 작업할 수 있도록 한 측판을 말한다.

**Drawing Data 제도 자료** 자기테이프(MT)를 구성하는 작도(제도)자료. 정위치 자료를 수치자료 편집장치를 이용하여, 도식적용규정에 의거 편집하여 작성한 자료로 지물의 전위와 중복부 자료의 간단화, 기호화 등이 행해진다.

**Drawing Date 작도 일자** 지도를 자동제도장치를 이용하여 작도한 일자를 말한다. 작도작업이 장기간에 걸쳐 실시된 때는 그 기간 내의 어느 통일된 일자를 사용할 수 있다.

**Drawing Edit 제도 편집** 지도형식의 도면으로 출력하기 위하여 정위치편집된 성과를 지도도식규칙 및 표준도식에 의하여 편집하는 작업을 말한다. (정의 2) 수치지도를 가공하여 인쇄, 출력용 원판과 파일을 제작하고 지도도식적용규정에 준한 일반화, 상징화, 과장화를 하며 난외주기를 추가하는 작업을 말한다.

**Drawing Editing 도면제작편집** 지도형식의 도면으로 출력하기 위하여 정위치편집된 성과를 지도도식규칙 및 표준도식에 의하여 편집하는 작업을 말한다. (정의 2) 수치지도를 가공하여 인쇄, 출력용 원판과 파일을 제작하고 지도도식적용규정에 준한 일반화, 상징화, 과장화를 하며 난외주기를 추가하는 작업을 말한다.

**Drawing Error 제도오차(製圖誤差)** 방향선을 그리거나 거리를 측정할 때 또는 도지의 신축 등에 의하여 생기는 오차를 말한다.

**Drawing Exchange Format(DXF) 도면 교환형식** DXF(Drawing Exchange Format)를 참조.

**Drawing File 도면 파일** 특별한 도면을 작성하는데 이용하기 위해 데이터베이스로부터 복사된 일시적인 자료의 집합. 도면파일이 수정된 후라도 데이터베이스는 처음에서 변하지 않고 데이터베이스를 추가 또는 교체하거나 하지 않을 수 있다. 도면파일은 분리된 컴퓨터나 중앙컴퓨터의 분리된 영역에 위치할 수 있다.

**Drawing File Extention(DWG) 오토캐드사용 파일명, 디더블유지** DWG(Drawing File Extention)를 참조.

**Drawing Instrument 제도기(製圖器)** 컴퍼스 · 오구 · 분도기 등의 제도용기의 총칭을 말한다.

**Drawing Letter 제도용 문자** 제도에 사용되는 문자나 숫자를 말한다.

**Drawing Limit 도면 한계** 왼쪽 위와 왼쪽 아래 구석을 구별하는 두 쌍의 직사각형 좌표로 표현된 도면 영역의 사용자 정의 경계를 말한다.

**Drawing Lines 제도용 선** 제도에 사용되는 선. 선의 종류, 굵기 및 그 용법 등에 대해 일정한 표준이 있다.

**Drawing Management MT 도면 관리 자기테이프** 수치지도에 있어 표준 자기테이프(MT) 중의 하나. 정위치 MT와 작도 MT를 이용할 때에 필요하며, 지역에 관계하는 정보, 수록된 도엽의 인덱스, 측량의 이력 등을 기록한 MT이다. 관리자료 파일에 대응하고 있다.

**Drawing Management System 도면관리체계** 대량의 원도 보관을 위한 공간문제, 원도의 장기 사용에 따른 변화 및 파손, 도면반복 사용을 위한 검색 및 수정작업, 생산 자료의 효율적 배포 문제를 해결하기 위한 시스템. 기존의 생성된 자료의 사후 관리 및 보관을 위한 지원 도구로서 통신 능력을 중시한다.

**Drawing Map 도면** 임의 기준좌표계와 각각의 속성값에 의해서 정의되는 점, 선, 면의 집합으로 일반적으로 지도를 의미하기도 한다. 지적법에서의 도면(cadastral map)은 지적도와 임야도를 말하고 토지에 대한 정보중 소유권 등 물권이 미치는 범위와 모양 등을 나타내는 경계를 등록·공시하는 지적공부이다.

**Drawing MT 제도 자기테이프** 정위치 자기테이프(MT) 자료에서 도식 규정에 의거한 자료의 간단과 전위, 기호화 등의 편집을 하고, 지도의 축척에 맞추어 1도엽 단위로 작성한 MT이다. 특정 제도장비에 의존하지 않고, 호환성이 있는 작도를 MT를 이용하여 제도 프로그램으로 연산처리하여 자동 제도장치에 걸린 플로터 테이프를 만들 수 있다.

**Drawing of Alignment 선형도** 노선선정결과에 따라 설계의 조건이 되는 조절점들을 정하고, 계산 등에 의해 구한 주요점 및 중심점의 좌표를 전개한 도면이다.

**Drawing of Detail Plane 상세 평면도** Detail Drawing를 참조.

**Drawing Paper 제도 용지** 도면을 그리는데 쓰이는 종이. 보통은 켄트지·트레이싱지·마일러지 등을 사용하지만, 착색하는 데는 워트맨지를 사용한다.

**Drawing Pen 오구** 제도할 때 먹선을 그릴 경우에 쓰이는 펜의 일종을 말한다. 촉의 모양이 마치 까마귀의 부리처럼 생겼다고 해서 '오구(烏口)'라고 한다. 우리말로는 '먹줄펜', 영어로는 'rulling pen'이라고도 한다.

**Drawing Table 묘화대(描化臺)** 입체도화기(주로 기계식 도화기에서 사용)의 일부로서, 이 위에 도화용지를 펴놓고 모델을 도화하여 직접 그리는 장치. 여색입체도화기의 경우는 높이의 기준면이 되기도 한다.

**Drawing Table Multiplex 묘화 책상** Drawing Table를 참조.

**Drawing Unit 도면단위** 센티미터, 피트, 인치와 같은 도면을 위한 선형 관측값의 형태를 말한다.

**DRG(Digital Raster Graphics) 수치 격자 도형** 'Digital Raster Graphic'의 약어로서, DRG는 USGS의 표준 지형도의 독취된 이미지로, 모든 난외 주기 정보를 포함하며, 벡터데이터가 겹쳐질 수 있는 이미지를 제공한다.

**Drift 편류** 촬영항공기가 바람에 의해 떠내려가 생기는 기체방향과 본래의 비행방향과의 차이를 말한다.

**Drift Correction 기계 변이 보정, 계기 보정** Gravity Correction을 참조.

**Drift Orbit 표류궤도** Transfer Orbit를 참조.

**Drill Log 시추주상도(試錐柱狀圖)** 지질단면을 도화화한 지반의 상태, 지하수 유동 등을 조사하여, 토층이나 암층의 상태를 예측하여 흙 파기, 흙막이 등의 공법선정, 기초의 설계, 형식 및 시공에 있어서 안전하고 경제적인 공사를 위한 설계도서 중의 하나이다. 시추조사 주상도에 기입되는 사항은 "조사명, 조사기간, 조사위치, 조사자, 시행자, 시추번호, 시추장비명, 각 채취시료의 위치 및 심도, 시추 중에 나타난 층의 관찰, 지하수위(시추 완료 후 24시간, 48시간, 72시간 경과 후 각각 측정하여 안정된 수위를 산정), 코아회수율 및 천공속도, 암층 천공압력 및 비트 회전속도, 기타 시추작업 중 나타나는 관찰사항, 시추 중에 판단하는 토층 및 암층분류, 토층 및 암층의 심볼위치 등"이 있다.

**DRIVE(Dedicated Road Infrastructure for Vehicle safety In Europe) 유럽 지능형 도로 기반 교통 체계** 교통혼잡의 완화를 위해 주로 도로 교통시설에 첨단 정보통신 기술을 적용하기 위한 유럽의 ITS 프로젝트를 말하며 3단계에 걸쳐 추진되었다.

**Drive by Download 드라이브 바이 다운로드** 웹이 갖고 있는 취약한 보안 상태를 활용해 악성코드를 심어놓은 방법이다.

**Driver 구동기** 인쇄나 영상면 표시 등의 주변 장치를 작동시킬 때 프로그램이 요구하는 정보가 들어 있는 파일을 말한다.

**DRM(Data Representation Model) 데이터 표현모델** SEDRIS의 기술요소로서 환경 데이터를 표현하고 형상화하기 위한 구성 방법을 제공한다.

**DRM(Digital Rights Management) 디지털 저작권 관리** 디지털 저작권 관리는 인터넷 대중화로 문서나 콘텐츠 등 디지털로 만든 저작물이 복제되거나 불법유통되지 않도록 관리해주는 솔루션이다. 기업에서는 중요 문서 유출을 막는 용도로, 콘텐츠제공자와 서비스제공자에게는 무단복제를 막아 합당하게 과금하는 용도로 활용한다.

**DRMS(Distance Root Mean Square) 거리 평균 자승근** GPS 정확도의 통계적인 측정. 측정의 수집에서 위치 고정의 실제 위치에서 거리의 평균 자승근의 값 1DRMS는 어떠한 위치에서 주어진 수집에 고정의 적어도 68%를 포함하는 원의 반경이다. 2DRMS는 어떠한 위치에서 주어진 수집의 고정은 적어도 95%를 포함하는 원의 반경이며, 사용되는 가장 일반적인 GPS 오차 용어이다.

**Drone 드론** [드론] 국립국어원은 드론의 다듬은 말로 "무인기"로 선정하였다. 그리고 사용되는 용도에 따라 '표적용 무인기', '정찰용 무인기', '촬영용 무인기', '배달용 무인기' 등으로 쓸 수 있고, 크기에 따라 '대형 무인기', '중형 무인기', '소형 무인기', '초소형 무인기'라고 쓸 수도 있다고 하였다. 그러나 항공법상 무인기(UAV : Unmanned Aerial Vehicle)는 매우 광범위하며, 드론은 "무인 비행장치"로 분류된다. 따라서 "드론"을 전문적으로 활용하는 분야에서 단순히 "무인기"로 정의하기에는 무리가 있으므로 "드론"으로 하는 것이 좋을 듯하다.
드론(Drone)은 꿀벌, 개미 등 벌목과 곤충의 수컷을 칭하는 영어 단어로서, 무인기(UAV : Unmanned Aerial Vehicle)의 한 종류이다. 즉, 드론은 "무선조종 비행장치"를 뜻하며, 프로펠러를 여러 개 가진 비행체란 뜻에서 "멀티 콥터" 혹은 일반적으로 카메라를 탑재하므로 "헬리캠"이라고도 한다. 2000년대 들어 항공촬영 등 전문 분야와 상업적·취미 등 수 많은 분야에서 다양한 용도로 활용되고 있다.
국내 항공법상 드론은 항공법상 무게 150kg 이하의 "무인비행장치"이다. 그 이상은 무인항공기로 분류한다. 무인 비행장치 중 연료를 제외한 자체중량이 12kg을 초과하는 무인비행장치는 관할 지방항공청에 신고를 하고 교통안전공단으로부터 안전성 인증을 받아야 한다. 다만 12kg 이하는 신고 및 안전성 인증 대상에서 제외된다. 12kg 이하 무인비행장치라도 모든 조종자는 항공법에 정한 안전수칙을 반드시 준수해야 한다. 즉, 조종자는 장치를 눈으로 볼 수 있는 범위 내에만 조종해야 하며 비행금지구역 또는 150m 이상의 고도에서 비행하려는 경우는 지방항공청장의 허가를 받아야 한다. 수도권의 경우, 비행금지구역(P-73A, P-73B, P-518)에서의 비행은 사전 허가가 필요하며, 비행제한구역(R-75)에서도 고도 150m 이상에서의 비행은 사전 허가가 필요하다. 국내 항공법은 무인비행장치를 이용한 사업을 "초경량비행장치 사용사업"으로 구분하고, 비료나 농약살포 등의 농업지원, 사진촬영, 육상·해상의 측량 또는 탐사, 산림·공원의 관측 등의 사업에 사용할 수 있도록 정하고 있다. 무인비행장치로 사용사업을 하기 위해서는 항공법에서 정하는 자본금, 인력, 보험 등 등록요건을 갖추고 지방항공청에 등록하여야 하며, 12kg을 초과하는 무인비행장치로 사용사업을 할 경우는 소속 조종자가 조종자 증명을 취득하여야 한다.
우리나라는 세계 최고 수준의 IT기술과 항공우주기술을 보유하고 있다. 따라서 드론 산업은 국가경제의 새로운 성장을 견인할 무한한 가능성을 가진 시장이다. 이에 드론 산업의 세계화를 목표로 '한국드론산업진흥협회'가 2015년 12월에 설립되었다.

**Drone Camera 드론 카메라** [드론] 현재 사용할 수 있는 대부분의 FPV(First-person view, 1인칭 시점) 카메라는 비디오 감시 및 보안 산업에서 주로 사용하고 있기 때문에 작은 크기와 어두운 조명 아래에서도 좋은 영상을 얻을 수 있다. 카메라를 드론에 설치하는 것은 간단하며, 3개의 전선이 있는데 보통 검은색은 접지, 빨간색은 플러스 전압, 노란색은 비디오 신호이다. 여기에 오디오 출력이 있는 카메라도 있다. FPV용 카메라의 전원은 6~15볼트를 사용하는데 드론의 배터리 전압(2S, 3S)을 조절할 필요 없이 바로 연결해서 사용할 수 있다. VTX(Video Transmitter) 참조.

**Drone Fighter 드론 파이터** [드론] 바이로봇(By Robot)이 만든 국산 쿼드콥터다. 초보자들도 자동 제자리 비행(Hovering·호버링) 기능이 있어서 쉽게 드론을 조정할 수 있는 장점이 있다. 그러나 기체가 너무 작아 실외에서 사용하기 어렵고, 모터의 힘이 약해 충분한 양력을 만들지 못한다거나, 무선 페어링(Pairing) 방식이 아니라 LED 방식이라 NoCon(No Control, 작동불능 상태)이 자주 발생한다는 지적도 있다.

**Drop Pin 낙하침, 낙침(落針)** 체인의 한 세트에 1개씩 들어있는데 측침을 길게 하여 하부에 무거운 추를 붙여 만든 것.

**Drop-Line Contour 드롭라인 등고선** 일정한 방향으로 모델을 주사하면서 일정한 표고치를 넘을 때마다 굵기를 달리하여 그려진 평행선군, 같은 굵기를 연결하면 등고선이 얻어진다.

**Drop-Line Correction 주사선 보정** Drop-Line이란 말 그대로 자료가 없는 주사선을 말한다. 이러한 빈 주사선에 자료를 채워 넣어주고자 하는 것이 이 보정 방법의 목적이며, 이러한 수정을 위해 인접선의 자료를 복사해서 사용하거나 인접선들의 평균값을 계산하여 사용하는 등의 방법이 일반적으로 많이 적용된다.

**Drop-On-Demand 드롭 온 디맨드** 잉크카트리지에 압력이 가해질 때만 제트를 통해 잉크를 뿜어내는 방법으로서 잉크젯 플로터의 한 가지 방법이다.

**Dropout 자료 소실, 소실** 전산화하고자 하는 지리사상에 비해 낮은 해상도로 스캔됨에 따라 발생하는 자료의 손실. 화소의 절반 크기보다 작은 사상은 알아볼 수 없다.

**Dropped Scan Line 누락 주사선** 감지기 오동작 또는 자료의 전송 또는 저장을 통하여 도입된 오차 때문에 원격탐사 영상에서 빠진 주사선을 말한다.

**Drought Flow 갈수량(渴水量)** 하천의 수위 중에서 1년을 통하여 355일간 이보다 내려가지 않는 수위를 갈수위라 하며, 갈수위 때의 물의 양을 갈수량이라 한다.

**Droughty Water Level 갈수위** 1년을 통하여 355일간은 이보다 내려가지 않는 수위를 갈수위라고 하고, 관개 계획, 상수도 계획, 산업 용수 계획 등의 기준이 된다.

**Drum Plotter 드럼 플로터** 드럼에 종이를 접착하여 종이를 수직 방향으로 움직이고, 펜 또는 연필 등을 수평 이동하면서 그림 또는 도표 등을 출력하는 장비이다.

**Drum Scanner 원통 주사기** 지도를 자동적으로 수치형태로 변환시키는 장치. 원통에 도면과 사진 등을 밀착 고정한 후 일정 속도로 원통을 회전시켜 변환하고, 광원은 이에 직각되는 X축을 따라 움직임으로써 독취한다.

**Dry Adiabatic Lapse Rate 건조 단열감률** 건조한 공기가 100m 상승함에 따라 약 1℃의 온도가 하강하는 것을 말한다.

**Dry Rock 간출암(干出岩)** 평균 수면보다는 위쪽에, 해안선보다는 아래쪽에 위치하여 조수간만의 차에 따라 드러나기도 하고, 수면 아래로 잠기기도 하는 바위를 말한다.

**Dry Unit Weight 건조 단위중량** 흙을 건조시켰을 때 단위 부피당 흙 입자만의 무게를 말하며, 간단히 건조 밀도(dry density)라고도 한다. $\gamma_d = \frac{W_s}{V} = \frac{G_s \gamma_w}{1+e} = \frac{\gamma}{1+w}$

**DSL(Digital Subscriber Line) 디지털 가입자 회선** DSL은 회선 자체보다는 이중 꼬임 동선에 연결된 모뎀을 이용하는 아날로그 대 디지털 전송 기술 유형을 말한다.

**DSLR(Digital Single Lens Reflex) 디지털 일안 반사식 카메라** 필름 일안 반사식 카메라와 거의 동일한 광학적·기계적 원리로 동작하는 디지털 카메라로서, 필름 대신 CCD(Charge Coupled Device)나 CMOS(Complementary Metal Oxide Semiconductor) 등의 이미지 센서(image sensor)를 사용한다. 화상이 렌즈를 통해 들어와 거울에 반사되어 매트 초점 스크린에 투영된다. 촬영시 거울이 위로 올라가고, 셔터가 열리며 프리즘을 통해 초점 스크린에 맺힌 화상은 이미지 센서에 투영된다. 초점 스크린에 맺히는 화상과 필름에 맺히는 화상 사이에는 시각 차이가 없다. SLR을 참조.

**DSM(Digital Surface Model) 수치 표면 모델, 수치 외관모형** 수치표면자료는 원시자료를 기준점을 이용하여 기준좌표계에 의한 3차원 좌표로 조정한 자료로써 지면 및 지표 피복물에 대한 점자료를 말한다("항공레이저측량 작업규정"〈시행 2013.1.1., 국토지리정보원고시 제2012-1669호〉 제2조 제10호).

인공지물과 식생이 있는 지구의 표면의 표고를 표현하기 위해, 일정 간격의 격자점마다 수치로 기록한 표고 모형을 말한다.

**DSMS(Data Stream Management System) 데이터 스트림 관리시스템** 스트림데이터는 지속적으로 발생하는 실시간 데이터의 연속으로, 네트워크 모니터링, 웹추적, 센서네트워크 등의 응용분야에서 주로 이용된다. DSMS는 일반적으로 대용량의 스트림 데이터에 대하여 연속질의(Continuous query)를 수행할 수 있는 시스템을 의미한다. 센서네트워크응용서비스에서도 센서노드가 데이터를 끊임없이 계속하여 제공할 때, DSMS 이슈가 존재한다.

**DSP(Digital Signal Processor) 디지털 신호 처리 장치** 디지털 연산에 의해 신호처리를 하는 하나의 IC칩으로 된 마이크로프로세서. 범용 마이크로프로세서의 아키텍처를 대폭 개량하여 고속 연산성과 컴팩트화를 추구한 정용 마이크로프로세서이다. 기본 조작은 필터링, 프리어 변환, 상관 함수의 산출, 부호화, 변복조, 미분, 적분, 적응신호 처리 등이다. 음성 합성, 음성 인식, 음성 부호화, 압축, 중고속 모뎀, 반향 소거 장치(Echo Canceller) 등의 음성 및 통신 시스템에서 채용되고 있으며, 영상 처리나 서보 모터 제어 등의 고속 디지털 제어 분야에 대한 적용도 실용화되고 있다.

**DSRC(Dedicated Short Range Communication) 근거리 전용 고속 패킷 통신 시스템** 차량을 위한 무선 전용 이동 통신으로 ITS(Intelligent Transport System) 서비스를 제공하기 위한 통신 수단의 하나이다. DSRC는 ITS 전용 근거리 무선통신 방식으로 현재 전 세계적으로 도로 통행 요금 자동 징수시스템의 통신모듈로 사용되고 있다. DSRC는 기본적으로 5.9GHz 대역을 사용하며 데이터의 전송속도가 수백 kbps 이상인 통신방식으로 정의된다. 적외선을 이용한 방식도 포함된다. 따라서 RFID나 비콘과는 구별된다. ITS에서 요구되는 정보들은 노변 기지국과 차량 간의 통신을 통해 서로에게 전달되어야 하며, 이를 구현하기 위해서 양쪽 장치 간의 무선 고속 패킷 통신이 가능한 기술을 이용하여야 한다. 이러한 통신을 위해서 제안되고 있는 기술이 DSRC로 근거리 전용 고속 패킷 통신 시스템이다. 즉, DSRC는 ITS서비스를 제공하기 위해 도입된 새로운 통신수단으로서, 도로변에 위치하는 소형기지국(노변장치)과 차량단말기(차량탑재장치)로 구성되는 통신망 또는 통신 시스템이다. Coverage 100 m 이하인 대부분의 ITS서비스를 수용하며, 이동/고정된 차량과 특정한 위치에 있는 노변 장치간의 정보전송(데이터 통신)에 사용되는 시스템이다. 차량 단말기(OBE : On Board Equipment), 노변 기지국(RSE: Road Side Equipment)으로 구성된다. DSRC 기술은 향후 고속이동 차량 간 10Mps의 무선 통신을 지원하는 WAVE(Wireless Access in Vehicular Environments)기술과 연계되면 다양한 텔레매틱스 서비스에 응용될 수 있다. 우선 DSRC를 통해 차량의 위치와 상태를 파악함으로써 다양한 LBS(Location Based Service)가 가능하게 될 것이다. 도로 상황안내, 대중교통 위치 파악 등의 서비스는 물론, 물류 분야에도 적용되어 화물차의 위치 파악 및 운행시간 단축에 기여할 것이다. 또한 원격 차량 검진, 배기가스 배출량 감시 등의 서비스도 무선통신 기능을 통해 가능해질 것이다. 이외에도 차량 간에 서로 자동으로 위치 정보를 주고받음으로써 차량 충돌 방지, 지능형 주행 시스템 구축 등에도 응용될 수 있다. DSRC는 향후 U-헬스, RFID, 전자화폐, IPTV, VoIP 등 다양한 서비스들과 연계하여 유비쿼터스 사회의 한축을 담당하게 될 것이다. WAVE(Wireless Access in Vehicular Environments) 참조.

**DSS(Decision Support System) 의사 결정 지원 체계** 기업의 최고 경영자들이 기업 경영 방법에 대한 의사 결정을 체계적으로 내릴 수 있도록 관련 자료들을 분석하여 미리 정의된 여러 가지 전략에 바람직한 의사 결정 방향을 제공하는 컴퓨터 체계를 말한다.

**DSSS(Direct-Sequence Spread Spectrum) 직접 확산 스펙트럼, 직접 시퀀스 대역 확산** 원래의 신호에 주파수가 높은 디지털신호(확산코드)를 곱(XOR)하여 확산(Spreading)시키는 대역확산 변조방식으로서, FHSS(Frequency Hopping Spread Spectrum, 주파수 도약 스펙트럼)보다 전력 효율이나 대역폭 효율면에서 월등하여, 이동통신 CDMA와 거의 같은 의미로 받아들여진다. 전송될 2진 데이터 신호를 칩 코드(Chipping Code, Chip)라고 하는 다른 2진 코드(비트 패턴)로 변조하여 사용주파수 전역으로 확산시켜 전송한다. 즉, 데이터의 각 비트(Bit)를 칩(Chip) 형태의 여러 비트들로 변조하여 사용하고, 주파수 전역으로 확산시켜 전송하며, 수신시 칩이 다시 원래의 비트 단위로 변환되어 데이터가 복원된다. 칩이 크면 클수록 원래의 데이터로 복원될 가능성이 커진다. FHSS(Frequency Hopping Spread Spectrum) 참조.

**DSU(Digital Service Unit) 디지털 전송장비** 디지털 전송 장비다. 모뎀은 아날로그 전송 장비인 반면 CSU는 디지털 전송장치다. 모뎀은 아날로그 신호를 변복조 해야 하므로 기술적으로 어렵고, 속도 향상에 한계가 있다. CSU 등의 디지털 전송로를 설치하면 모뎀보다 고속으로 정보를 송수신할 수 있다. 또한 아날로그와 달리 원거리 전송시에도 디지털 신호를 샘플링하여 에러의 정정 및 보상이 용이하며, 모뎀보다 비교적 기술적으로 간단하다. DSU는 최대 전송속도 64kbps이하, 56k, 38.4k, 19.2k, 9.6k, 4.8k, 2.4k 등을 지원하는 DS0급(64kbps) 전송로에 사용된다. 디지털 전송장비 중 가장 저속으로 대부분 RS232나 V.35 인터페이스를 제공한다. 컴퓨터 및 주변기기는 기계가 쉽게 인식할 수 있도록 디지털 파형을 사용한다. 미세한 디지털 신호를 멀리 전송하기 위해서 디지털 전송장비가 필요한 것이다. 즉, 가까운 거리에서는 별도의 전송장비 없이도 자신의 자료를 상대방에게 무사히 보낼 수 있지만, 거리가 멀면 미세한 디지털 파형은 전송되는 도중에 왜곡 현상이 발생되어 상대방이 인식할 수 없으므로 이를 부호화(Incoding)하여 상대방으로 전송하고 또한 부호화되어 들어오는 정보를 원래의 신호인 디지털로 복호화(Decoding)하는 것이 DSU의 역할이다.

**DTAD(Digital Terrain Analysis Data) 수치 지형 분석자료** 자연 및 인공 형상을 이상된 형식으로 표현하는 데이터. 형상 데이터는 속성화되어 대개 교통, 식생, 표면상태, 표면 재질, 표면 배수 및 장애물 분석 파일로 분류된다. DTAD로 구성된 여러 데이터베이스는 지형분석, 모형화, 모의실험에 사용된다.

**DTD(Digital Terrain Data) 수치 지형 자료** 수치지형모형에 사용되는 자료는 지도, 항공사진, 입체모형, 현장측량성과, 항공기나 위성영상과 LiDAR에 의해 취득된다.

**DTED(Digital Terrain Elevation Data) 수치 지형 표고데이터** 미 정부기관인 NIMA에서 사용하는 용어로서 격자형태로 저장된 데이터로부터 동일한 격자형태로 데이터를 추출하는 것을 의미한다. 즉, 넓은 의미의 지형모델을 나타내며 표고값 이외에도 최대·최소 표고값과 평균 표고값 등을 제공하여 주로 군사용으로 제공된다. 지형고도, 경사 또는 표면 재질에 관한 정보를 필요로 하는 모든 군사훈련, 작전 수립 및 수행 체계에 기본적인 양적 데이터를 제공한다. 레벨 2의 포스트 공간(post spacing)은 위도상 1arc초이고, 레벨 1의 경우에는 3arc초이며, 이 두 레벨에서는 위도에 따라 경도의 간격이 달라진다.

**DTM(Digital Terrain Model) 수치 지형 표고 모델** 수치지면자료는 치표면자료에서 인공지물 및 식생 등과 같이 표면의 높이가 지면의 높이와 다른 지표 피복물에 해당하는 점자료를 제거(필터링)한 점자료를 말한다("항공레이저측량 작업규정"〈시행 2013.1.1., 국토지리정보원고시 제2012-1669호〉 제2조 제11호). 적당한 밀도로 분포하는 지점들의 위치 및 표고의 수치값을 모아서 지형을 나타내는 모델로서, 건물, 수목 등의 지표 피복물의 점자료를 제거한 지형 고도 모형을 말한다. DEM 참조.

**DU(Digital Unit) 디지털신호처리부** 기지국의 디지털 신호 처리 부문으로 3G, 와이브로, LTE 등의 무선 디지털 신호를 암호화, 복호화하는 채널카드로 구성되며 RU(Radio Unit)와는 광케이블을 이용하여 연동하여 교환국사에 DU 집중센터로 운영된다.

**Dual Cable Release 듀얼 케이블 릴리스** 케이블 릴리스는 카메라의 흔들림 없이 선명한 사진을 촬영할 수 있도록 카메라에 직접 손을 대지 않고 원격 작동시키는 간단한 장치를 말한다. 듀얼 케이블 릴리스는 2대의 카메라를 동시에 동작시킨다.

**Dual Core 듀얼 코어** 2개 프로세서를 하나로 통합해 집적화한 중앙처리장치로, '2개 두뇌를 가진' 중앙연산처리장치(CPU)로 불린다.

**Dual Frame 듀얼 프레임** 한 쌍의 카메라로 또는 노출과 노출 사이에 1대의 카메라를 이동시켜서 촬영한 2개의 슬라이드. 2개의 슬롯에 슬라이드를 각각 투입해 3D 이미지를 감상한다.

**Dual Frequency Model 2주파수형(二周波數形)** GPS 위성에서 송신되는 L1 과 L2 주파수로부터의 신호를 모두 수신할 수 있는 수신기. 이중 주파수 관측을 하면 전리층의 영향을 소거할 수 있다. 정밀한 단독 위치 결정, 장거리 기선의 간섭 위치 결정에는 이중 주파수 수신기가 유리하다.

**Dual Frequency Receiver 2주파 수신기** GPS 위성에서 송신되는 L1 과 L2 주파수로부터의 신호를 모두 수신할 수 있는 수신기이다. GPS 신호의 전리층에 의한 영향이 주파수에 의존하므로, 이주파수신기를 사용하면 전리층 효과의 대부분을 제거할 수 있는 장점이 있다.

**Dual Independent Map Encoding(DIME) 2중 독립 지도 부호화, 다임** DIME(Dual Independent Map Encoding)를 참조.

**Dual Independent Map Encoding File(DIME File) 2중 독립 지도 부호화 파일, 다임 파일** DIME File(Dual Independent Map Encoding File)를 참조.

**Duality of Light 빛의 이중성** 빛의 파동성을 가장 뚜렷하게 입증해 주는 것은 영국의 의사, 물리학자, 고고학자인 영(Thomas Young, 1773~1829)이 처음으로 발견한 간섭 실험이다. 이 실험에 의해 200년 가까이 논쟁이 되어 왔던 빛의 본성이 파동성 쪽으로 기울었다. 그러나 20세기에 와서 밝혀진 광전효과의 실험 사실은 빛의 입자성을 보여 주는 현상이므로, 빛은 파동과 입자의 2가지 성질을 다 가지고 있음을 알 수 있다. 이것을 빛의 이중성(duality of light)이라고 한다.

19세기 말에서 20세기 초에 발견된 광전효과 등의 여러 가지 현상들은 빛의 입자설과 파동설 중 어느 것으로도 설명될 수 없었다. 1905년 독일 태생의 미국 이론물리학자인 아인슈타인(Albert Einstein, 1879~1955)은 광파의 에너지는 광자라고 하는 작은 덩어리로 양자화되어 있다는 광양자설(the quantum theory of light)을 제안하여 광전효과를 설명했으며, 광자 에너지는 파동의 진동수에 비례한다고 했다. 즉, $E = hf$ 이며, 여기서 h는 플랑크 상수이다. 1923년 발견된 콤프턴 효과(Compton effect)는 광양자설을 뒷받침해주었으며, 데이비슨(C.J. Davisson, 1881~1958)과 저머(Lester H. Germer, 1896~1972)의 실험과 톰슨(George Paget Thomson, 1892~1975)의 실험 등에 의해 빛은 입자와 파동의 성질을 모두 갖고 있다는 것을 알았다. 이 같은 성질을 빛의 이중성이라 한다. 보어(Niels Henrik David Bohr, 1885~1962)가 제안한 상보성원리(相補性原理, complementarity principle: 양자역학적 물체가 어떤 실험을 하느냐에 따라 파동 또는 고전적 입자의 성질을 보인다는 원리이다. 보어가 코펜하겐의 연구소에서 불확정성 원리를 해명하기 위하여 도입하였다)에 의하면 입자와 파동의 성질은 서로 보완적이며, 어떤 한 가지 실험은 입자와 파동설 중 어느 한 가지 성질로만 이해되며, 2가지를 다 적용해서는 안 된다.

광속의 측정을 처음 시도한 사람은 갈릴레오 갈릴레이(Galileo Galilei, 1564~1642)였다. 갈릴레오는 등불과 덮개를 갖고 1km 떨어진 언덕 위로 올라갔다. 갈릴레오는 빛이 두 사람 사이를 왕복하는 데 걸리는 시간을 측정하려고 했다. 갈릴레오가 등

불의 덮개를 열면 그의 조수는 그 불빛을 보는 순간 자기 등불의 덮개를 연다. 갈릴레오는 등불의 덮개를 연 후에 조수의 등불로부터 오는 빛을 볼 때까지의 시간을 측정하면 광속을 계산할 수 있을 것이라고 생각했다. 그러나 빛의 속도는 사람의 빛에 대한 반응시간에 비해 훨씬 빠르기 때문에 광속은 측정할 수 없었다. 광속의 크기가 유한하다는 것은 목성의 한 위성(Io : 평균주기 425시간) 주기에 대한 천문관측으로부터 처음으로 입증되었다. 1675년 덴마크의 천문학자 뢰머(Ole Christensen Rømer, 1644~1710)는 목성의 위성주기를 정밀하게 측정하여 그 주기가 지구와 목성의 상대적인 운동에 따라 달라진다는 것을 알았다. 이러한 차이는 지구와 목성 사이의 거리가 변하여 생기는 것으로서 광속이 유한하기 때문이라고 했다. 뢰머가 측정한 값은 $2.1\times10^8$m/s였다. 1849년 프랑스의 물리학자 피조(Armand Hippolyte Louis Fizeau, 1819~1896)는 천문학적이 아닌 방법을 사용하여 처음으로 광속을 측정했다. 피조는 광원으로부터 나온 빛이 톱니바퀴의 틈을 통과한 다음 89km 떨어진 곳에 있는 거울에서 반사되어 다시 톱니바퀴의 틈으로 돌아오도록 장치하고 톱니바퀴의 각속도를 조정함으로써 광속을 측정했다. 그의 측정값은 $3.153\times10^8$m/s이며, 그의 장치는 푸코(Jean Bernard Léon Foucault, 1819~1868)에 의해 톱니바퀴대신 회전거울이 사용됨으로써 측정법은 많이 개선되었으며 광속은 $2.98\times10^8$m/s로 측정되었다. 또한 푸코는 1850년에 물속에서의 광속은 공기 중에서의 광속보다 느리다는 것을 알았는데, 이 결과는 빛의 입자설에 모순되는 것이었다. 1880~1930년 사이에 미국의 물리학자 마이컬슨(Albert Abraham Michelson, 1852~1931)은 이러한 방법에 의해서 광속을 보다 정밀하게 측정했다. 또 다른 방법으로 광속을 결정하는 방법은 빛이 전자기파의 일종이라는 사실에 근거를 두고 있다. 광속은 진공중의 유전율 $\epsilon_0$과 진공중의 투자율 $\mu_0$의 곱의 제곱근의 역수와 같다. 즉, $c=\frac{1}{\sqrt{\epsilon_0\mu_0}}$이다. 현재 사용하고 있는 광속의 값은 진공 중에서의 값은 c=299,792,458m/s이다.

**Dual Stream 3DTV 2중 스트림 3차원 텔레비전** 좌우 영상을 2개의 스트림으로 구성하여 전송하는 3D 영상 포맷이다. 좌영상은 MPEG-2(약 12Mbps), 우영상은 H.264(약 6Mbps) 방식으로 압축하여 전송하기 때문에 하나의 스트림으로 전송하는 사이드 바이 사이드 방식보다 고화질의 영상을 구현할 수 있다.

**DuckDuckGo 덕덕 고우** 전통 검색, 정보 검색, 쇼핑검색 등으로 구분해 검색결과를 제공한다. 가령 검색어의 의미가 다중적일 때 사용자가 원하는 검색어가 어떤 것인지를 선택할 수 있다. '애플'이라는 검색어를 검색창에 입력할 경우 '사과'에 대한 검색을 원하는지 컴퓨터 회사에 관한 검색을 원하는 지를 되묻는다.

**Ductile 연성** 탄성한계(elastic limit) 이상의 응력 (stress)을 가해도 파괴되지 않고 늘어나는 물체의 성질로서, 일종의 영구변형이 일어나는 것이다. 이는 물체의 원자 배열면이 인접한 배열면에 대해 미끄러져 일어나는 성질이므로, 원자가 규칙적으로 배열되어 있으면 이러한 성질을 띠지만 배열이 불규칙하면 이 성질이 없어진다. 일반적으로 대륙지각의 10km 상부에서는 취성변형을 받아 단층을 생성시키는 반면, 이보다 더 깊은 지각에서는 연성 변형작용을 받아 연성전단대가 형성하게 된다. 상이한 두 변형대의 사이에서는 점이대가 있으며, 이곳에서는 취성-연성전단대가 형성된다.

**Dueker' Definition of GIS 듀크의 지아이에스 정의** "점, 선 또는 면으로 정의할 수 있는 공간적으로 분포된 개체, 활동 또는 사건 등에 대한 관측결과로 데이터베이스를 구성하는 정보시스템의 특별한 경우이다. GIS는 이러한 점, 선, 면에 대한 데이터를 특정한 질의나 분석을 위한 데이터를 구하기 위해 조작한다."

**Dummy Ditch 맹암거** 지하배수를 위해 흙속에 일정 간격으로 구멍을 뚫어 배수시키는 형태로서 유공관을 사용하는 관부설 맹암거와 입상재료만을 사용하는 맹암거 등이 있다. de-watering, mole drainage이라고도 한다.

**Dumping Ground 쓰레기 처리장** 여러 종류의 쓰레기를 버리도록 지정된 지역을 말한다.

**Dumpy Level 덤피 레벨** 망원경은 Y자가에 고정되어 있고 들어낼 수 없다. 구조가 견고하여 한번 조정해 놓으면 조정상태가 오래간다.

**Duplicate Map 부도** 지적도와 같은 정도의 복제도를 말한다.

**Duplicated Point 중복점 오류** 1개의 등고선상 같은 위치에 점이 2개 이상 존재할 경우 발생하는 오류를 말한다.

**Durability 내구성(耐久性)** 시설, 설비 등의 마모, 기상, 열, 약품 등에 대한 저항성을 나타낸다. 시설의 용도, 환경, 사용 재료에 따라 표준 내구연수가 정해진다.

**Duration (지속)기간, 기간** 작업 단위의 수행에 필요한 시작점과 종점 사이의 기간(지속시간, 시간거리)을 말한다.

**Duration Curve 지속기간 곡선** 주어진 하천 유량과 같거나 초과하는 기간의 백분율로서 과거 하천유량 기록에 대한 통계연구에 바탕을 둔다.

**DVD(Digital Video Disk) 디지털 비디오 디스크** 광학 디스크 저장 기술의 일종이다. 디지털 비디오 디스크(DVD)는 외관상 CD-ROM 디스크와 비슷하지만 훨씬 많은 데이터를 저장할 수 있다. DVD는 흔히 한 편의 동영상 또는 많은 저장 공간이 필요한 기타 멀티미디어 콘텐츠를 저장하는 데 사용된다.

**DVI(Difference Vegetation Index) 식생 차이 지수** 식생 차이 지수는 Richardson과 Everitt(1992)의 몇몇 최근 논문에서 기술되고 있으나, 이를 처음으로 제안한 것은 Lillesand와 Kiefer(1987)로 이들은 식생지수(VI : Vegetation Index)로서 제안하였다. 녹색식물의 반사율이 높은 근적외선의 영상과 반사율이 낮은 적색 영역 영상의 두 분광대에서 관측한 영상이 가진 차이를 구하여 녹색식물의 반사특성을 강조하는 변환식이다.

**DVI(Digital Visual Interface) 디지털 비주얼 인터페이스** 본래 컴퓨터 영상 전송 목적으로 만들어진 방식으로 각 픽셀에 대한 좌표와 R, G, B 신호값을 부호화해 전송하므로 픽셀 대입형 디스플레이, 즉 LCD나 PDP에서 그 성능이 최적화 된다.

**DVP(Digital Video Plotter) 수치 영상 도화기** 특별한 그래픽 카드와 디지타이징을 위한 작업대가 장착된 개인용 컴퓨터에서 이용되며, 사용자가 간단한 입체시스템을 이용하여 한 쌍의 수치영상을 보고 입체모형을 표정하여 자료를 얻게 한다.

**DVR(Digital Video Recorder) 디지털 비디오 레코더** 디지털 영상저장장치이다. 영상을 비디오테이프가 아닌 하드디스크 기반의 디지털 저장 장치에 기록할 수 있는 장비를 말한다. PVR(personal video recorder)이라고도 한다. 디스크에 영상을 저장하거나 저장된 영상을 재생할 수 있는 분리형(stand-alone) 셋톱 박스나 PC에서 이용할 수 있는 소프트웨어도 포함한다.

**DWG(Drawing File Extention) 디더블유지, 오토캐드사용 파일명** 3차원 설계 프로그램인 Auto CAD에서 사용되는 설계 밑그림 파일을 말한다. DX 90수치 지리 자료 변환을 위한 아이에이치오 표준, 디엑스 90국제수로기구(IHO; International Hydrographic Organsation)에 의해 개발된 수치 지리 자료 변환을 위해 IHO 표준으로서, IHO의 객체 코딩 스키마와 많은 디지타이징 규약과 함께 DX90은 수치 수로 측량 자료에 대한 IHO 전송 표준이다.

**DXF(Drawing Exchange Format) 도면 교환형식** 도면 교환형식이라는 뜻으로, 서로 다른 컴퓨터지원 설계(CAD) 프로그램 간에 설계 도면 파일을 교환하는 데 업계 표준적으로 사용되는 파일 형식이다.

**DXF2DEM 도면 교환형식 2 디이엠** 수치지도 DXF 데이터에서 등고선과 같은 3차원 특정 레이어 선택을 통해 별도의 변환 작업 단계를 거치지 않고도 단시간 내에 DEM 데이터로 만드는 국가 기술의 소프트웨어이다.

**Dynamic Attachment 동적 접합** 하나의 껍데기나 객체가 다른 객체로 붙는 것을 말한다. 부드러운 껍데기로 3D 객체의 골격을 둘러싸게 하는 것은 폴리곤이 만나는 모서리가 있는 부분의 보이는 접합부분의 문제를 피하게 된다.

**Dynamic Data Exchange(DDE) 이동 자료 교환** DDE(Dynamic Data Exchange)를 참조.

**Dynamic Datum 이동 측지계** 위치들의 좌표가 시간의 함수로서 변하는 것을 표현하기 위하여 도입된 것을 말한다. 이 측지계는 국제지구기준좌표계(ITRS : International Terrestrial Reference System)와 같이 동적인 지구기준좌표계로서 연속적으로 정의된다.

**Dynamic Elastic Modulus 동탄성계수** 동적 응력(발파진동, 지진동 등)에 대한 암반의 반응을 평가하기 위해 산정한다. 암반의 탄성파 속도를 측정하여 간접적으로 결정하며, 초음파 펄스법(ultrasonic pulse method), 공진법(resonance method) 등이 있다.

**Dynamic Height 역표고** 하나의 등 포텐샬(Potential) 면상의 모든 점에서 같은 값이 주어지도록 하는 것을 말한다.

**Dynamic Hyper Text Markup Language(DHTML) 다이나믹 하이퍼 텍스트 기술언어** DHTML(Dynamic Hyper Text Markup Language)를 참조.

**Dynamic Image 동영상** TV나 비디오 영화와 같이 시간과 함께 변화하는 영상을 말한다.

**Dynamic Link Library(DLL) 동적 연결 라이브러리** DLL(Dynamic Link Library)를 참조.

**Dynamic Linking Library (DLL) 동적 라이브러리** DLL(Dynamic Linking Library)를 참조.

**Dynamic Model 동적 모델** 동적 모델에서는 과거, 현재 혹은 미래에 일어날 변화를 강조한다. 동적 모델은 정적 모델보다 복잡하며, 절차에 의해 직관적인 표현을 얻기 위해서는 더 많은 계산이 필요하다.

**Dynamic Modeling 동적 모형화** 객체 모형화에서 규명된 객체들의 행위와 상태를 포함하는 라이프 사이클을 보여준다.

**Dynamic Positioning 이동 위치관측** 실시간 지도화에서처럼 이동하면서 위치를 결정하는 방법. 운송파-위상을 가지고서 보다는 C/A-부호의 사용을 의미하는 것이 되었다.

**Dynamic Random Access Memory(D RAM) 디 램** D RAM(Dynamic Random Access Memory)를 참조.

**Dynamic Range 동적 영역, 다이내믹 레인지** [영상] 동적 영역은 바닥잡음(noise floor)에 대한 픽셀의 포화레벨(saturation level)의 비율이다. 즉, 동적 영역은 image상에 표현할 수 있는 최대 신호와 최소 신호의 비를 나타내며, 신호대잡음비(SNR)와 함께 화상센서의 성능을 나타내는 주요한 지표이다. 여기서 바닥잡음이란 read noise라고도 불리며, 광자 산탄 잡음를 제외한 잔류잡음(residual noise)을 나타낸다. 이러한 바닥잡음은 영상의 어두운 부분의 화질을 제한하는 요소이며, 적분시간이 길어질수록 커지는 경향이 있다. 동적 영역은 식별이 가능한 범위 내에서 가장 밝은 부분과 어두운 부분의 비율이다. 자연계에 존재하는 대상물의 밝기를 자기 시스템의 특성에 따라 재현시켰을 때, 식별이 가능한 범위 내에서 가장 밝은 부분(X2)과 가장 어두운 부분(X1)의 비를 dB(데시벨)로 표현하면 다음과 같다. 즉, Dynamic Range(dB) = 20log(X2/X1)

동적 영역이 클수록 어두운 부분과 밝은 부분을 동시에 잘 표현할 수 있다. Wide Dynamic Range 참조.

**Dynamic Resolution 동적 해상도, 동해상도** [영상] 움직이고 있는 피사체에 대한 해상도로서, 일반적으로 촬상소자는 축적원리를 이용하고 있기 때문에 입사광에 의한 신호를 일정시간 적분하여 읽어낸다. 이 읽는 주기 중에 피사체가 정지 화상의 분해능력을 초과하여 이동하면 동해상도는 정지 화상의 해상도보다 나빠진다. 따라서 축적시간이 짧을수록 동해상도는 향상되지만 감도는 그만큼 나빠진다.

**Dynamic Segmentation 동적 분할** ARC INFO에서 사용되는 선형 자료를 위한 자료 모형. 이동 분할은 하나의 선형 요소에 대하여 여러 형태의 속성 정보를 부여하여 관리할 수 있으며, 라우트(Route)와 섹션(Section)으로 구성되어 있다. 라우트 시스템은 버스노선, 배달 노선 등의 선형 사상들의 논리적 집합을 나타내는 라우트들로 구성된다. 하나의 자료 군에 대하서 여러 개의 라우트들이 존재할 수 있다. 라우트 시스템은 아크, 라우트, 섹션들로 생성되며, 근간을 이루는 아크-노드 위상을 변형하지 않고 선형 사상을 정확히 모형화할 수 있다.

**Dynamic Spatial Data 동적공간(動的空間) 자료** 공간자료는 시간의 변화에 따라 동적으로 변화한다. 오늘날 하드웨어와 소프트웨어 기술이 발전함에 따라 GIS는 이러한 기술을 활용하여 자료의 동적 변동요소를 어렵지 않게 밝혀내고 있다. 점은 자진 발생 지점, 인구 중심 지점, 소비자의 위치 등과 같은 자료에 대한 이동 경향을 설명한다. 선은 도로 건설 등과 같은 길이를 변화시킨다. 면은 모양을 변화시킨다. 오랜 시간동안 자연적 · 문화적 경관의 변화는 동적인 경향을 포함한다. 3차원 자료는 실제의 모습을 전달하기 위해(X, Y, Z) 좌표체계를 이용한다. 3차원 형상(지형 · 지물들)도 역시 변화하므로, 정확하고 효율적인 정책을 위해 동적 공간정보는 필수적이다.

**Dynamic Survey 이동 측량** 여로 측점이나 기선에 대한 자료를 수집하기 위하여 섹션 간을 이동하면서 측량하는 방법이다.

**Dynamic Time 역학시** 역학시에는 지구중심을 기준으로 한 지구 역학시(TDT : Terrestial Dynamic Time)와 태양 중심을 기준으로 한 태양계(TDB : Barycentric Dynamic Time)가 있다.

**Dynamo Theory 다이나모 이론** 지구 내부의 핵이 회전하면서 유도전류를 발생시키고 이 유도전류가 지자기를 만든다는 학설이다.

**Dystopia 디스토피아** '유토피아'의 반대말. 모든 사람이 행복한 세상을 '유토피아'라고 한다면 '디스토피아'는 모든 사람이 불행한 세상을 말한다. 부유층 빈곤층 우파 좌파 노년층 청년층 등 모든 계층의 행복지수가 현저히 떨어진 세상이다. 사회적 불균형과 리더십 상실이라는 현실 때문에 2015년 다보스포럼에서 화두로 제시됐다.

**EA(Enterprise Architecture) 전사적 아키텍처** 체계화된 정보화를 추진하기 위해 업무, 데이터, 시스템 등 정보화 구성 요소와 상호관계(Architecture)를 미리 규정한 정보화 종합 설계도다. 신규 정보화 투자 심사 시 업무, 데이터, 시스템 등의 관점에서 자원의 중복성이나 공유 기능 여부를 확인해 투자 여부를 결정하고 사업을 조정할 수 있다.

**EA(Environmental Assessment) 환경 평가** 지방정부의 총체적인 고려와, 측정과 분석을 통한 개인에 대한 위협을 다루는 것을 말한다.

**EAI(Enterprise Application Integration) 전사적 업무 통합** 기업 내의 비즈니스 로직을 중심으로 업무들을 현대화하고, 통합하고, 조정하는 것을 목표로 세운 계획, 방법 및 도구 등을 일컫는 비즈니스 컴퓨팅 용어이다.

**Earliest Finishing Time(EFT) 최조 종료 시간** EFT(Earliest Finishing Time)를 참조.

**Earliest Starting Time(EST) 최조 시작 시간** EST(Earliest Starting Time)를 참조.

**Early Adopter 얼리어답터** 미국의 사회학자인 에버릿 로저스가 그의 1957년 저서, 디프젼 오브 이노베이션(Diffusion of Innovation)에서 처음으로 사용된 단어. 제품이 출시될 때 남들보다 먼저 제품에 대한 정보를 습득하고, 제품에 관한 평가를 내린 뒤 주변 사람에게 알려주는 성향을 가진 사람들을 말한다.

**Early Finish 최조 완료** 프로젝트 진행 경로를 기준으로 한 작업 단위가 종료되는 가장 이른 시간을 말한다.

**Early Start 최조 개시** 프로젝트 진행 경로를 기준으로 한 작업 단위가 시작되는 가장 이른 시간을 말한다.

**Earning Shock 어닝쇼크** 한 기업에서 실적을 발표할 때에 예상했던 것보다 저조한 실적을 발표하게 될 경우를 말한다. 기업들이 분기별 또는 반기별 실적을 발표하는 어닝시즌(earning season) 때 시장에서 예상했던 것보다 훨씬 저조한 실적을 발표하는 것을 일컫는다. 실적 충격이라고도 한다. 시장에서 예상했던 것보다 실적이 저조하면 기업이 좋은 실적을 발표해도 주가는 떨어지지만, 예상했던 것보다 실적이 좋으면 기업의 실적이 저조하더라도 주가는 오르기도 한다. 통상적으로 어닝쇼크는 예상보다 저조한 실적을 가리킨다.

**Earning Surprise 어닝 서프라이즈** 어닝시즌에 발표된 실제 실적이 시장의 예상치를 훨씬 초과하는 것으로 우리나라에서는 '깜짝 실적'이라고도 한다. 어닝시즌이란 본래 미국 기업들의 실적이 집중적으로 발표되는 시기를 말하며, 최근엔 국내 증시에서도 기업들의 실적 발표기를 어닝시즌이라고 한다. 증권시장에서 기업의 실적이 예측범위를 벗어나 투자자들을 크게 놀라게 한다는 말에서 나온 것으로 어닝시즌에 발표한 기업의 영업성적이 예상치보다 훨씬 초과하였을 때를 말한다.

**Earth Centered Earth Fixed(ECEF) System 지구 중심 지구 고정 좌표계** ECEF(Earth Centered Earth Fixed) System를 참조.

**Earth Coordinate 지구 좌표** 인공위성에 따른 전 지구적인 위치결정 체계에서는, 지금까지 지역마다 구축되어 온 지구타원체 값을 이용하지 않고, 지구상의 위치와 위성의 위치를 표현할 수 있는 전 지구적인 좌표계를 말한다.

**Earth Crust 지각(地殼)** 지구 표면을 구성하고 있는 지구의 최 외곽층으로서, 지표면으로부터 모호로비치치 불연속면(Mohorovicic Discontinuity)까지의 고체 부분으로 정의한다. 지각 구조는 지진파, 중력, 자기장 등에 의해 연구되어 왔으며, 현저한 지역차가 있다는 사실이 알려졌다. 대륙 지각의 두께는 약 30km정도 되지만, 해양 지각은 10km 이내의 두께를 갖는다. 대륙지역에서도 안데스·티베트 등의 대산맥이나 고원에서는 60km 이상이 되기도 한다. 이러한 지역차는 지각평형설(Isostasy) 등에 의해 예측되어 왔으며, 제2차 세계대전 후 활발해진 대규모의 인공지진 실험으로 확인되었다. 대륙 지각은 퇴적층으로 덮여 있으며, 하부는 P파 속도가 6km/s 정도인 화강암질층(sial)과 7km/s 정도의 현무암질층(sima)으로 나누어 생각하는 경우가 많다. 한편, 해양지각은 지역차가 적고, 매우 균질한 특징이 있는데 해령(海嶺) 등 특별한 지역을 제외하면 지각 두께가 대략 6~7km 정도이고, 내부구조에도 지역차가 적다.

판구조론(Plate Tectonics)에 따르면 해양지각은 해양판(海洋板)의 최상부로서 중앙해령에서 형성되는 것이며, 구조가 균등한 것은 그 형성 과정과 관계가 있는 것으로 분석된다. 해양지각은 해양판(plate)의 움직임에 따라 항상 변화되고 있기 때문에, 가장 오래된 연대의 지역에서도 2억년 정도이다. 이와는 달리 대륙지각의 대부분은 지구가 생긴 지 얼마 안 되어 형성된 것으로서, 해양지각보다 매우 오랜 역사를 가지고, 지각이 맨틀 위에 정수압(靜水壓) 평형상태로 떠 있는 지각평형을 이루고 있다. 절대연대 측정으로 확인된 가장 오래된 지각 암석연령은 약 35억년이다.

**Earth Curvature 지구 곡률** 지구의 굽은 선이나 면의 굽은 정도를 말한다.

**Earth Curvature Distortion 지구 곡률 왜곡** 지구곡률에 의해 실제보다 더 낮아 보이는 현상이다.

**Earth Ellipsoid 지구타원체(地球楕圓體)** International Geodetic Reference System, International Earth Ellipsoid를 참조.

**Earth Form Surveying 지구 형상 측량** 주로 회전 타원체와 지오이드의 형상을 결정하는 것으로 다음의 내용을 포함한다. ① 회전 타원체의 크기와 형상 결정. ② 회전 타원체에 대한 지오이드 기복의 결정. ③ 지오지드와 지형면의 관계 결정. 즉, 지구의 형상을 결정하는 방법에는 크게 2가지로 나눌 수 있다. 첫째, 기하학적 방법으로서 장거리 삼각 측량에 의한 자오선 호장 측량, 천문 측량, VLBI, 인공위성 측량으로 나눌 수 있는데, 관측된 자료를 이용하여 적도 반경과 편평률을 결정하며, 천문 측지 경위도에 의한 연직선 편차를 각 지점에 대하여 적분한 후 지오이드 기복을 결정하여 지구 타원체를 결정하게 된다. 둘째, 역학적인 방법은 중력 관측에 의한 방식으로 지오이드 기복을 결정하며, 인공위성 궤도 해석에 의한 방식으로 지구의 형상을 결정한다. 한편, 지구의 형상이란 기복이 많은 실제의 모양을 말하는 것으로, 크게 구와 회전 타원체로 구분되며, 엄밀히 말하면 삼축 부등 타원체, 지오이드(Geoid), 의사 지오이드(Quasi Geoid), 텔루로이드(Telluroid) 등을 고려해야 한다.

**Earth Gravitational Constant 지구 중력 상수** Gravitational Constant를 참조.

**Earth Observation 지구 관측** 우주 공간에서 수행되는 원격탐사 기술을 말한다.

**Earth Observation Satellite(EOS) 지구관측위성(地球觀測衛星)** Earth Observation Satellite (EOS)를 참조.

**Earth Observing System, Data & Information System (EOSDIS) 지구관측 체계** EOSDIS(Earth Observing System Data & Information System)를 참조.

**Earth Resource Technology Satellite(ERTS) 지구자원기술 위성** ERTS(Earth Resource Technology Satellite)를 참조.

**Earth Resources Data Analysis System(ERDAS) 지구자원 자료분석 체계, 어다스** ERDAS(Earth Resources Data Analysis System)를 참조.

**Earth Resources Observation Satellite(EROS) 지구자원탐사 위성, 에로스** EROS(Earth Resources Observation Satellite)를 참조.

**Earth Resources Satellite 지구자원위성** 센서를 탑재하고 우주공간에서 지구를 관측하는 인공위성을 말한다.

**Earth Resources Technology Satellite(ERTS) 지구자원기술 위성(地球資源技術衛星)** ERTS(Earth Resources Technology Satellite)를 참조.

**Earth Resources Technology Satellite-1(ERTS-1) 지구 자원 탐측 위성-1** ERTS-1(Earth Resources Technology Satellite-1)를 참조.

**Earth's Revolution 지구의 공전(公轉)** 지구는 자전축이 공전 궤도면과 66.5° 기울어진 채 1년과 1일을 주기로 서에서 동으로 공전과 자전을 한다. 태양의 시운동은 태양이 하루에 약 1°씩 서(西)에서 동(東)으로 움직여 1년에 하늘을 1바퀴 도는 현상이다. 이는 지구의 공전으로 나타나는 겉보기 운동으로서, 코페르니쿠스가 처음으로 주장하였다. 태양의 시운동 경로는 태양은 별자리 사이를 이동하는데 12개의 별자리(황도 12궁)를 1달에 약 1개의 별자리를 지난다. 여기서, 황도(黃道, ecliptic)는 태양이 별자리 사이를 이동하여 가는 길로서, 황도 12궁은 황도상에 위치하고 있는 12개의 별자리[궁수(Sagittarius), 염소(Capricornus), 물병(Aquarius), 물고기(Pisces), 양(Aries), 황소(Taurus), 쌍둥이

(Genini), 게(Cancer), 사자(Leo), 처녀(Virogo), 천칭(Libra), 전갈자리(Scorpius)]이다. 황도와 천구의 적도가 이루는 각도는 23.5°이다.

• 2지(至) 2분(分)점은 (1) 춘분점(春分點, vernal equinox): 태양이 하늘의 적도를 남쪽에서 북쪽으로 지나는 점(3월 21일경), (2) 추분점(秋分點, autumnal equinox): 태양이 하늘의 적도를 북쪽에서 남쪽으로 지나는 점(9월 23일경), (3) 하지점(夏至點, Summer solstice): 태양이 하늘의 적도에서 북쪽으로 가장 멀리 떨어진 점(6월 22일경), (4) 동지점(冬至點, Winter Solstice): 태양이 하늘의 적도에서 남쪽으로 가장 멀리 떨어진 점(12월 22일경)이다. 2지 2분점의 태양 고도는 (1) 춘・추분 때는 태양의 고도는 하지와 동지의 중간, (2) 하지 때는 1년 중 태양의 고도 가장 높고, 낮이 가장 긴 날, (3) 동지 때는 1년 중 태양의 고도 가장 낮고, 밤이 가장 긴 날이다.

• 지구 공전의 증거로는 연주시차가 있다. 연주시차는 지구가 태양의 둘레를 공전하는 동안 지구의 위치가 바뀜으로서 별의 바라보이는 방향이 바뀌는 각도로서 6개월 주기로 측정하며, 1838년 독일의 천문학자 베셀(Friedrich Wilhelm Bessel, 1784~1846)이 처음 측정에 성공하여 지구가 공전함을 증명하였다. 지구의 공전으로 나타나는 현상으로는 (1) 별의 시차, (2) 밤낮의 길이 변화, (3) 별자리의 변화, (4) 태양의 연주운동 등이 있다.

• 황도와 천구의 적도가 이루는 각도는 23.5°이며, 지구 자전축과 공전 궤도면이 이루는 각도는 66.5°, 지구 자전축과 공전 궤도면의 수직축이 이루는 각도는 23.5°이다. 지구에서 태양까지 거리는 약 15,000,000km이다. 지구의 공전궤도가 원과 가까우므로 원의 둘레, 즉 1년 동안 지구가 태양을 도는 거리는 $2 \times \pi \times 150,000,000 = 942,000,000$km이다. 이를 속도로 계산하면 지구의 공전속도는 초속 약 29km이다. 케플러의 법칙에 따라 태양에 가까워질수록 지구는 태양주위를 빨리 돌고 태양에서 멀어질수록 태양주위를 보다 느리게 회전하므로 , 지구의 공전속도는 초속 26~33km이다.

**Earth's Rotation 지구 자전(自轉)** 지구는 자전축이 공전궤도면과 66.5° 기울어진 채 1년과 1일을 주기로 서(西)에서 동(東)으로 공전과 자전을 한다. 지구의 자전은 지구가 자전축을 중심으로 하루에 1바퀴씩 도는 현상으로서, 자전 (각)속도는 1시간에 약 15°이다. 지구 자전으로 인한 현상으로는 (1) 일주 운동: 별이나 태양, 그 밖의 모든 천체가 북극성을 중심으로 하루에 1바퀴 도는 운동을 일주운동이라고 한다. 천체의 일주운동은 그 천체가 실제로 움직여서 나타나는 것이 아니라 지구가 하루에 1바퀴씩 서쪽에서 동쪽으로 자전하기 때문에 모든 별들이 북극성을 중심으로 동에서 서로 하루에 1바퀴씩 회전하는 겉보기 운동이다. 북극성은 지구의 자전축을 연장한 천구의 북극에 위치한 별로서, 천구의 북극에서 1°정도 떨어진 곳에 위치하고 있다. (2) 낮과 밤의 반복 : 태양은 한자리에 머물러 있으나, 지구가 자전하기 때문에 태양이 매일 동쪽에서 떠서 서쪽으로 진다. (3) 인공위성 궤도의 서쪽 이동 현상 : 인공위성을 관측하면 인공위성이 되돌아 올 때마다 조금씩 서쪽으로 옮겨간다. (4) 푸코 진자(Foucault's Pendulum)의 진동면이 회전, (5) 코리올리 효과(Coriolis effect, 전향력) 등은 지구가 자전하기 때문에 나타나는 현상이다.

• 지구의 자전속도는 위도에 따라 다르다. 지구는 구형이라 위도에 따라 원주의 길이가 다르기 때문이다. 각 위도에서 자전속도는 그 위도면의 둘레를 24시간에 걸쳐 회전하기 때문에 둘레길이를 24시간으로 나눠주면 된다. 우선 적도면의 반경은 6,400km 정도이므로 적도에서의 자전속도 $v = 2 \times \pi \times 6,400\text{km} / 24\text{h} = 1,674\text{km/h}$ 이다. 우리나라가 속해 있는 위도(37°)면의 반경은 $6,400 \times \cos 37° = 5,111$km이므로, 자전속도 $v = 2 \times \pi \times 5,111\text{km} / 24\text{h} = 1,337\text{km/h}$이다. 이와 같은 방법으로 극지방에서의 자전속도는 0이다. 참고로 KTX 고속열차의 최고속도다 300km/h이므로 KTX보다 4~6배 빠른 속도이다. 한편, M16소총의 발사속도가 초당 1,000m(= 3,600km/h)이므로, 탄환 속도의 절반에 가까운 속도이다. 지구가 이런 엄청난 속도로 자전함에도 불구하고 인간이 그 속도를 느낄 수 없는 것은 자전이 등속운동이기 때문이다.

• 지표면의 해수(海水)는 달의 인력 때문에 달의 방향과 반대방향으로 부풀려 올라간다. 지구는 자전하고 있기 때문에 바닷물과 바다 밑의 지표면 사이에 마찰이 생겨 지구의 자전 속도는 조금씩 늦어진다(phase lagging). 이러한 달과의 인력과 바다의 조석(潮汐, tide)의 상호관계 때문에 지구의 자전 속도는 매년 0.000017초 정도 느려지고, 달과의 거리는 매년 3~4cm씩 멀어지고 있다.

**Earth Shape Surveying 지구형상측량(地球形狀測量)** 지구형상결정에는 천문측량, 중력측량, 인공위성측량에 의하여 이루어짐. 지구형상측량을 Geoidal Model 측량이라고도 한다.

**Earth Shine 지표면 방사** 지표면으로부터의 전자파의 방사(복사)를 말한다.

**Earth Surface 지표면** 지구의 땅과 물의 제일 바깥 표면을 말한다.

**Earth Tide 지구 조석** 달과 태양 인력에 대한 지구의 조석 반응 말한다.

**Earth Tide Correction 지구 조석 보정** 달과 태양의 인력에 의하여 지구 자체가 주기적으로 변형되는 것을 지구조석현상이라 하며, 중력값에도 영향을 주게 된다. 이러한 중력효과를 보정하는 것을 조석보정이라 한다. 보정량은 0.2 mgal~0.3 mgal이며, 하루의 조석변화를 도표로 작성하여 놓고 도표에 의해 구하든가, 관측을 시작점으로 여러 번 돌아가면서 반복 관측함으로써 계기보정과 같이 보정하는 방법이 있다.

**Earth Volume 토적, 토공량(土工量)** 토공에 쓰이는 토사의 체적량을 말한다.

**Earth Volume Calculation 토량 계산, 토적계산** 성토, 절토의 토공을 구할 때, 성토량, 절토량을 계산하는 것을 말한다.

**Earthquake 지진(地震)** 단층운동, 화산활동, 운석의 충돌, 지판의 움직임 등의 결과로 나타나는 응집된 변형 에너지가 갑자기 방출되면서 변위가 발생하는 현상이다. 지진 메커니즘으로는 단층운동과 탄성 반발설(Elastic rebounding theory)이 있다. 단층운동은 지각 내에 생긴 균열을 경계로 하여 지괴가 상대적으로 미끄러져 어긋나게 되는 운동에 의해 지진이 발생한다. 단층을 움직이는 힘은 일반적으로 지각판의 운동에 의한다. 탄성 반발설(Elastic rebounding theory)은 기존의 단층에 가해지고 있는 힘(탄성력)에 어느 부분이 견딜 수 없게 되는 순간 급격한 파괴를 일으켜 지진이 발생한다는 것이다. 지진으로 인한 지진 피해로는 지반운동, 지반균열, 산사태, 액상화, 지표면의 변위, 쓰나미 등이 있다.

**Earthquake Information System 지진 정보 체계** 전국에 지진을 대상으로 한 지진 관측망을 설치하여 각종 지진계의 데이터에 따라 해일의 정보나 경보를 발표하여 재해방지를 목적으로 하는 시스템으로, 지진 예보의 기능도 갖는다.

**Earthquake Survey 지진 측량** 중력측량, 수평위치 기준점의 변동 측량을 이용한 지진의 예지, 지진 피해 조사, 지진 지도 작성, 지진 후 지각 변동 측량 등을 말한다.

**Earthquake Wave 지진파(地震波)** 지진이 발생하면 지진에너지는 지진파의 형태로 전파해 나간다. 지진파에는 P파(Primary Wave), S파(Secondary Wave), L파(Long Wave)가 있다. Earth's Axis지축지구의 자전축을 말하며, 북극과 남극의 지축과 지표면의 두 교점이다.

**Easel 투영대** 편위 수정기, 확대기 등으로 사진을 투영하는 평판을 말한다.

**Easement 지역권** 사용하는 토지의 제한, 예를 들어, 지역권은 토지 소유자가 비상시 운송 수단이 소유지에 접근해서 토지를 이용하는 것을 막을 수 있는 것을 뜻한다.

**East Bounding Coordinate 동측 경계 좌표** 경도값으로 표시되는 영역의 가장 동쪽 좌표를 말한다.

**East Bounding Longitude 동쪽 경계 경도** 경도로 표현된 자료군 범위의 최동단 좌표를 말한다.

**East Datum 동부 원점(東部原點)** 우리나라 지표면상의 점을 평면상의 위치로 표시하는 방법의 하나로서 평면 직교 좌표가 사용되고 있으며, 남북축을 X축, 동서축을 Y축으로 하고 있다. 우리나라는 3개의 가상원점을 사용하고 있는데, 각 가상원점에는 동일한 좌표값을 주고 있다(X=600,000m, Y=200,000m). 좌표원점의 위도가 38°00′00″N이고, 경도가 129°00′00″E인 가상원점을 동부원점이라고 한다.

**East Elongation 동이격** 천체가 자오선에 대하여 동쪽 극위에 있는 것을 말한다.

**East Sea Datum 동해 원점** 우리나라 지표상의 여러 점의 위치를 표현하는 방법 중의 하나로 평면직각좌표가 있는데, 이 평면직각좌표에는 4개의 가상원점을 기준으로 하여 지표면의 위치를 표현하고 있다. 그 중에서 동해원점은 X축인 횡축은 131° 00′00″E와 Y축인 38° 00′00″N 가 교차하는 점이다. East Datum을 참조.

**Easting 동향거리, 동서 방향 거리** 원점에서 좌표계의 동쪽(동서) 방향으로의 거리로서 자오선에서 동쪽 직각 방향으로 관측한 거리를 말한다. 남북 기준선에서 지도격자의 좌표계상의 동쪽 직선거리를 말한다.

**eb XML(E-Business eXtensible Markup Language) 전자상거래 확장성 생성언어** 국제 전자 문서 표준제정기구 UNCEFACT와 XML 표준화 추진민간기구 OASS가 공동으로 주도하는 전자상거래용 국제표준이다. 각 기업들이 추진해오던 서로 다른 전자상거래 체계를 연결해 주는 일종의 규약 역할을 한다.

**EBCDIC(Extended Binary Coded Decimal Interchange Code) 확장 이진화 십진 교환용 부호, 엡시딕** 컴퓨터 내부에서 문자를 2진수로 표현하기 위하여 사용하는 코드의 일종을 말한다.

**e-Book(Electronic Book) 이-북, 전자책** "읽고(Read), 쓰고(Write), 공유한다(Share)"는 캐치프레이즈를 내건 e북은 전자책(Electronic Book)을 줄여 부르는 말. 데스크톱 컴퓨터, 포켓 PC, 전자책 리더, 인터넷 기능 휴대전화, PDA, 노트북 등에서 다운로드와 읽기가 가능하다.

**e-Book Reader 전자책 단말기** 주로 디지털 도서 및 정기 간행물을 읽는 목적을 위해 설계된 휴대용 전자 기기이다.

**EBTS(Enhanced Base Transceiver System) 기지국 송수신 체계** 기지국 내에 위치한 무선 송·수신기, 제어 장비, 안테나를 가리키며, 특정 지역 내에서 무선 통신을 제공하는 데 사용한다. 이 EBTS는 1개의 셀 내에 1개 이상의 섹터를 지원하며 다수의 RF 주파수도 지원 가능하다.

**e-Business 이-비즈니스** 인터넷과 정보기술을 결합, 기업구조를 바꾸고 이익을 창조할 수 있는 모든 형태의 비즈니스를 총괄한다는 개념을 말한다.

**E-Business eXtensible Markup Language(eb XML) 전자상거래 확장성 생성언어** eb XML(E-Business eXtensible Markup Language)를 참조.

**EC(End of Curve) 곡선 종점(曲線 終點)** 도로나 철도의 곡선부 선형으로 사용되는 평면곡선, 완화곡선 및 종단곡선의 끝점을 말하며, 일반적으로 평면곡선 중 원곡선의 끝점을 주로 곡선종점이라고 한다.

**EC(Engineering & Construction) 설계·시공** 설계(Engineering) 능력과 시공(Construction) 능력이 결합된 건설업의 업무 형태를 의미한다.

**Eccentric Angle 편심각** 관측의 기본방향에서 편심점 방향까지의 협각을 말한다. 각 방향의 편심방향각은 360°에서 편심각을 뺀 것에 관측방향각을 가해서 산출한다.

**Eccentric Bar 수준간** 알리다드를 수평으로 할 때 사용되는 기포관을 말한다.

**Eccentric Correction 편심 보정치** 편심보정계산에 의하여 구한 보정값이다.

**Eccentric Distance 편심 거리** 삼각점의 중심에서 시준점 또는 관측점의 중심까지의 거리를 말한다.

**Eccentric Error 표정 오차, 이심오차(移心誤差), 편심오차(偏心誤差)** 알리다드의 시준공과 정규선과의 차이로 생기는 오차를 말한다.

**Eccentric Reduction 편심 보정** 편심관측된 값을 보정하여 원 관측점에서의 값으로 환산하는 것이다.

**Eccentric Surveying 편심 관측** 삼각점의 표석, 측표, 기계의 중심은 동일 연직선상에 일치되어야 원칙이나 부득이한 경우 편심시켜 관측하는 경우를 말한다.

**Eccentric Transit 편심 트랜시트** 망원경의 위치를 수평반의 바깥쪽으로 밀어붙인 트랜시트로서 갱내측량 시 사용된다.

**Eccentricity 이심률, 편심률(偏心率)** 타원의 초점이 중심으로부터 떨어진 정도를 나타내는 양으로 타원의 요소인 장반경과 단반경이 주어지면 이심률은 (장반경$^2$-단반경$^2$)/장반경$^2$으로 정의된다. 구에 있어서는 장반경과 단반경이 같으므로 이심률은 0이 됨을 알 수 있고, 따라서 이심률은 편평도와 함께 타원의 편평한 정도를 나타내는 값으로 사용된다.

**Eccentricity Anomaly 이심률 근접 거리** 이동체의 문제에서는 일정하게 변하기 쉽다. 편심률 근접거리 E는 케플러의 방정식에 의해 평균 근접거리 M에 관계된다. M=E−e, sin E(e=이심률).

**Eccentricity of Signal Tower 측표의 편심** 측표의 중심과 삼각점의 중심이 일치되지 않는 것을 말한다.

**ECEF(Earth Centered Earth Fixed) System 지구 중심 지구 고정 좌표계** 데카르트의 좌표 체계는 삼차원 위치를 표현하기 위한 GPS에 사용된다. WGS-84를 위해 ECEF 좌표계는 지구중심에 원점을 두고, Z축을 자전축과 동일하게 정렬되도록 한다. X축은 본초 자오선과 적도의 교차점을 통과하며, Y축은 Z축에 대한 X축의 동쪽에 90° 돌아가 있다.

**Echo 반향** 화면 콘솔의 사용자에게 입력단위에 의해 제공되어진 현재값의 즉석의 통지를 말한다.

**Echosounder 음향 측심기** 초음파를 해저로 향해 발사하고 되돌아오는 시간 간격을 관측하여 음파의 속도와 왕복시간의 곱을 반으로 나누어 측심선 해저의 수심을 관측하는 장비. 초음파의 송수부, 증폭부, 기록부로 구성되어 있다. 항만이나 하천 같은 천해용에서부터 1만 m를 넘는 심해용까지 있으며, 발신 주파수를 선택할 수 있는 방식, 2주파수 동시방식, 디지털 표 방식 등이 있다. 해양관측, 수로측량, 항해, 어업 등에 이용된다.

**Eckert's Equivalent Map 엑켈트의 등적지도** 세계 지도에 사용되는 이 투영은 의사 원통, 등적 투영이다. 180번째의 자오선은 반원이며, 다른 자오선은 타원이다. 축척은 40:30N 및 40:30S에서의 평행선을 따라서 1이 된다.

**Eckert's Projection 엑켈트 투영** 평행직선(위선의 투영)으로 둘러싸인 대상의 면적이 대응하는 구 대 면적에 비례하도록 간격을 정한 등적 도법이다.

**Ecliptic 황도(黃道)** 태양 주위를 도는 지구의 궤도가 천구에 투영된 것으로서, 지구 궤도면이 천구와 만나서 이루는 대원이다. 황도 12궁(양자리, 황소자리, 쌍둥이자리, 게자리, 사자자리, 처녀자리, 천칭자리, 전갈자리, 사수자리, 염소자리, 물병자리, 물고기자리)은 황도를 따라서 30°씩 정렬되어 있다. 황도는 천구적도면에 대해 약 23.5° 기울어져 있으며 황도와 적도면의 두 교차점을 춘분점과 추분점이라고 한다. 천문좌표계 중 하나인 황도좌표계에서는 황경을 춘분점으로부터 황도를 따라서 동쪽으로 각도 단위로 재고, 황위는 황도의 지름으로부터 북쪽(+값) 또는 남쪽(−값)으로 각도 단위로 잰다.

**Ecliptic Coordinate 황도 좌표** 천구상에서 황도를 기준으로 하여 천체의 위치를 나타내는 데 사용하는 좌표이다.

**ECMA(European Computer Manufacturer's Associates) 유럽 컴퓨터 제조업자 협회** 스위스 제네바에 본부를 두고 있으며, 컴퓨터 관계 각종 공업 규격의 표준화에 앞장서고 있다. ECMA 규격은 ISO에 제안되는 경우가 많다. 대표적인 예로 웹 브라우저와 XML에 표준으로 채용된 Java Scriot는 ECMA Script에 근간하고 있다.

**Eco Friends 에코 프렌즈** 한국콘텐츠진흥원이 한게임 NHN, 유엔환경계획 한국위원회와 함께 개발한 게임. 이 게임은 환경문제를 교육할 수 있는 기능성게임으로, 나무심기, 친환경 도로 만들기 등을 통해 기후변화 문제를 쉽게 배울 수 있다.

**Eco-Industrial Park(EIP) 생태 산업 단지** EIP(Eco-Industrial Park)를 참조.

**Ecological fallacy 생태적 오류** 어떤 지역 내의 모든 관측치는 특정한 속성에 대해 동일하거나 유사하다고 믿는 것에서 발생하는 오류를 말한다.

**Ecological Viewscape 생태경관** 동식물의 생태적인 변화가 인식의 대상으로써 자연 상태 그대로일 경우와 자연생태계에 인공적인 요소를 더한 경우가 있다.

**Ecology 생태학(生態學)** 유기체와 그 유기체를 둘러싼 환경과의 상호 관련성에 대해 다루는 학문이다.

**e-Commerce 전자상거래** electronic commerce의 약어로 온라인 네트워크를 통하여 재화나 서비스를 사고파는 모든 형태의 거래를 말한다. 가계, 기업, 정부, 금융기관 등 경제주체 간에 상품과 서비스를 교환하는 데 전자적인 매체, 주로 인터넷을 활용하는 것을 전자상거래라고 할 수 있다. 미국 상무부는 1998년 발표한 "The Emerging Digital Economy"에서 전자상거래를 협의와 광의의 개념으로 나누어 규정하였는데, (1) 협의의 개념은 소비자나 기업이 통신망, 특히 인터넷을 이용하여 상품과 서비스를 사고파는 것이며, (2) 광의의 개념은 기업과 소비자간 뿐 아니라 기업상호간, 기업과 정부간에 상품과 서비스의 매매, 물류, 유통, 광고, 마케팅, 고객관리, 애프터서비스 등을 포괄하는 활동을 말한다. 대금결제는 신용카드를 통해 지급되는 것이 일반적이지만, 가상은행에서 발행하는 전자화폐도 이용되고 있다. 전자 상거래의 가장 큰 장점은 시간과 공간의 제약이 없으며, 기업의 입장에서 유통비용, 광고비용과 건물임대료 등 거래비용이 획기적으로 절감되며 소비자 입장에서는 쇼핑을 위해 번거롭게 이동할 필요가 없다는 점이다.

**Economic Cadastre 경계 지적** 도시계획이나 농지개량사업의 기초가 되는 지적제도로서 유사지적이라고도 하며, 경제지적에서는 특히 지형과 지물에 중점을 두고 오히려 지적의 생명이라고 할 수 있는 일필지의 경계에는 그다지 신경을 쓰지 않는 것이 특징이다.

**Economic Limiting Distance 경제적 제한 거리** 토공량 운반 시 성토와 절토 시 경제적인 운반 거리를 말한다.

**Economies of Scale 규모의 경제(規模의 經濟)** 생산 규모의 확대에 따라 생산의 평균비용이 장기적으로 계속 감소하게 되는 현상을 말한다. 대규모 생산에서는 자본이 노동을 대체함으로써 평균생산비를 절감할 수 있다. 이에 대해 한계비용(marginal cost)이 어느 수준의 생산량을 지나면 체증(遞增)하는 현상을 규모의 불경제(diseconomies of scale)라 한다. 가변요소의 한계생산력은 수확(收穫)의 법칙에 의해 생산량이 증가함에 따라 체증(遞增)·불변·체감(遞減)의 국면을 경과하므로 그에 대응해 한계비용곡선은 U자형을 그리게 된다.

**e-CORCE 이 코르체** 프랑스 국립우주연구센터(CNES : Centre National d'Etudes Spatiales)에서 추진하고 있는 'e-CORCE'는 프로젝트 궤도 위성이다. 600km의 고도에 위치한 13개의 마

이크로 위성이 마치 지구 상공에 중계 카메라를 설치한 것처럼 1m의 해상도로 지구 전역을 주 1회 관측하는 것을 목표로 하고 있다.

**ECRC(Electronic Commerce Resource Center) 전자상거래 지원센터** 산업자원부 지정 전자상거래지원센터(ECRC : Electronic Commerce Resource Center)는 디지털 경제 시대의 국가경쟁력 강화와 전자상거래 활성화를 지원하기 위하여 설립되었으며, 중소기업진흥공단의 정보제공 및 연수·지도 사업과 한국전력공사정보네트워크(주)의 요소기술을 활용하여 중소기업의 정보화를 지원하는 CALS(컴퓨터망을 통해 기업을 지원하는 통합정보시스템) 및 EC(전자상거래) 종합지원센터로, 1997년 10월에 설립되었다. 주요 사업은 크게 연수사업, 지도사업, 컨설팅사업, 전자상거래시스템 구축사업, 중소기업형 CALS·EC모델 보급 및 관련정보 제공사업, 해외 홍보 및 교류사업 등 5가지로 나뉜다.

**ECU(Electrical Control Unit) 전자 제어 장치** 차량 내 각 센서로부터 신호를 받아들여 연료량 엔진회전수를 전자적인 방법으로 제어하는 유닛. Bend'lx사가 1953년 선보인 Electrojector가 ECU의 효시로 알려져 있으며, 연료량, 공회전수, 점화시기 등을 제어하는 기능을 한다.

**ECW(Enhanced Compressed Wavelet) 이씨더블유(영상압축)** ER-Mapper를 개발한 호주의 Earth Resource Mapping사에서 개발한 압축 형식이다. ECW는 평균 10 : 1~50 : 1 정도의 압축 효율을 보여주고, 특정한 영역의 선택적 압축 해제 기법을 사용하고 있어 기존의 압축 기법과는 다른 특징을 갖고 있다. ECW는 다른 형식과 달리 자신만의 독특한 재귀(Recursion) 기법을 사용하여 대용량 영상 압축 기법 중 유일하게 압축 및 압축 해제를 위한 개발툴을 무료로 시장에 제공하고 있다.

**ED(Enumeration District) 조사구역** 인구수 조사와 측량을 계획하고 수행하기 위해 영국의 Office of Population Censuses and Surveys에 의해 사용되는 거의 150가구를 포함하는 기본 지역 단위를 말한다.

**EDCS(Environment Data Coding Specification) 환경데이터 코딩규약** SEDRIS의 환경적 묘사를 통해 객체의 이름을 명명하거나 유형을 식별한다.

**Eddy Cue 에디 큐** 애플의 수석 부사장. 듀크 대학교에서 컴퓨터 공학과 경제학을 전공했으며 1998년 애플 온라인스토어를 구축하는 데 큰 역할을 담당한 이래 아이튠스 뮤직 스토어와 앱스토어에서 중추를 맡았던 그는 잡스의 퇴임 후 팀 쿡 체제 아래에서 아이클라우드와 아이애드의 책임자로 임명. 인터넷 소프트웨어 서비스 부문 수석 부사장을 맡게 되었다.

**Edgar S. Woolard 에드 울러드** 듀폰의 전 CEO이자 애플 전 이사회 회장. 노스캐롤라이나 대학교에서 산업공학을 전공한 뒤 듀폰에 입사하였다. 화학 회사인 듀폰에서 녹색 경영이라는 개념을 도입, 기업 혁신을 주도했으며 이후 애플 이사회 회장이 되어 잡스의 멘토 역할을 한다.

**Edge 가장자리, 경계, (영상)경계** ① 영상의 특성(명도·채도·색도 등)이 급격히 변화하는 곳은, 그 영상으로 그려진 대상이 어떤 의미에서 변화를 일으키고 있는 부분이다. 이와 같은 부분을 연결하면, 영상 안의 문자 및 기호, 항공 사진 및 위성 영상의 지류계 등의 윤곽을 형성한다. 이와 같은 영상 특성의 윤곽을 경계선이라 한다. ② 하나 이상의 면에 제한된 두 절점 사이의 선을 말한다.

**EDGE(Enhanced Data GSM Environment) 이디지이** 유럽 GSM 통신 방식에서는 GSM을 2세대 통신 방식이라 하고, HSCSD, GPRS, EDGE 3가지 2.5세대, 그리고 IMT-2000을 3세대 통신 방식이라고 한다. 384kbps까지의 전송 속도를 내 통신망의 효용을 최대화시킨 기술로서, EDGE가 GPRS와 같은 데이터의 패킷이 같은 원칙으로 적용하는 것보다 EDGE를 통한 방식이 적어도 3배 이상 더 빠를 것이며, EDGE는 모바일 통신에서 영상 원격 회의와 같은 멀티미디어 적용을 가능하게 하며 UMTS와 같은 변조 기술을 사용한다.

**Edge Detection 경계 추출, 가장자리 검출** 문자 및 영상의 윤곽선을 검출하는 것, 영상에서 농담이 급격히 변화하는 부분을 경계선이라 부르며, 이 경계선 부분을 강조하고, 이것을 본래 영상에 선 도형으로 남겨두는 조작을 말한다.

**Edge Detection Filter 가장자리 검출 효과** 수치 영상 처리에서 사용되는 고주파 통과 필터의 변형. 경계선 검출 효과와는 이것들이 단지 선형 대상물만을 인식한다는 것이 다르다. 그리고 결과로 나타나는 영상은 보통 단색이고, 이것에서 도로·운하·지질 단층과 같은 윤곽은 영상의 나머지보다 보다 밝게 나타난다.

**Edge Enhance (영상)경계 강조, 가장자리 강조** 영상 처리의 하나로, 영상의 경계를 검출하여 그 경계 부분을 인접한 환경으로부터 독립시키는 기술. 영상 특성의 변화율을 영상화하기도

하고 자기상관 함수를 채택하는 등의 방법이 사용된다.

**Edge Enhancement 모서리 향상, 가장자리 강조, (영상)경계 강조** 영상이나 지도에서 개별 사상 모서리의 식별 가능성을 높이기 위한 과정으로서, 어떤 방향성을 가지고 명암의 지역적인 대비 효과를 강조하는 기술. 이것은 일반적으로 원격 탐사 데이터인 격자형 데이터에 필터를 적용함으로써, 영상소 값의 차이를 강조한다. 필터를 사용하여 가장자리를 강조하는 기법이다.

**Edge Match Error 경계선 정합 오류** 검수 도면과 인접 도면 간에 도곽선 상에 인접한 요소가 검수 도면에는 존재하지만, 인접 도면에는 도곽선 상에 인접한 요소가 존재하지 않는 경우 발생한다.

**Edge Matching 경계 매칭, 경계선 정합** 인접한 지도들의 경계에서 위치와 속성정보가 서로 일치하는지를 맞추는 것을 말한다. 종이지도를 도곽선을 따라 접합시키는 것과 같은 수치지도 또는 GIS용 지도에서의 작업. 도곽선을 통과하여 인접도엽까지 나타난 사상은 서로 연결되어야 하며 도곽선은 제거되어야 함. 경계 매칭을 하기 위해서는 지도의 투영법, 데이텀, 타원체, 축척이 동일해야 함.

**Edge Node Graph 경계 절점 도표** 경계의 집합과 그것에 관련한 연결절점의 집합으로 나타낼 수 있는 위상학적 복합체 내에 내재된 도표를 말한다.

**EDI(Electronic Data Interchange) 전자 문서 교환** 전자상거래에서 컴퓨터 상호 간에 표준화된 양식을 교환하는 것을 말한다.

**EDIFACT(Electronic Data Interchange For Administration, Commerce and Transport) 행정 · 상업 · 수송을 위한 전자문서 교환** 교환될 메시지의 준비를 위한 문법 규칙의 세트를 말한다.

**EDIGeO(Exchange de Donnees Informatisees Geographigues) 이디아이지오** 민간 어플리케이션에서 사용되는 중 · 소 축척의 지리 자료의 교환을 목적으로 만들어졌다. 실험적인 프랑스 표준으로 Z-13-150으로서 AFNOR에 의하여 채용된 DIGEST에 강하게 기반을 둔 자료 전송 형식을 말한다.

**Edit 편집** 보통 편집기의 사용으로 자료를 추가하고, 지우고, 변경하는 작업을 말한다.

**Edit and Correct 편집과 수정** 입력 과정과는 상관없이 자료는 정확하게 검사되어야 한다. 오류가 생기는 것은 정상이며, 반드시 수정되어야 한다.

**Edit Check List 교정 점검표** 지도의 품질을 보증하기 위하여 고정항목을 구체적으로 정한 표를 말한다.

**Editing 편집(編輯)** ① 언론, 문학, 출판, 음악, 영화 등에서 문자, 이미지, 소리 등을 수집, 분류하여 전달하고자 하는 내용을 정리하는 작업을 의미한다. ② 모형 또는 데이터베이스를 수정 또는 갱신하기 위해 속성과 기하학 요소를 삽입, 삭제, 그리고 변경하는 것. 점, 선, 면의 구성요소 전부 또는 일부를 제거 및 생성하는 기능이다.

**Editing and Query 편집과 질의 기능** 편집기능은 속성자료를 검색하고, 자료의 수정을 가능케 한다. 공간 인덱싱 기능에 의하여 공간정보와 속성 정보가 서로 연계되어 사용자가 공간상의 특정 객체에 대한 정보의 내용을 질의한 경우, 관련 속성 정보를 검색할 수 있도록 한다. 이것은 인덱싱을 위한 고유 연결자가 속성과 공간정보를 연계시키기 때문이다.

**Editing Function 편집 기능** 공간 자료의 첨가나 수정 · 삭제 혹은 대상물의 지리적 위치를 바꾸기 위하여 사용되는 기능. 사용되는 소프트웨어의 정밀도에 따라 편집의 정확성과 처리속도가 영향을 받는다.

**Edition 판** 지정된 데이터셋의 버전을 말한다.

**Editor 편집기, 에디터** 간단한 내용의 메모나 문서, 보고서 등을 작성하거나 내용을 수정하기 위해 사용되는 프로그램을 말한다.

**EDM(Electronic Distance Measuring) 전자파 거리 측량** 2대의 전파 송수신기를 이용하여 주파수 변조한 전파를 발사하고, 반사파의 위상과 발사파의 위상차에서 거리를 구하는 장비이다.

**EEP ROM 이이피 롬** EP롬과 동일하지만 전기적인 방식(Electrically)을 도입했다는 데에서 차이가 난다.

**EEZ(Exclusive Economic Zone) 배타적 경제수역** (유엔해양법 협약 제56, 57, 58조) 배타적 경제수역은 저조선으로부터 200해리를 초과할 수 없다. 배타적 경제수역에서는 해저, 하층토 및 상부수역의 생물 또는 무생물 천연자원의 탐사, 개발, 보존 및 관리를 목적으로 하는 주권적 권리와 해수, 해류 및 해풍을 이용한 에너지 생산과 같은 그 수역의 경제적 개발 및 탐사를 목적으로 하는 기타 활동에 관한 주권적 권리를 갖는다. 그리고 인공도서, 시설, 구조물의 설치 및 사용과 해양의 과학적 조사, 해양환경의 보호와 보존에 관한 관할권도 갖는다. 단, 배타적 경제수역에서 모든 국가는 항행, 상공비행 및 해저전선과 파이프라인 설치의 자유를 갖는다. 우리나라는 배타적 경제 수역을 '96년 9월에 선포하였다. 1해리(海里)는 1,852m이므로 200해리는 약 370km이다.

**Effect Size 효과크기(效果크기)** 효과크기는 'standardized measure of the size of the mean difference or the relationship among the study groups'이라고 정의할 수 있다. 즉, 비교하려는 집단들 사이의 차이 혹은 관계를 나타내는 '표준화된 지표'를 의미한다. 효과크기가 0이라는 것은 비교 집단들 사이의 차이(혹은 연관성)가 없다는 것을 의미하여 귀무가설 하에서 "효과크기=0"이 된다. 평균치 비교의 경우 비교하려는 집단 사이에 평균 차이가 클수록 효과크기는 커지게 된다. 효과크기의 쉬운 예를 들면, 귀무가설 하에서 남녀의 성별의 비율이 50:50이라고 할 때, 어떤 집단에서 남녀의 비율이 53:47이라고 하면 효과크기는 3%가 된다. 또한 전 인구의 평균 IQ가 100이라고 할 때, 어떤 집단에서의 평균 IQ가 105라고 하면, 효과크기는 5 IQ unit이 된다. 이렇게 효과크기란 비교하려는 집단 사이의 실제 차이를 나타내는데 개별 측정 단위에 따라 해석이 어려워질 수 있다. 따라서 개별 측정 단위에 영향을 받지 않도록 효과크기를 그 산포 정도(표준 편차 등)로 나누어 단위에 상관없이 사용할 수 있도록 한 index가 사용되며 이를 효과크기 인덱스(effect size index) 혹은 표준화된 효과크기(standardized effect size)라고 한다. 그러나 실제로는 효과크기와 효과크기 인덱스 및 표준화된 효과크기라는 용어는 혼용되며 일반적으로는 효과크기라는 용어가 더욱 널리 사용되고 있다.

**Effective Dose 유효 선량** [방사선] 인체 내 조직간 선량분포에 따른 위험 정도를 하나의 양으로 나타내기 위하여 각 조직의 등가선량에 해당 조직의 조직가중치를 곱하여 이를 모든 조직에 대해 합산한 양을 말한다. 유효선량의 단위로 시버트가 사용된다(「방사선방호 등에 관한 기준」 제2조 제6호).

**Effective Instantaneous Field of View(EIFOV) 유효 순간 시야** EIFOV(Effective Instantaneous Field of View)를 참조.

**Effective Resolution 유효 해상도** 독립된 하나의 물체를 인지할 수 있는 해상 능력을 말한다.

**Effective Stereomodel(Neat Model) 유효 입체 모형, 유효실체모델(有效實體-)** 입체 모델 중 6개의 상호 표정점으로 둘러싸인 부분을 말한다.

**Effective Uniform Depth of Precipitation 면적 평균 강수량** 어느 유역에 강수가 발생하였을 때, 전 유역의 평균 강우 깊이를 말한다.

**EFS(Embedded File System) 내장 파일 시스템** 휴대폰의 REX OS는 EFS(Embedded File System)라는 파일 시스템을 사용한다. SK-VM에서는 RMS 외에 Persistant Storage로 파일을 지원한다. 또한 SK-VM에서 Connector 프레임웍을 통하여 파일시스템에 접근할 수 있다. EFS 파일 시스템에는 일반 파일뿐만 아니라 RecordStore에 관련된 파일도 같이 저장된다. 하나의 콘텐츠는 MSD, JAR 파일을 포함하여 최대 10개의 파일, 90KB의 용량을 권장한다.

**EFT(Earliest Finishing Time) 최조 종료 시간** 가장 빠른 종료 시각을 말한다.

**Egg-shaped Pipe 난형관(卵形管)** 단면형상이 계란형인 관거로서, 원형관과 비교하면 유량이 작은 경우에도 어느 정도 유속이 확보되는 이점이 있다.

**EGNOS(European Geostationary Navigation Overlay Service) 에그노스, 유럽 초정밀 GPS 보정시스템** 유럽에서 2011년부터 공식적으로 운영하고 있는 초정밀 GPS 보정시스템(Satellite Based Augmentation System, SBAS)을 말한다. SBAS(Satellite Based Augmentation System)를 참조.

**Egocentric Geographic Contextual Information 자기 중심적 상황 인지 지리 정보(自己中心的狀況認知地理情報)** 다양한 사용자 콘텐츠 유형에 따라 상황에 맞게 사용자 맞춤형 지리 정보를 제공하는 것.

**Egovfram 전자 정부 프레임워크** 개발프레임워크는 정보시스템 개발을 위해 필요한 기능 및 아키텍처를 미리 만들어 제공함으로써 효율적인 어플리케이션 구축을 지원한다. "전자정부 표준프레임워크"는 공공사업에 적용되는 개발프레임워크의 표준정립으로 응용 SW 표준화, 품질 및 재사용성 향상을 목표로 한다.

**Ehang 이항** [드론] 중국의 드론 스타트업인 이항은 드론이 사용자를 추적해 오는 기술을 보유하고 있다. 또한 모바일 앱 지도상 A에서 B지역으로 이동경로를 짚어주면 드론이 저절로 날아가는 자동비행모드를 탑재하고 있다. 기존의 드론은 크고 무거운 조종기가 필요했던 반면 이항의 드론은 스마트폰 어플리케이션으로 아주 쉽게 조정할 수 있다. 크라우드 펀딩을 통해 자금을 모아 고스트(Ghost)를 개발하였다. 벤처투자회사 GGV 캐피털 등으로부터 1000만 달러 규모의 투자를 받은 바 있다. Ghost는 비행 지속 시간이 15~23분, 중량 1,678g, 속도 15m/s 정도이며, 사진, 동영상 촬영용 제품을 탑재하고, 모바일 기기를 기울이는 것만으로도 드론을 움직일 수 있으며, 모바일 기기에 비행경로를 선정하면 드론이 그 노선을 따라 움직이는 특징 등을 가지고 있다.

**E Horizon 이층** 토양단면은 일반적으로 상부에서 하부로 가면서 그 특성에 따라 5개의 주요 토양층(master horizons)인 O층, A층, E층, B층, C층(이들 전체를 'solum'이라 함)과 모암층(bedrock)인 D층 또는 R층으로 분류한다. E층은 전통적인 토양층준 구분 방법에서는 A층을 A1(유기 및 무기물이 혼재된 부분), A2(규산염 점토와 Fe, Al 산화물이 용탈되는 부분), A3(하부의 B층과의 경계)로 세분하였는바, E층은 무기성분의 용탈이 우세한 A2 및 A3층에 해당한다. 점토 및 철과 알루미늄산화물이 용탈되고, 사질 및 이질 크기의 풍화에 강한 저항성 광물(특히 석영)이 존재하는 토양층으로서, A층에 비해 토양의 색깔이 밝다. Soil Profile 참조.

**EIA(Electronic Industry Association) 미국 전자 산업 협회** 1924년 전파 제조업자 협회로 설립된 데이터 통신 분야에서 저명한 표준 개발 단체이다. 미국 국가 표준협회(ANSI)가 승인한 EIA는 현재 2,100여 개의 회원사로 구성되어 있으며, 전자 정보 통신 등 주요기술 분야에서 표준과 출판물을 개발하도록 산업체에 장을 제공한다. 1988년 EIA의 정보 통신 기술 그룹은 USTSA(United States Telecommunications Suppliers Association)와 합병하여 TIA를 구성했다.

**EIA(Environmental Impact Assessment) 환경영향평가(環境影響評價)** 지역개발 등과 같이 환경에 큰 변화를 가져올 사업에 대해 그 사업의 결과가 환경에 미칠 영향을 예측, 평가하고 대처방안을 마련함으로써 환경오염을 예방 내지는 최소화하고자 하는 제도를 말한다.

**EIFOV(Effective Instantaneous Field of View) 유효 순간 시야** 원격탐사 영상 시스템의 공간 해상도의 측정. 순간시야와 달리 EIFOV는 탐사기의 해상도를 결정할 때 이론적인 목표물과 그것의 배경사이의 대비를 고려한다.

**Eigenvalue 고유값** 자료행렬을 요약하는 수치로서, 특성치라고도 한다. 각 고유값은 그에 대응하는 고유벡터가 있다. A는 $m \times n$ 행렬이고, $\vec{x}$는 $R^n$의 영벡터가 아닌 벡터이다. 스칼라 $\lambda$에 대하여 $A\vec{x}$가 $\vec{x}$의 스칼라 $\lambda$배, 즉 $A\vec{x}=\lambda\vec{x}$일 때, $\lambda$를 A의 고유값(eigenvalue of A)이라 하고, $\vec{x}\,(\vec{x} \neq \vec{0})$를 $\lambda$에 대응하는 A의 고유 벡터(eigenvector of A)라 한다. 예를 들어, 벡터 $x = \begin{pmatrix}1\\2\end{pmatrix}$는 $Ax = \begin{pmatrix}3 & 0\\8 & -1\end{pmatrix}\begin{pmatrix}1\\2\end{pmatrix} = \begin{pmatrix}3\\6\end{pmatrix} = 3\begin{pmatrix}1\\2\end{pmatrix} = 3x$이므로 고유치 $\lambda=3$에 대응하는 행렬 $A=\begin{pmatrix}3 & 0\\8 & -1\end{pmatrix}$의 고유 벡터이다. A가 실수의 $n \times n$ 대칭행렬이면 A의 고유값은 실수이다. A는 $n \times n$ 행렬일 때 A의 고유값이 $\lambda$이기 위한 필요충분조건은 $\det(A-\lambda I)=0$이다. $\det(A-\lambda I)$는 n차 다항식이 된다. 이때 $\det(A-\lambda I)=0$을 행렬 A의 특성방정식(characteristic equation of A)라고 한다. $n \times n$ 행렬 A가 서로 다른 고유값을 가지면 A는 대각화가 가능한 행렬이다. 대각행렬과 닮은 행렬을 "대각화 가능 행렬(diagonalizable matrix)"이라 한다. $n \times n$ 행렬 A가 대각행렬 D와 닮았을 때 A는 '대각화 가능하다(be diagonalizable)'라고 하고 A를 대각화 가능 행렬이라 한다. $n \times n$ 행렬 A가 대각화 가능 행렬이기 위한 필요충분조건은 A가 n개의 일차독립인 고유벡터를 갖는 것이다. 행렬 A의 서로 다른 고유값 $\lambda_1, \lambda_2, \cdots, \lambda_m$에 대응하는 고유벡터가 $\vec{x_1}, \vec{x_2}, \cdots, \vec{x_m}$일 때 $\vec{x_1}, \vec{x_2}, \cdots, \vec{x_m}$는 일차독립이다. SVD(Singular Value Decomposition, 특이값 분해), Pseudo-Inverse, 선형연립방정식의 풀이, PCA(Principal component analysis, 주성분분석) 등의 주요 응용이 eigenvalue, eigenvector를 그 밑바탕에 깔고 있다. Eigenvector를 참조.

**Eigenvector 고유 벡터** 행렬 A를 선형 변형으로 봤을 때 선형변형 A에 의한 변화 결과가 자기 자신의 상수배가 되는 0이 아닌 벡터를 고유 벡터라고 하고 상수배 값을 고유값이라 한다. A는 $m \times n$ 행렬이고 $\vec{x}$는 $R^n$의 영벡터가 아닌 벡터이다. 스칼라 $\lambda$에 대하여 $A\vec{x}$가 $\vec{x}$의 스칼라 $\lambda$배, 즉 $A\vec{x} = \lambda\vec{x}$ 일 때, $\lambda$를 A의 고유값(eigenvalue of A)이라 하고 $\vec{x}\,(\vec{x} \neq \vec{0})$를 $\lambda$에 대응하는 A의 고유벡터(eigenvector of A)라 한다. 예를 들어, 벡터 $x=\begin{pmatrix}1\\2\end{pmatrix}$는 $Ax=\begin{pmatrix}3 & 0\\8 & -1\end{pmatrix}\begin{pmatrix}1\\2\end{pmatrix}=\begin{pmatrix}3\\6\end{pmatrix}=3\begin{pmatrix}1\\2\end{pmatrix}=3x$이므로 고유치 $\lambda=3$에 대응하는 행렬 $A=\begin{pmatrix}3 & 0\\8 & -1\end{pmatrix}$의 고유벡터이다. 서로 다른 고유값에 대응하는 고유벡터들은 일차독립이다. A가 실수의 $n \times n$ 대칭행렬이다. A의 서로 다른 실수의 고유값 $\lambda_1$, $\lambda_2$에 대응하는 고유벡터가 $\vec{x_1}$, $\vec{x_2}$이면 $\vec{x_1}$와 $\vec{x_2}$는 직교한다. $n \times n$ 행렬 A에 대하여 다음을 만족하는 직교행렬 P가 존재할 때, A는 직교대각화가 가능하다(be orthogonally diagonalizable)고 한다.

즉, $P^{-1}AP=D$. 대각행렬과 닮은 행렬을 "대각화 가능 행렬(diagonalizable matrix)"이라 한다. 대각행렬(diagonal matrix)이란 대각선상에 있지 않은 모든 성분이 0인 정방행렬 형태의 행렬을 말한다. $n \times n$ 정방행렬 A가 대각행렬 D와 닮았을 때 A는 대각화가능하다(be diagonalizable)라 하고, A를 '대각화 가능 행렬'이라 한다. SVD(Singular Value Decomposition, 특이값 분해), Pseudo-Inverse, 선형연립방정식의 풀이, PCA(Principal component analysis, 주성분분석) 등의 주요 응용이 eigenvalue, eigenvector를 그 밑바탕에 깔고 있다. Eigenvalue를 참조.

**e-Ink 전자잉크** 종이, 금속 또는 어떠한 곳에라도 인쇄될 수 있는 액체이다. 전자잉크는 종이위에서 마치 활자가 인쇄된 듯 보이고, 또 그런 느낌을 주지만 일반적인 잉크와는 다르게 전자잉크로 글들은 영구적이지는 않다.

**EIP(Eco-Industrial Park) 생태 산업 단지** 생산공정에서 발생되는 부산물, 폐기물 등을 다른 기업의 원료 또는 에너지로 활용하는 산업공생 네트워크를 구축함으로써 온실가스배출을 최소화하고 자원 효율성을 극대화하는 산업단지를 말한다.

**EIS(Envlronment Information System) 환경 정보 체계** 대기 오염 정보, 수질 오염 정보, 고형 폐기물 처리 정보, 유해 폐기물 위치 평가 등 각종 오염원의 생성과 관련된 정보의 효율적 관리를 위한 것이다. 이러한 환경 관리 정보 체계를 이용하여 산업체 입지 분포, 풍향, 지형 특성 등을 고려한 대기 오염의 예측 및 분석을 할 수 있으며, 하천 수계별 수질 오염의 분석과 화력 및 원자력 발전소의 냉각수 온도 확산 분포 조사, 오염물 확산 평가, 산업 쓰레기 소각장, 매립장, 각종 시설물의 입지선정 및 영향 평가 등이 이루어진다. 관련 정보를 바탕으로 자연 환경, 생활환경, 생태계, 경관 변화 예측, 대형 시설물의 건설에 따른 일조량의 변화 등을 예측할 수 있다.

**EJB(Enterprise JavaBean) 기업 자바빈** 클라이언트/서버 모델의 서버 부분에서 운영되는 자바 프로그램 컴포넌트들을 설정하기 위한 아키텍처이다. 네트워크 내의 클라이언트들에 분산되어 있는 프로그램 컴포넌트들을 위한 자바빈즈 기술 위에서 구현된다. 기업들에게, 새로운 프로그램 컴포넌트가 추가되거나 또는 변경될 때마다 각 개별 컴퓨터를 갱신하지 않고서도 서버에서 변화를 통제할 수 있도록 하는 이점을 제공한다.

**Ekman-Merz Current Meter 에크만델쯔 유속계** 유속 유량을 동시에 잴 수 있는 유속계를 말한다.

**El Niño 엘니뇨** 동태평양을 비롯해서 중태평양에 이르는 넓은 범위에 걸쳐 비정상적으로 온도가 높아지는 현상을 말한다. 열대 태평양의 해수면온도 분포는 보통 서부가 고온이고, 동부 연안에서는 남쪽으로부터 한류(寒流)인 페루해류가 흘러 들어와서 저온이다. 또 중부에서 동부의 적도역에서는 용승이라고 불리는 현상에 의하여 찬물이 솟아올라 북쪽이나 남쪽에 비해 저온 상태를 유지한다. 열대 태평양에 있어서의 바람은 동쪽에서 서쪽으로 불므로 따뜻한 물층의 두께는 서부에서 두껍고, 동부에서 얇다. 해면 수위도 동부보다 서부 쪽이 높다. 그런데 이 무역풍이 어떤 원인으로 인해 약해지게 되면 서부의 따뜻한 물층은 보통 때보다 얇아지고, 동부의 따뜻한 물층은 보통 때보다 두꺼워진다. 이 때문에 용승이 약화되어 중부에서 동부의 열대 태평양의 해수면온도는 평년보다 높아진다. 이로 인해 서태평양쪽 지역에서는 평소보다 비가 적게 내려 가뭄을 겪게 되고, 동태평양쪽 지역에서는 많은 비가 내리는 등 이상기상 현상을 보인다.

**Elastic Force 탄성력** 용수철(spring) 등이 외부에서 작용하는 힘(외력)에 의해 변형을 일으켰다가 그 힘이 없어지면 원래의 상태로 돌아가려는 힘을 말한다. 탄성력은 물체에 작용하는 외력에 대한 반작용이며, 크기는 외력과 같고 방향은 반대이다. 응력-변형률 관계가 직선이 되는 경우를 선형(線形) 탄성(linearly elastic)이라고 한다. 이 경우 물체에 작용하는 외력에 의한 변형의 크기를 x, 이때 작용하는 탄성력을 F라 하면, $F=-\kappa x$($\kappa$ : 탄성계수)의 관계식이 성립한다. 이를 훅(Hooke)의 법칙 혹은 탄성의 법칙이라 한다.

**Elastic Transformation 탄성 전환** Rubber Sheeting, Warping를 참조.

**Elastic Wave 탄성파(彈性波)** 지구를 포함한 탄성체를 매체로 전달되는 파동으로서 기본적으로 실체파인 P파와 S파로 구분되며, 지층에 따라 Rayleigh파, Love파 등의 다양한 표면파가 존재한다. 일반적으로 외국에서는 Seismic Wave라고 하지만 지진파와의 혼동을 피하기 위하여 우리나라와 일본 등에서는 탄성파라는 용어를 사용하고 있다.

**Elasticity 탄성(彈性)** 물체가 외력을 받으면 변형하고 외력을 제거하면 원형으로 복귀하는 성질로서, 이런 성질을 가진 물체를 탄성체라 한다. 지구의 암석도 탄성체 성질을 보인다. 탄성체는 작용하는 힘이 어느 한계를 넘으면 탄성이 없어져 힘을 제거해도 원형으로 복귀하지 않고 변형이 남는다. 이렇게 탄성을 유지할 수 있는 경계가 되는 힘의 크기를 그 물체의 탄성한계라고 한다. 그리고 탄성한계를 넘어 더 힘을 가하여 어느 점에 이르면 갑자기 변형이 증가한다. 이렇게 급격히 영구변형이 증가하기 시작할 때의 힘의 크기를 항복점(降伏點)이라 한다. 또 힘이 어느 값 이하일 때 물체의 변형량은 힘의 크기에 비례하는데, 이 관계를 나타내는 것이 '훅(Hook)의 법칙'이며, 이 법칙이 성립하는 힘의 한계값을 비례한계라 한다. 비례한계의 크기는 탄성한계 값과 거의 같다. 뚜렷한 항복점을 가지며, 그 값도 크므로 큰 외력이 작용하지 않으면 소성을 나타내지 않는다. 공학에서는 주로 강재를 취급할 때 탄성이론을 적용하고 흙 재료를 취급할 때 소성이론을 적용한다. 그리고 탄성과 소성에는 다 같이 한계가 있는데 이들을 탄성한계, 소성한계라고 하며 이 한계를 넘으면 더 이상 탄성이론이나 소성이론을 적용할 수 없게 된다.

**ELC(Electronic Level Control) 자동 셔터, 전자 셔터** [영상] 카메라에 들어오는 빛의 양에 따라 자동으로 전자 셔터(Shutter)의 스피드를 조정하는 방식이다. 전자 셔터는 CCD에 축적되는 전하량을 조정하는 것으로 마치 기계식 조리개와 같이 광량을 조정할 수 있다. 즉, 고속 셔터로 동작할 때는 조리개 (iris)가 닫혀 지는 것과 같고 저속 셔터로 동작할 때는 조리개가 열려지는 것과 같은 효과를 주게 된다. 이러한 원리를 이용하여 빛의 양에 따라 셔터 도를 가변함으로써 레벨제어를 하는 것이다.

**e-Learning(Electronic Learning) 이러닝** 어떤 종류의 전자매체, 특히 가장 잘 알려져 있는 인터넷을 통한 교수체제를 제공하는 교수 학습체제를 함축적으로는 원격 교육의 형태이다.

**Electoral District 선거구(選擧區)** 선출직 공직자를 선출하기 위해 투표 지역을 나누는데 사용되는 단위 (공간)지역이다.

**Electoral Ward (영국)선거구** 영국에서 투표지역을 나누는 데 사용되는 기본적인 공간 단위이다.

**Electrical Resistivity Survey 전기 비저항 탐사** 전기비저항은 주어진 전압에 대해 얼마나 많은 전류를 흘려줄 수 있는가 하는 저항을 결정지어주는 물성으로, 저항에 대해 기하학적인 형태의 보정을 수행하여 동일 물질인 경우, 형태 및 전류의 방향에 따라 변화되는 저항과는 달리 항상 일정한 값을 보이는 물질 특성이다. 전기비저항 탐사는 전류 전극으로부터 흘려준 전류에 의해 야기되는 특정 지점간의 전위차를 이용하여 지하의 전기적 물성을 추정하는 지구물리탐사 방법이다. 이 탐사방법은 지하의 지질 상태를 밝히는 탐사방법 중 비교적 주변 조건에 예민하지 않을 뿐만 아니라, 해석 시에도 좋은 결과를 보여주어 여러 분야에서 유용하게 사용되고 있다. 특히 지하수로 포화된 지층과 그렇지 않은 지층이 상대적으로 큰 비저항치의 차이를 보이므로, 지하수 탐사에 많이 이용되고 있다. 전기탐사는 1912년 C. Schlumberger가 슐럼버져 배열을 고안하여 탐사를 수행하기 시작한 이래 Wenner법, 쌍극자법, 2극법 등 다양한 전극배열을 사용한 탐사가 수행되어져 오고 있다. 이러한 배열법은 현장 및 해석 조건 등에 따라 배열의 효율성이 결정된다. 최근 기술의 발전에 따라 고정된 여러 개의 전극을 이용하여 조합 가능한 전극 배열을 사용하는 다중 전극 배열이 점차 보편화되고 있다.

**Electrical Control Unit(ECU) 전자 제어 장치** ECU(Electrical Control Unit)를 참조.

**Electrical Sounding 전기 비저항 수직탐사** 전극 사이를 점차 벌려가면서 한 지점에 대한 깊이에 따른 겉보기 전기 비저항값을 측정하는 탐사를 말한다.

**Electro-Holography 전자 홀로그래피** 홀로그램을 전자적으로 디스플레이하는 방식을 통틀어 지칭한다.

**Electro Optical Camera(EOC) 전자 광학 사진기** EOC(Electro Optical Camera)를 참조.

**Electro Optical Distance Meter 광파거리측량기(光波距離測量機), 전자 광학 거리 측량기** 측점에 세운 기계로부터 광파(가시광선, 적외선, 레이저 광선 등)를 발사하여 이것이 목표점의 반사경에 반사되어 되돌아오는 반사파의 위상과, 반사파의 위상차 및 시간차로부터 거리를 구하는 장비. 광파는 전파와 달라서 구름과 비의 장애에 약하고, 또 관측 가능 거리가 짧지만 측량의 정밀도는 전파거리 측량기보다 높다.

**Electro Optical Image 전자 광학 영상** 전자 광학 영상 장치는 CCD라는 2차원 탐지기 배열들을 사용하는 비필름(Non-Film) 검출기이다. 각 열의 검출기는 영상에서 한 픽셀에 해당한다. 전자 광학 영상 장치의 종류, 픽셀의 해상도와 비행고도 등을 메타데이터에 기록한다.

**Electro Optical Surveying 전자 광학 측량** 토털 스테이션, 레이저 거리 측량기, 저자 레벨, 레이저 스캐너 등의 전자 광학적 (레이저 광선, 가시광선, 적외선 등) 측정 장치를 이용하여 지형 및 구조물의 측량을 수행하며, 수치 형태로 측량성과를 펜 컴퓨터 혹은 노트북 컴퓨터에 입력함으로써 신속하게 수치지도를 작성하는 기술이다.

**Electro Photographic Plotter 전자 사진식 플로터** 정전 플로터처럼 래스터 유형이며, 같은 원리로 종이에 정전기를 충전하는 대신에 광학적으로 반응하는 종이나 필름을 사용하여 빛으로 제도하는 장치이다.

**Electromagnetic Conductivity(EM) 전자 전도도** EM(Electromagnetic Conductivity)를 참조.

**Electromagnetic Energy 전자기에너지, 전자파에너지** 방사에 의해 전달되는 에너지의 형태. 전자기 에너지는 전기와 자기요소 둘 다를 가지고 있고, 가변적인 파장의 일련의 사인파형으로 보일 수 있다. 감마선 · 엑스선 · 자외방사 · 가시광 · 적외방사 · 마이크로파와 라디오파를 포함한 전자기 에너지의 많은 형태가 있다. Radiation를 참조.

**Electromagnetic Force 전자기력(電磁氣力)** 4 (Basic) Forces in Universe를 참조.

**Electromagnetic Induction Direct Method 전자유도 탐사 직접법** 탐사하고자 하는 지하시설물에 직접 접지시켜 탐사하는 방법으로서 목표하는 선로에 직류전류를 주입하기 때문에 가장 좋은 방법이다. 1. 1점 법 목적관에 자장을 발생시키는 방법. 송신기 – 목적관 – 대지 – 접지 – 송신기, 2. 2점 법 상수도관과 같이 이음부분이 절연상태인 경우 관의 양끝에 접근하기 쉬운 곳에 효과적으로 사용할 수 있는 방법 송신기 – 목적관 – 송신기

**Electromagnetic Induction Indirection Method 전자유도 탐사 간접법** 대상 시설물에 직접 접근할 수 없을 때 사용. 수신기에 표시되는 고유 자장수를 이용하므로 장거리 탐사가 가능하고, 작업 방법이 간편하여 가장 많이 사용되지만 매설물이 복잡한 경우에는 탐사 정확도가 낮은 단점이 있다.

**Electromagnetic Induction Method 전자유도 탐사법** 송신기로부터 매설관이나 케이블에 교류 전류를 흐르게 하여, 그 주변에 교류 자장을 발생시켜 지표면에서 발생된 교류 자장을 수신기의 측정코일의 감도 방향성을 이용하여 평면위치를 측정하고 지표면으로부터 전위경도에 대해 심도를 탐사하는 방법이다.

**Electromagnetic Radiation 전자기복사** 전기장과 자기장 사이의 상호작용의 형태로 전파되고, 상호작용을 증가시키는 에너지. 모든 전자기 복사에너지는 빛의 속도로 움직인다.

**Electromagnetic Spectrum 전자기스펙트럼, 전자기 빛띠, 전자기 분광대** 파장이나 주파수에 따라서 배열된 전자기적 에너지의 연속물이다.

**Electromagnetic Survey 전자탐사** 전자탐사법은 지하를 구성하는 물질, 즉 암석의 전기비저항(resistivity)이 서로 다르다는 점을 이용하여 지하의 지질구조 파악 및 지하시설물 측량을 하는 방법이다. 지표면에서 도선이나 코일에 교류전류를 흘려보내면 전류 흐름의 변화율에 의해 전자장(electromagnetic field)이 발생하게 되고, 이 1차 전자장에 의하여 지하의 양도성 광체에는 유도전류가 흐르게 되어 2차 전자장이 발생하게 된다. 이 2차 전자장의 특성을 탐지하여 이를 해석함으로써 지질 · 지반구조 및 금속체의 지하시설물 위치 및 형태에 대한 정보를 얻을 수 있다. 전자탐사의 방법은 송신전자장이 자연발생적인 것과 인공적인 것으로 대별한다. 이들은 또한 송신신호의 종류, 송신주파수의 변화, 송신 및 수신기의 구성방법 등에 따라 여러 방법으로 나누어진다. 최근에는 송신주파수의 변화에 따라 측정심도가 변화하는 현상을 이용하여 한꺼번에 여러 심도에서의 반응을 측정하는 방법도 개발되고 있다. 과거에는 전자탐사법은 일반적으로 광물자원의 탐사를 목적으로 개발되었으나, 현재는 지하자원, 토목물리, 환경, 지하시설물 측량 등 다양한 분야에 적용되고 있다.

**Electromagnetic Wave 전자파(電磁波)** 전자파는 전기장과 자기장의 2가지 성분으로 구성된 파동으로서 공간상에서 광속으로 전파한다. 전자기파는 광자를 매개로 전달되며 파장의 길이 따라 전파, 적외선, 가시광선, 자외선, X선, 감마선 등으로 나뉜다. 전파(電派)는 전자파의 일종으로서 그 주파수가 3000GHz(1초에 3조번 진동) 이하의 것을 말하며, 여러 가지 형태로 이용되고 있다. (1) 적외선(Infrared rays, 赤外線) : 전자파 중에서 가시광과 밀리파 사이에 있고 파장이 대략 0.7~수백mm의 범위에 드는 빛으로 파장 1mm 부근을 발광하는 반도체 레이저가 광통신에 이용된다. (2) 가시광선(빛; Visible light, 可視光線) : 인간의 눈으로 느낄 수 있는 400~700nm의 파장을 가진 광선. 400nm 이하의 짧은 파장을 자외선, 700nm 이상의 긴 파장을 적외선으로 분류한다. (3) 자외선(Ultraviolet ray, 紫外線) : 보랏빛보다 파장이 짧고 눈에 보이지 않는 복사선(輻射線)으로 화학작용이 강하여 피부가 화상을 입거나 손상되어 변색의 원인이 되며 읽기용 기억장치(ROM) 속에 있는 기억 내용의 삭제에도 이용된다. (4) X선(X-rays) : 핵 밖으로 방출되는 파장이

짧고 투과력이 강한 방사선이다. 물질을 잘 투과하여 재료의 시험이나 의학용으로 사용된다. 발견자의 이름을 따라 뢴트겐(Rontgen)선이라고도 한다. 파장이 10~0.001nm 범위의 전자파로서 투과력이 높기 때문에 형광, 전리 및 사진 작용이 있다. (5) 감마선(Gamma ray) : 방사성 원소로부터 나오는 전자파의 한 가지로서, X선보다 파장이 짧고, 투과 능력은 크지만 이온화 작용, 사진 작용, 형광 작용은 훨씬 약하다. Radio Wave참조.

**Electromechanical Sensor 전기 기계적 센서** 센서가 움직이는 방향에 직각인 방향으로 측면에서 측면으로 스캐닝하여 영상을 구축하는 원격탐사체계, 이러한 측면에서 측면으로의 스캐닝은 센서의 주시 방향을 변경하는 전기 기계적 장치를 통하여 성취된다.

**Electron 전자(電子)** 음(−)의 전하를 띠고 있는 기본 입자로서, 음전자 이외에도 양전자도 존재한다. 원자 내부에서 양성자와 중성자로 구성된 원자핵의 주위에 분포한다. 전자의 전하는 $1.60217733 \times 10^{-19}$C이며, 전자의 질량(m)은 $9.1093897 \times 10^{-31}$ kg이다. 원자와 전자의 관계는, 닐스 보어가 양자 역학적으로 원자를 이해하려고 시도한 이후, 톰슨(Thomson)이 1897년 음극선관에서 나타나는 음의 전하를 띤 음극선 흐름을 전자들의 흐름으로 제안하였다. 전자는 원자핵을 중심으로 일정한 전자궤도를 따라 운동을 한다. 전자 반경은 고전적인 정지 상태에서 $2.82 \times 10^{-15}$m이다. 중성 원자의 경우, 전자의 수는 원자번호와 같다. 일반 전기회로(도체)에서 전자는 전하의 운반체로 본다. 원자가 전자(原子價電子, Valence electron)는 어떤 원자의 최외각전자껍질, 즉 가장 바깥껍질에 있는 전자이며, 화학 반응에 참여할 수 있는 가능성을 가진 전자이다.

**Electronic Book(eBook) 전자책, 이-북** eBook(Electronic Book)을 참조.

**Electronic Cash 전자 화폐** IC카드 또는 네트워크에 연결된 컴퓨터에 은행예금이나 돈 등이 전자적 방법으로 저장된 화폐적 가치를 말한다.

**Electronic Commerce Resource Center(ECRC) 전자상거래 지원 센터** ECRC(Electronic Commerce Resource Center)를 참조.

**Electronic Copy 전자 카피** 일렉트로닉 형태의 출력물은 컴퓨터 파일의 형태로 출력되는 것으로 별도의 분석이나 원거리에서의 하드카피 출력물의 생성을 위한 자료의 전송에 사용된다.

**Electronic Data Interchange(EDI) 전자문서교환** EDI(Electronic Data Interchange)를 참조.

**Electronic Data Interchange For Administration, Commerce and Transport(EDIFACT) 행정·상업·수송을 위한 전자문서 교환** EDIFACT(Electronic Data Interchange For Administration, Commerce and Transport)를 참조.

**Electronic Distance Measurement Devices(EDM) 전파거리 측량** EDM(Electronic Distance Measurement Devices)을 참조.

**Electronic Health Records(HER) 전자건강기록** HER(Electronic Health Records)를 참조.

**Electronic Industry Association(EIA) 미국 전자 산업 협회** EIA (Electronic Industry Association)를 참조.

**Electronic Learning(e-Learning) 이러닝** e-Learning(Electronic Learning)를 참조.

**Electronic Level Control(ELC) 자동 셔터, 전자 셔터** ELC(Electronic Level Control)를 참조.

**Electronic Mail(E-Mail) 이메일, 전자우편** E-Mail(Electronic Mail)를 참조.

**Electronic Mail Address 전자우편주소** 기관이나 개인의 전자우편주소를 말한다.

**Electronic Navigation Chart(ENC) 전자 해도** ENC(Electronic Navigation Chart)를 참조.

**Electronic Paper(e-Paper) 전자종이** e-Paper(Electronic Paper)를 참조.

**Electronic Plane Surveying System 전자 평판 측량 체계** 자동추적 기능을 갖춘 토탈스테이션, 동적 GPS와 펜컴퓨터의 통합체계는 종래의 평판측량을 대신할 수 있다. 현장에서 수치형식으로 직접 획득되는 자료는 대규모 GIS 자료획득에 유용한 방법이다. 예를 들어 지적측량, 시설물측량, 도시구조물 등의 대축적의 GIS 자료는 현장에서 직접 입력되므로 유용하다.

**Electronic Positioning Chart 전자 항법도** 일반 항해도에 Loran, Decca, Hifix 등의 전파항법 체계의 위치선과 번호를 기입한 해도를 말한다.

**Electronic Positioning Survey 전자 위치 결정 측량** 전파를 이용하여 무선국간의 거리, 거리 차 또는 방위를 관측함으로써 위치를 결정하는 측량법을 말한다.

**Electronic Product Code(EPC) 전자제품코드** EPC(Electronic Product Code)를 참조.

**Electronic Program Guide(EPG) 전자 프로그램 안내** EPG(Electronic Program Guide)를 참조.

**Electronic Publication(ePub) 이퍼브** ePub(Electronic Publication)를 참조.

**Electronic Speed Controls(ESC) 전자 속도 제어, 변속기** ESC(Electronic Speed Controls)를 참조.

**Electronic Stability Control(ESC) 전자 제어 주행 안정 장치** ESC(Electronic Stability Control)를 참조.

**Electronic Tacheometer 전자시거 측량기(電子視距測量機)** 전자기파거리측량기와 트랜시트를 결합한 것으로 거리와 각뿐만 아니라 삼차원위치(X, Y, Z)도 즉시 구할 수 있는 장비이다.

**Electronic Toll Collection System(ETCS) 전자요금징수체계** ETCS(Electronic Toll Collection System)를 참조.

**Electrostatic Plotter 정전 플로터** 컴퓨터 주변 장치. 래스터 형태에 있어서 하드카피 그래픽 영상을 출력한다. 원본 도면의 밝고 어두운 부분을 종이 위에 정전기로 대치하거나 대치하지 않은 부분으로 표시하여, 미세한 입자로 된 부분만 잉크로 도면을 작성하는 장치. 벡터 형식인 경우에는 래스터 자료로 변환이 필요하며, 펜 플로터보다 출력속도가 5~30배 빠르다. 정전 플로터는 그 크기나 색 혹은 흑백모드 등의 설정을 자유롭게 변경시킬 수 있다. 대부분의 장치는 불투명 종이, 반투명 접합체, 폴리에스테르 등 여러 종류의 매체에 출력할 수 있다. 플로터는 여러 가지의 크기가 있지만, GIS용으로 넓이 24″나 3″가 가장 일반적으로 사용된다. 또한 컬러출력이나 흑백출력이 모두 가능하다. 대부분의 컬러 방식에서는 매체를 토너용기에 4번 통과시킨다. 컬러 정전 플로터는 적합한 색의 표현을 위해 넓은 범위의 많은 색을 지원한다.

**Electrostatic Printer 정전 프린터** 정전기로 코팅된 종이 위에 정전기력을 사용하여 정보를 표현하는 방법. 전도성의 특수한 용지를 회전 드럼에 물려 세로로 움직이게 하고, 정사각형으로 이루어진 도트 매트릭스 헤드가 정전기에 의해 잔상을 형성하여 그 부분이 토너를 흡착하여 그림을 나타낸다.

**Electrostatic Touch 정전식 터치** 터치 기술의 일종. 손과 화면이 닿았을 때 발생하는 정전용량의 변화를 인식해 작동하는 기술로 반응 속도가 빠른 것이 특징이다. 강화 유리를 사용해 스크래치가 적고 화면이 깨끗하게 보이는 장점도 있다. 정전식은 손가락 끝에 흐르는 정전기를 인식해 반응하는 방식으로 그 속도가 빠르다. 정전식 터치스크린은 HTC EVO 4G, 모토롤라 드로이드와 같은 고급 스마트폰에서 볼 수 있다. 이러한 터치스크린은 일반적으로 인듐 주석 산화물과 같은 투명 전도체로 코팅된 하나의 유리 층으로 구성된다. 사람의 몸도 전도체이므로 손가락으로 유리의 코팅면을 건드리면 화면의 정전기장이 변화하고, 그러면 폰의 프로세서가 이 변화의 위치를 감지하는 방식이다.

**Electrowetting Phenomenon 전기습윤 현상** 특수하게 절연막이 코팅된 전극을 이용해 전기적으로 액체방울의 퍼짐성을 변화시켜 액체방울의 모양을 바꾸는 것을 일컫는다. '액체 렌즈(Liquid Lens)'와 '전자종이(Electronic Display)' 개발에 이 현상이 활용되고 있으며 랩온어칩은 이 현상을 액체방울 이동에 응용하고 있다.

**Element 요소(要素)** 점·선·면과 같이 지형학적 정보의 기본 단위로서 실체(Entity)라고도 부른다. Design 파일을 구성하기 위한 실체 중의 하나이다.

**Element Attribute 요소 속성** 색상, 선의 형태, 선 두께, Class, 레벨(Level), 색채움(Fill) 등을 뜻하며, 기타 다른 요소의 속성은 특정 요소에 대해서만 적용 가능하다.

**Element of Absolute Orientation 절대 표정의 요소** 절대 표정에 사용되는 요소로서 상호의 사진 거리 bx(축척)와 x, y축 둘레의 공통 회전각으로 이루어진다.

**Element of Eccentric Reduction 편심 요소** 편심 관측 시 반드시 관측해야 하는 요소는 편심거리와 편심각이다.

**Element of Inner Orientation 내부표정의 요소** 사진면에 대한 상측 투영 중심의 위치를 정하기 위해 필요한 2개의 요소, 즉 사진 주점의 위치와 화면 거리를 말한다.

**Element of Relative Orientation 상호 표정의 요소** 입체 도화기에서 내부표정을 거친 후 상호표정 인자에 의하여 종시차를 소거한 입체시를 통하여 3차원 가상 좌표인 입체모형 좌표를 구할 수 있는 작업이다.

**Element Symbology 요소 기호** 요소의 색상, 선의 형태(Style), 선의 두께(Weight) 등을 뜻한다.

**Elementary Process 기본과정, 기본 절차** 업무 계층의 최하위 수준에 존재하는 절차로서, 더 이상 분해될 수 없는 최소 업무 단위이다. 기본절차는 대상 실체 유형의 생성·수정·삭제가 명확히 정의될 수 있는 업무활동으로 시작과 끝이 명확하여야 한다.

**Element's of Orientation 표정요소(標定要素)** 사진측량에서 항공사진을 촬영 당시의 기하학적 조건으로 재현하는 것으로서 크게 내부표정과 외부표정이 있다. (1) 촬영된 사진의 주점을 입체도화기의 투명양화 지지기(photo carrier) 중심에 일치시키고 사진기의 초점거리를 도화기의 초점거리에 맞추는 작업을 "기계적 내부표정", 상좌표(image coordinate)로부터 사진좌표(photo coordinate)를 구하는 수치처리를 "해석적 내부표정"이라 한다. (2) 외부표정은 사진좌표계를 소요의 좌표계로 전환하는 표정으로 외부표정 요소는 (Xo, Yo, Zo, $\kappa, \phi, \omega$)이며, 외부표정에는 상호표정, 접합표정, 절대표정 등이 있다.

**Elevated Road 고가도로** 고가도로는 철도나 다른 도로와 입체교차 또는 병설하는 것을 주목적으로 하여 지평면보다 높게 교량형식의 구조로 되어 있는 도로를 의미한다. 일반적으로 도시안의 고속도로 가운데 가로 위나 하천에 교각을 세워 만든 부분이 전형적인 것이다.

**Elevation 고도, 표고(標高)** ① 평균해수면에서 그 점까지 이르는 연직거리이다. ② 지오이드나 측지타원체, 특정한 고도자료와 같이 기준점이나 기준 평면에 상대적인 점의 높이이다. 즉, 참조 좌표 기준으로부터의 수직 높이로 미터(m) 등의 단위를 사용한다.

**Elevation Check Point 표고 검사점** 수치 표고 자료의 정확도 평가를 위하여 수치 표고 자료 구축 방법보다 높은 정확도로 그 위치를 측량한 지점을 말한다.

**Elevation Control Point 표고 기준점(標高基準點), 표고 표정점(標高標定點)** ① 표고를 관측하는 기준. 우리나라는 육지표고의 기준은 전국 각지에서 다년간 관측한 결과를 평균 조정한 평균해수면(중등해수면, Mean Sea Level : MSL)을 사용한다. 평균 해수면은 일종의 가상면으로, 고저 측량에 직접 사용할 수는 없으므로 그 위치를 지상에 영구표석으로 설치하여 수준 원점(Original Bench Mark : OBM)으로 삼고 이것으로부터 전국에 걸쳐 수준 측량망을 형성하였다. 또한 해저수심은 평균최저간조면 (Mean Lowest Low Water Level : MLLW)을 해안선은 평균최고만조면 (Mean Highest High Water Level : MHHW)을 기준으로 한다. ② 도화시 높이의 표정에 사용하는 대지 표정점을 말한다. Elevation Data표고 자료, 고도 자료지형을 모형화하는 목적은 지표면과 그 고도 특성을 필요한 만큼 정확히 수치적으로 표현하는데 있다. 즉, 지표면의 고도를 추출하고, 이를 일정한 구조로 조직화하여 GIS에서 수치적으로 지형을 표현하고자 수치지형모형을 구축하는 것임. 공간상의 연속적인 기복변화를 수치적으로 표현한 모형을 수치고도모델(DEM)이라 하며, 수치지형모형(DTM)이라는 용어도 함께 사용된다(Burrough, P.A. 1989).

**Elevation Mask 위성 고도각, 위성 앙각** 지상의 수평면과 천구상의 GPS가 이루는 각으로서 높이 각도는 0°에서 90°까지로 측정된다. 위성 앙각이 저앙각에서 고앙각으로 커짐에 따라 건물과 나무에 의한 방해나 다중 경로 오차를 피할 수 있기 때문에 수신기 측정치 잡음크기가 작아지는 경향이 나타난다.
「GPS에 의한 기준점측량 작업규정」 제12조 제2호에서 GPS측량에 사용하는 위성은 고도각은 원칙적으로 15°이상일 것, 위성의 작동 상태가 정상일 것, 동시 수신 위성수는 4개 이상일 것으로 규정하고 있다. 한편, 「서울특별시 네트워크 RTK 운영 및 지적측량 작업규정」 제9조에서는 GPS신호의 수신품질 향상시키기 위하여 다음과 같이 규정하고 있다. 즉, 이동국의 위성수신 앙각(Elevation Mask)은 15도 이상으로 설정하고 다중경로, 전파장애요인, 위성배치 및 장애물 등을 고려하여 중복 측정한다. 이 경우 세션을 달리하며 각 세션에 대한 사항은 다음과 같다. (1) 위성이 5개 이상일 때에 관측한다. (2) 각 측점은 위성조건이 다른 세션에서 측정한다. (3) 위성의 배치밀도 PDOP(Position Dilution of Precision)는 6보다 적어야 한다. (4) 측정품질은 기선해석이 고정해(fixed Solution)가 된 값을 저장하도록 한다.

**Elevation Point 표고점(標高點)** 표고를 측정한 지표면의 모든 지점을 말한다.

**Elevation-Related Geometric Distortions 표고 관련 기하학적 왜곡** 영상에서 형상(지형 · 지물)이 중복 혹은 삭제된 경우는 표고모형이 잘못되었거나 기준점이 적합하지 않은 경우이다. 이런 왜곡은 영상을 사용 불가능하게 만들기도 한다.

**Elite Hacker 엘리트 해커** 해커의 등급은 엘리트, 세미 엘리트, 디벨롭 키디, 스크립트 키디, 레이머 등 5등급으로 분류된다. 엘리트 해커는 1등급으로서, 시스템에 존재하는 취약점을 찾아내 해킹에 성공하는 최고수준의 해커이다. 마법사(Wizard)라고도 불리며 해당 시스템에 아무런 흔적도 남기지 않고 해킹을 할 수 있는 실력을 갖고 있다. Hacker, White Hacker, Black Hacker, Gray Hacker, Semi-Elite Hacker, Developed Kiddie Hacker, Script Kiddie Hacker, Lamer Hacker를 참조.

**Ellipicity 편평률** Flattening를 참조.

**Ellipse 타원** 축이라 불리는 2개의 고정점에 대하여 곡선의 임의점에서 거리의 합이 일정한 2차원 곡선을 말한다.

**Ellipsoid (회전)타원체(楕圓體), (지구)타원체, 타원체(楕圓體)** ① 균일하지 않은 지구의 밀도 때문에 생긴 변화를 고려하지 않고 근사화시킨 지구의 가상적 모양을 말한다. ② 측지학에서는 특별히 규정치 않는 한 타원을 1개의 축을 기준으로 회전했을 때 형성되는 입체를 말한다. 타원체는 2개의 양으로 정의된다. 장반경 a와 편평률 f의 길이로 주어진다. Geodesy, Geoid, Spheroid를 참조.

**Ellipsoid Alias (지구)타원체 별명** 지구 타원체의 또 다른 이름 또는 이름들을 말한다.Ellipsoid Distance타원체 거리타원체 상에 있는 두 측점 사이의 정축면(Nomal Section) 거리. 이는 측지선 거리(Geodetic Distance)와 같지 않다(Geodetic Distance : 타원체상에 있는 두 측점 사이의 타원체면을 따라 이루어진 거리를 말한다.)

**Ellipsoid Name 타원체 면** 지구 형태를 표현하기 위한 식별 명칭을 말한다.

**Ellipsoid of Rotation 회전 타원체** Rotation Ellipsoid를 참조.

**Ellipsoid Parameters 타원체 매개변수** 타원체를 설명하는 매개변수 집합을 말한다.

**Ellipsoid Remarks (지구)타원체 해설** 지구타원체에 대한 해설 또는 정보를 말한다.

**Ellipsoidal Coordinate System 타원체 좌표계** Geocentric Coordinate System를 참조.

**Ellipsoidal Height 타원체고** ① 준거타원체상의 높이를 말한다. 지구표면상의 한 점에서 타원체의 법선에 연직으로 측정하며, 측지고라고도 한다(출처 : 공항안전운영기준〈국토교통부고시 제2013-830호, 2013.12.26.〉 제3조). ② 타원체고는 기하학적으로 정의된 타원체면에 수직인 거리를 의미한다. GPS를 비롯한 전지구항법시스템(GNSS)로부터 결정되며, 측지고(Geodetic height)라고도 한다. 지오이드와 타원체 사이의 높이 차이를 지오이드고라고 한다. 실제 표고와 타원체고는 기준면이 상이하므로 두 높이 사이에는 연직선편차가 발생하지만 몇 가지 가정을 바탕으로 하면 타원체고와 지오이드고의 차이를 표고로 이용할 수 있다. GNSS 측량을 통한 타원체고를 이용하여 표고를 효율적으로 결정하기 위해서는 정밀한 지오이드 모델이 필요하다. N≒h-H로 표현되며, 여기서 N은 지오이드고, h는 타원체고, H는 (정)표고이다. Height를 참조.

**Ellipsoidal Latitude 타원체 위도** Geodetic Latitude를 참조.

**Ellipsoidal Longitude 타원체 경도** Geodetic Longitude를 참조.

**Elongation 이각(離角), 이격** 천체가 자오선에 대하여 동 또는 서극 위에 있는 상태를 이격이라 한다.

**EM(Electromagnetic Conductivity) 전자 전도도** 유도 전기장을 측정하는 전자탐사에서 결정되는 전기비저항값의 역수로서 전기전도도와 같은 의미로 쓰인다.

**E-Mail(Electronic Mail) 이메일, 전자우편** 일반적인 편지 교환처럼, 인터넷을 통해 원하는 사람에게 파일을 전달하거나 데이터베이스 검색 요청 등을 가능하게 하는 전자 우편이다.

**Embanked Reach 유제부(有堤部)** 하천의 구간 중에서 제방이 설치되어 있는 부분을 말한다.

**Embankment 제방** 흙을 올려 쌓은 구조물을 말한다.

**Embeddable GIS 임베디드 지아이에스, 내장 지아이에스** 어플리케이션 개발 시 기존의 코드나 다른 종류의 컴포넌트를 유용하게 재사용하거나, 개발자들이 새로운 프로그래밍언어를 습득하는 것보다는 표준개발 환경에서 사용할 수 있는 컴포넌트를 이용하는 것을 말한다. Component GIS를 참조.

**Embedded File System(EFS) 내장 파일 시스템** EFS(Embedded File System)를 참조.

**Embedded PCB(Embedded Printed Circuit Board) 임베디드 피씨비** PCB 내부의 층과 층 사이에 각종 부품을 내장, 기판 두께와 크기를 획기적으로 줄일 수 있는 제품이다. 전자기기의 경박단소화 및 다기능화에 적합한 것은 물론이고 기판 제작 공정 단축이 가능해 차세대 PCB로 분류된다.

**Embedded Printed Circuit Board(Embedded PCB) 임베디드 피씨비** Embedded PCB(Embedded Printed Circuit Board)를 참조.

**Embedded SQL(Structured Query Language) 내장 구조화 질의어, 내장 에스큐엘** 내장 SQL은 응용 프로그램 속에 내장해서 사용하는 SQL로서, 응용 프로그램 내에 데이터를 정의하거나 질의하는 SQL 문장을 포함시켜 프로그램이 실행될 때마다 함께 실행되게 한다. SQL을 호출하는 언어를 '호스트 언어'라 한다. 내장 SQL 실행문은 호스트 실행문이 나타날 수 있는 곳이면 어디에서나 사용가능하다. 내장 SQL은 호스트 언어의 프로그래밍 속에 직접 SQL 문을 기술하며, 'EXEC SQL'로 시작해서 'ENDEXEC'로 끝을 낸다. SQL 참조.

**Embedded Structured Query Language(SQL) 내장 구조화 질의어, 내장 에스큐엘** Embedded SQL(Structured Query Language)을 참조.

**Embedding 삽입** 원래의 포맷은 유지되면서 콘텐츠나 응용을 하나의 웹 페이지로 통합하는 것을 말한다.

**Embossed Hologram 엠보스 홀로그램** 레이저로 기록되는 간섭무늬를 화학적인 소재에 기록하는 방법에서 표면에 수 마이크론 단위의 요철로 기록할 수 있는 소재가 개발되면서 홀로그램의 대량생산의 길이 열렸으며 이러한 요철을 이용해 홀로그램을 복제 또는 대량생산하는 방법을 말한다.

**Emergency Operations Center(EOC) 긴급상황실** EOC(Emergency Operations Center)를 참조.

**Emergence Vehicle Management/Support Service(EVMSS) 긴급차량 운행관리지원 단위서비스** EVMSS(Emergence Vehicle Management/Support Service)를 참조.

**Emerging Device 이머징 디바이스** 3세대 이동통신망, 무선랜(WiFi) 등 무선 네트워크 연결이 가능해 새로운 서비스를 제공할 수 있는 휴대용기기를 뜻한다. 3스크린처럼 ICT 융합이 본격화하면서 각광받고 있다. 통신·전자업체들이 초고속 인터넷 서비스 등과 결합해 팔고 있는 넷북(네트워크 접속기능을 특화시킨 저렴한 노트북), 휴대형 미디어 재생기, 모바일 게임기, 전자책 등이 포함된다.

**Emission 방출, 발산** 전자기파 에너지의 방사, 0K(−273°C) 이상의 온도를 지니는 물체는 전자기파 에너지를 방출한다.

**Emissive Infrared 복사성 적외선** Infrared를 참조.

**Emissivity 복사율, 방사율(放射率), 방출률** 같은 온도에서의 흑체 에너지와 비교되는 물체의 에너지 방사로 비율로서 묘사된다.

**Emittance 복사능** Emissivity를 참조.

**Emomagination 감성 상상력** Emotion과 Imagination의 합성어로 감성과 상상력이 새로운 가치를 창출하는 것을 말한다.

**Emoticon 이모티콘** 감정(Emotion)과 아이콘(Icon)의 합성어로 컴퓨터 자판의 문자와 기호, 숫자 등을 조합해 만든 '사이버 언어'이다.

**Emotion Capture 이모션 캡처** 얼굴의 주요 근육 부위에 특수 마킹을 한 다음 초근접 카메라로 배우의 표정 변화를 찍어, 가상의 캐릭터에 실사 배우의 감정까지 고스란히 담을 수 있는 기술을 말한다. 동작만 똑같이 구현하는 '모션 캡처(Motion Capture)'보다는 훨씬 더 진화된 개념이다.

**Emotional Marketing 감성 마케팅** 제품의 기본적 편익이나 기능보다는 그 제품이 갖고 있는 상징(Symbol), 메시지, 이미지를 중시한다. 감성 마케팅은 소비자들이 좋아하는 자극이나 정보를 통해 제품에 대한 소비자의 호의적 반응을 불러일으킨다. 눈에 보이지 않는 감성이나 취향을 눈에 보이는 색체, 형태, 소재를 통해 형상화시키며 오감을 통해 느끼게 해준다. 이는 이성에 호소하기보다는 직관과 이미지를 중시하는 감성을 자극해 주며, 좀 더 쉽고 직접적으로 소비자를 사로잡을 수 있다.

**Empirical Normalization 경험적 표준화** 다중시기 영상의 표준화를 통하여 제어 요소를 추출하는 것을 말한다.

**Empirical Rule 경험법칙** 정규분포하에서 68%의 관측치들이 첫 번째 표준편차 안에 들어오고, 95%의 관측치들이 두 번째 표준편차에, 거의 100%(99.7%)가 3번째 표준편차에 들어온다는 법칙이다.

**Empowerment 권한 위임** 효과적이고 시의 적절한 정보를 시민들에게 제공함으로써, 시민들에게 권한을 부여하는 것을 말한다.

**Empty Conduit 공관, 공배관** 목적이 있어 배관을 시설했으나, 현재는 사용하고 있지 않은 상태의 관을 말한다.

**Emul 에뮬** Emulation를 참조.

**Emulation 대행, 에뮬레이션** 에뮬레이터(Emulator), 에뮬(Emul)과 동의어로도 사용되는 용어로서, 한 컴퓨터가 다른 컴퓨터처럼 똑같이 작동하기 위하여 특별한 프로그램 기술이나 기계적 방법을 사용하는 일을 말한다. 컴퓨터 또는 기타 여러 주변 장치의 기능을 다른 컴퓨터에서 구현하는 것을 의미한다.

**Emulator 에뮬레이터, 대행기** 프로그램을 작성한 컴퓨터와 수행할 컴퓨터가 다른 경우에 이를 특별한 변경 없이 실행할 수 있게 하기 위하여 작성된 프로그램 또는 기기. 컴퓨터 시스템은 각각 고유의 기계 명령에 의해서 동작하기 때문에 다른 시스템과의 호환성을 갖지 않는 경우가 많다. 따라서 이용자가 컴퓨터 시스템을 변경하는 경우에 프로그램을 변경시켜주어야 하는 문제가 발생되기 때문에 대행기가 많이 사용된다.

**Emulator 에뮬레이터** 어떤 하드웨어나 소프트웨어의 기능을 다른 종류의 하드웨어나 소프트웨어로 모방하여 실현시키기 위한 장치나 프로그램. 휴대폰에서 실행되어지는 것과 같은 환경을 제공하는 프로그램. 실제 폰에 올리기 전에 테스트 가능케 한다. Emulation를 참조.

**Emulsion 감광 유제** 필름에 도포되어 빛을 감지하여 상을 만드는 물질로, 활로겐화은과 같은 감광성 화합물의 결정체를 젤라틴에 분산시킨 감광 도료나 질산처리한 결정체를 말한다. 유제의 특성은 감광도, 입자성, 분광(파장이나 색에 대한) 감도, 콘트라스트(계조)를 말한다.

**Enabler 이네이블러** 장애를 제거하여 사용 또는 작동 가능한 상태로 만드는 것이다. 흔히 어떤 시스템이나 프로그램을 시동하거나 능력을 회복한다는 의미를 담고 있다.

**ENC(Electronic Navigation Chart) 전자 해도** 전자해도표시 컴퓨터시스템에 사용하기 위해 종이해도상에 나타나 있는 해안선, 등심선, 수심·항로표시(등대·등부표), 위험물 항로 등 선박의 항해와 관련된 모든 해도정보를 국제수로기구(IHO)의 표준규격(S-57)에 따라 제작된 수치해도이다.

**Encapsulate 요약** 요약하거나 간결한 형식으로 만드는 것을 말한다.

**Encapsulated Post Script(EPS) 요약 포스트스크립트** EPS (Encapsulated Post Script)를 참조.

**Encapsulation 캡슐화** 객체 지향 방법의 기본적인 성질의 하나를 언급하는 용어. 객체 내에 정보를 숨기고, 다른 객체가 그 정보에 상호 작용하도록 허용하는 외부 접속을 제공하지만, 그것에 대한 직접 접근을 허용하지 않는 기술이다. 이것은 객체의 작성자만 객체 내에 유지된 코드 또는 자료에 대한 직접적인 접근을 가지고, 다른 객체는 그 객체를 사용할 수 있지만 그것의 내부 동작에 관한 것을 가지지 않는다는 것을 의미한다.

**Enclosure 포함성** 다른 공간 사상을 포함하는 공간 사상에 대한 정보를 말한다.

**Encoder 암호기, 엔코더** 어떤 특정한 장치에서 사용되는 정보를 다른 곳으로 전송하기 위하여 일정한 규칙에 따라 암호로 변환하는 장치를 말한다.

**Encoder Attached Plotter 좌표 독취장치 부착 도화기** 수치 자료의 취득을 위하여 X, Y, Z의 좌표치 및 소정의 코드를 기록할 수 있는 장치를 부착한 도화기. 통상 이 기록장치에는 디스크 또는 MT가 갖추어지고, 도화기는 엔코더 부착 아날로그 도화기 또는 해석 도화기가 이용된다.

**Encoding 부호화, 암호화, 인코딩** ① 정보의 형태나 형식을 표준화, 보안, 처리속도 향상, 저장 공간 절약 등을 위해서 다른 형태나 형식으로 변환하는 처리 혹은 그 처리 방식을 말한다. ② 엔코더는 모션 또는 위치를 측정하는 전자기계 장치이다. 대부분의 엔코더는 광학센서를 사용하며 출력으로 펄스 트레인(pulse train)의 형태로 디지털 신호를 제공한다. 이 펄스 트레인을 이용하여 모션, 방향, 위치 정보를 얻을 수 있다.

**Encoding Map System 부호화 도법** 일정한 부호를 사용하여 지형의 형태와 기복을 도시하는 방법으로, 정량적으로, 세부적으로 정확히 지형을 표시할 수 있기 때문에 공학적으로 가장 널리 이용하는 지형도 표시 방법이다. 국가기본도는 부호적 도법으로 지형의 기복을 표현한다. 여기에는 단채법, 점고법, 등고선법 등이 있다.

**Encoding Process 기호화 과정, 부호화 과정** 정보의 내용과 구조를 교환이나 저장에 적합한 형식으로 표현하는 과정을 말한다.

**Encoding Rule 기호화 규칙, 부호화 규칙** 정보의 예에서 자료구조내의 자료 예로 전환하는 부호화 과정에 이용되는 규칙들의 집합을 말한다.

**Encoding Service 기호화 서비스, 부호화 서비스** 부호화 규칙을 구현한 소프트웨어 컴포넌트를 말한다.

**End Area Formula 양단면 평균법** 상단면과 하단면의 평균값을 계산하여 나온 면적에 높이값을 곱하여 체적을 산정하는 방법을 양단면 평균법이라 한다. 공식은 (A0 + A1) / 2 × L이다( A0 = 상단면, A1 = 하단면, L = 높이).

**End Contraction 단 수축** 수로에 보를 설치할 때 보의 넓이가 유로의 넓이보다 작아지는 것을 말한다.

**End Lap 종중복** Forward Overlap과 Endlap를 참조.

**End Node 종점 노드** 끝점한 아크(Arc)의 끝점이 다른 아크로 연결될 때, 그 끝점을 말함.

**End of Circular Curve(EC) 원곡선 종점(圓曲線 終點)** EC(End of Circular Curve)를 참조.

**End of Curve(EC) 곡선 종점(曲線 終點)** EC(End of Curve)를 참조.

**End Of File(EOF) 파일 끝** EOF(End Of File)를 참조.

**End of Transition Curve(ETC) 완화곡선 종점(緩和曲線終點)** ETC(End of Transition Curve)를 참조.

**End Overlap 종 중복도** 사진 측량에서 동일 촬영 경로 내의 인접 사진 간에 입체시를 위하여 최소한 50% 이상이나 일반적으로 60%의 중복도를 사용한다. Forward Overlap을 참조.

**End Point 끝점, 종점** 선이나 곡선이 끝나는 정확한 위치(점)를 말한다.

**End Subchord 종단현** Last Subchord를 참조.

**End User 최종 사용자, 최종 이용자** 상업적으로 판매되는 컴퓨터의 하드웨어와 소프트웨어를 구입하여 자신의 업무 처리를 위하여 컴퓨터 체계를 이용하는 사람들을 통칭하는 용어를 말한다.

**End User Analysis Tool 최종 사용자 분석 도구** 최종 사용자가 자료 저장소내의 자료에 접근하게 하는 도구를 말한다.

**Ending Date of Attribute Values 속성 종료일** 속성값이 인정되는 가장 최근 일자를 말한다.

**Ending Node of Network 네트워크 완료 노드** 하나 이상의 활동의 끝이 있는 노드를 말한다.

**Endlap 종중복** 동일 촬영코스 내에서 연속된 사진 간의 중복도. 보통 55~60% 정도 중복되도록 촬영한다.

**Energy 에너지** 그리스어의 "일"을 뜻하는 에르곤(ergon)에 "속에"라는 접두사 엔(en)이 붙은 말로서, 속에 감춰진 일, 즉 "물체가 지니고 있는 일을 할 수 있는 능력"을 말한다. 에너지는 서로 다른 형태의 에너지로 전환되거나, 일로 바뀔 수 있다. 에너지의 크기는 물체에 한 일의 양으로 측정한다. 에너지의 종류로는 (1) 화학 에너지 : 석탄, 석유, 천연가스 등 연료(fuel)가 가지고 있는 에너지를 말하며, 화학반응(연소)에 의해 열에너지로 변환된다. (2) 위치 에너지 : 높은 곳에 있는 물체가 가지고 있는 에너지, (3) 운동 에너지 : 운동하는 물체가 가지고 있는 에너지(속도 에너지), (4) 기타 : 열에너지, 빛에너지, 압력 에너지, 전기 에너지, 수소에너지, 변형에너지, 핵에너지(원자력 핵분열 에너지, 핵융합 에너지) 등이 있다.

**Energy Storage System(ESS) 에너지 저장 시스템** ESS (Energy Storage System)를 참조.

**Enforcement Decree on Land Survey, Waterway Survey and Cadastral Records 측량 · 수로조사 및 지적에 관한 법률 시행령** 「측량 · 수로조사 및 지적에 관한 법률」에서 위임된 사항과 그 시행에 필요한 사항을 규정함을 목적으로 한다(「측량 · 수로조사 및 지적에 관한 법률 시행령」 제1조). 제1장 총칙, 제2장 측량 및 수로조사, 제3장 지적(地籍), 제4장 보칙, 제5장 벌칙 등의 5개의 장(章, Chapter)으로 구성되어 있으며, 총 105개 법조항과 부칙으로 이루어져 있다.

「측량 · 수로조사 및 지적에 관한 법률」(측량수로지적법)이 2014년 6월 3일 「공간정보구축 및 관리 등에 관한 법률」로 개정(법률 제12738호)됨에 따라 대통령령 제25104호에 의해 2014년 1월 17일 일부 개정되었다. 이에 따라 「측량 · 수로조사 및 지적에 관한 법률 시행령」은 2015년 6월 30일부로 "폐기"되었으며, 「공간정보구축 및 관리 등에 관한 법률 시행령」이 2015년 7월 1일부로 시행되었다. Act on the Establishment, Management, etc. of Spatial Data(공간정보구축 및 관리 등에 관한 법률), Enforcement Decree on the Establishment, Management, etc. of Spatial Data(공간정보구축 및 관리 등에 관한 법률 시행령) 참조.

**Enforcement Decree on the Establishment, Management, etc. of Spatial Data 공간정보구축 및 관리 등에 관한 법률 시행령** 「공간정보의 구축 및 관리 등에 관한 법률」에서 위임된 사항과 그 시행에 필요한 사항을 규정함을 목적으로 한다(「공간정보구축 및 관리 등에 관한 법률 시행령」 제1조). 제1장 총칙, 제2장 측량 및 수로조사, 제3장 지적(地籍), 제4장 보칙, 제5장 벌칙 등 5개의 장(章, Chapter)으로 구성되어 있으며, 총 105개 법조항과 부칙으로 이루어져 있다.

「측량 · 수로조사 및 지적에 관한 법률」(측량수로지적법)이 2014년 6월 3일 「공간정보구축 및 관리 등에 관한 법률」로 개정(법률 제12738호) 됨에 따라 대통령령 제25104호에 의해 2014년 1월 17일 일부 개정되었으며, 「공간정보구축 및 관리 등에 관한 법률 시행령」이 2015년 7월 1일부로 시행되었다.

**Enforcement Rule on Land Survey, Waterway Survey and Cadastral Records 측량 · 수로조사 및 지적에 관한 법률 시행규칙** 「측량 · 수로조사 및 지적에 관한 법률」 및 같은 법 시행령에서 위임된 사항과 그 시행에 필요한 사항을 정함을 목적으로 한다(「측량 · 수로조사 및 지적에 관한 법률 시행규칙」 제1조). 제1장 총칙, 제2장 측량 및 수로조사, 제3장 지적(地籍), 제4장 보칙 등의 4개의 장(章, Chapter)으로 구성되어 있으며, 총 118개 법조항과 부칙으로 이루어져 있다.

「측량 · 수로조사 및 지적에 관한 법률」(측량수로지적법)이 2014년 6월 3일 「공간정보구축 및 관리 등에 관한 법률」로 개정(법률 제12738호)됨에 따라 국토교통부령 제209호에 의해 「측량 · 수로조사 및 지적에 관한 법률 시행규칙」은 2015년 6월 3일부로 "폐기"되었으며, 「공간정보구축 및 관리 등에 관한 법률 시행규칙」이 2015년 6월 4일부로 시행되었다. Act on the Establishment, Management, etc. of Spatial Data(공간정보구축 및 관리 등에 관한 법률), Enforcement Rule on the Establishment, Management, etc. of Spatial Data(공간정보구축 및 관리 등에 관한 법률 시행규칙) 참조.

**Enforcement Rule on the Establishment, Management, etc. of Spatial Data 공간정보구축 및 관리 등에 관한 법률 시행규칙** 「공간정보의 구축 및 관리 등에 관한 법률」 및 같은 법 시행령에서 위임된 사항과 그 시행에 필요한 사항을 정함을 목적으로 한다(「공간정보구축 및 관리 등에 관한 법률 시행규칙」 제1조). 제1장 총칙, 제2장 측량 및 수로조사, 제3장 지적(地籍), 제4장 보칙 등 4개의 장(章, Chapter)으로 구성되어 있으며, 총 118개 법조항과 부칙으로 이루어져 있다.

「측량·수로조사 및 지적에 관한 법률」(측량수로지적법)이 2014년 6월 3일 「공간정보구축 및 관리 등에 관한 법률」로 개정(법률 제12738호)됨에 따라 국토교통부령 제209호에 의해 「공간정보구축 및 관리 등에 관한 법률 시행규칙」이 2015년 6월 4일부로 시행되었다.

**Engineer's Chain 공사 체인** Chain의 일종으로 전장 100 ft를 100 Links로 나누어져 있다. 미국이나 영국 등에서 쓰인다. Chain 참조.

**Engineering & Construction(EC) 설계·시공** EC(Engineering & Construction)를 참조.

**Engineering Datum 시공기준면, 시공데이터** 지역의 기준을 위한 데이텀으로, 공간기준의 비측지원자는 지역데이텀이 적당하며 여기에서는 토목공사의 시공에 관계한 데이텀으로서 사용되는 용어이다.

**Engineering Map 설계용 지도** 공사 계획 또는 공사의 각 단계를 계획하고 수행하며, 그 비용을 추정하는데 필수적인 정보를 얻을 목적으로 제작되는 지도. 얻어진 정보의 일부분은 공사 도면의 형태로 기록될 수 있다.

**Engineering Surveying 건설 측량(建設測量), 공사측량(工事測量)** 공사계획 또는 공사의 각 단계를 계획하고 수행하며, 그 비용을 추정하는데 필수적인 정보를 얻을 목적으로 시행하는 측량으로서, 측량결과에 의한 정보는 공사도면의 형태로 기록될 수 있다. 공사에 필요한 측량의 총칭으로 용지측량과 시공측량으로 나눌 수 있다.

**Engineering Test Satellite(ETS) 기술 시험 위성** ETS(Engineering Test Satellite)를 참조.

**Engineering Viewpoint 공학적 관점** 한 시스템 안의 객체들 간의 상호관계를 지지하기 위해 요구되는 기능과 메커니즘에 초점을 둔 ODP 시스템과 그것의 환경에 대한 관점을 말한다.

**Engineering Workstation(EWS) 공학용 워크스테이션** EWS(Engineering Workstation)를 참조.

**Enhanced Base Transceiver System(EBTS) 기지국 송수신 체계** EBTS(Enhanced Base Transceiver System)를 참조.

**Enhanced Compressed Wavelet(ECW) 이씨더블유(영상압축)** ECW(Enhanced Compressed Wavelet)를 참조.

**Enhanced Data GSM Environment(EDGE) 이디지이** EDGE(Enhanced Data GSM Environment)를 참조.

**Enhanced Observed Time Difference(E-OTD) 향상된 관측 시차** E-OTD(Enhanced Observed Time Difference)를 참조.

**Enhanced Thematic Mapper Plus(ETM+) 고성능 주제 매퍼** ETM+(Enhanced Thematic Mapper Plus)를 참조.

**Enhanced Thermal Mapper Plus(ETM+) 이티엠 플러스 영상** ETM+(Enhanced Thermal Mapper Plus)를 참조.

**Enigma 에니그마** 독일어로 '수수께끼'라는 뜻을 가진 암호 기계의 한 종류이다. 암호를 만들고 해독하는 기계로, 보안성에 따라 여러 모델이 있다. 1918년 독일인 아르투르 슈르비우스(Arthur Scherbius)에 의해 처음 고안돼 상업적 목적으로 사용됐으며, 이후 제2차 세계대전 당시에는 독일군이 사용했다. 다른 회전자 기계(Rotor machine)처럼 에니그마는 기계적 하부체계와 전기적 하부체계로 이뤄진다. 기계적 하부체계는 알파벳 26개로 구성된 키보드가 있고 각각의 키는 하나 이상의 명령으로 수행된다. 전기적 하부체계는 자판, 회전자, 플러그판 등으로 구성된다. 에니그마는 암호화 규칙(열쇠값)을 무한히 길게 하는 '다중 치환 암호'를 전기 공학적으로 구현한다. 자판으로 암호화할 문장을 입력하면 스크램블러가 돌아가면서 암호화된 문장으로 만들어 램프에 표시한다. 1970년대까지 상업적 또는 군용 보안통신용으로 사용됐다. 수학자였던 앨런 튜닝(Alan Mathison Turing, 1912~1954)은 에니그마를 반대로 움직이게 해 암호화 문장의 원 뜻을 해독해내는 기계 '콜로서스'를 만들었다. 콜로서스는 진공관을 이용한 세계 최초의 연산 컴퓨터로 정의된다. 영국은 독일군 교신 암호를 푸는 데 성공해 연합국의 승리를 이끈 노르망디 상륙작전을 감행했다.

**En-route Traveler Information Service(ETIS) 운전 중 교통정보 제공 서비스** ETIS(En-route Traveler Information Service)를 참조.

**Enhancement of Images 영상 강조** Image Enhancement를 참조.

**Enlargement 신도(伸圖), 확대** 소축척의 도면을 확대하여 대축척의 도면을 만드는 작업을 말한다. 일반적으로 정확도가 떨어지기 때문에 정밀작업에는 잘 사용되지 않으며 그 방법에는 방안법, 방사법, 사진법, 판토그라프법 등이 있다.

**ENRM(Environmental and Natural Resources Management Project) 환경과 자연·자원 관리** 항공사진과 위성 영상을 결합한 중축척 또는 소축척 지도 중첩 기술은 천연 자원의 관리와 환경 영향 평가에 이용된다. 응용 분야는 농업수확 적합 연구와 숲·농지·수자원·습지관리 및 환경영향평가, 재난 관리와 예방, 쓰레기 처리 및 소각장 적지 선정 등에 응용된다.

**En-route Traveler Information Service(ETIS) 운전 중 교통정보 제공 서비스** ETIS(En-route Traveler Information Service)를 참조.

**Enter Attributes 속성 부여** 속성 자료들은 수치화 단계에서 반드시 입력되어야 한다. 타이핑에서 표를 작성하는 것까지 속성을 입력하는 데는 다양한 방법이 있다. 어떤 데이터베이스들은 업무를 용이하게 하고, 어떤 데이터베이스들은 어렵게 한다.

**Enter Key 입력키** 컴퓨터로 하여금 명령을 실행하거나 텍스트 라인을 끝내도록 하는 신호를 준다.

**Enter Spatial Data 공간 자료 입력** 공간 자료 입력은 시간을 요하는 작업이다. 수동 입력은 가장 보편적인 과정으로 매우 지루할 수도 있다. 타이핑이나 CD-ROM 자료 읽기, 원격 탐사 영상의 이용 등 다른 기술도 사용될 수 있다.

**Enterprise Application Integration(EAI) 전사적 업무 통합** EAI(Enterprise Application Integration)를 참조.

**Enterprise Architecture(EA) 전사적 아키텍처** EA(Enterprise Architecture)를 참조.

**Enterprise Computing 기업 컴퓨팅** 단일 기관 또는 그룹이 아니라 하나의 조직 전체에 대한 운영과 지원 역할을 하는 컴퓨터 체계이다.

**Enterprise GIS 전사적 지아이에스, 엔터프라이즈 지아이에스** 분산되어 사용되고 있는 각 부서의 공간정보를 데이터베이스 관리기술과 클라이언트-서버 기술로 통합시키는 기업차원의 솔루션이자 새로운 측면에서의 시스템 통합이라 할 수 있다. Enterprise GIS의 등장은 GIS의 진화단계와 상당한 관련이 있는데 그야말로 전문도구로서 활용되던 GIS가 특정 업무분야에 대한 솔루션으로 채택되기 시작하면서 업무의 도구로 이용되게 되면서 많은 공간정보가 누적되기 시작하였다.

**Enterprise JavaBean(EJB) 기업 자바빈** EJB(Enterprise Java Bean)를 참조.

**Enterprise Mobility 엔터프라이즈 모빌리티** 기업의 직원, 고객, 비즈니스 파트너에게 다양한 모바일 디바이스로 유·무선 통신 네트워크를 통해 언제 어디서나 기업의 정보와 서비스를 활용할 수 있도록 제공하는 '모바일 IT 환경'을 말한다.

**Enterprise Portal/Single Sign On(EP/SSO) 기업포털 인증통합** EP/SSO(Enterprise Portal/Single Sign On)를 참조.

**Enterprise Resource Planning(ERP) 전사적 자원관리** ERP(Enterprise Resource Planning)를 참조.

**Enthalpy 엔탈피** 자연(自然)에서의 자발적인 변화는 안정되면서도 자유로운 상태로 나아간다. 즉, 에너지(Energy)는 낮아지는 방향으로, 무질서도(無秩序度)는 높아지는 방향으로 변화한다. 여기서 에너지를 나타내는 척도를 '엔탈피(Enthalpy)'라 하고, 무질서도를 나타내는 척도를 '엔트로피(Entropy)'라고 한다. 따라서 "자연에서의 자발적인 변화는 엔탈피가 감소하고 엔트로피가 증가하는 방향으로 향한다."고 할 수 있다. 내부 에너지와 계(system)가 부피를 차지함으로부터 얻을 수 있는 에너지(부피와 압력의 곱)의 합이다. 즉, H = U + PV. 여기서, H는 계의 엔탈피, U는 계의 내부 에너지, P는 계의 압력, V는 부피다. 엔탈피의 정의는 그 값이 기준을 어떤 점으로 잡느냐에 따라 변하기 때문에 그 자체로 쓰이는 것 보다는 엔탈피의 변화로 어떤 과정을 나타내기 위해 만들어진 개념이다. 따라서 $\Delta H = Q + V\Delta P$. Law of Thermodynamics, Entropy 참조.

**Entities 사상, 요소** 정보가 저장된 것에 대한 항목. 유형일수도 무형일수도 있으며 속성에 의해 더 잘 정의된다.

**Entity 개체, 실체** ① [데이터베이스] 데이터베이스 논리적 구성요소로서, 데이터베이스에 표현하려는 유형, 무형의 개체로 현실세계에서 사람이 생각하는 개념이나 정보의 단위이다. 즉, 데이터베이스에 표현하려는 것으로 사람이 생각하는 개념이나 정보단위 같은 현실 세계의 대상체로서, 유형, 무형의 정보로서 서로 연관된 몇 개의 속성으로 구성된다. 파일 시스템의 레코드에 대응하는 것으로 어떤 정보를 제공하는 역할을 수행하며, 독립적으로 존재하거나 그 자체로서도 구별이 가능하다.
② 지형지물의 실세계에 있어서의 개체이다.
③ 구체적 또는 추상적인 사물 및 사물 간 결합이다.
④ 다른 것과 구별할 수 있는 식별 가능한 기술요소이다.

**Entity Action 실체 동작** 프로세스가 실체, 즉 자료에 대하여 취하는 동작으로, 관련된 실체 유형의 실체를 생성·조회·수정 또는 삭제하는 형태로 나타난다.

**Entity and Attribute Detail Citation 실체 및 속성 세부 인용** 자료들에 포함된 실체 유형, 속성, 속성값의 완전한 기술에 대한 참조를 말한다.

**Entity and Attribute Information 형상과 속성 정보** 어떠한 지리적 정보(도로·건물·고도·온도 등)가 사용되었으며, 이러한 정보의 부호화 방법, 부호 체계 및 부호의 의미에 대한 정보를 수록. 메타자료의 구성요소의 한 항목을 말한다.

**Entity and Attribute Overview 실체 및 속성 요약** 자료들 내에 포함된 정보에 대한 상세한 요약을 말한다.

**Entity Attribute 실체 속성** 실체 요소의 묘사 혹은 기술한 것을 말한다.

**Entity by Entity 엔티티 바이 엔티티** 하나의 통합된 레이어로서가 아닌 개체를 한 번에 하나씩 특성을 부여하는 자료 구조이다.

**Entity Class 실체 그룹** 지도제작에서 수송과 같은 공통의 특징을 가지는 실체의 그룹. 관계형 데이터베이스에서 객체 클래스의 집합을 말한다.

**Entity Duplicated 요소 중복 오류** 같은 계층의 요소가 같은 위치에 중복되어 입력되어 있는 경우 발생하는 오류를 말한다.

**Entity Instance (공간)실체 사실** 서로 다른 유형의 공간 현상 또는 주위 환경의 속성 값들과 다른 핵심 속성값을 가진 공간 현상을 말한다.

**Entity Life Cycle 실체 생명주기** 한 실체 유형 내에서 각 실체의 생성에서 소멸까지 이르는 일련의 주기. 한 주기 내에서는 각 프로세스의 작용에 따라 여러 중간 상태를 가진다. 그 실체 유형에 작용하는 프로세스의 수가 많아 실체의 상태가 복잡하게 나타나는 경우에, 해당 실체 유형에 대하여 실체 생명주기 분석을 실시한다.

**Entity Node 실체점, 요소점** 특정 축척에서 실제로 무차원적인 형상(지형·지물)을 표현하기 위해 사용되는 기본 요소. 실체점은 좌표의 집합으로 표현되며, 면 기본 요소 존재 시 좌표의 집합을 포함하는 면 기본 요소와 위상학적으로 연결된다.

**Entity None 요소 부재오류, 실체 부재오류** 검수도엽과 인접도엽 간에 도곽선 상에 인접한 요소가 인접 도엽에는 존재하지만 검수 도엽에는 도곽선 상에 인접한 요소가 존재하지 않는 경우 발생한다.

**Entity Point 요소점, 실체점, 사상점** 탑·부표·건물·장소와 같은 점으로 된 형상의 위치를 표현하는 것을 말한다.

**Entity Relationship 개체 관련성, 실체 관련성** 실체들 간의 논리적 연관(성)을 말한다.

**Entity Relationship Diagram(ERD) 실체 연관도** ERD(Entity Relationship Diagram)를 참조.

**Entity Relationship Model(ER Model) 실체 관계 모형** ER Model (Entity Relationship Model)를 참조.

**Entity Relationship Modeling 실체 관계 모형화** 관계형 데이터베이스의 설계에서 사용되는 자료모형화기술. 이 기술은 처음 Chen(1976)에 의하여 표현되었다. Entity Relationship Modelling은 중요한 엔티티의 모든 것을 인식하도록 시도하고 그리고 그것들 사이에 존재하는 관계를 정의하는 자료 모델링에 대한 -Top-Down- 접근이다. 본질적으로 이것은 개념적 수준에서 정보를 조직하고 도식화하는 수단이다. 최종결과는 본질적으로 개념적 자료 모델이고, 일반적으로 그래픽 형태로 표현되는 엔티티 관계 모형이다.

**Entity Relationship Schema 이알도, 실체 관계도** 데이터 간의 관계를 나타낸 그림 또는 그 도법. 데이터 간의 관계를 표현한 실체 관계도와 데이터의 포함 관계를 표현하는 실체 속성도로 이루어진다. ER도를 구성하는 요소로서 실체, 릴레이션 십, 어커런스(Occurrence), 카디널리티(Cardinality)가 있다.

**Entity Subtype 엔티티서브타입** 동일한 엔티티타입에 속하면서 엔티티타입보다 좁은 의미의 속성, 관계, 정의가 적용되는 엔티티들의 집합이다. 즉, 동일한 엔티티타입의 엔티티들 중에서 공통으로 관리하는 속성, 관계 외에 별도의 관리가 요구되는 속성 및 관계가 존재하는 경우, 이의 관리를 위하여 엔티티타입 내에 하부구조로 별도의 엔티티타입을 두는 것이다.

**Entity Type 실체 유형, 개체 유형** ① 속성들의 이름으로 구성된 공간 실체. 유사 사상들을 집화화한 것으로서 동일한 방식으로 표현되고 저장된다. ② 업무에서 관리하고자 하는 자료의 한 형태(사람 · 사물 · 장소 · 사건 등)로서, 실체관계도에 표시되고, 실체 유형은 물리적으로는 자료를 관리하는 저장소(테이블)와 대응된다.

**Entity Type Definition 실체 유형 설명, 개체 유형 설명** 실체 유형에 대한 설명을 말한다.

**Entity Type Definition Source 실체 유형 설명 근거, 개체 유형 설명 근거** 정의에 대한 근거를 말한다.

**Entity Type Label 실체 유형 이름, 개체 유형 이름** 실체 유형의 이름을 말한다.

**Entomology 곤충학(昆蟲學)** 곤충을 다루는 동물학의 분과이다.

**Entropy 엔트로피** 어떤 물리계 내에서 일(Work)하는 데 사용할 수 없는 에너지를 나타내는 하나의 척도이다. 자연(自然)에서의 자발적인 변화는 안정되면서도 자유로운 상태로 나아간다. 즉, 에너지(Energy)는 낮아지는 방향으로, 무질서도(無秩序度)는 높아지는 방향으로 변화한다. 여기서 에너지를 나타내는 척도를 '엔탈피(Enthalpy)'라 하고, 무질서도를 나타내는 척도를 '엔트로피(Entropy)'라고 한다. 따라서 "자연에서의 자발적인 변화는 엔탈피가 감소하고 엔트로피가 증가하는 방향으로 향한다."고 할 수 있다. 일정한 온도 T를 가진 계에 dQ라는 열의 형태로 에너지를 더해줄 때, 엔트로피의 변화 dS는 다음 식으로 주어진다. 즉, $dS = (dU + p\,dV)/T \geq dQ/T$. 여기서 dU는 에너지의 변화, p는 압력, dV는 부피의 변화를 나타낸다. 가역적(可逆的)인 과정에서는 dS=dQ/T이며, S는 계의 현재 상태에 따라 결정되기 때문에 현재 상태에 이르기 위해 어떤 경로를 택하느냐에 상관없이 가변적인 상태이다. 모든 자연과정은 비가역적(非可逆的)이며, 반드시 엔트로피가 증가하게 되어 있다. 즉, $dS > dQ/T$. 엔트로피라는 개념은 1850년에 독일의 물리학자인 클라우지우스(Rudolf Julius Emanuel Clausius, 1822~1888)에 의해 처음 제안되었는데 열역학 제2법칙의 형태로 표현된다. Law of Thermodynamics, Enthalpy 참조.

**Entropy Coding 엔트로피 코딩, 엔트로피 부호화** 원래의 자료를 좀 더 효율적으로 표현하기 위해 통계적 중복성을 사용하는 인코딩 방법을 말한다.

**Enumerated Domain 계수치 영역** 유효한 값으로 정립된 셋의 구성 성분을 말한다.

**Enumerated Domain Value 계수치 영역값** 셋의 구성 성분의 이름을 말한다.

**Enumerated Domain Value Definition 계수치 영역값 설명** 값에 대한 설명을 말한다.

**Enumeration 목록** 이름이 부여된 문자 값으로 이루어진 리스트를 나타내는 자료 유형이다. 이때 목록명과 문자 값은 미리 정의되어야 한다. 목록은 하나의 클래스 안에서 잘 알려진 값들로 이루어진 간단한 리스트의 유형을 의미한다.

**Enumeration District(ED) 조사구역** ED(Enumeration District)를 참조.

**EnumEration Map 목록 지도** 인구조사원(Census Enumerator)에게 관할 구역의 지리적 변위와 주소들을 보여주도록 설계된 지도이다.

**Environment 환경(環境)** ① 응용 프로그램을 위한 하드웨어와 운영 체제를 가리키는 말. 다양한 표시 · 편집 · 자료 조작 조건을 정의하는 매개 변수들의 집합을 말한다. ② 사용자에 의하여 배타적으로 변경될 때까지 세션동안 활성으로 남아있는 다양한 표시. 편집. 자료조작 조건을 정의하는 매개 변수들의 집합을 말한다.

**Environment Data Coding Specification(EDCS) 환경데이터코딩 규약** SEDRIS(Synthetic Environment Data Representation & Interchange Specification)를 참조.

**EnvIronment Description 환경 설명** 포함된 소프트웨어, 컴퓨터 작동 체계, 파일명, 그리고 자료군 크기와 같은 항목을 포함하여 생산자의 처리 환경에서 자원에 대한 설명을 말한다.

**EnvIronment Information System(EIS) 환경 정보 체계** EIS(EnvIronment Information System)를 참조.

**Environment Mapping 환경 매핑** [영상처리] 영상(image)을 객체(오브젝트) 표면이 아닌 환경(Environment)에 매핑하는 기법으로 Local Illumination Model만을 사용하는 렌더링(Rendering)에서는 반사(Reflection)나 굴절(Refraction)과 같이 객체 상호간의 관계에 의해 생성되는 현상들을 표현할 수 없었기 때문에 이를 해결하기 위해 도입된 방법이다. "가난한 자의 Ray Tracing"이라고 한다. 요즘은 하드웨어 환경이 좋아져서 Ray Tracing을 이용하기가 쉬워져서 다소 인기가 시들해진 감은 있지만 아무리 Ray Tracing이라 하더라도 반사가 정확하게 표현되려면 장면 안에 반사될 물체들을 모두 만들어주어야 하기 때문에 여전히 많이 활용되고 있는 기법이다. 카메라 뒤 보이지도 않는 부분까지 모두 만드느니 이 방법은 여전히 경쟁력을 갖고 있다. 애니메이션 영화 토이 스토리(Toy Story)에서도 반사와 굴절 부분은 Ray Tracing이 아니라 Environment

매핑에 의해 모두 처리되었다. Environment 매핑은 시점이 바뀌거나 객체가 움직이게 되면 객체 특정 지점에서 반사되어 보이는 부분이 바뀌게 되므로 해당 객체 표면의 색상도 바뀌는 특징을 갖는다. 또한 환경에다 매핑을 하므로 객체에 별도의 매핑 좌표를 만들 필요가 없다. Environment 매핑을 구현하기 위한 가장 대표적인 방법은 장면 안에 천체와 같은 가상의 거대한 구가 있다고 가정하고 여기에 이미지를 매핑해서 환경(Environment)으로 사용하는데 이를 구형 환경 매핑(Spherical Environment Mapping)이라고 한다. 혹은 가상의 6면체를 만들어 환경을 구성하는 Cubic Environment 매핑도 많이 사용하는데 이 방법은 Spherical Environment 매핑에 비해 이미지의 왜곡 현상이 덜하다는 장점을 갖는다. 반면에 매핑 소스로 사용될 6장의 이미지를 만들기가 매우 힘들다는 단점도 있다. 따라서 Cubic Environment 매핑을 사용할 때에는 별도의 매핑 소스를 만들기보다는 컴퓨터가 장면에 가상의 카메라 6대를 설치하고 이를 통해 자동적으로 매핑 소스를 만들어 쓰는 방법을 사용하는 경우가 많다.

**Environmental and Natural Resources Management Project (ENRM) 환경과 자연·자원 관리** ENRM(Environmental and Natural Resources Management Project)를 참조.

**Environmental Assessment(EA) 환경 평가** EA(Environmental Assessment)를 참조.

**Environmental Cadastre 환경 지적** 자료에 대한 지역적 기초를 제공하는 필지와 더불어 자연적·인공적인 환경의 모든 속성을 포함하는 데이터베이스를 말한다.

**Environmental Impact Assessment(EIA) 환경영향평가(環境影響評價)** EIA(Environmental Impact Assessment)를 참조.

**Environmental Protection Agency(EPA) 미국 환경보호청** EPA(Environmental Protection Agency)를 참조.

**Environmental Resources Information Network(ERIN) 환경자원 정보망** ERIN(Environmental Resources Information Network)를 참조.

**Environmental Systems Research Institute(ESRI) 에스리** ESRI(Environmental Systems Research Institute)를 참조.

**Environmental Violation 환경 위반** 환경과 관련된 법을 어기는 것으로서, 예를 들어 유독성 물질의 불법적인 저장을 말한다.

**EOC(Electro Optical Camera) 전자 광학 사진기** 아리랑 1호 위성에 탑재된 EOC는 510~730nm 파장대역에서 지상의 흑백(panchromatic) 영상을 수집하며, 지상국에서 여러 궤도의 영상들을 혼합 처리하여 입체 영상(Stereo Image)을 얻는다. 지상 해상도는 6.6m이고, 수직 촬영 시 관측 폭(Swath)은 17km이며, 한 궤도당 800km의 지상 길이에 대해 연속 촬영이 가능하다. 궤도 수명은 3년 이상이며, 그 기간의 신뢰도는 탑재체 전송계를 포함하여 0.9를 보장한다.

**EOC(Emergency Operations Center) 긴급상황실** 미국 내에서 긴급사태가 발생하였을 때 대처하기 위한 정보의 수집 및 조정을 위한 재해대책본부이다. EOC는 대부분의 경우 재해를 관할하는 지역 내에 설치되며 구성 및 하는 일은 다음과 같다. (1) 위기관리실 : 해당 재해대응에 필요한 위기관리 관계자의 대표자가 집결해 실무조정 및 협조 (2) 보도발표실 : 경찰·소방 등 각 조직의 대외 대응담당자가 대기해 간부들이 논의한 내용에 근거하여 다양한 보도기관 대응을 실시. (3) 정보수신실 : 상황파악을 위해서 기상정보를 시작해 각 기관으로부터 여러 가지 정보를 수신하며, 각 피난소에도 아마추어 무선과의 교신설비가 준비되어있기 때문에 위성회선마저 사용할 수 없게 되어 버린 경우에도 위력을 발휘하고 있다. 일반시민에게의 주지·경보에 대해서도 지정한 지역의 모든 유선 전화번호에 자동적으로 전화를 걸어 발표내용을 재생하는 시스템의 도입이 진행되고 있다. 이러한 IT 기술을 이용한 네트워크 환경을 유지하는 것이 긴급사태에 대해 매우 중요하기 때문에 서버나 전원은 시설 내에서도 가장 안전성이 높은 장소에 설치되고, 보안확보를 위해서 전파누설 방지대책 등도 강구되고 있으며 전원의 공급정지에 대비해 대용량 발전기 및 연료도 준비된다.

**EOF(End Of File) 파일 끝** 표시되는 파일종료 코드는 운영체제에서 파일의 현재 위치를 알아낼 수 있도록 프로그램에서 파일의 맨 마지막에 위치시키는 코드. 반의어는 Beginning Of File이다.

**EOS(Earth Observation Satellite) 지구관측위성(地球觀測衛星)** 1972년 7월에 발사된 미국의 LANDSAT-1이 최초의 지구관측위성이다. '광학카메라'나 '레이더'로 지구(바다 및 육지)를 관측하는 위성으로서 500~1,000km 상공의 저궤도를 돈다. 지구의 환경을 관측하기 위하여 고분해 능력의 센서를 탑재하고 있다. 이 위성은 농업, 삼림, 지질, 토지이용, 해양, 환경 등에 많이 응용되고 있다.

**EOSDIS(Earth Observing System, Data & Information System) 지구관측 체계** 지구 관측 위성 프로그램의 정보배분, 보급, 저장을 담당하는 미국 연방 지리정보 위원회의 부서. 이는 결과적으로 모든 다양한 수단과 프로그램에 의해 수집된 데이터를 통신망을 통해 완벽히 접근이 가능하도록 한 것이다.

**E-OTD(Enhanced Observed Time Difference) 향상된 관측시차** 다른 시간대에 도착한 3개 이상의 기지국에 의해 전송된 데이터의 위치를 비교하는 위치 결정 기술로(고정 수신기 대 hand-set), 네트워크의 소프트웨어는 업그레이드되고 소프트웨어는 Handset으로 변화될 것이다.

**Eötvös Correction 에트뵈스 보정** Gravity Correction을 참조.

**EPA(Environmental Protection Agency) 미국 환경 보호청** 환경 보호의 일환으로 전력 소비 감소를 위한 계획으로서 'Energy Star Computers Program'을 발표하고 있다.

**e-Paper(Electronic Paper) 전자종이** 종이의 느낌을 그대로 느낄 수 있으며 종이역할을 할 수 있게 만든 장치로 e-페이퍼라고도 한다. 전자장치의 종류나 성능에 따라서 검색 방법이나 속도, 정보의 양 등은 달라질 수 있다.

**EPC(Electronic Product Code) 전자 제품 코드** RFID태그에 제품정보를 나타내는 국제 표준 코드로서MIT AutiID Center와 그 동안 바코드 보급에 앞장서 온 Electronic Article Numbering International group(EAN) 그리고 바코드를 개발한 Uniform Code Council(UCC)이 개발하였다. 전자 상품 코드는 96bit로 구성되며, Header(번호, 형식, 버전, 전자 상품 코드의 전체 길이 표시),Manager(상품 분류와 일련번호의 관리 책임을 맡고 있는 기업), Object Class(품목 또는 고객 단위 등을 표시) 그리고 Serial Number(동일 품목의 개별 상품 일련 번호 표시)의 숫자체계를 갖는다. 기존의 바코드 대신 전자 상품 코드를 사용하게 되면, 전자 상품 코드 글로벌 기술 규격에 따라 구축된 시스템을 활용해 인터넷을 통해 다른 기업과 연결, 전 세계적으로 상품 식별과 추적이 가능해지며, 모든 상품에 일련번호가 부여되고 상품의 실시간 판독과 위치 추적이 가능하다. 이는 기업의 재고 관리의 효율성은 물론, 입출고 소요 시간과 필요 인력도 절감해 생산성을 높일 수 있다. 또한 재고와 판매 정보를 거래 업체가 실시간으로 공유해 적절 주문량과 주문 시기를 수요에 따라 조절할 수 있게 된다.

**EPG(Electronic Program Guide) 전자 프로그램 안내** 다채널 방송을 행하는 케이블·위성방송 사업자가 시청자의 채널선택 편의제공을 위해 운영하는 안내전문채널을 말한다.

**Ephemeral Data 보조 자료** 원격탐사 자료가 얻어진 조건을 규정짓는데 필요한 자료, 검지기에서 얻은 자료를 분석하기에 앞서 교정하는데 쓰인다. 이 자료에는 검지기의 위치, 분광 감도 분포의 안정도, 태양각 등이 있다.

**Ephemeris 위성력** 라틴어로 일기(Diary)라는 뜻이다. Almanac과 같은 의미로 예상되는 헨 궤도정보로서, 방송력(Broadcast Ephemeris)과 정밀력(Precise Ephemeris)으로 전송한다. 시간의 기능으로서 천체의 위치(Position) 또는 소재(Location) 목록을 말한다. 각각의 GPS 위성으로부터 송신되는 항법메세지에는 앞으로의 궤도에 대한 예측치가 들어있다. 형식은 매 30초마다 기록되어 있으며, 16개의 Keplerian Element로 구성되어 있다.

**Ephemeris Data 위성력 자료** 천체 위치표에 의한 자료를 말한다.

**Ephemeris Error 위성력 오차** 실제 위성의 위치와 위성궤도자료(Ephemeris)에 의해 예상되는 위치사이의 차이이다.

**Ephemeris Longitude 역표 경도** 역표 자오선은 지구에 고정되어 있지 않으며 자전속도의 변화에 따라 달라지는 것이다. 이와 같은 경도를 말한다.

**Ephemeris Meridian 역표 자오선** Ephemeris Longitude를 참조.

**Ephemeris Time(ET) 역표시(曆表時)** ET(Ephemeris Time)를 참조.

**Epicenter 진앙(震央)** 지진이 일어난 곳, 즉 진원(震源)의 바로 위 지표상 지점이다. 진원의 위치는 진앙의 위도·경도와 진원의 깊이로 표시한다. 진앙에서 관측점까지의 거리를 진앙거리라고 하는데, 보통 킬로미터 단위를 사용하며, 지구의 구면(球面)을 따라서 잰다. 진앙거리가 1000~1500km 이상에 이르는 먼 지역의 지진의 경우는 지구의 중심각으로 잰다. 관측소에서 PS시(P파가 도달한 후 S파가 도달할 때까지의 시간)를 이용해 진앙거리를 구하고, 이를 반지름으로 지도상에 원을 그린다. 진앙의 위치는 3곳 이상의 각 지진 관측소로부터 반원의 교차점이다.

$$진앙거리(d)=\{(Vp\times Vs)\}/(Vp-Vs)\}\times PS시$$

여기서 Vp는 P파의 속도, Vs는 S파의 속도이다. 규모가 큰 지진이면 진앙도 넓으며, 지진규모가 M7 이상인 경우 그 진앙이 해저일 때는 해일이 일어나기도 한다. 보통 지진에서는 진앙 부근이 가장 세게 진동하고, 진앙에서 거리가 멀수록 진동이 약해진다. 지진계가 없었던 옛날에도 이러한 성질을 이용하여 진앙을 추정할 수 있었다. Focus(진원) 참조.

**Epidemiology 역학(疫學)** 질병의 이병률, 분포 구역, 관리 감독에 대해 다루는 학문을 말한다.

**Epilogue 에필로그** 차가운 '돈'이 오가는 협상. 그래서 우리는 협상장에선 냉정해야 한다고 생각한다. 하지만 프로 협상가들은 냉정하면서도 따뜻하다. 상대의 감성을 읽고 공략하는 협상. 협상 고수가 되는 첫 단계이다.

**Epipolar Geometry 공액 기하, 에피폴라 기하** 입체경을 이용하여 입체시를 얻기 위해서는 2장의 입체사진을 촬영방향과 평행하게 맞추어야 한다. 바로 이 작업이 Epipolar geometry를 구현하는 작업이다. 입체영상을 이용하여 다양한 정보를 수동 및 자동으로 추출하는 사진측량 및 컴퓨터비젼에서 매우 중요한 역할을 담당한다. 또한 수치사진측량에서 자동매칭을 수행하는 경우 Epipolar geometry를 구현하므로, 탐색영역을 최소화하여 매칭의 효율성 및 정확성을 향상시키는데 사용된다.

**Epipolar Line 공액선** 공역 평면이 사진평면을 절단하여 생기는 선을 말한다.

**Epipolar Plane 공액면** 공면조건식에서 공유하는 평면을 말한다.

**Epoch 에포크** GPS 간섭(상대) 위치결정할 때의 자료 수록시간을 말하며, 일반적으로 관측데이터 취득간격(에포크 : Epoch)은 30″이내로 한다. 「서울특별시 네트워크 RTK 운영 및 지적측량 작업규정」 제8조 제3항에서 기준점측량은 지적삼각보조점과 도근측량에 사용할 수 있으며, 기준점의 경우 관측시간대와 기준국을 달리하여 2회 이상 측정하고 각 회에 대하여 10에포크(epoch) 이상 관측하도록 규정하고 있다.

**EP ROM(Erasable Programmable Read Only Memory) 비휘발성 반도체 기억장치** 공장에서 프로그램 내용을 삭제하면 다시 프로그램할 수 있는 읽기 전용 기억장치이다. 컴퓨터 POS(판매시점 정보관리)시스템, 메모리카드 등에 사용된다.

**EP/SSO(Enterprise Portal/Single Sign On) 기업포털 인증통합** 단일 접점을 통해 사용자에게 맞춤 정보를 제공하며, 한 번의 인증으로 모든 시스템에 접근하는 응용기술.

**EPS(Encapsulated Post Script) 요약 포스트스크립트** 디지털 이미지가 차후에 디스플레이 될 수 있도록 저장하는 PostScript 언어를 말한다.

**Epsilon Error 엡실론 오차** 지도 내 선이나 점의 허용 한도 오차를 말한다.

**ePub(Electronic Publication) 이퍼브** 전자책 국제 표준을 정하는 국제 디지털 출판 포럼(IDPF : International Digital Publishing Forum)에서 제정한 포맷으로 국내에서 사용되는 e퍼브 문서들은 최소한의 틀만 충족할 뿐 세부 기준은 저마다 달라 어떤 기기에서는 잘 보이다가 다른 기기에서는 문단, 문장이 끊어지는 경우가 발생했다. 이를 해결하기 위해 지난 5월 학계와 업계, 정부 관계자 등으로 구성된 e북표준화포럼이 출범했다.

**Equal 동일한** 두 공간 객체의 모양이 동일하고 구성 요소가 같음을 말한다.

**Equal Altitude 등고도** 고도각이 같은 것을 말한다.

**Equal Altitude Method 등고도법** 동일천체가 자오선통과의 앞과 뒤에 등고도에 달하는 시각을 측정하여 시 및 위도를 구하는 방법이다.

**Equal Angle Stereonet 등각 평사투영망** ① Wulff Net이라고 불리며, 이 투영도는 지질구조 요소들의 공간적 위치와 상호간의 각의 관계를 가장 정확히 표현할 수 있다. Wulff Net은 남북방향을 축으로 경사면을 0°~90°의 경사각에 따라 투영시킨 대원(Great Circle)과 동서방향을 축으로 하여 일정한 간격으로 대원과 만나는 점을 연결한 소원(Small Circle)으로 구성된다. 토목지질(사면, 터널 등) 분석에는 주로 등각도망을 사용한다. ② Schmidt Net 또는 Lambert Net라고도 한다. 평면상에서 가로 세로 등간격으로 나누어 등면적도를 작성한다. 일정한 면적관계를 가지는 이 투명도는 특정한 자료들의 정확한 통계적 처리를 위하여 도안되었다. 지질학에서 3차원적인 형태의 지질구조요소를 평면상에 표시할 때 사용된다.

**Equal Area Projection 등적투영, 등적도법** 지도상에서 대상물의 면적이 유지되는 지도 투영법. 지구상의 면적과 지도상의 면적이 동일하게 유지되도록 하는 투영법으로서 등저성을 유지하기 위해서는 경선과 위선을 따라 축척을 조정해야 한다. 경선과 위선이 등각으로 교차하지 않으며, 형상이 압축되거나 늘어나며 휘어지는 등의 왜곡이 발생한다. 왜곡도는 지도의 주변부로 갈수록 심화된다. 통계지도나 지도첩을 제작할 때 적합하다. 경선과 위선을 따라 축척을 조정하여 지구상의 면적과 지도상의 면적을 같도록 하는 투영법으로서 왜곡이 발생한다. 지도상에서 전체뿐만 아니라 모든 부분이 지구에 대응하는 부분과 축소된 축척에서 동일한 면적을 가질 경우 이 투영법은 정적성을 가진다. 어떠한 평면지도라 하더라도 정적성과 정형성을 동시에 가질 수 없다.

**Equal Precision 등정밀도** 모든 측정치에 대하여 같을 때와 같은 측정치를 등정밀도라 한다.

**Equal Scale Line 등축척선** 투영의 변형으로 축척은 소축척도법에서 일정하지 않게 된다. 지도상에서는 축척이 같은 점의 궤적(軌跡)을 등축척선이라 하며 이것은 도법에 따라 다른 고유의 형상이 된다.

**Equal Shift Method 등분배법** 모든 측정이 같은 중량으로 이루어졌다고 가정하여 조정량을 모든 각에 등분배한다.

**Equation of Time 균시차, 시차(時差)** 시태양시와 평균태양시와의 차이로, 태양이 황도상을 일정하게 운동을 하지 않기 때문에 평균속도로 생각하는 평균태양시(mean solar time)와 시태양시(apparent solar time)에 의한 시간에는 차이가 생긴다. 균시차의 효과는 누적되어 나타나므로 평균태양시는 진태양(true sun)을 앞지르거나 뒤로 처지게 된다. 또한 균시차는 지구궤도의 이심률과 황도경사 때문에 계절에 따라 변화한다.

균시차=시태양시−평균태양시

**Equator 적도선, 적도(赤道)** 지축과 직교하여 지구중심을 지나는 평면과 지표면의 교선을 말한다.

**Equatorial AspectEquatorial Coordinate System 적도 좌표계** Right Ascension System을 참조.

**Equatorial Coordinates 적도 좌표** 어떤 천체의 위치를 지평좌표로 나타내면 그 값이 시간과 장소에 따라 변하므로 불편하다. 천구상 위치를 천구적도면을 기준으로 해서 적경과 적위 또는 시간각과 적위로 나타내는 좌표계를 적도좌표계라 하는데 시간과 장소에 관계없이 좌표값이 일정하지만 특별한 시설이 없으면 천체를 바로 찾기는 어렵다.

**Equatorial Projection 적도투영(赤道−)** 투사도법에 있어서 투영면이 적도상의 점에서 지구와 접하고 있는 경우를 말한다. 극에 접하는 경우를 극심법, 극이나 적도 이외에서 접하는 경우를 지평법이라 한다.

**Equatorial Radius 적도 반경** 지구의 중심과 적도 지표면 사이의 거리로서. 지구의 평균 반경은 6,400km이다. 지구는 자전의 영향으로 적도 부근이 약간 부풀어 오른 타원체이므로 적도 반경은 6,378km이며, 극 반경은 6,357km로서 적도 반경이 극 반경보다 약 21km가 길다.

**Equiangular 등각** Conformality를 참조.

**Equidistant Projection 등거리 투영, 정거투영법** 하나의 중앙점으로부터 다른 한 지점까지의 거리를 같게 나타내는 투영법으로 원점으로부터 동심원의 길이가 같게 표현된다. 등거리성을 유지하게 위해서는 대원상의 두 점간 호거리가 지도상에서의 두 점간 직선거리와 동일하도록 해야 하며, 중심으로부터 모든 지점까지의 방향도 정방위를 나타낸다.

**Equinoctial Tide 분점조(分點潮)** 춘분이나 추분 경 달의 적위가 적을 때, 즉 달이 적도 부근에 있을 때에 일어나는 일조부등이 적은 조석을 말한다. 분점조에서는 거의 규칙적인 1일 2회의 고저조가 나타난다.

**Equipotential Surface 등포텐셜면, 등전위면** 일반적으로 정지하고 있는 수면은 어느 곳에서나 중력의 방향에 수직을 이루고 있다. 따라서 지오이드는 지구의 평균 해수면에 일치하는 등포텐셜면이라고 정의할 수 있다.

**Equirectangular Projection 등방형, 등직각 투영법** 동서(easting)와 남북(northing) 방향이 직각을 이루는 투영법. 지도의 높이와 너비를 조절함으로써 할선(secant) 투영법이 될 수도 있음. Plate Carree 투영법의 경우에는 접선 투영법에 해당함. 그리스의 수학자이자 지도학자였던 Marinus of Tyre가 A.D. 100년에 고안함.

**Equivalence Projection 등거리 투영, 등할 투영** 경선을 따라 거리가 정확히 나타나는 도법이다.

**Equivalent Dose 등가 선량** [방사선] 인체의 피폭선량을 나타낼 때 흡수선량에 해당 방사선의 방사선가중치를 곱한 양을 말한다. 등가선량의 단위로 시버트(Sievert, Sv)가 사용된다(「방사선방호 등에 관한 기준」 제2조 제5호). 모든 간접 또는 직접전리 방사선이 매질에 투여한 에너지 (Energy Imparted)를 말한다.

**Equivalent Focal Length 등가 초점 길이** 두꺼운 렌즈나 다양한 렌즈 구성으로 되어있는 것처럼 파엑시얼 이미징 성질을 갖는 무한대의 얇은 렌즈의 초점 거리를 말한다.

**Equivalent Map 등적 지도** 등적투영법을 사용해 제작된 지도를 말한다.

**Equivalent Method 등량법(等量法)** 불규칙한 경계선을 규칙적으로 고치고 면적에 과부족이 없도록 한다.

**Equivalent Scale 상용 축척** 비교 가능한 지도나 차트의 축척으로 표현된 상세한 수준을 말한다.

**ER Mapper 이알맵퍼** 세계적으로 널리 사용되고 있는 영상 처리 소프트웨어 중심의 하나. 지형 정보에 관한 자료를 통합·강조・해석하고 보여주는 것을 가능하게 하는 수치 영상 처리와 원격탐사 체계이다.

**ER Model(Entity Relationship Model) 실체관계모형** 관계형 데이터베이스 내에서 실체와 그들의 관계를 묘사하는 논리적 방식. 실체 관계 모형은 종종 관계형 데이터베이스를 생성하는 개념적 설계 단계에서 사용되고, 보통 실체와 그것들 사이에 존재하는 결합을 보이는 다이어그램으로써 표현된다.

**Era 기간, 연(대)** 일정한 시간을 의미한다.

**Erasable Programmable Read Only Memory(EP ROM) 비휘발성 반도체 기억장치** EP ROM(Erasable Programmable Read Only Memory)를 참조.

**Erase 삭제, 지움, 소거** 경계 외부의 대상물을 보존하는 동안 경계 내의 대상물을 지우는 것을 말한다.

**Eratosthenes 에라토스테네스** BC273년경 그리스인으로 지구의 둘레를 최초로 관측한 사람이다. 지구가 둥글다는 가정하에 둘레를 약 40,000km로 계산했다.

**Erazing 제거** 제거 대상지역의 템플릿으로서 이레이즈 레이어를 이용하여 입력 레이어의 일부분을 제거하는 과정. 출력 레이어는 이레이즈 레이어의 외부지역만을 포함하게 된다.

**ERD(Entity Relationship Diagram) 실체 연관도** 실체와 이들의 관계를 도형으로 표현한 것. 실체의 상관관계 다이어그램은 사용자와 어플리케이션 개발자 간의 자료를 공통적으로 이해할 수 있도록 하는 유용한 매체가 된다.

**ERDAS(Earth Resources Data Analysis System) 어다스, 지구 자원 자료 분석 체계** ERDAS IMSGINE은 사용자에게 이미지 자료의 입력, 출력 및 처리기능 이미지 강조 및 분석기능, 항공사진 측량기능, GIS 자료의 처리 및 지도생산기능 등을 다양한 레벨에서 제공한다.

**Erection of Signal 조표** Construction of Target를 참조.

**Ergonomics 인간공학** 편안하고 안전한 작업환경을 위해 시설을 설계하는 과학 또는 휴먼팩터 또는 인간공학으로 알려져 있다.

**Eric Emerson Schmidt 에릭 슈미트** 구글 회장이자 전 애플 이사. 프린스턴 대학교를 졸업하고 캘리포니아 대학교 버클리에서 컴퓨터 공학으로 박사 학위를 받았다. 노벨의 CEO였던 그는 2001년 구글에 합류하여 최고 기술 경영자이자 사업가로 구글을 정상에 올려놓는 데 핵심적인 역할을 한다. 구글과 애플의 사업 분야가 겹치게 되면서 애플 이사회에서 사퇴하였다.

**ERIN(Environmental Resources Information Network) 환경자원 정보망** 1989년에 설립되었으며, 계획 필요에 요구되는 범위와 이용가능성의 지리적으로 관계하는 자료를 제공할 목적의 오스트레일리아의 비정부기관이다. ERIN 프로그램은 환경정보에서 그런 기관들과의 협동 노력에 기반한다. 이것은 지리학・생태학・고고학・분류학・지질학과 오스트레일리아와 관계하는 환경 감시로부터의 자료를 함께 끌어낸다.

**EROS(Earth Resource Observation Satellite) 지구 자원 탐사 위성** 기상위성에 뒤이어 나온 실용위성. NASA와 내무성이 계획하여 1980년 1호를 발사하였으며, 광학사진기, 분광계, 레이더, 레이저, 텔레비전사진기 등을 적재하여 우주공간에서 밤낮으로 적외선 사진을 촬영하고 레이더 전파방사선으로 측정하는 것이다.

**EROS-A 에로스-에이, 지구 자원 탐사 위성-에이** 이스라엘의 이미지셋 인터내셔날사에 의해 2000년 12월 5일에 발사된 공간 해상도 1.8m급 센서를 탑재한 위성이다.

**Erosion Control Surveying 사방공사측량** 황폐된 산지를 복구하기 위한 공사로 유역에서 토사생성과 유출에 의해 발생하는 재해를 방지하기 위한 측량을 말한다.

**ERP(Enterprise Resource Planning) 전사적 자원 관리** 기업 활동을 위해 사용되는 기업 내의 모든 인적・물적 자원을 효율적으로 관리해 궁극적으로 기업의 경쟁력을 높여주는 역할을 하는 통합 정보 시스템을 가리킨다.

**Error 오차(誤差), 오류(誤謬)** ① 측정치와 참 값과의 차이로서, 정오차(正誤差), 우연오차(偶然誤差), 과실 등으로 구분한다. ② 검색하여 수정할 수 있는 실수를 말한다. ③ 항시적이거나 가변적인 체계상의 실수로서 보상을 해야 하는 경우를 말한다. ④ 무작위적 실수. 즉, 장비, 주변환경, 인간의 한계성에 의해 불완전성 때문에 발생하는 오차를 말한다.

**Error Band 오차대** 선이나 점을 중심으로 한 특정 폭의 거리로서 엡실론 오차(Epsilon Error)의 2배 거리에 해당한다.

**Error Curvature 구차(球差)** 두 삼각점의 고저차를 구할 때 회전타원체인 지구표면의 두 점 사이의 거리가 길면 지구의 곡률로 말미암아 생기는 오차를 말한다.

**Error Diffusion 오류 유포** 컬러 영상이나 흑백 영상을 좀 더 적은 양의 bits/pixel로 표현하기 위한 기술. 이것은 하나의 값을 추정하고 실제 값과 추정된 값 사이의 오류를 계산한다. 이 오류는 이웃화소들에게 유포된다.

**Error Due to Both Curvature and Refraction 양차(兩差)** 광선이 대기 중을 진행할 때는 밀도가 다른 공기층을 통과하면서 일종의 곡선을 그리는데 물체는 접선방향에 서서 보면 시준방향과 진방향과 다소 다르게 나타난다. 이때의 차를 굴절오차라 하고, 대규모 지역에 있어서 수평면에 대한 높이와 지평면에 대한 높이가 다르게 나타나는데 이를 곡률오차라 한다. 이 두 오차를 합쳐서 양차라 한다.

**Error Due to Curvature of Earth 구차(球差)** 구상을 이루는 지구의 표면을 평면으로 간주함으로써 고저차가 생기는 오차를 말한다.

**Error Due to Incorrect Centering 중심 맞추기 오차, 치심오차, 구심오차** 평판 측량이나 트랜싯 측량 등에서 지상의 점과 그에 대응하는 도상의 점이 동일 연직선상에 있어야 하는데 있지 않을 때 발생하는 오차를 말한다. Eccentric Error라고도 한다. 축척 1/3,000의 평판측량에서는 30cm 중심 맞추기 오차가 있더라도 최대 0.1mm의 오차밖에 생기지 않으므로 중심 맞추기 오차에 대해서는 특별히 고려할 필요가 없으나 대축척이 될수록 중심 맞추기를 정확하게 할 필요가 있다. 트래버스 측량에서는 일반적으로 변장이 짧기 때문에 협각에 큰 오차가 생기게 되므로 특히 주의할 필요가 있다.

**Error Due To Incorrect Orientation 정위오차(定位誤差)** 평판측량에 있어서 평판의 방위를 바르게 합치시키지 않기 때문에 방향선에 생기는 방향오차를 말한다. 바르게 정위되어 있는가의 여부는 평판측량의 정도에 가장 큰 영향을 주는 것이므로 정위는 가장 엄밀하게 행하지 않으면 안 되는 과정이다.

**Error Ellipse 오차타원(誤差楕圓)** 2개 이상의 임의 변수의 오차는 2차원 평면상에서 주어진 신뢰도를 만족하는 궤적인 타원으로 나타낼 수 있으며 이를 오차타원이라 한다.

**Error Function 오차함수** 크기가 x인 오차가 생기는 확률 p(x) = f(x)일 때 f(x)를 확률밀도함수 또는 오차함수라고 한다. Frequency Function와 Gaussian를 참조.

**Error Horizontal Axis 수평축오차** 수평축이 수평이 아니기 때문에 생기는 오차로서, 정·반위 관측에 의하여 오차를 소거할 수 있다.

**Error in Sighting 시준오차(視準誤差)** 측점을 바르게 시준하지 않기 때문에 생긴 오차를 말하며 트랜시트나 레벨 등에서 대물렌즈나 접안렌즈의 초점을 정확히 맞추지 않아 십자선이나 물체의 상이 뚜렷하지 않으므로 생기는 오차로서 시차라고도 한다.

**Error Matrix 오차 행렬** 참이라고 간주되는 관측값과 평가를 위해 추출된 샘플간의 비교를 위한 행렬. 오차 행렬은 정확도와 같은 값들을 계산할 수 있다.

**Error Message 오류 메시지** 컴퓨터 체계 또는 프로그램에서 체계의 고장 또는 사용자의 조작 잘못 등으로 인하여 오류가 발생한 경우에 이러한 사실을 알려주기 위하여 화면에 출력하는 메시지를 말한다.

**Error Of Closure 폐합오차(閉合誤差), 폐합차** 관측량의 상호간 또는 관측량과 기지량간의 조건에서 발생되는 불일치량(폐합차). 폐합차에는 중심각폐합차, 삼각형내각폐합차, 변장폐합차, 좌표폐합차, 방향각폐합차, 환폐합차, 결합차 등이 있다.

**Error of Closure of Triangle 삼각형의 폐합차** 삼각형의 세 각을 측정하여 180°가 되지 않는, 180°보다 크거나 작은 차이의 각을 말한다.

**Error of Collimation Line 시준축 오차(視準軸誤差)** 시준축이 인위적 요인과 자연적 요인 등으로 인해 기울어져 발생하는 오차를 시준축이라 하며 이로 인해 관측 시 정밀도 저하를 가져올 수 있다.

**Error of Curvature 곡률 오차** 지구표면이 구의 형태이기 때문에 수직면과의 교선, 즉 수평선을 원호로 봄으로서 발생하는 오차로 수평면에 대한 높이와 지평면에 대한 높이는 다르게 되는데 이 차를 곡률오차라 한다. 지구곡률오차 또는 구차라고도 한다.

**Error of Horizontal Axis 수평축 오차(水平軸誤差)** 측량기계를 정확하게 수평을 맞추지 못해서 발생하는 오차로 수평축이 수평이 아니기 때문에 일어나는 오차이며 이 오차가 있으면 망원경은 연직면내에서 회전하지 않는다. 정위, 반위 관측을 통해 소거할 수 있다.

**Error of Joint Closure 결합 폐합차** 결합트래버스측량 결과 측량해서 얻은 기지점의 좌표와 주어진 기지점의 좌표와의 차이로 폐합트래버스의 폐합차에 해당하므로 폐합차라고도 한다.

**Error of Observation 관측 오차(觀測誤差)** 어떤 량을 관측해서 얻은 값과 그 량의 참값 또는 이상적인 값과의 차를 말한다.

**Error of Orientation 표정 오차** 측량에서 표정의 오차를 말한다.

**Error of Refraction 굴절 오차** 광선이 대기 중을 진행할 때는 밀도가 다른 공기층을 통과하면서 일종의 곡선을 그린다. 그러므로 물체는 이 곡선의 접선방향에 서서 보면 시준방향과 진행방향과는 다소 다르게 되는 것을 알 수 있다. 이 차를 굴절 오차라 한다.

**Error Of Vertical Axis 연직축 오차(鉛直軸誤差)** 트랜싯의 연직축이 바르게 연직이 아닌 때에 수평각에 생기는 오차를 말한다. 이 오차는 망원경을 정위 및 반위로 하여 측정해서 그 평균치를 잡아도 소거되지 않는다.

**Error Prepagation 오차 전파** ① 시스템이나 각 오퍼레이션에서 축적되는 오차의 누적을 말한다. ② 오차가 물리적, 기하학적 환경에 따라 전파되는 것을 말한다.

**Error Source in GPS Positioning 지피에스 위치관측 오차요인** GPS에 의한 일점위치결정의 오차 요인의 주된 내용은 위성 위치의 부정확성, 전리층의 영향, 대류권 중의 수증기의 영향, 다중 전파로의 영향 등이다. 이밖에 측점에 대한 위성의 배치가 변하면 대 위성거리에 같은 양의 오차가 있어도 위치결정에 대한 영향이 다르다. 이 오차의 증가의 비율은 GDOP라는 수치로 나타낸다. VDOP, HDOP, PDOP, TDOP가 있다.

**ERTICO(European Road Transport Telematics Inplementation Coordination Organization) 유럽 도로교통 텔레메틱스 추진기구** 유럽 내 지능형 교통 체계(ITS) 연구를 안내하고 감독하는 기관을 말한다.

**ERTS(Earth Resources Technology Satellite) 지구자원기술위성(地球資源技術衛星)** 1972년 세계 최초의 미국 탐사위성을 말한다.

**ERTS-1(Earth Resources Technology Satellite-1) 지구 자원 탐사 위성-1** 1972년 미국에서 최초의 비군사용 지구탐사위성으로서 1975년부터는 Landsat-1으로 개명되었다.

**ES(Expert System) 전문가시스템** 특수한 의사결정을 위한 인간의 지능에 기초한 법칙에 따른 진보된 컴퓨터 프로그램이다.

**ESA(European Space Agency) 유럽우주국** 유럽에서 발사된 지구 자원 측량(ERS) 발사와 이용 연구를 하는 기관이다.

**eSATA 외장 사타, 외장 세이터** 외장형 기기를 연결하기 위한 SATA 컨넥터의 국제표준 규격이다. SATA는 Serial ATA(직렬 ATA)로서, 하드 디스크 혹은 광학 드라이브와 데이터 전송을 주요 목적으로 만든 컴퓨터 버스이다. ATA는 Advanced Technology Attachment(고급 기술 결합)의 약어이다. SATA 어댑터와 장치들은 비교적 속도가 빠른 직렬연결을 이용하여 연결된다.

**ESC(Electronic Speed Controls) 전자 속도 제어, 변속기** [드론] 배터리 전원을 입력받아 3상 주파수를 발생시켜 모터를 제어하는 보드다. 직류 모터는 직류 전류를 사용하지만, 브러시리스(Brushless) 모터는 3상전류를 사용해야 하기 때문에 ESC가 필요하다. ESC는 모터 회전을 위해서 지속적으로 다른 위상의 고주파 신호를 만들어 모터에 인가한다. ESC는 물론 배터리의 전원을 모터에 제공하는 역할을 한다. 적합한 ESC를 선택할 때 가장 중요한 요소는 소스 전류이다. ESC를 선택할 때는 10A 이상의 ESC를 선택하거나 사용하는 모터 소스 전류 이상의 ESC를 선택해야 한다. DYS 1306-3100KV BX Series 모터의 경우 최대 전류가 8A이고, 6~10 amp의 ESC를 권장하고 있다. 두 번째로 중요한 요소는 ESC에 프로그래밍할 수 있는지 여부이다. ESC에 펌웨어를 다운받아 구울 수 있는데 모터에 인가하는 주파수 범위를 조절할 수 있다. Brushless 참조.

**ESC(Electronic Stability Control) 전자 제어 주행 안정 장치** 주행 또는 비행 중에 있는 자동차 또는 비행체의 자세를 실시간으로 감시하고 위험 상황 발생 시 제동장치와 출력 등을 조절하여 자동차 또는 비행체의 자세를 바로 잡을 수 있도록 도와주는 전자장치를 말한다. 차체 요소마다 배치된 안전관련 센서들이 의도한 주행방향을 벗어나는지를 확인하여 즉각적인 도움을 제공하는데, ESC는 전복 방지 기능(ERM), 브레이크 잠김 방지 시스템(ABS) 및 브레이크 어시스트, 구동력 제어장치, 트레일러 진동 제어 시스템(TCS) 등을 관리하고 필요할 때에 작동한다.

**Escape Velocity 지구 탈출속도** (1) 지구중심으로부터 거리 r 만큼 떨어진 곳에 있는 질량 m인 물체를 무한히 먼 곳까지 보내는 데 필요한 일은(기준점 = 무한대 → $E_{p\infty}=0$)

$$W=\int_r^\infty F(r)dr=\int_r^\infty \frac{GMm}{r^2}dr=\left[-\frac{1}{r}\right]_r^\infty$$

$$=G\frac{Mm}{r}=E_{p\infty}-E_{pr}$$

$$\therefore\ E_{pr}=-G\frac{Mm}{r}$$

(2) 지구중심으로부터 거리 r만큼 떨어져 있는 지점에 질량 m인 물체가 v의 속도로 운동하고 있는 경우, 지구와 이 물체 사이의 만유인력 $=G\frac{Mm}{r^2}$ 이며, 만유인력에 의한 위치에너지, $E_p=-G\frac{Mm}{r}$ 이다. 속도가 v이므로, 이 물체의 운동에너지 $E_k=\frac{1}{2}mv^2$ 이다. 따라서 물체가 가지고 있는 총 역학적 에너지, $E=\frac{1}{2}mv^2-G\frac{Mm}{r}$ 이다.

(3) 어느 물체가 지구에서 탈출하기 위한 조건은 총 역학적 에너지 $E \geq 0$이며, 역학적 $E \leq 0$일 경우, 물체는 지구로부터 벗어날 수 없으므로 지구에 속박된다.
만일 지구중심으로부터 거리 r인 지점에 있는 질량 m인 물체가 지구로부터 벗어나려 한다면, 이 물체의 속도 v는

$$\frac{1}{2}mv^2 - G\frac{Mm}{r} = 0 \Rightarrow \frac{1}{2}mv^2 = G\frac{Mm}{r}$$

$$v = \sqrt{\frac{2GM}{r}} = \sqrt{2gR}$$

$$= \sqrt{2 \times 9.8 \times 6.4 \times 10^4} = 11.2\,km/s$$

즉, 물체가 지구를 탈출하기 위한 탈출속도는 11.2km/s이다. 식에서 볼 수 있듯이, 지구 탈출속도는 물체의 질량과는 관계가 없이 오직 지구의 질량과 거리 r에만 의존한다. Geostationary Orbit, Transfer Orbit를 참조.

**Escarpment 해저절벽(海底絶壁)** 대륙붕이 아닌 해저면의 평탄한 해역이나 완만하게 경사진 해역을 긴 거리에 걸쳐서 분단하는 급경사면의 지형으로서, 스카프(scarp)라고도 한다.

**e-Sense 이-센스** '촉각 피드백' 기술로 정의할 수 있다. 기존 햅틱 제품이 진동 모터를 사용한 것과 달리 손가락과 터치스크린 패널(TSP) 사이 전기력을 변조해 촉각 신호를 생성하는 방식이다. 이 기술을 이용하면 터치스크린 상에서 거칠거나 부드럽거나 혹은 뾰족하거나 미끄러운 표면 등 다양한 질감을 섬세하게 인식할 수 있다. 예컨대 디스플레이 위 자판 입력 시 자판 사이사이의 굴곡을 느낄 수 있거나, 나무를 터치하는 순간 사용자가 나무 질감을 인식할 수 있는 식이다. 딱딱한 것에서부터 미끄러운 느낌까지 혹은 축축한 느낌에서 사포처럼 거친 느낌 등 다양한 터치 감성을 생성할 수 있다. 이 기술은 추가적인 기구와 부품이 필요 없고 전자기기 측면·후면 등 다양한 영역에 적용할 수 있다. 기존의 촉각 피드백 기술 등은 소형 모터나 압전 장치에서 생성한 진동을 이용하는 것이 대부분이었으며, 센세그처럼 전계 변화를 이용하는 방법은 매우 드물었다.

**Eslon Tape 에슬론 줄자** 유리섬유와 염화 비닐을 섬유에 침투시켜 성형하여 만든 줄자를 말한다.

**ESRI(Environmental Systems Research Institute) 에스리** 1969년에 설립된 ESRI의 법인 본사는 Redlands, California에 있고 미국 내 11개의 지사와 10개의 해외지사를 가지고 있다. ESRI는 GIS 소프트웨어를 개발하고 공급할 뿐만 아니라 소프트웨어 설치와 유지보수 데이터베이스 설계응용, 그리고 프로그래밍과 데이터베이스 자동화를 제공한다.

**ESS(Energy Storage System) 에너지 저장 시스템** 에너지 저장은 장치 혹은 물리적 매체를 이용하여 에너지를 저장하는 것을 말한다. 이에 쓰이는 장치를 축압기라고 하고, 더 넓은 범위의 시스템 전체를 "에너지 저장 시스템(ESS)"라고 한다. 일반 가정에서 사용하는 건전지나 전자제품에 사용하는 소형 배터리도 전기에너지를 다른 에너지 형태로 변환하여 저장할 수 있지만 이런 소규모 전력저장장치를 ESS라고 말하지는 않고, 일반적으로 수백 kWh 이상의 전력을 저장하는 단독 시스템을 ESS라고 한다. ESS는 전력계통에서 발전, 송배전, 수용가에 설치되어 운영이 가능하며, 주파수 조정(Frequency Regulation), 신재생발전기 출력 안정화, 첨두부하 저감(Peak Shaving), 부하평준화(Load Leveling), 비상전원 등의 기능으로 사용된다. ESS는 전기에너지를 적게 사용할 때 저장하고 필요할 때 공급함으로써 에너지 이용효율 향상, 신·재생에너지 활용도 제고 및 전력공급시스템 안정화에 기여할 수 있다. 에너지 저장은 저장방식에 따라 크게 물리적 에너지저장과 화학적 에너지저장으로 구분할 수 있다. 대표적인 물리적 에너지저장으로는 양수발전과 압축공기저장, 플라이휠 등을 들 수 있으며, 화학적 에너지저장으로는 리튬이온배터리, 납축전지, NaS 전지 등이 있다. 배터리 형식의 ESS를 BESS(Battery Energy Storage System)이라고 하며, 일반적으로 ESS라고 하면 BESS를 말한다.

**Essentialist 본질주의자** 인맥구축 사이트 본연의 목적인 '친구나 가족과의 연락'에 충실한 일반이용자를 의미한다.

**EST(Earliest Starting Time) 최조 시작 시간** 가장 빠른 개시 시각을 말한다.

**Establishment of Angle 각도 측설** 계획된 각을 현지에 측점을 설치하는 과정을 말한다.

**Establishment of the Port 삭망고조** High Water Full And Change를 참조.

**Esteem Value 평가 가치** 기능 수행의 면이 아니라, 호감성이나 시장성에 기여하는 생산품이나 서비스의 화폐 가치를 말한다.

**Estimated Time of Arrival(ETA) 도착 예정시간** ETA(Estimated Time of Arrival)를 참조.

**Estimation 견적(見積)** 도급이나 매매 등에서 계약의 목적물에 대하여 업자가 그 가격을 산정하는 것. 계약이 경쟁의 형식으로 이루어질 때는 그 견적을 토대로 입찰서를 작성하지만, 수의 계약의 경우에는 1명 내지 수명의 견적서에 의하여 계약의 상대를 선정하는 것이 통례이다.

**ETA(Estimated Time of Arrival) 도착 예정시간** 목적지 도착 예정 시간으로서, 현재 속도로 계속 이동했을 때 대략 몇 시 몇 분쯤에 도착할 것인지 표시된다.

**ET(Ephemeris Time) 역표시(曆表時)** 태양계에 있는 천체의 위치를 예측하기 위한 천체역학에서는 일정한 속도로 꾸준히 계속되는 시간의 기준이 필요하여 역표시를 사용한다. 지구는 자전운동뿐 아니라 공전운동도 불균일하므로 이러한 영향을 고려하여 균일하게 만들어 사용하는 것을 말한다.

**ETC(End of Transition Curve) 완화곡선 종점(緩和曲線終點)** 완화곡선의 곡률(1/R)이 가장 큰 지점이 원곡선 또는 다른 완화곡선에 접속되는 점이며, 완화곡선 종점에서 곡선반지름은 접속되는 원곡선 또는 다른 완화곡선 반지름과 같다.

**ETCS(Electronic Toll Collection System) 전자요금징수체계** 주행 차량 자동 인식(AVI) 기술을 활용하여 유료 도로나 교량 등을 통과하는 차량으로부터 통행료, 혼잡 통행료 등 요금을 자동으로 징수하는 체계를 말한다.

**Ethernet 이더넷** 특정구역 내 정보통신망인 LAN(local area network)에 사용되는 네트워크의 모델로 IEEE(미국 전기전자기술자협회)가 표준사양으로 채택한 동축케이블 네트워크를 말한다. 1972년부터 개발되었고, 기초개념은 1969년 하와이대학에서 개발한 ALOHA라는 무선 컴퓨터 통신망에서 최초로 구현됐다. 미국 제록스사의 멧칼프(Metcalfe)와 보그(Boggs)에 의해 제안돼 제록스사와 DEC사, INTEL사가 공동으로 개발한 LAN의 사양으로 그 규격과 방식은 IEEE 802.3규격을 준거한 것이다. 이더넷 외에도 IEEE 802.3의 규격을 준거한 PC Network, Cheaper-net, Omninet 등이 있으며 그 외에 802.4의 규격인 토큰버스형의 것으로 MAP, IEEE 802.5 규격의 토큰링형이 있다. Ethernet의 네트워크 형태는 루프(loop)형이 아닌 버스(bus)형으로 액세스 방식으로는 CSMA/CD(carrier sense multiple access/collision detection) 방식을 채용하고 있으며, 전송매체는 동축케이블, 전송속도는 10MB로 최장 거리 2.5km, 최다설치국(station) 수 1,024국으로 프레임 길이는 64~1,518옥텟(octet)이다. 일반적으로 LAN을 구성하는 3가지 요소로 토폴로지(전송로의 형태), 전송매체, 액세스방식을 들 수 있는데 네트워크형태가 버스형인 이더네트는 액세스방식으로 CSMA/CD방식을 채용하고 있어 다른 방식들과는 달리 네트워크에서 두국이 동시에 패킷을 전송할 경우에 발생하는 패킷의 충돌로 인해 낭비되는 대역폭을 크게 줄일 수 있으며, 전송로가 비어있는지의 여부 등 상태를 스스로 검출하고 충돌을 검출했을 때는 일정시간 기다렸다가 전송로가 비어있을 때에 송신을 한다. Ethernet의 기본적인 개념은 하나의 물리적인 전송매체를 다수의 통신국이 공유하는 것으로 효율면에서는 토큰링 방식보다 떨어지지만 무엇보다도 가격이 저렴하기 때문에 다수의 사용자를 확보하고 있는 네트워크 방식이다. Giga bit Eternet(GbE, 기가비트 이더넷)은 1,000Mbps 대역폭을 제공하고 이미 설치된 9,000만 개 이상의 이더넷 노드와 호환된다. 이런 환경에서 기가비트 이더넷은 기존 프레임 기반의 네트워크를 확장해 주고, ATM 백본과 WAN 애플리케이션을 보완해 준다.

**Ethereum 이더리움, 이시리움, 에테리움** 이더리움은 블록체인 기술에 기반한 클라우드 컴퓨팅 플랫폼 또는 프로그래밍 언어이다. '에테리움'의 공동창업자이자 비트코인매거진 창업자, 해커이기도 한 비탈릭 부테린(Vitalik Buterin)이 만들었다. 이더리움은 비트코인에서 사용된 핵심기술인 블록체인(Blockchain)을 이용해 전 세계 사용자들이 보유한 컴퓨팅 자원을 기반으로 분산시스템을 구축하고, 이를 통해 새로운 가상통화, SNS, 크라우드 펀딩, 주식발행, 부동산계약, 전자투표, 게임 등의 다양한 분산 애플리케이션을 개발하고 구동할 수 있는 플랫폼이다. 이더리움은 다양한 분산 애플리케이션을 개발하고 구동하는 플랫폼을 지향하고 있다. 그러한 관점에서 이더리움을 '분산 애플리케이션 플랫폼(Decentralized Application Platform)'이라고 부른다. 또는 콘트랙트(Contracts)라고 하는 일종의 프로그램을 사용자가 작성하고 이것이 볼록체인에 심어져 동작하기 때문에 '스마트 콘트랙트 플랫폼(Smart Contracts Platform)'이라고 불리기도 한다. 상대방의 확인 및 상호신뢰가 어려운 디지털환경에서 파기할 수 없는 강력한 계약을 만들어 낼 수 있다는 점에 이더리움의 가치는 있다. 이더리움은 자바스크립트와 흡사한 솔리디티(Solidity)라는 명칭의 독자적인 언어를 사용하고 C++, Go, 파이썬 등의 언어를 이용해 앱을 개발할 수도 있다. 비트코인이 가상통화만 다루는 반면, 이더리움은 앱을 다룰 수 있다. 이더리움은 다양한 곳에 활용할 수 있는 유연한 개방형 플랫폼이면서 동시에 가상통화 플랫폼이기도 하다. 이더리움은 이더(Ether, ETH, '에테르'라고도 함)라고 하는 독자적인 화폐 단위를 갖고 있는데, 이는 이더리움 생태계를 구동하는 필수요소라 할 수 있다. 이더리움이 자동차라면 이더는 휘발유와도 같다. 이더리움은 블록체인 기술을 이용해 모든 것을 분산시스템으로 구축하려는 비전을 갖고 있으며, 분산시스템에 참여해 컴퓨팅 자원을 제공한 대가로 이더를 지불한다. 이더는 (1) 비트코인처럼 CPU나 GPU를 이용해 채굴(Mining)을 하거나, (2) 비트코인과 교환해서 얻거나, (3) 프리세일 기간에 구매한 이더를 충전하거나, (4) 지인으로부터 넘겨받는 방법이 있다. Bitcoin 참조.

**ETIS(En-route Traveler Information Service) 운전 중 교통정보 제공 서비스** 교통정보를 수신할 수 있는 차량장치를 부착한 차량의 운전자에게 권역 내 주요도로에 대한 교통정보, 돌발 상황 정보, 기상정보, 램프/차선제어정보 등을 제공하는 서비스이다.

**e-tizen 이티즌** 모티즌 다음으로 등장한 개념으로 PC나 휴대전화, PDA뿐만 아니라 팸레터, 인터넷냉장고, 인터넷전화기 등 인터넷에 접속할 수 있는 모든 기기를 통해 웹서핑을 자유자재로 이용하는 진화한 네티즌을 말한다. 즉, 네티즌(net와 citizen의 합성어) 다음으로 모티즌(mobile과 citizen의 합성어), 모티즌이 이티즌으로 진화, 발전한 것이다. 네티즌이 인터넷을 이용하는 모든 사람을 지칭하는 포괄적인 개념이라면, 모티즌은 모바일 인터넷의 등장과 함께 PC 기반의 유선 웹 사용자들과 차별화돼 사용된 용어이다. 모티즌들은 주로 이동전화나 개인휴대단말기(PDA) 등을 통해 무선 인터넷을 즐겨 사용하는 사람들을 일컫는다. 이 모티즌 다음으로 등장한 개념이 바로 이티즌이다.

**ETM+(Enhanced Thermal Mapper Plus) 이티엠 영상** ETM+ 센서는 Landsat 4, 5의 TM과 Landsat 6에 장착되었던 ETM (Enhanced Thematic Mapper)을 보다 발전시킨 센서로서, 기존의 TM과 비교할 때 thermal band의 해상도가 120m에서 60m로 나아진 것 외에 해상도의 변화는 없으나, 15m 해상도의 panchromatic band(전파장 영역)가 교정되어 더 선명한 영상을 제공할 수 있다. 이는 이전의 TM센서보다 지구의 환경 변화를 연구하고 육상의 표면을 관찰하는데 더 효과적인 센서이다.

■ ETM + Band

| Band 번호 | 파장(μm) | 해상도 |
|---|---|---|
| 1 | 0.45~0.515 | 30 m |
| 2 | 0.525~0.605 | 30 m |
| 3 | 0.63~0.69 | 30 m |
| 4 | 0.775~0.90 | 30 m |
| 5 | 1.55~1.75 | 30 m |
| 6 | 10.4~12.5 | 60 m |
| 7 | 2.08~2.35 | 30 m |
| 8 | 0.52~0.9 | 15 m |

**ETS(Engineering Test Satellite) 기술 시험 위성** 일본의 우주개발 사업단(NASDA)에 의해 선행적인 위성기술 등의 개발과 그 실험 실증을 시험하는 것을 목적으로 하는 위성을 말한다.

**ETS(European Telecommunications Standard) 유럽 전기 통신 표준** 유럽 공동체(EC) 집행 위원회의 방침에 따라서 유럽의 전기 통신 기기 및 서비스 시장의 단일화(통합화)에 필요한 표준을 제정하기 위하여 1987년 설립한 유럽 전기 통신 표준 협회(ETSI)에서 제정한 표준. 유럽 전기 통신 표준(ETS)은 강제력을 갖지 않는 자율 표준(Voluntary Standard)이지만, ETSI는 EC 및 유럽 자유 무역 지역(EFTA) 회원국의 전기 통신 주관청, 국가 표준 기관, 통신 사업자, 제조업자, 연구 기관 및 이용자 그룹 등으로 구성된 표준화 기관이며, ETSI에서 어떤 표준이 제정되면 모든 회원은 그 표준과 다른 국가 표준의 제정을 정지해야 하는 의무(Standstil Obligation)를 준수해야 하므로, 명실상부한 유럽 표준이라고 할 수 있다.

**ETS(Executable Test Suite) 실행가능 시험 스위트** 표준에 대한 구현의 적합성 시험을 수행하기에 필요한 실행 가능한 시험 사례의 집합을 말한다.

**ETSI(European Telecommunications Standard Institude) 유럽 전기 통신 표준 협회** 향후 새롭고 개선된 무선 표준을 앞으로 놓는 것에 대한 의도를 가지고 전기 통신 분야의 산업으로부터 인재를 모아 추진하고 있다.

**EU(European Union) 유럽 연합** EU는 1993년 11월 1일 창립되었으며, 현재 회원국은 28개국이다. EU의 회원국들의 총면적은 4,324,782km$^2$, 인구는 5억 8백만 명, 전 세계 국내 총생산의 약 23%를 차지한다. EU의 수도(Capital)는 벨기에의 수도 브뤼셀(Brussels)에 있다. EU의 모토(Motto)는 "United in diversity(다양성 속의 통합)"이며, 목적은 (1) 단일시장 및 단일통화 실현 등을 통한 경제·사회 발전을 촉진, (2) 공동 방위정책을 포함하는 공동외교안보정책 이행을 통해 국제무대에서 유럽의 이해 제고, (3) 유럽시민권제도 도입을 통해 회원국 국민의 권리와 이익보호 강화, (4) '자유·안전·정의'의 공동영역으로 발전, (5) 기존의 통합성과(acquis communautaire)의 유지·발전 등이다.

EU 상징기(Emblem)는 12개의 별(Star)이 원(Circle)을 이루고 있는데, 12개의 별은 '완벽함'을 상징한다. 유럽에서 12는 전통적으로 완벽을 상징하는 숫자(1년 12달, 시계의 12시간 등)이다. 회원국 수와 별의 개수는 무관하기 때문에 EU회원국이 27개국으로 확대되었음에도 불구하고 12개 별의 숫자는 유지되고 있다.

제1, 2차 세계대전의 주원인이었던 독일과 프랑스 간의 적대 요인을 극복하고, 평화를 실현하기 위해 프랑스 외무장관 슈망(Robert Schuman)은 프랑스의 경제계획청장인 Jean Monnet의 구상을 빌어, 석탄 및 철강 산업을 초국가적인 기구를 통해 공동 관리하자는 슈망 선언을 1950년 5월 9일 발표하였다. Monnet 청장은 당시 무기 제조 자원인 철강과 에너지 자원인 석탄을 초국가적인 기구가 공동 관리하고 공동시장 운영을 통해 전쟁을 막는 구상을 제시한 바 있다. 참고로 EU는 5월 9일 슈망선언 발표일을 유럽의 날(EU Day)로 확정하였다.

독일, 이탈리아 및 베네룩스 3국이 이러한 슈망의 제의를 수락(영국은 거부)하여 프랑스, 독일, 이탈리아, 네덜란드, 벨기에, 룩셈부르크 등 6개국이 1952년 유럽석탄철강공동체(European Coal and Steel Community, ECSC)를 발족하였으며, 프랑스, 독일, 이탈리아 및 베네룩스 3국은 석탄, 철강 산업만을 대상으로 한 공동체를 모든 산업으로 확대하는 유럽경제공동체(EEC)와 원자력의 공동개발 및 이용을 목적으로 하는 유럽원자력공동체(EURATOM) 결성에 합의하여, 1957년 로마에서 EEC 및 EURATOM의 창설조약에 서명하였으며 이를 "로마조약"이라고 한다.

EEC(European Economic Community)는 관세동맹, 경제 및 화폐동맹, 회원국 간의 상품·인력·서비스 자본의 자유이동, 경제·산업·사회·재무·재정분야 공동정책을 통해 단일시장을 형성하고자 하는 것이며, EURATOM(European Atomic Energy Community)은 공동에너지 시장창설, 핵 원료 균형 공급 보장, 핵에너지의 안전 및 인간과 환경의 보호를 위한 특별계획 등을 추진하기 위한 것이었다.

ECSC, EEC, EURATOM 등 기존 3개 공동체가 각각의 기구들을 통합하여 1967년 '유럽공동체의 단일이사회 및 단일집행위 설립에 관한 조약(Merger Treaty)'을 체결하고, 각각의 집행부를 통합하여 이사회(Council), 집행위(Commission), 유럽의회(European Parliament) 등으로 단일화하여, 신설 기관들이 모든 공동체 업무를 관장하고 공동 예산 제도 실시하며, 3개 공동체가 사실상 단일공동체로 발전하고 명칭도 EC(European Communities)로 통칭되었다.

EC는 단일경제권 달성을 위해 관세동맹(역내 관세 철폐와 대외공동관세), 공동시장(Common Market) 및 공동농업정책(Common Agricultural Policy, CAP)을 우선적으로 추진하고, EC 역내 환율 안정 구상을 발전시켜 1979년 유럽통화제도(European Monetary System, EMS)를 발족하였으며, 1973년에 영국, 덴마크, 아일랜드, 1981년에 그리스, 1986년에 스페인, 포르투갈이 EC에 가입하여, EC는 12개 회원국으로 확대되었다. 12개 EC 회원국들은 역내시장 완성을 위해 1957년 EEC 조약을 보강하는 단일유럽의정서(Single European Act, SEA)를 1986년 체결하였다. 역내 단일시장이 완성됨에 따라 유럽 경제통합이 심화되고 경제통합의 성과를 바탕으로 정치통합도 실현하고 궁극적인 단일 경제 통화권을 건설하기 위한 유럽통합 움직임이 더욱 가속화되어 경제통합 가속화 및 정치통합을 위해 EC 12개국은 1991년 유럽연합조약(마스트리히트조약)을 체결하고 1993년 유럽연합(European Union, EU)을 출범시켰다.

유럽연합은 EEC, ECSC, EURATOM을 포함하는 EC를 제도적으로 한층 발전시키면서, 정치적으로 공동외교안보정책(CFSP : Common Foreign and Security Policy)을 도입하여 정치 분야의 통합과 내무사법(JHA : Justice and Home Affairs)협력까지 포함하는 3柱(three pillar)체제의 공동체로 발전시켰다.

EU 기구는 EU이사회, 집행위원회, 유럽의회(EP), 유럽사법재판소(ECJ), 유럽회계감사원(ECA) 등 5개 기관이 EU의 핵심 기구이며, 다음의 5개 기관이 주요기구를 보완하는 역할 수행을 한다. (1) 유럽경제사회위원회(European Economic & Social Committee) : 경제, 사회문제에 대한 유럽시민사회의 입장 대변 역할, (2) 지역위원회(Committee of the Regions) : 지역적 다양성과 지역발전 촉진 기능, (3) 유럽중앙은행(European Central Bank) : 유로존 통화정책 관리, (4) 유럽옴부즈맨(European Ombudsman) : EU 기구의 행정권 남용 견제, (5) 유럽투자은행(European Investment Bank) : EU 개발지원 프로그램 지원 등을 한다.

**Euclidean Distance 기하학적 거리, 유크리드 거리** 일반적으로 평면에서 두 점 사이의 직선거리. 평면과 n차원 공간에서의 두 점 사이의 기하학적 거리는 피타고라스 정리를 사용하여 쉽게 계산될 수 있다.

**EUROGI(European Umbrella Organisation for Geographic Information) 유럽 지형공간정보기구** 법인기관(협회)의 대표자들로 구성된 유럽에서의 GIS 공동체를 포함하는 하나의 조직을 설정하려는 발의. 지리정보협회(AGI)는 EUROGI의 회원이다.

**European Computer Manufacturer's Associates(ECMA) 유럽 컴퓨터 제조업자 협회** ECMA(European Computer Manufacturer's Associates)를 참조.

**European Geostationary Navigation Overlay Service(EGNOS) 유럽 초정밀 지피에스 보정시스템, 에그노스** EGNOS(European Geostationary Navigation Overlay Service)를 참조.

**European Road Transport Telematics Inplementation Coordination Organization(ERTICO) 유럽 도로교통 텔레메틱스 추진기구** ERTICO(European Road Transport Telematics Inplementation Coordination Organization)를 참조.

**European Space Agency(ESA) 유럽우주국, 에사** ESA(European Space Agency)를 참조.

**European Telecommunications Standard(ETS) 유럽전기통신표준협회** ETS(European Telecommunications Standard)를 참조.

**European Telecommunications Standard Institude(ETSI) 유럽전기통신표준협회** ETSI(European Telecommunications Standard Institude)를 참조.

**European Umbrella Organisation for Geographic Information (EUROGI) 유럽 지형공간정보기구** EUROGI(European Umbrella Organisation for Geographic Information)를 참조.

**European Union(EU) 유럽 연합** EU(European Union)를 참조.

**Eurostat 유로스태트** 유럽공동체 통계기관을 말한다.

**Eutrophication, Eutrophy 부영양화** 식물플랑크톤(phytoplankton)의 성장을 촉진시키는 무기영양염인 암모니아, 질산염, 인산염 등을 가진 자연수가 풍부해지는 것을 말한다. 부영양화는 처음에는 그 생산력(productivity)을 증가시키지만 나중에는 생물순화체계를 악화시키는 문제가 있다. 식물플랑크톤 등의 대량증식에 의하여 유기물이 생산되며, 수질(COD 등)이 악화됨과 동시에, 적조, 수화 등의 발생에 의한 피해가 생길 수도 있다. 공급되는 영양염류에는 자연적인 것과 영양염류를 다량 함유하는 폐수의 유입에 의한 인공적인 것이 있다. 부영양화는 생물량(biomass)과 분해(decomposition)를 증가시키고, 최악의 경우에는 산소고갈과 대량폐사(mass mortality)의 결과를 가져온다. 대부분의 경우 부영양화는 식물플랑크톤의 종구성을 변화시킨다. 공급된 영양염을 가장 빨리 흡수할 수 있는 종이 우점종이 된다. 인산염(phosphate)과 질산염(nitrogen)의 부영양화는 규조류(diatom)에서 편모충류(flagellate)로 종구조를 변화시킨다. 먹이사슬(food chain)이 변화함에 따라서, 부영양화된 지역은 전에 그곳에서 살던 많은 종들에게는 부적당한 지역이 된다.

**Evaluation Date Time 평가 일시** 자료품질 측정이 적용되는 일시 혹은 그 범위를 말한다.

**Evaluation Method Type 평가 방법 유형** 자료군의 품질을 평가하는데 사용된 방법을 말한다.

**Evaporation 증발(蒸發)** 액체 표면의 원자나 분자가 끓는 점 미만에서 일반적으로 태양복사 에너지에 의해서 수표면 또는 지표면의 물 분자가 기체상태, 즉 기화하는 현상이다. 증발은 물의 순환에서 큰 부분을 차지한다. 잠재증발열은 약 600 cal/1g $H_2O$이다. 증발의 주요 원인으로는 태양에너지에 의한 에너지 공급 및 풍속과 지표면의 조도(거칠기)이다. 증발율은 $\frac{dE}{dt} = K(e_s - e)$의 식으로 주어지며, 여기서, $e_s$는 포화증기압, e는 혼합체의 실제 증기압이다. 바람은 물분자를 증발 표면으로부터 이동시켜 e를 감소시켜 증발율을 증가시킨다. 한편, 상대습도가 증가하면, 증발율은 감소한다. Transpiration, Evapotranspiration을 참조.

**Evapotranspiration 증발산(蒸發散)** 증산과 증발을 총칭한다. 일반적으로 태양복사 에너지에 의해서 발생하며, 증발산된 수증기는 기상현상에 의해서 대기 중으로 이동하며, 기상조건에 따라 수증기는 응축하여 물방울을 형성한다. 이러한 물방울은 해양이나 육지에 강하하여 물 순환을 이룬다. 육상의 강수량의 2/3는 증발산에 의하여 대기 중으로 되돌아간다. 증발산량을 계산하는 방법으로는 (1) 물수지 방법: 유역내의 저유량, 유출입량을 측정하여 이론적인 물수지 계산에 의하여 유역평균 증발산량 추정, (2) 에너지 수지 방법: 지표토양에 저장되어 증발산에 이용되는 에너지 = 순에너지($Q_n$)-토양면으로부터의 열발산량(G)-토양과 대기간의 경계층에 남는 에너지(M)이다. 즉, 증발산량(mm) $E_T = \frac{Q_n - G - M}{H_v(1+B)}$. 여기서, B은 Bowen ratio이며, $G, M \ll Q_n$이다. Evaporation, Transpiration을 참조.

**EVC(Event Management Component) 이벤트 관리 컴포넌트** RFID 이벤트 관리 시스템의 구성요소로서, 리더기로부터 읽혀진 데이터를 정제, 필터링하여 이벤트 정보를 로깅하는 일련의 과정을 관리하는 컴포넌트이다.

**EV-DO(Evolution-Data Only) 에브도 무선통신 기술** CDMA 2000 1x EV-DO는 CDMA 2000 1x의 진화된 기술로서 HDR(High Data Rate)로 알려져 있으며, 최고 2.4Mbps의 속도를 구현하는 고속데이터 전용 기술이다. 현재 서비스 되고 있는 이동통신 기술인 IS-95B(64Kbps)보다 48배, IS-95C(144Kbps)보다 17배 빠르다.

**Event 사건, 이벤트** ① 어떤 순간에 일어나는 변화로서는 이벤트는 외부이벤트, 내부이벤트, 시간 이벤트 등으로 구분할 수 있다. ② 선형 사상의 연거리에 따른 속성들을 보관하는 데이터베이스에 기록되는 레코드이다. 이벤트의 기하학적 위치는 관측값에 따라서 동적으로 결정된다. 이벤트는 선형 또는 점 정보이다. ③ 시스템의 통제 범위 밖에서 발생하는 사건으로서, 시스템은 그에 대하여 계획된 반응을 갖는다. 즉, 이벤트는 분석범위의 외부에서 일어나며, 분석범위의 내부에서 계획된 반응을 요구하는 그 어떤 것이다. ④ 지형 특성의 변화 등과 같이 어느 한 순간 발생하는 것을 말한다.

**Event Based Model 사건기반 모델** 사건 기반 모델은 어떠한 초기 상태에서 출발하여, 시간 축을 따라 사건을 기록한다. 어떠한 변화가 생길 때마다 새로운 항목이 추가된다. 이것은 시간을 기반으로 한 모델로서, 공간적 속성영역과 주제적 속성 영역은 부차적이다.

**Event Consequence Diagram 이벤트 흐름도** 업무의 핵심이 되는 이벤트와 반응, 반응의 구성이 복잡하여 의존성 또는 상호배타성을 표현해야 의미가 명확한 경우에 또는 여러 가지 조건에 따라 수행하는 반응이 다르게 분기되는 경우 등에 한하여 해당 이벤트반응의 흐름을 그림으로 나타낸 것이다.

**Event Management Component(EVC) 이벤트 관리 컴포넌트** EVC(Event Management Component)를 참조.

**Event Mark 이벤트 마크** 사진측량용 카메라의 셔터를 누르는 순간과 같은 사건의 발생기록. GPS 수신기는 사건의 시간을 포함하고 있는 Event Mark를 저장할 수 있으며, 사건을 묘사하기 위해 문자로 입력된 주해(설명)를 저장할 수 있다.

**Event Source 이벤트 원자료** Dynamic Segmentation 명령에서 사용할 이벤트자료를 포함하는 DBMS 테이블을 참조하기 위해 사용자가 할당하는 이름이다.

**Evil Genius Designs 이블 지니어스 디자인** 놀이동산, 회의, 스포츠 경기장 같은 곳에서 줄을 서서 기다리는 사람들이 즐길 수 있는 모바일 게임과 오락물을 개발한다.

**EVMSS(Emergence Vehicle Management/Support Service) 긴급차량 운행관리지 원단위서비스** 고속도로 및 국도, 지방도 등에서 발생할 수 있는 돌발 상황에 대비하여 긴급차량을 상시 대기시킴으로써 돌발 상황 발생 시 신속하고 적절하게 긴급차량을 지원할 수 있게 하는 서비스이다.

**Evolution-Data Only(EV-DO) 에브도 무선통신 기술** EV-DO (Evolution-Data Only)를 참조.

**EVRC(Enhanced Variable Rate Codec) 이브리알씨** EVRC는 8Kbps의 전송속도를 가진 디지털 이동전화의 음질을 획기적으로 높여줄 수 있는 소프트웨어이다. EVRC 기술은 통화 중 발생하는 잡음을 줄여주고 잡음이 심할 경우 통화자의 목소리를 자동으로 키워주는 등 사람의 목소리를 원음에 가깝게 재생할 수 있도록 해준다.

**EWS(Engineering Workstation) 공학용 워크스테이션** 특별한 과학 기술 계산 및 CAD, CAM 등에 사용되는 워크스테이션을 말한다.

**Exa 엑사** $10^{18}$을 뜻하는 접두어로서, 기호 E로 나타내며, quintillion 단위이다.

**Exact Interpolation 엄밀 보간** 엄밀 보간은 다음 사항과 같은 보간의 기초가 되는 점들에 중점을 둔다. ① 표면은 값이 알려진 모든 점을 통과한다. ② 값을 가진 자료점은 정유산업과 같은 적용에 있어서 중요한 특징으로 간주된다. ③ 인접보간, B Spline과 크리깅 방법 모두는 주어진 자료점에 값을 준다.

**Exaggeration 과장** 도식에 정해져 있는 길이나 면적보다 모자라는 대상물이라도, 특히 용도상 가치가 있다고 인정되면 도형을 약간 과장해서라도 그 특징을 표현해야 한다. 그러나 축척에 따른 경황을 고려해서 그 경황이 손상되는 일이 없도록 특히 유의해야 한다.

**Excavation 굴착** 땅이나 흙 따위를 파고 깎는 행위를 일컫는다.

**Exception 예외** 컴퓨터 시스템의 동작 도중 예기치 않았던 이상 상태가 발생하여 수행 중인 프로그램이 영향을 받는 것. 예를 들면, 연산 도중 넘침에 의해 발생한 끼어들기 등이 여기에 해당한다.

**Exchageable Image File Format(EXIF) 교환 이미지 파일 형식** EXIF(Exchageable Image File Format)를 참조.

**Exchange de Donnees Informatisees Geographigues (EDIGeO) 이디아이지오** EDIGeO(Exchange de Donnees Informatisees Geographigues)를 참조.

**Exchange Structure 교환구조** 자료를 저장하고, 접근하고, 전송하고 보관하는데 사용되는 컴퓨터 번역 형식이다.

**Exclusive Economic Zone(EEZ) 배타적 경제수역** EEZ(Exclusive Economic Zone)를 참조.

**Executable Test Case 실행 가능 시험 사례** 특정 요건을 만족하는 구현에 대한 고유 시험값을 갖는 추상 시험 사례를 설명한 것을 말한다.

**Executable Test Suite(ETS) 실행 가능 시험 스위트** ETS (Executable Test Suite)를 참조.

**Executive Blog 임원 블로그** 기업이나 조직의 고위 임원이 글을 쓰는 블로그를 말한다.

**Exhibition Ground 전시장** 가축 · 농산물 · 기계의 전시를 위한 빌딩. 목장을 포함한 공공장소를 말한다.

**EXIF(Exchageable Image File Format) 교환 이미지 파일 형식** 디지털 카메라에 사용되는 영상 파일 포맷이다. 이 포맷은 카메라의 모델명, 촬영 노출 정도 등 기본적인 정보와 함께 경위도 좌표, 표고, 촬영 방위각 등 공간정보를 포함하고 있다.

**Exfiltration 누수** 침입수가 유입되는 관거의 불량부위를 통하여 하 · 폐수가 지하수로 흘러나가는 현상을 말한다. I/I(Infiltration/Inflow) 참조.

**Expansion and Flexible Pipe 신축이음관** 지반침하, 온도변화, 지진에 의한 지반변동 등에 따른 관로의 변위응력을 경감하고, 관로의 안전성을 높이기 위하여 이용되는 관 소재를 말한다.

**Expected Error 기대 오차** 측정단위에서의 표준오차의 일종이다.

**Expense 경비** 토지나 다른 고정자본과 반대된 개념으로 단기간의 가치창출을 위한 지출, 감가상각도 포함된다.

**Experience 경험** 자격이 부여된 감독 하에 후보자가 GIS/Geomatics 과제를 구현하는 기간을 말한다.

**Expert System(ES) 전문가 시스템** ES(Expert System)를 참조.

**Explanation 결과 설명** 결과에 대한 적합성의 설명을 말한다.

**Export 자료전송, 내보내기** ① 기존 프로그램의 그래픽 데이터, 속성 데이터를 다른 프로그램에서 사용할 수 있도록 그 프로그램의 형식으로 변환시켜주는 작업을 말한다. ② 한 시스템에서 다른 시스템으로 자료 또는 소프트웨어를 전송하는 처리 과정을 말한다.

**Exposure 노출, 노광** 사진촬영 또는 제판 시 감광판(필름, 판재)에 빛을 주는 것을 말한다.

**Exposure Dose 조사 선량** [방사선] 엑스선 또는 감마 방사선에 의하여 공기 단위 질량당 생성된 전하량을 말한다. 조사선량의 단위로 쿨롱/킬로그램(C/kg) 또는 렌트겐(Roentgen, R)이 사용되며, 1R은 $2.58\times10^{-4}$C/kg과 같다(「방사선방호 등에 관한 기준」 제2조 제3호). 단위부피의 질량($\Delta m$)속에 입사된 X-선 또는 감마선의 의해 발생된 모든 전자가 공기 중에서 완전히 멈출 때 공기 속에서 발생된 + 또는 −이온에 대한 총 전하량이다.

**Exposure Station 촬영점(撮影點), 노출점** 사진측량에서 사진 촬영시의 렌즈 위치를 말한다.

**Exposure Time 노출 시간** 사진을 촬영할 때 사진의 셔터를 열어 광선을 건판 · 필름에 닿게 하는데 걸리는 시간을 말한다.

**Express Highway 고속도로(高速道路)** 특정한 유형의 차량통행만을 허용하는 도로로, 도로나 부지 또는 건물 입구에 직접 진입할 수 없는 접근성이 통제된 자동차 전용도로로서 입체 교차로를 갖는다. 따라서 교통이 정지 없이 흐르므로 도로 용량이 높다.

**Extended Binary Coded Decimal Interchange Code(EBCDIC) 확장 이진화 십진 교환용 부호, 엡시딕** EBCDIC(Extended Binary Coded Decimal Interchange Code)를 참조.

**Extended Element Data Type 확장된 요소의 데이터유형** 확장된 메타데이터 요소에 제공된 값의 종류를 말한다.

**Extended Element Definition 확장된 요소의 정의** 확장된 메타데이터 요소의 정의를 말한다.

**Extended Element Domain Value 확장된 요소 도메인 값** 확장된 메타데이터 요소에 할당 가능한 유효 값으로 표준요소와 동일한 규칙 적용을 말한다.

**Extended Element Identifier 확장된 요소의 식별자** 확장된 메타데이터 요소를 8자 이내의 알파벳 문자로 나타낸 고유한 ID나 단축명을 말한다.

숫자 A B C D E F G H I J K L M N O P Q R S T U V W X Y Z

**Extended Element Information 확장된 요소 정보** ISO 1945에 존재하지 않는 지형자료를 설명하는데 필요한 새로운 메타데이터 요소에 관한 정보 제공을 말한다.

**Extended Element Maximum Occurrence 확장된 요소 근거** 확장된 요소의 최대 발생 횟수를 말한다.

**Extended Element Name 확장된 요소의 명칭** 확장된 메타데이터 요소의 이름을 말한다. (참고) 다른 표준 요소명칭과 같은 것을 사용하지 말 것.

**Extended Element Obligation 확장된 요소의 요구도** 확장된 메타데이터 요소의 요구도를 말한다.

**Extended Element Parent Element 확장된 요소 원 요소** 확장된 메타데이터 요소가 분류될 수 있는 상위메타 데이터 개체명으로, 표준 메타 데이터 요소나 확장된 다른 메타 데이터 요소의 이름을 말한다.

**Extended Element Rationale 확장된 요소 근거** 확장된 요소의 생성 이유를 말한다.

**Extended Element Rule 확장된 요소의 규칙** 표준 내에 주어진 형식을 사용하여 규정된 요소에 대한 관계 규칙을 말한다.

**Extended Element Source 확장된 요소의 정보원** 확장된 요소를 생성하는 실제명을 말한다.

**Extended Metadata Element Information 확장된 메타데이터 요소 정보** 지리정보를 나타내기 위해 필요한 요소 중 ISO 15046-15에는 포함되지 않는 새로운 메타데이터요소이다.

**eXtended Virtual Machine(XVM) 확장 가상머신** XVM (eXtended Virtual Machine)를 참조.

**eXtensible Markup Language(XML) 확장성 생성 언어, 엑스엠엘** XML(Extensible Markup Language)을 참조.

**Extension 확장** 파일의 종류를 구분하기 위해 도스 파일명 뒤에 붙는 3개의 문자. 확장자는 선택적으로 붙을 수 있으며, 반드시 마침표 뒤에 기록해야 한다.

**Extension on Line Resource 확장 온라인 자원** 집단프로파일 명칭과 확장된 메타데이터 요소를 담고 있는 온라인 원시자료에 대한 정보를 말한다.

**Extent 영역, 범위** 지리자료군이 차지하고 있는 공간으로서 공간은 시간적 공간뿐만 아니라 기하학적 공간으로도 의미된다.

**Extent Bounding Polygon 범위 경계 다각형** 다각형의 닫힌 (X, Y) 좌표군으로 표현된 자료군을 둘러싸는 경계를 말한다.

**Extent Geographic Bounding Box 지리 영역** Geographic Bounding Box를 참조.

**Extent Geographic Description 지리 영역 설명** 식별자에 의한 지리적 영역 설명을 말한다.

**Extent Type Code 범위 유형 코드** 경계 폴리곤이 자료가 존재하지 않는 영역이나 자료에 의해 덮여있는 영역과 만나는지를 식별한다.

**Exterior 외부** 전체집합(Universe)으로부터 경계 및 내부를 제거한 차집합이다.

**Exterior Orientation 외부 표정(外部 標定)** 사진을 도화기의 투영기에 걸고 그 투영기를 사진이 촬영된 때와 같은 상태 또는 적당히 축소된 상태로 하는 작업. 절대표정으로 나눈다.

**Exterior Orientation Parameter 외부 표정 요소** 외부표정이란 촬영광속의 공간에서의 위치를 정하는 조작과정인데, 이때 촬영점에 대한 3개의 공간좌표와 3개의 촬영방향이 필요하다. 이것을 외부표정의 6요소라 한다.

**Exterior Projection 외사 도법** 시점이 지구의 유한의 거리에 있는 투사도법이다.

**External Data 외부 자료** ① 도면 객체에 연결되었으나 도면 파일과 별도의 데이터베이스에 포함된 비그래픽 자료. ② 구조화 자료파일의 작성에 있어, 자료의 이용목적에 따라 정위치 자료 파일 이외에서 수집되고, 사용되는 지도 자료, 속성 자료 등을 말한다.

**External Exposure 외부 피폭(外部被曝)** [방사선] 사람의 신체 외부에 있는 방사선원으로부터 방출된 방사선에 의한 피폭을 말한다(「방사선방호 등에 관한 기준」 제2조 제1호).

**External File 외부 파일** European Prestandard에 의해 정의될 수 없는 부호화된 파일을 말한다.

**External Focusing 외부 집준식** 대물렌즈를 앞뒤로 움직여 목표물의 상을 십자선면에 일치시키는 방법을 말한다.

**External Focusing Telescope 외부 집준식 망원경** 대물경에 의한 현상을 십자선면에 합치시키는데 대물경을 움직이는 형식의 망원경을 말한다.

**External Forces 외력(外力)** 다른 물체에서 구조체로 가해지는 힘을 일컫는다. 가력(加力)과 반력(反力)으로 구분된다. 가력은 구조해석에서 이미 알고 있는 힘(예 : 사하중, 활하중, 풍하중, 지진하중 등)이미 반력은 구조해석을 통해서 구해야 하는 미지의 힘을 말한다. Couple Forces, Internal Forces를 참조.

**External Function 외부 기능** 응용스키마 일부를 구성하지 않는 기능이다.

**External Identifier 외부 식별자** 구조화 자료 파일에서 구조체를 구성하고 있는 각각의 자료를 이용자가 임의로 식별하기 위해 사용하는 코드, 명칭 등으로 속성 자료의 하나이다. 예를 들면, 구획의 구조화 자료의 경우, 구획명 또는 구획코드 등을 말한다.

**External Object 외부 객체** 시스템의 경계 밖에 존재한 객체들을 뜻하며, 자료흐름 분석에서는 시스템에 입력되는 자료의 원천(Source)이나 시스템이 생산해내는 정보의 마지막 도착점(Target)을 뜻하며, 프로세스맵 분석이나 이벤트반응 분석에서는 특정 업무활동을 수행하도록 하는 시스템 외부의 객체를 뜻한다. 특히, 이벤트 반응분석에서는 이벤트 발생자(Event Initiator)의 의미도 포함된다.

**External Object Lens 외부 합초식 대물렌즈** 시준할 목표물의 상을 십자선면에 정확히 위치하도록 하는 역할을 하는 렌즈의 일종으로, 굴절률이 다른 유리로 된 합성렌즈가 사용된 렌즈를 외부 합초식 대물렌즈라 한다.

**External Projection 외사 도법(外射 圖法)** 시점은 지구의 외부이며 포괄지역이 제일 크다. (반구 이상) 시점과 지구와의 거리를 적당히 정하면 변형을 어느 정도 조정할 수 있다. 시점의 위치는 지구중심에서 1.65~1.35배가 좋다.

**External Schema 외부 스키마** 사용자나 응용프로그래머가 접근할 수 있는 데이터베이스를 정의한다. 전체 데이터베이스의 한 논리적인 부분으로 서브 스키마(Subschema)라고 한다.

**Externalization Service 외부 서비스** 객체 상태의 저장 및 재생을 지원하는 서비스로 POS로 플랫파일, 관계형 데이터베이스, 객체 데이터베이스 등을 사용해 관리하지만 이 서비스는 객체 상태를 스트림화하기 때문에 다양한 방법으로 저장하고 나중에 재생해 사용할 수 있는 기능을 지원한다.

**Extra Annotations 난외 주기(欄外 註記)** 지도, 도면 또는 도표의 주 내용 이외의 필요한 사항을 도곽 외부에 간결하게 기입하는 것을 말한다. 도면의 도엽명, 도엽번호, 내도곽, 외도곽, 경위도의 주기, 철도, 도로행선지명, 색인도표, 행정구역도표, 범례, 편집년도, 편집자료, 저작권소유 발행자, 인쇄 연월일 축척 및 기타 필요한 사항 등 도면을 읽는 데에 필요한 해설 등을 간결하게 기재한다.

**Extraction 추출(抽出)** 특정 형상을 추출하여 새로운 파일을 만드는 기능이다.

**Extraneous Variable 외재변수(外在變數)** 종속변수에 영향을 주는 독립변수 이외의 변수로서, 가외변수라고도 하며 자료수집 과정이나 실험설계 시 통제되지 않아 효과나 영향이 알려지지 않은 변수들로서 자료수집이나 결과 해석에 오류나 불확실성을 초래하기 때문에 측정 시 통제되어야 한다.

**Extranet 엑스트라넷** 인터넷 기술을 사용하여 기업과 고객, 공급업체 및 사업 파트너 등을 네트워크로 연결하여 정보를 공유하는 기업 간 협력적 정보시스템을 지칭한다. 인트라넷의 확장 개념으로 고객 및 협력업체와의 관계 증진을 위해 기업의 내부 통신시스템인 인트라넷에 이들을 포함시키고, 정보를 이용하는 사람과 정보를 창출하는 사람사이에 거의 즉각적인 상호작용이 가능하도록 하여 반응을 리얼타임으로 입수할 수 있기 때문에 고객의 의견을 품질향상에 즉시 반영하거나, 제품개발 속도를 가속화하는 것 등이 가능해진다. VPN 기술 등이 뒷받침되어야 하며 이후 협업이라는 개념으로 발전하였다.

**Extrapolation 외삽(外揷)** 이용 가능한 자료의 범위가 한정되어 있어 그 범위 이상의 값을 구할 수 없을 때 관측된 값을 이용하여 한계점 이상의 값을 추정하는 것이다. 측정값 (Xo, Yo), (X1, Y1), …, (Xn, Yn)이 주어진 경우, 구간 X0<X<Xn 이외의 영역에서 함수값을 구하는 것을 외삽한다(extrapolate)라고 한다.

**Extra-Terrain Surveying 공간 측량** Space Surveying를 참조.

**Extremely Hard Rock 극경암** 암편의 내압강도(kgf/cm$^2$)가 1,600 이상인 암질이 대단히 밀착된 단단한 암석이다(규암, 각석 등 석영질이 풍부한 경암).

**Extruding 압출** 2차원의 경로 윤곽선 또는 3D 공간의 형태를 2D의 경로로 평면 수직확장 방법에 의해 그리는 것을 말한다.

**Eye Base 안기선** 양 눈의 동공 중심을 이은 선분을 말한다.

**Eye Lens 접안 렌즈** 십자선 위에 있는 물체의 상을 정립으로 확대하여 관측자의 눈에 선명하게 보이게 하는 역할을 한다.

**Eye Pause 아이 포즈** 스마트폰으로 영화를 보다가 다른 곳을 보면 화면이 정지해 버리는 기능을 말한다.

**Eye Point 시점** 망원경의 시준선을 똑바로 수평으로 했을 때의 어떤 지점에서 높이를 말한다.

**Eye Safe Altitude 눈(眼) 보호 고도, 시력보호 고도** [항공 레이저(라이다) 측량] 항공레이저(라이다) 측량 시스템의 종류나 측량조건에 따라 값이 바뀐다. 통상적으로 레이저 측량 시스템에는 계측 불가능한 비행고도 이하로 내려오면 자동적으로 레이저 조사(照射)/주사(注射)가 차단되는 차단장치가 장착되어 있다. 레이저는 다음과 같이 일반적으로 국제적으로 7단계의 시력안전 등급이 있다. 즉,

(1) Class 1 : 일반적이 사용 환경에서 레이저 접근이 안전하다.
(2) Class 1M : 관선을 집중시키는 광학기기 등을 사용하지 않을 경우 레이저 접근이 위험하지 않다.
(3) Class 2 : 가시 스펙트럼 범위(400~700 nm) 및 1 mW 이하의 레이저 접근은 제한적으로 허용됨. 또한 0.25초까지의 노출은 눈에 위험하지 않다.
(4) Class 2M : Class 2와 동일하지만 광학기기를 사용 시 위험할 수 있다.
(5) Class 3R : 레이저 접근이 위험할 수 있음. Class 1 및 Class 2 출력의 5배까지는 허용될 수 있다.
(6) Class 3B : 레이저 접근이 눈에 위험할 수 있으며, 특별 조건에서 피부에 위험할 수 있음으로 할 수 있다. 확산 레이저나 가시광 영역의 레이저의 경우 500까지 위험하지는 않다.
(7) Class 4 : 레이저 접근이 눈과 피부에 매우 위험. 방사 레이저가 화재나 폭발의 원인이 될 수 있다.

**Eye Scralling 아이 스크롤링** 스마트폰으로 장문의 문서를 읽다가 눈길이 문서 끝에 닿으면 저절로 다음 문장이 위로 올라오는 기능을 말한다.

**Eyeglasses Method 안경방식** 안경방식은 디스플레이 기기의 주류가 CRT에서 LCD와 같은 평판 디스플레이 쪽으로 점점 이동함에 따라, 안경방식 가상 3D Display 방식의 연구와 실용화도 CRT에 최적화된 방식에서 점점 평판 디스플레이에 최적화된 쪽으로 이동하고 있는 추세이다. 그리고 안경방식의 경우 안경을 착용하는 것을 거추장스럽게 생각하는 일반적인 인식 때문에 안경을 착용하더라도 불편함이 없도록 안경의 디자인을 최대한 실제 안경처럼 착용감이 자연스럽고 편안하게 만드는 것이 중요하다고 할 수 있겠다. 안경방식은 애너글리프 방식, 편광안경 방식, 셔터안경 방식으로 구분된다.

**EyePet 아이펫** 가상 현실 속 애완동물을 말한다.

**Eyepiece 접안경** Eye Lens를 참조.

**Eyepiece Adjustment Screw 접안경 조정 나사** 접안경의 원근감을 조정하는 나사를 말한다.

**EZ-JAVA 이지 자바** LG에서 정의한 용어. KittyHawk 기반의 자바 프로그램 환경을 말한다.

**f8** '페이트'로 발음한다. 2007년 이래 샌프란시스코에서 열리는 페이스북의 연례 개발자 · 사업자 컨퍼런스. 마크 저커버그의 기조연설로 시작하며 페이스북의 새로운 기능과 사업정보를 공개하는 자리이기도 하다.

**FAA(Federal Aviation Administration) 미국 연방항공청** [항공] 미국의 항공조직은 미국 교통부(The Department of Transportation, DOT) 산하에 있으며, 항공 외에도 철도, 고속도로 등을 담당하는 부서가 별도로 있다. 교통부는 연방항공청(FAA)에 안전, 운항, 교육훈련, 감항검사 등의 업무를 위임하고 있으며, 항공 및 국제관계 협력관에서 항공협정의 체결, 주요 장비의 조달 등의 업무를 담당한다. 미 연방항공청(FAA)은 미국 내의 민간항공안전을 위한 주요 임무를 맡고 있는 정부기관이며 1958년 'Federal Aviation Act'에 근거를 두고 'Federal Aviation Agency'로 설립된 연방기관이며, 현재의 이름인 'Federal Aviation Administration'은 1967년 미국 교통부 산하 기관으로 구성되면서 붙여진 것이다. 주요 기능으로는 국가 방위에 요구되는 사항을 수행하고 민간항공 안전을 위한 규정 정립, 새로운 항공기술을 포함한 민간항공의 개발과 진흥, 민간항공기와 군용항공기에 대한 항행 및 교통관제시스템의 운용 및 개발, 국가 우주시스템과 민간항공기술의 조사연구, 항공기 소음 및 기타 항공관련 환경억제를 위한 프로그램의 개선 및 발전, 미국 내 상업교통 관련 규정 등이다.

**FAB Lab(Fabrication Laboratory) 팹랩** '제작 실험실(Fabrication Laboratory)'의 약자로 디지털 기기, 소프트웨어, 3D 프린터와 같은 실험 생산 장비를 구비해 학생과 예비 창업자, 중소 기업가가 기술적 아이디어를 실험하고 실제로 구현해보는 공간이다. 주로 지역사회 차원에서 생겨나 일종의 '풀뿌리 과학기술혁신' 활동으로 볼 수 있다.

**Fabric Computing 패브릭 컴퓨팅** 중앙처리장치(CPU), 메모리, 네트워크프로세서(NPU) 등 IT시스템의 모든 구성요소를 독립 모듈 형태로 만들어 환경 변화에 빠르고 쉽게 대응할 수 있도록 돕는 기술이다.

**Fabrication Laboratory(FAB Lab) 팹랩** FAB Lab(Fabrication Laboratory)를 참조.

**Face 면** ① 2차원적인 지형을 말한다. ② 연속하는 폐합 모서리들에 의하여 제한된 표면으로 면들은 연속하고 자료/공간 범위를 채우며, 중첩되지 않는다.

**Face of Slope 법면(法面)** 법면은 사다리꼴 사변의 연장면을 의미한다. 저부 수평면으로부터 법면의 높이에 대하여 법면의 수평 거리의 비를 법면구배라고 한다. 토목에서는 뚝, 호안, 절토, 성토 등의 경사면을 의미한다.

**Face Sequential Scan 면 순서 독취** 영상을 읽어 들일 때 적 · 녹 · 청의 순서로 읽는 방식. 3회의 독취로 도면이나 그림 등을 읽어 넣는다.

**Face Time 페이스 타임** 페이스 타임은 애플 아이폰 · 아이패드 이용자들 사이에 사용할 수 있는 무료 영상 통화. iOS5 버전에서는 와이파이 통신망에서만 이용할 수 있었지만 iOS6 버전부터는 3G 통신망에서도 이용할 수 있게 됐다.

**Facebook 페이스북** 페이스북은 미국에 본사를 둔 온라인 커뮤니티 사이트이며 2009년 1월 현재 전 세계 약 7000만 명의 회원을 보유하고 있다. 최근 페이스북은 웹 검색 기능을 추가했다. 한국의 싸이월드와 비슷한 사이트다. 페이스북은 소셜 네트워크 웹사이트이다. 사람들이 친구들과 대화하고 정보를 교환할 수 있도록 도와준다. 2004년 2월 4일에 당시 하버드 대학교의 학생이었던 마크 주커버그가 설립하였다.

**Facebook Credit 페이스북 크레딧** 페이스북 크레딧은 페이스북 상의 여러 게임과 애플리케이션에서 아이템을 구입하는데 사용할 수 있는 가상 화폐이다.

**Facent Method 퍼센트법** 정사 편위 수정법의 일종. 지형을 경사의 한결 같은 다수의 작은 면으로 나누어 각 면마다에 편위수정을 하는 방법을 말한다.

**Facetization 패싯화** 패싯은 데이터베이스 전체를 일정 크기의 그리드로 배열하는데, 이에 사용되는 기본 단위인 사각형 지역이다. 데이터베이스를 구성하는 패싯은 패싯화라고 하는 과정을 통하여 자동으로 생성된다.

**Facility 시설물** 특정한 목적을 충족시키기 위하여 설치된 제반 건물이나 장치를 일컫는 말로서, 넓은 의미에서 시설물은 공통된 특성을 갖는 건물군이나 도로, 하부 구조물 등을 가리키나 대개는 인간의 생활환경과 밀접한 관계를 갖는 장치, 즉 건물 내의 전기, 전화, 상·하수도, 난방 등의 배관과 집·분산 및 연결 장치 등을 총칭한다.

**Facility Management(FM) System 시설물 관리체계** FM (Facility Management)을 참조.

**Facility Map 시설물도** 통신, 상하수도, 가스 등의 도시기반 시설물 등과 같은 일종의 설계도면을 말한다. 일반 지도와는 달리 시설물의 위치, 치수와 치수선, 각종 속성 등을 기록한다. 이러한 속성정보의 활용을 위하여 일반 GIS소프트웨어에 시설물 관리를 지원하는 기능이 추가되어야 한다.

**Facilities Rule-Based Application Model Management Environment(FRAMME) 프레임** FRAMME(Facilities Rule-Based Application Model Management Environment)를 참조.

**Facility Data 시설물 자료** 공공 시설물이나 대규모의 공장, 관로망 등 시설물과 관련된 자료를 말한다.

**Facility Displacement and Deformation Survey 시설물 변위 및 변형 측량** 시설물의 안정성 조사를 위하여 변위 및 변형을 관측하고 안정성 진단을 위한 자료를 구하는 측량으로 변형률계(Strain Gage), 처짐계, 경사계 등을 이용한 국부적인 미소변형을 관측하고 사진 측량, 레이저 측량, 측지 측량, Lebel, Totalstation, GPS 측량 등을 이용한 국부적 및 전역적인 변위와 변형등을 관측한다. 일반적으로 교량, 댐, 건축물, 제방, 송전탑 등에 관한 측량이 많이 이루어지고 있다.

**Facility Management(FM) 시설물 관리(施設物 管理)** FM (Facility Management)를 참조.

**Facility Map 시설물도** 전신 전화·상하수도·가스 등의 도시기반 시설물들과 같은 일종의 설계도면. 이 도면은 일반지도와는 달리 치수와 치수선이 기입된다. 이러한 기능은 일반 GIS 소프트웨어에는 없는 기능이므로, 시설물 관리를 지원하는 기능이 추가되어야 한다.

**Facility Monitoring System(FMS) 설비감시시스템** FMS(Facility Monitoring System)를 참조.

**Facility Surveying 시설물 측량(施設物測量)** 각종 시설물의 적지 선정, 설치, 시공, 준공, 변형 등의 과정에서 필요한 자료 취득을 위한 측량으로서, 지하 관로, 도로, 하천, 댐, 교량, 비행장, 건조물 측량 등이 이에 속한다.

**Facsimile Telephone 팩스 전화** 기관 또는 개인의 팩스 번호를 말한다.

**Factor Analysis 요인분석(要因分析)** 관찰된 변수들을 설명할 수 있는 몇 개의 요인으로 요약하는 방법으로서, 요인분석은 기본적으로 모든 관찰변수는 그에 수반되는 잠재적이고 가설적인 구성개념을 가지고 있다고 가정하며, 관찰된 변수들 간의 상관관계를 통해 요인들 간의 잠재적인 1차식 구조를 추출해내는 과정이다. 요인분석은 그 목적에 따라 탐색적 요인분석법(exploratory factor analysis)과 확인적 요인분석법(confirmatory factor analysis)으로 나눌 수 있다. 탐색적 요인분석법은 이제까지 이론상으로 그 구조가 확립되어 있지 않아 그 자료의 기본 구조가 알려져 있지 않을 때 사용하며, 확인적 요인분석은 변수들 간의 기존 관계를 가설로 설정하고 요인분석을 통하여 그 관계를 입증하는데 이용하는 방법이다.

**Factory Site 공장 용지(工場 用地)** 도시 계획 구역에서 공업지역 내의 제조업을 목적으로 하는 공장시설 또는 도시 계획 구역 이외에 일정 규모 이상의 제조업을 목적으로 하는 공장 시설의 부지 및 이에 접속된 부속시설의 부지를 말한다.

**Fahrenheit 화씨 온도(華氏溫度)** 독일의 파렌하이트(Daniel Gabriel Fahrenheit, 1686~1736)의 이름을 딴 온도 단위이며, 기호는 °F를 쓴다. 물이 어는 온도는 32°(섭씨 0°)이며, 물이 끓는 온도는 212°(섭씨 100°)이므로, 이 사이의 온도는 180등분된다. 화씨 100°F는 섭씨 37.8℃로 인간의 체온과 비슷하다. 영국과 미국의 영향으로 영어권의 여러 나라에서 널리 쓰여 왔으며, 이 때문에 "English Unit"이라고 표현하기도 한다. 화씨(華氏)란 이름은 독일인명인 파렌하이트(Fahrenheit)의 중국 음역어 '화륜해(華倫海)'에서 유래한다. 화씨 온도에서 섭씨 온도로 변환하기 위한 공식은 ℃ = (°F − 32)/1.8이다. Triple Point, Celsius, Kelvin 참조.

**Fail Verdict 실패 판정** 부적합으로 보고된 시험 판정이다.

**Fair, Reasonable And Non-Discriminatory(FRAND) 공정하고 비차별적인 특허기술사용조건 확약** FRAND(Fair, Reasonable And Non-Discriminatory)를 참조.

**Fall Equinox 추분점** Autumnal Equinox Point를 참조.

**False Color 위색** 다중 영상을 청(blue), 녹(green), 적(red)의 3가지 색으로 표시하기 위해서는 녹색 밴드의 값을 청색에, 적색 밴드의 값을 녹색에, 적외선의 값을 적색으로 표현하는 것과 같이 실제의 자연색(natural color)과는 다른 색을 할당하는 방법을 많이 사용하는데 이를 위색(false color) 합성이라고 한다.

**False Color Composite 위색 합성** 다중 영상을 청, 녹, 적의 3가지 색으로 표시하기 위해서는 녹색 밴드의 값을 청색에, 적색 밴드의 값을 녹색에, 적외선의 값을 적색으로 표현하는 것과 같이 실제의 자연색과는 다른 색을 할당하는 방법을 많이 사용하는데 이를 위색 합성이라고 한다.

**False Color Image 위색 영상** 인간의 눈에 의해 보이지 않는 근적외선과 열적외선 같은 전자파장 영역의 일부가 적색, 녹색 및 청색 중의 하나 또는 그 이상의 색으로 나타내어지는 색영상이다. 따라서 지구표면에 의하여 생성되는 가시적 표현과는 대응되지 않으며, 위색조합이라고도 불리운다. 대부분의 일반적인 위색영상은 근적외를 적색으로, 적색을 녹색으로, 녹색을 청색으로 표현한다.

**False Color Method 위색법** Image Composite Method를 참조.

**False Color Photograph 위색 사진(僞色 寫眞)** 적외선에 감성하는 필름의 층을 붉게 발색시키는 것으로, 식물의 잎은 적색으로 그 이외는 청색으로 찍히므로 자연의 색과 다르게 된 사진이다.

**False Colour 위색** 인간의 눈에 의해서 보이지 않는 근적외선과 열적외선 같은 파장 영역의 영상을 보여주기 위해 원격 탐사 데이터를 표시하는 데 적용되는 기술을 의미한다.

**False Easting 가상 횡좌표** 지도 투영을 위한 직교 좌표계 내에서 모든 X값에 추가되는 값으로 평면 거리 단위로 표현한다. 이 값은 종종 음수값을 없애기 위해 사용된다.

**False Image 위색 영상** False Color Image를 참조.

**False Northing 가상 동좌표** 지도 투영을 위한 직교 좌표계 내에서 Y값에 추가되는 값으로 평면 거리 단위로 표현한다. 이 값은 종종 음수값을 없애기 위해 사용된다.

**Falsification Test 위증 시험** 구현 오류를 발견하도록 개발된 시험을 말한다. 잘못이 발견된 경우에 그 구현은 규격에 적합하지 않다고 정확하게 결론내리지만, 잘못이 없을 경우에도 반드시 규격에 적합한 것을 의미하지는 않으며, 위증시험은 부적합 논증만을 하는 것이다.

**Famsale Tribe 팸셀족** '패밀리 세일(Family Sale)'을 찾는 사람들을 일컫는 말. '패밀리 세일'이란 여러 개의 브랜드를 보유한 회사나 유명 브랜드가 자사 사원이나 비즈니스 파트너만 초대해 비공개로 자사 제품을 싼 가격에 판매하는 것을 뜻한다. 하지만 최근 인터넷을 통해 정보가 유통되면서 일반인들도 대거 참석하는 공개 세일형태로 바뀌고 있다.

**Fan Delta 선상지** 하상의 기울기가 완만해지면서 유속이 느려진 평지에 자갈이나 모래가 퇴적하여 이루어진 부채꼴 모양의 지형을 말한다.

**FAO(Food and Agriculture Organisation) 국제 식량 농업기구** 국제식량기구(FAO)는 1945년에 설립되었으며 본부는 이탈리아 로마에 있다. 농민의 생활 및 노동 조건을 개선하고 농촌개발을 촉진하며 기아를 근절하려는 목적을 가지고 있다. 10월 16일 '세계 식량의 날'(World Food Day)로 제정하였다.

**FAQ(Frequently Asked Question) 자주 묻는 질문** 대개 소식을 공유하는 네트워크나 모임의 초보자들을 위해 자주 반복되는 질문에 일일이 답하는 수고로움을 덜기 위해 질문과 답을 올려놓은 목록. 자주 문의되는 질문목록으로 통상적으로 새로운 사용자가 이미 문의된 질문을 재차 묻는 번거로움을 줄이기 위해 네트워크 뉴스그룹이나 컨퍼런스 그룹에 게시한다.

**Faraday's Law of Electromagnetic Induction 패러데이의 전자기 유도 법칙** 자기 선속의 변화가 기전력을 발생시킨다는 법칙으로서, $\epsilon = (-)\frac{d\Phi_B}{dt}$. 여기서, $\epsilon$는 기전력, $\Phi_B$는 자기 선속이다. 식 우변의 "−"는 렌츠의 법칙에 따라 전기 회로에서 발생하는 유도 기전력은 폐회로를 통과하는 자속의 변화를 방해하는 방향으로 발생하기 때문이다. 기전력(起電力, electromotive force)은 역학적 에너지(또는 화학적 에너지)에 의해서 전위차를 만들어내는 것 같은 선원(電源)의 작용을 말하며, 자기 선속(磁氣線束, magnetic flux=자기 다발)은 어떤 가상의 곡면에 작용하는 총 자기력을 나타내는 물리량으로서, 곡면의 넓이와 곡면에 대하여 수직인 자기장 성분의 곱이다. 즉, $\Phi = \int \vec{B} \cdot \vec{n}\, dS$. 1831년 영국의 물리학자 패러데이(Michael Faraday, 1791~1867)가 발견하였다. 맥스웰 방정식 중 하나이다. 패러데이 전자기 유도 법칙은 자기 선속이 변화하면 그 주변에 전기장이 발생한다는 것으로서, 발전소는 이러한 원리를 이용하여 교류 전류를 만들어낸다.

**Far Infrared(Far IR) 원적외선** Far IR(Far Infrared)를 참조.

**Far IR(Far Infrared) 원적외선** 적외선 중 파장이 수십 $\mu$m 이상인 긴파장의 적외선. 통상 30$\mu$m 에서 1,000$\mu$m 정도의 파장을 가진 적외선을 말한다.

**Far Range 끝단 영상** 항공기나 우주선의 비행경로로부터 가장 먼 레이더 영상의 일부분이다.

**Farm 농장** 헛간, 가축 우리를 비롯한 농가를 에워싸거나, 농가들이 한데 모여 농산물을 재배하거나, 목축지로 이용하는 지역을 말한다.

**Farm and Forest Surveying 농림 측량** Farm Surveying, Forest Surveying를 참조.

**Farm Road 농로** 농사를 위하여 이용되는 도로를 말한다.

**Farm Surveying 농지 측량(農地測量)** 논과 밭의 경계선 및 거리를 측량하여 도면을 만들고, 이 도면으로부터 면적을 계산하여 경지 정리 및 배수 등의 공사를 하기 위한 측량을 말한다.

**FarmVille 팜빌** 페이스북을 통한 소셜 네트워크 게임. 게임을 즐기는 페이스북 친구들의 목록 확인은 물론이고 친구들의 농장을 주변에 배치하여 아이템을 나누거나 서로의 활동을 도와 게임머니나 점수를 얻는데 도움을 주고받을 수 있으며, 사용자의 게임 활동상황 업데이트를 페이스북을 통해 확인할 수 있다.

**FashionLab 패션랩** 프랑스의 다소시스템(Dassault Systems)은 2011년 말 패션디자이너와 스타일리스트가 3D를 이용, 새로운 콘셉트·제품 개발을 실험해볼 수 있는 패션랩을 출범했다. 디자이너들은 시계, 구두, 가방, 보석류 등의 제품에 사용될 소재·원료를 시뮬레이션하고 SNS를 통해 관련 지식을 공유할 수 있다. '줄리앙 포르니', '4N' 등 럭셔리 패션·시계 브랜드의 유명 디자이너들이 파트너로 참여했다. 리바이스, 타미힐피거, 코치 등의 유명 의류잡화 브랜드는 3D 인체 스캐너를 도입해 활용하고 있다. 여러 개의 3D 센서가 사람의 체형을 읽으면 줄자 등을 사용하는 것보다 정확한 치수를 제공한다. 사람의 체형은 아바타 형태로 표현되며, 여기에 맞는 옷을 입혀보고 잘 어울리는지 테스트해보는 과정에서 디자인 시간을 단축시킬 수 있다.

**Fast Fourier Transform(FFT) 고속 푸리에변환** FFT(Fast Fourier Transform)를 참조.

**Fast Multiplexing 신속 다중화** GPS에서 신속한 순서로 많은 위성 범위를 표본으로 하는 단일채널 수신기. 다중 위성 신호를 동시에 수신할 수 있는 다중 채널 수신기보다는 제조가가 저렴하다. 저기능「소비자용」 또는「스포츠용」 수신기용으로 많이 사용된다.

**Fast Static Survey 신속 정지측량** GPS 측량 방식의 하나로 반드시 2주파 수신기를 필요로 한다. 관측시간을 5~20분으로 단축하였으며 광역과 협역 주파수를 이용하여 모호정수치를 신속하게 결정한다. 기선벡터의 정밀도는 정지측량과 거의 동일하며 관측시간은 기선의 길이, 위성의 수와 기하학적 배치 모양에 좌우되며 기선 측정 시에는 4개 이상의 위성으로부터 신호를 수신하여야 하나 계속해서 4개 위성을 추적할 필요는 없다.

**Fast Track Asia 패스트트랙아시아** 스타트업 인큐베이팅 전문회사다. CEO를 선정해 자금을 투자하고 인사·재무·회계 등을 지원한다. 창업 과정을 경험하도록 인턴십 프로그램을 운영한다.

**FastMall 패스트몰** 이 앱은 오스트레일리아, 아르헨티나, 일본, 미국, 브라질, 칠레, 스페인을 비롯하여 20개가 넘는 국가의 쇼핑몰 실내지도를 보여준다. 고객 위치에 따라 지급하는 쿠폰, 다른 소비자들이 작성한 매장 리뷰, 체크인 기능 등을 제공한다. 주차한 곳을 지도에 쉽게 표시하고 음성 메시지를 기록해 두는 멋진 기능도 있다. 아이폰의 경우, 전화기를 흔들면 지도에서 쇼핑몰 내 모든 화장실이 밝게 표시된다. 쇼핑업체는 광고 메시지를 구매할 수 있다.

**Fat Line 패트 라인** 하나의 픽셀 폭보다 넓게 표현되는 선의 래스터 표현 방식이다.

**Fault 단층** 인접하여 있던 두 암석이 응력에 의해 서로 상대적으로 엇갈린 움직임을 보일 때 발생하는 파쇄면 또는 불연속대를 단층이라 한다. 즉, 단층은 암석 내에 발달해 있는 틈이나 단열로서 이 틈의 양 벽의 변위가 최소 5.0 mm 이상이어야 한다. 따라서 단층은 어떤 응력조건하에서 암석이 취성 변형작용을 받는 동안에 형성되며, 응력의 형태에 따라 일반적으로 경사이동 단층인 정단층과 역단층, 그리고 주향이동단층으로 구분된다. 정단층은 인장응력(extension)에 의해 단층면의 상반이 경사 방향 아래쪽으로 이동한 것이고, 반면에 역단층은 압축응력(compression)에 의해 단층면의 상반이 경사 방향 위쪽으로 이동한 것이다. 주향이동단층은 전단응력(shear stress)에 의해 단층면의 주향방향을 따라 이동한 것이며, 이동방향에 의해 좌수향과 우수향 주향이동단층이 있다.

**Fault clay, gouge 단층 점토, 단층 가우지** 단층면을 따라 발달하는 점토를 지시하며, 단층운동에 의해 파쇄 되어 생긴 경우는 단층비지와 동의어이다. 단층비지는 지표 근처에서 나타나는 단층암으로서, 점착력이 없는 극세립질인 점토로 구성된 단층암으로 암편의 함량이 전체 암석의 30% 미만이고 암편의 크기는 100$\mu$m에서 0.1$\mu$m이다. 단층점토는 분쇄된 광물이 지하수에 의한 풍화작용 또는 단층에 따라 일어난 열수작용에 의해 생긴 것을 단층점토라고 부르기도 한다.

**Fault Displacement 단층 변위** 인접하여 있던 두 암석이 단층운동에 의해 서로 상대적으로 엇갈린 움직임을 보일 때 암석의 실제 움직인 거리를 의미한다.

**Fault Plane 단층면(斷層面)** 단층의 파괴면과 가장 잘 일치하는 면을 말한다.

**FC(Flight Controller) 비행 컨트롤러** [드론] 비행 컨트롤러는 무선 조종기의 수신기와 ESC(Electronic Speed Controls, 전자 속도 제어) 사이에 연결되어 있다. FC는 무선 조종기에서 보내는 조종 명령과 자이로 센서 등의 입력에 따라 ESC에 모터를 제어하는 신호를 보내는 역할을 한다. 즉, 기체를 안정적으로 비행하게 하도록 모터를 제어한다. FC에는 다양한 종류와 많은 기능을 갖고 있는데 항공 촬영 드론의 경우는 GPS 기능이 필요하지만, 레이싱 쿼드는 일반적으로 필요 없는 기능이다. 레이싱 드론에 많이 사용하는 FC로는 NAZE32, CC3D 및 MultiWii가 있다. FC를 선택할 때 납땜 여부를 확인해야 한다. ESC (Electronic Speed Controls) 참조.

**FCC(Federal Communications Commission) 미연방 통신 위원회** 미국 내 방송과 전파통신 활동을 관할하는 미국 상무부 직속 기관이다.

**FCC(Flight Control Computer) 비행 조종 컴퓨터** [항공] 비행 상태에 따라 최적의 상태로 조종 신호를 만들어 유압 작동기에 보내는 장치로서, 기체를 조종자 대신 운용해주는 장치이다. FCC는 항공기의 모든 기동에 관한 사항을 관장하는 핵심부품으로 이륙 전의 항공기 전(全)시스템의 초기화, 그리고 이륙 후의 비행에 필요한 구동제어 신호 및 다중화 관리를 통한 고장 감시/검출/복원 등의 중요한 일을 한다. 한편, 일반적으로 항공기에 적용되는 유압계통은 신뢰도를 높이기 위하여 2중구조의 유압 시스템을 사용하고 있는데, 한 유압 시스템이 고장상태에 있더라도 FCS는 다른 유압시스템에 의하여 이상 없이 작동된다.

**FDDI(Fiber Distributed Data Interface) 광섬유 분산 데이터 인터페이스** 광섬유를 사용, 62마일 이내의 거리에서 100MB의 속도로 데이터를 전송하는 랜. FDDI는 전이중 방식으로 전송하며 이중 카운터 회전 링을 제공하고, 속도면에서 이더넷이나 토큰링보다 우수하다.

**FDMA(Frequency Division Multiple Access) 주파수 분할 다중 접속** 여러 명의 사용자가 각 사용자에게 사용하는 반송파를 분리하여 주파수 대역을 가능케 하는 방법을 말한다.

**Feature 대상물, 기능, 요소, 사상, 지형요소** ① GIS와 관련하여 실제로 존재하는 대상물이거나 개념적으로 규정한 대상물을 말한다. 대상물의 개념은 실체(Entity)와 객체(Object)들을 포함한다. ② 더 세분되지 않는 실제 있는 그대로의 특성을 말한다. ③ 공통 속성과 관련성을 가진 자료의 집합을 말한다. ④ 실세계에 나타나는 현상에 대한 표현을 말한다. ⑤ 지형도는 지구 표면의 일부분을 평면상에 높이, 거리, 위치를 측정 가능한 형식으로 축척에 맞게 전개하고 기호로 나타낸 것이다. 이런 기호화된 지형지물을 지도를 이루는 기본적인 지형요소(Feature)라 한다.

**Feature Aliases 형상 별명** 동일한 형상 용어들에 대한 명칭들을 말한다.

**Feature Association 형상 연관** 형상(지형지물)간의 관계를 의미한다.

**Feature Attribute 형상 속성** 형상 객체라고도 하며, 실체(Entity)의 비위치적 표시 양상(Nonpositional Aspect)을 표현하는데 사용되는 요소이다. 실체의 특성을 나타내는 기하학적・위상학적・지형적・수학적 혹은 주제별 고유성을 나타내기도 한다.

**Feature Attribute Code 형상 속성 코드** 자료들 내에서 형상 속성을 확인하는 코드를 말한다.

**Feature Attribute Definition 형상 속성 정의** 형상 속성에 대한 정의를 말한다.

**Feature Attribute Name 형상 속성 명** 형상 속성을 확인하는 문자열을 말한다.

**Feature Attribute Table 형상 속성표** 지리 데이터베이스에서 그래픽 데이터와 결합된 속성 데이터를 저장하기 위해서 사용된 관계 속성표. 형상 속성표는 시스템의 일반적인 매개변수와 사용자 할당 형상 식별자를 포함한다. Feature Identifier를 참조.

**Feature Attribute Type 형상 속성 유형** 형상(지형·지물)을 기하학적, 위상적, 주재별로 기술한 특성의 유형을 말한다.

**Feature Attribute Value 형상 속성값** 데이터군 내의 용어들의 정밀검사에 기초한 데이터군의 품질을 평가하기 위한 방법을 말한다.

**Feature Attribute Value Code 형상 속성값의 코드** 자료들 내에서 속성값을 고유하게 확인하는 코드를 말한다.

**Feature Attribute Value Data Type 형상 속성값의 자료형식** 속성값의 자료유형(문자, 정수, 실수, 2진수)을 말한다.

**Feature Attribute Value Definition 형상 속성값의 정의** 자연어로 속성값의 정의를 말한다.

**Feature Attribute Value Domain 형상 속성값 도메인** 형상 유형 속성에 대한 허용 가능한 값을 말한다.

**Feature Attribute Value Level 형상 속성값의 명칭** 품질 속성값에 대한 설명적 명칭을 말한다.

**Feature Attribute Value Measurement Unit 형상 속성값의 측정** 단위속성값의 측정단위를 말한다.

**Feature Based Matching 형상 기준 정합** 영상에 나타난 대상물의 어떤 특징적인 요소들을 추출하여 이들을 서로 비교하여 공액점을 찾아내는 정합 방법이다.

**Feature Catalogue 형상 목록** 1개 이상의 지리자료의 집합에 적용된 임의의 형상 조작과 함께 출현하는 형상 유형, 형상 속성, 형상 관계를 포함하는 형상 정의와 기술을 말한다.

**Feature Catalogue Citation 형상 목록 인용** 하나 이상의 외부 형상 목록을 참조하는 완전한 조회 참조 사항을 말한다.

**Feature Catalogue Description 형상 목록 설명** 형상 목록을 식별하는 정보를 말한다.

**Feature Catalogue Field of Application 형상 목록 적용분야** 내부적으로 정의된 형상(지형지물) 목록 내에 기술된 자료가 기록되는 방법에 대한 설명을 말하다.

**Feature Catalogue Producer 형상 목록 생산자** 내부적으로 정의된 형상 목록 생산자에게 연락하기 위한 이름·주소·전화번호, 다른 연락정보 등을 말한다.

**Feature Catalogue Scope 형상 목록 범위** 내부적으로 정의된 형상 목록의 주영역을 말한다.

**Feature Catalogue Version 형상 목록 버전** 내부적으로 정의된 형상 목록의 버전 번호 및 유효 기간을 말한다.

**Feature Class 형상 그룹** 형상(지형지물)과 관련된 속성의 그룹을 말한다. 예를 들어 도로망도에서 지방도, 국도, 고속도로 등은 각각 형상을 나타내며 이들의 모임을 형상 그룹이라 한다. 흔히 하나의 층으로서 데이터베이스에 저장된다.

**Feature Code 형상 코드** 형상(지형지물)을 묘사하고 분류하는 문자와 코드. 형상코드는 레이어코드의 부속코드로서 수치 지도의 가장 기본적 구성 요소이다. 대분류·중분류·소분류 및 세 분류의 계층 구조로 이루어진다.

**Feature Data 도형 자료** 속성정보와 함께 공간정보를 구성하는 주요 요소로서, 시설물과 같이 위치와 형상, 크기와 방향성을 가진 벡터 또는 래스터 형태로 표현되는 자료를 말한다. 현실적으로 수치지형도·지형도·지적현황도·도시계획도 등 자치단체에서 보유하고 있는 각종 지도·도면 및 정사영상(위성영상·항공사진 등)을 망라하여 사용한다.

**Feature Definition 형상 정의** 자연어에서 형상 유형의 정의를 말한다.

**Feature Division 형상 분할** 직전에 존재한 형상 사례가 같은 형상을 갖는 2개 이상의 형상으로 분열하는 것을 말한다.

**Feature Element 형상 요소** 개별화되고 구분되는 지리적 형태의 한 부분을 말한다.

**Feature Extraction 형상 추출, 특징 추출** 패턴 인식 알고리즘을 이용해서 데이터에 존재하는 물체(객체)를 구별하는 방법을 의미한다. 특징(형상) 추출은 영상에서 의미 있는 정보를 추출하기 위하여 여러 가지 영상의 특징을 산출하는 기능이다. 이를 위해서는 통계적인 분류 기법, 신경망 이론, 지식 기반 이론 등의 인공 지능 기반 또는 이를 통합한 혼합(Hybrid) 기법들이 사용된다. Automated Feature Recognition을 참조.

**Feature Function 형상 기능** 형상의 유형으로 전체 사례에 대해 혹은 인스턴스에 의해 수행 가능한 기능을 말한다.

**Feature Function Formal Difinition 지물 기능의 공식적 정의** 각 유형을 표현하는 과학적인 기호 및 도식을 말한다.

**Feature Function Textual Description 형상 기능 설명** 주, 객체 형상 유형과 속성들이 기능에 의해 영향받는 방법에 대한 설명을 말한다.

**Feature Fusion 형상 융합** 직전에 존재한 2개 이상의 같은 형상을 갖는 사례가 결합해 같은 형상을 갖는 1개의 사례로 된 것을 말한다.

**Feature Identifier 형상 식별자** 지리 데이터베이스에서 개개의 기본적인 그래픽 요소에 대해 사용자가 할당한 숫자로서 그래픽 데이터를 형상 속성표에 있는 속성 데이터와 연관시키기 위해 사용된다.

**Feature Include 포함된 형상** 관계에 관여하는 지물의 이름을 말한다.

**Feature Name 형상 명** 자료들 내에서 형상 유형을 고유하게 정의하는 문자열을 말한다.

**Feature Operation 형상 조작** 형상 유형의 모든 사례가 수행되어질 수 있는 작용을 의미한다.

**Feature Operation Type 형상 조작 유형** Feature Operation를 참조.

**Feature Phone 피처폰** 모바일로 웹에 접속하는 스마트폰과 대비되는 개념으로 전화를 하고 받는 기능만을 갖춘 흔히 말하는 일반휴대폰을 말한다.

**Feature Portrayal 형상 묘사** 형상에 적용되는 묘사 규칙들의 집합을 말한다.

**Feature Relation Name 형상 관계 명** 이 형상 유형 실례와 동일하거나 다른 형상 유형 사례간의 관계를 말한다.

**Feature Relationship 형상 관계** ① 형상들 사이에 나타나는 논리적인 연계(연결 관계)를 말한다. ② 동일 형상이나 상이한 형상의 특성과 다른 형상의 특성을 연결시키는 특성이나 행위를 말한다.

**Feature Relationship Constraint 형상 관계 제약** 형상 관계상의 제약 사항을 말한다.

**Feature Relationship Type 형상 관계 유형** 형상 유형간의 연계 유형을 말한다.

**Feature Selection 형상 선택, 특징 선택** 형태 인식에서 대상 형태에서 추출되는 복수 개의 특징 사이에 중복성이 있는 경우, 그들 중에서 식별이 유효한 특징을 선택하는 것을 말한다.

**Feature Serial Number 형상 일련 번호** 개별 형상을 인식하는 유일한 부호를 말한다.

**Feature Snapping Option 형상 붙여주기 옵션** 수치 자료를 편집할 때, 일정한 한계치를 설정해 주고, 이 한계치 내에 있는 두 점이 서로 붙도록 하는 옵션을 말한다.

**Feature Space 형상 공간** 형태 인식에서 형태 벡터가 만드는 공간. 형태에서 목적에 따라 어떤 형상을 추출한다.

**Feature Specification 형상 사양서** 형상의 결과가 만족시켜야 할 조건과 특수한 상황에 대한 입력 사례 등을 기술한 직업규정을 말한다.

**Feature Substitution 형상 치환** 하나의 형상 사례가 같은 혹은 다른 형상을 갖는 하나의 형상 사례로 바뀌는 것이다.

**Feature Succession 형상 천이** 1개 이상의 형상 사례가 다른 하나 이상의 사례로 교대하는 것에 의한 시간적인 변화 계열이다.

**Features summarized by geographic area 지리적 지역에 의해 요약된 사상** 분수계, 학군, 군, 구, 도, 국가와 같이 조사구역으로 요약되는 지리공간적 데이터이다.

**Feature Survey 지물 측량, 형상측량** 세부측량의 하나. 지상에 있는 여러 가지 형상(지물)의 수평위치를 측정하는 것을 말한다.

**Feature Table 형상 테이블** 행은 형상속성을 나타내고, 열은 형상을 나타내는 테이블이다.

**Feature Topology 형상 위상** 형상간의 위상 관계를 기술하는 위상을 말한다.

**Feature Type 형상 유형** 공통적 특성을 가진 형상들의 분류를 말한다.

**Feature Type Code 형상 유형 코드** 자료군 내에서 형상을 고유하게 식별하는 코드를 말한다.

**Feature Type Definition 형상 유형 정의** 자연어로 형상의 정의를 말한다.

**Feature Type Name 형상 유형 명칭** 자료군에서 형상을 고유하게 정의하는 문자열을 말한다.

**Feature Type Relationship 형상 유형 상호 관계의 정의** 자연어로 표현된 형상 유형 상호 관계에 대한 정의를 말한다.

**Feature Type Relationship Code 형상 유형 상호 관계의 코드** 자료들 내에서 형상 관계를 확인하는 코드를 말한다.

**Feature Type Relationship Name 형상 유형 상호 관계 명** 자료들 내에서 형상 관계를 고유하게 확인하는 문자열을 말한다.

**Feature Type Relationship Order Indicator 형상 유형 상호 관계의 순서 지표** 관계에서 형상 유형 순서의 중요성 여부를 표시하는 것을 말한다.

**Feature User-ID 형상 유저-아이디** 사용자에 의해 각 지형 요소에 할당된 번호(Number), 지형 요소에 속성 정보를 추가하는데 사용된다.

**FED(Field Emission Display) 전계방출 디스플레이** 전기장에 의해 양극으로부터 방출된 전자를 음극의 발광물질에 부딪치게 하여 빛을 발생하는 디스플레이.

**Federal Aviation Administration(FAA) 미연방항공청** FAA (Federal Aviation Administration)를 참조.

**Federal Communications Commission(FCC) 미연방 통신 위원회** FCC(Federal Communications Commission)를 참조.

**Federal Emergency Management Agency(FEMA) 미연방 재난 관리청** FEMA(Federal Emergency Management Agency)를 참조.

**Federal Geodetic Control Committee(FGCC)(US) 미연방 측지 기준점 위원회** FGCC(Federal Geodetic Control Committee) (US)를 참조.

**Federal Geographic Data Committee(FGDC) 미국 연방 지리정보 위원회** FGDC(Federal Geographic Data Committee)를 참조.

**Federal Information Processing Standard(FIPS)(US) 미연방 정보처리 표준** FIPS(Federal Information Processing Standard)(US)를 참조.

**Federal Interagency Coorination Committee on Digital Cartography(FICCDC)(US) 수치 지도 제작에 관한 연방 중계 위원회** FICCDC(Federal Interagency Coorination Committee on Digital Cartography)(US)를 참조.

**Federal Radionnavigation Plan(FRP)(US) 지피에스 법규용 미국 정부 보고서** FRP(Federal Radionnavigation Plan)(US)를 참조.

**Federation Internationale des Geometres, International Federation of Surveyors(FIG) 국제 측량사 연맹** FIG (Federation Internationale des Geometres, International Federation of Surveyors)를 참조.

**Feed 피드** 웹 콘텐츠를 배포하는 데 사용되는 기술. 사용자들은 수집 프로그램을 통해서 피드를 등록하며, 이 프로그램은 정기적으로 목록에 있는 모든 서버에 요청을 해서 새로운 콘텐츠를 다운로드 한다.

**Feed Back 환류, 되돌림, 피드백** Feedback을 참조.

**Feedback 되돌림, 피드백, 환류** 출력의 일부를 입력으로 재사용하는 것을 말한다.

**Feeder Line(FL) 공급관** FL(Feeder Line)를 참조.

**Fees 이용료** 자료를 획득하는데 드는 비용, 단위가 포함되었다.

**Feet 피트** 옛날 성인 남자 발 길이를 측정했으나, 인치와 맞추기 위해서 12인치를 1피트라고 정의해 1피트(ft) = 1 × 12인치 = 30.48cm로 정했고, 1야드(yd) = 3피트 = 36인치 = 36 × 2.54cm = 91.44cm이다. 1인치(in)는 2.54cm이다.

**FEMA(Federal Emergency Management Agency) 미국 연방재난관리청** 미국에서는 재해대책과 위기관리를 담당하는 FEMA가 국토안전국(Department of Homeland Security, DHS) 내에 설치되어 있다. 대규모 재해발생시에는 FEMA가 중심이 되고 연방・주・지자체로 된 정부조직과 NPO 등의 민간조직이 협력체제를 구축하여 재해에 대비・대응하고 있다. FEMA는 1978년 카터 행정부시절 설치되었다. FEMA는 국가재난 예방, 재난발생시 연방차원의 긴급 대응과 구조, 구호, 복구에 이르는 모든 재난관리를 전담하고 있다. FEMA는 피해경감(Mitigation), 대비(Preparedness), 대응(Response) 및 복구(Recovery) 영역에서 그 권한을 행사하고 핵심적인 역할을 수행한다. 연방재난관리청은 차관급 본부장 산하에 예방국・대비국・대응국・복구국의 4개국과 10개 지역사무국, 국가안보협력실, 지역상황운영실, 국가민간자원관리실, 국제협력실의 4개실, 그리고 Mt. Weather 상황센터로 재편되었다. FEMA는 강력한 지휘통제 시스템과 전문 인력 조직을 갖추고 있으며, 재난구조와 구호작전을 총괄 지휘할 수 있는 NRCC(National Response Coordination Center)가 워싱턴 DC 본부에 설치돼 종합상황실 역할을 하고 있다. 미국 전역에 10개 지부(1지역 보스턴, 2지역 뉴욕, 3지역 필라델피아, 4지역 조지아 플로리다 5지역 시카고, 6지역 텍사스, 7지역 미주리, 8지역 콜로라도, 9지역 로스앤젤레스, 10지역 시애틀)를 설치해 50개주를 관할하고 있다. 긴급대응팀, 수색구조팀, 의료지원팀, 이동통신팀 등 재난구조와 구호에 필요한 전담팀들로 구성되어 있다.

**Femto 펨토** $10^{-15}$을 뜻하는 접두어로서, 기호는 f이며, quadrillionth 단위이다.

**Femtocell 펨토셀** 1000조분의 1을 뜻하는 펨토(Femto)와 이동통신에서 1개 기지국이 담당하는 서비스 구역 단위를 뜻하는 셀(Cell)을 합친 말. 가정이나 건물 내에 설치하는 기기로 이동통신 신호를 보내준다. 기존 이통 기지국 반경보다 훨씬 작은 지역을 커버한다는 뜻을 갖고 있으며 초소형 기지국 역할을 한다. 유선 인터넷을 기기에 연결하면, 이를 이동통신 신호로 바꿔 주변에 있는 이용자가 휴대폰 등을 쓸 수 있다. 기존 통신망과 신호 간섭 문제가 발생해 기간통신사업자만 설치할 수 있다. 좁은 지역에서 데이터 수요를 수용한다는 점에서 와이파이와 유사하다.

**Fence 경계, 담장** ① 컴퓨터 영상이나 수치 좌표 관측기상의 면적을 정의하는 경계. ② 돌이나 무거운 물질로 만들어진 벽과는 달리 철사나 레일, 슬레이트 조각 또는 다른 비교적 가벼운 물질로 만든 울타리를 말한다.

**Fenceline 경계선** 벽 또는 울타리와 같은 측량 가능한 객체에 의하여 지상에 물리적으로 표현된 토지 필지의 경계를 말한다.

**Ferguson Curve 퍼거슨 곡선** [자료처리], [영상처리] 보간(補間)이나 컴퓨터상에서 곡선을 표현하는 것은 곡선 위에 있는 몇 개의 점들에 대한 정보를 가지고 나머지 빠진 부분, 곧 점과 점 사이를 채우는 과정이다. 이것을 흔히 보간법(補間法, Interpolation)이라고 하는데, 폴리곤(polygon)은 직선으로 점과 점 사이를 채우는 것이기 때문에 보통 '선형 보간'이라고 한다. 자유 곡선을 표현하는 문제에 대해 수학자들이 관심을 갖게 되면서 여러 방법들이 나왔는데, 그 가운데 1960년대 초에 보잉 항공사의 퍼거슨(J. C. Ferguson)이 고안한 방법이 초창기에 널리 쓰이던 방법이다. 보잉 항공사에서는 이 방식을 FMILL이라는 시스템에 적용했으며, 다음과 같은 장점이 있다. 즉, (1) 평면에 있는 곡선만 아니라 3차원 공간에 있는 형상도 간단히 표현할 수 있다. (2) 곡선이나 곡면의 일부에 대한 표현도 간단히 할 수 있다. (3) 곡선이나 곡면이 좌표 위에서 존재하는 자리를 옮기고자 하면 단순히 주어진 벡터만을 옮겨서 변환하여 원하는 결과를 얻을 수 있다.

퍼거슨 곡선이 갖고 있는 방법은 요즘 널리 쓰이는 베지어(Bezier) 곡선이나 B-Spline 곡선과 크게 다르지 않다. 곡선을 단위구간(patch)으로 나누어, 이 구간마다 시작점과 끝점, 그리고 이 사이를 잇는 곡선을 표현하기 위한 벡터 값을 지정하고 이 정보를 토대로 곡선으로 표현한다. 그리고 이러한 단위 곡선을 계속 이어나가면 원하는 곡선이 만들어진다. 그러나 이러한 단위 곡선들을 이어서 복합 곡선을 만들었을 경우, 각 단위의 모서리 부분이 원래 뜻했던 것보다 평평해져 버리는 현상이 발생할 수도 있다. Interpolation, Linear Interpolation, Hermite Interpolation, Newton Interpolation, Lagrange Interpolation, Spline Interpolation, Bezier Curve, Cardinal Spline, Cubic Spline Curve, Patch Surface, B-Spline, NURBS를 참조.

**Fermat's Derivation 페르마의 미분** 프랑스의 변호사이자 수학자인 페르마(Pierre de Fermat, 1601~1665)는 1629년에 수학사상 최초로 미분개념을 제시하였다. 17세기 초에 케플러(Johannes Kepler, 1571~1630)는 함수가 최대값, 최소값의 근방에서는 함수의 변화량이 매우 작다는 것을 알아차렸다. 이때 페르마는 케플러의 관찰을 보고 역으로 함수의 변화량이 매우 작을 때 최대, 최소값을 추적할 수 있을 것이라고 생각했다. 즉, f(x)에 대하여 $\frac{f(x+h)-f(x)}{h}$를 계산한 다음 h = 0일 때, 이 식 값이 0이 되는 점을 찾는 것과 같다. 페르마의 방법은 완벽하지 못했지만 결국 f′(x) = 0을 만족시키는 x의 값을 찾는 것이므로 오늘날에는 '페르마의 정리' 혹은 '내부 극값 정리(interior extremum theorem)'라고 부른다. 즉, 함수 $f(x)$가 x = a에서 극값을 가질 때, 만일 f(x)가 $x = a$에서 미분가능하면 f′(a) = 0이다.

**Fermat's Last Theorem 페르마의 마지막 정리** "방정식 $x^n + y^n = z^n$ (n≧3인 자연수)에는 성립하는 x, y, z가 모두 0이 아닌 정수쌍(x, y, z)은 존재하지 않는다."라는 수학정리를 일컫는 말이다. 여기서, '마지막'이란 페르마가 마지막으로 내놓은 정리가 아니라, 마지막까지 증명되지 않았던 정리라는 의미이다. 프랑스의 변호사이자 수학자인 페르마(Pierre de Fermat, 1601~1665)는 자신이 가지고 있던 "아리스메티카(Arithmetica)" 여백에 훗날 "페르마의 정리"로 알려진 정리를 쓰면서, 끝줄에 "이 문제의 증명과정은 전부 알고 있는데 페이지가 너무 짧아서 더 이상 안 쓴다."라고 써놓았다. 따라서 실제로 페르마는 증명하지 않았기 때문에 엄밀히 말해 페르마의 추측이라고 부르는 것이 옳다. 그러나 페르마가 자신이 증명해냈다는 주장을 존중하여 일반적으로 페르마의 정리라고 부른다. 이 정리는 20세기를 넘기기 직전인 1995년 영국의 수학자이자 프린스턴 대학교 교수인 앤드루 존 와일스 경(Sir Andrew John Wiles)에 의해 증명되었다. 이를 풀기위해 페르마 이후 400년 가까이 전 세계 인류가 쌓아올린 수학이라는 학문의 정수가 총동원되어 해석학적으로 증명되있다.

**Fermat's Principle (of Least Time) 페르마의 (최소시간의) 원리** 빛의 진행 경로에 대한 설명으로서, 빛은 최단 시간으로 이동할 수 있는 경로를 택한다는 것이다. 즉, 이 공간의 두 지점 사이를 빛이 진행할 때 무수히 많은 경로들 중에서 "최소의 시간(Least

Time)"이 걸리는 경로를 따른다는 것으로서, 이로부터 빛의 직진성, 굴절의 법칙, 반사의 법칙 등이 모두 설명된다. 1657년 프랑스의 변호사이자 수학자인 페르마(Pierre de Fermat, 1601~1665)에 의해 제안되었다. 기하광학에서 아직까지도 중요하게 이용되는 원리이다.

**Fermi Estimate 페르미 추정** 페르미 문제(Fermi Problem) 및 게스티메이션(Guesstimation)이라고도 한다. 어떠한 문제에 대해 기초적인 지식과 논리적 추론만으로 짧은 시간 안에 대략적인 근사치를 추정하는 방법이다. 이탈리아의 물리학자 페르미(Enrico Fermi, 1901~1954)의 이름을 땄다. 게스티메이션(Guesstimation)이라고도 한다. 예로서 '시카고의 피아노 조율사 수', "서울 시내 영화관 수는 모두 몇 개일까", "우리나라에서 1년 간 팔리는 치킨은 모두 얼마치일까" 등이 있다. 기업 채용시 이처럼 단번에 대답하기 어려운 문제를 제시하는데, 이것은 급변하는 경영환경과 불확실한 미래에 제대로 대응할 수 있는 인재를 확보하기 위함이다. 즉, 어떠한 상황에서도 창의적이고 유연한 사고를 할 수 있는 인재를 선호하기 때문이다. 페르미 추정은 정확한 값을 구하는 것보다 스스로 가설을 세우고 문제를 해결해나가는 과정을 중시한다. 그래서 창의적인 인재를 선발하기에 적합하다.

**Fermion 페르미온** 렙톤(Lepton)과 쿼크(Quark)를 합쳐서 '페르미온'이라고 한다. 분수의 스핀 값을 가지는 입자로서, 흔히 우리가 보고 만질 수 있는 "우리가 보고 만질 수 있는" 물질의 입자이다. 이탈리아의 물리학자 '페르미'(Enrico Fermi, 1901~1954)의 이름을 딴 것이다. 종류로는 크게 렙톤계열의 가벼운 입자와 쿼크 계열의 무거운 입자로 나뉜다. Lepton, Quark를 참조.

**FEZ(Free Economic Zones) 경제 자유 구역** 글로벌 기업 유치를 위해 세제혜택 등 인센티브를 주는 지역이다. 정부는 2003년 인천, 부산·진해, 광양만권, 2008년 황해(아산 평택 일원), 새만금·군산, 대구·경북 등 총 6곳을 FEZ로 지정했다.

**FF(Free Float) 자유여유(自有餘裕)** 'Free Float'의 약어로서, 작업을 가장 빠른 개시 시각으로 시작하고 후속 작업도 가장 빠른 개시 시각으로 시작하여도 존재하는 여유 시간을 말한다.

**FFD 차세대 디지털 표준지도** 컴퓨터에 입력된 모든 지형 정보 자료가 자동으로 연동되어 통합 분석되고 원하는 축척으로 자동 전환되는 차세대 최상의 디지털 지형 정보 자료이다.

**FFM(Freight and Fleet Management) 화물 및 화물 차량 관리** 화물 및 차량에 대한 위치를 계속 추적 관리하여, 각종 정보를 제공함으로써 공차율을 최소화하고 효율적인 차량, 배차 관리를 할 수 있다.

**FFT(Fast Fourier Transform) 고속 푸리에변환** 간단한 계산으로 영상 또는 아날로그 신호 등의 프리에 변환을 계산하기 위한 알고리즘이다.

**FGCC(Federal Geodetic Control Committee)(US) 미연방 측지 기준점 위원회** 미연방정부에 의해 세워진 위원회로서 일정한 정확도를 이루기 위해 사용하는 미국에서의 방법, 장비, 절차 등을 규정하는 측지 기준점 표준과 기능(Geodetic Control Standards and Specifications)을 개발, 발표했다.

**FGDC(Federal Geographic Data Committee) 미국 연방 지리 정보 위원회** 측량 및 지도제작, 그리고 이와 관련된 공간데이터의 개발, 사용, 공유, 보급을 조정하기 위한 목적으로 1990년 설립되었다. FGDC는 미국 지질조사국(USGS)의 국립지도제작부(national mapping division)가 간사기관이며, 내무성 장관이 그 의장을 맡는다. FGDC는 지리정보와 관련된 모든 주요 행정기관과 공간정보 수집 및 관리와 관련된 다양한 공공기관들로 구성된다. FGDC의 주요 역할은 기관간 조정 작업뿐만 아니라 국가공간정보유통기구를 설립하고, 다양한 수준의 정부기관들과 공공 및 민간부문의 기관들 사이의 협력관계를 통해 국가 디지털 공간정보 프레임워크를 구축하는 것까지 포함한다.

**FHSS(Frequency Hopping Spread Spectrum) 주파수도약 변조, 주파수 도약 스펙트럼** 호핑(Hopping, 도약) 코드에 따라 순간적으로 한 주파수로 호핑되어 그 주파수에서 아주 짧은 시간 동안 전송하고, 다시 다른 주파수로 호핑되며 전과 동일한 과정을 반복하는 방식이다. 송신부와 수신부는 같은 시간대에 같은 주파수에 위치토록 동기화가 필요하다. 즉, 수신측은 신호를 수신하기 위하여 송신시 사용한 호핑 코드와 동일한 코드를 이용하여 특정 시간에 특정 주파수로 튜닝하여야 한다. 전파방해나 잡음간섭을 최대한 방지하고, 같은 주파수를 사용하더라도 호핑 코드만 다르면 여러 확산대역 시스템을 동일 장소에 사용 가능하다. 동일 지역에서 서로 다른 도약 시퀀스(Hopping Sequence, 의사랜덤수열)에 의해 네트워크를 분리할 수 있다. 참고로 DS(Direct Sequence) 방식은 의사랜덤성 부호계열에 의해 반송파를 직접 변조하는 것이며, FH(Frequency Hopping) 방식은 의사랜덤성 부호계열에 의해 정해진 패턴에 따라 불연속적으로 반송파 주파수를 편이(Frequency Shift Keying, FSK, 주파수편이변조)시키는 것이다. DSSS(Direct-Sequence Spread Spectrum) 참조.

**Fiber Distributed Data Interface(FDDI) 광섬유 분산 데이터 인터페이스** FDDI(Fiber Distributed Data Interface)를 참조.

**Fiber Optic Cable 광섬유 전선** 유리 또는 플라스틱으로 만든 얇은 섬유를 사용하는 것으로 모든 정보가 빛의 형태로 바뀌어 전송/수신되며, 광 전선이라고도 한다. 상당히 높은 가격과 뛰어난 배선 기술이 필요한 것이 단점이지만, 잡음이 적고 전송 속도가 빠르기 때문에 주로 고속 전송이 필요한 네트워크나 충격이 발생할 우려가 있는 곳에서 많이 사용한다.

**Fiber Optics Transmission 광섬유 전송** 레이저에 위해 생성되어진 빛의 필터를 유리나 플라스틱의 얇고 투명한 섬유의 묶음에 의해 둘러싸인 것을 통해 자료를 전송하는 기술이다.

**FICCDC(Federal Interagency Coorination Committee on Digital Cartography)(US) 수치 지도 제작에 관한 연방 중계 위원회** 연방 예산 관리국에 의해 설립되어진 위원회. 수치 지도 자료를 수집하거나 이용하기 위한 기술과 방법에서의 정보나 의견의 교환을 촉진시킴을 목적으로 한다.

**Fiducial Center(Center of Photograph) 화면 중심, 영상 중심, 사진 중심** 항공 사진에서 지표를 연결한 선의 교점. 일반적으로 주점과 일치하도록 조정되어 있다.

**Fiducial Mark 사진 지표(寫眞指標), 지표(指標)** 사진의 4모서리 또는 4변의 중앙에 있는 지표를 말한다. 필름이 사진기 내에서 노출된 순간에 필름의 위치를 정하는 점을 말한다. 따라서 이점은 사진에 잔영으로 남게 된다. 이 지표는 사진기 제작회사에 따라 그 위치와 모양이 다르나, 사진상에 대응하는 지표를 잇는 선이 직교하는 사진의 중심점이 된다. 또한 사진기의 지표간 길이는 정확하게 관측되어 있으므로, 사진 지표의 간격을 비교하면 사진의 신축을 알 수 있다.

**Field 항목, 필드** ① 데이터베이스의 레코드에 존재하는 각각의 자료 항목 (정보를 묘사하는데 있어서 의미를 가지는 가장 작은 단위), 필드에는 숫자 · 날짜 · 수식 · 함수 등의 자료를 입력할 수 있으며, 하나의 열에는 하나의 필드만을 기록할 수 있으며, 하나의 데이터베이스 목록에 기록할 수 있는 필드의 숫자는 시트 전체열의 수와 같다. ② 어떤 레코드가 나타내는 객체가 있을 때, 그 객체의 어떤 애트리뷰트에 대응되는 값을 가지는 레코드의 한 부분이다. ③ [영상] TV주사에서 1회의 수직주사로 구성되는 화면으로 NTSC 방식에서는 주사선 525본이 홀수 필드(odd field)와 짝수 필드(even field)로 구성된다. 따라서 필드 주파수는 프레임 주파수의 2배이다. Scanning 참조.

**Field Book 야장** 야외에서 측량 결과를 기입하기 위한 노트를 말한다.

**Field Calculation 현지 계산(現地 計算)** 측량 현장에서 관측한 자료를 바로 현지에서 행하는 계산을 말한다.

**Field Check Data Editing 정위치 편집(正位置編輯)** 지리조사 및 현지보완측량에서 얻어진 성과 및 자료를 이용하여 지하시설물 원도의 성과를 표준코드 등을 이용하여 지하시설물도 입력기준에 따라 입력하여 편집하거나 지하시설물에 대한 탐사의 성과를 이용하여 지하시설물도를 수정 · 보완하는 작업을 말한다.

**Field Check Data Manuscript 정위치 소도** Position Correction Data Manuscript를 참조.

**Field Check Data MT 정위치 자기테이프** Position Correction Data MT를 참조.

**Field Check Relational Data 정위치 관계 자료** Position Correction Relational Data를 참조.

**Field Data Collector 전자 야장** 측량 장비로부터 관측 정보를 수집하여 저장하는 전자 장치, 이러한 장치에는 두 종류가 있다. 하나는 GPS를 사용하여 X, Y, Z 좌표를 기록하는 것이고, 다른 하나는 거리와 방위각을 기록한다.

**Field Investigation 답사** 측량의 외업을 실시하기 전에 측량 대상구역 현지를 직접 돌아보고 지형의 상황, 주요 구조물의 위치 등을 조사하여 약도를 그리는 등의 작업을 통해 계획대로 측량이 가능한지를 확인하는 과정이다. 또한 사용할 측량기기, 측량방법, 관측점의 위치 및 수 등을 결정하는 데에도 필요하다.

**Field Lens 시야 렌즈** 2장 이상의 렌즈계로 구성되는 접안경에서 먼 쪽에 있는 렌즈를 말한다.

**Field Emission Display(FED) 전방 방출 디스플레이** FED(Field Emission Display)를 참조.

**Field Note 야장(野帳), 관측 기록부(觀測 記錄簿)** 현장에서 측량한 성과를 기록하는 수첩을 야장이라 한다.

**Field of View(FOV) 시야각** [영상] 특정한 순간에 카메라 렌즈를 통해 포착되는 영역의 통칭으로 촬영각도나 화면의 선택에 선행되는 상태이다. 즉, 볼 수 있는 좌우의 폭이라 할 수 있다.

**Field Sequential 필드 순차** 홀수 줄로 구성된 것과 짝수 줄로 구성된 것 등 2개의 필드가 하나의 프레임을 구성하는 방식. 화면에 나타나는 필드와 완벽하게 타이밍을 맞추는 셔터 안경을 이용하면 한쪽 눈으로는 홀수 필드, 다른 한쪽 눈으로는 짝수 필드만을 볼 수 있게 된다.

**Field-Sequential Color(FSC) 필드 순차 컬러** 최근 DMB폰과 PMP 등을 통한 영상표시 콘텐츠의 수요가 증가하면서, 소형 화면에서 고화질의 동영상을 나타내기 위해 픽셀크기의 소형화가 요구되어지고 있다. 하지만, 기존의 컬러필터를 사용한 LCD는 R, G, B, 3개의 하부픽셀이 하나의 픽셀을 이루고 있기 때문에 소형기기에 부착된 화면 표시창의 해상도를 높이는 데는 한계가 있다. 이러한 한계를 극복하기 위해 Field-sequential-color(FSC) LCD가 제안되었다. 일반적인 FSC 구동은 TFT의 구동(tTFT), 액정의 응답(tLC), 백라이트 점멸(tBL)의 3가지 시간 파라미터를 가진다. 모든 파라미터들의 합이 한 프레임 주기보다 짧아야 화면을 표시할 수 있다. 즉, 화면을 표시하기 위해서는 반드시 백라이트가 켜지는 시간을 확보해야 하므로, TFT의 구동시간과 액정의 응답시간은 짧을수록 유리하다. TFT 구동 시간은 패널 특성으로 정해지는 파라미터이며, 네마틱 액정을 이용한 LC 모드 중 가장 빠른 응답시간을 가지는 OCB 모드의 경우 계조간 응답시간이 7ms 이상으로 FSC 구동이 어렵다. 1개의 하부 프레임 내에서 2번의 pulse를 인가하는 Double Pulse Scan(DPS) 기법을 이용한 FSC 구동 순서는 다음과 같다. 우선 일반 구동에서의 계조간 응답시간을 구한 후, over-driving 전압을 찾는다. overdriving 기법을 통해 모든 계조간 응답시간을 확보하여, 그 중 가장 긴 응답시간을 스캔 펄스 간격으로 정한다. OCB 모드의 경우 밴드 전압을 유지하기 위한 바이어스 전압이 필요하다. 밴드가 스플레이로 전이되지 않는 짧은 시간동안 바이어스 이하의 전압을 인가하면 계조간 응답시간을 단축시킬 수 있다. 즉, 바이어스 이하의 전압을 over-driving 또는 underdriving 전압으로 이용하여 스캔 펄스 간격을 줄일 수 있다. DPS 기법에서 시간 파라미터들이 아래의 상태를 만족해야만 FSC 구동이 가능하다.

**Field Sequential Stereoscopic Display 시분할 방식 입체시** 왼쪽 영상과 오른쪽 영상을 번갈아 디스플레이 시켜 입체영상 효과를 내는 방식이다. 시차가 있는 좌안 및 우안 영상을 순차적으로 번갈아 주사하여 양안에 제시하고 이것과 동기 시켜서 개폐하는 셔터안경을 사용해서 입체시하는 방식이 시분할 입체 방식이다. 시분할 입체 TV방식은 TV의 필드주기(1/60sec)마다 좌안 및 우안 영상을 번갈아 제시하고 이것과 동기 시켜서 셔터 안경을 개폐하여 입체시하는 방식이다. 이로 인해 디스플레이의 화면이 밝으면 30Hz의 플리커(깜빡임) 방해가 생길 뿐 아니라 수직해상도가 1/2로 낮아지는 등의 문제가 있다. 이 문제점들을 해결하는 방법으로서 배속 주사식의 시분할 입체 TV방식이 있다. 그 원리는 우선 좌안 및 우안 영상을 통상의 60Hz, 인터레이스 신호로 필드 메모리에 저장하고 이 신호들을 2배 속도인 120Hz, 인터레이스의 주사 방식으로 메모리에서 읽어낸다. 이후 1/120sec마다 좌안 및 우안 영상을 번갈아 주사하여 화면에 표시하고 액정 셔터를 이것과 동기 개폐하여 입체시하는 방법이다. 한편, 시분할 입체 TV방식의 다른 형태로서 화상을 표시하는 CRT의 앞면에 고속 액정 셔터 패널을 장착하여 관찰자 측에서 가벼운 원편광 안경을 쓰고 보는 시스템도 상품화되어 있다. 시 분할 입체 TV방식은 다음과 같은 장점이 있다. 즉, 1대의 디스플레이로 입체 화상이 표시된다. 고화질 완전 컬러 표시가 가능하다. 현행 TV방식과 양립성이 높다. 낮은 가격으로 쉽게 시스템을 실현할 수 있다. 여러 사람이 동시에 관찰할 수 있다. Stereoscopic Techniques, Anaglyph Stereoscopic Technique, Polarized Filter Stereoscopic Technique, Parallax Barrier Stereoscopic Technique, Lenticular Stereoscopic Technique를 참조.

**Field Sheet 야장** 현장자료를 기록하기 위해 사용되는 종이나 평판을 말한다.

**Field Stop 시야 조리개** 광학계에 의해서 결상될 수 있는 물체의 크기 또는 각도를 제한하는 소자를 말한다.

**Field Survey 현지조사, (지형)변화조사** 정위치편집을 하기 위하여 항공사진을 기초로 도면상에 나타내어야 할 지형지물과 관련되는 사항을 현지에서 조사하는 것을 말한다.

**Field Survey 지형 변화 조사** 지도 편집을 하기 위하여 항공 사진을 기초로 도면상에 나타내어야 할 지형, 지물들과 이에 관련되는 사항을 현지에서 직접 조사하는 것을 말한다.

**Field Variable 필드 변수** 공간에서 연속적인 지리적 값이다.

**Field Work 외업(外業), 현장작업(現場作業)** 현장에서 수행하는 측량작업을 총칭하여 외업이라 한다.

**FIG(Federation Internationale des Geometres, International Federation of Surveyors) 국제 측량사 연맹(國際測量士聯盟)** 측량을 여러 분야에 응용·발전시켜 국제적 공헌을 기하기 위한 국제연합이 승인한 비정부 조직(NGO)으로, 1878년 프랑스의 파리에서 벨기에·독일·프랑스·이탈리아·스페인·스위스 및 영국 등 7개국이 설립하여 1999년 현재 100여 개국이 가입되어 있다. 우리나라는 대한측량협회와 대한지적공사(현 한국국토정보공사)가 공동으로 조직한 한국측량사 연맹이 1981년 스위스의 몽트리에서 열린 제16차 총회에서 정회원으로 가입하였다. FIG는 측량전문교육, 국토정보, 환경공해, 해양조사, 토지조사, 도시계획 등 각 분야에 걸쳐 연구하고 있는 사람들의 모임이다. 학술위원회는 총 9개 분과로 나누어져 있다. ① 제1분과 : 측량전문의 자격, 실무자의 지위향상. ② 제2분과 : 측량전문 교육과 문헌. ③ 제3분과 : 국토정보체계(천연자원, 토지이용, 환경공해 등의 국토정보의 수집, 처리체계 제공). ④ 제4분과 : 해상자료의 표준화, 위치결정 및 해저측량. ⑤ 제5분과 : 측량기기 및 지형해석(인공위성체계, 수치지형 및 자동도화). ⑥ 제6분과 : 응용측량(구조물측량, 시설물변형측량, 지하시설물 측량, 토지측량). ⑦ 제7분과 : 지적과 농지관리(다목적 지적과 자료 Bank, 관광과 환경, 지적 및 토지대장 국제국). ⑧ 제8분과 : 도시계획과 개발(도시계획 및 환경영향 평가). ⑨ 제9분과 : 도시평가와 부동산관리(토지개량과 평가, 부동산 등기, 토지평가 교육).

**Figure 도형** 레이아웃 좌표보다는 지도 좌표 체계를 참조하고, 지도를 보는 이의 관심의 대상이 되는 지도의 일부분이다. 대상물은 지표면이나 배경에 비해 두드러지게 표현된다. 예를 들어, 뉴욕 주의 지도에서 뉴욕 주는 대상물이며 인근 주가 보이고 레이블이 있더라도 그라운드(Ground)의 일부분으로서 흐리게 표현되기도 한다.

**Figure Condition 도형 조건(圖形 條件)** 삼각망의 도형이 폐합하여야 한다는 조건으로, 삼각형의 내각의 합이 180°이어야 한다는 각 조건과 삼각망 중의 임의의 한 변의 길이는 계산의 순서에 관계없이 어느 변에서 계산하여도 같다는 변조건이 있다.

**Figure of Selecting Station 선점도** 기지점과 미지점에 측량기를 세워서 시통과 원활한 작업이 되도록 현장 조사 및 지도 등을 이용한 선점의 위치를 기입한 지도를 말한다.

**File 파일** 컴퓨터의 저장 공간에 논리적으로 저장된 데이터로서, 프로그램 또는 자료 등과 같은 정보들의 집합을 말한다. 정보를 저장할 수 있는 기억 장소 공간이 디스크에 할당되어 있다. 하나의 단위(예 : 텍스트 파일, 자료파일, DLG 파일)로서 취급되는 기록과 관련된 집합을 말한다.

**File and Data Management 파일과 자료 관리** 파일 및 자료 관리 소프트웨어는 사용자가 파일 용량, 검색, 조작 등의 관리와 대용량에서 파일을 묶어서 관리하는데 도움을 주며, 대용량매체에서 자료가 차지하는 물리적인 용량도 관리해 준다. 유틸리티는 사용자가 파일접근, 삭제, 복사, 이름 바꾸기 등을 할 수 있게 해주며, 자료 분류, 파일 합치기, 파일 비교 등의 기능도 수행한다.

**File Decompression Technique 파일 복원 방법** 자료 압축기법을 이용한 자료들의 처리에 필요한 과정이나 알고리즘을 말한다.

**File Format 파일형식** 컴퓨터 파일 상에 데이터를 구성하는 구조를 의미한다. 아마도 특별한 컴퓨터 프로그램에 대해서는 유일하거나 일반적인 표준에 대해서는 동일한 구조를 가진다.

**File Header 파일 표제** 파일의 첫 부분으로서 데이터보다는 메타데이터를 저장하고 있다. Header File를 참조.

**File Identifier 파일 식별자** 파일에 대한 유일한 식별자를 말한다.

**File Manager Program 파일 관리 프로그램** 디스크 기억공간의 할당과 디스크에 정보를 저장하기 위한 자료 구조를 관리한다.

**File Name 파일 명** 특정한 파일을 구성하는 파일을 구별하기 위해서 사용하는 문자와 숫자로 구성된 기호화된 이름이다.

**File Server 파일 서버** 주요 기능이 자료를 저장하는 것이며, 분산 시스템의 일부분으로서 LAN에서 통신망에 있는 모든 워크스테이션을 위한 응용 프로그램과 데이터 파일을 자신의 하드디스크에 저장하고 있는 컴퓨터를 말한다.

**File Structure 파일구조** 파일에서 자료 처리를 쉽게 하기 위하여 사용되는 자료구조를 말한다.

**File Transfer 파일전송** 어떤 컴퓨터에서 다른 컴퓨터로 또는 DBMS에서 다른 DBMS로 자료를 복사하는 것을 말한다.

**File Transfer Protocol(FTP) 파일 전송 규약** FTP(File Transfer Protocol)를 참조.

**Filling 흙쌓기, 성토** 도로나 철도 등의 시공 시에 일정한 높이를 갖도록 흙을 쌓아 올리는 것을 성토라 한다.

**Film 필름** 사진의 상을 기록하기 위해서 카메라에 쓰이는 감광재료로, 팬크로매틱(전정색) 필름, 컬러 필름, 적외선 필름, 적외선 컬러 필름 등이 있다.

**Film Diapositive 투명 양화** 필름을 바탕으로 한 양화를 만든 것을 말한다.

**Film Distortion Information Availability 필름왜곡 정보이용 가능성** 필름왜곡 교정 정보가 가용한가(아니오, 예)를 말한다.

**Film Less Camera 필름이 없는 사진기** Digital Camera를 참조.

**Film Recoder 필름 기록기** 이 장치는 지형 공간 자료나 영상 정보를 마이크로 필름, 35mm필름 또는 고해상도(Ao까지 가능) 필름 플레이트에 출력해내는 것으로서 발표용 슬라이드나 보관용 출력물 또는 다량의 정교한 인쇄 지도를 위한 원판을 제작하는 장비이다.

**Film Shrinkage 필름 신축** 필름의 신축은 기계좌표계로부터 지표좌표계로 변환할 때 보정한다.

**Film-type Patterned Retarder(FPR) 필름 패턴 편광안경 방식** FPR(Film-type Patterned Retarder)를 참조.

**Filter 필터** 디지털 필터는 수치 자료값을 변조하기 위한 수학적 과정이고 광학적 필터는 광학시스템을 통하여 투과된 복사에너지를 흡수와 반사에 의하여 선택적으로 변조하기 위한 물질이다.

**Filter Operation 여과 연산** 자신의 원래 값과 어떤 수학적인 방법에 의해서 결합된 주위의 값들을 기반으로 해서 각 셀의 새로운 값을 계산하는 방법. 셀의 창(Window)은 종종 필터링의 계산에 사용된다.

**Filtering 필터링** 원격탐사에서는 수학적으로 정의된 일종의 Mask를 이용하여 영상에 적용하여 인간의 판독 가능성을 증가시키는 것을 필터링이라 한다.

**Filtration Beds 삼투층** 물을 여과시키거나 공기를 통과시키는 물질층을 포함한 지역을 말한다.

**Final Manuscript for Reproduction 제도 원도** 지도를 복제하기 위한 원도를 제도한 것을 말한다.

**Final Reading 종독** 두 측점이 이루는 각을 관측할 때 뒤에 시준했을 때에 읽은 값을 말한다.

**Final Results Table of Leveling 수준점 성과표** 수준측량 결과를 기록한 표로서, 형식에는 고차식(종란식), 기고식, 승강식이 있다.

**Final Results Table of Triangulation 삼각점 성과표(三角點成果表)** 삼각점의 위치 및 인접 삼각점과의 관계를 정리하여 수록한 표. 여기에는 각 삼각점의 경・위도, 평면직각좌표, 표고, 진북 방향각 및 인접 삼각점 간의 방향각과 거리가 기재되어 있다.

**Find 찾기** 하나 또는 한 세트의 레코드나 대상물을 그들의 속성값에 따라 위치를 찾아내는 데이터베이스 관리 연산을 말한다.

**Fine Drafting 정묘** 측량원도, 편집원도의 도면으로부터 최종적인 제도 작업을 말한다.

**Fine Soil 세립토(細粒土)** 입경(粒徑, grain size)이 가는 흙이며 실트와 점토가 포함된다. 시료의 50% 이상이 75$\mu$m체를 통과하는 흙을 말한다. 점착력이 있으면 점성토(粘性土, cohesive soil)라고 한다.

**FinFET 핀펫** 정보처리 속도와 소비전력 효율을 높이기 위해 반도체 소자를 3차원 입체구조로 만든 시스템반도체 최신 기술이다. 기존 반도체 칩 구조는 평면(2D)으로 이뤄져 있는데 이를 입체적(3D) 구조로 설계하면서 위로 돌출된 부분이 물고기 등지느러미(핀・Fin)와 닮아, '핀펫'이라고 명명됐다. 반도체는 크기가 작아질수록 속도가 향상하고 소비전력은 감소하면서 생산비용이 내려간다. 하지만 기존 평면구조의 반도체 설계로는 그 크기를 줄이는 데 물리적 한계가 있다. 통상 20나노가 평면구조로 비메모리 반도체를 설계 가능한 최소 크기로 꼽힌다. 이 같은 한계를 극복하기 위해 등장한 것이 바로 3차원 반도체 공정 기술 '핀펫'이다. 평면구조에서는 한 곳으로만 전류를 흘려보낼 수 있다. 반면에 핀펫에서는 돌출된 상층부를 활용해 3개면으로 전류를 흘려보낼 수 있다. 크기는 작아지면서도 더 뛰어난 전류구동능력을 확보하고 전원이 꺼진 상태에서의 전류 누수도 현저히 줄어든다. 핀펫 기술 활용으로 비메모리 반도체는 현재 상용화가 진행 중인 14나노를 넘어 10나노와 7나노까지 공정과 소자 개발이 이뤄지고 있다.

**Fingerprints 핑거프린트** 원본 데이터에 삽입해 편집이 되더라도 본인이 작성했다는 것을 증명할 수 있도록 한 일종의 지문과 같은 데이터를 말한다.

**Finite Difference Method 유한 차분법** 함수 f(x)에 있어서 $f(x_1)$과 $f(x_2)$의 차를 의미하며 전량차분, 후향차분, 중심차분이 있다.

**Finite Difference Model 유한 차분 모델** 수치해를 구하고자 하는 모델을 장방형의 격자로 분할하여 분석하는 수치 컴퓨터 모형의 일종이다.

**Finite Element Method 유한 요소법** 변위 및 변형을 해석하는 수치해법의 일종으로서, 모든 물체가 유한수의 작은 성분 또는 요소로 구성되어있고, 이 요소들은 유한수의 측점으로 연결되었다고 가정한다.

**Finite Impulse Response Filters(FIR) 에프아이알** FIR(Finite Impulse Response Filters)를 참조.

**FinTech 핀테크, 금융기술(서비스)** Finance(금융)와 Technology(기술)의 합성어로, 금융과 IT의 융합을 통한 금융서비스 및 산업의 변화를 일컫는다. 영국에서는 기술기반 금융서비스 혁신을 전통 핀테크(Traditional Fintech)로, 혁신적 비금융기업의 금융서비스 직접 제공을 신생 핀테크(Emergent Fintech)로 정의한다. 핀테크는 (1) 은행업 및 금융 데이터 분석(Banking & Data Analytics), (2) 지급결제(Payment), (3) 자본시장 기술(Capital Market Tech), (4) 금융자산 관리(Finance Management) 등의 4가지 영역으로 분류된다. 모바일, SNS, 빅데이터 등 새로운 IT기술 등을 활용하여 기존 금융기법과 차별화된 금융서비스를 제공하는 금융서비스 혁신으로서, 모바일뱅킹과 앱카드 등이 있다. 최근에는 고객의 개인정보·신용도, 금융사고 여부 등을 빅데이터 분석으로 정확하게 파악하는 알고리즘 기술까지 등장하여 개인 자산관리 서비스까지 그 영역을 확대 중이다. 국립국어원은 "금융기술(서비스)" 용어를 다듬은 말로 선정하였다.

**FIPS(Federal Information Processing Standard)(US) 미연방 정보처리 표준** 미국 표준 사무국에서 정하는 정보 처리 분야의 표준. FIPS는 대부분의 GIS 구성 요소를 포함하여 광범위한 컴퓨터 시스템 구성요소를 다룬다. 즉, 하드웨어, 네트워킹, 자료관리, 문서화, 프로그래밍 언어, 소프트웨어 공한, 성능, 보안, 기타 등 FIPS 173은 다양한 수치 지도 제작 용어의 표준화된 정의와 정확도에 대한 연방 기준을 포함하는 SDTS(공간 자료 전송 표준)의 전조직이다. FIPS는 미정부의 표준 주와 지방의 코드를 제공한다.

**FIR(Finite Impulse Response Filters) 에프아이알** 현시점의 입력과 이전의 입력을 통하여 독립적인 결과를 갖는 비슷한 수치 필터를 뜻한다.

**FIR(Flight Information Region) 비행 정보 구역** [항공] 항공기의 안전하고 효율적인 비행과 항공기의 수색 또는 구조에 필요한 정보를 제공하기 위한 공역(空域)으로서 「국제민간항공조약」 및 같은 조약 부속서에 따라 국토교통부장관이 그 명칭, 수직 및 수평 범위를 지정·공고한 공역을 말한다(「항공법」 제2조 제12호).

항공기의 안전하고 효율적인 비행을 위하여 항공교통관제업무, 비행정보업무 및 경보업무를 제공하는 구역으로써 '인천 비행정보구역'의 면적은 약 43만km$^2$이다. 인접국 비행정보구역은 후쿠오카·상해·평양 비행정보구역이 있으며, 지역관제업무·비행정보업무·경보업무 등에 관하여 상호 협조체제를 구축하고 있다.

**Firmware 펌웨어** ① 컴퓨팅과 공학 분야에서 특정 하드웨어 장치에 포함된 소프트웨어로, 소프트웨어를 읽어 실행하거나, 수정되는 것도 가능한 장치를 뜻한다. 하드 소프트웨어라고도 한다. 펌웨어는 읽기용 기억장치(ROM)나 PROM(programmable read-only memory)에 저장되며, 하드웨어보다는 교환하기가 쉽지만, 소프트웨어보다는 어렵다. 프로그램이라는 관점에서 소프트웨어와 동일하지만 펌웨어는 소프트웨어와 하드웨어의 특성을 모두 가지고 있다. 고속처리가 필요한 프로그램은 펌웨어로 만들어 사용하기도 한다. 또한 하드웨어의 기능을 펌웨어로 변경하면 속도는 느려지지만 그 기능을 위한 논리회로를 설계하여 사용하는 것보다 저렴하고 편리하게 구형하여 사용할 수 있는 장점을 가진다. ② [드론] 중대형급 드론의 대다수가 펌웨어를 가지고 있으며, 펌웨어 업데이트를 통해 비행 안정성을 높이고 새 기능을 추가하기도 한다.

**Firmware Over The Air(FOTA) 무선 펌웨어 업그레이드** FOTA(Firmware Over The Air)를 참조.

**First Altitude Method 정고도법, 정표고** 평균해면에 의한 등포텐셜(Potential) 면으로부터의 연직거리를 말한다.

**First Class Leveling 1급 수준측량** 지반 변동 등 이급수준측량 이하의 측량으로서는 그 목적을 달성할 수 없을 경우에 실시하는 고저측량으로 1등수준점 이상을 이용하며, 왕복측량 시 그 편도거리를 Skm라고 하면 왕복차의 오차는 2.5mm $\sqrt{S}$ 이다. 1등수준측량이라고도 한다.

**First Generation(1G)** 1G(First Generation)를 참조.

**First Generation(1st Generation) 제1세대** 1st Generation(First Generation)를 참조.

**First Mover 퍼스트 무버** 가장 앞에서 주도하는 것을 말한다.

**First Normal Form(1NF) 일차 제일 정규형** 1NF(First Normal Form)를 참조.

**First Order 1등** 일반 대중이 사용하는 경계에 대하여 국제 측지측량에 의해서 설정된 가장 높은 표준의 정확도로 결정된 기록위치를 가지는 기준점을 말한다.

**First Order Benchmark 1등 수준점(一等水準點)** 국토의 높이

측정기준이 되는 수준점 중에서 국토지리정보원에서 전국의 국도를 따라 약 2~4km마다 설치한 수준점으로 주로 화강암으로 만들어져 있으며, 높은 정확도로 측량하여 그 높이가 결정되어 있다.

**First Order Control Point 1차 기준점** 일, 이등 삼각점 상호간의 측량을 1차 기준점 측량이라고 말한다.

**First Order Effect 1차 효과** 공간 현상의 행동을 묘사하기 위해 공간 분석에서 사용되는 용어. 공간에서의 관측 평균값의 변화로서 명백히 하고 전체의 또는 큰 규모의 경향을 제안한다. 예를 들면, 영국 북쪽에 걸친 강우량의 변화는 강우량의 평균량이 기복의 변화 때문에 일차 효과를 표현한다.

**First Order Level 1등 수준기** 1등 수준측량에 사용하는 가장 정밀한 수준 측량기를 말한다.

**First Order Leveling 1등 수준측량(一等水準測量), 1등 고저측량** 국도 또는 주요지방도를 따라 1등 수준점을 새로 설치하거나 이미 설치되어 있는 1등 수준점의 표고를 1급 이상의 레벨과 표척을 사용하여 규정된 정확도로 결정하는 측량을 의미한다.

**First Order Plotting Instrument 1급 도화기(一級 圖化機)** 밀착 건판을 사용하여 가장 정밀하고 수직 항공사진뿐만 아니라 다른 경사사진, 지상사진 등도 사용할 수 있으며 또 항공삼각 측정이나 단면 측정 등도 할 수 있는 만능 기계이다.

**First Order Structured 1차 구조화** 구조화 자료를 작성하는 구조화 편집에서 정위치 자료 파일의 자료. 기하 모형의 자료를 작성하기 위해 필요하게 되는 정위치 자료 파일의 요소와 구조화 자료 요소와의 대응 자료인 정위치 관계 자료를 작성하는 것을 말한다.

**First Order Triangulation Station 1등 삼각점** 대삼각 본점에 해당하는 평균 변장길이 약 30km 정도로 12대회의 각 관측에 의하여 최소 읽음값 0.1초로 삼각형의 폐합차가 1초 이내인 정밀한 삼각점을 말한다.

**First Order Triangulation Supplemental Point 1등 삼각 보조점** 1등 삼각점의 평균 거리는 약 30km인데 이로부터 평균거리 10km 정도인 2등 삼각점을 만들어내는 것이 어려우므로 그 중간에 1등 삼각점에 준하여 설치하는 삼각점을 말한다.

**First Person View(FPV) 1인칭 시점** FPV(First Person View)를 참조.

**First Person View(FPV) Goggle 1인칭 시점 고글** FPV(First Person View) Goggle을 참조.

**First Subchord 시단현(始端弦)** 원곡선의 곡선시점에서 곡선구간에 있는 첫 번째 측점을 이은 직선 또는 직선거리를 말한다.

**Fiscal Cadastral 세지적(稅地籍)** 토지에 대한 세를 부과함에 있어 그 세액을 결정(면적 및 토지등급)하는 것을 가장 큰 목적으로 하는 지적제도를 말하며, 각 국의 지적제도가 세지적에서 출발하였다고 할 수 있다.

**Fisheye Lens 어안(魚眼)렌즈** [영상] 어안렌즈는 직선왜곡(rectilinear distortion)을 거의 보정하지 않는 특별한 종류의 초광각 역초점 렌즈이다. 대부분의 어안렌즈는 화각이 180°인 원형영상을 촬영한다. 어안(fisheye)이란 물고기가 하늘을 보면 이렇게 보인다는 가정에서 만들어진 단어이다. 구면 수차를 이용하여 만든 초광각 렌즈로 180° 또는 그이상의 시야를 갖는 화상을 어떤 한정된 크기의 범위 안에 마이너스의 왜곡을 갖게 결상시키는 렌즈이다. 최초의 어안렌즈는 1923년의 Beck Hill Sky이다. 로빈힐(Robin Hill)의 원래 의도는 구름분포의 과학적 연구를 위하여 하늘을 반구 형태로 촬영하기 위한 목적이었다. 최근에는 특수한 효과를 요구하는 사진 촬영에 많이 사용되고 있다. 렌즈의 특징은 깊은 피사계 심도를 가지며, 원근감을 극대화시켜 특수한 화면을 만들 수 있다. 즉, 사람들이 많은 거리를 촬영하거나 많은 사람들의 표정을 1장의 이미지에 모두 표현할 수 있으며 특수한 심리적 효과 같은 다양한 효과를 연출할 수 있다. 또한 구름이나 별의 움직임을 효과적으로 관측할 수 있으며, 로봇 등에서 어안렌즈를 이용하여 전방위 감시 및 움직임 검출에 사용하고 있다. CCTV 적용시 넓은 지역의 감시를 가능하게 하고 최소의 장비로 최대의 감시효과를 얻을 수 있다. 액션 캠인 고프로(GoPro)에는 어안렌즈가 장착되어 스포츠 영상 촬영에 매우 효과적이다. 그러나 어안(魚眼)렌즈는 렌즈의 가장자리 부분에서 왜곡이 심하게 발생하며, 일반렌즈에 비해 초점 조절이 쉽지 않다.

**Fish Hatchery 양어장** 호수나 개울에 고기를 기르고, 차후에 고기의 산란에도 이용하는 시설물을 말한다.

**Fish Ladder 어제, 어도** 상류로 갈수록 약간씩 더 높아지는 계단식 작은 연못을 계속 만들어서 물고기가 상류쪽으로 이동할 수 있도록 댐 주변에 만든 시설을 말한다.

**Fish Trap 고기잡는 장치** 고기를 잡는데 이용하는 장치를 말한다.

**Fishery Chart 어업용 해도** 일반 항해용해도(nautical chart)에 각종 어업에 필요한 제반자료를 기재하여 제작한 해도. Fishing Chart를 참조.

**Fishing Chart 어업용 해도, 어장도** 어업에 편의를 제공하기 위한 일반 항해도에 어업정보, 규제내용을 기재한 도면을 말한다.

**Fishing Ground 어장** 어업을 빈번히 하는 지역을 말한다.

**Fishnet 그물망** 평면(X, Y방향)에 3차원의 기복을 표현하는 기법의 하나. 그물망 형태를 사용한다.

**Fitering 필터링** 불건전하거나 저작권을 위반한 음원 또는 유해한 내용이 들어있는 웹 페이지나 이메일에 대한 접근 및 사용을 차단하는 것. 기업이나 가정에서 불법 및 음란 사이트에 접근하는 것을 막기 위해 이 기법을 사용한다. 필터링은 차단하려는 내용의 문자열 등을 확인하는 방식으로 이뤄진다. 웹 필터링의 경우 웹 페이지나 사이트를 차단한다.

**Fitness of Geometric Structure 기하 구조의 적합성** 각 개체들의 특성에 따른 기하 구조가 올바른가를 평가하는 것을 말한다.

**FITS(Flexible Image Transport System) 연성 영상 전송 체계** 천문 자료를 교환하기 위한 교환 표준을 말한다.

**Fixed Wing Unmanned Aerial Vehicle(UAV) System 고정익 무인항공기** 일반적인 비행기와 같이 고정 날개 형태인 무인항공기 시스템으로서 연료소모가 상대적으로 적지만 이·착륙을 위한 활주로나 넓은 개활지가 필요하게 되며 바람의 영향을 많이 받는다. 따라서 평지지형 운용 및 기상의 변화가 적은 지역의 운용에 적합하다. 정지된 상태에서의 촬영은 비행특성상 어려우나 지형의 신속한 항공사진 코스촬영과 정사영상 제작에는 매우 용이하고 위치정밀도가 높은 편이다.

**Fixed Cost 고정경비(固定經費), 고정비용(固定費用)** 용역을 완성하기 위한 단기간의 변화와는 무관한 비용으로 정비비, 작업장 관리비, 행정비, 판매비, 연구비 등을 포함한다.

**Fixed Mobile Convergence(FMC) 유·무선 융합, 유·무선 컨버전스** FMC(Fixed Mobile Convergence)를 참조.

**Fixed Pattern Noise(FPN) 고정 패턴 잡음** FPN(Fixed Pattern Noise)을 참조.

**Fixed Star 항성(恒星)** 육안으로 볼 수 있는 거의 대부분의 별(천구상에서 그 상호상에서 그 상호위치가 거의 변하지 않는 별로서 수많은 별자리를 이루고 있다)을 말한다.

**Fixed Station 고정점** ① 왕복 관측을 하는 노선측량에서 점검용으로 사용하는 점이다. ② 위성(GPS)측량 실용성과 망평균계산시 적용하는 평면 및 높이의 기지점을 말한다(「GPS에 의한 기준점측량 작업규정」 제2조 제5호).

**Fixed Wing 고정익(固定翼)** [항공] 동체에 날개가 고정되어 있는 비행체로서 회전익기를 제외한 전(全) 비행체이다. 항공기 및 비행체는 날개부에 따라 고정익(Fixed Wing)과 회전익(Rotary Wing)의 2가지 형태로 구분된다. 즉, 일반 여객기나 전투기 같이 날개가 고정된 형태를 고정익기라 하고, 헬리콥터, 드론(멀티콥터) 등과 같이 날개가 회전하는 형태를 회전익기라 한다. 비행체의 동체(胴體)에 고정된 날개로서, 주로 양력(揚力)을 얻기 위한 비행기의 날개를 일컫는다.

고정익기는 엔진의 힘을 이용해 빠르게 활주로를 달리면 공기는 빠른 속도로 날개를 향해 다가온다. 다가온 공기는 날개를 중심으로 위아래로 분리되어 흐르게 되는데 날개의 특성상 윗면의 공기가 더 빠르게 이동하고 아랫면은 느리게 이동한다. 이 과정에서 압력차가 발생하며 양력(揚力, Lift)이 발생하여 비행체는 상승을 하게 된다. 이륙 후에도 고정익기가 상공에서 계속 비행하기 위해서는 양력을 유지해야 하는데, 일정 속도 이상으로 비행해야만 공기의 흐름을 발생시켜 양력을 생성시킬 수 있다. 따라서 고정익기는 일정 속도 이상으로 계속 비행해야 하기에 상공에 떠 있는 상태에서 정지해 있는 제자리 비행과 수직 상승 하강이 불가능하다.

**Fixmystreet.com 픽스마이스트리트** 영국의 지방정부들은 지역의 상세한 지도를 온라인으로 제공하고, 시민들은 이를 이용하여 도로 환경을 개선하는데 참여할 수 있는 위치기반 웹서비스. 시민들이 '가로수 훼손', '도로 파손' 등의 사항을 웹사이트나 모바일 애플리케이션을 이용하여 위치 표시하면, 지방정부는 이를 해결하는 방식으로 운영되고 있다.

**FKP(Flächen Korrektur Parameter) 단방향 위치보정정보 송출시스템** VRS(Virtual Reference Station, 가상기준점)방식이 관측공간의 오차모델링을 수행하는 것과 달리 FKP방식은 상태공간에서의 오차모델링이 수행된다. 각 GPS 오차 성분의 상태를 모델링한다면 기지국과 이동국간의 거리가 증가하더라도 모호정수를 빠르고 정확하게 결정할 수 있다.

**FL(Feeder Line) 공급관** 냉온수·가스·유류 등을 필요한 곳에 보내는 배관을 말한다.

**Flächen Korrektur Parameter(FKP) 단방향 위치보정정보 송출 시스템** FKP(Flächen Korrektur Parameter)를 참조.

**Flag Hand Signal 수신호(手信號)** 현장에서 측량을 할 때 손으로 지시와 통고를 알리는 신호를 말한다.

**Flag Ship 플래그십** 함대의 선두에서 전투를 지휘하는 기함을 뜻하는 용어로, 시장에서는 카메라・자동차 등 다양한 제품의 최상의・최고급 기종을 지칭한다.

**Flammable Substance 가연성 물질(可燃性物質)** 점화될 수 있는 가스, 증기, 액체 또는 그 혼합물을 말한다(「방호장치 의무안전인증 고시」 제16조). 가연성 물질이란 적당한 조건하에서 산화할 수 있는 성분을 가진 물질로서 주로 C, H, S 등을 주성분으로 구성되어 있는 물질을 말한다. 산화가 용이하다 하더라도 반응열이 적은 것은 자발적으로 반응을 지속할 수 없기 때문에 가연성 물질이 아니다. 자발적으로 반응이 지속되기 위해서는 산화반응에 따른 발열량이 최소 점화에너지보다 커야 한다. 또한 가연성 물질의 연소에는 산소가 어느 농도 이상 필요하며, 공기는 산소를 약 21% 함유하고 있어 산소공급체로 알려져 있다. 공기 중의 산소대신 산화제 역할을 할 수 있는 염소산칼륨($KClO_3$), 질산나트륨($NaNO_3$), 과산화나트륨($Na_2O_2$)과 같은 제1류 위험물과 과염소산($HClO_4$), 과산화수소(H2O2)와 같은 제6류 위험물은 산소를 쉽게 방출함으로써 외부로부터 산소의 공급이 없어도 연소가 가능하다.

**Flange Back 플렌지 백** [영상] 렌즈의 플렌지(렌즈의 마운트가 시작되는 부분)에서 결상점까지의 거리를 말한다. C마운트 렌즈인 경우, 플렌지의 거리가 17.526mm이고, CS마운트인 경우는 12.5mm이다. 사진기와 렌즈 사이의 기계적・전기적 접속장치이다. 렌즈 마운트는 보통 렌즈 교환식 카메라 시스템에 쓰인다. C/CS Mount, Lens Mount 참조.

**Flare Triangulation 섬광 삼각법** 항공기로부터 발광체를 낙하산 등에 매달아 낙하시켜 지상의 여러 관측점에서 동시에 각을 관측하여 위도, 경도, 방위각 등을 결정하여 위도, 경도, 방위각 등을 결정할 수 있는 방법을 말한다.

**Flash Memory 플래시 메모리** 전기적으로 데이터의 소거와 프로그램이 가능한 고집적 비휘발성 기억소자이다. 응용분야는 시스템 BIOS, 노트북 컴퓨터, 휴대용 기기의 반도체 기억장치 등이 있다.

**Flash Mob 플래쉬몹** 불특정 다수가 특정 장소에 순식간에 모였다가 헤어지는 것을 말한다.

**Flashlight 플래시** 장시간 관측할 때 교통을 통제하기 위하여 사용되며, 오렌지색의 콘(Corn)이나 점등 플래시가 있다.

**Flat 저습지** 조수에 덮이기도 하고, 드러나기도 하는 수면아래의 넓은 지역을 말한다.

**Flat File 평면 파일** 계층적인 구조를 사용하지 않는 레코드로 구성된 파일수치 자료의 교환과 적하를 위한 교환형태. 주로 사용되는 이차원 자료 구조는 기억장치의 정보 호출이 기억된 순서로만 되는 순차 호출이라고도 한다.

**Flatbed Plotter 평면 인쇄기** 평평한 판 위에 수평 방향과 수직 방향으로 움직이는 연필을 사용하여 정보를 인쇄하는 장비이다.

**Flatbed Scanner 평면 독취기** 영상 정보가 담겨 있는 원고를 평면 유리판 위에 올려놓고, 빛을 X축과 Y축을 움직이면서 주사하여 정보를 읽어 들이는 장치를 말한다.

**Flatness of Film 필름 평탄성** 촬영 시에는 압정판과 진공장치에 의하여 필름의 평탄도가 유지되도록 설계되어 있지만, 여러 가지 원인으로 인하여 필름면에 오목을 생기게 한다. 즉, 이 오목은 촬영순간의 상태에서는 측정되지 않으므로 효과적인 보정 방법은 아직 확립되지 않고 있는 상태이다.

**Flattening(of an ellipsoid) 편평률** 지구는 남북으로 다소 눌러서 찌부러진 회전 타원체이며, 편평률은 이 편평의 정도를 말한다. 편평률(f)=(적도반경 – 극반경)/적도반경. f=1/298.2572221 (GRS80); Polar Flattening, Ellipticity, Eccentricity를 참조.

**Flexible Display 휘는 디스플레이** 구부리거나 접어도 똑같은 화질을 구현하는 '종이 같은 디스플레이'이다. 기존 디스플레이에 비해 얇고 가벼우며 충격에도 강하다. 휘거나 구부릴 수 있어 다양한 형태로 제작할 수 있다. 이러한 특징 때문에 플렉시블 디스플레이는 휴대폰, 태블릿 PC는 물론 전자책, 말아서 휴대할 수 있는 PC와 TV, 조명, 수시로 디자인을 바꿀 수 있는 의류 등 다양한 분야에 적용할 수 있다. TFT LCD, 유기 EL(OLED)과 전기 영동(electrophoretic), LITI(Laser Induced Thermal Image) 기술 등이 이용되고 있다.

**Flexible Image Transport System(FITS) 연성 영상 전송 체계** FITS(Flexible Image Transport System)를 참조.

**Flextime 플렉스타임** 출・퇴근 시간을 정하지 않고 자율적으로 일하는 노동시간관리제도이다. 업무 능률이 향상되고 근로자 만족도가 높아지며 필요에 따라 요일이나 시간대별로 일자리 만들기와 일자리 나누기(잡셰어링)를 할 수 있다.

**Flicker 플리커** [영상] 명암이 시간에 따라 교대로 바뀌는 경우, 이것을 볼 때 느껴지는 점멸 현상을 말한다. 바뀌는 빈도가 비교적 적을 때 느끼기 쉽다. NTSC 방식의 TV를 PAL지역에서 보거나, PAL방식의 TV를 NTSC지역에서 볼 때 주로 나타난다.

**Flickr 플릭커** 태그기반 인터넷 앨범 서비스.

**Flight Altitude 촬영 고도(撮影 高度)** 촬영 사진기로부터 기준면(해면 또는 지표의 평균고도면)까지의 높이를 말한다.

**Flight Auxiliary Appliance 촬영 보조 기재** 촬영 조건을 결정하기 위한 것과 항법의 정도를 높이기 위한 것으로, 수평 사진기, 고도차계, APR 자이로 스코우프가 있다.

**Flight Controller(FC) 비행 컨트롤러** FC(Flight Controller)를 참조.

**Flight Control Computer(FCC) 비행 조종 컴퓨터** FCC(Flight Control Computer)를 참조.

**Flight Height 촬영 고도(撮影 高度)** 대지고도에 촬영구역 내의 촬영기준면고 또는 평균표고를 더한 것을 말한다.

**Flight Information Region(FIR) 비행 정보 구역** FIR(Flight Information Region)을 참조.

**Flight Height Above the Ground 대지 고도(對地 高度)** 촬영 사진기에서 지상까지의 높이를 말한다.

**Flight Line(Strip) 촬영 항적(撮影 航跡), 촬영 경로** 연직사진 촬영인 경우, 비행기의 항적을 나타내는 선을 말한다.

**Flight Map 촬영 계획도(撮影 計劃圖)** 항공사진촬영을 위해 지형도에 항공기의 비행노선을 그려 넣은 촬영계획도를 말한다.

**Flight Path 촬영 경로** 원격탐사용 항공기나 우주선의 직하에 있는 지상의 선으로서 비행선(線)이라고도 한다.

**Flight Planning 촬영 계획(撮影 計劃)** 제작하려는 지도의 축척과 도화기의 성능 등 고려하여 가장 능률적이고 경제적이 되도록 촬영에 대한 제반 계획을 수립하는 것을 말한다.

**Flight Strip 촬영 항적** 비행선(線)과 같은 의미로 연직사진 촬영인 경우, 비행기의 항적을 나타내는 선을 말한다.

**Flixter 플릭스터** 워너브라더스가 운영하는 영화전문 사이트·애플리케이션. 디지털 영화 콘텐츠 구매와 대여는 물론이고 페이스북을 이용한 정보 공유 등 소셜네트워크서비스(SNS) 기능도 포함하고 있다.

**Float 부자(浮子)** 하천이나 용수로의 유속을 관측할 때 사용하는 기구로서, 유속을 관측하고자 하는 구간을 부자가 유하하는데 걸리는 시간으로부터 유속을 구하는 것을 말한다. 부자의 종류에는 표면부자, 이중부자, 막대(봉)부자 등이 있다.

**Float Ambiguity Solution 실수해** GPS 데이터 처리 시 정수해가 실수로 발생되는 것. 이 결과로 기선 벡터와 실수형 모호 상수가 만들어지면, 10~20cm의 위치 정확도를 제공한다.

**Floating Mark 부점(浮點)** 입체시에 의하여 공간 내 점의 위치를 측정하기 위하여 사용하는 미소한 목표점을 말한다.

**Floating Plate 표류판** 바다의 흐름을 조사하는데 쓰이는 부자를 말한다.

**Floating Point 유동점** 십진법에서 점에 대한 위치를 선정하지 않고 숫자 값을 표현하는 기술. 이것은 전산 절차를 계산하는 능력과 데이터처리에 의해서 얻어지는 결과의 정확도를 향상시키게 한다.

**Flood 홍수** 평상시보다 현저하게 높은 하천에의 상대적인 고수위나 유량, 또한 그 결과로 인한 저지대의 침수. 보통은 물에 잠기지 않던 토지에서 상승하고 불어나 넘쳐흐르는 수체를 말한다.

**Flood Control 홍수 조절(洪水 調節)** 홍수의 물리적 특성을 변경하기 위한 기법의 이용. 이 기법들은 본래 목적에 따라 설치된 여러 하천 구조물을 포함한다. 지역의 홍수유입량뿐만 아니라 홍수 유출량도 관리하여 만약 침수가 발생하더라도 최소가 되게 하거나 (재현 기간, 범위) 계획된 시기와 기간 동안에 발생되도록 하는 것을 말한다.

**Flood Hazard Map 홍수 재해 지도** 수해 위험을 알리기 위해 침수예상 구역을 표시한 지도를 말한다.

**Flood Hazard Zone 홍수 위험 지대** 홍수로 인하여 재산이나 생명의 피해나 손실을 입기 쉬운 지역, 정해진 확률로 침수가 되는 지역을 말한다.

**Flood Level 홍수위(洪水位)** 강이나 하천의 어느 지역 홍수의 수위로서 1년에 한 번 있는 최고 수위 또는 출수가 수년 내지 수십 년에 한 번 정도 있는 수위를 말한다.

**Flood Map 홍수 지도** 홍수지도는 홍수보험요율을 설정하고, 범람원 개발의 규제 및 범람의 위험 가능성이 있는 지역에서 거주하는 사람들에게 정보를 제공한다.

**Flood Plain 범람원, 홍수터(洪水-)** 홍수 지역 내륙과 해안선에 인접한 저지대. 주기적인 범람의 피해를 받기 쉬운 지역으로, 하천의 범람에 의해서 형성된 충적평야를 가리킨다.

**Flood Prone Area 홍수 취약 지역** 주기적인 홍수 발생 지역으로 홍수 방어 대책이 채택되지 않은 지역을 말한다.

**Flood Risk Map 홍수 위험지도** 장기간 유량측정에 의한 하천 유역별 홍수가 일어날 위험성이 있을 것이라고 구분하는 지도를 말한다.

**Flood Water Level(FWL) 홍수위** FWL(Flood Water Level)를 참조.

**Flood Zone 홍수 지대** 홍수터를 세분한 것으로 대체적으로 같은 빈도 홍수의 피해 대상이 되는 모든 토지. 저수지나 하천 유수지를 경계로 하고 정상적인 운영 수위 이상에서 침수대상이 되는 토지를 말한다.

**Flooding 범람(汎濫)** 강, 하천, 바다 또는 기타 수체 등 정상적으로 가두어진 물의 넘침 또는 정상적으로 침수가 되지 않는 구역이 배수 불량으로 물이 차오르는 현상을 말한다.

**Flow 플로** 플로는 '끊이지 않는 흐름'을 의미한다. 이는 인간이 어떤 대상에 완전히 몰입하는 동안 체험할 수 있는 무아지경의 고양된 상태인데, 현대인들은 특별한 창조 행위가 아닌 일상 가운데에서도 이러한 플로를 수없이 경험할 수 있다.

**Flow Directions 흐름 방향** 유역을 격자 형태로 분할하고 흐름 방향과 흐름경로를 결정하는데, 체스(Chess) 게임에서 "Rook's Move"로 불리는 4방향에 의해 표현하거나, "Queen's Move"의 8방향으로 표현할 수 있다. 수치지형도에서 돌출 또는 함몰지를 filling(메우기)작업 등으로 제거하고, 지형의 고도와 경사를 바탕으로 하천의 흐름방향을 결정한다.

**Flow Map 흐름도** 관망의 선의 폭을 비례적으로 변화를 줌으로써 관망의 교통량과 유출량을 보여주는 선형 관망 지도이다.

**Flowchart 순서도(順序圖)** 시스템 설계와 프로그래밍 단계에서 작업과 처리 순서를 표시하면서 기호와 부호를 도시한 것을 말한다.

**Fluorescent 형광** 물질이 빛의 자극에 의해서 발광하는 현상. 외부 에너지원으로부터 복사에너지에 노출된 후 물질에서 빛이 발광하는 현상이다.

**Fly By 저공 비행** 마치 관찰자가 땅위를 비행기에서 보는 것처럼 풍경에 대해 경사진 동적 전망을 제공하는 컴퓨터 그래픽 애니메이션의 한 방법이다.

**Flying Height 촬영 고도** 촬영 고도는 촬영기준면을 기준으로 한 고도를 말하고 비행고도는 평균해수면을 기준으로 한 고도를 말한다.

**Flyover 플라이오버** 애플의 3차원 그래픽과 위성사진을 활용한 새로운 지도 서비스. 위성에서 찍은 거리 사진들을 보는 각도에 따라 다양하게 보여준다. 구글의 구글어스(지도서비스)를 겨냥해 준비한 야심작이다.

**FM(Facility Management) 시설물 관리** 공공 시설물이나 건축물, 관로망 등에 대한 지도 및 도면과 같은 제반 정보를 수치자료로 입력하여 시설물에 대한 정보들을 효율적으로 운영, 관리하는 종합체계를 말한다. 각종 시설물에 대한 현황을 올바르게 파악하기 위해서는 설계도면 및 제반자료들이 체계적으로 정리, 보관되어있어야 하는데, 대부분의 경우 보존 장소와 관리체계의 미흡으로 인해 시설물 관리의 측면에서 많은 어려움이 따른다. 이와 같은 문제점을 해결하고 효율적인 도면 및 자료의 보존과 특히, 관련 자산들에 대한 정확한 자료를 도출하고 유기적으로 연결, 관리가 가능한 시설물 관리시스템의 필요성은 증대되고 있다. 시설물 관리는 시설물에 관한 자료목록이 전산화된 형태로 구성되어 사용자가 원하는 대로 정보를 분류, 갱신, 출력할 수 있으며, 주된 이용목적은 도면의 체계적 관리, 업무의 효율화, 업무의 고도화, 시설의 최적화, 서비스 개선 등을 위해 사용된다.

**FM(Free Maintenance) 방임 보전(放任保全)** 시설물의 기능과 성능에 확실한 결함은 아니지만 경년에 따라 노후가 진행되어 안전상, 미관상 교체 및 수선을 행하는 경우를 말한다. 이러한 보전시기의 설정은 확실한 기준을 정하기가 곤란하다.

**FMC(Fixed Mobile Convergence) 유·무선 융합(有無線融合), 유·무선 컨버전스** 유·무선 융합(통합). 기존 유선, IP전화, 이동통신을 결합해 주는 커뮤니케이션 솔루션. IP 망을 기본으로 기존 통신 인프라를 묶을 수 있다. 통합커뮤니케이션(UC)나 그룹웨어와 연동이 쉬워 기업 커뮤니케이션 생산성을 높이는 목적으로 쓰인다. 이동통신사들이 자사 망 내부가 서비스로 시행하는 FMS(Fixed Mobile Substitution)와는 구별된다.

**FMC(Forward Motion Compensation) 에프엠씨, 떨림 방지 기구** 셔터가 개방되고 있는 사이에 항공기의 운항속도에 의해서 생기는 상의 흔들림을 제거하는 장치이다.

**FMS(Facility Monitoring System) 설비감시시스템** 각종 재해나 장애 발생 시 치명적인 손실을 초래할 수 있기 때문에 설비감시

시스템으로 항상 감시 결과를 담당자에게 통보해줌으로써 유사시 신속히 대처할 수 있는 시간을 확보할 수 있다. 피해를 최소화하기 위한 시스템으로 담당자나 관리자가 스마트폰이나 PC 등으로 원격지에서 직접 관리할 수 있도록 하여 큰 재해를 예방할 수 있도록 도와주는 장비이다.

**FMS(Facilities Management System) 시설물 관리 체계** 공공시설물이나 대규모의 공장, 관로망 등에 대한 지도 및 도면 등 제반 정보를 수치 입력하여 시설물에 대해 효율적인 운영 관리를 하는 종합체계, FMS라고도 한다. 시설물에 관한 자료 목록이 전산화된 형태로 구성되어 사용자가 원하는 대로 정보를 분류, 갱신, 출력할 수 있다.

**F Number 에프값** 렌즈의 밝기를 나타내는 수치로서 F값이라고 한다. 광학계의 초점거리를 f, 렌즈의 구경을 D로 할 때 F=f/D로 나타내고 결상의 밝기는 $F^2$에 반비례하고 F값이 작을수록 광학계가 밝은 것을 나타낸다. 일반적으로 렌즈에 나타나 있는 조리개 눈금에는 F Number가 이용되어 1, 1.4, 2, 2.8, 4, 5.6, 8, 11, 16, …으로 한 단마다 밝기가 반으로 된다. Aperture Ratio를 참조.

**FOC(Full Operational Capability) 정상 가동 선언** GPS 체계의 완전한 가동을 뜻하며, 전 세계 어느 시간대에서도 최소 4대의 위성이 수신 가능하게 된 것을 의미한다.

**Focal Length 초점 거리** [영상] 렌즈의 주점(렌즈의 광학적 중심점)에서 상이 맺히는 점까지의 거리를 mm로 나타낸 것으로 화각과 아주 밀접한 관계를 가지고 있다. 렌즈의 기본 성능으로 촬영가능 범위를 결정하는 요소로 초점거리가 긴 경우 촬영범위는 좁고 피사체를 크게 볼 수 있는 반면, 초점거리가 짧은 경우 촬영범위는 넓고 피사체는 작게 볼 수 있다. 볼록 렌즈에 평행한 빛을 입사시키게 되면 광축상의 한 점에 빛이 집중되는데, 이 한 점에 모인 것을 렌즈의 초점이라고 말하며, 렌즈 중심으로부터 초점거리까지의 거리가 초점거리이다. 초점거리가 긴 경우, 촬영 범위는 좁고 피사체를 크게 볼 수 있는 반면, 초점거리가 짧을 경우에는 촬영범위는 넓고 피사체는 작게 보인다. 이 수치는 렌즈의 화각을 결정하는 바로미터이기도 하다. 초점거리는 다음 식으로 구한다. 즉, 초점거리(f) = [피사체 거리(L) × 이미지 사이즈(V)] / [피사체 높이(X)]

예를 들면, 피사체의 거리가 100m, 피사체의 높이가 10m인 경우, 1/2인치 카메라와 1/2인치 렌즈를 설치해서 풀 화면으로 감시하고자 할 경우, 필요한 렌즈의 초점거리는 f = (100,000mm × 4.8mm) / (10,000mm) = 48mm, 즉, f48mm의 렌즈를 사용하면 된다. 한편, 결상배율(B)=V/X=f/L이다.

**Focal Plane 초점면, 초점판** 초점판으로 초점이 맺히는 면을 말한다.

**Focal Point 초점** 광학계의 광축(光軸)에 평행하게 입사한 근축평행(近軸平行)인 광선속(光線束)이 렌즈를 통과하거나 반사거울에서 반사한 후에 일단 어떤 점에 모이거나 또는 어떤 점에서 나오는 것 같이 진행할 때 그 점이 렌즈나 반사거울의 초점이다. 또 광선역진의 원리에 따라 초점에 광원을 놓거나 또는 그 초점을 향해 모이는 방향으로 빛을 입사시켰을 때 렌즈나 반사거울을 통과한 후에 광축에 평행한 광선이 얻어진다.

**Focus 진원(震源)** ① [지진] 지진의 원인인 암석 파괴가 시작된 곳으로 최초로 지진파가 발생한 지역으로서, 일반적으로 지하 깊은 곳에 위치한다. Hypocenter라고도 한다. 진원 바로 위에 있는 지표상의 지점은 진앙(震央, epicenter)이라 하고 진앙에서 진원까지의 거리를 진원의 길이라 한다. 지하 60km 미만에서 발생하는 지진을 천발지진, 60~300km에서 일어나는 지진은 중발(中發)지진, 진원의 깊이 300km 이상의 지진을 심발(深發)지진이라고 한다. 심발지진(深發地震)이라 하여 보통의 지진과 구별하기도 한다. 심발지진이 발생하는 지역은 대부분 환태평양 지진대에 분포하며 태평양쪽에서 대륙쪽을 향해 30~60°로 경사진 면에서 발생한다. 일반적인 지진의 진원 깊이는 지표에서 50~60km까지의 맨틀 최상부 부근에서 발생한다. Epicenter(진앙) 참조. ② [영상] Focal Point라고도 한다. 모든 광선이 한 점으로부터 발산하거나(제1초점), 그 점을 향해 수렴하는 점(제2초점)을 말한다. (1) 제1초점(first focus)은 전방초점, 대물초점(object focal point), 물체초점(object focus)이라고도 하며, 제1초점에서 출발한 광선이 렌즈를 지나면 광축과 평행한 광선을 만든다. (2) 제2초점(second focus)은 후방초점, 결상초점(image focal point), 상초점(image focus)이라고도 하며, 광축과 평행한 광선이 렌즈를 지나면 광축 상에 한 점에 모이는 점을 말한다. 일반적으로 언급되는 초점으로서 피사체로부터 반사된 광선이 렌즈를 통과한 후 필름상의 초점면에 모여 그 피사체의 영상을 형성하는 한 점이다.

제1초점거리(first focal length)는 물체초점거리(object focal length)라고도 하며, 정점과 제1초점과의 거리이다. 제2초점거리

(second focal length)는 상초점거리(image focal length)라고도 하며, 정점과 제2초점과의 거리이다.

**Fog(Photographic) 포그** 사진에 나타난 얼룩이나 원치 않는 흑화현상을 말하는 것으로, 빛에 의한 광학적 포그와 물리적 작용이나 약품 등에 의한 화학적 포그가 있다. 넓은 의미로는 이레이디에이션이나 헐레이션 및 플레어나 고스트 이미지 등의 현상도 포그의 일종이라 할 수 있다.

**Fogging 포깅** 주변을 안개와 아주 비슷하게 표현하여 3차원 이미지에 원경효과를 주는 기능이며, 객체를 정확하게 렌더링하는 것이다. Fogging은 유사한 깊이와 분위기를 만든다. 더 멀리 떨어진 객체 또는 영역일수록 현실감 있는 입체 이미지로 표현된다.

**Fold 습곡(褶曲)** 지층의 굴곡 상태를 표현하는 지질학상의 용어로 수평퇴적된 지층이 횡압력을 받아 물결 모양으로 변형하여 굴곡상태를 나타내는 지질구조를 말한다.

**Folding Base Line 절기선** 기선을 직선으로 설치하지 못할 때 설정되는 기선을 말한다.

**Folksonomy 포크소노미** 컴퓨터로 보거나 다운받거나 휴대용 미디어 플레이어에서 재생하기 위해 인터넷에 배포되는 디지털 미디어 파일을 말한다.

**Folksonomy Tagging 포크소노미 태깅** 콘텐츠에 주석을 달거나 카테고리로 분류하기 위해 항목, 제목, 명칭 따위를 공동으로 만들어 관리하는 행위와 방법이다. 예컨대 듀이 십진분류법(Dewey Decimal System)은 도서관에서 볼 수 있는 도서 포크소노미이다.

**Folld Tide 밀물** 저조(low tide)에서 고조(high tide)로 해면이 점차 상승하는 사이를 말한다.

**Follow 팔로우** 나를 다른 사람의 팔로어로 등록하는 것. 팔로우할 사람의 허락이나 동의를 받을 필요가 없다. 상대방을 '따라다니며' 그가 띄워놓는 글을 읽는 것을 뜻한다. 마찬가지로 내가 팔로우하는 상대방이 나를 반드시 팔로우하지도 않는다. 이런 점에서 싸이월드의 1촌 맺기와 비교하면 훨씬 느슨하고 개방된 관계라고 할 수 있다.

**Follower 팔로어, 등록자, 따르는 이** 소셜네트워크상의 관계를 나타내는 말로 트위터 때문에 유명해진 개념. 특정인의 트위터를 구독하는 사람. 내가 보내는 트윗을 받아보는 사람. 팔로어는 내 트윗을 항상 받아보지만, 팔로어의 트윗은 내게 자동으로 전달되지 않는다.

**Following 팔로윙** 소셜네트워킹 서비스와 달리 자신이 좋아하는 사람을 일반적으로 따르는 정보를 주는 사람을 말한다.

**Follow Me 팔로미** [드론] 조종하지 않아도 피사체를 추적해 촬영해주는 시스템이다. Auto-following 기능이라고도 하며, Selfie Drone(셀카 드론)이라고도 한다. 피사체를 추적하는 시스템을 드론에 탑재한 것으로, 스마트폰 등을 이용해 자신을 타게팅 해놓기만 하면 드론이 공중에서 추적하면서 촬영을 한다. 피사체가 움직이기 시작하면 자동으로 뜨고 착륙하는 기능까지 있다. 드론이 추적하며 촬영 가능한 속도는 시속 70km/h까지이며, 드론이 올라갈 수 있는 높이는 약 50m 정도이다. 3D Robotics의 Solo, Airdog의 Airdog, Lily Robotics의 Lily Camera, Squadrone System의 Hexo+, GoPro Hero4뿐만 아니라, 인텔이 개발을 지원하고 있는 '닉시', 소셜펀딩 사이트 킥스타터에 올라온 '자노' 등은 아예 '셀카 드론'을 표방한 제품들이다. '닉시'는 평소에는 손목시계처럼 팔에 차고 다니다 필요할 때 날려 보내 주변 풍경이나 셀카를 찍는다. 촬영이 끝나면 부메랑처럼 다시 주인에게 돌아온다. 손바닥만 한 크기의 '자노'도 비슷하다. 스마트폰을 이용해 자노를 공중에서 조정하고 원하는 위치와 각도에서 사진·동영상을 찍을 수 있다. '추적 모드'를 이용하면 자전거나 오토바이를 타면서도 찍을 수 있다. 개발자들은 주로 스포츠 활동가를 대상으로 한 시장에서 수요가 많을 것으로 기대하고 있다. Selfie Drone 참조.

**Font 글꼴, 글자체** 출력을 위한 선이나 형상을 표시하기 위한 기호체계, 동일한 형태의 활자 집합, 컴퓨터 그래픽에서는 각 활자를 나타내는데 필요한 획, 점들의 세부적 규정에 따라 글자체가 정의된다. 글자체는 공칭 크기로 규정되며, 자료의 출력 시 그 자료나 사용자에 의해 지시된 대로 크기가 조정된다.

**Font Library 글꼴 내장함수** 활자정보를 보여주기 위한 다른 글자체들의 집합. 컴퓨터 체계에 저장되어 있어 도형 처리 작업 및 자료의 출력 시 사용 가능하다. 특수 글자체는 출력될 자료 내에 사전에 지정되어 있거나 시스템 오퍼레이터에 의해 선택될 수 있다.

**Food and Agriculture Organisation(FAO) 국제 식량 농업기구** FAO(Food and Agriculture Organisation)를 참조.

**Foot Disc 발판** 입체도화기 밑에 붙어 있는 회전 원반. 발로 회전하여 측표의 높이와 안 길이를 바꾸는데 사용된다.

**Footprint 밑넓이, 레이저 반사점** ① 원거리 감지 장치에 의해 조사된 표면 위의 지역. 대체로 원거리 감지 단위 고도에서 위성이 담당할 수 있는 지구의 한 영역을 말한다. ② [항공 레이저(라이다) 측량] 레이저 펄스의 빔이 지표면에 그리는 투영패턴으로서, 빔 확산도와 센서의 대지고도 및 스캔각도에 따라 크기와 형상이 달라진다.

**Forces 힘** ① 힘은 물체의 운동, 방향 또는 구조를 변화시키는 원인으로서, 질량을 가진 물체의 속도를 변화시키는 요인이다. 즉, 물체를 가속시키거나 신축성이 있는 물체는 변형시킬 수 있고, 가속과 변형 모두가 발생할 수도 있다. 힘은 크기와 방향을 모두 가졌기 때문에 벡터량으로 표현한다. 힘은 뉴턴(Newton, N)이라는 국제단위계로 측정되며, 기호 F로 표현한다. 힘은 $\vec{F} = m\vec{a}$으로 표현된다. 여기서, $\vec{F}$는 힘, m은 질량, $\vec{a}$는 가속도이다. ② 4 Forces in Universe를 참조.

**Force Feedback 힘 피드백** 힘 피드백(force feedback) 기술은 기계적 인터페이스를 이용해 사용자에게 힘과 운동감을 느끼도록 하는 원리로 작동한다. Haptics를 참조.

**Forced Nutation 강제 장동** 세차운동에 의한 변화 운동을 말하며, 강제 장동은 18.6년의 주기를 갖으며, 진동 폭은 9.2"이다.

**Forced Wave 강제파(强制波)** 자유파(free wave)와 대비되는 용어로서 국부적이면서 계속적인 외력(external force)이 있어야만 존재할 수 있는 파를 말한다. 만약 외력이 중지된다면 강제파는 사라지고 자유파만 남을 것이다. 조석력(tidal force)에 의한 조석파(tidal wave)나 바람에 의한 풍파(wind wave)의 발생이 그 예이다.

**Forchheimer 포르히하이머, 폴히하이머** ① 포르히하이머(Philipp Forchheimer, 1852~1933)는 오스트리아의 공학자로서, 19세기 후반과 20세기 초 지하수 수문학 연구에 기여한 사람 중 가장 중요한 인물이다. 수리물리학의 표준기법 중 많은 것이 지하수 이동 문제들을 다루는 데 응용될 수 있음을 보이고 확고한 과학적 기초 위에 이 주제를 확립했다. 그의 주요한 공헌은 라플라스 방정식이 지하수 흐름의 현상에 적용될 수 있음을 보인 것이었다. 이 방정식은 열 흐름 및 유체 흐름의 현상과 관련하여 충분히 연구되어 있었기 때문에 기존의 수학적 이론 전체가 지하수 흐름의 문제를 해결하는 데 쉽게 이용될 수 있었다.
② 얕은 우물의 취수공식 : 표층에는 다량의 지하수를 갖는 모래, 자갈층이 풍부하므로 얕은 우물이 많이 사용된다. 깊이 8~20m의 비교적 얕은 우물은 굴착하면서 우물통을 설치해 나간다. 그 이상 깊은 우물은 무너지기 쉬운 모래층이 많으므로 강관 등을 박아 넣는 케이싱에 의한 방법이 일반적이다. 우물통인 경우에는 취수량과 대수층의 두께에 의하여 저면 또는 측면으로부터 취수하고 케이싱인 경우에는 측면으로부터 취수한다. 포르히하이머(Forchheimer)의 얕은 우물의 취수공식은 다음과 같다.

$$Q = \frac{\pi k(H^2 - h_o^2)}{2.3\log_{10}(R/r_o)} \sqrt{\frac{t+0.5r_o}{h_0}} \sqrt{\frac{2h_o - t}{h_o}}$$

③ 수로의 평균유속 공식 : 수로의 평균유속을 구하기 위한 것으로서 Manning 공식을 개량한 것으로 작은 인공수로에 적합한 공식이다. 포르히하이머(Forchheimer)의 평균유속 공식은 다음과 같다. 즉, $v = \frac{1}{n_f} R^{0.7} I^{0.6}$ [m/s]. 여기서, R은 경심 또는 동수반지름(hydraulic radius or hydraulic mean depth), I는 수로경사, n은 조도계수이다.

**Ford 여울목, 얕은 여울** 쉽게 건널 수 있는 강의 얕은 부분을 말한다.

**Fore and After 전·후방** 2대의 리니어 CCD를 이용하여 1대는 전방으로, 다른 1대는 후방으로 향하게 하여 연속적으로 촬영하면 전·후 방향의 입체영상을 얻을 수 있다.

**Fore and After Overlap 종중복도** End Lap을 참조.

**Fore Point 전점** 측량을 할 때 전진 방향에 있는 측점을 말한다.

**Fore Shore 전빈** 전빈은 해수의 약최저저조면과 해빈이 만나는 부분에서 해수의 약최고고조면이 해빈과 만나는 부분까지의 해빈지역을 말한다.

**Forecast Date 예정 일자** 작업 네트워크에서 가장 최근에 등록/수정된 정보 혹은 관리 지침을 기준으로 한 (현재)일정에 속해 있는 특정 미래 시점의 일자이다.

**Foreground 전면** 다중 작업이 가능한 컴퓨터에서 작동 중인 대상 영역에서 수행되는 작업을 말한다.

**Foreign Identifier 외부 식별자** 두 실체간의 관계를 결정하는 속성으로 1 : M의 관계에서 다수의 관계에 해당하는 자식(Child) 실체에 위치하여 대부분의 경우 부모(Parent)실체의 기본 식별자와 같은 속성으로 구성된다.

**Foreign Key 외부 키** 2개 이상의 데이터베이스를 연결하기 위해 기본 키와 연결되는 두 번째 데이터베이스의 주요 필드이다. 데이터베이스 내의 다른 테이블에 있는 레코드를 유일하게 인식할 수 있는 하나 이상의 속성 외래키는 다른 테이블의 기본 키이다. 외부(Foreign Key)와 주 키(Primary Key) 관계는 관계 연결을 정의한다. Primary Key를 참조.

**Foreland 제외지** River Side Land를 참조.

**Foreshore 전빈(前濱)** Fore Shore를 참조.

**Foresight(FS) 전시(前視), 초시** FS(Foresight)를 참조.

**Forest 산림(山林)** 「산림자원의 조성 및 관리에 관한 법률」 제2조에 의하면 "산림"은 집단적으로 자라고 있는 입목(立木)·죽(竹)과 그 토지(土地), 집단적으로 자라고 있던 입목·죽이 일시적으로 없어지게 된 토지, 입목·죽을 집단적으로 키우는 데에 사용하게 된 토지, 산림의 경영 및 관리를 위하여 설치한 도로(임도·林道), 토지에 있는 암석지(巖石地)와 소택지(소택지: 늪과 연못으로 둘러싸인 습한 땅)로 정의된다. 산림은 3가지 요소로 구성된다. (1) 물리적 요소(forest-cover) : 최소 산림 면적이 0.5헥타르 이상, 최소 수고가 5m 이상, 그리고 최소 울폐율이 10%일 때 산림이 형성된다. (2) 인간의 이용 측면(forest-use) : 농지나 도시지역에 위치하는 산림은 물리적인 측면의 기준에 부합 되더라도 산림으로 구분하지 않는다. 이는 이용면에서 산림을 형성하는 조건을 충족시키지 못했기 때문이다. 또한 공원에 형성된 도시 숲은 산림으로 구분하지 않는다. (3) 생태 기능적 요소 : 한 그루의 나무에서는 관찰할 수 없었던 생태적 기능이 일정 규모 이상이 되면 발현되는 것으로 이 같은 부가적인 생태 기능이 있어야 산림이라 정의할 수 있다는 관점이다.

**Forest Interpretation 산림 판독** 산림의 건강상태, 수종 등을 분석하기 위해 위성영상이나 항공사진을 판독하는 것을 말한다.

**Forest Register 임야 대장** Parcels Register for Forest Area를 참조.

**Forest Road 임도, 산길** 임업경영 등에 경제적 효과를 가져올 것을 목적으로 건설된 도로를 말한다.

**Forest Road Surveying 임도 측량** 임도의 설치를 목적으로 하는 측량을 말한다.

**Forest Surveying 삼림 측량(森林 測量)** 삼림의 현황 파악과 사방공사, 산림운반시설 등을 위해 실시하는 측량으로 지형측량, 경계 측량, 임도측량 등이 있다.

**Forestry 임야(林野)** 삼림 및 임야를 이루고 있는 수림지·죽림지·암석지·사지·습지·황무지·간석지 등을 임야라 한다.

**Forestry Map 임상도, 임야도(林野圖)** 임종, 임상, 경급, 영급, 소밀도 등을 구분하여 편집한 지도를 말한다.

**Forestry Sketch Map 임야 약도(林野 略圖)** 주민의 열람에 응하기 위하여 읍, 면에 비치하는 임야도의 부본을 말한다.

**Form Line 지성선** 지형의 다른 부분에 비해 더 높은 만곡의 매끄러운 표면모서리를 표현한다.

**Form View 양식 보기** 데이터베이스를 양식 보기 형식으로 사용할 때는 한 페이지 내에 한 레코드의 모든 필드가 표시된다. 마치 종이에 그려진 양식이나 서식처럼, 인쇄될 형태가 화면에 그대로 표시된다. 일부 데이터베이스는 여러 개의 양식을 동시에 사용하기도 한다.

**Format 포맷, 형식** 디지털 레코드의 특정 조직체. 컴퓨터 혹은 컴퓨터와 주변장치 사이의 전송을 위해 기계적으로 정렬된 자료의 형태·필드·선·구도정·페이지 번호· 문자 등이 미리 결정된 배열을 말한다.

**Format Conversions 형식 변환** 어느 한 형식을 가진 자료를 다른 체계에서 쓸 수 있는 형식으로 변환시키는 것. 종종 자료가 한 체계에서 다른 체계로 이동될 때 어떤 형태의 자료변환이 받아들이는 체계가 해석할 수 있는 형태로 자료를 변환하기 위해 요구된다. 때때로 이것은 중간 형식을 가질 필요가 있을 수 있다. 대부분의 GIS는 그것들이 다른 형식의 자료를 받아들일 수 있는 변환 알고리듬을 지원하고 있다.

**Format Distributor 형식 배포자** 배포자 형식에 대한 정보 제공을 말한다.

**Format Exchanging 형식 변환** 2개의 서로 다른 소프트웨어로 구축된 GIS자료를 공유하여 사용하고자 할 때에는 2개의 소프트웨어가 서로 호환할 수 있는 공통 포맷이 있어야 한다. 현재 GIS에서는 기존 CAD 분야의 데이터 호환을 위한 DXF(Drawing Exchanging Format) 형식이 가장 많이 사용된다. 그러나 DXF 구조는 단순하여 범용적으로 사용될 수 있는 장점이 있으나, GIS에서 필수적인 속성 자료와 위상 정보의 교환이 매우 어려운 단점이 있다.

**Format Information Content 형식 정보의 내용** 형식 내용에 대한 기술을 말한다.

**Format Name 형식 명** DXF, ARC/INFO 등 자료교환 형식의 명칭을 말한다.

**Format Specification 형식 사양** 형식의 사양을 말한다.

**Format Transformation 형식 변환** Format Conversions를 참조.

**Format Version Date 형식 버전 일자** 형식 버전의 생성 일자를 말한다.

**Format Version Number 형식 버전 번호** 형식 버전 번호를 말한다.

**Formation Level 시공 기면(施工 基面)** 도로공사의 경우는 노반마무리면으로, 도로중심선이 갖는 포장표면의 높이를 의미하며, 일반적으로 설계도면에서 나타낸 시공의 기준이 되는 높이를 말한다.

**ForMe 포미족, 나를 위한** 국내 1인 가구, 싱글족 비중이 늘어나면서 새롭게 부상하는 소비계층 '포미족'이 나타났다. 포미(FORME)란 건강(Forhealth), 싱글족(One), 여가(Recreation), 편의(Moreconvenient), 고가(Expensive)의 첫 자로 만든 신조어로, 'forme'라는 영문표현처럼 건강, 여가생활, 자기개발 등 자신이 가치를 두는 것에 과감히 투자하는 가치지향적인 소비 형태를 말한다.

기업과 업계는 이러한 포미족들의 소비패턴을 겨냥한 다양한 제품들을 내놓고 있다. 유통업계에서는 고급 디저트 브랜드나 고가 커피제품으로 포미족들을 사로잡기 위해 공을 들이고 있다. 또한, 자기만족적인 성향이 강한 포미족은 여가생활 및 카메라, 오디오 등의 고가 제품에도 투자를 아끼지 않는다. 이러한 포미족의 특별한 소비성향은 소비업계 불황속 블루칩으로 부상하며 대중의 소비심리와 업계의 매출성장을 이끄는 원동력이 되고 있다. 기업은 가치소비에 중점을 두는 포미족를 잡기위해 제품의 가치를 향상시키는 노력과 더불어 좀 더 세련되고 고급스런 마케팅 전략이 제시되고 있다.

**Forms Interface 양식 인터페이스** 어떤 자료 필드에서 다른 필드로의 커서 이동을 사용자가 제어하게 되는 사용자 그래픽 인터페이스를 말한다. GUI를 참조.

**Formulas for Half Angles 반각 공식** 삼각함수의 덧셈정리로부터 유도되는 공식으로서, $\theta/2$의 삼각함수를 $\theta$의 삼각함수로 나타낸 공식이다.

**Fort 요새** 요새화된 장소 또는 위치를 말한다.

**Forth Order Triangulation Point 4등 삼각점(四等 三角點)** 4등 삼각측량으로 설치한 삼각점으로서 상호거리는 보통 2.5km이며 오차의 범위는 ±5cm이다.

**Forum 포럼** 인터넷 서비스나 PC통신 서비스 안에서 흥미 있는 주제와 취미 등 공통의 화제에 대해 정보를 서로 교환하는 공간을 말한다.

**Forward Motion Compensation(FMC) 떨림 방지 기구, 에프엠씨** FMC(Forward Motion Compensation)를 참조.

**Forward Overlap 종중복도** End Lap을 참조.

**Forward Pass 포워드 패스** 작업 네트워크상의 시작 지점에서 종료 지점까지, 진행방향으로 작업 단위들의 가장 이른 시작 시간 및 가장 이른 종료 시간(일정) 계산을 말한다.

**Forward/Reverse Left 전후 왼쪽** 호(Arc)를 따라서 호의 정방향/반대방향으로 바로 왼쪽에 연결된 호의 식별자를 말한다.

**FOSS(Free & Open Source Software) 무료 개방소스 소프트웨어** FOSS에서는 소프트웨어의 소스 코드에 접근할 수 있으며, 일반적으로 FOSS 사용자는 자유롭게 프로그램을 사용하고, 자신의 목적에 맞게 소스코드를 수정하여 사용할 수 있으며, 재배포할 권한을 가진다. FOSS에서 'Free'는 '무료'를 의미하는 것이 아니라, 사용자가 소스 코드에 접근하고 수정하고 재배포할 수 있는 '자유'를 의미한다. FOSS는 개방형 표준(Open Standard)과는 다른 의미이다. 하지만 일반적으로 FOSS는 국제적인 표준을 따르는 경향이 있다.

**FOTA(Firmware Over The Air) 무선 펌웨어 업그레이드** 휴대전화에 내장된 펌웨어 등을 멀리 떨어진 곳에서 무선으로 업그레이드하는 기술이다. 휴대전화가 점차 복잡해지고 다양해지면서 휴대전화에 내장된 펌웨어와 각종 응용 소프트웨어의 변경이나 버그 수정 등 업그레이드가 수시로 필요하지만, 현실적으로는 사용자들이 이를 제대로 수행하기 어려워 무선으로 이를 대신하는 솔루션이다.

**Foucault Pendulum 푸코진자** 프랑스의 물리학자 푸코(Jean Bernard Léon Foucault, 1819~1868)가 진자의 관성을 이용하여 지구의 자전을 증명하기 위하여 고안한 실험 장치로서, 1851년 파리의 판테온 사원에서 길이가 67m인 줄에 28kg의 추를 천장에 매달아 진동시킨 후, 진자의 진동면이 시계 방향으로 서서히 회전하는 것을 관측하였다. 진자의 추는 관성 때문에 절대 공간에 대해서 일정한 방향을 유지하려는 성질이 있다(관성의 법칙). 절대 공간에 대해서 항상 일정한 방향으로 진동하는 진자의 진동면이 지표면에 대하여 시계방향으로 회전한다는 것은 곧 지표면이 반시계 방향으로 회전한다는 것을 의미한다. 따라서 푸코 진자 진동면의 회전은 지구 자전의 증거가 된다.

위도가 $\psi$인 지역에서 푸코진자의 회전각속도($\omega$)는 $\omega = 15°\sin\psi/hr$

이며, 푸코진자의 회전주기를 T라고 하면, T = 24 hr / sin$\psi$이다. 극지방에서는 회전각속도가 시간당 15°이므로 회전주기는 24시간이고, 위도 30°인 지역에서는 회전각속도가 시간당 7.5°이므로 회전주기는 48시간이며, 적도에서는 회전 각속도가 시간당 0°로 회전하지 않으므로 회전주기는 ∞이다.

지구자전의 다른 증거들로는 전향력, 인공위성의 서편현상, 지구가 적도가 부푼 타원체라는 사실 등이 있다.

**Foundation Surveying 기본 측량(基本測量)** 국토지리정보원이 행하고 있는 모든 측량의 기초가 되는 측량으로서 천문측량·중력측량·지자기측량·삼각측량·수준측량 등이 포함된다.

**Four Dimensional Cadastre 4차원 지적** 토지에 대한 지표·지상·지하 시설물 등의 변동 연혁까지 등록 관리하는 지적 제도로서 공간 지적이라고도 한다.

**Four Dimensional Survey 4차원 측량** 4차원 공간의 점 P(X, Y, Z, T)를 3차원 공간의 점 P(x, y, z)로 투영하여 P(X, Y, Z, T)를 구하는 것을 4차원 측량이라 한다.

**Four Order Triangulation 4등 삼각측량** 4등 삼각점 이상의 삼각점을 측량하는 것으로 위치는 경·위도 외에 특정한 횡 머케이도(Mercator) 좌표계로 사용하므로, 좌표값을 그대로 사용할 수 있다.

**Four Order Triangulation Point 4등 삼각점** 4등 삼각측량으로 설치한 삼각점이며, 표석에는 반석과 주석이 있고, 점의 상호거리는 평균 1.5~2.0km이다.

**Four Point Method(Paper Strip Methode) 4점법(四点法)** 사진의 점을 지도에 옮기거나 혹은 그 반대의 경우에, 양쪽 도형의 직선군에 관한 복비(비조화비)가 일정하다는 것을 이용하여 행하는 도해 편위 수정의 일종을 말한다.

**Fourier Analysis 푸리에 분석** ① 연속된 시간이나 공간자료를 Sine과 Cosine 파로 분리시키는 방법을 말한다. ② 푸리에 변환식을 이용하여 영상을 변환시키는 기법이다.

**Fourier Transform 푸리에 변환** 영상의 공간 영역 표현에서 등가적인 주파수 영역 표현으로 또는 반대로 단일 대역 영상의 변환을 가능케 하는 수치 영상 처리에서 주로 사용되는 기술. 푸리에 변환에 놓여있는 생각은 단일 대역 영상을 형성하는 그레이 스케일 값들이 3차원 표면으로 보일 수 있다는 것이다. 증가하는 주파수의 일련의 파형은 이러한 표면에 맞춰질 수 있고 각각의 파형과 결합된 정보는 계산될 수 있다.

**Foursquare 포스퀘어** 포스퀘어는 데니스 크롤리와 나빈 셀바두레이가 창업했다. 포스퀘어는 LBS+SNS라고 할 수 있으며, 휴대폰으로 위치를 알리고 메모를 남김으로써 친구들과 정보를 공유하고 친구의 친구와도 연결시켜준다. 이를테면 캘리포니아주 얼바인에 사는 주민이 자신의 위치를 알리는 순간 주위에 있는 친구들의 얘기를 들을 수 있고 '즉석 번개'도 할 수 있다.

**Fourth Dimension 4차원** 시간을 일컫는 일반적인 방법. 처음 3개의 차원은 공간에서 위치를 결정하고, 네 번째 차원은 시간상에서 생성·지속·소멸을 결정한다.

**FOV(Field of View) 시야(視野)** 망원경, 카메라, 광학 센서 등에 의해 한 번에 관측될 수 있는 영역의 크기를 각(Angle)으로 표현한 것을 말한다.

**Fovea 중심체** 눈의 망막에서 작은 타원체로 눌려 있는 움푹한 물체를 뜻한다.

**FPN(Fixed Pattern Noise) 고정 패턴 잡음** [영상] 고정 패턴 잡음은 출력신호의 불균일성을 나타내며, 전체 화소에 동일한 세기의 빛이 입사될 때 나오는 각 화소의 출력신호의 표준편차로 계산된다. 고정패턴잡음은 화소증폭기와 ADC(analog to digital converter)의 불균일성 및 암전류의 불균일성 등에 의해 발생한다. 고정패턴잡음은 화상센서의 회로구조에 따라 수직 고정패턴잡음(vertical fixed pattern noise), 수평 고정패턴잡음(horizontal fixed pattern noise)으로 구분되기도 한다.

**FPR(Film-type Patterned Retarder) 필름패턴 편광안경 방식** 디스플레이 패널 앞에 장착된 편광필름을 통해 화면이 둘로 나뉘는데 이 과정에서 홀수 주사선과 짝수 주사선으로 나뉜다. 필름패턴과 편광안경을 이용한 것으로서 풀 HD급 화질을 구현하는 것은 물론이고 깜빡거림과 화면 겹침 현상을 없앨 수 있다.

**FPS(Frame Per Second) 초당 프레임 수** 필름의 프레임(화면)이 바뀌는 속도를 초 단위로 나타내는 단위다. 영화는 초기에 초당 16프레임이었으나 현재 24프레임이며 NTSC 방식 텔레비전은 격행 주사 방식을 채택하기 때문에 2개의 필드가 1프레임이 되어 초당 30프레임이다. 사람 눈은 1초당 15프레임 정도가 들어오면 깜빡임 현상을 거의 못 느낀다. 그러나 Nyquist 정리에 의해 2배인 30프레임을 사용한다.

**FPV(First Person View) 1인칭 시점** [드론] RC비행기나 드론을 비행하며 영상을 고글을 통해 실시간으로 보면서 조종하는 기능을 말한다. 즉, 사용자가 드론이나 비행체의 눈이 되어 운항을 하도록 하는 장비 및 기능을 말하며, 무인항공기(UAV)의 하위 기술에 속한다. 기존의 R/C 및 드론 조작 방식은 멀리서 그 기체를 직접 눈으로 보면서 무선조종을 하는 방식이기 때문에 가시거리에 한계가 있다. FPV는 '영상 송수신 장치'를 통해 기체(機體)에 눈을 달아주는 격이 되기 때문에 신호만 유지된다면 내가 직접 비행을 하는 듯한 느낌을 받을 수 있다. FPV 사용 가능한 비행체는 관측 카메라를 제외하고 전방만 보는 카메라가 별도로 장착되며, 이를 통해 비행체 전방을 1인칭 시점에서 관찰할 수 있다. 지상 스테이션과 HUD(Heads Up Display, 비행체 앞 유리창에 정보를 표시해주는 증강현실 장치) 가 있어야 운용 가능하다. 또한 이 카메라 링크는 OSD(On Screen Display, 스크린 표시장치) 프로세싱 이후 별도의 전파채널로 송신되기 때문에 어떤 경우에 있어서도 Out of Range Error를 일으키지 않도록 한다. 대부분의 무인항공기(UAV) 프로세서는 FPV를 지원하고 있다. 스크린 표시장치인 OSD는 현장 비디오와 함께 항법 정보, 배터리 상태 등 중요한 자료를 종합적으로 화면에 보여준다. OSD는 디스플레이의 부속 정도지만, 내부에 장착되는 기능이 매우 많아지면 FCC(Flight Control Computer, 비행제어 컴퓨터)로 보다 진화한 형태가 된다. 즉, 3축 혹은 6축 자이로, 가속도, 지자기 센서 및 10Hz 갱신의 GPS시스템, 고해상도 HD-SDI 카메라나 2채널 카메라, 24~25Ghz(k-band) 민간용 도플러 레이더 및 이를 이용한 GPS와 자동 고도 상승 시스템, 자동 운항(Auto Pilot). WayPoint만 찍으면 이륙부터 착륙까지 알아서 한다.

**FPV(First Person View) Goggle 1인칭 시점 고글** [드론] FPV를 위해 만들어진 고글로서, VR(가상 현실) 기기이다. 헤드 트래킹(head tracking) 카메라 무브 기술로 보다 입체적으로 볼 수 있으며, 우수한 현실감, 입체감을 느낄 수 있다. 일반적인 모니터 형태의 영상출력장치로도 '1인칭 시점(FPV)'으로 즐길 수 있으나 현실감 측면에서 차이가 난다. Head Tracking 참조.

**Fractal 프랙탈** 어떤 도형의 작은 일부를 확대했을 때 그 도형의 전체 모습이 똑같이 반복되는 자기유사성을 갖는 도형을 말한다. 프랑스의 수학자 만델브로트(Benoit B. Mandelbrot, 1924~2010) 박사는 1975년 자신의 책 제목을 생각하던 '부서지다'라는 뜻의 라틴어 동사 'frangere'에서 파생된 라틴어 형용사 'fractus'에서 'fractal'을 생각해냈다.

프랙탈(fractal)이란 전체를 부분으로 쪼갰을 때 부분 안에 전체의 모습이 담겨져 있는 기하학적 도형을 의미하는 말로 프랙탈 도형은 (1) '자기유사성(Self-Similarity)'과 (2) '순환성(Recursiveness)'이라는 속성을 가지고 있다. 자기유사성이란 도형의 일부분이 전체의 모습과 닮아있는 것을 말하며 순환성이란 도형을 계속해서 확대하여도 부분 속에 전체가 들어 있는 구조가 무한히 반복된다는 것을 의미한다. 뿐만 아니라 프랙탈에는 질서가 있으나 혼돈스러운 모습으로 나타난다. 규칙적이지만 불규칙적이고 무작위적인 것이 프랙탈의 특징 중 하나이다. (3) 무작위성은 복잡성의 세계를 잘 나타내주며 실제 존재하는 계의 예측 불가능함과도 관련이 있다. 프랙탈의 무작위성은 불규칙한 뿌리, 혈관, 신경계 등에서 예를 찾을 수 있다. 또한 프랙탈은 공간을 불완전하게 사용하므로, 프랙탈 공간은 정수차원이 아닌 (4) 소수차원의 공간으로 간주된다.

프랙탈은 크게 2가지로 나눌 수 있다. 하나는 자신의 모양을 몇 단계에 걸쳐서 재귀적으로 수학적 규칙에 따라 축소시키고 회전시켜 만들어지는 "결정형 프랙탈"이고, 다른 하나는 형상의 일부분을 계속 확대할 때 전체 모습과 통계적으로 유사한 형상을 갖는 "비결정형 프랙탈"이다. 결정형 프랙탈은 자기 유사성의 강도가 가장 높은 것이며, 부분과 전체의 모양이 정확하게 같다. 칸토어 집합 · 먼지, 코흐 곡선 · 눈송이, 피타고라스 나무, 페아노 곡선 등이 있다. 비결정형 프랙탈은 자기 유사성의 강도가 가장 낮은 것이며 부분과 전체가 대략적으로 비슷한 것이다. 자연 세계에서 흔히 볼 수 있으며, 브로콜리, 기관지, 뇌, 고사리, 나무, 해바라기, 벌집, 해안, 강줄기 등이 있다.

유클리드 n차원 공간 $R^n$에서 n은 자연수이다. 일반적으로 n이 실수일 때의 차원을 프랙탈 차원이라고 한다. 프랙탈 차원은 기존의 유클리드 기하학이 설명하지 못한 도형의 복잡도를 수치화할 수 있다. 분수부분이 커질수록 도형의 복잡성이 늘어나며, 복잡한 도형이 된다. 또한 프랙탈 차원 개념을 통해, 1차원과 2차원 사이, 2차원과 3차원의 사이 등의 기존의 차원 사이를 매우고 있는 소수 차원의 설명이 가능해졌다.

**Fractal 쪽거리, 프랙탈** 자기 자신을 계속 축소 복제하여 무한히 이어지는 성질이 있으며, 어떠한 축척에서도 서로 유사한 편이(variation)를 갖는다.

**Fractal Compression 프렉탈 압축** 영상을 조각들로 표현될 수 있는 객체들의 집합으로 표현하는 영상 압축 기술을 말한다.

**Fractal Graphics 프랙탈 도형** 프랙탈의 성질을 도형으로 응용하여 영상을 구성하는 것을 말한다.

**Fractional Error of Closure 폐합비(閉合比)** 다각형 노선에서 좌표폐합차와 노선길이와의 비. 일반적으로 분자를 1로 하여 분수로 나타낸다. Relative Error of Closure를 참조.

**Fracture 단구** 표면이 평탄하고 주위가 급사면이나 절벽으로 끊긴 계단형의 지형으로, 하도(河道)를 따라 발단한 하안단구, 해안을 따라 발달한 해안단구와 호수로 인한 호애단구(湖崖段丘)가 있다. 이밖에도 해수면의 상승 또는 땅의 침강 등으로 인한 해저단구, 해저 대륙붕의 대륙단구, 퇴적물로 이루어진 퇴적단구, 퇴적물이 거의 없는 침식단구 등이 있다.

**Fracture Trace 단열 흔적** 사진에서 볼 수 있는 자연적인 선상의 특징으로 비교적 짧은 것을 말한다.

**Fracture Zone 단열대(斷裂帶)** ① 기반암반의 공극은 1차 공극과 2차 공극으로 분류된다. 1차 공극은 매질(매질, matrix)이 갖고 있는 공극이며, 2차 공극은 단열 또는 단층과 같은 구조선으로 정의된다. 이러한 단층 및 지구 압력에 의해 발달하는 단열들이 발달하는 대역을 단열대라고 한다. ② 심해저에서 단층에 의해 형성된 불규칙한 형태의 해저지형이 직선상으로 광범위하게 연결된 지대로서, 급경사나 비대칭 형태의 사면을 지닌 해령, 해곡, 해저 절벽이 있는 것이 특징이다.

**Fragmentation 분할** 릴레이션을 중복되지 않는 논리적 단위로 분리하는 작업을 말하며, 수평 분할, 수직 분할 및 혼합 분할이 있다. 수평 분할의 경우 "항목"은 튜플(tuple)을 의미하며, 수직 분할의 경우에는 속성(attribute)을 의미한다. 분할에는 2가지 중요한 특성이 있으며, 그것은 완전성(completeness) 및 최소성(minimality)이다. Pr={p1, p2, …, pn}을 단순 술어의 집합이라고 할 경우, 분할을 정확하고 효과적으로 표현하기 위해서는 Pr이 완전(complete)하고 최소(minimal)이어야 한다. 먼저, 같은 분할에 속하는 모든 튜플이 어떤 어플리케이션에 의해서도 같은 확률로 참조되면 술어의 집합 Pr을 완전(complete)하다고 한다. 또한, Pr의 모든 술어가 연관이 있으면 Pr을 최소(minimal)라고 한다. Relation 참조.

**Frame 프레임** [영상] TV나 영화에서 한 장의 그림을 말한다. NTSC방식에서는 525본의 주사선으로 1프레임이 구성되고, 1초당 30프레임으로 구성되어 있다. Scanning 참조.

**Frame Buffer 프레임 버퍼** 영상면에 나타나는 영상정보를 각 픽셀 단위로 저장하는 기억장치. 예를 들어 흑백 정보를 출력할 때에는 하나의 픽셀에 하나의 비트를 대응시켜 비트값에 따라 흑백을 구분하고, 컬러 영상면을 나타낼 경우에는 하나의 픽셀에 여러 가지 비트를 대응시켜 표현한다.

**Frame Camera 프레임 사진기** 고정된 초점거리의 렌즈로 셔터에 의해 사변형의 면적을 한 번에 촬영하는 카메라이다. 프레임 사진기는 단일렌즈 방식과 멀티렌즈 방식이 있다.

**Frame Grabber 영상 취득면** 비디오 시그널을 디지털화하기 위한 장치. 영상 취득기로 NTSC 신호에서 영상들을 취득할 수 있고 이들을 디지털 영상 자료로 변환할 수 있다.

**Frame of Cross Hairs 십자선 틀** 십자선 나사를 늦추어서 회전시키거나 상하좌우 움직일 수 있게 되어 있다.

**Frame Process 프레임 처리** 2개 이상의 영상에서 영상소들에 대한 작업을 통해 영상소값을 만들어내는 과정을 말한다.

**Frames per Second(FPS) 초당 프레임수** FPS(Frames per Second)를 참조.

**Framework 프레임워크** 대규모 정보시스템을 개발할 때 활용되는 개발·실행·테스트·운영 환경을 지원하는 소프트웨어이다. 프레임워크를 도입하면 어느 정보시스템을 구축하더라도 공통적으로 개발해야 하는 영역을 미리 만들어 개발기간을 단축한다. 표준화를 한만큼 개발생산성과 개발품질도 높일 수 있다. 전자정부 프레임워크는 공공기관이 사용할 수 있도록 개방형으로 만들어졌다.

**Framework Act on the National Spatial Data 국가공간정보기본법** 이 법은 국가공간정보체계의 효율적인 구축과 종합적 활용 및 관리에 관한 사항을 규정함으로써 국토 및 자원을 합리적으로 이용하여 국민경제의 발전에 이바지함을 목적으로 한다(「국가공간정보기본법」 제1조).

「국가공간정보에 관한 법률」(공간정보법)이 2014년 6월 3일 「국가공간정보 기본법」으로 개정(법률 제12736호)되었으며, 2015년 6월 4일부로 시행되었다. 이 법은 공간정보에 대한 개념 정의, 국가공간정보정책의 추진체계, 국가공간정보체계의 구축 및 활용 등 공간정보에 관한 전반적인 사항을 규정하고 있으므로, 기본법으로서의 성격을 명확히 하고자 함이다. 또한 「국가공간정보에 관한 법률」(공간정보법)의 제명을 「국가공간정보 기본법」으로 개정하여 그 기본법적 성격을 명확히 드러내고, 실질적인 기능을 못하고 있는 국가 공간정보위원회의 7개의 분과위원회를 하나의 전문위원회로 통합하여 실질적인 심의가 진행될 수 있도록 하는 등 국가공간정보에 관한 제도 전반을 개선하려는 것이다. 국가공간정보위원회 내에서 구성·운영되어 오던 분과위원회의 근거 규정을 삭제하고, 그 대신 전문위원회의 구성·운영에 관한 근거를 마련하려는 것이다. 이는 기존의 분과위원은 차관급 이상인 국가공간정보위원회의 위원들로 구성되어 있어 같은 내용을 동일 위원이 이중으로 심의하는 문제가 발생하고 안건에 대한 전문적인 검토가 어려웠으며, 실제 회의 개최실적도 미흡하였다. 따라서 실무진 위주의 전문위원회로 개편하여 심의안건에 대한 내실 있는 검토를 수행하고자 하는 것이 개정안의 취지이다.

• 주요내용 : (1) 법제명을 「국가공간정보 기본법」으로 변경함, (2) 국가공간정보위원회의 분과위원회를 하나의 전문위원회로 통합함(제5조 제6항), (3) 「측량·수로조사 및 지적에 관한 법률」에 따른 "대한지적공사"를 "한국국토정보공사"로 개칭하고, 그 설립 근거를 이 법으로 이관하며, 사업의 범위에 공간정보체계의 구축, 공간정보에 관한 연구·교육·국제교류 등을 추가하고, 그 밖의 제반 규정을 정비(제42조 신설 및 부칙 제2조)하고자 함이다.

**Framework Data 기본지리 정보** 여러 지리정보에서 공통적으로 사용되거나, 여러 지리정보를 통합하기 위해 위치적 혹은 내용적 기준체계를 제공하는 지리정보. (비고) 예를 들어 행정구역의 경계를 기준으로 통계도를 만들 경우, 행정구역경계는 통계도를 위한 기준체계가 된다.

**Framework Transportation Segment Reference Point(FTRF) 교통 프레임워크 중심선 절점** FTRF(Framework Transportation Segment Reference Point)를 참조.

**FRAMME(Facilities Rule-Based Application Model Management Environment) 프레임** 인터그래프사에서 시설물 관리를 위하여 개발된 AM/FM 소프트웨어이다.

**Francis Formula 프란시스 공식** 유량 보정계수로서 프란시스에 의해 만들어진 실험공식이다.

**FRAND(Fair, Reasonable And Non-Discriminatory) 공정하고 비차별적인 특허기술사용조건 확약** '공정하고 합리적이며 비차별적'이라는 뜻의 합성어로 특허가 없는 업체가 표준특허로 제품을 만들고 이후 사용료를 내는 권리. 특허권자가 무리한 요구로 제품 생산을 방해하는 것을 막기 위한 제도로, 현재 삼성전자가 제기한 특허소송에 애플이 방어논리로 사용하고 있다. 프랜드 규정에 따르면 특허권자는 공정한 업계 경쟁과 시장 발전을 위해 특정 경쟁사에 사용하지 못하도록 강제할 수 없으며 라이선스 비용을 받는 것으로만 해결할 수 있다.

**Frappr 프래퍼** 프래퍼는 마이스페이스(MySpace), 프렌즈터(Friendster), 하이파이브(Hi5) 등의 블로그에 포스팅 가능한 일종의 지도 형식의 방명록이다. 자신의 페이지에 방문한 사용자들에게 그들의 위치를 지도에 표시하게 하고 글과 사진 등을 올리도록 해준다.

**Fraud Click 부정 클릭** 부정 클릭이란 경쟁업체가 광고를 반복 클릭해서 경쟁자의 홍보비용을 증가시키는 행위나 광고 게시자가 광고료를 더 받으려고 자신의 사이트에 기재된 광고를 클릭하는 행위를 말한다.

**Fraunhofer's Eye-Piece 프라운호퍼형** 접안경 4개의 볼록렌즈를 2개씩 한 짝으로 하여 각 기의 볼록면을 서로 대립시킨 입상용 접안경이다.

**Free-air Anomaly 프리에어 이상** Gravity Correction을 참조.

**Free & Open Source Software(FOSS) 무료 개방소스 소프트웨어** FOSS(Free & Open Source Software)를 참조.

**Free Economic Zone(FEZ) 경제자유구역** FEZ(Free Economic Zone)를 참조.

**Free Float(FF) 자유여유(自有餘裕)** FF(Free Float)를 참조.

**Free Network 자유망** 삼각망 중에 어떤 고정요소가 존재하지 않는 삼각망을 말한다.

**Free Network Adjustment 자유망 조정(自由網 調整)** 기준점의 수평위치를 결정하는 조정계산에서 전체를 미지로 하여 최소제곱법을 적용하는 방법이다.

**Free Nutation 자유 장동** 극운동은 지각을 기준으로 할 때의 지축의 운동을 나타낸다. 극운동은 지구와 대기 질량의 불균등한 분포와 지구 내적인 요인들로 인해 발생된다.

**Free Traverse 자유 트래버스** 개방트래버스 가운데에서 시점과 종점과의 사이에 아무런 조건도 존재하지 않는 것을 말한다.

**Freeconomics 프로코노믹스** Free와 Economics의 합성어로서 상품을 공짜 또는 매우 저렴하게 주면서 수익을 추구하는 다양한 사업모델을 통칭한다. 즉, 상품을 공짜로 주어 사용자 기반, 관심, 애정, 명성 등을 얻고 이를 바탕으로 수익은 보완재나 후원자로부터 창출하는 사업모델이다. '공짜'가 '무 이익'을 뜻하지는 않으며, 미끼상품으로 간접적으로 수익을 올린다는 개념이다.

**Freeflight 프리플라이트** [드론] 패롯이 발표한 새로운 미니 드론 시리즈는 iOS와 안드로이드, 윈도폰 앱인 프리플라이트3(FreeFlight 3)을 이용해 원격 조종할 수 있다. 프랑스 드론 제조사인 패롯(Parrot)이 미니 드론 시리즈 13개 모델을 한꺼번에 발표했다. 점핑 스모(Jumping Sumo) 후속 버전 2종 6개 모델과 벽면이나 천장까지 타고 날 수 있는 쿼드콥터 드론인 롤링스파이더(Rolling Spider)와 에어본(Airborne) 시리즈 2종 5개 모델, 쿼드콥터 드론이지만 추진력을 이용해 수상 주행까지 가능한 하이드로포일(Hydrofoil) 시리즈 2종을 새로이 추가하였다. 패롯이 발표한 새로운 미니 드론 시리즈는 iOS와 안드로이드, 윈도폰 앱인 프리플라이트3(FreeFlight 3)을 이용해 원격 조종할 수 있다. 미리 설정해둔 점프나 회전을 할 수 있는 건 물론 마이크 주위 소음을 포착해서 스마트폰이나 태블릿을 통해 들을 수도 있다. 연습을 요하는 드론의 이착륙을 원터치로 해결할 수 있고 객관적인 인터페이스를 갖춰 초보도 쉽게 드론을 조종할 수 있다.

**Free-Form Display 자율형 디스플레이** 어떤 형태로든 제작할 수 있는 액정화면표시장치(LCD) 패널이다. 샤프가 2014년 처음 선보인 신개념 디스플레이(display)로서, 기존 LCD 패널의 전형인 사각형 모양을 벗어나 원형 등 다양한 모양으로 화면을 구현한다. 기기 측면이 곡선으로 깎이거나 디스플레이 중간이 뚫린 형태도 구현할 수 있다. 즉, 어떤 모양에도 맞춰 디스플레이를 만들 수 있는 것이다. 자율형 디스플레이가 여러 모양으로 생산이 가능한 것은 기존 LCD 패널을 둘러싼 테두리에 있던 반도체를 화면 부분에 탑재했기 때문이다. 제품에 맞게 테두리 모양을 자유롭게 구현할 수 있다. 디스플레이 채택이 늘어나는 자동차 분야와 웨어러블(wearable) 기기 분야에 많이 쓰일 것으로 전망된다.

**Free Maintenance(FM) 방임 보전** FM(Free Maintenance)을 참조.

**Freemium 프리미엄, 무료** 일정한 기능을 모든 고객에게 무료로 제공하는 기본 앱을 말한다. 요금을 낸 고객은 고급 버전을 사용할 수 있다.

**Freenet 프리넷** Freenet은 1999년도에 발표된 Ian Clarke의 논문 'A distributed decentralized information storage and retrieval system'에서 시작된 오픈 소스 프로젝트로 P2P기술에 기반하여 익명성을 보장받는 사용자들 간에 파일을 공유하기 위한 것이다.

**Free Trade Area of the Asia-Pacific(FTAAP) 아시아 태평양 자유무역지대** FTAAP(Free Trade Area of the Asia-Pacific)를 참조.

**Freeway Traffic-flow Control Service(FTCS) 고속도로 교통흐름 제어 서비스** FTCS(Freeway Traffic-flow Control Service)를 참조.

**Free-Viewing 육안 감상** 안경이나 렌즈를 전혀 사용하지 않고 한 쌍의 사진을 3D로 감상하는 방법. 병렬식 육안 감상, 교차식 육안 감상, 수렴(Convergence), 발산(Divergence) 등의 항목 참조.

**Freeware 프리웨어** 통신망의 모든 이용자가 무료로 이용할 수 있도록 한 소프트웨어와 데이터. 운영시스템과 GIS패키지를 비롯하여 수많은 프리웨어가 인터넷에 존재한다.

**Freeway Traffic Management System(FTMS) 고속도로 교통관리 체계** FTMS(Freeway Traffic Management System)를 참조.

**Freeway Traffic-flow Control Service(FTCS) 고속도로 교통류 제어 단위 서비스** FTCS(Freeway Traffic-flow Control Service)를 참조.

**Freeze 동결** 도면을 재생성할 때 특정 도면층에 있는 객체는 무사하여 재생성 시간을 줄이는 기법. 동결된 도면층의 객체는 영상면 표시되지 않고 재생성되지도 않으며 인쇄되지 않는다.

**Freezing Depth 동결심도** 흙 속의 물이 어느(freezing) 동결층과 미동결층의 경계가 되는 곳까지의 지반 깊이를 동결심도라고 한다. frost line, frost depth라고도 한다. 동결심도는 그 지역의 기온, 토질, 습윤상태, 지하수 위치 등에 따라 그 깊이가 달라진다. 지하시설물 설치 시 동파방지를 위하여 동결심도 이하로 매설하여야 한다. NFPA에서는 지하에 매설되는 관 상부로부터 지면까지의 깊이가 동결 깊이보다 30cm 이상 되도록 규정하고 있다. 불가피하게 동결심도보다 얕게 포설(布設)하는 경우는 단열재나 보온재로 피복하는 등 동결방지조치를 강구할 필요가 있다. 동결심도는 국토교통부에서 발표하는 자료를 기준할 수도 있고 다음 계산식으로 이용할 수도 있다. 즉, $Z=c\sqrt{F}$. 여기서, Z : 동결 깊이(cm), C : 상수로서 지하 토질조건에 따라 3~5의 값을 갖는다. F : 0℃ 이하의 기온(℃)×연간 지속일자(day)이다.

**Freight and Fleet Management(FFM) 화물 및 화물 차량 관리** FFM(Freight and Fleet Management)를 참조.

**Frenemy 프레너미** 친구를 뜻하는 프렌드(Friend)와 적을 의미하는 에너미(Enemy)의 합성어로서, 한 쪽에서는 서로 협력하면서 다른 쪽에서는 서로 경쟁하는 관계를 뜻한다. 최근 IT업계는 TV, 스마트폰, 사물인터넷, 스마트카 등으로 영역이 확장되면서 프레너미 관계가 많아지고 있다.

**Frequency 주파수(周波數)** 진동수라고도 하며 진동전류 또는 전파, 음파 등이 1초 동안에 방향을 바꾸는 횟수를 말하며, 매초 몇 사이클로 나타낸다.

**Frequency Division Multiple Access(FDMA) 주파수 분할 다중접속** FDMA(Frequency Division Multiple Access)를 참조.

**Frequency Domain Filter 주파수 영역 필터** 일단 원격탐사 영상은 푸리에 변환을 사용하여 그것의 주파수 구성 요소로 변화되면 주파수 영역 필터는 결과로 나타난 영상을 수정하기 위해 사용될 수 있다. 이런 필터들은 영상의 진폭 분광대에서 동작하고 특별한 파장 대역의 진폭을 제거, 감쇄 또는 증폭시킬 수 있다.

**Frequency Hopping Spread Spectrum(FHSS) 주파수도약 변조, 주파수 도약 스펙트럼** FHSS(Frequency Hopping Spread Spectrum)를 참조.

**Frequency Transform 주파수 변환** 하나의 영상을 기본적인 주파수 요소들로 변환하는 작업을 말한다.

**Frequently Asked Question(FAQ) 자주 묻는 질문**
FAQ (Frequently Asked Question)를 참조.

**Freshwater 담수(淡水)** 해수(海水)에 비해 염분이 적고, 음용으로 적합할 정도의 염분 농도를 가진 물이다. 일반적으로 우수(雨水), 하천수, 호소(湖沼)수, 지하수 등으로 용해성증발잔류물(TDS)의 농도가 500mg/l 이하의 물을 말하는 경우가 많다.

**Fresnel-Kirchhoff Diffraction 프레넬-키르히호프 회절(回折)** 파는 진행방향으로 제일 강한 파를 만든다는 원리다. 호이겐스(Huygens) 원리는 임의의 모양의 파면이 그다음 파면을 형성하는 형태를 추측하거나, 파동이 진행속도가 다른 지역으로 들어갈 때 굴절하는 양상이나 회절을 그럴듯하게 설명하기는 하지만 몇 가지 문제점을 가지고 있다. 점 파원은 사방으로 동일한 세기의 파동을 만들므로 파면의 진행방향에 반대되는 방향으로의 파동도 생겨나야 하나 이러한 것은 관측할 수 없다. 파동의 운동방식에 대한 연구가 집중되던 19세기에 이르러서 프레넬(Fresnel)과 키르히호프(Kirchhoff) 등이 파동방정식을 이용하여 엄밀한 방법으로 호이겐스의 원리를 검증할 수 있었다. 따라서 이를 "호이겐스-프레넬-키르히호프(Huygens-Fresnel-Kirchhoff) 원리"라고도 한다. 이 원리는 파면의 진행방향과 이루는 각도($\theta$)에 따라 파의 세기가 다르다는 것을 말하고 있다. 파면이 형성하는 파원은 구면파를 만들어내기는 하지만 파가 진행하는 방향으로 가장 강하고 그 반대 방향으로는 진폭이 0인 파동을 만들어낸다. 그 상대적인 파동의 세기는 $K(\theta) = \frac{1+\cos\theta}{2}$ 으로 표현된다. 비록 호이겐스 원리가 근사식에 불과하기는 하지만 진행방향과 크게 벗어나지 않은 방향으로의 파동의 세기는 거의 대등하므로 굴절, 반사, 간섭, 회절 등의 파동의 여러 현상을 설명하는데 매우 유용하다.

빛의 회절이란 빛의 파동적인 성질 때문에 나타나는 것으로 파면이 물체의 방해를 받아 파면의 진행이 직진성에서 벗어나는 것을 말한다. 예를 들어, 불투명한 물체를 광원과 스크린 사이에 놓으면 그림자 주위에 밝고 어두운 무늬들을 볼 수 있는데, 이는 빛의 회절로 인한 것이다. 호이겐스는 빛의 1차 파면 위의 각 점이 2차 구면파의 광원으로 간주될 수 있다고 가정하였으며, 프레넬은 1차 파면 이후의 임의의 점에서 파동의 진폭은 1차 파면에서 발생한 2차 구면파의 중첩이라고 가정하였다. 회절무늬에 대한 계산은 일반적으로 알려져 있는 프레넬-키르히호프 공식으로 가능하다.

■ **Kirchoff 적분정리**

U와 V가 연속이고 적분가능한 스칼라 함수라 할 때, 그린(Green)의 정리에 의해 다음과 같은 등식이 성립한다. 즉,

$$\int\int (V \nabla_n U - U \nabla_n V) dA = \int\int\int (V\nabla^2 U - U \nabla^2 V) dV$$

좌변의 적분은 닫혀진 표면에 대한 것이고, 우변의 적분은 그 표면 안의 체적에 대한 적분이다. $\nabla_n$은 적분의 표면에서 gradient의 수직 성분을 의미한다. 만일 U와 V가 $\nabla^2 U = \frac{1}{u^2}\frac{\partial^2 U}{\partial t^2}$, $\nabla^2 V = \frac{1}{u^2}\frac{\partial^2 V}{\partial t^2}$의 파동방정식을 만족하고 $e^{\pm i\omega t}$의 시간의존성을 가지고 있다면 우변은 0이 되어 다음 식이 성립한다. 즉, $\int\int (V \nabla_n U - U \nabla_n V) dA = 0$. 만일 V가 r=0인 점 P로 모여 드는 구면파라면 V는 $V = V_0 \frac{e^{i(kr+\omega t)}}{r}$로 표현할 수 있다. 임의의 점이 닫혀진 표면 안쪽에 있을 경우, 이 점에 대해 적용하여 계산하면, 키르히호프의 적분정리로 알려져 있는

$U_p = -\frac{1}{4\pi}\int\int (U \nabla_n \frac{e^{ikr}}{r} - \frac{e^{ikr}}{r} \nabla_n U) dA$ 식을 구할 수 있다. 이 식은 표면 위에서의 파동함수 값이 표면 안쪽에 있는 임의의 점에서의 파동함수 값을 결정해줌을 의미한다.

■ **프레넬-키르히호프(Fresnel-Kirchhoff ) 공식**

위에서 유도한 키르히호프 적분정리를 회절에 관한 일반적인 문제에 적용할 수 있다. 점광원으로부터 임의의 모양의 슬릿을 통해 빛이 회절한다고 하자. 점광원 S는 사방으로 진행하는 구면파를 발생하므로, r′를 점광원 S에서 슬릿면 위의 점까지의 거리라고 하면, 슬릿 위에서의 파동함수 값은 $U = U_0 \frac{e^{i(kr'-\omega t)}}{r'}$가 된다. 이 함수 값을 키르히호프 적분정리에 대입하면

$$U_p = -\frac{U_0 e^{-i\omega t}}{4\pi} \int\int \left(\frac{e^{ikr}}{r} \nabla_n \frac{e^{ikr'}}{r'} - \frac{e^{ikr'}}{r'} \nabla_n \frac{e^{ikr}}{r}\right) dA$$

이 된다. 적분은 슬릿면에 대해서만 하면

$$\nabla_n \frac{e^{ikr}}{r} = \cos(n, r) \frac{\partial}{\partial r} e^{ikr} = \cos(n, r) \left(\frac{ike^{ikr}}{r} - \frac{e^{ikr}}{r^2}\right)$$

$$\nabla_n \frac{e^{ikr'}}{r'} = \cos(n, r') \frac{\partial}{\partial r'} e^{ikr'} = \cos(n, r') \left(\frac{ike^{ikr'}}{r'} - \frac{e^{ikr'}}{r'^2}\right)$$

이다. 여기서, (n, r)과 (n, r′)는 각각 슬릿표면에 수직한 단위 벡터 n과 두 거리 벡터 r, r′ 사이의 각을 나타낸다. 이를 정리하면,

$$U_p = -\frac{ikU_0 e^{-i\omega t}}{4\pi} \int\int \frac{e^{ik(r+r')}}{rr'} [\cos(n, r) - \cos(n, r)] dA$$

가 된다. 이 식을 프레넬-키르히호프 적분 공식(Fresnel- Kirchhoff Formula)이라 하며, 호이겐스-프레넬 원리의 수학적 표현이라고 볼 수 있다.

※ 특별한 경우인 광원이 원형의 슬릿에 대해 대칭적으로 위치해 있을 경우, 적분 표면을 구면으로 택하고 표면 적분을 할 때, cos(n, r)=−1이 되므로, 프레넬-키르히호프 적분 공식은

$$U_p = -\frac{ik}{4\pi} \int\int \frac{U_A e^{i(kr-\omega t)}}{r} [\cos(n, r) + 1] dA$$

이 된다. 여기서, $U_A = \frac{U_0 e^{ikr'}}{r'}$ 이다.

이 식에서 $U_A$는 슬릿면에 입사하는 1차 파면의 복소수 진폭으로 간주될 수 있다. 또한, $\frac{U_A e^{i(kr-\omega t)}}{r} dA$는 슬릿표면에서 나오는 2차 파면이 관측점에 도달할 때 파동함수의 값이다. 따라서 관측점에서의 광은 슬릿 표면의 각 점에서 나오는 2차 파동의 합으로 얻어진다. cos(n, r)−cos(n, r′)은 경사 인자로 알려져 있으며, 슬릿면에 파동이 비스듬하게 입사하거나 출사할 경우 파동의 세기의 감소를 나타낸다. 만일, r//(−r′)이면 경사인자는 2cos(n, r)이 되지만 r//r′인 경우에 경사 인자는 0이 되어 회절에 의한 전기장의 세기가 0이 된다. 이는 슬릿면에서 2차 파면이 발생할 때 파면이 광원으로 되돌아갈 수는 없고, 앞쪽으로만 전파해 나간다는 것을 설명한다. 이것은 원래 호이겐스 원리에 없었던 것이며, 계수 −i는 2차 파면이 90도 위상 지연이 있음을 나타내는데 이것도 호이겐스의 원리에는 나타나있지 않은 것이다.

**Fresnel's Formulas 프레넬 방정식, 프레넬 공식** 반사계수와 투과계수에 관한 것으로 매질과 광학적 특성, 즉 굴절률이 다른 매질의 계면에서 반사 또는 투과 진폭을 입사진폭으로 나눈 값을 말한다. 굴절률이 n1인 매질에서 n2인 매질로 빛이 투과할 때 반사와 굴절이 일어난다. 프레넬 방정식은 이 성질을 반사계수, 투과계수로 나누어 성분을 분석하여 표현한 방정식이다. 프랑스의 물리학자 오귀스탱 장 프레넬(Augustin-Jean Fresnel, 1788~1827)이 유도하였다. 방정식에는 가정이 있는데, 첫 번째는 빛이 한 매질에서 다른 매질로 투과할 때, 그 면이 균일하고 평평한 평면이며, 둘째는 빛이 투과할 때 평면파라는 것이다.

**Fresnel Lens 프레넬 렌즈** 집광 렌즈의 하나로서 볼록 렌즈처럼 빛을 모아주는 역할을 하면서도 두께는 줄인 렌즈이다. 이때, 두께를 줄여도 볼록 렌즈와 같은 역할을 할 수 있는 이유는 몇 개의 띠 모양으로 나누어 각 띠에 프리즘작용을 가지게 하여 수차(收差)를 작게 했기 때문이다. 또한 빛을 한 곳에 모이기 위하여 굴절률의 차이를 줄여야 하는데, 그렇게 하기 위해서 프레넬 렌즈는 표면에 수많은 동심원의 홈이 있다는 것을 알 수 있고, 이 홈에 따라 굴절률이 조절되기 때문에 빛을 한 곳에 집중시킬 수가 있는 것이다. 프레넬 렌즈는 등대용으로 옛날부터 사용되어 왔으며, 플라스틱 재료를 사용하여 카메라의 파인더를 밝게 하는 핀트판(板), 자동차 미등이나 OHP(Over Head Projector) 등 빛을 집중시켜야하는 곳에 사용되며, 요즘은 카메라 폰 후레쉬에도 사용되고 있다. 프레넬 렌즈도 일반렌즈처럼 보통 플라스틱으로 사용하여 만들지만, 실리콘 웨이퍼를 이용해서 만든 특수한 프레넬 렌즈도 있다. 이런 웨이퍼 렌즈는 플라스틱 렌즈와는 달리 적외선을 투과시키는 성질이 있어서 적외선 센서용으로 사용되는데, 적외선 센서 앞에서 적외선을 집중시켜 감도를 높일 수 있으며 자동차나 귀속체온계 등에 주로 사용된다.

**Fresnel Zone 프레넬 영역, 프레넬 존** 무선통신을 할 때 가시선의 자유공간에 장애물이 존재할 경우, 통신거리가 짧아지게

되고, 장애물에 의해 굴절이 일어나 직선으로 수신측에 전파된 신호와 위상차를 갖게 된다. 프레넬 영역은 이러한 굴절에 의한 위상차 정도에 따라 영역을 나눠놓은 것으로 통신망의 가시선이 중요한 경우, 반사파의 영향을 따지거나 안테나의 높이, 회절손실 등을 계산할 때 중요한 요소가 된다. 1차 프레넬 영역은 위상차가 0~90° 생기는 영역을 가리키고, 2차 프레넬 영역은 위상차가 90~270° 생기는 영역을 가리킨다. 그리고 3차 프레넬 영역은 위상차가 270~450° 생기는 영역을 가리킨다. 또는 1차 프레넬 영역은 직선거리와 곡선거리의 차이가 반파장되는 영역으로 표현되고, 2차 프레넬 영역은 직선거리와 곡선거리의 차이가 한파장되는 영역으로 표현되기도 한다.

**FRICS 하천 · 유역 종합 정보체계** 일본 건설성과 다른 기관들이 제공하는 하천, 사방, 해안 등 각종 자료와 정보를 재단법인 하천 정보 센터가 입수하여, 일반인이 쉽게 이해할 수 있도록 가공하여 하천관리 실무자를 비롯하여 전 산업분야의 사용자에게 제공하는 실시간 종합정보 체계이다.

**Frictional Force 마찰력** 접촉하고 있는 두 물체가 서로 미끄러지려할 때 미끄럼을 방해하는 힘을 말하며, 두 물체의 접촉면 성질(물체의 종류, 표면 거칠기 등), 접촉압력(수직 항력), 접촉면에서 두 물체 분자사이의 인력 등과 관계가 있는 매우 복잡한 현상이다. 마찰력에는 물체가 미끄러지지 않는 동안 작용하는 마찰력인 정지 마찰력, 미끄러지지 않고 최대로 버틸 수 있는 마찰력을 최대 정지 마찰력, 물체가 미끄러질 때 작용하는 운동 마찰력(미끄럼 마찰력)이 있고, 고체면 사이의 고체마찰과 고체와 유체 사이에 작용하는 마찰인 점성마찰이 있다. 접촉하는 두 물체의 접촉면이 모두 단단하고 매끄러운 경우, 최대 정지 마찰력과 운동 마찰력은 접촉면의 면적과는 상관없이 접촉면에 대한 수직 항력(물체의 무게)에만 비례한다. 항력을 N, 최대 정지 마찰력을 $F_s$, 운동 마찰력을 $F_k$라 하면, $F_s = \mu_s N$($\mu_s$: 정지 마찰계수), $F_k = \mu_k N$($\mu_k$: 운동 마찰계수)이다. 한편, $\mu_k < \mu_s$이다.

**Friction Layer 지체 레이어** 일정 움직임의 진행에 있어서 얼마만큼의 지체가 필요시 되느냐에 관한 정보를 보여주는 레이어를 말한다.

**Friend 친구** 소셜네트워크상에서 정보를 지속적으로 교환하기로 합의한 두 회원 간의 관계를 뜻한다.

**FriendFeed 프렌드피드** 프렌드피드는 지메일 엔지니어 폴 부케이트(Paul Buchheit)와 구글 맵스(Google Maps)를 만든 제품 관리자 브렛 테일러(Bret Taylor)를 포함한 4명의 전직 구글 직원이 2007년 세웠으며, 라이프 스트림(Life Stream) 서비스를 표방. 이용자가 사용하는 웹서비스를 모아 실시간으로 자신의 상황을 업데이트하는 서비스를 제공하며, 트위터처럼 마이크로 블로그 서비스도 함께 제공하고 있다. 프렌드피드는 지인들이 SNS상에서 펼치는 다양한 활동을 한눈에 확인할 수 있는 서비스를 제공한다.

**Fringing Reef 거초** 거초는 섬 또는 대륙의 주변에 발달하는 산호초(coral reef)로서, 육지와는 대단히 얕은 수로(waterway)로 분리되어 있다.

**Frocussing Screw 집진 나사** 관측물에 대물경의 집진을 맞추기 위한 나사를 말한다.

**Front-End 프런트 엔드, 전위(前位) 처리** 프런트 엔드(Front-end)는 UI(User-Interface)를 가지고 동작하며 백엔드(Back-end)는 UI없이 프로세스 형태로만 존재한다. 프론트엔드와 백엔드는 프로그램 인터페이스와 서비스의 최초 사용자와 관련된 특성을 나타내는데 사용되는 용어이다. 여기서 "사용자"란 사람 또는 프로그램이 될 수 있다. 프론트엔드 응용프로그램은 사용자들과 직접 상호작용을 하는 프로그램이다. 백엔드 응용프로그램은 보통 요구되는 자원들에 가깝게 있거나 또는 요구되는 자원들과 교신할 수 있는 능력을 가지는 등을 통해 프론트엔드 서비스를 간접적으로 지원한다. 백엔드 응용프로그램은 프론트엔드와 직접 상호 작용할 수 있지만, 보다 일반적인 것은 중간에 또 다른 프로그램이 개입되어 프론트엔드와 백엔드의 활동을 조정한다. 프론트엔드 응용프로그램은 사용자와 직접 인터페이스할 수 있으며, 요구된 데이터를 얻거나 요구된 서비스를 수행하기 위하여 원격지의 다른 컴퓨터에 위치한 백엔드 프로그램으로 요구를 전달한다. 클라이언트/서버 컴퓨팅 모델과 비교한다면, 프론트엔드는 클라이언트로, 백엔드는 서버로 이해할 수 있다.

**Frost Boil 연화현상** 동결된 지반이 융해될 때 흙 속에 과잉의 수분이 존재하여 지반이 연약화되어 강도가 떨어지는 현상을 말한다. Frost Heave 참조.

**Frost Heave 동상(凍上) 현상** 대기의 온도가 0℃ 이하로 내려가면 흙 속의 공극수가 동결하여 흙 속에 얼음층(ice lens)이 형성되므로 체적이 팽창하여 지표면이 부풀어 오르는 현상을 말한다. 물이 얼어서 얼음이 얼면 체적이 9% 팽창하고 ice lens의 공극은 더욱 작은 모세관 역할을 하므로 모관압이 증가하여 동결 경계면 아래의 지하수가 추가로 상승함에 따라 흙의 함수비가 증가하여 흙이 팽창되게 된다. 동상량을 지배하는 인자로는 모관상승고의 크기, 흙의 투수성, 동결온도의 지속기간 등이다. Frost Boil 참조. 동상에 의한 피해로서는, 도로면, 철도궤도의 떠오름현상, 지하매설관의 파괴, 구조물의 경사, 변형 등의 발생 등이 있다.

**Froude Number 프루드 수** 상류와 사류를 나누는 기준이 된다. Froude Number는 흐름의 중력에 대한 관성력의 비 혹은 흐름의 평균유속에 대한 표면파의 전파속도의 비이다. 즉, Froude Number, $F = \frac{V}{\sqrt{gh}}$ 이다. 여기서, h는 수로 단면의 평균수심이다. V는 유속으로서 V=Q/A의 식이 성립한다. A는 수로 단면적이며, Q는 유량이다. "F = 1"일 때의 수심을 한계수심이라 하고 이때 비에너지는 최소가 되며, 이때의 흐름의 상태를 '한계류(critical flow)'가 되어 흐름의 평균유속이 표면장파의 전파속도와 동일하다. 흐름의 수심이 한계수심보다 작으면 $(h < h_c)$, $(\sqrt{gh} < \sqrt{gh_c})$이므로 "F>1"이 되어 흐름의 상태는 사류(射流, supercritical flow)가 되어, 흐름의 평균유속이 커서 표면장파가 상류로 전파되지 못하고 하류로 전파되어 내려간다. 즉, 수심이 작고 유속이 크다. 한편, 수심이 한계수심보다 크면 $(h > h_c)$, $(\sqrt{gh} > \sqrt{gh_c})$이므로 "F<1"이 되어 흐름의 상태는 상류(常流, subcritical flow)가 되어, 흐름의 평균유속이 표면장파보다 작아 표면장파가 상류로 전달된다. 즉, 수심이 크고 유속이 작다.

■ **상류, 사류 및 한계류의 구분 기준**

| 방법 | 상류 | 사류 | 한계류 | 공식 |
|---|---|---|---|---|
| 한계수심(hc) | h > hc | h < hc | h = hc | $hc = (\frac{\alpha Q^2}{gB^2})^{\frac{1}{3}}$ |
| 한계유속(Vc) | V < Vc | V > Vc | V = Vc | $V_c = \sqrt{gh_c}$ |
| 한계경사(Ic) | I < Ic | I > Ic | I = Ic | $I_c = \frac{g}{\alpha C^2}$ |
| Fr 수 | Fr < 1 | Fr > 1 | Fr = 1 | $Fr = \frac{V}{\sqrt{gh}}$ |

**FRP(Federal Radionnavigation Plan)(US) 지피에스 법규용 미국 정부 보고서** GPS 산업용 사용에 관한 공식 법규를 담고 있는 미 정부 보고서이다.

**FS(Foresight) 전시(前視), 초시** 수준측량에서 표고를 구하려는 미지점에 세운 표척의 눈금을 읽은 값을 의미한다.

**FTAAP(Free Trade Area of the Asia-Pacific) 아시아 태평양 자유무역지대** 2006년 APEC 정상회의 때 처음 제시되었다. 중국의 제안으로 이루어졌으며, 중국의 경우 AIIB(Asian Infrastructure Investment Bank, 아시아 인프라 투자은행)와 더불어서 미국 위주의 무역 판도를 중국 쪽으로 돌리려는 시도 중의 하나로서, 미국과 일본 주도하는 TPP(환태평양경제동반자협정)에 대항하는 모양새이다. RCEP와 TPP 국가들을 FTAAP로 묶는다는 구상이다. TPP, RCEP, AIIB 참조.

**FTCS(Freeway Traffic-flow Control Service) 고속도로 교통류 제어 단위 서비스** 고속 도로 본선의 원활한 교통 소통을 위해 고속도로의 교통 정보를 수집 가공 처리하여 운전자에게 교통류 제어 목적의 정보를 제공하고, 교통류 제어의 일관성 유지를 위해 관련 시스템간의 연계를 통해 연계제어 및 연계정보의 교환을 원활히 하는 서비스이다.

**FTMS(Freeway Traffic Management System) 고속도로 교통관리 체계** 고속도로의 효율을 향상시키고 용량을 증대시키기 위하여 교통 검지기, 컴퓨터 장비 등을 이용하여 교통 상황을 파악하고 정보를 수집하여 고속도로 이용자에게 제공하는 체계를 말한다.

**FTP(File Transfer Protocol) 파일 전송 규약** 컴퓨터 간에 파일을 이동하는 표준 방법. 패킷, 스위칭 기술이기 때문에 전송 중의 오차를 감지하고 수정한다. FTP는 상당히 큰 파일도 인터넷이나 그 밖의 다른 통신망에서 컴퓨터 간에 주고받을 수 있도록 한다.

**FTRF(Framework Transportation Segment Reference Point) 교통 프레임워크 중심선 절점** 교통 프레임워크 중심선의 어떤 시종점이나 또는 실제로 두 도로가 교차하는 지점에 발생하는 실세계 도로 중심선상의 교차점 노드를 말한다. Fudamental DatasetsFramework data를 참조.

**Full Browsing 풀브라우징** 무선인터넷을 쓸 수 있는 모든 단말기에서 동일한 수준의 서비스를 이용할 수 있게 해주는 기술로 단말기 종류에 상관없이 동일한 화면을 보여준다. 예를 들면 온라인의 특정 사이트를 휴대폰에서도 PC와 같은 상태로 볼 수 있게 해준다. 유·무선 통합, 단말기 간 융합에 필수적인 기술이다. 일반 컴퓨터가 아닌 휴대전화에서도 PC와 동일한 형태로 인터넷을 할 수 있는 서비스를 말한다. PC 익스플로러 등 인터넷 브라우저를 통해 인터넷 사이트를 보는 것처럼 휴대전화에서도 동일한 화면을 볼 수 있다. 풀브라우징이라는 용어는 2008~2009년 햅틱, 아레나와 같은 풀브라우징폰이 많이 팔리면서 널리 쓰이기 시작했다. 요즘 판매되는 스마트폰은 기본적으로 풀브라우징 기능을 갖추고 있어 인터넷을 사용하는 데 큰 불편이 없다. 최근에는 휴대전화뿐 아니라 PMP, PDA, 태블릿PC 등 휴대용 모바일기기가 대체로 풀브라우징 기능을 지원한다.

**Full Circle 방위각** Azimuth Method를 참조.

**Full Circle Method 방위각법(方位角法)** Azimuth Method를 참조.

**Full Frame 풀프레임** 35mm 필름의 표준 크기(가로 36mm, 세로 24mm).

**Full HD(Full High Definition) 풀 에이치디** HD(High Definition, 고화질)가 지원하는 최적의 해상도를 지칭할 때 쓰이는 용어이다. Full-HD의 조건을 만족하기 위해서는 1080p(1,920×1,080의 해상도) 또는 1080i(i/p변환 가능)의 해상도가 이루어져야 한다.

과거의 SD 규격은 720×480의 DVD급 화질로서 와이드 규격이 아닌 가로, 세로 4 : 3 비율인 640×480의 일반 TV에 해당하는 규격이다. 이보다 발전된 HD 규격은 1280 ×720P(Progressive scanning)로서, HD 규격에 대응하는 디지털 TV를 처음 생산할 때 1920×1080의 해상도를 내는 디스플레이 패널을 생산 못해서 시장성을 고려해 생산하기 시작한 규격이다. 당시 기술 상황상 어쩔 수 없이 만들어진 형식이다. 현재는 1920×1080 해상도의 Full HD가 나오면서 시장을 잃어가고 있다. Full HD 규격(1920×1080i, 1920×1080P)은 HD 디지털 방송, HD-DVD, 블루레이디스크와 호환되는 최상의 규격으로 최근 기술력이 높아지면서 그동안 1920×1080 개발할 수 없어 지원하지 못했던 규격을 완벽하게 지원하게 된 규격이다. 엄밀히 말하면 Full-HD 규격은 HD이지만 과거 HD를 완벽히 규현하지 못하면서 기술의 발전으로 HD를 구현할 수 있게 되어 Full HD 용어를 쓰는 것이다. HD 방송신호 형식은 다음과 같은 항목으로 표기한다. 즉 (1)화면 영역의 라인(scan line)수, (2)순차 주사 방식(p) 혹은 비월주사 방식(i), (3)초당 프레임 혹은 필드의 수 (프레임률) 등이다. 4K UHD, 8K UHD, HD를 참조.

**Full High Definition(Full HD) 풀 에이치디** Full HD(Full High Definition)를 참조.

**Full Inspection 전수 검사** 자료 전체 모든 항목의 점검을 말한다.

**Full LED 3D TV 풀 발광다이오드 3차원 티브이** TV화면 뒷면 전체에 LED 광원(光源)을 배치한 3D TV. TV화면 가장자리에서 빛을 쏘는 엣지방식에 비해 화질과 명암이 더 뛰어나다.

**Full Line 실선(實線)** 제도용 선중 연속하여 그어지는 것. 굵은 실선과 가는 실선으로 대별한다. 전자는 물체의 보이는 부분을 나타내는 외형선, 내부를 나타내는 일부 파단선은 윤곽선에, 후자는 치수선 · 인출선 · 해칭(hatching)에 쓰인다.

**Full Operational Capability(FOC) 정상 가동 선언** FOC(Full Operational Capability)를 참조.

**Full Planar Graph 완전평면 도표** 연결성과 방향성 그리고 인접성이 있는 평면 2차원 위상 복잡도(선에 대한 위상구조로 선에 인접된 면의 정보를 가지고 있다. 2차원 위상 복잡도는 2차원 지도학에서 'Fully Topology'라고 한다.)

**Full Surface Graph 완전 지표면 도표** 지표면의 하위집합과 동일구조인 2차원 위상 복잡도(면에 대한 위상구조로 면과 면의 인접성에 대한 정보를 가지고 있다.)를 말한다.

**Full Topology 완전 위상 관계** 상호 완전히 배타적인 표면의 집합에 의해 분할된 지구의 표면을 말한다. 수준 2의 위상 관계에 면의 위상 관계를 추가한 위상 정보를 말한다.

**Fullwave 풀 웨이브** 코드 추적환(Code-Tracking) 수신기의 관측값과 신호 제곱(Signal-Squared : Codeless) 수신기의 관측값을 구분하기 위해 사용되는 항. L2 P-코드 추적 수신기는 Full Wave인 24cm L2 전파장을 사용해 관측값을 만들 수 있다. 반면, 제곱(Squared) L2 반송파 위상 자료는 12cm의 파장을 갖는다.

**Full Width 전폭(全幅)** 인도폭과 차도폭을 합한 도로 전체의 폭을 말한다.

**Fully Connected 완전 연결** 정방향 및 역방향 연결을 가진 일련의 아크가 동일한 시작 노드와 끝 노드를 가진 것을 말한다.

**Fumarole 분기공** 수증기나 가스를 분출하는 지각의 구멍을 말한다.

**Function 함수** 하나의 도메인으로부터 나온 요소와 다른 도메인으로부터 나온 독특한 요소를 연계시키는 규칙. (정의 2) 한 가지 연산을 수행하거나 하나 이상의 값을 만들어내는 과정이다.

**Function Key 기능키** 하나의 적용 프로그램에서 어떤 기능을 빠르고 간편하게 실행시키기 위하여 사용하는 F1, F2, …, F11, F12와 같은 키. 기능키는 단독으로 사용되기도 하고 다른 키와 함께 조합해서 사용하기도 한다.

**Function Point 기능점수** 1979년에 IBM의 Allan J. Albrecht에 의해 제창된 생산성 측정기법이다. 그 특징은 사용언어, 작성자의 기술, 개발환경, 4GL과 Application Package를 이용한 경우 등과 같은 시스템의 가치를 평가하는 것이다. 기능점수(Function Point)는 이미 미국과 유럽, 일본 등에서 널리 사용되고 있는 S/W규모측정방법으로 ISO/IEC 국제표준이며, 사용자에게 제공되는 S/W의 기능량을 계량(점수)화한 것으로, S/W 개발, 유지보수의 업무량을 객관적으로 측정하기 적합한 것으로 알려져 있다. 우리나라에서는 2004년부터 S/W사업대가 기준으로 활용 중이다.

**Functional Capability 기능적 능력** GIS가 독립된 연산이나 다른 연산의 일부분으로서 수행될 수 있는 독특한 프로세스 중 하나이다.

**Functional Definition 기능적 정의** 그것이 무엇이냐 보다는 그것으로 무엇을 할 수 있는가와 관련된 시스템의 정의를 말한다.

**Functional Dependency 함수 종속성** 관계 스키마(Relation Schema) 중에서 어느 속성군의 값이 정해지면 다른 속성군의 값이 정해지는 것. A, B가 각각 관계 R의 속성인 경우, 임의 시점에서 A의 어떤 값도 반드시 B의 하나의 값에 대응되지만, B의 하나의 값이 A의 복수의 값에 대응되는 경우에 B는 A에 함수 종속이라고 하며 A→B와 같이 표기한다.

**Functional Hierarchy of Urban Roads 도시 내 도로 기능** 도시 내 도로의 기능은 크게 4가지로 분류한다. ① 지구 내 도로(Local Street) : 지구내의 보행자와 차량이 그에 면한 건물·토지에 접근할 수 있도록 한다. ② 집산도로(Collector) : 지구 내에서 발생하는 교통을 집결시켜 간선로를 연결시켜주는 역할을 한다. 그 반대로 간선교통을 지구 내 도로로 분산시키는 기능을 한다. ③ 간선로(Arterials) : 도시 내의 지역 간 교통을 감당하기 위하여 비교적 빠른 속도로 설계되었고, 대량 교통 처리가 가능하도록 계획되었다. ④ 지역 간 간선 지역 간 통과 교통량을 처리하는 고속도로가 있다.

**Functional Language 함수 언어** 추상 데이터 유형이 유형에 대해서 연산 용어 안에서 정의되거나 대수적 공리가 각각의 형에 대해서 각각의 연산의 결과를 규정하는 것과 같은 프로그래밍 언어로 공식적인 정의에 이용되는 표기체계를 말한다.

**Functional Standard 실용 표준** 자료작성자 및 자료이용자 사이에서 현재 국제적으로 사용되고 있는 지리정보규격이다.

**Functional Surface 지표면 함수** 주어진 X, Y위치에 대한 단일 Z값(여러 개의 Z값이 아닌)을 저장하는 표면 표현 방법. TIN은 자료를 지표면 함수로 표현한다. 지표면 함수를 2.5차원 표면이라고도 한다.

**Fundamental Datasets 기준 자료 집합** 데이터 오류를 검사하기 위하여 기준으로 설정되는 데이터로서, 기준데이터는 품질이 확보된 데이터로 정하여야 한다. Framework Data를 참조.

**Fundamental Face 기준면** 별도의 파라미터 계산을 위해 참조하거나 기초로서 사용되는 파라미터 또는 파라미터의 집합. (정의2) 관측의 기준이 되는 값(점, 선, 표면). 즉, 관측을 보정하는데 사용되는 임의의 기준. 기준면은 위도, 경도, 방위각으로 구성되며, 수평 기준면 또는 수평측지 기준면이라고 함. (비고 1) 기준면은 지구에 관계한 좌표계 축의 원점위치, 축척 및 방향을 정의함. (비고 2) datum의 복수형은 datums이며, 기준면은 측지원점(geodetic datum)이다.

**Fundamental frequency 기준 주파수** GPS의 주파수 관계를 결정하는 기준이 되는 주파수로서 10.23MHz이다.

| Band | Frequency | Description |
|---|---|---|
| L1 | 1575.42 MHz | = 10.23MHz × 154 |
| L2 | 1227.60 MHz | = 10.23MHz × 120 |
| L3 | 1381.05 MHz | = 10.23MHz × 135 |
| L5 | 1176.45 MHz | = 10.23MHz × 115 |

**Fundamental Gravity Station 중력 기준점** 절대 중력값이 관측된 지점을 말한다.

**Fundamental Point 원점, 기준점** 기준면 정의와 관련된 2차원적 지상네트워크의 시작점을 말한다.

**Fundamental Survey 기본 측량(基本測量)** 모든 측량의 기초가 되는 공간정보를 제공하기 위하여 국토교통부장관이 실시하는 측량을 말한다(「공간정보구축 및 관리 등에 관한 법률」 제2조 제2호). Public Survey, General Survey, Cadastral Survey, Waterway Survey를 참조.

**Fundamental Triangulation 기본 삼각 측량** 1등~4등 삼각점은 국토지리정보원에서 실시하는 측량이다.

**Fundamental Unit 기본 단위(基本 單位)** 국제단위계에는 7개의 기본단위와 2개의 보조단위 및 이들의 조합단위로 구성되어 있는데, 이 중에서 기본단위는 비교의 기준이 되는 단위 중에서 특별히 기본이 되는 것으로 선정된 단위이다. 기본단위에는 길이, 질량, 시간, 전류, 열역학적 온도, 물질량, 광도의 7가지 관측단위로 이루어진다. 이 7개의 단위는 각각 미터(m), 킬로그램(kg), 초(sec), 암페어(A), 캘빈(K), 몰(M), 칸델라(cd)이다.

**Fundamental Vertical Accuracy(FVA) (라이다의) 수직 정확도, 정확도 제트(z)** FVA(Fundamental Vertical Accuracy)를 참조.

**Future Public Land Mobile Telecommunication System(FPLMTS) 차세대 공공 육상 이동 통신 체계** FPLMTS(Future Public Land Mobile Telecommunication System)를 참조.

**FVA(Fundamental Vertical Accuracy) (라이다의) 수직 정확도, 정확도 제트(z)** 신뢰도 95%에서의 정확도로 측정된 LiDAR의 데이터로서 RMSE × 1.96 = FVA이다. RMSE는 평균제곱근 오차이다.

**Fuzzy Analysis 퍼지 분석** 데이터에 존재하는 불확실성과 양적인 부정확성을 다루는 방법. 객체가 두 데이터의 합의 멤버인지 아닌지를 나타내는 부울(Boolean) 논리에 종속적이기보다는 멤버십 함수가 사용되어서 어떤 결과가 현실화될 수 있는 확률을 표현하는데 사용된다.

**Fuzzy Distance 퍼지 거리** 한 점으로 처리되는 두 점 사이의 거리로서 Fuzzy Tolerance와 동일하다.

**Fuzzy Logic 퍼지 논리** 정확하지 않은 자료, 하나가 아니라 여러 개의 정답을 갖기 쉬운 문제들을 다루기 위해 나온 수학적 기법. 0 또는 1이라는 디지털 논리보다 인간의 논리와 유사하며, 결과는 거의 참, 거의 거짓으로 표현된다.

**Fuzzy Set Theory 퍼지 집합 이론** 인간의 사고방식을 지향하고 자연어를 기반으로 서술된 용어들을 이용하여 문제를 기술하고 해결하기 위한 접근 방법. Zadeh(1965년)에 의해 처음으로 제시되었으며, 퍼지 명제나 규칙을 다루기 위한 퍼지 논리로 발전해 왔다.

**Fuzzy Tolerance 퍼지 공차, 퍼지 허용치** ① 서로 다른 점이 지리적인 편집을 수행하는 동안 하나의 점으로 통합되도록 하는 거리로서, 커버리지에 대해 Clean을 수행하거나, 여러 개의 아크가 퍼지 허용 한계 내에 위치하면 모두 같은 위치 좌표를 갖게 된다. ② 공유하고 있는 선이나 점을 만들거나 붙여주기(Snapping)를 위해 사용되는 수학적 기준을 말한다.

**FWL(Flood Water Level) 홍수위** 하천의 수위 중에서 몇 년에 한 번씩 발생할 정도의 홍수 때의 수위를 홍수위라 하고, 몇 년, 몇 월 며칠의 홍수위라고 하며, 이는 배수 계획이나 치수 공사의 계획을 세울 때 기준이 된다.

**G4C 전자 민원** 행자부, 건교부, 국세청, 대법원 등에 흩어져 있는 주민·부동산·자동차·기업·세금 등 5대 민원정보의 공동이용체계를 마련하고 이를 기반으로 전자민원 포털사이트인 '정부대표 전자민원실'을 구축하는 사업을 말한다.

**GA(Geoscience Australia) 호주 지형연구원** 호주의 국가지도제작 기관인 AUSLIG는 2001년 10월 AGSO(Australian Geological Survey Organization)와 함께 GA(Geoscience Australia)로 합병되었다. GA는 지리공간정보와 지리과학연구를 위한 국가기관으로, AUSLIG의 주 업무였던 지도제작 업무를 GA의 지도과(National Mapping Division)가 담당한다. GA는 호주의 국가공간정보기반인 ASDI를 추진하는 ANZLIC와 긴밀히 협조하며, 다양한 지리공간정보를 생산하고 있으며, 공간정보를 구축, 유통하는 표준과 절차를 개발, 유지관리 하고 있다.

**GA(Ground Antenna) 신호 감시국** GPS의 지상제어부문 중 신호 감시를 위한 부분을 말한다.

**Gadget 가젯** 혁신적인 기술이 적용되어 크기가 작아지고 성능이 뛰어난 작은 기계장치나 도구, 부속품 등을 가리킨다.

**GAGAN(GPS-Aided Geo-Augmented Navigation) (인도) 가간 초정밀 지피에스 보정시스템** 인도에서 2015년부터 공식적으로 운영하고 있는 초정밀 GPS 보정시스템(Satellite Based Augmentation System, SBAS)을 말한다. SBAS(Satellite Based Augmentation System)를 참조.

**Gaging Staff 수위표** 홍수 시 수위를 읽을 수 있게 교각, 호안에 눈금판을 붙이거나 직접 페인트칠해 수위를 측정할 수 있게 한 것을 말한다.

**Gain 이득** 에너지나 신호가 증폭기를 통해서 전달될 때 증가하는 것을 말하며, 특정한 주파수에서 흡수보다는 오히려 이득을 나타내는 활성매질에서 일어난다.

**Gal 갈** 중력 가속도의 단위로서, Galileo Galilei(이탈리아, 1564~1642)를 기념하기 위한 단위이다. 1Gal = 1cm/s$^2$. 지구의 중력은 약 980Gal이다.

**Galactic Coordinate 은하좌표계** 은하계의 적도면을 기준으로 하는 좌표계로서 은하의 중간평면을 기준면으로 하는 은하적도에 대한 두 극을 북은극, 남은극이라 한다.

**Galactic System 은하계** 우리들이 살고 있는 태양계가 속해 있는 항성의 대집단을 말한다.

**Galileo 갈릴레오** ① 갈릴레오 갈릴레이(Galileo Galilei, 1564~1642)는 이탈리아의 철학자, 과학자, 물리학자, 천문학자이다. 그의 업적으로는 망원경을 개량하여 관찰한 것, 운동 법칙의 확립 등이 있으며, 코페르니쿠스의 이론을 옹호하여 태양계의 중심이 지구가 아니라 태양임을 믿었다. 갈릴레오는 요하네스 케플러와 동시대 인물이다. 그는 아리스토텔레스의 이론을 반박했고 교황청을 비롯한 종교계와 대립했다. 종교재판에 회부되어 지동설의 포기를 명령받았다. 그러나 '황금 측량자', '천문학 대화' 등을 저술하여 지동설을 주장하였다. 갈릴레오는 지동설을 철회하도록 강요받았고, 그의 마지막 생애를 로마교황청의 명령에 따라 가택에서 구류되어 보냈다. 갈릴레오는 실험적인 검증에 의한 물리를 추구했기 때문에 근대적인 의미의 물리학의 시작을 대개 갈릴레오의 것으로 본다. 등가속 물체의 운동은 운동학으로서 갈릴레오에 의해 연구되었다. 관측 천문학 업적으로는 금성의 위상과 갈릴레이 위성이라 불리는 목성의 가장 큰 4개 위성의 발견, 태양 흑점의 관측과 분석이라 할 수 있다. 갈릴레오는 또한 나침반 디자인의 개량 등 과학과 기술에 기여하였다. 최대 업적은 과학적 연구 방법으로써 보편적 수학적 법칙과 경험적 사실의 수량적 분석을 확립한 점이다. '근대 관측천문학의 아버지', '근대 물리학의 아버지', '근대 과학의 아버지'라 불린다. ② 미국 항공우주국의 목성 탐사선이다. 1989년

10월 18일 아틀란티스 우주왕복선의 STS-34 비행에서 발사되어, 1995년 12월 7일 목성에 도착했다. '갈릴레오'호는 소행성을 접근통과하면서 처음으로 소행성의 위성을 발견했다. 또 목성의 궤도를 돌면서 목성의 대기 속으로 탐사선을 발사했다. 2003년 9월 21일 14년간의 우주여행과 8년간의 목성 탐사를 마치고 목성의 대기 고도 9283km 위치에서 초속 50km의 속도로 충돌하면서 그 임무를 마쳤다. 갈릴레오 우주선의 업적 중 가장 큰 발견은, 갈릴레이 위성 중 하나인 유로파의 얼음 밑에 소금을 함유한 바다가 존재할 가능성이 높다는 사실을 알아낸 것이었다. 갈릴레오는 1989년 10월 18일에 발사된 후, 나선형 궤도를 따라 금성을 1회(1990년 2월 10일), 지구를 2회(1990년 12월 8일과 1992년 12월 8일) 지나가면서, 금성과 달, 소행성 가스프라(Gaspra, 1991년 10월 29일)와 이다(243 Ida, 1993년 8월 28일)의 사진과 자료를 보내왔다. 탐사체는 온도, 압력, 밀도, 화학조성 및 구름층 등 목성의 대기에 관한 자료를 수집했으며, 대기의 높은 열과 압력에 의해 파괴되기 전까지 57분 동안 자료를 보내왔다. ③ 갈릴레오(Galileo)는 유럽 우주국(ESA) 및 기타 국가들이 공동으로 개발하고 있는 범지구위성항법시스템의 하나이다. 고도 약 2만 4천km의 상공에 30기의 인공위성을 쏘아 올리는 대규모 계획으로 미국 국방부가 운영하는 GPS와 같이 군사상의 이유 등에서 나타나는 서비스의 열화 및 중단을 피할 목적으로 개발하고 있다. 갈릴레오는 2005년 12월 28일에 GIOVE-A 위성 1기를 발사하였으며, 2006년 1월 시험 전파가 발사되었다. 갈릴레오 계획은 중고도 원궤도 위성 위치 결정 방법이다. 갈릴레오 위성 위치 결정시스템은 총 30개 위성을 발사하여 그 중 27개가 작동하고, 3개는 예비 위성으로 구성될 예정이다. 위성 고도는 24,126km로, 3개의 경사각 56°인 궤도평면 내에 위치한다. 이 시스템은 30개 중고도 원궤도 위성 외에 2개의 지상제어 센터를 갖고 있다.

갈릴레오 계획은 유럽의 자주, 독립적인 글로벌 멀티 모델 위성 위치 결정 항법 시스템이다. 이 시스템은 고 정밀도, 고 신뢰성 위치 결정 서비스를 제공하는데, 완전한 비군사적 제어, 관리를 목표로 하고 있다. 갈릴레오 시스템은 미국 GPS, 러시아 GLONASS 시스템과 멀티 시스템 내의 상호 협력을 할 수 있으며, 향후에는 어떠한 사용자도 하나의 멀티시스템 수신기로 각 시스템의 데이터를 수집하거나 각 시스템 데이터를 조합하여 위치를 결정할 수 있다.

**Galileo's Laws 갈릴레오의 법칙** 갈릴레이의 관성법칙과 중력법칙(낙하운동 법칙)을 일컫는다. 이탈리아의 과학자 갈릴레오 갈릴레이(Galileo Galilei; 1564~1642)가 제안하여 2,000년 동안 서구사회를 지배하여 오던 경험과 직관을 바탕으로 한 아리스토텔레스의 운동론(運動論)을 무너뜨린 운동의 법칙들이다. (1) 관성의 법칙 : '외부에서 힘을 주지 않으면 물체는 원래의 운동 상태(정지 또는 등속도 운동)를 계속 유지한다.'는 법칙으로, 등속 직선운동에 대한 데카르트의 관성 법칙과 함께 뉴턴이 관성법칙을 완성하는데 바탕이 되었다. (2) 중력의 법칙(낙하운동 법칙) : 갈릴레이가 피사의 사탑에서 행한 낙하실험으로 알려져 있는 법칙으로, 자유낙하하는 물체의 낙하 거리, 속도, 시간 사이의 관계를 밝혔으며, 물체의 낙하속도가 질량에는 무관함을 증명한 법칙이다. "중력장 속에서 자유낙하하는 물체의 낙하 거리(s)는 속도(v)와 낙하 시간(t)을 곱한 값의 1/2과 같고, 낙하 거리는 낙하 시간의 제곱에 비례한다."

즉, $s = (1/2)vt = (1/2)gt^2$이므로 $v = \sqrt{2gs}$ 이다(g : 중력 가속도 = $9.8\ m/s^2$).

**Gall Projection 겔 투영** 이 투영법은 북위 45도와 남위 45도에서 교차하는 원통에 적도로부터 지구 표면을 투영한다. 이 투영법의 특징은 거리・모양・방향과 면적의 왜곡이 일정하다.

**Galvanometer 검류계** 매우 약한 전류의 유무(有無)나 세기를 재는 데 쓰는 실험용 계기를 말한다.

**Game of Chicken 치킨게임** 치킨은 겁쟁이라는 의미를 담고 있다. 치킨게임은 한밤중 도로 양쪽에서 마주보며 돌진하는 두 자동차 중 먼저 핸들을 꺾는 쪽이 겁쟁이로 취급받는 경기로 1950년대 미국에서 유행했다. 어느 한쪽도 핸들을 꺾지 않으면 둘 다 승자가 되지만 충돌로 인해 자멸하게 된다. 반도체 치킨게임은 한국, 일본, 대만, 미국 등의 반도체 업체들이 상대방이 몰락할 때까지 출혈경쟁을 벌이는 양상이 치킨게임과 비슷하다고 해서 붙인 말이다.

**Game Virtual Machine(GVM) 게임용 가상기계** GVM(Game Virtual Machine)를 참조.

**Gamification 게이미피케이션** 게임의 사고방식과 메커니즘을 게임 외적인 분야에 적용해 사용자의 관심을 유발하거나 문제를 해결하는 과정을 일컫는다. 게이미피케이션은 사용자에게 금전적 보상대신 즐거움과 재미를 제공하며 자연스럽게 브랜드를 인지하고 관심을 가질 수 있도록 한다. 나아가 유용한 소비자 데이터 수집, 문제 해결에 대한 이용자 아이디어 수렴, 교육 및 트레이닝 효과 강화, 건강·환경 등 사회적 문제에 대한 관심 환기 등의 효과도 거둘 수 있다.

**Gamma 감마** [영상] 촬상소자, 표시소자 등의 광 → 전기 변환소자 또는 화상 → 화상 변환장치의 입·출력 관계에 대하여 출력을 종축, 입력을 횡축으로 하였을 때 입·출력 변환 특성을 나타내는 기울기를 말한다. 일반적으로 변환특성(촬상소자의 경우는 광전 변환특성, 표시소자의 경위는 전광 변환특성)이라고 말한다. 감마($\gamma$)가 1 이면 입출력은 비례하며, 감마($\gamma$)가 1 보다 크면 콘트라스트가 강하게 되며, 감마($\gamma$)가 1보다 작으면 콘트라스트가 약한 화면이 출력된다.

**Gamma Compensation 감마 보정** [영상] 촬상관, CCD, MOS 등 대부분의 촬상 소자는 입사광에 대한 광전 변화특성이 선형(감마($\gamma$)=1.0)특성을 가지고 있으나 대표적인 화상표시 수단인 브라운관(CRT)의 전광변환특성은 비선형(감마($\gamma$)=2.2) 특성을 가지고 있으므로 변환특성 불일치에 따른 영상왜곡이 발생한다. 따라서 브라운관이 비선형(감마($\gamma$)=2.2)특성을 상쇄하기 위한 역방향 비선형(감마-0.45)보정을 카메라 측에서 수행하여 결과적으로 입사광에 비례한 브라운관의 발광감도를 얻기 위한 보정이다. Gamma 참조.

**Gamma Ray 감마선** [방사선] $\alpha$나 $\beta$붕괴반응 후 원자의 핵은 핵 내부에 잉여 에너지가 존재하면 들뜬 상태(excited state, 여기상태)가 된다. 핵은 전자기파 방사선(감마선)을 방출하여 잉여 에너지를 소실하고 안정상태를 유지한다. 감마선은 빛이나 마이크로파와 같은 성질을 가지고 있지만 그 에너지는 이들에 비해 훨씬 크다. 감마선은 질량이 없으며 전기도 띠지 있지 않는다. 감마선은 물질 원자의 각 전자와 충돌하는 상호작용을 한다. 물질과 상호작용으로 물질 내에서 자신의 에너지를 서서히 소실하며 상당히 먼 거리까지 투과한다. 초기 에너지에 따라 다르지만 감마선은 공기 중에서 수백m까지도 진행하고 인체를 쉽게 투과할 수 있다. 대부분의 $\alpha$ 및 $\beta$ 방출체는 그들의 붕괴과정에서 감마선방출을 수반한다. 의료분야에 사용되는 99mTc(Technetium-99m)나 방사선계측장비의 교정선원으로 이용되는 137Cs(Caesium-137)과 같은 것들이 대표적인 감마방출체이다.

**Ganguillet-Kutter's Equation 갱귈렛-쿠터 (평균유속) 공식** Chezy의 평균유속공식(1755년) $V = C\sqrt{RI}$ (R : 경심, I : 수로경사)에서 유속계수 C의 값을 구하기 위한 실험식이다. 실제 하천에서의 실측결과, $C = \dfrac{(23 + 1/n + 0.0155/I)}{1 + (23 + 0.0155/I) \times n/\sqrt{R}}$ 이다. 여기서, n은 조도계수로서, 수로벽의 거칠기에 따라 결정되는 상수이다. 이 식은 오랫동안 널리 사용되었지만, 1889년에 Manning식이 발표된 후 논리적, 실험적으로 사용되어 현재는 Manning식이 널리 사용되고 있다.

**Gantt Chart 막대 도표** 프로젝트 일정관리에 사용되는 도표. 가로에는 날짜를, 세로에는 작업명을 표시하고, 작업별 소요 일수를 막대의 길이로 표시한 것이다. 간트 차트는 작업 간의 동시 진행 상황의 파악은 용이하지만, 작업 간의 상호 의존 관계를 보여주지 못하는 단점이 있다. Bar Chart를 참조.

**Gap 간격, 협곡** ① 수치화된 지도에 나타나는 2개의 도형 사이의 거리를 말한다. ② 언덕, 산등성이, 산맥사이에 벌어진 틈이나 낮은 지점을 말한다.

**Gap Jump or Link 간격 처리** 벡터화 과정에서 요소가 끝난 곳이던지 분지되는 곳, 점, 선 등의 요소처리를 한다.

**Garbage Collection(GC) 폐영역 회수** GC(Garbage Collection)를 참조.

**Garmin 가민** 북미 시장 점유 1위를 차지하는 내비게이션 업체로 방대한 POI 정보를 다양한 업체로부터 제공받고 있다.

**Gartner Group 카트너 그룹** 세계적인 IT 리서치 기관으로 매년 10대 전략기술과 다양한 기술 분야에 대한 심층 분석 내용을 한눈에 파악할 수 있도록 표현한 Hype Cycle 그래프를 발표하고 있다.

**Gary Kildall 게리 킬달** 컴퓨터 프로그래머인 게리 킬달은 오늘날 널리 쓰이고 있는 MS DOS의 원본을 개발한 프로그래머로 알려져 있다. DR(Digital Research Inc.)를 설립하여 자신이 개발한 운영체제를 다수의 컴퓨터 제조회사에 판매하여 큰 부를 얻었으나 IBM PC에 대한 DOS 공급권을 빌 게이츠에게 빼앗기면서 회사를 노벨사에 매각하고 은퇴하였다. 이후 개인적인 연구 개발 및 벤처 사업가로 활동하였다. 게리 킬달은 'DOS를 개발한 PC 혁명가'로 칭송받고 있으나 한편으로는 그에 대한 지적재산권을 지키지 못한 불운한 사업가로도 기억되고 있다.

**Gas Pipe Line 가스관** 가스를 보내는 관이며, 대체로 배관용 탄소강 파이프의 일반명을 말하기도 한다.

**Gas Pressure 가스 압력** 보통 게이지 압력으로 $kg/cm^2$, $mmH_2O$, MPa로 표시한다. 또 도시가스사업법에서는 $10kg/cm^2$(1MPa) 이

상의 압력을 고압, 1kg/cm$^2$ 이상 10kg/cm$^2$미만 압력을 중압(중압A : 3~10kg/cm$^2$, 중압B : 1~3kg/cm$^2$), 1kg/cm$^2$(0.1MPa) 미만의 압력을 저압이라고 한다.

**Gasetteer 지명** 위치와 관련된 정보를 포함하고 있는 실세계 현상 계층 집합을 말한다. Gazetteer를 참조.

**Gate 수문, 게이트** ① 입구나 통로를 막기 위해 흔들거나 당기거나 하향시킨 구조물을 말한다. ② 여러 개의 입력으로부터 하나의 출력을 얻는 논리회로. 예로 AND게이트, OR게이트, NAND게이트 등이 있다.

**Gate Array 게이트 어레이** 다용도의 주문형 논리회로. 칩 안의 전자회로에서 신호를 처리하는 기본단위인 게이트가 최소 1,000~6,000개 정도 집적된 초대규모집적회로(VLSI)를 말한다. 우주선 · 통신위성 · 항공우주기지 · 정밀기기 · 컴퓨터 등에 광범위하게 사용할 수 있다.

**Gate Keeping 게이트 키핑** 일반적인 용례로는 어떤 메시지가 선택 또는 거부되는 현상을 말하나, 매스 커뮤니케이션 연구에서 게이트키핑(gatekeeping)은 뉴스 미디어 조직 내에서 기자나 편집자와 같은 뉴스결정권자에 의해 뉴스가 취사선택되는 과정을 의미한다. 어떤 메시지라도 목표에 도달하기 위해서는 많은 문(gate)을 통과해야만 한다. 모든 메시지가 이 문을 통과할 수 없다면 필연적으로 어떤 메시지는 선택되고 어떤 메시지는 거부되는 과정이 따를 것이다. 이처럼 메시지의 취사, 선택이 이루어지는 것을 게이트 키핑이라 하고 게이트 키핑을 하는 사람을 게이트 키퍼(gatekeeper)라고 한다. 어떤 메시지 또는 뉴스의 선택과 거부는 수많은 요인에 의해 결정된다. 그러한 요인의 예로는 게이트 키퍼의 계급적 배경, 성장배경, 교육배경, 가치관, 세계관, 그리고 게이트 키퍼가 일하는 조직의 가치, 규범, 전통 등을 들 수 있다. 스튜어트 후드(Hood, 1972)에 의하면, 오늘날 매스 미디어의 게이트 키퍼는 과반수가 중산층 의식을 소유하며 갈등보다는 합의의 정치를 지향하고 있는데, 바로 이것이 그들의 뉴스관을 결정짓고 또 뉴스선택과정에 영향을 미친다고 한다. 게다가 텔레비전 종사자들의 경우 사회적 배경이 동질적인데다 팀워크를 중요시하는 조직적 성격으로 인해 합의정치의 근본규칙이 쉽사리 깨어지지 않는다는 것이다.

**Gateway 게이트웨이** ① 2개 이상의 다른 종류 또는 같은 종류의 통신망을 상호 접속하여 통신망 간 정보를 주고받을 수 있게 하는 기능 단위 또는 장치를 말하며, 구내 정보통신망(LAN), 공중데이터망(PDN), 일반전화 교환망(PSTN) 등이 포함된다. ② '개방형 시스템간 상호 접속'(Open Systems Interconnection, OSI) 기본 참조 모델의 각 계층에서 프로토콜(Protocol)이 달라 호환성이 없는 복수의 통신망을 IP기반으로 상호 접속하여 프로토콜의 변환을 행하는 기능 단위 또는 장치를 말한다. 프로토콜이란 한 컴퓨터에서 다른 컴퓨터로 데이터를 완전하게 보내기 위한 표준(장치)이다. OSI는 7계층의 프로토콜로 구성된다. 즉 7: 응용 계층, 6: 표현 계층, 5: 세션 계층, 4: 전송 계층, 3: 네트워크 계층, 2: 데이터 링크 계층, 1: 물리 계층이다. 1~4계층은 하위 계층으로 전달기능이 있고, 5~7계층은 상위 계층으로 통신 기능이 있다.

**Gauge Datum(Zero Elevation) 영점표고(零点標高)** 양수표 눈금의 영위치의 적당한 기준고도로부터의 높이. 우리나라에서는 기준고도로서 육지측량 기본수준면을 취하고 있다.

**Gauge of Track 궤간(軌間)** 철도(일반철도, 지하철, 경전철 등)에서 양측레일 사이의 순간격을 말한다.

**Gauging Station 수위 관측소** 하천의 수위를 관측하는 곳으로 하천 개수 계획의 수립, 검토, 공사시공 및 유지, 관리상의 중요한 지점에 설치한다.

**Gauss Conformal Double Projection 가우스 상사 이중 투영법** Gauss Conformal Projection을 참조.

**Gauss Conformal Projection 가우스 상사 이중 투영법** 지구의 표면은 정확한 구체가 아니고 회전타원체형이므로 지구의 표면을 도면으로 표현하기 위해서는 타원체에서 구체로 등각 투영하고 이 구체로부터 평면으로 투영하기 위해 원주에 메르카토르투영(등각원통투영)으로 투영하는 방법이다. 2회 투영한다고 하여 이중투영이라 한다. 이 투영법은 지구 전체를 구로 투영하는 방법과 일부를 구에 투영하는 방법이 있는데 전자는 소축척 지도에 후자는 대축척지도에 적용한다. 1910~1918년에 이루어진 우리나라 삼각측량의 계산에 사용되었고, 국가 기준삼각점의 평면직교좌표는 이 투영법에 의한 좌표이다.

**Gauss Double Projection 가우스 이중 투영법** 가우스 등각 이중 투영법은 타원체를 구체에 투영한 후 다시 평면에 이중으로 투영하는 방법이다.

**Gaussian Assumption 가우스 가정** 관심 있는 종류들의 확률 함수가 가우스(정규) 확률 밀도 함수로 근사화될 수 있다는 가정. 이러한 가정을 할 때는 다변량 패턴들이 특징평균과 공분산 행렬로 특정될 수 있다.

**Gaussian Noise 가우스 잡음** 가우시안 히스토그램을 가진 형태의 잡음을 말한다.

**Gauss-Kruger's Projection 가우스-크뤼거 투영법(-投影法)** 좌표 원점을 포함하는 자오 타원면에 대하여 직각으로 원통을 씌워, 그 원통에 지표면을 투영하여 이를 평면으로 절개하는 방법의 투영법. 이를 횡메카토르(TM) 투영법이라고도 하며, UTM의 투영이론이기도 한다. 1822년, 가우스(Karl Friedrich Gauss, 1777~1855)에 의해 수학적으로 정립되었다.

**Gauss's Law 가우스 법칙** 폐곡면을 통과하는 전기 선속(電氣線束, electric flux=전기 다발)이 폐곡면 속의 전하량에 비례한다는 법칙으로서, 맥스웰 방정식 가운데 하나이다. 전기 선속은 어떤 가상의 곡면에 작용하는 총 전기력을 나타내는 물리량이며, 곡면의 넓이와 곡면에 대하여 수직인 전기장 성분의 곱이다. 자유 전하에 대한 가우스 공식은 $\nabla \cdot D = \rho_o$이다. 여기서, D는 변위장(전속밀도), $\rho_o$는 자유전하 밀도이다. 분극 전하를 포함한 모든 전하에 대한 공식은 $\nabla \cdot E = \rho/\epsilon_o$. 여기서, $\rho$는 전하 밀도, $E(=D/\epsilon)$는 전기장이다. $\epsilon_o$는 진공의 유전율이다. 가우스 법칙은 전하에 의해 발생된 전기장의 크기를 설명하는 것으로서, "쿨롱 법칙"(Coulomb's law)과 같은 의미를 지닌다. 다만, 쿨롱 법칙이 공간에 놓인 두 점전하 사이에서 발생하는 힘을 설명하는데 반해 가우스 법칙은 하나의 전하로부터 발생하는 전기장의 세기가 거리에 따라 반감되는 이유를 설명한다. 쿨롱 법칙은 두 대전된 입자 사이에 작용하는 정전기적 인력이 두 전하의 곱에 비례하고, 두 입자 사이의 거리의 제곱에 반비례한다는 역제곱 법칙으로서, 샤를 드 쿨롱(Charles Augustin de Coulomb)이 발견했다. 즉, $F = k\frac{q_1 \cdot q_2}{r^2}$. 여기서, F는 전기력, k는 쿨롱(Coulomb) 상수로서 $k = \frac{1}{4\pi\epsilon_o} \approx 9 \times 10^9 \,[\mathrm{N\,m^2/C^2}]$, $q_1$, $q_2$는 전하의 크기, r은 두 전하 사이의 거리이다.

**Gauss's Law for Magnetism 가우스 자기 법칙** 닫혀진 곡면(폐곡면)에 대해서 그 곡면을 지나는 자기력선의 수(자기장)와 곡면으로 둘러싸인 공간 안의 자기원천의 관계를 나타내는 물리법칙으로서, $\nabla \cdot B = 0$이다. 여기서, B는 자기장이다. 즉, 자석의 N극과 S극은 항상 같이 존재하며(dipole), 고립된 자극(monopole)은 없음을 나타내는 법칙이다. 적분형태로 가우스 자기 법칙을 쓰면 $\Phi = \int B \cdot dA = 0$이다. 여기서, B는 자기장 벡터, dA는 표면 A 위의 미소(微小)면적을 나타내는 벡터로 그 지점의 접평면에서 바깥쪽을 향하는 법선벡터이다. 따라서 폐곡면의 총 자기 선속은 0으로서, 이는 전기와 달리 자기는 홀극이 없고, N극과 S극이 언제나 함께 존재함을 의미한다. 이러한 자기(磁氣) 성질 때문에 일정한 공간으로 들어오는 자기력선과 나가는 자기력선의 크기는 언제나 같고, 따라서 서로 정반대의 방향으로 작용하는 같은 크기의 힘의 합계는 언제나 0이다.

**Gazetteer 지명 목록집, 지명 사전** 토지를 인식하고 그 토지와 다른 토지를 구별하기 위하여 사람들이 붙인 이름, 즉 땅의 이름으로서 토지에 표현되거나 지표상에 나타나는 제반현상에 붙여진 이름을 모두 의미한다. 지명으로 당시의 사고, 의식구조, 전통과 습관, 문화와 경제 등의 사회상을 알 수 있다. 우리나라는 오랜 사회적 불안과 전통유지에 등한했던 관계로 지명의 유래 및 시기가 명확하지 않고 변화된 것이 많다.

**GB(Gigabyte) 기가 바이트** 일반적으로 GB라는 약어로 표시되는 자료의 용량 단위로서, 컴퓨터 통신 분야 또는 하드 디스크 등의 저장 장치에서는 $10^9$(=$1{,}000^3$)을 의미한다. 한편, 컴퓨터 메모리 또는 파일 크기 등을 나타낼 때는 $1{,}024^3 = 2^{30} = 1{,}073{,}741{,}824$을 의미한다. IEC에서는 이러한 크기를 나타내는 단위로 기비바이트(GiB)의 사용을 권장하고 있다.

**GBAS(Ground Based Augmentation System) 지상기반확대 시스템** 전 세계 측지위성인 GPS를 이용하여 항공기가 활주로에 자동 이·착륙할 수 있는 정밀한 위치정보와 GPS 위성의 고장상태 등을 항공기에 제공하는 시스템이다.

**GBF/DIME File(Geographic Base File/Dual Independent Map Encoding File) 지리파일 이중 독립지도 파일** 1967년 미국 통계청에서 인구 분석을 목적으로 도시지역의 공간정보를 위상적(Topology)으로 제작하기 위해 개발한 파일 체계. 1980년 인구조사에서, 미국통계국은 인구조사의 지리적 통계 코드와 대부분의 대도시권에 대한 선 구획의 좌표를 포함하는 지리 파일(Geographic Base Files : GBF)과 이중 독립 지도 부호화(Dual Independent Map Encoding : DIME) 파일을 작성하였다. DIME 파일은 도시의 거리, 주소 범위를 표현하는 계획도와 통계국의 도표·통계 자료와 관련된 지리 통계학 코드를 제공한다. DIME은

1990년 인구조사에서는 타이거(TIGER)로 대체되었다.

**g-Business 지-비즈니스** 지-비즈니스란 공간정보기술을 기업 비즈니스 시장에 적용하여 가치를 창출하는 새로운 개념의 비즈니스를 일컫는다.

**GC(Garbage Collection) 폐영역 회수** 동적 데이터 구조를 취급하는 프로그램은 필요할 때마다 히프(heap)라고 하는 동적 데이터용의 기억 영역으로부터 새로운 데이터 셀(Cell)이나 동적 변수를 확보하고 있는데, 이때 전혀 이용되지 못한 데이터 셀을 히프로 되돌리는 것. 인용 카운터나 마킹을 이용하여 회수해도 좋은 데이터 셀을 결정하거나 히프를 둘 준비하여 사용 가능성이 있는 셀을 한 쪽에서 다른 쪽으로 이동시켜 가는 복사에 따른 회수 등의 방법으로 실현된다.

**GCP(Ground Control Point) 지상 기준점(地上 基準點)** ① 기본 측량 및 공공 측량에 의하여 위치를 표시한 삼각점 또는 지적 도근점 등을 말한다. ② 원격 탐사에서 영상 좌표계와 지도 좌표계 사이의 좌표변환 식을 구하기 위해 사용하는 기준점. 지상 기준점을 선정할 때에는 영상과 지도(또는 수치지도)의 두 좌표계에서 공통적으로 분명한 좌표를 선정한다. ③ 절대 표정에 사용하는 이미 알고 있는 좌표점을 말한다. Control Point, Control station을 참조.

**GCF(Green Climate Fund) 녹색 기후 기금** UN 산하기구로 선진국이 개발도상국의 온실 가스 감축과 기후 변화 적응을 지원하기 위해 UN 기후 변화 협약을 중심으로 만든 국제 금융 기구이다. 2010년 멕시코에서 열린 UN기후변화협약(FCCC) 제16차 당사국 총회에서 GCF 설립을 공식화하고 기금 설립을 승인하였다. 본부는 우리나라 인천광역시 송도국제도시에 위치해 있다.

**g-CRM(Geographic Customer Relationship Management) 지씨알엠, 지-고객관리시스템** 지형공간정보시스템(GIS)에 고객관리시스템(CRM)를 합친 컨버전스 솔루션. 기업들이 지형공간정보를 활용해 고객을 관리하는 방식이다. 도로의 형태나 건물위치, 유동인구, 이동경로 등을 공간에 표시해주고, 해당 지역정보나 통계자료 등 특성까지 가미함으로써 보다 체계적인 고객 분석 및 마케팅 관리가 가능하다.

**GCS(Geographic Coordinate System) 지리 좌표계** 천문 좌표, 측지 좌표를 정하는 공간 좌표. 경위도로서 지표의 위치를 결정하는 것을 말한다. 측지 좌표(Geodetic Coordinate) 또는 구면 좌표(Spherical Coordinate)라고도 한다.

**GDF(Geographic Data Files) 지리 자료 파일** 유럽의 도로 수치 지도에 대한 표준화 요구에 따라 발전된 것으로, 미국 SDTS의 ITS 프로파일의 중요한 근거가 되었으며, 호주에서도 이를 근거로 사용하였다.

**GDI(Graphics Device Interface) 도형 장치 인터페이스** 그래픽 결과물을 표현하기 위해서 컴퓨터에서 플로터 또는 프린터로 명령을 변환하는 기능을 가지고 있는 소프트웨어의 한 종류이다.

**GDOP(Geometrical Dilution Of Precision) 기하학적 정도(精度) 저하율, 기하학적 위치정도 열화(劣化)** GPS의 천구상의 배치상태에 따른 정도 열화를 표시하는 계수로서, 3차원의 측위 결과와 시각에 대한 정확도를 표시한다. DOP(Dilution Of Precision)를 참조.

**GDS(Graphic Data System) 지디에스, 도형자료체계** 오늘날 산업이 직면한 리엔지니어링의 도전뿐만 아니라, 매일 매일의 필요한 작업의 전 범위를 지원하기 위해 고안된 소프트웨어. 특히 건축/토목 엔지니어링 디자인, 시설 관리, 수치 지도 제작, 기관 시설물 관리, 네트워크 모형화, 토지 정보관리, 그리고 다른 응용 공간 정보 관리를 위해 고안되었다. 계획부터 설계·시공·유지·운용까지의 프로젝트 라이프 싸이클의 모든 단계를 지원할 수 있다.

**GEMI(Global Environment Monitoring Index) 지구환경 모니터지수** Pinty와 Verstraete(1991)에 의해 발전된 지수로 그들은 식생지수에 대한 "stock" 대기적 수정을 실시함으로서 자세한 대기적 수정 필요성을 없앴다.

**General Chart 총도** 광대한 해역을 일괄하여 볼 수 있도록 만든 해도(원양항해, 항해계획 수립용)를 말한다.

**General Chart of Coast 항해도** 육지를 멀리 바라보며 항해하는 데 사용되며 자기 배의 위치를 항상 육지의 여러 가지 물표나 등대, 등부표로서 결정할 수 있게 제작된 해도이다. 축척 1/30만보다 작은 소축척 해도이다.

**General Map 일반지도** 다목적으로 사용할 수 있도록 제작된 지도. 표시사항을 강조하여 자연 인문 사항을 지도의 축척에 따라 정확하고 상세하게 표현한 것으로, 국토지리정보원이 발행한 국가기본도·지형도·지세도가 여기에 속한다. 이외에도 관내도·지도첩(Atlas)·지방도 등이 여기에 속하며, 우리가 일반적으로 지도라고 하는 것을 말한다.

**General Packet Radio Service(GPRS) 일반 패킷 무선서비스** GPRS(General Packet Radio Service)를 참조.

**General Public License(GPL) 일반 공중 라이선스** GPL(General Public License)를 참조.

**General Purpose Map 일반도** 기본적으로 참조와 내비게이션 사용 목적으로 디자인된 지도로서 자연 대상물과 인공물의 지리적 위치를 나타냄. 일반도는 대상물의 위치를 정확하게 나타내며, 대상물들이 변천과정과 그것들의 분포를 나타내는 것을 주목적으로 한다. 우리나라의 일반도는 국가 기본도인 1/50,000, 1/25,000, 1/5,000과 토지이용도인 1/25,000과 국가전도 1/1,000,000의 지도가 있다.

**General Purpose Software 범용 소프트웨어** 주로 소프트웨어 회사, 컴퓨터 메이커 등이 불특정 다수의 사용자 요구를 생각해서 일반적인 사양을 기초로 만들어 놓은 소프트웨어를 말한다. 이 소프트웨어는 완제품과 반제품이 있다.

**General Sensitivity 일반 민감도** 필름밀도에 어느 정도의 변화가 나타나는데 필요한 빛에너지의 양에 대한 척도이다.

**General Survey 일반측량(一般測量)** 기본 측량, 공공측량, 지적측량 및 수로측량 외의 측량을 말한다(「공간정보구축 및 관리 등에 관한 법률」 제2조 제6호). Fundamental Survey, Public Survey, General Survey, Cadastral Survey, Waterway Survey를 참조.

**Generalization 일반화, 총묘** ① 취사선택에 의하여 편집도에 채용이 정해진 것이라도 형상이 복잡한 경우에는 현지의 모양을 잃지 않을 정도로 종합표시한다. 종합표시라 함은 개개의 작은 것, 복잡한 형태의 것 등을 토대로 축척에 따라 축소하면 알아보기 어려운 때가 있으므로 특징이나 형태를 손상하는 일이 없도록 적당히 종합하여 표시하는 것을 말한다. 예로서 시가지 등에서 가옥이 밀집되어 있는 경우에는 외곽선을 그린 다음 내부에 사선을 그려 넣어 건물의 밀집지임을 표시하는 것과 같은 방법이다. 축척이 적어질수록 종합표시가 많아진다. ② 데이터의 단순화로써 표현되는 축척이 줄어들 때 정보가 명확하고 흩어지지 않은 상태로 남아있게 한다. 이것은 일반적으로 세심한 정보의 감소, 더 큰 공간으로의 재배열 또는 선에 존재하는 점들의 숫자의 감소와 관계되어 있다. GIS에서 이용할 수 있는 데이터가 다양한 축척으로 주어지므로 이것은 중요하게 고려되어야한다. 이것은 수치적인 표현이나 분석 데이터를 표현하는데 밀접한 관계를 가지고 있다. ③ 형상을 단순하기 위해 그 속성을 기하학적으로 또는 개념적으로 변환하는 것을 말한다. ④ 일반화는 상황에 따라 여러 가지 다른 의미가 있다. 지리학에서는 일반화라고 말하는 과정을 가리키는 용어로 집합(Aggregation)을 많이 사용한다. 지도학에 있어서 일반화는 대축척 지도로부터 소축척의 지도를 생산하는 과정(Cartographic Generalization) 또는 데이터베이스에서 자세한 표현으로부터 덜 자세한 표현을 이끌어내는 과정(Model Generalization)을 말한다. 마지막으로 컴퓨터 공학에서 일반화란, 객체 지향 기법(Object Oriented Technology)에서 사용되는 추상화 기법(Abstraction Mechanism) 중의 하나이다. 참조 Aggregation을 참조.

**Generalization and Smoothing 일반화와 유연화** 축척에 따라 자료 구조를 변화시키기 위한 자료 축소 연산법. 수치화된 선들 중 필요 없는 좌표를 제거하여 평활하게 하는 기능을 말한다.

**Generalization Hierarchy 일반화 계층** 2개의 요소 또는 그 이상의 집합 사이에서 부분적 상관관계를 결정하는 E-R modeling 개념. 예를 들면 인간 집합의 일반화는 남자와 여자의 집합이다.

**Generalization Relationship 일반화 관계** 형상들 간의 상위 하위유형 관련성을 기술하는 형상 관련성의 하위 유형 형상 관계를 말한다.

**Generalize 일반화** 모형에서 세밀한 항목을 줄이는 것. 다시 말해서 큰 공간에서 다시 추출하거나 선에서 점을 줄이는 것을 말한다.

**Generator Lock(gen-lock) 동기 결합** [영상] 서로 다른 2개 이상의 동기신호를 사용하는 시스템 간에 동기신호를 완전히 동조화시키는 것으로서, 일반적으로 동기신호의 주파수 및 위상을 맞춘다.

**Generator Type Current Meter 발전형 유속계** 유속에 의해서 프로펠러가 회전하고 프로펠러의 회전축에 직결된 소형 발전기에서 발생하는 전압과 회전수로서 유속을 측정한다.

**Generic or Common-Sense Ontology 일반 온톨로지** 우리 주위를 둘러싸고 있는 세상을 구성하는 일반적 개념들을 대상으로 구축한 온톨로지. 공간, 상태, 사건, 시간과 같은 일반적이고 포괄적이 지식에 대하여 의미론적 연관관계를 구축한 개념의 집합체를 말한다.

**Generic Programming 포괄 프로그래밍** 객체 지향 프로그래밍, 구조적 프로그래밍 등과 같은 일종의 프로그래밍 패러다임이다. 소프트웨어의 구성 요소가 좀 더 다양한 상황에서 쉽게 재활용될 수 있도록 일반화 될 수 있도록 한다.

**Genome 게놈** '게놈'은 유전자(Gene)와 염색체(chromosome)에서 유래하였으며, 1920년 함부르크대학교의 식물학 교수 한스 빙클러가 만든 용어이다. 유전체(遺傳體)는 한 개체의 유전자의 총 염기서열이며, 한 생물종의 거의 완전한 유전 정보의 총합이다. 게놈은 보통 DNA에 저장되어있으며 일부 바이러스에는 RNA에 있다. 인간 게놈은 한 인간 개체를 만들기 위해서 필요한 모든 유전자들과 유전자 바깥 부분을 포함하는 약 30억 쌍 정도의 모든 DNA 염기 서열을 통틀어 말한다. 인간 게놈은 44개(22쌍)의 상염색체와 2개(1쌍)의 성염색체(X, Y), 그리고 미토콘드리아 DNA에 나뉘어 유전된다. 유전자는 DNA(디옥시리보 핵산)가 담당하고 있다. DNA란 인산이나 당뿐 아니라, A(아데닌), T(티아민), G(구아닌), C(시토신)의 염기로 이루어져 있는 이중 나선형의 물질이다. 이러한 4가지 염기 배열에 의해서 유전 정보가 암호화되고 있다.

**Genome Project 게놈 프로젝트** ① 유전정보를 가지고 있는 게놈(Genome)을 해독해 유전자 지도를 작성하고 유전자 배열을 분석하는 연구 작업이다. ② 최근에는 이 의미가 확대되며 정보기술(IT)과 접목되고 있다. 기존 일반적인 정의를 연장해 해당 분야의 데이터를 분석한다는 의미로 사용되고 있다. 빅데이터 활용이 늘어나며 각 분야를 보다 쉽게 즐기도록 사용자의 행위를 분석해 제품을 추천하는 용도 등에 사용된다. 예를 들어, '북 게놈 프로젝트', '음악 게놈 프로젝트' 등이 있다.

**Geo 지형, 정지궤도, 지구관측그룹** ① 지구, 지질, 지리, 토지, 토양 등을 의미하는 접두어다. ② 정지궤도(静止軌道, Geostationary Orbit, GEO)는 위도 0°인 적도 36000 km 상공의 원형 궤도이다. ③ 전지구관측시스템(Global Earth Observation System of Systems, GEOSS) 추진을 위해 2005년 2월 정부간 기구인 지구관측그룹(Group on Earth Observations : GEO)이 발족되었다. 2014. 1월 현재 미국, 일본 등 90개국, EC와 67개 국제기구가 참여 중이며, 우리나라는 GEO 창설회원국 겸 GEO 집행위원회 이사국으로 활동 중에 있다. 전지구관측시스템(Global Earth Observation System of Systems : GEOSS)은 지구계의 대기, 해양, 육지, 생태계뿐만 아니라, 자연재해, 인적재난 등에 대한 포괄적이고 지속적이며, 조정된 지구관측시스템의 구축을 통해 인류의 안전과 복지향상, 지구환경보호 및 지속가능한 발전을 목적으로 추진되고 있다. 이 전지구관측시스템이 성공적으로 구축되면 지진, 홍수, 태풍 등에 의한 재해의 획기적 감소는 물론 기후 변화에 대한 적절한 대응과 에너지, 물 등 자원의 효율적 관리를 포함한 폭넓은 이익이 있을 것으로 기대된다.

**Geocentric Latitude 지심위도(地心緯度)** 지구상 임의의 한 점에서 지구중심과 연결한 직선이 적도면과 이루는 각을 말한다.

**Geo-Cloud 공간 클라우드** 클라우드를 연계한 미래 인터넷 기술 기반 공간정보 융합 및 지능화 기술이다. 대용량 공간 및 위치 정보와 이와 관련된 다양한 비즈니스 정보를 비용 효율적으로 접근·관리·활용할 수 있는 기술로 비용 효율적으로 공공 부문의 협력적 공간정보체계 고도화 및 활용 확대가 가능하다. 공간 클라우드 서비스 개발로는 (1) PaaS(Platform as a Service) 기반 공간 클라우드 컴퓨팅 서비스 구축 : 특히 국가통합공간정보 등 국가가 생산하여 관리하는 데이터베이스를 활용한 PaaS 구축, (2) SaaS(Software as a Service) 기반 공간 클라우드 컴퓨팅 서비스 구축 : U-City 등에 활용 가능한 서비스, G2G 다양한 공간 클라우드 컴퓨팅의 서비스 개발 등이다.

**Geo Conv3 지오 컨브3, 수치지도 검수 프로그램** 수치지도제작 업체인 공간기술정보(주)에서 Geo Conv1과 Geo Conv2를 이미 개발하여 '95, '96년도 1/5,000 국가기본도 수치지도제작 성과품 검사에 국립지리정보원과 국토개발연구원이 이미 사용하였으며, 본 Geo Conv3는 국가지리정보 구축사업의 일환으로 1/5,000 국가기본도 수치지도의 질을 더욱 더 향상하기 위하여 국토연구원에서 연구비 지원을 받고 개발한 수치지도 검사프로그램이다. Geo Conv3는 Geo Conv1과 Geo Conv2의 모든 기능을 포함하고 있으며, 「벡터」 위주의 논리적인 검사를 시행하는 프로그램으로 DOS를 기본 운영체계로 선택했으며, 대량의 자료를 전부 검사하기 위하여 일괄 처리할 수 있는 환경으로 설계되었다.

**GeoCrowd 공간 크라우드, 네트워크 인력활용** 인력활용을 다양화하기 위하여 온라인을 통해 사회적 네트워크를 이용하는 온라인 접근 방법이다. GeoCrowd는 Crowdsourcing(크라우드 소싱)의 발전적 형태이다. 즉, 온라인을 통해 사회적 네트워크를 이용하는 온라인 접근 방법으로서, 웹에서 수집, 저장, 분석, 가공, 조정 및 의미 있는 사용자 생성 대량 지리정보를 만드는 기술이다. 웹 2.0으로 가능해진 새로운 다양한 가능성 중 핵심적인 것 중 하나이다. Crowdsourcing을 참조.

**Geodatabase 지오 데이터베이스, 지형정보 데이터베이스** 지오 데이터베이스는 Microsoft Access 데이터베이스 또는 다중 사용자(multiuser) 관계형 DBMS(예 : 오라클, 마이크로 소프트 SQL 서버, PostgreSQL, 인포믹스, IBM DB2) 등의 다양한 유형의 지형정보 데이터 셋이다. 다양한 사용자 수와 함께 규모면에서 파일정도 구축하는 소규모의 단일 사용자(single-user)로부터 다중 사용자가 접속할 수 있는 대규모 작업 그룹(workgroup), 부서, 기업 수준까지 다양하므로 지오 데이터베이스의 크기는 다양하다. 그러나 일반적으로 지오 데이터베이스는 데이터 셋의 모음 이상이며, 지오 데이터베이스 용어는 다중(多重, multiple)의 의미를 포함하고 있다. 지오 데이터베이스의 특징은 다음과 같이 요약할 수 있다. 즉, (1) 지오 데이터베이스는 ArcGIS 등의 기본적인 데이터 구조를 가지고 있으며, 데이터 관리 및 편집을 위한 기본 데이터 형식(format)을 가지고 있다. ArcGIS와 같은 소프트웨어 등은 GIS 파일 형식을 갖춘 지형공간정보를 처리하기도 하지만, 지오 데이터베이스를 처리하고 기능을 최대한 활용하도록 설계되었다. (2) 지오 데이터베이스는 기본적으로 "데이터베이스 관리체계(database management system, DBMS)" 또는 파일 시스템을 이용하여 지형공간정보를 물리적으로 저장하고 있다. 따라서 ArcGIS 등의 소프트웨어나 SQL을 이용하는 데이터베이스 관리 시스템(DBMS)을 데이터 셋(dataset)에 접속할 수 있다. (3) 지오 데이터베이스는 지형공간정보를 표현하고 관리하기 위한 종합적인 모형을 가지고 있다. 이러한 포괄적인 정보 모형은 feature, 래스터 및 속성 들을 테이블(table)로 관리한다. (4) 지오 데이터베이스 소프트웨어는 다양한 파일과 형식의 모든 지형공간 데이터에 접속, 관리할 수 있도록 설계되어 있다. 즉, 지오 데이터베이스는 CAD, TIN, GML(Geography Markup Language) 파일 등을 처리할 수 있다. (5) 지오 데이터베이스는 GIS 데이터 워크 플로우(workflow) 관리를 위한 트랜잭션 모델이 있다.

**Geo Data Stream Management System(GeoDSMS) 실시간 연속질의 처리기** GeoDSMS(Geo Data Stream Management System)를 참조.

**Geo GPG 지오 지피지** IBM의 Intelligent 워크스테이션 RISC 시스템/6000을 대상으로 GIS 관련 소프트웨어로 데이터베이스 구축 및 선형 시설물관리 기능이 있고, 도형정보 관리에 대해 전략적인 차원에서 개발되었다. 도형 정보와 GIS 및 일반적인 문자 정보처리 환경의 통합을 위한 소프트웨어이며, 또한 HOST에서 운영되는 소프트웨어인 GPG(Graphic Program Generator)와 자료는 물론 기능과 원시 코드(Source Code)까지 완전한 호환성 및 이식성을 갖고 있는 소프트웨어이다. Geo GPG 는 다음과 같은 특징을 갖고 있다. 지리공간과 관련되어 분산된 정보의 효율적인 처리 및 관리, 다양한 지리정보분석 및 시뮬레이션, 각종 설비 설치계획 및 모형화, 상호 연관된 각종 도면의 합성 기능 등이다.

**Geo Information 지형 정보** 인간 활동 영역에서 형상에 대한 1차원, 2차원(평면적)인 것뿐만 아니라, 표면기복을 갖는 3차원적 형태(지표면은 물론 환경 · 자원 · 시설물 · 문화재 등)의 특성에 관한 정보로 Geoinformatics라고도 한다.

**Geo TIFF 지오티프** Aldus-Adobe 사이에서 제작한 좌표가 등록되어 있는 Tagged-Image File Format(TIFF)에 지리 기준 데이터를 사용하기 위한 태그들을 첨가하여 정의한 영상 형식을 말한다.

**GeoCaching 지오캐싱** 지구나 지형을 뜻하는 'Geo'와 은닉처 또는 저장을 뜻하는 'Cache'의 합성어로 GPS 장비를 이용하여 숨겨진 보물의 좌표정보로 보물찾기를 하는 서비스이다.

**Geocentric Altitude 측지 위도, 지심위도** 지구상의 한 점과 지구의 중심을 잇는 방향선이 적도면과 이루는 각으로서, 지구는 회전타원체이므로 지심위도와 측지 위도와는 일치하지 않는다.

**Geocentric Coordinate System 지구중심좌표계** 지구가 구로 되어있다고 가정하여, 지구중심을 원점으로 하는 좌표계를 뜻한다.

**Geocentric Datum 세계 측지계, 지구중심측지계** 세계적으로 지구의 형상과 크기가 가장 근접하는 측지계이다. 타원체의 중심이 지구질량중심과 일치한다. 지구중심측지계에서는 지구의 특정지역에서 가장 적합되는 회전타원체를 구해야 할 필요가 없다. 또한 활용분야와 지역도 전 세계를 대상으로 한다. 미국 방성에 의해 운영되는 지구측위시스템(GPS)은 세계적인 활용 범위 때문에 그 위치를 지구중심측지계에 의해 구현하고 있다. 러시아의 GLONASS 위성도 역시 지구중심측지계를 사용하지만 GPS에 의해 사용되는 측지계와는 다르다. 지구중심측지계를 세계측지계라고도 한다.

**Geocentric Ellipsoid 지심 타원체** 세계 측지 기준은 전 지구적인 의미에서 지구의 최적합한 타원체의 크기와 형상을 선택하고, 타원체의 중심을 지구의 질량 중심에 일치시킨 것을 말한다.

**Geocentric Geodetic Coordinate System 지구중심좌표계** 세계적으로 지구의 형상과 크기가 가장 근접하는 좌표계로서 타원체의 중심이 지구질량중심과 일치한다. 이 좌표계는 지구의 특정지역에서 가장 적합되는 회전타원체를 구할 필요가 없으며 활용분야와 적용지역도 전 세계를 대상으로 한다. GPS는 세계적인 활용범위 때문에 그 위치를 지구중심좌표계로 구현하며, 지구중심좌표계를 세계측지계라고도 한다.

**Geocentric Latitude 지심위도(地心緯度)** 지구상의 한 점과 지구 중심을 맺는 직선이 적도면과 이루는 각으로 표현한다.

**Geocode 지형코드, 지오코드** ① 컴퓨터에서 읽을 수 있도록 변형된 지리공간의 위치로서, 보통은 점 사상의 좌표를 디지털 값으로 변경하는 것을 의미한다. ② 도형이나 비도형 자료형태로 저장되어있는 점, 선, 면적을 구별하기 위한 공간 색인기호. 지리상의 지물 위치에 붙여진 코드를 말한다. 예를 들면, 좌표점 또는 우편번호를 말한다. Address를 참조.

**Geo-Coded Image 지오코드 영상** 지리 좌표계에 결합되어 보정되는 영상을 말한다.

**Geocoding 지오코딩, 지형 코드화** 주소에서 지리정보를 추출하는 과정이다. 지리좌표(경위도 혹은 직각좌표)를 GIS에서 사용가능 하도록 X-Y(또는 경위도)의 수치 형태로 만드는 과정. 좌표계를 갖지 않은 요소(예를 들어, 도로체계로 표현되는 주소)에 위치를 부여하는 것도 포함할 수 있다. Address Geocoding를 참조.

**GeoCommons 지오커먼스** 개인이나 기관에서 보유하고 있는 다양한 위치 관련 정보에 대해 지도를 기반으로 사용자들이 이를 표현하고 공유할 수 있게 하는 플랫폼을 서비스하고 있다.

**GeoConnection 지오커넥션** 공간정보를 공유하고 기본 공간정보 구축, 표준화, 협력 체계 구축 등을 추진하고 있다.

**GeoContext 공간 상황 인식 시스템** GeoSensor 데이터로 수집된 상황정보(온도, 습도, 조도 등)와 사용자 자체의 상황정보(사용자 특성, 위치, 방향), 그리고 GIS 데이터(주변 지리공간정보)가 하나로 통합되어 만들어지는 상황정보를 말한다.

**Geodatabase 지형자료기반, 지리 데이터베이스** 위상관계에 의해 통합된 공간 데이터셋을 유지하는 객체 기반 벡터 모델로서, 동일한 데이터베이스에 관련 정보를 저장, 모든 ArcGIS 응용도구 상에 사용 가능한 자료형식을 말한다.

**Geodelic 지오델릭** 지오델릭은 거리, 관련성, 흥미에 따라 위치와 정보를 자동으로 수집한다. 이 앱은 모바일 소비자의 선택을 토대로 시간이 흐름에 따라 '학습'을 한다. 예컨대 레스토랑 아이콘을 누르면 소비자가 이전에 했던 선택을 바탕으로 그가 가장 좋아하리라 예상하는 레스토랑의 정보를 제공한다. 레스토랑의 위치는 지도 위에 나타내며 연락처도 함께 알려준다.

**Geodesic 측지선** 타원체상에 있는 두 측점사이의 타원체면을 따라 이루어진 거리. 이는 정축면(Normal Section)에서와 달리 직선이 아니다. 그러나 매우 긴 기선을 제외하고 정축면과 측지선사이의 차이는 매우 미소하다. Geodetic를 참조.

**Geodesic Distance 측지거리, 측지선 거리** 타원체상에 있는 두 측점사이의 타원체면을 따라 이루어진 거리를 말한다. Geodetic를 참조.

**Geodesy 측지학(測地學)** 지구의 크기와 형상, 그리고 지구에서의 위치를 결정하는 과학적인 학문 분야로서, 지구 내부의 특성, 지구의 형상과 운동특성 등을 결정하고, 지구표면상에 있는 모든 점들 간의 상호 위치관계를 규정하는 학문으로, 전자를 물리학적 측지학, 후자를 기하학적 측지학이라 한다. 측지학의 대상범위는 물리학적 측지학에는 지구의 형상 해석, 중력 측정, 지구자기 측정, 탄성파 측정, 지구의 극운동과 자전운동, 지각변동 및 균형, 지구의 열, 대륙의 부동, 해양의 조류, 지구조석이 있다. 기하학적 측지학에는 측지학적 3차원 위치의 결정, 길이 및 시의 결정, 수평위치의 결정, 천문측량, 위성측지, 면적 및 부피의 산정, 지도제작(지도학) · 사진측정이 있다.

**Geodetic 측지선** Geodesic를 참조.

**Geodetic Azimuth 측지 방위각** 측지자오선과 타원체면 위의 목표에 이르는 측지선이 이루는 각을 북쪽으로부터 시계방향으로 관측한 것이다.

**Geodetic Control 측지 기준** 지표상에 측량되고 표시된 지점의 망으로서, 그 위치는 국가 정확도 표준과 일치하게 지정된다.

**Geodetic Coordinate 측지 좌표** 측지학에서 쓰이는 좌표계로서 지점의 위치를 경도, 위도 및 평균해수면상의 고도로 표시한 것을 말한다. Geographic Coordinates를 참조.

**Geodetic Coordinate System 측지 좌표계** 지구를 회전타원체로 정의한 것에 지구상의 점을 경도(그리니치 자오선으로부터 관측된 각), 위도(적도면과 회전타원체 법선과의 이루는 각) 및 높이(법선 방향을 관측한 거리)로 표현하기 위한 좌표계를 말한다.

**Geodetic Datum 경위도원점(經緯度原點)** 삼각 측량에서 측지 경도와 측지 위도의 시점이 되는 기준점으로서, 기본 측량 및 공공측량 등의 기준이 되는 원점이다. 우리나라의 경위도원점은 경기도 수원시 영통구 월드컵로 92 국토지리정보원의 대한민국 경위도원점 금속표의 십자선 교점이며, 경도 : 동경 127도 03분 14.8913초, 위도 : 북위 37도 16분 33.3659초, 원방위각 :

3도 17분 32.195초(원점으로부터 진북을 기준으로 오른쪽 방향으로 측정한 서울과학기술대학교에 있는 위성기준점 금속표 십자선 교점)이다(공간정보의 구축 및 관리 등에 관한 법률 시행령 제7조).

**Geodetic Ellipsoid 측지 타원체** 지오이드를 국지적이든 전지구적이든 간에 가장 근접하게 맞추는데 사용되는 편평한 회전타원체로, 기준타원체 또는 표준타원체라고도 한다.

**Geodetic Latitude 측지위도(測地緯度)** 측지위도는 지구상 한 점 A에서 타원체에 대한 법선이 적도면과 이루는 각으로서 지리위도라고도 한다. 북으로 향하는 것을 정(+)으로 한다.

**Geodetic Line 측지선(測地線)** Geodesic를 참조.

**Geodetic Longitude 측지경도(測地經度)** 본초자오선과 임의의 점을 지나는 자오선이 이루는 각을 적도면을 따라 잰 각 거리이며, 지리경도라고도 한다.

**Geodetic Longitude and Latitude 측지 경위도** 측량에서 주로 사용하는 좌표로 기준 타원체의 법선을 기준으로 한다.

**Geodetic Model 측지 모형** 지구 형태에 대한 매개변수를 말한다.

**Geodetic Network 측지망(測地網)** 삼각점, 수준점, 중력점으로 구성된 망. 국가기준점 망으로서 삼각점망, 수준(고저측량)망, 중력망 등이 있다.

**Geodetic Reference Network 측지기준망(測地基準網)** 한 국가의 측지 기준망은 위치 정보의 기준이 되는 것으로서, 그 적용범위는 한 국가를 대상으로 하는 경우와 국제협력을 통하여 전세계적으로 활용되는 경우 등 다양하다. 국가 단위의 측지기준계는 일반적으로 법령에 기초하여 국가가 정의하고 유지・관리하고 있으며, 측지 기준망의 골격이 되는 측지 기준점(삼각점・수준점)은 지도제작・지적 측량 각종 건설 공사 등 국토의 개발, 방제 사업 등에 국토의 정확한 위치 기준을 제공하여 준다.

**Geodetic Reference System(GRS) 측지기준계** GRS(Geodetic Reference System)를 참조.

**Geodetic Reference System 1980(GRS80) 측지기준계(測地基準系) 1980, 지알에스80** GRS80(Geodetic Reference System80)를 참조.

**Geodetic Survey Network 측지망** 삼각점・수준점・중력점으로 구성된 망. 국가기준점 망으로서 삼각점망, 수준(고저측량)망, 중력망 등이 있다.

**Geodetic Surveying 측지측량(測地測量), 대지측량(大地測量)** 지구의 형상과 크기, 즉 지구곡률을 고려하여 지표면을 곡면으로 보고 행하는 정밀측량을 말한다. 우리나라에서는 국토지리정보원장이 실시하는 기본 측량(국가기준점인 삼각점, 수준점, 중력점 등)의 일부이다. 대지측량이라고도 한다. Large Area Surveying을 참조.

**Geodetic System 측지 체계** 위도와 경도에 대한 기준. 전 세계의 각 지역에서는 각기 그 지역에 적합한 측지 기준점과 지구타원체 모형에 기초한 위치 결정 체계를 갖는다.

**Geodetic Triangulation 측지 삼각측량(測地三角測量)** 지상 삼각측량과 천체 관측에 의하여 위도・경도를 구하고 지구 표면의 여러 점 사이의 지리적 위치와 지구의 형상 및 크기 등을 계산하는데 이용되며 지구의 곡률을 고려하게 된다.

**Geodetic VLBI 측지 초장기선 간섭계** VLBI Group of NASA's Geodesy Program이다.

**Geodimeter 지오디미터** 광파를 이용한 거리관측기를 말한다. 주국에서 광파를 발사하여 종국의 거울에 반사되어 주국에 되돌아오는 시간을 이용해 거리를 구하는 기계이다.

**GeoDSMS(Geo Data Stream Management System) 실시간 연속질의 처리기** GeoDSMS는 시간에 따라 지속적으로 입력되는 GeoSensor 데이터 스트림에 대해서 실시간으로 연속질의를 처리하여 그 결과를 스트림의 형태로 되돌려주는 처리기를 말한다.

**Geo-enabling Really Simple Syndication(GeoRSS) 지리적 태그** GeoRSS(Geo-enabling Really Simple Syndication)를 참조.

**Geo-Eye 지오아이** 1m 해상도의 IKONOS영상을 판매하는 GeoEye社(과거 SpaceImaging社)는 0.42m 해상도의 GeoEye-1위성을 2008년 8월 22일 발사하였다. 684km 상공에서 촬영하는 최고 해상력을 가진 민간 위성이다(해상도는 0.42m이지만 미국법에 의해 민간에는 0.5m해상력으로 제공된다). 고해상도의 상업용 영상을 제작할 수 있다. 1950kg에 달하는 GeoEye-1위성은 델타2 로켓에 실린 체, 684km 궤도까지 올라간다. 위성영상 및 항공사진을 획득 및 다양한 공간정보 관련 솔루션을 제공하는 업체이다.

**Geo-Eye1 지오아이1** 2008년 9월에 발사된 이 위성은 흑백 모드에서 최대 해상도 41cm로 지상을 촬영할 수 있고, 4채널(Blue, Green, Red, Near Infrared) 다중 분광 및 혼합 촬영모드도 지원한다.

**Geo-Eye2 지오아이2** WorldView-4로 명칭 변경된 고해상의 인공위성이다. 2012년경에 발사예정이던 Geo-Eye2는 GeoEye와 DigitalGlobe의 합병으로 연기되었으며, 두 회사의 합병으로 주관사가 된 DigitalGlobe는 Geo-Eye2를 3세대 인공위성으로 개발, 추진하고 있다.

전정색 대역 모드(panchromatic mode)와 흑백모드에서 34cm (13.4 inch)의 해상도와 다중분광(multispectral)대역과 칼라영상에서 1.36m(4.46 feet)의 해상도를 가질 예정으로서, Geo-Eye2는 상업 위성영상으로는 최대 해상도를 가지게 된다. 이러한 최고 해상도의 영상은 세밀한 매핑, 변경 감지 및 이미지 분석에 활용될 것으로 전망하고 있다. 2014년 DigitalGlobe는 Geo-Eye2를 WorldView-4로 명칭 변경하며, 2016년 중반에 발사할 것이라고 발표했다.

■ GeoEye-2(WorldView-4) 위성 및 센서 제원

| 구분 | 항목 | 제원 |
|---|---|---|
| 영상 | 공간해상도 | Panchromatic : 0.34m |
| | | Multispectral : 1.3 m |
| | 위치 정밀도 | 5 meter CE90 (specification) |
| | | 3-4 meter CE90 (expected) |
| | 데이터 획득량 | 600,000km$^2$ /day (Pan + MSI) |
| 위성체 | 주사 폭 | 14.5 km |
| | 촬영 각 | Up to 60 degrees |
| | Dynamic Range | 11 bits per pixel |
| | (예상)수명 | > 10 years |
| | 주기 | Approximately 3 days |
| | 궤도 고도 | 681 km |
| | Nodal Crossing | 10:30:00 AM |

**Geofence 지오펜스** 실제의 지형 위에 구획된 가상의 반경(Virtual Perimeter)을 말한다. 지오펜스는 '지구'를 나타내는 접두어인 'Geo'와 울타리를 의미하는 단어인 'fence'가 결합한 단어로써, 사전적으로는 "실제 지형에 구획된 가상의 반경(a virtual perimeter for a real-world geographic area.)"을 의미한다. 지오펜스는 필요에 의해(예: 특정한 상점을 중심으로 한 주변 반경 100m의 공간에 홍보물을 배포하기로 함) 그 때마다 생성될 수도 있고, 사전에 정해진 구역(예: 초등학교 주변의 스쿨 존(School Zone) 또는 서울 종로구의 행정구역 등)이 지오펜스 역할을 할 수도 있다. 이러한 지오펜스의 개념은 위치정보에 기반한 광고(Location-based Ads)에서의 활용에 큰 발전 가능성을 보여주고 있다. 스마트폰에 별도의 앱(App)을 내려 받거나 실행하지 않더라도 지오펜스 기술과 호환성이 있기 때문에 해당 기술을 활용한 광고 시장이 활성화 될 것을 기대할 수 있다. 자동차와 무선통신을 결합한 새로운 개념의 차량 무선인터넷 서비스인 텔레매틱스(Telematics)에서도 지오펜스의 개념이 이용된다. 예를 들어 텔레매틱스 기술 이용자가 이동 가능한 구획을 설정하고, 해당 구획을 벗어나는 경우 SMS나 E-mail 등을 통해 알람을 발송하면 차량 도난 및 미아 발생을 예방할 수 있다. 이러한 지오펜스의 활용은 사생활 침해에 대한 우려를 불러일으킬 수 있다. 특정한 공개 Wi-Fi에 접속하게 되면 자신의 위치가 Wi-Fi서비스를 제공하는 사업자에게 노출되고, 그러한 위치정보가 본인도 모르게 주변 상점(제3자)에게 전송되어 광고 등에 활용되는 경우가 발생할 수 있다.

**GeoFOSS(Geospatial Free & Open Source Software) 지형공간 무료 개방소스 소프트웨어** 무료 개방소스 소프트웨어(FOSS; Free & Open Source Software)를 지리정보시스템(GIS)에 적용한 사례를 일컫는다.

**Geographic 지리, 지형공간** ① Geographic과 Geographical 간 의미상 차이는 없으며, Geographic은 미국에서 많이 사용되는 용어로 실세계, 공간적 실체, 지리(지형) 등을 뜻한다. ② 참조에 이용되는 회전 타원체면에 대해 지구 타원체면상에 있는 점의 위치를 정의하는 경·위도를 말한다.

**Geographic Analysis 지형 분석** 기존의 지리적 위치, 공간적 면적 또는 선형 네트워크의 상태를 확인하거나 미래의 어떤 사건이 현재 모양에 영향을 미칠 것인가를 예측하는 분석 기술을 말한다.

**Geographic Analysis Map 지형 분석도** 지형 분석의 결과를 표시한 지도이다.

**Geographic Base File/Dual Independent Map Encoding File (GBF/DIME File) 지리파일 이중 독립지도 파일** GBF/DIME File(Geographic Base File/Dual Independent Map Encoding File)를 참조.

**Geographic Bounding Box 지형공간 영역** 자료들의 지리적 위치를 말한다. 이것은 대략적인 참조이며 세부적인 좌표 참조 체계가 반드시 필요하지는 않다.

**Geographic Coordinate System(GCS) 지리 좌표계**
GCS(Geographic Coordinate System)를 참조.

**Geographic Coordinates 지리 좌표, 지형공간 좌표** ① 경도와 위도로 표시된 좌표계. ② 지구에 대한 구면 좌표계로서 지구상의 모든 지점을 3개의 좌표(위도, 경도, 고도)로 나타낼 수 있다.

**Geographic Coordinates Units 지리 좌표 단위** 경・위도 값에 사용되는 측정 단위를 말한다.

**Geographic CRM(g-CRM) 지리 씨알엠, 지씨알엠** g-CRM(Geographic CRM)를 참조.

**Geographic Customer Relationship Management(g-CRM) 지-고객관리시스템, 지씨알엠** g-CRM(Geographic Customer Relationship Management)를 참조.

**Geographic Data 지리 자료** 지표・지하・지상의 토지 및 시설물의 공간적 위치・높이・형상, 범위를 나타내는 도형 데이터와 자연적・사회적・경제적 특성을 나타내는 속성 데이터로 구성된다. 지표상의 상대적인 위치를 간・직접적으로 참고할 수 있는 자료를 말한다. Spatial Data를 참조.

**Geographic Data Files(GDF) 지리 자료 파일**
GDF(Geographic Data Files)를 참조.

**Geographic Database 지형공간 자료기반** 다양한 조직에서 각자의 응용 목적에 맞는 상세한 도형 정보 및 속성 정보를 추가할 수 있는 지형 공간적 기초를 제공하는 데이터베이스를 말한다.

**Geographic Dataset 지리자료집합** 식별 가능한 지리 데이터의 모음이다.

**Geographic Description 지리 설명** 자료군의 지형적・시간적 설명과 (또는) 수직적 범위에 대한 간단한 설명을 말한다.

**Geographic Entity 지리 실체** Geographic Feature를 참조.

**Geographic Extent Descriptive 지리 범위 설명** 전체 자료군에 대한 참조를 말한다.

**Geographic Extent Name 지리 범위명** 자료군의 공간적 범위를 설명하는 공통적으로 사용되거나 잘 알려진 장소・영역 또는 지역명을 말한다.

**Geographic Extent Name Reference 지리 범위명 참조** 지리적 범위 명위로 사용된 지명 사전 또는 다른 참조 사항을 말한다.

**Geographic Extent of Tics(TIC) 지형 경계 기준점** TIC(Geographic Extent of Tics)를 참조.

**Geographic Feature 지리 형상** 지구 표면에 존재하는 확인할 수 있는 형상. 지도상의 점・선・면으로 확인할 수 있는 천연 또는 인조 객체로서 확인할 수 있는 형상을 말한다. 예를 들어 거리・배수로・맨홀・사고지점・필지 경계・지류 경계등을 말한다. 예) 지방자치단체의 이름, 도로명. Feature를 참조.

**Geographic Grid 지리 격자** Graticule를 참조.

**Geographic Identifier 지리 식별자** ① 지형지물을 독특하게 확인하는 라벨 또는 부호의 수단으로 지형지물을 확인하는 공간적인 참조들이다. ② 위치확인을 위한 고유한 식별자.
예) 지방자치단체의 이름, 거리번호이다.

**Geographic Identifier System 지리 식별자 체계** 공통된 주제와 형식을 가진 지리적 식별자의 구조화된 모음을 말한다.
예) 우편번호.

**Geographic Information 지리 정보** 지형・지물・지명 및 경계등의 위치 및 속성에 관한 정보를 말한다. 도면 내에 그려진 요소들의 형상 및 위치를 나타내는 자료. 좌표값이 주된 정보로서 어떠한 토지에 관한 자료 등 공간적인 위치와 직・간접으로 관련된 현상에 대한 정보. 지리 정보는 지리적 자료의 분석・해석 등을 통하여 얻어지는 결과의 지식이라고 할 수 있으며, 다양한 분야・지역・사용자에 의하여 활용되고 수집된다. 이때 지리적 자료는 지상과 지하 등에 관련되는 위치 및 형상의 좌표계로(X・Y・Z) 표시하며 참조할 수 있는 현상들을 나타낸다고 할 수 있다.

**Geographic Information Engineer 지리 정보 엔지니어** 지리정보학의 개념적인 틀 구조와 공간적인 시스템 엔지니어링 도구들에 대해 깊이 있는 지식을 소유하고 있는 전문가이다.

**Geographic Information Retrieval and Analysis System(GIRAS) 지형 정보 검색 및 분석 체계** GIRAS(Geographic Information Retrieval and Analysis System)를 참조.

**Geographic Information Science 지리정보과학** GIS 기술의 사용과 관련된 포괄적인 개념에 대한 연구 및 학문 분야. ① GIS 기술의 사용과 그 실행을 방해하는 요소 또는 그 가능성의 이해를 통해 나타나는 일반적인 문제에 대한 연구이다. ② 지오코드된 정보의 수집・저장・분배・분석・가시와 이용을 위한 방법과 도구들에 대한 과학적 이용과 연구이다.

**Geographic Information Scientist 지리정보학자** 지리정보의 개념적인 틀 구조와 응용도메인과 그것의 공간적, 시간적 배경에 깊이 있는 지식을 갖는 전문가이다.

**Geographic Information Service 지리 정보 서비스** 사용자들에게 지리 정보를 제공하고 관리하며 표현해주는 서비스를 말한다.

**Geographic Information System(GIS) 지형공간정보체계, 지리정보체계(地理情報體系), 지아이에스** GIS(Geographic Information System)를 참조.

**Geographic Information System for Transportation(GIS-T) 교통부문 지리정보 체계** GIS-T(Geographic Information System for Transportation)를 참조.

**Geographic Information Systems Technology 지리 정보 시스템 기술** 복잡한 계획과 관리 문제를 해결하기 위하여 공간적인 자료의 획득, 관리, 처리, 분석, 모델링, 그리고 디스플레이를 지원하기 위하여 설계된 컴퓨터 하드웨어, 소프트웨어, 그리고 각종 절차로서 이루어진 시스템이다.

**Geographic Information Technologies(GIT) 지리정보기술** GIT(Geographic Information Technologies)를 참조.

**Geographic Latitude 지리 위도** 측지 위도 또는 천문학적 위도에 대한 일반적인 용어로서 측지 위도가 좀 더 많이 사용된다. Geodetic Latitude를 참조.

**Geographic Latitude 지리학적 위도** 어떤 지점에서 지구타원체에 세워진 법선이 적도면과 이루는 각. 측지위도라고도 하며 일반적으로 위도는 이것을 말한다.

**Geographic Longitude 지리 경도** 측지 경도 또는 천문학적 경도에 대한 일반적인 용어로서 측지 경도가 좀 더 많이 사용된다. Geodetic Longitude를 참조.

**Geographic Longitude and Latitude 지리경위도(地理經緯度)** Geodetic Longitude and Latitude를 참조.

**Geographic Markup Language(GML) 지엠엘, 지리정보 마크업 언어, 지리생성 언어** GML(Geographic Markup Language)을 참조.

**Geographic Meridian 지리 자오선** True Meridian를 참조.

**Geographic Modeling 지리 모형화** 수학적 모형들을 사용하여 지리적 현상을 시뮬레이션하는 과정을 말한다.

**Geographic Objects 지리 객체** 표현 객체는 대상지역에서 GIS 데이터베이스에 포함된 객체의 종류들을 분류해내는 것으로, 각 객체의 속성에 대한 특성도 같이 정해 주어야 한다.

**Geographic Partner Relationship Management(g-PRM) 지-피알엠, 지-파트너 관계 관리** g-PRM(Geographic Partner Relationship Management)를 참조.

**Geographic Pattern 지리적 형태** 반복적인 분포로 설명될 수 있는 공간적 분포이다.

**Geographic Property 지리적 성질, 지리적 특성** 지구상의 지물의 특징으로서, 일반적으로 위치, 면적, 모양, 분포, 방향, 근접 정도 등 지도에 표시된 대상물의 특성을 설명한다.

**Geographic Record 지리적 기록** 개체의 속성과 개체의 지리적 위치를 포함하는 데이터로서 지리 위치에 개별적 또는 집단적으로 관련된 데이터의 집합을 말한다.

**Georeferenceing 지리참조** 지리공간에서 정확하게 객체나 지역의 위치를 결정할 수 있는 방법이나 기술을 일컫는다.

**Geographic Resource Analysis Support System(GRASS) 지리자원 분석 지원 체계** GRASS(Geographic Resource Analysis Support System)를 참조.

**Geographic Sales Force Automation(g-SFA) 지리적 영업관리시스템** g-SFA(Geographic Sales Force Automation)를 참조.

**Geographic Search 지리 탐색** 공간적 특성을 근거로 하는 GIS의 탐색연산을 말한다.

**Geographic Survey 지리 조사, 현지조사** 지도를 제작하기 위한 필요한 각종 지명, 행정 경계 등과 도화에서 오기 또는 누락된 지형·지물을 현지에서 조사, 확인하고 그 결과를 항공사진 및 참고자료에 기입하여 편집에 필요한 자료를 작성하는 것을 말한다.

**Geographical 지리, 지형공간적** Geographic은 미국에서, Geographical은 그 외 지역에서 많이 사용되는 용어로서 실세계, 공간적 실제, 지리(지형) 등을 뜻한다.

**Geographical Entity 지리적 객체** 하천·도로 등과 같이 공간상에 존재하는 일정현상. 지리적 형상은 지구상의 위치, 성격 등에 관련되는 지리적 요소를 포함하며, 복합 형상(Complex Feature)은 단순하거나 복합적인 형상들의 집합을 의미한다.

**Geographical Information System(GIS) 지형공간적정보 체계, 지리정보체계** GIS(Geographical Information System)를 참조.

**Geographical Language 지리적 언어** 문구가 지리적인 기호로 표현되는 언어를 말한다.

**Geographical Map 지도(地圖)** "지도"란 측량 결과에 따라 공간상의 위치와 지형 및 지명 등 여러 공간정보를 일정한 축척에 따라 기호나 문자 등으로 표시한 것을 말하며, 정보처리시스템을 이용하여 분석, 편집 및 입력·출력할 수 있도록 제작된 수치지형도[항공기나 인공위성 등을 통하여 얻은 영상정보를 이용하여 제작하는 정사영상지도(正射映像地圖)를 포함]와 이를 이용하여 특정한 주제에 관하여 제작된 지하시설물도·토지이용현황도 등 대통령령으로 정하는 수치주제도(數值主題圖)를 포함한다(「공간정보구축 및 관리 등에 관한 법률」 제2조 제10호). 여기서 "측량"이란 공간상에 존재하는 일정한 점들의 위치를 측정하고 그 특성을 조사하여 도면 및 수치로 표현하거나 도면상의 위치를 현지(現地)에 재현하는 것을 말하며, 측량용 사진의 촬영, 지도의 제작 및 각종 건설사업에서 요구하는 도면작성 등을 포함한다(「공간정보구축 및 관리 등에 관한 법률」 제2조 제1호). 한편, 「공간정보구축 및 관리 등에 관한 법률 시행령」 제4조에서 규정한 수치주제도는 (1) 지하시설물도, (2) 토지이용현황도, (3) 토지적성도, (4) 국토이용계획도, (5) 도시계획도, (6) 도로망도, (7) 수계도, (8) 하천현황도, (9) 지하수맥도, (10) 행정구역도, (11) 산림이용기본도, (12) 임상도, (13) 지질도, (14) 토양도, (15) 식생도, (16) 생태·자연도, (17) 자연공원현황도, (18) 토지피복지도, (19) 관광지도, (20) 풍수해보험관리지도, (21) 재해지도 등이다.

**Geographical Name 지명(地名), 땅이름** 유엔지명위원회는 '땅이름(지명)'을 geographical name으로 통일하였으며, "하나 또는 그 이상의 단어로서 이루어지고 있고 개개의 지리적 실재물(geographic entity)을 호칭하기 위하여 사용되는 고유 명사"로 정의하고 있다. 지명이란 용어는 중국 전한의 〈한서〉 지리지 머리말에 나오는 말로서, 2,000년의 역사를 가지고 있다. 당시에는 국가명칭, 도성 명칭 등에 국한되었으나, 사람의 활동범위가 확대되고 문명과 과학이 발달하면서 땅에 관한 지명은 물론, 바다 밑에까지 이름을 짓게 되었다. 지명이란 조상으로부터 물려받아온 언어유산으로 지명에는 그 나라의 역사, 전설, 문화, 풍속 등이 함축되어있으며 그 지방의 생활상과 자연환경과도 밀접한 관계가 있어, 지리학, 언어학 등 여러 학문에서 귀중한 자료가 되고 있다.

**Geographical Surface 지리적 표면** 지도에 묘사된 연속적으로 측정 가능한 지리적 현상에 의해 추적이 가능한 공간적 분포를 말한다.

**Geography 지리학** ① 지표상에서 일어나는 자연 및 인문 현상을 지역적 관점에서 연구하는 과학의 한 분야이다. 공간 및 자연과 경제, 사회와의 관계를 대상으로 하는 학문 분야로, 공간이나 자연 환경이라고 하는 물리적 존재를 대상 안에 포함하는 점에서 사회과학과 자연과학의 양면의 성격이 있다. ② GIS를 이용해 묘사되거나 분석될 수 있는 현상을 이해하는 학문으로서, 공간적 인식과 공간적 분석을 하기 위한 기법을 제공한다.

**Geography Mark-up Language(GML) 지리생성언어, 지엠엘** GML(Geography Mark-up Language)를 참조.

**Geoid 지오이드** ① 평온한 상태의 평균해수면에 일치하는 지구중력장 내의 동등한 퍼텐셜 표면으로서 육지 내부를 통과하여 계속 연장되는 표면을 말하며 지오이드는 국지적인 중력의 교란요소(바람의 조류, 염분, 조류 등)로 모양이 불규칙적이며, 각 지점에서 중력의 방향은 지오이드와 수직을 이룬다(「항공정보 및 항공지도 등에 관한 업무기준」 제2조). 지오이드란 평균해수면을 육지부분까지 연장하여 지구의 전 표면이 정지한 해수면으로 덮였다고 가정한 곡면을 말한다(「공항안전운영기준」 제3조). ② 지오이드란 평균해수면에 가장 가까운 등포텐셜면으로 표고는 평균해수면으로부터의 연직거리, 즉 지오이드로부터의 연직거리로 정의된다. 포텐셜은 물체의 위치와 관계되는 에너지로 정의되며 지구의 중력 포텐셜은 만유인력포텐셜과 원심력 포텐셜의 합으로 표현된다. 등포텐셜면이란 위치에너지가 같은 면을 연결한 것으로 서로 교차하거나 끊어지지 않으며, 갑자기 커지거나 작아지는 등 급격한 변화가 없이 부드럽게 연결된다. 그러나 에너지가 같다고 해서 등포텐셜면이 평행하는 것은 아니다. 지구 내부의 밀도 변화 등으로 인해 당기는 힘이 달라지므로 중력이 큰 지역에서의 등포텐셜면의 간격이 더 좁게 나타난다. 이러한 등포텐셜면은 무수히 많이 존재하는데, 지오이드는 평균해수면에 가장 가까운 등포텐셜면으로 정의된다. 실제 물리적인 지구는 기복이 심하기 때문에 높이를 결정하기 위해서는 실제 지구와 가장 유사한 가상의 면을 결정 및 이용한다. 이때, 지구 표면의 약 70%가 바다로 이루어져 있기 때문에 평균해면에 가장 가까운 면을 이용하는데, 지오이드가 평균해수면과 가장 가까운 면이므로 지오이드는 수직위치의 기준면이 된다. $N \fallingdotseq h-H$로 표현되며, 여기서 N은 지오이드고, h는 타원체고, H는 (정)표고이다.

**Geoid 99 지오이드 99** 미국에서 지오이드의 이전 모델인 지오이드 90, 지오이드 93, 지오이드 96 등을 대신하는 모델을 재정리하였는데 이를 지오이드 99라 한다.

**Geoid Ellipsoid Separation 지오이드와 타원체간의 이격** 지오이드 높이와 타원체 높이와의 차이를 말한다.

**Geoid Height 지오이드 높이** 지구의 형태를 가장 근사하게 표현하고 있는 타원체(준거/최적 타원체)에서 지오이드까지의 높이.

다음의 관계식이 성립한다. 즉, H=h-N. 여기서, H : Orthometric Height(정표고), h : Ellipsoidal Height(타원체고), N : Geoid Height(지오이드고)

**Geoid Model 지오이드 모형** 지오이드를 현실적인 목적에 맞도록 모형화한 것을 의미한다.

**Geoid Undulation 지오이드 기복** 기준타원체로부터의 위(+) 또는 아래(-)로 나타내는 지오이드와의 거리를 말하는 것으로서 수학적인 기준 타원체로부터의 위(+) 또는 아래 (-)로 나타내는 지오이드 거리를 말한다. 세계측지시스템-1984(WGS-84) 규정 타원체와 관련하여 WGS-84 타원체 표고와 정 표고간의 차이를 WGS-84 지오이드 기복이라 한다(① 「항공정보 및 항공지도 등에 관한 업무기준」 제2조; ② 「공항안전운영기준」 제3조).

**Geoidal Model 지구 형상 측량** Earth Shape Surveying를 참조.

**Geoidal Separation 지오이드 이탈** 타원체에 대해 외부의 법선을 따라 관측한 지오이드에 대한 기준 타원체의 표면부터의 거리이다.

**Geoinformatics 공간 정보 공학** 공간 정보 공학은 '공간 정보의 구조와 특성, 수집, 분류와 검증, 저장, 처리, 묘사, 보급 등을 처리하는 과학 기술로서, 이러한 정보에 대한 최적의 사용을 보증하는 데 필요한 하부구조를 포함한다.'고 묘사되어 왔다(Ehlers). 공간 정보의 획득, 저장, 생산 처리, 표현, 배포 등을 처리하는 예술이며 과학 혹은 기술이다(Amer). 공간 정보 공학과 동의어로서 가금 사용되고 있는 용어로서 Geomatics가 있다. Geomatics는 캐나다에서 처음 소개되었으며, 프랑스어 계통의 국가에서 널리 사용되고 있다. Geomatics를 참조.

**Geoinformation Processing 지리 정보 처리** 지리 정보 처리와 공간 자료 처리(Spatial Data Handling)는 GIS에서 대부분 같은 의미로 많이 사용되고 있다. 지리 정보 처리는 해석적 측면과 데이터에 대한 사람의 이해에 강조를 하는 것이며, 공간 자료 처리는 지리적 현상을 표현하는 자료를 컴퓨터로서 작업하는 기술적 측면을 좀 더 강조한 용어이다.

**Geo-IoT 만물인터넷, 공간정보 사물인터넷** 공간정보 기술과 IoT(Internet of Things, 사물 인터넷) 기술이 융·복합되어 현실사물, 지도(가상사물), 사람을 인터넷으로 연결하고 위치·공간·센싱 정보를 교환·공유하여 스스로 일을 처리하고 똑똑한 서비스를 제공하는 만물인터넷(Internet of Everything : IoE)로 정의된다. IoE(만물인터넷)는 IT기업인 시스코(Cisco)가 사용한 용어로서 IoT(사물 인터넷) 개념을 확장하여 '사물뿐만 아니라 사람, 데이터 및 프로세스에 이르는 모든 것(everything)들이 인터넷으로 연결되어 새로운 가치와 비즈니스를 창출하는 세상'을 의미한다. 즉, Geo-IoT는 사람·사물을 식별하는 태그(바코드, RFID 태그), 주변 환경을 센싱하는 센서, 사물을 제어·동작시키는 액츄에이터(예 : 전등 켜기/끄기, 출입문 차단)가 부착된 현실사물(기기, 시설물) 중심으로 연결된 IoT에서 진화하여, 사이버 세계에 존재하는 가상의 공간정보를 'IoT 사물化'하고, 현실사물과 연결하여 서로 대화(양방향 통신)할 수 있도록 만듦으로써 새로운 가치를 제공하는 것을 목적으로 한다. 예를 들어, Geo-IoT를 통해 현실사물과 공간정보(가상사물)가 대화를 나눌 수 있게 되면 현실사물의 변화(위치 이동)가 자동으로 공간정보에 반영되어 정확하고 생생한 지도 서비스를 제공할 수 있으므로 단순한 사물 간의 연결이 아니라 사물과 정보가 연결되는 IoE가 실현되는 것이다. IoT의 발전단계를 정리해보면, 시설물 및 공장 등에 설치된 기기(센서) 간의 통신을 위해 사용되던 과거의 M2M(Machine-to-Machine) 기술이 인터넷으로 연결된 IoT로 발전하고, IoT는 인터넷의 지능화(공간정보, 빅데이터, 인공지능과의 융합) 추세에 따라 IoE로 진화하는 'M2M → IoT→ IoE' 단계로 발전하여 왔다. IoT 시대가 도래하게 되면 주변 공간의 사물(센서)에 대한 위치와 속성정보를 공간정보化하고 지도로 보여주는 '스마트 사물 지도'가 필요할 것이다. 이와 같이 기존 지형지물 중심의 지도 서비스는 정적인 공간정보와 동적·실시간성의 IoT가 융합된 사물 지도 서비스로 진화하게 될 것이며, 사물의 공간정보뿐만 아니라 실시간 상황 정보(예 : 혼잡 지역, 위험·대피 지역)까지 제공할 수 있다. 즉, '사물(센서)들은 어디에나 존재(Sensors Are Everywhere)'하게 되는 것이다. 이러한 Geo-IoT 기반 사물지도의 활용을 통해 개인 안전 보장, 국민 복지 향상, 일자리 창출을 실현할 수 있다.

**Geolocating 지오로케이팅** Geotagging를 참조.

**Geo-Location 지형 위치** 지형에 대한 위치를 말한다.

**Geological Cross-section 지질 단면도(地質斷面圖)** 지하의 지질 구조를 나타낸 단면도로서 지표 지질의 자료를 통하여 지하의 암석 분포, 각종 암류(巖類)의 상호 관계, 지질 구조 따위를 나타낸다. 지질도는 지표면의 암석과 지층만을 나타내는 평면도이기 때문에 지하의 지질 상태를 표현하기에는 부족하다. 따라서 지하의 지질 구조와 지층 분포 등을 입체적으로 해석하기 위하여 지질도 상에서 주향에 직각방향으로 임의의 선을 택하여 그 선상의 지하 지질 단면도 상황을 표시하게 되는데 이것을 지질 단면도라 한다.

**Geologic Column 지질 주상도(地質柱狀圖)** 어떤 지역에 분포하는 지층을 조사하여 쌓인 순서에 따라 지층의 두께와 암석의 종류를 나타낸 그림이다. 즉, 지질단면도에서 얻은 지층과 암석의 순서 및 두께에 대한 종합자료를 기둥모양(주상)으로 나타낸 것이다. 어떤 지역에 분포되어 있는 지층을 아래에서 위로 순서대로 지층의 두께를 나타낸 것을 지질 주상도라고 한다. 지질 주상도를 그리는 까닭은 지층(특히 퇴적암 지역의 지질도에서)의 지질 시대 및 지층 사이의 상호 관계, 즉 층서와 정합과 부정합 관계를 밝혀주는 지층의 두께와 암질의 수직 및 수평 변화, 그밖에 화석과 여러 퇴적구조의 순서를 쉽게 알아보기 위해서이다.

**Geologic Information System 지질정보시스템** 지질(地質, geology)과 관련된 정보는 기본적으로 '한국지질자원연구원'(Korea Institute of Geoscience and Mineral Resources, KIGAM)에서 제공한다. 지질정보시스템은 한국지질자원연구원에서 구축한 인터넷기반의 공간정보 서비스 시스템으로, 일반인들이 손쉽게 얻을 수 없는 지질관련 전문 정보를 GIS기술을 이용하여 다양한 응용분야에 활용될 수 있도록 대국민 정보제공을 목적으로 하고 있다. 이 시스템은 지질자원 전문 정보를 다양한 분야에 활용될 수 있도록 인터넷 기반의 공간정보시스템 기술을 이용하여 정보를 제공하고 있다. 사용자는 손쉽게 검색이 가능하도록 웹 클라이언트에서는 여러 주제도의 중첩을 통해 관심지역을 다른 각도에서 분석할 수 있도록 사용자 편의 기능을 제공하며, 웹 서버에서는 여러 사람들이 동시에 서비스 요청을 할 때 빠르게 응답할 수 있도록 데이터 압축 기술, 공간정보 인덱싱 기능 등을 통해 사용자에게 편의를 제공하고자 노력하고 있다. 한국지질자원연구원의 '지질정보시스템'(http://mgeo2. kigam.re.kr/)에서는 현재 지질도, 탄전지질도, 해저지질도, 중력이상도, 동위원소 연대지도, 지체구조도, 다목적 지화학도, 경기육괴 지질연대 분포도 등을 검색할 수 있다.

**Geological Map 지질도(地質圖)** 암상, 단층, 습곡, 주향, 경사, 지지단면 등과 같은 각종 지질자료를 도면으로 나타낸 것이다. 지질도는 어떤 지역의 표면에 드러난 각종 암석의 분포, 그 시대의 구분, 배열상태, 구조 등을 색채·모양·기호 등으로 나타낸 지도로서, 지질의 분포와 특성을 상세히 알아보는 지도이므로 주제도에 해당한다. 지형도에 암석의 접촉부를 선으로 표시한 지질도는 지하 구조를 미루어 짐작할 수 있도록 하기 위하여 주향, 경사, 정합, 부정합, 단층, 관입, 점이상태를 입체적으로 표시하였다. 지질도에는 진북(眞北)및 축척이 나타나며 암석의 종류, 시대, 지질구조의 기호 및 각 기호의 범례(legend), 지질 단면도, 지질 주상도가 표시된다. 지질도는 지표 및 지하를 대상으로 서로 다른 암석과 구조들 사이에 기하학적인 관계를 나타낼 수 있기 때문에 지질도는 광산개발에 사용될 뿐만 아니라 토목, 수리, 건축, 농림 등에도 필요하게 되었으며 지질학의 발달과 함께 점차 정확하고 자세하며 기술적으로 발달되어 가고 있다. 지질도는 야외조사를 한 결과를 종합한 것이다. 야외조사를 할 때에는 암석의 종류, 색, 구조, 단층, 습곡, 기타 각종 특징을 관찰하고 지형도에 기입하여 지질도를 작성한다. 지질도는 각종지질자료를 포함하는 지질자료의 총체로서 지질도에 포함되어있는 각종 정보는 현재 정부, 산업계, 학계 등에서 국토이용계획 및 사회간접자본시설 건설, 자원개발, 지질재해 및 환경오염 등에 다양한 용도로 활용되고 있다. 기본지질도는 1 : 50,000 축척으로 제작되고 있으며, 1 : 250,000의 준광역지질도, 1 : 1,000,000의 광역지질도 등이 제작되었다.

**Geological Survey (지표)지질조사** 지질조사는 조사 대상지역 일대의 지표상의 흙과 암석 등의 지반분포특성, 단층, 습곡, 절리 등 지질구조의 발달상태 등을 파악하여 지질도를 작성하고 대상지역에 영향을 줄 수 있는 지질재해의 가능성을 검토하기 위하여 수행한다. 지표지질조사를 통하여 단층, 습곡, 절리 등 지질구조도를 작성하고 암석의 분포상태나 특성을 파악하여 지질재해의 가능성 등을 검토하며 필요에 따라 지질공학도(Engineering Geologic Map)를 작성한다.

**Geology 지질학(地質學)** 지각의 구조, 성질, 성인(成因), 역사를 연구하는 지구과학의 한 분야. 암석학, 광물학, 구조지질학, 층위학(層位學), 퇴적학, 고생물학, 광상학(鑛床學) 등이 있다.

**Geomagnetic Anomaly 지자기 이상** 지자기가 공간 및 시간적으로 평균 분포 및 변동에서 벗어난 양상을 말하며, 이는 암석 및 광물의 자기적 성질 차이 때문이다. 따라서 지구자기 이상은 지각구조나 광물자원의 탐사에 이용된다.

**Geomagnetic Control Point 지자기점(地磁氣點), 지자기 기준점** 지구자기 측정의 기준으로 사용하기 위하여 정한 기준점을 말한다(공간정보의 구축 및 관리 등에 관한 법률 시행령 제8조).

**Geomagnetic Correction 자기 보정** 지자기장의 위치 변화에 따른 보정과 지자기장의 일변화 및 기계오차에 의한 시간적 변화에 따른 보정 및 기준점보정, 온도보정 등의 보정이다.

**Geomagnetic Daily Variation 지자기 일변화** 하루를 주기로 하는 지자기 변화를 의미한다.

**Geomagnetic Equator 지자기 적도** 지리적인 적도와 일치하지 않고 복각이 0이다.

**Geomagnetic Horizontal Component 수평분력** 지자기의 자력선 중의 수평성분으로서 지자기 3요소 중의 하나이다. 지자기측량이라 함은 지구자기의 분포상황과 그 경년변화를 파악하기 위하여 지자기 3요소인 편각, 복각, 전자력(또는 수평분력)을 측정하는 작업을 말한다(「지구물리측량 작업규정」 제2조 제2항). 일반적으로 지자기 3요소는 편각, 복각, (전자력의)수평성분이다. 지자기의 세기를 나타내기 위해서는 단위자극의 세기가 자침에 작용하는 힘을 사용하며 임의 방향의 이러한 세기를 전자력이라 하고, 그 수평성분을 수평자력(또는 수평성분), 연직성분을 연직자력(또는 연직성분)이라 한다. 지구자기의 세기는 적도부근에서 약 1/3가우스(GAUSS)이고, 지자기 극 부근에서 약 2/3가우스이다. 서울 지역의 수평자력은 약 0.3가우스, 연직자력은 약 0.4가우스이다.

**Geomagnetic Inclination 지자기 복각** 지구자기의 방향이 수평면과 이루는 각을 일컫는다. 지자기 3요소 중의 하나이다. 수평에서 아래로 향하면 양(+), 위로 향하면 음(−)이라고 한다. 복각이 0°인 장소를 자기적도라고 한다. 복각은 적도 부근에서 0°에 가깝고, 북반구에서는 양(+), 남반구에서는 음(−)의 값을 취한다. 복각이 +90°인 곳이 자북극, −90°인 곳이 자남극이다. 지자기측량이라 함은 지구자기의 분포상황과 그 경년변화를 파악하기 위하여 지자기 3요소인 편각, 복각, 전자력을 측정하는 작업을 말한다(「지구물리측량 작업규정」 제2조 제2항). 일반적으로 지자기 3요소는 편각, 복각, (전자력의)수평성분이다. 서울 지역의 복각은 N57°이다.

**Geomagnetic Point 지자기점(地磁氣點)** 지구자기 측정의 기준으로 사용하기 위하여 정한 기준점을 말한다. '1등 지자기점'은 일반적인 지구자장의 분포와 영년변화를 조사·연구하고 국가기본도의 자편각 표기의 목적을 위해 설치한 점을 말하며, '2등 지자기점'은 우리나라 각 지역의 자기이상을 조사하여 지자기도를 작성하기 위해 설치한 점을 말한다(「지구물리측량 작업규정」 제12조). 한편, 지자기점은 가능한 전국에 균일하게 분포되게 하고 시가지, 철도, 송전탑 등으로부터 충분한 거리(직류 철도−5.0km 이상, 교류 및 일반철도−2.0km 이상, 고압철탑−1.0km 이상, 송전탑−0.5km 이상)를 확보하여야 한다[「지구물리측량 작업규정」(국토지리정보원고시 제2012-1666호) 제13조].

**Geomagnetic Pole 지자기 극점** 지구의 자전축에 12°정도 기울어진 막대자석(자기 쌍극자)의 축이 지면과 만나는 점이 지자기 극점이다. 지자기 남극점은 대략 남위 78°30′, 동경 111° 정도에 위치하고 있다. "지리적 남극점"에서 약 1,300km 떨어져 있다. 지자기남극점은 여러 지역에서 복각을 측정하여, 그 값을 바탕으로 계산한다. 자남극점과 지자기 남극점이 다른 이유는 지구 속에 작은 자석들 때문이다. 즉, 지구 속에 자석이 하나가 아니고 여럿이 있기 때문이다. 물론 지구 막대자석(자기 쌍극자)의 자기력이 가장 세겠지만, 그보다 다수의 작은 규모의 막대자석(자기 쌍극자)들이 있다. 이 작은 막대자석들과 큰 지구막대자석이 합해서 생기는 힘으로, 복각이 90°가 되는 남극점이 바로 "자남극점"이다. 반면, 지구막대자석이 가리키는 방향이 "지자기 남극점"이다. "지자기 북극점"은 북위 78°39′, 서경 69°에 위치한다. Magnetic Dipole을 참조.

**Geomagnetic Reversal 지자기 역전(地磁氣 逆轉)** 지자기장의 자북(N)−자남(S) 방향이 현재의 지자기장의 방향과 반대인 것을 말한다. 지질시대 순으로 일련의 암석 시료에서 고지자기의 방향을 측정해 보면, 현재의 지자기 방향과 대체로 일치하는 방향, 그리고 이와 반대되는 방향으로 서로 교대되고 있음을 보여주고 있다.

**Geomagnetic Secular Variation 지자기 경년 변화** 수십 년 내지 수백 년에 걸친 지자기변화로 영년변화라고도 한다.

**Geomagnetic Storm 지자기 폭풍** 갑작스럽고 큰 지자기 변화로서 주로 태양 흑점의 변화에 의하여 발생한다.

**Geomagnetic Surveying 지자기 측량(地磁氣測量)** 「지구물리측량 작업규정」 제2조에서는 지자기측량은 지구자기의 분포상황과 그 경년변화를 파악하기 위하여 지자기 3요소인 편각, 복각, 전자력을 측정하는 작업으로 정의하고 있다. 즉, 지자기측량은 지자기점이나 특정지점에서 지자기의 3요소인 편각, 복각, 수평분력(또는 전자력)을 측정하여 측정지역에 대한 지구자기장의 지리적 분포와 그 오랜 기간 동안의 변화를 조사·분석하는 측량을 말한다. 또한 지자기측량의 성과는 전국의 지자기분포와 장기간의 변화를 파악하여 전국의 지자기도, 항로 및 항공도 작성,

중력측량 등의 관측자료와 함께 지구 내부의 구조적분석에 활용되기도 하며, 지구물리학의 기초 자료로 쓰인다.

**Geomagnetic Variation 편각(偏角)** 편각은 지구자기의 수평면에서의 방향과 지리적 자오선(남북방향)이 이루는 각이다. 지자기 3요소 중의 하나이다. 자침(磁針)을 수평으로 두면 N극은 자북을 가리킨다. 이 방향(지구자기의 수평분력 방향)과 진북(眞北)과의 사이의 각이 편각이다. 지자기측량이라 함은 지구자기의 분포상황과 그 경년변화를 파악하기 위하여 지자기 3요소인 편각, 복각, 전자력을 측정하는 작업을 말한다(「지구물리측량 작업규정」 제2조 제2항). 일반적으로 지자기 3요소는 편각, 복각, (전자력의) 수평성분이다. 서울의 편각은 서쪽으로 약 6.5°이다.

**Geomagnetism 지자기** Terrestrial Magnetism를 참조.

**Geo-Mashup 지오 매시업** 범죄 장소, 허리케인 출몰 지역, 주유소의 주유 가격, 온천 정보, UFO 목격지, 영화 촬영 장소 등으로, 그 적용 범주가 매우 광범위하다.

**Geomatics 지형정보학** 지리정보나 지리자료를 수집하고, 분배하고, 저장하고, 분석하고, 처리하고, 표현하는 것에 관한 학문을 말한다. Geomatics는 캐나다에서 처음 소개되었으며, 프랑스어 계통의 국가에서 널리 사용되고 있다. Laurini와 Tompson은 Geomatics를 공간 지리 과학과 정보 공학의 합성(the fusion of ideas from geo-sciences and information)이라고 설명하고 있다. 하지만 미국에서는 Geomatics라는 용어가 완전히 받아들여지지 않고 있으며, 지리 정보 과학(Geographical Information Science)이라는 용어가 더 많이 사용된다. 측량, 원격탐사, GPS 및 GIS를 통합하는 용어로서 사용되고 있다.

**Geomatics Canada 지오매틱스 캐나다** 국가 지형도 체계(NTS : National Topographic System)에 의해 지형도, 수치 지형도, 항공 사진 측량, 지명정보, 항공측량 데이터베이스 성과물 수집, 획득, 배포 등을 관리하고 기술적 지원을 하는 중앙정부 조직의 하나이다. 특히 지오매틱스 내 GIS 국에서는 공간 정보의 활용을 촉진할 수 있는 응용 프로그램을 개발하고, GIS 기술을 향상시키기 위한 연구를 수행 한다. 지오매틱스 캐나다는 여러 기관들이 자신들의 공간 자료를 서로 다른 형태로 데이터베이스에 저장함으로써 발생하는 자료의 유통 문제를 메타뷰/GIS 데타-X 시스템을 이용하여 해결했다.

**Geomatics Engineer 공간정보 엔지니어** 지리정보학의 개념적인 틀 구조와 공간적인 시스템 엔지니어링에 대해 깊이 있는 지식을 소유하고 있는 전문가를 말한다.

**Geomatics Technologist 공간정보 기술자** 지리정보체계의 응용에 지식이 많은 그리고 땅, 물, 공기 또는 환경적인 관리(사람을 포함)와 관련된 기술들을 숙련한 자이다.

**GeoMedia 지오메디아** 인터그래프의 지오메디아는 업무와 의사 결정을 지원하는 윈도우즈 사용자들에게 사용하기 쉬운 GIS 자료를 생성해 주는 GIS 소프트웨어이다. 지오메디아는 다른 주요한 GIS 포맷들과 호환되며, 공간해석이 가능하다. 또한 지도의 레이아웃 설계와 프리젠테이션을 위한 도구이다.

**Geomedia Dream Team 지오메디아 드림팀** 지오메디아 드림팀에는 지오메디아뿐만 아니라 웹상에서 Smartmaps을 출판하기 위한 앞선 인터넷 서버인 "지오메디아 WebMap" 지역 네트워크와 해석한 자료를 전송하기 위한 지오메디아에 네트워크 모형화 기능을 추가한 "지오메디아 Network" GIS 자료의 자동생성, 해석, 보고서 작성을 위한 새로운 표준 세트인 "지오메디아 Professinal"을 포함하고 있다.

**Geometric 기하학적** 기하학을 사용하는 것을 말한다.

**Geometric and Topology 기하 및 위상** 지리적 자료는 일반적인 자료와는 달리 기하학적 성격을 갖는다. 이것은 지리적 객체가 2~3차원으로 구성되고 기하학적 근간(점·선·면·체적 등) 또는 지리적 근간의 집합으로 표현되기 때문이다. 그러나 그 공간의 표현은 균등 분할에 의하여 유사 기하 표현(그리드-셀·삼각형·헥사곤·큐브 등)을 사용하거나 비균등 분할에 의한 비슷한 특성(토양의 종류, 토지 활용, 소유권 등)에 의해 구분되기도 한다.

**Geometric Boundary 기하 경계** 기하학적인 객체의 범위를 제한하는 아주 작은 넓이의 일련의 기하학적인 요소들로서, 객체의 범위를 구분짓는, 보다 낮은 차원의 기하 기본요소들의 집합이다.

**Geometric Characteristics 기하학적 특성** 광학센서로 잡은 영상의 기하학적인 특징을 규정하는 물리량으로, 주요 항목에는 시야각, 순간시야, 밴드간위, 광학계의 왜곡 등이 있다.

**Geometric Complex 기하 복합체** 각각의 기하하적 원시객체들의 집합으로, 각각의 기하학적 원시객체들의 경계는 기하학적 복합체 중 다른 위상학적 원시객체의 합집합으로서 나타날 수 있다.

**Geometric Consistency 기하 일관성** 지리정보의 기하학적 측면에만 영향을 주는 명세서들을 고려한 논리적인 일관성이다.

**Geometric Correction 기하보정** [영상처리] 인공위성 영상자료에 대하여 위성의 자세 등에 의한 오차를 제거하고, 지리좌표계와 일치시키는 과정을 말한다.

**Geometrical Dilution Of Precision(GDOP) 기하학적 정도(精度) 저하율, 기하학적 위치정도 열화(劣化)** GDOP(Geometrical Dilution Of Precision)을 참조.

**Geometric Dimension 기하차원** 기하집합 중 각각의 직접위치가, 그 내부에 직접위치를 갖는 n차원 유클리드 공간 n에 동형(isomorphic)의 부분집합에 관련되었을 때의 최대 수 n이다.

**Geometric Distortion 기하 왜곡** 영상면에 표시되는 내용이 왜곡되거나 정상비율이 벗어나는 영상적인 결함으로서, 직선이 곡선으로 보이고, 정사각형이 직사각형으로 보이고, 완벽한 원이 연장된 타원으로 보인다.

**Geometric Geodesy 기하 측지학** 지구의 형상과 크기에 관련된 사항으로 거리, 방향, 시간의 결정, 천문 측지, 위성 측지, 관성 측지 등과 회전 타원체 위에서의 기하학적 계산, 측지학적 3차원 위치계산 등을 다루는 학문이다.

**Geometric Model 기하 모형** 이용 목적에 따라 형상(지형 · 지물)의 위치 · 형상을 표현하기 위한 모형. 지리적인 지물을 구조화하는 경우에는 점 · 선 · 면에 의해 표현하는 것 외에 상호 접속 관계와 인접관계가 필요하고, 이것들을 통일적으로 취급하기 위하여 이용하는 모형을 말한다.

**Geometric Object 기하 객체** 하나의 개체로 다루어질 수 있는 기하 원시 객체. 기하 원시 객체의 집합 또는 기하 복합체로서 형상 또는 형상의 의미 있는 부분과 같은 객체의 공간 표현을 말한다.

**Geometric Object Type 기하 객체 유형** 자료군 내의 0, 1, 2, 3차원 공간위치를 결정하는데 사용되는 점 또는 벡터 객체의 이름을 말한다.

**Geometric Operations 기하 연산** 기하 변환의 결과는 입력 영상의 다양한 위치로부터의 밝기 값에 따라 다르다. 축척, 회전, 평행변위, 그리고 편위 수정이 기하 방법의 전현적인 예이다.

**Geometric Primitive 기하 원시객체** ① 분해 불가능(Decomposable)한 객체로 취급되는 수학적 기능이나 좌표와 관련되어 기술되는 형상들의 공간 구성 요소를 말한다. ② 좌표와 수학적 기능으로 형상을 공간적으로 표현한 것을 말한다. 예) 기하 기본요소는 기하적인 구성에 관한 정보를 가리키고, 그 이상 나누어지지 않는 가장 원시적인 객체이며, 점, 곡선, 곡면 및 위성이다.

**Geometric Process 기하 처리** 영상에서 영상소들의 밝기 값이 아니라 위치를 변화시키는 과정을 말한다.

**Geometric Relization 기하 실현** 그곳에 포함된 기하객체가 그것과 경계관계가 일치하는 위상복합체에 포함되는 위상 기본요소와 일대일 대응할 때, 그 기하복합체를 기하적인 실현이라고 한다. 이러한 실현에서는 위상기본요소는 대응하는 기하학적 기본요소 내부를 표현된다.

**Geometric Resolution 공간 해상도** Spatial Resolution를 참조.

**Geometric Test 기하 검사** 형상 간의 공간적 관계를 확립하는 검사. 예를 들어, 형상(지형 · 지물)이 어떤 영역 안에 속하는지를 알기 위해 다각형 내부의 점(Point-In-Polygon)검사를 할 수 있다.

**Geometric Topology 기하 위상** 일련의 기하 원시 요소에서 추출되는 위상을 말한다.

**Geometric Transformation 좌표변환, 기하변환** ① GIS 내에서 레이어나 지도에 지표면의 기준점 좌표를 이용하여 실제 좌표계의 좌표값을 부여하는 것. 좌표의 변환을 통하여 다른 지도나 레이어와 동일한 좌표체계를 가짐으로써 필요시 레이어의 중첩을 통한 정보의 합성이 가능하다. ② 영상면에 나타나는 3D 객체의 골격을 렌더링하는 과정을 말한다.

**Geometrical Dilution of Precision(GDOP) 지답, 기하학적 정밀도** GDOP(Geometrical Dilution of Precision)를 참조.

**Geometric Utility(Directed) Networks 기하시설물(지향성)** 네트워크선(edge, 예 : 파이프라인, 하천)을 따라 단방향으로 이동하는 네트워크를 말한다.

**Geometry 기하학** GIS에서 기하학 정보는 점 · 선 · 면 등 지형 표면의 측정치와 속성을 다룬다. 점 · 선 · 면의 자료를 구성하는 가장 기본적인 정보로서 점일 경우(x, y) 하나로 저장되며, 선의 경우는 연결된 점들의 집합, 즉 $(x_1, y_1)$, $(x_2, y_2)$, …, (xn, yn)으로 구성되며, 면의 경우는 면의 내부를 확인하는 참조점으로 구성된다. 저장된 좌표와 그러한 좌표들을 연결하는 선들에 관하여 실체가 표현된 모양을 말한다.

**Geometry Object Type Code 기하 객체 유형 부호** 자료군 내의 0, 1, 2, 3차원 공간위치를 표시하는데 사용되는 점 또는 벡터 객체의 이름을 말한다.

**Geo-Navigation 지문항법** 연안의 지물이나 항로표지 등에 의하여 선박위치를 결정하는 항법을 말한다.

**Geo-Object 지표 객체** 공간상에 존재하는 일정 사물이나 특정 현상을 발생시키는 존재(하천, 도로 등)를 의미한다.

**Geophysical Prospecting 물리 탐사(物理 探査)** 물리 탐사란 지반의 물리적 성질의 차이에 기인한 물리적 현상들을 측정하고 해석함으로써 지질구조 및 지층의 성질을 조사하는 방법으로서 지반조사뿐만 아니라 지하수나 광물자원 및 석유 등 에너지자원 탐사의 중요한 수단이다. 물리 탐사는 지층의 분포특성을 위시하여 지층의 역학적 특성 파악이나 지하수나 환경문제 해결에 효과적이며, 특히 물리 탐사가 연속적 지반특성을 보여준다는 점에서 시추나 다른 지반조사 방법들과 크게 구별된다. 지반조사 과정에서의 물리 탐사의 활용은 대체로 특정 시설물의 건설에 있어서 좋은 조건의 지질을 선정하는 차원에서 이루어지고 있으며 아울러 나쁜 조건의 지질을 배제하는 목적으로 이용될 수도 있다. 물리 탐사는 대상 지반의 물리적 특성에 의한 물리현상을 측정하여 지반을 평가하기 때문에 탐사방법을 선정하는 데는 어떠한 물리적 성질이 대상지반에 관련되는가를 고려하여야 한다. 가장 보편적으로 분류하는 물리 탐사방법은 물리적 특성에 의하여 측정하는 물리량의 종류에 따라 구분하는 방법이다. 토목지질조사에 있어서 지구물리탐사는 중력탐사를 비롯하여 자력탐사, 전기 및 탄성파탐사 등 적용방법에 있어서의 제한은 없으나, 대체로 탄성파탐사와 전기탐사법이 비교적 많이 쓰이고 있으며 그 중에서도 특히 탄성파 굴절법과 전기비저항 방법이 많이 이용되고 있다. 최근에는 탄성파 토모그라피 방법 등도 활발히 적용되고 있다. 물리 탐사는 자료수집(Data Acquisition), 자료처리(Data Processing), 결과해석(Interpretation)의 과정을 거치며 무엇보다도 대상지반 내에 물리적 성질 차이가 있는 지반이 존재해야만 적용가능하다는 것을 염두에 두어야 한다. 이외에도 탐사의 규모나 심도, 측정기기의 정밀도, 잡음의 정도 등의 탐사 결과에 크게 영향을 미치므로 이들에 대한 정확한 파악이 필요하다. Geophysical Exploration이라고도 한다.

**Geophysics 지구물리학(地球物理學)** 지구의 물리적 성질을 연구하는 과학으로 측지학, 지진학, 기후학, 화산학, 기상 전기학 등을 총괄한 학문을 말한다.

**Geoprocessing 지형 처리** 지리 자료의 처리 작업을 말한다.

**Geoprocessing And Network Analysis System 지리처리와 네트워 분석체계** 주로 지리적 분석에 사용되는 지리적 확인자들 또는 공간 색인 코드를 통합하는 컴퓨터 체계. 가장 일반적 적용은 계획, 인구 조사, 통계적 지역 확인자들을 이중 독립 지도 부호화(DIME) 파일과 같은 지리적으로 관련된 파일을 이용해서 주소를 포함하는 자료 기록에 할당하는 것이다.

**Georeference and Project 지리 기준과 투영** 공간 자료는 보통 위도와 경도 등 실세계 좌표계와 연계되어야만 한다. 또한 원하는 지점을 투영하기 위해서 투영 프로그램은 반드시 디지타이징된 자료와 연관되어야 한다. 사용하는 GIS에 따라서 적절한 지리 기준 체계와 투영이 수치화 이전에 적용될 수도 있다.

**Georeference System 지구 기준 체계** 지구가 타원체라는 것을 전제로 좌표를 측정해내는 방법. 경선과 위선을 중심으로 하여 원하는 지점의 위치를 계산해낸다. 경선은 남극과 북극을 지나는 선이며, 위선은 주어진 점과 타원체 중심점 간의 각도를 경선을 따라 측정하여 얻어진다. 최근에는 GPS를 이용한 인공위성 자료를 사용하여 지표상의 지점에 대한 정확한 위치좌표를 획득하고 있다.

**Georeferenced 지리 좌표화된** 특정 사상의 위치가 기준 좌표계에 제대로 맞춰진 상태. GIS의 커버리지가 정확한 지도학적 공간상에 고정되면 기타 다른 자료를 여기에 연결하여 사용할 수 있다. 특정 사상의 위치가 지구 좌표계에 따라 참조되어 표현되는 것이다. 가령 전국의 고속도로망의 좌표가 지리 좌표와 일치되어있으므로 다른 여타의 자료와 연계가 쉽게 이루어질 수 있고, 고속도로의 일정 지점이나 구간에 관한 지리적 위치자료를 쉽게 추출해낼 수 있다.

**Georeferencing 지리 기준, 위치 참조** ① GIS 자료가 활용되기 위해서는 실세계의 좌표값을 가지고 있어야 한다. 이 좌표값 부여의 과정을 지리 기준이라고 하는데, 표준 좌표계의 등록이라고도 한다. 타당한 지리기준을 위한 최선의 방법은 입력하려는 지도에서, 최소한 네 귀퉁이에 기준점(Tic Point)을 정의하는 것이다. 물론 그 기준점의 실세계에서의 좌표값은 작업자가 입력하므로 자료 입력 프로그램이 이 좌표값을 알고 있다. 그 외의 지도상 모든 점의 좌표는 이 '기준점'에 대한 상대적인 좌표값으로 입력된다. Geocoding을 참조. ② 항공사진의 촬영 시, GPS/INS를 항측 사진기와 연계하여 각 사진의 외부표정요소를 직접 획득하는 요소를 말한다.

**Georelational Data Model 지형관계형 자료 모형, 지리관계형 데이터 모델** 공간정보와 속성정보를 분리된 파일로 저장하는 벡터 데이터 모델로서, 대부분의 GIS 데이터베이스는 2가지 유형의 자료를 그 대상으로 한다. 즉, 공간 자료(혹은 위치 자료)와 비공간 자료(또는 주제 자료)로 각각의 유형에 따라 다른 데이터베이스 구조를 필요로 한다. 공간 자료는 위상자료모형(Topological Data Model)을 필요로 하고, 비공간 자료는 표 형태 자료 모형을 필요로 한다. 공간 자료 모형에서는 좌표계 및 좌표 변환에 대한 부분이 중요시되며, 데이터베이스에서 대부분의 자료는 공간적인 요소들과 연결되어 관리된다.

**Georelational Model 지형관계형 모형** 공간과 묘사적 자료의 상호 관계되는 집합으로서 지형 대상물을 표현하는 지리 자료 모형, 이것에서 위상 관계와 함께 공간 자료는 비록 두 종류의 자료 공동키에 의하여 관계되지만 속성자료와 별도의 표 형태로 저장되고 조작된다.

**GeoRSS(Geo-enabling Really Simple Syndication) 지리적 태그** 확장성 생성 언어(XML) 기반의 단순한 콘텐츠 배포 표준인 RSS를 OGC의 지리생성 언어(GML)와 같은 포맷을 활용하여 위치나 지리적 태그로 기술하는 것을 말한다. Geographically Encoded Objects for RSS Feeds라고도 한다.

**Geoscience Australia(GA) 호주 지형연구원** GA(Geoscience Australia)를 참조.

**GeoSensor 지리 센서** 지이오센서는 RFID리더, 모바일 RFID, 센서노드 텔레매틱스 단말, CCTV 등과 같이 직접 또는 간접적으로 위치를 획득할 수 있으면서 해당위치와 연관된 다양한 형태의 값들을 스트림의 형태로 생성하는 장치를 말한다.

**Geo-Seoul 서울 지반정보 관리시스템** 이 프로그램은 서울 시내 땅 밑 암반질과 수위 등 지질구조를 컬러로 주상 도화하고, 위성 영상을 통해 추출된 시의 지질도와 다층대·선구조 등 지반공학에 필수적 자료를 1장의 CD에 담았다. 이 시스템은 특히 각종 공공 건설공사와 민간 건축 공사 때마다 시추한 총 6천 500여 점의 소중한 지반 주상도의 원본을 수록한 지반 정보 관리 프로그램이다.

**Geo-Social Networking Service 지리 소셜 네트워킹 서비스** 지리공간 정보와 소셜 네트워킹 서비스 기반으로 의미 있는 콘텐츠 생산이 가능하게 되는 새로운 서비스.

**Geo-Social Service Mashup 지리 소셜 서비스 매시업** 공간정보와 소셜 네트워크 기반의 매시업 서비스.

**Geospatial Data 지형 공간 자료** 지구상의 자연 혹은 인공적인 지형지물과 경계의 지리적 위치와 성격을 정의하는 자료. 지형 공간 자료는 수치지도·항공사진·위성영상·대장·표 및 관련문서 등을 이용하여 작성한다. 지형공간 자료는 크게 도형 자료(또는 기하학적 자료)와 속성 자료(또는 주제 자료)로 분류된다. 도형 자료는 위상·크기·모양·위치·방향의 기하를 표현하는 벡터 또는 래스터의 어떤 형태에서도 3요소는 점(또는 결점), 선(또는 호), 면(또는 다각형)을 가진다.

**Geospatial Free & Open Source Software(GeoFOSS) 지형공간 무료 개방소스 소프트웨어** GeoFOSS(Geospatial Free & Open Source Software)를 참조.

**Geospatial Information(GI) 지형 공간 정보** GI(Geospatial Information)를 참조.

**GeoSpatial Information Authority of Japan(GSI) 일본국토지리원** GSI(GeoSpatial Information Autority of Japan)를 참조.

**Geospatial Information Service 공간 정보 서비스** 공간에 관한 정보를 생산·관리·유통하거나 다른 산업과 융·복합하여 시스템을 구축하고 제공하는 서비스를 의미. 지리정보시스템(GIS)을 포함하는 넓은 의미로, 유·무선통신기술, LBS, SNS, 증강현실(AR), RFID, Geo-Web 등 새로운 기술 및 서비스를 결합하여 LBSNS(위치기반 SNS), 시설물 원격관리 등의 서비스로 확장하는 개념까지 포함한다.

**GeoSpatial Information System(GSIS) 지에스아이에스, 지형 공간 정보 체계** GSIS(Geo-Spatial Information System)를 참조.

**Geospatial Infrastructure 공간정보 인프라** 공간자료, 인적자원, 네트워크, 정책 및 제도, 기술표준 등을 구성요소로 하는 개념적 모형이다. 공간정보인프라의 목표는 공간자료 사용자 및 이해관계자들 간에 자료의 교환과 공유를 촉진하고, 원활한 조정 역할을 수행하는 것이며, 다양한 목적의 의사결정을 지원하기 위하여 공간정보에 즉시 접근할 수 있도록 지원하는 것이 공간정보인프라 개발 목적이다. 플랫폼으로써의 공간정보인프라는 중앙정부, 지방정부, 민간기업 등 다양한 이해관계자가 협력체계를 통해 구축하는 것이 효과적이다. 협력체계를 통해 공간자료의 활용, 생성 및 관리, 자료의 통합을 용이하게 하고, 아울러 비용절감과 시간 및 노력을 절감할 수 있다. 이해관계자 사이의 협력체계는 중앙과 지방정부, 지방정부와 지방정부, 중앙정부와 민간기업, 지방정부와 민간기업 등 다자간 역할 및 기능분담에서 출발한다.

**Geospatial IT 지형 공간 정보 기술** 지구상의 자연 혹은 인공적인 형상과 경계의 지형적 위치와 성격을 정의하는 정보를 다루는 기술이다.

**Geospatial One Stop(GOS) 지형공간정보 통합유통체계** GOS(Geospatial One Stop)를 참조.

**Geospatial Ontology 공간 온톨로지** 공간 온톨로지 기술은 물리적 환경과 거기에 존재하는 오브젝트가 인간의 행위와 사물에 대한 개념이 맞물려서 구성되는 의미의 연결 관계를 정의하며, 공간온톨리지는 웹 온톨로지 언어인 OWL에 기반을 둔 GeoOWL과 같은 표준을 활용해 구축될 수 있다.

**Geospatial Web 지리공간 웹** 지난 수십여 년 간 전 세계는 공간적 한계를 극복하고 인간의 공간을 좀 더 효율적이고 효과적으로 활용하기 위해 GIS 시스템을 활용한 새로운 전자공간을 개발하여 왔다. 21세기에 들어 유비쿼터스 기술이 빠르게 발전함에 따라 물리적인 실세계와 새로운 전자공간을 융합시켜 제3의 공간을 창출하려는 움직임이 대두되었다. 이렇게 GIS에 u-IT기술을 접목시켜 제3의 공간을 창출하려는 시도가 지리공간웹(GeoSpatial Web)이다. GIS가 지리정보에 대한 콘텐츠(Contents)를 만들기 위한 노력이었다면, 지리공간웹은 GIS에 u-IT기술을 융합시켜 공간정보간의 의미를 부여하고 새로운 서비스를 창출해 나아가는 과정이다(GeoSpatial Web : Context의 창출). Ubiquitous Computing +GIS=GeoSpatial Web. 즉, 실세계(제1공간)와 가상세계(제2공간)를 연계하며, 제3공간을 표현하고 활용하는 새로운 수단이다. 또한 사용자가 쉽게 지리정보에 접근하고 활용할 수 있는 엔진이나 플랫폼 등의 기반을 의미한다. 현재 구글(Google), MS과 같은 주요 IT업체들이 '지리정보웹'으로 빠르게 사업을 추진하고 있다. 유비쿼터스 시대를 맞이해 3차원, 4차원 GIS로 발전함에 새로운 웹 지도 서비스 기회 및 시장이 존재하고 있다. 즉, 기존 2차원 정보에 공간개념이 포함된 3차원 GIS, 여기에 실시간 통신에 필요한 시간 개념까지 추가된 4차원 GIS에 대한 필요성이 대두되고 있다. 지오웹 분야는 ISO/TC 211이 국제표준을 주도해 왔고, OGC(Open Geospatial Consortium)는 이 분야에서 표준을 주도해 왔다.

**Geostationary Earth Orbit Satellite 정지 궤도 위성** 지구 자전주기와 같은 속도로 약 3만 6000km 고도에서 지구 주변을 공전하는 위성. 특정 지역 상공에 정지해 있는 것처럼 보인다.

**Geostationary Meteorological Satellite(GMS) (일본) 정지 기상위성** GMS(Geostationary Meteorological Satellite)를 참조.

**Geostationary Orbit 정지궤도** 지구 정지궤도는 위성이 이 궤도상에서 등속 원운동을 하므로, 정지궤도 위성이 받는 원심력은 정지궤도 위성이 받는 지구중력과 평형상태이어야 한다. 즉, [정지궤도 위성이 받는 원심력]=[정지궤도 위성이 받는 지구중력] [원심력$=mr\omega^2$]=[만유인력$=G\dfrac{mM}{r^2}=G\dfrac{mM}{(R+h)^2}$] 이 식을 고도 h에 대해 풀면 $h=\left(\dfrac{GM}{\omega^2}\right)^{\frac{1}{3}}$ 이다. 여기서, R은 지구의 적도 평균반경으로서 6,378,135m, M은 지구 질량으로서 $5.9736\times10^{24}$kg, $\omega$는 회전 각속도로서 $\omega=\dfrac{2\pi}{T}$ 이며, T는 위성의 공전주기(혹은 지구의 자전주기)이다. 따라서 $\omega=\dfrac{2\pi}{23.934\times3600}=7.2922\times10^{-5}$ rad/sec, G(만유인력상수) $=6.670\times10^{-11}\mathrm{Nm^2/kg^2}$이다. 따라서 $h\approx35{,}780$km이다. 즉, 지구정지궤도는 위성의 무게와 무관하며, 위성이 고도 35,800km($\approx$ 36,000km)의 적도 원 궤도상에서 지구 자전주기와 동일한 회전각속도($\omega$)로 지구를 공전하는 위성이다. Escape Velocity, Geostationary Orbit, Geostationary Orbit Satellite, Transfer Orbit를 참조.

**Geostationary Orbit Satellite 정지궤도 위성** 위성의 궤도는 고도에 따라 저궤도(300~1500km), 중궤도(1,500~10,000km), 타원형 고궤도(10,000~40,000km), 정지궤도(약 36,000km) 등으로 분류된다. '정지궤도(靜止軌道, Geostationary Orbit, GEO)'는 위도 0°인 적도 약 36,000km 상공의 원형 궤도이다. 즉, 지구 적도면 상공 36,000km 고도에 위치하여, 초속 약 3.1km의 속도로 이동한다. 위성의 궤도주기와 지구의 자전주기가 동일하므로(정확하게는 1항성일인 23시간 56분 4초 주기) 지구상에서 볼 때 항상 동일한 위치에 위성이 있게 되어 지구의 특정지역에 대해 1개의 위성으로도 서비스가 가능하다는 장점이 있다. 정지궤도 위성은 자전하는 지구에 대해 상대적으로 항상 일정한 위치에 있기 때문에, 이 궤도를 '지구 동기 궤도(GeoSynchronous Orbit, GSO)'라고도 부른다.

정지궤도에는 우주공간에 위치할 수 있는 최대 위성의 수가 매우 한정되어 있다. ITU(International Telecommunication Union, 국제전기통신연합)가 권장하는 위성 간 최소간격은 2°이다.

따라서 이론상으로는 최대 180개의 정지궤도 위성들만 들어갈 수 있으나, 그보다 훨씬 많은 400여기의 위성들이 운영되고 있다. 태평양 상공에는 정지궤도 위성들이 상대적으로 적으나 유럽 상공은 밀집되어 있어서 0.1° 간격 또는 0.2° 간격으로 운영되는 곳도 있다.

통신을 위한 정지위성의 아이디어는 1928년 Herman Potočnik에 의해 처음으로 발표되었으며, 1945년 영국의 SF작가, 발명가, 미래학자인 클라크(Arthur Charles Clarke, 1917~2008)는 "Extra-Terrestrial Relays-Can Rocket Stations Give Worldwide Radio Coverage?"라는 제목의 논문을 1945년 10월 Wireless World 잡지에 기고하면서, 정지궤도가 통신위성의 궤도로 유용하다고 발표하였고, 대중에게 널리 알려지게 되었다. 이런 이유로, 정지 궤도는 클라크 궤도로 부르기도 한다. 최초의 정지위성은 1963년 NASA의 SYNCOM-2호이다. 우리나라의 "천리안(千里眼, Communication, Ocean and Meteorological Satellite, COMS, 위성통신해양기상)위성"은 동경 128.2°의 적도상공 약 3만 6000km 거리에 위치하는 정지궤도 위성으로서, 차세대 통신탑재체의 우주 인증실험, 해양관측 및 기상관측 등 3가지의 주요 임무를 수행하고 있다.

정지궤도는 지상과 위성간의 전송거리가 매우 길기 때문에 약 0.25초의 전파지연시간이 있으며 큰 전송손실 때문에 지구국 안테나가 커져야하는 단점이 있다. 정지위성이 만유인력에 의해 지구로 떨어지지 않고 일정한 위치에 '정지'할 수 있는 이유는 지구가 465m/s의 속도로 자전하기 때문이다. 정지위성이 지구의 자전속도와 동일한 속도로 지구의 자전방향과 동일하게 지구주위를 선회하는 경우 지구상의 일정한 위치에서 위성을 바라보게 되어 '정지'하고 있는 것으로 보이며, 선회하는 위성에 의한 원심력과 지구에 의한 만유인력이 균형을 유지할 수 있는 것이다. 만약 위성이 선회하지 않는다면 만유인력에 의해 위성은 지구로 가속을 받게 된다.

정지궤도 위성은 안테나를 항상 지구로 향해야 하고, 위성의 위치와 자세에 대한 제어를 행하여 '자세 안정성'을 유지한다. 자세제어방법은 크게 '스핀 안정형'과 '세로 안정형'이 있다. 스핀안정형은 위성본체가 자전함으로써 외란에 의한 스핀안정성을 확보하며, 세로안정형은 본체에서 나온 포일(foil)이 회전함으로써 자세를 안정시키는 방법이다. Geostationary Orbit, Geostationary Orbit Satellite, Transfer Orbit를 참조.

**Geostationary Satelite 정지위성** 위성의 지구회전주기가 지구의 자전주기와 똑같은 24시간이어서 지상에서 위성을 볼 때 한 곳에 정지된 것처럼 보이는 위성을 정지위성이라 한다.

**Geostatistics 지구통계학, 공간통계학** 지구통계학(Geostatistics)은 Geo(지구)와 통계학(Statistics)이 결합된 용어로서 지난 30여 년간 철광석, 귀금속 등의 광물 매장량이나 품위(grade) 분포 추정 등에 활용되어온 응용통계학의 한 분야이다. 지구통계학적 방법은 자료의 공간적 상관성에 입각하여 샘플이 없는 지점에서의 물성값을 예측할 수 있게 해주며 예측된 물성값의 불확실성을 알 수 있게 해주는 장점이 있다. 최근에는 지구통계학의 응용영역이 석유개발 및 자원개발, 환경오염 분포예측, 수리학, 대기과학, 농학, 임학, 생태학, 경제학, 사회학 등의 시계열 자료나 공간자료(Spatial Data)의 분포를 파악하고 예측하는 등 그 활용 가능성이 다양해지고 있으며, 특히 최근 '빅 데이터'(Big Data)의 중요성과 활용성이 증대되면서 그 활용 가능성은 방대해지고 있다. 이러한 응용 영역이 방대해지면서 지구통계학의 속성인 공간상관분석 능력을 강조한 "공간통계학"이란 용어로도 사용되고 있다. 공간통계학으로서 지구통계학이 각광 받기 시작한 것은 비교적 최근의 일이다.

지구통계학의 기본수단은 변동도(Variogram) 측도로서 이는 측정값들 사이의 공간적(혹은 시계열 자료인 경우 시간적) 상관성(Correlation)을 정량화하는 도구이다. 일단 몇 개의 측점으로부터 얻어지는 경험적 변동도에 가장 적합한 수학적 모델을 생성하게 되면 이를 이용하여 미지의 값을 예측하게 된다. 이러한 추정은 Herbert Sichel과 함께 남아공의 엔지니어인 Danie Krige가 남아공의 Witwatersand금광에 처음 시도되었고, 그의 이름을 따서 크리깅(Kriging)이라 부른다. 이후 프랑스의 수학자 George Matheron에 의해 1960~1970년대 수학적 이론으로 정리되어 오늘날에 이르고 있다. 간단한 경우 두 측점사이의 값을 예측하는 데는 내삽법(Interpolation)을 이용할 수 있으나 많은 시공간상의 데이터를 기본으로 주변의 미지의 값을 예측하는 데는 지구통계학이 매우 유용한 도구이다. 크리깅(Kriging)은 임의의 공간에서 취한 시료값으로부터 시료정점의 주변 또는 구역에 대해 최소 분산의 불편선형추정치(BLUE: Best Linear Unbiased Estimator)를 구하는 방법으로서, 추정치와 실제치의 차이에 대한 기댓값은 0이어야 하고, 동시에 그 차이에 대한 분산은 최소가 되어야 하는 통계적 개념을 갖고 있다. 한편, 변동도(Variogram)는 인접한 공간의 두 점사이의 물성값이 멀리 떨러져 있는 두 점 사이의 물성값에 비해 더욱 유사할 것이라고 생각할 수 있다. 이러한 상황을 정량적으로 파악하기위하여 확인된 물성값들이 임의의 공간에서 무작위 값을 갖는다고 하면 통계학적으로 표현되는 기대치(Expectation, E) 또는 분산(Variance, VAR)과 같은 용어와 개념이 도입되어야 한다. 분산은 임의의 거리간격($\Delta$h)에서 확인된 두 점의 물성값 Z들 간의 변위량으로서 다음과 같이 표현할 수 있다. 즉,

$$VAR[Z(h) - Z(h+\Delta h)] = E[Z(h) - Z(h+\Delta h)^2].$$

이 식은 거리 $\Delta$h 만큼 떨어져 확인된 모든 두 물성값 간의 편차제곱의 대표값이며, 이를 $\bar{\gamma}(\Delta h) = \frac{1}{N}\sum_{i=1}^{N}[z(h_i) - Z(h_i+\Delta h)]^2$와 같이 전개할 수 있으며, 이 식을 거리간격(Lag length) 만큼 떨어져 있는 물성값의 변동도(Variogram)라고 한다. Kriging Method, Variogram을 참조.

**GeoSynchronous Orbit(GSO) 지구 동기 궤도** Geostationary Orbit, Geostationary Orbit Satellite, Transfer Orbit를 참조.

**Geosynchronous Satellite 지구 동주기 위성** 정지궤도로 진입하기 전 단계의 궤도로서 원지점은 지구상공 약 34,000km이고 근지점은 200km 이상이 되는 궤도임. 지구동기 천이궤도의 원지점에서 원지점 모터 또는 엔진을 점화함으로써 지구동기궤도인 정지궤도로 진입할 수 있다.

**GeoSynth 지오신스** 구글의 스트리트뷰를 겨냥한 새로운 사용자 참여형 공간정보 구축 서비스이다. 마이크로소프트의 자동 사진 합성 기술인 포토신스와 실버라이트 기술을 이용하여 개발되었다. GPS 좌표로 지오태깅된 3장 이상의 디지털 사진, 비디오 등에서 완전 자동으로 3D 경관을 구축할 수 있고, 구축된 3차원 지리공간 콘텍스트인 신스(Synth)의 좀더 직관적인 가시화가 가능하다. 지오신스로 구축된 3D 공간 콘텍스트는 상황 인식, 훈련 및 시뮬레이션, 4D 지식 분석, 범죄 현장 조사, 현장 측량 및 임무 리허설 등을 위한 신속한 3D 가시화에 다양하게 활용할 수 있다.

**Geotagging 지오태깅** 지상 사진이나 비디오 등을 이용한 다양한 미디어에 지리적 위치를 알 수 있는 메타데이터를 추가하는 것으로서, 사진 등에 GPS 위치정보를 삽입하여 언제, 어디서 사진을 찍었는지 확인할 수 있도록 하는 것. 지오태깅은 블로그나 카페의 글에 검색어를 다는 '태그'(Tag)처럼 사진이나 블로그 글, 동영상 등에 위치 정보를 표시하는 것을 뜻한다. 이 용어는 Flickr팀 구성원이자 geobloggers.com이라는 멋진 사이트를 만들어 전 세계 Geotagging 커뮤니티의 씨를 뿌린 Dan Catt가 보급한 용어이다.

**Geotargeting 지리적 타깃화** 어떤 사람의 물리적 위치를 파악해 그 위치를 기반으로 한 콘텐츠를 전달하는 것을 말한다. 판매자는 이 지리적 타깃화 기능을 이용해 소비자에게 좀 더 관련성 높은 콘텐츠를 전할 수 있다.

**Geotechnical Information 지반정보** 지반조사성과를 지반정보 통합관리 홈페이지(http://www.geoinfo.or.kr)에서 제시된 가이드라인에 따라 전산화함에 따라 생산되는 데이터베이스를 말한다('지반조사성과 전산화 및 활용에 관한 지침', 국토교통부 예규 2013-29호).

**Geotechnical Information Portal System 국토 지반정보 포털 시스템** 건설기술연구원의 "국토지반정보통합DB센터"는 전 국토의 건설현장에서 생산되는 시추보링 성과를 DB화하여 통합관리하고 있으며, 대국민 정보서비스를 실시하는 지반시추성과 정보화 관련조직이다. 국토교통부는 전 국토의 지반시추정보를 체계적으로 관리하고, 재활용을 위하여 2003년 한국건설기술연구원을 "지반정보전문기술지원기관"으로 선정하여 운영 중에 있다.

건설 시추정보 전산화 사업은 건설현장에서 시추조사를 통하여 분석된 결과인 지층, 지하수위, 공학정보 등 지하공간의 특성정보와 함께 GIS DB화하는 사업으로서, 2014. 12. 31.기준 194,903 공의 시추공의 지반정보가 구축되어있다. 이는 매년 건설공사 시추정보가 발주처별 종이문서로 생산·보관되어 재활용하거나 정보공유가 불가능함에 따라 전산화가 필요하며, 건설공사 시추정보를 DB화하여 공유·활용함으로써 중복시추에 따른 비용 절감효과 및 토양환경 오염 방지 등을 목적으로 한다.

건설 시추정보 전산화 사업은「기본설계 등에 관한 세부시행 기준」제28조 제1항에 의거 발주청은 설계과정에서 조사된 지반조사 정보를 국토지반정보포털시스템에 등록하여야 하며,「지반조사 성과 전산화 및 활용에 관한 지침」제4조에 의거 (1) 발주처는 지반조사가 수반되는 건설공사를 시행하는 경우 설계 및 시공단계에서 지반정보를 생산하여야 하며, (2) 지반정보의 생산은 지반정보 통합관리 홈페이지(http://www.geoinfo.or.kr)에서 제시된 가이드라인에 따른다. (3) 지반정보는 지반조사 완료 후 1개월 이내에 생산하여야 한다.

**Geotechnical Investigation 지반조사(地盤調査)** 지반조사는

건설공사 대상지반의 지층분포와 토질, 암석 및 암반 등 지반의 공학적 성질을 명확히 파악하여 구조물의 계획, 설계, 시공 및 유지관리 업무를 수행하는데 필요한 제반 지반정보를 제공하거나 건설재료원의 적합성 및 매장량을 확인하기 위하여 실시한다. 지반조사는 공사의 계획단계, 설계(기본설계 및 실시설계) 단계, 시공단계를 거쳐 공사가 완공되어 유지관리단계까지 각 단계의 업무수행에 필요한 지반정보를 제공하기 위한 것이기 때문에, 조사계획은 공사의 각 단계에 적합하게 수립하여야 한다. 지반조사는 일반적으로 예비조사, 본조사 및 보완조사 등의 단계별 순서로 행하여지나, 소규모 공사의 경우는 조사단계를 일부 생략할 수도 있으며 대규모 및 중요한 건설공사는 본조사 또는 보완조사 시에 정밀조사를 수차에 걸쳐 실시할 수도 있다.

**Geothermal 지열** 지구내부로부터 발생하는 열이다.

**Geovec 지오벡** GIS 소프트웨어로서 지도 형상에 대한 스크린 디지타이징 기능과 Line Following의 기능이 있다.

**Geovision 지오비전** SK텔레콤 고객 데이터와 현대카드, OK캐쉬백 등 외부 데이터를 기반으로 상권 분석을 해주는 서비스이다.

**GeoWeb 지오웹** 지오웹이란 지리정보를 웹상에서 이용하는 기술이다. 2005년도 Google Earth 서비스가 인터넷과 GIS 지도를 결합되면서 시작되었다. 구글 어스, 구글 맵스, 네이버 빠른 길 찾기 등이 여기에 포함된다.

**GeoWeb Platform 지오웹 플랫폼** 사용자 콘텐츠가 위치정보와 결합하여 다양한 솔루션과 콘텐츠 개발 및 신규서비스를 창출하기 위한 개방형 웹 기반의 인터페이스의 집합을 말한다.

**Gesture 제스처** 전화기를 옆으로 돌리면 화면이 가로 모드로 자동 변환되는 것처럼, 상황에 따라 변화를 주기 위해 휴대전화에 장착한 센서이다. 제스처의 또 다른 예로는 화면 넘기기, 손가락을 이용해 화면 확대 및 축소하기, 2대의 전화기를 서로 접촉시켜 콘텐츠 전송하기, 흔들기 등이 있다.

**GF2 Touch Screen Panel(Glass Film 2 Touch Screen Panel) 글래스 필름 커버일체형 터치스크린패널** TSP가 사용자가 손가락 터치를 인식하기 위해서는 X · Y 축을 이루는 2개의 ITO 층이 필요하다. 현재 주류를 이루는 필름전극방식(GFF)은 2장의 ITO 필름을 사용한다. GF2는 ITO 필름을 사용하지 않고 폴리에스터필름(PET) 1장의 양면에 ITO 층을 형성해 원가를 줄일 수 있는 장점이 있다.

**GFDA(Ground Facility Data Aggregator) 지상시설물용 공간정보 수집장치** 지상시설물 관리를 위해 USN 기술을 적용한 센서에서 수집한 자료수집 장치이다.

**GFF 필름전극방식** LCD 위에 산화인듐(ITO) 필름을 부착한 후 그 위에 다시 ITO센서, ITO필름, ITO센서를 순서대로 집접하고 최종적으로 커버글라스를 부착해 만든다. 공정이 안정적이고 수율이 높지만 원가가 비싼 단점이 있다.

**GFF TSP 필름전극방식 터치스크린패널** 손가락 접촉 위치를 인식하는 터치스크린패널의 X · Y축을 산화인듐전극(ITO)필름 2장으로 구현하는 방식. 일체형 터치스크린패널보다 모듈이 두꺼워 중저가 스마트폰 및 스마트패드에 주로 탑재된다.

**GFS(Google File System) 구글 파일 시스템** Google은 애초부터 검색포털로 사업을 시작하였으므로 대규모 데이터 처리가 필연적이었다. 또한 벤처로 시작한 Google은 저가 PC를 연결하는 scale-out 방식을 채택했기 때문에 컴퓨터의 하드웨어 장애가 불가피하였다. 특히 수 만대의 컴퓨터로 구성된 대규모 클러스터에서는 개별 컴퓨터의 장애는 이미 예정된 것이었다. 실제로 Google 데이터센터의 서버는 대부분 CPU당 4core 미만이고 GPU는 장착되어 있지 않으며 서버 당 메모리 크기도 그리 크지 않다. 또한 NAS를 거의 사용하지 않고 서버들은 일반 Ethernet 스위치로 연결되어있다. 따라서 개발 당시부터 다음과 같은 요구사항이 설정되었다. (1) 컴퓨터 자체의 장애 대책과 이를 지원하는 파일 시스템의 개선, (2) 대용량 파일의 지원할 것. 특히 웹페이지 등의 텍스트 정보 및 이미지 데이터와 같은 비구조적이고 대량의 데이터에 대한 효율적 관리가 용이할 것, (3) Write-once, read-many 및 고성능 파일추가(Append) 기능, (4) 대규모의 streaming 기능(특히 streaming read 작업) 등이다. 이들 요구사항을 해결하기 위해 다음의 설계상의 원칙이 채택되었다. (1) 고정 길이의 파일단위(64MB), (2) 파일 복제본(replicate)의 적극적 활용, (3) Master-Slave 방식을 통해 한대의 마스터 컴퓨터가 전체의 메타데이터를 관리, (4) 데이터 caching 기능은 사용하지 않음, (5) 파일시스템 관련한 class의 상속 체계를 정형화함으로써 snapshot, append 등의 custom API 개발을 손쉽게 하였다. 이러한 GFS 기술은 상당부분 Hadoop 파일시스템에 적용되어 빅데이터 기술의 근간이 되었다.

**GFSN(Ground Facility Sensor Node) 지상시설물센서노드** 지상시설물의 효율적 관리를 위해 USN 기술을 적용한 유비쿼터스 센서노드를 말한다.

**GH(Ground Height) 지반고(地盤高)** 토지의 표고로서, 평균해수면 등의 기준면으로부터 그 지점까지의 수직거리를 의미한다.

**Ghost 고스트** [영상] TV전파를 수신할 때 정규신호로부터 어긋나서 중복되어 생기는 방해 화면을 말한다. 주로 건물이나 지형에 의한 반사파가 시차가 발생하여 중복 수신되기 때문에 발생한다. 수신안테나와 수상기간의 Field 정합이 불안정하여 반사가 생기는 경우도 원인이다.

**Ghost Effect 고스트 효과** 입체영화 제작에서는 관람상황에서 왼쪽과 오른쪽 영상이 융합된 상태에서 의도하지 않은 영상의 특정 일부가 희미한 잔상처럼 보이는 현상이다.

**Ghosting 허깨비** 오른쪽 눈에 왼쪽 이미지와 오른쪽 이미지가 모두 보이거나, 왼쪽 눈에 왼쪽 이미지와 오른쪽 이미지가 모두 보여 일어나는 현상. 애너글리프 또는 편광 사진의 경우에 발생한다.

**GI(Geospatial Information) 지형공간정보(地形空間情報)**

① Spatial Data를 참조.

② 지리정보에 대응하는 용어로서, "지형공간정보(Geospatial Information, GI)"라는 용어는 초기에 유럽에서 사용되고 있었으나, 오늘날 국제적으로 사용되고 있다. 컴퓨터가 인식할 수 있는 현태 혹은 그와 유사한 형태로서, 지리적 위치와 속성으로 표현되는 정보이다. 토지피복, 지하, 해양과 대기권 하부의 모든 정보에 적용된다(영국 공간정보위원회).

③ 연세대 명예교수 유복모는 다음과 같이 기술하고 있다. 지형공간정보학(Geo-Spatial Informatics, GSI)은 지구 및 우주공간 등 인간생활 영역에 관련된 제반형상 및 현상에 관한 정보를 해석하여 신속성(迅速性), 정확성(正確性), 유연성(柔軟性), 완결성(完結性)있게 함으로서 모든 상황에 관한 의사결정, 편의제공 등을 극대화시키는 학문으로서, 지형정보와 공간정보로 구분할 수 있다. 지형공간정보체계는 1950년 미국 워싱턴대학의 지리학과에서 GIS(Geographic Information System)를 제안한 이래 1988년 Ubiquitous(Mark Weiser 제시), 1991년 SIS(Spatial Information System-Cracknell 제시)에 이어 GSIS(Geo-Scientific Information System-Tuner와 Kolm 제시)란 정보체계용어가 지속적으로 등장되면서 발전해가고 있었다. 이러한 정보체계의 통합용어 제안 추세에 따라 우리나라에서도 1992년 GSIS(Geo-Spatial Information System-유복모 제시)를 제안하였다.

이는 인간의 총체적인 영역인 Geo(地 또는 地形 : 삶의 터전에 나타나는 형상들의 영역)와 Space(空間 : 시간과 위치에 관련되어 발생되는 현상들의 영역)를 결합한 Geospace라는 신조어로서, 이를 활용한 Geo-Spatial Information System은 모든 정보체계를 연계 및 융·복합하여 가장 적절하고 포괄적으로 표현한 것이다. 여기서 지형정보(地形情報, Geo-Information)는 삶의 터전(또는 地球) 및 삶의 터전과 관련된 영역(또는 우주 및 우주정거장 영역)에서 삶을 이어갈 수 있도록 마련된 자연물(自然物) 및 인공물(人工物)들이다. 이들은 지모(地貌 : 강, 산, 계곡, 바다 등)와 지물(地物 : 가옥, 토로, 교량, 광물, 풀, 나무 등)로 구분되며 색(色)을 지니고 있어 가시화(可視化)가 되어 실체(實體)를 구분할 수 있는 형태(形態 또는 形象, appearance)로 대다수가 정적 대상(靜的對象, static object)들이다. 또한 삶의 욕구에 필요한 대상들(국토, 도시계획 및 관리, 각종 생상품 등)이 지형정보를 기반으로 계획, 설계, 제작 및 유지관리 등이 이루어지고 있다. 공간정보(空間情報, Spatial Information)는 삶의 영역에서 자연의 특성 및 인간의 특성이 시간과 위치(時·位)에 관련되어 물리·화학적이거나 인문사회학적 측면에 의한 변화로 발생(發生)되어 나타나는 狀態(또는 現象, phenomena)로 대부분이 동적대상(動的對象, active object)들이다. 또한 지형정보를 기반으로 공간정보를 활용하면 삶의 욕구에 상응하는 가치를 창출할 수 있다.

■ 용어의 비교

| 구분 | Geo Information<br>지형정보 | Spatial Information<br>공간정보 | Geospatial Information<br>지형공간정보 |
|---|---|---|---|
| 대상의 형태 | 삶의 터전 및 삶의 터전과 관련된 영역(地球와 관련된 영역)에 존재하는 자연물과 인공물로 일정한 形態(또는 形象)로 나타남 | 무한히 큰 영역(空)에서 자연 및 인간의 특성이 시간과 위치에 관련되어 제한된 영역(間)에서 發生되는 狀態(또는 現象)로 나타남 | 삶의 터전(地球)에 어떠한 形態를 지니고 무한한 영역(空) 중 제한된 영역(間)에서 어떠한 특성으로 명시된 狀態(또는 現象)로 나타남 |
| 가치 | 과학기술을 적용시켜 삶의 필수품을 이루어 갈 수 있으므로 가치 확인이 쉽게 이루어짐 | 지형정보를 기본으로 인문사회학과 과학기술 처리과정을 거쳐 대상의 특성이 가치를 이루어짐으로써 확인이 될 수 있음 | 대상을 지형정보를 기반으로 공간정보를 활용하여 자연과학기술 및 인문사회학을 적용시켜 처리하면 새로운 가치가 창출됨을 확인할 수 있음 |

**GI TSP(GI Touch Screen Panel) 커버일체형 터치스크린패널** TSP에서 손가락을 인식하기 위해서는 2개의 센서(ITO) 층이 필요하다. ITO 센서는 유리에 증착하거나 필름에 인쇄하는 식으로 구현된다. 필름 부착방식이 아니라 전면유리(윈도)에 센서를 일체화한 제품을 커버 일체형 TSP라고 한다. 커버 일체형 터치는 센서층 수에 따라 G2, G1으로 구분된다.

**GIF(Graphic Interchange Format) 지프, 비트맵 그래픽 파일형식** GIF는 JPEG과 함께 네트워크상에서 지원되는 2가지 그래픽 파일 형식 중의 하나로서, 네트워크상에서 그래픽을 압축하여 빠르게 전송하려는 목적으로 개발되었다. 따라서 압축률을 우선적으로 고려한 그래픽 파일 형식이다. 1987년 미국의 컴퓨서브(CompuServe)사가 개발하였으며, 웹이나 기타 인터넷 서비스에서 GIF는 이미지 형식에 있어 사실상의 표준이 되어가고 있다. GIF는 비손실 압축 알고리즘을 사용하는 무손실 압축 포맷이기 때문에 기본적으로 이미지 저장시 원본 데이터와 달라지는 손실이 발생하지 않는다. 그러나 포맷 자체가 256색상까지밖에 지원하지 않으므로 256색 방식보다 섬세하게 색을 표현하는 이미지를 GIF 포맷으로 저장하면 256색상으로 변환하는 과정에서 손실이 발생할 수 있다. 기술적인 측면에서 GIF는 2차원 래스터(Raster) 데이터 형식으로서, 바이너리(binary, 이진숫자)로 표현되며, 압축 기술은 LZW(Lempel-Ziv-Welch)를 이용한다. GIF에는 87a와 89a의 2가지 버전이 있는데, 1989년 발표된 89a는 하나의 파일 내에 여러 장의 이미지를 하나의 파일에 담을 수 있는 'animated GIF'를 만들 수 있는 기능과 인터레이스(interlaced GIF) 표현 기법을 지원한다. Animated GIF는 단순히 GIF 이미지를 여러 개 이어 붙이는 방식으로 저장하는 것도 가능하지만, 각각의 이미지에서 변화된 내용만을 적용하는 방식으로 저장하여 용량을 줄이는 것도 가능하다.

**Giga 기가** $10^9$을 뜻하는 접두어로서, 기호 G로 표시하며, billion(십억)단위이다.

**GIGA(Graphic Instruction Graphic Acceleration) Terminal 기가 단말기** 단말기의 그래픽 성능을 향상시키기 위해 CPU외에 그래픽 가속칩을 추가로 장착한 것을 말한다. 단말기는 현재 SK텔레텍의 IM6400이 있으며, 앞으로 계속 나올 예정이다.

**Gigabit Passive Optical Network(GPON) 기가비트 수동형 광 네트워크** GPON(Gigabit Passive Optical Network)을 참조.

**Gigabyte(GB) 기가 바이트** GB(Gigabyte)를 참조.

**GIIS(Graphic and Image Information System) 도형 및 영상 정보 체계** 수치영상 처리, 컴퓨터 도형 해석, 컴퓨터 지원 설계(CADD) 모의 관측 분야에 활용된다.

**Gimbal 수평유지 장치, 짐벌** [드론] 자이로스코프와 같은 물체의 기본 틀이 기울어져도 정립(正立)상태로 유지해주는 장치를 말한다. 헬리콥터 및 드론 등의 진동에 관계없이 연직 상태를 유지할 수 있게 해주는 장치로, 물이나 공기 등 주위 요소의 동요나 기울어짐에도 관계없이 수평 상태를 유지해주는 장치를 의미한다. 일반 무선조종 장비를 이용하면 동체의 중심을 잡기 어렵거나 카메라 파손 우려가 있는데 헬리캠의 짐벌 시스템은 이러한 단점을 극복하게 해준다. 즉, 헬리캠은 이를 위해 내부에 3축 자이로스코프와 3축 가속도계, 기압계 등으로 이뤄진 센서 장치인 IMU(Inertial Measurement Unit)를 갖추고 있다. 이러한 짐벌 장치는 무선조종(R/C, Radio Control) 비행체 혹은 드론에 부착되어 흔들림 없는 촬영을 위해 사용되며 장착해제 또한 가능하다.

**GIMS(National Groundwater Information Management and Service Center) 국가 지하수 정보 센터** 한국수자원공사(국토교통부)의 '국가지하수정보센터'는 전국의 지하수 수량, 수질, 이용실태 등 모든 지하수 정보를 수집, 관리하고, 대국민 지하수 정보 서비스를 하는 국가기구로서 우리나라의 지하수 이용, 조사, 관측 자료와 국내외 신기술 및 연구자료 등의 효율적 활용을 위해 통합 지하수정보체계(https://www.gims.go.kr)를 구축, 운영하고 있으며, 지하수 수위, 수량 및 수질 등의 정보를 수집하여 중앙부처 및 지방자치단체 등의 지하수 정책수립에 필요한 정보를 제공하고 있다. 한편, 국가 지하수 정보지도 등 지하수정보시스템을 개발 및 유지관리하고 있다.

**GIRAS(Geographic Information Retrieval and Analysis System) 지형 정보 검색 및 분석 체계** 미국의 USGS의 도형정보 검색 파일과 분석 자료 파일. GIRAS 파일에는 토지 이용, 토지 피복, 정치구역, 수리학적인 단위, 인구조사와 County 세분지역, 연방 정부의 토지소유권과 주 토지소유권에 대한 속성을 포함하여 미국전역에 대한 토지 이용/토지 피복 정보가 포함되어 있다. 이러한 자료 집합은 지도와 수치형식으로 대중적으로 사용될 수 있다.

**GIS(Geographic Information System) 지아이에스, 지형공간 정보체계, 지리정보체계(地理情報體系)** 컴퓨터를 통해서 현실세계의 공간정보를 표현하는 것이다. 즉, 대상물을 컴퓨터를 통해서 정확한 위치를 표현하고, 그 대상물에 대한 여러 가지 정보를 제공하는 것이다. 즉, 대상물의 위치와 대상물의 속성을 컴퓨터를 통해 표현하는 것으로서, 복잡한 계획과 관리 문제를 해결하기 위해 컴퓨터를 기반으로 한 공간 자료를 입력·저장·관리·분석·표현하는 체계. ① 공간적 데이터를 분석하기 위한 일련의 컴퓨터 툴, ② 공간적 데이터를 위해 디자인된 정보체계의 특별한 형식, ③ 공간적 데이터의 과학적 분석과 사용에 대한 접근방법, ④ 사회에서 중요한 역할을 하는 기술 관련 산업과 사업으로서 공간 정보를 이용하여 지형 공간적인 분석을 하는 체계(Goodchild, 1985)인 것이다.

**GIS Analyst 지리정보시스템 분석가** 컴퓨터로 지도를 만들고 분석하는 일을 하는 사람을 말한다.

**GIS Core 지리 정보 체계 코어** GIS를 구성하는 소프트웨어 묶음. GIS 사용자는 코어(Core) 프로그램을 이용하면 대부분의 업무를 수행할 수 있다. 그러나 고유의 응용 프로그램으로서 입·출력 시 포맷 변환 등 일부 프로그램은 개발해야 한다. 다른 코어와는 호환성이 떨어지는 결점이 있다.

**GIS Database 지리정보체계 데이터베이스** GIS 자료의 생성경로는 다양하다. 즉, 지도의 디지타이징, 인구센서스와 같은 통계표 형태의 자료, 원격탐사 영상 자료, 직접 입력 자료, 기존 연구 보고서 등을 통해 생성된다. 그러나 다양한 유형의 자료는 쉽게 결합하여 사용할 수 없다. 가령, 위성 영상 자료와 농경지 위치 자료를 변화 처리 없이 결합하여 사용하는 것은 불가능하다. 그러나 이러한 자료를 데이터베이스에 저장하여 처리하면 손쉽게 사용할 수 있다.

**GIS Infrastructure 지리 정보 체계 기반시설** 완전한 GIS 구축을 위한 요소, 이는 조직, 인력(가장 중요한 요소), 활용, 방법론, 자료, 소프트웨어, 하드웨어를 포함한다.

**GIScience 지리정보과학** 지리적 데이터의 특성과 맵핑 과학(즉, 지도학, GIS, 측량, 환경 원격탐사) 내에 존재하는 논리성을 사용하여 이들 데이터가 어떻게 수집, 분석, 관찰되는지에 대한 이해를 증진하려는 이론과 지식체계 및 학문을 일컫는다.

**GIS-Customer Relationship Management(g-CRM) 지씨알엠** g-CRM(GIS-Customer Relationship Management)를 참조.

**GIS-T(Geographic Information System for Transportation) 교통부문 지리정보 체계** GIS 중 각종 교통 정보(속성 정보)를 수치 지도상에 위상적으로 연결(Topological Connection)하여 관리하고, 이를 이용하여 교통정책 시 의사 결정을 지원하는 체계이다. 교통지리정보(GIS-T)는 위치 정보와 속성 정보로 이루어지는 교통 관련 데이터베이스 중 주로 정적 정보를 수집·저장·관리하여 교통계획, 교통 운영, 교통 시설물 관리 등에 광범위하게 응용되는 체계이다.

**GIT(Geographic Information Technologies) 지리정보기술** 지리정보를 수집하고 처리하는 기술들로서 지리정보체계, 원격탐사, GPS 등 3가지 분야가 포함되어야 한다.

**GITAMS(Government Information Technology Architecture Management System) 범정부 정보기술 지원(통합)관리시스템** 공공기관에서 정보기술 아키텍쳐를 공통 활용할 수 있도록 참조모형, 지침, 각 기관의 정보기술 아키텍쳐의 도입/운영 현황 등에 관한 정보를 관리/제공하는 시스템.

**Given Point 기지점(旣知点)** 평면 위치 또는 높이에 대하여 이미 알고 있는 점을 말한다.

**GKS(Graphics Kernel System) 도형핵심체계** 컴퓨터 그래픽 프로그램이나 그래픽적인 입·출력 장치와 응용 프로그램 사이의 인터페이스를 위한 장치 사이의 기능 접속을 위한 표준 사양서(ISO7942)이다.

**Glass Diapositive 투명 양화** 음화 필름을 유리를 바탕으로 양화를 만든 것을 말한다.

**Glass Film 2 Touch Screen Panel(GF2 Touch Screen Panel) 글래스 필름 커버일체형 터치스크린패널** GF2 Touch Screen Panel(Glass Film 2 Touch Screen Panel)를 참조.

**Global Environment Monitoring Index(GEMI) 지구환경 모니터 지수** GEMI(Global Environment Monitoring Index)를 참조.

**Global Hawk 글로벌 호크** 미 공군에서 정찰기로 사용되는 무인 항공기(unmanned aerial vehicle, UAV)이다. 고고도 장기체공기라고 하여 HALE(High Altitude, Long Endurance, 고고도 장기체공)기라고 불린다. "RQ-4 글로벌 호크"는 역할과 설계에서 1950년대 개발된 노후한 록히드 U-2기와 비슷하며, 곧 U-2를 대체하게 될 것이라고 한다. 글로벌 호크는 야전지휘관에게 전역(戰域)의 전체적인 상황 정찰과 특정한 목표에 대한 정밀 정찰을 제공할 수 있으며, 목표지점에서 오랫동안 체공하며 넓은 지역에 걸쳐 고해상도의 합성개구레이더(合成開口레이더, Synthetic Aperture Radar, SAR) 영상을 제공할 수 있다. SAR 영상의 성능은 0.3m 해상도의 Spot mode, 1m 해상도의

Wide Area Search mode, 2.1m/s(7.5 km/h 또는 4kn)의 최저 속도를 가지는 이동물체를 탐색하는 Moving Target Indicator mode 등이다. "RQ-4A" 명칭에서 "R"은 정찰, "Q"는 무인항공기, 4는 4번째 시리즈, "A" 또는 "B"는 형식 또는 개량형을 각각 지칭하는 미국방성의 공식 명칭이다. 글로벌 호크는 미국 연방 항공청(Federal Aviation Administration, FAA)으로부터 사전신고 없이도 미국 영공의 민간 공로(空路)를 비행할 수 있도록 인증 받은 무인 항공기이다. F-16이 대당 350억 원인데 비해, 대체될 록히드 U-2는 대당 4300억 원이다. 최신형인 글로벌 호크는 대당 가격이 8000억 원 정도이다. 제작사는 노스럽 그러먼(Northrop Grumman), 고도 : 19,500m, 체공시간 : 24~36시간, 길이 : 13.4~14.5m, 날개폭 : 35.4~39.9m, 무게 : 11,600 kg, 순항속도 : 250km/h, 최대속도 : 636 km/h이다.

**Global Navigation Satellite System(GLONASS) 러시아 범지구 위성항법 시스템, 글로나스** GLONASS(Global Navigation Satellite System)를 참조.

**Global Navigation Satellite System(GNSS) 위성항법시스템, 범지구위성항법시스템, 범지구위성위치결정시스템, 지엔에스에스** GNSS(Global Navigation Satellite System)를 참조.

**Global Positioning System(GPS) 범지구 위치 결정 체계, 지피에스** GPS(Global Positioning System)를 참조.

**Global Resource Information Database(GRID) 그리드** GRID (Global Resource Information Database)를 참조.

**Global Warming 지구 온난화** 지구 온난화는 19세기 후반부터 시작된 전 세계적인 바다와 지표 부근 공기의 기온 상승을 의미한다. 20세기 초부터, 지구 표면의 평균 온도는 1980년에 비해 약 3분의 2가 증가한 0.8℃ 정도 기온이 상승했다. 기후 온난화의 원인에 대해서는 온실 가스 농도의 증가와 화석 연료의 사용 같은 인간의 활동에 의해 발생한 것으로 추정하고 있다. 북극해 얼음은 1978년 이래 10년마다 2.7%씩 줄어들었으며, 여름 수개월 동안은 10년마다 7.4%씩 줄었으며, 지구 해수면의 높이는 1961~2003년에 연간 2mm의 속도로 상승했고, 1993~2003년에는 연간 3mm 이상의 속도로 높아졌다. 산악 빙하와 극지 얼음은 지금까지 형성된 것보다 더 빠른 속도로 최근 40년 동안 녹았으며, 영구동토층의 기온이 평균적으로 상승하였으며, 계절적 동토지역은 최근 50년 동안 약 7% 감소하였다. 결론적으로, 지구온난화로 인해 북극의 얼음이 10년마다 2.7%씩 줄어들고, 바닷물은 매년 3mm씩 상승하고 있는 것이다. 지난 135년간(1880~2014년) 지구 평균기온은 0.85℃ 상승하였으며, 전 지구 평균기온의 증가 추세는 지속되고 있다. 또한 지구 온난화로 인한 이상기후 현상은 발생빈도, 강도, 지속기간, 공간분포가 점차 변하여, 매년 막대한 인명과 재산 피해가 보고되고 있다. 지구촌은 기상이변과 지구온난화 등으로 심각한 물 부족 현상을 겪고 있으며, 이러한 현상은 온도상승과 함께 더욱 가중될 전망이다. 현재, 세계 인구의 13%(약 9억 명)가 안전한 물을 마실 수 없으며, 약 25억의 인구가 기본적인 위생시설도 없이 생활하고 있는데, 이러한 상황은 앞으로 30년 내 현재보다 2배 증가할 것으로 전망된다.

**Globe 구체, 지구의(地球儀)** 대표 편차(Representative Fraction)가 1 : 1보다 작도록 하여 만든 지구의 삼차원 모형을 말한다.

**GLONASS 글로나스, 러시아 범지구 위성항법 시스템** 러시아의 범지구 위성 항법 시스템이다. 소련연방이 개발했고, 현재는 러시아 우주군이 운영하고 있다. 글로나스의 개발은 1976년에 시작되었다. 1991년까지 전 세계 서비스를 목표로 하였다. 1982년 10월 12일부터 1995년까지 수많은 위성들을 쏘아 올려 완성되었다. 구소련 붕괴 이후 러시아의 경제난으로 프로젝트에 차질이 있었다. 2001년 이후 러시아는 인도 정부와 합작으로 이 프로젝트를 다시 복구하고 있으며, 2009년까지 전 세계 서비스를 목표로 복구하였다. 러시아 GLONASS는 GPS의 코드분할다중방식(CDMA, Code Division Multiple Access)이 아닌 주파수분할다중방식(FDMA, Frequency Division Multiple Access; L1 주파수 1602MHz, L2 주파수 1246MHz)을 채택하고 있다. GLONASS 시스템을 GPS/Galileo 시스템과의 통합하는 데는 비용과 복잡한 문제가 있으나 상업용 multiconstellation receiver 제품들이 이미 소개되고 있다.

**Gluon 글루온** 쿼크 간에 존재하는 강력을 매개하는 힘이다. 강력은 전자기력보다 100배 강하다. $10^{-13}$cm의 거리에서는 마치 힘이 작용하지 않는 것처럼 보이다가 쿼크 간에 거리가 멀어지면 엄청난 힘이 작용된다. 이러한 특징을 '점근 자유성(漸近 自由性, asymptotic freedom)'이라고 한다. 이러한 특징 때문에 gluon(접착제)라는 이름이 붙여지게 된 것이다. 질량은 0이고, 스핀은 1, 8종류의 힘이 존재한다. 각각의 종류는 색으로 구분된다. 우리가 사는 우주에서는 red, blue, green이 주로 이용되며, 나머지 힘은 아주 특수한 경우에만 작용된다. 각 힘에 존재하는 색깔은 과학자들이 임의로 붙인 것으로, 실제로 색을 지닌 것은 아니다. 강력으로 인해 중성자, 양성자가 생성된다. 굉장히 작은 영역에서만 작용하는 원자핵을 이루는 근본적인 힘이다.

**Gmail 지메일** 구글의 영문명 'Google'의 'G'를 따서, 구글의 메일 서비스 이름은 지메일(Gmail)이다. 지메일은 안드로이드 폰에 연동하면, 외부에서 메일을 쉽게 확인할 수 있고, 새 메일 쓰기, 답장, 메일 전달 등도 간편하게 할 수 있다. 사진, 문서, 메모 등을 첨부도 가능하다.

**GML(Geography Markup Language) 지엠엘, 지리정보 마크업 언어, 지리생성 언어** 지리 정보의 상호 운용성 제고를 위해 OGC(Open GIS 컨소시엄)가 개발한 XML 기반의 지리 정보 인코딩 언어. OGC는 세계 수많은 회사, 정부 기관, 대학 등 지리정보 산업체들이 주축이 된 민간 GIS 표준기관으로, 1988년부터 GML을 개발하기 시작했다.

GML은 지리적 특성을 표현하기 위한 XML 문법이다. GML은 인터넷에서 지리 데이터 송·수신을 위한 개방된 교환 포맷임과 동시에 지리데이터 시스템을 위한 모델링 언어로써 사용된다. 문법에 기반한 대부분의 XML과 같이 두 부분(문서의 설명 부분, 실제 데이터 부분)으로 나눠져 있다. GML 문서는 GML 스키마를 사용하여 기술된다. 이는 사용자와 개발자에게 포인트, 라인 그리고 폴리곤을 포함하는 일반적인 지리 데이터셋(dataset)을 설명할 수 있도록 한다. OGC(OpenGIS Consortium)는 인터넷이나 이동 통신 시장의 수요와 활용이 급증하면서 지리정보나 위치기반서비스 정보를 플랫폼과 클라이언트 종류(웹 클라이언트, PDA, 이동전화기 등)에 상관없이 제공할 수 있도록 해주는 XML 기반 표준 인코딩 언어의 필요성을 일찍부터 인식하였다. 이에 OGC는 1998년부터 XML을 기반으로 하는 지리정보 표준 인코딩 언어를 개발하기 시작하였다. GML은 기본적으로 공간정보의 인코딩을 위해 OGC 에서 도입하였으며, 인터넷상에서 공간 데이터의 핸들링을 위한 XML 기술이라 할 수 있다. GML을 간략히 정의하면 다음과 같다. (1) 지리정보의 XML 인코딩, (2) 브라우저를 이용한 벡터맵의 활용이 가능, (3) 복합 지형지물과 지형지물간의 관계 정립이 가능, (4) 소프트웨어에 구애 받지 않는 데이터의 유통 가능, (5) 일종의 Schema Language, (6) 복수의 데이터 서버에 분산 저장된 데이터의 동시 활용 가능 등이다. GML 3.1은 국제 표준화 기구(ISO)에 의해서 ISO 19136으로서 표준화되었다.

**GMS(Geostationary Meteorological Satellite) (일본) 정지 기상위성** 지구의 기상 상태를 관측하여 지상에 제공하였던 일본의 정지궤도 기상위성. 1967년부터 추진되어 온 지구 대기 개발계획(GARP)의 일환으로 5개의 정지 기상 위성이 발사되어 전 세계의 기상 상황을 관측하는 데 참여하고 있다. 가시 적외 주사 방사계(VISSR), 가시 열적외 방사계(VTIR), 열 적외 스캐너(TIRS) 등으로 밤, 낮의 구름 영상을 촬영하여 지구로 송신하고 해면의 수온이나 해류 등을 관측하고 있다.

**GMT(Greenwich Mean Time) 그리니치 평균시** 기본적으로 만국 표준시와 차이가 없다. 다만 용어상의 혼동을 줄이기 위해 요즘은 '그리니치 평균시' 대신 '만국 표준시'로 대체하는 경향이 있다. 그리니치 평균시는 그리니치 천문대를 기준으로 나타내 붙은 이름이고, 이와 함께 '경도'의 개념이 등장하였다. 자오선에서 관측되는 평균태양시이기에 '평균시'라는 명칭이 붙었다. 평균태양시는 UT1과 같이 지구의 운동을 기준으로 나타나지만 여기서는 '특정 지역'이라는 차이가 있다. UT1과의 차이는 바로 '경도'에 달려있다. 즉, 동경 127.0°인 서울에서 나타나는 평균태양시는 본초자오선보다 8시간 28분 빠르며, 동경 139.7°인 도쿄에서는 9시간 19분 빠르다. 시태양시와 평균태양시의 차이를 균시차라 한다. 균시차의 영향으로 일정한 지역에서의 남중시각은 1년 주기로 수시로 변한다.

**GNC(Guidance, Navigation and Control) 유도항법제어, 지엔시** 자동차, 선박, 항공기, 우주선, 로봇, 로켓, 미사일, 드론(Drone) 등의 움직임을 제어하기 위한 시스템의 설계를 다루는 엔지니어링의 한 분야로서, GN&C, G&C라고도 한다. 유도(誘導, Guidance)는 현재의 위치로부터 목표 위치까지 속도, 회전 및 가속도의 변경을 통하여 원하는 경로(궤도)를 결정하는 것을 의미한다. 항법(航法, Navigation)은 주어진 시간에 자세, 속도("상태 벡터") 및 위치의 결정을 뜻한다. 제어(制御, Control)는 안정성을 유지하면서 경로(궤도)를 조정하는 데 필요한 힘의 조작을 말한다.

**Gneiss 편마암** 화강암이나 퇴적암 등이 높은 열과 압력을 받아서 변한 암석이다. 쉽게 흙으로 풍화되기 때문에 토심이 깊고 물을 잘 흡수한다. 그러나 흙속에 포함된 물의 양이 한계를 넘으면 대형 산사태로 발전해 큰 피해를 준다.

**GNSS(Global Navigation Satellite System) 위성항법시스템, 범지구위성항법시스템, 범지구위성위치결정시스템** 인공위성을 이용해 위치를 결정할 수 있게 하는 체계이다. 수신자가 지구에서 인공위성을 통해 수신자의 위치(경도와 위도), 주변 지도 등의 정보를 전송받고 목적지로 가는 쉬운 경로 따위를 유추할 수 있도록 도와주는 체계이다. 위성에서 발신된 전파를 수신기에서 수신하여 위성으로부터의 거리를 구하여 수신기의 위치를 결정한다. 현재 미사일 유도 같은 군사적 용도뿐 아니라 측량이나 항공기, 선박, 자동차 등의 항법장치에 많이 이용되고 있다. 종류로는 미국 국방부에서 운영하는 GPS(Global Positioning System), 유럽연합을 위주로 하여 개발 중인 Galileo 위치결정시스템, 러시아에서 운영하는 GLONASS(GLObal NAvigation Satellite System), 중국에서 운영하는 베이더우(북두·北斗, Compass)위성 항법시스템 등이 있다.

**GNSS Control Point 위성기준점** 위성기준점은 국가기준점이며, 지리학적 경위도, 직각좌표 및 지구중심 직교좌표의 측정기준으로 사용하기 위하여 대한민국 경위도원점을 기초로 정한 기준점이다(「공간정보구축 및 관리 등에 관한 법률 시행령」 제8조). 한편, GPS위성이 송신하는 신호를 실시간으로 수신하여 임의 지점의 위치정보를 결정할 수 있도록 지원하는 시스템을 포함한다. 경기도 수원시 국토지리정보원에 설치된 위성기준점의 좌표는 다음과 같다.

| ITRF2000(m) | GRS80 타원체 | | |
|---|---|---|---|
| | 위도/경도/<br>타원체고 | 평면직각<br>좌표(m) | 투영<br>원점 |
| X=-3062023.563<br>Y=4055449.033<br>Z=3841819.213 | 위도=37° 16′ 31.8529″<br>경도=127° 03′ 15.2647″<br>타원체고=83.819m | X=519591.018<br>Y=204810.534 | 중부 |

한편, '1등기준점'은 국토지리정보원에서 설치·운영하는 GPS 상시관측시설의 GPS수신안테나 참조점을 말하며, '2등기준점'은 1등기준점을 기지점으로 하여 GPS측량을 실시한 정밀 1차기준점을 말한다. '3등기준점'은 1등기준점 또는 2등기준점으로부터 실용성과를 산출한 기준점으로서 2등기준점을 제외한 기존의 정밀 1·2차 기준점을 말한다(「GPS에 의한 기준점측량 작업규정」 제2조).

**GNU(Gnu is Not Unix) 그뉴** 인터넷을 통해 소프트웨어를 보급하는 공개 소프트웨어 재단 기구를 말한다.

**GNU is Not Unix(GNU) 그뉴** GNU(Gnu is Not Unix)를 참조.

**Goldcorp 골드코프** 캐나다의 금광회사. 새로운 금맥을 찾지 못해 회사가 어려움에 처하자 2000년 사장인 롭 매큐언이 상금 57만 5천 달러를 내걸고 일반인을 대상으로 인터넷 응모전을 개최하였다. 전 세계의 지질탐사 연구자들이 골드코프가 공개한 회사의 지질 정보를 토대로 금맥이 있을 만한 후보지를 110곳이나 찾아냈고 실제로 골드코프는 이 가운데서 새 금맥을 찾아내 극적으로 회생했다.

**Goodness of Fit 적합도** 모형과 실제 데이터의 통계적 유의성으로서, 모형의 정도나 적합력으로 표현한다.

**Google AdSense 구글 애드센스** 개방형 광고게재 프로그램. 구글의 광고 네트워크 서비스로 구글 애드워즈와 달리 검색엔진이 아닌 제휴 홈페이지에 광고가 나타난다. 광고를 게재하는 각 홈페이지 특성에 맞춰 광고가 달라진다.

**Google AdWords 구글 애드워즈** 구글의 검색광고 네트워크 서비스로 이곳에 검색광고 신청을 하면 제휴 검색엔진에 동시에 광고가 게재된다. 클릭 당 광고비를 지불하며 입찰 경쟁을 통해 순위를 올리며 참여하는 방식이지만 가격만이 아니라 클릭률(CTR)도 함께 적용하여 순위를 조정하는 것이 특징이다.

**Google Apps 구글 앱스** 구글이 2006년 처음 선보인 클라우딩 컴퓨팅(온라인 소프트웨어) 서비스 '구글 앱스'의 정식 명칭은 'google apps for your domain'이다. 직역하면 '당신의 도메인을 위한 구글 응용 소프트웨어들' 정도로 이해할 수 있다. 구글 앱스는 현재 표준형, 교육용, 고급형 3가지로 서비스되고 있다. 기본적인 서비스는 제공하되, 유료 이용자는 좀 더 많은 메일 용량을 지원하는 등 다양한 옵션을 추가했다.

**Google Art Project 구글 아트 프로젝트** 전 세계 주요 미술관의 미술 작품을 실제 미술관에서 보는 느낌으로 감상할 수 있는 서비스를 말한다.

**Google Body 구글 인체** 사람의 몸을 3차원으로 보여주는 프로그램. 근육·뼈·신경 등 단계별로 볼 수 있으며, 특정 기관을 검색할 수 있다.

**Google Bomb 구글 폭탄** 웹사이트의 페이지 랭크 점수를 높여서, 구글 검색에서 특정 문자를 검색하면 상위 검색결과로 나타나도록 조작한 문서를 말한다.

**Google Books Ngram Viewer 구글 북스 앤그램 뷰어** 16세기 이후 전 세계 도서에서 특정 단어가 얼마나 등장했는지를 보여주는 서비스.

**Google Building Maker 구글 빌딩 메이커** 스케치업보다 쉬운 3D 모델의 생성 및 공유 기능. 건물의 3차원 형상을 사용자가 만들고, 위성 지도와 결합할 수 있다.

**Google Chrome 구글 크롬** 구글(Google)에서 개발하여 오픈 소스로 배포 중인 웹브라우저를 말한다. 구글사에서 독자적인 웹브라우저를 확보할 목적으로 오픈 소스 웹브라우저인 모질라 파이어폭스(Mozilla Firefox) 개발팀을 스카우트한 후, 2008년 정식으로 발표한 웹브라우저이다. 윈도우즈 계열, OS X 계열, 리눅스 계열 등의 OS에서 모두 사용가능하며, 구글의 안드로이드와 애플의 iOS 모두를 지원하여 어떠한 스마트폰에서도 같은 웹브라우저를 사용할 수 있는 장점을 가진다. 또한 북마크 등 사용자 환경을 지원하여 어떤 장치에서 사용하던 크롬 브라우저를 사용하는 경우에는 같은 사용자 환경을 제공하며, 자바스크립트 가상 기계(Javascript virtual machine)를 지원하여 자바스크립트로 만든 웹브라우저에서 수행되는 앱들을 다운받아 사용할 수 있다. 자바스크립트(Javascript) 프로그래밍 언어와 함께 동적인 컨텐츠와 기능성 표현을 위한 HTML5의 웹표준을 가장 우수하게 지원하는 브라우저이다. 속도면에서 자바스크립트 가상 기계(Javacript virtual machine)는 구글에서 만든 오픈소스 'V8 자바스크립트 엔진'을 사용하는데, 동적 코드 생성(dynamic code generation)과 정확한 쓰레기 수집(garbage collection)을 사용하여 다른 브라우저에 비해 빠른 속도를 보인다.

**Google Desktop 구글 데스크톱** 구글이 만든 맥 오에스 텐, 리눅스, 윈도용 데스크톱 검색 소프트웨어이다. 이 프로그램은 사용자의 메일, 컴퓨터 파일, 음악, 사진, 대화, 웹 페이지, 심지어는 구글 가젯에 보이는 문자열을 검색할 수 있게 도와준다.

**Google Doodle 구들 두들, 구글 기념로고** 기념일 또는 특정 이슈를 상징하는 구글의 특별 로고를 가리키는데, 1998년 래리와 세르게이가 버닝맨 축제에 참가하기 위해 자리를 비웠음을 로고로 알렸던 것이 그 시초이다.

**Google Drive 구글 드라이브** 언제 어디서든지 사진·동영상·문서파일 등을 보관했다가 쓸 수 있는 자료저장 서비스이다. '구글 드라이브'는 사용자의 모든 파일을 보관할 수 있다. 특히 지메일에 첨부된 파일을 구글 드라이브에 저장했다가 스마트폰이나 태블릿PC 등 다른 기기에서 꺼내볼 수 있다. 대용량 사진은 물론 동영상·문서도구·PDF 등 다양한 파일을 올리고 내려 받을 수 있다.

**Google Earth 구글어스** 구글어스는 지형 브라우저로서, 위성 영상, 지도, 지형, 3차원 건물 정보 등 전 세계 지역 정보를 시각화를 통하여 사용자들이 보면서 만들고, 공유할 수 있는 강력한 도구를 제공하고 있다. 2005년 6월부터 배포하였다. 지리정보를 시각화한 파일을 KML(Keyhole Markup Language)이라고 부르며, HTML이 일반 인터넷 브라우저용 파일이라면, KML은 지형 브라우저용 파일이다. KML 파일은 구글어스 및 구글맵에서 모두 열 수 있으며, 기타 지형브라우저에서도 열 수 있다.

**Google Earth Builder 구글어스 빌더** 우리의 보안, 클라우드 기반 매핑 플랫폼에 매핑 데이터를 게시하고 구글어스 구글 지도 및 안드로이드 폰을 통해 쉽고 빠르게 그것을 공유할 수 있는 혁신적인 지리 공간 솔루션이다.

**Google Earth Enterprise 구글어스 엔터프라이즈** 기업 위치 데이터를 통합, 구성 및 게시하고, 3D 비주얼을 제공하는 기능을 말한다.

**Google Earth Plus 구글어스 플러스** Google Earth는 프리웨어버전이며 더욱 자세하고 정교한 버전은 요금을 지불해야 사용할 수 있는 상용 버전으로서 Plus버전이다.

**Google Effect 구글 효과** 구글이 인터넷·IT산업과 미디어산업, 나아가 우리 개개인의 삶에까지 미치고 있는 영향력을 응축한 말이다.

**Google File System(GFS) 구글 파일 시스템** GFS(Google File System)를 참조.

**Google Goggle 구글 고글** 구글이 개발한 스마트폰 OS인 안드로이드에서 사용가능한 애플리케이션으로 스마트폰에 달린 카메라가 사물을 향하면 사물에 대한 정보(크기와 역사, 관련 이벤트나 뉴스 등)를 자동으로 검색할 수 있다.

**Google Guice 구글 주스** 한 웹사이트가 다른 사이트들과 맺은 링크 또는 인용(레퍼런스) 개수이다. 맺어진 링크가 많은 사이트일수록 구글 주스가 많다.

**Google I/O(Google Input Output) 구글 아이/오** 구글이 매년 전 세계 소프트웨어·하드웨어 개발자를 대상으로 개최하는 대규모 콘퍼런스이다. 안드로이드 운영체제나 검색·지도 등에 관한 최신 기술을 소개하고 이를 활용해 새로운 서비스와 제품을 만들어내도록 권장하는 취지를 갖고 있다. I/O란 컴퓨터의 기본 작동원리인 입력(Input)과 출력(Output)에서 따온 말이다.

**Google Input Output(Google I/O) 구글 아이/오** Google I/O (Google Input Output)를 참조.

**Google Maps 구글 맵스** 지도와 생활정보가 합쳐진 위치 기반 서비스로, 오늘날 구글 어스에 통합되어 서비스되고 있다. 현재 민간에서 구축한 지도 서비스 중 가장 뛰어난 서비스로써, 기존 지도 서비스 기술에 최신 기술들과 세계 전체의 인공위성영상 등을 결합하여 서비스하고 있으며, 다양한 수익모델을 추구하고 있다. 전 세계의 지도 및 영상정보를 웹상에서 제공하는 업체이다. 각 지역 및 나라별로 지도제작업체, 영상취득업체, POI 검색업체 등과 파트너쉽 체결하고 공간정보 데이터를 공급받고 있다. 또한 일반 사용자들에게 다양한 매쉬업을 Open API를 제공하고 있다.

**Google Maps Hotel Finder 구글 맵 호텔 파인더** 대중교통 이동 시간을 사용해 원하는 지점의 특정 거리(도보 또는 대중교통 이용) 내에 위치한 호텔을 찾는 데 유용한 동시선 지도를 생성한다.

**Google Music 구글 뮤직** 구글 서버에 사용자가 자신의 음악 컬렉션을 업로드하여 PC, 맥, 안드로이드 탑재기기 등을 통해 음악을 들을 수 있도록 하는 음악 클라우드 서비스이다.

**Google My Maps 구글 마이맵스** 구글 맵스 위에 원하는 정보를 표현하고, 이를 자신만의 지도로 저장하거나 공유할 수 있도록 하였다. 사용자는 구글 마이맵스에서 지도에 아이콘·선·도형을 그릴 수 있으며, 사진과 동영상도 삽입할 수 있고, KML과 GeoRSS 형식의 데이터를 지도로 가져올 수도 있다. 다른 사용자와 지도를 공유하여 공동 작업이 가능 하다. 3차원 지도인 구글 어스와 연동되어 3차원으로도 볼 수 있다.

**Google News Timeline 구글 뉴스 타임라인** 뉴스를 마치 달력처럼 한눈에 보여주는 프로그램. 연도별, 월별로 한눈에 볼 수 있다.

**Google Ocean 구글 오션** 구글 오션 기능을 이용하면 하와이 해저 화산을 탐험할 수 있는 등 전 세계 중요 해양지점의 수면과 해저 지형, 주변 해양 생물 비디오를 볼 수 있다. 세계 유명 과학자와 해양탐험가들이 제공한 정보는 물론 네티즌이 직접 찍은 해양 동영상도 볼 수 있다.

**Google Public Data Explorer 구글 공공 데이터 탐색기** 정부나 국제기구의 통계를 한눈에 보기 쉬운 그래픽으로 보여주는 서비스.

**Google SketchUp 구글 스케치업** 구글 어스에서 사용자가 직접 3D 공간 모델을 쉽게 제작하여 올릴 수 있게 하는 그래픽 소프트웨어이다. 스케치업7버전부터 구글 스트리뷰의 사진을 3D 모델의 텍스쳐로 사용할 수 있다.

**Google Squared 구글 스퀘어드** 스퀘어(Square)는 사각형이라는 뜻으로, 여러 검색 결과를 사각형 안에 구조화해서 볼 수 있도록 한다는 뜻이다. 일반적인 검색 엔진과 달리 특정 주제에 대한 웹페이지를 보여주는 것이 아니라 인터넷에서 정보를 가져와 스프레드시트 형태로 보여주는 서비스이다. 서비스명과 같은 네모반듯한 스프레드시트 결과물들은 여러 정보를 일목요연하게 보여주는 강점이 있다. 더불어 스퀘어드는 사용자가 웹 검색을 진행하는 과정에서 소비만 하는 것이 아니라 참여할 수도 있다. 자신만의 스퀘어를 구축, 수정, 정리할 수 있는 것이 그것이다. 이는 위키피디아를 연상시킨다. 이 서비스는 제대로만 구현이 된다면 사용자가 자신이 원하는 정보를 찾기 위해 복합적인 검색을 해야 할 경우 유용성이 있어 보인다. 예를 들어 미국의 주요 도시를 검색한다면, 대부분이 검색결과는 뉴욕, LA, 워싱턴 등 각 도시에 대한 정보가 담긴 링크만을 보여주게 되는데, 구글 스퀘어드는 검색결과에 주요 도시 정보를 엑셀 파일과 같은 형태로 보여주게 되는 것이다. 각 도시 링크를 일일이 찾아다닐 필요 없이 한 페이지에서 일목요연하게 볼 수 있게 된다는 점에서, 원하는 데이터가 있다면 아주 편리한 검색이 될 전망이다.

**Google Street View 구글 스트리트뷰** 구글이 2007년부터 제공하는 인터넷 사진 서비스. 12개의 렌즈를 가진 360도 촬영이 가능한 파노라믹 카메라를 장착한 차량과 GPS를 이용하여 길거리의 사진을 수집해 구 모양의 뷰어로 파노라마 영상을 서비스한다. 미국·유럽 등 21개국에서 서비스하고 있으나 한국에서는 아직 제공되지 않고 있다.

**Google Trends 구글 트랜즈** 구글이 제공하는 검색어 통계서비스이다. 사람들이 특정 검색어를 어느 시기에 어느 정도로 검색했는지에 대한 통계를 보여주는 서비스이다.

**Google Wallet 구글 월렛, 구글 지갑** 구글 월렛은 스마트폰이 신용카드와 결합한 서비스로, 스마트폰을 지갑처럼 이용할 수 있는 모바일 전자 결제 시스템을 의미한다.

**Google Wave 구글 웨이브** 여러 타입의 웹 테크놀로지들을 이메일, 인스턴트 메신저, 위키, 온라인 도큐먼트를 포함하는 통합한 실시간 커뮤니케이션 및 협업 플랫폼이다.

**Google+ 구글플러스** 구글플러스는 페이스북과 비슷하다. 인터넷 공간에서 정보나 의견을 주고받으며 교류하게 하는 서비스이다. 이제 누구든지 G메일 등 구글 계정만 가지고 있으면 구글플러스를 이용할 수 있다.

**Googling 구글링** '인터넷을 검색하면 웬만한 건 다 알 수 있다.'라는 의미의 신조어로 최근 구글에서 특정인의 이름 등을 검색하면 개인정보가 쉽게 노출되어 논란이 되고 있다.

**Googlization 구글화** 세상이 모두 구글화된다는 의미이다.

**GoPro 고프로** [드론] 고프로(GoPro)는 액션캠의 브랜드로서 선두주자이다. 액션캠은 아웃도어(수영, 자전거, 카레이싱 등) 활동 시 헬멧이나 운동기기에 장착해 영상을 기록하는 '미니 캠코더'를 말한다. 고프로는 대부분의 스마트폰이 할 수 없는 2가지를 할 수 있다. 첫 번째로, 폰이 들어맞지 않거나 폰을 놓고 싶지 않은 곳에 고프로를 달 수 있다. 두 번째, 고프로는 170도 광각 렌즈를 탑재하고 있어 대부분의 상황에서 초점을 맞추기 쉽다. 액션캠 시장의 선두주자 고프로(GoPro)는 지난 2009년 대표모델인 '히어로(HERO)'를 출시해 캠코더시장의 판도를 완전히 뒤집어 놓았다. 소비자들은 고프로가 보여준 새로운 촬영 방식에 열광했고, 이는 매출액 증가세로 이어졌다. '히어로'는 출시 이후 매년 2배 이상의 판매고를 기록 했으며, 2014년 4분기 순익 1억 2230만 달러를 기록하면서, '1시간당 1000대 판매'라는 놀라운 기록도 수립했다. 고프로의 창업자인 닉우드먼은 세계 서핑 여행을 하며 얻은 아이디어를 상업화하는 데 성공했다. 최근 중국의 샤오미(Xiaomi)와 같은 저가 액션캠 제조업체들의 시장 진입은 고프로의 발목을 붙잡고 있다. 샤오미의 액션캠 출시가 큰 부담감을 안겨준 것은 사실이지만, 고프로의 품질(4K영상 등)은 아직 샤오미가 따라갈 수 있는 수준이 아니다. 고프로는 VR카메라 및 드론카메라 등의 시장을 개척하고 있다. 현재 Hero4 Black까지 나와 있다. 2015년에는 LCD가 부착된 보급형 Hero+LCD도 출시했다.

**Gordon Earle Moore 고든 무어** 인텔의 공동 창업자. 1975년에서 1987년까지 인텔의 최고경영자로 재직하였으며 이후 명예회장으로 일하고 있다. 반도체 집적회로의 성능이 18개월마다 2배로 늘어난다는 그의 말은 '무어의 법칙'으로 널리 알려져 있다.

**Gordon French 고든 프렌치** 초창기 해커이자 기술자. 1975년 자신의 차고에서 처음으로 홈브루 컴퓨터 클럽 모임을 시작하였다. 히피 문화에 영향을 받은 컴퓨터광들과 운동가들의 진보적인 토론 집단이었던 이 클럽에는 당시 대학 중퇴자였던 잡스와 애플의 공동 창업자 스티브 워즈니악도 소속되어 있었다.

**GOS(Geospatial One Stop) 지형공간정보 통합유통체계** 분산되어있는 수치 지도 데이터의 제공뿐 아니라 GIS 응용 시스템, GIS 서비스, GIS 뉴스 등 검색 서비스를 동시에 제공하는 통합유통체계이다.

**Ghost Effect 고스트 효과** [영상] 고스팅(Ghosting)이라고도 불린다. 입체영화 제작과정에서 관람상황에서 왼쪽과 오른쪽 영상이 융합된 상태에서 의도하지 않은 영상의 특정 일부가 희미한 잔상처럼 보이는 현상을 말한다. 애너글리프(Anaglyph) 또는 편광 사진의 경우에 발생한다.

**Gotcha 가차** 'I got you'의 연음을 축약한 것으로서 '딱 걸렸어'라는 의미로 풀이된다. 즉, 상대의 잘못이나 나쁜 소문을 찾아내 폭로하는 정치형태를 일컫는다. 정치에 대한 대중의 염증과 실망을 함축하고 있으며, 정치의 개혁을 갈망하는 욕구가 반영되어 있다.

**Gotcha Journalism 가차 저널리즘** '딱 걸렸어'라는 원뜻을 바탕으로 '꼬투리 잡기 저널리즘'이란 뜻으로 해석할 수 있다. 이 또한 특정인이나 특정 단체를 공격하기 위해 그 사람의 발언이나 단체의 활동을 입맛대로 거두절미해서 보도하는 행태를 가리킨다. 정파적 관점에서 얽매인 보수와 진보 신문 진영 간에 벌이고 있는 보도행태에 대한 염증을 의미하기도 한다.

**Gothic 고딕** Gothic은 영국의 Laser-Scan사의 GIS Software. Gothic ADE(Application Development Environment : 이하 Gothic)는 현재 UNIX 및 VMS용 하드웨어를 지원하고, Gothic UNIX Version은 OSF를 비롯한 각종 산업표준을 수용하고 있다. 하드웨어와 독립적으로 설계되었으므로 OSF표준 UNIX 및 OSF/Motif, RDBMS를 지원하는 어떠한 하드웨어에서도 개발된 체계가 별도의 코드수정 없이 신속한 이식이 가능하다.

**Gothic ADE 고딕 에이디이** 운영 체제에 있어서 오픈 체계를 지향하고 있으며, 업계 표준의 어떤 RDBMS와도 연계활동이 가능하다. 그리고 하나의 연속 데이터베이스 내에 동일 지역을 동시에 다수의 사용자에게 조회·수정·편집 권한을 부여하는 멀티 툴 유저 기능을 한다.

**Goto.com 고투닷컴** 빌 그로스가 만든 검색에 따른 광고비 지불(Pay-Per-Click) 모델에 성공한 최초의 검색엔진이다. 오버추어로 이름이 바뀐 후 야후에 흡수됐다.

**Gouraud Shading 고러드 셰이딩** [영상처리] Henri Gouraud는 프랑스의 컴퓨터 그래픽스 전문가로서, 미국 유타대학교(University of Utah)에서의 1971년 박사학위 논문 「Computer Display of Curved Surfaces」와 「Continuous shading of curved surfaces」(IEEE Transactions on Computers, C-20(6) : 623~629, 1971)에서 곡면에서의 셰이딩(Shading) 기법을 소개하였다. Gouraud Shading은 Phong, Blinn 등과 함께 각 폴리곤(polygon)의 모서리들을 부드럽게 처리해서 곡면처럼 보이게 해 주는 smooth shading 방식의 일종이다. 셰이딩(shading, 그림자 처리)은 3차원 컴퓨터 그래픽스 분야에서 렌더링 과정에서 빛의 거리와 각도에 따라 물체 표면의 조도를 변화시키는 기법으로서, 각각의 폴리곤(polygon)이 표면과 빛의 각도에 따라서 밝기가 달라지므로 매우 사실적인 물체표현을 할 수 있고, 육안으로 식별하기 쉬워지는 효과가 있다.

Gouraud Shading은 인접한 다른 폴리곤의 surface normal값과의 평균값을 계산해서 얻어진 normal 값으로 그 해당 모서리에서의 표면 색깔을 설정하고 마찬가지로 계산된 맞은편 모서리까지의 표면 색 변화를 보간하는 방식을 취한다. smooth shading방식 중 가장 단순하고 빠르기 때문에 작업 중인 객체의 형태를 실시간으로 보여주는 shading방식으로 많이 사용되며, 그래픽 워크스테이션에서는 gouraud shading 알고리즘을 하드웨어에 심어서 더욱 속도를 향상시키기도 한다. 단순하고 빠른 만큼 단점도 가지고 있는데 그 중 가장 심각한 것이 각 폴리곤의 모서리 경계선 모양이 드러나 보인다는 점이다. 특히 물체 표면의 하이라이트가 맺히는 부분에서 더욱 부드럽지 못하고 어색하다. 이를 해결하는 방식이 Phong Shading이다. Shader, Constant Shading, Phong Shading을 참조.

**Governance 거버넌스** 개방성, 참여, 책무성, 효과성, 정합성 등과 관련하여 권력이 행사되는 방법에 영향을 미치는 법칙, 과정, 행태를 의미한다(Commission of the European Communities, 2001).

**Government 2.0 정부 2.0** 2.0이란 단어가 인터넷뿐 아니라 다양한 분야에서 개방・공유・참여를 통해 효율성을 높인다는 의미로 사용되면서 나타난 용어로 정부 2.0(Government 2.0)은 행정 정보와 인터넷 기술을 이용해 시민참여를 확대하는 공공서비스를 일컫는다. 웹 2.0 개념 및 문화가 적용된 정부 서비스. 전자 정부 서비스를 공급자 중심에서 사용자 중심으로 전환하고 행정 서비스의 효율성을 향상시키기 위해 도입한 서비스이다. "정부 2.0"에서는 국민이 단순 소비자가 아니라 주인이라는 생각 아래 정보 및 서비스를 개방하고 참여를 유도한다. Government 3.0 참조.

**Government 3.0 정부 3.0** 공공정보를 적극적으로 개방・공유하고, 부처 간 칸막이를 없애고 소통・협력함으로써 투명하고 효율적인 정부를 구현하여 국민 맞춤형 서비스를 제공함과 동시에 새로운 부가가치 및 일자리 창출과 창조경제를 지원하는 새로운 정부운영 패러다임이다. 기존의 국가 주도의 방식으로 해결하기 어려운 복잡・다기한 공공문제(public affairs)의 증가로 인해 부처 간 공동대응 및 민・관 간 협력적 거버넌스(collaborative governance) 구축의 필요성이 증대되고 있다. 이와 함께 ICT 기술의 발달 등 지식정보사회로의 급진전에 따라 정부와 민간의 관계가 일방향적 관계에서 쌍방향 및 협력적 관계로 변화하고 있으며, 모바일・SNS 등 소셜미디어의 확산에 따라 국민들의 정책에 대한 참여 욕구 및 정부행정에의 투명성 요구가 증대되고 있다. 이러한 맥락에서 2013년 출범한 박근혜 정부는 '투명하고 유능한 서비스 정부'를 지향하며 '정부3.0(Government 3.0)'을 핵심적인 정부혁신 프로그램으로 추진하게 되었다. 정부 3.0은 개방・공유・소통・협력을 기본 가치로 하여 정부부처 간 협업 및 민・관 협치(governance) 실현을 지향하며, 국가보다 국민 개개인의 행복에 초점을 두어 맞춤형 서비스 제공을 목표로 한다. 국가 주도의 성장전략이 아니라 민간의 창의와 활력이 증진되는 혁신 생태계 조성에 중점을 두고, 부처 간 칸막이를 뛰어넘는 통합형 정부 운영을 지향하는 것을 개념적 특징으로 한다. 정부 3.0가 유사한 개념으로 '열린 정부'(Open Government), '스마트 정부'(Smart Government), '디지털 정부'(Digital Government), '플랫폼 정부'(Platform Government), '전자 정부'(Electronic Government) 등이 있다.

| 구분 | 정부 1.0 | 정부 2.0 | 정부 3.0 |
|---|---|---|---|
| 운영방향 | 정부 중심 | 국민 중심 | 국민 개개인 중심 |
| 핵심가치 | 효율성 | 민주성 | 확장된 민주성 |
| 참여 | 관 주도・<br>동원 방식 | 제한된<br>공개・참여 | 능동적 공개・참여개방・<br>공유・소통・협력 |
| 행정서비스 | 일방향 제공 | 양방향 제공 | 양방향・맞춤형 제공 |
| 수단(채널) | 직접 방문 | 인터넷 | 무선 인터넷, 스마트 모바일 |

**Government Public Key Infrastructure(GPKI) 정부 공개키 기반 구조** GPKI(Government Public Key Infrastructure)를 참조.

**Government Information Technology Architecture Management System(GITAMS) 범정부 정보기술 지원(통합)관리시스템** GITAMS (Government Information Technology Architecture Management System)를 참조.

**Governance 거버넌스** 거버넌스 개념은 학문 분야와 관심 영역에 따라 다양하게 정의되고 있다. 행정학 분야에서는 새로운 국가 통치행위나 방식을 의미하는 국정관리로, 정치학 분야에서는 다원적 주체들 간의 협력적 통치방식을 의미하는 네트워크 통치 혹은 협력적 통치로, 사회학 분야에서는 국가나 시장과 구별되는 사회의 자연스러운 조정 양식의 원형 혹은 자기조직적 네트워크 등으로 다양하게 정의되고 있다. 한편, 거버넌스는 민・관 파트너십(Public-Private Partnership)으로서 공공과 민간간의 권력배분, 공공과 민간이 함께 일하면서 생기는 시너지 효과, 그리고 공공정책 과정을 시민 사회에 개방하고 시민사회에 대한 권한부여(Empowerment)를 통한 새로운 정부・시민 사회의 관계형성이다.

**Governor 가버너** ① 증기 터빈 등의 회전수를 소정의 값으로 유지하는 제어 장치를 말한다. ② 회전수를 원심력에 의한 겹침의 변위로 검출하고, 유입 증기량을 줄인다.

**Gowala 고왈라** 고왈라는 포스퀘어(Foursquare) 이와 유사한 서비스이다. 하지만 고왈라는 아이템을 획득하고 이를 교환하는 등 게임 요소가 훨씬 더 많이 가미돼 있다.

**GPKI(Government Public Key Infrastructure) 정부 공개키 기반 구조** 기관을 담당하고 있고 각 부처에서 인증기관의 역할을 수행하며, 현재 정부 공개키 기반 구조의 업무 범위는 행정기관에서 금융 기관 및 공공기관으로 확대되고 있는 추세이다.

**GPL(General Public License) 일반 공중 라이선스** 자유 소프트웨어 재단(OSF)에서 만든 자유 소프트웨어 라이선스이다. 미국의 리처드 스톨만(Richard Stallman)이 GNU프로젝트로 배포된 프로그램의 라이선스로 사용하기 위해 작성했다.

**G-Polygon 지-다각형** 하나의 내부 면(Interior Area), 하나의 외부 경계(Outer G-Ring)와 그리고 교차되지도 겹쳐지지도 않는 내부 경계(Inner G-Ring)들로 구성되는 면(Area). 어떠한 연속선(Ring)도 동일 지 다각형(G-Polygon)의 다른 연속과 동일 직선상에 있거나 교차할 수 없다.

**GPON(Gigabit Passive Optical Network) 기가비트 수동형 광 네트워크** 국제통신연맹(ITU) 권고(ITU-T SG15)를 따른 차세대 네트워크로 전화국과 가입자간 광케이블망을 연결하는 전송장비이다. 가입자에서 전하국까지 최고 1.5Gbps 전하국에서 가입자까지는 최고 2.5Gbps의 전송속도를 내며, 1개의 가입자용 인터페이스에서 최대 64가입자를 수용할 수 있다.

**GPR(Ground Penetrating Radar) 지표투과레이더** 10MHz~수 GHz 주파수 대역의 전자기 펄스를 이용하여 천부의 지하구조 파악 및 지하시설물 측량방법이다. 이 방법은 다른 탐사법에 비해 상대적으로 짧은 파장의 전자기파를 사용하므로 분해능이 높으며, 매질간의 유전율 차이에 의한 전자기파의 반사(Reflection)와 회절(diffraction) 현상 등을 측정하고 이를 해석하여 지하구조 및 시설물 등을 파악한다. 유전율은 축적지의 용량이 내부 삽입 물질에 따라 변화할 때 볼 수 있는 물리량으로서 전자파의 속도를 결정지어주는 요인으로 작용한다. 전자파의 속도는 유전율에 의해서만 좌우되지는 않지만, GPR탐사의 경우 사용하는 주파수 대역에서는 유전율이 일반적으로 전자파 속도를 결정짓는 역할을 한다. 지표투과레이더 탐사는 비교적 최근의 탐사방법으로서 환경오염대 조사, 지반조사, 구조물의 비파괴 검사, 지하시설물 측량 분야에 뛰어난 적용성을 가진다. 빙하지대, 원유, 사암, 기반암 또는 순수한 물 등과 같이 매질의 전지전도도가 낮은 지역에서 가장 큰 효율을 나타내며 전지전도도가 큰 매질인 점토층이나 염수층 등에서는 전자기파의 감쇠특성으로 인하여 적용이 어렵다.

**g-PRM(Geographic Partner Relationship Management) 지-피알엠, 지-파트너 관계 관리** 지리정보시스템(GIS)과 파트너관계관리시스템(PRM)의 합성어로, 지리정보(도로의 형태나 건물위치, 유동인구, 이동경로 등)에 기업이 가진 파트너 유통망을 시각화해 분석・관리하는 솔루션을 말한다.

**GPRS(General Packet Radio Service) 일반 패킷 무선서비스** 범 유럽 표준 이동 통신(GSM)망에서 패킷 스위칭 방식 통신을 구현해 GSM 채널당 통신 속도를 9600bps에서 1만 4400bps로 늘리는 한편, 데이터 압축 기술을 통해 기존 GSM망 환경에서 11만 5000bps의 전송 속도를 구현해주는 기술을 말한다. GPRS는 이동 통신 환경에서 웹 브라우징 등 각종 인터넷 규약(IP)기반 서비스와 데이터통신 서비스를 효과적으로 구현하게 해줄 것으로 보인다. 초고속 인터넷과 화상 통신 등이 가능한 2.5세대의 이동전화를 말한다.

**GPS(Global Positioning System) 범지구 위치결정 시스템(체계), 범지구 위성항법 시스템(체계)** 미국 국방부에서 개발되었으며 공식 명칭은 NAVSTAR GPS(NAVSTAR는 약자가 아니지만, NAVigation System with Timing And Ranging이라고도 함)이다. 항법, 측량, 지도제작, 측지, 시각동기 등의 목적으로 사용되고 있다. GPS에서는 중궤도를 도는 24개(2015년 10월 현재 31개의 GPS위성)의 인공위성에서 발신하는 마이크로파를 GPS 수신기에서 수신하여 수신기의 위치벡터를 결정한다. GPS 수신기는 3개 이상의 GPS 위성으로부터 송신된 신호와 수신기에서 수신된 신호의 시간차를 측정하면 위성과 수신기 사이의 거리를 구할 수 있다. 최소한 3개의 위성과의 거리와 각 위성의 위치를 알게 되면 삼변측량에서와 같은 방법을 이용해 수신기의 위치를 계산할 수 있다. 그러나 시계가 완전히 정확하지 않기 때문에 오차를 보정하고자 보통 4개 이상의 위성을 이용해 위치를 결정한다.

GPS는 다음의 세 부분으로 구성되어 있다 : ① GPS 위성우주부분(space segment)은 궤도를 도는 GPS 위성을 의미한다. GPS는 24개의 인공위성이 6개의 궤도면 상에 분포하도록 설계되었다. GPS 위성의 평균 수명은 약 8년 정도이다. 궤도면의 중심은 지구의 중심과 일치하며 각 궤도면은 지구 적도면으로부터 55°만큼 기울어져 있다. GPS 위성의 고도는 약 20,183km이다. 또한 항성일마다 궤도를 2번 일주하며, 각각의 GPS 위성은 지상의 한 점을 하루에 1번 통과하게 된다. GPS 궤도는 지상의 대부분 위치에서 최소한 6개의 GPS 위성을 관측할 수 있도록 배열되어있다. 현재 총 30개의 GPS 위성이 운용 중이다. 1978~1985년까지 초기에 발사된 GPS 위성들을 Block-I/IA로 분류하며 현재 이들 위성은 모두 퇴역하였다. 1989년부터 발사된 위성들은 Block-II로 분류된다. Block-IIR 위성은 1997년부터 기존의 Block-II/IIA 위성을 대체하기 시작하였다. Block-IIR의 개량형인 Block-IIR-M 위성은 2005년부터 발사되었다. ② GPS 위성의 궤도를 추적하고 위성을 관리하는 제어 부분(control segment)은 지상의 제어국으로 이루어져 있다. 5군데의 제어국에서 위성을 추적한다. 위성의 추적 자료는 콜로라도 스프링스의 공군기지에 위치한 주제어국으로 보내어진다. 주제어국에서는 취합된 최신의 궤도 정보를 분석하여 각 추적제어국의 안테나를 통해 GPS 위성으로 새로운 궤도 정보를 송신함으로써 위성의 시각을 동기함과 동시에 천문력(ephemeris)을 조정한다. ③ GPS의 사용자 부분(user segment)은 GPS 수신기로서, GPS 위성에서 송신하는 주파수에 동조된 안테나, 수정발진기 등을 이용한 정밀한 시계, 수신된 신호를 처리하고 수신기 위치의 좌표와 속도 벡터 등을 계산하는 처리장치, 계산된 결과를 출력하는 출력장치 등으로 이루어져 있다.

모든 GPS 위성이 같은 주파수를 사용하여 신호를 송신하지만, 각 위성 고유의 의사잡음부호를 PSK 변조를 통해 스펙트럼 확산하여 송신하기 때문에 수신기는 각 GPS 위성의 신호를 구별할 수 있다. GPS 수신기는 관측값의 형태와 코드의 종류에 따라 다음과 같은 4가지 유형으로 분류된다. ① C/A코드 의사거리 수신기, ② C/A코드 반송파 수신기, ③ P코드 수신기 : L1 반송파와 L2 반송파 모드 포착이 가능, ④ Y코드 수신기 : P코드 상관기술을 적용하여 L1과 L2 반송파 신호에서 코드 의사 거리와 위상을 얻을 수 있다. 각각의 GPS 위성은 위성에 탑재된 시계의 시각 및 오차와 위성의 상태 정보, 모든 위성과 관련된 궤도 정보와 상태(almanac), 각각의 궤도정보와 이력(ephemeris), 오차 보정을 위한 계수 등이 포함된 항법메시지를 50bps의 속도로 지속적으로 방송한다. GPS가 사용하는 반송파의 송신 주파수와 각 채널에 위상 변조를 거쳐 담기는 정보는 다음과 같다. ① L1(10.23MHz×154=1575.42MHz) : 항법메시지, C/A 코드, P(Y) 코드. ② L2(10.23MHz×120=1227.60MHz) : P(Y) 코드, Block-IIR-M 이후부터는 L2C 코드 포함. ③ L3(10.23MHz×135=1381.05MHz) : 미사일 발사, 핵폭발 등의 고에너지 적외선 감지를 위해 방위 프로그램에서 사용. ④ L4(1379.913MHz) : 추가적인 전리층 보정을 위해 연구 중. ⑤ L5(10.23MHz×115=1176.45MHz) : Block-IIF 위성 이후로 사용될 예정이다.

**GPS-Aided Geo-Augmented Navigation(GAGAN) (인도) 가간 초정밀 지피에스 보정시스템** GAGAN(GPS-Aided Geo-Augmented Navigation)을 참조.

**GPS Baseline 지피에스 기선** GPS 위상관측식을 이용하여 GPS 수신기로 수신된 반송파 위상의 개수를 기록한 자료로부터 측량계산을 실시한다. 측량개시 시 위성과 GPS수신기 사이에 존재했던 반송파의 정 현파수, 즉 위상수를 모호정수치(Integer Number)라고 하는데, 이를 알면 상대측위에 의하여 두 점 간의 기선 벡터의 계산이 가능하게 된다. GPS 측량계산의 기본은 모호정수를 빨리 또는 적은 양의 데이터로 구하느냐 하는데 있다. 모호정수치를 구하기 위해서는 GPS 위상관측식으로부터 단중차

(Single Difference), 이중차(Double Difference), 삼중차(Triple Difference)를 이용하여 구한다.

**GPS Clock Error 위성시계 오차** 위성에 탑재된 원자시계의 오차로부터 발생하는 오차이나 위성시계의 오차는 어느 정도 예측이 가능하므로 주 관제국에서 이를 조정함으로써 최소화시킬 수 있다.

**GPS(Global Positioning System) Control Point 위성기준점** 지리학적 경위도, 직각좌표 및 지구중심 직교좌표의 측정 기준으로 사용하기 위하여 대한민국 경위도원점을 기초로 정한 기준점을 말한다(공간정보의 구축 및 관리 등에 관한 법률 시행령 제8조).

**GPS Error 지피에스 오차** 시스템 오차와 수신기 오차 및 위성의 배치 상태에 따른 오차로 구분된다. GPS 수신기에서 위치를 계산하기 위해서는 현재의 시각, 위성의 위치, 신호의 지연량이 필요하다. 위치 계산 오차는 이 가운데 주로 위성의 위치와 신호 지연의 측정으로부터 발생한다. 신호의 지연 시간은 GPS 위성으로부터 수신한 신호와 동일한 신호를 GPS 수신기에서 발생시켜 비교하여 얻는다. 이 비교 과정에서 발생하는 오차는 수신기의 수신 상태가 양호한 경우, 부호 길이의 1% 정도이므로 C/A 코드에서는 약 1~10ns이다. 전파의 속도를 고려하면 1~3미터 정도의 오차이다. 이는 신호 지연 측정 과정에서 발생하는 오차의 최소치이다. P(Y) 코드를 해독할 수 있는 경우, 부호 길이의 1%의 오차는 약 30센티미터에 해당한다. 이밖에 다음과 같은 일반적인 오차가 발생한다.

전리층의 영향 : ±5m, 천체력 오차 : ±2.5m,
위성의 시계 오차 : ±2m
전파 경로에 따른 오차 : ±1m, 대류권의 영향 : ±0.5m,
수치 오차 : ±1m 이하

**GPS eXchange Format(GPX) 지피에스 데이터 교환형식** GPX(GPS eXchange Format)를 참조.

**GPS/IMU Integrated System 지피에스/아이엠뉴 통합시스템** GPS의 위성교체나 사이틀 슬립 등에 의해 발생하는 단파장의 계측오차 및 IMU의 드리프트(Drift)에 의한 장파장의 계측오차를 상호 보완함으로써 자세 및 측위계산의 정확도를 향상시킨 시스템으로서, 항공레이저 측량 시스템을 이용한 3차원 좌표측량의 근간을 이루는 구성요소이다.

**GPS/INS 지피에스 관성측량체계** GPS 사진 측량 분야는 GPS의 단점을 보완하기 위해 INS와 결합하고 있다. 관성측량 체계는 회전각 결정, GPS 시통이 불가능한 지역의 위치 결정 등에서 우수성이 입증되었으며, 최근 외국에서는 GPS/INS 항공측량체계가 많이 이용되고 있고 국내에서도 지도제작에 이용되고 있다. 특히 라이다(LiDAR)와 디지털 항공 카메라를 사용하기 위해서는 반드시 필요한 기술이다.

**GPS/INS Air Photo Surveying 지피에스 아이엔에스(관성측량체계) 항공사진측량** 촬영용 항공기에 GPS와 INS장비를 장착하여 항공사진 측량을 실시하는 것을 말하며, GPS/INS 장비의 관측값과 일부 지상기준점을 이용하여 외부표정요소를 구하는 일련의 작업을 말한다.

**GPS Leveling 지피에스 수준측량** GPS 레벨링은 동일 노선상의 수준점 2점에서 GPS 관측을 하여 취득한 타원체고로부터 표고값을 감산함으로써 각각의 지오이드를 구하고, 이를 기준으로 동구간 내에서 매 GPS 관측값에 지오이드고를 보간하여 표고를 간접 계산하는 방법이다.

**GPS Mode 지피에스 모드** [드론] 드론 모델에 따라 조종기가 지원하는 1~3가지 조종모드가 있다. Manual : 수동모드로 사용자가 모든 것을 조정해야 하는 모드이다. 고감도와 저감도로 나눠진다. 저가의 연습용 드론은 이 모드만 가지고 있다. Attitude : 고도를 유지시켜주는 모드로 사용자가 조종을 하지 않아도 고도는 유지된다. GPS : GPS를 통해 드론의 고도와 위치를 지정할 수 있는 모드로 가장 조정이 쉽다. 기체를 사고 없이 잘 다루려면 처음 한동안은 연습용 기체의 Manual 모드로 연습해보는 것이 좋다. 드론은 차와 달리 무선으로 조종되기 때문에 언제라도 신호문제가 발생할 수 있다. 비행 상태에서 GPS가 갑자기 안 잡히면 이때는 수동조종을 해야 한다.

**gpsOne 지피에스원** CDMA 단말기 칩셋 내에 GPS 모듈을 넣고, GPS에서 수신되는 데이터와 기지국에서 수신되는 신호의 세기를 복합하여 위치를 측정하는 Hybrid 3D 기법이다. gpsOne은 핸드셋 방식과 네트워크 방식들의 단점을 상쇄한 복합방식으로 오차가 10~30m 정도로 높은 정확도를 가지고 있으며, GPS 방식보다 전력 소모가 적고, 실내에서도 동작한다는 장점이 있다. 퀄컴(Qualcomm)의 gpsOne 기술은 정확한 위치 확인 기능을 위해 GPS 위성과 휴대폰 네트워크를 활용하는 다양한 모드의 A-GPS(Assisted-GPS) 뿐만 아니라 휴대폰 네트워크가 접속할 수 없는 지역으로까지 위치 확인 기능을 확장시켜주는 독립형(Standalone) GPS를 지원한다. 퀄컴의 새로운 엑스트라 기술을 통해 사용자들은 간단한 인터넷 접속을 통해 저용량의 보조 데이터 파일을 다운로드 받아 독립형(Standalone) GPS의 기능을 향상시킬 수 있다. 'gpsOne' 서비스는 한국·일본·미국 등지에서 제공되고 있으며 노약자 보호, 개인항법서비스, 친구 찾기 등 다양한 기능을 제공한다. 미국연방통신관리위원회(FCC)는 개인의 안전을 위해 2005년부터 모든 이동통신단말기에 의무적으로 위치정보추적기능을 탑재하도록 규정하고 있어 'gpsOne' 솔루션의 수요는 더욱 확산될 것이다.

**GPS Positioning Interferometer 지피에스 위치관측 간섭계** GPS 측량에 사용하는 수신기로서 동작 원리가 파동 간섭 성질을 이용한다.

**GPS Receiver Clock 지피에스 수신기 시계** GPS 수신기에 장착된 시계로 주로 수정의 진동을 기준으로 만든 시계이며 하루에 $10^{-13}$~$10^{-6}$초의 안정도를 갖는다. 수신기의 시계는 위성 시계에 비하여 정확도가 현저히 떨어지며, 이 때문에 GPS를 이용한 위치결정에서는 수신기의 시계오차를 함께 결정해 주어야 한다.

**GPS Reference Network 지피에스 기준망** 전 세계적으로 설치, 운영되고 있는 약 400개의 GPS 기준점을 포함하고 있으며, 약 100개의 GPS 기준점이 설치 및 운영 계획 중에 있다. GPS 기준망은 항법, 측지측량, GIS등 여러 가지 목적으로 이용되고, 있으며 활용도는 급속히 확대될 전망이다.

**GPS Satellite(Global Positioning System Satellite) 지피에스 위성** 궤도고도 약 20,000km, 주기 0.5항성일(11시간 58분), 6궤도면에 4개씩, 합계 24개의 위성체계 구성되어 있다. 1993년경에 전 위성의 배치가 완료되었으며, 위성의 중량은 약 800kg, 위치결정용 L1 밴드와 L2 밴드 송신기, 복수의 세슘(Cs) 및 루비듐(Rb) 원자시계, 위성관리, 운용을 위한 장치 등을 탑재하고 있다.

**GPS Segment(Global Positioning System Segment) 지피에스 구성** GPS 체계는 크게 다음과 같이 3가지 부분으로 나누어서 구성되었다. ① 제어 부분(Control Segment), ② 우주 부분(Space Segment), ③ 사용자 부분(User Segment), 이 중 우주부분과 사용자 부분은 미공군의 항공관제국(U.S. Space Command of the U.S. Air Force)에서 통제한다.

**GPS Surveying 지피에스 측량** 복수의 GPS(Global Positioning System) 측량기를 이용하여 관측점간의 3차원 상대위치를 구하여, 기준점의 측지학적 좌표와 표고를 결정하는 작업을 말한다(「GPS에 의한 기준점측량 작업규정」 제2조 제1호). 한편, 「통합기준점측량 작업규정」 제2조 제3항에서는 GPS측량을 관측망도 등에 의거 관측점에 GPS수신기기를 설치하고 GPS위성으로부터 전파를 수신하여 관측점의 측지학적 좌표를 결정하는 작업으로 규정하고 있다. 「GPS에 의한 기준점측량 작업규정」 제12조에서 규정한 GPS측량은 다음과 같은 관측 조건으로 실시한다. 즉, (1) GPS측량은 Session 모두 정적간섭(상대)측위방법으로 실시한다. (2) GPS측량에 사용하는 위성은 고도각은 원칙적으로 15° 이상일 것, 위성의 작동 상태가 정상일 것, 동시 수신 위성 수는 4개 이상일 것 등이다. (3) 안테나는 정해진 방향을 북으로 향하게 설치한다. GPS측량은 Session단위로 실시하며, GPS측량 시간 등은 다음과 같다.

| 구분 | 2등 기준점 측량 | 3등 기준점 측량 |
|---|---|---|
| 세션(Session) 수 | 1 이상 | 1 이상 |
| 세션 관측시간 | 8시간 이상 | 4시간 이상 |
| 데이터 취득간격(Epoch) | 30초 | 30초 |
| 세션의 중복 | 2점 이상 | 2점 이상 |

**GPS System Error 지피에스 시스템 오차** 위성 시계 오차, 위성 궤도 오차, 전리층 굴절 오차, 대류권 굴절 오차 및 선택적 가용성(SA)에 의한 오차 등으로 구분될 수 있다.

GPS 오차는 Noise, Bias, 그리고 Blunders들이 주원인으로 발생한다. Noise에 따른 오차들은 PRN Code(약 1m)와 Receiver의 Noise(약 1m) 때문에 발생하게 된다. Selective Availability(SA)와 다른 원인들이 주된 요인이 되는 Bias Error도 Error의 원인이 된다. SA는 미국군사용과 미국정부사용자가 아닌 User에게 DOD에서 계획적으로 정확도를 떨어뜨리는 것이다. 그래서 약 30m의 오차가 약 100m정도로 커지게 된다. Bias Error를 일으키는 다른 원인으론 다음과 같다. 즉, Control Segment에 의해 교정되지 않은 SV Clock Error(약 1m의 오차), Ephemeris Data Errors(약 1m), 대류권의 지연(약 1m), 이온층(산란) Delay(약 10m) – 지상에서 50~500km에 위치한 층으로 이온화된 대기층으로서, 이 층에서 Delay되는 70nm 중 반이 제거되어 10m의 오차가 발생, Multipath(약 0.5m) 등이다. 다음으로 Error발생의 원인이 되는 것이 Blunder인데, 이 때문에 몇 백 km의 오차가 발생할 수 있다. Computer의 오동작, 사용자의 실수(1m~수백km), 그리고 Reeciver상에서 Software 또는 Hardware상의 Error (Random size)가 주된 원인이다. GPS의 정확한 위치측정과 관계되는 또 하나의 요인은 바로 Receiver와 위성들 간의 기하학적인 배치이다. 이 배치에 따라서 Error가 커질 수도 작아질 수도 있다. GDOP는 수신기와 선택된 위성들 간의 기하학적 배열로 인해 발생된 위치 측위 정확도의 열화 계수로서 3차원 측위(위도, 경도, 고도)결과의 정확성을 표시하며, Receiver를 정점으로 위성들이 이루는 다면체의 최대 체적으로 구할 수 있다. 수신기와 위성간의 각이 작게 되어 체적이 그만큼 작아 좋지 않은 GDOP 값(계수가 큼)을 갖게 된다. GDOP가 작을수록 오차를 줄일 수 있다.

**GPS Time(Global Positioning System Time) 지피에스 시, 지피에스 시각** 대부분의 시계는 협정세계시(UTC)를 기준으로 맞춰지지만, GPS 위성에 탑재된 원자시계는 GPS 시각을 기준으로 맞춰진다. GPS 시각은 지구의 자전을 고려한 것이 아니기 때문에 UTC와 달리 윤초 등의 주기적인 보정량이 삽입되어있지 않다. GPS 시각은 1980년 1월 6일에 UTC와 동기되었으나 이후로 오차가 누적되었다. 보정량이 삽입되지 않으므로 GPS 시각은 국제원자시(TAI)와 19초가 차이가 난다. 한편 GPS 위성 내부 시각은 상대론적 효과를 보정하고 지상국과의 동기를 위해 시계보정계수를 이용해 주기적으로 보정되고 있다. GPS 수신기는 이 정보를 이용해 UTC 시각과 해당 지역 시간대의 시각을 계산한다. 갓 생산된 GPS 수신기는 GPS 항법 메시지를 수신하기 전까지는 정확한 UTC 시각을 보여주지 못할 수 있다. GPS-UTC 시각차 정보 필드는 최대 255 윤초(8비트)까지 담을 수 있으므로 현재 지구 자전 변화율을 고려할 때 2330년까지는 사용이 가능하다. 날짜를 연, 월, 일로 나타내는 율리우스력 방식과는 달리 GPS 날짜는 주(週) 번호(week number)와 요일 번호(day-of- week number)로 나타낸다. 주(週) 번호는 10 비트 필드에 담겨 C/A 및 P(Y) 코드를 통해 발송되며, 1,024주(19.6년)마다 0으로 돌아온다. GPS 주 번호는 1980년 1월 6일 00:00:00 UTC(00:00:19 TAI)에 0으로 시작했으며 1999년 8월 22일 23:59:47 UTC (00:00:19 TAI)에 다시 0으로 리셋된 바 있다. 그레고리력 날짜를 계산하기 위해서는 GPS 수신기에 3,584일 이내의 근사 날짜 정보가 있어야 한다. 이런 단점을 개선하기 위해서 개량된 GPS 항법 메시지는 13비트의 필드를 사용해, 주 번호가 0으로 돌아오는 주기를 8,192주(157년)로 늘렸다.

**GPS Totalstation 지피에스 토털스테이션** 토털스테이션은 각도, 거리, 높이차를 각각 측정하던 것을 하나의 측량 장비에서 가능하도록 합쳐놓은 것이다. 이러한 토털스테이션은 정작 그것의 절대위치(경・위도 등)를 알 수 없는데, GPS 토털스테이션은 절대위치를 알 수 있는 GPS를 결합시켜 각 지점들의 절대위치를 알 수 있게 해준다.

**GPS Triad 지피에스 3요소** 우주, 제어, 사용자 부분으로 구성하는 GPS의 3가지 주요 구성요소를 말한다.

**GPS Van 지피에스 밴** GPS 수신기를 장착한 이동 차량으로 GPS 수신기, 자이로에 의한 관성항법체계(INS), 바퀴의 회전량을 파악할 수 있는 주행 감지기, 수치 감지기, 대용량의 자료를 저장할 수 있는 입체 영상 체계 등을 장착하여 자동으로 시설물 측량, 시설물 유지관리, 지도 제작 등을 수행할 수 있는 차량이다. GPS Van과 같은 체계는 차량뿐만 아니라 보트 기차 비행기의 경우에도 가능하며 또한 지능형 운송 체계(ITS)에도 사용된다.

**GPS Vector(Global Positioning System Vector) 지피에스 벡터** GPS 벡터는 일반측량의 방향의 개념과 차이가 있으며, 이는 2개의 수신기로 동시에 관측하여 서로의 관측 자료를 상관처리하여 구한 성과점으로 동일 세션(Session)이 된다.

**GPS VLBI 지피에스 초장기선 간섭계** VLBI 관측점에서 GPS 위성을 관측하여 GPS 위성 궤도 요소의 정확도를 높이는 것. 준성을 관측하여 정확한 상대 위치가 결정될 VLBI 관측점들을 포함하는 관측망을 만들고, GPS 위성을 관측하여 VLBI점에 대한 위성의 위치를 계산하면 궤도 결정의 정확도를 10-6~10-7을 높일 수 있다. GPS-VLBI 방법은 수백 km 이상의 거리에 대해 수 cm의 정확도를 얻을 수 있으며 수신 전파가 강력하므로 소형의 지상 관측 장비에 의해 세계적 또는 국가적인 측지 측량망 설정이나 국지적인 지각 변동도 검사할 수 있다.

**GPS Week(Global Positioning System Week) 지피에스 주** GPS의 운용과 동반한다. GPS의 시각을 1980년 1월 1일 0시에 세계 협정시(UTC)와 공동으로 개시했을 때부터 계산하였다. 세계 협정시와는 달리 윤초의 보정을 한다. 1980년 1월 6일 이후 경과한 주일수로 매주 토요일과 일요일사이의 자정을 기준으로 증가한다. 일요일의 00:00:00에서 시작하고 끝나는 1주일간의 주기를 말한다.

**GPS Week Number 지피에스 주(週) 연번** 날짜를 연(年), 월(月), 일(日)로 나타내는 율리우스력과는 달리 GPS 날짜는 주(週) 번호(week number)와 요일 번호(day-of-week number)로 나타낸다. 주(週) 번호는 10비트 필드에 담겨 C/A 및 P(Y) 코드를 통해 발송되며, 1,024주(19.6년)마다 0으로 돌아온다.

GPS 주 번호는 1980년 1월 6일 00:00:00 UTC(00:00:19 TAI)

에 0으로 시작했으며 1999년 8월 22일 23:59:47 UTC(00:00:19 TAI)에 다시 0으로 리셋된 바 있다. 그레고리력 날짜를 계산하기 위해서는 GPS 수신기에 3,584일 이내의 근사 날짜 정보가 있어야 한다. 이런 단점을 개선하기 위해서 개량된 GPS 항법 메시지는 13비트의 필드를 사용해, 주 번호가 0으로 돌아오는 주기를 8,192주(157년)로 늘렸다. 따라서 2137년에 주(週) 번호가 0으로 리셋된다.

**GPU(Graphic Processing Unit) 그래픽스 처리장치** GPU는 영상정보를 처리하고 화면에 출력시키는 일을 한다. 많은 게임들의 그래픽 사양이 높아지면서 그래픽카드 또한 나날이 발전해 성능이 높아지고 있다.

**GPX(GPS eXchange Format) 지피엑스 데이터 교환형식** 인터넷에서 GPS 데이터를 다양한 응용 프로그램과 웹 서비스 사이에서 교환할 수 있는 형태로 저장하고 변환해 좀 더 풍부한 정보를 담는 콘텐츠로 이용할 수 있게 되었다.

**Grace Murray Hopper 그레이스 호퍼** 펀치방식 프로그래밍 시대인 1960년대에 컴퓨터 언어, 코볼(COBOL)을 만든 주인공으로, 코볼의 어머니로 불린다.

**Gradation 계조, 농담** 사진 등의 화상에서 밝은 부분에서 어두운 부분까지의 여러 가지 농도를 말하며 계조(階調)라고도 한다. 그래픽 프로그램을 이용하여 색감을 표현하는 방식. 1가지 지정된 색을 이용하여 물체를 나타내는 것이 아니라, 색조나 농담에 따라 연속적으로 변하도록 만드는 방법이 엷은 색에서 진한 색으로 표현하며, 색과 색의 연결 부분은 중간색으로 매끄럽게 연결되도록 만든다.

**Grade 그레이드** 각도의 단위로서 전체 원주를 400등분한 것을 1그레이드라 하고, 1g라고 쓴다. gon이라고도 한다. 직각은 100그레이드가 되며 1g=0.9도이다. 1g를 100등분한 것을 1센티 그레이드(cg)라고 한다.

**Grade Correction 경사 보정(傾斜補正)** Correction for Inclination of tape를 참조.

**Gradient 기울기** 기울기는 최대 표고 변화율을 나타내는 가파름의 척도로서 퍼센트나 각도를 표시한다. Slope와 Grade를 참조.

**Gradient Analysis 기울기 분석** 수치 지형 모형(DTM)에서 표면 주위의 고도 값 사이의 변화 중에서 가장 큰 변화를 추출하기 위해서 사용되는 분석과정이다. 이것은 일반적으로 지표면의 기울기를 결정하는데 사용된다.

**Gradient Current 경사류, 급류** 기압, 바람, 바다에 유입되는 강물 등에 의하여 형성되는 해면의 경사로 인하여 생기는 해류를 말한다.

**Gradient Wind 경도풍** 등압선(isobaric line)이 원형인 경우, 수평방향의 기압경도력(barometric gradient force)과 지구 자전에 의한 전향력(Coriolis force) 및 등압선의 곡률에 의한 원심력(centrifugal force)의 3가지 힘이 균형을 이루었을 때 등압선을 따라 부는 바람이다.

**Graduated Circle 분도원(分度圓)** 각측량기계인 트랜싯이나 데오드라이트, 컴퍼스 등의 수평축과 수직축에 장치된 각도의 눈금반이다.

**Graduated Symbol Map 단계적 기호도** 점이나 영역의 중심점의 속성을 보여주기 위해 기하학적 기호의 크기를 변화시키는 지도의 유형으로, 예를 들어 도시는 인구에 비례한 면적의 원으로 표현할 수도 있고, 인구 조사 표준 지역은 그 지역의 대표점에서 원 그래프(Pie Chart)로 나뉘는 원을 나타낼 수도 있다.

**Graduation 눈금** 측량기계, 기구에 일정한 단위로 각, 무게, 온도 또는 길이 등을 측정하기 위하여 조각된 눈금을 말한다.

**Graduation Error 눈금 오차** 눈금 간격이 일정하지 않으므로 해서 일어나는 오차를 말한다.

**Graduation of Inclination 경사 분획** 알리다드의 시준판에 새겨진 눈금을 말한다.

**Grain Tolerance 그레인 허용한계** 호를 구성하는 정점(Vertices)의 최소 거리로, 곡선의 경우는 작게, 직선의 경우는 상대적으로 길게 주어 자료 크기를 조절할 수 있다. 디지타이징 또는 운형(Spline)을 수행하면서 항상 작용하며, 호의 굽은 정도를 조절할 수 있다.

**Graininess 입상성(粒狀性)** 현상된 영상의 일부를 현미경으로 확대해서 볼 때 입자가 불균일하게 집괴한 상태를 말한다.

**Grandstand 관람석** 보통 경기 관람을 위한 지붕이 있는 구조물을 뜻하며, 관중을 위해 상하로 나란한 줄지어진 좌석을 말한다.

**Graph 그래프, 도표** ① 속성자료를 통계적으로 분석한 결과를 출력하는 방법으로 가장 많이 사용된다. 그래프 종류는 막대그래프(Bar chart), 원그래프(Pie chart), 산포도(Scatter plot), 히스토그램(Histogram) 등이 주로 사용된다. ② 0차원(Node), 1차원(Link 또는 Chain), 2차원(GT-polygon)객체들이 위상적으로 상호 연관된 집합으로, 여기서는 3가지 유형인 평면 그래프(Planar Graph), 네트워크(Network), 2차원 집합체(2-D Manifold)가 사용된다. 이 3가지 유형은 다음과 같은 공통 규칙을 가지는데, 즉 각 연결(Link)과 체인(Chain)은 순서가 있는 두 절점에서 만나고, 절점에서만 교차 가능하다.

**Graph Theory 도표 이론** 일반적으로 도표는 점과 선으로 나타낸 다이어그램이며, 도표 이론은 점과 선의 접속 관계를 해명하는 통일적 이론으로, 정리 및 표현의 방법 뿐 아니라 모형의 해석 및 설계 등, 이・공학 분야에서 불가결한 이론으로 되어왔다. 주요 응용 예로서는 대규모 집적 회로(LSI) 등의 해석, 설계, 프린터 기판의 레이아웃 및 배선문제, 논리 회로의 해석 및 고장 진단, 운송망 및 통신망, 의료, 교육, 유통 기관 등, 여러 가지 체계가 있다. 이들은 대규모, 복잡화의 경향이 있으며, 이들에 대처하는 새로운 과학적 방법으로서 도표 이론적 접근이 중요시 되고 있다.

**Graphene 그래핀** graphene은 흑연을 뜻하는 'graphite'와 탄소이중결합을 가진 분자를 뜻하는 접미사 '-ene'를 결합하여 만든 용어이다. 탄소의 동소체 중 하나이며 탄소 원자들이 모여 2차원 평면을 이루고 있는 구조이다. 동소체(同素體, allotropy)는 한 종류의 원소로 이루어졌으나 그 성질이 다른 물질이 존재할 때, 이 여러 형태를 부르는 이름이다. 각 탄소 원자들은 육각형의 격자를 이루며 육각형의 꼭짓점에 탄소 원자가 위치하고 있는 모양이다. 이 모양을 벌집구조(honeycomb structure) 또는 벌집격자(honeycomb lattice)라고 부르기도 한다. 원자 1개의 두께로 이루어진 얇은 막으로, 두께는 0.2nm(1nm은 10억 분의 1m), 즉, 100억 분의 2m 정도로 엄청나게 얇으면서 물리적・화학적 안정성도 높다. 탄소의 다른 동소체에는 흑연, 탄소나노튜브, 풀러렌, 다이아몬드 등이 있다. 그래핀은 원자 한 층의 두께를 지니기 때문에 동일한 결합구조이지만 여러 층으로 구성되어 있는 흑연과는 확연히 다른 특성을 보인다. 그래핀이 주목받은 이유는 다음의 뛰어난 특성들 때문이다. 그래핀은 200,000$cm^2$/V・s의 매우 높은 전자이동도, ~5000W/m・K의 높은 열전도도, ~1.0TPa의 영 계수를 갖고 있으며 이론적 비표면적 또한 매우 크다. 또한 한 층으로 구성되어있기 때문에 가시광선에 대한 흡수량이 매우 낮아 550nm의 파장을 갖는 빛에 대한 투과율이 97.7%로 확인되었다. 구리보다 100배 이상 전기가 잘 통하고, 반도체로 주로 쓰이는 단결정 실리콘보다 100배 이상 전자를 빠르게 이동시킬 수 있다. 강도는 강철보다 200배 이상 강하고, 최고의 열전도성을 자랑하는 다이아몬드보다 2배 이상 열전도성이 높으며, 탄성도 뛰어나 늘리거나 구부려도 전기적 성질을 잃지 않는다. 이런 특성으로 인해 그래핀은 차세대 신소재로 각광받는 탄소나노튜브를 뛰어넘는 소재로 평가받으며 '꿈의 나노물질'이라 불린다.

**Graphic 그래픽** 일반적으로 컴퓨터 영상면에 나타나는 문자와 달리 그림・도형 또는 영상을 사용하여 정보를 표현하는 방법을 말한다.

**Graphic and Attribute Information 도형・속성 정보** 지형 정보는 대상물의 공간의 위치나 범위를 표현하는 정보와 대상물의 위치, 형상 이외의 성질을 나타내는 정보로 되어있다. 위치나 범위를 나타내는 정보를 도형 정보라 하며, 성질을 나타내는 정보를 속성정보라 한다. 예를 들어, 토지의 형태는 도형 정보이며, 그 토지의 가격은 속성정보이다.

**Graphic and Image Information System(GIIS) 도형 및 영상 정보 체계** GIIS(Graphic and Image Information System)를 참조.

**Graphic Aperture Size 그래픽 조리개 크기** 텍스쳐 데이터를 저장하기 위해 AGP카드에서 사용하는 용도로 지정된 시스템 메모리의 양을 말한다.

**Graphic Balancing of Error of Closure 도해적 폐합 오차조정** 체인 또는 평판으로 트래버스 측량을 했을 때 생기는 폐합 오차를 도해적으로 조정하는 방법이다.

**Graphic Control Point for Detail Mapping 세부 도근 측량** 기준점만으로는 세부측량에 필요한 도근점이 부족한 경우 새로운 평면위치 및 높이를 정하기 위해서 하는 측량을 말한다.

**Graphic Data System(GDS) 지디에스, 도형자료체계** GDS(Graphic Data System)를 참조.

**Graphic Display 도형 표시 장치** 도형 정보를 보고 조작하기 위해 사용되는 컴퓨터 단말기. 이것은 또한 도형 선택(예 : 영상면에서 대상물을 인식) 수치화 편집 등을 위해 사용될 수 있다.

**Graphic Display Capability 도형 표시 능력** 모니터나 플로터 상에 원하는 지도를 출력하기 위한 기능. 사용자는 선의 형태 및 굵기, 포인트 기호 형태, 색상, 음영 형태, 글자체, 굵기, 진하기, 크기, 제목, 범례의 위치, 축척 등을 조정하여 출력한다.

**Graphic Edit and Query Workstation 도형 자료 편집 및 조회용 워크스테이션** 그래픽자료 편집, 조회용 워크스테이션은 전공종 수용 워크스테이션의 그 기능과 내역면에서 비슷하나, 다른 점으로는 디지타이징 기능을 이용할 수 없고, 특정 소프트웨어에 의존하기 때문에, GIS의 모든 분석능력을 이용할 수는 없다는 점이다. 편집, 조회용 워크스테이션은 그래픽의 조회나 영상면 출력 기능을 수행하는데 이용되며, COGO와 그래픽 자료 취득을 위한 정밀 입력 절차를 포함하여, GIS의 도형이나 속성 데이터베이스의 편집에 사용된다. 대형 디지타이징 타블렛을 필요로 하지 않는 지도의 타블렛을 제외한 나머지 전 공종 수용 워크스테이션의 하드웨어 구성과 거의 비슷하며, 메모리와 기억장치는 전 공종 수용 워크스테이션보다 적다. 보통 마우스나 소형 디지타이징 타블렛이 포함되어 스크린 메뉴를 통해 그래픽 자료를 조작하고, 명령을 입력한다.

**Graphic Edit Capability 도형 편집기능** 이미 입력된 도형 자료 오류가 속성 정보와 관련을 맺고 있는 경우 해당 데이터베이스의 속성 자료도 수정·삭제할 수 있는 기능을 말한다.

**Graphic Editing 도형 편집** 도형 자료를 입력·수정·삭제·변경하는 것. 점·선·면의 구성요소 전부 또는 일부를 삭제 및 생성하는 기능이다.

**Graphic Element 도형 요소** 점·선·면적과 같이 지형학적 정보의 기본단위를 말한다.

**Graphic Entities 도형 사상** 지형에서 기하학적 형태나 상징으로서 생생하게 묘사된 실체를 말한다.

**Graphic Entity 도형 실체** 같은 유형으로 더 이상 구분할 수 없는 실세계에 나타나는 최소 단위(문자·치수·선·원)의 실체로, 예를 들면 도로·건물 등을 들 수 있다.

**Graphic Entry Capability 도형 입력 기능** 사용자에게 도형 사상을 입력하게 하고 이를 위상학적 좌표개념에 의해 X, Y, Z좌표값으로 지정할 수 있게 한다.

**Graphic Information 도형 정보** 형상 또는 대상물의 위치에 관한 자료로서, 지도 또는 그림으로 표현되는 경우가 많다.

**Graphic Instruction Graphic Acceleration(GIGA) Terminal 기가 단말기** GIGA(Graphic Instruction Graphic Acceleration)를 참조.

**Graphic Interchange Format(GIF) 도형 교환 형식** GIF(Graphic Interchange Format)를 참조.

**Graphic Method 도해법** 평면도를 작성하여 이를 면적계산에 편리하게 3각형으로 분할해서 면적 측정에 필요한 측선을 도상에 측정한 후 면적을 계산하는 방법을 말한다.

**Graphic Monitoring 도형 감시** RTU, PLC 등의 장치에서 전송되는 수치, 아날로그, 펄스 신호의 상태 및 요구되는 값을 SCADA 소프트웨어가 지원하는 그래픽 생성 기능을 통해 구현된 영상면상에서 Process Control 및 Monitoring 할 수 있다. 이는 실시간 데이터베이스와 사용자 정의 그래픽 객체를 연결하여, 축척(Scale), 색채움(Fill), 회전(Rotate), 색상(Color), 변화(Change) 등의 변화를 통하여 현장의 자료를 실시간으로 감시, 제어할 수 있다는 것이다.

**Graphic Overview 도형 개괄** 자료군을 설명하는 도형 제공을 말한다.

**Graphic Primitive 기본적 도형** 영상면 영상을 설정하기 위해 사용될 수 있는 기본적인 도형 요소(예 : 점, 선)를 말한다.

**Graphic Processing Capabilites 도형 처리 기능** 자동 지도 제작 및 GIS 소프트웨어에서 도면 처리 기능은 지도 요소의 입력 또는 수정, 주석문(Annotation)과의 연결, 영상면 출력이나 도면 출력 등을 수행할 수 있다. GIS에서 도면 요소의 입력 기능은 사용자가 지도 요소의 입력과 지리적인 기준. 격자에 근거한 X, Y좌표 체계를 이용하여 지도 요소를 저장하게 되어 있다. 주석문 달기와 지도 요소(Features) 식별자도 또한 지도 요소에 입력시킬 수 있으며, 이는 데이터베이스에 저장되어 있는 속성과 연결 짓는 근거가 되기도 한다. GIS와 지도 제작용 소프트웨어는 삭제와 변경 기능 및 도면요소를 수정할 수 있는 기능을 제공하고 있다. 이런 기능은 사용자가 도면 및 주석문을 갱신 또는 수정할 수 있게 되어 있다. 마찬가지로 GIS와 지도 제작용 소프트웨어는 선의 일반화, 투영법 및 좌표 체계 변화 등의 지도 제작 기능을 수행할 수 있다. 지도 생성의 자동화와 GIS의 도면 처리방식을 구성하는 요소로 모니터 또는 플로터로의 지도출력 및 도면복사가 가능하다.

**Graphic Processing Unit(GPU) 그래픽스 처리장치** GPU(Graphic Processing Unit)를 참조.

**Graphic Query Workstation 도형 조회용 워크스테이션** 도형 조회용 워크스테이션은 주로 표준 도형 및 테이블 조회와 영상면 출력 등의 응용 분야에 이용된다. 보통은 비싸지 않은 그래픽 터미널이나 마이크로컴퓨터에서 구동되는데 중앙 컴퓨터상의 터미널 에뮬레이션 모드로 작동되며, 마우스를 이용한 스크린 메뉴를 통해 명령을 입력한다. 이러한 장비는 지리적 조회에 관계된 앞으로의 많은 GIS 응용프로그램에 효과적으로 사용될 것이다. 도형 조회용 워크스테이션은 문자 단말기의 모든 기능들을 이용할 수 있다.

**Graphic Scale 도형 축척** 실제 땅의 거리와 도면이나 표 축척이라고도 한다. Bar Scale를 참조.

**Graphic Tablet 그래픽 타블렛** 소형 디지타이저로, GIS나 CAD/CAM 체계에서 대화형 작업을 수행한다.

**Graphic Terminal 도형 단말기** 거의 독자적인 처리 능력이 없이 투영이나 도형 조작이 가능한 워크스테이션이다.

**Graphic User Interface(GUI) 그래픽사용자 인터페이스, 지유아이** GUI(Graphic User Interface)를 참조.

**Graphical Cadastral 도해지적(圖解地籍)** 토지의 경계점을 도해적으로 도면에 표시하는 지적제도로서 우리나라에서는 지적제도 창설 당시부터 채택하여 전국의 토지가 거의 도해지적이며 수치지적과 대립되는 개념이다.

**Graphical Cadastral Surveying 도해지적 측량** 토지의 경계점을 지적도 또는 임야도 등 도면에 등록하여 이를 소관청에 비치하고, 토지의 경계점은 이 도면에 나타난 것에만 의존하는 지적제도로서, 토지의 경계를 도면으로 결정하여 표시한다.

**Graphical Cadastre 도해지적** Graphical Cadastral을 참조.

**Graphical Language 도형 언어** 도형 기호로 표현된 구문을 가진 언어를 말한다.

**Graphical Method 도해법** 그림을 통해 원리를 설명하거나 이해하는 방법이다.

**Graphical Radial Triangulation 도해 사선법** Radial Line Method라고도 한다. 사진상에서 관측한 각도를 통해 지상의 삼각측량과 같은 성과를 내는 측량방법으로서 높은 정확도를 요구하지 않는 경우, 1급 도화기가 없이 할 경우, 대규모 미개발 지역에 대한 소축척지도를 만들 경우에 사용한다.

**Graphical Traversing 도선법** 평판측량에서의 측점간의 거리 및 방향을 측정하면서 차례차례 평판을 옮겨가는 방법이다.

**Graphical Triangulation Chain 도해 삼각쇄** 몇 개의 기준점을 사용하여 평판상에 도해적으로 삼각측량을 하여 도근점을 준설할 때의 삼각쇄를 말한다.

**Graphical Triangulation Network 도해 삼각망** 평판측량의 교회법에 의해서 도근측량을 도시한 것이다.

**Graphical User Interface(GUI) 도형 사용자 연계, 구이** GUI (Graphical User Interface)를 참조.

**Graphics 도형학** 공간 내의 도형을 곡면상에 표현하는 방법을 연구하는 기하학의 한 분야로서, 도식 언어인 제도에 의해 대상물을 나타내는 방법과 도식적 해법에 의해 문제를 해결하는 방법을 연구하는 학문이다.

**Graphics Control Command 도형 제어 명령** 플로터로 그래픽을 출력할 때의 도형 자료의 제어 커맨드, 칼럼 포맷과 HP-CL이 업계 표준으로서 설정되어 있어, 대부분의 플로터의 커맨드를 둘 중 하나 또는 2가지 모두의 사양을 고려하고 있다.

**Graphics Device Interface(GDI) 도형 장치 인터페이스** GDI (Graphics Device Interface)를 참조.

**Graphics Display Terminal 도형 영상면표시 단말기** 도형 정보를 보고 조작하는데 사용되는 컴퓨터 터미널. 도형을 선택하거나(예 : 디스플레이상에서 지형, 지물을 확인하는 것) 디지타이징, 편집하는 데에도 사용된다.

**Graphics Kernel System(GKS) 도형핵심체계** GKS(Graphics Kernel System)를 참조.

**Graphics Library 도형 내장 함수** 내장 함수는 프로그램이나 서부루틴, 자료 등을 종합하여 등록하고 있는 파일로서 소스 프로그램, 목적 프로그램, 로드 모듈 등 가지각색의 형태가 있다. 특히 도형 내장 함수는 선을 그리거나, 색을 칠하는 등의 서브루틴군(C언어에서는 함수)이 들어있는 내장 함수를 의미한다.

**Graphics Screen 도형 영상면** 메뉴 및 명령 행을 둘러싸고 있는 도형 영역을 말한다.

**Graphics Window 도형 대상영역** Graphics Screen를 참조.

**Graphics Workstation 그래픽 워크스테이션** 3차원 그래픽의 그래픽 기능을 하드웨어에 의해서 높인 워크스테이션으로 보통의 워크스테이션에 2차원/3차원 그래픽스 서브체계를 탑재한 것을 가리킨다.

**GRASS(Geographic Resource Analysis Support System) 지리자원 분석 지원 체계** 유닉스/리눅스 기반의 범용 GIS/RS 도구로서 1982년 최초로 미군 공병대(U.S. Army Corpof Engineers)의 건축 공학연구소(Construction Engineering Research Lab : USA CERL)에서 개발한 민간 부문의 래스터 GIS 모델링 프로그램의 상품명을 말한다. 공간 자료와 비공간 자료 모두를 운영체제의 파일 체계를 이용하여 저장한다. 질의 최적화, 트랜잭션 지원, 동시성 제어, 물리적 자료 독립성 등에 문제가 있다. 미국 Baylor 대학의 GRASS 연구 그룹에 의해 수행되고 있으며, 전 세계의 많은 프로그래머가 이 프로젝트에 참가하여, 부분적인 도형 사용 자 연계(GUI) 환경의 지원들과 최근의 리눅스 운영 체제의 보급과

GIS/RS 분야의 관심도가 높아지면서 점차 사용자가 증가하고 있는 추세이다.

**Grassland 초원, 목초지(牧草地)** 풀이나 풀과 비슷한 식물이 있는 비경작 지역을 말한다.

**Graticule 경위선 망, 격자선** 지도나 가상의 지구본에 나타난 경도와 위도망. 경위도망이 만나는 각도는 지도가 어떤 투영법에 의해 제작되었는지 알 수 있는 역할을 함. 지도를 제작할 때에는 우선 경위도를 나타내는 그물망을 그리고 이것을 바탕으로 지형 지물의 위치를 정하여 그 도형을 그려 나가는 것이 보통이다. 경위선망의 모양은 투영법에 따라 다르다. 흔히 지구에 중첩되어 표현되고 경위도에 기반을 둔 구면좌표계로 구성된다.

**Gravel 자갈** 조립토의 50% 이상이 4.75mm 체에 남는 흙이다. 한편, 조립토는 시료의 50% 이상이 75$\mu$m 체에 남는 흙이다.

**Gravimeter 중력계(重力計)** 중력을 측정하는 장치를 말한다. 절대중력계와 상대중력계가 있으며, 일반적으로 상대중력계를 말한다. 상대중력계의 경우 현재는 대부분 불안정형 중력계로 상대적인 변화를 측정한다. Gravity Meter를 참조.

**Gravitational Constant 중력 상수** (만유)인력상수라고도 하며 단위거리만큼 떨어진 2개의 단위질량사이에 작용하는 인력의 값으로 만유인력법칙에서 비례상수 G를 말한다. 여기서 m 및 m'는 두 물체의 질량, r은 두 물체사이의 거리이다.

**Gravitational Force 중력(重力)** 4 (Basic) Forces in Universe를 참조.

**Gravitational Potential 중력 포텐셜** 중력장 내에서 단위질량을 어떤 점에서 임의 점까지 옮겨오는데 필요한 일로 정의된다. 중력벡터의 3성분(gx, gy, gz : x축을 그리니치자오면과 평행하게, y축을 동경 90°방향으로, z축을 지구자전축에 평행하게 잡은 직교좌표계)은 스칼라량의 기울기로서 구할 수 있다.

**Gravitational Water 중력수(重力水)** 중력작용으로 토양 속을 이동할 수 있는 물을 말한다. 토양 입자에 의해 묶여있지 않고 유리 상태로 있으므로 토양 속에 오랫동안 머물 수 없고 공극을 통해 지하로 유실된다.

**Gravitational Wave 중력파** ① 우리들이 보는 바다의 파(波, wave)는 대부분 중력파이다. 중력이 주요 복원력(restoring force)이 되는 파로서, 파장은 1.73cm 이상이고, 주기는 1초에서 5분 사이이다. 파형은 뾰족한 마루(crest)와 편평한 골(trough) 모양이다. 중력파는 수명이 길지만, 파장이 작아지면 표면장력파(capillary wave)로 다시 되돌려진다. ② 진동하면서 전파하는 공간의 비틀림이다. 중력이 급격히 변화하면 그 변동이 수면파처럼 공간을 번져간다. 중력파는 공간을 매체 없이 광속도로 전파되어 간다. 빛과 전파와 마찬가지로, 우주 끝에서도 전달되는 원인이 여기에 있다. 전자파는 전하의 진동에 의해서 확인할 수 있으며, 중력파는 물질의 진동으로 확인할 수 있다.

질량이 공간의 비틀림을 만든다는 이론은 바로 아인슈타인의 일반상대성이론이다. 그리고 중력파란 공간의 비틀림의 물결인 것이다. 이 물결이 통과하면, 통과하는 공간에 비틀림이 생겨, 2점간의 거리가 늘기도 하고 줄기도 한다. 중력파가 지나는 길에 있는 모든 물체에는 일시적으로 맥박과 같은 변화가 일어나는 것이다. 태양계에 의한 중력파는 측정하기에 너무 작다. 그러나 중력파는 PSR B1913+16같은 쌍성펄서계의 시간이 지남에 따른 에너지 손실이 보여주다시피 간접적으로 관찰되고 있다. 중성자별의 합병이나 블랙홀의 형성이 측정가능한 양의 중력파를 만든다고 믿어지고 있다. 레이저 간섭계 중력파 관측소(LIGO) 같은 중력파 관측소는 이 문제를 연구하기 위해 설립되었다. 하지만 아직까지 이 이론적인 복사를 관측하지는 못했다.

**Graviton 중력자(重力子)** 중력을 매개하는 소립자이다. 질량을 가지는 모든 소립자가 중력자를 가지는 것으로 예상된다. 질량은 0이고, 스핀은 2, 전달 속도는 광속이다. 중력의 힘은 전자기력에 비교하여 $10^{-42}$정도 약하다. 즉, 소립자 하나하나의 관점에서 본다면 존재하지 않는 힘이나 마찬가지이다. 하지만 강력이 미시세계에서 쿼크들 간에만 작용하는 것과 전자기력이 양과 음이 존재하여 서로를 상쇄시키는 것에 비하여, 중력은 서로 간에 상쇄시키는 힘이 존재하지 않고 힘이 전달되는 거리가 무한대이므로 질량을 가진 소립자가 응집될수록 강한 힘을 발휘한다. 특정한 경우에 한하여 이 힘이 무한대가 되기도 한다. 이론적으로만 존재하는 가상 입자이다.

**Gravity 중력(重力)** ① 중력(重力)과 "질량이 있는 모든 물체들이 서로 끌어당기는 힘"이라는 의미의 만유인력(universal gravitation)과 일반적으로 같은 개념으로 받아들이는 힘이며, 두 물체 사이에 작용하는 만유인력(중력)의 크기는 두 물체의 질량의 곱에 비례하고, 두 물체 사이의 거리의 제곱에 반비례한다(뉴턴의 중력법칙). 두 물체의 질량이 $m_1$, $m_2$이고, 두 물체 사이의 거리를 r이라 할 때, 두 물체 사이에 작용하는 중력의 크기는 다음과 같다.

$F = G\frac{m_1 \cdot m_2}{r^2}$(만유인력 상수 $G = 6.67 \times 10^{-11}\ N \cdot m^2/kg^2$). 지구상에서의 중력(무게) W=물체의 질량(m)×중력가속도(g) [$kg \cdot m/s^2$]이다. 중력가속도 $g = 9.8m/s^2$이다. ② 지구자전에 의한 원심력과 지구인력에 의해 형성된 질량의 지구중심 방향으로 주어지는 힘으로서, 중력은 때때로 힘의 크기를 의미하기도 한다. ③ 4 (Basic) Forces in Universe를 참조

**Gravity Acceleration 중력가속도** 중력에 의한 낙하가속도로서, g로 표기하며 단위는 $cm/s^2$(= gal)이다. $F = G\frac{Mm}{R^2} = mg$이므로, 중력가속도 $g = G\frac{M}{R^2}$이다. 여기서, G는 중력상수, M은 지구의 질량, R은 지구의 반경이다. 식에서 볼 수 있듯이 중력가속도는 물체의 질량에 무관하다. 따라서 동일 행성에서 깃털(feather)이나 햄머(hammer) 등 모든 물체의 중력가속도는 같다. g에 물체의 질량 m을 곱하면 중량(무게)의 크기를 구할 수 있다. 중력 측정·탐사라 함은 중력가속도를 측정하는 것을 의미하며, 측정방법에 따라 절대 중력측정과 상대 중력측정이 있다. 지표면에서 중력가속도 g의 표준값은 $980cm/s^2$이다. 갈릴레오의 이름을 따서 중력가속도의 cgs 단위인 $1cm/s^2$를 1 Gal이라고 한다. 최근의 중력계는 중력가속도의 $10^9$ 정도의 극히 작은 변화도 측정할 수 있는데, 이는 지구와 달 사이의 거리를 m단위로 측정하는 것과 같다. 최근의 중력계 감도는 약 10ppm 정도이다. 따라서 이렇게 작은 값들을 나타내기 위하여 milliGal(1mGal=$10^{-3}$Gal)과 microGal(1$\mu$Gal=$10^{-6}$Gal) 단위를 사용한다. 한편, 중력단위(gravity unit, gu)라는 단위가 과거에 사용되었으나, 요즘은 거의 사용되지 않는다. 1gu=0.1 mGal= $0.000001m/s^2$이다.

**Gravity Anomaly 중력 이상(重力異常)** 각 측점에서 측정한 중력과 표준중력과의 차이로서, 이를 보정하기 위해서 '고도 이상', '지형 이상', '부게 이상'(Bouguer anomaly) 등을 고려한다. 중력이상에서 얻을 수 있는 정보는 지각 내 물질의 밀도 분포 및 지오이드 기복(undulation) 분포를 파악하는 데 중요하다. 「중력측량작업규정」 제19조 제1호에서 중력측정값에 기계고 보정, 지구조석 보정, 드리프트 보정을 실시하여 해당 측점의 보정된 측정중력값을 계산하도록 하고 있으며, 제2호에서는 측점간의 중력차를 구한 후 기설치한 중력점의 중력값에 의해 계산하고 그 결과에 기초해서 중력이상값을 구한다. 중력이상값은 '프리에어 이상'(freeair anomaly, 프리에어 보정과 대기질량 보정을 거친 것), '단순 부게이상'(simple Bouguer anomaly, 프리에어 이상에 부게보정을 거친 것), '완전 부게이상'(complete Bouguer anomaly, 단순 부게이상에 지형 보정을 거친 것)으로 한다고 정의하고 있다. 한편, 제5호에서 중력값 및 중력이상값을 계산할 때 끝자리는 0.001mgal 단위로 규정하고 있다.

**Gravity Anomaly Chart 중력이상도** 지구 표면의 중력분포 및 중력이상도를 등중력선으로 표시한 도면을 말하며, 지구형상의 크기, 지각변동, 해저자원탐사, 지진예보 등에 중요한 자료를 제공한다.

**Gravity Control Point 중력 기준점** 중력 측정의 기준으로 사용하기 위하여 정한 기준점을 말한다(공간정보의 구축 및 관리 등에 관한 법률 시행령 제8조). 한편, '중력기준점'은 국가기본측량인 중력측량의 기준이 되는 점을 말한다. '보조중력점'은 중력의 영년변화를 구하고 중력계의 검정을 실시하는 점을 말한다. '1등 중력점'은 중력측량의 기준이 되는 점으로서 절대중력점 및 중력기준점을 말한다. '2등 중력점'은 측지학적 자료를 얻기 위해 1등 중력점 및 2등 중력점을 비교기준으로 하여 소정의 정밀도로 측량한 수준점, 삼각점을 말한다(중력측량 작업규정, 제3조, 국토지리정보원고시 제2009-600호).

**Gravity Correction 중력보정** 「중력측량작업규정」(국토지리정보원고시 제2009-600호) 제19조 제1호에서 중력측정값에 기계고 보정, 지구조석 보정, 드리프트 보정을 실시하여 해당 측점의 보정된 측정중력값을 계산하도록 하고 있으며, 제2호에서는 측점간의 중력차를 구한 후 기설치한 중력점의 중력값에 의해 계산하고 그 결과에 기초해서 중력이상값을 구한다. 중력 이상값은 '프리에어 이상'(freeair anomaly, 프리에어 보정과 대기질량 보정을 거친 것), '단순 부게이상'(simple Bouguer anomaly, 프리에어 이상에 부게보정을 거친 것), '완전 부게이상'(complete Bouguer anomaly, 단순 부게이상에 지형 보정을 거친 것)으로 한다고 정의하고 있다. 한편, 제5호에서 중력값 및 중력이상값을 계산할 때 끝자리는 0.001mgal 단위로 규정하고 있다. 중력보정에는 일반적으로 다음과 같은 종류의 것들이 있다.

(1) 기계 변이 보정(Drift Correction) : 중력계 내의 스프링이 시간이 지남에 따라 복원력이 달라지면서 동일한 측점임에도 중력값이 다르게 나타나므로 이러한 중력값의 변화를 일정시간 경과에 따른 오차량을 일반적으로 선형으로 가정하여 보정한다.

(2) **조석보정**(Tidal Correction) : 지구조석이란 고체인 지구가 달과 태양의 상대적인 위치에 따른 인력에 의해 주기적인 지구의 변형을 일으키게 하는 현상을 의미한다. 이 중에서 달에 의한 인력이 해수면에 미치는 영향을 기조력이라고 하는데, 일반적으로 기조력은 시간과 위치에 따라 다르게 나타난다. 따라서 중력을 관측함에 있어 기조력 때문에 시간 및 위치에 따라 중력값이 바뀌게 되므로 이를 보정하여야 하는데, 기조력이 중력 측정값에 미치는 영향이 최대 0.3mGal로 알려져 있으므로, 필수적이라 할 수 있다. 이러한 기조력을 보정하는 방법은 크게 2가지로 나눌 수 있는데, 첫 번째는 조화 함수로 기조력 포텐셜을 계산하는 것이며, 두 번째로 각 시간에 대한 기하학적 위치로부터 계산하는 것이다. 두 방법 중 조화 함수를 이용하는 방법이 상대적으로 높은 정밀도를 나타낸다. 조화 함수에 의한 기조력 포텐셜은 지구가 완전한 강체라는 가정 하에 지표면 상의 점에서 외부 천체에 의한 포텐셜로 표현하며, 다음 식과 같다. 즉, $U = \frac{3}{2} g \frac{M}{M_e} \frac{a^2R^2}{r^3}(\cos^2 z - \frac{1}{3})$. 여기서, a는 관측 지점의 지구반경, R은 지구의 평균 반경, g는 관측 지점의 중력, $M_e$는 지구의 질량, M은 기조력을 일으키는 천체의 질량, r은 지구중심과 기조력을 일으키는 천체와의 거리, z는 천체의 천정거리이다.

(3) **대기질량 보정**(Air-mass Correction) : 대기보정이라고도 하며, 표준중력식은 인공위성 관측에 의하여 GM(지심 인력상수; G : 만유인력상수, M : 지구질량+대기질량)을 결정하고 있다. 따라서 표준중력식에는 지구의 대기질량(지구질량의 약 1백만분의 1)을 포함하고 있으므로, 이 영향을 보정해야 한다. GRS80 표준중력식 이용 시의 대기질량공식은 다음과 같다. 즉, $g_{air} = 0.87 - 0.000096h$ (mGal). 여기서, h는 고도(m)이다. 대기 보정값 gair는 중력 측정값에 더해주어야 한다.

(4) **위도보정**(Latitude Correction) : 지표에서의 중력가속도는 여러 가지 이유 때문에 달라지는데 그 중 하나는 지구의 모양이다. 지구의 극반경(6,357km)은 적도반경(6,378km)보다 약 21km 작으므로 극으로 갈수록 지구중심까지의 거리가 가까워지게 된다. 따라서 극에서의 중력가속도가 적도에서보다 약 0.7%정도 크다. 이러한 위도에 따른 영향을 보정할 필요가 있으며 그 보정량은 $0.000812 \cdot \sin 2\theta$ mGal/m (N−S)이다.

(5) **프리에어 보정**(Free-air Correction) : 고도보정이라고도 한다. 이는 지구중심으로부터의 측점까지의 거리가 변함에 따른 중력가속도를 보정하는 것으로서, 보정량은 0.3086mGal/m이다. 이 보정값은 측점과 기준면 사이의 고도차만을 고려한 것으로서, 그 사이의 질량은 고려하지 않는다. 이러한 이유로 프리에어 보정을 "자유공간 보정"이라고도 한다.

(6) **부게보정**(Bouguer Correction) : 관측점과 기준면(일반적으로 해수준면)사이의 물질에 의한 중력효과를 보정하는 것으로서, 밀도 ρ, 두께 h인 무한수평판(Bouguer plate)에 의한 중력효과를 보정해 준다. 즉, $2\pi G\rho h \approx 0.04193\rho h$ mGal만큼 보정된다. 부게이상에는 보정 기준면 이상의 물질에 의한 인력의 영향이 없어지며, 이는 주로 지하내부의 밀도변화에 의한 영향을 나타내므로 주로 지하의 밀도구조와 관련된 지구물리학적 연구에 많이 이용된다.

(7) **지형보정**(Terrain Correction) : 부게보정은 지표면의 요철을 무시하고 중력측점과 보정기준면 사이의 물질을 두 지점 사이의 높이 차이와 같은 두께의 무한평판으로 가정하여 보정하고 있으므로, 부게이상은 지형의 요철에 의한 영향만큼과 보정이 되는 셈이다. 이러한 차이를 보정하여 주는 것이 지형보정이다. 지형보정은 과거에는 해머차트(Hammer Chart) 등을 이용하였으나, 현재는 일반적으로 수치지형자료(DEM)를 이용하여 보정하고 있다.

(8) **에트뵈스 보정**(Eötvös Correction) : 에트뵈스 효과는 운동 상태에서 중력을 측정할 때 측정기의 운동이 중력가속도에 미치는 효과를 뜻한다. 이것은 해상 또는 항공 중력 측정의 경우, 탐사선 혹은 항공기의 속도에서 동서 방향 성분이 지구 자전 성분과 일치하여 지구 자전 각속도의 상대적인 증감 효과를 일으킴으로써 원심 가속도가 변화하여 중력값에 영향을 미치는 경우이다. 에트뵈스 효과는 속도가 증가할수록 커지며, 또한 진행방향의 각이 클수록 그 효과가 커지는 경향이 있기 때문에 이러한 효과를 최소화하기 위한 방법을 찾아야 한다. 즉, 탐사선(박)의 속도를 7~10 knot를 유지하는 것이 바람직하다. 일반적으로 에트뵈스 효과의 계산은 선박의 항해 속도와 방향, 위도에 대한 함수로 표현된다. 즉, $E = 2\omega V \cos\theta \sin\alpha + \frac{V^2}{R}$. 여기서 E는 Eövö 효과, $\omega$는 지구자전 각속도$= 7{,}292{,}115 \times 10^{-11}$ rad/s (WGS 84), V는 탐사선의 속도(knot), $\theta$는 위도, $\alpha$는 탐사선의 진행방향으로 진북을 기준으로 한 시계방향의 각도이다. R은 평균 지구의 반경=637,100,877.14cm(WGS84). 이때, 시간, 속도, 선박이 향

하는 방향 보정 시 knot 단위를 MKS단위 체계에 맞추기 위해 선박의 속도를 km/h 단위로 하면 mGal 단위의 에트뵈스 효과는 $E = 4.051175\,V\cos\theta\sin\alpha + 1.211119 \times 10^{-3} V^2$이다.

(9) **교차점 보정(Cross-over Correction)** : 비행기나 선박으로 넓은 영역에 대하여 중력탐사를 하는 경우 격자상 탐사를 하게 된다. 이러한 탐사방식에 의한 중력측정값은 항해환경, 항해일수, 입항 전, 출항 후의 조건에 따라 같은 위치임에도 불구하고 측정노선에 따른 에트뵈스 효과의 차이, 각 보정 단계에서 발생하는 오차의 오차 전파, 랜덤 오차 등의 다양한 이유때문에 중력값에 있어 차이를 보인다. 따라서 교차점(Cross-over Point)에서 고유의 값을 갖도록 보정하여야 하는데 이를 교차점 보정이라 한다. 교차점 보정 수행을 위해서는 다양한 방법이 있으나 일반적으로 일치하지 않는 곳에 대하여 반경 50m 이내의 점들을 탐색하고, 최소제곱법을 적용하여 하나의 값으로 조정한다.

(10) **지각평형 보정(Isostatic Correction)** : 지각 평형설에 따른 지각의 수평적 밀도 변화나 두께 변화에 대해 중력값을 보정해주는 것을 말한다. 표준 중력값은 지구 중심으로부터의 거리가 같은 곳의 밀도는 모두 일정하다는 가정 하에 유도된 값이다. 그러나 지각 평형설에 의하면 밀도가 일정하지 않으므로 이에 대한 보정도 필요하다. 주로 대규모 중력 탐사에 필요하다. 지각평형 이상(Isostatic Anomaly)은 지각 평형 보정까지 실시하여 얻은 중력이상으로 부게 이상에서 지각 평형 보정량을 뺀 값이다. 프랫(Ptatt)의 가설에 의한 보정을 실시한 값은 프랫 지각 평형 이상이라 하며, 에어리(Airy)의 가설을 이용한 보정은 에어리 지각 평형 이상이라고 한다. Isostasy Hypothesis를 참조.

**Gravity Dm 중력식 댐** 저수된 물의 압력에 견디고 그 자신의 무게로 사태나 붕괴가 일어나지 않도록 만든 댐이다. 주로 콘크리트댐에 사용되는 용어이다.

**Gravity Field 중력장** 중력이 미치는 공간적인 범위를 말한다. 어떤 물체에 미치는 지구의 중력은 지구와 물체가 서로 떨어져 있어도 작용한다. 이는 지구의 질량 때문에 지구 주위의 공간에 어떤 변화가 생겨 그 공간내의 모든 물체에 중력을 미치기 때문인데, 지구의 중력이 영향을 미치게 되는 공간을 지구의 중력장이라고 한다. 중력장의 크기는 가속도와 동일한 물리학적 차원을 갖는다. 실제로 어떤 물체의 중력 가속도와 그 물체가 영향을 받는 중력장은 같은 형태를 가진다. 그러나 개념적으로 중력가속도는 물체가 중력의 영향으로 가속 운동을 할 때 주어지는 것이며, 중력장은 영향을 받는 물체가 없어도 공간상의 점마다 주어지는 것이다.

**Gravity Measurement 중력측정, 중력측량** 중력측량(측정)은 크게 절대측량과 상대측량으로 나눌 수 있으며, 측정위치에 따라 육상, 해상, 항공중력 측량으로 나눌 수 있다. 일반적으로 육상, 해상, 항공측량은 상대측량을 일컫는다.

(1) **절대측정** : 중력가속도의 절대값을 측정하기 위해서는 매우 정밀한 실험장치가 필요하며, 일반적으로 실험실 조건에서 측정한다. 절대측정에는 일반적으로 낙체(falling body)와 단진자(pendulum)를 이용하는 2가지 방법을 사용한다. 19세기 후반에 헬무트(F.R. Helmut)는 상대 정밀도가 10 mGal인 단진자 측정장치를 기초로 하여 오스트리아에 Vienna 중력시스템을 설립하였다. 1909년에 이 시스템은 상대 정밀도가 3mGal인 동독의 Potsdam 시스템으로 대체되었으며, 약 14mGal오차가 있음에도 불구하고 국제적으로는 이 기준을 아직 사용하고 있다. 1950년대 말~1960년대에 전 세계적으로 일련의 절대중력을 통합하여 '국제중력표준망1971'(International Gravity Standardization Net 1971 : IGSN 71)이 되었다.

(2) **상대측정** : 일반적으로 중력탐사에서는 손쉽게 측정할 수 있는 중력의 상대적인 변화를 측정한다. 측정기준점(base station)을 선택하고, 이를 기준으로 하여 다른 중력측정점들을 설정한다. 측정점에서 얻은 모든 중력자료는 기준점에서 측정한 값과의 상대적인 차이로 기록한다. 중력의 절대값을 결정할 필요가 없으면 측정기준점에서의 중력값을 임의로 0(영)으로 놓는다. 광역탐사(regionalsurvey)에서는 1km$^2$당 2~3개의 측정점을 두는 반면, 석유탐사의 경우에는 1km$^2$당 8~10개의 측점에서 측정한다. 지하 얕은 곳에 대한 정밀한 측정이 필요할 때는 측점 사이의 거리를 5~50m정도로 하며, 마이크로 중력탐사의 경우에는 측점간격을 0.5m로 하기도 한다.

한편, 측지연구를 위한 중력측량에서는 「중력측량작업규정」 제8조 제2호에서 배점밀도는 5×5km마다 1~2점 이상이 되도록 규정하고 있으며, 한 번의 측정작업이 20×20km지역 내에서 수행되어 1등 중력점과 연결되도록 규정하고 있다. 중력계는 0.001mgal 단위까지 읽을 수 있어야 하고, 중력값 및 중력이상값 계산은 0.001mgal 단위까지로 규정하고 있다.

**Gravity Meter 중력계(重力計)** 중력을 측정하는 장치를 일컫는다. 중력을 측정하는 방법에 따라 절대중력 측정방법과 상대

중력 측정방법이 있다. 절대중력 측정장비는 고가이고 주로 실내 환경 및 이에 준하는 환경에서 이루어지는 매우 전문화된 장비이므로 절대중력기준점 측정에 주로 사용된다. 반면에 상대중력 측정은 중력에 의한 탄성변형을 이용하여 중력을 측정하는 장치로서 일반적인 중력탐사·측정에 사용된다. 따라서 중력계를 상대 중력계로 받아들이는 경우도 있다. (1) 절대중력가속도 측정법 : 레이저 간섭계와 원자시계를 이용 진공 중에서 낙하물체의 중력가속도를 측정한다. 상대불확도는 5μGal($5\times10^{-9}$, k=2)이내이다. 한편, 원자간섭법(atomic interferometry) 이용을 이용하는 방법도 있다. 상대정확도는 1$\mu$Gal($1\times10^{-9}$, k=2) 이내이다. 아직은 연구단계 수준이다. (2) 상대 중력 측정 방법 : 중력에 의한 탄성변형을 이용하여 중력을 측정하는 장치를 일컫는다. 즉, 중력변화에 따른 스프링의 처짐의 변화를 측정한다. 상대불확도 : 100$\mu$Gal($10^{-7}$) 이내이며, 중력가속도의 상대적인 변화를 측정한다. 복원력이 우수한 특수합금 용수철과 지렛대를 사용한다. 정전기가 없는 '비자성 Fused Quartz(or Ni-Span -C metal)'을 사용하기도 한다. 센서 부분은 진공으로 밀폐되어 환경영향을 최소화한다. 절대중력가속도계에 비하여 이동성이 편리하며, 빠른 측정이 가능하다. 기준점이 없으면 중력가속도 값을 측정할 수 없으므로 '절대중력 기준점'에 의존할 필요가 있다. 시간에 따른 용수철의 드리프트(drift) 및 감도를 보상할 필요가 있다. 뛰어난 제어기능으로 일반적인 중력탐사·측정에 사용된다.
일반적으로 1/100mgal 및 그 이상까지 고정밀도로 측정할 수 있다. 추를 스프링에 매달아 중력에 비례하는 스프링의 신축을 이용하는 중력계와 탄성진동을 이용하는 다이내믹중력계의 종류가 있다. 스프링의 신축에 의한 중력계는 워든(Wordon)·노드아메리칸·라코스트(LaCoste&Romberg, LCR)형 등의 무정위형(無定位型)과 아스카니아(Askania)중력계로 대표되는 정위형(定位型)으로 나뉜다. 정위형은 추의 이동량과 추를 되돌리려는 힘이 비례관계에 있으나, 무정위형에서는 되돌리려는 힘은 근소하게 작용한다. 무정위형은 고증배율(高增倍率)이며 중력탐사용에 적합하고 소형이므로 산악지대에서도 한 사람이 혼자 측정할 수 있다. 정위형은 지구조석(地球潮汐) 등의 연속측정 등에 적합하다. 스프링의 신축은 기온변화에 민감하므로 중력계 본체를 항온조(恒溫槽) 안에 수용하고 있다. 워든중력계에서는 용융석영과 금속스프링의 온도특성을 조합시켜 온도보상을 하고 있으며 이것을 보온병 속에 봉입하고 있다. 노드아메리칸이나 라코스트형에서는 합금으로 된 스프링을 사용한 본체를 ±0.01℃ 정도의 안정성을 가진 항온조에 격납하고 있다. 해양을 항행하는 선박 위에서의 중력측정에는 해상중력계를 사용한다. 배의 동요를 소거하기 위해 여러 가지가 고안되어 있으며 라코스트 중력계에는 강력한 자기제동(磁氣制動)을 걸거나 고점성(高粘性) 실리콘유에 담근 것 등이 있다.

**Gravity Model 그래비티 모형, 중력 모형** ① 인구의 행태를 모형화하기 위해 지리학·공학·사회과학에서 사용되는 방법론이다. 그래비티(Gravity) 모형은 두 지역에 대한 인구의 영향이 이들 간의 거리에 반비례한다는 것에 기초를 두고 있다. 이러한 접근방법은 뉴턴 물리학에서의 중력에 대한 관점과 유사한 것이다. 비록 인구의 행태를 모형화에 대한 다소 간단한 접근이지만 그래비티 모형의 사용은 엔트로피(Entropy) 최대한의 기초에서 정당화된다. 그래비티 모형은 공간 상호작용 모형의 기초이다. ② 지구중력값 분포를 현실적인 목적에 맞도록 모델화한 것으로서, 정규 지구중력모델 등이 있으며, 측선이나 탐사구역 내에서의 지구중력값 분포를 이용하여 지하구조 및 밀도의 분포를 해석·모델화하는 것을 포함한다.

**Gravity Modeling 중력 모형화** Gravity Model을 참조.

**Gravity Potential 중력 포텐셜** 중력장은 보존장이므로 스칼라 퍼텐셜이 존재한다. 이는 단위질량을 무한거리에서 주어진 점까지 이동시키는데 필요한 일(에너지)로서, 중력장은 퍼텐셜의 공간미분에 해당된다. 중력포텐셜 $\Phi$는 중력장 g와 다음과 같은 관계를 가진다. 즉, $g=-\nabla\Phi=F/m$. 따라서 질량 M의 물체가 발생시키는 중력 포텐셜 $\Phi=-\frac{GM}{r}$이다.

**Gravity Prospecting 중력탐사** 중력값을 이용하여 지하구조 파악 및 지하자원(광상, 석유자원 등)을 탐사하는 것으로서, 어느 지역의 중력분포도 및 중력이상으로부터 암석의 밀도차를 알 수 있으며,이로부터 지하구조 파악, 지오이드 측량 및 지하자원 탐사에 이용할 수 있다. Gravity Surveying을 참조.

**Gravity Related Height 정표고** 지구의 중력장에 의해 영향 받은 높이로서, 한 점에서 지오이드(기준면)에 대하여 중력방향으로 측정한 거리를 말한다. Height, Orthometric Height를 참조.

**Gravity Surveying 중력 탐사, 중력 측량** ① 중력탐사에서는 지하암석의 밀도차에 의한 지구중력장의 변화를 측정하고, 측정결과로부터 지하의 밀도분포, 구조 등을 파악하는 방법이다.

일반적으로 중력탐사라고 부르지만 실제로는 중력에 의한 가속도의 변화를 측정한다. 중력장(gravityfield)이란 공간의 한 점에서 단위질량에 미치는 중력(gravitational force) 또는 중력가속도(gravitational acceleration)로 정의하기도 하고, 중력이 미치는 공간(space)으로 정의하기도 한다. 중력탐사는 특히 20세기 초반에 석유와 가스탐사에 널리 사용되었다. 지금은 석유탐사를 비롯하여 측지, 지질·지반구조, 동공(洞空)탐사, 유적탐사 등 다양한 여러 분야에 널리 적용되고 있다. 마이크로 중력탐사(micro-gravitysurvey, 고정밀 중력탐사)란 수백 $m^2$의 작은 규모의 범위에 대한 탐사로서 동공 및 지하유적을 탐지할 수도 있다. 1980년대에 들어서 중력탐사에서의 가장 극적인 변화는 상당히 높은 정밀도의 항공중력계를 이용한 탐사로서, 접근이 불가능한 지역 및 광역탐사가 가능하게 되었다. 지구의 중력과 원심력의 균형때문에 지구는 미약하지만 납작한 구의 모양을 하고 있다. 수학적으로는 지구의 모양을 회전타원체로 근사하고 있다. 평균해수준면을 지오이드(geoid)라고 하며, 이 면은 중력가속도의 방향과 수직이며, 중력장의 크기가 같은 면이므로 등포텐셜면(equipotential surface)이라고도 한다. 특히 지표부근의 불규칙한 질량분포 때문에 지오이드면이 뒤틀리게 되므로 회전타원체와 일치하지는 않는다. 항공·위성측정으로 구한 광역적인 이상(long-wavelength anomaly)은 지하심부, 즉 맨틀내의 깊은 질량체와 관련있으며, 얕은 곳의 밀도변화로 지오이드는 짧은 파장의 이상을 보인다. 따라서 중력장의 이상(異常, anomaly)으로부터 질량분포를 결정할 수 있다. 특히 중력장과 지구의 모양에 대하여 연구하는 학문을 측지학(geodesy)이라고 하며, 지리학적 위치를 정확히 결정하거나 지표면에서의 정확한 거리를 측량하는데 이용한다. 갈릴레오(Galileo)는 Pisa의 사탑에서 물체를 낙하시키는 실험을 통해서 중력가속도의 개념을 도입하였다. 지표면에서의 중력가속도 g의 표준값은 980 $cm/s^2$이다. 갈릴레오의 이름을 따서 중력가속도의 cgs단위인 1 $cm/s^2$를 1 Gal이라고 한다. 현대의 중력계는 중력가속도의 $10^{-9}$정도의 작은 변화도 측정할 수 있으며, 중력계의 감도는 약 10ppm정도이다. 따라서 이런 작은 값들을 나타내기 위하여 milliGal(mGal)과 microGal($\mu$Gal)단위를 사용한다. 한편, 중력단위(gravity unit, gu)도 사용되는데, 1gu = 0.1mGal이다. ② 중력을 측정하고 중력이상을 구함으로써 지오이드고를 계산하여 지구의 형상을 연구하는 측지학 분야, 중력장 내에서 각 지역의 밀도변화에 의한 중력의 차이를 구함으로써, 지하구조 및 자원탐사에 이용되는 지형·지질학 분야 및 지구 평균중력값의 정밀한 측량에 의한 태양계의 역학적 관계를 규명하는 천문학 분야 등에 쓰이는 기록적 자료를 얻기 위한 측량을 말한다(「중력측량 작업규정」 제2조). 한편, 「지구물리측량 작업규정」 제2조에서는 중력측량을 지구상 특정 지점의 중력값을 측정하고 중력이상을 구하는 작업으로 정의하고 있으며, 제3조에서 중력측량은 중력을 측정하는 장비에 따라 다른 중력점에 기준하지 않고 단독으로 중력값을 결정하는 절대중력측량과 다른 중력점에 기준하여 중력값을 결정하는 상대중력측량으로 구분하고 있다.

**Gravity Value 중력값, 중력자료** 중력자료는 지오이드 모델의 결정, 지하수, 지하자원탐사 등 지구물리탐사, 기후변화, 지각판 운동, 자연재해 모니터링과 국방 분야 등의 다양한 분야에서 다양한 목적으로 활용될 수 있다. ① 표고 정밀도 향상 : 일반적인 수준측량의 가장 큰 문제점은 기계는 연직방향으로 거치하지만 중력을 보정하지 않기 때문에 경로에 의존한 결과가 나타난다는 것이다. 이러한 문제를 해결하기 위해서는 수준측량과 중력측량이 동시에 실시되어야 한다. 중력과 높이를 측정하고 서로 곱하여 두 지점간의 중력포텐셜의 차이를 결정하고 이를 다시 경로상에서 측정된 중력의 평균값으로 나누게 되면 두 지점간의 표고 차이를 얻게 된다. 이 값은 경로에 의존하지 않기 때문에 유일한 높이를 결정할 수 있다. ② 지오이드 모델 구축 : 지오이드 모델은 타원체와 지오이드의 높이차인 지오이드고를 중력측량 성과를 이용하여 구축한 것이다. 실제 지오이드에 연직인 방향과 타원체에 수직인 방향이 일치하지 않기 때문에 '연직선 편차'(Deflection of Vertical, DOV)가 발생한다. 그러나 그 양이 미소하므로 몇 가지 가정을 바탕으로 하면 타원체고와 표고의 차이를 지오이드고로 근사할 수 있다. 지오이드는 중력이상값을 Stokes적분하여 계산되는 값이므로 지역적인 지오이드 모델을 구축하기 위해서는 대상지역의 중력신호를 적절히 반영하는 중력자료가 필요하다. 특히, 중력자료의 품질과 분포는 지오이드의 정밀도에 영향을 미치기 때문에 고해상도, 고정밀도의 중력자료 확보가 필수적이다. ③ 지구물리 탐사 : 지구물리 탐사 중 한 방법으로 지하매질 간의 밀도차이에 의해 중력의 차이가 발생하는 원리를 이용하는 것이다. 중력측량은 이 중력가속도의 지리적 분포나 시간변화를 정밀하게 측정하는 것으로서 측정된 성과는 중력이상도의 작성, 지하자원 탐사, 지오이드 모델 개발, 인공위성의 궤도 결정 등에 활용된다. 중력이상도는 지구표면의 중력분포 관계를 중력의 크기가 같은 선(등중력선)으로 표시한도면을 말하며 지구형상의 크기, 지각변동, 자원탐사, 지진예보 등에 중요한 자료를 제공한다. ④ 국방분야 : 인공위성과 '대륙간 탄도미사일'(Intercontinental Ballistic Missile, ICBM)의 비행궤도 결정시 중력정보가 필요하다. 인공위성의 경우는 중력과 인공위성의 원심력이 동일하여야 궤도를 이탈하지 않으며, '대륙간 탄도미사일'은 고점에 도달한 후 로켓 추진이 종료되면 미사일이 중력만으로 비행하도록 하여 목표지점을 타격하는 원리를 이용하는데 이때 고점에 정확하게 도달하려면 중력의 차이를 파악하여야 한다.

**Gray 그레이** [방사선] 일반적인 방사선의 흡수량(흡수당량; absorbed dose)에 관한 SI 단위이다. 기호는 Gy이다. 1Gy는 1kg의 물질에 1Joule의 방사선 에너지가 흡수되는 것이다. $1\ Gy = 1\ J/kg = 1\ m^2s^{-2}$의 관계식이 성립한다. 이것은 시버트(Sievert)와 같은 단위다. 흡수량과 조사량의 혼동에 따른 위험을 피하기 위해, 흡수되는 방사선에 대해서는 그레이를 써야 하고, 조사량에 대해서는 시버트를 써야 한다. 그레이는 1975년에 그레이(Louis Harold Gray, 1905~1965)의 이름을 따 정의되었다.

**Gray Body 회색체** 방사율이 일정한 물체를 말한다.

**Gray Code 그레이 코드** 그레이 코드는 비경중률 코드(Unweighted Code)로서 그 특징은 1비트씩 변해가면서 새로운 코드가 된다. 이러한 특징 때문에 A/D변환(아날로그/수치 변환)과 입·출력 장치의 코드로 주로 사용된다.

**Gray Hacker 그레이 해커** 화이트 해커(White Hacker)와 블랙 해커(Black Hacker) 사이에 있는 해커로서, 어느 정도의 윤리의식은 갖고 있다. 다만, 언제 어떻게 돌변할지 모르는 해커들을 말한다. 낮에는 보안업체에서 화이트해커로, 밤에는 특정 사이트를 해킹하는 블랙해커로 활동하는 해커가 바로 그레이 해커의 전형적인 예이다. Hacker, White Hacker, Black Hacker, Elite Hacker, Semi-Elite Hacker, Developed Kiddie Hacker, Script Kiddie Hacker, Lamer Hacker를 참조.

**Gray Level 계조(階調), 농담** Gradation를 참조.

**Gray Level Thresholding 농도 한계** 모든 영상소들을 2개의 값으로 구분(마스킹 처리)하는 것을 말한다.

**Gray Scale 명암자** 흑색에서 흰색까지 연속된 명암의 색조로 단계화한 것이다.

**Gray Start-up 그레이 스타트업** 인터넷과 모바일 기술의 비약적 발전을 기반으로 탄생한 스타트업 또는 벤처 가운데 기존 법·제도 체계로는 규정되지 않거나, 사각지대에서 사업이나 서비스를 영위하는 기업을 일컫는다. 스타트업은 설립된 지 오래되지 않은 신생 벤처기업을 뜻한다. 빠른 기술 발전 속도와 달리, 절차적 정당성을 갖춰야 하는 법·제도의 특성상 생긴 간극 사이에서 비즈니스를 하는 기업의 탄생은 불가피하다. 이들이 내놓는 서비스나 제품은 기존의 관련 법규와 질서 체계로는 통제할 수 없어 각종 사회적 문제를 일으키기도 한다. 최근에는 주로 우버나 에어비앤비 등 '공유 경제'를 표방하는 기업들이 '그레이 스타트업'으로 분류된다.

**Grayscale 명암 단계** 흑과 백 사이의 명암 범위로서 256단계의 밝기 값을 갖는 8비트 영상을 의미한다.

**Grayscale Scanning 명암 단계 독취** 반사된 광량을 몇 개의 단계로 구분하여 자료를 저장하는 방식으로, 보통 256단계로 나누어 저장한다. 이 방식은 흑백이진 독취 방식보다 원도에 가까운 영상을 저장할 수 있다는 장점이 있으나, 그 자료의 양이 8배나 많아지는 단점이 있으므로, 항공사진의 독취나 일반 흑백사진과 같은 연속적인 흑백 영상의 저장에만 이용되고 있다.

**Great Circle 대원** 지구를 구라고 할 때 중심을 지나는 평면과 구면이 교차하는 원으로, 대권(大圈)이라고도 한다. 지구상의 임의의 두 지점 사이에서는 대원을 따라가면 최단거리가 되므로, 대원항로는 항행시간을 단축하고 연료를 절약할 수 있기 때문에 원거리 항행에 이용된다.

**Great Circle and Small Circle 대원과 소원(大圓과 小圓)** 지구 중심을 포함하는 임의의 평면과 지표면의 교선을 지구의 大圓(또는 大圈), 그 밖의 평면과 지표면의 교선을 지구의 소원이라 한다.

**Great Circle Course 대원 코스** 항법(Navigation)에서 사용되는 용어이다. 두 점간의 가장 짧은 연결이다.

**Great Circle Distance 대원 거리** 지구를 구라고 가정할 때, 지구상의 두 점간의 거리를 구의 표면을 따라 측정한 거리를 말한다.

**Great Circle Projection 대권도법** 이 도법은 지구의 중심에 시점을 두고 지구 표면에 접하는 평면상에 지구의 겉모양을 투영하는 심사도법(Gnomonic Projection)으로서 선박의 대권항해에 이용되므로 대권항법이라고도 부른다.

**Great Triangulation Assistant Station 대삼각 본점** 국가 기준점인 삼각점은 그 정밀도에 따라 등급이 정해져 있는데 그 중에서 등급이 제일 높아 가장 정확하게 측량되어 그 결과가 얻어진 삼각점이다. 삼각점간의 평균 변 길이는 약 30km이고, 내각은 60도에 가깝게 설치된 삼각점이다. 일등 삼각점이라고도 한다.

**Great Triangulation Main Station 대삼각 보점** 국가 기준점인 삼각점은 그 정밀도에 따라 등급이 정해져 있는데 그 중에서 2번째 등급에 해당하는 삼각점으로, 삼각점의 평균 변 길이가 약 10km이고, 내각이 30~60도 정도 되도록 설치된 삼각점이다. 이등 삼각점이라고도 한다.

**Greatest Eastern Elongation 최대 동이각, 동쪽 최대 벌어짐 각** 태양과 내행성(수성, 금성)을 잇는 선과 지구와 내행성을 잇는 직선 간에 생기는 각도를 이각(離角)이라고 하며, 최대 이각값을 갖는 위치가 동쪽에 있을 때를 최대 동이각(GEE)이라고 한다. Greatest Elongation(최대 이각)이라고도 한다.

**GREEN 그린 공간정보사회** 그린(GREEN)은 GR(Green growth), EE(Everywhere · Everybody), N(New deal)의 약자를 결합한 단어로, GREEN에 내포된 의미가 반영된 사회를 그린(GREEN) 공간정보사회라 한다. (1) GReen은 녹색성장의 기반이 되는 공간정보로서, 지속가능한 녹색국토건설을 지원하는 공간정보의 기반 구축을 말한다. (2) Everywhere, Everybody은 어디서나 누구라도 활용 가능한 공간정보로서, 공간정보를 기반으로 어디서나 누구에게나 다양한 맞춤형 정보서비스를 제공함으로써 시민의 안전하고, 편리한 생활환경 조성을 말한다. (3) New deal은 개방 · 연계 · 융합 활용 공간정보로서, 국가공간정보의 개방, 연계 및 융 · 복합 활용에 의한 관련 산업 활성화 및 신성장동력 창출을 통한 국가적 경제발전을 도모한다.

**Green Belt 그린벨트** 도시의 개발 제한 지역, 즉 푸른숲 지대란 뜻으로 대도시 주변의 녹지에 대하여 용도를 바꾸지 못하도록 개발을 제한한 지역, 녹지가 대상으로 길게 연속된 지역을 말하며 현재 국토면적의 약 5%가 이에 해당한다.

**Green Climate Fund(GCF) 녹색 기후 기금** GCF(Green Climate Fund)를 참조.

**Green Grid 그린 그리드** 2006년 4월 AMD, HP, IBM, 선마이크로시스템즈가 인터넷 데이터 센터의 저전력 · 저발열로 에너지 문제를 개선하기 위한 그린 그리드(Green Grid)라는 단체를 조직했다. 그린 그리드는 인터넷 데이터 센터의 구축과 운영, 설계와 관련된 최선의 방법론을 규명하고 제안, 인터넷 데이터 센터를 포함한 IT 관련 시설들의 에너지 절감 방안을 모색하는 데 목표를 두고 있다. 그린 그리드는 비영리 독립 단체로, 인터넷 데이터 센터 관리자 및 서버 벤더들을 포함한 세계 IT업계 전문가에게 개방했다. 2009년 현재 AMD, HP, IBM, 선마이크로시스템즈 외에 인텔, 마이크로소프트, 델 등 IT 공룡 기업들이 회원으로 소속되어 있다.

**Green Home 그린 홈** 전기와 가스 등 에너지사용량을 줄인 주택을 포괄적으로 부를 때 '그린 홈'이라고 한다. 좀 더 광범위하게는 주택에서 나오는 쓰레기 등 오염물질도 줄여 모든 분야에서 친환경적인 주택을 의미하기도 한다. 그린 홈을 '패시브 하우스(Passive House)'와 '액티브 하우스(Active House)'로 나눌 수 있다. 패시브하우스는 단열 효과가 높은 창, 단열재 등을 사용해 유출되는 에너지를 줄인 주택을, 액티브 하우스는 주택에 소형 풍력 · 태양광 발전기 등 소형 신재생에너지 발전 설비를 만들어 에너지를 자체 생산하는 주택을 말한다.

**Greenhouse Effect 온실효과(溫室效果)** 대기의 선택적 복사 흡수 성질 때문에, 태양복사에너지는 상당 부분이 대기를 통과하여 지표에 도달하고 흡수되나, 지표로부터 방출되는 장파 복사 에너지는 대부분 대기에 의해 강력히 흡수된다. 즉, 에너지가 들어오는 것은 쉬우나 바로 나가는 것은 어려운 것이다. 대기는 다시 흡수한 만큼의 장파 복사에너지를 재복사하여 지표와 외계로 방출한다. 지표는 대기로부터 상당한 양의 복사에너지를 받게 됨으로서, 대기가 없을 때에 비하여 현저히 많은 양의 복사에너지를 흡수하게 되고 그 결과 지표의 평균 온도는 대기가 없을 때의 그것보다 현저히 더 높은 온도를 갖게 된다. 이것을 지구 대기의 온실효과(greenhouse effect)라고 한다. 지구의 경우 대기가 없었다면, 지표의 평균 온도는 현재(약 15℃)보다 33℃ 더 낮은 −18℃를 나타낼 것이다. 온실 효과를 가져오는 대기 성분들을 온실기체(greenhouse gases)라 하며, 주요 온실 기체는 수증기, $CO_2$, $CH_4$, $N_2O$, $O_3$ 등이다. 가장 큰 기여를 하는 온실 기체는 대기 중 함량이 가장 큰 수증기이며, 그 다음이 $CO_2$, $CH_4$의 순이다. 장기적으로 볼 때, 지구 대기에서 수증기의 양은 대체로 일정한 편이다. 그러나 $CO_2$, $CH_4$, $N_2O$ 등의 대기 중 함유량은 인간 활동에 의해 지속적으로 증가하고 있어 온실 효과가 증대되고 있을 것으로 추정된다. 많은 관심을 받고 있는 지구온난화는 온실효과 자체가 아니라 온실 기체량의 인위적 증가로 '증대되는 온실효과'(enhanced greenhouse effect)의 결과이다.

**Green-House Gas 온실 가스** 온실 가스는 그 종류가 다양한데, 교토의정서에서는 그 중에서 기후변화에 막대한 영향을 미치는 6개 온실 가스를 별도로 구분하고 있다. 이 6종의 온실 가스는 교토의정서에 따라 의무적으로 측정 및 모니터링 되어야 한다. 각 온실 가스는 지구온난화지수(GWP: Global Warming Potential)에 차이가 있는데, GWP란 6종의 온실가스 중 대기 중에 가장 많은 비중을 차지하는 이산화탄소를 기준으로 다른 기체의 온실가스 기여 정도를 표준화한 것을 의미한다. 메탄의 GWP는 이산화탄소의 GWP보다 21배 정도가 높다. 이는 같은 무게의 이산화탄소와 메탄이 있다고 가정했을 때, 메탄이 기후변화에 기여하는 정도가 이산화탄소가 기여하는 것에 비해 21배 더 높다고 할 수 있다.

■ 교토의정서의 6종 온실가스 종류와 GWP(Global Warming Potential)

| 종류 | 화학기호 | GWP |
|---|---|---|
| 이산화탄소 | $CO_2$ | 1 |
| 메탄 | $CH_4$ | 21 |
| 이산화질소 | $N_2O$ | 310 |
| 수소불화탄소 | HFCs | 140-11,700 |
| 과불화탄소 | PFCs | 6,500-9,200 |
| 육불화황 | $SF_6$ | 23,900 |

**Green Infrastructure 녹색 기반** 인류는 기후 변화, 생물 다양성 감소, 에너지 자원 고갈 등 심각한 환경 문제와 함께 지속가능성을 위협받고 있다. 따라서 지구의 환경과 에너지 위기를 극복하고 인류의 지속가능한 발전과 저탄소 녹색성장을 실현하기 위한 노력이 요구되고 있다. 녹색 기반(Green Infrastructure)은 1990년대 중반 미국에서 토지이용계획 결정 과정에서 자연환경의 중요성을 강조하기 위해 유래한 개념으로 'green-blue urban grids' 또한 'multi-functional green infrastructure' 등으로 다양하게 활용되고 있다. (1) '미국 환경보호청'(United States Environmental Protection Agency, EPA)은 녹색기반을 자연 생태계 이용을 통해 지역단위에서 오수 흐름 방지를 위한 빗물(stormwater) 관리에 적용하였으며, 전반적인 자연 생태계의 건강성에 기여하는 개념으로 사용. (2) '영국 환경부'(Department for Environment, Food and Rural Affairs, DEFRA)는 녹색기반을 '거리의 가로수, 정원들, 옥상 녹화, 마을 숲, 공원, 강과 하천, 습지 등의 녹색 공간과 환경요소들의 계획된 네트워크'로 인식. (3) '미국 환경보존기금'(Conservation Fund)은 녹색 기반을 '전략적으로 계획되고 관리되는 천연토지, 경관 및 생태적 가치와 기능을 보전하며 주민들에게 복합적인 편익을 제공하는 개방된 공간들의 연결망'으로 정의하였으며, 생태적 가치와 기능을 유지하기 위해 상호 작동하는 숲, 습지, 강, 초지 등 자연적 요소를 기반(Infrastructure)으로 정의하였다. 유럽연합(EU)는 2013년 6월 녹색 기반(Green Infrastructure)에의 투자가 자연은 물론 사회, 시민들에게 다양한 혜택을 가져다주는 것에 착안, '녹색 기반 활용촉진'과 '자연적 과정 증진'이 공간계획의 체계적 부분이 될 수 있도록 보장하기 위한 새로운 전략을 채택한 바 있다. 생태계 단절, 토지이용의 변화 및 과잉으로 유럽의 지역 경관이 매우 심각하게 훼손되고 있으며, 도시 확장, 도로 및 에너지 기반시설의 건설 등으로 서식지 및 생물 종에 영향을 미치는 생태계가 악화·분열되고 있어 건강한 '생태계 서비스'를 제공하지 못하고 있다고 인식하게 되었다.

**Green IT 녹색 정보기술** IT산업 자체의 그린화와 IT를 통한 전 산업의 그린화를 기반으로, 환경 문제 해결뿐만 아니라 에너지 소비 효율화, 이산화탄소 배출 저감 노력, 그린산업을 통한 고용 창출 등으로 녹색성장의 기반이 되고 있다. 선진국들은 지구온난화로 인한 환경문제 극복과 탄소배출 저감을 통해 미래를 대비하고, 경제위기를 해결하기 위해 녹색성장을 추진하고 있으며, 전 세계의 녹색열풍은 국가 성장 패러다임을 녹색코드로 변화시키고 있다. 온난화와 환경 비용증가에 따라 전 세계적으로 IT를 통한 환경문제의 극복을 위해 그린 IT가 부상하고 있다. 화석 연료 사용 증가에 따라 온실가스 급증[2004년: 490억 톤, 2020년: 530억 톤 예상(IPCC)]하고 있으며, 전 세계에서 배출되는 $CO_2$ 중에서 IT제품의 배출 비중은 약 2%이다. IT활용으로 2020년 전 세계 $CO_2$ 배출량의 15%인 7.8기가 톤의 감축이 가능하다(GeSI). 즉, 경제성장의 축이었던 IT는 환경영역으로 확장되어, 녹색정책의 핵심인 효율화를 목적으로 하는 그린IT가 탄생하게 된 것이다. GDP의 16%인 IT 산업은 산업 자체의 경제성장과 고용효과가 크고, 타산업의 효율성 향상에 기여하고 있으며, 환경으로 확장된 그린IT는 "녹색 뉴딜사업" 등에서 직·간접적으로 재정의 69%, 고용창출에 51% 기여하고 있다. 지속 가능한 성장을 추구하는 그린IT는 다음과 같은 기술의 발전 및 단계가 필요하다. 즉, (1) 기존 IT 자원의 그린화(Greenize) : IT 인프라를 구성하는 서버, 전원, 네트워크 등 자원의 효율화로서 에너지 효율화 기술을 바탕으로 IDC 직류화 및 서버가상화로 전력 효율성 500%, 네트워크 효율성 42% 제고할 수 있다. (2) 그린기술을 활용한 그린 IT Embedded化 : 차세대 그린IT 기술과 IT 인프라 결합을 통한 신성장 산업 창출 및 재생에너지 개발과 그린IT 활성화를 위해 IP기반 광대역통합망 기반으로, 그린솔루션 개발, 산관학의 그린IT Collaboration이 필요하다. 안정적이고, Seamless한 유·무선 통합망은 他산업과 그린IT의 융합의 기반이다.

**Green's Theorem 그린 정리** 등포텐셜면의 형이 주어지고 그 내부의 전질량이 불변이면 내부분포에 관계없이 그 면상에서의 중력분포가 주어진다는 중력 분포와 지구 형상의 관계를 나타내는 원리이다. 임의의 형상을 갖는 질량 M과 그 주위의 등포텐셜면 S에서 S면이 M과 함께 회전한다면 S면은 M의 인력과 원심력에 의한 포텐셜면으로 중력포텐셜면을 만족한다. S면의 형상을 알고 있고, 또한 S면상이나 그 외부의 1점에서의 포텐셜 경사, 즉 중력의 크기를 알고 있다면 S면상 및 그 외부 모든 점의 퍼텐셜값이 구해진다. 이 관계를 나타내는 것이 그린의 정리이다.

**Greenwich 그리니치** 영국 런던의 교외에 있는 지명. 여기에 그리니치 왕립 천문대가 있다. 이 천문대의 자오환의 중심을 지나는 자오선을 경도의 기준으로 정하여 경도 0도로 삼고 있다.

**Greenwich Longitude 그리니치 경도** 그리니치 자오선을 위한 본초 자오선의 경도를 말한다.

**Greenwich Longitude Unit 그리니치 경도단위** 본초 자오선의 단위를 말한다.

**Greenwich Longitude Unit Size 그리니치 경도 단위 크기** 본초자오선 단위의 크기를 말한다.

**Greenwich Mean Astronomical Time 그리니치 평균 천문시** 그리니치 시. 즉, 태양이 남중하는 정오를 출발점으로 재는 시간을 말한다.

**Greenwich Mean Time(GMT) 그리니치 표준시** GMT(Greenwich Mean Time)를 참조.

**Greenwich Meridian 그리니치 자오선** 영국 그리니치 천문대 망원경을 가로지르는 자오선 또는 경선을 말한다.

**Greenwich Meridian Plane 그리니치 자오면** 본초 자오선 면으로 널리 사용되는 그리니치 천문대를 통과하는 기준 자오면을 말한다.

**Greenwich Siderear Time(GST) 그리니치 항성시** GST(Greenwich Siderear Time)를 참조.

**Greenwich Time 그리니치 시** Greenwich를 참조.

**Gregorian Calendar 그레고리 력(曆)** 현재 세계적으로 통용되는 양력(陽曆)으로서 교황 그레고리오 13세(Gregorius PP. XIII, 1502~1585)의 이름에서 유래한 것이다. 율리우스 카이사르(Gaius Julius Caesar, 100~44 BC)가 기원전 46년에 제정한 율리우스력의 단점을 보완한 역법이다. 율리우스력은 4년마다 2월 29일을 추가하는 윤년 계산 방법을 두었는데, 이 경우에 한 해의 길이는 365.25일로서 천문학의 회귀년 365.2422일보다 0.0078일(11분 14초)이 길어서 128년에 1일의 편차가 났다. 1582년 교황 그레고리오 13세가 율리우스력을 개정(改定)한 그레고리력은 율리우스력의 400년에서 세 번의 윤년을 제외시키는 방법으로 이를 해결했다. 그레고리력에 따르면 1년은 365.2425일이 되어 천문학의 회귀년보다 0.0003일(26초)이 길고 약 3,300년마다 1일의 편차가 난다. Julian Year를 참조.

**Grey Body 회색체** 한 에너지 흡수체 또는 복사체로서 분광 복사 출력이 흑체 것과 꼭 같은 함수 꼴을 갖되, 모든 파장에서 일정한 비만큼 작은 것을 말한다.

**Greywater 중수도(中水道)** 사용한 수돗물을 생활용수, 공업용수 등으로 재활용할 수 있도록 다시 처리하는 시설을 말하며 하수 등을 처리해서 순환 이용하는 시설로써 상수도와 하수도의 중간에 위치한다는 뜻에서 비롯된 말이다. 물의 재이용을 뜻한다.

**Grid 그리드, 격자** ① 바둑판 눈금 또는 석쇠 모양의 동일한 크기의 정방형 혹은 준정방형 셀의 배열에 의해서 정보를 표현하는 지리 자료 모형. 정사각형의 가상 격자망을 채워주는 점들의 자료 값으로 이루어진 데이터베이스, 일반적으로 래스터 자료 체계라고도 한다. 래스터 자료를 셀 단위로 저장하는 X, Y좌표 격자망을 말한다. 격자를 이루는 것은 셀이다. 이 셀의 값이 주제나 레이어 값을 나타낸다. ② 지리적으로 또는 서로 다른 조직간 분산돼 있는 이기종의 다양한 자원을 통합, 분산된 고성능 컴퓨터 자원과 데이터 처리 장치 등을 이용할 수 있도록 하는 인프라를 말한다.

**GRID(Global Resource Information Database) 그리드** ① 유엔과 다른 기관들이 전지구권의 데이터 세트를 모으고, 이용하고, 전파하도록 한 유엔의 프로그램이다. ② ESRI의 Arc/Info GIS 소프트웨어의 래스터 모듈이다.

**Grid Cell 격자 셀, 그리드 셀** 단일 GIS(RS 이미지)값이나 속성을 가지는 단위격자. 셀이 모여서 하나의 커다란 그리드나 이미지를 구성한다. 픽셀과 유사하나, 일반적으로 픽셀보다 면적이 크다. 더 이상 나누어질 수 없는 가장 작은 격자로서 표현되는 2차원의 셀로서 그리드는 래스터 커버리지이다. 셀은 래스터 혹은 픽셀이라는 용어로도 불린다.

GIS 또는 원격탐사 영상 값이나 속성을 가지는 단위격자로서 도형을 임의의 격자 형태로 나타내기 위한 최소 단위(사용자 임의로 크기 조절 가능) 셀이 모여서 하나의 커다란 그리드나 이미지를 구성한다. 픽셀과 유사하나, 일반적으로 픽셀보다 면적이 크다. 더 이상 나누어질 수 없는 가장 작은 격자로서 표현되는 2차원의 셀로서 그리드는 래스터 커버리지이다. 셀은 래스터 혹은 픽셀이라는 용어로도 불린다.

**Grid Computing 그리드 컴퓨팅** PC나 서버, PDA 등 모든 컴퓨팅 기기를 하나의 초고속 네트워크로 연결해 컴퓨터의 정보 처리 능력을 수퍼 컴퓨터 혹은 그 이상의 수준으로 극대화시키려는 컴퓨터 방식을 말한다.

**Grid Coordinate 격자 좌표** 지구상의 한 지점의 위치를 나타내는 체계를 말한다.

**Grid Coordinate System 격자 좌표 체계** 지형적 위치와 평면좌표 사이의 변환을 용이하게 할 수 있도록 하는 도면 투영법에 기준이 되도록 수학적으로 조정된 평면 직각좌표를 말한다.

**Grid Coordinate System Name 격자 좌표 체계명** 격자 좌표 체계의 이름을 말한다.

**Grid Data 격자 자료** 수치 지형 자료(DTM)에서 표고값과 같이 격자점에 있어 자료를 순번으로 기록한 자료를 말한다.

**Grid Data Model 격자 자료 모형** 그리드는 ARC/INFO 커버리지를 래스터 방식으로 자료를 관리하는 ARC/INFO 소프트웨어의 한 모듈이다.

**Grid Data Structure 격자 자료 구조** 격자(grid) 자료구조는 래스터(raster) 방식으로 자료를 관리하는 소프트웨어의 한 모듈이다. 격자 자료구조는 일차적으로 타일(Tile)들로 분류되며, 각 타일은 X, Y축을 따라 더 작은 단위인 블록(Block)으로 세분된다. 블록은 열(Raw)과 행(Column)으로 구성되는 셀(Cell)로 이루어져 있으며, 격자의 이 같은 계층구조는 데이터베이스의 크기에 상관없이 격자의 어떤 부분에 대해서나 자료접근을 가능하게 하여 처리속도를 증진시키는 장점을 갖는다. 격자의 속성 자료는 "VAT"라는 확장명을 가지며, 다른 속성자료 파일과 마찬가지로 상관된 데이터베이스 관리가 가능하다.

**Grid Declination Angle 도편각(圖偏角)** 진북과 도북 사이의 차이를 나타내는 편차각을 말한다.

**Grid Extent 격자 한계, 그리드 범위** 그리드에 해당하는 영역의 지도 범위 또는 격자에 맞춘 대상 지역의 한계 또는 그라운드를 말한다.

**Grid Format 격자 포맷** 불규칙하게 분포된 점이나 측량선을 따라 관측된 변수의 값으로부터 직사각형 배열내의 정사각형 격자로 변환하기 위한 보간의 결과물. 이것은 등고선 자료처리의 한 단계이기도 하지만, 그 값들이 0~255로 다시 할당되어진 후 그들을 표현하고, 분석할 수 있는 래스터포맷을 위한 토대로도 사용될 수 있다.

**Grid Header Record 격자 머리말 기록** 그리드 자료(예 : 들면 DTM 등)를 기록할 때에 그리드의 행수, 열수, 세로 크기 등의 정보를 기록한 헤더 레코드를 말한다.

**Grid Magnetic Angle 도자각(圖磁角)** 도북과 자북의 차이를 나타내는 각을 말한다. 즉, 지형도의 도북(도면의 북쪽 방향)과 자북(자침이 가리키는 북쪽방향)과의 차이를 각도로 나타낸 것으로서 국토기본도에서는 그 크기가 난외주기에 표기되어 있다.

**Grid Map 격자 지도** 자료가 격자의 형태로 전달되어지는 지도를 말한다.

**Grid Meridian 도북 자오선** 직각좌표계에서 중앙 자오선과 나란한 자오선을 말한다.

**Grid Method 격자법(格子法)** 곡선으로 둘러싸인 면적을 구하려고 할 때 사용하는 도해적인 면적 산정방법으로, 모눈종이법이라고도 한다. 이 방법은 투사지에 일정한 간격의 격자를 그려서 면적을 구하려는 도면 위에 놓고 구하려는 면적의 모눈 수를 세고, 경계선이 모눈에 들어간 경우는 비례에 의해 모눈을 세어 면적을 구하는 방법이다. 이때 도면의 축척과 크기에 따라 모눈 간격을 정하고 모눈이 크기가 작으면 세기가 힘들고, 반면에 모눈의 크기가 크면 오차가 커진다.

**Grid Network 격자망** 격자가 사각망으로 연결되어 이루어진 그물모양 2차원 기하 구조를 말한다.

**Grid North 도북(圖北)** 지도상에서 경위선 좌표에 따라 설정되는 북쪽을 말한다. 즉, 평면직교좌표의 북(北)으로서, 지도좌표의 방향을 맞출 때나 건설계획 및 시공이 지도좌표에 의해 이루어질 때 이용된다.

**Grid Overlay 격자 중첩** 일반적으로 래스터 형태로 지도 자료를 구축, 처리하는 GIS 소프트웨어에는 사용자가 다양한 래스터 지도 파일을 중첩시켜 효과적인 분석을 할 수 있도록 되어 있다. 토질 공학자는 토양 침하나 사면 안전도 등 다양한 토양 특성을 분석하기 위해 격자 형태로 구축된 토양·사면·토지 등의 레이어를 중첩시켜야 한다. 또한 그리드 중첩 프로그램은 각각의 격자에 값을 부여하여 토양 침식도를 도형으로 구성할 수 있는 기능을 제공한다. 격자 기반 GIS 소프트웨어는 GIS의 가장 초기의 유형으로 현재도 많은 응용 개발 분야에서 효과적인 분석 기능을 제공하지만 최근에는 벡터 기반 체계가 더욱 널리 이용되고 있다.

**Grid Parity 그리드 패리티** 화석연료와 태양광 발전 비용이 같아지는 상태를 말한다.

**Grid Plate 격자 판** 격자상에 정확한 가는 직선을 그은 유리판으로서, 도화기 등의 점검과 조정에 사용된다.

**Grid Point 격자점** 격자의 모서리 점을 말한다.

**Grid Record 격자 레코드** 수치 지형 자료(DTM) 등의 그리드 자료를 기록하는 레코드를 말한다.

**Grid Reference 격자 기준** 격자 좌표에 관하여 표현된 지도상의 점의 위치를 말한다.

**Grid Size 격자 크기** 격자점 간 지상거리를 말하며, 규칙 격자망에서는 가로 및 세로 방향의 격자크기는 같다.

**Grid Spatial Representation 격자 공간 표현** 자료군에서 격자 공간 객체에 대한 정보를 말한다.

**Grid Squares 격자 방안** 격자로 된 사각형 셀들의 규칙적 배열로서, 공간적으로 참조된 정보의 유지를 위한 기초로 사용된다.

**Grid Triangulation 격자 삼각망** 삼각망으로 허용되지 않는 경우에 사용되며 주요점의 위치측정이나 연안지측량, 대상 지역의 측량에 적합하다.

**Gridded Data Base 기준선망 자료기반** 수치 행렬로 저장된 지도 자료. 벡터 데이터베이스와 대조된다.

**Gridded Fishnet Map 기준선망 그물망도** X축, Y축 또는 관찰자의 축에 평행하여, 투시도로 보았을 때 표면이 부푼 그물망처럼 보이는 윤곽을 보여주는 삼차원 표면도를 말한다.

**GridIron Pattern 격자형 가로망** 도시의 골격 구성은 도로 형태에 의해 짜이게 된다. 오랜 역사를 두고 발달하여 온 도시는 그 시대의 정치·문화·제도와 기술발전 ,즉 생활수단(특히 교통수단의 발달)에 따라 그 구성 형태가 변해 왔다. 격자형이란 가로망 체계를 바둑판처럼 정형으로 배열한 형태이다. 도시 토지 이용이나, 교통 소통면에서 비효율적이고 획일적인 단조로운 단점이 있으나, 중세 이후 도시계획에 가장 많이 이용된 형태라 할 수 있다.

**Gridson System 격자계** 삼각망을 격자로 배열한 것을 말한다.

**G-Ring 지-링** 연속선분(String), 호(Arc)로 이루어진 연속선(Ring)으로서 시점 절점과 종점 절점은 반드시 같아야 한다.

**G-Ring Latitude 지-링 경도** 지링을 구성하는 점의 경도값을 말한다.

**G-Ring Longtitude 지-링 위도** 지링을 구성하는 점의 위도값을 말한다.

**Grip 맞물림** 선택한 객체에 나타나는 작은 사각형. 맞물림을 선택한 후에는 명령을 입력하기보다 마우스를 끌어 객체를 편집할 수 있다.

**Grip Handle 손잡이** 강권척을 잡아 당길 때 쓰이는 기구이다.

**Grok 그록** '이해하다'라는 의미의 이 단어는 정통하고 철저한 지식을 뜻한다. 검색 프로세스에서 '그로킹'이란 어떤 검색에 대한 답을 만들어내기 위한 정보 풀(Pool)을 분석하는 것을 뜻한다.

**Groma 그로마** B.C 15년경 로마시대에 만들어졌으며, 연직막대에 십자형의 추들을 편심으로 설치하여 수준측량을 할 수 있도록 제작되었다.

**Gromonic Projection 심사 도법** 거리, 각 및 면적 모두 정확하지 못하며 특히 길이는 주변부로 갈수록 확대 심함. 지도의 모든 직선은 대권(지구상 두 점의 최단거리)이다.

**Gross Error 과대 오차** 관측자의 부주의나 측량 방법을 잘못 적용함으로써 나타나는 과실(Blunder) 또는 착오(Mistake)의 결과이다.

**Ground 지면** 지표면을 포함한 지상의 고체 부분을 말한다.

**Ground Antenna(GA) 신호 감시국** GA(Ground Antenna)를 참조.

**Ground Based Augmentation System(GBAS) 지상기반 확대 시스템** GBAS(Ground Based Augmentation System)를 참조.

**Ground Control 지상 기준** 현장 측량에 의해 수집된 지표 위치상의 지점 또는 지점들의 체계를 말한다. Control Mapping을 참조.

**Ground Control Point(GCP) 지상 기준점(地上 基準點)** GCP (Ground Control Point)를 참조.

**Ground Control Point Surveying 지상 기준점 측량(地上基準點測量)** 지상기준점 측량이라 함은 사진 기준점 측량 및 세부 도화

작업에 필요한 기준점의 성과를 얻기 위하여 현지에서 실시하는 지상 측량을 말한다. Ground DistanceGround Range를 참조.

**Ground Effect 지면효과(地面效果)** [항공] 헬리콥터가 지면 가까이에서 제자리 비행할 때 공기의 하향 흐름이 지면에 부딪치게 되고 헬리콥터와 지면 사이의 공기를 압축하여 공기 압력을 높이게 되어 제자리 비행 위치에 헬리콥터를 유지시키는데 도움을 주는 쿠션(cushion) 역할을 한다. 이러한 효과를 지면효과(ground effect)라 하고, 지면효과에 의해 헬리콥터는 추력을 절감할 수 있다. 지면효과는 헬리콥터가 제자리 비행하는 동안 주 로터(main rotor)의 직경높이까지 효력을 발생한다.

헬리콥터나 드론 등의 제자리 비행 시 회전익에서 발생하는 기류가 지면과의 충돌에 의해서 발생되는 것으로서 헬리콥터나 드론 등의 성능을 증대시켜 적은 동력으로도 제자리 비행이 가능하도록 해준다. 지면효과는 Rotor의 1/2 이하인 고도에서 그 효율이 효과적으로 증대되며, 지면에 가까울수록 더욱 증가된다. 장애물이 없는 평탄한 지형, 즉 콘크리트나 아스팔트에서는 지면효과가 제일 크다. (1) IGE(In Ground Effect, 지면효과 받을 때) : 유도기류 속도는 지면과의 충돌로 인하여 감소하므로 Blade는 유도기류 속도가 감소되어 영각이 더 커지기 때문에 더 효율적이며, 유도항력이 감소하게 되고 수직 양력의 벡터가 증가하게 된다. 이로써 영각을 감소시켜도 제자리 비행 상태를 유지하는데 필요한 양력을 유지할 수 있다. 그리고 기류가 위에서 아래로 흘러 다시 외측으로 굽터 흐르기 때문에 익단 와류가 감소하여 Blade 외측의 양력발생이 효과적으로 된다. (2) OGE(Out of Ground Effect, 지면효과 받지 않을 때) : 하향기류(유도기류 속도)에 의해 상대풍이 달라지는데 Blade는 유도기류 속도가 증가되므로 영각이 감소되어 효율이 감소된다. 즉, 양력이 줄어든다. 따라서 제자리 비행을 위해서는 Collective pitch를 증가해야 한다.

**Ground Facility Data Aggregator(GFDA) 지상시설물용 공간정보 수집장치** GFDA(Ground Facility Data Aggregator)를 참조.

**Ground Facility Sensor Node(GFSN) 지상시설물 센서노드** GFSN(Ground Facility Sensor Node)를 참조.

**Ground Height(GH) 지반고(地盤高)** GH(Ground Height)를 참조.

**Ground LiDAR Scanning(GLS) 지상 라이다 스캐닝** GLS(Ground LiDAR Scanning)를 참조.

**Ground Penetrating Radar(GPR) 지표투과레이더** GPR(Ground Penetrating Radar)를 참조.

**Ground Photogrammetry 지상사진측량(地上寫眞測量)** Terrestrial Photogrammetry를 참조.

**Ground Plane 지평면** 한 점에서 수평선에 접하는 평면이다.

**Ground Range 지상거리** 레이더영상에서 지상트랙으로부터 객체까지의 거리를 말한다. Ground Distance를 참조.

**Ground Receiving Station 지상수신소** 인공위성에서 송신된 자료를 기록하는 시설이다.

**Ground Register 토지등기부** 토지 대장에 등록된 토지의 소유권·저당권 등의 법적 권리를 나타내는 장부로서, 등기소에 보관되어 있다.

**Ground Resolution 지상 해상도** 지표 형상을 얼마나 세밀하게 관측할 수 있는지를 나타내는 지표. 제작하고자 하는 영상지도의 축척에 직접적인 영향을 주며, 해상도가 높을수록, 즉 위성 영상의 한 영상소에 해당하는 지상에서의 실제거리가 짧을수록 대축척의 영상 지도를 제작할 수 있다.

**Ground Resolution Element 지표 해상 요소** Resolution Cell를 참조.

**Ground Sample Distance(GSD) 지상 표본 거리** GSD(Ground Sample Distance)를 참조.

**Ground Surface 지표면** 수면 아래에 있거나 대기 중에 노출된 지구의 육지면을 말한다.

**Ground Surveying 지표면 측량(地表面測量), 지상측량(地上測量)** 지형해석, 토지이용, 지구형상측량, 지구의 운동 및 변형측량 등을 위한 측량이다.

**Ground Swath Width 지상주사폭** GSW(Ground Swath Width)를 참조.

**Ground To Image Coefficients Available 지표면 영상 계수의 이용 가능성** 지표면 영상 계수가 생성된 자료에 포함되어 있는지, 이용 가능한지의 여부(아니요, 예)를 나타내는 것을 말한다.

**Ground Truth 지상검증** 불명확하거나 오독하기 쉬운 대상을 현지에서 직접 측정하고 확인하는 것을 말한다.

**Ground Truth Data 현지 조사 자료** 지형 자료의 확인 또는 보완의 목적을 위해 사업 대상 지역에서 직접 확인하여 취득한 정보를 말한다.

**Grounding Marker 매설표** 지하시설물을 설치할 경우, 점용물건의 명칭, 관리자, 매설의 년도, 그 이외의 보안상 필요한 사항을 명시한 것으로서, 표지의 일반적인 설치간격은 지방지역 50m, 도시지역 20m, 곡선부위는 5~10m 간격을 원칙으로 하고 주변지형 여건 등에 따라 적절히 조정할 수 있으며 변곡점에는 반드시 설치하여야 하며 변곡점에 인접한 곳에서는 다음 방향을 용이하게 찾을 수 있도록 10m 내외의 간격으로 표시한다.

**Groundswell 그라운드 스웰** 그라운드 스웰이란 먼 곳의 폭풍에 의해 생기는 큰 파도라는 뜻으로, 기업의 울타리 바깥에서 생긴 일이나 흐름이 큰 파도가 되어 기업에 밀어닥치는 현상을 말한다. 사람들이 자신에게 필요한 것들을 더 이상 전통적이고 일방적인 기업과 조직으로부터 얻지 않고, 발달된 정보통신 기술을 이용하여 직접 서로에게 얻어내는 사회적 현상을 말한다.

**Groundwater 지하수(地下水)** 지하수는 토양이나 암석 사이의 빈틈을 채우고 있거나 흐르는 물이다. 대부분의 지하수는 토양이나 암석 틈으로 스며든 강수(비와 눈 녹은 물)가 모여 만들어진다. 땅속 지층에는 지하수가 있지만 모든 지하수를 이용할 수는 없다. 지하수의 이용가치가 큰 지층을 대수층이라고 하며, 모래, 자갈과 같이 물이 많이 저장되고 잘 흐르는 지층의 지하수는 이용가치가 크다. 반대로 점토층은 지하수를 많이 함양하고 있지만 잘 흐르지 못하기 때문에 이용가치가 없다. 지하수가 있는 모래, 자갈층을 대수층(충적대수층)이라고 한다. 암석층에서도 단층, 파쇄대가 발달해서 빈틈의 연결성이 좋은 지층은 지하수를 이용할 수 있고 빈틈의 연결성이 나쁘면 지하수를 이용할 수 없다. 단층, 파쇄대가 발달한 암석층도 대수층(암반대수층)이다. 우리나라의 지역별 지하수 산출 특성은 (1) 우리나라는 지형적으로 태백산맥을 중심으로 동고서저(東高西低)의 지형특성을 보이며 하천이 대부분 서향하는 관계로 동부 고지대는 지하수의 함양, 서부 저지대에서는 배출이 우세하다. (2) 백악기 퇴적암이 분포하는 영남지방은 전반적으로 타 지역에 비하여 지하수의 산출성이 양호하게 나타나며, 특히 동해안의 태화강 하구와 형산강 하구 지역은 투수성과 저류성이 양호한 신기퇴적암의 분포가 넓어 전반적으로 지하수 산출성이 높다. (3) 서부 저지대의 경기, 충청, 호남지역은 대부분 변성암, 화강암 등 결정질암으로 구성되어있어 암반지하수의 부존과 산출이 불규칙하나 쥬라기 화강암의 하부풍 화대에서의 지하수 산출이 비교적 풍부한 편이다. (4) 석회암층이 분포하는 남한강 상류지역과 동해, 삼척 등 동해안 일부지역은 다량의 지하수가 용출되는 등 지하수의 산출상태가 양호하다. (5) 제주도는 투수성이 높은 다공질 현무암으로 구성되어있어 지표수의 발달이 미약한 반면, 지하수의 부존과 산출은 매우 양호하며 수원(水源)을 거의 전적으로 지하수에 의존하고 있다.

**Groundwater Level 지하수위(地下水位)** 지하수면의 높이로서, 지하수위라 함은 지표면으로부터 지하수면까지의 깊이를 말하며 GL로 표시한다. 샘을 파서 어떤 깊이에 이르면 물이 침출하여 고이게 되는데 이 물이 고이는 최상부의 수면을 말한다. 즉, 지면에서 지하수면(Water Table)까지의 깊이를 말하는데, 우물의 자연 수위 등이 해당된다.

**Ground Water Table 지하수면(地下水面)** Water Table 참조.

**Group 집단** 점 위치 자료를 구성하는 요소. 요소 그룹의 집합체를 말한다. 셀 라이브러리에 지정되지 않은 복합 요소(Complex Element)를 뜻하는 것으로, 요소(Element)를 동일한 속성으로 보존하고자 할 때나 설계상에 계속해서 반복적으로 복사(Copy)하고자 할 때 사용한다.

**Group Blog 그룹 블로그** 정기적으로 기고하는 사람이 두 사람 이상인 블로그를 말한다.

**Group Delay 그룹 지연** GPS 코드신호가 전리층을 통과하면서 전리층에 분포되어 있는 자유전자에 의해 지연되어 오차를 발생시키는데 이것을 그룹지연이라 한다.

**Group Header Record 그룹 헤더 레코드** 그룹의 내용을 기록한 헤더 레코드이고, 레이어 헤더 레코드 및 요소 그룹 헤더 레코드를 총칭한 것이다.

**Group Think 집단사고** 똑똑한 다수가 모여 멍청한 의사 결정을 내리는 현상이다.

**Group Velocity 군 속도(群速度)** 몇 개의 평면파(平面波)의 합성파가 공간을 전파할 때, 합성파의 어떤 정해진 진폭이 이동하는 속도로, 심해에서의 군속도는 개개파의 위상속도의 반과 같고 수심이 감소함에 따라 점차 증가하여 개개파의 위상속도에 가까워진다. 중력파의 경우는 파 에너지가 진행하는 속도와 같다.

**Grouping 그루핑** 구글 소셜 미디어 기능으로 사용자가 누가 글, 이미지 및 다른 콘텐츠를 보게 만들지 설정할 수 있는 것이다. 이것은 페이스북과 비교했을 때 가장 특징적인 점이다. 또한 사용자는 화상 채팅 그룹을 만들 수도 있으며, 트위터처럼 유명인이나 다른 흥미로운 사람들을 팔로우(follow)할 수도 있다. 마지막으로, 관심사에 관한 페이지를 생성할 수 있다. 마치 개인화된 구글 뉴스 페이지로, 관련 콘텐츠를 직접 소셜 미디어 플랫폼으로 배달해준다.

**Groupon 그루폰** 그루폰은 2008년 11월 앤드류 메이슨에 의해 시작된 소셜 커머스 사이트이다. 그룹(group)과 쿠폰(coupon)의 합성어로 직역하면 '단체 쿠폰'이 된다. 그루폰은 2008년 10월 시카코의 자사 사무실 1층에 위치한 레스토랑의 피자 가격을 50% 할인판매하면서 그 독특한 사업을 시작했지만, 2년이 채 안됐지만 회원 수는 1000만 명을 돌파했고 기업 가치는 1조 6200억 원에 달하는 거대 기업으로 평가받고 있다. 일정 인원 이상이 모이면 대폭 할인이 되는 구조로 방문자들의 충동구매를 유도한다. 우리나라는 티켓몬스터가 흡사한 서비스로 주목 받고 있으며 전 세계적으로 수많은 유사 사이트가 생겨나고 있다.

**Grouptabs 그룹탭** 미국의 소셜커머스 서비스인 그루폰(Groupon)과 위치기반 서비스 포스퀘어(Foursquare)가 연동한 서비스로, 사용자가 그룹탭에서 공동구매 목록을 찾아 구입하고, 해당 매장에서 체크인을 하면 정해진 시간과 인원수에 따라 사용자에게 할인 혜택이나 특별 서비스를 제공하는 방식을 말한다.

**Groupware 그룹웨어** 흩어져 있는 여러 정보와 또 다른 소프트웨어 자원들을 총체적으로 엮어 업무에 활용하게 해주는 소프트웨어이다. 개인용 소프트웨어와 반대되는 개념으로, 기업과 같이 구성원들이 컴퓨터로 연결된 작업장에서 구성원들이 협력하여 업무 효율을 높이기 위해 사용하는 소프트웨어나 그 소프트웨어를 포함하는 구조를 말한다. 전자결제, 게시판, 일정 조회, 주소록 등을 말한다.

**GRS(Geodetic Reference System) 측지기준계(測地基準系)** 데이텀(datum), 좌표, 좌표계 및 투영을 포함하고 있는 지구상의 한 지점의 위치를 정할 수 있는 완전기준계로, 데이텀을 기준으로 지구와 관계된 좌표계이다. 축의 방향과 원점으로 정의되는 측지 데이터를 기반으로 하는 좌표계이다. 국제측지학 및 지구물리학 연합(IUGG)와 국제측지학협회(IGA)는 1909년 포츠담 중력값 관측, 1924년 국제지구타원체의 결정 및 1930년 국제중력식의 결정에 따라 지구의 형과 크기를 중력장으로 정의하고 이것을 측지 측량 기준계(GRS)로 확립하였다. 이후 인공위성의 출현으로 호길이 측량의 실시 등 새로운 측량자료가 되고, 국제천문학연합(IAU)의 천문상수계의 제정 등에 따라 1967년 IUGG/IGA 제14차 총회에서 지구의 적도반경 a, 대기를 포함한 지구의 지심인력상수 GM, 지구의 역학적 형상요소, 지구의 자전각속도 $\omega$를 기본상수로 하는 GRS67을 새로이 제정하였다. 측지측량기준계 1967은 1975년 대지측지측량정수의 개정을 거쳐서 널리 사용되어 왔으나, 현재 이용 가능한 최신값들을 검토할 때 문제점이 있으므로 1979년 12월 IUGG/IGA 제17차 총회에서는 새로이 GRS80을 제정하였다. 우리나라에서 채용하고 있는 준거타원체인 베셀타원체는 GRS80 지구타원체와는 장반경 약 740m, 단반경 약 673m 정도 차이가 있다. 또한 경·위도 원점의 위치 좌표가 전 지구 규모의 기준 좌표계가 가장 적합하다고 하는 위치로부터 큰 차이(위도 +12″, 경도 −12″)가 있다.

**GRS80(Geodetic Reference System 1980) 측지기준계(測地基準系) 1980, 지알에스80** IAG(International Association of Geodesy : 국제측지학협회) 및 IUGG(International Union of Geodesy and Geophysics : 국제측지학 및 지구물리학연합)가 1979년에 채택한 것으로, 지구의 형상, 중력 정수, 각속도 등 지구의 물리학적인 정수 및 계산식으로부터 타원체의 형상이나 축의 방향 및 지구 중심을 타원체의 원점으로 정해져 있다. 이 타원체를 GRS80 타원체라고 하고, 현재 지구를 가장 잘 나타내고 있는 타원체로서 넓게 이용되고 있다. GRS80의 장반경은 6,378,137m이고, 편평률은 1/298.257이다.

**GSD(Ground Sample Distance) 지상 표본 거리** 지상 해상력과 동일한 의미로 사용되며, 1미터 또는 2미터 해상력이라는 용어는 각 픽셀이 나타내는 X, Y지상거리를 의미한다.

**GSDI(Global Spatial Data Infrastructure) 지구 공간 자료 기반** 1990년대 중반 국가차원의 공간정보기반을 연결하여 전 세계가 공유할 수 있는 공간정보기반을 구축하기 위해 자생적으로 구성된 협의체이다.

**G Sensor 지 센서** 스마트폰이 동작을 인식해 특정 프로그램을 작동시키는 기능. 예를 들어, 어떠한 조작이 없어도 스마트폰을 세로로 보다가 가로로 눕히면 화면이 자동으로 세로에서 가로 형태로 바뀐다.

**g-SFA(Geographic Sales Force Automation) 지리적 영업관리 시스템** 도로의 형태나 건물위치, 유동인구, 이동경로 등 기업 비즈니스와 관련된 지리 요소를 영업에 적용하는 것을 의미한다.

**GSI(GeoSpatial Information Authority of Japan) 일본 국토지리원** GSI는 여러 가지 기본도 및 공간정보를 구축하는 책임을 맡고 있는 일본의 국립지도 제작기관이다. 1970년대 중반부터 GSI는 수치지도의 각종 정보를 개발해오고 있다. GSI는 National Land Agency와 협동으로 중앙정부와 지방정부에 의한 국가의 국토개발계획 및 지역개발에 필수적인 Digital National Land Information (Kokudo-Suuchi-Jouhou)을 개발하였다.

**GSIS(Geo-Spatial Information System) 지형공간정보체계(地形空間情報體系)** 지형공간정보체계는 지구 및 우주 공간 등 인간 활동 공간에 관련된 제반 과학적 현상을 정보화하고, 시공간적 분석을 위하여 위치정보와 특성정보(도형, 영상 및 속성정보)를 이용하는 정보체계. 이 체계는 지리/토지/도시정보체계(GIS/LIS/UIS), 도면 자동화 및 시설물 관리(AM/FM) 등의 상호 연관성과 의존성을 고려하여 통합 운영되는 정보체계이다. 이것을 GSIS라고 한다. Geo-Spatial을 Geospatial로 표현할 경우 간단히 GIS라고도 한다.

**GSM(Global System for Mobile Communication) 범 유럽 표준 이동통신 체계** 종합정보통신망과 연결되므로 모뎀을 사용하지 않고도 이동데이터 서비스를 받을 수 있는 유럽식 디지털 이동통신 방식이다.

**GST(Greenwich Siderear Time) 그리니치 항성시** 영국의 그리니치를 통과하는 본초자오선상의 지방항성시로 그리니치시 항성시와 그리니치평균항성시가 있는데, 그 차는 적도상에서 춘분점의 장동과 같다. 그리니치평균항성시는 세계시로 매일 0시에 평균태양의 적경에 12시를 더한 것이 되며, 태양운행표에서 구할 수 있다. 이것은 역으로 세계시를 정할 때도 이용된다. 예를 들어, 어떤 지점의 지방항성시를 천체관측에서 구하고, 여기에 그 지점의 경도를 가감(서경은 더하고, 동경은 뺀다)하면 그리니치항성시가 된다. 다시 그것과 태양의 적경에서 12시를 감한 값의 차를 구하여, 평균시 간격으로 빼면 관측한 순간의 세계시를 구할 수 있다.

**GSW(Ground Swath Width) 지상주사폭** 인공위성이나 항공 레이저 측량에서 스캐닝 반사경이 1회 회전하는(sweeping) 동안 시스템이 감지되는 지표면의 거리를 말한다.

**GT-Polygon 지티-다각형** 2차원 집합체(2-D Manifold)중의 하나로서 외부의 지티-연속선(GT-Ring)에 의해 이루어진 면을 말한다. 지티-다각형의 경계는 지티-연속선들에 의해 이루어진다. 그러나 지티-다각형은 또한 연속선과 연결되어 있는 사슬과 관계를 가지며, 이를 통해 위상구조를 가진다.

**GT-Ring 지티-링, 지티-연속선** 완전 사슬(Complete Chain)이나 면 사슬(Area Chain)들로 이루어진 연속선(Ring)을 말한다.

**Guard Rail 가드 레일** 수송 수단의 도로 이탈을 막고, 사람들을 보호하기 위해 설치된 튼튼한 울타리나 장벽을 말한다.

**GUI(Graphic User Interface) 지유아이, 그래픽사용자 인터페이스** 사용자가 컴퓨터와 상호작용하도록 하는 일련의 시각적, 기계적 툴(윈도우, 아이콘, 메뉴, 툴바 등). 인간이 문자보다는 기호화된 그림을 빨리 인식한다는 것에 착안하여 만들어진 컴퓨터 사용자 환경을 말한다. 쉽게 윈도우와 같은 환경을 GUI라고 이해하면 된다. 운영체계의 복잡성을 사용자들에게 숨겨주어 컴퓨터에 대한 지식이 없는 사용자라도 운영체제 환경 하에서 쉽게 사용할 수 있도록 하는 소프트웨어들을 대표하는 용어이다. GUI의 요소로는 이미지 모형, 윈도우 모형, 사용자 모형 등 크게 3가지 요소로 구성된다.

**Guidance 유도** 비행체를 목표물(움직이는 표적 또는 공간상의 중간 목표점과 같은 고정된 표적)에 주어진 목적(조우각도, 최소 유도 오차)을 달성하면서 도달시키기 위하여 요구되는 비행체의 자세, 속도 또는 가속도의 크기 및 방향 결정 등을 말한다.

**Guidance, Navigation and Control(GNC) 유도항법제어, 지엔시** GNC(Guidance, Navigation and Control)를 참조.

**Guidelines 지침** 용인된 주제에 대한 전문가나 관계 당국에 의해 개발된 성명서로서, 추천된 방법론, 절차, 방향을 규정하고 있다. 지침의 활용 및 구현은 대체로 선택적이며 일반적으로 '조직 내의' 활용을 위해 개발되고 있다.

**Guideline XM(G-XML) 지-엑스엠엘, 지-확장성 생성언어** G-XML (Guideline XM)을 참조.

**Guidewire Group 가이드와이어 그룹** Social Media를 참조.

**Gulf 만(灣)** 육지로 깊게 들어간 바다(경기만, 진해만 등)를 말한다.

**Gully 구거** Ditch를 참조.

**Gutenberg Discontinuity 구텐베르크 불연속면** 진앙에서보다 먼 거리까지의 주시곡선을 보면 진앙으로부터의 각거리가 103° 이상 되는 지역에서는 S파가 관측되지 않는다. 이 지역을 S파의 암영대(暗影帶, blind zone)라고 한다. 또 103°~143°사이에는 P파와 S파가 모두 관측되지 않는 암영대가 존재한다. 이것은 지하 약 2,900km 깊이에 액체상태의 불연속면이 있어서 S파가 전달되지 못하고 P파가 급격하게 굴절하기 때문이라고 해석할 수 있다. 이 불연속면을 처음 제안한 사람은 독일의 지구물리학자인 구텐베르크(B. Gutenberg, 1889~1960)로서 그의 이름을 따서 '구텐베르크 불연속면'이라고 부른다. 구텐베르크 불연속면은 맨틀과 외핵의 경계면이다.

**Guy L. Tribble 가이 버드 트리블** 애플의 소프트웨어 부문 부사장. 원조 매킨토시의 소프트웨어 개발에 참여했으며 맥 OS와 사용자 인터페이스 설계에 일조했다. 넥스트 시절에도 소프트웨어 부문을 담당했고, 현재 관련 산업 최고의 소프트웨어 설계자로 꼽힌다.

**Guyot 기요** 해저로부터 높게 솟아있고 정상부가 평평한 해저산. 해저산의 한 형태로 평평한 정상부는 이 해저산이 과거 해수면 위로 노출되었을 당시 파랑의 침식 작용으로 깎여 평평해진 것으로 설명된다. 평정해산(平頂海山, tablemount)로도 불린다.

**GVM(Game Virtual Machine) 게임용 가상기계** 무선인터넷 상에서 실행 가능한 게임이나 동영상 노래방 등 멀티미디어 콘텐츠를 다운로드하여 단말기에서 곧바로 실행할 수 있도록 해주는 기술을 말한다.

**G-XML(Guideline XM) 지-엑스엠엘, 지-확장성 생성언어** 일본 데이터베이스 진흥 센터(Data Promotion Center, DPC)는 2001년 인터넷을 통한 지리정보의 상호교환을 위해 국가차원에서 XML 기반의 지리정보표준인 코딩 언어(G-XML)를 독자적으로 개발하였다. G-XML은 모바일 환경을 중심으로 개발한 인코딩 언어로서, 디지털 지리정보기술 포맷(format)뿐만 아니라 지리정보의 활용을 촉진하기 위해서 개발되었다. 다기종 대용량의 지리정보시스템간의 상호 운용성을 확보하기위한 것이 주목적이었지만, 최근 급속히 보급되고 있는 PDA나 휴대폰과 같은 Thin-Client에 지리정보를 제공하는 것도 동시에 고려하고 있다. 이를 위해 G-XML은 단일 프로토콜이 아닌 여러 개의 하위 프로토콜(RW-GXML, PD-GXML, S-GXML, G-GXML)로 구성되어 있다. OGC와 DPC는 이후 협력을 통하여 G-XML의 주요 내용을 GML 3에 수용하고 G-XML을 GML 3의 어플리케이션 스키마로 개발해 나가는 관계를 정립하기에 이르렀다.

**GW 기가와트** 태양전지의 생산·판매량을 표시하는 단위는 W(와트)이다. 크기나 무게가 아니라 시간당 생산하는 전기량을 태양전지 생산·판매량의 기준으로 사용한다. 1GW는 태양빛을 1시간 받으면 1GW의 전력을 생산하는 분량의 태양전지를 말한다. 태양전지 1GW로 매일 1시간씩 1달간 전기를 생산하면 월 300kw의 전기를 사용하는 집 10만 가구가 사용할 수 있다.

**Gyro Compass 회전나침판, 자이로 콤파스** 지자기의 국소이상의 영향이 있는 경우나 북극성 관측을 이용하지 않을 경우에서 진북 방향을 구하는데 매우 편리한 기계이다.

**Gyro Sensor 자이로 센서** [드론] 자이로 센서는 가속도를 측정하는 가속도 센서와 달리 각속도를 측정한다. 자이로스코프(Gyroscope)가 각속도를 측정하는 기구인데 MEMS 기술을 적용한 칩 형태의 자이로센서도 각속도를 측정한다. 각속도는 시간당 회전하는 각도를 의미한다. 자이로 센서의 측정원리는 다음과 같다. 예를 들어, 수평한 상태(정지 상태)에서 각속도도 0도/sec이다. 물체가 10초 동안 움직이는 동안 50도만큼 기울어졌다면, 10초 동안의 평균 각속도는 5도/sec다. 정지 상태에서 기울어진 각도 50도를 유지하였다면 각속도가 0도/sec가 된다. 이러한 과정을 거치면서 각속도는 0 → 5 → 0으로 바뀌었고, 각도는 0도에서 증가해서 50도가 되었다. 각속도에서 각도를 구하려면 전체 시간에 대해 적분을 해야 한다. 자이로 센서는 이와 같이 각속도를 측정하므로 전체 시간동안 이 각속도를 적분하면 기울어진 각도를 계산할 수 있다. 그런데 자이로 센서는 온도의 영향으로 오차가 발생하며, 오차가 적분 과정에서 누적되어 최종 값이 드리프트(drift)되는 현상이 생긴다. 따라서 자이로는 온도 센서도 함께 사용해서 오차를 보상해야 한다. 정지상태의 긴 시간의 관점에서 보면 가속도 센서에 의해 계산된 기울어진 각도는 올바른 값을 보여주지만 자이로 센서에서는 시간이 지날수록 틀린 값을 보인다. 반대로, 움직이는 짧은 시간의 관점에서 자이로 센서는 올바른 값을 보여지만 가속도 센서는 기울어진 각도와는 다른 계산 값이 나올 수 있다. 따라서 가속도센서와 자이로센서를 모두 사용해서 각각의 단점을 보상할 수 있는 알고리즘을 적용해서 롤 또는 피치 값을 계산한다. 많이 적용하는 보상 방법 및 필터링으로는 칼만 필터가 있다. Accelerometer 참조.

**Gyro Theodolite 자이로데오돌라이트(自動平衡-)** 자이로(自動平衡)의 원리를 이용하여 자동적으로 진북을 나타내는 자이로컴퍼스가 부착된 데오돌라이트. 터널 내에서의 진북을 측량하는 데 주로 사용된다.

**Gyroscope 자이로스코프** 회전하는 자이로의 원리를 이용하여 항공기의 동요 등이 사진기에 주는 영향을 막고, 사진 상에 연직 방향을 촬영과 동시에 찍히도록 함으로써 사진기의 경사를 구하여 보정하는데 이용된다. Sagnac Effect를 참조.

**Gyroscope Camera 자동 평형경 사진기** 사진기의 기울기를 보정 또는 검지하기 위하여 자이로스코우프를 붙인 항공 사진기를 말한다.

**H. 261 에이치. 261** TV 전화 및 영상 회의에 대한 압축, 신장 표준으로 1990년 권고안이 제정되었다. 시간 중복성을 제거하기 위해 영상 간의 예측 기법을 사용하며, 공간 중복성을 제거하기 위해 DCT 변환 기법을 사용한다. 통신망에서 대화형 멀티미디어 응용을 지원하기 위해 실시간 동영상 코드화 표준 압축 대상으로 삼고 있는 다음과 같은 두 종류의 동영상이 있다. ① CIF(Common Intermediate Format) : 352×288의 해상도를 갖는 프레임으로 구성된 동영상이다. ② QCIF(Quarter CIF) : 176×144의 해상도를 갖는 프레임으로 구성된 동영상이다.

**H. 264 에이치. 264** ITU-T에서 제안한 H.26x 비디오 표준의 한 종류다. 매우 높은 데이터 압축률을 가지는 디지털 비디오 코덱 표준으로 MPEG-4파트10 또는 AVC(Advanced Video Coding)라 부르기도 한다. ITU-T의 H. 264와 ISO/IEC의 MPEG-4 파트 10은 기술적으로 동일한 표준이다.

**Hachured ContourHachures 영선법, 우모선법** Hachuring을 참조.

**Hachuring 영선법(影線法), 우모법** 영선법이라고도 하는 지형의 기복을 표현하는 방법으로, 게바라는 직선의 길이와 폭을 변화시켜 명암효과를 나타내는 방법이다. 가늘고 긴 선은 완경사를, 굵고 짧은 선은 급경사선을 나타내는 방법이다.

**Hackathon 해카톤** '해킹(hacking)'과 '마라톤(marathon)'을 결합해 만든 용어이다. 마라톤처럼 일정시간과 장소에서 프로그램을 해킹하거나 개발하는 행사를 일컫는다. 일정시간 내 상용화할 수 있는 프로그램을 개발하며 공격과 방어로 나눠 문제풀이 형태로 대회를 수행한다. 과거 이 대회는 예선과 본선을 모두 온라인으로 경쟁했다. 2015년부터는 결선을 직접 만나 치른다. 일반인에게 해킹은 불법적으로 컴퓨터를 공격하는 행위로 많이 사용되나, 컴퓨터 프로그래머 사이에서는 흔히 '난이도 높은 프로그래밍'이란 뜻으로 쓰인다. 불법적인 해킹은 '크래킹(cracking)'으로 불린다. 해카톤은 정보기술(IT) 기업에서 흔하게 활용된다.

**Hacker 해커** ① 컴퓨터 시스템 내부구조와 동작에 심취해 이를 알려고 노력하며 뛰어난 컴퓨터와 컴퓨터 통신 실력을 갖고 있는 사람을 일컫는다. 해커(hacker)란 말은 1950년대 말에 미국 매사추세츠공과대학(MIT)서 나온 은어이다. '한 군데 집중해서 파고드는 행위'를 뜻하는 '해크(hack)'란 말에 사람을 나타내는 '-er'이 붙어 만들어졌다. 원래 해커는 작업과정 자체에서 느껴지는 순수한 즐거움을 탐닉하는 것 외에는 그 어떤 목적에도 관심을 갖지 않는 컴퓨터 전문가를 지칭한다. ② 타인의 컴퓨터에 불법으로 접속하여 컴퓨터에 고장을 일으키게 하거나 컴퓨터에 수록된 정보를 변조 또는 파괴하는 사람을 일컫는다. 순수한 동기를 가진 해커와 구별하기 위해 '대커(dacker)' 또는 '크래커(cracker)'라고 부르기도 한다. White Hacker, Black Hacker, Gray Hacker, Elite Hacker, Semi-Elite Hacker, Developed Kiddie Hacker, Script Kiddie Hacker, Lamer Hacker를 참조.

**Hacking 해킹** 컴퓨터 시스템이나 모바일 폰에 무단으로 침입하여 데이터나 프로그램을 공격하거나 정보를 훔쳐가는 악성행위 등을 말한다.

**Hacktivism 핵티비즘** 정치 · 사회적 목적을 달성하기 위해 해킹하거나 목표물인 서버컴퓨터를 무력화하는 기술을 만드는 운동을 말한다. 해커와 정치행동주의를 뜻하는 액티비즘(Activism)의 합성어로 단순히 컴퓨터 보안장치를 풀고 침입하는 해커와 차이가 있다. 최근 중국 인권담당기관이 웹사이트를 개설하자 이에 침입, 공식자료를 지우고 비난 서명을 띄우는 등 투쟁 상대를 조롱하기도 했다. 보안 전문가는 최근 핵티비즘은 접속방해를 넘어 내부 망에 침투해 기밀문서를 가져오거나 내부 망을 파괴하는 양상을 보이고 있다고 경고한다. 사이버 하이재킹은 기업이나 국가 시설 등에 보안 취약점을 노려 장기간 잠복공격을 한다. 이후 해킹한 자신 정체를 알리며 이를 인터넷에 공개하겠다고 협박하는 것이 특징이다. 언론에서 유명세를 타면 자신의 목적을 밝히고 협상을 시도한다.

**Hacktivist 핵티비스트** 해커(Hacker), 액티비스트(Activist)를 합성한 신조어. 인터넷을 통한 컴퓨터 해킹을 투쟁 수단으로 사용하는 새로운 형태의 행동주의자들을 일컫는다. 이들은 피켓을 들고 거리에서 구호를 외치거나 전단을 나눠주는 고전적인 투쟁 방법 대신 가상공간에서 활동한다.

**Hadoop 하둡** 일반 PC급 컴퓨터들로 가상화된 대형 스토리지를 형성하고 그 안에 보관된 거대한 데이터 세트를 병렬로 처리할 수 있도록 개발된 빅데이터의 분산처리를 돕는 자바 소프트웨어 오픈 소스 프레임워크로서 High-Availability Distributed Object-Oriented Platform의 약자이다. 소프트웨어 프레임워크란 일종의 공장처럼 소프트웨어의 설계 등의 과정에서 공통적인 부분을 제공해 시간과 비용을 절약해주는 시스템을 말한다. 하둡은 여러 대의 컴퓨터로 이루어진 클러스터(Cluster)에서 동작하는 분산 응용 프로그램을 지원해 빅데이터(Big Data)라 불리는 대용량 데이터의 처리를 돕는다. 하둡은 미국의 프로그래머 더그 커팅(Doug Cutting)이 2005년 개발한 것으로 오픈소스를 기반으로 한다. 하둡이란 이름은 커팅의 딸이 가지고 놀던 장난감 코끼리의 이름에서 따온 것이란 설이 있다. 하둡의 로고는 노란색 코끼리로, 빅데이터(Big Data)를 의미한다. 하둡은 하둡 일반(Hadoop Common)과 하둡 분산 파일 시스템(HDFS, Hadoop Distributed File System), 하둡 맵리 듀스(Hadoop MapReduce) 등으로 구성되어 있다. 하둡 일반은 하둡의 다른 하위 프로젝트에서 공통으로 사용되는 유틸리티를 포함하고 있으며, 하둡 분산 파일 시스템은 여러 장비에 대용량 파일을 나눠서 저장한다. 데이터를 여러 서버에 저장하므로 안정적이며, 서로 다른 하드웨어와 소프트웨어 플랫폼들을 묶어도 쉽게 호환할 수 있다. 하둡 맵리 듀스는 분산된 서버의 CPU 자원 등을 사용해 저장된 데이터를 빠르게 분석하는 플랫폼이다. 저렴한 비용으로 방대한 데이터를 분석할 수 있어 기업에서 주로 사용한다. 용량은 크지만 중요하지 않은 정보가 많은 빅데이터 분석에 들어가는 초기 비용을 줄일 수 있고 기존 시스템과 쉽게 호환되기 때문이다. 특히 페이스북과 야후 등이 하둡을 데이터 분석의 바탕으로 삼았다. 하둡은 데이터 통계 분석 프로그램인 '알(R)' 등과 함께 이른바 빅데이터(Big Data) 시대의 실질적인 도구가 되고 있다.

**Hadoop Distributed File System(HDFS) 하둡 분산 파일 시스템** HDFS(Hadoop Distributed File System)를 참조.

**HAE(Height Above Ellipsoid) 타원체고** 타원체면으로부터 지표면의 측점까지의 수직거리를 말한다. Ellipsoidal Height를 참조.

**Hair Pin Curve 배향곡선, 머리핀 곡선** 원곡선의 양쪽 끝단에 방향이 반대로 굽는 원곡선을 접속 설치하여 그 모양이 마치 머리핀 같이 보이는 곡선. 주로 계곡부를 통과하는 선상시설물에 적용되는 곡선 형태이다.

**Halation 후광 현상** 필름에 태양이나 전등 따위의 광원이 화상으로 맺혔을 때, 너무 빛이 강하여 유제층을 통과하고 필름 베이스에서 다시 반사해 광원화상 주변에 얼룩이 생기는 것을 말하며, 필름의 해상도나 선예도를 나쁘게 하게 하는 요인이 된다. 이것을 방지하기 위해서 필름 베이스 아래에 할레이션 방지층을 두고 있으며 정착 시 녹아 없어진다. Photo Spot를 참조.

**Half Interval Contour Line 간곡선(間曲線)** 지형도의 등고선에서 주곡선만으로 지형표시가 곤란할 때 주곡선 간격의 1/2의 간격으로 표시되는 등고선으로서, 경사가 고르지 못한 완경사지 또는 주곡선만으로 지형도를 명시하기 곤란한 장소에 가는 파선으로 표시한다.

**Half-Frame 2절 프레임** 35mm 풀 프레임은 가로 36mm(8극), 세로 24mm 크기를 갖는다. 2절 프레임은 가로 18mm(4극), 세로 24mm 크기가 된다.

**Half Interval Contour 간곡선(間曲線)** 간곡선은 주곡선의 높이를 2등분한 높이에 그려지며, 주곡선만으로는 표현이 불충분한 완만한 경사지의 기복을 상세하게 나타내기 위해서 사용되는데, 1:10,000 축척 지형도에서는 2.5m 간격으로, 1:25,000 지형도에서는 높이 5m 간격으로, 1:50,000 지형도에서는 높이 10m 간격으로 표현한다.

**Half Life 반감기(半減期)** 원자핵이 방사성 붕괴를 통해 지수함수적으로 방사능 양이 처음의 절반으로 줄어드는 데 걸리는 시간을 말한다. 방사성 원소의 평균 수명은 반감기의 1.44배이다. $N = N_0 e^{-\lambda t} = N_0 e^{-\frac{0.693\,t}{T}} = N_0 \left(\frac{1}{2}\right)^{\frac{t}{T}}$. 여기서, $N_0$은 최초의 방사능, T는 반감기, λ는 붕괴상수이다. 한편, $N = N_0 e^{-\lambda t}$에서 반감기에서는 $N = \frac{1}{2} N_0$이고 $t = T$이므로 $\frac{1}{2} A_0 = A_0 e^{-\lambda T}$ 이며,

$\frac{1}{2} = e^{-\lambda T}$ 이 된다. 양변에 ln을 취하면, 반감기와 감쇠상수 사이에는 $T = \frac{0.693}{\lambda}$ 의 관계식이 성립한다. Absolute Age Method, Relative Age Method를 참조.

**▪ 암석, 지층 및 고고학 분야에서 절대 연령(absolute age) 측정에 사용되는 주요 방법과 종류**

| 방 법 | 붕괴 과정 | 반감기 |
|---|---|---|
| 탄소법 | $^{14}C \rightarrow {}^{14}N + \beta$ | 5,700년 |
| Rb-Sr법 | $^{87}Rb \rightarrow {}^{87}Sr + \beta$ | 470년 |
| U-Pb법 | $^{238}U \rightarrow {}^{206}Pb + \beta$<br>$^{235}U \rightarrow {}^{207}Pb + \beta$ | 45억년<br>7.1억년 |
| Th-Pb법 | $^{232}Th \rightarrow {}^{208}Pb + \beta$ | 141억년 |
| K-Ar법 | $^{40}K \rightarrow Ar + \beta$ | 13억년 |

**▪ 명칭 및 특성**

| 명 칭 | 특 성 |
|---|---|
| 핵종 (Nuclide) | 양성자수(Z)와 중성자수(N)가 지정된 원자핵 |
| 동위원소 (Isotope) | 양성자수(Z)는 같으나 중성자수(N)가 다른 원소<br>(예 : $^{1}_{1}H$, $^{2}_{1}H$, $^{3}_{1}H$ / $^{123}_{53}I$, $^{125}_{53}I$, $^{131}_{53}I$) |
| 방사성 동위원소 (Radioisotope) | 동위원소 중 방사성을 띠고 있는 동위원소로서, 방사선을 내지 않은 것은 안정동위원소 |
| 동중성자 원소 (Isotone) | 중성자수(N)는 같으나 양성자수(Z)가 다른 원소로서, 원자번호, 질량수, 화학적 성질이 다르다.<br>(예 : $^{53}Cr_{29}$, $^{54}Mn_{29}$, $^{55}Fe_{29}$) |
| 동중 원소 (Isobar) | 질량수(A)는 같으나 양성자수(Z)가 다른 원소로서, 화학적 성질이 다르다.<br>(예 : $^{131}I$, $^{131}Xe$, $^{131}Cs$, $^{7}Li$, $^{7}Be$) |
| 핵 이성체 (Isomer) | 양성자(Z)수 및 중성자수(N)는 모두 같으나 핵의 에너지 준위만 다른 원소로서, 에너지 차이에 의해서 여기상태의 핵이 기저생태로 돌아가면서 $\gamma$-ray를 방출한다.<br>(예 : $^{99m}Tc$) (※ m : metastable state, 준안정상태) |
| 방사선 | 에너지의 이동 또는 흐름으로서, (1) "입자방사선"은 $\alpha$-선, $\beta$-선, 중성자선, 양성자선, 뮤온, 이온 등이며, (2) "전자기 방사선"은 $\gamma$-, x-선, 우주선, 전파, 자외선, 적외선, 가시광선 등이다. |
| 전리 방사선 | 어떤 매질을 직접 또는 간접적으로 전리할 수 있는 능력을 가진 에너지의 흐름으로서, 불안정한 원자 또는 원자핵이 안정된 상태로 돌아갈 때 나오는 일종의 에너지의 흐름으로 매질을 이온화시킬 수 있는 입자나 전자파이다(예 : X-선, 감마선, 우주방사선, 전리입자, 베타선, 알파선, 중성자선 등). |

**▪ 주요 핵종의 발생원 및 반감기를 정리한 표**

| 구분 | 발생원 | 주요 생성원 | 핵종명 | 반감기 | 방출 방사선 |
|---|---|---|---|---|---|
| 천연 방사성 핵종 | 지구(지각) 기원 | 토양, 물, 음식물, 건축물 등 지구(지각) 기원 | $^{235}U_{92}$ | 약 7억년 | $\alpha$ |
| | | | $^{238}U_{92}$ | 약 45억년 | |
| | | | $^{232}Th_{90}$ | 약140억년 | |
| | | | $^{226}Ra_{88}$ | 약 1,600년 | |
| | | | $^{222}Rn_{86}$ | 3.82일 | |
| | | | $^{40}K_{19}$ | 약 13억년 | $\gamma$ |
| | 우주선 기원 | 우주선과 상호작용 (O, N) | $^{3}H_{1}$ | 12.3년 | $\beta$ |
| | | | $^{14}C_{6}$ | 5,730년 | |
| | | | $^{7}Be_{4}$ | 53.3일 | $\gamma$ |
| 인공 방사성 핵종 | 원전 유출물 | 중성자 방사화 (감속/냉각재) | $^{3}H_{1}$ | 12.3년 | $\beta$ |
| | | | $^{14}C_{6}$ | 5,730년 | |
| | | 부식 생성물 (원자로/냉각계통) | $^{51}Cr_{24}$ | 27.7일 | $\gamma$ |
| | | | $^{54}Mn_{25}$ | 312일 | |
| | | | $^{59}Fe_{26}$ | 44.5일 | |
| | | | $^{58}Co_{27}$ | 70.8일 | |
| | | | $^{60}Co_{27}$ | 5.27년 | |
| | | | $^{65}Zn_{30}$ | 244일 | |
| | | 핵분열 생성물 (핵연료) | $^{85}Kr_{36}$ | 10.8년 | $\beta$ |
| | | | $^{89}Sr_{38}$ | 50.5일 | |
| | | | $^{90}Sr_{38}$ | 28.8년 | |
| | | | $^{95}Zr_{40}$ | 64.0일 | $\gamma$ |
| | | | $^{95}Nb_{41}$ | 35.0일 | |
| | | | $^{106}Ru_{44}$ | 373일 | |
| | | | $^{131}I_{53}$ | 8.02일 | |
| | | | $^{133}Xe_{54}$ | 5.25일 | |
| | | | $^{134}Cs_{55}$ | 2.06년 | |
| | | | $^{137}Cs_{55}$ | 30.1년 | |
| | | | $^{140}Ba_{56}$ | 12.8일 | |
| | 핵주기 시설 | 핵연료 원료 및 제조 공정 | U계열 | - | $\alpha$ |
| | | | Th계열 | - | |
| | | | Pu계열 | - | |
| | 핵실험 | 핵분열생성물 및 중성자포획 | $^{239}Pu_{94}$ | 24,065년 | $\alpha$ |
| | | | $^{240}Pu_{94}$ | 6,537년 | |
| | | | $^{90}Sr_{38}$ | 28.8년 | $\beta$ |
| | | | $^{137}Cs_{55}$ | 30.1년 | $\gamma$ |

**Halftone 망점 처리** 선이나 점의 밀도를 변화시켜서 연속적 수치를 표현하는 기법을 말한다.

**Hallert.s Numerical Orientation 할럿트의 계산법** 실체 모델 내의 6점에서의 종시차를 측정하고, 그 다음의 최소자승법을 이용하여 표정 요소를 계산으로 정하는 표정법을 말한다.

**Hamiltonian Circuit 해밀톤 회로** 여행은 시점에서 시작하여, 단지 한 번 정류장을 방문하면서 많은 정거장을 방문하여 시점으로 되돌아오는 최소 저항 경로이다. 여행은 또한 해밀톤 회로로서 알려진다. 용어 여행 또는 해밀톤 회로는 예를 들면 판매원 여행 문제와 같은 네트워크 문제와 관련하여 보통 사용된다.

**Hand Level 핸드 레벨** 손에 들고 약식으로 개략적인 높이를 관측하는 기계이다.

**Hand Level with a Telescope 망원경 핸드레벨** 망원경이 부착된 핸드레벨을 말한다.

**Hand Level with Vertical Graduated Arc 고도부 핸드레벨** 높이 관측장치가 부착된 핸드레벨이다.

**Hand Over Word(HOW) 하우** HOW(Hand Over Word)를 참조.

**Hand Scanner 핸드 스캐너** 소형 영상 독취기로 손으로 스캔할 영상 위로 독취기를 밀어서 읽는다.

**Hand Templet Method 핸드 템플리법** 도해 사선법의 한 방법으로서, 각 사진의 사선 중심과 각 사선을 이사한 투명판을 만들어 그 선을 결합하여 만든 사선망을 말한다.

**Handheld 핸드헬드, 휴대용** 한 손에 올려놓고 다른 손으로 조작할 수 있는 컴퓨터. 주로 이동통신 단말 등 초소형 기기를 가리키는 형용사.

**Handheld Device Markup Language(HDML) 휴대용 기기 마크업 언어** HDML(Handheld Device Markup Language)를 참조.

**Handling Description 조작 설명** 자원 또는 메타데이터를 조작하는데 제한에 대한 부가적인 정보를 말한다.

**Handoff 핸드오프** 미국에서 모바일 기지국이 하나의 중계기에서 다른 중계기로 이동할 때에 발생하는 절차를 말한다.

**Hand Over Word(HOW) 하우, 에이치오더블유, 전달 신호** HOW (Hand Over Word)를 참조.

**Hanging Compass 걸침 컴파스** 터널이나 갱내의 골격측량에 이용되는 컴퍼스로 줄자나 체인에 걸어서 갱내측선의 방위를 측정하는 기구이다.

**Hans Moravec 한스 모라벡** 미국의 로봇공학 전문가이며 카네기멜론대 교수. 21세기 안에 영원한 생명이 있는 인간이 나타날 수 있을 것으로 기대하는 대표적인 인물이다. 인간의 신체는 사라져도 그 정신이 두뇌를 컴퓨터나 로봇에 복사, 또 다른 분신을 만들어 영원히 살 수 있다는 것이 그의 주장의 핵심이다. 그는 뇌의 내용물 전체를 복사해서 로봇에게 전달할 수 있다고 주장한다. 또한 로봇 지능의 진화 속도가 과거 인류보다 약 1천만 배나 빠르게 발전하고 있다면서 향후 10년 뒤에는 도마뱀의 지능을 갖춘 로봇이, 20년 뒤에는 쥐, 30년 뒤에는 원숭이, 그리고 50년 뒤에는 인간의 지능 수준에 버금가는 로봇이 탄생할 것이라고 보고 있다.

**Haptic 햅틱 렌더링** 물리적 특성을 결정하고 하드웨어와 소프트웨어를 연동시켜 촉각 모델링 연구에 사용된다.

**Haptics 햅틱** 프리미엄 터치폰의 대명사가 된 햅틱은 '촉각의' 라는 뜻이다. 자체발광화면으로 유명한 아몰레드는 유기발광 다이오드(AMOLED)라는 신기술을 대중에 효과적으로 전달한 사례이다. 컴퓨터의 기능 가운데 사용자의 입력 장치인 키보드와 마우스, 조이스틱, 터치스크린 등을 통해 촉각과 힘, 운동감 등을 느끼게 하는 기술. 햅틱은 '촉각의, 만지는'이라는 의미의 형용사며 그리스어 'haptesthai'에서 어원이 나왔다. 햅틱기술은 사람이 피부로 세상을 느끼는 두 방식, '힘 피드백'과 '촉각 피드백'의 두 영역으로 나뉜다. 물체의 힘을 재생하는 힘 피드백(Force Feedback) 기술은 기계적 인터페이스를 이용해 사용자에게 힘과 운동감을 느끼도록 하는 원리로 작동한다. 로봇기술자들이 1950년대 중반 원자로 작업로봇의 원격제어를 위해서 처음 개발했다. 요즘 나오는 원격작업로봇은 햅틱 장갑을 끼고서 멀리 떨어진 물체의 형상과 움직임, 무게, 굳기 등을 느끼면서 섬세한 작업이 가능하다.

**Hapy 하피** 나일강의 신. 턱수염과 커다란 배를 가지고 있으며 양성을 가진 인간의 모습을 말한다.

**Harbor 항만(港灣), 항구(港口)** 배나 비행기 또는 다른 수상 기구가 닻을 내리거나 짐을 부릴 수 있는 수상 지역. 항구(Harbour)라고 철자를 쓰기도 한다.

**Harbor Chart 항박도** 항만, 투묘지, 어항, 해협과 같은 좁은 구역을 대상으로 배가 부두에 접안할 수 있는 시설 등을 상세히 표시한 해도를 말한다.

**Harbor Survey 항만 측량(港灣 測量)** 항만 및 그 부근에서 항해의 안전을 목적으로 실시하는 측량을 말한다. 일반적으로 항만 측량은 해안 측량에 포함된다.

**Harbour Surveying 항만 측량(港灣 測量)** 수로측량의 한 종류로서, 항만 및 그 부근에 있어서 선박의 안전항해를 목적으로 실시하는 측량을 말하며, 항만측량 결과로부터 작성되는 도면의 축척은 주로 1/5,000~1/10,000이다.

**Hard Breakline(Hardline) 강 불연속선** 속성이 지정된 선형 형상을 중심으로 보간의 불연속성이 발생하도록 하는 속성. 등고선군 중 가장 바깥의 등고선에 본 속성을 할당함으로써 평면 지역과 산지를 구분하는데 사용한다. 편평한 표면이 끊어진 것으로서, 하천, 해안선, 댐, 능선, 건물의 흔적 등 개체의 위치에 대한 표면 변화를 나타내는데 사용된다. 강불연속선은 3-D 불연속선으로 표현되기도 하지만, 해안선이나 건물의 흔적과 같은 개체가 연속적인 x, y좌표로만 표현(예를 들어, 해안선은 고도 데이터가 없는 수치 정사사진의 x, y좌표로 표현)되는 경우도 있으므로 2-D 불연속선으로 표현되기도 한다.

**Hard Clip 하드크립** 의미 있는 표고 정보가 존재하는 지역을 다각형으로 표현하여 다각형 내부에서만 표고값이 보간이 되도록 하는 속성. 해안선과 대상 지역 외곽선에 대해 본 속성을 할당하여 사용한다.

**Hard Copy 하드카피, 인쇄 출력** 인쇄된 보고서, 그래프, 도면, 지도 또는 도표와 같이 눈으로 읽을 수 있도록 출력 장비에 의하여 인쇄된 종이나 필름. 원래 음극선관(CRT)에 의해 표현되는 도형이나 지도를 종이나 필름 상에 복사하는 것을 말한다.

**Hard Disk 하드디스크** 자성체로 덮인 견고한 금속 디스크로, 하드디스크 드라이브에 영구적으로 장착되어 있다. 매우 빠른 속도로 회전하며 대량의 자료를 저장할 수 있고, 플로피 디스크 드라이브에 비해 액세스가 빠르다.

**Hard Disk Drive(HDD) 하드디스크 드라이브** HDD(Hard Disk Drive)를 참조.

**Hard Replace 하드 리플레이스** 일정한 표고값을 다각형 내부에 할당하여 표고값의 보간을 방지하는 속성. 호수와 큰 강의 처리에 사용한다.

**Hard Rock 경암** 암편의 내압강도(kgf/cm$^2$)가 800~1,600이며, 화강암, 안산암 등으로 굴착에는 화약을 사용해야 하며, 균열상태가 1m 이내로서 석축용으로 쓸 수 있는 암질이다.

**Hardcopy Map 종이 지도** 이용자가 알아볼 수 있게 만든 종이 지도를 말한다.

**Hard-Copy Output Devices 출력 장치** 도표나 그래픽 형태의 결과물을 출력하기 위한 주변장치를 말한다. 지도와 그 외의 결과물을 A4 용지의 작은 크기에서 대형 도면 크기까지 다양하게 출력할 수 있다. 펜 플로터와 같은 출력장치는 벡터 형태의 자료로 직접 출력하지만, 대부분의 다른 출력 장치들은 래스터 형태의 자료 처리 기술을 이용해 결과물을 출력한다. 문자 출력에 가장 적합한 장비는 고속의 라인 프린터와 저급의 도트프린터가 있다. GIS에서 출력 장치는 특정 응용 분야에서 어떤 형태를 필요로 하는지, 즉 사용자들의 결과물이 어떤 것인지에 의해 결정된다. 크기・속도・해상력・색의 수와 출력용 매체 등의 속성 및 특성들을 고려해야 한다.

**Hardware 하드웨어** 하드웨어는 GIS를 구동시키는 컴퓨터 체계의 물리적 장치를 가리키는 말로, 눈으로 볼 수 있고 손으로 만질 수 있는 것을 의미하며, GIS에서 하드웨어의 구성은 중앙 처리 장치와 주변 장치로 나눌 수 있다. 중앙 처리 장치(CPU)는 시스템의 전반적인 동작을 감독하고 실행하는 GIS의 핵심 하드웨어로 일반적으로 PC와 워크스테이션의 2가지 플랫 홈으로 구성되며 자료 관리 및 분석에 사용된다. 주변 장치는 보조 기억장치, 입력 장치 및 출력 장치와 통신 지원 장치 등을 말한다. 입력장치는 CD, 디스크, 테이프, 플로피 디스크 등을 이용해서 수치 자료를 읽어 들이거나 디지타이저나 키보드, 마우스, 스캐너, 해석도화기, 디지털 도화기, 비디오 사진기 체계 등을 이용해 입력할 수 있는 장치들을 말한다. 출력장치는 GIS의 다양한 산출물을 만들 수 있으며, 이것을 모니터 디스플레이, 플로터나 프린터를 이용한 지도 또는 테이프나 디스크, 네트워크를 이용해 출력될 수도 있다.

**Harlacher's Graphical Method 하알랏 헤르도법** 하천의 유량을 구하는 도해법의 일종이다.

**Harmful Gas 유해가스(有害 -)** 밀폐공간에서 탄산가스・황화수소 등의 유해물질이 가스 상태로 공기 중에 발생하는 것으로 정의된다(「산업안전보건기준에 관한 규칙」 제618조 제2호). 한편, 유해공기는 산소농도 범위가 18% 미만 23.5% 이상인 공기, 탄산가스 농도가 1.5% 이상인 공기, 황화수소 농도가 10ppm 이상인 공기, 폭발하한 농도의 10%를 초과하는 가연성 가스, 증기 및 미스트를 포함하는 공기, 폭발하한 농도에 근접하거나 초과하는 공기와 혼합된 가연성분진을 포함하는 공기를 의미한다.

**Harmonic Analysis 조화분석(調和分析), 조화분해** 조석(tide)

을 다수의 규칙적인 조석, 즉 분조(tidal constituent)들이 합성되었다고 가정하고, 관측된 조석의 실측치를 수학계산에 의하여 분조들로 분해하여 그들의 조화상수(harmonic constant)를 구하는 것을 조화분해라 한다. 조석과 조류를 장기 관측한 자료를 조화 분해하여 각 분조의 조화상수를 구함으로써 그 지역에서 임의의 시간의 조석과 조류를 예측할 수 있다. 조화분해를 하는 데는 최소자승법, 다윈법, TI법 등의 방법이 있다. 조화분석이라고도 한다.

**Harmonic Constant 조화상수(調和常數)** 한 분조의 진폭과 지각을 조화상수라 한다. 조석의 실측값으로부터 수학계산에 의하여 분조들을 구하는데, 각 분조의 조차의 반을 반조차, 즉 진폭이라 하며, 그 분조를 일으키는 가상천체가 그 지역의 자오선을 통과한 후 고조로 될 때까지의 시간을 각도로 표시한 것을 지각이라 한다.

**Harmony 조화** 균형 잡힌 아름다운 통일체를 생성하기 위해 지도의 요소들이 협력하는 특성을 말한다.

**HARN(High Accuracy Reference Network) 한, 고정밀 기준망** 미국전역에 대한 높은 위치 정확도를 확보하기 위한 기준망도로서 어디서나 20~100Km 이내에 있으며, 평면 고정확도는 A급이 5mm+1:10,000,000, b급이 8mm+1:1,000,000이다.

**Harvard Laboratory 하버드 대학 컴퓨터 그래픽스 및 공간분석 연구소** Harvard Laboratory For Computer Graphics and Spatial Analysis로서 60년대 중반 일반적인 지도제작 소프트웨어 개발을 위해 설립된 연구소로 80년대 초반까지 GIS 기술 발전에 있어 매우 중요한 역할을 담당하였다.

**Hash Function 해시함수** 하나의 문자열을 좀 더 빨리 찾을 수 있도록 주소에 직접 접근이 가능한 짧은 길이의 값이나 키로 변환하는 알고리즘을 수식으로 표현한 것이다.

**Hashing 해싱** [데이터베이스] Hash Table이라는 기억공간을 할당하고, 해시함수(Hash Function)를 이용하여 레코드 키에 대한 Hash Table 내의 Home Address를 계산한 후 주어진 레코드를 해당 기억장소에 저장하거나 검색작업을 수행하는 방식이다. DAM(직접 접근) 파일을 구성할 때 해싱이 사용되며, 접근 속도는 빠르나 기억공간이 많이 요구된다. 검색 속도가 가장 빠른 특징이 있다. 삽입, 삭제 작업의 빈도가 많을 때 유리한 방식이다.

**Hash Table 해시 테이블** [데이터베이스] 레코드를 1개 이상 보관할 수 있는 Home Bucket들로 구성한 기억공간으로, 보조기억장치에 구성할 수도 있고, 주기억장치에 구성할 수도 있다. (1) 버킷(bucket) : 하나의 주소를 갖는 파일의 한 구역을 의미하며, 버킷의 크기는 같은 주소에 포함될 수 있는 레코드 수를 의미하다. (2) 슬롯(slot) : 1개의 레코드를 저장할 수 있는 공간으로 n개의 슬롯이 모여 하나의 버킷을 형성한다. (3) Collision(충돌현상) : 서로 다른 2개 이상의 레코드가 같은 주소를 갖는 현상이다. (4) Synonym : 같은 Home Address를 갖는 레코드들의 집합이다. (5) Overflow : 계산된 Home Address의 Bucket 내에 저장할 기억공간이 없는 상태로서, Bucket을 구성하는 Slot이 여러 개일 때는 Collision은 발생해도 Overflow는 발생하지 않을 수 있다.

**Hashtag 해시 태그** 소셜 네트워크 서비스 등에서 사용되는 것으로, 해시 기호(#) 뒤에 특정 단어를 쓰면 그 단어에 대한 글을 모아서 볼 수 있다. 해시 태그는 개인 타임라인 또는 페이지의 게시물에 사용된 주제와 문구를 클릭할 수 있는 링크 형식으로 바꿔주며 관심 있는 주제에 관한 게시물을 찾을 때 유용하게 사용할 수 있다. 해시 태그를 만들려면 #(숫자 기호)를 주제 또는 문구와 함께 써서 게시물에 추가하면 된다. 예를 들어, "정말 귀여운 강아지를 봤어요! #강아지" 해시 태그를 클릭하면 해당 해시 태그가 포함된 게시물이 표시되며, 페이지 맨 위에 관련 해시 태그가 표시되기도 한다. 해시 태그는 공백 없이 한 단어로 구성되어야 하며, 숫자를 포함할 수 있으나 문장 기호나 특수 문자(예 : $ 및 %)는 올바르게 작동하지 않는다. 모든 페이지 위에 있는 검색 창을 사용하여 해시 태그를 검색할 수 있다.

**Hatching 해칭** 2개 이상의 교차하는 평행선 집합으로 영역을 채우는 것을 말한다.

**Hayford Ellipsoid 헤이포드 타원체** 1909년 헤이포드가 측정한 준거타원체로서 1924년 국제타원체로 채택되어 WGS-84가 채택되기 전까지 사용되었다. 지구의 형태는 완전한 구형이 아니므로 지도투영을 위하여 회전타원체로 간주하여 사용되는데, 이러한 측량 및 지도제작을 위한 회전타원체를 기준타원체라 한다. 헤이포드 타원체는 여러 가지 기준타원체 중 하나이다.

**Hazardous Material Monitoring(HMM) 위험물 차량관리** HMM (Hazardous Material Monitoring)를 참조.

**Hazard Zone 장해구역** [항공 레이저(라이다) 측량] 레이저 광선 수준이 규정된 노광한계를 초과하는 공간을 말한다(「레이저광선 운영기준」 제4조 제4호).

**Haze 헤이즈, 연무(煙霧)** 시정 1km 이상으로, 습도가 비교적 낮을 때 대기 중에 연기·먼지 등 미세한 입자가 떠 있어서 공기의 색이 우윳빛으로 부옇게 보이는 현상을 말한다.

**HbbTV(Hybrid Broadcast Broadband TV) 하이브리드 광대역 텔레비전** 유럽 하이브리드 방송 표준 기술. 2009년 프랑스에서 처음 시연된 이후 사실상 유럽 표준으로 자리 잡았다. 브로드밴드(Broadband) 웹 콘텐츠를 TV 화면에 효과적으로 전송해 보여준다. 시청자와 양방향 소통할 수 있는 것도 장점이다. 기존 표준 기술에 약간의 신기술만 부가해 만들어져 개발 비용이 적고 적시 출시(타임투 마켓)가 가능하다.

**HBO Go 에이치비오 고** 컴퓨터, 스마트 폰 등을 이용해 어디서나 HBO의 영화 또는 자체 제작 프로그램 콘텐츠를 볼 수 있는 미국 타임워너의 서비스이다. HBO고(Go)를 애플TV에서 유료로 서비스하고 있으며, TV 사용료를 낸 사람만 이용할 수 있다. 2010년 서비스를 시작했다.

**HBO NOW 에이치비오 나우** 미국 타임워너 자회사인 유료 방송채널 HBO의 인터넷 스트리밍 서비스이다. HBO는 2015년 애플과 독점 계약을 맺고 HBO나우를 출시한다고 밝혔으며, 크롬캐스트에도 제공한다. 시청자는 HBO의 영화 또는 자체 제작 프로그램 콘텐츠를 유료로 케이블이나 위성 서비스에 대한 별도의 가입 없이도 즐길 수 있다. 이전에도 해당 콘텐츠를 컴퓨터에서 감상할 수 있었지만 케이블이 필요했고 대화면 모니터에 최적화되지도 않았다. 크롬캐스트를 사용하면 선을 연결할 필요도 없이 무선으로 작동하면서 더 나은 품질의 콘텐츠를 감상할 수 있다. HBO나우(Now)는 별도의 TV 케이블 사용료를 내지 않은 사람도 이용할 수 있도록 할 예정이며, 서비스 사용료만 내면 된다.

**HCFC(Hydro Chloro Fluoro Carbon) 수소염화불화탄소** 오존층 파괴 주범(프레온가스)인 염화불화탄소(CFC)를 대체해 에어컨 냉매 등에 쓰이는 물질이다. 에어컨을 비롯한 가전제품용 냉매뿐만 아니라 단열재, 반도체 세정제로 쓰인다. 2013년부터 '오존층 파괴 물질에 관한 몬트리올 의정서'에 따라 HCFC 생산·소비를 줄인다. HCFC의 오존파괴지수(Ozone Depletion Potential)가 높고 한국 내 소비가 많다. HCFC로 CFC를 대체했지만 여전히 오존층을 깨뜨리기 때문에 2040년까지 모두 없애기로 했다.

**HCI(Highway Capacity Improvement) 도로 용량 증대** 차량간격 자동제어, 차량 군집운행, 나아가 완전 자동 운전을 통해 도로 용량의 획기적 증대를 할 수 있다.

**HCI(Human-Computer Interaction) 인간과 컴퓨터 상호작용** HCI 인간(사용자)과 컴퓨터 간의 상호작용에 대해 연구하는 학문 분야다. 이 분야에서는 컴퓨터학, 심리학, 산업공학 등의 서로 다른 연구 분야가 공동으로 연구를 진행하는 경우가 많다. 여기서 말하는 상호작용은 사용자와 컴퓨터 사이에 있는 사용자 인터페이스에서 발현되는 작동을 의미하는데, 사용자 인터페이스는 하드웨어와 소프트웨어를 모두 포함하며, 최근 상황지각컴퓨팅(context-aware computing)의 등장은 사용자 인터페이스의 정의를 주변 상황에까지 확장시키고 있어, 그 의미가 차츰 모호해지고 있다.

**HCMM(Heat Capacity Mapping Mission) 에이취씨엠엠** 광역에 대한 주·야간 가시영상과 열적외 영상을 기록하기 위해 1978년 NASA에서 발사한 위성이다.

**HCP(Horizontal Control Point) 수평 기준점, 평면 기준점** 평면위치의 표정에 사용하는 평면기준점을 말한다.

**HD(High Definition) 고화질** 고화질 텔레비전(HDTV, High-Definition TeleVision)은 과거의 아날로그 전송 방식(NTSC, PAL, SECAM)보다 최고 5배 향상된 화질로 방송을 시청할 수 있는 텔레비전 방송과 수신기이다. 대부분의 HDTV는 송·수신이 과거의 방송과 달리 디지털 신호를 통해 이뤄지고 있으며, 수직 해상도는 기존 방식의 480, 525 비월주사방식(인터레이스 스캔)보다 월등히 향상된 720 순차주사방식(順次走査方式, Progressive scanning)(720p) 혹은 1080 비월주사방식(飛越走査方式, Interlace scanning)(1080i) 등의 해상도를 구현할 수 있다. 또한 화면의 가로세로비도 4:3이 아닌 16:9의 비율을 갖고 있다.

HD 규격은 원래 1280×720 P(Progressive scanning)인데, HD 규격에 대응하는 디지털 TV를 처음 생산할 때 1920×1080의 해상도를 내는 디스플레이 패널을 생산 못해서 시장성을 고려해 생산하기 시작한 규격이다. 당시 기술 상황상 어쩔 수 없이 만들어진 형식이다. 현재는 1920×1080 해상도의 Full HD가 나오면서 시장을 잃어가고 있다. HDTV 방송신호 형식은 다음과 같은 항목으로 표기한다. 즉, (1) 화면 영역의 라인(scan line)수, (2) 순차 주사 방식(p) 혹은 비월 주사 방식(i), (3) 초당 프레임 혹은 필드의 수(프레임률) 등이다. 4K UHD, 8K UHD, Full-HD를 참조.

**HDD(Hard Disk Drive) 하드디스크드라이브** 자성체로 코팅된 원판형 알루미늄 기판에 자료를 저장할 수 있도록 만든 보조기억장치의 한 종류이다.

**HDDT(High Density Digital Tape) 고밀도 디지털 테이프** 컴퓨터 체계의 일반목적으로 적합하지 않은 높은 비율의 자료를 저장하기 위한 아날로그 체계이다.

**HDFS(Hadoop Distributed File System) 하둡 분산 파일 시스템** 하둡 분산 파일 시스템은 신뢰성과 확장성을 갖춘 분산 컴퓨팅을 위해 하둡에서 분산 컴퓨팅 프레임워크를 지원할 목적으로 개발된 분산 파일 시스템이다. 하둡 분산 파일 시스템은 2009년 현재 아마존, IBM,야후 등 글로벌 IT 기업들의 클라우드 컴퓨팅 플랫폼의 기반이 되며 널리 활용되고 있다.

**HDMI(High Definition Multimedia Interface) 고선명 멀티미디어 인터페이스** 비압축 방식의 디지털 비디오/오디오 인터페이스 규격의 하나이다. HDMI는 HDMI를 지원하는 셋탑박스, DVD 재생기 등의 멀티미디어 소스에서 AV기기, 모니터, 디지털 텔레비전 등의 장치들 사이의 인터페이스를 제공한다. HDMI는 개인용 컴퓨터와 디스플레이의 인터페이스 표준 규격인 DVI를 AV 전자제품용으로 변경한 것으로, 2002년 HDMI 1.0의 사양이 결정되었다. 영상·음성을 압축하지 않고 플레이어에서 텔레비전 쪽으로 전송하기 때문에 디코더칩이나 소프트웨어가 필요 없다. 접속 기기끼리 호환성을 가진다. 영상·음성·제어 신호가 케이블 하나로 전송되기 때문에 번거로웠던 AV기기의 배선을 간단하게 할 수 있다. 또한 제어신호도 보낼 수 있으므로 각 AV기기를 유기적으로 사용할 수 있다.

**HDML(Handheld Device Markup Language) 휴대용 기기 마크업 언어** 휴대폰 등 무선통신 단말기를 위해 개발된 프로그램 언어이다.

**HDOP(Horizontal Dilution Of Precision) 수평 정도(精度) 저하율, 수평 위치정도 열화(劣化)** GPS의 천구상의 배치상태에 따른 정도 열화를 표시하는 계수로서, 수평 측위결과 정확도를 표시한다. DOP(Dilution Of Precision)를 참조.

**HDR(High Dynamic Range) 고(高)다양성 범위** 사람이 눈으로 보는 실제의 풍경과 같은 다채로운(Dynamic) 범위(Range)의 명암을 세밀하게 분석해 보여주는 기술로서, 브라운관 TV시대의 빛 표현 수준을 대폭 향상시켜, 어두운 곳은 더 어둡게, 밝은 부분은 더 밝게 표현한다.

**HD-SDI(High Definition Serial Digital Interface) 디지털 영상 전송 규격** [영상] HD-SDI는 메가 픽셀화면(1280×720 이상)을 시리얼 라인(동축)을 이용하여 전송하기 위한 디지털 영상 전송 규격이다. 동축케이블은 75옴 규격을 사용하는 것이 일반적으로 대부분 가정용 TV설치 시 사용되는 동축케이블과 일치한다. HD-SDI카메라의 경우 녹화기 또한 HD급 디지털녹화기를 사용해야 한다.

**HD TV(High Definition TV) 고선명 티브이** 일본 NHK에서 개발하여 1981년 미국에서 첫 선을 보였다. 우리나라에서도 정부에 의해 1989년부터 개발계획이 수립되어 업계와 정부출연연구소가 공동으로 연구하여 1993년 세계 2번째로 HDTV용 브라운관을 개발하였다. 기존 텔레비전보다 2배 이상 많은 주사선을 가져 화면의 선명도가 월등히 향상된 텔레비전과 그 기술을 말한다.

**Head Mounted Display(HMD) 헤드 마운티드 디스플레이** 머리에 착용하여 3차원적인 느낌을 만들어내는 입체 영상 안경 세트. 마운티드 디스플레이는 가상현실 시스템의 기본 장치로서, 사용자가 컴퓨터 체계를 사용하여 만든 세계를 실제로 탐험하는 것처럼 느끼게 한다.

**Head Mounted Display(HMD) Method 에이치엠디 방식** HMD(Head Mounted Display) Method를 참조.

**Head Set 헤드 셋** 머리에 쓰는 헬멧이 가상현실에 이용되는 장비. 헤드 셋은 눈과 귀에 부착하는 작은 모니터와 스피커로 입체감을 느끼게 한다. 또한 위치를 판독하는 감지기가 있어 고개를 왼쪽, 오른쪽으로 움직일 때마다 그 움직임을 파악하기도 한다.

**Header 머리말** 메시지의 몸체에 선행되어 메시지를 보낸 사람, 날짜, 시간을 알려주는 전자 우편 메시지의 일부분. 이것은 행과 열의 수 및 데이터의 수치적인 형태(포맷)에 대한 정보들을 포함한다.

**Header File 머리말 파일** 관측된 위성영상에 대하여 위성명, 관측일자, 영상의 크기, 위치 등 영상의 속성이 수록되어 있는 자료 파일을 말한다.

**Heading 진행 방향** 사람, 자동차, 선박, 비행기 등이 진행하는 방향으로서 북쪽을 기준으로 각도로 표시하며, 목적지 방향을 의미하는 베어링(Bearing)과는 구별하여야 한다. 바다에서는 COG(이동방향각)라고 한다.

**Headless Mode 헤드리스 모드, 조종자 기준 모드** [드론] 기체가 어디를 향하고 있든 상관없이 조종자 기준으로 방향을 조종할 수 있는 기능이다. 조종자가 왼쪽으로 조종하면 원래는 '기체 기준'으로 왼쪽으로 움직이는데, Headless Mode를 적용하면 '조종자 기준' 왼쪽으로 움직이게 된다. Headless Mode기능을

Absolute Mode라고도 한다.

**Head-Selection Method 수선법** 측량할 지역을 여러 개의 삼각형으로 분할하여 밑변, 높이 및 수선의 발의 위치를 관측하여 결과를 얻어내는 방법을 수선법이라 한다.

**Heads-Up Digitizing 영상주시형 디지타이징** 독취기(Scanner) 장비로 읽어 들인 래스터 파일을 마우스(Mouse) 장비를 이용하여 영상면에서 위치를 읽어 벡터자료를 생성하는 방법. 배경에 입력할 도면의 래스터 자료를 디스플레이하고 있으므로, 입력 대상물의 누락 여부를 쉽게 실시간 점검할 수 있고, 높은 정확도를 유지할 수 있다. 또한 지도에 표현되어 있는 속성 자료를 동시에 입력할 수 있다.

**Head Tracking 헤드 트래킹** [드론] 헤드 트레킹은 머리에 쓴 고글(Goggle) 등을 통해 X, Y, Z축을 중심으로 얼마나 회전되어 있는지를 자이로스코프(Gyroscope) 센서를 이용해 감지하는 기능을 말한다. 여기에 적외선까지 이용하면 액정의 이동까지도 감지 가능하다. VR(Virtual Reality, 가상현실) 기기와의 연계되어 우수한 현실감, 입체감을 느낄 수 있다. 조이스틱 중심으로 이루어진 아날로그 콘트롤러로 정교한 조정을 하고, 드론에 달려 있는 카메라 각도 변화는 고개를 움직이는 것만으로 가능하다. FPV(First Person View) Goggle 참조.

**Headwaters 상류** 상류 분지와 하천의 수원을 의미하며, 수계의 상류 부분을 말한다.

**Health Status 위성의 상태(衛星의 狀態)** GPS의 독특한 용어로서, 위성으로부터 발신되는 항법메시지 가운데「헬스」라는 정보로, 당해 위성의 사용가부를 판별한다. Satellite Health를 참조.

**Healthwear 헬스웨어** 센서 장치를 직접 섬유에 내장함으로써 입기에 편안하고 편리할 뿐만 아니라 스마트하기까지 한 의복. 이 의류시스템은 의사들이 환자를 살피는 데도 도움을 준다. 헬스웨어는 재활 중인 환자들의 건강 상태를 유비쿼터스 환경에서 지속적으로 모니터링하는 서비스 체제에 활용을 목표로 개발되고 있다.

**Heap 힙** 컴퓨터의 기억 장소에서 그 일부분이 프로그램들에 할당되었다가 회수되는 작용이 되풀이되는 영역.

**Heartbeat 하트 비트** 일정 시간 단위로 서버의 상태를 점검하기 위해 보내는 특정 신호를 말한다.

**Heat 열(熱)** 온도 차에 의해 전달되는 에너지의 한 형태이며, 역학적 힘, 운동 없이도 계의 내부에너지를 변화시킬 수 있는 수단이다. 열은 온도 차이가 있을 때 나타나는 에너지 현상으로 분자들의 운동에 의해서 생긴다. 열은 자연 상태에서는 항상 고온에서 저온으로만 이동하며, 거꾸로 흐르게 하기 위해서는 외부일(냉동기의 원리)이 필요하다. 물체의 내부에서 분자운동이 활발할수록 물체는 뜨거워지고(온도가 상승), 물체가 차가울수록 분자운동이 약해지며, 온도가 내려가서 분자의 운동이 정지하는 때의 온도를 절대영도(絶對零度: 0 K = −273.15℃)라 한다. 열을 측정한 양을 열량이라고 이며, 여기에 쓰이는 일반 단위는 칼로리(cal)이다.

**Heat Capacity 열용량** 어떤 물질이 열에너지를 흡수하는 능력을 나타내는데 이용되는 개념으로, 어떤 물질 1g의 온도를 1℃ 상승시키는데 필요한 열량으로 정의된다.

**Heat Capacity Mapping Mission(HCMM) 에이취씨엠엠** HCMM(Heat Capacity Mapping Mission)를 참조.

**Heat Conduction 열 전도** 물질의 이동(흐름)을 수반하지 않고, 고체 내부 또는 정지하고 있는 유체 내의 고온부에서 저온부로 열이 이동하는 현상을 말하며, 분자의 진동 또는 자유전자의 이동으로 열이 전달된다.

**Heat Convection 열 대류** 유체(액체, 기체)의 운동에 의하여 유체 내부 또는 유체와 고체 표면 사이에서 열이 이동하는 현상을 말한다. 자연대류는 유체의 운동이 내부의 온도차에 의한 밀도차로서 발생한 경우를 말하며, 강제대류는 유체 운동이 기계적인 힘(펌프, 송풍기 등)에 의해 발생한 경우이다.

**Heat Island 열섬** 대기오염과 냉·난방기구, 도로 포장, 각종 건축물 등의 영향으로 인하여 기온이 높은 도시 지역을 말한다. 도시 지역을 온도가 높은 대기가 섬 모양으로 덮고 있다하여 열섬이라고 부르게 되었다. Thermal Island라고도 한다.

**Heat Radiation 열 복사** 뜨거운 물체로부터 열이 빛(전자기파)의 형태로 방사하는 현상으로, 매질을 통하지 않고 열이 직접 이동한다. 복사에너지의 세기는 물체표면 온도(절대온도)의 4 제곱에 비례($\propto T^4$)한다. 전도와 대류에 의한 열 이동에는 반드시 매질이 필요하나, 복사는 매질이 없는 진공 속에서도 열전달이 가능하다.

**Heaving 히빙 현상** 연약 점토지반에서 굴착 작업시 흙막이벽 내·외의 흙의 중량(흙+적재하중)차이로 인해 저면흙이 지지력을 상실하고 붕괴되어 흙막이 바깥에 있는 흙이 흙막이벽 선단을 돌며 밀려들어와 굴착 저면이 부풀어 오르는 현상이다. 원인으로는 연약한 점토지반, 흙막이 벽체의 근입장 부족, 흙막이 내·외부 중량차, 지표 재하중 등이 있다.

**Heavy Vehicle Monitoring(HVM) 중차량 관리** HVM(Heavy Vehicle Monitoring)를 참조.

**Hectare 헥타르** 10,000의 면적 또는 1/100 또는 2.471 에이커(Acre), 100의 격자 세포를 가진 격자화 데이터베이스는 헥타르 격자를 사용하는 것을 말한다.

**Hecto 헥토** $10^2$을 뜻하는 접두어로서, 기호 h로 표기하며, hundred(백) 단위이다.

**Hedge 산울타리** 빽빽하게 자란 관목 숲 울타리나 경계를 말한다.

**Hedgehog's Dilemma 고슴도치 딜레마** 독일의 철학자 쇼펜하우어의 우화에서 유래한 심리학 용어이다. 추운 겨울밤, 한 쌍의 고슴도치가 추위를 견디기 위해 서로의 체온을 느끼려고 다가갔지만, 결국 서로의 가시에 찔려 죽는다는 내용으로서, 사람 간 관계에서 아주 가까이 다가가지도 않고 어느 정도 일정한 간격을 유지한 체 인간관계를 형성하고 상처받지 않으려 하는 상황을 일컫는다.

**Hegemony 헤게모니, 패권(覇權)** 어떤 집단을 주도할 수 있는 권력이나 지위이자 어느 한 지배 집단이 다른 집단을 대상으로 행사하는 정치, 경제, 사상 또는 문화적 영향력을 지칭하는 용어이다. 오늘날 이 용어는 일반적으로 한 집단·국가·문화가 다른 집단·국가·문화를 지배하는 것을 가리킨다.

**Height 높이** ① 지오이드나 측지 타원체, 선택된 기준면으로부터 기준면 위쪽에 위치한 한 점까지의 수직 거리(h, H)를 말한다. 기준면 아래의 높이(깊이)는 음의 값이다. ② 타원체고(Ellipsoidal Height) : 타원체면으로부터 지표면의 측점까지의 수직거리로 GPS 측량에서 산출되는 높이는 WGS84 타원체면을 기준으로 한 타원체고이다. ③ 지오이드고(Geoidal Height) : 임의의 점에서 지오이드와 타원체간의 수직 거리이며, geoidal undulation 또는 geoid separation이라고도 한다. ④ 정표고(Orthometric Height) : 지오이드면과 지표상의 측점 사이의 거리로서 평균해수면을 기준으로 하는 표고(height above mean sea level)와는 엄밀하게 구별해야 하지만, 일반적으로 표고와 동의어로 사용된다. [참고] 타원체고, 지오이드고, 정표고 사이에는 h=H+N의 관계식이 성립한다. 여기서, h는 타원체고, H는 정표고, N는 지오이드고이다. ⑤ [자료 구조] 높이는 최장 루트 경로의 길이로서, 즉 최장 루트-잎 경로의 길이와 같다. Tree Structure를 참조.

**Height Above Ellipsoid(HAE) 타원체고** HAE(Height Above Ellipsoid)를 참조.

**Height Above Mean Sea Level(MSL) 해발 고도** 높이의 기준면을 평균해수면으로 취하여, 여기에서 연직선으로 잰 거리를 말한다. MSL(Height Above Mean Sea Level)를 참조.

**Height Control Point 표고 기준점** 사진측량의 기준이 되는 수준점을 말하며 절대표정시 수준점의 기준이 된다.

**Height District 고도지구(高度地區)** 건축물의 고도 한계에 관하여 규제하며 토지 이용의 고도화 혹은 환경보전을 위하여 정한 지구. 건물 높이의 최고 한계를 정하는 경우와 최저한계를 정하는 경우가 있다.

**Height of Collimation 시준고** IH or HI(Height of Instrument)를 참조.

**Height of Instrument(IH or HI) 기계고(器械高)** HI or IH (Height of Instrument)를 참조.

**Height of Perspective Point Above Surface 시점의 고도** 관측 시 눈높이로서 미터로 표시한다.

**Height of Target 측표고** 측표의 높이를 말한다.

**Height Scale 표고 눈금판** 표고를 읽을 수 있게 도화기에 붙어 있는 눈금판을 말한다.

**Heinrich's Law 하인리히 법칙** [안전] "1:29:300 법칙"이라고도 한다. 대형사고가 발생하기 전에 그와 관련된 수많은 경미한 사고와 징후들이 반드시 존재한다는 것을 밝힌 법칙이다. 1931년 하인리히가 펴낸 "산업재해 예방 : 과학적 접근"(Industrial Accident Prevention : A Scientific Approach)이라는 책에서 소개된 법칙으로서, 책 출간 당시 하인리히는 미국의 트래블러스 보험사(Travelers Insurance Company)의 엔지니어링 및 손실 통제 부서에 근무하고 있었다.

하인리히(Herbert William Heinrich, 1881~1962)는 재해가 발생하는 과정이 도미노(domino)의 연쇄적 붕괴과정과 비슷하다고 보고 이를 재해발생 모델로 정립했다. 즉, 재해는 일련의 시간축 상의 여러 사건들의 연속적 작용으로 나타나는 것이다. 이러한 연속적 작용 중 가정환경과 사회환경의 결함은 재해발생의 최초 원인이다. 이러한 원인들이 개인결함으로 연결되고, 이것에 의해 인간의 불안전한 행동이나 불안전한 상태가 나타날 때 사고가 발생하게 되며, 재해로 연결될 수 있다. 하인리히는 처음으로 사고와 재해의 발생과정이 연쇄적 원인에 의해 나타난다는 것을 가정하였으며, 사고의 원인 중 불안전한 상태와 불안전한 행동을 가장 중요한 것으로 보고 안전관리는 이에 집중할 것을 권고하였다. 하인리히는 사고 데이터를 분석하여, 중상과 경상, 그리고 상해로 이어지지 않은 무상해 사고로 분류한 결과, 그 비율이 '1 : 29 : 300'이 되는 것을 파악했다. 이것의 의미는 경상과 중상 등 상해 사고와 무상해 사고의 비율이 약 1 : 10으로, 상해 사고 1건의 배후에는 10배나 되는 무상해 사고가 있다는 것을 말한다. 즉, 큰 재해와 작은 재해, 그리고 사소한 사고의 발생 비율이 1 : 29 : 300이라는 것이다.

큰 사고는 우연히 또는 어느 순간 갑작스럽게 발생하는 것이 아니라 그 이전에 반드시 경미한 사고들이 반복되는 과정 속에서 발생한다는 것을 실증적으로 밝힌 것으로, 큰 사고가 일어나기 전 일정 기간 동안 여러 번의 경고성 징후와 전조들이 있다는 사실을 입증하였다. 즉, 큰 재해는 항상 사소한 것들을 방치할 때 발생한다는 것이다. 사소한 문제가 발생하였을 때 이를 면밀히 살펴 그 원인을 파악하고 잘못된 점을 시정하면 대형 사고나 실패를 방지할 수 있지만, 징후가 있음에도 이를 무시하고 방치하면 돌이킬 수 없는 대형사고로 번질 수 있다는 것을 경고한다. 하인리히 법칙은 노동현장에서의 재해뿐만 아니라 각종 사고나 재난 또는 사회적·경제적·개인적 위기나 실패와 관련된 법칙으로 확장되어 해석되고 있다. Bird's Domino Law, Swiss Cheese Model, Human Error, Broken Windows Theory, Safety, Danger를 참조.

**Held Altitude 고정 고도** 고도 고정 방식(Altitude Hold Mode)에 있을 때 칼만필터(Kalman Filter) 값으로 보내질 고도값. 이것은 수정된 고도(Amended Altitude)가 응용 처리 장치에서 공급되지 않는 한 자동 고정 고도(Auto Hold Altitude)이다.

**Helicam 헬리캠** [드론] 헬리콥터(helicopter)와 카메라(camera)의 합성어로서, 사람이 접근하기 어려운 곳을 촬영하기 위한 소형 무인 헬기로 본체에 카메라를 장착하고 있으며 리모콘 컨트롤러를 사용해 원격으로 무선 조종할 수 있다. 현재는 헬리캠은 일반적으로 카메라가 달린 멀티콥터(멀티로터)형 드론을 의미하지만, 카메라를 장착한 무선조종(Radio Control) 헬리콥터(RC헬리콥터) 등도 포함한다. Drone 참조.

**Heliodisplay 헬리오디스플레이** 이 기술은 고해상도의 풀 컬러 비디오 소스를 스크린 필요 없이 공기 중으로 투영시킬 수 있는 것으로써 공기 중에 떠다니는 이미지로 이 이미지를 보는 사람들이 이미지 주위에 걸어 다닐 수도 있다.

**Heliotrope 회광기** 직경 약 15cm 정도의 둥근 평면거울의 조합으로 이루어진 것으로 이를 삼각점에 설치하고 햇빛을 반사시켜 관측자가 쉽게 목표물을 관측할 수 있도록 고안되었다.

**Helipad 헬리콥터 이착륙장** 헬리콥터의 이착륙에 사용되는 교통 구조물을 말한다.

**Helmert's Transformation 헬머트 변환** 항공삼각측량에서 단코오스의 조정변환에 쓰이는 변환방법으로 2차원회전, 원점의 평행이동, 축척을 보정하는 1차 등각상사 변환이다.

**Helpline 도움전화** 소프트웨어 사용자가 전문가로부터 자문을 얻을 수 있는 전화 서비스를 말한다.

**HER(Electronic Health Records) 전자건강기록** 개인의 건강기록을 디지털화하여 스마트카드 형태로 가지고 다닐 수 있도록 하는 것.

**Herding Effect 양떼 효과** 무리에서 혼자 뒤쳐지거나 동 떨어지는 것을 싫어해서 따라하는 현상이다. 특정 브랜드의 옷이나 전자제품이 인기를 끌면 나머지 사람들도 같은 제품을 사용하려 하는 것을 예로 들 수 있다. 증시에서는 밴드왜건 효과가 소비자의 적극적인 선택에 의한 것이라면 양떼 효과는 뒤지지 않기 위해 어쩔 수 없이 따라한다는 점에서 차이가 있다. 미국의 경제학자 하비 라이벤스타인(Harvey Leibenstein, 1922~1994)이 발표한 이론이다.

**Here 히어 내비게이션** 세계 차량용 내비게이션 지도사업은 HERE와 톰톰(TomTom)에 의한 독과점 상태이다. 그 중 HERE사는 유럽과 미국 자동차의 카 내비게이션 지도 80%를 차지할 정도로 점유율이 높다. 핀란드 노키아사 산하에 있던 디지털 맵 전문회사 HERE가 독일의 BMW와 아우디, 메르세데스 벤츠의 컨소시엄에 넘어갔다. 2015년 8월 양해각서를 체결을 맺고 2016년 초 인수되었다.

HERE가 시장에 나오자 중국의 검색 서비스인 바이두를 비롯해 미국의 우버(Uber), 그리고 SNS의 대명사인 페이스북, 마이크로소프트 등도 인수에 뛰어 들었었다. 그 중 독일 메이커들이 가장 경계한 것이 바이두였던 것으로 알려졌다. 국가가 지도를 관리하고 정부의 영향을 받기 쉬운 중국 기업이 HERE사를 인수하게 되면 중국 정부의 의중에 따라 지도를 안정적으로 공급받을 수 없다는 우려가 대두됐기 때문이다. HERE가 주목을 끄는 것은 ADAS(Advanced Driver Assistance System)라고 불리는 자율주행자동차 때문이다. 첨단 운전자지원 시스템의 주도권 쟁탈전은 결국 디지털 맵에 의해 좌우될 가능성이 크다. HERE사는 전 세계를 대상으로 자동차를 운행하며 자동운전의 자차 위치 추정과 ADAS에서 타 차의 위치를 올바로 파악하는 데 필요로 하는 고정밀도의 3차원 지도를 작성하고 있다.

**Hermite Interpolation 허마이트 보간법** [자료처리], [영상처리]

$$p = p(u) = p_0(1-3u^2+2u^3) + p_1(3u^2-2u^3) + p_0'(u-2u^2+u^3) + p_1'(-u^2+u^3)$$

이 식은 "The solution of cubic polynomial curves(3차 곡선 식의 해)"로서, 이 공식을 Hermite Interpolation(허마이트 보간법)이라 한다. 이 식을 간단히 설명하면, 두 점과 그 점에서의 기울기를 만족하는 3차 곡선에 관한 해법이며, 여기에서 u의 값은 0과 1 사이이다. 여기서 $p_0$, $p_1$, $p_0'$, $p_1'$값이 어떻게 되는가에 따라서 이 공식으로 어떤 곡선이 만들어지는가가 결정된다. 이러한 함수를 블렌딩 함수(blending function, 복합함수)라고 하고, 이것을 응용하면 어떤 곡선도 표현이 가능하다.

곡면에 대한 함수는 방정식으로 표현이 되는데 1차 방정식으로는 직선이 표현되며, 2차 방정식으로는 포물선이 표현된다. 3차 방정식을 사용하면 포물선의 반쪽을 꺾어 내린 듯한 모양이 되는데, 이 3차 방정식에서 나오는 곡선 모양이 보통 베지어(Bezier)나 B-Spline에서 표현하는 곡선 형태이다. 이런 형태의 곡선을 기본 곡선 단위구간인 패치(patch)를 여러 개 이어서 원하는 곡선을 만드는 것이다. 함수는 x값 하나에 대하여 y값이 하나밖에 존재할 수 없는 데 비하여 곡선은 그렇지 않으므로, 곡선을 계산하는 방정식에서는 보통 숫자가 아닌, 방향이 있는 벡터 값을 쓴다. 3차원 모델링에서는 단일 평면상에 있지 않은 곡선을 나타내면서도 계산하기 어렵지 않고 또 고차 다항식을 사용할 때 발생할 수 있는 원치 않는 진동(undulations)을 피할 수 있는 표현 방법이 필요하다. 이는 3차 다항식(cubic polynomial, 동일 평면상에 있지 않는 곡선의 표현을 위한 최소 차수)을 사용하면 해결이 되는데 그것을 해결하는 공식이 바로 Hermite Interpolation이며 이를 이용해 현재 우리가 컴퓨터 그래픽에서 쓰이는 각종 곡선(Curve)들이 만들어졌다. Interpolation, Linear Interpolation, Ferguson Curve, Newton Interpolation, Lagrange Interpolation, Spline Interpolation, Bezier Curve, Cardinal Spline, Cubic Spline Curve, Patch Surface, B-Spline, NURBS를 참조.

**Hertz 헤르츠** 기호는 Hz. 음파나 전자기파(電磁氣波) 등의 주기적 현상에 있어서 같은 위상(位相)이 1초 동안에 몇 회나 돌아오는가를 보이는 수. 1초간 n회의 진동을 nHz의 진동이라 한다. 즉, 사이클/초(c/s)와 같다.

**Heterogeneous 이종** 정보기술에서 이러한 용어는 서로 다른 제작사에서 만들어졌지만, 네트워의 일부가 되거나 또는 포함되어 상호 동작될 수 있는 제품들을 표현하기 위해 주로 사용된다. 이종망은 여러 제품들 공통으로 사용된 하드웨어와 소프트웨어 인터페이스가 표준을 만족하여 서로 통신할 수 있도록 함으로써 구현이 가능하다. 인터넷이 바로 이종망의 대표적인 예이다.

**Heterogeneous Environment 불균질 환경** 이 환경은 다양한 하드웨어, 소프트웨어의 통합으로 특징지어진다. 이 환경에서는 메인프레임, UNIX 워크스테이션, IBM 호환 PC, 애플 등 다양한 하드웨어가 동일한 통신망에 있다. 이 통합은 균질 환경에 비하여 무척 복잡하다.

**Heuristic 계층적** 계산하기 어려운 문제에 대한 해결 방법을 얻기 위해 시행 착오법을 사용하는 계산을 말한다.

**Hewlett Packard Graphics Language(HPGL) 휴렛패커드 그래픽 언어** HPGL(Hewlett Packard Graphics Language)를 참조.

**Hexadecimal 십육진법** 16을 바탕으로 한 기수법이다.

**Hextree 육각 지수형** 육각형에 기반을 둔 계층적인 격자 자료 모형. 이것은 사지수형(Quadtree)과 유사하나 공간적인 단위가 육각형이라는 점이 다르다.

**HFCC(High-Frequency Coaxial Cable) 고주파수 동축 케이블** 내부 도체와 외부 도체가 동축형으로 배치된 케이블. 텔레비전 전자 등 고주파 통신에 사용된다.

**HFW(High Frequency Window) 고주파 창** 초고주파(UHF)대의 전파를 이용하여 비교적 얕은 지하에 있는 시설물을 관측하는 방식을 말한다.

**HHW(Higher High Water) 고 고조(高高潮), 높은 고조** 1일 2회의 고조 및 저조가 있고 일보부등이 있는 지역의 고조 중에서 더 높은 고조를 말한다.

**HHWL(Highest High Water Level) 최고수위, 최고고조면** 하천의 수위 중에서 어떤 기간 중의 최고 수위를 말하며, 연 최고 수위, 월 최고 수위 등으로 구분한다.

**HI or IH(Height of Instrument) 기계고(器械高)** 망원경의 시준선의 표고를 기계고 또는 시준고라고 하며, 기계고는 그 측점의 지반고에 후시를 더하여 얻어진다.

**Hidden Line 허선(虛線)** 3차원을 2차원으로 볼 때 차단되거나 가려지는 뒤쪽의 선 또는 선분을 말한다.

**Hidden Line Removal 허선 제거** 3차원의 투시도에서 3차원을 2차원으로 볼 때 가려지는 뒤쪽의 선, 즉 숨은선을 제거하는 도형 기술을 말한다.

**Hierarchical 계층적** 완전 폐쇄의 부분집합에 기초한 시스템으로서, 전체 항목을 몇 개의 그룹(群)으로 분류하고 각각의 그룹을 더욱 자세히 세분하여 필요한 정밀도가 얻어지기까지 단계적으로 분류를 반복하는 방법이다. 그룹 상호간을 포함하고, 포함된 관계가 명백히 나타난다. 현재 가장 널리 이용되고 있는 대표적 분류 개념으로 국제 10진 분류법(UDC), 특허청의 특허 분류 등이 모두 이것에 준한다. 하나의 그룹을 다시 몇 가지로 세분할 것인가는 여러 조건에 따라 결정되지만, 앞의 UDC에서는 10 이하이다. 계층의 심도(세분 횟수)가 균일할 필요는 없고, 또 필요에 따라 심도를 조정할 수 있으므로 융통성이 있다. 이용자는 자기가 사용하고 있는 분류 단계가 세분화될 때는 1단계 위의 분류 단계 개념(상위 개념이라고 한다)을 사용하여 자세히 분류하면 된다. 도표는 계층적 분류의 예로 그 형태 때문에 트리(tree) 분류 등이라고도 불린다.

**Hierarchical Data Model 계층적 자료모형** ① 완전히 폐쇄적인 부분 집합과 많은 레이어의 세트에 기초한 속성 자료 모형을 말한다. ② 공간적인 자료를 서로 다른 레벨의 트리 형태 구조를 기반으로 하는 요소들로 구성하는 방법이다. 이것은 공간을 바둑판 형태로 나누게 되는데 바둑판 형태는 계속적으로 좀 더 작은 형태로 분해되어 공간적인 요소들을 적당한 단계로 표현하게 된다. 사지수형(Quardtree)과 육각지수형(Hextree)가 한 예이다.

**Hierarchical Data Structure 계층적 자료구조** ① 컴퓨터의 파일이나 데이터들을 구성하는 방법으로, 저장된 자료가 트리 형태의 구조를 따라서 참조된다. ② 자료가 토양군 내의 토양계 또는 단위 지역 내의 픽셀과 같이 포함 관계 혹은 일대 다수의 관계를 가질 때 이것을 위계적 또는 계층적 자료 구조라고 한다.

**Hierarchical Database 계층적 자료기반** 주된 자료에서 부수적인 자료에 이르기까지 체계적으로 구성되어 있는 자료기반을 말한다. Tree를 참조.

**Hierarchical Database Structure 계층적 자료기반 구조** 컴퓨터 파일 등의 정보를 정리하여 자료 보존의 유니트가 계층적으로 정의된 경로에 의해 연결되도록 하는 방법. 계층의 어느 부분에서도 관계는 1대 다수이다.

**Hierarchical Model 계층적 모형** 가장 상위 계급(Root)부터 하위 계급으로 객체간의 계급성이 부여되어있는 자료 구조. 레코드는 부모(상위) 레코드와 자식(하위) 레코드를 갖고 있다. 일반적인 행정 정보의 자료 구조이며, 행정 구역과 같은 계급형 정보 구축에 적합하다. 계급형 모형의 장점은 가장 일반적인 구조 형태로서 이해하기 쉽고, 다량의 자료에서 필요한 정보를 비교적 신속하게 추출할 수 있다. 계급형 모형의 단점은 각각의 객체가 단 하나의 부모 레코드를 갖기 때문에 다양한 검색에 한계가 있다.

**Hierarchy 계층(階層)** 계층이란 다각형 간의 포함 관계를 나타낸다. 예로, 호수 안에 작은 섬들이 있는 경우 호수는 하나의 다각형으로 표현되며, 작은 섬들 역시 여러 개의 작은 다각형으로 표현된다. 또한 호수를 나타내는 다각형은 작은 섬을 표현하는 다각형들을 포함하게 된다. 이러한 다각형간의 포함 여부를 나타내는 것을 계층이라 한다.

**High Accuracy Reference Networks(HARN) 고정밀 기준망, 한** HARN(High Accuracy Reference Network)를 참조.

**High Definition(HD) 고화질** HD(High Definition)를 참조.

**High Definition Multimedia Interface(HDMI) 고선명 멀티미디어 인터페이스** HDMI(High Definition Multimedia Interface)를 참조.

**High Definition Serial Digital Interface(HD-SDI) 디지털 영상 전송 규격** HD-SDI(High Definition Serial Digital Interface)를 참조.

**High Density Digital Tape(HDDT) 고밀도 디지털 테이프** HDDT (High Density Digital Tape)를 참조.

**High Dynamic Range(HDR) 고(高)다양성 범위** HDR(High Dynamic Range)를 참조.

**High-Frequency Coaxial Cable(HFCC) 고주파 동축 케이블** HFCC (High- Frequency Coaxial Cable)를 참조.

**High Frequency Electromagnetic Method 고주파 전자기 측량** 교류 전류를 루프(Loop)에 흘려주어 1차장의 전자기장(EM Field)을 발생시키고, 이 1차장이 지하를 전파하면서 양도체(Conductor)를 만나게 되면 유도 전류(Induction Current)가 발생하면서, 다시 2차장을 형성하게 된다. 고주파대역 전자(HFEM) 탐사는 2차장의 세기(Intensity), 위상(Phase) 및 비접촉 용량 전극

(Capacitive-Coupled Electrode)에 의한 전기장 측정으로부터 이상체의 위치, 형태 및 전기 비저항 값을 유추해 낸다.

**High-frequency filter 고빈도(高頻度) 필터** 지도나 영상의 고빈도의 상세한 정보를 강조하기 위한 래스터 영상 향상 기법 이다.

**High Frequency Kernel 고주파 커널** 고주파 커널은 영상 내의 공간 주파수를 높이는 역할을 하는 핵심. 영상내의 저주파 요소를 감쇄시키고 고주파수 요소만을 살림으로써, 날카로운() 느낌의 영상을 만든다. 고주파 커널은 경계선 강조자의 역할도 수행하는데, 제로-섬 커널과는 달리 경계선 이외의 다른 형상들을 모두 제거시키지는 않고 경계만을 부각시켜 준다. 또한 지상 기준점이나 그 밖의 중요한 형상들은 경계선을 포함하거나 경계선으로 둘러싸여 있다. 이러한 경계선을 강조함으로써 필요한 형상을 찾거나 분석하는데 큰 도움을 얻을 수 있다.

**High Frequency Window(HFW) 고주파 창** HFW(High Frequency Window)를 참조.

**High Level Programming Language 고급 프로그래밍 언어** 상대적으로 언어나 수학에 가깝게 쓰이고, 상대적으로 컴퓨터에 의해 실행된 베이직이나 파스칼 등과 같이 인간의 언어와 유사한 프로그래밍 언어이다.

**High-media Download Service System(HOSS) 호스체계** HOSS(High-media Download Service System)를 참조.

**High Oblique Photograph 고경사 사진** 항공사진에서 사진기의 각도가 연직하방으로부터 3° 이상 경사지게 촬영된 사진(경사사진) 중에서 지평선 또는 수평선이 나타나도록 경사가 많은 사진을 말한다.

**High Observation Tower 고측표(高測標)** 수목이나 그 밖의 장애물을 넘어서 관측할 필요가 있을 때 세우는 높은 측표이다. 높은 망대 위에서 관측을 하기 때문에 측량기계는 다른 부분과는 아무 상관없이 설치한다.

**High Pass Filter(HPF) 고주파 필터** HPF(High Pass Filter)를 참조.

**High Precision Satellite Image 고정밀 위성영상** 인공위성 탑재센서(Sensor)에 의해 취득된 영상을 처리한 후, 지상해상도(Ground Resolution)가 대체로 1m급 화소(Pixel; Picture Element)의 범위 안에서 지형적 오차를 갖도록 형성된 영상이다.

**High Quality Artificer 고급기능사** 기능사의 자격을 가진 자로서 7년 이상, 전문대학 졸업 후 5년 이상, 고등학교 졸업 후 7년 이상 해당분야의 측량업무를 수행한 자이다. 측량법 참조.

**High Quality Engineer 고급기술자** 측량 및 측량 및 지형공간정보기사의 자격을 가진 자로서 7년 이상 측량업무를 수행하거나 측량 및 지형정보산업기사의 자격을 가진 자로서 10년 이상 측량업무를 수행한 자이다. 또는 박사, 석사 6년 이상, 학사 9년 이상, 전문 대학 졸업 후 12년 이상, 고등학교 졸업 후 15년 이상 측량업무를 수행한 자이다.

**High-Rank 3D(HR3D) 에이치알 3디** HR3D(High-Rank 3D)를 참조.

**High Resolution Film 고해상도 필름** 미세한 사진영상을 얻는데 쓰이는 특수 필름으로 입사성이 작고 콘트라스트가 낮은 유제를 쓴다.

**High Resolution Imaging Spectrometer(HIRIS) 하이리스** HIRIS (High Resolution Imaging Spectrometer)를 참조.

**High Resolution Infrared Spectrometer(HIRS) 하이르스** HIRS (High Resolution Infrared Spectrometer)를 참조.

**High Resolution Optical Image 고해상도 광학 영상** IKONOS, OrbView, 다목적 실용 위성인 KOMSAT-EOC 등을 말한다.

**High Resolution Visible(HRV) 고해상도 관측위성** HRV(High Resolution Visible)를 참조.

**High Sea 공해(公海)** Open Sea라고도 한다. 「유엔해양법협약」 제86조와 제87조에 의거 "공해(公海, High Sea)"는 배타적 경제수역(exclusive economic zone), 영해(territorial sea), 내수 또는 군도국(Archipelagic State)의 군도수역(archipelagic waters)에 포함되지 아니하는 해양의 모든 부분(영역)이며, 공해는 연안국이나 내륙국에 관계없이 모든 국가에 개방된다. 공해의 자유는 항행 · 어업 · 해저전선과 파이프라인의 매설 · 상공비행 · 인공 도서 및 기타 시설 건설 · 과학적 조사 등의 자유 보장으로서 공해 사용의 자유를 인정한 것이다. 공해를 영어로 High Sea라고 하는 이유는 연안 바다보다는 육지에서 멀리 떨어진 바다에서 강풍이나 폭풍으로 거칠게 되는 "high sea"현상이 보다 많이 일어나기 때문이다.

15세기 대양(大洋)에서 항해와 탐험을 주도하던 에스파냐와 포르투갈이 교황의 중재로 바다의 영역을 분할하는 토르데시야스 조약(Treaty of Tordesillas)을 맺었는데, 최초의 국제 해양법령이라고 할 수 있다. 영국 등 주변 국가는 이 조약에 대해 해양자원을 어느 한 국가가 소유할 수는 없다고 반기를 들었으며, 이로 인하여 국제적 분쟁이 시작되었다. 그 뒤 신대륙이 발견되고, 네덜란드의 동인도 회사가 '바다는 만인의 공유물'임을 주장하면서 공해(公海)의 개념이 제기되었다. 국제적으로 당시의 연안 포대에서 포탄이 도달하는 거리인 3해리(약 5km) 바깥을 공해의 개념으로서 인정하기에 이른다. 현대의 공해는 "배타적 경제수역(exclusive economic zone, EEZ)"의 범위(200해리=370,400m) 바깥 영역이다. EEZ(Exclusive Economic Zone)를 참조.

**High Speed Circuit Switched Data(HSCSD) 고속 회선 교환 데이터** HSCSD(High Speed Circuit Switched Data)를 참조.

**High Speed Downlink Packet Access(HSDPA) 고속 하향 패킷 접속** HSDPA(High Speed Downlink Packet Access)를 참조.

**High Speed Packet Access(HSPA) 고속패킷접속방식** HSPA(High Speed Packet Access)를 참조.

**High Speed Packet Access Plus(HSPA+) 고속 패킷 접속방식 플러스** HSPA+(High Speed Packet Access Plus)를 참조.

**High Speed Uplink Packet Access(HSUPA) 고속 상향 패킷 접속** HSUPA(High Speed Uplink Packet Access)를 참조.

**High Tide 고조(高潮), 만조(滿潮)** 조석으로 인하여 해면이 가장 높아진 상태를 말한다. 고조에서 다음 고조까지의 시간 간격은 평균 12시간 25분으로 매일 약 50분씩 늦어진다.

**High Voltage Cable Line(HVCL) 고압 전기선** HVCL(High Voltage Cable Line)를 참조.

**High Water 만조(滿潮), 고조** 해수면은 조석에 따라 하루에 2번씩 승강을 하는데 해수면이 가장 높을 때를 말한다. 우리나라 서해안과 남해안의 고조에서 다음 고조까지의 시간 간격이 평균 12시간 25분으로서, 매일 약 50분씩 늦어진다.

**High Water Full And Change 삭망고조** 삭(음력의 1일)과 망(음력의 15일)에 있어서 조수가 많이 들어오는 평균값을 말한다. Establishment of the Port를 참조.

**High Water Interval(HWI) 고조간격** HWI(High Water Interval)를 참조.

**High Water Level(HWL) 고수위** HWL(High Water Level)를 참조.

**High Water Level Spring Tide 대조 평균 고조면** 대조 때의 고조위를 몇 년에 걸쳐 평균한 높이의 해수면을 말한다.

**High Water Ordinary Neap Tide(HWONT) 소조 평균 고조위(小潮平均高潮位)** HWONT(High Water Ordinary Neap Tide)를 참조.

**High(Low) Water Ordinary Spring Tide 대조 평균 고(저)조위** 어떤 기간 동안 대조시 고(저)조 평균조위의 기본 수준면상의 높이를 말한다.

**Higher High Water(HHW) 고고조(高高潮), 높은 고조** HHW(Higher High Water)를 참조.

**Higher Low Water(HLW) 고저조(高低潮), 높은 저조** HLW(Higher Low Water)를 참조.

**Highest Astrononical Tide 최고극 천문조** 18.6년의 완전한 조석주기 동안에 발생할 수 있는 고극조위로서 다년간 관측기록이 있는 검조소에서는 조화상수에 의해 19년의 조위예보치 중에서 가장 큰 고극조위를 취한다. Highest BPS최고 통신 속도 최고 연결 속도를 말한다.

**Highest High Water Level(HHWL) 최고수위, 최고고조면** HHWL(Highest High Water Level)를 참조.

**High-Frequency Coaxial Cable(HFCC) 고주파수 동축 케이블** HFCC(High-Frequency Coaxial Cable)를 참조.

**High-Level-Language 고급 언어** 응용 프로그램을 개발하는데 사용되는 컴퓨터 프로그래밍 언어. 제4세대 언어의 동의어로 Fortran, Pascal, C, PL/I, Cobol, Basic 등이 있다.

**Highlighting 강조 표시** 보통 마우스의 사용으로 객체를 선택하여, 그것의 시각적 속성을 수정하여 그래픽 영상면에서 표시 요소를 강조하는 것을 말한다.

**High-Performance Workstation 고성능 컴퓨터** 32비트의 처리기를 가진 컴퓨터로서, 방대한 기억용량과 광대한 도형처리 기능을 보유하고 있다.

**High-Precision Shoran(HIRAN) 하이란** HIRAN(High-Precision Shoran)를 참조.

**High-Speed MODEM 고속 모뎀** 전용 회선 또는 전용 회선 모뎀을 가지며, 전송 속도는 일반 모뎀보다 빠르다.

**High-Volume Laser Printer 대형 레이저 프린터** 레이저를 이용한 출력기법은 문자와 그래픽 모두를 출력할 수 있는 기술이다.

**Highway Capacity Improvement(HCI) 도로 용량 증대** HCI(Highway Capacity Improvement)를 참조.

**Hillshade 음영 기복** 공간적인 자료를 2.5D나 3D로 도시할 때 기복의 변화를 강조하는 기법. 이것은 음영 기복을 생성할 때 태양의 가상적인 위치로 방위와 고도를 설정하여 음영 기복 주제도를 작성하는 것을 말한다.

**Hillshading 음영 기복** Hillshade, Relief Shading를 참조.

**HIRAN(High-Precision Shoran) 하이란** High Precision Shoran은 1949년까지의 Shoran에 대해 개량 수정한 것으로 기본이론과 조작 주파수가 동일한 것으로, 레이더를 사용한 삼변측량의 실용화 장치를 말한다.

**HIRIS(High Resolution Imaging Spectrometer) 하이리스** EOS 프로그램의 1번째 극궤도 플랫폼을 위해 개발되었으나, 나중에 개발이 중지되었다.

**HIRS(High Resolution Infrared Spectrometer) 하이르스** HIRS는 1978년 이후 구름이 없는 지역의 대기 중 온도에 중요한 정보를 제공하였던 적외선 측정 도구이다.

**HIS(Hue, Intensity, and Saturation) 에이취아이에스** 색조(Hue), 채도(Saturation)와 명암(Intensity)을 뜻한다. 색조, 채도, 명암에 대한 색의 공간 표현은 원통좌표계에 의하여 표현이 된다. 여기서, 원통좌표계의 표현을 보면, 명암은 원통의 수직축(Z), 색조는 각도, 채도는 반경(r)에 의해 표현된다.

**Histogram 히스토그램** 도수분포표를 자료로 하여, 계급구간을 밑변으로 하고 도수를 높이로 하여 그린 그림. 기둥 간에 간격이 없는 것이 막대그림표(bar diagram)와 다르다. 컴퓨터 비젼(computer vision)에서의 히스토그램은 화소밝기(pixel intensity)의 막대그래프(bar graph)이다. x축은 화소의 밝기(화소 수)를 나타내고, y축은 각 화소밝기가 영상 내에 분포하는 레벨이다. 농도치(값) 히스토그램이라고도 한다.

**Histogram Equalization 히스토그램 평활화** 전체의 가능한 영역을 모두 채우기 위해 영상의 영상소값들을 균일하게 분산시키는 기술을 말한다. 균일함수(Uniform)와 가우시안 함수가 많이 사용된다.

**Histogram Matching 히스토그램 매칭** 항공 촬영 당시 태양 광선의 방향, 대기 효과, 필름이 농도차 등으로 인해 약간의 차이가 있는 인접 영상 간의 밝기를 일치시키기 위해 검색 테이블(Lookup Table)을 작성하여 인접 영상 간의 밝기 및 색감이 일치되도록 하는 것. 인정 영상 사이에 지형, 지물의 현격한 차이가 있는 지역에 대해서는 중첩 부분에 대해서만 엔트로피(Entropy) 분포가 같은 부분 영상을 추출한 후, 부분 영상의 히스토그램과 매칭하여 전체적인 색감 저하가 발생하지 않도록 한다.

**Historical Imagery 역사적 사진** 동일한 장소의 변화를 시간에 따라 볼 수 있는 코너이다. 뉴욕・시카고 등 해당 지역을 클릭한다면 시계 모양의 '타임 슬라이더' 버튼을 이용해 50년간의 지역 변천사를 훑어볼 수 있다.

**Historical Site 사적지(史蹟地)** 문화재로 지정된 역사적인 유적, 고적, 기념물 등을 보존할 목적으로 구획된 토지를 말한다.

**HLP(Holographic Laser Projection) 홀로그래픽 레이저 프로젝션** 빛의 3원색인 빨강, 녹색, 파랑색을 내는 3개의 레이저 램프에서 나온 영상을 마이크로 디스플레이로 조합한 후 렌즈를 통해 투사하는 방식이다.

**HLR(Home Location Register) 가입자 위치 등록기** HLR(Home Location Register)은 이동통신 서비스 가입자의 정보를 영구적으로 관리하는 데이터베이스이며, 이동통신 가입자의 위치정보를 실시간으로 받아서 이동통신 가입자에게 착신을 가능하게 해준다.

**HLW(Higher Low Water) 고저조(高低潮), 높은 저조** 1일 2회의 고조 및 저조가 있고 일조부등이 있는 지역의 하루 2번의 저조 중에서 높은 저조를 말한다.

**HMD(Head Mounted Display) 헤드마운티드 디스플레이** Head Mounted Display(HMD)를 참조.

**HMD(Head-Mount Display) Method 에이치엠디 방식** 말 그대로 머리에 디스플레이 장치를 쓰고 눈 바로 앞에서 화면을 띄운 후 눈의 바로 앞에 디스플레이 장치를 부착하더라도 렌즈를 이용해 눈으로 초점을 맞춰 선명하게 볼 수 있게 해서 가상 입체 화면을 구현하는 방식이다. 따라서 안경방식은 안경방식이되 다른 안경방식과는 완전히 다른 구조를 가지고 있다고 할 수 있다. HMD의 경우 작은 크기의 장치로 대화면을 구현할 수 있는 장점 및 다른 방식들에 비해 상대적으로 해상도 저하가 없다는 장점과 함께 무엇보다도 시야각의 제약이 없다는 장점이 있으나, 부피가 큰 안경과도 같은 장치를 머리에 쓰고 있어야 함에서 오는 불편함과 화면이 눈의 가까이에 있는 구조로 인한 피로도 문제, 작은 화면으로 고해상도를 구현해야 하는 기술적 문제를 가지고 있다. 물론 SF영화에서나 볼 수 있을 만큼 일반적인 안경 수준까지 부피를 줄여서 구현이 가능하다면 1인 사용 용도로써는 가장 실용성이 높은 방식이라고 할 수 있다.

**HMI(Humanmachine Interface) 인간-기계 상호작용** 기계를 동작시키기 위한 입・출력 장치를 '인간-기계 접속장치'. 예를 들면, 계기판에 차량정보와 점검안내, 경고 등의 메시지를 보여주는 HMI는 운전자에게 편의성과 안전성을 보장해주는 최첨단 시스템이다. 발전된 형태의 HMI기기는 운전자가 촉각과 시각을 모두 이용해 차량 중앙 센터페시아의 다양한 시스템들을 조정할 수 있는 다중모드 피드백 기능을 지원하기도 한다.

**HMM(Hazardous Material Monitoring) 위험물 차량관리** 위험물 적재 차량을 추적 감시하고, 돌발 상황 발생 시 조난 신호를 자동적으로 발신하게 하여 신속한 사고 처리 체계를 구축한다.

**Hold 잡기** 마우스의 특정 버튼을 누른 상태를 말한다.

**Holo Video 홀로비디오** 미국의 MIT 미디어랩은 AOM(Acouto-Optic Modulator)과 LCD 방식을 이용해 홀로그램 동영상 재생 시스템을 개발했다.

**Hologram 홀로그램** 홀로그램은 사진투영 기법에 의해 만들어지는 3차원 이미지이다. "완전하다"라는 의미를 가지는 그리스어 holos와 "그림"이라는 의미를 가지는 gramma가 합쳐서 만들어졌다. 홀로그램은 2차원 컴퓨터 화면상에서 나타나는 3D나 가상현실과는 달리, 사람에게 실사와 같은 입체감을 제공한다. 3D 홀로그램 기술의 가장 큰 특징은 이용자들이 전용 안경을 쓰지 않고도 실제 공간에서 자연스러운 입체영상을 즐길 수 있다는 것으로, 기존의 스테레오스코픽 방식에서 야기되는 눈의 피로감과 어지럼증 등의 문제를 근원적으로 해결할 수 있다. 홀로그램은 홀로그래피의 원리를 이용하여 3차원으로 만들어진 입체적 시각 정보를 일컫는다. 일반적으로 홀로그램을 만들려면 2개의 레이저 광선의 간섭효과를 이용하며, 간섭무늬가 저장된 필름을 홀로그램이라고 한다. 영국의 물리학자 데니스 가버(Dennis Gabor)가 발견한 원리인데, 가버는 이 원리로 1971년에 노벨상까지 수상했다. 홀로그램을 만들려면 간섭효과를 이용하여 필름에 $0.2 \sim 0.3\mu m$ ($1\mu m$는 100만분의 1m)의 깊이로 홈을 새겨야 한다. 이 미세한 홈 때문에 빛의 굴절이 달라져 보는 각도에 따라 반사되는 빛의 색깔, 형태가 달라진다. 따라서 마치 3차원의 영상이 있는 듯한 착각이 일어난다. 입체 사진이나, 입체 영화를 만드는 기초기술로도 쓰인다. 그 외에 제작 과정이 복잡해서 복제가 불가능하다고 알려졌기 때문에 신용카드 위조 방지 등 제품 보호용으로도 쓰인다.

**Hologrammetry 레이저 사진측량** 레이저 사진을 이용하여 행하는 사진측량으로서, 빛의 파장론에 근거하고 있다.

**Holographic Laser Projection(HLP) 홀로그래픽 레이저 프로젝션** HLP(Holographic Laser Projection)를 참조.

**Hologrphic Method 홀로그래픽 방식** 물체에서 산란된 빛을 이용해 자연스러운 입체영상을 재현하는 궁극적인 3차원 입·출력 방식이지만 방대한 양의 3차원 정보 및 관련 소자의 한계로 현재의 전송시스템으로는 실시간 구현이 불가능하다.

**Holography 홀로그래피** 빛 상호 간의 간섭 형태를 필름 등의 매체에 기록, 3차원 영상을 생성하는 방법. 이렇게 생성된 영상을 홀로그램이라 한다. 무안경 입체 3D(Glass-free, Glassless, Naked Eye Stereoscopic 3D) 기술 중 하나로서, 궁극의 무안경 3D 입체 영상 기술은 홀로그래피(Holography)이다. 홀로그램(hologram)이라고도 불린다. 엄밀하게는 기술 자체의 명칭은 '홀로그래피'이고, '홀로그램'은 이로 인해 만들어지는 콘텐츠를 가리킨다. 2개의 레이저광이 서로 만나 일으키는 빛의 간섭 현상을 이용하여 입체 정보를 기록하고 재생하는 기술을 의미한다. '완전함' 혹은 '전체'라는 뜻의 'holo'와 '메시지', '정보'라는 뜻의 'gram'이 합쳐진 말이다. 기본 원리는 1947년에 고안되었으며, 실제 산업적 이용은 1983년 마스터카드에서 위조 방지를 위해 도입하며 본격 시작되었고, 소프트웨어의 복제방지를 비롯해 지폐 또는 서류의 위조방지 등을 위해 널리 사용되어 왔다. 홀로그래피의 파원(波源)으로서는 일반적으로 레이저 광이 많이 사용되고 있다. 그것은 레이저가 현재로서는 인류가 만들어낼 수 있는 유일하게 코히런트(coherent)한 광원이기 때문이다. 파의 공간적 퍼짐이 균일하고 위상이 규칙성을 가지고 있는 상태를 코히런트(coherent)라고 한다. 동일한 파의 진로에 물체가 있으면 파는 물체의 표면에서 반사되어 원래의 빛과 만나 간섭무늬를 만든다. 이 간섭무늬의 패턴은 물체 표면에서의 거리에 의하여 결정된다. 즉, 간섭무늬에 물체 정보가 기록되어 있다. 따라서 적당한 장소에 사진 필름을 놓고 노광(露光)하면 필름면에 간섭무늬가 기록된다. 현상한 필름에는 물체의 상이 보이지 않지만 여기에 코히런트한 빛이나 일반 백색광을 같은 각도로 통과시키면 필름상의 간섭무늬로 빛이 회절하여 똑같은 무늬가 재현된다. 이것을 필름을 통해서 보면 물체의 입체상이 보이는 것인데 이와 같은 필름을 홀로그램이라 한다. 홀로그래피에 대해서는 지속적인 연구가 진행되고 있으며, 방식 또한 몇 가지가 있다. 그 중 하나는 360º Light Field Display란 방식으로서, 매우 빨리 회전하는 거울 판에 빛을 투영시키는데, 거울의 회전각에 맞는 영상을 내보내서 마치 입체적으로 영상이 존재하는 것처럼 보이게 하는 방식이다. 한편, 미국 MIT대학 미디어랩의 Ramesh Raskar 교수팀은 HR3D 기술에서 한 단계 더 나아가 여러 개의 LCD 패널을 입체적으로 배치해 홀로그래픽

(Holographic) 영상을 구현하는 신기술을 선보였다. MIT 미디어랩의 Camera Culture그룹은 360Hz로 작동하는 3개의 LCD 패널을 이용해 홀로그램 영상을 TV에 구현하는 기술을 선보였는데, 기존 3D 입체영상의 시야각이 매우 제한적이었던데 비해 여러 각도에서 안경 없이 시청할 수 있는 3D 영상을 시연한 바 있다. Parallax Barrier, Lenticular Lens, Integral Image, HR3D를 참조.

**Holögrphy Memory 홀로그래피 메모리** 홀로그래피 메모리 기술이란 3차원의 세계를 2차원의 기록매질에 기록하고, 기록매질로부터 실제 3차원 물체영상을 재생하는 기록/재생 방법이다. 일반적으로 접할 수 있는 사진과 비교했을 때, 사진은 물체에서 반사되는 빛의 밝고 어두운 세기만을 2차원 평면에 기록하는 것이기 때문에 실세계를 표현하는데 한계가 있다. 이에 비하여 홀로그래피는 빛의 세기뿐만 아니라, 파동으로서의 빛이 갖는 위상까지 기록하기 때문에 우리가 볼 때는 3차원 상을 정확하게 재현한다.

**Holögrphy Pattern 홀로그래피 패턴** 수학적 모델에 의해 생성된 홀로그래픽 패턴은, 컴퓨터를 이용해 계산하는 방법으로서 CGH(Computer-Generated Hologram)이라고도 한다.

**Hololens 홀로렌즈** 디스플레이에서 컴퓨터 그래픽이 만드는 영상을 볼 수 있는 증강현실 기기이다. 렌즈에 맺힌 영상은 실제 사물과 중첩된다. 컴퓨터로 만든 가상의 세계에서 사람이 실제와 같은 체험을 할 수 있도록 하는 기존의 가상현실(Virtual Reality, VR) 기기인 고글(Goggle) 등 헤드마운트디스플레이(Head Mount Display, HMD) 형태가 아닌 실제 사물과 중첩되도록 하는 안경이나 머리에 쓰는 형태의 기기이다. 증강현실(AR)의 원리는 사용자 감각을 속여 가상세계가 현실로 느껴지게 만드는 것이다. 시각정보는 사용자 망막에 들어오는 초점이라는 기준을 통해 입체감을 형성한다. 가까운 것을 볼 때와 멀리 있는 것을 볼 때 초점이 바뀌고 원근감을 느끼게 된다. AR장비는 같은 원리로 사용자에게 시각 정보를 보낸다. 초점을 기준으로 왼쪽 눈으로 바라본 장면과 오른쪽 눈으로 바라본 각각 다른 장면을 구성해 AR 장비를 통해 왼쪽 눈과 오른쪽 눈에 다른 시각적 정보를 보내 입체감을 형성한다. 청각은 사물과 거리를 측정해 소리 크기를 거리에 맞추어 재조정한다. 볼륨감을 통해 거리감을 속이는 원리이다. 시점을 기준으로 왼쪽에서 들리는지, 오른쪽으로 들리는지 등을 판정해 각각 방향에 맞추어 사용자의 귀를 속이는 것이다.

기기는 고글(Goggle)형 프레임과 디스플레이, 광각 렌즈, 모션 센서(적외선, 자이로, 지자기, 가속도 등)로 구성된다. 전체 프레임은 원활한 헤드 트래킹을 위해 일반적으로 고글형으로 제작된다. 인체와 유사한 90~110º 시야각 확보를 위한 광각렌즈가 부착되고 레이턴시(대기시간)가 최대한 낮은 디스플레이를 사용한다. 레이턴시가 높으면 공간인지에 괴리가 생겨서 멀미를 유발할 수 있다. LCD보다는 AMOLED176가 레이턴시 값을 줄이는 데 유리하다. 조작체계 몰입감을 더하기 위해 모션 센서가 사용되는데 가장 많이 사용되는 기술이 자이로 센서, 가속도 센서, 지자기 센서를 응용한 헤드 트래킹이다. 헤드 트렉킹은 사용자 머리의 회전 각도와 속도 등을 수치화해 사용자 아바타 머리가 수치를 통해 사용자와 똑같이 움직이는 기술이다. 내 머리가 오른쪽으로 돌아가면 가상공간에서 시야가 오른쪽으로 돌아가고 내 머리가 왼쪽으로 돌아가면 가상공간에서 시야가 왼쪽으로 따라 돌아간다. 사용자 시야가 가상공간에서 싱크로율이 높을수록 사용자 몰입감을 극대화할 수 있다.

**HOM(Hotine Oblique Mercator) 호틴 경사 메르카토르** 메르카토르의 핫라인 경사법이며, 지도 제작에서 우주정거장으로부터의 자료를 위해 자주 사용된다.

**Home Brew 홈브루** 실리콘밸리에서 생겨난 초기 컴퓨터 취미 동호회로 1975년 3월에서 1977년경까지 활동했다. 이들은 전자공학에 열광하는 사람들로서 MITS사의 알테어8800은 이들의 핵심교재 같은 것이었다. 이들은 부품, 회로, 컴퓨터 장치 등을 혼자서 조립하는데 필요한 정보를 교환했으며 정기적인 공개 포럼을 유지했다. 애플의 창립자인 스티브 잡스와 스티브 워즈니악을 포함해, 매우 높은 수준의 해커들과 IT 기업가들이 이 클럽의 회원으로 활동했다.

**Home Folder 홈 폴더** 관리자가 개별 사용자나 그룹에 할당하는 폴더로 일반적으로 파일 서버에 위치에 있다. 관리자는 백업을 쉽게 하기 위해 홈 폴더를 이용하여 사용자 파일을 특정 파일 서버에 통합한다. 일부 프로그램에서 홈 폴더는 열기 및 다른 이름으로 저장 대화 상자의 기본 폴더로 사용한다. 홈 폴더는 때때로 홈 디렉터리를 나타내기도 한다.

**Home Location Register(HLR) 가입자 위치 등록기** HLR(Home Location Register)를 참조.

**Home Network 홈 네트워크** 가정 내 PC를 비롯한 정보가전기기를 유선 또는 무선의 네트워크로 연결하여 인터넷 및 데이터 공유, 스캐너 및 프린터 등의 주변기기 공유 및 상호제어를 가능하게 하며, 인터넷이나 휴대용 정보 단말기를 이용한 외부 네트워크와의 연동으로 언제 어디서나 자유롭게 가정의 TV, 냉장고, 에어컨, DVD 플레이어, 디지털 카메라 등의 디지털 가전기기를 원격 제어할 수 있는 시스템을 말한다.

**Home Radio Frequency Working Group 홈 알에프 워킹그룹** 홈 RF 워킹그룹(Home Radio Frequency Working Group)은 무선 기술 기반으로 한 홈네트워킹 표준화 단체를 말한다. 홈 RF 워킹그룹은 1998년 말 표준 스펙을 확정, 1999년 상반기부터 이 표준기술을 지원하는 홈네트워킹 제품을 출시하고 있다. 홈 RF 워킹그룹이 발표한 표준 스펙인 「SWAP(Shared Wireless Access Protocol) 1.0 버전」은 2.4GHz 대역의 주파수를 이용해 무선LAN과 같은 형태로 홈네트워크를 말한다.

**Homepage 홈페이지** 웹 사용자가 각각의 웹 사이트에 들어갈 때 처음으로 나타나는 문서. 요즘은 사이트와 페이지가 비슷한 의미로 사용되고 있다. 홈페이지에는 웹서버를 구축한 기관이나 개인에 대한 간단한 소개가 실려 있는데, 각각의 특징을 나타내기 위해 화려하고 개성 있게 구축한다.

**Homo Mobilicus 호모 모빌리쿠스** 모바일 미디어 시대를 사는 인간을 '호모 모빌리쿠스'라는 신조어로 규정했다. "지혜의 인간, 호모 사피엔스가 휴대폰을 거는 인간 호모 모빌리쿠스로 변화하고 있다."고 했다. Mobilian를 참조.

**Homo Narrans 호모 나랜스** 강력한 소셜 네트워크를 기반으로 자신만의 이야기를 디지털 공간에서 글·사진·동영상 등을 통해 공유하고, 전파하는 이들을 가리키는 것을 의미하지만 우리나라에서는 호모 나랜스를 기업의 제품이나 서비스를 입소문 내는 역할 정도만 부여하고 있다.

**Homo Roboticus 호모 로보티쿠스** 기계적인 로봇인간이 아니라 로봇 미디어나 다른 사람의 분신 역할에 익숙한 로봇형 인간을 의미한다.

**Homogeneity 균질성** 지형자료군에서 예상되었거나 분석된 품질매개변수의 균질성을 원문적이고 질적으로 기술한 것을 말한다.

**Homogeneity Unit 동차성 단위** 동차성의 표현 단위란 동차의 속성을 가진 면적을 나타내는 기본 단위. 벡터 구조와 래스터 구조 모두 공간상의 정보는 동차성을 나타내는 단위에 의하여 표현된다. 래스터 구조에 있어서 동차성의 표현 단위는 격자이다.

**Homogeneous Adjustment 동차 조정법** 삼각망의 계산에서 여러 가지 조건식을 동시에 만족하게 하는 관측값의 보정량을 구하는 방법으로 엄밀조정법이라고도 한다.

**Homogeneous Environment 동차 환경** 통신상의 각 노드의 요소가 유사하고, 동일한 것으로 이루어진 환경. 하드웨어와 소프트웨어의 구성이 클라이언트와 서버에 동일하다. 동일한 프로토콜, 프로세스간 통신(IPC), 원격 절차 호출(RPC)가 클라이언트, 서버에 동일하게 적용될 수 있다. 복잡하지는 않으나, 선택의 제한을 받는다.

**Homomorphism 준동형** 그 구조를 보존하는 함수로 정의된, 2개의 객체(2개의 복합체)간의 관계를 말한다.

**Homorosin Projection 호모로사인 도법** 저위도지대의 변형이 적은 도법과 중·고위도 지대에서 변형이 적은 도법을 혼합하여 맞춘 도법을 말한다.

**Homosmartcus 호모스마트쿠스** 스마트 시대의 기기와 서비스를 주도적으로 사용하며 자신의 일과 삶의 영역을 변화시켜 나가는 신인류를 뜻하는 말이다.

**Honda's Tide Gauge 혼다식 검조위** 조석에 의한 수면변동을 심종 내의 공기압력변동으로 잡아, 이것을 도관에 의해서 육상으로 전하여 조위를 관측한다.

**Hopfield Model 호필드 모형** GPS에서 지구전체를 포함하는 실제 데이터를 사용하여 실험적으로 대류권의 굴절성을 높이의 함수로 나타낸 것이다. 대류권에서의 굴절요인은 건조한 성분이 90%, 습한 성분이 10%를 차지하며, 호필드 모델은 이중 건조한 성분에 의한 굴절성을 함수로 나타내었다.

**Hopfield Model 호필드 모델** GPS에서 지구전체를 포함하는 실제 데이터를 사용하여 실험적으로 대류권의 굴절성을 높이의 함수로 나타낸 것이다. 대류권에서의 굴절요인은 건조한 성분이 90%, 습한 성분이 10%를 차지하며, 호필드 모델은 이중 건조한 성분에 의한 굴절성을 함수로 나타내었다.

**Horizon 수평선(水平線)** 수평면에 평행한 곡선을 수평선이라 하며, 중력 방향에 직각이다.

**Horizon and Virtical Circle 지평선과 수직권** 관측자를 지나며 관측자의 연직선과 직교하는 평면과 천구의 교선인 대원을 천구지평선이라 하며 관측자의 연직선을 포함하는 임의의 평면과 천구의 교선을 수직권이라 한다.

**Horizon Trace 사진수평선** 사진면과 그 사진의 투영중심을 통하는 수평면과의 마주치는 선을 말한다.

**Horizontal 수평면** 지구상의 특정 위치에서 지구 인력 방향에 직각이 되는 동일한 높이로 표현되는 면을 말한다. 수평선은 지오이드 자체이거나 지오이드와 접하는 면이다. Bidimensional Datum, 2-Dimensional Datum를 참조.

**Horizontal Angle 수평각(水平角)** 수평면 내에서 전 측선과 다음 측선과 이루는 교각, 전측선의 연장과 다음 측선이 이루는 편각, 기준선에서 시계방향으로 이루어지는 방향각 등이 있으며, 방향각에서 기준선이 남북자오선일 경우는 방위각이 된다.

**Horizontal Axis 수평축(水平軸)** 측량 장비에서 망원경을 지지하고 있는 수평 방향의 축을 말한다. 망원경은 이 축에 고정되어 있으며 축받이 위에서 회전한다. 시준축 및 연직축과는 서로 직교하고 있어야 한다.

**Horizontal Camera 수평선 사진기** 수평선을 촬영하기 위하여 항공사진 사진기에 부착되어 있는 부속 사진기를 말한다.

**Horizontal Circle 수평 분도원, 수평 눈금반** 수평각 관측에 사용되는 분도원을 수평 분도원이라고 하며 각 관측 기계의 성능에 따라 각을 읽을 수 있는 최소단위가 달라진다.

**Horizontal Control 수평 기준** 자오선과 위도선 또는 지도상의 북향과 동향 그리드선에 관하여 지도화된 지형의 수평위치를 기준하는 일반적인 수평 자료에 언급된 그리드 위치 또는 알려진 지리적 측점의 네트워크이다.

**Horizontal Control Datum 수평조정원점** 수평조정에 사용되는 원점을 말한다. Horizontal Datum, Horizontal Geodetic Datum을 참조.

**Horizontal Control Point(HCP) 수평 기준점, 평면 기준점** HCP (Horizontal Control Point)를 참조.

**Horizontal Coordinate 지평 좌표** 관측자를 중심으로 천체의 위치를 간략하게 표시하는 좌표계로서 방위각-고저각 좌표계라고도 한다.

**Horizontal Coordinate on Celestial Sphere 지평좌표** Celestial Coordinate를 참조.

**Horizontal Coordinate System Difinition 평면적 좌표체계 설명** 점 위치에서 관측되는 길이, 각도값으로 기준되는 기준 체계이다.

**Horizontal Datum 수평기준계, 수평 데이텀** 정밀한 남북방향(위도)의 위치와 동서방향(경도)의 위치가 결정되어있는 지구상의 지점들의 집합으로서, 수평적 위치를 나타내는 지구의 경도·위도 등 측지원점을 말한다. 좌표계와 지구와의 관계를 설정하기 위한 타원체로서 2차원 또는 3차원 좌표계를 위한 기준으로 사용된다.

**Horizontal Dilution Of Precision(HDOP) 수평 정도 저하율, 수평 위치정도 열화** HDOP(Horizontal Dilution Of Precision)를 참조.

**Horizontal Distance 수평거리(水平距離)** 평면거리 중 수평방향의 두 지점 사이의 거리를 수평거리라 한다.

**Horizontal Geodetic Datum (대한민국) 경위도원점(經緯度原點)** ① 경위도 원점은 한 나라의 모든 위치의 기준으로서 측량의 출발점이 되는 점이다. 즉, 우리나라 측량 기준점인 삼각점의 출발이다. 위도는 지표면과 천체간의 각도로서 남북을 잇는 지축에 직각이 되는 적도를 0도로 하여 남북으로 극을 향해 각각 90도로 구분하여 남북위치를 정한 것이고, 경도는 지축을 따라 교차하는 2개의 면이 이루는 각도를 말하며 1884년 영국 그리니치천문대를 지나는 경선(본초자오선)을 경도 0도로 하고 이를 기준선으로 하여 동서로 180등분하여 위치를 표현하였다.
국토지리정보원에서는 1981년 8월부터 1985년 10월까지의 정밀 천문 측량한 성과를 바탕으로 1985년 12월 27일 당시 국립지리원 고시 제57호로 한국 경위도 원점의 수치를 고시함으로써 독자적인 측지원점 설정 및 하나의 천문측점에 의한 표정방식의 데이텀 설정이 이루어졌다. ②「공간정보구축 및 관리 등에 관한 법률 시행령」 제7조 제2항 제1호 대한민국 경위도원점은
(가) 지점 : 경기도 수원시 영통구 원천동 111번지(국토지리정보원에 있는 대한민국 경위도원점 금속표의 십자선 교점)
(나) (1) 경도 : 동경 127°03′14.8913″, (2) 위도 : 북위 37°16′33.3659″, (3) 원방위각 : 3°17′32.195″(원점으로부터 진북을 기준으로 오른쪽 방향으로 측정한 서울과학기술대학교에 있는 위성기준점 금속표 십자선 교점)

**Horizontal Glass 수평경** 육분위에 부속되어 있는 고정 거울을 말한다.

**Horizontal Glass Adjusting Screw 수평경 조정나사** 육분위에 부속되어 있고 수평각을 조정하는 나사이다.

**Horizontal Hair 횡십자선(橫十字線)** 십자선을 구성하는 횡방향선을 말한다.

**Horizontal Hair Adjusting Screw 횡십자선 조정나사(橫十字線調整螺絲)** 시준장치에 속하는 것으로 십자선 중 횡선을 좌,

우로 움직이게 하는 나사를 말한다.

**Horizontal Line 지평선(地平線)** 지구 표면상에서 연직선에 직교하는 직선이다. 지평면과 천구가 서로 접한 것처럼 보이는 선을 말한다.

**Horizontal Magnetic Force 수평자력** 지구자기력의 수평성분을 말하며, 수평자력은 H로 나타내고 Gauss 단위로 표시한다.

**Horizontal Mirror 지평경** 육분위나 Astrolab와 같이 수평면에서 반사하는 광선을 이용하는 것을 말한다.

**Horizontal Parallax 수평시차** 수평방향, 즉 X축에 발생한 시차를 말한다. 수평시차는 카메라의 축 간격과 상관관계를 맺고 있으며 수평시차를 통해 입체감의 강약을 조절하게 된다.

**Horizontal Parallax 횡시차** 기선에 평행한 방향의 시차성분을 말한다.

**Horizontal Photograph 수평사진(水平寫眞)** ① 광축이 수평선과 거의 일치하도록 지상에서 촬영한 사진이다. ② 항공사진과 동시에 촬영된 수평선의 사진으로서 항공사진의 경사를 결정하는 데 사용된다.

**Horizontal Pipe 가로관** 수평 또는 수평과 45° 미만의 각도로 배관한 관을 말한다.

**Horizontal Plane 수평면(水平面)** 한 점에서 수준면에 접하는 평면을 말한다.

**Horizontal Positional Accuracy 수평 위치 정확도** 자료들 내에서 공간 객체의 수평 위치에 대한 정확도 추정을 말한다.

**Horizontal Positional Accuracy Explanation 수평 위치 정확도 설명** 수평 위치 정확도 값을 산출하는 시험에 대한 설명을 말한다.

**Horizontal Positional Accuracy Report 수평 위치 정확도 보고** 수평 좌표값의 정확도에 대한 설명과 이용된 시험에 대한 기술을 말한다.

**Horizontal Positional Accuracy Value 수평 위치 정확도 값** 미터값으로 표현된 자료들 내에서 수평 좌표값의 정확도에 대한 추정을 말한다.

**Horizontal Positioning 수평 위치결정** 해양측량의 수평위치결정은 지문, 천문, 전파, 관성, 인공위성 등에 의한 수평위치결정 등을 말한다.

**Horizontal Profiling 수평 탐사** 전극간격을 동일하게 유지하면서 정해진 측선을 따라가며 지하 전기비저항을 측정하는 방법을 말한다.

**Horizontal Projection 수평 투영** 투영면이 지구와 적도 및 극 이외의 점에서 접하는 경우의 방위도법을 말한다.

**Horizontal Resolution 수평 해상도** [영상] 수평방향의 공간 해상도로서, TV에서는 화면상에서 판별 가능한 흑백 세로줄의 수로 나타낸다. 단위는 본 또는 LINE를 사용한다. Vertical Resolution 참조.

**Horizontal Scanning 수평 주사(水平走査)** [영상] 수평방향의 주사(走査)로서, 화면을 구성하는 화소의 신호 값을 수평방향으로 순차적으로 읽어내는 것 또는 같은 방법으로 순차기록 또는 표시하는 것을 말한다.

수평주파수 Fh = 525 lines/frame × 30 frames/sec
= 15750 lines/sec = 15750 Hz,

수직주파수 Fv = 2 lines/fram × 30 frames/sec
= 60 lines/sec = 60 Hz.

Scanning, Vertical Scanning 참조.

**Horizontal Sight by Alidade 수평 시준** 평판측량에서 기계를 수평으로 하고 자기 위치와 같은 높이의 지점을 구할 때 사용되는 방법이다.

**Horizontal Surface 지평면** 어느 점에서 수평면에 접하는 평면 또는 연직선에 직교하는 평면을 말한다.

**Horizontal Tangent Screw 수평 미동 나사** 트랜시트로 목표를 정확하게 시준하기 위하여 수평방향으로 망원경을 미동시키는 나사이다.

**HOSS(High-media Download Service System) 호스 체계** 단말기에서 네트워크 연동으로 과금 서비스를 할 수 있는 서비스 시스템을 말한다.

**Host 호스트** TCP/IP(Transmission Control Protocol/Internet Protocol) 통신에서 통신하는 시스템을 가리킨다. 인터넷 상에 연결된 개별적인 컴퓨터를 지칭하는 말이다. 인터넷에 연결되어 있고, 개별적인 IP 주소를 가지는 시스템을 호스트라고 한다. TCP/IP란 네트워크 전송 프로토콜(Protocol)로서, 서로 다른 운영체제를 쓰는 컴퓨터 간에도 데이터를 전송할 수 있어 인터넷에서 정보전송을 위한 표준 프로토콜로 쓰이고 있다. TCP는 전송 데이터를 일정 단위로 나누고 포장하는 것에 관한 규약이고, IP는 직접 데이터를 주고 받는 것에 관한 규약이다. 인터넷에 물려 있는 모든 컴퓨터는 인터넷 표준 위원회에서 제정한 규약을 따르고 있는데, 인터넷 표준 프로토콜이 TCP/IP이다. 프로토콜이란 한 컴퓨터에서 다른 컴퓨터로 데이터를 완전하게 보내기 위한 장치이다.

**Host Computer 주 컴퓨터** 자료망에서 주된 통제를 담당하는 컴퓨터. 다중 사용자를 지원하는 컴퓨터 체계에서 여러 대의 단말기를 컴퓨터에 연결하고 사용자들은 단말기 앞에서 컴퓨터 작업을 수행하게 되는데, 이처럼 여러 대의 단말기가 연결되어 있는 컴퓨터 체계에서 각각의 단말기를 제어하고 관리하면서 단말기를 통하여 입력되는 사용자의 작업 요구를 처리하는 컴퓨터를 의미한다. 또는 개인용 컴퓨터, 워크스테이션 및 통신 단말기 등이 통신망으로 연결되어 동작할 때 이러한 각각의 장치는 마치 통신망이라고 하는 호스트 컴퓨터에 연결되어 있는 각각의 단말기처럼 동작하게 된다.

**Hosting Service 호스팅 서비스** 전문 기업이 웹 서버 및 페이지 관리 등을 해주는 서비스로, 이것을 바탕으로 웹 페이지를 구축하고 운영할 수 있다.

**Hosting Site 호스팅 사이트** 다른 웹사이트가 운영될 수 있도록 파일을 저장하고 지원하고 관리해주는 웹사이트. '블로거(Blogger)'와 '워드프레스(WordPress)'는 가장 유명한 블로그 호스팅 사이트이다.

**Hot Deal Nomad 핫딜 노마드 족** 최근 온라인·모바일 쇼핑업체에서는 특정시간대에만 할인 이벤트를 통해 제품을 싸게 파는 핫딜 마케팅 기법을 사용하고 있다. 이처럼 핫딜 정보를 수집하고 가격비교를 통해 더 저렴한 상품을 찾아 합리적인 가격으로 쇼핑을 하는 소비자를 '핫딜 노마드 족'이라 부른다. 핫딜 노마드 족은 더 저렴한 상품이 나오면 오픈마켓, 소셜커머스, 모바일 앱 등을 가리지 않고 옮겨 다니기 때문에 충성도가 높은 편은 아니다. 그리하여 쇼핑업체들은 이들을 잡기 위해 갖은 묘안을 내놓고 있다. 이러한 소비행태가 활성화되면서 핫딜 노마드 족을 위한 핫딜 정보만을 한 눈에 모아 실시간 검색할 수 있는 서비스들도 등장하고 있다. 보다 저렴한 가격으로 최상의 상품을 구입하기 위해 노력 중인 소비자들을 위해 업계에서는 매력적인 상품을 큐레이션하고 트렌드와 소비심리를 반영한 서비스를 강화하고 있다.

**Hot Start 핫 스타트** GPS 사용기간에 따라 GPS 수신이 지연된다. 마지막 GPS 사용기간이 2~4시간 경과 시, 다시 GPS수신을 받기까지 1분정도의 시간이 소요된다.

**Hotine Oblique Mercator(HOM) 호틴 경사 메르카토르** HOM(Hotine Oblique Mercator)를 참조.

**Hot-Spot 핫스팟** 무선랜(Wireless LAN)이 사용 가능한 지역. 야외에서 무선랜을 통해 네트워크에 접속하기 위해서는 노트북에 장착된 무선랜 카드에서 보내는 신호를 네트워크로 전달해주는 AP(Access Point)가 있어야 한다. 하지만 AP의 응답반경은 최대 200미터 정도에 불과하다. 따라서 무선랜 서비스 업체들은 사람이 많이 몰리는 시내 중심가의 패스트푸드점이나 카페, 지하철 역내, 대학 등지를 핫스팟으로 선정한다.

**HoudahGeo 호다지오** 맥킨토시 컴퓨터를 위한 원스톱 지리정보 기록 소프트웨어를 말한다.

**Hour Angle 시간각(時間角)** 천체가 천구 자오선의 서쪽으로 얼마나 떨어져 있는지를 시(時)의 단위로 나타낸 것으로서, 시각과 관측자의 위치에 좌우된다.

**Hour Circle 시간권** 천축을 포함하는 임의의 평면과 천구의 교선으로서 천구의 양극을 지나는 대원을 말하다. 따라서 천구의 적도는 유일하지만 시간권은 무수히 많다. Celestial Sphere, Celestial Axis, Celestial Pole, Celestial Equator를 참조.

**Hours of Service 서비스 시간** 사용자가 책임기관이나 담당자에게 연락할 수 있는 시간을 말한다.

**Housing Lot 대지** Housing Site를 참조.

**Housing Site 대지** 토지이용의 기본적 분류의 하나로서 주거용 또는 부수건물의 건축용지로 이용할 수 있는 토지를 뜻한다. 택지의 개념은 부지보다는 작은 범위를 나타내는 데 택지는 주로 건축용지를 가리키는 데 반하여 부지는 건축용지는 물론 철도용, 수도용, 하천용지와 같은 건축물 용도 이외에도 사용된다.

**Housingmaps 지리기반 부동산 정보 서비스** 2005년 폴 레더마처(Paul Radermacher)라는 사람이 Ajax의 취약성을 이용해 미국의 부동산 정보와 구글 맵스 코드를 해킹하여 만든 매시업 서비스이다. 구글은 이 사건을 계기로 구글 맵의 API를 공개하고 폴 레더마처를 채용했다.

**Hovering 제자리 비행, 정지 비행, 호버링** [항공] 헬리콥터가 제자리에서 정지 비행을 할 때를 말한다. 헬리콥터가 무풍상태에서 제자리 비행 시 로터(rotor)의 회전면(rotor disc) 혹은 깃끝 경로면(tip path plane)은 수평지면과 평행이다. 제자리 비행하는 동안 양력과 추력, 항력과 무게는 동일 방향으로 작용하며, 양력과 추력의 합은 무게와 항력의 합과 같다. 제자리 비행

상태에서 추력을 증가시켜 양력과 추력의 합이 항력과 무게의 합보다 크게 되면 헬리콥터는 상승비행을 시작하고, 반대로 추력을 감소시켜 양력과 추력의 합이 항력과 무게의 합보다 작게 되면 헬리콥터는 하강비행을 시작한다.

**HOV Lane Violation Enforcement Subsystem 전용차로위반 단속 단위 서비스** 교통 관리 최적화 서비스 분야에 속하는 서브시스템으로서, 도로에서 전용 차로를 위반하는 차량을 자동으로 검지하고, 번호판을 인식하여 운전자와 관련 기관에 해당 정보를 제공하는 서비스이다.

**HOW(Hand Over Word) 하우, 에이치오더블유, 전달 신호** 항법메세지의 서브프레임에서 2번째 word로서, 다음 서브프레임 앞부분에서 Z-Count를 포함한다. Z-Count는 수신기에서 P 코드를 발생할 때 그 상관관계를 알아내어 결정할 때 쓰인다. 1개의 프레임으로 이루어진 GPS 메시지는 1,500비트(bit)로 이루어져 있다. 50bps(bit per second) 속도로 전송하므로 GPS 메시지를 전송 완료하는데 30초가 걸린다. GPS 신호 프레임(frame)은 다음과 같이 5개의 서브프레임(sub-frames)들로 구성되어 있는데, 데이터를 식별하고 타이밍(timing)을 유지할 수 있도록 하는 특별한 구조를 갖는다.

| Subframe No. | Word No. | Description |
|---|---|---|
| 1 | 1 - 2 | Telemetry word(TLM) and handover word (HOW) |
| | 3 - 10 | - Flags : L2코드와 데이터, 주 번호, 위성의 정확도와 상태<br>- age of data<br>- 위성시계 보정 계수 |
| 2 - 3 | 1 - 2 | Telemetry word(TLM) and handover word (HOW) |
| | 3 - 10 | 위성 궤도정보(Ephemeris Parameter) |
| 4 - 5 | 1 - 2 | Telemetry word(TLM) and handover word (HOW) |
| | 3 - 10 | - 위성의 궤도정보(Almanac)<br>- 위성 건강 |

각 서브프레임은 10개의 word(워드) 및 300비트로 구성되고 전송하는데 6초가 걸릴 길이가 걸린다. 1개의 워드(Word)는 30비트(Bit)이다. 각 서브프레임은 2개의 word로 이루어진 헤더(header)와 8개의 word로 이루어진 데이터(data)로 구성되는데, 헤더는 Telemetry Word(TLM, 원격측정신호)와 Hand-Over Words(HOW, 전달 신호)로 이루어져 있다.

Telemetry Word(TLM)는 수신기가 각 서브 프레임의 시작점을 탐색할 수 있도록 하고 항법 서브프레임이 시작하는 시간을 수신기 시간으로 결정하게 한다. Handover Word(HOW)는 GPS 시간(다음 서브 프레임의 첫 번째 비트가 전송될 실제 시간)을 제공하고 전체 프레임 중에서 특정 서브 프레임을 식별할 수 있도록 한다.

**Howard H. Aiken 하워드 에이킨** 자동 시퀀스제어계산기로 알려진 하버드 마크 I~IV를 개발한 미국 엔지니어. 이 컴퓨터는 찰스 베비지의 해석엔진에서 영감을 얻었다.

**HPF(High Pass Filter) 고주파 필터** 낮은 주파수 성분을 제거하거나 억제하기 위해 사용된다. 보통 고주파 필터는 동종 저주파 필터와 결합하여 사용된다. 예를 들면, 영상은 저주파 필터를 사용하여 부드럽게 하고, 고주파 필터는 영상을 예리하게 처리할 때 적용될 수 있다. 그럼으로써 경계의 세밀함을 보존한다.

**HPGL(Hewlett Packard Graphics Language) 휴렛 패커드 그래픽 언어** 페이지 좌표에서 백터 그래픽을 정의하는 장치에 영향을 많이 받지만 산업 표준인 언어이다.

**HPS(Hybrid Positioning System) 복합측위시스템** GPS와 와이파이 무선망, 이동통신 기지국 모두를 활용한 기술을 복합적으로 적용, 실내와 실외 제약 없이 위치 측정이 가능할 뿐 아니라 측정오차도 평균 50m 내외로 줄였다. 기본적으로 GPS를 활용하되 수신이 어려울 경우 와이파이 신호와 자체 기지국 정보 활용기술을 적용, 측정 정확도를 높이고 음영지역도 없앴다.

**HR3D(High-Rank 3D) 에이치알 3디** 무안경 입체 3D(Glass-free, Glassless, Naked Eye Stereoscopic 3D) 기술 중 하나로서, 미국 MIT대학 미디어랩의 Ramesh Raskar 교수팀이 개발한 새로운 기술로서 시차 베리어(Parallax Barrier) 방식이 진화한 형태의 기술이다. HR3D는 LCD 디스플레이를 2개를 사용한다. 시차 베리어(Parallax Barrier) 방식처럼 디스플레이 앞에 베리어(barrier, 방벽)를 두지만, 이 베리어 역시 디스플레이인 것이다. 패럴랙스 베리어는 일정한 패턴으로 좌우 영상이 존재하고 그에 상응하는 주기로 장벽이 존재하지만, HR3D는 복잡한 수학적 처리과정을 거쳐 영상에 최적화된 패턴을 만들어 내고, 후면 패널 영상과 전면 패널의 방벽이 만들어진다. 이와 같은 '동적 방벽'(dynamic barrier)이 만들어지므로 시선의 방향 및 기울기에 구애받지 않고 입체 영상을 만들어낼 수 있다. 관찰자가 어디 있든지 유동적인 대처가 가능하다. 또한 방벽으로 인한 밝기 저하가 없고 그에 따라 백라이트 전력도 절약된다. Parallax Barrier, Lenticular Lens, Integral Image, Holography를 참조.

**HRV(High Resolution Visible) 에이치알브이, 고해상도 관측위성** SPOT 위성체에 실어 보낸 탐측기. HRV 탐측기는 2가지 방식으로 작동한다. 전정색 방식에서 단일의 분광대로 넓은, 그러나 고 공간 해상도(10m) 영상이 산출된다. 다중 분광대 방식에서, 지상 해상도는 보다 크지만(20m) 영상은 3개의 대역에 있다. HRV 탐측기의 다른 특징은 117km의 1번 진행 넓이와 8비트의 방사 해상도를 포함한다.

**HSCSD(High Speed Circuit Switched Data) 고속 회선 교환 데이터** HSCSD는 GSM 폰은 9.6kbps에서 57.6kbps까지 데이터 전송속도를 발전시킨 진보된 기술이다. 이는 기존의 전화선에서 이용한 것과 유사한 방식으로 Circuit-Switched Technology 기술에 바탕을 두고 있다.

**HSDPA(High Speed Downlink Packet Access) 고속 하향 패킷 접속** 와이브로와 함께 국내에서 제공 중인 고속하향패킷접속(HSDPA)는 3세대 이동통신인 WCDMA의 속도를 더욱 발전시킨 기술로, 고속 인터넷이 가능한 이동전화 서비스라고 할 수 있다. HSDPA는 CDMA 무선망을 이용하므로 휴대폰으로 음성통화가 가능한 곳이면 어디서나 사용할 수 있다는 점이 장점이다.

**HSI(Hue, Saturation, Intensity) 색상, 채도, 밝기** 색상(Hue)·채도(Saturation)·밝기(Intensity)에 대한 색의 공간 표현은 원통 좌표계에 의하여 표현된다. 여기서 원통 좌표계의 표현을 보면 밝기는 수직축이 Z축을 따라 증가한다. 색상은 각도이고 채도는 반지름이다.

**HSPA(High Speed Packet Access) 고속 패킷 접속방식** 고속 패킷 접속방식(HSDPA+HSUPA)을 말한다.

**HSPA+(High Speed Packet Access Plus) 고속 패킷 접속방식 플러스** 고속 패킷 접속방식(HSDPA)에서 한 단계 더 업그레이드 된 서비스로 음성과 데이터 모두 패킷 처리 방식을 사용하는 신형 이동통신 서비스.

**HSUPA(High Speed Uplink Packet Access) 고속 상향 패킷 접속** 3세대 이동통신 규격 중인 하나인 HSDPA에서 업로드 속도를 증가시킨 규격.

**HTML(Hyper Text Markup Language) 하이퍼 텍스트 기술 언어** 텍스트 정보 처리에 관한 국제 표준인 ISO 8879. SGML (Standard Generalized Makerup Language)에 의한 Data Type Difintion(DTD)이다. 이 SGML은 언어를 규정하는 언어인 메타 언어이다. 구조화된 형식을 가지며 HTML브라우저를 통해서 초보자들에게도 쉽게 인터넷에 접근하도록 한다.

**HTML5(Hyper Text Markup Language5) 하이퍼 텍스트 기술 언어5** 인터넷 홈페이지를 제작하는 데 쓰이는 최신 규격. 화면상에 표시할 글자의 색깔과 크기를 정하거나 줄 바꿈, 선 긋기 등의 기능을 표준으로 정해놓은 것이다. 'HTML(Hyper text Markup Language)'의 최신 규격. 별도의 플러그인 없이 애플리케이션 기능을 구현할 수 있다. 액티브X를 설치하지 않아도 동일한 기능을 구현할 수 있고, 특히 플래시나 실버라이트, 자바FX 없이도 웹 브라우저에서 화려한 그래픽 효과를 낼 수 있다. HTML5가 확산되면 휴대용 단말기를 통해 웹을 즐기는 것도 더욱 쉬워질 것이란 예상이 지배적이다.

**Hub 허브, 망 집선기** ① 승객이나 화물이 집중되었다가 바퀴살이 중심축에서 퍼져나가는 것처럼 여러 지역으로 퍼져나가는 사통팔달한 중심 지점을 뜻한다. 허브는 운송 경비 절감 및 효율화 향상을 위해 네트워크에서 전략상 중요한 위치에 사용된다. ② 네트워크에서 여러 대의 컴퓨터, 네트워크 장비를 연결하는 장치이다. 한대의 허브를 중심으로 여러 대의 컴퓨터와 네트워크 장비가 서로 연결되며, 같은 허브에 연결된 컴퓨터와 네트워크 장비는 모두 상호 간에 통신할 수 있게 된다. 허브에 라우터나 스위치 등의 장비가 연결되어 있으면 이를 통해 더 높은 계층의 네트워크(WAN, MAN 등)와도 연결이 가능해진다. 허브와 컴퓨터 장비 사이의 연결에는 보통 UTP(Unshielded Twisted Pair, 비차폐 연선) 케이블과 RJ45 커넥터가 사용된다. 허브로 연결된 네트워크에서는 한 컴퓨터에서 주고받는 데이터가 같은 허브에 연결된 다른 모든 컴퓨터에 전달된다. 따라서 연결된 컴퓨터의 개수가 많아질수록 네트워크에서 충돌(collision)이 많아지고 속도가 느려진다. 이 문제를 해결하기 위해 데이터를 필요로 하는 컴퓨터에만 전송하는 스위치 장비를 사용한다.

**HUD Navigation 차량 유리창 내비게이션** 기존 내비게이션이 별도의 디스플레이 화면에 속도, 방향 등 필요한 정보를 표시하던 것과 달리 HUD 내비게이션은 자동차 앞 유리창에 표시한다. 운전자 시야에 속도, 방향 등 가상정보를 함께 제공하는 방식을 택한 것이다. 이는 길 위에 화살표가 표시된 것처럼 보이기 때문에 운전자가 쉽게 이해할 수 있고, 내비게이션 화면을 보기위해 시선을 돌려야 하는 번거로움도 줄일 수 있다. 이미 BMW 등 유명 자동차 업체는 HUD 내비게이션을 채용한 차량을 판매하고 있다.

**Hue 색상** 지형 표면으로부터 반사되거나 방출되는 빛의 파장에 의해 정의되는 색이다.

**Hue, Intensity and Saturation(HIS) 에이취아이에스** HIS(Hue, Intensity and Saturation)를 참조.

**Hue, Saturation, Intensity(HSI) 색상, 채도, 밝기** HSI(Hue, Saturation, Intensity)를 참조.

**Huffman Coding 허프만 코딩** 무손실 자료 압축의 한 유형. 작은 비트 스트림이 자료의 발생 확률이 적다는 것을 나타낸다. 발생 확률이 높은 자료들은 더 많은 비트들을 요구한다. 하프만 코딩은 JPEG 부호화에서 사용된다.

**Human Computer Interaction(HCI) 인간-컴퓨터 상호작용** HCI(Human Computer Interaction)를 참조.

**Human Engineering 인간공학(人間工學)** 인간의 환경에 적합하도록 사람이 요구하는 기준에 따라 컴퓨터와 그 외 부속 제품들을 설계하고 제작하는 연구 분야를 말한다.

**Human Error 휴먼 에러** [안전] 인간은 심리적·신체적·정신적으로 불완전한 존재이다. 따라서 신체적·정신적 한계로 인해 인간은 일상생활에서나 산업현장 등에서 많은 에러(error)를 범하며 살고 있다. 인간이 발생시키는 이러한 에러가 휴먼 에러(human error)이다. 휴먼 에러는 일상에서 작은 불편을 초래하는 것부터 인명 피해와 재산 손실을 가져오는 대형 사고의 결정적 원인이 되기도 한다. 에러는 주어진 목표로부터 일정한 제한 범위를 벗어난 결과로 정의된다.

(1) **행위적 분류-스웨인의 분류** : Sandia 국립연구소(Lockheed Martin Corporation)의 스웨인(Alan D. Swain)은 원자력발전소 근무자들의 휴먼 에러 유형을 조사하는 과정에서 휴먼 에러를 인간행위 관점에서 분류하는 방법을 제안하였다(Human Factors in Nuclear Power Plant Operations, 1980, Sandia National Laboratories). 행위관점의 분류는 관측 가능한 행동의 결과만을 가지고서 에러를 분류하는 방법이다. 스웨인은 휴먼 에러를 작업 완수에 필요한 행동을 하는 과정에서 나타나는 누락오류(omission error), 작위오류(commission error), 시간오류(time error), 순서오류(sequence error)와 작업완수에 불필요한 수행오류(extraneous error)로 나누었다. 스웨인의 휴먼 에러 분류와 같은 행위적 관점에서의 휴먼 에러 분류는 행위의 결과만을 보고 분류하므로, 비교적 쉽고 빠른 장점이 있으나 같은 행위의 결과가 나타나더라도 이를 행한 근본적 원인에 대해서는 고려하지 못하는 단점이 있다.

(2) **원인적 분류-리즌의 분류** : 원인적 분류는 행위적 분류에 비해 인간의 정보처리 수준에 근거해 에러를 분류하기 때문에 에러 유형별로 적절한 대책을 강구할 수 있다는 장점을 갖는다. 리즌(James T. Reason)은 인간행동을 숙련기반, 규칙기반, 지식기반 행동 등 3개의 수준으로 분류한 라스무센(덴마크 Risø 연구소의 Jens Rasmussen)의 모델을 사용해 휴먼 에러를 분류했다. 리즌은 인간의 불안전한 행동을 우선 의도적인 경우와 비의도적인 경우로 나누었다. 비의도적 행동은 모두 '숙련기반의 에러(skill based error)'라고 할 수 있다. 의도적 행동은 '규칙기반 착오(rule based mistake)'와 '지식기반 착오(knowledge based mistake)', '고의 사고(violation)'로 분류하였다. Heinrich's Law, Bird's Domino Law, Swiss Cheese Model, Broken Windows Theory, Safety, Danger를 참조.

**Human Factor 휴먼팩터** 휴먼팩터란 3차원 디스플레이, 콘텐츠 등이 유발하는 자극과 인간의 공간지각 사이의 함수 관계를 연구하는 분야이다. 심리학에서 한발 나아가 철저히 사용자 관점에서 3D 디스플레이, 콘텐츠, 안경 등 외부의 인공물을 어떻게 잘 만들 것인지를 연구한다.

**Human Geography 인문 지리학(人文地理學)** 학자에 따라 갖가지 내용이 주장되고 있으나, 일반적으로는 지표에 존재하는 자연·인문에 관한 많은 사상 중 인문사상을 대상으로 하여, 그것을 지역적 관점에서 연구하는 과학으로 해석되고 있다. 지표상에 있어서의 인간활동과 자연환경과의 관계를 연구하는 과학이라고 주장하는 학자도 있으나, 현실적으로 지표상에서 전개되는 인간활동의 여러 가지 양상은 자연환경의 영향만이 아니라 사회환경부터도 많은 영향을 받기 때문에 2가지 환경으로부터의 추구가 필요하다고 여겨지고 있다. 인문지리학은 취급분야에 따라서 경제지리학·인구지리학·취락(聚落)지리학·문화지리학·정치지리학·역사지리학 등으로 나뉜다.

**Human Interface 휴먼 인터페이스** 일반적으로 인간 연계는 기계와 그 사용자 사이에 존재하면서 인간과 기계 사이에서 효과적인 정보 교환을 가능하게 한다. GIS에서도 그 이용자에게 사용하기 쉬운 시스템의 실현을 목표로 설계에 주의를 쏟게 되었다. 사용하기 쉬운 시스템은, 이용자와 컴퓨터에서 운영되는 GIS에서 시스템 전체의 실행 능력을 향상시키고, GIS의 도입 효과를 발휘하는 중요한 요소가 된다. GIS의 세계에서 보다 좋은 휴먼 인터페이스를 실현하기 위해서는, 특히 GUI라 불리는 지도 화면을 통해 대화 기능과 조작 방법을 공부할 필요가 있다. 종래의 커멘드 언어에 의한 대화의 부자연스러움을 해소하고, 이용자가 특별한 학습을 하지 않아도 사용할 수 있는 GIS를 목표로 하여야 한다.

**Human Machine Interface(HMI) 인간-기계 상호작용** HMI(Human Machine Interface)를 참조.

**Human Vision 인간 시각** Machine Vision에 대응되는 말로서, 사람의 안구를 통해 인식하는 전 과정을 말한다.

**Human-Computer Interaction(HCI) 인간과 컴퓨터 상호작용** HCI(Human-Computer Interaction)를 참조.

**Human Machine Interface(HMI) 인간-기계 상호작용** HMI(Humanmachine Interface)를 참조.

**Humanoid 휴머노이드** 휴머노이드는 '외모가 인간처럼 생겼다'는 뜻이다. 따라서 로봇뿐만 아니라 외계인이나 기타 정체불명의 어떤 것이든 간에, 겉모습이 사람처럼 두 팔, 두 다리가 있다면 '휴머노이드' 타입이라고 말한다.

**Human-oriented Geographic Information 인문 지리 정보** 인간의 관점에서 본 지역에 대한 정보. 지역의 인문 및 자연·환경정보를 총체적으로 연계하여 지리학적 관점에서 재구성한 종합적인 국토 공간 지리정보를 말한다.

**Humanware 휴먼웨어** GIS를 계획하고 수행하고 사용할 책임이 있는 사람의 특성과 능력을 말한다.

**Humidity Sensor 습도 센서** 공기 속의 수증기 양을 측정하는 센서이다. 습도센서는 대기 중의 습도를 검출하기 위한 화학센서의 일종으로서 주로 공기 중의 화학반응에 의한 색 변화, 이온량 변화, 기전력/전류변화 등으로 검출하는 센서이다.

**Hunger Marketing 헝거 마케팅, 희소 마케팅** 헝거 마케팅은 말 그대로 소비자를 배고프고 갈증 나게 만드는 마케팅을 말한다. 제품의 희소성을 높여 소비자들을 배고픈 상태로 만들어 구매 욕구를 높이고, 입소문을 통해 잠재고객을 확산하는 마케팅 전략이라고 볼 수 있다. 이는 제품에 대한 관심 및 판매증대와 더불어 제품의 생산과 재고관리에 있어 효율성이 매우 높다는 장점이 있다. 하지만 소비자 입장에서는 즉시적 구매가 이루어지지 않은 것에 대한 불편함을 느끼게 되고, 어느 순간 분노(Anger)로 돌변할 수 있음을 염두해야 한다. 한정된 시간과 공간에서 한정된 재화로 이루어지는 헝거 마케팅은 "밴드왜건 효과"를 동반하며 소비자의 구매심리를 자극한다. 대중문화 산업의 신비주의나 유통업의 한정판매도 같은 맥락이다. 기업의 입장에서는 합리적이고 경쟁력 있는 품질과 가격을 기본으로 매출목표와 소비자의 한계점 사이의 간격을 예의주시해야만 성공적인 마케팅에 이를 수 있다.

**Huygens' Principle 호이겐스 원리** 파면(波面, wave front)의 각 점들은 새로운 파원(wavelet)이 되면서 파동(wave)이 전파된다. 바다에서 파도가 밀려오는 것을 관찰해보면 파의 높은 부분, 즉 마루를 이루는 곡선이 그 형태를 조금씩 바꾸면서 움직이는 것을 알 수 있다. 파동의 마루를 이어준 곡선, 즉 파면이 시간에 따라 그 다음 파면을 형성하는 원리는 네덜란드의 물리학자, 천문학자인 호이겐스(Christiaan Huygens, 1629~1695)에 의해 발견되었다. 원래 호이겐스는 빛의 전파를 설명하기 위해서 이 원리를 도입하였다. 즉, 빛을 파동으로 보고 빛의 굴절의 법칙과 반사의 법칙을 설명할 수 있었다. 호이겐스원리는 파면의 각 점들이 새로운 구면파를 발생시키는 파원이 되고, 무수히 많이 생기는 이 구면파가 겹쳐서 만드는 그 포락선이 그 다음 파면을 형성한다는 것이다. 파면의 각 점들이 무수히 많은 구면파를 만들어서 이것이 시간이 흘러감에 따라 원을 그리면서 커져가고 있다. 이때 이 구면파의 바깥쪽 포락선이 바로 다음 파면을 계속해서 형성한다.

**Huygen's Type Eyepiece 호이겐스형 접안경** 2개의 평볼록렌즈의 볼록면을 둘 다 전방으로 향하게 한 입상의 접안경이다.

**HVCL(High Voltage Cable Line) 고압전기선** 고압의 전류가 흐르는 전기선을 말한다.

**HVM(Heavy Vehicle Monitoring) 중차량 관리** 차량 자동 계중(WIM; Weigh-In-Motion) 기술을 활용, 주행 중 차량의 중량을 자동 계중함으로써 중차량의 위험 교량 진입 등을 통제하고, 과적차량을 자동으로 적발, 관리한다.

**Hwang's Law 황의 법칙** 반도체 메모리 용량이 1년에 2배씩 증가하며, 모바일 기기와 디지털 가전 등 non-PC 분야가 이를 주도한다는 것으로, 황창규 전 삼성전자 사장이 주장했다.

**HWI(High Water Interval) 고조간격** 고조에서 다음 고조까지의 시간(달의 자오선 통과시로부터 고조까지의 시간)을 말한다.

**HWL(High Water Level) 고수위** 하천의 수위 중에서 매년 반드시 1번에서 2번 발생할 정도의 높은 수위를 고수위라 한다.

**HWONT(High Water Ordinary Neap Tide) 소조평균고조위(小潮平均高潮位)** 소조일 때 고조(저조) 평균조위의 기본수준면상의 높이를 말한다.

**Hybrid Broadcast Broadband TV(HbbTV) 하이브리드 광대역 텔레비전** HbbTV(Hybrid Broadcast Broadband TV)를 참조.

**Hybrid Cloud 혼합형 클라우드** 하이브리드 클라우드는 상호운영 가능한 공공사설 클라우드의 조합으로 구성되며, 일반적으로 사용자는 비즈니스에 중요하고 보안이 필요한 서비스와 데이터는 사설 클라우드의 통제 하에 두고 덜 중요한 정보나 처리는 공공 클라우드를 이용한다. 기존 공공 클라우드 서비스와 개인 클라우드 서비스가 결합된 형태의 혼합형 클라우드 서비스를 말한다.

**Hybrid Data Model 혼합 자료 모형** GIS 시스템에서 공간 자료는 내부의 데이터베이스에 저장하고, 속성 자료는 외부의 RDBMS에 따로 저장하는 방식을 채택하고 있다. 이런 혼합형 저장방식을 채택한 이유는 이 방식이 검색 문제를 최소화하며, 이를 통한 최적화되고 배타적인 데이터 저장 매커니즘이 공간자료에의 가장 효율적인 접근 방식을 제공하기 때문이다.

**Hybrid HDD 혼합형 에이치디디** 하이브리드 HDD는 기존 하드디스크드라이브에 플래시 메모리를 추가한 제품으로 자주 사용하는 데이터를 플래시메모리에 저장해 속도를 높이고 저전력을 구현한 것이 특징이다. SDD는 디스크를 저장매체로 사용하는 HDD와 달리 반도체만으로 정보를 저장한다. 기계적 장치가 없어 고속으로 데이터를 입·출력하고 발열·소음·전력소모가 적어 소형화·경량화가 강점이다.

**Hybrid Map 혼합형 지도** 일반 지도의 내용 중 주요 지명과 건물명, 그리고 도로망을 위성지도와 혼합해 제공함으로써 위성지도의 가이드 역할을 한다.

**Hybrid Positioning System(HPS) 복합측위시스템** HPS(Hybrid Positioning System)를 참조.

**Hybrid Touch Screen Panel 하이브리드 터치 스크린 패널** LCD 패널 부문에 적용되는 터치스크린 기술. 기존 광센서 인식 기반의 ITSP(Integrate Touch Screen Panel)와는 달리 광 인식은 물론 전류 인식 방식을 혼합 적용, 초박막형 터치스크린 구현이 가능한 점이 특징이다. 터치스크린 기술이 필요한 각종 모바일 정보 기기들의 슬림화, 경량화가 가능할 것으로 기대되고 있다.

**Hybrid Tridimensional Geodetic Datum 혼합 측지 데이텀** 2개의 다른 표면인 수평데이텀과 수직데이텀으로 이루어진 3차원적 측지데이텀이다.

**Hybrid Wavelet MPEG 혼합형 웨이블릿 변환 및 엠펙 동영상 압축 기술** 더 높은 압축률로 실시간에서 보다 많은 프레임을 처리함으로서 고화질의 영상을 오랜 시간동안 저장하여 보안 감시 시스템의 효율을 극대화하고 비용을 절감하기 위한 것이다.

**Hybrid Web 혼합형 웹** 개별 OS 기반 애플리케이션과 정보 플랫폼으로 진화해가는 웹이 당분간 공존하는 현상을 말한다.

**Hydra 히드라** 오스트리아의 통계학 전문가인 크리스찬 크릴리 도닝거 박사 등 4명의 전문가가 만든 체스컴퓨터. 딥블루를 본떠 만든 히드라 프로젝트의 목표는 컴퓨터가 체스세계를 정복하는 것이었으며 결국 사람을 이겼다.

**Hydraulic Conductivity 투수계수(透水係數), 수리전도도(水理傳導度)** coefficient of permeability라고도 한다. 표준온도(15℃)에서 단위동수경사에 의하여 다공성 재료의 단위면적을 직각으로 단위시간에 통과하는 정상류 상태의 수량으로서, 물이 통과하는 속도, 즉 통과한 거리를 시간으로 나눈 값이며 cm/sec로 나타낸다. 이 값이 작을수록 물이 토양층을 통과하기 어렵다는 것을 나타낸다. Darcy법칙에 있어서의 비례상수, 즉 침투류에 관한 다음과 같은 관계식의 비례상수 k를 말한다. 즉, v(Q/A)=ki. 여기서, v는 침투속도, Q는 단위시간당 침투수량, A는 침투단면적, i는 동수경사이다. 토양의 투수계수는 첫째로, 토양입자의 크기, 공극률, 입자크기 분포 등과 같이 토양 자체와 둘째로, 액체의 점성계수, 비중량과 같은 액체의 성질 등에 영향을 받는다. 투수계수 측정을 위한 실내시험 방법으로는 정수위 투수시험, 변수위 투수시험, 압밀시험 등이 있다. 정수위 투수시험은 조립토를 대상으로 하며, 수두차가 일정하게 유지되도록 조정하면서 시간당 유량을 측정한다. 변수위 투수시험은 세립토를 대상으로 하며, 물이 standpipe를 통하여 흙 속으로 자유로이 유입하도록 하고 유입하는 수위의 강하속도를 측정하여 계수를 산정한다. 압밀시험은 불투수성 흙을 대상으로 하며, 간접적인 방법으로서, 강제적인 배수와 침하로부터 투수계수를 산정한다.

**Hydraulic Mean Depth 경심(徑深)** 개수로 또는 관수로에 있어서 물의 흐름 방향에 직각인 통수단면적(通水斷面績, A)을 물과 접촉하고 있는 주변의 길이(윤변, P)로 나눈 값이며, R로 표시한다. 즉, $R=\frac{A}{P}$. 동수반경(動水半徑), 수리평균심(水理平均深)

이라고도 한다. 경심이 클수록 수리학적으로 유리한 단면이 된다. Best Hydraulic Section을 참조.

**Hydraulic Structure 수리구조물(水理構造物)** 물을 저수하고 이용하기 위하여 만들어진 구조물을 일컫는 총칭, 수리구조물로는 댐, 펌프장, 내륙수로, 유로전환공 등이 있다.

**Hydraulic Structure Surveying 수공물 측량** 물의 이용이나 물에 의하여 생기는 여러 가지 재해를 방지하기 위하여 행하는 하천측량, 사방공사 측량, 상하수도 측량, 댐 측량, 항만 측량, 관계배수 측량 등을 총칭하여 수공물 측량이라 한다.

**Hydro Chloro Fluoro Carbon 수소염화불화탄소** HCFC(Hydro Chloro Fluoro Carbon)를 참조.

**Hydrogeologic Map 수문지질도(水文地質圖)** 수문지질도는 지형도 및 지질도를 기본도면으로 하며 지질 및 대수층의 특성에 따라 지층을 구분·통합하여 수문지질단위로 표시하고 이를 기본으로 하여 지하수와 관련된 각종 정보를 표현한 도면이다. 지하수법에 의하여 국토교통부장관은 국내 지하수의 부존특성 및 개발가능량 등을 포함한 지하수 기초조사를 실시하여야 하며, 조사의 성과물로 수문지질도를 작성하여야 한다. 수문지질도에는 조사지역의 지질 및 지질구조, 지하수 이용현황, 지하수위 분포, 지하수 유동방향, 지하수 대수층의 분포, 지하수 개발가능량, 지하수 수질현황, 잠재오염원의 분포 등의 내용이 수록된다.

**Hydrogeology 수문지질학(水文地質學)** 넓은 뜻으로는 지표수 및 지하수를 대상으로 하는 지질학의 응용분야를 말하며 좁은 의미로는 지하수에 대한 지질학적 고찰을 주체로 하는 학문을 말한다. 수리지질학(水理地質學)이라고도 한다.

**Hydrographic Chart 해도** 선박의 안정과 경제적인 항해에 필요한 사항을 표현한 해도를 말한다.

**Hydrographic Control Points 수로기준점(水路基準點)** 수로조사 시 해양에서의 수평위치와 높이, 수심 측정 및 해안선 결정 기준으로 사용하기 위하여 위성기준점과 기본수준면을 기초로 정한 기준점으로서 수로측량기준점, 기본수준점, 해안선기준점으로 구분한다.

**Hydrographic Investigation 수로조사(水路調査)** 해상교통안전, 해양의 보전·이용·개발, 해양관할권의 확보 및 해양재해 예방을 목적으로 하는 수로측량·해양관측·항로조사 및 해양지명조사를 말한다(「공간정보의 구축 및 관리 등에 관한 법률」 제2조).

**Hydrographic Surveying 수로측량(水路測量)** 해안선의 형상, 지형점, 암초의 위치와 높이, 바다의 심천 해저지형, 저질, 해수간만의 유동상태 등의 측량과 조사를 실시하여, 그 성과를 수로도서지에 의하여 항해 안전에 이용함은 물론 해양의 이용 개발 및 보전 등과 해양관할권 확보를 위하여 해상지자기, 해저지형, 해상중력, 해저지층 등을 조사하는 측량 및 관측을 말한다. 「공간정보의 구축 및 관리 등에 관한 법률」 제2조에서는 해양의 수심·지구자기(地球磁氣)·중력·지형·지질의 측량과 해안선 및 이에 딸린 토지의 측량으로 정의하고 있다.

**Hydrography 수문곡선, 수로학** ① 바다, 강, 그리고 호수 같은 수계를 연구하는 학문을 말한다. ② 시간에 따른 지하수도는 지표수의 특성을 보여주는 도표를 말한다.

**Hydrologic Cycle 물순환(물循環), 수문순환** 물이 해양으로부터 대기를 거쳐 육지로 가서 최종적으로 해양으로 되돌아오는 순환과정을 말한다.

**Hydrological 수문** 물의 분류와 진행방향을 나타내는 GIS 자료형태의 분류를 말한다.

**Hydrological Observation 수문관측** 수면에 나타나는 물결에 의한 무늬를 수문조사 자료를 얻기 위하여 실시하는 제반관측을 말한다.

**Hydrology 수문학(水文學)** 지구상에 있는 물의 생성, 분포 및 화학적인 특성을 연구하는 학문을 말한다.

**Hydrolysis 가수분해(加水分解)** 물이 $H^+$와 $OH^-$로 분해되어 일어나는 물분자와 물질과의 반응이다. 가수분해에 의해 수소이온 또는 수산이온이 생겨서, 용액은 산성 또는 알칼리성을 띠게 된다.

**Hydrosphere 수권(水圈)** 지구표면에는 해양, 호수, 하천 및 땅속으로 스며든 물이 있는데, 이들 전체의 물을 수권이라 한다.

**Hyper Connected Society 초연결사회** 초연결사회는 IT를 바탕으로 사람, 프로세스, 데이터, 사물이 서로 연결됨으로써 지능화된 네트워크를 구축하여 이를 통해 새로운 가치와 혁신의 창출이 가능해지는 사회이다. 초연결사회는 기술의 진화와 인간 욕구의 변화를 2대 동인(動因)으로 하여 등장하는 미래사회의 새로운 패러다임이다. 즉, IT의 발전에 따라 주변의 제한적 객체와의 통신에서 시공간을 뛰어넘는 다양한 객체와의 상호작용으로 연결의 범위가 확장된 것이다. 스마트 기술의 비약적 성장으로 스마트 디바이스 확산, 트래픽과 정보의 폭발이 일어남에 따라 언제 어디서나 상호 연결되어 정보를 주고받을 수 있는

IT기반이 마련되었으며, 개별 사물에 네트워크 기술이 적용되어, 서로 단절되어 있던 정보들을 자유롭게 주고받을 수 있는 기술적 가능성이 완성된 것이다. 심화된 연결을 기반으로 하는 새로운 차원의 서비스와 문화환경의 가능성이 열리며, 생활과 삶에 대한 인간의 욕구도 좀 더 인간중심적이고 고차원적인 수준의 것으로 변화, 진전하여 사물과 사람이 네트워크로 연결되는 초연결사회(Hyper Connected Society)가 도래한 것이다. 초연결사회의 구현을 위해서는 다양한 객체를 연결하는 사물인터넷(IoT)와 연결 사이를 흐르는 수많은 데이터 속의 가치를 찾아내는 빅데이터가 중요하다. "초연결사회" 용어는 캐나다 사회과학자 Anabel Quan-Hasse과 Barry Wellman이 2001년 처음 사용하였으며, 소셜미디어 및 IT혁명으로 사람과 사람, 사람과 단말기, 단말기와 단말기간에 긴밀하게 연결되어 이메일, 클라우드, 문자 메시지 등 다양한 커뮤니케이션 장치로 연결되어 있는 사회를 의미하였다.

**Hyper Façade 하이퍼 파사드** 기존의 건물 벽면을 캔버스처럼 사용해 다양한 입체 영상을 만드는 기술이다. 해외에서는 이미 많은 글로벌 기업들이 건물을 이용해 새로운 형태의 옥외 광고를 선보이고 있다.

**Hyper Stage 하이퍼 스테이지** 하이퍼 스테이지는 다양한 3D 기법을 응용해 프레젠테이션이나 공연 무대를 극사실적으로 만드는 기술이다. 하이퍼 스테이지에서 활용되는 기술은 홀로그램(hologram), 제스처 센싱(gesture sensing), 사운드 센싱(sound sensing) 등 다양하다. 제스처 센싱이나 사운드 센싱은 특정 동작이나 소리를 인식해 이를 홀로그램이나 콘텐츠에 자동 반영하는 기술이다.

**Hyperstereo 초입체** [영상] 안간(眼間)이 6.5cm 표준치를 초과하는 원경 3D 입체 이미지를 말하며, 3D 입체로 촬영한 풍경 이미지가 좋은 예이다.

**Hyper Text 하이퍼텍스트** 문자, 그래픽, 음성 및 영상을 하나의 연상 거미집(Web of Association)과 같이 서로 연결시켜, 제시된 순서에 관계없이 이용자가 관련된 정보를 검색할 수 있도록 하는 정보 제공 방법이다. 즉, 한 페이지에서 링크된 순서에 상관없이 사용자들이 원하는 정보를 클릭함으로써 원하는 정보에 쉽게 접근하는 방식을 말한다.

**Hyper Text Markup Language(HTML) 하이퍼텍스트 기술 언어** HTML(Hyper Text Markup Language)를 참조.

**Hyper Text Markup Language5(HTML5) 하이퍼텍스트 기술 언어5** HTML5(Hyper Text Markup Language5)를 참조.

**Hyperbola Coordinate 쌍곡선 좌표** 두 정점을 초점으로 하는 하나의 쌍곡선군과 또 다른 두 점에 의한 쌍곡선군을 좌표선으로 하여 전파측량에서 주로 장거리용인 쌍곡선 방식에 응용된다.

**Hyperlink 하이퍼링크** 클릭하면 현재 페이지의 다른 부분으로 가거나 전혀 다른 페이지로 이동하게 해주는 아이콘, 이미지, 텍스트 등을 말한다. 대부분의 하이퍼링크는 웹페이지에서 밑줄이 그어져 있거나 밑줄과 색깔이 함께 표시된다.

**Hypermap 다중지도** 다른 문서를 매끄럽게 참고하고 그들로부터 정보를 검색하도록 하는 하이퍼텍스트 기술을 집어넣은 지도 기반 문서를 말한다.

**Hypermedia 하이퍼미디어** 정보의 저장과 관리를 위하여 그래픽·음성·영상 등이 결합된 정보로서 지형학적 자료측면에서 볼 때, 선추적 방식에 의한 지도나 불규칙한 자료, 격자 방안에 의한 자료, 사진·영상 등을 기준으로 하여 제작하며, 다른 형태의 자료로 변환시키는 설비를 말한다.

**Hypermiling 하이퍼마일링** 공인연비 이상의 효율을 위한 운전 습관 또는 기술을 뜻한다.

**Hyperspectral Images 초분광 영상** 초분광 영상은 분광 밴드가 많고(many), 연속적이고(continuous), 파장폭이 좁은(narrow) 3가지 특징으로 정의된다. 초분광영상과 다중분광영상의 차이점으로서 Landsat ETM+ 의 다중분광영상의 분광반사값은 6개의 이격된 파장밴드에서 얻어진 반면, AVIRIS의 초분광영상에서는 400~2,500nm의 파장영역에서 약 10nm의 파장폭을 갖는 224개의 연속적인 밴드에서 추출된 분광반사값을 보여주고 있다. 즉, 초분광 영상의 정의는 영상을 구성하는 각 화소에 해당하는 지표물의 완전한 분광특성곡선(spectral reflectance curve)을 얻을 수 있는 자료라고 할 수 있다. 항공기 탑재 초분광 영상자료의 초기 활용 분야는 광물자원의 분포를 파악하거나 암석종류 구분 등 지질분야가 주를 이루고 있다. 식생분야에서는 식물의 생화학적 구성 인자들(클로로필, 탄소량, 질소량, 리그닌 등)의 추정에 많은 연구가 수행되고 있으며 더 나아가 식물에 나타나는 각종 스트레스들의 탐지가 시도되고 있다. 또한 초분광영상을 이용한 클로로필양의 추정과 관련된 수질 모니터링이나, 도시지역에서 각종 인공물의 분류 등 그 활용분야가 확대되고 있다.

**Hyperspectral Remote Sensing 초분광 원격 탐사, 초다분광 원격탐사** 전자기파 스펙트럼에서 수십 또는 수백 개의 전자기파 파장대에 대한 분광정보를 취득하는 것. NASA의 AVIRIS와 MODIS는 대표적인 초다분광 원격탐사 시스템으로서, 대부분 다중분광 및 하이퍼 분광 원격탐사 시스템은 디지털 형태로 자료를 획득한다.

**Hyperspectral Scanner Image 극다중 분광 주사 영상, 하이퍼 분광 주사 영상** 수백 개의 대역으로 이루어져 있어 분광 해상력이 아주 뛰어나다. 하이퍼분광 위성 자료는 한 대역 당 0.02~0.04 μm 의 분광폭을 갖고 있어 분광특성에 따라 거의 모든 물체를 식별할 수 있다. MODIS OrbView 등이 그 대표적인 위성이다.

**Hyperspectral Scanners 극다중분광 주사기** Imaging Spectrometry 를 참조.

**Hyperspectral Sensing Device 초분광 센서** 초분광 센서는 해상도가 약간 낮지만 최대 1,000개 정도의 좁은 스펙트럼 밴드를 촬영할 수 있어 물체의 반사특성을 그대로 기록하여 지형・지물을 구분할 수 있다.

**Hyperspectral Sensor 초분광 감지기** Hyperspectral Survey 를 참조.

**Hyperspectral Survey 초분광 측량** 초분광센서(Hyperspectral sensor)를 이용하여 영상을 구성하는 각 화소(pixel)에 해당하는 지표물의 완전한 분광특성을 취득하는 기술로 100여개가 넘는 파장구간에서 지표면으로부터 반사 또는 방출되는 복사에너지를 감지한 결과들을 담고 있어 항공기(또는 인공위성, 지상)에 탑재, 지질학이나 광물탐사, 생태, 환경, 해양, 위조지폐, 군사용, 대기 조사 목적 등으로 활용된다.

**Hyperstereo 초입체** 안간이 6.3cm의 표준치를 초과하는 3D 포토. 원경의 3D 촬영에 쓰인다.

**Hypertext 하이퍼텍스트** 키워드 사이에 연결을 제공하여 관련된 내용의 검색을 쉽게 해주는 데이터. '핫 링크'를 통해서 관계된 텍스트 간의 직접적인 링크를 만드는 문자적 정보로서, 하이라이트된 용어를 가리키며 같은 문서나 다른 문서의 그 용어에 대한 텍스트 문맥으로 이동한다.

**HyperText Markup Language(HTML) 하이퍼텍스트 기술 언어** HTML(HyperText Markup Language)를 참조.

**HyperText Makeup Language 5(HTML5) 하이퍼텍스트 기술 언어 5** HTML5(HyperText Markup Language 5)를 참조.

**Hypertext Storytelling 하이퍼텍스트 스토리텔링** 웹상의 하이퍼텍스트를 통해 이동하는 사용자의 행동패턴 및 로그파일을 바탕으로 예측되는 라이프스타일을 기술하는 스토리텔링을 가리킨다.

**Hypo 하이포** 사진 정착제로 티오황산나트륨이 주체이다. 비감광 부분의 할로겐은을 용해시킨다.

**Hypostereo 준입체** [영상] 안간(眼間)이 6.5cm의 표준치 미만인 macro 3D 입체 이미지를 말하며 접사로 촬영된 입체 이미지를 말한다.

**Hypothesis Testing 가설 검정(假說檢定)** 모집단(母集團, population)의 분포의 모양이나 모수(parameter) 등에 대한 가설을 세우고, 모집단에서 추출한 표본(標本, sample)에 기초하여 가설의 채택이나 기각을 결정하는 통계적 기법이다.
우리는 표본정보에 입각하여 이들 가설의 진위를 결정하는데, 이러한 결정을 통계적 결정이라 한다. 표본을 분석하여 모집단의 특성을 규명하는 통계적 추론의 방법에 추정(推定)과 가설 검정(假說檢定)이 있다. 추정은 표본의 통계량에 의하여 모수(母數)를 측정하려는 것이고, 가설 검정은 모수에 관하여 어떤 가설을 설정하고 그 가설의 진위성을 표본을 분석함으로써 확인하는 것이다.
가설 검정은 모집단의 특성치인 각종 모수에 대하여 가정되었거나 예상되는 값의 진위를 표본정보를 이용하여 판정하는 통계적 추론방법이라고 정의할 수 있다. 즉, 가설 검정이란 모수가 취하리라고 가정한 값이 무리(無理)없이 받아들여질 수 있는가를 판정하는 방법으로서, 사실이라고 가정한 모수의 값을 중심으로 일종의 신뢰구간을 설정한 후 표본조사를 통해 얻어진 모수의 추정치가 이 구간 내에 속하면 가정된 값을 수락하고, 아니면 기각해버리는 것이다.
서로 상반되는 두 가설을 귀무가설(null hypothesis)과 대립가설(alternative hypothesis)이라고 부르는데, 두 가설은 서로 여집합(餘集合) 관계가 되도록 설정되어야 한다. 귀무가설은 영가설이라고도 하며 보통 $H_0$로 표시한다. 귀무가설은 실제로 검정대상이 되며, 대립가설은 검정대상이 되지 않고 귀무가설이 기각될 때 자동적으로 수락되는 것이므로 통계적으로 검정하기 곤란하거나 검정할 수 없는 가설은 귀무가설로 설정하지 않고 대립가설로 설정하는 것이 바람직하다. 따라서 연구자는 문제와 관련된 여건과 환경을 고려하여 실제로 증명될 수 있는 명제를 귀무가설로 정하는 것이 중요하다. 대립가설은 흔히 $H_1$ 또는

$H_a$로 표시된다. 조사연구는 대체로 귀무가설이 성립하지 않는다는 것을 통계적으로 입증하기 위한 것이라고 할 수 있다. 그런데 어떤 가설이 맞는가에 대한 결정은 어디까지나 수집된 통계자료의 분석에 의하여 내려지는 것이기 때문에 어느 쪽으로 결정을 내리든 거기에는 잘못을 저지를 가능성이 항상 존재하는 것이다. 표본추출오차는 언제나 발생하므로, 이에 근거를 둔 가설 검정도 오류의 위험을 항상 갖고 있다. 귀무가설은 알파오류($\alpha$- error)와 베타오류($\beta$-error)의 위험을 가지고 있다. 알파오류를 제1종 오류(type Ⅰ-error)라고 부른다. 알파오류는 귀무가설이 실제로 옳은데도 불구하고 불충분한 자료를 근거로 하여 판단하였기 때문에 틀린 것으로 생각하여 그 가설을 기각하는 오류를 말한다. 베타오류는 귀무가설이 실제로는 틀린데도 불구하고 옳은 것으로 잘못 받아들인 오류인데 제2종오류(type Ⅱ-error)라고도 부른다.

■ 가설 검정의 2가지 오류

| 의사결정 \ $H_0$의 진위 | $H_0$가 옳음 | $H_0$가 틀림 |
|---|---|---|
| $H_0$를 수락 | 옳은 결정 | $\beta$- 오류 |
| $H_0$를 기각 | $\alpha$- 오류 | 옳은 결정 |

가설 검정에서 알파오류를 범할 확률을 유의수준(significant level)이라고 하며, 유의수준은 귀무가설이 옳은 것인데도 기각되는 확률이다. 일반적으로 사회과학연구에서 유의수준의 값으로 5%를 택한다. 알파오류와 베타오류 중에서 일차적인 관심의 대상이 되는 것은 알파오류이다.

예를 들어, 귀무가설($H_0$): 그 학생의 성적은 보통이다.

대립가설($H_1$): 그 학생의 성적은 보통 이상이다.

유의수준 5%에서 귀무가설이 기각되면 그 학생의 성적은 우수하다고 주장해도 틀릴 확률은 5%에 불과하다. 이는 그 학생의 성적이 상위 5% 내에 들고 있다는 것과 유사한 의미이다. 유의수준 5%에서 귀무가설이 수락되면 그 학생의 성적은 우수한 편이라고 주장할 수 없다. 유의수준 1%에서 귀무가설이 기각되면 그 학생의 성적은 매우 우수한 편이라고 주장할 수 있다. 대립가설의 수락을 보다 용이하게 하기 위하여 유의수준을 10%로 낮출 수도 있다.

가설 검정의 순서는 (1) 가설의 설정($H_0$, $H_a$), 통계적 가설(귀무가설 $H_0$와 대립가설 $H_1$)을 설정한다. (2) 유의수준($\alpha$)을 결정한다. (3) 검정통계량을 결정한다. (4) 유의수준을 만족하는 기각역을 설정한다. (5) 모집단으로부터 확률표본을 관측하여 검정통계량을 계산한다. (6) 결과해석: 검정통계량이 기각역에 속하면 "$H_0$를 기각"하고 그렇지 않으면 "$H_0$를 기각하지 않는다."

불확실한 상황 아래에서는 어떤 가설을 기각과 채택 중에서 선택하는 것이 아니라, 그 가설에 대해 〈기각하는 것〉과 〈기각하지 않는 것〉 중에서 선택하는 것이다. 오판일 확률이 매우 작아 어떤 가설을 거부하지 말아야겠다고 결심할 수도 있고, 반대로 오판일 확률이 대단히 크기 때문에 그 가설을 거부해야겠다고 결심할 수도 있다. 오판 확률이 영이면 확실성의 경우이다. 형사재판은 좋은 본보기이다. 미국의 법체계에는 무죄평결(verdict of innocence)이라는 것이 없다. 때문에 피고가 무죄임을 입증할 필요가 없다. 입증되어야 할 가설은 피고가 유죄라는 것이다. 이것이 바로 배심원들이 내리는 평결이 〈유죄(guilty)〉 또는 〈유죄 아님(not guilty)〉, 둘 중에 하나인 까닭이다. 귀무가설이 수락되면 귀무가설이 옳다라고 주장하는 것이 아니라 대립가설이 옳다라고 말할 수 없다는 것을 의미한다. 귀무가설이 옳다는 것을 주장하기 위해 가설 검정을 사용해서는 안 된다. 유의수준이란 대립가설이 옳다는 주장이 틀릴 확률이다. 어떤 결과가 운으로 인한 것일 확률이 5% 미만인 경우에만 그 결과를 '통계적으로 의미 있다.'고 규정한다.

※ 검정의 원리 : 정규곡선 아래의 면적에 의하여 유의수준을 양측과 단측 꼬리의 2가지 방법으로 나타낼 수 있다. 유의수준과 관련하여 가설 검정은 양측검정(two-tailed tests or two-sided tests)과 단측검정(one-tailed tests or one-side tests)으로 나누어진다.

(1) $X \sim N(\mu, \sigma^2)$에서 모평균 $\mu$가 어떤 값 $\mu_0$보다 "크다"는 주장이 있을 경우,

(i) 다음과 같은 가설을 설정한다.

$H_0$(귀무가설) : $\mu = \mu_0$, $H_1$(대립가설) : $\mu > \mu_0$

(ii) 모집단으로부터 크기 n인 표본 $x_1, x_2, \cdots, x_n$을 얻는다. $\mu$를 가장 잘 대변하는 $\bar{x}$를 검정통계량으로 선택하고, 기각역은 $R = \{\bar{x} : \bar{x} > c\}$로 설정한다.

(iii) 유의수준 $\alpha$가 주어지면 이때 기각값 c는 다음과 같이 선정한다.

$$\alpha = P(\bar{x} > c \mid \mu = \mu_0) \leftarrow \bar{x} \sim N(\mu_0, \frac{\sigma^2}{n})$$

$$= P\left\{\frac{\bar{x}-\mu_0}{\sigma/\sqrt{n}} > \frac{c-\mu_0}{\sigma/\sqrt{n}} \mid \mu = \mu_0\right\} \leftarrow \frac{\bar{x}-\mu_0}{\sigma/\sqrt{n}} = Z \sim N(0,1)$$

$$= P\left\{Z > \frac{c-\mu_0}{\sigma/\sqrt{n}}\right\} \leftarrow \frac{c-\mu_0}{\sigma/\sqrt{n}} = z_\alpha,\ c = \mu_0 + z_\alpha \cdot \frac{\sigma}{\sqrt{n}}$$

$$= P\{Z > z_\alpha\}$$

(iv) 기각역

$$R = \{\bar{x} : \bar{x} > c\} = \left\{\bar{x} : \bar{x} > \mu_0 + z_\alpha \cdot \frac{\sigma}{\sqrt{n}}\right\} = \{\bar{x} : Z > z_\alpha\}$$

(2) $X \sim N(\mu, \sigma^2)$에서 모평균 $\mu$가 어떤 값 $\mu_0$보다 "작다"는 주장이 있을 경우,

(i) 다음과 같은 가설을 설정한다.

$H_0$(귀무가설) : $\mu = \mu_0$, $H_1$(대립가설) : $\mu < \mu_0$

(ii) 모집단으로부터 크기 n인 표본 $x_1, x_2, \cdots, x_n$을 얻는다. $\mu$를 가장 잘 대변하는 $\bar{x}$를 검정통계량으로 선택하고, 기각역은 $R = \{\bar{x} : \bar{x} < c\}$로 설정한다.

(iii) 유의수준 $\alpha$가 주어지면 이때 기각값 c는 다음과 같이 선정한다.

$$\alpha = P(\bar{x} < c \mid \mu = \mu_0) \leftarrow \bar{x} \sim N(\mu_0, \frac{\sigma^2}{n})$$

$$= P\left\{\frac{\bar{x}-\mu_0}{\sigma/\sqrt{n}} < \frac{c-\mu_0}{\sigma/\sqrt{n}} \mid \mu = \mu_0\right\} \leftarrow \frac{\bar{x}-\mu_0}{\sigma/\sqrt{n}} = Z \sim N(0,1)$$

$$= P\left\{Z < \frac{c-\mu_0}{\sigma/\sqrt{n}}\right\} \leftarrow \frac{c-\mu_0}{\sigma/\sqrt{n}} = -z_\alpha,\ c = \mu_0 - z_\alpha \cdot \frac{\sigma}{\sqrt{n}}$$

$$= P\{Z < -z_\alpha\}$$

(iv) 기각역

$$R = \{\bar{x} : \bar{x} < c\} = \left\{\bar{x} : \bar{x} < \mu_0 - z_\alpha \cdot \frac{\sigma}{\sqrt{n}}\right\} = \{\bar{x} : Z < -z_\alpha\}$$

(3) $X \sim N(\mu, \sigma^2)$에서 모평균 $\mu$가 어떤 값 $\mu_0$보다 "다르다"는 주장이 있을 경우,

(i) 다음과 같은 가설을 설정한다.

$H_0$(;귀무가설) : $\mu = \mu_0$, $H_1$(;대립가설) : $\mu \neq \mu_0$

(ii) 모집단으로부터 크기 n인 표본 $x_1, x_2, \cdots, x_n$을 얻는다. $\mu$를 가장 잘 대변하는 $\bar{x}$를 검정통계량으로 선택하고, 기각역은 $R = \{\bar{x} : \bar{x} < c_2$ 또는 $\bar{x} > c_1\}$로 설정한다.

(iii) 유의수준 $\alpha$가 주어지면 이때 기각값 c는 다음과 같이 선정한다.

$$\alpha = P(\bar{x} < c_2 \text{ 또는 } \bar{x} > c_1 \mid \mu = \mu_0) \leftarrow \bar{x} \sim N(\mu_0, \frac{\sigma^2}{n})$$

$$= P\left\{\frac{\bar{x}-\mu_0}{\sigma/\sqrt{n}} < \frac{c_2-\mu_0}{\sigma/\sqrt{n}} \text{ 또는 } \frac{\bar{x}-\mu_0}{\sigma/\sqrt{n}} > \frac{c_1-\mu_0}{\sigma/\sqrt{n}} \mid \mu = \mu_0\right\}$$

$$\leftarrow \frac{\bar{x}-\mu_0}{\sigma/\sqrt{n}} = Z \sim N(0,1)$$

$$= P\left\{Z < \frac{c_2-\mu_0}{\sigma/\sqrt{n}} \text{ 또는 } Z > \frac{c_1-\mu_0}{\sigma/\sqrt{n}}\right\}$$

$$\leftarrow \frac{c_2-\mu_0}{\sigma/\sqrt{n}} = -z_{\alpha/2},\ c_2 = \mu_0 - z_{\alpha/2} \cdot \frac{\sigma}{\sqrt{n}},$$

$$\frac{c_1-\mu_0}{\sigma/\sqrt{n}} = z_{\alpha/2},\ c_1 = \mu_0 + z_{\alpha/2} \cdot \frac{\sigma}{\sqrt{n}}$$

$$= P\{Z < -z_{\alpha/2} \text{ 또는 } Z < z_{\alpha/2}\}$$

$$= P\{|Z| > z_{\alpha/2}\}$$

(iv) 기각역

$$R = \{\bar{x} : \bar{x} > c_2 \text{ 또는 } \bar{x} > c_1\}$$

$$= \left\{\bar{x} : \bar{x} < \mu_0 - z_{\alpha/2} \cdot \frac{\sigma}{\sqrt{n}} \text{ 또는 } \bar{x} > \mu_0 + z_{\alpha/2} \cdot \frac{\sigma}{\sqrt{n}}\right\}$$

$$= \{\bar{x} : |Z| > z_{\alpha/2}\}$$

**Hypsographic 지세** 땅의 생긴 형태, 토지, 기복의 형상 등을 말한다.

**Hypsographic Map 지세도** Regional Map를 참조.

**Hypsography 고도 측정학** 지형의 고도나 윤곽을 다루는 지형학의 한 부분. 수직 기준점은 대개 평균 해수면 고도를 의미하며, 수평적 자료에 따라 만들어진다.

**Hypsometric Map 측고도** 연속적인 등고선 사이의 공간을 연속적인 색으로 채운 지세도. 색깔은 일반적으로 초록에서 노랑을 거쳐 갈색으로 변화한다.

**Hypsometric Tinting 측고도 색조** 표고의 범위에 따라 그려 가는 명암의 연속법 또는 색상의 농담법을 말한다. Layer Tinting, Altitude Tinting을 참조.

**Hypsometry 측고법** 해수면을 기준으로 한 지구 표면상의 표고 관측을 말한다.

**Hz 헤르츠** 1초에 한 번의 진동이나 1회의 사이클(cycle)을 의미한다. 주파수의 표준단위(SI)이며, $H_z = S^{-1}$

**IA(Indicated Altitude) 지시 고도(指示高度)** [항공] 고도계를 인근 공항의 최근 고도계 수정값으로 수정하여 얻은 지시 고도를 말한다. 지구를 둘러싸고 있는 대기는 그 자체의 무게로 하향 압력을 받는다. 고도계는 대기의 하향압력차를 이용하여 고도를 측정하는 계기이다. 압력 고도계의 구성은 계기 내부에 일련의 아네로이드(aneroid wafer)의 엷은 격실이 있으며, 정압공을 통해 전달된 대기압에 따라 수축 및 팽창량을 계기 상에 지시한다.

**IA(Information Architecture) 정보 아키텍쳐** 업무의 각 구성요소에 대한 분석 작업을 수행하여 업무의 체계를 정립한 것을 말한다.

**IA(Intersection Angle) 교각(交角)** ① 어느 측선이 그 앞의 측선과 이루는 사이 각이다. 협각이라고도 한다. ② 선상시설물에서 방향을 달리하는 그 시설물의 직선형 중심선이 인접하여 교차할 때 만나는 편각을 말한다.

**IaaS(Infrastructure as a Service) 서비스로서의 인프라스트럭처** 클라우드로 IT 인프라 자원을 제공하는 서비스이다. 기업 업무처리에 필요한 서버, 데스크톱 컴퓨터, 스토리지 같은 IT 하드웨어 자원을 클라우드 서비스로 빌려 쓰는 형태를 말한다. 물리적인 서버의 세팅 SW 설치 과정보다 훨씬 빠르고 효율적이며 관리비용이 절감되고 사고처리에 유연하여 여러 측면에서 클라우드 컴퓨팅의 경제적 효과가 가장 크게 드러나는 분야이다.

**IAC(Inter Application Communication) 응용 프로그램 간 통신** 원격 또는 로컬 기계상의 소프트웨어 응용 프로그램이 서로 통신할 수 있게 하는 기술을 말한다.

**iAd 아이애드** 아이폰 앱 개발자들은 앱 안에 배너광고를 삽입할 수 있고 이용자가 해당 배너를 클릭하면 준비된 광고 프로그램이 실행된다. 수익 배분은 애플이 40%, 개발자가 60%를 가져간다. 잡스는 아이애드 추진 동기에 대해 개발자들의 수익을 향상시켜 이들이 무료나 저렴한 앱을 개발할 수 있도록 장려하기 위함이라고 한다. 이는 향후 무료 앱 비율이 증가할 것임을 시사한다.

**IAG(International Association of Geodesy) 국제 측지 학회** IAG는 IUGG를 구성하는 7개 협회 중 가장 오랜 전통을 가진 협회이다. 측지학에 관한 모든 학술적 문제의 연구 진흥, 측지학적 조사 진흥 등을 목적으로 하는 국제적인 학술 단체이다.

**IASC(International Artic Science Council) 국제 북극과학 위원회** 2차 세계대전 이후 냉전기간 동안 시베리아를 포함한 북극권은 군사적 이유로 개방되지 않았으나, 1987년 10월 구소련 대통령 고르바초프의 무르만스크(Murmansk) 선언으로 북극권의 개방과 북극 평화지역의 설립이 제안되었다. 무르만스크 선언의 주요 내용은 북극의 비핵지대화, 군함의 활동 제안, 자원이용의 평화적 협력, 과학조사와 환경보호의 공동 노력, 북극항로 개발 등이다. 무르만스크 선언을 계기로 1988년 3월 스웨덴 스톡홀름에서 캐나다, 덴마크, 핀란드, 아이스랜드, 러시아, 스웨덴, 미국의 과학자들이 모여 국제북극과학위원회(International Arctic Science Council, IASC)의 설립을 결의하였으며, 1990년 8월 IASC가 설립되었다. 우리나라는 2002년 국제북극과학위원회(ISAC)의 정식 회원국가로 가입했다.

**IAU(International Astronomical Union) 국제 천문학 연합** 측지측량 기준계를 위하여 천문 정수계를 제정하였다.

**iBATIS 아이바티스** 간단한 XML서술자를 사용해서 간단하게 자바빈즈를 SQL statement에 맵핑시킨다. 간단함(Simplicity)이란 다른 프레임워크와 객체관계맵핑툴에 비해 iBATIS의 가장 큰 장점이다. iBATIS Data Mapper를 사용하기 위해서 당신은 자바빈즈와 XML 그리고 SQL에 친숙할 필요가 있다.

**iBeacon 아이비콘** 실내 측위 시스템(Indoor Positioning System, IPS)을 위한 애플의 제품 및 등록상표이다. 애플의 '아이비콘'은 비콘을 활용하는 근거리 통신규격으로 업계의 표준과 같이 사용되고 있다. 애플은 2013년 '월드와이드 개발자 컨퍼런스(WWDC)'에서 아이비콘을 처음으로 공개하였다. 아이비콘은 블루투스 저전력 근접인식을 이용하여 특정 앱이나 OS에서 지정한 '범용 고유 식별자'(universally unique identifier, UUID)를 전송할 수 있다. 이 식별자를 확인하기 위해, 인터넷을 검색하는 등의 작업을 통해 검색된 iBeacon의 물리적인 장소를 확인하거나, 디바이스에 소셜네트워크 서비스에 체크인 하거나 푸시 기법을 이용하여 알림을 표시하는 등의 특정 동작을 시작하라는 신호를 줄 수 있다. 비콘은 신호를 전송하는 방법에 따라 여러 가지가 있는데 아이비콘은 BLE 4.0의 '애드버타이징 패킷(Advertising Packet)' 전송표준을 활용하여 iOS에 적용하였다. 최근 실내측위나 O2O 서비스에서 비콘이 활용되면서 관심이 급증했으며 결제외의 다양한 분야에서 비콘을 활용하려는 시도가 있다. 아이비콘은 iOS뿐만 아니라 안드로이드와 같은 다른 기기에서도 지원이 가능한 구조를 가지고 있다. 표준규격으로 만들어졌기 때문에 BLE 4.0을 지원하는 단말이라면 모두 사용이 가능한 확장성을 가지고 있다. 안드로이드는 4.3 버전부터 BLE를 지원하기 때문에 소프트웨어적인 작업만 추가하면 iOS와 마찬가지로 비콘을 사용할 수 있게 된다. 그렇기 때문에 iOS와 안드로이드에서 모두 사용할 수 있는 솔루션이나 서비스사업자들도 빠르게 등장하여 주목을 받고 있다. IPS 및 Beacon 참조.

**ibud 아이버드** 안경 렌즈부분에 소형 디스플레이를 장착해 착용 시 4m 거리에서 100인치 화면을 보는 것과 같은 효과를 제공한다.

**ICA(International Cartographic Association) 국제 지도학회** 지도제작관련 최신기술과 지리조사에 관한 국가 간의 상호 학술 교류 및 연구보고를 통한 기술발전 도모를 위한 국제학술단체로서, 스위스 베른에 본부를 두고 있다. 분과 위원원회로는 지도제작기술, 국제 지도제작, 위성영상 지도제작 위원회가 있다. 총회는 매 2년마다 열리며, 연구발표, 토론회, 지도전시회 및 지도제작 장비 전시회 등이 개최된다. 우리나라는 1984년에 가입하였다.

**ICAO(International Civil Aviation Organization) 국제 민간 항공 기구(國際 民間 航空 機構)** 위성 항행 시스템의 표준 기술 기준과 운용 절차를 수립하기 위하여 7개 위원회를 설치 운영하고 있다. GPS를 이용하여 2010년 항공기 단일 항법 체계로 사용을 하고 있으며, DGPS 기지국 설치 시 국제 기준을 제시한다.

**Ice Filed 빙원** 영구적인 육빙과 해빙이 분포하는 방대한 지역을 말한다.

**Ice Rink 아이스링크** 스케이트를 타기 위한 빙판을 말한다.

**Iceberg 빙산** 천해에 퍼져 있거나 바다에서 육빙으로부터 떨어져 나간 큰 얼음 덩어리를 말한다.

**iCloud 아이클라우드** 사진, 음악, 전자책, 전화번호부, 일정, 메일 등 이용자의 모든 콘텐츠는 자동으로 인터넷에 저장되고 사용하는 모든 애플 기기에 전송된다. 이용자는 아이폰, 아이패드, 맥PC 등 애플의 기기라면 언제 어디서나 모든 콘텐츠를 이용할 수 있다.

**Icon 아이콘** 컴퓨터의 기능이나 자료를 상징화(혹은 연계) 시키는 그림판. 보통, 아이콘을 선택하여 클릭함으로써 하나의 처리 과정을 시작하거나 자료를 선택한다. GIS 사용자들은 복잡한 명령을 타이핑하는 것보다 아이콘을 사용하는 방식을 선호한다.

**ICRF(International Celestial Reference Frame) 국제 천구좌표계, 국제 천문기준좌표계** 천구의 춘분점과 적도면을 기준으로 우주공간상의 위치를 적경과 적위로 나타내는 좌표계로서 우주공간상의 위치측정체계이다. 적경(赤經, Right Ascension, $\alpha$)은 춘분점의 시간권으로부터 천체의 시간권까지의 각이며, 적위(赤經, Declination, $\delta$)는 천구의 적도면에서 천체까지의 각이다. 춘분점은 천구의 적도와 황도가 만나는 지점으로서 지구의 축이 태양의 축과 일치하는 점을 말한다.

**ICS(Implementation Conformance Statement) 구현 적합성 기술서** 구현된 사양의 임의 선택 요건에 대한 기술을 말한다.

**ICSM(Intergovemmental Committeeon Surveying and Mapping) 호주 측량 및 지도제작 위원회** 호주/뉴질랜드 토지정보 위원회(ANZLIC)와 호주의 국가 공간 정보 기반(ASDI) 사업 수행에 있어 중요한 역할을 수행한다. 또한 Standard Australia와 협력하여 표준화 작업을 추진하고 있다.

**ICSU(International Council of Scientific Unions) 국제 과학 연합 본부** 전 세계적 지구 환경 및 분석 업무를 주로하고 있다.

**ICT(Information and Communication Technology) 정보통신 기술(情報通信技術)** ICT(Information & Communication Technology)는 정보 기술(Information Technology, IT)과 통신 기술(Communication Technology, CT)의 합성어로 정보기기의 하드웨어 및 이들 기기의 운영 및 정보 관리에 필요한 소프트웨어 기술과 이들 기술을 이용하여 정보를 수집, 생산, 가공, 보존, 전달, 활용하는 모든 방법을 의미한다. ICT 용어는 1997년 영국의 데니스 스티븐슨(Dennis Stevenson)의 보고서(Information and Communications Technology in UK Schools: An

Independent Inquiry)와 2000년 잉글랜드, 웨일스, 북아일랜드의 개정된 커리큘럼(National Curriculum)에서 이 용어를 사용하면서 유명해졌다. 그러나 2012년 영국 왕립학회(Royal Society)는 ICT가 부정적 의미를 많이 가지고 있으므로 사용하지 말 것을 권고하였고, 이를 반영하여 2014년 커리큘럼(National Curriculum)에서는 ICT 대신 "computing"이란 용어를 사용하였다. IT는 인터넷, 휴대전화 등의 기술 그리고 이를 운영하는 프로그램 등을 총칭한다.

ICT 패러다임의 변화는 콘텐츠(C)-플랫폼(P)-네트워크(N)-디바이스(D) 가치사슬 상의 각 부문간 상호의존 심화 관점에서 이해할 수 있다. 일반적으로 C-PN-T(터미널) 가치사슬이 방송플랫폼을 설명하는데 많이 활용되었으나, 스마트폰, 태블릿 등 사실상 컴퓨터에 해당되는 기기를 감안하면 C-P-N-D라는 표현이 ICT를 설명하는데 좀 더 유용하다. 콘텐츠(C) 부문을 살펴보면, 인터넷상에서는 더 이상 사진, 서적, 음악, 동영상 등의 구분이 무의미하다는 점을 상기할 필요가 있다. 이들 모든 종류의 콘텐츠는 디지털화되면서 플랫폼 제공자에 의해서 이용자에 제공되며 콘텐츠 보유자는 구글, 애플, 아마존과 같은 플랫폼 제공자와 제휴하거나 직접 플랫폼을 구성하여 콘텐츠를 제공한다. 플랫폼 부문은 C-P-N-D 가치사슬에서 중요한 역할을 담당한다. 인터넷 상에서 콘텐츠는 소프트웨어에 의해 축적, 처리, 저장, 제공된다. 이는 소프트웨어 기술력을 보유한 ICT 기업이 주도권을 잡게 됨을 의미하는데, 특히 소프트웨어 기술력과 클라우드 인프라를 보유한 클라우드 서비스 제공자가 대표적인 플랫폼 제공자로 부상하고 있다. 그 과정에서 전통적인 네트워크 전송 서비스 제공자의 위상은 상대적으로 약화될 가능성이 있다. 반면 원천 콘텐츠를 보유한 기업은 플랫폼 제공자와 대등한 관계의 설정도 가능할 것이다. 디지털 융합시대의 네트워크는 IP망, 즉 인터넷이다. 서킷방식 전화망과 같은 전통적인 네트워크는 네트워크 보유자가 자체적으로 이용자 식별 등의 지능적 서비스를 제공하지만 인터넷의 경우에는 아카마이와 같은 다양한 서비스 제공기업들이 서버 클러스터를 통하여 효율적 트래픽 전송, 보안 등 네트워크의 다양한 기능을 경쟁 시장에서 제공한다. 이러한 지능형 네트워크 서비스 제공기업도 일종의 플랫폼 제공기업이라는 의미에서 사실상 플랫폼과 네트워크의 구분은 어렵다. 또한 통신망을 보유한 사업자들이 직접 플랫폼 서비스를 제공한다는 점도 중요하다. 디바이스 부문은 언제나 인터넷과 연결되고, iOS와 같은 범용 운영체제를 갖춘 디바이스 내부의 소프트웨어 프로그램이 플랫폼과 연결되어 서비스를 완결한다. 애플은 플랫폼 제공자가 동시에 디바이스 제공자인 대표적인 예라 할 수 있으며, 구글과 안드로이드폰의 제조사간의 제휴관계를 감안하면 과거보다 플랫폼 부문과 디바이스 부문의 관계가 보다 밀접한, 상호의존적인 관계임을 알 수 있다. 콘텐츠 부문과 플랫폼 부문의 제휴, 디바이스 부문의 플랫폼과의 연계, 플랫폼 부문과 네트워크 부문의 경계 모호 등은 모두 C-P-N-D 각 부문의 상호의존성 심화를 의미한다.

**ID(Dataset Identifier) 자료군 식별자** 메타데이터에 의해 참조되는 자료를 위한 고유 식별자(ID)를 말한다.

**ID(IDentification) 아이디, 식별** 도형과 속성을 연결시키는 숫자 또는 문자기호로서 지도상의 각각의 도형에 대해 명칭을 부여하고, 그 명칭을 이용하여 속성 파일(데이터베이스)과 연결시킴으로서 속성 데이터와 연결하는 것을 말한다.

**ID(IDentifier) 식별자** 각각의 항목이나 항목 그룹을 하나로 식별하는 표시이다.

**IDB(Inter-American Development Bank) 미주 개발 은행** IDB는 1959년에 중남미 및 캐러비안 지역 국가를 대상으로 지속적이고 친환경적인 경제, 사회개발 지원을 위해 설립되었으며 현재 한국과 일본을 포함한 48개 회원국으로 구성되어 있으며, 중소기업과 영세기업을 지원하는 IIC(미주투자공사), MIF(다자투자기금)로 구성되어 있다.

**IDC(Internet Data Center) 인터넷 데이터 센터** 전산망을 운영하는 데 필요한 서버 컴퓨터(데이터 처리 장치), 통신설비 등 IT 설비의 운영과 관리를 임대하고 관리해주는 곳. 최근 대형 설비에서 데이터를 통합 관리하는 클라우드 방식이 인기를 끌면서 중요성이 더욱 커지고 있다.

**IDE(Intergrated Development Environment) 통합 개발 환경** 프로그램 개발자들이 이용하는 개발프로그램으로서, 에디터기능/편집기능/컴파일/실행 환경을 모두 제공하는 프로그램을 말한다.

**IDEF1X 네덜란드 국가 공간 정보 유통 기구** 네덜란드 국가 공간 정보 유통기구는 하나의 단일 조직이 모든 일을 주도하기보다는 여러 조직이 상호 협조하에 사업을 수행하도록 메타데이터를 통해 지리 정보를 관리하며, 사용자가 정보 통신망을 통하여 자료를 검색하고 활용할 수 있도록 하고 있다.

**Idei Nobuyuki 이데이 노부유키** 일본 소니사 전 CEO이자 회장. 와세다대학교 정치경제학부를 졸업한 후 1960년 소니에 입사하여 유럽에서 근무하면서 국제파 실력자로 떠올랐다. 2000년 CEO에 취임한 이래 정보 통신 분야에 대한 전략적 투자로 침체 일변이던 소니에 새로운 활력을 불어넣었다.

**IDentification(ID) 아이디, 식별** ID(IDentification)를 참조.

**Identification Citation 식별 참고 사항** 자료군 이용을 위해 권고할만한 참고사항을 말한다.

**Identification Information 식별 정보** 송・수신하고자 하는 공간 정보 인식을 위한 정보의 제목. 수록된 공간 정보가 포함하는 지역, 공간 정보의 수집시기, 그리고 수집 방법 등을 말한다.

**IDentification Radio Frequency(IDRF) 무선 주파수 식별** IDRF(IDentification Radio Frequency)를 참조.

**IDentifier(ID) 식별자** ID(IDentifier)를 참조.

**Identify 식별** 마우스와 같은 포인팅 디바이스를 이용하여 지도상에서 대화식으로 대상물을 가리켜서 공간적 지물을 찾는 것을 말한다.

**Identity 아이덴티티** 다각형 커버리지(Identity)를 가지고 커버리지(Input)의 중첩입력 커버리지의 각 대상물에 대하여, 다각형 커버리지와의 교차점이 결정되고, 입력 커버리지와 같은 대상물 등급의 새로운 대상물들을 생성한다. 예를 들면, 두 지역의 구청을 통과하여 지나가는 도로는 (각각 도로와 그것이 통과하는 구청의 속성을 가지며) 2개의 호 대상물로 나누어질 것이다. Intersect, Union를 참조.

**IDGPS(Inverted Differential GPS) 아이디 지피에스** 이동 사용자는 자신의 대략적인 위치를 관제국에 전송하고, 관제국에서는 DGPS의 기준국을 설치하고 여기에서 계산한 보정 정보를 이용해 보다 정확한 사용자의 위치를 계산하는 것을 말한다.

**IDL(Interface Definition Language) 인터페이스 정의 언어** 객체가 제공하는 오퍼레이션 및 객체가 호출되는 방법을 지정하기 위한 언어. CORBA의 큰 특징 중 하나는 여러 언어를 지원한다는 것이다. 지원하는 언어는 C, C++, 자바, COBOL 등이다. 클라이언트와 서버 간 인터페이스를 IDL이라는 언어로 정의한 뒤 컴파일한다.

**IDRF(IDentification Radio Frequency) 무선 주파수 식별** 도로 주변 정보 송수신 시설과 차내 장치 간 무선 통신 체계. 일반적으로 양방향 통신을 수행할 수 있으며, 차내 장치는 차량의 운행 속도 및 시간에 대한 교통정보를 송신하고, 도로 주변 장치는 전 방향 교통 상황 등에 대한 제반 정보를 실시간으로 송신하는 체계로, 고성능 카드(Smart-Card)와 연계되어 자동 요금 징수 등 다양한 응용이 가능한 체계이다.

**Idrisi 이드리시** 미국 Clark 대학교에서 1987년 처음 개발되었으며, PC용의 래스터 GIS 및 영상 처리 체계로 널리 알려져 있고, 약 100개 모듈로 구성되어 있다.

**IDS(Incident Detection Service) 돌발 상황 감지 단위 서비스** 고속도로 및 국도, 지방도 등에서 발생하는 돌발 상황을 교통상황 정보를 토대로 센터에서 자동 검지하거나 제보자 신고, 119구조대 및 한국 응급 구조단 등의 제공 정보를 이용하여 검지 확인하는 단위 서비스이다.

**IDS(Intrusion Detection System) 침입탐지 시스템** 단순한 접근 제어 기능을 넘어서서 네트워크나 시스템의 사용을 실시간 모니터링하고 침입을 탐지하는 보안 제품이다.

**IDW(Inverse Distance Weighted) 거리 경중률** 미지량의 관측에서 그 정밀도가 동일하지 않은 경우에는 어떤 계수를 곱하여 개개의 관측값 간에 평형을 잡은 후 그 최확값을 구해야 한다. 이때에 이 계수를 경중률이라 하는데, 관측값 들의 신뢰도를 나타내는 값으로 관측회수에 비례하고 관측거리에 반비례하며 평균제곱근오차(표준편차)의 제곱에 반비례한다.

**IEC(International Electrotechnical Committee) 국제 전기 표준 회의** 이 조직은 ISO와 같은 상태를 가지지만, 전기와 전자기술 쟁점에 특히 전기 측정・시험・사용과 안전에 초점을 맞춘다.

**IEEE(Institute of Electrical and Electronics Engineering Inc) 미국 전기 전자 기술자 협회** 1884년에 결성한 미국전기기술자협회(AIEE : American Institute of Electrical Engineers)와 1912년에 등장한 무선기술자협회(IRE : Institute of Radio Engineers)가 1963년 IEEE로 거듭나 오늘에 이르렀다. 미국에서 시작했음에도 세계 전기전자 기술 분야의 중심에 섰다. 특히 정보통신・컴퓨팅・전자부품・물리 분야 새 기술의 실질적인 국제 표준을 정하는 단체가 됐다.

**IEEE 802.11 전기전자 기술자 협회 802.11** IEEE 802.11은 무선 LAN(WLAN) 기술에 있어서 미국 전기전자학회(IEEE)의 작업 그룹에서 개발한 일단의 규격이다. 이 규격에는 802.11, 802.11a, 802.11b가 있으며, 이들 모두 경로 공유 프로토콜로서 반송파 감지 다중 접근/충돌 예방(CSMA/CA)의 용도를 기술하고 있다. 802.11과 802.11b는 무선 이더넷 LAN에 적용되고 2.4 GHz 주파수에서 운용되며 데이터 속도는 802.11에서 1Mbps 혹은 2 Mbps, 802.11b에서 5.5Mbps 혹은 11Mbps이다. 802.11b 표준은 802.11의 하위 호환으로 802.11 변조는 위상 편이 방식(PSK)을, 802.11b 변조는 보수 코드 방식(CCK)을 사용한다. 또한, 802.11a는 무선 비동기 전송 방식(ATM) 시스템에 적용되고 5GHz와 6GHz 사이의 주파수에서 운용되며 변조 방식으로는 직교 주파수 분할 다중(OFDM) 방식을 사용한다. 데이터 속도는 최대 54Mbps이나 공통적으로 통신 시에는 6Mbps, 12Mbps, 24Mbps가 된다.

**IEEE Standard 1074~1997 전기전자 기술자 협회 표준 1074~1997** 소프트웨어의 생성 주기 개발에 따른 기준요소를 제시한 개발 표준. 특별한 소프트웨어를 개발할 때 개발의 절차를 설계하는 작업 표시 기준. 소프트웨어 개발의 절차를 설계하는 작업에 따른 국제적 기준을 갖고 있기 때문에 소프트웨어 개발 방법론에 대한 표준이라 할 수 있다. 온톨로지 구축과 소프트웨어 개발절차가 유사한 측면을 가지고 있다.

**IEF91(Israel Exchange Format91) 이스라엘 변환 포맷91** 수치 지도 공간 자료의 변환을 목적으로 만들어졌으며, 1992년 이스라엘 프로그램의 재지도화에 관련된 정부기관과 사진 측량 회사들 간 공간 자료의 교환에 사용하고 있다.

**IEM(Information Engineering Methodology) 정보 공학 방법론** 정보 시스템 개발에 필요한 관리 절차와 작업 기법을 체계화하는 것이며, 계획・분석・설계・구축에 대한 정형화된 기법을 전체적으로 적용한다. 구조를 체계적으로 살펴보면 수직적으로는 정보 전략 계획(ISP : Information Strategy Planning), 업무 영역 분석(Business Area Analysis), 업무 시스템 설계(Business System Design), 기술 설계(Technical Design), 구축(Inplementaltion and Production), 이행(Transition)의 단계로 구성된다. 그리고 수평적으로 데이터, 업무 활동(Activity), 상호 작용(Interaction)으로 구성 되며, 일반적으로 IEM의 적용에서 개발 시에는 수평적 구조에 따라 진행한다.

**IEOWS(Intersection Collision Prevention Service) 교차로 충돌 예방 서비스** 교차로 접근부에서 감속 또는 정지가 필요한 시점 및 지점에 노변 통신장치를 설치하여 신호 등의 현 상태를 차내의 수신・경고장치로 송신하고, 차내의 수신・경고장치는 경고여부 및 경고내용을 판단하여 차량을 제어하고 운전자에게 경고해주는 서비스이다.

**IERS(International Earth Rotation Service) 국제 지구 자전(회전) 관리국** 지구 회전축을 결정하고 관리하는 기구로서 1988년 IPMS(International Polar Motion Services)와 국제 시보국(BIH)의 회전축 업무가 합해져 만들어진 기구로서 VLBI, SAL, LLR<GPS 등에 의한 우주 측지의 분석 업무와 지구 운동에 관한 정보를 제공하는 기관으로서 CRF와 TRF(Terrestria Reference Frames)의 설정과 정기적인 개선, 유지 관리를 담당하고 있다. 모기관은 국제 측지학 및 지구 물리학 연합(IUGG : International Union of Geodesy and Geophysics) 및 국제 측지학 연합(IAG : International Association of Geodesy)이다.

**IETF(Internet Engineering Task Force) 인터넷 공학 업무 추진국** 1986년에 구성되었다. 인터넷 정보 기반을 위한 표준 등에 관한 선도적 역할을 담당하고 있는 ISOC(Internet Society) 산하 기구로서, 특별히 인터넷 기술에 대한 연구 및 표준을 개발하고 있다. ISO나 ITU와 같은 공식적인 국제 표준 기구는 아니지만, 사실상의 표준(De Facto Stan-dard)을 제정하는 표준 기구의 역할을 수행하고 있다. 현재 IETF 산하에는 Internet Area, Secunity Area 등 총 8개의 분과(Area)가 조직되어 있다.

**IFOV(Instantaneous Field Of View) 순간 시야각** 탐측기가 일순간에 커버하는 영역이며, 원격탐사 영상체계의 공간 해상도 측정으로 공간 해상도의 가장 일반적인 측정이고, 어떤 주어진 순간에 탐측기(Detector)가 반사 또는 방사에너지를 검출하는 단위 지역으로, 면적 또는 공간각으로 표시된다. 주어진 고도에서 땅위에 묘사되는 지역이다. Multispectral Scanner for Sample Usage를 참조.

**IFS(Iterated Function System) 반복함수 시스템** 프랙탈 특징은 시스템의 크기, 규모가 변화하여도 동일한 특성을 보이는 자기 반복성이다. 자기반복성은 시스템규모를 증가시키면서 동일한 법칙성을 사용하면 그 특성을 나타내게 할 수 있다. 이러한 법칙성의 반복을 염두에 두고 가장 손쉽게 프랙탈 구조를 구성하는 방법이다.

**IFSAR(Interferometric SAR) 간섭계 합성 개구 레이더** IFSAR (Interferometric Synthetic Aperture Radar)를 참조.

**IFSAR(Interferometric Synthetic Aperture Radar) 간섭계 합성 개구 레이더** SAR 인터페로메트리와 자료 처리 과정이 유사하며, 2개의 수신기로 동시에 레이더 자료를 수집한다. 데이터를 수집하기 위한 장비로서 SAR 발신기와 수신기는 비행기 날개 끝 포드에, 날개 끝 상면에 설치한 GPS 안테나는 비행기 동체의 좌우 및 전후 방향 흔들림 측정에 사용되며, 비행기 동체에 설치된 GPS 안테나는 피치와 요동을 측정한다. 데이터 수집 및 기록 장치, GPS 수신기, 컴퓨터 등은 비행기 동체에 장착한다.

**IGBP(International Geosphere Biosphere Programme) 국제 지도 생물권 계획** 전 세계적 지구 환경 감시 및 분석 업무를 주로 하고 있다.

**IGDS(Interactive Graphics Design Software) 대화식 도형 설계 소프트웨어** 인터그래프의 파일 형식을 말한다.

**IGDS(Intergraph Graphic Design System) 인터그래프 도형 설계 체계** 인터그래프의 VAX 컴퓨터를 이용한 캐드 체계에서 운영되는 소프트웨어. 마이크로 스테이션에서 이용하는 이진(Binary) 포맷과 동일한 구조를 지니며, 마이크로 스테이션과 대부분의 개념은 물론 운영상의 특징이 동일하다. 또한 인터그래프의 IGDS 파일 형식과 ARC/INFO 커버리지 간에 변환이 가능하다.

**IGES(Initial Graphics Exchange Specification) 표준 도형 교환 방식** 컴퓨터 체계들 사이의 도형 자료 교환을 위해 분할된 표준 양식을 말한다.

**IGES(International Graphics Exchange Specification) 국제 도형 교환 사양** 1989년 ANSI 표준 Y 14.26 M으로 승인된 캐드 산업계에서 비전용 표준 그래픽스 파일 형식. 캐드 체계가 초기에는 중형 컴퓨터에서 운영되어 주로 마그네틱 테이프를 이용하여 자료를 변환하였으나, 점진적으로 마이크로 체계에서 운용되고 DXF의 사용이 증가되면서 최근에는 그 사용이 점차 줄고 있다. 파일 구조는 Global Section, Directory Entry Section, Geometric Entities, Annotation Entities, Structure Entities 등 5개로 크게 구분되어 있다. IGES 파인과 ARC/INFO 커버리지 간에 변환이 가능하다.

**IGGI(Inter-Departmental Group on Geographic Information) 아이지지아이** 영국 정부 그룹으로 1998년에 30여개 정부 기구의 대표들이 모여 IGGI를 설립하였다. IGGI는 공동 연구를 통해서 부처 간 지리 정보의 원활한 교환 문제, 지리 정보 공동 활용상의 문제점 극복 대책 등 여러 가지 현안 과제에 대한 해결 방안을 제시하고 있다.

**IGIS(Intergrated Geographic Information System) 통합 지형 공간 정보 체계** 수치 지도 정보와 인공위성 영상 정보를 통합한 지리 정보 체계이며, 원격 탐사 자료를 작업하기 위한 설비를 포함한 GIS이다.

**IGIS(Integrated Groundwater Information Service System) 국가 지하수 정보 시스템** 국가 지하수 정보 시스템은 시군구의 실시간 지하수개발 · 이용시설자료와 정부, 전문기관의 조사 · 수질 · 관리 자료를 시군 단위로 통합 서비스하는 WebGIS 시스템으로서, 지자체 공무원들은 시군구행정정보시스템과 연계하여 활용하고, 일반 국민은 지하수의 조사, 개발 등에 널리 활용할 수 있는 시스템이다.

**IGN(Institute Geographic National) 프랑스 국립 지리원** 프랑스의 측량 지도 작성 기관으로서 환경 생활성에 소속되어 왔다. 파리에 소재하고 있으며 세계 최초로 국가 규모의 삼각 측량에 기초하여 축척 1/86,400의 근대적인 프랑스 지도를 작성하였다.

**Igneous Rocks 화성암(火成岩)** 지하심부의 마그마가 지하 또는 지표에서 냉각 · 고결되어 만들어진 암석으로서, 크게 분출암과 관입암으로 구분된다. 관입암은 생성위치에 따라서 심성암과 반심성암으로 나뉘고 분출암은 화산암이라 불리기도 한다. 화성암은 구성입자의 크기와 광물성분에 따라서 분류된다.

**IGRS(International Geodetic Reference System) 세계 측지계** 측지계란 지구상의 위치를 물리적인 지구에 가장 적합하도록 구현하고자 적당한 차원의 수량적 좌표로 표현하기 위한 체계를 말한다. 측지계는 국가단위에서 적용하는 경우에서부터 국제협력을 통해 세계전역에 적용되는 경우가 있다. 국가나 한 지역에서 하나의 통일된 좌표체계를 유지하는 경우도 있지만 기술적인 이유 또는 정책적인 이유로 인하여 2가지 이상의 측지계를 운영하기도 한다. 측지계를 기준으로 지구표면의 위치는 위도, 경도, 타원체고, 평면직각좌표, 3차원직교좌표 등으로 나타낼 수 있다.

세계측지계란 세계에서 공통으로 이용할 수 있도록 위치기준이 되는 측지계를 말하며 좌표계의 원점이 특정지역이 아닌 지구중심을 사용하는 지구중심계이다. 세계측지계는 지구를 가장 잘 나타내고 있는 타원체로 지구상의 위치(경위도 및 해수면으로부터의 높이)를 나타내거나 지구중심을 원점으로 하는 3차원 직교좌표계를 이용하여 표현이 가능하다. 지구상의 제점의 위치를 나타내기 위한 기준이 되는 좌표계 및 지구의 형상을 표현하는 타원체를 총칭하여 측지 기준계라고 한다. 세계측지계란 세계에서 공통으로 이용할 수 있도록 위치기준이 되는 측지계를 말하며 좌표계의 원점이 특정지역이 아닌 지구중심을 사용하는 지구중심계이다. 세계측지계는 지구를 가장 잘 나타내고 있는 타원체로 지구상의 위치(경위도 및 해수면으로부터의 높이)를 나타내거나 지구중심을 원점으로 하는 3차원 직교좌표계를 이용하여 표현이 가능하다. 현재 세계측지계로 알려진 측지 기준계는 ITRF, WGS84, PZ 등 3가지가 있다. ITRF(국제 지구 기준계)는 IERS(국제 지구 회전 관측 사업국)의 주도로 국제 협력하에 구축된 세계측지계이며, 군사용으로 구축되어 유지되고 있는 WGS84는 계속된 개정을 거쳐 ITRF로의 접근을 하고 있으며, 현재는 거의 동일시하게 사용된다. ITRF의 준거 타원체는 GRS80(Geodetic Reference System 1980)으로 IAG(국제측지학협회)와 IUGG(국제 측지학 및 지구 물리학 연맹)가 1979년에 채택한 것으로 현재 지구의 형상을 가장 잘 나타내고 있는 타원체로서 GRS90타원체가 대표적이다. 특히 WGS84와 국제측지학협회에서 채택한 GRS80의 경우 단반경만 0.1mm의 차이를 가지기 때문에 통상적으로 구분 없이 사용하기도 한다. ITRF는 세계에서 가장 일반적으로 사용되는 세계좌표계이고 가장 정확하다. ITRF는 3차원 직교좌표계로 지구상의 모든 위치를 (X, Y, Z)좌표로 나타내거나 GRS80 타원체를 기준으로 한 경, 위도와 타원체고로 나타낼 수 있다. International Earth Ellipsoid 참조.

| 구분 | PZ90 | WGS84 | GRS80 |
|---|---|---|---|
| 명칭 | Parametrop Zemp 1990 | World Geodetic System 1984 | Geodetic reference System 1980 |
| 장반경 (m) | 6,378,136m | 6,378,137m | 6,378,137m |
| 편평률 | 1/298.257 | 1/298.257223563 | 1/298.257222101 |
| 지구중력상수 ($m^3/s^2$) | $398,600.44 \times 10^9$ | $398,600.4418 \times 10^9$ | $398,600.5 \times 10^9$ |
| 지구회전속도 (rad/s) | $7.292115 \times 10^{-5}$ | $7.292115 \times 10^{-5}$ | $7.292115 \times 10^{-5}$ |

**IGS(Inertial Guidance System) 관성 유도장치(慣性誘導裝置)** [항공] 일반적으로 잠수함이나 미사일과 같은 운행체(運行體)의 위치와 가속도를 감지해서 기지(基地)와 교신할 필요 없이 항해 자료를 제공하거나 운항체를 제어하는 전자장치를 말한다. 기본 구성요소는 자이로스코프(gyroscope)·가속도계·컴퓨터인데 자이로스코프는 정해진 기준방향을 감지하고, 가속도계는 속도변화를 측정한다. 컴퓨터는 운행체의 방향과 가속변화를 처리하고 그 결과를 다시 운행체의 항해장치에 넘겨준다. 미사일에 장착된 것과 같은 대표적인 관성유도장치는 3개의 자이로스코프와 3개의 가속도계를 사용한다. 짐벌(gimbal)이 장착된 3개의 자이로스코프는 3개의 가속도계의 방향결정을 위해 운항체가 전후좌우로 쏠리거나 흔들리는 것을 감지하여 기준 좌표계를 설정한다. 그러면 가속도계는 방향 각각에 대한 속도 변화를 측정한다. 컴퓨터는 가속도를 적분해서 운행체의 속도를 얻은 후, 계산한 속도를 적분해서 현재 위치를 알아낸다. 이 정보를 이미 계획된 경로와 계속 비교한다. 가속도계나 자이로스코프와 같은 부속기기들은 정밀한 오차범위 내에서 만들고 유지되어야 한다.

**IGS(International GNSS Service) 국제 위성항법시스템 관리국** 전 세계에서 관측된 GPS 자료의 취합 및 분석, 궤도의 결정 등 GPS와 관련된 전반적인 임무를 수행하는 기관으로, 1991년 국제 측지학지구물리학연합(IUGG) 산하기구인 국제 측지학협회(IAG)에서 제안하여 연속 추적을 위해 전 세계를 대상으로 100여점 이상의 주관측망을 운영하고 있다.

**IGS Precise Ephemeris 아이지에스 정밀 궤도력** GPS를 이용하여 측량할 경우 GPS 위성의 궤도오차, 수신기 및 위성의 시계오차, 이온층 및 대류층에 의한 오차 등 여러 가지 오차요인이 존재한다. 특히 GPS에 의한 위치측정은 GPS 위성과 수신기 사이의 거리와 위성의 위치 데이터, 즉 위성의 궤도력(ephemeris)을 이용하여 이루어지므로 궤도력이 부정확할수록 지상에서의 위치측정 정밀도 역시 떨어진다. GPS 위성은 주관제국에서 예측한 궤도력, 즉 방송궤도력을 항법메세지의 형태로 사용자에게 전달하는데, 이 방송궤도력에는 1996년 현재 약 3m의 예측에 의한 오차가 포함되어 있는 것으로 평가되고 있다. 따라서 측지/측량 분야에서 방송궤도력을 이용하여 기선벡터를 측정할 경우 $10^{-7}$(0.1ppm) 보다 좋은 기선측정 정밀도를 얻기 힘들다. 이와 같은 정밀도는 고정밀 측지/측량 및 지구역학 연구에 있어 장기선을 다루는 경우에 장애가 될 수 있을 만큼 큰 것이다.

**IGSN(International Gravity Standardization Net) 국제 중력 기준망(國際 重力 基準網)** 전 세계에 걸쳐 중요한 경력 기준망을 형성하여 중력값의 분포를 구하는 것이며, IGSN 1971년에는 우리나라도 포함시켜 주요 중력 기준망을 관측하였다. 우리나라 자체에도 전국에 걸쳐 중력망을 형성하였고 중력 기준점은 국토지리정보원 내에 있다.

**IH or HI(Height of Instrument)** HI or IH(Height of Instrument)를 참조.

**IHO(International Hydrographic Organization) 국제수로기구** 항해의 안전을 위해 해도에 관한 부호와 약자의 국제적인 통일, 국제 공동 조사, 바다 측량 및 해양 관측 기술 개발 등을 목적으로 한다. IHO는 1921년에 설립된 국제수로국(IHB : International Hydrographic Bureau)의 전신으로 1967년에 모나코에서 열린 9차 국제 수로 회의에서 채택된 협약에 의거하여 1970년에 국제수로기구로 출범하였다. 국제수로기구 총회는 원칙적으로 5년마다 모나코에서 열린다. 한국은 2012년 총회 시 기구 내 해양과 바다의 경계(S-23)실무그룹 활동 및 각종 회의 등을 통해 동해표기의 정당성을 제기한 바 있다.

15세기 대양(大洋)에서 항해와 탐험을 주도하던 에스파냐와 포르투갈이 교황의 중재로 바다의 영역을 분할하는 토르데시야스 조약(Treaty of Tordesillas)을 맺었는데, 최초의 국제 해양법령이라고 할 수 있다. 영국 등 주변 국가는 이 조약에 대해 해양자원을 어느 한 국가가 소유할 수는 없다고 반기를 들었으며, 이로 인하여 국제적 분쟁이 시작되었다. 그 뒤 신대륙이 발견되고, 네덜란드의 동인도 회사가 '바다는 만인의 공유물'임을 주장하면서 공해(公海)의 개념이 제기되었다. 국제적으로 당시의 연안 포대에서 포탄이 도달하는 거리인 3해리(약 5㎞) 바깥을 공해의 개념으로서 인정하기에 이른다. 현대의 공해는 "배타적 경제수역(exclusive economic zone, EEZ)"의 범위(200해리) 바깥 영역이다. High Sea를 참조.

**IHO DX-90(IHO Transfer Standard for Digital Hydrographic Data) 국제 수로기구 디엑스-90** Underwater Surface와 관련 공간 형상의 수치 지도 제작을 목적으로 만들어졌으며, 수문 자료의 교환을 위해 세계적으로 사용하고 있다.

**IHO Transfer Standard for Digital Hydrographic Data(IHO DX-90) 국제 수로기구 디엑스-90** IHO DX-90(IHO Transfer Standard for Digital Hydrographic Data)를 참조.

**IHS(Intensity, Hue, Saturation) 명도·색도·채도** 명도(Intensity), 색도(Hue), 채도(Saturation)의 3요소로 사람의 인식방법에 맞는 색상 체계. HIS 색상 변환은 RGB 색상영상에서 공간(명도)과 분광 정보(색상, 채도)를 효과적으로 분리해낼 수 있다. 많은 영상 처리 연산들은 영상이 HIS 색상 공간으로 되어 있는 것일수록 다루기가 쉬우므로 IHS 색상 모형을 자주 사용한다.

**I/I(Infiltration/Inflow) 불명수, 침투수/유입수** 침투수 및 유입수는 토양과 지하수오염의 주원인으로 작용할 뿐만 아니라 모든 수자원 오염의 원인이 되며, 지하수 침투에 의한 하수의 과잉 희석으로 하수처리장의 효율을 저하시킬 뿐만 아니라 과다유량에 의한 건설비의 과잉 투자로 재정적인 손실을 초래하고 있다. 환경부의 자료에 의하면 발생 하수를 100%로 가정할 때, 이중 36%는 하수관에서 누수되고, 43%의 불명수가 유입되어 하수처리장에 도달하는 하수는 107%이며, 따라서 하수처리 효율을 높이고 하천 오염부하량을 감소시키기 위해서는 하수관의 성능을 90%까지 개선해야하는 것으로 보고한 바 있다. 침투수/유입수(I/I)의 문제점은 유입량 증가, 수질저하, 하수 처리의 효율저하, 토사유입 등이다.

침투수/유입수(I/I)는 발생시기 및 원인에 따라 지하수 침입수(GWI), 강우 침입수(RII), 건기 유입수(DWI), 강우 유입수(SWI) 등으로 나눌 수 있다. (1) 지하수 침입수(Groundwater Infiltration) : 건기시 지하수위가 관거보다 높은 위치에 있을 때 관거부실을 통하여 침투되는 유량으로서 지표수나 강우유출수가 토양에 여과되어 침투하게 되므로 유기물질의 농도는 0이거나 매우 저농도이다. (2) 강우 침입수(Rainfall Induced Infiltration) : 강우시 강우유출수의 토양 침투 및 지하수위의 상승으로 인해 관거보다 높은 수위가 될 때 관거부실을 통하여 침투되는 유량으로서, 강우유입수와 동일시되어 평가시 혼돈을 일으키기도 하지만 특성상 엄연히 구분되는 침투수이다. 강우 침입수는 강우유출수가 맨홀, 관거 또는 지관의 부실을 통하여 침투되는 유량이다. 오수관거에서 강우침투수의 발생에 영향을 주는 인자로는 관거의 노후화정도, 관종류, 본관, 지관, 맨홀의 파손, 기후, 지리적 상황, 지하수위, 매설깊이 등이 있다. (3) 건기 유입수(Dry Weather Inflow) : 세차장, 분수대 등 지역 특성에 의하여 지속적으로 관거내로 유입되는 하수가 아닌 유량이다. (4) 강우 유입수(Stormwater Inflow) : 강우시 맨홀부 불량이나 우수받이의 오수관거 접속 등에 의하여 직접적으로 강우유출수가 유입되는 유량으로서 유입원의 부실정도에 따라 그 양이 크게 차이가 나며, 침투수/유입수(I/I)의 가장 큰 정도를 차지하기도 한다.

**IInformation Resource Dictionary System(RDS) 정보 자원 사전 체계** IRDS(Information Resource Dictionary System)를 참조.

**IInternational Terrestrial Reference System(TRS) 국제 지구 기준계** ITRS(International Terrestrial Reference System)를 참조.

**IIOP(Internet Inter-ORB Protocol) 인터넷 객체 요구 매개자 간 프로토콜** IIOP는 인터넷 또는 로컬 인트라넷을 통해 분산 객체들끼리 통신을 하기 위한 OMG의 표준 프로토콜이다.

**IJGIS(International Journal of Geographical Information Systems) 지아이에스 국제 저널** GIS World사가 매년 발행하는 International GIS Source Book에는 150여 종 넘게 시판되는 GIS 체계에 대해 그것들이 제공하는 데이터 형식의 종류에서 각종 해석 기능에 이르기까지, 약 100항목 이상에 대한 비교 검사 항목이 게재되어 있다.

**IKONOS Satellite 아이코노스 위성** 1999년 미국의 Space Imaging사에서 발사한 세계 최초의 상업용 위성으로서 1m 공간 해상도의 흑백 영상과 4m해상도의 다중 분광 영상 자료를 제공한다. 센서와 위성체의 회전을 통한 입체시 영상의 획득이 가능하여 수치 표고 자료의 추출이 가능하도록 설계되어 있다. IKONOS 위성은 특히 해상도의 한계로 대축척 지도 제작이 불가능했던 위성 영상지도 제작 분야의 비약적인 발전과 응용을 유발하였다. 위성의 고도는 681km, 관측주기는 약 2일, 그리고 관측폭은 11km이다.

■ IKONOS 위성 Multispectra 센서의 4개 밴드별 파장대역

| 밴드 | 밴드 1 (파란색 영역) | 밴드 2 (초록색 영역) | 밴드 3 (빨간색 영역) | 밴드 4 (근적외선) |
|---|---|---|---|---|
| 파장($\mu$m) | 0.45~0.51 | 0.52~0.60 | 0.63~0.69 | 0.75~0.90 |

**ILI(In-Line-Inspection) 관로상 검사** 배관 내부에 비파괴 검사 장비를 탑재한 피그를 주입해 검사를 수행한다. 배관의 건전성 평과와 효율적 관리를 위한 필수적인 기술로서, 배관 상태조사, 브러쉬(brush) 피그 통과 여부 평가, 배관 청소, 배관의 물리적 결함 탐측, 자기누설피그 통과 여부 평가, 부식 등에 의한 배관 결함 탐측, 자료 분석 단계로 진행된다. 이 검사 과정을 거쳐 운영배관(가스 및 유체 수송배관)의 건전성 검사를 하고 지하매설 배관을 수치지도화 한다. 이를 통해 배관망 정보 시스템을 구축하고 배관 사용 적합성을 평가한다. 원활한 인텔리전트 피깅을 위하여 배관내부의 세척(클리닝 피깅, cleaning pig), 본 피그의 적용여부를 진단하는 예비 피깅(지오메트리 피깅, 캘리퍼 피깅)을 실시한다.

**Illuminance 조도(照度, 조명도)** 일정 면적당 들어오는 광속의 밀도를 의미한다. 즉, 임의의 물체에 광속이 투사되면 밝게 비추게 되며, 이 밝은 정도를 조도라고 하며, 조명되는 면적과 광속의 비율로 결정된다. 즉, E=F/A [lx=lm/$m^2$]. 여기서 E는 조도, F는 광속, A는 조명되는 면적이다. 단위는 룩스(Lux, lx)를 사용하며 $m^2$당 광원이 비추어야할 빛의 양을 의미한다. 점광원으로부터 거리 r[m]만큼 떨어진 곳의 조도(E)는

$$E = \frac{F}{A} = \frac{4\pi I}{4\pi r^2} = \frac{I}{r^2}\ [lx]$$

여기서, I는 광도이다. 즉, 조도는 거리의 제곱에 반비례한다. 일반적으로 장소 및 상황에 따라 필요한 조도가 다르며, 조도가 적당하면 눈의 피로가 적고 일의 능률이 오른다. Luminous Flux, Luminous Intensity, Luminance를 참조.

**Illumination Degradation 태양 입사각 변화에 따른 밝기 감소** 태양 입사각이 변화함에 따라 지상 물체에 반사되는 태양 광선의 양이 변화함으로써 나타나는 현상이다.

**Illumination System 조명 체계** 실시간으로 사진을 처리하는데 중요한 요소이며, 디지털 사진기 체계 요소 중 가장 핵심이 되는 부분이다.

**ILRS(International Laser Ranging Service) 국제 레이저 거리 관측 서비스** 정확한 국제지구기준좌표계(ITRF)의 유지뿐만 아니라 측지학, 지구물리학 연구 활동 등을 지원하기 위하여 중요한 위성 그리고 달 등에 대한 레이저 거리관측 자료를 제공하는 국제적인 기관이다. 또한 ILRS은 광범위의 목적을 만족시키기 위하여 Satellite Laser Ranging(SLR)와 Lunar Laser Ranging(LLR)에 관측 자료를 제공한다.

**ILWIS(Integrated Land and Water Management Information System) 통합 토지 · 수자원 관리 시스템** 네덜란드 ITC 대학교에서 개발한 소프트웨어를 말한다.

**IM(Instant Messaging) 인스턴트 메시지** 즉석 메시지 주고받기. '인터넷을 통해 실시간으로 문자를 보내다'라는 동사로도 사용된다. 문자족들은 문자와 언어, 영상에 기반한 기존 커뮤니케이션 방식을 크게 바꿔놓고 있다.

**IM(Integrity Monitor) 무결성 감시국, 위성항법 보정시스템 무결성 감시국** 위성항법 보정시스템(Differential GPS, DGPS)은 이미 알고 있는 기준점에 기준국용 GPS 수신기를 설치하여 정밀하게 측정된 자신의 위치와 GPS 위성 신호를 받아 수신기로 계산된

위치를 비교하여 오차를 계산한다. DGPS 기준국 시스템은 기준국(Reference Station, RS), 감시국(Integrity Monitor, IM), 그리고 제어국(Control Station, CS)으로 구성되고, 사용자에게 보정정보를 송신하기 위한 변조기와 송신기 시스템으로 구성되어 있다. 먼저 기준국 시스템은 의사거리 보정정보(PseudoRange Correction, PRC)를 계산하여 RTCM 국제표준 포맷에 맞게 변환한 다음, MSK(최소 편이 방식) 변조기 및 송신기를 통해 사용자에게 방송한다.

무결성 감시국(IM)에서는 기준국(RS)에서 보내온 RTCM 정보를 수신하여 보정정보의 무결성을 감시한다. DGPS 무결성 감시국의 핵심 기능은 보정정보의 검사와 기준국으로 피드백 메시지를 전송하는 것이다. 감시결과를 피드백 메시지를 이용하여 기준국과 제어국에 상시 전송하며, 이상이 발생할 경우 '이상 플래그'를 전달하여 사용자가 해당 보정정보를 사용하지 않도록 조치를 취한다.

현재 우리나라 DGPS 기준국은 해양기준국 11개소, 내륙 기준국 6개소, 감시국 17개소로 구성되어 운영되고 있으며, 국제항로표지협회(IALA)의 권고에 따라 사용자에게 실시간 보정서비스를 하고 있다. DGPS를 참조.

**Image 상(像), 영상** 하나의 그림(picture)을 구성하고, 규칙적인 간격을 가진 구성요소들의 2차원 배열로서 모든 자연적·인공적 형상, 객체 활동에 대한 영상의 영구적인 기록, 컴퓨터 그래픽에서 영상면 또는 프린터 등과 같은 출력장치를 통하여 출력되는 정보의 모습이며, 일반적으로 그림을 가리키며, 위성에 의한 원격탐사 자료, 스캐닝된 항공사진, 지도 등과 같은 영상자료가 있다. 영상은 반사광, 열의 세기나 전자기 분광대에 대한 값의 다른 범위를 나타내는 2진수나 정수의 래스터 자료로 저장된다.

**Image Analysis 영상 해석** 영상의 내용을 결정하기 위해 영상을 해석하는 것을 말한다.

**Image Analysis and Interpretation 영상 해석 및 판독** 영상에서 대상물에 대한 정량적이고 정성적인 정보를 얻기 위해 사용되는 모든 활동을 말한다.

**Image Catalog 영상 목록** 영상 파일들의 정보를 관리하고 목록화하는 데이터베이스. 영상 파일들을 쉽게 조직하고 검색, 관리할 수 있는 기능을 그림과 표 형태로 제공하며, 영상의 질의 및 선택과 디스플레이가 가능하다.

**Image Classification 영상 분류** 각각의 픽셀의 특성을 분석하여 몇 개의 종류 중 하나로 묶어줌으로써 영상의 내용을 쉽게 이해할 수 있도록 하는 기법이다. 영상에서 실제 물체가 무엇인지 일일이 인간의 시각을 통하지 않고 컴퓨터에 의하여 분류하는 방법. 특별한 특성에 대한 정보의 범주를 포함하는 하나 또는 그 이상의 공간적인, 시각적인 분광대 주파수대의 관계들을 포함한 수치 영상의 수치 분석이다. 원격 탐사 자료를 분류하는 기능으로 감독 분류(Supervised Classification)와 비감독 분류(Unsupervised Classification) 기법이 있다. 이러한 분류는 위성자료의 전처리(Preprocessing) 기능인 방사보정(Radiometric Correction)과 기하 보정(Geometric Correction)을 거친 후에 이루어진다.

**Image Coloring 색상 보정** 위성에서 획득된 개별적 영상을 하나의 영상으로 합치는 모자이크 과정에서 자연스럽게 만들기 위해 색상을 보정하는 과정이다. 흑백 영상일 경우 기존 칼라 영상을 참조하거나 표본화 작업을 통하여 색상 보정을 실시한다.

**Image Composite Method 영상 합성법** 인공위성에 탑재되어 있는 감지기를 통해 획득되는 영상자료는 모두가 흑백 영상의 형태이지만 간단한 처리 과정을 거치면 컬러로 변환시킬 수 있다. 즉, 3개의 흑백 영상 자료에 대해 각각 Red, Green, Blue의 색상을 부여하여 영상소 단위로 중첩시키면 각 밴드의 영상소가 가지고 있는 색상이 서로 혼합되어 자연스러운 컬러 영상을 생성하게 된다.

**Image Compression 영상 압축** 디스크 공간을 효율적으로 사용하기 위해 영상을 압축하는 것. 컴퓨터상의 영상은 바이트로 환산되며, 그 양은 영상의 크기와 컬러 수, 해상도에 의존한다.

**Image Condition 영상 상태** 촬영 당시 영상에 영향을 주는 조건들을 말한다.

**Image Coordinate 상좌표, 영상 좌표** 영상 좌표계로 표현된 영상의 점의 좌표를 말한다. 사진 좌표(Picture Coordinates)와 동일어이다.

**Image Data 영상 자료** 영상 자료는 영상소 번호와 선번호의 행렬 형태로 나타낸다. 하나의 작은 셀은 영상소(Pixel)라고 한다. 영상소의 크기는 해상도에 따라 지상에 대응하는 거리를 지상해상도(Ground Resolution)라고 한다. 영상의 입·출력 시 영상의 해상도는 DPI(Dot Per Inch)를 사용하며 1인치당 점의 수를 나타낸다.

**Image Data Analysis 영상 자료 해석** 인공위성에서 얻어진 영상이나 항공기를 통하여 얻어진 항공사진의 영상이나 사진상의 수치화 한 자료를 사진이나 영상상에 나타난 형상의 정확한 위치 관계와 그 특성을 해석하는 것을 말한다.

**Image Data Model 영상 자료 모형** 영상 자료는 래스터 구조를 가지며, 기본 단위는 영상소(Pixel)라 한다. 각 영상소는 수치값을 가지며, 영상소값을 이용하여 출력상태를 조정하게 된다. 영상 자료로는 독취된 자료, 인공위성자료, 항공사진 및 정사 사진 자료 등을 이용할 수 있으며, 지도 영상은 좌표 체계를 이용하여 데이터베이스에 구축된다.

**Image Data Type 영상 자료 유형** 다중밴드 영상을 만들기 위해 파일을 구성하는 일반적인 방법. 픽셀 값을 저장하기 위한 구조로는 BSQ, BIL, BIP 영상자료 유형이 있다.

**Image Depth 영상 심도, 이미지 심도** 디지털 이미지에서 각각의 픽셀에 저장된 비트의 수를 말한다.

**Image Differencing 영상 차분법** 한 시기의 영상으로부터 다른 시기의 영상을 감산하는 방법이다.

**Image Digital 수치 영상** 가시광선 또는 열적외선과 같은 전자기적 분광영역, 고해상도 레이더 등을 통해 획득되고 수치 형태로 저장된 자연적 또는 인공적인 지형지물, 객체, 활동들을 말한다.

**Image Division 영상 분할** 선택된 대상물과 불필요한 대상물 사이의 대비를 향상시키기 위해 수치 영상 처리에서 사용되는 기술. 비율 부여(Ratioing) 또는 영상 분할(Image Division)은 한 영상에서의 영상소의 DN값을 다른 영상에서의 영상소의 대응하는 DN값을 나눔으로써 얻어진다. 일반적인 비는 랜드샛 MSS 대역 5(적)에서 대역 7(NIR)이다. 결과는 생물자원 밀도의 변화를 보이는(부드러워지고, 밀도가 조각날 수 있는) 단색 영상이다.

**Image Editing 영상 편집** 여러 장의 원격탐사 영상을 서로 이어 붙여 하나의 큰 영상으로 만든 기법인데 주로 넓은 지역의 영상지도를 제작하는데 활용된다.

**Image Enhancement 영상 강조** 특징 추출과 영상 판독에 도움이 되기 위해, 원영상의 명암을 강조하고 색상을 입히거나 경계선을 강조하며 밝기를 조절함으로써 시각적으로 향상시키는 것을 말한다.

**Image Exploitation Support Data Availability 영상 개발 지원 자료의 이용 가능성** 영상 개발 지원 자료의 이용 가능성 여부(아니오, 예)를 말한다.

**Image File 영상 파일** 실제적인 관측 영상을 저장하고 있는 파일로써 Header, Image, Prefix, Suffix의 4가지 부분으로 구성되어 있다.

**Image Fusion 영상 융합** 서로 다른 공간해상도를 갖는 영상들을 하나의 영상으로 통합하여 보다 높은 분광, 공간해상도의 영상을 생성하는 기법으로 가장 일반적인 형태의 영상 복합이다. 보통 고해상도의 흑백 영상과 상대적으로 공간해상도가 낮은 다중분광 영상간의 복합이 가장 많이 이용된다. 모델에는 Cylinder, Hexcon, Brovey 방법이 있다.

**Image Hardcopy 비수치 영상** 가시광선 또는 열적외선과 같은 전자기적 분광영역, 고해상도 레이더 등을 통해 획득되고 종이나 사진형태로 저장된 자연적 또는 인공적인 지형지물, 객체, 활동들을 말한다.

**Image Identification Information 영상 식별 정보** 영상자료군이나 연속적인 영상을 정의하기 위해 필요한 정보를 말한다.

**Image Identifier 영상 식별자** 자료군 내의 영상에 대한 고유식별자를 말한다.

**Image Information 영상 정보** 항공사진, 인공위성 영상, 비디오 및 각종 영상의 수치 처리에 의해 취득된 정보를 말한다.

**Image Interpretation 영상 해석** 영상 데이터에서 정보를 추출하는 과정. 시각적 해석과 패턴 인식 기술이 사용될 수 있다. 영상해석은 자동화된 항공 지도화를 위한 매우 발달된 사진측량 장치에 의해서 사용되어진다.

**Image Map 영상 지도, 이미지맵** ① 기 제작된 수치지형 모형을 이용하여 스캐닝된 항공사진 또는 위성 영상을 정사 투영한 후 필요에 따라 집성하여 등고선, 주기 등을 표시함으로써 사진 영상 지도 또는 위성 영상 지도를 제작하는 작업을 말한다. ② 이미지 맵은 WWW 사이트의 홈페이지 중 이미지에서 링크될 해당 구역에 따른 URL을 할당함으로써 이루어지게 되는 것이다. 즉, 이미지를 클릭하면 지정된 웹사이트로 접속이 된다.

**Image Matching 영상정합** 좌·우 영상에서 공액점의 영상좌표를 자동으로 추출하고자 하는 알고리즘을 말한다. 영역기준 영상정합의 상관계수 영상정합법은 좌·우 영상의 밝기값의 유사성을 이용하여 공액점을 찾는 기법으로 가장 기본적인 영상 정합법이고, 최소제곱법은 영상소 단위의 정확도를 갖는 기존의 영상정합법에 대해 부영상소 단위의 정합결과를 얻을 수 있는 특징이 있다. 그러나 영상정합을 수행하고자 하는 정합점의 위치가 2~3 영상소 내에 존재해야 좋은 결과를 얻을 수 있다. 따라서 상관계수법의 결과를 이용하여 좀 더 높은 정확도를 얻고자할 때 이용된다. 형상기준영상정합은 점을 이용하는 방법,

선을 이용하는 방법, 도형을 이용하는 방법이 있다. 점을 이용하는 방법은 여러 연산자(operator)를 통한 특징점을 추출해 이를 초기점(seed point)로 하여 상관계수 영상정합을 수행하는 방법으로 Forstner, Moravec 등의 연산자를 사용하는 것이다. 그리고 선을 이용하는 방법은 영상에서 각종 경계를 추출하여 이를 기초로 영상정합을 수행하는 것으로 경계를 추출하는 방법으로는 미분연산자가 많이 이용되며 특히 2차 미분연산자인 LoG(Laplacian of Gaussian) 연산자가 많이 이용된다. 마지막으로 도형을 이용하는 방법은 다각형(polygon)을 영상에서 추출하여 영상정합을 수행한다. 관계기준영상정합으로는 트리(tree)구조를 통한 방법이 있는데, 영상에서 점, 선, 도형 등의 특징을 추출하여 이들을 자료기반화하고 좌측 영상에 해당하는 특징을 선택하면 자료기반을 검색하여 해당 특징의 우측영상상의 위치를 알 수 있다. DEM생성은 수치지도를 이용한 DEM생성, 위성영상 및 항공사진을 이용한 DEM생성, 해석도화기를 이용한 DEM생성 등이 있다. 수치지도를 이용한 DEM생성은 1/5,000 혹은 1/1,000 수치지도를 이용하여 Vertex를 추출하고 이를 보간하여 DEM을 제작할 수 있다. 일반적으로 가장 쉽게 DEM을 제작할 수 있는 방법이며 정확도 역시 어느 정도 보장된다. 위성영상 및 항공사진을 이용한 DEM생성은 영상정합을 통하여 DEM을 생성하는 기법으로 중복부에 한해서만 DEM 추출이 가능하다. 그리고 해석도화기를 이용한 DEM생성은 해석도화기로 3차원 좌표를 관측·수집하여 보간을 통해 DEM을 제작한다.

**Image Memory 영상 기억장치** 화면정보를 저장하는 하드웨어. 여기에 저장되어 있는 화면 정보는 하드적으로 처리할 수 있으므로 표시를 빨리 할 수 있다.

**Image Mosaic 영상 집성** 대상 지역에 대해 여러 장으로 구성되는 영상을 지상 좌표값을 기준으로 집합하여 하나의 최종 영상을 만드는 과정으로, 인접 영상 정합시 항공사진의 기복 변위를 최소화하기 위해 두 영상 중복 부분의 최대한 중심 영역에서 정합선을 설정한다.

**Image Movement 영상 이동** 노출 시간 중의 사진기와 피사체의 상대적인 운동으로 생기는 사진상의 각 점의 이동을 말한다.

**Image Orientation Angle 영상 표정각** 영상의 첫 줄(Row)에서 정북을 기준으로 하는 각(0°~360°)을 말한다.

**Image Overview 영상 개요** 일반적으로 원본과 같은 파일에 기록되어 있으면서, 원본 전체 영상을 메모리에 탑재하거나 영상면에 표시하는 대신, 이 개요(Overview)를 영상면에 표시함으로써 영상면 처리 속도를 크게 줄이게 되는 것이다. 개요는 영상면의 확대/축소 시 효과적으로 사용되는 장점과 동시에 원본 영상의 파일 크기를 증가시키는 단점이 있다. 일반적으로 원본 영상에서 이런 개요를 만드는 방식으로 Subsampling, Averge Sampling, Gaussian Sampling 등의 기법을 사용한다.

**Image Plane 영상면** 필름면(화면)을 말한다. 항공사진카메라의 경우는 초점거리가 고정되어서 사진면이 곧 영상면이 된다.

**Image Printer 영상 인쇄기** 디스플레이 영상면을 그대로 인쇄하는 장비를 말한다.

**Image Processing 영상 처리** 유용한 정보를 도출하기 위하여 영상 자료를 조작, 분석하는 과정. 이것은 영상 압축, 영상 복구, 영상 증진, 영상수정, 전처리, 정량화, 공간 필터링, 그리고 다른 영상 형태의 인식 기술 등을 포함한다. 수치 영상 처리는 대규모의 원격 탐사 자료를 처리하기 위해 전문적인 소프트웨어와 성능이 좋은 워크스테이션을 필요로 한다. Digital Image Processing를 참조.

**Image Processing System 영상 처리 체계** 위성 자료나 다른 영상 자료를 처리하는 체계로, 수치 지도 자료와 함께 영상 자료를 분석하는 데 사용된다. 영상 자료는 TV나 다른 CRT 스크린처럼 영상소 단위로 처리되며, 각 영상은 데이터베이스 내에서 레이어나 영상층을 이루게 된다. 이러한 레이어는 인구분포도나 토양도 같은 주제도나, 평면도 또는 3차원 지도를 만드는데 사용된다. 영상 처리 체계에 사용되는 소프트웨어는 다음과 같다. Iras/B : GIS 소프트웨어로서 이진 영상 자료의 디스플레이 기능과 편집 기능(흑백)이 있다. Iras/C : GIS 소프트웨어로서 이진 영상 자료의 디스플레이 기능과 편집 기능(컬러)이 있다. Isi : GIS 소프트웨어로서 영상 자료의 편위수정 및 변환기능이 있다.

**Image Pyramid 영상 피라미드** 원본 영상보다 떨어진 여러 해상도의 영상을 미리 만들어 영상의 헤더나 끝 부분에 저장하여 작업을 수행하는 기법이다. Image Overview를 참조.

**Image Quality Code 영상 품질 코드** 영상의 품질을 명시하는 코드값을 말한다.

**Image Quality Rating System 영상 품질 평가 체계** 영상 품질 코드의 기준이 되는 평가 체계를 말한다.

**Image Radiometry 방사 분석** 영상 밝기값은 256 그레이 레벨로 표현되며, 0~255의 범위로 나타낸다. 0의 값은 흑색으로, 255값은 회색으로 나타낸다. 모든 중간값을 흑에서 백색으로 다양한 회색의 명암 변이를 가진다. 분실 데이터(Missing Data : 고도 데이터의 결여, 틈 등)로 인해 편위 수정이 미완성된 영역은 Null이나 0으로 표현된다.

**Image Rectification 영상 편위 수정** 위성과 고도, 비행 자세, 속도 등의 변화, 지구의 곡면 오차, 기복 변위 등에 의한 오차를 제거하여 지도로서의 기하학적 일체성을 갖도록 수정하는 과정을 말한다.

**Image Rectification and Restoration 영상 편위 수정과 재등록** 영상의 노이즈나 찌그러진 자료를 보정하여 원래의 실물과 같도록 만드는 작업. 기하학적 왜곡을 제거하는 기하 보정(Geometric Correction), 노이즈 등을 제거하는 방사 보정(Radiometric Correction), 탐측기의 특징에 따른 영상 왜곡을 보정하는 영상 재등록(Image Restoration) 등이 이에 속하며, 전처리 과정(Preprocessing)이라고도 불리 운다.

**Image Registration 위치 참조, 영상등록, 좌표등록** 영상등록이라고도 하며, 처음 촬영된 영상의 각 화소에 지상 좌표계의 좌표값을 부여하는 것을 말한다. 또는 동일한 대상물을 포함하고 있는 2개의 영상을 비교하여, 대상물과 인근 지역의 점들이 Registed Image상에 같은 위치에 나타나게 하는 것을 말한다.

**Image Registration and Fusion 영상등록 및 융합** 위성의 종류에 따라 영상의 지상 해상력 및 정보 제공 능력이 다르므로 응용 분야에 따라 여러 종류의 위성 영상을 중첩하기 위해서는 서로 다른 지상 해상력 지리 좌표, 분광대 등을 하나로 통합하는 영상대 영상의 중첩 및 융합을 말한다.

**Image Restoration 영상 복원** 영상 복원 기술은 훼손 영상의 사전 지식을 이용하여 훼손된 영상을 재생 또는 회복을 시도하는 처리 과정, 복원 기술은 원 영상을 회복하기 위해 훼손된 영상의 모형화와 열처리에 중점을 두며, 또한 영상 복원은 요구되는 결과를 평가할 수 있는 적절한 기준이 필요하다. 탐측기 내 각 영상소들의 감지 특성이나 성능 저하에 의해 발생된 오차를 제거, 보정하는 것을 말하며, Destriping과 Drop Line Correction 2가지 과정이 있다.

**Image Scanner 영상 주사기** 그림 또는 사진 등과 같은 영상 정보가 담겨있는 종이 위에 빛을 투과하여 이때 반사되는 광선을 통하여 종이에 있는 영상 정보를 읽어 들이는 영상 입력 장치. 일반적으로 종이 형태로 존재하는 정보를 영상 형태로 컴퓨터에 입력하려고 하는 경우에 유용하게 사용되고 있다.

**Image Segmentation 영상 분할** ① 디지털 영상을 여러 개의 픽셀 집합으로 나누는 과정을 말한다. 분할의 목적은 영상의 표현을 좀 더 의미 있고 해석하기 쉬운 것으로 단순화하거나 변환하는 것이다. 영상 분할은 특히 영상에서 물체와 경계(선, 곡선)를 찾는데 사용된다. 일반적으로 일반 영상에서의 대표 영상분할 알고리즘은 임계값 기법, 에지 검출 기법, 영역 성장법, 텍스처 특징 값을 이용하는 기법 등이 사용되고 있다. 임계치에 의한 영상분할 방법인 임계값 기법은 주어진 영상에 대하여 히스토그램(histogram)을 만들고 임계치를 결정하여 영상을 물체와 배경으로 분리하는 방법으로, 하나의 임계값을 제시함에 있어서는 좋은 성능을 보이나 다수의 임계값을 결정하는데 있어서는 좋은 성능을 보이지 못한다. 에지 검출은 영상에서 그레이 레벨이 불연속인 픽셀을 찾는 것을 말한다. 에지 검출기법은 계산된 결과가 다음 계산에 영향을 미치는 순차적인 방법과 픽셀의 에지 여부가 자신과 이웃한 픽셀에만 영향을 받아 병렬적으로 계산할 수 있는 병렬적인 방법이 있다. 영역 성장법은 화소간의 유사도를 측정하여 영역을 확장해 분할하는 방법으로 이웃 화소간의 유사도 측정과 절대적인 임계치 설정에 있어, 객체 내 픽셀의 그레이 레벨 변화가 심하고 객체와 배경과의 경계가 불분명한 경우 비효율적인 문제점을 가지고 있다. 텍스처 특징값을 이용하는 방법은 기본적으로 통계학적 방법과 구조적 방법으로 나눌 수 있다. 텍스처의 특징만을 가지고 분할하는 것에 대해서는 빠르다는 장점이 있지만, 한 영역에 서로 다른 특징들이 모여 있거나, 그 특징의 경계가 모호하다면 분할시 비효율적인 문제점이 있다. ② 정사보정하여 집성한 정사영상을 축척에 맞게 도곽형식으로 분할하는 과정을 말하며 영상지도의 도곽은 축척별 "지도도식규칙"에 따른다. 후속작업을 고려하여 도곽의 크기보다 도상 1cm이상의 여유를 둔다.

**Image Sensor 영상 감지기, 이미지 센서** ① 인공위성에서는 대부분 CCD를 사용하여 지표면에 대한 영상을 수집하며, 이의 구성과 동작 방식에 따라 Whisbroom형과 Pushbroom형으로 분류된다. ② 빛을 전기 신호로 바꿔주는 반도체 센서. 사람의 망막과 같은 역할을 한다. 휴대폰과 디지털 카메라에 주로 사용된다. 피사체 정보를 검지하여 전기적인 영상신호로 변환하는 장치 또는 전자부품으로 촬상관과 고체이미지센서로 크게 나눌 수 있다. 비디콘, 플럼비콘, 전하결합소자(CCD, Change Coupled Device)와 금속산화물반도체(MOS, Metal Oxide Semiconductor)등을 들 수 있다. CCD는 저잡음에서 신호 출력이 가능하며 화소간 균일성을 유지해 CMOS에 비해 고화질을 구현할 수가 있다. CMOS는 반도체를 포함한 여러 가지 부품을 하나의 칩에 집적하는데 유리하다는 장점이 있다. 최근 들어 저전력, 고집적화가 요구되면서 점차 CMOS 이미지센서의 비중이 커지고 있다.

**Image Sensor Time 영상 감지 시간** 영상 감지기의 시간 체계에서 포착된 정밀한 시간을 말한다.

**Image Smear 영상 흐려짐** 수치 표고 모형의 스파이크나 과도한 지형적 변위 때문에 보정된 영상에서 영상이 흐려지는 현상이 나타난다. 산의 후방이나 가파른 절벽의 옆면과 같은 경우, 지형의 경사가 너무 심해서 지상 영상이 시야에서 보이지 않는다. 래스터 영상의 그 부분을 수치 표고 모형에 결합되는 영역에 맞추어 빈 영역 주변의 보이는 영상을 보간하여 빈 영역에 밝기값을 할당한다.

**Image Space 영상 공간** 관측 위치를 묘사하기 위한 수학적 공간. 영상 위치는 열과 행으로 표현된다. Image, Optical를 참조.

**Image Spatial Representation Information 영상 공간 표현 정보** 지리 정보를 나타내기 위해 사용되는 영상에 대한 정보이다.

**Image Spectrometry 영상 분광계** 원격탐사는 일반적으로 전자기 분광대에서 매우 좁은 파장 영역을 감지하는 수백 개 이상의 감지기를 가지는 장치를 이용한다. 이들 장치는 특히 분광대의 가시광선, 근적외선, 중적외선 영역을 감지한다. 얻어지는 영상은 특히 지질학을 연구하는데 있어서 중요하다.

**Image Station Photogrammetry Software 수치사진측량 소프트웨어** 인터그래프 사에서 제작한 수치사진측량장비로서 SPOT, IRI-C, 항공사진 등과 같이 좌우에서 촬영한 1쌍의 영상 자료를 이용하여 3차원 입체 영상을 형성함으로써 편광 안경을 이용한 3차원 입체 보기(Viewing), DTM 자동 추출, 3차원 공간상의 대상물 추출, 정사 사진 제작, 적록 입체 사진 생성 등의 작업이 가능하다. 이들은 각각의 세부 기능에 따라 항공사진 측량과 관련된 프로젝트 매니징 기능을 하는 사진 측량 작업 관리(Photogrammertry Project Management), 영상 자료의 표정 및 삼각측량을 위한 표정(Orientation)/Triangulation 기능 등으로 나뉘어져 있다.

**Image Striping 영상 줄무늬** 단일 Detector를 가진 라인스캐너 또는 Pushbroom 방식의 장치에서 비정규적인 반응에 의해 생기는 줄무늬를 말한다.

**Image Swath 영상폭** 영상의 포괄하는 지상 영역의 폭을 말한다.

**Image Tiling 영상 타일링** 자료의 입력이나 출력, 연산 시 하나의 타일(Tile)을 기본 단위로 하여 작업을 수행하며, 타일 하나의 크기는 사용자가 128, 256, 512, 1024bytes 중에서 임의로 설정할 수 있도록 하는 기법. 이와 같은 타일 단위의 메모리 관리는 보다 빠른 작업 수행을 가능하게 함으로써 자료의 입력, 영상의 영상면 표시(Display), 갱신(Update) 등에 소요되는 시간을 절약해 준다. 즉, 전체 영상을 메모리에 올리는 것이 아니라 사용자의 요구에 해당하는 타일만을 로드함으로써 전체적인 메모리와 속도의 향상을 꾀하는 기법이다. 이러한 방식은 마이크로소프트사가 운영하고 있는 Terra Server에서 사용되는 방식이다.

**Image Transformation 영상 변환** 위성에서 획득한 영상은 지상에서 반사된 에너지를 숫자 값으로 바꾼 값에 불과하며, 이들 숫자의 나열값을 지상의 유용한 정보 값으로 변환시켜준다. 식물 분포량, 하천의 탁도, 바다의 플랑크톤량, 대기 중의 황사량, 해수면의 온도 계산 등을 할 수 있다.

**Image Type 영상 형식** 자료가 표현하는 일반적인 영상 종류를 식별하는 것을 말한다.

**Imagineer 이매지니어** 세계 최대 미디어 엔터테인먼트그룹 월트디즈니는 '상상하다(imagine)'와 '엔지니어(engineer)'의 합성어인 '이매지니어'가 100여명 있다. 새로운 아이디어를 발굴하는 직원들을 가리키는 말이다. 창업자 월트 디즈니가 생전 1930년대부터 쓰던 말이니 디즈니의 역사와 궤를 같이하는 디즈니의 핵심 가치인 셈이다.

**Imaging Condition 영상(촬영)상태** 영상의 품질에 영향을 주는 상태(불선명한 영상 : Blurred Image, 짙은 연기나 먼지 : Heavy, Smoke or Dust, 어둠 : Night, 질을 떨어트리는 모호성 : Degrading Obliguity, 비 : Rain, 다소 어두움 : Semi Darkness, 그림자 : Shadow, 눈 : Snow, 지형적 차폐 : Terrain Masking, 구름 : Cloud, 안개 : Log)를 말한다.

**Imaging Range 촬상 범위** [영상] CCTV시스템에서 렌즈를 선택하는데 중요한 점의 하나가 카메라의 위치에서 어떤 거리와 어떤 범위 내에서 피사체를 촬영(촬상)할 가를 선정하는 것이다. 이를 렌즈의 촬상 범위라고 한다. 통상 촬상 범위는 렌즈의 초점거리와 사용카메라의 촬성소자 크기에 따라 결정된다.

**IMAX 아이맥스** 3D 영화에 쓰이는 초대형 영사 시스템의 하나.

**IMEI(International Mobile Equipment Identity) 단말기 국제 고유 식별번호** 휴대전화 국제 고유 식별번호. 휴대전화 제조사는 전 세계 수많은 휴대전화를 구별하기 위해 전화기마다 고유번호를 부여하고 있다.

**IMEI(International Mobile Station Equipment Identity) 휴대폰 고유 식별번호** 모바일 장비를 식별하는 고유의 국제적인 일치 번호를 말한다.

**IMF(International Monetary Fund) 국제 통화 기금(國際通貨基金)** 환율과 국제 수지를 감시함으로써 국제 금융 체계를 감독하는 것을 위임받은 국제기구이다. 1944년 7월 22일, 미국 뉴햄프셔 주의 브레튼우즈에서 유엔 금융·재정 회의의 브레튼 우즈 협정에 의해 전후 부흥책의 일환으로서 국제부흥개발은행(IBRD)과 함께 창설되었다. 1944년 12월 27일, 첫 29개 참가국의 동의서와 함께 국제통화기금은 공식적으로 인정되었다. 1947년 3월 1일 IMF 협정이 발효해 실제의 업무를 개시하였고 유엔과 협정을 맺어 전문 기관이 되었다. 본부는 미국 워싱턴 D.C.에 있다. 총 188개국으로 구성된 이 조직은 국제 통화 협력과 환율안정, 환율조정, 국제무역 촉진, 높은 취업률과 견실한 경제성장을 진행하며 빈부격차를 줄이기 위해 노력하고 있다.

**Img 디스크 이미지 파일 형식** DOS 이미지 파일을 위한 MapInfo용 파일 형식을 말한다.

**IMKorea(Interactive Mapping Korea) 커뮤니티 매핑 자원봉사자 모임** IMKorea의 로고는 개구리이다. 개구리가 의미하는 것은 개구리가 이리저리 폴짝폴짝 뛰어다니는 것처럼 사람과 사람, 커뮤니티와 커뮤니티를 잇겠다는 것이다. 장애인, 환경, 복지, 문화생활에 걸친 사람과 커뮤니티를 위한 커뮤니티 매핑을 추구하는 자원봉사자들의 모임이다. IMKorea는 임완수 박사의 지도 아래 전국 네트워크망을 설립 중에 있다.

**IMM(International Market Mechanism) 국제탄소시장 메커니즘** 정부나 기업이 국제 거래소에서 온실가스 배출권을 사들이거나, 신재생에너지 개발 사업·조림(造林)사업·에너지 고(高)효율 플랜트 건설 등을 통해 온실가스 감축 실적을 인정받는 제도이다. 즉, 다른 나라에서 온실가스 감축사업을 하고 그 실적을 우리나라가 한 것으로 인정받는 제도이다. 일례로 우리가 북한에다가 나무를 심어 이산화탄소 발생을 줄이면 그 실적은 한국의 몫이라는 얘기다. 신(新)기후체제의 주요 온실가스 감축 수단 중 하나로 현재 구체적인 규칙을 정하기 위한 협상이 진행 중이다.

**Immediate Settlement 즉시침하, 탄성침하** 하중재하 후 즉시 발생하는 침하로서 탄성변형에 의해 일어난다. 사질토 지반에서는 투수계수가 크기 때문에 하중재하와 동시에 물이 배수되기 때문에 즉시침하량이 전체 침하량과 같다고 본다. 그러나 점토지반에서는 투수계수가 작기 때문에 배수가 일어나지 않는 상태에서의 침하를 말한다. 즉, 하중이 가해지는 방향으로 압축된 양만큼 반대 방향으로 흙이 팽창되어 결과적으로 전체 부피에 변화가 발생하지 않는 침하를 말한다. Consolidation 및 Consolidation Settlement 참조.

**Immersive Interface 몰입형 인터페이스** 사용자가 자신을 서비스 중심에 놓고 몰입할 수 있는 IT서비스. 사용자 개인의 몰입감이 사회적 맥락에서 해석되며 사용자들의 소셜네트워크까지 영향을 미치는 경향을 말한다.

**IMO(International Maritime Organization) 국제해양기구** 국제해양기구(IMO)는 1958년 3월에 설립되어 런던에 본부를 두고 있으며, 배의 선로, 항만 시설, 교통 규제의 국제적인 통일, 국제 해운의 안전과 자유통상을 위한 차별적 조치제거 등의 업무를 수행하고 있는 유엔 전문기구이다.

**Impulse 충격량(衝擊量)** 어떤 정해진 시간 동안의 '운동량의 변화'이다. 즉, $I = \int_{t_0}^{t_1} p(t)dt$. 여기서, I는 충격량, p는 운동량이다. 또한 $I = F\Delta t = ma\Delta t = m\Delta v$ 로 표현할 수 있다. 단위는 운동량 단위와 같다. 즉, N·s 또는 kg·m/s이다.

**IMU(Inertial Measurement Unit) 관성 측정장치(慣性測定裝置)** [항공] 이동 물체의 속도와 방향, 중력, 가속도를 측정하는 장치이다. IMU의 기본 구성요소는 3차원 공간에서 자유로운 움직임을 측정하는 자이로스코프(gyroscope)·가속도계·지자계 센서이다. 자이로스코프는 정해진 기준방향을 감지하고, 가속도계는 속도변화를 측정하여, 이동 물체의 롤(Roll), 요(yaw), 핏치(pitch) 등을 감지한다. 가속도계는 이동 관성을, 자이로스코프는 회정 관성을, 지자계 센서는 방위각을 측정한다. IMU는 항공기를 포함하여 비행물체, 선박, 로봇, ICT 분야 등에서 폭넓게 쓰인다. INS(Inertial Navigation System)참조.

**I-Mode 아이-방식** 일본의 모바일 오퍼레이터인 NTT DoCoMo 방식에서 나온 모바일 인터넷 서비스를 말한다.

**Imovator 이모베이터** 모방가(Imitator)와 혁신가(Innovator)의 합성어로서 모방에 점진적인 혁신을 합성한 것이다.

**Impedance 저항** 출발점의 노드에서 목적지의 노드로 가거나 Turn(즉, 한 아크에서 노드를 통하여 다른 아크로 이동)하는데 요구되는 저항의 양 또는 비용. 저항은 이동거리, 시간, 속도 등에 대한 측정치이다. 임피던스가 높을수록 이동에 대한 저항이 높다는 것을 뜻한다. 임피던스가 0이면 비용이 들지 않는다. 임피던스는 네트워크에서 경로와 활당에 사용된다. 네트워크에서의 최적 경로는 최소 저항(또는 최소 임피던스) 경로가 된다.

**Implementation 구현, 실행, 구축** ① 컴퓨터 체계 구축의 마지막 단계로, 분석과 설계가 끝난 시스템을 실제의 코딩을 거쳐 사용할 수 있는 상태까지 만드는 일. 이는 프로그램 코딩과 디버깅, 모듈 통합, 시스템 설치 및 조정 등의 업무를 포함한다. ② 컴퓨터 체계의 설치 과정을 포괄적으로 일컫는 말. 장비의 선택, 장비의 설치, 사용자의 훈련, 그리고 운영 규정에 의한 컴퓨터 센터의 설립까지를 포함한다.

**Implementation Conformance Statement(ICS) 구현 적합성 기술서** ICS(Implementation Conformance Statement)를 참조.

**Implementation Extra Information for Testing(IXIT) 시험용 구현 보조 정보** IXIT(Implementation Extra Information for Testing)를 참조.

**Implementation Specification 구현 사양** OGC의 구현 사양에서는 상호 운용성에 의해 OLE/COM, CORBA를 위한 사양을 정의하고 있다.

**Implementation Under Test(IUT) 시험 운영, 시험 구현** IUT (Implementation Under Test)를 참조.

**Import 자료 전입, 가져오기** 다른 시스템이나 자료 변환 또는 응용에서 GIS자료를 사용하기 위해 로드하는 작업을 말한다.

**Improvement 개량(改良)** 개축(改築)의 다른 표현으로서, 표준 사용연수에 도달한 대상 건축물의 재건설 등의 행위를 일컫는다.

**Impulse Noise 충격 잡음** 광범위한 값들 중에서 불규칙한 잡음을 띄고 있는 값을 의미한다.

**IMS(Information Management System) 정보 관리 체계** ① 경영 분야에서 최고 경영자들의 신속한 의사 결정을 돕기 위하여 정보를 제공하고 대량의 정보를 보관 및 처리하는 능력을 지닌 대규모 컴퓨터 체계를 말한다. ② IBM 360기계를 위해 개발된 정보 관리의 체계. 물리적 데이터베이스가 계층적 순차 접근 방법(HSAM), 계층적 색인 순차 접근 방법(HISAM), 계층적 직접 방법(HDAM), 계층적 색인 직접 접근 방법(HIDAM)과 같은 다양한 물리적 저장 구조를 지닐 수 있다. 또한 사용자는 코볼(COBOL)이나 PL/1 등의 언어에 DL/1이라는 데이터 조작 언어 문장을 포함시킨 프로그램을 작성하여 데이터베이스를 이용한다.

**IMS(Intelligent Manufacturing System) 지식 통합 생산 체계** 일본 통상 산업성의 자문 기관으로 설치된 공장 자동화(FA) 간담회가 1989년에 제출한 보고서에서 차세대 생산 시스템으로 제창한 개념. 제조 기술을 이전하기 쉬운 형태로 체계화하여 보급을 확대하는 것이 중요하다는 전제에 따라, 제조 기술에 관한 국제 연구 개발 프로젝트를 제안하였다. 이 제안에 의한 지식 통합 시스템(IMS) 프로젝트에 일본·미국·유럽연합(EU)·캐나다·오스트레일리아 등이 참가하고 있으며, 사무국은 일본의 통상 산업성, 미국 상무부, EU 집행 위원회 제13 총국, 캐나다의 산업 과학 기술부, 오스트레일리아의 산업 기술 상무부에 분산 설치되어 있다. 국제 운영 위원회는 각 참가국의 관계 기관 요원 30인으로 구성되어 있다.

**IMT(Independent Model Triangulation) 아이엠티, 독립 입체 모형법(獨立立體模型法)** 각 입체 모델을 단위로 하여 접합점과 기준점을 이용하여 여러 입체 모델의 좌표들을 조정 방법에 의한 절대 좌표로 환산하는 방법이다.

**IMT 2000(International Mobile Telecommunication 2000) 아이엠티 2000, 국제이동통신 2000, 제3세대 이동통신체계** 국제전기통신연합(ITU)이 정의한 3세대 이동통신의 국제 표준으로서, 첨단 이동 통신 단말기 시스템이다. 이동통신 사용자의 급격한 증가와 활동범위의 확대, 개인화, 멀티미디어화 등의 요구에 따라, "언제, 어디서, 누구든지"라는 이동통신의 목표를 달성하고, 보다 편리하면서 고정망 품질 이상의 서비스를 제공한다.

**IMU(Inertial Measurement Unit) 관성(慣性) 측정장치** IMU는 이동물체의 속도와 방향, 중력, 가속도를 측정하는 장치를 뜻하며, 센서기반 방식이다. IMU 기반의 위치추정은 가속도계, 각속도계, 지자기계 및 고도계를 이용하여 보행자 및 이동물체의 움직임 상황을 인식하는 방식이다. 스마트폰에 삽입된 IMU 관성계측장치에는 일반적으로 3축 가속도계와 3축 각속도계가 내장되어 있어 진행방향, 횡방향, 높이방향의 가속도와 롤링(roll), 피칭(pitch), 요(yaw) 각속도의 측정이 가능하며, IMU로부터 얻어지는 가속도와 각속도를 적분하여 이동물체(보행자)의 속도와 자세각의 산출이 가능하다. 또한 실내공간에서 위치를 보다 정밀하게 측위하기 위한 여러 기술들, 즉 무선 랜 인프라,

의사위성(Pseudolites), 레이저, 음파, RFID(Radio Frequency Identification), 블루투스 등을 이용하여 특정 보정점(Waypoint)을 지정하여 IMU 측위의 누적오차를 보정하는 시도가 이루어지고 있다.
사용자가 현재 위치한 지리적 위치를 고려하여 사용자에게 유용한 정보를 결합하여 제공하는 서비스인 LBS(Location Based Server)는 무선인터넷과 이동통신 기술의 발달 및 스마트폰의 급속한 확산으로 인해 관심이 급증하고 있다. 위치기반 서비스에 대한 사회, 경제적 요구가 증가하는 배경에는 첫째, 공공 및 개인의 안전과 관련된 긴급 상황에 대한 신속한 대처, 둘째, 경제적 자원관리, 셋째 다양한 정보통신 서비스 지원을 위한 기반기술 확충에 그 의의가 있다. 다양한 형태의 사회, 경제적 요구를 만족하기 위한 위치 기반 서비스를 제공하기 위해서는 다양한 기술적 요소가 결합된 다층 구조의 시스템이 필요하다. 즉, 다층 구조의 시스템은 최하단의 측위 시스템(Positioning System)으로부터 개별 응용 프로그램(Application)까지의 기술 요소들이 적절히 융합되는 시스템이다. LBS를 위한 다양한 시스템 중에서 측위의 품질을 결정하는 핵심시스템은 측위 시스템(Positioning System)이며 주로 유・무선 통신 기술 등을 이용하여 대상 물체(Target Object)의 측위값을 측정하고 그 값을 위경도값의 형태로 제공하게 된다. 즉, 측위시스템의 목표는 측위 시스템에 의해 측정된(measured) 측위 값과 대상 물체의 실제 위치값의 오차를 최대한 줄여 위치기반 서비스를 이용하는 사용자의 사용자 경험(User Experience)을 극대화하는데 있다. 대표적인 측위 시스템에는 이동통신 인프라구조를 이용하는 네트워크 기반 측위, 위성을 이용하는 위성 기반 측위, 대상 물체(대부분 이동 단말)의 내부 센서를 이용하는 센서기반 측위, 그리고 근거리 통신 인프라를 이용하는 전파지문 방식 등이 실용화되어 있다. 위성기반 측위로는 Global Positioning System(GPS)이 가장 일반적으로 사용되고 있다. GPS는 미국이 제공하는 인공위성 기반 측위데이터 제공 시스템으로 GPS 수신 장치는 위성 전파를 참조하여 위성에서 송신한 신호가 수신 장치에 도달하는데 걸리는 시간(TOA: Time of Arrival)을 계산하여 거리를 계산한다. GPS는 직진성이 강한 전파의 특성상 수신장치와 가시성(LOS: Line Of Sight)을 유지한 상태에서만 통신이 가능하여 실내 같은 특정한 환경에서는 측위가 어렵다는 단점이 있다.

**IN(Intelligent Network) 지능망** 공중 통신망에 컴퓨터 체계 기능을 부가하여 손쉽게 가입자가 원하는 서비스를 개발 제공할 수 있는 기능을 보유한 통신망 형태. 가입자들에게 새로운 통신 서비스를 제공할 수 있게 한 것이 지능망이다.

**In Cell 인 셀** 디스플레이 패널 안에 터치 기능을 내재화하는 방식. 터치 패널 내재화는 휴대폰과 모니터 등 세트 제품을 더욱 얇게 만들고, 디스플레이 위에 덧붙이는 패널을 없애 더욱 선명한 화질을 즐길 수 있도록 하는 핵심 기술이다.

**Inch 인치** 영연방(英國聯邦, Commonwealth of Nations)과 미국에서 사용되는 야드파운드법과 미국 단위계의 길이단위이다. 1150년경 스코틀랜드의 데이비드 1세(David I, 1082~1153)는 엄지손가락 손톱의 뿌리부분의 폭으로 정의하였으며, 14세기 초 에드워드 2세(Edward II, 1284~1327)의 통치 기간에는 1인치(in)는 "마르고 둥근 3개의 보리 낱알을 길이 방향으로 늘어놓은 것"으로 정의하였다.
1959년 미국, 영국, 캐나다, 호주, 뉴질랜드, 남아프리카공화국 등 6개국에서 야드(yard)와 파운드(pound)의 통일을 위한 "International yard and pound"에서 국제 야드(International yard)로서, 1야드를 0.9144 m로 정의하였다. 이에 따라 1야드=3피트(feet)=36인치(inch)이므로 1인치는 2.54 cm로 공식적으로 정의되었다. 예를 들어, 42인치 TV의 경우 브라운관의 대각선의 길이가 42인치=42×2.54 cm=약 106 cm이다.

**Incident Angle 입사각(入射角)** 레이더에서, 안테나에서부터 지구 표면에 내린 가상의 법선과 그리고 안테나가 연결된 대상 물과의 각을 말한다.

**Incident Detection Service(IDS) 돌발 상황 감지 단위** 서비스 IDS (Incident Detection Service)를 참조.

**Incident Energy 입사 에너지** 어떤 표면에 입사된 전자기 복사 에너지를 말한다.

**Incident Mapping 사건 발생지 표시도** 특정한 사건이 발생한 장소의 주소・위치를 기록하여 이를 속성 자료로 보관하고, 필요에 따라 그 위치를 지도상에 쉽게 찾을 수 있도록 하는 기능. 사건 발생 지도 작성은 일반적으로 도로 구획 또는 블록에 대해 주소가 부여되어 있는 도로 기본도를 이용하여 작성된다.

**Incident Reaction Management Service(IRMS) 돌발 상황 대응조치 서비스** IRMS(Incident Reaction Management Service)를 참조.

**Incinerator 소각로(燒却爐)** 폐기물을 소각하기 위해 만든 공장. 부산물로 전력을 생산하기도 하지만 주로 폐기를 목적으로 한다. 종종 토질오염을 대기오염으로 전환한 것에 불과하다는 지적을 받기도 한다.

**Inclination 경사각** 노면 등의 빗면이 수평면에 대하여 비스듬히 기울어진 각도로, 절대값이며 스칼라값이다. 항공사진측량에서는 카메라의 광축이 수직선에 대해 기울어진 각도로 나타낸다.

**Inclination Angle 복각(伏角)** 지구자기 3요소 중의 하나로서, 지구 자기장이 수평면과 이루는 각이다. 즉, 자침의 바늘을 무게 중심에서 받쳤을 때, 자침과 수평면이 이루는 각을 말한다. 북반구에서는 반드시 N쪽이 내려가고, 남반구에서는 S쪽이 내려간다. 우리나라에는 북반구에 위치함으로서 자침의 바늘은 S바늘을 무겁게 하여 복각이 나타나지 않도록 하고 있다.

**Inclination of the Ecliptic 황도 경사** 항공사진의 사진기 광축과 연직 방향이 만드는 각을 말한다.

**Inclined Contours 경사 등고** 기복의 3차원 변화를 좀 더 잘 표현하기 위해서 사용되는 방법. 이것은 임의의 조명의 방향에 대한 오른쪽 방향에 존재하는 평행하게 기울어진 평면들의 횡단면을 표현한다.

**Inclined Distance 경사 거리** 비스듬히 기울어진 상태로의 길이를 말한다.

**Inclined Shaft 사갱(斜坑)** 경사진 갱도(坑道)로 수직갱(竪坑)이나 수평갱에 대응하는 말이다. 비교적 얕은 광상의 개발에 이용된다. 사갱은 갱도궤도 위에 광차를 직접 올려놓고 운반할 수 있는 범위이어야 함으로 경사는 보통 25° 이내이다.

**Inclined Water Gauge 경사 수위표** 사면에 따라서 설치하는 양수표이며, 급류 등 때문에 양수표를 연직으로 설치하기 어려운 때에 세운다. 눈금은 읽음값이 그대로 곧 수위가 될 수 있게 새겨져 있다.

**Included Angle Method 협각법** 서로 이웃하는 두 측선간의 교각을 측각 기계로서 독립적으로 관측해가는 방법으로 다각형의 내각 또는 외각을 관측하는 방법을 말한다.

**Included With Dataset 자료군과 포함** 형상이 자료군에 포함되는지의 여부를 말한다.

**Incomplate Model 불완전 모형(不完全-)** 입체 모형은 때때로 그 일부가 수면이나 구름으로 가려져서 상호표정에 사용하는 6점의 배치를 이상적으로 할 수 있는 모형을 말한다.

**Inconclusive Verdict 불확정성 판단** 합격으로도 불합격으로도 판정할 수 없는 경우의 시험 판정을 말한다.

**Incremental Conversion 점진적 변환** 점진적으로 데이터베이스를 생성하려는 의도로 선택된 시간 동안 단계적으로 실행된 변환. 기준은 반환(Payback)을 최대화하기 위한 변환 프로그램을 위하여 설정되어져야만 한다. 변환 기준은 지형적 지역, 특정 데이터베이스 대상물 또는 인지된 응용들에 기초할 수도 있다. 점진적 변환은 위에서 설명한 것과 같은 선정 기준에 기초해서 사상의 정위치 수치화에 따라서 초기 자료의 스캐닝 자료를 형상화하는 변환 프로그램에 적용된다.

**Independent Model Method 독립 모델법** 독립모형법은 총 12개의 표정요소 중에서 두 사진영상 모두 위치요소를 제외한 5개의 자세(회전)요소만을 이용하여 2장의 입체영상을 상대적으로 표정한다. 독립모형법에서 사용하는 5개의 표정요소는 일반적으로 왼쪽영상에서 $\Phi$, $\kappa$와 오른쪽 영상에서 $\omega$, $\Phi$, $\kappa$이다.

**Independent Model Triangulation(IMT) 독립 입체모형법(獨立立體模型法), 아이엠티** IMT(Independent Model Triangulation)를 참조.

**Independent Observation 독립 관측(獨立觀測)** 기하학적인 특성이나 오차에 연결되지 않은 기준점이나 관측값을 말한다.

**Independent Variable 독립 변수** 모형의 방정식의 오른쪽에 위치하며, 그 값이 다른 상수나 변수에 영향을 받지 않고 범위를 갖는 변수를 말한다.

**Index 색인(索引)** ① 데이터베이스의 일부분은 아니나, 키(Key)를 이용하여 저장된 정보에 접근하기 위하여 사용하는 지시자를 말한다. ② 지형 자료군의 공간적 대상물이나 테이블 내의 레코드에 대한 빠른 검색을 위해 데이터베이스에서 사용되는 특수한 자료 구조를 말한다.

**Index Arm 지시봉** 육분의 회전축을 중심으로 눈금 위를 움직이는 지표를 말한다.

**Index Contour 계곡선(計曲線)** 등고선의 하나로 지형도에서 표고의 읽음을 쉽게 하고 지모의 상태를 명시하기 위해서 등고선 중 주곡선을 5개마다 굵은 실선으로 표시하는 선이다.

**Index Contour Line 계곡선(計曲線)** 지형도에서 표고의 읽음을 쉽게 하고 지모의 상태를 명시하기 위해서 등고선 중 주곡선을 5개마다 굵은 실선(2호실선)으로 표시하는데, 이것을 계곡선이라고 한다.

**Index Coverage 색인 커버리지** 레이어의 타일 구조를 설명하는 것으로, 이에 대한 공간적 인덱스로 사용되는 다각형 커버리지, 인덱스 커버리지의 각 다각형은 타일에 해당한다.

**Indexed Sequential File 색인 순차 파일** [데이터베이스] 순차 처리와 랜덤 처리가 모두 가능하도록 레코드들을 키 값 순으로 정렬(Sort)시켜 기록하고, 레코드의 키 항목만을 모은 색인을 구성하여 편성하는 방식이다. 색인을 이용한 순차적인 접근 방법을 제공하여 ISAM(Index Sequential Access Method)라고도 한다. 레코드를 참조하는 경우 색인을 탐색한 후 색인이 가리키는 포인터(주소)를 사용하여 직접 참조할 수 있다. 일반적으로 자기 디스크에 많이 사용되며, 자기 테이프에서는 사용할 수 없다. 색인 순차 파일의 구성은 (1) 기본 구역(Prime Area): 실제 레코드들을 기록하는 부분으로, 각 레코드는 키 값 순으로 저장됨, (2) 색인 구역(Index Area): 기본 구역에 있는 레코드들의 위치를 찾아가는 색인이 기록되는 부분으로, 트랙 색인 구역, 실린더 색인 구역, 마스터 색인 구역으로 구분할 수 있음, (3) 오버플로우 구역(Overflow Area): 기본 구역에 빈 공간이 없어서 새로운 레코드의 삽입이 불가능할 때를 대비하여 예비적으로 확보해둔 부분이다.

| | |
|---|---|
| 실린더 오버플로우 구역 (Cylinder Overflow Area) | 각 실린더마다 만들어지는 오버플로우 구역으로, 해당 실린더의 기본 구역에서 오버플로우된 데이터를 기록함 |
| 독립 오버플로우 구역 (Independent Overflow Area) | 실린더 오버플로우 구역에 더 이상 오버플로우된 데이터를 기록할 수 없을 때 사용할 수 있는 예비 공간으로, 실린더 오버플로우 구역과는 별도로 만들어진다. |

**Index File 색인 파일** 도면이나 자료 파일에서 객체나 레코드를 바르게 찾도록 하는 보조 파일을 말한다.

**Index Glass 지시경** 육분의의 분도호 중심에 있는 호면에 직각인 거울을 말한다.

**Index Map 표정도** ① 항공사진의 촬영 비행 노선, 촬영점, 촬영 범위, 촬영 번호 등을 기입한 지도. ② 색인도, 전체를 나타낸 개략도로서 위치·장소 등의 검색에 사용된다. Key Map를 참조.

**Index Map of Control Point 기준점 망도** 지도상에 기준점의 위치, 인접점으로서의 시통선을 기입한 것을 말한다.

**Index Mark 지표** 항공사진에서 지표들을 연결하여 만나는 점이 곧 사진의 중심점이다.

**Index Of Refraction 굴절 계수** 빛이 다른 물질과의 경계를 통과할 때, 물질이 다르므로 빛을 통과시키는 속도가 다르며 이로 인하여 빛이 굴절한다. 진공 상태에서의 빛의 속도를 c, 어떤 물질 내에서의 빛의 속도를 v라고 할 때, 굴절계수는 c/v이다.

**Index Record 색인 레코드** 정위치 자료 파일에 포함된 자료의 내용을 개괄적으로 파악하기 위해 도곽, 표현 분류의 종류, 표준화된 코드와 사용자 정의의 코드와의 대응 관계 등의 자료를 기록한 레코드를 말한다.

**Indexer 인덱서** 자동 색인 프로그램을 말한다.

**Indian Resources Satellite(IRS) 인도 자원 위성** IRS(Indian Resources Satellite)를 참조.

**Indian Space Research Organization(ISRO) 인도 우주연구소** ISRO(Indian Space Research Organization)를 참조.

**Indicated Altitude(IA) 지시 고도** IA(Indicated Altitude)를 참조.

**Indicative Data 지시 자료** 고정적 지구의 원격 탐사나 지진 윤곽 관측과 같은 간접적인 관측에서 얻어진 지구 과학 분야의 자료. 모형이나 진행 모의실험에서 발생한 자료를 말한다.

**Indicator Transform 지표 변환** 주어진 본래의 자료를 지표 변수 값으로 전환하는 것을 말한다.

**Indicatrix 왜곡지표** 지구 표면에 매우 많은 작은 원이 지도 투영면에서 작은 타원체로 투영되는 기하학적 변형 지표. 다양한 투영법과 연관된 기하학적 왜곡을 측정하고 그림으로 표현하는 데 사용된다.

**Indirect Cost 간접비(間接費)** 프로젝트 관리상의 간접비란, 설계비, 복사인쇄비, 현장 경비, 가설 설비비, 운반비 등 그 프로젝트의 대상이 되는 항구시설의 건설을 위해 부수적으로 발생하는 비용. 따라서 예비비 등의 부수적인 비용도 간접비이다.

**Indirect Distance Surveying 간접 거리측량** 구하고자 하는 거리를 직접 관측하지 않고 다른 거리나 각을 관측하여 삼각법 등의 기하학적인 관계식에 의해 거리를 구하는 방법이나 전자파를 이용하거나 시거법, 수평표척법, 삼각측량법, 전자파법, GPS법, VLBI법 등으로 거리를 구하는 측량이다.

**Indirect Evaluation Method 간접 평가법** 외부지식에 기초를 둔 자료 집합의 품질을 평가하는 방법이다. 외부지식의 예로서, 자료들의 용법, 계보, 작성 수법 및 원자료가 올려진다.

**Indirect Leakage Measurement 간접 누수량 측정법** 정밀도가 비교적 낮으나 사용수량이 적은 시간대를 선택하여 각 급수전을 폐쇄하지 않고 최소 유량을 측정하여 누수량을 추정하는 방법으로 현실적 적용에 적합하다.

**Indirect Leveling 간접 수준측량** 레벨 이외의 기구를 사용하여 고저차를 구하는 방법을 말한다.

**Indirect Measurement 간접 관측, 간접 측량** 구하고자 하는 미지량을 직접 관측할 수 없거나 곤란할 때에 이것과 관계되는 다른 미지량을 구함으로써 목적하는 미지량을 간접적으로 결정하는 관측방법을 말한다.

**Indirect Measurement of Distance 간접 거리측량** 전파나 광파, 삼각법 및 기타 기하학적 방법으로 거리를 간접적으로 구하는 측량이다.

**Indirect Method 간접법(間接法)** 항공삼각측량을 수행하여 기준점 측량점 중 타이(Tie) 점과 Pass 점의 자상 3차원 좌표를 취득하고, 이를 다시 모델의 지상기준점으로 사용하여 상호표정, 절대표정을 수행하는 방식을 말한다.

**Indirect Observation 간접 관측** 구하고자 하는 미지량을 직접 관측할 수 없다든지 또는 곤란할 때에 이것과 관계되는 다른 미지량을 관측함으로써 목적하는 미지량을 간접적으로 결정하는 방법이다. 일반적으로 직접관측에 비해 간접관측의 오차가 크다.

**Indirect Position 간접 위치** 위치를 표현하는 좌표보다는 지리적 식별자에 근거한 공간기준체계를 말한다.

**Indirect Spatial Reference 간접 공간 기준** 좌표를 이용하지 않고 위치를 표현하는 방법으로, 행정 및 법정 경계나 지번・도로명・가로명이 이용되며, 이외에 선형 기준 체계 등 간접 기준 수단을 말한다.

**Indium Tin Oxide(ITO) Film 투명 전극** ITO(Indium Tin Oxide) Film를 참조.

**Individual Name 책임 담당자 이름** 책임 담당자의 이름과 부서 이름을 말한다.

**Indoor GIS 실내 지아이에스** AP를 이용해 실내 위치정보를 파악할 수 있는 기술을 구현한 GIS를 말한다.

**Indoor Positioning System(IPS) 실내 위치 확인 시스템, 실내 위치 측위 시스템** IPS(Indoor Positioning System)를 참조.

**Induction Mode 유도법** 유도법은 송신기를 매설물의 일부에 연결하지 않고 예상되는 매설물의 방향과 일직선이 되게 지면에 설치하고 중파나 저주파를 사용하여 신호를 방사하여 송신관에 유도되는 송신신호를 수신기로 탐사하여 신호를 파악한다.

**Industrial Basic Facilities 산업 기반 시설** 산업 기반 시설이란 이른바 사회 간접 자본을 말한다. 경제 발전에서 사회 간접 자본은 모두 생활 활동의 기본적 시설로서 좁게는 교통・동력・용수 등을, 넓게는 교육・위생・공공 행정・상하수도와 같은 인력 개발과 농업 간접 자본에 이르는 모든 시설을 말한다.

**Industrial Internet 산업 인터넷** 산업인터넷은 빅데이터 분석과 첨단기계의 결합으로 기계에서 발생하는 사고와 고장을 사전에 예측함으로써 낭비되는 자원을 최소화하는 기술을 의미한다. 2013년 10월 마르코 안눈치아타(Marco Annunziata) GE 수석 이코노미스트는 TED 강연을 통해 산업인터넷 시대를 정의했다. 산업인터넷 시대는 19세기 산업혁명 이후 벌어진 다양한 기술 개발을 하나의 카테고리로 묶고, 5G 및 사물인터넷을 중심으로 기계와 IT가 중심이 된 현재와 미래의 기술을 새롭게 정의하는 일종의 패러다임이다.
Industrial Internet은 '산업 인터넷' 또는 '산업용 인터넷'으로 해석할 수 있다. 산업 인터넷은 모든 사물에 인터넷을 연결한다는 사물 인터넷(Internet of Things), 대물통신(M2M : Machine to Machine)의 개념과 일맥상통한다. 또 각 회사나 기관마다 비슷한 개념이지만 핵심 역량이 무엇인가, 지향하는 바가 무엇인가에 따라 달리 부르기도 한다. 네트워크 장비 업체인 시스코는 '모든 것의 인터넷(Internet of Everything)'이라 부르고 있다. 산업 인터넷이 "Next Big Thing"이라고 불릴만한 이유는 '산업'과 '인터넷'이 본격적으로 만나 서로를 바꿀 수 있기 때문이다. 산업 인터넷은 기계와 인터넷이 만나 데이터를 만들어 내고 생산성을 높이며 기계를 사용하는 인간이 '의사결정'을 하는데 결정적 역할을 하게 될 것이다. M2M(Machine to Machine), Internet of Things(IoT) 참조.

**Industrial Map 산업 지도(産業地圖)** 산업 분포의 상황 및 이에 관련된 사항에 특히 중점을 두고 작성된 주제 지도를 말한다.

**Industrial Standard Format 산업 표준 형식, 업체 표준 포맷** 민간 기업들에 의해 발전된, 데이터 체계화의 공인된 방법을 일컫는다.

**Industry 4.0 인더스트리 4.0** 기존 산업에 '정보통신기술(ICT)'을 접목하는 것으로서, 정보기술(IT)과 산업 결합에 이은 4차 산업혁명으로 주목받고 있다. 인더스트리(Industry) 4.0은 사물인터넷(internet of things) 기술을 활용해 생산기기와 생산품 간 상호 소통 체계를 구축한다. 전체 생산과정 최적화를 목표로 한 '4차 산업혁명'이다. 제조업체가 기존 산업에 '정보통신

기술'(ICT)을 접목, 작업 경쟁력을 향상시키는 것이다. 1차 산업혁명인 증기기관 발명, 2차 산업혁명의 대량생산과 자동화, 3차 정보기술(IT)과 산업 결합에 이은 네 번째 산업혁명을 일으킬 것이라는 의미이다. ICT와 접목을 통해 제조업 혁신을 이룰 것으로 기대된다.

**iNeedCoffee 아이니드커피** 가장 가까운 커피 전문점을 찾아주는 애플리케이션을 말한다.

**Inertial Current 관성류** 원궤도에서 지구자전에 의한 전향력(Coriolis force)과 미소 수괴의 원심력(centrifugal force)에 의해 생기는 관성운동(inertial motion)을 말한다. 원심력은 항상 회전궤도의 바깥방향으로 작용하고, 전향력은 안쪽방향으로 작용하므로 지구상의 관성운동은 고기압성 회전(북반구는 시계방향, 남반구는 반시계방향)을 한다.

**Inertial Guidance System(IGS) 관성 유도** IGS(Inertial Guidance System)를 참조.

**Inertial Measurement Unit(IMU) 관성 측정 장치** IMU(Inertial Measurement Unit)를 참조.

**Inertial Navigation 관성항법** 관성 항법 장치에 의하여 출발점으로부터 이동 경로에 따른 순간순간의 가속도를 구하여 위치를 결정하는 방식이며 전파 항법, 위성 항법과 함께 대양을 항행하는 선박이나 항공기에 널리 사용되는 위치를 결정하는 방법이다.

**Inertial Navigation System(INS) 관성 항법 장치** INS(Inertial Navigation System)를 참조.

**Inertial Positioning 관성 위치 결정** 지표면의 위치를 측량자가 원하는 대로 측량하는 것으로 움직이는 물체가 시시각각으로 변하는 가속도를 측정하는 것으로 시점과 종점 사이의 상대위치를 구하는 동력학적 측량 방법으로서 항공기 등에서 채용하는 관성 항법을 측지용으로 개량한 것이다.

**Inertial Positioning 관성 측량** 물체가 움직일 때 시시각각으로 변하는 가속도를 측정하여, 시점과 종점 사이의 상대 위치를 구하는 동력학적 측량 방식. 짧은 시간동안에는 정확도가 높지만, 시간이 흘러감에 따라 오차가 증폭되는 단점이 있다.

**Inertial Positioning System 관성 위치 결정 체계** 초기의 기준점으로부터의 점 또는 대상물의 좌표를 구하기 위해 가속도계, 자이로컴퍼스 및 컴퓨터를 통합한 관성항법체계에 의해 상대위치를 구하는 위치결정체계이다.

**Infiltration 침투수(浸透水), 침투** ① 강우수나 지하수가 토양을 통과하여 관파손, 관이음부 접합불량, 연결관 접속불량 등 하수관거의 불량 부위를 통하여 관내로 지하수가 침입하는 현상이다. 즉, 지하수나 하천의 복류수 등이 관거의 이음부나 파손부로부터 유입이 되는 것을 말한다. 침투수 측정으로는 (1) 첨두침투수(Peak Infiltration): 지하수위가 상승한 우기시에 측정된 침투수로서, 첨두침투수 = 첨두인자 × 평균침투수. (2) 평균침투수(Average Infiltration): 연중 침투수의 평균치이다. I/I (Infiltration/Inflow) 참조. ② 강우에 의한 지표유출에 앞서 지표면 토양이 다공성 매질체로 되어있을 경우 강우의 일부분은 지하로 스며들게 되는데 이것을 침투라고 한다.

**Inflow 유입수(流入水)** 강우 등의 원인에 의하여 하수관의 배수설비나 맨홀 등 지상에 개방되어 있는 부분으로 지표수가 유입하는 현상을 의미한다. 즉, 우・오수 분리시설 미흡, 맨홀부의 시공불량, 우・오수관의 오접 등으로 하수관거내로 우수가 유입되는 현상이다. 유입수 산정방법으로는 강우시 일유량에서 강우전 건기시 일유량을 중첩하여 유입수를 산정한다. 유입수의 종류는 (1) 총유입수(total inflow): 하수관거의 어느 지점에서 직접 유입수와 그 지점 상류에서의 유출수량, 양수장으로의 우회수량 등을 합한 값, (2) 지속적 유입수(steady inflow): 지하실, 배수구 등에서 배출되어 유입되는 물로서 지속적이며 침투수와 같이 인식되어 지하수 침투량으로 합산되어 처리된다. (3) 직접 유입수(direct inflow): 강우유출수가 하수관거에 직접 연결된 형태로 즉시 폐수량을 증가시킨다. 합류식 하수관거, 지붕물받이, 마당의 배수구, 맨홀뚜껑 등으로부터 유입된다. (4) 지연유입수(Delayed Inflow): 강우 유출수가 관거를 통하여 배수되기 위해서는 며칠 또는 그 이상의 시간이 소요되는데 지연유입수란 강우가 끝난 이후에도 계속 관거로 유입되는 유입수를 말한다. I/I(Infiltration/Inflow) 참조.

**Infiltration/Inflow(I/I) 불명수, 침투수/유입수** I/I(Infiltration/Inflow)를 참조.

**INFO 인포** 대상물 속성 테이블과 다른 관계되는 테이블을 저장하고 조작하기 위해 ARC/INFO에 의해 사용되는 DBMS를 말한다.

**Infomix RDBMS 인포믹스 관계형 데이터베이스 관리체계** 하부 UNIX 플랫폼에서 가장 잘 알려진 RDBMS 중 하나인 Infomix는 인상적인 소프트웨어 개발도구(Infomix/4GL), 우수한 성능을 제공해서 비교적 적은 하드웨어/소프트웨어 필수조건을 갖는다.

**INFORMAP 인포맵** INFOMAP은 미국 Synercom사에서 1975년도에 개발한 소프트웨어로서, 지속적인 개발 작업을 통해 현재 INFOMAP Ⅲ 에 이르렀다. INFOMAP은 관계 구조의 특징과 위치 정보의 검색 능력을 결합시키는 지리 관계형 데이터베이스 구조를 채택하고 있다. 즉, 공간 자료와 속성은 하나의 데이터베이스로 통합되어 운영되므로, 지도상의 일반 시설물 관리뿐만 아니라 선로 시설, 가스관 등의 선형 시설물 관리에 편리하도록 구성되어 있으며, 시설물 지도의 관리는 각 단위 도엽별로 가능할 뿐만 아니라, 여러 단위 도엽을 연속적인 도면으로 표현이 가능하므로, 인접 지역을 통과하는 선로 시설의 관리를 실제 자료와 동일하게 관리할 수 있다. 또한 작업 특성에 따라 사용자가 필요한 응용 프로그램을 개발할 수 있는 개발지원 소프트웨어가 제공된다.

**Information 정보(情報)** 전달자에게는 있으나 피전달자에게는 알려져 있지 않은 메시지로서 어떤 사실・사건・개체・처리 과정과 같이 특정한 환경 속에서 특정한 의미를 가지면서 개념을 포함하고 있는 객체에 관한 지식. 정보는 특정 내용과(을) 결합(지칭)된 (하는) 자료 : 자료와 구분하기 위하여 사용되는 용어로서, 자료 그 자체는 단순 사실의 표현일 뿐 정보는 아니다. 우리가 일상생활에서 발견되는 모든 것은 자료에 해당된다고 할 때 그 중 일부분만이 정보로 사용된다. 정보는 자료를 처리하여 사용자에게 의미 있는 가치를 부여한 것이다. 이러한 정보는 체계의 개념을 떠나서는 과학적으로 분석될 수 없고, 체계와 연결되어 설명되어야 한다. 정보의 주요한 특성은 시간의 차원을 가지고 있기 때문에 미래에 유용하게 사용될 수 있고, 복사가 가능하기 때문에 대량생산이 가능하며, 정보의 소비자는 이를 이용하여 새로운 분야에 대한 정보의 생산자가 될 수 있으며, 정보는 아무리 분배를 해도 줄어들지 않고 오히려 새로운 사용자에 의해서 그 가치는 더욱 증대하게 된다.

**Information Age 정보화 시대** 기술과 경제가 정보의 기반아래 설립된 탈 공업화시대. 첨단 통신, 디지털, 기술, 숙련된 노동, 자료 분석 등은 공업시대의 사회를 바꾸는 필수 요소이다.

**Information and Communication Technology(ICT) 정보통신기술** ICT(Information and Communication Technology)를 참조.

**Information Architecture(IA) 정보 아키텍쳐** IA(Information Architecture)를 참조.

**Information Classification 정보 분류** 지도 정보의 표준적인 분류는 표현 분류에 의하지만, 자료 이용의 목적 등에 의하여, 사용자가 독자적으로 지도정보를 분류하는 경우 등을 위하여 설정되어 있는 분류 코드의 하나이다.

**Information Community Model 정보 공동체 모형** 기술적인 상호 불운용성의 문제뿐 아니라 상호 불운용성 문제를 해결하기 위한 개방형 지리 자료 모델과 OGIS 서비스 모델을 말한다.

**Information Discovery 정보발견** Data Mining(데이터 마이닝)을 참조.

**Information Engineering Methodology(IEM) 정보 공학 방법론** IEM(Information Engineering Methodology)를 참조.

**Information Gathering Satellite(Surveillance Satellite) 정찰위성** Surveillance Satellite(Information Gathering Satellite)를 참조.

**Information Harvesting 정보수확** Data Mining(데이터 마이닝)을 참조.

**Information Management System(IMS) 정보 관리 체계** IMS (Information Management System)를 참조.

**Information Navigation System(INS) 관성항법시스템** INS (Information Network System)를 참조.

**Information Need 정보 요구** 업무수행에 반드시 필요한 정보를 말한다.

**Information Resource Dictionary System(IRDS) 정보 자원 사전 체계** IRDS(Information Resource Dictionary System)를 참조.

**Information Resource Management 정보원의 유지 관리** 정보를 생성・제작・수집・회수・관리하는 활동을 말한다.

**Information Retrieval System 정보 검색 체계** 시스템의 이용자가 필요로 하는 정보를 수집하여 내용을 분석한 후, 찾기 쉬운 형태로 조직, 보관하다 정보에 대한 요구가 발생할 때, 적합한 정보를 검색하여 제공하는 정보시스템을 말한다.

**Information Shadow 정보그림자** 그림자 데이터(Digital Shadow)란 모바일 어플리케이션, 소셜 네트워크 서비스 등 정보서비스 이용 시 생성되는 위치정보, 검색패턴, 접속기록, 데이터 속성(메타데이터)과 같은 숨겨진 데이터를 말한다(IDC, 2008). 스마트 기기가 본격적으로 보급되면서 개인 및 조직의 행태를 추론할 수 있는 비구조화된 데이터가 본격적으로 양산되기 시작했다. IDC는 이를 두고 '디지털 그림자(digital shadow, 2008)', 이코노미스트는 '데이터 배기가스(data exhaust, 2010)'라고 지칭하였다. 현재까지는 집단 지능 응용 서비스들이 실시간으로 만들어진 대규모의 사용자 생성(User-generated) 데이터를 다루고, 이해하고, 반응하는데 의존해 왔다. 그렇지만 최근의 스마트폰 혁명에서 보듯이 집단지능을 이용한 응용서비스들은 더 이상 키보드를 두드리는 사용자들에 의해서만 유도되지 않고, 점점 더 큰 비중으로 위치, 개체들을 식별할 수 있게 하는 센서들의 영향을 받고 있다. 웹2.0시대 이후는 웹이 더 이상 정적인 HTML 페이지의 집합이 아니라, 점점 증가하는 모든 사람(Everyone)과 모든 것(Everything)이 정보그림자(Information Shadow) 역할을 하는 '사물의 인터넷(Internet of Things)'이 되어가고 있다는 것이다. 이것은 사물들을 메타데이터로 기술(Description)하는 정보표현 및 통합체계가 중요해질 것이며, 정보접근방식 또한 정적인 웹페이지가 아닌 동적인 웹서비스로 인터넷에 의해 언제, 어디서나 이루어질 것이라는 사실을 암시하고 있다.

**Information Sources 정보원** 정보의 발생원, 정보가 만들어져 송출되는 장소나 기관을 말한다.

**Information Strategy 정보 전략** 목표로 하는 정보 체계를 어떻게 구축할 것인가의 방법에 대한 것이다. 경영 전략에서 도출된 기업 모델을 바탕으로 체계를 도출하게 되며, 도출된 체계를 어떤 방법으로 달성할 것인가에 대한 전략이 정보 전략이다.

**Information Strategy Planning(ISP) 정보 전략 계획** ISP(Information Strategy Planning)를 참조.

**Information Superhighway 초고속 정보 통신망** 데이터를 전송하기 위해 사용되는 국제적인 연결망. 미국의 부통령 앨 고어가 처음 주창한 정보 통신 고속도로로, 전 미국을 대상으로 하는 통신망을 2015년까지 광섬유를 이용해서 초고속 정보 통신망을 구축한다는 구상이다.

**Information System 정보체계** 사용자가 데이터를 정보로 변경하는 데 도움을 주는 컴퓨터화된 도구 및 사용자가 데이터베이스로부터 질문에 대한 답을 전달받을 수 있도록 디자인된 시스템을 말한다.

**Information System 정보체계** 다양한 이질적 관측량들을 적절히 가공하여 자료화하고, 이들 자료를 보다 이용하기 쉽도록 자료기반 (DB)을 구축하고, 이를 바탕으로 하여, 일정한 목적에 부합하는 의미와 기능을 갖는 정보를 생산하여 이들 자료와 정보를 효율적으로 결합, 운영하여 통합된 기능을 발휘할 수 있도록 하는 체계이다.

**Information System Master Plan(ISMP) 정보 시스템 마스터 플랜** ISMP(Information System Master Plan)를 참조.

**Information Technology(IT) 정보 기술** IT(Information Technology)를 참조.

**Information Technology Architecture(ITA) 정보 기술 구조, 정보 기술 아키텍처** ITA(Information Technology Architecture)를 참조.

**Information Theory 정보 이론** 통신망을 통한 정보 전송률에 관한 이론. 즉, 통신 연구에 통계적 방법을 사용하여 통신의 전체적인 면에서 정보 내용의 가치를 정의하고, 그 정보의 이용, 정보의 부호화 등을 연구하는 학문이다.

**Information Viewpoint 정보 관점** 정보와 정보 과정의 의미론에 초점을 맞춘 ODP 시스템과 그것의 환경에 대한 관점이다.

**Informix 인포믹스** 인포믹스는 SQL에 기초한 데이터베이스 엔진, 데이터베이스 관리시스템, 트랜잭션 처리 엔지, 개발 툴, 4세대 언어 등의 특성을 가지며, 설치할 수 있는 컴퓨터 기종은 다양하며 UNIX시장에서 우위성을 갖는다. 특히 인포믹스는 최초의 UNIX용 데이터베이스 관리시스템이다.

**INFORMIX RDBMS 인포믹스 알디비엠에스** 하부 UNIX 플랫폼에서 가장 잘 알려진 RDBMS 중 하나인 인포믹스는 인상적인 소프트웨어 개발도구(Infomix/4GL), 우수한 성능을 제공해서 비교적 적은 하드웨어/소프트웨어 필수조건을 갖는다.

**Infortainment 인포테인먼트** 인포테인먼트는 정보(Information)와 오락(Entertainment)의 합성어이다. 자동차에 장착된 장치로 오디오는 물론 내비게이션, 교통정보, 차량정보를 제공한다. 여기다 자동차가 운전자에게 온 이메일을 음성으로 읽어주거나, 각종 활용 프로그램을 다운받아 차량에서 이용할 수 있다.

**Infrared(IR) 적외선(赤外線)** IR(Infrared)를 참조.

**Infrared Film 적외선 필름** 적외선을 이용한 필름으로 최근 사용빈도가 크다. 지질, 토양, 수자원 및 삼림조사 등의 판독작업에 이용되고 있다.

**Infrared Percentage Vegetation Index(IPVI) 적외선 비율 식생지수** IPVI(Infrared Percentage Vegetation Index)를 참조.

**Infrared Photography 적외선 사진(赤外線寫眞)** 적외선을 이용한 사진. 주로 식물의 종류와 활력을 판독하는데 사용된다.

**Infrared Rays 적외선** 파장이 적색 가시광선보다 긴, 0.77~1,000$\mu$인 파장대의 복사선. 열작용이 커서 열선이라고도 부르며, 투과력이 크므로 난방에 이용하는 외에 사진이나 통신 등에도 이용된다.

**Infrared Sensor 적외선 센서** 적외선 센서는 적외선을 이용하여 온도, 압력, 방사선의 세기 등의 물리량과 화학량을 감지, 신호처리가 가능한 전기로 변환하는 장치로 기계가 적외선을 발산하여 차단하는 것을 감지하는 것과 주변의 적외선을 검출하는 것이 있는데 주로 방범이나 화재감지 등에 사용된다. 흔히 사용되는 인체감지 센서는 인체가 방출하는 적외선 파장을 검출하는 초전적외선 센서를 이용하는데 감지한 적외선을 열로 바꾸어 검출하므로 인체감지 시에는 특정 파장의 대역만 통과하는 필터를 사용한다.

**Infrared Waves 적외선 파** 전자기 파의 적외선 파장 영역. 근적외선(700~1200nm), 중적외선(1200~2500nm) 그리고 열적외선(8~14$\mu$m)이 있다.

**Infrastructure 사회기반시설** 사회기반시설은 일반적으로 국가 소유로서 산업발전의 기반이 되거나 다수의 사회 구성원에게 편의와 복지 및 공익을 제공하는 시설물을 말한다. 여기에 국가에서 만들거나 관리하고 있는 공립학교, 댐 시설, 군용시설 등을 국가시설물 범주로 보고 이 중 국민의 일상생활에 깊이 연관되어 있으며 사회의 기반이 되는 시설을 사회기반시설로 보고 있다. OECD는 "현대도시의 능률적인 기능수행에 본질적인 것으로 상수도와 하수시설의 공급, 고속도로, 교통시설, 에너지 공급망, 정보통신시설 등을 비롯하여, 시민의 적정한 생활유지와 관련 있는 사회서비스 시설, 즉 교육 및 의료시설, 여가시설, 공원녹지, 공중보건 및 복지, 법, 질서유지, 행정과 관련된 기반시설 등도 포함"하는 매우 광범위한 개념으로 사회기반시설을 정의하고 있다. 즉, 사회기반시설은 사회간접자본과 혼용하여 사용하는 경우가 많다. 사회간접자본은 일반적으로 행정투자와 정부투자의 누적액(累積額)인 공공자본을 가리키는 것으로 사회 구성원 모두에게 제공되며, 무상 또는 약간의 대가로 이용할 수 있는 시설, 자본을 말한다. 따라서 개인이 부담하여 건설하고 그로부터 서비스를 받는 민간자본과는 구별된다. 한편, 동일한 의미로 사회자본 용어도 사용하는데 사회 자본은 사회간접자본, 사회적 간접자본, 사회적 공통자본이라고도 하며, 생산활동, 소비활동 등의 일반적 경제활동의 기초가 되고 재화, 서비스 생산에 간접적으로 공헌하는 것을 의미한다. 사회 자본은 ① 도로, 항만, 토지개량 등의 '산업기반시설', ② 상하수도, 공영주택, 공원, 학교, 병원, 조육시설 등의 '생활기반시설', ③ 치산, 치수, 해란간척 등의 '국토보전시설', ④ 국유림 조성 및 보호, 정부산하 금융기관 등의 '자본수익사업' 등으로 나눌 수 있다. 「사회기반시설에 대한 민간투자법」(약칭: 민간투자법) 제2조는 사회기반시설을 "각종 생산활동의 기반이 되는 시설, 당해 시설의 효용을 증진시키거나 이용자의 편의를 도모하는 시설 및 국민생활의 편익을 증진시키는 시설"로 정의하고 있다.

**Infrastructure as a Service(IaaS) 서비스로서의 인프라스트럭처** IaaS(Infrastructure as a Service)를 참조.

**Infrastructure for Spatial InfoRmation in Europe (INSPIRE) 유럽 공간정보 기반시설** INSPIRE(Infrastructure for Spatial InfoRmation in Europe)를 참조.

**INGRES RDBMS 인그레스 알디비엠에스** UNIX 기반 환경의 온라인 트랜잭션 처리(OLTP)와 의사 결정 지원체계(DSS)를 위한 고급 데이터베이스 기술을 제공한다. 인그레스 RDBMS는 관계 DBMS서버, 지식 관리 확장과 객체 관리 확장의 3가지 요소로 구성된다.

**Inheritance 계승, 상속** 이 용어는 자료의 특징을 한 단계에서 좀 더 낮은 단계로 옮기는 것을 묘사하는 용어이다. 객체 지향 방법의 기본성질 중 하나를 설명하는 용어로서 상속은 클래스 계층에서 보다 높은 다른 클래스의 속성의 상속을 통한 클래스 구축이다. 그래서 자식과 부모 클래스가 존재한다. 이것은 객체 지향 프로그램과 공간의 표현이라는 주제에서 널리 사용되는 개념이다.

**In-House Testing 조직 내 시험** 서비스의 공식적인 제출에 앞서 실험실에서 제공되는 실행용 시험으로 이루어지는 고객에 의한 시험을 말한다.

**Initial Graphics Exchange Specification(IGES) 표준 도형 교환 방식** IGES(Initial Graphics Exchange Specification)를 참조.

**Initial Operational Capability(IOC) 초기 운영 능력** IOC(Initial Operational Capability)를 참조.

**Initial Reading 초독(初讀)** 두 측점이 이루는 각을 측정할 때, 처음 측점을 시준한 독치를 말한다.

**Initialize 초기화** PC에서 하드디스크와 플로피디스크를 포맷하여 사용할 준비를 하는 절차를 말한다.

**Initiative Identification Information 착수 업무 식별 정보** 자료들이 편집되거나 제작되는 착수 시점의 관련 정보를 나타낸다.

**Initiative Name 착수 업무 식별명** 착수 시 사업/과제명 등 동기가 될 수 있는 근거를 식별할 수 있는 이름을 말한다.

**Initiative Type 착수 업무 유형** 초기 착수 식별 형태에 대한 설명을 말한다.

**Inking 잉킹** 오구를 이용해서 연필로 된 밑그림의 제도면 등에 제도용 잉크나 먹으로 제도해서 장기간 보존할 수 있도록 하는 것을 말한다.

**Ink-Jet Plotter 잉크분사 플로터** 잉크젯 플로터는 컬러 또는 검정 잉크를 작은 분사를 통해 용지에 뿜어 출력한다. 이 플로터는 통상 3가지 주요 칼라와 검정 등 4가지 잉크 카트리지를 사용하며 드롭 온 디멘드(Drop-On-Demand) 또는 컨티뉴어스 스트림(Continuous-Stream)방식으로 구분된다.

**Ink-Jet Printer 잉크분사 프린터** 종이 위에 컬러 또는 검정 잉크를 분사시켜서 문자 또는 그림(영상 자료) 등과 같은 정보를 인쇄하는 비충격식 인쇄기를 말한다.

**Inland 제내지(堤內地)** Protected Lowland를 참조.

**Inland Sea 내해** 육지 사이에 둘러싸여 있고 해협(strait)으로 대양과 통하는 바다를 말한다.

**Inland Water 내수면(內水面)** 주로 하천, 호소와 저수지로 점유된 면적을 말한다.

**Inlet 하구** 바다에서 육지로 연결된 통로나 호수에서 해변에 연결된 통로를 말한다. 만보다 작은 바다(만리포, 용암포 등)를 말한다.

**In-Line-Inspection(ILI) 관로상 검사** ILI(In-Line-Inspection)를 참조.

**INMARSAT(International Maritime Satellite Orgnization) 국제 해상 위성 기구** 해상 이동 위성통신을 위해 1979년 설립되었으며 해상에서 항해중인 선박과 육지, 선박과 선박사이의 통신제공 및 선박의 인명안전과 재난방지 도모 등 해상공중통신 서비스의 개선을 위한 업무를 하고 있다.

**In-Memory Computing 인메모리 컴퓨팅** 방대한 양의 정보를 서버 메인 메모리에 보관하지 않고, 실시간 분석하는 기술을 말한다.

**Inner Core 내핵** 지하 5100km에서 지구 중심까지의 부분을 내핵이라 한다. 지하 5100km부근에서 지진파인 P파가 갑자기 커지는 사실로 미루어 내핵은 고체 상태이다. 내핵의 밀도는 9.8~12.9g/cm$^3$ 정도이며, 구성 물질은 철과 니켈로 추정된다.

**Inner G-Ring 내부 경계** 지-다각형 내에 있을 수 있는 또 하나의 다각형. 즉, Hole을 의미한다.

**Inner Map Quadrangles 내도곽** 지도의 내도곽과 외도곽을 합하여 도곽이라고 한다. 내도곽은 도엽의 구획선으로서 우리나라 국토기본도인 경우, 횡메르카토르도법에 의한 경위선으로 결정된다. 외도곽은 내도곽의 외곽에 10mm 간격으로 내도곽과 평행으로 그어 놓은 선을 말한다.

**Inner Orientation 내부 표정(內部 標定)** 도화기의 투영기에 촬영 당시와 동일하게 투명 양화 필름을 장착하는 과정으로, 초점거리 조정, 사진주점의 표정, 건판 신축, 대기 굴절 및 지구 곡률 보정 등으로 이루어진다.

**In-Network Data Processing 인-네트워크 데이터처리 기법** 센서 네트워크 데이터베이스에서 주로 연구되는 분야로 query를 게이트웨이나 서버에서 처리하는 것이 아니라, 센서 노드들 간의 네트워크에서 미리 수행하는 것이다. 이 기술의 목적은 센서 네트워크에서 query를 미리 수행하여 게이트웨이 또는 서버로 전송되는 센싱데이터의 양을 줄이고, 이를 통하여 데이터 통신횟수를 줄임으로써, 전체 센서 네트워크의 전력소모를 줄이는 것이다. In-network aggregation, In-network estimation, In-network approximation, 그리고 In-network join 등의 연구이슈가 존재한다.

**Input 입력(入力)** 자료를 컴퓨터에 입력하는 과정이다. 또한 이 용어는 실제적으로 입력되는 자료를 의미한다. 입력의 한 형태는 디지타이징이다.

**Input and Conversion 입력과 변환** GIS에서 사용하기 위해서는 자료를 수치 자료로 변환 후, 저장하거나 처리해야 한다. 직접 측량 또는 항공사진 위성 영상 혹은 종이 지도에서 자료를 수집하면, 아날로그 자료를 수치 형태로 변환하기 위한 특별한 장비가 필요하다.

**Input Devices 입력 장치** 키보드, 마우스, 디지타이저, 영상 스캐너, 수치 사진기, 수치 도화기 등을 말한다.

**Input Error 입력 오차** 컴퓨터에 무한한 수를 유한한 수로 입력시 생기는 오차를 말한다.

**Input of Existing Digital Files 기존의 수치 파일 입력** 기존의 수치로 제작되어 있는 파일을 새롭게 사용하고자 하는 형태로 입력하는 것을 말한다.

**Input/Output(I/O) 입력/출력, 입출력** I/O(Input/Output)를 참조.

**Inquiry 견적조회서** H/W, S/W를 구입할 때, 고객이 계약자에 대해서 가격, 납기, 거래 조건 등의 제시를 요구하는 서류를 말한다.

**INS(Inertial Navigation System) 관성항법장치** 관성센서란 운동의 관성력을 검출하여 측정 대상인 움직이는 물체의 가속도, 속도, 방향, 거리 등 다양한 항법 관련 정보를 제공하는 센서로, 인가되는 가속도에 의해 관성체에 작용하는 관성력을 검출하는 것이 기본원리로 가속도계와 각속도계로 분류된다. 관성센서 기술의 응용분야는 비행기 및 차량의 항법에서부터 바이오 및 의료분야, 통신 및 광학분야, 자동차의 에어백, 핸드폰, 일반가전 분야에 이르기까지 매우 광범위한 영역에서 활용되고 있다.

INS는 1950년대 초반에 미국 MIT에서 개발되었으며, 1960년대부터 실용화되기 시작한 항법 시스템이다. 초기 위치 정보로부터 가속도를 측정하여 적분을 함으로써 항체의 속도와 위치를 추정한다. INS를 이루는 센서는 가속도계(Accelerometer)와 자이로스코프(Gyroscope)로 구성된다. 가속도계는 선방향 가속도를 측정하여 내보내주고 자이로스코프는 각속도를 측정하여 내보내주는 역할을 한다.

INS센서는 센서의 감지능력의 향상을 통하여 안전성과 고정밀의 데이터 확보를 위하여 지속적으로 개발 및 개선되고 있다. 특히 MEMS(Micro-ElectroMechanical Systems: 반도체 칩에 내장된 센서, 밸브, 기어, 반사경, 그리고 구동기 등과 같은 아주 작은 기계장치와 컴퓨터를 결합하는 기술) 기반의 관성센서는 기존제품 대비 데이터 검출 정확성 및 안전성이 확보되고, 전원 문제를 해결하기 위하여 저전력 기반으로 개발되고 있다. 3차원 위치인식기술인 GNSS와 MEMS기술의 분석결과 GNSS의 경우 과거 정밀측지용 GPS기술의 활용에서 내비게이션, LBS 분야 등에서의 GNSS기술의 급속한 발전으로 대중 GPS기술로 변모하고 있고, MEMS기술은 자동차분야에 국한되다 최근 들어 노약자, 사회적 약자 등의 위치안내, 항법 등을 위한 사람용 MEMS기술이 발전되고 있는 추세이다.

(1) **가속도센서** : 가속도센서는 가속도, 진동, 충격 등의 동적 힘을 감지하여 관성력, 전기변형, 자이로 등의 응용원리를 이용한 것이다. 가속도 센서는 물체의 운동 상태를 순시적으로 감지할 수 있으므로 자동차, 기차, 선박, 비행기 등의 운송수단 및 공장 자동화와 로봇 제어 등에 필수적이며 그 활용분야는 광범위하다.

**■ 가속도센서의 검출방식 및 원리**

| 방식 | 원리 |
|---|---|
| 동전형 | 도체가 자계 속을 이동하면 그 속도에 비례하여 기전력이 발생한다.<br>이 기전력을 검출하여 가속도를 구함 |
| 압전형 | 압전소자에 힘이 가해졌을 때 발생하는 전하를 검출하여 가속도를 구함 |
| 서모형 | - 저항선 변형게이지 : 다이어그램(스프링)등에 저항선 변형게이지를 붙여 가해진 힘과 저항의 변화에서 가속도를 구함 |
| 변형게이지형 | - 반도체 변형게이지 : SI, Ce단결정의 피에조 저항 효과를 이용하여 가해진 힘과 저항의 변화에서 가속도를 구함 |

**■ 가속도센서의 종류 및 원리**

| 종류 | 방식 | 원리 |
|---|---|---|
| 관성식 | 진자형 | 진자형은 마찰이 적은 피벗 베어링으로 진자를 지지함 가속도 $\alpha$가 가해지면 진자는 반대방향으로 변위하는데, 이 변위를 측정하여 가속도를 구함 |
| | 진동형 | 질량m을 양측에서 현으로 지지하고 현의 진동수 f1, f2의 차이를 검출함. 가속도 $\alpha$가 한 방향으로 가해지면 현의장력에 차이가 생겨 그 주파수 차이로 가속도를 구함 |
| 자이로식 | 진동형 | 자이로를 구성하는 질량의 운동이 음의 진동에 이루어짐 |
| | 유체형 | 운동체로서 가스를 사용한 것으로 가스분자가 코리올리의 힘을 받아 가스류가 y방향으로 흐르고 불평등한 저항값에 의하여 생성되는 불평등 전압 차이로 가속도를 구함 |

(2) **자이로스코프(Gyroscope)** : 물체의 각속도를 검출하는 계측기로 흔히 자이로라고 불려지기도 한다. 배 혹은 항공기나 로켓의 자율 항법으로 사용되었으며 최근에는 자동차 내비게이션 시스템이나 자동운전 시스템, 로봇, 디지털카메라, 무인 정찰기 등에서도 이용되고 있다. 자이로스코프는 방향의 측정 또는 유지에 사용되며, 각운동량 보존법칙에 근거한다. 자이로스코프는 축이 어느 방향으로든지 놓일 수 있는 회전하는 바퀴이며 자이로스코프가 빠르게 회전할 때에는, 외부에서 토크가 주어졌을 때 그 방향이 회전에 의한 운동량(angular momentum)에 의해 회전하지 않을 때보다 훨씬 적게 변화하게 된다. 자이로스코프는 수평 유지 장치에 놓이게 되므로 외부의 토크는 최소화되며, 장착된 받침이 움직이더라도 그 방향은 거의 고정되게 된다.

**InSAR(Interferometric Synthetic Arerture Radar) 간섭계 합성 개구 레이더** SAR 영상의 위상차(Phase) 정보를 이용하여 고해상도의 위치 정보 및 변위 측정을 하는 방법. 이 방법은 약간 다른 위치에서 대상물을 관측하면 각각의 안테나에서 받는 신호에 위상차가 생긴다는 원리에서 비롯되었으며, 항공기 및 인공위성 SAR를 이용한 연구가 활발히 진행되고 있다. 현재까지 인공위성을 이용한 INSAR는 인공위성의 반복 주기(Repeat Orbit)를 이용하여 대상물의 3차원 정보를 구하였다. 이 경우반복 주기 중에 생길 수 있는 지표의 변화(예 : 눈·비 등)는 두 신호의 상관성을 저하시켜 3차원 위치 정확도가 저하되었다. 최근 미국 NASA에서는 이러한 반복 주기를 보완하기 위해서 60m의 안테나를 가진 Shuttle을 발사하였다. 이 계획은 INSAR를 이용한 3차원 획득 방법의 결정판이라 할 수 있으며, 앞으로 이 방법의 활용도가 더욱 높아질 것이다.

**Insert 삽입** 지도, 사진, 도표를 끼워 넣는 것을 말한다.

**Inset 삽입도** 지도 안의 지도로서, 상대적 위치를 보여주기 위해 축척이 작거나 세부사항을 보여주기 위해 축척이 크기도 하다. 삽입도는 축척과 경위선망과 같은 지도 제작 요소를 갖고 있을 수도 있다. Inset MapInset를 참조.

**In-Situ Survey 원위치 시험** [지반] 원위치 시험은 지층구성이나 거시적 지반정보를 얻는 것과 원지반 상태 그대로에서 각종 지반정보를 얻는 것이 특징인 지반정보를 얻는 중요한 방법이다. 특히, 불교란시료를 채취하기 어려워서 실내시험에서 공학적 특성을 측정할 수 없는 구간에서는 현장 원위치시험을 실시하여 지반특성을 측정한다. 원위치 시험에는 저항체를 지중에 관입하여 지반의 강도특성을 측정하는 사운딩, 공내재하시험이나 전단시험 등 지반정수의 측정, 현장투수시험 등의 지하수 조사, 현장의 응력·변형 측정 등이 있다. 실내시험은 시료채취, 운반, 보관, 시료채취, 성형, 시험기의 조작 등에서 지반특성에 영향을 미치는 인위적인 오류가 많으나, 원위치 시험은 간편하고 시험공정이 적기 때문에 정확한 지반정보를 얻을 수 있는 장점이 있다. 그러나 원위치 시험에서 얻어지는 지반정보는 조사시점의 현장 상태에 한정된 조건의 정보이며, 굴착이나 재하, 압밀후의 변화된 상태의 지반정보를 얻기는 어렵다.

**Inspection of Cadastral Surveying 지적 측량의 검사** 대행 법인이 지적공부의 정리를 목적으로 하는 측량을 할 때에는 자기가 행한 측량성과를 소관청에 제출하여 그 성과의 정확여부를 결정하는 검사를 받아야 한다.

**Inspection Surveying 검사 측량** 시공하기 전에 도면과 형장과를 비교하는 측량으로서, 중심점 검측, 종단의 검측, 횡단의 검측 등을 한다.

**INSPIRE(Infrastructure for Spatial InfoRmation in Europe) 유럽 공간정보 기반시설** 유럽은 공간정보의 접근 및 활용, 온라인 서비스를 위한 공간정보 기반을 구축하기 위한 프로젝트를 추진 중에 있다.

**Instagram 인스타그램** '세상의 모든 순간을 포착하고 공유한다.'라는 슬로건으로 2010년 선보인 인스타그램은 '인스턴트 카메라(Instant camera)'와 '텔레그램'(Telegram)의 합성어로 사진과 동영상을 공유하는 3세대 소셜 네트워크(SNS)이다. 2015년 월스트리트 저널은 인스타그램이 350억 달러의 가치를 가지고 있다고 평가했다. 2015년 사용자는 4억 2천명을 넘고 있다. 인스타그램은 이용자 수뿐 아니라 하루 7천만 건 이상 업로드되고 있다. 오프라인 관계를 온라인으로 옮겨 놓은 싸이월드, 블로그와 같은 '1세대 SNS', 불특정 다수로 관계를 확산하는 트위터, 페이스북과 같은 '2세대 SNS'를 넘어 시각물 중심의 이용자 맞춤형 서비스인 인스타그램, 핀터레스트 등은 '3세대 SNS'에 해당한다.

**Installation 설치, 장착** GIS 소프트웨어를 인수받고 사용할 수 있도록 프로그램의 환경 설정을 도와주는 필요한 절차로서, 파일의 복사와 압축 풀기, 라인센스 등록하기, 기타 등으로 구성된다.

**Installed Base 설치 기반** 기존에 설치된 시스템의 수를 말한다.

**Instance 사례, 인스턴스** ① 지리적 지물의 특성을 설명하는 정보와 지리적인 지물 특성을 말한다. ② 일반적으로 어떤 집합에 대해서, 그 집합의 개별적인 요소. 객체나 사물의 개념에 실질적인 형태로 나타난 그 자체를 말한다.

**Instance Level 사례 수준** 사례들로 구성된 추상화 수준을 말한다. 사례 수준은 계층화된 추상화 수준의 집합 가운데 최하층 수준이다.

**Instance Model 사례 모형** 응용스키마에 따른 데이터를 표현하기 위한 개념모형을 말한다.

**Instant 순간** 시간에서 위치를 나타내는 점으로서 공간에서 점과 동등한 0차원의 시간요소를 말한다.

**Instant Messaging(IM) 인스턴트 메시지** IM(Instant Messaging)를 참조.

**Instantaneous Field Of View (IFOV) 순간 시야각** IFOV (Instantaneous Field Of View)를 참조.

**Instantaneous Stereoscopic Vision 순동 입체시** 눈의 착시 현상을 이용한 방법으로 영화와 같이 망막상의 잔상을 이용하여 입체시를 얻는 방법이다.

**Institute Geographic National(IGN) 프랑스 국립 지리원** IGN(Institute Geographic National)를 참조.

**Institute of Electrical and Electronics Engineering Inc(IEEE) 미국 전기 전자 기술자 협회** IEEE(Institute of Electrical and Electronics Engineering Inc)를 참조.

**Institutional GIS Application 기관형 지아이에스 응용** 기관형 지아이에스 응용은 공간적 변화를 계속적으로 관리하는 것이 목적으로서, 공간 자료를 지속적으로 수집/분석하는 응용이다. 일반적으로 자료를 심층적으로 분석해야할 일은 많지 않고, 신뢰성 높은 자료를 다른 사람에게 계속하여 제공하는 것이 주목적이다. 기관형 GIS 응용의 지속 시간은 대부분 길며, 자동 지적 관리 시스템이 이러한 예이다.

**Instrument Carrier 기계수** 트랜시트 또는 레벨을 운반하고 설치하는 사람을 말한다.

**Instrument Flight 계기 비행** [항공] 항공기의 자세 · 고도(高度) · 위치 및 비행방향의 측정을 항공기에 장착된 계기에만 의존하여 비행하는 것을 말한다(「항공법」 제2조 제24호). "계기비행 방식"이란 관제권에서의 이륙 및 이에 따른 상승비행(上昇飛行)과 착륙 및 이에 선행(先行)하는 강하비행(降下飛行)은 국토교통부장관이 지정하는 항공로 또는 국토교통부장관이 지시하는 비행로에서 하고, 그 밖의 비행은 국토교통부장관이 지시한 방법에 따라하는 비행방식을 말한다.

**Instrument Height System 기고식(器高式)** System of Instrument Height를 참조.

**Instrumental Error 기계 오차(機械 誤差)** 사용하는 관측 기계의 구조나 조정의 불안전에 의하여 생기는 오차이다.

**Instruments For Tunnel Surveying 갱내용 측량기기** 터널 등 갱내 공사에는 지하라는 특수 환경으로 인하여 여기에 적절한 측량기기를 사용한다. 일반적으로 데오드라이트는 십자선 조명용 반사경이 부착되어야 하며, 경사가 급한 천정 부근도 시준할 수 있도록 특수의 접안프리즘이 부착되어야 한다. 또한 좁은 공간에도 세울 수 있는 삼각대이어야 하며 목표물에도 조명장치가 있어야 한다.

**Integer 정수** 소수점을 가지지 않는 수(0, 1, 25, 173, 1032 등) 정수는 0보다 작거나 같을 수도 있고 클 수도 있다. 이 같은 수치를 컴퓨터에서 취급하는 것은 소수점 이하의 정보를 갖는 수치에 비해 적은 기억 영역에서 경제적이고 고속으로 처리가 가능하기 때문이다.

**Integer Ambiguity 모호 정수, 불확실 정수** Ambiguity를 참조.

**Integer Bias 정수 편기** Bias를 참조.

**Integral Image 집적 영상, 인테그랄 이미지** 무안경 입체 3D(Glass-free, Glassless, Naked Eye Stereoscopic 3D) 기술 중 하나로서, 집적 영상 시스템(integral imaging system)이라는 렌즈를 이용하는 방법이다. 렌티큘러 방식과 비슷한 개념이다. 렌티큘러 방식은 반(半)실린더를 세로로 나열한 반면, 집적 영상 방식은 작은 반구 렌즈들을 가로 세로 나란히 배열한다. 이 모양이 파리의 눈과 비슷한 방식이여서 파리 눈 렌즈(fly's eye lens)라 불리기도 한다. 이처럼 작은 볼록 렌즈의 집합을 정면으로 보게 되면 머리의 기울기에 상관없이 입체 영상을 볼 수 있다. 렌티큘러 렌즈는 빛이 좌우 수평으로 퍼지는 반면, 집적 영상은 수평만이 아닌 사방으로 퍼지기 때문이다. 즉, 누워서도 입체영상 시청이 가능하다. 하지만 영상을 만들어내는 것이 간단하지 않고 아직까지 연구가 진행 중인 방식이다. Parallax Barrier, Lenticular Lens, HR3D, Holography를 참조.

**Integrated Data 통합 자료** 데이터베이스에서는 같은 자료가 원칙적으로 중복되어 있지 않다는 것을 말한다.

**Integrated Doppler 통합 도플러** 시간에 대한 도플러 변위(Doppler Shift) 주파수나 위상의 관측값으로 도플러 위상 관측값이다.

**Integrated Geographic Information System(IGIS) 통합 지형 공간정보 체계** IGIS(Integrated Geographic Information System)를 참조.

**Integrated Groundwater Information Service System(IGIS) 국가 지하수 정보 시스템** IGIS(Integrated Groundwater Information Service System)를 참조.

**Integrated Land and Watershed Management Information System(ILWIS) 통합 토지 · 수자원관리 시스템** ILWIS(Integrated Land and Watershed Management Information System)를 참조.

**Integrated Land Information System 국토 통합 정보 시스템** 여러 분야의 행정업무 정보 시스템이 공통으로 필요로 하는 공간정보를 보유하고, 이를 다양한 분야에서 공유할 수 있도록 하는 플랫폼을 포함한 프레임워크를 일컫는다.

**Integrated Map 통합된 지도** 각각의 지도 단위가 다양한 지형적 주제에 부여되는 여러 개의 이름(Labels)을 가지는 자연 형상 지도. 예를 들면, 하나의 지도 단위는 암반도일 수 있다.

**Integrated Positioning System 통합 위치 체계** 2개 이상의 위치결정체계를 통합한 체계로, 통합위치결정체계에서 위치결정 기술로 관측되는 것은 위치, 이동 또는 자세 등이다.

**Integrated Service Digital Network(ISDN) 통합 정보 통신망** ISDN(Integrated Service Digital Network)를 참조.

**Integrated Software 통합 소프트웨어** 연달아 사용되는 분리된 프로그램으로 구성된 소프트웨어가 아니라, 일반 사용자 인터페이스의 일부분으로서 함께 작동하는 소프트웨어이다.

**Integrated Terrain Unit Mapping(ITUM) 아이티유엠** ITUM (Integrated Terrain Unit Mapping)를 참조.

**Integrated Underground Space Information 지하공간통합정보** 지하시설물, 지하구조물, 지반 등 관련 기관마다 보유하고 있는 총 15개의 지하정보를 3D기반으로 통합하는 것이다. 1995년 대구지하철 참사 이후 지하시설물 정보는 한 곳에서 관리되고 있지만, 나머지 정보는 뿔뿔이 흩어져 있어 통합관리가 필요하다는 지적을 반영한 것이다.

| 지하공간정보 | 종류 | 소계 |
|---|---|---|
| (1) 지하시설물 | ① 상수도 ② 하수도 ③ 통신 ④ 전력<br>⑤ 가스 ⑥ 난방 | 6 |
| (2) 지하구조물 | ① 공동구 ② 지하철 ③ 지하보도<br>④ 차도 ⑤ 상가 ⑥ 주차장 | 6 |
| (3) 지반 | ① 시추 ② 관정 ③ 지질 | 3 |
| 총 15개의 지하공간정보 | | |

'지하공간통합정보'는 새로운 지하개발의 안전성 확보는 물론, 기존의 지반이나 시설물의 안전관리에도 활용된다. 통합지도를 통해 지반이 취약한 것으로 분석된 지역에서 시행되는 대규모 지하개발은 인허가 시에 지반 등의 안전성을 미리 분석하고 대책을 수립하는 '사전 안전성 분석'을 실시하게 되며, 지반이 취약한 지역에서 시행되는 굴착이나 매설공사는 계측범위, 매설방법 등에서 보다 강화된 기준을 적용하게 된다. 한편, 침하가 잦거나 지반이 취약한 지역은 관할 지자체나 시설관리주체가 지반의 움직임을 측정하는 계측장비를 설치하여 지반상태를 상시 확인·점검하고, 상하수관 등 지하시설물의 효율적 관리에도 사용할 수 있다.

**Integration 통합** 새로운 정보를 제공하기 위해 다른 출처와 시스템으로부터의 다른 종류의 자료결합을 말한다.

**Integration By Design 수용에 의한 통합** 수용에 대한 통합은 저가의 소형, 개인 컴퓨터의 출현과 함께 실용화된 새로운 개념이다. 이것은 일반적인 S/W Toilored System에 대해 요구되는 S/W가격의 10%에 대해 얻으려는 이익의 90%를 제공하고 실행은 훨씬 짧은 시간(Frame)에 유용하다. 이것은 새로운 참여를 가능케 하여, 이전까지 계산된 결과가 아닌, 즉 전반적으로 통합된 컴퓨터 설계와 실행 계획에서 최적화가 되는 미리 결정된 수요가 아닌 정책, 결정자와 운영자에 의해서 점진적으로 결정되는 수요를 매우 빠르게 작용시킬 수 있다.

**Integrator 적분기** 하나의 입력 신호의 시각 적분에 비례하는 값을 출력으로 하는 연산기를 말한다.

**Integrity 무결성** ① 데이터베이스의 내용이 서로 모순되는 일이 없고, 또한 어떤 통합성 제약을 완전히 만족하게 되는 성질을 말한다. 무결성에는 다음의 종류가 있다. 즉, (1) 개체 무결성 : 릴레이션에서 기본키를 구성하는 속성값은 널(NULL)값이나 중복값을 가질 수 없다는 의미이다. (2) 참조 무결성 : 외래키값은 널값 또는 참조 릴레이션에 있는 기본키(Primary Key) 값과 동일해야 한다. 즉, 릴레이션은 참조할 수 없는 외래키(Foreign Key) 값을 가질 수 없다. 널(NULL)값은 데이터베이스에서 아직 알려지지 않거나 모르는 값으로서 '해당 없음' 등의 이유로 정보 부재를 나타내기 위해 사용하는 특수한 데이터 값을 말한다. ② GPS에서 시스템이 운행을 위해 사용되어서는 안 될 때, 사용자에게 적시의 경고를 제공하는 시스템의 능력을 말한다.

**Integrity Monitor(IM) 무결성 감시국, 위성항법 보정시스템 무결성 감시국** IM(Integrity Monitor)을 참조.

**Integrity Station 감시국** 기준국으로부터 약 100NM(185km) 떨어진 지점에 GPS 안테나를 이용 위성오차 보정신호가 한계치를 벗어날 경우와 위성신호 이상시 경보 메시지를 중앙사무소에 전달로 위성상태 및 위치결정정보 정확성 파악과 위치결정 기준점으로 활용된다.

**Intellectual Space 인지공간** 인지공간은 인간의 지적 활동으로 만들어진 지식공간, 추상공간, 개념공간, 인터넷 공간을 포함한다.

**Intelligent Digitizing 지능적 자료 생성** 스크린 자료 생성 방법과 자동 자료 생성 방법을 종합한 방법이다. 독취 장비로 읽어 들인 래스터 자료를 컴퓨터 영상면에서 벡터화할 대상을 선택하여 마우스로 자동 및 수동으로 편집한다. 즉, 교차하는 선이 있을 때 마우스로 방향을 지정한다.

**Intelligent Pig 인텔리전트 피그** 배관의 정보를 기록하는 기술로서 유사개념으로 ILI검사(In-Line Inspection, 인텔리전트 피그를 배관에 투입하여 이상 유・무를 확인하는 검사)가 있으며, 인텔리전트 피그에는 지오메트리 피그, 자기누설피그, 초음파 피그 등이 있다. 피그(Pig)는 전후단 차압을 이용하여 파이프내 청소 및 부식 여부 등의 자료를 얻기 위한 기구이며 Pig Launcher(관내로 피그를 발진시키기 위한 발사 장치)에 피그를 삽입하고 전후단 차압을 이용하여 주행하는 것을 피깅(Pigging)이라 한다.

**Intelligent Infrastructure 지능적 하부 구조** 공간적으로 연계된 시설물과 토지 기록 체계를 계획하고 관리하기 위해서 발전된 데이터베이스 체계와 통합된 현대의 컴퓨터 도형기술 사용의 진행 과정. 다른 기술들은 지능적인 하부구조로 이루어져 있다. 이러한 기술들은 지도 자동 제작이나 시설물 관리 체계, 지형 정보 체계, 그리고 토지 관계형 정보 체계(Land Related Information System)를 포함한다. 추가적으로 지능적 하부 구조 체계는 하부 구조 정보를 다루는 작업 진행을 관리한다.

**Intelligent Manufacturing System(IMS) 지식 통합 생산 체계** IMS(Intelligent Manufacturing System)를 참조.

**Intelligent Network(IN) 지능망** IN(Intelligent Network)을 참조.

**Intelligent Ontology 인공지능 온톨로지** 인공지능 온톨로지는 언어 온톨로지 + 공리 온톨로지이다.

**Intelligent Structure 지능적 구조** 지능적 구조는 체인・결점・사이점과 같은 표준 자료 지형・지물들을 구축・연결・사용하는 방식상「인식」의 의미가 있기 때문에 위상 관계에 대하여 사용되는 용어이다. 지형, 지물의 오른편, 왼편에 무엇이 있다고 하는 방식으로 데이터베이스와 연결되기 때문에 위상 관계를 통하여 기능적 연결이 가능하다.

**Intelligent Transport System(ITS) 지능형 교통 체계** ITS(Intelligent Transport System)를 참조.

**Intelligent Vectors 지능형 벡터** 위상 관계 자료 구조에 부가되는 기능성으로서, 절점들과 체인들은 그들 주변에 대한 정보를 포함하고 있으며, 이러한 정보들은 다양하고 강력하며 분석적인 기술에 사용될 수 있다.

**Intelligent Vehicle Highway Systems(IVHS) 지능 운송 도로 체계** IVHS(Intelligent Vehicle Highway Systems)를 참조.

**Intelligent Workstation 지능 워크스테이션** 32-Bit 높은 수행 능력을 가진 컴퓨터 또는 독립적인 처리능력을 가진 장치들의 집합이라 불리며, 컴퓨터 간 또는 단독으로 특정한 일을 수행한다.

**Intensified Manuscript 측량 원도** 측량공정에서 최초로 완성되는 원도를 말한다.

**Intensity 명암, 밝기** ① 단위면적 당 방출되거나 반사되는 빛의 양으로 높은 명암을 갖는 지도는 밝게 보인다. ② 인공 구조물의 손실, 지각 표면의 변화, 감지 보고서 등을 통하여 만들어지는 지반 진동의 값을 말한다.

**Intensity Data(LiDAR) 라이다 반사강도** 반사강도는 대상체에서 반사되어 스캐너에 도달한 레이저 강도와 송신된 레이저 강도의 비율로써 대상체에서 반사되어온 반송(return)신호의 에너지 진폭을 말한다. 이 값은 대상체에서 레이다 시스템에서 사용된 빛의 파장이 얼마나 잘 반사되었는지를 나타낸다. 반사강도의 차이(contrast)는 형태보다는 라이다의 반사강도에 기인하며, 일반적으로 토지 피복도 작성 및 불침투성 표면을 구별하는데 유용하다. 반사강도는 엄밀하게는 동일하지 않지만 흑백사진과 유사한 면이 있다.

**Intensity, Hue, Saturation(IHS) 명도・색도・채도** IHO(Intensity, Hue, Saturation)를 참조.

**Intensity Image(LiDAR) 라이다 반사강도 영상** 반사강도 값은 대상체에서 반사되어 스캐너에 도달한 레이저 반송신호강도의 측정값으로서 절대값이라기 보다는 고도, 대기상태, 반사방향 특성, 대상의 반사도에 따라 변하게 된다. 이 때문에 라이다 반사강도 데이터로부터 구축된 영상 분석 및 판단을 위해서는 많은 경험을 필요로 한다. 이미지를 생성하는 프로세스의 판단을 요구한다. 라이다 반사강도 데이터는 지표면의 불침투성 매핑에 특별히 효과적이다.

**Inter Application Communication(IAC) 응용 프로그램 간 통신** IAC(Inter Application Communication)를 참조.

**Inter LIS 토지 정보 체계 자료 교환 언어** 토지 정보 체계의 자료 기술 언어로 만들어졌으며, 토지 정보 체계들 간에 교환 가능하도록 자료 모형과 전반적인 자료 배열을 기술하는 데 사용되는 자료 기술 언어를 말한다.

**Inter Process Communication(IPC) 프로세스간 통신** IPC(Inter Process Communication)를 참조.

**Inter Record Gap(IRG) 레코드 간격** IRG(Inter Record Gap)를 참조.

**Inter Working Function 망간 접속 함수** 이동 교환기로부터 인터넷과 패킷 교환망으로 연결하기 위한 장비로, 교환기에서 신호를 수신하여 회선 데이터를 패킷 데이터로 상호 변환하는 기능을 수행한다.

**Interaction 상호 작용** 특별한 활동에 대하여 기점과 목적지 사이에 발생되는 산출된 여행의 수 측정. 상호 작용은 여행을 발생시키는 기점의 성질, 여행을 끌어들이는 목적지의 성질, 그리고 그것들 사이의 여행비용에 의존한다.

**Interactive 대화식** 컴퓨터와 프로그램에서 현재 자신이 담당하고 있는 작업을 실행하는 도중에 사용자로부터 새로운 요청을 받아들여 작업을 처리하는 방식. 운영자가 명령어를 입력하면 컴퓨터는 입력이 완료되자마자 결과물을 생성하면서 즉시 반응한다.

**Interactive Communication Links 대화식 자료 통신** 시스템은 대화식 통신을 원활히 하기 위하여 고속 통신을 이용하여 곧바로 연결될 수 있다. 이러한 가정 하에 프로그램이나 프로세서는 Peer-to-Peer 모드에서 다른 체계에 대화식으로 작용할 수 있다. 프로그램이 실행되면서 자료를 필요로 할 때, 자료 파일 전체가 아닌 데이터베이스의 레코드가 전송된다는 점이 중요하다. AM/FM/GIS 처리는 AM/FM/GIS와 다른 동등한 체계 사이에서 공유될 수 있다. 이 자료 전송 기법은 가장 정교하며, 상당한 수준의 응용 개발, 복잡한 네트워크 조작 소프트웨어, 그리고 국지 네트워크에서 주로 사용하는 고속의 통신 회신을 필요로 한다.

**Interactive Digitising 대화형 디지타이징** 일반적으로 질문-응답의 상호 작용 형태로 대화(상호 작용)가 조작자와 컴퓨터 사이에 발생하는 디지타이징 방법을 말한다.

**Interactive Editing 대화식 편집** 데이터 편집 중에 지도나 데이터를 표현하는데 사용되는 편집 인터페이스의 한 형태. 이 방법은 데이터베이스 안에서 발생하는 어떤 편집이라도 즉각적으로 결과를 볼 수 있다.

**Interactive Graphic 대화식 도형** 대화식 방법으로 수행되는 컴퓨터 도형. 즉, 사용자가 키보드 · 마우스 · 펜 · 타블릿 등과 같은 입력 장치를 사용하여 도형 정보를 전달하면 컴퓨터에서는 이러한 작업에 해당되는 도형 정보를 화면에 표시한다.

**Interactive Graphics Design Software(IGDS) 대화식 도형 설계 소프트웨어** IGDS(Interactive Graphics Design Software)를 참조.

**Interactive Graphics System 대화식 도형 체계** 중앙 컴퓨터와 오퍼레이터가 지도나 도표를 대화적으로 작성할 수 있도록 몇 대의 워크스테이션으로 구성된 컴퓨터 체계를 말한다.

**Interactive Mapping Korea(IMKorea)** IMKorea(Interactive Mapping Korea)를 참조.

**Interactive Processing 대화식 처리** 즉각적인 실행과 작업이 완료된 즉시 출력물을 받을 수 있도록 중앙 처리 장치에 사용자가 직접 명령을 내리는 처리 형태로 처리 작업이 완료되기 전에 사용자가 오류를 찾아서 고칠 수 있도록 컴퓨터의 처리 작업을 영상면에 나타내는 컴퓨터 사용 방식이다.

**interactive storytelling 인터랙티브(상호 교감형) 스토리텔링** 게임 디자이너 크리스 크로포드가 제안한 인터랙티브 엔터테인먼트의 한 종류로, 컴퓨터의 상호작용성을 이용한 서사의 한 형태이다.

**Interactive whiteboard 양방향 보드** 대형 터치스크린 같은 것으로 컴퓨터와 접속되어 있어 디스플레이와 웹 접속 및 데이터베이스 접근이 가능한 양방향 보드(interactive board)를 말한다.

**Interal Scale 간격 축척** 객체의 상대적인 위치 및 다른 객체간의 거리의 양방을 기술하기 위해 사용되는 1개 이상의 표준적인 간격 및 원점을 부여하는 척도를 말한다.

**Inter-American Development Bank(IDB) 미주 개발 은행** IDB(Inter-American Development Bank)를 참조.

**Interaxial Distance 축간격** [영상] 인간의 안간(Interocular)을 모방한 카메라 광축(Optical Axis) 사이의 거리를 지칭하며 외국의 경우 Interaxial Distance, Interaxial Spacing, Interaxial Separation 등의 용어로 사용된다. 한국에선 축간거리, 이격거리, 유격거리, 양안거리 등으로 사용되고 있다.

**Intercept 끊는 점, 절편** 독립 변수가 0일 때 종속변수의 값이다.

**Inter-Departmental Group on Geographic Information(IGGI) 아이지지아이** IGGI(Inter-Departmental Group on Geographic Information)를 참조.

**Interest Object 주피사체** 입체영화의 촬영 시 0점이 되는 피사체. 관심피사체라고도 불리며 스테레오그래퍼는 하나의 쇼트를 해석하여 주피사체를 설정하고 0점을 지칭하게 된다.

**Interface 인터페이스, 접속** 둘 이상의 기기를 연결할 경우에 필요한 각종 장치·절차·기술 혹은 그것들의 규격으로서 서로 다른 두 기능 사이에서 서로 대화하는 방법. 즉, 사람이 컴퓨터를 사용하는 방식을 사람-기계 인터페이스라고 한다. 컴퓨터에서 마우스·키보드·모니터 등과 같은 주변 장치를 사용하기 위해서는 표준화된 방법으로 컴퓨터와 주변 장치가 대화를 해야 하는데 이러한 상호간의 대화방식을 인터페이스라고 한다. Graphical User Interface, Comm-and-Line Interface를 참조.

**Interface Class 접속 클래스** 한 요소의 행동을 특징화한 오퍼레이션의 집합을 말한다.

**Interface Definition Language(IDL) 인터페이스 정의 언어** IDL(Interface Definition Language)를 참조.

**Interface Design 인터페이스 디자인** 일반 사용자들이 컴퓨터 시스템 또는 프로그램에서 데이터 입력이나 동작을 제어하기 위해 사용하는 명령어 또는 기법들을 설계하는 것. 사용자가 컴퓨터나 프로그램과 의사소통을 하고 쉽고 편리하게 사용할 수 있도록 하는 것이 목적이다. 인간과 가상공간의 정보를 가장 확실하게 빨리 연결하는 효과적인 방법, 즉 보이지도 인지하지도 못하는 정보를 인지하고 활용할 수 있도록 인간의 오감과 연결시키는 방법이다.

**Interface Specification(IS) 인터페이스 사양서** IS(Interface Specification)를 참조.

**Interference 간섭** 2개 이상의 파동이 겹쳐질 때 나타나는 현상을 말한다.

**Interference Filter 간섭 필터** 반사시킴으로써 차단하는 필터를 말한다.

**Interferometer 간섭계(干涉計)** ① 두 점간의 기선을 3차원으로 cm정도로 관측하는 방법으로 1,000km 정도까지 사용할 수 있다. VLBI와 유사하나 초장거리의 관측에는 정도가 VLBI에 비하여 떨어진다. 그러나 장비가 간단하고 가벼워서 이동하면서 관측이 가능하기 때문에 측지측량 및 지각변동 조사에 적용할 수 있다. ② 2개의 인접한 파장의 간섭을 이용하여 계산하는 과정. 레이더 영상의 경우에 있어서는, 영상에 대한 2개의 다른 경로가 유도될 수 있다. InSAR 응용에 있어서, 간섭은 DEM을 생성하는데 사용되어진다.

**Interferometric SAR(IFSAR) 간섭계 합성 개구 레이더** IFSAR(Interferometric Synthetic Aperture Radar)를 참조.

**Interferometric Synthetic Aperture Radar(IFSAR) 간섭계 합성 개구 레이더** IFSAR(Interferometric Synthetic Aperture Radar)를 참조.

**Intergovemmental Committeeon Surveying and Mapping (ICSM) 호주 측량 및 지도제작 위원회** ICSM(Intergovemmental Committeeon Surveying and Mapping)를 참조.

**Intergraph 인터그래프** 미국의 알라바마 헌스빌에 있는 인터그래프사는 CAD/CAM/CAE 그리고 GIS/AM-FM을 위한 컴퓨터그래픽 시스템을 전문적으로 다루는 소프트웨어 개발, 하드웨어 제조, 서비스를 제공한다. 인터그래프의 GIS/AM-FM 제품은 4가지의 기본적인 GIS 작업 흐름 단계를 갖는다. 자료 획득과 입력, 자료 조작과 관리, 자료질의 및 분석, 프리젠테이션 등의 서비스를 제공한다.

**Intergraph Graphic Design System(IGDS) 인터그래프 도형 설계 체계** IGDS(Intergraph Graphic Design System)를 참조.

**Intergrated Development Environment(IDE) 통합 개발 환경** IDE(Intergrated Development Environment)를 참조.

**Intergrated Geographic Information System(IGIS) 통합 지형 공간 정보 체계** IGIS(Intergrated Geographic Information System)를 참조.

**Integrity 무결성** [데이터베이스] (1) 개체 무결성: 릴레이션에서 기본 키를 구성하는 속성은 널(NULL) 값이나 중복값을 가질 수 없다. 예 : '학생' 릴레이션에서 '학번'이 기본 키로 정의되면 튜플을 추가할 때 '주민번호'나 '성명' 필드에는 값을 입력하지 않아도 되지만 '학번' 속성에는 반드시 값이 입력되어야 함. 또한 '학번' 속성에는 이미 한 번 입력한 속성 값을 중복하여 입력할 수 없다. (2) 참조 무결성 : 외래키 값은 NULL이거나 참조 릴레이션의 기본 키 값과 동일해야 함. 즉, 릴레이션은 참조할 수 없는 외래 키 값을 가질 수 없다. 예: '수강' 릴레이션의 '학번' 속성에는 '학생' 릴레이션의 '학번' 속성에 없는 값은 입력할 수 없다.

**Intergrity Monitor 무결성 감시국** 정확한 위치에 고정된 MSK 무선비컨 수신기와 디퍼런셜 수정 신호를 수신할 수 있는 GPS수신기로 구성되어 있으며 수정된 GPS 위치를 실제 위치와 비교하여 수정 방송이 허용오차 이내에서 제대로 동작되고 있는지 감시한다.

**Interior 내부** 기하 객체상에 있으나, 그 경계상에 없는 전체 직접위치의 집합. 위상 객체 내부는 그 기하학적 실현 내부와 준동(準同)형인 형상이다. 이것은 위상기하학의 정리(Theorem)로부터 유도되기 때문에 정의에는 포함하지 않는다.

**Interior Area 내부 지역** 경계를 포함하지 않는 순수한 내부 지역의 면적을 말한다.

**Interior of a Geometric Object 기하 객체 내부** 기하학적 객체의 경계 위가 아니라 기하학적 객체 상에 있는 모든 직접적 위치의 집합을 말한다.

**Interior Orientation 내부 표정(內部 標定)** 촬영 당시의 광속의 기하 상태를 재현하는 작업으로 기준점 위치, 렌즈의 왜곡, 사진기의 초점거리와 사진의 주점을 결정하여 부가적으로 사진의 오차(optic distortion)를 보정하여 사진 좌표의 정확도를 향상시키는 것을 말한다.

**Interior Planet 내혹성** 지구보다 안쪽을 돌고 있는 혹성(유성)으로서 수성과 금성을 말한다.

**Interlace 인터레이스, 엇갈림** 필드 순차 또는 렌티큘라 방식에서, 3D를 이루는 두 이미지를 잘게 분할한 뒤 조각들을 번갈아 배치하여 섞는 것을 말한다.

**Interlace Scan 비월 주사(飛越 走査), 격행 주사(隔行 走査), 건너뛰기 주사** [영상] 하나의 이미지 프레임에서 수평라인의 반만을 표시하는 방법이다. 즉, 하나의 프레임을 2개의 필드로 나누어 순차적으로 번갈아가면서 화면에 이미지를 표시하는 것으로서, 화면을 출력할 때 홀수 필드(odd field)와 짝수 필드(even field)를 번갈아 가면서 화면에 출력하게 된다. 이렇게 출력하면 사람 눈의 착시 현상으로 인해 2개의 필드가 동시에 인식되어 온전한 프레임을 받은 것처럼 느끼게 된다. NTSC 비디오 시그널 화면의 경우 일련의 수평주사선을 따라 차례로 주사된다. 텔레비전에서 기존의 6MHz 대역폭에 525 또는 625개의 주사선으로 형성된 화면(frame)을 초당 최대로 전송할 수 있는 화면수를 일컬어 매초 화면수라고 하는데 주사선이 525라인일 경우 초당 화면수는 30프레임이고, 625라인일 경우 초당 화면수는 25장이다. 그러나 1초에 30 또는 25 프레임을 전송할 경우 콘트라스트가 강한 화면에 대해 깜박거림(flicker)이 느껴져 자연스럽지 못하므로, 화면을 출력할 때 홀수 필드(odd field)와 짝수 필드(even field)를 번갈아가면서 화면에 출력하게 되면 동일한 주파수 대역 내에 초당 화면수만 2배로 증가하여 60 또는 50 장의 화면(field)을 형성하기 때문에 깜박거림이 없는 화면을 얻게 되는데 이러한 방식을 일컬어 비월주사(Interlaced Scanning)라고 한다. 결국 525주사선 TV에서 초당 화면 수는 30프레임(60 필드)이고 625주사선 TV에서 매초 화면 수는 25프레임(50 필드)이다. Scanning, Field 참조.

**Interlacing Triangles 교호 삼각형** 사변형쇄 또는 사변형망이라고도 한다.

**Intermediate Contour Line 주곡선(主曲線)** 지형을 나타내는 기본 등고선으로서 가는 실선으로 표현한다. 1:10,000 축척 지형도에서는 높이 5m 간격으로, 1:25,000 지형도에서는 높이 10m 간격으로, 1:50,000 지형도에서는 높이 20m 간격으로 표현한다.

**Intermediate Grade Artificer 중급 기능사** 기능사의 자격을 가진 자로 3년 이상, 전문대학 졸업 후 2년 이상, 고등학교 졸업 후 5년 이상 해당분야의 측량 업무를 수행한 자이다.

**Intermediate Grade Engineer 중급 기술자** 측량 및 지형공간정보기사의 자격을 가진 자로서 4년 이상 측량 업무를 수행하거나, 측량 및 지형공간정보산업기사의 자격을 가진 자로서 7년 이상 측량 업무를 수행한 자이다. 또는 석사취득 후 3년 이상, 학사취득 후 6년 이상, 전문대학 졸업 후 9년 이상, 고등학교 졸업 후 12년 이상 측량 업무를 수행한 자이다.

**Intermediate Node 중간 절점** 선이 끝점이 아니면서 선을 연결시키는 점을 말한다.

**Intermediate Peg 중간 말목** 기선척보다 어느 정도 짧은 위치에 차례차례 박아가는 말뚝을 말한다.

**Intermediate Point(IP) 중간점(中間點)** IP(Intermediate Point)를 참조.

**Intermittent Stream 간헐천** 우기에는 물이 흐르다가 건기에는 흐르지 않는 하천. 지도에는 연중 6개월 이하의 기간 동안만 물이 흐르는 하천을 간헐하천으로 분류하여 표시한다.

**Intermodal Suface Transportation Efficiency Act(ISTEA) 미국 종합 육상 교통 촉진법** ISTEA (Intermodal Suface Transportation Efficiency Act)를 참조.

**Internal Base 내측 기선** Zeiss의 평행사변형 기구를 갖는 도화기에 있어서 좌우 투사기의 영 규정의 위치로서 내측에 좌우 카메라 배열을 촬영 시와 같은 상태로 장치한 때의 기선을 말한다.

**Internal Conversion 내부 변환** 내부 장비의 사용, 그리고 내부 인원에 의해서 수행된 자료의 변환을 말한다.

**Internal Data Structure 내부 자료 구조** 자료 체계 내에서의 조직, 특히 자료 요소들 간의 참고적 연결을 말한다.

**Internal Exposure 내부 피폭(內部被爆)** [방사선] 사람의 신체 내부에 유입되어 체내에 존재하는 방사성핵종으로부터 방출되는 방사선에 의한 피폭을 말한다(「방사선방호 등에 관한 기준」 제2조 제2호).

**Internal Focussing 내부 조준경(內部 照準鏡)** 초망원 렌즈나 일부 AF용 렌즈에 많이 쓰이는 초점조절 기구이다. 초점거리가 긴 망원 렌즈에서는 초점조절을 위한 헬리코이드가 크고 길어짐과 동시에 렌즈 역시 크게 신축되므로 조작상 어려움이 따른다. 때문에 렌즈 구성상의 대물 초점측은 움직이지 않고, 렌즈 구성에서 말하는 중앙부의 렌즈를 전후로 이동시킴으로써 초점을 맞추도록 고안된 방식이다.

**Internal Focussing Telescope 내부 집중식 망원경** 외부 집중식의 결점을 보완한 망원경을 말한다.

**Internal Forces 내력(內力)** 부재 혹은 구조체의 일부분에 발생되는 힘 또는 우력(偶力, Couple Forces)을 말한다. 작용, 반작용 법칙에 의해서 부재의 한부분이 나머지 다른 부분에 대해 항상 크기가 같고 방향이 반대인 한 쌍의 힘이 존재한다. 내력은 상쇄되기 때문에 전체 평형방정식에서는 나타나지 않는다. 우력(偶力)은 크기가 같고 서로 평행으로 작용하지만 방향이 반대인 두 힘을 말한다. Couple Forces, External Forces를 참조.

**Internal Format 내부 형식, 내부 포맷** 소프트웨어가 자체적으로 프로그램 내에 자료를 저장하도록 하고, 다른 수단에 의한 사용에는 적합하지 않도록 한 GIS 자료형식을 말한다.

**Internal Identifier 내부 식별자** 구조화 자료에서 그 속에 포함된 점・선・면을 임의적으로 식별하기 위하여 구조체마다 붙여진 내부적인 번호. 이 번호는 구조체 내의 각 파일에 포함된 자료 상호의 대응 붙임에 이용된다.

**Internal Location Based Business 국내 위치정보사업자** 전기통신설비를 통해 위치정보를 수집하여 위치기반서비스사업자에게 제공하는 사업자로 통신사/포탈/단말제조사 등이 이에 해당, 애플도 국내 위치정보사업자이다.

**Internal Memory Unit 내부 기억장치** 인간의 개입 없이 컴퓨터에 의해서 직접 제어되는 기억장치를 말한다.

**Internal Protocol(IP) 인터넷 규약, 아이피** IP(Internal Protocol)를 참조.

**Internal Schema 내부 스키마** 물리적 저장 장치의 관점에서 본 전체 데이터베이스의 명세로서 개념 스키마의 물리적 구조에 대한 정의를 기술한 것이다.

**Internal Waters 내수** 직선기선 방식으로 영해를 설정할 경우 그 직선기선과 육지 사이의 해역을 내수라 하며, 이는 내륙의 호수나 강과 같은 법적 지위를 가진다(「유엔해양법협약」 제8조).

**International Artic Science Council(IASC) 국제 북극과학 위원회** IASC(International Artic Science Council)를 참조.

**International Association of Geodesy(IAG) 국제 측지 학회** IAG(International Association of Geodesy)를 참조.

**International Astronomical Union(IAU) 국제 천문학 연합** IAU(International Astronomical Union)를 참조.

**International Atomic Time(TAI) 국제 원자시** TAI(International Atomic Time)를 참조.

**International Bureau of Measure and Weight 국제 도량형국** 1/4지구 자오선 길이의 천만분의 1에 해당하는 길이를 1m로 1889년 미터 원기를 제작하였다.

**International Cartographic Association(ICA) 국제 지도 학회** ICA(International Cartographic Association)를 참조.

**International Celestial Reference Frame(ICRF) 국제 천구 좌표계, 국제 천문기준 좌표계** ICRF(International Celestial Reference Frame)를 참조.

**International Celestial Reference System(ICRS) 국제지구자전관리국 천문기준체계** ICRS(International Celestial Reference System)를 참조.

**International Chart 국제해도** 국제 항해에 편리하도록 국제적으로 통일된 해도로서 1972년 국제수로기구의 협정에 의해 축척 1/350만 및 1/1000만의 2종으로 전 세계의 주요한 해역을 포함하여 간행되었다. 간행국가의 해도번호(흑색)의 아래쪽에 국제번호를 기재하여 국내해도와 구분한다. 우리나라는 국립해양조사원에서 간행하고 있다.

**International Charter on Space and Major Disaster 국제 재난 기구** 이 조직은 자연재해가 발생했을 때 자국의 지구관측 위성을 우선적으로 제공하는 국제협력기구이다. 1999년 7월 유럽우주국(ESA, Europe Space Agency)과 프랑스 우주기구(CNES, Centre National d'Etudes Spatiales)가 제안하고, 2000년 10월 캐나다 우주기구(CSA, Canadian Space Agency)가 서명하면서 11월 1일부터 활동을 개시했다. 발족 이후 100여개 이상의 국가에서 월 평균 2건 정도의 위성정보를 제공하여 피해 복구지원 등에 기여해왔다. 현재 총 17개의 광학위성과 3개의 레이더위성을 활용하고 있다. 기관회원은 유럽 우주국(ESA), 프랑스 우주국(CNES), 캐나다 우주국(CSA), 미국 국가해양대기국(NOAA), 인도 우주연구소(ISRO), 아르헨티나 우주국(CONAE), 일본 항공우주탐사국(JAXA), 미국 지질조사소(USGS), DMC International Imaging(DMC), 중국 항천국(CNSA) 등 13개국이다.

**International Civil Aviation Organization(ICAO) 국제 민간 항공 기구(國際 民間 航空 機構)** ICAO(International Civil Aviation Organization)를 참조.

**International Codes of Signals 국제 신호서** 시각 및 무선전신에 의해 선박, 항공기 또는 육상과의 통신으로 사용할 수 있도록 국제신호들을 수록한 서적이다. 우리나라는 국리해양조사원에서 간행하고 있다.

**International Council of Scientific Unions(ICSU) 국제 과학 연합 본부** ICSU(International Council of Scientific Unions)를 참조.

**International Data Line 날짜 변경선** 지구상에서 날짜를 변경하기 위해 편의상 경도 180° 부근에 설정된 가상의 선. 이곳을 서에서 동으로 넘을 때는 날짜를 1일 늦추고, 동에서 서로 넘을 때는 날짜를 1일 앞당긴다. 날짜선 또는 일부변경선(日附變更線)이라고도 한다.

**International Earth Ellipsoid 국제 지구 타원체** 지구는 완전한 구형은 아니며 정확하게는 적도 반경이 극반경보다 약간 큰 타원체의 모양을 이루고 있다. 타원체는 장반경(a)과 단반경(b)에 의해 나타내어진다. 장반경과 단반경의 비율인 편평율(e)로 타원의 정도를 판단할 수 있다. 편평율은 장반경에서 단반경을 뺀 값을 장반경으로 나눈 값을 의미한다. 즉, $e=(a-b)/a$. 1800년대 이후 20여개의 서로 다른 반지름과 편평율에 대한 값이 발표되었으며, 약 11개 정도의 타원체 형상이 지도 제작의 기본 타원체로서 사용되었다. 반지름과 편평율이 서로 다르며 지구의 중력이 불규칙적이기 때문에 정확도와 곡률이 대륙에 따라 다소 다르게 나타나고 있다. 따라서 각 대륙 또는 국가마다 자신들의 지역에 맞는 지구의 모형을 지도 제작에 사용하여 왔다. 이를 지역타원체라 한다. 우리나라는 2010년 이전에는 Bessel 타원체를 국가기본도 제작의 기본 타원체로 사용하였다.

세계 각국마다 각기 상이한 지구타원체를 사용하여 측지계가 통일되지 않으므로 국제적으로 공동으로 사용하는데 불편이 있었다. 이와 같은 불편을 해소하고 세계 측지계의 통일을 기하기 위한 추천값을 "국제지구타원체"라 한다. 1924년 국제측지학 지구 물리학 연합(IUGG) 총회에서 국제적인 측량 및 측지작업에는 하나의 통일된 지구 타원체 값을 사용하기로 의결한 값을 말한다. 최근 인공위성에 의한 측량을 통해 보다 정확한 지구의 형상을 결정하게 되었으며, "광역 타원체" 또는 "국제 지구 타원체"라고 한다. 대표적인 광역타원체(국제 지구 타원체)에는 WGS84와 GRS80이 있다. 국제 지구 타원체는 "국제 기준타원체", "국제표준타원체" 또는 "준거 타원체", 즉 "Reference Ellipsoid"라고 하며, 어떤 특정위치에서 현실의 지구에 가장 잘 접합되는 지구 타원체로서 기준이 되는 타원체이며, 평면위치의 기준이 된다.

"GRS80(Geodetic Reference System 1980)"은 ITRF의 준거 타원체로서 IAG(국제측지학협회)와 IUGG(국제 측지학 및 지구 물리학 연맹)가 1979년에 채택한 것으로 현재 지구의 형상을 가장 잘 나타내고 있는 타원체이다. "WGS84" 타원체는 미국에서 군사 및 GPS 운영을 목적으로 채택한 것이다. 따라서 GRS80 타원체는 국제학술단체에서 정의한 것으로서 여러 나라에서 지도제작 및 측지측량용으로 널리 사용하고 있다. 우리나라는 GRS80 타원체를 사용하는 세계측지계를 도입하여 지도제작, 측지측량 등 많은 공공분야에서 활용하고 있다. WGS84와 GRS80 타원체는 제원이 거의 비슷하여 사용에 있어 그 차이가 무시될 수 있을 정도이다. International Geodetic Reference System 참조.

**■ 타원체별 주요 제원**

| 구분 | | 발표 연대 | 장반경 (적도반경) | 단반경 (극반경) | 편평율(e) |
|---|---|---|---|---|---|
| 광역 타원체 | WGS84 | 1984 | 6378137 | 6356752.3 | 1/298.257 |
| | GRS80 | 1980 | 6378137 | 6356752.3 | 1/298.257 |
| | WGS72 | 1972 | 6378135 | 6356750.5 | 1/298.26 |
| 지역 타원체 | Australian | 1965 | 6378160 | 6356774.7 | 1/298.25 |
| | Krasovsky | 1940 | 6378245 | 6356863 | 1/298.3 |
| | Internat'l | 1924 | 6378388 | 6356911.9 | 1/297 |
| | Clarke | 1880 | 6378249.1 | 6356514.9 | 1/293.46 |
| | Clarke | 1866 | 6378206.4 | 6356583.8 | 1/294.15 |
| | Bessel | 1841 | 6377397.2 | 6356079.0 | 1/299.15 |
| | Airy | 1830 | 6377563.4 | 6356256.9 | 1/299.32 |

**International Earth Rotation Service(IERS) 국제 지구 자전(회전) 관리국** IERS(International Earth Rotation Service)를 참조.

**International Electrotechnical Committee(IEC) 국제 전기 표준 회의** IEC(International Electrotechnical Committee)를 참조.

**International Ellipsoid 국제 타원체(國際 楕圓體)** International Earth Ellipsoid, International Geodetic Reference System을 참조.

**International Fisher Effect 국제 피셔 효과** 두 나라 사이의 금리 차이는 두 나라의 통화간에 예측되는 환율변동과 같다는 이론으로, 금리와 환율의 상호관계를 나타내주는 개념이다.

**International Geodetic Reference System(IGRS) 세계 측지계** IGRS(International Geodetic Reference System)를 참조.

**International Geosphere Biosphere Programme(IGBP) 국제 지도 생물권 계획** IGBP(International Geosphere Biosphere Programme)를 참조.

**International GNSS Service(IGS) 국제 위성항법시스템 관리국** IGS(International GNSS Service)를 참조.

**International Graphics Exchange Specification(IGES) 국제 도형 교환 사양** IGES(International Graphics Exchange Specification)를 참조.

**International Graphics Exchange System 국제 도형 교환 체계** CAD 체계의 수치형태 변환을 위한 ANSI 표준을 말한다.

**International Gravity Standardization Net(IGSN) 국제 중력 기준망(國際 重力 基準網)** IGSN(International Gravity Standardization Net)를 참조.

**International Hydrographic Organization(IHO) 국제 수로 기구** IHO(International Hydrographic Organization)를 참조.

**International Journal of Geographical Information Systems (IJGIS) 지아이에스 국제 저널** IJGIS(International Journal of Geographical Information Systems)를 참조.

**International Laser Ranging Service(ILRS) 국제 레이저 거리 관측 서비스** ILRS(International Laser Ranging Service)를 참조.

**International Map of World 세계 지도** 국제간의 서로 자유롭게 이용할 목적으로 작성된 국제적 규모의 지도. 국제 수로국 약정에 따른 해도와 국제 민간 항공기구의 국제항공도(WAC)가 있다.

**International Market Mechanism 국제 탄소시장 메커니즘** IMM(International Market Mechanism)을 참조.

**International Maritime Organization(IMO) 국제 해양 기구** IMO(International Maritime Organization)를 참조.

**International Maritime Satellite Organization(INMARSAT) 국제 해상 위성 기구** INMARSAT(International Maritime Satellite Organization)를 참조.

**International Meridian 국제 자오선** Greenwich Meridian, Prime Meridian를 참조.

**International Mobile Equipment Identity(IMEI) 단말기 국제고유 식별번호** IMEI(International Mobile Equipment Identity)를 참조.

**International Mobile Station Equipment Identity(IMEI) 휴대폰 고유 식별번호** IMEI(International Mobile Station Equipment Identity)를 참조.

**International Mobile Telecommunication-2000(IMT-2000) 국제 이동통신-2000, 제3세대 이동체 통신체계** IMT-2000(International Mobile Telecommunication-2000)을 참조.

**International Monetary Fund(IMF) 국제 통화 기금** IMF(International Monetary Fund)를 참조.

**International Office of Cadastre and Land Records(OICRF) 국제 지적 사무소** OICRF(International Office of Cadastre and Land Records)

**International Organization for Standardization 국제 표준화 기구** 국제 표준화 단체로서 스위스의 제네바에 본부를 두고 있는 ISO는, 생산자와 소비자의 편의를 도모하기 위하여 공업 상품 또는 서비스 분야에 관련된 국제 표준을 제안하고 있다. ISO TC 211은 GIS 관련 표준화 분과이다.

**International Organization for Standardization/Technical Committee211(ISO/TC211) 국제 표준화 기구 지리정보 전문위원회** ISO/TC211(International Organization for Standardization/Technical Committee211)를 참조.

**International Press Institute(IPI) 국제 언론인 협회** IPI (International Press Institute)

**International Polar Year(IPY) 국제 극지(極地)의 해, 국제 극지년** IPY(International Polar Year)를 참조.

**International Protection(IP) 방진방수 등급** IP(International Protection)를 참조.

**International Roaming 국제 로밍** 국제 로밍은 가입자들이 홈 통신망이 가능하지 않은 지역에서 전화를 받거나 걸 수 있도록 하는 것을 가능하게 하였다. 로밍 규약은 타국가 간의 Operator 사이에 서비스를 쉽게 할 수 있도록 한 것이다. 로밍 수입은 운영 수입의 총액에서 점점 중요한 부분을 차지하고 있다.

**International Society of Photogrammetry and Remote Sensing(ISPRS) 국제 사진측량 및 원격탐사 학회** ISPRS (International Society of Photogrammetry and Remote Sensing)를 참조.

**International Space Station(ISS) 국제 우주 정거장** ISS (International Space Station)를 참조.

**International Standardizaed Profile 국제 표준 규격 프로파일** 1개 이상의 프로파일을 정의하는 국제적으로 합의되고, 조화된 문서를 말한다.

**International Steering Committee for Global Mapping(ISCGM) 국제 지구 지도 제작 운영 위원회** ISCGM (International Steering Committee for Global Mapping)를 참조.

**International System of Unit(SI Unit) 국제 단위계, 에스아이 단위계** SI Unit(International System of Unit)를 참조.

**International Terrestrial Reference Frame(ITRF) 국제 지구 기준 프레임** ITRF(International Terrestrial Reference Frame Coordinate System)를 참조.

**International Terrestrial Reference Frame(ITRF) Coordinate System 국제 지구 기준 프레임 좌표계** ITRF Coordinate System을 참조.

**International Training Center(ITC) for Aerial Survey 사진측량 훈련소** ITC(International Training Center) for Aerial Survey를 참조.

**International Union for Surveys and Mapping(IUSM) 국제 측량 및 지도 제작 연맹** IUSM(International Union for Surveys and Mapping)를 참조.

**International Union of Geodesy and Geophysics(IUGG) 국제 측지학 및 지구 물리학 연맹** IUGG(International Union of Geodesy and Geophysics)를 참조.

**Internavi 인터내비** 일본의 혼다는 2002년부터 카 내비게이션과 통신을 융합한 텔레매틱스 서비스 '인터내비 프리미엄 클럽'을 시작했다. 이 시스템을 통해 보다 적극적인 친환경, 고연비 자동차의 구현을 실현하고 있다. 에너지 절약 루트, 최단거리 루트, 날씨·시간·계절 등을 고려한 경치가 좋은 루트를 선택해 쾌적한 드라이브를 즐길 수 있다. 인터내비의 기본 개념은 '세상에서 교통 정체를 없애고 싶다', '재해 정보를 미리 알아서 사전에 재해를 피할 수는 없는 가', '좀 더 풍요로운 드라이브를 즐기고 싶다', '좀 더 신나는 카라이프를 누리고 싶다'라는 구상에서 출발하여 향후 인터내비가 가지고 있는 구조나 콘텐츠를 활용하여 '자동차와 사회', '사람과 사람'이 모두 오픈되고 연결되어 삶에 도움이 되며 드라이브의 즐거움을 느낄 수 있는 가치 있는 정보 서비스를 제공하는 목표를 갖고 있다.

**Internet 인터넷** 인터넷은 컴퓨터로 연결하여 TCP/IP(Transmission Control Protocol/Internet Protocol)라는 통신 프로토콜을 이용해 정보를 주고받는 컴퓨터 네트워크이다. 1973년 TCP/IP를 정립한 빈트 서프와 밥 간이 '네트워크의 네트워크'를 구현하여 모든 컴퓨터를 하나의 통신망 안에 연결(Inter Network)하고자 하는 의도에서 이를 줄여 인터넷(Internet)이라고 처음 명명하였다. 이후 인터넷은 "컴퓨터가 서버와 클라이언트로써 서로 연결되어 TCP/IP를 이용해 정보를 주고받게 되었다." 미국 국방성의 아파넷은 인터네트워크를 본격적으로 구축한 최초의 사례이다. 인터넷은 LAN 등 소규모 통신망을 상호 접속하는 형태에서 점차 발전하여 전 세계를 망라하는 거대한 통신망의 집합체가 되었다. 대중적인 월드 와이드 웹은 하이퍼텍스트 전송 프로토콜(HTTP)과 함께 사용되고, HTTP로 되어 있는 웹 페이지를 보기 위한 웹 브라우저로는 마이크로소프트의 인터넷 익스플로러, 모질라 재단의 모질라 파이어폭스 등을 이용한다. 인터넷 구축에 사용된 하드웨어와 프로토콜은 전화, 음악스트리밍, 영화스트리밍, 홈카라오키, 게임, 홈서버 등의 서비스를 그대로 구현하고 있다. 인터넷에 의해 사람들의 소통방식도 인스턴스 메시지, 인터넷 포럼, SNS 등으로 진화해 나갔다. 아웃렛이나 소규모 상인, 도매상의 영역에서도 온라인 쇼핑몰이 거대한 변화를 가져왔다. 인터넷을 통한 기업 간 거래와 금융서비스 등에 의해 전체 유통체계도 영향을 받게 되었다.

**Internet Bank 인터넷 전문 은행** 디지털 혁신에 따른 금융산업의 한 형태로서, 영업점 없이 인터넷과 ATM, 콜센터 등으로 금융서비스를 제공하는 은행이다. 은행은 대면(對面)에서 비대면

(非對面)으로 채널변화에 대응할 수 있고, 고객은 편의성과 접근성, 수익을 제고할 수 있으며, 정부는 새로운 경쟁도입으로 금융혁신을 제고할 수 있다. 금융고객의 'Mobility'와 'Instant Access'에 대한 기대는 점차 높아지고 있는 반면 전통 은행들은 이러한 니즈(needs)에 현실적으로 부합하지 못하고 있다. 이에 '핀테크 산업육성'을 위해 2015년에 '인터넷 전문은행'(KT컨소시엄의 K뱅크와 카카오뱅크)을 설립하였다. 인터넷전문은행은 고객 편의성과 접근성 니즈를 반영한 비대면 채널로의 영업 채널 확장 트렌트를 반영한 것이며, 전통 금융산업의 예대마진(loan-deposit margin) 위주의 수익구조에 대한 개혁의지가 반영된 것으로서, (1) 은행권에서는 핀테크와의 협업, 금융지주 계열사간 시너지 극대화, 산업특성을 접목한 비즈니스 설계 및 적용이 요구되며, (2) 비은행권에서는 은행의 전문성, 노하우를 단기간에 이전받을 수 있는 전통 은행과의 협업, 자동차·학자금·유통 등 모회사가 가진 비즈니스 특성을 활용한 차별화 노력이 요구된다. 인터넷전문은행의 정착을 위해서는 관련법 정비 및 규제 완화가 필요하다. Internet Primary Bank 참조.

**Internet Data Center(IDC) 인터넷 데이터 센터** IDC(Internet Data Center)를 참조.

**Internet Engineering Task Force(IETF) 인터넷 공학 업무 추진국** IETF(Internet Engineering Task Force)를 참조.

**Internet eXchange 인터넷 (상호접속)정산소** '신(新)전기통신설비 상호접속202기준'을 2016년 1월 1일 시행함으로서, 세계 최초의 '인터넷 상호접속정산소(IX 정산소)'가 가동하였다. 유선에 이어 무선도 인터넷 상호접속체계에 편입되었다. IX정산소 운영은 한국통신사업자연합회(KTOA)가 맡으며, 실제 트래픽을 측정하여, 테라바이트(TB)당 단가를 곱해 접속료를 구한다. 즉, 실제 쓴 만큼만 접속료를 내는 것이다. 지금까지는 용량기반 정액제였다. 접속료 계산공식인 '표준인터넷접속조건' 도입은 '도량형 통일'과 같은 의미다. 표준인터넷접속조건이 정한 공식에 따라 사업자 '등급(계위)'을 정하는데, 통신망 규모·가입자 수·트래픽 교환비율이 3대 기준이다. 하위 계위가 상위 계위에 접속료를 지급한다. 동일 계위 간에는 상호 정산한다.

**Internet GIS 인터넷 지아이에스** 인터넷을 통한 지리정보체계 서비스는 다양한 종류의 지리정보체계 자료를 통합 구축, 관리하며, 사용자에게 적합한 내용을 가장 편리한 방식으로 제공함으로써, 시스템 중심의 정보제공이 아니라, 서비스 내용의 효용성에 초점을 두어 지리정보체계 기존 사용자뿐만 아니라, 잠재적 사용자에게 편의를 제공할 수 있다.

**Internet Inter-ORB Protocol(IIOP) 인터넷 객체 요구 매개자간 프로토콜** IIOP(Internet Inter-ORB Protocol)를 참조.

**Internet of Everything 만물인터넷** IoE(Internet of Everything)를 참조.

**Internet of Things(IoT) 사물인터넷** IoT(Internet of Things)를 참조.

**Internet of Things Promotion Act 사물인터넷 진흥법** 이 법은 사물인터넷 진흥을 위한 기본 방향과 관련 정책의 수립·추진에 필요한 사항을 규정함으로써 사물인터넷 산업의 경쟁력을 강화하고 국민 경제의 발전에 이바지함을 목적으로 한다(「사물인터넷 진흥법」 제1조). 사물끼리 서로 인터넷망을 통해 정보를 주고받는 시대가 되었고, 헬스케어, 스마트시티, 스마트카 등 다양한 ICT융합 신산업이 차세대 경제성장 동력으로 떠오르고 있으나, 사물인터넷 전 영역에 걸쳐 전기통신사업법, 개인정보보호법, 위치정보법 및 의료법, 도로교통법 등이 충돌하는 등 사물인터넷 산업 진흥에 걸림돌이 되고 있다. 이에 세계 최초로 사물인터넷 산업 진흥에 위한 법률안 제정을 위한 입법 공청회를 2015.12.25. 개최하여, 입법을 추진하였다.

**Internet Only Bank 인터넷 전문은행** Internet Primary Bank를 참조.

**Internet Personal Identification Number(i-PIN) 아이핀** i-PIN(Internet Personal Identification Number)를 참조.

**Internet Phone 인터넷 전화** 인터넷 폰이라는 보컬텍사에서 개발한 소프트웨어를 가지고 인터넷에 연결되어 있는 사용자들과 음성으로 대화를 나누는 것. 즉, 이것은 인터넷을 통한 실시간 음성 대화가 시내전화 요금만으로 가능하다는 것을 의미한다.

**Internet Primary Bank 인터넷 전문은행** 점포를 통한 대면거래를 하지 않고 인터넷(PC/모바일)을 주요 영업채널로 활용하는 무점포 비대면거래 방식의 은행이다. 미국, 일본 등의 경우 도입초기에는 완전 무점포형의 인터넷 전문은행이 주로 설립되었으나, 점차 ATM기 확충, 인터넷카페 및 Kiosk 운영, 심지어 영업점 한두 개 운영 등 오프라인 채널도 일부 활용하는 형태들도 등장하기 시작했다.

인터넷 전문은행은 운영형태에 따라 몇 가지로 나뉜다. 지점이 전혀 없이 별도 법인으로 운영되는 형태를 '순수 인터넷 전문은행

(Internet Only Bank)' 또는 '가상은행(Virtual Bank)'이라 하며, 기존 은행이 별도의 브랜드와 사업부를 만들어 인터넷뱅킹을 운영하는 형태를 '독자브랜드 인터넷 전문은행(Tradename Internet Bank)'이라 한다. 미국 통화감독청(The Office of the Comptroller of the Currency, OCC)은 인터넷 전문은행을 (1) 무점포 순수 인터넷 전문은행, (2) 인터넷을 위주로 제한된 숫자의 점포, ATM 기 등을 운영하는 형태, (3) 기존 은행이 제공하는 인터넷뱅킹 등 3가지로 구분하고 있다. 미국 통화감독청(OCC)에서는 "기존 은행이 제공하는 인터넷뱅킹"도 인터넷 전문은행의 한 종류로 분류하고 있으나, 우리나라에서 도입하고 있는 인터넷 전문은행의 개념은 별도법인 형태로 운영되는 형태만 포함한다. 따라서 인터넷 전문은행의 개념은 계좌 개설, 예금/출금, 대출, 결제 등 모든 은행 업무를 인터넷을 활용한 비대면 방식으로 진행하는 '별도법인'이다.

인터넷 전문은행의 경쟁력은 (1) 점포 운영비 절감, 유리한 예대금리 책정 가능 : 인터넷 전문은행이 기존 전통은행 대비 가질 수 있는 가장 큰 경쟁력은 오프라인 점포 운영비(인건비, 임차료, 수도광열비, 종이 등 재료비)를 절감하여 기존 은행보다 유리한 예대금리를 책정할 수 있다는 점, 즉 점포 운영비 절감을 통해 일반 시중은행 대비 예금금리는 높게, 대출 금리는 낮게 책정함으로써 고객을 유인할 수 있다는 점이라 하겠다. (2) 시간적, 공간적 제약 극복 : 인터넷 전문은행의 또 다른 경쟁력은 오프라인 점포 중심의 기존 은행과 달리 시간적, 공간적 제약이 거의 없다는 점이다. 인터넷 전문은행은 인터넷을 통한 영업이기 때문에 고객은 365일 24시간 그리고 어느 지역에서나 인터넷(PC/모바일) 홈페이지에 접속하여 손쉽게 은행 서비스를 이용할 수 있다. 그리고, 직접 지점을 찾아갈 필요도 대기시간을 기다릴 필요도 없다는 점도 신속성, 편리성 등 고객 편익 측면에서 유리한 요소이다. (3) 빅데이터를 활용한 고객주도형 맞춤형 서비스 가능: 고객주도형 맞춤형 서비스를 통해 고객의 권한이 강화될 수 있다는 점도 인터넷 전문은 행의 장점 중 하나이다. 고객이 점포를 직접 방문하여 은행직원으로부터 각종 금융상품에 대한 상담이나 서비스를 받는 기존 은행과는 달리 인터넷 전문은행은 고객 스스로 홈페이지를 통해 직접 금융상품을 검색하고 은행 업무를 처리하는 셀프서비스 시스템이다. 따라서 은행은 고객의 금융서비스 이용 빅데이터가 축적되면 고객별 신용, 선호 상품 등을 구분하여 차별적인 서비스를 제안할 수도 있을 것이다.

**■ 기존은행과 인터넷 전문은행 비교**

| 구분 | 기존은행<br>(Traditional Bank) | 인터넷 전문은행<br>(Internet Primary Bank) |
|---|---|---|
| 대면 채널 | • 점포(Branch) : 핵심채널, 창구 중심 영업<br>- 점포 역할 점점 약화 추세<br>- 한국의 은행 점포수도 가파른 감소세 | • 점포(Branch) : 기본적으로는 무점포<br>- 고객서비스 차원의 최소한의 점포 운영<br>- 고객센터 등 |
| 비대면 채널 | • 인터넷뱅킹 : 보조채널<br>• 콜센터<br>• ATM : 직접운영 | • 인터넷뱅킹(PC/모바일) : 핵심채널<br>• 콜센터<br>• ATM : 소수 직접운영 / 기존은행 ATM 망 활용 |
| 금융 서비스 | • 모든 금융서비스(Full Banking) 제공<br>- 대면/비대면 채널 모두 활용<br>- 특별한 금리/수수료 우대 없음 | • 은행마다 금융서비스 특화<br>- 대체로 소매금융 특화 서비스<br>- 운영비 절감으로 금리/수수료 우대 |
| 운영 시간 | • 점포 운영시간 : 평일 오전 9시 ~ 오후 4시 | • 365일 24 시간 |
| 경쟁력 | • 대면서비스를 통한 전문성 | • 비용절감 통한 금리 및 수수료 우대 |

(자료: 우리금융경영연구소, KB 금융지주 경영연구소, 이베스트투자증권 리서치센터)

인터넷 전문은행은 기존 은행 대비 경쟁력 요소도 갖추고 있고 은행산업 전반적으로도 건전한 경쟁을 촉진할 수 있는 등의 긍정적인 기대효과도 있지만, 동시에 과다 출혈경쟁 가능성, 부실화 우려, 기존 은행의 인터넷뱅킹/모바일뱅킹과 서비스 중복 문제 등 부정적 영향에 대한 우려 요소도 있다.

**■ 인터넷 전문은행의 도입에 따른 기대효과**

| 긍정적 효과 | 부정적 영향 |
|---|---|
| (1) 점포 운영비 등 비용절감에 의한 경영성과 개선<br>(2) 금리 및 수수료, 접근성 측면에서 소비자 효용 증대<br>(3) 은행간 적정수준 경쟁 촉진<br>- 신상품 개발 촉진<br>- 은행간 서비스 차별화 · 다양화 촉진<br>- 인터넷뱅킹 등 금융기술 발전 촉진 | (1) 설립초기 수익모델 취약 시 부실화 우려<br>(2) 진입확대에 따른 과잉공급(Over Banking) 가능성 - 과다경쟁으로 수익성 저하 가능성<br>(3) 은행산업의 신인도 하락 가능성<br>(4) 차별적 서비스, 상품 개발 실패 시 기존 은행의 인터넷뱅킹 등 금융기술 발전 촉진 인터넷뱅킹/모바일뱅킹과의 서비스 중복 문제 봉착 |

(자료: 한국금융연구원, 이베스트투자증권 리서치센터)

우리나라에서는 2015년 11월 29일 인터넷 전문은행의 첫 사업자로 카카오의 "한국카카오은행" 컨소시엄과 KT가 이끄는

"케이뱅크 컨소시엄"이 선정됐다. 금융위원회는 외부평가위원회의 평가의견을 고려해 케이(K)뱅크와 카카오은행 등 2곳에 인터넷 전문은행 예비인가 결정을 내렸다. 우리나라의 인터넷 전문은행 인가는 1992년 평화은행 이후 23년 만에 은행시장에 신규사업자를 선정한 것이다.

**Internet Protocol(IP) Address 아이피 주소, 인터넷 규약 주소** IP(Internet Protocol) Address를 참조.

**Internet Protocol TV(IPTV) 인터넷 프로토콜 텔레비전** IPTV (Internet Protocol TV)를 참조.

**Internet Protocol Version 6(IPv6) 인터넷 프로토콜 버전 6** IPv6(Internet Protocol Version 6)를 참조.

**Internet Service Provider(ISP) 인터넷 서비스 공급자** ISP (Internet Service Provider)를 참조.

**Internet SOCiety(ISOC) 인터넷 협회** ISOC(Internet SOCiety)를 참조.

**Internet Web Browser 인터넷 웹브라우저** 인터넷의 웹페이지를 볼 수 있도록 하는 소프트웨어이다. 우리나라는 인터넷 익스플로러라는 웹브라우저를 가장 많이 쓰지만, 생각보다 다양한 웹브라우저가 있다.

**Internet(Smart Phone) Addiction 인터넷(스마트폰) 중독** 인터넷(스마트폰)을 과다하게 사용해 인터넷 사용에 따른 금단과 내성을 지니고 있으며, 이로 인해 일상생활에 장애가 유발되는 상태를 말한다.

**Internetwork Packet Exchange(IPX) 통신망 간 패킷 교환** IPX (Internetwork Packet Exchange)를 참조.

**Interocular 안간(眼間)** 눈과 눈 사이의 거리를 뜻한다. 6.3cm가 평균값. 눈의 위치에 따른 관찰 각도의 차이를 뜻하는 시차(Parallax)와 비슷한 의미로 쓰기도 한다.

**Interoperability 상호 운용성** 다양한 환경에서 2개 혹은 그 이상의 어플리케이션 또는 프로세스가 정보를 의미 있게 교환할 수 있는 능력을 의미한다. 이러한 요구를 바탕으로 다양한 GIS 소프트웨어 및 자료의 형식, 어플리케이션간의 공통적인 채널을 확보함으로써 그 편리함과 효율성은 매우 높다.

**Interoperable Procedure 호환성 관계** GIS는 특정 환경에서만 상호 정보가 가능한 것이 아니라, CAD·컴퓨터 도형·영상 처리·수치 표고 모형 등과 같은 상이한 이기종 간에도 정보 공유가 가능하도록 기능들이 상호 호환이 되도록 잘 구축되어야 한다.

**Interpolation 보간법(補間法)** ① [자료처리], [영상처리] 보간은 미지점 주변의 자료를 이용하여 미지점의 값을 결정하는 방법을 말한다(「항공레이저측량 작업규정」 제2조 제8호). 즉, 자료 $(x_0,y_0),(x_1,y_1),\cdots,(x_n,y_n)$가 주어진 경우, 자료의 점들을 유연하게 연결하여, 그 중간의 점이나 구간 이외의 점을 구해야 할 경우가 있다. 구간 $x_0 < x < x_n$ 내에서 미지의 점(들)에 대한 값을 구하는 것을 '내삽(內挿, interpolation)' 또는 '보간(補間)'이라고 하며, x가 주어진 구간 이외인 경우는 '외삽(外挿, extrapolation)'이라고 한다. Linear Interpolation, Ferguson Curve, Hermite Interpolation, Newton Interpolation, Lagrange Interpolation, Spline Interpolation, Bezier Curve, Cardinal Spline, Cubic Spline Curve, Patch Surface, B-Spline, NURBS를 참조.

② 이산(離散, discretized)된 점들로부터 연속적인 표면을 만들기 위해 일반적으로 사용되는 GIS기법이다. 실세계의 많은 현상들은 연속적이다. 즉, 해발고, 토양, 온도 등을 분석을 하기 위해 이러한 표면을 모델로 만들려면 표면 전체에 대해 측정값을 얻어내는 것은 불가능하다. 따라서 현장조사시 일부 다양한 점 데이터를 얻어내고 '보간법'이라고 하는 과정에 의해 중간값을 취한다. GIS SW에서는 내장된 'Interpolation plugin'을 사용해서 보간을 할 수 있다.

**Interpolation Computation 보간 계산(補間 計算)** 직선이나 원호로 표시되는 도형을 8개의 벡터로 해석하는 계산을 말한다.

**Interpolation Method 보간법** 곡선 상에 놓여 있는 직접 위치 좌표들 사이에서 임의의 공간적인 위치 값을 유도하는 과정을 말한다.

**Interposition 간섭** [영상] 겹침(overlapping)이라고도 하는 간섭은 한 물체가 다른 물체를 가리거나 그 위에 겹쳐질 때 일어나는 특성이다. 다시 말해 대상물의 상대 깊이를 결정하는 중요한 요소로 작용된다. 한 물체가 다른 물체에 겹쳐져 있다고 할 때 부분적으로 가려져 있는 대상물은 보는 사람으로부터 멀리 있는 것으로 인식되며 다른 대상물들을 가리는 대상물은 더 가까이 있는 것처럼 느껴지게 되는 것이다. 즉, 물체의 깊이를 결정할 수 있게 해주는 요소인 것이다.

**Interpretation 판독(判讀)** 사진화면으로부터 얻어진 여러 가지 정보를 목적에 따라 적절히 해석하는 기술로서 이것을 기초로 하여 종합 분석함으로써 지표면의 형상, 지질, 식생, 토양 등의 연구 수단으로 이용하고 있다.

**Interpretation Element 판독 요소** 사진판독 요소는 색조, 모양, 질감, 형상, 크기, 음영, 상호 위치 관계, 과고감 등을 말한다.

**Interpretation Key 판독 키** 사진상의 객체를 판독자가 인식할 수 있게 하는 특징이나 특징의 조합을 말한다.

**Interpretation Method 판독 방법** 판독 기준을 기초로 광역의 판독과 부분적, 중심적인 판독을 행한다. 현지조사의 계획도 함께 한다.

**Interpretation of Aerial Photograph 항공 사진의 판독** Interpretive Photogrammetry를 참조.

**Interpretation of Topographic 지형 판독** 사진의 축척, 색조, 촬영 년도, 계절 등을 비교하여 실시하는 것이 좋다.

**Interpreter 해석기, 번역기** Basic 또는 Lisp 등과 같은 고급 언어로 작성된 프로그램을 한 줄씩 받아들여 프로그램의 내용을 해석하고 번역한 다음, 번역과 동시에 프로그램의 한 줄을 즉시로 실행시키는 프로그램을 말한다.

**Interpretive Matrix 해석적 행렬** 지도에서 추가된 자료로 지도 제작에 사용된 형상의 상세한 특성을 포함하는 표. 예를 들면 토양의 해석적 행렬은 각각 지도화된 토양 형태에 대한 배수와 침수 자료를 가지고 있다.

**Interpretive Photogrammetry 사진 판독** 물체들의 외형을 결정하고 인식하기 위해서 항공사진을 사용하는 것으로, 지질 조사 · 산림 조사 · 지형 조사 등을 주로 하는 판독 분야를 말한다.

**Interquartile Range 사분범위(四分範圍)** IQR(Interquartile Range)을 참조.

**Interrupt 끼어들기, 인터럽트** 운영체제에서 컴퓨터에 예기치 않은 일이 발생하더라도 컴퓨터의 작동이 중단되지 않고, 계속 업무 처리를 할 수 있도록 해주는 기능을 말한다.

**Interrupt Mask 인터럽트 마스크** 프로그램 인터럽트의 일부로서, 모든 외부 인터럽트와 모든 입출력 인터럽트는 마스크에 의해 무시될 수 있다. 인터럽트 마스크가 이루어지면 외부와 입출력 인터럽트는 미해결 상태로 되었다가 나중에 제어 프로그램에 의하여 처리된다.

**Interrupted Projection 단열 도법** J.P Good가 고안했으며, 이 지도에 의한 세계 지도는 각각 대륙의 형상에 대한 변형은 적으나 지도가 조각조각으로 되어 있어 전체를 관찰하는 데에는 불편하다.

**Intersect 교차** 2개의 공간자료를 위상학적으로 통합하는 것으로 두 입력 자료에 대해 공통되는 영역에 해당하는 지형지물 등을 취한다.

**Intersection 교차점** ① 특정한 지형적 위치에서 양 끝점이 동시에 존재하는 것. 모든 물체의 집합은 둘 또는 그 이상의 교차점을 가진다. 즉, 하나의 점에서 하나의 선분과 다른 선분이 교차하는 것을 의미한다. 인터섹션은 출발지와 목적지의 특성, 이동 경비에 좌우된다. ② 2개의 지도 레이어 교차는 입력 레이어와 기저(base) 레이어의 기하학적 교차를 계산하는 AND 연산을 이용하게 된다. 입력 레이어와 기저 레이어의 중첩되는 사상이나 사상의 일부분만이 출력 레이어에 포함된다.

**Intersection Angle(IA) 교각(交角)** IA(Intersection Angle)를 참조.

**Intersection Angle Method 교각법** Direct Angle Method를 참조.

**Intersection Collision Prevention Service(IEOWS) 교차로 충돌 예방 서비스** IEOWS(Intersection Collision Prevention Service)를 참조.

**Intersection Point(IP) 교차점(交點)** IP(Intersection Point)를 참조.

**Interstitial Organisms 간극 생물** 모래나 자갈 등의 입자 사이에 사는 생물을 말한다. 간극 생물은 몸의 형태가 가늘고 길며 납작하고, 섬모충류와 편형동물에 많다.

**Interstitial Water 간극수** 지층의 퇴적물입자 사이에 존재하는 물을 간극수라 한다.

**Intertidal Zone 조간대** 해안에서 밀물에 의해 해수가 해안선에 제일 높게 들어온 곳(고조선; high water line)과 썰물에 의해 제일 낮게 빠진 곳(저조선; low water line)의 사이에 해당하는 부분을 말한다. 조간대는 수온, 염분, 광선, 물의 운동 등 환경의 변화가 매우 커서 이곳에 서식하는 생물들은 극심한 환경변화에 잘 적응되어 있다. 조간대에서는 생물의 다양도는 낮으나 생산력이 높고, 특히 광조건이 좋기 때문에 일차생산력은 높은 편이다. 조간대는 생태학적인 측면에서 연안대라고도 한다.

**Interval 간격** ① 2가지 사건 사이의 기간. ② 축적을 관측할 때 자료 수치들 사이의 거리가 의미는 있으나, 시작점을 임의로 두면 다양해진다.

**Interval Contour Line 간곡선** half Interval Contour Line를 참조.

**Interval Data 간격 자료** 서로 다른 값 사이의 거리나 시간을 나타내는 측정의 척도로 지정된 값의 자료. 이 측정의 척도는 보통 지도의 범례에서 묘사되고 설명된다. 틀린 위치에서 연간 밀리미터의 수치를 포함하는 강우지도는 간격 자료를 설명한다. Level of Measurement, Norminal Data, Ordinal Data, Ratio Data를 참조.

**Interval Scale 등간척도, 동간척도** 척도의 한 유형으로서, 점수의 단위들이 척도상의 모든 위치에서 동일한 값을 지니는 척도이다. 예를 들어, 학업성취도에서 90점과 100점 사이의 10점의 크기는 50점과 60점의 10점의 차이와 같다. 등간척도에서는 가감의 연산이 가능하므로 다른 척도로의 변환이 용이한데다, 일반적으로 흔히 사용되는 통계들이 측정의 등간성을 가정하고 있다.

**Interval Time Scale 시간 간격 축척** 축척에 상대적인 시간 원점의 위치와 길이를 설명하는 데 사용되는 1개 이상의 기준 간격과 원점을 제공하는 시간 측정용 축척을 말한다.

**Intervalometer 간격 조정기** 촬영점의 위치를 자동적으로 조정하여, 소요의 중복도를 얻을 수 있게 촬영 시간 간격을 조정하는 장치를 말한다.

**Intervisibility 시통(視通)** 관측점과 목표점 사이에 장애물이 없어 볼 수 있는 것을 말한다.

**Intervisibility Function 상호 시각성 기능** 시각 모형화 또는 시각 도면화라 불리는 상호 시각성 기능은 기능의 누적된 형태이다. 이는 주변 지형을 정의하는 수치 표고 자료를 이용하며, 지형의 위치를 계획하기 위한 매우 효과적인 수단이다.

**IntoNow 인투나우** 영화나 TV를 보다가 스마트폰이나 태블릿 PC에서 인투나우 앱을 실행시키면 등장인물의 대화나 배경음악 등을 분석해서 자동으로 영화제목, 관련 정보, 네티즌들의 평가 등을 알려준다.

**Intranet 인트라넷** 기업 내 통신망을 인터넷의 방대한 정보망에 연결, 조직 내부 간 통신망에 활용하는 시스템. 업무 연락, 공지 사항 고지, 공문 전달 등에 이용된다. 이로써 해외 지사와 서울 본사가 정보를 공유 할 수 있음은 물론, 전자 결재식 인터넷 정보를 끌어내 결재 내용에 첨부하는 것까지 가능하다. 인트라넷은 인터넷 프로토콜인 TCP/IP를 사용하는 LAN 환경에서 구축되며, 인터넷과 동일한 웹 브라우저 상에서 각종 응용에 사용할 수 있게 한다.

**Intrinsic Dimensionality 고유 차원수** Data Dimensionality를 참조.

**InTru 3D 인트루 3디** 인트루 3D란 일부만 3D(3차원 입체)로 제작하거나 2D(2차원 평면)로 만든 다음 3차원으로 변환하는 작업을 거치는 기존 3D 영화와 달리 영화 전체를 3D로 만드는 차세대 영화제작기술을 말한다.

**Intrusion Detection System(IDS) 침입탐지 시스템** IDS(Intrusion Detection System)를 참조.

**Inundation 침수(浸水)** 침수는 정산적으로 수십 센티미터의 물을 의미하며, 홍수로부터 기인된다고 볼 필요는 없다.

**Invar Tape 인바 테이프, 인바 줄자** 팽창 계수가 작은 Inver를 사용한 정밀 거리 관측기구를 말한다.

**In-Vehicle Infotainment(IVI) 차량용 인포테인먼트** IVI(In-Vehicle Infotainment)를 참조.

**In Vehicle Navigation System 차량용 항법 체계** 차량의 운전자, 비행기의 조종사, 선박의 항해사가 운전 중에 직접적으로 도와주는 항법 원조로서 GPS, 내장형 수치 지도, 경로 지정과 같은 GIS 기능들, 음성 정보는 이러한 시스템의 기본 사항이다. 대부분의 시스템은 외부의 도움을 받지만, 차량의 감지된 움직임을 관성이라 부른다. Navigation System을 참조.

**Inventory Control 재고 관리** 컴퓨터 등과 같은 자동화된 수단을 사용하여 제품 생산 과정에서 사용되는 재고 물량을 관리하고, 일정한 재고를 유지하기 위하여 부품의 구입 물량 및 구입 시기 등을 결정하는 작업을 말한다.

**Inverse Distance Weighting(IDW) Method 역거리 가중치법** 인접한 기지 관측소 좌표와 관측값을 추정하고자 하는 미지 관측소 좌표까지의 거리에 따라 비선형적으로 변화하는 경중률을 계산하며, 기본 가정은 서로 다른 기지 관측소 좌표가 하나의 미지관측소 좌표에 미치는 영향은 미지 관측소 좌표로부터 기지 관측소 좌표까지의 거리에 따라 감소한다는 것으로 관측값 추정값은 다음 식으로 표현할 수 있다.

$$P_x = \frac{\sum_{i=1}^{n} P_i\, d_i^{-m}}{\sum_{i=1}^{n} d_i^{-m}}$$

여기서, $P_x$는 미지 관측소 좌표에서의 관측값, $d_i$는 미지 관측소 좌표에서 주변의 기지관측소 좌표 i까지의 거리, $P_i$는 기지

관측소에서의 관측값, m은 가중치, n은 추정을 위해 사용된 자료의 총 개수이다. 위의 식을 정리하면 $P_x = \sum_{i=1}^{n} P_i \lambda_i$ 이며, 경중률 $\lambda_i = \frac{d_i^{-m}}{\sum_{i=1}^{n} d_i^{-m}}$ 이다. Kriging Method 참조.

**Inverse Flattening 편평률 분모** 지구 타원체의 적도 반경과 극반경 차이의 비에서 분자를 1로 놓았을 때 분모 값을 말한다.

**Inversor(Inverter) 인베르솔** 선명한 촬영상을 얻기 위하여 렌즈에서 사진면과 투영면까지의 거리 관계를 자동적으로 조성하는 장치를 말한다.

**Invert 인버트** 인버트는 하수의 흐름을 좋게 하기 위해 수채통이나 맨홀의 밑바닥을 거기에 연결되는 배수관과 같은 지름의 반원으로 마감한 홈이다.

**Inverted Differential GPS(IDGPS) 아이디 지피에스** IDGPS(Inverted Differential GPS)를 참조.

**Inverted File 역 파일** 색인 파일을 말하며, 색인을 만들기 위해서는 각 주제별로 처음의 자료를 순차적으로 검색하여야 한다.

**Inverted Flight 배면 비행(背面飛行), 뒤집기 비행** [드론] 드론이 위 면을 아래로 향하고 비행하는 것을 말한다.

**Inverted Image 도상** 상하가 역전된 상을 말하며, 일반적으로 도상인 것이 정산인 것보다 렌즈의 개수가 적으므로 상이 명료하다.

**Inverted Rod 역 로드** 갱 내의 고저 측량을 할 때 수준점이 천장에 있을 때는 함척을 거꾸로 사용한다.

**Inverted Siphon 역 사이폰** 하천·운하·철도·도로 등 횡단개소에서 관거를 일단 낮추어 땅속으로 지나가게 부설한 것을 말한다.

**Inverter 인버터** 선명한 촬영상을 얻기 위하여 렌즈에서 사진면과 투영면까지의 거리 관계를 자동적으로 조정하는 장치를 말한다.

**Investigation of Agriculture 농지 조사** 주요 농작물의 재배면적 및 수확량 등을 조사하는 것으로, 주로 다중파장대 사진에 의한 조사가 행해진다.

**Investigation of Forest 삼림 조사** 항공사진 및 원격탐사 등의 기술을 활용하여 정보를 수집하고, 부족한 것은 지질도와 토양도 또는 지적도 등을 참고로 한다.

**Invisible Laser Beam 불가시(不可視) 레이저 광선** [항공 레이저(라이다) 측량] 파장이 400nm보다 짧거나 또는 700nm보다 긴 레이저 방출을 말한다(「레이저광선 운영기준」 제4조 제6호). 불가시 레이저 광선의 경우 공칭안장해거리(NOHD)만을 고려하여야 하며, 가시 레이저 광선의 경우 공칭안장해거리와 함께 시각장애를 고려하여야 한다.

**Invisible Line 숨은선** 대상물의 두 부분 사이 또는 2개의 다른 대상물 사이에 논리적 연결을 만들기 위해 사용되며, 표시는 되지 않는 선을 말한다.

**Invisible Phone 인비저블 폰** 단말을 들고 다니지 않고 주변장치와 연동해 손쉽게 통신 하는 것으로 사람 간 소통, 디지털 세계와 소통, 물리공간과 소통을 위한 새로운 미래 단말 컴퓨팅이다.

**I/O(Input/Output) 입력/출력, 입출력** 플로터·프린터·디스크 드라이브·모뎀 등 주변 장치에 정보를 할당하거나, 그것에서 정보를 받아들이기 위하여 소프트웨어와 장치 간의 통신을 위해 사용된다.

**IOC(Initial Operational Capability) 초기 운영 능력** 최소 24개의 GPS위성(Block Ⅰ과 Ⅱ)이 처음으로 그들의 궤도에서 운영 가능하게 되고, 운행을 이용 가능하게 될 때의 GPS체계 능력의 수준, 이것은 1993년 12월에 발생했다. FOC를 참조.

**Ionosphere 전리층** ① 지구 상층의 이온화된 층이다. 지구 대기의 가장 안쪽 부분은 대류권이라고 하며 지표로부터 약 10km 높이까지이다. 10km와 50km사이의 대기를 성층권이라고 하며, 50km부터 80km높이의 대기는 중간권이라고 한다. 오존층은 성층권에서 형성된다. 80km이상의 높이에 있는 대기의 층을 열권이라고 하는데, 대기가 매우 희박하여 자유전자들이 존재한다. 이들 자유전자는 주위의 양이온에게 포획될 때까지 짧은 시간 동안 이동할 수 있다. 자유전자의 밀도는 전파의 진행에 영향을 주기에 충분한 정도이다. 이온화되어서 부분적으로 플라스마화되어 있는 대기의 층을 '전리층'라고 한다. 플라스마 안에서는 전자와 양이온이 존재하여 전자기력이 작용하여 서로 끌어당기고 있지만 각자의 에너지 상태가 너무 높아서 중성의 원자로 안정적으로 존재할 수 없다. 전리층은 전자 밀도에 따라 높이 및 층상구조로 구분된다. (1) D층 : 약 70~90km 영역이며, 낮에만 존재하고 밤에는 사라진다. 전파를 흡수한다. (2) E층 : 약 90~130km 영역이며, 파장 100~400m의 전파를 반사한다. (3) 스포라딕 E층(Sporadic-E, Es) : E층의 높이에서 전리도가 높고 출현이 불규칙한 반사층(스포라딕)을 형성하여, 초단파의 이상전파현상을 발생시킬 수 있다. (4) F층 : 약 130~수백Km 영역이며, 하절기 주간의 F층은 F1(약 170~230km)과

F2층(약 200~500km)으로 나누어진다. ② GPS 신호의 전리층 오차는 전리층의 '자유 전자'(free electron)와 GPS 위성신호와의 간섭(interference) 현상에 의해 발생한다. 전리층 오차는 '고의 잡음'(SA : Selective Availability) 제거 이후 가장 큰 오차 요인으로 작용하고 있다. 전리층 오차는 코드 측정치에서는 지연(delay), 반송파 위상 측정치에서는 앞섬(advance) 형태로 발생한다. 전리층 오차의 크기는 약 7m 내외로서 오후 2시 경에 최대값을 지니며 밤에는 전리층 활동량이 적으므로 최소값을 지닌다. 전리층 오차는 전리층을 통과하는 신호의 주파수에 의해 결정되므로, L1, L2 주파수에 대한 측정치를 이용하면 전리층 오차를 계산할 수 있다. 일반적으로 전리층 지연을 보정하는 데 쓰이는 전리층 모형식(model)으로서 Klobuchar 모형식이 있으며, 이것을 사용하면 약 50% 정도까지의 오차보정 효과가 나타난다.

**Ionospheric Delay Error 전리층(이온층) 지연 오차** 이온층(전리층)은 이온화되어 전기적 성격을 지닌 입자(Ionized gas)들이 이루는 층으로 약 50km에서부터 1,000km 이상까지 넓게 위치한다. 이 입자들의 전기적 성격 때문에 그 안에서는 전파는 속도가 달라진다. 이러한 오차는 전파가 이온층을 통과하는 시간이 길면 길수록, 이온화된 입자들이 많을수록 오차가 커지게 되며 위성이 지평선에 가까울수록 전파가 이온층을 통과하는 시간이 길어지고, 태양의 활동이 활발해 지는 낮에 입자들의 이온화가 더 많이 이루어지므로 이온층에 의한 오차는 낮에 수평선에 가까운 위성의 경우가 가장 커진다. 이러한 이온층에 의해 발생하는 오차의 크기는 주파수와 밀접한 관련이 있어 L1, L2 두 전파를 모두 받아 지연효과를 계산하면 이온층에 의한 오차 크기를 상쇄시킬 수 있다. 그러나 두 전파를 모두 받는 수신기(Dual Frequency Receiver)는 상대적으로 가격이 높은 단점이 있다. 보다 간단한 방법으로 오차 모델을 이용하는 것이 있는데 이는 간단한 만큼 효과가 크지 않지만 기본적인 보정 모델은 위성 신호에 자체적으로 포함되어 내려오기 때문에 이용하기 쉬운 장점이 있다.

**Ionospheric Model 전리층 모형** GPS 위성신호가 지상까지 전달되기 위해서는 전리층을 통과하여야 하는데, 이때 전리층에 분포되어 있는 자유전자(free electron)에 의해 오차가 발생된다. 이러한 오차를 보정하기 위한 모형으로서, Klobuchar 모델 등이 있다.

**Ionospheric Refraction Error 전리층 굴절 오차** 전기적으로 대전된 전리층(이온층)을 위성 신호가 통과하면서 굴절로부터 야기되는 오차. 오차 보정 방법은 단일 수신기 사용자는, 항법 메시지를 통해 전송되는 전리층 근사모델을 이용해 대략적인 보정값을 결정할 수 있으며, 이 주파수 수신기 사용자는, L1신호와 L2신호가 전리층에서 굴절되는 비율이 서로 다르기 때문에, L1/L2 선형 조합을 통해 전리층 굴절을 보정할 수 있다.

**IoE(Internet of Everything) 만물인터넷** 사물과 사람, 데이터, 프로세스 등 세상에서 연결 가능한 모든 것이 인터넷에 연결되어 상호작용하는 것을 의미하는 말이다.

2013년 세계경제포럼(WEF)에서는 만물인터넷을 "네트워크와 스마트 기기가 결합하면서 촉발시킨 연결 작용들이 스마트 기술을 토대로 서비스, 산업과 연결되고 결국 비즈니스와 삶의 모습을 바꾸는 기술"이라고 규정했다. 사물과 사물을 연결해 데이터를 주고받는다는 점에서 사물지능통신(M2M)이나 사물인터넷(Internet of Things)과 비슷하지만 이들보다는 확장된 개념이라 할 수 있다.

그러므로 만물인터넷은 사물지능통신이나 사물인터넷의 상위 개념으로, 사물끼리 연결되어 있던 것에 사람까지 포함해 만물이 연결되는, 초연결 시대를 뜻하는 용어인 것이다.

**IoT(Internet of Things) 사물인터넷** 초연결사회의 기반 기술·서비스이자 차세대 인터넷으로 사물 간 인터넷 혹은 개체 간 인터넷(Internet of Objects)으로 정의되며 고유 식별이 가능한 사물이 만들어낸 정보를 인터넷을 통해 공유하는 환경을 의미한다(Cisco, 2011). 이는 기존의 USN(Ubiquitous Sensor Network), M2M(Machine to Machine)에서 발전된 개념으로, 사물지능통신, 만물인터넷(IoE, Internet of Everything)으로도 확장되어 인식되고 있다. 최근에는 '사물인터넷 시대'라는 용어로 많이 회자되는데, 일반적으로 이는 "사람보다 더 많은 수의 사물 또는 개체가 인터넷에 연결되는 시점"의 의미를 담고 있어, 구체적으로는 시간, 장소, 사물이 제약 없이 모두 연결되어 있는 새로운 차원의 환경 하에서 모든 사물에 인터넷 주소를 부여하고 모바일로 각각의 정보를 인터넷을 통해 공유, 통신하는 시점과 그 환경을 의미하고 있다. 사물인터넷에 관한 본격적 논의는 2005년 ITU(International Telecommunication Union)가 사물인터넷에 대한 보고서를 발간하면서 주목을 받아 시작되었으며, 2008년에서 2009년 사이에 Cisco, Gartner 등의 조사기관에서 사물인터넷이 유망키워드로 제시되면서 산업적 관심을 받게 되었다. 최근에는 다양한 연구기관에서 사물인터넷 산업의 성장가능성을 제기하고 있으며, 일례로 Cisco(2011)에서는 2020년에 세계 인구수는 76억 명이 될 것이며 연결된 장치의 수는 500억 개로 인구 한 명당 연결된 장치의 수는 6.58이 될 것으로 분석하며 사물인터넷의 성장가능성에 대하여 제시한 바 있다. M2M(Machine to Machine)은 구체적으로 정의되어 있는데 반하여, 사물인터넷(Internet of Things, IoT)은 아직 개념적인 부분이 많기 때문에 M2M과 혼용하여 사용하고 있다. 그러나 M2M은'기계'중심의 연결을 의미하나 사물인터넷은 '환경' 중심의 연결을 의미하는 것으로 해석할 수 있다.

사물인터넷 산업과 관련하여 (1) "협의의 사물인터넷 산업"은 '사물인터넷 그 자체를 위한 산업', 즉 '사물인터넷을 구현을 위한 기반산업'을 사물인터넷 산업으로 파악하는 것이다. 이는 플랫폼, 디바이스, 인프라 산업과 같이 사물인터넷 자체로 구성된 산업만이 사물인터넷 산업으로 정의하는 것이다. (2) "광의의 사물인터넷 산업"은 '사물인터넷을 통해 가치를 창출할 수 있는 산업', 즉 '가치가 추가된(Value-added) 산업' 모두를 사물인터넷 산업으로 정의하는 것이다. 2020년 사물인터넷 시장에서는 Customer Electronics 분야가 36%로 가장 큰 비중을 차지할 것으로 예상되며, Intelligence Buildings(27%)와 Utility(12%) 분야가 그 뒤를 이을 전망이다. GSMA(Global System for Mobile Communications Association)에 따르면 사물인터넷 관련 디바이스의 개수가 2011년 20억 개 정도였으나, 2020년에는 6배 증가한 120억 개 이상으로 증가할 것이며, 사물인터넷(IoT) 관련 매출 중 디바이스 매출이 가장 큰 비중을 차지할 것으로 전망하고 있다. 즉, 센서(계측기)의 기술발전과 폭발적인 수요 증가가 예상되고 있다. 사물인터넷(IoT)의 핵심 기술은 센서(sensor)이다. 센서는 빛, 소리, 화학물질, 온도 등 내・외부에서 발생한 신호들을 수집하여 과학적인 방법 등으로 분석하여 내・외부의 각종 상태를 파악하는 장치이다. M2M(Machine to Machine), Internet of Things(IoT), Industrial Internet 참조.

**loxodrome 항정선** Rhumb Line을 참조.

**loxodromic Curve 항정선** Rhumb Line을 참조.

**IP(Intermediate Point) 중간점(中間點)** ① 동일한 종점을 공유하는 2개 이상의 중심선에서 식별을 위하여 중심선의 중간점에 위치한 중심선 절점의 식별자를 말한다. ② 그 점의 표고만을 구하고자 표척을 세워 전시만 취하는 점을 중간점이라 한다.

**IP(Internal Protocol) 아이피, 인터넷 규약** 인터넷상에서 독립적으로 운영되는 통신망들을 서로 연결하는 규칙으로 컴퓨터와 인터넷 사이에 정보 전송을 위해서 사용된다. 이 규칙 덕분에 서로 다른 네트워크 간에도 데이터 전송이 가능하다. IP는 각 노드(클라이언트)의 주소를 확인하고 전송/수신되는 메시지를 통제한다.

**IP(International Protection) 방진방수 등급** 방진방수 등급(IP 등급)에 대한 한국산업규격은 KS C IEC 60529이며, 국제규격 IEC 60529와 기술적 내용 및 규격이 동일하다. 이 규격은 정격전압 72.5Kv 이내의 전기장비와 외함의 방진 방수 보호등급을 분류하는데 적용하며 이 규격의 목적은 기기 접근에 대한 사람이나 가축을 보호하고, 해충, 진균 및 외부 분진 등의 침투에 대한 내부 기기를 보호하며, 물, 습기, 오일 등의 침투로 인한 내부 기기를 보호하는데 있다. IP코드는 두 자리로 되어있는데 첫 번째 숫자는 방진등급, 두 번째 숫자는 방수등급을 가리키다.

| 번호 | 제 1 숫자 | 제 2 숫자 |
|---|---|---|
| | 방진 보호정도 | 방수 보호정도 |
| 0 | 없음 | 없음 |
| 1 | 손의 접근으로부터 보호 | 수직으로 떨어지는 물방울로부터의 보호 |
| 2 | 손가락의 접근으로부터의 보호 | 수직에서 15° 범위에서 떨어지는 물방울로부터의 보호 |
| 3 | 공구의 선단 등으로부터의 보호 | 수직에서 60° 범위에서 떨어지는 물방울로부터의 보호 |
| 4 | WIRE등으로부터의 보호 | 전방향으로 비산되는 물로부터의 보호 |
| 5 | 분진으로부터의 보호 | 전방향으로 쏟아지는 물로부터의 보호 |
| 6 | 완전한 방진구조 | 파도 등의 강력하게 쏟아지는 물로부터의 보호 |
| 7 | - | 일정한 조건으로 물에 잠겨서 사용 가능 |
| 8 | - | 물속에서 사용가능 |

**IP(Internet Protocol) Address 아이피 주소, 인터넷 규약 주소** 컴퓨터 네트워크에서 장치들이 서로를 인식하고 통신을 하기 위해서 사용하는 특수한 번호로서, 네트워크에 연결된 모든 장치는 이 특수한 번호를 가지고 있어야 한다. 이 번호를 이용하여 발신자를 대신하여 메시지가 전송되고 수신자를 향하여 예정된 목적지로 전달된다. DNS(Domain Name System, 도메인 네임 시스템)는 호스트의 도메인 이름을 호스트의 네트워크 주소로 바꾸거나 그 반대의 변환을 수행할 수 있도록 하는 "전화번호부"에 역할을 하므로 도메인 이름 분석이라고도 한다. IP 버

전 4(IPv4)는 오늘날 일반적으로 사용하는 IP 주소이다. 이 주소의 범위는 32비트로 보통 0~255 사이의 십진수 넷을 쓰고 "."(dot, 점)으로 구분하여 나타낸다. 32비트로는 부족해짐에 따라 IP의 새로운 버전 IPv6에서는 주소 길이를 128비트로 늘렸다. IPv6 주소는 보통 두 자리 16진수 8개를 쓰고 각각을 : 기호로 구분한다.

**IP(Intersection Point) 교차점(交點)** 선상시설물에서 방향을 달리하는 그 시설물의 직선형 중심선이 인접하여 교차할 때 교차하는 위치를 교점 또는 IP라 하고, 시점에서 종점방향으로 번호를 부여한다(예, IP1, IP2 등).

**IP Security Protocol(IPsec) 인터넷 프로토콜 통신보안** IPsec (IP Security Protocol)를 참조.

**iPad 아이패드** 미국 애플사가 만든 태블릿형 컴퓨터이다. 아이폰과 같은 운영 체제를 기반으로 하여 멀티터치 인식 등 다양한 멀티미디어 기능 활용이 가능하다.

**IPC(Inter Process Communication) 프로세스 간 통신** 컴퓨터 체계상의 다른 두 프로세스 사이에서의 정보의 교환. 초창기 IPC는 주로 하나의 컴퓨터에 2개의 프로세스 간의 구현에 한정되었고, 공유 메모리(Shared Memory)나 파일 체계의 엔트리도 주로 프로세스간의 메시지 교환을 위해 필요한 것이었다. 그러나 현재는 네트워크로 그 개념이 확장되어 클라이언트/서버 컴퓨터의 기반을 구성하고 있다. 이 IPC기법에는 Shared Memory, Message/Port, Semaphore, Pipe 등이 있다.

**iPhone 아이폰** 2007년 1월 9일에 애플이 미국 샌프란시스코에서 열린 맥월드 2007에서 발표한 터치스크린 기반의 아이팟, 휴대폰, 모바일 인터넷의 3가지 주요 기능을 가진 모바일 전자기기이다.

**iPhone Nomad 아이폰 유목민** 아이폰만을 손에 들고 다니며 모든 일을 해결하는 사람들을 말한다.

**IPI(International Press Institute) 국제언론인협회** 언론자유를 확대하기 위한 국제 언론단체로 1950년 창립됐다. 세계 120개 국가의 언론인과 미디어 경영인, 편집자들로 구성돼 있다.

**i-PIN(Internet Personal Identification Number) 아이핀** 인터넷에서 주민등록번호의 유출과 오·남용 방지를 목적으로 주민등록번호를 대신해 본인임을 확인할 수 있는 사이버 신원 확인번호이다. 주민등록번호와는 달리 생년월일, 성별 등의 정보를 갖지 않으며 언제든 변경이 가능하다.

**iPod 아이팟** 애플 컴퓨터에서 만든 인기 있는 휴대용 전자제품. 음악이나 동영상 미디어를 재생해준다.

**iPod Touch 아이팟 터치** 최근 아이폰(i-Phone)으로 더 잘 알려진 Apple사의 제품으로, 언제 어디서나 주머니 속에 간편하게 휴대하실 수 있는 초소형 컴퓨터이자 종합 엔터테인먼트 기기이다.

**IPP(Independent Power Producer) 민자 발전산업** 민간업체가 투자자를 모집해 직접 발전소를 지은 다음 일정 기간 발전소를 소유·운영하며 전력을 판매해 투자비를 회수하는 방식이다. 미국과 유럽 등에서는 IPP방식으로 발전소를 짓는 게 일반적이다. 이에 반해 아랍에미리트(UAE)의 경우, 우리가 UAE로부터 직접 공사 대금을 받고 원전을 지어준다.

**IPS(Indoor Positioning System) 실내 위치 확인 시스템, 실내 위치 측위 시스템** GPS(위성위치확인시스템)의 가장 큰 단점은 위성신호를 받지 못하는 실내에서는 작동이 안 된다는 것이다. IPS는 WiFi, 블루투스, Beacon, 자기장 등을 이용하여 건물 내부에 있는 사용자의 위치를 파악하고, 이를 스마트폰에 내장된 지도와 대조해 물건이나 장소의 위치를 쉽게 찾아주는 시스템으로서 '실내 내비게이션'이라고도 한다. 비콘을 이용한 위치 측위 서비스는 크게 체크포인트(Check Point), 존(Zone), 실시간 위치(Track) 방식 등 3가지 방식으로 구분된다. (1) 체크포인트 방식은 비콘 1대의 신호를 받아서 그 위치를 통과한 경우, 그 대상물이 그 위치를 통과한 정보를 기록하는 것으로 RFID태그가 RFID 리더를 통과했을 때의 위치정보를 확인하는 방식이다. (2) 존 방식은 비콘 1대 혹은 여러 대가 신호 범위별로 배치되어 있고, 대상물이 특정 비콘 주변에 놓여 있을 때, 그 비콘 위치 주변에 있다는 정보를 기록하는 것(대부분의 BLE 비콘이 이 방식을 사용)이다. (3) 실시간 위치 방식은 여러 대의 비콘이 실내에 신호 범위별로 배치되어 있고, 대상물이 3대 이상의 비콘으로부터 ID신호와 신호세기를 수신해 그 위치를 측위 알고리즘으로 계산, 위치를 파악하는 방식이다. 정확한 측위 알고리즘을 위한 AOA, ROA, Finger Print, TDOA, TOA 등의 기술이 있으며, 실외에서 사용하는 GPS도 3개 이상의 위성으로부터 오는 신호를 삼각측량 방식으로 계산한다.

IPS는 지금까지와는 다른 서비스 패러다임을 가져올 것으로 기대된다. 단순히 자신의 위치를 확인하는 차원을 넘어 고객의 위치정보를 분석해 새로운 마케팅 전략을 수립할 수 있다. 결제 기능을 추가한 모바일 커머스로 고객 편의성을 높이고 쿠폰

발행과 상품정보 제공 등 각종 타깃 마케팅도 가능하다. O2O (online to offline) 관점에서 유용한 플랫폼 중 하나다. 최근에는 스마트기기를 활용한 측위 시스템 및 어플리케이션이 등장함에 따라 IPS(Indoor Positioning System, 실내 위치 확인 시스템)와 RTLS(Real Time Location System, 실시간 위치 추적 시스템)를 구분 짓고자 하는 시도가 있다. 시장분석기관인 IDTechEx에서는 IPS는 휴대폰 기반의 기술을 활용하여 불특정 다수에게 서비스를 하는 반면, RTLS는 폐쇄적으로 사용한다는 것이 매우 큰 차이점 이라고 구분하고 있으며, 주요 플레이어도 IPS의 경우 모바일 기기 생산자 또는 지도 기반의 사업자인 반면, RTLS는 HP와 IBM과 같은 시스템 공급자인 것으로 구분하고 있다. RTLS(Real Time Location System)를 참조.

**IPsec(IP Security Protocol) 인터넷 프로토콜 통신보안** Ipsec은 네트워크 계층에서 보안성을 제공해 주는 표준화된 기술이다. 상대방 인증, 기밀성, 무결성 등을 제공한다. IPv4에서는 옵션으로, IPv6에서는 반드시 제공하도록 되어 있다.

**IPTV(Internet Protocol TV) 인터넷 프로토콜 텔레비전** TV와 인터넷이 만난 IPTV(Internet Protocol TV)는 국내에서 쿡 TV와 SK BTV 등 인터넷결합상품으로 빠르게 보급돼 대중에게 친숙하다. 이로 인해 인터넷의 힘을 얻은 TV는 한층 더 발전해 스마트폰처럼 각종 애플리케이션을 설치하게 됐고 이를 통해 사용자 중심의 편리한 매체로 PC처럼 다양한 콘텐츠를 사용할 수 있게 됐다.

**IPv6(Internet Protocol Version 6) 인터넷 프로토콜 버전 6, 무제한 인터넷 주소** IPv6는 Internet Protocol version 6의 약자이다. 인터넷 프로토콜 스택 중 네트워크 계층의 프로토콜로서 인터넷 프로토콜(Internet Protocol)버전 6의 차세대 인터넷 프로토콜을 말한다. 기존의 인터넷(Internet)은 IPv4 프로토콜로 구축되어 왔으나, IPv4 프로토콜의 한계점으로 인해 지속적인 인터넷 발전에 문제가 예상되어 이에 대한 대안으로서 IPv6 프로토콜을 제정하였다. IPv6는 고갈 직전인 IPv4를 대체하기 위해 제정한 인터넷 주소체계이다. IPv4가 43억 개($2^{32}$)의 주소를 지원한다면, IPv6는 43억$^4$($2^{128}$), 즉 무한대에 가까운 주소를 만들 수 있다. 인터넷 주소가 부족하면 새로운 웹 서비스 출시가 어려워지고 인터넷 산업 발전이 저해된다. 고객 서비스 품질은 저하된다. 무엇보다 수백억 사물이 인터넷과 연결되는 사물인터넷(IoT) 시대 대응이 어려워진다. 아울러 IPv6는 보안성이 뛰어나기 때문에 로그인 없는 접속 등 특화 서비스 개발도 전망된다.

• 네트워크의 진화 상황은 이동성을 갖는 무선의 형태로 나아가고 있다. 이동성을 갖는 무선 형태의 서비스는 always on, alway wear의 특징을 지니고 있으며 고정 인터넷과 달리 언제 어디서든지 서비스를 제공받을 수 있는 특징을 갖는다. 그러나 현재의 주소 할당 방식에서는 이동 단말기가 서비스를 요청받는 경우 서비스를 제대로 수행할 수 없다. 즉, 화상채팅, VoIP, 종단 간 IP 주소를 필요로 하는 데이터의 전송 등의 서비스를 제대로 제공할 수 없다. 현재는 무선 인터넷에서 서비스 요구 패턴이 웹과 같은 pull 패턴이나 조만간 pull 패턴의 목적지가 상대방의 단말을 목적지로 하는 PTP(Peer to Peer) 서비스형태로 발전할 것이다. 이러한 경우 현재의 IPv4 주소의 동적 할당은 서비스 요구를 제대로 만족시킬 수 없다. 무선 인터넷의 특화된 서비스를 제공하기 위해서는 Always on, Always wear의 특성을 반영하기 위한 IP 주소의 정적 할당이 반드시 필요하며 이는 IPv6의 도입 없이는 절대 불가능하다. IPv6는 현재 사용하고 있는 IPv4의 주소에 대한 확장성 문제에 따른 발전으로 확장된 주소크기와 단순화된 헤더 형식, 개선된 선택 사항과 확장의 지원, 흐름 표식 기능, 인증과 프라이버시 기능 등의 IPv4 주소와의 차이점을 가지고 있으며 이를 이용할 경우에는 단순한 주소 문제의 해결과 더불어 서비스 향상을 기대할 수 있다. 특히 무선망에서의 IPv6는 보안, QoS 등에서 IPv4에 비해 유리하며 이동성 면에 있어서 홈 주소는 계속 유지하며 위치에 따라 임시주소를 변화시키는 바인딩캐쉬, auto-configuration 등의 특징을 가져 IPv4에 비해 특히 유리한 점을 갖는다.

• 우리나라의 경우 SK텔레콤과 다음카카오는 2014년에 KT와 네이버는 2015년 12월 '무제한 인터넷 주소(IPv6)'를 상용화하였다. 이에 따라 IPv6 확산이 탄력을 받게 됐었으며, 모바일이 IPv6 확산 주역으로 떠올랐다. 무선 인터넷 구간에 IPv6를 상용화하면, 신규 휴대폰은 인터넷 연결이 기본적으로 IPv6를 지원하게 된다. 기존 IPv4외 IPv6용 고속도로가 새로 뚫리는 것이다.

**IPVI(Infrared Percentage Vegetation Index) 적외선 비율 식생 지수** 적외선 비율 식생 지수는 Crippen(1990)에 의해 처음 제안된 것으로, 분자(분수)에서 Red를 빼기는 부적절하다는 것을 발견하고 이 지수를 제안하였다.

**IPX(Internetwork Packet Exchange) 통신망 간 패킷 교환** 네트웨어가 사용하는 가장 근본적인 LAN 통신 사양이다. 이는 서버와 클라이언트간의 자료 이용을 위해 마련된 것이다.

**IPY(International Polar Year) 국제 극지(極地)의 해, 국제 극지년** 국제과학연맹((International Council for Science, ICSU)과 세계기상기구(World Meterological Organization WMO)가 공동으로 제정한 국제극지의 해는 전 세계 과학자들이 50년마다 연대해 남북극을 연구하는 캠페인이다. 국제극지의 해는 극지에서 지구환경 변화를 연구하고 그 원인을 규명하는데 있으며, 국제극지의 해를 계기로 세계 각국은 극지에서의 공동 협력을 통하여 지구 온난화 등의 문제를 밝혀내는데 의의가 있다. 제1차 IPY(1882~1883)는 지구물리학 연구를 위한 국제과학협력의 필요성에 따라 개최. 총 12개국이 참여하여 총 15회의 극지탐사활동(북극 13회, 남극 2회)이 실시되었다. 제2차 IPY(1932~1933)는 국제기상기구에 의해 발견된 "Jet Stream"을 연구하기 위해 개최되었으며, 남극에 대한 관심 고조로 40개국이 참여하여 기상, 자기, 오로라 등을 연구하였다. 이 기간 중 북극에 총 40개의 상설 관측기지 설치되었다. 제3차 IPY(1957~1958)는 물리학자들의 제안으로 2차 대전 중에 발전된 기술을 과학에 적극 활용하여 대륙이동설 확인 및 남극빙하의 전체규모 파악 등의 성과를 얻었으며, 남극에 대한 관심을 고조시켜 남극조약 체결의 계기를 마련하였다. 제4차 IPY(2007~2009)는 국제기상기구(WMO)와 국제학술연맹(ICSU)의 공동 주관으로 기후변화 관련 남・북극지역에서 국가간 공동 연구 활동 수행 및 극지 인프라 구축 강화를 위해 극지지역 대상 약 160개의 과학 및 홍보 프로젝트 진행하였다.

**IQR(Interquartile Range) 사분범위(四分範圍)** 변산도의 일종으로 분포의 양끝 1/4을 제외한 범위이다. 이는 변산성의 정도를 분포의 중앙에 위치한 중앙값의 좌우로부터 동일한 백분율을 가진 두 점간의 거리에 의해 알아보려는 것이다. 사분범위를 구하기 위해서는 제3사분위수(75% 백분점수)에서 제1사분위수(25% 백분점수)를 뺀다. 만약 사분범위가 길면 보다 흩어진 분포이고, 짧으면 밀집된 분포임을 알 수 있다. 자료의 극단적인 값들에 의한 영향을 덜 받는 장점이 있다.

**IR(Infrared) 적외선(赤外線)** 전자기 스펙트럼에서 파장이 0.7~100μm인 복사. 원격탐사에서 적외선 영역은 근적외선(0.7~1.3μm), 중간적외선(1.3~3.0μm) 및 원적외선(7.0~15.0μm)로 세분된다. 원적외선은 때로는 열적외선 또는 복사성 적외선이라고도 부른다.

**IR Film 적외선 필름** 사람의 눈으로 볼 수 없는 긴 파장까지 기록하는 필름으로 적외선 영역을 찍을 수 있는 필름이다. 적외선보다 짧은 파장인 청색광을 차단하기 위해 빨간 필터나 오렌지 필터를 사용해야 한다. 적외선 필름은 어둠 속에서도 촬영이 가능하며 초록색의 풀, 나뭇잎 등은 적외선을 반사시키므로 하얗게, 파란하늘은 적외선을 흡수하여 검게 나타난다.

**IR Photograph 적외선 사진** 적외선 사진은 하얀색, 검은색, 회색을 통해서 온도가 다름을 알 수 있다. 적외선 위성사진의 경우, 높은 구름의 꼭대기는 매우 온도가 낮기 때문에 하얗게 보이며, 가장 따뜻한 부분은 검게 보인다. 낮게 떠 있는 구름은 다소 따뜻하고, 따라서 이들은 회색으로 보여 지게 된다.

**IRDS(Information Resource Dictionary System) 정보 자원 사전 체계** 데이터베이스 관리 체계(DBMS)를 구축하는 자료 사전과 소프트웨어 개발 국면을 포함하는 국제 표준을 말한다.

**IRG(Inter Record Gap) 레코드 간격** 레코드 간격은 기록 간 차이이며, 자기 테이프를 저장하는 자료 레코드사이의 자료 공백 부분을 말한다.

**Iridium 이리듐** ① 화학원소로서 기호는 Ir, 원자 번호는 77, 원자량은 192.22이다. 밀도는 22.56g/cm로 원소 중 오스뮴(osmium: 기호 Os, 원자번호 76, 원자량 190.2, 녹는 점 3,000℃, 끓는 점 약5,000℃, 비중 22.48) 다음으로 두 번째로 밀도가 높은 원소이다. 녹는점은 2,447℃, 끓는점은 4,527℃로 매우 높아서 가공하기 어렵다. 이리듐은 지표면에서는 희귀하나 백악기말의 지층이나 운석에서 다량으로 발견되는 것으로 보아 공룡멸종이 운석 때문이라는 학설의 강력한 증거이기도 하다.

② Iridium은 66개의 저궤도 위성(Low Earth Orbit, LEO) 통신 위성으로서, 교차 결합한 구조로 서비스를 제공하며, 궤도내의 여분으로 전 세계 어디서든 통신이 가능하다. 지구에서 780km 떨어져 있는 Iridium의 LEO 네트워크는 짧은 송신 경로와 강한 신호로 모바일 핸드헬드 제품에서 작은 무지향성 안테나를 사용가능하게 한다. 위성의 낮은 고도로 인해 (1) 음성, 데이터 통신의 낮은 대기시간, (2) 짧은 등록 시간, (3) 낮은 통신 지연율 등의 자업을 가진다. 우주에서 각각의 Iridium 위성은 4개의 다른 위성에 연결되어 있다(2개는 같은 궤도면에, 각 1개는 양 옆 궤도면에). 따라서 어디서든지, 지속적인 연결을 보장하며, 동적 네트워크를 생성한다. Iridium은 현재의 위성군을 완전히 교체하는 Iridium NEXT를 추진하고 있다. 2015년 이리듐

커뮤니케이션(Iridium Communications Inc.)은 이리듐 넥스트(NEXT) 위성 내 탑재체-본체 통합에 성공했다. 이리듐 넥스트 위성단에 쓰일 66기의 위성은 현재 애리조나주 길버트에 위치한 오비탈(Orbital)사의 공장에서 제작되고 있으며 위성 내 예비위성과 지상용 예비위성이 포함된다. 모든 이리듐 넥스트 위성들은 에어리온 호스팅 탑재체를 포함해, 이를 통해 최초로 전 세계 항공기 추적 및 감시 능력을 갖추게 된다. 이로써 ADS-B(자동항행감시방송) 커버리지를 확장하며 전 세계 모든 비행경로에 제공한다. 이리디움 위성통신 시비스 한국 사업은, 2015년 미래창조과학부로부터 승인 인가를 받아 아리온통신에서 공식 제공하고 있다.

**Iris 조리개** [영상] 조리개는 렌즈를 통과하는 빛의 양을 크기로 조절한다. 그리고 피사계 심도를 조절하고 화상의 밝기를 고르게 한다. 또한 여러 가지 렌즈의 수차를 작게 하여 렌즈의 해상력을 향상시킨다. 조리개는 크게 비 Iris, 매뉴얼 Iris, 오토 Iris 등 3가지 방식이 있다. (1) 비 Iris는 조리개 조절이 불가능해 적용에 큰 제약이 있다. 주로 실내용으로 빛의 변화가 거의 없거나 미세할 경우에 적합하다. (2) 조리개를 크게 조절하기 위해서는 매뉴얼 Iris가 필요한데, 일반적으로 F값 범위는 F1.4~22로 F1.2, F1.0, F0.95, F0.8 등과 같이 수치가 낮은 렌즈는 고속 렌즈로 F값이 낮으면 높은 렌즈에 비해 빛이 훨씬 많이 투과하게 된다. F값이 커질수록 조리개는 1/2씩 닫히므로 카메라의 촬상소자에 도달하는 빛의 양은 50%씩 줄어든다. 흔히 F치는 1.4, 2.0, 2.8. 4.0, 5.6, 8.0, 11, 16, 22 등이다. (3) 실외나 광량의 변화가 큰 곳에 이용되는 오토Iris는 크게 DC타입과 비디오 신호 제어 타입이 있다. 이 두 타입의 렌즈는 광의 레벨이 변하게 되면 렌즈의 아이리스를 자동 조절하는데, 주요 차이점은 DC 타입은 구동회로가 렌즈에 내장되어 있지 않으므로 구동회로가 내장된 카메라에만 사용할 수 있다. 비디오 신호 제어 타입은 조리개 구동용 코일이나 전자석 구동회로가 렌즈에 내장된 방식으로 비디오 신호를 입력받아 동작한다.

**IRMS(Incident Reaction Management Service) 돌발 상황 대응 조치 서비스** 고속도로 및 국도, 지방도 등에서 발생한 돌발 상황을 검지·확인하고, 신속하고 적절한 각종 대응 조치를 취한 후 이에 대한 정보를 교통 정보 센터와 도로 이용자에게 제공한다.

**Irradiance 방사조도** 항공 레이저(라이다) 측량] 평방센티미터당 와트(W/cm$^2$) 또는 평방미터당 와트(W/m$^2$)로 표현되는 단위 면적당 출력을 말한다(｢레이저광선 운영기준｣ 제4조 제7호).

**Irregular Tessellation 불규칙 공간 분할** 불규칙 공간 분할은 서로 겹치지 않는 셀로 공간을 분할하지만, 각 셀의 크기와 모양은 달라질 수 있으므로, 표현하고자 하는 현상에 적응시킬 수 있다. 불규칙 공간 분할 방식은 규칙적 공간 분할 방식에 비해 복잡하지만, 적응이 쉬우므로 자료를 저장하는데 사용되는 메모리의 양이 줄어들게 된다. Tessellation을 참조.

**Irrigation and Drainage Surveying 관개 배수 측량(灌漑排水測量)** 농작물의 생육에 필요한 물을 공급하는 환경 조성을 위하여 관계 측량(현황 측량, 저수지 측량), 배수 측량을 행한다.

**Irrigation System 관계 체계** 땅에 물을 공급하기 위해 설계된 체계를 말한다.

**IRS Satellite 아이알에스 위성, 인도 자원 위성** IRS위성은 인도에 의하여 발사된 원격 탐사용 위성으로서 1988년에 IRS-1A가 발사된 후 1991년에 IRS-1B, 1995년에 IRS-1C, 그리고 1997년에 IRS-1D가 발사되었다. IRS-1A 와 IRS-1B에는 파랑, 초록, 빨강, 근적 외의 4개의 밴드를 가지고 있는 LISS(Linear Imaging Selfscanning Sensor) 센서가 탑재되어 있다. LISS-I 센서는 72.5m×72.5m의 공간해상도를 제공하며, LISS-II 센서는 36.25m의 공간해상도를 제공한다. IRS-1C와 IRS-1D 위성은 LISS-III 센서가 탑재되어 있으며, 이 센서는 초록, 빨강, 근적외, 그리고 중간 적 외의 4개 밴드 자료를 제공한다. 공간해상도는 중간 적외밴드 자료는 70m, 그 나머지는 23m이다. 또한 Panchromatic 센서가 탑재되어 있어 5.8m 해상도의 흑백영상을 제공한다. 위성의 고도는 약 820km이며, 관측 폭은 약 70km×70km이다.

■ IRS 위성 LISS 센서의 밴드별 파장대역

| 밴드 | 밴드 1 (초록색 영역) | 밴드 2 (빨간색 영역) | 밴드 3 (근적외선 영역) | 밴드 4 (중간적외선 영역) |
|---|---|---|---|---|
| 파장($\mu$m) | 0.52-0.59 | 0.62-0.68 | 0.77-0.86 | 1.55-1.70 |

**IRS-IC 인도 자원위성-1씨** 인도의 ISRO가 1995년 12월 러시아 로켓을 이용하여 발사한 위성으로, 인도 위성 중에 상업적으로 가장 성공한 위성이다. 현재는 동일모델인 IRS-ID와 함께 활동하고 있다. 지상 817km 궤도에서 24일에 한 번씩 지구를 돌며 5.8m 해상도의 전정색 영상 감지기와 다중분광 감지기들을 탑재하고 있다. 높은 해상도로 지도제작, 모니터링 등에 이용된다. 그러나 SPOT 전정색 영상이 8bits(256 gray scale)인 데

반해, IRS-1C의 전정색 영상은 6bits(64 gray scale)이기 때문에 촬영 각도가 커질 경우 일부 지역의 색상이 흐트러져서 도로와 같은 지형, 지물의 인식률이 떨어진다.

**IS(Interface Specification) 인터페이스 사양서** 명시된 인터페이스(경계면, 공유 영역)에 실시되거나 혹은 제공된 특별한 서비스의 방법을 기술한 문서이다.

**IS(Intermediate Sight) 중간시(中間視)** 전시만 취하는 점의 관측값으로 표고를 관측할 점에 세운 표척의 눈금값을 말한다.

**I-Safe 아이세이프** 적외선 센서를 이용해 인도와 차도에 가상의 경계선을 만들어 보행자의 차도 진입을 막는 장치이다.

**Isarithme 등치선** 지표면의 표현에서 사용되는 어떤 특성에 대하여 같은 값의 점들을 연결한 표면상의 선을 말한다. 인구밀도와 같이 연속적으로 변화하는 사상을 표현하기 위한 기법의 하나로 동일한 양을 대표하는 지점을 연결한 선을 말한다. Isoline, Isometric Line, Isopleth를 참조.

**Isarithmic Map 등치선도** 지표면의 표현에 같은 값의 점들을 연결한 표면상의 선을 말한다. 벡터나 선은 자료의 확산이나 시설 간의 흐름을 분석하는 데 도움을 줄 수 있는 그래픽 자원이다. 화살표와 선의 두께 또는 선의 특정 자료값을 할당함으로써 다양한 흐름을 표현할 수 있다. 특히, 3차원의 지리 공간상에서 연속적으로 나타나는 현상들로 등간·비율 척도에 의해 부피로 측정되는 자료를 선기호화하는 것이다. 지형도에서 등고선으로 지표면의 고도의 변이를 나타내는 것과 같이 주어진 현상의 공간적인 분포 형태를 등치선으로 표면화시켜 나타내는 방법이다.

**ISCGM(International Steering Committee for Global Mapping) 국제 지구 지도 제작 운영 위원회** ISCGM는, 1996년 지구 지도 정비를 향한 조정의 촉진, 정비 방책 검토를 위한 상설 조직으로서 설립되어 사무국장은 국토 지리원 지리 조사 부장이 맡고 있다(회장은, D.R.Fraser Taylor 교수·캐나다). 위원회에는, 16개국부터 국가 지도 작성 기관의 장 클래스 19명의 위원과 국제기관 등으로부터 7명의 어드바이저가 참가하고 있어, 연 1~2회 세계의 여러 가지 장소에서 회합을 열고 있다.

**ISDN(Integrated Service Digital Network) 통합 정보 통신망** 전화뿐만 아니라, 팩시밀리나 비디오텍스와 같은 새로운 매체도 하나의 망으로 통합되어 종합적인 서비스를 제공받을 수 있는 망의 형태. 제한된 수의 사용자와 조직망 접속을 이용하여 음성·데이터·영상 등의 여러 가지 서비스를 종합적으로 제공할 수 있는 통신망을 말한다. ISDN은 아날로그와 디지털 서비스의 종합된 전송을 제공한다.

**ISFF 아이에스에프에프** 인터그래프 표준 파일 형식으로서 마이크로스테이션과 인터그래프사의 대화형 도형 설계 체계에서 공통으로 사용하는 파일 형식이다. 파일 형식의 확장자는 DGN으로 하나의 이진 파일로 구성되며 속성 데이터를 포함하지 않는다. 즉, 공간 데이터 요소만을 포함하고 있다.

**Island 다각섬** 다른 다각형 내에 위치한 다각형을 설명한 것이다. 다른 사상의 경계선과 교차하지 않으며, 특정 다각형 내에 포함된 다각형으로, 예를 들면, 저습지나 바다로 둘러싸여 있는 마르거나 비교적 말라있는 땅이나 호수와 같은 수계의 폐합지역 또는 도시 지역 내의 공원 등과 같은 대상물들을 표현할 수 있다.

**Island Cluster 군도(群島)** 섬(다각형)의 군집을 말한다.

**Island Polygon 섬 다각형** Island를 참조.

**ISMP(Information System Master Plan) 정보시스템 마스터플랜** ISMP는 특정 SW 개발사업에 대한 상세분석과 RFP를 마련하기 위해 업무 및 정보기술에 대한 현황과 요구사항을 분석하고 기능점수 도출이 가능한 수준까지 상세하게 기능적·기술적 요건을 기술하며, 구축전략과 이행계획을 수립하는 활동을 말한다.

**I-SMS 양방향 단문메시지 서비스** 서비스 업체의 센터에 있는 I-SMS 서버와 사용자의 휴대폰이 클라이언트/서버 구조로 연결된 서비스를 말한다.

**ISO(International Organization for Standardization) 국제 표준화 기구, 감광 속도(感光速度), 필름 속도, 필름 감도** ① 상품 및 용역의 국제적 교환을 촉진하고 지적·학문적·경제적 활동 분야에서의 협력 증진을 위하여 1947년 2월 23일에 런던에서 정식으로 발족하였다. ISO회원은 105개국으로 정회원 77개국, 통신 회원 22개국, 그리고 간행물 구독회원 6개국이다. 우리나라는 1963년 정회원으로 가입하였고 국립기술 품질원(NITQ)이 국가 대표기관으로 업무를 담당하고 있다. 또 1994년부터 우리나라는 18개국으로 구성된 이사회 (Council)이사국으로 선출되어 총회에서 일임된 예산편성 등 제반사항 심의에 참여하고 있다. ISO의 국제규격은 전문 위원회(TC : Technical Committee), 분과 위원회(SC : Subcom-Committee) 및 소위원회(WG : Working Group)로 구성된 실무 위원회에서 정한다. ② [영상] 필름 카메라나 디지털 카메라가 빛에 감응하는 속도의 비율을 말한다. 필름의 경우 ISO 5800 : 1987 표준을, 디지털 카메라의 경우 ISO 1223

2 : 1998 표준을 따른다. 흔히 ISO로 표시하고 선형 스케일(linear scale)을 주로 사용한다. ISO 선형 스케일은 과거 ASA(ANSI의 옛 이름인 American Standards Association 두문자어) 스케일에 해당하는데, 감광 속도가 2배가 될 때 값도 2배가 된다. ISO 100을 기본 값으로 하고 있으며 ISO 100보다 낮으면 저감도 필름이라고 부르고 ISO 100보다 높으면 고감도 필름이라고 부른다. 저감도 필름은 입자고 곱고 선명도와 디테일이 뛰어나다. 대신 많은 광선(빛)이 있어야만 적정노출로 촬영이 가능하다. 고감도 필름은 입자가 거칠고 노이즈기 생긴다. 하지만 적은 광선(빛)에서도 더 빠른 셔터 속도를 사용할 수 있어, 광선이 적은 상황에서 촬영을 수월하게 할 수 있다. 최근 많이 보급되어 사용하는 디지털 카메라도 ISO 값이 있으며 필름과 같은 원리이며 필름의 역할을 CCD, CMOS가 대신하는 것이다.

**ISO 19101 Reference Model 아이에스오 19101 참조 모형** 지리 정보의 표준화와 관련된 제반 환경, 원칙 및 표준화 아키텍처의 프레임을 정의하였다.

**ISO 19103 Conceptual Schema Language 아이에스오 19103 개념적 스키마 언어** 지리정보의 개념적 정의, 호환 모형 및 스키마의 작성을 위한 스키마 언어의 표준이다.

**ISO 19105 Conformance and Testing 아이에스오 19105 적합성 평가** ISO/TC211 표준의 적합성에 요구되는 시험 및 기준에 대한 프레임 워크, 개념 및 방법론을 정의하였다.

**ISO 19106 Profils 아이에스오 19106 프로파일** TC211에서 작성하는 19100 시리즈 표준의 프로파일 작성에 관련된 지침을 제공한다.

**ISO 19107 Spatial Schema 아이에스오 19107 공간 스키마** 공간 특성에 대한 표현, 운영 방법 등을 위한 개념적 스키마 제공을 말한다.

**ISO 19108 Temporal Schema 아이에스오 19108 시간 스키마** 시간적 특성을 묘사하기 위한 개념의 정의를 말한다.

**ISO 19109 Rules for Application Schema 아이에스오 19109 응용 스키마 규칙** 형상 정의를 포함한 응용 스키마의 작성 및 생성에 관한 규칙을 정의하였다.

**ISO 19118 Encoding 아이에스오 19118 부호화** 개념적 스키마 언어와의 부호화 규칙 간의 지도 제작에 대한 정의를 말한다.

**ISO 19119 Services 아이에스오 19119 서비스** 서로 다른 수준의 기능을 가지는 다양한 어플리케이션들의 지리 정보에 대한 접근과 사용을 위한 서비스 인터페이스 정의 및 서비스의 분류를 말한다.

**ISO 19123 Schema for Coverage Geometry and Functions 아이에스오 19123 대상영역 기하 및 기능 정의를 위한 스키마** 대상영역의 공간적 특성 표현을 위한 개념적 스키마 정의이다.

**ISO 8211 국제 표준화 기구 8211** 자료 전송 구현(부호화 방법)을 지정하는 SDTS의 3개의 부분 중 세 번째 ISO 8211는 일반적인 목적의 매체독립 교환 표준이며, 이것의 가변길이 레코드들은 통신선을 포함하여, 이것을 수용할 수 있는 어떤 매체에도 쓰일 수 있다.

**ISO 9000 국제 표준화 기구 9000** 1987년에 설립되었으며, 전세계의 품질 보증과 품질 조정 자격 표준을 위한 5개의 연관된 국제 표준 집합이다. 부착은 생산공정, 갱신 기록, 장비유지 보수, 직원 교육, 고객 관계 처리 등의 조사를 위해 회사 표준의 ISO 9000 인정서를 위한 신청 과정을 통하여 성취된다. 통제하는 국제 협회는 전 세계 범위인 것으로 인식된다.

**ISO/TC204 국제 표준화 기구 전문위원회204** ITS 관련 국제 표준화 활동은 TC204에서 맡고 있다.

**ISO/TC211(International Organization for Standardization/Technical Committee211) 국제 표준화 기구 지리정보 전문위원회** ISO 산하에 GIS를 위해 1994년 6월에 구성된 지리정보전문위원회(geographic information/geomatics)로 211번째로 구성되었다. 이 위원회는 수치지리정보분야의 표준화를 위한 전문위원회이며, 공간현상과 사물에 관한 표준 및 송・수신, 교환 표준 규격의 수립을 목표로 활동 중이다. 우리나라는 1995년 1월에 정회원으로 가입하였다. ISO/TC211에는 GIS 기준모형소위원회, 자료모형화소위원회, 지형공간정보관리소위원회, 지형공간정보서비스소위원회, 기능표준소위원회 등 5개의 소위원회로 구성하여 활동하고 있다.

**ISO/Technical Committee211(ISO/TC211) 국제 표준화 기구 지리정보 전문위원회** ISO/TC211(International Organization for Standardization/Technical Committee211)를 참조.

**ISO/TR 19120 Functional Standards 아이에스오/티알 19120 기능 표준** 기능 표준이 19100 시리즈 표준들의 프로 파일로 개발될 수 있는 방법과 이러한 프로파일링 절차가 기능 표준들 간의 조화를 어떤 방식으로 증대시킬 수 있는지 설명되었다.

**ISO/TS 19103 Conceptual Schema Language 기술명세 19103 개념적 스키마 언어** 지리 정보의 개념적 정의, 호환 모델 및 스키마의 작성을 위한 스키마 언어의 표준이다.

**Isobar 등압선(等壓線)** 기압이 같은 지점을 연결하여 얻어지는 곡선. 측정된 기압에 해면보정을 실시하는 것이 보통이다. 풍향, 풍속을 추정하는데 유익하다.

**Isobaric Line 등압선(等壓線)** Isobar를 참조.

**Isobaric Surface 등압면** 대기 중에서 기압이 같은 면을 말한다. 지면으로부터의 고도는 고기압 내에서는 높고 저기압 내에서는 낮으므로, 고층대기의 기압 분포는 등압면의 등고선도에 의하여 나타낼 수 있다. 지상일기도를 등압면(선)일기도라고 한다.

**Isobath 등심선(等深線)** 평균해면(mean sea level)을 고려하여 같은 수심(depth)을 가진 곳을 연결하여 해도 위에 그린 선이다. Contour, Depth를 참조.

**Isobathymetric Line 등심선(等深線)** Isobath를 참조.

**ISOC(Internet SOCiety) 인터넷 협회** 인터넷을 국제적으로 대표하고, 기술개발이나 운용 관리사의 제반 문제를 총괄하는 조직이다.

**Isocenter 등각점(等角點)** 등각점은 사진면과 직교하는 광선과 연직선이 이루는 각을 2등분하는 광선이 교차하는 점을 말한다. 사진측량에서의 주요 3점은 사진주점, 사진 연직점, 등각점이다. 등각점의 위치는 주점에서 최대 경사방향선상으로 $\overline{mj} = f \tan\frac{i}{2}$ 이다. 여기서, f는 초점거리, i는 경사각이다. 등각점은 평탄한 지역의 경사사진에서 각 관측의 중심점으로 사용된다.

**Isocenter Point 등각점** Isocenter를 참조.

**Isochrone 등시선** 등치선의 일종으로 특정 지점에서 동일한 여행 시간이 걸리는 점들을 결합한 선분을 의미한다. 일반적으로 노선설계에 대한 응용프로그램에 사용된다.

**Isoclinal Line 등복각선(等伏角線)** 지도에서 자기의 복각이 같은 점을 이어서 얻어지는 선을 말한다.

**Isogonal 등편각** 정한기간 동안에 동등한 자기 편차를 갖는 모든 점을 연결한 지도나 도면상의 선을 말한다.

**Isogonic Chart 등편각선도** 등편각선을 기입한 지도를 말한다.

**Isogonic Line 등편각선(等偏角線)** 자침 편차가 같은 지방을 이은 선을 말한다.

**Isogram 등치선** Isarithme를 참조.

**Isogriv** 그리드 항법 북극과 자북 사이에서 생기는 상이각의 동등한 점들을 연결한 지도나 도면상의 선을 말한다.

**Isohyet 등우선(等雨線)** 동일한 강수량 지점을 지도 위에 연결한 선을 말한다.

**Isolated Entity Type 고립 실체 유형** 다른 실체 유형과 전혀 관계를 갖지 않는 실체 유형. 고립 실체 유형은 모델리뷰 과정에서 삭제 또는 다른 실체 유형과 통합 과정을 거쳐 제거되나, 특별한 목적을 위하여 설정된 관계를 삭제한 코드실체 유형이나 채번실체 유형, 통계실체 유형 등에 대해서는 제외한다.

**Isolated Node 절연점** 어떤 변이나 선과도 연결되지 않은 절점을 말한다.

**Isoline 등치선** 동일한 속성값을 가진 점들을 연결하는 선으로, 예를 들면 등고선 등이 있다. Isarithme를 참조.

**Isoline Map 등치선도** 분포하고 있는 현상들의 경우, 각 지역별 크기와 그에 따른 공간적 변이를 등치선을 이용하여 나타낸 지도를 말한다.

**Isomeric Latitude 등위도** Parallel Lines를 참조.

**Isometric Line 등치선** Isarithme를 참조.

**Isometric Map 등치선도** Isoline Map을 참조.

**Isomorphism 동형** 2개의 객체 간의 관계에서 각각의 변경에 일대일로 대응되고, 각각의 구조를 보존하는 함수가 있는 관계를 말한다.

**Isoperimetric Curve 등장선** 축척 계수가 1이 되는 지도에서의 방향선을 따라가서 얻어지는 곡선을 말한다.

**Isopleth 등치선** 인구밀도와 같이 연속적으로 변화하는 사상을 표현하기 위한 기법의 하나로 동일한 양을 대표하는 지점을 연결한 선을 말한다. Isarithme를 참조.

**Isopleth Map 등치선도** Isoline Map를 참조.

**Isoplethic Line** Isopleth를 참조.

**Isopluvial 등우선(等雨線)** Isohyet를 참조.

**Isopycnic 등밀도선** 같은 밀도(density)를 가진 곳을 연결하여 지도 위에 그린 선이다.

**Isoseismal 등진도** 같은 진도값을 갖는 지역들을 연결하여 작성한 진도 분포도를 말한다.

**Isostatic Correction 지각평형 보정** Gravity Correction, Isostasy Hypothesis를 참조.

**Isostasy Hypothesis 지각 평형설, 지각 균형설** 깊은 지하에 있는 경계면(보상면, Compensated Surface)에서는 그 위의 질량이 동일하여 압력이 같게 되어 전체적인 균형이 유지된다는 가설이다. 즉, 지각이 밀도가 큰 하부층인 연약권에 떠 있으면서 중력적인 평형을 유지한다는 가설이다. 따라서 산맥 아래의 물질은 밀도가 작고 부력에 의해 맨틀 위에 높게 떠 있으며, 상대적으로 밀도가 높은 해양지각은 대륙지각에 비해 매우 얇다는 지각평형설이다.

1855년에 히말라야 산맥 부근에서 삼각 측량이 시행되었을 때, 프랫(John Henry Pratt, 1809~1871)의 실제 관측 결과, 히말라야 산맥 부근에서 측량기의 연직추는 산맥의 질량에 의해 계산된 기울어짐의 1/3에 지나지 않았다. 이러한 현상에 대해 에어리(Sir George Biddell Airy, 1801~1892)와 프랫이 각각 가설을 제시했다. 에어리와 프랫의 가설에 대한 논란은 근 1세기 동안 계속되었으며, 이들의 가설을 뒷받침하기 위하여 헤이즈카넨(Veikko Aleksanteri Heiskanen, 1895~1971), 헤이포드(John Fillmore Hayford, 1868~1925), 베닝메나즈(Felix Andries Vening Meinesz, 1887~1966) 등이 수정가설을 제안하였다. 지각 평형이란 용어는 에어리와 프랫의 가설 발표 후에 미국의 지질학자 더튼(Clarence Edward Dutton, 1841~1912)이 1889년 지각의 평형 상태를 일컬어 "지각 평형(Isostasy)"이란 용어를 사용했다.

(1) 에어리(Airy, 1855)는 길이가 서로 다른 동 막대기들이 수은 위에 떠 있는 경우로 지각 평형을 비유했다. 수은면 위에 더 많이 올라온 동 막대기일수록 그 밑은 수은 속으로 더 깊게 잠겨있는 것처럼 고산 지대에서는 지각이 맨틀 안으로 더 깊게 내려가고, 해저 분지에서는 반대로 얕게 나타난다는 것이다.

(2) 프랫(Pratt, 1859)은 산맥이나 해양 지역에서 해수면의 상하부에 존재하는 초과 또는 결핍된 질량만큼 지각의 밀도가 작아지거나 커지는 보상(Compensation) 작용에 의하여 지각이 평형을 이룬다는 설이다. 프랫은 이를 밀도와 길이가 서로 다른 금속 막대기가 수은 위에 떠있는 경우로 비유했는데, 밀도가 작은 막대기일수록 수은면으로부터 더 높이 솟아있으나 수은면 밑으로 잠긴 부분의 길이는 모든 막대기가 같아서 일정한 수평면을 이루고 있다. 보상 깊이는 해수면으로부터 일정하다

지각변동의 원인에 대하여 지각 수축설・지각 반발설・지각평형설・대륙 이동설과 맨틀 대류설, 해저 확장설 등 다양한 가설이 제기되었으나, 1970년대 중반 이후 판 구조론(Plate Tectonics)이 정립되어 그 원인이 규명되었다.

**Isotherm 등온선(等溫線)** 온도가 같은 장소를 연결하여 지도 위에 그린 선을 말한다.

**Isotropy 등방성(等方性)** 등방성 공정 또는 등방성을 표시하는 공정은 정지성을 과시할 뿐만 아니라 자료의 공분산이 방향이 아니라 객체 사이의 거리에만 의존하는 공정이다.

**ISP(Information Strategy Planning) 정보 전략 계획** 조직, 기관의 미래상을 달성하기 위하여 어떻게 효과적으로 정보기술을 연계하고 적용할 것인가 전략을 짜고 해결책을 찾아 실행 계획을 수립해 나가는 일련 과정을 말한다.

**ISP(Internet Service Provider) 인터넷 서비스 공급자** 개인이나 회사가 인터넷과 World Wide Web에 액세스할 수 있도록 서비스를 제공하는 회사이다. ISP는 전화 번호, 사용자 이름, 암호 및 기타 연결 정보를 제공하여 사용자의 컴퓨터가 ISP의 컴퓨터로 연결할 수 있게 한다. ISP는 일반적으로 월 단위나 시간 단위로 요금을 청구한다.

**ISPRS(International Society of Photogrammetry and Remote Sensing) 국제 사진측량 및 원격 탐사 학회** 대륙 간의 위치관계, 인공위성을 이용한 정보처리, 자원, 환경, 토지, 해양문제 해석 등 GIS의 가장 기본이 되는 자료 취득에 중점을 두어 연구하는 기관이다. 1910년에 설립된 국제학회로서 비정부 기관으로 국제 연합 산하 유네스코에 등록되어 있다. 사진측량과 원격탐사에 관한 국제회의를 올림픽이 개최되는 해(4년에 한 번)에 개최한다. 우리나라는 1980년 7월 14일 Ⅱ그룹으로 가입하였다.

**Israel Exchange Format91(IEF91) 이스라엘 변환 포맷91** IEF91(Israel Exchange Format91)를 참조.

**ISRO(Indian Space Research Organization) 인도 우주 연구소** 인도의 원격 탐사 위성인 IRS 발사, 데이터 수신, 수리, 이용 업무를 하는 기관이다.

**ISS(International Space Station) 국제 우주 정거장** 미국, 러시아, 유럽, 캐나다, 일본 등 세계 16개국이 참여하는 유인우주비행 프로젝트로서 350~400km의 고도에 대형 구조물을 건설하여 미세중력 실험과 우주기술시험 등을 수행한다.

**Issue Identification 발행 아이디, 권** 자료군으로 구성된 연속적 발행을 확인하는 정보를 말한다.

**ISTEA(Intermodal Suface Transportation Efficiency Act) 미국 종합 육상 교통 촉진법** 미국의 종합 육상 교통 촉진법으로 교통

관련 법들을 통합하여 1991년에 제정하였으며 지능 운송 도로 체계(IVHS) 등을 포함한다.

**Isthmas 지협(地峽)** 수괴 내에서 두 대륙을 연결하는 육지의 좁은 구간을 말한다.

**IT(Information Technology) 정보 기술** 정보화 시스템 구축에 필요한 유형·무형의 모든 기술과 수단을 아우르는 간접적 가치창출에 무게를 두는 기술을 뜻하는 정보통신 용어이다.

**ITA(Information Technology Architecture) 정보기술 구조(情報技術構造), 정보기술 아키텍처** 일정한 기준과 절차에 따라 업무, 응용, 데이터, 기술 보안 등 조직 전체의 정보화 구성요소들을 통합적으로 분석한 뒤 이들 간의 관계를 구조적으로 정리한 체계 및 이를 바탕으로 정보시스템을 효율적으로 구성하기 위한 방법을 일컫는다. ITA는 (1) 아키텍처와 시스템의 총괄로서 업무 및 관리 프로세스와 정보기술 간의 관계인 전사적 아키텍처(Enterprise Architecture), (2) 업무 활동에 필요한 정보 서비스인 기술 참조 모델(Technical Reference Model), (3) 정보 서비스를 지원하는 정보 기술 표준인 표준 프로파일(Standards Profile) 등 3가지 요소로 구성된다.

**ITC(International Training Center) for Aerial Survey 사진측량 훈련소** 네덜란드 내에 있는 항측 전문 교육 기관으로서, 현재는 'International Institute for Aerospace Survey and Earth Science'로 불린다.

**Item 항목, 종목** 독립적으로 기술될 수 있거나, 생각될 수 있는 것이다. (비고) 지물, 지물 간 관계, 지물속성 또는 이것들의 편성 등, 자료 집합의 임의 부분이 항목으로 될 수 있다.

**Item Indexing 항목 색인법** 데이터베이스 테이블의 항목에 관한 색인을 만들어 논리적인 조회나 테이블 관계화 작업을 신속하게 하기 위한 방법을 말한다.

**Iterated Function System(IFS) 반복함수 시스템** IFS(Iterated Function System)을 참조.

**ITO(Indium Tin Oxide) Film 투명 전극** 플라스틱 재질의 페트(PET)에 인듐 산을 플라즈마 상태로 얇게 증착시켜 전극이 형성된 필름을 말한다. 금속 재질이 증착됐지만 투명한 형태여서 투명전극이라고도 불린다. 유리의 투명성을 높이고 전기를 통하는 투명도전막을 성막하는 경우에는 Electron Beam법, Ion Plating법, Sputtering법 등으로 성막방법을 선택하는 것으로 용도에 맞는 특성을 얻는 것이 가능하다. ITO는 LCD, PDP, 유기EL 등의 각종 디스플레이에 사용되고 있다.

**ITRF Coordinate System 국제 지구 기준 프레임 좌표계** 1991년에 국제 측지학 협회(IAG : International Association of Geodesy)에서는 GPS 궤도 추적국의 관리와 정밀력 산정, 그리고 지상 관측점의 좌표 결정을 위하여 IGS(International GPS Service for Geodynamics)를 설치하기로 결정하였다. 위성 추적국(측점)의 좌표는 VLBI, LLR, SLR, GPS(1991년 이후), DORIS(1994년 이후) 관측의 조합에 의해 해석하고, ITRS(International Terrestrial Reference System) 기준계에 근거하여 매년 그 결과를 발표하고 있다. 이 결과가 바로 국제 지구 기준 좌표계(ITRF : International Terrestrial Reference Frame) 또는 ITRF 기준계로 알려지고 있다. ITRF 좌표는 ITRF88, 89, 90, 91, 92, 93, 94, 96 및 ITRF2000이 발표되었으며, 상호간에 cm 수준으로 변환할 수 있도록 변환 요소를 제공하고 있다. 국내 경우에는 천문대의 TEAN 측점과 국토지리정보원 SUWN 측점이 IGS에 가입되어 있다. 국제지구회전사업(IERS)에서 구축한 지구중심좌표계를 기준으로 하는 3차원 직교좌표계로, 이 좌표에서는 지구 질량 중심에 원점을 두고, X축을 그리니치자오선과 적도와의 교점 방향에, Y축을 동경 90° 방향에, Z축을 북극 방향에 고정하였고, 공간상의 위치를 X, Y, Z의 수치로 표현한다. ITRF는 조석변위와 같은 지구의 순간 변화까지 고려하여 결정되고 정기적으로 수정, 보완된다. 현재 ITRF2000을 사용하고 있다.

**ITRS(International Terrestrial Reference System) 국제 지구 기준계** 국제 지구 기준계의 원점은 지구의 무게 중심이다. Z축은 평균 북극을 향하고 있으며, X축은 평균 그리니치 자오선 방향으로 Z축과 수직이다. Y축은 오른손 좌표계에 의한 X, Z축에 수직한 방향이다. ITRS와 같은 범세계적 지구 중심 위치 참조 체계는 최근의 우주 측지 기술의 등장으로 가능하게 되었다. 지구의 무게 중심이 위성 궤도의 크기 및 형태와 직접적으로 관계되어 있으므로(만약 지구가 완전한 구체이라면, 지구 중심이 타원 궤도의 초점 2개 중 하나이게 된다), 자연 및 인공위성을 관찰하면 지구의 중심을 알 수 있게 되며, 따라서 ITRS의 원점을 결정할 수 있게 된다. 우주시대 이전(대략 1960년대 이전)에는 대축척 지도제작에 필요한 정확도 수준으로 지구 중심 좌표계를 구현하는 것은 불가능하였다.

**ITS(Intelligent Transport Systems) 지능형 교통 체계** 일반적으로 운전자 차량 대중교통 이용자들에게 매 순간의 교통상황에 따른 적절한 대응책을 제시함으로써, 교통소통과 안전 문제를 동시에 해결하기 위해 구축된 도로교통 기술체계를 말한다. ITS는 교통 관련 데이터베이스의 속성 정보가 주로 동적 정보를 수집·가공 및 전송하는 체계이다. ITS는 도로·차량·신호 체계 등 기존 교통 체계의 구성요소에 전자·제어·통신 등 첨단기술을 접목시켜 구성요소들이 상호 유기적으로 작동토록 하는 차세대 교통 체계이다. 현재 우리생활에서 접할 수 있는 ITS는 버스정류장의 버스 도착 안내시스템, 교차로에서 교통량에 따라 자동으로 차량신호가 바뀌는 시스템, 내비게이션의 실시간 교통정보, 하이패스 등이 있다. 교통시스템과 첨단기술의 접목으로 더욱 발전하게 될 ITS는 우리의 안전과 편의를 도모하게 될 것이며, 교통 혼잡 해결, 보다 빠른 운송을 통한 효율극대화 및 저탄소 녹색성장에 부응할 것이다.

**ITU(International Telecommunication Union) 국제 전기 통신 연합** UN의 통신 전문 산하 기관으로 ITU/R823은 중파대 무선 표지국에서 보정 항법 정보서비스를 권장하고 있으며, DGPS 데이터 형식, 방송 시간을 1992년 9월에 결정하였다.

**ITUM(Integrated Terrain Unit Mapping) 아이티유엠** 통합된 자료 관리의 예가 된다. 이것은 수리·지질·지형·토양과 식생의 단위와 같은 상호 의존적인 지형 변수의 상태와 경계선이 일치하도록 하기 위해 지형 단위의 경계를 조절하는 작업이다.

**iTunes 아이튠즈** 애플사가 만든 멀티미디어 플레이어 및 아이팟용 동기화 프로그램이다. 아이튠즈는 컴퓨터 내의 음악과 동영상을 관리하고, 아이튠즈 스토어에 접속하여 음악이나 뮤직비디오, 영화 등을 구매할 수 있으며, 아이팟과 애플 TV, 모토로라 ROKR, 아이폰 등 아이튠즈와 연동되는 장치에 데이터를 전송하는 기능을 갖고 있다. 그 이외에도, 음악 CD의 정보를 다운로드 받아 리핑할 수 있는 기능을 가지고 있다. 아이튠즈는 맥 오에스 텐용과 윈도용 버전이 있고 애플 웹사이트에서 무료로 다운로드 받을 수 있다. 아이튠즈는 ID 태그를 기반으로 음악과 동영상을 관리한다. 팟캐스트를 구독하고 관리할 수 있으며 자신의 보관함을 네트워크 상의 다른 아이튠즈 사용자와 공유할 수 있다. 아이튠즈와 동기화할 수 있는 아이팟 대수에는 제한이 없고 음악 파일 역시 횟수 제한 없이 음악 시디로 복사할 수 있다. 아이튠즈 7에는 앨범 사진을 보면서 빠르게 음악을 검색할 수 있는 커버 플로 기능과 아이튠즈 스토어에서 구입한 파일을 같은 아이튠즈 스토어 계정을 사용하는 컴퓨터로 전송하는 양방향 전송 기능이 추가되었다.

**IUGG(International Union of Geodesy and Geophysics) 국제 측지학 및 지구물리학연합** IUGG는 지구물리학 및 측지학적 방법·기술을 통하여 지구 및 우주환경에 관한 과학적인 연구를 하는 기관으로서, 1919년에 벨기에 브뤼셀에서 발족한 국제 비정부 기구이다. 국제학술연구연합(International Council of Scientific Unions, ICSU)의 산하조직이다. 측지학, 지진학, 기상학, 지구전자기학, 해양학, 화산학 등 6개 분야로 시작해 1922년에 수문학을 포함시켰으며, 환경보존, 자연재해 감소, 광물자원에 대한 연구도 포함한다. 해당 분야에 대한 연구나 관측의 교류를 도모하고, 지구와 제반 환경의 물리, 화학, 수학적 연구에 협력하는 것을 목적으로 하며, UNESCO, "천문학 및 지구물리학 데이터 분석 연합(Federation of Astronomical and Geophysical Data Analysis Services : FAGS)" 등의 단체와 함께 연구를 수행한다. IUGG는 International Association of Cryospheric Sciences(IACS), International Association of Geodesy (IAG), International Association of Geomagnetism and Aeronomy(IAGA), International Association of Hydrological Sciences(IAHS), International Association of Meteorology and Atmospheric Sciences(IAMAS), International Association for the Physical Sciences of the Oceans (IAPSO), International Association of Seismology and Physics of the Earth's Interior(IASPEI), International Association of Volcanology and Chemistry of the Earth's Interior (IAVCEI) 등의 8개의 독립된 기관으로 구성되어 있다. 현재 66개국이 가입되어 있다. 본부는 미국 콜로라도주립대학교에 있다. 한국은 1960년에 가입하였다.

**IUSM(International Union for Surveys and Mapping) 국제 측량 및 지도 제작 연맹** 국제적인 측량 및 지도제작 관련한 단체들의 연합체로서, 여기에는 국제측지학협회(IAG), 국제지도학회(ICA), 국제측량사연맹(FIG), 국제수로기구(IHO), 국제사진측량원격탐측학회(ISPRS) 등이 가입되어 있다.

**IUT(Implementation Under Test) 시험 운영, 시험 구현** 시험을 위해 구현된 제품의 일부 결과를 말한다.

**IVHS(Intelligent Vehicle Highway Systems) 지능 운송 도로 체계** 미국에서 사용했던 용어로서 도로 이외의 교통 분야를 모두 포괄한다는 의미에서 ITS로 바뀌었다.

**IVI(In-Vehicle Infotainment) 차량용 인포테인먼트** 차 안에서 즐길 수 있는 엔터테인먼트(entertainment)와 정보(information) 시스템을 총칭하는 용어이다. 영화·게임·TV·SNS 등과 같은 엔터테인먼트 기능과 내비게이션, 모바일 기기와 연동된 다양한 서비스를 제공하는 기기 또는 기술을 말한다.

**IXIT(Implementation Extra Information for Testing) 시험용 구현 보조 정보** 시험기관이 어떤 시험대상(IUT)에 대해서 적절한 시험 항목군을 실시하기 위해 필요한 것으로 IUT 및 그 IUT에 대응하는 시험대상 시스템(SUT)에 관계하는 전체 정보를 포함하는 기술이다.

**J2ME(Java 2 Micro Edition) 자바2 플랫폼 마이크로판** 임베디드 디바이스의 다양하고 제한된 환경에서 자바 환경을 탑재하기 위한 플랫폼이다. 적은 용량의 VM과 기본적인 자바 API보다 많이 절약된 API가 올라간다. CDC(Connected Device Configuration)와 CLDC(Connected, Limited Device Configuration)로 나뉘어져 있고, JavaTV, ScreenPhone, Mobile Device Set-top Box 등과 같은 Profile이 사용된다.

**JAD(Java Application Discriptor) 자바 애플리케이션 정보** 다운 받을 Application에 대한 정보를 갖고 있는 파일. 이 파일을 통해 버전 및 유효기간 등을 사전 확인한다.

**Jaggies 계단 모양** 출력장치상에서 톱니모양을 가진 곡선을 일컫는 전문 용어를 말한다. Aliasing을 참조.

**JAM(Java Application Manager) 자바 애플리케이션 관리자** 자바 애플리케이션 관리자, SK-VM에서 마법사보관함(Xbrowser)이 이에 해당한다.

**Jammer 재머** GPS 수신을 방해해 위치와 시간 정보를 먹통으로 만드는 장치. 전투기나 군함, 미사일 운용에 치명적 차질을 초래한다.

**Japan Industrial Standard(JIS) 일본 공업 규격** JIS(Japan Industrial Standard)를 참조.

**Japanese Earth Resources Satellite-1(JERS-1) 일본 지구 자원 위성-1** JERS-1(Japanese Earth Resources Satellite-1)을 참조.

**Japanese Regional Advanced Navigation System(JRANS) 일본 위성항법 보강체계** JRANS(Japanese Regional Advanced Navigation System)를 참조.

**Japanese Standard for Geographic Information 1.0(JSGI 1.0) 일본 지리 정보 표준 1.0** JSGI 1.0(Japanese Standard for Geographic Information 1.0)을 참조.

**Japanese Standard for Geographic Information 2.0(JSGI 2.0) 일본 지리 정보 표준 2.0** JSGI 2.0(Japanese Standard for Geographic Information 2.0)을 참조.

**JAR(Java Archive) 자바 아카이브** 소프트웨어에서 수많은 자바 클래스 파일과 연관 메타데이터, 리소스(텍스트, 그림 등) 등을 하나의 파일로 모아서 자바 플랫폼에 배포하기 위한 패키지 파일형식이다.

**Jasmine Revolution 재스민 혁명(튀니지 혁명)** 2010~2011년에 걸쳐 독재정권에 저항한 반정부 시위. 트위터, 페이스북 등 소셜 네트워크 서비스(SNS)가 혁명발발의 큰 역할을 했다.

**Java 자바** 선 마이크로시스템즈(Sun Microsystems, Inc.)의 제임스 고슬링(James Gosling)과 다른 연구원들이 개발한 객체 지향적 프로그래밍 언어이다. 1가전제품 내에 탑재해 동작하는 프로그램을 위해 개발했지만, 현재 웹 애플리케이션 개발에 가장 많이 사용하는 언어 가운데 하나이고, 모바일 기기용 소프트웨어 개발에도 널리 사용하고 있다. 현재 버전 9까지 출시됐다. C++를 바탕으로 언어 규격을 규정하였다. 자바를 다른 컴파일언어와 구분 짓는 가장 큰 특징은 컴파일된 코드가 플랫폼 독립적이라는 점이다. 자바 컴파일러는 자바 언어로 작성된 프로그램을 바이트코드(Bytecode)라는 특수한 바이너리 형태로 변환한다. 바이트코드는 하드웨어가 아닌 가상 컴퓨터에서 돌아가는 실행 프로그램이다. 바이트코드를 실행하기 위해서는 JVM(Java Virtual Machine, 자바 가상 머신)이 필요한데, 이 가상 머신은 자바 바이트코드를 어느 플랫폼에서나 동일한 형태로 실행시킨다. 때문에 자바로 개발된 프로그램은 CPU나 운영 체제의 종류에 관계없이 JVM을 설치할 수 있는 시스템에서는 어디서나 실행할 수 있으며, 이 점이 웹 애플리케이션의 특성과 맞는다.

**Java 2 Micro Edition(J2ME) 자바2 플랫폼 마이크로판** J2ME (Java 2 Micro Edition)를 참조.

**Java3D 자바 3디** 웹 환경 하에서 자바를 이용하여 3차원 그래픽 응용프로그램을 개발하기 위한 플랫폼으로서 독립적인 API이다. Java3D의 여러 가지 다양한 특징들은 복잡한 3차원 응용 시스템을 PC에서부터 웍스테이션까지의 다양한 플랫폼에서 효과적이고 빠르게 개발하기 위해 고안되었다. Java3D는 장면인식, 보이지 않는 물체 부분의 제거(culling), 병행 렌더링, 컨텐츠 캐싱 등을 통하여 3차원 장면(scene)에 대한 렌더링 최적화를 제공한다. 또한 자바로 구현된 3차원 장면관리, OpenGL과 Direct3D를 이용한 그래픽 알고리즘 구현, 그리고 3차원 그래픽 하드웨어의 이용 등을 통하여 고도의 그래픽 처리성능을 보장한다. 이러한 강력한 기능의 Java3D를 이용하여 과학 가시화, 정보 가시화, 의료 디스플레이, 3차원 지리정보시스템, 컴퓨터 디자인, 교육 등의 다양한 분야에 대한 응용 시스템을 구축할 수 있다. Java3D는 장면그래프(SceneGraph) 구조로 되어 있다. 장면 그래프는 객체를 표현하는 노드와 객체사이의 관계를 표시하는 아크로 구성된다. 특히 장면그래프로는 방향성을 가지며, 순환하지 않는 구조로 되어 있다. 이러한 구조를 사용함으로써 3차원 객체의 위치, 방향, 크기 등의 속성이 결정되고 렌더링 순서가 정해진다. Java3D는 가상환경에 대한 개념을 포괄하고 있으므로 모든 장면그래프는 Virtual universe로부터 시작해서, Locale, Branch group 등으로 연결된다.

**Java Application Discriptor(JAD) 자바 애플리케이션 정보** JAD (Java Application Discriptor)를 참조.

**Java Application Manager(JAM) 자바 애플리케이션 관리자** JAM(Java Application Manager)를 참조.

**Java Archive(JAR) 자바 아카이브** JAR(Java Archive)를 참조.

**Java Development Kit(JDK) 자바 개발 도구** JDK(Java Development Kit)를 참조.

**Java Server Pages(JSP) 자바 서버 페이지** JSP(Java Server Pages)를 참조.

**Java Virtual Machine(JVM) 자바 가상 머신** JVM(Java Virtual Machine)를 참조.

**Javar Server Page(JSP) 자바 서버 페이지** JSP(Javar Server Page)를 참조.

**JavaScript Object Notation(JSON) 제이슨** JSON(JavaScript Object Notation)를 참조.

**JDK(Java Development Kit) 자바 개발 도구** JDK는 썬 마이크로시스템즈에서 만든 자바 소프트웨어 개발 환경이다. 여기에는 자바 가상머신(JVM)과 컴파일러, 디버거, 그리고 자바 애플릿 및 응용프로그램 개발을 위한 도구들이 포함된다.

**Jean-Louis Gassee 장루이 가세** 애플의 제품 개발 관리자. 휼렛패커드에서 일하다가 애플로 옮긴 뒤 프랑스 지사에서 높은 이윤을 기록하며 탁월한 관리 능력을 인정받았다. 존 스컬리 체제 아래 매킨토시를 관리하였으며 잡스를 퇴출하고 복귀를 저지하는 역할을 담당했으나 이후 넥스트의 창의력을 인정하면서 잡스와는 화해한다. 비(Be)의 설립자로 BeOS를 만들었다.

**Jef Raskin 제프 래스킨** 1970년대 후반 애플의 매킨토시 프로젝트를 담당한 컴퓨터 과학자. 애플 II를 위한 매뉴얼 작성을 의뢰받아 애플에 합류한 이래, 매킨토시 프로젝트의 책임자가 되어 빌 앳킨슨 등 뛰어난 전문가들과 팀을 조직하였으나, 매킨토시 프로젝트는 이후 잡스가 관할하게 된다. 맥 OS의 그래픽 유저 인터페이스를 만들어낸 것으로 유명하며 인간 중심 인터페이스 설계의 권위자로 꼽힌다.

**Jello Effect 젤로 현상** 고주파 진동 등으로 카메라를 좌우로 왔다 갔다 하면 화면 중간이 끊어진 것처럼 보이는 현상을 말한다.

**Jerome Bailey York 제리 요크** 마이크로웨어하우스의 전 CEO이자 전 회장. 애플 이사회 이사였으며 크라이슬러와 IBM의 CEO를 역임했다.

**JERS-1(Japanese Earth Resources Satellite-1) 일본 지구 자원 위성-1** 일본에서 1992년 2월 11일에 발사된 위성으로 해상도는 18×24m, 태양 동기 궤도 고도 약 568km, 경사각 98도, 회귀일수는 44일이다. 1998년 10월 12일에 임무가 종료되었다.

**Jibo 지보** 최초의 가족용 소셜 로봇으로 사용자의 안면 및 음성을 인식하고, 스마트 단말과의 연동을 통해 알림 기능과 가정 내 가전 제어 등이 가능하다. 가족용 커뮤니케이션 허브를 지향하는 단말기가 활발히 개발되고 있으며, 2014년부터 제품 성격은 다소 차이가 있지만, 가정 내에서 가족용 커뮤니케이션 허브를 지향하는 로봇이나 단말 개발이 확대되고 있다. 2014년 7월 Indiegogo를 통해 펀딩을 진행한 바 있는 최초의 가족용 로봇인 Jibo는 2015년 투자를 유치하면서 로봇 도입 확대를 가속화할 것으로 전망된다. 한편, 프랑스 업체인 Invoxia는 CES 2015에서 커뮤니케이션 기능이 있는 무선 스피커인 Triby를 공개한 바 있다. Jibo나 Triby는 성격은 다르지만, 2개 단말 모두 가족용 커뮤니케이션 허브를 지향한다는 점에서 공통점이 있으며, TV 역시 오랫동안 거실을 차지하고 있는 단말이라는 점에서 이들 단말의 특성을 갖춘다면 활용도가 높아질 것으로 전망된다.

**JIL(Joint Innovation Lab) 조인트 이노베이션 랩** 보다폰, 버라이존, 차이나모바일, 소프트뱅크 등이 설립한 조인트 벤처로 OS나 플랫폼에 관계없이 다양한 애플리케이션을 사용할 수 있도록 하기 위한 통합 미들웨어 개발 프로젝트를 수행하고 있다.

**JIS(Japan Industrial Standard) 일본 공업 규격** 일본에서 공업표준화법에 기준하여 정해지는 국가 규격을 말한다.

**Jitter 진동, 지터** 신호의 진폭이 불안정한 상태를 말한다.

**Job 작업** 컴퓨터 체계에서 처리되는 작동 단위이다. 일반적으로는 하나의 프로그램 처리를 가리킨다. 컴퓨터에서 처리해야 할 일의 한 단위로서 그와 관련된 프로그램의 집합이다. 비슷한 말로는 태스크(Task)가 있는데, 작업(Job)은 사용자의 입장에서 본 업무의 단위, 태스크(Task)는 기계 측에서 본 업무의 단위이다.

**Job Control Statement 작업 제어문** 하나의 작업 처리를 위하여 작업 제어 언어로 작성된 문장을 말한다.

**John Alan Lasseter 존 래시터** 픽사와 월트 디즈니를 대표하는 애니메이션 감독이다. 월트 디즈니가 투자한 애니메이션 프로그램인 칼아츠에서 수학한 후 월트 디즈니에 입사하였으며 루카스필름의 컴퓨터 그래픽 부서에서 컴퓨터 그래픽의 무한한 가능성을 발견하고 픽사에 입사. 1995년에는 세계 최초의 100% 컴퓨터 디지털 애니메이션 「토이 스토리」를 감독하였다. 이후 「벅스 라이프」, 「토이 스토리 2」, 「토이 스토리 3」 등 픽사의 히트 애니메이션을 감독하며 최고의 애니메이터로 명성을 굳혔다.

**John Sculley 존 스컬리** 애플의 3대 CEO. 펩시콜라의 CEO로 코카콜라와의 경쟁에서 성과를 거두고 있던 그의 마케팅 능력을 높이 산 잡스가 1983년 그를 애플 CEO로 영입했으나 이후 잡스를 애플에서 축출하는데 결정적인 역할을 했다. 그러나 원래 경영 전문가였던 그는 하이테크 시장에 대한 분석 실패로 애플의 실적 부진을 가져왔고 1993년 애플을 떠났다.

**Join 연결, 결합** ① 2개 이상의 수치화된 지도를 연결시키는 작업 둘 또는 그 이상의 근접한 지도 또는 영상이 연속적인 모형을 형성하기 위해 모인 영역이다. ② 관계적 데이터베이스에서 두 테이블의 공통 항목을 기준으로 결합하는 것을 말한다. Relational Join, Spatial Join을 참조.

**Joint 절리(節理)** 넓은 의미의 절리는 단층이나 층리면, 벽개면이 아니라 암석을 구성하고 있는 광물 입자의 크기보다도 큰 자연 상태에서 면상의 틈(fracture)을 말한다. 대부분의 절리들은 절리면을 따라서 극히 미미한 운동이나 변위가 일어나지 않으므로 초기 상태의 단층은 아니다. 절리면에서는 미끄러지는 응력을 받지 않는 이상 단층면에서 볼 수 있는 단층 조선, 각력, 단층 점토 등을 볼 수 없다. 대부분의 절리들은 좁긴 하지만 열린 상태로 형성되어 이후 광물이(예 : 석영, 방해석) 맥을 형성하기도 한다. 응력과 관련된 절리의 기원은 인장절리(extension joint), 전단절리(shear joint), 그리고 혼성절리(hybrid joint 또는 oblique extension joint)로 구분된다. 인장절리는 절리와 수직으로 변위가 있는 절리이고, 전단절리는 전단운동에 의해 형성되며, 혼성절리는 수직응력과 전단응력이 모두 작용하여 생성된다.

**Join/Edgematch 경계선 정합** 인접한 두 도엽(지도)을 연결하는 기능으로 도로 등과 같은 선형 사상이 잘 맞추어져야 한다. 공통 항목 또는 필드에 기초하여 관계형 데이터베이스에서 둘 이상의 테이블의 관계, 이러한 테이블들로부터의 열(Row)들이 비교되어, 어떤 특별한 범주에 기반하여 열들은 데이터베이스로부터 열람되고, 갱신되고 삭제된다. 조인 연산의 가장 일반적인 형태 주의 하나는 Equijoin이다. 이것은 한 테이블의 값들이 다른 테이블의 값과 일치되어야만 한다. SQL은 관계형 데이터베이스를 사용한 조인연산의 수행을 위해 사용되는 일반적인 언어이다.

**Joint Innovation Lab(JIL) 조인트 이노베이션 랩** JIL(Joint Innovation Lab)

**Joint Photographic Experts Group(JPEG) 정지 영상 압축 표준, 제이페그** JPEG(Joint Photographic Experts Group)를 참조.

**Joint Program Office(JPO) 합동 계획 본부** JPO(Joint Program Office)를 참조.

**Jon Rubinstein 존 루빈스타인** 아이팟과 아이맥 개발에 큰 공을 세운 컴퓨터 공학자. 넥스트 시절부터 하드웨어 부분에서 일해 온 그는 1997년부터 2006년까지 애플에서 아이맥 및 아이팟 개발을 주도하였다. 잡스와는 오랜 세월 함께 일하였으며, 애플을 떠난 뒤 팜의 CEO로 영입되었다가 2009년 휼렛패커드에 인수되면서 수석 부사장이 되었다.

**Jonathan Ive 조너선 아이브** 애플의 수석 디자이너이자 부사장. 잡스의 복귀 후 디자인 수석 부사장으로 일해 왔으며 천재적인 감각으로 맥북과 아이팟, 아이폰, 아이패드 등 회사의 주요 하드웨어 상품 디자인 콘셉트를 이끌었다. 브라운 사의 수석 디자이너 디터 람스는 '좋은 디자인의 10원칙'을 따르는 유일한 회사는 애플뿐이라고 말한 바 있다.

**JPEG(Joint Photographic Experts Group) 정지 영상 압축 표준, 제이페그** 정지 영상 압축 기술을 연구하는 단체와 정지 영상에 대한 압축으로 기본 골격은 1993년 국제 표준으로서 완성되었고, 현재 4가지 방식의 압축알고리즘을 제시하고 있다. JPEG는 '자연적인' 실세계 장면의 완전 컬러 또는 그레이스케일 디지털 영상의 압축을 위해 설계되었다. JPG 또는 JPEG는 사용자가 직접 압축률을 지정하여 압축할 수 있는 형식이다. 압축률을 높일수록 파일 손상도 커지므로, 여러 번 실험해 보고 가장 적당한 상태를 만드는 것이 중요하다. 원본과 큰 차이 없이 압축률을 높일 수 있기 때문에 모니터로만 보는 홈 페이지에서는 최상의 저장 방식이지만, 인쇄하거나 출력하면 모니터에서와는 달리 압축으로 손상된 컬러와 형태가 그대로 인쇄되므로 주의해야 한다. 256컬러 이상의 다양한 색상 표현이 가능하므로 사진이나 복잡한 영상일 경우에 사용한다. 압축률이 좋아서 GIF 형식보다 더 작은 용량으로도 만들 수 있지만 투명 영상을 지원하지 않는 단점이 있다.

**JPEG2000 정지 영상 압축 표준 2000, 제이페그 2000** 포맷이 완전히 완성되지 않은 상태이며, 2000년 상반기 중으로 JPEG 2000의 완전한 포맷이 발표될 계획이다. JPEG의 표준화 작업을 맡고 있는 국제 표준화 기구(ISO) 산하 JTC/SC29/WGI JPEG 위원회에서는 2000년대 이후 산업 전반에 다양하게 응용될 압축 표준을 JPEG2000이라는 이름으로 추진하고 있다. JPEG2000은 미국 National Body가 1996년 2월 WGI에 제안을 하여 시작되었다. 이때 새로운 표준이 갖추어야 할 조건으로 극지 전송률(Super Low Bit Rate)에서도 뛰어난 성능을 발휘할 것, 이진치를 가지는 영상에서 16비트 이상으로 표현되는 영상에 이르기까지 하나의 시스템으로 부호화가 가능할 것, 통신상 발생하는 전송 에러에 강할 것, 순차적 전송이 가능할 것, 구현이 간단할 것, 관심 영역을 지정하고 처리할 수 있을 것, 그리고 다양한 해상도를 하나의 비트스트림으로도 지원할 것 등의 조건들이 시스템 구현을 위한 조건으로 사용되고 있다. 장점으로는 기술료를 지불하지 않으며, GIS, 원격 탐사 및 범용 영상 처리 분야에서의 광범위한 활용과 기존의 JPEG와의 호환성을 유지할 수 있다는 것이며, 단점으로는 위치 등록 정보를 기록할 수 없는 것과 포맷 완성 시기가 불분명하다는 것이다.

**JPO(Joint Program Office) 합동 계획 본부** 미 공군 시스템의 우주 시스템 부문 사무소. JPO는 GPS 시스템의 개발 관리와 제작에 대한 책임을 맡고 있으며, 미군의 각 지점, 미 교통부, 방어 지도 제작 기관, NATO 회원 국가들, 그리고 오스트레일리아의 대표자들로 구성되어 왔다.

**JRANS(Japanese Regional Advanced Navigation System) 일본 위성항법 보강체계** 일본에서 GPS 정밀도 제고를 위해 추진 중인 측위위성 체계. JRANS는 3개의 준 극궤도 위성 QZSS(Quasi-Zenith Satellite System)위성, 3개의 긴 타원궤도를 갖는 위성(HEO), 1개의 정지위성(GEO)으로 구성된다. 이 시스템은 고층빌딩에 의해 GPS 정밀도가 현저히 떨어지는 도심지역의 GPS 정밀도 보장을 위해 고안된 시스템으로 2008년 첫 위성이 발사될 예정이다. 미국과 일본은 이 시스템을 개발하는데 협력하고 있으며 앞으로 GPS와 JRANS 동시 수신기 가능한 수신기를 개발할 예정이다.

**JSGI 1.0(Japanese Standard for Geographic Information 1.0) 일본 지리 정보 표준 1.0** 1999년 3월에 결정한 국토 공간 데이터 기반 및 정비 계획에 의거하여 건설성 국토 지리원과 민간 기업 5개사가 함께 건설성 관민 합동 공동 연구 'GIS의 표준화에 관한 조사'를 하여 1998년 말 ISO의 표준을 토대로 지리 정보 표준(제1판)을 수립하였다.

**JSGI 2.0(Japanese Standard for Geographic Information 2.0) 일본 지리 정보 표준 2.0** 국토 지리원과 민간 38개사가 1999년부터 공동 연구 '지리 정보 표준에 관한 연구'를 시작 ISO의 최신 표준을 토대로 '지리 정보 표준으로' 새로이 개정하였다. 이렇듯 일본의 지리 정보 표준은 ISO/TC 211에서 제시하고 있는 표준을 자국 내의 환경에 맞게 취득하여 활용하고 있다.

**JSON(JavaScript Object Notation) 제이슨** JSON은 경량의 DATA교환 형식이다. 이 형식은 사람이 읽고 쓰기에 용이하며, 기계가 분석하고 생성함에도 용이하다. JavaScript Programming Language, Standard ECMA-262 3rd Edition-December 1999의 일부에 토대를 두고 있다.

**JSP(Java Server Pages) 자바 서버 페이지** JSP는 서블릿의 사용을 통해 웹페이지의 내용이나 모양을 제어하는 기술이다. 자바의 개발자인 썬마이크로시스템즈에서는 JSP 기술이 서블릿

API라고 말하고 있다. JSP는 마이크로소프트의 ASP 기술에 필적한다. JSP가 웹서버에 의해 실행될 자바프로그램을 호출하는 데 반하여, ASP는 페이지가 사용자에게 보내지기 전에 스크립트 인터프리터(VBScript 또는 JScript와 같은)에 의해 해석될 스크립트를 포함시킨다.

**Julian Date 율리우스 일** 기원전 4712년 1월 1일 그리니치평균 정오를 원점으로 하여 이로부터 경과한 날을 소수에 의해 표현한 율리우스 날짜이다.

**Julian Year 율리우스 년(年)** 1년의 길이는 지구의 장년섭동(長年攝動, perturbation, 태양계의 천체가 상호 영향을 미쳐 긴 세월이 흐르는 동안 조금씩 궤도상의 위치를 바꾸는 현상)으로 일정하지는 않으나, 1년의 길이에 가깝고 계산하기 편리한 365.25일을 율리우스년으로 사용하게 되었으며, 율리우스력의 기초가 되는 1년의 길이이다. 율리우스력(曆)은 고대 로마의 정치가 율리우스 카이사르(Gaius Julius Caesar, 100~44 BC)가 기원전 46년에 제정해 기원전 45년부터 시행한 양력(陽曆) 역법으로서, 율리우스력의 1년은 365일 또는 4년에 1번 366일이다. 따라서 율리우스력의 평균 역년은 365.25일이며, 단위로 사용하기 때문에 '율리우스년'이라고 한다. 여기서, 여기에서 일(日, day)은 86400초(second)로, 태양일이나 역일과는 다르다. 한편, 평균 태양년은 약 365.24219일이며, 그레고리력의 평균 역년은 약 365.24250일이다. 따라서 1율리우스년은 1.0000214 평균 태양년이 되며, 1.0000205 그레고리년이 된다. 율리우스년은 보통 1900년 1월 0일 그리니치 평균 정오(平均正午)를 기점으로 하여 재고 있다. 율리우스년은 천문학에서 주로 사용하며, 천체의 공전 주기를 나타낼 때 쓰인다. Gregorian Calendar를 참조.

**Jump 점프** 위성으로부터의 전파가 도중에서 끊기기 때문에 발생하는 위상의 차이를 말한다.

**Jump to 점프 투** 특정 항목이나 페이지로 한 번에 이동하는 것을 말한다.

**JUPEM(Department of Surveying and Mapping Malaysisa) 말레이시아 측량 및 지도 제작국** 국가의 요구 사항에 적합한 고품질 측량, 지도 제작 서비스 및 지리 정보 배포 체계를 제공하며, 측량과 지도 분야의 기술 개발을 위한 국가 센터 및 측량 기술자 교육 기관이다.

**Juridical Cadastre 법 지적** Legal Cadastre를 참조.

**Jurisdiction 행정 구역** 자료 관리 기관이 속한 도시나 국가를 말한다.

**Jurisdictional Sea Area 관할 해역** 연안국이 주권, 주권적 권리 또는 배타적 관할권을 행사하는 해역이다. 관할해역에는 내수(internal waters), 영해(territorial sea), 접속수역(contiguous zone), 배타적 경제수역(exclusive economic zone), 대륙붕(continental shelf)등이 있다. 해양관할권의 구분은 영해의 폭을 측정하는 기선(baseline)으로부터 구분된다.

**Justification 정렬** 수치화된 지도상에서 나타난 기호나 문자의 상대적인 위치를 형식에 맞추기 위해서 자료의 순서를 바꾸거나 자리를 이동하여 조정하는 것이다. 문자나 수치를 정렬하는 것으로 좌 관측렬은 좌측 기준선에, 우 관측렬은 우측 기준선에, 중앙 정렬은 중앙에 맞추어 문자나 수치를 정렬하고 들여쓰기를 한다.

**JVM(Java Virtual Machine) 자바 가상머신** 자바번역기라고도 불리는 자바가상기계(JVM)는 자바 바이트 코드와 컴퓨터의 운영 시스템 간에 번역기 역할을 하여 자바로 작성된 응용 프로그램을 윈도나 매킨토시, 유닉스 등에서 사용할 수 있도록 해주는 소프트웨어를 말한다.

**k(Kappa) 카파** 사진기 축 주위의 회전각이다.

**KACI(Korean Association of Cadastre Information) 한국 지적 정보 학회** 지적 및 토지 관련 학문에 관한 학술적 연구를 체계화함으로써, 지적 제도와 국가 지리 정보 체계 발전에 기여함을 목적으로 창립되었다.

**Kakao Talk 카카오톡** 모바일에서 무료로 그룹채팅과 1:1 채팅이 가능한 메신저 서비스이다. 기업과 로그인 없이 전화번호만으로 사용할 수 있다.

**KALI 칼리** KALI는 랜(LAN)용 게임들을 인터넷 상에서 플레이할 수 있게 해주는 툴이며 세계에서 가장 큰 게임 시스템이다.

**Kalman Filter 칼만 필터** 잡음이 포함되어 있는 역학적 상태를 추적하는 재귀 필터로서 시간에 따라 진행한 측정을 기반으로 한다. 칼만(Rudolf E. Kalman)이 개발하였다. 칼만 필터링은 불규칙 외난을 포함하는 동적 시스템(Dynamic System)에 적용되는 최적 상태 추정과정(Optimal state estimation process)으로서, 칼만필터는 이산 실시간격(Discrete Real Time Interval)마다 측정되는 잡음(Noise)이 실린 데이터로부터 동적시스템의 미지의 상태변수를 최적으로 추정하기위한 선형, 불편(unbiased), 최소오차분산(minimum error variance)의 반복적 알고리즘(recursive algorithm)이다. 이것은 산업분야에서는 인공위성의 항법, 미사일의 궤적추정, 레이다 등에 많이 이용되어 왔고 최근의 고속의 고성능 마이크로 프로세서의 발달로 칼만 필터는 매우 복잡한 실시간 처리 시스템에서도 점점 더 이용가치가 높아지고 있다. 칼만 필터링 절차는 선형모델에서 상태변수들을 추정하기 위해 만들어진 것이므로 만일 모델이 비선형이라면 필터링식을 유도하는 과정에서 선형화(Linearization Procedure)가 이루어져야 하는데, 이때는 이전의 추정된 상태변수로부터 실시간 선형 테일러 근사화(real time linear Taylor approximation)를 하게 되고, 여기서 얻어지는 칼만필터를 확장 칼만필터(Extended Kalman Filter)라 하게 된다. 이 방법은 비선형 모델을 아주 잘 다룰 수 있게 하고 매우 간단하며 효과적으로, 많은 실시간 응용에 잘 이용되고 있으며 칼만필터 응용분야는 크게 파라메타의 식별화(Parameter Identification)와 상태변수의 추정(State Variable Estimation)으로 구분된다.

**KASM(Korean Association of Surveying and Mapping) 대한 측량 협회** 우리나라 측량기술의 향상과 측량제도의 건전한 발전을 목적으로 하는 단체로, 측량기술의 향상과 측량영역 확대를 위한 조사, 연구, 국제협력, 공공측량 심사 업무 등을 위하여 1972년 국토해양부장관의 설립 인가를 받아 출범한 측량기술인 단체이다. 주요 사업으로 국내 측지, 지도, 공공측량작업 규정, 측량 표준품셈 단가 조사, 측량 기술자의 교육과 훈련 실시, 국제측량기술자연맹(FIG) 가입 및 한일 측량기술교류, 국토해양부 위탁 공공측량심사 업무 등을 추진한다. 그 밖에 기관지 측량지를 발행하며, 회원들의 권익 보호 업무를 주 업무로 하고 있다.

**Kasper's Orientation Method 가스퍼의 표정법** 산지 모델의 과량 수정 계수를 도해적으로 구하여 상호 표정을 하는 방법의 일종이다.

**K-axis 카파 축** 도화기 내에서 카파에 대응하는 회전축을 말한다.

**KB(Kilobyte) 킬로바이트** 1024byte를 나타내는 정보의 저장 단위. 일반적으로 1KB라고 표기한다. Byte를 참조.

**KBPS(Kilobytes Per Second) 초당 킬로바이트** KBPS는 PC (56kbps)와 표준 이동전화(9.6kpbs) 등에서 현대 모뎀들을 포함한 협대역 전송의 속력을 결정할 때 측정 가능한 표준이 된다.

**KBS(Knowledge Based System) 지식 기반 체계** 인간 전문가에 의하여 획득된 지식 기반에서 추론을 끌어냄으로써 특별한 응용 분야의 문제에 대한 해답을 제공하는 컴퓨터 체계, 이것은 인공 지능의 한 형태이다. 지식 기반 시스템 또는 보다 일반적으로 전문가 시스템은 자동화된 지도 일반화의 목적을 위해 사용되었다.

이것은 GIS분야 내에서 특별한 응용을 가지는 분야이다.

**KCS(Korean Confederation of Surveyors) 한국 측량사 총연맹** Korea Confederation of Surveyors의 약어로서 1981년 6월 1일 FIG 가입을 위하여 한국국토정보공사(전 대한지적공사)와 대한측량협회가 공동으로 비정부단체(NGO)를 설립하였다. 설립목적은 국내 관련단체의 유기적인 단합으로 측량기술의 창달도모와 지적 및 측량관계 기술자의 자질과 지위향상과 국제협력증진과 민간외교를 수행하며 국가발전에 기여를 목적으로 설립되었다.

**KCSC(Korea Cadastral Survey Corporation) 한국 국토정보공사(韓國國土情報公社)** 한국국토정보공사는 「국가공간정보 기본법」 제12조 제1항에 의거하여, 공간정보체계의 구축 지원, 공간정보와 지적제도에 관한 연구, 기술 개발 및 지적측량 등을 수행하기 위하여 설립된 국토교통부 산하 공공기관(공사)이다. 한국국토정보공사는 공간정보・지적제도에 관한 연구, 기술 개발, 표준화 및 교육사업, 공간정보・지적제도에 관한 외국 기술의 도입, 국제 교류・협력 및 국외 진출 사업, 지적측량, 지적재조사사업 등의 사업을 수행한다.

1938년 1월 24일 재단법인 "조선지적협회"로 창설되었으며, 1949년 5월 1일 재단법인 "대한지적협회"로 개칭했다. 1960년 12월 31일 국무원령 제176호에 따라 지적측량 업무 대행 근거규정이 마련됐으며, 1962년 1월 1일 재무부 장관에서 내무부 장관으로 감독기관이 바뀌었다. 1976년 11월 6일 지적법에 의해 지적측량 업무 대행기관으로 지정됐으며, 1977년 7월 1일 재단법인 "대한지적공사"로 명칭이 바뀌었다. 2008년 2월 29일 행정자치부 장관에서 국토교통부 장관으로 감독기관이 변경되었으며, 2015년 6월 4일 "한국국토정보공사"로 사명이 변경되었다. 한국국토정보공사의 CI(Corporate Identity, 기업 아이덴티티)는 영문 약칭 LX이며, 'L'은 Land, Location, Leader를 상징하고, 'X'는 eXpert, eXplorer, eXtraordinary의 의미를 함축한다.

**KDC(Korean Decimal Classification) 한국 십진분류법(韓國十進分類法)** 도서의 분류체계의 한 가지로 서양에서 사용하는 듀이십진분류법(The Dewey Decimal Classification System)을 우리나라 실정에 맞게 변형시켜 만든 것. KDC(Korean Decimal Classification)라고 약칭한다. 모든 도서들을 그 주제에 따라 우선 크게 10가지 유형, 즉 총류・철학・종교・사회과학・어학・순수과학・응용과학・예능・문학・역사서로 나누고, 다시 이를 10가지로 세분하기 때문에 십진분류법이라고 부른다. 이러한 KDC를 대한출판문화협회에서는 다시 조금 변형시켜, 즉 이에 아동도서와 학습용 참고서를 별도의 유형으로 추가하여, 모두 12가지 유형으로 나누어 도서들을 분류하고 있는데, 이는 아동서적과 학습참고서가 우리나라에서 발행하는 서적의 전체 종수의 33%를 차지할 정도로 많기 때문이다.

**Kelsh Plotter 켈쉬 도화기** 여색사진을 이용한 도화기이다.

**Kelvin 켈빈 온도** 온도의 국제단위(SI)이다. 켈빈은 절대 온도를 측정하기 때문에, 0K은 절대 영도(이상 기체의 부피가 0이 되는 온도)이며, 섭씨 0°는 273.15K에 해당한다. 상대온도의 단위로는 섭씨도와 같다. 켈빈 경의 이름을 땄으며, 기호는 K이다. 절대 영도와 빈 표준 평균 바닷물(Vienna Standard Mean Ocean Water, VSMOW)의 삼중점을 정의하면 0°와 간격을 정의할 수 있다. 절대 영도는 열에너지가 있을 수 없는 어떤 계(system)의 안정된 상태인데 이런 물체는 우주에 존재하지 않는다. 이 상태를 0K라고 하고 −273.15℃로 정의한다. 물의 삼중점은 273.16K이며 0.01℃로 정의한다. 따라서 1 켈빈 간격은 절대 영도와 VSMOW의 삼중점의 1/273.16이다. 온도가 1 켈빈 상승하는 것과 섭씨 1° 상승하는 것은 같다. 켈빈 온도에서 섭씨온도로 변환하기 위한 공식은 ℃=K−273.15이다. Triple Point, Celsius, Fahrenheit 참조.

**Kel-Watt Printer 켈와트 프린터** 적외선, 자외선을 이용하여 사진의 Contrast를 개선하고 고른 농도의 사진을 유동적으로 인화하는 기계이다.

**Keplerian Elements 케플러 요소, 궤도요소** 타원궤도를 돌고 있는 행성이나 인공위성의 위치를 수학적으로 기술하는 데에 쓰는 6개의 불변량(不變量)으로서, 궤도와 궤도상의 운동으로 나누어서 주어진다. 궤도는 행성의 경우, (1) 지구궤도면에 대한 행성궤도면의 기울기(궤도경각 I), (2) 행성이 지구궤도면을 남에서 북으로 통과하는 점의 태양에서의 방향(승교점황경 $\Omega$), (3) 궤도의 타원의 모양을 나타내는 수치(이심률 e), (4) 타원궤도의 장축의 길이(반장경 a), (5) 태양에 가장 접근할 때의 방향(근점인수 $\omega$)의 다섯 수치가 필요하다. 그리고 행성이 임의의 시각에 궤도의 어디에 있는가를 나타내는 '이심근점이각'이라는 수치는 (6) 행성이 근일점을 통과하는 시각(근점 통과시각 T)을 알면 케플러 방정식에 의하여 계산할 수 있다. 이러한 요소를 '궤도요소'라고 한다. 위성의 경우는, 지구궤도면 대신에 모행성의 궤도면 또는 적도면을, 인공위성의 경우는 지구의 적도면을 쓴다.

혜성의 경우는 반장경 대신에 근(일)점거리 q가 흔히 쓰인다.

**Kepler's Equation 케플러 방정식** 위성의 운동에서 진근점이각(e), 평균근점이각($\mu$), 이심근점이각(E) 사이에는 다음과 같은 식이 성립하는데 이를 케플러 방정식이라고 한다. 즉,

$$\mu = E - e \sin E$$

**Kepler's Law 케플러의 법칙, 케플러의 행성운동법칙** 케플러는 티코 브라헤(Tycho Brahe)가 정밀하게 관측한 자료를 정리, 분석하여 다음과 같은 행성의 운동에 관한 법칙을 발표하였다. 즉,

(1) 제1법칙(타원 궤도의 법칙) : 모든 행성은 태양을 하나의 초점으로 하는 타원궤도를 따라 운동한다. 즉, 이심율 $\epsilon = \sqrt{1+\left(\frac{2EL^2}{m\alpha}\right)}$ 이다. 여기서, $\alpha$ =GMm, L은 행성의 각운동량, M은 초점에 위치한 별(태양)의 질량, m은 행성의 질량, E는 행성의 역학적 에너지, G는 중력상수이다. 이 법칙은 뉴턴의 중력법칙의 직접적인 결과이다.

(2) 제2법칙(면적 속도 일정의 법칙) : 행성과 태양을 잇는 선분이 단위 시간에 스치고 지나가는 면적은 행성의 위치에 관계없이 항상 일정하다. 즉, $r \times v = const.$ 따라서 행성과 태양을 잇는 직선은 같은 시간에 같은 면적을 쓸고 지나간다. 이 법칙은 힘이 중심력이라는 사실로부터 나오는 일반적인 결과이다.

(3) 제3법칙(주기의 법칙, 조화법칙) : 행성의 공전 주기(T)의 제곱은 평균궤도반경(r)의 세제곱에 비례한다. $T^2 = \frac{4\pi^2}{G(M+m)}R^3 \approx \frac{4\pi^2}{GM}R^3$이다. 여기서, T는 공전 주기, R은 공전 궤도의 장반경, G는 중력상수, M은 초점에 위치한 별(태양)의 질량, m은 행성(지구)의 질량이다. 따라서 $T^2 = kR^3$이다.

**Keplerian Elements 케플러 요소** 타원궤도를 돌고 있는 위성을 위치와 속도 성분으로 나타낼 수 있는 6개의 불변양으로, 궤도장반경, 궤도이심률, 궤도경사각, 승교점의 직경, 근지점 인수, 근지점 통과시각을 말한다.

**Keplerian Orbital Elements 케플러 궤도요소** 위성의 타원궤도 및 운동을 정의하는 6가지 요소를 말한다. a : 장반경, e : 이심율, $\omega$ : 근지점의 편각, $\Omega$: 승교점의 편각, i : 경사각, $\nu$: 진근점거리.

**Kernel 핵** ① 운영 체제의 가장 기본이 되는 기능을 실행하는 부분으로, 응용 프로그램이나 주변 장치가 올바르게 작동하도록 통제하고 디스크나 메모리 등의 자원을 배분하거나 응용 프로그램의 실행 등을 처리한다. 운영 체제가 멀티태스킹 등과 같은 기능을 가지게 되어 고기능화되면 모든 것을 한 번에 처리하는 것보다는 입・출력의 관리나 주변 장치의 제어 등을 몇 개의 부분으로 나누어 관리하는 모듈화방법이 효과적이라 할 수 있는데, 이 모듈 전체를 관리하고 통제하는 것이다. ② 디지털 필터링에서 디지털 숫자가 사용된 2차원 배열을 말한다.

**Kestrel Eye 캐스트럴 아이** 미국은 2011년 이후에 발사될 '캐스트럴 아이'라는 이름의 미래 스파이 위성을 개발하고 있다. 버스만 한 덩치를 자랑하던 그 동안의 스파이 위성과 달리 무게 9kg, 망원경 직경 25.4cm의 나노 위성으로 개별 건물과 차량을 구분할 수 있는 약 15cm의 해상도로 지상을 관측할 수 있다. 30대의 위성이 편대 궤도를 돌면서 지상을 관측한 뒤, 그 영상을 군사용 통신위성을 거쳐 중계하기 때문에 지구의 어느 곳이든 24시간 실시간 감시가 가능하게 된다. 위성의 편대 궤도는 여러 대의 위성이 일정한 각도로 분산되도록 적절히 배치해 커버리지가 겹치게 하는 방법을 의미한다. 6개의 궤도에서 90도 간격으로 배치된 24대의 지구 전체를 아우르는 GPS 위성이 대표적인 예라 할 수 있다.

**Key 키** ① [데이터베이스] 데이터베이스에서 조건에 만족하는 튜플(tuple)을 찾거나 순서대로 정렬할 때 기준이 되는 속성(Attribute)이다.

| | |
|---|---|
| 후보키<br>(Candidate Key) | • 릴레이션을 구성하는 속성들 중에서 튜플을 유일하게 식별하기 위해 사용하는 속성들의 부분집합, 즉 기본키로 사용할 수 있는 속성들을 말함<br>• 릴레이션에 있는 모든 튜플에 대해서 유일성과 최소성을 만족시켜야 함 |
| 기본키<br>(Primary Key) | • 후보키 중에서 선택한 주키(Main Key)<br>• 한 릴레이션에서 특정 튜플을 유일하게 구별할 수 있는 속성<br>• Null 값을 가질 수 없음<br>• 기본키로 정의된 속성에는 동일한 값이 중복되어 저장될 수 없음 |
| 대체키<br>(Alternate Key) | • 후보키가 둘 이상일 때 기본키를 제외한 나머지 후보키들을 말함<br>• 보조키라고도 함 |
| 슈퍼키<br>(Super Key) | • 릴에이션에서 같은 튜플이 발생하지 않는 키를 구성할 때, 속성의 집합으로 구성하는 것을 말함<br>• 릴레이션을 구성하는 모든 튜플에 대해 유일성은 만족시키지만, 최소성은 만족시키지 못함 |
| 외래키<br>(Foreign Key) | • 관계(Relationship)를 맺고 있는 릴레이션 R1, R2에서 릴레이션 R1이 참조하고 있는 릴레이션 R2의 기본키와 같은 R1 릴레이션의 속성<br>• 외래키로 지정되면 참조테이블의 기본키에 없는 값은 입력할 수 없음 |

※ 널 값(NULL Value) : 데이터베이스에서 아직 알려지지 않거나 모르는 값으로서 "해당 없음" 등의 이유로 정보 부재를 나타내기 위해 사용하는, 이론적으로 아무것도 없는 특수한 데이터이다.

② 자료를 암호화할 때 기준이 되는 숫자나 문자열을 말한다.

**Key Attribute 주요 속성** key Entry를 참조.

**Key Entry 자판 입력** 비도형 자료를 컴퓨터에 입력하는데 주로 사용되는 기술. 대부분의 비도형 자료는 자판에 의해 입력된다. 많은 경우에 이들 자료는 자판에 의해 수치 형식으로 입력되며 현장 관측의 경우에는 휴대용 컴퓨터에 현장에서 자판에 의해 자료가 수치 형식으로 바뀌어 기록된다. 이들 휴대용 컴퓨터는 자료를 수집하기 위해 주변 저장 장비 등을 사용하며 이들 자료 파일을 주기적으로 다른 컴퓨터에 저장되거나, 저장용 디스켓에 복사된다.

**Key For Photo(Interpretation) 판독 키** 사진상의 대상물을 정확히 판별하고 그 의미를 판정하기 위하여 사진상의 특징을 조사하는데 사용되는 조직적인 체계를 말한다.

**Key Hole-11(KH-11) 키홀-11** KH-11(Key Hole-11)를 참조.

**Key Itegrity 키 일관성** 어떠한 테이블 인스턴스의 어떠한 행에 대한 키 값이라도 항상 알려져 있어야 한다. 즉, 키 값을 공백으로 두어서는 안 된다.

**Key Map 키 맵** Index Map를 참조.

**Key Uniqueness 키의 유일성** 어떤 테이블에 속한 어떠한 행의 키 값은, 같은 테이블에 속한 다른 행의 키 값과 반드시 달라야 한다. 키란 의미가 유일한 구분자이라는 의미이기 때문에, 주키가 중복되는 것은 허용되지 않는다.

**Key Value 키 값** 데이터베이스 테이블의 특정 행을 식별하고 접근하는 값을 말한다.

**Keyboard Entry 자판 입력** 컴퓨터 단말기를 통해 자료를 수동적으로 입력시키는 것. 속성자료는 일반적으로 자판에 의해 입력된다.

**Keyboard Input 자판 입력** 명령어나 수치자료를 입력시키는 것을 말하며, 타블릿 메뉴입력이나 화면 메뉴입력에 대비되는 용어이다.

**Keyhole Markup Language(KML) 키홀 마크업 언어, 키홀 기술언어** KML(Keyhole Markup Language)을 참조.

**Keyhole Markup Language Zipped(KMLZ) 압축 키홀 마크업 언어, 압축 키홀 기술언어** KMLZ(Keyhole Markup Language Zipped)를 참조.

**Keystoning 키스톤 현상** 영사기 렌즈가 스크린 표면과 평행이 되지 않을 때 발생하는 현상. 정사각형 또는 직사각형 이미지가 (윗변이 밑변보다 긴) 사다리꼴 모양으로 영사된다.

**Keyword 핵심어, 검색어** ① 고급 언어에서 명령문의 형태나 연산 형태를 정의하기 위하여 사용되는 언어. ② 자료군의 주요 사항을 설명하기 위해 사용된 공통어 또는 구문을 말한다.

**Keyword Marketing 키워드 마케팅** 인터넷 사용자들의 평소 검색 기록, 이메일 및 메신저 교신 내용 등을 수집 분석해 사용자가 관심 있어 할 만한 광고를 보내주는 것. 타기팅 광고라고도 한다.

**Keyword Thesaurus Name 핵심어 사전명** 공식적으로 등록된 사전명(컴퓨터에 기억된 정보 색인)또는 핵심어에 대해 유사한 핵심어를 말한다.

**Keyword Type 핵심어 유형** 유사한 키워드를 분류하기 위해 사용되는 방법을 말한다.

**kg(Kilogram) 킬로그램** 일반사회에서 사용되는 중량과 질량의 혼동을 막기 위하여 제3차 CGPM에서는 킬로그램은 질량의 단위이며 1킬로그램은 국제원기의 질량과 같다라고 정의하였다.

**KGS 95(Korean Geodetic System 95) 한국군 측지계 95** 한국군이 1995년에 WGS84에 기초하여 채택한 타원체 값이다. 근본적으로는 WGS84와 동일하나 한국 고유자료를 사용하여 확정된 좌표체계이며 한국(군)의 입장에서는 한국의 독자성을 주장하고 미국(군)의 입장에서는 한국군의 주권을 존중한다는 의미에서 한국 고유 명칭을 부여한 것이다. 또한 우리군이 지금까지 사용해온 동경기준점(Tokyo Datum=벳셀타원체)을 탈퇴한다는 역사적 의미를 내포한다.

**KH-11(Key Hole-11) 키홀-11** 미국의 대표적인 정밀 정찰위성으로 CCD 카메라의 영상을 디지털화하여 송신한다. 분해능력은 고도 약 400km에서 촬영하여 약 15~30cm라고 한다.

**KHNP(Korea Hydro & Nuclear Power Co.,Ltd.) 한국수력원자력주식회사(韓國水力原子力株式會社)** 「전력산업구조개편촉진에 관한 법률」에 따라서 2001년 한국전력공사로부터 분리, 설립된 발전회사이다. 현재 고리원자력발전소, 한빛원자력발전소, 월성원자력발전소, 한울원자력발전소 등 총 4개의 원자력 발전소에서 23기의 상업용 원자로를 운영하고 있으며, 현재 신고리 3~4호기, 신월성 2호기, 신한울 3~4호기가 건설 중이며,

신고리 5~6호기의 건설허가가 난 상태이다. 청평댐, 팔당댐 등 수력 발전소도 운영하고 있다. 대한민국 전력 공급의 약 32%를 담당하고 있으며, 원전 건설 및 원전 수출을 추진하고 있다.

**Khnum 크놈** 창조의 신. 뿔이 난 숫양의 머리를 가진 모습으로 표현. 엘렌판틴 섬과 에스나에 신전이 있다.

**K-IBS(K-Integrated Bridge System) 한국형 통합 선교 시스템** 지능형 전자해도를 기반으로 경제적 최적항로 분석 및 계획, 충돌·좌초 방지는 물론이고 자동항해가 가능하도록 하는 선박 운항 컨트롤 시스템이다.

**KICS 한국 정보 통신 표준** KICS 표준화는 전기 통신 부문과 컴퓨터망, 소프트웨어, 정보 기술, 적합성 시험 등 정보 기술 부문의 표준화를 수행하며, 정보 통신 표준화 활동의 결과는 국가 표준인 한국 정보 통신 표준(KICS)과 단체 표준인 TTA 정보 통신 단체 표준이 된다.

**KICT(Korea Institute of Civil Engineering and Building Technology) 한국건설기술연구원(韓國建設技術硏究院)** 구조·도로·지반·수자원·건설환경·건축·화재설비연구, 건설 품질 관리 및 인증, 디지털 건설정보 구축 및 보급 등의 활동을 통해 건설기술을 종합적으로 개발하는 공공연구기관으로 과학기술분야 정부출연연구기관 등의 설립·운영 및 육성에 관한법률에 의거 설립된 지식경제부 소관의 기타공공기관이다. 주요 기능으로는 국가기반시설 성능 고도화 연구 개발, 국토 재해 대응 연구 개발, 친환경 국토조성 연구 개발, 건설기반 융복합 연구 개발, 고성능 건설자재 연구 개발, 건설공사 및 건설기자재의 품질인증·인정·지정·검사·시험·평가·인증, 정부·민간·법인·단체 등과 연구개발 협력 및 기술용역 수탁·위탁, 건설·국토 기술이전, 기술 확산, 사업화 지원 및 중소·중견기업 등 관련 산업계 협력·지원과 기술사업화 등이다.

**KIGAM(Korea Institute of Geoscience And Mineral Resources) 한국지질자원연구원(韓國地質資源硏究院)** 1918년 5월 조선총독부산하에 설립되어 국립기관으로 존속되어오다, 1976년 정부출연연구기관으로 변경되었다. 국토와 주변해역, 해외의 지질 조사와 부존자원 관련 연구를 수행을 주요 임무로 하며 2014년 미래창조과학부 산하 국가과학기술연구회 소속이며 기타공공기관으로 지정되어 있다. 주요 기능으로는 지질과학 연구, 지질자원 기반정보 구축·제공 및 지반·지하공간의 효율적 이용 연구개발, 광물자원 탐사·개발 및 활용·순환 연구개발, 지하 에너지자원 확보 연구개발, 지진, 지질재해 및 지구 환경변화 대응 연구개발, 지하수 자원의 탐사·개발 및 보전 연구개발, 연구개발 협력 및 기술용역 수탁·위탁, 기술사업화, 전문 인력육성, 기술정책 수립, 기타 시험평가, 인증 등이다.

**KIKO(Knock-In Knock-Out) 키코** 수출업체의 환 손실을 막는다는 명분으로 은행들이 수출업체들에 판매한 일종의 파생금융상품. 환율이 계약 당시 약정환율로 약정규모의 달러를 은행에 팔아 환 손실을 피하고 차익을 얻을 수 있도록 설계돼 있다. 만약 환율이 하한선(Knock-Out) 이하로 내려가면 키코 계약은 해지되며, 환율이 급등해 상한선(Knock-In)을 한 번이라도 넘어가면 수출업체는 약정규모의 2배의 달러를 시장에서 비싸게 매입해 낮은 약정환율로 은행에 팔아야 하므로 큰 손실을 보게 된다.

**Killer App 킬러 애프** 새로운 방법으로 업무를 완수할 수 있는 우수한 방법을 제공함으로써 컴퓨터 사용자에게 필요 불가결한 존재가 된 컴퓨터 프로그램 또는 "어플리케이션" 예로서는 워드 프로세서와 스프레드시트가 있다.

**Killer App 킬러앱** Killer Application를 참조.

**Killer Application 킬러 애플리케이션** 새로운 방식으로 과업을 수행할 수 있도록 우수한 방법을 제공함으로써 컴퓨터 사용자에게 필수가 된 컴퓨터 프로그램이나 애플리케이션(예 : 워드프로세서, 스프레드시트)으로서 경쟁 제품을 몰아내고 시장을 완전히 재편할 정도로 인기를 누리는 상품이나 서비스.

**Kilo 킬로** $10^3$을 뜻하는 접두어로서, 기호 k로 나타내며, thou-sand(천) 단위이다.

**Kilobyte(KB) 킬로바이트** KB(Kilobyte)를 참조.

**Kilobyte Virtual Machine(KVM) 킬로바이트 가상 머신** KVM (Kilobyte Virtual Machine)를 참조.

**Kilobytes Per Second(KBPS) 초당 킬로바이트** KBPS(Kilobytes Per Second)를 참조.

**Kilogram(kg) 킬로그램** kg(Kilogram)를 참조.

**Kilometer Mark 거리표(距離標)** Distance Mark를 참조.

**Kim, Jeong Ho 김정호** 조선시대 지리학자(?~1864)로, 자는 백원, 호는 고산자이다. 황해도의 미천한 가문에서 출생하였으나 어려서 서울로 이주하여 학문을 열심히 닦았다. 그는 정밀한 지도 작성을 위하여 많은 지리지와 지도를 살펴보고 철저한 편집을 통해 1834년 청구도를 완성하였다. 그 후 청구도를 보완하여 1861년 대동여지도를 완성하고 교간하였다. 그 외에도 대동

지지를 집필 간행하였다. 김정호에 관한 역사적 기록은 거의 없으나, 일제 강점기에 민족적 자긍심을 위해 최남선에 의해 발굴, 기록되었으나 과장된 부분도 있다.

**Kindle 킨들** 아마존닷컴이 2007년 11월 19일에 공개한 전자책(e-book) 서비스와 서비스를 사용하기 위한 기기를 뜻하는 말이다. 전자 종이 디스플레이를 사용하며, 독자적인 킨들(AZW) 포맷을 사용한다. 콘텐츠는 스프린트의 EVDO 네트워크를 이용해 아마존의 위스퍼넷에서 다운로드할 수 있다. 위스퍼넷에 접속하는 비용은 없다. 가격은 359달러이다. 첫 판매 개시 후 5시간 30분 만에 매진될 만큼 높은 관심을 모으고 있다. 2009년 3월 3일, 아마존닷컴에서는 아이폰과 아이팟 터치에서 사용할 수 있는 '킨들' 애플리케이션을 공개했다. 이 애플리케이션을 설치하면 아이폰과 아이팟 터치에서도 킨들 콘텐츠를 읽을 수 있고, "위스퍼싱크"로 명명된 기술을 사용하면 킨들 하드웨어와 다른 모바일 기기간의 정보를 동기화할 수 있다.

**Kinect 키넥트** Xqkrtm 360용 키넥트는 컨트롤러를 사용하지 않고 센서 앞에 다가서기만하면 사용자를 인식하고 동작에 반응하는 시스템이다. 사람의 48개 관절 움직임을 1초에 30번씩 읽어 들인다. 카메라 모듈이 장착되어 모션 캡처로 플레이어의 동작을 인식하며, 마이크 모듈로 음성을 인식한다.

**Kinematic Dynamic Surveying 이동 측량, 키네마틱 측량** 고속으로 이동하는 지점의 좌표를 결정하는 방식으로 일반적으로 항법장치와 연결되어 사용한다. 그런데, 이때 취득되는 자료를 항법장치에서처럼 실시간 처리방식을 사용하지 않고, 후속계산에 의해 처리하면 처리된 자료를 수치지도 자료로 활용할 수 있다. 후속계산에 의한 방법은 실시간 처리방식에 의해 오차를 줄일 수 있으며, 잔차에 대한 세밀한 분석이 가능하고, 모형을 구성할 수 있다는 장점이 있다. 예를 들면, 도로의 경우 고속으로 주행하는 자동차에서 이 방식에 의해 취득된 일련의 선형 자료를 후속 계산에 의해 처리하고, 이 자료에 도로의 속성을 부여하면 일거에 도로망도를 제작할 수 있다.

**Kinematic Positioning 이동 측량, 키네마틱 위치결정** 간섭위치결정에 있어서 기준점에 한 대의 수신기를 고정시키고, 또 한 대의 수신기는 다수의 미지점을 수초부터 수분간을 순차로 관측하는 방법이며, 이동 측량방법을 세분하면 여러 가지 방법이 있다. 즉, 유사 키네마틱, 정지 및 이동(Stop and Go), 신속(Rabid) 스테틱, 연속 키네마틱 방법이 있다.

**Kinematic Surveying 이동 측량, 키네마틱 측량** Kinematic Dynamic Surveying를 참조.

**Kinematic Temperature 동적 온도** 물체를 구성하고 있는 입자들의 병진운동 에너지의 내부온도를 말한다.

**Kinetic Energy 운동 에너지** 운동하고 있는 물체 또는 입자가 갖는 에너지이다. (1) 선형 운동 에너지는 물체의 질량(m)과 속력(v)의 제곱의 곱에 비례한다. 즉, $E_k = (1/2)mv^2$. 또한 (2) 회전 운동에너지는 관성 모멘트(I)와 회전 각속도(v)의 제곱의 곱에 비례한다. 즉, $E_k = (1/2)I\omega^2$. 한편, (3) 열을 가진 모든 입자 또한 운동에너지를 가지고 있는데, 기체의 운동에너지는 몰수(n)와 절대온도(T)에 비례한다. 즉, $E_k = (3/2)nRT$(R : 기체 상수).

**K-Integrated Bridge System(K-IBS) 한국형 통합 선교 시스템** K-IBS(K-Integrated Bridge System)를 참조.

**KIOT(Korea IOT Association) 한국 사물인터넷 협회** 2004년 설립된 "한국 RFID/USN 융합협회"는 2014년 정기총회를 통해 '한국 사물인터넷 협회'로 전환하였다. 협회는 그동안 RFID/USN 및 IT융복합의 대표적인 국내 협회로서, RFID/USN 적용 확산을 통한 산업 발전, 전시회 개최를 통한 대 국민 인식제고, 인력양성 및 표준화 등의 기반조성 사업을 추진해 왔다. 그러나 전 세계적으로 RFID/USN, M2M을 포괄하는 사물인터넷(Internet of Things, IoT)이 새로운 트렌드로 자리 잡고, 정부도 새로운 성장 동력으로 IoT를 주목하는 등 시대적 흐름에 따라, 한국사물인터넷협회로 명칭을 개정하였다.

협회 임원사로는 SKT, KT, LG U+, Qualcomm, Telit, AM텔레콤, NTmore, M2Mnet, K-Works, KIC시스템즈, LG히다찌, 모다정보통신, 맥스포, 세연테크놀러지, 이도링크, 이그잭스, 전자부품연구원, 한국방송통신전파진흥원, 한국인터넷진흥원, 한국전자통신연구원, 한국정보통신기술협회 등 IoT관련 민관의 대표적인 기관 30개사가 참여하고 있다. 협회는 IoT를 창조경제의 핵심 중에 하나로 보고 해당 분야의 진흥과 제도개선을 중점적으로 추진하고 있으며, 사물인터넷 확산으로 새로운 시장개척과 전체 산업의 규모를 확대하고, 기업간 협력 인프라 조성, 적극적인 교류지원으로 회원 간의 사업 협력과 타 산업분야와의 컨버전스를 가속화하고, 새로운 도전과 혁신으로 Post Smart Phone 시대로 예견되는 사물인터넷 중심의 사회를 대비하고 있다.

**Kirchhoff's Law of Radiation 키르히호프의 복사 법칙** 주어진 절대온도와 파장에서 한 물체의 분광 복사출력의 분광흡수능에 대한 비는 같은 온도와 파장에 있는 흑체의 분광 복사 출력과 같다는 법칙. 이상적인 흑체는 이상적인 흡수체이고 또 복사체이므로 이 법칙에 의하면 흑체의 흡수능은 복사능과 같다.

**KITSAT-3 우리별 3호** 1999년 5월 26일 발사하여 운영되는 한국의 위성으로, 해상도는 15m, 태양 동기 궤도는 720km이다.

**Klip 클립** 동영상 공유 소셜 서비스로서 휴대전화를 흔들면 등록된 모든 영상의 미리보기 가능하다.

**KLIS(Korea Land Information System) 한국 토지정보 시스템** 토지에 대한 이용현황과 소유자, 거래, 지가, 개발, 이용제한 등 각종정보를 데이터베이스화하여 공공기관의 토지관련 정책수립에 필요한 정보를 제공하고, 민원인에게 종합적인 토지정보를 제공하기 위해 개발한 정보체계이다.

필지중심토지정보시스템(Pacel Based Land Information System, PBLIS) 사업과 토지관리정보시스템(LMIS) 사업은 행정자치부와 건설 교통부가 각각 개별적으로 구축·운영하고 있었다. PBLIS사업은 개별 지적에 토지소유권, 토지피복, 경사도 등 지표상 토지의 물리적 형상, 용도지역지구, 도시계획 등 토지이용에 관한 사항 그리고 지하에 관한 사항을 모두 담아서 정보시스템을 구축하고자 하는 것으로서 행정자치부가 시행하여 온 토지대장 전산화 사업과 지적도면 전산화 사업의 연장선상에서 나온 사업이다. 그러나 PBLIS 사업은 단위 지적도면을 전산화하는 것으로서 개별 지적의 위치와 소유권관련 행정업무를 중심으로 한 지적측량, 지적행정, 지적측량성과를 중심으로 시스템이 구축·운영되었다. 따라서 PBLIS는 주로 행정자치부의 지적관련 업무, 즉, 지적도면관리, 토지대장관리, 지적측량, 지적측량기준점 관리, 측량성과관리업무 등에 한정되어 정보시스템이 활용되었다. 그러나 행정업무에 GIS가 도입되면서 개별 지적을 연속한 연속지적도에 대한 수요가 점차 늘어나게 되었다. 당시 토지이용과 관련하여 공공 및 민간부문에서 연속지적도에 대한 수요가 매우 높았다, 공공부문에서는 국토, 환경, 농림, 국방 등 여러 정부부처가 해당부처의 업무수행을 위하여 연속지적도를 매우 필요로 하였다. 민간부문에서도 도시계획, 토목, 교통, 물류 등 여러 분야에서 연속지적도 구축이 요구되었다. 그러나 행정자치부에서는 PBLIS 사업을 수행하였으나 개별 필지의 부정확성 때문에 연속지적도를 제작하지 않았다. 연속지적이 확보되지 않음에 따라 토지정책부문뿐만 아니라 환경, 농림, 국방 등의 주요 행정부문의 정책 및 업무가 제대로 처리될 수 없었다. 이에 따라 당시 건설교통부는 연속지적도 기반의 토지관리정보시스템(LMIS)을 구축하여 토지정책분야에 활용하였다. 그러나 당시 연속지적도 기반의 토지관리정보체계와 개별 지적 기반의 필지중심토지정보체계는 건설교통부와 행정자치부가 각각 운영·관리하는 등 관할 중앙부처가 서로 달라 지적행정업무와 토지이용을 위한 연속지적도 관리가 서로 연계되지 않았다. 따라서 PBLIS와 LMIS는 각각 지적도면 을 중복관리하고 컴퓨터 서버 시스템을 중복 활용하는 등 비용낭비가 발생하였다. 또한 연속지적 도 및 용도지역지구도 등의 GIS도면이 현실과 일치하기 위해서는 토지거래로 인한 지적 분할이나 합병 등 토지이동사항이 발생할 경우 이를 연속지적에 신속히 반영해야 하였다. 그러나 양 부처 간의 협조체계 미비로 이러한 연속도면의 갱신이 원활하지 못했다. 지적행정 처리과정에서 발생하는 토지이동을 연속지적도에 실시간으로 반영할 수 없어서 연속지적도에 근거한 각종 용도지역지구의 지정·갱신이 현실과 차이를 보일 수밖에 없었다. 이에 따라 건설교통부와 행정자치부는 토지관리정보체계(LMIS)와 필지중심토지정보시스템(PBLIS)을 통합하여 한국토지정보시스템(KLIS)를 구축 하고 지적업무의 국토교통부 이관으로 국토교통부가 KLIS를 운영하게 되었다. 시스템 구현방향은 3계층 클라이언트/서버(3-Tiered client/server)구조로 개발하되 GIS 엔진은 PBLIS와 LMIS의 엔진으로 사용하던 GOTHIC, SDE, ZEUS를 모두 활용 가능하도록 개발하고, 개방형 시스템 구조를 지향하여 시스템 확장과 신규개발이 용이하도록 구성하였다. 그리고 한 번의 지적정리로 관련 자료(도형+속성)를 동시에 처리하여 PBLIS와 지적행정시스템의 토지이동 부분을 통합 개발하였다.

**Klout Score 클라우트 지수** 미국 클라우트가 개발한 소셜 미디어 평가 지표. 리트윗과 코멘트, 클릭률 등을 근거로 개인이 영향을 미치는 사람의 수와 영향력의 정도, 개인이 보유한 네트워크의 영향력 등을 종합해 평가한다.

**KMRGIS(Korea Mineral Resources GIS) 국가 광물자원 지리정보망** 한국광물자원공사가 수행중인 광물자원 조사사업의 성과물에 GIS 최신기술을 적용시켜 자원개발 및 관련분야는 물론 국가 SOC 사업 등에 효과적으로 활용할 수 있도록 구축된 시스템(http://www.kmrgis.net)으로서 각종 광물자원 조사보고서와 도면 정밀분석 후, DB로 구축한 후 GIS 시스템을 통하여 광산 지질도 및 조사보고서, 광산/광구 분포도, 광산/층서/암석/시추공 정보, 광업지적별 공사 보유자료 도면 및 보고서 제공 등의 서비스를 제공하고 있다. 국가광물자원지리정보망에서 제공하고 있는 주제도는 광산지질도, 갱내도, 시추탐사도, 매장량산출도, 물리지화학탐사도 등이다.

**KMS(National Survey and Cadastre) 덴마크 측량 및 지적국** 덴마아크, Faeroe섬, 그린랜드와 주변 해역의 지도, 지형 자료와 관련한 작업을 수행하고 있다. 국가 지리 데이터베이스를 구축하고 유지 관리 또는 제작과 활용에서 좌표의 불일치나 비효율성을 피하기 위해 공공과 민간 기업의 활동을 조정하며, 측지학과 지진학을 포함한 지도제작과 지형 자료에 관한 국가 연구 기관이다.

**Knock-In Knock-Out(KIKO) 키코** KIKO(Knock-In Knock-Out)를 참조.

**Knowledge Base 지식 기반** 지식 기반에서는 자료와 정보를 생성해낼 수 있는 대규모의 지식이 저장되어 있다. 단순 사실들을 바탕으로 새로운 사실을 도출할 수 있는 규칙과 추론방법 등이 저장된다.

**Knowledge Based Geographic Information Syste(KBGIS) 지식기반 지아이에스** KBGIS(Knowledge Based Geographic Information Syste)를 참조.

**Knowledge Based System(KBS) 지식 기반 체계** KBS(Knowledge Based System)를 참조.

**Knowledge Discovery in Database 데이터베이스 내의 지식발견** Data Mining(데이터 마이닝)을 참조.

**Known Baseline 기지 기선법** 두 기지점에 수신기를 세우고, 2~15분 가량 정지측량을 실시하여 미지 정수를 구한다.

**Known Point 기지점(既知点)** Given Point를 참조.

**Known Point 기지점(既知點), 여점** 이미 평면이나 높이에 대한 위치인 좌표를 알고 있는 점으로, 미지점에 대한 평면과 높이의 위치를 구하기 위해 이용한다. 기존의 국가기준점인 삼각점, 수준점 등이 해당된다. Given Point를 참조.

**KOMPSAT(Arirang Satellite) 아리랑 위성, 다목적 실용위성** KOMPSAT(Korea Multi-Purpose SATellite)를 참조.

**KOMPSAT(Korea Multi-Purpose SATellite) 아리랑 위성, 다목적 실용위성** 한국에서 개발하는 지구관측위성인 다목적 실용위성의 한국 명칭. 아리랑 위성의 영문명은 KOMPSAT(Korea Multi-Purpose SATellite)이며, 시리즈로 개발 중. 1호는 1999년 12월 6.6m의 지상 해상력, 2호는 2006년에 성공적으로 발사하여 운영 중이며 1m의 지상해상력을 갖고 있다.

**KOMPSAT System 아리랑 위성 체계** 다목적 실용위성인 아리랑 위성의 운용은 한반도 지도 제작을 위한 자료 수집, 해양 관측 자료 수집과 우주 환경에 대한 연구, 아리랑 위성의 생태 자료의 수집을 위한 임무 계획에 따라 수행된다. 전자 광학 카메라(EOC : Electro-Optical Camera)는 아리랑 위성의 주 임무인 1/25,000 한반도 지도 제작과 한반도의 입체 영상 획득을 위한 고해싱도의 CCD 카메라이며, 한 궤도당 약 2분까지 운용할 수 있다. 다목적 실용 위성은 저고도의 태양 동주기 극궤도를 운용 궤도로 채택하고 있다. 중량 510km, 높이 2.26m, 직경 1m의 크기이다. 다목적 실용 위성은 고도 6,851km에서 하루에 지구를 14번 선회하면서 탑재된 고해상도 카메라로 한반도를 촬영하여 그 영상을 항우연에 있는 지상국에 전송하며 위성 수명은 3년 이상이다.

**KOMPSAT-1(Korea Multi-Purpose SATellite-1) 아리랑 위성 1호, 한국 다목적 실용위성 1호** 1999년 12월 21일 미국 서부의 캘리포니아 반덴버그(Vandenberg) 공군기지에서 발사하여 운영된 아리랑 1호는 우리나라가 발사한 최초의 다목적 실용위성이다. 아리랑 1호는 한국항공우주연구원과 미국의 TRW사가 공동으로 개발한 위성으로 과학기술부와 산업자원부 및 정보통신부 지원으로 개발되었다. 주탑재체인 전자광학 카메라는 해상도 6.6m, 관측 폭 17km의 성능을 갖고 있다. 부탑재체로는 해상도 1km급 해양관측 카메라와 과학관측용 탑재체인 이온층 측정기, 고에너지 입자검출기가 장착돼 있다. 아리랑 1호에 탑재된 전자광학카메라 및 해양관측카메라는 1999년 12월 발사 이후 8년간 전 세계를 대상으로 약 47만장의 위성사진을 촬영했다. 그동안 아리란 1호는 한반도 전역에 대한 영상을 100% 확보했고, 동해안 일대 대규모 산불, 한반도 주변의 황사현상, 적조, 태풍, 홍수 등 주요 재난 발생지역을 촬영했다. 2008년 1월 31일 임무를 종료하였다.

**KOMPSAT-2(Korea Multi-Purpose SATellite-2) 아리랑 위성 2호, 한국 다목적 실용위성 2호** 2006년 7월 28일 러시아 플레세츠크 발사장에서 발사된 아리랑 위성 2호는 1m급 해상도를 갖춘 800kg급. 오늘도 태양동기궤도인 지구 685km 상공을 돌며 고해상도 영상을 지구로 보내주고 있는 정밀관측 위성으로 해양오염, 자원탐사, 농업재해 모니터링, 해양 적조 감지, 정밀

지도 제작 등에 활용되고 있다.

**KOMPSAT-3(Korea Multi-Purpose SATellite-3) 아리랑 위성 3호, 한국 다목적 실용위성 3호** 2012년 5월 18일, 우리 기술로 개발된 서브미터급 고해상도 지구관측위성인 다목적 실용위성, 아리랑 3호를 발사하여 운영 중에 있다. 아리랑 3호에 탑재된 전자광학 카메라는 지구로부터 685km 고도에서 0.7m 크기의 해상도를 갖추고 있다.

**Kopper's Formula 코페 공식** 등고선의 정도 mh와 토지의 경사각 $\beta$와의 관계를 나타내는 식 mh=±(a+b tan $\beta$)를 말한다.

**KOPSS(KOrea Planning Support System) 국토공간계획지원체계** 첨단 기술정보와 각종 공간분석기법을 활용하여 국토정책 및 공간계획 수립을 지원하는 의사결정 지원체계이다.

**KORDI(Korea Ocean Research & Development Institute) 한국해양연구원** 해양수산부의 소속기관으로 1973년 설립된 이후 연안관리 개발기술, 해양-기후변동연구, 해양생명공학연구, 해양탐사기술 개발, 해양 목장화 연구, 심층수 개발연구, 해양방위연구 등 우리나라 주변해역을 대상으로 한 각종 조사연구개발사업을 비롯해서 태평양 심해저 광물자원 개발연구, 과학기지 설치 운영을 통한 남극, 북극 연구, 그리고 국제공동 해양조사연구(ARGO) 등을 수행하고 있는 연구기관이다.

**Korea Association of Surveying and Mapping(KASM) 대한 측량 협회** KASM(Korea Association of Surveying and Mapping)를 참조.

**Korea Cadastral Survey Corporation(KCSC) 한국 국토정보공사(韓國國土情報公社)** KCSC(Korea Cadastral Survey Corporation)를 참조.

**Korea Geodetic Reference System 대한민국 측지계** 우리나라는 2001년 측량법 개정을 통해 지역좌표계인 "동경측지계"를 폐기하고, 세계측지계를 도입하는 작업을 시작했다. 개정된 법은 2002년 발효 후 2003년 시행하기 시작했고 2010년부터는 공공측량성과에 세계측지계 사용을 의무화했다. 세계측지계 도입 전 우리나라의 기준 측지계로 사용했던 동경측지계는 도쿄데이텀과 베셀타원체를 기준으로 사용했지만 국내에서 채택한 세계측지계의 경우 ITRF2000과 GRS80 타원체를 기준으로 한다. ITRF2000과 GRS80 타원체를 기준으로 우리나라에서는 2002년 1월 1일인 에포크 2002.0 시점에 측지계를 결정했는데 이를 "한국 측지계 2002(Korea Geodetic Detum 2002)"라 명명했다. 3차원 직교좌표의 경우 도쿄데이텀에서 ITRF2000으로 경, 위도의 경우 베셀에서 GRS80으로 변환되었기 때문에 (X, Y, Z)의 성과와 경, 위도 성과에 대한 세계측지계로의 변환 사업을 국가사업으로 시행했다. 수직기준의 경우 기존 동경측지계와 한국측지계2002 모두 인천만의 평균해수면으로 인천의 인하공업전문대에 위치한 수준원점을 기준으로 하는 것으로 동일하다.

- 「측량법」 제5조 제1항 제2호 : 지리학적 경위도는 세계측지계에 따라 측정한다.
- 「측량법시행령」 제2조의5 제1항 "세계측지계"라 함은 지구를 편평한 회전타원체로 상정하여 실시하는 위치측정의 기준으로서 다음의 요건을 갖춘 것을 말한다.
  1. 회전타원체의 장반경 및 편평률은 다음과 같을 것
     가. 장반경 : 6,378,137m
     나. 편평률 : 298.257222101분의 1
  2. 회전타원체의 중심이 지구의 질량중심과 일치할 것
  3. 회전타원체의 단축이 지구의 자전축과 일치할 것

■ 동경측지계와 세계측지계의 제원 비교

| 구분 | 동경 측지계 | 세계 측지계 |
|---|---|---|
| 타원체 | Bessel 1841 | GRS80 |
| 장반경(m) | 6,377,397.155m | 6,378,137.000m |
| 편평률 | 1/299.152812800 | 1/298.257222101 |
| 데이텀 | 도쿄(Tokyo)데이텀 | ITRF2000 |

**Korea Geodetic Vertical Datum 대한민국 수준원점(大韓民國水準基點)** 우리나라 육지표고의 기준은 전국 각지에서 다년간 조석 관측한 결과를 평균 조정한 평균 해수면을 사용한다. 그러나 평균 해수면은 일종의 가상면으로서 수준(또는 고저)측량에 직접 사용할 수는 없으므로, 그 위치를 지상에 영구 표석으로 설치하여 수준원점으로 삼고, 전국에 걸쳐 수준망을 형성하였으며 인하 전문대학교 내에 위치하고 있다. 대한민국 수준 원점의 성과는 26.6871m(인천만 평균 해면상)이다.

**Korea Hydro & Nuclear Power Co.,Ltd.(KHNP) 한국수력원자력주식회사** KHNP(Korea Hydro & Nuclear Power Co.,Ltd.)를 참조.

**Korea Institute of Civil Engineering and Building Technology (KICT) 한국건설기술연구원** KICT(Korea Institute of Civil Engineering and Building Technology)를 참조.

**Korea Institute of Geoscience And Mineral Resources (KIGAM) 한국 지질자원연구원** KIGAM(Korea Institute of Geoscience And Mineral Resources)을 참조.

**Korea IOT Association(KIOT) 한국 사물인터넷 협회** KIOT(Korea IOT Association)를 참조.

**Korea Land Information System(KLIS) 한국 토지정보 시스템** KLIS(Korea Land Information System)를 참조.

**Korea Land Observation Satellite Information Center 국토관측 위성정보 활용기술센터** 위성정보의 체계적인 활용을 위해 설립 추진 중에 있는 기관으로서, "국토위성센터"라고도 한다. 국토위성센터가 설립되면 국토관련 위성정보의 보다 효율적인 활용이 가능해져 국가공간정보 갱신주기 단축, 국가정책 수립 및 종합적인 국토관찰을 통한 공공안전 분야 지원 등 다양한 분야에 활용될 것으로 기대된다.

국가 우주개발 중장기계획에 따른 "차세대 중형위성 개발계획"(미래부)에 근거하여 국토・자원관리, 재해재난 대응 관련 공공부문 관측수요 적시대응 및 관측주기 단축을 위한 대응 및 국가공간정보 활용 서비스 제공을 위한 "차세대 중형위성 1, 2호기"(2019년 및 2020년 발사 예정)가 개발 추진 중에 있다. 위성정보 활용이 다양화, 전문화되고 수요도 증가되고 있으나, 국토분야에서의 위성정보 활용기술 개발은 미진한 실정이므로, 이에 국토관측위성을 활용한 국토의 효율적 관리, 지도제작, 공간정보산업 해외진출 등을 위하여 공간정보 구축 및 위성정보 활용기술 개발 필요하며, 국토 분야의 위성정보를 체계적으로 생산, 관리, 공급하고 국토교통부 현업을 지원할 수 있는 전문기관 및 활용체계가 필용하다. 즉, 차세대중형위성 1・2호기의 활용 촉진, 국토위성정보 생산・서비스, 활용 기술 개발, 전문인력 양성, 산업육성 등을 담당할 전담조직, 즉 국토관측 위성정보 활용기술센터(국토위성센터)가 필요하게 되었다. 국토관측 위성정보 활용기술센터(국토위성센터)는 국토관측위성의 자료처리, 보관, 활용에만 국한하지 않고 국토위성정보 활용기술과 시스템 운영 및 국토관측위성의 고해상도 영상, 활용 소프트웨어 및 시스템 등을 수출할 수 있는 기반을 조성할 계획이다.

"위성정보"의 개념은 인공위성을 이용하여 획득한 영상・음성・음향・데이터 또는 이들의 조합으로 처리된 정보 및 이를 가공・활용한 것 포함한다(「우주개발진흥법」 제2조). 한편, "위성정보 활용"란 위성정보의 활용서비스 분야에 따라 '영상', '통신', '항법' 서비스 및 이들의 '융복합' 서비스로 구분되며, 다양한 신규 서비스 분야 출현에 따라 위성정보의 '융복합' 서비스의 효용성・필요성 증대하고 있다.

■ **국내 위성센터 분석**

| 구분 | 한국항공우주연구원 위성정보연구소 | 기상청 국가기상위성센터 | 해양과학기술원 해양위성센터 | 국립환경과학원 지구환경위성센터 (예정) |
|---|---|---|---|---|
| 설립준비 기관 및 배경 | 미래창조과학부 한국항공우주연구원 | 기상청 위성기상부 | 해양과학기술원 | 환경부 국립환경과학원, 연세대학교 |
| 목적 | 지상국 운영 및 기초 활용 연구 | 기상위성 지상국 개발 및 운영 | 해양 환경 (준)실시간 모니터링 | 지구환경 실시간 모니터링 및 방재 |
| 위성 발사시기 | 1999년 아리랑 1호<br>2006년 아리랑 2호<br>2012년 아리랑 3호<br>2013년 아리랑 5호 | 2010년 천리안 위성 | 2010년 천리안 위성 | 2018년 (발사 예정) |
| 수신 위성 자료 | KOMPSAT, STSAT, COMS 등 | MTSAT-2, NOAA, MODIS, COMS 등 | COMS, MODIS, NOAA, SEAWIFS | Sentinel-4, NOAA, MODIS, GEO-CAPE |
| 운영 형태 | 국가주도형 | | | |

**Korea Mineral Resources GIS(KMRGIS) 국가 광물자원 지리정보망** KMRGIS(Korea Mineral Resources GIS)를 참조.

**Korea Multi-Purpose Satellite(KOMPSAT) 아리랑 위성, 다목적 실용위성** KOMPSAT(Korea Multi-Purpose SATellite)를 참조.

**Korea Multi-Purpose SATellite-1(KOMPSAT-1) 아리랑 위성 1호, 한국 다목적 실용위성 1호** KOMPSAT-1(Korea Multi-Purpose SATellite-1)를 참조.

**Korea Multi-Purpose SATellite-2(KOMPSAT-2) 아리랑 위성 2호, 한국 다목적 실용위성 2호** KOMPSAT-2(Korea Multi-Purpose SATellite-2)를 참조.

**Korea Multi-Purpose SATellite-3(KOMPSAT-3) 아리랑 위성 3호, 한국 다목적 실용위성 3호** KOMPSAT-3(Korea Multi-Purpose SATellite-3)를 참조.

**Korea Ocean Research & Development Institute(KORDI) 한국해양연구원** KORDI(Korea Ocean Research & Development Institute)를 참조.

**Korea Oceanographic Commision 한국해양과학위원회** IOC의 국내기구로서 IOC를 비롯한 국제해양과학기구와의 긴밀한 협조하에 해양과학에 관한 조사・연구 활동 등을 촉진하며, 그에 관한 해양개발 정책을 건의하고 정부의 자문에 응하기 위하여 1965년에 설립된 기구이다.

**Korea Open GIS Research Society 한국 개방형 지아이에스 연구회** 1998년 7월 창립되었으며 1998년 11월에 정보통신부 소관 비영리 사단법인 설립 허가(허가번호 : 제98-22호)를 받아 비영리 사업자 등록(고유번호 : 621-82-04395)을 하였다. 본 연구회는 Open GIS, 인터넷 GIS, 데스크톱 GIS, 엔터프라이즈 GIS, 컴포넌트 GIS 등과 같이 새로운 개념, 새로운 용어, 새로운 기술 제품 등을 연구하고 개발하는 데 중점을 두고 있다. 한국개방형GIS 연구회의 목적은 ISO/TC211과 Open GIS 산업에 표준을 통한 기술 개발 확산과 학술 교류에 목적을 두고 있다.

**KOrea Planning Support System(KOPSS) 국토공간계획지원체계** KOPSS(KOrea Planning Support System)참조.

**Korea Resources Corporation(KORES) 한국광물자원공사** KORES(Korea Resources Corporation)를 참조.

**Korea Standard of Leveling 대한민국 수준 원점** Korea Vertical Datum을 참조.

**Korea Standard Time(KST) 한국 중앙 표준시** KST(Korea Standard Time)를 참조.

**Korea Vertical Datum 대한민국 수준 원점** 우리나라 육지표고의 기준은 전국 각지에서 다년간 조석 관측한 결과를 평균 조정한 평균 해수면을 사용한다. 그러나 평균 해수면은 일종의 가상면으로서 수준 (또는 고저)측량에 직접 사용할 수 없으므로, 그 위치를 지상에 영구표석으로 설치하여 수준원점으로 삼고, 전국에 걸쳐 수준망을 형성하였으며 인하 공업 전문대학교 내에 위치하고 있다. 대한민국 수준원점의 성과는 26.6871m(인천만 평균해면상)이다.

**Korea Virtual Reality Association(KOVRA) 한국가상현실컨소시엄**

**Korean Association of Cadastre Information(KACI) 한국 지적 정보 학회** KACI(Korean Association of Cadastre Information)를 참조.

**Korean Association of Surveying and Mapping(KASM) 대한 측량 협회** KASM(Korean Association of Surveying and Mapping)를 참조.

**Korean Confederation of Surveyors(KCS) 한국 측량사 총연맹** KCS(Korean Confederation of Surveyors)를 참조.

**Korean Decimal Classification(KDC) 한국 십진 분류법** KDC (Korean Decimal Classification)를 참조.

**Korean Geodetic System 95(KGS 95) 한국 측지체계 95** KGS 95(Korean Geodetic System 95)를 참조.

**Korean Geographical Society 대한 지리 학회** 1945년 9월 조선지리학회로 출범하여 1949년 11월 대한지리학회로 개칭한 국내 학술단체로, 지리학의 학술활동을 통한 지리학의 발전과 회원 상호간의 친목에 기여함을 목적으로 하고 있다. 주요사업으로는 한국의 국토, 도시, 지역 및 세계지역에 대한 지리학적 조사 및 연구업무, 국내 및 국제 학술발표회, 지역답사회, 강연회의 개최, 학회지, 학회보 및 기타 연구물의 간행 등이다.

**Korean Ocean Research and Development Institute (KORDI) 한국 해양 연구원** KORDI(Korean Ocean Research and Development Institute)를 참조.

**Korean Time 한국시** 우리나라에서는 동경 135도를 기준으로 하는 표준시를 사용하는데 이를 한국시라고 한다.

**Korea Water Resources Corporation(KOWACO) 한국수자원공사** KOWACO(Korea Water Resources Corporation)를 참조.

**KOREIS 한국부동산정보시스템** 부동산정보사업 e-Biz를 통하여 신뢰성 있고 종합적인 부동산정보를 제공함으로써 한국토지공사의 부동산관련 업무효율성 및 사업다각화를 통한 수익성을 제고하고, 정부 부동산정책지원 및 국민편익증진을 도모하기 위한 정보시스템으로 부동산에 대한 가치분석, 시장분석, 투자지표에 관한 정보를 제공하게 된다.

**KORES(Korea Resources Corporation) 한국광물자원공사** 국내·외 광물자원의 개발 촉진과 광물자원산업의 육성·지원을 통한 자원의 안정적 공급기반 구축으로 국민경제 발전에 기여를 목적으로 설립된 산업통상자원부 산하 준시장형 공기업이다. 1967년 3월 대한광업진흥공사법(법률 제1935호)에 따라 설립되었다. 「한국광물자원공사법」 제1조에 의하면 한국광물자원공사는 국내 및 해외 광물자원을 개발하고, 광물자원산업의 육성·지원에 관한 사업을 효율적으로 수행함으로써 광물자원의 안정적인 수급(需給)을 도모하여 국민경제 발전에 이바지하게 함을 목적으로 한다.

**KoUFID(Korea Unique Feature ID) 한국 단일 식별자** GIS의 필요성이 인식되고 수치 지도의 제작이 전국적으로 확산됨에 따라, 국토지리정보원은 수치 지도에 대한 광범위한 활용에 대비하여 사전에 자료 체계를 정비하기 위한 계획이 수립되었으며 그 일환으로 수치 자료에 대한 KoUFID를 연구하게 되었다. KoUFID는 국가 기본도에 나타나는 지형지물에 부여된 고유번호를 의미하며, 단일 식별자인 KoUFID는 다음과 같은 목적을 가지고 있다. 우선 국토지리정보원에서 생산하는 국가 기본도의 속성을 위한 외부 참조자료서의 역할이 있다. 이는 속성과의 연결, 내부적 관리를 위한 대상물의 구별을 의미한다. 예를 들어, 병원들에 관한 데이터베이스를 보건 복지부에서 구축하여 관리하고 있고 국가 기본도에는 병원에 관한 위치 정보를 관리한다고 보았을 때 이 2가지 종류의 데이터를 연결하기 위해서는 외부 참조자(Foreign Key)가 필요하다. 이 2가지를 결합하여 사용하기 위해서는 두 데이터베이스에 동일하게 정의되어 있는 외부참조자가 있다면 국가기본도에서 해당 지형지물의 위치 및 속성정보의 파악이 가능하다. 두 번째 목적은 국내에서 구축되는 GIS 데이터베이스의 속성 및 공간자료의 공통적인 기준체계를 구축하기 위한 것이다. 즉, 국가기본도를 사용하는 수요자들이 대상물에 원하는 속성정보를 연결하기 위하여 공통적인 기준체계를 마련하기 위한 것이다. 이것은 국토지리정보원 내부적인 목적보다는 외부적인 목적을 위한 것이다. KoUFID를 외부의 목적, 즉 사용자측면의 목적으로 이용하기에는 여러 가지 문제가 많다. 따라서 우선 첫 번째 목적, 즉 국토지리정보원 내부에서 생산되는 속성정보 참조를 위한 목적을 위한 것에 제한하는 것이 바람직하다. 일정기간 동안 이와 같은 목적으로 사용하고 문제점을 보완한 후에 이를 외부의 목적으로 전환하는 것이다. 결국, 단기적으로는 국토지리정보원 내부의 용도로 이용하고 장기적으로 이를 외부의 용도로 전환하는 것이며 이를 위해서는 KoUFID의 체계가 이 2가지를 모두 지원할 수 있어야 한다.

**KoUFID(Korea Unique Feature ID) 한국 단일 식별자** GIS의 필요성이 인식되고 수치지도의 제작이 전국적으로 확산됨에 따라 국토지리정보원은 수치지도에 대한 광범위한 활용에 대비하여 사전에 자료체계를 정비하기 위한 계획이 수립되었으며 그 일환으로 수치자료에 대한 KoUFID를 연구하게 되었다.

**KOWACO(Korea Water Resources Corporation) 한국수자원공사** 수자원에 대한 사무 및 영업을 관장하는 국토교통부 산하의 공기업이다. 다목적댐 건설을 적극 추진하면서 댐 공사와 관리를 전담할 공기업의 필요성에 의해 1967년 한국수자원개발공사로 설립되었다. 한국수자원공사의 주요 사업은 통합물관리사업, 물공급사업, 수변사업, 에너지사업, 해외사업 등이다.

**Kriging 크리깅** 임의의 공간에서 취한 시료값으로부터 시료정점의 주변 또는 구역에 대해 최소 분산의 불편선형추정치(Best Linear Unbiased Estimator, BLUE)를 구하는 방법으로서, 추정치와 실제치의 차이에 대한 기댓값은 0이어야 하고, 동시에 그 차이에 대한 분산은 최소가 되어야 한다는 통계적 개념이다. 크리깅 보간 방법은 크게 단순, 정규로 나누어지며, 이를 기본으로 하여 다변수에 적용하는 Cokriging, 관측 데이터를 Block 형태로 읽어 보간을 수행하는 구역 크리깅 등으로 다양하게 응용되고 있다. 크리깅은 가중치 함수로서 분산도(Variogram)을 사용한 일반화된 최소자승 알고리즘에 기반한 확률성(Stochastic) 보간 기술, 크리깅 관심 있는 지점에서 특성치를 알기 위해 이미값을 알고 있는 주위의 값들의 가중 선형 조합으로 그 값을 예측하는 기법이다. 그러나 기술은 표면이 점 자료로부터 생성될 필요가 있는 어떤 현상에 적용될 수 있다. 기술은 남미광산 지질학자 D. G. Krige의 이름을 따서 명명되었다. 그는 이 방법의 시초버전을 개발했다. Geostatistics를 참조.

**Kriging Method 크리깅 기법** Kriging은 관심이 있는 좌표에서의 관측값을 추정하기 위해 주변의 기지(既知, known) 자료의 선형조합으로 그 값을 예측하는 지구통계학적 기법이다. 이를 간단히 수식으로 정리하면, $P_x = \sum_{i=1}^{n} P_i \lambda_i$ 이다. 여기서, 경중률 $\lambda_i = \frac{d_i^{-m}}{\sum_{i=1}^{n} d_i^{-m}}$ 이며, $P_x$는 미지 관측소 좌표에서의 관측값, $d_i$는 미지 관측소 좌표에서 주변의 기지관측소 좌표 i까지의 거리, $P_i$는 기지관측소에서의 관측값, m은 가중치, n은 추정을 위해 사용된 자료의 총 개수이다.

Kriging의 경우, IDW(Inverse Distance Weighting)와는 달리 경중률 $\lambda_i$를 계산하기 위해 지점 관측자료의 공간 상관구조를 검증하는 반분산함수(semi-variogram)가 필요하며, 일반적으로 자료는 공간적으로 연속적이지 않기 때문에 반분산함수를 유도하기 위해 자료의 분기거리별 반분산함수를 구해야 한다. 보통 일정 간격의 분기거리와 허용거리(tolerance)를 이용하여 (분기거리± 허용거리)의 범위내의 자료들 간의 반분산을 평균하여 거리에 따른 실험적 반분산함수(experimental semi-variogram)를 구하게 되며, 이를 수식화하면 $\gamma(h) = \frac{1}{2n}\sum_{i=1}^{n}[z(x_i) - z(x_i + h)]^2$ 와 같다. 여기서, $\gamma(h)$는 분기거리(lag distance) h에 대한 반분산함수, x는 변량(variable)의 위치, z(x)는 위치 x에서 변량의 값, n은 분기거리와 허용거리를 고려한 구간 내에 존재하는 자료 쌍의 개수를 의미한다. 또한 이 식과 같은 실험적 반분산함수로는 Kriging 적용이 불가능하므로 실험적 반분산함수를 가장 잘 묘사하는 모형(Gaussian, Exponential, Spherical 등)을 선택하게 되고, 이와 같은 모형을 이용한 반분산함수를 분석적 반분산함수(analytical semi-variogram)라고 한다. 구형 모델은 일반적으로 가장 많이 사용되는 함수모델로, 3차 다항식 형태로 표현되며 상관거리(Range)에서 베리오그램(variogram) 값이 문턱값(Sill)과 일치하는 특징이 있다. 너깃(Nugget)은 분리거리가 0일 경우의 베리오그램값의 상수값을 뜻하며 이는 미세규모의 변동이나 측정오차를 의미한다. 지수형 모델은 문턱 값에 근사하게 보간되며, 수문학 자료 등에 널리 이용된다. 가우스 모델은 작은 분리거리에서 강한 자료들의 강한 상관성이 나타나거나 연속성이 강하게 나타날 경우에 사용된다. Geostatistics, Variogram을 참조.

**KST(Korea Standard Time) 한국 중앙 표준시** 세계 협정시에 9시간 더한 시간을 말한다.

**Kurtosis 첨도(尖度)** 확률분포의 뾰족한 정도를 나타내는 척도이다. 관측치들이 어느 정도 집중적으로 중심에 몰려있는 가를 측정할 때 사용된다. 첨도값(K)이 0에 가까우면 산포도가 정규분포에 가깝다. 0보다 작을 경우에는(K<0) 정규분포보다 더 완만하게 납작한 분포로 판단할 수 있으며, 첨도값이 0보다 큰 양수이면(K>0) 산포는 정규분포보다 더 뾰족한 분포로 생각할 수 있다. 정규분포의 첨도를 중첨, 그 보다 뾰족한 경우를 급첨, 평평한 경우를 평첨이라고 한다.

**Kutter's Approximate Formula 쿠터의 간략 공식** 쿠터에 의해 만들어진 평균유속 공식을 말한다.

**KVM(Kilobyte Virtual Machine) 킬로바이트 가상 머신** 자바 가상 머신(JVM, PersonalJava VM, EmbededJava VM)의 서브셋이다. 적은 메모리의 용량과 CPU처리 능력 그리고 느린 무선 네트워크에 맞게 설계되었고, 그 크기는 45~70KB 정도이다. KVM에서는 J2SE의 Core API인 Java. Lang, Java. Util, Java. Io, Java. Net의 서브셋을 가지고 있고, AWT, RMI, JINI, Java Native Interface 부분은 제거하였다. J2ME의 라이브러리는 실제로 필요한 JDK의 축소된 Classes로 되어 있다. Small Device에 맞는 간단한 UI Frame Work을 제공하고, 필요할 경우에만 플랫폼 Native Function을 제공한다. 이들 라이브러리들은 CLDC와 관련된 스펙의 일부인 Java Community Process에 의해서 표준화되어 있다.

**L1 Carrier Wave 엘1 반송파** GPS위성은 항법메시지(navigation message)를 50bps의 속도로 지속적으로 방송한다. 이와 같은 항법메시지는 C/A 코드(Coarse/Acquisition code 또는 Standard code)와 P 코드(Precision code)와 함께 반송파(搬送波, carrier wave)에 실려 송신된다.

L1 신호의 송신 주파수는 10.23 MHz × 154 = 1575.42 MHz이며, 항법메시지, C/A 코드, P(Y) 코드 정보를 담는다.

**L2 Carrier Wave 엘2 반송파** GPS위성은 항법메시지(navigation message)를 50bps의 속도로 지속적으로 방송한다. 이와 같은 항법메시지는 C/A 코드(Coarse/Acquisition code 또는 Standard code)와 P 코드(Precision code)와 함께 반송파(搬送波, carrier wave)에 실려 송신된다.

L2 신호의 송신 주파수는 10.23 MHz × 120 = 1227.60 MHz이며, P(Y) 코드를 포함한다. Block-IIR-M 이후부터는 L2C 코드도 포함한다.

**L2C Carrier Wave 엘2씨 반송파** L2C 코드는 Block-IIR-M 이후부터 포함한다. L2C 신호는 추적이 용이한 신호(easy-to-track signal)를 제공함으로써 내비게이션의 향상된 정확도를 제공하고, 지역적인 간섭이 발생할 경우 여유 신호(redundant signal)로 작용한다.

L2C의 송신 주파수는 L2와 같은 10.23MHz × 120=1227.60MHz이다. L2C는 CM, CL의 두 종류의 PRN신호를 포함한다. CM(for Civilian Moderate length code)은 20밀리초(milliseconds)마다 반복되며, 10,230비트(bit)이다. CL(for Civilian Long length code)는 1,500밀리초(1.5초)마다 반복되며, 767,250비트이다. 각각의 신호는 511,500bps(bit/s)의 속도로 전송된다.

**L3 Carrier Wave 엘3 반송파** L3 신호의 송신 주파수는 10.23MHz × 135=1381.05MHz이며, 고에너지 적외선 감지를 위해 방위지원프로그램에서 사용한다.

**L4 Carrier Wave 엘4 반송파** L4 신호의 송신 주파수는 1379.913 MHz이며, 추가적인 전리층 보정을 위해 연구 중에 있다.

**L5 Carrier Wave 엘5 반송파** GPS 현대화 계획을 추진하고 있으며 그 주요 내용 중의 하나가 Block IIF 위성에 L5 신호를 제공하는 것이다. 1176.45MHz 대역의 L5 주파수는 Aeronautical Radio Navigation System(ARNS)에 할당된 주파수대역으로, 현재 존재하는 어떤 전파에도 영향을 받지 않는 주파수 대역이므로 안정적인 측위서비스를 제공할 예정이다. GPS L5신호의 특징을 살펴보면, 코드주기는 L1 C/A신호와 동일한 1ms이지만, 칩율은 10.23 MHz이고, 코드길이가 10,230개로 L1 C/A신호에 비해 10배가 더 길다. 이러한 신호구조로 인해서, L1 C/A 신호에 비해 측위정확도가 향상되는 장점이 있지만, 코드길이가 10배 더 길기 때문에 신호획득 시간이 더 길어지는 단점이 있다. L5 신호의 송신 주파수는 10.23 MHz×115 = 1176.45MHz이며, GPS 현대화 계획(GPS modernization)에서 제안되었다. Block-IIF 위성 이후 사용될 예정이다.

**Lab 색 좌표** 색의 오차는 색의 미묘한 차이를 말하며, 색차(色差)라고 한다. '색 차이'를 표기하는 이유는 색을 보다 더 정확하게 규정하고, 색 차이를 통하여 색채관리를 효율적으로 하기 위한 것이며, '색 공간(색 좌표)'에서 '표준 색상'과 '시료 색상'이 두 색의 기하학적인 거리에 상당하는 수치이다. '색 공간(색 좌표)'을 사용하여 색과 색의 차이를 수치로 표현이 가능하며 CIE Lab좌표와 색차식이 이용된다.

Lab '색 공간(색 좌표)'은 인간의 색 지각 이론에 의거하여, CIE XYZ 색 공간(좌표)을 비선형 변환하여 만들어진 색 공간이다. Lab 색 공간(좌표)는 Hunter 1948 Lab 색 공간(좌표)을 가리켰으나, 현대에 들어 CIE 1976 L*a*b* 색 공간을 가리킨다. Lab 색 공간의 가장 큰 장점은 RGB나 CMYK와 달리 매체에 독립적이라는 것이다. 디스플레이 장비나 인쇄 매체에 따라 색이 달라지는 색 공간과 달리 L*a*b* 색 공간은 인간의 시각에 대한 연구를 바탕으로 정의되었다. 특히 휘도 축인 L값은 인간이 느끼는 밝기에 대응하도록 설계되었다. CIE L*a*b* 색 공간에서 L*값은 밝기를 나타낸다. L*=0이면 검은색이며, L*=100이면 흰색을 나타낸다. a*은 빨강과 초록 중 어느 쪽으로 치우쳤는지를 나타낸다. a*이 음수이면 초록에 치우친 색깔이며, 양수이면 빨강, 보라 쪽으로 치우친 색깔이다. b*은 노랑과 파랑을 나타낸다. b*이 음수이면 파랑이고, b*이 양수이면 노랑이다. CIE Lab 좌표 상에서의 표준색상1과 시료색상2의 색차는 각 좌표의 최소제곱근의 거리로 계산한다.

국제 조명 위원회(International Commission on Illumination (영), Commission internationale de l'éclairage(프랑스))는 빛, 조명, 빛깔, 색 공간을 관장하는 국제 위원회로서, 프랑스어 명칭의 약자 CIE로 쓰기도 한다.

**Label 표지** ① 자료의 인식에 필요한 소인이나 설명문이다. ② 커버리지(또는 지도상)의 각 요소나 자료구조에 연결된 비요소 항목이다. ③ 점을 나타내거나 폴리곤의 사용자-ID를 나타내는 점으로 표현되는 요소이다. 예를 들면, 일련의 폴리곤 중에서 가장 먼저 디지타이징된 폴리곤은 사용자에 의해 할당된 것처럼 Poly1이라는 레이블이 붙게 될 것이다.

**Label Placement Rules 표지 배치 규칙** 지도 문자, 장소 이름, 표지를 대상물에 부여할 때 지도 제작자가 사용하는 규칙의 집합. 어떤 규칙은 지도 전체에 대해 일반적으로 적용되는 반면, 어떤 규칙은 특히 점·선·면 대상물과 관계가 있다. 잘 설계된 지도는 표지 배치 규칙을 따르고 표지가 서로 겹쳐서는 안 되는 것처럼 표지 간에 상충을 해결할 때 사용한다. 예를 들어, 형상명에 대한 참조점을 말한다.

**Label Point 식별점** 독립된 지형·지물(Feature)로 점을 나타내기도 하고, 면의 사용자의 식별자(ID)를 할당하거나 다각형 내에서의 문자의 위치 등에 사용되는 형상확인을 지원하는 지도 및 도표를 표시하는 문자를 나타내기 위해 정한 점을 말한다. 예를 들어, 형상면에 대한 참조점을 말한다.

**Labelling 표식** 속성을 다각형에 할당하는 과정이다.

**Lab-On-Chip 랩온어칩** 바이오칩의 한 종류이다. 반도체 칩이 기판 위에 미세한 전자 소자로 만들어지는 것처럼 바이오칩은 유리와 플라스틱 기판 위에 바이오 물질을 집적해 만들어진다. 부착하는 물질 종류에 따라 DNA·단백질·세포칩 등으로 불린다. DNA와 단백질칩이 기판 위에 바이오 물질을 배열하는 것이라면 랩온어칩은 시료 처리와 분리과정을 함께 구현한다. 한마디로 실험실의 각종 장비가 수행하는 기능을 하나의 칩으로 통합했다고 이해하면 빠르다. 칩 하나에서 모든 과정을 수행하기 때문에 편리하고 신속한 진단이 가능하며 휴대가 간편하다. 랩온어칩은 생명 공학은 물론이고 반도체·화학·유체역학 등 다양한 학문 분야가 결합한 융합 기술이다.

**LADAR(Laser Detection and Ranging) 레이더** 레이더는 전파로 어떤 물체까지의 거리나 움직이는 방향과 모습을 알아내는 탐사장비이다. 파장이 짧은 전파는 빛과 같이 일직선으로 나아가 물체에 닿으면 반사되어 되돌아오는데, 이 성질을 이용한 장치가 레이더이다. 레이더의 기본 원리는 전파가 목표물에 부딪쳐서 반사하는 것을 이용하여 그 반사파를 포착하여 목표물의 존재를 알아내는 것이다. 이때 반사파가 되돌아올 때 송신한 전파와 겹쳐서 구별이 곤란하게 되는 것을 방지하기 위하여 몇 가지 방식이 적용되고 있다. 즉, 전파의 도플러 효과를 이용하는 방법, 송신 전파의 주파수를 시간에 따라 변경하는 방법, 송신 전파로서 매우 짧은 시간 계속하는 전파인 펄스파를 사용하는 방법 등이 있다.

레이더는 안테나와 송신기·수신기·지시기 등으로 되어 있다. 안테나에서 보낸 전파가 목표물에 부딪친 뒤 되돌아오면 수신기에서 이 전파를 받아 브라운관에 보낸다. 브라운관의 형광면에 이것이 밝은 점으로 나타난다. 이때 안테나에서 보낸 전파와 되돌아온 전파의 시간차로부터 목표물까지의 거리와, 반사파가 되돌아오는 방향으로부터 목표물의 방향을 알 수 있다. 오늘날 군사용·선박·비행기·기상 관측 등에 널리 이용된다.

**LADGPS(Local Area DGPS) 지역보정시스템** 현재 GPS(Global Positioning System)를 이용하여 정보통신, 육상교통, 항공우주, 해양, 과학, 군사, 측량, 농업, 레저 등 다양한 분야에서 측위정보를 사용하고 있으나, GPS는 정상적인 동작 중에도 위성시계오차, 궤도오차, 전리층오차, 다중경로오차 등의 여러 오차요인을 포함하고 있어 정밀 측위분야에는 직접 이용하기에 적합하지 않을 뿐 아니라, GPS의 기계적 고장 및 미국의 정책여건 등에 의해 지역적, 한시적으로 측위서비스 기능이 중단되어도 경고방송 등 아무런 조치를 취할 수 없는 매우 높은 취약성을 가지고 있다. GPS의 위치오차와 취약점을 보완하기 위하여 다양한 기술을 접목한 보정시스템이 개발 및 연구되는 실정이며, 다양한 이용분야로부터 측위 서비스에 대한 무결성(Integrity),

정확성(Accuracy), 가용성(Availability)의 성능 향상을 요구하고 있다. 위성항법보정시스템(Differential GPS, DGPS)은 GPS 측위오차를 보정하여 더욱 정확한 측위 정보를 제공하는 시스템이다. DGPS의 기본원리는 이미 자신의 위치를 알고 있는 기준국에 오차를 최소로 가지게 하는 우수한 수신기를 설치하고 각각의 GPS위성 신호를 수신하여 측정된 거리(의사거리)와 이미 알고 있는 거리를 비교 계산한 위성벡터 차이를 보정량으로 하는 위치 보정방식이다.

위성항법보강시스템(DGPS 또는 DGNSS)은 보정치 전달 매체로 '정지위성'을 사용하는가, '지상시스템'을 사용하는가에 따라 크게 "위성기반 보강시스템"(Satellite Based Augmentation System, SBAS)와 "지상기반 보강시스템"(Ground Based Augmentation System, GBAS)으로 구분할 수 있다. 미국의 WAAS, 유럽의 EGNOS, 일본의 MSAS, 인도의 GAGAN 등이 SBAS에 해당되며, 우리나라의 NDGPS(Nationwide Differential GPS) 및 호주의 GRAS (Ground-Based Regional Augmentation System) 등이 GBAS에 해당된다. 또한, 광역의 기준국 망을 사용하는가 아니면 독립적으로 지역 기준국 정보를 사용하는가에 따라 "광역보정시스템"(Wide Area DGPS, WADGPS)과 "지역보정시스템"(Local Area DGPS, LADGPS)으로 구분하기도 한다. DGPS를 참조.

**Lagoon 석호(潟湖)** 모래나 자갈로 구성된 제방에 의해 바다로부터 분리된 염수 저지이다. 특히, 산호로 이루어진 연해 사주와 본토 사이나 환초 내에 있는 수괴이다.

**Lagrange Interpolation 라그랑지 보간법** [자료처리], [영상처리] 제차분 계산을 하지 않도록 Newton 다항식을 간단하게 다시 공식화 한 것이다. 주어진 서로 다른 n+1개의 값 $(x_i, y_i)$ $(i=0, 1, 2, \cdots, n)$에 대하여 $p_n(x_i)=y_i\,(i=0, 1, \cdots, n)$을 만족시키는 'n차 다항식' $p_n(x)=a_0+a_1x+a_2x^2+\cdots+a_nx^n$에 따라, $y=f(x)$를 근사하는 보간 방법을 Lagrange 보간이라고 한다. 이 $p_n(x)$를 n차 보간다항식이라고 한다. 계수 $a_i$는 'n차 다항식'의 조건으로부터 연립 방정식

$$a_0+a_1x_0+a_2x_0^2+\cdots+a_nx_0^n=y_0$$
$$a_0+a_1x_1+a_2x_1^2+\cdots+a_nx_1^n=y_1$$
$$\cdots\cdots\cdots\cdots$$
$$a_0+a_1x_n+a_2x_n^2+\cdots+a_nx_n^n=y_n$$

을 만족시킨다. 이것을 행렬 방정식으로 표현하면

$$\begin{bmatrix} 1\ x_0\ x_0^2 \cdots x_0^n \\ 1\ x_1\ x_1^2 \cdots x_1^n \\ \cdots\cdots\cdots \\ 1\ x_n\ x_n^2 \cdots x_n^n \end{bmatrix} \begin{bmatrix} a_0 \\ a_1 \\ \vdots \\ a_n \end{bmatrix} = \begin{bmatrix} y_0 \\ y_1 \\ \vdots \\ y_n \end{bmatrix}$$

이 된다. 계수 행렬의 행렬식은 Vandermonde의 행렬식이라고 불리는 행렬식이지만, 이것은 서로 다른 $x_i\,(i=0, 1, \cdots, n)$에 대하여 0이 되지 않으므로, 위의 식은 유일한 해 $(a_0, a_1, \cdots, a_n)$를 갖는다. 따라서 'n차 다항식'을 만족하는 보간다항식 $p_n(x)$도 같은 방법으로 정해진다. 계수 $a_i$는, 이 선형 연립 방정식을 풀어 구해지지만, 반올림 오차의 영향을 받기 쉽기 때문에 일반적으로는, 아래의 Lagrange 보간다항식이 이용된다. Lagrange 보간다항식은 2개의 함수

$$L_i(x)=(x-x_0)(x-x_1)\cdots(x-x_{i-1})(x-x_{i+1})\cdots(x-x_n)$$
$$=\prod_{\substack{j=0 \\ j\neq i}}^{n}(x-x_j)$$

$$g_i(x)=\frac{L_i(x)}{L_i(x_i)}$$

을 정의하면 $p_n(x)=\sum_{i=0}^{n}y_ig_i(x)$으로 나타내진다. 여기서, $g_i(x_i)=1$이고, $L_i(x_j)=0\,(j\neq i)$이므로 $g_i(x_j)=0\,(j\neq i)$이다. 따라서 $p_n(x_i)=y_i\,(i=0,1,\cdots,n)$가 되고 조건식을 만족시키고 있다. Lagrange의 보간 공식은, n차 보간다항식 $p_n(x)$와 이것에 한 점$(x_{n+1}, y_{n+1})$을 덧붙여서 작성된 $p_{n+1}(x)$와의 관계가 분명하지 않음을 유의한다. Lagrange 보간법은 계산 시간이 비교적 짧고, 간단하며 자료의 구간에 관계없이 사용할 수 있다. Interpolation, Linear Interpolation, Ferguson Curve, Hermite Interpolation, Newton Interpolation, Spline Interpolation, Bezier Curve, Cardinal Spline, Cubic Spline Curve, Patch Surface, B-Spline, NURBS를 참조.

**Lambert Azimuthal Equal Area Projection 램버르트 등적 방위 도법** 램버트가 고안한 것으로 정적성을 유지하도록 반경의 축척을 조정한 것. 극 중심의 경우를 보면 극으로부터 각 위선까지의 현의 길이로 각 위선들의 동심원의 반경을 결정한다.

**Lambert Conformal Conic Projection 램버르트 등각 원추 투영법** 램버트 등각 원뿔 도법은 등각의 원뿔 투영법을 말하는 것이다. 이 투영법에서 거리는 오직 표준 수평선을 따라서만 실제와 동일하다. 이는 동서 방향의 지역에 대한 지도 제작에 가장 유용하며, 여러 가지 평면 좌표계에 사용된다. Conical Projection를 참조.

**Lambert Equivalent Conical Projection 램버르트 등적 원추 투영** 경선은 1점으로부터의 방사상이 되고, 위선은 이 점을 중심으로 하는 동심원호이며 극도 또한 원호로 나타낸다. Lambert Equivalent Cylindrical Projection를 참조.

**Lambert Equivalent Cylindrical Projection 램버르트 등적 원통 투영** 정축 등적 원통법. 즉, 원통법에서 등적이 되게 위선의 간격을 조정하는 도법을 말한다.

**Lambertian Reflection 균등 반사** Diffuse Reflection을 참조.

**Lambertian Surface 균등 확산면** 이상적이고 전확산하는 면으로서 입사하는 복사를 모든 방향으로 꼭 같게 반사시킨다.

**Lambert's Equal-Area Cylindrical Projection 램버르트 등적 원통 투영** 원통을 적도에 접하여 도해적으로 투영한 것을 말한다.

**Lamer Hacker 레이머 해커** 해커의 등급은 엘리트, 세미 엘리트, 디벨롭 키디, 스크립트 키디, 레이머 등 5등급으로 분류된다. 레이머 해커는 5등급으로서, 해킹기술은 없지만 해킹 툴만 있으면 해킹이 가능하다고 생각하는 초보자들을 지칭한다. Hacker, White Hacker, Black Hacker, Gray Hacker, Elite Hacker, Semi-Elite Hacker, Developed Kiddie Hacker, Script Kiddie Hacker를 참조.

**Laminar Flow 층류(層流)** 유체 입자들이 각 층 내에서 질서 정연하게 미끄러지면서 흐르는 흐름 상태로서, 뉴턴의 점성법칙이 성립된다. 즉, 전단응력 $\tau = \mu \frac{du}{dy}$의 관계식이 성립한다. 여기서, 비례상수 $\mu$는 유체의 점성계수(Viscosity), du/dy는 연직 축(y축)에 대한 속도구배로서, 유체의 한 층이 인접층에 대하여 상대운동을 할 때 상대운동의 정도를 나타내는 척도이다. Turbulent Flow, Reynolds Number를 참조.

**LAN(Local Area Network) 근거리 통신망, 내부 네트워크** 비교적 가까운 거리에 위치한 소수의 장치들을 서로 연결한 네트워크를 말한다. 일반적으로 하나의 사무실, 하나 또는 몇 개의 인접한 건물을 연결한 네트워크를 말한다. LAN은 장치들을 연결하는 형식, 즉 토폴로지(topology)에 따라 링형, 버스형, 스타형 등으로 분류된다. (1) 링형(ring) : 링형에서는 장치들이 원형 체인 방식으로 연결되어 있으며, 데이터 전송을 위해 토큰(token)을 사용한다. 토큰은 링형 네트워크를 따라 순환하는데, 토큰을 획득해야 데이터를 전송할 수 있다. (2) 버스형(bus) : 버스형에서는 하나의 통신 회선에 장치들을 연결한다. 데이터를 목적지 주소와 함께 버스에 연결된 모든 장치들에게 전송하면 데이터를 받은 장치들은 목적지 주소를 확인하여 자신에게 보내진 데이터일 때 이를 받아들인다. (3) 스타형(star) : 스타형에서는 모든 장치들이 중앙에 위치한 한 장치에 연결되어 있는데, 데이터의 전달은 항상 중앙 장치를 통해 이루어진다. 가장 많이 사용되는 방식이다. 근거리 통신망(LAN)과 WAN의 구분은 GateWay 내부에 있으면 LAN 또는 내부 네트워크라고 하고, GateWay 바깥에 인터넷 연결하는 선을 WAN이라 한다. WAN, MAN 참조.

**La Nada 라나다** '공백'이라는 뜻으로서 라니냐가 사라졌지만, 엘리뇨가 뒤따라 나타나지 않은 현상을 가리킨다.

**Land 토지** 등록 대상인 토지로서 지적제도 설립의 주요소이다. 지적은 근본적으로 토지를 대상으로 한 개념이므로 토지는 지적의 가장 기본적인 요소가 된다.

**Land Alteration 토지 이동(土地 異動)** 토지의 표시를 새로 정하거나 변경 또는 말소하는 것을 말하는데 1995년 1월 5일 제7차 지적법개정 시에 신규 등록을 제외한 등록전환·합병·분할·지목변경 등의 사유가 발생하거나, 토지구획정리·경지정리·지번변경·행정구역변경 등의 사유가 발생한 것만을 토지의 이동이라고 개정하였으며, 2001년 1월 26일 전문개정 시에는 신규등록까지 토지의 이동으로 포함시켰다.

**Land Base 토지 기반** 시설물 정보가 중첩되어 있는 특정한 지형적 지역을 포함하는 지도들의 집단. 종이 기반 또는 수치 기반으로 가능하다.

**Land Book 토지 대장** Cadastre를 참조.

**Land Capability Map 토지 능력도** 토지 능력 단위, 세부 그룹, 토양 조사도를 나타내는 지도를 말한다.

**Land Category 지목(地目)** 토지의 주된 용도에 따라 토지의 종류를 구분하여 지적공부에 등록한 것을 말한다(「공간정보구축 및 관리 등에 관한 법률」 제2조 제24호).

■「공간정보구축 및 관리 등에 관한 법률」 제58조에 의한 "지목의 구분"

| | 구분 | 내용 |
|---|---|---|
| 1 | 전<br>(전, 田) | 물을 상시적으로 이용하지 않고 곡물 · 원예작물(과수류는 제외한다) · 약초 · 뽕나무 · 닥나무 · 묘목 · 관상수 등의 식물을 주로 재배하는 토지와 식용(食用)으로 죽순을 재배하는 토지 |
| 2 | 답<br>(답, 畓) | 물을 상시적으로 직접 이용하여 벼 · 연(蓮) · 미나리 · 왕골 등의 식물을 주로 재배하는 토지 |
| 3 | 과수원<br>(과, 果) | 사과 · 배 · 밤 · 호두 · 귤나무 등 과수류를 집단적으로 재배하는 토지와 이에 접속된 저장고 등 부속시설물의 부지. 다만, 주거용 건축물의 부지는 "대(垈)"로 한다. |
| 4 | 목장용지<br>(목, 牧) | (i)축산업 및 낙농업을 하기 위하여 초지를 조성한 토지, (ii)「축산법」 제2조 제1호에 따른 가축을 사육하는 축사 등의 부지, (iii) (i), (ii)의 토지와 접속된 부속시설물의 부지다음의 토지이다. 다만, 주거용 건축물의 부지는 "대"로 한다. |
| 5 | 임야<br>(임, 林) | 산림 및 원야(原野)를 이루고 있는 수림지(樹林地) · 죽림지 · 암석지 · 자갈땅 · 모래땅 · 습지 · 황무지 등의 토지 |
| 6 | 광천지<br>(광, 鑛) | 지하에서 온수 · 약수 · 석유류 등이 용출되는 용출구(湧出口)와 그 유지(維持)에 사용되는 부지. 다만, 온수 · 약수 · 석유류 등을 일정한 장소로 운송하는 송수관 · 송유관 및 저장시설의 부지는 제외한다. |
| 7 | 염전<br>(염, 鹽) | 바닷물을 끌어들여 소금을 채취하기 위하여 조성된 토지와 이에 접속된 제염장(製鹽場) 등 부속시설물의 부지. 다만, 천일제염 방식으로 하지 아니하고 동력으로 바닷물을 끌어들여 소금을 제조하는 공장시설물의 부지는 제외한다. |
| 8 | 대<br>(대, 垈) | (i) 영구적 건축물 중 주거 · 사무실 · 점포와 박물관 · 극장 · 미술관 등 문화시설과 이에 접속된 정원 및 부속시설물의 부지, (ii)「국토의 계획 및 이용에 관한 법률」 등 관계 법령에 따른 택지조성공사가 준공된 토지 |
| 9 | 공장용지<br>(장, 場) | (i) 제조업을 하고 있는 공장시설물의 부지, (ii)「산업집적활성화 및 공장설립에 관한 법률」 등 관계 법령에 따른 공장부지 조성공사가 준공된 토지, (iii) (i), (ii)의 토지와 같은 구역에 있는 의료시설 등 부속시설물의 부지 |
| 10 | 학교용지<br>(학, 學) | 학교의 교사(校舍)와 이에 접속된 체육장 등 부속시설물의 부지 |
| 11 | 주차장<br>(차, 車) | 자동차 등의 주차에 필요한 독립적인 시설을 갖춘 부지와 주차전용 건축물 및 이에 접속된 부속시설물의 부지. 다만, 다음 각 목의 어느 하나에 해당하는 시설의 부지는 제외한다. (i)「주차장법」 제2조 제1호에 따른 노상주차장 및 부설주차장(「주차장법」 제19조 제4항에 따라 시설물의 부지 인근에 설치된 부설주차장은 제외), (ii) 자동차 등의 판매 목적으로 설치된 물류장 및 야외전시장 |
| 12 | 주유소용지<br>(주, 注) | (i)석유 · 석유제품 또는 액화석유가스 등의 판매를 위하여 일정한 설비를 갖춘 시설물의 부지 (ii)저유소(貯油所) 및 원유저장소의 부지와 이에 접속된 부속시설물의 부지다음 각 목의 토지. 다만, 자동차 · 선박 · 기차 등의 제작 또는 정비공장 안에 설치된 급유 · 송유시설 등의 부지는 제외한다. |
| 13 | 창고용지<br>(창, 倉) | 물건 등을 보관하거나 저장하기 위하여 독립적으로 설치된 보관시설물의 부지와 이에 접속된 부속시설물의 부지 |
| 14 | 도로<br>(도, 道) | (i) 일반 공중(公衆)의 교통 운수를 위하여 보행이나 차량운행에 필요한 일정한 설비 또는 형태를 갖추어 이용되는 토지, (ii)「도로법」 등 관계 법령에 따라 도로로 개설된 토지, (iii) 고속도로의 휴게소 부지, (iv)2필지 이상에 진입하는 통로로 이용되는 토지. 다만, 아파트 · 공장 등 단일 용도의 일정한 단지 안에 설치된 통로 등은 제외한다. |

| | 구분 | 내용 |
|---|---|---|
| 15 | 철도용지<br>(철, 鐵) | 교통 운수를 위하여 일정한 궤도 등의 설비와 형태를 갖추어 이용되는 토지와 이에 접속된 역사(驛舍) · 차고 · 발전시설 및 공작창(工作廠) 등 부속시설물의 부지 |
| 16 | 제방<br>(제, 堤) | 조수 · 자연유수(自然流水) · 모래 · 바람 등을 막기 위하여 설치된 방조제 · 방수제 · 방사제 · 방파제 등의 부지 |
| 17 | 하천<br>(천, 川) | 자연의 유수(流水)가 있거나 있을 것으로 예상되는 토지 |
| 18 | 구거<br>(구, 溝) | 용수(用水) 또는 배수(排水)를 위하여 일정한 형태를 갖춘 인공적인 수로 · 둑 및 그 부속시설물의 부지와 자연의 유수(流水)가 있거나 있을 것으로 예상되는 소규모 수로부지 |
| 19 | 유지(溜池)<br>(유, 溜) | 물이 고이거나 상시적으로 물을 저장하고 있는 댐 · 저수지 · 소류지(소유지) · 호수 · 연못 등의 토지와 연 · 왕골 등이 자생하는 배수가 잘 되지 아니하는 토지 |
| 20 | 양어장<br>(양, 養) | 육상에 인공으로 조성된 수산생물의 번식 또는 양식을 위한 시설을 갖춘 부지와 이에 접속된 부속시설물의 부지 |
| 21 | 수도용지<br>(수,水) | 물을 정수하여 공급하기 위한 취수 · 저수 · 도수(導水) · 정수 · 송수 및 배수 시설의 부지 및 이에 접속된 부속시설물의 부지 |
| 22 | 공원<br>(공,公) | 일반 공중의 보건 · 휴양 및 정서생활에 이용하기 위한 시설을 갖춘 토지로서 「국토의 계획 및 이용에 관한 법률」에 따라 공원 또는 녹지로 결정 · 고시된 토지 |
| 23 | 체육용지<br>(체,體) | 국민의 건강증진 등을 위한 체육활동에 적합한 시설과 형태를 갖춘 종합운동장 · 실내체육관 · 야구장 · 골프장 · 스키장 · 승마장 · 경륜장 등 체육시설의 토지와 이에 접속된 부속시설물의 부지. 다만, 체육시설로서의 영속성과 독립성이 미흡한 정구장 · 골프연습장 · 실내수영장 및 체육도장, 유수(流水)를 이용한 요트장 및 카누장, 산림 안의 야영장 등의 토지는 제외한다. |
| 24 | 유원지<br>(원,園) | 일반 공중의 위락 · 휴양 등에 적합한 시설물을 종합적으로 갖춘 수영장 · 유선장(遊船場) · 낚시터 · 어린이놀이터 · 동물원 · 식물원 · 민속촌 · 경마장 등의 토지와 이에 접속된 부속시설물의 부지. 다만, 이들 시설과의 거리 등으로 보아 독립적인 것으로 인정되는 숙식시설 및 유기장(遊技場)의 부지와 하천 · 구거 또는 유지[공유(公有)인 것으로 한정한다]로 분류되는 것은 제외한다. |
| 25 | 종교용지<br>(종,宗) | 일반 공중의 종교의식을 위하여 예배 · 법요 · 설교 · 제사 등을 하기 위한 교회 · 사찰 · 향교 등 건축물의 부지와 이에 접속된 부속시설물의 부지 |
| 26 | 사적지<br>(사,史) | 문화재로 지정된 역사적인 유적 · 고적 · 기념물 등을 보존하기 위하여 구획된 토지. 다만, 학교용지 · 공원 · 종교용지 등 다른 지목으로 된 토지에 있는 유적 · 고적 · 기념물 등을 보호하기 위하여 구획된 토지는 제외한다. |
| 27 | 묘지<br>(묘,墓) | 사람의 시체나 유골이 매장된 토지, 「도시공원 및 녹지 등에 관한 법률」에 따른 묘지공원으로 결정 · 고시된 토지 및 「장사 등에 관한 법률」 제2조 제9호에 따른 봉안시설과 이에 접속된 부속시설물의 부지. 다만, 묘지의 관리를 위한 건축물의 부지는 "대"로 한다. |
| 28 | 잡종지<br>(잡,雜) | (i) 갈대밭, 실외에 물건을 쌓아두는 곳, 돌을 캐내는 곳, 흙을 파내는 곳, 야외시장, 비행장, 공동우물, (ii) 영구적 건축물 중 변전소, 송신소, 수신소, 송유시설, 도축장, 자동차운전학원, 쓰레기 및 오물처리장 등의 부지, (iii) 다른 지목에 속하지 않는 토지. 다만, 원상회복을 조건으로 돌을 캐내는 곳 또는 흙을 파내는 곳으로 허가된 토지는 제외한다. |

**Land Category Change 지목 변경** 지적공부(Cadastral Record)에 등록된 지목을 다른 지목으로 바꾸어 등록하는 것을 말한다(「공간정보구축 및 관리 등에 관한 법률」 제2조 제33호).

**Land Classification 지류** 식생의 경계를 말한다.

**Land Classification Boundary 지류계** 지류의 경계선을 나타내는 것으로 국가 발행의 지형도에서는 점선으로 표시되어 있다. 이밖에 지물(도로, 하천 등)이 있을 때에는 선을 겸하게 된다.

**Land Cover 토지 피복(덮기)** 한 지역에서 발견되는 농작물이나 물과 같은 지표면의 물질을 의미한다. 숲, 농지, 수계 등으로 분류되는 지표의 상태를 말하며, 토지피복을 파악하여 분류하는 것은 원격탐사 자료를 이용한 대표적인 응용중의 하나이다.

**Land Cover Image 토지 피복 영상** 땅 표면을 덮고 있는 물질로, 야채 같은 것과 넓은 의미로 금속 같은 것이 있다.

**Land Cover Map 토지 피복도** 주어진 시간에 포함할 수 있는 실제 표면의 유형을 보여주는 지도로서, 피복 구분은 목초지・삼림지・농경지・황무지 등으로 나눌 수 있다.

**Land Data 토지 자료** GIS에서처럼 공간적 배경에서 취급이 가능하고 어느 정도 기준이 되는 자료이다.

**Land Data File 토지 자료 파일** 토지에 관한 정보의 검색이나 다른 자료철에 보관되어 있는 정보를 서로 연결시키기 위한 목적으로 만들어진 필지 식별 번호가 포함된 일련의 공부 또는 토지 자료철. 과세대상, 건축물 관리 대장, 천연 자원 기록, 기타 토지 이용, 도로, 시설물 등 토지 관련 자료를 등록한 대장을 뜻하며, 필지 식별번호에 의거 상호 정보 교환과 자료 검색이 가능하게 된다.

**Land Data System 토지 자료 체계** 토지의 특성・능력・토지의 현 잠재 이용, 토지 소유권, 토지의 가치 등의 정보를 제공하는 체계이다.

**Land Description Item 토지 표시 사항(土地 表示 事項)** 지적공부에 등록된 토지의 소재・지번・지목・경계 또는 좌표와 면적 등을 말하며, 필지를 구성하는 기본 요소이다.

**Land Form Classification 지형 분류** 일반적인 지형요소로는 표고, 경사, 사면방향 또는 형태적으로 평지, 구릉지, 산지 등으로서 기본적인 지형정보 파악만 가능하다. '지형 위치 지수'(Topographic Position Index, TPI)는 기초 지형요소와 주변지형에 대한 기복량까지 계산하여 다양한 지형을 쉽게 정량화 시킬 수 있다는 점에서 지형분류에 적합하다.

**Land Information 토지 정보(土地 情報)** 토지의 물리적, 환경적, 법적 측면을 설명한 자료이다.

**Land Information New Zealand(LINZ) 뉴질랜드 토지 정보** LINZ(Land Information New Zealand)를 참조.

**Land Information System(LIS) 토지 정보 체계(土地 情報 體系), 엘아이에스** LIS(Land Information System)를 참조.

**Landing Area 착륙 구역** 항공기의 착륙이나 이륙을 위하여 시도하는 활동적인 구역의 부분을 말한다.

**Landing Place 양륙장** 큰 배로부터 승객이나 화물을 싣거나 내려놓는 장소를 말한다.

**Landmark 주요 시설물, 랜드마크** ① 통계 대상물의 일부분이 아닌 지리적 대상물에 대한 타이거(TIGER) 전문용어이다. ② 지상이나 공중에서 위치・방향을 정하는데 뚜렷하게 식별되는 지물을 말한다.

**Landmark Graphics 랜드마크 도형** 랜드마크는 소프트웨어 응용, 자료 관리 기술, 자문서비스, 훈련, 지원을 포함하는 범지구 탐험과 제조업에 정보기술 솔루션을 제공한다. 랜드마크는 2차원과 3차원 지진 해석, 검층 주상도 분석, 지질 해석, 상호 관계와 단면도 제작, 지도 제작과 모형 제작, 자료 관리를 위한 통합된 응용을 제공한다. 랜드마크는 Halliburton Company의 자회사이고, 텍사스주 휴스턴에 본부가 있다.

**Landing Skid 랜딩 스키드, 착륙 썰매** [항공] 헬기나 드론의 기체의 하단 부분으로서, 이착륙시 충격으로부터 기체를 보호하는 역할을 한다. 헬기의 랜딩기어에는 크게 2가지 형태가 있는데, 스키처럼 생긴 스키드형(Skid Type)과 바퀴형(Wheel Type)이 있다. 바퀴식은 랜딩기어(Landing Gear), 플레임식은 랜딩 스키드(Landing Skid)라고 한다. 지면이 고르거나 단단하지 않은 야지에서의 이착륙이 많은 대부분의 다목적 헬기들은 헬기의 무게가 고르게 분산되고 지면의 경사를 조종사가 쉽게 인지할 수 있으며 정비소요가 적은 스키드형으로 제작된 경우가 많다. 바퀴형은 주로 공항에서 공항 또는 양호한 시설이 갖추어진 헬리포트간을 왕복하는 인원수송용 고급 기종에 장착되어 있다.

**Land Parcel 필지(筆地)** 필지는 '하나의 지번이 붙는 토지의 등록단위'를 말한다. 필(筆)은 구획된 논이나 밭, 임야, 대지 따위를 세는 단위다. 즉, 토지는 필지별로 등록되며 하나의 필지에는 하나의 지번이 붙는다. 법적으로 물권이 미치는 권리의 객체(Object)를 말하는데 소유자가 동일하고 지반이 연속된 동일 성질의 토지로서 지적공부에 등록하는 토지의 등록단위를 말한다. 「공간정보의 구축 및 관리 등에 관한 법률」 제2조 및 동법 시행령 제5조에 의거 필지는 지번부여지역의 토지로서 소유자와 용도가 같고 지반이 연속된 토지는 1필지로 할 수 있다. 또한 다음의 어느 하나에 해당하는 토지는 주된 용도의 토지에 편입하여 1필지로 할 수 있다. 다만, 종된 용도의 토지의 지목(地目)이 "대"(垈)인 경우와 종된 용도의 토지 면적이 주된 용도의 토지 면적의 10퍼센트를 초과하거나 330제곱미터를 초과하는 경우에는 그러하지 아니하다. (1) 주된 용도의 토지의 편의를 위하여 설치된 도로・구거(구거: 도랑) 등의 부지. (2) 주된 용도의 토지에 접속되거나 주된 용도의 토지로 둘러싸인 토지로서 다른 용도로 사용되고 있는 토지를 말한다.

**Land Portal 국토 포털 사이트** 국민들에게 인터넷을 통해 우리 국토에 대한 다양한 정보를 제공하여 국토지식을 함양함으로써 올바른 국토관을 확립하고자 광범위한 국토주제 콘텐트로 구축한 국토분야의 전문 웹사이트(www.land.go.kr)이다. 사이트의 주요 구성 내용은 다음과 같다. (1) 국토관련 각종정보 및 자료제공 서비스 : 가. 국토정책, 즉 국토계획, 토지, 주택, SOC정책 등. 나. 국토관련 통계 및 법령, 용어 및 학술자료 등. 다. 국토소개, 즉 역사, 현황, 지명, 인문, 사회, 자연환경 등. (2) 국토에 대한 실생활 정보 서비스 : WEB GIS를 통한 지도검색(지형도, 도시계획도, 위성영상), 지역별, 유형별 여행정보(문화재, 지역축제, 특산물 등) 및 국토강좌, 지명유래, 전문가 칼럼, 국토명소 가상체험, 국토관련 보도 및 행사, 사이버퀴즈 등. (3) 정책 등 참여 및 커뮤니티 공간제공 : 정책모니터링 및 온라인 설문조사를 통한 사이버 정책참여 공간 및 커뮤니티 공간제공 등이다.

**Land Readjustment 토지 구획 정리(土地 區劃 整理)** 도시계획을 실현하는 중요한 기초적 방법. 도시 계획 구역 내 토지의 효용 증진과 공공시설의 정비를 위하여 이 법의 규정에 의하여 실시할 토지의 교환・분할・기타 구획 변경. 지목 또는 형질의 변경이나 공공시설의 설치・변경에 관한 사업을 말한다.

**Land Readjustment Project Law 토지 구획 정리 사업법(土地 區劃 整理 事業法)** 토지 구획 정리 사업의 시행 절차, 방법 및 비용부담 등에 관한 사항을 규정함으로써, 토지구획 정리 사업을 촉진하고 도시의 건전한 발전과 공공복리의 증진에 기여함을 목적으로 하는 법이다. 이 법에서는 '토지 구획 정리 사업'이라 함은 대지로서의 효용 증진과 공공시설의 정비를 위하여 실시하는 토지의 교환, 분할 기타의 구획 변경, 지목 또는 형질의 변경이나 공공시설의 설치, 변경에 관한 사업을 말한다.

**Land Readjustment Surveying 토지 구획 정리 측량** 토지구획정리사업, 시가지조성사업, 도시재개발사업, 경지정리사업 등을 실시하는 데에 이용되는 측량을 말하며, 현황측량, 지구계측량, 확정측량 등의 작업이 포함된다.

**Land Reclamation 개간(開墾), 간척** 호수나 늪, 바닷가에 제방(Levee)을 만든 후에 그 안의 물을 빼내어 육지로 만드는 일을 말한다.

**Land Record 토지 기록** 공공의 관심의 대상인 토지의 특성에 대한 명확한 진술을 담고 있는 공적인 기록의 문서이다.

**Land Registration 토지 등기** 토지의 매매, 기타 토지에 관한 이동사항을 토지대장에 기입하는 것을 말한다. Torrens Registration System를 참조.

**Land-Related Information System(LRIS) 토지 관계형 정보 체계** LRIS(Land-Related Information Systems)를 참조.

**Land Remote Sensing Satellites(LANDSAT) 랜드샛** LANDSAT (Land Remote Sensing Satellites)를 참조.

**Landsat 랜셋** Landsat Program은 1972년 미국의 USGS(United State Geological Survey), NOAA(National Oceanic and Atmospheric Administration), Space Imaging 등과 공동으로 NASA(National Aeronautics and Space Administration)에서 개발하여 ERTS-1(Earth Resources Technology Satellite)이란 이름으로 발사되기 시작한 지구최초의 탐사위성 발사 계획으로서 우주공간으로부터의 원격탐사 기술의 커다란 진보를 이루는데 지대한 공헌을 하였다. 현재 7호까지 발사되었으며, 6호는 발사에 실패하여, 최근까지도 5호와 7호가 운용되어 왔으나, 2001년 초 5호의 수명이 다하여 현재는 7호만이 운용되고 있다. Landsat 5호까지의 위성에 탑재되어 왔던 TM(Thematic Mapper) 센서는 가시광선으로부터 열적외선에 이르는 파장대에 대하여 7개의 밴드 자료를 제공하며, 열적외 밴드인 밴드 6은 그 해상도가 120m×120m이며, 그 이외의 밴드들은 30m×30m의 공간해상도를 제공한다. 7호 위성에는 공간해상도가 향상된 ETM(Enhanced Thematic Mapper) 센서가 탑재되어 있어, 열적외 밴드의 경우 60m×60m, 그리고 그 외의 밴드에 대하여는 30m×30m의 공간해상도를 제공하며, Panchromatic 모드에 의하여 15m×15m 공간해상도의 흑백 영상자료가 제공된다. 위성의 고도는 705km,

관측 주기는 16일, 관측 폭은 185km×185km이다.

▪ **Landsat 7호 위성 ETM 센서의 7개 밴드별 파장대역**

| 구분 | 파장 ($\mu$m) |
|---|---|
| 밴드 1 (파란색 영역) | 0.45-0.51 |
| 밴드 2 (초록색 영역) | 0.52-0.60 |
| 밴드 3 (빨간색 영역) | 0.63-0.69 |
| 밴드 4 (근적외선) | 0.75-0.90 |
| 밴드 5 (중간적외선) | 1.55-1.75 |
| 밴드 6 (열적외선) | 10.40-12.5 |
| 밴드 7 (중간적외선) | 2.09-2.35 |

**Landslide 산사태(山沙汰)** 폭우, 지진, 화산 등의 영향으로 산사면의 표토와 암석체가 경사면을 따라 아래쪽으로 이동하는 현상이다. 일반적으로 산사태는 표토층이 빠른 시간 내에 수분이 포화되어 급경사인 암반 위의 표토층이 미끄러져 빠른 속도로 산지 하부로 이동하는 것을 말한다. 일반적으로 산사태는 운동 에너지가 매우 크다. 산사태는 파괴 전, 파괴 및 파괴 후 거동으로 나눈다. 산사태는 포화, 압밀, 배수 조건과 함께 지반강도 특성에 영향을 받는다. 따라서 산사태 발생과정에 있어 지반강도는 시간과 변형의 함수이며, 현장조건에 따라 다양한 전단강도의 특성을 가진다. 산사태는 지반변형이 시간의 함수로 표현될 때 아주 느리게 움직이는 산사태(slow-moving landslide)에서 아주 빠르게 움직이는 산사태(fast-moving landslide)까지 다양한 유형으로 분류할 수 있다. 아주 느리게 움직이는 산사태는 진행성 연화거동과 관련된 파괴 전 거동에 해당하며, 이때 지반변형에 따른 지반의 진단강도는 산사태 예측과 조기경보시스템에 있어 중요한 자료로 활용 가능하다. 파괴시점은 산사태 안정성 여부를 결정하거나 지반의 최대저항력을 산정하기 위한 것으로 산림보호와 사방시설 개념설계 및 배치에 중요하게 반영된다. 파괴 후 거동은 사면붕괴(활동) 후 발생하는 토석류에 해당하며 직접적인 인명피해와 주거환경 및 사회기반시설의 파괴로 이어진다. 이와 같이 다양한 원인으로 인해 발생하는 크고 작은 산사태는 국민생활 전반에 걸쳐 경제적 손실과 함께 도심지역과 산악지역의 주거생활권을 약화시키고 있다. 이처럼 예상치 못한 산사태의 사전예측 및 파괴 후 발생될 토석류의 흐름을 평가하기 위해서는 지구과학적 기초연구가 필요하며, 공학적 관점에서는 사면붕괴 전후 과정에 있어 신뢰성 있는 전단강도의 측정이 필요하다. Mass Movement를 참조.

**Land Suitability Analysis(LSA) 토지 적성평가** LSA(Land Suitability Analysis)를 참조.

**Landscape 경관(景觀)** 모든 지물을 포함하고 지도에서 보여지는 지리적 공간의 일부분을 말한다.

**Landscape and Viewscape Information System(LIS/VIS) 조경 및 경관 정보 체계** LIS/VIS(Landscape and Viewscape Information System)를 참조.

**Landscape Architecture 조경** 인간이 파괴해 놓은 훼손된 대자연을 자연에서 얻어진 각종 조경 재료를 활용하여, 환경의 개선에 관한 모든 것을 말한다.

**Land Survey 토지 측량** 토지에 관한 측량의 총칭. 토지 구역의 크기에 따라 대지 측량과 국지 측량으로 나눈다. 도근 측량・수준 측량・삼각 측량・지형 측량・사진 측량 등이 포함된다.

**Land Tenure 토지 권리** 특정한 획지에 대한 사람들의 관심과 일반적으로 인식되고 있는 모든 권리로 토지의 소유와는 관계가 없다.

**Land Terrier 토지 테리어** 토지와 재산을 기록한 문서 정보를 포함한 대장과 Marked 지도의 집합으로 구성되는 문서 체계를 말한다.

**Land Title 부동산 권리증** 실제 부동산의 소유에 대한 법적인 권리나 그러한 권리의 증거이다.

**Land Title Recordation System 토지 주제 기록 체계** 재판권・저당권・건축선 취득권과 같은 묵시적인 이권, 그리고 지역권・공공권・실용적인 통행권과 같은 다른 이권 행위나 의지에 따른 소유자의 변경을 포함한 토지에 대한 법적 제약에 관한 정보를 기록하는 진행 과정을 말한다.

**Land Use 토지 이용(土地利用)** ① 토지가 어떻게 사용되고 있는가를 말하며, 토지이용에 따라 토지피복(Land Cover)도 달라지므로 원격탐사에서는 거의 같은 의미로 사용된다. ② 한 지역의 광의의 사회적 및 경제적 상황에 결정적 영향을 끼치며, 지표면과 관련된 재배형태. 일반적으로 3가지의 분류가 통용된다. 첫째, 경작지, 초지, 산림지. 둘째, 주거지, 사업지, 농장, 상업지와 같은 기존 또는 지정된 토지의 경제적 이용. 셋째, 필지별 토지 이용(주거, 공장, 도로, 경작 등). ③ 토지이용도 작성, 야산 및 간척지 이용으로 사용토지 확대, 국토기본도 작성. 항측에 의한 도면의 재정비를 말한다.

**Land Use and Natural Resource Inventory)(State of New York(LUNR)** LUNR(Land Use and Natural Resource Inventory)(State of New York)를 참조.

**Land Use Map 토지 이용도(土地 利用圖)** 토지의 이용 현황을 나타낸 도면으로서, 토지 이용 현황도와 토지 이용 계획도 등이 있는데, 단순히 토지 이용도라고 하면 보통은 전자를 뜻한다.

**Land Use Plan 토지 이용 계획(土地 利用 計劃)** 한정된 국토, 즉 토지 자원을 이용할 때 질서를 부여하는 것. 그 목적은 용도를 토지 소유자의 자유의사에 맡길 경우, 행위의 상충이나 불합리한 이용 등으로 서로 손해를 보게 되며, 합리적 이용이라 함은 개발과 보전의 조화를 이루어야 하기 때문에 공공 목적을 위하여 소유자 이용권의 일부를 제한함으로써 자원의 합리적 이용을 유도하려는 것이다.

**Land Use Regulation Information. System(LURIS) 토지이용 규제 정보시스템** LURIS(Land Use Regulation Information. System)를 참조.

**Lane 규정항로, 레인** ① 도로 그 자체는 아니며, 배나 항공기의 규정항로나 단일 자동차로를 수용하기 위해 도로위에 그려놓은 길고 가느다란 선을 말한다. ② 반송파 진동위상(Carrier Beat Phase)신호나 2개의 반송파 진동위상신호의 차이에 대한 0 위상의 인접한 선(표면)들에 의해 둘러 쌓인 면적(체적)을 말한다. 지구표면에서 하나의 0위상 선(Line)은 관측값이 순간적인 위상 관측을 완성하기 위해 정확한 정수값을 갖는 모든 관측점에 대한 궤적을 말한다. 3차원상에서 이러한 궤적은 표면이 된다.

**Lane Violation Enforcement Service 차선 위반 단속 단위 서비스** 교통 관리 최적화 서비스 분야에 속하며, 도로상에서 차선을 위반하는 차량을 자동으로 검지하고, 번호판을 인식하여 운전자와 관련 기관에 해당 정보를 제공하는 서비스이다.

**Language 언어(言語)** 언어는 자연어와 인공어로 나눌 수 있는데, 자연어는 인류의 각 민족이 오래전부터 생활 속에서 사용해왔던 언어이고, 컴퓨터나 수학 등 다른 학문의 분야에서 상호 효과적인 의사교환을 위해 고안된 것을 인공어라고 한다.

언어(言語)는 (1) 사람들이 자신의 머릿속에 있는 생각을 다른 사람에게 나타내는 체계, (2) 사물, 행동, 생각, 그리고 상태를 나타내는 체계, (3) 사람들이 자신이 가지고 있는 생각을 다른 사람들에게 전달하는 데 사용하는 방법, (4) 사람들 사이에 공유되는 의미들의 체계, (5) 언어 공동체 내에서 이해될 수 있는 말의 집합 등으로 정의된다.

인공어(人工語) 또는 인공언어, 인공어, 인조어, 창작어 등은 자연적으로 생성된 자연어와 달리 한 사람이나 여러 사람의 의도와 목적에 따라 만든 언어로서, constructed language라고도 하며, 줄여서 Conlang(콘랭)이라고 한다. 넓은 의미에서는 컴퓨터 프로그래밍에 사용하는 컴퓨터 언어들도 인공 언어(人工語)라고도 한다. 컴퓨터 언어(computer language)는 컴퓨터와의 커뮤니케이션에 쓰이는 다양한 종류의 언어들을 일컫는 말로서, 흔히 사용되는 프로그래밍 언어라는 용어의 뜻을 확장한 용어이다. 프로그래밍 언어는 컴퓨터 언어의 부분집합이다.

**Language Code 언어 부호** 언어의 이름을 지시하는데 사용된 부호이다.

**Language Compilers 언어 번역기** 대부분의 지도 제작 및 지리 정보 체계 소프트웨어는 Assembler, Fortran, COBOL, BASIC, C 등의 프로그램 언어를 이용한다. 컴파일러는 프로그램을 설계할 때 사용한 언어의 소스코드를 컴퓨터로 실행시킬 수 있는 기계 언어(Machine Code)로 바꾸어 주는 프로그램이다.

**Language of Dataset 자료군 언어** 자료군을 표현하기 위해 사용된 언어(들)를 말한다.

**Language of Metadata 메타데이터 언어** 메타데이터 내에서 사용된 언어를 말한다.

**La Niña 라니냐** 스페인어로 여자아이라는 뜻인데, 적도 부근 동태평양의 해수면 온도가 평년보다 0.5℃ 이상 낮은 상태가 5개월 이상 지속되는 현상을 의미한다. 평상시 차가운 동태평양의 해수 온도는 더욱 하강하여 이 지역에 극심한 가뭄과 잦은 한파를 가져오며, 반대로 인도네시아 등의 서태평양 지역에는 폭우가 발생하는 등 전 지구적인 기상이변이 발생한다.

**LAP(Location Application Program) 위치 응용 프로그램** 위 정보를 이용하여 콘텐츠를 제공하는 서비스를 말한다.

**Laplace Condition 라플라스 조건(-條件)** 측지학적인 경위도와 방향각이 정해진 삼각점에 있어 천문학적인 경위도와 방위각을 구했을 경우, 관측 오차가 없다고 가정하면 천문방위각과 측지방위각과의 차는 천문경위도와 측지경위도와의 차에 측지경도의 sin값을 곱한 것과 같다는 조건식이다.

**Laplace Equation 라플라스 방정식** 천문관측에 의해 연직선 편차를 계산하기 위한 기본적인 기법을 말한다.

**Laplace Point 라플라스 점** 측지망이 광범위하게 설치된 경우 측량오차가 누적되는 것을 피해야 되는데 이에 따라 200~300km 마다 1점의 비율로 삼각측량에 의해 계산된 측지 방위각과 천문측량에 의해 관측된 값들을 라플라스 방정식에 적용하여 계산한 측지 방위각과 비교하여 그 차이를 조정함으로써 보다 정확한 위치 결정이 가능하다. Laplace Station를 참조.

**Laplace Station 라플라스 점** 방위각 경도를 측정하여 측지망을 바로 잡는데, 이때의 관측점을 연직선 편차를 산출함으로써 라플라스 점이라 한다.

**Laplace's Simplified Barometric Formula 라플라스 간이 기압 공식** 기압 공식 가운데 계산의 간이화를 꾀한 근사식이다.

**Laplacian 라플라시안** 미분 영상을 구하는 필터로서, 경계선이 강조된다. 잡음이 많은 단점이 있다.

**Laplacian edge enhancement 라플라시안 모서리 향상** 회전에 대한 변이가 없는, 즉 모서리의 방향에 민감하지 않은 회전에 대한 변이가 없는 2차 도함수 형태의 필터. 1차 도함수에 기초한 그레디언트와 상반된 필터이다.

**Laplacian Filter 라플라시안 필터** 미분영상을 구하는 필터로서, 경계선이 강조된다. 잡음이 많은 단점이 있다. 라플라시안 필터는 인간의 시각 체계와 비슷하므로 다른 경계 강조 기법보다 자연스러운 결과를 가져온다. 라플라시안필터는 경계선 강조에 매우 유용한 필터이나 노이즈까지 강조시킬 수 있으므로 유의해야 한다.

**Laplacian Filter Kernel 라플라시안 필터 커널** 라플라시안 필터(Laplacian Filter)는 인간의 시각체계와 비슷하므로 다른 경계 강조 기법보다 자연스러운 결과를 가져온다. 라플라시안 필터는 경계선 강조에 매우 유용한 필터이나 노이즈까지 강조시킬 수 있으므로 유의해야 하는 방법이기도 하다.

**Laplacian Operator 라플라시안 연산자** 연산 속도가 매우 빠르며 Sobol, Prewitt, Roberts 등의 연산자와 비교하여 날카로운 경계선을 검출해 내는 장점을 갖고 있다.

**Laplacian-of-Gaussian(LoG) 라플라시안 연산자, 로그** LoG (Laplacian-of-Gaussian)를 참조.

**Large Area Surveying 대지 측량(大地 測量)** 지구의 곡률을 고려하므로 지표를 곡면으로 보고 실시하는 측량이다. 측량지역이 넓은 곳에서 실시되며, 주로 기준점의 정확한 위치 결정 및 지구 형상과 크기를 결정하기 위하여 실시된다. 1/1,000,000 정밀도일 경우 반경 11km이상 또는 400km$^2$이상의 넓은 지역에 지구곡률을 고려한 측량으로서, 측지측량(Geodetic Surveying)이라고도 한다.

**Large Format Camera(LFC) 대형 카메라** LFC(Large Format Camera)를 참조.

**Large Geodetic Surveying 대지 측량(大地 測量)** Large Area Surveying를 참조.

**Large Scale 대축척** 지도는 실제 지물의 위치, 형상을 일정한 축척으로 종이 위에 표현한다. 이때 축척률이 큰 경우(종이 위에 크게 묘사된)를 대축척, 작은 경우를 소축척이라 한다. 대축척 지도는 동일한 지역에 대한 상세한 정보를 많이 나타내는 반면, 필요한 지도의 도엽수가 많아지는 특성이 있다. 실측도로서 평판 측량, 항공사진 측량 등에 의해 만들어지며 도시 계획용 공사용 등 구체적 설계에 많이 이용된다. 지도의 수평 위치, 표고 등의 정밀도가 높고 지물의 전위가 없는 정위치가 표시된다.

**Large Scale Integrated Circuit(LSI) 고밀도 집적 회로** LSI (Large Scale Integrated Circuit)를 참조.

**Large Scale Map 대축척 지도(大縮尺 地圖)** 지도의 축소율이 적고 표현이 상세한 지도를 말한다. 지도의 수평위치, 표고 등의 정밀도가 높고 투영은 대부분 UTM도법이며 지도의 수평위치, 표고 등의 정밀도가 높고 지물의 전위가 없는 정위치가 표시된다.

**Large Scale Mapping 대축척 지도 제작** 항공사진 측량에서 1/500에서 1/5,000의 축척으로 촬영고도가 800m 이내인 항공사진을 가지고하는 도화를 말함. Large Scale Plotting대축척 도화저공 촬영(촬영 고도 800m 이내)에 의하여 얻어진 사진을 도화하는 것을 말한다.

**LAS(LiDAR) 라스 파일형식** LASer(LAS) 파일형식의 약어로서, 3차원 점군(點群, point cloud) 데이터의 교환을 위한 파일 형식이다. LIDAR로 취득된 점군 데이터의 교환을 위해 개발되었지만, 3차원(x, y, z) 데이터의 파일형식으로도 사용된다. LAS는 LIDAR 데이터의 특성 정보를 가지고 있는 이진(binary) 파일로 구성되어 있다. PLY 파일형식 참조.

**LASER(Light Amplification by Stimulated Emission of Radiation) 레이저, 유도방출에 의한 빛의 증폭** 양자발진(증폭)기 또는 분자발진기라고도 하며, 레이저의 원어는 유도방출에 의한 광증폭(光增幅)을 의미한다. 주로 마이크로파 영역의 전자기파를 발진 증폭하는 것을 메이저, 적외선 또는 가시광선 영역의 전자기파를 발진하는 것을 '광레이저' 또는 '레이저'라고 총칭한다.

**Laser Based Survey 레이저 측량** Laser Distancemeter를 참조.

**Laser Detection and Ranging(LADAR) 레이더** LADAR(Laser Detection and Ranging)를 참조.

**Laser 레이저** [레이저(라이다) 측량] 전기적 또는 분자 전이에 의한 광자방출을 낮은 에너지 준위로 자극함으로써 집중적, 응축적, 직접적 광학방사를 하는 장치를 말한다(「레이저광선 운영기준」 제4조 제8호).

레이저 광선은 사람이 만든 인공광선으로서, LASER는 'Light Amplification By Stimulated Emission Of Radiation' 용어의 머리글자의 합성어로서, '유도방출에 의한 빛의 증폭'이란 뜻이다. '레이저'는 레이저 빛을 발생하는 장치를 의미하기도 한다. 레이저는 다음과 같은 특징을 갖는다. (1) 단색성(Monochromaticity) : 태양광과는 달리 레이저는 색상의 변화가 일어나지 않으며, 다른 여러 가지 빛이 혼합되어 있지 않고, 어느 정도의 순수한 단일광으로 만들어진다. (2) 지향성(Directivity) : 빛이 퍼지지 않고 일정한 방향으로 직진하는 성질을 가지고 있다. (3) 간섭성(Coherence) : 간섭은 위상의 차이에 따라 명암의 무늬가 나타나는 현상으로, 레이저는 위상이 균일하기 때문에 약간의 장애물에 부딪히면 곧 간섭을 일으킨다. (4) 에너지 집중도와 고휘도(Brightness) : 레이저 빛은 에너지 밀도가 높기 때문에 철판까지도 녹일 수 있다.

**Laser-Beam Critical Flight Zone 레이저 광선 위험공역** [항공 레이저(라이다) 측량] 항행 중인 조종사가 레이저광선으로 인한 눈부심의 영향을 받지 않도록 레이저광선 운영을 제한하는 공역을 말한다(「레이저광선 운영기준」 제4조 제15호).

**Laser-Beam Free Flight Zone 레이저 광선 제한공역** [항공 레이저(라이다) 측량] 항행 중인 조종사가 레이저광선으로 인한 어떠한 영향도 받지 않도록 레이저광선 운영을 제한하는 공역을 말한다(「레이저광선 운영기준」 제4조 제14호).

**Laser-Beam Sensitive Flight Zone 레이저 광선 민감공역** [항공 레이저(라이다) 측량] 항행 중인 조종사가 레이저광선으로 인한 일시적인 시각장애나 잔상 발생의 영향을 받지 않도록 레이저광선 운영을 제한하는 공역을 말한다(「레이저광선 운영기준」 제4조 제16호).

**Laser Distancemeter 레이저 거리측량기** 광원을 자연광이 아닌 He-Ne, As(Gallium-Arsenic) 레이저인 단색광의 강력한 평행광선을 보내는 광원 장치를 이용한 거리 측량기를 말한다.

**Laser Identification Detection And Ranging(LiDAR) 라이다** LiDAR(Laser Identification Detection And Ranging)를 참조.

**Laser Intensity 레이저 반사강도** 레이저 반사펄스의 상대적인 신호강도로서 레이저 빔의 후방산란에 관련된 물질의 반사율이나 지표면 거칠기의 영향을 받는다. 광전자증폭관(PMT)이나 광 디바이스(APD)가 광전자를 증폭한 전기신호의 강도를 말하며, 원리적으로는 수신광자수를 의미한다. 표시되는 수치는 레이저 스캐너의 종류에 따라 달라진다.

**Laser Level 레이저 레벨** 레벨에 레이저를 부착한 기기로, 수평의 시준선에 레이저 빛을 쏘아 수평을 가리키게 함으로써 정지작업 등에 유용하게 사용할 수 있도록 한 레벨이다.

**Laser Pickup 레이저 픽업** CD플레이어나 LD플레이어에 장착되어 음향과 화상을 재생시키는 장치이다. 레이저 광선을 발사해 CD나 LD 표면에 새겨진 구멍들을 검출해 전기신호로 변환함으로써 기록된 음향과 화상을 재생한다.

**Laser Plotter 레이저 출력기** 감광성 물질을 얇은 레이저 광선에 노출시킴으로서 컴퓨터 자료의 래스터 그래픽 도면을 만드는 주변 장비이다.

**Laser Printer 레이저 인쇄기** 컴퓨터 자료로부터 대용량 고품질 하드카피 텍스트 그래픽을 만들어 내는데 사용되는 주변 장비. 레이저는 회전드럼에 전하를 공급하고, 드럼은 건식 색소에 노출되어 드럼의 충적 부위에 색소 입자가 접착되는 작용이 일어난다. 용지는 드럼에 의해 밀려 지나가고, 색소는 종이에 녹아 붙으며 드럼 매 회전마다 한 페이지씩 인쇄된다.

**Laser Pulse Rate 레이저 펄스 주사속도** 1초간에 발사되는 펄스의 수로서 단순히 펄스주파수라고도 한다. 레이저 펄스가 높아지면 계측점의 공간밀도가 올라가지만 레이저 공진기에 가해지는 에너지에 한계가 있으므로 레이저 펄스 주파수를 올리면 펄스 1개당 에너지는 저하된다.

**Laser Radar(LiDAR) 레이저 레이다** 전자파로서 레이저 광을 이용한 레이더. 라이다라고도 함. 기존의 레이더보다 방위 분해능, 거리 분해능 등이 우수하다. LADAR(Laser Detection and Ranging)를 참조.

**Laser Retroflector 레이저 수신계** 수동적 센서로서 지상으로부터 레이저를 수신 받아 위성의 고도를 관측한다.

**Laser Scanner 레이저 스캐너, 레이저 주사기, 레이저 거리측정기** ① [항공 레이저(라이다) 측량] 항공기에 장착된 레이저는 왼쪽에서 오른쪽으로 스캔하는 빔을 발사하고 반사파를 측정하여 한 줄의 프로파일을 작성한다. 이때 적외선 레이저 빔을 회전 반사 거울을 통해 투사하고 투사된 빔이 지표면에 반사되어 돌아오는 시간차와 회전 반사거울의 회전각을 이용하여 지표면 측점의 상대위치를 계산한다. 이 레이저 센서의 위치를 GPS와 INS를 이용하여 결정하고 지표면 측점의 절대위치 X, Y, Z 값이 결정된다. 레이저 센서의 위치는 DGPS를 이용하여 높은 정확도를 얻을 수 있다. 측정속도는 기계에 따라 다양하며 보통 초당 5,000번(초당 최대 300,000번)의 측정률을 가진다. 이러한 원리를 ALS(Aerial Laser Scanning, 항공 레이저 스캐닝) 기술 또는 LiDAR라고 부른다. ② [지상 레이저(라이다) 측량] 3D Laser Scanner라고도 한다. 레이저 측량을 실시하기 위한 장비 전반을 말한다. 레이저 스캐너는 레이저빔을 초고속 회전거울에 반사시켜 분산 주사함으로써 무수히 많은 관측점의 위치를 동시에 관측한다. 기계점으로부터 관측점까지의 수평각, 연직각 및 사거리를 측정한 후 소정의 소프트웨어에 의해 후처리 방식을 수행하여 3차원좌표 위치를 결정한다. 수평각 및 연직각은 모터에 의해 스캐너가 일정한 간격으로 자동 회전되어 관측되며, 사거리는 종래의 토탈스테이션과 동일한 방법으로 시간차측정(Time of Flight) 방식 또는 위상차측정(Phase Measurement) 방식에 의해 관측된다. 시간차측정방식은 레이저를 발사하여 반사되어 되돌아오는 시간차와 레이저 속도의 곱으로 거리를 관측하는 방법으로 가장 널리 사용되고 있는 방식이다. 이 방식은 특성상 가까운 거리에서 위상차측정 방식에 비해 정확도가 다소 떨어지는 단점이 있다. 위상차측정방식은 레이저빔을 발사하여 반사되어 오는 위상의 개수에 최종 파장의 위상차를 더하여 거리를 관측하는 것으로 시간차측정방식에 비하여 정확도가 다소 높다. 스캐닝 원리는 레이저 발진부에서 발사된 레이저빔이 초고속 회전거울 (rotating mirror)에 반사되면서 조밀한 간격으로 일정 범위에서의 스캐닝을 하게 된다. 지상라이다는 항공라이다 측량과 동일한 원리로 3차원 데이터를 취득하지만 비교적 가까운 거리에서 넓은 공간을 측량하므로 여러 지점에 라이다를 설치해야 하며, 취득된 다수의 점군은 지상라이다를 기준으로 상대좌표들을 가진다. 따라서 하나의 좌표계로 일치시켜주는 정합 및 절대좌표 등록기법을 적용함으로써 전역적인 3차원 모델 구축이 가능하게 한다.

**Last In, First Out(LIFO) 후입 선출** LIFO(Last In, First Out)를 참조.

**Last Mile 라스트 마일** 통신망에서의 '라스트 마일'이란 통신사업자 또는 방송사업자에서 시작된 전송망이 건축물 내의 가구단자함과 구내선로를 거쳐 전화, TV, 컴퓨터 등에까지 이어지는 마지막 1마일 내외의 최종 구간을 뜻한다. 이 구간에서의 품질이 통신사업자나 방송사업자가 구현하고자 하는 양질의 초고속인터넷, 고화질영상 등의 서비스 품질을 좌우한다.

**Last Subchord 종단현(從斷弦)** 노선측량에서의 일정한 길이가 되지 않는 현에서 끝에 생기는 현을 말한다.

**La Systeme Internationale d'unites 국제 단위계** 국제 단위계(약칭 SI 단위)는 일반적으로 CGS 단위 중의 '미터법'으로 불리우며, 과학 기술 계에서 'MKSA 단위'라고 불리는 관측 단위 체계의 최신 형태이다. 미터법 단위계는 1875년 파리에서 체결된 미터조약에 의하여 제정된 이래 세계 각국에 보급되어 관측의 중요성이 요구되는 제반분야에 널리 이용되고 있으며 관측분야 에서도 중요하게 사용된다. 1954년 제10차 국제 도량위 총회(Conference Generale des Poids et Mesures : CGPM)에서는 실용적인 관측단위계의 기본 단위로서 길이, 질량, 시간, 전류, 열역학적 온도, 물질량, 광도의 7개 물리량을 채택하였다. 1960년 제11차 CGPM에서는 상기의 실용적 관측 단위체계를 국제단위계라고 이름지었으며 접두어, 유도 단위 및 추가단위에 대한 원칙을 확립하였다. SI 단위는 7개의 기본단위(길이 m, 무게 Kg, 시간 S, 전류 A, 온도 T, 물질량 mol, 광도 cd), 2개의 보조 단위(라디안 Rad, 스테라디안 Sr)와 이들로부터 유도되는 조합단위(19개)를 요소로 하는 일관성이 있는 단위의 집단이다. 이들 단위에 SI 접두어(16개)를 부쳐서 구성되는 SI 단위의 10의 정수배로 응용된다.

**LAT(Lowest Astronomical Tide) 최저극 천문조** 18.6년의 완전한 조석 주기 동안에 발생할 수 있는 저극조 단위로서 다년간 관측기록이 있는 검조소에서는 조화상수에 의해 19년의 조위예보값 중에서 가장 작은 저극조위를 취한다.

**Late Finish 최지 완료** 작업 네트워크의 최종 종료일자의 지연을 가져오지 않으면서 한 작업 단위가 완료될 수 있는 가장 늦은 시간을 말한다.

**Late Start 최지 개시** 작업 네트워크의 최종 종료일자의 지연을 가져오지 않으면서 한 작업 단위가 완료될 수 있는 가장 늦은 시간을 말한다.

**Latency Time 대기 시간** 제어 장치가 기억장치에서 다른 곳으로 또는 다른 곳에서 기억장치로 정보의 전송을 요구에서 실제로 전송이 개시될 때까지의 시간을 말한다.

**Latent Heat 잠(재)열, 숨은 열** 물질이 온도변화는 없이, 상(相 : 고체, 액체, 기체)이 변할 때 흡수 또는 발생하는 열을 말한다. 증발열(기화열), 응축열(액화열), 융해열, 응고열, 승화열 등이 있다.

**Latent Image 잠상(潛像), 숨은 영상** 빛에 노출될 때, 사진 유상액에서 Silver Halide Crystals은 비가시적 Latent 영상을 야기하는 화학적 재반응을 일으킨다.

**Lateral Magnification 배율** 대물렌즈의 초점 거리를 접안렌즈의 초점 거리로 나눈 값이다.

**Lateral Earth Pressure at Rest 정지토압** 수평방향으로 변위가 없을 때의 토압을 말한다. Active Earth Pressure, Passive Earth Pressure를 참조.

**Lateral Collision Prevention Service 차량 측방 충돌 예방 서비스** LCPS(Lateral Collision Prevention Service)를 참조.

**Lateral Overlap 횡중복(도), 횡중복(橫重複)** Side Lap를 참조.

**Latest Finishing Time(LFT) 최지 종료 시간** LFT(Latest Finishing Time)를 참조.

**Latitude 위도(緯度)** 경도와 함께 지구상에 있는 지점의 위치를 나타내기 위하여 만든 좌표로, 지표상의 임의 지점과 지구중심에 위치한 적도 사이의 각도이다. 위도에는 지리위도(측지위도), 지심위도, 천문위도의 3종류가 있다. 같은 위도를 나타내는 선을 위선이라고 하고, 북반구에서는 북위, 남반구에서는 남위라고 한다. 또, 적도를 위도 0°로 하고 남북으로 각각 90°까지 있는데, 북극점은 북위 90°, 남극점은 남위 90°에 해당한다. 양극에 가까워질수록 고위도라고 하고, 적도에 가까워질수록 저위도라고 한다.

**Latitude Correction 위도보정** 지구의 적도반경과 극반경의 차이에 의하여 적도에서 극으로 갈수록 중력이 커지므로 위도가 다른 두 지점의 중력값을 비교하기 위하여 위도 차에 의한 영향을 제거하는 것으로, 위도보정은 기준위도로부터 남북방향의 수평거리로 미분하여 구할 수 있으며, 또한 보정계수를 거리에 곱함으로써 보정량을 구할 수 있다. Gravity Correction을 참조.

**Latitude Observation by Talcoo Method 탈코트 위도 관측법** 2개의 천체가 거의 동시에 각기 천정의 남북 양쪽에서 통과하고, 또 거의 같은 고도에 달할 때 이 천체의 천정거리의 차를 관측하여 위도를 구하는 방법이다.

**Latitude of CenterLatitude of OriginLatitude of Projection Center 투영 중심 위도** 방위각 투영법을 위한 투영 지점의 위도를 말한다.

**Latitude of Projection Origin 투영 원점 위도** 지도 투영에 대한 직교 좌표의 원점으로서 선택된 위도를 말한다.

**Latitude Resolution 위도 해상도** 지형 좌표 단위로 표현되는 인접한 2개의 위도값 간 차이의 최소치를 말한다.

**Latitude/Longitude Coordinate System 경위도 좌표 체계** 지구 타원체에 관계하는 각 관측을 기술하는 지리적 좌표 체계에 의해 표현되는 지구 좌표 체계이다. 전 세계적으로 경위도 좌표 체계는 가장 많이 사용되는 것으로, 좌표 체계(측지 또는 지리 경위도)는 자오선과 적도와의 관계로 표시한다. 적도와 직교하여 남극으로 통하는 선을 가상하여 본초자오선으로부터 동서로 각 180°로 나눈 것을 경도라 하며, 경도간의 거리는 적도에서 크고 극에 가까워질수록 작아지고 극에 가서는 0이 된다. 적도에 평행되는 선을 가상하여 남북극까지 각 90°로 나눈 것을 위도로 하여 인접 위도 선간의 거리는 적도 부근에서 좁고 극에 갈수록 넓다. 그러나 지구를 구로 생각 할 때는 등간격이 된다.

**Lattice 격자(구조)** 공통 원점과 관계하여 X와 Y방향으로 일정한 표본 간격으로 띄운 격자점들의 사각형 배열을 사용한 표면 표현. 격자(구조)는 격자로서 저장되지만 전체 셀의 값보다는 오히려 단지 격자 간 교차점에 표고값을 할당하는 구조로 표면의 값을 표현한다.

**Lattice Data Model 격자(구조) 자료 모형** 격자(구조)는 표면에 대한 규칙적인 자료 처리 모형으로, 표면의 X, Y, Z값을 규칙적인 점으로 나타낸다. 격자(구조)는 그리드 모듈과 마찬가지로 래스터 자료 구조를 갖으나, 격자(Grid 또는 Cell)가 아닌 점 형태로 구성된다는 점에서 차이가 있다. 격자(구조)는 표본 점(Sample Points)의 수, 원점, 표본점들 간의 거리에 대한 정보와 Z값으로 구성되며, 모든 표본점은 X, Y 좌표값 대신 원점부터 거리에 대한 정보를 갖는다. 표본점의 수는 원점에서 X, Y축에 대해 어떻게 구획되는가에 따라 결정되며, 해상도와 관련이 깊다. 일반적으로 해상도가 높아질수록 표현하고자 하는 대상에 대한 정보의 정확도가 높아진다.

**Lattice Theory 격자 이론** 지도화된 지역을 어느 것이 다른 것에 포함되는가에 따라 순서를 부여하는 데 사용되는 개념을 말한다.

**Launching Ramp 진수로** 배를 진수시키는 데 이용하는 수송 구조물을 말한다.

**Launching Show 론칭쇼, 신제품 발표회** 어떤 제품이나 상표의 공식적인 출시를 알리는 행사를 뜻하는 말로서, 국립국어원은 launching show의 다듬은 말로 '신제품 발표회'를 선정하였다.

**Laussedat 로세다** 사진측량의 시조로서 1840년경 지형도 제작에 사진을 최초로 이용한 프랑스인이다.

**Law for Survey 측량법** Survey Law를 참조.

**Lawful Place Name 법정 지명(法定 地名)** 관공서가 법령의 규정에 따라 만든 장부상의 지명을 말한다.

**Law of Energy Conservation (역학적) 에너지 보존 법칙** 물체가 운동하고 있는 동안에 마찰이 없다면, 그 물체의 역학적 에너지는 서로 전환될 수 있으나, 총량은 항상 일정하다. 즉, 역학적 에너지(위치에너지 + 운동에너지)는 항상 일정하다.

$$E_p + E_k = mgz + \left(\frac{1}{2}\right)mv^2 = \text{constant}$$

**Law of Long Tail 긴 꼬리 법칙, 롱 테일 법칙** 80%의 비핵심 다수가 20%의 핵심 소수보다 더 뛰어난 가치를 창출한다는 이론으로서, 2004년 10월 미국의 인터넷 비즈니스 관련 잡지 와이어드(Wired)의 편집장 크리스 앤더슨(Chris Anderson)이 처음 사용하였다. 앤더슨의 주장에 따르면 많이 판매되는 상품 순으로 그래프를 그리면 적게 팔리는 상품들은 선의 높이는 낮지만 긴 꼬리(long tail)처럼 길게 이어진다. 이 긴 꼬리에 해당하는 상품을 모두 합치면 많이 팔리는 상품들을 넘어선다는 뜻에서 롱 테일 법칙이라고 이름 지어졌다. Law of Pareto 참조.

**Law of Mass-Energy Equivalence 질량-에너지 등가의 법칙** 20세기 물리학자 앨버트 아인슈타인(Albert Einstein ; 1879~1955)이 1905년에 발표한 특수 상대성이론에 따른 물리법칙으로서, 질량과 에너지는 상호 변환될 수 있으며, 등가라는 법칙(원리)이다. 원자핵으로의 방사능 에너지나 소립자의 생성·소멸과 관련된 법칙으로, 핵에너지(핵분열, 핵융합)나 태양의 에너지를 이해하는 기초가 된다. 물체가 정지하고 있는 경우, 질량(m)과 에너지(E)는 비례하며, 질량-에너지의 관계식이 다음과 같으므로 아주 작은 질량을 거대한 에너지로 변환시킬 수 있다. 즉, $E = mC^2$. 여기서, C는 빛의 속도(= 약 30만km/s)이다. 우라늄 235 1g의 핵분열 에너지는 석탄 3톤(석유 9드럼)의 정도의 연소 발열량을 가진다.

**Law of Momentum Conservation 운동량 보존의 법칙** 운동량(momentum)은 물체의 질량(m)과 속도(v)의 곱으로 정의된다. 운동량 보존의 법칙은 "2개 이상의 물체들이 서로 작용하고 있을 때, 외력이 작용하지 않은 한 힘의 작용 전후에서 운동량의 총합은 항상 일정하게 보존된다."는 법칙이다. 운동량 보존 법칙의 성립은 (1) 작용-반작용의 법칙에 따라 성립한다. (2) 두 물체의 충돌과 융합, 한 물체의 분열(폭발) 등과 같이 힘의 작용 시간이 매우 짧고 마찰력과 중력이 무시될 때 성립한다. (3) 운동량은 크기와 방향성이 있는 벡터(vector)량이므로 합성, 분해가 가능하다. 참고로 충격량 = 충격력(F)×충격 시간(t) = 운동량 변화 = 질량(m)×속도 변화($\Delta v$)의 관계식이 성립하며, 운동량 및 충격량의 단위는 kg·m/s이다.

**Law of Motion 운동법칙(運動法則)** 뉴턴(Isaac Newton)의 물체의 운동을 다루는 3개의 물리 법칙을 말한다. (1) 제1법칙(관성의 법칙) : 가만히 있는 물체는 (외부 힘이 가해지지 않는 이상) 계속 가만히 있고, 일정한 속도로 움직이는 물체는 계속 그 속도로 움직이게 된다. 즉, 물체의 질량 중심은 외부 힘이 작용하지 않는 한 일정한 속도로 움직인다. 제1법칙은 갈릴레이의 법칙으로도 불린다. (2) 제2법칙(가속도의 법칙) : 물체의 운동량의 시간에 따른 변화율은 그 물체에 작용하는 힘과 같다. 즉, $F = \frac{dp}{dt} = \frac{d(mv)}{dt} = m\frac{dv}{dt} = ma$ [N] [kg·m/s2]. 여기서, F는 물체에 작용하는 알짜 힘이고, m은 물체의 질량이며, a는 물체의 가속도이고, v는 물체의 속도이며, p는 물체의 운동량으로 정의된 물리량이다. (3) 제3법칙(작용과 반작용의 법칙) : 물체 A가 다른 물체 B에 힘을 가하면, 물체 B는 물체 A에 크기는 같고 방향은 반대인 힘을 동시에 가한다. 즉, 모든 작용에 대해 크기는 같고 방향은 반대인 반작용이 존재한다.

**Law of Pareto 파레토 법칙** '80 대 20 법칙' 또는 '2 대 8 법칙'이라고도 한다. 전체 결과의 80%가 전체 원인의 20%에서 일어나는 현상을 가리킨다. 예를 들어, 20%의 고객이 백화점 전체 매출의 80%에 해당하는 만큼 쇼핑하는 현상을 설명한다. 이 용어를 경영학에 처음으로 사용한 사람은 품질경영 전문가인 조셉 주란(Joseph M. Juran)이다. "이탈리아 인구의 20%가 이탈리아 전체 부의 80%를 가지고 있다."고 주장한 이탈리아의 경제학자 빌프레도 파레토(Vilfredo Federico Damaso Pareto)의 이름에서 따왔다. Law of Long Tail 참조.

**Law of Public Roads 도로법** 이 법은 도로 관리의 정점을 기하기 위하여 도로에 관하여 그 노선의 지정 또는 인정·관리·시설 기준·보전 및 비용에 관한 사항을 규정함으로써 교통의 발달과 공공복리의 향상에 기여함을 목적으로 한다(동법 제1조) 도로의 종류는 다음과 같고 그 등급은 다음에 열거한 순위에 따른다(제11조). ① 고속 도로 ② 일반 국도 ③ 특별시도 ④ 지방도 ⑤ 시도 ⑥ 군도 한편, 동법은 그 목적을 위하여 도로 및 노선(제2장), 도로의 관리(제3장), 도로의 점용(제4장), 도로의 보전 및 공용부담(제5장), 도로에 관한 비용과 수익(제6장), 감독(제7장), 손실보상(제8장) 등에 관하여 규정하고 있다. 그 외 보행자의 통행 방법, 차량의 통행 방법, 운전자의 의무, 고속도로 등에 있어서의 특례, 도로의 사용, 운전면허 등에 대해서는 도로교통법에서 규정하고 있다.

**Law of Survey 측량법(測量法)** 측량에 관한 법률, 이에는 측량 실시의 기준 및 실시의 기능을 정하고, 측량의 중복을 막고, 정도의 향상을 확보하며, 측량자의 자격과 이에 관한 영위자의 등록 등이 규정되어 있다.

**Law of Thermodynamics 열역학 법칙** 열역학(熱力學)은 에너지, 열(heat), 일(work), 엔트로피와 과정(process)의 자발성을 다루는 물리학이다. 영어 표기인 thermodynamics에서 thermo는 그리스어로 열(heat)을 뜻하며, dynamic은 변화를 의미한다. 열역학 법칙은 관찰하고자 하는 계와 이를 둘러싼 환경(environment) 사이에 에너지와 물질 교환이 평형을 이룬다는 사실만 확인되면 항상 성립하는 법칙이다. (1) 열역학 제0법칙(열평형 상태) : 한 물체 A와 각각 열평형(thermal equilibrium) 상태에 있는 두 물체 B와 C는 서로 열평형 상태에 있다. 예를 들어, 온도계(A)로 물체 B와 C의 온도를 측정했을 때 두 물체의 온도가 같았다면 B와 C는 열평형 상태에 있다. 따라서 열역학 제0법칙에 의해 어떤 계가 열역학적 평형 상태에 있으면 이 상태를 온도를 이용하여 나타낼 수 있다. (2) 열역학 제 1법칙(에너지 보존 법칙) : 물체에 일(work)을 해 주면 그만큼 내부 에너지는 증가하고, 물체가 외부에 일을 하면 내부 에너지는 그만큼 감소한다. 기체에 열을 가하면 온도가 상승하므로 내부 에너지가 증가할 뿐만 아니라 기체가 팽창을 하면서 외부에 일을 하게 된다. 이때 가한 열량을 Q라고 하고, 외부에 한 일을 W라 하면 증가한 내부 에너지의 양은 $\Delta U = Q - W = Q - P\,\Delta V$가 된다. 즉, 에너지는 한 형태에서 다른 형태로 변하지만 에너지의 양은 항상 일정하게 보존된다는 것을 보여주는 에너지 보존 법칙이다. (3) 열역학 제2법칙(비가역적 과정 법칙) : 차가운 물체에 뜨거운 물체를 접촉시키면 뜨거운 물체에서 차가운 물체로는 열이 전달되지만, 반대의 과정은 자발적으로 일어나지 않는다. 열역학 제1법칙이 과정 전과 후의 에너지를 양적(量的)으로 규제하고 있는 데 비하여, 제2법칙은 에너지가 흐르는 방향을 규제하는 성격을 띠고 있다. 따라서 이 법칙에 의하면 하나의 열원에서 열을 받아 이것을 일로 바꾸되 그 어떤 외부의 변화도 일으키지 않는 열기관인 제2종 영구기관은 불가능하다. 열의 출입이 차단된 고립계에서는 엔트로피가 감소하는 변화가 일어나지 않고, 항상 엔트로피가 증가하는 방향으로 변하며, 결국에는 엔트로피가 극대값을 가지는 평형상태에 도달한다. 즉, 에너지는 자유로이 형태를 변환시킬 수 있지만 그 때마다 반드시 에너지가 갖고 있었던 능력인 포텐셜이 사라진다. 이때 일로 변환시킬 수 없는 양이 엔트로피이다. 일반적으로 에너지를 변환시킬 때마다 엔트로피가 발생한다. 그 결과 엔트로피의 총량은 증가하게 되며 에너지의 가치(포텐셜)는 점점 줄어들게 된다. 즉, 고립된 전체계의 엔트로피는 언제나 증가하지만 그 안에 속해 있는 개방계의 경우에는 엔트로피가 감소할 수도 있다. 즉, $\int \frac{\delta Q}{T} \geq 0$. (4) 열역학 제3법칙(절대영도(0 K)에서의 엔트로피에 관한 법칙) : 1906년 네른스트(Walther Hermann Nernst, 1864~1941)는 열역학과정에서의 절대온도 T가 0이 됨에 따라 엔트로피의 변화 $\Delta S$는 0이 된다고 주장했다. Entropy 참조.

**Law of Universal Gravity 만유인력의 법칙** 질량을 가진 물체 사이의 인력을 기술하는 물리학 법칙이다. 모든 물체는 다른 물체를 끌어당기는데, 이 힘은 두 상호작용하는 물체 사이의 질량의 곱에 비례하며, 두 물체 사이의 거리에는 제곱에 반비례한다. 즉, $F = G\frac{m_1 m_2}{r^2}$. 여기서, F는 두 점질량 간의 인력의 크기, G는 만유인력 상수, $m_1$은 첫 번째 물체의 질량, $m_2$는 두 번째 물체의 질량, r은 두 물체 사이의 거리이다. 뉴턴(Isaac Newton)은 이 법칙을 그의 제2운동법칙과 연관시켜 행성의 가속도를 구할 수 있었고, 이를 통해 행성의 궤도가 타원형임을 증명할 수 있었다. 뉴턴은 중력이 행성의 진로뿐만 아니라, 달의 세차운동, 혜성의 운동, 은하수의 생성 및 빛의 굴절 등에도 적용되는 일반적인 힘의 하나라는 것을 인식하였다. 그래서 뉴턴은 인력을 만유인력(universal force)이라 부르게 되었다.

**Lawrence E. Page 래리 페이지** 구글의 공동 창업자이자 현 CEO. 스탠퍼드 대학교에서 만난 세르게이 브린과 함께 1998년 구글을 설립했다. 이후 구글은 노벨 사의 CEO인 에릭 슈미트를 영입하여 회사를 초고속 성장가도에 올려놓았으며, 검색과 관련한 다양한 서비스를 진행했다. 구글의 제품 부분을 담당하여 일해 왔으며 2011년 CEO에 취임하였다.

**Lawrence Gordon Tesler 래리 테슬러** 제록스, 애플, 아마존, 야후 등 굴지의 업체에서 일해 온 컴퓨터 공학자. 스탠퍼드 대학교에서 컴퓨터공학을 전공한 그는 스탠퍼드 인공지능 연구실에서 제록스로 이직하면서 경력을 시작, 1980년대 제록스에서 자신이 개발한 기술을 애플에 전하면서 애플에서 수석 연구원으로 근무한다. 리사 프로젝트를 성공적으로 이끄는 데 많은 공헌을 한 그는 매킨토시 개발에 참여하여 전 세계를 놀라게 했다.

**Lawrence Joseph Elison 래리 엘리슨** 세계적인 소프트웨어 업체 오라클의 CEO이자 창업자. 시카고 대학교에서 수학하였으나 중퇴했다. 미국 3위, 세계 6위의 부호인 그는 호화롭고 분방한 생활 방식으로 '실리콘밸리의 악동'이라는 별명을 얻었다. 영화 「아이언맨」에 등장하는 주인공 토니 스타크의 모델로도 잘 알려진 그는 잡스와 평생 친밀한 관계를 유지했다.

**Layer 자료층(資料層), 레이어** 한 주제를 다루는데 중첩되는 다양한 자료들로 한 커버리지의 자료 파일을 말한다. 이 중첩 자료들은 데이터베이스 내에서 공통된 좌표 체계를 가지며 보통 하나의 주제를 갖는다. 예를 들어, 지형 레이어는 건물·도로·등고선 등의 레이어로 구분하여, 도로 레이어는 고속 도로·국도·지방도 등 여러 종류의 도로가 포함된다.

**Layer Code 자료층 코드** 수치 지도 레이어 코드는 도엽 코드로 분류된 파일의 부속 코드이다.

**Layer Header Record 자료층 헤더 레코드** 각 레이어의 레이어 코드와 레이어 내의 요소 수, 요소 내역 등의 자료가 기록된 레코드이다. 레이어가 변할 때마다 발생하는 레코드이다.

**Layer Input Miss 자료층 입력 오류** 작업 파일의 개체 중 등록되어 있지 않은 형태로 입력되어 있는 개체가 존재하는 경우를 말한다.

**Layer Miss 자료층 오류, 계층 오류** 작업자가 입력한 요소의 자료층이 자료층 테이블에 정의되어 있지 않거나, 정의되어 있지만 자료층의 요소가 서로 상이한 경우이다.

**Layer Reality Browser 레이어 리얼리티 브라우저** 위치정보 기반의 주변 지역정보 검색, 상점 검색, 위키피디아 및 유튜브를 연계하는 것.

**Layer System 단채법** 등고선 사이의 띠 부분을 같은 색조로 칠하고 높이에 따라 색깔을 달리하여 단계적으로 지형의 높이를 구분하는 방법. 일반적으로, 표고가 커질수록 점점 짙은 색조로 나타나며 지리관계의 지도에 주로 사용된다.

**Layer Tints 단채법** 등고선 간의 띠를 동일 색조로 칠하고 고도가 증가됨에 따라 농도를 높여가며 고저차를 나타내는 방법이다.

**LAZ(LiDAR) 라즈 압축파일** 압축 LAS파일. LAZ파일은 데이터 전송 및 다운로드에 유리하도록 원시 LAS파일을 80%이상 압축할 수 있다. LAZ파일은 쉽게 Lastools인 laszip를 사용하여 압축을 풀 수 있다.

**L-Band 지피에스 엘 대역** 1-2 GHz 사이의 주파수대의 GPS신호를 총칭한다. GPS 방송 신호각각의 GPS 위성은 (1) 위성에 탑재된 시계의 시각 및 오차와 위성의 상태 정보, (2) 모든 위성과 관련된 궤도 정보와 상태(almanac), (3) 각각의 궤도정보와 이력(ephemeris), (4) 오차 보정을 위한 계수 등이 포함된 항법메시지(navigation message)를 50bps의 속도로 지속적으로 방송한다.

- 모든 위성의 궤도 정보 및 상태(almanac)에는 모든 GPS 위성의 비교적 장기간 동안 유지되는 궤도 정보가 들어 있는데 이를 완전히 송신하는 데 12.5분이 걸린다. GPS 수신기의 초기구동을 위해서는 궤도 정보 및 이력의 수신이 필요하다.
- 각 위성의 궤도정보 및 이력(ephemeris)에는 지상의 제어국으로부터 2시간마다 갱신되고 4시간 동안 유효한 개별 위성의 궤도 정보가 담겨 있다.

이와 같은 항법메시지는 C/A 코드(Coarse/Acquisition code 또는 Standard code)와 P 코드(Precision code)와 함께 반송파(搬送波, carrier wave)에 실려 송신된다. C/A 코드와 P 코드는 각각 비트율 1.023 Mbps, 10.23 Mbps로 위성마다 고유한 의사잡음부호(PRN, Pseudo-Random Noise)가 담긴다. C/A 코드는 민간에 개방되어 있으나 P 코드는 군사 목적으로 전용하기 위해 공개되지 않은 W 코드를 이용해 암호화되는데, 암호화된 P 코드를 Y 코드 또는 P(Y) 코드라고 한다. P(Y) 코드를 해독하기 위해서는 특별한 장비가 필요하다. GPS는 사용하는 반송파의 송신 주파수와 각 채널에 위상 변조를 거쳐 L1, L2, L2C, L3, L4, L5 코드 등의 정보를 담는다. L1, L2, L2C, L3, L4, L5 Code 등 참조.

**L Band Carrier Phase 엘 대역 반송 위상** GPS 위성은 시간과 위치 정보를 포함하는 여러 개의 다른 메시지로 변조될 L-대역 반송파 신호를 사용한다. 모든 위성은 2개의 주파수를 방송한다. 이러한 신호들은 라디오파와 비슷한 파로 생각될 수 있으며, 시간과 위치에 대한 정보를 운반한다. L1 파장은 19cm인 반면에 L2 파장은 24cm이다. L1 반송파는 154fo에서 발송되며, L2 반송파는 120fo에서 발송된다. L1 반송파는 C/A코드와 P코드에 의해 변조되며, L2 반송파는 P-코드에 의해서만 변조된다. L1과 L2 반송파 위상 신호들은 GPS 측량의 기선처리를 위해 사용되는 실제 관측값이 된다. 스태틱(Static)과 일주파 키네매틱(Kinematic) 측량과 같은 GPS 측량 기법들은 L1이나 L2 신호를 사용하거나 이 두 신호의 조합을 사용한다. 신속 정지(Fast Static)와 이주파 키네매틱(On-the-Fly 초기화)측량은 L1이나 L2에 대한 반송파위상 관측과 정밀한 의사 거리 관측에 의해 이루어진다.

**LBM(LCD Bitmap)** XCE에서 자체 정의한 이미지 파일 포맷을 말한다.

**LBS(Location Based Service) 위치 기반 서비스** 휴대폰이나 PDA와 같은 이동통신망과 IT기술을 종합적으로 활용한 위치정보 기반의 시스템 및 서비스를 말한다. 이동 중인 사용자의 위치정보를 건물, 도로, 지역정보와 결합하여 사용자가 요청 혹은 필요로 하는 부가적인 응용서비스를 제공하는 것을 의미한다. 따라서 이동 중에 통신이 가능한 단말기와 무선 네트워크, 위치 측정을 위한 기술과 이를 가공해 제공하는 솔루션, 부가 서비스 제공을 위한 콘텐츠와 애플리케이션 등이 총체적으로 결합된 서비스이다. 위치정보를 이용하는 LBS 서비스는 길 안내 서비스, 교통 정보 서비스, 관광 정보 서비스, 부동산 정보 서비스, 물류 운송정보 서비스, 버스/지하철 노선 안내 서비스, 지역 정보 서비스 등 실생활에 아주 밀접하게 관련되어 있기 때문에 다양한 부가 서비스의 창출이 가능하다. 인터넷 및 이동통신 기술 및 서비스의 발달과 휴대폰, PDA(Personal Digital Assistant), 노트북 등과 같은 이동통신 단말기의 진화에 따라 위치기반 서비스는 성장성이 높은 서비스 분야 중의 하나로 자리 잡고 있다. 위치기반 서비스란, 이동통신 망이나 위성항법 장치(GPS: Global Positioning System) 등을 통해 얻은 위치정보를 바탕으로 이용자에게 여러 가지 서비스를 제공하는 시스템으로서, 이동통신 단말기 속에 기지국이나 위성항법 장치와 연결되는 칩을 탑재하여 위치추적 서비스, 공공안전 서비스, 위치기반정보 서비스 등의 위치와 관련된 각종 서비스를 제공하는 서비스를 일컫는다. 즉, 위치기반 서비스는 유무선 통신망을 통해 얻은 위치정보를 기반으로 제공되는 제반 서비스를 총칭한다. 위치기반 서비스는 고객의 현재 위치인 지역에 대한 정보와 필수적으로 연계되는데, 현재 위치기반 서비스는 관심 지점(POI: Point Of Interest)을 중심으로 지도상의 각 지역 정보를 수집하여 위치기반 서비스가 목표로 하는 다양한 정보를 제공하고 있다. 여기서, POI는 주요 시설물, 역, 공항, 터미널, 호텔 등을 좌표로 전자 수치 지도에 표시하는 데이터, 목적지 검색에 사용되는 검색 데이터 및 바탕 화면에 표시만 되는 바탕 데이터로 구분할 수 있다. 목표지 검색에서 사용자가 목적지에 대한 정보, 즉 목적지의 주소나 전화번호 또는 정확한 명칭을 알고 있는 경우는 그 데이터를 직접 입력함으로써 직접 목적지를 검색할 수 있다. 반대로 목적지에 대한 정확한 정보를 갖고 있지 않을 경우에는 장르별 구분에 따라 단계적으로 최종 목적지를 검색할 수 있다. LBSNS를 참조.

**LBSNS(Location Based Social Network Service) 위치 기반 소셜 네트워크 서비스** 최근 정보통신 기술이 비약적으로 발전함에 따라 장소의 제약 없이 이동통신 가입자가 이동하는 중에도 무선 통신망을 경유하여 인터넷을 이용할 수 있는 WIFI(무선 인터넷) 및 Wibro(휴대 인터넷) 등의 다양한 무선 기반 인터넷 서비스가 시행되고 있는데, 이 중의 하나가 "위치 기반 소셜 네트워크 서비스"(LBSNS)로서, 인터넷 상에서 실시간으로 다수의 사용자 간에 커뮤니티(community)를 형성하고 각종 데이터를 주고받거나 정보를 공유할 수 있도록 하는 커뮤니케이션 플랫폼(communication platform) 제공 서비스이다. 즉, 커뮤니케이션 플랫폼 제공 서비스는 이동통신 가입자들이 언제 어디서나 자유롭게 이동하면서 상대방과 통화할 수 있을 뿐만 아니라, 무선 인터넷을 이용하여 인터넷에 접속한 후 형성된 커뮤니티 내에서 다양한 콘텐츠(예를 들어, 게임, 채팅, 증권, 금융거래, 뉴스, 날씨, 스포츠, 교통정보 등)를 공유할 수 있는 소셜 네트워크 서비스(SNS : Social Network Service)를 가능하도록 한다. 그러나 일반적인 커뮤니케이션 플랫폼 제공 서비스는 이동통신 가입자가 기존에 형성한 커뮤니티 내에서 정보를 공유할 수 있을 뿐이며, 형성된 커뮤니티 내에 다른 멤버를 추가하기 위해서는 사용자가 새로운 멤버에 대한 정보를 수동으로 등록하여야 하는 번거로움이 있다. 뿐만 아니라, 이동통신 단말기의 이동성을 최대한 활용하기 위해서는 이동통신 단말기의 위치에 기반하여 이동통신 가입자의 위치변경에 따라 적응적으로 변화되는 커뮤니티 관계를 형성할 필요성이 대두되고 있으며, 그에 따라 형성된 커뮤니티에 대한 체계적인 관리가 이루어질 필요가 있다. LBS를 참조.

**LCD(Liquid Crystal Display) 액정표시장치** 액정의 투과도 변화를 이용하여 시각정보로 표현하는 전기소자. 소비전력이 적어 휴대용으로 편리하지만, 자체발광이 아니라 별도의 광원이 필요하다. 컴퓨터 또는 텔레비전 화면을 3D로 감상하기 위한 전자식 안경(액정 셔터 안경)에도 LCD가 사용된다.

**LCPS(Lateral Collision Prevention Service) 차량 측방 충돌 예방 서비스** 차량의 측방에 타 차량이나 장애물을 감지하고 충돌위험이 있을 경우에 이를 감지하여 차량을 자동으로 제어하고, 이를 안내함으로써 전후방 충돌 및 추돌 사고를 방지하는 서비스이다.

**LCS(Liquid Crystal Shutters) 액정 셔터** 텔레비전이나 컴퓨터와 타이밍을 맞추어 좌우 시각 정보를 번갈아 차단하는 3D 안경을 가리킨다.

**LDM(Limeited Distance Modem) 제한 거리 모뎀** 짧은 거리(선의 질과 소재에 따라서 다르지만 대개 3km 이내)에서 미리 지정된 회로 상에서 자료를 전송하도록 설계되었다. 비교적 저렴하며, 약 100만 bps까지의 전송 속도를 얻을 수 있다. 일반적으로 거리가 증가할수록 최고 속도는 떨어진다.

**LDT(Location Determination Technology) 측위 기술** GPS, 인접 이동통신 기지국과의 거리 관계 및 전파 상태 측정값, 무선랜 등 다양한 방식을 조합하여 활용LE(Linear Error)선형 오차수직 오차는 추정한 값과 정위치로 알려진 값과의 차이로 정의된다. 이는 정위치가 정의된 신뢰도 추정값을 중심으로 한 선형 오차 거리 내에 위치한다는 것을 의미한다.

**Le Systeme International d'Unites(SI) 국제 단위계** SI(Le Systeme International d'Unites)를 참조.

**Le Systeme Probatoire d'Observation de la Terre(SPOT) 스팟** SPOT(Le Systeme Probatoire d'Observation de la Terre)를 참조.

**Leaching 용탈(溶脫), 리칭 현상** 해수에 퇴적된 점토가 담수에 의해 오랜 시간에 걸쳐 염분이 빠져나가 강도가 저하되는 현상을 말한다. 퀵-클레이(quick-clay)는 용탈작용을 받은 전형적인 점성토이다. Quick Clay 참조.

**Lead Line 측심선** 심천측량을 할 때 수심의 측정에 사용하는 줄을 말한다.

**Lead Vane 인출판** 알리다드의 뒤쪽 시준판은 시준공이 있는 중앙 부분이 위로 빼냈다, 집어넣었다 할 수 있게 되어 있다. 이 판을 말한다.

**Lead Year 윤년** 평균태양년은 365.2422일이므로 이 단수처리를 위하여 서기 년 수가 4로 나누어 떨어지고 100으로 나눌 수 없는 해를 윤년이라 한다.

**leader 전수** 거리 측량에서 줄자의 앞 방향을 잡은 사람을 말한다.

**Leaf 잎, 군** ① [자료 구조] 자식을 갖지 않는 노드를 '잎' 또는 '잎 노드'라고 한다. Tree Structure, Parent & Child를 참조. ② 하위 패키지가 존재하지 않으며, 단지 정의만을 가지고 있는 패키지를 말한다.

**Leak Detector 누수 탐지기** 배수관 또는 급수관에서 지상에서 누수를 탐지하기 위한 탐사기로서, 관로 위를 청음조사하여 누수에 의해서 발생하는 진동음을 감지기로 포착, 전기진동으로 변환증폭하고 미터지시 또는 수신기로 탐지한다.

**Leakage 누수(漏水)** Leakage of Water를 참조.

**Leakage of Water 누수(漏水)** 상하수관 중 주로 상수관의 노후 등으로 인하여 새는 물을 말한다.

**Leakage Rate 누수율(漏水率)** Leakage Rate of Water를 참조.

**Leakage Rate of Water 누수율(漏水率)** 상수관으로 공급되는 물의 양에 대하여 누수되는 양의 비율을 말한다.

**Lean Startup 린 스타트업** 아이디어를 빠르게 최소요건 제품으로 제조한 뒤에, 시장의 반응을 보고 다음 제품에 반영하는 것을 반복해 성공확률을 높이는 경영 방법론 중의 하나이다. 에릭 리스(Eric Ries)는 「Lean Startup」(2011)에서 "수억 원을 써가면서 1년, 2년 동안 골방에서 완성된 서비스를 개발하고자 노력해봤자 성공확률이 높은 건 절대 아니다. 그 제품이나 서비스가 나왔을 때는 시장이 아예 바뀌어 있든 가, 원래부터 시장의 수요와 취향을 무시한 제품을 만들 가능성이 크다. 최소요건 제품이라도 먼저 내놓아 시장의 반응을 보여 바꿔가는 것이 훨씬 효율적이다. 이게 바로 린스타트업 정신이다."고 기술하고 있다. Startup을 참조.

**Learning Curve 학습 곡선** 학습과 시간 간의 관계. 학습곡선이 가파른 것은 많은 것이 빠르게 학습된다는 것을 의미하며, 완만한 학습곡선은 학습이 천천히 장기간에 걸쳐 이루어지는 것을 의미한다.

**Learning Machine 학습 기계** 과거 행동의 평가와 분석의 결과를 기초로 하여 미래의 행동을 개선할 수 있는 능력을 가진 기계를 말한다.

**Least Cost Path 최저 비용 경로** 두 점 간의 가능한 여러 경로 중에서 가장 적은 비용으로 갈 수 있는 경로로서, 여기서 비용은 시간·거리 또는 사용자가 정의한 요인에 대한 함수이다.

**Least Cost Solution 최소 비용 솔루션** Optimal Path Selection을 참조.

**Least Square Method 최소 제곱법, 최소 자승법(最小 自乘法)** 일반적으로 엄밀한 참값은 얻기 어려우므로 여러 번 관측하여 얻은 관측값에서 최확값을 구해서 참값 대신 이용하고 있다.

**Least Squares 최소 자승** 자료와 모형의 추정값과 제곱 편차의 합을 최소화함을 원칙으로 하여 모형을 적합시키는 통계적 방법이다.

**Least Squares Estimation 최소 자승 추정법** 관측 오차의 제곱의 합을 최소화함으로 미지 변수의 추정의 처리를 말한다.

**Least-Squares Adjustment 최소 자승 보정** 수리적 모형에 관측을 맞추기 위해 파생된 모든 오차 또는 편차의 제곱의 합이 최소가 되게 관측을 조절하는 방법이다.

**LED(Light Emitting Diode) 발광(發光) 다이오드, 엘이디** ① 순방향으로 전압을 가했을 때 발광하는 반도체 소자이다. 발광 다이오드는 반도체를 이용한 PN 접합이라고 불리는 구조로 만들어져 있다. 발광은 PN 접합에서 전자가 가지는 에너지가 직접 빛에너지로 변환되기 때문에 열이나 운동에너지를 필요로 하지 않는다. 하나의 물질(음극 또는 n형 반도체)에서 전하 운반자는 전자이고, 다른 하나(양극 또는 p형 반도체)에서 전하 운반자는 전자가 없는 빈 공간에 의해 만들어지는 양공(陽孔 또는 정공 혹은 홀)이다. LED가 켜질 때 배터리로 공급되는 전자장의 영향 아래서 전류가 형성되어 p-n 결합점을 가로질러 흐른다. 이때 상당한 에너지가 광자, 즉 빛으로 방출된다. 낮은 전력소비(백열등의 1/6), 긴 수명(백열등의 8배), 친환경적 특성(수은 등 유해물질 미함유)으로 각종 LCD의 광원, 조명등, 자동차 등 다양한 분야에서 사용된다. ② [드론] Parrot 등의 일부 드론은 LED를 장착하여 야간에도 조종할 수 있도록 했다.

**Lee Clow 리 클라우** '광고 예술의 구루'로 불리는 광고 크리에이티브 디렉터. 유명한 작업으로는 조지 오웰의 「1984」에서 영감을 받은 매킨토시 광고 '1984'가 있다 이 당시 만들어낸 '다른 것을 생각하라(Think Different)'라는 슬로건은 이후 애플의 핵심 이념이 되었다.

**Left Shore 좌안** 하천의 좌측 언덕을 말한다. 보통 상류에서 하류를 바라보았을 때 좌측이 좌안, 우측이 우안이 된다.

**Left Thumb Rule 왼손 모지의 법칙** 정준나사를 각각 좌우 엄지가락과 검지가락으로 돌리면 기포가 움직이는 방향은 왼손 엄지가락이 움직이는 방향과 같다.

**Left-Right Topology 좌우 위상 구조** 다각형 간의 인접성을 표현하기 위해 ARC/INFO에서 사용되는 위상학적 자료 구조. 좌우 개념으로 인접성과 같은 분석을 할 수 있다. Topology를 참조.

**Legacy Data 외부 데이터** USN(Ubiquitous Sensor Network, 유비쿼터스 센서 네트워크) 미들웨어는 응용 서비스의 다양성을 지원하기 위하여 외부 데이터(Legacy data)와의 연계를 지원한다. Legacy data는 응용 business logic과 연관된 속성정보들을 보유하고 있다.

**Legal Cadastral 법지적(法地籍), 법적 지적** 토지거래의 안전 및 토지소유권 보호를 주요 목적으로 설립하여 운영하는 지적 제도. 토지의 등록 사항이 정확하지 못할 경우, 발생하는 손해에 대하여 선의의 제3자를 보호하는데 주목적이 있는 지적 제도를 말하며 소유 지적(Property Cadastre)이라고도 한다.

**Legal Constraints 법적 제약** 자료들의 획득 및 사용에 대한 제약 및 전제 조건을 말한다.

**Legend 범례(凡例), 색인** 지도에 표시된 각종 기호에 해당하는 명칭을 적어놓은 것으로서 외도곽 좌측하단에 표시하며 여백이 부족하여 전부 표시하지 못할 때는 해당 도엽내용과 관계있는 것을 우선적으로 표시한다. 범례에 포함되어야 할 명칭에 해당되는 기호의 도형과 규격은 도식적용규정에 규정되어 있다.

**Legendre's Theorem 르장드르 정리** 구면삼각형의 계산은 평면삼각형의 계산에 비해 매우 복잡하고 시간이 많이 걸리므로 평면삼각형의 공식을 적용하여 변 길이를 구하는 편법이 사용된다. 그 중 한 방법으로 르장드르정리가 널리 사용된다. 즉, 각 변이 그 구면의 반지름에 비해서 매우 미소한 구면삼각형의 세 내각에서 각각 구과량의 1/3을 뺀 각을 갖고, 각 변 길이는 구면삼각형과 같은 평면삼각형으로 간주하여 해석할 수 있다.

**Lehmann Discontinuity 레만 불연속면** 덴마크 태생의 여성 지진학자인 레만(I. Lehmann, 1888~1960)은 암영대 내의 각거리 110° 되는 곳에 약한 P파가 도달하는 것을 발견하고, 이 지진파의 경로를 해석하여 지하 약 5,100km 지점에 지진파의 속도 불연속면이 있음을 알아내었다. 이를 '레만 불연속면'이라고 하는데, 외핵과 내핵의 경계에 해당한다.

**Lehmann's Method 레만법** 후방교회법의 한 방법으로 시오삼각형법이라고도 한다. 평판을 세우고자 하는 곳에 수평 맞추기 한 다음 목측으로 세 도상점을 각각 세 지상점에 맞추어 시준선을 그으면 시오삼각형이 생기는데 이 시오삼각형의 내접원이 0.4mm이내가 될 때까지 작업을 반복한다. 내접원이 0.4mm이내가 되면 레만법칙에 의해 기계를 세운점을 도상에서 구한다.

**Lehmann's Rule 레만 법칙, 시오 삼각법** 평판측량의 후방교선법에서 시행착오를 통해 도상에 미지점의 위치를 결정하는 방법으로 많은 경험을 필요로 한다. 발생한 시오삼각형을 없애거나 적게 하기 위해서 레만법칙을 사용한다. 레만법칙은 기지 3점(△ABC)과 미지점 P의 위치에 따라 생기는 시오삼각형으로 미지점 P의 도상위치를 추측할 수 있는 규정이다.

**Lemniscate 렘니스케이트** 완화곡선의 한 종류로서, 곡률반경이 현의 길이에 비례하는 곡선이다. 곡률반경이 시점에서 현 길이에 비례하는 곡선으로, 곡률반경의 변화량은 클로소이드보다 완만하지만 3차포물선보다는 급하다. 일반적으로 시가(市街)철도, 지하철과 같은 급한 각도의 곡선에서 유리하다.

**Lemon Market 레몬 시장, 개살구 시장** 쓸모없고 저급한 재화나 서비스가 거래되는 시장을 의미한다. 레몬시장은 판매자보다 제품에 대한 정보가 적은 소비자들이 속아서 살 가능성을 우려해 싼값만 지불하려하고 이로 인해 저급품만 유통되는 시장을 말한다. 경제학에서 재화나 서비스의 품질을 구매자가 알 수 없기 때문에, 불량품만이 돌아다니게 되는 시장 상황을 말한다. 영어에서 레몬(lemon)은 속어로 '불쾌한 것', '불량품'이라는 의미가 있다. 중고차의 경우처럼 실제로 구입해 보지 않으면, 진짜 품질을 알 수 없는 재화가 거래되고 있는 시장을 레몬 시장이라고 한다.

**Lempel-Ziv-Welch Algorithm(LZW) 렘펠 집 웰치 알고리즘** LZW(Lempel-Ziv-Welch Algorithm)를 참조.

**Length 길이, 둘레** 공간 객체의 둘레 또는 길이를 말한다. 길이는 평면길이, 곡면길이, 공간길이로 구분된다.

**Length Equation 변 방정식** 삼각망 또는 삼각쇄에서 기지점에서 출발하여 다른 기지점에 폐합했을 때 계산된 변과 기지변은 일치해야 한다는 조건을 만족시키는 식을 말한다.

**Length of Base Line 기선장** Base Length를 참조.

**Length of Running Section 유하 구간장** 부자를 사용하여 유속을 측정할 때 미리 정해 놓은 부자의 유하거리를 말한다.

**Length of Sight 시준 거리(視準距離)** 레벨에서 시준되는 표척까지의 거리이다.

**Lens Aberration 렌즈 수차** 이미지의 선명함을 저하시키는 것을 수차라 한다. 수차에는 구면수차(Spherical aberration), 코마(Coma), 2점 수차(Astigmatism), 색수차(Chromatic Aberration)이 있다. Aberration를 참조.

**Lens Calibration 렌즈 검정(-檢定)** 사진측량용 사진기 혹은 비사진측량용 사진기 렌즈의 여러 왜곡 중에서 주로 형상의 왜곡을 보정하는 것을 말한다. 형상의 왜곡에는 색 왜곡, 구면 왜곡, 방사 왜곡, 접선 왜곡 등이 있으나 주로 보정에 이용되는 왜곡은 방사 왜곡(Radial Lens Distortion)과 접선 왜곡(Tangential Lens Distortion)이 있다.

**Lens Cone 렌즈체** 렌즈체는 광학영상을 필름 상에 투영하는 역할을 한다. 렌즈체에는 광량을 조절하는 조리개와 노출시간을 조절하는 셔터가 부착되어 있다.

**Lens Cone Assembly 렌즈 콘 어셈블리** 항공사진측량용 카메라 구성 부품 중 하나로, 전방에서 순서대로 나열하면 필터, 렌즈, 조리개(diaphragm), Shutter, Inner Cone(Spider)의 순으로 구성되어 있다.

**Lens Distortion 렌즈 왜곡** 렌즈표면 또는 굴절 상에 이상이 있을 경우 렌즈 투영 중심에 의한 상이 초점에서 정확이 맺히지 않는데 이것을 렌즈 왜곡이라 한다. 렌즈에 의한 왜곡 결과 피사체와 상과의 기하학적 상사 관계가 이루어지지 않으며 정확도에 영향을 미치게 된다. 상의 왜곡 정도는 렌즈의 중심부에서 가장자리로 갈수록 커진다. 항공 사진기에 사용되는 렌즈는 가장자리에서 왜곡이 1/1,000인치 보다 작은 것을 사용하도록 되어 있다. 최근에는 왜곡이 완전히 없는 광학 렌즈를 사용한 사진기도 있다.

**Lens Mount 렌즈 마운트** [영상] 사진기와 렌즈 사이의 기계적・전기적 접속 장치이다. 렌즈 마운트는 보통 렌즈 교환식 카메라 시스템에 쓰인다. 카메라에는 메이커별 혹은 공통적인 마운트 규격이 있다. 렌즈는 적용하려는 카메라의 마운트에 맞는 타입으로 선정하여야 한다. "Back Flange Distance"는 카메라 이미지센서에서부터 마운트 표면까지의 거리로서 C-mount는 17.526mm, CS-mount는 12.5mm이다. 따라서 CS-mount Camera에 C-mount 렌즈를 사용하기 위해서는 5mm의 CS-mount Adaptor를 카메라와 렌즈 사이에 끼워 장착하면 된다. Flange Back 참조.

**Lens Stereoscope 렌즈 입체경** 한 쌍의 렌즈를 이용해 왼쪽 사진과 오른쪽 사진을 분리하는 입체경을 말한다.

**Lens Stereoscope 렌즈식 입체경** 2개의 렌즈를 약 6cm 떨어지게 하여 조합한 사진을 직접 입체시하는 간단한 입체경을 말한다.

**Lens Stereoscopic Vision 렌즈식 입체시** Lens Stereoscope를 참조.

**Lenticular 렌티큘러** 렌티큘러 방식은 반원통형 미세렌즈를 이용한다. 디스플레이 패널 앞에 무수히 많은 반원통형 미세렌즈를 배열하면, 렌즈에 의해 영상이 서로 다르게 굴절돼 양쪽 눈으로 들어온다.

**Lenticular Camera 렌티큘러 카메라** 렌티큘러 사진 촬영을 목적으로 다수의(3~12개 이상) 렌즈를 갖춘 카메라를 말한다.

**Lenticular Print 렌티큘러 인화** 안경이나 렌즈 없이 감상할 수 있는 3D 이미지 기법의 하나이다. 몇 개의 사진을 수직으로 아주 잘게 분할하고 분할된 조각을 하나씩 돌아가면서 배치한 뒤, 렌즈 역할을 하는 가느다란 수직선이 박혀 있는 플라스틱 덮개로 코팅해서 만든다.

**Lenticular Stereoscopic Technique** 무안경 입체 3D(Glass-free, Glassless, Naked Eye Stereoscopic 3D) 기술 중 하나로서, 시차 베리어(Parallax Barrier) 방식과는 달리 렌티큘러 렌즈 방식은 울퉁불퉁한 작은 세로형 렌즈인 렌티큘러 렌즈를 이용하는 것으로서, 이 렌즈가 이미지를 좌우로 구분해 준다. 우리 주변에서 흔히 접할 수 있는 것으로는 입체 사진의 그림엽서나 "책받침" 등에 3차원 영상구현을 위한 수단으로 사용되기도 한다. 일단 디스플레이에는 좌우 영상을 번갈아 배치하는 것은 시차 베리어(Parallax Barrier) 방식과 다름이 없다. 대신 시차 방벽 대신에 디스플레이의 좌우 영상 세트의 배치 주기로 되어있는 반 원통형 렌즈의 배열 시트를 입힌다. 수직으로 시트가 구성되기 때문에 수직 렌트큘라 시트(Vertical lenticular sheet)라고도 한다. 이 렌즈의 굴절을 이용해서 좌측과 우측으로 각각 영상을 보내는 것이다. 기본적으로 디스플레이 앞에 항상 물리적인 시트를 두고 있어야 하기 때문에 2D로의 변환이 불가능하다. 그래서 보통은 가정용 디스플레이 장치보다는 광고 전광판이나 이미지 판촉물 등에 쓰인다. 3D를 구현하는 방법 외에도 시각에 따라 그림이 바뀌는 효과로 쓰이기도 한다. 요즘에는 전자식 능동형 렌티큘러(Electro-Active Lenticular)가 개발되어 상용화 되고 있다. 전자 액정의 분자에 전압을 가해서 굴절률을 변화시키는 방식이다. 랜티큘라 역시 시차 베리어(Parallax Barrier) 방식과 마찬가지로 다중 시야(multi-view) 구현 시 이미지 공간을 세로로 더 나누어 쓰기 때문에 세로 해상도가 급격히 줄어들게 된다. 이를 개선하기 위해 렌티큘러 렌즈를 정(正)세로가 아닌 사선으로 배치하여 개선하기도 한다. 렌티큘러식 입체 디스플레이에서는 렌즈판과 표시화소 사이에서 모아레가 생기지 않게 렌즈판의 피치(pitch)・두께・곡률 등의 광학 파라미터를 최적화 하는 외에 렌즈판과 표시상의 위치를 정확히 맞추어야 할 필요가 있다. Parallax Barrier, Integral Image, HR3D, Holography를 참조.

**LEO(Low Earth Obit) 저궤도** 고도 1,000km 전후의 위성 궤도를 말한다.

**LEP(Location Enabled Platform) 위치 처리 플랫폼** 측위 기술에 의해 얻어진 데이터를 취합하고 가공하여 응용 프로그램에 제공한다.

**Leptokurtic 밀집 분포** 정규분포보다 더 뾰족한 분포를 보이는 경우를 밀집분포라 하며 이때는 자료들이 작은 분산을 보이며 평균을 중심으로 정규분포의 경우보다 밀집해 있는 모습을 보인다.

**Lepton 렙톤** 페리미온(Fermion) 계열에 속하는 경(輕)입자로서, '강력'에 반응하지 않는 입자이다. 전자(electron), 중성미자(neutrino)가 여기에 해당된다. 페르미온의 일종이며, 스핀 값이 분수로 되어 있다. 참고로 우리가 보고 만질 수 있는 모든 입자는 스핀 값이 분수(1/2)이다. Electron, Neutrino 참조.

**Lesser GNU Public License(LGPL) 그-뉴 약소(라이브러리) 일반 공중 사용허가서, 엘지피엘** LGPL(Lesser GNU Public License)를 참조.

**Lestrade 레스트라드** 10쌍의 사진이 담긴, 세로로 길쭉한 카드를 재생하도록 만든 3D 슬라이드 뷰어를 말한다.

**Levee 둑, 제방** Embankment를 참조.

**Level 레벨, 수준의(水準儀)** ① 촬영할 때 사진기가 기울어지는 상태를 보기 위하여 부착된 것을 말한다. ② 높이를 관측할 수 있는 장비로서, 일반적으로는 자동 레벨이 가장 많이 쓰이고 있다. 최근에는 디지털 레벨이 이용되기도 한다. ③ [자료 구조] 어떤 노드의 레벨은 루트 노드로부터 얼마나 많이 생성되었는가를 의미한다. Tree Structure를 참조.

**Level Bar 수평간** Y레벨의 수평간을 연직축에 대하여 직각으로 달려있다.

**Level Bar Adjusting Screw 수평간 조정 나사** Y지가 조정나사라 하기도 한다. 이것으로 Y지가의 높이를 조정한다.

**Level Book 수준 야장** 수준측량의 결과를 기록하는 야장을 말한다.

**Level Difference from Zenith Distance 양차(兩差)** 지구가 회전타원체인 것에 기인된 오차. 대기로 기인된 오차를 합하여 양차라 한다.

**Level Line 수평선, 수준선** 수평면 안에 있는 하나의 선을 말하며 곡선을 이룬다.

**Level of Conformance 적합성 수준** 메터데이터의 적합성 수준을 말한다.

**Level Of Detail(LOD) 세밀도, 디테일 수준** LOD(Level Of Detail)를 참조.

**Level of Measurement 측정 수준** 측정과 관련된 정도로서, 측정은 명목척도, 순위척도, 등간척도, 비율척도 등으로 구분된다.

**Level of Significance 유의수준** 가설 검정시 귀무가설이 맞을 때 그것을 기각하는 오류를 얼마나 허용할지를 결정한다. 이러한 오류를 1종 오류라고도 한다. 보통 1종 오류를 일정수준으로 고정시킨 후 가설 검정을 한다. 가장 많이 쓰는 값은 0.05이다. 예를 들어, 나뭇잎 하나를 발견했을 때 그 나뭇잎이 A라는 나무의 잎하고 닮았다. 그래서 그 잎의 길이를 측정해서, A나무의 잎인지 아닌지 결정을 내리기로 했다. 측정결과 12.5cm였다. A나무의 잎의 길이는 10cm이고 표준편차가 1인 정규분포를 따른다고 하자. 여기서 유의수준을 0.05로 한다는 것은 A나무의 잎이라도 평균에 가까운 100×(1−0.05)=95%만을 정상으로 생각하고 평균과 멀리 떨어진 나머지 5%는 비정상으로 생각한다는 것이다. A나뭇잎 길이의 95% 신뢰구간을 구해보면, (10−1.96×1, 10+1.96×1)=(8.04, 11.96)이다. A나뭇잎이 이 구간 안에 있을 확률은 95%인데, 미지의 나뭇잎은 12.5여서 비정상으로 분류된 5%에 속하므로 A나뭇잎이 아니라는 결론을 내릴 수 있다.

※ 확률의 표현 방법으로 $1\sigma$(표준오차)는 68%의 신뢰도를 갖는다. 95%의 신뢰도는 $1.96\sigma$와 같으며, 99%의 신뢰도는 $2.576\sigma$와 같다.

**Level of Topology 위상 관계 수준** 공간적 관계의 복잡성 정도를 나타내는 위상 관계 수준과 구분을 말한다.

**Level Planner 레벨 플래너** 수평 및 수직 방향으로 회전하면서 레이저 광을 발사하여 일정한 단면과 높이를 구할 수 있는 장비를 말한다.

**Level Sensibility 기포관 감도** Sensitivity of Bubble를 참조.

**Level Slicing 단계 구분** ① 연속적으로 변하는 통계량을 계급별로 단순화시켜 나누는 것을 말한다. ② 영상 히스토그램의 X축 값을 원하는 단계 수로 구분하는 것을 말한다.

**Level Surface 수준면(水準面), 수평면** 각 점들이 중력방향에 직각으로 이루어진 곡면으로 지오이드면이나 정수면을 지칭한다. 수준면은 일반적으로 구면 또는 회전타원체면이라 가정하지만 적은 범위의 측량에서는 평면으로 가정하기도 한다.

**Level Tube 기포관, 수준기(水準器)** Spirit Level를 참조.

**Level Tube Tester 기포관 검사기** 기포관을 검사하는 장비를 말한다. Leveling고저 측량(高低 測量), 수준 측량(水準 測量) ① 평판을 수평하게 하는 것. ② 지형의 표고 차를 구하는 측량을 말한다.

**Leveling Arrangement 정준 장치** 측량기계를 정준하기 위하여 부속되어 있는 장치이며 정준두, 정준나사, 각반으로 이루어져 있다.

**Leveling Circuit 수준 측량환(高低 測量環), 고저 측량환(高低 測量環)** 수준 노선이 연결되어 하나의 환상태로 폐합한 것을 말한다.

**Leveling Head 정준 장치** 평판을 수평으로 하는 장치이다.

**Leveling Network 수준망(水準網)** "수준망"이라 함은 수준노선에 의하여 형성된 수준환이 망 형태로 2개 이상 결합된 것을 말한다(「수준측량 작업규정」 제2조 제6호). 여기서, "수준환(水準環)"은 수준노선이 연결되어 하나의 환 형태로 폐합된 것을 말하며, "수준노선(水準路線)"은 수준점을 연결하는 노선을 말한다. 즉, 수준망은 2개 이상의 수준환이 결합한 망(network)의 형태로서, 수준노선의 전체를 말한다. 수준망은 수준점을 연결한 수준노선이 원출발점으로 돌아가거나 다른 표고의 수준점에 연결하여 망을 이룬다. 환 또는 기지점과 결합한 경우 환폐합차의 허용범위는 다음과 같다. 즉,

| 구분 | 1등 수준측량 | 2등 수준측량 |
|---|---|---|
| 환 폐합차 | 2.0mm $\sqrt{s}$ 이하 | 5.0mm $\sqrt{s}$ 이하 |

여기서, S는 관측거리다(편도, km)이다(「수준측량 작업규정」 제14조 제2항).

우리나라는 전국에 약 3,400km 거리의 1등 수준망과 7,600km 거리의 2등 수준망이 분포해 있다. 1등~2등 수준점은 주요 국도 부근에 2~4km 간격으로 분포하고 있다. 수준측량은 지표면 상에 있는 점들의 고저차를 관측하는 측량으로서, 고저측량, 높이측량, 레벨측량이라고도 한다. 기초측량이며, 수직위치를 결정하는 기준점 측량이다.

수준망 조정(Adjustment of leveling net)은 미지점의 표고를 정확히 결정하기 위하여 다수의 수준노선을 조합하여 각 노선의 수준측량 결과를 조정, 평균한 결과를 사용하는 것으로서, 일반적으로 최소제곱법을 이용한다. 최소제곱법(Least Square Method)은 잔차의 제곱의 합이 최소가 되도록 조정하는 것으로서 최확값을 결정하는 것이다. 즉, uncorrelated unit weight는

$$\Phi = \nu_1^2 + \nu_2^2 + \cdot\ \cdot\ \cdot\ + \nu_i^2 = \sum \nu_i^2 = \min$$

이며, uncorrelated differential weight는

$$\Phi = w_1\nu_1^2 + w_2\nu_2^2 + \cdot\ \cdot\ \cdot\ + w_n\nu_n^2 = \sum w_i\nu_i^2 = \min$$

이다. 여기서, $\nu$는 잔차, $w$는 가중치다.

**Leveling Of Model 모델의 레벨링** 대지 표정인 경우 모델의 경사를 수정하여 수평면을 정확히 수평이 되도록 하는 조작을 말한다.

**Leveling Route 수준 노선** 수준점을 차례차례 연결하는 노선을 말한다.

**Leveling Screw 정준 나사** 측량기계에서 수평선을 수평으로 조정하는 나사를 말한다.

**Leveling Staff 수준척, 스태프** 수준측량이나 스타디아 측량을 할 때 망원경의 시준선의 높이를 알기 위하여 사용하는 눈금이 그려진 표척을 말한다.

**Leveling Survey 수준측량** 기본 수준점 또는 공공 수준점을 이용하여 지표면에 있는 제점의 고저차를 관측하여 그 점들의 고저(표고)를 결정하는 측량. 지도 제작, 공사의 계획, 설계 및 시공에 필요한 고저(표고) 자료를 제공하는 중요한 측량이다. 수준 노선은 기본 수준점에 폐합시켜야 하며, 개방 노선인 경우에는 왕복 측량을 하여야 한다.

**Leveling Up 수평 맞추기(水平-), 정준** 측량기계를 정확히 수평으로 설치하는 작업으로 정준이라고도 한다. 트랜싯에서는 연직축의 연직성, 레벨에서는 시준선의 수평성, 평판에서는 평판의 수평선을 부속 수준기를 사용하여 확보하는 것이다.

**Lever 지레, 지렛대** 막대를 어떤 점에서 받치고, 받침점을 중심으로 회전할 수 있게 한 것을 말한다. 지렛대의 원리는 그리스의 아르키메데스(Archimedes, BC 287~212)가 발견하였고, 힘을 효과적으로 작용시킬 수 있다. 막대의 받침점을 P, 힘을 가하는 힘점을 F, 물체에 힘이 작용하는 작용점(일점)을 w라 하고, 힘점에 가해진 힘(작용력)의 크기를 f, 작용점에 작용하는 물체 무게(하중)를 w라 하면, P와 W사이의 거리 a와 P와 F 사이의 거리 b 사이에는 a×w=b×f, ∴ f=w×(a/b)의 관계가 성립한다. 이를 지레의 평형이라 한다. 지레의 종류에는 (1) 제1종 지레 : 받침점(P)이 힘점(F, 작용력)과 작용점(W, 하중) 사이에 있는 것으로서, 저울처럼 하중과 작용력 사이에 균형을 맞추거나, 하중에 작용하는 힘을 크게 해주는 역할을 한다. (예: 일반 가위, 니퍼, 못 뽑기, 손톱깎이, 빨래집게 등) (2) 제2종 지레 : 받침점이 막대의 끝에 있고 작용력은 다른 한쪽 끝에서 가해지며, 하중이 받침점과 작용력 사이에 놓여 있어 작용력은 하중보다 작다. (예: 병따개) (3) 제3종 지레 : 받침점이 막대의 끝에 있고 하중이 다른 쪽 끝에 있으며, 작용력이 받침점과 하중 사이에서 가해지는 것으로서 작용력이 하중보다 커야 하나, 이동거리가 작다. (예: 핀셋, 젓가락, 집게, 사람의 팔, 굴삭기 등)

**Lexical Language 어휘적 언어** 제한된 자연 언어 어휘로 표현된 구문을 가진 언어를 말한다.

**LFC(Large Format Camera) 대형 카메라** Space Shuttle에 탑재되어 사용되었고, 주로 환경모니터링과 지질탐사 등에 쓰이는 카메라이다. 보통 f=305mm, 230mm×460mm format이다.

**LFT(Latest Finishing Time) 최지 종료 시간** 가장 늦은 종료 시각을 말한다.

**LG Cloud 엘지 클라우드** 동영상이나 음악·사진 등 사용자의 콘텐츠를 서버에 저장하고 스마트TV와 스마트폰·PC 등 LG스마트기기가 내려 받아 이용하는 개인 미디어 서비스이다.

**LGH(Local Geodetic Horizon) 지역 측지 평면** 지역 타원체에서 수직한 평면 좌표를 말한다.

**LGPL(Lesser GNU Public License) 그–뉴 약소(라이브러리) 일반 공중 사용허가서, 엘지피엘** 카피레프트에 대한 규제를 프로그램자체에 두나 이 프로그램을 사용하는 다른 프로그램에 대해서는 카피레프트를 두지 않는다. LGPL은 소프트웨어 라이브러리에 주로 쓰이며, 간혹 독립적인 프로그램에도 쓰인다. 모잘라나 오픈오피스가 대표적인 예이다.

**Librarian 라이브러리안** 컴퓨터 체계상에 공간자료를 부분적으로 분할시켜 구축시키는 것으로서, 이 같은 자료구조를 맵 라이브러리라고 하며, 자료 분할은 타일 및 레이어를 기준으로 이루어진다. (1) 타일(Tile)은 라이브러리안에서 대상영역(또는 레이어)을 나누는 기본 단위로 보통은 도엽간의 경계면을 따라 구획한다. (2) 각각의 타일에는 같은 영역에 해당하는 다양한 레이어(Layer)가 데이터베이스로 구축된다. (3) 레이어는 타일을 구성하는 각 주제별 커버리지(Coverage)이다. (4) 단일 라이브러리안을 구성하는 모든 레이어는 단일 좌표체계를 사용한다. (5) 다양한 좌표체계로 생성된 레이어에 대해서는 좌표변환을 거친 후에 라이브러리안에 등록시켜야 한다.

**Library 내장 함수** 하나의 좌표 체계를 공유하는 특정 공간 범위 안에 포함되는 하나 혹은 그 이상의 커버리지들의 모임, 커버리지들은 라이브러리 내에서 타일화된다. 라이브러리 내의 모든 타일화된 커버리지들은 공통적인 타일 방법을 공유해야 한다.

**Library Attribute 내장 함수** 속성 라이브러리 속성 테이블은 데이터베이스 내의 각 라이브러리의 속성을 기술한다. License 면허(장), 허가(장)일반적인 GIS의 관례에서 라이센스는 소프트웨어 회사와 그 소프트웨어를 사용하기로 결정한 사용자 사이의 법적인 동의를 의미한다. 라이센스는 일반적으로 하나의 소프트웨어 패키지가 사용되어지는 수를 컴퓨터의 수로 제한한다.

**License Plate Recognition(LPR) 차량번호판 인식** LPR(License Plate Recognition)을 참조.

**Licensing Effect 라이센싱 효과** 사전에 좋은 행동을 하면 나중에 좋지 않은 행동을 할 권리가 생긴다고 사람들이 믿는 경우에 일어나는 효과다. 예컨대, 주중에 술을 한 번도 안 마셨으면 주말에 폭음을 할 권리를 얻었다고 여기거나, 비타민제를 먹는 흡연자들은 그것이 암과 여타 질병들을 막아줄 것이라는 생각을 하게 된다.

**LiDAR(Laser Identification Detection And Ranging) 라이다** LiDAR(Light Detection and Ranging)를 참조.

**LiDAR(Light Detection And Ranging) 항공 레이저측량, 항공 라이다 측량, 라이다 측량** ① 항공 및 지상의 레이저 측량을 일컫는다. 일반적으로 항공 레이저를 지칭하기도 하며, 지상 레이저 측량은 3차원 레이저 측량 혹은 Terrestrial(지상)이란 용어를 함께 사용하여 구분한다. ② 항공레이저측량은 항공레이저측량시스템을 항공기에 탑재하여 레이저를 주사하고, 그 지점에 대한 3차원 위치좌표를 취득하는 측량방법을 말한다(「항공레이저측량 작업규정」 〈시행 2013.1.1., 국토지리정보원고시 제2012-1669호〉 제2조 제1호). 한편, 항공레이저측량시스템은 레이저 거리측정기, GPS 안테나와 수신기, INS(관성항법장치) 등으로 구성된 시스템을 말한다. ③ 라이다(LiDAR, Light Detection And Ranging) 시스템을 항공기에 장착하여 레이저 펄스를 지표면에 주사하고, 반사된 레이저 펄스의 도달시간을 관측함으로써 반사지점의 공간 위치 좌표를 계산하여 지표면에 대한 지형정보를 추출하는 측량기법이다. 이를 통해 기타 방법과는 달리 완전자동처리가 가능하며, 처리속도가 빠르고, 능동적 센서이므로 어느 정도 날씨에 구애를 받지 않는다. 지상기준점측량이 어려운 해안, 습지 측량과 그림자에 의해 방해받는 산림, 도심지역의 수치표고자료 제작에 유리하다.

LIDAR 장비의 기지점과 레이저 펄스로부터 측정된 거리로부터 대상체의 위치를 계산할 수 있도록 일반적으로 항공 LIDAR 측량장비는 GPS와 IMU(관성항법장치)를 포함하고 있다. 항공레이저측량은 항공기를 이용하여 지상의 높이정보를 획득하는 장비로 일반적인 장비의 성능은 레이저 펄스(laser pulse) 주사율이 70kHz 정도이며, 지상고도 200~3,000m에서 운용한다. 스캔각도는 0°~±25° (±1°씩 증감)이다. 수평정확도는 1/2,000×고도($1\sigma$)를 나타내며, 수직정확도는 비행고도에 따라 15~35cm (<15cm @1,200m, $1\sigma$; <25cm @2,000m, $1\sigma$)를 나타낸다. 특히 항공레이저 측량은 레이저 파를 직접 주사하여 대상물을 측정하는 능동 센서의 특징을 이용하여 하나의 펄스로 최대 4회까지의 반송(return)파를 측정할 수 있어, 복잡한 지형의 묘사가 간편하게 이루어지며 특히 산림지대에서는 수목을 투과하여 지상 면까지의 직접적인 측정이 가능하다. 레이저를 이용하여 점군(point cloud) 데이터를 취득한 후 이에 3차원 공공좌표를 부여함으로써 대상 물체와의 거리, 형상 또는 기타 속성들을 측량하는

장비 또는 기술로서 지표면의 높이정보를 취득하는 고밀도의 3차원 수치데이터를 취득하는 자료취득 기술이다. 지상, 항공, 선박, 위성 LiDAR 등이 있으며, 유사용어로는 ALS(Airborne Laser Surveying), ALS (Airborne Laser Scanning), ALTM(Airborne Laser Terrain Mapper), ALTMS(Airborne Laser Terrain Mapping System) 등이 있다. 항공 LiDAR 측량의 특징은 신속, 정확한 3차원 지형데이터의 생성이 가능하며, 특히, 3차원 점군자료, 수치영상 및 GPS/INS를 동시에 취득 가능하여 다양한 분야에 활용할 수 있다. 또한 저렴하고 신속한 자료처리가 가능하다. 식 또는 그 체계. 주로 DEM을 제작할 때 많이 사용한다. 라이다 측량 대상지역은 작업지역 외곽으로 최소 100m 이상을 연장하여 측량하도록 계획한다. 또한 비행코스 배치 시 코스별 교차를 최소화하기 위하여 주요 비행코스방향의 수직방향으로 대상지역의 중앙에 왕복 비행코스를 배치하여야 한다. 측량계획은 측량제원, 비행코스계획, GPS 기준국 설치 및 GPS 위성배치 상태를 고려하여 관측계획을 수립한다. 비행코스는 데이터의 점밀도가 균일하게 취득되도록 대상지역의 지형조건 등을 고려하여 비행고도, 비행속도, 레이저 주사율, 주사각, 스캔주기 등을 설계하여야 한다. 이때, 비행코스 중복도는 최소 30% 이상을 표준으로 한다.

**LIDAR intensity 라이다 반사강도** 입사된 레이저의 강도와 반사된 레이저의 강도의 비로, 주로 반사체의 반사도에 의해 영향을 받으며, 반사체의 물질적 특성에 따라 고유의 반사도를 가진다. 따라서 지상물의 종류를 규명할 수 있는 중요한 정보가 될 수 있다.

**LIF(Location Interoperability Forum) 공간위치정보 상호운영 포럼** 2000년도 9월 Ericsson에 의해 형성된 것으로 Motorola와 Nokia사는 위치 추적 방법에서 독립하여 무선 통신망으로부터 위치 정보를 제공받을 수 있도록 하는 인터넷 기반 어플리케이션과 사용자 환경의 공통 인터페이스를 개발하고 발전시키며, 정의하는 것을 목적으로 한다.

**Life Space 생명공간** 생명공간은 인간을 포함하여 생명체가 활동하는 모든 공간을 통칭한다. 미생물과 바이러스부터 코끼리와 고래가 생명 활동을 유지하는 공간까지 포괄한다.

**Life Span 생명 주기** 어떤 것이 존재하는 동안의 기간이다. 거래 시간 수명은 데이터베이스 객체가 데이터베이스에서 통용되는 기간이다.

**Lifelog 라이프로그** 전자기기를 사용하여 일상의 모든 것을 저장하고 검색하는 것. 자신의 일상생활을 디지털로 기록하고 저장한 데이터. 스마트폰에 내장된 위성항법장치, 카메라, 신용카드, 인터넷 커뮤니케이션을 통해 개인의 이동경로와 구매패턴, 소비기호, 일일 운동량 등 다양한 데이터를 수집하는 것이 가능해졌으며, 기업과 정부는 라이프로그 데이터를 활용하고 이를 상업화하는 방법을 모색 중이다.

**Lifelogging 라이프로깅** 개인이 생활하면서 보고, 듣고, 만나고, 느끼는 모든 정보를 자동으로 기록하는 것. 장소와 시간에 구애받지 않고 웹 사이트에 자료를 올릴 수 있는 서비스. 싸이월드를 비롯해 최근 젊은이들 사이에 각광받는 트위터 등이 모두 라이프로깅에 해당된다.

**Lifestyle Of Health And Sustainability(LOHAS) 로하스, 친환경 살이** LOHAS(Lifestyle Of Health And Sustainability)를 참조.

**LiFi(Light Fidelit) 라이파이** 2011년 영국 에든버러대 물리공학부 교수 헤럴드 하스 교수팀이 제시한 빛을 이용한 가시광 통신 방식으로서, 전구와 스마트 디바이스 간에 데이터를 송・수신하며, 조명이 일종의 Beacon 과 같이 중계기 역할을 한다. 와이파이(Wi-Fi)가 무선전파를 이용한 통신규격인데 반해 라이파이(Li-Fi)는 LED반도체의 가시광선을 이용한 통신 방법이다. 라이파이는 기존의 전자파를 이용한 데이터 전송이 아니라 LED 조명에 칩을 달아 가시광선에 데이터를 보내는 원리로 광대역 통신망보다 최고 250배나 빠른 전송속도를 낼 수 있다. 라이파이(Light Fidelity) 기술은 2011년 영국 에든버러대 물리공학부 교수 해럴드하스 교수팀이 처음 제시한 기술로 빛을 이용한 통신기술이다. 한 마디로 집에서 불을 켜면 인터넷이 켜지는 것과 같은 것으로, 빛에 정보를 실어 전구와 스마트 디바이스 간에 데이터를 송・수신하는 것이다. 2008년 EU 경쟁력혁신 정책지원사업 일환으로 추진되었다. 전력선 통신, 전자파 무선 통신, 적외선 통신, 가시광통신을 포함하여 배선을 새로이 하지 않고 1Gbps전송 속도를 제공하는 홈네트워크 국제표준추진(OMEGA Project)하고 있다. 옥스퍼드 대학, 지멘스, 프라운호퍼 연구소 등에서 고속화를 위한 기술을 연구 중에 있으며 2015년에 5미터 500Mbps시연하였다. 올래드컴은 CES 2014에서 스마트폰 전면 카메라에 광센서를 탑재해 영상, 이미지 등을 전송할 수 있는 솔루션을 공개하였다.

**LIFO(Last In, First Out) 후입 선출** 기억장치에서 시간적으로 제일 나중에 기록된 정보가 제일 먼저 읽히는 자료 처리 방식이다.

**Lift 양력(揚力)** [항공] 유체의 흐름 방향에 대해 수직으로 작용하는 힘이다. 양력의 발생 원리는 '베르누이의 원리'에 기초하는데, 이는 물이나 공기 같은 유체의 속도는 압력에 반비례한다는 것이다. 즉, 유체의 속도가 증가하면 압력은 감소하고, 유체의 속도가 감소하면 압력은 증가한다. 따라서 양력의 발생원인은 궁극적으로 '압력의 차이'이다. 부력은 밀도차이에 의하여 생기는 물체나 유체가 가만히 있어도 생기지만, 양력은 반드시 물체나 유체, 둘 중 하나가 움직여야 생긴다. 물체는 평상시에는 모든 방향에 대해서 일정한 압력을 받고 있으나, 만약 한쪽 방향의 압력이 높아지거나 혹은 반대면 압력이 낮아지면 결국 압력이 낮은 쪽 방향으로 밀리는 힘을 받게 된다. 새나 곤충, 비행기, 헬리콥터 등 대부분의 것들은 이 양력을 이용해 날고 있다. 다만 압력차를 발생시키는 방법이 각각 다른 것이 비행형태의 차이를 만든다. 공학적으로 양력은 유체의 흐름에 수직이므로 반드시 그 방향이 중력에 반대방향일 필요는 없다. 실제로 항공기가 선회할 때는 자세를 그쪽 방향으로 기울이는데, 이는 양력 방향을 기울이기 위해서이다. 양력은 어디까지나 유동에 수직하여 발생하며 중력방향과는 무관하다.

양력의 크기는 받음각(angle of attack), 비행속도, 날개 모양에 따라 달라진다. 받음각이란 공기가 흐름의 방향과 날개의 경사각이 이루는 각도를 말한다. 일반적으로 받음각이 커질수록 양력도 증가하게 된다. 하지만 받음각이 일정한 수준을 넘어서면 양력이 감소하고 항력이 증가한다. 항력은 비행기의 움직이는 방향과 반대로 작용하는 힘이므로 항력이 커지면 비행기가 추락한다. 양력은 비행속도의 제곱에 비례한다. 다시 말해 비행속도가 증가하면 양력도 증가하고, 비행속도가 감소하면 양력 또한 감소한다. 비행기가 빠른 속도로 날수록 더 안정적으로 떠 있을 수 있는 셈이다. 양력은 날개 모양에도 영향을 받는데, 날개의 면적이 클수록 양력도 커진다. 무거운 것을 운반하는 수송기나 여객기는 그만큼 많은 양력이 필요하다. 따라서 이들의 날개는 면적을 넓게 만들어 더 많은 양력을 얻게 한다. 반면 전투기는 고속비행을 목적으로 하므로 날개의 면적이 상대적으로 작다. Drag, Thrust, Airfoil, Angle of Attack(AOA) 참조.

**Light 빛** 빛이란 인간의 눈에 밝다는 느낌을 주는 광선으로, 보여질 수 있는 전자기 광선을 말하며, 흔히 가시광선(可視光線, Visible Light) 이라 부른다. 즉, 전자기 광선의 스펙트럼에서 극히 일부분인 파장이 360nm에서 820nm까지의 범위를 갖는 광선을 말한다. 보통의 인간의 눈은 400에서 700nm까지의 범위를 감지한다. 가시광선에서 가까운 정도로 적외선을 분류하기도 하는데 근적외선(NIR : near infrared) 영역(0.78~3$\mu$m)은 가시광선 영역에서 가장 가깝고 중적외선(MWIR : medium length IR, 3~50$\mu$m), 원적외선(FIR or LWIR : Far IR, 50~1,000$\mu$m) 순으로 멀어진다. 한편, nm는 파장(波長, Wave Length)으로서 1nm(nano-meter)=$10^{-9}$이다. 한편, Å(Angstrom)은 $10^{-10}$m이다. 즉, 1nm=10Å이다.

**Light Aircraft 경량 항공기** [항공] 항공기 외에 비행할 수 있는 것으로서 국토교통부령으로 정하는 타면(舵面)조종형비행기, 체중이동형비행기 및 회전익경량항공기 등을 말한다(「항공법」 제2조 제26호). 「항공법 시행규칙」 제13조의2에서 규정한 경량항공기의 기준은 (1) 자체 중량이 115kg을 초과하고, (2) 최대 이륙중량이 600kg 이하이며, (3) 최대 실속속도 또는 최소 정상비행속도가 45노트 이하이다. (4) 조종사 좌석을 포함한 탑승 좌석이 2개 이하이며, (5) 단발(單發) 왕복 발동기를 장착하고, (6) 조종석은 여압(與壓)이 되지 않으며, (7) 비행 중에 프로펠러의 각도를 조정할 수 없으며, (8) 고정된 착륙장치가 있을 것 등이다.

| 구분 | 항공기 | 경량항공기 | 초경량 비행체 |
|---|---|---|---|
| 무게 | 600kg 이상 | 115 ~ 600kg | 115kg 이하 |
| 종류 | 비행기, 비행선, 활공기, 회전익 항공기 | 조종형 비행기, 회전익 경량항공기 | 무인비행장치, 기구류, 인력활공기, 동력비행장치 |

**Light Amplification by Stimulated Emission of Radiation (LASER) 유도 방출에 의한 광 증폭, 레이저** LASER(Light Amplification by Stimulated Emission of Radiation)를 참조.

**Light Detection And Ranging(LiDAR) 레이저측량, 라이다** LiDAR(Light Detection And Ranging)를 참조.

**LiDAR Post-Processing 라이다 자료 후처리** 수치표고모형(DEM), 수치지형모형(DTM), 불규칙 삼각망(TIN), 불연속선, 등고선과 같은 최종 결과물을 구하는 단계로서, 타일링(tiling), 등급 분류, 수목제거 등의 필터링, 피라미드(pyramid) 작업등을 포함한다. 타일링(tiling) 및 피라미드(pyramid) 참조.

**LiDAR Preliminary Processing(LiDAR Pre-Processing) 라이다 자료 전처리** 단계 시각화, 분석, 모델링 및 지도화 등을 위한

LIDAR 데이터 준비 단계로서, GPS(Global Positioning System) 측량을 통한 노이즈(noise) 필터링 및 좌표변환 등을 포함한다.

**Light Emitting Diode(LED) 발광(發光) 다이오드, 엘이디** LED(Light Emitting Diode)를 참조.

**Light Fidelit(LiFi) 라이파이** LiFi(Light Fidelit)를 참조.

**Light Pen 광전 펜** 영상면이나 그래픽 타블릿에서 감광촉을 사용하여 그림을 그리거나 메뉴의 해당 항목을 선택할 수 있게 해주는 입력 장치를 말한다.

**Light Touch 라이트 터치** Lightblueoptics사의 제품으로, 빨강, 녹색, 파랑색의 레이저 영상을 렌즈를 통해 투사하는 Holographic Laser Projection(HLP) 방식이다.

**Light Tracking Method 광선 추적법** 3차원 모형의 가운데 가상의 광원에서의 빛의 경로를 추적 계산하는 것에 의해 사진과 같은 표현을 만들어내는 방법을 말한다.

**Light Year 광년(光年)** IAU(International Astronomical Union, 국제천문연맹, L'Union astronomique internationale)는 1광년은 진공 상태에서 1 율리우스년 동안 빛이 이동한 거리로 정의하고 있다. 광년은 항성까지의 거리나 은하 규모의 거리 등을 측정하기 위해 사용된다. 1광년은 약 63,241.1 AU(Astronomical Unit)이며, 약 0.306601 pc(Parsec)이다.

율리우스력은 고대 로마의 정치가 율리우스 카이사르가 기원전 46년에 제정해 기원전 45년부터 시행한 양력(陽曆) 역법으로서, 율리우스력의 1년은 365일 또는 4년에 1번 366일이다. 따라서 율리우스력의 평균 역년은 365.25일(日)이며, 단위로 사용하기 때문에 '율리우스년'이라고 한다. 여기서, 여기에서 일(日, day)은 86400초(second)로, 태양일이나 역일과는 다르다. 한편, 평균 태양년은 약 365.24219일이며, 그레고리력의 평균 역년은 약 365.24250일이다. 따라서 1율리우스년은 1.0000214 평균 태양년이 되며, 1.0000205 그레고리년이 된다. 율리우스년은 천문학에서 주로 사용하며, 천체의 공전 주기를 나타낼 때 쓰인다. 100율리우스년을 1율리우스세기, 1000율리우스년을 1율리우스 밀레니엄 또는 1율리우스천년기라고 한다. AU(Astronomical Unit), Parsec을 참조.

**Lighting Effects** 게임에서 어떤 종류의 픽셀을 밝아지게 하는 작용이 각각의 객체에 광원으로 빛나는 효과를 비슷하게 표현하는 작용으로 수행되는 것이다. 색상의 수가 많아질수록, 더욱 더 실감나는 빛 효과를 나타나게 되며, 원래 빛이 나는 색상부터 완전하게 빛나는 색상의 변화를 화면에 표현하여 줄 수가 있다.

**Lightness 밝기, 명도** ① 스스로 빛을 발하지 않는 물체의 밝기를 말한다. ② 색의 밝고 어두운 정도를 말한다.

**Like 좋아요** 페이스북에서 사용되는 용어로서, 일종의 '공감'의 표시로, 콘텐츠나 페이지에 대해서 '좋아요'를 클릭하면 해당 콘텐츠에 대한 댓글이나 페이지의 새 콘텐츠를 업데이트 소식에서 받아 볼 수 있다.

**Limeited Distance Modem(LDM) 제한 거리 모뎀** LDM (Limeited Distance Modem)를 참조.

**Limestone 석회암(石灰岩)** 일반적으로 방해석($CaCO_3$, calcite)의 형태로 존재하는 탄산칼슘(calcium carbonate)으로 정의되며, 탄산염 광물이 최소한 50% 이상인 암석을 가리킨다. 석회암 지대에서 발견되는 카르스트 지형이 주목할 정도로 발달하려면 탄산칼슘이 60%이상 그리고 충분히 발달하려면 90% 이상이 포함되어야 한다. 석회암은 일반적으로 세립(細粒), 괴상의 무구조의 암석으로서 백색 또는 회색인데, 불순한 것은 암회색이나 흑색 등을 띤다. 비교적 pH(hydrogen exponent, 수소이온농도지수)가 높은 곳에서, 탄산 석회질의 껍데기를 분비하는 생물에 의하여 유기적으로 침전 고정되거나, 바닷물에서 직접적으로 무기적 화학작용에 의하여 침전하여 생성된 것이다. 지사적(地史的)으로 석회암은 오르도비스기(紀)에서 실루리아기까지, 석탄기에서 페름기 전기까지, 쥐라기에서 백악기에 걸쳐 잘 발달되어 있다. 석회암은 지표면의 10~20%를 차지한다.

**Line 선** GIS에서 선은 면적을 갖지 않고 길이만 있는 연속적인 1차원 객체(X, Y 좌표군)로서 두 점을 잇는 직선 또는 곡선(호) 및 그 조합이다. 직선은 2개의 점을 최단거리로 연결한 선이며, 호는 곡선 상의 두 점에 의하여 한정된 부분을 말한다. Line Arc와 동의어이다. 예를 들면, 강이나 도로와 같이 폭이 아주 좁은 지리적 형상, 등고선과 같이 길이만 가지며 면적이 없는 선형 사상을 말한다. 선은 유한/무한할 수 있으며, 곡선/직선 혹은 직선과 곡선의 혼합일 수도 있다.

**Linear Interpolation 선형 보간법** [자료처리], [영상처리] 말 그대로 직선을 활용한 보간법이다. 주어진 점(x, y)들을 간단히 이은 간단한 구조로서, 베지어(Bezier) 곡선 등의 곡률을 방법이 개발되기 전에 쓰였던 방식이다. 폴리곤(polygon)이라고도 한다. 원리는 점들을 직선으로 이어서 곡선으로 표현하는 방법이다. 지금도 3차원 그래픽 프로그램이나 CAD에서는 이 방법을 많이 쓰고 있으며, 외곽선 글꼴의 초기 형식에서도 이 방식을 사용했다.

2개의 점이 주어졌을 경우, 2점을 지나는 함수 f(x)를 직선의 방정식으로 구한다. 즉, y=f(x)의 곡선상의 두 점$(x_i, y_i)$, $(x_{i+1}, y_{i+1})$이 주어진 경우, 임의의 점 x에 대해서는 f(x)의 근사값 p(x)를, 이 두 점을 직선으로 연결된 x의 1차 함수로서 구하는 방법이다. 두 점을 맺는 직선은 $\frac{y-y_i}{x-x_i}=\frac{y_{i+1}-y_i}{x_{i+1}-x_i}$으로 나타내어지므로, 이것을 y에 관하여 풀고, y=p(x)라고 놓으면 $p(x)=\frac{y_i(x-x_{i+1})-y_{i+1}(x-x_i)}{x_i-x_{i+1}}$로 쓸 수 있다. 선형보간은 1차보간이라고도 한다. 일반적으로 데이터 점들 사이의 간격이 작으면 작을수록 더욱 좋은 근사값을 얻게 된다. 간격이 감소함으로써 연속함수를 직선으로 근사시키기가 좋기 때문이다. Interpolation, Ferguson Curve, Hermite Interpolation, Newton Interpolation, Lagrange Interpolation, Spline Interpolation, Bezier Curve, Cardinal Spline, Cubic Spline Curve, Patch Surface, B-Spline, NURBS를 참조.

**Line Camera 라인 사진기** 종래의 사진기와 동등한 해상도를 위한 다른 대안으로 선형 사진기가 있는데 1열 방식(1 Line), 3열 방식(3 Line) 사진기가 있다.

**Line Chart Line Coordinate Thinning 선 좌표 세선화** GIS 내에서 저장되는 좌표 자료의 양을 줄이기 위하여 사용된다. 일반적으로 공간 자료를 구축할 때 선이나 다각형을 구성하기 위하여 흔히 필요한 좌표보다 많은 수의 좌표가 저장된다. 이러한 현상은 디지타이징이나 스캐닝할 때에 자주 발생하며 좌표의 수를 줄임으로써 GIS 내에서 저장되고 분석될 자료의 양을 효율적으로 감소시킬 수 있다.

**Line Copy 선 복사** 스크린의 사용 없이 재생산을 위해 적합한 지도 복사. 연속 복사와는 구별되는 선 그리기이다.

**Line Coverage 선 커버리지** 선 사상에 관한 정보를 담고 있는 커버리지를 말한다.

**Line Drawing 선 그리기** Line Copy를 참조.

**Line Drop Out 선 손실** Scan Line에서의 데이터의 손실을 말한다. 이것은 Line Scanner에서 Detector의 불량에 의해 일어난다.

**Line Element 선 요소** 두 점으로만 구성되어 있는 1차원 공간 객체를 말한다.

**Line Features 선 형상/선 사상** 지도상에 표현되는 선 형태로 그려진 연속된 1차원의 요소의 지리적 사상. 길이와 방향을 가지며 보통 두께는 갖지 않는다. GIS에서 선은 절점에서 시작해 절점에서 끝난다. 도로·철도·전화선·하천 등을 예로 들 수 있다.

**Line Feed 줄 먹임** 일반적으로 LF라는 약자로 불리는 영상면 제어 문자. ASCII코드 10번에 해당하는 줄 먹임은 영상면에서 커서의 위치를 다음 줄로 이동시키는 일을 한다.

**Line Following 선 추적** 영상이나 독취된 지도, 다른 격자 자료로부터 선을 추적한 후에 그들을 벡터 형태로 바꿀 수 있는 알고리즘을 의미한다.

**Line Generalization 선 단순화** 선을 정의하는 X, Y 좌표를 단순화시켜 복잡도를 줄여주는 기능이다.

**Line Graph 선 도표** 어떤 경향을 나타내기 위하여 사용된다.

**Line In Polygon Overlay 다각형 내부 선의 중첩** 다각형 내부에 점의 중첩과 유사한 기능으로 특정 다각형 안에 있는 선형 요소들, 즉 전화 케이블, 전력 케이블 또는 상수도 관망과 같은 대상 요소를 선택하여 통계 처리를 하고 이를 도표화할 수 있게 해준다. 또한 건설 관련 부서에서 행정 구역 내의 유형별 하천의 길이에 대한 자료를 구축하려고 할 때 유용하다.

**Line Map 선형 지도** Map Line을 참조.

**Line of Collimation 시준선(視準線)** 대물렌즈의 광심과 십자선의 교점을 연결한 직선이다.

**Line of Forces 연직선** Vertical Line과 Plumb Line을 참조.

**Line of Maximum Slope 유하선, 최대 경사선(最大 傾斜線)** 최대경사선이라고도 하며, 지표상 임의의 1점에 있어서 그 경사가 최대로 되는 방향을 지형도 상에 표시한 선으로 등고선과 직각으로 교차한다. 이것을 물이 흐르는 방향이라고 하여 유하선이라고 한다.

**Line Pair 라인쌍** 카메라 해상도를 결정하는 방법 중 하나로 같은 두께의 흰색 공간에 의해 구분되어지는 검은 라인수를 말하며, 영상은 mm당 많은 수의 라인수를 갖는다.

**Line Ranger 정선기** 일직선 중에 임의의 점을 정하는데 쓰이는 기구이다.

**Line Scanner 선형 주사기** 지상표면을 Scanning하기 위하여 거울을 사용한 Imaging 장치로, 이미지는 각 라인의 데이터를 모아서 만들어진다.

**Line Segment 선분** 두 점을 연결한 선 또는 두 점들 사이에 존재하는 직선으로서의 표현을 말한다.

**Line Sequential Scan 선별 순차적 독취** 영상을 읽어 들일 때 1독취 단위로 R, G, B를 읽어 들이는 방식, 1회의 독취로 도면이나 그림 등을 읽어 넣는다.

**Line Smoothing 선 평활화** 각진 선분의 꼭짓점 사이에 추가점을 삽입하여 곡선처럼 보이게 해주는 기능을 의미한다. 이는 주로 출력도면의 질을 향상시키기 위해서 사용하거나 또는 지도를 간소화시키기 위해서 사용한다.

**Line Snapping 선 연결** 주어진 거리 내의 모든 선을 자동적으로 만날 수 있도록 하는 것으로서, 또 다른 선형 형상에 정확히 끝부분의 선을 일치시키는 소프트웨어 함수를 말한다.

**Line Spread Function(LSF) 선 분포함수** LSF(Line Spread Function)를 참조.

**Line Style 선형** Element의 Symbology의 일부분으로, 예를 들면 실선・점선・일점 쇄선 등을 들 수 있다.

**Line Symbol 선형 기호** 커버리지의 마크를 표현하는 기호를 말한다.

**Line Thickness 선 굵기** ① 컴퓨터 그래픽에서 하나의 선을 표현하기 위하여 사용되는 굵기로서, 일반적으로 하나의 선을 구성하는 픽셀의 개수로 선의 굵기를 표현한다. ② 선이 지도에 나타날 때 밀리미터, 인치 등으로 표현하는 선의 굵기를 말한다.

**Line Thinning 선 좌표 단순화** GIS 내에 저장되어야 하는 좌표 자료의 양을 감소시키는 데에 사용되는 것으로, 디지타이징이나 스캐닝 과정에서 선이나 다각형의 생성 시 필요 이상의 좌표가 입력되어 자료의 양이 필요 이상으로 증대될 경우가 있다. 이 경우 좌표의 단순화하는 좌표점의 숫자를 감소시켜 관련 자료의 양을 줄임으로써 전반적인 자료 관리의 효율성을 증대시킨다. 일반적으로 제거 알고리즘은 다음과 같다. Distance Traversed Algorithm, Nth Point Selection Algorithm, Angle Selection Algorithm, William's Point Relaxation Algorithm, Douglas-Peucker Algorithm, 감소 알고리즘은 종종 커버리지를 구성하는 자료의 양을 줄이기 위해, 수치화 과정 후에 벡터 자료에 사용된다. 제거는 또한 래스터 자료에도 적용될 수 있다. Weeding을 참조.

**Line Weight 선 두께** 도형 요소의 입력 및 출력 과정에서 사용되는 선의 두께를 나타내는 경중의 표현 범위를 말한다.

**Lineage 계보, 연혁** ① 기초 자료에 대한 정보, 특히 원축척 정도를 나타낸다. 자료가 얻어져서 사용할 수 있는 형태로 들어갈 때까지의 자료의 흐름을 말한다. ② 자료 연혁은 입력된 데이터베이스에 대한 정확한 원자료를 파악하기 위한 것으로 자료의 원천(Source), 입력방법(수치도화, 디지타이징, 스캐닝 등) 입력과정, 자료 입력 시간 등에 대한 정보를 의미한다. ③ 최종 수치자료 파일의 제작 과정에서 취해진 모든 방법을 비롯하여 원본 자료에 대한 기록 및 획득방법, 원본 자료에서 최종 결과물까지 각 단계별로 사용된 좌표의 수학적 변환, 좌표변환 시 등록점의 위치, 좌표 변환 방법, 변환 알고리즘에 대한 내용을 포함한다.

**Lineage Extent Bounding 연혁 범위 경계** 연혁 정보 수준의 지리적 영역을 좌표로 정의하는 X, Y 좌표열을 말한다.

**Lineage Extent Bounding Coordinate String 연혁 범위 경계 좌표열** 연혁 범위 경계 좌표열에 의해 표현되는 지리적 영역의 종류를 말한다.

**Lineage Extent Date/Time 연혁범위 날짜/시간** 연혁 수준의 시간적 제한을 정의하는 일자(또는 일자 범위)와 시간(또는 시간 범위)을 말한다.

**Lineage Geographic Extent 연혁 지형 공간적 범위** 연혁 정보 수준의 지리적 영역을 말한다.

**Lineage Information 연혁 정보, 계보 정보** 자료군을 구축하는 사업 연혁 파라메타, 원자료에 대한 정보, 책임 부서에 대한 정보를 말한다.

**Lineage Level 연혁 수준** 전체 자료군과 다른 연혁 정보가 적용되는 자료의 특정한 그룹을 말한다.

**Lineage Level Description 연혁 수준 설명** 연혁 정보 수준에 속하는 항목에 대한 설명을 말한다.

**Lineage Quality 연혁의 질** 자료 처리의 질을 말한다.

**Lineage Report 연혁 보고** 설명적인 연혁 정보를 말한다.

**Lineage Statement 연혁 전술 정보** 추가적인 연혁정보를 말한다.

**Lineage Temporal Extent 연혁의 시간적 범위** 전체 자료군의 시간적 범위와 다른 연혁이 적용되는 시간적 범위를 말한다.

**Lineament 선형 구조, 라이나먼트** 지형 위에 나타나는 직선적인 여러 가지 징후를 총칭한 것이다. 지형적인 특징이 직선상에 배열되든지 수계의 직선형 또는 식생의 배열이 직선적인 경우도 식생의 라이나먼트라고 부른다. 라이나먼트에 대해서는 세계 각국에서 사진판독 연구자에 의하여 많은 연구 발표가 행해지고 있다.

**Linear Closure Error 폐합 오차** Error of Closure를 참조.

**Linear Conformal Transformation 선형 등각 사상 변환** Helmert's Transformation을 참조.

**Linear Feature 선형 형상** 선 또는 선의 집합으로 표현되는 지리 요소. 강이나 피자 배달 구역 내의 도로·전기·전화 통신망은 선형 요소에 해당한다.

**Linear Interpolation 선형 보간** 지형이 직선적으로 변화하는 것으로 간주하여 2개의 인접한 관측값을 직선으로 연결하여 격자점 사이의 임의점 좌표를 선형 보간에 의하여 구하는 방법이다. 가장 단순한 방법으로 컴퓨터의 용량이 크게 필요하지 않으나 자료의 밀도가 매우 높은 경우에 효과적이다.

**Linear Networks 선형 망** GIS 자료는 보통은 점 요소, 선 요소 및 면적 요소가 분리된 상태로 저장되어 있지만, 필요에 따라 선 요소와 점 요소가 결합된 망(Networks)형태를 가질 수도 있다. 망은 선으로 정의되는(때로는 점 요소를 포함하여) 것들의 흐름 방향을 정의하며, 상호 연결 관계와 표현된 하나의 체계이다. 그 예로는 상수도 공급 체계를 들 수 있는데, 선으로 표시된 관들과 점 요소들(각종 변류, 설비 및 급수전 등)로 구성된 하나의 망이라고 할 수 있다. 여기에서 선형으로 표시된 요소들은 유수 방향을 정의하며 점 요소는 유수의 흐름에 영향을 주거나 이러한 것을 감지할 수 있는 곳의 위치를 나타낸다. 망 형태로 저장되는 자료는 하나의 망체계 모형으로 매우 유용한 분석 업무를 수행하는데 기본을 제공한다.

**Linear Patternign 선형 양식** 선, 선 스트링(Line String), 형상(Shape), 호, 원, 타원 또는 곡선 요소(Curve Element) 등에 대해 특정 양식을 지닌 셀을 반복적으로 입력하는 것을 뜻한다.

**Linear Polarization 선편광방식** 좌우 영상을 각각 일정한 독립방향으로 빛을 편광시키는 편광방식의 한 형태로 입체영화관람에 이용된다.

**Linear Positioning System 선형 위치 결정 체계** 선형에서 1점 이상의 점으로부터 위치를 측정한 위치 결정 체계를 말한다.

**Linear Reference System 선형 참조 체계** 도로와 같은 선형의 선분과 그 선분상의 점에서 거리에 의해 위치를 식별해내는 방법을 말한다.

**Linear Regression Analysis 선형 회귀분석** 선형성이라는 기본 가정이 충족된 상태에서 독립변수와 종속변수의 관계를 설명하거나 예측하는 통계방법으로서, 독립변수가 하나인 경우를 단순회귀분석, 여러 개인 경우를 다중회귀분석이라고 한다. 즉, 회귀분석에서 독립변수에 따라 종속변수의 값이 일정한 패턴으로 변해가는데, 이러한 변수간의 관계를 나타내는 회귀선이 직선에 가깝게 나타나는 경우를 선형회귀분석이라고 한다.

**Linear Relationship 선형 관계** 두 변수 간의 직선 관계로서, 종속 변수의 값이 독립 변수에 기울기를 곱하고 상수를 더한 값이다.

**Linear Scale 막대 축척, 선 축척** 지도상에서의 거리와 실제 거리의 비율. 같은 지도 위에서도 축척이 다를 수가 있고, 그 정도의 차이는 투영법의 종류에 따라 다르다.

**Linear Spatial Filter 선형 공간필터** 입력영상이나 지도의 i번째 행과 j번째 열에 위치한 화소 주변에서 특정한 공간적 패턴을 보이는 부분에 위치한 화소값들의 선형 가중치 함수 형태를 이용하여 출력영상이나 지도의 i번째 행과 j번째 열에 위치한 화소값 Vi, j를 계산하는 필터이다.

**Linear Stretching 선형 강조** 대비확장이라고도 하는 선형강조는 원격탐사 데이터의 값을 선형으로 확장하여 새롭게 분포시키는 기법이다. 입력값을 확장하여 출력장비가 지원하는 전 범위를 사용하게 한다. 선형 강조를 통해서 미묘한 변화가 더욱 확연하게 드러난다.

**Linear UnitsLine-Area Relationships 선-면의 관계** 선이 면을 교차하는 교점, 선이 면의 경계의 일부분인 경계선 등 선과 면의 관계를 말한다.

**Line-In-Polygon Operation 다각형 내부선 연산** 한 자료 집합의 선들이 다른 자료 집합의 다각형 내에 포함(또는 부분적으로 포함)되는지를 결정하는 GIS 중첩 절차, 다각형 속성들은 결과로 나타나는 선 커버리지에서 대응되는 선과 결합된다.

**Line-in-polygon overlay 라인-폴리곤 중첩** 면 레이어와 선 레이어의 중첩을 말한다.

**Line-Line Relationships 선-선의 관계** 두 선이 교차하는 교점, 두 선이 교차 없이 가로지르는 입체 교차, 하나의 시내가 강으로 흘러 들어가는 유입 등 선과 선의 관계를 말한다.

**Linen 아마포** 지도 생성에서 사용되어지는 고품질 종이를 말한다.

**Line-Of-Sight Map 가시 구역, 가시 선도** Viewshed Map의 동의어로서 경관에서 각 지점이 갖는 가시 구역 또는 시계를 찾아내는 것은 군사 작전, 초단파 통신망 및 위락 단지의 설계 등에서 중요하다. 가시구역도는 고도 행렬이나 틴(TIN)에서 추적 과정을 통해 만들어진다.

**Linestring 라인스트링** 특정 대상물의 시작과 종점을 상호 연결하는 1차원 공간 객체로 여러 개의 점으로 구성된다. 위상 정보를 포함하지 않는다. 자체 꼬임(Self-Intersect)이 허용되지 않는 단순 선형이 된다. 반드시 닫혀 있지 않아야 한다. 예를 들면, 상수관로·등고선 등이다.

**Linguistic Ontology 언어 온톨로지** 텍스트, 말뭉치 등에서 추출된 데이터나 정보에 대한 자연어 인터페이스를 지원하는 온톨로지(CYC 온톨로지, EDR, WordNet).

**Link 연결, 연계** ① 사상에 대한 속성정보와 위치정보를 연결하는 데이터베이스의 구조로서 이런 링크 기능은 GIS가 가지는 명확한 기능이다. ② 두 절점 간의 연결된 선이며, 절점의 순서에 따라 방향성을 가진다. 논리적인 중간 교차점이 없는 선을 말한다.

**Link and Node Structure 연결과 절점 구조** 연결과 절점들이 상호 참조로 저장된 자료구조를 말한다.

**Link Blog 링크블로그** 다른 웹사이트에 대한 링크가 주를 이루는 블로그. 가장 인기 있는 블로그 가운데 몇몇은 링크블로그임. 하지만 광고하고 싶은 사이트에 트래픽을 일으키기 위해서 스패머들이 만드는 경우도 있다.

**Link Popularity 링크 인기도** 웹사이트간의 링크 상황을 분석해서 링크를 많이 받은 정도를 구분하는 것으로 링크 수를 일종의 투표처럼 생각할 수 있기 때문에 검색엔진들은 검색 결과에서 더 좋은 순위를 준다.

**Link to Graphics 도형과 연결** GIS의 실제 장점은 관계형 데이터베이스가 그래픽과 연결되어 있다는 것이다. 유용한 GIS는 그래픽으로 결과를 보여주는 또는 그 반대의 형태로 관계형 질의(Quary)를 가능하게 한다.

**Linkage 연계** 2개 이상의 프로그램 루틴 또는 목적 모듈을 하나로 합쳐서 실행 가능한 프로그램으로 만드는 것을 말한다.

**Linkage Graphic and Nongraphic Data 도형자료와 비도형 자료의 연계** 도형 자료 및 비도형 자료의 동시 접근으로 도형 자료를 불러오거나, 반대로 비도형 자료로부터 도형 자료의 접근을 가능하게 하는 것을 말한다.

**Linkbaiting 링크베이팅** 검색엔진 트래픽과 다른 사이트로부터의 링크를 얻기 위해 벌이는 다양한 활동을 총칭하는 용어. 부정적인 의미로 쓰이는 경우가 많기는 하지만, 사용자의 주의를 끌기 위해 매력적인 머리글을 사용하는 것부터 콘테스트나 무료경품까지 다양한 방법을 포괄하고 있다.

**Linkedin 링크드인** 미국 비즈니스 네트워크 인맥 사이트. 비즈니스 전문가에게 인기를 얻고 있는 소셜 네트워크. 회원들은 비즈니스 가치 창출을 목적으로 직·간접적인 연락망을 통해 관계를 구축한다. 구인·구직 및 투자가 모집 등에 유용하다.

**LINZ(Land Information New Zealand) 뉴질랜드 토지 정보** 뉴질랜드 토지 정보는 장관의 정책 자문, 자산 평가 보증, 측지계 유지 관리, 부동산 등기 관리, 지형 및 수로측량, 데이터베이스 유지 관리 및 품질 향상 업무를 수행 중이며 Land Title, 측량 계획 및 자산과 관련한 다양한 서비스와 프로젝트를 제공하고 있다.

**LiPo Battery 리포 배터리, 리튬폴리머 배터리** ① 리튬이온 전지는 전해질이 액체이지만, 리튬폴리머는 젤(Gel)이다. 따라서 리튬이온전지는 액체의 전해질이기 때문에 용기의 밀봉이 중요하다. 따라서 용기의 형상을 만드는데 제약사항이 발생한다. 그러나 리튬폴리머는 젤 타입의 전해질이기 때문에 용기의 형상을 좀 더 자유롭게 제작이 가능하다. 또한 액체 전해질의 경우에는 폭발의 위험성이 있지만, 반고체 상태인 젤의 경우에는 폭발 위험이 없으며 단지 조금 부풀어 오르는 정도이다. 리튬폴리머 배터리는 폭발위험성, 전해질의 누액현상, 사용하지 않아도 시간이 지나면 방전되는 자연방전, 완전 방전되지 않은 상태에서 충전을 반복하면 최대 충전 용량이 줄어드는 메모리 효과가 거의 없는 장점이 있다. R/C및 드론 사용자에게 널리 사용되고 있다. ② [드론] 드론의 전원으로 LiPo 배터리를 주로 사용하는 것은 가볍기 때문이다. 가격이 저렴한 NiMH 배터리도 가능하지만 LiPo에 비해 무겁다. LiPo 배터리는 셀 단위를 표시하는데 1개의 셀은 3.7V이고 배터리 팩에 10개의 셀이 직렬로 연결되어 있다면 이 배터리 팩은 37V의 전원을 공급한다. 많이 사용하는 3SP1은 3개의 셀이 직렬로 연결되어 11.1V를 의미한다. 레이싱 쿼드는 배터리 용량이 1000~1800mAh이고 3셀 또는 4셀을 주로 사용한다. 4셀은 더 많은 파워와 스피드를 제공할 수 있지만 복합적인 사항을 고려해야 한다.

**Liquefaction 액상화 현상** 포화된 느슨한 모래가 진동이나 지진 등의 충격을 받으면 입자들이 재배열되어 약간 수축하며 큰 과잉 간극수압을 유발하게 되고 그 결과로 유효응력과 전단강도가 크게 감소되어 모래가 유체처럼 거동하게 되는 현상이다. 분사현상이 정적하중(지반 내 물)의 흐름에 의한 간극수압 증가를 원인인 반면, 액상화는 동적하중(지진 등)에 의한 간극수압 증가가 원인이다.

**Liquefied Gas 액화 가스** 액화가스라 함은 상용의 온도 또는 섭씨 35도의 온도에서 압력이 $2kg/cm^2$이상이 되는 것을 말한다.

**Liquefied Natural Gas(LNG) 액화 천연가스** LNG(Liquefied Natural Gas)를 참조.

**Liquefied Petroleum Gas(LPG) 액화 석유가스** LPG(Liquefied Petroleum Gas)를 참조.

**Liquid Crystal 액정** 어느 온도 범위 내에서 액체가 지닌 유동성과 결정이 지닌 광학적 이방향성을 겸비한 중간상을 나타내는 액체.

**Liquid Crystal Display(LCD) 액정 표시 장치** LCD(Liquid Crystal Display)를 참조.

**Liquid Crystal Printer 액정 인쇄기** LCD를 통과하는 빛을 광원으로 사용하여 종이위에 정보를 인쇄하는 비충격식 인쇄기. 기본적인 동작 원리는 레이저 인쇄기와 동일하다. 단지, 레이저 인쇄기에서는 레이저 광선을 광원으로 사용하지만, LCD인쇄기에서는 LCD를 통과하는 빛을 광원으로 사용한다는 차이가 있을 따름이다.

**Liquid Crystal Shutters(LCG) 액정셔터** LCG(Liquid Crystal Shutters)를 참조.

**Liquidity Index(LI) 액성지수** 액성지수는 자연 상태의 흙의 함수비에서 소성한계를 뺀 값을 소성지수로 나눈 것이다. 즉,

$$LI = \frac{w - PL}{PI}$$

여기서, w는 자연 상태의 함수비다. 액성지수는 흙의 유동가능성을 나타낸 것으로 0에 가까운 값일수록 흙은 안정한 것으로 볼 수 있다. Atterberg Limits 참조.

**Liquid Limit(LL) 액성한계(液性限界)** 액체상태, 소성체상태의 경계 함수비이다. 즉, 점토가 액체상태가 되는 함수비의 하한계이다. Atterberg Limits 참조.

**Liquid Metal 액체 금속** 영화 "터미네이터 2 : 심판의 날(Terminator 2 : Judgment Day)"에 나오는 살인 로봇 T-1000은 끈적거리는 액체 상태로 몸을 자유롭게 변형하고 순식간에 뭉쳐지는 고체 형태의 로봇이 되는데, 이 물질이 바로 '액체 금속'이다. "대량 금속 글라스(bulk metallic glasses, BMG)" 또는 "대량 비결정질·비정질 합금(bulk amorphous alloys, BAA)"의 파우더를 액체 금속이라 한다.

액체 금속(BMG)은 철보다 가볍고 강도는 3배 이상 강하다. 기존의 합금은 냉각 시 물질 본래의 모습인 결정질의 원자구조로 돌아가는데 반해, 액체 금속은 고체 상태에서 비결정질/비정질(amorphous)의 원자구조(atomic structure)를 유지하므로, 취약부분(weak region)이나 결점(shortcomings)을 만들지 않아 탄성(resilient)과 강도(strength)가 매우 높다. 이와 같이 현대 물리학에서는 불가능한 탄성과 동시에 강도가 높은 성질을 갖는 물질을 메타물질(metamaterial)이라 한다. 게다가 일반 금속과 달리 부식이 전혀 없다(corrosion resistant). 고온에서는 플라스틱처럼 자유자재로 모양을 만들어낼 수 있고, 강도대비 얇은 두께로 만들 수 있는 특징을 가지고 있다.

액체 금속 특허소유자는 2002년에 Liquidmetal Techonologies 사의 페커(Atakan Peker) 박사가 존슨(Johnson)과 함께 공동 개발하여 미국 특허청에 출원하고, 2004년 8월에 등록하였다. 페커박사는 그 이후 2007년에 Liquidmetal Techonologies 사를 그만두고 지금은 위싱턴 주립대학의 최첨단 물질개발 소장(Director of Advanced Materials at WSU)으로 재직 중이다. 2008년에 출시한 iPhone 3G에는 액체 금속 소재의 SIM card ejector pin이 탑재되어 있으나, 이것은 3D 프린팅으로 찍은 것이 아니었다.

그러나 그 이후 Apple은 액체 금속의 탁월함과 잠재성을 간파하고 2010년에 Liquidmetal Techonologies사로부터 독점적으로 사용할 수 있는 라이센싱(MTA, Master Transaction Agreement, Material Definitive Agreement)을 맺었고, 그 이후로 Apple은 이 물질을 소유하고 iPhone 등 스마트 기기에 사용하고자 한다. 2015년에 Liquidmetal Techonologies사는 Apple과의 독점라이센싱(MDA)을 2016년까지 연장 계약을 체결하였다. 향후 3차원 프린팅 기술과 함께 스마트 기기에 적용할 것으로 보인다.

**LIS(Land Information System) 엘아이에스, 토지 정보 체계(土地 情報 體系)** 토지기록체계(LRS; Land Records System)라고도 한다. 토지에 대한 물리적·정량적·법적인 내용을 말하며, 토지 정보 체계의 가장 일반적인 형태는 토지 소유자, 토지가액, 세액 평가 그리고 토지 경계 등의 정보를 관리한다. 토지 이용도, 지형·지표 피복 상태, 지질, 지적 관리, 삼림 등 주로 토지에 관련된 주제 및 통계 자료들을 다루는 컴퓨터 체계로서, 대축척의 지적 또는 지번도와 공간 분석의 조합에 의하여 행정·지적 관리·조세·재산 평가·토지 이용과 감정 등에 이용된다.

**LIS/VIS(Landscape and Viewscape Information System) 조경 및 경관 정보 체계** 조경 및 경관 정보 체계는 수치 지형 모형,

컴퓨터 도형 해석 기법과 조경, 경관 요소 및 계획 대안을 고려한 다양한 모의 관측이 가능하여 최적 경관 계획안 수립을 가능케 한다. LVIS를 이용하여 수치 지형 자료와 계획 요소의 조합에 의한 경관 조사, 평가 및 계획을 할 수 있으며 3차원 도형 해석과 수목, 식재 등을 이용하여 조경 설계를 하며, 도로 경관, 교량 경관, 터널 경관, 도시 경관, 하천 및 항만 경관, 자연 경관 및 경관 개선 대책 수립을 할 수 있다. 또한 산악 도로 건설에 따른 외부 경관 변화 예측 및 자연 경관 보존 생태계 피해 최소화를 위한 시설물, 조경 계획 수립시 전원도시의 아름다운 Skyline 보존과 개선을 위한 건축물 형태, 크기 규제 지침수립, 고층 건물, 전망탑 및 지상표지(Landmark) 건설계획에서의 경관평가에도 이용된다.

**Lisa 리사** 애플이 1978년부터 시작한 컴퓨터개발 프로젝트. GUI를 이용한 최초의 컴퓨터. 그러나 실패로 끝나면서 1982년 스티브 잡스는 리사 프로젝트에서 쫓겨나고 이후 매킨토시 프로젝트에 참여한다.

**List 목록** 같은 성질을 가진 항목의 순서적 집합. 순서가 붙여진 항목의 집합을 말한다.

**List View 목록 보기** 데이터베이스를 목록 보기 형식으로 사용할 때는 한 레코드에 대한 필드들이 일렬로 옆으로 표시가 된다. 목록 보기에서는 한 레코드가 한 줄로 표시되며, 그 줄은 한 영상면을 넘어 오른쪽으로 이어지는 경우가 많다. 이때 가로줄 한 칸씩이 각각 한 필드를 나타내게 된다.

**Literal 상수** 원시 프로그램 중에 있는 기호(또는 양)로서, 상수값을 직접 표현하는 문자열, 숫자 또는 날짜, 이는 각각 'XYZ123', '1234', '6/10/57'로 표현된다.

**Lithosphere 암석권, 암권(巖圈)** 암석권은 기권, 수권과 함께 지구 구성의 한 요소로서, 지각(crust)과 맨틀(mantle) 윗부분을 포함한 약 50~100km 두께로 지구의 가장 바깥부분 굳은 층이다.

**Littoral Sea 연근해** 연안(nearshore)과 근해(offshore)를 합쳐 연근해라고 하며, 보통 수심 200m까지의 천해대를 말하지만 뚜렷한 경계는 없다.

**Live Load 활하중(活荷重)** 구조물의 사용 및 점용에 의해 발생하는 하중으로서 가구, 창고 저장물, 차량, 군중에 의한 하중 등이 포함된다. 일반적으로 차량의 충격효과도 활하중에 포함되나, 풍하중, 지진하중과 같은 환경하중이나 고정하중은 포함되지 않는다. Service Load, Dead load 참조.

**Live Mesh 라이브 메쉬** "라이브 메시"는 데스크 탑과 웹, 모바일 운영체제 시스템을 통합하는 서비스이다. 즉, 멀티미디어 파일이나 음악 파일 등을 서로 시스템 간에 동기화하고 원격으로 접근할 수 있도록 해주는 서비스이다. 라이브 메시는 Windows XP 뿐만 아니라 Windows Vista, 매킨토시 OS X, 그리고 Windows Mobile까지 지원한다. 따라서 라이브 메시를 통해 PC와 웹뿐 아니라, 각종 모바일 기기나 매킨토시 운영체제와도 서로 동기화할 수 있으며, 원격으로 접근할 수 있는 방법도 제공된다. 단순한 웹상의 저장 공간인 스카이 드라이브(Windows Live SkyDrive)와는 구분되는 특징이다. 그리고 '라이브' 메시는 윈도우 라이브(Windows Live)의 일부분으로서, 마이크로소프트의 클라우드 플랫폼인 애저(Windows Azure Platform)를 기반으로 서비스되고 있다. 1명의 사용자에게 약 5GB(5120MB)의 공간을 제공한다. 마이크로소프트가 밝힌 "3 스크린" 전략은 'Multi Screen, One Cloud Service'이다. 하나의 클라우드 안에 모바일, PC, TV가 있고, 중앙 웹을 통해 컨텐츠들을 공유할 수 있다. 3 Screen, N Screen 참조.

**Live Search Maps 라이브 서치 맵스** Virtual Earth의 정식명칭이다. Microsoft의 지도 검색 사이트로서, 구글 Earth에 대응하기 위한 것이다.

**Living Social 리빙 소셜** 북미・유럽・아시아・중동 등 25개국에 있는 지역 자영업자들의 제품이나 서비스를 정가보다 40~50% 정도 싼값에 살 수 있는 쿠폰을 인터넷에서 소비자들에게 판다. 소비자가 쿠폰으로 제품을 구매해 발생하는 수익은 평균 4대6의 비율로 '리빙소셜'과 해당 자영업자가 나눠 갖는다. 대형 유통업체들의 물량공세에 막혀 있던 자영업자들을 SNS 공간에 이끌어내 상호 이익을 꾀하는 모델이다.

**LLWL(Lowest Low Water Level) 최저수위, 최저 저조면** 하천의 수위 중에서 어떤 기간 중의 최저 수위를 말하며, 연 최저 수위, 월 최저 수위 등으로 구분한다.

**LMIS 토지관리정보시스템** 지형도, 지적도, 용도지역지구도면을 공간데이터베이스로 구축하여 공시지가, 토지거래, 개발 부담금 등 토지행정 6대 업무를 전산화함. 토지행정지원시스템, 공간자료관리시스템으로 구성되어 있으며, 행정의 효율성 제고, 대민서비스를 향상하기 위해 건설교통부에서 개발한 시스템이다.

**LMT(Local Mean Time) 평균 태양시** 시태양시의 불편을 없애기 위하여 천구 적도상을 1년간 일정한 평균 각속도로 동쪽으로

운행하는 가상적인 태양, 즉 평균태양(mean sun)의 시간각으로 평균태양시를 정의하며, 이것이 우리가 사용하는 상용시이다. 평균태양일(mean solar day)은 항상 1/365.2564년이다. 평균태양시는 평균태양의 시간각에 12시간을 더한 관계이다.

**LMU(Location Measurement Unit) 위치 측정 단위** 위치 결정 방법을 지원하는 위치 측정 단위이다.

**LNA(Low Noise Amplifier) 저잡음 증폭기** 미약한 신호를 증폭하기 위해 안테나에 내장시키는 증폭기이다. 증폭 회로의 한 종류로서, 통신 시스템에서 안테나가 잡은 미약한 신호를 증폭시키는 역할을 하며, 전송선로에서의 감쇠를 줄이기 위해 안테나 가까이 위치한다. GPS 같은 microwave system에 주로 사용된다. 증폭기는 크게 수신단 입력부의 '저잡음 증폭기'(LNA : Low noise Amplifier)와 송신단 출력부의 '전력 증폭기'(PA : Power Amplifier)로 나눌 수 있다. LNA에서 중요한 특성은 NF(Noise Figure, 잡음지수)이다. NF(잡음지수)가 작으며, 증폭기에서 발생하는 잡음이 적게 되며, 매우 작은 레벨의 신호가 잡음에 묻히지 않게 하면서 증폭할 수 있다. 또한 입력 신호의 레벨이 작아도 되므로, 안테나를 작게 만들어도 된다.

**LNG(Liquefied Natural Gas) 액화 천연가스** 메탄을 주성분으로 하는 천연가스를 저장 및 수송에 용이하도록 -162℃로 냉각하여 액화시켜 부피를 1/600로 압축시킨 것이다.

**Load 부하, 올려놓기** 컴퓨터의 내부 기억장치에 보조 기억장치나 외부 기억장치의 내용을 기억시키는 것. 특히 처리에 앞서 프로그램을 기억장치에 먼저 기억시키는 것을 프로그램 적재라 한다.

**Load Test 로드 테스트** 개발한 기기나 프로그램으로 서비스에 들어가기에 앞서 실제와 유사한 로드를 걸어 정상적으로 작동하는지 확인하기 위한 시험을 말한다.

**Loading 로딩, 탑재** 보조 기억장치에 저장된 프로그램 파일을 주기억장치로 읽어 들여 설치하는 작업으로, GIS에서의 중요한 작업 중 하나이다.

**Local 국지적** 통신망을 통해 통신하는 시스템에서 상대국이 아닌 자국에 관련된 사항을 가리키는 말을 말한다.

**Local Apparent Solar Time 지역적 태양시** 두 지점에서는 그 경도차만큼 달라지는 셈이다. 또 지역적 시와는 평균차 만큼의 차가 있다.

**Local Area DGPS(LADGPS) 지역 보정시스템** LADGPS(Local-Area DGPS)를 참조.

**Local Area Differential Global Positioning System(LADGPS) 지역 보정시스템** LADGPS(Local-Area DGPS)를 참조.

**Local Area Network(LAN) 근거리 통신망(近距離 通信網), 랜** LAN(Local Area Network)를 참조.

**Local Attraction 국지 인력(局所 引力)** 철 또는 철구조물, 철광석, 직류전류 등의 자성물질이 있는 곳 부근에서는 이들의 영향으로 자침을 사용하기 어렵다. 이와 같이 자침이 자북을 정확하게 가리키지 못하게 하는 부근에 있는 자성물질의 힘을 국소인력이라 한다.

**Local Cartesian Coordinates 국지 직교 좌표** 지표면상의 임의의 한 지점을 기준으로 한 직교좌표계이다.

**Local Communications 국지 통신** 지역적 통신은 자료를 수치형태로 전송하도록, 컴퓨터 통신상의 장치들 사이의 직접적인 케이블의 연결을 의미한다. 지역적 통신이 장치들을 지원할 수 있는 범위는 하나의 사무실, 사무실이 모인 하나의 빌딩 혹은 가까이 위치한 여러 개의 빌딩이 될 수도 있다. 일반적으로, 컴퓨터 장치들이 멀리 떨어져 있을 때는 기술적으로나, 경제적으로 타당하지 않다. 다양한 형태의 케이블을 지역적 자료 통신에 사용할 수 있는데, 그 각각은 고유한 속도와 거리 제한 요소를 가진다.

**Local Condition 국소 조건(局所條件)** 어느 한 측점 주위에 존재하는 기하학적인 관계를 나타내는 것으로 측점 조건이라고도 한다.

**Local Coordinates System 지역 좌표계, 국지 좌표계** 국제 또는 국가에서 정한 좌표 기준계를 이용하지 않고 소규모적으로 특정지역에만 적용하는 좌표계를 말한다.

**Local Datum 국지 데이텀** 국지적 직교좌표계를 정의하기 위해 기준이 되는 데이텀이다. 1940년대까지 대부분의 국가에서는 경제적 또는 군사적 필요와 자국의 영토를 관리하기 위한 독자적 기준계를 개발하여 사용하여 왔다. 따라서 각 지역의 측량 활동은 규모나 결과에 있어서 각기 달랐으며 그 측량을 토대로 제작한 국가기본지도도 또한 달랐다. 동남아 지역에서는 Hanoi, Indian, Kwelyang, Heng-yang, Hong kong, Yusan, Koshizan, Iuzon 등의 여러 가지 기준계들이 사용되었다. 그 대표적인 국지기준계에는 TD (Tokyo Datum), ID(Indian Datum), NAD27(North American Datum 1927), ED(European Datum) 등이 있다.

**Local Datum 지역 원점** 지역 원점은 평균해수면의 특정 부분의 크기와 형상에 최적합하게 부합시킨 타원체와 그 위치 및 방향에 의하여 정의되는 것으로서 타원체의 중심이 지구의 질량

중심과는 일치하지 않는다. 최근까지도 대부분의 국가에서는 공간 정보 시스템을 이 지역적인 측지 기준에 기준하고 있으며, 예로써 우리나라의 경우에는 동경 원점 1918을 기준하여 오고 있다. 지구상의 특정한 지형적 지역(아시아, 한국, 도, 군)에서 지구표면(지구의 지오이드)을 가장 잘 표현한 기준으로 사용된 기준점을 말한다.

**Local Deviation 지역 이상** Local Attraction를 참조.

**Local Earth Ellipsoid 지역 지구 타원체** 작은 지역에 있어서의 지구의 형상에 가장 근접된 타원체로 그 지역 내의 일정한 지점을 기준으로 하고 있다. 이러한 기준점에서의 좌표와 방위의 오차가 없다고 간주하고 전 지역에 대한 조사는 그 기준점에 맞추어 조정되어야 한다.

**Local Geodetic Datum 지역 측지계** 지구해면의 특정부분에서 형상과 크기를 근접시킨 측지계이다. 따라서 회전타원체의 중심은 지구의 질량중심과 일치하지 않는다.

**Local Geodetic Horizon(LGH) 지역 측지 평면** LGH(Local Geodetic Horizon)를 참조.

**Local Geodetic Survey 지역 측지 측량** 각국마다 그 주변만을 대상으로 하는 측지망을 구성하는 것을 말한다.

**Local Georeference Information 지역 지리참조 정보** 지상에 공간 체계를 기록하기 위해 제공되는 정보에 대한 설명이다.

**Local Information Center 지역 전산 본부(地域 電算 本部)** 지적 공부의 등록 사항을 컴퓨터 정보 처리 조직에 입력하여 서울특별시 · 직할시 · 도 단위로 이를 집합 관리하는 조직을 말하며 지적 전산화 사업 추진을 위하여 각 시 · 도에 설치되어 있는 지적 전산 조직을 뜻한다.

**Local Mean Time(LMT) 평균 태양시** LMT(Local Mean Time)를 참조.

**Local Operation 지역 연산** 인접한 입력 영상소는 출력 영상소 결과에 영향을 준다. 많은 기법들은 장소와 관련이 되는 것으로 평활화(평균화), 형상의 추출, 경계선의 개선 등이 있다.

**Local Planar 지역 평면** 지표면과 평행인 원점을 통과하는 수직선과 Z축이 일치하는 평면 좌표 체계를 말한다.

**Local Planar Description 지역 평면 설명** 지표면에서의 방위와 좌표 체계에 대한 설명을 말한다.

**Local Planar Georeference Information 지역 평면의 지리적 참조정보** 지상에 공간 평면 체계를 기록하기 위해 제공되는 정보에 대한 설명을 말한다.

**Local Raster Operations 국지적 래스터 연산** 래스터 데이터의 i번째 행과 j번째 열에 위치한 각 화소가 대상으로 고려되는 국지적 연산으로서, 이 화소의 값은 주변 화소들과 관계없이 계산된다.

**Local Reference System 국지 기준계, 지역 측지계** 시작점을 지나는 수평면을 기본으로 하는 위치 기준 체계. 수평면은 지도투영에 의해 형성되는 면과는 다르다. 이 체계는(높이를 포함해) 2차원 또는 3차원적으로 될 수 있다.

**Local River 지방 하천(地方 河川)** 법정하천 중에서 직할하천을 제외한 하천으로서 시 · 도지사가 관리하는 하천을 말한다.

**Local Sidereal Time 지방 항성시(地方 恒星時), 지방시** 천체를 관측해서 결정되는 시(時; 항성시, 평균태양시)는 그 지점의 자오선마다 틀리므로 이를 지방시라 한다.

**Local Survey 국지 측량(局地 測量)** 한정된 지역에 대하여 독립적으로 하는 측량으로서 통상 지구 표면을 평면으로 한다.

**Local Survey Network 지역 측지망** 경계표에 기초한 측지망은 지구 지오이드상에서 그들의 특정한 지점과 관련하여 위치되어있지 않다. 지역 측지망에 근거한 경계표로부터 생성된 지도들은 경계표에 의해 포함된 지형적 지역 내에서만 정확할 뿐 지구 지오이드에 관해서는 정확하지 않다. 지역 측지망의 한 예는 공공 토지 측량 체계에 기초해서 작은 토지로 세분하는 진행과정이다. 지역 측지망은 측지학적 측지망과 대조가 된다.

**Local Tangent Plane Coordinate System(LTP) 현지 접평면좌표계** LTP(Local Tangent Plane Coordinate System)를 참조.

**Local Time 지방시(地方時)** 각 지역이나 국가가 설정하는 시각이다. 여기서 '표준 자오선'이라는 개념이 나오는데, 해당 표준시와 대응하는 경도의 자오선을 의미한다. 우리나라와 일본은 동경 135도를 표준자오선으로 삼고 있으며 이 표준 자오선의 평균태양시는 UT1+9이다. 현재는 UT가 아닌 UTC를 기준으로 하므로 표준시는 UTC+9이다.

**Local Triangulation 지역 삼각 측량** 지표면을 평면으로 간주하는 삼각측량이다.

**Local Vertical Coordinate System 지역 삼차원 직각 좌표계** 관측 대상 지역 내에 원점(Ellipsoid상)을 둔 X, Y, Z, 3차원 좌표계를 말하며 Z축은 원점에서 Normal방향이고, X, Y면은 원점에서 접하며 X축은 North Pole방향, 그리고 Y축은 East 방향이다.

**Locate 로케이트** Identify를 참조.

**Location 위치, 장소, 입지** ① 좌표나 다른 위치 참조체계를 이용하여 결정한 지리공간상 또는 지표상에서의 위치로, 주소나 공간 참조체계 등이 이에 속한다. ② 특별한 형상이 차지한 지역이나 공간. ③ GIS는 직접 또는 간접적으로 위치를 다루기 때문에 좌표 체계에서 절대적 위치와 주변 여건에 따른 상대적 위치를 파악할 수 있다. Position을 참조.

**Location Activators 위치 액티베이터** 구매 시점에 이루어지는 모바일 소비자와의 상호작용을 뜻한다. 고객이 구매를 결정하거나 적극적인 자세로 제품이나 서비스를 구입하는 과정에 있을 때, 판매자가 할인이나 쿠폰 같은 부가적 가치를 제공함으로써 고객의 재방문을 촉진하는 것이 이에 해당한다.

**Location-Allocation Modeling 입지배치 모델링** 특정 서비스 수요를 담당하는 신규 시설물의 배치 모델링이다. 이 모델링은 이용 가능한 시설물 숫자, 비용, 접근거리 및 시간비용 등의 요소를 고려해야 한다.

**Location Application Program(LAP) 위치 응용 프로그램** LAP(Location Application Program)을 참조.

**Location Based Information Services 위치 기반 정보 서비스** 요청하는 사용자의 위치를 기반으로 한 정제되고 알맞게 맞추어진 정보에 대한 접근을 사용자에게 가능토록 한다.

**Location Based Service(LBS) 위치 기반 서비스** LBS(Location Based Service)를 참조.

**Location Based Social Network Service(LBSNS) 위치 기반 소셜 네트워크 서비스** LBSNS(Location Based Social Network Service)를 참조.

**Location Broker 위치 중계** CellPoint 시스템의 중심부로서, API의 일련의 셀을 제공하여 위치 기술로부터 어플리케이션을 분리한다. 또한 위치 프로바이더를 선택하여, 출력데이터를 변환하는 것을 다루고, 모든 CellPoint Location Solution의 Core Requirement의 카피로서 서버와 프로바이더의 다른 어플리케이션을 통하여 최종사용자의 보안과 프라이버시가 믿을 만함을 입증한다.

**Location Data 위치 자료** Graphic Information을 참조.

**Location Drivers 위치 드라이버** 고객을 매장으로 끌어들이기 위한 동기유발 활동을 뜻한다. 쿠폰 지급이나 할인 등이 이에 속하기도 한다. 이런 활동은 정기적으로 이루어지기도 하고 일회성 이벤트가 되기도 한다. 제공되는 모바일 기술의 상당수가 바로 위치 드라이버다.

**Location Enabled Platform(LEP) 위치처리 플랫폼** LEP(Location Enabled Platform)를 참조.

**Location Identifier 위치 인식자** Geo Code를 참조.

**Location Interoperability Forum(LIF) 공간위치정보 상호운영 포럼** LIF(Location Interoperability Forum)를 참조.

**Location Magnets 위치 마그넷** 매장에 도착한 고객에게 가치를 제공해 고객이 매장에서 더 많은 시간을 보내도록 하는 것을 말한다. 이는 특정 장소, 그 주변 그리고 내부 곳곳에서 유용한 정보를 전달하는 형태로 나타날 수 있다.

**Location Matrix 위치 행렬** Design File 내의 영상의 위치를 나타내는 행렬식으로 영상의 Header 부분에 4×4의 형태로 존재한다.

**Location Measurement Unit(LMU) 위치 측정 단위** LMU(Location Measurement Unit)를 참조.

**Location Positioning of Sensor Nodes 센서노드위치인식** 고정센서노드의 경우는 정확한 위치정보를 사전에 노드 또는 메타정보저장소에 저장이 가능하나, 이동센서노드의 경우는 노드의 상대적인 또는 절대적인 위치를 실시간으로 파악하여야 한다. 여기서, USN 미들웨어는 이러한 센서노드들의 위치정보를 효율적으로 파악하고 관리하기 위한 기능을 제공할 필요가 있다.

**Location Referencing 위치 참조** Location은 지표상의 한 지점을 가리키며 Location Referencing은 이 Location이 어디라는 것을 인식하는 것을 의미한다. Mental Map에서의 Location Referencing은 일반적으로 잘 알려진 지형지물을 이용한다. 즉, 어느 장소에 대한 설명을 하고자 할 때 그 지역에서 비교적 사람들에게 잘 알려진 지형지물이나 쉽게 인지할 수 있는 지형지물을 이용하게 되는 것이다. 이러한 건물과 지명은 Location Referencing의 객체이며 방법이 되는 것이다. Mental Map에서는 특정 지점의 인과 관계를 통해 해석이 가능하지만 컴퓨터 시스템에서는 이러한 인과 관계를 자동으로 인식할 수가 없다. 컴퓨터 시스템은 정의된 구조와 흐름에 따라 모든 것을 판단하며, 판단의 기준은 데이터베이스에 존재하게 된다. 따라서 Location Referencing이란 컴퓨터 시스템에서 특정 지점의 위치를 파악하는 것이지만 기본적으로는 컴퓨터 시스템이 데이터베이스의 상관관계를 해석할 수 있는 데이터 모델에 기반을 둔다. Location Referencing은 수치지도 데이터베이스의 데이터 모델에 큰 영향을 받기 때문에 결국 데이터 모델에 따라 여러 가지 방법이 존재하게 된다. Location Referencing에 사용되는 방법에는 링크 ID에 의한 방법, 주소에 의한 방식, 지리 좌표에 의한 방식, Linear Referencing, 도로명, 교차로명에 의한 방법, 조합에 의한 방식 등이 있다. 가장 많이 사용되는 방법은 "링크 ID에 의한 방식"이다. 링크와 노드는 벡터 형식의 공간 데이터베이스에서 가장 기본이 되는 데이터 항목으로, 노드는 중요한 포인트로 생성시키게 되는데 다음과 같은 조건에서 노드가 발생된다. 즉, 도로의 시작과 끝, 도로속성의 변화점, 도로와 도로가 만나는 교차점, 지도상의 도곽과 도로가 만나는 점, 도로의 시작과 끝이 같은 경우, 실제 도로가 교차하지 않거나 또는 도로를 구분하기 위한 경우 등에 노드를 발생시키며, 이 노드는 발생 조건에 따라 일반 노드, 교차점 노드, 의사교차점, 속성변환점등으로 구분되어 진다. 링크는 노드와 노드를 연결하여 생성되게 되며, 하나의 도로를 이루는 단위가 되며, GIS 시스템에서 사용되는 일반적인 링크를 구성하게 된다. 링크는 다양한 선형의 모양으로 구현될 수 있으며, 이러한 선형을 유지하기 위해 Shape Node라는 형상점을 사용하게 된다. 형상점은 링크 상에 무수히 존재할 수 있으며, GIS시스템상의 링크의 선형을 실제와 같은 모양으로 표현할 수 있도록 한다. 노드-링크의 ID에 의한 지형지물의 식별은 일반적으로 사용되어 대부분의 데이터베이스가 이 방법을 이용하여 구축되고 있다. 보통 링크 ID는 네트워크 데이터 상에서 각 링크에 대해 숫자로 부여되며, 링크 ID는 저장 및 데이터 처리의 효율성을 위해 정수로 저장된다.

**Location Sensitive Billing 위치 기반 요금청구** 가입자의 위치나 지리적 영역 혹은 위치나 영역을 바꾸는 것에 따라 차등된 비율로 통화 요금이 청구된다. 청구되는 비율은 통화의 전체 시간이나 통화 시간의 일부분에만 적용될 수 있다.

**Location Server 위치 서버** 위치 서버는 Calculates X, Y(위도, 경도) 좌표 형식으로 정확하게 위치를 계산한다. 또한 연산자 작동 그리고 유지 보수 시스템(OMC)으로부터 셀 데이터를 자동화 갱신하는 강력한 Visualization 툴과 지원을 포함한다.

**Location Situation 위치 관계(位置 關係)** 어떤 사진상이 위의 사진상과 어떠한 관계가 있는지를 파악하는 것으로 일반적으로 사진상(寫眞像)은 주위의 사진상과 관련되어 성립된다.

**Location Triggering 위치 기반 트리거링** Push Service를 참조.

**Locational Accuracy 위치 정확도** 공간적 사상이 공간 데이터베이스에 저장될 때 발생하는 실제 위치와의 차이를 말한다.

**Locational Attribute 위치 속성** 지명사전, 지명색인에서 정의되어 있는 성격들을 묘사하기 위한 지형지물 속성이다.

**Locational Reference 위치 참조** 어떤 정보가 특별한 공간 위치 또는 장소에 관계될 수 있는 수단을 말한다.

**Location-Allocation 위치-배치** 시설물들을 설치할 때 몇몇 최적의 조건을 만족하는 지역이나 위치를 결정하는 데 사용되는 과정. 한 예로, 위치-배치(Location-Allocation)는 앰블런스 차고를 사고의 가능성이 있는 지점까지의 움직이는 시간을 최소로 하는 최적의 위치를 결정하는데 사용된다.

**Location-Aware Application** 사용자의 물리적인 위치에 기반하여 온라인 콘텐츠를 제공하는 어플리케이션을 말한다.

**Locator 위치 입력기** 그래픽 태블릿 또는 어떤 지시기기와 같은 위치의 좌표를 발생시키는 자료를 제공하는 입력기기를 말한다.

**Locavore 로커보어** 자신의 거주 지역에서 재배한 제철음식(Local Food)을 그때그때 소비하는 트렌드나 사람을 가리키는 신조어이다.

**Lock 갑문, 록** ① 배를 통과시키기 위해서 커다란 문으로 수위의 높낮이를 조절하는 장치를 말한다. ② 데이터베이스 트랜잭션 서비스의 안전성을 확보하기 위한 명령어로, 데이터베이스 원본에 대한 수정을 한쪽에서만 할 수 있도록 다른 쪽의 수정을 막는 것을 말한다.

**Locking 잠금** 다중의 사용자가 자료에 대하여 요구할 때, 어떤 데이터베이스 체계가 자료에 대한 충돌 접근을 막을 수 있는 기교이다.

**LOD(Level Of Detail) 세밀도, 디테일 수준** 3차원 데이터 압축, 복원 기술은 데이터 용량은 최소화하면서 데이터 손실이 발생하지 않도록 하는 기술이다. 또한 데이터 전송과 가시화의 경우, 효율성을 최대화한다. 3차원 데이터의 압축, 복원 기술을 통해 대용량 데이터 관리와 처리의 효율성을 증대시킬 수 있다. 3차원 데이터 전송기술은 웹기반 3차원 GIS에 있어 사용자가 필요한 영역의 공간정보 데이터를 서버에 요청하고 서버에 저장돼 있는 공간정보 데이터를 클라이언트에서 점진적으로 실시간 수신하는 기술이다. 이를 통해 3차원 GIS 데이터 용량과 공간적 범위 제한의 한계를 극복할 수 있다. 3차원 GIS데이터를 보다 효율적이고 빠른 속도로 가시화하기 위해 LOD(Level of Detail) 기술을 적용한다. LOD 기술은 사용자 시점으로부터 거리에 따라 지형, 영상, 3차원 객체의 정밀도와 해상도를 단계적으로 표현하는 기술이다. 이로 인해 실제 데이터보다 적은 용량의 데이터를 가시화함으로써 데이터 가시화 속도를 향상시키고, 사용자의 하드웨어 사용을 최소화하도록 지원한다.

**LOG 로그** 대상영역에 대해 수행된 명령들의 날짜, 시간, 입출력 시간, 결과 시간과 함께 기록한다.

**LoG(Laplacian-of-Gaussian) 로그, 라플라시안 연산자** 연산속도가 매우 빠르며 Sobol, Prewitt, Roberts 등의 연산자와 비교하여 날카로운 경계선을 검출해내는 장점을 갖고 있다.

**Log File 기록 파일** 커버리지나 작업 영역의 진행 과정을 저장하는 파일. 로그 파일은 일괄 작업을 수행할 때 특히 유용하다. 이때 로그 파일은 일괄 작업이 성공적으로 완료되었는지 또는 아닌지를 사용자가 결정할 수 있게 한다.

**Log In/Out 들어가기/벗어나기** 통신망에 접속하고 나가는 것을 의미한다. 일반적으로 PC 통신과 같이 식별자(ID)와 암호를 사용하는 체제로 이루어진다.

**Logarithmic Table 대수표(對數表)** 상용대수(常用對數; 상용 log)를 계산하기 쉽게 나열해 놓은 수표를 말한다.

**Logic 로직** 논리라는 뜻의 'Logic'은 일반적으로 '디지털 논리 회로'의 줄임말로 쓰인다. 0과 1로 이루어진 이진법 디지털 신호를 'on'과 'off'로 인식하여 처리하기 때문에 '스위치 회로'라고 부르기도 한다.

**Logic 논리** 형식상 논리의 수학적 처리로서, 수량이나 관계를 기호로 나타내는 것을 말한다.

**Logical Address 논리 주소** 가상기억장치를 사용하는 컴퓨터에서 프로그램에 의해 사용되는 주소를 나타낸다.

**Logical Connector 논리 연결** 조회 시에 복잡한 논리적 표현을 만드는데 사용되는 예약어인 AND, OR, XOR 중의 하나를 말한다.

**Logical Consistency 논리적 일괄성** 데이터 셋(data-set) 전반에 대해 동일한 규칙과 논리의 적용으로서, 지형 특성이 정확히 자료 구조에 나타나고, 자료 구조의 내부 요구를 모두 만족시킬 수 있도록 정확하게 나타낸 정도. 논리적 일관성이란 입력자료가 논리적으로 일치하고 있는가를 파악하기 위한 것으로, 도형 자료와 속성 자료에 대한 논리적 관계를 평가하여 자료의 신뢰성을 파악하는 것이다. 논리적 일관성에 대한 검사 내용으로는 선이 정확한 지점에서 교차하는가, 중복 입력된 선은 없는가, 실제보다 짧게 그어졌는가, 실제보다 길게 그어졌는가, 다각형이 정확하게 입력되었는가, 다각형이나 선이 너무 작지는 않은가 등에 관한 내용이 포함된다.

**Logical Consistency Report 논리 일관성 보고** 자료들과 사용된 시험 간의 관계를 측정하는 신뢰도에 대한 설명을 말한다.

**Logical Data Independence 논리적 자료 독립성** 자료의 논리적인 구조가 변한다고 하면 종래에는 그에 따라 프로그램이 변경되어야 했었으나 이제는 그럴 필요가 없이 전체적인 논리적 자료의 기술, 즉 자료 기반층에 이미 알려진 자료의 논리적인 구조만 변화시키면 프로그램은 바꿀 필요가 없다는 것이다.

**Logical Expression 논리식** 아이템, 시스템 아이템, 시스템 변수, Lsteral과 참 또는 거짓을 가려내는 산술 논리 연산자를 결합한 것을 말한다. Boolean Expression을 참조.

**Logical Operation 논리 연산** AND, OR, NOT 등과 같은 논리 연산자들을 논리 변수에 적용하여 참 또는 거짓이라는 결과를 생성하는 연산을 말한다.

**Logical Operator 논리 연산자** 부울(Boolean) 연산자의 다른 말을 말한다. Boolean Operator를 참조.

**Logical Query 논리 검색** 논리 검색은 그것의 속성이 특별한 논리적 범주에 부합하는 대상물들을 선택하는 것을 포함하는 지도 질의의 한 형태이다. 예를 들면, 면적의 값이 10,000보다 큰 모든 다각형을 선택 또는 이름이 '고산자로'인 모든 거리를 선택하는 것 등이다. 일단 선택되면, 이것들을 그리거나 그들의 속성들을 나열하거나 또는 속성 값들을 요약하는 것과 같은 부가적인 조작이 수행될 수 있다.

**Logical Relationship 논리 관계** 통합이나 일반화, 위상 관계를 제외한 지물들 간의 논리적 관련성을 포함하는 지물 관련성의 세부사항을 말한다.

**Logical Selection 논리 선택** 커버리지 요소의 속성에 대해 작용하는 논리적 표현을 사용하여 커버리지로부터 요소의 서브셋을 선택하는 과정(예 : AREA GT 16,000), 조건에 맞는 요소만 선택된다. '속성에 의한 요소의 선택'이라고도 한다. Logical Query를 참조.

**Logical Structure 논리 구조** 데이터를 물리적 구조로 암호화하기 위한 개념적 디자인을 말한다.

**LOHAS(Lifestyle Of Health And Sustainability) 로하스, 친환경 살이** 로하스(LOHAS)는 Lifestyles of Health and Sustainability의 약자이다. 로하스는 건강과 환경의 지속 가능성을 생각하고 실천하는 생활 방식을 이르는 말이다. 국립국어원은 LOHAS의

다듬은 말로 '친환경살이'를 선정하였다. 로하스(LOHAS)는 공동체 전체의 더 나은 삶을 위해 소비생활을 건강하고 지속가능한 친환경 중심으로 전개하자는 생활양식·행동양식·사고방식을 뜻한다.
미국의 내추럴 마케팅연구소가 2000년 처음 사용하였다. 환경보전과 '웰빙' 뿐 아니라 후대에 물려줄 소비기반의 지속성을 아우른 개념으로, 건강과 관련된 현재 시점의 개인적 소비행위와 미래에도 지속가능한 경제발전과 소비활동을 연결시키는데 주안점을 둔다. 이런 점이 사회참여운동으로서 자연의 중요성과 보전의 당위성을 강조하는 친환경주의와 다른 점이다. 로하스를 실천하는 사람들을 일컫는 로하스족은 친환경적·생태학적·효율적 에너지 제품의 개인적 소비에 그치지 않고 재생원료를 사용한 제품이나 지속가능한 기법으로 생산된 제품을 선호하며 훼손되지 않은 천연 밀림이나 생태도시 관광, 자녀들에게 모형이나 완구를 통해 간접교육 실시, 친환경 및 사회적 책임 경영을 하는 기업에 투자 등 공동체적 특성을 보인다.

**Lon(Longitude) 경도(經度)** 영국의 그리니치 천문대를 지나는 본초자오선을 기준으로 하여 어떤 지점을 지나는 자오선까지 이루는 적도호(弧)상의 각 거리로 −180°(서경 180°)에서 +180°(동경 180°)의 범위를 가진다. 경도의 종류에는 본초자오선과 임의의 점의 타원체상의 자오선이 이루는 적도면상의 각거리로 나타내는 측지경도와 본초자오선과 임의의 점의 지오이드상의 자오선이 이루는 적도면상 각거리로 나타내는 천문경도가 있다.

**Long(Longitude)** Lon(Longitude)를 참조.

**Long Chord 장현** 원곡선에서 곡선시점(BC)과 곡선종점(EC)을 직선으로 이은선이다.

**Long Distance Water Gauge 원격 양수표** 수위를 기록하여야 할 지점에 자기 양수표를 설치할 수 없을 때는 멀리 떨어진 지점까지 유도하여 자기량수표를 설치한다.

**Long Range Navigation System(LORAN) 장거리무선항법장치, 전파 항법시스템, 로란** LORAN(Long Range Radio Navigation System)를 참조.

**Long Tail Theory 롱테일 법칙** 하위의 80%에 의한 수익이 상위 20%에 의한 수익보다 더 크다는 이론으로서 역파레토 법칙이라고도 한다. 1년에 단 몇 권밖에 팔리지 않는 '흥행성 없는 책'들의 판매량을 모두 합하면, 놀랍게도 '잘 팔리는 책'의 매상을 추월한다는 온라인 판매의 특성을 이르는 개념이다. 인터넷 서점 '아마존닷컴'에서 1년에 몇 권 안 팔리는 80%의 소외받던 책들의 매출 합계가 20%의 베스트셀러들의 매출을 능가하는 의외의 결과를 두고 인터넷이 가져다준 유통혁명과 관련지어 미국의 인터넷 비즈니스 잡지 와이어드의 크리스 앤더슨 편집장이 만든 개념이다.

**Long Term Evolution(LTE) 롱 텀 에벌루션, 엘티이** LTE(Long Term Evolution)를 참조.

**Long Transaction 장처리** 장기 처리는 데이터베이스 변경이 며칠, 몇 주 또는 몇 달에 걸쳐 계속될 수 있으며, 여러 개의 섹션이 포함될 수 있는 어플리케이션을 지원한다. 소구획 개발과 같은 여러 계획과 설계 작업에서 장기 처리가 요구된다.

**Long Wave 긴파동, 장파(長波), 앨파** 지표면을 따라 전파되는 표면파이므로 지구내부의 연구에는 도움을 주지 못한다. 지진파 중 속도는 가장 느리나 진폭이 크므로 파괴력은 가장 크다.

**Longitude(Lon, Long)** Lon(Longitude)을 참조.

**Longitude and Latitude 경위도(經緯度)** Longitude and Latitude Coordinate System를 참조.

**Longitude and Latitude Coordinate System 경위도좌표계** 지구상의 절대적 위치를 표시하는데 일반적으로 널리 쓰이는 좌표계로, 3차원 구면좌표계에서는 구의 반지름 $\rho$와 2개의 편각 $\theta$, $\Phi(\rho, \theta, \Phi)$의 3개의 실수가 대응하여야 하지만, 통상 지구좌표계에서는 경도 $\lambda$와 위도 $\Phi$에 의한 좌표$(\lambda, \Phi)$로 수평위치를 나타내는데 이 좌표계를 경위도좌표계라 한다.

**Longitude of CenterLongitude of Central Meridian 중앙 자오선 경도** 지도 투영의 기준이 되는 중심에서의 경도선을 말한다.

**Longitude of Projection Center 투영 중심 경도** 방위각 투영법을 위한 투영 지점의 경도를 말한다.

**Longitude Resolution 경도 해상도** 지형 좌표로 표현되는 인접한 2개의 경도값 간 차이의 최소치를 말한다.

**Longitudinal Line or Meridian 경선** 양극을 지나는 대원의 북극과 남극 사이의 절반으로 중심각 180°의 대원호를 말한다.

**Look Angle 주사각** 레이더 시스템이 장착된 항공기나 인공위성이 진행되는 방향에 수직인 방향에서 관심점까지의 사이각을 말한다.

**Look-Up Table(LUT) 룩업 테이블, 검색 테이블** LUT(Look-Up Table)를 참조.

**Loop 반복, 순환** ① 동일한 명령어들을 일정한 조건이 발생할 때까지 반복해서 실행하도록 하는 작업을 말한다. ② 어떤 정점에서 출발하여 다시 자기 자신으로 되돌아오는 체인을 말한다.

**Loop Detector 루프 검지기** [교통] 도로에 동축선을 매설하여 차량의 유무, 속도, 크기 등을 검지하는 장치이며, 차량으로 인한 루프 위에 형성된 자장의 변화를 검지한다.

**Loopt 룹트** 모바일 SNS로서 GPS 기능과 구글맵을 매쉬업 해서 탄생한 Loopt는 아이폰 3G 발표 시에 전면으로 내세워 마케팅을 하면서 주목을 받았다. Loopt는 이미 다양한 플랫폼에서 서비스하고 있다. 주변에 있는 친구를 찾아 함께 이야기할 수 있는 도구 등이 있다.

**Loopt Pulse 룹트 플러스** 처음 가보는 장소에서 우왕좌왕할 필요 없게 만들어주는 어플리케이션으로서, 먹을 것, 마실 것, 즐길 것 모든 것들에 대한 정보를 실시간으로 지도, 사진과 함께 보여주는 기능이다.

**Loose Coupling 소결합** 공간분석 기능과 GIS의 통합수준을 묘사하는 용어. 소결합은 어떤 공간 분석을 수행하기 위해 서드파티 소프트웨어의 사용을 포함하고 자료는 보통 문서 기반 파일로서 GIS와 분석 응용 프로그램 사이에 전송된다.

**Loosely Coupled Models 느슨한 결합 모형** 일반적인 자료 요소 하나만을 사용하여서 GIS와 수학적인 모델을 연결하는 것을 의미하는 용어이다. 어떤 처리나 분석은 각각의 시스템에서 개별적으로 맡게 된다.

**LORAN(Long Range Navigation) 로란, 전파 항법 시스템, 장거리 무선 항법장치** 미국 MIT에서 최초 개발되어 발전시켰으며, 제2차 세계대전 중인 1942년 미 해군에 의해 이용되었으며, 제2차 세계대전 후에 실용화된 전파 항법 시스템이다. 비교적 넓은 지역을 커버할 수 있는 특징이 있으며, 100m~200m의 정확도가 얻어진다. 지상 2개소 이상의 LORAN 기지국에서 발사되는 전파를 LORAN 수신기로 수신하여 그 전파의 도착 시간차를 측정하고, LORAN 차트 상에 위치선을 결정하여, 교점을 구해서 현재의 위치를 결정하는 항법이다.

현재 주로 연안 항해용으로 LORAN-C만 사용되고 있다. Loran-C 시스템은 하나의 주국(Master Station)과 나머지는 종국(Secondary Station)으로 하는 최소 3개국 이상(보통 4개국)으로 하나의 체인을 구성한다. 현재 전 세계에는 우리나라가 운영하는 코리아 Loran-C 체인을 포함하여 27개 체인(68개 송신국)이 운영되고 있다. Loran-C의 이용범위는 약 2,200km이며, 이 범위 내에서 적합한 수신기를 갖춘 사용자는 전천후로 이용가능하며, 100kHz의 안정된 저주파 사용과 장거리 전파특성으로 여타 무선 항행 원조 장치에 비해 무선 항법 시스템으로 우수성이 인정되고 있다. 현재 대다수의 선진국들은 Loran-C의 단점을 보완하여 만들어진 eLoran 시스템으로 전환을 준비하고 있으며, 향후 eLoran의 역할은 시간, 타이밍, 항법 등 여러 분야에서 많이 활용될 것으로 예상하고 있다.

**Loss Compression 손실압축(損失壓縮)** 수치표고자료 구축한 그대로 보관하기 위해서는 격자의 크기를 크게 하여 용량을 낮추는 손실압축(degraded; loss compression) 과정을 수행한다. 손실압축 방식은 데이터를 압축하여 자료를 받는 곳에 압축으로 풀어서 원래의 것과 다르게 보여주는 것을 말하며 경우에 따라 유용한 방식이다. 손실압축은 특히 스트리밍 미디어와 인터넷 전화 등의 응용 프로그램 안에서 멀티미디어 데이터를 압축하는 데에 가장 많이 사용된다(오디오, 비디오, 스틸 이미지). 한편, 무손실 압축은 텍스트로 된 파일, 그리고 은행 기록과 같은 데이터 파일에 선호된다.

**Loss Leader 로스 리더, 미끼상품** 일반 판매가보다 훨씬 싼 가격에 팔리는 제품을 말한다. 유통업체들이 더 많은 손님을 끌어모으기 위해 원가 이하의 가격을 붙여 한정된 기간에 판매하는 상품을 말한다. 유통업체들이 세일 등 특별한 판매행사를 할 때 손님을 매장으로 유혹하기 위한 상품이란 뜻에서 유인상품 또는 미끼상품이라고 부른다.

**Lossless Compression 무손실 압축** 압축 후 복원하는 과정에서 원시 영상을 거의 손실 없이 복원하지만 압축률이 낮다.

**Lossless Encoding 무손실 부호화** 압축 과정에서 정보가 손실되지 않는 자료 압축 방법. 만약 어떤 영상이 무손실 알고리즘으로 압축되고 풀린다면 압축을 푼 영상은 원래의 영상과 일치한다.

**Lossy Compression 손실 압축** 압축 후 복원하는 과정에서 원시 영상을 손상시키지만 압축률이 높다.

**Lossy Encoding 손실 인코딩** 압축 과정에서 정보가 손실되는 자료 압축 방법. 손실된 정보는 복구될 수 없다. 원래의 영상과 압축되었다가 압축을 푼 영상의 차이는 감지되거나, 감지되지 않을 수도 있다. 전형적으로, 손실 압축은 정보의 손실이 많을수록 압축률은 더욱 증가한다. 영상의 질과 압축률 사이에는 서로 장·단점이 있다.

**Lot 로트, 획지** ① 한 번에 하나의 단위로 처리되는 물건 또는 작업량을 지칭하는 용어, 예를 들어 제품 생산을 위하여 한 번에 일괄적으로 주문하는 재료 및 부품의 단위 또는 제품의 품질 검사를 위하여 사용되는 최종 완성 제품의 단위 등이 하나의 로트가 된다. ② 택지가 될 수 있는 토지를 말한다.

**Lot Area 용지 면적** 노선의 경계선가지 양편에 여유를 가산하여 노선용지 폭을 결정하는 측량을 말한다.

**Lot Surveying 용지 측량** 용지의 수용 등에 관련된 용지의 범위를 나타내기 위하여 용지도를 작성하는 측량을 말한다.

**Love Wave 러브파(-波)** ① 탄성체의 표층에 이질적인 성질을 갖는 층이 있는 경우에 표층의 사이에서 발생하는 파를 말한다. ② 표면파의 일종으로서 파의 진행 방향과 수직인 횡파만으로 구성된 지진파를 말한다.

**Low Earth Obit(LEO) 저궤도** LEO(Low Earth Obit)를 참조.

**Low Earth Orbit Satellite 저궤도 위성** 지구 상공 500~1500km 궤도에서 운용되며, 주로 원격 탐사와 기상 관측에 이용된다.

**Low-frequency Filter 저빈도(低頻度) 필터** 영상이나 지도의 고빈도 상세정보를 완화하기 위한(de-emphasize) 래스터 영상 향상 기법이다.

**Low Frequency Kernel 저주파수 커널** 영상 내의 공간 주파수를 감쇄해주는 역할을 하는 커널로, 영상 내의 고주파수 요소를 감쇄시키고 저주파수 요소만을 살림으로써 부드러운 느낌의 영상을 만들어 준다. 또한 이 방법은 영상 내에 존재하는 여러 가지 노이즈 요소를 감소시켜주는 역할도 하기 때문에 자주 이용되는 필터링 방법이다.

**Low Latency 저지연성** 스마트 등으로 서비스를 이용할 때 실행과 반응 속도가 지연되지 않음을 의미한다.

**Low Level Language 저급 언어** 기계어 상에서 컴퓨터 프로세서와 직접적으로 통신하는 것을 허락하는 프로그래밍 언어를 지칭한다. 종종 이진이나 16진수 코드를 사용하고 컴퓨터 메모리의 구조나 기본적인 프로세싱 명령어에 대한 세부적인 지식을 요구한다. 오늘은 극소수의 컴퓨터 사용자들이 그래픽 사용자 연계(GUI)를 가지는 응용프로그램을 이용해서 컴퓨터를 관리하는 대신에 고급이나 저급언어를 선택한다.

**Low Level Programming Language 저급 프로그래밍 언어** 컴퓨터 프로그래밍에서 기계어나 어셈블리어 등과 같이 컴퓨터의 CPU에 의해 수행되는 절차를 정확하게 기술하는 언어이다.

**Low Noise Amplifier(LNA) 저잡음 증폭기** LNA(Low Noise Amplifier)를 참조.

**Low Pass Filter 저역 통과 필터** 고주파 성분 또는 잡음을 제거하기 위해 디지털 영상 처리에서 사용되며, 부드러워진 영상의 결과로 나타난다. 저역 통과 필터는 보통 이동 평균 또는 중간치 접근에 기반된다. 둘 중에서 중간치는 이동 평균 필터와 달리 유도된 영상이 원래의 영상값을 구성하기 때문에 우위에 있는 것으로 고려된다.

**Low Speed Modem 저속 모뎀** 주로 전용 회선 방식으로 1,200bps 전송 속도를 갖는다.

**Low Tide 간조(干潮), 저조(低潮)** 조석의 승강작용 중 바닷물이 가장 많이 빠졌을 때를 말한다.

**Low Water 간물 때, 저조** 하루에 2번 조수가 빠져 수면이 가장 낮아진 상태를 말한다. Low Tide를 참조.

**Low Water Equinoxial Spring Tide 춘추분 대저조점** 춘추분의 대조 때의 저조면이며 최저 저조면이다. 항만의 기준면은 가장 수심이 낮을 때를 알아야할 필요에서 이것을 채용하고 있다.

**Low Water Interval(LWI) 저조 간격(低潮間隔)** LWI(Low Water Interval)를 참조.

**Low Water Level(LWL) 저수위, 간조면** 간조시의 해수면을 말한다. LWL(Low Water Level)를 참조.

**Low Water Level Ordinary Neap Tide 소조 평균 저조면** 소조에 의한 저조면의 평균치를 말한다.

**Low Water Level Ordinary Spring Tide 소조 평균 저조면** 대조 때의 저조위(低潮位)를 몇 년에 걸쳐 평균한 높이의 해수면을 말한다.

**Lower Clamp Screw 하부 고정 나사(下部 固定 나사)** 하부가 움직이지 않도록 조이는 나사를 말한다.

**Lower Culmination 하 통과** 지구의 자전에 따라서 모든 별은 하루 사이에 2번 자오선을 지나게 된다. 그 중에서 아래쪽을 지나는 것을 말한다.

**Lower High Water 낮은 고조, 저고조(低高潮)** 평균 수위보다 낮은 수위를 말한다.

**Lower Low Water 낮은 저조, 저저조(低低潮)** 하루의 간조 가운데 낮은 때를 말한다.

**Lower Motion 하부 운동(下部 運動)** 복측형 트랜싯의 두 평행반 가운데 아래쪽에 있는 것을 말한다.

**Lower Oblique Photograph 저경사 사진** 광축이 연직선 또는 수평선에 경사지도록 촬영한 경사각 3° 이내의 사진에서 지평선이 나타나지 않는 경사사진을 말한다.

**Lower Plate 하반** 복층형 트랜싯에서 수평 눈금반이 달려있는 부분이다.

**Lower Tangent Screw 하부 미동 나사** 복축형 트랜싯에서 하부 고정 나사를 조이고, 상하반의 관계위치를 미량으로 움직이기 위한 나사이다.

**Lower Tightening Screw 하부 고정 나사(下部 固定 -)** 복축형 트랜싯에서 하반을 연직 축에 고정하는 나사이다. 배각 관측을 할 때나 눈금반의 위치를 변환할 때 등에 사용한다.

**Lowest Astronomical Tide(LAT) 최저극 천문조** LAT(Lowest Astronomical Tide)를 참조.

**Lowest Low Water Level(LLWL) 최저수위, 최저 저조면** LLWL (Lowest Low Water Level)를 참조.

**Loxodrome 항정선(航程線)** Rhumb Line, Loxodromic Curve를 참조.

**Loxodromic Curve 항정선(航程線)** Rhumb Line, Loxodrome를 참조.

**LPG(Liquefied Petroleum Gas) 액화 석유가스** 주성분은 프로판과 부탄이며, 원유 정제시 나오는 탄화수소를 비교적 낮은 압력으로 가하여 액화시키면 부피가 1/240~1/280로 줄어들어 저장·수송·취급에 편리하게 된다. 주로 자동차 연료용에는 부탄을 사용하고, 가정용 연료용에는 프로판을 사용한다.

**LPR(License Plate Recognition) 차량 번호판 인식** [영상] 차량번호판을 자동으로 인식·판독하는 장치를 말한다.

**LRIS(Land-Related Information Systems) 토지 관계형 정보체계** 지형적인 연결성, 비시설물들, 토지 기반 정보를 관리하기 위한 컴퓨터 기반 체계를 말한다.

**LSA(Land Suitability Analysis) 토지 적성평가** 지속 가능한 국토개발과 환경 친화적인 국토건설을 위해 제정된 국토도시계획법은 공간계획체계의 일원화를 도모하였고, 종전의 도시계획구역을 전체 행정구역으로 확대하여 모든 국토를 도시계획 기법으로 관리할 수 있도록 하였다. 그리고 새로운 법의 이념을 실천하기 위해서는 새로운 계획수단이 필요하다는 점을 인식하였고 그 수단의 하나로 토지적성평가 제도가 도입되었다. 토지적성평가 제도는 토지를 보전할 지역과 개발할 지역으로 구분하고 관리지역의 세분, 용도지역의 변경, 도시계획시설결정이나 지구단위계획과 같이 사업을 추진하기 위한 경우에 개발여부의 결정 등 도시관리계획의 수립여부의 기초 자료로 사용하기 위해 도입된 제도이다. 토지적성평가는 전 국토의 "환경 친화적이고 지속 가능한 개발"을 보장하고 개발과 보전이 조화되는 "선 계획-후 개발"의 국토이용 체계를 구축하기 위하여 각종 토지이용계획이나 주요시설의 설치에 관한 계획을 입안하고자 하는 경우에 필요하다. 즉, 토지의 환경생태적·물리적·공간적 특성을 종합적으로 고려하여 개별토지가 갖는 환경적·사회적 가치를 과학적으로 평가함으로써 보전할 토지와 개발할 토지를 체계적으로 판단할 수 있도록 계획을 입안하는 단계에서 실시하는 기초조사로 활용된다. 토지적성평가의 종류는 관리지역을 보전관리지역·생산관리지역 및 계획관리지역으로 세분하는 등 용도지역이나 용도지구를 지정 또는 변경하는 경우와 일정한 지역·지구 안에서 도시계획시설을 설치하기 위한 계획을 입안하고자 하는 경우에 실시하는 평가체계 I 과 도시개발사업 및 정비사업에 관한 계획 또는 지구단위계획을 수립하는 경우에 실시하는 평가체계Ⅱ로 구분하여 정하고 있으며 각각의 세부시행목적과 수행절차는 다음과 같다. (1) 평가체계 I : 관리지역을 법 부칙 제8조의 규정에 의하여 보전관리지역·생산관리지역 또는 계획 관리지역으로 세분하는 경우. (2) 평가체계Ⅱ : 가. 용도지역·용도지구를 지정하거나 변경하기 위한 계획을 입안하는 경우. 다만, 세부 용도지역 지정이 수반되는 경우 평가체계 I 을 적용할 수 있다. 나. 도시계획시설을 설치·정비 또는 개량하기 위한 계획을 입안하는 경우. 다. 도시개발사업 또는 정비사업에 관한 계획을 입안하는 경우. 라. 지구단위계획구역을 지정·변경하거나 지구단위계획을 입안하는 경우 등이다.

**LSF(Line Spread Function) 선 분포함수** 세밀한 비간섭성 물체에 조명된 슬릿(slit)과 같은 선광원에 의해서 결상 광학계와 사진감광재료 등에 형성된 상의 강도분포를 나타내는 함수를 말한다.

**LSI(Large Scale Integrated Circuit) 고밀도 집적 회로** 일반 집적회 IC보다 집적도를 한층 높여 1개의 IC 속에 1만개 정도의 트랜지스터 및 컨덴서 등의 소자를 집적시킨 회로이다. 컴퓨터의 CPU(중앙처리장치)나 대규모 메모리 등이 여기에 속한다.

**LTE(Long Term Evolution) 엘티이, 롱 텀 에벌루션** 비동기 방식 이동통신 표준화 단체인 3GPP(3rd Generation Partnership Project)에서 추진하는 4세대 이동통신 명칭이다. 3세대 이동통신(IMT)보다 5배정도 빠른 것으로 추산된다. LTE를 이용하면 영화 한 편을 2분 만에 스마트폰으로 내려 받을 수 있고, 영상 통화는 기존 서비스보다 8배나 선명한 화질을 제공한다. LTE란

3G에서 장기적으로 진화한 기술이라는 뜻이다.

**LTP(Local Tangent Plane Coordinate System) 현지 접평면좌표계** 좌표는 북, 동, 높낮이로 제공된다. 북은 도나 라디안으로 동도 동일한 단위이고, 높낮이는 WGS84에 의해 미터로 높이가 결정된다.

**Lugeon Test 수압시험** 수압시험은 수압을 이용하여 절리를 포함한 암반의 투수성을 시험하는 방법으로 공경 46~66mm정도의 시추공에 압력 $10kg/cm^2$로 주수한 경우 주입 길이 1m당의 주입량을 리터 단위로 나타낸 것을 루전(Lu)이라고 한다.

**Lumen 루멘** Lumen은 빛의 속도(광속)를 나타내는 단위이다. 1루멘은 광원이 1칸델라의 광도로 1스테라디안의 입체각으로 빛을 내는 총 광량이다. 즉, $1\,lm = 1\,cd \cdot sr = 1\,lx \cdot m^2$

※ 칸델라 : 광도의 단위, 1칸델라는 1촉광(candlepower : 촛불 1개의 밝기)과 거의 같다. 1촉광을 광속으로 표시하면 $4\pi$(≒12.57)lumen이 된다.

※ 스테라디안 : 스테라디안(기호 sr)은 반지름이 r인 구의 표면에서 $r^2$인 면적에 해당하는 입체각이다. 구 전체의 입체각은 $4\pi$ sr이 된다.

**Luminance 휘도(輝度)** 한 방향에서 본 물체의 밝기이다. 주로 디스플레이 화질 평가에 사용되는 요소 중 하나이다. 조도(Illuminance)가 단위 면적당 얼마만큼의 빛이 도달하는가를 표시한다면, 휘도(Luminance)는 어느 방향에서 얼마만큼 밝게 보이는가를 말한다. 즉, 빛이 비춰진 면적의 광도를 눈에 보여진 면적으로 나눈 값을 휘도라 한다. $B = \frac{I}{A}\,[\frac{cd}{m^2}]$

여기서, I는 광도(Luminous Intensity), A는 빛이 비춰진 면적이다.

단위는 $cd/m^2$를 사용하며 nit(니트, 약자 nt)라고도 한다. 휘도가 높다는 것은 외부 광원에 강하다는 것으로서, 밝은 매장이나 창문이 넓은 거실과 같은 곳에 TV를 설치할 경우 휘도가 높아야 더 잘 보인다. Luminous Flux, Luminous Intensity를 참조.

**Luminous Flux 광속(光束)** 광원으로부터 나오는 모든 빛의 총량을 나타낸다. 광원이 빛을 발할 때 발생하는 모든 방향의 빛을 합한 값으로서 단위는 루멘(Lumen, lm)을 사용한다. 광원의 출력량을 Watt로 표시하지 않고, Lumen으로 표시하는 이유는 인간의 눈이 파장에 따라 서로 다르게 감응하기 때문이다.

한편, 전등효율 $\eta = \frac{F}{P}\,[\frac{lm}{W}]$.

여기서, F[lm]는 (총)광속이며, P[W]는 소비전력이다. 형광등의 경우 70lm/W, 백열등은 10lm/W의 효율을 지니고 있는데, 이는 전등효율(전력량 대비 광속)이 큰 형광등은 백열등에 비해 효율이 좋은 만큼 많이 사용되고 있다. Luminous Intensity, Illuminance, Luminance를 참조.

**Luminous Intensity 광도(光度)** 빛의 방향에 수직한 면을 통과하는 빛의 양을 말하는 것으로서, 단위면적을 일정 시간동안 통과하는 광속의 크기에 따라 광도를 결정한다.

일반적으로 광원은 광속(Lumen)을 여러 방향에 서로 다른 강도로 방사한다. 이 중 어떤 입체각 안에 포함된 광속을 광도라고 한다. 이는 특정 방향에서의 가시광선의 강도라고 표현할 수 있다.

즉, $I = \frac{F}{\omega}$ [cd]

여기서, I는 광도(Luminous Intensity), F는 광속(Luminous Flux), $\omega$는 입체각(solid angle)이다. 광도의 단위는 칸델라(촉, Candela, cd)로 1스테라디안 당 나오는 빛의 세기를 의미한다. 2차원에서의 각은 라디안, 3차원의 입체각은 '스테라디안'이라 한다. 1cd(촉, Candela)는 촛불 1개가 1m 거리 떨어진 $1m^2$ 범위에서 측정된 가시광선의 강도를 의미한다. Luminous Flux, Illuminance, Luminance, Steradian 참조.

**Lump Sum 일괄 도급 계약** 계약자가 모든 서비스를 계약에 의해 결정된 그 액에 수행하는 것에 동의하는 것이다.

**Lunar Day 태음일** 달이 관측자의 자오선에 정중하고부터 다시 정준하기까지를 1태음일이라 한다.

**Lunar Eclipse 일식** 지구가 달과 태양 사이에 위치하여 달의 일부 또는 전부가 지구의 그림자에 가려져 지구에서 본 달의 밝은 부분이 일부 또는 전부가 어둡게 보이는 현상이다.

**Lunitidal Interval 월조 간격** 고조 간격과 저조 간격을 통칭하는 말로서, 장소와 날짜에 따라 달라진다.

**LUNR(Land Use and Natural Resource Inventory)(State of New York)** 뉴욕의 초창기 GIS를 말한다.

**LURIS(Land Use Regulation Information System) 토지이용규제 정보시스템** 개별 토지에 지정되어 있는 각종 지역·지구는 여러 개별법 또는 지자체 조례에 의하여 다양한 형태로 정의되어 있고 복잡다단한 행위제한 내용을 포함하며, 하나의 토지에 여러 지역 지구가 중첩 지정됨에 따라 그에 따른 행위규제가 복잡하게 얽혀 있다. 일반 국민은 자신이 소유한 토지에 규제된 내용을 파악하기 곤란하고 토지이용 및 개발 행위 시에 수반되는 행정절차와 필요서류 등을 확인하기 어려움에 따라 일선 행정기관에서는 이와 관련한 민원 및 문의가 다수 발생하고 있다. 이처럼 국민의 서비스 요구수준이 확대됨에 따라 토지정보 인프라 확보에 따른 정보화기반이 조성이 요구되고 전문가 시스템 등의 복합적인 정보 서비스 기술의 발전이 요구되고 있다. 담당 공무원도 행위규제에 관한 법률적 관계 및 법조문을 파악하고 이해하는데 많은 어려움을 겪고 있으며 토지의 공간적 위치, 주변 환경, 지정된 용도지역·지구에 따라 규제의 내용이 다르기 때문에 행정기관에서 개발행위 가능여부를 판단하는데 여러 관련부서의 검토를 거치면서 검토과정이 장기간 소요되고 있다. 따라서 토지이용규제에 대한 서비스의 질을 향상시키기 위한 방안으로 복잡하고 다양한 토지이용 관련 규제내용과 절차를 체계적으로 유형화하여 데이터베이스로 구축하고 이를 활용하여 공무원 및 민원인이 손쉽고 편리하게 토지이용규제정보를 활용할 수 있는 정보시스템으로서, 대민서비스의 개선을 통해 토지의 행위규제사항 파악, 각종 개발행위의 인허가 절차 파악이 용이해지며 사전검토를 통한 시행착오 및 관공서 방문횟수가 감소할 수 있다.

**LUT(Look-Up Table) 룩업 테이블** 자료를 다른 형태로 변환시키기 위한 컴퓨터 프로그램이 빠른 시간 내에 접근이 가능하도록 만들어진 자료의 대역. 각 레코드에 대해 특정 값을 대응시키는 키와 그에 관한 정보를 갖고 있는 표를 말한다. 영상값을 표시값으로 사용하기 위해 수치영상 처리에서 사용되는 테이블이다.

**Lux 룩스** 빛의 감도를 측정하는 단위로서, 1 lx(lux)는 1 lm(lumen)의 광속이 평방미터의 면적에 균일하게 비추일 때를 말한다. 즉, $1\,lx = 1\,lm/m^2$.

**LVES(Overload Vehicle Enforcement Service) 과적 차량 단속 서비스** 도로에서 주행 중인 화물차량을 정지시키지 않고 주행 중에 자동으로 계중하여 과적일 경우 이를 단속하여 운전자와 관련 기관에 해당정보를 제공하는 서비스이다.

**LWI(Low Water Interval) 저조 간격(低潮間隔)** 한 관측지에서 달이 그 지점의 자오선(meridian)을 통과한 후 저조가 될 때까지의 시간을 말한다.

**LWL(Low Water Level) 저수위** 하천의 수위 중에서 1년 중 275일간은 이보다 내려가지 않는 수위를 저수위라 한다.

**Lyme Disease 라임병** 커네티컷, 올드라임(Old Lyme)에서 처음으로 발견된 인간의 질병으로, 증상은 원형의 붉은 발진, 관절통, 독감 증상, 그리고 더 심한 손상이 있다.

**Lytro Camera 라이트로 카메라** 라이트로 카메라는 촬영 후에도 원하는 곳에 초점을 맞출 수 있는 기능을 가지고 있다.

**LZW(Lempel-Ziv-Welch Algorithm) 렘펠 집 웰치 알고리즘** 중복되는 패턴들을 도표나 디렉토리에 저장하는 손실 자료 압축 알고리즘이다.

**M2M(Machine to Machine) 엠투엠, 사물 통신** 사물 간 센싱, 제어, 정보교환 및 처리가 가능한 기술을 일컫는다. M2M은 사물인터넷(Internet of Things, IoT)과 혼용하여 사용하고 있다. 그러나 M2M과 사물인터넷의 차이를 구분하면 (1) M2M은'기계' 중심의 연결을 의미하나 사물인터넷은 '환경' 중심의 연결을 의미하는 것으로 해석할 수 있다. M2M에서는 기계가 사물 간의 연결을 매개하는데 반하여 사물인터넷에서는 사람과 사물을 둘러싼 환경이 그 연결주체가 됨으로써 확대된다는 것을 의미한다. (2) 연결의 능동성 여부란 정보생성 및 공유과정에서 주체의 능동성 보유 여부를 뜻한다. M2M은 수동적으로 기계가 정보를 수집하고 가공하여 인간에게 전달하였다면, 사물인터넷에서는 모든 사물이 스스로 정보를 생성하고 가공하는데서 나아가 공유하고 사람과 상호작용하는 지능적인 역할까지를 수행할 수 있다. (3) 연결의 정도란 사물간의 연결이 단순한 통신을 위한 연결인가 나아가 소통과 교감하는 수준까지가 가능한가에 대한 논의라 할 수 있다. M2M에서는 사람과 사물 간 연결은 되어있으나 그 연결의 정도는 통신에 불과한 수준에 그치는데 반하여, 사물인터넷에서는 사물이 사람의 주변 환경을 인지하고 정보를 생성, 공유함으로써 소통과 교감, 즉 상호작용이 가능해진다는 것을 의미한다. (4) 연결 방식이란 기술적인 측면에서 M2M과 사물인터넷의 사물 간 연결 시 사용되는 통신방식이 무엇인가를 기준으로 M2M과 사물인터넷을 나누는 방식이라고 할 수 있다. 그 차이점은 M2M은 유·무선 네트워크를 사용하는 개념인데 반하여 사물인터넷은 공공 혹은 민간의 IP(Internet Protocol)을 사용하는 것이라 할 수 있으며, 특히 M2M이 무선통신을 넘어 인터넷에 적용될 때 사물인터넷으로 변모한다고 보는 관점도 존재하였다. 이 외에도 M2M과 사물인터넷의 차별적 특성은 그 개념의 범위와 확장가능성에 따라서 구분이 된다는 논의도 존재하였는데, 이는 M2M은 하나의 '기술'인데 반하여 사물인터넷은 '환경 혹은 서비스'로 정의가 가능하다는 것이다. 다시 말하면, M2M은 하나의 기술로써 존재하며 M2M을 통하여 사물 간 센싱, 제어, 정보교환 및 처리가 가능하게 되고 이 기술이 활용되는 서비스가 사물인터넷이다. Internet of Things(IoT), Industrial Internet 참조.

**MAC(Master Auxiliary Concept) 주·부 기준국 개념** 기준국 네트워크로부터 연관된 모든 보정 데이터를 전파, 그리고 비전파 데이터의 차이값으로 모호정수 수준을 나타내는 매우 간결한 데이터 형식으로 로버에 전송하는 것이다.

**MAC(Media Access Control) 매체 접근 제어** 매체 접근 제어는 자원의 보안 등급과 영역을 기준으로 수직적·수평적 접근 규칙을 시스템 차원에서 설정해 쓰는 형태를 가리킨다. 주로 군이나 정부기관 등 보안 정보를 다루는 기관에서 쓰고 있다.

**Mac Paint 맥 페인트** Mac 파일은 매킨토시에서 비트맵 영상을 다루기 위해 만든 파일 형태로, 만든 회사는 Apple Computer Inc에서 만들었다. Mac-Based 어플리케이션에서 쓰이며, 장점으로는 매킨토시 체계에서 유용하게 쓰이고 구현이 간단하다. 단점은 1비트의 흑과 백만 쓸 수 있으며, 영상의 크기도 720×576으로 제한된다.

**Mach Band Effect 마흐 밴드 효과** 시각 시스템에서 서로 다른 밝기 값을 가지는 경계선을 약화시키는 효과를 말한다.

**Machine Language 기계어(機械語)** 컴퓨터가 직접 판독할 수 있는 2진 숫자로 표기되는 언어로서, 프로그래밍 언어 중 기본이 되는 언어를 말한다.

**Machine Learning 기계 학습** 말한다. 가령, 기계 학습을 통해서 수신한 이메일이 스팸인지 아닌지를 구분할 수 있도록 훈련할 수 있다. 인간은 학습(Learning)할 수 있기 때문에 자신의 지식을 계속적으로 확장시켜 나갈 수 있다. 이러한 지적능력은 인간을 다른 생물과 구별시키는 아주 중요한 요소들 중의 하나이다. machine learning은 궁극적으로 인간의 이러한 학습능력을 컴퓨터에 구현하고자 하는 시도이다. Machine Learning을 구현하는 방법은 신경망(Neural Network), 데이터 마이닝(Data Mining), 의사결정 트리(Decision Tree), 유전알고리즘(Genetic Algorithm), 사례기반 추론(Case Based Reasoning), 패턴 인식(Pattern Recognition), 강화 학습(Reinforcement learning) 등이 포함된다. Machine learning은 경험을 통해서 자동적으로 컴퓨터 알고리즘을 발전시키는 것에 관한 연구로서, 엄청난 데이터에서 일반적인 규칙을 발견하는 데이터마이닝 프로그램에서부터, 자동적으로 사용자의 관심사항을 배우게 되는 정보 filtering system까지 그 응용은 광범위하다.

**Machine Readable 기계 판독 기능** 컴퓨터 체계에서 그 내용과 의미를 직접 판독하고 해독할 수 있는 속성을 지칭하는 용어이다.

**Machine to Machine(M2M) 사물 통신, 엠투엠** M2M(Machine to Machine)을 참조.

**Machine Vision 기계 시각** 생산 환경의 제어를 위해 획득된 영상을 처리하는 기술을 말한다.

**MACRES(Malaysian Centre for Remote Sensing) 말레이시아 원격 탐사 센터** 1988년 8월에 설립되었으며, 1990년 7월에는 17개 분야의 전문가와 지원팀이 결성되어 완전한 기능을 수행하게 되었다. 자원과 환경 관리, 전략 및 계획 수립 등 원격 탐사 관련 기술들의 응용 분야에 관한 연구를 실시하고 있다. 크게 개발 부서, 운영 부서, 정책 및 자금 관리 부서로 나누어져 있으며, 9개의 하부 조직으로 구성되어 있다.

**Macro 매크로, 모듬(명령)** 일련의 명령어를 반복하여 자주 사용할 때, 개개의 명령어를 일일이 사용하지 않고 하나의 키 입력으로 원하는 명령군을 수행할 수 있도록 한 문자(text)파일이다. 매크로는 자주 사용하는 명령이나 복잡한 처리 과정에 사용하기 위해 만들어진다.

**Macro Command 매크로 명령** 특수한 파일에 놓여져 있으며, 특별한 명령어를 지명하여 인출할 수 있는 명령어들의 집합이다. 이것을 이용하게 되면 입출력 장치의 제어가 간단하게 된다.

**Macro Lens 접사 렌즈, 마크로 렌즈** [영상] 접사를 목적으로 하는 렌즈로서, 보조용구 없이도 23~24cm의 자리에서 화상배율 0.5까지 클로즈업할 수 있다. 서류나 책의 부분적 복사 등에 유리하다. 작은 물체의 세계를 클로즈업해서 시각화하는 창작적 목적에 쓰이기도 한다. 엄밀히 말하면 접사사진(macrophotography)은 영상의 크기가 실물과 동등한 사진(1 : 1)으로부터 영상이 실물보다 10~20배 큰 사진(20 : 1, 그 이상은 현미경사진)을 촬영하는 기술적 사진을 말한다. 접사 촬영시 피사계심도가 극도로 얕아지기 때문에 흐린 날의 경우 F4~5.6, 맑은 날의 경우 F8~11정도로 조여 주는 것이 적당하다. 마크로 렌즈는 비교적 다양한 초점거리를 가진 것들이 나와 있다.

**Macro Programming 매크로 프로그램 작성** 조합과 같은 복잡한 작업을 행하는 일련의 명령어를 생성시키는 작업, 일련의 명령어들은 서류철 형태로 저장되며 사용자 정의에 의해 실행된다.

**Macrotidal Range 대조차** 평균조차가 4m 이상인 경우를 말한다.

**Magic Number 마법수, 키워드** 특수한 목적에 의해 특정 값을 가지는 어떤 숫자를 말한다.

**Magma 마그마, 암장(岩漿)** 식어서 화성암을 형성하는 용융된 암석 물질을 말한다.

**Magnetic 자침** 자북방향을 가리키는 침으로서 자력을 지닌 가늘고 긴 자력망으로 만든다.

**Magnetic Anomaly 자기이상** 관측 자기장의 값으로부터 계산된 자기장의 값을 뺀 값을 말한다.

**Magnetic Azimuth 자북 방위(磁北 方位)** 자북 방향을 기준으로 한 방위각으로서 일반적으로 자북과 진북은 일치하지 않기 때문에 자북 방위각에서 진북방위각을 구하려면 자기편차를 더해 주어야 한다.

**Magnetic Card 자기 카드** 3×7인치 크기의 플라스틱 카드에 자성 피막을 하고 이것에 정보를 자화시켜 기록한 것. 자기 테이프의 고밀도 기록의 특징을 살리되 호출 시간이 긴 결점을 제거한 것을 말한다.

**Magnetic Declination 자침 편차(磁針 偏差)** 진북방향을 기준으로 한 자북방향의 편차를 나타내는 것으로 자북이 동편일 때는 + 값을, 서편일 때는 − 값을 가지며 우리나라에서는 일반적으로 4°~9°W이다. Declination 참조.

**Magnetic Detection Method 자기 탐사법** 지구내부 자장의 공간적 변화를 관측하여 지하의 자성체 분포를 탐사하는 기법으로 지층의 전기적 성질의 차이(지표의 전위 분포, 전기저항 분포)를 관측하여 지층상황을 탐사하는데 적합한 방법이다.

**Magnetic Dipole 자기 쌍극자** 지구자기장은 지구 중심에 지구 회전축과 평행하게 놓여 있는 쌍극자에 의한 자기장과 유사하다는 것으로, 이 쌍극자를 지구중심축 쌍극자(geocentric axial dipole)라 한다. 그러나 실제의 현재 지구자기장(present geomagnetic field)은 지구중심축 쌍극자에 의한 자기장에 비해 복잡하다. 관측자료의 분석에 의하면 자기모멘트가 약 $8 \times 10^{22}Am^2$이고, 그 축이 지구의 지리적인 축(geographical axis)과 약 11.5° 기울어져있는 자기쌍극자(magnetic dipole)가 지구 중심에 위치하여 있을 경우, 이 자기쌍극자에 의한 자기장이 실제 관측된 지구자기장과 가장 적절하게 일치한다. 이러한 자기쌍극자를 "최적 중심쌍극자(best-fitting geocentric dipole)" 또는 "최적쌍극자(best-fitting dipole)"라고 한다. 최적 중심쌍극자의 축이 지구 표면과 만나는 점을 "지자기 극(geomagnetic pole)"이라 하고, 지구 중심에서 최적 중심쌍극자 축에 수직인 면이 지구 표면과 만나는 선을 "지자기 적도(geomagnetic equator)"라고 한다. 지자기 적도는 지리적 적도와 일치하지 않으며, 지자기 적도를 기준으로 북반구에서는 양의 복각을 남반구에서는 음의 복각을 갖는다. 현재의 지자기 북극(geomagnetic north pole)은 79.3°N, 71.5°W에, 지자기남극(geomagnetic south pole)은 79.3°S, 108.5°E에 위치한다. 그러나 실제로 복각값이 ±90°로 관측된 지점은 지자기극과 일치하지 않으며, 이점을 자극(magnetic pole) 혹은 경사극(dip pole)이라 한다. 북자극과 남자극은 각각 약 79.0°N, 105.1°W와 64.7°S, 138.6°E에 위치하여, 지구 중심에 대하여 서로 반대에 위치하고 있지 않다. 지구자기장이 최적 중심쌍극자에만 기인한 것이라면 지자기극과 자극의 위치가 일치할 것이다. 그러나 두 자극의 위치가 일치하지 않는 것은 실제 지구자기장이 최적쌍극자에 의한 자기장 이외의 다른 영향이 있음을 의미한다. 쌍극자를 지구 중심이 아닌 지점에 위치시키면, 이에 의한 자기장이 지구 중심에 위치한 최적쌍극자보다 지구자기장과 잘 일치한다. 이러한 쌍극자를 "최적 편심쌍극자(best-fitting eccentric dipole)" 혹은 "편심쌍극자(eccentric dipole)"라 하며, 최적 편심쌍극자는 지구 중심에서 북서 태평양 방향으로 약 500km 떨어진 지점에 위치한다. Geomagnetic Pole을 참조.

**Magnetic Disk 자기 기록판** 플라스틱 또는 금속으로 구성된 동그란 원판 위에 자성 물질을 얇게 자막으로 입히고, 이러한 자막 위에 자기적인 속성에 따라 정보를 기록하고 판독할 수 있도록 구성된 기억 매체를 말한다.

**Magnetic Exploration(Method) 자력탐사(磁力探査)** 자력탐사는 지구 외핵 내의 유체운동으로 생성되는 지자기장 혹은 그 성분을 측정함으로써 지하 유용 광물을 확보하거나 지질구조를 규명하고 지반조사, 유적탐사, 자원탐사 등에 활용하는 물리탐사 방법이다. 암석의 조암광물 중 자철광 같은 자성 광물은 지자기장에 의하여 자화되는데, 그 세기는 암석의 성분과 암층의 구조에 따라 달라진다. 단층, 파쇄대 등의 구조에 의한 대자율의 차이는 그 구조의 존재와 발달양상을 인식할 수 있도록 하고 퇴적암과 기반암의 대자율 차이는 상부 퇴적암의 두께와 하부 기반암의 형상을 파악할 수 있게 한다.

1600년 William Gilbert에 의하여 지자기장과 자석에 대한 이론적 체계를 갖추었으며, 1870년 Thalen과 Tiberg가 자력 측정기기를 고안함으로써 근대적인 자력탐사가 시작되었다. 자력탐사가 광물자원 탐사에 이용될 수 있을 정도의 정밀도와 신뢰도를 가질 수 있었던 것은 2차 세계대전 동안 플럭스게이트 자력탐사기가 개발되고 항공기를 이용한 탐사가 가능해진 이후이다. 2차례의 세계전쟁을 치른 후, 에너지와 광물자원의 수요가 급격하게 증가하였고 핵자력계, 세슘자력계 등 정밀도와 편의성이 향상된 자력탐사 기기가 개발됨으로써 자력탐사 기술은 크게 향상되었다. 20세기 말에 이르러 등장한 PC는 자료처리, 해석, 영상화 등 탐사기술 전반에 걸쳐 크게 발전시켰다.

자력탐사는 신속, 간편, 저렴한 탐사법이며, 비접지식 탐사이므로 자동차, 항공기, 배, 인공위성 등에 탑재하여 탐사할 수 있으며, 광역 지질구조 규명에서 소규모 천부 토목, 환경 문제까지 다양하게 적용할 수 있고, 인공 잡음에 비교적 강하다는 등의 장점이 있는데 반해 수직 구조는 분해하기 어렵고, 해석의 비유일성이 강하다는 단점이 있다. 자력탐사는 철광석 등의 광물자원을 직접적으로 탐사하는데 이용될 수 있을 뿐 아니라 배사구조, 단층, 파쇄대 등의 지질 구조를 파악함으로써 석유, 지열, 지하수 등의 지하자원의 탐사에 간접적으로 이용될 수 있다.

**Magnetic Meridian 자북 자오선** 자유로이 움직이는 자침이 가리키는 북 방향과 나란한 선을 말한다.

**Magnetic North 자북(磁北)** 자석의 바늘 또는 나침반이 북쪽을 가리키는 방향이 자북이고 경년 변화가 나타나고 있으며, 우리나라에서는 진북으로부터 서쪽으로 6°~7°기울어져 있다. 엄밀히 말하면, 지표상 각 지점에서의 자북은 다를 수 있으나 한 도엽 내의 평균 자침 편차를 표시하고 있다. Compass North를 참조.

**Magnetic Resonance Imaging(MRI) 자기공명 단층촬영장치** MRI(Magnetic Resonance Imaging)를 참조.

**Magnetic Secure Transmission(MST) 마그네틱 보안 전송**

MST(Magnetic Secure Transmission)를 참조.

**Magnetic Sensor 자기 감지기** 자계를 측정하는 센서. 극미약 자계의 측정이 가능한 초전도 양자 간섭 자속계로부터 강자계의 측정이 가능한 반도체 홀 소자에 이르기까지 각종이 있다. 통산 전류 센서 등과 조합되어 쓰인다.

**Magnetic Source Imaging(MSI) 자기 생성 영상** MSI(Magnetic Source Imaging)를 참조.

**Magnetic Storm 자기 폭풍(磁氣 暴風)** 지구외부 원인에 의하여 수시간전부터 2~3일간에 지구 자기가 갑자기 크게 변화하는 것을 말한다. 자기 폭풍의 발생 주기는 태양 흑점 주기 11년과 일치한다. 그리고 자기 폭풍의 원인은 태양 표면의 활동이 심해질 때 방출돼는 다량의 미립자인 양성자, 전자 등이 지구대기에 침입하기 때문으로 장거리 단파 통신에 지장을 초래한다.

**Magnetic Surveying 자기 측량(磁氣 測量)** 지자기의 방향과 자오선과의 각인 편각, 수평면과의 각인 복각, 자기장의 크기인 수평분력, 즉 지자기의 3가지 요소를 측량하는 것을 지자기 측량이라 한다.

**Magnetic Tape(MT) 자기 테이프** MT(Magnetic Tape)를 참조.

**Magnetic Tape File 자기 테이프 파일** 자기 테이프에 의한 파일을 말한다.

**Magnetic Variation 자기 편차** Magnetic Declination을 참조.

**Magnetic Water Gauge 자기 수위계** 저수지・배수지(配水池)의 수심이나 하천의 수위를 나타내는 장치를 수위계라고 하며, 부표를 띄우고 수위의 오르내림을 스스로 기록하는 장치를 자기수위계라고 한다.

**Magnetometer 자기(력)계** ① 지자기의 3요소를 관측하는 기계. ② 지하에 매몰된 철근과 같이, 지구의 자기장을 국부적으로 교란시키는 대상체를 찾아내는데 사용되는 지구물리탐사 기구를 말한다.

**Magnification 확대** 영상을 확대하는 작업을 말한다.

**Magnification of Lens 망원경 배율** 망원경에 의하여 확대되는 배율을 말한다.

**Magnifying Power 배율** 육안으로 볼 때보다 망원경에 의해 확대되는 율을 말한다.

**Magnitude 크기, 규모** 지진의 크기를 결정하는 기준, 일반적으로 지진파형의 기록기간 중에서 최대 지반운동에 지반으로부터의 거리에 따른 표준값을 보정한 후 이에 상용로그를 적용하여 결정한다. 보통 리히터(국지) 규모(M), 실체파 규모(mb), 그리고 표면파 규모(Ms) 3종류가 있다.

**Mahalanobis Distance 마하라노비스 거리** 영상 분류 동안 상이한 값들을 인식하기 위한 수치 영상 처리에서 사용된다. 그것의 수치 숫자(DN)값이 학습 표본의 평균에서 대단히 벗어난 영상소들은 높은 마하라노비스 거리를 보이므로, 등급 구성원의 유망성을 표현하는 가중치가 지정되거나 전적으로 등급에서 배제 될 수 있다. 정규 분포의 확률 밀도 함수 f(X)가 주어졌을 때, 분포의 중심에서 임의의 점 X에 이르는 확률적 거리를 말한다.

**Mailbox 편지함** 한 도메인의 메일 시스템에서 사용자에게 전달될 메일이 최종적으로 저장되는 장소로서, 각각의 편지 보관함을 말한다.

**Main Channel Length 유로 연장** 유역출구로부터 하천 시작점까지의 거리이고, 도달 시간과 첨두유량 발생 시간에 따라 크게 영향을 받는다.

**Main Channel Slope 본류 경사** 하천의 본류연장 만으로 계산한 경사를 말한다.

**Main Line 간선(幹線)** ① 주요 도시를 연결하고 교통의 동맥이 되는 도로나 철도로서, 기선(基線) 또는 본선(本線)이라고도 한다. ② 하수관망에서 여러 개의 지선이 연결되는 주(主) 하수관거로서, main sewer라고도 한다.

**Main Memory 주기억** 컴퓨터 체계의 중앙처리 장치로서, 프로그램 실행동안 자료나 프로그램 설명에 빠른 속도로 접근하도록 해준다. 마이크로 컴퓨터 산업에서 램은 주메모리 혹은 핵심 메모리를 위해 사용되는 용어이다.

**Main Memory Unit 주기억장치** 수행되고 있는 프로그램과 수행에 필요한 자료를 기억하고 있는 장치로서, 제어 장치 및 연산 장치와 직접 자료를 주고받을 수 있다.

**Main Rotor 주 로터, 주 회전익** [항공] 헬리콥터는 비행기 에어포일 형상과 같은 단면적을 가지는 로터 블레이드(rotor blade)의 회전을 통하여 플로펠러(propeller)와 같이 양력을 발생하여 비행을 하게 된다. 헬리콥터 역시 비행기에서 작용하는 4가지 힘, 즉 양력(lift), 무게(weight), 추력(thrust), 항력(drag)이 작용하며 양력은 무게를 지지하고 추력은 항력을 압도하여 요구하는 방향으로 비행하게 된다. 헬기는 큰 회전날개(main rotor, 주회전익)를 수직한 축 주위로 회전하는 원리로 상승 또는 추진력을 만들어 낸다. 즉, 관성 모멘트가 큰 주 회전익이 돌면서 큰 운동량을 가지게 된다. 양력과 추력의 합이 항력과 무게의 합보다 크게 되면 헬리콥터는 상승비행을 하고, 반대로 추력을 감소시켜 양력과 추력의 합이 항력과 무게의 합보다 작게 되면 헬리콥터는 하강비행을 한다.

**Main Scale 주척** 버어니어에 대하여 보통의 눈금을 새긴 원척을 말한다.

**Main Storage 주기억장치** 중앙 처리 장치에 의해 직접 통제되는 정보가 기억된 곳. 이곳에는 바이트나 워드 단위로 절대 번지가 부여되어 있고, 프로그램이나 자료는 절대번지에 의해 검색 및 수록된다.

**Mainframe 대형 컴퓨터** 회사 또는 기관 등과 같이 하나의 조직을 구성하는 모든 구성원들 사이에 공유될 수 있도록 대용량의 대량 처리 기능을 가지고 있는 대형 컴퓨터를 지칭하는 용어, 일반적으로 조직체 안에서 컴퓨터실이라고 불리는 특수 장소에 설치되어 있는데, 각각의 부서에 설치되어 있는 단말기를 통하여 입력되는 작업과 자료를 처리한다. 미니컴퓨터와 메인프레임간의 절대적인 차이는 없으나, 일반적으로 메인프레임이 미니컴퓨터에 비해 월등히 뛰어난 처리 및 저장능력을 가진 것으로 알려져 있다. 또한 이는 보다 많은 사용자를 지원하며 과도한 온라인 데이터베이스 작업(트랜잭션 처리)에 알맞은 특수 기능과 운영체계로 설계되었다.

**Mainstream Media 주요 미디어** 주요 인쇄와 방송매체를 가리키는 넓은 뜻의 용어이다.

**Maintenance 유지 보수** ① 시스템을 항상 최상의 운전 상태로 유지하기 위해 각 장치의 시험, 조정, 수리, 복구 등을 행하는 것. 이들 처리는 프로그램에 의해서 자동적으로 구성되는 경우와 보수자의 수조작으로 구성되는 경우가 있다. ② 프로그램이나 파일의 내용을 변경하는 것을 말한다.

**Maintenance and Update Frequency 유지 보수 및 갱신 주기** 자료군의 초판 완성 후 추가, 갱신 및 주기를 말한다.

**Maintenance Frequency 관리 빈도** 자료가 처음 만들어진 후 수정과 갱신, 삭제의 빈도를 말한다.

**Malaysian Centre for Remote Sensing(MACRES) 말레이시아 원격탐사 센터** MACRES(Malaysian Centre for Remote Sensing)를 참조.

**Mall Maps Austrailia 몰 맵스 오스트레일리아** 오스트레일리아 내 40여 개 쇼핑몰의 내부 지도를 제공한다. 지도에는 고객 위치를 기준으로 한 그 지역 쇼핑몰에 대한 정보, 층별 지도, 매장의 전화번호와 웹사이트 주소를 수록한 목록 등이 포함된다.

**Mall Maps Mobile 몰 맵스 모바일** 미국 전역의 쇼핑몰 목록이 담겨 있다. 목록에는 매장 주소록, 쇼핑몰까지 가는 도로 안내, 원터치로 연결되는 매장 전화번호 등이 첨부된다. 또한 연락처가 적힌 매장 목록 혹은 쇼핑몰 내부 배치도를 제공한다. 고객 위치 파악 기능은 없다.

**Malware 맬웨어** 바이러스 따위의 악의적이고 유해한 소프트웨어를 일컫는다.

**MAN(Metropolitan Area Network) 도시지역 통신망, 광역 종합통신망** 근거리통신망(LAN)과 원거리통신망(WAN)에 이은 도시지역 통신망을 말한다. 100km 이내의 도시권을 연결하는 통신망으로 일정 지역단위의 LAN이 대도시권으로 확장된 개념으로 보는 것이 보통이다. MAN은 이더넷이라는 핵심장비의 개발로 이미 기간망이 충분히 깔려 있는 대도시들을 하나의 권역으로 묶을 수 있게 되면서 새로운 데이터 전송 서비스로 각광받고 있다. LAN보다 큰 지역을 지원하며, 사용하는 하드웨어와 소프트웨어는 LAN과 비슷하지만, 연결 규모가 더 크다. MAN은 근처에 위치한 여러 건물이나 한 도시에서의 네트워크 연결로 구성할 수 있다. MAN을 위한 국제 표준안은 DQDB(Distributed Queue Dual Bus)로서, 이 규격은 전송 방향이 다른 두 버스로 모든 호스트를 연결하는 구조를 지원한다. DQDB의 특징은 (1) 분산 데이터 큐를 유지한다. (2) 데이터를 전송할 때 발생할 수 있는 충돌 문제를 해결하기 위해 슬롯 링 개념을 변형한 FIFO(First In First Out) 기반의 공유 슬롯 방식을 사용한다. (3) ATM(Asynchro nous Transfer Mode)과 호환이 가능하도록 53바이트의 프레임을 지원한다. WAN, LAN 참조.

**Man Machine Interface 사용자 기계 인터페이스** 사람과 기계, 특히 사람과 컴퓨터 사이에서 정보를 교환하는 방법, 예를 들어 키보드를 통하여 문장을 입력하고 화면에 나타나는 글을 통하여 정보를 전달받는 문자열 사용자 인터페이스가 있고, 화면에 그림을 통하여 정보를 표현하는 그래픽 사용자 인터페이스가 있다.

**Management 관리** [건설] 건설에 관련된 행정 행위를 가리키는 용어로서, 기획, 계획 및 설계, 시공, 입주, 사용 등의 전 과정에 관하여, 해당 행정 당국의 통제력을 확보할 수 있는 제도적 장치와 그 집행을 뜻한다. 각종 시설의 도입과 변경에 관한 절차를 명시하고, 시설이용에 대한 규정을 제정, 이를 집행하는 일련의 과정이기도 하다.

**Management Data File 관리자료 파일** 수치지도의 표준 자료인 정위치 자료 파일의 유지 관리를 목적으로 필요한 항목에 관해 정리하고 기록 매체에 기록한 파일을 말한다.

**Management Information System(MIS) 경영 정보 체계(經營情報 體系)** MIS(Management Information System)를 참조.

**Management of Data 자료 관리** 다양한 자료를 데이터베이스로 통합하며, 자료를 관리한다.

**Management Of Technology(MOT) 기술 경영** MOT(Management Of Technology)를 참조.

**Manhattan 맨하탄 거리** 이것은 격자를 기반으로 하는 측정 체계이다. 2개의 점들 간의 거리는 각 방향 직각의 거리나 격자 셀 수로 정의된다.

**Manhole 맨홀** ① 각종 목적을 위해 사람이 드나들 수 있도록 만들어 놓은 개구부, ② 암거, 상·하수관거, 보일러, 수조 등의 점검, 수리, 청소를 하기 위하여 사람이 출입하도록 고려된 구멍을 말한다. 또, 관로 중 기점, 합류점, 관 직경, 방향, 구배가 바뀌는 곳, 단차가 있는 곳 등에 설치한다.

**Manipulation and Analysis 조작 및 분석** GIS에서 조작 및 분석은 시스템의 사용자를 위한 가장 중요한 기능이다. 따라서 많은 사용자가 이 모듈이 GIS를 구성하는 전부라고 생각할 수도 있으나, 이것은 데이터베이스 내용에서 새로운 정보를 추출하는 기능을 수행하는 부분이다. 이 부분은 모듈화에 의하여 GIS에 적용 가능한 다른 자료 처리 및 분석 체계를 연계시킬 수도 있으며 GIS의 활용범위를 최대한 확장시킬 수 있는 부분이기도 하다. 일반적인 지형 처리는 바로 GIS의 조작 및 분석 부분을 말하는 것이다.

**Manipulative Operations 조작 처리** GIS의 조작 처리에는 표면분석과 중첩 분석의 2가지 자동 분석이 가능하다. 표면 분석은 하나의 자료층상에 있는 변량들 간의 관계 분석에 적용하며, 중첩 분석은 둘 이상의 자료층에 있는 변량들 간의 관계 분석에 적용된다.

**Manmade Feature 지물** 지표면의 도로, 철도, 시가지, 촌락 등 주로 인공적인 시설물을 말하며, 지형도상에는 일반적으로 그 수평면 형태만을 나타낸다.

**Manning Formula 매닝(평균유속) 공식** 거친 면의 관로 및 개수로 등 흐름의 평균유속 공식으로서, $v=\frac{1}{n}R^{2/3}I^{1/2}$. 여기서, v는 단면 평균유속, n은 매닝의 조도계수(Manning roughness coefficient), R은 경심, I는 동수구배이다. n이 차원을 가진다는 단점이 있으나, 식이 비교적 단순하고 유체역학에 의한 이론적인 뒷받침 때문에 현재 가장 널리 사용되고 있다.

**Mantissa 가수, 소수부** 대수에서의 소수 부분, 부동 소수점 수에서의 유효 숫자를 말한다.

**Mantle 맨틀** 지구의 고체부분 중 표층을 제외한 부분으로, 지표에서 깊이 30km의 모호로비치치 불연속면에서 지하 2,900km의 구텐베르크 불연속면까지의 사이이다. 지구 부피의 82%를 차지하며 철, 마그네슘, 규산염 등을 주성분으로 하는 암석일 것으로 추정한다.

**Manual 설명서** 어떤 하나의 제품 또는 소프트웨어 등에 대한 설치 방법에서 사용 방법, 문제점이 발견되었을 때 취할 수 있는 처방 등이 비교적 상세하게 기록되어 있는 제품에 대한 사용 설명서를 말한다.

**Manual Classification 수동 분류** 색조·색상·조직 구성·양상·형태·크기에 관한 항공사진 혹은 위성사진의 특색의 수동 식별(Identification)이다.

**Manual Digitizing 수동 수치 입력** 디지타이저에 의하여 입력하는 방법. 디지타이저에 부착시킨 입력 원고를 크로스 커서 등의 기기로 옮겨 다니면서 자료를 취득하는 방법으로, 도형의 한 점 한 점의 좌표값을 벡터 자료로 취득한다. 특히 도로·가옥·관로 등의 도형을 구분하여 입력한다. 디지타이저에 의한 입력은 시간이 많이 소요되지만 작업자가 그 내용을 판단하기 쉬우며, 다소 낡은 도면도 입력이 가능하다.

**Manual Editing 수동 편집** 자동 제도 장치 등에 의해 출력된 정위치 자료를 수작업에 의해 재편집하여 공공 측량 작업등에 준한 원도를 작성하는 방법을 말한다.

**Manual of Map Symbols 도식 규정** 지도를 제작하는데 있어서 모든 지형지물의 표시를 위한 기호 및 규정 등 일체를 통틀어서 도식이라 하고 이 도식을 규정화한 곳이 도식규정이다.

**Manual Stage Gauge 보통 수위표(普通水位計)** Ordinary Water Gauge를 참조.

**Manuscript 원도** 플로터 자료 파일의 내용을 소정의 지도 제작, 프로그램 및 자동 제도 장치를 이용하여 도식 적용규정에 따라 스크라이브 방식, 잉크펜 방식, 헤더 방식 등에 의해 자동 묘사하여 작성한 지형도를 말한다.

**Many-to-One Relate 다-대-일(多對一) 관계** 하나의 데이터베이스에 많은 레코드가 다른 데이터베이스의 하나의 레코드와 연결될 수 있는 데이터베이스 관계로서, 한 테이블 내의 여러 레코드가 다른 테이블의 한 레코드에 관련된 경우 및 자동 제도 장치를 이용하여 도식 적용 규정에 따라 스크라이브 방식, 잉크펜 방식, 포토 헤더 방식 등에 의해 자동 묘사하여 작성한 그림을 말한다.

**Many-to-many 다-대-다(多對多) 관계** 하나의 데이터베이스에 많은 레코드가 다른 데이터베이스의 많은 레코드와 연결될 수 있는 데이터베이스(DB) 관계이다.

**Map 지도(地圖)** 측량 결과에 따라 공간상의 위치와 지형 및 지명 등 여러 공간정보를 일정한 축척에 따라 기호나 문자 등으로 표시한 것을 말하며, 정보처리시스템을 이용하여 분석, 편집 및 입력・출력할 수 있도록 제작된 수치지형도[항공기나 인공위성 등을 통하여 얻은 영상정보를 이용하여 제작하는 정사영상지도(正射映像地圖)를 포함한다]와 이를 이용하여 특정한 주제에 관하여 제작된 지하시설물도・토지이용현황도 등 대통령령으로 정하는 수치주제도(數値主題圖)를 포함한다(「공간정보의 구축 및 관리 등에 관한 법률」 제2조).

**MAP(Map Analysis Package) 지도 분석 패키지** C.D.Tomlinson이 만든 컴퓨터 프로그램. 그리드・셀로 코드화된 공간 데이터를 해석한다.

**MAP(Mobile Application S/W Plug-in) 맵** 모빌탑(Mobile Top)에서 C언어를 기반으로 제작된 2진 파일 내려받기 방식을 채택한 무선 인터넷 플랫폼이다. 적은 메모리를 사용하며, 플러그 인 방식으로 응용 소프트웨어를 내려 받아 단말기 내에 탑재한 응용 프로그램 인터페이스(API)를 이용하여 실행한다. 단말기 내 펌웨어와 무선 인터넷을 이용하는 서버, 이에 적용되는 프로그램 규격과 소프트웨어 개발 키트(SDK)를 제공한다. 2진 파일은 프로그램 실행에 필요한 이미지, 사운드, 텍스트 정보를 저장하고 있으며, 다른 방식과 달리 중간 해석 단계를 거치지 않고 실행되기 때문에 실행 속도가 빠르다.

**Map Accuracy 지도 정확도** 지도는 지구 표면의 3차원적 형태를 평면에 축소하여 표현한 것이므로, 지도 정확도의 대상이 되는 것은 높이 및 수평적 및 수직적 정확도이며 지도가 어느 정도 오차를 포함하고 있는 지도로 나타낸 것이다. 수평적인 정확도는 지표면에서 형상의 위치에 의해 좌우되며, 수직적인 정확도는 해수면과 관련하여 형상의 높이에 의해 결정된다. GIS 데이터베이스 내에서 정확도는 허용 가능한 오차 범위를 넘기지 않으면서 실세계 형상의 위치를 표현하는 것이다.

**Map Algebra 지도 대수** 다수의 래스터 데이터에 적용되는 산술적 또는 대수적 국지 연산으로서, 공간 정보의 종합이나 분석에 이용되는 대수를 말한다.

**Map Analysis Package(MAP) 지도 분석 패키지** MAP(Map Analysis Package)를 참조.

**Map Classification Code 지도 분류 코드** 수치지도에서 지도 자료로서 취득해야 할 항목을 체계적으로 정리하기 위하여 정의한 코드. 이 코드는 지역 분류, 표현 분류, 정보 분류로 구성된다. 그것들의 각 코드를 지역 분류 코드, 표현 분류 코드, 정보 분류 코드라고도 한다.

**Map Cleanup 지도 정리** 디지타이저 되었거나 독취된 또는 불러온 지도에서 오류 및 불필요한 자료를 제거하는 과정을 말한다.

**Map Compilation 지도 편집(地圖 編輯)** 측량 원도를 소정의 도식과 규정에 따라 정리하고 수정・보완하는 작업을 말한다.

**Map Coordinate Transformation 지도 좌표 변환** 지도상의 좌표점을 지구 좌표 체계인 경위도 좌표와 같은 체계로 변환하는 것을 말한다.

**Map Data Structure 지도 자료 구조** 위치(Location), 축척(Scale), 차원(Dimension) 및 기타 공간적인 요소들에 대한 정보를 저장하는 자료 구조를 말한다.

**Map Database 지도 데이터베이스** 지도 DB는 화면에 표시될 그래픽 요소의 집합이다. 공간 DB는 지도를 구성하는 지형 지물인 피처(feature) 객체를 중심으로 각각의 모양을 저장하고 속성 DB와 연결되는데 비해 지도 DB는 객체의 구분은 염두에 두지 않고 사용자가 공간을 인식할 수 있도록 선, 면을 중심으로 전체적인 모양만을 저장하므로 객체 단위로 속성 DB와 연결되지 않는 특징을 갖는다. 지도 DB는 일반적으로 신속한 출력을 위하여 도엽별 및 확대/축소 레벨 별로 중복 저장하는 경우가 많다. 종류로는 벡터 데이터와 래스터 데이터 모두 가능하다. Spatial and Attribute DB(Database)를 참조.

**Map Design 지도 설계** 지도의 요소를 설계하는 방법으로, 색상과 같은 기호를 선택하는 법, 최종제품으로서 지도를 생산하는 법과 관련된 선택집합으로 지도의 유효성을 높이기 위해 지도

제작 지식과 경험을 적용하는 과정을 말한다.

**Map Digital 수치 지도** 래스터 또는 벡터 형태로 표현된 지도를 말한다.

**Map Digitizing 지도 디지타이징** 기존 도면, 지형 보완 측량의 성과 및 도화기에서 직접 묘사된 등고선의 편집도를 디지타이저 등 수치 자료로 변환하여 취득하는 방법이다.

**Map Drafting Technique 지도 제도법(地圖 製圖法)** 측량 또는 도화, 편집의 성과로 된 초안에 가까운 지도를 제판용 원도로서 작성하는 것을 말한다. 착묵(着墨) 제도 방법과 스크라이브(Scribe) 제도 방법이 있다.

**Map Engineering 설계용 지도** 프로젝트나 개발을 계획하거나 비용을 산출하기 위해서 기초적인 정보를 보여주는 지도로서, 설계 측량에 의하여 제작된 지도이다. 또한 신뢰할 수 있는 정보는 목적을 위한 다양한 자원으로 수집될 수 있으며, 기본도상에서도 수집할 수 있다.

**Map Extent 지도 범위** 최소 영역 사각형(즉, Xmin, Ymin, Xmax, Ymax)에 의하여 지정되는 지리적 자료 집합의 지리적 범위를 말한다.

**Map Features 지도 형상** 지도상에서 형상(지형 · 지물)의 표현을 말한다.

**Map Flood Control 홍수 관리도** 홍수가 일어나는 지역에서 홍수 통제 사업을 계획, 연구하기 위해서 설계되는 지도를 말한다.

**Map Generalization 지도 일반화** 지도 레이어에서 공간 형상의 상세 부분을 감소시키는 과정. 종종 지도축척에서 축소될 때 수행되는 것으로 세밀함의 감소, 보다 큰 간격의 재표본화 또는 선에서의 점의 수 감소 등을 포함한다. 전통적으로, 이것은 지도 제작자에 의하여 수작업으로 행해졌지만, 특별히 GIS와의 결합으로, 반자동화와 자동화된 방법이 사용된다.

**Map Geometric Transformation 지도 투영 변환** 굴곡으로 된 지구 표면을 편평한 표면으로 옮기기 위한 방법을 말한다.

**Map Grid 지도 격자** 지도상의 위치 · 거리 · 면적을 쉽게 구하기 위하여 일정한 체계에 따라 격자선을 긋고 기준선으로부터 거리를 표시한 것을 말한다.

**Map Grid Plotting 지도 격자 작도** 지도를 만들 때 도지상에 격자선을 긋는 법을 말한다.

**Map Hardcopy 비수치지도** 인간이 직접 사용하기 위해 종이, 사진 및 다른 매체에 인쇄된 지도를 말한다.

**Map Index Diagram 색인 도표** 해당 지도의 지형에 인접한 도엽명 및 인접관계를 지도상에 표시한 것을 말하며 도식적용규정의 도엽명칭 도식에 의거하여 표시되어 있다.

**Map Info 맵인포** 1992년 미국의 맵인포사에서 개발한 GIS 툴로서, 손쉬운 개발 환경 및 사용자 인터페이스 제공과 다양한 응용 및 활용을 제공한다. 맵인포는 복잡하고 방대한 지도를 간편하게 검색할 수 있는 기능과 통신망상의 원격 데이터베이스 엑세스 및 원격 공간 질의 기능을 갖추고 있다. 또한 지리적 기술의 클라이언트/서버 구조에 개방적 아키텍처 접근을 제공하고 있으며 SQL과 RDBMS로 데이터베이스 연결을 설정하고 지원하기 위하여 필요한 제반사항을 지원한다. 맵인포는 인공위성 영상이나 종이지도에서의 부분적 사진에서 독취된 영상, 벡터 형식의 자료에 래스터 자료를 중첩할 수 있는 기능을 제공한다.

**Map Information 지도 정보** 지도상에 표시된 지형, 지물 등 지도가 갖고 있는 각종 정보를 말한다.

**Map Information Level 지도 정보 레벨** 수치 지도에 있어 작성된 지형, 지물 등의 수치지도 정보의 지도적 표현 정밀도(위치 정밀도 및 표현 분류)에 관한 정보이고, 종래의 도면 축척에 대응되는 개념으로 수치 지도에서 도곽 내의 자료의 평균적인 종합 정밀도를 나타내는데 이용된다.

**Map Information System 지도 정보 체계** 수치 지도 정보에서는 종래의 도식에 따른 분류 정보로서 표현 분류, 지역 분류 및 정보 분류의 지도 분류 코드를 설정하여 체계화되어 있다. 그 외에 표현 분류코드는 레이어 코드와 자료 항목 코드에 분할되어 있다. 이것들의 전체 정보 분류 체계를 말한다.

**map in-map out(MIMO) 미모 체계** MIMO(map in-map out)를 참조.

**Map Input 지도 입력** 이미 제작된 지도 또는 측량도면을 수동독취기(디지타이저) 또는 자동독취기(스캐너)에 의하여 수치자료로 취득하여 이를 컴퓨터에 수록하거나 수록된 자료를 이용하여 정위치편집, 구조화편집 또는 도면제작편집을 실시하는 것을 말한다.

**Map Join 지도 정합** 인접한 두 지도를 하나의 지도로 접합하는 과정. GIS에서는 대상 지역의 도형 자료가 하나의 파일로 존재하여야 한다. 이를 종이와 비교한다면 전 지역의 지도가 여러 도엽으로 존재한 것이 아니라 1장의 지면에 있어야 한다. 즉, 연속 지도로 존재하여만 GIS의 기능을 발휘할 수 있다. 따라서 여러 지도를 각각 1장의 지도로 연결하여 연속 지도를 만드는 작업으로, 기 입력된 모든 자료를 1개의 파일로 만드는 작업, 즉 파일의 인접조사 및 수정, 병합을 실시하는 것을 말한다.

**Map Land Use 토지 이용도** 다양한 목적을 위하여 사용되는 토지 영역을 보여주는 지도로서, 국토지리정보원에서는 1 : 25,000 토지이용도를 1972~1981년까지 720도엽을 제작하였고, 1982년 이후 1 : 25,000 토지현황도의 수치지도 414 도엽을 제작하였다. 1970~1990년대에 제작하여 예전에 만든 데이터와 종이지도 일부를 판매하고 있으나 현재는 제작을 하지 않고 있다.

**Map Layer 지도 자료층** 다른 지도 자료층들과 분리되어 인식, 저장되는 동질적인 지도 정보(제한된 선과 같은)의 그룹화. 지도 자료층은 다른 지도 자료층들과 조합되거나 개별적으로 분석되고, 만들어지며, 보일 수 있다. 지도 자료층은 또한 지도수준이나 지도 커버리지로서 알려져 있다.

**Map Library 맵 라이브러리** 여러 커버리지를 체계적으로 저장하고 관리하기 위한 데이터베이스 설계. 맵 섹션이라 불리는 구성 요소 부분별로 레이어와 타일로 분할된 공간 자료의 조직화된 수집으로써 정의된다. 맵 라이브러리는 타일의 집합으로써 공간적으로, 레이어의 집합으로서 주제적으로 지리 자료를 조직한다. 맵 라이브러리의 자료는 최적 공간 접근을 위하여 위치에 의해 색인된다.

**Map Limits 지도 도곽** 지리 요소가 디스플레이 되는 그래픽 페이지상의 사각형의 영역. 모든 지리자료는 도곽선 내에 그려진다. 지도 제목과 범례는 도곽의 외부에 그릴 수 있다.

**Map Line 선형 지도** 사진의 영상지도들과 구분되는 용어로서, 선들이 조합된 지도를 말한다.

**Map Merging 지도 통합** 지도 통합이 2개 이상의 지도를 수평적으로 연결하는 기능이라면, 이것은 서로 다른 레이어를 갖는 2개 이상의 지도를 수직적으로 연결하는 기능이다.

**Map Millimeters 지도 밀리미터** 지구 자체에 나타나는 지물보다는 지도의 치수에 기초한 미터 단위의 좌표 체계를 말한다.

**Map Number 도엽 번호** 지도의 매 도엽마다 정해진 번호이며 지도의 외도곽 우측상단에 도식적용규정의 난외주기 도식에 의거하여 문자와 숫자로 표시되어 있다.

**Map Object 맵 오브젝트** 마이크로소프트사의 OLE(Object Linking and Emdedding) 2.0에 기초하여 개발된 어플리케이션 개발자를 위한 지도제작/GIS 구성요소. 윈도우 환경에서 어플리케이션 개발자들에게 동적인 지도 디스플레이를 가능하게 하는 35개의 자동화 오브젝트를 가진다. 맵 오브젝트 맵 컨트롤은 많은 표준 개발 환경의 툴 집합으로 곧바로 연결되며, 사용자는 특성장을 통해 비주얼 베이직과 같은 개발 환경에서 지도를 다루거나 또는 지도와 연관된 오브젝트들을 프로그램을 이용하여 조절할 수 있다. 맵 오브젝트는 ESRI사에서 개발한 GIS Tool로서 지도 제작과 GIS 컴포넌트의 집합이며, Activex Automation Object와 Activex Control(OCX)로 구성되었다.

**Map Objects Internet Map Server 맵 오브젝트 인터넷 맵 서버** 인터넷 맵 서버는 맵 오브젝트와 같은 응용 시스템이 인터넷과 인트라넷 응용시스템의 맵을 지원하는 웹서버에 사용되는 소프트웨어이다. IMS는 ESRI Shapefiles, ARC/INFO 커버리지와 SDE 레이어를 포함하여 산업 표준 GIS 데이터베이스를 지원한다. 다른 GIS 제품에 비해, IMS는 GIS 기능이 거의 없고 오히려 GIS 웹 응용 시스템을 지원하기 위해 사용된다.

**Map of Supplementary Control Surveying 도근점 측량 망도** 도근측량에서 관측 방향선, 계산 방향, 여점, 구점의 관계위치 등을 도시한 것을 말한다.

**Map Official 법정 계획도** 법정 계획으로 된 가로·공지·공원·운동장·학교 용지로, 법률로 규정된 정보를 표시한 지도로서 인쇄되어 계획에 따른 제시설과 기존의 가로나 공공시설 등이 장기적인 관점에서 작성되며, 공공의 개발뿐만 아니라 사적인 개발까지도 포함하고 있다.

**Map Orthophotographic 정사 사진 지도** 지도 형식에 따라 동일 축척의 정사 사진들을 모아서 작성된 사진 지도를 말한다.

**Map Overlay 지도 중첩** 결합된 모습이 가능하도록 정확한 좌표 등록, 같은 축척, 투영법, 범위로 복수의 주제도를 위치시키는 것으로서, 이 기능은 임의의 다각형군을 지도에 중첩해서 그 속의 점군·선군·다각형군을 추출함으로써 분석 대상 지역의 특성을 명확히 하는 것이다. 예를 들면, 건물 용도 현황도에 용도 규제도를 중첩하면 용도의 현황과 규제의 갭을 평가해 규제의 재평가가 필요한 지역을 추출할 수 있다.

**Map Planimetric 구적도** 관측 가능한 형식에 윤곽을 제거 하여 지형 지도와는 구별되고, 표현되는 형상의 수평적 위치만을 나타내는 지도. 이 형상은 대개 강·호수·바다·산·계곡·평원·숲·대초원·시가지·농장들, 그리고 교통 경로, 공공 시설물, 공·사유경계선들을 포함한 면적 관측 지도에서 보인다. 특정한 사용을 목적으로 한 면적 관측지도는 서비스되어는 목적에 본질적인 형상만이 나타날 수도 있다.

**Map Projection 지도 투영(地圖 投影), 도법(圖法)** 3차원인 지구를 평면으로 변환하는 체계적인 방법으로서, 구의 형태인 3차원의 지구 표면을 2차원의 평면 지도로 전개하는 것이다. 경위선으로 이루어진 지구상의 가상적인 망 또는 좌표를 평면에 옮기는 방법을 의미한다. 지도 투영 방법은 보통 방위, 원추, 원통 등 투영되는 면의 종류에 따라 분류된다. 각각의 투영 방법은 지도제작 과정에서 특정한 요소, 즉 형상, 면적, 방향, 거리에 대한 왜곡의 최소화를 지향하고 있다. 지도투영 방법은 지표와 지도간의 수학적인 관계로 성립되었으며, 많은 공간 관리 분야에서는 적용된다.

**Map Projection Identifier 지도 투영 식별자** 지도 투영법에 대한 이름 또는 식별자. 예를 들면 Gause-kruegek, Universal Transverse Mercator, Transverse mercator, Mercator, Lambert Conformal Conic, Polyconic/Albers Equal Area, Azimuthal, Steereographic을 말한다.

**Map Projection Name 지도 투영법 명** 지도 투영법의 이름을 말한다.

**Map Projection Parameteres 지도 투영법 매개변수** 특정한 지도 투영법에 대한 매개변수로서, 각각은 지표면과 투영면 사이의 수학적 관계를 갖는다.

**Map Projection Transformation 좌표 체계의 변환** 대부분의 지도는 지도에 표시된 모든 요소의 평면 좌표(X, Y)를 결정해 주는 지리적인 기준 격자에 기초한 것이다. 기준 격자는 지도들 간의 연결과 지도 레이어 중첩의 기준이 된다. 격자는 원점을 기준으로 하여 설정되며, 좌표값은 원점을 기준으로 X, Y축으로 가면서 증가한다. 격자는 임의의 국지적인 좌표 체계일 수도 있고 지표상의 절대 위치를 나타내는 절대 좌표 체계(예 : 경도/위도)일 수도 있다. 지도의 좌표변환 프로그램은 지도상의 기준점 및 모든 지도 요소의 좌표를 재계산하는 것이다. 좌표 변환은 원점 이동일 경우에는 매우 간단하지만, 지도투영법 자체를 바꿀 때는 복잡해진다.

**Map Quadrangles 도곽** (참고) Neat RangeMap Query지도 조회지리 자료의 공간적 또는 논리적 조회를 사용하여 GIS에서 정보를 선택하는 과정. 공간적 조회는 위치나 공간적인 상관관계에 따라 대상물을 선택하는 것이다(예 : 어떤 대상물의 300m 내에 있는 모든 대상물의 집합을 가리키는 것). 논리적 조회는, 특정한 논리적인 기준에 맞는 속성 정보를 가지는 대상물을 선택하는 것이다(예 : 면적이 10,000보다 큰 모든 영역을 선택하거나 또는 거리명이 종로인 거리를 모두 선택). 일단 선택되면 선택된 것을 나타내거나 속성을 목록화하고 속성값을 요약하는 등의 명령을 실행할 수 있다.

**Map Reduction 축도** 대축척지도를 줄여서 소축척지도를 만드는 것을 말한다.

**Map Resolution 지도 해상도** 주어진 축척의 지도에서 지형·지물과 위치가 묘사될 수 있는 정확도(Accuracy). 대축척 지도에서는 실제 지형과 지도로의 축소가 얼마 되지 않기 때문에 훨씬 정확하게 일치한다.

**Map Scale 지도 축척** 지도상의 거리를 실제 거리로 환산하는 계산법의 기술. 축척은 지도상 거리와 실제 거리의 비로 표현된다. 사용 단위로는 대개 미터법이다(예 : 1/50,000인 지도에서의 1cm=50,000cm). Scale을 참조.

**Map Section 맵 섹션** 지도 라이브러리에서의 자료 저장 단위. 맵 섹션은 지도 라이브러리의 타일 내의 한 레이어에 대한 자료이다.

**Map Series 지도집** 일정한 형식과 사양으로 한 지역이나 국가를 포함하기 위해 제작된 지도들의 집합체를 말한다.

**Map Sheet 도엽** 일정한 도식과 분할되어 한정된 방향으로 통일된 지역을 자른 도면 형식의 지도 1매를 말한다.

**Map Symbols 지도 도식, 도식(圖式)** 지구 표면의 상태를 어떠한 양식으로 지도에 표현할 때 기호 등의 규격과 모양 등을 미리 약속하여 표현하는 것. 여기서 묵과할 수 없는 것은 제반 기호를 정할 때 누구나 한 번 보아서 판단할 수 있는 사실적이고 상징적인 기호라야 한다. 이상과 같이 투영법, 축척, 도식이 엄밀히 규정되어있지 않은 지도는 과학적인 지도라 할 수 없고, 안내약도 조감도 등에 불과하다. 도식의 본래 의미는 도법·축척·위치 및 높이의 기준, 도곽의 크기, 표현 대상물의 표시 기준, 기호의 모양, 크기, 주기, 난외 주기, 색채 등을 규정한 것이지만, 일반적 지도에 표시하는 기호나 주기의 종류, 형상, 크기, 선의 굵기, 색채 등 지도 기호를 도식이라 하여 사용한다. 도식은 사용 목적, 축척 및 지형 등에 따라 정해지지만, 전국적으로 통일된 규정을 갖고 있는 것이 보통이다. 지물을 축척에 따라 정확히 그려야 하지만 해당 축척만으로 나타내기에는 너무 작은 경우가 있으므로, 이때는 도형을 다소 수정하여 나타내거나 특정한 기호로 이용하기도 한다. 삼각점이나 도로, 철도 등이 좋은 예이다. 표현 대상물의 지도 기호와 지도에 표현할 때 적용하는 규칙을 지도 도식 규정이라 한다.

**Map Thematic 주제도** 토지 이용, 지질, 인구 분포 등과 같은 특정 주제에 주안점을 둔 지도로서 1가지 현상(강우량, 토지 이용 현황 등)을 표시한 지도를 말한다. 주제도는 특정 현상의 분포를 파악하기 위해서 사용한다.

**Map Title 지도 제목, 도엽 명칭** 지도의 매 도엽마다 정해진 도엽명이며 지도의 외도곽 중앙상단에 도식적용규정의 난외주기 도식에 의거하여 문자로 표시되어 있다.

**Map Titles 지도 제목, 도엽 명칭** Map Title를 참조.

**Map to Page Transformation 지도 페이지 간 변환** 도엽을 정치시키고 축척(Scale)을 정하는 과정을 말한다.

**Map Topographic 지형도** 표시해야 할 지표면상 상황의 측량 결과를 축척에 따라 정확하고 상세하게 도시한 것. 자원 개발, 토지 이용 계획, 지역 정책 등 각종 목적에 필요한 기도로 이용하기 위하여 제작되는 것으로 이것은 모든 지도의 기초가 된다.

**Map Transformation 지도 좌표 변환** 좌표계의 변환은 아핀(Affine) 변환이나 Curve-Linear 변환 등을 사용할 수 있으며, 고려되는 주요 인자에는 회전(Rotation)·이동(Translation)·축척(Scale) 등을 들 수 있다.

**Map Type 지도 유형** 지도 제작자가 지도를 특정한 자료의 형식으로 만들려고 할 때 이용하는 지도 제작 기법 또는 표현 기법의 하나. 자료는 그 속성과 규모에 따라 어떤 지도 유형이 주어진 지도 환경 안에서 적당한지 결정한다.

**Map Units 지도 단위** 지리 자료군이 ARC/INFO에 저장되는 좌표 단위. 지도 단위로는 인치, 센티미터, 피트, 미터나 십진법 Degree가 있다.

**Map, Hypsographic** Hypsographic Map를 참조.

**MapBuilder 맵 빌더** 구글 맵스 API, 야후 맵스 API, 에이잭스(Ajax), PHP, MySQL 등을 기반으로 사용자가 커스트마이징된 자신만의 지도를 쉽게 제작할 수 있도록 하는 갖가지 솔루션을 제공한다.

**MapInfo Interchange Format(MIF) 맵인포 교환 형식** MIF(MapInfo Interchange Format)를 참조.

**Mapit 매피트** GIS 소프트웨어의 일종으로 도화 작업에 사용된다.

**Mapper 맵퍼** MapAgent에서 사용하는 도면생성자 컴포넌트를 말한다.

**Mapping 지도제작, 도면화, 맵핑** ① 위성영상, 항공사진측량, (항공 및 지상) 라이다(LiDAR), 드론(Drone) 측량 등에 의해 얻어진 영상 및 점군(點群, point-cloud) 등을 해석도화 및 자료처리 등에 의해 수치 지도 등을 만드는 과정을 총칭하여 일컫는다. ② [영상처리] 맵핑은 물체의 표면에 그림을 입혀주는 작업이다. 재질(材質, material)은 단순한 색깔만을 의미하지 않는다. 투명한 정도, 표면의 색과 무늬, 광택의 정도와 울퉁불퉁한 정도 등을 세밀하게 설정하여, 완성된 물체의 형태를 결정한다. 재질에 다양한 색과 무늬를 만들어 주기 위하여 매핑(mapping)을 사용한다. 맵핑이란 물체의 표면에 그림을 입혀주는 작업을 일컫는다. 재질의 거의 모든 설정값에는 맵핑이 적용될 수 있으며, 그에 따라 다양한 결과를 얻을 수 있다. 똑같은 이미지라도 재질의 서로 다른 설정값을 적용하여, 표면에 그림을 그려 주거나(Diffuse Mapping), 일부분을 투명하게 만들어 주거나(Opacity), 이미지의 모양대로 표면을 튀어나오게(Bump mapping) 만들 수 있다.

**Mapping Coordinate 매핑 좌표** [영상처리] Texture Map를 이용해서 객체(오브젝트) 표면의 특성을 대체하기 위해서는 Texture Map의 어느 픽셀이 객체 표면의 어느 부분에 대응될 것인지를 결정해 주어야 한다. 즉, 비트맵 이미지가 객체에 씌워질 때 어떻게(위치, 방향, 크기) 씌워질 것인지를 결정하는 것이다. 이런 작업을 위해서는 객체 표면에도 Texture Map에 대응하는 좌표계를 설정해 주어야 하는데 비트맵 이미지는 2차원의 직교 평면을 이루고 있으므로 오브젝트 표면에도 이에 대응하는 좌표를 설정해 주어야 한다. 이렇게 객체 표면에 설정되는 좌표계를 매핑 좌표계라고 하는데, 객체 평면에 매핑 좌표계가 설정되면 대응되는 좌표의 Texture Map의 픽셀 값(Pixel과의 혼동을 막기 위해 Texel이라고 함)이 표면 특성 값으로 사용되어 매핑이 이루어지게 된다.

매핑 좌표에서는 우리가 일반적으로 사용하는 "XYZ 좌표계" 대신에 "UVW 좌표"를 사용하는데 UVW는 각각 XYZ축에 대응된다. 결국 매핑 소스로 사용된 비트맵 이미지에서 가로 방향이 U축이고 세로 방향이 V축이다. 일반적으로 매핑 좌표가 필요한 경우는 2D Map을 사용할 때이므로 그냥 줄여서 "UV 좌표"라고도 한다. 매핑 좌표는 한정된 평면 안에서의 위치만을 정의하면 되므로, UV 좌표에서는 좌표값은 항상 0과 1 사이의 값이 된다. 예를 들어, 비트맵 이미지의 한쪽 끝이 (0, 0)이라면 대각선 반대쪽은 (1,1)이고, 정 중앙은 (0.5, 0.5)가 된다.

객체에 매핑 좌표를 설정하는 대표적인 방법은 직교, 원통, 극좌표계의 3대 기본 좌표계를 이용해서 좌표계를 객체에 투영(Projection)하는 방법이다. 평면(Planar) 좌표계는 사각형 평면을 따라 이미지를 투영하는 것이고, 원통(Cylindrical) 좌표계는 이미지를 원통형으로 구부려 투영하는 것이다. 구형(Spherical) 좌표계는 일단 원통형(Cylindrical)으로 이미지를 둘러싼 다음 위와 아래를 다시 모아 마치 지도로 지구본을 감싸듯 이미지를 투영한다.

그러나 이런 방법은 개념이 간단한 만큼 다음과 같은 단점을 갖고 있다. 즉, 평면(Planar) 좌표계는 비트맵 이미지가 한 방향에서 투영되므로 투영되는 방향과 평행을 이루지 않는 면들이 있을 경우 줄이 생기며, 원통(Cylindrical) 좌표계는 이미지의 양쪽 끝이 만나는 지점에서 무늬가 불연속적이 되고 뚜껑 부분 처리가 힘들다. 구형(Spherical) 좌표계 역시 원통형 좌표계와 마찬가지로 양쪽 끝이 만나는 지점에서 무늬가 불연속이며 극지점 처리가 어렵다는 단점이 있다. 매핑 좌표를 설정하는 또 다른 방법으로는 객체 표면 자체에 내장되어 있는 좌표를 이용하는 방법이다. Bezier Patch나 NURBS Surface같은 Parametric Surface들은 그 생성 원리상 각 표면이 기본적으로 내장된 UV 좌표를 갖고 있으므로, 이 UV좌표를 그대로 매핑 좌표로 할 수 있다. 최근에는 이런 방법을 확장시켜 Parametric Surface를 이용해서 원하는 모양의 매핑 좌표를 만들고 이를 오브젝트에 투영시키는 방법이 개발되어 사용되고 있다.

**Mapping System 지도 제작 체계** 컴퓨터나 지도를 이용하여 지도를 작성하는 체계, 즉 컴퓨터로 지도를 취급하는 체계를 총칭한다.

**Mapping Technology 지도 제작 기술** 컴퓨터를 이용한 수치지도화, 지도입력 등, 지형 지물을 수치데이터로 취득하여 목적에 따라 편집하는 것을 말한다.

**Mapping Unit 지도화 구역** 정확하게 정의되는 사상 또는 사상의 집합과 표현을 하기 위해 지도화되는 구역을 말한다.

**Mappler 매플러** 양방향 지역정보제공 어플리케이션 개발업체이다.

**MapQuest 맵퀘스트** 전 세계적으로 인터넷지도를 처음 시작한 사이트이다. AOL.com에 의해 무료 온라인 지도 검색 서비스를 하고 POI를 제공하는 회사이다. 위치검색, 경로 찾기 서비스, 항공사진, 360도 뷰, 교통 정보, 주유소 정보 등을 제공하고 있다.

**MapReduce 맵리듀스** 대용량 데이터를 빠르고 안전하게 처리하기 위해서 보통의 하드웨어를 이용한 분산 프로그래밍 모델을 말한다.

**Maptitude 맵티튜드** GIS 소프트웨어 패키지를 말한다.

**MAR(Mobile Augmented Reality) 모바일 증강현실** 모바일 증강현실은 모바일을 토대로, 물체를 언제 어디서나 내가 볼 수 있는, 즉 내가 속해있는 환경에 대한 정보를 실사에 가깝게 포개진 영상을 통해 얻어지는 기술을 말한다.

**Margin Information 여백 정보** 축척, 투영법, 준거 타원체, 도면명, 그리고 측량 제작년도와 같은 추가 정보를 지도 여백에 기입하는 것을 말한다.

**Marginal Cost 한계 비용**

**Marina 계류장** 다양한 서비스를 제공하고 수리할 수 있는 레크레이션용 선박을 위한 항구시설을 말한다.

**Marine and Coastal Spatial Data Subcommittee 해양·연안 공간 자료 분과 위원회** 미국 연방 지리 정보 위원회의 13개 분과 위원회 가운데 하나이며 2000년 수심측량, 해도자료 분과위원회의 명칭을 변경한 것이다. 이 분과 위원회의 위원장은 NOAA의 연안 서비스 센터(CSC)에 있는 연안정보서비스의 장이 맡고 있으며, 구성원은 해양 및 연안공간자료에 관련된 여러 연방 기관의 대표들이다. 위원회의 주요 임무는 해양·연안 자료의 조사, 수집, 배포를 지원하기 위해 해안선 메타 데이터(FGDC 승인), 정확한 지리공간 위치 선정 기준(검토 단계) 및 연안·내륙용 수로 자료 내용기준을 개발하고 있다.

**Marine Chart 해도(海圖)** Hydrographic Chart를 참조.

**Marine Clay 해성점토(海成粘土)** 유수에 의해 강이나 하천을 지나 바다에 퇴적된 흙으로서, 바다의 염분으로 인해 염기성 면모구조를 갖고 있기 때문에 간극비와 압축성이 크고 대단히 연약하다. 통일분류법 상으로 ML, CL, CH가 우세하며, 호안의 사면안정, 매립 성토에 의한 침하, 구조물 기초의 부마찰력 등 검토가 필요하다.

**Marine Control Survey 해양 기준점 측량** 해안 부근의 육상 지형, 해안선, 도서 지방의 정확한 위치 결정에 필요한 기준점 설치 측량을 말한다.

**Marine Geographical Name 해양지명** 자연적으로 형성된 해양(ocean), 해협(strait), 만(灣, bay), 포(浦, inlet) 및 수로(waterway) 등의 이름과 초(礁, reefs), 퇴(堆, banks), 해저협곡(submarine canyons), 해저분지(oceanic basins), 해저산(seamounts), 해저산맥(submarine ridges), 해령(海嶺, marine ridges), 해구(海溝, trenches) 등 해저지형의 이름을 말한다(「공간정보구축 및 관리 등에 관한 법률」 제2조 제17호).

숫자 A B C D E F G H I J K L M N O P Q R S T U V W X Y Z

해양지명은 해상지명(sea surface names)과 해저지명(undersea feature names)을 포함하고 있는 개념이다. 해상지명의 범주를 결정하기 위한 기준은 다음과 같다. ① 바다의 수면으로 형성된 지형(예 : 해양, 해협, 만, 포, 수로 및 수도 등). ② 만조시에도 물위에 항상 노출되어 있는 '여, 서, 암' 등은 육지의 개념으로 측량법 제58조에 따라 중앙지명위원회에서 결정하고 건설교통부 장관이 고시한다. ③ 초(reef)는 일반적으로 해면 또는 해면 가까이에 불룩하게 솟아 있는 바위 또는 산호초로서 항해에 장애가 되는 것을 말한다. 초와 암의 개념이 분명하지 않다. 따라서 우리나라에서는 암과 초를 합하여 암초라고 부르는데, 굳이 구분한다면 해저에서 암반이 수면상으로 솟은 것을 암(rock)이라 하고, 물속에 잠겨있는 바위를 초(reef)라 한다.

**Marine Gravity Survey 해양 중력 측량** 해상 또는 수중에서 중력을 관측하여 해면 지오이드 결정하여 해상 측지학, 해양 지구물리, 해저 지각 구조 및 자원 탐사 등의 자료를 제공하기 위한 측량을 말한다.

**Marine Information System(MIS) 해양 정보 체계** MIS(Marine Information System)를 참조.

**Marine Magnetic Survey 해양 지자기 측량** 항해용 지자기 분포도, 해양 자원 탐사 자료 취득을 위한 측량을 말한다.

**Marine Observation Satellite(MOS) 일본 해양관측위성(모스)** MOS(Marine Observation Satellite)를 참조.

**Marine Observation Satellite-1(MOS-1) 모스-1(일본 해양관측위성-1)** MOS-1(Marine Observation Satellite-1)를 참조.

**Marine Positioning Survey 해상 위치 측량** 해상에서 선박의 위치를 결정하기 위한 측량. 천문 관측법, 전파 신호 수신법, 인공위성 신호 수신법, 해저 매설표 신호 수신법 등이 있다.

**Marine Surveying 해양 측량(海洋 測量)** 해저의 수평, 수직위치의 결정 및 해안선, 해저 지형, 지질 측량과 조석, 조류와 수온, 수중 식물, 수중 자원 조사를 포함한 측량을 말한다.

**Mark II 마크 II** 1944년 완성된 하버드 마크II는 미해군의 항해도표 계산용으로 해군예비역 하워드 에이킨 박사와 IBM의 개발진이 하버드대와 공동 제작했다.

**Mark Zuckerburg 마크 저커버그** 페이스북의 공동 창업자. 하버드 대학교 재학 중에 대학 친구들과 함께 페이스북을 설립하였다. 대학 기숙사에서 인맥을 관리하기 위해 만들었던 페이스북은 이후 SNS의 최강자로 부각되었으며 회사 지분의 24%를 가지고 있는 주커버그는 현재 가장 영향력 있는 IT 거물 중 하나가 되었다.

**Marker 마커** 영상인식을 위해 사용되는 인식용 흑백 문양, 현재 대부분의 증강현실 시스템은 마커를 이용하여 사용자가 조작하게 될 물체의 상대적 좌표를 추출하고 이에 맞는 가상정보를 구현하게 된다.

**Marker Symbol 마커 기호** 공항과 같은 점의 위치를 표현하는데 사용되는 기호를 말한다.

**Market Mavens 마켓 메이븐** 제품이나 서비스 등에 대한 다양한 정보를 수집하고 온라인으로 소감이나 후기를 올려서 자신의 경험이나 지식을 다른 사람들에게 전파하는 시장 전문가를 말한다.

**Marketing Analysis 영업권 분석** 이 분야는 현재와 미래의 소비자 위치를 찾아내고, 영업권 지역을 추정하며, 미개척된 상업지역을 찾아 개발하고, 경쟁 회사는 현재와 미래 어디에 있게 될 것인가를 검색하고 경쟁에 의한 영업 효과를 평가한다.

**Marketing in Place 위치 마케팅** 고객과 직접 접촉하기 이전에 미리 위치 정보를 이용하는 방법을 말한다.

**Markup Language 마크업 언어, 기술언어** 컴퓨터에게 문서의 의미와 구조를 이해시키기 위해 특정한 주석을 달아 규정하는 문법과 구문구조라고 할 수 있다. 태그(tag) 등을 이용하여 문서나 데이터의 구조를 명기하는 언어의 한 가지이다. 태그는 원래 텍스트와는 별도로 원고의 교정부호와 주석을 표현하기 위한 것이었으나, 용도가 점차 확장되어 문서의 구조를 표현하는 역할을 하게 되었다. 이러한 태그 방법의 체계를 '마크업 언어'라고 한다. 일반적으로 데이터를 기술하는 정도로만 사용되기에 프로그래밍 언어와는 구별된다. 태그(tag)는 어떤 정보에 메타데이터로 부여된 키워드 또는 분류이다. 일반적인 분류 체계와는 다른 어느 하나의 정보에는 여러 개의 태그가 붙어 그 정보를 다양한 면에서 연관성을 보여줄 수 있으며 이렇게 제공된 정보나 자료는 접근이 쉽게 해주어 손쉽게 그 정보를 검색하고 노출시키고 분류하거나 다른 자료와 엮어 네트워크로 만드는 일을 쉽게 해 준다. Tag, Metadata를 참조.

**Marsh 늪, 유지** 땅이 우묵하게 파여서 늘 물이 고여 있으며, 진흙이 많고 침수식물이 많이 나는 곳을 말한다. 보통 호수(Lake)보다 작고 못(Pond)보다 크며, 수심이 5m 이하이다. 습지라고도 한다.

**Mashup 매시업** 일반적으로 API를 개방하는 것을 일컫는다. 이 말은 원래 서로 다른 곡을 조합해서 새로운 곡을 만들어낸다는 뜻의 음악 용어로 쓰였다. 영단어 'mesh up'은 '으깨다'는 뜻이다. 여러 가지 재료를 섞어서 으깨면 완전히 새로운 음식이 만들어지는 것에서 '매시 업'이라는 조어도 나왔다. 기존 재료의 본질을 잃지 않으면서도 새것을 만든다는 속성 때문에 많은 회사들이 콘텐츠나 기업 영향력을 확산시키는 데 활용해왔다. 최근에는 매시 업이 한데 모아쓴다는 개념보다는 엄청난 양의 데이터 중 쓸 만한 데이터만 수집해 분류하는 데 쓰이는 추세이다. 웹으로 제공하고 있는 정보와 서비스를 융합하여 새로운 소프트웨어나 서비스, 데이터베이스 등을 만드는 것을 의미한다. 공간정보서비스는 기존 제품·기술·서비스에 부가가치를 더하는 원천으로 급부상하며 산업전반에 걸쳐 핵심기술로 사용되고 있다. 지도기반 서비스와 함께 제공되는 공개 API를 통해 다른 정보를 매시 업하여 지도상에 표현하는 것이 가능하게 되었다. 일반 지리정보 외에도 사물, 장소에 대한 백과사전 정보, 교통정보, 날씨정보 등 다양한 부가정보를 지도를 통해 제공하며, 상위 응용 서비스의 질과 기능을 증대하고 강화한다. API (Application Programming Interface)는 운영체제와 응용프로그램 사이의 통신에 사용되는 언어나 메시지 형식이다. 웨어나 서비스, 데이터베이스를 만드는 것을 의미한다.

**Mash-up Service 융합 서비스** 매시 업(Mash-up)이란 작게는 오픈 API(Application Programming Interface) 라는 기술을 통해 외부 업체도 이용할 수 있도록 개방해 놓은 타사의 인터넷 서비스를 활용하여 새로운 서비스를 구현하는 것을 의미하며, 크게는 서로 다른 서비스를 융합하여 새로운 서비스를 창출하는 것을 의미한다. 예를 들어, 구글에서 개방해 놓은 구글 지도의 API를 활용하여 근처 커피숍의 위치를 알려주는 어플리케이션을 개발하는 방식이 매시 업에 해당하는데, 이는 개발비와 개발 기간을 대폭 줄일 수 있게 해주기 때문에 유선인터넷에서도 매우 중요성이 크다. 그런데 모바일 인터넷에서는 자유롭게 이용할 수 있는 기능이 훨씬 다양해지기 때문에 매시업의 개념이 더욱 중요해진다.

**Mask 실행 영역** ① 2개 이상의 그림을 합성할 때, 합성될 부분과 그대로 남아야 할 부분을 구별하기 위해 두 부분에 대해 특정 값을 매기는 것을 말한다. ② 데이터에 대해서 필요한 부분의 추출 또는 불필요한 부분의 소거를 하기위한 비트, 바이트, 문자패턴을 말한다.

**Mask Angle 차폐각** 대공 아래에서 위성이 추적되지 않는 수평위의 사용자 정의 가능 각도. 일반적으로 빌딩·나무·다중경로 등에 의하여 발생하는 간섭을 피하고, 대기 굴절을 최소화하기 위해 15°~20° 사이로 설정된다.

**Mass 질량** 질량은 물체의 관성의 크고 작음을 나타내는 관성질량과 만유인력의 법칙으로부터 정해지는 중력질량으로 분류된다. 질량의 기준도 원자 물리적 방법으로 바꾸려는 시도가 있지만 아직은 kg 원기를 기준으로 한다. 원자 kg 원기는 1879년에 백금 90%, 이리듐 10%의 합금으로 만들어서 국제도량위국에 보관 중이며 그 확률 오차는 ±0.002mg이다.

**Mass and Gravity 질량과 중력** 물체의 무게(중량, Weight)는 물체에 작용하는 힘으로써, 물체의 고유한 질량에 지구 중력에 의한 가속도를 곱한 것이며, 특히 표준중량을 질량과 표준 중력 가속도를 곱한 것이다(1901년 제3차 국제 도량위 협회). 이 질량과 중력은 측량의 중요한 요소가 된다.

**Mass Curve 유토 곡선, 토적 곡선(土積 曲線)** 유토 곡선이라고도 한다. 측량 후, 종단면도와 횡단면도에서 각 측점에서의 토공량을 계산하여 토공량을 해당측점에 집중하는 것으로 생각하고, 가로축에 거리(측점 위치), 세로축에 시점으로부터의 토공량의 합(흙깍기를 +, 흙쌓기를 −)을 취한 다음, 순차적으로 각 측점에 대하여 대수화(代數化)를 구하고, 이것을 적절한 축척으로 작도하여 얻어진 곡선을 말한다.

**Mass Customization 매스 커스터마이제이션** 대량생산(mass production)과 고객화(Customization)의 합성어로서 기업경영의 혁신적인 패러다임이다.

**Mass Elevation Data 집단 고도자료** 어떤 특별한 의미를 갖고 있지 않은 지역에서의 높이정보를 갖고 있는 임의의 점들을 말한다.

**Mass Movement 중력 사면 이동** 표토와 암석체가 중력에 의해 경사면 아래로 움직이는 현상을 말한다. Mass wasting 또는 slope movement라고도 한다. 사면에서 생산된 표토와 암석체 등의 풍화산물이 유수·바람·빙하 등의 개입 없이 주로 중력에 의해 사면 아래로 흘러내리는 현상을 말한다. 사면에 있어서 전단강도는 사면의 형태를 유지하려는 힘이며, 전단응력은 사면 아래로 흘러내리려는 힘이라 할 수 있다. 보통 때는 산 사면에서 전단강도와 전단응력이 평행을 이루고 있지만 사면 외부에서 가해지는 어떤 요인에 의해 전단응력이 전단강도보다 커지면, Mass Movement(중력 사면 이동)가 발생한다. 중력에 의해 발생하는 현상이므로 유수나 바람 등에 의한 풍화, 침식, 퇴적 등과는 엄밀하게 다른 성질의 현상이다. Mass Movement는 사면의 구성 물질, 사면 경사, 사면의 수분함량 등 여러 요인에 따라 다양한 모습(유속, 퇴적형태 등)으로 발생하게 된다. Landslide를 참조.

**Mass Point(LiDAR) 원시자료, 집단 점자료, 매스 포인트** ① 항공레이저측량에 의하여 취득한 최초의 점자료를 말한다(「항공레이저측량 작업규정」 제2조 제9호). 원시자료는 수치표고자료를 구축하기 위한 기본 자료를 말하며 지표면의 높이를 표현하는데 필요한 표고값을 말한다. 표고자료는 다양한 원시자료를 이용하여 얻을 수 있으나, 가장 일반적으로 수치지도, 원격탐사자료 및 항공레이저(라이다) 측량을 주로 사용한다. ② 비행방향에 직각방향으로 취득된 LiDAR를 이용해 취득한 위치 데이터를 말한다. ③ 불규칙적으로 분포하는 이격 된 지점의 x(위도), y(경도), z(고도) 값을 갖는 데이터 군(data-set)으로서 일반적으로 TIN을 형성하는데 사용된다. 집단 점군은 TIN 표면을 정의하는데 있어서 중요한 의미를 지니고 있으며, 각 매스포인트의 위치는 지표면 형태의 중요한 변화 양상을 나타내기 위해 신중히 선택되어야 한다. 불규칙삼각망(TIN)에서 불규칙적인 간격의 점으로서, 일반적으로 매스포인트를 입력하여 TIN을 구성한다. 수동으로 생성된 매스포인트는 TIN 삼각형의 각도에서 다양하게 표현되도록 선택된다. 그러나 LiDAR나 IFSAR와 같이 자동적인 방법으로 생성되면 데이터에 적합한 기법의 특성에 의해서 만들어진다.

**Mass Storage Device(MSD) 대용량 저장장치** MSD(Mass Storage Device)를 참조.

**Mask Angle 지피에스 수신 고도각** 이온층, 대류층 오차와 마찬가지로 다중 경로 오차도 위성이 지평선에 가까울수록 그 영향이 커진다. 즉, 고도각(elevation angle)이 낮은 위성일수록 그 신호의 정확도가 떨어지므로 수신기에서는 어느 정도 이상의 고도각을 가지는 위성만 이용하여 위치를 측정한다. 이 수신 고도각을 Mask angle이라 하며 그 이하의 위성에서 오는 신호는 무시한다. Mask angle은 수신기에서 설정가능하며 일반적으로 상황에 따라 사용자가 변경도 가능하다.

**Massively Multiplayer Online Role Playing Game(MMORPG) 다중 접속 역할분담 게임** MMORPG(Massively Multiplayer Online Role Playing Game)를 참조.

**Master Auxiliary Concept(MAC) 주·부 기준국 개념** MAC (Master Auxiliary Concept)를 참조.

**Master Control Station(MCS) 중앙제어국, 주관제국** MCS (Master Control Station)를 참조.

**Master Data Management(MDM) 마스터 데이터 관리** MDM (Master Data Management)를 참조.

**Master File 기본 파일** 기본이 되는 정보를 모두 기록한 파일. 각 정보는 비교적 장기간에 걸쳐 정보를 저장시킨 파일로 정기적으로 갱신하고, 필요한 정보를 참조할 수 있는 파일을 말한다.

**Master Plan 기본 계획(基本 計劃)** 기본 방침을 수립하기 위한 계획. 구체적 계획의 전체가 되는 것으로, 부분적 변경에 관하여 융통성을 갖는 계획을 말한다.

**Master Schedule 기본 스케줄** 오퍼레이터와의 통신을 담당하는 프로그램으로, 오퍼레이터의 명령에 따라 실행될 행동을 지시한다.

**Master Station 주국, 주제어국** ① 전파 거리 측량을 위하여 전파 신호를 최초로 발사 하는 무선국을 말한다. ② GPS의 주제어국은 미국의 슈라이버(팔콘)공군비행장/(콜로라도 스프링스 콜로라도 주)에 위치하고 있다.

**Match 일치** 주어진 조건과 일치하는 문서나 정보 또는 데이터베이스 내의 데이터를 찾는 것을 말한다.

**Match Band Effect 매치 대역 효과** 시각 시스템에서 서로 다른 밝기값을 가지는 경계선을 약화시키는 효과를 말한다.

**Matching Entity 정합 실체** 공액 실체를 찾기 위해서 두 영상을 비교하는 기본 요소. 이에는 명암(Gray Levels), 형상(Feature), 상징적인 특징(Symbolic Descriptions) 등이 포함된다.

**Matching Method 정합 방법** 정합 실체에 대한 유사성을 측정하는 방법. 이 방법에 대한 명칭을 정합 요소에 기준을 두는 데, 영역기준 정합(Area Based Matching), 형상 기준 정합(Feature Based Matching)과 기호 정합(Sybolic Matching)으로 나눌 수 있다.

**Matching Strategy 정합 전략** 영상 정합 문제의 해결을 위한 전반적인 기술이나 개념을 의미한다. 예로, 계층적 방법(Hierarchical Approach), 신경망 방법(Netural Networks Approach) 등을 들 수 있다.

**Mathematic Model 수학 모형** 수학적 기호와 관계식으로 표현되는 기호모델을 말한다.

**Mathematics 수학** 수학의 가지인 기하학(Geometry)과 그래프 이론은 공간 자료의 분석과 GIS 설계에 사용된다.

**Matrix 행렬(行列)** 격자점에 기반을 둔 하나 이상의 규칙적인 2차원 배열을 말한다.

**Matrix Multiplication 행렬 복제** 각각의 폴리곤은 3D 공간에서 수학적인 행렬형태의 위치정보를 가지고 있다. 객체가 움직이거나 관측점이 변경되는 경우 이 위치정보를 연속적으로 부드럽게 변화시켜주어야 한다. 이 과정에서 위치 정보의 미세한 변화를 통한 세밀한 시점전환 및 움직임을 표현해주기 위해서는 각각의 처음의 위치정보와 그 다음 프레임의 위치정보를 동일한 행렬구조와 거의 유사하게 동일한 복제 형태로 구현해서 표현하게 되는 것이다.

**Matrix Printer 행렬 인쇄기** 인쇄기에서 인쇄되는 문자의 형상을 일련의 점들의 행렬에서 원하는 점들만을 조합하여 구성한 정보를 인쇄하는 인쇄기를 말한다.

**MAV(Micro Air Vehicle) 초소형 항공기** 최대 길이가 150mm 이하의 UAV를 가리킨다.

**Maximize Market Share Location-Allocation Modeling 최대 시장점유율 입지배치 모델링** 시장점유율을 극대화할 수 있는 신규 시설물의 배치 모델링을 말한다.

**Maximum Elevation Value 최대 표고 값** 자료군에 포함된 가장 높은 고도값(값 : 미터 단위로 표시)을 말한다.

**Maximum Filter 최대값 필터** 영상에서 한 영상소의 주변 영상소들에 대상 영역을 씌워서 이웃 영상소들 중에서 최대값을 출력 영상에 출력하는 필터링을 말한다.

**Maximum Likelihood Classifier 최대 우도 분류** 영상 분류 기술로써 이 방법은 우선적으로 이미 알고 있는 자료들을 이용해서 각 클래스에 대한 분산 및 공분산과 각 분광 영역에 대한 평균값을 계산한 후 결과적으로 얻어진 확률함수를 사용하여 각각의 영상소가 각 클래스에 속하게 될 확률을 계산하게 된다. 그 다음으로는 가장 큰 확률을 가지는 클래스에 영상소를 할당하게 된다.

**Maximum Likelihood Rule 최대 우도법** 확률론적으로 가장 일어날 가능성이 크다는 것을 나타내는 개념. 어떤 관측값이 어떤 특정 모형에서 나올 수 있는 확률이 가장 크다는 개념이다.

**Maximum Occurrence 최대 발생 횟수** 메타 데이터 요소가 가질 수 있는 인스턴스(Instance)의 최대수로서 한 번의 발생 횟수는 'I'로 나타내고 반복적으로 발생되는 'N'으로 표기한다.

**Maximum Permissible Exposure 최대 허용 노광량** MPE (Maximum Permissible Exposure)를 참조.

**Maxwell's Equations 맥스웰 방정식** 맥스웰 방정식은 전기와 자기의 발생, 전기장과 자기장, 전하 밀도와 전류 밀도의 형성을 나타내는 4개의 편미분 방정식으로서, 각각의 방정식은 가우스 법칙(Gauss), 가우스 자기 법칙, 패러데이(Faraday) 전자기 유도 법칙, 앙페르(Ampère 또는 암페어) 회로 법칙으로 불린다. 각각의 방정식을 맥스웰(James Clerk Maxwell, 1831~1879)이 종합한 이후 맥스웰 방정식으로 불리게 되었다. 전자기학은 맥스웰 방정식과 로렌츠 힘 법칙으로 요약되며, 로렌츠 힘(Lorentz force)은 전하를 띤 물체가 전자기장 안에서 받는 힘이며, 맥스웰 방정식으로부터 유도될 수 있다.

| 전자기학 법칙 | 적분형 | 미분형 |
|---|---|---|
| 가우스 법칙(전기) | $\oint E \cdot A = \frac{Q}{\epsilon_0}$ | $\nabla \cdot E = \frac{\rho}{\epsilon_0}$ |
| 가우스 법칙(자기) | $\oint B \cdot dA = 0$ | $\nabla \cdot B = 0$ |
| 패러데이 유도법칙 | $\oint E \cdot dl = -\frac{d\Phi_E}{dt}$ | $\nabla \times E = -\frac{\partial B}{\partial t}$ |
| 앙페르-맥스웰 법칙 | $\oint B \cdot dl = \mu_0 i + \epsilon_0 \frac{d\Phi_E}{dt}$ | $\nabla \times B = \mu_0 i + \mu_0 \epsilon_0 \frac{\partial E}{\partial t}$ |

**Maylar 마일라** 사진과 지도 제작에 사용되는 강하고, 얇고, 투명한 폴리에스터 필름의 상표를 말한다.

**MB(Mega Byte) 메가바이트** 메가바이트는 컴퓨터의 하드디스크, 램, 디지털 카메라의 메모리 등 저장장치의 용량을 나타내는 단위이다.

**Mbi** Mapinfo DOS 경계 파일용 ASC II 파일을 말한다.

**MBPS(Million Bits Per Second) 초당 백만 비트** Video Conferencing, 실시간 영상, 홀로그래픽 영상 그리고 요청된 비디오 등을 '광대역 전송'할 때 전송 속도를 나타내는 데 쓰이는 표준 수치이다.

**m-Commerce(Mobile Commerce) 모바일 전자상거래** 이동통신 단말기와 통신 네트워크를 이용해 무선 인터넷으로 각종 정보와 서비스를 이용하고, 상품을 구입할 수도 있는 전자상거래 방식을 말한다. 소비자의 위치 정보를 토대로 제품 리서치를 비롯한 기존 구매 과정 전반에 혁신을 일으키는 것을 의미한다.

**MCS(Master Control Station) 중앙제어국, 주관제국** 중앙 제어국은 GPS의 주제어국으로 다른 제어국과 달리 위성의 궤도를 수정할 뿐만 아니라 사용불능 위성을 예비위성으로 교체하는 업무를 담당하고 있다. 콜로라도 스프링스(Colorado Springs)에 있다. 제어국 참조.

**MCN(Multi Channel Network) 다(多)채널 네트워크, 멀티채널 네트워크** 멀티채널네트워크는 이른바 '1인 제작자'로 불리는 여러 개의 채널을 묶어 창작을 지원하고 창작자와 광고 매출을 공유하는 서비스를 말한다. 과거에는 1인 제작자 혼자 활동하는 경우가 많았지만 최근에는 여러 1인 제작자를 모은 기업형이 더 각광받고 있다. MCN은 마치 아이돌 스타를 키우는 연예기획사처럼 콘텐츠를 확보하고 이를 마케팅에 활용해 광고 수익을 나눈다. 개인 제작자의 콘텐츠를 위한 최적의 환경을 제공하는 것이 MCN 역할로서, 재능 있는 개인 제작자를 모아 스튜디오와 촬영 장비를 제공하고 동영상 편집 등을 지원한다. MCN은 기본적으로 가장 큰 MCN 플랫폼에 해당하는 유튜브 채널을 관리하고 여기서 나오는 수익을 나눈다. 광고주가 자신의 상품이나 서비스를 알리고 싶을 때 1인 제작자 등과 사전에 함께 논의해 만드는 일종의 광고대행사업도 한다. 급변하는 수요자의 콘텐츠 요구를 빠르게 반영할 수 있는 MCN시장의 성장가능성이나 잠재력은 높은 편이다. 콘텐츠, 엔터테인먼트 산업이 발달한 미국에서는 MCN은 이미 당당한 뉴미디어 산업으로 평가받고 있다. 대표적으로 디즈니는 유명 MCN인 메이커스튜디오를 1조 원에 사들였는데, 1인 제작자로 시작했던 메이커스튜디오는 개인제작자를 모아 200개 채널, 4억 명의 고정 시청자를 확보했다. MCN의 주요 콘텐츠가 코미디, 게임, 애니메이션, 영화, 음식 등 기존 방송에서 보기 어려운 다양하고 신선한 소재인 것도 주목할 만하다.

**MCU(Micro Controller Unit) 마이크로 컨트롤러** 마이크로프로세서와 입·출력 모듈을 하나의 칩으로 만들어져 정해진 기능을 수행하는 컴퓨터를 말한다. CPU 코어, 메모리 그리고 프로그램 가능한 입/출력을 가지고 있다. MCU는 임베디드 애플리케이션을 위해 디자인되었으며 임베디드 시스템에 널리 사용된다. 개인용 컴퓨터(PC)가 다양한 요구에 따라 동작하는 일반적인 일에 사용된다면, MCU는 기능을 설정하고 정해진 일을 수행하도록 프로그래밍되어 장치 등에 장착되어 동작한다. 따라서 일반적으로 성능이 PC에 비해 낮고 형상도 다르다.

**MDBMS(Multimedia DBMS) 멀티미디어 기반관리 체계** 최근 멀티미디어 정보검색기술을 차원 높게 다룰 수 있는 단계로 발전되어가고 있다.

**MDDB(Multi Dimensional DataBase) 다차원 자료기반** 다중 차원의 교차점인 셀 자료의 연합으로, 다차원 자료를 표현하는 데이터베이스 기술을 말한다.

**MDL(Microstation Development Language) 마이크로스테이션 개발언어** 마이크로스테이션 환경 내에서 C언어로 작성된 프로그램을 수행할 수 있도록 한다.

**MDM(Master Data Management) 마스터 데이터 관리** MDM이란, 지속적으로 기업의 non-transaction 정보를 정의하고 관리하기 위한 일련의 절차와 도구들로 구성된 IT 접근법으로써, 이를 구현함으로 기업은 핵심 정보를 효과적으로 유지하고 관리하는 일련의 작업들(정보를 수집하고, 취합하고, 비교하고, 정합하고, 품질을 보증하고, 저장하고, 배포하는)을 수행할 수 가 있다. MDM은 소셜 미디어 데이터의 핵심인 CRM 2.0을 위한 '비밀 소스'로 불린다. 글로벌 기업이 고객 중심 전략 목표를 달성하는 데 MDM을 활용한다.

**me2DAY 미투데이** 네이버에서 운영하는 한국형 SNS. 기존 블로그와 달리 일상생활에서 벌어지는 다양한 상황에 대해 형식을 따지지 않는 150자의 내용과 사진에 대해 미투(metoo)를 눌러 동감함을 나타내거나 댓글을 추가함으로써 활발한 쌍방향 소통이 이루어진다. 트위터와 페이스북의 중간 형태이다.

**Mean 평균** 일반적으로 평균은 산술평균을 말한다. 표본평균이라고도 한다. 평균은 단순히 모든 관측값을 더해서 관측값 개수로 나눈 것이다. 일반적으로 산술 평균은 일정하게 변한 량의 평균을 계산하는데 쓰이기보다는 여러 값들이 어느 값에 치우쳐져있는지, 즉 집중경향값(集中傾向, central tendency)을 계산하기 위해 사용된다.

**Mean Anomaly 평균 근지점 거리** M=n·(t−T). 여기서, n : 평균 운동, t : 실제 운동, T : 근지점 통과상수이다.

**Mean Center 평균 중심점** 지리적 혹은 데카르트 투영에 흩어져 있는 공간적 분포의 중심을 결정하기 위해 사용할 수 있는 중심경향의 측정방법이다.

**Mean Deviation 평균 편차(平均 偏差)** 계산값, 추정값 및 관측값의 중앙값으로부터의 편차의 산술평균으로 유도된 자료의 분산정도를 나타내는 통계값이다.

**Mean Discharge 평균 유량(平均流量)** 관로나 개수로에서 변동유량을 시간적으로 평균하는 '시간 평균유량'과 유수단면 내에서 평균하는 '단면 평균유량'이 있다. 일반적으로 '단면 평균유량'이 사용되며, 평균유속에 유수단면적을 곱하여 구한다. mean flow rate라고도 한다.

**Mean Error 평균 오차(平均 誤差)** Average Error를 참조.

**Mean Ground Sample Distance 평균 지면 표본 거리** 연속적인 지면 표본의 중심점 간의 거리에 대한 기하 평균을 말한다.

**Mean High Water Interval 평균 고조 간격(平均 高潮 間隔)** 바다에서 어느 기간 동안 날마다 일어나는 고조간격의 평균값을 말한다.

**Mean High Water Level(MHWL) 평균 고수위(平均 高水位)** MHWL(Mean High Water Level)를 참조.

**Mean High Water Springs(MHWS) 대조 평균 고조면, 대조승** MHWS(Mean High Water Springs)를 참조.

**Mean Low Water Interval(MLWI) 평균 저조 간격(平均 低潮 間隔)** MLWI(Mean Low Water Interval)를 참조.

**Mean Low Water Level(MLWL) 평균 저수위(平均 低水位)** MLWL(Mean Low Water Level)를 참조.

**Mean Low Water Springs(MLWS) 대조평균저조면** MLWS(Mean Low Water Springs)를 참조.

**Mean Midnight 평균 자정** 평균 태양시 0시를 일컫는다.

**Mean Motion 평균 운동** $n=2\pi/p$, 여기서 p는 공전기간이다.

**Mean Radius of Curvature 평균 곡률 반경** 타원체면상에서 자오선곡률반경(M)과 묘유선곡률반경(N)의 기하학적 평균을 말한다. 평균 곡률반경 $R=\sqrt{MIN}$.

**Mean Range 평균 조차** 대조차와 소조차의 평균값, 장기간에 걸쳐서 조차를 평균한 것. 비조화상수에서 평균조차는 2Hm으로 계산된다.

**Mean Sea Level 평균 해수면, 평균 해면** 조류나 계절적인 변동 등을 고려하여 반복해서 측정한 해수면으로 지역적인 고도의 기준면이며, 일반적으로 지도에서의 고도의 기준이다. 장주기의 해면 변동에서 조석에 의한 단주기 변동을 제외하고 평균한 조위. 조석 높이와 표고의 기준면이다. 해안 지역에서 해수면의 높이와 고도를 나타내는 표준수위. MSL이라고도 한다.

**Mean Sea Water Level 평균 해수면** Mean Sea Level를 참조.

**Mean Solar Day 평균 태양일(平均 太陽日)** 평균태양의 정오에서 시작하여 다음 정오에 끝나는 하루를 말한다.

**Mean Solar Time 평균 태양시(平均太陽時)** 시태양시의 불편을 없애기 위하여 천구 적도상을 1년간 일정한 평균각속도로 동쪽으로 운행하는 가상적인 태양. 즉, 평균태양(Mean Sun)의 시간 각으로 평균태양시를 정의하며 이것이 우리가 사용하는 상용시(Civil Time)이다. 평균태양일은(Mean Solar Day)은 항상 1/365.2564년이다. LMT(Local Mean Time)를 참조.

**Mean Square Error 평균 평균 오차** 둘 사이에 정확한 값이 있는 확률이 2/3있다고 보는 오차를 말한다.

**Mean Velocity 평균유속(平均流速)** 관로 및 개수로에서 변동유속을 시간적으로 평균하는 '시간 평균유속'과 유수단면적 내에서의 유속분포를 평균하는 '단면 평균유속'이 있으나, 일반적으로 '단면 평균유속'의 개념이 사용된다. 평균유속을 구하기 위하여 체지(Chezy)공식이나 매닝(Manning)공식이 주로 사용된다.

**Mean Water Level(MWL) 평균 수위** MWL(Mean Water Level)을 참조.

**Mean Wave 평균파** 연속파형 기록 중의 모든 파랑의 파고 및 주기의 평균값과 같은 파고와 주기를 갖는 파랑을 말한다.

**MEAP(Mobile Enterprise Application Platform) 모바일 엔터프라이즈 애플리케이션 플랫폼** 기업들이 OS 업그레이드, 모바일 기기 화면 크기에 따른 개별 대응이 한계점에 다다르면서 표준화 작업 필요성이 확산, 멀티 플랫폼 환경을 통합 지원하는 모바일 플랫폼이자 개발 플랫폼으로 두각을 나타내고 있다.

**Measure 측정** 하나의 현상에 대한 양적 평가를 말한다.

**Measure Description 측정 설명** 결정되어지는 측정에 대한 설명을 말한다.

**Measurement 측정, 관측** ① 내용, 차원 혹은 어떤 개체의 양을 확인하는 행동이나 절차를 수행하는 것으로부터의 결과를 말한다. ② 모든 GIS는 관측 기능을 제공하며, 관측 기능에는 점 사이의 거리, 선의 길이, 다각형의 둘레와 면적, 그리고 같은 부류의 셀(Cell)집합 크기 등이 포함된다. 특히, 수치지형 자료에 이용 될 때는 도로건설에 관련된 성, 절토량의 계산 등 공학적인 응용을 위해 3차원적인 관측이 필요하다.

**Measurement Complexity 관측 복합도** 디지털 다중 스펙트럼 데이터에서 사용된 스펙트럼 채널의 수와 각 채널에서 기록된 희도레블의 수에 근거를 둔, 스펙트럼 에너지 측정의 세밀밀도를 나타내는 지수를 말한다.

**Measurement Data 관측 자료** 관측 단위의 존재를 가정하여 관측 대상이 되는 각 객체에 부여함으로써 얻어지는 자료를 말한다.

**Measurement Function 측정 기능** 대상물 간의 거리나 둘레나 면적, 3D 대상물의 경우 부피 등을 계산하는 등의 기능을 말한다. 대상의 빈도를 세는 계산 기능도 이에 포함된다.

**Measurement of Base Line 기선 관측** 최근 들어 EDM의 기계

정확도가 향상됨에 따라, 각을 이용한 기선길이의 도출이나 기선의 확대 보다는 EDM을 직접 사용하여 기선을 관측한다.

**Measurement of Discharge 유량 관측법** Discharge Measurement를 참조.

**Measurement of Gravity 중력 관측** 지구상의 모든 물체는 중력에 의해 지구의 중심방향으로 끌리게 되는 데 이러한 중력을 관측하는 것을 말하며, 상대관측과 절대관측이 있다.

**Measurement of Horizontal Angle 수평각 관측법** 트랜싯, 데오돌라잇, 토털스테이션 등으로 수평축을 기준하여 교각법, 편각법, 방위각법 등으로 관측한다.

**Measurement of Normal State and Reverse State 정·반 관측** 한 각을 망원경을 정위와 반위로 2번 관측하는 것을 말한다.

**Measurement of Orientation Points 표정점 관측** 세부도화에 필요한 평면 및 표고기준점의 좌표를 현지에서 직접 관측하는 지상 기준점 측량을 말한다.

**Measurement of Vertical Angle 연직각 관측** 망원경을 트랜싯의 수평축 주위로 회전하여 수직분도원상에서 읽어서 관측한다.

**Measurement Scale 관측 축척** 자료의 정밀도를 위하여 미리 결정한 법칙에 따라 관찰 대상의 양을 재기 위한 체계이다(Nominal, Ordinal, Interval, Ratio).

**Measuring by Sound 음측법(音測法)** 공기 중에 전파하는 음속은 기온 0℃일 때 332m이며 1℃ 높아짐에 따라 0.609m 증가한다.

**Measuring Mark 측표** 2장의 왼쪽, 오른쪽 사진을 입체시 했을 경우 지면 위나 아래에 보이는 점으로 부점의 원리는 사진상에서 지형(지모, 지물)을 도면화하고 높이를 재기 위하여 사용된다. 부점의 표시로는 흑점, 환형이나 십자형, 광점 등이 있다.

**Measuring Pin 측침** 거리 측량을 할 때 거리가 길어서 몇 번이나 줄자를 되풀이 사용하지 않으면 안 되는 경우, 줄자의 끝 위치를 나타내는데 쓰이는 철제 등으로 만들어진 핀을 말한다.

**Measuring Rod 측봉** 길이 1~5m의 강, 황동 또는 나무막대로서 1cm마다 눈금이 있다. 30m이하의 단거리 측정 및 거리 측량에 쓰인다.

**Measuring Rope 간승(間繩), 측승** 지름 5mm정도의 둥근 형태의 직접거리측량용기구로서, 중간에 유연성이 있고 신축이 적은 재료를 넣고 이를 염화비닐 수지로 싸서 외면에 눈금을 매긴다. 정확도는 1/500 정도로 낮은 편이지만 사용하기 편리하고 50m, 100m정도로 길어서 농지, 임야지 등의 거리 측량에 사용한다. 간승이라고도 한다.

**Measuring Tape 줄자** 플라스틱, 강철, 인바 등의 재료를 이용하여 폭 2cm 정도로 하고 유연성을 주기 위해 얇고 길게 만들어 여기에 눈금을 매긴 거리 측량 기구이다. 테이프 또는 권척이라고도 한다.

**Mechanical Photo Plane 기계 사진면** 기계적 투영법의 도화기에 있어서 촬영 시 광학적 투영 중심에 대하여 화면상의 점이 가진 기하학적 관계를 기계적 투영 중심에 대하여 취한 점의 집합을 말한다.

**Mechanical Projection 기계적 투영법(機械的 投影法)** 입체도화기 투영법의 하나로서, 좌우 사진기의 투영 중심을 통하여 사진면 상의 점에서 지상점까지의 광속 방향을 금속봉에 바꿔 놓고, 그 교점으로서 점의 위치를 구하는 방식을 말한다.

**Mechanical Resolution 기계적 해상도** 펜 플로터로 인쇄할 때의 펜의 간격으로 이 숫자가 작을수록 정밀한 인쇄를 할 수 있다.

**Mechanical Stereoplotter 기계식 도화기** Analog Stereoplotter를 참조.

**Mechatronics 메카트로닉스** 공학과 설계분야의 새로운 패러다임으로 인하여, 기계(mechanics)공학기술을 기반으로 전기·전자(electronics)공학 및 컴퓨터 기술 분야로 발전시켜 지능형 기계전자 시스템을 설계, 제작하는 기술 분야로서, 한 나라의 제조 산업 경쟁력을 결정짓는 핵심기술이다. 메카트로닉스(mechatronics)는 기계(mechanics)공학과 전기(electronics)공학의 합성어로서 1975년경 일본에서 만들어져 1980년을 전후로 정착된 조어이다. 메카트로닉스 기술은 자동화 생산시스템, 마이크로 머시닝, 지능형 로봇, 반도체/디스플레이, 지능형 설비, 인공지능, 자동차 등 다양한 분야에 적용되고 있다. 생명공학, 기계 및 전자공학의 합성어로서 전자공학, 기계공학, 컴퓨터공학 분야의 기술과 지식을 바이오 및 의학 분야 기술과 지식에 효율적으로 접목하여 통합하는 새로운 융합학문인 '바이오 메카트로닉스(Bio-Mechatronics)' 기술도 등장하고 있다. 요소기술로는 기계설계(mechanical design), 제어(control), 임베디드 시스템(embedded system), SI(system integration) 기술 등이 있다. 메카트로닉스의 기본적인 구조는 크게 하드웨어부분, 소프트웨어부분, 주변 환경요인부분으로 구분할 수 있다. 여기서, 하드웨어부분은 물리적으로 확인되는 실체로서 구동과 제어를 위한 부분을 말하며 소프트웨어부분은 제어를 위한 방법에 관련된 부분을 말하며, 주변 환경요인 부분은 메카트로닉스 시스템이 목적하는 구체적인 일과 관련된 변수의 성격을 갖는 여러 요인들과 구동환경에 관련된 부분들을 말한다.

**Media 매체** 자료의 기록·저장·전송에 이용되는 물리적 장치로서, 이중연선, 동축, 광케이블 등을 뜻한다.

**Media Access Control(MAC) 매체 접근 제어** MAC(Media Access Control)를 참조.

**Media Access Protocol 매체 접근 규약** 여러 가지 매체를 사용하기 위한 정보 통신 규약이다.

**Media Facade 미디어 파사드** 건축물 외면의 가장 중심을 가리키는 '파사드(Facade)'와 '미디어(Media)'의 합성어로, 미디어를 활용해 건물의 벽면을 디스플레이 공간으로 활용하는 것을 말한다. 미디어 파사드는 IT와 미디어를 적극 활용한 미디어 아트와 디지털 아트의 결정체이다. 조명으로 다이내믹한 동영상을 재현할 수 있으며, 도시의 규제 여부에 따라 상업적 광고도 가능하다.

**Media Frame 미디어 프레임** 멀티터치스크린(Multi Touch Screen)을 기반으로 하는 인터페이스로, 주로 대형 화면이나 테이블 형태이다. 키보드나 마우스 없이 간단한 터치만으로 다양한 체험을 할 수 있으며, 제품 홍보와 이벤트 정보도 접할 수 있다. 예컨대 내장 코드가 인식된 명함을 올려놓으면 테이블이 자동으로 내부 정보를 인식해 관련 자료를 제공한다거나, 참여형 게임이나 이벤트를 제공하는 방식이다. 디지털카메라로 촬영한 이미지가 미디어 프레임으로 자동 전송되며 이를 즉석으로 인쇄할 수도 있다.

**Media Planner 미디어 플래너** 광고대행사에 소속돼 광고를 실을 매체를 선정하고 광고 계획을 세우는 이들을 말한다.

**Media Tablet 미디어 태블릿** 스마트폰, 태블릿 PC 등 모바일 운용체제를 탑재한 5~15인치 모바일 기기를 말한다.

**Media Transfer 매체 전달** 데이터는 마그네틱 테이프나 다른 저장 매체를 통해 교환될 수 있다. 가장 간단한 연결방식으로서 원 시스템과 목적 시스템은 언급한 매체와의 호환성을 가지고 있어야 한다. 자료교환에서 발생하는 약간의 시간지체가 자료를 이용하는 응용작업에 그렇게 큰 영향을 미치지는 않을 것이다. 이 방법은 비용이 적게 들며 기술적으로 간단하고, 많은 양의 자료를 전달할 수 있다는 장점을 가진다.

**Median 중간값, 중위수(中位數)** 순위 데이터들의 중간값으로서, 속성에 의해 정렬한 자료군에서 중앙의 레코드의 속성값을 말한다. 중앙값은 분포가 편포되어 있을 경우 집중경향치로 유용하게 쓰인다.

**Median Filter 중앙값 필터, 중위수 필터** n×n 윈도우(또는 커널)에 포함된 화소값을 최소부터 최대까지 서열화한 이후 중위수를 계산하고, 그 중위수를 윈도우의 중앙에 위치한 화소의 값으로 결정하는 필터이다.

**Medium 매체** 자료 구조를 기억 또는 전달하기 위한 물질 또는 중계적 수단(agency). (예) 압축디스크, 인터넷, 전파, 종이 등이다.

**Medium Name 매체 명칭** 자료가 수신될 수 있는 매체의 명칭을 말한다.

**Medium Speed MODEM 중속 모뎀** 전용 회선 또는 전용 회선 모뎀을 가지며 전송 속도는 1,200bps에서 4,800bps이다.

**Meetup.com 미트업닷컴** 취미나 관심이 비슷한 사람들끼리 거주 지역에 따라 소규모 오프라인 미팅을 조직하도록 도와주는 인터넷 사이트.

**Meformer 미포머** 미국 럿거스대 연구진이 지난해 말 발표한 신조어. 소셜 네트워크서비스(SNS)나 블로그 등을 통해 정보 활용 가치가 떨어지는, 자신과 관련된 신변잡기를 알리는 일에만 열중하는 사람을 말한다. '나'를 의미하는 '미(Me)'와 '정보 제공자'라는 뜻의 '인포머(Informer)'가 합쳐졌다. 유용한 지식과 정보를 제공하는 '인포머(Informer)'와 반대되는 개념이다. 미포머가 SNS를 확산시키는 중요한 구실을 하지만, 불필요하고 잘못된 정보를 양산할 가능성이 높아 SNS의 질(퀄리티)을 높이기 위해선 인포머가 점차 확산되어야 한다는 지적도 있다.

**Mega 메가** $10^6$을 뜻하는 접두어로서, 기호로 M으로 표기하며, million(백만) 단위이다.

**Mega Byte(MB) 메가바이트** MB(Mega Byte)를 참조.

**Megahertz(MHz) 메가헤르츠** MHz(Megahertz)를 참조.

**MEGRIN(Multi-Purpose European Ground Related Information Network) 다목적 유럽 지상 연결 정보망** CERCO의 원조 아래에 있는 유럽 각국 지도 제작국의 협회로, 이들 지도 제작국에서 만들어진 GIS를 더 넓게 사용할 수 있도록 하는 기구이다. 프로젝트는 국가 간이나 행정상의 경계선 등과 같은 접합된 지형 자료의 개발을 포함하고 있다.

**Meizoseismal Region 주지진지역** 지진이 발생할 때 강진동이 일어나고 피해가 가장 심한 지역을 말한다.

**MELOPS(Million Floating Point Operations Per Second) 초당 백만 번 부동 소수점 연산** 일반적으로 어떤 하나의 컴퓨터에 대하여 부동 소수점 연산의 성능 평가를 위한 기준으로 사용되고 있다.

**Memonic 간략 기호, 연상기호** 인간이 암기하기 쉬운 형으로 간략화한 코드. 기호는 일반적으로 나타내고자 하는 항목과 어떤 관련이 있도록 선택되며, 기본적인 동작을 알 수 있도록 구성된다.

**Memory 기억** 컴퓨터 체계에서 자료와 명령어를 저장하기 위하여 사용되는 임시 기억장치. 기억장치 컴퓨터의 기본 구성단위로 이곳에 프로그램과 자료가 저장된다. 기억장치에는 조회 전용 기억장치(ROM)와 임의 접근 기억장치(RAM)가 있다.

**Memory Capacity 기억 용량** 기억장치에 기억할 수 있는 정보의 양. 보통 단어 수나 자수 또는 비트나 바이트를 기준으로 하여 나타낸다.

**Memory Dump 메모리 덤프** 기억장치의 내용을 출력하는 것. 덤프하는 기억 매체에 따라서 각각 다르게 호칭한다.

**Memory Management 기억 관리** 감시자(Monitors)또는 실행자(Executives)로 불리기도 하는 운영체제 프로그램들은 응용프로그램의 실행을 계속적으로 지원해주는 데 사용되며, 계산을 위해 사용자에 의해 제출된 여러 작업의 수행 순서들을 계획하는 데 이용된다. 기억 관리 프로그램들은 CPU와 대용량 기억장치 사이, 중앙처리장치(CPU) 안에 있는 자료와 프로그램간의 흐름 등을 관리하기 위해 감시 프로그램과 통신을 한다. 다중사용자 체계에 있어 기억 관리 프로그램은 다중 프로그램의 실행을 통제하고 특정 프로그램에 주기억장치의 일부분을 다이나믹하게 할당한다.

**Memory Map 기억 영역 할당도** 한 프로그램 또는 일련의 프로그램들이 차지하는 번지 공간 영역에 정보가 기억되어 있는가를 나타내는 그림을 말한다.

**Memory Semiconductor 메모리 반도체** 정보 저장 용도로 사용되는 반도체이다. 반도체는 메모리 반도체와 비메모리 반도체로 구분된다. 메모리 반도체는 정보를 저장하는 용도로 사용되는 반면, 비메모리 반도체는 연산이나 논리와 같은 정보처리를 목적으로 사용된다.

메모리 반도체는 저전력으로 쉽게 전기를 통하고 차단할 수 있으므로 회로를 구성하는 데 유용하여 메모리로 사용된다. 메모리 반도체는 램(random access memory, RAM)과 롬(read only memory, ROM)으로 구분된다. 램은 정보를 기록하는 것은 물론 기록된 정보를 읽거나 바꿀 수 있는 반면, 롬은 기록된 정보를 읽을 수만 있고 기록하거나 바꿀 수 없다. 대표적인 램에는 S램(static RAM)과 D램(dynamic RAM)이 있다. S램은 전원이 끊어지지 않는 한 기록된 정보를 유지하는 반면, D램은 일정한 시간이 지나면 기록해둔 정보가 저절로 없어지는 특성을 가지고 있다. 한편, 플래시 메모리(flash memory)는 전원이 끊긴 뒤에도 정보가 계속 남아 있는 반도체로 램과 롬의 중간 형태에 해당된다.

메모리 반도체의 경쟁력은 미세공정 전환을 통한 원가 절감이다. 반면 비메모리는 설계가 극히 어려워, 설계 능력이 제품의 성패를 가른다. 메모리가 대규모 투자가 필요한 장치산업의 성격이 강한 반면 비메모리는 고도의 기술력과 창의성을 지닌 인력이 기업의 성패를 좌우하는 기술집약 산업이다. 메모리 반도체는 CPU 같은 비메모리 반도체에 비해 값이 싸다. 비메모리 시장 규모는 메모리 시장의 3~4배이다. 두 사업을 다 하던 인텔이 1980년 메모리 시장에서 철수한 것도 그 때문이다. 만들어봤자 하나에 겨우 2~3달러 받는 메모리 시장에서 경쟁하느니, 10배를 받는 CPU에 집중한 것이다. D램의 원조인 인텔이 떠난 시장에서 한국은 가격 싸움에서 다른 미국 업체들과 일본・유럽 메이커를 압도했다. 그 원동력이 미세공정 기술이다. 메모리 반도체를 구성하는 기본 단위인 트랜지스터와 그에 연결되는 전자회로의 선폭(線幅)을 더 세밀하고 작게 만드는 것이다. Non-Memory Semiconductor, D RAM, Nand Flash Memory, Plastic Semiconductor를 참조.

**Memristor 멤리스터** 전류의 흐름과 시간의 변화에 따라 저항의 강도가 바뀌는 새로운 전기소자. 메모리(Memory)와 저항(Resistor)의 합성어. 속도가 빠르고 저장용량이 큰 메모리반도체를 만드는 데 쓰인다. 2008년 휼렛패커드가 초보적인 단계의 멤리스터를 만드는 데 성공했다.

**MEMS(Micro Electro Mechanical System) 초소형 정밀 기계 체계, 멤스** 기계 및 전자기기의 소형화 요구에 따라 정밀가공용 첨단장비와 새로운 가공 공정기술을 이용해 광학부품, 통신부품, 마이크로 금형 등 초소형기기나 부품을 개발할 수 있도록 지원하는 기술 및 시스템을 말한다.

**Mention 멘션** 트윗(Tweet) 혹은 멘션(Mention)으로도 사용되며, 트위터에 올리는 140자 미만의 단문 메시지를 말한다. 이야기를 주고받는 두 사람 외에, 두 사람을 팔로하고 있는 이들에게도 그 멘션이 공개된다.

**Menu 차림표, 메뉴** 사용자가 미리 설정된 목록에서 선택하도록 한 사용자 인터페이스의 한 요소로서 사용 가능한 명령어 선택 사항을 나열한 것. 사용자는 키보드 또는 마우스 등과 같은 입력 장치를 사용하여 차림표 목록에서 하나를 선택하여 자신이 원하는 작업을 수행할 수 있다.

**Menu Bar 차림표 바** 차림표를 위해 이름 또는 아이콘을 표시하기 위해 사용되며, 일반적으로 위에 표시되어 있으나 항상은 아닌 GUI상의 실행 영역의 한 모서리를 따른 영역을 말한다.

**Menu-Driven 차림표 구동형** 명령어를 일일이 기억하지 않고도 프로그램의 옵션을 선택하는 것. 사용자가 마우스 또는 키보드를 사용하여 영상면에 나타나 있는 차림표 중 하나의 항목을 선택하여 프로그램에 명령어를 전달하는 방법을 말한다.

**MEO(Middle Earth Orbit) 중궤도** 고도 10,000km 전후의 위성 궤도를 말한다.

**Mercator Projection 머케이터 투영법** 1569년 네덜란드의 지도학자 머케이터(Gerardus Mercator, 1512~1594)가 원주도법의 원리와 특성을 이용해 고안한 정각도법으로서, 경선이 실제보다 확대되는 비율만큼 남북방향의 위선간격을 수학적으로 조정하여 각도관계가 정확하도록 하였다. "메르카토르"로 불리기도 하지만 「공간정보의 구축 및 관리 등에 관한 법률 시행령」 제7조 제3항 관련 "직각좌표의 기준"에서 "머케이터"란 용어를 사용하고 있다. 머케이터 도법은 원통중심 도법과 원통 정적도법을 절충한 도법으로서 경선의 간격은 고정되어 있으나 위선의 간격을 조절하여 각도관계가 정확하도록(정각 도법) 되어 있다. 극지역을 제외한 지구의 대부분을 장방형으로 전개할 수 있기 때문에 세계 전도로서 널리 이용되고 있다. 우리나라에서는 "횡단 머케이터"(Transverse Mercator, TM) 투영을 채택하여, X축은 자오선에 일치하고, 진북방향을 +로 표시하며, Y축은 진동방향을 +로 한다.

**Mercurial Barometer 수은 기압계** 상부를 진공으로 한 유리관의 일부를 막아서 수은조 내에 세워 관내의 수은주 높이를 재어서 그와 평행하는 대기 압력을 구하는 장치를 말한다.

**Mercury Dish 수은반** 인공적으로 수평면을 만들 때 수은 비율은 액체이므로 안정된 평면을 얻을 수 있다. 이 수은을 넣는 접시를 수은반이라 한다. MereingMering를 참조.

**Merge 합병, 통합** ① 2필지 이상을 1필지로 합병하는 것. ② 서로 다른 곳에 저장되어 있는 2개의 자료 목록을 하나로 통합하는 것이다. ③ 2개 이상의 수치화된 지도를 연결시키는 작업으로 둘 또는 그 이상의 근접한 지도 또는 영상이 연속적인 모형을 형성하기 위해 모인 영역이다. Dissolve, Union을 참조.

**Merging 통합** 현실 세계는 계속적인 변화가 일어나는 반면, 지도는 주어진 한 시점의 상황을 표현하고 있다. 따라서 지도는 시시각각 변하는 상황을 주기적으로 갱신하여야 한다. 동일 도엽 내에 여러 가지 다른 상황을 통합하기 위해서는 통합을 수행하여야 한다. 통합작업은 단순히 도형 자료만을 통합하는 것이 아니라 속성자료도 통합시켜야 한다.

**Merging or Edge Matching 통합과 인접 처리** 기준점(Control Point)을 이용하여 2개 이상의 도면을 합하거나 인접을 처리하는 기능이다.

**Meridian 자오선(子午線), 경선(經線)** 적도면에 직각을 이루는 원이 이루는 특정 경도를 나타내는 선으로서, 같은 경도를 가지는 모든 지점을 따라 북극에서 남극으로 수직으로 그어진 선이다. 본초자오선(Prime Meridian)은 0°에 해당하며 영국의 그리니치를 통과한다. 경도는 본초 자오선에서 지구를 반으로 나누어 서쪽으로는 음수(-), 동쪽으로는 양수(+)로 180°까지 계산된다.

**Meridian Altitude 남중고도(南中高度)** 천체가 남중한 순간의 고도로, 그 지점의 위도의 여각과 그 천체의 적위를 합한 값과 같다.

**Meridian Angle 방위각** Azimuth Angle를 참조.

**Meridian Circle 자오환(子午環)** 대원의 북극과 남극사이의 중심각 180도의 대원호로서 자오선에는 그 기준에 따라 진북 자오선, 도북 자오선, 자침 자오선 등이 있다.

**Meridian Convergence 자오선 수차(子午線 收差)** 진북과 도북의 차이를 나타내는 것으로 좌표 원점에서는 진북과 도북이 일치하므로 0이지만 동서로 멀어질수록 그 값이 커지게 되며 측점이 원점의 서쪽에 있을 때는 +값을 동쪽에 있을 때는 −값이 된다.

**Meridian Distance 횡거(橫距)** 어느 측선의 중앙점으로부터 기준자오선에 내린 수선의 길이로, 그 길이의 2배를 배횡거라 한다.

**Meridian Observation 자오선 관측** 천문관측으로서 자오선 방향을 정하는 측량을 말한다.

**Meridian Passage 자오선 통과(磁午線 通過)** 천체가 일주운동에 의해 자오선을 통과하는 일. 이때 천체의 고도는 최대 또는 최소가 된다.

**Meridian Plane of Apoint 자오면** 극 축과 그 지점을 포함하는 면을 말한다.

**Meridional Parts 점장률** 적도상의 위선의 호장을 1이라 할 때 적도에서 각 위성까지의 길이의 지름을 점장률이라 한다.

**Mesh 격자** 이용자가 관리하고자 하는 영역을 X방향(동서방향), Y방향(남북방향)으로 규정하여 분할하는 그물 모양의 격자망. 격자는 GIS의 1가지 표현 수법으로 분할 방법에 따라, 정방형·장방형·삼각형·육각형으로 이용된다. 이러한 격자별로 데이터를 부여하여, 그 분포 등을 표현할 수 있다.

**Mesh Data 격자 자료** 위도, 경도를 근거로 하여 지역을 일정한 구역으로 분할하여 통계데이터와 연결한 자료이다.

**Mesh North 도북, 방안북** 지형도 이외에 공사용 지도 등에서는 직각좌표계에 의해 도곽을 나누는 경우가 있으며, 이 경우 종방향의 도곽(X축에 평행한 선)의 북쪽을 방안북이라고 하고 진북과 구분한다. 방안북과 진북과의 관계는 지도가 원점의 동쪽에 있을 경우와 서쪽에 있을 경우에 따라 그 경사가 달라진다.

**Mesh Point 격자점(格子點)** 격자 구조(Lattice)에 배열되어 있는 표본점 중의 하나. 각 격자점은 공통 원점에 대해 상대적인 X, Y방향으로 일정한 간격을 유지하며, 각 위치에서 지형 표면에 대한 높이(Z)값을 가진다. 지형 표면의 외부에 있거나 또는 지형 표면의 오목한 부분을 표현하는 격자점에는 최솟값을 표시한다.

**Meshes** 컴퓨터 3D 객체의 표현이다. 영상면에 나타나는 3D 객체의 표면에 가까운 평면 폴리곤들의 집합이다.

**Mesosphere 중간권(中間圈)** 기온이 높이에 따라 감소하고 공기의 밀도가 크므로 대류가 일어난다. 중간권 상부는 대기권 중에서 기온이 가장 낮다.

**Message 알림〈말〉** 수행한 기능의 결과를 사용자에게 박스에 문자로 알려주는 기능으로서, 대부분 계속 진행할 것인지를 결정하도록 해준다.

**Message Error Ratio** 잘못된 비트수를 전체 비트수로 나눈 값이며 잘못된 비트란 사용 불가능한 것을 의미한다. 이 값이 너무 높으면 IM이 경고를 발생한다. 그리고 간격에 영향을 받지 않는다. 평균값이 사용되지 않는다. 적당한 한계치는 10이다. 적당한 간격은 100초이지만 평균용으로만 사용된다.

**Message Handling 메시지 처리** 데이터 통신망을 통해 메시지를 사용하는 데이터 전송을 말한다.

**Message Oriented(MO) 메시지 지향(서비스)** MO(Message Oriented)를 참조.

**Meta Model 메타 모형** 개념적인 모형을 정의하는데 필요한 구성 요소를 정의하는 모형. 메타 모형은 또한 구성요소 사이의 관계를 정의한다.

**Metaclass 메타클래스** 클래스는 여러 개의 인스턴스 클래스를 가지는 클래스를 의미한다. 메타클래스는 전형적으로 메타모형을 만드는데 사용된다. 메타클래스는 주로 다른 클래스의 메타데이터를 가지고 있는 목적으로 사용되는 객체 클래스이다.

**Metadata 메타데이터** 메타데이터(metadata)는 데이터(data)에 대한 데이터이다. 즉, 부가적 정보를 추가하기 위해 그 데이터 뒤에 함께 따라가는 정보를 말한다. '메타'는 '초월'이나 '한 층 높은 논리성이 있는'이란 뜻으로서, 메타데이터는 어떤 데이터가 어떤 구조를 하고 있는지, 또 어디에 있는가에 대한 정보를 일컫는다. 예를 들어, 디지털 카메라에서는 사진을 찍어 기록할 때마다 카메라 자체의 정보와 촬영 당시의 시간, 노출, 플래시 사용 여부, 해상도, 사진 크기 등의 사진 정보를 화상 데이터와 같이 저장하게 되어 있다. 이러한 데이터를 분석하여 이용하면 그 뒤에 사진을 적절하게 정리하거나 다시 가공할 때에 아주 유용하게 쓸 수 있는 정보가 된다. 메타데이터는 메타데이터가 부여될 때와 쓰일 때의 문맥 정보를 구조화시켜 그 활용도를 확대시키는 역할을 한다. 웹 2.0이나 온톨로지(Ontology)의 분야에서 구조화된 메타데이터는 매우 유용하다. 메타데이터 항목은 'KS X ISO 19115-2를 준용한다.

GIS의 경우 공간 데이터셋(data-set)들의 기본적인 성격을 설명하는 것으로서, 실제 자료는 아니지만 자료에 따라 유용한 정보를 목록화하여 제공함으로써, 사용자가 자료의 획득 및 사용에 도움을 주기 위하여 수록된 자료의 내용, 논리적인 관계와 특징, 기초 자료의 정확도, 경계 등을 포함한 자료의 특성을 설명하는 자료로서 한마디로 정보의 이력서이다.

메타데이터는 (1) 일련의 자료들을 기술하거나 또는 이들 자료를 대표하기 위하여 사용되는 자료. 자료 베이스의 스키마 또는 객체 지향 프로그래밍에서 클래스 등이 메타데이터에 해당된다. (2) 메타데이터란 데이터베이스, 레이어, 속성 공간 현상과 관련된 정보,

즉 자료에 대한 자료를 의미한다. 또한 메타데이터는 포함된 데이터베이스의 종류, 자료의 정확도, 이용 방법에 관한 정보를 제공한다. 메타데이터란 자료에 대한 자료이다. (3) 공간정보의 수신자가 수신된 공간정보를 일일이 분석하고 출력한 후 도면으로 보기 전에 과연 수신된 공간 자료가 꼭 필요한 자료인지 또 필요한 과제를 수행할 만큼 양, 질(Quality)의 자료인지 미리 알아볼 수 있는 자료이다. (4) 메타데이터는 일반 사용자가 GIS 자료에 접근하고자 할 때 필요한 자료의 종류, 용도, 보유 기관, 포맷, 자료의 품질, 자료구축 시기, 자료 구축의 지리적 범위, 자료의 판매 가능성과 판매 가격, 판매문의 등에 대한 정보를 수록하고 있다. (5) 메타데이터는 자료 품질 정보(Data Quality Information), 공간 자료의 구성정보(Spatial Data Organization Information), 공간 참조 정보(Spatial Reference Information), 객체 및 속성 정보(Entity and Attribute Information), 배포 정보(Distribution Information), 메타 자료 참조 정보 등이다.

**Metadata Access Constraints 메타데이터 이용 제약** 메타데이터를 보기 위한 요건이나 제약 조건으로, 프라이버시나 지적 소유권을 보호하기 위한 접근상의 제약이나 메타데이터 획득에 수반되는 제약 사항이 포함된다.

**Metadata Ancillary Information 메타데이터 부록 정보** 메타데이터 이용에 유용한 정보를 말한다.

**Metadata Attribute 메타데이터 속성** 메타자료 스키마에 정의되어 있는 특성들을 묘사하는 형상의 속성이다.

**Metadata Character Code Set 메타데이터 문자 코드** 자료군에서 사용하는 문자 코드를 말한다.

**Metadata Character Set 메타데이터 문자 셋** 메타데이터 셋에 사용된 ISO 문자 코딩 표준의 완전한 명칭을 말한다.

**Metadata Constraints 메타데이터 제약사항** 데이터의 획득과 사용에 관한 제약을 제공한다.

**Metadata Contact 메타데이터 연락처** 메타데이터 정보에 대한 책임담당자(제작 및 운영 기관) 말한다.

**Metadata Content Standard 메타데이터 표준** 메타데이터의 표준은 정보 유통 기구(Clearinghouse)의 한 요소이며, 증대하는 수치 공간 정보의 중복 생산을 방지하고 많은 사용자 사이의 정보 유통을 원활히 하기 위한 필수적인 표준이다. 미연방 지리정보 위원회(FGDC)는 미국 정부 기관들이 그들의 지형 공간 정보를 문서화하는 데 이 표준안을 사용토록 권고하고 있으며, 미국 행정부는 메타데이터 표준안을 승인하여 대통령령으로 1995년 1월부터 해당 연방기관들이 새로운 지형 공간 정보를 생산할 때 이 표준안을 사용해 문서화하도록 했다.

**Metadata Data 메타데이터 일자** 메타데이터를 작성하였거나 최종적으로 갱신한 일자를 말한다.

**Metadata Dataset 메타데이터 자료군** 명시된 자료군을 설명하는 메타데이터이다.

**Metadata Date Information 메타데이터 일자 정보** 메타데이터가 생성, 검토된 일자와 검토 기간에 대한 정보를 말한다.

**Metadata Date Stamp 메타데이터 생성 일자** 메타데이터가 만들어진 일자를 말한다.

**Metadata Element 메타데이터 요소** 지형적 자료의 정의, 기본 정보, 설명, 허용값이 규정된 자료 각각의 정보 단위를 말한다. UML 용어에서 '속성'과 동등한 개념.

**Metadata Element Dictionary 메타데이터 요소 사전** 모든 관련 메타데이터 구성 요소를 정의하고 기록한 정보자원을 말한다.

**Metadata Entity 메타데이터 개체** 데이터의 동일한 측면을 설명하는 일련의 메타데이터 요소들이다.

**Metadata Extension Information 메타데이터 확장 정보** 메타데이터의 확장을 기술하는 정보를 말한다.

**Metadata File Identifier 메타데이터 파일 식별자** 메타데이터의 기록을 위한 유일한 식별자를 말한다.

**Metadata Future Review Data 메타데이터 형상 검토 일자** 메타데이터를 앞으로 수정하기로 정한 일자를 말한다.

**Metadata Hierarchy Information 메타데이터 대상 규모** 메타데이터가 적용되는 수준을 말한다.

**Metadata Hierarchy Level 메타데이터 적용 계층 대상** 메타데이터가 적용되는 범위를 말한다.

**Metadata Hierarchy Level Name 메타데이터 적용 계층 대상명** 메타데이터 적용 계층 레벨의 명칭을 말한다.

**Metadata Information 메타데이터 정보** 전체 자료군과 자료군 순서를 고유하게 식별하기 위한 정보를 말한다.

**Metadata Language 메타데이터 언어** 메타데이터를 기록하는데 사용된 언어를 말한다.

**Metadata Maintenance 메타데이터 유지 관리** 메타데이터 갱신 빈도와 범위에 대한 정보를 제공한다.

**Metadata Ontology 메타데이터 온톨로지** 데이터베이스 정보의 의미론적 연결을 위한 기술 어휘와 기준의 집합을 말한다.

**Metadata Parent Identifier 메타데이터 상위 식별자** 메타데이터의 원래 기록에 대한 고유한 식별자를 말한다.

**Metadata Reference Information 메타데이터 참조 정보** 언제 메타데이터가 수집되었으며, 누구에 의해서 수집되었는가에 대한 정보 수록과 메타데이터를 제공하는 기관의 정보, 시간, 시기정보, 버전, 제약사항을 포함하며, 메타데이터의 구성요소의 한 항목을 말한다.

**Metadata Review Date 메타데이터 검토 일자** 메타데이터의 등록 일자 혹은 수정한 가장 최근 일자를 말한다.

**Metadata Schema 메타데이터 스키마** 메타데이터를 설명하는 개념적 스키마를 말한다.

**Metadata Section 메타데이터 섹션** 관련된 메타데이터의 항목과 개체들의 집합을 정의하는 메타데이터의 부분을 말한다.

**Metadata Security Classification 메타데이터 보안 분류** 메타데이터에 대한 취급상 제약 명칭을 말한다.

**Metadata Security Classification System 메타데이터 보안 분류 체계** 메타데이터에 대한 보안 등급 분류 체계의 명칭을 말한다.

**Metadata Security Constraints 메타데이터 보안 제약** 국가안보, 프라이버시에 대한 문제 때문에 메타데이터에 추가되는 취급상의 제약을 말한다.

**Metadata Security Handling Description 메타데이터 보안 취급 설명** 메타데이터 취급상의 제약에 대한 추가적인 정보를 말한다.

**Metadata Security Information 메타데이터 보안 정보** 국가안보나 프라이버시 등의 이유로 요구되는 메타데이터 취급상의 제약을 말한다.

**Metadata Standard 메타데이터 표준** 메타데이터의 표준은 일련의 수치 GIS에 대한 메타데이터의 정보 내용을 규정하는 것이며, 표준의 목적은 이러한 메타데이터 문서화를 위해 필요한 공통적인 용어와 정의를 제공하는데 있다.

**Metadata Standard Information 메타데이터 표준 정보** 메타데이터에 사용된 메타데이터 표준에 대한 정보를 말한다.

**Metadata Standard Name 메타데이터 표준명** 데이터들의 기록에 사용된 메타데이터 표준 이름(프로파일 이름 포함)을 말한다.

**Metadata Standard Version 메타데이터 표준 버전** 데이터들의 기록에 사용된 메타데이터 표준의 버전을 말한다.

**Metadata Supplemental Information 메타데이터 추가 정보** 메타데이터에 관련된 정보의 추가적 출처에 대한 참조를 말한다.

**Metadata Time Convention 메타데이터 시간대 정보** 메타데이터 작성에 사용된 시간 정보를 전달하기 위한 형식을 말한다.

**Metadata Use Constraints 메타데이터 사용 제약** 메타데이터 접근이 승인된 후, 메타데이터 이용을 승인하기 위한 요건이나 제약 조건으로, 프라이버시나 지적 소유권을 보호하기 위한 사용상의 제약이나 메타데이터에 사용에 수반되는 제약 사항이 포함된다.

**Metafile 메타파일** 파일을 정의하는 파일. 서로 다른 형식으로 그래픽 정보를 표현하는 컴퓨터 그래픽 프로그램 사이에서 자유로운 정보의 교환을 위하여 사용되는 그래픽 정보의 저장파일 형식을 말한다.

**Metallic Pipe 금속 관로** 상수관, 하수관, 전화선, 전력선, 가스등의 관망의 재질이 금속인 관로를 말한다.

**Metamorphic Rocks 변성암(變成岩)** 암석이 생성 당시의 조건과 다른 환경인 고온·고압하에 놓이면 광물성분이 변화하게 되는데 이를 변성작용이라 하며, 변성작용으로 만들어진 암석을 변성암이라 한다. 변성암에는 파쇄암, 접촉변성암, 동력변성암이 있다. 이 중 한반도의 기반암인 편마암 및 편암과 일부 지역에서 나타나는 천매암과 슬레이트 등은 동력변성암이고 화강암체의 고온에 의하여 변성된 호온펠스 등은 접촉변성암이다. 편마암과 편암은 편마구조나 편리라는 면구조를 가지는데, 이는 변성작용 당시에 작용한 압력의 방향과 직교되게 발달되며 암석이 공학적으로 강한 이방성을 나타내는 원인이 된다. 이러한 변성암의 구조는 건설공사 시 불리하게 작용하는 약선대일 가능성이 많으며, 강도의 이방성으로 인하여 응력집중이나 구조적인 불안전을 초래하기도 한다. 변성암은 생성요인 및 변성정도에 따라 분류된다.

**Metaphor 메타포** GUI에서 사용자가 상호 반응하는 요소에 대한 물리적 유사성으로, 많은 컴퓨터 GUI는 달력, 시계, 파일과 파일함 등의 전달하고자 하는 내용이나 보여주고자 하는 분위기를 직관적으로 알 수 있도록 하는 것을 말한다.

**Metaquality 메타품질** 메타데이터의 품질에 관한 자료이다.

**Metaverse 메타버스** 가공, 추상을 의미하는 '메타(meta)'와 현실세계를 의미하는 '유니버스(Universe)'의 합성어로 3차원 가상세계를 의미한다. 기존의 가상현실(Virtual Reality)라는 용어보다 진보된 개념으로 웹과 인터넷 등의 가상세계가 현실세계에 흡수된 형태이다. 최근 세컨드라이프, 트위니티 등 SNS(Social Network Service) 서비스가 메타버스 사례이다. 미래에는 인터넷이 3차원 네트워크로 진화하고 있는 만큼 '메타버스'는 향후 IT 산업의 핵심 키워드가 될 전망이다.

**Meteorological Correction 기상 보정** 정확한 거리를 구하기 위해서는 관측 시에 기온, 기압을 관측하여 보정값을 구하여 관측값에 더한다. 장거리 정밀 관측 때에는 양 지점에서의 기온, 기압, 습도를 정확하게 관측하여야 한다.

**Meteorological Information System(MIS) 기상 정보 체계** MIS(Meteorological Information System)를 참조.

**Meteorological Satellite 기상 위성** 기상 관측을 목적으로 사용되는 지구 탐사 업무의 위성. 위성에 탑재한 관측 기기로 지표의 기상을 관측하여, 그 결과를 무선으로 지구에 전송함으로써 지구 전역에 걸친 광범위한 기상 상황을 획득할 목적으로 발사되는 인공위성을 말한다. 극궤도 기상 위성과 정지 기상 위성이 있다.

**METEOrological SATellite(METEOSAT) 정지 궤도 기상 위성** METEOSAT(METEOrological SATellite)를 참조.

**METeorological SATellites(METSAT) 기상 위성** METSAT (METeorological SATellites) 를 참조.

**METEOSAT(METEOrological SATellite) 정지 궤도 기상 위성** 유럽의 정지 궤도 기상 위성을 의미한다. 위성의 범위는 유럽뿐만 아니라 아프리카 전체를 포함한다.

**Metes and Bounds 경계석과 경계선** 경계를 표시하기 위하여 설치된 표식과 경계선을 말한다.

**Method 메소드** 메소드는 클래스에서 정의된 여러 종류의 변수들을 사용하여 정해진 기능들을 실행 할 수 있도록, 코드들을 선언한 것이다. 메소드는 다른 곳에서 인자를 주어 호출할 수도 있고, 정해진 자료형을 반환할 수 있다.

**Method by Circummeridian Altitude 주 자오선법** 별이 자오선을 통과하는 전 후 수분동안 각각의 별에 대해 천정각 거리를 여러 번 관측하는 것이다.

**Method by Equal Altitude 등고도법** 천문측량에서 시각을 관측할 때 자오선을 사이에 두고 동서에 있어서 항성이 동일량의 동일 고도에 달한 순간의 시계의 눈금을 읽어서 이것을 평균하면 적위의 변화는 무시되므로 그 천체의 자오선 통과시각을 알 수 있는 방법이다.

**Method by Magnatic Needle 자침에 의한 방법** 방향을 자침에 의하여 정하고 축척에 의하여 측정하는 방법으로 정도가 좋지 않은 방법이다.

**Method by Meridian Altitude 자오선 고도법** 천체의 적위는 알 수 있으므로 고도 또는 천정거리를 관측하면 위도를 구할 수 있다.

**Method by Meridian Transits 자오선법** 천문 경도의 결정 방법의 하나로 항성이 자오선을 통과하는 순간을 크리노미터로 읽으면, 지방 항성시 또는 지방 평시를 구할 수 있다.

**Method by Single Altitude 단고도법** 임의의 위치에 있는 별 또는 태양의 고도를 관측하고 천문역에서 얻은 천체의 적위와 관측점의 위도를 가정하여 천문삼각형으로부터 시각을 얻는 방법을 말한다.

**Method by the Offset of Long Chord 장현 지거법** 곡선설치법의 한 가지로 곡선시점을 원점으로 하여 장현을 따라 곡선상의 점을 구하는 방법이다.

**Method of Adjustment of Angle 각의 평균** 각 관측 시 상호간의 폐합차, 도형조건과 관측값과의 폐합차의 처리를 말한다.

**Method of Angle 각 관측법** Angle Measurement in All Combination을 참조.

**Method of Area Computation 면적 산정법** 산정방법에 따라서 수치계산법과 도해법으로 구분할 수 있다.

**Method of Close-Range Optical Wave Surveying 근거리 전파 측량 방식** 송수신장비가 매우 경량이므로 수로측량과 해양탐사의 위치결정 장비로 널리 이용되고, 대표적인 근거리 측량방식으로 쌍곡선방식과 원호방식 2가지로 사용 가능하나 대부분 원호방식을 사용한다.

**Method of Combination Angle 각 관측법** 조합각 관측법이라고도 한다. 수평각 관측법 중 정확한 값을 얻을 수 있는 방법으로 1등 삼각측량에 이용된다. 관측할 여러 개의 방향선 사이의 각을 차례로 방향각법으로 관측하여 최소제곱법에 의하여 각각의 최확값을 구한다.

**Method of Curve Setting 곡선 설치법** 곡선 설치를 하는 방법으로 편각법, 중앙종거법, 접선편거법, 현편거법 등이 있다.

**Method of Direction 방향 각법(方向 角法), 방향 관측법(方向 觀測法)** Method of Direction Angle를 참조.

**Method of Direction Angle 방향 각법** 어떤 시준방향을 기준(0방향)으로 하여 시준 방향의 협각을 관측하여 기준방향선에 결합 경우 최초의 읽기와 일치하도록 조절한다.

**Method of Double Progression 복 전진법** Method of Double Progression을 참조.

**Method of Error Model 오차 모델식** 사진기 내부표정 및 렌즈 왜곡에 관한 것과 사진의 변형 및 영상의 계통적 왜곡을 고려한 것이 있다.

**Method of Foreward Intersection 전방 교회법(前方 交會法)** 이미 알고 있는 2개 또는 3개의 측점(기지점)에 평판을 세워 미지점의 위치를 정하는 방법이다.

**Method of Intersection 교선법(交線法)** 측량구역의 내외에 적당한 기준점(또는 기지점)을 취하여 기선을 만들어 그 양단의 기준점으로부터 각 측점 또는 지형·지물을 시준하여 그 방향선의 교점에 의하여 측점의 위치를 결정하고 도시하는 방법이다.

**Method of Intersection and Resection 교회법(交會法)** 모든 점의 평면 위치를 평판을 사용하여 방향선 만으로 점의 위치를 도해적으로 구하는 측량 방법으로 전방, 후방, 측방 교회법이 있다.

**Method of Intersection Angle 교각법** Direct Angle Method를 참조.

**Method of Land Mark 육상법** 해안 지역에서 수심측량 등을 했을 때 그 점의 평면위치를 육상에 설치한 기준점에서 교회법으로 결정하는 방법이다.

**Method of Least Square 최소 제곱법, 최소 자승법(最小 自乘法)** Least Square Method를 참조.

**Method of Longitude and Latitude 경위도법** 어떤 지점의 위치를 경거, 위거를 사용하여 좌표로 나타내는 방법을 말한다.

**Method of Multicamera 다중 사진기 방식** 여러 대의 사진기를 사용하는 방법으로 각각의 사진기에는 각각 다른 필터와 필름이 구비되어 있다.

**Method of Pen 착묵 제도법** 사진제판, 초고원도 또는 여러 가지 소도를 정리한 다음 착묵하는 방법을 말한다.

**Method of Progression 전진법(前進法)** 시가지나 도로, 삼림지대와 같이 한 측점에서 많은 점의 시준이 안 될 때나, 길고 좁은 지역의 측량에 이용되는 평판측량 방법이다.

**Method of Projection 투영법(投影法)** 지구의 표면을 평면상에 표현하기 위한 방법이다.

**Method of Radial Progression 방사 도선법** 평판측량에서의 도해방법으로서, 도선법과 방사법을 절충한 것이다.

**Method of Radiation 방사법(放射法)** 한 측점에 평판을 세우고 그 점의 주위에 있는 목표점들의 방향선과 거리를 측정하여 트래버스 형태나 지형을 측정하는 방법이다.

**Method of Radio-Traversing 방사 절측법** 지형도 등고선은 대부분 정도를 요하지 않을 때 이 방법을 이용하여, 트랜싯을 사용, 경사 변환점의 높이, 위치를 측정하고, 그 사이 일정 간격으로 등고선을 삽입한다.

**Method of Relative Position 상대 위치 관측법** 2개 이상의 측점에 수신기를 설치하고 위성을 동시에 추적하는 것으로 1대는 이미 좌표값이 알려진 점에 설치한다. 이 방법은 먼저 기지점을 고정하여 미지점의 최종 위치를 결정하는 방법이다.

**Method of Repetition 배각법(倍角法)** 배각법은 2회 이상 반복관측하여 관측한 각도를 모두 더하여 평균을 구한다.

**Method of Resection 후방교회법(後方交會法)** 땅위의 임의의 한 점(P)에 평판을 세워 도면위에 표시되어 있는 3개 이상의 기지점을 시준하여 P점을 구하는 방법이다.

**Method of Roreward Intersection 전방교회법, 교차법** 적당한 곳에 기준선을 만들고, 그 양단에 차례로 평판을 세우고, 구하려는 측점의 방향선을 그으면 교점을 얻는데, 이 점이 구하려는 측점이다.

**Method of Side Intersection 측방교회법, 측방교선법(側方 交線法)** 전방교회법과 후방교회법을 겸한 방법으로 1개의 기지점에 평판을 세우고 다른 1개의 기지점을 시준하여 미지점을 구하는 방법이다.

**Method of Simple Intersection 단교회법** 평판측량의 교회법으로 두 방향선의 교회만으로 구점의 위치를 정하는 방법을 말한다.

**Method of Single Measurement 단측법** Method of Single Observation을 참조.

**Method of Single Observation 단측법** 1개의 각을 1회 관측하는 방법이다.

**Method of Traversing 도선법(圖線法), 전진법** Traverse Surveying를 참조.

**Method of Undetermined Coefficient 미정 계수법(未定 係數法)** 미정계수를 관측방정식이나 조건방정식에 대입하여 상관방정식을 만들고 이것으로부터 정규방정식을 구하여 미정계수의 값을 정하는 최소자승법의 한 방법으로 미정계수로부터 보정값을 구해 최확값을 구한다.

**Method of Vertical Velocity Curve 연직 유속 곡선법** 면적을 수심으로 나눈 값을 연직선상의 평균유속으로 구하는 방법을 말한다.

**Method Side Intersection 측방교회법** Method of Side Intersection을 참조.

**Method/Task Ontology 업무온톨로지** 특정한 업무에 관한 정보를 제공하는 온톨로지를 말한다.

**Methodology 방법론** 훈련을 위해 활용되는 절차. 규칙 방법들의 집합체를 말한다.

**Methodology for Feature Cataloguing 형상 카타로그법** 형상을 형태로서 파악, 정의 등을 수록한 카탈로그로, 개개의 응용 시스템 개발 시에 작성되는 응용스키마 중에서 정의되는 형상을 설명하는 문서의 서식으로서도 사용된다. 따라서 형상 카탈로그는 응용 시스템 간에 호환성이 있는 형상 인스턴스 교환에 기여한다.

**Metric Camera 측량용 사진기(測量用 寫眞機)** 기하학적인 조건(표정위치와 렌즈의 왜곡)이 보정된 사진기로 사진지표(Fiducial Mark)가 있다.

**Metric Map 미터법 지도** 미터법 지도 방식은 주변 환경의 위치를 정확한 치수로 보여주는 지도를 의미하며, 건물 설계 등에 사용된 평면도가 대표적인 미터법 지도이다. 또한 로봇이 위치 인식을 통하여 새롭게 갱신하는 작업을 통해 지도를 구하게 된다. 이러한 지도는 정밀도나 표현 방식에 따라서 다양한 형태의 지도로 존재하게 된다. Topological Map(위상지도) 참조.

**Metric Photogrammetry 사진측량법** 형상의 특정 위치를 결정하기 위해서 사진들로부터 정확한 관측을 하는 것을 말한다. 예를 들어, 지형도 제작이 있다.

**Metric System 미터법, 미터계** 미터(m)를 길이, 킬로그램(kg)을 질량, 초(s)를 시간의 기본 단위로 하는 십진법적 도량형 단위법으로, 1790년 프랑스의 정치가 탈레랑(C.M.Talleyrand)의 제안으로 만들고 1960년 SI 단위로 국제표준으로 채택된 국제적인 도량형단위계이다. 현재 3국가(미국, 미얀마, 라이베리아)를 제외하고 전 세계가 공식 단위계로 채택하여 사용하고 있다.

**Metrogon Lens 메트로곤 렌즈** 지도 제작, 표의 작성, 정찰 사진에 사용되는 항공 사진기의 광각 렌즈의 명칭이다.

**Metropolitan Area Network(MAN) 도시지역 통신망, 광역 종합 통신망** MAN(Metropolitan Area Network)을 참조.

**METSAT(METeorological SATellites) 기상 위성** 기상예보 및 모니터링을 위해 설계된 것으로 구름의 분포와 온도를 관측한다. 일반적으로 1km 이상의 공간 해상도로 가시광 영역과 적외선 영역을 촬영한다. 주기는 30분 정도로 매우 짧으며 한꺼번에 수천 km에 달하는 넓은 지역의 자료를 수집하므로 범지구적인 스케일로 활용된다. 이러한 기상 위성은 대기 과학 분야에만 활용되는 것이 아니라, 해양 분야와 광역적인 지표의 정보를 추출하는 데에도 활용되고 있다.

**MFWL(Most Frequent Water Level) 최다수위** 하천의 수위 중에서 어떤 기간 중 가장 많이 일어나는 수위로 회수 곡선의 정점에 의하여 구하여지는 수위를 최다수위라고 한다.

**MGE(Modular GIS Environment) 엠지이, 모듈라 지아이에스 환경** GIS의 각종 활용 분야에 토털 솔루션을 제공하는 MGE는 자료 및 장비에 대한 기존의 투자를 최대한 활용하면서 손쉽게 확장할 수 있도록 구성되어 있으며, 사용자의 다양한 요구를 수용할 수 있는 개발환경이 제공된다. MGE의 프로젝트 자료 구조는 응용 분야에 관계없이 동일한 자료 구조를 제공할 뿐 아니라 지원 가능한 모든 하드웨어 및 소프트웨어상에서 호환성을 갖게 되므로, 용이하고 안전한 자료 공유를 가능케 한다.

**M Generation 엠 세대** '밀레니엄(Millenneals) 세대' 혹은 '모바일 세대'라고도 한다. 휴대전화・인터넷 등을 사용하며 나 자신을 중시하는 세대를 말한다. 모바일(Mobile), 마이셀프(Myself), 무브먼트(Movement)의 첫 글자를 땄다. 1980~2000년대에 태어난 젊은이들로 베이비부머를 부모로 둔 세대이다. 여기에 속하는 이들은 모바일로 모든 것을 해결하며 오직 관심의 대상을 자기 자신에게 두고 있다. 미국의 사회학자 돈 탭스콧이 저서 "디지털의 성장-넷세대의 등장(In Growing Up Digital-The Rise of the Net Generation)"에서 처음 사용했으며 책보다는 인터넷, 편지보다는 이메일, 텔레비전보다는 컴퓨터에 익숙하고 강한 독립심과 자유로운 사고로 규정지어진다.

시장이 이들에 주목하는 첫 번째 이유는 규모 때문이다. 역사상 존재했던 어떤 세대보다 규모가 클 뿐만 아니라 앞으로 경제 특히, 소비를 이끌 세대이다. 그러나 무엇보다 이들은 'digital native'로서 부모 세대와는 다른 가치관, 생활방식, 소비행태를 보이는 특성을 지니고 있다. 태어나면서부터 컴퓨터와 인터넷에 익숙하고 SNS로 인맥을 쌓아왔으며 실용성을 추구한다. 이들은 의식주는 물론 오락과 통신, 가치관에서도 이전 세대와는 다르다. TV는 없어도 그만이지만 자신이 원하는 시간에 내 취향에 맞는 미디어를 즐기고, 50% 이상은 혼자 살지만, 강아지나 고양이를 친구로 두고 SNS 친구로 인해 생각보다 외롭다고 느끼지는 않는다. 소비보다는 경험을 통해 행복을 누리며, 소유보다는 공유를 통해 효율적으로 비용을 지출한다. 단적으로 부모세대였던 베이비 부머가 자동차를 생활의 필수요소로 여기고 구매했던데 반해 이들에게 자동차는 구매보다는 소유의 대상이다. 그러나 무엇보다 이들에게 중요한 것은 인터넷을 통한 물리적 정서적 연결성이다. 이들 중 87%는 하루에 2~3개의 인터넷과 연결된 디바이스를 사용한다. 언제든지 스마트기기를 이용해 정보 공유가 가능하기 때문에 기업이 제공하는 일방적 광고보다는 블로그 등을 통한 입소문에 더 귀를 기울인다. N Generation, X Generation, Y Generation, Z Generation을 참조.

**MGE Terrain Modeler 엠지이 지형 모델** DEM 및 기타 지표면 자료를 이용한 3차원 지형분석 소프트웨어로서 홍수 예방, 댐이나 통신 설비 등의 위치 선정, 지형 정보에 대한 모형화, 오류 검색 및 해석 등에 이용된다.

**MGRS(Military Grid Reference System) 군사 좌표 기준체계** 특정 지점에 대한 정보보다는 구역에 대한 세부적이고 정확한 위치적 정보를 얻는데 목적을 두고 UTM 및 UPS 좌표를 사용하기 위하여 고안된 좌표체계이다.

**MHL(Mobile High Defintion Link) 엠에이치엘** 스마트폰을 TV나 모니터 등 대형 디스플레이와 연결해 멀티미디어 콘텐츠를 감상하면서 동시에 충전이 가능한 기술 규격을 말한다.

**MHWI 평균 고조 간격** 장기간에 걸쳐서 고조 간격을 평균한 것을 말한다.

**MHWL(Mean High Water Level) 평균 고수위(平均 高水位)** 하천의 수위 중에서 어떤 기간 중 평균 수위 이상의 수위의 평균을 평균고수위라 한다.

**MHWS(Mean High Water Springs) 대조 평균 고조면, 대조승** 대조승(Spring Rise)이라고도 하며, 대조(Spring Tide)때 고조의 평균 조위를 말한다.

**MHz(Megahertz) 메가헤르츠** [컴퓨터] CPU의 성능을 측정하는 단위로서 CPU가 1초당 발생시킬 수 있는 클릭 수를 말한다. 100Mhz는 1초에 100만 번의 클릭을 발생시킨다는 뜻이다. CPU에서 이루어지는 연산과 기능에는 일정 수의 클릭이 필요하므로, 동급 CPU에서는 MHz가 높을수록 성능이 우수하다고 할 수 있다.

**MICE 마이스 산업** 마이스 산업은 기업회의(Meeting), 포상관광(Incentives), 컨벤션(Convention), 이벤트와 박람전시회(Events & Exhibition)를 융합한 새로운 산업을 말한다. MICE 산업 용어는 1990년대 후반 싱가포르, 홍콩, 말레이시아 등의 동남아시아 지역 국가가 컨벤션 사업을 계기로 경제 도약의 전기를 맞이하면서 등장했다. '행사 산업(Events Industry)'이 광의로서 MICE산업에 포함된다고 간주하기도 한다. 이는 좁은 의미에서 국제회의 자체를 뜻하는 '컨벤션'이 회의, 인센티브 관광, 각종 전시박람회와 이벤트 등 복합적인 산업의 의미로 해석되면서 생겨난 개념이다. MICE 산업은 다른 산업이 성장할 수 있도록 보조하며, MICE 산업을 구성하고 있는 산업 그 자체는 이익을 창출하지 않는 경우가 많다. 이 때문에 MICE 기업은 대부분 공영기업(公營企業)의 형태를 띠고 있다.

**Michael Dammann Eisner 마이클 아이스너** 월트 디즈니를 22년간 이끈 전 CEO. ABC와 파라마운트를 거쳐 월트 디즈니 사후에 회사의 전문 경영인으로 지목되었다. 애니메이션 영화사였던 월트 디즈니를 복합 미디어 기업으로 키우는데 결정적인 역할을 했다는 평가를 받고 있다. 아이스너가 진두지휘하던 월트 디즈니는 애플을 떠난 스티브 잡스가 인수한 픽사와 계약, 협업 관계를 유지하며 픽사의 배급과 홍보를 맡았다.

**Michael Scott 마이크 스콧** 애플의 초대 CEO. 내셔널 반도체에서 제조 분야를 담당하던 그의 전문성을 높이 산 마이크 마쿨라의 요청을 받아들여 애플의 CEO가 된다. 잡스와는 경영 주도권을 놓고 불화를 겪었다고 알려져 있으며 1981년 회사를 떠났다.

**Michael Spindler 마이클 스핀들러** 애플의 4대 CEO. 정력적인 업무 스타일로 인해 '디젤'이라는 별명의 소유자였다. 1980년 애플에 합류하여 유럽 지부를 담당했으며 존 스컬리의 뒤를 이어 1993년부터 3년간 애플의 CEO가 된다.

**Micro 마이크로** $10^{-6}$을 뜻하는 접두어로서, 기호 $\mu$로 표기하며, millionth단위이다.

**Micro Air Vehicle(MAV) 초소형 항공기** MAV(Micro Air Vehicle)를 참조.

**Micro Blogging 마이크로 블로깅** 개인적 목적으로 텍스트, 사진, 동영상 등을 게시하도록 하는 일종의 멀티미디어 블로그를 말한다.

**Micro Computers 소형 컴퓨터** '개인용 컴퓨터'라고도 불리며 자료 저장과 처리능력이 타 컴퓨터에 비해 제한적이다. 보통 제한된 주변장치와 1명의 사용자를 지원하며, 마이크로 컴퓨터망에서의 서버의 역할을 한다.

**Micro Electro Mechanical Systems(MEMS) 초소형 정밀 기계 체계, 멤스** MEMS(Micro Electro Mechanical Systems)를 참조.

**Micro Station 마이크로스테이션** 건축·전기·전자·토목·기계·GIS 등 다양한 분야에서 이용할 수 있는 범용 CAD 소프트웨어로서, 인터그래프사의 모든 응용 소프트웨어를 실행하기 위한 핵심 소프트웨어이다. 사용자가 편리하게 작업할 수 있도록 다양한 2차원/3차원 설계 도구 외에 다양한 랜더링 기법과 파라메트릭 기능 등 사용자가 필요로 하는 모든 기능을 고루 갖추고 있다. GIS와 지도 제작 구현을 위한 기본 소프트웨어로 편집기능이 뛰어나다.

**Micro3D 마이크로 3디** 일본의 Hi사의 MsacotCapsule Engine이다. 세계 최초로 단말기에서 실시간으로 3D폴리곤을 디스플레이 할 수 있는 엔진으로 일본의 모든 단말기에 탑재되어 3D콘텐츠 시장을 이끌었던 엔진이었다. 용량도 적으며 모든 휴대폰 플랫폼에서 대응하게끔 최적화된 엔진이다. 환경매핑(Environment Mapping), Gouraud Shading, 투시투영, 텍스쳐 애니메이션 등과 같은 효과가 가능하여 더 사실적인 콘텐츠 제작에 도움을 주고 있다.

**Microblog 마이크로 블로그** 미니블로그(Miniblog)라고도 불리며, 인터넷에 블로거가 올린 한 두 문장 정도 분량의 단편적 정보를 해당 블로그에 관심이 있는 개인들에게 실시간으로 전달하는 새로운 통신 방식을 사용한다. 미니블로그 내의 이용자 사이에 서로 메시지를 주고받는 형태를 하기도 한다. 짧은 텍스트 형태이므로, 실시간으로 정보가 업데이트가 된다. 따라서 사용자는 채팅을 하는 것과 비슷한 체험을 얻을 수 있다. 결과적으로 블로그+메신저의 형태라고 할 수 있다. 사진이나 동영상, 웹사이트 URL 등을 올릴 수 있는 경우도 있다. 컴퓨터뿐 아니라 휴대전화 등을 써서 이용하기도 한다. 트위터(Twitter) 같은 서비스를 말하며, 스마트폰 등을 통해 게시물을 올리는 경우가 많다.

**Microcontroller 마이크로 컨트롤러** MCU(Micro Controller Unit)를 참조.

**Microdensitometer 전자 농도계** 빛의 투과 정도를 측정하여 필름의 농도를 측정하는 장치이다.

**Microfilm 마이크로 필름** 도면·지형도 등 다양한 기록들을 원래의 문서보다 축소시켜 보관할 수 있도록 하는 것을 말한다.

**Micro-Geoblogging Service 마이크로 지리 블로깅 서비스** 지리적 속성이 자동으로 따라가는 것을 말한다.

**Micrometer 측미경** 눈금을 정밀하게 읽어내기 위하여 유표(vernier)대신 설치한 현미경, 기타 특수한 장치를 말한다. Micron을 참조.

**Micron 마이크론** $10^{-6}$m로 정의된 길이로서, $\mu$m로 표기한다.

**Microsecond 마이크로초** 1초의 백만분의 일을 말한다.

**Microseism 미소진동, 미진** 지진계에서만 감지되는 약하고 거의 연속적인 배경 지진파 또는 지진의 잡음. 일반적으로 파도나 인간의 활동에 의하여 일어난다.

**Microsoft Disk Operating System(MS-DOS) 마이크로소프트 디스크 운영 체계, 엠에스도스** MS-DOS(Microsoft Disk Operating System)를 참조.

**Microsoft Silverlite 마이크로소프트 실버라이트** 어도비 플래시, 플렉스, 쇼크웨이브 및 자바 FX, 애플의 퀵타임같이 멀티미디어, 그래픽스, 애니메이션, 상호작용 등을 포함한 리치 인터넷 애플리케이션에 대한 지원을 제공하는 웹브라우저 플러그인이다. 실버라이트를 이용하면 항공영상이나 위성영상 같은 대용량의 영상데이터를 웹에서 제공하는 애플리케이션뿐 아니라 다양한 서비스를 구현할 수 있다.

**Microstation Development Language(MDL) 마이크로스테이션 개발언어** MDL(Microstation Development Language).

**Microstrip Antenna 마이크로스트립 안테나** 마이크로스트립(microstrip) 기판은 밑면 전체를 하나의 금속판을 이용해 ground로 처리하고, 그 바로 위에 일정두께의 유전체 기판을 올린 후 유전체 위에 선로 형상을 구현한 회로구조이다. 마이크로스트립 안테나(Microstrip Antenna)는 윗면이 개방되어 있어 개방면을 통해 고주파를 방사하는 원리를 이용하여 제작된 소형 평면 안테나이다. 마이크로스트립 안테나는 대역이 좁고, 이득이 낮은 단점은 있으나, 같은 기판 위에 다른 마이크로 집적회로(MIC) 소자들과 쉽게 결합할 수 있어 밀리미터 대역의 소형기기에 많이 사용되고 있다. 마이크로스트립 안테나는 GPS 수신기에 일반적으로 사용되는 안테나의 한 종류로서 대개 직사각형 모양으로 여러 개의 안테나가 설치되며, patch 안테나라고도 한다.

**Microwave 마이크로파, 극초단파** 마이크로파는 구름이나 비를 투과하므로 전천후 원격탐사로 불린다. 일반적으로 300~3000 MHz의 극초단파(Ultrahigh Freguency : UHF), 3~300GHz의 센티미터파(Superhigh Freguency : UHF)를 말하며, 레이다와 같은 능동형 원격 탐사 체계에 사용된다.

**Microwave Instrument 극초단파 측정기** 주파수가 3~35GHz인 극초단파를 사용하여 거리를 측량하는 것을 말한다.

**Microwave Remote Sensing 극초단파 원격 탐사** 대상물로부터 방사되는 초단파(1mm~30cm)를 측정하는 경우와 레이더(Radar)로부터 전자파를 방사하여 그 반사파를 측정하는 능동형 합성 개구 레이더(SAR)가 사용되는 경우가 있다.

**Microwave Sounding Unit(MSU) 극초단파 연직 측정기** MSU(Microwave Sounding Unit)를 참조.

**Microwave System 초단파 (관측)체계** 전파 방식에 의한 원격 탐사는 신생분야로서 실제 응용에는 아직 큰 활기를 띄지 않고 있지만, 지금까지의 실험 연구와 그 기본적인 원리를 고려해 볼 때 앞으로 그 중요성이 매우 클 것이다. 이러한 기대는 전자파의 다음과 같은 흥미 있는 특성에 기인하고 있다. ① 전파의 대기투과율이 매우 커 구름이나 빗속을 통과하여도 신호의 감소가 거의 생기지 않는다. 따라서 전자파 원격 탐사법은 어떠한 기상 조건 하에서도 관측이 가능하므로 광학적 기법에 비하여 큰 장점이라 하겠다. ② 전파에 의한 관측에는 능동식과 수동식이 있으며, 수동식은 지표면에서 방출된 파장을 관측하는 반면, 능동식은 필요한 파장을 지표면에 직접 발사한 후 반사되는 파장을 관측한다. 두 방식 다 태양광에 무관하게 하루 24시간 관측작업이 가능하다. ③ 지표면에 대한 침투율이 일반적으로 광학식에 비해 매우 높다. 광선의 파장과 입사각 및 지표면의 특성에 따라서 그 해상력은 수 mm에서 m의 수준에까지 이른다. 극초단파는 부분적으로 식물(산림의 상태)을 투과하기도 한다. ④ 전파의 방사율과 반사율은 우선 상대 유전상수로 수치화가 가능한 물체의 전기적 특성에 좌우된다. 따라서 극초단파 관측으로 대부분의 자연적인 표면 (지면, 식물 등)에 대한 함수율을 알 수 있다.

**MID(Mobile Internet Device) 모바일 인터넷 디바이스** 무선 인터넷이나 멀티미디어의 이용을 주목적으로 하는 소형의 휴대용 장치이다.

**Middle Area Formula 중앙 단면법(中央 斷面法)** 철도, 도로, 수로 등 중심말뚝 사이의 횡단면간의 절토량과 성토량을 계산하는 경우 중앙단면의 면적과 양단면간의 거리를 곱하여 체적을 구하는 방법이다.

**Middle Earth Orbit(MEO) 중궤도** MEO(Middle Earth Orbit)를 참조.

**Middle Infrared(Middle IR) 중적외선** 중적외선은 3~8$\mu$m 파장 범위와 38~100THz 주파수 범위로서 특수한 광물자원에 반응하기 때문에 지질조사에 사용된다.

**Middle Ordinate 중앙종거(中央從距)** 도로선형에서 단곡선에 속하는 명칭으로 곡선의 중앙지점에서 호와 현의 거리를 말한다. 원곡선을 전체의 길이, 2등분, 4등분, 8등분하여 그 곡선장에 해당하는 중앙종거를 계산하여 2개의 줄자로서 원곡선을 설치할 수도 있다.

**Middleware 미들웨어** 분산 컴퓨팅 환경에서 서로 다른 기종의 하드웨어나 프로토콜, 통신 환경 등을 연결해 응용 프로그램과 그 프로그램이 운영되는 환경 간의 원만한 통신이 이루어질 수 있게 하는 소프트웨어를 말한다.

**MIDlet** Mobile Information Device Profile(MIDP)은 이동 전화나 기본적인 수준의 팜탑 장비와 같은 모바일 정보 장비를 목표로 하는 자바 API 세트이다. MIDLeT은 MIDP 어플리케이션을 말한다. MIDLet은 J2ME 실행 환경의 구성 요소가 된다.

**MIDP(Mobile Information Device Profile) 이동 정보 장치 프로파일** CLDC를 기반으로 한 모바일 단말기를 위한 클래스 라이브러리에 대한 명세이다. Profile은 특정 Device Type이나 Vertical Market을 위해서 Configuration 기반에서 Target Device의 Type에 맞게 Display Toolkit이라던가 User Input Method, Persistent 데이터 저장 공간, 메시지(SMS, Email 등), 보안 그리고 무선 환경에서의 네트워크 처리 부분에 대해서 명세하게 된다.

**Mie Scattering 미 산란** 입자의 크기가 빛의 파장과 거의 같거나 큰 경우에 나타나는 산란을 말한다. 빛의 파장보다는 입자의 밀도, 크기에 반응한다. 수증기, 먼지, 매연 알갱이 등과의 충돌이 미 산란에 해당하며, 모든 파장이 거의 균일하게 산란되기 때문에 여러 가지 빛의 파장이 균등하게 포함되어 하늘이 뿌옇게 보인다. Mie는 독일 물리학자 구스타브 미(Gustav Mie)의 이름에서 유래한다.

**MIF(MapInfo Interchange Format) 맵인포 교환 형식** Mapinfo에서 자료를 전송하여 만들 수 있다. 2개의 파일이 있는데, mif 파일과 mid 파일이다. Mif 파일은 도형 데이터가 들어 있고, mid 파일은 표(테이블) 데이터가 들어있다. 이 파일들은 ASC II로 되어 있다.

**Migration 이송** 이전의 컴퓨터 하드웨어, 운영 체제 또는 소프트웨어 버전을 새 것으로 바꾸는 것을 말한다.

**Mil 밀** 각도의 크기를 나타내는 단위로, 밀은 군사적인 작전, 특히 포병에서 많이 사용되는 단위로서 원주를 6,400눈금으로 등분하여 그 한 눈금을 1밀이라 한다.

**Mile 마일, 육상 마일, 법정 마일** 영국과 미국에서 주로 사용되는 길이(거리) 단위이다. 1 mile은 1.609km(≒1,609344m)이고 5,280 ft(feet), 1,760야드에 해당한다. 고대 로마에서 사용하던 행군단위로 1,000보(步)에 해당하는 밀레 파슈움(mille passuum)에서 유래한다. "해상 마일"인 해리와 구별하기 위해 마일(mile)을 "육상 마일(land mile)" 혹은 도량형의 통일을 위해 법정에서 정한 수치이므로 "법정 마일(statute mile)"이라고도 한다. 1 해리(海里, nautical mile) = 1.15(육상) 마일이다.

**Milestone 공정표** 프로젝트 추진 중의 중요한 분기점 또는 단계를 표시한 표이다.

**Milinkovitch Cycle 밀란코비치 주기** 지구가 자전과 공전을 함에 따라 몇 가지 요인들이 지구 기후에 크고 작은 영향을 준다. 밀란코비치는 (1) 공전 궤도 이심률, (2) 자전축 경사, (3) 세차운동 등을 연구해 이러한 변화들이 지구에 도달하는 태양 복사에너지의 양과 도달위치를 변화시킨다는 사실을 알아냈다. 밀란코비치 이론은 지구의 기후를 변화시키는 지구 자체 운동의 집합적인 효과를 설명하는 이론으로서, 구 유고슬라비아 세르비아의 기술자, 수학자, 천문학자인 밀란코비치(1879~1958)의 이름이 붙여졌다.

• **공전궤도 이심률** : 지구의 공전 궤도는 타원형이다. 이심률은 타원이 원에서 얼마나 찌그러져있는지를 나타내는 척도이다. 지구 공전 궤도의 모양은 시간에 따라 거의 원형(0.005의 낮은 이심률)에서 완만한 타원 모양까지(0.058의 높은 이심률) 변화하고 평균 이심률은 0.028이다. 이 변화에 있어서 가장 주요한 요인이 41,300년의 주기로 이심률을 ±0.012만큼 변화시킨다. 또 다른 요인들은 95,000년에서 125,000년 주기를 가지고(공명 주기 40,000년), 대략적으로 100,000년 주기와 맞는다. 현재의 공전 궤도 이심률은 0.017이다. 궤도 이심률이 증가함에 따라 단반경의 길이가 짧아지면, 계절의 변화가 커진다. 지구가 태양에서 가장 멀리 떨어져 있을 때, 즉 원일점에서 받는 태양 복사 에너지의 양과 태양에 가장 가까이 다가갔을 때, 즉 근일점에서 받는 태양 복사 에너지의 차이는 이심률 차이의 약 4배보다 조금 더 크다. 현재 궤도 이심률에서는 근일점과 원일점에서의 태양 복사 에너지의 차이는 약 6.8%이고, 거리 차는 3.4% (5,100만 km)이다. 현재 근일점은 1월 3일 근처에, 원일점은 7월 4일 근처에 위치한다. 공전 궤도의 이심률이 가장 클 때 근일점에서의 태양 복사 에너지의 양은 원일점에서보다 약 23%나 크다.

• **지구 자전축 경사** : 지구 자전축의 경사는 지구 공전 궤도면에 대해 변화한다. 이 변화는 22.1°에서 24.5°까지 2.4°의 폭으로 약 41,000년을 주기로 일어난다. 자전축 경사가 증가할 때, 여름에는 더 많은 태양 복사 플럭스를 받고 겨울에는 더 적게 받으면서 계절에 따른 태양 복사 에너지의 진폭이 증가한다. 현재 지구 자전축은 궤도면에서 23.44°기울어져 있고, 자전축 경사 양끝값의 거의 중간쯤에 있다. 이 경사는 줄어드는 추세에 있으며 서기 약 10,000년경에 최소값에 도달할 것이다.

• **세차운동** : 세차운동은 지구 자전축의 방향이 멀리 떨어진 별에 대해 원형으로 회전하는 현상으로 약 26,000년의 주기를 가지고 있다. 이러한 회전 운동은 회전하는 강체인 지구에 작용하는 태양과 달의 조력 때문에 일어나며, 이러한 현상은 지구가 완벽한 구가 아닌 살짝 찌그러진 모양이기 때문에 발생한다. 태양과 달이 세차운동에 끼치는 영향은 거의 비슷하다. 자전축이 근일점에서 태양을 가리키는 방향으로 되면, 지구의 한 쪽 반구는 더 큰 계절 차이를 가지게 되고 반대편 반구는 더 작은 계절 변화가 일어나게 된다. 근일점에서 여름이 되는 반구에서는 더 많은 태양 복사를 받게 되지만, 같은 반구에서 겨울에는 더 적은 태양 복사를 받게 되어 더 추운 겨울이 온다. 반대편 반구에서는 비교적 따뜻한 겨울과 시원한 여름이 온다. 현재 근일점은 남반구의 여름에, 원일점은 남반구의 겨울에 위치한다. 그러므로 다른 요인들이 동일하다면 남반구의 계절은 북반구의 계절보다 연교차가 더 크게 된다.

**Military Base 군사 기지** 다양한 군사 행동이 이루어지는 곳으로 정부가 소유, 관리하는 구역을 말한다.

**Military Bunker 군사용 벙커** 군사적으로 중요한 지역으로, 극도로 요새화 되어있는 곳을 말한다.

**Military Grid 군사 좌표(軍事 座標)** 횡메르카르토르 도법에 기초한 좌표 체계로서 1947년 미군에 의해 채택되었으며 세계지도 작성에 광범위하게 이용된다.

**Military Grid Reference System(MGRS) 군사 좌표 기준체계** MGRS(Military Grid Reference System)를 참조.

**Military Surveying 군사 측량(軍事 測量)** 대상 지역 내의 지형 조사, 군사용 도로, 적정 탐지 등 군사 목적을 달성하기 위한 측량을 말한다.

**Miller Cylindrical Projection 밀러 원통 투영** 밀러 투영은 직각으로 만나는 직선인 자오선과 평행선을 갖는다. 그러나 직선들은 일정한 방위각을 나타내지는 않는다. 모양과 면적은 왜곡된다. 방향은 오직 적도를 따라서만 동일하다. 이 투영법은 메르카토르 지도의 과장된 축척을 회피한다.

**milli 밀리** $10^{-3}$을 뜻하는 접두어로서, 기호 m으로 표기하며, thousandth 단위이다.

**Millimeter Wave 밀리미터파** 주파수 30~300GHz 대역의 전파이다. 파장이 1mm~1cm로 짧아 전자회로 등을 작게 만들 때 쓸모가 있다. 하지만 공기나 물 때문에 전파가 약해지기 때문에 데이터를 전송할 수 있는 거리가 짧다. 2~5km 사이를 연결하는 무선 인터넷 중계망, 4세대 이동통신 중계망, 무선 폐쇄회로 TV(CCTV) 망, 방송·통신 중계망(36~40GHz), 차량 충돌 방지용 레이더(76~77GHz) 등에도 이용된다.

**Million Bits Per Second(MBPS) 초당 백만 비트** MBPS (Million Bits Per Second)를 참조.

**Million Floating Point Operations Per Second(MELOPS) 초당 백만 번 부동 소수점 연산** MELOPS(Million Floating Point Operations Per Second)를 참조.

**Million Instructions Per Second(MIPS) 초당 백만회, 밉스** MIPS(Million Instructions Per Second)를 참조.

**Millisecond 천분의 일초** 1초의 천분의 일을 말한다.

**MIME(Multipurpose internet Mail Extension Type) 다목적용 인터넷 전자우편 확장** MIME은 아스키 데이터만을 처리할 수 있는 원래의 인터넷 전자우편 프로토콜, 즉 SMTP(Simple Mail Transfer Protocol : 메일 전송 프로토콜)를 확장하여 오디오, 비디오, 이미지, 응용프로그램, 기타 여러 가지 종류의 데이터 파일들을 주고받을 수 있도록 기능이 확장된 프로토콜이다. 1991년에 SMTP를 확장하여 인터넷 클라이언트 및 서버들이 아스키 텍스트 이외의 다른 종류의 데이터들도 인식하고 처리할 수 있도록 할 것을, 벨 코어의 Nathan Borenstein이 Internet Engineering Task Force에 제안하였다. 그 결과로, 새로운 파일 형식들이 IP가 지원하는 파일 형식으로서 메일에 추가되었다. 서버들은 어떤 웹 전송에라도 시작부분에 MIME 헤더를 집어넣으며, 클라이언트들은 헤더가 나타내는 데이터 형식에 따라 이를 재생시키기 위한 적절한 응용프로그램을 선택한다. 이러한 재생용 프로그램들 중 일부는 웹 클라이언트, 즉 브라우저에 기본적으로 탑재되며(예를 들어, 모든 브라우저는 HTML 파일의 처리뿐 아니라 GIF와 JPG 이미지를 보여줄 수 있는 능력을 가지고 있다), 그 외의 프로그램들은 필요할 때마다 다운로드 된다.

**MIMO(map-in map-out) 미모 체계** 컴퓨터로 지도를 캡처하고 그것을 재생산하도록 디자인된 1세대 컴퓨터 매핑 시스템을 표현하는 데 컴퓨터 지도 제작 체계를 일컫는 용어(Map In-Map Out)이다.

**MIMO(Multi-Input Multi-Output) 다중 입출력, 미모** 통신 속도 향상이나 통신거리 확장을 목적으로 여러 개의 공중선을 이용하여 동시에 신호를 송·수신하고 신호처리를 통해 신호 변별력을 높인 기술을 말한다(「무선설비의 적합성평가 처리방법」 제3조). 휴대폰·태블릿PC 등 단말기 하나로 여러 통신 신호(call)를 주고받는 방식으로서, 주파수 폭과 전력에 좌우됐던 통신 용량을 다중 안테나(MIMO)방식으로 해결한다. 서비스 범위와 용량을 늘리려고 전력을 키우거나 따로 주파수 이용면허를 얻을 필요가 없다. 이동통신 기지국에 안테나 여러 개(Multi-Input)를 장착하되 단말기에는 하나(Single-Output)만 심거나, 이를 거꾸로 적용할 수도 있다. 사업자 전략과 서비스 환경에 따라 여러 방식을 채택하되 한정적인 전파(주파수)자원의 이용 효율을 높이는 게 MIMO의 핵심 방식이다.

**Mine 광산** 광물자원을 채굴하는 장소를 일컫는다. 채굴 후 광석을 처리하는 선광(選鑛 : 광석의 품질을 높이기 위해 잡된 것을 가려내는 일), 제련시설과 기타 부수적인 시설이나 건물 등도 포함한다. 석재를 개발하는 채석장은 일반적으로 광산에 포함되지 않는다. 광산은 산출 광석의 종류, 광상(鑛床)의 형태, 광상의 형성 원인, 채굴방식 등에 따라 분류한다.

**Mine Damage 광해 (鑛害)** 광산에서 발생되는 피해인 광해에 관하여 '광업법', '광산보안법', '석탄산업법' 등에서 각기 정의하고 있다. 즉, (1) 광물을 채굴하기 위한 토지의 굴착, 갱수(坑水)나 폐수의 방류, 폐석이나 광재의 퇴적 또는 광연(鑛煙)의 배출로 인하여 타인에게 현저한 손해를 입힌 경우(광업법 제75조), (2) 광산에서의 토지의 굴착, 광물의 채굴, 선광(選鑛) 및 제련 과정에서 생기는 지반침하, 폐석(廢石)·광물찌꺼기의 유실, 갱내수(坑內水)·폐수의 방류 및 유출, 광연(鑛煙)의 배출, 먼지의 날림, 소음·진동의 발생으로 광산 및 그 주변 환경에 미치는 피해(광산보안법 제2조), (3) 석탄산업을 영위하면서 발생하는 토지의 굴착, 갱내수(坑内水)나 폐수의 유출, 폐석의 유실(流失)이나 석탄가루의 날림 등으로 인한 피해(석탄산업법 제2조) 등이다.

**Mine Reclamation Corporation 한국광해(鑛害)관리공단** 율적인 광해방지 사업을 추진하기 위해 2006년에 설립된 산업통상자원부 산하 위탁집행형 준정부기관이다. 1987년 4월 '석탄산업합리화사업단'으로 설립되었고, 2006년 6월 '광해방지사업단'으로 재설립되었으며, 2008년 6월 '한국광해관리공단'으로 명칭 변경되었다. 광해반지사업은 가행광산 및 휴·폐광산 광해의 방지 및 훼손지 복구 사업, 광산개발 중에 발생하는 폐석, 광물 선광, 제련과정에서 발생하는 광물찌꺼기, 광재 및 침출수, 광물을 채굴한 자리의 붕괴 등으로 인한 지표의 함몰 및 지반의 균열, 갱에서 유출되는 오염수 및 선광장에서 발생하는 오·폐수, 광업활동으로 인한 소음, 진동 및 먼지, 광업활동에 의한 산림 및 토지훼손(토양 및 농경지오염 포함), 폐시설물, 자재 등의 철거 및 처리, 광해방지시설의 설치, 운영 및 관리, 광해방지를 위한 조사, 연구, 기술개발 및 교육 등을 포함한다.

**Mine Surveying 광산 측량** 광산에 관한 측량으로 터널 내 측량, 터널 외 측량, 터널 내외 연결 측량 등이 있다.

**Mineral Spring 광천지(鑛泉地)** 지하에서 온수·약수·석유류 등이 용출되는 용출구 및 그 유지를 위한 부지를 말한다.

**Mine Wastewater 광산폐수** 폐광 후 폐갱구 및 폐석·광물찌꺼기 적치장 및 제련소 등에서 발생되는 폐수로 산이나 알칼리, 중금속 등을 다량 함유하고 있어 적정하게 처리하지 않을 경우 환경에 큰 문제를 일으킬 수 있다. Pit Water라고도 한다. 자연계에 유출되면 하천에 적갈색 또는 흰 침전물을 발생시켜 시각적 혐오감을 줄뿐만 아니라 생물농축으로 인한 중금속 중독의 우려가 있으며, 지하수 및 주변 농경지를 오염시킬 수 있다. 광산폐수 처리에는 희석방류법, 부유선광법, pH조절법, 산화법, 환원법 등이 있다.

**Miniblog 미니블로그** 마이크로블로그(Microblog)라고도 불리며, 인터넷에 블로거가 올린 한 두 문장 정도 분량의 단편적 정보를 해당 블로그에 관심이 있는 개인들에게 실시간으로 전달하는 새로운 통신 방식을 사용한다. 미니블로그 내의 이용자 사이에 서로 메시지를 주고받는 형태를 하기도 한다. 짧은 텍스트 형태이므로, 실시간으로 정보가 업데이트가 된다. 따라서 사용자는 채팅을 하는 것과 비슷한 체험을 얻을 수 있다. 결과적으로 블로그+메신저의 형태라고 할 수 있다. 사진이나 동영상, 웹사이트 URL 등을 올릴 수 있는 경우도 있다. 컴퓨터뿐 아니라 휴대전화 등을 써서 이용하기도 한다.

**Minicomputer 소형 컴퓨터** 컴퓨터의 규모 및 처리 능력에 따라 분류되는 컴퓨터의 범주에서 대형 컴퓨터와 마이크로 컴퓨터 사이에 존재하는 컴퓨터를 말한다.

**Minification 축소** 영상을 축소하는 작업을 말한다.

**Minimum Bounding Rectangle 최소 경계 사각형** X와 Y축 방향의 사각형으로 지리 요소나 지리 자료 집합의 경계를 형성한다. 이 사각형은 X, Y의 최소치와 최대치 2개의 좌표로 지정된다. 예를 들어, 커버리 영역 파일(BND)은 커버리지에 대한 최소 경계가 되는 사각형을 정의한다.

**Minimum Distance Classifier 최소 거리법** 하나 이상의 범주에 소속되는 경우에 중심까지의 거리가 가까운 범주로 분류된다.

**Minimum Distance to Mean Classifier 최소 거리 평균값** 영상 분류 기법으로, 먼저 알려진 데이터군의 각 파장 영역에 대해서 클래스의 평균값을 계산한다. 영상상의 각 영상소값은 이들 평균값과 비교가 된 후 평균과 가장 가까운(거리가 최소) 데 있는 계급으로 영상소들을 분류한다.

**Minimum Elevation Value 최소 표고값** 자료군에 포함된 가장 낮은 고도 값(값 : 미터 단위로 표시)을 말한다.

**Minimum Filter 최소값 필터** 영상에서 한 영상소의 주변 영상소들에 대상 영역을 씌워서 이웃 영상소들 중에서 최솟값을 출력 영상에 출력하는 필터링을 말한다.

**Minimum Ground Separation 최소 지상 분해 거리** 어떤 지점에 대한 공간분해능을 결정하기 위해서는 거리방향에 대한 분해능을 결정해야 하며, 거리방향 분해능은 펄스 폭이 가장 짧을 때 거리방향 분해능이 최소가 된다.

**Minimum Mapping Unit(MMU) 최소 지도 단위** MMU(Minimum Mapping Unit)를 참조.

**Minimum/Maximum Filter 최소/최대 필터** n×n과 같이 사용자가 지정한 윈도우(또는 커널)의 이웃 화소값들을 조사하여 최솟값/최댓값을 계산하고, 그 최솟값 또는 최댓값을 인도우의 중앙에 위치한 화소의 값으로 결정하는 필터이다.

**Minimum Shift Keying(MSK) 최소 편이 변조** MSK(Minimum Shift Keying)를 참조.

**Mining Compass 갱내용 컴퍼스** 갱내에서 사용할 수 있도록 만들어진 컴퍼스를 말한다.

**Mining Rod 갱내용 표적** 갱내 직접 수준 측량에 사용하는 표척으로 조명 장치가 필요하다.

**Mining Transit 갱내용 트랜싯** 갱내의 골조 측량에 사용하는 트랜싯으로서, 경량이고 소형이며 신축 삼각으로 되어있다.

**Minnesota Land Management System(MLMIS) 미네소타 토지 관리 체계** MLMIS(Minnesota Land Management System)를 참조.

**Minor Civil Division 마이너 시빌 디비전** ① 카운티, 시, 마을, 도시, ② The Minor Civil Code는 행정부에 의해 유지된다.

**Minor Control Point 보조 기준점(補助 基準点)** 항공삼각 측량 과정에서 접합 표정에 의한 스트립 형성(Strip Formation)을 하기 위하여 사용되는 점들이다.

**Minor Survey 세부 측량** Detail Survey를 참조.

**Minor Triangulation Network 소 삼각망** 변의 길이가 짧은 삼각측량망도이다.

**Minute** Angular Minute, Minute of Arc를 참조.

**Mip Map 밉맵** [영상처리] 화소가 떨어진 거리에 따라 여러 가지 수준이나 텍스쳐 크기를 저장한 후 객체(오브젝트)에 그래픽 화질과 성능을 개선하여서 매핑시킨 것으로서, 실시간 3D 엔진 게임에서 성능을 최적화하기 위해 폴리곤의 거리에 따라 텍스쳐를 변화시킨다. Mip-map을 생성에는 시간이 소요되며 텍스쳐가 클수록 시간이 오래 소요되는데, 33%의 메모리를 더 사용한다. 사용자는 항상 밉맵을 게임 내부 텍스쳐로 사용해야 한다. GUI 텍스쳐처럼 작게 스케일 되지 않는 텍스쳐들은 예외이다.

**MIPS(Million Instructions Per Second) 밉스, 초당 백만회** 컴퓨터의 실행 속도를 표시하기 위하여 사용되는 단위 100MIPS=1초 동안에 100,000,000개의 명령어를 처리할 수 있다는 것을 의미한다.

**Mirroring 미러링** ① 해킹이나 장비 고장 등의 사고가 발생했을 때 데이터가 손실되는 것을 막기 위해서 데이터를 하나 이상의 장치에 중복 저장하는 것을 의미한다. 이런 기법은 하드웨어 또는 소프트웨어에 의해서 구현될 수 있으며, PC로 스마트폰을 간편하게 통제할 수 있게 한다. ② 미러링 의미는 특정 지역의 사용자들이 더욱 빠르게 접근할 수 있도록 한 사이트에 있는 파일들을 복사해 다른 웹사이트에 저장하고 운영하는 것으로 확장되기도 한다. 이런 기법은 하드웨어 또는 소프트웨어에 의해 구현될 수 있으며 PC로 스마트폰을 간편하게 통제할 수 있게 만든다. ③ 스마트폰이나 태블릿을 PC나 텔레비전(TV) 등 다른 큰 디스플레이로 전송해 조작하는 것을 뜻한다. 즉, PC 모니터에 뜬 스마트폰을 PC 프로그램인 것처럼 쓸 수 있다. 미러링 기술로 영화, 사진, 게임, 메신저, 각종 자료 등을 PC 모니터에서 활용할 수 있다.

**Mirrorless Camera 미러리스 카메라** 디지털일안반사식(DSLR) 카메라 내부의 반사경을 제거해 크기는 소형이지만 고화질 사진과 동영상 촬영이 가능한 디지털 카메라로서 렌즈를 갈아 끼울 수 있다.

**Mirror Stereoscope 거울식 입체경(-立體鏡), 반사식 입체경(反射式 實體鏡)** 중복되게 촬영된 한 쌍의 사진을 입체시 하기 위해 거울을 사용하여 입체시의 영역을 넓힌 입체시 장비이다. 거울식 입체경이라고도 한다.

**Mirror Stereoscope 거울 입체경** 한 쌍의 거울을 V자 형태로 배치해 이미지쌍을 반사시키는 방식으로 입체감을 표현하는 기법. 휘트스톤이 고안했다.

**Mirror Stereoscopic Vision 반사경식 입체경** Mirror Stereoscope를 참조.

**Mirror World 미러월드** 현실세계를 인터넷에 3차원 CG로 재현하여 시뮬레이션 등을 통한 의사결정 증강지원 시스템이다.

**MIS(Management Information System) 경영 정보 체계(經營情報 體系)** 경영내의 전반적인 정보를 통합적으로 분류 축적하고, 기업 내의 각 분야에서 이 정보를 이용하여 의사 결정을 신속히 수행하도록 지원하는 시스템이다. 또한 경영자가 기업을 통합 관리 운영하는 데 필요한 정보를 즉시 제공받아 의사 결정과 신속한 조정통제가 유기적으로 진행될 수 있도록 설계된 정보제공 시스템이다.

**MIS(Marine Information System) 해양 정보 체계** 해저 영상 정보, 해저 지질 정보, 해수 유동 정보, 해상 정보 등을 포함한다. 해양 정보 체계를 이용하여 측면 주사 측심기(Side Scan Sonar)에 의한 해저 영상 수집 분석, 초음파 탐사에 의한 해저 지형 및 해양 지질 조사, 초음파 탐사 영상 처리에 의한 해저 지질 구조 분석 및 해양 지하자원 탐사, 조류와 조석 관측에 의한 파력 에너지 활용 대책 수립, 위성 영상 분석에 의한 해류 흐름의 변동, 수온 분포 변화 조사, GPS 자료 분석에 의한 어로 자원 이동 상황 및 어장 형황 예측을 할 수 있다.

**MIS(Meteorological Information System) 기상 정보 체계** 인공위성의 영상 분석에 의한 기상 변동 추적 및 장기간 일기 예보 체계 구축, 기후 및 기상 관측의 자료 전송 조직망 구성, 기상 정보의 실시간 처리 체계 구축, 위성 영상 자료 해석과 기상 예측 모형의 발전 방안 수립 등을 가능케 하여준다. 또한 기성 위성 관측 자료와 지형 특성을 고려한 태풍경로 추적 및 피해예측을 가능케 한다.

**Misclassification Matrix 분류 오류 행렬** 분류 체계 오류를 묘사하는 행렬이다.

**Missile Site 발사장** 유도탄을 보관, 발사시키는 장소를 말한다.

**Missing Data 손실자료, 결측 자료, 결손 자료** 어떤 지리사상이나 레코드에 해당하는 데이터가 존재하지 않거나 레코드에 대해 자료가 없는 요소이다.

**Missing Scan Lines 손실 주사선** 감지기 오동작이나 자료의 전송 또는 저장을 통하여 도입된 오차 때문에 원격탐사 영상으로부터 빠진 주사선을 말한다.

**Missing Value 손실 값** 손실되거나 적절하지 못하거나 믿을 수 없기 때문에, 속성에 대한 산술적 계산에서 배제되는 값이다.

**Mission Identifier 임무 식별자** 예비조사 임무에 할당된 식별자를 말한다.

**Mistakes 착오(錯誤)** 눈금의 수치를 잘못 읽거나, 야장을 기입할 때 숫자를 바꿔 기록하는 것을 말한다. Blunder를 참조.

**MIT Media Labs 매사추세츠공대 미디어랩** 1985년 미국매사추세츠공대(MIT) 안 연구소로 설립된 세계 최고 미디어·디지털 분야 연구 기관. 현재 120명의 연구원이 30개 그룹으로 나눠어 연구를 진행 중이며 예술 공학 등 기초학문과 소프트웨어, 디지털 기술을 접목시킨 연구로 주목받고 있다. 전자종이, 모션 캡처, 100달러 컴퓨터 등 상상력을 현실로 구현하는 제품을 만들어 '상상력의 천국'으로 불리고 있다.

**Mixed Pixel 혼합 픽셀** 격자 셀의 하나의 지상 범위에 대하여 다중의 속성을 갖는 픽셀로서, 형상의 경계나 형상이 제대로 정의되지 않을 때 흔히 발생한다. Mixel를 참조.

**Mixed Reality(MR) 혼합 현실(合成現實)** MR(Mixed Reality)를 참조.

**Mixed Tide 혼합조** 하루에 보통 2회의 고조와 저조가 있으나 일조부등이 클 때는 1회의 고조와 저조만 나타나는 조석을 말한다. 엄밀히 말하면 모든 조석은 혼합조이지만, 더 우세한 형태에 따라서 일주조 또는 반일주조로 불린다.

**Mixed-blood Sense 혼혈 감각** 가상현실을 구현하는 디지털 기술의 진화가 감각의 세계에서 일으키는 변화를 지칭한다.

**Mixel** Mixed Pixel과 동의어이다.

**MJPEG(Motion JPEG) 모션 제이페그** [영상] 각 비디오 프레임이나 비월 주사 방식의 디지털 오디오 시퀀스가 JPEG 이미지로 따로 압축되어있는 영상 포맷 계열을 가리키는 비공식 이름이다. JPEG의 압축 기법을 연속적으로 동화상의 각 프레임에 적용하는 방식의 코덱(Codec) 압축비는 20대 1부터 50대 1까지로 MPEG의 200대 1보다는 떨어지지만 압축 과정이 간단하며, 영상 복원 시 고품질의 영상을 얻을 수 있는 장점이 있다. 원래 멀티미디어 PC 애플리케이션용으로 개발되었지만 현재 M-JPEG는 디지털 카메라와 같은 비디오 캡처 기능을 갖춘 수많은 휴대기기에서도 쓰이고 있다.

**MK-4 엠케이-4** 러시아의 위성 RESURS-F2에 탑재된 초점거리 300mm의 다중 분광 사진기로서 분광 영역(밴드)별로 서로 다른 렌즈로 동시에 촬영되므로, 근적외, 적색, 녹색, 청색, 파장대의 4장의 필름이 획득된다. 영상은 8m 해상도를 가지며, 밴드 합성을 할 경우 산악 지역이 붉게 나타나는 위색상(False Color)이 되기 때문에 자연 색상(Natural Color) 구현을 위한 특수한 영상 장치가 필요하다.

**MLMIS(Minnesota Land Management System) 미네소타 토지 관리 체계** 초창기 GIS를 말한다.

**MLP(Mobile Location Protocol) 이동 위치 프로토콜** 플랫폼 위치에서 클라이언트 애플리케이션 위치까지 외부 인터페이스를 말한다.

**MLS(Multiple Listing System) 종합부동산 매물정보체계** 전문 부동산 중개업자들이 다양한 매물정보를 한데 모아 공유하는 웹 데이터베이스 시스템을 말한다.

**MLWI(Mean Low Water Interval) 평균 저조 간격(平均 低潮 間隔)** 어느 기간 동안 날마다 일어나는 바다의 저조간격의 평균값을 말한다.

**MLWL(Mean Low Water Level) 평균 저수위(平均 低水位)** 하천의 수위 중에서 어떤 기간 중 평균수위 이하의 수위의 평균을 평균저수위라 한다.

**MLWS(Mean Low Water Springs) 대조평균저조면** 대조 때 저조의 평균조위를 말한다.

**MMAP(Mobile Media API) 엠엠에이피** SK-VM은 4가지(1. Video 컨텐츠 재생, 2. Camera 제어, 3. 동영상 보관함 접근, 4. 사진 보관함 접근) 멀티미디어 기능을 위해서 API를 제공한다. 기본적으로 Mobile Media API를 이용해서 구현했고, NMAP에서 지원 못하는 부분은 Extension API를 사용해서 제공한다.

**MMF(Multi Media Format) 휴대폰 벨소리 형식** MMF는 휴대폰에서 지원되는 가장 일반적인 4폴리/16폴리 사운드 포맷이다. MMF를 만들기 위해서는 YAHAMA 하드웨어 에뮬레이터와 툴킷이 필요하다.

**MMORPG(Massively Multiplayer Online Role Playing Game) 다중 접속 역할분담 게임** 온라인으로 연결된 다수의 사용자가 온라인상의 같은 공간에서 각각 역할을 맡아 동시에 즐길 수 있는 게임을 말한다.

**MMR(Mobile Measurement Results) 모바일 측정결과** GSM 표준 프로토콜. 이동 인스턴트 메시지. PC의 채팅소프트웨어의 이동형이다.

**MMS(Mobile Mapping System) 이동 지도제작 시스템** 사진 측량기술로 구현된 CCD카메라와 위치측정 장비(GPS) 등의 다양한 센서들을 통합하여 차량에 탑재하고, 차량의 운행과 함께 도로 주변에 있는 지형지물의 위치측정과 시각정보를 취득할 수 있도록 구현한 시스템이다. 기존의 현장측량보다 비용, 효율 측면에서 유리하며, 수치지도나 3차원 자료의 수정, 갱신 주기를 단축할 수 있다.

**MMS(Multimedia Messaging Service) 멀티미디어 메시징 서비스** MMS(Multimedia Messaging Service)는 Mobile Network을 통하여 그림, 동영상, 문자, 음악 등의 개별적 Content를 다양한 서비스 성격에 맞는 새로운 Rich Multimedia Message로 구성(composing)하여, 서로의 mobile device, 메일 또는 온라인 앨범을 비롯한 다양한 형태의 부가서비스로 전달하는 유무선 연동 3G(Third Generation) Multimedia Messaging서비스를 말한다.

**MMU(Minimum Mapping Unit) 최소 지도 단위** 주어진 지도 축척에서 좁고 긴 대상물이 선으로 표현되고 작은 영역은 점으로 표현되는 한계를 나타내는 크기. 예를 들어, 하천과 강은 폭이 0.2cm 미만일 경우 선으로 표시되고 0.3cm보다 작은 면은 점으로 표시된다. Mnemonic연상 기호 인간이 암기하기 쉬운 형으로 간략화한 코드, 기호는 일반적으로 나타내고자 하는 항목과 어떤 관련이 있도록 선택되며, 기본적인 동작을 알 수 있도록 구성된다.

**MO(Message Oriented) 메시지 지향(서비스)** MO 서비스는 휴대폰에서 PC나 서버로 단문메시지서비스(SMS)를 이용해 메시지를 보내고 그에 대한 답도 SMS로 받는 것을 말한다. 특정 번호로 SMS를 보내기만 하면 바로 결제가 이뤄지는 고객지원 전화번호 안내, 휴대전화를 이용한 투표, 기부금 등의 서비스가 이에 해당된다.

**Mobile 모바일** 모바일이란 장소와 시간에 유동적인 '고정되어 있지 않고 이동하기 쉬운'이란 뜻으로 휴대폰·PDA·스마트폰 등 각종 무선단말기를 이용해 기존의 방송·통신·인터넷 등 활용이 가능하도록 할 수 있는 방안을 제공해 주는 시스템을 말한다.

**Mobile App 모바일 앱** 스마트폰에 최적화된 응용소프트웨어로서 게임, e-book, 내비게이션 등 다양한 서비스를 제공하며, 앱 스토어를 통해 자신이 원하는 모바일 앱을 구입하고 스마트폰에 추가하여 이용할 수 있다.

**Mobile Application S/W Plug-In(MAP) 맵**
MAP(Mobile Application S/W Plug-In)를 참조.

**Mobile Augmented Reality(MAR) 모바일 증강현실**
MAR(Mobile Augmented Reality)를 참조.

**Mobile Back Haul 모바일 백홀** 기지국 등 액세스단 데이터를 모아 백본망으로 전송하는 시스템을 일컫는다. 스마트폰이 대중화되고, 4G 등 이동통신에서 패킷 비중이 점차 늘어나며 기존 음성 위주 백홀 시스템을 다양하게 꾸밀 필요가 늘어나는 추세이다.

**Mobile Cloud Service 모바일 클라우드 서비스** 클라우드 컴퓨팅을 축으로 모바일 디바이스를 통한 다양한 서비스를 제공한다.

**Mobile Commerce(m-Commerce) 모바일 전자상거래**
m-Commerce (Mobile Commerce)를 참조.

**Mobile Communication 이동 통신** 자동차 전화나 휴대 전화와 같이 통신 단말 이용자의 한쪽 혹은 양쪽이 이동하면서 실행할 수 있는 통신. 기지국이 지상에 설치되는 지상계의 이동 통신과 위성을 거쳐 통신이 이루어지는 이동체 위성 통신이 있다. 초기의 이동체 통신은 선박 전화나 열차 전화가 시작되고, 자동차 전화의 실용화에 따라 대중적인 보급에 이르렀다. 또 전화기의 소형 경량화의 성공으로 휴대 전화가 폭발적으로 보급되었다.

**Mobile Computer 모바일 컴퓨터, 이동형 컴퓨터**
Mobile Computing을 참조.

**Mobile Computing 모바일 컴퓨팅, 이동형 컴퓨터** 무선 이동체

통신과 휴대 정보 터미널(PDA), 인터넷을 이용해서 컴퓨터와 통신 기술을 효과적으로 연계시켜 언제, 어디서, 누구와, 이동하면서 까지도 정보 교환이나 수집, 검색, 정리, 축적 등의 처리를 가능하게 하는 기술을 말한다. '모바일 컴퓨팅'이 지금까지의 휴대전화를 이용하는 것과 다른 것은, 음성뿐만 아니라 손으로 쓴 문자나 도형, 팩스나 사진 등과 같은 이미지는 물론, 미래에는 동화까지도 포함하는 모든 형태의 데이터, 즉 멀티미디어 정보의 통신과 처리를 목표로 하고 있다.

**Mobile Device 모바일 장치** 주머니에 들어갈 만한 크기의 컴퓨터 장치로, 일반적으로 터치 입력을 가진 표시 화면이나 소형 자판을 갖고 있다. 모바일 기기, 휴대용 기기 등이 모바일 디바이스(Mobile Device)라는 용어로 통용된다.

**Mobile Divide 모바일 디바이드** 스마트폰을 적극적으로 활용해 정보를 빠르게 습득하는 사람과 그러지 못하는 사람 사이에 발생하는 지역별, 연령별, 성별 격차를 말한다.

**Mobile Electronic Wallet 모바일 전자지갑** 스마트폰으로 물건을 결제・구매하거나 금융 거래를 할 수 있도록 해주는 서비스이다.

**Mobile Enterprise Application Platform(MEAP) 모바일 엔터프라이즈 애플리케이션 플랫폼** MEAP(Mobile Enterprise Application Platform)를 참조.

**Mobile GIS 모바일 지아이에스** 온라인(CDMA나 무선랜 기반)이나 오프라인(동기화 서버 등 이용) 통신 인프라 위에서 핸드폰, PDA, 노트북 등의 기기를 가진 이동 사용자가 GIS 정보를 기반으로 자신이 원하는 다양한 부가정보(위치정보, 도로안내, 버스안내, 시설물관리, 매핑, 이동단속업무 등)를 주고받을 수 있게 하는 서비스.

**Mobile Health 모바일 헬스** 헬스케어와 모바일 간 컨버전스이다.

**Mobile High Defintion Link(MHL) 엠에이치엘** MHL(Mobile High-Defintion Link)를 참조.

**Mobile Home 이동식 주택** 영구적인 거주 목적으로 설계되지 않았으면서도 영구 주택으로 이용되는 트레일러를 말한다.

**Mobile Home Park 이동식 주택 주차장** 사람이 거주하고 있는 이동식 주택의 주차를 위해 유지되는 지역을 말한다.

**Mobile Information Device Profile(MIDP) 이동 정보장치 프로파일** MIDP(Mobile Information Device Profile)를 참조.

**Mobile Internet 모바일 인터넷** 휴대폰, 스마트폰 등 휴대용 단말기와 3G, 와이브로 등 이동통신망을 통하여 언제 어디서나 인터넷 서비스(예 : 이메일, 정보검색, 전자상거래 등)를 이용할 수 있도록 하는 기술.

**Mobile Internet Device(MID) 모바일 인터넷 디바이스** MID(Mobile Internet Device)를 참조.

**Mobile Internet Protocol Television(Mobile IPTV) 모바일 아이피티브이** Mobile IPTV(Mobile Internet Protocol Television)를 참조.

**Mobile IPTV(Mobile Internet Protocol Television) 모바일 인터넷 텔레비전** IPTV는 Internet Protocol TV의 약자로서 인터넷 텔레비전(TV)을 의미한다. 모바일 IPTV는 인터넷의 연결성과 양방향 서비스를 활용할 수 있는 IPTV의 특징과 이동성을 통한 사용자 편익증대를 동시에 만족시킬 수 있는 서비스로 향후 무선 환경에서 자유롭게 IPTV를 사용하려는 사용자들이 늘어나면서 수요가 계속 늘어나게 될 것이다.

■ 모바일 IPTV의 장・단점

| 장점 | 단점 |
|---|---|
| 시청시간이 자유로움 | 사용시간이 짧음 |
| 이동성 | 소형 스크린 |
| 접근성 | 라이브 콘텐츠에 대한 요구 감소 |
| 공간적 제약 극복 | 대역폭 제한 |
| 모든 단말의 IPTV화 | 성능 및 크기 등이 다른 단말 존재 |

모바일 IPTV는 특성이 전혀 다른 무선 LAN과 WiBro 망, 무선 LAN과 CDMA망 간의 이동처럼 서로 다른 무선망 간에 서비스의 연속성을 보장할 수 있는 다양한 기술적 뒷받침이 필요한 상태이다. WiBro 등 IPTV기반의 다양한 무선통신 네트워크가 선보이면서 모바일 IPTV 시대가 다가왔기 때문이다. WiBro에 이어 상용화될 것으로 예상되는 GSM 계열 LTE 및 LTE 어드밴스드 등 4G 이동통신 기술에서도 모바일 IPTV는 충분히 구현될 수 있다.

• 현재까지 제도적으로 정착된 모바일 IPTV의 개념은 없다. 유선 IPTV의 도입 근거가 됐던 인터넷 멀티미디어 방송사업법(IPTV법)에는 이동통신망을 이용한 IPTV를 정의에서 배제했다. 이는 IPTV 법 제정 당시 모바일 IPTV를 도입할 정도로 기술이 성숙되지 않았을 뿐 아니라 DMB와의 시장 중복 문제 등 풀어야 할 문제가 많았기 때문이다. 그러나 기술이 발전되고 선행 연구가 진행되면서 모바일 IPTV에 대한 개념이 점차 잡혀가고 있다. 한국전자통신연구원측은 IPTV를 "품질이 보장되는 유・무선 네트워크 환경에서 실시간 방송을 포함한 영상, 데이터, 음성, 음향 등

의 콘텐츠를 IP 방식으로 이동형 단말을 통해 양방향으로 제공하는 서비스"라고 정의내리고 있다. 한국정보통신기술협회(TTA)는 IPTV 개념에 이동성을 추가한 개념으로 "이동전화나 무선 인터넷 등 다양한 무선 기술을 활용해 이동 환경에서도 IPTV 서비스를 제공하는 기술"로 정의하고 있다. 즉, 앞으로 도입될 모바일 IPTV는 기존 IPTV에 이동성 기능을 추가해 개인이 1개의 ID만 있으면 유·무선에 관계없이 서비스에 접속할 수 있는 기술이라 할 수 있다. 모바일 IPTV는 무선구간에서 이동성을 지원하여 언제 어디서나 자유롭게 IPTV 서비스를 이용하도록 하는 서비스이다. 사용자는 무선접속이 가능한 구간에서 자유롭게 IPTV 서비스를 사용하며, 또한 다른 무선 구간으로 이동하는 경우에도 핸드오버와 같은 이동성지원기술을 통해 IPTV 서비스를 지속할 수 있다.

• 현재의 IPTV 서비스는 콘텐츠를 최종적으로 수신하는 사용자가 SD·HD 급 이상의 고화질 콘텐츠를 충분히 전달할 수 있는 안정된 네트워크와 이를 수신할 수 있는 성능 좋은 단말을 가지고 있으며, 또한 서비스를 송신하는 송신자로부터 사용자에 이르기까지의 데이터 경로도 유선으로 연결되어 비교적 안정적인 QoS를 지원한다는 전제를 가지고 있다. 하지만 이와 같은 전제들이 모바일 IPTV에서는 기술적으로 상당한 어려움이 있다. 즉 모바일 IPTV의 가장 큰 기술적 이슈는 데이터를 수신하는 최종 경로가 무선구간이며, 사용자가 사용할 수 있는 무선구간에서의 가용 대역폭은 상황에 따라 수시로 변경된다는 것이다. 즉, 유선에 비해 서비스를 수신함에 있어서 안정적이지 않으며, 경우에 따라서는 연결이 끊길 수도 있나. 또한 무선구간에서는 데이터 손실률 및 지연이 유선구간에 비해 크게 발생할 수 있으므로 사용자에게 IPTV서비스가 원활하게 전달되지 못하는 경우도 종종 발생한다. 이와 같은 기술적 이슈는 무선망 간의 이동뿐만 아니라 이동하지 않는 무선 환경에서도 발생한다. 즉, 해당 무선구간에 얼마나 많은 사용자가 접속되어 있는지, 유선망접속점(AP, BS 등)에서 얼마나 멀리 떨어져 있는지, 또한 사용자의 위치 및 어떤 간섭이 주변에서 발생하고 있는지 등 다양한 형태로 사용자의 무선 환경 특성이 변하기 때문이다. 또한 모바일 IPTV 사용자는 자유롭게 이동하면서 서비스를 이용하고자 하므로 이와 같은 무선구간 간의 이동에 대한 기술적 이슈도 발생한다.

**Mobile Learning 모바일 러닝** 스마트폰 등 모바일 기기를 통해 언제 어디서나 자유롭게 인터넷에 접속해 교육받을 수 있게 하는 시스템이다. 모바일인터넷 속도가 빨라지고 단말기 성능이 좋아지면서 다양한 분야에 대한 교육이 가능해진다.

**Mobile Location Protocol(MLP) 이동 위치 프로토콜** MLP(Mobile Location Protocol)를 참조.

**Mobile Mapping System(MMS) 이동 지도제작 시스템** MMS(Mobile Mapping System)를 참조.

**Mobile Measurement Results(MMR) 모바일 측정결과** MMR(Mobile Measurement Results)를 참조.

**Mobile Media API(MMAP) 엠엠에이피** MMAP(Mobile Media API)를 참조.

**Mobile Messenger 모바일 메신저** 스마트폰으로 무선 인터넷 망을 이용해 문자·파일·음성 메시지를 주고받을 수 있는 소프트웨어. 스마트폰으로 다운로드받아 설치한 뒤 자신의 전화번호부에 등록된 상대방과 채팅하듯 이용하면 된다. 2010년 '카카오톡' 서비스가 나오면서 대중화됐다. 데이터 이용량에 관계없이 한 달에 일정 금액만 내면 되는 정액요금제에 가입한 이용자라면 추가 요금 부담 없이 마음껏 문자메시지를 주고받을 수 있어, 단기간에 수천만 명이 이용하는 인기 소프트웨어로 자리 잡았다.

**Mobile Mmiso 모바일 미소기업** 모바일 분야 10인 이하의 창조적 아이디어 기업을 말한다. 스마트폰과 태블릿 PC용 애플리케이션(응용 프로그램), 소셜커머스 등 모바일 분야에서 수익모델을 갖춘 기업으로, 주로 1인 창업보다는 2인 이상 공동 창업하거나 10인 이하 규모로 운영하는 사례가 많다. 미소기업은 설립과 인수·합병이 자유롭고 중소기업보다 더 작은 단위라는 뜻에서 원자형(原子形; Atomic) 기업이라고도 부른다.

**Mobile Office 모바일 오피스** 스마트폰 같은 단말기로 사무실 밖에서도 사내 컴퓨터 네트워크에 접속해 회사 업무를 하는 시스템.

**Mobile Operating System(Mobile OS) 모바일 운영체제** Mobile OS(Mobile Operating System)를 참조.

**Mobile OS(Mobile Operating System) 모바일 운영체제** 스마트폰이나 태블릿 PC 같은 모바일(이동형)기기를 작동하기 위한 핵심 소프트웨어(운영체제). 이메일, 검색, 일정관리, 뉴스보기, 게임 등 기능을 구현한다. 애플 '아이폰', MS '윈도 모바일 7', RIM '블랙베리', 노키아 '심비안', 구글 '안드로이드' 등이 대표적이다.

**Mobile Platform 모바일 플랫폼** 모바일 표준 플랫폼 규격에 따라 작성된 응용프로그램을 실행시킬 수 있는 단말기의 실행

환경(Runtime Execution Environment)을 모바일 플랫폼이라 하며, 이 플랫폼은 응용프로그램 관리와 API 관리기능을 포함해야 한다.

**Mobile Promotion 모바일 프로모션** 모바일 이용자들을 대상으로 서비스나 제품을 효율적이고 효과적으로 판매하기위해 행하는 모든 활동을 말한다.

**Mobile Receiver 이동 수신기** Rover를 참조.

**Mobile Service Descriptor(MSD) 모바일 파일정보** MSD (Mobile Service Descriptor)를 참조.

**Mobile Shopping 모바일 쇼핑** 스마트폰이나 태블릿 PC 등을 이용해 시간과 장소에 구애받지 않고 상품을 검색하거나 구매하는 것을 말한다.

**Mobile Social Networking 모바일 소셜 네트워킹** 1인 커뮤니티와 동영상 공유사이트 등을 포괄하는 이른바 '소셜 네트워킹'을 모바일과 접목한 개념이다. 생활 속에서 휴대용 무선 단말기의 비중이 높아지면서 그간 인기를 끌었던 소셜 네트워킹의 무게추가 '컴퓨터'를 벗어나고 있다.

**Mobile Station 이동국** 사용자의 휴대 편이성 및 보편적 휴대통신 서비스의 보급을 위해 소형, 경량, 저가격으로 구현된다. 단말기는 사용자의 인증, 보안 등의 역할을 수행하는 가입자 식별부(Subscriber Identity Module)와 신호 처리 및 무선 송수신을 담당하는 무선 통신부(Mobile Element)로 나눌 수 있다.

**Mobile Survey Platform 이동형 측량 탑재기** 움직이는 조사 탑재체들은 기계적인 혹은 자이로스코프 안정화된 동작 감지기(Gyroscopic Stabililized Motion Sensor)와 같은 전자 위치 결정(Electronic Positioning) 장치 혹은 GPS 수신기와 같은 공간 자료 측정기기를 탑재하였다. 시스템을 탑재한 탑재기의 수평 혹은 수직 위치를 수집하기 위하여 위치를 이동한다.

**Mobile Switching Center(MSC) 이동 전화 교환국** MSC(Mobile Switching Center)를 참조.

**Mobile Switching Office(MSO) 모바일 교환기** MSO(Mobile Switching Office)를 참조.

**Mobile Virtual Network Operators(MVNOs) 가상 이동통신망 사업자** MVNO(Mobile Virtual Network Operators)를 참조.

**mobile Voice over Internet Protocol(mVoIP) 모바일 인터넷 전화** mVoIP(mobile Voice over Internet Protocol)를 참조.

**Mobile Web 모바일 웹** 다양한 모바일 단말에서 URI 기반의 정보자원을 HTTP를 이용하여 주고받으며, XML 등의 마크업을 사용하는 기술이다. 다양한 모바일 단말에서 다양한 웹 콘텐츠를 편리하게 이용할 수 있도록 하는 표준기술로서, 최근 무선통신 기술, 웹기반 콘텐츠 처리 기술, 그리고 모바일 응용을 위한 서비스 기술 등의 발전으로 인하여 모바일 웹 표준 기술의 활용도가 급격하게 증가하고 있다. 관련 기술로 다양한 모바일 환경에서의 웹 콘텐츠 지원을 위한 스마트 모바일 OK표준과 콘텐츠 변환 표준, 모바일 응용 지원을 위한 모바일 웹 애플리케이션 표준 그리고 모바일 환경에서 다양한 인터페이스를 통한 인증 방법 지원을 위한 모바일 웹 기반 보안/인증 표준기술 등이 핵심기술이다. 모바일 웹 표준화는 콘텐츠 호환성 확보에서 브라우저, 단말, 어플리케이션간의 인터페이스와 효과적인 호환성 확보를 위한 표준 기술로 확장이 예상되고 있고, 모바일 환경에서 보다 개선된 사용자 인터페이스를 제공할 수 있도록 하기 위한 표준개발에 중점을 두고 있다.

**Mobile Web 2.0 모바일 웹 2.0** 기존 모바일 비즈니스가 서비스 사업자 중심에서 사용자 중심으로 변화하는 새로운 패러다임을 말한다.

**Mobile Widget 모바일 위젯** 핸드폰에서 위젯(Widget) 기능을 화면에 적용하여 사용자가 원하는 사이트로 편하고 신속하게 이동할 수 있는 기능을 사용자 인터페이스(UI)로 적용한 것. 위젯은 특정 기능을 수행하는 소프트웨어로 초기 시계나 달력, 메모장 등에서 최근 스포츠, 뉴스 등 정보형 서비스까지를 포함한다. 무선 인터넷 국제 표준화 기구인 오픈 모바일 연합(OMA)에서 대기 화면 서비스를 OMA 표준으로 채택한 가운데 대기 화면 솔루션으로 위젯이 떠오르고 있다. 위젯은 사용자가 선호하는 위젯을 선택하여 표시할 수 있으며, 웹 브라우저를 실행해 정보를 검색할 필요가 없다는 것이 장점이다.

**Mobile WiMAX 모바일 와이맥스** 외국에서는 WiBro(Wireless Broadband Internet)를 모바일 와이맥스(Mobile WiMAX)라고 부른다.

**Mobile Wonder Land 모바일 원더랜드** 무선인터넷 와이파이, 이동 인터넷 네트워크 와이브로 및 3, 4세대 이동통신을 통해 언제 어디서나 소셜네트워크서비스(SNS)를 이용하고 신문, 잡지 등 미디어를 소비하며 동영상을 즐길 수 있게 한다는 개념이다.

**Mobile World Congress 모바일 월드 콩그레스** 세계 유수의 휴대폰 제조사와 이동통신사들이 참가하는 세계 최대 규모의 이동통신 산업 전시회로, 1987년부터 매년 스페인 바르셀로나에서 개최된다.

**Mobile Yellow Pages Service** 문화, 교육, 공공, 레저, 관광 등 업종별 분류체계를 바탕으로 위치정보 및 주변정보를 제공하거나, 위치정보를 기반으로 사용자의 다양한 요구조건에 맞는 Yellow Pages 정보를 제공하는 서비스를 말한다.

**Mobile Ecosystem 모바일 생태계** 이동통신업체, 휴대전화 제조업체, 각종 콘텐츠·애플리케이션 개발자들이 함께 상생하는 환경을 뜻한다. 하드웨어 성능뿐 아니라 하드웨어가 어떤 운영체제(OS)에서 구동되는지, 어떤 앱을 구비하고 있는지가 중요하게 됐다. 애플 앱스토어나 WAC(도매 앱 장터) 등 앱을 사고 팔 수 있는 온라인 장터도 포함된다.

**Mobileinstallation 모바일 설치** 어플들을 설치하기 위한 일종의 인증파일을 말한다.

**Mobilian 모빌리언** 모바일(Mobile)과 능력(able), 사람을 뜻하는 접미어 ian이 결합된 단어이다. 모바일 기기와 소프트웨어를 적극 활용해 자신은 물론 주변 사람의 일과 삶을 바꾸는 신인류를 뜻한다. 호모 모빌리쿠스(Homo Mobilicus), 모빌리티언(Mobilitian) 등으로도 불린다. 모빌리언은 한국인의 디지털 유목민적 기질을 일컫는 키워드가 됐다.

**Mobilitian 모빌리티언** Mobilian(모빌리언)을 참조.

**MobiQpons 모비쿠폰스** 이 서비스는 고객의 위치와 매장 사이의 거리에 근거해 쿠폰을 제공하며, 쿠폰은 회사의 종류에 따라 분류한다.

**Mobli 모블리** 동영상 공유 소셜 서비스로서 사진 및 동영상 자동 분류, 위치정보 삽입, 간단한 편집이 가능하다.

**Moblog 모블로그** PDA나 스마트폰과 같은 모바일 장치로 운영되는 블로그. 이론적으로는 어떤 블로그든 모블로그가 될 수 있다.

**Mocap 모캡** Motion Capture, Emotion Capture를 참조.

**Modality 모달리티** 시각, 청각, 촉각 등 감각들이 가져오는 다양한 인상.

**Mode 최빈치(最頻値), 방식, 모드** ① 통계 : 양적 자료 또는 질적 자료 중에서 도수가 가장 많은 관찰치의 값을 말한다. 최빈치는 도수가 모두 같은 자료는 최빈값을 갖지 않으며, 동시에 2개의 최빈값을 갖는 경우에는 쌍봉(bimodal), 3개 이상 최빈값을 갖는 경우에는 다봉(multimodal)이라 한다. ② 배타적인 작동 옵션들 중에서 선택된 프로그램의 작동 상태를 말한다.

**Mode 모드** [드론] 조정기는 스틱 조작 방식에 따라 Mode 1과 Mode 2로 나뉜다. Mode 1은 스로틀(Throttle)이 오른쪽에 있는 방식이며, 한국, 일본에서 많이 사용한다. Mode 2는 스로틀(Throttle)이 왼쪽에 있는 방식이며, 현재 대부분의 드론이 채택하고 있다.

**Model 모형(模型), 모델** ① 공정을 모의하거나 ,상황을 예측하거나, 결과를 예측하거나, 문제를 해결하거나 계획하도록 하기 위해, 분석될 수 있는 새로운 정보를 추출하는 공간 분석 실행에 필요한 법칙과 절차. ② GIS에서의 분석 도구는 자연 현상이나 사회 현상의 공간 분포를 기술하는 데 쓰인다. 가장 효과적인 모형은 최소한의 비용으로 최대한의 정확도를 얻을 수 있는 가장 단순한 모형이며, 또한 실행 수준이 너무 높거나 낮으면 비용이 많이 든다. 보통 GIS모형은 공간 자료 및 데이터베이스 조작을 결합하여 구성된다. ③ 사진측량 : 한 쌍의 중복된 사진으로 입체시 되는 모형으로 일명 입체모형 혹은 스테레오 모형이라 한다.

**Model Base 모델 기선** 사진측량에서는 서로 인접한 사진의 촬영점을 연결하는 선분. 실체시를 할 때는 두 눈을 연결하는 선분. 도화기에서는 2개의 투사기의 렌즈절점간의 거리이다.

**Model Based Management System 모델 기반 관리 체계** 분석, 통계, 예측의 기능이 포함되며 모델의 유지, 관리에 필요한 루틴 및 라이브러리를 보유, 서로 다른 모델들 간의 연계를 제공하여 한 모델의 결과물이 다른 모델의 입력정보가 될 수 있도록 한다.

**Model Baseline 모델 기선(模型 基線)** 사진모델을 형성하였을 때의 좌우사진의 주점간격을 말한다.

**Model Coordinate 모델 좌표** 모델좌표는 2장의 입체사진으로 형성된 입체상(모델이라고 함)을 정의하는 좌표이다. 모델 좌표의 원점은 보통 좌측 사진의 투영중심(사진기 렌즈 중심)을 택한다.

**Model Deformation 모델 변형** 입사 광선에 대한 투사 광선의 오차에 의하여 발생하는 입체 모델의 왜곡을 말한다.

**Model Digital 수치 모형** 지형 지물, 과정 등의 다차원 수치모형을 말한다.

**Model Gravity Field 중력장 모델** 지구중력장을 현실적인 목적에 맞도록 모델화 한 것으로서, 정규지구중력장 등이 있다.

**Model Hardcopy 비수치 모형** 3차원 물리모형을 말한다.

**Model Integration 모델 통합** 컴퓨터 체계에서 지리 데이터의 교환을 가능하게 한다. 개념 스키마들을 개발하고 통합하는 접근 방법의 설명을 통해서, 모델 통합은 분산 컴퓨팅 환경에서 지리

정보 서비스와 지리 정보 시스템 간의 상호 동작을 가능하게 한다.

**Model Scale 모델 축척** 도화기 내부에 만들어진 입체 모델의 축척을 말한다.

**Modelling 모형화, 모형 결정** 기하학적 객체를 생생하게 묘사하는 과정, 추상적 현상의 표현들을 교정하고, 발전시키고, 개발하기 위한 진행, 시각화할 때 보는 사람의 관점에서 의도한 물체인식을 모의 실험하는 내부표현의 생성, GIS는 공간모형을 발견하고 구현하는데 유용하다.

**MODEM(Modulator-DEModulator) 모뎀, 컴퓨터 통신기** 전화선을 통해 컴퓨터가 정보를 주고받을 수 있도록 해주는 통신 장치이다. 모뎀은 '변조-복조(MOdulator-DEModulator)의 약어로서 아날로그 신호인 통신용의 반송파를 컴퓨터가 해석할 수 있는 수치 신호로 변화하는데 이용되는 장치이다. 전화 통화에 이용되는 아날로그 신호는 목소리 자료를 주파수와 파의 강도가 연속적으로 변화하는 전기적인 신호로 전달한다. 라디오, 마이크로파, 광역 밴드 케이블 전송(TV 케이블과 같은 종류), 위성 체계 등의 또 다른 아날로그 기술을 써서 자료를 전송할 수도 있다. 이러한 아날로그 통신 매체는 아날로그 신호와 수치 신호간의 상호 변환을 위해 모뎀을 필요로 한다. GIS에서 모뎀은, 전화선을 통해 컴퓨터와 주변 장치를 연결하기 위해서 일반적으로 이용된다. 컴퓨터 통신을 위해 전형적으로 사용되는 아날로그 전화 서비스에는 공중 회선과 전용 회선을 이용한 2가지 방식으로 나눌 수 있다. 공중 회선 모뎀은 전화기에 직접 연결하여 사용한다. 즉, 전화의 수신기가 모뎀으로부터 전기 신호로 변환된 음파 신호를 받거나 보내는 음향 연동기로서 사용될 수 있다. 두 지점만을 연결하는 전용 회선 모뎀은 저속 모뎀(Low-Speed MODEM), 중속 모뎀(Medium-Speed MODEM), 고속 모뎀(High-Speed MODEM), 제한 거리 모뎀(Limited- Distance MODEM : LDM) 등이 있다.

**Moderate Rock 보통암, 중경암** 암편의 내압강도($kgf/cm^2$)가 500~1,300이다. 풍화상태를 엿볼 수 있으나 굴삭 또는 절취에는 화약을 사용해야 하며, 균열이 30~50cm 정도인 암질(석회석, 다공질 안산암 등)이다.

**Modifiable areal unit problem 변환가능 공간단위 문제** 지역들이 연구주제에 적합하지 않은 공간 단위로 분석될 때 발생하는 것을 일컫는다.

**Modisumer 모디슈머** '새로움'을 추구하는 체험적 소비자이다. 모디슈머는 수정하다는 뜻의 modify와 소비자라는 뜻의 consumer의 합성어이다. 제조업체가 제시하는 방식에서 벗어나 사용자 자신만의 방식으로 제품을 활용한다. 즉, 관습이나 광고 등에 현혹되지 않고 새로움을 추구하는 '체험적 소비자'를 일컫는 말이다, 주로 인터넷으로 정보를 공유하거나 다른 사람들에게 자신만의 노하우를 공개하는데, 이를 바탕으로 새로운 상품이 출시되기도 한다. 기업 입장에서도 모디슈머의 아이디어를 통해 제품을 보완하거나 개발함으로써 제품의 시장경쟁력을 높일 수 있다.

**Modular GIS Environment(MGE) 엠지이, 모듈라 지아이에스 환경** MGE(Modular GIS Environment)를 참조.

**Modular Optoeletronic Multispectral Stereoscanner(MOMS) 독일 광전자식 다중 분광 입체 주사기, 몸스** MOMS(Modular Optoeletronic Multispectral Stereoscanner)를 참조.

**Modular Programming 모듈라 프로그래밍 작성** 프로그램 기능을 모듈별로 나누고 그들 각각이 하나의 기능을 수행하며, 그 기능을 수행하기 위해 필요한 모든 코드와 변수를 포함하도록 하는 프로그래밍 방식을 말한다.

**Modulation 변조(變調)** 변조, 음성, 화상, 데이터 등을 전송할 때에 사용하는 반송파에 저주파 신호를 담기 위해 크기, 주파수, 위상 등에 변형을 주는 것을 말한다. 전자흐름과 레이저광 등에 신호로 변화를 주는 것도 포함한다. 일반적으로 아날로그 신호를 디지털 신호로 변환하는 것을 의미한다.

**Modulation Transfer Function(MTF) 엠티에프, 변조전달함수(變調傳達函數)** MTF(Modulation Transfer Function)를 참조.

**Modulator-DEModulator(MODEM) 컴퓨터 통신기, 모뎀** MODEM(Modulator-DEModulator)을 참조.

**Module 모듈** ① 컴퓨터 프로그램에서 그 자체로 기능을 수행할 수 있는 부분을 말한다. ② 하나의 프로파일을 구성하기 위해 사용될 수 있는 기본 표준에서 이미 정의된 요소들의 집합이다.

**Modulus of Elasticity 탄성 계수** 인장력 또는 압축력에 대한 재료의 저항 정도를 말한다. 탄성(彈性, elasticity)이란 재료에 하중을 부하한 후, 하중을 제거했을 때, 재료의 상태가 하중 부하 시의 응력-변형률 곡선에 따라 원상태로 되돌아오는 성질을 말하며, 이 경우의 응력-변형률 관계가 직선이 되는 경우를 선형(線形) 탄성(linearly elastic)이라고 한다. 선형 탄성거동은 훅의 법칙(Hooke's law)에 의해서 표현된다. 선형 탄성재료가 단축(單軸, uniaxial, 일축) 인장력(引張力) 또는 압축하중을 받는 경우, 축방향 응력 $\sigma$와 변형률 $\epsilon$ 사이에는 $\sigma = E\epsilon$의 관계식이 성립한다. 여기서, E는 인장 또는 압축에 대한 재료의 저항 정도를 나타내는 값으로, 탄성계수(彈性係數, modulus of elasticity) 또는 종탄성계수(縱彈性係數, modulus of longitudinal elasticity) 또는 영계수(Young's modulus)라 한다. Stress, Compressive Stress, Poisson's Ratio를 참조.

**Modulus of Rigidity 강성률** 전단변형률에 대한 전단응력의 크기에 대한 비(比)로서, 전단 변형의 저항성 정도를 나타내는 상수로서, 전단탄성계수(shear modulus)이다. 강성률(G), $G = \frac{\tau_{xy}}{\gamma_{xy}} = \frac{E}{2(1+\nu)}$이다. 여기서, E는 "탄성 계수"(modulus of elasticity)로서 $\sigma = E\epsilon$의 관계가 있다. $\sigma$는 응력(stress), $\epsilon$는 변형률(strain)이다. 물의 강성률은 0이다. 횡파의 속도 $V_s = \sqrt{\frac{G}{\rho}}$ 이다. 여기서, $\rho$는 밀도이다. 액체의 강성률은 0이므로 횡파속도 또한 0이 된다. 즉, 횡파는 액체 속을 전파하지 못한다.

**Mohorovicic Discontinuity 모호로비치 불연속면** 지진이 발생한 지점(진원 震源)의 바로 위에 있는 지표 지점(진앙 震央)에서 수백 km까지의 주시(走時, Time-Travel)곡선을 그려보면 직접파와 굴절파의 속도가 달라서 주시곡선이 꺾여서 나타난다. 이 사실을 설명하기 위하여 유고슬라비아의 과학자 모호로비치치(A. Mohorovicic, 1857~1936)는 지하에 불연속면이 있어 그 위층에서는 지진파의 속도가 느리고 아래층에서는 빠르기 때문이라고 하였다. 즉, 직접파는 위층을 통해 전달된 것이고 굴절파는 경계면에서 굴절되어 다시 지표로 돌아온 것이다. 이 불연속면을 발견자의 이름을 따서 '모호로비치 불연속면' 또는 '모호면'이라고 부르며, 모호면을 경계로 위와 아래를 각각 지각과 맨틀로 구분한다. 지각은 지구 전체부피의 1%, 질량의 0.5% 정도만을 차지하는 '지구의 얇은 겉껍질'이다. 맨틀은 지구 부피의 80%, 질량의 70% 정도를 차지하는 가장 큰 부분이다. 지각에서 P파의 속도가 5~6km/s인 것에 비해 모호면 아래에서는 8km/s 이상으로 증가하는 것으로 보아 상부 맨틀은 지각보다 밀도가 높은 암석들로 이루어져 있음을 알 수 있다.

**MOIRE 모아레** [영상] ① 모아레는 간섭무늬, 물결무늬, 격자무늬라고도 하며, 규칙적으로 되풀이되는 모양을 여러 번 거듭하여 합쳐졌을 때, 이러한 주기의 차이에 따라 시각적으로 만들어지는 줄무늬를 말한다.

"모아레"란 말은 처음 프랑스인들에 의해 불린 단어로써 고대 중국에서 수입된 비단 위에 새겨진 물결무늬(wave pattern)를 일컫는 말이다. 이렇게 불리어지던 모아레는 2개 이상의 주기적인 패턴(periodic pattern)이 겹쳐질 때 만들어지는 간섭무늬(interference fringe)를 지칭하는 말로서 다양한 분야에서 매우 광범위하게 사용되어 지고 있다.

② CRT 모니터에서 마스크(Shadow Mask)와 전자빔의 간섭현상으로 발생하는 것으로서, 정도의 차이는 있지만 모든 CRT 모니터(TV도 마찬가지)에서 발생하고 있다. 이론적으로 모아레가 전혀 없는 모니터를 만드는 것이 불가능한 것은 아니지만 현실적으로는 사용할 수 없는 정도다. 제품에 따라서는 모아레를 감소시켜주는 기능을 탑재하고 있기도 하지만 Focus 저하 현상을 동반하기 때문에 대부분 이 기능을 사용하지는 않는다. 그리고 테스트 패턴에서 보인다고 해서 모두 모아레 불량은 아니며, 일반 윈도우 환경에서까지 모아레가 영향을 미칠 때 불량으로 판정하게 된다. 물론, 직접적으로 눈에 띄지는 않더라도 모아레가 많으면 눈에 피로감을 줄 수 있기 때문에 모아레가 적은 모니터가 우수한 제품이라고 할 수 있다. ③ 모아레 기술은 표면의 이동을 측정하기 위해서 모아레 패턴의 이용하는 것을 말하며, 모아레 패턴의 기술은 표면의 변형 상태의 특징이 모델 격자로 불리는 격자에 의하여 나타난다. 이 기술은 물체에 직접 접촉하지 않고도 측정할 수 있어 물체가 훼손될 염려가 없는 장점이 있다. 즉, 모아레 방식은 직선형태의 기준 격자무늬를 측정할 대상물체에 투사하면 대상물의 표면형상에 따라 변형되어진 격자무늬가 생성되며, 기준 격자무늬와 변형된 격자무늬가 서로 간섭을 일으켜 형성된 등고선 형태의 무늬를 통하여 3차원의 형상 영상 정보를 추출해내는 방법이다.

비접촉식 형상 측정 분야에서 많이 사용되는 모아레 간섭계는 다른 3차원측정법에 비해 측정 시간이 짧으면서, 정밀도는 좋은 장점을 가지고 있다. 이런 모아레 간섭계는 장치 구성에 따라 "그림자식 모아레"와 "투영식 모아레"로 나뉜다. (1) 그림자식 모아레는 모아레를 이용한 3차원 형상 측정에서 가장 널리 사용되고 있는 방법으로, 측정물체가 작거나 높은 정밀도를 요구하는 물체에 많이 사용하며 격자의 그림자에 의해 모아레 무늬가 생성되는 특징과 높은 가시도를 가지는 모아레 무늬를 비교적 쉽게 얻을 수 있는 장점을 가진다. (2) 투영식 모아레는 큰 물체를 측정할 경우에 많이 사용되며, CCD 카메라 앞에 있는 격자 패턴 대신 컴퓨터에서 만든 격자 패턴을 사용한다.

**Moire Photogrammetry 모아레 사진측량** 대상물을 도면화하여 3차원 자료를 얻는 기법으로 음영 모아레와 투영 모아레로 대별되며, 지도 작성 이외의 목적에 사용된다.

**Mollweide Equal Area Projection 몰와이드 등적 도법** 세계 지도에 사용되는 몰와이드 등적 도법은 의사 원통 등적 도법이다. 중앙 자오선은 직선이다. 90번째의 자오선은 원호이다. 평행선은 직선이나 등간격이 아니다. 축척은 40 : 44N과 40 : 44S의 기준 평행선을 따라서만 1이다.

**Molodensky-Badekas Method 몰로덴스키-바데카스법** 측지 기준계 간의 3차원 직교좌표를 변환하기 위한 7개 매개변수(X0, Y0, Z0, ΩX, ΩY, ΩZ, S)의 상사변환모형으로서 지상측지기준 좌표계와 위성측지기준 좌표계간의 변환에 가장 적합한 모형이다.

**Moment 모멘트** 모멘트는 트랜잭션과 관련된 모든 작업이 완료된 시간이다. 대상물의 생성, 삭제 또는 갱신 날짜는 트랜잭션의 모멘트로 저장된다.

**Momentum 운동량(運動量)** 물체의 속도와 질량에 관련된 물리량이다. 즉, $\vec{p} = m\vec{v}$. 여기서, m은 입자의 질량, p는 (선)운동량, v는 속도이다. 운동량의 단위는 N·s 또는 kg·m/s이다. 선형 운동량(linear momentum) 혹은 병진 운동량(translational momentum)이라고도 부른다.

**MOMS(Modular Optoeletronic Multispectral Stereoscanner) 독일 광전자식 다중 분광 입체 주사기, 몸스** 지구관측을 위한 수치 광전자식 인공위성 사진기로서 2번에 걸친 실험을 거쳐(MOMS-01/02) 현재 소련의 우주정거장 MIR에 탑재되어 있다. 시스템의 개발은 독일연방공화국 과학기술성이 발주하고 항공우주국의 기술적 책임아래 계속되고 있다. 최근 NASA의 STS(Space Transportation System) D-2 계획에 따라 MOMS 시스템을 Space Shuttle에 탑재하여 약 10일간(1993.4.26~5.6) 위도 20도의 국가들을 촬영하여 그 성능의 우수성을 입증한 바 있다. MOMS는 현재 고해상도(5m, 전정색)와 한 궤도의 촬영으로도 입체영상의 취득이 가능한 Along-Track 방식의 유일한 지구 관측 위성이다. MOMS의 기술적 특징은 주로 항공사진측량분야에 종사하는 연구진들은 "Science Team"에 의해서 결정되었으며 그 중요한 특징들은 다음과 같다. ① 고해상도의 Panchromatic Channel(5m). ② Three-Line/Along-Track Stereo Imagery. ③ 다중 사진기(5개)에 의한 여러 가지 조합이용 가능. ④ Combination of Stereo and Multispectral Imaging. ⑤ 고해상도의 좁은 파장역 설정.

**Monetize 모네티이즈** 돈으로 전환하는 것. 즉, 현금화를 말한다. 예컨대 웹을 이용하는 판매자는 웹사이트를 수입원으로 전환할 길을 모색한다. 모바일을 이용하는 판매자도 마찬가지이다.

**Monitor 영상면(표시)기** 컴퓨터 체계에 연결되어 사용자가 입력한 정보 또는 컴퓨터에서 생성한 정보를 사용자에게 보여주기 위하여 사용되는 TV 모양의 주변 장치를 말한다.

**Monitor Station 지역 관제국** 위성 시계와 궤도 매개 변수를 추적하기 위해 사용되는 GPS 3가지 구성요소의 지상 제어 부분의 한 요소. 지역 관제국에서 수집된 자료는 중앙 제어국(MCS)으로 연결되고 중앙 제어국에서 보정이 계산되며, 이곳에서 보정 자료는 필요로 하는 위성으로 업로드 된다.

**Monitoring 감시(監視)** ① 수치 도화시에 있어 취득된 자료의 위치·형상 등을 그래픽 디스플레이, 묘사 테이블로 출력하여 확인하는 것을 말한다. ② 경향 및 분석의 의도로서 실제 프로젝트상의 정보(자원)들을 수집하여 기준이 되는 프로젝트 계획서와 비교한다.

**Monochrome 모노크롬, 단색** 하나의 색상으로 이루어진 이 용어는 흑백 영상과 초록색(또는 노랑)의 그래픽 출력 장치를 표현하는 데 주로 사용되었다.

**monocomparator 사진 좌표 관측기** 사진 좌표들을 관측하기 위해 사용되는 장비로 최고의 정확도를 가지고 있으며 정확도는 약 2~3$\mu$m이다. 독취기는 한 번에 1장의 사진좌표를 독취한다.

**Monocular Vision 단안시** 사람이 사물을 볼 때 한눈으로만 보는 것을 말한다.

**Monoplotting 모노플로팅** 지형 기복을 보정한 영상 데이터로부터 정확한 (x, y)좌표를 추출하는 과정을 말한다.

**Monsoon 계절풍** 계절풍은 대륙과 해양의 열적 차이에 기인하여 겨울에는 대륙에서 해양으로, 여름에는 해양에서 대륙으로 부는 바람으로서, 겨울과 여름에 풍향이 정반대에 가깝다.

**Monsoon Climate 계절풍 기후** 계절풍의 교체에 의하여 특징지어지는 기후이다.

**Month 달** 달의 순환 주기의 길이와 대체로 같은 기간을 말한다. 1개월 길이는 정수로 표현하는 일수이다. 1개월의 일수는 각각의 력이 따르는 규칙으로 결정된다.

**Monument 표석, 기념탑** ① 측량 및 지도 제작 시 활용하기 위하여 영구적으로 관리가 가능한 곳에 설치된 점으로서 X, Y 좌표 또는 높이값을 갖고 있는 측량점을 말한다. ② 기념용 구조물을 말한다.

**Monumentation 경계 표석** 공공 토지의 영구적 표시 확정은 선의 위치를 확정하고, 경계들을 측량하는 것이다. 따라서 측량된 토지들의 위치는 미리 알려져 있다.

**Moon's Path 백도** 천구상에 달이 그리는 공전궤도로, 지구 주위를 도는 달의 공전궤도를 천구상에 투영한 대원으로, 황도와 약 5.9°의 경사를 이루며, 지구의 적도와는 18.15~28.35°의 경사를 이룬다. 따라서 백도는 황도와 천구상의 2점에서 교차하는데, 황도를 남에서 북으로 가로지르는 점을 승교점, 북에서 남으로 가로지르는 점을 강교점이라 한다. 달은 백도 위를 서에서 동으로 1일 평균 13.2°씩 이동하며 약 27.32일에 걸쳐 일주한다. 백도와 황도와의 교점은 약 18.6년을 주기로 360°이동한다.

**Moore's Law 무어의 법칙** 반도체 집적도가 18개월마다 2배로 늘어난다는 규칙으로서, 컴퓨팅 관련 기기의 놀라운 성장 속도를 언급할 때 쓰인다. 인텔을 설립한 고든 무어가 1965년에 처음 언급한 것으로서 실리콘 반도체 제조기술의 발전 속도를 말한다. 고든 무어의 1965년 언급 이후, 50년여 간 반도체 산업계는 '회로 집적도를 얼마나 더 높일 수 있느냐'에 집중했으나 실리콘 소자(素子)를 더 잘게 쪼갤 수 없는 한계에 맞닥뜨렸다. 2012년 IBM 연구팀은 무어의 법칙을 이어갈 성과를 냈는데, 이는 실리콘 웨이퍼(wafer) 위에 트랜지스터 역할을 할 1나노미터(nm)짜리 탄소나노튜브 1만개 이상을 6nm 간격으로 세웠다. 기존 실리콘 반도체보다 탄소나노튜브를 100배 이상 촘촘히 배열할 수 있어 상용화하면 컴퓨팅 정보 처리 능력을 크게 개선할 전망이다.

**Mooring 계류소, 정박소** 배가 땅・부두・선창・기둥・부표에 안전하게 있는 지역을 말한다.

**Moraine 빙퇴석** 빙하에 의해 운반되고 퇴적된 자갈・돌・다른 암편의 퇴적물을 말한다.

**Moris Current Meter 모리식 유속계** 일본의 모리가 고안한 스크루형 유속계이다.

**Moran's I 모란(Moran) 지수** 데이터에서 공간자기상관성(spatial autocorrelation)을 측정하는데 이용되는 지수로서, 전역적 모란지수(Global Moran's I)와 국지적 모란지수(Local Moran's I)를 이용하여 공간적 자기상관을 평가한다.

**Morphing 모핑** 2개 이상의 영상을 워핑과 상호 분해를 통해 혼합하는 과정을 말한다.

**Morphology 형태학** 지형 표면의 형태와 구조, 틴(TIN)에서, 지형 표면의 형태는 표본점과 불연속선(Breakline) 대상물에 의해 정의된다. 불연속선이 지형 표면 형태를 상당히 변화시킬 수 있는 위치에 있을 경우에는 지형 표면 형태를 정의하는 데 있어서 중요한 역할을 한다. 격자 구조(Lattic)에서는 지형 표면의 형태가 표본점과 선형 대상물에 의해 직접적으로 표현되지 않는다. 반드시 격자점은 높이(Z)값으로 표현되어야 한다.

**Morton Order 몰톤 차수** 사지수형(Quardtree)에 존재하는 각 절점에 유일한 코드를 할당해서 각 절점의 지리적인 좌표를 결정하는 시스템을 의미한다. 이 시스템은 사지수형을 기반으로 하는 대다수 GIS에 응용되고 있다. 이것은 또한 Peano키라고 불리기도 한다.

**MOS(Marine Observation Satellite) 일본 해양 관측 위성(모스)** 일본에서 1987년 2월 19일에 발사한 가시근적외방사계, 가시열적외방사계, 극초단파탐사방사계, 극초단파탐사방사계를 탑재하여 해양 관측에 이용하였다.

**MOS-1(Marine Observation Satellite-1) 모스-1(일본해양관측위성-1)** 일본에서 1987년 2월 19일에 발사한 MOS를 말한다.

**Mosaic 모자이크, 집성** 인접한 2개 이상의 영상을 공간적으로 합성하여 보다 넓은 지역을 나타내는 영상으로 만드는 기법 혹은 영상을 말한다. 항공사진을 여러 장 이어 붙여서 1장으로 한 것으로 표정점에 맞추어서 만드는 조정 집성과 조정하지 않고 그냥 이어 붙여서 만든 약집성 모자이크가 있다.

**Mosaic Line 집성선** 집성 과정에서 인접 영상 사이에 접합 부위가 드러나지 않게 하기 위해 산 능선, 도로 가장자리, 해안선, 계곡 등과 같이 영상에서 색감이 연속적이지 않은 경계를 따라서 설정하는 선을 말한다.

**Mosaic Map 집성도** 기존의 도면 또는 사진을 붙여서 만든 지도를 말한다.

**Mosaic Method 집성법** 항공사진을 여러 장 붙여서 지도처럼 만든 것을 말한다.

**Mosaic Photo Map 집성 사진 지도** Photo Mosaic Map을 참조.

**Mosaicking 집성화, 모자이킹** 경계선을 따라 여러 장의 종이 지도를 붙이는 것과 같은 GIS 또는 수치지도에서의 접합으로서, 경계선을 따라 연속된 대상물은 서로 연결되어야 하고, 연결선은 삭제되어야 한다. 모자이킹을 하기 위해 지도는 투영법, 데이텀, 타원체, 축척이 동일해야 한다. 함. 지도의 새로운 지리적 범위는 통상적으로 모자이크 작업을 통해 잘리거나 깎인다.

**MOSAIX 모자익스** 스페셜 어플리케이션 디벨롭먼트 도구로써 실시간으로 처리되는 그래픽 자료의 신속한 어플리케이션 개발을 할 수 있으며, 다른 복잡한 소프트웨어 개발에도 효과적이며 능률적이다. 이 프로그램의 개발국인 호주에서는 이것을 군사 방어용 전기/가스/도로/전화 등의 시설물 관리뿐만 아니라 토지 관리 및 환경 관리 분야에서 광범위하게 쓰이고 있다.

**Most Frequent Water Level(MFWL) 최다수위** MFWL(Most Frequent Water Level)를 참조.

**Most Probable Value(MPV) 최확값** MPV(Most Probable Value)를 참조.

**Most Probable Value 최확값(最確置)** 같은 측정장비를 이용해서 같은 측정방법으로 여러 번 측정하여 측정 횟수로 나눈 평균값을 말한다. 즉, 측량으로 얻어진 값이 다른 어떤 값보다 정확치에 가까울 확률이 가장 큰 값으로서, 최소자승법의 이론으로 얻어지는 값이다. 정도가 같은 관측치의 최확치는 어떤 양을 동일한 조건으로 반복하여 측정하였을 때 측정치들의 산술평균값이다.

**MOT(Management Of Technology) 기술 경영** 1980년대 미국 스탠퍼드대 윌리엄 밀러 교수가 기술경영 강좌를 개설한 것이 효시이다. 기술을 전략적으로 활용함으로써 새로운 사업 기회를 창출하고 혁신적 제품을 고안하는 등 공학과 경영학을 통합한 개념이다. 이를 통해 기술투자 비용에 대해 최대 효과를 내는 것을 목표로 한다.

**Motherboard 주기판, 머더보드** CPU와 주기억장치 및 주변장치 접속을 위한 소켓을 탑재한 기판. 계산기의 주요 구성 요소를 상호 접속하기 위한 기판으로, 메인 보드라고도 한다. 입출력 장치나 외부 기억장치는 머더보드에 직접 혹은 확장 보드를 장착하여 접속한다. 때문에 머더보드의 외형에 몇 가지 규격이 존재한다.

**Motif 모티프** UNIX 워크스테이션 환경을 위한 OSF에 의하여 개발된 산업표준 GUI용어. Motif는 종종 부적절하게 X-윈도우에 대한 동의어로 사용된다.

**Motion 이동, 움직임** 어떤 특정한 좌표계에서의 시간에 따라 변하는 객체의 좌표값 이동을 말한다. 자동차나 다른 플랫폼으로 탑재된 위치센서의 움직임 또는 위치 결정 체계에 의해 추적된 물체의 움직임을 말한다.

**Motion Capture 모션 캡처** 모션 캡처(Motion Capture) 혹은 모캡(Mocap)을 간단하게 설명하자면, 실제의 움직임(라이브 액션)을 포착하여 3D 데이터로 전환한 후, 이를 3D로 애니메이션된 캐릭터에 적용하는 것이다. 간단한 듯 하지만 실제 이를 구현하는 방법은 설명처럼 간단하지 않다. 철제 장비를 입고 라디오 주파수를 삼각법으로 찾아내는 방법(기계식), 자기식 공간 안에서 사람의 각 관절에 크기가 작은 자기 센서를 부착하여 각 관절의 위치와 각도를 측정하는 방법(자기식), 최근 가장 보편적인 방법인 멀티 카메라와 옵티컬 마커를 이용한 방법(광학식) 등, 여러 가지가 있다. 심지어는 자이로(Gyro)기반의 관성 센서와 음파 센서가 있는 한 쌍의 시스템을 통해 소리가 날아오는 시간을 계산해 위치 정보를 통해 구현하는 방법까지 나오고 있다. Emotion Capture를 참조.

**Motion Control Camera 모션 컨트롤 카메라** 컴퓨터에 의해 모션이 제어되는 장비를 의미한다. 이 장비는 컨트롤러의 간단한 조작만으로도 트랙 위에서의 전후 이동, 카메라 조작부에서 상하좌우의 이동이 가능, 카메라 앵글의 기계적인 조작을 가능하게 한다. 가장 큰 특징은 카메라의 모션을 저장, 호출이 가능하여 동일한 카메라 모션을 오차 없이 반복할 수 있다는 점이다.

**Motion Controller 위치결정 장치** 위치결정 장치(모션 컨트롤러)는 리니어(선형적) 모터를 제어하기 위해 고안된 제어기이다. 일정 속도 명령에 의한 회전 명령이 아닌 좌우로 움직인다. 항상 얼마만큼의 거리로 이동하며 계속적인 위치제어가 되어야 하기 때문에 회전형 모터의 제어기보다 복잡하다. 그래서 이를 모션 컨트롤러라 한다.

**Motion Error 이동 오차** 감지기나 대상물의 이동시 이용되는 서브 모터의 기준 속도보다 고속이나 저속으로 작동되는 경우에 발생하는 오차이다.

**Motion JPEG(MJPEG) 모션 제이페그** MJPEG(Motion JPEG)을 참조.

**Motion Parallax 운동시차** [영상] 장면이나 관찰자의 움직임에 의해서 장면의 시점 차이를 일으키는 것을 말한다. 사람이 머리를 움직이면 시점이 변하게 되며 사물과의 관계가 변하게 되는데, 사물을 바라보는 사람이 대상과 관련해서 움직일 때 대상물의 속도와 방향은 보는 사람의 고정점에 따라 변하게 된다.

일반적으로 고정점에서 가장 가까이 그리고 가장 멀리 있는 대상물이 가장 빨리 움직이는 반면에 고정점에 가장 멀리 있는 대상물이 가장 천천히 움직이게 되는 것이다.

**Motion Picture Expert Group(MPEG) 엠펙 압축형식, 엠펙** MPEG(Motion Picture Experts Group)를 참조.

**Motion Recognition 동작인식** 사용자의 움직임, 얼굴, 음성 등 신체 조절 정보를 카메라 센서, 적외선센서, 마이크 등으로 감지해 3차원 가상공간에 구현하는 기술.

**Motion Simulator 모션 시뮬레이터** 특정 명령을 받아들여 명령에 이행하는 모션(움직임)을 취하는 로봇과는 반대로 특정 움직임을 만들어 인간에게 가상의 현실-로봇의 지능에 해당하는 컴퓨터 현실-속에 몰입하도록 만드는 장치이다.

**MotiveCast 모티브캐스트** 증강현실과 위치 기반 서비스를 활용하여 충성도와 보상 경쟁을 벌이는 모바일 게임을 제공한다. 게임 화면에는 홍보하고자 하는 브랜드를 표시한다. 이 재미있고 상호작용적인 게임을 통해 브랜드는 소비자를 발견하고 관계를 구축할 수 있다.

**Motizen 모티즌** 이동통신(mobile)과 네티즌(netizen)의 합성어다. 모바일 인터넷의 등장과 함께 PC 기반의 유선 웹 사용자들과 차별화되어 사용된 용어이다. 모티즌들은 주로 이동전화나 개인휴대단말기(PDA) 등을 통해 무선 인터넷을 즐겨 사용하는 사람들을 일컫는다.

**Motorway 고속도로** Freeway, Expressway를 참조.

**MOU 양해각서** 회사 간에 파트너나 전략적 제휴를 하는 경우 정식 계약의 체결에 앞서 양사 간의 이해나 기본적인 합의 사항을 확인하는 문서.

**Mount 산** 산 또는 언덕을 말한다.

**Mount 마운트** 인화 사진이나 슬라이드를 부착하는 마분지 틀을 말한다.

**Mountain Range 산맥(山脈)** 산 또는 산의 능선이 연결되거나 일렬로 되어있는 연속을 말한다.

**Mounting 배치** 한 쌍의 슬라이드나 인화 사진을 입체경으로 볼 수 있도록 나란히 정렬시키는 것을 말한다.

**Mouse 마우스** 컴퓨터와 연결되어 영상면에 나타나 있는 물체들 중에서 하나의 물체를 선택하기 위하여 사용되는 장비. 메뉴를 다루고, 그림 그리기, 요소를 가리키는 데 사용된다. 마우스의 종류로는 기계적 마우스, 광학 마우스, 시리얼 마우스, 버스 마우스 등이 있다.

**Mouse Pointer 마우스 지시기** 마우스를 움직이는 대로 영상면에서의 위치를 나타낸다. 마우스 지시기는 주로 화살촉 모양을 하고 있으며, 점이나 물음표 모양으로 보이는 경우도 있다.

**Mouse Potato 마우스 포테이토** 컴퓨터 앞에 앉아 쓸데없이 오랜 시간을 보내는 사람을 말한다.

**Mouth 하구** 하천이 또 다른 하천이나 호수, 바다로 흘러 들어가는 입구나 장소를 말한다.

**Move 무브** 플레이스테이션 카메라와 연동돼 손의 움직임을 감지해 게임 상에 표현해주는 새로운 컨트롤러이다. 상하좌우 움직임뿐만 아니라 손목의 각도 변화와 같은 미세한 움직임도 잡아낸다.

**Move/Rotate 이동/회전** 사상(점, 선, 다각형, 영상소군)을 새로운 위치로 옮기는 기능을 말한다.

**Moveable Type 무버블 타입** 식스어파트(Six Apart)에서 만든 기업 블로그 소프트웨어. 다른 블로거의 글에 자신의 글을 링크할 수 있게 해주는 트래백(Trackback) 기능을 처음 지원한 것으로 유명하다.

**Moving Average 이동 평균** 작은 대상영역을 연속적으로 이동하면서 그의 평균값으로 완만화(Smoothing) 또는 보간을 하는 것을 말한다.

**Moving Average Filter 이동 평균 필터** 영상 위로 통과되는 2D 행렬을 사용하여 영상소의 주변의 평균값을 계산하는 데 기반한, 저주파 통과 또는 평탄화 필터의 종류를 말한다.

**Moving Parallex Barrier 이동형 다중 패럴랙스 배리어 방식** 시선을 추적하는 기술을 이용하여 이동 거리를 감지한 후, 해당 위치에서 입체감을 느낄 수 있도록 배리어를 이동해주는 방식이다. 모바일 기기의 빠른 보급과 3D 영상에 대한 세계적 관심 증가로 인해 모바일 환경의 3D 디스플레이를 위한 다양한 구현 기술들이 개발되고 있다. 모바일 3D 디스플레이의 가장 큰 문제는 좁은 시야각으로서 이를 해결하기 위한 방법으로 현재 이동형 패럴랙스 배리어 방식(Moving Parallex Barrier)이 연구되고 있다. 이동형 패럴랙스 배리어 방식은 배리어 이동 기술을 통해 입체를 느낄 수 있는 시청(視聽)영역을 변환할 수 있는 기술이다. 기존 패럴랙스 배리어 방식의 문제점인 시청자의 이동에 따른 눈의 위치가 바뀜에 따라 입체감을 느낄 수 없는 문제점을 해결하는 방안으로서 시청자가 이동하는 경우 시선을 추적하는 기술을 이용하여 이동거리를 감지한 후, 해당 위치에서 입체감을 느낄 수 있도록 배리어를 이동해주는 방식이 '이동형 다중 패럴랙스 배리어 방식'이다. 즉, 배리어 이동 기술과 시선 추적 기술을 접목하여 시청 영역에 자유로운 무안경식 3D 디스플레이를 구현하고자 하는 것이다. 이동 패럴랙스 배리어 방식은 디스플레이 시야각을 자유자재로 움직일 수 있는 기술로서 시청자의 시역만 알 수 있다면 얼마든지 넓은 시야각을 제공해줄 수 있다. 시청자의 시역을 정확하게 계측할 수 있는 시역계측 알고리즘이 필수적이다. 스테레오스코픽 카메라를 이용하면 자유롭게 시청자의 3차원 정보를 획득할 수 있고, 이를 통해 얻어진 시역 정보를 다중 패럴랙스 배리어 방식에 적용하여 시청자의 위치에 적절한 시야각을 제공해줄 수 있다. 스테레오 비전을 이용한 시청자의 3차원 위치 추정에 있어서 양쪽 영상으로 들어오는 시청자 얼굴에 대한 대응 거리(disparity)를 계산해야 하는데, 대응 거리 맵(disparity map)을 먼저 구하는 전통적인 대부분의 거리 추정 방법은 모바일 환경에 적용하기에는 처리 시간이 많이 걸리고, 정확도에 있어서도 아직까지 신뢰할 만한 결과를 내지 못하는 문제점이 있다. 그리고 모바일 환경처럼 매우 다양한 환경(조명의 변화 등)에서 안정적으로 시청자 얼굴에 대한 3차원 위치 추정을 실시간으로 구현하기 위해서는 아직까지 해결해야 문제점이 많이 있다. 모바일 3D 디스플레이, 특히 이동형 패럴랙스 배리어 방식을 위해서는 빠른 처리 속도뿐 아니라 다양한 시청각도, 다양한 조명 환경에 대한 적응력이 필수적이다.

**Moving Picture Experts Group(MPEG) 엠펙, 동화상 전문가 그룹** MPEG(Moving Picture Experts Group)을 참조.

**MP3 Player 엠피3 플레이어** 휴대용 디지털 오디오 장치. 오디오 파일을 저장하고 정리하며 재생할 수 있다.

**MPE(Maximum Permissible Exposure) 최대 허용 노광량** [항공 레이저(라이다) 측량] 눈 또는 피부에 생물학적 손상을 유발할 위험성이 없이 인체에 노출될 수 있는 국제적으로 허용된 레이저 방사수준의 최대값을 말한다("레이저광선 운영기준"〈국토교통부 고시 제2013-462호〉, 제4조 제9호).

**Mpemba Effect 음펨바 효과** 물이 얼 때, 찬물보다 따뜻한 물이 먼저 어는 현상을 말한다. 이를 발견한 사람의 이름을 따서 음펨바 효과(Mpemba effect)라 부르는데, 그 원인은 2013년 11월 싱가포르 연구진에 의해 물의 수소결합과 공유결합의 에너지 상관관계에 의한 현상임이 밝혀졌다.

**MPEG(Moving Picture Experts Group) 엠펙, 동화상 전문가 그룹** [영상] 엠펙은 움직이는 그림, 즉 동화상을 압축하는 데 적용되는 표준규격이다. 정지 화상을 압축하는 방법을 고안한 JPEG(제이펙)과는 달리, 시간에 따라 연속적으로 변화하는 동영상 압축과 코드 표현을 통해 정보의 전송이 이루어질 수 있는 방법을 연구하고 있다. MPEG 영상 코덱은 변환 코덱을 이용하는 손실 압축 방식을 사용한다. 손실 변환 코덱에서, 그림과 소리의 샘플은 작은 조각으로 나뉘고, 주파수 공간으로 변환되어 양자화된다. 이렇게 조작된 값들은 다시 엔트로피 부호화된다. MPEG-1, MPEG-2, MPEG-4 등의 동영상 코딩 시스템에는 움직임 보상 등의 과정을 이용하여, 연속되는 두 그림 또는 근처의 그림들 사이의 차이를 경제적으로 전송함으로써 압축이 이루어진다.

**MPLS(Multi Protocol Label Switching) 엠피엘에스, 다중 프로토콜 레벨 스위칭 방식** 영상물이나 콘텐츠의 패킷을 특정 지역으로 손쉽게 전송할 수 있는 기술이다. 양방향 트래픽과 콘텐츠 태깅이 가능하며, 메타데이터를 첨부할 수도 있어 매우 편리하다. 승인 기능을 통해 콘텐츠를 누구에게 허용할지, 누구를 차단할지의 여부도 결정할 수 있다.

**mPOWER 엠파워** CellPoint의 통신망을 기반으로 한 로케이션 기술이다.

**m-Powered 엠-파워드** 모든 것을 손 안에서 해결하고 늘 이리저리 이동하며 모바일의 능력을 활용하는 소비자를 말한다.

**MPV(Most Probable Value) 최확값** 확률론적으로 가장 정확하다고 생각할 수 있는 값으로서, 최소제곱법에서 최확값은 평균값이 된다. 일련이 측정값들로부터 얻어질 수 있는 참값에 가장 가까운 추정값이라 할 수 있다.

**MR(Mixed Reality) 혼합 현실** 현실과 가상을 결합하여 실물과 가상 객체들이 공존하는 새로운 환경을 만들고 사용자가 해당 환경과 실시간으로 상호작용을 함으로써 다양한 디지털 정보들을 보다 실감나게 체험할 수 있도록 하는 기술이다. 완전한 가상세계 구축이 현실적으로 어렵기 때문에 현실세계를 기반으로 가상세계를 접목하려는 시도로, 그 중 현실 상황을 중심으로 가상정보를 부가하는 증강현실(Augmented Reality)이 있다.

**Mr SID(Multi-Resolution Seamless Image Database) 미스터 씨디** Mr SID는 강력한 Wavelet 압축 기반의 압축기, 뷰어기, 포맷에 대한 총칭으로 미국의 Lizardtech 회사에 의해 개발되었다. Mr SID는 그레이 영상 15~20:1, 컬러 영상 30~50;1의

높은 압축 효율을 가지며 Bentley, Mapinfo, Intergraph, ESRI, Global Geomatics 등과 같은 유수의 GIS회사들이 이미 이 Mr SID 형식을 처리할 수 있도록 지원하고 있다. Mr SID 영상의 특정 부분만을 압축 해제하여 볼 수 있으며, 특정 부분만을 다양한 해상도를 보는 것도 가능하다.

**MRI(Magnetic Resonance Imaging) 자기공명단층촬영장치** 자장이 발생하는 자석구조에 인체를 들어가게 한 후 고주파를 발생, 신체부위 수소원자핵을 공명시켜 각 조직에서 나오는 신호의 차이를 영상화하는 장치이다. 인체에서 메아리와 같은 신호가 발산되면 이를 디지털 정보로 변환, 영상화한다.

**MSAS(MTSAT [Multi-functional Transport Satellite] Satellite-based Augmentation System) 엠사스, 운송 다목적 위성용 위성항법보강(運輸多目的衛星用衛星航法補強), 일본 초정밀 GPS 보정시스템** 일본에서 2007년부터 공식적으로 운영하고 있는 초정밀 GPS 보정시스템(Satellite Based Augmentation System, SBAS)을 말한다. MTSAT은 Multi-Functional Transport Satellite(運輸多目的衛星)의 약어이다. 일본은 고베와 히타치오타 두 군데의 항공위성센터에 중앙처리국(Wide Area Master Station)에 해당하는 항법 통제국을 운영 중이며, 삿포로, 도쿄, 후쿠오카, 나하 등에 광역기준국(Wide Area Reference Station)에 해당하는 감시국을 두고 있다. SBAS(Satellite Based Augmentation System)를 참조.

**MSC(Mobile Switching Center) 이동 전화 교환국** GSM 시스템으로의 전환 기능을 수행하는 분기점이다.

**MSD(Mass Storage Device) 대용량 저장장치** 상대적으로 값이 싼 기억장치에 대용량의 자료를 보관하기 위하여 주기억장치의 보조적인 수단으로써, 반영구적인 형태로 대량의 자료를 저장할 수 있도록 구성되어 있는 기억장치. 일반적으로 자기디스크 또는 자기테이프 등과 같은 장치들이 이용된다.

**MSD(Mobile Service Descriptor) 모바일 파일정보** 다운받을 MIDlet Application에 대한 정보(프로그램의 이름, 파일의 위치, 파일의 버전 및 유효기간 등)를 명시한 파일을 말한다.

**MS-DOS(Microsoft Disk Operating System) 엠에스도스, 마이크로소프트 디스크 운영 체계** 16비트 개인용 컴퓨터로서 마이크로소프트사에 의해 개발된 Floppy Disk Operating System이다.

**MSI(Magnetic Source Imaging) 자기 생성 영상** 생각 중인 뇌의 전기적 신호를 감시할 수 있는 영상 체계를 말한다.

**MSI(Multi Spectral Imagery) 다중 분광대 영상** 다중 분광대 영상의 분광 범위(예, 자외선, 청색, 녹색, 적색, 근적외선, 적외선, 열선, 레이더 등)로서, 영상 데이터는 이 분광 범위에서 수집된다. 원래의 영상 대역을 사용자가 값을 지정하여 조작해서 얻어진 값도 이에 해당된다. 다중 분광대 영상의 표준 색상 화면 표시는 적, 녹, 청, 3개의 대역으로 구성된다. 랜드셋 TM과 SPOT 같은 위성의 영상은 지구에 대한 다중 분광대 영상으로서, 어떤 것은 7개 이상의 대역으로 구성된다.

**MSK(Minimum Shift Keying) 최소 편이 방식** 디지털 변조방식으로서 위상이 연속이고 포락선이 일정하며 효율이 좋은 변조방식으로서, 비콘신호를 RTCM(Radio Technical Commission for Maritime Services)에 실어 보내는 방식에 적용한다.

**MSL(Mean Sea Level) 평균 해면, 평균 해수면** Mean Sea Level을 참조.

**MSO(Mobile Switching Office) 모바일 교환기** 이동국 발신 혹은 최신 트래픽 처리를 위한 전화 및 디스패치 교환 서비스를 담당하는 교환국이다.

**MSQU(Multi Source Quick Use) 엠에스큐유, 다(多)출처 신속이용** 생산자의 텍스트와 동영상 등 멀티 소스의 콘텐츠를 원하는 사용자나 고객들이 신속하게 이용할 수 있도록 중간의 복잡한 유통과정을 생략한 채 다양한 경로의 접속수단에 빠르게 전달하는 것을 말한다.

**MSS(Multispectral Scanner) 엠에스에스, 다중 파장대 주사기** Landsat 1호에서 5호까지 탑재되어, 28년간 사용되었다. MSS는 4개의 스펙트럼 영역에서의 이미지를 생성한다. MSS4=0.5-0.6 µ m(green), MSS5=0.6-0.7 µ m(red), MSS6=0.7-0.8 µ m(photo-IR), MSS7=0.8-1.1 µ m(near-IR). MSS는 185km의 관측 폭(swath width)을 가지며, MSS의 각 탐지기는 순간 시야각이 0.087mrad이므로 Landsat 위성 고도 917km를 고려하면, IFOV(Instantaneous Field of View), 즉 지상해상도(ground resolution)는 1화소(pixel)가 79m × 79m이다.

**MST(Magnetic Secure Transmission) 마그네틱 보안 전송** 마그네틱 신용카드 정보를 무선으로 전송시켜 결제하는 방식으로서, 약자로 MST라고도 한다. 신용카드 정보를 담은 기기가 장착된 스마트폰을 신용카드 결제 단말기에 대면 단말기가 신용카드 정보를 자동으로 읽어 들여 결제한다.

**MSU(Microwave Sounding Unit) 극초단파 연직 측정기** 위성에 탑재되는 사운더(sounder)의 일종이다. 60GHz 부근 배출라인 복합체로부터 산소분자의 열 배출을 측정하여 두꺼운 대기층의 온도를 추정하는 장치이다. 9기로 구성된 MSU로 이런 측정을 시작한 것은 1978년부터이다. 후속 시리즈의 기기들, 즉 Advanced MSU는 1998년 중반부터 가동되기 시작했다.

**MT(Magnetic Tape) 자기 테이프** 자료 저장을 위하여 마그네틱 성분이 묻어 있는 얇은 필름. 디스크가 나오기 이전에 컴퓨터에서 가장 널리 사용되었던 보조 기억 장비로, MT라는 약자로 표기된다.

**MTF(Modulation Transfer Function) 엠티에프, 변조 전달 함수(變調 傳達 函數)** 정현파를 촬영해 영상과의 진폭비를 구한 뒤 공간주파수에 대한 진폭을 작성함으로써 영상의 공간적 변화에 반응하는 정도를 표시하는 함수를 말한다.

**MTSAT Satellite Augmentation System(MSAS) 운송 다목적 위성용 위성항법 보강, 일본 위성기반 보강시스템** MSAS(MTSAT Satellite Augmentation System)를 참조.

**MUD(Multi-User Dungeon) 머드** 인터넷 상에는 많은 온라인 게임들이 존재한다. 그 중에는 바둑이나 체스처럼 두 사람이 하는 게임도 있지만 다수의 사용자가 참여하는 게임을 머드(MUD) 게임이라 한다.

**Mud Flat 갯벌** 바다 조류에 의해 옮겨진 모래나 점토 입자가 해안에 오랜 시간 쌓여 생기는 평탄한 지형. 육지의 오염물질을 분해하며, 육지와 바다 중간에 있어 홍수・태풍 등 피해를 막아준다. 각종 영양분이 풍부한 '생태계 보고'이다. 우리나라 갯벌은 전체 면적 중 83%가 서해안 지역에 분포해 있다.

**Multi Angle** 최근 등장하는 DVD에서 본격적으로 지원하는 기능으로, 동일한 장면을 여러 대의 카메라로 촬영해 다양한 각도에서 화면을 볼 수 있도록 한 것을 말한다.

**Multiband Camera 다중대역 사진기** 다른 여러 개의 걸러진 대역으로 동시에 같은 목표를 사진촬영하는 광학기기이다.

**Multiband Photography** Multispectral Photography를 참조.

**Multiband System 다중대역 체계** 다른 여러 개의 걸러진 대역으로 동시에 같은 목표를 관측하여 자료가 기록되는 체계를 말한다.

**Multi Carrier 멀티 캐리어** 2개 주파수를 모두 사용해 통신 속도를 높이는 서비스. 한 쪽 주파수 대역이 붐비는 것을 자동 분산시켜 흐름을 원활하게 해준다. 이때 끊김 없이 자연스럽게 연결해주는 것이 핵심 기술이다.

**Multicast Backbone(M Bone) 엠본** 인터넷상에서 멀티캐스트(IP multicast)의 특징인 동보성을 이용하여 특정 그룹에만 멀티미디어 정보를 전송할 수 있도록 지원하는 가상 망. 엠본은 특정의 한 사람에 대한 송신인 유니캐스트(unicast)나 불특정 다수인에 대한 송신인 방송(broadcast)이 아니고, 특정 다수인에게 송신하는 멀티캐스트 기능을 이용하며 클래스 D라는 하나의 IP 주소로 특정 그룹에 참여하는 모든 사람에게 동일한 데이터를 전달하는 것이 그 특징이다.

**Multichannel Receiver 다채널 수신기** 각각 다른 채널로 동시에 여러 위성들로부터 몇 개의 신호를 계속적으로 수신할 수 있는 수신기. 이것은 의사 범위의 동시 계산으로부터의 위치에 의해 유도를 한다.

**Multi Channel Network 다(多)채널 네트워크, 멀티 채널 네트워크** MCN(Multi Channel Network)을 참조.

**Multicollimator 복합 시준기** 평행 광선을 형성시키기 위한 복합광학장치로, 예를 들면 보통의 경위의 등을 이 목적을 위해 시준기로 사용하는 경우가 많다.

**Multi-copter 멀티콥터** [드론] 3개 이상의 모터 및 프로펠러(로터・rotor)를 가진 비행체를 일컫는다. 드론(Drone)과 같은 의미로 사용된다. 사람이 타는 정도의 대형 헬리콥터(Helicopter 혹은 Chopper)는 보통 로터가 2개면 충분하기 때문에 이러한 형상을 하는 경우가 거의 없다. 공기역학적인 측면에서 로터가 여러 개가 될 수록 로터의 효율은 떨어진다. 반면에 R/C(Radio Control, 무선원격조정)나 무인기・드론 등의 분야에서는 널리 사용되는 방법이다. 기술적으로 제어하기 쉽고 장비도 간단해진다. 프로펠러(로터・rotor)의 숫자에 따라 3개는 트리콥터, 4개는 쿼드콥터, X콥터, Y4콥터, 6개는 헥사콥터, Y6콥터 등으로 불린다. 이보다 더 많은 것들도 있으며, 프로펠러의 수와 배치형상에 따라 이름을 붙인다. 일반적으로 쿼드콥터가 많이 쓰이는데 모터가 적게 들어가서 경제적이면서도 자세제어가 직관적이라 제어가 쉽다. 카메라를 싣고 공중 촬영도 가능하며, 지자기 센서, 가속도계 및 GPS 등을 장착하여 자동 경로비행도 가능하다. 초음파 센서와 적외선 센서는 주변 물체와 부딪치지 않도록 하기 위해 이용된다. 멀티콥터의 자세 유지는 중앙부에 장착된 자이로와 가속도계를 이용한다. 3축 각각에 자이로와 가속도계를 장착하고 바람 등에 의한 수평/수직, 그리고 방향을 조절하는 식이다. 대부분의 헬리콥터는 로터의 회전 반력을 제거하기 위해 후방에 가로 방향의 작은 프로펠러(Tail Rotor · 테일 로터)가 탑재된다. 멀터콥터는 프로펠러의 회전방향을 조절하여 방향제어가 가능하다. Drone, Rotary Wing 참조.

**Multi Core Processor 멀티 코어 프로세서** 2개 이상의 코어(기억 소자)를 탑재하여 만든 프로세서(CPU)를 의미한다. 멀티 코어 프로세서의 장점은 CPU가 2개 이상 들어간 것과 마찬가지이기 때문에 멀티 코어 프로세서를 지원하는 프로그램으로 작업할 때, 싱글 코어 프로세서에 비해 작업을 빠르게 할 수 있고 동영상의 인코딩, 포토샵 작업, 높은 사양의 게임과 같은 작업에서 탁월한 성능을 발휘한다.

**Multi Data 다중 데이터** 벡터와 래스터 같이 포맷형태가 다른 데이터, 해상도나 촬영시기가 다른 원격탐사 데이터 등 자료의 형식과 특성이 다른 데이터를 연계 또는 통합한 것을 말한다.

**Multi Dimensional Database(MDDB) 다차원 자료기반** MDDB (Multi Dimensional Database)를 참조.

**Multi-Disciplinary Approach 학제간 접근** GIS는 종합적인 과학이기 때문에 다양한 연구 분야의 과학자 · 기술자 · 기술 요원 · 사무원 들은 공동의 목표를 성취하기 위해 서로 협력이 필요하다.

**Multi-Factor Authentication 멀티팩터 인증** 보안 강도를 높이기 위해 몇 가지 인증 수단을 조합해서 사용하는 기법이다. ID와 패스워드 외에 지문 · 홍채 등 생체 인식, 인증서, OTP(One Time Password) 등이 사용된다.

**Multifractal 다중 프랙탈** 프랙탈 차원이 축소율에 따라 다양한 값을 가지는 것을 말한다.

**Multi-Input Multi-Output(MIMO) 다중 안테나, 미모** MIMO (Multi-Input Multi-Output)를 참조.

**Multi-functional Transport Satellite-based Augmentation System(MSAS) 엠사스, 운송 다목적 위성용 위성항법보강(運輸多目的衛星用衛星航法補強), 일본 초정밀 GPS 보정시스템** MSAS(MTSAT [Multi-functional Transport Satellite] Satellite - based Augmentation System)를 참조.

**Multi-Input Multi-Output(MIMO) 미모, 다중 입출력** MIMO (Multi-Input Multi-Output)를 참조.

**Multi Job 다중 작업** 하나의 컴퓨터로 2개 이상의 프로그램을 동시에 처리하는 경우. 각 프로그램이 연관성 없이 독립적으로 작업을 하는 것을 말한다.

**Multi-Lens 다중렌즈** Multilens를 참조.

**Multilens 다중렌즈** 여러 개의 렌즈로 되어 있으며, 렌즈의 앞부분에 각각 다른 필터를 장치하여 동일지역을 각기 다른 분광대의 영상으로서 기록하는 방법이다.

**Multi-Lens Photograph 다중렌즈 사진** 한 사진기 주 렌즈의 둘레에 6개 또는 8개의 렌즈를 설치해서 넓은 범위를 한 번에 촬영한 사진을 말한다.

**Multi Linestring 다중 라인스트링** 1차원 공간 객체의 집합을 하나의 공간 객체로 표현한다.

**Multi-looking Camera 다방향멀티카메라** 5방향 경사영상 취득이 가능한 다방향 멀티카메라. 경사방향 촬영이 가능하여 건물의 옆모습이 잘 촬영되는 장점이 있다. 건물의 3D 모델링에 잘 사용된다.

**Multimedia 다중 매체** 문자 자료 이외에 정지 영상 · 동영상 · 음향 · 음성 등을 하나의 자료 객체로 병합하여 처리하는 기술. 이때 2가지 이상의 매체를 사용하여 정보를 표현하는 것을 다매체 또는 멀티미디어라 한다.

**Multimedia Database Magement System 멀티미디어 데이터베이스 관리 시스템** 복합 자료들을 효율적이고 체계적으로 저장, 관리, 처리 및 다른 미디어 자료의 상호 긴밀한 관계를 표현하기 위한 분야로 파일 구조를 이용한 방식이다.

**Multimedia DBMS(MDBMS) 멀티미디어 기반관리 체계** MDBMS(Multimedia DBMS)를 참조.

**Multimedia Messaging Service(MMS) 멀티미디어 메시지 서비스** MMS(Multimedia Messaging Service)를 참조.

**Multi-Medium Photogrammetry 다층 사진 측량(多層 寫眞 測量)** 사진기와 대상과의 굴절률이 다른 2개 이상의 층을 두어 촬영한 사진을 사용하는 사진 측량을 말한다.

**Multimodal interface 멀티 모달 인터페이스** 인간과 컴퓨터 또는 단말기기 사이의 인터페이스를 음성뿐만 아니라 키보드, 펜, 그래픽 등 다양한 수단을 활용하는 것을 말한다.

**Multi Modality 멀티 모달리티** 멀티 모달리티는 원래 여러 가지 형태와 의미로 컴퓨터와 대화하는 환경을 말하는데, 모바일에서는 다양한 모바일기기가 하나의 서버에 연결되어 기기를 바꾸어도 하던 일을 계속할 수 있는 환경을 말한다.

**Multipath Erro 다중 경로 오차** GPS는 위성에서 발사되는 신호가 지상까지 도달하는데 걸리는 시간이 가장 중요한 요인이기 때문에 신호가 일직선으로 들어와야 한다. 예를 들어, 빌딩숲에서 여기저기 부딪혀서 들어오면 그만큼 지연시간이 발생하게 되고 오차가 발생하게 된다. 다중경로 신호는 이와 같이 인공위성에서 바로 오는 신호가 아닌 반사되어 들어오는 신호이다. 반사된 신호는 더 길어진 경로를 통해 수신기에 들어옴으로써 결과적으로 틀린 위치를 계산하게 만들고 이렇게 발생되는 오차가 다중경로 오차이다. 다중경로 신호 여러 번 부딪히면서 그 신호의 세기가 약해지는데 일반적으로 수신기에서는 신호의 세기를 비교해서 약한 신호를 제거함으로써 다중경로 오차를 줄인다. 한편, 이온층, 대류층 오차와 마찬가지로 다중 경로 오차도 위성이 지평선에 가까울수록 그 영향이 커진다. 즉, 고도각(elevation angle)이 낮은 위성일수록 그 신호의 정확도가 떨어지므로 수신기에서는 어느 정도 이상의 도각을 가지는 위성만 이용하여 위치를 측정한다. 이 수신 고도각을 Mask angle이라 하며 그 이하의 위성에서 오는 신호는 무시한다.

**Multipath Texturing** 다중 텍스쳐를 이미지 생성이 완료될 때까지 Multiple Texturing Passes를 수행하는 방법에 의해 모델의 폴리곤에 적용하는 방법을 말한다.

**Multiple Connection 다중 연결** 결합을 시키는 다중 연결을 통하여 각각의 지형지물은 다른 지형, 지물과 연결될 수 있다.

**Multiple Dates/Times 다중 일자/시간** 여러 날의 일자와 여러 시간을 부호화하는 방법을 말한다.

**Multiple Listing System(MLS) 종합부동산 매물정보체계** MLS(Multiple Listing System)를 참조.

**Multiple User System 다중 사용자 체계** 동시에 1명 이상의 사용자가 공유할 수 있도록 설계된 체계이다.

**Multiplexing 다중화** 위성추적채널을 통해 2개 이상의 위성신호를 신속히 순서화하는 기술로서, 일부 수신기에 사용된다. 이렇게 추정되는 위성으로부터 얻은 항법메시지들은 근본적으로 동시에 관측된 것이다.

**Multiplexing Channel Receiver Multiplexor 다중화기** 하나의 고속 링크에서 다수의 사용자가 통신할 수 있도록 함으로써 통신선의 효율을 극대화 시키는 장비이다. 멀티플렉서는 고속선을 다수의 장비를 지원하는 다수의 채널로 나누어준다. 멀티플렉서는 여러 개의 선을 멀리 설치해야 하는 부담을 줄일 수 있다. 따라서 다수의 모뎀이 필요하게 될 때 발생하는 비용 부담도 덜어준다. 멀티플렉서는 원거리 링크상의 컴퓨터의 하드웨어 부분(컴퓨터 본체 혹은 주변기기)과 모뎀 사이에 놓이게 된다. 멀티플렉서에는 시-분할 타입과 통계적 타입의 2가지의 주된 형태가 있다. 시-분할 멀티플렉서는 각각의 채널이 장비에 의해 사용되는지의 여부에 관계없이 특정한 시간을 할당해 준다. 이러한 방식은 다소 비효율적이며, 특히 그 사용이 산발적일 때 더 그러하다. 통계적 멀티플렉서는 다수의 채널을 감시하여 그들 각각의 수요에 맞추어 능동적으로 각 채널 라인의 용량을 할당함으로써 통신선의 이용을 극대화한다. 멀티플렉서는 9,600bps에서 수백만 bps의 전송 속도를 갖는 통신선을 수용한다. 일반적으로, 전화선을 통한 이용에서의 최대량은 56,000bit까지이다. 멀티플렉서가 지원하는 채널의 수는 4~24까지이다. 특수한 멀티플렉서 장비는 DS-1이나, DS-3 회선과 같은 고속 수치 통신 설비를 지원하는 데 쓰인다.

**Multiplication Ratio 확대율(擴大率)** 타원체상의 점을 평면상에 투영할 때 평면 거리와 측지선 길이의 비로서 증대율이라고도 한다.

**Multipoint 다중점** 0차원 공간 객체들의 집합을 하나의 공간 객체로 표현한다.

**Multipoint Feature** Multipart Feature를 참조.

**Multipath 다중경로** GPS 위성으로부터의 신호는 여러 경로를 통해 수신기에 들어오는데, 첫째로 위성에서 실제로 오는 것이고, 둘째는 시선방향(eyesight direction, 관측자의 눈에 보이는 천체의 방향)으로 오는 것이며, 셋째는 수신기 주위의 장애물에 반사되어 '다중경로'(多重徑路)로 오는 것이다. 이러한 다중경로로 인한 전파거리의 차이로 의사거리와 위상관측치에 영향을 주게 된다. 다중경로 신호는 인공위성에서 바로 오는 신호가 아닌 반사되어 들어오는 신호로서 위성-수신기 간의 거리보다 길어진 경로를 통해 인공위성에 들어오므로 결과적으로 틀린 위치를 측정하게 된다. 그리고 신호의 세기도 약해짐으로 대부분 수신기는 신호의 세기를 비교해서 약한 신호를 제거함으로써 오차를 줄인다.

**Multi Polygon 다중면** 2차원 공간객체의 집합을 하나의 공간객체로 표현한다.

**Multiplexer 멀티플렉서, 선택기** 여러 회선의 입력이 한 곳으로 집중될 때 특정 회선을 선택하도록 하므로, 선택기라 하기도 한다. 어느 회선에서 전송해야 하는지 결정하기 위하여 선택 신호가 함께 주어져야 한다. 이 회로를 이용하면 여러 입출력 장치에서 일정한 회선을 통하여 중앙 처리 장치로 전해줄 수 있고, 하나의 입력 회선에 여러 터미널을 접속하여 사용할 수 있다. Demultiplexer를 참조.

**Multiplexing 다중화, 집중화, 다중 관측** ① 통신에서 다중화, 집중화(Multiplexing)는 2개 이상의 저수준의 채널들을 하나의 고수준의 채널로 통합하는 과정을 말하며, MUXing이라고도 한다. 역다중화(inverse multipleing, demultiplexing, demuxing) 과정을 통해 원래의 채널 정보들을 추출할 수 있다. 각각의 채널들은 미리 정의된 부호화 틀(coding scheme)을 통해 구분한다. 다중화의 기본적인 형태는 시분할 다중화 방식(time-division multiplexing, TDM)과 주파수 분할 다중화 방식(frequency division multiplexing, FDM)이 있다. 영상신호의 경우, 다중화는 영상신호와 음성신호를 하나의 스트림으로 삽입(interleaving)하는 과정을 일컫는다. ② 위성추적 채널을 통해 2개 이상의 위성신호를 신속히 연결(Seguencing)하는 기술로 일부 수신기에 사용된다. 이렇게 추적된 위성으로부터 얻은 항법 메시지들은 기본적으로 동시에 관측된 것이다.

**Multiprocessing 다중 처리(多衆處理)** 하나의 컴퓨터 체계에 2개 이상의 중앙처리장치를 설치하여 이들 중앙처리장치에서 병렬로 작업을 처리하는 것을 의미하거나, 한 체계 내에서 여러 개의 프로세스가 동시에 수행되는 것을 말한다.

다중 처리를 제공하는 방법은 멀티태스킹(Multitasking), 다중화(Multiplexing) 2가지로 나누어 볼 수가 있다. (1) 멀티태스킹은 여러 작업(task)을 병행하여 처리하는 기법으로서, 운영체제는 프로세스를 여러 개 실행시키거나(멀티프로세스) 또는 스레드(thread)를 여러 개 실행시키는 방법(멀티스레드)을 사용한다. (2) 다중화(Multiplexing)란 한 프로세스(또는 스레드) 내에서 이루어지는 다중 처리 방법으로서 폴링(polling), 셀렉팅(selecting), 인터럽트(interrupt), 세 종류가 있다. 폴링은 처리해야 할 작업들을 순차적으로 돌아가면서 처리하는 방법이며, 셀렉팅은 폴링과 반대 개념으로 어떤 클라이언트로부터 데이터가 도착하면 서버는 데이터가 도착한 클라이언트와의 입·출력을 처리하는 방식이다. 인터럽트 방식은 프로세스가 어떤 작업을 처리하는 도중에 특정한 이벤트가 발생하면 해당 이벤트를 처리하는 방식이다.

**Multiprocessor 다중처리기** 공통의 주기억장치에 접근하는 둘 이상의 CPU를 가지는 하나의 컴퓨터 체계를 말한다.

**Multiprogramming 다중 프로그래밍** 시분할 체제에서 독립적으로 작동할 수 있는 입·출력 장치를 유지하면서 다수의 컴퓨터 프로그램을 동시에 실행하는 것. 동시에 몇 개의 프로그램을 주기억장치에 넣고 중앙 처리 장치(CPU)를 분할 사용하여 짧은 시간에 좀 더 많은 처리를 하게 함으로써 체계의 효율을 높여주는 기법이다. 장점으로는 CPU의 활용률이 증가하고 처리율이 높아진다는 점이다.

**Multiprotocol Label Switching 멀티프로토콜 레벨 스위칭** IP (internet protocol)를 직접 물리적 통신망을 통하여 전송할 수 있는 다양한 프로토콜 특성을 수용하는 레벨 스위칭으로 데이터와 제어 부분을 분리하여 데이터가 직접 네트워크 경로로 전달되도록 하는 스위칭 기능을 가지고 있다.

**Multi Protocol Label Switching(MPLS) 엠피엘에스, 다중 프로토콜 레벨 스위칭 방식** MPLS(Multi Protocol Label Switching)를 참조.

**Multipurpose Cadastre 다목적 지적(多目的 地籍)** 각 필지에 대한 종합적인 정보를 지니고 있는 지적도로서 과세, 토지 소유권 보호, 시설물 등 토지 관련 정보를 등록 관리하기 위한 목적으로 설립하여 운영하는 지적 제도. 컴퓨터 처리를 중요시하며 종합 지적(Comprehensive Cadastre) 또는 통합 지적(Integrated Cadastre)이라고도 한다. 다목적 지적 제도는 일필지를 단위로 토지관련 정보를 종합적으로 등록하고 그 변경사항을 항상 최신화하여 신속, 정확하게 지속적으로 토지에 대한 정보를 제공하는 제도이다.

**Multi-Purpose European Ground Related Information Network (MEGRIN) 다목적 유럽 지상 연결 정보망** MEGRIN(Multi-Purpose European Ground Related Information Network)를 참조.

**Multipurpose Internet Mail Extensions(MIME) 다목적용 인터넷 전자우편** MIME(Multipurpose Internet Mail Extensions)를 참조.

**Multipurpose internet Mail Extension Type(MIME) 다목적용 인터넷 전자우편 확장** MIME(Multipurpose internet Mail Extension Type)를 참조.

**Multipurpose Cadastre 다목적 지적도** 각 필지에 대한 종합적인 정보를 지니고 있는 지적도로서 과세, 토지소유권 보호, 시설물 등 토지관련 정보를 등록 관리하기 위한 목적으로 설립하여 운영하는 지적제도로서, 종합지적(Comprehensive Cadastre) 또는 통합지적(Integrated Cadastre)이라고도 한다. 다목적 지적제도는 일필지 단위로 토지관련 정보를 종합적으로 등록하고 그 변경사항을 항상 최신화하여 신속, 정확하게 지속적으로 토지에 대한 정보를 제공하는 제도이다.

**Multi-Resolution Seamless Image Database(Mr SID) 미스터 씨디** Mr SID(Multi-Resolution Seamless Image Database)를 참조.

**Multisensory Cognitive Computers 오감 인지 컴퓨터** 다양한 센서를 통해 외부 환경과 연결돼 있는 신개념 컴퓨터로 인간의 감각과 인지 정보를 실시간에 처리할 수 있다. 기존 컴퓨터가 주로 정확한 수치 계산이나 대용량 데이터 관리를 잘 수행하는 데 반해 센서 기반 지각(Perception) 능력과 연상 메모리 기반 사고(Thinking) 능력을 이용해 안정된 의사결정(Decision Making)을 잘 수행해 차세대 지능 컴퓨터(Next-Generation Intelligent Computer)라고 불리기도 한다.

**Multi Service Tunnel 공동구** Culvert를 참조.

**Multi Source Quick Use(MSQU) 엠에스큐유, 다(多)출처 신속이용** MSQU(Multi Source Quick Use)를 참조.

**Multi-Spectral Imagery(MSI) 다중 분광대 영상** MSI(Multi-Spectral Imagery)를 참조.

**Multi-Spectral Photo 다중 분광대 사진** 인공위성이나 항공기 등에 다중 분광대 사진기 및 다중 분광대 수신기 등을 탑재하여 얻어진 정보에서 각 분광별 반사율의 차이를 이용하여 관측의 분광대마다 기록한 것이다.

**Multispectral Remote Sensing 다중 분광 원격 탐사** 여러 개의 전자기파 파장대를 이용하여 대상체나 대상지역으로부터 반사(Reflected), 방사(Emitted) 및 산란(Scattered)된 에너지를 수집하는 것으로 정의할 수 있다. 전자기파 스펙트럼 중 여러 개의 밴드에서 데이터를 취득하는 센서로서, Landsat ETM+, QuickBird, GeoEye-1은 다중 분광 원격탐사 시스템의 예이다.

**Multi Spectral Scanner(MSS) 엠에스에스, 다중 파장대 주사기** MSS(Multi Spectral Scanner)를 참조.

**Multi Spectral Scanner System 다중 분광대 주사기 체계** 다양한 분광대에서 동시에 방사되는 파를 기록하기 위해 항공기나 위성에 탑재된 장치를 말한다.

**Multi Spectral Sensing 다중 분광대 주사** 물체가 발산하는 여러 가지 파장의 에너지를 동시에 모두 포착하는 것을 말한다.

**Multispectral Scanner(MSS) 다중 파장대 스캐너** MSS(Multi-Spectral Scanner)를 참조.

**Multispectral Scanning 다중 분광 주사기, 다중 스펙트럼 주사기** 다른 파장 대역에서 같은 순간에 지표면을 스캐닝하는 원격탐사 기술을 말한다.

**Multi-Tap 멀티탭, 모둠꽂이** 여러 개의 플러그를 꽂을 수 있게 만든 이동식 콘센트를 이르는 말로서, 국립국어원은 multi-tap의 다듬은 말로 '모둠꽂이'를 선정하였다. 멀티탭은 플러그를 꽂는 삽입구가 2개 이상인 콘센트를 이르는데 테이블탭이라고도 한다. 삽입구는 보통 2~5개이며 각 삽입구마다 스위치가 있는 절약형, 멀티탭에 안전 차단기가 설치된 것 등 다양한 형태로 제품화되어 있다. 멀티탭은 전기 회로 중 직렬연결과 병렬연결 둘 다를 사용하는 혼합 연결인데 개별 콘센트는 병렬로 연결되어 있고 스위치는 직렬로 연결되어 있다.

**Multi-Task 다중 작업** 컴퓨터 내부에서 여러 개의 일을 동시에 한다는 뜻. Job을 태스크라는 단위로 재구성하여 관리하고 여러 개의 Job을 여러 개의 태스크로서 실행할 수 있도록 한 것이다.

**Multitasking 멀티태스킹** 컴퓨터, 노트북, 스마트폰, 휴대용 게임기 등 다양한 전자기기를 사용하여 여러 가지 일을 동시에 진행하는 것.

**Multi-tenancy 멀티테넌시** 사용자들이 웹을 통해 단일 데이터베이스 안의 정보를 관리하고 공유할 수 있게 해주는 기술을 말한다.

**Multi-Tier Client/Server 다단계 클라이언트/서버** DBMS가 위치한 서버 부분과 사용자들이 주로 사용하는 클라이언트 부분을 완전히 분리하고, 이들 사이 미들웨어를 위치시킴으로써 확장성이 크다. 컴퓨터 시스템 구조의 기능을 3계층의 논리적 요소, 즉 프리젠테이션 로직, 비지니스 로직, 자료 로직으로 구분된다. 3계층의 논리적 소프트웨어 요소를 3계층의 물리적 모델에 할당하며 3-Tier, N-Tier, Multi-Tier 아키텍쳐라고 한다. 이는 비즈니스 로직을 여러 개의 서브-컴포넌트로 나누어 여러 개의 응용프로그램 서버에 할당하고, 할당된 응용프로그램 서버 간에 계층적 종속 관계를 가질 수 있다. 즉, 하나의 응용프로그램 서버가 또 다른 응용프로그램 서버를 호출할 수 있다.

**Multi-User Dungeon(MUD) 머드**
MUD(Multi-User Dungeon)를 참조.

**Multiuser System 다중 사용자 체계** 1대의 컴퓨터에 여러 대의 단말기를 접속하여 함께 사용할 수 있도록 지원하는 체계이다.

**Multivariate Analysis 다변량 분석** 효율적 판별을 위해 데이터 자체의 다차원적 상관관계나 연관성을 이용하는 데이터 분석 방법이다.

**Multi-Walled NanoTube 다층(多層) 나노튜브** MWNT(Multi-Walled NanoTube)를 참조.

**Multi-Windows 다중 실행영역** 영상면을 몇 개의 영역으로 분할하여, 여러 개의 영상면을 볼 수 있도록 한 것이다.

**Municipality 지방자치단체** 지리적 공간의 행정적 당국, 통상적으로 선거나 우편 등이 주목적이다.

**Munsell Color System 표색계** 먼셀이 고안한 색의 표시 방법으로, 색을 색상, 명도, 채도의 3속성으로 나누어 HV/C라는 형식에 의해 번호로 표시한다.

**Munsell Value 명도** 색의 3속성의 하나로 색의 밝기 정도를 척도화한 것이다.

**Murphy's Law 머피의 법칙** "나빠질 수 있는 것은 나빠지기 마련이다." 컴퓨터의 공동사용에 대한 설명을 말한다.

**Mutual Friend** 공통의 친구. 나의 친구도 되고 또 다른 사람의 친구도 되는 그 친구를 말한다.

**M-Value** Measure Value와 Measure를 참조.

**MVNO(Mobile Virtual Network Operators) 가상 이동통신망 사업자** 이동통신망을 가진 사업자(MNO)로부터 설비를 빌려 통신상품을 가공한 뒤 이윤을 붙여 되파는 사업자를 말한다. '이동통신 재판매(resale) 사업자'로 이해할 수 있다. 정부는 MVNO를 이동통신 시장을 활성화할 촉매로 쓴다. 시장에 서비스 공급자를 늘려 경쟁을 자극하여 궁극적으로 이동통신 요금을 끌어내리는 게 목표이다.

**mVoIP(mobile Voice over Internet Protocol) 모바일 인터넷 전화** 무선 인터넷망을 활용해 무료로 음성통화를 이용하는 서비스. 보이스톡(카카오), 라인(NHN), 마이피플(다음커뮤니케이션) 등이 모료 서비스 중이다. 'VoIP'란 유선 인터넷 전화를 뜻하며, m-VoIP는 이를 무선(Mobile) 영역으로 확장해 이용한다는 의미이다.

**MWL(Mean Water Level) 평균 수위** 하천의 수위 중에서 어떤 기간 중에 관측 수위의 합계를 그 관측 횟수로 나눈 값을 평균수위라 하며, 평균수면이라고도 한다.

**MWNT(Multi-Walled NanoTube) 다층(多層) 나노튜브** 탄소나노튜브 여러 개를 지름 10~100나노미터(nm) 정도로 포개어 놓은 소재로서, 열이나 전기를 전하는 성질이 좋고 길게 늘어나는데다 단단해 전기·화학·기계 분야에서 쓰임새가 많다. 전기·열전도율이 구리·다이아몬드와 비슷하며, 강도는 철강의 100배쯤 된다. 이런 특성에 힘입어 휴대폰이나 태블릿PC 등에 전력을 공급하는 리튬이온전지를 만들 때 쓰인다. 풍력발전용 날개깃(블레이드)이나 자동차 부품에 쓸 강도 높은 합성수지를 제조할 때에도 첨가된다.

**MyCypher 마이사이퍼** 역동적인 모바일 플랫폼으로, 휴대전화를 마이크로 탈바꿈시켜 전 세계의 아티스트들이 실시간으로 음악을 만들 수 있게 해준다.

**Mylar Tracer Method 마일러 트레이서법** Mylar Tracer를 원도위에 놓고 복사원도를 만드는 방법이다.

**MylifeBits 마이라이프비츠** 프로젝트에서는 일상의 전화나 이메일 기록 등은 물론 센스 캠(Sense Cam)을 이용하여 20초마다 사진을 찍어 일상을 기록하는 것을 말한다.

**Myner's Dial 마이너즈 다이얼** 다이얼 컴퍼스의 일종이며 영국제의 갱내용 컴퍼스이다.

**MySpace 마이스페이스** 마이 스페이스는 미국에서 방문자 접속률(트래픽)이 가장 높은 사이트로서 미국에 본사를 두고 있고, 2009년 1월 현재 전 세계 약 1억 명 이상의 회원을 보유하고 있다. 미국 캘리포니아 주 베벌리 힐스에 본사를 두고 있는 소셜 네트워킹 웹사이트이다. 톰 앤더슨(Tom Anderson), 크리스토퍼 드울프(Christopher DeWolfe)가 설립하였다. 회원들이 개인적인 공간에서 친구들과 선택적으로 정보를 공유할 수 있다. 원래는 열정적인 음악가나 밴드 등이 음악이나 콘서트 일정 따위를 공유하는 사이트였지만, 이제 인터넷에서 가장 인기 있는 곳이 되었다.

**N Screen 엔 스크린** 스마트폰 · TV · 태블렛 PC 콘텐츠를 TV · 프로젝터 등에서 감상하거나 반대로 가정에서 시청하는 TV 프로그램을 PC, 스마트폰, 태블릿PC 등을 통해 외부에서 감상할 수 있게 해주는 솔루션이다. 여러 개의 기기를 인터넷으로 연결해 사용자가 같은 콘텐츠를 언제, 어디서나 이용할 수 있도록 하는 서비스이다.

**NAD(North American Datum) 나드, 북미기준계** 북미에서 1차 측지망을 위해 사용되는 공식적 기준 타원체. 북미에 있는 지점들에 대해서 지표면(지구 지오이드)의 가장 정확한 수학적 표현을 제공하는 지역 기준계로서 알려져 있는 가장 최근의 북미 기준계는 1983년 북미 기준계(NAD83)이다. 1983년 이전에 사용된 북미 기준계는 1927년 북미 기준계(NAD27)이다.

**NAD 27(North American Datum of 1927) 나드27, 북미기준계 1927** 미국의 전국 지도화 초창기에 사용된 기준계로서, Clarke 1866 타원체가 사용되고 위치와 고도는 Kansas의 Meade의 대목장의 한 지점을 기준하였다.

**NAD 83(North American Datum of 1983) 나드83, 북미기준계 1983** 1983년의 북미 기준계를 말한다.

**Nadir 천저(天底), 연직점** ① 관측자의 연직선이 아래쪽에서 천구(天球, Celestial Sphere)와 만나는 점을 말한다. ② 사진기 렌즈의 조망 중심에서 수직 아래에 있는 점 또는 원격탐사에서 어떤 점이 감지기 바로 아래에 있는 점을 말한다.

**Nadir Angle 연직각, 천저각(天低角)** 항공사진을 이용한 측량에서 많이 이용되는 각으로서 연직선 아래쪽을 기준으로 시준점까지 올려서 잰 각을 말한다.

**Nadir Photograph 연직 사진** 사진기축을 연직 아래쪽으로 향하게 하여 촬영한 항공사진을 말한다.

**Nadir Point 연직점(鉛直點)** 렌즈중심으로부터 지표면에 내린 수선의 발을 지상연직점이라 하며 그 선을 연장하여 사진면과 만나는 점을 연직점이라 한다. 사진측량에서의 주요 3점은 사진주점, 사진연직점, 등각점이다. 주점에서 연직점까지의 거리 $\overline{mn} = f\tan i$ 이다. 여기서, f는 초점거리, i는 경사각이다. 연직점은 고저차가 큰 수직 및 경사사진에서 각 관측의 중심점으로 사용된다.

**NAIS(National Atlas Information Service)(Canada) 캐나다 국립 지도원** 캐나다 국립 지도원위 웹(World Wide Web)서비스를 통해 국가의 주요 데이터베이스뿐 아니라 지도 제작 및 분석을 위한 도구에도 접근할 수 있는데 구체적으로는 다음과 같다. −50만개에 이르는 지명 데이터의 검색 −습지, 지진 발생 지역, 멸종 위기종의 서식지 등 지도의 작성 −특정 지역의 오염지도 제작 −교외 및 도시 지역 여행.

**Named Pipes 네임드 파이프** LAN 매니저 상의 응용 프로그램에서 사용되는 통신 채널이다.

**Namespace 네임스페이스** 데이터들이 어떤 층위에 속해 있는지를 지정해 놓는 공간이다. 이름이 같은 데이터라도 층위에 따라 다른 의미를 가질 수 있기 때문에 이를 구분한다.

**NAMRIA(National Mapping and Resource Information Authority) 필리핀 국가 지도 제작 및 자원 정보국** 필리핀 정부 특히 환경, 천연 자원부에 지도제작 서비스와 지도 · 문서 · 통계 등의 형태로 천연 자원의 자료를 공급하며 측량 · 지도제작 · 해양학 · 원격탐사 · 자원 정보 관리 및 연구개발에 대한 의무와 책임을 지고 있다.

**Nand Flash Memory 낸드 플래시 메모리** 정보들을 '0'과 '1'의 디지털 신호로 바꿔 저장해주는 것이 메모리 반도체이다. 그 대표적인 것이 낸드플래시 메모리이다. 낸드플래시의 가장 큰 특성은 한 번 저장된 정보는 전원이 끊겨도 지워지지 않고 10년을 버틴다는 점이다. 낸드플래시는 데이터를 쓰고 지우는 데 약 20볼트의 전압이 필요하다. 그보다 낮은 전압에서 데이터는 아무

영향을 받지 않는다. 그래서 전기가 끊어진 상태(0볼트)에서도 데이터가 안 지워지는 것이다. 낸드플래시는 크기를 작게 만들기도 쉬워서, 엄지손톱만 한 크기에 영화 수십 편 분량의 정보를 저장할 수 있다. 그러나 데이터를 넣고 빼는 데 시간이 오래 걸린다는 단점이 있다. 1초에 수십억번의 데이터 연산 작업을 처리하는 컴퓨터 CPU(중앙연산장치) 스마트폰의 AP(응용프로세서)에 비해 속도가 10만분의 1~100만분의 1정도로 느리다. 플래시 메모리는 칩을 연결하는 방식에 따라 낸드(Not AND)형과 노어(Not OR)형으로 나뉘는데, 낸드형은 노어형에 비해 제조단가가 싸고 용량이 커서 디지털 카메라나 MP3 플레이어에 주로 쓰이고, 노어형은 속도가 빨라 휴대전화에 많이 쓰인다. 삼성전자는 2015년 14나노 평면형 낸드플래시를 개발했는데, 업계 최초다. 도시바와 마이크론 등 경쟁사는 15~16나노를 마지막으로 더는 평면형 낸드플래시를 개발하지 않겠다고 공식적으로 밝힌 상태이다. 16나노와 비교해 플로팅게이트 크기를 약 12.5% 줄인 14나노 낸드플래시는 실리콘 다이(Die) 면적 감소로 생산 원가를 절감할 수 있다. 삼성전자가 ICCSS에 발표한 14나노 낸드플래시는 128기가비트(Gb) 용량에 셀 하나당 2비트(bit)를 저장할 수 있는 멀티레벨셀(MLC) 제품이다. 고성능 스마트폰에 탑재되는 임베디드멀미디어카드(eMMC), 유니버셜플래시스토리지(UFS) 인터페이스로 공급될 예정이다. 낸드플래시는 플로팅게이트에 전자(일렉트론)를 저장하거나 빼내는 방법으로 0과 1을 구분하고, 이로써 데이터를 쓰고 지우고 읽는다. 회로 선폭이 보다 미세화하면 플로팅게이트 면적 또한 줄어들게 되므로 저장할 수 있는 전자 수가 감소한다. 15~16나노 낸드플래시는 플로팅게이트에 저장할 수 있는 전자 수가 10개 미만, 14나노는 이보다 더 적은 것으로 전해진다. 이렇게 저장 가능한 전자 수에 여유가 없는 상태라면 데이터를 읽고 쓸 때 오류가 잦을 수밖에 없다. 예를 들어, 셀 하나당 2비트(00, 01, 10, 11)를 저장할 수 있는 MLC 방식은 '전자가 없거나, 조금 있거나, 중간쯤 있거나, 많이 있거나'로 00, 01, 10, 11을 구분한다. 저장할 수 있는 전자 개수에 여유가 없다면 오류는 피해가기 힘들다. 삼성전자가 14나노 낸드플래시를 대용량 트리플레벨셀420(TLC, 3비트 저장가능, 8단계 구분)이 아닌 MLC로 개발한 것도 전자수가 적어 생기는 오류를 줄이기 위한 것이다. 낸드플래시 업계가 평면형에서 적층형으로 전환하고 있는 이유도 바로 이 같은 낸드플래시의 구조적 한계 때문이다. 삼성전자가 개발한 14나노 평면형 낸드플래시는 기술 한계를 극복한 사례로 평가받는다. Memory Semiconductor, Non-Memory Semiconductor, D RAM, Plastic Semiconductor를 참조.

**Nano 나노** ① $10^{-9}$을 뜻하는 접두어로서, 기호 n으로 표기하며, billionth 단위이다. ② 반도체에서 공정 기술상 반도체 원판에 정보를 새겨 넣는 회로의 선폭을 일컫는다.

**Nano Air Vehicle(NAV) 초소형 무인기** NAV(Nano Air Vehicle)를 참조.

**Nano Second(ns) 나노초** ns(Nano Second)를 참조.

**Nano-economics 나노 경제학** 대중보다는 개인, 대량유통보다 소규모 거래, 소규모 단위의 경제 시스템들에 주목하는 미래 경제학을 말한다.

**Napoleon' Cadastre 나폴레온 지적** 근대적 지적 제도의 선진국인 프랑스에서는 18세기 말 프랑스 혁명 후 조세 징수를 제도화하고 공평성을 도모하기 위하여 본격적인 지적 조사가 시작되었다. 특히 나폴레온의 명에 의해 1807년부터 시작된 전국적인 지적 조사를 〈나폴레온 지적〉이라 한다. 높은 정도의 통일적인 지적측량이 실시되어 1930년에 완료되었고 그 후 수정, 경신작업이 진행되었다.

**NAPP(National Aerial Photography Program) 국가 항공사진 촬영 프로그램** 여러 개의 기관이 합동으로 추진하는 사업. USGS가 주관하며 흑백 및 컬러 적외선(Color Infrared)영상을 이용해서 미국 전역을 1:40,000축척으로 취득하는 사업이다.

**NAREM(Natural Resource and Environmental Management) 말레이시아 천연 자원 및 환경 관리** 전반적인 목적은 원격 탐사와 이에 관련된 기술들을 이용하여 천연자원 관리와 환경 관리 시스템을 개발하는 것이다.

**Narration Route Guidance(NRG) 음성 경로 안내** NRG(Narration Route Guidance)를 참조.

**Narrow Angle 협각** Focal Length를 참조.

**Narrow Correlator 협대역 상관기(狹帶域 相關機), 협상관기** 위성항법 시스템의 위치 추적을 위해서는 코드의 동기를 정확히 맞추어야 하며, 이를 위해서는 먼저 한 칩 이내로 코드를 동기화 시키는 코드획득 (code acquisition) 과정과 이후에 보다 정밀하게 동기를 맞추는 코드 추적(code tracking) 과정을 거치게 된다. 코드추적의 오차요인이 되는 다중경로 페이딩(multipath fading) 신호가 있는 경우에는 협대역 상관기(narrow correlator) 또는 다중경로 신호 감쇄기법(adaptive multipath mitigation technique) 등을 사용하고 있다. GPS 신호는 다중경로의 영향을 받는다. 수신기 주변의 건물 등의 지형 지물로 인해 위성으로부터 송신된 신호가 굴절, 반사되는데, 이로 인해 오차가 발생한다. 전통적인 GPS는 한 채널당 2, 3개의 상관기(correlator)를 가지고 있다. 이런 상관기들은 신호를 찾을 때까지 코드 지체 공간을 검색하여 하나의 상관기는 상관관계의 정점보다 조금 앞서고(early), 또 하나는 조금 뒤에(late) 있게 하여 신호를 추적하는데, 이를 "Early-late" 상관기라고 한다. 협대역상관기는 Early 상관기와 Late 상관기 간의 시간차, 즉 코드추적을 위해 사용되는 시험코드 간의 시간차를 매우 작게 하고, Early 상관기의 출력값에서 Late 상관기의 출력값을 빼어 줌으로서 다중경로 페이딩 신호의 영향을 최소화한다.

**Narrow Lane 협대역(狹袋域)** GPS 관측치는 L1, L2 주파수에서 동시에 관측된 반송파위상 관측값을 모두 해석하여 얻어진다. 전리층 지연을 소거하기 위해 사용하는 L1과 L2 반송파 위상 관측값의 선형 조합을 말하며, 협대역 관측값(narrow lane)의 유효파장은 10.7cm이고(L1+L2) 협대역 관측값으로 반송파 위상의 모호성분을 쉽게 결정할 수 있다.

**NAS(Network Attached Storage) 네트워크 결합 스토리지** NAS는 LAN을 통해 Storage를 접속한다는 개념, 엄밀한 의미로는 LAN을 통한 Storage 접속이 아니다. LAN은TCP/IP 프로토콜 기반이며 Storage는 접속 프로토콜로 SCSI 프로토콜을 쓰고 있다. 이렇게 상이한 프로토콜이 서로 통신하도록 하기 위해 NAS에서는 중간 매개체 역할을 하는 파일서버가 존재한다.

**NASA(National Aeronautics and Space Administration) 미국 항공우주국** 우주 계획 및 항공 연구 등을 수행하고 있는 미국의 항공우주관련 국가기관이다. 1957년 10월 4일 소비에트 연방의 세계 최초의 인공위성 스푸트니크 1호의 발사 성공에 충격을 받은 1958년 7월 29일, 아이젠하워 대통령은 미국 항공우주국(NASA)을 발족했으며, 여러 개의 우주 개발 기관을 하나로 합쳐 "고등 연구 계획국(Advanced Research Projects Agency, ARPA)"도 창설하였다. 베르너 폰 브라운 박사가 소속되어 있던 육군 탄도 미사일국과 해군 조사 연구소도 NASA에 병합되었다. 산하 시설로 케네디 우주센터, 고다드 우주 비행 센터, 제트 추진 연구소, 존슨 우주 센터, 랭글리 연구 센터, 마셜 우주 비행 센터 등이 있다. 1969년 7월 20일 아폴로 11호가 달 표면에 착륙해 닐 암스트롱과 버즈 올드린 비행사가 지구의 생명체 최초로 지구 이외의 천체에 첫발을 내딛었다. 아폴로 계획에서는 총 6회의 월면에 착륙하여 과학적 데이터와 약 400 kg의 월석(月石)을 가지고 돌아갔다. 또 지질학, 유성체, 지진학, 전열, 레이저 광선을 사용한 지구와 달 사이의 정확한 거리 측정, 자기장, 태양풍 등 다수의 과학적 실험을 행했다. 스카이랩은 미국이 지구 주회 궤도상에 발사한 미국 최초의 우주 정거장이다. 무게가 100톤 가까이 나가는 스카이랩은 1973년부터 1979년까지 지구를 계속 주회하였다. 1970년대부터 1980년대에 걸친 기간 동안 NASA의 최대 프로그램은 우주왕복선이었다. 우주왕복선은 1985년까지 재사용이 가능한 4기가 제작되었고, 그 1호기인 컬럼비아는 1981년 4월 12일에 처음으로 발사되었다. 한편, 우주왕복선은 허블 우주 망원경(Hubble Space Telescope, HST)과 같은 획기적인 계획도 성공시켰다. HST는 NASA와 유럽 우주국(European Space Agency, ESA)의 공동 개발에 의해서 개발된 것으로서, 이 계획의 성공에 의해서 다른 나라 우주 기관과의 협력이라는 새로운 우주 개발 방법이 열렸다. HST에 소요된 예산은 20억 달러 이하로, 1990년에 가동을 시작한 이래, 수많은 선명한 천체 사진을 계속 보내 여러 과학자들에게 많은 도움을 주고 있다.

**NASDA(National Space Development Agency of Japan) 일본 우주 개발 사업단** 일본의 원격 탐사 위성인 지구 관측 위성 발사 · 수신 · 배포 · 이용연구를 하는 기관이다.

**NASDAQ(National Association of Secunity Dealers Automated Quotations) 나스닥** 미국의 전 미 증권업 협회(NASD)가 운영하는 장외 시장 증권 거래 정보 시스템. 주문을 컴퓨터로 처리하여 매매를 성립시키고, 거래 정보와 시세표를 자동 통보하는 시스템이다. 이 시스템에 의해 통보되는 나스닥(NASDAQ) 증권 시세로 잘 알려져 있다. 우리나라의 코스닥(Korea Security Dealers Association Automated Quotation)과 같은 기능이 있다.

**NAT(Node Attribute Table) 절점 속성표** 절점이 점 공간 형상을 표현하기 위해 사용되면 그에 대한 설명정보가 NAT에 저장된다.

**National Aerial Photography Program(NAPP) 국가 항공사진 촬영 프로그램** NAPP(National Aerial Photography Program)를 참조.

**National Aeronautical and Space Administration(NASA)(US) 미국 항공우주국** NASA(National Aeronautical and Space Administration)(US)를 참조.

**National Association of Secunity Dealers Automated Quotations (NASDAQ) 나스닥** NASDAQ(National Association of Secunity Dealers Automated Quotations)를 참조.

**National Atlas 국가 지도첩** 한 나라의 자연·사회·경제·문화 등의 실체를 국가의 조사·통계 등 신뢰도가 높은 자료에 의하여 다수의 주제도 등에 표현하여 체계적으로 편집한 지도첩. 이는 전체적으로 그 나라의 특징을 체계적으로 이해할 수 있으며, 문화수준을 나타내는 척도이기도 하다.

**National Atlas Information Service(NAIS)(Canada) 캐나다 국립 지도원** NAIS(National Atlas Information Service) (Canada)를 참조.

**National Atlas of Korea 국세 지도** 국가적 세력을 나타내는 요소에 대해 지역적 분포와 변화를 종합적으로 파악할 수 있도록 나타낸 지도를 말한다.

**National Base Map 국가 기본도(國家基本圖), 국토 기본도** 한 나라의 가장 기본이 되는 지도. 국토 전역에 걸쳐 일정한 정확도와 축척으로 엄밀하게 제작되고, 일정한 기준과 정확한 측량을 기초로 하여 국가에서 제작하는 기본도(지형도)를 말한다. 국가 기본도를 국가에서 제작하는 이유는 막대한 제작비, 인원 및 시간이 소요되므로 국비로 제작하여 국민에게 제공하기 위해서이다. 국가 기본도는 다목적 지도라 할 수 있어 지형, 지물(자연지물 및 인공지물)에 대한 평면 좌표뿐만 아니라 표고 좌표 등 3차원의 좌표가 수록된 지형도이다. 전 영토에 대해 통일된 축척으로 국가가 제작하는 지도로 국토의 개발, 이용을 위한 필수적인 기초자료를 제공한 뿐만 아니라 다른 주제도 및 특수도의 지도로서 널리 사용된다. 우리나라 국토기본도는 축척 1:5,000, 1:25,000, 1:50,000의 기본도와 1:25,000의 토지이용도 및1:250,000의 지세도가 있다. 국토기본도라고도 한다.

**National Center for Geographic Information and Analysis (NCGIA) 미 국립 지형 공간 정보 분석 센터, 엔시지아이에이** NCGIA(National Center for Geographic Information and Analysis)를 참조.

**National Committee for Digital Cartographic Data Standards (NCDCDS) 미 국립 수치 지도 표준 자료 위원회** NCDCDS(National Committee for Digital Cartographic Data Standards)를 참조.

**National Committee for Information Technology Standards (NCITS) 미 정보 기술 표준 국가 위원회** NCITS(National Committee for Information Technology Standards)를 참조.

**National Computerization Agency(NCA) 한국 전산원** NCA (National Computerization Agency)를 참조.

**National Control Point 국가 기준점(國家 基準點)** 국토에 관한 각종 개발 및 이용 계획 등의 입안을 위한 지도 제작 또는 건설, 토목 공사용의 도면 작성이나 측량에는 그 골격이 되는 기준점이 필요하다. 이러한 기준점 중에서도 측지 측량에 의하여 설치된 기준점을 일반적으로 국가 기준점이라고 하는데, 삼각점·수준점·중력점·천문점·지자기점 등이 있다.

**National Defence Information System(NDIS) 국방 정보 체계** NDIS(National Defence Information System)를 참조.

**National Digital Cartographic Database(NDCDB) 미국 국가 수치지도 자료기반** NDCDB(National Digital Cartographic Database)를 참조.

**National Digital Geospatial Data Framework 국가 수치 공간 자료 프레임워크** 미국 연방 지리 정보 위원회(FGDC)에서 구축한 프레임워크 데이터이다.

**National Digital Orthophoto Program(NDOP) 미국 국가 수치 정사 사진 프로그램** NDOP(National Digital Orthophoto Program)를 참조.

**National Disaster Safety Communication Network 국가재난안전통신망(國家災難安全通信網)** 소방·경찰·군·지방자치단체 등 재난 대응기관들이 각기 독립적으로 운용하는 무선통신망을 단일망으로 통합하여 재난 현장에서 일사불란한 지휘·협조 체제를 통해 움직일 수 있도록 하는 통신망을 말한다. 간단히 '재난안전망', '재난망' 또는 '안전망'이라고도 하며, 'Safe-Net', 'Disaster Network' 등으로 표기하기도 한다.

재난안전통신망은 새로운 국가 재난안전 지휘체계를 구축하기 위한 기본 무선통신 인프라를 제공하며, 재난현장에서 신속·정확한 의사결정 및 구조작업이 이루어질 수 있도록 음성, 데이터, 영상 정보를 원활하게 송수신하는 재난안전통신망을 구축한다. 재난대응 공통분야(8대 분야 : 경찰, 소방, 의료, 해경, 군, 지자체, 전기, 가스 관련 기관) 324개 기관은 필수적으로 재난안전통신망을 이용하여야 하며, 1,000여개 재난관련기관(권장기관)은 재난안전통신망을 직접 이용하거나, 기관별 자체망을 재난안전통신망과 연동방안 중 자율적 선택한다. 재난안전통신망 구축, 운영으로 재난현장 참여기관의 일원화된 통신망으로 신속하고, 체계적인 재난관리체계 기반 마련할 수 있다.

■ 재난안전통신망 구축 전/후 비교

| 비고 | AS-IS | TO-BE |
|---|---|---|
| 통신망 | 협대역/서비스 지역 제한 | 광대역/서비스 지역 제한 없음 |
| 제공서비스 | 음성 중심 | 음성 · 영상 등 멀티미디어 |
| 재난망 활용 | 재난 발생 시 활용 | 재난 발생 및 평시(예방) 활용 |
| 구축 · 운용 | 기관별 구축 · 운용 | 통합 구축 · 운용 |
| 의사소통 | 단방향/단일기관 의사소통 | 양방향/협력적 의사소통 |
| 주요기능 | 재난대응성 중심 | 생존성, 재난대응성, 운용성 등 |

KT가 2015년 재난안전통신망 구축 제1사업자로 선정되었다. KT는 2018년 동계올림픽이 개최될 평창지역을 중심으로 세계 최초로 PS-LTE(Public Safety LTE, 공공안전 LTE) 기술을 적용하는 시범사업을 진행할 예정이다. KT가 진행하는 제1사업에는 재난망 상세 시스템 설계를 시작으로 상호운용성과 보안성 검증 시스템 개발, 운용센터 구축, 기지국과 단말기 납품 설치, 종합 테스트 등이 포함돼 있다.

• 2014년 4월 16일 세월호 참사는 우리나라 재난안전체계 부실함을 절실히 보여주었다. 2003년 대구 지하철 참사 이후 국가재난대응을 위한 통신망 구축 필요성이 제기되고, 2005년부터 통합지휘무선통신망을 구축하던 중, 2008년 2월 감사원 지적 이후 2014년까지 통신망 구축이 중단된 상태였다. 주요 이유는 '기술독점'으로 인한 문제와 '투자 대 편익'이 부족하다는 면에서 예산 확보가 원활치 못했기 때문이다. 이로 인해 재난 발생 시 구조 및 대응기관이 서로 통신방식이 다른 상태로 있으며, 게다가 이런 통신시스템마저 생명주기가 다해 노후화되어 교체시기가 도래하고 있다. 기관별로 TETRA, iDEN, VHF/UHF 등 다양한 기술방식을 도입하여 운용 중이며, 2014년 말 기준으로 TETRA 44%, iDEN 3.5%, VHF 41%, UHF 15% 이용 중이다. TETRA(TerrestrialTrunkedRadioRadio)는 유럽전기통신표준협회가 개발한 주파수공용통신방식이며, iDEN(Integrated Digital Enhanced Network)은 모토로라가 개발한 주파수공용통신방식, TRS(Trunked Radio Service, 주파수공용통신)는 중계국을 이용하여 다수가 이용하는 무선통신방식이다.

• 2014년 5월 19일 대통령은 국민의 생명과 안전을 지키기 위하여, 하나의 통신망 안에서 일사불란하게 대응하고 견고한 공조체제를 갖출 수 있도록 국가재난안전통신망 구축사업을 조속히 결론내리도록 하였다. 또한, '총체적 국가재난관리체계 강화'가 국정과제로 지정되었다. 이어 2014년 5월 27일 국무회의에서 미래부와 안전행정부가 협력하여 재난망 구축을 추진하기로 하고, 차세대 기술방식 선정과 주파수 공급 지원은 미래부에서, 재난망 구축은 안전행정부에서 담당하기로 하였다. 미래부는 국내외 동향 및 기술조사, 이용기관 및 산업계 의견 수렴, 전문가 검토 등을 거쳐 2014년 7월 재난망 구축 기술방식 선정 결과를 제시하였다. 기술방식으로는 LTE 기술기반의 PS-LTE로, 구축방식은 자가망 기반으로 상용망 시설을 일부 활용하고, 주파수는 가장 낮은 가용 주파수인 700MHz 대역의 20MHz 폭으로 수요 제기하였다. 그리고 향후 구축하게 될 철도망, 연근해 통신망과 통합 · 운영하도록 하였다.

• 한편, 국가재난안전통신망 계획이 구체화되고 사업자도 선정되면서 국민안전처, 국토교통부, 해양수산부가 "국가재난안전통신망", 철도망(LTE-R), 해상망(LTE-M)을 연계하는 '통합공공망' 구축한다. 이는 "재난망" 운용 효율성을 높이고 주파수 공동 활용으로 중복투자를 방지하려는 취지이다. 통신망 간 간섭 방지가 최대 해결 과제가 될 전망이다. 국토교통부와 해양수산부는 2015년 11월 700MHz 통합공공망 협력 계획을 발표했다. 국토부는 내구연한이 다 된 철도노선을 중심으로 2018년까지 700MHz 대역을 쓰는 LTE-R를 도입한다. 2018년은 재난망 구축이 끝나고 안정화되는 시점이다. 이에 따라 "국가재난안전통신망"과의 연계도 탄력을 받을 전망이다. 700MHz 주파수 20MHz 폭을 쓰는 재난망과 같은 대역을 이용하면 전국 철도망 인근에는 별도 재난망 인프라를 구축할 필요가 없다. 재난망 투자비용을 줄일 수 있다. 문제는 공동 주파수를 사용하는 데 따른 간섭현상 제거이며, 고속으로 달리는 철도 특성상 안정적 통신 서비스 보장이 최우선이다. 국토부는 2026년까지 전국 철도망에 LTE-R 구축을 완료할 계획이다. 일반철도와 고속철도, 광역철도를 포함해 총 5300km이다. 해수부는 국내 연안선과 어선에 사용하는 고출력 LTE-M 통신망 구축 계획을 발표했다. LTE-M은 전자지도 기반 한국형 e내비게이션 서비스와 재난망 기능을 동시에 제공한다. 해안에서 바다 쪽으로 전파를 송출하기 때문에 철도망 같은 간섭 우려가 없다. 단, UHD 방송과 간섭 문제 발생에는 공동 대응하기로 했다. 해수부는 2016년부터 국민안전처와 LTE-M 구축 상호협력을 추진한다. 기존 해상망으로는 용량과 속도에 한계가 있어 데이터 통신 기반 안전서비스가 필요하므로, LTE 기반 고초속 무선통신망은 이런 문제를 해결해

줄 것으로 분석된다.

**National Elevation Data 국가 고도 자료** 우리나라 수치 표고 모형의 명칭(안)을 말한다.

**National Emergency Management Information System (NEMIS) 국가 긴급 관리정보 시스템** NEMIS(National Emergency Management Information System)를 참조.

**National Fisheries Research & Development 국립 수산 진흥원** 국가 수산진흥을 위한 해양환경조사, 어업자원조사, 증양식 기술개발, 어구어법 기술개발, 수산물 처리가공 기술개발 등의 시험 연구와 어촌 기술지도 개발을 목적으로 설립된 국립연구기관이다.

**National Forest 국유림(國有林)** 임지의 소유에 따른 구분으로 영림서 임업 시험장 등 국가 기관에서 소유하고 있는 산림을 말한다.

**National Framework Data 국가 기본 지리 정보** 지리정보들 간의 통합 및 연동을 지원하기 위한 기초적이고 기본적인 지리정보로서 공공목적을 위해 국가가 제공하는 것이 바람직한 기본 지리정보를 의미한다. (비고) 위치기준 및 자료 통합을 위한 연결기준을 제공한다.

**National Geodetic Control Point 국가 기준점** 측량의 정확도를 확보하고 효율성을 높이기 위하여 국토교통부장관 및 해양수산부장관이 전 국토를 대상으로 주요 지점마다 정한 측량의 기본이 되는 측량기준점으로 국토지리정보원에서 측량에 의해 설치한 위치와 표고 등이 표시된 점으로, 좁게는 삼각점, 수준점 등을 총칭하며 넓게는 중력점과 지자기점 등을 포함하고 국립해양조사원에서 설치한 수로기준점과 영해기준점을 포함한다.

**National Geodetic Vertical Datum(NGVD) 국가 수준 기준면** NGVD(National Geodetic Vertical Datum)를 참조.

**National Geographic Data Center(US) 미국 국가 지형공간 자료 센터** 미국 국립 해양 및 기상청(NOAA)의 산하 기관으로, 세계 수치 표고 자료를 제작하였다.

**National Geographic Information Institute(NGII) 국토지리정보원** NGII(National Geographic Information Institute)를 참조.

**National Geographic Information System(NGIS) 국가지리정보체계** NGIS(National Geographic Information System)를 참조.

**National Geographic Institute(NGI) 국립지리원** 2003년 대통령령(제1806호)에 의해 국토지리정보원으로 개칭되었다.

**National Geography Inst(NGI) 스페인 국립지리원** NGI(National Geography Inst)를 참조.

**National Geospatial Data Clearinghouse(NGDC) 미국 국가 공간 정보 유통기구** NGDC(National Geospatial Data Clearinghouse)를 참조.

**National Geospatial Data Framework(NGDF) 영국 공간 정보 프레임워크, 영국 기본지리정보 체계** NGDF(National Geospatial Data Framework)를 참조.

**National Geospatial Database(NGD) 영국 국가 공간 자료기반** NGD(National Geospatial Database)를 참조.

**National GIS Curriculum 미국 지아이에스 커리큘럼** GIS를 위해 미 국립 지리 정보 분석 센터(NCGIA)의 후원을 받은 국립대학 커리큘럼으로 전 세계적으로 많은 대학에서 교재로 이용하고 있다.

**National GPS Continuous Observation Network 국립 지피에스 상시 관측망**

**National Groundwater Information Management and Service Center(GIMS) 국가 지하수 정보 센터** GIMS(National Groundwater Information Management and Service Center)를 참조.

**National High Altitude Photography(NHAP) 국가 고고도 항공사진 촬영 프로그램, 엔합** NHAP(National High Altitude Photography)를 참조.

**National Hydrograpy Dataset(NHD)(USGS) 미국 국가 수로 데이터셋** NHD(National Hydrograpy Dataset)(USGS)를 참조.

**National Information Infrastructure(NII) 국가 정보 기반** NII (National Information Infrastructure)를 참조.

**National Information Society Agency(NIA) 한국 정보화 진흥원** NIA(National Information Society Agency)를 참조.

**National Institute of Standards and Technology(NIST)(US) 국립표준기술원(미국)** NIST(National Institute of Standards and Technology)(US)를 참조.

**National Land Information 국가 토지 정보** 국토에 관계되는 자연, 사회, 경제, 문화, 토지 이용 등의 영상 정보, 지도 등의 관측에 의한 정보, 통계정보 등의 수치 정보를 말한다.

**National Land Information Service(NLIS) 영국 토지 정보 사업** NLIS(National Land Information Service)를 참조.

**National Land Survey of Finland(NLS) 핀란드 토지 측량국** NLS(National Land Survey of Finland)를 참조.

**National Land Use Planning Map 국토 이용 계획도** 국토 이용 관리법에 따라 확정된 국토 이용 계획선과 용도별 지역, 지구 등의 국토 이용 계획 사항과 면적, 고시 일자 등을 포함한다.

**National Large Scale Map 국토 기본도** National Base Map을 참조.

**National Map Accuracy Standard(NMAS) 미국 국가 지도 정확도 기준** NMAS(National Map Accuracy Standard)를 참조.

**National Mapping and Resource Information Authority(NAMRIA) 필리핀 국가 지도 제작 및 자원 정보국** NAMRIA(National Mapping and Resource Information Authority)를 참조.

**National Marine Electronics Association 0183(NMEA 0183) 국제 해상 전자 위원회 0183** NMEA 0183(National Marine Electronics Association 0183)을 참조.

**National Ocean Service(NOS) 미 국립 해양 연구소** NOS(National Ocean Service)를 참조.

**National Oceanic and Atmospheric Administration(NOAA) 미 국립해양대기국** NOAA(National Oceanic and Atmospheric Administration)를 참조.

**National Oceanographic Research Institute(NORI) 국립 해양 조사원** NORI(National Oceanographic Research Institute)를 참조.

**National Park 국립공원(國立公園)** 대외적으로 자랑할 수 있는 자연의 명승지를 보호 개발하여 국민의 보건, 휴양, 교화 등에 제공하기 위하여 국가가 설정, 관리하는 공원을 말한다.

**National Public Key Infrastructure 국가 공개키 기반 구조** 국가 전체를 대상으로 전자거래의 안전성 및 신뢰성을 제공하기 위한 공개키 기반 구조이다.

**National Reference System 국가기준계** 국가에서 채택하여 사용하고 있는 지구의 크기와 모양으로, 대표적인 것이 NAD27(North American Datum 1927), ED(European Datum), TD(Tokyo Datum), ID(Indian Datum) 등이 있으나, 이는 좁은 지역에는 적합한 결과를 나타내지만 대륙과 대륙간의 측지 정보를 얻기 위해서는 전 세계를 하나의 통합된 측지측량기준계가 필요하다.

**National Remote Sensing Programme(NRSP) 말레이시아 원격 탐사 프로그램** NRSP(National Remote Sensing Programme)를 참조.

**National Road 국도(國道)** 국가 도로망의 주선을 이루는 도로로 국토해양부에서 관리한다.

**National Science Foundation(NSF)(US) 미 국립 과학 재단** NSF(National Science Foundation)(US)를 참조.

**National Space Development Agency of Japan(NASDA) 일본 우주 개발 사업단** NASDA(National Space Development Agency of Japan)를 참조.

**National Spatial Data Clearinghouse 미국 공간 자료 클리어링 하우스** 모든 미국의 지방정무의 분산된 데이터베이스와 다를 지리적 정보에 대해 교차 참조의 역할을 하는 월드 와이드 웹(www)자원을 말한다.

**National Spatial Data Infrastructure(NSDI) 미국 국가 공간 정보 기반** NSDI(National Spatial Data Infrastructure)를 참조.

**National Spatial Data Infrastructure(NSDI) 국가 공간정보 인프라** NSDI(National Spatial Data Infrastructure)를 참조.

**National Spatial Data Integrated System 국가 공간정보 통합체계** 기본공간정보데이터베이스를 기반으로 국가공간정보체계를 통합 또는 연계하여 국토교통부장관이 구축·운용하는 공간정보체계를 말한다(「국가공간정보기본법」 제2조 제6호).

**National Spatial Data System 국가 공간정보 체계** 관리기관이 구축 및 관리하는 공간정보체계를 말한다(「국가공간정보기본법」 제2조 제5호).

**National Standard for the Exchange of Digital Geo-Referenced Information(NES) 남아프리카 수치 지리 참조 정보 교환 표준** NES(National Standard for the Exchange of Digital Geo-Referenced Information)를 참조.

**National Statistics Map 국토 통계 지도** 국토의 각종 현황을 일목요연하게 지도에 도표화하여 국세를 한눈에 파악할 수 있도록 만든 지도로 국가의 자연·사회·경제·문화 등의 실태를 신뢰도가 높은 통계·조사자료 등에 기초하여 다양한 형식의 주제도로 표현한다. 주요 정책 입안·행정·참고·교육 자료 및 대외 홍보자료로 활용된다.

**National Survey and Cadastre(KMS) 덴마크 측량 및 지적국** KMS(National Survey and Cadastre)를 참조.

**National Telecommunications and Information Administration(NTIA) 미국 전기통신 및 정보청** NTIA(National Telecommunications and Information Administration)를 참조.

**National Television System Committee(NTSC) 엔티에스씨, 텔레비전 표준 방식(위원회)** NTSC(National Television System Committee)를 참조.

**National Transfer Format(NTF) 중간 교환 형식** NTF(National Transfer Format)를 참조.

**National Water Data Exchange(NAWDEX) 수자원 데이터 교환 형식** NAWDEX(National Water Data Exchange)를 참조.

**National Water Information System-I(NWIS-I) 수문정보체계 I** NWIS-I(National Water Information System-I)를 참조.

**National Water Information System-II(NWIS-II) 수문정보체계 II** NWIS-II (National Water Information System-II)를 참조.

**Nationwide DGPS(NDGPS) 전국망 위성항법보정시스템** NDGPS (Nationwide DGPS)를 참조.

**Native App 네이티브 앱** iOS, 안드로이드OS 등 각 OS에 맞는 언어로 앱을 개발하는 것을 말한다. 스마트폰에 설치하는 앱은 고객이 자신이 원하는 것만 골라 설치한다는 점에서 일종의 '러브마크'라고 할 수 있다.

**Native Data Set Environment 원자료 환경** 자료들의 작성자 처리 환경에 대한 설명으로 소프트웨어명, 컴퓨터 운영 체계, 파일명(Host, Path, Filenames) 자료들의 크기 등이 포함된다.

**Natural Error 자연적 오차(自然的 誤差)** 자연 현상에 의하여 발생되는 것으로 측정자가 목표물을 정확히 시준하거나 읽는 것을 방해하는 어떤 요인(빛의 굴절, 물질의 열팽창, 기압, 습도 등)의 결과이다.

**Natural Frequency 고유진동수** 진동시스템의 질량과 강성으로부터 결정되는 일정한 진동수로서 외력의 진동수가 고유진동수와 일치할 때 공진이 발생할 수 있다.

**Natural Language 자연 언어** 제5세대 언어라고도 불리는 컴퓨터 명령과 프로그래밍 언어로, 구조가 복잡하지 않고 영어 대화체와 근접되어 있으며, 명령 구문과 특정 명령 단어에 있어서 엄격한 규칙이 요구되지 않는다.

**Natural Language Processing(NLP) 자연어 처리** NLP(Natural Language Processing)를 참조.

**Natural Model 자연 모델** 실제 세상에 이미 존재하는 다른 시스템으로써 어떤 시스템을 표현하는 모델. 예를 들면, 다른 것을 재현하기 위하여 물의 점도를 사용하는 모델을 말한다.

**Natural Point 자연점(自然點)** 지상 기준점, 종·횡 접합점은 자연 물체로서 사진상에 명확히 나타나고 정확히 관측할 수 있는 점으로 돌, 관목, 논 귀퉁이, 도로 교차로 등을 선택한다.

**Natural Representation of Photography 자연적 도법** 지형의 표시방법 중에서 자연적인 입체감을 느낄 수 있도록 지형을 표현하는 방법으로, 음영법과 우모법 등이 있다.

**Natural Resource and Environmental Management(NAREM) 말레이시아 천연 자원 및 환경 관리** NAREM(Natural Resource and Environmental Management)를 참조.

**Natural User Interface(NUI) 자연스러운 사용자 조작 환경** NUI(Natural User Interface)를 참조.

**Natural Viewscape 자연 경관** 인공이 전혀 가해지지 않은 경치로써 산, 하천, 바다, 천연 호소 및 자연녹지 등을 뜻하는 자연경관(Natural Viewscape)이다.

**Nautical Almanac 항해력(航海曆), 천측력** 항해에 필요한 천문 사항을 기재한 책력, 태양, 달, 별들의 천구상(天球上)의 위치가 적혀 있음.

**Nautical Chart 해도(海圖)** 선박의 안정과 경제적인 항해에 필요한 사항을 표현한 항해용 지도를 말한다.

**Nautical Ephemeris 천측력, 항해력** Nautical Almanac를 참조.

**Nautical Mile 해리(海里), 해상 마일** 바다 위의 거리를 나타내는 단위로서, nm 또는 nmi 등으로 표기한다. 자오선(Meridian, 지구 표면의 남북극을 잇는 선) 상에서, 위도(Latitude)의 "1분"에 해당하는 거리를 "1해리"로 정의하며, 1,852m이다. "해상 마일"인 해리와 구별하기 위해 마일(mile)을 "육상 마일(land mile)" 혹은 "법정 마일(statute mile)"이라고도 한다. 1해리 = 1.15(육상) 마일이다. '노트'(knot)는 선박(船舶)이나 조류(潮流), 바람, 비행기의 빠르기를 나타내는 단위로서, 1노트는 1시간 동안 1해리를 움직인 속도이다. 즉, 1 knot = 1 nm/hr.

**Nautical Publications 수로서지(水路書誌)** 「공간정보구축 및 관리 등에 관한 법률」 제2조 제14호에 의거 다음의 서지류(書誌類)를 말한다. (1) 연안 및 주요 항만의 항해안전정보를 수록한 항로지, (2) 주요 항만 등에 대한 조석(潮汐) 및 조류 자료를 수록한 조석표, (3) 항로표지의 번호, 명칭, 위치, 등질(燈質), 등고(燈高), 광달거리(光達距離) 등을 수록한 등대표, (4) 천문항해(天文航海) 시 원양에서 선박의 위치를 결정하는 데에 필요한 정보를 수록한 천측력(天測曆), (5) 해양위기 발생 시 선박의 안전에 관한 신호방법을 수록한 국제신호서, (6) 주요 항 사이의 거리를 수록한 해상거리표, (7) 그 밖에 수로조사 성과를 수록한 각종 서지류 등이다.

**NAV(Nano Air Vehicle) 초소형 무인기** MAV보다 더 소형의 UAV로 최대 길이가 75mm 이하이고, 최대 이륙 중량은 10g 이하의 무인기를 가리킨다.

**Navigation 항법(航法)** ① 한 위치에서 다른 곳으로 선박 또는 차량의 이동을 계획하고, 기록하고, 조정하는 공정을 말한다. ② 감지 센서(자이로, 가속도계, GPS, 레이다 등)를 이용하여 비행체의 위치, 속도 및 자세를 계산하는 기능을 말한다.

**Navigation GPS Survey 항법 지피에스 측량** 차량 항법 장치는 도로의 상태나 형상 등의 정보뿐만 아니라 목적지 및 경유지에 대한 정보를 제공함으로써, 운전자에게 많은 편의를 제공해 준다. 또한 GPS를 기본으로 하는 위치 결정체와 수치 지도를 근간으로 하여 도로의 상태나 형상, 각종 도로에 대한 정보는 물론, 목적지를 검색하여 정보를 제공하기 위해 개발되었다.

**Navigation Message 항법 메시지 신호** 항법 메시지 신호에는 궤도정보(Ephemeris), Almanac, 시계의 보정치, 전리층 보정 자료, 헬스 자료 이외에 다른 위성들에 대한 대략의 궤도 정보가 함께 수록되어 있다. 하나의 프레임이 15,000비트의 크기이며, 이것을 50bps의 속도로 송신하고 있다. 50bps로 변조된 항법 메시지는 25개의 프레임으로 구성되어 있으며, 각 프레임은 5개의 하위 프레임(Sub-frame)으로 구분되고, 각 하위 프레임은 30비트인 10개의 워드로 이루어져 있다. 최초 3개의 하위 프레임의 내용은 같지만 4번째와 5번째는 위성의 개별 정보(Almanac, 전리층의 보정 계수 등)로 되어 있으며, 프레임마다 내용이 바뀐다. 이것을 페이지라 부르며 하위 프레임 4번과 5번은 같은 형식을 가진 25페이지로 구성되어 있어, 하위 프레임 1, 2, 3번의 내용은 변동 없이 이들 페이지가 순서대로 25번 반복된 후에 전체 25개 프레임의 항법 메시지가 완성되는데, 이 모두를 마스터 프레임이라 부른다. GPS 신호에 포함된 37,500 비트의 메시지가 초당 50비트로 송신된다. 따라서 궤도정보만을 취득하는 시간은 30초, 모든 자료를 수신하는 시간은 12.5분이 소요된다.

**NAVigation Satellite Timing and Ranging(NAVSTAR) 위성항법시스템, 나브스타** NAVSTAR(NAVigation Satellite Timing and Ranging)를 참조.

**NAVigation System with Timing and Ranging GPS(NAVSTAR GPS) 나브스타 지피에스** NAVSTAR GPS(NAVigation System with Timing and Ranging GPS)를 참조.

**Navigation Telescope 항법용 망원경** 접안격자판에 비행 방향, 횡 중복도가 30%인 경우의 유효폭 및 인접 촬영 경로, 연직점 위치 등이 새겨져있어, 예정 촬영 경로에서 항공기가 이탈되지 않고 항로를 유지하는 데 이용된다.

**Navigation Telex(NAVTEX) 네비텍스 수신기, 해상 교통문자방송** NAVTEX(Navigation Telex)를 참조.

**Navigational Chart 항해용 해도** Nautical Chart를 참조.

**Navigational Triangulation 항공 삼각 측량(航空 三角 測量)** 입체도화기 및 정밀좌표 관측기에 의하여 사진상에서 무수한 점들의 좌표를 관측한 다음 소수의 기준점(또는 지상기준점) 성과를 이용하여 관측된 무수한 점들의 좌표를 전자계산기, 종횡접합모형(block) 조정기 및 도해적 방법에 의하여 절대(絶對) 혹은 측지좌표로 환산해 가는 경제적 방법이다.

**NAV-msg 항법 메시지** Navigation Message를 참조.

**NAVSTAR(NAVigation Satellite Timing And Ranging system) 나브스타, 위성항법시스템** 위성항법시스템을 말한다. GPS의 별명(別名)으로 NAVSTAR GPS라고도 한다. GPS항법 위성의 1세대 위성을 가리키기도 하며 NDS(Navigational Development Satellite, 항법개발 위성)이라고도 한다.

**NAVSTAR GPS(NAVigation System with Timing and Ranging GPS) 나브스타 지피에스** 일반적으로 GPS가 Global Positioning System을 나타내는 것으로 알고 있으나, 이 체계의 공식적인 명칭은 NAVSTAR GPS(NAVigation Satellite Timing And Ranging Global Positioning System)이다. NAVSTAR GPS 위성에 근거한 전파 항법 체계는 우주 부분(Space Segment), 제어 부분(Control Segment), 사용자 부분(User Segment)으로 이루어져 있다.

**NAVTEQ 나브텍** 전 세계에 디지털 맵 및 관련 콘텐츠를 제공하는 전자지도업체이며, 제공하는 지도는 차량용 내비게이션, 텔레매틱스, 인터넷, 핸드폰 등 다양한 분야에 활용되고 있다.

**NAVTEX(Navigation Telex) 네비텍스 수신기, 해상 교통문자방송** 네비텍스 수신기는 '협대역 직접 인쇄 전신'(Narrow-Band Direct Printing Telegraph, NBDP)의 수신전용 장치로써, 연안 항행 선박에 대하여 '해사안전정보'(Maritime Safety Information, MSI) 수신에 사용된다. 네비텍스 수신기는 '해상인명안전협약'

(The International Convention for the Safety of Life At Sea 1974, SOLAS)의 '세계 해상 조난 및 안전제도'(Global Maritime Distress and Safety System, GMDSS)에 따라 선박에 의무적으로 탑재하는 주요 무선설비이다.

「해상이동업무 및 해상무선항행업무용 무선설비의 기술기준」제3조 제1호에서 "네비텍스 수신기(NAVTEX)"는 항해하는 선박에 기상 및 항행경보 등 선박의 안전항해와 관련된 해사안전정보를 제공하는 설비로 정의하고 있으며, 제공되는 서비스는 자동수신되도록 하고 있다. 한편, 제9조에서는 네비텍스 수신기의 기술기준으로 (1) 518kHz의 FIB전파를 수신하여 인쇄 또는 표시하는 기능이 있어야 하고, 또한 490kHz 와 4,209.5kHz의 F1B전파를 선택적으로 수신하여 인쇄 또는 표시하는 기능이 있을 것, (2) 조난통신 및 긴급통신을 수신한 경우에는 수동으로만 정지시킬 수 있는 특별경보기능이 있을 것, (3) '협대역 직접인쇄 전신통신'을 수신하여 인자 또는 표시가 가능할 것 등을 규정하고 있다.

네비텍스는 F1B 전파 518㎑의 영문방송 및 490kHz의 한글방송을 일정한 형식에 따라 필요한 정보를 선택 수신할 수 있으며 자동수신이 가능하다는 특징이 있다. 항행정보, 기상경보 및 수색과 구조에 관계되는 모든 정보가 네비텍스 해안국에 수집되면, 네비텍스 해안국은 이를 해당 해안국들의 협조를 얻어 필요로 하는 해역에 방송될 수 있도록 단수 또는 복수로 방송한다. 공해상이나 원양해역 및 네비텍스 업무가 제공되지 않는 해역을 항행하는 선박을 위한 해사안전정보의 방송에는 단파대의 협대역직접인쇄전신(NBDP) 또는 인말새트(INMARSAT)가 제공하는 고기능 그룹호출(EGC, Enhanced Group Call) 시스템을 이용한다.

**Navy Navigation Satellite System(NNSS) 미 해군 항법 시스템** NNSS(Navy Navigation Satellite System)를 참조.

**NAWDEX(National Water Data Exchange) 수자원 데이터 교환형식** 1976년 미 연방정부 조직들이 물자료가 쉽게 유통될 수 있도록 하였으며, 현재 350개의 물 관련 조직들이 포함되었다.

**NC(Network Computer) 네트워크 컴퓨터** 네트워크 컴퓨터는 1990년대 후반에 오라클에 의해 등장한 개념으로, 컴퓨터를 네트워크에 연결해 네트워크 자원을 활용하여 컴퓨팅을 할 수 있도록 만든 최소 사양의 컴퓨터이다. 유사한 것으로 신 클라이언트(Thin Client), 넷 컴퓨터 등이 있다.

**NCDCDS(National Committee for Digital Cartographic Data Standards) 미 국립 수치 지도 표준 자료 위원회** 미 연방 정부에 의해 후원되고, 구조, 내용, 전문 용어, 그리고 수치 지도 제작 자료의 질에 대한 기준을 제한한 정부, 대학 산업계 대표들로 구성된 집단이다.

**NCGIA(National Center for Geographic Information and Analysis) 미 국립 지형 공간 정보 분석 센터, 엔시지아이에이** GIS 이용이 확산됨에 따라 발생되는 사회적, 법적, 제도적 영향을 평가하기 위해 설립된 미국 대학 연구 협회. 1988년 국립과학재단의 기금에 의해 설립된 NCGIA는 산타바바라에 있는 캘리포니아 주립대학, 버팔로에 있는 뉴욕 주립대학, 오르노에 있는 메인 주립대학의 연구 집단의 협회이다.

**NCITS(National Committee for Information Technology Standards) 미 정보 기술 표준 국가 위원회** 멀티미디어(MPEG/JPEG), 디바이스와 정보 시스템 간의 상호 통신, 데이터베이스, 정보 보호, 그리고 C++과 같은 프로그래밍언어 분야에서 표준을 개발하고 있다. NCITS는 표준을 개발하고 기술 전문가들은 ISO/IECJTCI(정보 기술)의 국제 표준 활동에서 미국을 대표하여 참가한다.

**NCP(NetWare Core Protocol) 엔시피, 네트웨어 코어 규약** 파일과 프린트 서비스를 요청하거나 요청에 답할 때 사용되는 통신 규약이다.

**NDCDB(National Digital Cartographic Database) 미국 국가 수치지도 자료기반** 특정 축척, 특정 생산, 지도 제작 단위에 의해 조직되고 USGS에 의해 분류된 수치 자료군. NDCDB는 운송, 수로, 측량 방법으로, 경계, 공공용지 조사체계(PLSS), 지형학, 토지 사용과 보호, 그리고 지리적 명칭 등에 관한 정보를 담고 있다. 수치 표고 모형(DEM)으로써 분포된 고도 자료와 수치 선형 지도(DLG : Digital Line Graph)로써 분포된 평면 측량과 등고선 자료라는 수치 자료의 2가지의 주요 형태가 만들어진다.

**NDGPS(Nationwide DGPS) 위성항법보정체계 전국망** NDGPS(Nationwide Differential GPS)를 참조.

**NDGPS(Nationwide Differential Global Positioning System) 위성항법보정체계 전국망** NDGPS(Nationwide Differential GPS)를 참조.

**NDGPS(Nationwide Differential GPS) 위성항법보정체계 전국망** NDGPS(Nationwide DGPS)를 참조.

**NDIS(National Defence Information System) 국방 정보 체계** 인공위성 자료를 이용한 적 지역 지형도 작성 및 지도 자료 기반 구축, 시계열 영상 분석에 의한 적정 변화 탐지 및 대응 체제의 수립을 가능하도록 정보를 제공한다. 또한 GPS, 수치 지형 모형(DTM : Digital Terrain Model) 중첩에 의한 미사일 공격 목표 선정 및 최대 공격 효과의 예측, 항공사진 및 위성영상의 DTM 중첩에 의한 작전 지역의 3차원 영상 생성과 항공침투 모의훈련, 지형특성 분석에 의한 레이더 탐색 범위 추출 및 방공 체계 구상 분석에 의한 적 지역의 농업, 삼림 자원 현황 조사 및 식량 무기화 방안 대책, 수치 지형 모형을 활용한 가시도 분석 등이 가능하다.

**NDIS(Network Driver Interface Specification) 네트워크 드라이버 인터페이스 사양** 마이크로 소프트와 3Com에 의해 개발된 API로 LAN 매니저와 바인즈를 위한 LAN 카드 드라이버이다. NDIS는 각기 다른 운영체제를 사용하거나 다른 네트워크 카드를 사용하는 환경을 하나로 묶어 주는 체계로, 단일 호스트 내에서 다중 프로토콜스택을 사용할 수 있게 해 준다.

**NDGPS(Nationwide DGPS) 전국망 위성항법보정시스템** 기존의 해양용 DGPS와 같은 서비스를 전국에 걸쳐 제공하는 방식이다. 현재 GPS(Global Positioning System)를 이용하여 정보통신, 육상교통, 항공우주, 해양, 과학, 군사, 측량, 농업, 레저 등 다양한 분야에서 측위정보를 사용하고 있으나, GPS는 정상적인 동작 중에도 위성시계오차, 궤도오차, 전리층오차, 다중경로오차 등의 여러 오차요인을 포함하고 있어 정밀 측위분야에는 직접 이용하기에 적합하지 않을 뿐 아니라, GPS의 기계적 고장 및 미국의 정책여건 등에 의해 지역적·한시적으로 측위서비스 기능이 중단되어도 경고방송 등 아무런 조치를 취할 수 없는 매우 높은 취약성을 가지고 있다. GPS의 위치오차와 취약점을 보완하기 위하여 다양한 기술을 접목한 보정시스템이 개발 및 연구되는 실정이며, 다양한 이용분야로부터 측위 서비스에 대한 무결성(Integrity), 정확성(Accuracy), 가용성(Availability)의 성능 향상을 요구하고 있다. 위성항법보정시스템(Differential GPS, DGPS)은 GPS 측위오차를 보정하여 더욱 정확한 측위 정보를 제공하는 시스템이다. DGPS의 기본원리는 이미 자신의 위치를 알고 있는 기준국에 오차를 최소로 가지게 하는 우수한 수신기를 설치하고 각각의 GPS위성 신호를 수신하여 측정된 거리(의사거리)와 이미 알고 있는 거리를 비교 계산한 위성벡터 차이를 보정량으로 하는 위치 보정방식이다.

위성항법보강시스템(DGPS 또는 DGNSS)은 보정치 전달 매체로 '정지위성'을 사용하는가, '지상시스템'을 사용하는가에 따라 크게 "위성기반 보강시스템"(Satellite Based Augmentation System, SBAS)와 "지상기반 보강시스템"(Ground Based Augmentation System, GBAS)으로 구분할 수 있다. 미국의 WAAS, 유럽의 EGNOS, 일본의 MSAS, 인도의 GAGAN 등이 SBAS에 해당되며, 우리나라의 NDGPS(Nationwide Differential GPS) 및 호주의 GRAS (Ground -Based Regional Augmentation System) 등이 GBAS에 해당된다. 또한, 광역의 기준국 망을 사용하는가 아니면 독립적으로 지역 기준국 정보를 사용하는가에 따라 "광역보정시스템"(Wide Area DGPS, WADGPS)과 "지역보정시스템"(Local Area DGPS, LADGPS)으로 구분하기도 한다.

우리나라 해양수산부에서 구축한 "전국망 위성항법보정시스템"(Nationwide DGPS, NDGPS)은 해양 DGPS와 내륙 DGPS로 구분한다. 해양 DGPS는 11개소의 기준국과 8개소의 감시국으로 구성되어 있으며, 내륙 DGPS는 6개소의 기준국으로 구성되어 있다. NDGPS 시스템의 구성은 GPS 측위 오차를 보정하여 보정신호를 이용자에게 송신 역할을 하는 기준국(Reference Station), 기준국에서 방송하는 보정신호에 대한 값을 감시하는 감시국(Integrity Monitor Station), 기준국·감시국의 시스템 상황을 원격 모니터링을 하는 통제국(Control Station)으로 이루어져 있다. DGPS를 참조.

**NDOP(National Digital Orthophoto Program) 미국 국가 수치 정사 사진 프로그램** 1990년에 미국 농무성의 자연 자원 보존국, 농촌 조사국, USGS에 의해 공동으로 제안된 사업이다. 이 사업의 목적은 수치 정사 사진을 공공 분야에 활용하기 위한 것이며, 1991년부터 제작하기 시작하였다.

**NDVI(Normalised Difference Vegetation Index) 정규 식생 지수** 정규 식생 지수의 개념은 Krigler(1969)에 의해 처음으로 설명되었으며, Rouse et al(1973) 등이 처음으로 활용 사례를 제안하였다. 정규 식생 지수는 영상 처리 기술로서 식생의 유·무를 강조하는 데 사용되는 기술이다. 이것은 근적외선과 적색광 밴드 사이의 값의 차이를 두 밴드를 합한 값으로 나누어서 계산한다.

**Neap Range 소조차(小潮差)** 소조 때의 고조와 저조간의 해면 높이의 차를 말한다.

**Neap Rise 소조고, 소조승(小潮升)** 기본 수준면에서 소조의 평균고조위까지의 높이를 말한다.

**Neap Tide 소조(小潮), 조금** 약 15일마다 달이 상현(first quarter) 또는 하현(last quarter)일 때 일어나는 조차(range of tide)가 작은 조석을 말한다.

**Near Field Communication(NFC) 근거리 무선통신** NFC(Near Field Communication)를 참조.

**Near Infrared(NIR) 근적외 영역** NIR(Near-infrared)를 참조.

**Near Infrared(NIR) Laser 근적외선 레이저** 레이저는 증폭기 상태에 따라 기체 레이저, 액체 레이저, 고체 레이저, 반도체 레이저 등 4가지 종류가 있다. 그 중 고체 레이저는 소형장치로부터 큰 출력을 얻을 수 있고, 단시간에 펄스 빛을 얻을 수 있으며, Q-Switching 발진에서는 큰 출력을 얻을 수 있다는 특징이 있다. 그리고 가시영역에서는 근적외선 영역으로 그 발진파장의 영역이 좁아지기 때문에 가간섭성이 낮은 단점이 있다. 가장 실용성 있는 고체 레이저로는 다음과 같은 것이 있다.

① 루비 레이저 : 파장 694.3nm(적), 상온 동작의 고체레이저로 유일한 가시광. Q-Switch 발진에 적합하다. ② Nd : YAG 레이저 : 파장 1,064$\mu$m(근적외), 연속발진, 반복 펄스발진에 적합하다. 평균출력이 크다. ③ d : Glass 레이저 : 파장 : 1,064$\mu$m(근적외), 광학적으로 균질해서 큰 형상을 얻을 수 있다. 대출력 펄스발진에 적합하다.

항공레이저 측량 시스템에서는 일반적으로 고체레이저 근적외영역의 레이저광을 방출하는 네오디움 이온을 호스트 결정에 혼합시킨 YAG레이저나 바나데이트 레이저가 사용된다. 1,064nm 파장의 레이저를 발진한다. 소형이면서 출력이 커 효율이 높다. 적외선 레이저(IR Laser)라고도 한다.

**Near Infrared Color Photograph 근적외선컬러사진** 파장이 0.75~3$\mu$m인 적외선을 이용하여 찍은 컬러사진이다.

**Near Point 근점, 가까운 점** 눈으로 볼 수 있는 가장 가까운 거리의 점을 말한다.

**Near Point Orbit 극궤도 운동** Working Circle를 참조.

**Nearest Neighbor 최근린** 특정 대상체와 그 인접 대상체간의 인접도를 나타내는 기능. 예를 들면, 특정 건물에서 가장 가까운 소방서를 찾아내어 표시하는 기능이다.

**Nearest Neighbor Interpolation 최근린 보간법** ① 티센다각형에 의한 점보간 방법으로 티센다각형 내의 모든 점은 동일한 관측값을 가지게 된다. ② 최근린 보간에서 선 보간은 최단 거리에 있는 관측값을 X방향으로 하는 직선으로 하여 점과 점사이의 중간점으로 연결하는 방법이다.

**Nearest Neighbor Method 최근린 법** 점 사이의 물리적 거리를 관측하는 방법. DTM 자료의 자료 기반 구축에서 임의로 분포된 실측 자료점을 이용하여 격자형 자료를 생성하거나, 인공위성 영상의 기준점(GCP) 자료를 이용하여 가장 가까운 거리에 있는 영상소값을 선택해서 영상을 재배열하는 방법이다. 최근린 보간법, 중선형 보간법, 3차 곡선 보간법 등이 널리 이용된다.

**Nearest Neighbor Ratio 최근린 비율** 점들의 공간적인 분포가 무작한 분포인지, 흩어져 있는지 혹은 모여 있는지를 알아보는 분석방법. 최근린 거리를 기대 거리로 나누어 봄으로써 무작위한 분포인지를 알아볼 수 있다.

**Nearest Neighbor Resampling 최근린(영상) 재배열** 원래영상과 좌표변환된 영상을 겹쳤을 때 가장 가까운 곳에 있는 영상소값을 좌표변환된 영상의 영상소 값으로 정하는 방법을 말한다.

**Nearest Neighbour Sampling 최근린(영상) 배열** 보간의 방법으로 격자 자료에 사용되는데, 이 방법은 원 자료의 셀 값과 격자 자료 중에서 원 자료의 셀과 가장 가까운 거리에 있는 4개의 셀 값과의 차이를 기반으로 해서 새로운 격자 셀의 값을 계산하게 된다.

**Nearest Neighbor Spatial Interpolation 최근린 공간 보간법** 한 지점의 z값(예 : 기온)을 결정하는 데 있어 주변에 분포한 n개의 관측치로부터 추정하는 방법으로서, 새로운 지점의 값은 주변에 분포한 값들에 의해 결정된다.

**Nearest Wiki 가까운 위키** 아이폰에 달린 카메라로 주변 건물을 찍으면 위치 정보를 이용하여 해당 지역 근처에 등록된 위키피디아 항목을 보여주는 서비스이다.

**Nearshore 연안** 해안선(shoreline)과 쇄파선(line of breaking waves) 사이의 부분을 말한다.

**Neat Line 도곽선** 출력된 지도의 영역(Extent) 주위에 그려진 경계선으로 지도의 도곽은 외도곽과 내도곽으로 구분한다(지도도식 규칙 제6조).

**Neat Mode(Effective Stereomodel) 유효 입체 모형, 유효실체모델(有效實體-)** Effective Stereomodel(Neat Model)를 참조.

**NECCA(Norma de Intercambio de Catografia Catastral) 엔이씨씨에이** 대축척 지적자료의 교환을 목적으로 만들어졌으며, 스페인의 지적 정보 교환에 사용되고 있다.

**Needle Lifter 자침 멈추개** 컴퍼스의 자침의 움직임을 멈추기 위한 장치로서, 자침을 사용하지 않을 때에는 이 장치로 자침을 고정해두는 것이 좋다.

**NEET(Not in Education, Employment or Training) 니트족** 직업도 없으며 훈련과 교육도 받지 않는 젊은이를 뜻한다. 취업 의사 없이 부모에게 기대 사는 청년이 대표적이다. 최근엔 실업자에 구직단념자, 취업준비자, 쉬는 인구, 무급 가족종사자까지 아우르는 개념으로 사용된다.

**Negative 네가티브** 물체 또는 원도를 필름, 인화지, 건판에 복사하여 만든 것으로 본래의 물체 또는 원도와는 명암이 서로 반대되는 영상상을 가진다.

**Negative Film 음화** 사진의 원 필름이나 원 필름을 밀착 복사한 필름을 말한다.

**Negative Photograph 음화 사진** 흑백에선 흑과 백이 반대로 된 것을 말하며 칼라는 색이 보색으로 표현된 사진을 말한다.

**Negative Variance 지연 일정** 현 시점에서 지연되고 있는 일정을 말한다.

**Neighborhood 근린(近隣), 인접** 특정한 위치의 주변 영역에 대한 지역 특성을 평가하는데 사용된다. 인접성 기능에 사용되는 가장 일반적인 형태의 기능은 탐색 기능, 지형적인 기능 보간기능이다.

**Neighborhood Analysis 근린 분석, 인접 분석** 사상과 주변 사상과의 관계에 대한 분석. 어느 특정위치를 접하고 있는 대상들의 인접성(Adjacency)검색, 일정한 거리 내에 있는 대상의 근접성(Proximity)검색 등이 위치 자료에 의해 위치적으로 접해 있는 대상의 연결성(Connectivity)을 검색하는 기능을 말한다. 예를 들면, 학교 주변의 주거 지역이나 공원, 쇼핑센터의 파악 등 국지적인 지역의 특성을 파악하는 데 특히 효용성이 크다.

**Neighborhood Operation 인접 연산** 특정 지역과 접하고 있는 지역이나, 가장 가까운 거리에 있는 관공서나 도로 등을 검색하는 것. 특정 주거 지역에 접해 있는 주변 지역의 용도를 분석하는 등의 주변 환경 분석에 주로 사용된다.

**Neith 네이트** 이집트의 창조의 여신, 전쟁의 여신인 동시에, 가사의 여신이다. 붉은 관을 쓰고 2개의 교차된 화살이 달려 있는 방패를 들고 있는 모습을 하고 있다.

**Neighborhood Raster Operation 이웃 래스터 연산** 변환대상 화소의 주변 화소값들을 이용하여 대상 화소값을 변환하는 연산이다.

**NEN 1878(Netherlands Transfer Standard for Geographic Information 1878) 네덜란드 지형공간정보 교환표준 1878** 네덜란드 내 지리 정보의 교환을 목적으로 만들어졌으며, 네덜란드 내 정부 조직과 업계 간의 지리 자료의 교환에 이용되고 있다.

**Neogeography 신 지리학** 여러 개의 온라인 지도들과 지도에 있는 특정 지역관련 정보(예 : 블로그 글, 웹사이트, 주석)를 통합하는 행위를 말한다.

**Neo-Silver 네오실버** 젊은 세대의 라이프스타일을 공유하며 소비에도 적극적인 신세대 장·노년층을 말한다. 어느 정도 자산을 갖고 있으며 브랜드와 소비생활에 대한 이해력이 높고 디지털 기기와 인터넷 활용 능력도 갖추고 있는 소비계층이다.

**NEMIS(National Emergency Management Information System) 국가 긴급 관리정보 시스템** 재난관리체계를 통합적이고 효과적으로 운용하기 위하여 FEMA의 주도하에 구축된 국가비상관리정보시스템(NEMIS)은 FEMA와 관련 기관의 비상관리 임무를 수행하기 위한 기술적 기반이 되고 있다. 즉, NEMIS는 미국의 국가안전관리정보시스템으로 인적지원, 인프라지원, 예방 및 완화, 비상조정 및 비상지원 등의 업무를 지원하는 통합된 시스템으로 디지털화된 자료를 제공하며 재난과 관련된 타기관의 시스템과 인터페이스로서의 역할 등을 수행한다. 또한 NEMIS는 기존의 통합재무관리정보시스템(Integrated Emergency Management Information System : IEMIS), 국가홍수보험프로그램(National Flood Insurance Program : NFIP), 데이터베이스, 대비 및 교육훈련시스템(Preparedness Training & Exercise : PT&E), 물류데이터베이스(Logistics Database), 인적자원관리시스템(Human Resources Management System), 국가화재보고시스템(National Fire Incident Report System) 등 관련기관의 시스템들과 연계되어 있다. FEMA는 대규모 재해 발생 시 중심이 되어 연방 부처, 주정부, 지자체 그리고 민간조직 등 여러 관계자가 협력해 대응하고 있으며, 재해대책포털을 통해 정보를 공유하고 이를 토대로 대응체계를 정비하고 있다. 정보를 전달하는 방식은 동영상, 이메일, GIS정보, 위성전화 등을 활용하고, 통신 기반시설이 소실된 지역은 위성통신기기를 이용하여 재난관련기관간의 커뮤니케이션을 원활하게 하고 있다.

**NES(National Standard for the Exchange of Digital Geo-Referenced Information) 남아프리카 수치 지리 참조 정보 교환 표준** 지리 참조 자료의 교환을 목적으로 만들어졌다. 남아프리카 내 정부조직과 기관들 간 지리 자료 교환에 이용되고 있다.

**Net BEUI(NetBIOS Extended User Interface) 넷 뷰** 마이크로소프트가 네트바이오스를 확장시킨 것이라고 생각하면 된다. 이는 마이크로소프트의 모든 NOS-LAN 매니저, 윈도우즈 NT/어드밴스드 서버에서 사용된다.

**Net BIOS(Network Basic Input/Output System) 넷 바이오스** 특정 하드웨어와 연계되어 움직이는 네트워크 체계의 사양을 의미한다. 이와 비슷한 개념으로는 IP나 IPX가 있다.

**Net CDF(Network Common Data Form) 넷 씨디에프** 과학자료의 교환을 위한 교환표준을 말한다.

**NetBIOS Extended User Interface(Net BEUI) 넷 뷰** Net BEUI(NetBIOS Extended User Interface)를 참조.

**Netbook 휴대용 노트북 피씨, 넷북** '인텔'이 모바일용 컴퓨터 칩인 '아톰 CPU'를 출시하면서 선보인 용어로 가볍고 얇으며 작은 크기의 미니 노트북을 말한다. 언제 어디서든 소형 노트북을 이용해 네트워크에 접속할 수 있다는 의미에서 '넷북'이라고 이름 지어졌다.

**Netflix 넷플릭스** 요즘 미국에서 창의적인 인재들이 선호하는 회사로서, 넷플릭스에 주문을 하면 이것저것을 시청할 수 있도록 만든 회사이다.

**Netherlands Transfer Standard for Geographic Information 1878(NEN 1878) 네덜란드 지형공간정보 교환표준 1878** NEN 1878(Netherlands Transfer Standard for Geographic Information 1878)를 참조.

**Net Holic 넷 홀릭** 컴퓨터와 인터넷에 중독된 네티즌. 컴퓨터와 조금만 떨어져 있어도 전자우편을 조회하고 싶어 하거나 웹사이트 화면이 눈앞에 어른거려 불안한 증세를 보이는 것이다. 이 단어는 웹(web)과 중독자(holic)의 합성어로 바로 이 같은 인터넷 중독자를 뜻한다. '웹 홀릭' 또는 IAD(Internet Addiction Disorder)도 같은 뜻으로 쓰인다. 전문가들은 인터넷 중독 현상이 개인적인 몰입 차원이 아니라 복합적 사회현상의 한 단면이라고 지적한다. 통제에 길들여진 규격화된 인간들이 이를 벗어나려고 인터넷에 빠지고, 클릭 1번으로 가상세계의 통치자가 되는 재미에 인터넷에 몰입한다고 해석한다. 인터넷 중독에도 단계가 있다. 주위에 사람이 없어지기를 기다리면 1단계에 해당하고, 전화가 자주 통화 중이라는 말을 들으면 2단계, 컴퓨터 투자비가 자동차 수준을 넘어서면 3단계로 분류된다.

**Netizen 네티즌** 네트워크(Network)와 시민(Citizen)을 결합한 용어로서 '네트워크 시민'으로 번역할 수 있다. 네트워크를 통해 정보를 활용하는데 능숙한 사람을 가리킨다.

**Netrepreneur 네트러프러너** 인터넷(Internet)과 기업가(Entrepreneur)의 합성어로서 돈을 벌기 위한 경제적 목적으로 인터넷을 이용하는 인터넷 창업가를 말한다. 이들은 보통 사람들의 사고와는 다른 창의적이고 몽상적인 생각으로 디지털 세계에서 크게 성공한 기업인들이 많다.

**Netscape 넷스케이프** 마크 안드리센(Marc Andreessen)이 만든 초창기 웹브라우저이다. Internet Explorer (Microsoft)에 추월당하면서, 현재 전 세계 시장점유율이 3% 이하이다.

**Net-Vandalism 넷 반달리즘** 디지털상에서의 '이유 없는 일탈・파괴 행위'로 정의할 수 있다. 문화, 종교, 예술에 대한 무자비한 파괴행위를 가리키는 반달리즘에서 비롯된 용어로 온라인상에서 벌어지고 있는 비슷한 행위들을 의미한다.

**NetWare Core Protocol(NCP) 네트웨어 코어 규약, 엔시피** NCP(NetWare Core Protocol)를 참조.

**Netware Loadable Module(NLM) 네트웨어 적재가능 모듈** NLM(Netware Loadable Module)를 참조.

**Network 네트워크, 망** ① GIS : 상호 연결된 선와 교차점으로 구성된 시스템으로서, 이동경로를 나타내는 상호 연결된 노드와 아크, 그들 간의 관계로 구성된 데이터 구조를 말한다. 예를 들어, 도로 체계에서 두 지점 간의 최단(공간적 혹은 시간적)경로와 최적 경로를 찾는 등의 공간적인 분석을 지원한다. 이것은 지표상의 형상 중 도면에 연속적인 선형으로 표현할 수 있는 요소를 분석하는 데 이용할 수 있다. 예를 들면, 도로상의 교통량과 이동 속도, 최적 노선 등을 분석하거나 상수도 관망이나 가스관에서 앞의 흐름을 모형화할 수 있으며 경찰서・소방서・병원 등 공공 시설물의 적절한 배치 등에 사용된다. 따라서 선형요소들의 수치적 표현은 선행요소들이 표현하는 실제 네트워크 구조를 반영해야 한다. 같은 형태의 자료를 표현하는 선은 교차시를 제외하고는 교차되어서는 안 된다. 또한 분할이 시간적 또는 속성코드 특성을 반영하지 않거나, 끊어짐이 데이터베이스에 의해 강제적으로 제한되지 않는다면, 요소는 끊어지거나 분할되어서는 안 된다. ② 컴퓨터 : 통신선으로 컴퓨터들(혹은 프린터 같은 주변장치들)을 연결해 주는 체계. 사무실 혹은 빌딩 단위의 근거리망인 LAN과 더 넓은 개념의 WAN으로 구분한다. 인터넷은 새로운 전 세계적인 네트워크이다(Distributed System 참조). 컴퓨터 네트워크는 좁은 단일 장소에 적용되기도 하고, 대륙 간 원격 구성도 가능하다. Stand-Alone 마이크로 컴퓨터 지도제작 체계는 가까운 거리에서 마이크로 컴퓨터, 디스크드라이브, 칼라 그래픽 모니터, 펜플로터 및 프린터와 이들을 연결하는 여러 종류의 케이블로 구성된다. 좀 더 복잡한 체계들은 여러 장치들과 하나의 건물 또는 여러 개의 건물들에 있는 여러 개의 처리장치들 간의 케이블링으로 구성될 수 있다. 또한 전화통신, 마이크로웨이브 전송 또는 인공위성을 이용하는 원격통신기술을 이용함으로써 네트워크 안에 있는 장비들을 연결할 수가 있다. ③ 통신 : 분산 전산 체계뿐만 아니라 데이터베이스는 보다 좋은 접근뿐만 아니라 보다 좋은 서비스를 위하여 네트워크에 상호 연결되어져야 한다. ④ 공정관리 : 목표에 도달하기 위해 수행되어야 하는 활동과 단계들로 구성되어 있는 프로젝트의 논리적 다이아그램으로, 수행 과업과 상호 의존성의 연결성을 나타내주고 있다.

**Network Address 통신망 주소** 컴퓨터에서 자료들을 획득할 수 있는 책임담당의 인터넷, 홈페이지 등의 전자적 주소를 말한다.

**Network Adjustment 망 조정** 관측된 거리, 각도, 방위각 및 기준점 좌표를 이용한 망조직에 의하여 각 관측점의 좌표를 구하는 것을 망조정이라 한다.

**Network Analysis 관망 분석** ① GIS : 도로 관망을 통한 최적 경로 계산, 관망 체계 능력 또는 관망의 시설물을 위한 최적의 위치 등 관망상의 위치 간 관련성을 고려하는 분석기술이다. 이러한 분석에는 최적 경로 분석, 자원 할당 분석 등이 있다. 선분 자료의 각각에 가중치를 부여하고 최적의 가중치를 합산하는 등의 과정을 통하여 최적 경로를 찾아주는 기법이다. 예를 들어, 가로망도에서 교통량, 거리등의 요소에 가중치를 부여하고, 시점과 종점을 택하면 최적경로가 산출된다. 이 기능은 선형 모형화 기법으로 많이 쓰인다. ② 공정 : 프로젝트를 구성하고 있는 활동이 네트워크에서 일련의 활동과 그들의 상호 관계로 이루어져 있는 하나의 프로젝트를 계획할 때 사용되는 기술이다.

**Network Analysis System 관망 분석 체계** 주로 관계의 지리적, 통계적 분석과 시설물 네트워크의 회로와 같은 선형 체계의 세그먼트와 노드의 연결에 의존하는 흐름에 사용되는 컴퓨터 체계이다.

**Network Architecture 네트워크 구성** 시스템 네트워크의 물리적인 구성과 그 프로토콜, 구성 요소나 이용 방법과는 논리적으로 독립되고, 또한 체계적으로 정리된 설계 방식을 말한다.

**Network Assisted GPS(A-GPS) 네트워크 보조형 지피에스** A-GPS는 네트워크를 이용해 서버에서 위치를 계산하는 방식으로 위치정확도는 50~100m 전후이다. 기존 이동통신 기지국을 활용하고, 휴대폰 기반의 서비스가 가능하다는 장점을 갖고 있지만, 위치오차가 크다는 단점이 있다.

**Network-Attached Storage(NAS) 네트워크 결합 스토리지** NAS(Network-Attached Storage)를 참조.

**Network-based RTK 실시간 (위치보정 정보) 지피에스 측량** 실제 기준국의 네트워크를 이용하여 '가상기준점(Virtual Reference Station)' 형성(VRS 방식) 또는 실제기준국의 이용(MAC방식)을 통한 기존 RTK 위치결정법에 있어서의 기선거리 증가에 따른 기준국 데이터의 계통오차(Systematic Error) 제거 및 감소, 결과의 신뢰도 증가와 초기화 시간의 단축을 가져온다. 거리의 존오차의 보정 및 모델링을 통한 각종 오차 요소들의 예측과 네트워크 보정 정보를 이용하여 광범위한 지역에서의 실시간 고정밀 GPS 측위에 따른 높은 정확도의 위치결정을 할 수 있다.

**Network Basic Input/Output System(Net BIOS) 넷 바이오스** Net BIOS(Network Basic Input/Output System)를 참조.

**Network Blackout 통신망** Communication Network Blackout를 참조.

**Network Chain 네트워크 사슬** 시작 절점, 종점 절점의 정보는 명확히 가지고 있으나, 왼쪽 다각형, 오른쪽 다각형은 참조하지 않는 네트워크 구성요소이다.

**Network Common Data Form(Net CDF) 넷 씨디에프** Net CDF(Network Common Data Form)를 참조.

**Network Computer 통신망 컴퓨터** 통신망으로 연결된 컴퓨팅과 커뮤니케이션의 활용을 위한 기반 장치로, 웹 검색, 전자메일, 워드프로세싱, 스프레드시트, 프레젠테이션 그래픽 등을 지원하는 멀티미디어 장치이다.

**Network Computer(NC) 네트워크 컴퓨터** NC(Network Computer)를 참조.

**Network Computing 네트워크 컴퓨팅** 서버 기반 컴퓨팅처럼 응용 소프트웨어를 서버에 두지만, 작동은 이용자 컴퓨터의 자원을 이용해 수행하는 방식을 말한다.

**Network Conference Group 통신망 회의 그룹** 같은 관심을 갖고 있는 사용자들이 정보에 대해 다양한 의견을 공유할 수 있는 인터넷 자원으로서 Comp, Infosystems, GIS를 포함하여 몇몇 주요 GIS 그룹(GIS-L이라고도 불림)이 존재한다.

**Network Data Model 네트워크 자료모형** 같은 형태의 기록들이 같은 개념의 파일에 모여 있는 자료 저장 구조. 그래프 구조를 사용하여 자료를 표현하는 망 자료 모형에서는 엔티디 또는 레코드라고 불리는 각각의 정보가 하나의 정점으로 표현되고, 이들 엔티디 사이의 관계가 하나의 간선으로 표현된다.

**Network Database Structure 네트워크 데이터베이스 구조** 수많은 자료들의 관계를 명확하게 하기 위해서 데이터베이스 내에 자료를 정렬하는 방법을 말한다.

**Network Drive 통신망 드라이브** 통신망 상의 복수의 사용자들과 컴퓨터에서 이용할 수 있는 디스크 드라이브. 네트워크 드라이브는 종종 하나의 작업 집단에 속한 많은 사람들이 자료 파일을 저장한다.

**Network Driver Interface Specification(NDIS) 네트워크 드라이버 인터페이스 사양** NDIS(Network Driver Interface Specification)를 참조.

**Networked Archive 통신망 집적소** 공간 정보의 온라인 저장소 형태로 저가의 컴퓨터 설비를 가진 이용자들의 접근이 언제든지 가능하다.

**Network Effect 네트워크 효과** 일단 어떤 상품에 대한 수요가 형성되면 이것이 다른 사람들의 선택에 큰 영향을 미친다는 것으로, 미국의 경제학자 하비 라이벤스타인(Harvey Leibenstein, 1922~1994)이 주장했다. 우리가 현재 사용하고 있는 쿼티(QWERTY) 자판은 네트워크 효과의 대표적 사례이다. 알파벳들이 비효율적으로 나열돼 있어 사용하기에 불편하지만 워낙 많은 사람들이 쓰고 있기에 효율적인 드보락(DVORAK) 자판을 밀어내고 여전히 독점적 지위를 차지하고 있다. 일단 수요가 형성돼 사람들에게 익숙해지면 사람들은 그 익숙함 때문에 아무리 비효율적이라 하더라도 계속 찾게 되는 것이다.

**Network File Structure 네트워크 파일 구조** 기록들이 다른 파일에 있는 하나 이상의 기록과 연관을 갖고 있으며, 다른 파일에 있는 기록들과 연관시키기 위해서 지시자가 이용된다.

**Network File System(NFS) 네트워크 파일 체계** NFS(Network File System)를 참조.

**Network Function 네트워크 기능** 어떤 모양이나 조직의 형태로 지형을 연결하는 체계. 네트워크는 통상 한 위치에서 다른 위치로 자원을 이동시키는 데 사용된다. GIS에서는 네트워크 해석에서 주로 네트워크 예측, 노선 최적화, 자원 할당의 3가지 형태가 사용되며, 다음과 같은 4가지 요소를 포함하고 있다. 첫째, 자원의 모임(예 : 배달되는 상품), 둘째, 자원이 위치한 한 지점 또는 여러 지점(예 : 상품이 저장되는 창고), 셋째, 자원이 전달되는 목적지 또는 대상(예 : 상품을 받는 소비자의 위치), 넷째, 대상이 직면하게 될 한계 상황에 의해 발생될 계약조건 등이다(예 : 운송수단으로 여행할 수 있는 최대 속도).

**Network GIS 통신망 지아이에스** Internet GIS를 참조.

**Network Information Center(NIC) 인터넷 정보센터** NIC(Network Information Center)를 참조.

**Network Layer 망 계층(網階層), 네트워크 계층** "개방형 시스템 간 상호 접속(Open Systems Interconnection, OSI)" 통신 프로토콜의 7계층 중 제3계층에 위치하는 계층이다. 하나 또는 복수의 통신망을 통하여 컴퓨터나 단말 장치 등의 시스템 간에 데이터 전송을 한다. 망 내의 중계 기능에 의해 단말 시스템 간의 통신로를 제공한다. OSI 7계층 구조는 다음과 같다. (1) Physical(=물리 계층) : 상위 계층에서 내려온 비트들을 전송 매체를 통하여 어떤 전기적 신호로 전송할 것인가를 담당, (2) Data Link(=데이터 링크 계층) : 신호수준의 데이터 비트들이 물리계층을 통과하면 데이터블록을 형성하는데, 이 데이터 블록에 대한 전송을 담당, (3) Network(=네트워크 계층) : 송신측과 수신측 사이에 보이지 않는 논리적인 링크를 구성하며, 패킷 전송의 최적의 경로를 찾아주는 라우팅 기능 제공, (4) Transport(=전송 계층), 사용자와 사용자, 컴퓨터와 컴퓨터 간에 연결을 확립·유지하며, 통신 흐름 제어를 제공, (5) Session(=세션 계층) : 세션을 확립하여 순차적인 대화의 흐름이 원활하게 이루어지도록 동기화 기능 제공하며, 데이터 전송 방향 결정한다. 세션(session)은 사용자가 접속 중인 응용 프로그램을 한 쌍으로 연결하는 작업이다. (6) Presentation(=표현 계층) : 데이터를 표현하는 방식을 다루는 계층으로서, 데이터의 안정성을 높이기 위해 데이터 압축이나, 데이터 암호화 기능 제공하며, 상이한 데이터 표현을 서로 가능케 하는 표준인터페이스 제공,

(7) Application(=응용 계층) : 사용자의 응용 프로그램이 네트워크 환경에 접근하는 창구역할을 하는 최상위 계층이다.

**Networking Protocol 통신망 규약** 다양한 네트워킹 체계 사이에서 자료의 교환을 규정하는 통신 게이트웨어를 제공하는 소프트웨어를 말한다.

**Network Link 관망형 링크** 차량・유동체・전기와 같은 것들을 운반하는 경로와 통신망. 예를 들면, 고속도로와 전송선과 같은 것을 표현하는 서로 연결된 선형의 엔티티이다.

**Network Map 관망형 지도** 주제로서 도로・지하철・파이프라인・공항 연결 등과 같은 네트워크 안의 연결을 보여주는 지도이다.

**Network Mode 네트워크 방식** 간섭 측위에 의해 복수기선, 복수섹션의 관측을 일관하여 계산하는 해석 방법. 보통은 사용되지 않으나, GPS 위성의 궤도추적을 병용할 때에 이용한다.

**Network Model 관망형 모형** 계층형의 비 융통성을 보완한 것으로, 하나의 객체는 여러 개의 부모 레코드와 자식 레코드를 가질 수 있다. 즉, 가장 많이 쓰이는 몇 개의 객체간의 관계성을 부여하여 구축한 모형이다. 따라서 일정 객체에 대하여 모든 상위 계층 데이터를 검색하지 않아도 관련 검색이 가능하다. 예를 들면, 과목 레코드는 교수 레코드와 학과 레코드 등 2개의 부모 레코드를 가지며, 따라서 해당 학과에서 개설되는 과목은 교수에 관한 레코드를 거치지 않아도 추출할 수 있다. 이를 결합에 의한 레코드라 한다. 관망형 모형의 특징은 계급형에 비하여 상대적으로 많은 연결성에 변화가 생길 경우에 갱신을 위한 별도의 노력이 소요된다. 관망형은 계층형보다 융통성이 보완되었으나, 계층형에 비해서 복잡한 연결성을 저장, 관리해야 하는 단점이 있다.

**Network Neutrality 네트워크 중립** 소유권의 출처를 근거로 하여 인터넷 서비스 제공자들이 웹 콘텐츠에 간섭하지 않도록 방지하자는 신조어. 망 중립성은 모든 네트워크 사업자는 모든 콘텐츠를 동등하게 취급하고 어떠한 차별도 하지 않아야 한다는 개념이다. 지난 2003년 미국 컬럼비아대학의 팀 우 교수가 처음 제시했고, 미국연방위원회(FCC)가 원칙을 정립했다. 국내에서는 2011년 12월 방통위가 가이드라인을 발표한바 있다.

**Network Node 네트워크 절점** 관망선형의 끝점과 관망 링크를 연결하는 점으로, 예를 들면, 도로망의 교차점과 인터체인지, 수리학적인 관망에서 하천의 합류지점이나 전력 그리드에서의 스위치 등이 관망 절점에 해당된다.

**Network Pair Connectivity 통신망 쌍 연결성** 케이블망 내에서 케이블 쌍들의 수학적인 연속에 기인한 전화 용어. 전통적으로 서비스를 제공하는 목적에 대하여 중앙 사무실로부터 개별 가입자까지 연결성을 말한다.

**Network Printer 네트워크 인쇄기** 통신망을 통하여 복수의 컴퓨터가 공유하는 인쇄기를 말한다.

**Network Protocol 통신망 규약** LAN상의 모든 장치가 공통의 자료 형식을 이용하여 자료를 교환하고 통신할 수 있도록 하는 것으로, 자료 교환의 형식을 규정한 일련의 고정된 법칙. 특정한 규약은 각각의 Bit들이 메시지를 저장할 때 어떻게 통신망의 다른 노드에 의해 바르게 수신되고 해석되기 위해 배열되는지를 규정한다.

**Network Resource Name 통신망 획득명** 자료들을 획득에 이용되는 파일이름이나 서비스명을 말한다.

**Network-RTK 네트워크-알티케이** 네트워크 RTK 측량은 3점 이상의 상시관측소에서 관측되는 위치 오차량을 보간하고, 이를 이동국 GPS로 송신하여 관측값을 보정함으로써 1대의 수신기만으로 고정밀 RTK 측량을 수행하는 방식. VRS방식, MAC 방식 및 FKP 방식 등이 있다.

**Network Topology 통신망 위상** 여러 개의 컴퓨터 체계와 장치들을 연결하는 통신망의 물리적인 접속 형태를 말한다.

**Neural Network 신경 회로망** 단일 프로세서들은 사람 두뇌를 통하여 문제를 처리하는 방식과 비슷한 방법으로, 문제를 해결하기 위하여 컴퓨터에서 채택하고 있는 구조를 말한다. 처리 능력과 기억장치는 별개로 분산되어 있지만 효과적으로 연결되어 있다. 병렬 처리 개념의 확장에 있어서 각각의 프로세서끼리 연결된 조직을 가지고 있다.

**Neutrino 중성미자(中性微子)** 중성자(neutron)와 모든 특성이 같으나(전하 0), 질량이 더 적어서 '중성미자'라고 부른다. rino는 작다는 걸 의미한다. 질량이 0으로 알려져 있었으나, 최근 연구 결과에 따르면 0은 아닌 것으로 판명났다. 그러나 정확한 질량은 알 수가 없다. 1930년 파울리가 중성미자의 존재를 처음으로 예언했으며, 1999년 발견되었다. '베타 마이너스 붕괴'에서 중성자가 양성자로 붕괴할 때 '전자'와 '전자-반중성미자(anti-neutrino)'가 방출된다. 그리고 '베타 플러스 붕괴'시에 양성자가 큰 에너지를 흡수하고 중성자로 변하면서 '양전자'와 '전자-중성미자'를 방출하는 걸로 알려져 있다.

**Neutron 중성자(中性子)** 원자핵을 구성하는 것(양성자, 중성자) 중에서 전하가 없으며, 양성자보다 약간 무거운 핵자이다. 1개의 '위(up) 쿼크', 2개의 '아래(down) 쿼크'로 이루어져 있다. 채드윅(James Chadwick, 1891~1974)이 발견하였다. 자유 상태에서는 불안정하고, 반감기는 614초(10분 14초)이다. 그러나 원자핵 안에 갇히면 안정하다. 중성자는 아원자 강입자(subatomic hadron)로서, n이라고 표시한다. 경수소를 제외한 원자의 원자핵은 양성자와 중성자로 이루어져있으며, 이 둘을 합쳐 원자핵 또는 핵자라고 한다. 원자핵을 이루고 있는 양성자의 갯수를 원자번호라 하며, 원소의 종류를 결정한다. 또한 중성자의 수는 물질의 동위 원소를 결정한다. 예를 들면, 탄소의 대다수를 차지하는 탄소-12($C^{12}$)는 6개의 양성자와 6개의 중성자를 가지고 있는 반면, 탄소-14($C^{14}$)는 6개의 양성자와 8개의 중성자를 가지고 있다. 중성자는 핵력을 통해 중성자와 묶여 원자핵을 이룰 수 있으며 양성자들만 모여 있으면, 서로 같은 전하를 띠고 있어 반발한다. 양성자들을 반발시키는 전자기력이 핵력의 인력보다 강하기 때문에 양성자만으로는 원자핵을 이룰 수 없다. 묶인 중성자(bound neutron)는 일반적으로 안정한 반면, 자유중성자는 불안정하다. 자유중성자는 베타 붕괴를 일으키며 평균 수명이 약 881.5초이다. 자유 중성자는 핵분열이나 핵융합 반응에서 만들어진다. 중성자 발생 장치나 연구용 원자로가 중성자 생성 전용 중성자원으로 쓰이고 파쇄원은 조사(irradiation)나 중성자 산란 실험에 쓰인다. 중성자는 1932년에 발견되었고 1933년에는 핵의 핵 연쇄 반응을 조절할 수 있다는 게 밝혀졌다. 1938년 핵분열 현상이 발견되었을 때, 핵분열에서 중성자가 만들어진다면, 이때 만들어진 중성자가 연쇄 반응을 가능하게 만든다는 사실이 밝혀졌다. 이는 1939년 원자력 에너지 생산으로 증명되었다. 이는 세계 최초 자동 핵 연쇄반응인 시카고 파일(Chicago Pile-1, 1942년)과 핵무기의 생산을 이끌어냈다.

**New Abnormal 뉴 애브노멀** 새로운 경제 질서를 뜻하는 '뉴 노멀'(New Normal)과 대비되는 개념이다. 뉴 애브노멀을 지지하는 사람들은 시장의 변동성은 일시적인 것이 아니라 상시적인 것이며, 따라서 몇 가지 특징으로 간단히 정의 내릴 수 있는 것이 아니라는 주장이다. 즉, 저성장, 저금리, 저물가로 정의되는 뉴노멀 역시 잠깐 스쳐가는 변화의 한 흐름이라는 것이다. New Normal 참조.

**New Climate Change Regime 신(新)기후변화체제** 무분별한 화석연료 사용으로 지구온난화가 앞으로 많은 재앙을 불러올 수 있을 것으로 예상하고 있다. 세계 각국은 지구 온도를 산업혁명 이전보다 2℃ 이상 올라가지 않도록 하기 위해 온실가스 배출 감축에 나서고 있다. 온실가스 배출 기여도가 높은 선진국은 온실가스 감축 의무량을 설정해 그 책임을 다하기 위해 노력하고 개발도상국 등은 자발적인 온실가스 감축활동에 참여하고 있는 데 이게 바로 기후변화체제이다. '신(新)기후변화체제'는 여기서 한 발 더 나아가 오는 2020년 교토의정서 종료에 맞춰 현 기후변화체제 한계를 극복하고 모든 국가가 책임을 갖고 참여하는 2020년 이후(Post-2020)의 새로운 국제협약이다.

**New Economy 신경제** IT 분야의 기술혁신을 통해 생산성을 지속적으로 증가시키는 경제를 뜻한다. 제조업 중심의 산업경제기반에서 이의 이동을 설명하기 위해 나온 단어로 1990년대 후반 닷컴버블 붕괴 직전에 널리 사용됐다. 1990년대 말 보여준 높은 성장률과 고용률, 그리고 낮은 인플레이션은 지나치게 낙관적인 전망과 비즈니스 계획상의 흠집을 보여주었다. 1983년 타임지가 커버스토리로 새로운 기술기반의 경제를 표현하기 위해 신경제(The New Economy)라고 쓴 것이 기원이다.

**New Media 새로운 정보 매체** 유선과 무선, 통신과 방송 등 서로 다른 분야의 개체가 어울려 패키지 매체, 무선 매체, 유선 매체로 구성되어 각종 전자 서비스를 제공한다.

**(New) National Position Datum System (신·新) 국가위치기준체계** (1) 현재 우리나라의 측지계는 세계 각국과 같이 측지계 기준을 평면 및 높이 부문으로 운영하고 있다. 즉, (i) 평면위치는 2010년부터 지역측지계인 '동경측지계'에서 '세계측지계'로 전환하여 운영하고 있다. '좌표프레임'은 ITRF2000(Epoch 2002)이며, '기준타원체'는 GRS80이다. 한반의 상대적으로 안정된 지체(地体) 구조로 인해 상대적인 지각변동이 미소하므로 '정적측지계(Static Datum)'를 채택하고 있다. (ii)높이 기준은 1914년부터 1916년까지 약 2년에 걸친 조위관측을 통해 인천 앞바다의 평균해수면 기준의 단일원점체계가 원칙이지만, 제주도·독도 등 도서(島嶼)지역은 지역별 높이기준(TBM)을 사용하는 이원화된 체계를 유지하고 있다. 한편, '직접 수준측량'에 의한 정규정표고(타원보정) 성과로 인해 실제 중력의 영향이 반영되어 있지 않다.
• 새로운 국가위치기준체계에서는 현재의 측지계를 유지하면서 VLBI를 이용하여 세계기준계와의 호환성을 확보할 예정이다. 즉, 높이의 기준으로 인천 평균해수면을 유지하면서, 평면

좌표계는 VLBI성과를 이용하여 IERS, IVS 등 국제기구의 세계측지계와 호환성을 확보하여, 장기적으로 준동적(準動的) 및 동적(動的) 측지계 도입을 모색할 계획이다. 한편, 국제사회와의 협력 및 연계를 위해 지오이드, 타원체면 기준 등의 세계(Global) 높이 기준체계를 장기적으로 검토하며, 영토 확립 차원에서 인천 평균해수면의 수준원점을 기준으로 하는 도서지역을 포함하는 전국토의 단일 높이망을 구축할 예정이다. 경위도원점은 VLBI 성과를 적용하며, 관측성과가 100여년 경과된 수준원점은 지구온란화 및 조류변화 등을 고려하여 장기적으로 전면 재관측할 계획이다.

(2) 기준점은 설치기관에 따라 기본, 수로 등의 국가기준점 및 지적, 공공 기준점 등으로 다원화(多元化)되어 있으며, 평면, 높이 및 중력, 지자기 등의 특수기준점과 1~4등급 등으로 "종류별 · 등급별"로도 구분하여 설치, 관리되고 있다. 또한 과거 광학식의 재래식 측량기술로 인한 측량성과 및 특성으로 인한 복잡한 측량성과의 계층구조이며, 계층증가에 따라 기준점 자체의 오차가 측량에 반영되어 정확도가 저하되고 있는 것이 현실이다. (i) 국가기준점의 경우, 국토지리정보원은 육상에 대하여 VLBI, 위성기준점, 통합기준점, 삼각점, 수준점, 중력점, 지자기점 등을 설치 · 관리하고 성과를 제공하고 있으며, 해양조사원은 해양에 대하여 수로측량기준점, 기본수준점, 해안선 기준점 등의 수로기준점과 영해기준점을 설치 · 관리하고 있다. (ii) 지적기준점은 지적측량을 정확하고 효율적으로 수행하기 위해 국가기준점을 기준으로 지자체 등 지적소관청이 설치, 관리하고 있다. 지적기준점은 지적삼각(4,900점), 지적삼각보조(34,300점), 도근점(776천점)의 3종류로 지적삼각 및 삼각보조는 영구표식으로, 도근점은 임시표식 형태이다. (iii) 공공기준점은 중앙부처, 지자체, 정부산하기관 등 공공기관이 고유 사업목적이나 필요에 따라 영구 또는 임시 표식 형태로 설치, 관리 중이다. 삼각 및 수준의 1~4등급 체계이며, 대부분 임시표식 형태이므로, 정확한 현황 파악에 한계가 있다.

■ **국가기준점 현황(2015년 현재)**

| 구 분 | 내 용 | 수량 및 배치현황 |
|---|---|---|
| VLBI | 2012년 3월 건설 완료하였으며, 국제관측활동을 통해 성과 산출 중이며, 2017년 이후 성과 적용 예정이다. | 1개소<br>- |
| 위 성<br>기준점 | 1997부터 설치 및 통합을 통해 자료를 산출하고 있으며, 2006년부터 VRS를 2012년부터 FKP서비스를 실시하고 있다. 2014년부터 기상청 등 8개 기관(165개) 데이터를 통합 하여 자료를 제공하고 있다. | 59개소(타 기관 연계 165개소)<br>30~40km |
| 통 합<br>기준점 | 2008년부터 2010년까지 10km×10km 간격으로 1,200점을 설치하였으며, 2012년부터 추가 설치하고 있다. | 3,880점<br>3~5km |
| 삼각점 | 1975~1986년 EDM 방식에 의한 정밀 1 · 2차 정비사업을 하였으며, 1997~2008년 GPS 측량방식에 의한 2~3등 삼각점 정비를 하였다. 2007~2008년 세계측지계 성과를 산출하여 고시하였다. | 16,411점<br>1등 : 30km<br>2등 : 10km<br>3등 : 5km<br>4등 : 2.5~3km |
| 수준점 | 2006년까지 1~2등 수준점을 정비하였으며, 2007년 수준망 조정 및 성과를 재고시하였다. 2009년부터 추가 설치 및 정비를 하고 있다. | 7,296점<br>1등 : 4km<br>2등 : 2km |
| 중력점<br>지자기점 | 2008년부터 수준점 및 통합기준점, 삼각점에 대한 중력측량 실시하였으며, 매년 직영을 통해 절대중력 및 지자기 측량을 실시하고 있다. 정밀 지오이드모델(KN Geoid14) 산출 및 고시를 하였다. | 중력 : 9,865점<br>지자기점 : 672점<br>- |

• 새로운 국가위치기준체계에서는 국가, 지적, 공공 기준점의 3단계 체계를 측량기준점으로 단순화하여 기능이 유사한 국가, 지적 기준점은 통합하고, 공공기준점은 특별한 상황에서만 설치할 예정이다. 위성기준점은 전국을 30km이내의 균등간격으로 설치, 운영하며, 측량시간 단축과 정확도 향상을 위해 해양수산부의 위성항법소, 기상청, 서울시 등 관련기관의 GNSS관측소도 국가기준점化하여 통합성과를 산출할 예정이다. 현재의 OSR 방식(VRS, FKP, MAC)을 SSR 방식(PPP 등)으로 서비스를 확대하며, Network-RTK의 보편화에 따라 새로운 GNSS 측량방식을 확대 도입할 예정이다. 한편, 평면, 높이, 중력 등으로 이원화된 "2차원 기준점"을 평면+수직+중력의 "3차원 측량기준점"을 3×3km(7,000점)로 전국에 균질분포의 통합기준점을 설치할 예정이다. 측량기준점은 Beacon 등의 IT기술을 이용하여 측량기준점 상태를 실시간으로 파악하여 측량기준점 이동 및 손 · 망실, 훼손에 대한 자동 모니터링과 현장주변에서의 자동 탐색 및 위치제공 등 상태를 실시간으로 파악할 예정이다.

(3) 통일에 대비한 한반도의 국가측지망으로서 측지계, 원점(VLBI, 수준원점) 등 위치기준은 남한의 세계측지계를 기준으로 측량기준을 통일한다. 즉, 기준프레임은 ITRF2000(Epoch 2002), 기준타원체는 GRS80의 세계측지계 및 VLBI 경위도 원점과 인천 평균해수면의 인천 수준원점을 채택한다. 통일 후 10년 내에 위성기준점, 통합기준점을 설치 완료한다. 위성기준점은 평양, 개성, 신의주, 원산 등 주요 도심지를 중심으로 국경지역으로 점진적으로 확대하여 25~30km 간격으로 설치할 예정이다. 북한에서 기 설치한 기준점에 대해 남한의 기준계에 따라 성과를 통일하며, 지역적으로 추진되는 토목, 건설 등을 지원하기 위하여 VRS 등 Network-RTK 서비스를 실시한다. 민통선 내 위성 및 통합 기준점을 설치하여, 군(軍)활동을 지원하며, 향후 한반도 국가기준망 연결점으로 활용한다.

**New Normal 뉴 노멀, 신창 타이(新常態)** '시대의 변화에 따라 새롭게 부상하는 경제적인 표준'을 뜻하는 말이다. '뉴 노멀(New Normal)'이라는 단어는 2003년 미국의 벤처 투자가인 '로저 맥나미'가 처음 사용했다. 그는 2000년대 초반 형성된 미국의 버블 경제 이후 새로운 기준이 일상화된 미래를 일컫는 의미로 이 용어를 사용했다. 당시 미국은 버블 경제의 거품이 빠지면서 급속도로 경기가 악화되었다. 그리고 악화된 경제상황은 이전과는 다른 새로운 경제기준을 형성했다. 이러한 상황에 비추어 볼 때 '뉴 노멀'이란 그간 경제를 좌우하던 기존의 규칙들이 무너지고 새로운 원칙들이 정립되는 시대를 뜻한다. 뉴 노멀은 다음의 3가지 특징으로 요약할 수 있다. 바로 저물가, 저성장, 저금리의 '3저 현상'이다. (1) 저물가: 뉴 노멀 시대 이전과 비교했을 때 상품이나 서비스의 가격이 낮아진 상황을 일컫는다. 저물가의 원인으로는 2014년 말부터 시작된 '저유가'를 꼽을 수 있다. 유가가 낮으면 제품의 생산단가와 공급가가 떨어지기 때문에 저물가가 형성되는 것이다. (2) 저성장: 말 그대로 국가 경제의 성장이 둔화되는 것이다. 성장이 둔화되면 사람들은 과감한 투자보다는 현재 상황을 유지하려고 한다. (3) 저금리: 금리인하를 통해 은행에 돈을 묶어두기보다는 시장에서 돈을 사용하게 함으로써 경기를 부양하기 위함이다. '저성장'에 빠진 여러 국가에서는 경제 활성화를 위해 시장에 유통되는 화폐의 양을 인위적으로 증가시키고 있다. 이로 인해 '저성장'이라는 뉴 노멀의 특징이 '저금리'로 이어진 것이다.

"뉴 노멀 시대"라는 단어가 자주 언급된 데는 중국의 영향이 크다. 이는 2014년 12월, 시진핑 국가 주석 주재로 개최된 '정치국 회의'에서 '뉴 노멀(신창 타이, 新常態 · 신상태)' 시대로의 진입을 공식화했기 때문이다. 기존에도 중국이 뉴 노멀 시대에 진입했다는 분석이나 연구는 많았지만 중국 최고 지도부가 이를 공식화 한 것은 처음이기 때문에 세계 경제학자들의 주목을 받고 있다. New Abnormal을 참조.

**New Registration 신규 등록(新規 登錄)** 토지를 새로이 지적공부에 등록하는 것을 말하며, 토지의 소재 · 지번 · 지목 · 경계 또는 좌표와 면적, 소유자 등을 조사, 결정하여 새로이 지적공부에 등록하는 행정처분을 말한다.

**New Registration Surveying 신규 등록 측량** 토지 이동 측량에는 속하지 않으나 지적도나 임야도에 등록되어 있지 않는 토지로서 새로이 지적공부에 등록하기 위한 측량이다.

**News Feed 뉴스 피드** 페이스북에서 친구 네트워크에 속한 회원들의 활동 · 메시지 · 추천 목록 등을 지속적으로 업데이트 해주는 것을 말한다. 투고된 뉴스의 내용을 한 뉴스 서버에서 다른 뉴스 서버로 전달하는 것. 이렇게 함으로써 인터넷상에 있는 많은 뉴스 서버 상호 간에 기사가 교환되어 전 세계로 퍼져 나간다.

**Newsgroup 뉴스그룹** 비동기적인 다 대 다(多 對 多)의 토론을 위한 인터넷의 토론 공간을 말한다.

**Newton 뉴턴** ① 아이작 뉴턴(Isaac Newton, 1643년~1727)은 영국의 물리학자, 수학자이다. 1687년 발간된 "자연철학의 수학적 원리(Principia)"에서 뉴턴의 3가지의 운동법칙과 만유인력의 기본 바탕을 제시하였다. 뉴턴은 케플러의 행성운동법칙과 그의 중력 이론 사이의 지속성을 증명하는 방법으로 그의 이론이 어떻게 지구와 천체 위의 물체들의 운동을 증명하는지 보여줌으로써, 태양중심설을 결정적으로 폐기시켰다. 또한 뉴턴은 첫 번째, 실용적 반사 망원경을 제작했고, 프리즘이 흰 빛을 가시광선으로 분해시키는 스펙트럼을 관찰한 결과를 바탕으로 빛에 대한 이론도 발달시켰다. 한편, 실험에 의거한 뉴턴의 냉각 법칙을 발명하고 음속에 대해서 연구했으며, 뉴턴 유체의 개념을 고안하였다. 수학적 업적으로 뉴턴은 미적분학의 발달에도 기여를 하였으며, 일반화된 이항정리를 증명하고, 소위 뉴턴의 방법이라 불리는 미분 가능한 연속함수 f인 $f(x) = 0$을 푸는 방법을 발명하고, 거듭제곱 급수의 연구에도 기여했다.
② 뉴턴(기호 : N)은 SI단위계에 따른 힘의 단위로서, 아이작 뉴턴(Isaac Newton)을 기념하기 위한 것이다. 이 단위는 1960년,

the General Conference on Weights and Measures (CGPM)에서 정식으로 도입되었다. 뉴턴은 1kg의 질량을 갖는 물체를 $1 m/s^2$ 가속시키는 데에 필요한 힘으로 정의된다. 즉, $1N = 1 kg \cdot m/s^2$. 뉴턴(N) 단위는 SI 기본단위다. 한편, 1kg의 무게(1 $kg_f$)는 $1kg_f = 1kg \cdot 9.8 m/s^2 = 9.8N$이다. 즉, $1kg_f = 9.8N$이며, $1N = 0.102 kg_f = 102 g_f$이다.

**Newton Interpolation 뉴턴 보간법** [자료처리], [영상처리] 보간 다항식 $p_n(x)$을 정의하고, 각 계수를 구하는 방법이다. Lagrange의 보간법은 n차의 보간다항식 $p_n(x)$와 이것에 한 점이 더해져서 작성된 $p_{n+1}(x)$와의 관계가 분명하지 않지만, 이들의 관계를 분명하게 하는 방법으로서 Newton의 보간법이 있다.

(1) 점 $x_i$의 간격이 등간격이 아닌 경우, 서로 다른 n+1개의 점 $x_i\ (i=0, 1, 2, \cdots, n)$과 이것에 대응하는 함수값 $f(x_i)\ (i=0, 1, 2, \cdots, n)$이 주어진 경우

$$f[x_0] = f(x_0),$$

$$f[x_0, x_1] = \frac{f[x_1]-f[x_0]}{x_1-x_0},$$

$$f[x_0, x_1, x_2] = \frac{f[x_1, x_2]-f[x_0, x_1]}{x_2-x_0}$$

$$\cdots\cdots\cdots\cdots$$

$$f[x_0, x_1, \cdots, x_n] = \frac{f[x_1, x_2, \cdots, x_n]-f[x_0, x_1, \cdots, x_{n-1}]}{x_n-x_0}$$

으로 정의되는 점근식을 $f(x)$의 n계 차분상이라고 한다. 이 경우

$$f[x_0, x_1, \cdots, x_n] = \sum_{i=0}^{n} \frac{f(x_i)}{(x_i-x_n)\cdots(x_i-x_{i+1})(x_i-x_{i-1})\cdots(x_i-x_0)}$$

이 성립한다. 이들 식을 이용하여, Newton의 보간다항식은

$$\begin{aligned} p_n(x) &= f[x_0] + (x-x_0)f(x_0, x_i) + \cdots \\ &\quad + (x-x_0)(x-x_1)\cdots(x-x_{n-1})f[x_0, x_1, \cdots, x_n] \\ &= p_{n-1}(x) + \prod_{i=0}^{n-1}(x-x_i) \cdot f[x_0, x_1, \cdots, x_n] \end{aligned}$$

으로 나타내진다. 단, $p_0(x) = f(x_0)$이다. Newton의 보간다항식이 $p_n(x_i) = f(x_i)\ (i=0, 1, \cdots, n)$을 만족시키는 것은 x에 $x_i$를 대입하는 것에 의해 증명할 수 있다. 즉, x에 $x_0$를 대입하면 $p_n(x_0) = f[x_0] = f(x_0)$가 된다. 다음에 x에 $x_i$를 대입하면

$$\begin{aligned} p_n(x_1) &= f[x_0] + (x_1-x_0)f[x_0, x_1] \\ &= f[x_0] + (f[x_1]-f[x_0]) = f(x_1) \end{aligned}$$

가 된다. 이와 같은 과정을 되풀이함 보간할 수 있다.

(2) 점 $x_i$의 간격이 등간격인 경우, 점 $x_i\ (i=0, 1, \cdots, n)$의 간격이 일정한 경우 $h = \frac{x_n-x_0}{n}$라 하면 $x_i = x_0 + ih\ (i=0, 1, \cdots, n)$으로 표현할 수 있다. 여기서

$$\Delta f(x) = f(x+h) - f(x),$$

$$\begin{aligned} \Delta^2 f(x) &= \Delta(\Delta f(x)) = \Delta f(x+h) - \Delta f(x) \\ &= f(x+2h) - 2f(x+h) + f(x) \end{aligned}$$

$$\cdots\cdots\cdots\cdots$$

$$\Delta^n f(x) = \Delta(\Delta^{n-1} f(x)) = \Delta^{n-1} f(x+h) - \Delta^{n-1} f(x)$$

을 정의한다. $\Delta$를 전진차분요소라 하고, $\Delta f(x)$를 1계 전진차분, $\Delta^2 f(x)$를 2계 전진차분, $\Delta^n f(x)$를 n 전진차분이라고 부른다. 차분상과 전진차분과의 사이에는 $f[x_0, x_1, \cdots, x_k] = \frac{\Delta^k f(x)}{k!h^k}$ $(1 \leq k < n)$의 관계가 있다. x를 $x_0 + \alpha h$로 치환하여, 이러한 관계를 이용하면,

$$\begin{aligned} p(x_0+\alpha h) &= f(x_0) + \alpha \Delta f(x_0) + \frac{\alpha(\alpha-1)}{2!}\Delta^2 f(x_0) + \cdots \\ &\quad + \frac{\alpha(\alpha-1)\cdots(\alpha-n+1)}{n!}\Delta^n f(x_0) \\ &= f(x_0) + \sum_{i=1}^{n}\frac{1}{n!}\prod_{j=0}^{i-1}(\alpha-j) \cdot \Delta^i f(x_0) \end{aligned}$$

이 식을 Newton의 전진차분공식이라고 한다.

Newton 보간법은 계수 행렬이 하(下)삼각 행렬이므로, 계산횟수가 미정계수법 보다 작아지며, 모든 다항식의 계수 값을 쉽게 구할 수 있는 장점이 있다. Interpolation, Linear Interpolation, Ferguson Curve, Hermite Interpolation, Lagrange Interpolation, Spline Interpolation, Bezier Curve, Cardinal Spline, Cubic Spline Curve, Patch Surface, B-Spline, NURBS를 참조.

**Next Generation Battery 차세대 전지** 우리나라는 소·중대형 이차전지 분야 시장점유율에서 지난 2011년 일본을 추월한 후 현재 선두권을 유지하고 있다. 당시 국산 스마트폰 판매 호조가 시장 1위를 점하는 데 주효했고, 최근엔 다수 완성차 기업의 전기차 배터리 공급권까지 확보하며 탄력을 받고 있다. 당분간 시장 우위를 유지하겠지만 향후 시장 전망은 밝지 않다. 2015년 초 미국 에너지부(DOE) 에너지 프로그램 본부장은 "한국은 당장 코앞의 시장에만 급급해 보인다."며 "이차전지 관련 산업을

주도하기 위해서는 리튬 배터리만 고집해서는 안 되며 다양한 배터리 기술 확보가 필요하다."고 말한 바 있다. 리튬전지는 폭발적으로 증가하다가 고갈 이슈에 따른 원료가격과 제품수요 비대칭으로 어려움이 예상되는 만큼 포스트 리튬전지 개발에 관심을 가져야 한다.

미국과 유럽・일본 등은 리튬 고갈을 우려해 리튬계 배터리 성능을 능가하는 비리튬계, 비화학물질 등 차세대 전지 개발에 열을 올리고 있기 때문이다. 2014년 정부 주도 연구개발(R&D) 사업 중 리튬전지 관련 과제가 175건 진행됐다. 반면에 공기-아연, 공기-알루미늄, 마그네슘, 레독스플로 등 차세대 전지 개발・상용과제는 9건에 불과했다. 리튬계 과제는 기존 리튬전지 성능과 구조 개선이 대다수로 새로운 활물질 개발과 폭발 등 안정화, 가격 경쟁력 향상을 위한 게 대부분이다. 우리나라 기업이 주도하는 기존 제품의 경쟁력을 높이기 위한 과제에는 공감하지만 리튬계에 지나치게 편중돼 있다는 지적이다.

미국은 이미 차세대 전지 상용화에 근접해 있다. 스탠포드대학은 음극에서 리튬이 석출되면서 부피가 팽창해 음극이 파괴되는 현상을 막는 기술을 개발했고, MIT는 최근 공기-리튬전지를 개발 중이다. 또 미군은 이미 리튬계 전지 대체 목적으로 "공기-아연 전지" 상용화에 돌입했고, 후발업체들은 "공기-알루미늄 전지", "공기-마그네슘 전지" 개발에도 나서고 있다. 화학전지를 벗어난 "토륨 핵전지" 개발도 시작됐다. 토륨은 우라늄보다 방사선 누출량이 훨씬 적고, 자체적으로 핵분열을 일으키지 않아 연쇄반응이 일어나지 않으므로 상대적으로 안전하다. 미군은 1회 장입으로 30년 이상 작동하는 군용 차량과 장비 개발을 목표로 연구를 진행하고 있다. 그 밖에도 단백질에서 발생하는 생체전류를 이용하는 "바이오 전지", 사람 움직임이나 장치 움직임에서 전류를 유도해내는 "키네틱 전지", 누름 압력으로 발생하는 전류를 이용한 "압전 발전", 온도차로 전류를 생산하는 "열전쌍 발전" 등도 연구 중이다.

**Nexus Q 넥서스 큐** 스마트폰이나 스마트패드로 영화와 음악을 가정의 TV나 오디오로 보내 재생하는 검정공 모양의 '소셜 스트리밍 기기'이다. 스마트폰을 넥서스 큐에 갖다 대면 콘텐츠를 바로 전송할 수 있다.

**NFC(Near Field Communication) 근거리 무선통신** 13.56MHz 대역의 주파수를 사용하여 약 10cm 이내의 근거리에서 데이터를 교환할 수 있는 비접촉식 무선통신 기술로서 스마트폰 등에 내장되어 교통카드, 신용카드, 멤버십카드, 쿠폰, 신분증 등 다양한 분야에서 활용될 수 있는 성장 잠재력이 큰 기술이다. NFC를 활용하면 스마트폰으로 도어락을 간편하게 여닫을 수 있으며, 버스나 지하철 등 대중교통을 손쉽게 이용할 수 있고, 쿠폰을 저장해 쇼핑에 활용하는 것도 가능하다. 또한 신용카드, 쿠폰, 멤버십 등을 탑재한 전자 지갑이 현실 세계의 지갑을 대체하고, 출입통제, 태그 기반의 원터치 다이얼, 위치 기반의 광고, 스마트폰 간 P2P 파일 교환 등 무궁무진한 서비스 창출이 가능하다. 이러한 서비스들은 이용자의 일상생활과 밀접히 관련되어 있으며, 라이프 스타일 및 경제활동에 더욱 급격한 변화를 가져올 것으로 전망된다.

NFC의 짧은 통신 거리는 단점이지만, 짧은 거리이기 때문에 기존 유통 위주의 RFID 기술보다 보안성이 높고 데이터를 교환하기 위해 통신 대상 기기에 이용자가 스마트폰을 직접 터치해야 한다. 이용자의 행동을 기반으로 의도를 인식하여 다양한 이용자 맞춤형 서비스들과 연결하기가 좋은 장점이 있다. 그리고 기존 근거리 무선 데이터 교환 기술이 '읽기'만 가능했던 반면, NFC는 '읽기'와 '쓰기' 모두 가능한 장점이 있다. 2011 MWC(Mobile World Congress) 기조연설에서 구글의 에릭 슈미트 CEO는 '위치정보와 광고의 결합으로 인해 모바일 결제서비스와 NFC가 활성화될 것이며, 이는 엄청난(Mega-scale) 기회'라고 한 바 있다.

**NFS(Network File System) 네트워크 파일 체계** 규약을 사용하면 통신망을 통해 저장된 컴퓨터에서 다른 컴퓨터의 디스크를 간단한 방법으로 접근할 수 있다. 사용자의 컴퓨터가 로컬 상태이면 하드 디스크는 쉽게 접근될 수 있다. 통신망을 통해 디스크를 접근하려면 디스크는 반드시 사용자의 로컬 컴퓨터상에서 마운트된 통신망 파일 시스템이어야 한다.

**NGD(National Geospatial Database) 영국 국가 공간 자료기반** 지질학・토양학・생태학・공공설비・회사기록・지방정부기록, HMLR 정보 등과 같은 사설과 공공 도메인 지형 공간 자료를 제공할 목적을 가지는 영국의 기반자료 구축을 말한다.

**NGDC(National Geospatial Data Clearinghouse) 미국 국가 공간 정보 유통기구** 설립년도는 1995년이며, 제작되는 공간 자료는 반드시 자료 표준을 준수하고 국가 공간정보유통기구를 통해 메타자료를 제공하고 있다. 그리고 공간정보의 제공자와 관리자 그리고 이용자를 인터넷과 같은 정보 통신망으로 연결하여 공간 정보의 이용을 극대화하도록 제도적으로 뒷받침되고 있다.

**NGDF(National Geospatial Data Framework) 영국 공간 정보 프레임워크, 영국 기본지리정보 체계** 영국에서 사용하는 용어이며, 미국의 국가 정보 기반에 해당하는 개념이다. 1995년부터 영국 국립 지리원(NGD)에 대한 논의를 진행하여 1997년 3월 영국 기본 지리 정보 체계로 명칭을 변경하였다. 영국 공간 정보 관련 부처 간 데이터 제공자들이 각각 구축해 놓은 데이터를 공유하고, 통합할 수 있도록 데이터를 공급한다.

**N Generation 엔 세대** 가상공간을 무대로 자유분방하게 살아가는 인터넷 세대를 지칭한다. 인터넷 제너레이션(Internet Generation)을 줄인 말로 미국의 사회학자 돈 탭스콧이 1997년에 쓴 그의 저서「디지털의 성장 : 넷 세대의 등장」이라는 책에서 처음 사용했다. 돈 탭스콧은 N세대를 디지털기술, 특히 인터넷을 아무런 불편 없이 자유자재로 활용하면서 인터넷이 구성하는 가상공간을 생활의 중요한 무대로 자연스럽게 인식하고 있는 디지털적인 삶을 영위하는 세대로 규정했다.

일반적으로 1977년 이후 출생한 세대로 디지털기기를 능숙하게 다룰 줄 아는 디지털문명 세대를 일컫는다. 어릴 때부터 컴퓨터와 친숙하기 때문에 이전의 TV세대가 일방적인 지식이나 정보를 전달받는 세대였다면, N세대는 쌍방향 통신으로 논쟁을 벌이는 등 적극적으로 자신의 의견을 개진한다. 정보의 수동적인 소비자가 아니라 능동적인 참여자라는 점이 N세대의 가장 큰 특징이다. N세대가 중심이 되는 미래사회는 국경도 의미 없는 자유로운 네트워크사회가 될 것이라는 전망을 낳고 있다. 인류 역사상 처음으로 부모보다 더 똑똑한「신인류」로 지칭되기도 한다. 워낙 디지털문화에 탐닉하다보니「전자방」이라는 디지털 감옥에 갇혀 있다는 우려의 목소리도 높다. M Generation, X Generation, Y Generation, Z Generation을 참조.

**NGII(National Geographic Information Institute) 국토지리정보원** 측량 및 지도제작과 관련된 정책과 제도를 종합적으로 수립・운영하면서 국가측량기준점, 국토기본지형도 등 각종 국토지리정보를 생산・관리・보급하는 국가기관이며, 국가기본측량, 항공사진측량, 위성영상측량 등 국가측량 업무를 관장함은 물론 국토의 위치와 높이 등의 기준이 되는 삼각점, 수준점 등 측량기준점을 유지, 관리하고, 측량을 통하여 취득한 각종 지형, 지리정보를 체계화 및 구조화하여 신속・정확하게 수요자에게 제공하는 업무를 수행하고 있다.

**NGIS(National Geographic Information System) 국가 지리정보 체계** 국토 해양부를 중심으로 각 부처가 협조하여 추진하는 지리정보체계(GIS) 구축사업. 지리적으로 활용 가능한 모든 형태의 정보를 효과적으로 수집, 전산화하여 저장 관리하여 갱신・조정・분석・출력할 수 있도록 하여 그 효용을 극대화하기 위한 정보체계이다.

**NGIS Framework Data 국가 기본 지리 정보** 지리정보들 간의 통합 및 연동을 지원하기 위한 기본지리 정보로서 공공목적을 위해 국가가 제공하는 것이 바람직한 지리정보로서 위치기준 및 데이터 통합을 위한 연결기준을 제공한다.

**NGRS(National Geodetic Reference System) 국가 측지기준 체계** 국가 측지 측량에 의해 유지되는 측량 기준망이다.

**NGS Format 엔지에스 형식** GPS 위성의 정밀궤도 정보를 기술하는 형식. GPS 측량의 기선 해석에 위성에서 보내는 궤도 정보에 의하여 보다 정밀한 것을 별도로 이용하도록 한 편리한 형식을 말한다.

**NGVD(National Geodetic Vertical Datum) 국가 수준 기준면** 각 나라마다 수준측량의 기준이 되는 기준면을 그 나라의 국가 수준 기준면이라 한다. 우리나라의 경우는 인천만의 평균해면을 국가 수준 기준면으로 하고 이 수준면을 기준으로 하여 수준원점이 설치되었다. Vertical Datum과 Mean Sea Level를 참조.

**NHAP(National High Altitude Photography) 엔합, 국가 고고도 항공사진 촬영 프로그램** 미국 내 서로 다른 기관에서 데이터 중복 생산을 방지하고, 제작된 데이터를 다목적으로 사용함으로써 정부예산의 낭비를 없애기 위해 제안되었다. 1987년 NHAP계획은 NAPP(National Aerial Photography Program)로 명칭 변경하여 현재까지 미국 전역을 대상으로 항공사진을 촬영하고 있다.

**NHD(National Hydrograpy Dataset)(USGS) 미국 국가 수로 데이터셋** NHD는 수년간의 노력으로 형상과 영역, 수계단위와 지명을 통합한 자료군이다. NHD표준은 수로데이터 형상의 속성값, 도식, 재현 규칙, 데이터 추출법 등을 정의하고 있다.

**NHWL(Normal High Water Level) 평균 최고 수위** 하천의 수위 중에서 어떤 기간 중 연 또는 월의 최고수위의 평균값을 말하며, 제방의 축설, 교량의 가설, 배수 등의 치수 목적에 이용된다.

**NHZ(Nominal Hazard Zone) 공칭 장해 구역** [항공 레이저(라이다) 측량] 레이저 광선의 직광, 반사 또는 산란된 방사의 수준이 관련 최대허용노광량(MPE)을 초과하게 되는 공간을 말한다(「레이저

광선 운영기준」 제4조 제10호).

불가시 레이저 광선의 경우 공칭안장해거리(NOHD)만을 고려하여야 하며, 가시 레이저 광선의 경우 공칭안장해거리와 함께 시각장애를 고려하여야 한다.

**Nibble 니블** 한 바이트의 절반, 즉 4비트를 하나의 단위로서 다루어지는 열. 따라서 하나의 바이트는 상위 니블(상위 4비트)과 하위니블(하위 4비트)로 구분될 수 있다.

**NIA(National Information Society Agency) 한국 정보화 진흥원(韓國 情報化 振興院)** 국가기관 등의 국가정보화 추진과 관련된 정책의 개발과 건강한 정보문화 조성 및 정보격차 해소 등을 지원하기 위하여 설립된 행정안전부 산하 위탁집행형 준정부기관이다. 1987년 한국전산원(NCA)으로 설립되었으며, 2006년 한국정보사회진흥원으로 명칭을 변경하였다. 2009년 한국정보문화진흥원을 통합하며 현재의 사명으로 변경하였다. 2010년 전자정부 표준프레임워크센터 개소와 함께 현재 공공데이터포털(사이트)과 공공정보활용지원센터를 위탁 및 병행 운영하고 있다. 한국정보화진흥원은 국가정보화 기본법에 따라 국가기관 등의 정보통신망 관리 및 운영의 지원, 국가기관 등이 보유한 주요 정보의 원활한 유통과 공동이용을 위한 시스템의 구축, 운영 및 표준화의 지원, 국가기관 등의 정보자원 관리와 정보화사업 추진 및 평가 지원을 주요 목표로 삼고 있다. 전자정부 지원, 정보 시스템 감리제도 기술지원, 국가 데이터베이스 구축, 행정기관 웹사이트 진단과 모니터링, U-기반 공공 서비스 촉진사업 등이 설립 목표 달성을 위해 수행 중인 주요 사업이다. 앞으로 미래창조과학부와 함께 빅 데이터 서비스 도입의 촉진과 인터넷 신산업 육성을 위해 빅 데이터 분석·활용 센터 구축 사업을 추진하고 있으며, 빅 데이터 분석활용 센터를 통하여 대용량의 데이터를 분석, 처리할 수 있는 HW, SW 등 분석 인프라를 구축, 시범사업 및 공공 데이터 포털(data.go.kr) 등과 연계, 다양한 분야의 데이터 세트를 수집해 제공할 계획이다.

**NIC(Network Information Center) 인터넷 정보센터** 인터넷은 사용자를 포함한 다양한 정보자원이 전체 네트워크에 산재되어 있는 정보 사회의 기반 구조 중 하나로 볼 수 있으며, 이러한 자원을 효율적으로 사용하도록 지원하는 기능 및 인터넷을 사용하기 위해 필요한 자원(IP주소, 도메인 이름 등)을 제공하는 역할을 하는 것이 망 정보 센터(Network Information Center)이다.

**Niche Marketing 틈새 마케팅, 니치 마케팅** 소비자에 의해 잘게 쪼개져 생겨난 매우 작고 협소하지만 명확하고 특출 난 시장 가능성을 의미한다. 틈새를 가리키는 '니치(Niche)'에서 한 단계 더 들어가 초정밀 소비자 욕구에 맞추어져 극세분화된 시장을 가리키는 용어이다. 소비자의 수요를 대규모로 파악하기보다는 시장을 세분화해 특정한 성격을 지닌 소규모의 소비자를 대상으로 판매목표를 설정하는 것으로서, 시장 전체를 목표로 삼지 않는 대신 소비자의 다양한 기호와 개성에 딱 들어맞는 상품을 개발, 적재적소를 집중 공략한다.

**NII(National Information Infrastructure) 국가 정보 기반** 정보기반이란 음성, 자료, 영상과 같은 정보를 전달, 저장, 처리, 표시하는 물리적 시설뿐만 아니라 이러한 시설들이 유기적으로 상호통합·연계된 상태를 의미한다. 국가정보기반을 구축한다는 것은 정보 분야에 있어서의 기술적인 진보를 공공 및 민간부문에서 활용할 수 있는 토대를 구축함을 의미한다. (비고) 정보산업의 성장과 경쟁력 강화를 목적으로 제안된 국가의 정책, 목표, 정보 고속도로로 불리는 대용량 통신망의 전국적인 보급과 정보 유통 및 기업 경쟁의 추진을 위한 제도 개혁, 정비 계획 등이 포함된다.

**Nilometre 나일로미터** 나일강의 수위를 재기 위해 설치한 수위표.

**Nimbus 님버스** 계속해서 지구의 날씨를 관찰하고 시험하는 다양한 감지기를 지니고 있는 위성들. 님버스 프로그램은 미국 해양 대기국에 의해 작동된 것이다.

**NIMBY(Not In My Backyard) 님비(현상)** 자기중심적 공공정신 결핍증상을 말한다. 늘어나는 범죄자, 마약중독자, 장애인 아파트나 재활원, 산업폐기물, 쓰레기 등의 수용·처리시설의 필요성에는 근본적으로는 찬성하지만, 자기 주거지역에 이러한 시설물이 들어서는 데는 강력히 반대하는 현대인의 자기중심적 공공성 결핍증상을 일컫는 단어이다. 우리나라의 경우 쓰레기 매립지 건설이나 핵폐기물 처리 장소를 주민의 반대로 찾지 못하는 것이 그 사례이다. 임피(IMFY, in my front yard), 핌비(PIMBY, play in my back yard)는 님비 현상과 반대되는 용어이다.

**NIR(Near-infrared) 근적외 영역** 근적외선은 식물에 포함된 엽록소(클로로필)에 매우 잘 반응하기 때문에 식물의 활성도 조사도 강조되어 나타난다. 0.7~0.9마이크로미터의 전자기 분광대의 일부분이다.

**NIST(National Institute of Standards and Technology)(US) 국립 표준 기술원(미국)** 국방성을 제외한 모든 미 정부 기관에 대한 연방 정보 처리 표준(FIPS)들에 대해 인증, 허가, 관리 역할을 담당한다. 1901년 복잡하면서도 다양하지만 특정한 표준이 없다는 미국 산업의 단점을 보완하기 위하여 미 의회에 의해 미국 연방 정부 표준 제정 및 연구를 수행하는 기관인 NBS (National Burean of Standards)로 개명되었다. 현재 상무성 소속 기술 분야 산하의 표준 및 기술연구소이다. 특히, 민간 자본으로 달성하기 어렵고, 경제적인 측면에서 중요하다고 판단되는 기술의 선행 연구를 수행한다. NIST는 전자전기공학, 물리학, 정보 기술 연구소 등 7개의 연구소를 두고 있다.

**Nit 니트** 휘도(Luminance)로서 SI 단위는 cd/m$^2$이다. 1니트는 1m2의 면적에 촛불 1개의 밝기이다. 컴퓨터 디스플레이의 휘도를 나타내는 데 종종 쓰인다. Luminous Flux, Luminous Intensity, Illuminance, Luminance를 참조.

**NITFS(National Imagery Transmission Format Standard) 영상 유통 포맷 표준** 영상유통포맷의 개발 목적은 첫째, 다양한 시스템들이 영상 및 관련 자료를 공유할 수 있는 수단을 제시하는 것이다. 둘째, 다양한 요구 또는 기능을 갖는 사용자들에게 포괄적인 정보를 담은 하나의 파일을 보내고, 사용자는 자신의 요구와 기능에 적합한 자료의 항목만을 선택할 수 있도록 해야 한다. 셋째, 이와 같은 기능을 갖추기 위하여 요구되는 하드웨어와 소프트웨어의 구현에 따른 비용과 시간에 미치는 영향을 최소화할 수 있어야 한다. 현재 이와 같은 영상유통포맷의 개발 목적을 가장 잘 만족시키고 있는 영상 포맷은 NITF이다. NITF에 대한 개발은 1987년 미국 정부에 의하여 시작되었으며, 1991년 미국 국방부(DoD) 내에서 영상 파일에 대한 표준인 MIL-STD-2500B로 정되었으며, 현재 MILSTD-2500C로 발전되었다. NITF는 영상유통포맷의 최초 개발로 1989년 NITF 1.1 발표 이후, 1991년 국방부 표준으로 지정되면서 이름을 NITFS(National Imagery Transmission Format Standard)로 개명하게 되었다. NITFS는 미국 국방부와 연방 정보공동체(Intelligence Community)의 디지털 영상 및 관련 자료의 교환, 저장, 전송을 위한 표준으로 사용하고 있다. 미국 국방부의 정책은 단일 시스템에서 내부적으로는 독자적인 영상 포맷이 사용될 수 있지만, 시스템 간의 영상 자료 교환을 위해서는 NITF가 기본 포맷이어야 한다는 것이다. NITF는 공중에서 영상을 획득하는 플랫폼들로부터 얻어진 원본 영상을 기반으로 영상, 서브-영상(sub-images), 그래픽, 심볼, 텍스트 뿐 아니라 영상과 관련된 정보를 담을 수 있는 하나의 패키지(package)로서 2차 디지털 영상(secondary digital imagery)의 배포 또는 유통을 지원하기 위한 포맷이다. 따라서 단순히 영상 자체만을 저장하는 일반 영상 포맷과 차별화된다. NITF의 개념에서 시스템 간의 영상 자료 유통은 교차변환(cross-translation)에 의해 가능하다. 즉, 영상 자료를 보낼 시스템에서는 영상, 그래픽, 텍스트 및 관련 자료들에 대한 내부파일포맷(native file format) 자료를 표준 NITF 포맷으로 변환한 다음 수신 시스템으로 전달한다. 자료 수신 시스템에서는 NITF 자료를 받아서 자신의 내부포맷 자료로 변환한 후 원하유통에 호환성을 유지한다. 현재 유럽의 북대서양조약기구(NATO)는 영상유통 포맷의 표준으로 NSIF(NATO Secondary Imagery Format) 1.0 버전, STANAG 4545를 사용하고 있다. 영상유통포맷으로서의 NITF의 완전성으로 인하여, NATO에서 사용하는 NISF 1.0은 NITF 2.1과 본질적으로 동일한 구조로 되어 있으며, 미 국방성과 NATO 위원회는 표준의 연계를 위하여 공동연구를 수행하고 있다. 또한 민간 분야에서는 ISO/ANSI와 같은 민간 기구에 의하여 NITF 표준에 기반을 둔 BIIF(Basic Imagery Interchange Format) ISO/IEC 12087-5를 표준으로 채택하였으며, 우리나라의 경우도 동일하게 KS X ISO/IEC 12087-5를 기본 영상 교환 포맷(BIIF) 표준으로 채택하고 있다. 국제적으로는 영상유통포맷의 표준으로 군과 민이 공히 NITF를 기반으로 하는 영상포맷을 표준으로 정하고 있다.

**Nixie Wearable Drone 닉시 착용 드론** [드론] 미국 캘리포니아주 로스 알토스에 위치한 Nixie Labs가 개발한 드론으로서, 손목에 착용이 가능한 드론이다. 평상시에는 시계와 같이 손목에 착용하고 있다가 필요 시 손목을 돌려서 날린 후 셀카 촬영이나 동영상 촬영이 가능하다. 2014년 Intel의 'Make It Wearable' 경연 대회에서 수상을 했으며, CES 2015에서 작동하는 프로토타입을 공개한 바 있다.

**NLIS(National Land Information Service) 영국 토지 정보 사업** 영국에서 모든 토지와 재산자료에 대한 보다 쉬운 접근을 제공할 목적으로 진행 중인 사업이다. 이것은 1992년의 시민 헌장의 직접적 결과이다. BS7666에 기반한 MLIS는 HMLR, The Valuation Office, OS와 지방 정부에 의하여 소유된 자료에 대한 접근을 가지는 허브 기반 네트워크이다. NLIS는 NGD의 개발에 대한 전

조직이다.

**NLM(Netware Loadable Module) 네트웨어 적재가능 모듈** 네트웨어 서버가 작동하기 위해 실행하거나, 제거할 수 있는 응용 프로그램과 드라이버를 의미한다. 예를 들면, 센트롤 포인트의 네트웨어용 안티 바이러스가 NLM 형태로 공급된다.

**NLP(Natural Language Processing) 자연어 처리** 컴퓨터와 사람의 언어 사이의 상호작용에 대해 연구하는 컴퓨터 과학과 어학의 한 분야. 정보검색분야에서는 이용자와의 자연스러운 대화를 통해 이용자의 의도를 컴퓨터가 파악해 보다 정확한 정보를 다양한 형태의 데이터로부터 취합해 제공하는 데에 활용된다. 자연어처리기술의 세부 기술로는 형태소분석, 고정밀 구문분석과 같은 구조 분석을 바탕으로 한 담화분석, 정보추출, 정보요약, 문서분류 기술 등이 있다.

**NLS(National Land Survey of Finland) 핀란드 토지 측량국** 지형측량과 지도화 작업, 그리고 부동산·지형도·환경 문제에 대한 정보를 제공하고 있다.

**NLWL(Normal Low Water Level) 평균 최저 수위** 하천의 수위 중에서 어떤 기간 중 연 또는 월의 최저수위의 평균값을 말하며, 수력 발전, 관개 등의 이수 목적에 이용된다.

**nm(Nautical Mile) 해상 마일** 1,156법정마일, 6,076피트, 1,852미터를 말한다.

**NMAS(National Map Accuracy Standard) 미국 국가 지도 정확도 기준** 수평적인 정확도 1/20,000보다 더 대축척으로 출판된 지도들을 위해서 잘 정의된 형상의 90%가 그것들의 지형적 위치로부터 1/30인치(inch) 내에 위치한다. 수직적인 정확도는 등고선에서 보간(Interpolation)되어진 모든 등고선과 높이의 90%는 등고선 간격의 1/2 내에 있어야 한다.

**NMEA0183(National Marine Electronics Association 0183) 국제 해상 전자 위원회 0183** NMEA라고 주로 불리는 NMEA 0183은 시간, 위치, 방위 등의 정보를 전송하기 위한 규격이다. NMEA 0183은 미국의 National Marine Electronics Association(국제 해상 전자 위원회)에서 정의하였으며, 해상 전자장비의 인터페이싱의 표준을 정하는 것을 목적으로 발족되었다. 이 표준들은 주로 자이로컴퍼스, GPS, 나침반, 관성항법장치(INS)에 사용된다. NMEA 0183은 ASCII와 직렬방식의 통신을 사용한다. NMEA 0183은 3가지 레이어(물리 계층, 데이터링크 계층, 애플리케이션 계층)로 구성되어 있다. 물리 계층은 RS-232, RS-422 등의 전기적인 전송규격이며, 데이터링크 계층은 Baud rate, Data bit, Parity bit, Stop bit 등을 정해 놓았다. Application Layer는 데이터를 전송하는 Sentence에 대한 규약이다.

**NNSS(Navy Navigation Satellite System) 미 해군 항법시스템** 1950년대에 개발되어 미 해군에서 1964년부터 운용한 인공위성을 이용한 전파항법 시스템으로서, 약 107분의 주기를 가지며, 고도 약 1,075km의 극궤도 운동을 하는 위성으로 구성된다. TRANSIT 시스템, NAVSAT이라고도 한다. 반송파의 주파수 변화를 계측하는 도플러 측위를 이용한다. 1988년 마지막으로 발사되었으며 1996년 항법으로서의 이용은 폐지되었으나, 생존 위성들은 해군 전리층 감시 시스템(Navy Ionospheric Monitoring System, NIMS)으로 이용되고 있다.

**NOAA(National Oceanic and Atmospheric Administration) 국립해양대기국** NOAA는 지구환경의 변화를 조사 및 예측하여 미국의 연안지역이나 해양의 자연자원을 보전 및 관리하고 지속적인 경제활동을 확보하는 것을 목적으로 1970년에 설립된 미국 상무성(Department of Commerce, DOC)의 하부기관이다. 지구환경 변동의 이해와 예측을 진행시키고 있으며, 최근 사회의 계획능력과 대응능력을 늘리기 위해서 기후변동을 이해하는 것, 기상과 물에 관한 정보에 대한 사회요구에 대응하는 것 등을 중요시하고 있으며, NOAA와 관련이 있는 모든 데이터 정보 및 그 외의 서비스를 제공하는 정보관리 시스템을 갖추고 있다. NOAA의 주요 6개의 구성조직 및 역할은 다음과 같다. (1) 미국 해양수산청(National Marine Fisheries Service, NMFS) : 국내 및 국제적인 수산자원의 보전 및 관리를 담당한다. (2) 미국해양국(National Ocean Service, NOS) : 미국내의 연안지역 해양 환경의 건전성 및 안전을 담당한다. (3) 미국기상청(National Weather Service, NWS) : 미국내의 허리케인, 토네이도, 홍수 및 폭풍우 등의 기상재해의 예측 및 경보를 실시한다. 기상데이터 정보의 수집, 제공도 담당하고 있다. (4) 미국 환경위성데이터 정보국(National Environmental Satellite, Data, and Information Service, NESDIS) : 위성에 의한 원격탐사시스템, 미국 및 지구 환경 데이터의 수집·처리·제공 및 교환을 담당한다. (5) 해양대기연구소(Office of Oceanic and Atmospheric Research, OAR) : NOAA의 연구기관이며, 정책·자원관리의 결정에 관한 과학적인 정보를 제공하는 것을 목적으로 한다. 연안지역, 해양 대기 및 우주 등의 넓은 범위를 취급한다. (6) 미국해양·항공관리청(NOAA Marine and Aviation Operations, NMAO) NOAA의 사업 관련 선박과 항공기를 관리한다. FEMA(Federal Emergency Management Agency)를 참조.

**NoCon(No Control) 노콘, 조정 불능상태** [드론] 원어는 Out of Control(조정 불능)이다. 기체와 조종기 사이의 신호에 문제가 생겨 조종자가 의도하지 않은 기체동작이 발생하는 현상을 말한다. GPS 기능이 정상이고 이륙시 홈(Home) 위치가 정확했다면 자동으로 돌아온다. 돌아오는 도중에 화면이 보이고 조종이 다시 되면 문제는 없다. 돌아올 수 있는 조건은 홈 위치가 명확하고 배터리가 충분하고 GPS가 잘 수신되고 있고 정상적으로 기능이 동작되어야 하며 기체의 나침판인 컴퍼스(compass)에 오류가 없어야 한다. 또한 중요한 것은 NoCon 위치에서 홈으로 직선으로 돌아오는 과정에 장애물이 없어야 한다. 만약 블라인드 시켰다면 돌아오지 못하고 충돌할 수 있다.

**No Control(NoCon) 노콘, 조정 불능상태** NoCon(No Control)을 참조.

**Nodal Line 마디선** 해안선과 평행한 방향으로 수위의 변화가 없는 선을 말한다. NodataNull Value를 참조.

**Node 결점, 절점, 교점, 노드** ① 절점은 선의 끝점처럼 위상학적으로 중요한 점을 의미하는 점의 특수한 형태로서 0차원이다. GIS나 수치지도에서 사용하는 용어로 점(Point)과는 혼동해서는 안된다. 호(arc)의 시작 및 끝을 나타내며, 다른 호와의 연결(Chain) 지점으로 절점은 절점에서 만나는 모든 아크와 위상관계(Topological)로 연결되어 있다. Line, Vertex를 참조. ② 틴에서는 각 삼각형의 세 꼭짓점. 틴을 만드는 각 표본점은 삼각형에서 노드가 된다. 삼각형의 노드는 노드에서 만나는 모든 삼각형과 위상학적으로 링크된다. ③ 네트워크의 분기점이나 단말 장치의 접속점이나 둘 이상의 가지가 뻗은 트리 구조의 포인트를 말한다.

**Node Attribute Table(NAT) 절점 속성표** NAT(Node Attribute Table)를 참조.

**Node Feature 절점 형상** 절점은 호의 시작과 끝을 나타내는 점으로서, 속성 파일에서 시작 절점은 호의 시작점을, 끝나는 절점은 호의 끝점을 나타낸다.

**Node Match Tolerance 절점 결합 허용 오차** 하나의 절점으로 형성하기 위해 2개의 절점이 결합할 수 있는 최소 반경거리를 말한다.

**Node Matching 절점 정합** 일정한 거리 이내의 절점을 하나로 일치시키는 것을 말한다.

**Node Snap 절점 연결** GIS 소프트웨어로 하여금 여러 개의 절점과 점을 하나의 절점으로 만듦으로써 지물이 정확히(예를 들어 경계선에서) 절점 병합을 하도록 지시하는 것을 말한다. Snapping를 참조.

**Node Snap Tolerance 절점 연결 허용 한계** 두 절점을 하나의 절점으로 병합하는 최소거리로서 호의 추가 또는 편집, 그리고 절점의 이동, 추가 시에 스내핑할 수 있는 거리를 지정하여 사용한다.

**Node Topology 절점 위상학** 공통적인 지리적 특징을 기술한 점을 객체 간 관계로 표현한 것, 절점 위상학의 예로는 인구나 도로 표지만을 점으로 표현한 것을 들 수 있다.

**Nodes 절점** 호 간 교점에서 생성되는 X, Y의 위치를 말한다. 예를 들면, 교통신호, 맨홀 등이다.

**Nodes Features 절점 형상** 절점은 호의 시작과 끝을 나타내는 점으로서, 속성 파일에서 시작 절점은 호의 시작점을, 끝나는 절점은 호의 끝점을 나타낸다. 또한 절점은 호와 호의 연결 지점을 나타내어 네트워크 분석에 필요한 선형 요소구성을 가능하게 해준다.

**NOHD(Nominal Ocular Hazard Distance) 공칭 안(眼) 장해거리** [항공 레이저(라이다) 측량] 레이저 광선의 축선을 따라 측정된 특정지점까지의 거리로서, 동 지점을 넘어서면 최대허용노광량을 초과하지 않게 되어 눈에 손상을 주지 않는다(「레이저광선 운영기준」 제4조 제11호).

**Noise 잡영** ① 전체 지형의 처리 과정에서 볼 때, 작은 범위에서 발생하는 불규칙한 편이. ② 관측 시 관측하고자 하는 이외의 모든 값을 말한다. ③ 독취기로 읽은 자료 중 잡음이나 불필요한 기호를 제거하거나, 임의로 생긴 선분이나 끊어진 선분을 잇는 처리를 말한다.

**Noise and Vibration Survey 소음 및 진동 측량** 교통, 공장 및 건설 현장 등에서 발생하는 소음 및 진동의 범위를 간이 측량과 정밀 측량으로 행한다.

**Noise Effect 잡음효과(雜音效果)** 측정 결과의 내적 타당성을 저해하는 요인의 영향으로서 결과에 영향을 미칠 수 있는 변수들을 잡음변수(nuisance variable)라고 하고, 이들의 효과가 잡음효과이다. 내적 타당성은 측정 결과를 주장할 수 있기 위한 필요조건으로서 그 결과와 상반되는 가설의 제기 가능성이 적을수록 높다. 내적 타당성의 저해요인으로는 성숙, 역사성, 사전 측정 및 검사의 영향, 측정과정의 변화, 통계적 회귀현상, 비교집단 선정에서의 편파성, 측정 대상의 편파적 제외 등 이러한 외적 요인들 간의 상호작용 등을 들 수 있다. 잡음효과를 줄이기 위하여 보다 복잡한 실험을 설계하는 실험적 통제와 공분산 분석과 같은 통계적 통제를 사용한다.

**Noise Removal 잡음 제거** 영상자료 수집과정에서 감지기의 작동 불량으로 생긴 영상의 잡음을 여러 가지 필터로 제거하는 과정을 말한다.

**Nomad 유목민(遊牧民), 노매드, 노마드** ① 한 곳에 정착하지 않고 다른 장소로 이주하면서 생활하는 사람이나 그런 사람들로 구성된 사회이다. 유목민 유형으로 수렵 채집형(hunter-gatherer), 목축형(pastoralism) 등, 소요형(peripatetic)이 있다. 수렵 채집형 유목민은 인류사에서 가장 오래된 생계수단이 있다. 계절에 따라 먹을 수 있는 식물을 찾거나 사냥감을 찾아 떠나는 것이다. 목축형 유목민은 소와 양 같은 짐승 떼를 길러 그 짐승들과 이주한다. 한 지역에서 오래 머물면 목초가 다시 자라날 수 없을 정도로 고갈되기 때문이다. 소요형 유목민은 산업화 국가에서 흔하다. 이 사람들은 한 지역에서 다른 지역으로 이동하면서 장사한다. ② 프랑스의 철학자 들뢰즈(Gilles Deleuze)가 그의 저서 "차이와 반복"(1968)에서 노매드(nomad, 도마드)의 세계를 '시각이 돌아다니는 세계'로 묘사하면서 현대 철학의 개념으로 자리 잡은 용어이다. 노매디즘(nomadism)이라는 말을 쓰면서 경제, 사회 등 각 분야에서 '어떤 목표를 쫓는다.'는 뜻으로 쓰이고 있다. 즉, 특정한 가치와 삶의 방식에 얽매이지 않고 끊임없이 자기를 부정하면서 새로운 자아를 찾아가는 것을 의미하는 철학적 개념이다. ③ IT와 통신의 발전에 따라 디지털 노매드(digital nomad, 디지털 유목민)의 개념으로까지 확장되고 있다. 이는 첨단 정보통신 기기를 활용해 정보를 생산하고 소비하는 21세기형 정보유목민 및 일정한 주거공간과 직업 없이 자유롭게 활동하는 창조적인 사고방식의 소유자들을 일컫는다. Digital Nomad를 참조.

**Nomadweb 유목웹, 노매드웹** 개인의 콘텐츠가 확장된 새로운 형태의 분산형 웹. IP와 페이지를 통해 URL로 연결되는 층위에 사람이 추가된 웹으로 네트워크를 통해 사람에서 사람으로 연결되고, 개인이 가지고 있는 수많은 콘텐츠를 연결할 수 있게 된다.

**Nominal 명목** 대상물에 대해 주관적인 정보만이 가능한 측정 수준으로, 예를 들어, 점의 경우 장소의 이름이 된다. Qualitative를 참조.

**Nominal Data 명목 자료** 명목 자료는 불연속적이며, 순서가 없이 구분만 가능한 자료를 말한다. 예를 들면, 언어의 종류(독어, 영어, 프랑스 등), 토양의 종류(모래, 점토, 이토 등) 혹은 토지 이용의 종류(경지, 목초지) 등이 명목 자료이다.

**Nominal Data Value 명목 자료값** 이름 혹은 구분을 할 수 있는 값으로서, 서로 다른 값을 구분할 수만 있는 값이다.

**Nominal Hazard Zone(NHZ) 공칭 장해구역** NHZ(Nominal Hazard Zone)를 참조.

**Nominal Ocular Hazard Distance 공칭 안(眼) 장해거리** NOHD (Nominal Ocular Hazard Distance)를 참조.

**Nominal Scale 명명척도(命名尺度)** 측정대상의 속성을 질적인 특성으로 구분하는 척도이다. 명명척도는 질적(質的) 척도이기 때문에 척도의 수치가 측정대상의 크기나 순서를 나타내지 않고 단지 속성을 구분하기 위한 목적에서 사용한다. 예를 들어, 사람을 남자, 여자로 나누거나 종교를 기독교, 불교 등으로 구분하여 명명하여 척도로 사용하는 경우를 말한다.

**Nomophobia 노모포비아** 휴대폰이 없으면 불안해지고 심지어 공포심까지 생기는 강박증을 일컫는 뜻으로 노(No) 모바일폰(Mobilephone) 포비아(Phobia), 세 단어를 합친 준말이다.

**Non Conformance 부적합성** 시험대상(IUT)이 규정된 1개 이상의 요건을 만족시키지 않아 실패한 것을 말한다.

**Non Digital Form 비수치 형식** 컴퓨터와 호환되지 않는 매체로, 자료를 획득하기 위한 옵션에 대한 설명을 말한다.

**Non Map Data Structure 비지도 자료 구조** 공간요소들에 대한 속성 정보로서, 공간 요소와 연결되어 있고 그 요소들 간 연결 형태를 담고 있다.

**Non Metallic Pipe 비금속 관로** 금속이 아닌 재질로 만든 관의 종류를 말하는 것으로 PVC, hume pipe 등이 있다.

**Non Metric Camera 비측량용 사진기** 사진측량용 사진기렌즈의 시야각이 60°인 사진기로 주로 삼림 조사용에 쓰인다.

**Non Point Source 비점 오염원, 비점원** 농업지역, 축사지역의 침출수, 대기 중의 오염물질, 침전물 등이 강우 시 흘러나와 발생원을 알 수 없게 된 수질오염의 발생원을 말한다.

**Non Stationarity 비정상성** 자료에서 일차효과(First Order Effect)의 존재성을 묘사하기 위해 공간 분석에서 사용되는 용어. 이것은 그것들이 평균값으로 이질성을 표시할 때, 자료가 절대위치에 상호 독립하지 않다는 것을 의미한다. 이것은 비록 집단이 표현될 수 있지만, 이것은 표본 자료의 상호 인력보다는 국부 인력 때문에 존재할 수 있다는 것을 제안한다.

**Non Topographic Photogrammetry 비지형 사진측량** 지도 작성 이외의 목적으로 X선 모아레(Moire) 사진, 레이저 사진(Holography) 등을 이용하여 의학, 고고학, 문화재 조사, 변형 조사 등에 이용된다. Nondirectional Filter비방향성 필터영상을 구성하는 화소는 각 방향에 대하여 정도는 틀리지만 화소값을 가지고 있으며 이러한 방향성에 기반하지 않는 영상처리 필터를 말한다.

**Nongraphic Data 특성 자료, 비도형 자료** 일반적인 영문자로 저장되는 지도의 형상과 지리적 위치의 특성·질·관계 등을 표현한 수치적 표현. 때로는 문자(Textutral)자료나 속성이라고 불리기도 한다. 이들은 지리적 위치나 그래픽 요소와 연관되어 있으며, 일반적인 인식이나 다른 메커니즘을 통해 위 두 요소에 연결된다. 비도형 자료는 그들의 다른 특성이나 유지 때문에 그래픽 자료와는 분리 운영되며 다른 체계를 사용한다. 때때로 도표(Tabular) 자료로 인용된다.

**Non-Graphic Database 비도형 자료기반** 객체를 표현하기 위한 테이블의 집합체로서, Design 파일의 요소와는 달리 그림의 형태로 쉽게 표현할 수 없다.

**Nongraphic Tabular Data 비도형 테이블 자료** 테이블 형식으로 쉽게 보일 수 있고 저장되는 문자, 숫자 형식의 자료를 말한다.

**Nonharmonic Constant 비조화 상수** 조석의 조화상수로부터 산정되는 조석의 비조화상수는 조차, 조위 및 조시 간격 등 실제의 항만 설계에 이용되는 조석의 제원으로서 약최고고조위, 대조평균고조위, 평균고조위, 소조평균고조위, 평균해면, 소조평균저조위, 평균저조위, 대조평균저조위, 약최저저조위, 평균고조간격과 평균저조간격, 그리고 대조차, 평균조차, 소조차 등이 있다.

**Non-Memory Semiconductor 비(非)메모리 반도체** 연산, 논리 작업 등과 같은 정보 처리를 목적으로 제작되는 반도체이다. 반도체는 메모리 반도체와 비메모리 반도체로 구분된다. 메모리 반도체는 정보를 저장하는 용도로 사용되는 반면, 비메모리 반도체는 연산이나 논리와 같은 정보처리를 목적으로 사용된다.
정보를 저장하는 메모리 반도체와 구별된다. 데이터 저장이 목적인 메모리 반도체와 달리 非메모리 반도체는 IT(정보기술) 제품에 필요한 계산·분석 등 각종 기능을 하나의 칩에 통합한 것이다. '시스템 반도체'라고도 불린다. 가장 대표적인 비(非)메모리(Non-Memory) 반도체가 인텔이 압도적인 1위인 PC용 CPU(중앙연산장치), 퀄컴이 세계시장의 60%를 장악한 스마트폰·태블릿용 AP(응용프로세서)이다. 모바일 기기의 두뇌인 AP는 CPU에 비해 성능은 3분의 1 수준이지만, 전력 소모가 CPU의 10분의 1 정도여서 배터리를 쓰는 모바일 기기에 최적화돼 있다.
모바일 시대가 오면서 메모리 반도체의 위상이 높아지긴 했지만, 아직 시장 규모는 비(非)메모리 반도체가 더 크다. 비메모리 반도체의 용도는 가히 무궁무진하다. 컴퓨터나 모바일 기기뿐만 아니라 각종 IT융합 제품에서 센서를 통해 들어오는 정보를 분석해 외부 환경을 인식하고 필요한 작업을 하는 것도 비메모리 반도체의 몫이다.
메모리 반도체의 경쟁력은 미세공정 전환을 통한 원가 절감이다. 반면 비메모리는 설계가 극히 어려워, 설계 능력이 제품의 성패를 가른다. 메모리가 대규모 투자가 필요한 장치산업의 성격이 강한 반면 비메모리는 고도의 기술력과 창의성을 지닌 인력이 기업의 성패를 좌우하는 기술집약 산업이다.
메모리 반도체는 CPU 같은 비메모리 반도체에 비해 값이 싸다. 비메모리 시장 규모는 메모리 시장의 3~4배이다. 두 사업을 다 하던 인텔이 1980년 메모리 시장에서 철수한 것도 그 때문이다. 만들어봤자 하나에 겨우 2~3달러 받는 메모리 시장에서 경쟁하느니, 10배를 받는 CPU에 집중한 것이다. D램의 원조인 인텔이 떠난 시장에서 한국은 가격 싸움에서 다른 미국 업체들과 일본·유럽 메이커를 압도했다. 그 원동력이 미세공정 기술이다. 메모리 반도체를 구성하는 기본 단위인 트랜지스터와 그에 연결되는 전자회로의 선폭(線幅)을 더 세밀하고 작게 만드는 것이다. Memory Semiconductor, D RAM, Nand Flash Memory, Plastic Semiconductor를 참조.

**Non-Planar Graph 비평면 그래프** 점과 선의 위상 관계가 Non-Planar Graph로 표현되는 정보. 즉, 선분이 교차점에 대한 정의 없이 교차될 수 있는 위상 정보를 말한다.

**Non-Procedural Query Language 비과정 질의어** 데이터베이스의 구조에 관련 없이 운용될 수 있는 질의어를 말한다.

**Non-Selective Scattering 비선택 산란** 파장에 관계없이 우적 등 큰 입자에 의해 일어난다. 감쇠의 영향이 적은 파장역은 대기의 창(Atmosperic Window)이라고 한다.

**Non-Standard Data Element(NSDE) 비표준 자료 요소** NSDE(Non-Standard Data Element)를 참조.

**Nonsystematic Distortion 비계통형 왜곡** 좌표계의 정의방법 및 지도투영법에 의한 기하학적 왜곡을 말하며 보정은 주어진

화상좌표계와 지도좌표계 사이의 좌표 변환식을 기준점으로부터 화상좌표와 지도좌표의 대응관계만을 이용하여 근사적으로 결정한다.

**Nonuniform Flow 비등류** 어떤 순간에 유동장내의 속도벡터가 위치에 따라 변하는 흐름을 말한다. 즉, $\frac{dV}{ds} \neq 0$.

**Non-Uniform Rational B-Spline(NURBS) 넙스 곡선방정식** NURBS(Non- Uniform Rational B-Spline)를 참조.

**Non-Volatile Random Access Memory(NVRAM) 비휘발성 임의 접근 메모리** NVRAM(Non-Volatile Random Access Memory)를 참조.

**Noob 누브** 인터넷을 처음 접하여 여러 기능에 익숙하지 않거나 통신 예절을 알지 못하여 다른 이들에게 불편을 끼치는 사람을 뜻한다.

**NOR Flash Memory 노어 플래시 메모리** 셀들이 병렬로 연결돼 NAND에 비해 상대적으로 용량이 작지만 정보를 빨리 읽을 수 있기 때문에 휴대전화 운용체계 등 빠른 속도의 정보 추출을 요구하는 프로그램 코드를 저장하는데 주로 쓰인다.

**NORAPSNord De Gerre 포병용 직각 좌표** 처음 포병용으로 사용되기 시작한 직각좌표를 말한다.

**NORI(National Oceanographic Research Institute) 국립 해양 조사원** 해양수산부의 소속기관으로서 우리나라 전 해역을 대상으로 해양관측, 수로측량 등의 해양조사를 실시하여 각종 해양자료를 수집・분석하고 데이터베이스화함은 물론, 해도 및 수로서지를 간행하여 항해안전 및 해양수산 발전에 필요한 정보를 제공하는 국가 종합해양조사기관이다.

**Norma de Intercambio de Catografia Catastral(NECCA) 엔이씨씨에이** NECCA(Norma de Intercambio de Catografia Catastral)를 참조.

**Norma de Transferencia de Information Geographica(NOTIGEO) 노티지오** NOTIGEO(Norma de Transferencia de Information Geographica)를 참조.

**Normal Angle 보통각** 측량용 사진기의 영상각이 60° 전후인 것이다. Focal Length를 참조.

**Normal Angle Camera 보통각 사진기** 사진기의 영상각이 60° 전후인 보통각 렌즈가 붙어 있는 측량용 사진기를 말한다.

**Normal Angle Photograph 보통각 사진(普通角寫眞)** 사진기의 영상각이 약 60°전후로 찍은 항공사진을 말하며, 화면 거리 21cm 사진 규격 18×18cm가 표준이다.

**Normal Assumption 정규 가정** Gaussion Assumption을 참조.

**Normal Baseline 통상 기선** 영해(領海)의 바깥한계는 기선상의 가장 가까운 점으로부터 영해의 폭과 같은 거리에 있는 모든 점을 연결한 선으로서, 유엔해양법협약 이외에 규정된 경우를 제외하고는 연안국이 공인한 대축척해도에 표시된 해안의 저조(Low Tide)선으로 한다.

**Normal Case 정축법** 투영면의 축이 지축과 일치하는 경우를 말한다.

**Normal Case Photographing 직각 수평 촬영** 기선의 양 단에서 기선에 대하여 직교하여 촬영을 한 경우로, 사진기의 광축이 수평이므로 횡지표선은 수평이 된다. 기선의 길이는 파사체까지 거리의 1/5에서 1/20 정도로 택한다.

**Normal Curve 정규곡선** 오차와 이에 대한 확률의 관계곡선으로 오차곡선(error curve), 가우스 곡선(Gauss curve), 확률곡선이라고도 하며 종축은 확률, 횡축은 오차축으로 하는 오차함수의 표시곡선이다. 가우스의 오차법칙은 다음과 같다. ① 절대값이 같은 우연오차가 일어날 확률은 같다. 즉, 참값보다 (+)로 관측될 확률과 (-)로 관측될 확률은 같다. 그러므로 오차곡선은 y축을 경계로 대칭형이 된다. ② 절대값이 작은 오차발생 확률은 절대값이 큰 오차 확률보다 크다. 즉, 참값에 대하여 오차가 적은 관측수가 오차가 큰 관측수보다 많다. ③ 절대값이 대단히 큰 오차의 발생확률은 거의 일어나지 않는다. 즉, 극단인 극대오차가 포함된 관측값은 없다.

**Normal Distribution 정규분포(正規分布), 가우스 분포(Gaussian distribution)** 연속 확률 분포의 하나이다. 중심극한정리에 의하여 독립적인 확률변수들의 평균은 정규분포에 가까워지는 성질이 있기 때문이다. 즉, 정규분포는 평균을 중심으로 좌우대칭이고 종 모양(bell-shaped)을 하며, 평균($\mu$)과 표준편차($\sigma$)에 의해 모양이 결정된다. 이때의 분포를 N($\mu$, $\sigma^2$)로 표기한다. 특히, 평균이 0이고 표준편차가 1인 정규분포 N(0, 1) 을 표준정규분포라고 한다. 정규분포에서는 기댓값, 최빈값, 중앙값이 모두 $\mu$이다. 정규분포곡선은 좌우 대칭이며 하나의 꼭지를 가진다.

어떤 확률현상이 평균이 $\mu$이고, 표준편차가 $\sigma$인 정규분포를 따른다고 할 때, $P(\mu-1\sigma < X < \mu+1\sigma)=0.6826(68.26\%)$이며, $P(\mu-2\sigma < X < \mu+2\sigma)=0.9544(95.44\%)$이다. 또한 $P(\mu-3\sigma < X < \mu+3\sigma)=0.9974(99.74\%)$이다.

**Normal Equation 정규 방정식** 잔차의 제곱의 합을 최소로 한다는 조건, 즉 최소제곱법에 의하여 얻어지는, 미지수의 개수와 같은 수의 방정식이다.

**Normal Fault 정단층(正斷層)** 암석의 상층부가 상대적으로 아래로 이동하는 경사이동 단층을 말한다.

**Normal Form 표준 형식** 관계형 데이터베이스의 관계는 이것이 어떤 제한을 만족한다면 표준형식에 있다고 설명된다.

**Normal Gravity 표준 중력** 이론적인 중력 절대값. 어떤 지점에서 회전타원체에 대한 등포텐셜로 정의된다.

**Normal Gravity Formula 표준 중력 공식** 표준 중력값을 나타내기 위한 기준면의 수학적인 설명을 말한다.

**Normal Height 정규표고, 정규고** 준(準)지오이드(quasi-geoid)에 대한 높이를 의미한다. 즉, 스페로포텐셜(spheropotential)이 지상의 지오포텐셜(geopotential)과 동일한 지점의 지구타원체로부터의 높이를 말한다. Molodenski와 Hirvonen에 의하여 정의되었다.

**Normal High Water Level(NHWL) 평균 최고 수위** NHWL(Normal High Water Level)를 참조.

**Normal Image 수직 영상** 지상에 대하여 상하가 바른 상을 말한다.

**Normal Line 법선(法線)** 곡면상의 한 점에서 곡면에 접하는 직선에 수직한 직선.

**Normal Low Water Level(NLWL) 평균 최저 수위** NLWL(Normal Low Water Level)를 참조.

**Normal Photography 직각 촬영(直角 撮影)** 좌우의 촬영 방향이 지상기선에 직각인 지상사진 촬영으로서 반드시 수평 방향이 아니라도 좋다.

**Normal Section 정축면, 법선면** 타원체면과 교차하는 평면에 의해 만들어진 선. 평면은 타원체상의 임의 측점에 접하는 평면의 수선에 의해 타원체상의 측점 P1과 P2에서 만들어진다. 이러한 수선을 정축(Normal)이라 한다. 정축면은 타원체상의 두 측점에 의해 이루어진다. 정축면은 타원이다. Ellipsoid Distance와 Geodesic Distance를 참조.

**Normal Section Azimuth 정축면 방위각** 경도 자오선에 의해 만들어진 평면과 법선을 만드는 평면 사이의 각. 이러한 각은 접하는 평면상에서 관측된다.

**Normal State 정위** 망원경의 대물경이 정위치로 있는 상태를 정위라 한다.

**Normal Stereoscopic View 정 입체시** 한 쌍의 입체사진의 좌우 위치 관계를 바르게 표정해서 얻는 통상의 입체시. 산은 높게 골짜기는 낮게 보인다.

**Normalised Difference Vegetation Index(NDVI) 정규 식생 지수** NDVI(Normalised Difference Vegetation Index)를 참조.

**Normalization 정규화(正規化)** 관계형 자료 기반을 위한 지료기반 설계 도구로써 처음 고안된 자료 모형화 방법으로 개념적인 모형화에 대한 유용한 도구인 것으로 발견되었다. 정규화 자료 모형화에 대한 상향 접근이다. 자료의 중복을 방지함으로써 자료의 불일치가 일어나지 않도록 자료 모형에 자료종속을 적용하는 개념적인 자료기반 설계 업무를 말한다.

**Normalize 정상화** 유동 소숫점 수에서 지수와 유효숫자를 표준 형태로 고치는 것을 말한다.

**Normalized Difference Vegetation Index(NDVI) 정규 식생 지수** NDVI(Normalized Difference Vegetation Index)를 참조.

**Normalized Image 정규화 영상** 입체영상으로부터 표정요소를 이용하여 y시차가 소거된 정규화된 영상을 말한다.

**Normally Consolidated Clay 정규압밀 점토** 점토가 현재 받고 있는 유효연직압력이 지금까지 받아온 압력보다 큰 점토이다. 전단응력이 최대응력에 도달한 후 서서히 감소하는데 이는 전단영역에서 점토입자가 점진적으로 파괴면에 평행하게 편향되어 전단저항이 감소하기 때문이다.

**Normal Stress 법선응력(法線應力)** Stress, Compressive Stress, Poisson's Ratio를 참조.

**Norminal Ground 공칭 지면** 지리데이터 세트 내역에 의해 함축된 실세계를 보는 것으로서, 공칭지면은 품질을 평가하는데 있어 실제 지리데이터 세트와 가상의 지리데이터 세트가 비교되며, 지리데이터 세트 내용에 대한 참값을 표시하기 위해 고려된다.

**Nominal Scale 명목척도** 사상에 대한 주제적인 속성(예 : 지명)을 측정한다.

**North American Datum(NAD) 북미기준계, 나드** NAD(North American Datum)를 참조.

**North American Datum of 1927(NAD 27) 북미기준계 1927, 나드27** NAD 27(North American Datum of 1927)를 참조.

**North American Datum of 1983(NAD 83) 북미 기준계 1983, 나드83** NAD 83(North American Datum of 1983).

**North ArrowNorth Bounding Coordinate 북측 경계 좌표** 위도로 표시되는 영역의 가장 북쪽 좌표를 말한다.

**North Bounding Latitude 북측 경계 위도** 위도로 표현된 자료군 범위의 최북단 좌표를 말한다.

**Northern Pole 북극(北極)** 지축이 지구의 표면과 만나는 점 가운데 북쪽의 지점을 말한다.

**Northings 북향거리, 남북방향 거리** 원점에서 북쪽으로의 거리 또는 지도격자 좌표계에서 동서 기준선을 기준으로 북쪽(+)으로 측정한 직선거리를 말한다.

**NOS(National Ocean Service) 미 국립 해양 연구소** 미국 NOAA의 산하 기관으로서 항해 및 항공용 지도를 제작하고 있다.

**No-Show 예약 부도** 예약을 해놓고 아무런 연락 없이 나타나지 않는 경우를 뜻하는 말로 외국에선 '노쇼(no-show)'라고 한다. 예약 시간에 임박해 취소나 변경을 통보하는 것을 제외한 경우를 가리킨다. 원래 항공업계 용어였지만, 1990년대 이후 식당・병원・미용실 등 서비스 업계 전반에서 널리 쓰이고 있다.

**No Signal 노 시그널** [드론] 카메라가 보내오는 영상신호가 끊어진 경우다. 화면이 보이지 않거나, 멈춘 상태이다. 대개 수초가 지나면 저절로 회복되지만 오랫동안 끊어져 아예 멈춘 상태로 보이면 앱을 다시 실행해야 한다. USB 케이블을 뺐다가 재결합해야 하는 경우도 있다. 육안으로 기체를 확인할 수 있는 시계비행 상태라면 정상 조종하여 회수할 수 있다. 노 시그널이 일어나는 이유는 거리가 멀어서, 다른 전파와 혼선이 있거나 채널을 뺏겨서, 태양풍 등으로 전파장애가 생긴 경우, 장애물에 가려진 경우, 안테나 각도, 저전압 등의 송수신 조건불량 등이다. 단지 카메라가 보내는 화면만 볼 수없는 노 시그널이면 카메라 영상이 회복되도록 시도하는 것이 좋다. 즉, 제자리 비행(Hovering, 호버링) 중에 앱을 재실행시켜 카메라가 보내는 화면을 연결하도록 시도한다.

**Not in Education, Employment or Training(NEET) 니트족** NEET(Not in Education, Employment or Training)를 참조.

**Not In My Backyard(NIMBY) 님비(현상)** NIMBY(Not In My Backyard)를 참조.

**Notebook Computer 노트북 컴퓨터** 일반적으로 컴퓨터를 지칭할 때는 데스크 탑, 랩 탑, 노트북 등과 같은 용어를 사용하는 경우가 있다. 이러한 모든 용어는 컴퓨터의 크기를 기준으로 하여 컴퓨터를 분류하는 용어인데, 이들 중에서 노트북이란 공책이라는 뜻을 가지는데, 말 그대로 공책 정도의 크기를 가지고 있는 휴대용 컴퓨터를 가리킨다.

**NOTIGEO(Norma de Transferencia de Information Geographica) 노티지오** 소/중 축척의 지도의 교환을 목적으로 만들어졌으며, 스페인의 지도 정보교환에 사용된다.

**Novel Point 절점** 다각측량에서의 각 측점을 말한다.

**Now, Show Me The Evidence 증거 중독** 인터넷, 모바일, SNS 등 다양한 채널을 통해 방대한 제품정보와 광고마케팅이 쏟아지는 현재, 소비자들이 직접 사용해 보고 제품의 성능을 확인 후 구매의사 결정을 내리는 새로운 소비현상인 '증거중독'형 트렌드가 확산되고 있다. 이러한 새로운 소비 트렌드에 맞춰 기업에서는 소비자들의 마음을 사로잡기 위한 증거를 제시할 수 있는 다양한 마케팅 기법을 사용하고 있다. 즉, 식품안전에 민감한 주부 및 임산부 소비자를 대상으로 한 공장 견학 프로그램을 운영하는가 하면 외식업계에서는 안전한 먹거리를 제공한다는 신뢰를 줄 수 있는 '오픈키친' 도입을 점차 확대하고 있다. 그 밖에 소비자들이 직접 무게를 측정해 보고 확인할 수 있는 '수치화 마케팅', 소비자들이 직접 눈으로 제품을 만들거나 확인할 수 있도록 일명 '시스루 포장재'에 제품을 패킹하는 '시각화 마케팅' 등 소비자가 직접 보고 체험하며 결정할 수 있는 기회를 제공하는 마케팅이 대세를 이루고 있다. 과거의 소비자들은 "기업에서 알아서 잘 만들겠지"라는 방관한 태도를 보였다면, 현재 소비자들은 정확한 증거를 제시하지 않으면 믿을 수 없다는 '증거중독'의 태도를 지니고 있다. 이러한 이유로 앞으로 기업에서는 '좋다'라는 추상적인 홍보가 아닌 제품의 구성 및 효과에 대한 구체적인 제품설명으로 소비자들을 안심시켜 나가고 있다.

**NP-Complete 엔피-완전 문제** 비결정 다항식 Time Complite 일반해를 가지는 계산적 결정문제의 집합. 그래서 하나의 NP-Complete 문제에 대한 해는 모든 NP-Complete 문제를 해결할 것이다. 차이는 NP 문제들은 현재의 기술을 가지고 해결하는 것이 계산적으로 불가능하다는 사실에 있다. 해를 계산하는 것은 지수적 시간으로서 알려진 것을 요구하기 때문이다. 이것은 계산의 수가 고려되어야만 하는 가능한 선택의 수에 폭발적으로 증가하기 때문이다. NP-Complete인 것으로 보여진 첫 번째 문제는 Satisfiability 문제였다. 또 다른 예는 여행 판매원 문제이다. NP-Complete 문제들은 망 분석에서 일반적이다. Heuristics가 종종 이러한 문제에 대한 부분 해를 제공하기 위해 도입된다.

**NRG(Narration Route Guidance) 음성 경로 안내** NRG는 음성 안내 서비스로 도로의 실제 명칭을 활용해 더욱 상세한 길을 안내해 주는 기술을 일컫는 말이다.

**NRSP(National Remote Sensing Programme) 말레이시아 원격 탐사 프로그램** 말레아시아 내 원격 탐사 활동과 관련 기술들을 조정하고 활용을 극대화하기 위해 국가에서 추진하는 사업이다. 이 사업은 국가 자원 평가 사업을 수행하기 위한 자원정보를 신속히 수집하기 위한 방안으로서 출발하였으며, 자원과 환경관리를 위해 원격 탐사와 관련 기술 활용을 촉진하는 것을 목적으로 하고 있다.

**ns(Nano Second) 나노초** 나노(n)는 $10^{-9}$에 해당하는 SI 접두어로, 나노초(ns)는 $10^{-9}$sec, 즉 1초의 1/10억에 해당하는 시간이다.

**N Screen 엔 스크린** 하나의 콘텐츠를 다양한 정보통신 기기에서 이용할 수 있는 네트워크 서비스를 말한다. 즉, N개의 이종 단말기에서 동일한 콘텐츠를 자유롭게 이용할 수 있는 서비스다. 수학에서 아직 결정되지 않은 미지수를 나타낼 때 쓰는 'N'이란 문자를 따와 N스크린이라 부른다. 하나의 콘텐츠를 여러 개의 디지털 기기들을 넘나들며 시간·장소에 구애받지 않고 이용할 수 있는 기술이다. PC, TV, 휴대폰 등에서 동일한 콘텐츠를 끊김 없이 이용할 수 있는 "3 스크린" 서비스는 물론 사용자가 가지고 있는 N개의 스크린에서도 동일한 콘텐츠를 끊김 없이 이용하는 서비스를 말한다. N Screen의 기본 개념은 "Always On, One-Source, Multi-Use" 혹은 "Always On, One-Buy, Multi-Use"이다. 스마트 디바이스의 대두로 인해 인터넷을 어디서나 이용할 수 있는 "Always On" 상태로 변한 사용자의 욕구를 충족하기 위해서는 이제 One-Source, Multi-Use나 One-Buy, Multi-Use의 요건이 충족되어야 한다. 3 Screen, Live Mesh 참조

**N-Screen Service 엔-스크린 서비스** 사진, 음악, 동영상 같은 콘텐츠가 디바이스에 종속될 필요 없이, 스마트폰·태블릿 PC 등 여러 기기를 연동해 끊김 없이 볼 수 있는 서비스를 말한다.

**NSDE(Non-Standard Data Element) 비표준 자료 요소** 시스템이나 응용 프로그램 내에 존재하고 조직에 의해 만들어진 가이드라인, 절차, 관례를 따르지 않는 자료 요소를 말한다.

**NSDI(National Spatial Data Infrastructure) 미국 국가 공간정보 기반** 미국은 NSDI를 통해 국가차원에서 여러 가지 공간자료들을 취득하고 DB를 구축하여 여러 분야에서 활용할 수 있도록 지원하고 있으며, 이렇게 구축된 정보들은 USGS의 national geo-spatial data clearinghouse를 통해 이용자에게 유통되고 있다. 자연과 문화자원을 운용하는 각국의 정부들에 의해 사용되는 지리공간적 기반 데이터(예 : 측지 기준, 디지털 정사영상), 주제별 기초 데이터(예 : 지적, 교통), 기타 다른 형태의 주제별 데이터(예 : 토양, 토지피복)를 포함한다. 국가적인 측면에서 공간정보를 취득 처리 저장 배포하는데 필요한 정책 기술 및 인적자원 등에 대한 총체적인 개념으로 미국에서는 1994년 대통령령으로 국가공간정보기반 구축을 위해 국가공간정보 프레임워크(National Digital Geospatial Data Framework) 구축을 명하고 있다. 전자지도에 지형, 건물, 도로, 지하 시설물 등 모든 국토정보가 표준화되어 매핑된 것을 의미한다. 그래서 공간 정보 인프라의 유통과 관련하여 계획을 수립해 추진하고 있다.

**NSF(National Science Foundation)(US) 미 국립 과학 재단** 미 연방 정부의 독립적인 기관으로서, 각종 기초 과학의 연구 활동을 관장하고 지원한다.

**NSSDA(National Standard for Spatial Data Accuracy) 미국 국가 공간 데이터 정확도 표준** 국가단위 또는 연방 단위의 지도, 항공사진, 위성영상 등 국가공간데이터 위치 정확성의 시험 및 보고에 대한 가이드로서 각 지리정보에 대한 위치정확성의 기준은 제시하지 않고 있다.

**NTF(National Transfer Format) 중간 교환 형식** 지리 정보의 교환을 위한 표준 영국의 국가 지도 제작 기관인 Ordnance Survey와 민간부문의 공동노력으로 이루어졌다. NTF는 1985년 처음 발표되었고, 1988년과 1992년에 걸쳐 2번 개정되었다.

**NTIA (National Telecommunications and Information Administration) 미국 전기통신 및 정보청** NIST와 함께 미 상무성 소속이며, 전기 통신 및 정보 분야에서 광범위한 역할을 제공하기 위하여 1978년에 설립되었다. 광범위한 목표는 전기통신, 정보 및 관련 산업의 개발 및 이용을 촉진시키는 것, 사회적 서비스를 공급함으로써 공익목적을 실현하는 데 있다.

**NTSC(National Television Systems Committee) 엔티에스씨 방식, 텔레비전 표준방식(위원회)** [영상] 미국 컬러 TV표준을 제정한 국제TV시스템위원회 또한 그 방식을 일컫는다. NTSC

방식은 1953년 미국 컬러TV 표준방식으로 채택하였으며 일본은 1960년 6월에, 한국은 1980년에 표준방식으로 채택하였다. CCTV시스템에서는 통상적으로 NTSC방식을 주로 채택하고 있다. 대부분의 국가들이 PAL 또는 NTSC방식을 사용하고 있다. TV의 해상도란 화면 높이 방향의 스케일로 백과 흑의 무늬를 얼마나 확인할 수 있는 가를 말한다. 흑과 백을 하나씩 확인할 수 있으면 해상도는 2본이다. TV에서는 수평방향의 해상도와 수직방향의 해상도에 차이가 있는 경우가 있다. 수직해상도는 TV의 주사선수로 정해져 버리기 때문에, NTSC에서는 유효 주사선수가 약 480본이므로 최대 약 480본이 된다. 그러나 실제의 TV에서는 인터레이스 주사이기 때문에 약 70%인 340본 정도 밖에 확인할 수 없다. 수평해상도에서는 영상 신호의 고주파 대역을 어디까지 취할 수 있는 가로 된다. 일반적인 TV는 종횡비(화면 비율)가 3:4이기 때문에 1MHz의 대역당 약 80본이 된다. TV방송의 영상신호최고주파수는 약 4.2MHz이므로 약 330본이다.

| 구 분 | NTCS | PAL |
|---|---|---|
| 주사선수 | 525 | 625 |
| 전송화상수 | 30매/초 | 25매/초 |
| 필드주파수 | 60Hz | 50Hz |
| 비월주사 | 2 : 1 | 2 : 1 |
| 종/횡비 | 3 : 4 | 3 : 4 |
| 영상주파수 | 4.2MHz | 5.5MHz |
| 음성주파수 | 6MHz | 7MHz |
| 주요 채택국 | 미국, 일본, 한국 등 | 영국 등 유럽국가 |

**Nuclear Energy 원자력** [방사선] 원자핵 변화의 과정에 있어서 원자핵으로부터 방출되는 모든 종류의 에너지를 말한다(「원자력 안전법」 제2조 제1호).

**Nuclear Fuel Materials 핵연료 물질** [방사선] 우라늄·토륨 등 원자력을 발생할 수 있는 물질로서 대통령령으로 정하는 것을 말한다(「원자력 안전법」 제2조 제3호). 「원자력 안전법 시행령」 제3조에 의거 "대통령령으로 정하는 것"이란, (1) 우라늄 238에 대한 우라늄 235의 비율이 천연혼합률과 같은 우라늄 및 그 화합물, (2) 우라늄 238에 대한 우라늄 235의 비율이 천연혼합률에 미달하는 우라늄 및 그 화합물, (3) 토륨 및 그 화합물 등 원자로의 연료로 사용할 수 있는 물질, (4) 우라늄 238에 대한 우라늄 235의 비율이 천연혼합률을 초과하는 우라늄 및 그 화합물, (5) 플루토늄 및 그 화합물, (6) 우라늄 233 및 그 화합물 등이다.

**Nuclear Materials 핵물질** [방사선] 핵연료 물질 및 핵원료 물질을 말한다(「원자력 안전법」 제2조 제2호).

**Nuclear Raw Materials 핵원료 물질** [방사선] 우라늄광·토륨광과 그 밖의 핵연료물질의 원료가 되는 물질로서 대통령령으로 정하는 것을 말한다(「원자력 안전법」 제2조 제4호). 「원자력 안전법 시행령」 제4조에 의거 "대통령령으로 정하는 것"이란 우라늄 및 그 화합물 또는 토륨 및 그 화합물을 함유한 물질로서 핵연료물질 외의 물질을 말한다.

**Nucleus 원자핵** 양성자 및 중성자로 구성되어 있으며, 양성자는 양전하로 대전된 입자, 중성자는 중성 입자이다. 지름은 (수소의 양성자 핵 크기인) $1.6\times10^{-15}$m에서 (우라늄 등의 무거운 핵의) $15\times10^{-15}$ 정도이다. 이 크기는 원자 전체 크기의 1/23,000(우라늄)에서 1/145,000(수소)에 해당한다. 원자 질량의 대부분은 핵자를 이루는 양성자와 중성자의 질량이며, 원자핵 주위를 도는 전자의 질량은 아주 일부만을 차지한다. 원자 중에는 양성자의 수는 같으나 중성자의 수가 다른 원자핵을 갖는 동위 원소가 존재하며, 그 존재 비율은 장소나 물질의 종류에 관계없이 거의 일정한 비율로 존재한다. 원자량의 기준이 되는 1amu(atomic mass unit, 원자 질량 단위)는 탄소의 동위 원소인 12C의 원자 1개의 질량의 1/12로서, $1.6605655\times10^{-24}$g이다. 어떤 원소의 원자량이란 이 질량을 1로 할 때 값이다.

**NUI(Natural User Interface) 자연스러운 사용자 조작 환경** NUI란 마우스나 키보드 등 별도의 장치 없이 사람의 감각이나 행동, 인지능력을 통해 자연스럽게 디지털 기기를 제어하는 환경을 말한다. NUI 기술은 멀티터치, 증강 현실, 상황인식 컴퓨팅 등으로 발전하고 있다.

**Null Adjustment 영점보정** 각종 변화요인으로 발생한 영점의 변화량을 올바르게 조정하는 것을 영점보정이라 한다.

**Null Hypothesis 귀무가설(歸無假說), 영가설(零假說)** 귀무가설(기호 Ho) 또는 영가설은 통계학에서 처음부터 버릴 것을 예상하는 가설이다. 차이가 없거나 의미 있는 차이가 없는 경우의 가설이며 이것이 맞거나 맞지 않다는 통계학적 증거를 통해 증명하려는 가설이다. 예를 들어, 범죄 사건에서 용의자가 있을 때 형사는 이 용의자가 범죄를 저질렀다는 추정인 대립가설을 세우게 된다. 이때 귀무가설은 용의자는 무죄라는 가설이다. 통계적인 방법으로 가설 검정을 시도할 때 쓰인다. 로널드 피셔가 1966년에 정의하였다.

**Null Value 공백 값** 값이 존재하지 않는 것을 말하며, 테이블의 행에 대해 특정 열이 널(Null)이면 저장된 값이 없음을 뜻한다.

**Number Data Bits 수치 자료 비트** 각 문자의 교환에서 데이터 비트수를 말한다.

**Number of a Lot of Ground 지번** 일필지마다에 붙여진 일련번호이며 일반적으로 쓰이고 있는 번호와 같은 것이다. 지번은 법정 리·동 단위로 순차로 번호가 매겨진 것이나 리·동의 분할, 합필, 분필 등 때문에 지금은 그 가닥이 상당히 혼란하다.

**Number of Calendar Eras 달력 연대의 수** 설명된 달력과 관련된 연대 수를 말한다.

**Number of Data Bits 데이터 비트 수** 각 문자의 교환에서 데이터 비트 수를 말한다.

**Number of Dimensions 차원수** 독립적인 시공간축의 수를 말한다.

**Number of Photographs 사진 번호** 촬영순서에 의한 사진의 번호 기록을 말한다.

**Number of Visible Satellite 가시 위성수** 의사거리를 이용하여 미지점의 자동적인 3차원 위치(위도·경도·높이·시간)를 계산하기 위해서는 4대 이상의 위성이 추적되어야 한다. 4대의 위성만을 이용하여 미지점의 3차원 위치를 계산할 수 있을 지라도, 더 많은 위성을 관측하는 것이 수학적으로 더 강력한 위치해를 제공하기 때문에 5대 이상의 위성에서 자료를 취득하는 것이 더 좋다. GPS 측량을 실시할 경우에, 여분의 위성들은 잉여의 반송파-위상 관측값을 제공하며, 신호 단절(Cycle Slip)이 발생할 때 시간에 대한 안전요소를 제공한다. 실시간 측량의 경우에 자동적인 초기화를 위해 5대의 위성이 필요하다.

**Number of Volumes 항목수** 확인된 매체 내 항목수를 말한다.

**Number Stop Bits 수치 종료 비트** 각 문자의 교환에서 종료 비트 수를 말한다.

**Numerical Analysis 수치 해석(數値 解釋)** 수학적으로 표현된 문제의 해답을 효율적으로 계산해 내는 것을 중심으로 하는 수학 및 컴퓨터 과학의 한 분야, 이것은 수학적인 문제를 수치적으로, 즉 계산을 통해서 풀이하는 방법과 이 과정에서 발생하는 오차 및 그의 한계에 대한 연구가 포함된다.

**Numerical Cadastral Surveying 수치 지적 측량** 수치 지적도를 작성하기 위한 측량을 말한다.

**Numerical Cadastre 수치 지적(數値 地籍)** 필지의 경계에 대한 정확도를 높이고 도해법에 의한 문제점을 보완하기 위하여 각 필지의 경계점을 수치(X, Y 좌표)로 등록하는 지적제도를 말한다.

**Numerical Mean 산술 평균** 상가 평균, 즉 관측한 몇 가지의 수의 화를 그 가짓수로 나눈 평균값을 말한다.

**Numerical Modelling 수치 모형화** 지형현상을 지배하는 수학적 방정식을 수치적인 방법에 의해 구하는 기법으로, 대상 지역을 공간적 격자망으로 구성하고 각 격자에서 지형 현상을 지배하는 수학 방정식에 초기 및 경계조건을 부여하여 컴퓨터를 이용 구하는 방법을 일컫는다.

**Numerical Taxonomy 수치 분류법** 유사성을 관측하기 위한 계산에 사용되는 자료를 분리하기 위한 정량적인 방법을 말한다.

**Numerical Terrier 수치 지적부(數値 地籍簿)** 각 필지 단위로 경계점의 위치를 좌표로 등록 공시하는 지적공부. 토지의 소재·지번·좌표(평면직각 종횡선 수치)·고유 번호·지적도 또는 임야도의 도호와 상해 수치지적부의 매순, 부호도 등을 기재한 장부이다.

**Numerically Controlled Machine Tool 수치 제어 기계 기구** 가공방법을 테이프 등에 기록하여 이 명령에 동작하는 선반 등 공작기계 명령의 교환에 의해 한 대의 기계로 다양한 자동 가공이 가능하다.

**NURBS(Non-Uniform Rational B-Spline) 넙스 곡선방정식** [자료처리], [영상처리] NURBS는 어떤 면에서 그 어떤 Spline보다 상위 개념에 있으며, NURBS로 그 어떤 곡선에서 추구하고 구현되었던 것이 가능하다. NURBS는 Non-Uniform Rational B-Spline의 약자로서, 비균일 매듭 벡터를 사용한다.

참고로 한 곡선의 모든 조절점(control point)들이 동일한 가중치(weight, 무게값)를 가지고 있을 때, 이 곡선을 비유리(non-rational)라고 한다. NURBS에서 R은 이 '유리(rational)'을 의미한다. 원과 타원은 '유리(rational)'한 곡선의 예이다.

NURBS 곡선은 Non-Rational B-Spline과 Bezier(베지어) 곡선뿐만 아니라, 직선과 2차 곡선을 하나의 형태로 나타낼 수 있으며, 근사적 또는 보간적인 형태로도 사용할 수 있다. 즉, NURBS는 모든 곡선을 포용하는 특성이 있어 곡선의 표준이라고 할 수 있다. Linear, Bezier, Cardinal, B-Splines 곡선은 NURBS의 하위 개념이라고 할 수 있으며, 다른 곡선으로 구현할 수 있는 것은 NURBS로 구현할 수 있는 장점이 있다.

NURBS 곡선은 Cardinal Spline처럼 곡선의 시작점과 끝점에서는 조절점(control point)을 지나면서도 중간점들에서는 근사(Approximating) spline처럼 조절점 "주변"을 지나기 때문에 부드러운 곡률을 갖는다. 또한 NURBS 곡선은 조절점 외에 곡선위에 존재하는 edit point라는 별도의 조절점들을 갖기 때문에 상황에 따라 정확도가 필요한 경우에는 Cardinal Spline처럼 직접 곡선이 지나는 위치를 조절을 할 수 있다. NURBS가 가지는 또 하나의 중요한 특징은 각각의 조절점(control point)마다 가중치(weight)를 조정할 수 있다. 이러한 가중치가 클수록 곡선은 조절점 쪽으로 치우치게 되므로 조절점의 위치이동 없이 곡선의 미세한 곡률까지 조정할 수 있는 장점이 있다. 이런 가중치를 조정할 수 있기 때문에 NURBS는 다른 곡선들에 비해 많은 자유도를 가지고 있으며, 이런 특징 때문에 다른 곡선에서 만들 수 없는 불규칙 곡선까지도 만들 수 있다(Non-Rational). 현재 컴퓨터 그래픽스(Computer Graphics, CG)에서 NURBS 곡선이 많이 채택되고 있다.
NURBS 곡선은 B-spline 곡선에서 매듭값의 간격이 일정치 않을 때 유도되는 non-uniform B-spline 함수를 블렌딩 함수로 사용한다는 점에서는 비균일 B-spline 곡선과 다른 점이 없다. 그러나 비균일 B-spline 곡선에서는 조정점의 (x, y, z) 좌표를 각각 이들 블렌딩 함수로 섞어주면 되지만, NURBS 곡선에서는 조정점을 균질한(homogeneous) 좌표계를 사용하여 각각을 ($x_ih_i$, $y_ih_i$, $z_ih_i$, $h_i$)의 형태로 표시하고 이들 4개의 좌표를 블렌딩 함수로 섞어 주도록 한다. NURBS 곡선식은 일반적인 B-spline 곡선식을 포함하는 보다 일반적인 형태라고 할 수 있다. NURBS 곡선은 일반적인 B-spline 곡선에 비해 다음과 같은 장점을 갖는다. (1) 일반적인 B-spline 곡선에서는 곡선의 모양을 변화시키기 위해 각각의 조정점에서 x, y, z 세 좌표를 조절하는 3개의 자유도가 허용하나, NURBS 곡선에서는 각각의 조정점에서 균질한 좌표값까지 포함하여 4개의 자유도가 허용된다. 따라서 곡선의 보다 자유로운 변형이 가능하다. 실제로 균질하게 좌표값을 증가시키면 곡선을 해당 조정점 쪽으로 끌어당기는 효과가 있다. (2) 일반적인 B-spline 방정식으로는 원, 타원, 포물선, 쌍곡선 등 원추 곡선을 근사하게 밖에 나타내지 못하지만, NURBS 곡선은 이들 곡선을 정확하게 표시할 수 있다. 따라서 NURBS 곡선은 자유 곡선은 물론 원추 곡선까지 한 방정식의 형태로 나타내게 하므로 프로그램 개발 시 그 작업량을 줄여 준다. 예를 들어, 곡선과 곡선의 교차점을 계산하는 프로그램을 개발하는 경우, 원호와 원호, 원호와 자유곡선, 원호와 포물선 등 모든 가능한 경우에 해당하는 교차점을 계산하는 프로그램을 만드는 대신, 이들 원추 곡선을 NURBS 방정식으로 표시 한다면 NURBS 곡선과 NURBS 곡선의 교차점을 계산하는 프로그램 하나로 해결할 수 있을 것이다. Interpolation, Linear Interpolation, Ferguson Curve, Hermite Interpolation, Newton Interpolation, Lagrange Interpolation, Spline Interpolation, Bezier Curve, Cardinal Spline, Cubic Spline Curve, Patch Surface, B-Spline을 참조.

**Nutation 장동(章動)** 달과 태양이 지구의 적도 부위의 볼록한 부분(equatorial bulge)에 미치는 인력에 의하여 지구의 자전축이 공간상에서 주기적으로 진동하면서 회전하게 되는데, 이때 주기적으로 지주자전축이 황도에 대하여 흔들리는 현상이다.

**N Value 엔값, 엔치(置)** SPT(Standard Penetration Test)를 참조.

**NVRAM(Non-Volatile Random Access Memory) 비휘발성 임의접근 메모리** 비휘발성 RAM으로 SRAM의 일부이며, 주 전원이 없을 때 백업 배터리로 전원을 공급한다. 이것은 주 전원이 되돌아왔을 때 더 빨리 항법 방식으로 전환하도록 도와주며 중요한 데이터를 보존하는 데 쓰인다. Sandpiper와 Avocet Receiver의 모든 SRAM은 주 전원이 꺼졌을 때 백업 배터리로 사용하도록 되어 있다.

**NWIS-I(National Water Information System-I) 수문정보체계 I** 현장에서 수집된 수문(水文)자료를 각 지역사무소(District Office)에서 상호 대화식으로 신속하게 처리하기 위한 목적이다.

**NWIS-II(National Water Information System-II) 수문정보체계 II** 기존 시스템의 데이터베이스는 과다한 노드와 중복된 정보를 필요로 하며 급격히 변하는 기술 환경에 적응하지 못하는 단점을 보완하기 위해 개발되었다.

**Nyquist Frequency 나이퀴스트 주파수** 샘플링(sampling) 법칙에 의하면 샘플링 주파수 fs는 신호의 최대주파수 성분의 2배 이상이 되어야 한다. 이는 fs/2 이상의 주파수 성문에서는 중첩(folding)현상이 발생하여 알리아싱(aliasing)현상이 발생하기 때문이며, 이때 fs/2 를 중첩 주파수 또는 나이퀴스트 주파수라 부른다. 디지털 신호분석 시, 입력신호를 A/D변환기에 의하여 디지털화할 때 N개의 이산화값(discrete value)으로 기록된다. 샘플링 주파수(fs), 나이퀴스트 주파수(f0), 분해는 주파수($\Delta$f)사이에는 다음과 같은 기본식이 성립한다. 즉, fo=fs/2, $\Delta$f=fs/N.

**O2O(Online to Offline) 오투오** O2O는 온라인과 오프라인의 결합, 융합을 기반으로 하는 비즈니스 모델을 뜻한다. ICT 산업의 핫이슈로 O2O가 지속적으로 거론되고 있다. O2O는 2010년 IT 분야 온라인 매체 'Tech crunch'가 소셜커머스의 성장을 주목하며 처음으로 언급한 개념이다. 국내에서는 다음카카오와 같은 SNS 업체가 O2O 사업에 진출하고, '배달의 민족', '직방'과 같은 중개서비스 사업자가 속속 등장하면서 널리 알려지기 시작했다. O2O는 온라인과 오프라인을 유기적으로 연결하여 고객들에게 보다 편리하고 가치 있는 서비스를 제공하는 온·오프라인 연계 비즈니스를 총칭한다. 협의의 관점에서 O2O는 온라인으로 고객을 유치하여 오프라인 커머스를 지원하는 것을 의미했으나 현재는 O2O를 광의의 관점에서 보는 시각이 일반적이며, 온라인에서 오프라인으로의 연결 또는 오프라인에서 온라인으로의 연결 모두를 O2O로 보고 있다. 일반적으로 O2O는 '역쇼루밍' 트렌드를 만들어내고 있는 비즈니스 모델이다. 쇼루밍(Showrooming)은 백화점이나 마트에서 상품을 구경한 후, 똑같은 제품을 값싼 온라인에서 사는 현상을 뜻한다. 즉, 온라인이나 모바일에서 대금결제를 한 후, 오프라인에서 실제 서비스와 물건을 받는 소비 형태를 뜻한다. 예를 들어, 중국에서는 O2O 서비스가 큰 인기를 끌면서, 스마트폰에서 바코드 스캐닝을 통해 음식이나 각종 물품 및 서비스를 구매하는 경우가 늘고 있다.

O2O는 오프라인 매장에서 판매되는 제품이나 서비스를 온라인 소비자와 연결해 구매를 유도하는 방식을 지칭한다. 소비자의 위치를 기반으로 근처 매장의 할인 정보를 스마트폰으로 발송해 소비자를 매장으로 유도하거나 스마트폰에서 예약, 주문, 결제 후 오프라인 매장에서 제품을 수령하는 경우 등이 있다. 즉, O2O는 정보가 빠르게 유통되는 온라인과 실제 소비가 일어나는 오프라인의 특징을 결합한 개념이다. 특히 모바일을 활용하는 경우가 많으며 마케팅부터 결제, 쿠폰 제공 등 모바일 정보와 오프라인 구매를 연결·확장한다. 특히 스마트폰과 모바일 기술의 발달이 O2O에 영향을 미쳤다. 과거에 오프라인 매장에서 제품을 보고 실제 구매는 저렴한 온라인으로 하는 쇼루밍(Showrooming)이 많았다면, 스마트폰 등장 이후엔 온라인으로 제품을 확인하고 오프라인에서 구매하는 현상인 웹루밍(Webrooming)이 나타났다. 이처럼 온라인과 오프라인을 넘나드는 소비자들이 늘어나면서, 온·오프라인을 결합한 방식인 O2O 서비스는 다양한 분야에서 활용되고 있다. 모바일에서 결제하면 오프라인 매장에서 제품을 받아갈 수 있는 형태부터, 모바일 배달 주문 서비스나 택시 호출 서비스 등이 대표적인 O2O 서비스이다.

**OA(Office Automation) 사무자동화(事務自動化), 문서관리** 일반적으로 정보의 수집·가공·작성·입력·축적·전송·복사 등을 electronics 기술이나 통신기술을 이용하여 실시하고, 사무의 효율화 및 의사결정을 지원하는 것을 말한다. MIT의 미카엘. D. 지스만은 새로이 등장한 OA를 다음과 같이 정의하고 있다. "OA는 종래의 데이터처리 기술로는 취급하기 어려웠던, 아주 대량이며 더구나 구조가 불명확한 업무에 대해 컴퓨터기술, 통신기술, 시스템과학, 그리고 행동과학을 적용하는 것을 의미한다."

**OA(Optical Axis) 광축(光軸)** ① 망원경의 대물렌즈(對物鏡)와 접안렌즈(接眼鏡)의 광심(光心)을 연결한 직선으로, 시준축과 일치하여야 한다. ② 등축정계 이외의 결정은 빛이 통과할 때 두 방향으로 나뉘어 복굴절을 하나, 어떤 특정한 방향에서 빛이 입사하면, 빛은 두 갈래로 갈라지지 않는다. 이 방향을 그 결정의 광축 또는 광학축이라 한다.

**Oasis 오아시스** 사막 지역에서 샘이나 우물이 있는 면적이 작고 고립되어 있는 비옥한 녹색지대를 말한다.

**Object 객체** ① 속성 자료에 의해 표현되는 현상을 일컫는다. ② 객체 지향 프로그래밍에서 자료나 절차를 구성하는 기본요소이다. ③ 작성, 조작 및 수정을 위하여 단일 요소로 취급되는 문자·치수·선·원 또는 다각선과 같은 하나 이상의 기본체·도면요소라고도 한다. ④ 실세계 실체를 표현하는 공간 데이터베이스의 점·선 또는 다각형 실체. 용어 Feature와 Object는 종종 동의적으로 사용된다.

**Object-based vector model 객체 기반 벡터 모델** 하나의 시스템에 공간 및 속성 데이터를 저장하기 위해 객체를 사용하는 벡터 데이터 모델을 말한다.

**Object Class 객체 클래스** 객체의 논리적 분류(예 : 건물·도로 등) 클래스들은 하부 클래스들을 포함할 수 있고, 다른 클래스의 하부 클래스가 될 수 있다(예 : 자동차도로는 도로의 하부 클래스이며, 도로는 수송 체계의 하부 클래스이다). 객체 지향에서 객체 클래스는 특별한 객체를 생성하기 위해 사용되는 소프트웨어 형판으로써 생각될 수 있다. 하부 클래스들은 그것들이 클래스 계층의 부분일 때 상부 클래스의 변화를 자동적으로 상속받는다. 이것은 변화가 빠르고 쉽게 다루어지게 하며, 객체 지향 체계의 유지비용을 최소화한다.

**Object Code 객체 코드** 컴파일러에 의해 기계가 읽을 수 있도록 번역된 컴퓨터 프로그램을 말한다.

**Object Data Base Management Systems(ODBMS) 객체 지향 자료기반 관리** ODBMS(Object Data Base Management Systems)를 참조.

**Object Feature Attribute 객체형상 속성** 관계에 영향을 받는 형상의 이름을 말한다.

**Object Feature Attribute Name 객체 형상 속성명** 객체 지물 유형의 지물유형 속성을 고유하게 확인하는 문자열을 말한다.

**Object Feature Name 객체 형상명** 기능에 의해 영향을 받는 형상 유형을 고유하게 확인하는 문자열을 말한다.

**Object Linking and Embedding(OLE) 객체 연결 및 삽입** OLE (Object Linking and Embedding)를 참조.

**Object Management Architecture(OMA) 객체 관리 구조** OMA(Object Management Architecture)를 참조.

**Object Management Group(OMG) 객체 관리 그룹** OMG (Object Management Group)를 참조.

**Object Model 객체 모형** 최근 새로이 개발된 모형으로서의 아직도 완성도는 조금 떨어진다. 속성의 공간적, 위상적 관계를 모형화한 것으로서, '~를 가진다(having)', '~에 속한다(is a)', '~의 일부이다(part of).'라는 관계를 사용하여 데이터베이스화 한다.

**Object Modeling 객체 모형화** 시스템에서 요구되는 객체를 찾아내고 그 속성과 객체들 사이의 관계를 규명한다.

**Object Modeling Technique(OMT) 객체 모형화 기술** OMT (Object Modeling Technique)를 참조.

**Object Module 목적 모듈** 객체 프로그램의 작은 1단위로 각 모듈은 하나의 프로세스를 실행한다.

**Object Name Service(ONS) Server 객체 이름 서비스 서버** ONS(Object Name Service) Server를 참조.

**Object Oriented 객체 지향** 컴퓨터 프로그래밍을 하기 위한 언어에는 많은 종류가 있다. 이러한 언어들은 크게 2가지로 나누어지는데, 객체 지향 언어와 절차 지향 언어이다. 객체 지향이란 실제 세계를 모델링하여 소프트웨어를 개발하는 방법으로서, 객체 지향 프로그래밍에서는 데이터와 절차를 하나의 덩어리로 묶어서 생각한다. 이는 마치 컴퓨터 부품을 하나씩 사다가 컴퓨터를 조립하는 것과 같은 방법이다. 객체(object)란 보고 만질 수 있는 것, 지성적으로 이해할 수 있는 것, 생각이나 행동이 추구하는 바를 말한다. 또는 문제영역에서 잘 정의된 역할을 갖고 있는 각각에 대해서 구별할 수 있는 품목(item), 단위(unit), 개체(entity)라 정의하기도 하며 단순히, 정의된 경계를 갖고 구별되는 어떤 것이라 말할 수도 있다. 다시 말해서 객체는 학생, 교실, 책 같은 생각할 수 있는 모든 사물이나 공부, 수학 같은 개념상으로 존재하는 것 등 모든 것이 될 수 있다. 좀 더 구체적으로, 문제영역에 속한 사물 중에 관리의 필요성이 있거나 중요한 개념이라면 더 좋은 객체가 될 수 있다. 시스템의 관점에서 본다면 어떤 상태(state)를 나타내는 데이터의 구조와 동작을 수행하는 연산(operation)으로 이루어진 프로그램의 한 요소이다. 여기서의 연산을 객체 지향에선 메소드(method)라고 한다. 이렇게 객체의 상태는 데이터에 의해 결정되고 동작은 메소드에 의해 결정된다.

객체 지향의 3대 특성으로는 (1) 캡슐화(encapsulation) : 관련 데이터와 알고리즘(코드)이 하나의 묶음으로 정리된 것으로서 개발자가 만들었으며, 관련된 코드와 데이터가 묶여있고 오류가 없어 사용이 편리하다. 데이터를 감추고 외부 세계와의 상호작용은 메소드(Method)를 통하는 방법인데, 라이브러리로 만들어 업그레이드하면 쉽게 바꿀 수 있다. '메소드'는 메시지에 따라 실행시킬 프로시저로서 객체 지향 언어에서 사용되는 것으로서, 객체 지향 언어에서는 메시지를 보내 메소드를 수행시킴으로써 통신(communication)을 수행한다. (2) 상속(inheritance) : 상속은 이미 작성된 클래스를 이어 받아서 새로운 클래스를 생성하는 기법으로 기존 코드를 재활용해서 사용하는 것을 의미한다. 객체기술의 가장 핵심이 되는 개념으로 프로그램을 쉽게 확장할 수 있도록 해주는 강력한 수단이 된다. (3) 다형성(polymorphism) : 다형성이란 하나의 이름(방법)으로 많은 상황에 대처하는 기법이다. 개념적으로 동일한 작업을 하는 함수들에 똑같은 이름을 부여할 수 있으므로 코드가 간단해지는 효과가 있다.

**Object Oriented Database Management System 객체 지향 자료기반 관리체계** 객체 지향 자료 모형을 사용하여 데이터베이스에 표현되어 있는 대량의 자료를 보관하고 관리하는 체계를 의미한다. 사용자로부터 자료처리 요청을 받아 데이터베이스에 접근하여 작업을 수행한다. 객체 지향형 DBMS는 현실세계의 모형에 가장 적합하며, 단순하면서도 지능적인 형태로 이용될 수 있다. 따라서 DBMS 내의 모든 객체간의 관계를 정의하여 전문적인 GIS에 적합한 객체 지향의 DBMS를 구축할 수 있어야 한다.

**Object Oriented DBMS(OODBMS) 객체 지향 자료기반 관리체계, 오오디비엠에스** OODBMS(Object-Oriented Database Management System)를 참조.

**Object Oriented Design(OOD) 객체 지향 설계** OOD(Object Oriented Design)를 참조.

**Object Oriented GIS Database 객체 지향 지아이에스 데이터베이스** 객체 지향 데이터베이스는 점, 선, 면 개념보다는 건물, 부속물, 자재, 도로, 학교 등의 실세계의 객체위주로 구축되며 객체간의 관계는 객체간의 상관성이 일대다(One-to-Many)로 생성되는 Parent-Child구조를 기반으로 하여 복합계층구조, 상소계층구조의 표현에 적합하다. 구성요소들 간의 관계성이 거의 고정적이라 변경이 쉽지 않으므로 아직까지 GIS 분야에서는 널리 활용되지는 않았으며, 각각의 요소에 대한 구성 관계가 명백한 자료 구축에 적합하다.

**Object Oriented Graphics 객체 지향 도형** 비트를 구성요소로 갖는 비트맵 그래픽과는 달리 그래픽을 구성하는 기본적인 요소로서 직선·곡선·원·정방형 등을 사용하여 사용자가 원하는 그림을 그린다. 그려진 영상에 색의 덧칠이나 형태의 회전·이동·확대·축소 등의 조작이 비교적 용이하다.

**Object Oriented Programming 객체 지향 프로그래밍** 객체 지향 기술과 언어를 사용한 컴퓨터 프로그램의 작성. 이것들은 객체와 객체 클래스들에 기반하여, 자료 중심 접근을 프로그래밍에 고용한다. 자료는 조작으로 캡슐화되고, 명령들은 메시지 전송을 사용하여 수행된다.

**Object Oriented Programming Language(OOPL) 객체 지향 프로그래밍 언어** OOPL(Object Oriented Programming Language)를 참조.

**Object Popping** 하나의 객체가 게임에서 2개의 세부 텍스쳐 레벨 간에 급작스럽게 전환될 때 나타나는 혼란된 효과이다. 사실성을 떨어트리고 게임의 영상적인 자연스러움을 상쇄시킨다.

**Object Relational Data Base Management System(ORDBMS) 객체 관계형 자료기반 관리 체계** ORDBMS(Object Relational Data Base Management System)를 참조.

**Object Request Broker(ORB) 객체 요구 매개자** ORB(Object Request Broker)를 참조.

**Object Space Coordinate System 객체 공간좌표계** 대상공간상에 있는 점의 위치를 정의하기 위하여 좌표축의 방향과 축척을 임의로 정한 3차원 직교좌표를 말한다.

**Object Type 객체 유형** 동일한 속성으로 표현되는 사상들의 집합을 말한다.

**Objective 오브젝티브, 목적** 프로젝트의 수행결과 및 목적을 나타내는 것으로서 사용자의 관점에서 달성되어야 하는 것을 나타낸다.

**Objective Function 목적 함수(目的函數)** 선형계획법과 같은 최적화 기법에서 최적화 모델은 목적함수와 제약조건으로 구성되며, 특히 선형계획법에서는 목적함수가 최대화 문제와 최소화 문제의 2가지로 표현된다.

**Objective Lens 대물렌즈, 대물경** 시준할 목표물의 상을 십자면에 오게 하는 역할을 한다. 망원경의 배율은 대물렌즈와 접안렌즈의 초점거리의 비에 의한다.

**Object-Oriented Database Management System(OODBMS) 객체 지향형 자료기반 관리체계, 오오디비엠에스** OODBMS(Object-Oriented Database Management System)를 참조.

**Oblate Ellipsoid 편형 타원체, 편타원체, 회전타원체** 극축이 적도축보다 짧은 구로서, 단반경축을 중심으로 회전시킨 3차원 타원체를 말한다.

**Oblateness 편평도(扁平度)** Flattening을 참조.

**Oblique Angle 경사각** ① 항공사진을 촬영했을 때 카메라의 광축이 연직선과 이루는 각을 말하며 사진면이 수평면과 이루는 각과 같다. ② 경사지가 수평면과 이루는 각을 말한다.

**Oblique Aspect 경사 향** Oblique Projection을 참조.

**Oblique Case 사축법** 투영축을 자유로이 이동시키면 정축법에서의 변형 형태를 원하는 지점을 중심으로 투영 하는 법을 말한다. 사축법은 시점이 임의이며, 바다와 육지의 배치 또한 다양하게 할 수 있으므로 유용하게 쓰인다.

**Oblique Displacement 경사 변위** 비행기의 전후, 좌우의 이동으로 인하여 촬영 순간에 정확한 수직 사진을 얻는다는 것은 거의 불가능하다. 그러므로 촬영 시 얻어진 사진은 엄밀한 수직사진과는 일치하지 않게 되며 사진기의 경사에 의해 사진상의 각 점간의 상호 위치가 변화하는 것을 경사 변위라 한다.

**Oblique Distance 경사 거리** 경사면에 따른 거리를 말하며, 지도를 그리거나 면적 계산을 할 때에는 이것을 수평거리로 계산하여 사용한다.

**Oblique Line Azimuth 사축 방위** 지도 투영 기점과 방위각을 이용하여 메르카토르 지도 투영이 집중된 선을 표현하는 방법을 말한다.

**Oblique Line Latitude 사축 위도** 중심선을 정의하는 도면화된 범위 부근에 있는 두 점을 이용하여 메르카토르 지도 투영이 집중된 선을 표현하는 방법을 말한다.

**Oblique Line Longitude 사축 경도** 사선을 정의하는 점의 위도를 말한다.

**Oblique Line Point 사축점** 사선을 정의하는 점의 경도를 말한다.

**Oblique Mecator 사축 메르카토르** 원통의 등각 투영법을 말하는 것으로 적도나 자오선을 제외한 거대한 원을 따라 이루어진 지역의 지도제작에 가장 유용하다. 선형의 축척은 타원체가 원통과 접하는 거대한 원을 따라 실제와 동일하게 나타난다.

**Oblique Photograph 경사 사진(傾斜寫眞), 사각 사진** 항공사진에서 사진기의 각도가 연직 하방으로부터 3°이상 경사지게 촬영된 사진을 말하며. 사진에 지평선이 나타나는 고각도 경사사진과 지평선이 나타나지 않는 저각도 경사 사진이 있다.

**Oblique Projection 사축 투영(법)** 위선이나 경선이 아닌 임의 방향의 선을 기준선으로 한 투영법. 지도의 중심선이 지구의 지리적 좌표와 직각을 이루지 않는 지도 투영법으로서, 자오선도 따르지 않고 위선도 따르지 않는다. Oblique Aspect를 참조.

**Oblique Stereographic 경사 입체 투영** 중앙 위도와 중앙 자오선이 중앙이 되는 투영법. 이러한 투영법은 방위각 투영법이며, 등각 투영법이다. 거리와 면적이 왜곡된다.

**Obliquity Angle 경사각** 영상의 경사각을 십진수로 표시한 것을 말한다.

**OBM(Original Bench Mark) 수준원점(水準原點)** 각 나라마다의 수준측량의 기준이 되는 수준점으로 해수면의 높이를 장기간 연속적으로 측정하여 얻은 평균값, 즉 중등조위면(中等潮位面)에 의하여 정해지는 점이다. 보통 수준원점에는 영구표석을 설치한다. 우리나라에서는 인천항의 3개년간의 평균 중등조위면을 산출하여 1917년에 인천시 화동 1가 2번지에 설치하였던 것을 1963년 12월에 국립건설연구소에서 인천의 인하공업전문대학 교정에 표고 26.6871m의 수준원점을 이동, 설치하였다. 국토 높이 측정의 기준점이 되는 국가적 시설물로 학술적·역사적 가치가 큰 근대 문화유산이다. 2006년 4월 14일에 문화재청 등록 문화재 제 247호로 지정되었다.

우리나라의 수준원점은 인천광역시 남구 인하로 100 인하공업전문대학에 있는 원점표석 수정판의 영 눈금선 중앙점이며, 인천만 평균해수면상의 높이로부터 26.6871m 높이다(「공간정보구축 및 관리 등에 관한 법률 시행령」 제7조 제2항 제2호).

**Obscuration 암흑화** 인공구조물이나 자연에 의해서 GPS 수신기와 GPS 위성 사이가 가로막히는 시간을 표현한 기간을 말한다.

**Observation 관측(觀測)** 객관적 측정을 기록하는 과정으로서 대상에 대한 어떤 미지량 또는 현상을 정성적 및 정량적으로 요소나 현상을 측정하고 추정하는 과정이다. 관측은 신뢰도를 갖는 것에 비하여 계측은 요소만을 재는 단순성을 의미한다.

**Observation Difference 관측차** 각, 거리 등의 관측값으로부터 계산한 교차의 차로서 배각차와 같이 관측의 정확도를 판정하는 기준이 되므로 제한을 두게 된다.

**Observation Equation 관측 방정식(觀測方程式)** 독립관측된 미지량과 어떤 관계를 가진 양을 직접 관측하고, 이를 이용하여 미지량을 간접적으로 산출하기 위해 관측값을 미지량의 함수로 표현하는 식이다.

**Observation Error 관측 오차(觀測誤差)** 관측값과 그 양의 참값과의 차이를 관측오차라 한다. 일반적으로 참값을 알 수 없으므로 반복 관측한 값으로부터 얻은 최확값을 참값으로 대신한다.

**Observation Network 관측망(觀測網)** 어떤 지역 내에 특정 현상의 경향과 그 지역의 특성을 알기 위해 그물 구조와 같은 조직으로 구성한 다수의 관측소 형태로, 삼각망, 수준망 등이 있다.

**Observation of Angle 각 관측** 어떤 측점과 그 주위에 있는 점과의 사이의 각도를 측정하는 것을 말한다.

**Observation Of Horizontal Angle 수평각 관측(水平角觀測)** 수평각을 관측하는 방법은 단각법, 배각법 및 방향각법의 3종류가 있다.

**Observation of The Sun 태양관측** 태양의 방위 및 고도 또는 그 시각을 측정하여 그 관측지점의 위치 및 방위각을 측정하는 방법이다.

**Observation of Water Quality 수질관측** 상수의 공급원이 되는 하천과 연안의 오염을 관측하는 것을 말한다.

**Observed Direction Angle 관측방향각** 영 방향을 기준으로 하여 잰 각점의 방향각에 영 방향의 방향각을 가한 것을 말한다.

**Observed Highest Hight Water 기왕고극조위** 장기 조위관측에서 실측된 가장 높은 조위이며, 천문조에 의한 최고조위에 기상조에 의한 이상조위가 합쳐진 조위를 말한다.

**Observed Lowest Low Water 기왕저극조위** 관측 역사상 가장 낮은 조위를 말한다.

**Observed Time Difference of Arrival(OTDOA) 관측도착 차등시간** OTDOA(Observed Time Difference of Arrival)를 참조.

**Observed Value 관측값** 관측을 통하여 얻어진 값이다. 즉, 어떤 미지량을 관측한 그대로의 값으로, 이들 값은 통상 오차론적으로 처리되어 측량의 평균계산에 사용된다.

**Observer 관측자** 트랜시트, 레벨, 줄자 등으로 실제 관측하는 사람을 말한다.

**Observing Instrument for Horizontal Angle 수평각 관측용 기계** 일반적으로 트랜시트나 토털스테이션이 사용된다.

**Observing Session 관측 세션** 2대 또는 그 이상의 수신기에 의해 GPS 자료가 동시에 수집되는 시간의 주기를 말한다.

**Observing Star-Pair List 대성표** 이성등고도법이나 Talcott법에 의한 천문측량에서는 별을 2개씩 그 조건에 따라 표로 만든 것이 대성표이며, 여기에는 관측을 위하여 필요한 제원(고도, 시각, 방위각, 광도 등)이 기재되어 있다.

**Observing Tower 관측대** 삼각측량이나 트래버스측량을 할 때 관측장비가 먼 거리까지 시준할 수 있도록 제작한 받침대로, 나무, 철 등의 견고한 재료로 만든다.

**Obstacle 장애물(障碍物)** 지상에서 통행과 기동에 장애가 되는 인공 또는 천연의 지형지물과 비행에 장애를 주는 높은 철탑, 고압선 등을 말한다.

**Obstacle Limitation Surface 장애물 제한 표면** [항공] 항공기의 안전운항을 위하여 비행장 주변의 항공기의 안전운항을 방해하는 지형·지물 등 장애물의 설치 등이 제한되는 표면으로서 대통령령으로 정하는 것을 말한다(「항공법」 제2조 제16호).

**OBU(On-Board Unit) 차량 탑재 장치** 차량에 탑재되는 보조적인 장치들의 총칭으로서, 예를 들어, 디스플레이, 스마트카드, 판독기, 키보드, 안테나 등을 들 수 있다.

**Occlusion Area 음영 영역, 폐쇄 영역** 절벽이나 계곡과 같은 급격한 높이변화를 보이는 자연지물과 교량, 제방, 고가도로, 건물 등과 같은 인공지물로 인한 영역을 말한다.

**Ocean 대양** 지구상의 해역을 가장 크게 구분한 바다로서 태평양, 대서양, 인도양을 말한다.

**Ocean Loading 해양의 적재** 해양 조석에 대한 지구의 지각판의 탄성 반응을 말한다.

**Ocean Passage Pilot 항로지** 주요 항로에서 장애물, 해황, 기상 및 기타 선박이 항로를 선정할 때 참고가 되는 사항을 기록한 서적이다.

**Ocean Range 해저 산맥** 해저산이 산맥과 같이 형성된 지형을 말한다.

**Ocean Ridge 해령(海嶺)** 해저산맥이 아주 길게 형성된 지형을 말한다.

**Ocean Scanning Multi-Spectral Imager(OSMI) 해양 관측 사진기** OSMI(Ocean Scanning Multi-Spectral Imager)를 참조.

**Oceanic Trough 해곡(海谷)** 해저에 긴 함몰이 있는 지역으로 평평한 바닥과 완만한 경사가 특징이며 해구에 비해 수심이 얕고 길이가 짧으며 너비가 좁고, 지형적으로 완만한 경사를 지닌 해저의 선형 함몰대(trough)이다.

**Oceanic Survey 해양 측량** 해양에서 선박의 안전운행을 목적으로 실시하는 측량을 말한다.

**Oceanographic Observation 해양관측** 해양에서 발생할 수 있는 현상들을 과학적 방법에 의해 그 성질이나 양에 대해서 관찰 및 측정하는 것을 말한다. 해양관측은 해양의 개발 및 보존을 위한 기초자료 수집과 해양예보를 목적으로 실시한다.

**Oceanographic Survey 해양측량** 해양의 보존 및 개발을 위한 기초자료 수집과 해도 간행을 목적으로 해안선의 모양·섬·암초 등의 위치, 바다의 수심, 해저지형 및 지질·지층, 지자기, 중력, 그리고 기타 필요한 자료들을 조사하는 것을 말한다. 해양측량은 항만측량, 항로측량, 연안측량 등으로 분류된다.

**Oceanography 해양학(海洋學)** 해수의 흐름, 변동, 해양 물리, 해양 생물, 해양 기상 및 해상을 다루는 학문을 말한다.

**OCR(Optical Character Recognition) 광학 문자 판독** 문자와 영상정보를 주사기에 의해 수치 형태로 변환된 후 문자와 영상정보를 다시 컴퓨터에서 편집할 수 있는 정보로 변환해 주는 소프트웨어를 말한다.

**OCSIT(Office of Citizen Services and Innovative Technologies) 대국민 서비스 및 현신기술국** 미국 총무청(GSA)의 산하기관으로 연방정부의 데이터, 정보, 서비스를 시민들에게 제공하는 업무 및 정부 내 고객들에게 효율적인 정부를 구현하기 위한 새로운 기술을 식별하여 적용하는 역할 수행을 한다.

**Octatree 팔지수형** 사지수형 구조를 3차원적으로 확장한 구조를 말한다.

**Octree 옥트리** 각각 경계 좌표 간격의 2분(Half)에 따라 규칙적, 반복적 세분화에 기초한 3차원에서 자료 구성을 도식하는 것을 말한다.

**OCX(OLE Custom Control) 오엘이 커스텀 제어** 윈도즈 환경에서 이미 만들어진 컴포넌트를 호출해 프로그램에 기능을 추가할 수 있는 기술. 객체 연결 매입(OLE : Object Linking and Embedding) 기능이란 대상 파일 및 프로그램들을 연결해 끼워 넣는 방법을 의미한다. 예를 들면, 마이크로소프트 워드를 사용하다가 도표를 끼워 넣거나 특별한 템플릿 기능들을 이용한 문서들을 끼워 넣는 경우를 말한다.

**ODA(Official Development Assistance) 공적개발원조** 선진국 정부기관에 의한 개발도상국 또는 국제기관에의 원조로 증여, 차관, 배상, 기술원조 등 형태를 취한다. 공여 형태에 따라 양자 간 협력과 다자간 협력으로 구분되며 양자 간 협력은 상환 의무가 없는 무상원조와 상환 의무가 있는 유상원조로 구성된다. 한국은 경제 발전에 힘입어 수혜국에서 공여국으로 전환한 유일한 국가이다.

**ODBC(Open Database Communication) 개방 자료기반 연결** 마이크로소프트사에 의하여 개발된 데이터베이스 관리 체계와 통신하기 위해 사용된 표준 API이다.

**ODBC(Open Database Connectivity) 오디비씨, 개방형 데이터베이스 연결** 미국 마이크로소프트사가 1991년에 발표한 데이터베이스 접속을 위한 응용 프로그래밍 인터페이스(API) 규격. 표준화 단체인 SQL 접속 그룹(SAG)과 X/Open이 제정한 공통 규격인 CLI(Call Level Interface)를 독자적으로 기능 확장한 것이다. 다른 데이터베이스 시스템에 접근하기 위한 표준으로서, 각종 개발 툴이 서로 다른 데이터베이스 시스템들에 접속하기 위한 API(application programming interface)를 의미하며, 서로 다른 기종 간의 데이터베이스를 액세스할 수 있는 개방된 연결성을 보장하는 구조. 소프트웨어 개발자가 ODBC를 사용하여 제작된 데이터베이스 응용 프로그램을 사용하게 되면, 데이터베이스의 제품이 달라도 응용 프로그램과 데이터베이스 간에 데이터 취급이 가능하다.

**ODBC(Operational Database Connectivity) 개방 데이터베이스 연결** 데이터베이스 체계에서 자료접근을 위한 마이크로소프트사의 표준 규약을 말한다.

**ODBMS(Object Data Base Management Systems) 객체 지향 자료기반 관리** 객체 지향 기술에 기초를 두는 데이터베이스 관리 시스템을 말한다.

**ODF 개방형 문서 포맷** XML형식의 텍스트 파일과 화상 등의 바이너리 파일을 zip 방식으로 압축한 것을 말한다. 텍스트 문서와 표, 그래프, 프레젠테이션 등 대부분의 데이터는 ODF로 보존 가능하다. 소프트웨어의 종류와 컴퓨터 기종에 관계없이 같은 방식으로 편집·인쇄할 수도 있어 영국과 독일, 프랑스, 일본, 미국 일부 주 등에서는 정부문서에 ODF를 의무 채택하고 있다.

**ODI(Open Datalink Interface) 오디아이, 개방형 자료링크 인터페이스** 노벨이 LAN카드 드라이버를 위해 개발한 API이다. 다양한 형태의 LAN 카드가 단일 호스트에서 다중 프로토콜을 사용할 수 있도록 해준다.

**ODM(Original Design Manufacturing) 제조업자 설계생산** 주문자상표부착생산(OEM) 방식이 단순히 위탁생산에 불과한 반면에 OEM은 개발·구매 등에 참여하는 적극적 수준의 아웃소싱을 의미한다.

**Odometer 윤정계** 원둘레를 정확히 알고 있는 바퀴의 회전수로부터 거리를 환산해내는 기구를 윤정계라 한다.

**Odyssey 오딧세이** 독창적인 아크/노드 벡터 자료구조를 위해 하버드 대학에서 개발한 제1세대 GIS를 말한다.

**OECD(Organization for Economic Co-operation and Development) 경제협력개발기구(經濟協力開發機構)** OECD는 세계 경제발전에 이바지하고 개도국을 지원하기 위한 목적으로 1961년 설립된 국제기구로서, 정치적으로 대의제, 경제적으로 자유시장원칙을 받아들인 선진국들이 회원으로 참여한다. OECD의 목적은 경제성장, 개발도상국 원조, 무역의 확대 등이고 활동은 경제정책의 조정, 무역문제의 검토, 산업정책의 검토, 환경문제, 개발도상국의 원조문제 등의 일을 한다. 1948년 미국의 마셜 플랜의 지원을 받은 유럽경제협력기구(OEEC, Organization for European Economy Co-operation)에서 시작하여, 1961년 가맹국 18개국과 함께 미국, 캐나다가 합쳐서 OECD가 만들어지게 되었다. 우리나라는 1996년 회원국으로 가입하였다.

**OEM(Original Equipment Manufacturer) 주문자 생산 방식** 주문자 상표를 부착하여 납품하는 제조업자를 말한다.

**OEM Library(Original Equipment Manufacturer Library) 오이엠 라이브러리** 디바이스 제작업체의 고유 라이브러리를 말한다.

**OER(Open Educational Resources) 교육자원 공개** 인터넷에서 무료로 유통되는 교수 학습에 활용할 수 있는 디지털자료를 총칭하는 용어로서 2002년도부터 유엔 교육과학문화기구인 유네스코에서 주장한 개념이다.

**OF(Offset) 지거, 이격거리** 기준이 되는 측선 주위에 있는 지점에서 그 측선에 이르는 수직 거리이다. 측선에서 경사되게 관측한 거리는 경사 지거라 불린다. 경사 지거는 1지점에 대하여 적어도 2개가 없으면 그 점은 확정되지 않는다. 지거를 기재한 노트를 지거야장이라고 한다.

**Off Line 따로잇기** 온라인과 반대되는 말로, 터미널과 중앙의 컴퓨터 사이에 통신 회선이 설치되어 있지 않고, 사람의 손에 의해 정보가 운반되어 컴퓨터에 입력되는 것. 다시 말하면 중앙 처리 장치의 직접 제어 하에 있지 않은 상태이다.

**Off Line Media 오프라인 메디아** 데이터들이 수신이 가능한 매체의 이름을 말한다.

**Off-Nadir Scanning 측방 촬영방식** [항공 레이저(라이다) 측량] 레이저 스캐너의 주광축을 비스듬히 기울여 계측하는 방법으로서, 수직방향에서는 계측할 수 없는 경사가 가파른 절벽이나 구조물의 외벽 계측을 비롯하여 재난발생시 들어갈 수 없는 경우에 사용된다. 항공레이저 수심측량에서는 입사에너지를 일정하게 하기 위해 Off Nadir로 스캔한다. Nadir는 수직방향 관측을 뜻한다.

**Office Automation(OA) 사무자동화(事務自動化), 문서관리** OA(Office Automation)를 참조.

**Office Computer 사무용 컴퓨터** 사무 처리를 주된 업무로 하는 소형 컴퓨터를 말한다.

**Office of Citizen Services and Innovative Technologies (OCSIT) 대국민 서비스 및 혁신기술국** OCSIT(Office of Citizen Services and Innovative Technologies)를 참조.

**Office Option 오피스 옵션** 데이터들을 수신하기 위한 특정 매체 선택에 대한 정보를 말한다.

**Office Work 내업(內業)** 외업에서 관측한 값들이나 도상점, 선 등을 이용하여, 계산 조정을 하고 도면 작성 및 성과품을 완성하는 작업을 말한다.

**Official Development Assistance(ODA) 공적개발원조** ODA(Official Development Assistance)를 참조.

**Off-Line Text Entry 오프라인 문자 입력** 데이터베이스에서 나중에 배치될 파일에 입력되는 자료의 진행과정을 말한다. Off-NadirNadir과 Zenith를 참조.

**Offset(OF) 지거, 이격거리** OF(Offset)를 참조.

**Offset Book 지거 야장** 지거측량의 결과를 기입하는 야장을 말한다.

**Offset Line 지거(支距) 선** 주 라인에 평행하거나 아주 근접한 선으로서, 관측되어진 지거에 따른다.

**Offset Method 지거법(支距法)** Offset를 참조.

**Offset Surveying 지거측량(地距測量)** 측선으로부터 직각의 방향으로 거리를 관측하는 측량 방법으로 지상의 세부 위치 결정에 많이 사용된다.

**Offsets From Tangent Line 접선 지거법** 지거법에 의한 단곡선 설치 시 사용되는 방법으로 접선을 기준으로 한 방법이다.

**Offsetting 지거 관측법** Offset Surveying을 참조.

**Offshore 근해** 육지와 가까운 바다를 말하며, 뚜렷한 경계는 없다.

**Offshore Platform 해안 단구** 바다 위로 상승한 지표면을 말한다.

**Offshore Tide Gauge 해저 검조의** 해안에서 수면에 직접 부표를 띄우고 부표의 승강을 해저에 설치한 기록기에서 자기 기록하는 것을 말한다.

**OGC(Open Geospatial Consortium) 개방형 공간정보 컨소시엄** 공간정보 콘텐츠와 서비스, 데이터 처리와 교환을 위한 표준 개발과 지원을 하는 비영리 민・관 참여 GIS관련 국제기구이다. OGC의 공간정보 표준은 북미・유럽연합과 대다수 정부기관에서 국가 공간정보인프라(Spatial Data Infrastructure) 개발에 활용하고 있거나 채택하고 있다.

**OGC OpenLS Initiative 오지씨 개방형 위치기반 서비스 기관** 이 단체는 무선 인터넷 환경에서 공간 정보의 위치 및 다른 형태를 쉽게 사용하기 위한 인터페이스 명세를 개발한다.

**OGC Web Feature Server(OGC WFS) 오지씨 웹피처 서비스** OGC WFS(OGC Web Feature Server)를 참조.

**OGC Web Map Server(OGC WMS) 오지씨 웹맵 서비스** OGC WMS(OGC Web Map Server)를 참조.

**OGC Web Registry Service 오지씨 웹 레지스트리 서비스** 표준 서비스 메타데이터 레지스트리 혹은 카탈로그 서버에 의한 요청과 응답을 설명하는 인터페이스 명세를 따르는 인스턴스를 말한다.

**OGC WFS(OGC Web Feature Server) 오지씨 개방형 위치기반 서비스** GML로 인코딩된 지리공간 데이터를 수신하기 위해 OGC Web Feature Service 요청에 응답하는 서버를 말한다.

**OGC WMS(OGC Web Map Server) 오지씨 웹맵 서비스** 지리참조된 데이터의 맵을 만들려는 OGC WMS 요청에 응답하는 서버를 말한다.

**OGIS(Open Geodata Interoperability Specification) 오지아이에스, 개방형 지리자료 상호운용성 사양** 지리자료의 공유와 지리정보처리의 상호운용성을 가능하게 하는 일종의 소프트웨어 사양. 상호운용적 지리정보처리를 위한 인터페이스 표준으로 1994년에 세계 각국의 산업계, 학계, 정부 등으로 구성된 비영리단체인 OpenGIS Consortium에 의해 구성되었다. 서로 다른 분야에서 작성되어 분산 저장되어 있는 다양한 지리정보를 사용자들이 접근하여 자료처리를 할 수 있도록 개발된 지리정보체계이다. 뿐만 아니라 개방형GIS는 광역통신망을 통하여 지리자료의 분산처리를 가능하게 함으로써 GIS자료 전송 및 교환을 위한 인터넷용 표준규약으로서 역할을 하고 있다.

**Ogive 오자이브** 도수분포도에서 X축에는 측정값을, Y축에는 누가빈도를 백분율로 나타낸 그림이다. 누가도수백분율 분포곡선과 같다.

**OGM(Open Geodata Model) 개방형 지리자료 모형** 지구와 지표면의 현상들을 수학적 또는 개념적으로 수치화하여 표현하는 공통의 수단을 말한다.

**OICRF(International Office of Cadastre and Land Records) 국제지적사무소(國際地籍事務所)** 1958년에 국제측량사연맹의 산하단체로 국제 지적 사무소(Office Internationale du Cadastre et du Regime Foncier : OICRF)를 네덜란드의 아펠도른(Apeldoorn)에 있는 住宅・都市計劃 및 環境部 산하의 地籍 및 公共登記廳에 설치하였다. 국제지적사무소는 세계 각국의 지적과 등기 분야의 자료를 수집하여 분석・정리하고 지적관련정보를 제공하며 지적제도와 등기제도의 창설・개선 등에 관한 자문에 응하고 있다. 그리고 100여개 국가의 지적 분야와 부동산 등기 분야의 전문가와 연계되어 있어 지적과 등기 분야의 정보제공 본부로 활동하고 있다.

**Oil Field 유전** 석유가 매장되어있거나 지면으로부터 분출되는 지역을 말한다.

**OIL(Ontology Inference Layer) 온톨로지 인터페이스 레이어** 웹에서 기계가 접근 가능한 형태로 온톨로지를 표현하기 위해 설계된 언어이다.

**OK(Ordinary Kriging) 정규 크리깅** 단순 크리깅 추정식은 편향되어있어 추정식의 평균이 모집단의 평균과 일치하지 않는 문제점이 있다. 이를 극복하기 위해 크리깅 추정식이 편향되지 않으면서 오차분산을 최소로 하는 경우의 크리깅을 말한다.

**OLAP(On Line Analytical Processing) 올랩, 바로잇기 분석처리** 경영 및 현업 실무자의 의사 결정을 지원하기 위한 대규모 데이터의 실시간 분석 처리를 말한다. 기업의 정보기술 영역에 있어 데이터베이스의 중요성이 커지면서 단순한 관리 차원이 아니라 보유하고 있는 고객, 재무, 영업 및 재고 등의 데이터를 과학적으로 분석하기 위한 도구가 필요하게 된 것이다. OLAP은 사용자가 DB에 실시간으로 접근해 다차원 데이터를 추출, 다양한 시각적 방식의 분석을 지원해주고 있으며, 최근 크게 확산되고 있는 데이터웨어하우스(DW) 시스템 활용의 핵심 요소기술로 자리 잡고 있다.

**Old Maps Online 올드 맵스 온라인** 전 세계의 도서관을 통해 과거 지도를 찾게 해주는 구글 지도 매시업이다.

**OLE(Object Linking and Embedding) 객체 연결 및 삽입** 객체 기술에 대한 마이크로소프트사의 사양을 말한다. 윈도우 환경에서 작동 중인 여러 개의 어플리케이션 간에 데이터를 주고받는 기능의 하나이다. 이 기능을 이용하면 문서 작성 중에 그림 파일로부터 그림을 불러다가 문서에 따 넣거나 스프레드시트 프로그램으로 작성된 워크시트에 음성을 넣을 수도 있다.

**OLED(Organic Light Emitting Diodes) 유기 발광 다이오드** 전기에 자극을 받아 빛을 내는 박막 유기화합물 반도체이다. 낮은 전압에서 구동이 가능하고 박형으로 만들 수 있으며 넓은 시야각과 빠른 응답속도를 갖고 있어 일반 LCD(liquid crystal display)와 달리 바로 옆에서 보아도 화질이 변하지 않으며 화면에 잔상이 남지 않는 장점을 가지고 있다. 사용하는 발광재료에 포함된 유기물질의 양에 따라 저분자 OLED와 고분자 OLED로 구분되며, 구동방식에 따라 수동형 구동방식(passive matrix)과 능동형 구동방식(active matrix)으로 구분된다. LCD의 경우 자체발광이 불가능하여 뒤판에 백라이트를 적용하여 그 빛에 의해 RGB의 색상이 구현되고 액정에 의해 영상이 표현된다. 그에 반해 OLED는 화질, 반응속도, 명함 비, 두께 등에서 LCD보다 훨씬 뛰어난 성능을 제공한다. 휴대폰이나 디지털 카메라의 화면 및 TV 등 사용범위가 넓다. 구체적으로 정확하고 깊은 색상, 넓은 시야각, 무한대 명암 비, 잔상 없는 화면이 강점이다. 제품 두께를 얇게 할 수 있는데다 제조비용도 저렴하여 TV 제조회사의 관심이 높다.

**OLED TV 유기 발광 다이오드 텔레비전** OLED의 RGB(적색·녹색·청색) 픽셀이 자체 발광하며 빛과 색을 표현한다. 이에 따라 별도 컬러필터가 필요 없어 두께는 볼펜보다 얇은 1.7mm고, 무게는 LCD 대비 3분의 1 수준인 3.2kg이다. 화질은 총천연색이다. 또한 스스로 빛을 내는 OLED 픽셀로 인해 무한대로 명암비 구현이 가능하다.

**Olympic Filter 올림픽 필터** n×n 윈도우에 포함된 모든 화소값 중에서 최솟값/최댓값을 제외하고 나머지 값들의 평균을 윈도우 중심에 위치한 화소의 값으로 결정하는 필터이다.

**OLTP(On Line Transaction Processing) 온라인 트랜잭션 처리** 특별한 사건(예 : 판매 처리, 은행 예금 처리)의 세세한 처리의 트랜잭션을 획득, 조작하고, 볼 수 있는 능력을 말한다.

**OMA(Object Management Architecture) 객체 관리구조** 분산 객체 환경에 관한 기본 구조. 가동 환경이나 기술 언어(記述言語), 네트워크 프로토콜 등이 다른 객체 간 상호 운용성의 실현을 목표로 한다. 객체 지향 기술의 표준화 단체인 객체 관리 그룹(OMG)이 1990년에 작성하였다. OMG가 표준화를 추진하고 있는 공통 객체 요구 매개자 구조(CORBA)나 CORBA 서비스 표준 규격 등은 모두 객체 관리 구조(OMA)에 바탕을 둔 것이다.

**OMEGA 오메가** 재래식 전파항법 시스템으로서, GPS 개발로 1997년경 폐쇄되었다. 10-14kHz의 초장파를 이용한 전파항법 시스템으로 8개의 송신소에서 전 세계를 커버하였으며, 측위 정확도는 0.5-1 해리였다.

**Omega-Phi-Kappa 공간 자세 세 요소** Tilt-Swing-Azimuth를 참조.

**OMG(Object Management Group) 객체 관리 그룹** 객체 지향 기술의 보급과 표준화를 추진하는 비영리 단체이다. 1989년에 설립되었으며 이종의 컴퓨터 환경 사이의 객체 지향 상호운영성을 증진하기 위한 컴퓨터 산업 협력체이다. 그들은 이러한 문제의 많은 국면을 설명하는 사양서들을 개발하는 것을 계속하고 있으며, 이 중 가장 대중적인 것은 CORBA(Common Object Request Broker Architecture)이다. 구성원들은 객체 기술의 선두적인 사용자들뿐만 아니라 모든 주요 하드웨어와 소프트웨어 공급자들을 포함한다.

**OMT(Object Modeling Technique) 객체 모형화 기술** 현재 국내에서 가장 많이 쓰이고 있는 객체 지향 개발 방법론이다. OMT는 3가지 모델을 이용하고 있다. 3가지 모델이란 Object, Dynamic, Functinal 모델을 말한다. 이 모델들은 시스템 분석에 순서대로 적용되어 시스템에 요구되는 객체들을 완벽하게 기술할 수 있다.

**On Board Unit(OBU) 차량 탑재 장치** OBU(On Board Unit)를 참조.

**On Cell 온 셀** 디스플레이 위에 터치 패널을 직접 증착시키는 방식이다.

**On Demand Economy 온디맨드 경제** 온디맨드 경제는 각종 서비스와 재화가 앱과 온라인 네트워크 등 IT 기술을 통해 수요자가 원하는 형태로 즉각 제공되는 비즈니스를 말한다. 온디맨드 경제는 기존 오프라인 시장을 앱(온라인) 시장으로 끌어오는 O2O(Online to Offline) 서비스의 중심축 역할을 하고 있다. 스마트폰은 사용자가 어느 곳에 있든 현재 있는 곳에서 모든 것을 온라인으로 주문 및 소비할 수 있는 환경으로 바꾸어 놓았다. 외국에서는 우버와 에어비앤비 같은 공유경제 서비스가 O2O

기반 온디맨드 경제의 문을 열었다면, 국내에서는 음식배달앱을 시작으로 부동산, 맛집, 택시, 세차, 주차, 세탁, 청소, 피트니스 등 오프라인 전 업종으로 O2O 기반의 온디맨드 서비스 열풍이 본격적으로 퍼져나가고 있다. 모바일 온디맨드형 O2O 서비스가 주목받는 이유는 앱을 통한 주문·결제로 생활의 불편을 즉시 해결할 수 있는 편리함 때문이다. O2O와 핀테크 기반의 서비스가 결합되어 소비자에게 편리함을 제공한다. 또한 사용자들의 평가와 후기를 실시간으로 참조할 수 있고 세세한 요구사항도 쉽게 주고받을 수 있는 소셜 기능이 제공되어 소비자들은 양질의 서비스를 편리하게 이용 받을 수 있다.

**On Line 바로 잇기** 주변 장치나 단말 장치가 중심이 되는 컴퓨터에 의해 직접 제어되고 있는 상태를 말한다.

**On Line Access 바로 잇기 접근** 파일 전송이 아닌 직접적인 자료 접근을 말한다.

**On Line Analytical Processing(OLAP) 바로 잇기 분석처리, 올랩** OLAP(On Line Analytical Processing)를 참조.

**On Line Description 온라인 자원 설명** 자원이 무엇이고 무엇을 하는지에 대한 설명을 말한다.

**On Line Linkage 온라인 접합** 공통 프로파일명과 확장된 메타데이터 요소, 모든 새로운 메타데이터에 대한 정보를 포함하는 구조적 파일을 말한다. 자료들을 포함한 온라인 컴퓨터 지원 이름에 관여하는 인터넷의 Uniform Resource Locator 협약에 따라야 한다.

**On Line Manual 온라인 매뉴얼** 필요할 때마다 검색과 시험을 위해 필요한 컴퓨터 응용 매뉴얼의 디지털 버전을 말한다.

**On Line Option 온라인 옵션** 데이터들을 온라인으로 직접 획득하기 위해 요구되는 정보를 말한다.

**On Line Processing 온라인 처리** 통신 제어기를 통해서 컴퓨터에 전송된 자료가 즉시 처리되어 그 결과를 원하는 장소로 보내 주는 사용자 중심의 자료 처리 방법을 말한다.

**On Line Real Time System 온라인 실시간 처리 체계** 자료의 발생 지점과 컴퓨터를 회선으로 연결하여 자료가 발생하면 동시에 직접 컴퓨터에 자료를 읽어 넣어 처리하여 그 발생 결과를 즉시 응답할 수 있는 체계. 이 체계에서의 중앙 컴퓨터는 대용량의 기억장치를 가지고 신속히 자료를 처리할 수 있어야 한다.

**On Line Resource 온라인 자원 설명** 데이터군, 명세 혹은 집단 프로파일명과 확장된 메타데이터 요소가 획득될 수 있는 온라인 자원에 대한 정보를 말한다.

**On Line System 온라인 체계** 입력 자료가 그 발생 지점에서 직접 컴퓨터가 들어가고, 출력 자료도 사용하는 곳으로 직접 전송되는 체계를 말한다. 비행기의 티켓 예약, 은행의 CD 등 여러 종류의 온라인 체계가 있다.

**Online-Only TV(OOT) 온라인 텔레비전** OOT(Online-Only TV)를 참조.

**Online to Offline(O2O) 오투오** O2O(Online to Offline)를 참조.

**On Line Transaction Processing(OLTP) 온라인 트랜잭션 처리** OLTP(On Line Transaction Processing)를 참조.

**On Screen Display(OSD) 비행정보 확인장치** OSD(On Screen Display)를 참조.

**On-the-Fly(OTF) 온더플라이, 이동중 자동초기화 방식, 오티에프** OTF(On-the-Fly)를 참조.

**One Dimensional Coordinates 1차원 좌표** 1차원 좌표는 주로 직선과 같은 1차원 선형에 있어서 점의 위치를 표시하는 데 쓰인다. 예를 들면, 직선상을 등속 운동하는 물체를 생각할 때 어느 시점에서 이 물체의 위치는 기준점에서 거리로 표시되며 이것은 시간과 속도의 함수로 나타낼 수 있다.

**One Occurrence Entity Type 단일 발생 실체 유형** 실체유형 중 그 발생 건, 즉 실체가 단 하나인 실체유형, 이 실체유형은 모델 리뷰 과정에서 삭제나 다른 실체유형과의 통합 과정을 거쳐 자료모형에서 사라지게 된다.

**One Pair 1대회** 수평각 관측에 의하여 망원경의 정위·반위의 관측을 한 짝으로 해서 일컫는 말이다.

**One Person Multi Device(OPMD) 1인 다단말기** OPMD(One Person Multi Device)를 참조.

**One Point Method 1점법** 어떤 지점의 하천의 유속은 수면으로부터 하상까지의 깊이에 따라서도 다르다. 1점법은 수면에서 수심의 60% 되는 곳의 유속 $V_{0.6}$을 측정하여 평균유속으로 간주하는 방법으로서 다음 식에 의하여 평균유속 $V_m$을 구한다.

$$V_m = V_{0.6}$$

**One Point Perspective 1소점 투시** 소점 1개에 작도상의 선이 집중하는 도형 배치의 투시도를 1점 투시도라 하며, 대상물체가 화면에 평행하게 놓여 있고, 관측자의 위치가 기면의 수직 방향으로 잇는 것으로 하여 투시도를 작도하는 방법이다. 1소점 투시는 평행투시라고도 하며, 직접법(족선법), 거리점법, 측점법 등을 이용하여 작도한다.

**One Set Observation 1대회(一對回) 관측** 망원경 정반 관측에 의한 1조의 각 관측을 1대회 관측이라 한다.

**One Way Observation 편방향 관측** 일반적으로 기지점에서 미지점에 대한 관측, 미지점에서 기지점에 대한 관측을 하는 경우에 일방향에서 행하는 경우이다.

**One-Dimensional Camera 1차원 사진기** 1차원 사진기는 소자를 일렬로 나열한 것으로, 1차원 사진기를 사용한 사진기를 라인 스캐너라고 한다.

**One-Dimensional Datum 1차원 기준면** 단일좌표를 정의하는 기준으로써 역할하는 Datum. 예를 들면, 수직 Datum이다.

**OneNote 원노트** 인터넷으로 연결된 사용자 간 음성이나 필기 등의 정보를 마치 자기 공책에 노트해둔 것처럼 공유할 수 있는 프로그램을 말한다.

**One-Step Method 단일 단계법** 도화기에서 상호표정, 절대표정 과정 없이 GPS/INS에서 나온 외부표정요소를 바로 key-in 하여 도화작업을 수행하는 방법이로 Direct 방식이라고도 한다.

**One-Stop Service 1회 방문 처리** 민원 서비스 창구에서 시민들이 구청이나 동사무소를 단 한 번 방문하여 관련된 모든 업무를 처리할 수 있도록 해주는 서비스. 이것은 일반적으로 민원서비스를 담당하는 기관과 관련 기관의 모든 업무가 전산화되고 통신으로 서로 연계되어 있어서 업무가 통합 관리되는 경우에 가능하다.

**One-to-Many 일-대-다(一對多) 관계** 하나의 데이터베이스에 하나의 레코드가 다른 데이터베이스의 많은 레코드와 연결될 수 있는 데이터베이스(DB) 관계로서, 테이블의 한 레코드가 다른 테이블의 여러 레코드에 관련되는 것을 말한다. Join과 Link를 참조.

**One-to-One 일-대-일(一對一) 관계** 하나의 데이터베이스에 하나의 레코드가 다른 데이터베이스의 오직 하나의 레코드와 연결될 수 있는 데이터베이스(DB) 관계이다.

**ONIONS(ONtologic Integration Of Naive Source) 다중 정보 원천 통합** 영역 온톨로지를 통합하고 분석할 목적으로 개발되었다. 정보 입수에 있어 외래의 정보원을 통합하는 방법과 같은 지식 통합 문제를 해결하기 위해 시작되었다. 온톨로지의 최종 표현 문제보다 모델링과 다방지 및 지식 상관성과 같은 온톨로지 입수 문제에 관심을 둔다.

**OnLine Analytical Processing(OLAP) 바로잇기 분석 처리, 올랩** OLAP(OnLine Analytical Processing)를 참조.

**Online Computer and Operating System 공급 컴퓨터와 운영체계** 공급 컴퓨터와 운영체계의 상표를 말한다.

**Online Video Platforms(OVP) 온라인 동영상 플랫폼** OVP (Online Video Platforms)를 참조.

**Onmap 온맵** 별도 응용 프로그램 없이도 사용자가 원하는 정보를 지도 위에 추가·삭제할 수 있는 국토지리정보원 제공 지도 서비스로서 사용자 경험과 생각이 담긴 독창적인 지도이다. 지도는 정보화 시대의 핵심이다. 전자지도는 과거 단순히 길을 찾는 용도로도 쓰이지만 최근에는 위치를 기반으로 다양한 정보를 전달하는 콘텐츠 허브로 도약하고 있다. 단순히 물리적 최단 거리를 제공하는 수준을 넘어 교통상황을 고려한 최적 경로 및 인근 병원과 맛집 등 다양한 정보도 제공한다. 모바일 커머스의 미래도 지도 위에 펼쳐질 위치기반(LBS) 정보이다. 온맵은 5000분의 1 기본 지도 위에 덧쓰기 기능을 갖췄다. 국토교통부 국토지리정보원이 무료로 배포해 누구나 사용할 수 있다. 온맵은 명사 앞에 붙어 '꽉 찬', '완전한', '모두의' 등의 뜻을 더하는 접두사 '온'과 '위에'라는 뜻을 지닌 영어 전치사 '온(on)'이 지도를 뜻하는 '맵(map)'과 결합한 말이다. 사용자 경험과 생각을 담아 독창적인 지도를 만들 수 있다. 일반 포털에서 제공하는 지도로 달리 별도 응용 프로그램 없이도 원하는 정보를 지도 위에 추가·삭제할 수 있다.

**On-premise 온프레미스** 소프트웨어를 서버에 직접 설치해 쓰는 방식.

**ONS(Object Name Service) Server 객체 이름 서비스 서버** 인터넷 주소 정보를 제공하는 DNS(Domain Name Service)처럼 ONS는 RFID 상품 정보를 제공한다. 즉, PML서버의 주소를 정의하고 있다가 Savant가 필요로 할 경우 이를 전달해 PML서버의 제품 정보를 찾아낼 수 있게 도와준다.

**On-To-Knowledge(OTK) 지식 기반** OTK(On-To-Knowledge)를 참조.

**ONtologic Integration Of Naive Source(ONIONS) 다중 정보 원천 통합** ONIONS (ONtologic Integration Of Naive Source)를 참조.

**Ontological Engineering 온톨로지 공학** 지식 베이스의 설계 목적, 핵심 개념화뿐만 아니라 실세계의 정보 모델 구축을 위해 지식을 축적하는 과정을 말한다.

**Ontology 온톨로지** 온톨로지는 개념들과 개념들 간의 관계 집합이므로 특정 영역에서 사용자와 시스템간의 이해를 공유하기 위한 메타 정보를 제공하며 시맨틱 웹이나 클라우드 컴퓨팅 등 다양한 분야에서 널리 활용되고 있다. 온톨로지를 활용함으로써 서로 다른 데이터를 의미상으로 연계하여 공공 데이터의 의미 표현 및 출판(publishing) 등 자동처리가 가능하게 된다. Gruber(1993)는 온톨로지를 여러 사람들 간에 공유되는 합의 내용으로 정의하고 있다. 온톨로지는 본질 및 대상이 되는 현상으로부터 기초적인 개념을 명확히 표현하는 도구로 기본적인 단위의 개념과 개념들 사이의 관계들로 계층화를 통하여 표현이 된다. 즉, 온톨로지는 개념과 개념 간 관계, 관계 의미 및 의미 제약과 공리화를 통하여 구성된다.
'실제'라는 의미의 그리스어 'onto'와 학문 또는 강연 등의 의미를 갖는 'logia'의 합성어로부터 유래되었다. 즉, Ontology는 사물의 존재 의미를 논의하는 철학적인 연구를 의미한다. "온톨로지"는 사람들이 세상에 대하여 보고 듣고 느끼고 생각하는 것에 대하여 서로 간의 토론을 통하여 합의를 이룬 바를 개념적이고 컴퓨터에서 다룰 수 있는 형태로 표현한 모델로, 개념의 타입이나 사용상의 제약조건들을 명시적으로 정의한 기술이다. 온톨로지는 일단 합의된 지식을 나타내므로 어느 개인에게 국한되는 것이 아니라 그룹 구성원이 모두 동의하는 개념이다. 그리고 프로그램이 이해할 수 있어야 하므로 여러 가지 정형화가 존재한다. 최근의 시맨틱 웹, 지식공학, 인공지능, 자연어처리 등 정보기술 분야에서의 온톨로지는 단어, 개념 등을 포함한 지식이 전체 지식 체계 중에서 어디에 위치하는지를 밝히는 연구 분야를 의미하는데, 어떤 단어와 단어 사이의 상관관계를 보다 빠르고 편하게 검색할 수 있도록 돕는 연구 분야를 의미한다.
온톨로지의 구성요소는 클래스(class), 인스턴스(instance), 관계(relation), 속성(property) 등이다. (1) 클래스(Class) : 클래스는 일반적으로 우리가 사물이나 개념 등에 붙이는 이름을 말한다. "키보드", "모니터", "사랑"과 같은 것은 모두 클래스이다. (2) 인스턴스(Instance): 사물이나 개념의 구체물이나 사건 등의 실질적인 형태로 나타난 자체를 의미한다. "로미오와 줄리엣의 사랑"은 인스턴스이다. 클래스와 인스턴스의 구분은 응용과 사용목적에 따라서 매우 달라진다. 즉, 같은 표현의 개체가 어떠한 경우에는 클래스가 되었다가 다른 경우에는 인스턴스가 될 수 있다. (3) 속성(Property) : 속성은 클래스나 인스턴스의 특정한 성질, 성향 등을 나타내기 위하여 클래스나 인스턴스를 특정한 값(value)과 연결시킨 것이다. 예를 들어, "삼성 싱크마스터 Wide LCD 모니터는 XX인치이다."라는 것을 표현하기 위하여, hasSize와 같은 속성을 정의할 수 있다. (4) 관계(Relation) : 클래스, 인스턴스 간에 존재하는 관계들을 말하며, 일반적으로 taxonomic relation과 non-taxonomic relation으로 구분할 수 있다. Taxonomic Relation은 개념분류를 위하여 보다 폭넓은 개념과 구체적인 개념들로 구분하여 계층적으로 표현하는 관계이다.

**Ontology Development 101 온톨로지 구축 방법론** 인공지능 분야 연구 기관인 스탠포드 대학 지식 시스템 연구소의 핵심 연구 과제 중 하나이다. 연구원 Noy와 McGuinness는 와인 및 음식분야의 지식기반을 바탕으로 처음 온톨로지를 구축하고자 하는 개발자에게 도움을 주는 방향을 제시했는데 그것이 바로 Ontology Development 101이다.

**Ontology Instance 온톨로지 인스턴스** 모델링을 통해 정의된 해당 클래스의 실제로 구체화된 개체를 말한다.

**Ontology Knowledge Base 온톨로지 지식베이스** 특정 도메인 지식으로서 분류하고 범주화하고 클래스로 구성된 위계적이고 범주화된 지식체계로서, 다양한 지식베이스 중 온톨리지를 활용한 지식베이스를 의미한다.

**Ontology Language 온톨로지 언어** 온톨로지에서 주로 사용하는 언어에는 RDF, OWL, SWRL 등이 있다. RDF는 XML에서 발전한 형태이며, subject, object, predicate로 이루어지며, 단순하게 개념 혹은 인스턴스 사이의 관계를 나타낸다. 일반적으로 복잡한 제약조건이 필요 없는 일반 응용을 산정할 경우에 RDF를 많이 사용한다. OWL은 관계들 간의 hierarchy, 관계 인스턴스 내에서의 논리적 제약조건 등을 포함한 언어이다. 정밀하고 논리적인 추론을 필요로 하는 경우에 사용한다. SWRL은 추론을 위한 규칙을 정의하기 위하여 사용한다.

**Ontology Modeling 온톨로지 모델링** 특정 도메인의 실세계 사물 및 자료들을 온톨로지로 구성하기 위하여 대상이 되는 자료들의 공통 개념들을 추출하고 개념들 간의 상하 관계 및 각 개념들의 속성과 개념들 간의 의미 있는 관계를 정의하여 대상 데이터들을 개념 중심으로 통합 및 추론이 가능하도록 온톨리지를 구조화(클래스 정의)하는 과정. 온톨리지 모델을 구축하는 방법은 '구축하고자 하는 요구에 맞는 모델을 웹에서 찾아내어 사용하는 방법', '이미 조직 내에서 가치를 가지고 있는 정보 자산을 발전시키는 방법', '처음부터 하나의 모델을 개발하는 방법' 등 대략적으로 3가지가 존재한다.

**Ontology Web Language(OWL) 웹 온톨로지 언어(-言語)** OWL (Ontology Web Language)를 참조.

**Ontology, Class 온톨로지, 클래스** 클래스는 일반적으로 우리가 사물이나 개념 등에 붙이는 이름을 말한다고 설명할 수 있다. "키보드", "모니터", "사랑"과 같은 것은 모두 클래스라고 할 수 있다.

**Ontology, Instance 온톨로지, 인스턴스** 인스턴스는 사물이나 개념의 구체물이나 사건 등의 실질적인 형태로 나타난 그 자체를 의미한다. 즉, "LG전자 ST-500 울트라슬림키보드", "삼성 싱크마스터 Wide LCD 모니터", "로미오와 줄리엣의 사랑"은 일반적으로 인스턴스라 볼 수 있다. 이와 같은 클래스와 인스턴스의 구분은 응용과 사용목적에 따라서 매우 달라질 수 있다. 즉, 같은 표현의 개체가 어떠한 경우에는 클래스가 되었다가 다른 경우에는 인스턴스가 될 수 있다.

**Ontology, Property 온톨로지, 속성** 속성은 클래스나 인스턴스의 특정한 성질, 성향 등을 나타내기 위하여 클래스나 인스턴스를 특정한 값(value)과 연결시킨 것이다. 예를 들어, "삼성 싱크마스터 Wide LCD 모니터는 XX인치이다."라는 것을 표현하기 위하여, hasSize와 같은 속성을 정의할 수 있다.

**Ontology, Relation 온톨로지, 관계** 관계는 클래스, 인스턴스 간에 존재하는 관계들을 칭하며, 일반적으로 taxonomic relation과 non-taxonomic relation으로 구분할 수 있다.

**Ontology-Driven System 온톨로지 기반의 시스템** 하나의 중심 구성요소로 보고 이를 개발과 운영의 중심에 놓는 것.

**OOD(Object-Oriented Design) 객체 지향 설계** 실세계의 문제영역 표현을 소프트웨어의 해결 영역으로 변환하는 과정을 말한다.

**OODBMS(Object-Oriented Database Management System) 오오디비엠에스, 객체 지향 자료기반 관리체계** OODBMS는 객체로서의 모델링과 데이터 생성을 지원하는 DBMS이다. 여기에는 객체들의 클래스를 위한 지원의 일부 종류와 클래스 특질의 상속, 그리고 서브클래스와 그 객체들에 의한 메쏘드 등을 포함한다. OODBMS의 구성요소가 무엇인지에 관해 광범위하게 합의를 이룬 표준안은 아직 없으며, OODBMS 제품들은 아직 초기에 머물러 있다고 여겨진다.

**OOPL(Object Oriented Programming Language) 객체 지향 프로그래밍 언어** 프로그램 요소들이 서로 메시지를 주고받을 수 있는 객체로 개념화되어 있는 비절차적 프로그래밍 언어. 객체 지향 프로그래밍은 모듈화 프로그램을 확장시킨 것이다.

**OOT(Online-Only TV) 온라인 텔레비전** 동영상 서비스 경쟁이 확대되고 있는 가운데, 코드 커팅(cord cutting)을 방지하는 차원에서 TV 서비스와 묶어서 제공하던 형태에서 TV 서비스 가입 없이도 이용이 가능한 OOT(Online-Only TV) 서비스 형태로 전환되고 있다. 유료TV 사업자들의 OOT 서비스는 2015년 1월 미국 위성TV 사업자인 Dish Network가 출시한 Sling TV를 시작으로 2015년 11월 Time Warner Cable이 TWC TV Roku 서비스를 발표했으며, Comcast는 Stream 서비스를 정식 출시하였다. 유료TV 사업자들 외에 유료TV를 통해서만 채널을 제공했던 주요 케이블 채널인 HBO와 Showtime도 OOT 서비스인 HBO Now와 Showtime OTT를 출시하였다. 한편, 기존 유료TV 사업자 및 케이블 채널들이 OOT 서비스를 출시하고 있는 가운데, 신규 OTT 동영상 서비스 출시가 확대되고 있으며, OTT 동영상 사업자들은 콘텐츠 경쟁력 강화를 위해 자체 콘텐츠 제작 노력을 확대하고 있다. Netflix는 2015년 기존 TV 채널과 영화 라이선스 비용을 포함해 자체 콘텐츠 제작을 위해 50억 달러를 투자할 예정이라고 밝혔으며, Apple도 OTT 동영상 서비스용 자체 콘텐츠 제작을 위해 인력을 영입 중이다. 아울러, Google의 YouTube 역시 2015년 10월 출시한 가입형 동영상 서비스인 YouTube Red용으로 유명 YouTube 콘텐츠 제작자와 함께 자체 콘텐츠를 제작할 계획이다.

현재 스마트 단말을 통한 동영상 콘텐츠 이용이 확대되고는 있지만, 이용시간 측면에서는 여전히 TV시청 시간이 온라인 동영상 시청시간 보다 높은 수준이므로, OOT 서비스가 미래의 TV 모습임에는 틀림없지만, 기존 TV 서비스 가입자가 OOT로 이동을 하기에는 상당한 시간이 걸릴 것으로 전망되며, 유료TV 사업자들은 OTT 동영상 서비스 확대 속도에 따라 OOT 서비스의 경쟁력을 확대하면서, 자체 콘텐츠를 확대해 나가는 노력이 필요할 것으로 분석되고 있다.

**Opaque Positive 불투명사진(不透明寫眞)** 불투명사진은 인화지에 인쇄한 것으로 인화하는 방법에 따라 밀착사진, 비례인화 수정사진 확대사진, 모자이크 입체인쇄사진으로 나누어진다.

**OpenAPI(Open Application Programming Interface) 공개 응용 프로그램 개발환경, 공개 에이피아이** 누구나 사용할 수 있도록 '공개된'(Open) '응용 프로그램 개발환경'(Application Programming Interface, API). 임의의 응용 프로그램을 쉽게 만들 수 있도록 준비된 프로토콜, 도구 같은 집합으로 프로그램 개발자는 운영체제의 상세한 기능은 몰라도 공개된 몇 개의 API만으로도 쉽게 응용 프로그램을 개발할 수 있다.

API(Application Programming Interface)의 사전적 의미는 '소프트웨어 어플리케이션을 개발하기 위한 여러 가지 함수의 집합'이며, 특정 소프트웨어나 프로그램의 기능을 다른 프로그램에서도 활용할 수 있도록 표준화된 인터페이스를 공개하는 것을 의미한다. 즉, 서비스 개발에 필수적인 프로그래밍 기술이 없이도 원하는 서비스를 손쉽게 만들 수 있도록 지원하는 프로그램을 말하는데, API는 응용프로그램이 운영체제나 데이터베이스 관리시스템처럼 시스템 프로그램과 통신할 때 사용되는 언어로 프로그램 내에서 실행되기 위한 특정 서브루틴(subroutine)에 연결을 제공하는 함수를 호출하는 것으로 구현된다. 특히 공개API는 지금까지 콘텐츠의 소비자 역할을 담당했던 사용자가 서비스의 생산자 역할을 겸할 수 있다는 큰 의의가 있으며, 머지않아 누구나 자신의 입맛에 맞는 인터넷 서비스를 스스로 만들 수 있게 될 것이다.

**Open Application Programming Interface(OpenAPI) 공개 응용 프로그램 개발환경, 공개 에이피아이** OpenAPI(Open Application Programming Interface)를 참조.

**Open Channel Flow 개수로(開水路)** 높은 곳에서 낮은 곳으로 '중력'에 의해 유체가 대기와 접해 있는 자유 수면이 있는 상태에서 흐르는 형태로 '중력식', '자연 유하식'이라고도 한다. 폐합 수로내의 흐름이 반드시 관수로 흐름이라고 할 수는 없다. 도시 하수 혹은 우수관거와 같이 수로의 단면이 폐합단면이라 하더라도 그 속의 흐름이 자유 수면을 가질 경우에는 개수로 흐름이라 한다. 장점은 유지관리비가 저렴하며, 높은 곳에서 낮은 곳으로 중력에 의해 흐르므로 원거리까지도 수송이 가능하다. 단점은 증발에 의한 물 손실, 오폐수의 유입으로 인한 오염 등과 같은 문제점을 가지고 있다. 개수로는 주로 "하수관"이나 암거(culvert) 용으로 사용된다.

**Open Channel 개수로(開水路)** 수리학적으로 유체가 대기(大氣)에 접해 있는 자유 수면을 가지고 흐르는 수로로서, 뚜껑이 없는 수로를 개거라고 하며, 뚜껑이 있는 것은 암거라고 한다.

**Open Collaboration 개방형 협업** 스마트 디바이스 확산으로 조직이 외부 협력을 통해 창조적 혁신에 나서는 것을 말한다.

**Open Data Policy 자료 공개 정책** GIS 자료와 정보는 임의의 사용자에 의하여 제한 없이 값싼 비용으로 자유롭게 접근 가능토록 공개되어야 한다는 정책을 말한다.

**Open Database Communication(ODBC) 개방 자료기반 연결** ODBC(Open Database Communication)를 참조.

**Open Database Connectivity(ODC) 개방형 데이터베이스 연결** ODC(Open Database Connectivity)를 참조.

**Open Database Connectivity(ODBC) 개방형 데이터베이스 연결, 오디비씨** ODBC(Open Database Connectivity)를 참조.

**Open Datalink Interface(ODI) 오디아이, 개방형 자료링크 인터페이스** ODI(Open Datalink Interface)를 참조.

**Open Ditch 개거(蓋渠)** 자유 수면을 갖고 흐르는 수로단면으로 뚜껑이 없는 수로로서, 여러 단면 형상이 있다. 개거의 상부에 뚜껑이 덮어지는 단면을 개거(蓋渠, covered conduit), 전단면이 사방으로 둘러싸인 박스형 단면의 수로를 암거(暗渠, culvert)라고 하며 도로, 철도, 제방 등에 매설한다.

**Open Educational Resources(OER) 교육자원 공개** OER(Open Educational Resources)를 참조.

**Open Flow 오픈플로** 오픈소스 기반 네트워크 가상화 기술. 네트워크 장비와 상관없이 플랫폼 사업자 등 사용자가 통제권을 갖는다. 인프라 기반이 아닌 애플리케이션과 각각 사용자에게 트래픽 컨트롤에 대한 권한을 부여한다는 점에서 '빅 데이터', '스마트' 시대 혁신적인 흐름으로 받아들여지고 있다. 스탠퍼드 대학과 UC버클리에서 6년간 공동 연구로 개발했으며 IBM, HP 등 서버 기업과 플랫폼 사업자들이 주도하고 있다.

**Open Geodata Interoperability Specification(OGIS) 개방형 지리자료 상호가능성 사양, 오지아이에스** OGIS(Open Geodata Interoperability Specification)를 참조.

**Open Geodata Model(OGM) 개방형 지리자료 모형** OGM(Open Geodata Model)를 참조.

**Open Geospatial Consortium(OGC) 개방형 공간정보 컨소시엄** OGC(Open Geospatial Consortium)을 참조.

**Open GIS 개방형 지리정보시스템, 개방형 지아이에스** '개방형 GIS'(Open GIS)는 서로 다른 분야의 서로 다른 환경에서 만들어져 분산 저장돼 있는 다양한 형태의 지리정보 데이터에 대한 사용자의 접근 및 자료처리 기능을 제공할 수 있는 GIS로 정의된다. 개방형 GIS 기술은 정보기술 중 중요한 기술로 부각되고 있는 컴포넌트 기술과 많은 관련성이 있다. 컴포넌트란 인터페이스를 통해서만 활용 가능한 최소 단위의 소프트웨어를 말하며, 플랫폼 독립적인 바이너리 수준의 재사용성과 상호 운영성을 주요한 특징으로 하고 있다. 컴포넌트 기술에서 제기된 요구사항 중 하나는 산업 표준의 필요성이다. 즉, 컴포넌트를 재사용성과 상호 운영성이라는 목적에 부합되도록 하기 위해서는 이에 대한 개발 및 운영을 위한 표준화가 필요하다. 컴포넌트에 대한 표준화 기술로는 CORBA, COM, EJB 기술 등이 있다. 이러한 기술 기반 하에 GIS를 표준화하기 위해서는 컴포넌트 GIS를 위한 표준이 별도로 마련돼야 한다.
개방형 GIS는 서로 다르게 분산 저장된 다양한 형태의 지리정보 데이터를 개방형 GIS의 표준 인터페이스를 사용함으로써 통합된 지리정보시스템을 손쉽게 구축할 수 있게 된다. 즉, 개방형 GIS를 통해 서로 다른 GIS를 상호 운영 가능하다. 개방형 GIS에 있어서 산업 표준은 매우 중요하다. 대표적으로 OGC(Open GIS Consortium)가 있으며, OGC에서는 다양한 환경에서 생산, 저장돼 있는 지리정보 데이터에 대한 사용자의 접근 및 자료처리 기능을 제공하기 위한 사양으로서 메타 자료, 분산 객체형 데이터베이스 인터페이스 등 관련 하부 구조의 표준 및 규약의 연구를 바탕으로, OGIS(The Open Geodata Interoperability Specification)를 개발하고 있으며, 상호 운용성, 사용의 용이성, 유연성, 확장 가능성 등을 목표로 하고 있다.

**Open GIS Component 개방형 지아이에스 컴포넌트** 다차원, 대용량, 복잡한 특성을 갖는 공간 데이터를 처리하기 위한 GIS를 기능별로 세분화한 소프트웨어의 최소 단위. 통신망을 활용한 정보 연계를 지원하고 이 기종 GIS 간의 데이터 교환과 상호 교환성을 제공한다.

**Open GIS Consortium 개방형 지아이에스 협회** 서로 다른 분야에서 생성·분산·저장된 다양한 형태의 공간자료를 사용자가 접근하여 처리할 수 있는 지리정보체계이다. 따라서 상이한 분야의 지리자료 사이에서 나타나는 상호 운용성 문제를 해결할 수 있을 뿐만 아니라 광역통신망을 통하여 지리자료의 분산 처리를 가능하게 하는 객체 지향적 사양을 제시한다.

**Open GIS Consortium(OGC) 개방형 지아이에스 협회** OGC(Open GIS Consortium)를 참조.

**OpenGL(Open Graphics Library) 오픈 지엘** 2차원 및 3차원 그래픽 이미지를 정의하기 위한 컴퓨터 산업계의 표준 응용프로그램 인터페이스(Application Program Interface, API)이다. OpenGL이 개발되기 전에는, 그래픽 응용프로그램을 개발하는 회사들은 각 운영체계 플랫폼에 맞게 그래픽 부분을 재작성해야 함은 물론, 그래픽 하드웨어에 대해서도 잘 알고 있어야만 했지만, OpenGL 그래픽 어댑터를 사용하면 어떠한 운영체계에서라도 동일한 효과를 내는 응용프로그램을 쉽게 작성할 수 있게 되었다. OpenGL에는 일련의 명령어들이나 즉시 실행되는 기능들이 정의되어 있는데, 각 명령어들은 그림을 그리는 동작이나 특수 효과 등을 낼 수 있게 한다. 이러한 명령어들은 반복적인 효과를 위해 목록으로 만들어질 수 있다. OpenGL은 각 운영체계의 윈도우 특성에 독립적이지만, 각 시스템의 윈도우환경 내에서 OpenGL이 잘 동작할 수 있도록 하기 위해 특수한 접속 루틴들을 운영체계 별로 제공한다. OpenGL에는 API를 통해 호출할 수 있는 많은 수의 내장 기능들을 함께 제공되는데, 이러한 것들에는 숨은 면의제거, 투명화, 앤티앨리어싱, 질감표현, 픽셀조작, 변형을 위한 모델링, 그리고 대기효과(안개, 연기 및 아지랑이 등)의 기능들이 포함된다.

**Open Graphics Library(OpenGL) 오픈 지엘** OpenGL(Open Graphics Library)을 참조.

**Open Innovation 오픈 이노베이션** 기업이 내부뿐만 아니라 외부 아이디어를 이용해 기술을 발전시킬 수 있다는 혁신 이론이다. 이 이론은 과거 기업이 자체적 역량 확보와 강화로 연구개발을 진행하고 그 결과물 활용 등에 철저히 외부와 단절된 형태인 '클로즈드 이노베이션(Closed Innovation)'으로 유지했던 기술 전략과는 반대되는 개념이다. 착상된 아이디어가 최종 상품화 단계를 거치는 기술 사업화에서 단계별로 기업 내부와 외부 사이 지식과 기술 교류를 활발하게 하며 양방향으로 원활하게 소통하는 것이 특징이다. 헨리 체스브로 미국 버클리대학 교수는 「Open Innovation : The New Imperative for Creating and Profiting from Technology」(2003)에서 오픈 이노베이션 개념을 처음 소개했다. 이 글이 발표된 이후에 학계를 비롯해 각국 정부와 기업 관심이 높아졌다. IBM은 과거 대표적으로 내부에서만 이뤄지는 '클로즈드 이노베이션'을 추구했던 기업이었지만 2000년대 초부터 '이노베이션 잼(Innovation Jam)'이라는 프로그램으로 내부와 외부 집단 지성을 활용하기 시작했다. 사업에서 발견한 문제를 해결하거나 새로운 아이디어를 창출하는 방식으로 오픈 이노베이션을 실행하는 중이다. 최근에는 핵심기술 분야까지도 오픈 이노베이션으로 공동 연구 개발하고 결과물에 공동 특허를 얻는 방식으로 범위를 넓혀가고 있다.

**Open Look 오픈 룩** 상호운영 가능한 그래픽 사용자 인터페이스를 위하여 몇몇 소프트웨어 제조업체에 의해 동의한 GUI사양으로서 SUN의 Open Windows가 Open Look이 구현된 한 예이다.

**Open Loop Control 개방 루프 제어** 제어 장치에서 지속적으로 물체를 감시하여 실시간으로 상태 정보를 표시하며, 사람이 이러한 정보를 통하여 물체를 제어하는 체계를 말한다.

**Open LS Service 개방형 위치기반 서비스** 위치 결정 장비를 사용하는 OpenLS 위치 어플리케이션 서비스. 전화번호부와 여행안내와 같은 검색 아이템을 위한 디렉터리 서비스, 내비게이션, 지오코딩, 맵/Feature 디스플레이 서비스를 제공해주는 경로 결정 서비스를 통합하는 게이트웨이 서비스를 말한다.

**Open Market 오픈마켓, 열린장터** 인터넷에서 판매자와 구매자를 직접 연결하여 자유롭게 물건을 사고팔 수 있는 곳을 말하며, 국립국어원은 open market의 다듬은 말로 '열린 장터'를 선정하였다. 오픈마켓은 일반적인 쇼핑몰 판매방식을 벗어나, 개인과 소규모 판매업체 등이 온라인상에서 자유롭게 상품을 거래하는 '중개'형 인터넷 쇼핑몰이다. 오픈마켓은 인터넷 쇼핑몰에서의 중간 유통마진을 생략할 수 있어 기존보다 저렴한 가격으로 판매가 가능하다.

**Open Sea 공해** High Sea를 참조.

**Open Security Environment 개방 보안 환경** 다음과 같은 환경 중 최소 하나를 포함하는 경우, ① 어플리케이션 개발자가 악의적인 프로그램을 침투시키지 않는다고 생각되는 충분한 신원 비밀 등급과 허가권을 갖지 못하는 경우, ② 형상관리는 시스템의 수행 중에 어플리케이션이나 장비가 악의적 프로그램으로부터 보호된다는 충분한 보증성을 제공하지 못하는 경우이다.

**Open Social 오픈 소셜** 각기 다른 기술이 하나의 시스템으로 통합되는 것을 오픈 소셜(Open Social)이라고 한다. 오픈 소셜을 우리말로 번역하면 '열린사회' 쯤이 될 것이다. 즉, 그 동안 있어왔던 다음, 구글, 야후 등 각 포털 사이트 간의 경계와 벽이 허물어지고 온라인상에 '열린사회의 장'이 마련되는 것이다. 소셜 네트워크 사이의 중복 문제를 해결하기 위해 만들어진 프로젝트. 참여한 네트워크들이 정보공유를 위해 사용할 수 있는 공통적인 프로그래밍 인터페이스(API)를 제공한다.

**Open Software 공개 소프트웨어** 소스 코드(설계도)를 일반에 공개한 컴퓨팅 소프트웨어를 말한다. 일정한 이용 허가 범위를 지키면 누구나 소프트웨어(SW)를 쓰거나 수정할 수 있다. 클라우드 컴퓨팅 체계와 '빅 데이터' 분야에 공개 SW를 쓰는 사례가 많아 채택 비율은 급증할 전망이다. 특히 구글은 컴퓨팅 운용체계 OS인 '안드로이드' 소스 코드를 공개해 이동통신용 OS분야 시장 점유율 1위에 올라서는 등 공개 SW가 산업계 주류로 떠올랐다.

**Open Source 오픈 소스, 공개 소스** 소프트웨어의 설계도에 해당하는 소스 코드를 인터넷 등을 통해 무상으로 공개하여 누구나 그 소프트웨어를 개량하고, 이것을 재배포할 수 있도록 하는 것 또는 그런 소프트웨어를 일컫는다.

**Open Source Geospatial Foundation(OSGeo) 개방 소스 지리공간 재단** OSGeo(Open Source Geospatial Foundation)를 참조.

**Open Space 공공 용지, 공개 용지** 이용자의 접근이 개방되고, 그 안에서의 형태가 자유로운 개방 공지를 말한다.

**Open Street Map(OSM) 오픈스트릿맵** OSM(OpenStreetMap)를 참조.

**Open System 개방형 체계** 이 기종 간의 시스템을 망으로 구성할 때, 이들 간의 상이점을 소프트웨어로 표준하여 사용자가 동일하게 이용할 수 있게 한 시스템. 특정 판매업체에 무관한(Vendor-Independent) 컴퓨팅 환경으로, 표준으로 인정되고 많이 사용되는 상품(Product)으로 구성되는 시스템을 말한다. 이 개방형 체계는 클라이언트/서버 체계의 복잡성을 관리하는데 사용되며, 한편으로는 최종 사용자가 주도가 되는 특성을 가지고 있다. 이를 통하여 빠르게 변화하는 기술 진보의 성과를 이전의 투자를 버리지 않고 호환성을 유지하며 그대로 이식, 적용할 수가 있다. 즉, 개방형 체계는 특정 업체에 무관할 수 있다. 다양한 컴퓨터를 사용하는 사용자에게 통신망을 통하여 상호 운영성과 이식성을 충족시켜 특정한 하드웨어에 대한 의존도를 낮추고 한 형식의 자료를 여러 유사한 프로그램이 사용할 수 있도록 하는 공통 응용환경을 구축하는 것을 말한다.

**Open System Environment(OSE) 개방형 시스템 환경** OSE(Open System Environment)를 참조.

**Open System Foundation(OSF) 개방 시스템 재단** OSF(Open System Foundation)를 참조.

**Open System Interconnect Model(OSI Model) 개방형 체계 상호 접속 모형** OSI Model(Open System Interconnect Model)를 참조.

**Open System Interconnection(OSI) 개방형 체계 간 상호접속** OSI(Open System Interconnection)를 참조.

**Open Traverse 개방트래버스(開放), 개다각형(開多角形)** 어떤 기지점을 출발해서 출발점과는 전혀 관계가 없는 미지점에서 종료되는 트래버스를 말한다.

**Operand 피연산함수, 피연산자** 연산에 필요한 항목으로서 컴퓨터 명령의 구성 부분이며, 자료나 다음 명령이 저장되어 있는 번지 등을 나타낸다. 예를 들어, A+B 라는 덧셈에서 A와 B가 연산대상에 해당된다.

**Operating Condition 연산 조건** 일련의 특정값 생성과 관련된 위치 결정 체계의 연산 매개변수이다.

**Operating System(OS) 운영체계** OS(Operating System)를 참조.

**Operating System2(OS/2) 오에스 투, 운영체계2** OS/2(Operating System2)를 참조.

**Operation 연산** ① 행위에 영향을 주기 위해 하나의 객체로부터 요구되어질 수 있는 서비스이다. ② 일정기간에 걸쳐 발생된 하나 또는 그 이상의 형상 속성값의 변화를 말한다.

**Operation Time 연산 시간** 어떤 명령에 대하여 명령 실행 단계에서 특정 연산을 실행하는데 걸리는 시간을 말한다.

**Operation Type 작업 유형** 3문자의 약어로 GPS 측량 작업 형태를 표시한다. 측량 작업 형태의 약어는 아래와 같다. STS : STatic Survey(정지측량), SGS : Stop & Go Survey(스톱앤고측량), KIN : KINematic Survey(이동측량), NAV : NAVigation (항법용).

**Operational Data 연산 자료** 데이터베이스가 단순한 자료의 집합이 아니라, 조직의 존재 목적이나 유용성 면에서 그 조직에 없어서는 안 될 자료의 집합을 말한다.

**Operational Database Connectivity(ODBC) 개방 데이터베이스 연결** ODBC(Operational Database Connectivity)를 참조.

**Operations Research 산업 공학** GIS를 이용한 의사결정을 하는 데 최적 해를 얻기 위한 해법을 제시한다.

**Operator 운영원, 연산자** ① 컴퓨터 시스템을 종합적으로 관리하여 일반 사용자들이 보다 편리하게 컴퓨터를 운영할 수 있도록 컴퓨터를 운영하고 관리하는 사람을 총칭하는 용어를 말한다. ② 영역, 범위, 그리고 영역 범위 안에 있는 요소에 대응시키는 기능의 조합을 말한다.

**OPEX 연간 유지보수 대가** 업무 지출 또는 운영비로 갖춰진 설비를 유지하고 운영하는 데 드는 제반 비용을 말한다. OPEX는 인건비 · 재료비 · 수선유지비와 같은 직접비와 제세공과금 등의 간접비로 구성돼 있다.

**Opinion Mining 오피니언마이닝** Buzz Analysis를 참조.

**Opinion Network 오피니언 네트워크** 자신만의 온라인 사이트를 구축하여 콘텐츠 서비스를 만들고, 친구들과의 연결을 통해 서비스와 커뮤니케이션을 공유하는 것으로 소셜네트워크서비스라 불린다.

**OPMD(One Person Multi Device) 1인 다단말기** 한 가지 이동통신 요금제로 스마트폰, PMP, 태블릿 PC, 노트북 등 기기에 구애받지 않고 모바일 인터넷을 사용할 수 있는 서비스이다. 이전에는 사용자가 노트북에서 사용할 와이브로 요금제와 스마트폰에서 사용할 수밖에 없었다. 소비자로서는 데이터를 효율적으로 활용할 수 있다. 스마트폰에서 남는 데이터를 노트북으로 활용하는 식이다.

**OPR(Optimized Power Reactor) 1000 한국표준형원전** OPR1000은 최적의 원전이란 뜻의 'Optimized Power Reactor'의 머리글자에 1000MW를 뜻하는 '1000'을 더한 것이다. 우리나라는 1987년부터 1995년까지 원전 기술자립을 위해 당시 미국 회사로부터 기술을 전수받아 영광 3 · 4호기를 건설했다. 이때 우리 기업들이 하도급업체로 참여하면서 기술 자립도가 60%에서 95%로 올랐다. 당시 축적한 기술을 바탕으로 2005년에 첫 토종 원자로라 할 수 있는 한국표준형원전(OPR1000)을 개발했다. OPR1000이 처음 설치된 것은 울진 3호기(1998년 8월 가동)이다.

**Optic Touch Method 광터치 방식** 광터치 기술은 디스플레이 패널의 모서리에 적외선 센서를 장착, 손가락 등 입력 도구의 위치를 인식하는 방식이다. 무엇보다 가볍고 부드러운 터치감이 강점인 정전용량 방식과 좁은 면적에 글씨를 쓰는 등 세밀한 터치가 강점인 저항막 방식의 장점을 모두 가진 것이 특징이다. 또 손가락은 물론이고 손톱과 펜 등 모든 종류의 입력 도구를 사용할 수 있다는 것이 큰 장점이다.

**Optical Axis(OA) 광축(光軸)** OA(Optical Axis)를 참조.

**Optical Center 광학 중심** 렌즈를 지나는 모든 광선은 한 점 0을 지나는데 이점 0을 광심이라 한다. Visual Center를 참조.

**Optical Character Recognition (OCR) 광학 문자 판독** OCR(Optical Character Recognition).

**Optical Communication 광통신** 보통 광섬유 케이블로 레이저 광선을 전송하여 통신이 이루어지는 것으로, 자료 통신에 빛을 이용하는 것을 말한다.

**Optical Disk 광 기록판, 광디스크** 레이저 광선 등과 같은 미세한 빛을 사용하여 정보를 기록하거나 판독하는 대용량의 기억장치. 정보를 저장하기 위해 광학 매체를 사용하는 수치자료 저장기술로 느리지만 많은 자료를 저장하고, 자기 디스크보다 저장되는 자료 단위당 보다 적은 비용이 든다. 몇 개의 광 원반들이 쥬크박스 기기에 설치될 수 있다. 광디스크들은 아주 큰 양의 자료가 저장되어질 필요가 있을 때 사용된다.

**Optical Disk Technology 광디스크 기술** 광디스크 조작기 상에서 광대한 양의 자료를 저장하기 위한 기술. 광학 드라이브는 현재 마그네틱 자료의 20배까지 저장능력을 갖고 있으며, 단 1개의 디스크에 수 기가-바이트의 저장능력을 보유하고 있다.

**Optical Fiber 광섬유(光纖維)** 유리나 플라스틱의 얇고 투명한 섬유의 다발로 둘러 싸여 있으며, 이곳을 통해 자료는 레이저에 의해 생성된 빛의 펄스 형태로서 전송된다. 동선과 비교해서 대량이고 전기적 장해에 영향을 받지 않는 정확한 정보를 보낼 수 있다.

**Optical Mechanical Projection 기계적 광학 투영법** 입체 도화기 투영법의 하나로서, 포토그램을 재현하고, 거기에서 나온 광선의 방향을 렌즈의 투영 중심의 바깥쪽에서 금속봉으로써 옮겨놓는 방식을 말한다.

**Optical Mechanical Scanner 기계적 광학 주사기** 이 센서의 예로는 Landsat 위성의 MSS, TM과 NOAA 위성의 AVHRR이 있다. 이 센서는 색 수차를 피하기 위한 반사 망원경, 회절을 이용한 스펙트럼 분리, 비행기 방향에 대하여 수직 방향으로의 스캐닝을 위한 회전 또는 진동 거울, 전자기파 에너지를 전기 신호로 바꾸는 시스템, 그리고 전기 신호의 보정을 위해 일정 강도의 빛과 온도가 유지되도록 하는 참조시스템을 핵심요소로 한다.

**Optical Mechanical Stereoplotter 기계식 도화기** Analog Stereoplotter를 참조.

**Optical Model 광학 모델** 광학적 투영에 의하여 만들어진 입체 모델을 말한다.

**Optical Plumb 광학 구심 장치** 측량기의 하부 중앙에 지상을 보는 소형의 망원경으로, 구심할 수 있도록 되어 있는 장치를 말한다.

**Optical Plumment 광학 구심기** 연직하방향을 시준할 수 있도록 대물경 앞에 직각 프리즘을 붙인 소형망원경이다.

**Optical Positioning System 광학 위치 결정 체계** 빛에 의한 방법으로 목적물의 위치를 결정하는 장치, 예를 들면 데오도라이트(theodolite), 레이저 측량기(laser rangefinder), 토탈스테이션(total station)을 말한다.

**Optical Projection 광학 투영법(光學 投影法)** 입체 도화의 투영 방식의 하나로서 포오로코페(Porro Koppe)의 원리를 응용하여 도화하는 방법을 말한다.

**Optical Scanner 광학식 스캐너** ① GIS : 광 독취기는 지도나 문서로부터 라인 · 문자 · 심벌 등으로 이루어진 영상을 광학적으로 독취하여 정보를 수치화하여 저장한다. 스캐너(독취기)는 문서의 표면에서 반사파의 변화량을 감지한다. 기준치를 초과하는 문서상의 어떠한 점이나 얼룩도 '정보'로 기록된다. 독취에 의해 생성된 파일은 래스터 형태이며, 일반적으로 본래의 도면에 나타나있는 도형 · 주석 · 심벌 등의 종류에 대해서 구분을 하지 않는다. ② RS : 광학식 스캐너는 항공기 다중 파장대 스캐너(MSS)나 랜드셋 TM에 이용되고 있으며, 회전거울 혹은 진동 거울을 사용하여 독취하는 방식으로서, 빛을 가시광선 영역에서 열적외선에 이르는 영역을 10~15개의 밴드로 나누어 기록한다.

**Optical Square 경구** 외형 높이 2cm, 지름 6cm정도의 금속의 원통 속에서 반사경을 장착하여 직각의 방향을 구할 수 있다.

**Optical Stop 광스톱** Aperture Stop 또는 Field Stop를 참조.

**Optical Thickness 광학 두께** 물리적 두께와 굴절률의 곱이다.

**Optical Treatment 광학 처리** 사진의 기계적 처리법의 하나로 간섭성광을 이용한 것과 비간섭성광을 이용하는 방법이 있다.

**Optical Wave Distancemeter 광파거리 측량기** 광파거리 측정기는 가시광선, 적외선, 레이저 광을 이용하는 것으로 주로 중 · 단거리 측정용으로 쓰이며, 정확도는 보통 ±(2mm+2ppmL) 정도로서 가볍고 조작이 간편하며 신속하게 측정할 수 있다.

**Optical Wavelengths 광파장** Electromagnetic Spectrum을 참조.

**Optimal Estimator 최적 관측기** 주어진 최적 기준의 값을 최소화하기 위한 관측기를 말한다.

**Optimal Path Selection 최적 경로 선택** 네트워크 데이터를 이용해서 한 지점에서 다른 지점까지 걸리는 시간 · 거리 · 비용 등을 고려해서 최적의 경로를 결정하는 분석 절차를 의미한다. 이것은 종종 도로 데이터 집합에서 사용되며, 최단거리 또는 최소

비용 해결로 알려져 있다.

**Optimization 최적화** 주어진 환경 속에서 컴퓨터 체계 또는 특정 소프트웨어의 효율을 최대로 만드는 작업. 예를 들어, 어떤 작업을 수행하는데 필요한 기억 장소의 용량, 그리고 작업 속도 등을 최소화하면서 동작하도록 하는 작업이 최적화 작업에 해당된다.

**Optimizer 옵티마이저** 검색엔진 옵티마이저들은 웹사이트 관리자들에게 웹 도처에서 그들 사이트의 검색 순위를 높여줄 수 있다고 약속한다. 이는 키워드의 영리한 활용이나 검색 결과를 왜곡하는 트릭에 의해 행해진다.

**Optimum Path Analysis 최적 경로 분석** 어떤 이미 결정된 기준(가장 짧은 거리, 최소 여행시간과 같은)을 만나는 선(line)의 네트워크를 따라서 경로를 결정하기 위해 네트워크 분석을 사용한 공간 분석 함수를 말한다.

**Opt-in 수신 동의** 고객이 마케팅 메시지 수신에 동의하는 것. 판매자가 모바일 홍보 활동에서 이루어지는 양방향 상호작용에 관여하려면, 먼저 고객이 판매자의 쇼트 코드로 문자 메시지를 보내 동의 의사를 밝혀야 한다.

**Option 선택** 하드웨어나 소프트웨어를 위한 부가 장치 또는 기능으로서, 사용자가 임의로 선택할 수 있는 기능을 말한다.

**Opt-out 수신 거부** 고객이 메시지 수신을 중단할 권리. 만약 판매자가 과도하게 무익한 홍보 메시지를 보낸다면 고객은 수신 거부를 선택할 것이다.

**Oracle 오라클** 관계형 데이터베이스 관리 시스템이다.

**Oracle RDBMS 오라클 관계형 데이터베이스 관리 시스템** 오라클은 IBM을 제외하면 가장 큰 RDBMS 판매업체이며, 실제적으로 모든 하드웨어 플랫폼과 모든 운영 체제에서 이용 가능하다. 오라클은 관계 데이터베이스 관리체계 그 자체만이 아니라 CASE 도구 집합을 포함하는 완전한 통합 소프트웨어 도구를 제공한다.

**ORB(Object Request Broker) 객체 요구 매개자** 분산 객체 환경에서, 객체 간의 통신을 매개하는 기능. 객체 관리 그룹(OMG)에서 공통 객체 요구매개자 구조(CORBA)의 일환으로 표준화하고 있다. 분산 객체 환경에서는 서비스를 요구하는 클라이언트와 서비스를 제공하는 객체 구현이 객체 요구 매개자(ORB)를 매개로 하여 요구와 서비스 결과의 반환값을 주고받으면서 처리를 진행한다.

**Orbit 궤도(軌道)** 위성의 경로, 원격탐사에 사용되는 궤도의 형태는 예로 극궤도, 지구 정지 궤도가 있다.

**Orbital Elements 궤도요소** 천체의 궤도 위치, 모양, 크기를 나타내는 6가지 요소로는 타원궤도의 긴반지름, 이심률, 근일점 경도, 근일점 통과시각, 경사각, 승강점의 경도가 있다. 여기에서 타원의 크기는 그 긴반지름으로, 모양은 이심률로, 긴반지름의 방향은 근일점 경로로, 타원상의 천체의 위치는 근일점 통과시각으로, 궤도면의 위치는 기준면에 대한 경사각과 그 교선의 방향, 즉 승교점의 경로로 결정한다.

**Orbital Plane 궤도면(軌道面)** 천체의 궤도를 포함하는 평면. 행성의 경우에는 태양으로부터의 동경(動徑)과 속도벡터를, 인공위성의 경우에는 지구 무게중심으로부터의 동경과 속도벡터를 포함하는 평면을 말한다.

**Orbital Satellite 주기 궤도 위성** 일반적으로 준 회귀 궤도로 원에 가까운 태양 동기 궤도로서, 보통 고도가 500~1,000km이며, 수명은 5~10년이다. 일반적으로 10~100m의 지상해상도를 가진 감지기를 탑재하고 있다. 최근 지상 해상도가 40~70cm인 감지기를 탑재하는 고해상도 위성영상이 발사되기 시작하였다.

**Orbview 옵뷰** 미국 ORBIMAGE사가 발사한 위성으로 현재 OrbView-3가 운용되고 있다. 공간해상도가 1×1m인 전정색 영상과 4×4m인 가시광과 근적외선 영역의 4개의 다중분광대역(band)(450~520nm(blue), 520~600nm(green), 625~695nm(red), 760~900nm(near IR)를 가지고 있다. 10분 통과하는 동안 21,000 $km^2$의 영상을 취득할 수 있다.

**ORDBMS(Object Relational Data Base Management System) 객체 관계형 자료기반 관리 체계** 관계형 체계에 새로운 객체 저장 능력을 추가하고 있는 체계로서, 관계형과 객체 지향형의 장점을 고루 살린 진보된 방식의 체계이다. 이러한 개념은 전통적인 필드 데이터는 물론, 시계열 데이터, 지형 공간 데이터와 같은 복잡한 객체 데이터, 그리고 오디오, 영상, 애플릿 등 다양한 바이너리 미디어를 통합한다. 이러한 데이터 구조와 캡슐화된 방법론에 의해 멀티미디어 및 다른 복잡한 객체들을 찾거나 변형하기 위한 복잡한 분석과 데이터 처리 등을 실행할 수 있다.

**Order of Triangulation Point 삼각점 등급(차수)** 각 관측의 정밀도에 의하여 1, 2, 3, 4의 4등급으로 구분한 삼각점이다. 등급이 위의 것일수록 정밀한 측량으로 측정한 것이다.

**Ordering Instructions 주문 지침** 자료를 주문할 때 공급자가 제공하는 기관과 서비스에 대한 일반적인 지침과 조언을 말한다.

**Ordinal 순서** 관측한 크기로서 어떤 양으로 셀 수 있는 관측에 의해 순서를 바탕으로 한 범주라는 것과는 구별된다.

**Ordinal Data 순서 자료** 학년변수의 경우처럼 순위의 개념을 갖는 자료를 말한다.

**Ordinal Era 순서 연대** 시간으로 정렬되어 이름 붙여진 기간의 한 집합을 말한다.

**Ordinal Scale 순위 척도, 서열척도(序列尺度)** 측정 대상인 사물이나 현상을 분류하고 명칭을 부여할 뿐 아니라 나아가서 측정 대상의 속성이 크고 작음 또는 많고 적음 등의 정도에 따라 서열을 정하거나 순위를 매긴 척도이다. 성적 순위, 인기가요 순위, 사회경제적 지위, 교육 정도 등이 있다. 또한 도로의 경우 오름차순으로 오솔길, 비포장도로, 포장도로, 국도, 고속도로 등을 순위로 입력한다.

**Ordinal Temporal Reference System 순서 시간 기준계** 시간의 방향에 순서가 붙여진 순서 년대의 계층으로 된 시간 참조 체계이다.

**Ordinary Humidity 상습(常濕)** 상습은 45~75% 범위의 습도를 말한다(「무선설비의 적합성평가 처리방법」 제3조).

**Ordinary Kring(OK) 정규 크리깅** OK(Ordinary Kring)를 참조.

**Ordinary Temperature 상온(常溫)** 상온은 15~35℃ 범위의 온도를 말한다(「무선설비의 적합성평가 처리방법」 제3조).

**Ordinary Water Gauge 보통 양수표** 보통 수위계라고도 하며 목제 또는 금속제의 판에 눈금을 새긴 것에, 보조 말뚝을 세워 장치한 것이다. 또, 교대, 교각, 호안에 직접 눈금판을 붙이고, 또 직접 페인트로 쓴 경우도 있다.

**Ordinary Water Level(OWL) 평수위(平水位)** OWL(Ordinary Water Level)를 참조.

**Ordinate 세로 좌표, 접선 종거** 곡선접선의 접점을 원점으로 하고 접선을 횡축으로 한 직각좌표를 생각할 때, 곡선상의 점에서 접선에 내린 수선의 길이를 그 점의 접선 종거라 한다.

**Ordnance Survey(OS) 영국의 국립 지도제작 기관** OS(Ordnance Survey)를 참조.

**Ordnance Survey Transfer Format(OSTF) 오에스 자료 전송 형식, 오에스티에프** OSTF(Ordnance Survey Transfer Format)를 참조.

**Organic Horizon 유기물 층, 오(O)층** 토양단면은 일반적으로 상부에서 하부로 가면서 그 특성에 따라 5개의 주요 토양층(master horizons)인 O층, A층, E층, B층, C층(이들 전체를 'solum'이라 함)과 모암층(bedrock)인 D층 또는 R층으로 분류한다. O층은 유기물이 집적되어 있으며, 동식물 유해들의 분해 정도에 따라, 생물조직의 원형을 분별할 수 있는 O1층과 생물조직이 분해되어 있는 O2층으로 세분한다. 또는 (1) O1층(fibric) : 일부 동식물의 유해만 분해되어 있는 토양층, (2) Oe층(hemic) : 동식물의 유해가 반정도 분해되어 있는 토양층, (3) Oa층(sapric) : 대부분의 동식물 유해가 분해되어 있는 토양층으로 구분한다. 보통 O층은 동식물의 유해가 쌓여서 형성됨. 초지의 경우는 O층의 형성이 불완전하며, 경작지에서는 주로 A층과 혼재되어 나타나기도 한다. Soil Profile 참조.

**Organic Light Emitting Diodes 유기 발광 다이오드 OLED** (Organic Light Emitting Diodes)를 참조.

**Organic Soil 유기질토** 동물이나 식물의 부패물이 함유되어 있는 흙으로서, 비교적 한랭하고 습윤한 지역에서 잘 발달하며, 보통 해안 지방과 빙하 작용을 받은 지역에서 나타난다. 유기질토는 함수량이 높고 압축성이 크며, 투수성은 낮다. 흙 속의 유기물 함량이 많아지면 자연 함수비와 간극비가 커져서 2차 압밀침하량이 크며, 흙의 유기물 함유량이 2~4% 이상이 되면 공학적 성질에 좋지 않은 영향을 미친다.

**Organization 조직화** 데이터는 최고 효율성과 최소의 저장 공간을 가지도록 조직되어야 한다. 어플리케이션용으로 특정한 목적을 가지고 수집된 관련 자료의 집합을 데이터베이스라고 말한다. 공간 데이터베이스는 대부분 크기가 매우 크다. 그러므로 GIS는 효과적으로 자료를 조직화하고 저장하여야 한다.

**Organization and People 조직과 인력** GIS를 구동시키기 위해서는 조직과 인력이 필요하다. 조직과 인력은 GIS의 구성 요소 중 가장 중요한 부분이다. GIS는 전문인력기술을 요하므로 이를 전담할 수 있는 요원이 필요하다.

**Organization for Economic Co-operation and Development (OECD) 경제협력개발기구** OECD(Organization for Economic Co-operation and Development)를 참조.

**Organization of Surveying Operation 측량 작업 기관** 측량계획기관의 지시 또는 위임에 의하여 측량에 관한 작업을 실시하는 자를 말하며, 측량계획기관이 그 계획의 성과를 직접 실시하는 경우를 포함한다.

**Organization of Surveying Plan 측량 계획 기관(測量計劃機關)** 기본 측량 및 공공측량에 관한 계획을 수립하는 자를 말한다.

**Orientation 표정(標定)** ① 평판측량에서 도면상의 방향과 지면상의 방향을 일치시키는 것으로, 평판을 수평으로 하는 수평맞추기(정준)와 도상점과 지상점을 일치시키는 중심맞추기(구심) 보다 큰 오차를 유발시키므로 주의를 요한다. ② 사진 측량에서 항공사진을 촬영 당시의 기하학적 조건으로 재현하는 것으로서 내부 표정, 상호표정, 접속표정, 대지표정 등이 있다. ③ 감지기 또는 영상 획득 시의 문제로 인하여 엄밀 수직 영상을 얻을 수 없으므로, 감지기의 위치나 경사 등을 구하여 영상 획득시의 감지기와 대상물 좌표계와의 관계를 재현하는 것을 말한다.

**Orientation Element 표정 요소(標定要素)** 항공사진의 표정에 필요한 카메라의 위치와 자세를 결정짓는 요소로서, 기선의 성분과 각각의 기선 주위의 회전각($\Omega$, $\Phi$, $K$)이 있다.

**Orientation Map 표정도** Index Map를 참조.

**Orientation of Single Photography 단사진 표정** 1장의 사진만을 이용하여 해석하는 방법이다.

**Orientation of Stereo Photograph 입체사진표정, 중복사진표정** 2장 이상의 사진을 중복 촬영하여 3차원 좌표(X, Y, Z)를 얻기 위한 입체사진표정을 말한다.

**Orientation Point Survey 표정점 측량** Control Survey를 참조.

**Origin 원점, 기준점** ① 한 좌표계에서 동서 방향 거리와 남북 방향 거리가 0인 지점이다. ② 여행이 시작되는 장소. 일반적으로 대다수 소비자의 주거지가 이에 해당한다. 인구 밀집지역에 대해서는 인구조사 표준 구역이나 도시가 해당된다. 기점은 네트워크 커버리지에서는 노드로 표현되고, 점 커버리지에서는 점으로, 다각형 커버리지에서는 기호점로 표현된다. ③ 시간 좌표계에 기반이 되는 기준점을 UTC에 그레고리안 달력과 시간상의 날짜로 표현되는 위치를 말한다.

**Origin-Destination Matrix 출발지-종점 통행비용 행렬** n개의 출발점에서 m개의 도착점까지의 통행비용(거리 혹은 시간으로 측정됨)을 행렬로 정리한 것이다.

**Origin Object Type 객체 원점 유형** 픽셀 1,1의 위치를 말한다.

**Origin of Coordinates 좌표 원점** 좌표축이 교차하는 점. 시스템의 요소를 계산하는 데 또는 그것의 사용을 명령하는 데에 원점(Zero Point)으로서 제공되는 좌표들의 시스템에서의 점을 말한다.

**Origin of Datum 원점** 전국에 걸친 광범위한 지역에, 계통적인 지도 작성 등의 측량을 목적으로 적당한 지점에 측지 측량 원점을 설치하고, 정밀한 천문 측량에 의해 경도, 위도 및 방위각을 관측하여, 경위도 원점의 값을 결정한다. 높이에 관해서는 높이에 기준이 되는 평균 해수면을 정하고, 또 적당한 지점에 수준 원점을 설치하여 정밀한 수준 측량에 의해 원점의 값을 결정한다. 이 경위도 원점의 위치와 지구 타원체를 지오이드에 연관시켜서 기준 타원체를 설정한다.

**Origin of Longitude and Latitude 경위도원점(經緯度原點)** 지구상의 여러 점들의 수평위치는 경도와 위도로 표시함을 원칙으로 한다. 이 경위도는 삼각점을 기준으로 대지측량으로 구하거나 천문측량, 위성측량에 의하여 구한다. 한 나라에 있어서 이들 점들의 기준이 되는 점이다. Korean Standard Datum of Geographical Coordinates, Standard Datum of Geographical Coordinates를 참조.

**Original Bench Mark(OBM) 수준 원점(水準原点)** OBM(Original Bench Mark)을 참조.

**Original Compilation Sheet 편집 원도(編輯原圖)** 신규 지도를 제작하거나 지도의 내용을 수정하기 위하여 기존 지도, 최신 항공사진, 새로운 지형정보 및 기타 지도제작에 이용되는 각종 지형지물을 발췌하여 지도상에 표기되는 지물을 색판별로 작성한 원도를 말한다.

**Original Design Manufacturing(ODM) 제조업자 설계생산** ODM(Original Design Manufacturing)를 참조.

**Original Drawing 원도 작성** ① 트레이싱도 등과 같이 복사, 묘사를 하기 위한 기초도면. ② 정위치 편집 또는 도면제작 편집된 성과를 자동제도장치에 의하여 도면으로 출력하는 작업을 말한다.

**Original Equipment Manufacturer(OEM) 주문자 생산 방식** OEM(Original Equipment Manufacturer)를 참조.

**Original Equipment Manufacturer Library(OEM Library) 오이엠 라이브러리** OEM Library(Original Equipment Manufacturer Library)를 참조.

**Original Longitude and Latitude 경위도 원점** Origin of Longitude and Latitude를 참조.

**Original Plan 최초 계획** 초기에 합의된 수행 일정 및 작업 단위들로서 이것은 현재의 기준 계획과 다를 수도 있다.

**Originator 작성자** 데이터들을 개발한 개인이나 기관명으로 Editor인 경우는 'ed' compiler인 경우는 'comp'를 붙인다.

**Ortho Image 정사 영상** 감지기의 비정사적 기하을 갖고 있어 생기는 높이차나 기울어짐 등 지형으로 생긴 기하학적인 왜곡을 보정하여 지리 좌표계, 즉 정사 좌표계로 변환하는 것을 말한다. 항공사진의 경우 정사사진이라고 불린다.

**Orthometric Height 정표고** Height를 참조.

**Orthophotograph 정사영상** 항공사진 또는 인공위성 등의 영상정보 등에 대하여 높이차나 기울어짐 등 지형 기복에 의한 기하학적 왜곡을 보정하고 모든 물체를 수직으로 내려다보았을 때의 모습으로 변환한 영상으로 일정한 규격으로 집성하여 좌표 및 주기 등을 기입한 영상지도를 말한다. 수치 정사 영상 표준 형식은 GeoTIFF(Geographic Tagged-Image File Format) 및 ASCII 헤더파일인 TFW(TIFF World File)를 포함한 TIFF(Tagged-Image File Format)와 JPEG2000(Joint Photographic Expert Group file 2000)이다. 정사보정을 위해서는 위성영상 획득 시 위성정보가 기록된 헤더파일(header file)과 정확한 수치표고자료가 필요하며, 영상의 기하학적 왜곡 정도에 따라 다항방정식의 차수를 결정한다. 변환식에 의해 수치 정사 영상의 위치는 화소 중심에 정확히 일치하지 않으므로, 변환된 좌표에 맞추어 원래의 영상데이터를 주변 화소의 밝기값을 이용하여 재배열하여야 한다.

**Ortho Projection 정사 투영(正射投影)** 수치 지형 모델을 사용하여 수치영상 처리 방법에 의해 항공사진을 정사 투영으로 보정하는 작업을 말한다.

**Orthocorreotion 정사 보정** 비교적 넓은 범위를 대상으로 하는 위성영상의 경우 영상의 중심부분에서 외곽으로 갈수록 지구 곡률로 인해 왜곡되어 투영되게 되며 이런 현상을 중심 투영이라 한다. 그러나 우리가 실제 사용하는 모든 지도는 정사 투영된 형태이다. 따라서 중심 투영된 위성영상을 정사 투영으로 변환해 주어야 하며 이 과정을 정사 보정이라 한다. Orthorectification를 참조.

**Orthodrome 대권** 지구상의 두 점을 잇는 최단 경로로서 심사도법에서 직선으로 표현된다. Great Circle를 참조.

**Orthogonal Projection 직각 투영, 등각 투영, 정사 투영** 투영 전의 형태와 투영 후의 형태가 완전한 상사형을 이루는 투영법이다.

**Orthophotograph 정사 영상** 기하학적 왜곡과 경사왜곡이 제거된 연직 영상 및 사진의 한 종류를 말한다.

**Orthographic 정사** 대상 모두가 평면에 무한한 투영점으로 기하학적 투영을 하는 법을 말한다.

**Orthographic Projection 정사 투영(正射投影), 정사 도법(正射圖法)** 정사 투영은 제2차 세계대전중 항공기의 급속한 발달과 더불어 발달하였으며, 우주에서 지구를 바라보는 것과 같은 효과를 나타낸다. 좁은 지역에서는 형상인 실제와 같게 나타나 정형의 특징을 갖는다.

**Orthographic Rectification 정사 편위 수정(正射偏位修正)** 정사 사진을 만들기 위하여 비고에 의한 왜곡을 보정하면서 행하는 편위 수정법의 총칭. 등고선대법, 퍼센트법, 미분 편위 수정법 등이 있다.

**Orthoimagery 정사 영상** Ortho Image를 참조.

**Orthometric Height 정표고(正標高)** ① 평균해수면(MSL) 고도로 나타내는 지오이드를 기준으로 한 특정 지점의 높이를 말한다(「항공정보 및 항공지도 등에 관한 업무기준」 제2조). 지표면의 한 점에서 중력 방향을 따라 관측한 지오이드까지의 거리를 말한다(「공항안전운영기준」 제3조). ② 우리가 흔히 해발고도 또는 표고라고 표현하는 정표고(Orthometric height)는 평균해수면으로부터의 높이를 의미한다. 평균해수면에 가장 가까운 가상의 기준면으로 지오이드를 정의하므로 지오이드로부터의 연직거리가 표고가 된다. 표고를 결정하는 가장 일반적인 방법은 '직접 수준측량'이다. N ≒ h − H로 표현되며, 여기서, N은 지오이드고, h는 타원체고, H는 (정)표고이다.

**Orthometric Height Elevation 정표고 높이** 지오이드에서 그 점까지의 연직 거리(H), 평균해수면상에서의 연직 거리와 혼돈되나 다른 개념이다.

**Orthomorphic Projection 등각 투영** 지구 타원체의 경위선 교차각도와 지도상에 나타난 교차 각도가 유지되도록 하는 정각 도법이며, 면적보다는 형태와 형상을 강조하는 방식이다. 지표면의 형상이 그대로 지도상에 나타나며 항해에 유용하게 쓰이는 투영법이다. Conformal Projection를 참조.

**Orthophoto 정사 사진** 중심 투영인 항공사진 또는 인공위성의 영상을 지도와 같은 정사 투영법으로 제작한 사진을 말한다.

**Orthophoto Chips 정사 사진 조각** 수치 정사 사진은 여러 개의 영상으로 이루어진 모자이크일 경우가 많다. 이러한 개개의 영상을 'chip'이라고 한다.

**Orthophotograph 정사사진(正射寫眞)** 중심투영으로 인해서 높이에 따라 생긴 연직 사진상의 왜곡을 보정하여 인쇄한 사진을 말한다. Digital Orthophoto를 참조.

**Orthophotographic Map 정사 사진 지도** Orthophoto Map을 참조.

**Ortho-Photography 정사 사진술** 주로 비평면 대상물의 사진을 면적 단위로 미분 편위 수정하는 방법과 수단을 말한다.

**Orthophotomap 정사 사진 지도** 정사 사진을 가지고 만든 사진 지도로서, 지도 제작에는 기계적 방법과 해석적 방법이 있다. 기계적 방법은 정밀 입체 도화기와 연동시킨 정사 투영기에 의하여 사진기의 경사 대상물의 비고에 대한 변위를 수정하고 등고선을 포함하는 사진 지도이며, 해석적 방법은 사진을 독취기에 의해 변환시킨 수치 영상과 수치 표고 모형을 이용하여 제작된 사진 지도이다. Orthophtomosaic를 참조.

**Orthophotomosaic 정사 사진 모자익** 단일 축척 모자이크로 형성되어 있는 정사 사진들의 집합체를 말한다. Orthophotomap를 참조.

**Orthophotoquad 사변형 보정 사진** 정사 사진들에 의해 만들어진 사진 지도를 말한다.

**Orthophotoscope 정사 투영기** 항공 사진을 편위 수정한 후, 부분적으로 표고를 조정하면서 높이에 의한 왜곡을 보정하여 정사 사진 지도를 만드는 기계를 말한다.

**Orthorectification 정사 보정** 위성영상은 촬영 당시 감지기의 자세와 지형 기복에 의해 발생한 대상체의 변위가 포함되어 있으므로, 지형, 지물의 상호 위치가 왜곡되어 있다. 따라서 위성영상을 영상 지도로 활용하기 위해서는 이러한 기복 변위를 제거하여 모든 지형, 지물의 상호 위치를 수정하는 것을 말한다. Orthocorrection를 참조.

**Orthoscopic Vision 정 입체시** 대상물의 기복이 그대로 보이는 입체시, 중복 촬영된 사진을 명시거리(약 25cm)에서 왼쪽 눈으로 왼쪽 사진을, 오른쪽 눈으로 오른쪽 사진을 보면 좌우가 하나의 상으로 융합되어 입체시가 된다.

**Orthostereo 정입체** [영상] 정상적인 안간(眼間, 6.5mm) 거리만큼 촬영된 입체 이미지를 말한다.

**Orthostereoscopy 정 입체시** 원근의 방향이 자연적인 것과 꼭 같은 입체시를 말한다.

**OS(Operating System) 운영 체계** 컴퓨터와 사용자 간에 의사소통을 하기 위해 설계된 컴퓨터 소프트웨어 프로그램과 유틸리티의 모음으로서, 기억 용량의 할당, 디스크 공간, 처리를 위한 프로그램의 실행 출력과 입력을 위한 작업 등과 같은 시스템 내의 기본적인 일들을 직접적으로 조절하는 정보처리 기법을 말한다. 예를 들면, MS-DOS, UNIX, MS-OS/2, CP/M80, OS/9, TRON, MS-윈도우 리눅스, 386BSD, AIX, AOS, Amoeba, Angel, Artemis, micro-kernel, Brazil, COS, CTSS, Chorus, DACNOS, DOSEXEC2, GCOS, GEORGE3, GEOS, ITS, KAOS, MPV, MVS, Mach, 매킨토시 운영체계, Minix, Multics, Multipop-68, Novell Netware, Pick, Plan9, QNX, RISCOS, STING, System V, System/360, TOPS-10, TOP-20, TRUSIX, TWENEX, TYMCOM-X, Thoth, VM/CMS, VMS, VRTS, VSTa, VxWorks, WALTS, 윈도우 95, 윈도우 NT 등이다.

**OS(Ordnance Survey) 영국의 국립 지도제작 기관** 1791년에 설립되어 200년 이상의 역사를 가지고 있으며, 세계에서도 가장 정교한 지도를 만들어 왔다. 영국 국가 지도국(Great Britain's National Mapping Agency)으로서 공식적인 지형도 제작에 참여하고, 국가 지형도 데이터베이스(National Topographic DB)를 관리하고, 국가 지형도 데이터베이스에 대한 유지, 보수 실시와 EU가 연합한 한 가지 좌표계로의 통합 실시 중이다. 본사 및 지역 사무소에 약 2,000명의 직원을 보유하고 있으며, 지도 및 데이터 판매 사업, 컨설팅 등, 기타 용역사업을 통해 재정 자립도 80%를 달성하여, 20%만 정부 예산으로 운영되고 있다.

**OS/2(Operating System2) 오에스 투, 운영체계2** IBM사가 생산한 마이크로 컴퓨터 운영 체계를 말한다.

**Oscillator 발진기** 전자관 혹은 반도체 등을 이용하여 전기적 진동을 발생시키는 장치를 말한다.

**Oscilloscope 오실로스코프** 전압의 변화를 그래프로 보여주는 장치. 모니터 화면에 파동형 혹은 점선 그래프의 모습으로 나타난다.

**OSD(On Screen Display) 비행정보 확인장치** [드론] 드론의 배터리 전압(잔량)이나 비행시간, 기체의 기울기(자세), 방위, 출발위치의 방향과 거리, 고도, 속도 등의 정보를 화면에 표시해 준다. 기체에 장착되며, 카메라와 영상 송신기 사이에서 가속도 센서나 지자계 센서, GPS 등을 통해 들어온 정보를 카메라의 영상에 섞어 영상송신기에 보내는 역할을 한다.

**OSE(Open System Environment) 개방형 시스템 환경** ① 이용자 측면에서 추가된 응용시스템, 자료, 사람의 상호 운용성과 이식성을 위한 인터페이스나 서비스를 말한다. (비고) 이 집합은 정보기술의 규격과 프로파일에 의해서 결정된다. ② 사용자 서비스와 표준 사양을 제공하는 IEEE와 POSIX 표준을 지원하기 위해 개발된 기준 모델을 말한다.

**OSF(Open System Foundation) 개방 시스템 재단** OSF는 소프트웨어 기술을 육성하고, 제휴하고, 때로는 개발하는 것을 목적으로 미국의 IBM, HP, DEC, 독일의 Siemens 등 7개사가 1988년에 설립하여 지리 정보 관리, 분석, 시각화를 위한 개방형 체계의 토론과 증진을 위한 포럼을 제공하는 비영리 단체이다. OSF는 OGC를 설립했고, OGIS(Open Geodata Interoperability Specification)의 발의에 책임이 있다.

**OSGeo(Open Source Geospatial Foundation) 개방 소스 지리 공간 재단** 2006년 2월 4일 미국 시카고에서 창설되었으며, 지리공간(Geospatial) 기술과 데이터의 공개 협업 개발을 지원하고 알리기 위한 비영리, 비정부 단체이다. 지리공간 분야의 자유 소프트웨어와 개방 소스 개발을 폭넓게 재정적, 조직적, 법적으로 지원하기 위해 설립되었다. 또한 그 구성원들이 코드, 자금, 지식재산과 같은 자원을 기부하여 공공 이익을 위해 유지·관리되고 사용되도록 할 수 있는 독립 법인이다. 개방 소스 지리공간 재단의 운영 방식은 아파치 재단의 운영 방식들로부터 영향 받아, 재단 소속 프로젝트와 운영에 실질적인 기여를 하고 있는 개인들이 그 기여도에 의해 주요 구성원으로 선택되는 방식이다. 재단의 목표는 소프트웨어 개발의 범위를 뛰어넘어 국가별 정부가 생산하는 지리공간 데이터에 좀 더 공개적인 접근이 가능하도록 장려하는 데에도 있다.

**OSI(Open System Interconnection) 개방형 체계 간 상호접속** 개방형 체계에서 기종이 다른 컴퓨터 사이의 통신을 가능하게 하기 위해 정해진 통신망의 국제 표준을 말한다. OSI는 각각의 계층이 다른 기능을 수행하는 통신망 구조의 7개의 계층 모형의 형태를 취한다. OSI는 예를 들면, PC와 UNIX 또는 UNIX와 메인프레임과 같은 2개의 유사하지 않은 시스템을 통합하고 인터페이스를 개발하기 위해 사용된다. OSI는 ISO에 의하여 지원된다.

**OSI Model(Open System Interconnect Model) 개방형 체계 상호 접속 모형** 1977년 국제 표준화 기구 ISO에 의하여 정의된 자료통신 규약의 표준 통신 규약을 7개의 계층으로 구분하고 있기 때문에, ISO 7개 층이라고 불리기도 한다. OSI 모형은 상위 통신(네트워크 통로, 에러 정정, 응용 소프트웨어 프로그램들 상의 통신)뿐만 아니라 하위 통신(물리적·전기적 인터페이스, 기본 네트웍 규약)을 기억장치의 주소에 넣는다.

**OSM(Open Street Map) 오픈스트릿맵** 오픈 소스 기반 지도 서비스. 위키(Wiki) 방식으로 수많은 사람들이 참여하여 공동으로 전자지도를 만드는 사이트이다. 사용자들의 수정 요청 건의를 토대로 건물 위치나 이름, 세부사항 등 지도 정보가 업데이트 된다.

**OSMI(Ocean Scanning Multi-Spectral Imager) 해양 관측 사진기** OSMI는 해수색 관측을 통한 생물학적 해양 지도 작성(Biological Oceanography)의 임무를 갖으며 OSMI 관측자료는 전 세계 해양 자원 및 해양 환경 관측에 활용될 수 있다. OSMI는 96km×800km의 지상 관측 면적과 1km 이하의 해상도를 가지며, 685km 고도에서 Whisk-Broom 주사 방식으로 6개 파장대역의 광 영상 정보를 수집하고 이를 전자신호로 바꾸어 탑재체 자료 전송계(PDTS; Payload Data Transmission Subsystem)를 통해 지상으로 전송한다.

**OSP(Out Side Plant) 외부 설비** 전형적인 전화회사와 같이, 고객에 대한 서비스의 공급에 공헌하는, 모든 공익사업체의 물리적인 시설 자산에 적용되는 일반적인 용어이다.

**OSP(Outside Plant) 외부 설비** OSP(Out Side Plant)를 참조.

**OSTF(Ordnance Survey Transfer Format) 오에스티에프, 오에스 자료 전송 형식** 수치 데이터 제공을 위하여 육지 측량부에 의해 사용된 영국의 데이터 전송 형식을 말한다.

**OTDOA(Observed Time Difference of Arrival) 관측 도착 차등 시간** 기지국 신호가 단말에 도착할 때까지의 지연시간을 토대로 단말의 위치를 예측하는 방식으로 이동통신 표준화 기구인 3GPP가 제정한 표준기술의 한 종류로서 기지국이 발신하는 신호를 단말기가 받을 때까지 지연시간을 계산해 거리정보를 파악하는 원리다.

**OTF(On-the-Fly) 온더플라이, 이동 중 자동초기화 방식, 오티에프** GPS 수신기가 어떤 시각에 정지되어 있을 필요 없이 움직이면서 차분반송파위상(Differential Carlier Phase)의 모호정수(ambiguity)를 분해하는 기술을 일컫는 말이다. Ambiguity resolution on the Fly(AROF)라고도 한다. 2주파 수신기의 경우에는 기지점이 없더라도 위성추적 개시 후 1분 이상 정지 상태로 기다리면 자동으로 초기화 된다. 관측도중에 초기화가 상태가 깨어지더라도 다시 정지 상태에서 기다리면 초기화되므로 도심지역이나 장애물이 많은 지역에서 실시간이동(real-time kinematic, RTK) 측량 시 효율적이다. 이동측량에서는 측량 전에 초기화가 필요한데, OTF 기법은 기존의 초기화 방법의 단점을 보완한 것으로 미지점에서 뿐만 아니라 이동 중에도 자동으로 초기화를 실시할 수 있는 기법이다. OTF 기법은 후처리와 실시간 이동측량에 모두 응용할 수 있는 것으로 초기화에 필요한 시간은 조건에 따라 0.5초에서 최대 10분 정도가 소요된다. OTF

기법도 일반적인 검색기법에 기초하고 있으며, 첫 번째 단계는 초기좌표 결정에 따른 평균 표준편차의 일정한 곱으로 형성되는 정육각면체의 검색범위를 결정하는 것이다. 따라서 초기좌표가 정확할수록 미지정수의 검색범위가 줄어들게 되며 검색시간은 더욱 더 빨라지게 된다. 초기좌표는 P 코드나 C/A 코드를 이용한 이중차 의사거리로부터 유도되며, 코드와 반송파의 선형조합도 검색범위를 줄이는데 많은 도움을 주게 된다.
두 번째 단계에서는 실수값의 미지정수에 가장 근접하는 순서대로 3개의 미지정수군에 대해 epoch 1에 대한 이동수신기의 지심거리(예비거리)를 계산한다. 세 번째 단계에서는 삼중차 기법과 예비거리를 사용해 epoch 2에서 이동수신기에 대한 지심거리차를 계산하며, 네 번째 단계는 세 번째 단계의 거리차를 이용해 미지정수를 재계산하는 것으로 3개의 미지정수로 구성된 각각의 미지정수군에 대해 재계산이 수행한다. 사이클 슬립이 발생하지 않았다면 epoch 1과 epoch 2에서의 미지정수는 같아야 하며, 이 조건을 만족하는 미지정수를 최종결과로 선택한다.

**Other Citation Details 기타 인용 정보** 참고 정보의 완성에 필요한 기타 정보를 말한다.

**Other Constraints 기타 제약** 자원을 획득하고 사용하는 다른 제한이나 법적 선결 조직을 말한다.

**Other Projection's Definition 다른 투영 정의** 다른 부분에서 다루지 않는 투영법에 대한 기술로서, 자료들에서 이용되는 투영법 명, 매개변수의 값과 이름, 지표면과 좌표 투영면 사이의 관계를 나타내는 알고리즘이 포함되어야 한다.

**OTK(On-To-Knowledge) 지식 기반** 어플리케이션 지향의 온톨로지 개발에 중점을 두고 있다. 온톨로지를 통해 지식을 관리할 수 있는 방법과 도구를 개발하는 전체적인 시스템이다.

**Out Base 외측 기선** 자이스 평행사변형 기구를 갖는 도화기에서 기선을 좌우 투사기의 영규정의 위치에서 외측에 잡고 좌우 사진기의 배열을 촬영 시와 반대상태에 장치한 경우의 기선을 말한다.

**Outcrop 노두(路頭)** 지표면에 노출된 암석 또는 암반의 일부분을 말한다. 우리가 관찰할 수 있는 지표면은 대부분 토양으로 덮여 있기 때문에 지각을 이루는 암석을 직접 관찰하기가 쉽지 않다. 그런데 지표의 일부 지역은 기반암이 흙 또는 식물들로 덮여 있지 않고 지표 위로 드러나 있는데, 바로 이 부분을 노두라고 한다. 노두는 절벽이나 계곡, 강가 등지를 따라 잘 나타나며 도로변의 절개지, 채석장 등에서도 찾을 수 있다.

**Out Side Plant(OSP) 외부 설비** OSP(Out Side Plant)를 참조.

**Outer 외부** 이탈물. 통계 분석에 의해 분류된 관측값을 말한다.

**Outer G-Ring 외부 경계** G-Polygon의 외부 경계를 말한다.

**Outer Map Quadrangles 외도곽** 지도의 내도곽과 외도곽을 합하여 도곽이라고 한다. 내도곽은 도엽의 구획선으로서 우리나라 국토기본도인 경우, 횡메르카토르도법에 의한 경위선으로 결정된다. 외도곽은 내도곽의 외곽에 10mm 간격으로 내도곽과 평행으로 그어놓은 선을 말한다.

**Outer Orientation 외부 표정(外部標定)** 촬영광속의 공간에서의 위치를 정하는 조작으로, 촬영점의 3개의 공간 좌표와 3개의 촬영방향 요소를 정하는 것을 말한다. Exterior Orientation을 참조.

**Outlet 아울렛** 전기 콘센트에 해당되는 개념이다. 허브를 사용한 시스템에서는 클라이언트의 접속을 위해 정보 콘센트라고도 부르는 아울렛이 설치되어 있다.

**Outline Font 윤곽선 글꼴** 영상면 또는 인쇄기 등과 같은 출력 장치에 문자를 출력하는 방식의 한 가지. 문자의 외곽선에 대한 정보를 사용하여 출력 장치에 문자를 표시한다.

**Outline Map 백지도** 각종 정보를 기입하기 위한 작업용 기본도를 말한다. 표시하고 있는 내용이 적고 또 기입용이기 때문에 각각의 이름이 설정되어 있다.

**Output 출력** 전시, 출력, 보고서 작성들을 목적으로 제작된 것으로, GIS에서는 보통 영상면에 표시하거나 지도 그리고 보고서 또는 수치 자료 파일 등을 말한다. 수치 자료는 테이프, 디스크, 네트워크, 다른 GIS에서 입력된 자료로부터 직접 출력이 이루어질 수도 있다. 이러한 이유 때문에 GIS를 이용한 수치자료 산출이 더 많이 생산되고 있다.

**Output Devices 출력 장치** 출력 장치는 논리 연산, 제어, 기억장치로부터 처리 결과를 사용자가 원하는 형태로 변환하여 출력할 때 사용되는 장치로, 칼라 디스플레이 · 프린터 · 칼라 플로터 · 필름 레코드 등이 있다.

**Output Products 산출물** Output를 참조.

**Output Scale 출력 축척** 지도의 하아드 카피가 생산되어질 때의 축척을 말한다.

**Output Table 성과표** 기준점에 대한 성과표로 삼각점의 등급, 번호, 명칭, 소재지 약도, 경위도 성과, UTM 성과, 직각좌표, 진북 방향각, 표고, 거리의 대수 등이 명시되어 있다.

**Outside Plant(OSP) 외부 설비** OSP(Outside Plant)를 참조.

**Outsourcing 아웃소싱** 자신이 수행하는 다양한 활동 중 전략적으로 중요하면서도 가장 잘 수행할 수 있는 분야나 핵심 역량에 모든 자원을 집중시키고, 나머지 활동들의 기획에서부터 운영까지 일체를 해당분야의 전문기업에게 외주 개발함으로써 기업의 경쟁력을 높이는 전략이라 할 수 있다. 즉, 네트워크를 통해 자사의 핵심 역량을 공급 업체의 핵심역량과 상호 연계시켜 기업 전체의 시너지 효과를 극대화하는 것이다.

**Over Bridge 육교** Prdestrian Bridge를 참조.

**Over Correction 과잉 수정(過剩修正)** 입체 사진의 상호 표정에 있어 오메가($\omega$)로써 종(Y)시차를 없앨 때에 여분으로 더하는 수정을 말한다.

**Over Edge 잉여폭** 정의된 주관심 영역의 범위를 넘어서 확장한 데이터를 참조한 것. 이것은 영상 데이터일 수도 있고, 일정한 레코드 길이를 얻기 위해 '정사각'영상에 필요한 데이터를 채운 것일 수도 있다.

**Over The Ground 부점상위** 부점이 땅위로 떠 보일 때를 말하는 것으로 편위에 의한 영향이므로 관측 시에는 쓸 수 없으며 반드시 부점정위 상태 하에서 관측을 실시해야 한다.

**Over the Top 오버 더 톱** 셋톱박스 같은 전용 단말기를 통해 TV로 인터넷 동영상을 제공하는 서비스를 말한다.

**Over-consolidated Clay 과압밀 점토** 점토가 현재 받고 있는 유효연직압력보다 과거에 받았던 선행압밀압력이 큰 점토이다. 전단응력이 최대응력에 도달한 후 급격히 감소하는데 이는 파괴면내의 다일러턴시(dilatancy, 체적팽창 현상)와 점토입자의 수평배열 때문이다. 과압밀비(overconsolidated ratio, OCR)는 흙이 현재 받고 있는 유효연직압력에 대한 선행압밀압력의 비를 말한다.

**Overcorrection Factor 과잉 수정 계수** 과잉 수정량과 잔여 시차와의 비를 말한다.

**Overdetermined 초과 선정** 네트워크 좌표를 계산하는 데 필요한 관측값보다 더 많은 관측값으로 이루어진 네트워크를 말한다.

**Overdetermined Solution 초과 선정 해법** 위치 계산을 위한 최소 위성수보다 많은 위성의 추적 정보로 계산된 위치에 GPS 수신기는 더욱 정확한 위치를 계산하기 위해 부가적인 정보를 사용한다. 따라서 3차원 위치를 위해 필요한 4개의 위성 대신 5개의 위성을 사용한다.

**Overfalls 단조** 해류가 반대 방향의 다른 해류나 바람을 만났을 때 또는 수중 장애물에 부딪쳤을 때 생기는 파장이 짧은 부서지는 파도를 말한다.

**Overflow 월류(越流), 오버플로** ① 저수지, 댐, 웨어 또는 수문의 마루를 넘어서 흐르는 흐름. 일류(溢流)라고도 한다. ② 컴퓨터에서 2개의 연산자를 사용하여 덧셈 또는 곱셈 등과 같은 산술 계산을 수행한 경우에 결과로 생성된 값이 기억할 수 있는 최대 자릿수보다 더 큰 값을 기억시키고자 할 때의 자리 넘침 현상을 말한다.

**Overhead Line 가공선(架空線)** 전력의 배전용 또는 송전용으로 사용하는 전선로, 지중케이블을 매설한 지중선식에 대하여 그 구조가 가공식인 것, 즉 전주 또는 철탑에 전선로를 가설한 것을 말한다. 가공선로 또는 가공전선로라고도 한다. Aerial Cableway 참조.

**Overhead Wire 가공선** Overhead Line을 참조.

**Overlap 중복도** 사진측량에서 사진을 중복 촬영하는 것을 말하며, 종중복(Over Lap)은 촬영 진행 방향에 따라 사진을 중복시키는 것으로서 일반적으로 종중복은 60%를 중복시키고 최소한 50% 이상은 중복시켜야 한다. 횡중복(Side Lap)은 촬영 진행 방향에 직각을 중복시키는 것을 말하며 일반적으로 횡중복은 30%를 중복시키고 최소한 5% 이상은 중복시켜야 한다.

**Overlay 중첩** 가장 많이 쓰는 공간 분석 방법으로 도형과 속성자료가 각기 구축된 레이어를 동일 좌표계를 이용하여 중첩시켜 새로운 형태의 도형과 속성 레이어를 생성하는 기능으로 3종류가 있다(다각형 안에 점의 중첩, 다각형 위의 선의 중첩, 다각형과 다각형의 중첩). 새로운 자료나 커버리지를 만들어내기 위해 2개 이상의 GIS 커버리지를 결합하거나 중첩(공통된 좌표 체계에 의해 데이터베이스에 등록)한 것. 두 지도를 겹쳐 통합적인 정보를 갖는 지도를 생성하는 것. 예를 들면, 식생·토양·경사도 레이어를 중첩하여 침식 예상 구역도 등을 만들어낼 수 있다. Topological Overlay를 참조.

**Overlay Analysis 중첩 분석** 새로운 공간적 경계들을 구성하는 지도를 형성하기 위해서 2개나 그 이상의 지도에서 공간적 정보를 통합하는 진행 과정. 최적 분석과 위험 평가, 가능성 평가 계산을 위하여 합체된 점·선·다각형의 위상 구조를 재구축하고 합체된 속성에 대한 조직을 포함하는 두 레이어 이상을 중첩시키는 것을 말한다. 예를 들어, 토양 비옥도 상에 토지 이용도를 중첩시키면, 척박한 토양에 있는 경작지를 분리해낼 수 있다.

**Overlay Operation 중첩 기능** GIS 소프트웨어는 논리적이고 수학적인 중첩 기능을 갖는다. 수학적 중첩은 레이어에 존재하는 수치값에 다른 레이어의 상응하는 지역의 값을 더하거나 빼거나, 나누거나 곱하기 등과 같은 수치 연산을 통하여 새로운 수치값을 얻는 것을 말한다.

**Overlay Weighting 중첩 가중** 각 분할된 주제도에 동일하지 않은 중요성을 할당하는 지도 중첩 시스템을 말한다.

**Overload Vehicle Enforcement Service(LVES) 과적 차량 단속 서비스** LVES(Overload Vehicle Enforcement Service)를 참조.

**Overprinting 중복 인쇄** 인쇄기에서 문자를 출력하기 위하여 같은 위치에 2번 이상 반복해서 점을 찍는 방법. 문자 출력을 하기 위해 사용되는 픽셀의 개수를 증가시켜서 문자의 품질을 좋게 하거나, 같은 자리를 진하게 찍어서 강조 문자를 표현하기 위하여 이러한 방법을 사용한다.

**Overrun Stopway 비상 활주로** 이륙이 금지되었을 때 비행기가 이륙할 수 있도록 만든 지역을 말한다.

**Oversheet 투과지** 지도의 추가적인 정보를 기록하는 투과 용지를 말한다.

**Overshoot 기준선 초과 오류, 지나침** 다른 아크(도곽선)와의 교점을 지나서 디지타이징된 아크의 한 부분을 말한다. Dangling Arc를 참조.

**Overture 오버추어** 캘리포니아 주 파사데나에 위치한 세계 최대의 검색 광고 대행업체로, 15만 개 이상의 업체를 고객으로 두고 있다. 이용자가 광고주의 의도에 따라 광고를 클릭했을 때에만 요금을 차감하는 방식을 사용한다.

**Over-Under 상하배치** 3D 포토쌍을 표시하기 위한 장비 배치 방법 중의 하나. 렌즈 대신 프리즘을 사용하는 입체경 2대를 상하 배치해 대형 사진을 감상한다. 필름 영사 시스템에서 하나의 필름을 이용, 왼쪽 눈 이미지 위에 오른쪽 눈 이미지를 배치하는 것을 가리키기도 한다.

**Overview 오버뷰** 하나의 영상을 여러 개의 단계별 축소 영상으로 만들어 모니터상에 빠르게 디스플레이시키는 기능을 말한다.

**Overview Description 개요 및 특징** 자료들에 포함된 정보 내용에 대한 요약과 상세한 참조를 말한다.

**OVP(Online Video Platforms) 온라인 동영상 플랫폼** 보통 모바일 회사가 공급하며 주로 동영상 콘텐츠를 배포하고자 하는 이들이 이용한다.

**OWL(Ontology Web Language) 웹 온톨로지 언어(-言語)** 웹상에서 첨단의 웹 검색, 소프트웨어 에이전트 및 지식 관리 기능을 제공하는 온톨로지를 발간 및 공유하기 위한 시멘틱 웹 생성 언어. 자원 기술 프레임워크(RDF)의 확장 언어로 개발된 것으로 DAML+OIL 언어로부터 시작되었다. 웹 온톨로지 언어(OWL)는 웹 온톨로지와 그에 관련된 지식을 정의하는 언어로 추론 시스템에 축적된 명제들을 정의하며, 클래스 및 그 구성원 간의 관계를 기술하고, 구문적으로 정의되지 않은 사실의 논리적 유추를 가능하게 하는 클래스 및 속성과 이에 적용할 수 있는 제약 사항의 집합으로 되어 있다. → 웹 온톨로지.

**OWL(Ordinary Water Level) 평수위(平水位)** 하천의 수위 중에서 어떤 기간에 관측한 수위 중 이것보다 높은 수위와 낮은 수위의 관측 횟수가 같은 수위를 평수위라 한다.

**Oxygen Deficiency 산소 결핍증** 산소농도 18% 미만의 환경에서 작업을 했을 때에 인체에 발생하는 증상으로서, 산소가 16%가 되면 불이 꺼지고, 인간은 10%에서 의식불명, 6~8%로 되면 6분 동안에 50%가 사망하고 8분 사이에 전원이 사망하게 된다.

**Oxygen Demand 산소 요구량** 수중 유기물이 산화될 때 필요한 산소의 양으로서, 수중 유기물 농도의 지표로서 이용된다. 측정방법에 따라 BOD(생물화학적 산소요구량), COD(화학적 산소요구량), TOD(총산소요구량) 등의 표시법이 있다.

**Oxygen Saturation 산소 포화량** 대기 중으로부터 물속으로 분산, 흡수되는 산소는 기체의 분압에 의해 일정 수준까지만 녹게 되는데, 이때 물속에 녹을 수 있는 최대용존산소량을 말하며, 그 농도는 수온과 수중에 존재하는 물질의 농도에 따라 달라진다.

**P2P(Peer to Peer) 동등 계층 통신** 인터넷에서 개인과 개인이 직접 연결되어 파일을 공유하는 것을 말한다.

**P2P(Person-to-Person) 피투피, 동배간** 이동 통신망 또는 인터넷을 사용한 개인과 개인 사이의 통신을 말한다.

**PA(Prohibited Area) 비행금지구역** [항공] 안전 · 국방 및 그 밖의 이유로 항공기의 비행을 금지하는 육지 또는 영해 상공에 설정된 일정범위의 공역을 말한다(「항공정보 및 항공지도 등에 관한 업무기준」 제2조 및 「항공교통업무기준」 제5조). Airspace(공역) 참조.

**PA(Pressure Altitude) 압력고도(壓力高度)** [항공] 고도계 수정치를 29.92"Hg에 맞춘 상태에서 고도계가 지시하는 고도를 말한다. 지구를 둘러싸고 있는 대기는 그 자체의 무게로 하향 압력을 받는다. 고도계는 대기의 하향압력차를 이용하여 고도를 측정하는 계기이다. 압력 고도계의 구성은 계기 내부에 일련의 아네로이드(aneroid wafer)의 엷은 격실이 있으며, 정압공을 통해 전달된 대기압에 따라 수축 및 팽창량을 계기상에 지시한다.

**PaaS(Platform as a Service) 서비스로서의 플랫폼** 기업이 각각의 업무에 필요한 응용 소프트웨어를 개발하거나 운용할 환경(플랫폼)을 클라우드에서 제공해 주는 서비스이다. 컴파일 언어 · 웹 프로그램 · 제작 툴 · 인터페이스 · 과금 모듈 · 사용자 관리 모듈 등 사용자가 SW를 개발할 수 있는 토대를 제공해 주는 서비스 모델. 최종 솔루션 공급이 아닌 하부 기능들과 툴을 제공함으로써 이를 가공하여 원하는 서비스를 직접 사용하거나 상품 형태로 제 3자에게 재판매하기 때문에 주로 B2C보다는 B2B 용도로 사용된다.

**Pacing 보측(步測)** 보행의 보수로써 거리를 측정하는 방법이며, 개략 측량할 때 시행한다.

**Package 패키지** 요소들을 그룹으로 조직화하기 위한 일반적인 메커니즘. 패키지는 다른 패키지에 속할 수 있으며, 모델 요소와 다이어그램은 패키지로 나타날 수도 있다.

**Package Software 패키지 소프트웨어** 이용도가 높은 프로그램이나 업종 · 업무에 적합한 프로그램들을 묶어서 상품으로 제공하고 있는 소프트웨어로 각자의 컴퓨터나 기업의 서버에 설치된다.

**Packet 패킷** 데이터 전송에서 송신측과 수신측에 의하여 하나의 단위로 취급되어 전송되는 데이터의 묶음을 말한다.

**Packet Data Serving Node(PDSN) 패킷 데이터** PDSN(Packet Data Serving Node)를 참조.

**Page Coordinates 페이지 좌표** 지도요소를 지구가 보여주는 토지의 형태보다는 지도의 독특한 형태 안에 놓는 좌표 기준값의 집합으로서, 종종 페이지 좌표는 A4와 같은 표준 크기의 종이의 왼쪽 아래 모서리로부터의 인치 또는 밀리미터이다. Page Unit를 참조.

**Page Extent 페이지 범위** 표시될 그래픽 페이지의 사각형 부분을 정의한다.

**Page Unit 페이지 단위** Page Coordinates를 참조.

**Page View 페이지뷰** 하나의 HTML 문서를 불러오는 요청. 서버로부터 성공적으로 보내진 특정 페이지가 보여진 회수를 말하며, 광고의 효과측정 및 단가측정의 기준이 되기도 한다.

**PageRank 페이지 랭크** 구글의 순위 알고리즘에 따라 구글 검색 결과에 나타나는 웹페이지의 중요도. 순위를 매기는 상세한 공식은 공개되지 않았다. 하지만 페이지 제목, 해당 페이지에 링크하는 다른 사이트의 키워드, 링크 숫자, 중요도 같은 요인이 포함된다.

**Paint 도색** 래스터형 표시 기기에서 하나의 면을 갖는 기호로 채우는 작업을 말한다. Cross Harching을 참조.

**Pair ID 페어 식별자** 정위치 자기테이프에서 하나의 요소 중에서 대응할 필요가 있는 부요소가 복수 개인 경우, 각각이 쌍이라고 하는 식별을 하기 위한 두 자리의 코드를 말한다.

**Pairing 페어링, 연결** [드론] 송신기(조종기)와 수신기(드론)를 무선 연결하는 과정을 일컫는다. Binding 참조.

**PAL 팔** 다각형을 구성하는 아크의 목록을 말한다.

**PAL(Phase Alternate Line) 팔 방식** [영상] Bruch of Telefunken에 의해 개발된 컬러 부호화/전송시스템으로서, PAL부호화 시스템에서 컬러정보는 전송된 컬러에 의존하면서 특정한 진폭과 군집신호와 연관된 위상관계를 가지는 부반송파에 의해 나타난다. 매번 두 번째 라인마다 PAL시스템에서 복조화 과정에 의해 신호 위상은 180도 반전되고 전송경로에 의해 재현된 위상 혹은 진폭에러는 평균화, 최소화된다. PAL은 초당 25프레임의 주사율을 가져 NTSC에 비교했을 때 프레임에서는 뒤지지만 625라인의 수직 주사선을 가져 더 많고 더 높은 대역폭을 사용하여 해상도가 높다. PAL은 위상 왜곡에 영향을 받지 않으나 흑백수상기로는 수신할 수 없다. 유럽·호주·중국·북한 등에서 이 방식을 채택해 사용하고 있다.

| 구 분 | NTCS | PAL |
|---|---|---|
| 주사선수 | 525 | 625 |
| 전송화상수 | 30매/초 | 25매/초 |
| 필드주파수 | 60Hz | 50Hz |
| 비월주사 | 2 : 1 | 2 : 1 |
| 종/횡비 | 3 : 4 | 3 : 4 |
| 영상주파수 | 4.2MHz | 5.5MHz |
| 음성주파수 | 6MHz | 7MHz |
| 주요 채택국 | 미국, 일본, 한국 등 | 영국 등 유럽국가 |

**Paleomagnetism 고지자기(古地磁氣)** 암석 내에 기록되어 있는 과거의 지구자기장을 분석하여, 맨틀(Mantle)과 핵(Core) 간의 상호작용에서부터 지각의 이동 및 변형에 이르는 지질 작용에 대한 정보들을 제공한다. 지구 내부에서 일어나고 있는 동적인 변화로 인하여 지구 표면을 덮고 있는 대륙과 해양지각은 지질시대를 통하여 끊임없이 그 상대적인 위치가 이동되어 왔다. 고지자기학은 해양지각과 대륙의 이동, 충돌, 봉합 과정과 이로 인한 대륙의 성장과 산맥 형성의 역사를 규명하고 있다. 특히 고지자기학은 베게너의 대륙이동설을 부활시켰으며 대양저확장설, 판구조론 등과 같은 지구과학의 혁명적 이론을 확립하는 데 중요한 역할을 해왔다.

암석에 기록된 잔류자화를 자연잔류자화(natural remanent magnetization, NRM)라 하며, 일반적으로 암석 생성 당시에 획득된 1차 자연잔류자화(primary NRM)와 암석 생성 이후에 획득된 2차 자연잔류자화(secondary NRM)의 벡터 합이다. 대표적인 1차 자연잔류자화는 (1) 고온으로부터 냉각되는 과정에서 획득하는 열잔류자화(thermoremanent magnetization, TRM), (2) 퇴적물이 퇴적되는 과정에서 획득하는 퇴적잔류자화(detrital or depositional remanent magnetization, DRM) 및 (3) 큐리온도 이하에서 자성광물이 생성되거나 변질되는 과정을 통하여 획득하는 화학잔류자화(chemical remanent magnetization, CRM)가 있다. 2차 자연잔류자화는 암석 생성 이후에 자성광물의 화학변화, 번개, 지구자기장에의 오랜 노출 등에 의하여 획득되며, 자연잔류자화에 기록된 2차 자화 성분을 인지하고 분리하는 것이 모든 고지자기 연구의 중요한 과정 중의 하나이다. 1차 자화는 엄밀히 암석 생성 당시에 획득된 자화를 의미하므로, 자연잔류자화로부터 2차 자화를 제거한 자화성분을 성인에 관계없이 특성잔류자화(characteristic remanent magnetization, ChRM)라고 부른다.

(1) **화성암의 자화** : 화성암의 1차 자화는 자성광물이 고온으로부터 큐리온도(Curie temperature)와 봉쇄온도(blocking temperature)를 거쳐 냉각되면서 획득한 열잔류자화이다. 열잔류자화는 큐리온도로부터 상온까지 냉각되는 동안 연속적으로 획득된다. 일정한 온도 범위에서 획득한 잔류자화를 부분 열잔류자화라 한다. 화산암은 냉각속도가 빠르므로 암석에 기록된 잔류자화가 암석 생성 당시의 지구자기장을 기록한다. 그러나 빠른 냉각속도는 광물들이 평형 상태에 도달하는 것을 방해하고, 냉각 과정에서 초생변질작용(deuteric alteration)을 일으켜 새로운 자성광물을 생성시키기도 한다.

(2) **퇴적물 및 퇴적암의 자화** : 대부분의 쇄설성 퇴적물에 함유된 자성광물은 퇴적작용이 일어나기 이전에 이미 열잔류자화나 화학잔류자화를 획득하고 있다. 그러므로 이러한 입자들에 기록된 자화의 자기적 안정성은 퇴적 과정과는 무관하고 각 입자의 성분과 크기에 관련이 있다. 자성광물 입자들은 퇴적시 작은 자석과 같은 역할을 하여 지구자기장의 방향으로 배열되면서 퇴적된다.

(3) **변성암의 자화** : 암석이 변성작용에 의하여 온도와 압력이 증가하면 기존의 환경에서 안정된 자성광물이나 암석 내에 존재하는 불안정한 자성광물의 변화가 일어난다. 암석이 지하에 매장되면 온도와 압력이 증가하고, 온도와 압력이 증가하면 어떤 광물들은 불안정한 상태가 되어 변화된 온도-압력 조건에서 안정한 새로운 광물이 생성된다. 즉, 변성작용이 일어나는 동안

광물 성분의 변화가 일어나고, 이러한 광물들은 철을 함유하고 있는 경우가 많다. 열변성 작용시 온도가 암석 내에 함유된 자성광물의 큐리온도 이상으로 증가하면, 원래 기록된 자화를 잃어버리고, 암석 냉각시의 새로운 열잔류자화를 획득한다.

(4) 고고학적 물질의 자화 : 대부분의 고고학적 물질은 자성물질을 함유하고 있으므로, 고고학적 물질은 가열된 후 냉각될 때 냉각 당시의 지구자기장 방향과 이에 비례하는 강도로 열잔류자화를 획득한다. 고고학적 물질의 자화에 대한 연구는 도자기, 벽돌 등과 같은 열에 의하여 구워진 점토물질이나 이들을 구운 장소인 가마 등을 대상으로 수행되었다. 지질학적 환경과 같이 고고학적 환경에서도 퇴적물이 퇴적되며, 이러한 퇴적물은 퇴적 당시의 지구자기장 방향으로 퇴적잔류자화를 기록하고 있다. 예를 들면, 도랑이나 함몰지역 혹은 인공적으로 만들어진 작은 연못에 퇴적된 퇴적물, 동굴 퇴적물, 고토양 등이 고고지자기학 연구에 이용되고 있다. Curie Temperature를 참조.

**Paleooceanography 고해양학** 지질시대(geologic age) 해양의 형태, 수심, 해수온도, 염분, 유속, 생물분포 등을 연구하는 학문이다.

**Palette 조색판** 그래픽을 표현할 때 특별한 색상 코드나 수치 값을 표현하기 위해서 선택된 색상 집합을 의미한다.

**Pallallax Barrier 패럴럭스 배리어** 디스플레이 패널 사이에 막대 필터를 배치해 양쪽 눈에 좌우 각각의 영상을 인식하게 하는 방식이다.

**Palmtop Computer 손바닥 컴퓨터** 팜탑이라는 용어는 손바닥 위라는 뜻을 가지고 있는데, 말 그대로 사람이 손바닥 위에 올려놓고 사용할 수 있는 컴퓨터를 가리킨다. 특히, 자체적인 처리 기능도 중요하지만 외부와의 통신이 중요한 역할을 하기 때문에, 유선과 무선통신의 기능이 특히 중요시되고 있다.

**Pan 초점 이동** 배율을 변경하지 않고 도면의 뷰를 옮기는 것. 이미지를 통과하거나 좌우상하로 이동할 때 보이는 다른 지역의 선택적인 광경을 취하는 것을 GIS의 사용자에게 허락하는 그래픽 시각화 함수를 말한다.

**Panchromatic 전정색(全整色)** 가시광선 영역의 거의 모든 파장에 민감한 필름. Pan이라고 줄여서 쓰기도 한다.

**Panchromatic Film 전정색 필름** 빨강, 초록, 파랑에 반응하는 흑백(또는 전정색) 필름. 이 필름은 가시광선(420$\mu$m~750$\mu$m) 영역의 컬러에 대해서 감지하는 필름을 의미한다.

**Panchromatic Image 전정색 영상, 흑백 영상** Panchromatic Film를 참조.

**Panchromatic Photo 전정색 사진, 흑백 사진** Panchromatic Film를 참조.

**Panchromatic Photography 전정색 사진** 사진학에서 사용되는 용어로서, 빨강을 포함하는 모든 가시광선 영역의 컬러에 대해서 감지하는 프로세싱을 의미한다.

**Paneled MapPaneling 부호 지정** 부호들(Markers)이 항공 사진상에 보일 수 있는 것과 같이 지표 형상에 부호를 지정하는 것, 그리고 지표상에 부호를 위치시키는 것을 말한다.

**Paninfra Photo 팬인플러 사진** Paninframatic를 참조.

**Paninframatic 팬인플러매틱** 팬크로(panchro) 사진과 적외선 사진의 중간에 속하며 적외선용 필름과 황색 필터를 사용한다.

**Panning 이동** 영상면에 다른 지역이 표시되도록 영상을 연속적으로 평행 이동하는 것을 말한다.

**Panoplie Effect 파노플리 효과** 소비자가 특정 제품을 소비하면서 같은 제품을 소비하는 소비자와 같은 부류라고 여기는 현상을 말한다. 파노플리는 '집합'이라는 뜻을 가지고 있으며, 상류층이 되고자 하는 신분 상승의 욕망이 소비로 나타나는 현상을 '파노플리 효과' 또는 '파노플리 집합'이라고 한다. 프랑스의 철학자이자 사회학자인 장 보드리야르가 1980년대에 명명한 개념이다. 이는 특정 집단에 소속되고 싶어 하는 욕망을 나타내며 어디서나 일어나는 현상이다. 스마트폰의 종류, 입고 있는 옷의 브랜드 등에 따라서 사람을 평가하고 트렌드를 선도한다는 이미지 때문에 파노플리 효과가 현 시대에서는 더욱 크게 나타나고 있다.

**Panopticon 팹옵티콘** 모든 것이 투명하게 비쳐지고 있는 현대의 무서운 정보 네트워크 사회를 비유하는 말이다. 옵티콘은 '모두'를 뜻하는 'Pan'과 '본다'를 뜻하는 'Opticon'의 합성어로 '다들여다본다.'라는 의미를 지니고 있다.

**Panoramic Camera 장관도 사진기** 이 사진기는 약 120°의 화각을 가진 초광각렌즈와 렌즈 앞에 장치한 프리즘의 회전 폭은 렌즈 자체의 회전으로써 비행방향에 직각 방향으로 넓은 화각을 촬영한다.

**Panoramic Vision 파노라마 시력** 맹수의 먹이인 사슴, 쥐, 영양 같은 동물이나 대다수 조류가 가진, 좌우 측면 응시 능력. 3D 시력은 아니다.

**Pan-Tilt-Zoom(PTZ) Camera 팬/틸트/줌 기능 카메라** PTZ Camera (Pan - Tilt - Zoom Camera)를 참조.

**Pantograph 판토그래프** 미리 결정한 축척에 다른 그래픽이나, 도면·지도를 복사하는 장비를 말한다.

**Paper Planning 도상 계획** 컴퓨터의 지도자료를 컬러출력기를 이용하여 종이지도 형태로 출력하는 것을 말한다.

**Paper Strip Method 4점법** Four Point Method를 참조.

**Papyrus 파피루스** Hewlett Packard 연구소에서 개발하였다. 비공간 자료는 관계형 데이터베이스에 저장하고, 공간 자료는 별도의 공간 자료 관리자에 저장한다.

**Paradigm 패러다임** 패러다임이란 단어는 철학적 개념들과 우리의 사고방식, 사물의 작동원리 그리고 모형이나 아이디어 등을 포괄하는 개념으로서, GIS가 컴퓨터의 작동이라는 측면뿐 아니라 컴퓨터가 가지는 방법론에 대한 관점에도 영향을 준다는 개념을 가장 잘 표현할 수 있기 때문이다.

**Parent & Child 부모·자식** [자료 구조] 링크로 연결되어 있는 노드 중에 위에 있는 노드를 부모노드, 아래에 있는 노드를 자식노드라 한다. Tree Structure를 참조.

**Parallactic Angle 수렴각** 사진측량에서 수렴사진을 촬영하기 위해서 사진기의 촬영방향을 서로 마주 기울인 한 쌍의 사진기가 이루는 각을 말한다.

**Parallax 시차(視差)** [영상] 하나의 물체를 오른쪽과 왼쪽 눈(또는 렌즈)로 보았을 때 방향의 차이를 말한다. 한편, 한 쌍 입체 사진을 어느 투영면의 중심을 좌표 원점으로 생각할 때, 관측 위치의 변동에 따른 좌우투영면상에서의 상좌표 간의 거리를 말한다.

**Parallax Bar 시차 측정기, 시차간** 좌우 2개의 측표의 간격을 바꿔줌으로써 시차를 측정하는 장치를 말한다. Sterometer를 참조.

**Parallax Barrier Stereoscopic Technique 시차 방벽 입체시 방식, 패럴랙스 배리어 입체시 방식** 무안경 입체 3D(Glass-free Stereoscopic 3D) 기술 중 하나로서, 디스플레이 앞에 방벽(barrier)을 두어 좌안 우안의 시차를 만들어내는 방식이다. 우선 화면에는 수직 1라인씩 좌우 영상은 교대로 배치하고, 그 전면에 영상과 같은 주기로 배리어를 설치한다. 배리어 사이로 열린 부분을 슬릿(slit)이라 부르는데, 이 부분은 영상의 수직 1라인과 같은 시야각으로 설정한다. 이것을 일정한 거리의 정면에서 보게 되면, 좌안에는 좌측 영상이 우안에는 우측 영상이 들어가게 되며 다른 눈의 영상은 차단되는 방벽의 형태가 된다. 뭔가 억지스럽지만 안경 없이 입체 3D를 구현할 수 있는 실용적인 방식이다. 배리어는 액정으로 만들 수 있기 때문에 2D, 3D 모드 변환은 배리어의 On/Off로 쉽게 변환이 가능하다. 따라서 이런 액정을 사용한 배리어 방식은 "스위처블 패럴랙스 배리어(Switchable parallax barrier)"라고도 한다. 2D와 3D의 전환이 자유롭긴 하지만 검은 배리어가 가리는 만큼 밝기가 반감되는 문제가 있다. 이런 문제 때문에 3D 모드 시에는 백라이트의 밝기를 높이고, 배리어를 디스플레이와 백라이트 사이로 위치시킨다. 또 다른 문제는 하나의 디스플레이를 좌안 우안으로 나누어 보내다 보니 체감 해상도가 줄어들게 된다. 공간 분할 방식의 고질적인 문제이다. 따라서 가로 해상도가 줄어들게 된다. 해상도 저하를 완전히 해결할 수는 없지만, 스텝 배리어를 이용하여 해상도 저하가 수평으로 몰려있는 것을 수평 및 수직으로 균등화할 수 있다. 더 나가서, 배리어 2개를 맞물리게 두고 프레임 별로 바꿔서 시분할 방식을 적용할 수도 있다. 밝기와 해상도를 개선한다고 해도 배리어를 둘 때 관찰자의 위치를 한정하고 둔다는 가장 큰 문제가 있다. 즉, 정해진 일정 위치를 벗어나면 영상이 분리되는 등 정상적으로 보이지 않는다. 항상 일정한 거리에서 정면에서만 봐야 한다는 제약 때문에 주로 모바일 장치에 쓰이는 기술로 굳혀버렸다. 이 제약을 개선하기 위해 동공추적 기법(Eye-tracking, Head-tracking)을 적용하거나, 해상도가 그만큼 줄긴 하지만 아예 시점을 여러 개로 만드는 방법도 있다. 결론적으로 시차 배리어(Parallax Barrier) 방식은 현 시점에서 안경 없이 3D를 구현하기는 가장 좋은 방식이지만 아직은 기술 향상 시점이라 단점도 많다. Lenticular Lens, Integral Image, HR3D, Holography를 참조.

**Parallax Difference 시차차(視差差)** 두 점간의 횡(X)시차의 차를 말한다.

**Parallax of Photogrammetry 사진 측량의 시차** Parallax를 참조.

**Parallel 병렬, 위선** ① 적도에 평행한 일정한 위도의 선. 위선은 극으로 갈수록 짧아지고 극에서는 점이 된다. ② 시스템 내에서 동시에 둘 이상의 동작이 일어나는 것에 관해서 사용하는 용어를 말한다. Parallel of Latitude과 Small Circle를 참조.

**Parallel Communications 병렬 통신** 여러 개의 전송선을 사용하여 한순간에 여러 개의 비트씩 동시에 자료를 전송하고 수신하는 방법, 병렬 통신에서는 한 순간에 전송되는 비트의 개수와 동일한 개수의 전송선을 가지고 있어야 한다.

**Parallel Free-Viewing 병렬식 육안 감상** 안경이나 렌즈 없이 3D 사진쌍을 감상할 수 있게 한 기법 가운데 하나. 오른쪽 눈

사진을 오른쪽, 왼쪽 눈 사진을 왼쪽에 배치한다.

**Parallel Lines 평행권** 적도와 나란한 평면과 지표면의 교선을 평행권(등위도선, 위도원, 위도선)이라 한다. 평행권은 위도가 같은 지점을 연결한 선이다.

**Parallel of Latitude 위선(緯線)** 적도에 나란한 평면과 지표면의 교선, 즉 위도가 같은 점을 이어서 만들어진 원을 말한다. Parallel Lines를 참조.

**Parallel Polarized 수평 편광** 두 입자가 얽혀다는 것은 두 입자의 어떤 특성에 상관관계가 있다는 것을 의미한다. 두 광자 A, B가 항상 서로 수직인 편광상태에 있다는 상관관계를 가지고 있으면, 광자 A가 수직편광이면 광자 B는 반드시 수평편광일 것이다.

**Parallel Processing 병렬 처리** 작업을 보다 신속히 수행하기 위해 한 컴퓨터 내에 2개 이상의 연산장치를 구성시키는 컴퓨터 체계, 병렬처리 체계(또는 병렬프로세서)를 이용하는 컴퓨터는 단일 연산 장치 체계에서 연속적인 명령을 수행하는데 반하여, 다중 프로그램이나 병렬 형태에 있는 같은 프로그램 작업을 수행한다. 예를 들면, 영상처리와 분류에서처럼 GIS에 병렬처리의 많은 응용이 있다. Edinburgh대학 지리학과의 GIS-PAL(또는 GIS 병렬구조 실험실)과 같은 이러한 응용을 계속적으로 조사하는 연구 시설이 있다.

**Parallel Processor 병렬 처리기** 병렬 처리를 위해 사용되는 하나 이상의 중앙 연산장치를 가지는 컴퓨터를 말한다.

**Parallel Receiver 병렬 수신기** 4개 혹은 그 이상의 위성들을 동시에 감시하는 수신기, Sandpiper GPS Evaluation Unit은 최대 12개의 위성까지 감시가 가능하다.

**Parallel-Averted Case Photographing 편각 수평 촬영** 양 사진기축을 기선에 대하여 어느 각도만큼 수평에서 편각으로 평행 촬영할 경우 종대 댐 지점의 지상사진 측량을 이용한 지형도를 작성할 때 사용하는 방법으로 1개소에서 수평방향의 촬영 범위를 구하기 위하여, 즉 좌우로 편각 수평 촬영하는 것에 의하여 초광각렌즈 촬영과 같은 효과를 얻도록 하는 것이다.

**Parallelepiped Classification 평행 육면체 분류** 영상 분류 기법으로서 알고 있는 자료 집합의 객체 계급에 대한 수치값의 범위를 정의하는 평행 6면체를 이용한다. 평형 6면체는 여러 파장 영역에 대한 값들로 정의되어 있는 다면체 공간을 나타낸다. 그 다음으로는 영상으로부터 영상소들이 포함되는 6면체에 따라서 분류가 이루어진다. 6면체의 외부에 속하는 영상소들은 미분류로 정의된다.

**Parallels of Latitude 위선, 평행권(平行圈), 등위도선, 위도원** Parallel Lines를 참조.

**Parallex Barrier Method 패러렉스 베리어 방식** 패러렉스 베리어(Parallex Barrier) 방식은 패러렉스 베리어로 불리는 가느다란 슬릿상의 개구부 뒤쪽에 적당한 간격을 두고 좌우 2안분의 화상을 교대로 배치하여 특정한 시점에서 이 개구부를 통해 보았을 때 정확하게 양쪽 화상을 분리해서 볼 수 있는 방식이다. 쉽게 말하자면 편광방식 같은 광학적 기술을 사용하는 것이 아니라 단순히 좌우 채널을 벽으로 막아 구분시키는 것이다.

**Parameter 매개변수, 인자, 파라미터** 특정 용도를 위해서 어느 일정한 값이 주어지는 변수로서 또 그 용도를 나타낼 수 있는 것을 말한다.

**Parameter Setting 매개변수 설정** 간격조절, 방향성 등 매개변수를 설정한다.

**Parcel 필지(筆地)** 대통령령으로 정하는 바에 따라 구획되는 토지의 등록단위를 말한다(「공간정보구축 및 관리 등에 관한 법률」 제2조 제21호).

**Parcel Based Land Information System(PBLIS) 필지 중심 토지정보 시스템** PBLIS(Parcel Based Land Information System)를 참조.

**Parcel Identification Numbers(PIN) 개인 식별번호** PIN(Parcel Identification Numbers)를 참조.

**Parcel Mapping 영역 지도화** 토지 영역들의 지도화를 말한다.

**Parcel Number 지번(地番)** 필지(Parcel)에 부여하여 지적공부에 등록한 번호를 말한다(「공간정보구축 및 관리 등에 관한 법률」 제2조 제22호).

**Parcel Number Area 지번지역(地番地域)** 지번을 부여하는 단위지역으로서 동·리 또는 이에 준하는 지역을 말하는데 행정의 편의상 구획한 행정 동·리가 아니고 법정 동·리를 뜻한다. 그리고 동·리에 준하는 지역이라 함은 외딴섬을 의미하는 것으로 토지조사사업 및 임야조사사업 당시에 1개리에 소속된 도서가 있을 경우 그 도서마다 별개의 지번부여지역으로 하여 지번을 부여하였으나, 제2차 지적법개정 이후 지번변경을 완료하여 지금은 동·리뿐이다.

**Parcel Number Change 지번 변경** 지번설정지역안의 일부 또는 전부의 지번이 순차적으로 설정되어 있지 아니하여 지번의 색인에 어려움이 있어 지번설정기준에 따라 새로이 지번을 정하는 것이다.

**Parcel of Land 일필지(一筆地)** 토지대장에 등록하는 단위의 토지. 일필지마다 경계선을 정하는 작업을 일필지 측량이라 한다.

**Parcel of Land Unit 필지** 개별적 관리 단위로서 취급되는 토지 단위를 말한다.

**Parcel Surveying 일필지 측량(一筆地測量)** 토지 등록의 기본 단위인 1필지의 소재·경계·위치·형상·면적 등을 정량적으로 파악하여 지적·지목 등을 통일적으로 기록하는 측량을 말한다.

**Parcels-Register For Forest Area 임야대장(林野臺帳)** 지적 공부의 일종으로서 토지의 소재, 지번, 지목, 면적, 소유자의 주소, 주민등록번호 성명 또는 명칭 등을 기재한 장부를 말한다.

**Parcels-Register For Site 토지대장(土地臺帳)** 국가가 만들어 국가에 비치하는 지적 공부의 일종으로, 토지의 소재, 지번, 지목, 면적, 소유자의 주소 주민등록번호, 성명 또는 명칭 등을 기재한 장부를 말한다.

**Pareto's Law 파레토 법칙** 이탈리아 사회학자, 경제학자 파레토(Vilfredo Federico Damaso Pareto, 1848~1923)에 의해 발표된 소득분포의 불평등도에 관한 법칙. 소득분포에 관한 통계적 법칙으로서, '80:20 법칙'이라고도 한다. 상위 20% 사람들이 전체 부(富)의 80%를 가지고 있다거나, 상위 20% 고객이 매출의 80%를 창출한다든 의미로 쓰이지만, 80과 20은 숫자 자체를 반드시 의미하는 것은 아니다. 전체성과의 대부분(80)이 몇 가지 소수의 요소(20)에 의존한다는 의미이다. 이 이론은 모바일 시대를 맞아 틈새상품이 시장을 주도하는 '롱 테일(긴 꼬리) 경제'와 함께 사회, 경제현상을 설명하고 있다.

**Paris Agreement 파리 협정 2015** 제21차 유엔기후변화협약 당사국총회(2015 United Nations Climate Change Conference, COP21) 195개 협약 당사국은 2015년 12월 12일 파리에서 열린 총회에서 온도상승 목표, 감축이행 검토, 선진국의 개도국에 기후대처기금 지원 등이 담긴 '신기후 체제'(Post-2020)인 최종 합의문을 채택했다. 선진국에만 온실가스 감축 의무를 지운 1997년 '교토 의정서'와는 달리 195개 당사국 모두가 지켜야 하는 첫 세계적 기후합의로서, 2020년 완료되는 교토 의정서 체계를 대체한다. 2100년까지 지구 평균온도의 산업화 이전 대비 상승폭을 섭씨 2도보다 '훨씬 작게'(well below 2°C) 제한하며, 나아가 섭씨 1.5도로 제한하는 노력도 포함됐다. 온실가스 배출은 2030년에 최고치에 도달하도록 하며, 이후 2050년까지 산림녹화, 탄소포집저장, 에너지기술 등으로 온실가스 감축에 돌입해 온실가스 배출과 흡수가 균형점에 이르는 '탄소 중립'을 목표를 제시하였다. 각국은 2018년부터 5년마다 탄소 감축 약속을 잘 지키는지 검토를 받아야 한다.

**Parking Orbit 주차궤도** Geostationary Orbit, Geostationary Orbit Satellite, Transfer Orbit를 참조.

**Parkinson's Law 파킨슨의 법칙** 1955년 영국의 역사학자·경영연구가인 파킨슨(Northcote Parkinson, 1909~1993)이 〈이코노미스트〉지에 발표한 이론이다. (1) 첫 번째 법칙은 부하배증의 법칙으로 '공무원의 수는 해야할 일의 경중이나 일의 유·무에 관계없이 상급 공무원으로 출세하기 위해 부하의 수를 늘릴 필요가 있기 때문에 일정한 비율로 증가한다.'는 것이다. (2) 두 번째 법칙은 업무배증의 법칙으로 '지출은 수입만큼 증가한다.'는 것이다. 이 법칙은 세금을 올릴 수 있는 한 공무원의 숫자는 무한정 늘어날 것이라는 인식하에 나온 것이다. 즉, 일자리가 늘어나면 지시·보고·감독 등의 파생적 업무가 창조되어 본질적 업무가 증가되지 않는 경우에도 업무량이 늘어난다. 이는 다시 일자리를 늘리는 순환과정을 가져오고 결국 본질적 업무량과 관계없이 지속적으로 공무원의 수의 증가가 이루어진다. 그는 이런 경험을 확장시켜 행정이나 재정의 입안과 운영이 비합리적인 심리작용에 의해 좌우된다는 비평으로 발전시켰다.

**Parsec 파섹** 천문학에서 사용하는 거리의 단위로서, pc이다. 지구의 공전궤도지름을 기선으로 했을 때 지구에서 관측되는 천체의 시차가 1"(초, second)가 되는 거리이다. 즉, 삼각시차(parallax of one arc second) 방법에 기초한 것으로서, 지구에서 6개월의 시차를 두고 관측했을 때 연주 시차(年周 視差)가 각거리로 1"(초)인 곳까지의 거리를 의미한다. 1pc = 3.26 광년 = 206,265 AU = $3.08567758 \times 10^{13}$ km이다. AU(Astronomical Unit), Light Year를 참조.

**ParsePartacentroid 도형 중심** 폐합된 기하학적 도형의 도형중심은 기하학적 중심의 근처에 있는 점이다. 컴퓨터에 의해 위치가 정해지고 배정될 수 있으며, 소유 획지나 지역에 대한 주소나 '라벨'이 될 수 있다.

**Partial Exposure 부분 노출 불량** 센서의 노출시간과 이미지 처리시간이 동기화되지 못해서 깜박임이 나타나게 된다.

**Partition 분할(分割)** 지적공부(Cadastral Record)에 등록된 1필지를 2필지 이상으로 나누어 등록하는 것을 말한다(「공간정보구축 및 관리 등에 관한 법률」 제2조 제31호).

**Partition(Space-Oriented) 분할(공간중심)** 임의의 셀로 공간을 세분한 것. 이 접근법을 사용하면, 연구지역이 보통 정사각형의 일정 면적을 가진 셀들로 세분된다. 각 셀은 해당하는 지리적 객체들이 무엇인지, 어떤 것인지에 대한 정보를 함께 자료베이스 내에 저장한다.

**Partition Surveying 토지 분할 측량** 지적 공부에 등록되어있는 일필지 토지에 토지분할 사유가 발생하였을 때 2필지 이상으로 나누어 등록하기 위한 측량을 말한다.

**Partner Relationship Management(PRM) 파트너 관계 관리** PRM(Partner Relationship Management)를 참조.

**Partners for Advanced Transit and Highways(PATH) 패스 프로젝트** PATH(Partners for Advanced Transit and Highways)를 참조.

**Parts Per Million(PPM) 100만분의 1, 피피엠** PPM(Parts Per Million)를 참조.

**PAS(Publicly Available Specification) 잠정 국제표준** 빠른 시장변화에 대응하기 위해 기술검증 절차 없이 임시의 국제표준으로 채택한 후 3년간의 시장동향 및 기술검토를 거쳐 정식 국제규격으로 채택하거나 또는 폐기하는 임시적 표준을 말한다.

**Pascal 파스칼** ① 압력의 단위로서 기호는 pa이며, 물리학자 Pascal의 이름에서 명명되었다. $1pa=1N/m^2$ ② 구조적 프로그래밍의 개념에 따라 개발된 프로그래밍 언어로, 학생들의 교육용으로 널리 사용되고 있고 실무에서는 C가 널리 사용되고 있다.

**Pascal's Principle 파스칼의 원리** 프랑스의 수학자, 물리학자, 그리스도교 사상가인 파스칼(Blaise Pascal, 1623~1662)에 의해 1653년 발견된 것으로, 밀폐된 공간에 채워진 유체(변형이 쉽고 흐르는 성질의 액체나 기체)의 일부분에 압력을 가했을 때, 이 압력은 밀폐된 모든 면에 같은 크기로 전달된다는 원리다. 즉, 단면적에 작용하는 힘이 똑같고, 모든 면으로 동일한 압력이 가해지기 때문에 힘이 조금만 가해져도 큰 힘이 발휘되는 것이다. 이렇게 유체의 압력을 이용하여 동력을 전달하는 장치를 유압장치(Hydraulic System)라고 부른다. 파스칼의 원리를 이용한 수압기는 액체 압력을 이용한 파스칼의 지렛대라 부르며, 힘을 확대시키는 유압기계, 자동차 브레이크, 증기해머, 각종 유·공압 제어장치 등에 많이 응용되고 있다. 예를 들어, 비행기에는 몇몇 부위에 큰 힘을 필요로 하는데, 이·착륙 시 꼭 필요한 비행기의 바퀴인 랜딩기어도 그 중 하나이다. 랜딩기어는 착륙 시 비행기의 전체 하중을 그대로 받는 만큼 튼튼하고 무겁게 제작된다. 수시로 접었다 펴야하는 비행기의 랜딩기어에는 파스칼의 원리가 적용된 유압장치가 있어 크고 무거운 바퀴를 손쉽게 들어 올리고 내릴 수 있는 것이다.

**Pass Adjustment 수평 위치 보정** 항공 레이저 측량으로 획득한 점의 자료를 특이점 측량한 자료로 수평 위치를 보정하는 것으로서, 각 비행경로별 획득된 점의 통합을 포함한다.

**Pass Band 투과대** 한 검지기가 검출하고 관측할 수 있는 전자파 분광대의 한 파장영역을 말한다.

**Pass Path Identifier 통과 경로 식별자** 탑재기의 궤도경로에 대한 고유한 식별자를 말한다.

**Pass Point 종접합점(縱接合點), 패스 포인트(이기점)** 좌표 해석이나 사진 기준점 측량 과정에서 접합 표정에 대한 종접합 모형 형성(Strip for Formation)을 하기 위해 사용되는 점으로서, 좌표가 정해진 점을 말한다.

**Pass Row Identifier 통과열 식별자** 탑재기의 궤도 경로를 따르는 열에 대한 고유한 식별자를 말한다.

**Pass Sequence Identifier 통과 순서 식별자** 탑재기에 의해 수행되는 패스를 고유하게 확인하는 번호를 말한다.

**Pass Verdict 합격 판정** 시험 목적인 적합성요건에 합치하고 있는 것이 보고된 경우의 시험 판정이다.

**Passage Surveying 항로측량** 주요 항로에서 선박의 안전 항해를 목적으로 실시하는 해양측량을 말한다.

**Passbook 패스북** 영화표·비행기표·각종 쿠폰과 할인카드를 하나의 앱에 모은 것으로 사용자들이 스타벅스나 공항에 가서 패스북에 미리 내장돼 있는 전자 티켓으로 결제를 한다.

**Passive Earth Pressure 수동토압** 어떤 외력으로부터 벽체가 뒤채움 흙 쪽으로 변위를 일으킬 때 뒤채움체 흙은 수평방향으로 압축되면서 파괴가 일어나는데 이때의 토압을 수동토압이라고 한다. Lateral Earth Pressure at Rest, Active Earth Pressure를 참조.

**Passive Glass Stereoscopic Technique 편광안경 입체시 방식** 안경 입체 3D(Glass Stereoscopic 3D) 기술 중 하나로서, 각기 다른 편광을 가진 픽셀들로 구성된 디스플레이 패널과 좌우렌즈가 각각 다른 편광판을 가진 안경을 이용하여 3D를 구현하는 방식이다. 디스플레이 패널의 각 픽셀들은 2가지 중 한 종류의 편광으로 영상을 표시하고, 편광안경을 통해 좌안은 좌안에 해당하는 영상만을, 우안은 우안에 해당하는 영상만을 보게 하여 3D를 구현한다. 패널 제조 시 편광필터 적용으로 수평해상도가 1/2로 떨어지고 제조비용이 증가하나, 구현이 쉬우며 안경가격이 저렴하여 의료, 게임 등의 장시간 작업용도나 공공장소에서 다수 시청자가 보는 경우 적합하다. Active Glass Stereoscopic Technique 참조.

**Passive Method 편광안경 방식** 2대의 프로젝트로 동시에 오른눈용과 왼눈용 영상의 편광면을 바꾸어 비추고, 특정 편광면만을 통과시키는 편광안경으로 이 영상을 보게 되면 양눈 시차에 의해 3D 화면을 지각할 수 있는 방식이다. 애너글리프 방식과 달리 컬러를 선명하게 표현할 수 있으나, 편광면을 안정시키기 위해 실버타입이라 불리는 금속가루가 섞인 도료로 도장된 스크린이 필요하다.

**Passive Microwave 수동 마이크로파** 인공적으로 만든 마이크로파가 아니라 자연적으로 물체에서 발생하는 마이크로파를 의미한다.

**Passive Microwave Remote Sensing 수동 극초단파 원격탐사** 물체로부터 자연 그대로 방출되는 초단파 영역의 복사에너지를 감지하여 분석한다.

**Passive Remote Sensing 수동형 원격탐사** 자연 발생의 전자파 에너지를 이용하는 원격탐사로서, 수동형 원격탐사를 광학 파장대역의 전자파 에너지를 측정하므로 광학 원격탐사(optical remote sensing)라고도 한다. 수동형 원격탐사에서는 태양 및 지구에서 방사되는 전자파 에너지 중 광학 파장대역(optical wavelength) 전자파 에너지가 측정되며, 여기에는 자외선, 가시광선 그리고 적외선이 포함된다.

**Passive RFID Tag 수동형 전파식별(電波識別) 태그** 내부나 외부로부터 직접적인 전원의 공급 없이 리더기의 전자기장에 의해 작동되는 RFID 태그로써 능동형 태그에 비해 매우 가볍고, 가격도 저렴하면서 반영구적으로 사용이 가능하지만, 인식거리가 짧고 리더기에서 더 많은 전력을 소모하는 단점이 있다.

**Passive Sensor 수동형 감지기** 자연적으로 이용할 수 있는 전자기 에너지를 측정하는 센서를 의미한다. 대부분 인공위성의 센서들은 이 범주 안에 포함된다.

**Passive System 수동적 시스템** 원거리 감지시에 목표물이나 태양과 같은 자연물에서 방출되거나, 목표물에 의해 반사되거나 퍼지는 전자기 복사 에너지를 검색하는 체계로서, 수동형은 태양광에서의 반사 또는 대상물에서 방사된 에너지를 감지하는 것이다. 필름 사진기, TV 사진기, 광학기계방식 스캐너, CCD 스캐너 등이 있다. 필름은 근자외선, 가시광선 및 근적외선(0.35 $\mu$m ~0.9$\mu$m)의 범위를 감광할 수 있으며, 팬크로매틱 필름, 컬러 필름, 적외선 필름, 적외선 컬러 필름 등이 있다. Active System 과는 대조된다.

**Passive Tag 수동(적) 태그** 안테나코일과 IC칩으로 구성되어 있으며, 외부로부터 전자유도나 전파로 전력을 공급받는다. 칩의 소형화와 함께 비용도 저렴해져서 엽서나 상품태그 등에 붙일 수 있게 되었다. 칩의 메모리에는 Read/Write형이 있는 Read/Write는 보다 폭 넓은 분야에 적용이 가능하다.

**Passive Type 수동 방식** 지하시설물 탐사를 위한 전자유도 수평위치 탐사 방법의 한가지로서 수동형 탐사법이라고도 말한다. 송신기 없이 수신기만으로 관측하는 것으로써 지하에 매설된 송전케이블 및 지하도선 탐사에 이용된다.

**Passometer 보수계** 허리에 달고 보행하면 진동할 때마다 횟수가 나타나므로, 그 횟수에 의해 보수를 계산하는 기계이다.

**Password 암호(暗號), 패스워드** 해당 자료에 접근하기 위한 컴퓨터 체계를 나타내는 특별한 단어로 컴퓨터 체계의 안전이나 비밀유지를 위해 사용된다.

**Pasture 목장용지(牧場用地)** 일정한 구역을 정하여 축산업 및 낙농업을 목적으로 가축을 사육하는 초지와 이에 접속된 축사 등 부속 시설물 등의 부지는 목장용지로 한다. 다만 주거용 건축물의 부지는 대(垈)로 한다.

**PAT(Point Attribute Table) 점 속성표** 포인트에 관한 속성자료를 저장하는데 사용된다. 가로등·게시판·맨홀·신호등·기준점·연못·각종 표시판 등의 점 요소로 구성된다. PAT(Polygon Attribute Table)를 참조.

**PAT(Polygon Attribute Table) 다각형 속성표** 건물·실폭 도로·행정 경계·지적·용도 지구·유수지·침전지·경작지·토지 이용 등 면으로 표현되는 요소로 구성된다.

**Patch 패치** 기존 버전의 루틴을 변경할 자료를 갖고 있는 프로그램이나 자료군에 의한 수정을 말한다.

**Patchwise Interpolation 곡면 보간법** 지형을 수학적 곡면으로 간주하고 표고(Z)가 평면좌표 (X, Y)의 함수 Z=f(X, Y)로 표시되는 곡면식을 구하여 보간하는 방법이다. 지형을 가장 실제에 가깝게 재현할 수 있으나 계산기의 용량이 크게 요구된다.

**Patch Surface 패치 곡면** [자료처리], [영상처리] 곡선(일반적으로 U방향과 V방향의 2방향)로부터 생성된 표면을 말한다. 생성된 곡선(curve)의 종류에 따라 b-spline patch, NURBS patch 등으로 나눈다. 보통은 평면이 아니라 3차원으로 굴곡진 표면을 가리키기 위해 사용하며, 패치로 이루어진 객체(오브젝트)는 soild(솔리드, 속이 꽉 차있는) 상태가 아니기 때문에 속이 텅 비어있다. 또한 패치 객체라고 할지라도 렌더링 할 때는 내부적으로 폴리곤 평면으로 변환(convert)하게 된다. UVW Coordinate, Interpolation, Linear Interpolation, Ferguson Curve, Hermite Interpolation, Newton Interpolation, Lagrange Interpolation, Spline Interpolation, Bezier Curve, Cardinal Spline, Cubic Spline Curve, Patch Surface, B-Spline, NURBS를 참조.

**Patent Cooperation Treaty(PCT) 특허 협력 조약** PCT(Patent Cooperation Treaty)를 참조.

**Patent Troll 특허 괴물** Patent(특허)와 Troll(낚시질하다)의 합성어로 특허권을 비롯한 지적 재산권을 통해 로열티 수입만으로 이익을 창출하는 특허 관리 전문 기업을 말한다. 기술 개발이나 사업화 목적이 아니라 해당 기술을 사용하는 제조업체에 특허권을 주장할 목적으로 특허권을 매입하여 특허 소송이나 라이센싱을 통해 막대한 이익을 거두는 기업으로서, "특허비실시기업(Non-Practicing Entities, NPE)" 또는 "특허주장 기업(Patent Assertion Entities, PAE)"이라고 불린다. 특허 괴물에 대해서는 개인 발명가들의 권리를 보호하고 신기술의 라이센싱을 촉진한다는 긍정적인 측면도 있지만, 특허 소송의 증가로 인한 특허 제품의 생산 비용 증가 및 특허 발명의 불실시로 인해 기술 발전이 저해된다는 부정적인 면이 우려되고 있다. 특허 제도는 발명의 보호를 통해 산업 발전을 도모하는 것을 목적으로 하는데, 이러한 특허 괴물에 의해 오히려 산업 발전이 저해되는 문제가 심각해지고 있는 것이 현실이다. 2013년 미국 하원은 미국 행정부의 강력한 지지를 받으면서 특허 괴물에 대한 과도한 권리 남용을 제한하기 위해 특허 침해 소송 제기를 위한 요건을 강화하고, 피소자가 승소할 경우 소송비용을 배상받도록 하는 등의 내용을 담은 '혁신법(Innovation Act)'을 통과시켰다. 그러나 2014년 미국 상원 사법위원회 의장은 특허 괴물 퇴치를 위한 개혁 법안을 추진하지 않기로 선언했다. 이와 같이, 미국 상원에서 특허 개혁 시도가 무산된 것은 제약 업계와 대학들의 강력한 압력에 의해 양당의 합의를 이루어내지 못한 것으로 알려지고 있다. 우리나라의 공정거래위원회는 특허 괴물에 대한 정책적 대응을 위해 '지식재산권의 부당한 행사에 대한 심사지침'을 개정하여 특허 괴물과 관련된 남용행위를 과도한 실시료 부과, 표준필수특허원칙(FRAND) 적용 부인, 부당한 특허소송제기와 소송제기 위협, NPE를 내세워 경쟁사업자를 공격하는 행위로 구체화하였다. 한편, 우리 정부는 민관합동으로 중소/중견 기업의 특허 공격에 대한 대응력을 강화하기 위해 2010년 특허방어펀드인 창의자본주식회사인 인텔렉추얼 디스커버리(ID)를 출범시켰으나, 대응 실적은 매우 미미한 것으로 나타나고 있다.

**Path 경로, 패스** ① [자료 구조] 어떤 한 노드에서 다른 노드까지 링크를 통해 이동했을 때, 거쳐 온 일련의 노드의 집합, 즉 링크에 의해 연결된 노드를 통해 이동할 때 이 이동경로를 경로(path)라고 한다. ② 한 지점에서 호수 등의 폴리곤(polygon)과 같은 장애물로 막혀있어 다른 지점으로 가는 경로를 찾는 과정을 일컫는다. Pathname을 참조. ③ 폐쇄형 소셜 네트워크 서비스이다.

**PATH(Partners for Advanced Transit and Highways)** 도로에 대한 첨단 기술 적용 프로그램. 미국 캘리포니아주에서 지원하는 ITS 연구 프로그램으로 버클리 대학 교통연구소에서 수행중이다.

**Path Difference(PD) 경로차** PD(Path Difference)를 참조.

**Pathfinder 패스 파인더** 각기 다른 기간 동안 미국의 완벽한 GIS 커버리지를 제공하는 다른 자료와 오래된 랜드셋에서 얻은 오래된 자료를 사용하려는 미국 정부의 프로토타입을 말한다.

**Pathfinding 패스 파인딩** 출발점과 목적지 사이에서 경로를 찾는 과정으로 최소 비용 경로(Least-Cost Path) 계산을 주로 한다.

**Pathname 경로명** 디스크에서 파일이나 디렉토리 위치로 가는 방향(또는 경로). 경로명(Pathname)은 항상 컴퓨터의 운영체제마다 특별하다.

**Pattern 모양, 패턴, 형태** 사진에서 볼 수 있는 자연 또는 인공의 지물로, 규칙성을 갖는 평면적 또는 공간적인 배열을 말한다.

**Pattern Detection 형태 검출** 형상이나 양상, 색상, 특징의 독특한 결합의 형성을 측정하는데 사용되는 기술이다.

**Pattern Recognition 형태 인식** 미지의 형태의 종류를 정의하는 형태나 특성과 비교함으로써 몇 개의 종류 중 하나로 분류하는 자동화 과정을 말한다.

**Paul Allen 폴 앨런** 마이크로소프트의 공동 창업자이다. 워싱턴 대학교를 중퇴하고 친구인 빌 게이츠와 함께 마이크로소프트를 설립했다. IBM과의 초기 계약에서 Q-DOS를 찾아내어 거래를 성사시킨 인물이기도 하다. 20대 후반 호지킨 림프종으로 투병 생활을 한 후, 미국 프로 농구 구단 포트랜드 트레일 블레이저스를 인수하고 최초의 민간 우주선을 발사하는 등 독특한 행보를 보이며 화제에 올랐다.

**Payload 탑재체** 위성이 발사될 때 본래의 임무를 수행하는 데 사용되는 기구들이 반드시 실리게 되는데, 이러한 기구들을 탑재체라고 한다.

**Paypal 페이팔** 개인이 전자상거래에서 돈을 거래하기 위해 계좌이체를 서로 쉽게 주고받고 할 수 있도록 관련된 서비스를 만들어서 전 세계적으로 히트한 회사이다.

**Pay-Per-Click(PPC) 클릭당 지불** PPC(Pay-Per-Click)를 참조.

**PB(Petabyte) 페타바이트** 수학·과학에 자주 쓰이는 접두사 'peta-'에서 파생된 단위. 천조($10^{15}$) 바이트, 즉 1,000테라바이트에 해당하는 정보 및 컴퓨터 기억장치를 세는 단위이다.

**PBLIS(Parcel Based Land Information System) 필지 중심 토지 정보 시스템** 필지(대장+도면)를 기반으로 토지의 모든 정보를 전산화로 등록하고 제공하는 시스템으로 지적공부관리, 지적측량성과작성, 지적측량계산시스템이 있다. PBLIS는 행정자치부 주관으로 대한지적공사(현 한국국토정보공사)에서 개발한 시스템이다.

**PC(Personal Computer) 개인용 컴퓨터** 하드웨어, 소프트웨어, 사용자 인터페이스를 포함하여 컴퓨팅에 필요한 요소들을 제공하는 마이크로 컴퓨터 시스템이다.

**PC(Polycarbonate) 폴리카보네이트** 투명성, 내충격성, 내열성 등이 우수한 엔지니어링 플라스틱으로 CD, DVD, 휴대폰, 노트북컴퓨터 등 정보전자·자동차 소재와 건축자재의 원료로 널리 사용된다.

**PC Image 주성분 영상** 주성분 분석에 의하여 적은 수의 독립된 성분으로 구하여지는 영상을 말한다.

**PCA(Principal Component Analysis) 주성분 분석** 측정된 변수들의 선형 조합(Linear Combination)에 의해 대표적인 주성분을 만들어 차원(Dimension)을 줄이는 방법인데, 다중 밴드의 원격탐사 자료(예 : 랜드셋 TM)를 2, 3개의 주성분으로 줄이는 데 사용된다.

**PcARC/INFO 피씨 아크 인포** ESRI 제품으로 DOS/Windows 기반 GIS 시스템으로, ARC/INFO기능의 일부를 데스크탑에서 가능하게 하였다. 무엇보다 가격이 싸다는 측면에서 학생과 일반인에게 호응이 좋다.

**PCB(Printed Circuit Board) 인쇄회로기판** 집적 회로, 저항기 또는 스위치 등의 전기적 부품들이 납땜되는 얇은 판으로, 대부분의 컴퓨터에 사용되는 회로는 이 인쇄 회로기판에 설치된다.

**PCI 피씨아이** 캐나다 토론토에 있는 소프트웨어 개발 전문 회사로 원격 탐사와 GIS에서 탁월한 성능을 보여주는 제품을 계속 개발해오고 있다. PCI에서 개발한 EASI/PACE는 지구 자원 탐사 위성(ERS, SPOT, NOAA, LANSAT)의 수치 영상 프로세싱 기능을 제공하며, 항공사진 측량에 의한 수문 분석, 수역망 분석, 경사 분석, 래스터 모델링, 영상 지도화, 대기 보정, 래스터와 벡터의 통합 변환 등과 각종 데이터베이스를 쉽게 수용할 수 있는 기능을 제공하고 있다.

**PCM(Pulse Code Modulation) 펄스 부호 변조** 아날로그 신호를 디지털 신호로 바꾸는 방법 중의 하나. 사운드 카드의 미디 음원은 대부분 이 방법을 사용한다. PCM을 가지고 있는 사운드 카드를 사용하면 보다 자연음에 가까운 소리를 들을 수 있다.

**PCMCIA(Personal Computer Memory Card International Association) 개인용 컴퓨터 메모리카드 국제 협회** 개인용 컴퓨터 메모리카드 국제기구의 표준을 따르는 마이크로 컴퓨터와 GIS 수신기와 같은 다른 장치의 신용카드 모양의 장치 인터페이스로서 PCMCIA카드는 메모리로, 디스크 드라이브의 커넥터로, 다른 장치의 링크로 작동할 수 있고, 다른 많은 기능을 수행하며 컴퓨터 간의 상호운용이 가능하다.

**P Code(Precision Code) 피 코드** GPS 위성으로부터 발신되는 위치결정용 전파 신호로서, 유사거리를 관측하기 위한 Time Mark(시간 신호) 역할과 24개 GPS 위성의 식별부호 역할을 병행한다. GPS 위성에 의해 송신되는 PRN 코드로 이 코드는 총 2.35×1,014개의 chip으로 구성되어 있고, 초당 10.23MB 속도로 보내진다. P코드의 파장은 C/A 코드보다 10배나 짧은 약 30mm로서 이는 L1과 L2파 모두에 운반된다. 이 코드의 주기는 267일 정도로 극히 긴 시간으로 반복된다. 따라서 이러한 속도로 모두 전송하려면 266일(日) 소요되고, 각각의 위성은 고유의 어떤 한 주에 대한 정보를 할당받으며, 이 정보는 매주 토요일과 일요일 사이의 자정에 재설정된다. 이러한 P코드는 L1과 L2에 모두 변조되는 주기가 7일로 매우 긴 10MHz PRN 코드이다. 이 코드는 특정한 사용자에게만 쓰일 수 있게 AS(Anti -Spoofing) 모드로 동작하기 위해서 Y코드화한 후 보내진다. 따라서 P Code를 Protect 코드라고도 한다. Y코드는 사용자의 수신기 채

널에서 AS 모드를 분류하여 암호해독을 한다. 따라서 이 코드는 PPS(Precise Positioning System)에서 사용된다.

**PCS(Personal Communications Services) 개인 휴대통신 서비스** 1998년 영국의 브리티시텔레콤의 레이몬드 스틸 박사가 창안한 명칭으로 개인휴대통신을 뜻한다. 디지털 방식으로 음성은 물론 데이터와 화상까지 전송이 가능한 휴대형 이동통신 시대를 열었으며 보통 2.5세대 이동통신으로 정의된다. 'GSM 디지털 셀룰러'를 대신해 미국에서 사용된 용어이다.

**PCS Exchange 개인 통신 서비스 교환** 개인 통신 서비스의 제공에 가장 중요한 망 요소로서 유선 통신 기능(PSTN/ISDN)과 개인 통신 기능을 제공하는 유·무선 복합 디지털 교환기이다.

**PCT(Patent Cooperation Treaty) 특허 협력 조약** 특허는 기본적으로 권리를 행사할 해당국에 출원해야 한다. 하지만 상품을 판매할 모든 국가에 동시 출원할 때 금전·시간적 비용이 많이 든다. PCT 출원을 하면 모든 국가에 특허권을 획득하는 것은 아니지만 출원단계의 편의를 제공해 모든 PCT 회원국에 동시 출원한 것과 같은 효과를 우선 부여한다. 실제 출원 국가에 대해서는 해당국의 출원 절차를 따로 밟아야 한다.

**PCX 피씨엑스** 가장 오래된 포맷 중의 하나로 PC를 위한 래스터 포맷으로 광범위하게 지원되고 있다. 현재의 버전은 24Bit 컬러를 지원하고 64×64 픽셀 크기의 이미지를 가진 256 컬러 팔레트나 24Bit full RGB를 제공한다. 자료는 런렝스 코드로 압축되며 가장 압축률이 높다.

**PD(Path Difference) 경로차** 동일한 위성에서 송신된 반송파를 기지국 및 수신기에서 동시 관측하였을 때 이 두 지점에서의 차이를 말한다.

**PD(Photo Diode) 포토 다이오드** 반도체 다이오드의 일종으로 광다이오드라고도 한다. 빛에너지를 전기에너지로 바꾼다.

**PDA(Personal Digital Assistant) 피디에이, 개인정보 단말기** 손으로 쓴 정보를 입력할 수 있는 휴대용 컴퓨터의 일종으로 전자수첩처럼 개인의 정보 관리나 일정 관리 기능을 갖추고 있으며, 컴퓨터와의 정보 교류, 팩시밀리 송신 등 통신 기능도 수행한다.

**PDC(Personal Digital Cellular) 개인 디지털 셀룰러** 800~900 MHz 대역에서 운영되는 일본의 표준안에 바탕을 둔 TDMA를 말한다.

**PDF(Portable Document Format) 피디에프, 이동가능 문서형식** 어도비(Adobe)가 만든 파일 포맷으로(PDF; Portable Document Formatting)의 약자이다. 다양한 데스크톱 출판 응용 프로그램들로부터 정보를 포매팅하여, 포맷된 문서의 전송을 가능케 하고 그 문서들이 컴퓨터 사용자의 모니터나 프린터에 출력되도록 한다.

**PDF(Probability Density Function) 확률밀도함수(確率密度函數)** 확률변수가 취할 수 있는 모든 구간에서 확률을 가지는 분포를 말한다.

**PDOP(Position Dilution Of Precision) 위치 정도(精度) 저하율, 위치정도 열화(劣化), 피답** GPS의 천구상의 배치상태에 따른 정도 열화를 표시하는 계수로서, 위치측위 정확도를 표시한다. 가장 일반적으로 사용되는 DOP 값이다. DOP(Dilution Of Precision)을 참조.

**PDP(Plasma Display Panel) 플라스마 디스플레이** 플라스마의 전기방전을 이용한 화상표시 장치. LCD보다 싼 값으로 더 크게 만들 수 있다.

**PDSN(Packet Data Serving Node) 패킷 데이터** CDMA 네트워크로부터 사용자 전송을 집합한다. 그리고 데이터 네트워크로의 시작분기점을 제공한다.

**Peak 피크, 정점(頂点)** ① [지형학] 산이나 언덕의 가장 높은 지점. ② [모델링] 주위 표면의 모든 기울기가 음(陰, −)이 되는 점.

**Peak Ground Acceleration 최대지반가속도** 지진에 의해 발생되는 최대의 지반가속도로 가속도계수에 중력가속도를 곱한 값으로 정의된다. Acceleration Coefficient, Zone Factor 참조.

**Pecked Line 페크드 선** 일련의 대쉬들로 그려진 선을 말한다.

**Pedestrian Bridge 육교, 보도교(步道橋)** 간선도로·철도·계곡 등을 건너가기 위해 가로질러 놓은 다리. 따라서 보도 육교는 도로 위의 보행자 전용 육교를 말한다.

**Pedestrian Navigation System(PNS) 보행자 내비게이션** PNS(Pedestrian Navigation System)를 참조.

**Pedometer 보수계** 보측으로 거리 측량 시 걸음걸이의 수를 헤아리는 기구로, 요즘은 전자적인 기능을 이용해 자동적으로 걸음 수를 헤아릴 수 있는 디지털보수계를 이용한다.

**Peer to Peer(P2P) 동등 계층 통신** P2P(Peer to Peer)를 참조.

**Peg Adjustment 항정법, 말목 조정법** 평탄한 땅을 골라 약 100m 정도 떨어진 두 점에 말뚝을 박고 수준척을 세운 다음 두 점의 중간 및 연장선상에 레벨을 세우고 관측하여 레벨을 조정하는 방법이다.

**PEL(Picture ELement) 영상소, 사진 요소** 영상면에 정보를 표현하기 위하여 사용되는 영상의 1단위 또는 표시 요소를 말한다.

**Pen and Ink Drawing 착묵(着墨) 제도** 펜이나 오구를 흑색 잉크를 써서 제도하는 것을 말한다.

**Pen Computer 펜 컴퓨터** 사용자가 키보드 대신에 조그만 전자펜을 사용하여 컴퓨터에 명령어를 전달하는 컴퓨터. 일반적으로 키보드를 설치할 수 없는 조그만 휴대용 컴퓨터에 대하여 이러한 기술이 사용된다. 이러한 펜컴퓨터에서는 사용자가 입력한 문자를 해독할 수 있는 문자 인식 능력을 가지고 있어야 한다.

**Pendulum 진자, 흔들이** 고정된 한축이나 점의 주위를 일정한 주기로 진동하는 물체를 말한다. 물체를 실에 매달은 다음 실의 상단을 고정하고 동일 평면 내에서 물체를 진동하게 하는 단진자(simple pendulum)는 중력의 절대 측정에 이용된다.

**Pen Plotter 펜 출력장비** 주로 큰 형태의 하드카피 지도나 제작도면을 제작하는 데 사용되는 주변장치. 기계식 인쇄기로서 펜과 용지의 움직임에 의해 도면을 작성하는 인쇄기를 말한다.

**Penetration Depth 관통 거리, 침투 거리** 지표에서 기초 저면까지의 깊이를 말한다.

**Peninsula 반도** 거의 바다로 둘러싸여 있고 바다 쪽으로 돌출되어있는 육지를 말한다.

**Pen Sorting 펜 정렬** 지도 제작 자료에서 펜의 종류마다 선분을 미리 읽어내어 펜 마다의 자료를 정리하여 처리하는 기능을 말한다.

**Pentile 펜타일** 펜타일 매트릭스(PenTile matrix)는 삼성전자가 발명 특허를 가지고 있는 하부 픽셀기술로서, 펜타일은 5(penta)와 타일(tile)을 합친 말이다.

**People Tagging 피플태깅** 피플태깅이란 내가 아는 사람에 대해 나만의 꼬리표를 부여하는 것. 즉, 내가 함께 일했던 어떤 직원을 범용 주제어로 태깅하면 후에 다른 사람도 해당 주제어를 이용하여 이 직원을 쉽게 찾는데 기여할 수 있게 된다. 내가 다른 사람에게 나를 알리기 위해서 내 자신에게 하는 셀프 태깅도 가능하다.

**Perambulator 윤정계** 원둘레를 정확히 알고 있는 바퀴의 회전수로부터 거리를 환산해내는 기구를 말한다.

**Percent Achieved 성과 퍼센트** 프로젝트 또는 작업 단위 종료의 측정으로서 정의된 기준에 의하거나 혹은 주관적일 수 있다.

**Percentile 백분위수(白分位數), 백분점수(白分點數)** 분포에 있는 사례들에 대하여 제시된 백분율이 그 이하에 놓이게 되는 점수이다. 백분위가 0에서 100 사이의 값만 취하는 백분율인 반면, 백분위수(백분점수)는 0에서 100 사이의 값만 가질 수 있는 점수는 아니다. 어떤 사람이 중간고사에서 76점을 받았고, 그 학급의 28%가 그 점수 이하에 있다면, 이 사람의 백분위는 28이고, 28번째 백분위수(백분점수)는 76점이다. 즉, C28=76이며, 기호 C는 '백분위수(백분점수)'를 나타내고, 기호 C옆의 첨자는 '백분율' 또는 '백분위'를 가리킨다.

**Percentile Rank 백분위(白分位)** 어떤 측정 집합의 백분율. 예를 들어, 어떤 학생이 시험에서 81점을 받았는데, 그 학급의 50%가 그보다 낮은 점수를 받았다면, 81이라는 점수의 백분위는 50번째라는 것을 의미한다. C50=81. 백분위는 한 집단에서의 개인의 상대적인 위치를 나타내는데 사용된다.

**Percolation 침루(浸漏)** 지표 아래로 침투한 수분이 중력에 의하여 포화대(zone of saturation)의 상부인 지하수면(water table)에 도달하는 것을 말한다.

**Perfect Sphere 완전 구체** 한 점에 대해 고정된 반경의 모든 아크에 의해 만들어지는 3차원의 대상물로서, 지구의 모양에 대한 매우 흡사한 근사를 말한다.

**Perfective Maintenance 기능 향상** 요구 기능의 소프트웨어 확장과 효율성 개선을 위한 소프트웨어의 변경을 말한다.

**Perforated Drain Pipe 유공관(有孔管)** 지하에 매설하는 관체에 다수의 구멍이 있는 배수용 관으로서, 빗물을 집수, 배수하는 경우에 사용한다. 재질은 폴리에틸렌, 강관 등을 사용하며, 단면은 주로 주름관의 원형이다.

**Performance 성능** 일반적으로 사용자 만족도를 의미하는 것이다. 사용자 만족에 영향을 주는 대부분의 중요한 변수 중의 하나는 응답 시간이다. 초당 수행 가능한 명령수(MIPS)나 초당 가능한 소수점 계산수(MFLOPS)는 처리 장치의 능력이나 속도를 나타내는데 사용한다.

**Performance Indicator 성능 표시** 위치결정체계 또는 위치결정해법 품질관리의 증거로서 사용된 내부 매개변수로서, 내부품질 관리 성능은 수신전파강도(신호잡음비 : SNR), 전파위치결정체계에서의 기하학적 구속에 의한 정도 저감률을 나타내는 수치(DOP) 및 시스템 교유의 특징(FOM)과 같은 요소가 포함된다.

**Performance Management 성능 관리** 컴퓨터의 처리기능을 최대한으로 발휘하기 위하여 운영 시스템의 시스템 매개변수를 조정하거나, 정기 점검을 하여 시스템 성능을 유지·향상시키는 일이다.

**Perigee 근지점(近地點)** 지구주위를 도는 달이나 인공위성이 궤도상에서 가장 가까워지는 점이다. 반대로 가장 멀어지는 점을 원지점이라 한다. 일반적으로 지표에서부터의 높이로 나타낸다. 달과 지구의 평균거리는 약 384,400km이며, 근지점과 원지점의 차가 10%정도이나 인공위성의 경우에는 근지점과 원지점의 차가 대부분 크다.

**Perigee Tide 근지점조(近地點潮)** 매달 달이 근지점, 즉 지구에 가장 가까운 점에 있을 때 일어나는 조차가 큰 조석을 말한다.

**Perigee 근지점** 기하학적 거리가 최소인 지심 궤도에서의 점이다.

**Perigian Spring Tide 근지점 대조** 달이 지구와 가장 가까워졌을 때의 시기가 대조시인 조석을 말한다. 현재의 조위가 대조와 근지점 조석이 일치하는 기간에 대해서 높은 정확도로써 예보될 수 있어야 하는데 아직 과학적으로 미흡한 부분이며 이러한 현상은 우리나라 서해안에서도 관측 보고된 바 있다.

**Perihelion 근일점(近日點)** 태양계의 행성, 혜성 등 태양의 둘레를 도는 천체가 궤도상에서 태양에 가장 가까워지는 점이다. 반대로 가장 멀어지는 점은 원일점(遠日點)이라 한다. 궤도상의 각속도는 근일점에서 최대, 원일점에서 최소가 된다. 일반적으로 행성의 근일점은 그 방향이 다른 행성의 인력에 의해서 변한다. 타원궤도 상의 각속도와 속도는 근일점에서 최대, 원일점에서 최소가 된다. 태양에서 지구까지의 거리가 최소가 되는 지점(1억 4700만 km)은 매년 1월 3일경에 나타난다. 지구의 근일점은 다른 행성의 섭동에 의해 공전방향으로 1년에 11.63″씩 이동한다.

**Period 기간, 주기** ① 2개의 다른 시간위치를 경계로 갖는 시간의 범위를 표현하는, 1차원 기하학적 기본요소이다. ② 일련의 사인함수에서 마루와 마루 사이의 시간 간격. 사이클 함수에서 주기는 진동수의 역수이다.

**Period of Depreciation 내용연수, 사용가능 햇수** 고정자산이 그 본래의 용도로 사용할 수 있다고 추정되는 연수로서, useful life라고도 한다. 고정자산의 감가상각을 위한 기본적인 계산요소로서 취득원가, 잔존가액과 함께 필요하다. 내용연수는 사용 및 시간의 경과에 따른 물질적 원인과 기술 진보에 따른 진부화 등의 기능적 원인에 따라 과거의 경험 등을 참고하여 결정한다.

**Periodic Line Dropout 주기적 선손실** 영상에서 특정한 위치의 화소값이 잘못되어 주기적으로 영상에서 그 화소가 위치하는 부분의 정보가 누락되는 현상을 말한다.

**Periodic Time 주기** 2개의 다른 시간위치를 경계로 갖는 시간의 범위를 표현하는, 1차원 기하학적 기본요소를 말한다.

**Peripheral Devices 주변 기기** 하나의 컴퓨터 체계를 구성하기 위하여 중앙처리장치와 연결되어 동작하는 장치. GIS에 사용되는 주변 장치들로는 표나 그래픽 데이터베이스로부터 입력·분석·출력에 사용되는 장치들과 Digitizing Stations, Graphic Query Stations, Alphanumeric 등이 있다.

**Peripheral Equipment 주변 장치** 컴퓨터 본체와 연결되어 부가적인 도움을 주는 하드웨어. 예를 들면, 디지타이저·도화기·프린터·스캐너 등은 GIS에서 대표적인 주변 장치로서, 중앙 컴퓨터 부분이 아닌 하드웨어 기기들을 말한다.

**Permalink 퍼머링크** 영구적인 링크(Permanent Link)의 약어. 각 블로그 게시물에 부여된 고유한 URL을 말한다.

**Permanent Map 영구 지도** GIS 과정에서 영구적인 최종 생산물로서 사용되도록 설계된 지도를 말한다.

**Permanent Marker 영구 표지** 삼각점 표석, 도근점 표석, 방위 표석, 수준점 표석, 자기점 표석, 기선척 검정 표석, 기선 표척 및 위성측지 기준점 표지와 기타 이에 갈음하여 설치하는 영구적인 표지(검조위와 검조장을 포함한다)를 말한다.

**Permanent Monument 영구 표지** Permanent Marker를 참조.

**Permanent River 영구 하천(永久河川)** 1년 중 대부분의 기간(6개월 이상)에 걸쳐 물이 흐르며 수위를 유지하는 하천을 말한다.

**Permission Media 퍼미션 미디어** 메시지를 받기 원하는 사람에게만, 즉 허락한 사람에게만 메시지를 전달하는 미디어.

**Per-object Polygon Allowances 객체당 다각형 허용치** 3D 화면에서의 다양한 객체에 할당되는 세부적인 크기로서 지속적인 세부 레벨이 없으면, 이들 허용치는 고정된다. 지속적인 세부 레벨이 있어야 이들 허용치가 화면의 복잡도 및 시스템 성능을 기초로 하여 다양하게 변경될 수가 있다.

**Perpendicular Method 수선 구분법, 수선법** 길고 좁은 경우나 경계선상에 장애물이 있을 때 적당하다.

**Perpendicular Vegetation Index(PVI) 수지식생지수**
PVI (Perpendicular Vegetation Index)를 참조.

**Per-Pixel Mip-Mapping** per-polygon mip-mapping과 반대되는 개념으로서, 이 기법을 적용 시 pixel-by-pixel 기초의 3D 폴리곤 모델의 비율화된 텍스쳐에 영향을 미치게 되며, 보다 자연스러운 결과를 만들어낸다. 빛이 나는 공이 큰 방으로 이동하는 장면의 경우 이기법이 적용되는 좋은 예라고 할 수 있다.

**Persistent Lock 지속 고착** 긴 트랜잭션에 걸쳐 수정을 하는 동안 사용자가 그 자료의 한결같은 뷰를 유지하기를 바랄 때 요구되는 장기간의 데이터베이스 고착을 말한다.

**Person, Name of Right Claimant 소유자(所有者)** 토지를 소유할 수 있는 권리의 주체를 말하는데 법적으로 당해 토지를 자유로이 사용·수익·처분할 수 있는 소유권을 갖거나, 소유권 이외의 기타 권리를 갖는 사람을 말한다.

**Personal Communications Service(PCS) 개인 휴대 서비스** PCS(Personal Communications Service)를 참조.

**Personal Computer(PC) 개인용 컴퓨터** PC(Personal Computer)를 참조.

**Personal Computer Memory Card International Association (PCMCIA) 개인용 컴퓨터 메모리카드 국제 협회** PCMCIA (Personal Computer Memory Card International Association)를 참조.

**Personal Digital Assistant(PDA) 개인정보 단말기, 피디에이** PDA(Personal Digital Assistant)를 참조.

**Personal Digital Cellular(PDC) 개인 디지털 셀룰러** PDC (Personal Digital Cellular)를 참조.

**Personal Error 개인 오차(個人誤差)** 관측자의 습관에 따라 생기는 오차로, 관측 방법이나 관측자를 바꿈으로서 보정할 수 있다.

**Personal Information Manager(PIM) 개인정보 관리자** PIM (Personal Information Manager)를 참조.

**Personal Information Protection Act 개인정보 보호법** 개인정보 수집·이용을 엄격히 제한한 법령이다. 2011년 3월 29일 제정해 그해 9월 30일 시행했다. 공공과 민간으로 나누어 규제(법령)하던 것을 통합하고 적용 범위도 넓혔다. 공공·민간의 '거의 모든 개인정보 처리·관리자'가 규제 범주에 들었다. 개인정보를 수집할 때에는 이용 목적을 밝힌 뒤 꼭 필요한 것만 모아야 한다. 이용 목적(범위) 안에서만 정보를 활용해야 하는 것은 물론이다. 인터넷 온·오프라인을 가리지 않고 개인정보라면 모두 안전하게 관리하기 위해 노력해야 한다. 수집·관리뿐만 아니라 폐기까지 세밀히 신경을 쓰라는 게 법령의 요구이다.

**Personal Resource Planning(PRP) 인적자원 관리시스템** PRP (Personal Resource Planning)를 참조.

**Personalized Search 개인화 검색** 네이버는 가계부, 캘린더 등 다양한 개인화 서비스를 선보이며, 개인화 검색을 미래검색의 화두로 정하고 이 분야에 집중해왔다.

**Person-to-Person(P2P) 동배간, 피투피** P2P(Person-to-Person)를 참조.

**Perspective Center 투영 중심점** Central Projection을 참조.

**Perspective Correct 원근 교정** 위치 또는 원근과 관계없이 3D 공간에 나타나는 폴리곤에 정확하게 텍스쳐를 적용하는 것을 뜻한다. 원근 교정이 없으면, 폴리곤의 텍스쳐가 어른거리거나 불규칙적인 움직임을 일으켜 3D 영상의 비정상적인 배열의 원인이 된다.

**Perspective Projection 투시도법(透視圖法)** 한 시점에서 지구를 투사하여 투영면 상에 나타내는 도법을 말한다. 투사도법은 대상물과 시점을 연결한 직선 또는 그 연장선에 의해 대상물의 형태를 투영면상에 그려내는 것이며, 투사도법은 화면에 원근감을 느낄 수 있도록 관측자의 시점과 물체와의 관계를 기하학적으로 고찰하여 논리적으로 작도하는 도법이다.

**Perspective Transformation 투시 변환** 항공사진의 편위 수정을 말한다. 투시 정합이라고도 불리는 기하 변환, 하나의 점을 통해 하나의 평면이 다른 평면으로 투영한다.

**Perspective View 투시도** 수직보다는 다른 각도에서 보는 것처럼 지역을 표현하는데 사용되는 GIS의 연산자이다.

**PERT(Project Evaluation and Review Techniquechart) 퍼트, 프로젝트 평가 및 검토기법** 퍼트 차트는 프로젝트 일정관리에 이용되는 도표. 이벤트와 작업, 완료일 소요 기간을 기호를 이용하여 한 도표에 표시함으로써, 프로젝트를 구성하는 작업 간의 상호 연결 관계와 작업 순위를 일목요연하게 보여주는 장점이 있다. 퍼트 차트는 프로젝트 완성에 필요한 일련의 작업들 간의 시간적 선후 관계와 소요 일수를 그림으로 표시한다.

**Perturbation 섭동(攝動)** GPS 위성의 다양한 역학적 장애를 말한다.

**Pervasive Computing 퍼베이시브(스며드는) 컴퓨팅** 거의 모든 공간에서 컴퓨터를 사용하게 된다는 미래적 개념. 이 개념에 의하면 모든 컴퓨터는 서로 연결되므로 사용자는 언제 어디서나 원하는 정보를 이용할 수 있다.

**PET(Positron Emission Tomography) 양전자(방출) 단층촬영, 피이티, 펫** 양전자를 방출하는 방사성 의약품을 이용해 인체에 대한 생리・화학・기능적 영상을 3차원으로 나타내는 핵의학 검사장비다. 각종 암을 진단하는 데 주로 활용되며 암 치료 효과 판정 등에도 사용된다.

**Peta 페타** $10^{15}$을 뜻하는 접두어로서, 기호 P로 표시하며, quadrillion단위이다.

**Petabyte(PB) 페타바이트** PB(Petabyte)를 참조.

**Peters Projection 피터 투영** 원통 등적 투영법으로 기준 평행선을 45°에서 47°로 이동하여 고위도에서 면적의 과장을 강조하지 않는다.

**PFF 피에프에프** MSK 파일에서 MSK에 의해 겹쳐진 다각형의 원래 영역을 결정하는 데 사용된다.

**pH 수소이온 농도 지수, 페하** 액체의 수소이온농도(hydrogen exponent)를 나타내는 기호이다. 일반적으로 독일어로 페하(pH)라고 읽기도 한다. pH는 용액의 산성도를 가늠하는 척도로서 수소이온농도의 역수에 상용로그를 취한 값이다. 또는 수소이온농도의 상용로그 값에 마이너스를 붙여서 구할 수도 있다. 즉, pH = log10(1/[H+])= −log10[H+]. 1기압, 25 ℃의 순수 1 ℓ 중에는 수소이온이 약 $10^{-7}$ g 이온을 포함하고 있기 때문에 pH 7을 중성, 그 이상을 알칼리성, 이하를 산성이라 한다. 수용액에서 수소이온 활동도는 물의 해리상수(dissociation constant, Kw = 1.011 × 10−14(25 ℃, 1atm)와 다른 이온과의 상호작용으로 나타내어진다. 해리상수 때문에 중성의 수용액은 약 pH 7(25 ℃, 1atm)의 값을 가진다.

**Phablet 패블릿** 스마트폰 화면이 점차 커지면서 기기 하나로 스마트폰의 커뮤니케이션 기능과 태블릿 PC의 게임・교육 등 인포테이먼트 기능을 모두 누릴 수 있는 것을 말한다.

**Phantogram 팬토그램** [영상] 물체가 종이 위에 놓인 것처럼 보이게 만든 애너그리프 이미지를 말한다.

**Phantom Haptic device 팬텀 햅틱 디바이스** 촉감각이란 만져서 느끼는 감각인데 이것도 가상에서 재현할 수 있다. 대표적인 기구는 팬텀 햅틱 디바이스(Phantom Haptic device)라 할 수 있다. 이 장치는 컴퓨터상에 있는 물체의 느낌을 현실의 손과 팔에 전달되도록 하는 장치이다. 이 장비를 통해 컴퓨터 영상과 함께 모의 수술을 할 수도 있다. 한편 손에 장갑 같은 것을 끼우고 손에 닿는 느낌을 장갑에 전달하는 장치도 발표된 적이 있다.

**Phase 위상(位相)** 단진동 $\alpha$. $\sin(2\pi vt+\alpha)$ 혹은 정현파 $\alpha$, $\sin\{(2\pi vt-x/\lambda)+\alpha\}$ 등에 있어서($\alpha$ : 진폭, v : 진동수 , $\lambda$ : 파장) 각각 $2\pi vt+\alpha$, $2\pi(vt-x/\lambda)+\alpha$를 좌표 x, 시간 t의 위상이라 한다. 위상이 같은 곳에서는 상태가 같다. 또 일반적으로 진동이나 파장에 있어서 같은 상태에 있는 곳(시각, 장소)이 같은 위상에 있다고 할 때도 있다.

**Phase Accuracy 위상 정확도** GPS 반송파 신호의 정확도를 말하는 것으로 통상 ±1 – 2mm로 통용된다.

**Phase Alternation Line(PAL) 팔 방식** PAL(Phase Alternation Line)를 참조.

**Phase Information 위상 정보** 수치 지도 정보의 구성 요소로 점・선・면 등의 각각의 위치 관계를 나타내는 자료이며, 각 요소의 접속 관계 등의 다양한 지도 정보의 기본 자료의 상호 관계를 해석하는 경우 등에 사용된다.

**Phase Lag 위상 지연(位相遲延)** 각 분조의 가상천체가 자오선을 통과한 후 고조가 될 때까지의 시간을 각도로 표시한 수. 조석의 조화 상수의 하나이다.

**Phase Lock Loop(PLL) 위상 수신 루프** PLL(Phase Lock Loop)를 참조.

**Phase Shift Keying(PSK) 위상편이변조** PSK(Phase Shift Keying)를 참조.

**Phatidal River 감조 하천** 해양 조석의 영향을 받는 하천을 말한다. 해양으로 흐르는 하천은 모두 감조하천이다.

**Phenomenon 현상** GIS에서 현상은 하나 또는 다중의 사상이나 연속적인 변화의 형태로 인식된다.

**Pheromone 페르몬** 같은 종족의 반응을 이끌어내도록 개체에서 분비되는 호르몬 물질을 말한다.

**Phi(Φ) 피** 비행방향에 직각인 수평축 주위의 회전각이다.

**Phi-Axis(Φ-Axis) 피 이축** 도화기 내에서 Φ에 대응하는 회전축을 말한다.

**PHIGS(Programmers Hierarchical Interactive Graphics System) 피그스, 대화식 계층적 도형 체계** 이것은 ANSI와 ISO에 의하여 3차원 그래픽 소프트웨어의 표준 인터페이스를 정의하기 위하여 공동으로 개발된 표준(ISO 9592)을 말한다.

**Philip W. Schiller 필립 실러** 애플의 마케팅 부사장. 월드와이드 제품 마케팅 부문을 담당하고 있으며 애플의 각종 주요 프레젠테이션에 등장하여 얼굴을 알렸다. 아이맥, 아이북, 아이팟,

사파리, 아이폰 등의 제품 전개와 마케팅에서 공헌을 하였다.

**Phishing 피싱** '개인 정보(Private Data)'와 '낚시(fishing)'를 합친 말로서, 휴대폰 문자메시지, 공공기관 사칭 전화, 인터넷 메신저 등의 정보통신을 이용하여 개인의 인터넷뱅킹 인증 번호나 사용카드번호, 계좌정보 등을 입력하도록 유인해 이를 불법적으로 빼내는 금융사기 수법을 말한다.

**PHOCUS 포커스** P2, P3 해석 도화기에서 사용되는 도화용 소프트웨어이다.

**Phong Shading 퐁 셰이딩** [영상처리] Gouraud Shading의 다소 부자연스러운 smoothing 문제를 해결하기 위해 약간 다른 계산 방식을 취한다. 셰이딩(shading, 그림자 처리)은 3차원 컴퓨터 그래픽스 분야에서 렌더링 과정에서 빛의 거리와 각도에 따라 물체 표면의 조도를 변화시키는 기법으로서, 각각의 폴리곤(polygon)이 표면과 빛의 각도에 따라서 밝기가 달라지므로 매우 사실적인 물체표현을 할 수 있고, 육안으로 식별하기 쉬워지는 효과가 있다.

Phong Shading은 인접 폴리곤(polygon)의 "표면에 수직방향(surface normal)"값과의 평균으로 그 모서리의 수직방향(normal) 값을 구하는 것까지는 같지만 그 normal값으로 표면색을 계산해서 색을 보간하는 것이 아니라, normal값 자체를 보간해서 결과적으로 보여 지게 될 이미지의 각 픽셀별로 색을 계산하게 된다. 따라서 Gouraud shading에 비해 한결 부드럽게 shading된 결과물을 얻을 수 있지만 자연히 계산에 소요되는 시간은 길어지게 된다. 일반적으로 플라스틱 질감을 표현하기에 적합하다고 말해진다. 베트남 출생의 프랑스계 미국인 Bùi Tường Phong(1942~1975)은 1973년 유타대학교의 박사학위 논문 「Illumination of Computer-Generated Images」 Phong Shading 기법을 발표하였으며, 오늘날 가장 많이 쓰이는 shading 방식 중 하나가 되었다. Gouraud Shading을 참조. Shader, Constant Shading, Gouraud Shading을 참조.

**Photo Analysis 사진 해석** 사진 판독의 한 단계로 사진 상의 사물을 판독한 후 결과를 종합하여 목적에 따라 해석하는 것을 말한다.

**Photo Base 사진 기선, 촬영 기선** 입체 사진에서 1장의 사진 상에서 그 주점과 인접 사진의 주점의 이사 주점과를 연결한 선을 말한다.

**Photo Contoured Map 등고선 사진도** 등고선이 들어있는 사진 지도를 말한다.

**Photo Coordinate 사진 좌표(寫眞座標)** 사진 좌표계로 표현한 사진 상의 점의 좌표. 사진 좌표계란 주점을 원점으로 한 X, Y 좌표계로서 사진면에 평행하며 비행방향인 축을 X축으로 하고, X축에 직각인 축을 Y축으로 한다.

**Photo Coordinate System 사진 좌표계** 사진좌표계 X, Y, Z는 X축을 비행방향, Y축은 비행 방향에 직각, Z각은 천정 방향으로 정한다. 사진 좌표계는 사진면상의 주점을 원점으로 하는 좌표계로서 사진좌표계와 X, Y 좌표는 동일하며, Z는 -c(초점거리) 만큼 차이가 있다.

**Photo Densitometer 사진 농도 측정기** 색조를 정량적으로 나타낼 수 있는 측정기를 말한다.

**Photo Diode(PD) 포토 다이오드** PD(Photo Diode)를 참조.

**Photo Forestry 사진 산림학(寫眞山林學)** 항공사진을 이용하여 삼림학상, 삼림경영상의 필요한 정보를 얻기 위한 판독의 체계를 말한다.

**Photo-Geography 사진지리학(寫眞地理學)** 항공사진을 이용하여 자연적 인문 지리학적인 정보를 얻기 위한 판독의 체계를 말한다.

**Photo Geology 사진 지질학** 항공사진을 이용하여 지질학상, 광석 채집상 필요한 정보를 얻기 위한 판독의 체계를 말한다.

**Photo Interpretation 사진판독(寫眞判讀)** 항공 및 지상 사진을 이용하여 피사체(지형, 지물)의 성질을 조사 및 식별하고 정성화하는 기술을 말한다.

**Photo Marking 사진 제작** 촬영에서 얻어진 음화로부터 세부 도화에 필요한 양화 필름과 지상 기준점 측량에 필요한 밀착 인화 사진 및 현지 조사에 사용할 확대사진을 제작한다.

**Photo Mosaic Map 집성사진지도(集成寫眞地圖)** 사진을 모두 합하여 지도처럼 만든 사진. 사진기의 경사에 의한 변위, 대상물의 비고에 의한 변위 등의 조정 여부에 따라 약조정 집성사진과 조정 집성사진으로 구분된다.

**Photo Multiplier Tube(PMT) 광전자 증폭관** PMT(Photo Multiplier Tube)를 참조.

**Photon 광자(光子)** 전자와 관련된 전자기력을 매개하는 소립자이다. 양자론(量子論)에서 빛을 특정 에너지와 운동을 가지는 일종의 입자적인 것으로 취급할 경우에 생각하는 빛의 입자로서, 광양자(光量子)라고도 한다. 스핀은 1이고 질량은 0이다. 에너지의 다발이라고도 하며, 전달 속도는 광속 C(299,792,485m/s)이다. 힘이 전달되는 거리는 무한대이다. 거리와 힘이 반비례한다.

광자 1개의 에너지는 플랑크 상수(h)에 빛의 진동수(v)를 곱한 값이다. 즉, $E_{ph} = hv = h\frac{c}{\lambda}$. 운동량은 $h\frac{v}{c}$이다. 여기서, c는 광속이다. 수많은 형태로 광자는 라디오파, 마이크로 웨이브파, 자외선, 적외선, 가시광선, 많은 에너지를 지닌 방사능, X선, 감마선 등으로 우리 주변에 퍼져있다.

**Photo Nadir Point 사진 연직점** 연직점에 대응하는 사진상의 점을 말한다.

**Photo Scale 사진 축척(寫眞縮尺)** 촬영 사진기의 투영 중심에서 사진상까지의 거리(초점거리)와 피사체까지의 거리의 비. 항공사진의 축척은 사진을 촬영하는데 사용된 렌즈의 초점거리와 사진기가 지표면에 어느 정도 떨어진 고도에서 비행하였는가에 따라서 달라진다. 이는 실제의 대상물이 사진 상에 얼마나 축소되어서 나타났는가를 관측하는 것으로 사진기의 초점거리와 지표면에서 사진기 렌즈까지의 높이의 비로 나타낼 수 있다.

**Photo Spot 포토 스포트** 연못이나 수면에서 일광이 반사하여 헐레이션(Halation)을 일으키는 것을 말한다.

**Photodetector 광 검출기** 광신호를 검출하여 이를 같은 정보를 가진 전기적인 신호로 바꾸어주는 역할을 하는 소자를 말한다.

**Photoelectric Effect 광전 효과** 물질은 매우 높은 온도까지 열을 받으면 보통의 상태에서 묶여있던 전자들은 전자기 궤도로부터 이탈하여 자유로워지는 것을 말한다.

**Photogoniometer 포토고니오미터** 측량용 사진의 투영 중심에서 사진상의 각 점의 각도를 측정하는 기계를 말한다.

**Photogram 항공 측량용 사진(測量用寫眞)** 내부 정위, 즉 사진면에 대한 투영 중심의 상대위치가 명확히 찍혀있는 사진을 말한다.

**Photogrammetric Camera 항공 측량용 사진기** 항공 측량 사진을 촬영하기 위한 사진기를 말한다.

**Photogrammetric Digitizing 사진측량학적 수치화** 항공사진으로 새로운 지도 제작을 할 때 사용되는 기법으로, 일반적으로 입체 사진으로부터 정밀하고 정확한 평면 수치 좌표와 표고를 획득할 때 많이 이용된다.

**Photogrammetric Mapping 사진 측량 도화** 항공사진의 관측에 의한 지도 편집의 과정이다.

**Photogrammetry 사진측량** 지도 제작에 사진을 이용하는 것. 항공 촬영한 3D 포토쌍 분석으로 지형의 해발 고도를 계산할 수 있다.

**Photogrammetry 사진측량학, 사진측량, 사진측정학(寫眞測定學)** 사진을 이용하여 피사체의 형상(종류・크기・형)과 성질을 조사하는 기술의 총칭. 피사체의 형상을 관측하고 정량화하는 기술을 협의의 사진측량(Photographic Survey)이라 하며, 성질을 조사하여 정성화하는 기술을 사진 판독(Photographic Interpretation)이라 한다. 정확한 관측을 위한 기법과 항공 사진을 사용하는 사진 관측학은 GIS 입력을 위해 사용되는 지형(지표면 표고)에 관한 대부분 자료의 원천이다. Photos(광, 전자기파, 사진기) + Gramma(형상) + Metron(관측)의 합성어이다.

**Photograph 사진(寫眞)** 가시광선, 자외선, 적외선, 전자선 등의 작용에 의해서 감광층(건판이나 필름) 위에 물체의 반영구적인 영상을 만들어내는 것을 말한다.

**Photograph Control 사진 제어** Paneling을 참조.

**Photograph of Convergence 수속 촬영** 입체 사진 촬영으로 좌우의 촬영방향이 기선에 대하여 서로 안쪽으로 기울어져 있을 경우의 촬영을 말한다.

**Photographed Area 촬영 면적** 촬영한 항공사진의 입체시 부분에서 포함되어진 면적을 말한다.

**Photographic Flight 촬영 비행** 어떤 구역의 항공사진 촬영을 위한 비행을 말한다. 촬영 비행은 시정이 양호하고 구름 및 구름의 그림자가 사진에 나타나지 않도록 맑은 날씨에 하여야 한다.

**Photographic Interpretation 사진 해석, 사진 판독** 피사체의 해석과 의미(Significance)를 판단할 목적으로 항공사진 영상을 측정하는 정성적 해석이다.

**Photographic Linearment 사진 선형** 사진상에 기록된 선상의 특징으로 연속적 또는 단속적으로 관찰된 것을 말한다.

**Photographic Map 사진도, 사진 지도** 도면을 마이크로필름으로 촬영하여 그것을 확대해서 작성한 사진 도면이나 항공사진을 그대로 청사진으로 표현한 것도 사진도라고 한다.

**Photographic Method 사진법** 기본 도면을 옮기는 방법의 한 가지로 기본 도면을 사진으로 찍어서 소요의 축척으로 촬영하는 방법을 말한다.

**Photographic Paper 인화지(印畫紙)** 사진 원판에서 양화를 만들기 위하여 사용되는 감광성 물질이 도포된 종이를 말한다. Printing Paper를 참조.

**Photographic Surveying 사진 측량(寫眞測量)** 지상 지중 및 항공기에 의하여 얻어진 사진에 의한 측량으로 피사체의 방향과 크기만을 결정하던 종래의 정량적인 해석만을 의미한다.

**Photographing 촬영** 항공 촬영은 구름이 없는 쾌청일의 오전 10시부터 오후 2시경까지가(태양각 30° 이상) 최적이나 대축척의 사진측량에서는 어느 정도 구름이 있거나 태양각이 30° 이상인 경우도 촬영이 가능하다.

**Photographing Station 촬영점(撮影點)** 사진을 촬영한 위치를 말하며, 항공사진 촬영점, 지상사진 촬영점 등과 같이 불린다.

**Photoindex 사진 인덱스** 일반적으로 축소된 축척으로 표현되고, 위치 번호가 부여된 사진 인덱스를 말한다.

**Photo-Lettering Phototype Setting 사진 식자** 지도 등의 문자나 기호를 나타내기도 하고, 사진 식자에서 인화지 또는 필름에 이들의 문자나 기호를 인화하거나 그의 화면을 제도 원도 또는 양화 필름에 올리는 작업을 말한다.

**Photomap 사진 지도(寫眞地圖)** 항공사진의 필요 부분들을 그대로 또는 축척, 편위 조정한 사진을 여러 장 연결시켜 모자이크한 후, 지명과 기호 또는 등고선 등을 기입한 지도의 형태이다. 종류에는 약조정사진지도(편위 수정을 하지 않음), 반조정사진지도(일부만 편위 수정함), 조정사진지도(편위 수정된 사진을 이용), 정사사진지도(정사 투영된 사진을 이용하며 등고선이 삽입됨)가 있다. Photographic Map을 참조.

**Photometer 광도계(光度計)** 밝기값을 측정하는 광학 장치를 말한다. Illuminometer와 Spectrophotometer를 참조.

**Photometry 측광학** 광원으로부터 나오는 빛 또는 어떤 면이 받는 빛의 양을 측정하는 방법들로 육안을 사용하여 비교 측정하는 시각 측정과 물리적 수광기에 의해 측정하는 물리 측광이 있다.

**Photomosaic 사진모자이크, 집성사진(集成寫眞)** 약 60%씩 중복되게 촬영한 입체 사진을 지도상에서 서로 맞추어서 만든 사진 지도로서, 이것을 만드는 방법에 따라서 약 집성 사진과 엄밀 집성 사진으로 구별된다. 전자는 사진에 아무런 수정도 가하지 않고 그대로 합쳐서 만든 것이고, 후자는 사진기의 경사나 촬영 고도의 변동 등에 의한 어긋난 것을 수정하고 각 주점이나 표정점의 관계 위치가 바르게 되도록 맞춘 것을 말한다.

**Photon 광자** 양자론에서 빛을 특정의 에너지와 운동을 가지는 일종의 입자적인 것으로 취급할 경우에 생각하는 빛의 입자이다.

**Photopic Vision 포토픽 비전** 좋은 조명에서의 시각으로 콘 비젼(Cone Vision)이라고도 한다.

**Photoreading(Identification) 사진상 읽기** 사진 판독의 제1단계로서 사물이 무엇인가를 분별하는 작업을 말한다.

**Photosignal 대공 표지** Air Photo Signal을 참조.

**PhotoSynth 포토신스** 마이크로소프트와 워싱턴 대학이 공동으로 개발한 포토신스는 한 장소를 다양한 각도에서 촬영한 여러 장의 사진을 입력해 각 사진들의 특징적인 부분들을 잡아낸다. 그리하여 이들의 유사성을 분석해 촬영 당시 카메라의 위치와 방향을 계산하고, 이를 통해 파노라마 형태의 3D 영상으로 재구성하는 기술이다. 완성된 3D 영상은 어떤 각도에서 보더라도 사실적인 느낌을 주며 확대해서 볼 수도 있다.

**Phototheodolite 사진 경위의, 사진측량용 데오도라이트** 사진기와 트랜싯을 조합한 것으로, 지상 사진 측량에 사용하는 것을 말한다.

**Phototriangulation 사진 삼각측량** 삼각측량기법에 의해 사진측량을 실시하는 것을 말한다.

**Physical Data Independence 물리적 자료 독립성** 보조 기억장치가 바뀌는 경우에는 그에 따라 자료표현 방식이 달라지기 때문에 프로그램의 수정이 불가피하였으나, 이제는 그럴 필요 없이 자료기반에 물리적 기술만 바꾸어 주면 프로그램은 변경시킬 필요가 없게 된다.

**Physical Durable Period 물리적 내용연수** 자산이 자연적, 물리적 여러 요인에 의하여 사용할 수 없게 될 때까지의 연수(年數)를 말한다.

**Physical Geodesy 물리측지학(物理測地學)** 시간과 장소에 따라 변하는 물리적 현상(중력)안에서 측정하며, 이들 값을 어떻게 회전 타원체위에서 사용할 수 있는가를 다룬다. 지구형상 해석, 중력장 측정, 지자기 및 탄성파 측정, 지각 변동 등을 다루는 학문이다.

**Physical Markup Language(PML) 물리적 마크업 언어, 물리적 생성언어, 피엠엘** PML(Physical Markup Language)를 참조.

**Physical Markup Language Server(PML Server) 물리적 마크업 언어 서버, 물리적 생성언어 서버, 피엠엘 서버** PML Server (Physical Markup Language Server)를 참조.

**Physical Model 물리적 모형** 물리적 특성과 모형화된 시스템의 물리적 특성이 유사한 모형을 말한다.

**Physical Optics 물리 광학** 전자기파로서의 빛의 본질과 행동을 연구하고, 이와 관련된 빛의 여러 현상이나 물질의 광학적 성질을 논하는 물리학의 한 분야이다.

**Physical Site 체육용지(體育用地)** 국민의 건강 증진과 여가 선용에 이용할 목적으로, 일정한 구역 내에 체육 활동에 적합한 시설과 형태를 갖춘 종합운동장, 실내체육관, 야구장 · 골프장 · 스키장 · 승마장 · 경륜장 등 체육시설의 토지와 이에 접속된 부속 시설물의 부지를 말한다.

**Physical Space 물리공간** 물리공간은 물리적 법칙이 적용되는 모든 공간을 대상으로 한다. 소립자와 나노의 세계부터 광대한 우주의 공간까지 포함한다.

**Physical Structure 물리적 구조** 파일이나 저장장치에 대한 컴퓨터 메모리의 일부분에 대한 물리적인 사상을 말한다.

**Physical Surface of The Earth 물리적 지표면** 육지, 해양 등 자연 그대로의 지표면 상태로 형상이 복잡하여 수학적 계산의 기준으로는 곤란하고 그 형상을 수학적으로 표현할 수 없다. 측량작업은 지표면상에서 이루어진다.

**Physics Processing Unit(PPU) 물리적 처리장치** PPU(Physics Processing Unit)를 참조.

**Picasa 피카사** 2004년 7월에 구글이 인수한 디지털 사진 관리 사이트. 피카사 웹 앨범은 인터넷에서 사진을 정리하고 관리하는 무료 서비스이다. 이용자의 데스크톱에 있는 사진을 손쉽게 검색하고 편집 · 공유할 수 있다. 사이트 가입이나 로그인 없이 다른 사람이 사진을 볼 수 있으며 고해상도 사진을 다운로드하거나 인쇄할 수 있는 것이 특징이다. 이미지 자르기, 적목 현상, 대비 자동조절, 색상 자동조절, 밝기 향상 등 기본 편집 재주와 구글 블로그로 이미지 전송, 슬라이드 쇼, 사진 합성, 인화 주문, 앨범 암호보호, 외부 장치로 이미지 전송 등의 편리한 기능을 지녔다.

**Pico 피코** $10^{-12}$을 뜻하는 접두어로서, 기호 p로 표시하며, trillionth 단위이다.

**Pick Point 자침점** 작은 바늘 모양의 영구자석 중앙을 바늘 끝으로 지탱하거나 끈으로 매달아 자유로이 회전할 수 있게(자침) 해서 어떤 점을 가리키는 것을 말한다.

**Pictometry Camera 다방향 경사영상 촬영 카메라** 미국 저고도 항공사진정보업체인 픽토메트리는 마이크로소프트의 디지털지도 서비스 '버추얼어스(Virtual Earth)'에 사진을 공급하는 업체의 카메라를 말한다. 전통적인 항공사진측량 기술과는 달리 1개의 수직촬영카메라와 전, 후, 좌, 우의 서로 다른 방향에서 경사영상을 촬영할 수 있는 4개의 경사촬영 카메라로 구성되어 있다.

**Picture (Angular) Field 화각** 상측의 투영 중심이 사진상의 대각선을 끼고 있는 각을 말한다.

**Picture Coordinate 사진 좌표** Image Coordinate를 참조.

**Picture Distance 영상면 거리, 주점 거리** Principal Distance를 참조.

**Picture Element(PEL) 영상소, 사진 요소** PEL(Picture ELement)를 참조.

**Picture Plan 사진면** 사진측량에서 건판 또는 필름이 장치되어 있는 면을 말한다.

**Picture Scale 사진 축척** 촬영 사진기의 투영 중심에서 사진상까지의 거리와 피사체까지의 거리와의 비를 말한다.

**Picture Symbol Map 그림 심볼 지도** 대상물의 유형을 보여주기 위해 점에 단순화된 그림이나 기하학적 도표를 사용하는 지도 유형. 예를 들어, 참조도에서 공항은 작은 비행기 모양으로 보이고, 소풍 장소는 피크닉 테이블로 표시한다.

**Pie Chart 원형 도표** 전체에서 부분의 크기를 확인하는 데 유용하며, 부분이나 비율을 보여주는 데 유용하다.

**Piecewise 단계별, 구역별** 독립적으로는 지리적으로 연속적인 자료군의 일부분을 묘사하고, 공동으로는 전체적인 자료군을 묘사하는 데 사용되는 수치적인 표현이나 수학적인 함수들의 집합을 나타내는 데 사용된다.

**Pier 부두** 배를 정박하기 위해 만든 바다 위의 구조물을 말한다.

**Piezo Sensor 피에조 감지기** 압전 소자를 사용하여 차량의 중량에 의한 압력을 검지하는 장치를 말한다.

**Pigging 피그(Pig)탐사, 피깅** 장비를 관내에 통과시켜 부식 등의 청소를 하는 기법으로 원래 개발되었으나, 최근에는 첨단 항법장치를 장착하여 관로의 3차원 공간좌표 취득으로 관로의 지도 작성까지 가능한 한 관로조사 및 탐사방법이다. 피그(pig), 즉 돼지라는 단어가 의미하는 것처럼 장비작동 시 돼지소리를 낸다는 뜻에서 붙여진 용어이다. 최근의 첨단 피그(Pig)탐사 또는 피깅(Pigging)을 "인텔리전트 피그"(Intelligent Pig)라고도 한다. 피그(pig)란 배관(pipeline) 내부에 삽입되어 수송물질의 흐름에 의하여 이송되는 기구를 일컫는다. 굳이 피그를 구분하면 utility 피그(혹은 conventional pig)와 인텔리전트 피그 또는 ILI(in-line inspection) 피그로 나눌 수 있다. utility 피그는 배관 내부의 세척, 수송물질의 분리, 수분제거 등의 목적으로 사용되는 것이며, 인텔리전트 피그는 배관에 발생한 문제의 위치와 정도를 측정하여 배관의 상태에 관한 정보를 획득하기 위하여 운용되는 것이다.

**Pilot Project 파일럿프로젝트, 시험사업** 규모가 큰 프로젝트의 성공 가능성을 조사하기 위해 행하는 소규모 프로젝트. GIS를 구축하기 전 필요한 방법으로 한 번에 모든 요구를 충족한 내용의 시스템을 구축하는 것이 아니라, 입력할 지역이나 시스템 기능을 제한하여 시험적인 시스템을 개발하는 것이다. 시스템에 대하여 충분히 검증하고 평가함으로 처음부터 많은 투자를 하여 개발된 시스템에 비하여, 처음의 계획과 크게 달라지는 위험을 피하는 등 여러 가지 문제점을 없앨 수 있다.

**Pilot System Development 시범사업 수행** 상세 설계를 바탕으로 일부 데이터베이스를 구축하고, 실제 현업에서 사용될 수 있는 응용 프로그램을 직접 개발하는 과정이다. 즉, GIS 구축 과정에서 최초로 물리적인 결과를 산출하는 첫 단계이다. 시범 사업을 수행하는 기간에 해야 하는 일은 대체로 시스템 상세 설계, 데이터베이스 구축, 응용프로그램 개발 등으로 구분할 수 있다. 즉, 시범 사업은 지역 범위가 차이가 있을 뿐, 전체 시스템을 개발하는 과정과 동일하다.

**Pilot Tunnel 시굴 터널(試掘-)** 터널을 굴착함에 앞서 암반이나 지하수의 상황 그 밖에 터널 굴착에 있어서 필요한 데이터를 얻기 위하여 미리 굴착하는 터널을 말한다.

**PIM(Personal Information Manager) 개인 정보 관리자** 개인용 정보 관리기기로 달력이나 주소록과 같은 어플리케이션을 포함하고 메일이나 메모를 작성한다.

**PIM(Processor-In-Memory) 지능형 반도체** 반도체에는 메모리 반도체와 시스템 반도체 두 종류가 있다. 최근에는 이러한 반도체로 빅 데이터 및 IOT(사물인터넷)를 다루는 데에 한계를 느끼고, 이 둘을 하나로 합치는 연구, 개발이 진행되고 있다. 두 기능을 합한 반도체를 지능형 반도체(Processing In Memory, PIM)라고 한다. 이는 저장 작업을 하는 메모리 반도체에 연산 작업을 하는 프로세서 기능을 더한 것이다. 즉, CPU, GPU, 메모리, 통신, OS 등을 모두 통합하고 임베디드 SW로 전체 시스템을 제어·구동하는 반도체로서 전체 시스템의 부가가치를 높일 수 있다. 지능형반도체는 스마트카, 사물인터넷, 웨어러블 디바이스 등의 스마트 기기가 지능형서비스를 제공할 수 있도록 하는 SW 및 시스템반도체(System on Chip, SoC) 융합기술로서, 사물인터넷(IoT) 시대에 다양한 스마트 기능을 수행하는 반도체 제품에 대한 수요 확대가 예상된다. 특히 지능형 반도체는 산업적 파급효과가 큰 핵심부품이자 기반요소로, 향후 다양한 주력산업과 융합한 시너지 창출이 기대된다.

지능형 반도체는 반도체 관점에서는 시스템 반도체, SW 관점에서는 시스템 소프트웨어 및 부가서비스 구현 SW 등이 모두 포함될 수 있다. 시스템 반도체는 메모리 반도체와 달리 수요제품이 요구하는 기능 구현을 위해 설계된 회로에 따라 여러 반도체가 통합된 형태를 가지며, 이 중에서도 반도체 설계를 통해 다양한 기능을 담을 수 있는 로직 IC, 마이크로 IC 등이 지능형반도체에 가깝다고 볼 수 있다. SW산업은 그 범위가 매우 방대한데, 시스템 반도체에 지능형 서비스를 부가하는 기술인 임베디드 SW 분야에 초점을 맞추고 있다. 임베디드 SW는 스마트폰, 가전, 자동차 등 다양한 제품의 마이크로프로세서 등 전자소자에 내장되어 특정 기능을 수행토록 지원하는 SW이다. 세계의 주요 반도체 기업들은 사물인터넷을 반도체 산업의 새로운 기회로 주목하고, 이에 대한 대응방안 마련을 서두르는 추세이다. 사물인터넷 시장규모는 기관에 따라 차이가 있지만 2020년 약 3천~7천억 달러 규모의 시장을 형성할 것으로 전망되고 있으며, 반도체는 이 중 약 9~12% 비중을 차지할 것으로 예상된다. 특히, 최근 반도체 시장의 성장이 정체된 상황에서 자동차, LED 조명, 가전 분야의 사물인터넷 반도체(프로세서, 통신, 센서 등) 시장이 연간 30% 이상의 고성장을 지속하여 2020년에는 400억 달러 이상의 시장규모에 도달할 것으로 전망된다.

**PIMFY(Please In My Front Yard) 핌피(현상)** 핌피현상이란 수익성 있는 사업을 내 지방에 유치하겠다는 지역이기주의 일종이다. 원자력 발전소, 쓰레기 소각장 등 혐오시설을 내 이웃에 둘 수 없다는 님비와는 반대현상이지만 지역이기주의라는 점에서 똑같다.

**Pin 핀** 금속으로 된 전기적인 단자를 말한다.

**PIN(Parcel Identification Numbers) 개인 식별번호** 컴퓨터 내의 내용을 한 눈에 알아볼 수 있도록 개략적으로 기록한 번호를 말한다. Pin Error측량침 오차평판측량에서 목표를 시준할 때에는 측점의 도지상 위치에 측량침을 꽂고, 그 곳에 알리다드의 모서리를 대고 시준하는 것이므로 침의 반경만큼의 방향오차가 생기는데 이 오차를 말한다.

**Pin Hole 핀홀, 핀구멍** 카메라에서 렌즈 대신 사진을 찍을 수 있도록 만든 바늘구멍을 뜻한다.

**Pincette Marketing 핀셋 마케팅** 핀셋으로 콕 집어내는 것처럼 타겟층을 정교하게 세분화해 필요한 곳만 정조준하는 마케팅 기법으로 불특정 다수를 대상으로 하는 판촉활동 대신 특정 고객을 위한 맞춤형 마케팅을 구사하는 것. 불특정 다수가 대상인 매스(Mass) 마케팅과 반대 개념으로, 고급 백화점 등에서 시작돼 산업 전반으로 확산되고 있다.

**Pinnacle 산봉우리** 경사가 완만한 지표면이나 평원에서 길고 가느다랗게 뾰족한 형태로 돌출한 봉우리를 말한다.

**Pin-Point Marketing 핀포인트 마케팅** 개개인을 하나의 목표시장으로 하여 1 : 1로 접근하는 마케팅방식을 말한다.

**Pinterest 핀터레스트** 핀(Pin)과 관심(Interest)을 합성한 말. 핀을 꽂아 사진 자료 등을 게시하는 메인화면인 '핀보드'를 틀로 해 피닝(핀보드에 사진 등 게시물을 올리는 것)과 리핀(다른 사용자 핀보드 내용을 자신의 핀보드에 저장) 등을 통해 정보를 공유한다. 간편하게 사진을 올리고 친구들에게 보여줄 수 있는 서비스이다.

**Pipe 관(管)** 액체나 기체 등의 유체를 수송하는 파이프로서, 강파이프, 주철파이프, 동파이프, 연파이프, 염화비닐파이프, 폴리에틸렌파이프, 철근콘크리트파이프, 원심력 철근콘크리트 파이프, 도관 등이 사용된다.

**Pipe Exploration 관로 탐사** 시설물 편집도를 참조하여 관로탐사장비로 관로의 위치와 심도를 탐사하는 것을 말한다.

**Pipeline Flow 관수로(管水路) 흐름** 관수로 흐름은 관로에 유체가 가득차서 압력(차)에 의해 흐르는 흐름이다. 항상 만수(滿水)상태로 흐르므로 자유수면이 없으며, '압력식', '펌프압송식'이라고도 하며, 관(Pipe)을 만수상태로 흐르므로 '관거 관수로'라고도 한다. 장점은 오폐수의 침입이 없으며, 경사진 상방향으로도 수송이 가능하다. 단점은 압력으로 물을 흐르게 해야 하므로 유지관리비용이 고가이며, 누수 및 관(Pipe) 파열의 문제가 발생할 수 있다. 관수로는 주로 "상수도"용으로 사용된다. 관로 단면은 여러 가지 형태가 있을 수 있으나, 가장 많이 사용되는 형태는 원형관이다.

**Pipe Line Surveying 관로측량** 상수도관, 하수도관, 송유관, 가스관 등의 관을 매설하기 위해 설계 또는 시공에 필요한 측량을 말한다.

**Pipe Locator(PL) 관로 탐사기** PL(Pipe Locator)를 참조.

**Pipe Network 관망(管網)** 배수관로의 근간이 되는 폐합관로(loop)가 있는 망(網, network) 형태뿐만 아니라, 광역상수도 관로와 같은 수지(樹枝, branched)형의 관로도 포함하는 광의의 개념이다. 본관과 지관이 모두 연결되어 물의 유동이 계속되므로 물의 정체에 의해 수질이 악화 및 단수의 우려가 없다. 관망해석의 목적은 관로 내 각 지점에서 관경, 관 길이, 유속계수, 밸브상태, 펌프의 운전상태 등을 알고 있는 조건하에서 유량 및 동수두를 계산하여 관로를 통하여 흐르는 물이 안정되게 공급되는가를 확인하기 위함이다.

**Piping 파이핑 현상** 분사현상보다 더 규모가 크게 수평으로 모래지반이 다공질 상태가 되어 지반 내에 파이프 모양의 물길이 뚫리게 되는 현상이다. 보일링 현상이 진전되어 물의 통로가 생기면서 파이프 모양으로 구멍이 뚫려 흙이 세굴되면서 지반이 파괴되는 현상을 말한다. 흙막이 벽체 배면, 굴착저면, 댐, 제방의 기초지반에서 발생될 수 있으며, 발생 시 지반의 붕괴원인이 되어 피해가 크다. 원인으로는 흙막이 벽체의 근입장 깊이 부족, 흙막이 배면 지하수위 높이가 굴착저면 지하수위보다 높을 경우, 굴착저면 하부의 피압수, 굴착저면 하부의 투수성 좋은 사질지반, 댐/제방에서의 누수에 의한 세굴과 댐체의 단면부족 및 필터 층 불량 등이 있다.

**Piping Drawing 배관도(配管圖)** 급수 · 배수 · 급탕 및 난방 등을 위한 배관 계통을 나타낸 도면, 관의 굵기, 길이, 위치, 펌프, 관의 위치를 나타낸 지도이다.

**Pit 피트** 주위의 경사값이 모두 양수(상향)인 점을 말한다. 용어 피트는 국지적으로 낮음을 보이는 자료내의 잡음의 결과인 수치 표면 모형상의 영역을 설명하기 위해 수치 지형 모형화에서 사용된다.

**Pitch 피치** [드론] 로봇, 비행체, 드론 등의 자세를 의미하는 각도는 롤(Roll), 피치(Pitch), 요(Yaw)로 나타낸다. 비행기의 항법 장치에 필수적인 요소이다. 요(Yaw)는 z축 방향 회전을 의미하고, 롤(Roll)은 좌우로 회전하는 것을 의미한다. 자동차로 표현해보면 피치(Pitch)는 자동차가 브레이크를 잡아서 앞으로 쏠릴 때 기울어지는 방향을 의미한다. 이러한 자세 측정에는 그 기준이 있다. 즉, 중력방향을 기준으로 얼마나 기울어져 있는지를 나타내는 값이 롤(Roll), 피치(Pitch)이다. 롤과 피치를 측정하기 위해 사용하는 센서가 바로 가속도 센서와 자이로 센서이다. 정지상태의 긴 시간의 관점에서 보면 가속도 센서에 의해 계산된 기울어진 각도는 올바른 값을 보여주지만 자이로 센서에서는 시간이 지날수록 틀린 값을 보인다. 반대로, 움직이는 짧은 시간의 관점에서 자이로 센서는 올바른 값을 보였지만 가속도 센서는 기울어진 각도와는 다른 계산 값이 나올 수 있다. 따라서 가속도센서와 자이로센서를 모두 사용해서 각각의 단점을 보상할 수 있는 알고리즘을 적용해서 롤 또는 피치 값을 계산한다. 많이 적용하는 보상 방법 및 필터링으로는 칼만필터가 있다. Roll, Yaw, Accelerometer, Gyro Sensor 참조.

**Pitching 피칭** [항공] 3차원 공간상의 직교좌표계의 세 축이 만나는 점(원점)에 비행체의 중심이 위치하도록 하되, x축은 비행체의 머리 방향과 나란하도록 하고 y축은 날개와 나란하게 둔다. 그러면 수직 꼬리날개는 z축과 나란해진다. 여기서 비행기의 동체가 x축을 중심으로 회전하는 것을 롤링, y축을 중심으로 회전하는 것을 피칭, z축을 중심으로 회전하는 것을 요잉이라고 한다. 즉, 상승 또는 하강을 위해 기수를 치켜들거나 내리는 것이 피칭이다.

**Pivot Point 중심점** 도로, 수로 등의 중심선상의 교차점과 굴곡점을 말한다.

**Pixar 픽사** 화면의 가장 작은 단위인 한 화소를 뜻하는 '픽셀(Pixel)'과 예술을 뜻하는 '아트(Art)'의 합성어이다. 작품 안에 최고의 기술과 예술적 감동을 함께 담겠다는 의지의 표현이다.

**Pixel 화소, 영상소** ① 'picture element'의 약어로서, 디지털 영상에서 더 이상 쪼갤 수 없는 가장 작은 2차원 영상 단위이다. 공간정보와 분광정보를 지닌 최소 자료 요소로서, 지상 분해 격자의 크기를 규정하고 이 격자에서 나오는 복사의 분광 강도가 분광 변수를 규정짓는다. 화상을 형성하는 최소의 단위로서, 화상은 명암이 있는 색의 점(도트)배경에 의하여 생성된다. 화소수가 많을수록 해상도가 높은 영상을 얻을 수가 있으며, 보통 총화소와 유효화소로 구분이 되는데 총화소중 실제 영상신호로 출력되는 부분의 화소를 유효화소라고 한다. 스크린이 500×300 해상도인 경우 이는 수평으로 500 픽셀, 수직으로 300픽셀이 존재한다는 뜻이다. 문자, 오브젝트, 선 등은 여러 개의 픽셀로 이루어진다. 예 : 래스터 자료의 그리드 셀은 하나의 픽셀이다. ② 도형 또는 영상을 격자형으로 나타내는 최소 단위를 뜻한다.

**Pixelation 픽셀화(化), 픽셀레이션** 각각의 픽셀들을 보이게 하는 효과를 말하며, 잡음(noise)으로서 작용하기도 한다. 일반적으로 폴리곤 객체와 시점이 가깝게 설정될 때 다른 것보다 작은 텍스쳐 맵이 커지는 결과로 작용되게 된다.

**Pixels Per Inch(PPI) 인치당 화소수** PPI(Pixels Per Inch)를 참조.

**PKI(Public Key Infrastructure) 공개키 기반구조** 공개키 암호기법을 이용한 인증 수단으로, 사전에 공유된 비밀 정보가 없어도 인증서에 기반해 상대방을 인증할 수 있다.

**PL(Pipe Locator) 관로 탐사기** 상수도관, 하수도관, 송유관, 가스관 등의 지하 시설물을 굴착하지 않고 지상에서 탐사하는 장비를 말한다.

**PL(Private Label) Product 피엘 상품, 자체 기획 상품, 자체 개발 상품** PL상품은 '유통 업체가 상품을 기획, 개발하여 협력 제조업체에 생산을 위탁해 자체 개발한 상표를 붙여 판매하는 제품'을 이르는 말이다. 국립국어원은 PL(private label)상품의 다듬은 말로 '자체 기획 상품'을 선정하였다.

PL상품은 어떤 기업이 생산하거나 제공하는 제품에 다른 기업의 상표를 붙인 제품을 말한다. 줄여서 PL(Private Label)상품, OL (Own Label)상품 또는 PB(Private Brand)상품이라고도 한다. 식품에서부터 화장품, 웹 호스팅까지 자체 개발 상품의 범위도 넓은 편이다. 자체 개발 상품은 유통업체가 제조업체와 직접 계약을 맺어 유통구조가 상대적으로 단순하기 때문에 각 유통 단계별로 들어가야 하는 중간 유통 마진이 줄어들고, 마케팅 비용이 들지 않기 때문에 소비자의 선택폭이 다양해지고 저렴하게 구입할 수 있으며 일반 브랜드에서 구할 수 없는 상품들을 자체 개발 상품으로 구할 수도 있다. 유통업체는 상품에 대한 소비자의 평가를 빠르게 파악할 수 있으며, 제조업체는 유통업체가 보유한 광대한 유통망을 통해 국내 또는 해외에 판매할 상품을 개발해 판매할 기회를 얻을 수 있다는 장점이 있다. 그러나 자체 개발 상품 확대가 소매업체의 경쟁력을 저하시킬 수도 있다.

**Place 평원, 장소** ① 경계가 명확하거나 그렇지 않은 지역. ② 다른 어플리케이션으로 작성한 그래픽이나 텍스트를 가져오는 것. ③ 자료군의 지형적 위치를 말한다.

**Place Keyword 위치 이름** 자료군에 의해 포함되는 지형적 위치의 이름을 말한다.

**Place Name 지명(地名)** 대상물의 이름을 해당되는 지물의 기호에 가깝게 배치함으로써 대상물에 장소명을 연결시키는 문자지도 제작 요소. 예를 들어, 원 옆에 문자로서 도시명을 표기하는 것과 같다. Toponym를 참조.

**Place Name Data 지명 자료(地名資料)** 한국지명총람, 지명유래지, 도서지 등 지명에 관한 모든 자료를 말한다.

**Place Name Inquiry 지명 조사(地名調査)** 분석되어진 어떤 지역의 지명에 대하여 현지 조사하거나 행정관서를 통해 확인하는 작업을 말한다.

**Placebo Effect 위약효과(僞藥效果), 플라시보 효과** 약의 성분이 아니라 투약형식에 따르는 심리효과를 의미한다. 플라시보란 어떤 약 속에 특정한 유효 성분이 들어있는 것처럼 위장하여 환자에게 투여하는 약으로서, 약리학적으로 비활성인 약품(젖당·녹말·우유·증류수, 생리적 식염수 등)을 약으로 속여 환자에게 주어 유익한 작용을 나타낸 경우에 플라시보 효과가 나타났다고 한다. 현재 비교연구에 의하여 의약품의 치료효과를 평가하기 위하여 사용된다. 다시 말해서 플라시보 효과란 약물학적 작용 또는 다른 어떤 직접적인 신체작용의 이론으로 설명될 수 없는, 물질, 기구 또는 시술에 의한 유익한 반응을 말한다.

**PlaceBox 플레이스박스** 링크닷츠의 글로벌 앱으로, 위치기반 글로벌 지역정보 검색과 여행기에 특화된 애플리케이션이다. 식당·주유소·주차장·클럽·ATM등 사람들이 많이 찾는 장소를 100여개 카테고리로 분류해 쉽게 검색할 수 있다. 세계 어디서든 상세한 지역정보를 확인하고 앱에서 바로 카메라 사용이 가능해 사진 찍고 앨범을 확인할 수 있다. 간단한 메모는 물론 장소와 사진이 포함된 여행 다이어리로 활용 가능하며 장소와 사진·메모 등 다양한 콘텐츠를 포함한 여행기를 트위터와 페이스북 등으로 친구와 공유할 수 있다.

**Plain Attribute 평면 속성** 단순자료형태로 정의되는 정의영역을 가지는 속성이다.

**Plan Map 계획도** 도시 계획, 지역 계획, 간척 계획, 매립 계획, 토지 조성 계획, 항만 계획 등 일반 도상에 계획선, 예정선 등을 표시하여 장래 계획을 위하여 제작한 지도를 말한다.

**Plan of Construction 공사 설계** 공사 현장의 각종 조사를 바탕으로 설계도·시방서를 작성하고, 공사비를 견적하는 것을 말한다.

**Planar Coordinate Encoding Method 평면 좌표 코드화 방법** 평면적 위치를 표시하는 방법이다.

**Planar Coordinate Information 평면 좌표 정보** 평면상에서 개발된 좌표계에 대한 정보이다.

**Planar Coordinate System 평면 좌표계** 지표면이 투영된 기준면상의 점의 위치를 정의하는 거리, 각도 값을 말한다.

**Planar Coordinates 평면 좌표** 평면 좌표 체계에서 위치를 지정하는 2개의 숫자들의 순차적 집합을 말한다.

**Planar Distance Units 평면 거리 단위** 거리에 대한 측정 단위이다.

**Planar Enforcement 평면 집행** 벡터 데이터 모델에 적용되는 법칙으로, 공간적인 요소들은 겹쳐지지 않고 모든 공간을 사용해서 각각의 장소가 정확하게 하나의 지역 안에 놓아지도록 만든다. Topology를 참조.

**Planar Graph 평면 그래프** 절점, 링크, 체인 객체가 평면에 존재하는 것처럼 표현되는 것. 절점과 가장자리로 이루어지며, 체인 절점과 동일한 구성을 갖고 있으나 가장자리는 교차될 수 없고 단지 연결되는 절점을 사용해야 한다. 참고 하나 이상의 절점은 평면상에 존재할 수 없으며 링크나 체인은 절점에서만 교차한다.

**Planar Graph With Faces 면평면 도표** 도표의 평면 구현에서 인접하는 표면에 대응하는 면들의 집합체와 평면도표로 구성되는 공간집합체를 말한다.

**Planar Projection 평면 투영** 지도 자료를 지구에 접하는 평면에 투영시키는 것으로 한 점에서 접한다. 투영의 중심은 지구의 중심 또는 접점에서 반대되는 점, 외부의 한 점이 될 수 있다.

**Planck's Law of Radiation 플랑크 복사 법칙** 플랑크에 의해 만들어진 온도와 파장과의 관계를 식으로 표현한 것을 말한다.

**Plane 평면도(平面圖)** 건물이나 사물의 평면을 표현하여 넓이, 각, 구획의 위치 등을 표시한 도면을 말한다.

**Plane Angle 평면각(平面角)** 측량에서는 60진법 표시와 호도법이 주로 사용되며 요즈음 구미 각국에서는 계산에 편리한 100진법으로 사용하고 있다.

**Plane Cartesian Coordinate 평면 직교 좌표** 측량 지역에 대해 적당한 일점을 좌표의 원점으로 정하고, 그 평면상에서 원점을 지나는 자오선을 X축(N), 동서방향을 Y축(E)이라 하고(수학에서의 좌표축과 취하는 방법이 다른데 주위), 각 지점의 위치는 직교 좌표값 x, y로 표시된다.

**Plane Control Point 평면 기준점** 항공사진을 이용한 지도제작에서 세부도화에 필요한 평면좌표를 산출하는데 기준이 되는 점을 말한다.

**Plane Coordinates 평면 좌표(平面座標)** 평지에서 점들의 위치를 특정화하는 좌표들. 일반적으로 지도학에서 평지는 평평해질 수 있는 원뿔이나 원통에의 지구표면 투영이다. 그리고

4변의 축들 간에서 축척 상으로 나타난 X와 Y값은 각각 동향(Easting)으로의 거리, 북향(Northing)으로의 거리이다.

**Plane Curvature 면 곡률** 면의 곡률은 최대, 경사를 갖는 방향에 수직한 방향에서 측정된다. 양수 값은 표면이 볼록한 정도를 나타내며, 음수는 오목한 정도를 나타낸다. 0은 표면이 직선 형태임을 나타낸다.

**Plane Oblique Coordinates 평면 사교 좌표** 평면상 한 점의 위치를 표시하기 위해서 서로 교차하는 2개의 직선을 좌표축으로 도입한 좌표이다.

**Plane Orientation 방향 맞추기** 평판을 일정한 방향(시준하려는 방향)으로 맞추는 것으로, 표정이라고도 한다. 평판위에 그려진 모든 선이 지상의 것에 대응하는 선과 평행하도록 평판을 돌려 맞추는 작업이다. 평판 세우기 3가지 중 오차에 가장 큰 영향을 미치므로 특히 주의를 요한다.

**Plane Orthogonal Coordinates 평면 직각 좌표** 직각좌표에서 점의 위치(x, y)는 서로 직교하는 횡방향 X축과 종방향 Y축의 평면 직각 좌표계를 사용한다. 래스터 자료의 경우에 수평방향의 픽셀 숫자(열번호 i 혹은 픽셀 i)와 수직 방향의 선 숫자(열번호 I 혹은 선 J)를 일반적으로 영상좌표 (i, j)로 표현한다.

**Plane Polar Coordinates 2차원 극좌표, 평면 극좌표** 2차원 극좌표는 평면상 한 점과 원점을 연결한 선분의 길이와 원점을 지나는 기준선과 그 선분이 이루는 각으로 표현되는 좌표이다.

**Plane Rectangular Coordinate System 평면 직각 좌표계** 어떤 지역 내에 좌표 원점을 정하여 지구 표면을 어떤 조건에 따라 평면에 투영해서 평면상에 직각 좌표값으로 각 지점의 위치를 표시하는 방법이 있다. 지구 표면상의 점을 표면상의 위치로 표시하는 데는 평면 직각 좌표가 사용되고 있으며 남북측을 X축, 동서축을 Y축으로 하는 측량좌표계를 사용하고 있다. 지구 표면을 평면에 투영할 때 생기는 오차를 일정한도 내에 두기 위하여 투영지역의 범위를 제한하여야 한다. 그래서 광범위한 지역을 대상으로 할 경우에는 지역 내에 수 개의 원점을 설치할 필요가 있다. 이때 나눈 지역을 좌표계(ZONE)라 한다. 국토지리정보원이 설치한 1, 2, 3, 4등 삼각점의 성과표에는 경도와 위도 및 표고뿐만 아니라 공공 측량의 편의를 위하여 평면 직각좌표로 표시되어 있다. 이것은 지구 타원체면상 좌표인 경위도를 GAUSS KRUGER 투영방식에 의하여 평면상의 직각좌표로 투영 변환한 좌표이다.

우리나라의 수치지도 및 수치정사영상의 좌표는 대부분 평면직각좌표계에 의한 횡메르카토르(Transversal Mercator projection; TM) 도법을 원칙으로 하며, 타원체는 세계측지계 GRS80(Geodetic Reference System 1980) 타원체를 사용하여 변환한다.

좌표를 전개하는데 있어서의 축척계수는 1.0000으로 하며, 좌표 단위는 소수점 이하 2자리까지 미터(meter)로 기록한다. 평면기준좌표계의 원점은 북위 38°, 동경 125°, 동경 127°, 동경 129°, 동경 131°를 각각 서부원점, 중부원점, 동부원점, 동해원점으로 한다. 좌표계 원점의 좌표값은 X=600,000m, Y=200,000m으로 한다.

**Plane Surveying 국지측량(局地測量), 평면 측량** 지표면을 평면으로 간주하고 실시하는 측량. 그 범위는 정도가 100만분의 1을 넘지 않는 정도로서, 기준이 되는 원점으로부터 약 20km$^2$ 이하이다. 이 이상의 광범위한 구역에서의 측량은 대지측량, 즉 지구의 곡률을 고려한 측량에 의한다.

**Plane Table 평판(平板)** 삼각 위에 고정시켜 그 표면에 도지를 깔고 측정한 결과를 그리는 판을 말한다.

**Plane Table Photogrammetry 평판 사진 측량** 지상 사진을 이용하여 좌우 사진의 투영 중심과 사진상의 점과를 연결하는 방향선을 평판에 긋고, 그 교점을 구하는 교회법으로서 입체 사진 측량이 실용화되기 이전에 사용되었다.

**Plane Table Surveying 평판 측량(平板測量), 측판 측량** 평판 측량은 도판을 삼각에 올려놓고 평판과 목표물을 시준하는 기구인 앨리데이드 등을 이용하여 방향, 거리 및 고저차를 측정함으로써 현지에서 직접 도면을 그려나가는 측량이다.

**Plane to Line Switching(PLS) 광시야각 패널 제조기술** PLS(Plane to Line Switching)를 참조.

**Plane Triangulation 평면 삼각 측량(平面三角測量)** 지구 곡률을 무시하고 지표면을 평면으로 간주하여 행하는 삼각측량을 말한다.

**Planet 행성(行星), 떠돌이별** 태양 둘레의 일정한 궤도를 선회하는 천체(celestial body) 로서, 혹성이라고도 한다. 행성은 자기 스스로 빛을 내지 않고 태양광을 반사하여 빛을 내고 있는 천체이다. 태양계의 행성은 태양에서부터 가까운 순으로 수성(Mercury), 금성(Venus), 지구(Earth), 화성(Mars), 목성(Jupiter), 토성(Saturn), 천왕성(Uranus), 해왕성(Neptune), 명왕성(Pluto) 등 9개의 행성이 있다.

**Planhed Obsolescence 계획적 진부화** 새 상품의 판매를 위해 구 상품을 계획적으로 진부화 시키는 기업행동. 시간적 진부화, 기능적 진부화, 심리적 진부화 등으로 진행된다. 주로 첨단기기나 패션 분야에서 볼 수 있다.

**Planimeter 구적기(求積器), 플라니미터** 불규칙한 직선 또는 곡선으로 이루어진 도형의 면적을 도형에서 직접 잴 수 있도록 고안된 기계이다.

**Planimetric Base Mapping 평면 도화** 항공사진 측량 방법에 의한 항공사진에서 수집된 지도로 등고선의 기초가 된다.

**Planimetric Data 평면 자료** 위치를 확립하기 위해 지형 기복 정보를 고려하지 않는 공간 자료이다.

**Planimetric Feature 평면 형상, 지물(地物)** 지물은 도로·철도·시가지·촌락 등 주로 인공적인 시설물을 말하며, 지형도에는 일반적으로 그 평면 형태만을 나타낸다.

**Planimetric Map 평면 지도(平面地圖), 평면도** 항공 촬영에 의한 사진 측량 또는 평판 측량에 의해 지도로 수집될 수 있거나, 항공사진에서 인식되는 도로·빌딩·수계 같은 지표상의 자연적·물리적 실체의 수평적 위치를 보여주는 지도이다. 지표의 기복을 제외시키고 지리적인 대상의 평면적인 위치만을 나타내는 지도이다.

**Planimetric Plotting Instrument 평면 도화기(平面圖化機)** 등고선 도화와 표고 측정은 할 수 없으나 평면 위치의 정사투영은 도화할 수 있는 도화기를 말한다.

**Planimetric Surveying 평면 측량(平面測量)** 지물의 평면적인 위치를 측량하는 작업. 도근측량, 삼각측량 등이 이에 속한다. Plane Surveying를 참조.

**Planimetric(Single) Photogrammetry 단사진 측량(單寫眞測量)** 입체시를 직접 사용하지 않고, 평면 위치를 정하거나 도화하는 사진 측량을 말한다.

**Planimetry 평면, 수평 위치** 윤곽(굴곡)이 없는 지도상에서 표현되는 자연적, 인공적인 형상, 즉 도로·지물·가옥 등의 평면도형의 도화를 말하는 것으로 등고선의 묘사라든가 표고의 관측 등에 대응하는 것을 말한다.

**Plank's Radiation Law 플랑크의 복사 법칙** 복사에 관한 기본적인 법칙으로서, 흑체의 온도와 이때 나오는 복사의 세기 사이의 관계를 파장의 함수로써 나타내는 것을 말한다.

**Planning 계획** 프로젝트의 목적과 목표를 정의하고 이들을 달성하기 위한 작업 단위들을 나열하는 것으로서, 달성 여부를 판단하기 위해 측정 도구가 설정되며, 필요한 자원들이 할당된다.

**Planning and Engineering 토목계획** 대축척 또는 중축척 지도와 설계 모형은 주로 토목설계, 도시계획, 지역계획, 고속도로 노선선정과 공공설비 개발에 이용된다.

**Planning Line Surveying 법선 측량** 하천 또는 해안에 있어서 축조물의 신설 또는 개수 등을 행하는 경우에 현지의 법선상에 측점을 설치하고 선형도를 작성하는 작업을 말한다. Alignment Surveying을 참조.

**Plasticity Index(PI) 소성지수** 액성한계와 소성한계의 차이를 소성지수라 한다. 즉, PI = LL − PL. 소성지수는 흙이 소성상태로 존재할 수 있는 함수비 구간의 크기를 의미한다. 소성지수가 0인 흙을 비소성(非塑性, nonplastic)이라 하고 NP라고 표기한다. 소성지수가 큰 흙은 압축성이 크다. 즉, 같은 크기의 하중을 받을 때 소성지수가 크면 더 많이 압축된다. Atterberg Limits 참조.

**Plastic Limit(PL) 소성한계(塑性限界)** 소성체 상태와 반고체 상태의 경계 함수비이다. 즉, 점토가 소성체 상태가 되는 함수비의 하한계이다. Atterberg Limits 참조.

**Plastic Semiconductor 플라스틱 반도체** 반도체 제조에 주로 사용되는 실리콘(규소) 대신 플라스틱을 이용한 반도체를 말한다. 플라스틱에 전기를 흘려 반도체를 만드는 기술은 1970년대 후반부터 연구가 진행돼 왔다. 반도체와 절연체, 금속 등을 겹겹이 쌓아 회로를 만드는 기존 제조방식과 달리 잉크젯 프린터로 종이에 인쇄하듯 전자회로를 찍어내는 공정을 사용한다. Memory Semiconductor, Non-Memory Semiconductor, D RAM, Nand Flash Memory를 참조.

**Plat 플레트** 측량이나 제도에 의해 결정된 그 지역 일대의 모든 필수적인 정보를 담고 있는 토지의 경계와 모양에 대한 정보를 보여주는 축척에 맞도록 그려진 도표. 각 분할 획지의 경계 높이를 포함하는 토지의 윤곽을 완벽하고 정확하게 제도하는 데 요구되는 모든 정보가 들어 있어야 한다. 토지에 대한 법적인 사항도 기술되어 있을 수 있고, 서류상의 기재사항을 대신하여 사용될 수 있다.

**Plate 평판(平板)** 한 변의 치수가 다른 두 변의 치수에 비하여 매우 작은 평면구조 부재로서 주로 휨에 의하여 외부 하중을 지지한다.

**Plate Holder 건판보지기(乾板保持器)** 입체 도화기로서 사진을 고정하고 내부 정위를 바르게 유지시키는 장치를 말한다.

**Plate Level 평반수준기(平盤水準器)** 트랜싯의 평반 위에 달려 있으며, 수평을 맞추는데 사용한다. Plate-Level Adjustment Screw를 참조.

**Plateau 고원(高原), 해저대지(海底臺地)** ① 고도가 높고 비교적 평평한 광활한 땅을 말한다. ② 주변 해저보다 높게 솟아 있고 대체로 넓고 평평한 해저지형으로 대륙붕보다 외양 쪽에 위치한 지형으로서, 범위가 상당히 넓으며 정상은 거의 평탄하고, 어느 한쪽 면은 급경사를 이루며 대양저에 이른다.

**Plate-Level Adjustment Screw 평반 수준기 조정 나사** 트랜시트의 평반위의 수준기에 달려 있으며, 이 수준기축과 트랜시트의 연직축이 수직이 되게 조정하는 나사를 말한다.

**Plate Tectonics 판구조론(板構造論)** 대륙의 이동과 이에 따른 지질학적 현상을 설명하는 지질학 이론이다. 판구조론은 '대륙이동설'을 설명하는 과정에서 발전해 왔으며, 현재 지구과학 분야의 과학자 대부분이 정설로 받아들이고 있다. 지구의 최외곽부는 암석권(lithosphere)과 연약권(asthenosphere)의 2개의 층으로 이루어져 있다. 암석권은 지각과 식어서 굳어진 최상부의 맨틀로 구성되며, 그 아래의 연약권은 점성이 있는 맨틀로 구성된다. 오랜 시간에 걸쳐 맨틀은 점성이 매우 높은 액체와 비슷한 행동을 보이지만, 지진파와 같이 짧은 시간 동안 가해지는 힘에 대하여서는 탄성체, 즉 고체와 같은 거동을 보인다. 암석권은 연약권 위에 떠 있는데, 판(板, Plate)이라고 불리는 몇 개의 조각으로 나뉘어 있다. 10개의 주요 판으로는 아프리카판, 남극판, 오스트레일리아판, 유라시아판, 북아메리카판, 남아메리카판, 태평양판, 코코스판, 나즈카판, 인도판 등이 있다. 이들 판들은 서로 움직이면서 수렴 경계, 발산 경계, 보존 경계의 세 종류의 경계를 형성하면서, 판의 경계를 따라서 지진, 화산, 조산 운동, 해구 등이 발생, 형성된다.

**Platform 플랫폼, 탑재기** ① 플랫폼은 원래 기차를 타고 내리는 곳을 뜻함. 그런데 최근 산업계에서는 장소의 개념이 아니라, 거래를 원하는 복수의 집단들을 연결해주는 일종의 촉매역할을 하는 매개체 또는 공간의 의미로 사용되고 있다. '플랫폼 전략'의 저자 히라노 아쓰시 칼은 한마디로 장(Ground)이라고 표현했다. 서로 다른 플레이어와 그룹을 하나의 '장'에 모아서 다양한 기능을 제공함으로써 서로 간에 네트워크를 형성하게 되고 이를 통해 기대한 효과를 창출해낼 수 있도록 하는 '공간'이라는 의미로 플랫폼을 정의했다. ② 인공위성 · 비행기 · 기구 · 로켓 등과 같이 원격 탐사 관측을 위해 사용하는 기구나 물체를 말한다.

**Platform as a Service(PaaS) 서비스로서의 플랫폼** PaaS(Platform as a Service)를 참조.

**Platform Identifier 탑재기 식별자** 탐지기를 대상지역으로 전달하기 위해 사용되는 다양한 탑재기를 구별하는 데 사용되는 고유한 식별자를 말한다.

**Platform Tide 정조** Stand of The Tide를 참조.

**Platial 플레이셜** 주제별로 사용자 지도를 제작하고, 이를 쉽고 빠르게 검색해 공유할 수 있도록 하는 서비스이다. 사용자는 관심지에 글이나 사진 등을 간편하게 입력해 자신만의 지도를 제작할 수 있다. 다른 사용자는 지도와 제작자를 검색해 공감대를 형성할 수 있다.

**Plasticity 소성(塑性)** 물체가 외력을 받으면 변형하고 외력을 제거해도 원형으로 복귀하지 않고 변형이 남아 있는 성질은 소성이라 하고, 이런 성질을 가진 물체를 소성체라 하며 대표적인 소성체로는 찰흙 등이 있다. 또 금속 중에서는 구부리기 쉬운 구리가 소성이 크다. 적당량의 수분을 함유한 점토 덩어리는 외부의 힘을 가해도 파괴되지 않고 그 형태가 변하며, 그 후 외부의 힘을 제거해도 변형된 그대로의 상태를 유지하는데 점토의 이러한 성질이 소성이다. 소성변형은 변형력 응력이 탄성한계를 넘을 때 일어나며, 항복점 이상에서 뚜렷하게 커진다. 따라서 소성은 탄성한계를 지난 후에 생긴다. 축축한 점토나 석고는 항복점이 낮기 때문에 소성이 크며, 고분자 물질은 뚜렷한 항복점이 없고 비교적 작은 외력에 의해서도 소성을 나타내는 것이 많다. 이에 비해 금속은 일반적으로 뚜렷한 항복점을 가지며 그 값도 크므로 큰 외력이 작용하지 않으면 소성을 나타내지 않는다. 공학에서는 주로 강재를 취급할 때 탄성이론을 적용하고 흙 재료를 취급할 때 소성이론을 적용한다. 그리고 탄성과 소성에는 다 같이 한계가 있는데 이들을 탄성한계, 소성한계라고 하며, 이 한계를 넘으면 더 이상 탄성이론이나 소성이론을 적용할 수 없다.

**Platykurtic 퍼짐 분포** 정규분포보다 덜 뾰족하고 분산이 커 편평한 분포를 퍼짐분포라 한다.

**Plazes 플레이지즈** 플레이지즈 서비스는 지역별로 누가, 어디서, 무엇을 하는지에 대한 이벤트 정보들을 지도에 표시하고, 이를 이용자들끼리 공유할 수 있게 한다. 휴대전화 문자 메시지 기능을 이용해 현재 진행되고 있는 자신의 이벤트를 표시하고 공유할 수 있다.

**Please In My Front Yard(PIMFY) 핌피(현상)** PIMFY(Please In My Front Yard)를 참조.

**PLine 피라인** 세 점 이상으로 이루어진 1차원 공간객체를 말한다.

**PLL(Phase Lock Loop) 위상 루프** 발진기 신호의 위상은 두 신호의 위상을 처음에 비교하여 기준 신호의 위상을 정확하게 하고, 그 후 두 신호를 다음에 비교하였을 때 위상차를 제거하기 위한 기준 발진기 주파수를 조정하여 위상차를 구한 결과를 사용하는 기법이다.

Carrier Tracking Loop의 다른 용어이다.

**PLM(Product Lifecycle Management) 제품수명주기관리(製品壽命週期管理)** 제품 수명 전 기간에 걸쳐 설계와 해석, 관리를 위한 솔루션. 제품의 기획 단계에서 개념 설계, 상세 설계, 생산, 서비스에 이르는 전체 수명 주기에 걸친 제품 정보를 관리하고 이 정보를 고객 및 협력사에 협업 프로세스를 지원하는 제품 중심의 연구 개발 지원 시스템이다. 제품 개발 과정의 효율성을 높이고 회사 내에서 제품 관련 정보를 활용할 수 있는 능력을 향상시킴으로써 더 좋은 의사 결정을 가능하게 하며 결과적으로 회사에서는 고객에게 더 큰 가치를 제공할 수 있다.

**Plot 전개** 자동 제도기로 그리는 것을 말한다.

**Plot Plan 도화 계획** 현존 물체를 축척으로 나타낸 지도를 제작하기 위한 계획을 말한다.

**Plotter 출력 장비, 도화기(圖化機)** ① 사진 측량에서 각 점의 사진 좌표를 관측하거나, 입체 모델을 조성하여 도화를 하는 장비이다. 단 사진용 도화기와 입체 사진용 도화기가 있으나, 일반적으로 입체 도화기를 말한다. ② GIS의 도형・기호・숫자・문자 등의 수치 자료를 눈으로 볼 수 있도록 종이에 자동적으로 묘사하는 장치를 총칭한 것이다. 종류로서는 플렛트 베드형, X, Y 펜 플로터, 드럼형 플로터, 스탠드형 X, Y 플로터, 레이저 플로터, 정전 플로터, 필름 레코더 등이 있다. 수치 지도에서는 최종 성과인 원도 등의 정밀도가 높은 도면을 묘사하는 장치를 자동 제도 장치라 부르고 구별하고 있다. 따라서 정밀도는 떨어지지만, 묘사 스피드가 빠르고 작업 효율이 좋은 정전 플로터의 사용도 인정되고 있다.

**Plotter Data File 출력자료파일** 정위치 자료파일을 기초로 소정의 지도표시기준(도식)에 따라 편집 처리하여 자동 제도 장치용으로 작성한 지도제작 자료파일을 말한다.

**Plotter Routine 플로터 루틴** 도면 제작을 위한 처리 프로그램을 말한다.

**Plotter Spooling 플로터 스풀링** 플로터 출력 중에서도 도형의 편집이 가능한 기능. 이 기능을 채택하게 되면 플로터 출력에 체계가 점유되지 않고 다른 작업을 할 수 있다.

**Plotting 도화(圖化)** 입체 도화기의 좌우 2개의 투영기에 한 입체 모델을 이루는 좌우 사진의 투명 양화를 장착하고 빛을 비추면 그 광속의 교점들은 실제 지형과 상사인 입체 모델을 재현하게 되며, 그 후 표정점들을 찾아 절대 좌표를 도화기에 입력하고 부점으로 원하는 지형, 지물을 추적하면 그에 따라 지형도상에 기입될 세부 지형이 도화된다. 입체 도화기 등에 의하여 등고선과 평면도 등을 그리는 작업, 사진 측량을 이용하지 않을 때도 도화라고 할 때가 있으나, 이때는 실측 또는 기존 자료를 이용하여 지도상에 기호화하는 것을 말한다.

**Plotting Chamber 투사기** 광학적 투영법의 도화기의 한 부분으로서, 촬영 렌즈와 같은 렌즈가 부착되어 있고 포오로 코페의 원리에 의하여 광속을 재현하는 장치를 말한다.

**Plotting Compilation 지도제작편집법** 정위치 자료의 내용을 소정의 지도제작표시기준(도식)에 의거 편집 장치를 이용하여 부분적으로 삭제, 추가 등의 대화 편집 처리를 하여 플로터 자료 파일을 작성하는 방법을 말한다.

**Plotting Drawing 도면(圖面)** 토목, 건축, 기계 등의 구조나 설계 또는 지하시설물, 토지, 구조물, 임야 등을 제도기, 컴퓨터 등을 사용하여 기하학적으로 그린 그림을 일컫는다.

**Plotting Instrument 도화기(圖化機)** 중심투영에 의하여 얻어진 사진에서 정사 투영도를 만들기 위한 장비. 그 기능과 원리에 따라 1급 도화기에서 3급 도화기로 구분한다.

**PLS(Plane to Line Switching) 광시야각 패널 제조기술** PLS은 좌우 폭넓은 각도에서 볼 수 있는 광시야각 패널 제조기술이다.

**PLSS(Public Land Survey System) 공공 토지 측량 체계** 재산 소유권을 Township, 범위, 구역, 나누어지는 구획 등으로 기록하기 위한 참고 도표를 말한다.

**Plug In 플러그 인** 플러그인은 웹 브라우저의 일부로서 쉽게 설치되고 사용될 수 있는 프로그램을 말한다. 넷스케이프 브라우저를 통해 사운드나 동영상을 재생하거나, 기타 다른 기능들을 수행해주는 추가 프로그램들을 다운로드하여 설치하고, 또 정의할 수 있도록 한 것이 그 시초가 되었다. 이러한 프로그램들은 처음에는 헬퍼(helper) 응용프로그램들이라고 불렸다.

**Plumb Line 연직선(鉛直線)** 중력 포텐셜면을 직각으로 가르는 점들의 궤적으로 중력 벡터의 방향을 가진다. Vertical Line를 참조.

**Plumbing Arm 구심기(求心器)** 끝에 추를 매달아 땅 위의 측점과 도면위의 측점을 같은 연직선에 오게 하는 기구이다.

**Plumbing Point 연직점** Nadir Point를 참조.

**Plunge Pool 폭호** 폭포의 기저부에서 물이 떨어지는 힘에 의해, 특히 소용돌이 효과로 우묵하게 침식된 구멍을 말한다.

**Plus Peg 플러스 말뚝** 노선측량에서 등간격으로 설치하는 중심 말뚝을 말한다.

**PLY 피엘와이 파일형식** PLY 파일형식은 폴리곤 파일형식 또는 스탠포드 삼각형 형식으로 알려진 컴퓨터 파일형식이다. 스탠포드 대학교에서 미켈란젤로의 '다윗' 조각상을 매우 높은 해상도로 3차원 레이저 스캐닝하면서 PLY 파일형식을 사용했으며, 3차원레이저 스캐너로부터 취득한 3차원 점군 데이터를 저장하기 위해 설계되었다. 색상, 투명도, 표면 법선, 좌표와 데이터 신뢰도 등의 다양한 속성값 등을 저장할 수 있다. 파일형식의 ASCI 및 이진파일로 저장할 수 있다.

**Plymap 플레이맵** 지도 및 경로 검색과 위치 기반 소셜 네트워킹 정보 검색 서비스를 제공하는 애플리케이션.

**PM(Productive Maintenance) 생산보전(生産保全)** 예방보전 개념을 포함한 생산의 경제성을 높이기 위한 보전의 총칭으로서, 시설물의 내용연수에 걸쳐 시설물 자체의 비용, 보전비, 유지비 및 설비열화(劣化, 노후화) 손실과의 합계를 낮춰 기업의 생산성을 높일 수 있도록 하는 보전이다. 즉, 생산보전의 목적은 비용은 최소화하고 성능은 최대로 하는 것이다. 생산보전은 유지활동과 개선활동으로 구분하는데 유지활동에는 일상보전, 예방보전, 사후보전 등이 있으며, 개선활동에는 개량보전이 있다.

**PM 10(Particulate Matter Less than 10$\mu$m) 미세한 먼지** 입자의 크기가 10$\mu$m 이하인 먼지를 말한다. 국가에서 환경기준으로 연평균 50$\mu$g/m$^3$, 24시간 평균 100$\mu$g/m$^3$를 기준으로 하고 있다. 인체의 폐포까지 침투하여 각종 호흡기 질환의 직접적인 원인이 되며, 인체의 면역기능을 악화시킨다. 미세먼지(Particulate Matter, PM) 또는 분진(粉塵)이란 아황산가스, 질소 산화물, 납, 오존, 일산화탄소 등과 함께 수많은 대기오염물질을 포함하는 대기오염물질을 말한다. 미세먼지(fine particles)는 부유분진(suspended particles), 입자상 물질(particulate matter) 등으로도 불리며 명칭에 따라 약간씩 다른 의미를 가지고 있다. 입자상 물질은 공기역학적 입경(지름)이 10nm에서 100$\mu$m 정도이며, 이보다 입경이 큰 경우는 중력에 의한 침강효과로 대기 중 체류시간이 아주 짧다. PM 2.5, TSP를 참조.

**PM 2.5(Particulate Matter Less than 2.5$\mu$m) 초미세 먼지, 극미세 먼지** 입자의 크기가 2.5$\mu$m 이하인 먼지를 말한다. 학술적으로는 에어로졸(aerosol)이라고 한다. 입자의 크기가 작을수록 건강에 미치는 영향이 크다는 결과에 따라 선진국에서 미세입자에 대한 기준을 90년대 후반부터 도입하기 시작했다. 우리나라는 2015년 1월에 시행 예정인 연평균 25$\mu$g/m$^3$, 24시간 평균 50$\mu$g/m$^3$의 기준을 발표하였으며, 미국은 연평균 15$\mu$g/m$^3$, 24시간 평균 35$\mu$g/m$^3$의 기준을 설정하였다. 이것을 초미세먼지라고 한다. 미세먼지(Particulate Matter, PM) 또는 분진(粉塵)이란 아황산가스, 질소 산화물, 납, 오존, 일산화탄소 등과 함께 수많은 대기오염물질을 포함하는 대기오염 물질을 말한다. 미세먼지(fine particles)는 부유분진(suspended particles), 입자상물질(particulate matter) 등으로도 불리며 명칭에 따라 약간씩 다른 의미를 가지고 있다. 입자상물질은 공기역학적 입경(지름)이 10nm에서 100$\mu$m 정도이며, 이보다 입경이 큰 경우는 중력에 의한 침강효과로 대기 중 체류시간이 아주 짧다. PM 10, TSP를 참조.

**PMI 점각기** 양화 필름에 항공 삼각 측량점을 이식하는 장비이다.

**PMIC 모바일 애플리케이션 프로세서용 전력관리** 칩핵심 기능을 수행하는 주요 칩에 필요한 전원이나 클록을 공급하는 반도체이다. TV를 포함한 모든 기기에 들어가며 스마트폰 1대에는 모뎀·AP·카메라모듈·LED 플래시·햅틱용 등으로 6~8개의 PMIC가 사용된다.

**PMIS(Public Management Information System) 행정 정보 체계** 경영 정보 시스템을 행정에 적용한 것으로서, GIS와 혼용되어 도시 행정에 적용되면 도시 정보 시스템이 되고, 지역 행정에 초점을 두고 적용되면 지역 정보로 발전한다. 행정 정보 시스템은 고객인 주민들에게 신속하고 정확한 정보와 행정서비스를 전달할 수 있도록 하는 고객 지향성을 내포하고 있다. 행정 정보 시스템은 행정 조직 내부에 초점을 두고 조직 관리, 인력 관리, 예산 관리, 정보 관리, 자원 관리 등을 효율적으로 체계화시켜 신속하고 정확한 대시민 서비스를 제공하고 있다.

**PML(Physical Markup Language) 물리적 마크업 언어, 물리적 생성언어, 피엠엘** PML은 사람과 컴퓨터가 함께 이해할 수 있도록 Auto ID 센터가 개발한 상품기술방식이다. 이것은 물체, 시스템, 공정, 그리고 물체와 관련된 환경을 기술하는 XML 기반의 언어이다. 판독기나 그 외의 센서들로부터 얻어지는 일반적 정보들이 PML이라는 표준 공통 언어로 표시하여 배포함으로써 여러 가지 업무와 응용시스템 등에 이용할 수 있도록 된다.

**PML(Physical Markup Language) Server 물리적 마크업 언어 서버, 물리적 생성언어 서버, 피엠엘 서버** Savant가 모아온 정보를, 즉 제품명을 비롯해 현재 상태, 위치 등을 PML 형태로 저장·보관되고 데이터를 제공하는 기능을 수행하는 시스템이다.

특히 사물의 정적인 정보와 RFID 기술을 통해 인식된 이력정보를 저장, 관리하는 기능을 제공 가능하게 된다. 대표적인 PML 서버로 EPC IS(EPC Information Service)와 PML 서버가 있다.

**PMT(Photo Multiplier Tube) 광전자증폭관** [항공 레이저(라이다) 측량] 광전 증폭관은 빛을 측정하는 검출기의 한 종류이다. 일반적으로 광전음극(光電陰極, Photocathode), 다이노드, 전극으로 구성되어 있다. 광전음극은 빛을 받으면 광전효과에 의하여 전자를 방출한다. 알칼리 금속이나 그 화합물의 박층(箔層)을 금속에 입힌 것이 광전자의 방출효율이 좋다. 이 전자는 다이노드를 거치면서 증폭되고, 전극에 이르러 외부 장비로 읽을 수 있는 정도의 전류 신호가 만들어지는 원리이다. 외부 장치를 거치지 않고 바로 신호가 증폭되기 때문에, 매우 약한 빛 신호를 감지하는 데에 널리 사용된다. 보통 광전효과는 가시광선 이상의 주파수에 대하여 발생하므로, 그 이하 주파수의 빛에 대해서는 사용할 수 없다. 항공레이저 수심측량 시스템에서 깊은 수심측정 센서에 사용한다.

**PNG(Portable Network Graphics) 핑, 이동성 통신망 도형** 핑(Ping)으로 발음한다. GIF 파일을 대체하기 위해 개발된 파일 형식으로, GIF 파일보다 10~30%의 압축 효과를 더 얻을 수 있고, 개선된 투명 특성, 손실 없는 압축을 이용한다. PNG 형식은 GIF 형식을 대체하기 위해 만들어졌기 때문에 GIF 형식보다 확장된 기능을 가지면서 보다 효율적이다. PNG 형식은 WWW의 기술표준을 정하는 World Wide Web Consortium(W3C)의 권고안이 되었고, Navigator 4.0(Communicator 1.0)과 MS Explorer 4.0부터 정식으로 지원된다.

**PNS(Pedestrian Navigation System) 보행자 내비게이션** 보행자 내비게이션에서는 기존의 차량 내비게이션의 경로 안내 서비스뿐 아니라 대중교통 정보, 관심 지역 정보 및 실시간 교통정보 안내 등의 추가적인 서비스를 제공해 많은 관심을 받고 있다.

**Pocket Stereoscope 간이 입체경(簡易立體鏡)** 항공사진을 실체시 하기 위한 휴대용 도구로 사진 판독에 사용된다.

**Pod cast 팟캐스트** 애플의 아이팟(ipod)과 방송(Broadcasting)을 결합해 만든 신조어로, 실시간 방송이 아닌 내려 받기를 통해 방송콘텐츠를 접하는 방식으로 아이폰과 아이패드 등 스마트 기기와 PC의 아이튠즈 프로그램, MP3 파일 등으로 청취 가능하다. '나는 꼼수다' 등 인기 콘텐츠 등장으로 국내 팟캐스트 청취자가 1000만 명을 넘어서며 강력한 영향력을 가진 채널로 자리 잡았다.

**Podosphere 포도스피어** 팟캐스트를 제작하고 사용하는 사람들의 커뮤니티를 말한다.

**PodSafe 포도세이프** 원래는 저작권이 있는 콘텐츠이지만, 팟캐스트상에서는 무료로 사용할 수 있게 해주는 것을 말한다.

**POI(Point of Interest) 관심지점** 특정인이 관심을 가지는 현실세계 또는 지도나 도면상의 특정위치를 말한다. 또한 POI는 차량 운전자가 쉽게 목표 지점을 찾을 수 있도록 제공하는 도로 주변 건물의 위치 정보이다. POI는 (1) 주요 시설물, 역, 공항, 터미널, 호텔 등을 좌표로 전자 수치 지도에 표시하는 데이터, (2) 목적지 검색에 사용되는 검색 데이터 및 (3) 바탕 화면에 표시만 되는 바탕 데이터로 구분할 수 있다. 목표지 검색에서 사용자가 목적지에 대한 정보, 즉 목적지의 주소나 전화번호 또는 정확한 명칭을 알고 있는 경우는 그 데이터를 직접 입력함으로써 직접 목적지를 검색할 수 있다. 반대로 목적지에 대한 정확한 정보를 갖고 있지 않을 경우에는 장르별 구분에 따라 단계적으로 최종 목적지를 검색할 수 있다. 위치기반 서비스는 관심 지점(POI: Point Of Interest)을 중심으로 지도상의 각 지역 정보를 수집하여 위치기반 서비스가 목표로 하는 다양한 정보를 제공하고 있다.

**Point 점, 갑** ① 선이나 면적(Area)으로 표시하기에는 너무 작아서 선 또는 면적으로 표시될 수 없는 지리 형태를 표시하는 것으로, 0차원의 기하학적 단일 X, Y좌표이다. 예를 들면, 소축척 지도에서 건물 위치 또는 중축척 지도에서 서비스 영역의 위치, 대축척에서 전주·맨홀 위치와 라벨점 등과 사고지점을 말한다. ② 곶이라고도 한다. 3면이 물로 둘러싸인 땅을 의미하며, 바다 또는 호수로 뾰족하게 내면 육지의 끝을 갑이라 한다.

**Point and Vector Object Count 점과 벡터 객체수** 자료군 내에 생기는 점 및 벡터 객체의 총 수를 말한다.

**Point and Vector Object Information 점과 벡터 객체 정보** 자료들 내에서 벡터나 점 공간 객체의 수와 유형을 말한다.

**Point and Vector Object Type 점과 벡터 객체 유형** SDTS 및 VPF 자료들 내에서 0, 1, 2 차원의 공간적 위치를 표시하기 위해 사용된 점·선·면 등의 벡터 공간 객체의 이름을 말한다.

**Point Attribute Table(PAT) 점 속성표** PAT(Point Attribute Table)를 참조.

**Point Based Interpolation 점 보간법** 점에 기초한 보간법은 기지의 값인 점 위치가 주어지면, 임의의 위치에 있는 다른 점의 값을 결정한다. GIS에서 많이 사용되는 방법으로 기상관측소 관측값, 점 표고, 유정(Oil) 관측값, 공극비 관측과 같은 점 위치에서 수집될 수 있는 자료를 위해 사용된다.

**Point Cloud 점자료, 점군(點群)** ① 점자료는 3차원 좌표를 가지고 있는 점들로 불규칙하게 구성된 자료를 말한다(「항공레이저측량 작업규정」 제2조 제6호). ② [라이다] 원시 라이다 데이터 군(data-set)은 각각의 레이저 펄스로부터 반사되어온 반송파는 x, y, z의 위치좌표를 갖는다. ③ [레이저 스캐닝] 3차원 레이저 스캐너로부터 조밀하게 방출되어 대상체에서 반사되어 수신기로 돌아온 수많은 측점군들은 각각 x, y, z의 위치좌표를 갖는다. 3차원 레이저 스캐너 및 깊이 감지 카메라와 같은 3차원 공간 센서는 중심 좌표계를 기준으로 각 지점에 대한 공간의 거리를 표적표면에 대한 조밀한 샘플링을 통해 그에 해당하는 3차원 위치를 포함하는 수많은 측점, 즉 점군(Point Cloud) 형태의 정보를 제공한다. 3차원 공간 센서가 제공하는 점군 데이터를 그대로 원격 작업에게 3차원 형태로 시각화하면 자유로운 시점 이동이 가능해지고 공간에 대한 측정 정보를 제공함으로써 영상 정보의 문제점을 개선할 수 있으며, 3차원 프린터 등을 활용하면 3차원 형상 구축 및 제작이 용이해진다.

**Point Coverage 점 커버리지** 점 사상에 대한 정보를 갖고 있는 커버리지이다.

**Point Data 점형 자료** 벡터 구조에서, 별개의 X-Y좌표들을 구성하는 자료. 래스터 구조에서 점형 자료는 단독적 셀들에 의해서 표현된다.

**Point Digitizing 점 디지타이징** 버튼이 퍽 위에서 눌러졌을 때 단지 한 점의 위치만을 기록하는 디지타이징 방법이다.

**Point Error 점오차** 항공사진 자동 독취기상에서 독취한 형상(필름·사진)을 이동시키거나 감지기를 이동시키는 가드레일(Guide Rail)이 불완전할 경우 형상과 감지기 사이에서 직교성(Orthogonality)을 유지하지 못하게 됨으로써 발생하는 오차를 말한다.

**Point Features 점 요소, 점 사상** 하나의 X, Y 또는 X, Y, Z(H) 위치로 나타내질 수 있는 시설물들이라던가 지리적으로 표현할 수 있는 사건이 발생한 지점 등이 있다. 이것은 GIS 데이터베이스 안에 선 형태나 면적 형태가 아닌 단순한 형태로 정의가 되며, 예로는 인공적인 시설물(각종 기준점, 맨홀, 전주 등)들이나 사건(범죄 발생지점, 주소에 의하여 공사 지점을 표시할 때 등)이 발생한 지점들이 있다.

**Point File 점 파일** 구조화 자기테이프에서 지리적인 대상물을 독립된 점으로 표현하는 경우에 이용하는 파일로서, 점 파일은 점 번호와 그 점의 좌표로 구성된다.

**Point-in-Polygon Overlay 포인트-인-폴리곤 중첩, 점-면 중첩** 면 레이어와 점 레이어의 중첩을 말한다.

**Point Interpolation 점 보간** 관측점이 적고 인근의 관측값과 어느 정도 연속성이 있다고 판단될 때 사용된다. 예를 들면, 강우량·기온 등의 기상 관측값, 지하 수위 관측값 등의 보간에 사용된다. 점 보간에는 티센 다각형과 기준 평균 보간법이 있다.

**Point Kriging 점 크리깅** 단순 크리깅과 정규 크리깅의 경우는 특정한 지점에서의 값을 예측하는 점 크리깅이다. 관심 지역 내의 많은 지점에서 정규(또는 단순) 크리깅을 이용하여 값을 구한 후 이들의 산술 평균값을 취하여 그 대표값을 계산하는 것이다.

**Point Mode 점 모드** 디지타이징에 의한 입력 방법으로 한 점씩 선택하여 입력하는 방법이다.

**Point Object 점 객체** 하나의 X, Y좌표 쌍으로 이루어진 지도 객체. 각각의 점 객체를 심볼 양식에 의해 나타낸다.

**Point of Contact 획득지점** 자료들과 관련된 기관이나 개인을 확인하고 정보 교환하기 위한 통신수단을 말한다.

**Point of Convergence 수렴점** 두 눈의 시선이 하나로 합쳐지는 지점. 대개는 창(Window)이 수렴점이 된다.

**Point Of Interest(POI) 관심 지점** POI(Point Of Interest)를 참조.

**Point of Reverse Curve(PRC) 반향 곡선 접속점** PRC(Point of Reverse Curve)를 참조.

**Point of Sales(POS) 판매시점 정보관리** POS(Point of Sales)를 참조.

**Point Operations 점 연산** 하나의 입력 영상을 받아 하나의 출력 영상을 생성하는데 각 출력 영상소의 값은 대응되는 입력 영상소의 값에 의해서만 영향을 받는다. 점 연산의 결과는 단지 같은 점에 대한 입력 밝기값에 의존한다. 전형적인 점 연산은 밝기값의 확장과 임계값을 포함한다.

**Point Positioning 단독측위(單獨測位), 단독 위치결정** GPS를 이용하여 1대의 수신기로 관측된 지점의 경위도와 높이를 구하는 방법을 말하며, 1점 측위라고도 한다. 최저 4개의 GPS 위성의 유사거리를 관측하여 위치를 계산한다. 정도는 일반용의 C/A 코드를 부호로 해독하여 처리할 경우 100m 정도가 된다. P 코드를 이용하면 아주 좋은 정도를 구할 수 있다.

**Point Process 점 처리** 영상소의 원래 밝기값이나 위치를 기반으로 영상소의 밝기값을 변경시키는 영상 처리를 말한다.

**Point Quadtree 점사지수형** 한 자료점이 지역을 4등분하며 점들 간의 순서는 계층 구조에 따른다. 즉, 순위가 높은 점에 의해 먼저 4등분된다.

**Point Sampling 점표집** 스크린에 표시되는 어떠한 부드러운 필터도 적용되지 않은 텍스쳐를 말한다. 이 기법이 적용되는 경우 세밀함이 떨어지고 픽셀이 고르지 않게 된다.

**Point Selection 선점(選點)** 측량할 위치를 선정하는 작업. 삼각점, 다각점, 수준점 등은 현지에서 선점하지만 사진측량의 접합점은 실내작업에서 선점하여 인접사진 상에 이사함.

**Point Source 점오염원, 점원** 가정 · 공단 · 축사 등에서 흘러나오는 수질오염의 발생원을 말한다.

**Point Spacing(LiDAR) 라이다 측점간격** 레이저 측점이 서로 얼마나 가까운지 나타내며, 화면의 화소 크기와 유사하다. '측점 밀도' 또는 '명시적 측점간격'이라고도 한다. 라이다의 측점간격은 격자상의 해상도를 결정한다.

**Point Spread Function(PSF) 점 확산 함수** PSF(Point Spread Function)를 참조.

**Point Symbol 점 기호** MarkerSymbol를 참조.

**Point Symbology 점 심벌로지** 특별히 지정된 위치에 지시된 심벌을 나타내기 위하여 크기와 위치 정보를 함께하는 개별의 기호표로부터 특정한 기호의 지시, 어떠한 그래픽 데이터베이스에서 좌표상 또는 점은 점 심벌로지에 해당될 수 있다.

**Point Transfer 점이사(點移寫)** 사진 상의 주점이나 표정점 등 제점의 위치를 인접사진 상에 옮기는 작업을 말한다.

**Point Transfer Device 점이사기** 한쪽 사진에서의 점(기준점, 패스포인트 등)을 인접된 사진에서 확인하고, 그 위치를 자침 등으로 표시하기 위한 기계를 말한다.

**Point Wise Interpolation 점 보간법** 주변에 분포한 점들의 값을 이용하여 중앙점의 속성값을 추정하는 방식. 크게 3가지로 나뉜다. ① 일정 반경 이내의 값을 평균하여 계산, ② 가장 가까운 곳의 점들에서 평균값을 계산, ③ Quadrant법 : 4분선을 그은 후 각 부분에서 일정수의 지점을 골라 평균값을 구하는 방식을 말한다.

**Point-Area Relationships 점과 면의 관계** 면 내부에 있는 내재점 또는 면의 경계 상에 있는 경계점의 관계를 말한다.

**Pointcluster 포인트 클래스터** 좌표점들의 집합을 말하며, 예를 들면, 표고점이 이에 해당한다.

**Pointer 지시기** 항목을 선택하기 위해 마우스와 같은 지시기기를 가지고 사용자가 이동할 수 있는 영상면상에 표시되는 심볼을 말한다.

**Pointing 시준(視準)** 측량기기의 망원경내에 있는 십자선에 목표를 일치시키는 것을 말한다.

**Pointing Device 포인팅 디바이스** 위치 지정 도구. 메뉴 항목의 선택이나 스프레드시트 내에서의 셀, 단어 등을 지정하는 것과 같은 조작을 위해 화면상의 커서를 이동할 때에 이를 제어하기 위해 쓰는 입력 장치를 말한다. 주로 많이 사용되는 것은 마우스이고 그 밖에 트랙 볼, 광 펜, 스타일러스, 조이스틱, 퍽, 도형 처리 평판 등이 있다.

**Point-in-Polygon 다각형 내부의 점** 다각형 내부의 선의 중첩 기능으로 특정 다각형 안에 있는 점형 요소들, 즉 전주, 체신주, 맨홀 등과 사고 지점 등을 선택하여 통계 처리를 하고 이를 도표화할 수 있게 해준다.

**Point-in-Polygon Operation 다각형 내부의 점기능** 단순한 다각형 내부의 점기능은 도시 영역 내부의 모든 점형 형태의 지점을 찾아내는 것이다. 이러한 탐색 형태에서는 모든 지점의 좌표가 입력되어 있어야 한다. 다각형 내부의 선분을 탐색하는 과정에서는 다각형에 선분의 일부만이 포함될 경우 그 선분이 선택되지 않는 경우도 발생될 수 있으므로 복잡한 수학적 처리방법이 요구된다.

**Point-In-Polygon Overlay 다각형 내부에 점의 중첩** 정해진 다각형 내에 맨홀, 전주 등과 같은 점 요소 레이어를 중첩시키는 것으로, 특히 시설물 기관에서 어떤 관리 구역 내에 있는 유지 보수 대상을 찾아내는 용도로 사용될 수 있다. 예를 들면, 기름, 가스 관리자는 기름 누출 방지 감시 계획을 위해 어떤 지역 내의 유전에 대한 자료를 얻고자 할 것이다. 면적 요소와 점요소 간의 중첩은 이러한 점요소에 대한 통계 자료의 합계도 낼 수 있다.

**Point-Line Relationships 점과 선의 관계** 선 위에 있는 점 또는 선상에 가장 인접한 점 관계를 말한다.

**Point-Point Relationships 점과 점의 관계** 어떤 거리 내에 점이나(Point Buffer) 어떤 점에 가장 인접된 최단점을 찾는 것을 말한다.

**Point of Convergence 수렴점** [영상] 두 눈의 시선이 하나로 합쳐지는 지점을 말한다.

**Point-To-Point Digitizing 점 대응형 디지타이징** 도면 위에 사각형으로 좌표체계를 정의한 뒤, 각 사각형의 좌표값을 계산하여 키보드로 좌표값을 입력하는 방법이다.

**Point-to-Point Protocol(PPP) 지점간 프로토콜, 점대점 프로토콜** PPP(Point-to-Point Protocol)를 참조.

**Point-to-Point Tunneling Protocol(PPTP) 지점간 터널링 프로토콜** PPTP(Point-to-Point Tunneling Protocol)를 참조.

**Poisson's Ratio 포와송 비** 인장력이 작용하는 상황에서, 재료는 길이 방향으로 늘어나는 변형을 겪게 된다. 이때 재료는 수직방향으로는 길이가 늘어나지만 수평방향으로는 길이가 줄어든다. 이것은 압축에서도 마찬가지인데, 이때 횡방향으로는 길이가 오히려 늘어날 것이다. 이렇게 수직 방향으로 변형이 일어날 때 수평 방향으로도 변형이 일어난다. 이때 수평 방향의 변형률을 수직 방향의 변형률로 나눈 것이 '포와송 비'(Poisson's ratio)이다.

$$\text{포와송 비 } \nu = (-)\frac{\text{횡방향 변형률}}{\text{종방향 변형율}} = (-)\frac{\Delta\epsilon_x}{\Delta\epsilon_y} = (-)\frac{\Delta\epsilon_z}{\Delta\epsilon_y}$$

즉, 포와송 비는 축변형률($\epsilon_a$)과 횡변형률($\epsilon_l$)을 이용하여 산정하며, 그 범위는 $0<\nu<0.5$이다. $\nu=0.5$는 변형이 일어나도 체적이 일정하다. '포아송 비'가 클수록 팽창하기 쉽다. 포아송 식에서 음의 부호(−)는 종방향 변형률이 양수일 경우, 즉 인장일 경우 횡방향 변형률은 항상 음수이고, 횡방향 변형률이 음수일 경우, 즉 압축일 경우 횡방향 변형률은 항상 양수이므로 횡방향 변형률을 종방향 변형률로 나눈 값은 항상 음수이기 때문에 최종적인 값을 양수로 만들어주기 위한 것이다. 탄성계수 E와 전단계수 G는 '포와송 비'($\nu$)를 하나의 식으로 표현할 수 있다. 즉, $G=E/2(1+\nu)$. 따라서 전단계수와 탄성계수, 포와송 비 중 2개를 알면 나머지 하나를 계산을 통해 구할 수 있다. Modulus of Elasticity, Shear Modulus를 참조.

**Poking 집어넣기** 이 용어는 한 메모리 주소에 한 값을 저장하는 것을 일컫는다. 어떤 프로그램의 동작을 수정하거나 비디오 게임에서 속임수(Cheating)를 쓸 때에도 사용된다.

**Polar Axis 극축(極軸)** 지구가 자전을 할 때 그 회전축의 방향을 말한다.

**Polar Circle 극권** 지구의 양극으로부터 황도(ecliptic) 경사 23°27′에 비등한 각거리로 떨어진 위선으로, 즉 북위 66°33′ 남위 66°33′의 양 위선을 말한다.

**Polar Coordinate 극좌표(極座標)** 극좌표계에서 위치를 표현하는데 필요한 순서가 있는 수의 집합으로, 임의의 점의 위치가 기지점으로부터의 거리와 기지점에서의 극축에서 관측된 각에 의하여 결정하는 것을 기초로 한 좌표로 평면극좌표와 공간극좌표가 있다.

**Polar Coordinate Axis 극 좌표축** 극좌표계에서 기선으로 하는 사선(射線)으로, 어떤 위치를 극좌표로 표현하기 위한 요소 중 방향인 각을 나타내기 위한 기준선이다. 시초선(始初線) 또는 수선(首線)이라고도 한다.

**Polar Coordinate System 극 좌표계** 공간 위치가 원점으로부터의 거리와 방향에 의해서 표현된 좌표계를 말한다.

**Polar Distance 천극각** 어느 천체를 포함하는 시간권을 따라 적도로부터 잰 각거리 p를 말한다.

**Polar Flattening 극 편평률** Flattening를 참조.

**Polar Motion 극운동(極運動)** 지구 몸체가 지구 자전축에 대하여 움직이는 일, 즉 자전축이 지표면을 통과하는 점인 극점이 지표면상을 이동하는 현상으로, 자전축이 공간에 대하여 움직이는 세차, 장동과는 다르다. 이것은 주로 관성 주축인 형상축이 자전축과 일치하지 않음으로서 발생한다. 이 사실은 L. 오일러가 발표한 것으로 그 주기는 10개월이었으며, 그 이후 K. F. 퀴스너 및 S. C. 찬들러가 위도관측으로 이 운동을 확인하였는데 그 주기는 14개월이었다.

**Polar Night 극야(極夜)** 위도가 높은 지역에서 겨울 동안 낮에 어두워지는 현상을 말한다. 지구자전축이 지구의 공전궤도면에 대해서 23.44도 기울어져 있어, 위도가 남・북위 66.56도 이상인 지역에서 겨울에 햇빛이 비치는 곳이 거의 없어서 그곳의 표준시가 일치하지 않아서 생긴다. 북반구 고위도에서는 동지를 중심으로 반년 동안 계속된다. 고위도 지방일수록 일출이 늦고 일몰이 빨라 밤이 길다. 남반구에서는 하지를 중심으로 이러한 현상이 나타난다. 극야 동안에는 적외 복사에 의한 냉각이 진행되어 극권은 저온 현상이 일어나며, 그 결과 극지방 상공의 대기는 저압부가 된다. White Night(백야)를 참조.

**Polar Orbit 극궤도(極軌道)** 남북 양극의 상공을 통과하는 인공위성의 궤도로, 인공위성의 궤도는 지구중심을 지나는 면, 즉 궤도면을 통과한다. 이 궤도면과 적도가 그리는 면인 적도면과의 각도를 궤도경사라 하며 위성의 발사 지점의 위도보다 작게 할 수 없다.

**Polar Planimeter 정극 구적기** 일반적으로 가장 많이 사용되는 구적기로서, 도형을 추적하는데 추적침을 사용하는 것을 보정 구적기, 측표가 있는 렌즈를 사용하는 것을 렌즈식 구적기라 한다.

**Polar Projection 극심도법(極心圖法)** 투영면이 지축과 직교하는 경우의 방위도법. 경선은 방사상으로 나오는 직선이 되고 위선은 극을 중심으로 하는 동심원이 된다.

**Polar Radius 극반경** 지구의 중심과 극점 사이의 거리로서, 지구의 평균 반경은 6,400km이다. 지구는 자전의 영향으로 적도 부근이 약간 부풀어 오른 타원체이므로 적도 반경은 6,378km이며, 극반경은 6,357km로서 적도 반경이 극반경보다 약 21km가 길다.

**Polar Stereographic 극 평사투영** 극 평사투영법은 북극점이나 남극점이 중앙이 되는 것이다. 그러나 중앙위도와 중앙 자오선은 임의의 위치에 존재할 수 있다. 이러한 투영법은 방위각 투영법(기하학적으로 하나의 평면에 투영된)이며 등각 투영법이다. 거리와 면적이 왜곡된다.

**Polarangle 극의 각** 주어진 선 세그먼트가 X축에 대해 이루는 각을 말한다.

**Polaris 북극성(北極星)** 천체의 북극에 거의 가까운 방향으로 있는 항성으로 위도 및 방위각 관측에 흔히 쓰인다. 세차운동(歲差運動)에 의하여 천체의 북극은 이동하기 때문에 실제로 천체에서 1°쯤 떨어져 있다.

**Polarization 편광** 빛의 진동면, 즉 전기장과 자기장의 방향이 항상 일정한 평면에 한정되어 있는 빛이다.

**Polarization Method 편광방식** 편광방식은 직교한 편광소자의 조합에 의한 차광효과를 이용해서 좌우안의 화상을 분리하는 것인데, 간단히 말하자면 디스플레이 장치에서 오른쪽과 왼쪽 눈에 맞는 영상을 동시에 서로 다른 각도로 편광시켜 쏘아주면 편광안경을 통해 한쪽 눈으로 반대쪽 영상이 못 들어가도록 막는 방법을 사용한다.

**Polarized Glasses 편광 안경** [영상] 편광 필터를 부착한 안경으로서, 3D 이미지를 감상하기 위한 편광 안경은 필터를 통과한 빛의 진동 방향이 서로 직각이 되게 한다. Polarizing Filter 참조.

**Polarized Filter Stereoscopic Technique 편광 필터 입체시 방식** 일반적으로 양안 변위가 있는 입체 영상을 보기 위해서는 좌우 영상을 분리해서 양안에 제시할 필요가 있다. 이전부터 사용되고 있는 대표적인 필터안경 방식에는 애너글리프 방식, 농도차 방식, 편광필터 방식 등이 있다. 편광 필터방식은 1852년 W.B. Herapath에 의해 편광판이 발명되고 1891년에는 미국의 Anderton이 편광원리를 입체 투영에 사용하는 방법을 제안하였다. 그 후 1935년에 E.H.Land가 편광판을 사용한 입체필름 방식을 발표하였다. 이것이 오늘날 널리 사용되고 있는 편광필터에 의한 입체 표시방식이다. 편광필터 방식은 직교한 편광소자의 조합에 의한 차광효과를 이용하여 좌우안의 화상을 분리하는 것으로 편광필터에 의한 입체 디스플레이를 한다. 직교하는 편광 필터를 장착한 모니터에 홀수 라인은 좌안 영상 짝수 라인은 우안 영상을 디스플레이하고 직교하는 편광 필터가 달린 안경으로 관찰한다. 대체로 편광필터 방식에는 직선 편광필터가 많이 사용되지만 원편광필터를 사용하는 경우도 있다. 원편광 필터는 직선편광필터와 1/4 파장판을 조합함으로써 우회전 또는 좌회전의 원편광으로 변환할 수 있다. 원편광 필름을 사용한 입체표시는 직선 편광 필름을 사용한 경우에 비해 관찰자가 얼굴을 크게 좌우로 기울여도 입체시할 수 있는 이점이 있다. 반면 입체 화상에 색의 크로스토크(crose-talk)가 발생하기 쉽다는 문제가 있다. 편광필터 방식의 장점은 다음과 같다. 즉 색 재현성이 좋다. 해상도가 높다. 풀 칼라(Full Color)의 동화상 표시가 가능하다. 동시에 많은 관객에게 보일 수 있다. Stereoscopic Techniques, Field Sequential Stereoscopic Display, Anaglyph Stereoscopic Technique, Parallax Barrier Stereoscopic Technique, Lenticular Stereoscopic Technique을 참조.

**Polarized Radiation 편광 복사** 전기장과 자기장의 방향이 항상 일정한 평면에 한정되어 있는 빛이 방출하는 전자기파 및 입자선의 총칭 또는 이들을 방출하는 현상을 말한다.

**Polarizing Filter 편광 필터** [영상] 특정 방향으로 진동하는 빛만을 통과시키는 필터로서, 통과하는 빛의 진동 방향이 서로 직각이 되게 하여 영사기 렌즈의 앞이나 뒤에 부착하면 좌우 이미지를 각각 분리해낼 수 있다.

**Polaroid 편광판** 빛을 편광시킬 수 있는 결정 및 고분자 물질을 이용하여 만들어진 광학적으로 투명한 판. 주로 광학계나 사진기에 사용된다.

**Polar-Orbiting Satellite 극 궤도위성** 북극이나 남극을 지나거나 근처를 지나가는 지구 주위에 있는 궤도를 의미한다. 이것은 상대적으로 600~15,000km의 높이에서 구에 가깝게 움직이며, 항상 정확하게 동일한 태양 시간에 적도를 지나는 태양 동기라는 용어가 또한 사용되어서 이러한 형태의 인공위성을 묘사한다.

랜드샛과 스팟의 인공위성시리즈가 이러한 예에 포함된다.

**Pole 극, 폴** ① 지구의 회전축과 기준면이 교차하는 점을 말한다. ② 측점의 위치를 표시하거나 측선을 연장하고 방향을 잡을 때 사용된다. Pole Card 폴 카드높이·분류·처리·값·설치 연도와 같은 관련 정보와 함께 야외에서 폴 시설물들의 기록들을 유지하기 위한 효용성에 따라 사용된 기록을 말한다.

**Policies 정책** 방향, 절차, 지시 원칙을 수집하는 인가된 관계 당국에 의해서 작성된 공식적인 문서이다. 이것은 주제 전문가들이나 관리 당국에 의해서 개발 및 채택되어 승인된 고도의 계획, 활동 방향, 방법론 등을 말한다.

**Polycarbonate(PC) 폴리카보네이트** PC(Polycarbonate)를 참조.

**Polyconic Projection 다원추도법(多圓錐圖法)** 모든 위선에 여러 원추를 접하게 하고 이것을 평면에서 전개한다고 가정하고 투영한 도법을 다원추 도법이라 하며 이 도법은 20세기 초에 우리나라를 각 도별로 제판하기 위해 만들어진 1/500,000도, 전국을 한 도엽에 들어가게 한 1/1,500,000도 및 1/2,500,000도의 경·위도 결정에 이용되었다. 이 도법에는 1개의 기준 경선을 가진 보통 다원추 도법, 2개의 기준 경선을 가진 변경 다원추 도법 등이 있다.

**Polygon 다각형, 폴리곤** ① 아크로 구성된 폐쇄된 다각형으로 내부에 또 다른 다각형이 존재할 수 있다. 링으로 연결되어 나타난 내부 지역(Interior Area)은 선거 구역·건물·행정 구역·지적 경계 등을 표현할 때 사용된다. 수치화된 다각형의 마지막 좌표값은 반드시 처음 좌표값과 정확하게 일치되어야 한다. 교차 시에 단절되지 않을 때를 제외하고는 선 또는 라인 스트링이 다각형과 교차해서는 안 된다. 각 다각형은 속성이 연결될 수 있는 하나의 도심을 가져야 한다. 하나의 자료층의 다각형은 완벽하게 대상 영역을 포괄해야 하며, 다각형 안에는 아무런 대상물이 존재하지 않아야 한다. 하나의 레이어 내에는 다각형 안에 존재하는 대상물에 중첩이 없어야 한다. ② 3D 영상객체의 형태를 만드는 2D 형태(일반적으로 삼각형 또는 직사각형)로서, 일반적으로 3D 객체의 골격을 구성하기 위해서는 수백 또는 수천의 폴리곤이 사용된다.

**Polygon Attribute Table(PAT) 다각형 속성표** PAT(Polygon Attribute Table)를 참조.

**Polygon Coverage 다각형 커버리지** 다각형 사상에 대한 정보를 갖고 있는 커버리지를 말한다.

**Polygon Data 다각형 자료** 지역을 표현하는 다각형에 부여된 자료를 말한다.

**Polygon Equation 다각방정식** 삼각측량의 조정계산에서 이용되는 조건식으로, 삼각형의 내각의 합은 180°가 되어야 한다는 조건식과 검기선에 대해 관측한 방위각과 기선으로부터 계산한 방위각이 동일하여야 한다는 조건식이다.

**Polygon Features 다각형 요소, 면 사상** 아크로 구성된 폐쇄된 다각형으로 면적을 갖는다. 다각형은 국가, 대륙, 통계 조사 지역, 토양 단위, 토지 구획, 토지 이용 등을 나타나는데 사용된다.

**Polygon File 다각형 파일** 다각형의 경계 내부지역들을 음영화하거나 색상을 주거나, 그렇지 않으면 유형을 주는 기능. GIS에서 다각형 채우기 기능은 단계 구분도(Choroplethic Maps)를 생성하기 위하여 사용된다.

**Polygon Interior 다각형 내부** 다각형의 일부분으로 인식되며 링에 의해 포함되는 공간을 말한다.

**Polygon Intersection 다각형 교차** 새로운 일반적 지역을 형성하기 위해 중첩된 2개 또는 그 이상의 다각형들의 결과를 말한다. Polygon Processing을 참조.

**Polygon Left 다각형 왼쪽, 왼쪽 폴리곤** 아크를 따라 이동할 때 왼쪽에 인접한 폴리곤의 식별자를 말한다.

**Polygon Mesh 폴리곤 메쉬** 일반적으로 대하는 물체들은 다각형으로 이루어진 것이 많은데, 이와 같이 물체를 표현하는 방법, 즉 물체를 다각형으로 이루어진 면으로 나타내는 방법을 폴리곤 메쉬라고 한다.

**Polygon On Polygon Overlay 다각형 위에 다각형 중첩, 면-면 중첩, 폴리곤-온-폴리곤 중첩** 면 레이어와 면 레이어의 중첩으로서, 이 과정은 원래 지도로부터 다각형 경계들의 교차점에 의해 형성되는 새로운 다각형들을 작성해낼 수 있다. 예를 들면, 어떤 계획지역 내에서 혼합된 토지용도를 색출해낼 수 있는데 즉, 쓰레기 매립장 부지 선정과 같은 복잡한 분석이 필요한 경우, 이를 결정하는 데 직접적인 영향력이 있는 요인들로 주제도를 작성하고 이들 주제별 다각형을 중첩함으로써 여러 가지 조건을 만족하는 후보지를 선정할 수 있다. GIS 전문 소프트웨어의 경우, 원래 레이어에 존재하는 다각형들을 합집합(Union), 교차점(Intersection) 또는 잘라 내기(Substraction)와 같은 연산 기능을 이용하여 새로운 파생적인 다각형을 생성해낼 수 있는 중첩 루틴들을 갖고 있다.

**Polygon Overlay 다각형 중첩** 2개의 커버리지로부터 새로운 다각형 커버리지를 생성하기 위해 중첩된 다각형과 그 속성을 연결하는 과정이다. 예를 들면, ARC/INFO는 동일성, 교차, 그리고 연합으로서 알려진 연산자를 지원한다.

**Polygon Overlay Analysis 다각형 중첩 분석** 목적에 따른 여러 다각형들의 중첩영역을 검색하여 적지선정의 경우처럼 공간적 분석을 할 경우에 유용하다. 다각형 중첩은 사용자가 2개 이상의 GIS 자료 레이어를 이용하여 새로운 레이어를 생성하는 것으로 공통되는 지도요소 및 속성자료를 추출(Intersection)하거나, 다른 레이어들을 하나로 묶는(Union) 등 다양한 기법이 제공된다.

**Polygon Overlay And Merge 다각형 중첩과 병합** 2개 이상의 다각형 네트워크를 합하여 하나의 새로운 네트워크를 만드는 기능을 말한다.

**Polygon Processing 다각형 처리** 보다 나은 진행 과정을 선정할 목적으로 다각형내의 지역들과 선들, 점들을 확인하기 위해서 다각형들의 경계들을 사용하는 공간 분석 기능을 말한다. Point-In-Polygon, Polygon Overlay, Choroplethic Map을 참조.

**Polygon Retrieval 다각형 검색** 지도상에서 불규칙한 경계선(세금 구역, 지방 세금 구역, Meter Reading Areas 등) 내에 포함되어 있는 자료를 검색하기 위한 능력을 말한다.

**Polygon Right 다각형 오른쪽, 오른쪽 폴리곤** 아크를 따라 이동할 때 오른쪽에 인접한 폴리곤의 식별자를 말한다.

**Polygon System 다각형 체계** 지리적 상황, 지역 상황을 표현할 때 지역을 다각형으로 하고 각 다각형에 자료를 주는 형식, 격자 체계(Grid System)도 이 일종이다.

**Polygon-arc Topology 다각형-아크 위상관계** ARC/INFO가 다각형을 형성하기 위해 호들 사이의 연결을 표현하기 위해 사용하는 위상 자료 구조, 다각형-아크 위상 구조는 위상 중첩과 같은 분석 함수와 다각형의 정의를 지원한다. Topology를 참조.

**Polygonization 다각형화** 선형 지형 정보를 연결해서 다각형화하는 과정이다.

**Polygons 다각형 특성** 경계면에 둘러싸인 균질한 면의 특성으로서, 예를 들면, 토양 유형, 행정 구역을 말한다.

**Polyhedric Projection 다면체 도법(多面體圖法)** 지구를 일정한 경위선으로 구분하고 그 각각의 구획 사변형을 평면상에 중심 투영하여 지도를 작성하는 방법이다.

**Polyline 연속선** 선분의 연속으로 만들어진 선을 말한다. 선분을 위한 캐드에서 사용되는 용어이다.

**Polymorphism 다형성** 동일한 연산이 서로 다른 계층에서 서로 다르게 동작할 수 있는 것을 의미한다. 객체 지향 방법론의 기본적인 성질 중의 하나를 설명하는 용어. 다형성은 객체가 다중의 의미를 가지는 메시지를 발생시키는 능력이다. 이것에서, 어떤 객체로부터의 하나의 메시지가 같은 최종 결과를 가지는 다른 객체들로부터 다른 행위를 일으킬 것이다. 예를 들면, 객체는 원래의 객체가 인쇄기에 관하여 어떤 것도 알 필요 없이 지시를 수용할 수 있는 '인쇄기' 객체를 찾는 시스템을 통하여 '인쇄기' 메시지를 보낼 수 있다.

**Polyna 빙하호** 빙하가 이동했을 때의 침식이나 퇴적 작용으로 생긴 큰 웅덩이에 물이 괴어서 형성된 호수를 말한다.

**Polynomial Adjustment 다항식 조정(多項式調整)** 미지수와 관측값의 상관관계를 다항식으로 모형화(modeling)한 후 그 다항식을 이용하여 필요한 값을 도출하는 방법을 말한다. 사진측량에서는 사진모델(model)을 종방향으로 접합한 종접합모델(strip)을 기준점 좌표와 연계시켜 다항식으로 절대좌표를 구하는 조정방법이다.

**Polynomial Method 다항식법** 촬영 경로를 단위로 하여 종횡접합 모델 조정(block adjustment)을 하는 것으로, 촬영 경로마다 접합 표정 또는 개략의 절대 표정을 한 후, 복수 촬영 경로에 포함된 기준점과 횡 접합점(tie point)을 이용하여 각 촬영 경로의 절대 표정을 다항식에 의한 최소제곱법으로 결정하는 방법이다.

**POM 폼, 가상 현실 소셜 플랫폼** 미국 연예 및 레저 그룹인 Landmark Entertainment Group(LEG)은 가상 현실 소셜 플랫폼인 POM(Pavilion of Me, 나의 공간)을 개발하였다. POM의 주요 서비스로는 (1) 가상 현실 모드에서 Facebook, Twitter, Skype, Instagram을 이용할 수 있는 Communications, (2) 이용자와 관련이 있는 이미지나 동영상 시청이 가능한 공간인 Memories, (3) 혼자 또는 지인과 함께 음악이나 영화 시청이 가능한 Entertainment, (4) 이용자 자신의 공간으로 지인을 초대해 대화나 시간을 보낼 수 있는 POM Lounge, (5) 가상 현실 상에서 쇼핑이 가능한 Shopping 등 5가지로서 가상 현실 단말 사용자가 이용할 수 있는 콘텐츠가 많아진다는 점에서 가상 현실 단말기 도입 확대에 기여할 것으로 전망된다.

**Pond 유지(溜池), 늪** ① 일정한 구역 내에 물이 고이거나 상시적으로 물을 저장하고 있는 댐・저수지・소류지・호수・양어장・

연못 등의 토지를 유지라 한다. ② 땅이 우묵하게 파여서 늘 물이 고여 있으며, 진흙이 많고 침수식물이 많이 나는 곳을 말한다. 보통 호수보다 작고 못보다 크며, 수심이 5m 이하이다.

**POP3(Post Office Protocol 3) 우체국 통신 규약3** 전자우편을 수신하기 위한 프로토콜. 현재 가장 많이 보급되어 있다. SMTP 서버로부터 송신된 메시지를 수신한다. 사용자는 POP3에 적합한 전자 우편 소프트웨어를 사용해 메시지를 읽는다. "3"을 생략하고 간단히 "POP"이나 "POP서버"라고도 부른다.

**Popcorn Brain 팝콘 브레인** 팝콘(Popcorn)이 터지듯 크고 강렬한 자극에만 우리의 뇌가 반응하는 현상을 일컫는다. 데이빗 레비(David Levy) 미국 워싱턴대학교 정보대학원 교수가 2011년 6월 CNN방송에서 처음 사용한 용어로서, 팝콘처럼 튀어 오르는 것에는 반응하지만 느리게 변화하는 실제 현실에는 무감각해진 뇌로서, 스마트폰과 태블릿 PC 등을 활용한 멀티태스킹에 익숙해지면, 뇌의 생각 중추인 회백질의 크기가 줄어들어 이 같은 뇌로 변한다는 연구 결과가 있다.

**Population 모집단(母集團)** 정보를 얻고자하는 대상이 되는 집단 전체를 말한다. 모집단에는 목표모집단과 조사모집단 2가지 유형이 있다. 목표모집단은 구하고자 하는 정보에 관한 조사 대상의 개괄적인 모집단이며, 조사모집단은 조사에서 정보를 얻고자 하는 모집단이다. 측정이나 조사를 하기 위하여 표본을 뽑아내는 바탕이 된다.

**Population Aging 고령화 사회(高齡化 社會)** UN에서는 총인구중 65세 이상 인구비율(고령화율)이 7% 이상인 사회를 '고령화 사회'(aging society), 15%이상인 사회를 '고령 사회'(aged society), 20% 이상인 사회를 '초고령 사회'(super-aged society)라고 하며, 이들을 모두 합해 '고령화 사회'라고 정의한다. 우리나라의 경우 통계청의 '2013 고령자 통계'에 따르면 65세 이상의 고령화율이 2000년에 7.2%를 기록, 이미 '고령화 사회'에 진입했으며, 65세 이상의 인구비율이 2010년 10.9%, 2013년 12.2%, 2020년 15.1%, 2030년 24.1%에 이르러, 2030년 이후에는 '초고령 사회'로 진입할 것으로 전망된다.

**Pop-up Window 팝업 대상 영역** 어떤 행위의 응답으로 GUI에 재빨리 나타나는 대상 영역을 말한다.

**Pore Pressure Parameter 간극수압 계수** 점토에 압력이 가해지면 과잉간극수압이 발생하는데 이때 전응력의 증가량에 대한 간극수압의 변화량의 비를 간극수압 계수라고 한다.

**Porosity 간극률(間隙率)** 흙 전체 부피(V)에 대한 간극 부피($V_v$)의 비(比)를 백분율로 표시한 것이다. 즉, $\eta = \frac{V_v}{V} \times 100$, 여기서, $\eta$는 간극률(%)이다.
지반의 침하 및 변형이 발생하면 흙의 체적변화는 물과 공기의 배출에 의한 간극의 부피 변화에 의해 일어난다. 토립자의 부피는 변하지 않는다.

**Porro-Koppe's Principle 포로-코페의 원리** 사진 뒷면에서 빛을 비추어 촬영 때와 같은 렌즈를 통하여 투영하면 이때 나오는 광선은 렌즈의 왜곡의 영향을 받지 않고 마치 촬영 때의 입사광선 방향과 반대 방향으로 나온다. 이것을 포로-코페의 원리라 한다.

**Port 무역항** ① 주변 장치와의 통신을 위한 컴퓨터의 연결점을 말한다. ② 보통 항구에 위치하여 승객이나 화물을 싣고 내리는 터미널과 수송을 위한 시설을 갖춘 부두를 말한다.

**Portability 이식성** 어플리케이션이 하나의 플랫폼에서 다른 플랫폼으로 옮기는 것이 용이한 것을 말한다. 프로그램을 다른 언어로 변환하지 않고 약간의 수정 또는 전혀 수정 없이 다양한 종류의 자료 처리 체계에서 수행되는 프로그램의 능력. 비록 다른 플랫폼에서 컴파일 될 수 있으며, 다른 수정 없이 작동할 수 있는 C와 같은 언어로 쓰여진 프로그램은 종종 'being Portable'로써 설명되지만 자바 언어는 'truly Portable'이라고 설명된다.

**Portable Data Format(PDF) 피디에프, 이동가능 문서형식** PDF(Portable Data Format)를 참조.

**Portable Network Graphics(PNG) 이동성 통신망 도형, 핑** PNG(Portable Network Graphics).

**Portable Operating System Interface(POSIX) 포직스, 이식형 운영체계 인터페이스** POSIX(Portable Operating System Interface)를 참조.

**Porting 포팅** 각기 다른 환경을 가지는 휴대폰에 소프트웨어(예 : SK-VM)를 이식하려면 휴대폰의 환경(운영 체제, 사용자 인터페이스 등)에 맞추어주는 작업이 필요하다. 이를 포팅이라고 한다.

**Portrayal 묘사** 지리 정보로 인간에게 표현하는 것으로, 여기에서는 묘사라고 하는 행위보다 그것을 위한 방법을 가리킨다.

**Portrayal Catalogue 묘사 목록** 형상을 묘사법에 의해 분류된 전체 정의된 묘사규칙의 모음이다.

**Portrayal Element 묘사 요소** 형상을 도형적으로 또는 다른 방법으로 표현하기 위한 요소이다.

**Portrayal Rule 묘사 규칙** 어느 묘사사양을 이용할지를 결정하기 위해 형상에 적용된 규칙이다.

**Portrayal Service 묘사 서비스** 형상을 묘사하는데 사용되는 일반적인 인터페이스이다.

**portrayal specification 묘사 사양** 형상을 묘사하기 위해 형상에 적용된 조작의 각각의 모음이다.

**POS(Point of Sales) 판매시점 정보관리** 바코드 리더 등을 이용한 자동 판독 장치가 붙은 금전 등록기 등을 이용하여 매상 정보를 품종별로 수집 축적하여 매매 상황의 파악이나 재고 관리에 이용하는 것. 은행 POS는 은행카드를 소매점에서 판독하게 하고 대금결재를 하는 것을 말한다.

**POS System 포스 시스템, 판매시점 관리 시스템** 매장에서 판매와 동시에 품목, 가격, 수량 등 유통 정보를 입력하고 각종 자료를 분석 및 활용할 수 있는 유통 시스템을 말한다.

**Position 위치** ① 점 또는 객체 위치를 숫자나 다른 방식으로 표시한 것을 말한다. ② 기하학적 공간상에 있는 점 또는 점들을 말한다. ③ 지리적 위치의 표현은 경·위도 좌표, UTM 좌표, 직각좌표 등에 의한 표현이 있다. Location을 참조.

**Positional accuracy 위치 정확도** 공간 데이터셋(data-set)에 있는 사상의 지리적 좌표가 실세계 수평 및 수직 지리 좌표와 얼마나 가까운지 측정한 것을 말한다.

**Position Correction Data 정위치 자료** 수치 지도 편집에 의하여 작성된 수치 자료에 현지 보완 측량에 의한 자료 수정을 하여 완성한 지형·지물의 위치를 나타내는 자료이다. 이 자료는 도식 적용 규정에 따른 수평 위치의 전위와 등고선, 지물 등의 간단 등은 하지 않지만, 필요에 따라 전위, 간단 구분 및 지도 표현 보조 자료(그림자나 사각 지역 등)를 더하는 등 작도처리를 용이하게 하는 것이 가능한 구조로 되어 있다.

**Position Correction Editing 정위치 편집** 도화 소도 자료와 현지 조사 작업자의 자료에서 수치 자료 편집 장치를 이용하여 일치가 끝난 자료를 작성하는 작업을 말한다. 건물에서 필요한 곳에는 직각 보정을 하며, 등고선 뒤엉킴을 정형하여 독립 표고점과의 관계를 일치시킨다. 또한 모델 간, 도엽간의 일치의 수정, 점검을 하고 경계, 주기 자료 등의 입력을 한다.

**Position Correction Manuscript 정위치 소도** 정위치 자료의 내용을 작도 프로그램에 의한 자동 제도 장치를 사용하여 작도한 도면, 도식 적용 규정에 의한 전위와 간단은 하지 않고, 모든 자료를 정위치에 묘사하기 때문에 중복되는 부분도 있다. 작도는 볼펜 등으로 하고 원칙적으로 색 구분을 한다.

**Position Correction MT 정위치 자기테이프** 수치지도에서 표준 자기테이프(MT) 중의 하나로서, 도식규정에 따른 수평 위치의 전위와 지물 등의 간단을 하지 않은 정위치 자료를 형식에 따라 수록한 MT를 말한다. 정위치 자료 파일이라고도 한다.

**Position Correction Relational Data 정위치 관계 자료** 구조화 MT의 구조 단위와 정위치 MT의 요소와의 관계를 명확하게 하기 위한 자료. 구조단위의 내부 식별자와 정위치 자료의 참조자로 되어있고, 구조화 MT의 정위치에 대응한 파일로서 기록된다.

**Position Dilution Of Precision(PDOP) 위치 정도(精度) 저하율, 위치정도 열화(劣化), 피답** PDOP(Position Dilution Of Precision)를 참조.

**Positional Accuracy 위치 정확도** 확립된 기준이나 원래의 위치와 관련 있는 지도 지형의 위치 신뢰도를 평가하는 데 사용되는 용어로 지도상의 대상물에서 실제 위치와의 차이이다. 위치 정확성은 수치 지도화된 자료가 실설계의 공간적 위치와 일치하는가를 파악하기 위한 것으로, 실세계의 도형적 형태(점·선·면)와 똑같은 모양으로 입력되었는가, 실세계의 좌표와 입력 자료의 좌표가 일치하는가에 대한 내용을 점검하는 것이다. 위치 정확성을 평가하는 방법으로는 ① 연역적 평가-각 생성 단계에서의 오류 확인을 토대로 한 품질 검사. ② 내부 증거-반복관측과 조정으로부터의 잔차나 다각 측량의 폐합과 같은 중복성에 기초한 검사. ③ 원본 자료와의 비교-결과물의 그래픽 검사를 이용할 때 적용되는 기하학적 허용 오차와 등록방법에 의한 비교. ④ 정확성이 높은 독립적인 원본자료 비교-대축척 지형도에 대한 공간 정확성의 법칙을 이용하여 검사하는 방법이 사용된다.

**Positional Dilution of Precision(PDOP) 삼차원 위치관측 정밀도, 피덥** PDOP(Positional Dilution of Precision)를 참조.

**Positional Information 위치 정보** 지물 및 대상물에 대한 위치에 대한 정보로서 위치는 절대 위치(실제 공간)와 상대 위치(모형공간)가 있다.

**Positional Precision 위치 정밀도** 위치관측의 재현성을 나타내는 척도로, 주어진 장소에 대한 반복에 의해 결정된 위치들의 일치 근접도이다.

**Positional Reference Frame 위치 기준 구조** 위치를 유일하게 정의할 수 있는 변수의 기본 구성을 말한다.

**Positional Reference System 위치 기준계** 지구상의 장소에 좌표를 부여하기 위한 기준 체계이다.

**Positioning 위치 결정** 위치를 결정하는 것으로 측량이 여기에 속한다. 국지적 좌표가 아닌 경위도 등 지구상의 위치 결정을 의미하며, GPS와 같이 인공위성 시대의 용어이다. 이는 어떤 정도로 결정하는가가 중요하며, 위치 결정점의 재현성이 매우 중요한 조건이다.

**Positioning System 위치 결정 체계** 점 또는 객체의 위치를 결정하기 위한 측량 체계를 말한다. 예로서 관성, 통합, 선형, 광학 및 위성의 각 위치 결정 체계이다.

**Positive Film 양화 필름** 양화 필름은 1:1 사진 복사에 의해 제작된다. 양판 필름 제작을 위해 사용되는 복사기는 스크라이브 필름과 양화필름과의 공극에 의해서 생기는 정확도 저하를 방지하기 위하여 유리로 된 압착핀과 진공펌프를 사용하고 있다. 또한 양화필름은 보통 Daylight 필름을 사용하므로, 복사기에는 자외선(Ultraviolet)을 방출하는 전구를 사용한다.

**Positive Photograph 양화 사진** 피사체의 원도와 같은 명암이나 색상을 지닌 사진이다.

**Positive Picture 양화 사진** Positive Photograph를 참조.

**Positive Variance 양성 변이** 기준 계획보다 앞서고 있는 현재의 일정을 말한다.

**Positron Emission Tomography(PET) 양전자(방출) 단층촬영, 피이티, 펫** PET(Positron Emission Tomography)를 참조.

**POSIX(Portable Operating System Interface) 포직스, 이식형 운영체계 인터페이스** 응용 프로그램의 휴대성을 제공하기 위해 설계된 IEEE 표준의 집합, IEEE 1003.1은 유닉스 같은 OS인터페이스를 정의하고 1003.2는 셸과 유틸리티를 정의하며, 1003.4는 실시간 확장을 정의한다.

**Post 포스트** 동사일 때는 온라인 콘텐츠를 게시(발행)하는 행위를 말하며, 명사일 때는 온라인에 게시된 콘텐츠의 개별 항목을 말한다.

**Post 지주(支柱)** 비교적 길고 가느다란 형태로 된 나무나 기타 물질의 조각을 말한다.

**Post Office Protocol 3(POP3) 우체국 통신 규약3** POP3(Post Office Protocol 3)를 참조.

**Post Processing 후처리** GPS 측량 등에서 실시간 처리와 상반되는 개념으로 위성신호자료 등을 저장한 후 실내에서 소프트웨어 등을 사용하여 처리, 계산하는 방법을 말한다.

**Post Processing Static Survey 후처리 상대측위 기법** 측지 및 측량, 지각 변동의 감시 등과 같이 수 cm이하의 고정밀 위치 결정이 요구되는 분야에서 사용한다. 이 기법은 기준점과 측정 지점에서 동시에 수신한 L1/l2 반송파 자료를 상대 측위 결정 능력을 갖는 프로그램에 의해 계산하여 정밀도를 현격히 증가시키는 방법이다.

**Post Processor 후처리** 더 나은 분석을 위해서 어떤 조작 과정을 표준 형식으로 변환시킬 때 사용되는 컴퓨터 프로그램을 말한다.

**Postal Address 우편 주소** 구/동/번지 또는 아파트 동/호 등 우편 주소를 말한다.

**Postal Code 우편 번호** ① 주소상의 우편 번호를 말한다. ② 영국에서 우편 주소를 가지는 모든 소유권을 기준하는 부호 체계. 컨트리는 120개의 구역으로 구획되고, 각 구역은 지역으로 구획되며 각 지역은 Sector로 나누어지며, 각 Sector는 Unit로 나누어진다. 우편 번호는 인접 소유권의 인접 주소들의 그룹(근사적으로 15)에 적용되고 영역을 정의하지 않는다.

**Postcode 우편 번호** Postal Code를 참조.

**Posterization 포스터리제이션** 영상을 너무 작은 비트로 표현했기 때문에 발생할 수 있는 영상의 윤곽화 현상을 말한다.

**PostGIS 포스트 지아이에스** PostgreSQL을 GIS(지리정보체계) 개체가 데이터베이스에 저장될 수 있는 객체 관계형 데이터베이스 시스템에 확장 기능이다. PostGIS 분석 및 GIS 객체의 처리를 위한 요점 기반의 R-트리 색인 공간과 기능에 대한 지원이 포함되어 있다.

**Post-roll 포스트롤** 동영상 재생이 끝난 이후에 광고를 삽입하는 방식을 말한다.

**PostScript 포스트스크트립트** Adobe Systems, Inc.에 의하여 개발되고, 판매되며 상표화된 페이지 묘사 컴퓨터 언어이다. 포스트스크트립트는 대개의 레이저 프린트들에 의하여 지원된다. 포스트스크트립트는 특별히 전산화된 식자 응용과 그래픽이 있는 탁상 출판에 유용하다. 포스트스크트립트 파일들은 래스터 영상 프로세서 소프트웨어에 의하여 비 포스트스크트립트 출력 장비에서 출력될 수 있다.

**Postting 포스팅** 블로그에 글을 올리는 행위를 말한다.

**Potential 포텐셜** 공간의 물리적 성질을 에너지의 관점에서 나타내는 물리량으로서, 에너지 계산을 보다 쉽게 하기 위한 스칼라량이다. 일반적으로, 측정이 불가능한 수학적으로 정의된 물리량이다. 포텐셜 종류에는 중력 포텐셜, 전기 포텐셜(전위), 자기 포텐셜(자위) 등이 있다.

(1) 중력 퍼텐셜은 단위 질량당 포텐셜 에너지로서, 중력 포텐셜 $V(r) = -G\frac{M}{r}$ 이며, 중력 포텐셜 에너지는 $U(r) = mV(r) = -G\frac{mM}{r}$ 이다.

(2) 전기 퍼텐셜은 단위 전하당 포텐셜 에너지(전위)로서, 전기 포텐셜 $V(r) = -k\frac{Q}{r}$ 이며, 전기 포텐셜 에너지는 $U(r) = qV(r) = -k\frac{qQ}{r}$ 이다. V(r), U(r) 등의 포텐셜 함수(Potential Function)는 위치(거리)에 따라 에너지양이 변화하는 함수적 의존 관계 표현한다. 포텐셜 에너지와 힘과의 관계는 $F = -\nabla U$ 로 표현된다.

**Potential Energy 위치 에너지** 높이에 따른 물체가 가지는 에너지로 정의된다. 위치 에너지는 물체의 질량(m)과 높이(z)의 곱에 비례한다. $E_p = mgz$. g는 중력 가속도($9.8\ m/s^2$)이다. 위치 에너지는 상대적인 양이기 때문에 실제로 물리적 의미를 갖는 것은 위치 에너지 간의 차이이며, 기준점을 정해서 사용하기도 한다. 위치 에너지는 운동 에너지와 같은 다른 형태의 에너지로 바뀔 수 있으며, 그 과정에서 일을 하게 된다. 위치 에너지의 단위는 일이나 다른 형태의 에너지와 같은 단위를 사용하여 SI 단위계에서 Joule(J)이다.

**Potentiometric Surface Map 정수위 등고선도** 특정한 수리지질 단위에서의 수위 등고선 지도를 말한다.

**Pothole 포트홀** 도로 포장면의 포트홀은 침식 또는 마모로 도로 포장 표면에 발생한 움푹 꺼진 곳으로 지반 침하가 동반되지 않아도 발생한다. 아스팔트 포장면 균열부로 우수(雨水, 빗물)가 유입되는 경우, 차량의 반복 하중에 의해 표면이 박리되어 움푹 패는 현상으로 우기(雨期)에 많이 발생한다. 아스팔트 재료의 파손으로 생기며, 지반침하와는 무관하다.

**Pound 파운드** ① 영연방(英國聯邦, Commonwealth of Nations)과 미국에서 사용되는 야드파운드법과 미국 단위계의 중량(무게)단위이다. 1 파운드는 453.59237g이고 16 온스(ounce)이다. 1959년 미국, 영국, 캐나다, 호주, 뉴질랜드, 남아프리카공화국 등 6개국에서 야드(yard)와 파운드(pound)의 통일을 위한 "International yard and pound"에서 국제 파운드(International yound)로서, 1파운드(pound, lb)를 0.45359237kg으로 정의하였다. 파운드의 기원은 고대 로마 시대의 중량 단위인 '폰두스(pondus)'에서 유래한다. 고대 로마의 중량 단위는 '리브라 폰도(libra poundo)'였는데, 이는 '무게로'라는 뜻을 가진 '폰두스(pondus)'의 '폰도(pondo)'와 로마어로 저울을 뜻하는 '리브라(libra)'를 함께 쓴 것으로 '저울로 달다'라는 뜻이다. 이후 영국에서는 '리브라 폰도(libra poundo)'에서 '리브라(libra)'를 생략하고 '폰도(pondo)'만을 사용하게 되었고, 이것이 지금의 '파운드(pound)'로 변형되었다. 하지만 옛 로마의 습관을 따라 파운드 단위는 아직도 'lb'로 표기한다.

② 영국의 화폐단위이다. 영국 화폐를 표기할 때 사용하는 £은 로마어로 저울을 뜻하는 '리브라(libra)'의 L에서 따온 것이다. 영국 화폐단위 파운드의 공식명칭인 파운드 스털링(Pound sterling, £, GBP)은 영국과 영국 왕실령[British Crown dependencies : 채널 제도(Channel Islands)의 두 섬과 맨 섬(Isle of Man)]의 공식 통화이다. 영국 내에서는 "퀴드"(quid)라는 말로도 불린다. 1 파운드는 100 펜스이다.

**Power 일률, 동력** 일정한 시간 동안에 한 일의 량으로서, $일률 = \frac{일의\ 량}{일을\ 한\ 시간}$ 이다. 즉, $P = \frac{dE}{dt} = \frac{dW}{dt}$. 여기서, P는 일률, E는 에너지, W는 일, t는 시간을 나타낸다. 일률의 단위는 에너지를 시간으로 나눈 값이다. SI 단위계에서 Watt(W)로 표시하고 시간당 줄(Joule)과 같다. 즉, 1W는 1J의 일을 1초 동안에 할 때의 일률이다. 마력(馬力, Horse Power, HP)은 말(馬) 한 마리가 1초 동안 할 수 있는 일로 정의되며, 1HP = 735W이다.

**Power Blogger 파워블로거** 네이버 · 다음 등 포털에서 영향력이 큰 블로그를 운영하는 사람. 글 게재 횟수와 내용, 방문자, 댓글 등을 따져 매년 수백 명씩 선정한다. 블로그 화면에 금메달 모양의 표시가 붙고 광고를 붙여 수익도 거둘 수 있다.

**Power Builder 파워 빌더** 윈도우 외에 유닉스, 매킨토시까지 지원한다. 즉, 하나의 탑재기(Platform)에서 개발한 프로그램을 별다른 수정 없이 다른 탑재기로 쉽게 이식할 수 있다. 파워 빌더에서 사용하는 언어는 파워 스크립트(Power Script)라는 자체 언어이다.

**Power Object 파워 오브젝트** 파워 오브젝트는 오라클의 대표적인 개발 툴 디벨로퍼 2000의 축소판으로, 퍼스널 오라클 7에 기반하여 받아들인 자료의 실제 처리는 퍼스널 오라클이 담당하고, 사용자로부터 자료를 입력받아 데이터베이스를 처리하기 쉽도록 가공하는 PC용 프론트엔드(Front-End) 개발 툴이다.

**Power Set of Domains 기능 영역** 주어진 영역으로부터 도출 가능한 요소를 취할 수 있는 모든 가능한 영역을 말한다.

**Power User 파워 유저** 컴퓨터 전 분야에 걸쳐 많은 정보와 지식을 가지고 있으며, 컴퓨터의 기능을 최대한 활용하면서 능숙하게 사용할 수 사용자 계층. 주로 프로그램 작성보다는 응용 프로그램을 사용하는 수준에서 고도의 기능을 구사하는 사람을 이룬다.

**PPC(Pay Per Call) 페이콜, 페이 퍼 콜** 전화연결 건당 대가를 지불하는 방식을 말한다.

**PPC(Pay-Per-Click) 클릭당 지불** 인터넷 이용자들이 원하는 제품이나 서비스를 검색한 후에 검색결과에 나오는 광고주들과 자동으로 전화를 연결해 주는 방식.

**PPGIS(Public Participation GIS) 공공 참여 지아이에스, 시민 참여형 지리정보시스템** 1993년 NCGIA(National Center for Geographic Information and Analysis)가 후원한 GIS와 사회라는 워크숍에서 기술구현과 관련한 사회적 이슈에서 출발하여, 1996년 주민참여 GIS워크숍을 통해 정착된 개념이다. 이후 URISA를 중심으로 2001년부터 매년 주민참여 GIS에 관한 회의개최를 통해 학문적으로 발전해 나가고 있다. GIS를 통해 민간단체나 일반 주민이 지역재생 및 삶의 질 향상에 대한 관심을 높이고 공공 정책 결정에 적극적인 의견개진, 접근 및 참여하는 방안을 다루는 GIS의 한 분야를 말한다.

**PPI(Pixels Per Inch) 인치당 화소수** 1인치당 픽셀 수를 뜻하는 용어로 숫자가 높을수록 픽셀 밀도가 높아 더욱 정밀한 표현이 가능해진다.

**PPL(Product Placement) 간접 광고** TV화면에 상품을 끼워 넣어 광고하는 기법으로서, 제품을 배경 속에 배치하거나 출연자가 은근히 상표를 추어올리는 등 여러 기법이 쓰인다.

**Pplkpr App 사람 관리 앱** [앱] Pplkpr는 People Keeper의 약자로서 사람을 관리하는 앱으로서 단순한 인적 관리가 아닌 착용자의 심적 분석을 통한 인맥 관리 앱이다. 뉴욕대(NYU) 인터랙티브 텔레커뮤니케이션 프로그램(ITP)의 Lauren McCarthy 교수가 개발한 앱으로 피트니스 트랙커 착용자의 심박수에 기초해 만나는 사람을 관리한다. 즉, 피트니스 트랙커를 착용한 상태에서 누군가를 만난 후, 앱에서 자신이 만난 사람이 누구인지 입력하면 심박수에 기초해 기분 상태를 분석하며, 데이터에 기반해 특정인을 만나지 말거나 연락처에서 전화번호를 지울 것을 제안하거나 또는 반대로 문자를 보내거나 약속을 정하라는 등의 추천을 제공하는 앱이다.

pplkpr은 빅 데이터 활용의 한 방법을 제시해 주는 것으로, pplkpr과 같이 피트니스 트랙커의 심박 수 데이터를 관계 관리에 활용하거나, 향후 만나는 사람+위치+지출 비용 데이터를 활용해 '누구를 만나면 돈을 많이 지출하니 만나지 말고, 어느 요일에 어떤 장소에 가면 돈을 많이 지출하니 해당 장소로 약속 장소를 정하지 말라' 등의 지출 관리 서비스 제공도 가능할 것으로 전망된다. 연동 가능한 피트니스 트랙커는 Mio 피트니스 트랙커, Fitbit Surge 및 Charge, Basis Peak 등으로 Apple Watch도 지원한다.

**PPM(Parts Per Million) 100만분의 1, 피피엠** 100만분의 1(parts per million)을 나타내는 농도의 단위이다.

**PPP(Point-to-Point Protocol) 지점간 프로토콜, 점대점 프로토콜** 두 점 간을 접속하여 데이터 통신을 할 때 이용하는 광역 통신망(WAN)용 통신 규약. OSI 기본 참조 모델의 데이터 연결 계층에 해당한다.

**PPP(Public Private Partnership) 정부·민간합작** 민관협력사업을 의미한다. 정부가 발주하는 특정 프로젝트 또는 정부가 육성하고자 하는 공공 인프라스트럭처 산업에 민간 자본, 특히 외국 자본 참여를 유도함으로써 부족한 기술력과 자본 등을 확충하는 방식이다. 경쟁입찰제도 실시, 개발이익 보장, 공공이익 보호를 위한 규제 등이 핵심이다.

**PPS(Precise Positioning Service) 정밀위치결정 서비스** GPS는 표준측위서비스(Standard Positioning System, SPS)와 정밀측위서비스(Precise Positioning System, PPS)로 나누어진다. SPS는 주로 민간 부문의 서비스용이며, PPS는 주로 군사부문의 용도에 사용된다.

PPS는 위치, 속도 및 시간 정보를 가장 정확하게 전 세계적으로 연속적으로 제공하는 서비스이다. 이 서비스는 공인된 사용자에게만 제공된다. 비공인된 사용자는 PPS에 접근할 수 없도록 P코드(Precise Pseudorandom Tracking Code)라 불리는 암호를 사용한다. P코드 해독이 가능한 군용수신기는 22m의 수평측위 정확도를 갖는다. 이 서비스는 암호화되지 않은 P코드에 대한 접근과 SA 효과를 없앨 수 있게 해 준다.

**PPTP(Point-to-Point Tunneling Protocol) 지점간 터널링 프로토콜** 멀티프로토콜 가상 사설망(VPN)을 지원하는 네트워킹 기술로, 원격 사용자가 인터넷 서비스 공급자(ISP)에 전화를 걸거나 인터넷에 직접 연결함으로써 인터넷이나 다른 네트워크를 통해 회사 네트워크에 안전하게 액세스할 수 있게 해준다. 지점 간 터널링 프로토콜(PPTP)은 IP, IPX 또는 NetBEUI 트래픽 터널을 만들거나 IP 패킷 내부에 캡슐화한다.

**PPU(Physics Processing Unit) 물리적 처리장치** 물리연산을 처리하는 하드웨어로 복잡해지는 물리연산을 CPU나 GPU가 처리하는데 생기는 과부하를 해결해준다. 실제로 물리엔진의 하나인 PhysX는 이 PPU를 통한 처리를 활용하면서 CPU와 GPU에 부담을 덜어 좀 더 부드럽고 원활한 그래픽처리에 효율성을 높이고 있다.

**PQ(Pre Qulification) 사전 심사** 입찰 참가 자격 사전 심사란 공사 입찰시 참가자의 기술 능력, 관리 및 경영 상태 등을 종합 평가하여 업자가 성공적으로 용역을 수행할 수 있는지를 사전에 심사하는 절차나 방법을 말한다. 입찰 후보자의 자격을 사전에 심사하는 목적은 기술 능력이 부족하고, 재정 상태가 불안정하고 회사 규모 이상으로 과도하게 공사를 수행할 우려가 있거나 경험이 부족한 업체를 입찰 참가 대상에서 제외하는 데 그 목적이 있다.

**PRA(Pseudo-Range Acceleration) 의사거리 가속도** 의사거리(Pseudorange, RR) 값의 변화량을 말한다.

**PRC(Point of Reverse Curve) 반향곡선 접속점** 반향곡선에서 원곡선 2개가 서로 다른 방향으로 굽어져서 중간의 한 지점에서 만나는 점, 즉 변곡점이며, 이 점에서 원곡선에 접선을 그으면 그 접선은 다른 원곡선의 접선이 된다.

**PRC(Pseudo-Range Correction) 의사거리 보정 정보** 위성항법 보정시스템(Differential GPS, DGPS)은 이미 알고 있는 기준점에 기준국용 GPS 수신기를 설치하여 정밀하게 측정된 자신의 위치와 GPS 위성 신호를 받아 수신기로 계산된 위치를 비교하여 오차를 계산한다. DGPS 기준국 시스템은 기준국(Reference Station, RS), 감시국(Integrity Monitor, IM), 그리고 제어국(Control Station, CS)으로 구성되고, 사용자에게 보정정보를 송신하기 위한 변조기와 송신기 시스템으로 구성되어 있다. 기준국 시스템은 의사거리 보정정보(PseudoRange Correction, PRC)를 계산하여 RTCM 국제표준 포맷에 맞게 변환한 다음, MSK(최소 편이 방식) 변조기 및 송신기를 통해 사용자에게 방송한다.

DGPS 기준국에서는 추적 위성 수, 최대 보정치, UDRE(User Differential Range Error), 보정나이(Correction age), 의사거리 잔차, 절대위치오차의 무결성 감시를 수행하고 있다. 무결성 감시국(IM)에서는 기준국(RS)에서 보내온 RTCM 정보를 수신하여 보정정보의 무결성을 감시한다. 현재 우리나라 DGPS 기준국은 해양 기준국 11개소, 내륙 기준국 6개소, 감시국 17개소로 구성되어 운영되고 있으며, 국제항로표지협회(IALA)의 권고에 따라 사용자에게 실시간 보정서비스를 하고 있다. PRC는 보통 ±40m이며 최대 한계치는 100m이다. DGPS를 참조.

**Pre Qulification(PQ) 사전 심사** PQ(Pre Qulification)를 참조.

**Precession 세차운동(歲差運動)** ① 회전하고 있는 강체에 '돌림 힘'이 작용할 때, 회전하는 물체가 흔들리는 현상을 말한다. "옆 돌기 운동"이라고도 한다. 세차운동을 관찰할 수 있는 가장 일반적인 예는 팽이를 돌릴 때, 회전 속도가 줄면서 팽이의 축을 중심으로 한 팽이의 회전이 아닌 축 자체가 도는 것이다. 팽이뿐만 아니라 특정 축을 중심으로 자전하는 물체는 중력이 작용하는 지구상에서 모두 세차운동을 할 수 있다. 회전하는 팽이가 세차운동을 할 때에, 팽이의 회전축은 물체의 회전 방향과 반대방향으로 돌게 된다. 세차운동 동안 회전속도와 작용하는 돌림 힘이 일정하다면, 축이 이동하는 속도는 돌림힘과 각속도(회전축의 방향)와 계속 직각이 되어 회전하는 축이 그리는 자취는 원뿔이 된다. ② 지구의 세차 운동 : 지구의 자전축 기울기가 바뀌게 되는 현상을 말한다. 지구도 회전하는 강체로 볼 수 있기 때문에 세차 운동이 생긴다. 지금의 지구 자전축은 작은곰자리의 알파별을 향하고 있지만 기원전 15세기의 이집트 사람들이 관찰할 당시에는 용자리의 알파별이었다. 그리스의 히파르코스는 기원전 120년에 이전 천문학자들의 관측과 자신의 관측을 종합하여 세차운동을 발견하였다. 한 세기 동안의 관찰 결과에 의하며 춘분점은 1년에 50.3초만큼 이동하며 360도를 이 값으로 나누면 주기는 약 25,765년 4개월 27일 정도가 된다. 약 12,900년 후가 되면 북극은 지금과는 달리 1월에 태양 쪽을 향해 기울어지고, 6월에는 그 반대쪽으로 기울어질 것이다. 다시 말해 북반구의 겨울은 지금의 여름 시기(6월 말~9월 초)에 나타나고, 여름은 지금의 1~3월에 걸쳐 나타나게 된다. 이러한 변화는 점진적으로 서서히 진행되며, 현대 인류는 알아차릴 수 없는 것이다.

**Precipitation 강수(降水), 강우량(降雨量)** ① 대기 중에서 수증기가 응결하여 비나 눈·우박 등으로 지표면에 내리는 것을 강수라 한다. 넓은 의미로는 지표면에 응결한 이슬이나 서리도 강수에 포함된다. ② 일정 기간 동안 일정 지역에 내린 비의 양으로서, 비의 양을 면적으로 나눈 물의 깊이로 단위는 mm이다. 우량이라고도 한다. 넓은 뜻으로는 눈, 싸락눈, 우박, 이슬 및 서리의 양도 포함하며, 강수량과 같은 뜻으로도 사용된다.

**Precise Calculation 정밀 계산** 모든 지능적인 소스(Source)들과 분석적인 컴퓨터 기술들을 유용화함에 의해서 참고점들의 최대로 가능한 정제(Refinement)를 말한다.

**Precise Ephemeris 정밀력(精密歷), 정밀 궤도력** GPS위성의 궤도정보(Ephemeris, 위성력)는 GPS측위의 정확도를 좌우하는 중요한 사항으로서 방송력과 정밀력으로 구분되며, Almanac과 같은 뜻이다. 정밀력(Precise Ephemeris)은 실제 위성의 궤적으로서 지상추적국에서 위성전파를 수신하여 계산된 정밀한 궤도정보로서 후처리 방식의 정밀 기준점 측량시 적용된다. 한편, 방송력은 사전에 계산되어 위성에 입력한 예보궤도로서 실제 운행궤도보다 정확도가 낮다. 방송력은 위성전파를 수신하지 않고도 획득가능하다. 정밀력은 GPS 위성의 항법메시지 중 궤도정보로서 정밀도가 부족한 때에는 별도 지상 추적망에 의하여 GPS 위성의 고정도 궤도추적을 말한다. 이를 바탕으로 양질의 궤도 요소를 계산한다. 이를 정밀 궤도력이라 한다. 정밀 궤도력을 이용하려면 관측 정밀도는 현재의 상태로부터 1행 이상이 개선된다. 정밀 궤도력은 현재 미국 측지국(NGS)과 측지학자, 국제 단체 등에서 발표되고 있으며 일본에서는 국토 지리원에서 작성 준비가 되고 있다. 방송력과 크게 다른 점은 정밀한 궤도요소가 있고 정밀도가 보증되나 사용기간이 짧다는 점이다. GPS 위성에 의한 위치결정은 위성과 수신기간의 거리 및 위성의 위치정보(궤도력, Ephemeris)에 의하므로 궤도력이 부정확하면 관측점의 위치 역시 부정확해진다. GPS 위성에서는 주관제국에서 제공하는 예측치의 궤도력을 사용자에게 전달하는데(방송 궤도력, Broadcast Ephemeris) 여기에는 약 3m의 오차가 있는 것으로 평가되고 있다. 이 때문에 방송 궤도력을 이용할 경우에는 0.1ppm에 이르는 정밀도의 확보가 어려워 장기선벡터의 정밀 결정에는 부적합한 면이 있다. 이러한 문제점은 정밀 궤도력(Precise Ephemeris)을 IGS(International GPS service for Geodynamics)가 전 세계에 산재한 약 110개소에서 취득한 관측자료를 후처리하여 발표하고 있다. 이 때문에 정밀 궤도력은 별도의 컴퓨터 네트워크를 통하여 IGS로부터 제공받아야 하고, 약 11일 정도를 기다려야 하는 불편이 있다. 따라서 GPS 관측 자료의 처리에 있어, 방송 궤도력과 정밀 궤도력 중에서 어떤 한 것을 사용할 것인가에 대해서는 기선장과 요구정밀도, 그리고 성과산출의 시급성에 따라 적절한 판단을 내려야 한다.

**Precise Positioning Service(PPS) 정밀 위치결정 서비스, 피피에스** PPS(Precise Positioning Service)를 참조.

**Precise Time 정밀 시간** 100milliseconds 내로의 시간 요구 정확도를 말한다.

**Precise Triangulation 정밀 삼각측량** 지구의 곡률 등을 고려하여 정밀하게 측량한 삼각측량을 말한다.

**Precision 정밀도(精密度), 정밀성, 정도(精度)** 여러 번 측정하거나 계산하여 그 결과가 서로 얼마만큼 가까운지를 나타내는 기준이며, 재현성이라고도 한다. 관측의 균질성을 나타내며, 관측된 값의 편차가 적을수록 정밀하다. 표본의 이산 정도를 표현하는 평균값으로부터의 표준 편차처럼 반복 측정에 기초한 통계값으로서 표현된다. 측정값들의 상대적인 편차가 적으면 정밀하다고 하고 편차가 크면 정밀하지 못하다고 한다. 정밀도는 관측 과정과 우연 오차와 밀접한 관계를 가지며, 관측장비와 관측방법에 크게 영향을 받는다. 여기서 우연 오차는 까닭이 뚜렷하지 않은 오차이며 최소 제곱법에 따른 확률 법칙에 따라 추정할 수 있다.

**Precision Accuracy 정밀도 정확도** Precision을 참조.

**Precision Code(P Code) 피 코드** P Code(Precision Code)를 참조.

**Precision Level 정밀 레벨** 경독식 레벨에 광학 마이크로미터(Optical micrometer)를 장치한 레벨. First Order Level을 참조.

**Precision Placement 정밀 배치** 대개 반복 측량의 표준 편차나 편차와 같이 표현되어진 반복성의 통계적 관측을 사용하여 참조된 물체나 정보의 그래픽적인 배치를 말한다.

**Precision Staff 정밀 표척** 1~2등 수준 측량에 사용되는 인바 표척을 말한다.

**Predecessor 선행작업, 선행자** 후속 작업 단위를 시작하거나 종료하기 위해 필요한 작업 단위, 정보 혹은 조건을 말한다. ② 트리를 어떤 순서로 순회할 때 노드를 방문하기 전에 방문한 노드를 말한다.

**Pre-Development Mapping 예비 전개 지도 제작** 한 집단이 제안된 개발의 한정적인 수치 지도를 준비한다. 일단 만들어지면 제안된 개발이 측량될 때까지 상세한 계획과 기록 목적을 위해 모든 관심 있는 집단들(특히 설비)에 의하여 사용되는 개념을 말한다.

**Predicate 조건자** 참 또는 거짓 값만을 되돌리는 함수이다.

**Predictable 예측 가능** GPS에서 도표화된 해에 관한 위치해의 정확도. 여기서 둘 다 같은 측지 기준면(Datum)에 기준한다.

**Prediction 예측** ① 미리 과정의 결과물을 예측하는 과학적 능력을 말한다. ② 측정이 불가능한 영역에 대한 정보를 제공하는 모형의 능력을 말한다.

**Predictive Model 예측 모델** 미래 상태의 값이 예측되거나 가정될 수 있는 모델. 예를 들면, 현재의 기온, 습도, 풍속과 기타 사항들의 현재 값을 기반으로 하는 일기 예보 모델이 있다.

**Preferred Term 선호 용어** 공인된 기관에 의해서 추천된 용어이다.

**Prefix of SI 에스아이접두어** SI 단위계에 접두어를 붙여 물리적인 현상을 표시한 것을 에스아이 접두어라 한다.

**Preliminary Feasibility Study 예비타당성조사** 예산낭비를 막고 투자 효율성을 높이기 위해 대형 국가연구개발 사업에 실시하는 사전 평가를 말한다.

**Premarking 프리마킹** 항공사진 상에 시각적인 요소를 더 쉽게 만들기 위해 도로 교차 경계와 맨홀과 같이 지표 형상에서 대상들의 색깔을 주는 진행 과정을 말한다.

**Premary Source 초기 자료원** 자료 변환을 위해 초기 자료원으로서 사용되는 문서를 말한다.

**Premode 프리모드** 단위 우편번호에 추가될 때, 영국에서 특별한 재산 또는 주소를 인식하는 역할을 하는 영숫자 문자의 집합이다.

**Preprocessing 전처리** ① GIS : 전처리는 자료를 몇 가지 방법에 의하여 GIS에서 활용될 수 있도록 정보로 가공하는 과정이다. 여기에는 2가지 기초적인 업무가 있는데, 그 하나는 자료 형태의 변환과 자동적으로 원시 자료에서 객체의 위치 등을 파악할 수 있는 기능을 제공하는 것 등이다. 자료 형태의 변환은 지도, 사진, 기록 서류 등에서 정보를 추출하는 과정과 이것을 데이터베이스에 정보화하는 내용 등을 포함한다. GIS의 활용을 위한 정보가공에서는 자료 집합을 기초로 객체의 위치, 특성 등을 기록하기 위한 일관성 있는 체계가 요구된다. ② 컴퓨터 : 컴퓨터 체계를 사용하여 본격적인 자료처리 작업을 수행하기 이전에 수행되는 자료, 장치 및 처리 작업을 말한다. ③ RS : 전자기 에너지가 태양에서 지구로 입사되고, 또 지구에서 반사되어 위성의 감지기까지 가는 동안 대기의 산란, 흡수 등의 영향으로 에너지의 약화가 일어난다. 이 복사 전달 과정에서의 대기의 영향을 제거하는 방사 에너지 보정과 위성이 지구 영상을 획득할 때 위성의 자세 불안정, 지구 자전의 영향, 위성 궤도의 진북으로부터의 편향성 등의 원인으로 위성 영상이 지상과 지리적으로 일치하지 않게 되므로, 이를 보정하는 기하학적 보정 등을 하는 것이다.

**Preprocessing Type Code 전처리 유형 코드** 영상에 적용된 방사 분석 및 기하학적 보정 유형을 식별하는 영상 공급자의 코드를 말한다.

**Prequalification(PQ) 사전 심사** PQ(Pre Qulification)를 참조.

**Pre-roll 프리롤** 동영상을 재생하기 이전에 광고를 삽입하는 방식을 말한다.

**Presentation Form 표현 형식** 자료가 표시되는 방법을 말한다. 예로서 하드 카피 지도, 모형, 프로 파일, 영상, 뷰(View), 벡터 지도, 래스터 지도, 표, 문서 등이다.

**Presentation Form Code 표현 형식 코드** 데이터가 표현되는 방식을 말한다.

**Presentation Logic 표현 로직** 사용자가 보고 반응할 수 있도록 해주는 것, 자료를 받아들이고 입력된 자료를 확인하고 그 수행 결과를 다시 표현(GUI 형태)하는 것을 말한다.

**Pressure Altitude(PA) 압력 고도(壓力高度)**
PA(Pressure Altitude)를 참조.

**Preventive Maintenance(PM) 예방보전**
PM(Preventive Maintenance)을 참조.

**Preverify 사전 검증** 컴파일 후 실행 전 Class파일을 사전 검증하여 보안문제를 해결한다.

**PRF 피알에프** 다각형의 속성과 실제 다각형과의 관계 또는 점의 속성과 실제점 간의 관계 설정을 말한다.

**Price-Match 최저가격보상제** 같은 물건을 더 싸게 파는 다른 가게가 있을 경우 그 가계와 똑같은 가격에 물건을 판매하는 제도를 말한다.

**Price's Current Meter 프라이스 유속계** 주발형에 속하는 대표적인 하천의 유속계이며, 기계는 수중에서 받칠 때에 금속제의 파이프 또는 동아줄을 이용할 수 있으며 전기천음장치로 회전수를 알아낼 수 있게 되어 있다.

**Prick 자침** Pricking을 참조.

**Prick Point 자침점(刺針點), 이사점** 연속으로 사진을 접할 시킬 경우, 점의 위치를 인접된 사진에 옮겨진 점을 말한다.

**Pricking 자침** 사진 상에서 표정점 등의 위치를 표시하거나 인접된 사진의 주점 등을 이사할 때 바늘 같은 것으로 구멍을 뚫어 위치를 나타내는 작업을 말한다.

**Primary Colo(u)r 원색(原色)** 일반적으로 빛의 3원색이라고 불리는 빨강, 녹색, 파랑을 지칭하는 용어, 이들 3가지 색을 합성하게 되면 어떠한 색도 만들어낼 수 있다.

**Primary Data 주 자료** 원격 탐사기에 의해 모아진 자료를 말한다.

**Primary Grade Artificer 초급기능사** 기능사의 자격을 가진 자, 고등학교 졸업 후 2년 이상 해당분야의 측량 업무를 수행한 자이다. 측량법 참조.

**Primary Grade Engineer 초급기술자** 측량 및 지형공간정보기사의 자격을 가진 자, 측량 및 지형공간정보산업기사의 자격을 가진 자이거나 전문대학 이상의 졸업자, 고등학교 졸업 후 3년 이상 측량 업무를 수행한자이다. 측량법 참조.

**Primary Key 기본키** 데이터베이스를 연결하기 위해 사용된 고유한 식별자로서, 속성 혹은 열의 값이 지형지물군 내의 각 개체를 고유하게 식별하는 속성 혹은 열을 말한다. Key, Key Attribute를 참조.

**Primary Point of Contact 연락처** 자료군과 관련된 기관이나 개인을 확인하고 정보 교환하기 위한 수단을 말한다.

**Primary Wave 종파, 피파** 전파 속도가 가장 빠르며, 매질의 입자가 파의 진행 방향으로 전파되는 종파이며 고체, 액체, 기체 속을 모두 통과한다.

**Prime Meridian 본초자오선(本初子午線)** 그리니치 천문대를 지나는 경도 0°인 기준이 되는 자오선. 본초 자오선을 기준으로 지리 좌표의 경도가 정해지고, 서반구와 동반구가 나뉜다.

**Prime Meridian Greenwich Longitude 본초자오선 그리니치 경도** 그리니치 자오선을 기준으로 동쪽 방향으로 측정한 본초자오선의 경도를 말한다.

**Prime Meridian Name 본초자오선 명(名)** 지학적 자료를 위한 본초자오선 명을 말한다.

**Prime Vertical 묘유선(卯酉線)** 지구 타원체상 한 점의 법선(法線)이 지나는 자오면(子午面)과 직교하는 평면과 타원체면과의 교선으로서 수평선에 해당한다. 자(子), 축(丑), 인(寅), 묘(卯), 진(辰), 사(巳), 오(午), 미(未), 신(申), 유(酉), 술(戌), 해(亥)의 12간지 중에서 묘(卯 : 3시)時와 유(酉 : 9시)時를 잇는 선이다.

**Primitive 기본 요소** ① 인쇄복사에 의해 결과를 산출할 때 사용되는 명령어. ② 모든 사상이나 형상을 구성하는 최소의 공간적 구성요소. 예를 들면, 3개의 기하학적 주 요소(Nodes, Edges, Faces) 1개의 지도제작 기본요소(Text)가 있다. Primitive Data 주 요소 자료 공간 자료 구조의 각 구성요소의 고유 보유 정보를 말한다.

**Primitive Function 단위 업무 기능** 다음 분해 수준이 업무 기능이 아닌 프로세스인 업무 기능으로, 일반적으로 3차 또는 4차 수준의 업무기능에서 주 요소 업무 기능이 나타나게 되나, 기업의 성격에 따라 그 수준은 다를 수 있다. 엔티티 관계 모델상에 각 단위 업무 기능과 연관된 주 요소 주제 영역이 존재한다.

**Primitive Subject Area 단위 주제 영역** 주제 영역 중 최하위 수준에 해당하는 주제 영역으로, 하위에 더 이상 주제 영역을 갖지 못하고 엔티티 타입을 포함한다.

**Principal Component Analysis(PCA) 주성분 분석** PCA(Principal Component Analysis)를 참조.

**Principal Distance 영상면 거리, 주점거리(主點距離)** 사진기축 방향에서 어떤 일정한 각도로 기울어진 방향의 상까지의 거리와 사진기축에서의 각도의 정수(Constant)를 말한다.

**Principal Distance of Photograph 사진 주점거리** Principal Distance를 참조.

**Principal Meridian 원자오선** 영국 그리니치를 지나는 자오선으로 경도의 기준이 된다.

**Principal Point (사진)주점(主點), 중심점** 주점은 사진의 중심점으로서 투영중심으로부터 사진면에 내린 수선의 발, 즉 렌즈의 광축과 사진면이 교차하는 점이다. 사진측량에서의 주요 3점은 사진주점, 사진연직점, 등각점이다. 주점은 수직사진에서 각 관측의 중심점으로 사용된다.

**Principle Component Analysis 주성분분석(主成分分析)** 주어진 확률벡터 X를 선형변환(linear transform)시켜서 X보다 성분수가 더 적은 새로운 확률벡터 Y를 얻되, Y가 X에 대한 분포적 정보를 최대한 포함하여 Y를 구성하는 확률변수들 상호간의 상관계수가 0이 되게 하는 통계적 기법이다. 주성분 분석의 목적은 자료상의 차원 수(dimensionality)를 줄이는 데 있다. 구성확률변수들 사이의 상관계수가 모두 0이고, 훨씬 적은 수의 확률변수들로 형성된 벡터 Y를 사용하여 자료분석을 하면 X를 사용할 때보다, 결과 해석이 훨씬 쉽다. 주성분분석은 요인분석, 다중공선성문제, 다변량자료의 분석 등에 유용하게 활용될 수 있다.

**Principle of Boundary Inseparability 경계 불가분의 원칙(境界不可分의 原則)** 경계(또는 경계선)라 함은 2개의 단위 토지 간을 구획하는 지적도 또는 임야도상의 선 혹은 좌표 수치를 연결한 것을 말하며, 경계는 결코 어느 한쪽 토지에만 전속되는 것이 아니라 양쪽 토지에 공통인 것이면서도 유일한 것이기 때문에, 절대로 분리할 수 없다는 원칙을 말한다.

**Principle of Cadastral Formalism 지적 형식주의(地籍形式主義)** 국가의 통치권이 미치는 모든 영토를 필지 단위로 구획하여 지번·지목·경계 또는 좌표와 면적 등을 정하여 행정 기관의 장인 시장·군수·구청장이 비치하고 있는 공적 장부인 지적 공부에 등록되어 공시하여야만 공식적인 효력이 인정된다는 이념이다.

**Principle Of Cadastral Opening 지적 공개주의(地籍公開主義)** 지적에 관한 사항을 지적공부에 등록하여 이를 국가가 자기의 편의에만 이용하지 않고 거의 무제한적으로 일반인에게 공개함으로서 토지소유자 및 이해관계인 기타 일반 국민으로 하여금 이를 정당하게 이용할 수 있도록 하는 제도를 말한다.

**Principle of Gear 기어의 원리** 기어(톱니바퀴, 치차, 齒車)는 1쌍의 마찰차 접촉면에 톱니(齒, tooth)를 만들어 톱니가 서로 맞물려 돌아가게 한 기계요소로서, 축 사이에 회전이나 동력을 전달하는 목적으로 사용된다. 기어는 고대부터 시계, 수차 등에 사용되어 왔으며, 몇 개의 기어를 연결시킨 "치차 열"은 회전수 증감, 회전방향 변환, 회전속도 변환을 위한 감속장치, 차량·공작기계 등에 폭 넓게 사용되는 중요한 기계요소 중의 하나이다. 17세기 이후 치형(齒形)에 대한 연구가 활발히 이루어져 사이클로이드(cycloid) 치형, 인벌류트(involute) 치형 등의 기어가 있으며, 정밀기계의 부품으로 많이 사용되고 있다. 기어의 특징과 회전속도 및 회전방향 변환의 원리로는 (1) 구조가 비교적 간단하며, 동력 전달이 확실하고 내구성이 높다. (2) 두 축 사이의 거리가 짧을 때 사용한다. (3) 두 축이 평행하거나 교차하지 않아도 확실한 회전을 전달할 수 있다. (4) 서로 맞물리는 기어의 톱니 수를 바꾸면 회전 속도를 바꿀 수 있다. (5) 맞물린 두 기어 사이의 속도 비는 두 기어의 지름의 비(톱니수의 비)에 반비례하며, 서로 회전방향이 바뀐다. (6) 두 기어 사이에 다른 기어를 넣으면, 속도 비 변화에는 무관하고, 양쪽 기어의 회전방향은 일치한다.

**Principle of Inclined Plane 빗면의 원리** 경사가 완만한 비탈길을 올라가는 것이 가파른 길을 올라가는 것보다 힘이 적게 드는 것처럼 일의 양을 줄이는 것이 아니라 일하는 방법을 바꾸어서 일을 쉽게 하도록 하는 것이다. 따라서 빗면의 원리는 힘을 증가시키면 거리는 줄어들고, 반대로 힘을 감소시키면 이동거리가 늘어나는 물리의 기본법칙이다. 나사, 쐐기, 도끼, 쟁기, 지퍼(zipper) 등은 빗면을 이용한 도구들이며, 나사를 이용하는 많은 기계도 빗면의 원리에 의해 작동된다.

**Principle of One Point Positioning 지피에스 일점 위치 결정의 원리** 3차원 위치를 결정하려 할 때 미지수는 경도, 위도, 높이의 3가지이다. 위성의 위치는 궤도 정보에 의하여 계산되는 기지이다. 3개의 위성에서 거리를 관측하면 이용자의 위치가 정해진다. 위성으로부터 거리를 관측하는 데는 전파가 위성을 출발한 시각과 수신기에 도착한 시각의 차를 광속으로 곱하여 구한다. 전체 위성의 시계와 수신기 측의 시계는 정확하게 일치해야 할 필요가 있다.

**Print 인쇄** 컴퓨터 체계로부터 전달된 정보를 종이 위에 출력하는 인쇄 장치. 프린터 인쇄 방식에 따라 라인 프린터, 도트매트릭스 프린터, 잉크젯 프린터, 레이저 프린터 등으로 구분되고, 정보를 인쇄하는 색상에 따라 단색용 프린터와 컬러용 프린터로 구분된다.

**Printed Circuit Board(PCB) 인쇄회로기판** PCB(Printed Circuit Board)를 참조.

**Printed Map Standard 종이 지도 표준** 수치화된 데이터 외에 USGS에서 생산되는 종이 지도에 대한 표준으로 주로 도식의 표현, 출력양식, 생산사양 등에 관련된 표준이다.

**Printer Driver 인쇄기 구동기** 적용 프로그램과 인쇄기를 연결시켜서, 적용 프로그램이 보내는 자료를 인쇄할 수 있도록 일련의 명령들을 모아둔 파일을 말한다.

**Printer Queue 인쇄기 큐** 특정한 인쇄기로 인쇄하기 위해 기다리고 있는 인쇄 작업의 목록을 말한다.

**Prism 프리즘** 빛을 굴절 또는 분산시키는데 쓰이는 삼각기둥 형태의 유리 또는 플라스틱. 입체경, 카메라, 홀로그래피 등에 쓰인다.

**Prismatic Compass 프리즘 나침반** 자북(磁北) 방향은 물론 DOT(Direction-of-Travel, 진행방향)을 이용하여 자기방위를 구할 수 있다.

**Prismatic Formula 각주 공식(角柱公式)** 각주는 각기둥(옆면은 한 직선에 평행하는 3개 이상의 평면으로, 밑면은 이 직선과 만나는 2개의 평행한 평면으로 둘러싸인 다면체)으로서, 평행한 양 단면을 가지며 모선으로 둘러싸인 각주의 체적 V는 $V = \frac{l}{6}(A_1 + 4A_m + A_2)$이다. 여기서, $A_1$, $A_2$는 양단면의 단면적, $A_m$은 중앙의 단면적, $l$은 길이이다. 각주는 각뿔대의 일종이다. 넓은 지역의 땅 평탄화 작업량 또는 채석장의 굴착량을 구하는 경우 등에 이용된다.

**Private Cloud 개인 클라우드** 기업 내에 클라우드 데이터 센터를 운영하면서 내부 사원들이 개인 컴퓨터로 클라우드 데이터 센터의 자원을 사용하도록 하는 개념이다. 보안 기능이 강화된 방화벽 내에서만 배타적으로 이용이 가능한 서비스로 주로 대기업에서 데이터 소유권을 확보하고 프라이버시를 보장받고자 할 때 구축되는 방식인데, 해당 업체에서 IT 자산 투자를 기존 방식과 같이 해야 하는 것이 단점이지만 전체 인프라에 대한 완전한 통제권 확보가 장점이다.

**Private Key 비밀키** 공개 키 암호 시스템에서 사용되는 개인키는 디지털 서명을 만들어 내거나 메시지를 해독하는데 사용한다. 개인키는 오직 소유자만이 그 키를 사용한다는 것을 확실히 하기 위해 비밀로 유지된다.

**Private Label(PL) Product 피엘 상품, 자체 기획 상품, 자체 개발 상품** PL(Private Label) Product를 참조.

**Privilege 권한** 디스크상의 파일들을 읽고, 쓰고, 지우고, 갱신하며, 수행시키는 것에 대하여 사용자에 따른 특권을 말한다.

**PRJ File 투영 파일** Projection File을 참조.

**PRM(Partner Relationship Management) 파트너 관계 관리** 주 관리 대상을 대리점이나 총판 등 파트너 부문에 초점을 맞춘 CRM의 한 영역. PRM에서는 파트너별 성과에 따른 차등 할인율 적용이나 인센티브 지급 등 기존 CRM과는 차별화된 요소가 다수 포함되어 있다.

**PRN(Pseudo-Random Noise) 의사잡음신호, 피알엔** PRN 부호는 각 위성마다 유일하도록 서로 다르며 이진부호로 구성되는데 매우 길고 복잡하기 때문에 신호자체만 보았을 때는 의미를 파악할 수 없다. 사실상 PRN 코드는 어떠한 정보를 담고 있는 것이 아니라 Random Noise 이름에서 알 수 있듯이 어떠한 규칙에 의해 만들어지는 불규칙한 이진수 열로써 위성까지를 거리를 측정하는데 사용된다.

PRN 코드는 C/A코드와 P코드의 두 종류로 나누어진다. Coarse /Acquisition code 또는 Standard code라고 불리는 C/A 코드는 민간신호라고도 하며 특별히 허락받지 않은 개인이나 단체도 이용할 수 있으나, P 코드(Precise code)는 암호화가 되어 있어 이용하기 위해서는 허가가 필요하다. L1 반송파에는 C/A와 P코드가 실려 있고, L2 반송파에는 P코드만 실려 있으며, 항법 메시지 신호는 2가지 반송파에 모두 실려 있다.

**Pro Bono 프로보노** '공익을 위하여'라는 뜻의 라틴어 'Pro Bone Publco'의 줄임말이다. 전문적인 지식이나 서비스를 공익 차원에서 무료로 제공하는 것을 말하는데, 법조계에서는 경제적 여유가 없는 사회적 약자에 대해 무보수로 변론이나 자문을 해주는 봉사활동이라는 뜻으로 쓰인다.

**Probability 확률(確率)** 현상에 관한 어떤 결과의 확률은 매우 오랫동안 반복할 경우 해당 결과가 나타나는 비율이다.

**Probability Curve 확률 곡선** 정규분포의 특성을 갖는 곡선을 확률곡선(오차 곡선, 정규 분포 곡선)이라 한다.

**Probability Density Function(PDF) 확률 밀도 함수(確率 密度 函數)** PDF(Probability Density Function)를 참조.

**Probability Distribution 확률 분포** 확률변수의 값에 따라 확률이 어떻게 흩어져 있는지를 합이 1인 양수로 나타낸 것을 말한다.

**Probability Function 확률 함수** 어떤 특정한 측정 벡터가 발생하리라고 기대되는 상대 빈도를 나타내는 함수. 원격 탐사 응용에서는 인식되어야 할 종류마다 확률 함수가 필요하다.

**Procedural Design 절차 설계** 구조요소들을 소프트웨어의 절차적인 기술로 변환하는 것을 말한다.

**Procedural Oriented 절차 지향** 컴퓨터 프로그래밍을 하기 위한 언어에는 많은 종류가 있다. 이러한 언어들은 크게 2가지로 나누어지는데, 객체 지향 언어와 절차지향 언어다. 절차지향 프로그래밍은 물이 위에서 아래로 흐르는 것처럼 '순차적인 처리'가 중요시 되며 프로그램 전체가 유기적으로 연결되도록 만드는 프로그래밍 기법이다. 대표적인 절차지향 언어에는 C언어가 있다. 이는 컴퓨터의 작업 처리 방식과 유사하기 때문에 객체 지향 언어를 사용하는 것에 비해 더 빨리 처리되어 시간적으로 유리하다. 그러나 기술이 발전하고 소프트웨어와 하드웨어가 발전함에 따라 상황이 달라졌다. 예전에는 하드웨어와 소프트웨어의 개발 속도차이가 크지 않았으나 소프트웨어 언어와 컴파일러의 발달로 하드웨어가 소프트웨어의 발달을 따라오지 못하는 상황이 발생했다. 이는 객체 지향 언어가 등장하게 되는 계기가 되었다. 객체 지향 프로그래밍은 개발하려는 것을 기능별로 묶어 모듈화를 함으로써 하드웨어가 같은 기능을 중복으로 연산하지 않도록 하고, 모듈을 재활용하기 때문에 하드웨어의 처리량을 획기적으로 줄여준다.

**Procedural Query Language 과정 질의어** 관망형과 계급형에서와 같이 질의를 위하여 사용자가 데이터베이스의 구조를 알아야 하는 언어를 말한다.

**Procedural Texture 텍스처 자동화** [영상처리] 컴퓨터에 의해서 자동적으로 만들어지는 Texture Map이다. Procedural Texture Map의 핵심은 사용자에 의해 주어지는 변수 값들을 바탕으로 특정 함수(Fractal이나 Noise 함수 등)를 이용해서 Texture Map을 컴퓨터가 스스로 만들어 내는데 있다.

가장 흔하게 볼 수 있는 Procedural Texture의 예로는 포토샵에 있는 Gradient 기능을 예로 들 수 있다. 시작 지점의 색상과 위치, 끝나는 지점의 색상과 위치 등 몇 가지 변수 값들을 지정해 주기만 하면 설정에 따라 아주 멋진 Gradient를 만들 수 있다. 그런데 이렇게 만들어진 결과를 3D 프로그램에서 매핑 소스로 사용하고 싶다면 물론 포토샵에서 만들어서 비트맵 이미지로 저장한 다음 3D 프로그램으로 가져와 사용해도 되겠지만 그것보다는 아예 Gradient를 만드는 프로그램 루틴을 3D 프로그램에 알려준 다음 3D 프로그램이 알아서 Gradient를 만들어 Texture Map으로 사용하면 편하다. 이것이 바로 Procedural Texture의 기본 원리이다. Procedural Texture는 생성되는 데이터의 자원에 따라 2D Procedural Texture와 3D Procedural Texture로 나눌 수 있는데, 앞서 언급한 Gradient의 경우는 2D Procedural Texture라고 할 수 있다. 3D Procedural Texture는 Solid Texture라고도 하는데, 이 방법은 주어진 함수에 의해 Texture Space라는 3차원 공간을 형성하고 객체를 이 공간에 집어넣어 표면의 색상이나 변수 값을 결정하는 방법이다. 돌을 깎아내는 과정과 같다. 이 방법은 다른 Map들에 비해 여러 가지 면에서 장점을 갖는데, 우선 Texture Map이 실제로 3차원 공간 전체를 채우고 있기 때문에 매핑 좌표 개념이 필요 없다. 따라서 아무리 복잡한 객체라 할지라도 투영 매핑 좌표를 사용할 때처럼 매핑 과정에서 밀리거나 하는 문제가 발생하지 않는다. 또한 3D Procedural Texture는 아무리 확대해도 깨지지 않는 무한대 해상도를 갖기 때문에 영화용 출력물처럼 고해상도 출력이 필요한 경우 비트맵 이미지를 사용하는 경우보다 메모리를 훨씬 덜 요구한다는 장점도 있다. 한편, 이 방법은 구름과 같은 비정형의 3차원 물체를 표현하고자 할 때도 유용하다.

**Procedure 절차** ① 수행 방식 또는 어떤 것에 영향을 미치는지에 대한 방법을 정의한 것으로, 후속 설계 작업을 위한 기초를 제공한다. ② 매개변수에 의해 자료에 명시된 것을 이행하기 위한 소프트웨어 시스템의 구성요소를 말한다.

**Proceedings 회보** 학술회의에서 제출된 논문과 다른 발표문에 대한 공식적인 기록으로서, 보통은 회의 참가자에게 주어지며 추후에 책으로 제본하여 나누어진다.

**Process Contact 진행 연락처** 작성 과정 정보에 대한 책임 담당자 연락처를 말한다.

**Process Date 완성일** 완성된 일자를 말한다.

**Process Date/Time 작업 공정 일/시** 작업이 완성된 일자, 시간을 말한다.

**Process Date/Time Determination Method 작업 공정 일/시 결정 방법** 작업 공정 정보 일/시가 결정된 원칙을 말한다.

**Process Description 작업 공정 설명** 진행 과정 및 관련된 매개변수나나 허용 오차에 대한 설명을 말한다.

**Process Step 작성 과정** 작업 과정에 대한 정보를 말한다.

**Process Time 작성 시간** 완성된 시간을 말한다.

**Processed Color 가공 안료(加工顔料)** 안료의 분산을 양호하게 하기 위하여 처리한 안료로서, 색의 선명도・착색력・투명성・광택의 성질이 양호하다.

**Processing 처리** GIS에서 주어진 문제를 해결하기 위하여 수행되는 모든 작업을 총칭하는 용어로서, 입력된 자료를 처리하여 정보를 생성하는 과정을 지칭한다. 자료를 몇 가지 방법에 의하여 GIS에서 활용될 수 있도록 정보로 가공하는 과정이다. 여기에는 2가지 기초적인 업무가 있는데, 그 하나는 자료 형태의 변환과 자동적으로 원시 자료에서 객체의 위치 등을 파악할 기능을 제공하는 것 등이다. 자료 형태의 변환은 지도・사진・기록 서류 등으로부터 정보를 추출하는 과정과 이것을 데이터베이스에 정보화하는 내용 등을 포함한다.

**Processing System 처리 체계** 자료 처리, 자료 분석 및 결과 표시를 포함한 장면 및 감지체계 다음에 오는 원격 탐사 체계의 부분을 말한다.

**Processing Unit 전처리 장치** 시스템의 제어 기능과 프로그램을 수행하는 하드웨어 장치이다.

**Processor 처리 장치** 외부로부터 명령어를 전달받은 후 명령어를 해독하여 명령어에서 정의된 작업을 독자적으로 수행할 수 있는 능력을 가지고 있는 하드웨어 장치를 말한다.

**Processor-In-Memory(PIM) 지능형 반도체**
PIM(Processor- In-Memory)을 참조.

**Product Life-Cycle Management(PLM) 제품 수명주기 관리**
PLM(Product Life-Cycle Management)을 참조.

**Product Placement(PPL) 간접 광고** PPL(Product Placement)을 참조.

**Product Specification 제품 사양서** 공간 데이터를 작성 혹은 교환할 때, 그 기준이 되는 논의 영역을 정의하는데 있어서, 제품 사양서에 기재되어야 할 필요 최저한의 사항을 규정한 것이다.

**Production Generation 생산품 제작** 생산품 제작은 GIS로부터 최종 결과를 얻는 부분이다. 이와 같은 결과의 종류는 통계적 분석 자료, 지도, 다양한 분야의 그래픽 정보 등을 포함한다. 이런 결과는 영상과 같은 소프트 카피와 종이, 필름 등을 활용하는 하드 카피로 구분된다. 컴퓨터에 활용 가능한 매체가 다양해질수록 사용자가 원하는 다양한 방식으로 필요로 하는 정보를 제공할 수 있도록 발전하고 있다.

**Production of Cadastral Record 지적 공부 조제(地籍公簿調製)** 신규 등록, 등록 전환, 토지 구획 정리 사업 등의 시행에 따라 지적공부를 새로이 작성하는 것을 말한다.

**Productive Maintenance(PM) 생산보전**
PM(Productive Maintenance)을 참조.

**Productivity Revolution 2.0 생산성 혁명 2.0** 생산 현장과 경영 현장을 유기적으로 연결하고 소통을 통한 협업 등 소프트웨어적 수단으로 경영 전반을 재창조하려는 활동을 총칭한다.

**Professional Engineer of Land Survey 측지 기술사(測地技術士)** 측량에 관한 계획, 설계, 실시, 지도, 감독, 감리 및 그 조사 연구를 한다.

**Professional GIS 전문가지리정보체계** 특정 목적 또는 분야에 적용하는 전문적인 GIS로서 일반적으로 속성 자료는 RDBMS와 연동할 수 있도록 하며, 공간 자료는 각 제품별로 다양한 공간 자료 모델을 가지고 위상 관계를 형성할 수 있는 기능을 제공한다. 또한 워크스테이션상의 플랫폼에서 운영되며, 데스크 탑 GIS에 비해 보다 강력한 공간 분석 기능과 지도 작성 기능을 제공하며 대부분 응용 프로그램을 작성할 수 있는 개발 도구를 제공한다.

**Professional Publication 전문 출판** 주로 GIS기술을 직업의 일부분으로 사용하는 사람들을 위한 서적 · 저널 · 기타 정보를 말한다.

**Profile 종단도, 프로파일** ① 측점을 잇는 선을 따라 종단했을 때의 단면형을 그린 것으로, 지표면에 대한 수직 단면이나 지하층의 종단도를 말한다. 예 : 지하시설물 종 · 횡단면도 등이 있다. ② 어떤 특정한 함수를 처리하기 위하여 적용 가능한 형태로 모아진 기본 표준의 집합을 말한다.

**Profile Adjustment 수직 위치 보정** 항공 레이저 측량으로 획득한 점의 자료를 종단 측량한 자료로 수직 위치를 보정하는 것을 말한다.

**Profile Digital 수치 프로파일** 수직 형태의 수직 횡단면을 말한다.

**Profile Hardcopy 비수치 프로파일** 종이에 인쇄된 수직 횡단면을 말한다.

**Profile Leveling 종단 측량(從斷測量)** 철도 · 도로 · 수로 등의 노선 측량에서 설치한 중심 말뚝의 지반고, 주요 구조물의 표고 등을 관측하는 측량 방법을 말한다.

**Profile of Railway Line 철도 종단도** 철도에서 중심선의 종단 형상을 도면으로 나타낸 것이며, 일반적으로 지반고, 계획고, 경사, 절 · 성토높이 등이 수치로도 표기되어 있다.

**Profile Point System 종단점법** 기준점으로부터 지성선에 몇 개 측선을 정하여 측선상 여러 점의 거리와 표고를 정하고 그것을 이용하여 등고선을 삽입하는 방법이다.

**Program 프로그램** 사용자가 원하는 일을 처리할 수 있도록 프로그래밍 언어를 사용하여 올바른 수행 절차를 표현해 놓은 명령어들의 집합을 말한다.

**Program for European Traffic with Highest Efficiency and Unprecedenfed Safety(PROMETHEUS) 프로메테우스**
PROMETHEUS(Program for European Traffic with Highest Efficiency and Unprecedenfed Safety)를 참조.

**Programmers Hierarchical Interactive Graphics System (PHIGS) 대화식 계층적 도형 체계, 피그스** PHIGS(Programmers Hierarchical Interactive Graphics System)를 참조.

**Programming Language 프로그래밍 언어** 컴퓨터에서 실행되는 프로그램을 작성하기 위하여 사용되는 언어를 말한다.

**Progress 과정** 자료군의 진행 상황으로서 완료(Completed), 작업 중(In Work), 계획 단계(Planned), 문서 보관 저장(Historical Archive), 파기 단계(Obsolete)로 구분된다.

**Prohibited Area(PA) 비행 금지구역** PA(Prohibited Area)를 참조.

**Progressive Scan 순차 주사(順次 走査)** [영상] 하나의 프레임에 영상의 모든 수평라인을 처음부터 끝가지 순서대로 한 번에 표시하는 방법이다. TV와 같은 구조를 가지는 영상표시장치에 영상을 표시할 때 화면의 왼쪽 위에서부터 시작해서 1줄씩 순서대로 화면의 오른쪽 아래까지 표시하여 한 장면의 영상을 표시하는 것으로, 비월주사 방식에 비해 깜빡임이 적어 선명한 영상을 표시할 수 있는 장점이 있다. 대부분의 디지털 영상 표시장치에 사용된다. 비원주사(Interlace Scan)에 비해 월등히 뛰어난 화질을 보여주지만 데이터양이 많은 단점이 있다. Scanning 참조.

**Project 사업(事業), 프로젝트** 정해진 목적을 달성하기 위하여 기존 조직이 아닌 일시적인 조직에 의해서 인적 자원과 비인적 자원의 통합에 의한 활동을 말한다.

**Project Based GIS Application 프로젝트형 지아이에스 응용** 프로젝트형 GIS 응용은 어떠한 공간적 현상에 대한 이해를 높이는 등의 명확한 목적이 있는 것이 일반적이다. 이러한 응용은 지속 시간이 짧다. 즉, 자료를 수집하고 그것을 GIS에 입력하여 분석한 후 지도를 제작하는 과정이 일회성으로 이루어진다. 지진 재해 평가 프로젝트가 이러한 예이다.

**Project Evaluation and Review Techniquechart(PERT) 퍼트, 프로젝트 평가 및 검토기법** PERT(Project Evaluation and Review Techniquechart)를 참조.

**Project Manager 작업 관리자** 책임을 일원화 하고 실현 가능한 의사 결정을 신속히 하기 위하여, 착수 시점부터 종료 시점까지 일관성 있게 그 프로젝트를 지휘·감독하고 조직 내외의 이용 가능한 자원을 활용하여, 품질·비용·공정 등의 요구 사항을 만족시켜 최종 산출물 또는 결과물을 도출해내는 동시에, 사업의 이익 목표를 달성하기 위하여 임명된 사업관리 책임자를 말한다.

**Projected Coordinate System 투영 좌표계** 지도 투영의 결과로서 생성되는 2차원 직각좌표계이다.

**Projection 투영** 지구 표면의 일부 또는 전부를 구면(엄밀한 의미에서 회전 타원체)의 표면을 평면상에 축척에 따라 표시하는 것으로 많은 투영법이 있고, 각각은 특수한 목적에 따라 특정 매개변수를 갖는다. 모든 투영법은 3차원(구면)을 2차원(평면)으로 표현하기 때문에, 각기 기하학적 왜곡(거리·면적·모양 또는 방향)을 갖기 때문에, 각 투영법은 특정 인자의 모든 투영법은 각기 기하학적 왜곡을 최소화하는 방향으로 전개되어야 한다. GIS 커버리지는 대개 지상 좌표를 정확히 알아야 하므로 투영을 필요로 한다. GIS 프로그램에는 수치화된 파일을 투영된 좌표계의 파일로 바꾸게 하는 기능도 있으며, 한 투영법으로 투영된 파일을 다른 투영법의 파일로 바꾸기도 한다. Map Projection을 참조.

**Projection Center of Plotting Instrument 도화기의 투영 중심** 도화기 안에서 촬영 사진기의 투영 중심에 대응하는 점을 말한다.

**Projection Change 투영 변환** 도식적 또는 분석적 방법으로 한 지도 투영면에서 다른 지도 투영면의 상응하는 위치로 지세를 옮기는 절차로서, 수치 지도를 하나의 지도 투영 방식에서 다른 투영 방식으로 변환하는 것을 말한다.

**Projection Conversion 투영 변환** Projection Change를 참조.

**Projection Distance 투영 거리** 도화기나 편위 수정기 등의 투영 중심에서 투영면까지의 거리를 말한다.

**Projection File 투영 파일** ① 지도 투영의 매개변수와 지리 자료 집합의 좌표계가 저장된 커버리지 파일을 말한다. ② 한 좌표계에서 다른 좌표계로 지리 자료 파일을 변환하는 데 사용될 수 있는 입력과 출력 투영에 관한 매개변수를 포함하고 있는 텍스트 파일을 말한다. PRJ File를 참조.

**Projection Prameters 투영 매개변수** 투영을 기술하는 매개변수들을 말한다.

**Projection Printing 투영 인화** 네거티브(Negative)의 이미지를 인화지 위에 투영하는 것. 일반적인 인화방법으로 보통은 네거티브의 이미지보다 크게 투영되어 인화된다.

**Projection Systems 투영 체계** 지구 표면의 일부 또는 전부, 즉 구면(엄밀한 의미에서 회전 타원체)의 표면을 평면상의 축척에 따라 표시하기 위한 시스템을 말한다.

**Projective Transformation 투영 변환** 하나의 사변형을 다른 사변형들로 변환시키는 기하학적 변환을 말한다.

**PROMETHEUS(Program for European Traffic with Highest Efficiency and Unprecedenfed Safety) 프로메테우스** ITS 기술을 적용하여 효율적이고 안전하면서도 통일된 유럽 교통 체계를 구축하기 위한 민간 주도 사업으로 EUREKA 프로그램의 일부이다.

**Prominence 요지(凹地)** 화산의 화구 및 함몰지대를 말하며, 등고선에는 최대경사선의 방향에 화살표를 붙여둔다.

**Prominence and Depression Slope 요철사면(凹凸斜面)** 등고선 상호거리에 광협이 있는 사면경사 변화점을 요철사면이라고 한다.

**Propagation Delay 전달 지연, 전파 지연** 위성신호가 수신기에 도달하는데 요구되는 시간보다 늦어지는 것으로, 이는 위성 신호가 대기를 통과하여 전파되기 때문이다. 위성으로부터의 거리는 위성신호의 이동시간에 의해 계산되기 때문에 전파 지연은 계산된 거리에 오차를 야기시킨다. 전파 지연은 낮은 고도와 높은 위도에서 많이 발생한다. 이러한 거리를 의사 거리라 한다.

**Propagation Errors 전파 오차** 산정된 관측 오차에서 유도되어진 계산된 오차. 예를 들어, 전달 좌표 오차는 두 측점 사이의 방위각, 거리 및 높이차에 포함된 상대적인 오차로부터 전파될 수 있다.

**Propagation Law of Error 오차전파법칙(誤差傳播法則)** 관측값으로부터 계산에 의해 어떤 값을 도출한 경우, 이들 값의 평균 제곱 오차 사이에 성립하는 관계를 말한다.

**Propeller Guard 프롭 가드** [드론] 드론이 충돌하거나 추락할 경우 프로펠러의 손상을 막고 사람이 부상당하지 않도록 하기 위해 프로펠러에 부착하는 액세서리를 말한다.

**Propeller-Type Current Meter 날개형 유속계** 물의 흐름 방향과 평행한 수평 회전축 주위로 회전하는 프로펠러를 가진 유속계로서, 프로펠러의 측정된 단위 시간당 회전수의 함수로 유속을 계산한다. Current Meter를 참조.

**Property 특성** 개체가 지닌 속성 또는 성질을 말한다. 그것이 소유되고 합법적 권리가 존재하는 토지·건물 또는 부동산을 말한다.

**Proprietary Format 특허 형식** 명세 사양이 공개된 지식이 아니고, 저작권을 갖는 자료 형식을 말한다.

**Prosumer 프로슈머** 소비는 물론 제품기획, 디자인, 광고, 판매과정에 직접 개입해 성과를 창출하는 능동적인 소비자를 말한다. 생산자를 뜻하는 PROducer와 소비자를 뜻하는 conSUMER의 합성어로, 생산에 참여하는 소비자를 의미한다. 1980년 미래학자 앨빈 토플러가 저서 "제3의 물결"에서 21세기에는 생산과 소비가 완벽하게 분리되는 것이 아니라 소비자가 제품개발과 관련된 제안을 적극적으로 하는 등 둘 사이의 부분적인 결합이 나타나는 현상을 예견하면서 처음 사용되었다. 현재는 앨빈 토플러의 '프로슈머'보다 진화한 형태로서, 제품기획, 디자인, 광고, 판매 과정에 직접 참여해 성과 창출에 동참하는 능동적 소비자를 가리킨다. 기존 마니아층뿐만 아니라 일반인까지 최근 웹 환경이 발달하면서 정보를 공유할 수 있게 되고 개성을 강조하는 소비자들이 등장하면서 新프로슈머의 저변이 확대되고 있다.

**Prosuming 프로슈밍** 무언가를 생산하는 Produce에 소비라는 뜻의 Consume이 합쳐진 단어이다. 종전에는 만드는 사람과 소비하는 사람이 별개였는데, 이제는 더 이상 별개가 아니라 만드는 사람이 소비도 한다는 뜻으로, 소비자가 적극적으로 제품 생산에 참여하는 것을 의미한다.

**Protect Code(P Code) 피-코드** Precision Code(P Code)를 참조.

**Protected Code(P-Code) 피코드** P-Code(Protected Code)를 참조.

**Protected Lowland 제내지(堤內地)** 하천 제방에 의하여 보호되고 있는 지역, 즉 제방으로부터 보호되고 있는 마을까지를 제내지라고 하며 하천을 향한 제방 안쪽 지역이라는 의미이다. 이와는 반대로 하천 제방으로 둘러싸인 하천측 지역은 제외지라고 한다.

**Protection for Underground Facility 매설물 방호** 매설물 근처에서 공사를 실시할 때, 매설물에 악영향을 끼치지 않도록 공사 시행 전에 되메우기 공사, 지반 보강, 매달기 방호, 고정방호, 수(受)방호, 넘어짐 방지 또는 전신주 지선(支線)기초의 보강 이설(移設) 등을 실시하는 것을 말한다.

**Proteus Man 프로테우스 인간** 프로테우스는 오래된 바다의 신으로 바다의 노인 중 하나이다. 그는 포세이돈을 위해 바다표범과 그 밖의 생물들을 지켰다. 그는 또 예언력을 가지고 있었으나 예언하기를 싫어했다. 그래서 예언을 들으러 찾아오는 사람을 피하기 위해 여러 섬을 돌며 불이나 물 또는 야생의 짐승 등으로 자주 모습을 바꾸었다. 그래서 현대인들 중에도 자신의 모습을 잘 바꿔가며 사회와 조직의 변화에 잘 적응해 가는 사람들을 '프로테우스 인간'이라고 한다.

**Protocol 프로토콜, 통신규약** 컴퓨터 등의 정보기기가 서로 정보(메시지)를 교환할 수 있도록 메시지 형태(format), 기본규칙 및 순서(timing)를 규정해 놓은 것으로서, 데이터의 전송이나 통신을 할 때의 기본적인 순서와 약속을 정의해 놓은 통신규약이다. 통신규약은 상호 접속 및 전달방식, 통신방식, 주고받을 자료의 형식, 오류검출방식, 코드변환방식, 전송속도 등에 대하여 정하는 것이다. 타 기종의 컴퓨터 간에도 서로 프로토콜이 맞으면 통신을 할 수 있다.

**Proton 양성자(陽性子)** 원자핵을 구성하는 두 종류(양성자, 중성자)의 기본 입자 가운데 전하를 띠는 종류이다. 전하를 띠지 않는 것은 중성자이다. 양성자는 다음과 같은 성질을 지닌다.
(1) 전하 : $1.602 \times 10^{-19}$C로서 전자의 전하와 크기가 같고,

부호는 다르다. (2) 질량: 938.3 MeV/$C^2$ (=$1.6726 \times 10^{-27}$kg)로서, 전자 질량의 1,836배이다. (3) 안정하거나 반감기가 매우 길다. 이는 양성자가 중입자 중 가장 가볍기 때문이다. 이에 반해 조금 더 무거운 중성자는 (자유 상태에서) 불안정하고, 양성자로 붕괴한다. 양성자의 반감기의 하한은 1,035년이다. 일반적으로 양성자의 붕괴를 예측하지만, 양성자의 반감기는 매우 길다. (4) 입자로서 중입자로 분류한다. 즉, 3개의 쿼크로 이루어졌다. (5) 화학: 원자의 주기율표는 화학적으로 동일한 성질의 원자들을 묶은 것으로서, 주기율표의 성질은 양성자와 중성자의 개수에 의해 결정된다.

**Prototype 프로토타입** 컴퓨터 체계나 대형의 소프트웨어 체계를 개발하는 과정에서, 제품의 설계 및 기능에 대한 타당성의 검증이나 성능 평가를 위해 전체적인 기능이 간략화된 상태로 개발된 초기 제품을 말한다.

**Prototyping 프로토타이핑** 사용자의 기초적인 요구를 최대한 반영한 소규모 모형 개발을 계획, 설계, 구축하며, 시험 및 검토를 통하여 실제 시스템 개발에 반영할 사항을 도출하는 모든 작업을 말한다.

**Provisioning 프로비저닝** 클러스터에서 쓰지 않고 있는 자원을 파악하고, 필요한 순간에 자원을 실시간으로 할당해 서비스를 생성하고 적절하게 제공하는 기술이다.

**Proximal 프록시멀, 근접** 모든 값은 최근린 기지점과 같다고 가정한다. 이는 국소적 보간이며, 따라서 계산량이 상대적으로 작다. 프록시멀은 강우 자료로부터 면적을 산정하기 위한 티센(Thiessen)에 사용되지만, 공칭 자료로 사용되는 것이 가장 적절하다.

**Proximal Tolerance 근접 허용 한계** 평면상의 모든 점의 위치를 분리하는 지표 단위로 된 최소거리. 근접 허용 한계 내에 2개 이상의 점이 발견되면 다음 처리 과정에서는 먼저 읽혀진 점만 다루어진다.

**Proximity 근접성** 근접성은 특정 거리나 위치 내에 존재하는 대상물들 간의 관계를 의미한다. 이것은 일반적으로 길이의 단위로 관측되며, 여행 시간이나 소음 수준 등과 같은 다른 단위로 관측될 수도 있다. 목표 지점(예 : 도로·병원·공원), 관측 단위(예 : 미터·초), 근접 계산 기능(예 : 직선거리·여행 시간), 그리고 분석되어야 할 지역, 이 4가지의 요소로 구성된다.

**Proximity Analysis 근접성 분석** 선정된 위치와 그 주변 사이의 공간적 관련성을 결정하는 데 사용되는 분석적 기술. 특정 대상으로부터 일정한 거리 내에 있는 대상을 분석하는 것으로, 공간상 특징 간의 관계를 바탕으로 한 거리의 관측에 관계된다. 보편적으로 이것은 거리의 단위로서 관측되나 여행시간이나 소음의 정도와 같이 다른 척도에 의하여 관측될 수도 있다. Proximity Query, Proximity Search를 참조.

**Proximity Function 근접성 기능** 근접성 분석은 특정 거리나 위치 내에 존재하는 대상물들 간의 관계를 분석하는 것을 말한다.

**Proximity Query 근접성 질의** Proximity Analysis를 참조.

**Proximity Search 근접성 검색** Proximity Analysis를 참조.

**PRP(Personal Resource Planning) 인적 자원 관리 시스템** 개인의 자원을 어떠한 디바이스에도 상관없이 네트워크로 일관성 있는 관리를 가능하게 한다.

**PRR(Pseudo-Range Residual) 의사거리 잔차** 위성항법 보정시스템(Differential GPS, DGPS)은 이미 알고 있는 기준점에 기준국용 GPS 수신기를 설치하여 정밀하게 측정된 자신의 위치와 GPS 위성 신호를 받아 수신기로 계산된 위치를 비교하여 오차를 계산한다. DGPS 기준국 시스템은 기준국(Reference Station, RS), 감시국(Integrity Monitor, IM), 그리고 제어국(Control Station, CS)으로 구성되고, 사용자에게 보정정보를 송신하기 위한 변조기와 송신기 시스템으로 구성되어 있다. 기준국 시스템은 의사거리 보정정보(PseudoRange Correction, PRC)를 계산하여 RTCM 국제표준 포맷에 맞게 변환한 다음, MSK(최소 편이 방식) 변조기 및 송신기를 통해 사용자에게 방송한다.

DGPS 기준국에서는 추적 위성 수, 최대 보정치, UDRE(User Differential Range Error), 보정나이(Correction age), 의사거리 잔차, 절대위치오차의 무결성 감시를 수행하고 있다. 무결성 감시국(IM)에서는 기준국(RS)에서 보내온 RTCM 정보를 수신하여 보정정보의 무결성을 감시한다.

의사거리 잔차는 무결성 감시국(IM)에 의해 계산된 의사거리의 보정되지 않은 오차로서 보정치가 적용된 후에 남는 양이다. 지정된 시간동안 한계치를 넘으면 경고가 발생하며 적당한 한계치는 5m이며, 시간은 65초이다. DGPS를 참조.

**PSDN(Public Switched Data Network) 공중 데이터 교환망** 공중 가입형의 디지털 데이터 교환망을 뜻한다. 공중 데이터 교환망에는 패킷 교환방식에 의한 것과 회선 교환방식에 의한 것이 있다. 2진 데이터 신호를 일정한 길이로 나눈 것을 패킷이라 하는데 이러한 패킷들을 저장, 송출하면서 비동기적으로 송·

수신하는 교환망을 뜻한다.

**Pseudo Affine Transformation 의사 부등각 상사 변환** 사변형 왜곡 보정을 말한다.

**Pseudo Color 의사 색상** 단일 영상의 값들을 주어진 값의 범위로 나누어 다른 색으로 표시하는 것을 말한다. 예를 들면, 영상에서 낮은 온도는 푸른색으로 표현된다. 높은 온도는 붉은색으로 표현된다.

**Pseudo Cylindrical Projection 의사 원통 도법** 의사 원통 도법은 위도는 직선으로 평행하고, 중앙 자오선은 등간격으로 원통도법과 공통점이 있으나, 다른 자오선은 곡선이다.

**Pseudo GPS Satellite 의사 지피에스 위성** 실제 GPS 위성과 유사한 구조로 신호를 전송하는 Ground-Based DGPS국을 말한다.

**Pseudo Kinematic Positioning 의사 이동 위치 결정** 키네매틱 위치결정 중 1가지 방식으로, 미지의 관측점을 시간간격을 두고 2회 관측한다. 1회 관측은 수 분 간하고, 1시간 이상이 지난 후 다시 같은 점을 재관측하여 정수치 편의를 결정한다. 신속정지 측량방식과 거의 동일하지만 관측은 1시간 정도의 간격을 두고 2번씩 같은 점을 관측하여 5~15분씩 수신하게 된다.

**Pseudo Node 가상 절점** 단지 2개의 아크만이 교차하거나 단일 아크가 자신과 교차하는 절점. 가상 절점은 선형 지형 요소를 각기 다른 속성값을 갖는 작은 세그먼트로 잘라내는데 사용된다. Node를 참조.

**Pseudo Random Noise(PRN) 유사 불규칙 잡음 코드, 피알엔** PRN(Pseudo Random Noise)을 참조.

**Pseudo Random Noise Code(PRN Code) 유사 불규칙 잡음 코드, 피알엔 코드** Pseudo Random Noise Code(PRN Code)를 참조.

**Pseudo Random Noise Number(PRN Number) 피알엔 번호, 의사 불규칙 잡음 번호** PRN Number(Pseudo Random Noise Number)를 참조.

**Pseudo Range 의사거리(類似距離)** C/A코드나 P코드를 사용하여 Delay-Lock loop에 의해 측정된 위성과 수신기의 안테나 사이의 위상거리로서 수신기의 시계에 의한 오차와 대기층에 대한 전파지역이 포함되어 있다. 단독 위치결정에서는 4개의 위성거리를 관측하여 구해지는데 거리는 전파가 위성을 출발한 시각과 수신기에 도착한 시각의 차로 구하여 얻어진다. 이 거리는 일차적으로 수신기 시계에 포함된 오차와 이차적으로 위성 시계에 포함된 오차, 대기의 영향 오차 등을 포함하고 있으며 이와 같은 오차들은 위성과 수신기 사이의 거리에 포함되므로 이를 의사거리라 한다. 의사거리의 정확도는 코드(C/A-코드나 피-코드)에 따라 좌우된다. C/A-코드 의사거리는 여러 가지 요소에 따라 약 ±100m의 정확도를 갖는 수신기 위치를 산출한다. 피-코드 의사거리는 약 ±30m의 정확도를 갖는 위치에 제공된다.

**Pseudo Satellite 의사 위성** 우주 상공의 GPS 위성과는 달리 지상의 고정된 장소에 설치되어 GPS 수신이 좋지 않은 지역이나, 실내 특정지역에서 인공위성을 대체하는 정밀한 항법 체계이다. 의사 위성은 거리를 측정할 수 있는 Ranging Signal을 전송하며, 반송파 주파수 및 데이터 신호가 GPS 위성과 동일한 구조를 가진다. 그러나 GPS 위성과의 간섭을 피하기 위하여 GPS 위성용 코드와 다른 코드를 사용함으로써 GPS 위성을 대체 또는 보완하는 데 사용할 수 있으며, 마치 또 하나의 GPS 위성이 있는 것으로 인식하도록 하여 기존 GPS의 위성 신호가 도달하지 못하는 실내나 고층 건물이 밀집된 도심에 설치함으로써 위성신호 차단을 극복할 수 있다.

**Pseudo Static Survey 의사 정지 측량** 의사 정지 측량은 스테틱과 키네마틱의 중간에 해당하는 측량 방법으로, 관측점 간을 이동할 때 계속 위성신호(Lock)를 받지 않아도 되기 때문에 키네마틱 측량보다 유리하지만 빠르지는 않다.

**Pseudo Stereoscopy 역 입체시** 실재하는 것과는 원근이 반대로 되어 있는 실체시의 방법을 말한다.

**Pseudocolor Enhancement 의사 색상 강조** 가시적 해석을 강조하기 위해 단색 영상에 색을 추가하는 방법들을 묘사하는 수치영상처리에서 사용되는 일반적 용어. 명료하게 밀도 분할과 의사색 변환, 결과는 의사색 영상이다.

**Pseudocolor Transfom 의사 색상 변환** 수치 영상 처리에서 사용되는 의사 색상 향상 기술, 색들은 참조 표에서 값들을 변경함으로써 단색영상에 지정된다.

**Pseudo-Random Noise(PRN) 의사잡음부호**
PRN(Pseudo Random Noise)을 참조.

**Pseudorange 의사거리** Pseudo Range를 참조.

**Pseudo-Range Acceleration(PRA) 의사거리 가속도** PRA (Pseudorange Acceleration)를 참조.

**Pseudorange Accuracy 의사거리 정확도** GPS 코드나 반송파의 위상으로부터 계산된 의사거리의 정확도를 말한다.

**Pseudo-Range Correction(PRC) 의사거리 보정정보** PRC(PseudoRange Correction)를 참조.

**Pseudorange Resldual(PRR) 의사거리 잔차** PRR(Pseudorange Resldual)를 참조.

**Pseudoscopic Vision 역 입체시(逆立體視)** 입체시 과정에서 높은 것이 낮게, 낮은 것이 높게 보이는 현상을 말한다.

**Pseudostereo 유사 3D** 그리스어에서 Pseudo는 '가짜'를 뜻한다. 유사 3D는 깊이 정보가 역전되어 배경이 전경이 되고, 전경이 배경으로 가는 현상이며, 적재가 잘못된 사진쌍을 감상하는 경우에 발생한다.

**PSF(Point Spread Function) 점 확산 함수** 영상에 대한 처리 0에서, 이상적인 점상이 입력되었을 때의 처리결과의 출력영상을 처리 0의 점확산함수라 하고, 처리 0의 특성을 나타내는지표로서 사용한다. 이상적인 점상이란, 원점에서 충분히 큰 농도값을 가지고, 그 밖의 점에서는 농도값이 0인 영상으로서, 이론적으로는, 2변수의 델타 함수 $\delta$(x, y)로 모델화된다. 처리 0이 선형이면, 점확산함수는 시스템 이론에서의 임펄스 응답에 해당한다. 점상 대신에 이상적 직선과 이상적 간선을 처리의 입력으로서 쓰는 일이 있으며, 그 때의 출력을 각각 선확산함수(line spread function), 간선확산함수(edge spread function)라고 한다. 이것들은 처리 0이 선이나 간선에 미치는 흐림의 정도와 처리의 방향의존성을 조사하는데 쓰인다.

**PSK(Phase Shift Keying) 위상편이변조** 신호파의 파형(波形)에 따라 반송파(搬送波)의 위상을 변조시키는 방법이다. 일정진폭의 반송파 위상을 2등분(180° 위상차), 4등분(90° 위상차), 8등분(45° 위상차) 등으로 나누어 각각 다른 위상에 0 또는 1을 할당하거나 2비트 또는 3비트를 한꺼번에 할당하여 상대방에 보내고 수신측에서는 이를 약속된 원래의 데이터 신호의 상태로 만들어주는 변조방식이다.

**PSTN(Public Switched Telephone Network) 전화통신망** 통신사업자가 통상적인 전화 서비스를 제공하는 전화망으로서, 공중 데이터 통신망(PSDN) 등과 비교해 기존의 공중 전화망을 일컫는 용어이다.

**PTIS(Public Transportation Information) 대중교통 정보 제공** 대중교통 수단의 이용 전이나 이용 중 실시간 대중교통 정보를 제공한다. 예를 들면, 노선 정보, 환승 정보, 대중교통 안내, 버스 도착 예정 시간 등이다.

**PTM(Public Transportation Management) 대중교통 관리** 운수회사는 버스 위치, 승객 수 등 실시간 운행 정보를 수집하여 차량, 배차 및 운전자 관리를 효율화한다.

**PTZ Camera(Pan-Tilt-Zoom Camera) 팬/틸트/줌 기능 카메라** [영상] 상하 좌우로 피사체를 따라가며, 확대, 축소 기능을 가진 CCTV 카메라를 말한다. PTZ 돔 네트워크 카메라는 팬/틸트/줌 기능을 통해 넓은 구역을 감시하며 줌인 기능을 통해 상세 이미지를 제공한다. PTZ 돔 카메라는 가드 투어, 투어 레코딩, 오디오, 외부 알람 장치용 입출력 포트, 게이트키퍼(Gatekeeper) 기능, 오토트래킹(autotracking), 지능형 비디오 애플리케이션을 위한 AXIS Camera Application Platform, 극한 온도 제어를 포함한 내후성 등의 기능을 지원한다. 여기서, AXIS P1214-E는 IP66 및 NEMA 4X 등급 모델로 먼지, 비, 눈, 얼음 및 부식으로부터 안전하게 보호된다. -20℃ ~ 50℃(-4°F ~ 122°F) 사이의 온도에서 작동된다. 제공된 하우징을 사용해 카메라를 벽이나 천정에 눈에 띄지 않게 장착할 수 있으므로 방해 없이 전체 화면을 찍을 수 있다. 카메라가 실내 및 실외 사용에 적합하도록 설계되었으므로 출입구와 ATM에 이상적이다.

**Public Cloud 공공 클라우드** 클라우드 서비스 이용 대상을 제한하지 않는 방식으로 누구나 네트워크에 접속해 신용카드 등의 결제만으로 서비스에 접근할 수 있고 사용한 만큼 지불하는(Pay-as-you-go) 구조를 갖는 공중 인프라를 말한다. 포털 사이트처럼 외부 데이터 센터를 이용하는 형태이다. 불특정 다수의 개인이나 기업 고객을 대상으로 제공된다.

**Public Control Point 공공 기준점** 기본 측량 또는 다른 공공측량의 측량 성과를 기초로 실시하여 설치한 측량점을 말한다.

**Public Domain 공공 영역** 일반적인 대중에게 공개되도록 하고, 특허나 저작권 행사 없이 배포나 재배포를 할 수 있는 정보를 말한다.

**Public Key Certificate 공개키 인증서** 공개키 암호시스템에서 어떤 공개키가 실제로 누구의 것인지를 확인하기 위하여 한 실체와 그 실체의 공개키를 인증기관의 비밀키로 서명한 데이터를 말함. 인증기관의 공개키로 공개키 인증서를 검증함으로써 실체와 공개키 간의 연관에 대한 인증기관의 보증을 확인할 수 있다.

**Public Key Cryptographic System 공개키 암호시스템** 2개의 수학적 관련성을 갖는 키를 사용한 암호화 방법으로 공개키는 동일 그룹 사람들에게는 알려져 있고 비밀키는 소유자만이 알고 있다.

**Public Key Cryptography 공개키 암호화** 서로 다른 2개의 키를 사용하여 암호화하는 방법으로 데이터를 암호화하는 공개키와 데이터의 암호를 해제하는 개인키로 구성된다. 공개 키 암호화는 비대칭 암호화라고도 한다.

**Public Key Infrastructure(PKI) 공개키 기반구조** PKI(Public Key Infrastructure)를 참조.

**Public Land Survey System(PLSS) 공공 토지 측량 체계** PLSS(Public Land Survey System)을 참조.

**Public Management Information System(PMIS) 행정 정보 체계** PMIS(Public Management Information System)를 참조.

**Public Participatory Geographic Systems(PPGIS) 시민참여 지리정보시스템** PPGIS(Public Participatory Geographic Systems)를 참조.

**Public Participation GIS(PPGIS) 공공 참여 지아이에스, 시민참여형 지리정보시스템** PPGIS(Public Participation GIS)를 참조.

**Public Private Partnership(PPP) 정부 · 민간 합작** PPP(Public Private Partnership)

**Public Road and Traffic Regulation 도로 교통법** 이 법은 도로에서 발생하는 모든 교통상의 공해를 방지, 제거하여 교통의 안전과 원활함을 도모함을 목적으로 한다. 이 법에서 도로라 함은 도로법에 의한 도로, 유료 도로법에 의한 유료 도로, 기타 일반 교통에 사용되는 일체의 장소를 말한다.

**Public Survey 공공측량** (1) 국가, 지방자치단체, 그 밖에 대통령령으로 정하는 기관이 관계 법령에 따른 사업 등을 시행하기 위하여 기본 측량을 기초로 실시하는 측량 및 (2) (1)항 이외의 자가 시행하는 측량 중 공공의 이해 또는 안전과 밀접한 관련이 있는 측량으로서 대통령령으로 정하는 측량을 말한다(「공간정보구축 및 관리 등에 관한 법률」 제2조 제3호).

"대통령령으로 정하는 측량"이란, (1) 측량실시지역의 면적이 $1km^2$ 이상인 기준점측량, 지형측량 및 평면측량, (2) 측량노선의 길이가 10km 이상인 기준점측량, (3) 국토교통부장관이 발행하는 지도의 축척과 같은 축척의 지도 제작, (4) 촬영지역의 면적이 $1km^2$ 이상인 측량용 사진의 촬영, (5) 지하시설물 측량, (6) 인공위성 등에서 취득한 영상정보에 좌표를 부여하기 위한 2차원 또는 3차원의 좌표측량, (7) 그 밖에 공공의 이해에 특히 관계가 있다고 인정되는 사설철도 부설, 간척 및 매립사업 등에 수반되는 측량들 중 국토교통부장관이 지정하여 고시하는 측량을 말한다(「공간정보구축 및 관리 등에 관한 법률 시행령」 제3조).

**Public Switched Data Network(PSDN) 공중 데이터 교환망** PSDN(Public Switched Data Network)을 참조.

**Public Switched Telephone Network(PSTN) 전화통신망** PSTN (Public Switched Telephone Network)을 참조.

**Public Transportation Information(PTIS) 대중교통 정보 제공** PTIS(Public Transportation Information)를 참조.

**Public Transportation Management(PTM) 대중교통 관리** PTM (Public Transportation Management)를 참조.

**Public Use 공공 용수** 일반 관공서, 학교, 병원, 병영의 급수, 도로의 분수, 하수 세탁용수, 소화용수 등의 일반 공공용수를 말한다.

**Publication Date/Time 출판 일/시** 자료들이 출판된 일자와 시간을 말한다.

**Publication Information 출판 정보** 자료들의 발행에 관한 세부 사항을 말한다.

**Publication Place 출판 장소** 자료들이 발행된 도시 이름을 말한다.

**Publication Scale 출력 비율** 출력 비율을 말한다.

**Public Key 공개키** Asymmetric Cryptosystem에서 사용하는 공개키로, RSA와 같은 공개키 암호화 방법에서는 공개키와 개인키의 1쌍을 가지게 된다. 공개키는 다른 사람들에게 공개되는 키를 의미한다. 특정인만이 해독할 수 있도록 데이터를 암호화할 경우, 그 사람의 공개키를 사용하여 암호화한다.

**Public Key Cryptosystem 공개키 암호화** 관련된 2개의 암호키(공개키와 개인키)를 사용하는 암호시스템이며, 한 쪽의 암호키(공개키)로 암호화한 데이터는 다른 한쪽의 키(개인키)로만 복호화할 수 있게 되어 있다. 2개의 키는 공개키가 주어져도, 개인키를 도출하는 것이 계산상 거의 불가능한 특성을 지니고 있다.

**Public Key Encryption 공개키 암호 방식** [데이터베이스] 서로 다른 키로 데이터를 암호화하고 복호화하는 기술이다. 데이터를 암호화할 때 사용하는 키(공개키, Public key)는 데이터베이스 사용자에게 공개하고, 복호화할 때의 키(비밀키, Secret key)는 관리자가 비밀리에 관리하는 방법이다. 비대칭 암호방식이라고도 하며, 대표적으로 RSA(Rivest Shamir Adleman)가 있다. 장점은 키의 분배가 용이하고, 관리해야 할 키의 개수가 적은 것이며, 단점은 암호화/복호화 속도가 느리며, 알고리즘이 복잡하고 파일 크기가 크다.

**Public Key Infrastructure 공개키 기반구조** PKI는 전자상거래뿐만 아니라 전자우편, FTP, Telnet 등과 같이 네트워크상에서 통신되는 모든 데이터의 암호화를 위하여 필요한 기반 체계로서 특히 인터넷과 같은 개방 환경에서는 암호키 관리 체계 없이는 데이터의 안전한 유통을 보장할 수 없다.

**Publicly Available Specification(PAS) 잠정 국제표준** PAS(Publicly Available Specification)를 참조.

**Publisher 출판자** 자료들을 발행한 개인이나 단체명을 말한다.

**Publizen 퍼블리즌** 'Publicity+Citizen'의 조어로, 자신의 생각이나 일상생활을 글, 사진, 동영상을 통해 알리는 사람을 의미한다.

**Puck 퍽** 수치 좌표 입력기로 자료를 입력시킬 때 손으로 사용하는 장치로서, 입력할 점을 정확하게 정하기 위해 디지타이징 타블릿과 함께 사용되는 이동 가능한 조립품이다.

**PUE 전력효율지수** 데이터센터 총 전력량을 IT장비 전력량으로 나눈 값. 1에 가까울수록 전력 효율이 좋은 데이터센터로 평가된다.

**PUG4 점각기** 양화 필름에 항공 삼각 측량점을 이식하는 장비이다.

**PUGS 퍼그** 항공 삼각 측량 동안 사용을 목적으로 양화의 감광유제에 뚫은 작은 구멍을 말한다.

**Pulfrich 풀프리히** 독일의 풀프리히는 1892년 입체 사진 측량 창시자이며, 부정(Floating Mark)의 이론을 바탕으로 사진을 필요 정확도 이내로 관측 및 도화함으로써 이 이론이 오늘날 입체 도화기의 기본 이론이 되었다.

**Pulfrich Effect 풀프리히 효과** [영상] 농도차 효과라고도 하며 안경 좌우 안에 투과율이 다른 필터를 장착하여 움직임이 있는 평면 화상을 관찰하면, 투과율의 차에 따른 지각 시간의 차이로 인해 입체감이 느끼게 된다.

**Pulfrich Glasses 풀프리히 안경** 하나의 렌즈는 투명하고 나머지 하나는 어두운 것으로 구성된 안경. 풀프리히 효과를 응용해 촬영한 비디오나 영화를 감상하는 데 쓴다.

**Pull Down Menu 내림 차림표** 컴퓨터 단말이나 개인용 컴퓨터의 영상면면에서 선택할 수 있는 작업이나 매개변수의 일람을 표시하는 메뉴 형식의 대표적인 방식. 영상면에 표시되어 있는 항목의 하나를 커서나 마우스로 지정하면 그 항목 아래 부분에 다시 하위 레벨의 선택지가 블라인드를 내리듯이 표시된다.

**Pulley 축바퀴, 도르래** 축바퀴는 "지레의 원리"를 이용하여 회전운동을 하는 기계장치에서 힘을 전달하는데 사용되는 기계요소의 하나이며, 보통은 축(shaft)에 끼워져 있는 바퀴(pulley)를 말하지만 다른 형태도 있다.

**Pull Media 풀 미디어** 사용자가 능동적으로 원하는 콘텐츠를 선택하는 미디어를 말한다.

**Pull Service 풀 서비스** 주변 지역 검색 서비스는 미리 정보를 요청하여 서비스를 받는 것.

**Pulse 펄스, 파동** 일정한 주기와 파형을 가지고 있지만 톱니바퀴 모양으로 매우 짧은 지속 시간을 갖는 전기의 흐름을 말한다.

**Pulse Code Modulation(PCM) 펄스 부호 변조** PCM(Pulse Code Modulation)를 참조.

**Pulse Compression 펄스 압축** 각종 비선형 과정을 이용하여 펄스폭을 좁히는 것으로 모드 동기 레이저 등으로부터 얻어진 고출력 초단펄스를 회절격자를 이용하여 좀 더 좁게 하는 외부 펄스 압축법이 있다.

**Pulse Rate(LiDAR) 주사율, 펄스 주사(注射)속도** 라이다 장비에서 매 초당 방사(shot)되는 레이저 펄스의 개수로서, 현재 초당 최대 300,000개의 펄스를 방사할 수 있다. 일반적으로 초당 50,000~150,000개의 펄스를 방출한다.

**Pulse Width 펄스 폭** [항공 레이저(라이다) 측량] 펄스 파형이 하강해서 상승하기 까지 걸린 시간으로서 1펄스당 에너지는 펄스폭과 최대출격의 곱이므로 1펄스당 에너지가 동일하면 펄스폭이 짧은 쪽이 거리계측 정확도가 높다.

**Purity 순수성** 특정 속성 정확도에 대한 동질성, 균등성의 양적 관측(평가)을 말한다.

**Purpose 목적** 자료군의 개발 의도에 대한 간략한 설명을 말한다.

**Push Broom Scanner 푸시 브롬 주사기** Solid State Scanner를 참조.

**Push Mail 푸시 메일** 개인 이메일, 회사 이메일, 첨부파일 읽기 등을 말한다.

**Push Media 푸시 미디어** 공급자가 사용자를 향해 일방적으로 콘텐츠를 제공하는 미디어를 말한다. 공중파 TV 방송이 대표적이다.

**Push Message 푸시 메시지** 서버에서 사용자의 요청 없이 알려주는 정보를 말한다.

**Push Service 푸시 서비스** 특정 위치 기반 이벤트가 발생하였을 때 자동으로 서비스를 제공받는 것. 푸시 서비스는 위치 기반 트리거링(Location Triggering) 서비스라 하기도 한다.

**Push Technology 푸시 기술** 인터넷과 같은 컴퓨터 통신망에서 클라이언트 측 사용자의 검색 조작에 의하지 않고 서버가 자동적으로 서버 상에 있는 데이터나 프로그램을 클라이언트로 배포(전송)하게 하는 기술. 푸시 기술에 의해 각종 뉴스 기사를 사용자들에게 배포하는 포인트캐스트(PointCast), 데이터 이외에 응용 소프트웨어도 배포하는 캐스터넷(Castanet)과 같은 인터넷 서비스를 푸시형 서비스라고 하며, 푸시형 서비스를 이용할 수 있게 하는 소프트웨어를 푸시형 소프트웨어라고 한다.

**Push Type 푸시형(-型)** 푸시 기술에 의해 서버가 자동적으로 서버상의 데이터나 프로그램을 클라이언트로 보내주는 서비스나 이런 서비스를 이용할 수 있게 하는 소프트웨어. 클라이언트 측 사용자가 월드 와이드 웹 브라우저로 서버에 접속하여 정보를 인출하는 인터넷 서비스나 기타 사용자의 검색 조작에 의해 정보를 인출하는 이른바 풀형(pull type) 인터넷 서비스에 대칭되는 용어로 사용된다. 인터넷상에서 각종 뉴스 기사를 서버가 자동적으로 각 사용자에게 배포(전송)하는 포인트캐스트(PointCast)라는 푸시형 서비스가 미국에서 등장하면서 푸시형이라는 용어가 일반인에게 알려지게 되었다. 그 후 미국 마림바(Marimba)사의 캐스터넷(Castanet)과 같이 데이터뿐만 아니라 응용 소프트웨어의 배포에도 이용될 수 있는 푸시형 소프트웨어가 등장하였다. 넷스케이프 커뮤니케이션스사의 웹 브라우저인 넷스케이프 커뮤니케이터에는 넷캐스터(Netcaster)라는 푸시형 클라이언트 소프트웨어가 내장되어 있다. 마이크로소프트사의 웹 브라우저인 인터넷 익스플로러도 푸시형 기술에 대응하고 있는데, 푸시형 클라이언트 소프트웨어용의 정보 배포 형식인 채널 정의 형식(CDF)을 규정하여 인터넷 익스플로러 4.0에서 실현하였다.

**Pushbroom 중력 자세기(重力姿勢機)** 인공위성 자세를 제어할 때 위성 본체 위에 가벼운 물체 하나를 달아서 중력에 의해 위성이 항상 지구 쪽을 향하도록 하는 방식을 말한다.

**Pushbroom Scanner 고정식 주사기** 이 센서의 예로는 SPOT 위성의 HRV 등의 센서에서 채택한 CCD(Charge Coupled Device)가 있으며, 스캐닝을 위해 기계적인 거울을 사용하지 않고, 고형 반도체 요소들로 이루어진 선형으로 배열된 고형 반도체 요소들을 이용하여 비행방향에 수직한 한 줄의 이미지를 동시에 기록한다. 기계적인 부분이 없으므로 기계적인 신뢰성이 매우 높다.

**Pushbroom Scanner 푸쉬브룸 스캐너** Pushbroom Type Scanner을 참조.

**Pushbroom Scanning 푸쉬브룸 스캐닝** Along-Track Scanning를 참조.

**Pushbroom System 푸쉬브룸시스템** 푸쉬브룸 스캐너를 사용하여 위성이 지나가는 방향으로 지상을 주사하여 위성 자료를 취득하는 시스템이다.

**Pushbroom Type Scanner 푸쉬브룸 방식 스캐너** 물체의 에너지를 감지하는 수백 개의 탐측기가 일렬로 배열되어 위성이 지나가는 방향으로(Along-Track)지상을 주사하는 위성 자료 취득 방식. 전자 기계적인 구성 요소의 사용 없이 주사선의 각 요소를 동시적으로 기록하는 전하 결합 기기(CCD)의 선형 배열을 사용하여 영상을 구축하는 원격 탐사 체계이다. 예를 들면, SPOT 위성상의 HRV 감지기는 이 방법을 사용한다. Along-Track Scanner를 참조.

**Pushing Email 푸싱 이메일** 메일서버에 도착한 이메일을 지정된 스마트폰 단말로 재전송시켜 신속하게 확인할 수 있는 기능이다.

**Push-to-Call 푸시-투-콜** 휴대전화를 무전기처럼 사용할 수 있는 서비스. 버튼 하나만 누르면 한 사람이 휴대전화를 통해 말하는 것을 동시에 여러 사람이 들을 수 있다.

**PVGO(Present Value of Growth Opportunity)**

**PVI(Perpendicular Vegetation Index) 수지 식생 지수** 수지 식생지수는 Richardson과 Wiegand(1977)에 의해 처음 제시되었다. 대기 편차에 매우 민감하여 다른 날에 취하여진 자료와 수지 식생 지수 값을 비교하는 것은 자료에 대기적 수정이 이루어지지 않는다면 오차가 크게 날 가능성이 높아 바람직하지 않다.

**PX64. 피엑스 64** 영상 압축의 기반이 되는 불연속 코사인 변환 표준이고, 이것은 비디오 영상을 상호 통신 및 교환에 사용된다.

**Pygmalion Effect 피그말리온 효과** 타인의 기대나 관심으로 인하여 능률이 오르거나 결과가 좋아지는 현상을 의미하는 심리학 용어로서, 미국의 교육학자인 로젠탈과 제이콥슨이 밝혀낸 것으로 로젠탈(Rosenthal)효과, 자성적 예언, 자기충족적 예언이라고도 한다. 그리스신화에 나오는 키프루스의 왕이자 조각가 피그말리온의 이름에서 유래한다. 피그말리온은 아름다운 여인상을 조각하고, 그 여인상을 진심으로 사랑하게 되는데 여신(女神) 아프로디테의 비너스는 그의 사랑에 감동하여 여인상에게 생명을 주었다고 한다. 이처럼 타인의 기대나 관심으로 인하여 능률이 오르거나 결과가 좋아지는 현상을 말한다.

**Pyramid(Image) 피라미드 영상** 원본이미지의 해상도가 떨어지는 여러 이미지를 미리 만들어 이미지의 헤더나 끝 부분에 저장하여 작업을 수행하는 기법으로서 Overview라고도 한다. Overview는 일반적으로 원본과 같은 파일에 기록되어 있으면서, 원본 전체 이미지를 메모리에 로드하거나 화면에 표시하는 대신에 이 Overview를 화면에 표시함으로써 화면처리 속도를 크게 줄일 수 있다. Overview는 여러 개가 만들어져 원본 이미지에 기록될 수 있는데, 많은 Overview는 화면의 확대/축소 시 효과적으로 사용될 수 있는 장점이 있는 반면에 원본 이미지의 파일크기를 증가시키는 단점이 있다. 일반적으로 원본 이미지에서 이런 Overview를 만드는 방식으로 Subsampling, Average Sampling, Gaussian Sampling 등의 기법을 사용한다. 이 기술은 대용량 데이터의 전송과 가시화의 효율성이 증대됨에 따라 대용량 데이터 처리와 분석을 가능하게 한다.

**QA(Quality Assurance) 품질 보증** 제품 또는 서비스 등의 고객에 대한 하나의 보증 방법을 말한다.

**QC(Quality Control) 품질 관리** 지도 자료가 수치 형태로 바뀌어감에 따라 각 요소를 데이터베이스로 옮겨 설치하기 전에 각 요소의 특성이 입증되어야 한다. 지도 현상의 위치의 정확성, 입력된 자료의 완전성, 모든 요소에 대한 적당한 층이나 현상의 형태에 대한 지정과 같은 적당한 정의, 공간적 관계의 위상학적 보전, 자료값의 논리적 일관성은 이런 과정을 통해 확인된다.

**Qi Certification 치 인증** 2008년 12월 설립된 WPC(Wireless Power Consortium)는 무선충전 전자제품의 평준화와 호환성을 위하여 "QI"(치) 라는 인증을 만들어 무선충전 제품을 규격화해 나가고 있다. Qi는 무선전력위원회(Wireless Power Consortium)에서 개발하고, 4 cm 이내에서 전기유도로 무선충전되는 '저압(low power)'은 0~5 와트 인터페이스 표준이다. WPC는 휴대폰, 가전제품, 배터리, 반도체, 무선전력기술 분야 등의 선도 기업을 포함해 200이상의 회원사들로 구성되어 있으며 400종 이상의 다양한 무선충전 제품을 인증하고 있다. "Qi 인증" 제품들은 북미, 아시아, 유럽에서 사용하고 있다. "Qi 인증"은 전 세계 표준화 로고로서, "Qi 로고"를 가진 모든 전자제품은 "Qi 인증" 충전기로 충전이 가능하다. "Qi 로고"가 있는 곳이면 어느 장소에서나 제품을 충전기, 배선, 어댑터 없이 무선으로 충전할 수 있다.

**QoS(Quality of Service) 서비스품질** 망부하 발생 시 그때부터 24시간에 한해 동영상 서비스 등의 많은 트래픽을 유발하는 일부 서비스를 제한하게 된다.

**QR Code(Quick Response Code) 큐알 코드, 정보무늬, 입체 바코드** QR 코드는 격자무늬 그림으로, 많은 정보를 나타내는 2차원 바코드를 이르는 말이다. 국립국어원은 QR의 다듬은 말로 '정보무늬'를 선정하였다. QR코드는 덴소 웨이브(Denso-wave)의 등록상표 Quick Response에서 유래하였다. QR코드는 주로 일본, 한국, 영국, 미국 등에서 많이 사용되며, 종래에 많이 쓰이던 바코드의 용량 제한을 극복하고, 그 형식과 내용을 확장한 2차원의 바코드로 종횡의 정보를 가져서 숫자 외에 문자의 데이터를 저장할 수 있다. 보통 디지털 카메라나 전용 스캐너로 읽어 들여 활용한다.

QR코드는 흑백 격자무늬 패턴으로 정보를 나타내는 매트릭스 형식의 2차원 바코드이다. QR 코드의 구조 일반 바코드는 단방향, 즉 1차원 적으로 숫자 또는 문자 정보가 저장 가능한 반면, QR코드는 종횡으로 2차원 형태를 가져서 더 많은 정보를 가질 수 있으며, 사진 및 동영상, 지도, 명함 등 다양한 정보를 보다 편리하게 담아낼 수 있다. QR 코드는 숫자 최대 7089자, 영숫자 최대 4296자, 8비트 바이트 최대 2953바이트, 한자 1817자를 담을 수 있다. 1994년에 일본 도요타 자동차 산하에 있던 덴소(Denso)의 개발 부서(현재는 덴소 웨이브 · Denso-wave)가 개발하였으며, 1997년 AIM International 표준이 되었고, 1998년 JEIDA 규격, 2000년ISO/IEC 18004 표준이 되었다. 특허권을 가진 덴소 웨이브는 이 표준화된 기술에 대한 특허권을 행사하지 않을 것을 선언하였다.

**QS(Quantity Surveyor System) 책임 측량사 제도** 측량의 전 공정을 책임지는 기술자로서 적지 선정, 착공, 기성고, 준공, 준공 후 경년 변화 조사 점검 및 각종 물량 계산과 평가 등의 전 공정을 책임 · 관리한다.

**Q-Switching 큐 스위칭** 레이저 빛은 한 동안 약하게 그 다음 짧은 시간 동안 강하게 나오는 과정이 되풀이 되는 것을 펄스(pulse)형 레이저라고 한다. 일반적인 펄스 레이저는 입력 전력을 펄스 형식으로 주어서, 레이저 빛이 펄스가 되게 하는 레이저이다. 이와는 달리 큐 스위칭은 입력전압 등을 일정하게 해주면서 레이저 통(cavity)에 일부러 어떤 조작을 주어 레이저 발진이 일어나기 어려운 조건을 만들어서 레이저 빛을 내게 될 분자들이

준안정상태(metastable)에 그대로 머물게 하면서 기다리다가, 즉 이런 상태를 가진 분자들이 충분히 많아질 때까지 기다렸다가 갑자기 레이저 발진이 잘 일어날 수 있는 상태를 만들어주어서 준비 중이던 분자들이 짧은 시간 안에 모두 레이저 빛을 내도록 하는 발진 방법이다. 보통 레이저 통의 두 끝에는 거울이 붙어있고 두 거울 사이의 거리는 나오게 될 빛 파장의 정수배이다. 만약 레이저 통에 어떤 조작을 주어 이 통의 유효길이기 빛 파장의 정수배가 되지 않도록 하면 발진이 일어나지 않는다. 그러다가 조작을 바꾸어 통의 길이가 빛 파장의 정수배가 되도록 갑자기 바꾸면 레이저 발진이 일어나게 된다. Q-switching 방식이 성공적이려면 빛을 낼 분자들의 준안정상태가 충분히 안정하여 스스로 바닥상태로 돌아가는 율이 작아야 한다.

**Q-system 큐 분류** 노르웨이의 Barton 등(1974)에 의해 스칸디나비아의 200여개 터널 및 공동에 대한 사례 연구를 근거로 제안된 정량적인 분류법이다. Grimstad and Barton(1993)은 추가적인 조사 자료의 분석을 통하여 높은 응력 하에 놓여있는 괴상의 경암에 대한 SRF 값을 수정·보완하였다. Q-system은 RQD, 절리군의 수(Jn), 불연속면의 거칠기(Jr), 불연속면의 변질정도(Ja), 지하수의 유입상태(Jw) 및 응력조건(SRF) 등 6개 요소들을 이용하여 다음의 관계식과 같이 3개항의 곱으로 산정된다.

$$Q = \left(\frac{RQD}{J_n}\right) \times \left(\frac{J_r}{J_a}\right) \times \left(\frac{J_w}{SRF}\right)$$

첫 번째 항은 암반에 발달되어 있는 여러 절리군들의 상호교차에 의해 형성될 수 있는 블록의 규모와 관련되며, 두 번째 항은 key-block에 가장 불리한 상태의 절리군에 속한 절리면 또는 충전물의 거칠기와 마찰력 등과 같은 전단강도와 관련된다. 세 번째 항은 대상 암반의 작용 응력과 관련된 경험적인 요소이다. Q값은 9개 등급으로 분류되며, 터널 폭과 Q값에 따라 38가지의 숏크리트, 강지보공, 록볼트 등을 포함한 다양한 지보(支保, support)형식을 제시하고 있다.

**Quad 쿼드** 4개가 한 단위로 묶인 것을 지칭하는 단어이다. 4분의 1을 뜻하는 '쿼터(Quarter)'와 발음·의미가 유사하다.

**Quadcopter 쿼드콥터** [드론] 4개의 로터를 가진 드론을 의미하는데, 로터(Rotor, 회전날개) 4개를 이용해 뜨고 추진하는 멀티콥터이다. 각 로터는 연직 아래를 향해 있으며, 2개는 시계 방향으로, 나머지 2개는 반시계 방향으로 회전한다. 이들 로터의 회전 속도를 조절함으로써 쿼드콥터의 움직임을 제어할 수 있다. Drone 참조.

**Quad Core 쿼드코어** Quad-Core를 참조.

**Quad-Core 쿼드코어** '스마트폰의 두뇌'로 불리는 애플리케이션 프로세서(AP)내 코어가 4개인 칩세트를 말한다. 프로세서 숫자가 많아질수록 데이터 처리 속도가 빨라진다. 현재 대부분의 스마트폰이 채택한 듀얼코어(Dual-Core·프로세서 2개 탑재) 방식보다 2배 이상 빠르다.

**Quad Corephone 쿼드코어 폰** 쿼드코어는 코어가 4개란 뜻이다. 코어란 중앙처리장치(CPU)에서 핵심 기능을 수행하는 부분을 일컫는다. 이 코어를 기존의 듀얼코어(2개)에서 4개로 늘려 성능을 대폭 늘린 스마트폰이 쿼드코어 폰이다. 쿼드코어를 탑재하면 데이터 처리속도, 그래픽 등이 듀얼코어보다 3배 이상 개선될 것으로 알려져 있다. 무엇보다 쿼드코어는 전력소모가 듀얼코어보다 대폭 줄어들 것으로 기대를 모은다.

**Quadrangle 구획** 지도 제작에서 지역 단위로서 사용된 경도의 경선들과 위도의 위선들에 의해 경계가 형성된 4면을 가진 지역을 말한다. Quad, Topographic Map, Topo를 참조.

**Quadrangle Maps 구획 지도** 지도에 의해 나타난 4변형 또는 거의 4변형에 가까운 지역으로, 경계는 일반적으로 위도와 경도에 의해서 정의된다. 대체적으로 USGS 지형도에 의한다.

**Quadrant Method 4분법** 대상 영역의 하부 면적에 존재하는 점의 변이를 분석하는 방법을 말한다.

**Quadratic Transformation 2차 변환** 방사형 왜곡 보정을 말한다.

**Quadrifilar Helix 쿼드리필러 헬릭스 안테나** 모노폴 안테나의 크기를 줄이기 위한 방법으로 헬릭스 형태로 변형하는 것과 적층형 구조를 사용하는 방법이 있다. 헬릭스 안테나는 광대역의 반사 손실 대역폭, 복사패턴 조절이 가능한 고이득의 원형 편파 특성을 가지기 때문에 무선 통신 송수신용 안테나로서 많이 사용되고 있다. 헬릭스 안테나는 원통형, 구형, 반구형, quad-rifilar 헬릭스 안테나 등 다양하며, 장·단점을 가지고 있다. 원통형 헬리컬 안테나는 반사 손실 대역폭이 넓으며 고이득을 가지지만 복사패턴의 빔 폭이 좁기 때문에 넓은 태그 인식 영역을 갖기 어려우며, 구형과 반구형 헬릭스 안테나는 기생 복사 없이 넓은 복사 패턴을 가지나 제작이 어려우며 선로의 회전수와 곡률각에 의해서 반사 손실 대역폭과 원형 편파 대역폭이 민감하게 변한다. 또한 쿼드리필러 헬릭스 안테나는 접지면의 영향이 적고 넓은 영역에서 양질의 원형 편파를 복사하나 반사 손실 대역폭이 매우 좁으며 복잡한 급전 구조를 가져야 한다는 단점을 갖고 있다. 쿼드리필러 헬릭스 안테나는 일부 GPS 수신기에 사용되는 원형편광 안테나로서 이 안테나는 Volute 안테나로도 알려져 있다. 일반적으로 헬릭스 안테나의 선로가 감기는 회전수, 수직 회전각(pitch angle)과 Φ방향의 수평 회전각은 유도되는 전류 특성을 결정하기 때문에 중요한 설계변수가 된다.

**Quadrilaterals 4변형 삼각망, 4변형망** 사각형의 형태로 삼각점을 설치하고, 대각선 방향으로 시준선을 설정하여, 한 변에 대한 기선과 각 관측점에서 2개 각, 즉 총 8개 각을 관측하는 삼각망이다. 조건식의 수가 가장 많기 때문에 가장 높은 정확도를 얻을 수 있다. 그러나 이 망은 조정이 복잡하고 피복 면적이 적으며, 많은 노력과 시간 그리고 경비가 많이 요구된다는 단점이 있다. 따라서 특별히 높은 정확도를 필요로 하는 삼각측량이나 기선삼각망 등에 사용된다.

**Quadrovergence 쿼드로버전스** '4개의 융합'이라는 뜻이다. 쿼드로버전스는 인프라·하드웨어·소프트웨어·서비스 등 4개가 융합된 것으로, 그 정점의 가치는 바로 쿼드로버전스가 이뤄내는 사용자 인터페이스(UI : User Interface)와 사용자 경험(UX : User Experience)이다.

**Quadtree 4지수형, 쿼드 트리** ① 그리드의 사분면 내에서 속성의 중복 제거에 기초한 래스터 압축 기법이다. ② 공간을 4개의 정사각형(이를 Quadrant이라 함)으로 계층적으로 분할하는 원리에 바탕을 둔 위계적 자료 구조. 사지수형 자료 구조는 대상체를 정보의 조밀 여부에 따라 세분해 나가는 방법이며, 계층적 래스터 자료 구조의 변형이다. 계층적 자료 구조란 공간 분할에 사용되는 단위의 크기를 달리해 데이터베이스를 구축한 기법으로, 넓은 지역에 대한 데이터베이스 구축에 매우 용이하게 적용될 수 있다. 원 자료의 정보 그대로 자료를 저장하고 있어 단순한 자료압축의 한 기법이 아니라, 래스터의 또 다른 자료구조로서 인식되기도 한다. 래스터 표현에서 상세한 위치를 나타낼 때 격자의 수가 폭발적으로 증가하기 때문에 압축한 자료 구조가 필요한데 그 대표적인 것이 사지수형이며, 이에는 면 사지수형(Area Quadtree)과 점 사지수형(Point Quadtree)이 있다.

**Qual Ind(Quality Indicator) 품질 지표** Quality Indicator를 참조.

**Qualification 자격** 지리정보체계의 임무를 적절히 수행되도록 요구한 지식, 기술, 훈련 그리고 경험에 대한 표현이다.

**Qualification Examination 자격 시험** 각 능력수준을 평가하기 위해 공인된 품질기관이나 인증기관에 의해 운영되는 시험이다.

**Qualifier 제한자** 두 객체가 참조할 때 참조키로 사용하는 속성이다.

**Qualifying Body 자격인증 기관** 지리정보체계 종사자들에게 자격을 주기 위해 시험을 준비하고 관리하는 인증된 기관에 의해 공인된 책임감 있는 기관을 말한다.

**Qualitative 정성적** 지도 제작에서 정성적이라는 것은 정량적인 것이 아니라 형상의 성질에 따른다.

**Qualitative Assessment 정성적 평가** 자료 품질, 정보 범위의 질에 대한 비양적(서술적) 정보를 말한다.

**Qualitative Attributes 정성적 속성 자료** 관측값이나 크기가 없는 지도의 이름·주기·라벨 등과 같은 설명을 의미한다. 따라서 정성적 속성 자료의 코드값은 존재하지만 통계학적 분석에 이용되지는 않는다.

**Qualitative Benefit 정성적 편익** 서비스이나 생산의 질을 향상시킬 수 있지만, 쉽게 측정되어지지 않는 이득이다.

**Qualitative Narrative Report 정성적 품질 평가 보고** 자료 성격에 대한 정성적인 정보를 말한다.

**Qualitative Photogrammetry 정성적 사진 측량학** 정량적인 것이 아니라 성질에 따른 사진측량학을 의미한다.

**Qualitative Reference 정성적 참조** 품질 평가를 위한 지침을 말한다.

**Qualitative Report Type 정성적 보고의 종류** 정성적으로 기록되는 품질 정보의 요소를 말한다.

**Quality 품질** 자료가 얼마나 신뢰할만한가의 이용 범위를 설명하는 지형 자료에 대한 1가지 이상의 특성. 지형적 자료의 품질에 대한 정보는 활용을 위한 의사 결정 요소이다. 공간 분석은 잘 정의된 품질 규격을 요구하고 이로 인하여 지리적 자료의 비효율성 및 부적절성을 방지할 수 있다.

**Quality Assessment 품질 평가** 품질 정보 범위의 품질에 대한 정보를 말한다.

**Quality Assurance(QA) 품질 보증** QA(Quality Assurance)를 참조.

**Quality Attribute 품질 속성** 지형·지물(형상)의 품질특성을 기술하는 지형·지물 속성이다.

**Quality Control(QC) 품질 관리** QC(Quality Control)를 참조.

**Quality Date/Time 품질 평가 일/시** 테스트가 수행된 일자 및 시간을 말한다.

**Quality Element 품질 요소** 지리자료들의 품질을 설명하는 정보 항목을 말한다.

**Quality Indicator(Qual Ind) 품질 지표** 지리 자료들에 품질 매개변수의 실행을 함께 표시하는 품질 측정 집합이다. Quality Indicator를 참조.

**Quality Lineage 품질 연혁** 범위의 연혁 자료 품질 개괄 요소에 의해 상세된 자료에 대한 비정량적인 품질 정보를 말한다.

**Quality Management 품질경영** 품질방침, 목표 및 책임을 결정하고, 그리고 품질시스템 내에서 품질계획, 품질관리, 품질보증 및 품질개선과 같은 수단에 의해 그것들을 수행하는 전반적인 경영기능의 모든 활동을 말한다.

**Quality Measure 품질 측정** 지리 자료군에서 실행되는 상세한 시험에 대한 정의로서, 이것은 알고리즘, 값의 종류, 값의 집합을 포함한다.

**Quality Measure Result 품질 측정 결과** 품질 측정으로부터 얻어지는 값 또는 값들의 집합이다.

**Quality of Service(QoS) 서비스품질** QoS(Quality of Service)를 참조.

**Quality Parameter 품질매개변수** 공칭 지면과 비교하여 지리자료군의 실행을 설명하는 정량화할 수 있는 품질 요소이다.

**Quality Principles 품질 원칙** 지리정보의 품질을 기술하기 위한 원리 및 품질 정보의 보고 내용을 규정한다. 품질은 제품 사양서에 따라 작성된 데이터가 그 제품 사양서에 얼마나 적합하고 있는지를 정의한다.

**Quality Report 품질 보고** 범위의 응용 가능한 자료 품질 요소와 자료 품질 하위요소에 의해 상세된 자료에 대한 정량적인 품질 정보를 말한다.

**Quality Schema 품질 스키마** 지리자료의 측면을 정의하기 위한 개념적 스키마를 말한다.

**Quality Scope Geographic Extent 품질 범위 지형적 지역** 품질 정보 수준이 적용되는 지형학적 영역을 말한다.

**Quality Scope Geographic Extent Bounding Area Type 품질 범위 지형적 지역 경계 영역 유형** 품질 정보 범위 경계 좌표 열에 의해 표시되는 지형적 영역의 유형을 말한다.

**Quality Scope Geographic Extent Bounding Coordinate String 품질 범위 지형적 지역 경계 좌표 열** 품질 정보 수준의 지형적 경계를 정하는 연속적인 x, y좌표를 말한다.

**Quality Scope Level 품질 범위 수준** 품질 정보가 적용된 자료들과 차이가 있을 경우, 특정한 자료 그룹을 말한다.

**Quality Scope Level Description 품질 범위 수준 설명** 품질 정보 수준에 속하는 항목에 대한 설명을 말한다.

**Quality System 품질시스템** 품질경영을 실현하는데 필요한 조직구조, 절차, 공정 및 자원을 말한다.

**Qualoth 퀄로스** 국내 CG 소프트웨어 기업 에프엑스기어가 개발한 의상 시뮬레이션 SW이다. 2005년부터 할리우드와 국내에 공급하고 있다. 퀄로스가 적용된 대표적 영화는 '슈렉3', '슈렉4', '몬스터vs에이리언', '중천', '불꽃처럼 나비처럼' 등이 있다. 퀄로스는 옷의 주름, 움직임, 재질 등을 좀 더 자연스럽게 표현해준다. 예를 들어, 영화 속 캐릭터의 옷자락이 바람에 날리는 장면을 실제처럼 생생하고 부드럽게 나타내는 것이다.

**Quantification 정량화** 수학적 의미를 포함하여 통계학적 관측이 가능하도록 수치화하는 것을 의미한다.

**Quantitability 정량화** Quantification를 참조.

**Quantitative 정량적** 지도 제작에서 정량적이라는 것은 $km^2$ 당 인구 수, 등고정보 등과 같은 실제수로 표현됨에 기인한다.

**Quantitative Assessment 정량적 평가** 품질적 정보 범위의 양적 성분에 대한 양적 정보를 말한다.

**Quantitative Conformance Measure 정량적 일치 척도** 품질 정보의 적합성에 대한 정보를 말한다.

**Quantitative Horizontal Positional Accuracty Accessment 정량적 수평위치 정확도 평가** 좌표값의 정확도를 표시하기 위해 할당된 수치와 위치 정확도 값을 산출하는 시험에 대한 설명을 말한다.

**Quantitative Reference 정량적 참조** 정량적 평가를 위한 지침을 말한다.

**Quantitative Report 정량적 보고** 품질 성분에 대한 정량적 정보를 말한다.

**Quantitative Results 정량적 결과** 품질적 정보 범위에 적용되는 테스트의 정량적인 측면을 말한다.

**Quantitative Unit 정량적 단위** 정량적 평가가 기록되는 단위를 말한다.

**Quantitative Value 정량적 값** 품질적 정보 범위에 적용되는 테스트의 결과값을 말한다.

**Quantitative Vertical Positional Accuracy Accessment 정량적 수직위치 정확도 평가** 수치 좌표값의 정확도를 표시하기 위해 할당된 수치와 위치 정확도 값을 산출하는 시험에 대한 설명을 말한다.

**Quantity Surveyor System(QS) 책임 측량사 제도** QS(Quantity Surveyor System)를 참조.

**Quantization 양자화** 센서에 의해 측정되는 것으로서 에너지를 저장하기 위하여 사용되는 숫자를 말한다. Quantification를 참조.

**Quantization Error 양자화 오류** 연속적인 신호가 제한된 양자화 레벨로 표현될 때 발생하는 오류로 정밀도의 감소를 초래한다. 오류는 원래 신호와의 차이이다.

**Quantize 양자화** 아날로그 신호의 디지털 값을 결정하는 과정을 말한다.

**Quantum 양자(量子)** 에너지·전하·각운동량을 비롯한 물리적 성질을 나타내는 불연속적인 최소단위의 물리량이다. 즉, 길이, 에너지, 운동량, 퍼텐셜 등의 어떤 물리량이 부드럽게 연속값을 취하지 않고 특정 최소단위의 정수배로 표현이 가능할 때, 그 최소 단위의 양을 가리키는 용어이다. 사실상 모든 물리량을 쪼개고 쪼개면 양자가 된다. 양자의 영어 단어는 quantum이며, 복수형은 quanta이다. 빛은 어느 면으로든 연속적인 전자기파이지만 아주 미시적인 관점에서 보면 양자라 부르는 불연속적인 양으로 흡수되거나 방출된다. 같은 파장의 빛에서 흡수되거나 방출되는 양자들의 에너지와 운동량은 서로 같다. 이렇게 입자성을 띠는 빛 덩이를 광자라고 하며, X선과 감마선같이 다른 전자기파 에너지로 이루어진 양자도 광자라고 한다. 결정 속에 층층이 놓인 원자들의 극히 미세한 역학적 진동도 똑같이 포논이라 부르는 양자 형태로 에너지와 운동량을 주고받는다. 양자역학의 영역인 아주 미시적인 세계에서 일어나는 모든 현상은 양자화되어 있다. 즉, 가관측량(Observable, 可觀測量)이 불연속적인 어떤 값들로만 주어진다. 그 값들이 일정한 최소량의 배수로 나타날 때 그 최소량을 그 가관측량의 양자라 부른다.

**Quantum Computer 양자(量子) 컴퓨터** 얽힘(entanglement)이나 중첩(superposition) 같은 양자역학적인 현상을 이용하여 자료를 처리하는 컴퓨터이다. 양자를 연산 소자로 활용해 슈퍼컴퓨터의 한계를 뛰어넘는 '미래형 첨단 컴퓨터'로 불리기도 한다. 양자 컴퓨터는 1982년 미국의 이론 물리학자인 리처드 파인만(Richard Feynman)이 그 가능성과 필요성을 발견하고, 영국 옥스퍼드 대학의 데이비드 도이치(David Deutsch)가 구체적으로 개념을 정리했다. 양자 중첩 현상이란 양자가 측정되기 전까지 전자가 자신의 스핀 방향의 임의성을 유지하는 것이고, 양자 얽힘 현상은 얽혀 있는 양자들 중 하나가 관측되면 거리에 무관하게 나머지 양자들도 고정되는 것이다. 오스트리아의 물리학자 에르빈 슈뢰딩거(Erwin Schrodinger)의 '고양이'라는 예로 얽힘과 중첩을 설명하고 있다. 즉, 고양이가 밀폐된 상자에 갇혀 있고, 그 안에 청산가리가 있다면 상자를 열어 보기 전까지는 고양이의 생사를 알 수 없지만, 상자를 열어 보면 고양이가 죽었는지 살았는지 알게 된다. 따라서 관측과 동시에 상황은 고정된다.

전통적인 컴퓨터에서 자료의 양은 비트(bit)로 측정된다. 양자 컴퓨터에서 자료는 큐비트(qubit)로 측정된다. 큐비트 또는 양자 비트는 양자 정보의 단위로서, 수학적으로 복소수에 대한 2차원 벡터 공간인 2단계 양자 역학계 안의 상태로 기술된다. 즉, 양자 컴퓨터는 얽힘과 중첩의 두 원리를 바탕으로 '큐비트(Qubit)'라는 양자적 상태의 조합을 이용해 연산을 진행하는데, 이는 00, 01, 10, 11, 4가지 상태, 즉 '큐비트'로 연산하는 것이다. 이것은 큐비트는 0일 수도 1일 수도 있고, 0과 1이 동시에 존재할 수도 있음을 의미한다. 따라서 양자 컴퓨터는 0인지 1인지 확정 지을 수 없는 상태, 중첩된 상태로 연산을 진행한다. 양자 컴퓨터의 연산 속도는 병렬 처리를 통해 '큐비트' 개수 당 2의 n제곱배로 연산 속도가 증가한다. 만약 큐비트가 512개라면 2의 512제곱배라는 상상할 수 없을 정도의 속도로 연산이 가능하다.

양자 컴퓨팅은 아직 초기 개발단계이다. 2011년 캐나다의 D-Wave Systems에서 128큐비트 프로세스가 장착된 세계최초의 상용화 양자컴퓨터인 D-Wave One을 내놓았는데, 이것은 범용 양자 컴퓨터는 아니며, Quantum Annealing이라는 특정한 양자 알고리즘에 특화된 하드웨어를 갖고 있다. 2013년에는 512 큐비트의 성능을 가진 'D-WAVE 2'를 발표했으며, 록히드 마틴(Lockheed Martin)사와 Google, NASA 등에서 구매했다. D-WAVE는 니오븀(Nb)을 재료로 한 초전도체를 사용하기 때문에 절대영도(영하 273도)에서 사용한다. Shor's Algorithm을 참조.

**Quantum dot LED 양자점 엘이디** 수나노미터(1나노미터는 10억분의 1미터)의 반도체 결정으로 만든 발광소자. 크기와 전압에 따라 별도 장치가 없어도 스스로 다양한 색깔로 발광한다. 생산 비용도

적게 들어 현재 상용화된 디스플레이를 대체할 기술로 주목받는다.

**Quantum Jump 퀀텀 점프** 기업이 사업구조나 사업방식 등의 혁신을 통해 단기간에 비약적으로 실적이 호전되는 경우를 나타내는 용어이다. 원래는 물리학 용어로, 원자에 에너지를 가하면 핵 주위를 도는 전자가 낮은 궤도에서 높은 궤도로 뛰어오르는 현상을 뜻하는 용어이다.

**Quantum Leap 양자 준위** 전자가 에너지 준위 사이를 이동할 때는 원래의 에너지 준위에서 사라진 후 이동되는 에너지 준위에 나타나며, 그 이동되는 과정에 에너지 준위 사이를 움직이지 않는다. 이러한 과정을 양자 이동(Quantum Leap 또는 Quantum Jump)이라고 한다.Quasi Geoid의사 지오이드타원체로부터의 고도이상(Height Anomaly) 값에 의해 형성되는 면으로 해상에서는 지오이드와 같다.

**Quark 쿼크** 페리미온 계열에 속하는 중입자로서, 물질의 기본을 이루는 소립자이다. 양성자나 중성자를 구성하는 소립자로서 '강력(强力, strong force)'에 의해 지배를 받는 입자이다. 쿼크의 종류로는 up, down, strange, charm, top, bottom 6가지가 존재한다. 그 중 up과 down만이 물질의 구성에 관여하며, 나머지 쿼크는 우주에서 쓰이지 않고 있다. 모든 입자가 분수 스핀 값을 가진다.

과거에는 원자핵이 물질의 최소 단위로 여겨져 왔으나, 현대 물리학에서는 원자핵 역시 기본 소립자가 아니며, 원자핵은 양성자와 중성자로 이루어진 복합체로 보고 있다. 또한 양성자와 중성자 역시 "쿼크"라는 기본 소립자로 구성되어 있다. 즉, 원자핵을 이루는 기본 단위인 "쿼크"와 원자핵의 외각을 돌고 있는 "전자"나 무거운 전자인 "뮤온 전자"와 같은 "렙톤(Lepton)"으로 물질의 구성요소인 원자를 이루고 있다. 쿼크는 기본 전하의 −⅓ 또는 +⅔의 전하를 갖는다. 기본 전하의 정수배가 아닌 전하를 가진 입자는 쿼크가 유일하다. 전하량 외에도 쿼크는 색전하(色電荷, colour charge)란 물리량을 갖는데, 이 양은 '빨강', '초록' 혹은 '파랑'으로 나타낸다. 이 물리량에 대한 보존법칙은 합쳐진 입자는 언제나 '무색'이어야 한다고 말한다. 반쿼크는 '반빨강', '반초록', '반파랑'의 색전하를 갖는다. 1964년 Murray Gell-Mann과 George Zweig는 당시 알려진 몇 백 개의 입자들이 단지 3개의 입자들만의 결합으로써 설명되어질 수 있다고 하면서, Gell-Mann은 소설 "Finnegan's Wake"에서 James Joyce이 사용한 "이치에 맞지 않는" 뜻의 "kworks"를 발음되는 단어인 "quarks"로 이들 3개의 입자에 대한 이름으로 사용하였다. 당시 쿼크들은 발견된 적이 없었기 때문에 수학적인 가상으로만 여겨졌다. 실험에 의해 쿼크가 존재하며, 3개가 아닌 6개가 있다는 사실이 나중에 밝혀졌다. 쿼크에는 6가지의 "맛(Flavour)", 즉 종류가 있다. 가장 가벼운 쿼크 2개는 "위(up)" 와 "아래(down)"로 불린다. 세 번째 쿼크는 기묘(strange)라고 불린다. 그 "strange"라는 이름은 K입자의 "이상하리 만큼" 긴 수명에서 비롯된 것이다. 네 번째 쿼크는 "매혹(charm)" 쿼크인데, 그 이름은 종잡을 수 없다는데서 비롯된 것으로서, 1974년 Stanford Linear Accelerator Center (SLAC) 와 Brookhaven National Laboratory에서 동시에 발견되었다. 다섯 번째와 여섯 번째 쿼크는 과거에 truth와 beauty로 불렸지만, 1977년 Fermi National Lab(FermiLab)에서 Upsilon(Y)이라고 불리는 합성입자 내에 있는 "바닥(bottom)" 쿼크가 발견되었다. "꼭대기(top)" 쿼크는 오랫동안 예측되어 오다가 FermiLab에서 1995년에 마지막으로 발견하였다. 꼭대기 쿼크는 가장 질량이 큰 쿼크이다.

■ 쿼크의 6가지의 맛(Flavour)

| 명칭 | 영문명 | 기호 | 전하량 | 정지 질량 (MeV/c2) |
|---|---|---|---|---|
| 위 | up | u | +⅔ | 1.5~5 |
| 아래 | down | d | −⅓ | 17~25 |
| 매혹 | charm | c | +⅔ | 1,100~1,400 |
| 기묘 | strange | s | −⅓ | 60~170 |
| 꼭대기 | top | t | +⅔ | 165,000~180,000 |
| 바닥 | bottom | b | −⅓ | 4,100~4,400 |

**QUASAR(QUASi-stellAR radio source) 퀘이사** QUASAR는 지구로부터 수십억 광년 떨어진 거리에 있는 활동성 은하의 핵으로서 태양보다 수 조배나 밝으며 고정되어 있으므로 우주공간상 위치측정의 기준이 된다. 발견 당시에 은하처럼 넓게 퍼져 보이는 천체가 아니라, 별과 같은 점광원으로 보였기 때문에 '항성과 비슷하다'는 뜻에서 '준성(準星, Quasi-stellar Object)' 또는 '준성전파원(準星電波源, Quasi-stellar Radio Source)'이라는 이름이 붙었다. 퀘이사의 에너지원은 은하 중심의 블랙홀로 빠져 들어가는 물질의 중력에너지이다. 이러한 작용으로 밝게 빛나는 은하들을 활동은하(active galaxies)라고 한다. 빛은 퀘이사 중심의 블랙홀에서는 탈출할 수 없으므로, 퀘이사에서 나오는 에너지는 바깥쪽에 원반에서 발생한다. 퀘이사는 전

파뿐만 아니라 거의 모든 전자기파 대역에서 매우 강한 에너지를 내기 때문에, 현재는 '준성'이라 하지 않고 일반적으로 '퀘이사'라고 한다.

퀘이사는 지구에서부터 아주 멀리 떨어져 있고 그 크기가 매우 작기 때문에, 천구좌표계를 결정할 때 기준점으로 쓰인다. 국제천구좌표계(International Celestial Reference System, ICRS)는 우리 은하 바깥의 수백 개의 전파원들(주로 퀘이사들)의 정확한 위치를 바탕으로 만들어진 천구 좌표계이다. 지구와 태양계의 움직임 또는 별들이나 은하들의 자체의 운동 때문에, 지구에서 볼 때 가까이 있는 별들이나 은하들은 수년, 수십 년에 걸쳐 상대적으로 움직이는 것처럼 보이지만, 퀘이사는 지구에서 아주 멀리 떨어져 있기 때문에 현재 기술로는 측정이 불가능할 만큼 움직이지 않는 것처럼 보인다. 또한 퀘이사의 각 크기는 매우 작으므로 초장기선 간섭 관측법(Very Long Baseline Interferometry, VLBI)을 이용하면 하늘에서의 위치를 약 0.001초의 정확도로 측정할 수 있기 때문에 천구 좌표계의 기준점으로 쓰이고 있다.

현재까지 퀘이사는 200,000개 이상 발견되었으며, 0.05~7의 스펙트럼 적색편이를 보인다. 이러한 적색편이 값들은 퀘이사들까지의 거리가 대략 6억~280억 광년에 분포함을 뜻한다. 빛의 거리는 일반적으로 광년(光年)으로 표현하며, 1광년은 빛이 1년 동안 진행한 거리로서 9.4조km이다. VLBI(Very Long Baseline Interferometry를 참조.

**QUASi-stellAR radio source(QUASAR) 퀘이사** QUASAR (QUASi-stellAR radio source)를 참조.

**Quasi-Zenith Satellite System(QZSS) 준천정위성(準天頂衛星) 시스템** QZSS(Quasi-Zenith Satellite System)를 참조.

**Query 질의, 조회** 데이터베이스 운영 시스템이나 GIS를 통해 사용자에 의해 데이터베이스에 질문하는 것으로서, 데이터 자체의 변경은 하지 않고 속성 데이터를 조사하는 것을 말한다. 논리 연산 등을 이용하여 조건 검색을 행한다. 주로 관계형 데이터베이스에 의해 구축된 속성 데이터 중에서 조건에 맞는 것을 선택한다. Attribute Query를 참조.

**Query Language 질의 언어** 자료 질의 언어는 데이터베이스의 자료들을 조작하는 명령어를 사용하여 필요정보를 검색해준다. 이러한 명령어는 AND, OR 등의 연산자를 통해 복잡한 구조로 연결될 수도 있다. 전형적인 질의 명령어들에는 'equal to', 'less than', 'less than or equal to', 'greater than', 'greater than of equal to' 등을 포함하고 있고, 이러한 연산자를 통하여 텍스트 필드나 기타 정보를 탐색할 수 있다.

**Query Processor 질의 처리기** 사용자로부터 입력된 자료기반 질의어를 자료기반 관리 체계가 이해하는 하위 계층의 명령어로 변환한다. 또한 입력된 질의에 대하여 동일한 결과를 출력하면서 비용이 최소화되는 최적화 기능을 담당한다.

**Query Table 질의 테이블** 선택 SQL 질의 또는 지도창이나 브라우저 레코드가 선택한 오브젝트에 의한 결과로 생성되는 임시 테이블. 질의 테이블의 경우 편집, 구조 변환이 불가능하지만 원 테이블에서 선택된 행의 집합들은 질의 테이블을 통해 편집할 수 있다. Selection을 참조.

**Query Types 질의 종류** USN(Ubiquitous Sensor Network, 유비쿼터스 센서 네트워크) 등의 네트워크 모니터링, 웹 추적, 센서 네트워크 등에서 제공하는 응용 서비스의 request에 대한 질의(query)의 유형을 다음과 같이 8가지로 분류할 수 있다. (1) Simple Query : Instant query로서, 조건 없이 센서 노드(sensor)의 값을 단순히 읽어오는 질의를 의미한다. (2) Constrained Query : Instant query로서, 센싱(sensing) 데이터 값에 대한 주어진 조건 수행, 센싱 데이터들에 대하여 aggregation 연산 수행 등의 constraint를 가진 질의를 의미한다. (3) Contrained Query Integrated with Metadata or Legacy Data : Constrained Query와 같은 의미이지만, 센싱 데이터가 아닌 다른 데이터를 연계하여 질의를 수행하는 것을 의미한다. 센서 네트워크 및 센서노드에 대한 metadata를 연계하거나 USN 응용 서비스와 관련있는 기존의 business logic이 담겨있는 속성 데이터(Legacy Data, 외부 데이터)를 연계한 query를 의미한다. (4) Complex Query : Instant query로서, 하나의 센서 네트워크가 아닌 2개 이상의 multiple 센서 네트워크를 동시에 접근해야 하는 질의를 의미한다. (5) Simple Continuous Query : Continuous query로서, simple instant query에 질의 수행의 주기와 기간을 추가 입력으로 제공함으로써, 질의가 주어진 주기와 기간 동안에 계속하여 수행되는 것을 의미한다. Event query와 비교하면 continuous는 질의가 항상 진행 중임을 의미하며, event는 특정 상황에서만 질의가 진행됨을 의미한다. (6) Complex Continuous Query : Simple continuous query와 동일하며, 2개 이상의 multiple 센서 네트워크를 동시에 접근해야 하는 질의를 의미한다. (7) Simple Event Query : Event query로서, 질의가 이미 설치되어 있으며 특정 event가 발생하였을 때만 설치된 그 질의가 진행되는 것을 의미한다. (8) Complex Event Query : Simple event query와 동일하며, 2개 이상의 multiple 센서 네트워크를 동시에 접근해야 하는 질의를 의미한다.

(1)~(4)은 서비스 request가 단 한번만 수행되는 instant query를 의미하며, (5)~(6)은 서비스 request가 계속해서 수행되는 continuous query를 의미하고, (7)~(8)은 어떤 특정 상황이 발생하였을 때 수행되는 event query를 의미한다.

**Query Window 질의창** 공간 정보와 관계 속성들의 열람이 수행되는 영역. 질의창은 정규의 또는 비정규의 모양을 가질 수 있다.

**Questia 퀘스티아** 온라인 도서관. 컴퓨터를 통해 검색할 수 있는 모든 책과 논문집, 신문, 잡지를 보유하고 있다. 퀘스티아에서는 자신이 보았던 책을 저장할 수 있는 개인 도서관인 서가 기능도 제공한다.

**Question Answering System 질의 응답 체계** 주어진 질의에 대해서 응답을 구하는 체계로, 좁은 의미로는 특정 영역의 사실적 정보와 일반적인 지식을 가지고 질의에 대한 사실적 정보를 제공하는 일련의 정보 체계를 질의 응답 체계라 한다.

**Queue 큐** [데이터베이스] 선형 리스트의 한쪽에서는 삽입작업이 이루어지고 다른 쪽에서는 삭제작업이 이루어지도록 구성한 자료구조이다. 가장 먼저 삽입된 자료가 가장 먼저 삭제되는 선입선출(FIFO; First-In, First-Out) 방식으로 처리한다. Queue를 이용하는 예로는 창구업무처럼 서비스 순서를 기다리는 등의 대기행렬의 처리에 사용하거나, 운영체제의 작업 스케줄링에 사용한다.

**Quick Messaging Device 퀵메시징폰** 단문메시지(SMS)·멀티미디어메시지(MMS)·소셜네트워킹서비스(SNS)·e메일 등 메시지를 중심으로 한 커뮤니케이션 기능에 초점이 맞춰져 있고 풀 쿼티 자판과 풀 브라우징 기능도 제공된다.

**Quick Response(QR) Code 큐알 코드, 빠른 응답, 입체 바코드** QR(Quick Response) Code를 참조.

**Quick Time 퀵 타임** 비디오, 그래픽, 사운드, 미디, 애니메이션과 같은 동적인 정보를 매킨토시나 윈도우 기반 컴퓨터 상에서 정보를 볼 수 있게 해주는 기술이다.

**Quickbird 퀵버드** 퀵버드의 지역적 정보들은 퀵버드에 탑재되는 GPS와 항성 추적 장치에 의해서 획득된다. 퀵버드의 Swath Width는 22km로 비교적 넓은 편으로, RESURSDK와 같이 넓은 지역의 영상을 한꺼번에 획득할 수 있다는 장점이 있다. 디지털 글로브(Digital Globe)사가 운영하는 상업용 고해상도 위성영상으로, 2001년 10월 18일 미국 캘리포니아에서 보잉사의 델타 로켓으로 발사된 퀵버드-2는 광학위성으로 0.61m(전정색 영상)와 2.44m(다중 분광 영상)의 해상력 영상이다.

**Quick Clay 퀵 클레이** 토립자 사이에 작용하던 전기화학적 결합력이 소실된 상태에 있으면 함수비가 매우 크고, 예민비도 매우 큰 점토가 지진이나 발파 등에 의해 교란되면 강도를 잃어버리고 액체상태가 되어 흘러버리게 된다. 이러한 점토를 퀵 클레이라고 한다. 퀵 클레이가 발생하기 위해서는 예민비가 큰 점토가 액성지수(LI)가 1보다 크며 이 점토를 충분히 교란시킬 만한 동적하중이 작용하여야 한다. 따라서 퀵 클레이 발생가능성의 판단기준은 액성지수와 예민비이다. 해성점토 중의 염분이 지하수의 유동에 의하여 용탈(溶脫)되어 예민비가 매우 크게 된 점토. 진동이나 충격에 의하여 순간적으로 붕괴되는 점토를 일컫기도 한다. Liquidity Index, Sensitivity Ration을 참조.

**Quick Response(QR) Code 큐알 코드, 정보무늬** QR Code(Quick Response Code)를 참조.

**Quick Sand 분사(噴砂)현상, 퀵 샌드** 주로 점착력이 없는 모래 지반에서 일어나는 현상으로 상향 침투수압에 의해 흙 입자가 물과 함께 유출되는 현상을 말한다. 분사현상은 유효응력이 0이 되는 곳이 분사현상의 한계점이 된다. 분사현상이 더 진행되어 심해지면 보일링현상으로 보일링현상이 더 진행되면 파이핑현상이 나타난다. 지진시의 진동에 의하여 간극수압이 상승하므로 발생되는 액상화(liquefaction) 현상을 퀵 샌드라고도 한다.

**QWERTY Keyboard 쿼티 키보드** 영문 타자기와 컴퓨터 키보드 배열의 하나인 쿼티(QWERTY)형의 키보드. 첫 번째(맨 위) 영문자 줄에 6개의 영문자 키가 왼쪽부터 Q, W, E, R, T, Y의 순서로 배열되어 있어서, 쿼티라고 부르게 되었다. 쿼티 키보드는 전통적인 타자기의 자판 배열로 등장하여 컴퓨터 키보드의 표준으로 사용되고 있다. 쿼티 키보드의 대안으로 개발되어 미국 표준 협회(ANSI)에서 표준으로 채택된 드보락 키보드가 더 능률적이라고 하나, 쿼티 키보드가 일반적으로 더 익숙하다는 이점이 있으며 더 널리 사용되고 있다.

**QZSS(Quasi-Zenith Satellite System) (일본) 준천정위성(準天頂衛星)시스템** GPS(Global Positioning System)는 중궤도(20,200km)를 선회하는 다수의 항법위성으로부터 전송된 신호

를 수신하여 사용자의 정확한 위치(위도, 경도, 고도)정보와 시각정보를 획득할 수 있도록 항법신호를 제공하는 광역 측위시스템이다. GPS는 항법뿐만 아니라 측지, 측량, 기상관측 및 지각변동 측정 등 다양한 분야에서 사용되고 있다. 그러나 GPS는 도심지와 같은 고층건물이 많은 환경에서는 건물 및 지형지물에 의해 위성신호가 차단되고 가시위성이 감소하게 되면 사용자의 위치정확도가 저하되는 문제점을 갖는다. 이러한 문제점을 보완하기 위해 최근에는 지역위성항법시스템을 추가적으로 배치하여 운용되고 있으며 일본의 경우 GPS 신호 가용성과 측위 정확도를 향상시키기 위해 노력하고 있다.

일본은 JRANS(Japanese Regional Advanced Navigation System)을 자국 내 GPS정밀도 보완책으로 추진하고 있다. JRANS는 3개의 준 극궤도 위성 QZSS(Quasi-Zenith Satellite System) 위성, 3개의 긴 타원궤도를 갖는 위성(HEO), 1개의 정지위성(GEO)으로 구성된다. 근지점(Perigee)의 고도는 32,000km, 원지점(Apogee)의 고도는 km이다. QZSS 개발 초기에 3기의 준천정궤도 위성만을 운영할 계획이었으나, 2011년 일본 내각이 QZSS 운영 기본정책을 수립하여 2018년까지 경사궤도 위성 3기, 정지궤도 위성 1기를 발사하고 최종적으로 7기의 QZSS 위성을 확보하여 독자항법을 구축할 예정이다. 2010년 9월 최초 위성인 MICHIBIKI 위성(QZS01) 발사를 성공하였으며 성능점검 후 같은 해 11월 서비스 제공을 시작하였다. 현재 JAXA(Japan Aerospace Exploration Agency, 일본 우주항공연구개발기구)는 기술검증을 통해 QZSS 인터페이스 규격과 항법신호의 신뢰성을 확인하였다. 한편, 미국은 GPS 현대화 계획을 추진하고 있으며 그 주요 내용 중의 하나가 L5라고 불리는 새로운 민간용 코드를 1176.45MHz 주파수에 전송하는 것이다. L5 주파수는 ARNS (Aeronautical Radio Navigation System)에 할당된 주파수대역의 한 부분으로, 특히 항공기의 안전한 운항을 위하여 사용될 예정이다. 현재 QZSS 위성신호는 기존의 위성항법 신호 이외에 L1C(1575.42 MHz), L2C(1227.6 MHz)의 차세대 GPS 신호, 무결성 정보를 제공하는 L1S(L1-SAIF, submeter-class augmentation with integrity function) 신호(1575.42MH), 고정밀 위치결정을 위한 L6(LEX) 신호 등과 같은 신호 등이다. QZSS신호 6개 중 5개는 GPS 및 위성기반 항법보정시스템(GPS SBAS)과 동일한 신호구조, 주파수, 확산코드, 메시지 형식으로 이루어져있다. QZSS L1 신호의 경우는 이미 한국에서 정상적으로 수신되어 활용이 가능함을 확인하였으며, QZSS L5 데이터규격이다. L5(1176.45 MHz) 신호는 L1 C/A 신호와 달리 데이터 채널과 파이럿 채널을 동시에 전송한다. L5 신호의 코드 주기는 L1 C/A신호와 동일한 1ms이지만, 칩율은 10.23MHz로 L1 C/A신호에 비해 10배가 더 빠르고, 코드길이가 10,230개로 L1 C/A신호에 비해 10배가 더 길다.

QZSS의 대표적인 특징은 다음과 같다. 즉, (1) QZSS는 고위각(앙각 60° 이상)으로 궤도를 돈다. 우리나라와 같이 중위도에 위치한 국가들은 현재의 위성으로부터 오는 시그널은 45도 정도 기울어져서 들어올 수밖에 없는데, 이런 시그널은 산이나 도심처럼 빌딩이 많은 장애환경에서는 시그널을 제대로 받을 수 없어서 자연히 오차도 심하게 나게 되는데, QZSS는 이런 장애를 최소화해서 양질의 시그널을 직접 받도록 설계하기 위해서 위성이 고위각으로 돌도록 하여, 시그널 손실을 최소화하고, 오차를 최소한으로 줄이는 방법을 채택하고 있다. (2) QZSS는 쌍방향 통신을 한다. QZSS는 위성항행시스템(GNSS)로 분류하기에는 모호한 복합 시스템이다. 기존 GPS 등이 일방향 시스템인 이유는 위치(Positioning)를 주 기능으로 사용하는 것이다. 따라서 미국은 상공을 도는 많은 위성들을 관제하긴 하지만 실제로 이 시그널을 사용하는 무한한 사용자를 통제할 수는 없다. 그러나 QZSS는 위치, 통신(Communication), 방송(Broadcasting)을 동시에 서비스하는 복합 시스템이다.

**R 알** 양이 많은 정보(데이터)를 통계적 방법으로 분석할 때 쓰이는 오픈 소스(Open Source) 프로그래밍 언어 가운데 하나이다. 클라우드 컴퓨팅과 빅 데이터(Big Data) 시대를 맞아 각광받고 있다. 페이스북, 트위터, 구글 등이 고객 요구 사항을 분석할 때 R을 사용한다.

**RA(Radar Altimeter) 레이더 고도계** 위성 직하방향에 대해 펄스(pulse) 레이더 파를 방사하여 전파의 왕복시간을 측정하여 높이를 계산하는 계측기이다. 항공기 및 인공위성에 탑재하여 지표면 또는 해면의 고저(높이)를 측정한다.

**Racetrack 레이스트랙** 자동차 경기를 위한 트랙을 말한다.

**Raceway 도수로(導水路)** 물을 한 지점으로부터 다른 지점으로 끌어들이기 위한 수로를 말한다.

**RAD(Rapid Application Development) 신속 응용개발** 신속 응용 개발은 의사결정 지원 시스템의 개발에 주로 사용되는 방법으로써, 전통적인 시스템 개발절차를 변형하여 시스템이 신속히 개발되도록 하며, 사용자에게 시스템의 기능성을 신속히 습득할 수 있도록 한다.

**RADAR(RAdio Detecting And Ranging) 레이더, 무선탐지와 거리측정** 라디오파에 의한 추적 및 거리 관측 체계로서 원래 비행기나 선박의 항해용으로 이용되었다. 레이더 관측 체계는 비행체에 탑재된 안테나, 송수신기, 안테나의 송수신 모드를 전환시키는 변환기 및 관측 신호를 저장하는 기록 장치(예 : 마그네틱 테이프) 등으로 구성된다. 젓가락 모양의 안테나는 그 축이 비행 방향과 동일하게 설치되어 비행 방향의 직하방향에 대한 옆면의 지상을 관측한다. 영국에서 1920년대에 처음 개발된 능동 마이크로파 영상 체계, RADAR은 마이크로파 범위의 0.8~1.0cm 파 대역을 사용하며, 대상 표면의 색 또는 온도보다는 오히려 표면 거침 정도를 측정한다. 색과 온도기반 영상 체계와는 반대로 RADAR의 이점은 첫째로 태양 방사에 독립한 24시간 시스템이라는 것이고, 둘째로 구름은 0.8~10cm 범위의 파대역에 영향을 주지 않는다는 것이다. 레이더 영상을 이용하여 3차원 위치결정을 하는 방법으로는 Stereo SAR 방법과 Interfer-ometric SAR(INSAR) 방법이 있다. 레이더는 예를 들면, 구름 같은 것을 통과해서 보는 데 유용하며, 항공사진으로는 포착하기 까다로운 습한 열대 지역의 자세를 지도로 만들 수 있다. 레이더는 또한 Fault Line 같은 미세한 지형적인 특징도 찾아낼 수 있다.

**Radar Altimeter(RA) 레이더 고도계** RA(Radar Altimeter)를 참조.

**RADAR interferometry 레이더 간섭, 레이다 간섭 측정** 같은 위성의 두 안테나 또는 다른 위성 2개의 안테나를 이용하여 취득한 동일 지상에 대한 레이더 영상을 처리하는 것을 말한다.

**Radar Mapping System 레이더 지도 제작 체계** 레이더 전파를 전송하고 반사된 시그널을 감지하고 저장하는 원격 탐사의 적극적인 형식. 이러한 시스템은 밤에도 구름이나 식생 등에 관계없이 운영할 수 있는 뚜렷한 장점이 있다. 따라서 열대지방이나 지세를 지도화할 때 광범위하게 사용된다.

**RADARSAT Satellite 레이더샛 위성** 캐나다 CSA(Canadian Space Agency)에 위해 개발된 첫 번째 원격탐사 위성으로서 1995년 1호가 발사되었으며 5.3GHz의 극초단파를 이용하여 영상을 생성하는 SAR 센서가 탑재되어 있는 레이더 원격탐사용 위성이다. 다양한 관측 모드를 통하여 여러 가지 해상도의 레이더 영상을 제공하며 현재 최대 8m의 공간해상도를 제공하고 있다. 2003년 3m의 공간해상도를 가진 센서가 탑재된 2호 위성이 발사될 예정으로 있다. RADARSAT은 레이더 원격탐사용 위성으로서 시간과 기상조건에 관계없이 영상을 생성할 수 있는 능력을 가지고 있어 홍수, 산불, 태풍 등 광학 원격탐사 영상의 활용이 불가능한 여러 분야에 활용이 가능하다. 특히, 레이더 간섭현상을 이용한 지표 고도에 대한 정보의 추출이 가능하여 지형, 지질, 산림, 빙하 등에 대한 조사 연구에 활발히 이용된다.

**Radar Scattering Coefficient 레이더 산란 계수** 레이더가 매질을 통과하는 동안에 산란에 의한 감소를 표현하는 계수. 일반적으로 산란계수는 "거리의 역" 단위로 표시된다.

**Radar Scatterometer 레이더 산란계** Radar를 활용한 산란계는 바람에 의하여 생성되는 해양의 파도에 대한 유용한 정보를 얻을 수 있다. 이 방법은 연안의 높은 지형에서 해면을 향하여 전파를 쏘고 되돌아오는 전파를 감지하는 방법이다. 사용 가능한 거리는 약 250km로 바람의 방향, 파고에 관한 정보를 얻을 수 있다. 되돌아오는 전파의 세기는 파고에 민감하게 반응하고, 접근하는 파와 멀어지는 파를 쉽게 구분이 가능하다.

**Radar Shadow 레이더 그림자** 센서에서 보내는 신호에 의해서 반송되는 양을 측정하면 경사가 있는 지역에서는 센서와 마주보고 있으면 매우 강한 신호가 반송되는 반면 경사가 센서와 반대방향으로 있는 지역은 반송되는 신호가 약하거나 거의 없다. 이렇게 센서에서 보낸 신호에 의해서 반응이 약하거나 거의 없는 지역을 레이더 그림자라고 한다.

**RADARSAT 레이더샛** 환경변화 모니터링과 자원관리를 위해 캐나다에서 운영되는 지구 관측 위성 프로젝트. 이 위성은 1994년 11월 4일에 발사되었다. 이와 같은 프로젝트는 CCRS(Canada Centre for Remote Sensing)에 의해 개발 진행되고 있으며 SAR(Synthetic Aperture Radar) 장비로 구축되어 있다. SAR는 마이크로 파장대를 이용하여 프로세싱을 하기 때문에 구름, 안개 등의 기상장애에 대한 영향을 거의 받지 않고 고해상도의 영상을 제공하고 있다.

**Radial Displacement 방사(放射) 변위** 물체의 영상을 통한 사진의 중심부에서 그려진 선을 따라 관측된 사진 상에 물체의 영상 위치에서의 이동을 말한다.

**Radial Distortion 방사 왜곡, 반경 수차** 왜곡 수차의 반경 방향의 수차를 말한다. Radial Lens Distortion을 참조.

**Radial Lens Distortion 방사 왜곡** 원격탐사 자료에서 위성 영상 촬영 시각 차이에 따른 태양 고도각과 방사각, 대기 산란, 지표면과 감지기 간의 기하학적 관계, 감지기의 반응 특성 등에 의하여 유발되는 왜곡을 말한다.

**Radial Line 사선(射線)** 사선법으로 사선 중심에서 그은 방향선을 말한다.

**Radial Line Method 사선법(射線法), 방사법** ① 연직사진이나 경사사진을 사용하여 도해적, 계산적으로 사진상의 점 상호간의 관계 위치를 정확히 구하기 위한 것으로 삼각측량, 도해법, 마형쇄법, 계산법, 핸드 템플릿법, 슬로티드 템플릿 법 등이 있다. ② 평판을 측량 대상지역의 중간에 세우고 방사상의 목표점을 결정하고 시준선을 그은 다음 목표점까지의 거리를 관측하여 일정한 축척으로 평판상에 도시하는 측량을 말한다.

**Radial Point 사선 중심(射線中心)** 사선법에서 만들어진 측량점으로 주점, 연직점, 등각점이 사용된다.

**Radial Relief Displacement 방사 기복 변위** 지표면에 기복이 있을 경우, 연직으로 촬영하여도 축척은 동일하지 않으며 사진면에서 연직점을 중심으로 생기는 방사상의 변위이다.

**Radial Triangulation 사선법** 평판측량 기법 중의 하나로서, Radial Line Method라고도 한다. 어떤 점의 평면위치를 도해적으로 구할 때 각 점에서의 방향선의 교차점으로서 그 점을 정하는 방법이다.

**Radial Triangulator 사선 측각기(射線測角器)** 사선 중심에서 사선 사이의 각도를 입체시로 측정하는 기계를 말한다.

**Radian 라디안, 호도(弧度)** 원둘레(원주)와 반지름의 비이다. 즉, $\theta = \frac{s}{r}$ 이다, 여기서, $\theta$는 라디안, s는 호(원둘레)의 길이, r은 반경으로서, 무차원의 단위이다. 호도(弧度)라고도 하며, rad로 줄여 쓰기도 한다. 1 라디안(radian)은 원주와 반지름이 같은 호의 중심각이다.

$$1\,\text{rad} = \frac{180°}{\pi} \approx 57.2958° \text{ 이며, } 1° = \frac{\pi}{180°} \approx 0.0175\,\text{rad}.$$

따라서, 전원(全圓)은 $360° = 2\pi$(rad)이다. 라디안 각도를 표기할 때에는 숫자 뒤에 rad 혹은 아무것도 표시하지 않는 경우도 있다. 이 경우도 단위와 혼동되지 않도록 도 단위에는 °를 붙인다.

**Radiance 복사(輻射)** ① 힘의 결합, 예를 들어 Watts와 같은 것으로 관측되는 방사 에너지의 흐름이다. ② 단위면적으로부터 단위 입체각, 단위 시간당 방사되는 방사에너지를 말한다.

**Radiant Emittance 복사 발산도** 단위 면적에서 단위시간에 방사되는 방사 에너지를 말한다.

**Radiant Energy 복사 에너지** 전자파의 형태로 운반되는 에너지로서 단위는 J(Joule)이다. 파동의 형태로 한 공간 또는 매질을 지나가는 전자기 방사를 말한다. Radiation을 참조.

**Radiant Energy Peak 최대 복사 에너지** 전자파의 형태로 운반되는 에너지가 최대가 될 때를 말하는 것으로서 단위는 J(Joule)이다.

**Radiant Exitance 복사 출력** 한 물체나 면의 단위면적에서 나오는 방사에너지의 량을 말한다.

**Radiant Flux 복사속** 단위시간에 지표에 도달하는 전자기 복사에너지의 양이다.

**Radiant Intensity 복사 강도** 극소 방사원으로부터 어떤 방향으로 단위 입체각, 단위 시간당 방사되는 방사 에너지를 말한다.

**Radiant Temperature 복사 온도** 물체에 존재하는 전자기 복사량을 복사플럭스(radiant flux Φ)라 하고, 와트(watt)로 나타낸다. 물체로부터 방출되는 복사플럭스의 밀도(또는 양)가 그 물체의 복사온도(radiant temperature)이다.

**Radiant Waves 복사파** 전자기 분광대의 구성 요소를 형성하는 모든 종류의 방사 에너지는 유사한 파형으로 여행한다. 전자기 에너지는 함수 쌍, 주파수와 파장을 포함한다. 주파수는 진동이 어떤 주어진 점을 지나는 비율이고, 파장은 하나의 파형에서 어떤 점과 다음 것의 상사점 간의 거리이다. 전자기 에너지의 속도, 진공에서 상수는 두 변수인 이러한 인자의 곱이다. 복사파는 파장보다 큰 어떤 외부 물질에 충돌함으로써 굴절된다. 파장이 짧으면 짧을수록 공기의 외부 물질에 의해 보다 많이 흩어진다.

**Radiation 방사선** [방사선] 전자파 또는 입자선 중 직접 또는 간접으로 공기를 전리(電離)하는 능력을 가진 것으로서 대통령령으로 정하는 것을 말한다(「원자력 안전법」 제2조 제7호). 「원자력 안전법 시행령」 제6조에 의거 "대통령령으로 정하는 것"이란 (1) 알파선 · 중양자선 · 양자선 · 베타선 및 그 밖의 중하전입자선, (2) 중성자선, (3) 감마선 및 엑스선, (4) 5만 전자볼트 이상의 에너지를 가진 전자선 등을 말한다.

**Radiation Energy 복사 에너지** Radiant Energy를 참조.

**Radiation Method 방사법** 넓은 지역의 경우 시야가 막힘이 없을 때 사용하며, 거리는 시거측량이나 줄자를 이용한다. 그러나 이 방법은 측량하기는 쉬우나 오차를 검사할 방법이 없다.

**Radiation Source 방사(선)원** 가시 · 반적외 원격 탐사에서 관측하는 전자파의 방사원은 태양이다.

**Radiational Resolution 복사 해상도** 영상에서 전자파 강도의 변별력을 말한다.

**Radioactive isotopes 방사성 동위원소** [방사선] 방사선을 방출하는 동위원소와 그 화합물 중 대통령령으로 정하는 것을 말한다(「원자력 안전법」 제2조 제6호). 「원자력 안전법 시행령」 제5조에 의거 "대통령령으로 정하는 것"이란 동위원소의 수량과 농도가 위원회가 정하는 수량과 농도를 초과하는 물질로서 핵연료물질과 핵원료물질을 제외한 것을 말한다.

**Radioactive Materials 방사성 물질** [방사선] 핵연료 물질 · 사용 후 핵연료 · 방사성 동위원소 및 원자핵분열 생성물(原子核分裂生成物)을 말한다(「원자력 안전법」 제2조 제5호).

**Radiocarbon Dating 방사성 탄소 연대 측정법** 탄소화합물 중의 탄소의 극히 일부에 포함된 방사성 동위 원소인 탄소-14($C^{14}$)의 조성비를 측정하여, 만들어진 연대를 추정하는 방사능 연대 측정의 한 방법이다. 간단하게 "탄소 연대 측정"이라고도 한다. 이 기술은 1949년 미국 시카고 대학교의 리비(Willard F. Libby, 1908~1980)가 발견하였다.

대기 중의 탄소-12($C^{12}$)와 탄소-14($C^{14}$)의 비율은 일정하게 유지되며, 생명체가 살아있는 동안은 대기 중의 탄소를 끊임없이 교환한다. 따라서 생명체 내의 탄소-12와 탄소-14의 비율은 대기 중에서의 비율과 거의 일치하며, 일정하게 유지된다. 그러나 생명체가 죽은 후에는 탄소 동위 원소 간의 교환이 중단되고 탄소-14가 계속해서 붕괴하므로 생명체 내에서의 탄소-14의 비율이 지속적으로 감소하게 된다. 이를 이용하여 유기물에서 탄소-12와 탄소-14의 비율을 비교하면 그 물질의 연대를 측정할 수 있는데, 이것이 바로 방사성 탄소 연대 측정법이다. 대략 6만 년까지의 연대를 비교적 정확하게 측정할 수 있다. 탄소연대측정이 가장 많이 사용되는 대상은 유기물이 포함되어 있는 고고학 유물이다. 탄소-14의 반감기는 약 5,730년이며, 이를 이용하여 6만년까지의 연대를 측정할 수 있다. 보정(calibration)을 거치지 않은 순 연대에 대해 흔히 1950년을 기준으로 거꾸로 올라가는 BP(Before Present)라는 단위를 쓰며, 보정을 통해 실제의 날짜와 일치시킨다. 1950년을 기준으로 삼는 것은 핵실험에 의해 대기 중 탄소-14의 양이 인위적으로 변화한 시점이 1950년이기 때문이다.

**Radio Data Systems(RDS) 라디오 자료 체계** RDS(Radio Data Systems)를 참조.

**RAdio Detecting And Ranging(RADAR) 레이더, 무선탐지와 거리측정** RADAR(RAdio Detecting And Ranging)를 참조.

**Radio Frequency IDentification(RFID) 전파식별, 라디오 주파수 식별** RFID(Radio Frequency IDentification)를 참조.

**Radio Frequency Identification/Ubiquitous Senser Network (RFID/USN)** RFID/USN(Radio Frequency Identification/Ubiquitous Senser Network)를 참조.

**Radio Technical Commission for Maritime SC-104(RTCM SC-104) 미국 해상 무선 기술 위원회** RTCM SC-104(Radio Technical Commission for Maritime SC-104)를 참조.

**Radio Technical Commission for Maritime Services(RTCM) 알티시엠** RTCM(Radio Technical Commission for Maritime Services)를 참조.

**Radio Unit(RU) 무선신호처리부** RU(Radio Unit)를 참조.

**Radio Wave 라디오 전파** 진동수가 3000GHz 이하의 전자파를 말한다.

**RadioFrequency(RF) 무선 주파수** RF(RadioFrequency)를 참조.

**Radio-Frequency Identification(RFID) 전파식별(電波識別)** RFID(Radio-Frequency Identification)를 참조.

**Radiometer 방사계, 복사계** 복사계(방삭계)는 시야 내에 있는 물체에서 복사 또는 방사되는 파를 입력하여 정해진 파장역의 전자기파 강도를 관측하는 장치이다.

**Radiometric Characteristics 방사 특성** 광학센서로 측정할 때, 대상물에서 반사 또는 복사되는 전자파 물리량이 광학계를 통과하는 사이에 어떻게 변하는가를 결정하는 것이다.

**Radiometric Consistency 방사 분석적 일치** 서로 다른 사진은 조도 조건이 변화함으로서 사진 인화나 영상의 독취 과정에서 일정한 조건을 얻기 어렵기 때문에 색조(Contrast)와 휘도(Brightness)가 달라질 수 있다. 예를 들어서, 한 사진에서는 햇빛에 반사된 호수는 흰색으로 나타나는 데 반하여, 다른 사진에서는 반사가 없어서 검게 나타나게 된다. 이러한 현상은 모자이크 과정에서 보정되어야 한다.

**Radiometric Correction 방사 보정** [영상처리] 위성으로부터 영상을 취득할 경우 태양의 고도각, 탐측기의 응답특성, 대기의 상태와 지형적 요인을 포함하여 대기 및 지형적 영향에 따라 영상의 밝기값 변화로 나타나는 방사왜곡을 보정하는 과정을 말한다.

**Radiometric Data Availability 방사 분석 자료 적용 가능성** 표준 방사 분석 생성 자료의 이용 가능성 여부(아니오 : NO, 예 : Yes)이다.

**Radiometric Enhancement 방사 강조** 강조시키고자 하는 픽셀의 주변 픽셀들을 조절하여 수행하는 방법이다. 또한 이 방법은 가장 낮거나 가장 높은 픽셀값들의 차이인 공간 주파수를 다룬다.

**Radiometric Resolution 방사 해상도, 복사 해상도** 원격탐사 시스템의 센서가 얼마나 작은 신호의 크기 차이를 구별할 수 있는가를 나타낸다. 최근에는 대부분의 영상 자료가 수치 자료로서 획득되므로 하나의 화소의 값을 나타내는데 사용되는 비트(bit)의 수로서 방사 해상도를 표현한다. 복사에너지가 센서에 기록될 때, 센서의 민감도에 따라서 변화하며 위성영상자료의 데이터 비트수(Bit : 대상 물체를 기록할 수 있는 범위)가 커질수록 더 세분화된 색상범위를 기록할 수 있으며, 이를 방사해상도가 높다고 표현한다. 일반적으로 LANDSAT위성의 경우 8bit 영상에서는 0~255($2^8$) 사이의 값으로 기록하며, 높은 방사해상도를 가지는 위성은 IKONOS 등으로 11bit($2^{11}$, 0~2047)의 방사해상도를 가진다. 방사해상도가 11 bit인 영상에서는 8 bit 영상에 비하여 밝기나 색의 미세한 차이가 식별될 수 있다. 원격탐사 영상자료는 공간 해상도, 분광 해상도, 방사 해상도, 그리고 주기 해상도의 4가지의 해상도에 의하여 그 특징이 결정된다. 이러한 해상도들은 활용 목적에 적합한 영상 자료를 선택하는 기준이 된다.

**Radiometric Sensitivity 방사 감도** Radiometric Resolution을 참조.

**Radiometric Transformation 방사 변환** 원래의 다종 스펙트럼 자료를 래디오미터적으로 일관성 있는 측정치 집합으로 변환하기 위하여 자료 중에서 이루어지는 강조를 말한다.

**Radio Navigation 무선 항법** 무선파의 전파 특성에 의하여 항법 목적을 위한 위치의 결정 또는 위치와 관계되는 정보를 얻는 것을 말한다.

**Radiosity 라디오시티** [영상처리] Radiosity 렌더링 알고리즘은 광원으로부터의 빛뿐만 아니라 객체(오브젝트) 서로 간에 주고받는 빛의 영향, 확산광 등을 계산하기 위해 모든 surface들을 광량(光量)의 분포에 따라 다시 작은 조각들로 쪼개어서 계산한다. 예를 들어, 커다란 흰색 회벽 앞에 두꺼운 빨간색 종이가 벽을 비스듬히 바라보도록 세워져 있는 장면이 있다고 가정할 때 빨간색 종이로부터 반사된 확산광의 영향을 받아 불그스름해지는 부분은 큰 회벽의 전체 면에서 종이와 가까운 일부분이기 때문에 그 영향을 받는 정도에 따라 하나의 회벽 표면을 여러 조각으로 subdivide하게 되는데, 이때 빛의 변화 정도가 급격한 부분은 매우 잘게 쪼개고 특별히 빛의 변화가 별로 없는 부분은 큰 면으로 듬성듬성 쪼개게 된다. 일단 빛의 분포에 따라 면을 쪼갠 후에는 각각의 조각들이 서로 얼마나 가까이 있는지, 어느 정도의 각도로 서로 마주보고 있는지를 확인해서 form-factor를 결정하게 되는데 2개의 면이 매우 가까운 거리에서 서로 마주보고 있다면 1에 가까운 값이 되고 반대로 먼 거리에서 매우 벌어진 각도로 바라보기 때문에 서로 영향을 거의 미치지 않는다면 form-factor는 0에 가까운 값이 된다. 이렇게 결정된 form-factor값을 이용해 surface들 서로 간에 주고받는 빛의 양과 색을 계산함으로써 해당 surface의 색을 결정하게 된다. Radiosity 방식은 위와 같은 알고리즘의 특성 때문에 빛을 받는 모든 surface들이 사실상 광원의 역할을 하므로 Ray tracing이나 Ray casting과는 달리 현실 세계에서처럼 창문을 통해 들어오는 하나의 광원만으로도 실내의 구석구석까지 자연스럽게 밝아지는 매우 효과적이면서도 사실적인 결과물을 얻을 수 있지만 보다 자연스러운 효과를 얻기 위해서는 늘 그렇듯이 CPU에 부과되는 계산량이 다른 렌더링 방식에 비해 훨씬 많아지므로 렌더링 시간 또한 그와 비례해서 늘어나게 된다. Radiosity 렌더링 방식의 또 다른 특징은 scene을 구성하는 객체들의 위치가 변하지 않는 이상 form-factor값에는 변화가 없기 때문에 시점의 변화에 따른 반복적인 계산이 훨씬 줄어든다는 점인데 이는 특히 건축물의 인테리어 등을 시뮬레이션할 때 큰 장점으로 작용한다.

**Radio Technical Commission for Maritime Service(RTCM) SC-104 디지피에스 보정 정보 표준** RTCM(Radio Technical Commission for Maritime Service) SC-104를 참조.

**Radio Wave 전파(電波)** 전자파의 일종으로 주파수가 3×1012Hz (1초에 3조번 진동) 이하의 것을 말하며, 여러 가지 형태로 이용되고 있는데, 인공적인 유도 없이 공간에 퍼져 나가는 전자파로서 국제전기통신연합(ITU)이 정한 범위내의 주파수로 전파통신(무선통신)에 사용되는 전파의 주파수 범위는 대략 3kHz~3,000GHz이며, 자유 공간에서는 광속도(C), 즉 3×108m/s의 속도로 전파하고 있다. 전파는 도체나 도파관(Waveguide) 없이 공간을 통해 전기적 임펄스 또는 신호를 전달하며, 무선 통신, 라디오 방송, TV 방송, 무선 항행, 레이더 등은 모두 이러한 전파의 특성을 이용하고 있다. 전파가 점유하는 주파수 범위는 매우 넓고 주파수에 따라 파장 또는 전파되는 특성이 다양하다. 전파의 주파수대역 및 이용분야는 다음과 같다.

| 구분 | 극저주파 (EFL) | 초장파 (VLF) | 장파 (LF) | 중파 (MF) |
|---|---|---|---|---|
| 주파수 대역 | ~3kHz | 3~30kHz | 30~300kHz | 300~3,000kHz |
| 이용 분야 | 전력 | 해상통신 | 무선전신전화 | 단파통신 AM방송 |

| 구분 | 초단파 (VHF) | 극초단파 (UHF) | 초극초단파 (SHF) | 밀리미터파 (EHF) |
|---|---|---|---|---|
| 주파수 대역 | 30~ 300MHz | 300~ 3,000MHz | 3~ 30GHz | 30~ 300GHz |
| 이용 분야 | FM, TV 등 | 이동전화 | 인공위성 | 우주통신 |

**Radius Curvature 곡률 반경(曲率半徑)** 곡선상의 1점에서 그 곡선에 접하는 원의 반경으로, 곡률의 역수이다. 곡률 곡선이 굽는 정도를 나타내는 값을 곡률이라 하고, 곡률의 역수를 곡률 반경이라 한다. 곡률 반경을 r로 하면 곡률은 1/r이다.

**Railroad Curve Pen 곡선 쌍두 오구** 평행한 2개의 곡선을 동시에 그릴 때에 사용하는 오구를 말한다.

**Railroad Site 철도 용지(鐵道用地)** 교통운수를 목적으로 하여 일정한 궤도 등의 설비와 형태를 갖추어 이용되는 토지와 이에 부속된 역사·차량·발전 시설 및 공작창 등 부속 시설의 부지를 철도 용지라 한다.

**Railway 철도(鐵道)** 열차용 선로가 마련된 하나 이상의 레일을 가진 영구적인 길을 말한다.

**Railway Yard 조차장** 열차가 만들어지고, 다른 선로로 옮겨지거나 정류하거나 수리되는 체계가 마련된 장소를 말한다.

**Rainfall Erosivity Factor 강우 침식 인자** Wischmeier와 Smith가 1958년 처음 제안한 것으로 강우사상의 침식능을 나타내는 것으로 강우의 운동에너지와 30분 최대 강우 강도의 곱으로 정의할 수 있다.

**Rainfall Intensity 강우강도** 일정 기간 동안 내린 강우량을 단위시간당 강우량의 깊이로 표시한 것으로서, 일반적으로 mm/hr로 표현하며 강우의 강약을 나타낸다. 강우지속시간과 최대 강우강도와의 관계를 그래프로 나타낸 것을 강우강도곡선, 이것을 나타내는 수식을 강우강도공식이라 한다.

**RAM 램, 휘발성 기억장치** Random Access memory의 약자로 기억된 정보를 읽어내기도 하고 다른 정보를 기억시킬 수 있는 메모리이지만, 전원이 꺼지면 기억된 내용은 지워져버리는 단점이 있다. 이렇게 기록된 내용이 전원이 차단됨과 동시에 휘발유처럼 날아가 버린다고 하여 RAM을 휘발성 메모리(Volatile Memory)라고 부르기도 한다. 따라서 램은 컴퓨터의 주기억장치, 응용프로그램의 일시적 로딩(loading), 데이터의 일시적 저장 등에 사용된다.
RAM 역시 크게 2가지 메모리로 구분이 되는데, SRAM과 DRAM이다. SRAM은 데이터 기록 속도가 매우 빨라 CPU의 캐시 메모리로 이용되고, DRAM은 속도는 다소 느리지만 저비용으로 대용량의 메모리를 만들 수 있다. 일반적으로 메인보드에 끼우는 RAM은 모두 DRAM을 일컫는다. 초기의 컴퓨터는 느린 DRAM의 속도만으로 충분히 외부 메모리의 역할을 할 수 있었지만, CPU의 속도가 점차 빨라지면서 DRAM의 속도가 향상될 필요하게 되었다. 따라서 DRAM은 고속화 DRAM으로 변화하게 된다.

**Raman Scattering 라만 산란** ① 산란된 빛 중 에너지를 잃거나 얻으면서 산란되는 과정을 라만 산란이라고 하며, 이 산란광은 물질의 고유 특성으로 분자의 분자 구조를 추론할 수 있다. 라만 산란 물질에 일정한 주파수의 빛을 조사(照射)한 경우, 분자 고유 진동이나 회전 에너지 또는 결정의 격자(格子) 진동 에너지만큼 달라진 주파수의 빛이 산란되는 현상이다. 라만 산란에 의한 빛의 진동수 변화는 바로 분자의 진동 및 회전 운동의 진동수이다. 라만(Raman) 산란은 비탄성 광산란이다. 라만효과를 통해 작동한다. 라만 산란을 적절히 이용하면 특정한 분광학적 지문을 검출함으로써 특정 분자를 확인할 수 있다. ② [항공 레이저(라이다) 측량] 항공레이저 측심 시스템에서 해수면의 검출에 이용되며 대기의 에어로졸(aerosol)이나 자외선 펄스 레이저를 이용한 형광라이다(LiDAR)에서는 해수부분의 산란과 비료해서 유막(油膜) 검출에도 이용한다.

**Random 무작위(無作爲)** 개별적인 결과는 불확실하지만 그럼에도 불구하고 매우 여러 번 반복할 경우 결과가 규칙적인 분포를 갖는다면 그러한 현상을 무작위(random)하다고 한다.

**Random Access 임의 접근** 외부 기억장치 안에서 자료의 저장 순서에 관계없이 자료 입·출력을 하는 것을 말한다.

**Random Access Memory(RAM) 임의 접근 기억 장치, 램** RAM(Random Access Memory)을 참조.

**Random Error 우연 오차, 부정 오차(不定誤差)** 블런더(Blunder, 착오)와 정오차를 제거하고 남는 오차로, 수 회 반복 관측 시 관측값이 일치하지 않는 경우로 오차 발생 원인을 알 수 없고 관측값이 분산되며 부호와 크기가 불규칙하게 나타난다. 우연오차는 대체로 확률 법칙에 의해 처리되는데 최소 제곱법이 널리 사용되고 있다.

**Random File 임의 파일** 순차적으로 처리되는 것이 아니라, 주소에 의해 직접 처리 장치로부터 레코드를 읽어 들일 수 있는 파일을 말한다.

**Random Line Dropout 임의 선 손실** 라인스캐너의 여러 감지기 중 한 감지기의 기계적인 결함으로 인해서 생긴 라인상의 데이터손실을 말한다.

**Random Noise 임의 잡음** 시간적으로 임의로 변동하는 잡음을 말한다.

**Random Number 난수(亂數), 임의 수** 일반적으로 어떤 분포에 따르는 확률 변수의 실현값의 열이다.

**Random Point 임의 점** 수치 지형 모형법에 의한 자료 취득으로서 변형지, 인공물 등에 의한 불연속부 등의 특이한 장소에서 보조적으로 표고 자료를 취득하는 점을 말한다.

**Random Residual Addition 임의 잔차 첨가법** 기본 원리는 자료값이 알려져 있지 않은 지점에서 예측된 값들에 대하여 잔차를 더하여 주어 본래의 자료가 나타낼 수 있는 비균질성을 묘사하는 것이다.

**Random Sample 무작위 표본** 모든 관측치가 동일한 선택 확률을 갖도록 하는 표본 추출이다.

**Random Scan Display 임의 스캔 표시 장치** 임의 독취 방식을 사용하여 도형 정보를 표시하는 영상면 출력 장치를 말한다.

**Random Variables 임의 변수, 확률 변수** 어떤 실험이나 시행의 결과를 수치적으로 표현한 것으로 시행결과와 그에 대응하는 확률을 가지고 있다. 또 다른 설명으로는, 표본공간 위에 정의된 실수값 함수를 말한다.

**Random-Access File 임의 접근 파일** 임의 접근 방식을 사용하여 정보를 저장하고 있는 파일을 말한다.

**Range 범위** 위성과 안테나 위상 중심 사이의 실제거리로서 두 측점 사이의 상각궤도(Trajectory)의 길이를 위한 항법에서 사용된 용어이다. 상각궤도는 보통 대원(Great Circle) 또는 항정선이다.

**Range Direction 관측 방향** 레이더 시스템이 장착된 항공기나 인공위성이 진행되는 방향에 수직인 방향으로서 극초단파 신호가 보내지는 방향이다.

**Range Domain 범위 영역** 유효값의 최소치와 최대치를 말한다.

**Range Domain Maximum 범위 할당 최댓값** 속성이 할당될 수 있는 최댓값을 말한다.

**Range Domain Minimum 범위 할당 최솟값** 속성이 할당될 수 있는 최솟값을 말한다.

**Range Error 거리 오차** 거리 오차는 위성과 수신기간의 측정된 거리의 오차로서, 위성시계의 오차, 위성 궤도의 오차, 대기권의 전파 지연, 수신기에서 발생하는 오차로서 약 5~10m 정도이다.

**Range Finder 거리계(距離計), 측거기** 임분조사를 통하여 수고를 측정하기 위해서는 수고를 측정하는 장비에 따라서 수평거리를 측정해야 하는 경우가 있다. 이 경우 측고기에 부착되어 수평거리를 측정할 수 있는 기구를 거리계라고 한다. 하가측고기와 블루메라이스 측고기에는 거리계가 부착되어 있어 수고 측정시에 수평거리를 측정할 수 있도록 되어있다.

**Range of Datas/Times 일자와 시간 범위** 일자와 시간의 범위를 코딩하는 방법을 말한다.

**Range Rate 거리 율** 위성에서 GPS 수신기까지의 거리 변화율. 이는 위성의 반송파(Carrier Wave)에 대한 도플러 변위(Doppler Shift)를 관측해 결정된다.

**Range Rate Corrections(RRC) 의사거리 보정치** RRC(Range Rate Corrections)를 참조.

**Range Rate Residual(RRR) 의사거리 잔차** RRR(Range Rate Residual)을 참조.

**Range Resolution 거리 방향 해상도** 레이더 영상에서 거리 방향에 따른 공간해상도를 말한다. 이는 전송된 극초단파 에너지의 신호 길이에 의해 결정된다.

**Range Search 범위 탐색** 직사각형 범위에 속한 객체를 데이터베이스에서 탐색하는 방법을 말한다.

**Ranging 등급화** 사용자에 의하여 지정된 평가 모형 또는 테이블에 기초한 속성의 평가를 말한다.

**Ransomware 랜섬웨어** 영어로 '인질(人質, hostage)의 몸값'을 의미하는 'Ransom'과 '소프트웨어(software)'의 'Ware'를 합성한 용어로서, 사용자의 파일을 인질로 잡는 악성 프로그램을 말한다. 랜섬웨어는 사용자의 문서 등 중요 파일을 암호화하여 파일을 사용할 수 없게 만든 후 암호를 풀어주는 대가로 금품을 요구한다. 이후 사용자의 클라우드나 파일 서버까지 감염이 확산하는 경우도 있다. 랜섬웨어를 통해 암호화된 파일은 암호키 없이는 복구할 수 없는 경우가 대부분이며, 금액을 지급하더라도 파일이 복구된다는 보장은 없다. 주로 불법 프로그램을 설치하거나 이메일의 첨부파일을 열 때 자동 설치된다. 최근에는 '드라이브 바이 다운로드(Drive-by-Download)' 방식으로 유포되는 랜섬웨어가 늘어난 것으로 알려졌다. 드라이브 바이 다운로드는 보안이 취약한 사이트에 악성 코드를 심어, 보안 패치가 되지 않은 방문자를 노리는 방식이다. 첨부파일을 열거나 파일을 다운받지 않아도 웹서핑만으로도 랜섬웨어에 감염될 수 있는 것이 특징이다.

**Rapid Application Development(RAD) 신속 응용개발** RAD(Rapid Application Development)를 참조.

**Rapid Prototyping 쾌속조형** 설계단계에 있는 3차원모델을 실용적이고 현실적인 모형이나 시제품(Prototype)으로 다른 중간 과정 없이 빠르게 생성하는 새로운 기술을 말한다. CAD는 3차원데이터를 보유하고 있지만 그 표시는 모니터화면 또는 그 Hard Copy이므로 출력할 때는 2차원으로 밖에 되지 않는다. RP는 설계된 3차원 CAD데이터를 2차원 단면데이터로 변환한 후 여러 가지 방법(RP공정)을 적용하여 순차적으로 적층해감으로써 CAD데이터와 같은 3차원 입체형상을 제작한다. 이 기술을 가장 먼저 상업적으로 실현한 것이 미국 3D Systems사의 SLA 공정이며 현재 가장 많이 사용되고 있는 공정이다. 최초의 상업용 RP 장치는 미국 3D System사의 SLA(StereoLithograghic Apparatus : 광조형)이며, 이후 SLS(Selective Laser Sintering), LOM(Laminated Object Manufacturing), FDM(Fused Deposition Modeling) 등의 방식이 개발되었다.

**Rapid Prototyping Model 신속 프로토타입 모델** 고객이 소프트웨어의 일반적인 목적은 정의하였으나 세부적인 입력, 처리, 출력 요구사항을 식별하지 못한 경우에 적합하다.

**Rapid Service 신속한 서비스** 신속한(Rapid) 서비스란 모바일 인터넷에 접속하는 시점부터 이용자의 니즈를 달성시키기까지 소요되는 불필요한 시간 지연을 최소한으로 줄이는 것을 의미한다.

**Rapid Static Positioning 신속 정지 측위법** 키네메틱 위치결정의 1가지 방법으로 간섭위치 결정에서는 최저 4개 위성을 관측할 필요가 있으며, 이 방식으로 전체 위성을 동시에 관측하는 피-코드를 이용한 다수의 자료를 통계 처리하여 정수치 편기를 확정한다. 정지위치결정방식과 거의 동일하지만 한 측점의 수신기는 고정시키고 다른 한 점의 수신기로 이동하면서 5분 15분

정도의 관측시간을 필요로 한다. 5개 이상의 위성의 위상 관측량을 이용하여 단시간 내에 불확실 정수를 결정하는 방법이며 코드정보를 이용하면 시간을 단축할 수 있다. Rapid Static, Fast Static, Quick Static이 모두 같은 방법이며 2주파수 수신기를 갖춰야 한다.

**Rapid-Static Surveying 신속 정지측량** 측위방법은 정지측량과 동일하며 단, 미지정수의 검색범위를 축소시켜 미지정수 검색에 따른 시간을 단축시킨 방법이다. 관측시간은 위성 수에 따라 일반적으로 6대면 8분, 5대이면 15분, 4대이면 20분 정도 소요되며, 정확도는 정지측량과 유사하게 10mm+1ppm 정도이다. 정지측량에 비해 기선거리 제한이 많으며, 10km이내의 단기선에 적합한 기법이다.

**RAPIEnet(Real-time Automation Protocols for Industrial Ethernet) 산업용 이더넷 통신프로토콜** 공장자동화에 사용되는 각종 센서, 계측기 및 제어기기를 하나의 통신망으로 묶어 통합제어를 수행하게 하는 네트워크 기술을 말한다.

**RAR(Real Aperture Radar) 실개구 레이더** 항공기의 진행 방향에 직각으로 전자기파를 발사하여 안테나 빔은 진행방향으로는 폭이 좁고 직각 방향으로는 폭이 넓은 부채꼴 모양을 이룬다. 대상지역에서 반사되는 반사파의 시간차를 정밀하게 관측하여 대상지역의 형태를 판독하여 빔의 폭을 작게 하면 해상도를 높일 수 있다.

**Rare-Earth Element 희토류(稀土類)** 자연계에 매우 드물게 존재하는 금속 원소라는 의미를 지닌 희토류는 화학적으로는 매우 안정된 물질이며, 열의 전도율이 높다. 전기적, 자성적, 발광적 성질을 지닌다. 희토류는 21세기 녹색성장산업인 전기 및 하이브리드 자동차, 풍력발전, 태양력 발전 등에 필수적인 물질이다. 희토류 원소는 주기율표의 17개 화학 원소의 통칭으로, 스칸듐(Sc)과 이트륨(Y), 그리고 란타넘(La)부터 루테튬(Lu)까지의 란타넘족 15개 원소를 말한다. 이들을 묶어 희토류로 통칭하는 이유는 서로 화학적 성질이 유사하고 광물 속에 그룹으로 함께 존재하기 때문이다. 악티늄족 원소를 포함시키는 경우도 있다. 광물 형태로는 희귀한 원소이므로 '희토류'라는 이름이 붙게 되었다. 희토류 원소를 포함한 광물 중 처음 발견된 건 스웨덴의 위테르뷔(Ytterby)에서 발견된 가돌리나이트(가돌리늄, Gadolinium, Gd)이다. 많은 희토류 원소가 위테르비의 지명에서 기원한 이름을 가지고 있다.

**Raster 래스터, 격자방안 방식, 격자형** 지형공간정보의 자료형태에는 래스터자료와 벡터자료가 있다. 래스터 자료는 전체 면을 일정 크기를 가진 격자(영상소 또는 화소, Pixel)의 집합으로 구성하며, 어떤 위치의 격자의 값을 저장하고 연산하며 표현하는 방식이다. 공간을 픽셀(pixel) 또는 셀(cell)로 균등하게 분할된다. 지리사상이나 좌표의 위치는 그 사상이나 좌표가 존재하는 픽셀, 셀의 행렬로 정의된다. 각 셀이 표현하는 영역은 공간해상력을 의미한다. 그것은 위치가 행렬의 수로 표현되기 때문에 지리사상의 위치는 단지 가장 가까운 셀에 기록된다.

**Raster and Vector Data 래스터와 벡터 자료** 규칙적인 공간배열 속에서 표현되는 자료로 GIS자료형태에는 래스터자료와 벡터자료가 있다. 래스터자료는 전체 면을 일정크기의 적자(영상소 : Pixel)의 집합으로 구성하며, 어떤 위치의 격자의 값을 저장하고 연산하며, 표현하는 방식이며, 래스터식 자료구조의 가장 간단한 형태는 그리드(Grid), 셀(Cell) 또는 픽셀(Pixel)로 구성된 배열(Array, Raster, Matrix or Lattice)이다. 도면 자료를 스캐닝하거나 인공위성에서 수신한 위성 자료를 통해 얻을 수 있는 영상형태의 자료이다. 래스터 자료는 중첩 또는 면적 계산과 같은 종류의 공간 조작에 대하여 적절하게 만든다. 그러나 벡터 자료와 달리 어떤 내재적인 위상 관계가 없다. 예를 들어, 토양・고도・경사 등의 값은 숫자로 표현되며 속성을 나타낸다.

**Raster Band 래스터 대역** 특정한 2차원적 구조에서 분할된 직사각형으로 한정된 2차원적 기하원시요소이다.

**Raster Converter 래스터 변환기** 벡터로 저장된 선들을 래스터 형태로 변환시키는 전자적 장치이며, 이것은 도면에 따라 작은 대(Strip)에 존재하는 모든 선의 아주 작은 선분들을 인쇄할 수 있다. 그러면 연속되는 작은 대의 선들을 인쇄할 수 있고, 도면이 다 완성될 때까지 한 번에 한 대씩 계속할 수 있다.

**Raster Data 래스터 데이터** 래스터 자료구조는 공간을 평평한 데카르트 평면으로 간주하여 균등하게 분할할 셀(cell, grid, pixel)로 구성된 배열(array, raster, matrix, lattice)이다. 각 셀은 행과 열의 값으로 참조되기 때문에 객체는 그 객체가 존재하는 셀의 행렬로 정의된다. 가장 대표적인 래스터 데이터의 취득원은 인공위성영상 또는 항공사진이다. 또한 래스터 데이터는 건물과 같은 것들의 사진도 될 수 있다. 래스터 데이터 모델은 개념적으로 매우 간단하여 데이터의 저장이 쉽고, 잘 정리된 효과적인 분석 알고리즘이 지원되고, 상대적으로 연속적인 것을 표현해야하는 데이터(예 : 고도)를 취득하기 쉽다. 하지만 정확한 지형의 모습을 표현하는 것이 어렵고, 원형의 데이터를 유지관리하기 어려운 단점들도 있다. 래스터식 자료구조의 가장 간단한 형태는 그리드(Grid), 셀(Cell) 또는 픽셀(Pixel)로 구성된 배열(Array, Raster, Matrix or Lattice)이다. 도면 자료를 스캐닝하거나 인공위성에서 수신한 위성 자료를 통해 얻을 수 있는 영상 형태의 자료이다. 래스터 자료는 중첩 또는 면적 계산과 같은 종류의 공간 조작에 대하여 적절하게 만든다. 그러나 벡터 자료와 달리 어떤 내재적인 위상 관계가 없다. 예를 들어, 토양·고도·경사 등의 값은 숫자로 표현되며 속성을 나타낸다.

**Raster Data Model 래스터 자료 모형** 속성에 대한 수치를 가지고 있는 셀의 행렬로 공간 데이터를 나타낸다. 각 요소들의 공간적인 위치는 격자 셀들의 순서에 함축되어 있다.

**Raster Data Structure 래스터 자료 구조** 공간 데이터를 표현하기 위해 행, 열, 셀로 구성된 그리드를 사용하는 데이터 구조이다. 최근 인공위성, 항공기 등으로부터 직접 자료를 취득할 수 있으며, 판독상의 한계라 할 수 있는 해상도(Resolution)가 좋아졌을 뿐만 아니라 벡터 자료상에서 어려운 분석이 래스터 자료 구조에서는 용이하게 이루어지고 있는 반면, 큰 자료양을 가지며 문자 처리가 어렵다는 단점이 있다. 원격 탐사, 스캐닝 또는 항공기에 탑재된 탐사기에 의한 자료는 래스터 자료의 형태로 얻어지며, 때때로 자료의 호환을 위해 래스터 형식으로 변환되기도 한다. 래스터 자료의 저장은 왼쪽 위에서 행의 순서대로 저장된다. 래스터 자료에서 위치정보는 각 영상소(pixel)의 위치와 대응되며, 위치와 관련된 속성 정보는 각 영상소의 고유값으로 저장된다. 대표적인 래스터자료 구조에는 Run-Length Encoding, Quadtree가 있다.

**Raster Database 래스터 데이터베이스** 지도화된 전체의 공간정보를 규칙적으로 그리드 셀의 형을 갖고 있는 데이터베이스를 말한다.

**Raster Data Structures 래스터 데이터 구조** 래스터(메트릭스) 포맷으로 저장된 지리공간 데이터. 각 픽처 요소(픽셀)는 래스터 데이터셋(data-set)의 줄, 칸과 관련이 있다.

**Raster Display 래스터 화면표시** CRT상에서 픽셀의 형태로 정보를 표시하는 장비를 말한다.

**Raster Format 래스터 형식** GIS에서 지리 정보의 위치 성분을 표시하는 주요 기법 중의 하나로, 격자형 행렬 방식을 취하는 자료 구조이다.

**Raster GIS 래스터 지아이에스** 지도 레이어가 그리드 셀의 모자이크로 표현되어진 지리정보시스템으로, 이 시스템은 약간의 추상지도의 외관을 제공한다. 그렇지만 그 자체는 원격 탐사된 데이터의 직접적 이용과 데이터 분석에 효율적이다. 이런 타입들의 시스템들은 자연 자원 GIS 응용에서 널리 사용되어왔다. 그리드-셀 GIS이라고 알려졌다.

**Raster Image 래스터 영상** 셀(격자)마다 그 지리적 범위에 관한 특성값을 일정한 수치(예 : 0~255)로 표시하는 격자 형식의 자료 구조를 가지며, 인공위성 영상, CCD 사진기 영상 또는 항공사진을 독취한 영상이 대표적이다. Bit Map을 참조.

**Raster Map 래스터 지도** 규칙적으로 바르게 배열된 셀로서 코드화 되어있는 지도이며, 래스터 영상을 지도로 활용하기 위하여, 래스터 영상에 속한 지역의 지형과 촬영 경사에 대한 보정을 필한 래스터 영상으로 제작한 지도를 만든다.

**Raster Map Overlay 래스터 지도 중첩** 국지적 연산이 다수의 래스터 데이터에 적용되는 것을 말한다.

**Raster Model 래스터 모형** 공간 자료를 일정한 순서로서 격자상으로 나란하게 표현하는 모형을 말한다. 단순한 자료 구조로서 중첩이 간단하며, 유연한 시각 표현 및 자동 자료 취득을 가능하게 하는 장점이 있다.

**Raster Object 래스터 객체** 1개 이상의 래스터 레이어 상의 객체를 말한다. 참고 : 중첩되는 레이어 사이에 대응되는 격자 셀, 픽셀을 말한다.

**Raster Object Code Description 래스터 객체 코드 설명** 측정값으로 표현되는 속성 값의 기술이다.

**Raster Object Ground Spacing X Direction Measurement 래스터 객체의 엑스 방향 지표 간격의 관측치** 지면 공간상에서 X방향으로의 래스터 객체간 거리를 말한다.

**Raster Object Ground Spacing X Direction Units 래스터 객체의 엑스 방향 지표 간격 단위** X방향의 거리 측정 단위(피트, 미터, 아크의 분, 아크의 초)를 말한다.

**Raster Object Ground Spacing Y Direction Measurement 래스터 객체의 와이 방향 지표 간격 관측치** 지면 공간상에서 Y방향으로의 래스터 객체간 거리를 말한다.

**Raster Object Ground Spacing Y Direction Units 래스터 객체의 와이 방향 지표 간격 단위** Y방향의 거리를 설명하기 위해 사용된 측정 단위(피트, 미터, 아크의 분, 아크의 초)이다.

**Raster Object Ground Spacing Z Direction Measurement 래스터 객체의 지 방향 지표 간격 측정치** 거리를 설명하기 위해 사용된 측정 단위 또는 지면 공간상에서 Z방향으로의 래스터 객체 간 거리이다.

**Raster Object Ground Spacing Z Direction Units 래스터 객체의 지 방향 지표 간격 단위** 지면 공간상에서 Z방향으로의 래스터 객체 간 거리 측정 단위(피트, 미터, 아크의 분, 아크의 초)이다.

**Raster Object Information 래스터 객체 정보** 자료들 내에서 래스터 공간 객체의 유형과 수를 말한다.

**Raster Object Type 래스터 객체 유형** 자료들 내에서 0, 1, 2 차원의 공간적 위치를 표시하기 위해 사용된 래스터 공간 객체를 말한다.

**Raster Object Value Units 래스터 객체의 수치 단위** 격자점 각 영상소의 단위로서 피트, 미터, RGB Value, HIS Value, 계산된(Enumerated) 것을 말한다.

**Raster Pixel Color Description 래스터 영상소 색상 설명** 영상소의 색상 값에 대한 설명이다.

**Raster Representation 래스터 표현** 픽셀들의 행렬을 사용하여 형상들을 표현한 것을 말한다.

**Raster Scan 래스터 스캔** 전체 디스플레이 공간을 통과하는 라인 단위 조사에 의해 디스플레이 영상의 요소를 생성하거나 기록하는 기법을 말한다.

**Raster Scan Resolution X Direction 엑스 방향 래스터 독취 해상도** 인치당 영상소로 표시된 X축 상의 자료 밀도이다.

**Raster Scan Resolution X Direction Unit 엑스 방향 래스터 독취 해상도 단위** X축을 따라 데이터의 밀도를 표현하는데 사용되는 단위(인치 : Inch, 밀리미터 : mm)를 말한다.

**Raster Scan Resolution Y Direction Y방향 래스터 독취 해상도** 인치당 영상소로 표시된 Y축 상의 자료 밀도이다.

**Raster Scan Resolution Y Direction Unit 와이 방향 래스터 독취 해상도 단위** Y축을 따라 데이터 밀도를 표현하기 위해 사용되는 단위(인치, 밀리미터)를 말한다.

**Raster Scanning 래스터 스캐닝** 독취기를 이용하여 지도를 래스터 영상으로 변환하는 방법을 말한다.

**Raster Spatial Representation Information 래스터 공간 표현 정보** 자료군 내에서 래스터 공간 객체의 수 및 유형을 말한다.

**Raster System 래스터 체계** 격자형 행렬 방식을 취하는 자료 구조이다.

**Rasterisation 격자화** Rasterization을 참조.

**Rasterization 격자화** 동일 다각형에 해당되는 모든 셀은 동일 속성임을 나타내는 속성이 주어진다. 점, 선, 그리고 면의 열인 벡터 자료를 이산적인 값을 가진 각 셀의 열인 격자 자료로 변화하는 과정, 이 과정은 래스터 형식에서 벡터 형식으로 변환하는 역과정보다 쉽다. Vector-to-Raster Conversion을 참조.

**Rasterize Reclassify 래스터화 재분류** 벡터 형식에서 셀 형식으로 자료를 변환하는 것을 말한다. GIS에서 존재하는 공간 자료에 값이나 주제를 할당하는 자료 분석의 형태를 말한다.

**Raster-to-Vector Conversion 래스터-벡터 변환** 래스터 데이터를 점, 선, 면으로 변환하는 것으로서, 셀로 구성된 영상을 선이나 다각형으로 변환시키는 작업으로, 래스터 자료를 벡터(선형) 자료로 바꾸는 기능을 말한다. Vectorization을 참조.

**Raster-to-Vector Overlay 벡터-래스터 변환** 점, 선, 면을 래스터 데이터 포맷으로 변환하는 것으로서, 기본도에 해당하는 도면은 그냥 독취하여 래스터 형태로 구축하고, 그 위에 각종 시설물만을 벡터 형태로 구현할 경우, 래스터 자료와 벡터 자료를 중첩시킨다.

**Ratio 비율** 관측 크기로써 길이나 연령 같은 크기에 기초한 것들과는 구별된다. 그리고 거기에서 수치의 곱이나 몫은 그 출발하는 장소가 임의적인 것이 아니므로 의미를 지니고 있다.

**Ratio Image 비율 영상** 같은 영상에 대하여 각기 다른 밴드나 영상소값으로 나누어 얻어진 영상을 말한다.

**Ratio of Moisture 함수율(含水率)** 흙 전체의 무게(W)에 대한 물 무게($W_w$)의 비(比)를 백분율로 나타낸 것이다. 즉,

$w' = \frac{W_w}{W} \times 100$. 여기서, $w'$는 함수율(%)이다.

**Ratio Scale 비율척도(比率尺度)** 가장 고급수준의 척도로서 명명, 서열, 동간척도의 특성을 모두 포함하고 있으며, 또한 절대 영점을 갖고 있어, 모든 산술적 연산(가감승제)이 가능한 척도이다. 길이, 무게, 거리 등을 측정하는 척도들이다.

**Ratio Vegetation Index(RVI) 식생 비율 지수** RVI(Ratio Vegetation Index)를 참조.

**Ratioing 비율 부여** 선택된 지형물과 여분의 지형물 사이의 대조를 강화하기 위해 수치 영상 처리에서 사용된 기법. 보통 수림 중점을 식별하기 위해 사용된다. 비율 부여나 영상 분할은 두 번째 영상에 있는 픽셀의 DN값을 일치시킴에 의해 첫 번째 영상 안에 있는 픽셀의 DN값을 분할하여 획득할 수 있다. 공통 비율은 Landsat MSS 밴드5(적색)에서 밴드7근적외(NIR)이다. 결과는 바이오매스 밀도에서의 차이를 보여주는 단색 영상이다(부드럽게 될 수 있는 것과 밀도도 나누어질 수 있다).

**Raw Data 원시 자료** ① 수신기에 의해 취해지고 수집된 원 GPS 자료이다. ② 어떤 형식 정보도 갖지 않은 원 자료를 말한다.

**Raw Image Data 원영상** 인공위성 감지기에 의해 수신된 영상으로 수집될 당시의 기하학적 왜곡과 오차를 포함한 자료이다.

**Ray Casting 광선 투사** [영상처리] 보는 이의 시점(또는 카메라의 시점)에서부터 특정 픽셀을 통해 빛을 투사(cast)해서 이 빛이 물체에 닿거나 보이는 영역에서 벗어날 때까지 따라감으로서, 해당 픽셀의 색을 결정해 렌더링 이미지를 생성하는 방식이다. 빛이 아무 물체에도 닿지 않는다면 해당 픽셀은 검은색이 되고, 빛이 어떤 객체(오브젝트) 표면에 도달하게 되면 프로그램은 그 빛이 hitting된 지점에서의 객체 색상을 계산해서 그 값을 해당 픽셀의 색으로 결정한다. 생성될 전체 이미지의 각각의 픽셀마다 순차적으로 위와 같은 과정을 반복한다. Ray casting은 작업 공간에 존재하는 객체가 여러 개라고 할지라도 그 계산 방식의 특성상 각각 따로 존재하는 것처럼 렌더링하기 때문에 물체간의 반사나 투명도가 있는 물체를 표현하거나 물체 서로 간에 그림자를 드리우는 효과를 계산할 수가 없다. 따라서 그러한 효과를 흉내 내기 위해서 일종의 편법들을 사용하게 되는데 예를 들어, 표면 반사를 위해서는 reflection mapping을 사용하고, 투명 객체를 위해서는 겹쳐지는 두 객체의 색상을 섞어서 (물론 이때 굴절은 기대할 수 없지만) 사용하며, 그림자는 z-buffer의 정보를 적절히 활용해서 만들어 주게 된다.

**Rayleigh Criterion 레일리 기준** 레이더에서 지표면이 레이더 신호에 거칠기(rough) 혹은 완만화(smooth)하게 반응하는지를 결정하는 파장과 복각, 표면의 거칠기와의 관계를 말한다.

**Rayleigh Jeans Radiation Law 레일리 진스의 방사 법칙** 방사 세기에 관한 고전적인 이론식으로서, 고온 물체에서 나오는 방사의 장파장 영역에서 근사적으로 플랑크가 한 실험을 기초로 하여 유도한 식과 일치한다.

**Rayleigh Scattering 레일리 산란** 작은 먼지, 질소/산소분자 등 입자의 크기가 빛의 파장에 비해 매우 작은 경우에 발생하는 탄성 산란이다. 에너지의 짧은 파장대역이 긴 파장 대역보다 훨씬 더 많이 산란된다. 대기권 상층부에서 지배적으로 일어나는 산란 메커니즘이다. 레일리의 산란 이론에 의하면, 하늘이 푸른 이유는 대기 중에서 빛이 빛의 파장의 약 1/10 이하의 미립자를 통과할 때 생기는 산란의 세기가 파장의 4제곱에 반비례하기 때문이다. 즉, 태양 빛이 대기 중을 통과할 때 짧은 파장의 빛일수록 더 많이 산란되기 때문에 하늘이 푸른빛을 띠게 된다는 것이다. 파란 빛(파장 400nm)의 산란율은 붉은 빛(파장 640nm)에 비해 약 6배가량 크기 때문에 파란 빛이 더욱 강해지는 것이다. 한편, 해질 무렵과 해뜰 무렵 태양빛은 보다 먼 거리를 통과해야 하기 때문에 파란빛은 거의 다 산란되므로 지구에 도달하는 빛은 붉은색을 띠게 된다. 레일리(Rayleigh) 경이 된 영국의 John William Strutt이 발견하였다.

**Rayleigh Wave 레일리 파(-波)** 파동의 전파 방향을 포함하는 수직 평면에서 지반 운동을 하는 표면 지진파를 말한다.

**Ray Tracing 레이 트레이싱, 광선 추적법** [영상처리] Ray tracing방식의 렌더링 알고리즘은 scene을 구성하는 모든 객체(오브젝트)들을 한꺼번에 다루기 때문에, ray casting 방식에서 한 번에 하나의 객체만을 계산함으로서 생기는 몇 가지 한계들(반사나 굴절, 그림자의 생성)을 해결한다. 특정 객체 한 지점에서의 색을 결정하기 위해서는 조명으로부터의 직접적인 빛뿐만 아니라 다른 객체로부터 반사나 굴절된 빛 혹은 드리워진 그림자의 영향까지도 고려해야 하는데 ray tracing 방식은 시점에서부터 거꾸로 (현실에서처럼 광원으로부터 빛을 추적하자면 무수히 많은 필요 없는 계산까지 해야 하므로) 반사나 굴절되는 빛을 역 추적해 나감으로써 객체 서로 간에 주고받는 빛의 영향을 계산해 객체 표면색상을 결정하게 된다. 예를 들어, 시점에서부터 역 추적되는 빛이 반사도가 지정된 객체의 표면에 부딪히게 되면 그 표면이 시점과 이루는 반사각에 따라 방향이 바뀌어진 빛을 계속 추적하게 되고, 다시 그 빛이 유리와 같이 반사도와 투명도를 동시에 갖는 물체에 부딪히면 통과하는 빛(지정된 굴절률에 따라 방향이 약간 틀어진 상태로)과 반사되는 빛 두 갈래로 갈라져서 각각의 빛을 계속 추적하는 식으로 그 빛이 시선에서 사라지거나 반사도가 전혀 없는 물체에 닿거나 혹은 미리 지정된 반사 횟수(depth)에 이를 때까지 (거울을 마주 놓은 것처럼 끊임없이 반복될 수도 있으므로) 계산을 계속하게 된다. 이처럼 객체의 색상을 결정하기 위해서 해당 객체뿐만 아니라 객체에 영향을 미치는 요소들까지 추적해서 계산해야 하므로 ray casting 방식에 비해 계산량이 훨씬 많아지고 렌더링에 소요되는 시간 또한 길어지게 된다. Ray casting 방식으로는 해결 할 수 없는 많은 광학적 효과들을 ray tracing이 해결해 주기는 하지만 알고리즘의 특성상 빛의 확산(현실 세계에서는 반사도가 전혀 없는 종이 같은 물체에서도 확산광이 반사된다)이나 회절효과를 기대할 수 없기 때문에 일반적으로 "자연스럽게" 보이기에는 너무나 선명한 다소 "환상적"인 이미지를 결과물로 얻게 된다. 특히 smooth shadow 같은 추가적인 계산으로 그림자의 후반부를 흐려주지 않으면 객체 외곽선 그대로의 비사실적인 선명한 그림자가 생성된다. Ray tracing 알고리즘의 이러한 단점은 radiosity 방식에 의해 매우 효과적으로 해결 될 수 있다. Rendering을 참조.

**RBAC(Role-Based Access Control) 역할 기반 접근 제어** 역할 기반 접근 제어는 사용자의 조직에서의 역할을 기반으로 접근 권한을 특정 사용자가 아닌 해당 역할을 가진 사용자 그룹에게 부여하는 방식이다. 상업적인 조직에 잘 맞아 널리 사용되고 있다.

**RBPMS(Realtime Business Process Management System) 실시간 업무 프로세스 관리 체계** RFID 이벤트 관리 시스템의 구성요소로서, 사물식별코드 정보 서비스, 기존 기업 응용 시스템(예 : ERP, CRM, IMS, WMS 등)과 응용프로그램을 연결시키는 역할을 하는 시스템이다. RFID 자동식별 미들웨어, EPC IS 또는 기존 기업 응용 시스템에서 인식, 발생 혹은 질의를 통해서 인식된 이벤트(Event)를 기반으로 정해진 조건(Condition)에 따라 정해진 조치(Action)를 취할 수 있도록 하는 규칙(Rule) 기반 시스템으로 기업의 업무 프로세스(Business Process)를 자동화하는 것을 목적으로 하며, 특히 RFID의 도입으로 인해 발생 가능한 업무 프로세스를 자동으로 구동시키는 것을 주요한 목적으로 한다.

**R/C(Radio Control) 무선조종(無線操縱)** [드론] 무선에 의해 원격 조작하는 것을 말한다. 자동차·비행기 등의 취미용 무선조종 외에도 공업·군사 등 다양한 분야에서 활용되고 있다.

**RCS(Remote Control System) 원격조종시스템** RCS는 PC나 스마트폰을 원격으로 제어할 수 있는 프로그램이다. PC가 고장나거나 특정 웹 서비스가 안 될 때 AS센터에 가지 않고 바로 원격으로 전문가가 PC에 접속해 문제점을 진단하고 해결한다. 전문가는 PC에 RCS 프로그램을 깔고 실행하는데, PC를 고칠 때 쓰는 RCS는 사용자 동의를 얻어 설치하고, 마치 사용자 PC 앞에서 수리를 하는 것처럼 행동하며 문제점을 해결한다. PC 모든 기능을 원격에서 제어하는 것이다.

그러나 RCS는 사용자 동의 없이 몰래 PC나 스마트폰에 설치될 수 있다. RCS가 설치된 PC나 스마트폰을 활용하면 통화 내용을 녹음해 이메일로 전송하거나 기기 사용자 위치를 파악할 수 있다. PC나 스마트폰에 저장된 모든 데이터와 내역을 들여다볼 수도 있다. 스마트폰 문자와 메신저 대화 등도 포함된다. 스마트폰에 RCS와 같은 악성프로그램을 몰래 숨길 땐 주로 문자나 메일을 보내 대상자가 읽게 유도한다. 대상자가 관심이 있거나 흥미를 끌 만한 내용이 담긴 문자나 이메일에 첨부파일이나 URL을 보낸다. 첨부파일을 열거나 URL을 클릭하면 RCS가 설치된다. 공격자는 스마트폰이나 PC의 취약한 부분을 찾아내 공격하는데, 소프트웨어를 개발할 때 개발자도 모르게 생긴 구멍을 이용하는 것이다. 해커는 이런 구멍을 찾아 자신이 원하는 프로그램을 실행시킨다.

**RCEP(Regional Comprehensive Economic Partnership) 역내 포괄적 경제동반자 협정(域內 包括的 經濟同伴者 協定)** RCEP는 동남아시아국가연합(ASEAN) 10개국과 한국·중국·일본·호주·뉴질랜드·인도 등 총 16개국이 참여하는 아시아·태평양 지역경제통합 논의체이다. ASEAN 10개국은 필리핀, 말레이시아, 싱가포르, 인도네시아, 태국, 브루나이, 베트남, 라오스, 미얀마, 캄보디아 등이다. 그동안 세계무역기구(World Trade Organization, WTO) 주관으로 이뤄져온 다자간(다국가 간) 무역협상은 지지부진해진 상태이다. 이에 2000년대 이후에는 한-미, 한-유럽연합(EU) 등 양자 간 자유무역협정(FTA)이 급증하고 있는 추세이다. 그러나 최근에는 이러한 개별적 협상을 넘어 지역 차원의 경제통합 논의가 전 세계적으로 활성화되고 있다. 우리나라가 속한 아시아에서도 지역 내 경제통합 논의가 본격화되고 있다. 그중 대표적인 것들이 미국이 주도하는 환태평양경제동반자협정(Trans-Pacific Partnership, TPP), 중국 주도의 중화권 FTA(홍콩·마카오·대만) 및 한·중·일 FTA 등이라 할 수 있다. 이에 ASEAN이 발족한 것이 바로 RCEP로 동아시아 경제통합에서의 미국과 중국 간 주도권 경쟁에 대응하고 주도권을 유지하겠다는 목표이다. 보다 신속한 추진을 위해 ASEAN과 이미 FTA를 체결한 한국·중국·일본·호주·뉴질랜드·인도 등을 대상국으로 삼고 있다. TPP, FTAAP, AIIB 참조.

**RCM(Reliability Centered Maintenance) 신뢰성 중심 유지보수** 산업화가 진행되면서 유지보수 분야에도 많은 변화가 있었다. 설비의 생산성이 극대화되고, 설비가 다양화・자동화되면서 고장요인도 복잡해지고 있다. 따라서 '미경험 고장'이 증가되어 논리적이고 체계적인 유지보수방식의 도입이 필요하게 되었다. 과거에 설비는 적정수명 기준으로 교체되어야 안전성과 신뢰성을 보장할 수 있다는 획일화된 '일정 정비(日程整備, scheduled maintenance)' 위주의 유지보수가 이루어졌다. 하지만 이는 과도한 보전 활동으로 비용이 과도하게 발생하거나 교체 전 고장 발생으로 손실이 발생하기도 하였다. 따라서 '예방보전'의 제한된 사고에서 벗어나 시스템 관점에서의 유지보수에 대한 새로운 개념의 효율적인 유지보수가 필요하게 되었다. RCM은 설비점검 및 정비의 효율성을 극대화하기 위한 분석학적인 프로세스로서 설비의 안정성 및 경제성 측면에서 가장 중요한 기기들을 찾아서 새로운 '예방적 유지보수' 방법을 개발하거나, 기존의 예방 유지보수 프로그램을 최적화하고 그에 대한 분석을 신뢰도로 평가하는 체계적인 최적화 기법으로서, RCM 최적화란 설비에 대한 보수나 정비행위 그 자체를 의미하는 것이 아니고 '신뢰도를 향상시키기 위하여 개선된 정비전략을 수립하는 데 유용한 기법'이다. 이는 설비의 중요한 계통에 의해서 수행되는 기능이 상실되거나 품질 저하를 일으키는 고장을 가지고 있는 기기들을 찾아내고, 유효적절한 예방정비 업무에 의해서 가장 중요한 고장 유형과 근본 원인을 찾아내고, 이를 논리적으로 분석하여 최적 유지보수방식을 선택하고, 경험한 고장과 미경험 고장에 대한 고장 영향을 분석하고, 파급 사고에 대한 가능성을 분석한다. 이로써 과도한 유지보수를 방지하여 유지보수비용을 절감할 수 있고 설비에 대한 종합적 유지보수 전략이 수립될 수 있다.

**RDB(Relational Database) 관계형 데이터베이스** 2개 이상의 데이터베이스 또는 테이블을 연결하기 위해 고유한 식별자를 사용하는 데이터베이스(DB)로서, 각각의 항목과 그 속성이 다른 모든 항목 및 그의 속성과 연결될 수 있도록 구성된 자료 구조. 자료가 다중 연결되어 있어 각각의 다른 필드들과 연결되도록 하는 강력하고 유연성 있는 데이터베이스의 종류이다. 보통 관계형 질의(Query)는 하나 이상의 필드에 특정 조건을 주어 그것들을 만족시키는 레코드를 찾게 한다.

**RDBMS(Relational DataBase Management System) 관계형 데이터베이스 관리 시스템** 데이터베이스(DB)에 포함된 속성에 대한 추가, 편집, 질의, 분석, 요약을 위해 사용하는 컴퓨터 소프트웨어를 일컫는다. 금융 거래, 인사 관리, 자산 관리 등 기업 업무에 이용되는 데이터들을 체계적으로 저장・관리하기 위한 시스템이다. 관계형 데이터베이스 관리 시스템은 대량의 데이터를 관계형 모델에 따라 구조화해 저장・관리하고, 사용자가 간단한 데이터베이스 언어로 복잡한 질의 연산을 요구할 수 있게 한다.

**RDF(Resource Description Framework) 자원 기술 프레임워크(資源記述-)** 웹 환경에서 기계들이 이해하는 정보를 교환하는 애플리케이션 간에 상호 운용성을 제공하는 기반 규격. 특정 자원과 그 속성값을 묶어서 하나의 단위로 기술하는 언어로, 의미의 표현은 온톨로지에 의해 이루어진다. 일반적인 웹 페이지가 시각이나 청각 등 사람이 정보를 이해하는 데에 기반을 둔 것에 비해 자원 기술 프레임워크(RDF)는 기계나 프로그램들이 정보를 검색, 추출하고, 분석하며 자동 처리하는 것에 기반을 두고, 웹이 포함하고 있는 각종 정보 자원들을 기술하는 메타 데이터의 표준을 규정한다. 예를 들어, 웹 페이지 구성의 기본이 되는 제목, 저자, 최종 수정일, 저작권과 같은 메타 데이터들은 XML 태그를 이용하여 간단하게 표현되고, 주어, 동사, 목적어에 해당하는 것들은 인터넷 식별자(URI)를 써서 대상들을 문장으로 구성하거나, 노드와 화살표를 써서 도식적으로 표현되어 검색이나 정보 추출을 용이하게 할 수 있다. RDF는 검색 엔진 능력을 향상시키고, 특정 웹 사이트나 웹 페이지, 디지털 도서관의 목록과 콘텐츠 관계를 기술하며, 지능화된 소프트웨어 에이전트의 활동을 가능하게 하고, 지적 재산권의 명시와 디지털 서명의 관리를 통하여 전자 상거래나 기타 애플리케이션에 대한 '신뢰의 웹'을 구축하는 데 큰 역할을 한다.

**RDF Data Model 자원 기술 프레임워크 데이터 모형** RDF 데이터 모형은 메타데이터의 일관적인 인코딩과 교환 및 작성을 지원하기 위한 표현모형으로 여러 가지 유형의 메타데이터가 가지고 있는 어의(Semantics)를 정의할 수 있도록 함으로써 구조적인 상호호환성을 제공한다. RDF 데이터 모형은 정보 자원(Resource), 속성 유형(Property Type), 속성값(Value)으로 구성된다. RDF 데이터 모형에서 기술되는 정보 자원은 그 형태에 관계없이 URI로 식별가능한 모든 객체를 의미하며, 하나의 정보 자원은 여러 개의 속성 유형과 속성값을 가질 수 있다. 속성 유형은 '저자', '서명' 등과 같이 자원의 속성을 적절한 이름으로 표현한 것이며, 속성값은 속성유형에 상응하는 값으로, 문자열이나 숫자 등과 같은 자연어로 상세하게 기술될 수도 있으며, 또 다른 정보 자원이 되어 고유의 속성(Property)을 가질 수 있다. 속성이란 정보 자원과 속성 유형, 속성값을 모두 포함한 것으로, 속성 그 자체가 다른 속성의 값이 되기도 하며 또는 그 자신이 또 다른 속성을 가질 수 있다. 이러한 동일한 정보 자원을 참조하고 있는 속성들의 집합을 기술(Description)이라고 한다.

**RDF Schema 알디에프 스키마** 온톨로지 기술에 필요한 용어를 정의하는 체계가 RDF 스키마(Schema)이다.

**RDF Syntax 자원 기술 프레임워크 구문** RDF 데이터 모형은 메타데이터를 정의하고 사용하기 위한 추상적이고 개념적인 구조를 제공하는 것이며, 실제로 메타데이터를 교환하고 작성하기 위해서는 구체적인 구문이 필요하다. 이를 위해서 RDF에서는 상호호환성과 확장성, 검증, 인간 및 기계가독성, 웹상에서의 운용가능성, 그리고 복잡한 문서의 논리적 구조를 표현해줄 수 있는 장점을 가지는 XML을 사용한다. 다만 RDF는 XML 문서 유형정의부(DTD)를 정의하지 않는 유연한 구조를 취하고 있다. RDF 구문은 나열형구문(Serialization Syntax)과 축소형구문(Abbreviated Syntax)의 2가지 형식으로 표현될 수 있는데, 축소형 구문은 HTML 문서 내에 RDF 메타데이터를 포함시킬 경우에 사용된다.

**RDF(Resource Description Framework) 자원기술프레임워크** 웹에서 메타데이터를 주고받거나 기술하기 위한 구조를 말한다.

**RDF(Resource Description Framework) Schema 자원 기술 프레임워크 스키마** RDF 스키마는 특정 메타데이터에서 정의하고 있는 어휘들을 선언하기 위해서 사용된다. 어휘(Vocaburaries)란 속성집합으로 자원을 기술하기 위해 각 메타데이터 형식들에서 정의하고 있는 메타데이터 요소집합을 말한다. 인간이 읽을 수 있고(human-readable) 기계처리가 가능한(machine-processable) 어휘들을 정형화 하는 것은 상이한 메타데이터 형식들 간의 어휘 확장과 재사용, 상호교환을 가능하게 해주는 것이며, 이러한 정형화를 위한 것이 바로 RDF 스키마이다. RDF 스키마는 RDF의 데이터 모형과 구문 명세에 의해서 표현된다. 현재 RDF 스키마 명세는 개발단계에 있으며, 더 많은 연구가 필요된다. 기본적인 RDF 스키마 유형으로는 property, propertyType, instanceOf, sub-classof, allowedPropertyType, Range가 있다.

**RDOP(Relative Dilution of Precision) 알덥, 상대 정확도 저하율** GPS에서 추정되는 위치의 정밀도를 저하시키는 기하학적 기여부분인 DOP 중에서 상대적인 위치오차부분이다. 기준점에 의한 상대위치결정을 실시하는 경우 RDOP는 추정된 상대적 위치차이의 표준편차의 합의 제곱근으로 Sqrt(dx2+dy2+dz2)으로 주어진다.

**RDS(Radio Data Systems) 라디오 자료 체계** FM 반송파를 이용하여 교통 정보를 수치(Digital) 자료로 전송하는 체계. 이를 수신하기 위해서는 차내 라디오 자료 체계 수신 장비를 필요로 하며, 전용 수신기로 문자 정보를 수신할 수 있다.

**RDZMIS(Restricted Development Zone Management Information System) 개발 제한 구역 관리정보체계** 개발 제한 구역의 체계적이고 효율적인 관리를 위하여 표준화된 도형 및 속성 데이터를 구축·관리하고, 개발 제한 구역 관리업무 전반을 지원하는 정보체계이다.

개발제한구역은 「개발제한구역의 지정 및 관리에 관한 특별조치법」 제3조 및 동법 시행령 제2조와 「국토의 계획 및 이용에 관한 법률」 제38조에 의거 도시의 무질서한 확산을 방지하고 도시 주변의 자연환경을 보전하여 도시민의 건전한 생활환경을 확보하기 위하여 도시의 개발을 제한할 필요가 있거나 국방부장관의 요청으로 보안상 도시의 개발을 제한할 필요가 있다고 인정되어 도시·군 관리계획으로 결정·고시된 구역을 말한다. 개발제한구역에서는 건축물의 건축 및 용도변경, 토지의 형질변경 등은 제한적인 범위 내에서 특별자치도지사·시장·군수 또는 구청장의 허가를 받아 시행할 수 있다. 다만, 주택 및 근린생활시설은 기존면적을 포함한 연면적의 합계가 $100m^2$ 이하인 증축·개축(改築) 및 대수선은 시장·군수·구청장에게 신고하고 할 수 있다.

**Read Only Memory(ROM) 읽기 전용 기억 장치, 롬** ROM(Read Only Memory)를 참조.

**Reader 리더기** RFID(전자식별) 시스템에서 안테나를 통해 태그(Tag)에 정보를 기록하거나 기록된 정보를 읽어내는 기기이다.

**Reader Interface Component(RIC) 리더기 인터페이스 컴포넌트** RIC(Reader Interface Component)를 참조.

**Reading Error 독정 오차(讀定誤差)** 눈금을 읽을 때 생기는 오차로 우연오차와 개인 오차가 있다.

**ReadyNotifyPA 긴급 경보시스템** 미국 필라델피아 시의 'Ready NotifyPA'는 심각한 테러나 기상재해 발생 시 정부, 비상관리 기관들, 1차 대응기관들이 시민들의 휴대전화, 무선호출기, 스마트폰, PDA 또는 이메일 주소로 비상경보, 공지, 속보 등을 전송하기 위해 이용하는 비상통신 시스템을 말한다.

**Ready To Fly(RTF) 완제품** RTF(Ready To Fly)를 참조.

**Real Aperture Radar(RAR) 실개구 레이더** RAR(Real Aperture Radar)를 참조.

**Real Image 실상(實像)** 렌즈나 반사경에 의해 맺어지는 영상(映像) 중에서 실제로 광선이 모여 이루어진 상을 말한다.

**Real Estate Trade Management System(RTMS) 부동산 거래 관리시스템** RTMS(Real Estate Trade Management System)를 참조.

**Really Simple Syndication(RSS) 알에스에스** RSS(Really Simple Syndication)를 참조.

**Real Map 실제 지도** 종이나 필름과 같은 영구적인 매체에 설계되고 그려진 지도유형의 형식으로서, 축척, 범례, 색 조정 및 기타 등 지도를 생성할 때의 설계와 편집물의 결과이다.

**Real Numbers 실수** 정수와 소수점 이하의 양쪽 값을 갖는 수치를 말한다. 예로, 3.1417, 0.25, 1.8992, 6.0 등이다.

**RealSense 리얼센스** [드론] 인텔은 CES2015에서 리얼센스(RealSense) 기술을 결합하여 드론이 알아서 자동으로 장애물을 회피하는 기술을 선보였다. 리얼센스는 카메라를 통해 물체 및 사람의 움직임을 인식하는 인텔의 카메라 센싱기술이다. 드론 위에 6각형의 모형에서 실시간 센서 데이터를 결합시켜, 근접한 장애물을 회피하고 경로를 계획 및 네비게이션 기능을 수행한다. 사람이 다가가면 알아서 일정거리를 유지하고, 장애물 모형을 알아서 지나며, 문이 닫혀있을 때 문 앞에서 기다리다 문이 열리면 문을 통과하기도 한다.

**Real Space 실제 공간** 절대적 위치 기준의 공간으로 지구 공간 좌표계(지표면, 지오이드, 지구 타원체 좌표), 우주 공간 좌표계(지평적 적도 좌표, 황도 좌표, 은하 좌표)를 나타내며, 물리적·사회적·환경적 변화 요인이 복잡하다.

**Real Street 리얼스트리트** 자동차에 카메라를 장착해 주요 명소를 실제 주행하며 동영상을 촬영한 것이다. 영상을 보면 마치 차를 타고 이동하는 느낌으로 해당 지역을 둘러볼 수 있다. 자동차를 운전하듯 전진·후진이 가능하며 한 지점에 정지해 상하 좌우 및 360° 화면 이동도 가능하다. 건물을 올려다 볼 수도 있고 아래를 내려다보는 시각으로도 조망이 가능하다. 시점을 반대편 도로로 이동시켜 특정 위치를 바라보는 것처럼 조망할 수도 있어 이용자는 자신이 원하는 곳을 더욱 자세히 살펴볼 수 있다.

**Real Time Kinematic(RTK) 알티케이, 실시간 이동** RTK(Real Time Kinematic)를 참조.

**Real Time Kinematic-GPS(RTK-GPS) 알티케이 지피에스** RTK-GPS(Real Time Kinematic-GPS)를 참조.

**Real Time Location System(RTLS) 실시간 위치 추적 시스템** RTLS(Real Time Location System)를 참조.

**Real Time Photogrammetry 실시간 사진 측량** 사진이나 필름을 이용한 기존의 방법과는 달리, 모든 처리 과정이 수치 비데오 형태로 수행 되므로 영상 처리 과정에서는 수행되는 영상의 입체화 및 관측 등의 과정에서 시간을 절약할 수 있는 장점이 있다.

**Realestate Trade Management System(RTMS) 부동산거래관리시스템** RTMS(Realestate Trade Management System)를 참조.

**Realistic Perspective Map 실제적인 투사도** 지형적 표면 위에 색이나 음영을 넣은 영상을 보여주고, 투시도법으로 보여 지는 3차원 표면도를 말한다.

**Realliy Simple Syndication(RSS) 아주 단순한 배포** RSS(Realliy Simple Syndication), RSS(Rich Site Summary)를 참조.

**Real-Time 실시간(實時間)** 자료가 입력되는 즉시 계산이나 자료의 전송이 이루어짐을 말한다. 예를 들어, 은행에서 고객이 예금 거래 내용을 변경한 경우, 이러한 변경 정보가 발생하는 즉시 은행의 주 컴퓨터에 연결하여 거래 내역 정보를 즉시 처리하는 작업 처리 방식이 이에 해당한다.

**Real-Time Animation 실시간 애니메이션** 보통의 애니메이션은 정지 영상을 미리 필요한 수만큼 만들어두고 움직이는 속도로 영상을 편집해 움직임을 나타내는데, 실시간 애니메이션은 실시간으로 애니메이션 영상을 만들어낸다.

**Real-time Automation Protocols for Industrial Ethernet (RAPIEnet) 산업용 이더넷 통신프로토콜** RAPIEnet(Real-time Automation Protocols for Industrial Ethernet)를 참조.

**Real-Time Bidding(RTB) 실시간 입찰** RTB(Real-Time Bidding)를 참조.

**Realtime Business Process Management System(RBPMS) 실시간 업무 프로세스 관리 체계** RBPMS(Realtime Business Process Management System)를 참조.

**Real-Time Database Management 실시간 자료기반 관리** 실시간으로 전송되는 각종 자료는 저장 시간 간격의 설정 등을 통하여 상용 데이터베이스에 저장될 수 있으며, 이 데이터베이스의 자료를 통하여 일반 어플리케이션에서는 다양한 형태로 자료를 조회, 편집, 이력 관리함으로써 SCADA 체계를 확장시킬 수 있다. 이를 지원하는 상용 RDBMS 인터페이스가 존재한다.

**Real-Time Differential Correction 실시간 상대 보정** 상대 보정 신호가 이동 수신기에 실시간, 순간적으로 적용되는 방법을 말한다.

**Real-Time Differential Correction Maritime(RTCM) 실시간 해상 차등 보정** RTCM(Real-Time Differential Correction Maritime)를 참조.

**Real-Time GIS 실시간 지아이에스** 이동형 컴퓨터 · GPS · 휴대폰 · 위성 영상 기술을 통한 GIS로서, 실시간 자료를 받아서 사용자의 개입 없이 재빠른 솔루션을 제공하는 것으로, 예컨대 자동 항법 체계(Car Navigation System)를 들 수 있다.

**Real Time Kinematic(RTK) Survey 실시간 이동측량** RTK (Real Time Kinematic) Survey를 참조.

**Real Time Location System(RTLS) 실시간 위치 추적 시스템** RTLS(Real Time Location System)를 참조.

**Real-Time Mapping Technology 실시간 지도제작 기술** 감지기와 통신망을 이용하여 자료를 실시간으로 수집, 편집하여 전체 상황을 파악하여 지도를 작성하는 것을 말한다.

**Real-Time Processing 실시간 처리** 입력 자료를 발생시킨 후 바로 수행되는 자료 처리로, 매우 빨라서 그 결과가 Original 자료 처리를 하는 이에게 반응을 발생시키는 데 사용되거나, 후의 자료 발생에 영향을 주는 데 사용된다. 상호처리(Interactive Processing)를 포함한다. 상대적인 개념으로 후처리(Post Processing)가 있다.

**Real-Time Surveying 실시간 측량** 실시간으로 Stop-and-Go Kinematic 측량과 Continuous Kinematic 측량 방법으로서 현장에서 결과를 바로 볼 수 있는 장점이 있다.

**Real-Time System 실시간 체계** 외부 자료원으로부터 변경된 자료를 계속적으로 받을 수 있고, 자료원들에 예를 들어, 유출 레블하기 위해서 충분히 빠르게 자료를 처리할 수 있는 체계를 말한다.

**Real-Time Traffic Control Service(RTCS) 실시간 교통 제어 서비스** RTCS(Real-Time Traffic Control Service)를 참조.

**Real-Time Trend & Historical Trend 실시간 및 누적 추이분석** 자료를 일정한 시간 간격에 따라서 샘플링하여 저장하고 이를 그래픽 차트로 표현한다. 특히 누적 추이 분석의 경우, 최적화된 제어를 위해 장시간 자료의 추이를 관찰해야 하는 점들을 그래픽 차트로 표시한다.

**Reasoning 추리(推理)** 몇 개의 증거를 바탕으로 하여 어떤 사실이 성립되어 있음을 미루어 추측하는 일을 말한다.

**Rebidding 재입찰** 개찰의 결과 낙찰되지 아니하여 다시 입찰하는 것을 말한다.

**Receiver 수신기** 수신기는 탐사하고자 하는 케이블 또는 금속관으로부터 발생되는 자기장을 수신하여 매설물의 위치와 깊이를 탐사하는 장치이다.

**Receiver Channel 수신기 채널** 하나의 GPS 위성에서 2개의 GPS 반송파 주파수 중 하나에서의 신호를 추적하기 위하여 필요한, GPS 수신기에서의 무선 주파수와 수치 하드웨어와 소프트웨어이다.

**Receiver Correction 수신기 보정** 수신기에 의해 발생할 수 있는 오차 보정을 말한다.

**Receiver Frequency Stability 수신주파수 안정도** 지정주파수를 중심으로 출력이 안정적으로 얻어질 수 있는 주파수 범위를 말하며, Signal Displacement Bandwidth라고도 한다(「무선설비의 적합성평가 처리방법」 제3조).

**Receiver Independent Exchange Format(RINEX Format) 수신기 독립 변환 양식, 라이넥스 포맷** RINEX Format(Receiver Independent Exchange Format)를 참조.

**Receiver Sensitivity 수신 감도** 수신기의 성능을 나타내는 것으로, 수신기가 얼마만큼 미약한 신호를 수신할 수 있는지의 능력을 말한다(「무선설비의 적합성평가 처리방법」 제3조).

**Reciprocal Azimuth 역방위각(逆方位角)** 진북 자오선을 기준으로 하여 시계방향으로 잰 각도에서 180°를 더한 각으로 정방위각의 반대방향 각을 말한다.

**Reciprocal Leveling 교호 고저측량(交互高低測量), 교호 수준측량(交互水準測量)** 하천 또는 강을 사이에 두고 있는 두 점간의 표고차를 직접 또는 간접으로 구한다.

**Reclaimed Land Survey 간척지 측량** 간척은 수면 아래 토지의 이용 가치를 높이기 위해 간척 예정 지구에 대하여 지상 및 항공사진 측량 방법으로 지형을 측량한다.

**Reclassification 재분류** 데이터를 대분류로 묶거나 세 분류로 나눈다. 경계의 일부를 분해하고 새로이 재분류되는 다각형으로 합침으로써, 주제 또는 속성 자료를 재분류하는 것을 말한다. 예를 들면, 세 분류의 토지 이용 속성을 이용하여 대분류의 토지 이용도를 작성하거나, 작은 행정구역 단위를 기본도로 이용하여 다른 용도의 동일한 성격을 가진 행정 구역으로 재분류할 수 있다.

**Reclassify 재분류** 현 자료의 분류법을 변경하는 절차이다.

**Recode 재코딩** 재코딩에 의한 데이터 수정은 보편적이고 유용한 GIS 기능의 하나이다. 이는 데이터의 혼란을 줄이고 보다 나은 커버리지의 이해를 위해 사용된다. 재코딩은 속성의 이름이나 번호를 바꾸는 단순한 과정이다.

**Recognition of Writing Technology 필기 인식 기술(筆記認識技術)** 전자 펜으로 터치스크린에 직접 문자를 입력하는 기술. 터치 센서에 필기되는 순서에 따라 들어오는 (x, y) 좌표열을 가지고 어떤 문자인지를 판독한다. 이 좌표열은 이미지와는 달리 필기 순서 정보가 포함되어 있고 정보량도 적어 인식하는 데 필요한 계산 양도 적다. 이러한 입력 데이터에서 불필요한 변형을 줄이는 작업을 거쳐 이미 저장된 모델 패턴(model pattern)과 비교하여 가장 근접한 것을 인식된 결과로 제시한다. 초기에는 팜, 포켓 PC 등 PDA를 중심으로 필기 인식 기술이 사용되었지만 현재는 PC, 휴대전화, MP3 플레이어에도 사용되고 있다.

**Recognizability 인식 가능성** 영상 내에서 사물을 구별 및 판단하는 능력을 말한다.

**Recognizer 인식기** 어떤 형태로 표현된 정보를 받아 들여 이를 해석하고 적절한 정보로 변환하는 프로그램 또는 장치를 말한다.

**Recon 예비 조사** Reconnaissance의 약어이다.

**Reconnaissance Surveying 지적 현황 측량(地籍現況測量)** 지상구조물 또는 지형·지물이 점유하는 위치현황을 실측하여 지적도 또는 임야도에 등록된 경계와 대비하여 표시할 때 실시하는 측량을 말한다.

**Reconstructed Carrier Phase 재구축 반송파 위상** 도플러 변위(Doppler Shift)된 GPS 반송파 위상과 일정한 기본 주파수로 수신기에서 생성된 위상의 차를 말한다. Static 자료처리에 있어서, 리컨스트렉티드(Reconstructed) 반송파 위상은 수신기 시계에 의해 결정된 Epoch에서 샘플화 된다. 리컨스트렉티드 반송파 위상은 수신된 신호를 연속적으로 합성된 도플러 변위에 따라 변하게 되며, 위성 기준 발전기와 수신기 기준발전기의 주파수 차이의 합성에 의해 편기되어진다. 초기의 실제거리(또는 Phase Ambiguity)가 결정되면, 리컨스트렉티드 반송파 위상은 위성과 수신기 사이의 거리에 관계될 수 있다. GPS 반송파(L1의 경우 19cm)의 1파장에 대한 위성과 수신기 사이의 거리 변화는 리컨스트렉티드 반송파 위상에 대한 1 사이클 변화를 야기할 것이다.

**Record 레코드, 기록** ① 어떤 특별한 변동 자료나 상호 연관된 많은 자료 원소들로 구성된 파일의 기본 원소로 표현하는 자료의 단위를 일컫는다. ② 응용 프로그램에 의하여 정보의 기본 단위로 취급하는 각 영역의 집합을 일컫는다. ③ 기본 단위로 취급되는 데이터와 단어의 집합을 말한다. ④ 서로 연관된 자료 항목(data item, field)들의 집합으로 구성되어 파일의 기본 원소가 되는 자료 저장이나 표현의 기본 단위로서, 응용 프로그램에서 사용자가 정의한 레코드를 논리적 레코드라 하며, 저장 매체에 입·출력될 때의 기본 단위는 물리적 레코드라고 한다. ⑤ 음성이나 음악 따위를 녹음한 음반을 말한다. 1887년에 개발되어 1924년부터 전기적인 취입을 한 이후 발전을 거듭하다가 1948년에 미국의 컬럼비아사가 장시간 레코드(LP : 매분 33⅓ 회전)를 개발하였다. 즉, 수록하고자 하는 음을 아주 가는 소릿골(약 0.005mm의 폭의 micro-groove)에 녹음한 것으로서 PVC재질을 주로 사용하며, 40~1만 5,000Hz까지 녹음할 수 있다.

**Record Management System(RMS) 레코드 관리 시스템** RMS(Record Management System)를 참조.

**Record of Observation 관측 기록** 측량성과를 얻을 때까지 측량에 관한 작업의 기록을 말한다.

**Record Posting 기록 수정** 가장 최근에 수정되어 만들어진 변화를 반영하기 위해 데이터베이스에 기록을 수정하는 것을 말한다.

**Recording Barometer 자기 기압계** 기압의 변화를 자동적으로 기록되게 한 기계로서 정해진 위치에 고정 시켜서 사용한다. 1일 또는 7일 만에 태엽을 감아주는 식이 보통이다.

**Recording Capasity 기록 용량** 자료가 기록된 정보의 밀도로서 다른 기록 용량이 가능한지를 말한다.

**Recording Density 기록 밀도** 자료들이 기록될 수 있는 밀도를 말한다.

**Recording Density Units 기록 밀도 단위** 기록 밀도를 위한 측정 단위를 말한다.

**Recording Format 기록 형식** 매체에 자료들을 기록하는 방법이나 가능한 선택을 말한다.

**Recording Method 기록 방식** 평판 측량 야장 기입법으로 직접 고저 측량처럼 측량의 성과(숫자)만을 기록하는 것을 말한다.

**Recovery 회복(回復), 복구** [데이터베이스] 트랜잭션들을 수행하는 도중 장애가 발생하여 데이터베이스가 손상되었을 때 손상되기 이전의 정상 상태로 복구시키는 작업이다. 장애의 유형에는 (1) 트랜잭션 장애 : 입력 데이터 오류, 불명확한 데이터, 시스템 자원 요구의 과다 등 트랜잭션 내부의 비정상적인 상황으로 인하여 프로그램 실행이 중지되는 현상, (2) 시스템 장애 : 데이터베이스에 손상을 입히지는 않으나 하드웨어 오동작, 소프트웨어의 손상, 교착 상태 등에 의해 모든 트랜잭션의 연속적인 수행에 장애를 주는 현상, (3) 미디어 장애 : 저장장치인 디스크 블록의 손상이나 디스크 헤드의 충돌 등에 의해 데이터베이스의 일부 또는 전부가 물리적으로 손상된 상태 등이 있다. 회복 관리기(Recovery Management)는 DBMS의 구성요소로서, 트랜잭션 실행이 성공적으로 완료되지 못하면 트랜잭션이 데이터베이스에 만들었던 모든 변화를 취소(UNDO)시키고, 트랜잭션 수행 이전의 원래 상태로 복구하는 역할을 담당한다. 메모리 덤프, 로그(Log)를 이용하여 수행한다.

**Recreation Ground 유원지(遊園地)** 일정한 구역 내에 일반 공중을 위하여 위락·휴양 등에 적합한 시설물을 종합적으로 갖춘 수영장·유선장·낚시터·어린이 놀이터·동물원·식물원·민속촌·골프장·경마장 등의 토지와 이에 접속된 부속 시설물의 부지를 유원지라 한다. 이들 시설과의 거리 등으로 보아 독립적인 것으로 인정되는 기숙 시설 및 유기장의 부지와 하천, 구거 또는 유지(공유의 것에 한한다)로 분류되는 것은 제외한다.

**Rectangular Coordinate System 평면 직각 좌표계** ① 임의의 차원의 유클리드 공간을 나타내는 좌표계의 하나로서, 데카르트 좌표계(Cartesian coordinate system)라고도 한다. 가장 흔한 2차원 혹은 3차원의 경우, 직교 좌표를 통상적으로 라틴 문자 x, y, z로 표기한다. ② 우리나라에서의 직각좌표는 TM(Transverse Mercator, 횡단 머케이터) 방법으로 표시한다. X축은 좌표계 원점의 자오선에 일치하여야 하고, 진북방향을 정(+)으로 표시하며, Y축은 X축에 직교하는 축으로서 진동방향을 정(+)으로 한다. 「공간정보구축 및 관리 등에 관한 법률 시행령」 제7조 제3항에 의거 우리나라 직각좌표의 원점은 다음과 같다.

1. 직각좌표계 원점

| 명칭 | 원점의 경위도 | 투영원점의 가산(加算)수치 | 원점축척 계수 | 적용 구역 |
|---|---|---|---|---|
| 서부 좌표계 | 경도: 125° 00′ E<br>위도: 38° 00′ N | X(N) 600,000m<br>Y(E) 200,000m | 1.0000 | 124°~126°E |
| 중부 좌표계 | 경도: 127° 00′ E<br>위도: 38° 00′ N | X(N) 600,000m<br>Y(E) 200,000m | 1.0000 | 126°~128°E |
| 동부 좌표계 | 경도: 129° 00′ E<br>위도: 38° 00′ N | X(N) 600,000m<br>Y(E) 200,000m | 1.0000 | 128°~130°E |
| 동해 좌표계 | 경도: 131° 00′ E<br>위도: 38° 00′ N | X(N) 600,000m<br>Y(E) 200,000m | 1.0000 | 130°~132°E |

참고 : (1) 각 좌표계에서의 직각좌표는 다음의 조건에 따라 TM(Transverse Mercator, 횡단 머케이터) 방법으로 표시한다. (i) X축은 좌표계 원점의 자오선에 일치하여야 하고, 진북방향을 정(+)으로 표시하며, Y축은 X축에 직교하는 축으로서 진동방향을 정(+)으로 한다. (ii) 세계측지계에 따르지 아니하는 지적측량의 경우에는 가우스 상사 이중 투영법으로 표시하되, 직각좌표계 투영원점의 가산(加算)수치를 각각 X(N) 500,000미터(제주도지역 550,000미터), Y(E) 200,000m로 하여 사용할 수 있다. (2) 국토교통부장관은 지리정보의 위치측정을 위하여 필요하다고 인정할 때에는 직각좌표의 기준을 따로 정할 수 있다. 이 경우 국토교통부장관은 그 내용을 고시하여야 한다.

2. 지적측량에 사용되는 구소삼각지역의 직각좌표계 원점

| 명칭 | 원점의 경위도 |
|---|---|
| 망산원점 | 경도: 126° 22′ 24.596″ E, 위도: 37° 43′ 07.060″ N |
| 계양원점 | 경도: 126° 42′ 49.685″ E, 위도: 37° 33′ 01.124″ N |
| 조본원점 | 경도: 127° 14′ 07.397″ E, 위도: 37° 26′ 35.262″ N |
| 가리원점 | 경도: 126° 51′ 59.430″ E, 위도: 37° 25′ 30.532″ N |
| 등경원점 | 경도: 126° 51′ 32.845″ E, 위도: 37° 11′ 52.885″ N |
| 고초원점 | 경도: 127° 14′ 41.585″ E, 위도: 37° 09′ 03.530″ N |
| 율곡원점 | 경도: 128° 57′ 30.916″ E, 위도: 35° 57′ 21.322″ N |
| 현창원점 | 경도: 128° 46′ 03.947″ E, 위도: 35° 51′ 46.967″ N |
| 구암원점 | 경도: 128° 35′ 46.186″ E, 위도: 35° 51′ 30.878″ N |
| 금산원점 | 경도: 128° 17′ 26.070″ E, 위도: 35° 43′ 46.532″ N |
| 소라원점 | 경도: 128° 43′ 36.841″ E, 위도: 35° 39′ 58.199″ N |

참고 : (1) 조본원점, 고초원점, 율곡원점, 현창원점 및 소라원점의 평면직각종횡선수치의 단위는 미터로 하고, 망산원점, 계양원점, 가리원점, 등경원점, 구암원점 및 금산원점의 평면직각종

횡선수치의 단위는 간(間)으로 한다. 이 경우 각각의 원점에 대한 평면직각종횡선수치는 0으로 한다. (2) 특별소삼각측량지역[전주, 강경, 마산, 진주, 광주(光州), 나주(羅州), 목포, 군산, 울릉도 등]에 분포된 소삼각측량지역은 별도의 원점을 사용할 수 있다.

**Rectangular Grid 정규 격자** 일정크기 사각형 격자 지점의 표고 행렬로 지형의 기복 변화를 표현하는 방법을 말한다.

**Rectangular Plane Coordinate System 평면 직교 좌표계(平面直交座標系)** 곡률 편차가 비교적 작은 국부적 지역에서 그 지역을 평면으로 보고 타원체상의 측지 위치를 평면에 투영한 좌표계로서, 우리나라에서는 횡원통 투영법에 따라 접하는 평면에서 북쪽을 X, 동쪽을 Y축으로 하고 있다.

**Rectangular Prism 직각 프리즘** 직각을 설정하는 기구로서 그 원리는 2등변직각 프리즘의 사변에 해당하는 면을 거울로 하고, 하단에 손잡이가 달려있다.

**Rectangule 사각형** 사실상 영역(Region)으로 해결할 수 있는 데이터 유형이다.

**Rectification 편위 수정** 촬영당시 생기는 피사체의 변위나 왜곡을 제거하는 과정으로 지상의 모든 점을 지면에 수직으로 투영하는 정사투영으로 맞추는 과정이며, 미분편위 수정 과정에서 격자위치에 해당되는 수치영상의 위치는 화소 중심에 정확히 일치하지 않으므로 주변 화소의 밝기 값을 이용하여 재배열하여야 한다.

**Rectification Differential 표정** 경사나 윤곽을 위해 재배치를 줄이기 위하여 변위 요소들에서 평지상에 사진의 재투영이나 독취의 진행 과정을 말한다.

**Rectified Photograph 편위 수정 사진(偏位修正寫眞)** 편위 수정된 항공사진을 말한다.

**Rectified Skew Orthomorphic 비틀림 사축 메케이토르 투영법** Rectified Skew Orthomorphic은 비틀림을 갖는 사축 메케이토르(Oblique Mercator) 투영법을 말하는 것이다. 차이점은 Rectified Skew Orthomorphic(RSO)이 중앙자오선에서 회전되는 것이다.

**Rectifier 편위 수정기(偏位修正機)** 편위 수정을 위해 사용되는 기계로서, 자동 초점 조정 장치와 투영판의 경사 장치를 갖는 사진 확대기를 말한다.

**Rectilinear 직선형** 기하학적인 왜곡이 없이 직선으로 둘러싸인 형태를 나타내는 용어이다.

**Red-Green-Blue(RGB) 빛의 3원색(적 · 녹 · 청)** RGB(Red-Green-Blue)를 참조.

**Red-Green-Blue-White(RGBW) 적 · 녹 · 청 · 백 표현기술** RGBW(Red-Green-Blue-White), Pentile을 참조.

**Redistricting 재구획화** 지도 객체들을 그룹으로 할당하는 작업을 말한다.

**Reduced Instruction Set Computer 축소 명령 세트 컴퓨터** 복잡한 명령을 단일 처리 경로 내에서 매우 빠르게 수행하는 운영 체계를 가진 컴퓨터를 말한다.

**Reduced Latitude 화성위도(化成緯度)** 지구중심으로부터 타원체의 장반경을 반경으로 하는 구(球)를 그리고, 타원체상의 임의의 점을 지나는 적도면의 법선이 이 구(球)와 만나는 점과 지구중심을 연결한 직선이 적도면과 이루는 각을 말한다.

**Reduction 축소, 리덕션** ① (재영상화) 영상을 더 작은 영상으로 바꾸어 주는 것을 말한다. ② (환산) 단순, 명확하고 더 기초적인 형태로 바꾸어 주는 것을 말한다.

**Reduction Plate 축소 건반(縮小鍵盤)** 멀티플렉스 등의 특수한 도화기에 사용하기 위하여 크기를 축소하고, 동시에 렌즈의 수차를 보정하여 인쇄한 양화 건판을 말한다.

**Reduction Printer 축소기(縮小機)** 축소건반을 만드는 인화기를 말한다.

**Reduction To Center 귀심(歸心), 편심** 높은 탑의 꼭대기 혹은 높은 굴뚝의 피뢰침 등을 삼각점으로 하였거나 기타의 사정으로 삼각점의 중심에 각측량용기기를 세워둘 수 없을 때 또는 세울 수 있다고 하더라도 다른 점을 시준하는 데 많은 수목을 베어내야 할 경우가 가끔 있다. 이때에는 중심 삼각점 가까운 곳에 편심측참을 설치하고 여기에 기계를 세워 보통 때와 같이 각을 관측하고 따로 중심점과 편심점과의 관계에 따라 중심 삼각점에서 관측한 것과 같은 각도를 산출하는데 이를 수평각측참귀심이라고 한다.

**Reduction To The Reference Plane 표고 보정** 지상에서 측정한 길이를 표준타원체면상의 길이로 환산하여 보정하는 것을 의미한다.

**Redundancy 중복성** 동일한 정보 또는 동일한 장치를 2개 이상 사용하는 방법과 정보 내용에는 전혀 영향을 미치지 않고 자료 기반에 존재하는 자료를 말한다.

**Reef 초(礁)** 해면 또는 해면 가까이에 위치한 바위 또는 경화된 물질로 항해에 장애가 될 수 있는 해저지형으로서, 단단한 암초, 산호 등으로 되어있는 곳으로 항해할 때 위험한 부분이다. 진흙, 모래 등 단단하지 않은 물질로 되어있는 모래톱(Shoal)과 구별된다. 우리나라에서는 암과 초를 합하여 암초로 불려지고 있으나, IHO-IOC의 'Standardization of Undersea Feature Names'에서는 초(reef)를 해저지형으로 분류하고 있다.

**Re Engineering 리엔지니어링** 컴퓨터를 기본으로 하는 자동화 방법. 작업 수행 방식을 근본적으로 재설계하고 그에 따른 작업 처리 과정을 강화하는 컴퓨터 도구를 선택한다.

**Ref Layer Miss 인접 계층 오류** 검수 도엽과 인접 도엽간에 도곽선 상에 인접한 요소의 위치는 일치하지만, 요소의 계층이 서로 다른 경우 발생한다.

**Ref Z Value Miss 인접 고도값 오류** 검수 도엽과 인접 도엽간의 도곽선 상에 인접한 요소의 계층이 2차원 위치는 일치하지만, 3차원의 고도값이 서로 다른 경우 발생한다.

**Reference 참조, 기준** 구조화 자료와 정위치 자료의 요소와의 관계 정보로서, 참조자는 대응하는 정위치 자료의 도엽 번호, 지도 분류 코드, 식별 번호 및 부호로 이루어지고, 구조화 MT(자기테이프)의 정위치 대응 파일에 기록된다.

**Reference Code 참조 코드** 수치지도에서 정위치 MT(자기테이프), 제도MT, 구조화 MT 및 정위치 제도관리 MT로 사용되는 여러 종류의 구분 등을 가리키는 코드이다.

**Reference Data 기준 자료** 주 원격탐사 자료원이 아닌 다른 것으로부터 얻어진 지구의 물리적 상태에 관한 자료로서, 원격 탐사 자료 분석을 뒷받침하는 데 사용된다. 여기에는 지도, 항공사진, 대기 상태에 관한 자료가 포함된다. 또한 어떤 상태의 보조 및 일시적 자료도 포함된다. 대부분의 경우에 있어서 기준자료는 주 자료, 수집 임무와 동시에 수집된다면 더욱 유용하다. 지표사실, 지표자료, 지표에 기초한 측정으로도 불린다.

**Reference Line 준거선(準據線)** 남북자오선 등 일정한 기준이 되는 선을 말한다.

**Reference Map 기준도** 지물의 일반적인 공간 정보를 보여주기 위해 설계된 매우 일반화된 지도 유형. 세계 지도, 도로 지도, 지도책, 약도 등이 예이다. 때로는 항법으로 사용되고, 때로는 선택된 데이터와 제한된 기호만을 사용하기도 한다. 지도 제작 기준도는 종종 GIS의 기반 자료층으로서 분석결과 표시를 위한 기본도로서의 역할을 제공한다.

**Reference Meridian 기준 자오선** Standard Meridian을 참조.

**Reference Model 참조 모델** 참조 모델은 개념 모델링(Conceptual Modeling), 영역 참조 모델(Domain Reference Model), 구조적 참조 모델(Architectural Reference Model), 그리고 프로파일(Profiles)로 구성되어 있다.

**Reference Origin 기준 원점** 사용된 기준 원점의 식별을 말한다.

**Reference Plane 기준면** Datum을 참조.

**Reference Point 인조점, 참조점** 각종 측량 시 기지점으로 사용되는 점을 말한다.

**Reference Space 기준 공간** 기준되는 사상이 지리적 범위 안에 위치될 수 있는 영역의 공간적 범위를 말한다.

**Reference Spheroid 준거 타원체면** Reference Ellipsoid를 참조.

**Reference Station(RS) 기준국, 위성항법 보정시스템 기준국** RS(Reference Station)를 참조.

**Reference System 기준계** 수학적 기준면(Reference Surface)의 수학적인 모양, 크기, 위치 방향으로 정의하며, 일반적으로 3차원 지구중심 좌표계(Geocentric Coordinate)를 사용한다. WGS-84, ITRF를 참조.

**Reference System Information 기준계 정보** 자료군에 적용되는 공간과 시간 기준계에 대한 정보를 포함한다.

**Referential Integrity 참조 무결성** ① 관계를 갖는 실체의 한 건이 입력 또는 삭제되거나, 관계를 결정하는 속성이 수정될 때, 자료의 정확성과 일관성을 보장해 주기 위한 업무 규칙을 말한다. ② 데이터베이스 내에서 다른 테이블에 영향을 주는 하나의 테이블 변경이 다른 테이블에 전달되는 것을 보장하는 능력. 예를 들어, 테이블은 다른 테이블에 기본키로서 존재하지 않는 외래키 값을 제공받지 않을 것이다.

**Referring Point 인조점** 중심 말목이나 작업 말목이 공사 때문에 제거되거나 매몰될 염려가 있을 때 다음에 그 점을 찾을 수 있도록 이 점에서 만나는 두 직선위에 각각 그 점을 정해둔다. 이들 점을 말한다.

**Reflect Coefficient 반사 계수** 2개의 서로 다른 매질의 경계면에 파동이 수직으로 입사하면 일부는 반사하고 나머지는 투과한다. 반사계수는 입사파의 진폭과 반사파의 진폭과의 비를 말한다.

**Reflectance 반사율** 어떤 면 전체의 입사 광속의 방사 광속에 대한 비를 말한다.

**Reflectance Factor 반사율 계수** 완전 확산면으로부터 반사 광속에 대한 사료면으로의 비율이다.

**Reflected Energy Peak 최대 반사 에너지** 지구의 표면에 의해 반사되는 에너지가 최대일 때의 파장(0.5$\mu$m)을 말한다.

**Reflected Infrared 반사 적외선** 파장이 0.7~3.0$\mu$m에 이르는 전자기에너지 영역으로서 원래의 태양 복사에너지와 반사된 에너지를 포함한다.

**Reflected IR 반사 적외선** Reflected Infrared를 참조.

**Reflecting Level 반사 고저측량기** 마름모꼴 반이 유리이고, 나머지 반은 거울인 고저측량기를 말한다.

**Reflection 반사(反射)** 매질의 물성이 불연속인 면에서 반사 법칙에 따라 파동의 진행 경로가 바뀌는 현상을 말한다. Diffuse Reflection, Specular Reflection을 참조.

**Reflection Hologram 반사형 홀로그램** 반사형 홀로그램은 서로 다른 방향의 물체파와 기준파가 홀로그래피 감광판에 입사하도록 하고 이때 물체파로 생긴 간섭무늬가 홀로그래피 감광판을 통과, 반대 방향의 기준파와 만나 3차원의 영상을 얻는다.

**Reflection Mode 반사법** 지반조사를 위한 가장 일반적인 방법으로써, 송신기와 수신기를 일정한 간격(Antena Seperation)으로 고정시킨 후, 일정한 간격으로 이동시키면서 조사하는 방법이다.

**Reflection Noise 반사 노이즈** [항공 레이저(라이다) 측량] 레이저 자료의 주요 노이즈로서 대기 중의 에어러솔이 일으키는 미(Mie)산란과 시가지 등에서 발생하는 다중반사(multipath)로 인해 발생한다. 전자는 공중에 부유하는 구름모양의 반사자료가 되며, 후자는 땅속에서 반사된 것과 같은 반사자료로 나타난다.

**Reflective 반사** 빛이나 전파 따위가 어떤 물체의 표면에 부딪쳐 되돌아오는 현상을 말한다.

**Reflective Infrared 반사 적외선** 파장이 0.7~3.0$\mu$m 영역에 있는 전자파들. 흔히 이 영역은 다시 근적외선과 중간적외선으로 세분된다.

**Reflective Mapping 반사 매핑** "반사되는" 객체의 표면 텍스처(재질, 질감) 위의 주변객체의 이미지를 도식화하는 광원추적 렌더링 효과이다. 수평해상도와 수직 이미지의 디테일은 각각의 화면요소 또는 픽셀로서 측정된다.

**Reflective Scanner 반사 주사기** 감지기와 광원이 문서의 같은 면에 위치한 독취기를 말한다.

**Reflective Wavelengths 반사 파장** 원격감지에 유용한 에너지 중 태양복사의 방사에 기인한 전자파장 영역 중 광학적 영역에 속하는 파장들로서 파장 범위는 0.3~3.0$\mu$m이다.

**Reflectivity 반사율** 반사능(反射能)이라고도 한다. 빛이나 기타 복사(輻射)가 물체의 표면에서 반사하는 정도를 나타낸다. 그 값은 물질의 종류와 표면의 상태로 결정되며 일반적으로 금속에서 크다.

**Refraction 굴절(屈折)** ① GPS에서 들어오는 신호, 위성 신호의 굴절 또는 경미한 방향 변경으로서 일반적으로 전리층과 대류권에 의한 영향이다. ② 물질의 경계면에서 투사된 파가 원래의 전파 방향에서 이탈되는 현상을 말한다.

**Refractive Index 굴절 계수** Index Of Refraction을 참조.

**Refractivity 굴절률** 표면에서 내부 에너지를 반사시키는 특성을 말한다.

**Refresh Graphics 재생 도표** Raster-Scan 그래픽 디스플레이 모니터에 사용되는 기술. 컬러 TV와 비슷한 접근 방식을 사용해서 Raster-Scan Devices는 연속적인 수평 Scan선으로서 다시 그어지거나 재생된 영상을 만든다.

**Refueling Track 연료공급 트랙** 항공기의 연료 공급을 위해 만들어진 장소를 말한다.

**Region 지역, 영역** ① 각각의 프로그램에 대하여 작업을 수행할 수 있도록 할당된 기억 장소 공간, 프로그램이 설치되어 있는 주 기억 장소 위치, 유사한 특성을 지닌 연속적인 구역을 말한다. ② 면적을 갖는 지리적 요소를 정의하기위한 하나 이상의 인접하거나 인접해 있지 않은 다각형의 집합을 말한다. ③ 영역(Region)은 다각형으로 표현되는 지리 공간 현상의 복잡한 관계를 모형화하는 것을 지원한다. 다각형의 구성요소는 아크인 반면에, 영역의 구성요소는 다각형의 집합으로써 표현된다.

**Region Classification 지역 분류** 지도 분류 코드 중 자료 이용의 개념에 의한 지도정보가 속하는 위치적 특성에 의해 분류하기 위하여 설정된 코드이다.

**Region Growing 영역 확장** 영상에서 영상소를 그룹화하거나 부영역을 더 큰 영역으로 만드는 방법이다. 영역 확장의 가장 간단한 방법으로, 씨앗점(Seed)들의 집합으로부터 시작하여 각 씨앗점에 이와 비슷한 성질들(명암도, 질감, 색상 등)을 가진 이웃 영상소들을 덧붙여 영역을 확장시키는 방법이다.

**Region Management Data 지역 관리 자료** 정위치 자료의 유지, 관리를 목적으로 작성된 관리 자료 파일을 구성하는 관리용 자료의 하나. 수치 지도를 실시한 지역 전체에 관한 관리 정보로서 도, 군 번호, 구, 동 번호, 계획 기관명, 지역명, 좌표계 등의 항목으로 되어있다.

**Region Quadtree 2차원 쿼드트리** 2차원 쿼드트리는 정사각형 셀을 사용한 규칙적 공간 분할을 기반으로 하지만, 인접한 셀이 같은 값을 가질 경우 서로 합쳐서 큰 셀로 만들 수 있다.

**Regional Extent 지역 범위** 시/도에 해당하는 일반적인 행정 영역명을 말한다.

**Regional Information System(RIS) 지역 정보 체계** RIS(Regional Information System)를 참조.

**Regional Map 지세도** 국토지리정보원에서는 1:250,000 지세도를 1963년 13도엽을 제작하였고, 1973년에 처음 수정하면 현재 반복 수정하고 있다.

**Regional Research Laboratory(RRL)(UK) 지역 연구 실험** RRL (Regional Research Laboratory)(UK)를 참조.

**Regions 구역** 하나 혹은 그 이상의 다각형으로 구성된 것을 말하며, 예를 들어 야생동물 서식지, 기타 필지 집합이다.

**Regis McKenna 레지스 매케나** 세계적인 테크놀로지 마케팅 컨설턴트. '하이테크 마케팅의 아버지'로 불리는 그는 1970년대부터 애플을 비롯하여 인텔, 로터스, 마이크로소프트 등 유수의 업체와 함께 마케팅을 진행했으며 홍보 전략에 있어 잡스에게 많은 영향을 끼친 것으로 알려져 있다.

**Register 기록기, 등기부** ① 정보 처리(Retrieve)와 같은 다른 파일과의 연결 목적을 위한 색인(Parcel Index)을 포함한 파일. 기록기는 자료 처리를 효율적으로 하기 위하여 제어회로에서 지시하는 대로 정보를 수용하거나 넘겨주는 능력을 갖는 기억장치이다. ② 등기를 하는 공적 장부로 등기소에 비치한다. 이는 토지 등기부와 건물 등기부가 있으며, 1필지의 토지 또는 건물을 단위로 한다. 각 등기 용지는 표제부(부동산의 표시), 갑구란(소유권), 을구란(소유권 이외의 권리)의 3부로 이루어진다. 등기부는 접수순으로 편철하게 되어 있다.

**Registered Surveying Engineer 측지기사(測地技士)** 측량법에서 정한 측량기술자의 한 종류이다. 측량에 관한 계획, 설계, 실시, 지도 및 감독을 말한다.

**Registered Surveyor 측량사(測量士)** 측량 기술자를 말하며 측지 기술사, 측지 기사 1급, 측지 기사 2급을 대상으로 한다.

**Registration 겹쳐 맞추기, 등록** ① 두 지도나 영상을 수치적으로 병립하여 기하학적으로 일치시키는 과정. ② 디지타이저를 보정하고 지도의 좌표계를 직각으로 변환하여 디지타이즈 작업을 위한 지도의 준비 작업 등록에는 2가지 방식이 사용된다. 절대 좌표를 이용하는 것과 상대 좌표를 이용하는 방식으로 절대좌표는 절대 위치를 기준으로 하는 방식이며, 상대 좌표란 다른 특정 위치에 대하여 상대적인 위치를 이용하여 동일 좌표계로 등록시킨다 하여 등록이라 한다.

**Registration Conversion Surveying 등록 전환 측량** 지적 공부의 정확도를 높이기 위한 목적으로 소축척인 임야대장 등록지를 대축척인 토지 대장에 옮겨 등록하는 경우에 시행하는 측량을 말한다.

**Registration Real Estate 등기(登記)** 부동산 거래 시 불의의 사태가 발생하는 것을 막아주는 공시 제도의 하나로서, 대상 부동산의 매수인에 그 부동산 내용을 명확히 하는 기능 외에 거래 관계에 관한 일정한 사항을 공시하는 역할을 갖고 있다. 그러나 좁은 의미로는 등기소의 등기 관련 일정 사항을 등기부에 기재하는 행위를 사실상의 등기라 한다.

**Registry 레지스트리** 운영 체제에서 환경 설정 및 각종 시스템에 관련된 정보를 저장해둔 장소를 가리킨다.

**Regression 회귀** 각 변수들의 값들이 주어질 때 원하는 한 변수 값을 예측하기 위하여 구체적인 관계식을 구하는 것을 말한다.

**Regression Analysis 회귀분석(回歸分析)** 예측변수와 종속변수의 관계를 나타내는 회귀식의 추정, 그에 의한 종속변수값의 예측, 이런 과정에 관련된 검증을 포함하는 통계방법이다. 회귀식은 종속변수가 예측변수들에 회귀(regress)되면서 추정된다. 회귀는 주어진 종속변수의 값을 예측해줄 좋은 예측변수를 찾아가는 작업을 의미한다. 따라서 선형적인 회귀도 있고 비선형적인 회귀도 있다. 표준화된 변수들을 사용하는 표준 회귀분석과 비표준화된 변수들을 사용하는 비표준화 회귀분석이 있다. 회귀식에서의 모수는 회귀상수와 회귀계수가 된다. 전자는 예측변수값이 0일 때의 종속변수의 값, 즉 절편이고, 후자는 예측변수값의 1단위 변화에 대응하여 종속변수의 값이 평균적으로 얼마나 변하는 가를 나타낸다.

**Regression Equation 회귀 방정식** 점들이 어떠한 규칙하에 분포하고 있는 경우 이들 점들의 분포 상태에 적합한 최적 방정식을 유도할 수 있는 방정식을 말한다.

**Regular Grid 정규 격자** 가로 및 세로 방향의 격자 크기가 동일한 격자망을 말한다.

**Regular Network 정규 격자망** 규칙적인 사각형 격자 지점의 고도의 행렬로 지형 기복 변화를 표현하는 방법으로, 일반적으로 DEM은 이를 말한다. 행렬은 컴퓨터에서 쉽게 처리되기 때문에 특히 래스터 방식의 GIS에서는 규칙 격자망이 DEM에 가장 많이 이용되고 있다. DEM에서 격자 간격은 지형의 상세 표현에 매우 중요한 요소이다.

**Regular Tessellation 정규 공간 분할** Tessellation을 참조.

**Regulatory Standard 명목적 표준** 공공의 안전이나 건강을 위해 공공기관에 의해 채택된 표준을 말한다.

**Rehabilitation 갱생(更生)** 노후화된 시설의 기능을 수선과 개축에 의해서 회복시키는 것을 일컫는다.

**Reify 구상화** 보통 하나의 객체(UML)로써 간주되지 않고 다른 객체로서 취급되는 것을 말한다.

**Relate 관계** 공통 아이템이나 필드에 기초해서 관계 데이터베이스에서 2개 이상의 테이블의 공통인 항목을 사용하여 해당 레코드를 다른 테이블의 동일 항목에 대하여 같은 값을 공유하거나 그 이상의 레코드를 연결하여 준다. 연결(Join) 연산의 가장 일반적인 형태 중 하나는 Equijoin이다. 그것은 하나의 테이블에 있는 값이 다른 테이블 값과 일치해야 한다. SQL은 관계 데이터베이스를 사용하여 연결 연산을 수행하기 위해 사용되는 보편적인 언어이다. 관계는 단일 테이블에 저장되지 않는 부가적인 지형 요소의 속성값을 처리해 준다. 연결은 단지 일시적일 뿐이다.

**Relation 릴레이션, 관계** 릴레이션은 기본적으로 테이블이다. 관계형 데이터베이스를 구성하는 개체(Entity), 관계(Relationship)를 릴레이션이라는 테이블로 표현한다. 릴레이션은 개체 릴레이션, 관계 릴레이션으로 구분할 수 있으며, 다른 데이터베이스로의 변환이 용이하며, 간결하고 보기 편리하다. 릴레이션은 데이터들을 테이블의 형태로 표현한 것으로, 릴레이션 스키마(릴레이션 타입)와 릴레이션 인스턴스(릴레이션 어커런스)로 구성된다. 릴레이션 스키마는 릴레이션의 이름과 릴레이션의 속성들의 집합으로, 내포(intension)라고 한다. 릴레이션 인스턴스는 릴레이션에 어느 시점에 들어 있는 튜플들의 집합으로, 외연(extension)이라고 한다.

한 릴레이션에 포함된 튜플들은 모두 다르다. 즉, 〈학생〉 릴레이션의 구성 요소를 구성하는 '박이술' 레코드는 박이술에 대한 사항을 나타내는 것으로 〈학생〉 릴레이션 내에서는 유일하다. 한 릴레이션에 포함된 튜플 사이에는 순서가 없다. 즉, 〈학생〉 릴레이션의 구성 요소에서 '박이술' 레코드와 '서승완' 레코드의 위치가 바뀌어도 상관이 없다. 각 속성은 유일한 값(원자값)을 갖고 있어야 하고, 속성들의 순서는 중요하지 않으며, 데이터는 삽입된 순서대로 정렬된다. Tuple 참조.

**Relation Topology 위상 관계** 지도요소들 간의 공간적 관계를 유지하는데 사용되는 강력한 데이터 구조이다.

**Relational Database(RDB) 관계형 데이터베이스** RDB(Relational Database)를 참조.

**Relational Database Linkage to Graphics 관계형 자료기반과 도형과의 관계** GIS 관계형 데이터베이스는 그래픽, 즉 도형과 연계되어 있다. 따라서 데이터베이스에서 도형을 조회하는 데이터베이스 조회와 도형에서 데이터베이스를 조회하는 도형 조회, 그리고 데이터베이스와 도형의 상호 조회가 가능한 주제 조회 기능이 있다.

**Relational DataBase Management System(RDBMS) 관계형 자료기반 관리체계** RDBMS(Relational DataBase Management System)를 참조.

**Relational Database Queries 관계형 자료기반의 질의** GIS는 데이터베이스와 도형 간에 직접적인 연계가 이루어져 있으므로, 최종 선택이 이루어졌을 때 결과를 도형으로 보여줄 수 있다.

**Relational Data Model 관계형 데이터 모델** 데이터베이스를 테이블 또는 릴레이션(relation)의 집합으로 표현하는 모델을 말한다. Relation 참조.

**Relational Join 관계형 접합** 공통 항목을 이용하여 2개의 속성표를 관계시키고 물리적으로 접합하는 작용을 말한다.

**Relational Matching 관계형 정합** 한 영상에서의 개체(entity)를 모양의 유사성을 기준으로 하여 검색된 다른 영상에서의 개체를 서로 비교하여 정합(matching)하는 기법이다.

**Relational Model 관계형 모형** E.F.Codd가 제창한 파일 설정을 위한 모형으로, 파일은 모두 수학적으로 정의된 자료의 n항 관계로 표현하고 있다. 이 n항 관계집합(보통 파일군)에 대해 상호 관계를 따라가면서 검색이 진행되는 기능이 있다. 모든 레코드는 공통의 사실을 중심으로 이차원의 테이블로 구성되며, 모든 레코드가 키 필드로 사용될 수 있다. 관계형 모형에서는 자료의 검색이

하나 혹은 여러 개의 테이블을 대상으로 이루어질 수 있다. 관계형 모형의 특징은 데이터 테이블을 설계하기 위한 질의의 유형이 사전에 정의되지 않고도 다양한 관계 테이블을 구성할 수 있다. 이론적으로 모든 속성 자료는 하나의 테이블로 저장될 수 있으나, 정보의 검색을 고려할 때 다양한 데이터베이스의 검색 성능이 떨어지는 단점이 있다. 그러나 여러 테이블로 나누어 저장하게 되어서 데이터의 중복성은 늘어나게 된다.

**Relational OLAP(ROLAP) 관계형 온라인 분석처리** ROLAP (Relational OLAP)를 참조.

**Relational Operators 관계 연산자** GIS에서 공간 자료와 관련하여 값을 비교하는데 사용되는 "Greater Than", "Less Than", "Maximum", "Minimum"과 같은 연산자를 말한다.

**Relationship 관계(關係)** [데이터베이스] 개체(Entity) 간의 관계 또는 속성(Attribute) 간의 관계를 말한다. 개체-관계(Entity-Relationship)는 개념적 데이터 모델의 가장 대표적인 것으로, 1976년 Peter Chen에 의해 제안되었다. 개체 타입(entity type)과 이들 간의 관계 타입(relationship type)을 이용해 현실 세계를 개념적으로 표현하며, 데이터를 개체(Entity), 관계(Relationship), 속성(Attribute)으로 묘사한다.

Relationship은 속성 관계와 개체 관계로 구성된다. (1) 속성관계(attribute relationship)는 개체 내(intra-entity)의 관계이며, (2) 개체 관계(entity relationship)는 개체 간(inter-entity) 관계이다. 관계형 데이터 모델은 계층 모델과 망 모델의 복잡한 구조를 단순화시킨 모델로서, 표(Table)를 이용해서 데이터 상호관계를 정의하는 DB구조이다. 데이터간의 관계를 기본키(primary key)와 이를 참조하는 외래키(foreign key)로 표현한다. 대표적인 언어로는 Orcle, MS-SQL, Informix 등이 있다. 1 : 1, 1 : N, M : N 관계를 자유롭게 표현할 수 있다. 장점은 간결하고, 보기 편리하고, 다른 데이터베이스로의 변환이 용이한 반면, 단점은 성능이 다소 떨어지는 것이다.

**Relationship Free 관계제한 파괴** 네트워크를 통해 누구와도 정보교환이 가능해지는 것을 말한다.

**Relationship Membership 관계 멤버쉽** 관계를 양 방향에서 바라본 관점. 하나의 관계는 항상 2개의 관계 멤버쉽으로 구성되며, 그 주체는 하나의 특정 엔티티이다.

**Relative 상대적** GPS에서 사용자가 동시에 같은 체계의 다른 사용자의 것과 관계하여 위치를 측정할 수 있는 정확도를 말한다.

**Relative Accuracy 상대 정확도** 동일 지도상에서 표현된 다른 물체로부터 한 지도상에 표현된 물체의 최대 편차의 관측을 말한다. 자료군에서 위치측정치의 내부일관성의 측정, 많은 지역적인 목적을 위해서, 예를 들면 이용시설물의 기록에서, 상대적 정밀도는 절대 정밀도보다 중요하다. 이 경우에 측정점으로부터의 지거 측량의 정확한 값이 공간에서 실제 위치에 대한 값보다 더 필요하다.

**Relative Age Method 상대연대 측정** 생물을 기준으로 암석이나 지층의 생성 연대를 서로 비교하여 그 선후 관계를 결정하는 것으로서, 상대연대의 측정은 크게 층서(層序, stratigraphy) 및 화석(化石, fossil)을 이용 방법이 있다. 층서를 이용하는 방법으로는 지층 누중의 법칙, 부정합의 법칙, 관입의 법칙 등을 이용한다. 화석을 이용하는 방법으로는 동물군 천이의 법칙을 이용한다. 지질작용은 지질시대에 살던 생물의 유해와 흔적을 묻어 놓았는데, 지금까지 남아 있는 것을 화석이라 한다. 지질시대와는 관계없이 종족이 계속 이어져 온 생물이 있는가 하면, 어떤 생물은 한 시대에 원인 모르게 멸종해 버린 것도 있다. 전자는 시상화석(示相化石, Facies Fossil)이며 암석의 생성환경을 연구하는데 쓰이고, 후자는 표준화석(標準化石, Index Fossil)으로서, 암석의 연령을 추정하는데 이용된다. 표준화석으로 알게 된 것을 상대연대(相對年代, Relative Age)라고 하며, 대상자료의 선후관계를 배열하는 작업이다. Absolute Age Method, Half Life를 참조.

**Relative Coordinate 상대 좌표** 한 좌표계 내에서 원점 대신에 근처의 한 점을 기준으로 관측된 좌표. 크기를 줄여 저장 공간을 절약하는 것에 목적이 있다. Absolute Coordinate를 참조.

**Relative Density 상대밀도(相對密度)** 입경이 큰 흙에 속하는 모래와 자갈의 공학적 특성을 지배하는 요소는 흙의 조밀(dense), 느슨(loose) 상태 여부에 있다. 조밀한 조립토는 일반적으로 강도가 크고 침하는 상대적으로 적게 발생하여 우수한 지반특성을 갖는다. 상대밀도($D_r$)는 모래나 자갈 등의 조립토에 대하여 조밀한 정도를 수치적으로 표현하는 척도이다.

$D_r = \frac{e_{max} - e}{e_{max} - e_{min}} \times 100(\%)$. 여기서, $e_{max}$는 흙이 가장 느슨한 상태일 때의 간극비, $e_{min}$는 흙이 가장 조밀한 상태일 때의 간극비, e는 흙의 현재 간극비(자연상태의 간극비)이다.

한편, $D_r = \frac{\gamma_{d\,max}}{\gamma_d} = \frac{\gamma_d - \gamma_{d\,min}}{\gamma_{d\,max} - \gamma_d} \times 100(\%)$이다. 따라서, 상대

밀도($D_r$)가 클수록 흙은 조밀한 상태가 되며, 건조단위중량은 커진다.

| $D_r$ | < 15 | 15~35 | 35~65 | 65~85 | > 85 |
|---|---|---|---|---|---|
| 조밀 정도 | 매우 느슨 (very loose) | 느슨 (loose) | 보통 (medium) | 조밀 (dense) | 매우 조밀 (very dense) |

**Relative Dilution of Precision(RDOP) 상대 정확도 저하율, 알덥** RDOP(Relative Dilution of Precision)를 참조.

**Relative Error 상대 오차** 측정값의 크기와 오차의 크기와의 비를 말한다.

**Relative Error of Closure 폐합비** 트래버스 측량의 정밀도를 표시하는데 사용되며 폐합비가 허용 한계를 넘으면 재측을 하여야 한다.

**Relative Location 상대 위치** 다른 위치를 기준으로 기록된 임의 지점의 위치를 말한다. Absolute Location을 참조.

**Relative Map Accuracy 상대 지도 정확도** 지구 지오이드에 얽매이지 않는 지역 관측망과 관련된 지도의 정확성. 지역 관측망에 관련하여 정의된 지도상의 위치 정확도는 네트워크에 의해 포함된 어떤 지형적 지역 내에서만 지점들이 정확하기 때문에 관계가 고려되어야 한다. 지역 관측망에 기초한 측량된 지도는 지오이드에 기초한 다른 지도에 쉽게 등록되지 않는다.

**Relative Orientation 상호 표정, 내부 표정** 한 쌍의 입체 사진 간에 촬영 시와 같게 투영 관계를 재현하는 조작. 단, 축척과 공간 내의 위치, 경사는 정하지 않는다.

**relative position 상대 위치** 다른 지점에 관한 한 지점의 위치를 말한다.

**Relative Positional Accuracy 상대측위 정확도** 자료군의 위치에 대한 측정을 내부적인 일관성으로 측정한다. 한 예로, 많은 국지적인 목적을 위해서 이용할 수 있는 기간 시설의 기록이나 상대적인 정확도는 절대적인 정확도에 비해서 더 중요하다. 이런 경우에는 고정된 점들로부터 변위를 정확하게 관측하는 것은 실질적인 지리적인 위치를 아는 것보다 더 요구된다.

**Relative Positioning 상대측위(相對測位), 상대 위치 결정** GPS 단독 측위에 대한 상대적인 측위방법으로 기준점과 미지점간의 좌표차(기선벡터)를 구하는 방법을 말한다. 상대측위 방법에는 후처리 상대측위 기법, 실시각 이동측위(RTK) 기법 등이 있다. GPS 위상관측식을 이용하여 GPS 수신기로 수신된 반송파 위상의 개수를 기록한 자료로 측량계산을 실시한다. 측량개시시 위성과 GPS수신기 사이에 존재했던 반송파의 정 현파수, 즉 위상수를 모호정수(Integer Ambiguity Number)라고 부르는데, 이를 알면 상대 측위에 의하여 두 점 간의 기선 벡터의 계산이 가능하게 된다. 문제는 반송파는 모든 파장의 파형이 고르기 때문에 파장의 개수를 정확히 구하기가 어렵다. 따라서 GPS 측량계산의 기본은 모호정수를 빨리 또는 적은 량의 데이터로 구하느냐 하는데 있다. 모호정수치를 구하기 위한 상대측위 방법에는 단일차분(Single Difference), 이중차분(Double Difference), 삼중차분(Triple Difference)이 있다.

- 단일차분(Single difference)은 1위성/2수신기 간 수신기간 차분의 위상관측식을 계산함으로서 위성시계의 오차항을 제거하거나 또는 2위성/1수신기간(위성간 차분)의 위상관측식을 계산함으로서 수신기 시계의 오차항을 제거한다. GPS 위성의 고도에 비해 두 수신기 사이의 거리가 짧다면 궤도 오차와 대기권 지연오차를 줄일 수 있다.
- 이중차분(Double difference)은 2개 이상의 single difference를 계산하여 수신기 및 위성시계의 오차항을 모두 제거하고, 미지항은 모호정수항 만을 남기게 된다. 따라서 n(n≥4)개의 위성에 대한 관측식으로 (n−1)개의 double difference를 이용하여 측량 계산을 실시한다.
- 삼중차분(Triple difference)은 double difference를 연속된 시간에 따라 빼주는 것으로 정보의 내용이 빈약해서 double difference를 이용하는 것보다 부정확하다. 관측도중 발생하는 사이클 슬립(Cycle Slip)을 보정하는데 이용한다. 사이클 슬립은 관측도중 나무와 같은 장애물을 통과하거나, 전리층의 활발한 활동 또는 전파가 많이 발사되는 지역에서 전자파 장애로 인하여 생긴다.

**Relative Positioning System 상대 위치 결정 체계** Method of relative Position을 참조.

**Relay 전자계전기(電磁繼電器), 릴레이** 컴퓨터 등을 사용하여 외부 기기를 제어할 때 자주 사용되는 부품이다. 릴레이는 코일에 전류를 흘리면 자석이 되는 성질을 이용한다. 코일이 전자석으로 되었을 때 철판을 끌어당겨, 그 철판에 붙어있는 스위치부의 접점을 열거나 닫는다. 다양한 반도체가 등장하면서 사용이 많이 줄었다. 릴레이의 장점은 전기적으로 독립된 회로를 연동시킬 수 있는 점이다. 5V와 같은 저전압계로 구성된 회로의 동작에 의해 AC 100V계의 회로를 ON/OFF시키든가, 대전류의 회로를 ON/OFF시킬 수 있다. 코일 부분과 접점 부분이 완전하게 절연되어 있어서 전기적으로 외부기기와 절연할 수 있기 때문이다. 그러나 릴레이는 다음과 같은 단점이 있다. 즉, (1) 동작속도가 느리다. 아무리 고속 제품이라도 수 ms의 동작 시간을 필요로 한다. 이것은 기계적으로 작동하는 한계가 있기 때문이다. (2) 노이즈가 발생한다. 접점이 접촉한 순간에 스파크가 발생하여 그로 인한 노이즈가 발생한다. 이러한 스파크의 발생을 억제하기위하여 다이오드와 스파크 킬러가 많이 이용된다. 릴레이의 종류에는 메커니컬 릴레이, 솔리드 스테이트 릴레이(SSR), 포토 MOS 릴레이 등이 있다.

**Reliability 신뢰도(信賴度)** ① 동일한 대상을 반복적으로 측정할 때 같은 결과를 가져올 수 있는 정도로서, 측정하고자 하는 특성을 오차 없이 정확하게 측정하는 정도이다. 만약 어떤 척도를 이용하여 동일한 대상을 반복 측정하였을 때 항상 같은 결과가 나온다면 이 척도는 신뢰도가 매우 높다고 할 수 있다. 신뢰도는 측정의 안정성, 일관성, 정확성과 관련이 되는 것으로, 신뢰도를 추정하는 방법으로는 검사-재검사 신뢰도, 동형검사 신뢰도, 반분검사 신뢰도, 문항내적합치도 등이 있다. ② 품질평가에 쓰여 지는 지리자료군의 견본이 전체 지리자료군을 나타내는 가능성을 기술하는 메타품질의 요소이다.

**Reliability Diagram 신뢰도 그림** 수직, 수평의 정확도 또는 같은 계통을 가진 영역과 같은 자료의 정보의 질을 그리기 위해 사용된 지형자료에 포함된 그림을 말한다.

**Relief 기복** 육지나 바다 기저로부터 고도의 변화로서 지역적으로 고지와 저지 사이의 차이를 말한다.

**Relief Displacement 기복 변위(起伏 變位)** 대상물에 기복이 있을 경우, 연직으로 촬영하여도 축척은 동일하지 않으며, 사진면에서 연직점을 중심으로 발생하는 방사상의 변위를 말한다. $\Delta r = \frac{f}{H} \cdot \Delta R = \frac{f}{H} \cdot \frac{r}{f} \cdot h = \frac{h}{H} \cdot r$. 여기서, $\Delta r$은 기복변위량, h는 비고, H는 촬영고도, r은 연직점에서의 거리이다.

**Relief Feature 지모(地貌)** 산정·구릉·계곡·평야 등 주로 자연적인 토지의 기복을 말하며, 일반적으로 등고선으로 표시된다.

**Relief Map 기복도, 입체지도** 3차원 지도 혹은 기복을 감지할 수 있도록 만든 지도를 말한다.

**Relief Shade Map 음영 기복도** Shaded Relief Map을 참조.

**Relief Shading 기복 음영처리** Hillshade, Hillshading를 참조.

**Religious Site 종교 용지(宗敎用地)** 일반 공중의 종교 의식을 목적으로 예배·법요·설교·기제 등을 하기 위한 교회·사찰·향교 등 건축물의 부지와 이에 접속된 부속 시설물의 부지를 말한다.

**Remarketing 리마케팅** 광고주의 웹사이트를 방문했던 이용자를 타겟팅하여 구매단계에 따라 각각 다른 메시지 광고를 내보내는 형태의 광고형태로서, 이용자의 검색기록과 인터넷 경로를 기반으로 맞춤형 배너광고를 제공하는 것으로서 리타게팅(Retargeting)이라고도 하며, 높은 효율성으로 광고주들로부터 호응을 얻고 있다.

**Remeshing 리메쉬** 정규화되지 않은 형상을 단순화와 분할을 통해 실제와 거의 유사하게 표현하는 기법을 말한다.

**Remixing 리믹싱** 새로운 산출물을 창조하기 위해 콘텐츠를 추출해 통합하는 것을 말한다.

**Remonumentation 리메너멘테이션** 초기에 측량되고 구축된 이래 파괴되고 있는 것을 재배치하기 위해 지표상에서의 영구적인 부호를 구축하는 과정. 이전의 측량기록들로부터 구축되었던 경계표에 원래점을 위치시키기 위한 측량을 수반한다.

**Remote Communications 원격 통신** 중앙 컴퓨터로부터 위치적으로 멀리 떨어진 장치들 간의 통신. TV 체계, 광섬유 채널, 마이크로파 전송, 자료 전송을 위한 인공위성과 같은 개인적 상업적 통신에 널리 쓰인다.

**Remote Control System 원격조종시스템** RCS(Remote Control System)를 참조.

**Remote Data Management 원격 데이터 관리** 파일 서버 또는 데이터베이스 서버를 두고 적용 업무와 화면 표현을 모두 클라이언트에서 처리하는 형태로, 가장 보편적으로 이용되고 있는 클라이언트/서버 구조이다. 분산 데이터베이스 환경은 통신 네트워크로 상호 연결된 노드의 집합으로 이루어져 있다. 각 노드는 자신의 하드웨어 및 소프트웨어를 가지고 있다. 분산 데이터베이스의 주요 목적은 사용자 및 어플리케이션 프로그램이 원격지 데이터와 지역 데이터에 접근할 수 있도록 하는 것이다. 분산 데이터베이스 설계에서는 분산 환경의 형태를 결정하고, 현재 구현된 시스템에 적합한 분산 데이터베이스의 구조를 선정하는 작업으로 이루어진다. 가장 기본적인 분산 환경의 형태는 한 노드에서 단일 사용자가 원격지에 위치한 데이터베이스를 접근하는 클라이언트/서버 구조(client/server architecture)이다.

이때, 데이터베이스에 대한 접근 요청을 하는 노드를 클라이언트 노드(client node)라고 하고, 요청된 데이터베이스 서비스를 제공하는 노드를 서버 노드(server node)라고 한다. 무엇을 어떻게 분산 처리할 것인가에 따라 여러 가지 형태의 클라이언트/서버 시스템이 존재할 수 있다.

원격 데이터 관리는 파일 서버 또는 데이터베이스 서버를 두고 적용 업무와 화면 표현을 모두 클라이언트에서 처리하는 형태로, 가장 보편적으로 이용되고 있는 클라이언트/서버 구조이다. 기존의 중앙집중식 시스템에서 클라이언트 서버 구조로 전환하는 과정에서 많이 사용되고 있다. 호스트에 저장된 방대한 자료를 그대로 사용하면서 새로운 고성능의 개인용 컴퓨터나 워크스테이션의 성능을 최대한 이용할 수 있는 장점이 있다. Distributed Database Environment, Distributed Presentation, Remote Presentation, Distributed Logic, Distributed Database를 참조.

**Remotely Piloted Vehicle(RPV) 원격 조종기** RPV(Remotely Piloted Vehicle)를 참조.

**Remote Presentation 원격 프리젠테이션, 원격 표현** 데이터 및 프로그램이 서버에서 운용되며, 화면에 대한 표현 부분이 클라이언트에서 운용되는 형태이다. 분산 데이터베이스 환경은 통신 네트워크로 상호 연결된 노드의 집합으로 이루어져 있다. 각 노드는 자신의 하드웨어 및 소프트웨어를 가지고 있다. 분산 데이터베이스의 주요 목적은 사용자 및 어플리케이션 프로그램이 원격지 데이터와 지역 데이터에 접근할 수 있도록 하는 것이다. 분산 데이터베이스 설계에서는 분산 환경의 형태를 결정하고, 현재 구현된 시스템에 적합한 분산 데이터베이스의 구조를 선정하는 작업으로 이루어진다. 가장 기본적인 분산 환경의 형태는 한 노드에서 단일 사용자가 원격지에 위치한 데이터베이스를 접근하는 클라이언트/서버 구조(client/server architecture)이다. 이때, 데이터베이스에 대한 접근 요청을 하는 노드를 클라이언트 노드(client node)라고 하고, 요청된 데이터베이스 서비스를 제공하는 노드를 서버 노드(server node)라고 한다. 무엇을 어떻게 분산 처리할 것인가에 따라 여러 가지 형태의 클라이언트/서버 시스템이 존재할 수 있다.

원격 프리젠테이션은 데이터 및 프로그램이 서버에서 운용되며, 화면에 대한 표현 부분이 클라이언트에서 운용되는 형태로서, 서버에서 자료를 검색하고 분석한 후, 그 결과를 그래픽 표현 기능이 우수한 개인용 컴퓨터나 워크스테이션으로 보내어 클라이언트의 다양한 그래픽 사용자 인터페이스 도구를 이용할 수 있다. Distributed Database Environment, Distributed Presentation, Distributed Logic, Remote Data Management, Distributed Database를 참조.

**Remote Procedure Call(RPC) 원격 절차 호출** RPC(Remote Procedure Call)를 참조.

**Remote Processing 원격 처리** 컴퓨터 체계와 자료 통신 기능을 결합하여 작업을 처리하는 방식을 말한다.

**Remote Sensing(RS) 원격 탐사(遠隔探査)** RS(Remote Sensing)를 참조.

**Remote Sensing Imagery 원격 탐사 영상** Satellite Imagery를 참조.

**Remote sensing process 원격 탐사 처리과정** ① 현장 데이터와 원격탐사를 이용해 취득할 데이터를 정의하고, ② 데이터를 수집하고, ③ 데이터로부터 정보를 추출하고, ④ 정보를 가시화하는 과정을 통해 원격탐사 데이터로부터 유용한 정보를 추출하는 과정을 말한다.

**Remote Sensing Resolution 원격 탐사 해상도** 해상도(또는 해상력)는 공간적으로 가깝거나 분광대 상에서 유사한 신호들 사이를 구별할 수 있는 광학 시스템의 능력에 대한 측정 단위이다(Swain and Davis, 1978). 원격 탐사를 이용하여 생물리학적 변수들을 측정하는 능력에는 4가지 유형의 해상도에 대한 신중한 고려가 요구되는데, 분광(Spectral), 공간(Spatial), 시간(Temporal), 방사(Radiometric) 해상도가 그것이다. 분석가들은 원격 탐사영상에서 중요한 생물리학적 정보를 추출해내기 위하여 이들 해상도의 특성에 대하여 반드시 이해하고 있어야 한다.

**Remote Sensing Technology Center of Japan(RESTEC) 일본 원격 탐사 기술 센터** RESTEC(Remote Sensing Technology Center of Japan)를 참조.

**Remote Sensor 원격 감지기** 대상물로부터 반사 또는 복사되는 전자파 등을 수신하는 장치를 말한다. 카메라, 광학 스캐너, 선형 및 면형 배열 센서, 레이저, 라디오 주파수 수신기, 레이더 시스템, 수중 음파 탐지기, 지진계, 중력계, 자기계, 그리고 섬광계 등이 이에 해당된다.

**Remote Site 원격지** 중앙 처리국으로부터 일정한 거리가 있어 통신에 특별한 장비(Cable 또는 증폭기 외)가 필요한 지역을 말한다.

**Remotely Sensed Data 원격 탐사 자료** 지구로부터 원격되는 측점소(대개는 위성) 위치한 주사기를 경유하여 수집된 수치 토지 자료이다. 일반적으로 원격 관측된 자료는 SPOT과 LANDSAT이 있다.

**Render To Texture(RTT) 텍스처 렌더링** RTT(Render To Texture)를 참조.

**Rendering 렌더링** [영상처리] 그림자나 색상과 농도의 변화 등과 같은 3차원 질감을 넣음으로써 컴퓨터 그래픽에 사실감을 추가하는 과정이다. 그래픽 렌더링의 기술 중의 하나로 레이 트레이싱(Ray Tracing)이 있다. 렌더링의 또 다른 형태에는 이미지를 레이 트레이싱처럼 객체별로 하는 것이 아니라, 한 번에 1개의 수직선으로 렌더링하는 주사선 렌더링이 있다. 일반적으로 주사선 렌더링이 레이트레이싱에 비해 좋은 결과를 내지는 못하지만, 개별 프레임의 이미지 품질이 그리 중요하지 않은 애니메이션 패키지에서 자주 사용된다. Ray Tracing을 참조.

**Rendez-vous 랑데부** 2개 이상의 우주 비행체가 서로 가까이 접근하는 운동을 말한다.

**Renovation Of Cadastre 지적 재조사(地籍再調査)** 토지 이용증진과 국민의 재산권 보호에 구조적 장애를 가져와 지적 관리에 혼란을 초래하고 있는 지적 불부합지 문제를 해소하고, 토지의 경계복원력을 향상시키며 일필지의 표시를 명확히 함으로써, 능률적인 지적 관리 체제로 개선하기 위해 기존 지적 제도를 개편하는 작업이다. 또한 과거 토지조사 시에 시행했던 지적공부의 질적 향상을 추구하고 현행 법적, 기술적 기준을 보다 완벽하게 하여 지적관리를 현대화하기 위한 수단으로 생각하는 것이다. 지적 공부의 질적 향상이란 지적 측량 성과의 정확도를 제고함은 물론, 지적에 포함되는 요소들의 확장과 개편을 의미한다.

**Renewal 갱신(更新)** ① 노후화한 시설, 설비의 기능을 회복시키기 위해 교환 또는 재건설을 하는 것으로서, 대상에 의해서 시설 갱신, 관로갱신 및 설비갱신이라 한다. 이에 반해 기존 시설, 설비를 소생시켜 기능을 회복하는 것을 갱생이라 한다. ② (updating) 마스터 파일 안의 정보를 변동파일에 의해 추가, 삭제, 교환하고 새로운 내용의 마스터 파일을 작성하는 것을 말한다.

**Renumbering 재번호 부여** 속성의 정렬과 범위를 바꾸기 위한, 또한 특히 래스터 GIS에서 격자 셀 안의 수를 범주로 바꾸기 위한 DBMS의 사용을 말한다.

**Retinal Rivalry 망막 경합** [영상] 두 카메라가 완벽하게 동시 동작하지 않을 경우, 물체의 움직임으로 인해 발생하는 오른쪽과 왼쪽 프레임이 불일치되고, 물체가 본래의 평면 위로 떠오르거나 뒤로 꺼져 들어가는 느낌을 주게 되는 것을 말한다.

**Reoccupation 재관측** 각측점을 한 번 이상 관측(Occupying)한 관측 기법. 각 관측(Occupation)은 위성의 기하학적인 변화를 허용하기 위해 1시간 이상 관측해야 한다. 재관측은 하나의 Single Solution으로 모든 관측에서 자료를 결합한다. 이 기법은 장애물에 의해 정상적인 관측이 불가능하거나, 최초의 관측으로 위상 불확정을 해결할 수 없을 때 이상적으로 사용된다.

**Repeatability 반복(가능)성** 주어진 동일 상황에서 지속적으로 같은 동작을 수행하거나 같은 자료를 제공하는 장치의 능력. 주어진 동일 입력에서 출력은 주어진 통계적인 확신에 도달할 것이다.

**Repeatable 반복 가능** 사용자가 같은 체계로 구한 좌표가 예전에 측정된 위치로 되돌아갈 수 있는 정확도를 말한다.

**Repeating Method 반복법** 한 각을 여러 번 관측하여 전체 관측각을 측정 횟수로 나누어 평균한 값을 관측값으로 하는 관측 방법이다.

**Repetitively-Pulsed Laser 반복 펄스 레이저** [항공 레이저(라이다) 측량] 펄스반복주파수가 1Hz보다 큰 복수펄스의 방사에너지를 연속적으로 발생시키는 레이저를 말한다(「레이저광선 운영기준」 〈국토교통부 고시 제2013-462호〉, 제4조 제12호).

**Repetitive Strain Injury(RSI) 반복 운동 손상** RSI(Repetitive Strain Injury)를 참조.

**Reply 리플라이, 댓글** 트위터 이용자가 가장 헷갈리는 부분이 리플라이 기능이다. 대부분의 웹서비스의 경우 원문에 댓글을 다는 구조를 가지고 있다. 대부분의 블로그 서비스, 페이스북(Facebook)도 댓글을 달 수 있다. 하나의 글에 일목요연하게 달린 댓글을 보면 논의가 어떻게 진행되어왔는지 알 수 있는데, 트위터는 댓글이 아닌 리플라이(reply)라는 기능을 가지고 있다. 이 기능은 트위터 유저명만 알면 아무한테나 보낼 수가 있다. 꼭 어떤 글에 대한 답글을 다는 것이 아니라, 특정 사람에게 메시지를 보내고 싶을 때 그냥 보내면 된다. 내가 팔로잉하지 않는 사람에게도 그냥 보내면 된다. 내가 쓴 특정 글에 대해 어떤 사람이 나한테 리플라이를 보낼 수 있는데, 현재 트위터에서는 어떤 글에 리플라이를 했는지 알 수 없다는 점이 상당히 불편할 때가 많다. 이런 단점을 보완하는 서비스로 Tweetree.com이 등장했다. 메시지를 보낼 사람의 유저명 앞에 @을 붙이면 되고, 여러 명에게 한꺼번에 할 수도 있다. 각 메시지에 표시가 있는데, 이게 리플라이 기능이다.

**Report 보고서** 데이터베이스의 모든 레코드에 대한 모든 속성값의 일람표. 보고서는 종종 원 데이터와의 검증을 위해서나 검사의 확인을 위해 도표로 출력된다.

**Report Generator 보고 생성기, 보고서 생성자** 데이터베이스의 모든 레코드의 모든 속성값의 목록을 생성할 수 있는 데이터베이스 관리 시스템(DBMS)의 일부분이다.

**ReportAgent 보고서 생성자** 코바미들웨어의 구성요소로 민원발급을 위한 도면제공에 활용된다.

**Reporting Group 보고 군** 명시적 또는 암시적으로 부여된 요구를 만족하는 제품 특성의 총체를 갖는 데이터를 말한다.

**Repository 리파지터리** 애플리케이션 개발에 관련된 정보를 보관해둔 데이터베이스. 정의(定義) 정보, 설계 정보, 프로그램 및 시험 결과 등의 응용 프로그램 개발에 대한 각 공정 과정에서 발생한 정보를 축적해서 공정 간에 공용하거나 피드백 되도록 컴퓨터 이용 소프트웨어 공정 툴이 지원된다.

**Representation 표현(법)** 일정한 규칙에 따라 정의되는 기호를 사용하여 어떠한 물체의 구조와 의미를 정의하는 작업을 말한다.

**Representational Ontology 표현 온톨로지** 특정 영역(Domain)에 해당하지 않으면서 무엇을 표현해야 하는지에 대한 언급 없이 프레임, 슬롯, 제한을 기술함으로서 개체(Entity)를 표현하는 온톨로지이다.

**Representational State Transfer(REST) 웹 표현상태 변경, 레스트** REST(Representational State Transfer)

**Representative Fraction(RF) 분수 표현, 대표 비율, 대표 축척** RF(Representative Fraction)를 참조.

**Reproduction of Cadastral Record 지적공부 재조제(地籍公簿再調製)** 지적 공부의 오손 또는 마멸 등으로 인하여 그 효용을 다할 수 없을 때에는 서울특별시장, 광역시장 또는 도지사를 거쳐 관련부처의 장관 승인을 얻어 이를 다시 조제할 수 있다.

**Request For Information(RFI) 자료 요청서** RFI(Request For Information)를 참조.

**Request For Proposal(RFP) 제안 요청서** RFP(Request For Proposal)를 참조.

**Request For Quatation(RFQ) 견적 요청서** RFQ(Request For Quatation)를 참조.

**Requirement Analysis 요구 분석** 업무 지원 프로그램, 자료 기반부, 체계 그리고 운영 조직 분야로 분류하여 각각 분야에 적합한 기준 사양을 정한다. 요구 분석 단계에서 우선적으로 해야 할 사항은 대상 부서의 주요 업무를 결정하고, 이들 업무가 수행되는 현재의 환경을 파악하는 것이다. 이러한 사항이 정리되면, 도입될 GIS의 목적을 정하고 새로 도입될 체계가 지원할 업무를 결정하는 것이다. 이들 업무를 세부적인 단위 업무로 분류하여, 각각의 업무 환경을 분석하여 개발 우선순위를 결정한다.

**Requirement For Proposal(RFP) 제안 요청서** RFP(Requirement For Proposal)를 참조.

**Requirements for Quality 품질요구사항** 요구의 표현 또는 실체가 실현 및 검사될 수 있도록 실체 특성에 대하여 일련의 정량적 또는 정성적으로 명시된 요구사항으로 요구의 변환.

**Resample 재배열(再配列)** 보정되지 않은 화소의 주변값을 기준으로 기하보정을 하는 동안 새로운 화소값이 생성되어 그 화소에 할당되는 것으로서, 주변의 값을 기준으로 평균값 등을 계산하여 영상을 강조하거나 분류할 때 착오가 발생하지 않도록 해주는 처리법이다.

**Resampling 재추출, 재배열** ① 격자 형태의 영상을 특정한 축척으로 변환시키고 투영하기 위해 사용되는 기법. 영상면의 해상도 크기를 변경하기 위하여 영상면에 나타나는 픽셀의 개수를 조정하는 방법을 말한다. 자료의 손실과 해상도에서 영상 압축방식에 비해 자료품질이 낮아진다. 파일의 크기를 감소시킬수록 영상의 품질과 판독성이 급격히 저하되며, 파일의 크기 감소에 따라 영상수도 감소된다. ② 재배열의 편위 수정(Rectification) 처리를 했을 때 어느 점에 해당하는 휘도값(Brightness Value)을 원래의 휘도값과 같게 하거나 그 주변의 휘도값으로 평균하여 비슷하게 만들어줌으로써 강조(Enhancement)시 또는 분류(Classification)시에 착오가 없게 해주는 처리를 말한다. 부등각 사상(Affine) 변환식을 통해서 변환된 좌표들은 휘도값이 동일하게 이동하지 않고 단지 좌표만 이동한 것이기 때문에 이것을 맞추기 위해서 보간법이 필요하다.

**Researsumer 리서슈머** 자신이 관심 있는 소비분야를 지속적으로 연구하고 탐색하는 '전문가형 소비자'를 말한다. 리서슈머는 연구(Research)와 소비자(Consumer)의 합성어로 전문가 수준의 지식을 가지고 자신이 소비하고자 하는 제품의 특성과 시장현황, 장·단점 등을 정확히 파악하고 합리적으로 구매하는 소비활동을 지향한다. 이들은 자신이 가진 전문지식을 일반인들에게 알려 제품 정보를 공유하고 합리적 소비를 유도하기도 하는데, 이들은 자신이 산 제품에 대해 비교적 객관적인 입장에서 정보를 공유하고 있어 일반인에게 큰 영향력을 미친다. 최근 블로그나 SNS(Social Networking Service) 등 정보기술의 발달로 사이버 공간을 통한 정보공유가 확대되면서 리서슈머의 활동이 크게 증가하고 있다. 이들은 자신이 가진 전문지식을 일반인들에게 알려 제품정보를 공유하고 합리적 소비를 유도한다.

**Reseau Camera 망상 사진기** 사진면상에 측정용의 격자점이 촬영될 수 있도록 만들어진 사진기를 말한다.

**Reseau Marks 망상 마크** 사진면상에 측정용의 작은 격자형태를 말한다.

**Reseau Photograph 망상 사진** 망상 사진기로 촬영된 사진을 말한다.

**Reseau Plate 레조 플레이트** 망상 마크가 세밀하게 그려진 유리판으로서 필름의 앞쪽에 장치되어있다.

**Resection 후방 교선법(後方交線法)** 사진기나 그 사진기를 가지고 있는 사진의 위치, 표정(Attitude)값을 3차원적으로 결정하는 것을 말한다.

**Reselect 재선택** 유지될 대상물을 선택하거나 선택되지 않은 대상물을 제거하는 것을 말한다. 조건을 주거나 범위를 지정할 때에는 집합의 조건식을 이용하거나 수학의 연산기호를 사용하여 정할 수 있다

**Reserve 보류지** 특수한 사용을 위해 마련된 지역을 말한다.

**Reshoring 리쇼어링, 본국회귀** 제조업의 본국회귀를 뜻한다. 인건비 등 각종 비용 절감 등을 이유로 해외에 나간 자국 기업이 다시 국내로 돌아오는 현상이다.

**Residental Land 택지** 공공시설용지 이외의 토지를 말한다.

**Residual 잔차(殘差)** ① 종속 변수의 관측값에서 모형에 의해 예측된 값을 뺏을 때 남은 양으로서, 종속 변수의 단위로 표현된다. ② 최확값과 측정값과의 차를 말한다.

**Residual Error Rate 잔류 오차율** ① 틀리게 수신된 비트나 문자, 블록 등이 검출되지 않았거나 정정되지 않은 비율. ② 수정 후 수정되지 않은 오류의 비율을 말한다.

**Residual Parallax 잔존 종시차(殘存縱視差)** 상호 표정 후 관측 오차 등을 위하여 모델 내의 각 점에 남아 있는 미량의 종(Y) 시차를 말한다.

**Residual Soil 잔류토(殘留土)** 풍화작용에 의해 제 위치에서 형성된 흙으로서, 풍화속도가 상대적으로 빠른 환경에서 형성된다. 습기가 많고 온난한 지방에서는 화학적 풍화가 촉진되어 잔류토의 두께가 깊다. 모암의 광물 성질을 그대로 유지하고 있으며, 입자의 크기가 깊이에 따라 계층으로 되어 있다.
일반적으로 통일분류법상 SM, SC로 0 분류되며 SM이 우세하다. 이러한 흙은 다짐시 파쇄가 일어나 강도가 저하되는 과다짐(over-compaction)의 우려가 있다. N값은 보통 15~40이며, 내부마찰각이 20~35도 정도로서 성토용으로 양호한 편이다.

**Resilience 회복력(回復力), 리질리언스** [재난] 개념적으로 충격으로 인한 피해를 극복하고 시스템 기능을 회복하는 능력으로 정의되며, 시스템 내·외부 충격으로 인해 발생하는 불안정성을 극복하여 시스템 기능을 회복하는 능력을 의미한다. 이는 생태학에서 발전된 개념으로 동요 및 혼란에 대해 기존의 상태를 유지하려는 생태계의 역량을 이해하기 위한 개념으로 정의되었다. 회복력(Resilience)은 최근 국제기구 및 각국 정부의 미래대응 전략뿐만 아니라 학계, 기업 등에서 활발하게 쓰이는 용어가 되었다. 그 배경에는 카트리나(Hurricane Katrina, 2005년 8월 말 미국 남동부를 강타한 초대형 허리케인)와 같은 자연재난, 2008년의 대규모 금융위기, 일본 후쿠시마 원전사고(Fukushima Daiichi nuclear disaster, 福島 原發 事故, 2011년 3월 11일 일본 도호쿠(東北) 지방 태평양 해역 진도 9의 지진과 지진 해일로 인한 후쿠시마 원전 방사능 누출 사고) 등과 같은 재난 발생이 있었다. 이들 재난을 겪으면서, 기존의 재난관리 대응이 가지고 있던 근본적 전제에 변화가 있어야 한다는 문제의식이 확산되었다. 문제의 핵심은 우리가 현대사회에서 맞닥뜨리게 되는 위험에 대한 예측 가능성이 저하되고 있으며, 피해의 원인을 단일 요소로 규정하기 어렵다는 점이다. 예측 불가능성은 문제의 복잡성에 기인한다. 일반적으로 회복력(resilience)이라는 용어는 '다시 뛰어오른다(to jump back)'라는 뜻의 라틴어 리실리오(resilio)에서 비롯되었다. 초기 회복력 개념은 주로 생태학 및 공학 등에서 사용되었는데, 이에 스프링이 갖는 복원력과 같이 이해되면서 회복력을 단순히 동요 및 교란에 대해 원래 상태로 되돌아오는 개념으로 사용하였다. 오늘날 경영, 교육, 사회, 정책 등

다양한 분야에서 회복력이 연구되면서 회복력 개념이 확장되는데, 공학적 회복력과 달리 사회과학에서는 새로운 질서와 규범을 모색하는 노력 또는 능력을 포괄하는 개념으로 이해하였다. 이에 '시스템의 점진적 변화'를 포괄하는 개념으로 발전하였는데, 이처럼 회복력 개념을 '제자리로 되돌아오는(bounce back)' 의미를 넘어 '다른 시스템으로의 이행(bounce forward)'을 포괄하는 개념으로 이해할 필요가 있다. 따라서 회복력은 단순히 피해발생 이전 상태로의 복귀가 아니라, 피해를 반복적으로 발생시키는 구조적 문제의 개선을 통해 이전과 다른 시스템을 만들어내는 창발성(emergence)을 포괄하는 개념으로 이해될 필요가 있다. 즉, 회복력은 문제발생의 악순환 고리를 끊어 위험요인을 구조적으로 저감하고자 하는 노력으로서, 기존의 시스템과는 다른 새로운 질서와 규범, 가치를 가진 새로운 시스템의 구축이다. 공학적 회복력 관점에서는 원래 상태로의 회복을 얼마나 빠른 시간 내 이룰 수 있는가가 관건인데 반해, 사회적 피해에 대한 회복이 필요한 경우 회복에 걸리는 시간을 줄이는 노력뿐만 아니라 공동체의 자생력과 지속가능성을 회복하는 것이 관건이다. 회복력을 가진 시스템은 (1) 기존상태로 빠르게 다시 복구되는 능력, (2) 외부충격이나 완만한 변화들에 대한 시스템의 저항능력, (3) 변화하는 조건에 적응하는 시스템의 능력 등을 가진 것이다.

**Resin 레진** 서블릿(sublet)이라는 자바프로그램을 실행하기 위해 필요한 서버엔진이다.

**Resistive 감압식** 감압식 터치스크린에는 2개의 전도체 층이 있고 그 사이에 작은 간극이 존재한다. 손가락으로 스크린의 한 지점을 누르면 떨어진 두 층이 접촉하면서 해당 위치에 회로를 형성하고, 이 회로의 정보가 폰의 프로세서로 전달된다. Touch Screen을 참조.

**Resistive Overlay 압력식 저항막 방식** 저항막 방식은 투명(ITO) 필름 2장을 합착시킨 구조로 ITO 필름이 압력을 받아 접점을 이룰 때 발생하는 전압의 변화를 감지해 터치를 인식한다. 특히 손과 펜 등 압력을 줄 수 있는 대부분의 입력 방식을 인식할 수 있다는 장점을 가지고 있다. 또 제조 원가도 낮아 시장의 표준으로 자리 잡고 있다.

**Resistivity Survey 전기 비저항 탐사** 흙이나 암석의 종류와 상태에 의한 전기저항의 차이를 이용해서 지표에 설치된 전극간에 전류를 흘려 지표면의 2점간의 전위차를 관측하여 토층의 성질, 구성 등을 조사하는 방법을 말한다.

**Resolution 해상도** 관측이나 분석적 방법에 의해 구별이 가능하도록 관측, 산출된 값 사이의 최소 차이로서 어떤 특정 상태에서 세부 묘사를 분별하는 디스플레이 체계의 능력을 관측하는 것, 인치당 점의 수, 라인당 픽셀 수, 밀리미터당 라인 수 등으로 표현된다. 구분될 수 있는 두 대상의 최소 거리, 주어진 지도 축척에서 지형 요소의 위치와 윤곽이 그려진 정확도, 도면상에 표현될 수 있는 지형 요소의 최소 크기, 해상도는 보통 단위, 인치당 픽셀의 개수로서 표시된다. 해상도란 "공간의 차원에서 기준화된 기하학적 영역의 크기를 관측 대상 수로 나눈 것이다." Tobler, 1987년. Spatial Resolution을 참조.

**Resolution Cell 분해 한계 면적** 단위자료가 되는 경계상의 최소면적, Landsat 1과 2의 분해 한계 면적은 사각형의 지상면적 0.44헥타아르 또는 1.1에이커이다.

**Resolution Fusion 영상 융합** 서로 다른 해상도를 가진 영상을 하나의 영상으로 병합하는 과정이다. 고해상도와 저해상도의 영상을 하나의 영상으로 만들기 위해 저해상도 영상을 고해상도 영상으로 재배열하여 하나의 영상으로 만든다.

**Resolution Grid 해상도 그리드** GIS 데이터베이스를 임의의 작은 간격으로 분할한 가상 그리드로, 하나의 점은 그리드의 교차점에만 기록될 수 있다.

**Resolution Level 해상도 수준** 공간 자료의 밀집도를 구분하기 위한 요소를 말한다.

**Resolution X Coordinate 횡좌표의 해상도** 평면 거리 단위로 표현되는 인접한 두 점의 X좌표 값이나 행값 간의 최소거리를 말한다.

**Resolution Y Coordinate 종좌표의 해상도** 평면 거리 단위로 표현되는 인접한 두 점의 Y좌표 값이나 열값 간의 최소거리를 말한다.

**Resolving Power 분해능, 해상력(解像力)** Resolution을 참조.

**Resonance Phenomena 공진현상** 진동을 일으키는 어떤 물체의 영향을 받아 다른 물체가 진동을 일으킴으로써 진동이 증폭해 약간의 힘으로 큰 진동을 일으키는 현상을 의미한다.

**Resource 자원** ① 자원이라고 하는 프로그램, OS등의 소프트웨어에서 컴퓨터의 하드웨어, 처리를 위한 오퍼레이터까지 컴퓨터 처리에 이용되는 모든 것의 총칭이다. ② 작업 단위를 완수하기 위해 소요되는 것들로 정량화된다. ③ 요구사항을 만족하는 자산이나 방법을 말한다. 예) 자료군, 서비스, 정보 관리, 사람 혹은 기관.

**Resource Allocation 자원할당** 조직의 활동에 사람과 장비, 비용의 부여나 할당. 지방 정부에서 이것은 약간의 공공 서비스

(화제 응답, 경찰 응답, 제설 작업, 감시 서비스, 건강과 복지 서비스 등)를 제공하기 위하여 대개 관할권이 다른 지형적 지역에 이러한 지원을 부여하고 할당하는 것을 의미한다. 지방 정부에서 GIS 응용들 중의 하나는 관리자들이 지형적 지역에 자원할당을 보조하는 것이다. 그래서 그런 지역들 내에 공공 수요는 공공 자원의 적절한 양이 필요하게 된다.

**Resource Availability 가용 자원** 일정한 기간 내 사용 가능한 자원 단위 양이다.

**Resource Constraints 자원 제약** 자원이 영향을 받는 제약에 대한 정보를 제공한다.

**Resource Description 자원 설명** 공급 기관이 제공하는 자료들의 식별자(예 : 목록 번호)를 말한다.

**Resource Format 원시자료 형식** 공급되어지는 자원의 형식에 대한 기술을 제공한다.

**Resource Information System(RIS) 자원 정보 체계** RIS(Resource Information System)를 참조.

**Resource Leveling 자원 평준화** 프로젝트 제약사항 내에서 프로젝트 자원을 가장 효과적으로 활용하기 위한 자원 계획을 수립하기 위하여 작업 네트워크상의 데이터들을 조정하는 업무 행위이다.

**Resource Limited Schedule 자원 제한 일정** 활용 가능한 자원 수를 명시한 일정표. 명시된 자원의 양을 초과하면 작업 단위의 지연 혹은 일정의 연기가 된다.

**Resource Maintenance 원시자료 유지** 갱신의 범위와 빈도에 대한 정보 제공을 말한다.

**Resource Management 자원 관리** 특정 목표를 달성하기 위해 환경적 요소를 인위적으로 제어하거나 영향을 주는 것을 말한다.

**Resource Overload 자연 과부하** 정해진 할당량을 초과하여 부과된 자원이다.

**Resource Plan 자원 계획** 프로젝트 작업을 수행하기 위해 요구되는 자원 및 해당 자원의 양을 말한다.

**Resource Planning 자원 계획** 프로젝트 제약 사항 내에서 프로젝트 자원을 가장 효과적으로 활용하기 위해, 프로젝트 계획을 조정하고 요구되는 자원을 예측하는 업무 행위를 말한다.

**Resource Provider 자원 제공자** 자료를 공급하는 담당자를 말한다.

**Resource Rate 자원 비율** 해당 자원의 사용과 관련되어 부과되는 금액의 양으로, 예산을 수립하기 위해 주어진 시간 단위로 할당된다.

**Resource Required 자원 요구** 작업 단위를 완수하기 위해 사용되는 항목들로써, 시간 단위의 율로 표기된다.

**Resource Specific Usage 원시자료 세부사용** 자원이 다른 사용자에 의해 사용되며 왔거나 사용되고 있는 구체적 응용에 대한 기본 정보를 제공한다.

**Resource Type 자원 유형** 프로젝트에서 요구되는 자원들의 분류이다.

**Resource Underload 자원 저부하** 여유 시간을 가지고 있는 자원을 말한다.

**Response 응답** 자료 전송에서, 송신측에서 보낸 신호에 대해 수신측에서 송신측에 적당한 신호를 운송하는 것을 말한다.

**Response Spectrum Analysis 응답 스펙트럼 해석** [지진] 자연적 또는 인공적 원인에 의한 지진이 발생하여 지표면이 흔들리게 되면 지표면위에 세워진 모든 구조물은 지진하중을 받게 된다. 특히, 지진하중의 주파수가 구조물의 고유진동수에 근접하게 되면 공진이 발생하여 궁극적으로는 구조물이 파괴될 수도 있다. 그러므로 구조물의 동적특성을 파악하고 지진해석을 수행하여 구조물을 설계하는 내진설계를 통해 이를 방지해야한다. 일반적으로 구조물의 내진설계를 하는 경우에는 구조물의 시간에 따른 응답을 모두 필요로 하지 않고 구조물의 최대응답만을 필요로 하는 경우가 많다. 응답스펙트럼해석은 내진설계를 하기위해 필요한 구조물의 최대응답을 간편하게 구하기 위해 사용된다.

'응답 스펙트럼'이란 분리된 단자유도 구조물에 지진하중을 가진하여 각각의 고유주기에 대한 최대응답을 얻은 후, 각 고유진동주기에 따른 변위의 최대응답을 연결하면 변위응답 스펙트럼이 작성된다. 서로 다른 고유진동주기를 갖는 단자유도 구조물의 최대응답을 고유주기의 함수로 나타낸 것을 말한다. 이렇게 얻어진 최대변위를 이용하여 설계에 이용하는 것이 응답스펙트럼 해석이다.

**Response Time 응답 시간** ① 컴퓨터 : 컴퓨터에서 명령어를 실행하고 난 후 결과를 얻기까지 걸린 시간을 말한다. ② RS : 스캐너가 지상에서 반사 또는 방출하는 에너지에 전자적으로 반응하는 시간을 말한다.

**Responsible Group 책임 집단, 책임 그룹** 작업 단위의 완수 책임을 가지고 있는 조직 또는 그룹을 말한다.

**Responsible Party 책임 부서** 자료의 산출물 책임을 지고 있는 개인 또는 조직을 말한다.

**Responsible Party Individual Name 책임자 개인명** 자료들의 내용에 대한 1차적인 책임을 갖는 개인 이름, 성명, 직함이 구별자로 구분된다.

**Responsible Party Information 책임 담당 정보** 자료들을 제작한 책임자 또는 개관에 대한 관계자 정보를 말한다.

**Responsible Party Location 책임 부서 위치** 책임부서의 주소. 예를 들어, 생성자(Originator), 출판자(Publisher), 관리자(Custodian), 주요 검사자(Principal Investigator) 등이다.

**Responsible Party Name 책임 부서명** 자료의 내용에 대한 주요한 책임을 가지는 개인 또는 기관을 말한다.

**Responsible Party Organization Name 책임 기관명** 자료군과 관련된 기관명을 말한다.

**Responsible Party Role 책임 담당자 역할** 자료군과 관련한 책임 담당자(기관, 개인)의 역할을 말한다.

**REST(Representational State Transfer) 웹 표현상태 변경, 레스트** REST는 Rob Fielding이 2000년 발표한 웹 시스템 구조(분산된 하이퍼미디어 시스템을 위한 아키텍쳐 스타일)를 말한다. Rob Fielding은 HTTP 스펙을 만든 사람 중 한 사람이다. REST 구조는 웹 본연의 특성과 장점을 최대화하기 위해서 브라우저와 웹서버, 웹 어플리케이션, 캐쉬 등이 어떻게 구성되고 동작해야하는 지를 기술하고 있다. 브라우저와 같은 웹 클라이언트는 URL link와 같은 resource identifer를 통해 resource에 대해 어떤 요청을 하고 그 결과를 받게 된다. 이러한 요청 결과는 브라우저 화면에 새로운 내용이 디스플레이 되는 등의 방식으로 표현된다. 즉, 이 과정을 통해서 브라우저 표현 상태(Representational State)의 변경(Transfer)을 유발하게 된다. REST는 이러한 특성을 표현한 용어이다. resource는 웹이 제공하는 모든 정보 및 데이터를 의미하며, resource identifier는 resource에 대한 링크이다(예: URI, URL).

**RESTEC(Remote Sensing Technology Center of Japan) 일본 원격 탐사 기술 센터** 1975년「National Space Development Agency of Japan」의 지원으로 설립되었으며, 현재 일본의 위성과 다른 나라의 위성에서 얻어지는 영상에 대한 다양한 정보와 종합적인 영상 검색 및 주문 서비스를 제공하고 있다.

**Restitution 도화** 사진 기준점 측량성과 및 현지 조사 등의 결과 등을 이용하여 대상 지역의 각종 지형・지물을 도화기에 의해 측정 묘사하는 실내 작업을 말한다.

**Restitution Manuscript 도화 소도** 자동 제도 장치를 이용하여 도화 소도 자료를 소정의 종이에 출력한 것으로, 도화 점검도와는 구별하고 있다. 도화 소도를 출력할 경우에 도형 자료의 표시는 도식 적용 규정에 반드시 따를 필요는 없다. 축척은 원칙적으로 완성 축척도와 같게 한다.

**Restitution Manuscript Data 도화 소도 자료** 좌표 독취 장치가 부착된 도화기에 의하여 입체의 사진상을 수치화하여 취득한 자료로서, 종래의 지도 작성법의 도화 소도를 수치화한 자료이며, 코드와 자료의 취득 순서는 시스템에 의해 임의이고, 특별히 규정하지는 않는다.

**Restitution MT 도화 자기테이프** 도화 소도 자료를 출력한 MT(자기테이프)로서, 필요에 따라 작성되며 호환성은 필요 없다.

**Restoration Of Cadastral Record 지적 공부 복구(地籍公簿復舊)** 지적 공부가 멸실된 때에 멸실 당시의 지적 공부와 가장 부합된다고 인정되는 관계 자료에 의거하여 토지 표시에 관한 사항을 복구 등록하는 작업이다. 다만 소유자에 관한 사항은 부동산 등기부나 법원의 확정 판결에 의하지 아니하고는 복구 등록할 수 없다.

**Restoration Surveying 지적 복구 측량** 전쟁이나 자연 재해로 말미암아 지적 공부가 분・소실하였을 때에 지적공부를 종전의 내용대로 재작성하는 측량을 말한다.

**Restore 복원** 주어진 시간 이후에 변경한 모든 내용을 취소하여 데이터베이스를 이전의 단계로 되돌린다. 자료 불량이 되는 시스템 오류 후에 흔히 사용된다.

**Restrict 제한** 평면 파일에서 선택된 속성의 부분 집합이 선택되도록 한 DBMS의 질의 언어의 일부분을 말한다.

**Restricted Area(RA) 비행 제한구역, 출입 금지 구역** ① [항공] 항공사격・대공사격 등으로 인한 위험으로부터 항공기의 안전을 보호하거나 그 밖의 이유로 비행허가를 받지 않은 항공기의 비행을 제한하는 육지 또는 영해 상공에 설정된 일정범위의 공역을 말한다.「항공정보 및 항공지도 등에 관한 업무기준」제2조 및「항공교통업무기준」제5조). Airspace(공역) 참조. ② 출입이나 다른 행위가 제약받는 지역(공간)을 말한다.

**RESURS-DK(Satellite)** 러시아 위성으로 소빈폼스푸트니크(Sovinforsputnik)사를 통해 공간 해상도 0.8m인 DK-1 위성 영상을 제공하고 있다. 1m 전정색 영상과 2.5m 다중분광 영상을 제공하는 RESURS-DK 위성과 레이더 영상까지 제공하는 RESURS-DK-R은 2003년 이후에 발사될 예정이다.

**Retailtainment 리테일테이먼트** retail과 entertainment의 합성어로서 오락적인 요소를 강화한 매장 디스플레이 전략을 의미한다.

**Retaining Wall 옹벽(壅壁)** 배후 토사의 붕괴를 방지할 목적으로 만들어지는 석축이나 축대 등의 구조물. 배후의 토압에 대하여 옹벽의 자중으로 안정을 유지하는 구조물이다.

**Retarding Basin 유수지** 하류관거의 유하능력이 부족한 곳으로서 하천의 합류부 등에 설치하여 본천, 지천의 홍수가 동시에 합류하지 않도록 하거나 하류지역의 펌프장 능력이 부족한 곳 및 방류수로의 유하능력이 부족한 곳 등에 우수를 일시적으로 저장하기 위한 시설(댐식, 굴착식, 지하식, 현지 저류식)을 말한다.

**Retina 망막** 빛에 반응할 수 있는 눈 속의 얇은 막을 뜻한다.

**Retinal Rivalry 망막 결합** 두 카메라가 완벽하게 동시 동작하지 않을 경우, 물체의 움직임으로 인해 발생하는 오른쪽과 왼쪽 프레임의 정보 불일치. 물체가 본래의 평면 위로 떠오르거나 뒤로 꺼져 들어가는 느낌을 주게 된다.

**Retrieval 검색(劒索), 복구** ① 공간과 속성 자료의 검색 기능에서 선택적인 탐색·조작, 그리고 새로운 공간 사상을 생성할 필요가 없거나, 지형의 지리적 위치를 수정할 필요가 없는 자료의 출력 등이 포함된다. 이들 기능들은 공간 자료들이 자료 기반에 입력되었을 때의 자료를 가지고 작용하게 된다. GIS 모듈은 필요에 따라 데이터베이스 또는 파일 시스템에서 사용자가 원하는 정보를 새로운 대상을 선정하지 않고, 기존의 자료를 검색하여 처리하는 것을 말한다. ② 레코드들을 이전에 저장된 상태로 되돌릴 수 있는 데이터베이스 관리 시스템의 기능이다.

**Retro-Marketing 레트로 마케팅, 복고 마케팅** 일명 복고마케팅으로, 과거의 제품이나 서비스를 현재 소비자들의 기호에 맞게 재해석하여 마케팅에 활용하는 것을 말한다. 복고는 오래된 것이라는 느낌을 줄 수 있지만, 당시를 향유하던 세대들에게는 향수를 불러일으키며 반가움과 위로를 줄 수 있고, 젊은 세대들에게는 새로운 문화를 접하는 듯한 신선함을 줄 수 있다. 이를 이용한 복고 마케팅은 단순히 과거에 유행했던 것을 그대로 다시 파는 방식이 아니라 현대적 감각을 가미하여 새로운 트렌드를 제시하며 소비자를 유혹하고 있다. '유행은 돌고 돈다.'라는 말이 있다. 패션분야에서 상대적으로 적용되는 예가 많은데, 그 범위는 패션을 비롯하여 식품, 디자인, 음악, 방송, 영화 등 다양한 분야에서 바람을 일으키고 있다. 복고는 감성을 자극한다. 소비자로 하여금 어린 시절의 자신을 만나게 한다는 점에서 마케팅에 대한 수용점이 낮다는 장점이 있지만, 무분별하고 강제적인 회고는 좋은 기억들로 선별된 추억을 훼손할 수도 있다는 것을 염두해야 한다.

**Return(LiDAR) 라이다 반송(返送)** 항공 라이다(LIDAR) 시스템은 단일 레이저 펄스로부터 대상체서 반사된 제1, 제2, 제3 및 '마지막'인 제4 반송까지 수신한다. 반송번호는 레이저 펄스로부터 반사된 지면, 수목, 전선 등의 대상체를 결정하는데 사용될 수 있다.

**Return Pipe 반송관** 되돌림 관이라고도 하며, 방열관에서 사용된 온수나 응축수 등을 보일러나 저탕조로 되돌릴 때 또는 순환식의 급탕법에서 급탕전의 위치로부터 온수탱크에 되돌리는데 쓰이는 배관을 말한다.

**Retweet(RT) 리트윗, 재전송** RT(Retweet)를 참조.

**Revealed Geo-Object 리빌리드 지형-객체** 공간적·비공간적 연산자들을 사용하여 보이지 않는 영역에서 선택된 지형 객체를 말한다.

**Reveres Curve 반향곡선(反向曲線)** 반경이 똑같지 않은 2개의 원곡선이 그 접속점에서 공통접선을 갖고 이들의 중심이 공통접선의 반대쪽에 있을 때 이것을 반향곡선이라 하며, 접속점을 반향곡선접속점(point of reverse curve, PRC)이라 한다. 반향곡선은 복곡선보다 곡률의 변화가 심하므로 적당한 길이의 완화곡선을 넣을 필요가 있고, 지형관계로 어쩔 수 없이 완화곡선을 넣을 경우에서도 접속점에 적당한 길이의 직선부를 넣어 자동차나 열차의 급격한 회전을 피하도록 노력해야 한다.

**Reverse Engineering 리버스 엔지니어링, 역공학(逆工學)** ① 장치 또는 시스템의 기술적인 원리를 그 구조분석을 통해 발견하는 과정이다. 이것은 종종 대상(기계 장치, 전자 부품, 소프트웨어 프로그램 등)을 조각내서 분석하는 것을 포함한다. 그리고 유지 보수를 위해 또는 같은 기능을 하는 새 장치를 원본의 일부를 이용하지 않고 만들기 위해 대상의 세부적인 작동을 분석하는 것을 포함한다. ② 소프트웨어 공학의 한 분야로, 이미 만들어진

시스템을 역으로 추적하여 처음의 문서나 설계기법 등의 자료를 얻어내는 일을 말한다. 전통적인 공학인 순공학(Forward Engineering)은 개념으로부터 실물을 얻어내는 과정이라면 역공학은 그와는 반대로 실물로부터 개념을 얻어내는 과정이라 할 수 있다. 이것은 시스템을 이해하여 적절히 변경하는 소프트웨어 유지보수 과정의 일부이다. 보통 문서 분실, 상품 분석, 안전 검사 등의 이유로 역공학을 수행한다. 소프트웨어에 대한 역공학 자체는 위법 행위가 아니지만, 이러한 수법을 사용해서 개발한 제품은 지적 재산권을 침해할 위험성이 있다. 따라서 역공학 분석과 같이 악의적인 공격들로부터 소프트웨어의 주요 알고리즘 및 자료구조 등의 지적재산권을 보호하기 위한 연구가 이루어지고 있다. 이러한 공격으로부터 소프트웨어를 보호하는 기법은 암호화(Encryption), 워터마킹(Watermarking), 변조 방지(Modulation Prevention), 서버 측 실행(server-side execution), 본래 코드 신뢰(Trusted native code), 자가 확인(Self-checking), 바이너리 변경(Binary modification), 흐리기(obfuscation)가 있다. 그 중 대표적으로 사용하는 역공학 방지 기법이 흐리기이다.

**Reverse Position 반위(反位)** 트랜싯이나 데오드라이트가 정상위치에서 시준, 관측할 때와 반대위치에 있는 상태에서 시준, 관측할 때의 상태로, 정위관측값과 반위관측값의 평균을 취하면 시준축오차, 수평축오차 및 외심오차의 기계오차를 제거할 수 있다.

**Reverse-Positioned Brand 역포지셔닝 브랜드** 아주 독특한 아이디어를 통해 소비자들의 기대와는 전혀 다른 방향으로 나아가기로 결단을 내린 아이디어 브랜드를 말한다.

**Reversible Lane 가변차선제** 도로의 효율적 이용, 교통 소통의 원활화, 도로 이용자의 편의를 도모하기 위한 제도로 보통 대도시내 교통 혼란 구간(예 : 병목 현상이 심한 교통 구간)에서 쓴다. 도로는 좌우 동일 차선수를 유지하나, 대도시 내에서는 교통 시간(출퇴근 시간)에 따라 좌우 차선의 교통 용량이 큰 차이를 보여 그 구간 유·출입 차량의 상대적 소통 효율이 떨어져 교통소통에 막대한 시간 낭비를 가져오게 된다. 따라서 좌우 차선수를 늘려주고 적은 쪽을 줄여주는 것이다. 이 가변 차선제의 통행신호 방식으로는 표지판식(Signing), 신호등식(Overhead Traffic Signals), 이동 가설물식(Movable Barriers, 예 : Lane Cone)의 3가지가 있으며, 차선색은 황색 파선으로 한다.

**Revetment 옹벽** 제방을 떠받치기 위해 돌·콘크리트·나무 등으로 만든 면으로서 벽과는 다르다.

**Revision 개정(改正)** 지도의 내용을 수정, 삭제, 추가하여 최신 정보의 지도로 고쳐 다시 제작하는 것으로 개정 작업에 의하여 발행되는 지도의 판 번호가 증가한다.

**Revisit Cycle 재회주기(再回週期)** 인공위성의 궤도가 어떤 지점을 통과한 후 다시 그 지점 위로 정확히 되돌아오는데 걸리는 시간을 말한다.

**Revolution 공전(公轉)** 한 천체가 다른 천체의 둘레를 주기적으로 회전하는 운동을 말한다. 그리고 1번 회전하는데 필요한 시간을 공전 주기라 한다. 지구의 공전 주기는 평균 365.2422일이고, 달의 공전 주기는 자전 주기와 같으며 27일 7시간 43분 11.5초이다.

**REX 렉스** CDMA 단말기의 운영체제를 말한다.

**Reynolds Number 레이놀즈 수** 층류와 난류를 구분하는 척도로서 무차원의 수이다. 1883년에 이를 제안한 Osborne Reynolds (1842~1912)의 이름을 따서 명명되었다. Reynolds Number는 '관성에 의한 힘'과 '점성에 의한 힘(viscous force)'의 비(比)이다. 즉, Reynolds Number $R_e = \rho\frac{Vd}{\mu} = \frac{Vd}{\nu} = \frac{4Q}{\pi d\nu}$ 이다. 여기서, $\rho$는 밀도$[kg_f \cdot s^2/m^4]$, V는 평균유속 [m/s], d는 관의 직경[m], $\mu$는 점성계수 $[kg_f \cdot s/m^2]$, $\nu = \mu/\rho$는 동점성계수 $[m^2/s]$, Q는 유량 $[m^3/s]$이다. '레이놀즈 수'는 흐름이 층류(laminar flow)인지 난류(turbulent flow)인지를 구분하는 데 사용된다. 층류는 점성력이 지배적인 유동으로서 $R_e < 2,100 \sim 2,320$인 영역이며, 평탄하면서도 일정한 흐름이 특징이다. 반면, 난류는 $4,000 < R_e$인 영역으로서, 관성력이 지배적인 흐름이며, 와류 및 기타 흐름의 변동(perturbation)이 특징이다. 한편, 한계류는 천이구역으로서 $2,100 < R_e < 4,000$의 범위이다. Laminar Flow, Turbulent Flow를 참조.

**RF(RadioFrequency) 무선 주파수** 전력부문에서는 상용 주파수(60Hz 또는 50Hz)보다 높은 주파수를 말하는데, 예로서 200Hz라도 고주파라고 말하는 경우가 있다. 무선부문에서는 주파수가 높은 교류, 즉 무선용 전파를 가리킨다. 현재에는 무선주파라고 하는 것이 옳다.

**RF(Representative Fraction) 분수 표현, 대표 비율, 대표 축척** 지상의 거리에 대한 지도상의 거리를 수치적인 비율로서 표현하는 지도의 축척이다. 보통 1 : 50,000 또는 1/50,000과 같이 표현하는데, 이것은 지도상의 1측정 단위가 지상의 50,000 측정 단위를 나타낸다는 것을 의미한다.

**RFI(Request For Information) 자료 요청서** AM/FM/GIS 용역회사 및 시스템 공급사들에게 자료 요청을 하는 것. 자료의 내용은 시스템 제공 회사의 현황(조직, 전담 인원, 매출액 등). 시스템의 기능 및 성능, 향후 기술적 추이, 응용프로그램의 예, 고객 현황, 개략적인 시스템 구축비용 등으로써 자료 요청서는 첫째, 제안 요청서(RFP)와 유사하게 프로젝트 목적들과 요구들을 설명하는 정형적으로 쓰여진 문서이다. 둘째로, 일반적 도움말들과 개념들을 포함한 미리 준비된 정형적인 서류(Letter)이다. RFI를 일반적으로 고려하지 않은 개인적인 접촉은 자격 정보를 수집하는 목적을 달성한다.

**RFID(Radio-Frequency IDentification) 전파 식별, 알에프아이디** RFID 시스템이란 관리할 대상 사물에 태그를 부착하고 전파를 이용하여 사물 및 주변 상황정보를 감지하고 필요한 정보를 수집, 저장, 가공 축적함으로써 사물에 대한 측위, 원격처리 관리 사물간 정보 교환 등 다양한 서비스를 제공하는 시스템을 말한다. RFID 태그는 전파를 이용하므로 각기 다른 주파수를 가진 전자태그를 여러 지하시설물 관로 및 배관에 설치함으로써 관로 종류별로 위치와 속성정보를 쉽게 판독할 수 있는 장점이 있다. RFID 시스템은 무선 송수신용 안테나를 내장한 리더(Reader)와 필요한 정보를 저장하고 교환하는 태그, 유・무선 통신망으로 연결된 서버로 구성된다. 데이터를 저장할 수 있으며, RFID의 핵심 기능을 담당하는 태그는 사물에 부착되어 사물을 인식하고, 리더는 RFID 태그에 읽기와 쓰기가 가능하도록 하는 장치이다. 안테나는 정의된 주파수와 프로토콜로 태그에 저장된 데이터를 교환하는 장치이며, 서버는 리더에서 수신된 사물에 대한 정보를 활용하여 응용처리를 수행한다. RFID 태그는 기능에 따라 Read-Only(읽기전용), WORM(Write Once read Many), read/Write의 3가지로 분류할 수 있다. Read Only 태그는 제조시 기록되며 정보 내용의 변경이 불가능하다. 그러나 가격이 저렴하여 단순 인식을 요하는 RFID분야에 사용된다. WORM 태그는 사용자가 데이터를 프로그램하여 프로그램한 후에는 변경이 불가능하다. Read/Write 태그는 몇 번이고 프로그램 및 데이터 변경이 가능한 구조이다. 한편, RFID 태그는 전원 공급 유・무에 따라 능동형 태그와 수동형 태그로 구분하기도 한다. (1) '능동형 태그'(Active Tag)는 태그 내에 배터리를 저장하고, 배터리가 유지되는 동안 데이터를 리더로 전달하며, 신호 발진기 존재 여부에 따라 다시 '능동형 태그'와 '반능동형 태그'(Semi-active)로 구분한다. 태그에 신호 발진기가 있어 리더의 명령에 의해 태그의 자체 발진 신호에 자체 ID 정보를 송신하면 능동형 태그이고, 배터리가 단지 태그의 구동 전원만을 공급하고 발진기가 없어 정보 전송을 수동형 태그와 같은 방식으로 하면 반능동형 태그로 구분한다. 배터리의 전원 소모를 최소로 하기 위하여 리더에서 "Wake-up"신호가 들어 입력될 때만 동작하도록 되어 있다. 능동형 태그는 태그 내부에 각종 센서를 부착시킬 수 있으며, 전송거리가 수십 m를 초과한다. 또한 읽기/쓰기가 가능한 메모리가 있어 128Kbyte 이상의 데이터를 저장할 수 있다. (2) '수동형 태그'(Passive Tag)는 가격대 성능에서 대부분의 RFID 시스템의 최적 방안으로 대두되고 있다. 수동형 태그는 코드 발생, 무선주파수 신호 수신, 변조, 재송신, 직류전압 발생 등의 주요기능을 갖고 있다. 일정 전압이 인가되면 태그의 칩이 작동을 하게 되고, 이 순간부터 데이터를 전송한다. 능동형에 비해 매우 가볍고 가격도 저렴하면서 반영구적으로 사용할 수 있지만, 인식 거리가 짧고 리더에서 더 많은 전력을 소모한다는 단점이 있다.

**RFID Chip 전파식별(電波識別) 칩** RFID(Radio Frequency IDentification)를 참조.

**RFID Event Management System 전파식별 이벤트 관리체계** RFID 자동식별 미들웨어의 주요 구성요소로서, 다수/다종의 리더기를 통해 실시간으로 전달되는 수많은 이벤트 데이터를 수집/필터링 등의 프로세싱을 통해서 정제/가공하는 역할을 수행하는 시스템. 물리적/논리적으로 분산 가능하여 시스템 간에 계층적인 구조를 가질 수 있다. 계층적 구조에서 말단에 위치한 시스템은 리더기와 직접적으로 연결되어 대량의 실시간 이벤트 정보를 효과적으로 처리하는데 목적이 있고, 상단에 위치한 시스템은 말단에서 수집된 데이터를 분산시켜 유지・관리하는데 목적이 있다.

**RFID Interrogator 전파식별 인터로케이터** RFID Reader를 참조.

**RFID Middleware 전파식별 미들웨어** Auto-ID에서 정의하는 미들웨어는 태그에서 리더기가 정보를 읽고 난 후 Savant를 거쳐 ONS와 PML 서버의 전 단계를 지칭한다. 특히 RFID 미들웨어 시스템은 RFID, 바코드 등 다양한 형태의 태그들로부터 리더나 센서 등을 통해 수집된 데이터를 전달받은 데이터를 이용하여 데이터 처리, 데이터 표현, 데이터 교환 및 정보 네이밍서비스 등의 기능을 제공하는 시스템이다.

**RFID Reader 전파식별(電波識別) 리더기** RFID 태그에서 보내는 정보를 읽어내는 판독기능을 수행하는 장치로써 하나의 리더는 다수의 태그를 관리할 수 있으며, 전파전파 방식을 이용하여 RFID태그와 통신한다.

**RFP(Request For Proposal) 제안 요청서** 용역 회사와 시스템 공급사(RFP) 등 제안 업체들에게 제안 요청을 하는 것으로, 제안 요청 내용은 ① 시스템 개발부문 : 개발 방안, 개발 방법론, 사용자 인터페이스. ② 기술 부문 : 시스템 구성 방안, 통신망 구성 방안, 하드웨어 설치 방안, 소프트웨어 툴. ③ 사업 수행 부문 : 조직, 전담 인원, 추진 인원, 사업 관리 방안. ④ 사업 지원 부문 : 시험 운영 방안, 하자 보수 방안, 보안 대책, 기술 이전 방안. 가격 제안 등을 작성하여 해당 과제의 내용을 명확히 이해하고 제안의 목적, 범위 전제 조건, 특징 등을 작성하여 성공적으로 사업이 수행될 수 있도록 수행 능력과 기술 능력을 평가하여 업체를 선정할 수 있도록 항목화된 형식으로 작성된 서류이다.

**RFQ(Request For Qualifications) 견적 요청서** RFQ(Request For Quatation)를 참조.

**RGB(Red-Green-Blue) 빛의 3원색(적 · 녹 · 청)** [영상] 빛의 3원색인 적, 녹, 청에 의해 색을 정의하는 RGB모델이 채용되어 있는 텔레비전이나 비디오 시스템에서는 적(R), 녹(G), 청(B)을 신호화하여 전송하고 텔레비전 수상기나 모니터에서는 이 신호를 바탕으로 영상을 재현한다. 가색법 방식을 사용하여 영상을 재생 시 다양한 색을 나타내는 것이다.

**RGBW(Red-Green-Blue-White) 적 · 녹 · 청 · 백 표현기술** Pentile을 참조.

**RGS(Route Guidance Service) 주행안내 서비스** 주행안내 방법 중의 하나로서 차량단말기를 부착한 차량에 동적교통정보를 제공하며 실시간으로 제공되는 교통정보를 기반으로 하여 예상치 못한 기후조건, 도로 폐쇄 또는 유고 상황 등의 발생 시 동적 주행안내 알고리즘에 의하여 차량의 경로를 재조정하고, GPS 위성을 통해서 차량의 현재위치를 파악하면서 주행경로를 안내하는 서비스이다.

**Rhomboid Chain 능형쇄(菱型鎖)** 사선법으로 1코오스 내 각 사진의 사선을 모두 연결하여 만드는 마름모꼴의 집합을 말한다.

**R Horizon 알 층** 토양단면은 일반적으로 상부에서 하부로 가면서 그 특성에 따라 5개의 주요 토양층(master horizons)인 O층, A층, E층, B층, C층(이들 전체를 'solum'이라 함)과 모암층(bedrock)인 D층 또는 R층으로 분류한다. R층은 D층이라고도 한다. C층 하부에 위치하며, 풍화의 흔적이 없는 단단한 암반으로 구성. 이러한 토양의 수직단면은 기후, 식생, 배수 정도에 따라 다양하게 분포되고 있으며, 각 토양단면의 일부가 빠져있는 경우도 있음. 온난다습한 기후에서는 토양단면의 발달이 잘 이루어지지만, 일부 건조지역, 반건조지역, 한랭기후지역 등에서는 이들 단면층의 일부가 잘 형성되지 않는 경우가 많다. Soil Profile 참조.

**Rhumb Line 항정선(航程線)** 모든 경선과 동일한 각도로 만나는 지구 표면의 직선으로서, 자오선과 항상 일정한 각도를 유지하는 지표선으로서 그 선내 각점에서 방위각이 일정한 곡선을 말한다.

**RIA(Rich Internet Application) 리치 인터넷 애플리케이션** 웹 애플리케이션(web application)의 장점은 유지하면서 기존 웹 브라우저 기반 인터페이스의 단점인 늦은 응답 속도, 데스크톱 애플리케이션에 비해 떨어지는 조작성 등을 개선하기 위한 기술을 말한다. 우리나라에서는 "X 인터넷" 솔루션이라 많이 불리지만, 전 세계적으로 RIA라는 표현을 많이 사용하고 있다. 즉, 별도의 설치가 필요 없는 웹브라우저 기반의 애플리케이션 배포 장점과 서버 측 웹 서비스와의 연동, 마크업 언어 기반의 선언적 애플리케이션 구성 등은 유지하면서 데스크톱 애플리케이션과 대등한 사용자 경험을 주는 것을 목표로 하는 기술이다.

**RIC(Reader Interface Component) 리더기 인터페이스 컴포넌트** RFID 이벤트 관리 시스템의 구성요소로서, 다수 제조업자에 의해 지원되는 리더기들을 공통적인 Interface를 통해 미들웨어와의 연계를 지원하는 컴포넌트이다.

**Rice Field 논** Rice Paddy를 참조.

**Rice Paddy 답(畓)** 물을 직접 이용하여 미곡 · 연 · 미나리 · 택사 · 왕골 등의 식물을 주로 재배하는 토지를 말한다.

**Rich Internet Application 리치 인터넷 애플리케이션** RIA (Rich Internet Application)를 참조.

**Rich Site Summary(RSS) 풍부한 사이트 요약** RSS(Rich Site Summary), RSS(Reality Simple Syndication)를 참조.

**Rich Web 리치 웹** 기존 웹 응용 및 서비스 환경을 획기적으로 개선하며 분산되고 개방된 웹을 하나의 플랫폼으로 활용가능하게 하는 기술이다. 웹 기술을 이용하여 보다 고차원적인 사용자 인터페이스를 제공하면서, 원격 또는 로컬의 웹 어플리케이션과 서로 다른 웹 플랫폼 간의 응용, 서비스, 데이터를 연계하며 구동될 수 있게 하는 표준기술로, 차세대 웹 마크업 언어인 HTML5 표준, 위젯2.0 표준, 리치인터넷응용(RIA) 표준, 웹 응용 API 표준, 웹 프로토콜 표준 등이 핵심 기술이다. 최근 Ajax 적용이 확산되면서 웹 응용의 사용자 인터페이스가 데스크탑 응용과 유사한 수준으로 빠르게 발전하고 있으며, 이에 따라 구글과 adventNet 등의 회사들은 데스크탑 소프트웨어의 대명사인 오피스를 웹 응용으로 개발하여 현재 서비스를 제공하고 있다. 최근 웹 기술은 더욱 더 많은 분야에서 효과적인 웹 인터페이스와 웹 어플리케이션 실행을 위한 요구사항들을 받고 있으며, 이에 따라 다양한 웹 플랫폼들 간의 상호호환과 웹 어플리케이션 구동에 관한 기술 표준이슈가 늘어나고 있으므로 이에 대한 표준개발에 중점을 두고 있다. 또한 최근 웹을 응용기술로서 혁신적으로 발전시키는 HTML5 관련 표준개발에 중점을 두고 있다.

**Ridge 능선** Ridge-Line를 참조.

**Ridge-Line 능선** 골짜기와 골짜기 사이에 있는 산등성이로 분수계(分水界)를 이루고 있는 곳으로, 산봉우리와 산봉우리가 이어져 산지의 등줄기를 이루며 이를 산주리 또는 산등성이라고도 한다. 능선의 높은 부분을 봉우리 또는 산정(山頂)이라 하며, 낮은 부분을 고개 또는 안부(鞍部)라 한다.

**Rig 굴착(땅파기)장치** 구멍을 뚫거나 들어 올리는 데 적합한 수직 구조물을 말한다.

**Right Angular Correction 직각 보정** 다각형으로 관측된 건물에서, 본래 각이 직각이라 생각되는 경우, 그 각을 정확히 직각으로 하기 위한 계산처리를 말한다.

**Right Ascension 적경(赤經)** 춘분점으로부터 어느 천체의 시간권까지 적도를 따라 동쪽으로 잰 각 거리를 말하며, 360°는 24h로 표시한다.

**Right Ascension of Ascending Node 승교점의 직경** 춘분점에서 관측된 각 거리이다. 승교점에 대해 천체의 적도를 따라 동쪽이 양(+)이다.

**Right Ascension System 적도 좌표계** 천구의 적도면과 자오면으로 이루어진 좌표계로 적도좌표계는 지구의 적도면과 천구면이 만나서 만드는 하늘의 적도(원)를 제1기준원으로 하며 적경과 적위의 두 요소로 목표 천체의 좌표를 표시하는 좌표계이다.

**Right to be for Gotten 잊혀질 권리** 인터넷 이용자가 본인의 게시물이나 콘텐츠에 대해 파기 또는 삭제할 수 있는 권한. 개인정보에 대한 자기 통제권을 강화할 수 있다.

**Right-Hand Rule 오른손 법칙** 회전축을 따라서 정방향이라 함은 시계 방향인 것을 말한다.

**Rigid Polyvinyl Chloride Pipe 경질 피브이씨 관** 경질(硬質)의 염화비닐관으로서, 관체가 가볍고 시공성이 좋아 주로 급수관에 사용되고 있으나 강도가 약하거나 열화현상이 발생하는 단점이 있다.

**RIMGIS 하천 관리 지리정보시스템** 건설교통부에서 국가하천의 하천 관리 업무의 효율을 극대화하고, 대국민 서비스를 향상시킬 수 있는 양질의 하천 정보를 제공하기 위해서 국가 하천의 부속물을 컴퓨터상에서 관리하고 하천과 관련된 제반 업무를 지원하기 위하여 개발된 시스템이다.

**RINEX(Receiver Indepedent Exchange Format) 라이넥스 형식, 수신기 독립 교환 형식** GPS 관측치를 어떤 수신기로 관측하여도 그에 무관하게 공통적인 양식으로 변환되는 GPS데이터 형식이다. 여기에서 만들어지는 공통적인 자료로는 의사거리와 위상자료, 그리고 도플러자료 등이다. 중국어로는 '接收机自主交换格式(접수궤 자주 교환 격식)'이라 하며, 이를 우리 식으로 표현하면 '수신기 독립 교환 형식'이라 할 수 있다.

**Ring 고리, 링** 서로 교차하지 않는 Chain, String, Link 또는 Arc의 연속으로 면의 형태로 교차점이 없이 1차원으로 서로 연결된 인접의 순서된 집합. 폐쇄된 경계를 나타내지만, 내부 영역을 표현하지는 못한다. 또한 고리는 2차원 좌표계 가운데 곡면의 경계요소를 기술하기 위해 사용된다.

**Ring Laser.** Sagnac Effect를 참조.

**Rip Current 이안류(離岸流)** 이안류는 해안으로 밀려오다 갑자기 먼 바다 방향으로 빠르게 되돌아가는 해류로, 폭이 좁고 빨라 해수욕장 물놀이 안전사고의 원인이 되고 있다.

**Riparian Doctrine 하천부지 소유주 원칙** 하천부지 소유주에게 물을 취수하여 사용할 수 있는 권한을 최우선적으로 주는 원칙을 말한다.

**Ripping 리핑** 디지털 형식의 음성 데이터를 컴퓨터에서 처리할 수 있는 파일 형식으로 변환하는 일.

**RIS(Regional Information System) 지역 정보 체계** 대규모 건설 공사 계획 수립을 위한 지질 및 지형 자료 구축, 각급 토지 이용

계획 및 관리하는 데 활용한다.

**RIS(Resource Information System) 자원 정보 체계** RIS는 농산 자원 정보, 삼림 자원 정보, 수자원 정보 등과 관련된 정보체계. 위성 영상과 GIS를 활용한 농작물 작황 조사, 병충해 피해조사 및 수확량 예측, 토질과 지표 특성을 고려한 산림 자원 경영 및 관리 대책의 수립을 포함한다. 또한 수리・강우량・증발량・기상 지하수 등을 고려한 수문 자료 기반 구축과 농업용수・저수지 운용, 상수도, 강설량 등을 고려한 수자원 모형 수립과 석탄 수급 현황의 분석 및 비상시 공급 체계의 대책 수립 등에 이용된다.

**Rise and Fall System 승강식(昇降式)** 두 점에 세운 수준척 눈금의 읽음값의 차가 두 점의 표고차가 된다는 원리를 이용한 야장 기입법이다.

**Rise Constant 승상수** 시거공식 중 시거선의 길이를 초점거리로 나눈 값으로 일반적인 측량장비를 만들 때 100으로 한다.

**Rising Tide 창조** Folld Tide를 참조.

**River 하천(河川)** 공공의 이해에 밀접한 관계가 있는 하천으로서 하천법시행령 제1조의 2규정에 의하여 그 명칭과 구간이 지정된 것을 말한다.

**River Crossing Leveling 도하 수준측량, 도하 고저측량** 직접 수준측량으로 연결할 수 없는 수준노선을 연결하는 것을 목적으로 실시하며, 수준측량의 각 등급의 정확도에 맞추어 실시하여야 한다. 여기에는 관측거리에 따라 교호법, 경독식나사법, 데오드라이트법 등이 있다. Reciprocal Leveling을 참조.

**River Side Land 제외지** 하천 제방으로 둘러싸인 하천측 지역을 말한다. Foreland, Water Side Land를 참조.

**River Slope 하천경사** 하천의 경사진 정도를 나타내는 용어로서 수면경사와 하상경사로 나눌 수 있으며, 단순히 하천경사라 하면 일반적으로 수면경사를 가리킨다. 수면경사는 하천 수면의 경사를 말하며 같은 시간에 측정한 많은 수위표에 의한 수위차와 수위표 사이의 거리에 의해서 구한다. 수면경사는 수위에 따라 고수경사, 저수경사, 평균경사 등으로 구분한다. 하상경사는 하천에 있어서 하저의 최심부를 연결하는 선을 뜻하는 것이나, 하천의 최심부는 반드시 그 중심선과 일치하지 않고, 그 위치를 찾아내기도 어려우므로, 일반적으로 횡단측량 결과에 의한 최심부의 종단도에서 구한다. 하저경사의 크기는 수평거리에 대한 고저차의 비로 나타낸다.

**River Surveying 하천 측량(河川測量)** 하천 개수 공사나 하천 공작물을 계획, 설계, 시공에 필요한 자료를 얻기 위한 측량을 말한다.

**Riversible Reaction 가역 반응** 화학반응에서 A와 B의 두 물질이 반응하여 C와 D의 물질이 생길 경우, 이들의 온도와 농도를 바꾸면 C와 D로부터 A와 B로 복귀를 하는데, 이와 같은 반응을 가역반응이라 한다. RLC (Run Length Code)연속 분할 부호자료를 압축하는 방법으로 연속해서 동일 속성값이 반복해서 나타나는 경우 속성값과 반복된 횟수를 저장한다. 연속 분할 부호는 각 행의 왼쪽에서 오른쪽으로 진행하면서 시작 픽셀과 끝 픽셀을 지정하는 방식이다. 연속 분할 부호는 체인 코드와는 달리 자료의 비위치적 속성값을 직접 입력할 수 있으며, 자료의 경계선이 단순할수록 그 압축 효과는 증가한다. 또한 단순 래스터 자료 구조와의 변환이 매우 쉽게 구현되어 소형 컴퓨터에서의 압축기법으로 많이 이용되고 있다.

**RLE(Run Length Encoding) Format 알엘이 형식, 연속 분할 부호화** [영상] 원격탐사에서는 지상 물체에 대한 다양한 정보를 얻어내기 위하여 여러 가지 파장대에서 촬영한 영상 자료를 많이 사용한다. 이와 같이 영상 자료의 획득에 사용한 특정한 파장대를 일반적으로 밴드(Band)라고 부르는데, 이들 각 밴드의 영상 자료는 동일 지역을 나타내는 독립적인 영상 자료로서 저장이 된다. RLE 방식은 저장공간을 보존한다는 지도제작 이론에서 모방한 데이타 구성방식으로 영상압축의 하나이다. 이것은 BSQ 화일구조로 구성된 scan 라인을 따라 발생하는 밝기 값과 밝기 값의 횟수를 기록하는 방법으로 하나의 객체가 scan 라인을 따라서 60픽셀에 대해서 10의 값을 가진다면 이것은 컴퓨터에 060010과 같은 정수형(2I3)으로 저장된다. 이것은 60개의 픽셀이 각각 10의 값을 갖는다는 것을 의미한다. 60과 10의 두 값이 저장되는 것이 10을 60번 저장하는 것보다 매우 적은 디스크 용량이 필요하다. BIP, BIL, BSQ를 참조.

**RMi(Rock Mass Index) 암반지수** 노르웨이의 A. Palmstrom (1995)은 전 세계 15가지의 암반분류법과 불연속면의 표현방법 등을 분석하여 현장에서 검증하여 RMi 분류법을 제안하였다. RMi 분류법은 실내시험으로부터 산정된 암석의 일축압축강도와 암반의 절리상태를 평가한 값으로 암반을 분류하는 방법이다. 이 분류법은 암반의 연속체 거동과 불연속체 거동을 지보패턴 설계의 상위개념으로 분류하였으며, 지보량과 지보의적합성 및 연약대나 파쇄대에 대한 거동특성이 반영되어있다. 또한 조사 위치가 서로 다른 자료들의 상호교환 및 비교에 적합한 시스템이며, 실제 암괴의 체적과 암반의 일반적인 절리변수들로 구성되어 있기 때문에 현장조건과의 연관성이 수월하여 공학적 판단에 대한 적절한 기준을 제시한다. 즉, 다른 분류법은 주로 정성적이고 기술적인데 반하여 RMi 분류법은 정량적인 평가가 가능하여 컴퓨터 활용에 효율적이며, 정보화 시공과의 연결이 용이하여 넓은 범위의 암반조건에 적용이 가능하다. 그러나 얇은 층이나 몇 m 정도의 작은 연약대를 제외하고는 soil층이나 soil과 유사한 층은 일반적으로 평가가 곤란하며, RMi의 계산법이 지수방정식을 포함하고 있어 다른 암반분류법 특히 RMR이나 Q-system에 비하여 지질공학에 대한 전문적인 지식이 필요하다.

RMi는 암반의 일축압축강도와 절리로 대표되는 불연속면의 물리적 특성, 그리고 불연속면의 기하학적 형상에 의해 결정되는 체적변수로 구성되어 있으며, 절리가 발달된 암반에 대하여 다음의 관계식으로 정의된다.

즉, $RMI = \sigma_c \times JP = \sigma_c \times 0.2\sqrt{jC} \times V_b^D$. 여기서, $\sigma_c$는 50mm 코어를 대상으로 측정한 무결함 암석의 일축압축강도(MPa), JP는 절리의 발달 정도를 나타내는 변수, jC는 절리 조건계수, $V_b$는 블록의 부피($m^3$), $D=0.37jC-0.2$이다. 즉, RMi는 불연속면의 기하학적 특성과 신선한 암석의 일축압축강도($\sigma_c$)를 이용하여 불연속면이 발달된 암반의 강도를 지시하는 값을 의미한다.

**RMR(Rock Mass Rating) 암반등급(岩盤等級)** RMR은 현장이나 시추자료에서 구할 수 있는 6가지 변수(암석강도, RQD, 불연속면 간격, 불연속면 상태, 지하수 상태, 불연속면의 상대적 방향)에 대해 점수를 주어 암반을 0~100으로 점수화하여, I-V의 5종의 등급(rating)으로 나누고 암반의 상태와 강도정수를 추정하는 방법이다. RMR은 Bieniawski(1973)에 의해 퇴적암으로 구성된 천부 터널에서의 경험을 바탕으로 개발된 이후 여러 차례의 수정·보완을 거쳐 1978년에 ISRM에서 공식적으로 채택되었으며, 현재는 1989년에 제안된 RMR 암반분류법을 적용하고 있다. RMR은 암석의 일축압축강도, RQD, 불연속면의 간격, 불연속면의 상태, 지하수의 상태 등 5개의 요소로 구성되어 각 요소들의 합산한 값이 기본적인 RMR값이 된다. 여기에 불연속면의 방향성에 따른 보정값을 적용하면 최종 RMR값이 산정되어 5개의 암반등급으로 분류된다.

즉, RMR = IRS + RQD + spacing + condition.
여기서, IRS는 Intact Rock Strength(암석강도), RQD는 Rock Quality Designation(안질지수), spacing은 spacing of discontinuities(불연속면 간격), condition은 불연속면과 지하수의 상태를 말한다.

| RMR | 0 ~ 20 | 21 ~ 40 | 41 ~ 60 | 61 ~ 80 | 81 ~ 100 |
|---|---|---|---|---|---|
| 암반 상태 | Very Poor | Poor | Fair | Good | Very good |

RMR은 각 요소들에 대한 평가가 비교적 쉬우며, 터널의 무지보 자립시간이나 최대 무지보구간 등의 예측이 가능하다는 장점을 갖고 있으나, 등급 간의 경계가 명확하지 못하고 등급별 지보량의 결정이 세밀하지 못하기 때문에 다른 암반분류법과 비교·검토하여 적용하고 있는 실정이다.

**RMS(Record Management System) 레코드 관리시스템** MIDP에서 지원하는 영구저장소 메커니즘. 레코드 형태의 작은 데이터베이스이다.

**RMSE(Root Mean Square Error) 평균 제곱근 오차** 잔차(관측에서 나타나는 오차)의 제곱합을 산술평균한 값의 제곱근으로서 관측값들간의 상호간 편차를 의미한다. 표준편차를 일반화시킨 척도로서 실제값과 추정값과의 차이가 얼마인가를 알려주는데 많이 사용되는 척도이다. RMSE와 표준편차는 개별 관측값이 중심으로부터 얼마나 멀리 떨어져 있는 정도를 나타낸다.

**Road 도로(道路)** 각종 법에서 정의한 도로는 다음과 같다. 즉, (1) 건축법상의 도로 :「건축법」 제2조 제11호 "도로"란 보행과 자동차 통행이 가능한 너비 4m 이상의 도로로서「국토의 계획 및 이용에 관한 법률」,「도로법」,「사도법」, 그 밖의 관계 법령에 따라 신설 또는 변경에 관한 고시가 된 도로, 건축허가 또는 신고 시에 시·도지사 또는 시장·군수·구청장이 위치를 지정하여 공고한 도로를 말한다. (2) 도로법상의 도로 :「도로법」 제2조 제1호 "도로"란 차도, 보도(步道), 자전거도로, 측도(側道), 터널, 교량, 육교 등 대통령령으로 정하는 시설로 구성된 것으로서「도로법」 제10조에 열거된 것을 말하며, 도로의 부속물을 포함한다. (3) 도로교통법상 도로 :「도로교통법」 제2조 제1호 "도로"란「도로법」에 따른 도로,「유료도로법」에 따른 유료도로,「농어촌도로 정비법」에 따른 농어촌도로, 그 밖에 현실적으로 불특정 다수의 사람 또는 차마(車馬)가 통행할 수 있도록 공개된 장소로서 안전하고 원활한 교통을 확보할 필요가 있는 장소이다.

규모별 구분에 따른 도로의 종류는 다음과 같다. 즉, (1) 광로(廣路). 1류 : 폭 70m 이상인 도로, 2류 : 폭 50m 이상 70m 미만인 도로, 3류 : 폭 40m 이상 50m 미만인 도로. (2) 대로(大路). 1류 : 폭 35m 이상 40m 미만인 도로, 2류 : 폭 30m 상 35m 미만인 도로, 3류 : 폭 25m 이상 30m 미만인 도로. (3) 중로(中路). 1류 : 폭 20m 이상 25m 미만인 도로, 2류 : 폭 15m 이상 20m 미만인 도로, 3류 : 폭 12m 이상 15m 미만인 도로. (4) 소로(小路). 1류 : 폭 10m 이상 12m 미만인 도로, 2류 : 폭 8m 이상 10m 미만인 도로, 3류 : 폭 8m 미만인 도로 등이다.

「도로법」 제10조에서 규정한 도로의 종류와 등급은 다음과 같다. 즉, (1) 고속국도 : 일반적으로 '고속도로'라고 일컬으며, 도로교통망의 중요한 축(軸)을 이루며 주요 도시를 연결하는 도로로서 자동차 전용의 고속교통에 사용되는 도로 노선. (2) 일반국도 : 일반적으로 '국도'라고 일컬으며, 주요 도시, 지정 항만, 주요 공항, 국가산업단지 또는 관광지 등을 연결하여 고속국도와 함께 국가간선도로망을 이루는 도로 노선. (3) 특별시도(特別市道)·광역시도(廣域市道) : 해당 특별시·광역시의 주요 도로망을 형성하는 도로로서, 특별시·광역시의 주요 지역과 인근 도시·항만·산업단지·물류시설 등을 연결하는 도로 및 특별시·광역시의 기능을 유지하기 위하여 중요한 도로. (4) 지방도(地方道) : 도(道)·특별자치도의 관할구역에 있는 도로 중 해당 지역의 간선도로망을 이루는 도로로서, 도청 소재지에서 시청·군청 소재지에 이르는 도로, 시청·군청 소재지를 연결하는 도로 및 해당 도·특별자치도와 밀접한 관계에 있는 공항·항만·역을 연결하는 도로 고속국도·일반국도 또는 지방도를 연결하는 도로. (5) 시도(市道) : 특별자치시, 시 또는 행정시의 관할구역에 있는 도로 노선. (6) 군도(郡道) : 해당 군의 관할구역에 있는 도로로서, 군청 소재지에서 읍사무소 또는 면사무소 소재지에 이르는 도로 및 읍사무소 또는 면사무소 소재지를 연결하는 도로. (7) 구도(區道) : 특별시도 또는 광역시도가 아닌 도로 중 동(洞) 사이를 연결하는 도로 노선 등이다.

**Road Classification 도로 분류(道路分類)** 도로의 노폭, 노면 상태에 따라 등급별로 분류하는 것을 말한다.

**Road Map 도로망도(道路網圖)** 모든 도로에 대한 도로 중심선과 절점, 그리고 도로 번호, 차선 수, 도로 포장 재질, 도로 교차점 등 도로 관련 정보를 포함한다.

**Road Ratio 도로율** 어느 도시의 교통 시설 수준을 간략히 나타내기 위하여 쓰이는 지표이다. 즉, 그 도시의 시가지 조면적(Gross Area)에 대한 도로(가로)가 점유하고 있는 평면적의 비율로서 다음과 같이 산출한다. 도로율 = 도로 면적($m^2$)/시가지 면적($m^2$) × 100, 이때, 도로라 하면 폭 4m 이상의 차도를 기준하는 예가 많다.

**Road Register 도로 대장** 도로관리자가 관리하는 도로에 대하여 노선마다 도로의 종류, 노선명, 기타 필요한 사항을 기재한 조서 및 부근의 지형 등을 표시한 평면도 등을 포함하여 작성하는 대장을 말한다.

**Roadside Tree 가로수(街路樹)** 도시의 미관과 위생을 위하여 인도 또는 차도를 따라 일정한 간격을 두고 심은 나무이다. 가로수를 심는 주된 목적은 가로에 자연의 풍취를 주고 여름에는 그늘을 제공하는 데 있다. 가로수는 이밖에도 공기를 맑게 하고 온도를 조절하는 등 미관과 보건위생 효과 등을 주고 있다. 이에 따라 가로수로 식재되는 나무들은 각종 공해에 강해야 하며, 여름에는 잎이 많고 겨울에는 해를 가리지 않는 낙엽수여야 하고, 수형이 아름다워야 하는 등의 조건이 필요하다. 플라타너스·은행나무·버드나무·미루나무·이탈리아포플러·벚나무·아카시아·벽오동 등이 적합해 많이 식재되고 있다.

**Road Site 도로 부지** 24개 지목 중 하나로서 지적도에 명시되어 있다. 이 도로 부지는(용도 폐지 전에는) 절대적으로 사유화할 수 없어 소유권을 취득할 수 없는 것이 특징이다. 따라서 개인 명의로 이용할 때에는 해당 관청에 임대료를 지불하여야 한다.

**Road Surveying 도로 측량** 여러 종류의 도로를 조사, 계획, 실시 설계, 시공, 유지 관리 등에 이용하기 위하여 행해지는 측량이다.

**Road Width 도로폭** 차량이 다닐 수 있는 도로의 범위를 말한다.

**Robin Hood Effect 로빈후드 효과** '가진 자'의 것을 빼앗아 '없는 자'에게 나눠주면 일하는 사람이 갈수록 줄어들어 결국 없는 자만 남는다는 뜻이다.

**Robinson Projection 로빈손 투영** 수학적인 방정식이 아니라 좌표 일람표를 기초로 한다. 이 투영은 투영 오차의 균형을 맞추기 위하여 모양·면적·축척과 거리에 왜곡을 가져온다.

**Rock 암(岩) = 서(嶼), 여, 탄(灘), 암석(岩石)** ① 만조시(약최고고저면상) 바닷물에 잠기는 고립된 형태의 바위 및 하나의 커다란 돌로서 항해에 위험요소가 되는 바위이다. Hydrographic Dictionary에서는 '자연적으로 생성된 물질 형태로 지각(암석권)의 주요 부분을 구성하며 단단하고 딱딱한 해저의 고체 덩어리로 자연적으로 생성된 물질'이라고 정의하고 있으며, American Practical Navigator에서는 '고립된 바위형태나 하나의 커다란 돌로서 항해에 위험요소가 되며, 항상 수중에 있거나 항상 해상에 노출되어 있기도 하며, 조수에 따라 간출되기도 한다.'라고 정의하고 있고, 우리나라에서는 일반적으로 '항해에 위험하며, 해저로부터 비교적 뾰족하게 솟아 급격한 사면을 이루는 간출 또는 노출되는 바위(간출암)'으로 정의하고 있다. 따라서 암은 '항해에 위험하며, 수중에 노출되기도 하는 바위, 암초(岩礁)의미를 하고 있다. 서(嶼), 여(礪, 汝), 탄(灘)도 암으로 분류된다. ② [지질학] 암석이란 여러 광물의 집합체로서 지각을 구성하는 모든 물질을 가리킨다. 흙(soil)도 역시 광물질로 이루어진 지각 구성 물질이지만 이는 암석의 풍화 산물로서, 암석과 구분한다. 일반적으로 공학적인 관점에서 암석이란 구성입자들이 결합물질들에 의해 강하게 결합되어 있어서 어느 정도 이상의 초기 항복 강도를 갖는 지각 구성 물질을 말한다. 암석을 구성하는 광물의 종류는 약 2,000여 가지에 달하지만 석영(quartz), 장석(feldspar), 운모(mica), 각섬석(hornblende), 휘석(augite), 감람석(olivine), 방해석(calcite), 고령석(kaolinite), 백운석(dolomite) 등의 9가지 조암광물이 암석 구성의 대부분을 차지한다. 암석은 성인에 따라서 화성암(igneous rock), 퇴적암(sedimentary rock), 변성암(metamorphic rock)으로 구분된다. 암석의 기재는 주로 조성 광물과 조성 환경 및 풍화정도에 의해 나누어지며, 조성광물의 종류와 결합력 등에 의해 화학적, 물리적 특성이 달라진다. ③ [암석역학] 공학적으로는 암반을 구성하는 소재로서, 일반적으로 다소의 잠재적인 균열을 함유하고 있지만 불연속면이 없는 순수한 상태의 무결암(Fresh Rock)이다. 구조적인 불연속성, 불균질성(heterogeneity), 이방성(anisotropy)을 보이는 암반과 구별지어서 실험실 차원의 소규모 암석을 무결암석(intact rock) 또는 암석 재료(rock material)라고 부른다.

**Rock Quality Designation 암질지수** RQD(Rock quality designation)를 참조.

**Rock Mass 암반(岩盤)** 암반의 공학적 의미는 토목공사의 대상이 될 정도의 공간적 크기를 갖는 자연의 암석집합체로서 불연속면을 포함한 현장의 자연 상태로 존재하는 암을 말한다. 암반은 크게 현지의 상태(in-situ)에 있는 암석의 집합체(mass)를 가리키며, 이 덩어리 내에는 단층(fault), 절리(joint), 열극(fissure), 습곡(fold) 등의 구조적인 특징을 포함하고 있다. 따라서 암반은 구조적인 불연속성, 불균질성(heterogeneity), 이방성(anisotropy)을 보이며, 이러한 특징들이 암반의 공학적인 거동을 좌우한다. 암반이 갖는 불연속면(Discontinuity)은 방향성과 연속성을 가지며, 이에 따른 강도를 갖는다. 불연속면에는 충진물질로 채워질 수 있으며 이는 간격, 틈새에 좌우되며, 투수정도를 결정하게 된다. 암반의 분류법으로는 RQD(Rock Quality Designation, 암질지수), RMR(Rock Mass Rating, 암반등급), 풍화도에 의한 분류법, 균열계수에 의한 분류법, Q-system 등이 있으며, 사면 및 지하공간 개발 등에 매우 중요한 역할을 한다.

**Rock Mass Rating(RMR) 암반등급** RMR(Rock Mass Rating)을 참조.

**Rock Quality Designation(RQD) 암질지수** RQD(Rock Quality Designation)를 참조.

**Rock Which Covers And Uncovers 간출암** 저조 때만 노출되는 바위를 간출암이라고 한다. 해도에서는 간출암의 높이를 기본 수준면으로부터의 높이로 나타낸다.

**Rock Which Does Not Cover 노출암** 조석에 의한 만조나 간조에 관계없이 항시 노출되어 있는 바위를 노출암이라 한다.

**Rod Float 막대 부자, 봉 부자** 유속 관측에 쓰이는 기구로서 재료는 보통 대나무를 쓰며 전 길이가 같은 굵기로 파이프의 하단에 추를 넣고 대략 부표의 90% 정도의 깊이가 잠기도록 이것을 연직으로 세워서 유하시켜, 유하 거리와 그에 소요된 시간으로 부자의 속도를 구하고 여기에다 보정계수를 곱해서 유속을 구하는 기구이다.

**Rod Intercept 협장** 시거측량에 있어서 전방에 세운 트랜싯 망원경의 상하시거선에 낀 표척의 길이를 말한다.

**Rod Level 간준기(桿準器)** 수준척에 붙어 있는 것으로 수준척을 수직으로 세우기 위해 붙어 있으나 감도가 좋지 않기 때문에 참고 정도로만 사용한다.

**Rods 간상체** 빛의 명암을 감지하는 눈의 감광장치를 말한다.

**ROLAP(Relational OLAP) 관계형 온라인 분석처리** 토대로서 RDBMS를 사용하여 다차원 자료를 표현하는 데이터베이스 기술. 이것은 전형적으로 다중 지원 차원 테이블의 사실 테이블로 구성되는 「성형도식」을 사용하여 행해진다.

**Role-Based Access Control(RBAC) 역할 기반 접근 제어** RBAC(Role-Based Access Control)를 참조.

**Roll 롤** [드론] 로봇, 비행체, 드론 등의 자세를 의미하는 각도는 롤(Roll), 피치(Pitch), 요(Yaw)로 나타낸다. 비행기의 항법장치에 필수적인 요소이다. 요(Yaw)는 z축 방향 회전을 의미하고, 롤(Roll)은 좌우로 회전하는 것을 의미한다. 자동차로 표현해보면 코너를 돌때 한쪽 방향으로 쏠려서 기울어지는 것을 롤(Roll)이라고 한다. 이러한 자세 측정에는 그 기준이 있다. 즉, 중력방향을 기준으로 얼마나 기울어져 있는지를 나타내는 값이 롤(Roll), 피치(Pitch)이다. 롤과 피치를 측정하기 위해 사용하는 센서가 바로 가속도 센서와 자이로 센서이다. 정지상태의 긴 시간의 관점에서 보면 가속도 센서에 의해 계산된 기울어진 각도는 올바른 값을 보여주지만 자이로 센서에서는 시간이 지날수록 틀린 값을 보인다. 반대로, 움직이는 짧은 시간의 관점에서 자이로 센서는 올바른 값을 보였지만 가속도 센서는 기울어진 각도와는 다른 계산 값이 나올 수 있다. 따라서 가속도센서와 자이로센서를 모두 사용해서 각각의 단점을 보상할 수 있는 알고리즘을 적용해서 롤 또는 피치 값을 계산한다. 많이 적용하는 보상 방법 및 필터링으로는 칼만필터가 있다. Pitch, Yaw, Accelerometer, Gyro Sensor 참조.

**Rollback 복귀** 한 트랜젝션 동안 수행된 데이터베이스 변경을 취소하는 것. Commit(완료)와 비교.

**Rolling 롤링, 횡전** [항공] 비행방향을 중심축으로 회전하는 것이 롤링(횡전)이라 한다. 3차원 공간상의 직교좌표계의 세 축이 만나는 점(원점)에 비행체의 중심이 위치하도록 하되, x축은 비행체의 머리 방향과 나란하도록 하고 y축은 날개와 나란하게 둔다. 그러면 수직 꼬리날개는 z축과 나란해진다. 여기서 비행기의 동체가 x축을 중심으로 회전하는 것을 롤링, y축을 중심으로 회전하는 것을 피칭, z축을 중심으로 회전하는 것을 요잉이라고 한다. 즉, 비행방향을 중심축으로 회전하는 것이 롤링(횡전)이다.

**Rolling Shutter 롤링셔터 현상** 자동차, 드론 등의 이동 중인 물체 안에서 동영상을 찍으면 건물의 기둥들이 사선으로 기울어져 보이는 현상을 말한다.

**Roll Printing 롤 프린팅** 마치 신문을 인쇄하듯 롤러에 LCD 재료를 묻혀 인쇄하는 기술이다. 고가의 장비를 사용하지 않고 회로를 구현하는 감광물질 코팅, 노광, 현상·공정 등의 포토공정을 대체할 수 있다.

**Roller Scanner 원통 독취기** 고정된 룰러가 회전함으로써 문서를 이동시켜 고정된 광원과 사진기에 의해 영상이 독취된다.

**ROM 롬, 비휘발성 메모리** Read Only Memory의 약자로 고정기억장치(固定記憶裝置)를 의미한다. 컴퓨터를 구동하기 위한 기본적인 정보가 담겨있다. 그리고 그 정보들을 기억하기위해 다른 정보들은 기억하지 않는다. 롬은 전원을 꺼도 데이터가 지워지지 않기 때문에 바이오스(BIOS)나 운영체제(OS) 또는 펌웨어의 저장에 쓰였으나 최근에는 일부분이 읽고 쓰기가 가능한 플래시 메모리 등으로 일부 대체되었다. 즉, 기억된 정보를 단지 읽어낼 수만 있는 메모리지만 기술 발전으로 ROM도 재기록이 전혀 불가능한 마스크롬에서부터 점차 재기록이 가능하게 발전하였으며, 최근에서는 자유롭게 읽고 쓰기가 가능한 플래시 ROM이 등장했다. 따라서 오늘날의 ROM은 기록이 불가능한 메모리를 지칭한다고 하기 보다는 전원이 차단되었을 때도 기록이 보존되는 비휘발성 메모리라고 보는 것이 타당하다.
ROM에는 사용자가 저장되는 정보를 기록할 수 있도록 PROM(Programmable ROM)과 EPROM(Erasable Programmable ROM), 그리고 Mask ROM 등이 있다. (1) PROM(Programmable ROM) : ROM보다 한 단계 더 논리 소자를 표준화시킨 것으로 프로그램이 가능하고 사용자가 1회에 한하여 새로운 내용을 기록 가능. 일단 기록되면 변경할 수 없기 때문에 설계상에 변경이 생기면 새로운 PROM이나 ROM을 다시 제작해야 하는 단점이 있다. (2) EPROM(Erasable Programmable ROM) : 사용자가 필요에 따라 기억된 내용을 몇 번이고 지워서 다시 사용할 수 있는 메모리이다. 지우는 방법에 따라 자외선을 비쳐주는 것과 특정한 전류나 전압으로 지우는 것 등이 있다. (3) Mask ROM : 제조 과정에서 내용을 미리 기억시켜 두는 것으로 사용자는 어떤 경우에도 내용 변경이 불가능하다. 다른 ROM에 비해 고가이며, 시작품의 논리회로 설계에 이용되며 설계가 완성되면 대량생산 단계에서 값이 싼 ROM을 사용하는 것이 일반적이다.

**Root 루트** [자료 구조] 트리의 가장 상위에 있는 노드, 루트는 항상 하나만 존재해야 한다. Tree Structure를 참조.

**Root Mean Square Error(RMSE) 평균 제곱근 오차** RMSE(Root Mean Square Error)를 참조.

**Rooting 루팅** 스마트폰에서 사용자가 운용체계(OS) 관리자 권한을 획득하기 위해 구조를 변경하는 것. 리눅스 관리자 계정 명칭인 'root user'에서 유래했다. 통상 안드로이드폰에선 '루팅'이라 부르고, 아이폰에선 '탈옥'이라고 한다.

**Rope Way 가공삭도(架空索道)** Aerial Cableway를 참조.

**Rotary Wing 회전익(回轉翼)** [항공] 회전하는 날개에 의하여 비행에 필요한 양력의 전부 또는 일부를 발생케 하는 비행체로서 통상 헬리콥터를 지칭하며, 최근 무인비행체인 드론(멀티콥터)도 회전익기의 영역을 넓혀가고 있다. 항공기 및 비행체는 을 따라 고정익(Fixed Wing)과 회전익(Rotary Wing)의 2가지 형태로 구분된다. 즉, 일반 여객기나 전투기 같이 날개가 고정된 형태를 고정익기라 하고, 헬리콥터, 드론(멀티콥터) 등과 같이 날개가 회전하는 형태를 회전익기라 한다. 회전익기는 '로터(Rotor)'라고 불리는 2개 이상의 회전 날개로 양력을 얻어서 비행하는 비행체이다. 회전하는 로터로 양력을 얻기 때문에 일반적인 비행기처럼 이륙하기위해 긴 활주로를 달려서 양력을 얻을 필요가 없으며, 실질적으로 모든 헬리콥터는 수직 이・착륙이 가능하다.

중심에 있는 로터만 돌아가면 작용-반작용의 법칙에 의해 동체는 반대방향으로 돌아가게 되므로 '주 로터'(main rotor)의 회전 반력을 상쇄시키기 위해 후방에 가로 방향의 작은 프로펠러(Tail Rotor・테일 로터)가 탑재한다. '주 로터'(main rotor)의 회전 반력을 상쇄시키기 위한 또 다른 방법으로는 비행체 앞뒤로 2개의 로터가 있는 탠덤로터(직렬 로터)이다. 이것은 앞과 뒤의 로터가 서로 반대방향으로 돌면서 로터에서 생기는 반동을 상쇄시킨다. NOTAR는 테일로터를 없애고 그 대신 테일로터가 있는 자리에 압축공기 분사구를 설치하여 테일로터가 하는 일을 대신하는 방식을 쓴다. 로터가 회전면에 대해 수평하다면 바람을 일으킬 수 없고, 어느 정도 기울어져야 바람을 일으켜 그 반작용으로 추력을 얻을 수 있다. 이 각을 피치(Pitch)라 한다. 따라서 엔진을 일정 수준에 맞추고 프로펠러 피치를 조정하는 것만으로도 추진력 혹은 속도 조절이 가능하다. 헬리콥터는 위로 뜨는 추력만이 아니라 전후좌우로 기울어져야 하므로, 콜렉티브 피치와 사이클릭 피치의 2가지 방식을 적용한다. 콜렉티브 피치(Collective Pitch)는 날개 자체의 전체적인 각도를 조절하여 상승, 하강 추진력을 조절하고, 사이클릭 피치(Cyclic Pitch)는 날개의 위치에 따라 주기적으로 각도를 조절하여 전후좌우 추진력을 조절한다. Drone, Multi-copter 참조.

**Rotating Disk Shutter 회전 셔터** 렌즈 셔터의 일종으로서, 노출용 창이 달린 원반의 회전에 따라 노출 시간을 규정하는 것을 말한다.

**Rotating Drum Scanner 회전 드럼 스캐너** 문서나 드럼(Drum)의 중앙에 위치한 광원을 가지고 회전하는 드럼에 올려 지는 독취기의 형태를 말한다.

**Rotation 자전(自轉)** ① 3축 방향으로 경사진 좌표계를 기준 좌표계로 변환하는 것을 말한다. ② 천체가 자체의 고정된 축을 중심으로 회전하는 운동을 자전이라 한다. 지구의 자전주기는 24시간이고, 달의 자전주기는 공전(revolution)주기와 같으며 27일 7시간 43분 11초 5이다.

**Rotation Ellipsoid 회전타원체** 한 타원의 주축을 중심으로 회전하여 생기는 3차원적인 회전 타원체는 기하학적 입체이므로, 굴곡이 없는 매끈한 표면이며, 약간 복잡하지만 그 표면상 위치를 수학적으로 계산할 수 있다. Spheroid, Rotation Ellipsoid, Ellipsoid of Revolution을 참조.

**Rotor 로터** [항공] 헬리콥터의 회전익(Rotary Wing) 부분의 총칭이다. 헬리콥터의 큰 회전날개(주 로토, Main Rotor)로 양력과 추진력을 만든다. 꼬리 로터(Tail Rotor)는 주 로토(Main Rotor)로 생긴 토크(Torque)를 상쇄시킨다.

**Rough Criterion 거칠기 기준** 지표면이 Radar 전파를 산란하는 정도를 결정하는 관계식. 지표면의 질감과 복각(Depression Angle), 파장이 관계식의 요소가 된다.

**Roughness Coefficient 거칠기 계수, 조도계수(粗度係數)** ① 암석 절리면의 거칠기 정도이다. 암석 절리는 생성과정에서 암종과 지질환경에 따라 다양한 거칠기를 나타내며, 이로 인해 전단시 수직 팽창과 돌출부의 파쇄(asperity failure), 접촉면의 변화 등 복합적인 현상을 수반하게 된다. 따라서 절리면의 전단거동을 이해하고 예측하는 데 있어, 거칠기의 정량적 기술은 매우 중요한 사항이다. 현재까지 절리면의 거칠기를 정량화하기 위하여 많은 파라미터들이 제안되어 왔으며, 이 중에서 Barton (1973)에 의해 제안된 '절리면 거칠기계수(joint roughness coefficient, JRC)'가 가장 널리 사용되고 있다. 그러나 JRC는 직접 전단시험 결과로부터 역산된 경험적 계수로 물리적 개념에서 도출된 값이 아니며, Barton & Choubey(1977)가 제시한 대표곡선과의 비교를 통한 JRC의 산정은 측정자의 주관적 판단이 개입될 수 있다는 문제점을 갖는다.

② 관수로 및 관로에서 벽면의 거친 정도를 나타내는 계수를 말한다. 즉, 유체와 벽면에 생기는 에너지 손실을 표시한 것이다. 구체적으로는 manning의 평균유속 공식과 Ganguillet-Kutter의

평균유속 공식에서의 n을 가리키지만, 같은 벽면재에 대해서 두 식에서의 수치가 다르므로 Manning의 조도계수, Ganguillet-Kutter의 조도계수라고 구별하여 부른다.

**Round Rectangle 둥근 모서리** 영역(Region)으로 어느 정도 해결할 수 있는 데이터 유형이다.

**Rounding 반올림** 하나 또는 몇 개의 숫자를 버림 또는 올림하여 뒤따르는 계산에 유효한 숫자만 남기게 하는 것을 말한다.

**Round-Off Error 마무리 오차** 어떤 수를 유효한 자릿수로 나타내기 위해 마무리 작업인 반올림, 끊어올림, 끊어버림을 함으로서 발생하는 오차이다.

**Route 경로** ① 한 지점에서 다른 지점으로의 이동경로로서, 어떤 장소간의 인원·자원·물자의 이동시 최단 거리 혹은 최적 경로 선정 기능. ② 하나 혹은 여러 아크로 구성되거나 한 아크의 일부분으로 구성되는 선형 요소를 말한다.

**Route Guidance Service 주행안내 서비스** RGS(Route Guidance Service)를 참조.

**Route Location 노선 선정(路線選定)** 도로 신설 또는 개량에 대한 계획 노선을 선정하는 작업을 말한다.

**Route Surveying 노선 측량(路線測量)** 노선의 계획, 설계 및 공사를 위하여 노선을 중심으로 좁고 긴 지역에 걸쳐 실시되는 측량으로서, 도로, 철도, 운하 등의 교통로, 수력발전의 도수로, 상하수도의 도수관 등 폭이 좁고 길이가 긴 구역의 측량을 총칭한다. 도로 및 철도와 같은 노선은 직선으로 설계하는 것이 바람직하나 지형의 상황에 따라 곡선을 설치하게 된다. 노선에 설치되는 곡선은 이것이 포함하는 면에 따라 수평 내에 있는 곡선을 수평곡선(horizontal curve), 수직면 내에 있는 곡선을 수직곡선(vertical curve)이라 한다. 측량작업의 내용은 교통로의 경우 기존의 지도상에서 측량하여 노선을 선정한다. 수평곡선, 종곡선, 완화곡선 등의 곡선을 포함한 노선을 따라서 보통 20m마다 중심 말뚝을 박는다. 평면도, 종단면도, 횡단면도 작성을 통하여 성토 및 절토량을 계산해 낸다. 최근에는 GSIS 방법에 의하여 최적 노선을 선정한다. 선형측량(線形測量)이라고도 한다.

**Router 라우터** 통신 네트워크상에서 패킷데이터(디지털신호로 만들어진 데이터)로 구성된 정보를 주고받을 때 다양한 경로(Route)를 찾아 정확하게 수신처 주소로 전달시켜주는 장치. 그물망처럼 얽힌 네트워크상에서 인터넷 트래픽이 막히면, 이를 피해 다른 경로를 이용해 원하는 목적지로 향하도록 이용해 원하는 목적지로 향하도록 인터넷 상의 경로를 찾아 중계해 준다. 이를 통해 보수가 용이한 대규모 통신망을 쉽게 구성할 수 있게 됐다. 또 인터넷 주소를 찾는 과정에서도 통신량이 한곳으로 폭주하지 않도록 다양한 경로로 분산시킬 수 있게 됐다.

**Routes 라우트** 아크로부터 생성되는 선형 관측 체계로서, 예를 들면 교통 경로이다.

**Routine 루틴** 컴퓨터가 특정의 기능을 실행하기 위해 준비하고 있는 일련의 명령어 또는 단일 기능밖에 없는 소프트프로그램의 총칭을 말한다.

**Routing 경로, 탐색** 컴퓨터 통신망에서 정보를 송신하는 송신축으로부터 전달된 정보가 수신축에 도달할 때까지 거치는 일련의 통신 경로를 말한다.

**Routing Analysis 경로 분석** Network Analysis를 참조.

**Rover 이동국** GPS에서 미지점의 위치를 결정하기 위해 사용되는 수신기. 이동 수신기로부터의 자료는 일반적으로 기지 수신기에 의해 수집된 자료와 상대 보정된다. Mobile Receiver를 참조.

**ROW 열** ① 속성 테이블내의 레코드. 자료 항목을 하나씩 포함하는 칼럼으로 구성되는 테이블의 수평범위. ② 그리드의 셀 또는 영상의 픽셀에 대한 수평 그룹을 말한다.

**ROW Count 행 수** Y축 상에 존재하는 래스터 객체의 최대 개수이다.

**RPC(Remote Procedure Call) 원격 절차 호출** 프로세스 간 통신을 위한 기법의 하나. 분산 체계에서 다른 컴퓨터에 있는 절차를 호출할 때 그것이 마치 같은 컴퓨터에 있는 절차인 것과 같이 호출할 수 있는 구조를 말한다.

**RPV(Remotely Piloted Vehicle) 원격 조종기** [드론] 무선에 의해 원격 조작되는 운항체로서 자동차·비행기 등 다양하며, R/C(Radio Control, 무선조종) 및 드론을 의미하기도 한다. Drone 참조.

**RQD(Rock Quality Designation) 암질지수(岩質指數)** Deere(1966)는 시추 코어(core)에 대한 코아채취율을 근거로 해서 전체 시추심도에 대한 10cm 이상의 코아가 차지하는 비(比)를 나타내는 하나의 Index를 제안하였는데, 이러한 RQD 방법은 상당히 널리 이용되어 왔으며 터널보강방법 선정 등에 도움이 되고 있다. 암반에 대한 코아의 채취상황은 시추공법, 암질, 절리 등에 따라 크게 좌우되므로 Deere는 다음과 같이 RQD를 정의하고 암반을 질적으로 분류하였다.

$$RQD = \frac{\Sigma(10cm \text{이상의 코어의 길이})}{\text{굴진길이}} \times 100(\%)$$

즉, 시추시 굴진한 길이에 대한 10cm 이상의 절리(節理, joint)간격을 갖는 코어 길이 합의 백분율이다. 따라서 암심(岩心, boring recovery core)에서 굴진한 길이에 대한 10cm 이상의 간격을 갖는 절리(joint) 수를 고려하여 암심의 상태를 수량화시킨 것으로서 절리의 빈도 및 안반의 강도 측정 등을 반영할 수 있다.

국제암석역학회(International Society for Rock Mechanics, ISRM)는 암반의 RQD를 결정할 때 '이중관 시료채취기'(double barrel diamond drilling)를 사용해서 시추한 NX코어(외경이 74.61mm)를 기준으로 할 것을 제한하였다. RQD의 암반공학 및 지질공학적 상관성은 다음과 같다.

| RQD(%) | 25 이하 | 25~50 | 50~75 | 75~90 | 90~100 |
|---|---|---|---|---|---|
| 상태 | 매우 나쁨 (very poor) | 나쁨 (poor) | 보통 (fair) | 좋음 (good) | 매우 좋음 (excellent) |

RQD 자체는 쉽게 코어의 상태(core quality)를 추정하는 좋은 자료가 될 수 있으나, 암반의 상태를 파악하기에는 부족한 면이 없지 않다. RQD는 절리가 얇은 점토층이나 풍화를 받은 다른 물질로 채워져 있을 경우에는 그 역할을 잃을 수 있으며, 절리의 방향, 밀착정도 또는 협재물 등의 영향을 고려할 수 없는 단점도 있다.

**RRC(Range Rate Corrections) 의사거리 보정치** RRC는 PRC의 예측률에 기초한 의사거리 보정치의 조절값이며, 시간이 지남에 따라 변한다. RRC는 어떤 특정 시간에 PRC에 반영되어야 하는 계산 값으로서, 이로 인해 시간이 지남에 따라 PRC의 유효성을 증가시키려는 것이다. RRC 한계치가 넘으면 경고가 발생한다. RRC의 절대값은 비교시에 사용된다. RRC의 평균값은 +/−1m/sec이다. 적당한 RRC 한계치는 4m/s이다.

**RRL(Regional Research Laboratory)(UK) 지역 연구 실험** 영국에 설립된 연구 센터의 시리즈로써 GIS 연구와 실제적인 응용 시범 사법에 전념하는 곳이다.

**RRR(Range Rate Residual) 의사거리 잔차** 가장 최근에 수신된 의사거리 보정치와 이 보정치가 적용된 후 IM에서 측정된 현재 의사거리 사이의 차이이다.

**RS(Reference Station) 기준국, 위성항법 보정시스템 기준국** 위성항법 보정시스템(Differential GPS, DGPS)은 이미 알고 있는 기준점에 기준국용 GPS 수신기를 설치하여 정밀하게 측정된 자신의 위치와 GPS 위성 신호를 받아 수신기로 계산된 위치를 비교하여 오차를 계산한다. DGPS 기준국 시스템은 기준국(Reference Station, RS), 감시국(Integrity Monitor, IM), 그리고 제어국(Control Station, CS)으로 구성되고, 사용자에게 보정정보를 송신하기 위한 변조기와 송신기 시스템으로 구성되어 있다. 기준국 시스템은 의사거리 보정정보(PseudoRange Correction, PRC)를 계산하여 RTCM 국제표준 포맷에 맞게 변환한 다음, MSK(최소 편이 방식) 변조기 및 송신기를 통해 사용자에게 방송한다. DGPS 기준국에서는 추적 위성수, 최대 보정치, UDRE(User Differential Range Error), 보정나이(Correction age), 의사거리 잔차, 절대위치오차의 무결성 감시를 수행하고 있다.

현재 우리나라 DGPS 기준국은 해양기준국 11개소, 내륙 기준국 6개소, 감시국 17개소로 구성되어 운영되고 있으며, 국제항로표지협회(IALA)의 권고에 따라 사용자에게 실시간 보정서비스를 하고 있다. DGPS를 참조.

**RS(Remote Sensing) 원격 탐사(遠隔探査)** 조사하고자 하는 대상, 지역 및 현상에 물리적인 접촉이나 탐측 행위 없이 지상 물체의 특성을 파악하기 위해 지상, 항공기 및 인공위성 등의 탑재기(Platform)에 설치된 감지기(Sensor)를 이용하여 지표·지상·지하·대기권 및 우주 공간의 한 지점으로부터 반사되거나 방사된 전자기 복사 에너지를 측정하여, 토지, 자원 및 환경 등에 대한 정성적, 정량적으로 해석하여 정보를 수집 및 분석하는 것을 말한다. 원격 자료 취득 기법에서는 보통 항공기나 인공위성에서 대지(해양, 대기)를 촬영한 자료를 이용하며 지상관측 자료도 포함된다(예 : LANDSAT 위성의 지상 이미지 촬영). 공간과 공중으로부터의 영상은 지리적 자료의 주요한 원천이다. 원격 탐사는 자료취득, 처리를 위한 기법을 포함한다. 원격탐사의 영상 분석체계는 세련된 분석기능을 제공하며, 그로부터 통합된 자료는 GIS에서의 다른 자료층과 병합된다. RS는 GIS 자료의 주요 원천으로서 많은 비용이 소요되지만, 한 번에 넓은 지역을 조사할 수 있으므로, 많은 시간과 인력이 필요한 지상자료 수정에 비해서는 단위 면적당 비용이 저렴하다.

**RS-232 알에스-232** 미니컴퓨터나 마이크로컴퓨터 체계에 주로 사용되는 비동기식 전송을 위한 케이블 조직, 터미널 인쇄기, 플로터 같은 주변 장치들이 주 컴퓨터와 각각의 선으로 연결되어, 데이터 통신을 할 수 있는 표준 장비를 말한다.

**RSI(Repetitive Strain Injury) 반복 운동 손상** 동작을 반복하는 물리적인 운동에 의해 발생하는 RSI는 IT 기기의 과도한 사용으로 나타나는 새로운 현대질병으로, 지능형 섬유가 이 질병을 예방할 수 있을 것으로 전문가들은 예상하고 있다. 이 RSI 의류는 의류에 부착되는 새로운 첨단 센서 개발과 동시에, 판정이 어려운 근육 수축 정도를 측정할 수 있고, 스트레스 수준까지 감지할 수 있다. 따라서 필요할 때마다 적정 수준에서 휴식을 권하는 메시지와 각종 메디컬 정보를 제공하고, 비상시 의료진에게 바로 연락할 수 있다.

**RSS(Really Simple Syndication) 알에스에스** RSS는 특정 인터넷 사이트를 구독 신청하면 해당 사이트를 매번 방문하지 않아도 자동으로 정보를 제공받는 서비스를 말한다. XML 기반의 문서표준으로 뉴스나 블로그 사이트에서 주로 사용하는 콘텐츠 표현방식으로서, 주로 웹 사이트의 업데이트된 정보를 공개하기 위해 사용된다. RSS의 기술을 이용하면 인터넷 상의 웹 사이트가 업데이트 되었을 때 그 사이트를 직접 방문하지 않더라도 소프트웨어를 사용, 업데이트된 정보를 자동으로 표시하여 내용을 열람할 수 있다. 예를 들어, 뉴스를 RSS로 제공하는 웹 사이트를 RSS 지원 소프트웨어에 등록해 두면, 그 웹 사이트에 새로운 뉴스가 올라왔을 때 그 기사의 표제 정보가 개인의 PC 등으로 자동 전달된다.

**RSS(Rich Site Summary) 풍부한 사이트 요약** 콘텐츠 발행과 구독이 결합된 배포 방식으로 구독자에게 자동으로 정보가 전달된다. RSS(Realliy Simple Syndication)를 참조.

**RT(Retweet) 리트윗, 재전송** 다른 사람의 글을 글쓴이의 ID와 함께 전문을 인용해 남들에게 재전송을 통하여 재게시하는 하는 것을 의미하는 트위터 용어이다. 이 기능은 트위터에서 공식적으로 제공하는 기능은 아니지만, 트위터 이용자들이 자주 애용하는 기능이다. 다른 사람이 쓴 좋은 글을 발견했을 때, 글 내용은 그대로 복사하지만, 원 저자의 유저네임을 밝혀주는 것이다. 리트윗을 통해 특정 메시지는 정말 걷잡을 수 없는 속도로 퍼져나간다. 트위터 메시지를 보면 앞에 RT가 붙어 있거나, 메시지 뒤에 via 유저네임 등으로 표시된다. 리트윗한 메시지가 140자가 넘지 않을 때는 자신의 의견을 첨부해도 무방하다.
리트윗을 일일이 하려면 불편한 경우가 종종 있는데, 트윗덱과 같은 클라이언트에서는 하나의 기능으로 제공한다. 기능 버튼만 누르면 바로 리트윗을 할 수 있다.

**RTB(Real-Time Bidding) 실시간 입찰** 콘텐츠 발행자와 광고주 등이 디스플레이 광고 공간을 사고파는 경매 시스템을 말한다.

**RTCM(Radio Technical Commission for Maritime Service) SC-104 디지피에스 보정 정보 표준** DGPS 측량시 기지국 GPS에서 생성한 위치보정 신호(Correction data)를 이동국 GPS로 전송할 때 사용하는 세계표준의 위치보정 데이터 포맷이다. 현재 우리나라 해양 수산부에서 설치한 비콘 DGPS 기지국에서도 RTCM SC-104 포맷에 의한 위치보정 신호를 방송 서비스하고 있다.

**RTCM(Real-Time Differential Correction Maritime) 실시간 해상 차등 보정** GPS 고정국에서 이동국으로 보정 신호를 보내어 실시간으로 위치를 알아내는 방법이다.

**RTCM SC-104(Radio Technical Commission for Maritime SC-104) 미국 해상 무선 기술 위원회** 해양 서비스를 위한 무선 기술 위원회 특별위원회 104에 의하여 개발된 DGPS 보정을 위한 표준 형식으로, 기준국에서 이동국으로 보정값을 전송하기 위해 사용되는 표준형식을 말한다(RTCM-104).

**RTCS(Real-Time Traffic Control Service) 실시간 교통 제어 서비스** 도시 내 간선 도로 및 국도, 지방도 등의 교통 상황 정보를 수집하고 실시간으로 이에 대응하여 가변 차로 제어, 교통 신호 제어, 우선 처리 신호 제어 등을 수행하는 서비스이다.

**RTF(Ready To Fly) 완제품** [드론] 콘트롤로와 액세서리 등 비행을 위한 모든 구성이 포함된 제품 상태를 의미한다. 기체와 배터리, 송신기 등이 모두 구비되어 구입 후 바로 비행할 수 있다. Ready to Play(RTP) 또는 Plug and Play(PNP)라고도 한다. ARF, BNF를 참조.

**RTK(Real Time Kinematic) Survey 실시간 이동측량** GPS는 이동측량의 방법을 이용해 위치를 결정하는 정지측량(static)방식과 같은 후처리에 의한 방법과 실시간으로 데이터를 처리하여 위치를 결정하는 실시간 이동측량(RTK; Real Time Kinematic) 방식이 있다. 특히 RTK-GPS방식은 경지정리지구, 택지개발지구 등과 같이 전파수신에 장애가 없는 지역에서는 토털스테이션보다 효율적이다. 실시간이동측량은 실시간으로 센티미터 수준의 정확도로 위치를 결정할 수 있는 기법으로 1990년 중반에 개발되었다. 광범위한 관측점의 정밀좌표를 빠른 시간 내에 취득하기 위해서 이동측량을 수행하는 동시에 후처리를 따로 수행하지 않기 때문에 신속한 측량이 가능하다. 정밀도에 근접한 결과를 산출하기 위한 목적으로 개발되었으므로 공사현장 뿐만 아니라 각종 연구에 많은 활용이 되고 있다. 실시간 이동측량의 기본 개념은 정밀한 위치를 확보한 기준점의 반송파 오차 보정 값을 이용하여 사용자가 실시간으로 관측값을 얻을 수 있다. 이동국과 기준국으로 구성되며 기준국에서는 관측데이터 또는 보정데이터를 이동국으로 전송하기 위한 통신수단이 추가적으로 필요하며, 이동국 또한 이러한 데이터를 수신하기 위한 통신 수단이 필요하다. 이러한 실시간이동측량의 기본개념은 오차보정을 위해 기준국에서 전송되는 데이터가 반송파 수신 자료라는 것을 제외하고는 DGPS개념과 유사하다. 각 위성에 대한 반송파 측정값을 지속적으로 제공하여야 하며 데이터의 전송 방식에 따라 발생할 수 있는 오차의 한계가 DGPS보다 상대적으로 크기 때문에 안정적이고 신속한 데이터 전송 시스템이 요구된다. DGPS 참조.

**RTLS(Real Time Location System) 실시간 위치 추적 시스템** 실시간으로 사물의 위치 정보 측위를 통해 다양한 서비스를 제공하는 시스템을 말한다. RTLS 시스템은 물류, 헬스케어, 생산시설 등 사물인터넷(Internet of Things, IoT)과 관련된 다양한 분야에서 활용되고 있다. 통상적으로 '실시간 위치 추적 시스템'(RTLS)은 근거리 및 실내와 같은 제한된 공간에서의 위치 확인 및 위치 추적 시스템을 통칭하고, 이동통신망 기반의 위치기반 서비스(LBS)처럼 사람 또는 사물의 위치를 확인하지만 주로 제한된 공간에 활용되므로 '실내위치 추적 서비스'(Indoor Positioning System, IPS)라고 불리기도 한다.

최근에는 스마트기기를 활용한 측위 시스템 및 어플리케이션이 등장함에 따라 IPS와 RTLS를 구분 짓고자 하는 시도가 있다. 시장분석기관인 IDTechEx에서는 IPS는 휴대폰 기반의 기술을 활용하여 불특정 다수에게 서비스를 하는 반면, RTLS는 폐쇄적으로 사용한다는 것이 매우 큰 차이점이라고 구분하고 있으며, 주요 플레이어도 IPS의 경우 모바일 기기 생산자 또는 지도 기반의 사업자인 반면, RTLS는 HP와 IBM과 같은 시스템 공급자인 것으로 구분하고 있다.

RTLS 시스템 구현을 위해서 여러 가지 기술들이 사용되고 있으나, 기본적으로는 다음과 같이 크게 3가지 범주로 구분될 수 있다. (1) 무선기기의 무선신호를 이용한 방법 : 기지국, WiFi 네트워크 또는 다른 무선기기로부터의 무선신호를 이용하는 방법(적용기술에 따라 정확도 차이가 큼), (2) 센서를 이용한 방법 : 스마트폰에 내장된 센서를 이용하여 방향 및 이동거리를 추적하는 방법(주로 무선기기의 무선신호를 이용하는 방법을 보완하는 용도로 사용), (3) 블루투스를 이용한 방법 : BLE4.0 기반의 넓은 영역에서 비콘(Beacon)을 이용하는 방법(i-Beacon이 대표적이며 근접(Proximity)측정을 이용한 서비스에 주로 활용됨). 이러한 기술 이외에도 지자기, 관성, 압력 등의 센서를 이용하는 방법과 디바이스의 카메라를 이용하거나 빛을 변조하여 위치정보를 빛으로 전송하는 방법 등이 사용되고 있다.

**RTMS(Real Estate Trade Management System) 부동산 거래 관리시스템** 부동산거래의 투명성을 높이고 부동산거래의 전자화를 통해 국민편의를 제공함과 동시에 정보활용 촉진 및 행정능률을 향상시키고, 부동산 실거래가격을 파악하여 부동산 시장 안정화에 기여하며, 부동산중개업자 또는 거래당사자가 인터넷을 이용하여 편리하게 부동산거래신고를 할 수 있는 기반을 마련하여 관공서를 방문하는 불편과 첨부서류를 최소화하기 위함이며, 신고가격의 적정성을 자동 검증하여 부적정한 거래정보를 과세당국과 공유함으로서, 이중계약서 작성과 탈세심리 예방 등 투명한 부동산 거래질서의 확립과 과세기준을 실거래가격으로 일원화할 수 있는 기반을 마련하기 위한 것으로서, 부동산시장을 실시간 모니터링하여 적시(適時)에 효과적이고 예측가능한 부동산정책 수립을 지원하는 시스템이다. 시스템의 기능으로는 (1) 부동산거래신고, (2) 신고처리, (3) 적정성 진단, (4) 거래분석, (5) 거래정보 제공 등이다.

**R Tree 알 트리** 지리사상을 둘러싸는 최소범위사각형의 특성을 이용하여 데이터를 조직화하는 공간 데이터 구조를 말한다.

**RTT(Render To Texture) 텍스처 렌더링** DEM 위에 얹힐 고해상도 영상에 2D 객체를 그린 후 렌더링하는 기법을 말한다.

**RU(Radio Unit) 무선신호처리부** 기지국의 무선 신호처리 부문으로 DU로부터 수신한 디지털 신호를 주파수 대역에 따라 RF(Radio Frequency) 신호로 변환하여 안테나로 송·수신하는 변환장치와 RF 증폭기로 구성된다.

**Rubber Banding 양단 묶음** 알려진 위치와 자료군 내 몇 개의 자료점 사이의 보다 정확한 대응을 위해 자료군 안에 있는 모든 자료점의 좌표를 조정하는 절차. 또한 Rubber Banding으로 알려진 고무판 변환(Rubber Sheeting)은 점과 대상(객체)의 상호 연결선들을 늘리거나 줄이고 또는 재설정하면서 점과 대상사이의 상호 연결이나 위상을 보존한다. Rubber Sheeting을 참조.

**Rubber Sheeting 고무판 기법** 서로 다른 두 도면에서 동일 지역을 중첩했을 때 위치상 일치하지 않을 경우 사용하는 기법으로 임의의 기준점에 준하여 도형을 고무판처럼 늘리거나 줄여 변형시킴으로써 다른 도면과 일치하도록 하는 방법을 말한다. 「지역·지구 등의 지형도면 작성에 관한 지침」에 의하면 (1) 스캐닝을 통하여 취득한 래스터 자료의 지역·지구 등 지정 경계와 국토이용정보체계 데이터베이스의 동일 지점을 제어점으로 지정하여 고무판기법을 실시한다. (2) 지역·지구 등의 경계가 필지를 관통하는 경우에는 지적도면의 필지경계를 기준으로 취득한 영상자료의 해당 필지 경계를 고무판기법으로 맞추어 조정한 후 함께 조정된 영상자료의 지역·지구 경계를 입력한다. (3) 지역·지구 등 지정 원시도면과 국토이용정보체계 데이터베이스간 동일한 지점을 선택하여 고무판기법을 실시한다.

**Rugged PC 러기드 피씨** 러기드 또는 러기디즈드(Ruggedized) 모두 같은 의미로 매우 험한 환경에서도 쓸 수 있는 매우 튼튼한 노트북을 뜻한다.

**Rule-Based System 규칙 기반 체계** 미리 정해진 규칙 행위에 기초하여 연산되는 체계를 말한다.

**Rules for Application Schema 응용 스키마를 위한 규칙** GIS를 취급하는 모든 데이터에 적용하는 공간 데이터의 구조를 응용 스키마로서 기술 방법 규정. 응용 스키마는 어떠한 지형·지물로서 분류, 각 지형·지물에 대한 속성, 또 지형·지물사이간의 관계 정의 공간 데이터의 구조를 응용 스키마로 기술, 공간 데이터의 교환이 가능하다.

**Ruling Pen 오구** Drawing Pen을 참조.

**Run Length Encoding(RLE) 연속 분할 부호화, 런 렝스 엔코딩** RLE(Run Length Encoding)를 참조.

**Run-Length Coding 연속 분할 부호** 격자방식의 자료 기반에 자료를 저장하는 간단하게 자료를 압축하는 방법으로서 연속해서 동일 속성값이 반복해서 나타나는 경우 속성값과 반복된 횟수를 저장한다. RLE와 같이 래스터 자료를 압축하여 저장하는 Run-Length-Encoding 구조로 스캐너 제조업체가 가장 보편적으로 쓰는 구조이다. RLC로 저장된 영상자료는 출력시 위에서 아래로 영상을 그린다.

**Run-off 강우유출** 유역에 내린 비가 하도에 흘러드는 현상으로서, 유출은 표면유출 외에 강우가 땅속에 침투해 지하수가 되어 하도에 흘러드는 지하유출, 일단 침투한 후 다시 지표로 나와서 하도에 흘러드는 중간유출로 나누어진다.

**Runway 활주로(滑走路)** 항공기의 이·착륙과 이동에 이용되는 직선로를 말한다.

**Rural Groundwater Net 지하수 넷** "지하수 넷"은 '농어촌 지하수 정보서비스'로서 한국농어촌공사에서 생성되는 지하수 주제도정보, 시설정보, 관측정보를 온라인으로 제공하기 위한 지하수 활용시스템이다. 농촌지역 지하수의 기존 자료 수집, 이용현황, 수질 및 수리 현황 조사와 기타 세부 조사를 실시하여 지하수를 최적 관리할 수 있는 시스템을 구축함으로써 지하수 관리대책 방안을 강구하고 지하수 모니터링의 실시와 지속적인 감시 관리를 하여 농촌지역 지하수의 난개발과 수질 오염을 사전 예방을 목적으로 한다.

* 지하수 넷 : https://www.groundwater.or.kr

**Russia Satellite System 러시아 탐사 위성** 러시아의 대표적인 위성으로는 Resurs Series와 Cartographic Satellite Systems 등이 있다. 이 위성들은 200Km~270Km의 낮은 상공을 비행하며, 영상 자료 수집과 전달상의 문제점으로 인해 비행이 단기간 동안에 이루어져 최대 45일을 넘지 않는다. 대부분의 러시아 탐사 위성에는 감지기가 탑재되어 있지 않고, 대신 KVR-1000, MK-4, TK-350, KFA-1000 등의 광학 사진기로 사진을 촬영한다. 사진 1장은 가로 40Km, 세로 160Km의 지역을 나타내며, 필름은 지상으로 투하되어 스캐닝 된다.

**Rust Prevention 방식(防蝕), 부식방지** 금속의 표면에 생기는 녹을 방지 또는 억제하는 것으로서, 녹 발생을 방지하기 위해 다음과 같은 방법이 실시된다. : ① 관의 변성에 의해서 관내의 녹을 방지하고, 새롭게 도장(塗裝)이나 라이닝을 가한다. ② 알카리제를 첨가해서 침식성 유리탄소를 중화시켜 물에 의한 화학적 부식을 적게 한다. ③ 인산염, 케이산염을 주성분으로 한 방녹제를 주입하고, 철, 망간의 산화를 막는 것과 함께 관내면에 방식피복을 형성해서 관의 부식을 방지한다.

**RVI(Ratio Vegetation Index) 식생 비율 지수** RVI는 Jordan (1969)에 의해 처음 제안되어 가장 광범위하게 사용되었던 것으로, 녹색 식물의 반사율이 적색 영역에는 대체로 작고, 근적외선 영역에서는 높다는 것을 이용하여 두 분광대 영상이 가진 영상소 간의 비율을 구하며, 식생의 밀집도 등을 나타내기 위한 지수이다.

**S3D(Stereoscopic 3D) 3차원 입체시** 양쪽 눈의 시각 차이를 이용한 입체 영상기술이다.

**SA(Selective Availability) 고의 잡음, 에스에이** 대부분의 비군용 GPS 사용자들에게 정밀도를 의도적으로 저하시키는 조치. 이 조치는 위성의 시계를 떨리게 하여 거리 정밀도를 저하시키는 delta 과정과 항법 메세지의 ephemeris의 정밀도를 떨어뜨리는 epsilon 과정이 있다. 최근에는 delta 과정이 주로 쓰인다. 이 조치는 암호를 해독하거나 DGPS 방법을 사용하여 대처할 수 있다.

**SaaS(Software as a Service) 서비스로서의 소프트웨어, 사스** 서비스형 소프트웨어이다. 2000년대 들어 개인이나 기업이 컴퓨팅 소프트웨어를 필요한 만큼 가져가 쓸 수 있게 인터넷으로 제공하는 사업 체계가 정착했다. 사스(SaaS)는 전사자원관리(Enterprise Resource Planning), 고객관계관리(Customer Relationship Management), 공급망관리(Supply Chain Management) 등의 기업용 소프트웨어를 빌려 주는 사업자(ASP : Application Service Provider)가 이용자가 바라는 기능과 규모에 따라 소프트웨어를 더욱 세분해 제공하는 것이다. 기업 정보관리용 설비를 직접 사들이지 않고 전문 업체에서 빌려 쓰는 '클라우드 컴퓨팅' 체계를 이용하는 곳이 늘면서 사스 수요도 늘었다.

**SACS(Street Address Conversion) 주소 변환 체계** 시가지 주소(Street Address Conversion) 변환 체계 BGF는 시가지 주소의 범위와 종점의 좌표와 함께 가로 요소 레코드로 구성되어 있다.

**Saddle 안부(鞍部), 고개** 산등(山嶝)과 계곡이 만나 등고선이 서로 쌍곡선을 이루어 말안장과 같이 움푹 들어간 부분을 말한다.

**Safelight 안전광** 사진의 감광재료에 영향을 주지 않는 암실의 조명등으로 감광재료의 파장범위에 따라 색광을 선택한다. 레귤러타입, 오소타입, 팬크로타입, 적외선용 등이 있다.

**Safe-Net 세이프넷, 국가재난안전통신망** National Disaster Safety Communication Network를 참조.

**Safety 안전(安全)** [안전] 국어사전에서 안전은 '위험이 생기거나 사고가 날 염려가 없거나 또는 그런 상태'로 정의하고 있으며, 옥스퍼드(Oxford) 사전은 '피해나 위험으로부터 안전이 유지되는 상태'로 정의하고 있다. 안전은 사고나 재해가 발생하지 않는 상태이며, 보다 적극적으로는 이러한 사고와 재해를 유발할 수 있는 잠재적 위험도 없는 상태라고 정의할 수 있다. 위험(danger)은 안전의 반대말로서, 사물의 불안전한 상태나 인간 및 조직의 불안전한 행동에 의해 야기된다.

「재난 및 안전관리 기본법(약칭 : 재난안전법)」 제3조 제4호에서 "안전관리"란 시설 및 물질 등으로부터 사람의 생명 · 신체 및 재산의 안전을 확보하기 위하여 하는 모든 활동으로 정의하고 있다. 이는 다시 말해 "안전" 자체에 대한 실직적인 법적 정의가 아직 확립되지 않았음을 의미한다. 한편, 우리나라는 안전에 대한 각종 법들이 개별법으로 산재(散在)하여 있다. 현재의 재난안전 관련법령은 과도하게 분산되어 있으며, 상호연계성이 부족할 뿐만 아니라 각각의 기준도 상이(相異)하다. 따라서 자연재난과 사회재난 등이 합쳐진 복합적인 재난이 급증하는 추세에 적용할 수 있기 위해서는 여러 부처에서 분산관리하고 있는 재난안전관련 법령을 정비하여 통합 재난관리법으로 통합하는 방안 또는 각각의 개별법으로 존치하는 경우라도 상호연계가 되도록 각 법들 사이의 관계를 명확히 하는 규정하는 방안이 모색되어야 할 필요가 있다.

현대사회가 점점 더 고도화되면서 복잡한 사회로 진입하고 있고, 경제적, 사회적 환경이 급격히 변화하는 과정에서 각종 재난이나 위험으로부터의 안전이 중요한 국가정책이 되었다. 또한, 안전에 대한 일반국민의 의식이 점점 높아짐에 따라 사회안전에 대한 다양한 욕구가 제기되고 있다. 안전문제가 일상화됨에 따라 안전이 하나의 생활문화가 되었고, 안전을 보다 체계적으로 다루기 위해 각 분야의 안전 관련 시스템을 정비할 필요성도 점차 커지고 있다.

정부는 재난 및 위험으로부터의 안전에 대한 필요성이 강조됨에 따라 「재난 및 안전관리 기본법」 등 안전 관련 법령을 제정하여 각종 재난으로부터 국민의 생명·신체 및 재산을 보호하기 위한 정책을 수립하고 이를 법제화하는 노력을 그동안 하여왔으나 여전히 안전사고는 증가하는 추세이다.

새로운 재난·안전관리체계의 효율적인 작동을 위한 법제 개선방안 제시를 목적으로 현행 재난안전관리체계의 문제점을 적극 검토할 시기에 이르렀다. (1) 재난 및 안전관리 기본법 등 기존 법제도가 다루고 있는 재난·안전관리제도에 대한 검토와 개선을 통하여 효율적인 재난안전관리제도 개선 방안을 마련할 필요가 있다. (2) 국민안전처 신설에 따른 새로운 재난·안전관리 체계의 효율적인 작동을 위해 재난안전 관련 법제분석을 통하여 통합적이고 합리적인 안전관리법제 정비방안을 수립하여야 한다. (3) 재난안전관련 법제분석을 통하여 가능한 안전한 사회를 만드는 법제 통일화 및 조직의 합리적 구성과 과감한 구조조정을 통하여 효율적인 안전관리 시스템 구축이 필요하다. Heinrich's Law, Bird's Domino Law, Swiss Cheese Model, Human Error, Broken Windows Theory, Danger를 참조.

**Safety Factor 안전율(安全率)** 촬영 대상 지역에 대하여 촬영사진이 부족하지 않도록 매코스 촬영노선 양단에 3매 이내의 여유를 둔다.

**Sagnac Effect 사그냑 효과** 한정된 공간의 순환식 경로를 이동하는 전자기파는 이 공간에 포함된 체계의 각속도에 영향을 준다. 이 영향을 사그냑 효과라 하며, 이를 이용하여 각 변화율을 감지하는 자이로 등에 이용한다.

**SAIF(Spatial Archive and Interchange Format)(Canadian) 새이프, 공간자료 압축 및 교환형식(캐나다)** SAIF는 공간 자료 및 시 공간 자료를 공유하기 위해 개발되었다. 초기에는 캐나다 British Columbia 주 내에서 사용하였으나, 현재는 캐나다 전역과 북아메리카 다른 지역에서 사용하고 있다.

**Sailing Chart 원양 항해도** 원양 항해에 사용되는 해도(외해의 수심, 주요 등대, 등 부표, 육상 물표 등을 게재)를 말한다.

**Sailing Direction 수로지** 해상의 모든 현상, 즉 항만, 항로, 어항, 묘박지, 연안의 모든 사항을 기술한 책이다.

**Salt 염(鹽)** '염'이란 결정이란 뜻으로, 산에 포함된 '음이온'과 염기에 포함된 '양이온'이 결합하여 생성된 화합물로서 산과 염기의 중화 반응 시 물이 함께 생성된다. 산과 염기의 반응 외에 금속이 산에 녹아 수소 기체를 생성하는 반응에서도 염은 생성된다. 고체일 수도 있고, 액체나 기체일 수도 있다. 대표적인 염은 (1) 염산(HCl)과 수산화나트륨(NaOH)의 중화 반응에서 생기는 염화나트륨(NaCl, 소금), 즉 $NaOH + HCl \rightarrow NaCl + H_2O$ (2) 석회수($Ca(OH)_2$)가 이산화탄소($CO_2$)와 반응하여 생성되는 탄산칼슘($CaCO_3$, 석회석), 즉 $Ca(OH)_2 + CO_2 \rightarrow CaCO_3 + H_2O$ 등이 있다. 자연적으로 존재하는 염 중에서 석회석이 가장 많다.

**Salt and Pepper Noise 발생한 노이즈** 영상의 최소값과 최대값으로 구성된 잡음을 말한다. 마치 소금과 후추를 뿌려놓은 듯 검고 흰 노이즈가 발생하는 현상. 후추란 어둡게 영상소 값이 나타난 부분, 소금이란 하얗게 영상소 값이 튀는 부분을 말한다.

**Salt Marsh 염전(鹽田)** 조수를 끌어들여 소금을 채취하는 토지와 이에 접속하는 제염장 등 부속시설물의 부지를 염전이라 한다.

**Salt Pam 염전** 소금 퇴적지역을 말한다.

**Samordnet Opplegg for Stedfestet Information(SOSI) 소시** SOSI(Samordnet Opplegg for Stedfestet Information)를 참조.

**Sample 표본(標本)** 모집단에 대한 추론을 위해서 그로부터 추출한 또는 측정된 값들의 집합이다. 이 집합이 모집단에서 전형적인 값들로 이루어질수록 좋은 추론을 제공하는 표본이 된다.

**Sample Elevation Point 표본 표고점** 표고점 중 표고 보간에 자료로 이용된 점을 말한다.

**Sampling 표본화, 표본추출, 표집(標集)** 모집단의 일부, 즉 표본을 추출하는 작업으로서, 좋은 표본추출(표집)을 위해서는 표본단위, 표본틀, 그리고 표집설계의 개념이 있어야 한다. 표본단위는 표본내의 각 구성요소로서 반응이나 정보를 제공하는 최소의 개체이다. 표본틀은 모집단내에 있는 모든 표본단위들을 나타내는 목록이거나 일련의 명시적 정의이다. 실제로 표본추출시는 이 표본틀에서 뽑게 된다. 표본추출설계는, 측정값의 일반화를 위해서 확률표본추출(예 : random sampling, stratified sampling, cluster sampling)이 필요하지만, 때로는 확률표본추출을 위한 어려움과 비용을 감수하지 않아도 되는 경우가 있고 이때는 비확률표본추출(예 : quota sampling, convenience sampling)도 무방하다.

**Sampling Frequency 샘플링 주파수** 디지털 오디오 기기에서 아날로그 신호를 디지털 부호로 변환하기 위해 1초당 몇 번이나 디지털 신호로 잘게 쪼개는지(샘플링) 나타내는 수치이다. 이 주파수가 높을수록 높은 주파수를 포함한 아날로그 신호를 정확히 샘플링할 수 있다. 단위는 Hz(Hertz)로 표기하며, 샘플링 주파수가 16kHz라면 1초당 16,000번의 샘플링이 이루어진 것이다.

**Sampling Rate 표본 추출률(標本抽出率)** 한 물리량에 대한 측정치를 취하는 시간적 공간적 또는 분광적인 율. 시간적인 표본 채취율은 얼마만한 시간마다 자료가 취득되었는가 또는 어떠한 율로서 아날로그 신호가 디지털 신호로 바뀌어졌는가를 설명한다. 공간 표본 채취율은 분광 측정을 하는 한 장면의 면적, 위치, 개수 등을 나타내고, 분광 표본 채취율은 여러 개의 검지기의 감도 파장대와 전체 전자기 스펙트럼 상에서의 위치를 나타낸다.

**Sampling-Limited Geo-Object 제한 표본 지리 요소** 공간 인식자가 보이지 않는 영역을 예시화하는 필요에 의해 제한되어지는 지리 요소를 말한다.

**SAN(Storage Area Network) 광저장 장치 영역 네트워크** 서로 다른 종류의 데이터 저장 장치를 한 데이터 서버에 연결해 총괄적으로 관리해 주는 네트워크를 말한다.

**Sand 모래** 조립토의 50% 이상이 4.75mm 체를 통과하는 흙이다. 편, 조립토는 시료의 50% 이상이 75$\mu m$ 체에 남는 흙이다.

**Sandbox 샌드 박스** ① 외부로부터 들어온 프로그램이 보호된 영역에서 동작해 시스템이 부정하게 조작되는 것을 막는 보안 형태이다. 아이들이 안전한 모래밭에서 놀 수 있도록 한 것에서 유래된 SandBox는 외부에서 받은 프로그램을 '보호된 영역에서 실행시키는 것'을 의미한다. 사용자의 실수로 악의적인 목적을 가진 코드를 실행시켰을지라도 SandBox 환경을 초기화하는 것만으로 원래 시스템에는 아무런 영향을 주지 않도록 하여 보다 안전한 시스템을 유지할 수 있도록 만들어주는 프로그램이다. 샌드박스 개념의 가상화 기술을 사용하여 가상 영역에서 실행된 프로그램의 업무 영역 접근 차단, 프로세스, 메모리, 파일 시스템의 가상화를 통한 보안성을 확보할 수 있다. 가상 영역에서 해킹 사고 발생 방지, 중요 자료 유출 및 훼손 방지 등 물리적 망 분리와 동일한 효과를 제공한다. ② 자바(Java)가 지원하는 기본 보안 소프트웨어로, 1996년 발표된 JDK(Java development kit : 자바개발도구)부터 제공되고 있다. 외부에서 받은 프로그램을 JVM(Java Virtual Machine)이라는 보호된 영역 안에 가둔 뒤 작동시키는 방법으로 프로그램이 폭주하거나 악성 바이러스의 침투를 막는다. 자바가 제공하는 샌드박스는 네트워크를 통해 전송받은 애플릿의 시스템 자원에 대한 접근을 제한한다. 샌드박스에서 접근을 허용한 애플릿은 작업이 가능하지만 그렇지 않은 경우는 로컬파일을 읽거나 바꿀 수 없게 하는 방법으로 시스템의 피해를 방지한다. 샌드박스는 클래스 로더(class loader), 바이트코드 검사기(bytecode verifier), 보안관리자(security manager)의 콤포넌트로 구성된다.

**Sand Dune 사구(砂丘)** 해안, 사막 등지에서 바람에 의해 운반 퇴적되어 이루어진 모래 언덕을 말한다.

**Sanitary Sewer 오수관(汚水管)** 오수를 배제하기 위한 관으로 우수토실에서 차집관으로 연결하는 관도 오수관을 간주한다. 원형, 박스형, 마제형, 계란형 등이 있으며, 도관, 콘크리트관, 철근콘크리트관, 흄관, 현장타설 철근콘크리트박스, 경질염화비닐관, 파형강관, 이중벽합성수지관, 일반용 폴리에틸렌관, 강화플라스틱 복합관 등이 있다.

**Sanitary Sewer Overflows 분류식 하수관거의 월류수(越流水)** SSOs(Sanitary Sewer Overflows)를 참조.

**SAR(Synthetic Aperture Radar) 전천후관측 영상레이더, 합성개구(合成開口)레이다** Synthetic Aperture Radar(SAR)는 비행기나 인공위성 등의 탑재체(搭載體)의 움직임으로 얻어지는 안테나 위치의 연속적 변화를 이용하여 각 안테나의 위치에서 얻어진 자료들을 조합하여 고해상도의 영상을 합성하는 방식으로서, 공간 해상도가 안테나와 지상간의 거리나 파장에 관계없이 고해상도를 얻을 수 있는 기술이다.

안테나의 직경을 전파의 파장으로 나눈 값을 안테나 개구비(開口比, Aperture Ratio, AR)라고 하는데, 개구비가 클수록 빔이 예리해지고 안테나 이득(gain)도 높아진다. 레이더를 비행기나 인공위성에 탑재해야하는 공간적 제한성으로 안테나의 직경을 크게 하지 않으면서도 높은 방위해상도를 얻을 수 있도록 개발한 것이 SAR이다. SAR에서 사용하는 전파 빔은 비교적 펄스폭도 넓고 안테나 직경도 작아서 빔의 각도 범위도 넓은 편이다. 비행기나 인공위성에서 레이다 반사파를 연속적으로 수신하면 전파가 반사되어 돌아오는 동안 이동한 거리만큼 마치 레이다 안테나의 직경이 길어지는 효과가 나타나므로 보다 예리하게 반사파를 수신할 수 있게 된다. 즉, 비행기나 인공위성에 탑재된 레이다의 이동을 이용하여 개구면이 작은 안테나로 수신된 연속적인 여러 개의 레이다 신호들을 합성하여 개구면이 큰 안테나로 합성하는 것이므로 "합성개구(合性開口, synthetic aperture)

레이다"라고 한다.

SAR의 기술은 영상화 기법 및 단순 해석 기법 이외에도 레이더 측량기법(radargrammetry 또는 스테레오 기법), 간섭기법(interferometry) 및 차분 간섭기법(differential interferometry), 고정 산란체기법(permanent scatterer interferometry), 다편파 분석법(polarimetry), 토모그래피(tomography), Along-Track Interferometry(ATI) 등 매우 다양하며, 이러한 기술적인 진보가 SAR 시스템의 다양한 활용 분야를 만들어내고 있다. SAR영상은 태양 고도나 기상 조건에 상관없이 고해상도의 영상을 얻을 수 있기 때문에 레이더 측량기법에 매우 유용한데, 레이더 측량기법(radargrammertry)은 서로 다른 입사각을 가지는 두 SAR영상의 시차(parallax)를 이용하여 지형 고도(DEM)를 알 수 있는 방법이다. 그러나 레이더 측량기법은 SAR 간섭기법(interferometry)을 이용한 DEM 보다 해상도가 취약하다는 단점이 있다.

농업, 고고학, 지형고도, 산림, 지질, 지구조, 수문, 지진, 토양, 화산, 도시 및 인공구조, 해양, 극지 연구, 기상 등의 다양한 활용 분야에 적용되고 있다. 1978년 미국의 Seasat-A부터 SAR는 인공위성에 탑재되기 시작하여 유럽의 ERS-1, 2, Envisat, 일본의 JERS-1, ALOS PALSAR, 캐나다의 Radarsat-1, 2, 독일의 Terra SAR-X, TanDEM-X, 이탈리아의 COSMO-SkyMED 등 현재까지 수많은 인공위성 탑재 SAR 시스템이 운용되어 왔으며 군사적, 과학적으로 다양한 관련 기술과 응용 분야를 형성하고 있다. 우리나라의 경우 2013년 X-band SAR 위성인 KOMPSAT-5가 발사되었다. KOMPSAT-5의 SAR 시스템은 영상의 입사각을 조절할 수 있으며 X-밴드의 파장 대역을 사용하여 공간해상도 1m의 고해상도 영상을 제공한다. 한편, KOMPSAT-5는 적도면에 대하여 97.6°의 기울기를 가지는 극궤도 위성이고, 위성의 한쪽면이 항상 태양을 바라보는 여명-황혼궤도를 갖는다. X-Band SAR를 참조.

**SAR Interferogram 합성개구레이더 간섭, 사 간섭** 두 복소 SAR 영상에서, 상호 영상좌표 등록이 끝난 후에 한 영상의 복소수와 다른 나머지 한 영상의 공액 복소수를 곱하여 얻어진다.

**Satellite Based Augmentation System 에스바스, 초정밀 GPS 보정시스템** SBAS(Satellite Based Augmentation System)를 참조.

**Satellite Clock Error and SV Ephemeris Error 위성 시계 오차 및 궤도 오차** 위성의 궤도력에 포함된 오차로 인해 야기되는 것으로, 궤도력에는 예보된 방송 궤도력과 사후적합 평가를 거친 정밀 궤도력으로 구분된다.

**Satellite Configuration 위성 환경** 특별한 사용자 또는 사용자들의 설정에 관계된 특정 시간에서의 위성배치 상태이다.

**Satellite Constellation 위성 배치** GPS에서 전체 24개를 위해(21개의 작동, 3개의 예비위성) 궤도당 3~4개의 위성을 가지고 20,200km의 고도에서 적도에 55°로 경사를 둔 6개의 궤도상에 위성이 완전히 배치된 상태를 말한다.

**Satellite Data 위성 자료** Satellite Imagery Data를 참조.

**Satellite Eleveation 위성 고도** 수평선 위의 위성에 대한 각도를 말한다.

**Satellite Geodesy 위성 측지법(衛星測地法)** 인공위성의 방향, 거리, 거리 변화 등을 관측하여 관측 지점의 경위도를 결정하는 방법을 말한다.

**Satellite Health 위성 (건강) 상태** 일반적으로 위성들은 신호를 통해 위성 상태 메시지를 방송하는데, 가끔 메시지는 위성의 비정상 상태로 변할 수 있다. GPS 수신기들은 비정상상태 위성의 사용을 방지하기 위해 안전장치를 가지고 있다. 일반적으로 위성들은 다음과 같은 이유로 인해 미 국방성에서 비정상 상태 위성으로 설정된다.

- 위성이 처음으로 진수되었을 때로 궤도상에서의 초기 작동시, 위성이 진수된 시기에 위성에 대한 시험이 수행되며, 위성의 궤도와 시각양상이 아직 정확하게 모형화되지 않은 경우이다.
- 궤도 운용과 세슘 시계의 유지와 같은 주기적인 유지 시
- 특별한 시험기간, 위성이 매우 큰 오차를 일으킬 수 있다고 판단될 때
- 위성의 비정상적인 작동을 복원하고자 할 때 일반적으로 미 국방성은 위성이 비정상상태로 설정되어 있을 때 이를 일반인에게 공개한다.

모든 위성의 상태는 각 위성에서 전송된 항법 메시지에 포함되어 있다. 각 위성에 대한 궤도력 자료(Ephemeris Data)들은 미 국방성에 의해 매일 갱신된다. 하나의 위성이 비정상상태 위성으로 설정되면, 이 위성은 새로운 위성 메시지가 수신될 때까지 비정상상태 위성으로 취급된다. 수신기들은 비정상상태 위성을 관측하지 않거나, 위치계산에 이러한 위성을 사용하지 않는다. 궤도력 정보가 수집된 후에 바로 비정상상태 위성이 정상상태로 돌아갔을지라도 이 위성은 새로운 위성 메시지가 수신될 때

까지 비정상상태 위성으로 취급된다. 따라서 이러한 위성신호를 사용하기 전에, 새로운 위성상태 정보를 수신해야 한다.

**Satellite Image 위성 영상(衛星映像)** 인공위성에 탑재된 감지기에 의해 기록된 영상으로서, 넓은 의미로는 사진기에 의해 촬영된 우주사진 CLFC 등을 포함한다. 대표적인 인공위성으로서 LANDSAT, NOAA, SEASAT(미국) 및 SPOT(프랑스)가 있으며, 대표적인 감지기로는 LANDSAT에 탑재된 MSS(MultiSpectral Scanner), TM(Thematic Mapper), SPOT에 탑재되어 있는 HRV 등이 있다. 지구 탐사 위성이 궤도를 주기적으로 돌면서 감지기(Sensor) 등으로 지구의 지표·바다·대기에 대한 현상정보를 취득하여 지상관제소를 통해 수신한 수치 영상을 말한다.

**Satellite Image Geospatial Information 위성 영상 지리 정보** GIS에 사용되는 지리 정보가 기본적으로 위성을 통해 획득된 영상의 형태를 갖는 것을 말한다. GIS는 지리적인 위치나 공간적인 요소가 중요한 특징을 갖고 지리적인 요소들이 중요한 부분을 차지하는 각종 정보를 입력·저장·분석하고 지도화하기 위한 컴퓨터 체계이다(burrough 1986).

**Satellite Image Map(SIM) 위성 영상 지도** SIM(Satellite Image Map)을 참조.

**Satellite Image Processing 위성영상 자료처리** 위성영상 자료의 수집 과정에서 자료의 훼손, 왜곡 등이 발생하며 이러한 에러들은 수집된 자료의 처리나 분석 시에 오차요인으로 작용하므로 보정이 필수적이다. 광범위한 활용 목적에 따라 정량적·정성적으로 지표의 특징을 분석하기 위하여 영상자료의 품질을 유지할 수 있는 검·보정 기술이 필요하다. 대표적인 기반기술에는 방사보정, 대기보정, 기하보정, 정사보정, 영상모자이킹, 영상융합기술 등이 있다.

(1) **방사보정** : 태양의 고도각, 탐측기의 응답특성, 대기의 상태와 지형적 요인을 포함하여 대기 및 지형적 영향에 따라 영상의 밝기값 변화로 나타나는 방사왜곡의 보정이 필요하다. 동일한 센서에서 수집된 영상 역시 위성과 태양의 관계와 기상조건에 의하여 그림자의 밝기값뿐만 아니라 크기와 방향이 다르게 나타난다. 정확한 변화 탐지를 위하여 방사보정을 통해 각 영상에서의 방사정규화과정이 필요하다. 정규화는 히스토그램 매칭기법을 사용하여 만들어진 정규화 조견표를 실시간으로 활용하는 방식으로 수행된다.

(2) **대기보정** : 대기의 산란, 흡수, 투과 등에 의한 영상의 왜곡을 보정하는 것으로서, 인공위성을 통한 영상 획득 과정에서 태양광선이 2번에 걸쳐 지구의 대기를 통과하기 때문에 대기에 의한 산란, 흡수, 반사 등의 영향을 받는다. 이러한 대기의 영향은 센서에 입사하는 태양 광선의 세기를 약화시켜 결과적으로 영상자료의 밝기에 영향을 준다. 대기에 의한 왜곡을 보정하기 위하여 주로 대기 모델을 이용하며 태양 고도각, 기상 요소 등의 인자를 모델에 넣어 각각의 파장에 해당하는 산란, 흡수, 반사의 양과 태양 입사광의 세기를 추정한다. 대기보정을 이용하여 원래의 영상 자료에 대한 밝기 값의 계산이 가능하다.

(3) **기하보정** : 원격탐사를 통해 획득되는 영상자료는 지구의 자전, 지구의 곡률, 위성의 자세, 관측기기 오차 등으로 인해 기하학적인 오차가 생기므로 위성영상의 각 위치를 적절한 x, y축을 가진 평면도에 투영되도록 기하보정을 수행해야 한다.

(3-i) **표준기하보정** : 지도 좌표계를 투영하거나 위성의 위치 및 자세 정보를 반영하는 것으로서, 기하보정은 각 점의 고유한 위치를 이용하여 위성영상을 기존의 지형도에 투영하는 방식과 각 점의 상대적인 위치를 이용하여 위성영상을 다른 영상과 일치시키는 방식으로 크게 나누어진다.

(3-ii) **정밀기하보정** : GCP(Ground Control Point) 또는 GPS 기준점 좌표를 사용하는 것으로서 주로 GCP나 GPS(Global Positioning System)를 이용하여 취득한 각 점의 고유한 위치와 위성영상의 좌표 값을 이용하여 만든 변환방정식을 통해 기하보정이 이루어진다. GPS 기준점 좌표 또는 GCP 파일에 기록된 자료를 이용하여 기하보정 모델링을 수행하여 기하보정된 영상을 생성한다.

(4) **정사보정** : 정량적인 정보를 생산하기 위하여 위성 자료와 지상좌표를 정밀하게 연결시키는 정사보정 기술 개발이 필요하다. 고해상도 영상을 정밀하게 정사보정하기 위하여 위성영상상에서 잘 식별되는 GCP와 DEM을 이용하여 수행한다. 일반적인 관측위성의 경우 자체적으로 스테레오 영상을 제공하므로 광역지역의 고해상도의 DEM 제작이 가능하며, 이를 기반으로 국토관측위성에 특화된 정사보정 기술 개발이 가능하다.

(5) **영상융합기술** : 상대적으로 고해상도를 가지는 전정색 영상과 상대적으로 저해상도를 가지는 다중분광 영상을 융합하여 고해상도의 다중분광 영상을 만드는 기법이다. 일반적인 관측위성은 전정색 영상과 다중분광영상 등을 가지고 있으며, 영상융합기술을 이용하여 보다 높은 해상도를 가지는 다중분광영상

제작이 가능하다.

(6) **영상 모자이킹** : 위성센서를 이용하여 한 번에 촬영할 수 있는 영역은 제한되어 있으므로 영상 모자이킹은 동일한 좌표계를 가진 정사보정 된 위성영상들을 하나의 영상으로 연결하는 기법이다. 일반적으로 인접한 두 영상의 겹치는 부분에서 히스토그램 매칭 알고리즘을 적용하거나 다양한 방법으로 접합선을 추출하여 영상모자이킹을 수행한다. 고해상도 위성영상은 특성상 경계선이 뚜렷하며 건물·도로 등과 같은 지형정보가 명확하게 구분이 가능하므로 영상모자이킹 과정에서 지형정보를 반드시 고려하여야 한다. 고해상도 영상의 특성을 고려하였을 때 접합선 추출 알고리즘이 효율적으로 사용될 수 있으며, 특히 기하 왜곡이 크게 발생하는 지역, 경계선 정보가 모호한 지역 등을 고려한 알고리즘을 개발할 필요가 있다.

(7) **이종 센서 영상융합 기술** : 분광 특성 이외의 다양한 열적외선 등의 정보를 활용하기 위해 고해상도 광학영상, 중·저해상도 광학영상, SAR영상, 열적외선 등을 결합한 이종센서 융합기술이 필요하여 이종센서 융합기술은 각 센서의 장·단점을 상호 보완해주며 위성영상 원격탐사 기술 활용의 극대화를 촉진할 수 있다. 이종 위성영상정보 융합기술로 광학센서, SAR 센서, 다분광 센서, 열적외선 센서와 같은 다양한 센서를 활용하여 각 센서의 단점을 상호 보완할 수 있는 이종 센서간 영상 및 정보 융합 기술 개발이 필요하다. 전천후 날씨에도 적용 가능한 SAR 영상의 시각적 가독성이 떨어지는 단점을 보완하기 위해 SAR 영상을 광학영상 및 다중센서와 융합하여 사용하는 경향이 많아지고 있다. 고해상도 위성영상과 LiDAR 데이터를 융합하는 방법 등으로 고정밀 DEM의 추출이 가능하며 건물 및 구조물의 자동추출 및 분류가 가능하며, 고해상도 관측위성의 이종센서 영상 융합기술을 적용하여 국토이용 및 변화 종합 모니터링, 수변 공간 및 하천지형변화탐지, 토지피복 분류, 도심지 객체탐지, 재난재해 모니터링, 북한 공간정보통합시스템 구축, 극지 연구 등에 활용이 가능하다.

**Satellite Imagery 위성 영상** 인공위성에 의해 수집된 영상 데이터를 말한다. Satellite Image를 참조.

**Satellite Imagery Data 위성 영상 자료** 지구 탐사 위성이 궤도를 주기적으로 돌면서 감지기(Sensor) 등으로 지구의 지표·바다·대기에 대한 현상정보를 취득하여 기록한 수치 자료를 말한다.

**Satellite Laser Ranging(SLR) 인공위성 레이저 추적시스템, 위성레이저 거리측정** SLR(Satellite Laser Ranging)을 참조.

**Satellite Message 항법 메시지** 위성의 항법 메시지는 초당 50bit로 발송되는 저주파 메시지이다. GPS 위성이 송신하고 있는 정보, 그 위성의 시계 보정계수, 궤도정보, 그리고 건강상태와 기타위성의 이력, 위성의 배치 등 수신기로 위성을 위치결정하는 데 필요한 정보가 포함되어 있다.

**Satellite Orbit 위성 궤도(衛星軌道)** 총 24개의 위성이 6개의 궤도면을 이루고 있다. 같은 궤도면에서 위성간의 각 거리는 120°이며, 지상 고도는 20,183km 공전주기는 12시간으로 하루에 4분씩 빨리 뜬다. 지평선 5° 이상에서 최소 4개의 위성을 24시간 볼 수 있다.

**Satellite Photogrammetry 위성 사진 측량(衛星寫眞測量)** 지구나 그 외에 혹성에 대한 3차원 좌표와 지형정보를 이용하여 도면화를 가능케 하는 측량이다.

**Satellite Positioning System 위성 위치 결정 체계** 위성에서 방송되는 신호를 수신하여 위치를 결정하는 체계이다.

**Satellite Probatoire pour l'Observation de la Terr(SPOT) 프랑스 지구 관측 위성** SPOT(Satellite Probatoire pour l'Observation de la Terr)를 참조.

**Satellite Radiolocation System 위성 전파위치 체계** 인공위성으로부터 통신받는 전파 신호를 기초로 전자 위치를 파악하는 체계를 말한다.

**Satellite Remote Sensing 위성 원격 탐사** 인공위성을 이용한 원격탐사로서, 인공위성 제작기술과 디지털 영상시스템 개발에 힘입어 1972년 미국에서 최초의 비군사용 지구 탐사위성인 ERTS-1을 발사함으로써 본격적인 위성 원격탐사 시대로 접어들었다.

**Satellite Resolution 위성 해상도** 위성 카메라가 지표상의 물체를 얼마나 정밀하게 파악할 수 있는지 나타내는 척도. 해상도 1m는 가로·세로 1m의 물체가 위성사진에서 한 점으로 나타나는 것을 의미한다. 본격적인 정찰·첩보위성으로 여기는 서브미터(Sub-meter)급은 가로, 세로 각 1m보다 작은 물체를 파악할 수 있다는 뜻. 미국 키홀(Key Hole) 위성은 0.15m의 초정밀 해상도를 자랑한다.

**Satellite Service 위성 서비스** 위성을 통해 데이터를 송·수신하는 서비스를 말한다.

**Satellite Surveying 위성 측량(衛星測量)** 인공위성의 궤도 해석이나 인공위성에서 발신하는 전파 신호 해석 등에 의한 위치 결정 방법을 말한다.

**Satellite Triangulation 위성 삼각 측량(衛星三角測量)** 인공위성을 매체로 하여 삼각망을 형성하는 측량방법으로서 두 지점에서 위성을 동시에 관측하여 각 점의 공간적 방향을 구하면 3차원적 대지 측량망의 형상이 확립된다.

**Satellite Vehicle (SV) 인공위성** SV(Space Vehicle)를 참조.

**Saturated Unit Weight 포화단위중량, 포화밀도(saturated density)** 흙이 포화상태에 있을 때, 즉 포화도 S = 100%일 때의 전체단위중량을 말하며, 간단히 포화 밀도(saturated density)라고도 한다.

$$\gamma_{sat} = \gamma_{S=100\%} = \frac{G_s + S\,e}{1+e}\gamma_w = \frac{G_s + e}{1+e}\gamma_w$$

**Saturation 채도** ① 목표의 밝기 수준이 감지기 용량보다 큰 경우에 나타나는 주사 감지 체계에서의 초과 하중 상태를 말한다. ② 색의 짙고 옅은 정도 또는 맑고 흐린 정도를 말하며 순도라고도 한다. Intensity, Richness, Chroma를 참조.

**Savant Server 새번트 서버** RFID를 부착한 상품이나 박스, 팔레트가 리더기를 지나갈 때 전자제품코드(EPC) 정보를 취득하는 일종의 미들웨어로 리더기와 연결돼 있다. 또 인터넷을 통해 ONS서버의 데이터베이스로 전자제품코드를 조회해 정보를 처리하는 기능도 갖추고 있다.

**Save 보관** 주기억 장소에 있는 자료를 테이프나 디스크에 기록하는 행위를 말한다.

**SAVI(Soil-Adjusted Vegetation Index) 토양 보정 식생 지수** Huete(1988)에 의해 제시된 것으로, 비율 척도 지수와 수직 식생 지수(PVI)를 혼용한 것이다. 이 지수의 면화 지대와 초지로 덮인 부문, 어둡고 환한 토양 배경을 지닌 초지로 덮인 지역의 측정에 기초를 두고 있다.

**SBAS(Satellite Based Augmentation System) 에스바스, 초정밀 GPS 보정시스템** GPS 오차를 1m급으로 보정해 주는 초정밀 위치정보 시스템을 일컫는다. 어떤 물체가 어디에 있는지를 알아내기 위해서는 위치측정 도구가 필요하다. 이러한 용도로 GPS가 항공, 육상교통, 해양 등의 교통수단과 정보통신, 재난, 응급구조, 국방 등 다양한 분야에 활용되고 있다. 그러나 GPS는 전리층과 대기층에 의한 전파신호의 지연요인으로 17~37m까지 위치오차가 발생하는 다양한 오차발생으로 정확하고 신뢰성 높은 위치정보를 필요로 하는 항공분야 등에서 GPS를 활용하는데 한계가 있다. SBAS는 GPS신호 오차를 보정하여 정지궤도 위성을 통해 전 국토에 1m급의 정확한 위치정보를 제공하는 위성기반 위치보정 항법시스템이다. SBAS는 국제민간항공기구(International Civil Aviation Organization, ICAO)가 정한 국제표준시스템으로 2025년 항공용으로 전 세계적인 운용을 목표로 적용을 권고하고 있다.

미국(Wide Area Augmentation System/WAAS, 2003년 운영개시), 유럽(European Geostationary Navigation Overlay Service/EGNOS, 2009년 운영개시), 일본(MTSAT Satellite Augmentation System/MSAS, 2007년 운영개시), 인도(GPS-Aided Geo-Augmented Navigation/GAGAN, 2015년 운영개시) 등은 SBAS를 개발 및 구축하여 운용하고 있다. 러시아, 남미 등도 SBAS를 개발을 추진 중에 있다. 우리나라 국토교통부는 하늘, 땅, 바다 등 전 국토에 정밀 위치정보를 제공할 수 있는 위성기반 위치보정시스템인 SBAS 개발·구축 사업을 2014년부터 추진하고 있다.

SBA시스템은 기본적으로 (1) 기준국, (2) 통합운영국, (3) 위성통신국/SBAS위성으로 구성된다. 기준국에서는 자신의 위치를 정밀하게 알고 있는 전국 5개 기준국에서 GPS신호(통상 8~10개 위성 관측)를 수신하여, 각 GPS위성의 오차값을 실시간으로 계산하여 통합운영국으로 송신한다. 통합운영국은 기준국으로부터 수신된 GPS 신호를 가공하여 ICAO표준에 부합하는 3차원 GPS보정신호를 계산, 생성한다. 위성통신국/SBAS위성은 보정신호를 정지궤도위성으로 보내서 전국으로 일괄 송신한다. 정지궤도위성은 35,800km 적도 상공에 위치하여 지구와 같이 자전함으로써 24시간 보정정보의 송·수신이 가능하다.

**SBC(Server Based Computing) 서버 기반 컴퓨팅** 서버에 응용 소프트웨어와 데이터를 저장해 두고 필요할 때마다 접속해서 쓰는 방식. 모든 작업을 서버가 처리한다.

**SBMSS(Sewerage Book Management Standard System) 하수도대장관리표준체계** 하수처리를 위해 설치된 각종 시설과 관련된 자료를 정리, 편집하여 작성된 대장을 GIS를 도입하여 전산화하고, 이를 데이터베이스화 한 후 하수도시설물유지보수 및 긴급재난 방재 등에 활용할 수 있는 체계를 말한다.

**SCADA(Supervisory Control And Data Acquisition) 스카다, 원격 감시 제어** 원격지에 위치한 각종 상태 및 정보를 PLC(Programmable Logic Controller)나 원격 단말 장치(Remote Terminal Unit : RTU)로 수집하여, 네트워크를 통하여 중앙의 모니터링 및 제어시스템과 데이터베이스를 정점으로 한 정보처리 체계(Information Management System)로 전송하고, 전송된 자료값의 추이를 분석, 제어하여 각종의 설비를 효과적으로 운용하는 시스템이다. RTU는 원격 감시를 위하여 현장에 설치하는 장치로, 모뎀을 통하여 현장에서 취득한 각종 정보를 중앙 센터에 보내는 장치로 원거리 감시제어에 사용되며, PLC는 미리 프로그램된 제어 순서에 의해 설비를 제어하며, 추출된 자료를 근거리통신망을 통하여 중앙 센터로 보내는 장치이다.

**Scalable Heterogeneous Object REpository(SHORE) 쇼어** SHORE(Scalable Heterogeneous Object REpository)를 참조.

**Scalability 확장성** 클라이언트/서버 체계의 크기를 사용자 수의 증대에 유연하게 대응할 수 있는 정도를 말한다.

**Scalability Logger Format(SLF) 확장형 로거 양식** SLF(Scalability Logger Format)를 참조.

**Scalado Multi Angle Camera 스칼라도 멀티 앵글 카메라** 스칼라도 카메라는 피사체 앞쪽 180°를 스캔하듯 촬영하면 이를 하나의 3D 사진으로 합성할 수 있다. 사진을 볼 때는 스마트폰 화면을 좌우로 기울여서 피사체의 좌우 측면을 볼 수 있다. 따라서 3D 카메라나 3D 디스플레이 없이도 입체적인 이미지를 볼 수 있다.

**Scalar 스칼라** 1개의 수치만으로 완전히 나타낼 수 있는 물리량. 예를 들면, 어떤 지역에 점으로 되어 있는 우량 관측 자료가 Inch로 되어있는 것을 mm으로 환산이 필요한 경우, 스칼라 기능에 의해 새로운 값으로 변환하는 것을 말한다.

**Scale 확장성, 스케일, 규모** 좋은 아이디어지만, 확장성이 없어(스케일하지 않아)라는 말에서 보듯, 실리콘밸리에서 이 말은 어떤 제품 또는 서비스가 경제적으로 가능성이 있는지 없는지 질문할 때 사용된다. 아이디어 또는 제품이 더 큰 모델이 될 수 있음을 의미하는 이 말은 규모의 경제(Economies of Scale)라는 개념에서 유래되었다. 이는 상품 생산량이 증가할수록 상품 생산의 효율성이 증가한다는 생각이다. 따라서 한 상품의 평균 생산비용은 생산되는 상품이 추가될 때마다 감소된다. 추가 생산된 각 상품이 고정 비용을 공유하기 때문이다.

**Scale 축척(縮尺), 척도(尺度)** ① 실제의 거리를 지도상에 축소하여 표시하였을 때의 축소 비율을 의미한다. 지구의 표면을 한정된 지면에 표시하기 위해서는 이것을 일정 비율로 축소하여 표시하여야 한다. 지표의 상태를 지도에 표시할 때 지표의 어떤 2점 간의 거리와 이에 대응하는 지도상의 거리 길이의 축소 비율을 지도의 축척이라 한다. 2점간의 실 거리를 2,500m, 지도상의 거리를 5mm라고 하면, 길이의 비는 0.005/2,500이다. 지도축척 표시는 통상 분자를 1로 하는 분수로 표시하기 때문에 축척은 1/500,000으로 표시한다. 그리고 지도 축척을 표시하는 방법은 수치 표시와 함께 축척자 또는 수치와 축척자를 혼용으로 표시하는 것이 일반적이며, 축소 분모 수가 큰 것일수록 소축척 지도이다. GIS 기본으로 사용될 지도의 축척은 가능한 대축척으로 하여야 한다. 왜냐하면 GIS 데이터베이스는 사용자로 하여금 어떠한 축척의 지도라도 생성할 수 있도록 지원하지만 소축척 지도로부터 대축척의 지도를 생성할 수는 없기 때문이다. ② 측정의 도구 또는 측정의 수준이다. 측정의 도구는 어떤 논리에 따라 제작되며, 이러한 의미에서 척도는 검사도구라고도 한다. 측정의 수준은 측정을 위한 논리가 허용하는 수리적 연산의 정도이다. 이러한 의미에서 척도는 명명척도, 서열척도, 등간척도, 그리고 비율척도로 구분할 수 있다. 이것은 검사도구는 아니고, 검사도구가 가지고 있는 논리의 수준을 의미한다.

**Scale Bar 축척 바** 도엽의 축척을 그림으로 보여주는 지도의 한 요소를 말한다.

**Scale change 축척 변경** 지적도에 등록된 경계점의 정밀도를 높이기 위하여 작은 축척을 큰 축척으로 변경하여 등록하는 것을 말한다(「공간정보구축 및 관리 등에 관한 법률」 제2조 제34호).

**Scale Denominator 축척 분모수(縮尺分母數)** 축척의 분자를 1로 나타낼 때 그 분모값을 말한다.

**Scale Factor 축척 계수(縮尺係數)** 타원체상의 측지선의 길이와 이에 대응하는 평면좌표상의 거리와의 비를 말한다.

**Scale Factor at Center Line 중앙선 축척 계수** 계산에 의해 도면에서 획득된 거리를 축소하거나, 중심선 상의 실제 거리로 확대하기 위한 계수를 말한다.

**Scale Factor at Central Meridian 중앙 경선의 축척 계수** 계산에 의해 도면으로부터 획득된 거리를 축소하거나 중심 자오선을 따라 실제 거리로 확대하기 위한 계수를 말한다.

**Scale Factor at Equator 적도상 축척계수** 계산에 의해 도면으로부터 획득된 거리를 축소하거나, 적도상의 실제 거리로 확대하기 위한 계수를 말한다.

**Scale Factor at Projection Origin 투영 원점 축척 계수** 계산에 의해 도면으로부터 획득된 거리를 축소하거나, 투영 기점에서 실제 거리로 확대하기 위한 계수를 말한다.

**Scale of Map 지도 축척(地圖縮尺)** 지도상에서 거리와 지표상에서의 거리와의 비례관계를 나타내는 것. 축척의 표현 방법에는 거리단위, 서술식, 분수식, 그래프식의 방법이 있다.

**Scale Of Photograph 사진 축척(寫眞縮尺)** 사진의 화면거리와 비행고도와의 비를 말한다. 사진기의 초점거리 f와 촬영고도 h의 비는 f/h와 같다.

**Scale Point 스케일 포인트** 평탄한 지표의 항공사진에서의 두 점을 연결하는 선분 상에서 그 선분이 평탄 축척과 같은 축척을 가진 점을 말한다.

**Scale Point Method 스케일 포인트 법** 스케일 포인트를 이용하여 항공사진의 경사각과 최대 경사 방향을 구하는 방법을 말한다.

**Scaleless 비축척성** 데이터가 기록된 축척에 상관없이 사상이 표현될 수 있는 수치지도의 특성. 데이터에 좌표 부여할 때 사용하는 지도의 축척에 관계없이, 어떠한 축척에도 사용할 수 있고 가시화 되는 추상적 형식인 디지털 지도 데이터의 특징을 말한다.

**Scaling 스케일링** 전체 또는 선택 부분의 데이터의 크기를 조절하는 어플리케이션 기능. 리사이징(Resizing)이라고도 한다. 영상 또는 지도 등을 확대하거나 축소하는 기하학적인 처리를 말한다.

**Scan Angle 스캔 각도** [항공 레이저(라이다) 측량] 항공레이저 측량 시스템의 스캐너에서 주사되는 레이저 펄스 관측과의 방향각으로서 스캐너의 스캔중심축에 대한 각도($\pm\theta$)로 표시한다. 레이저 반사점의 3차원 좌표의 산정에 사용된다.

**Scan Frequency 스캔 주파수** [항공 레이저(라이다) 측량] 진동 스캐너가 1초 동안에 왕복 운동하는 횟수로서 1회의 스캔동안에 2개의 주사선이 생성되는데 각각의 하프 스캔이라 한다. 회전방식에서는 1초간의 회전수에 밀러 수를 곱한 개수를 스캔속도, 스캔횟수(빈도)라고 한다.

**Scan Line 주사선** ① 래스터 방식을 사용하여 정보를 표현하는 영상면 출력 장치에서, 수평 방향으로 하나의 줄에 존재하는 픽셀들의 집합을 말한다. Scanning 시스템에서는 관측기의 IFOV에 의해 획득된 지상의 좁은 줄을 의미한다. ② 인공위성을 이용한 지상관측에서 관측되는 전정색 명암을 인공위성 진행 방향을 따라 수직으로 주사하는 것을 말한다.

**Scan Search 스캔 서치** 카메라와 위치정보 기반의 스트리트뷰·랜드뷰·스카이뷰 정보를 제공하는 애플리케이션이다.

**Scanner 주사기, 자동 독취기** 위성이나 항공기에서 자료를 직접 기록하거나 지도 및 영상을 수치로 변환시키는 장치. 사진 등과 같이 종이에 나타나 있는 정보를 그래픽 형태로 읽어 들여 컴퓨터에 전달하는 입력장치를 말한다. 수치 영상 자료는 보통 검은색과 흰색 영상에 대한 1byte 명암 단계와(0에서 255까지 명암단계) 칼라영상에 대해 적(R), 녹(G), 그리고 청(B)의 3가지 명암단계의 집합을 가진 정수기반이다. Flatbed Scanner 또는 Drum Scanner를 참조.

**Scanner Distortion 스캐너왜곡, 주사기 왜곡** cross-track 스캐너의 특성으로 생기는 기하학적인 왜곡을 말한다.

**Scanning 주사(走査)** [영상] 이미지를 순서대로 화소단위로 만들어 직렬화하거나, 직렬 데이터를 받아서 다시 원래 순서대로 조립하여 이미지를 재구성하는 작업을 주사(Scanning)라고 하고, 수평으로 만든 1개의 줄을 수평주사선 (scanning line)이라고 한다. 1개의 주사선은 왼쪽으로부터 오른쪽까지 이동하는 작화선(trace)과 오른쪽 끝에서 다음 주사선의 처음인 왼쪽으로 되돌아가는 귀환선(retrace)로 나눌 수 있다. 이때 귀환선은 보통 눈에 보이지 않게 된다. 각 수평주사선을 왼쪽으로부터 오른쪽으로 훑어 나가는데 이것이 수평 주사(horizontal scanning)이다. 수평주사를 행함과 동시에 화면의 위에서 아래로 수평주사에 비하여는 훨씬 느린 속도로 이동시키는데 이것을 수직주사(vertical scanning)라고 한다. NTSC 텔레비전에서는 한 장의 화면을 절반의 조밀도로 나누어 수평주사선을 262.5개씩 두 번 주사함으로써, 결과적으로 초당 60장의 화면을 보낸다. 그러므로 한 그림(frame)을 실제로 두 장(field)그리는 셈이며, 따라서 1초에 30프레임 또는 60필드를 보내게 된다. 한 프레임의 앞 필드를 Odd field, 뒤 필드를 Even field라고 하고 이런 주사방식을 2 : 1 비월주사(interlaced scanning)라고 한다. 이에 반해 순차주사(Progressive Scan)는 주사선을 1번 라인부터 525번 라인까지 순차적으로 주사시키는 것을 말한다. 수평주사 주파수와 수직주사 주파수는 다음과 같다.

수평주파수 Fh = 525 lines/frame × 30 frames/sec
= 15750 lines/sec = 15750 Hz

수직주파수 Fv = 2 lines/frame × 30 frames/sec

= 60 lines/sec = 60 Hz

즉, NTSC 시스템에서 CRT의 전자빔은 60 Hz로 수직주사하면서 15.75 kHz로 수평주사를 동시에 반복한다. 주사는 화면의 왼쪽 위 모퉁이에서부터 시작하여 왼쪽에서 오른쪽으로 진행하는데 이것을 작화(trace)라고 한다. 한 라인의 주사가 끝나면 재빨리 다음 라인의 앞부분이 있는 왼쪽 끝으로 돌아오는데 이것을 귀환선(retrace)이라고 하며 이것은 그림을 그리는 것이 아니기 때문에 눈에 보이면 안 된다. 따라서 retrace 기간 동안에 귀선소거(blanking) 신호라고 부르는 펄스를 삽입하여 흑백보다 더 낮은 전압 레벨로 만들어 준다.

**Scanning Error 스캐닝 오차** 가이드 레일이 불완전한 경우 감지기와 대상물 사이의 거리가 변환하게 되므로 발생하는 오차이다.

**Scanning Hydrographic Operational Airborne Lidar Survey(SHOALS) 해양수심측량 라이다** SHOALS(Scanning Hydrographic Operational Airborne Lidar Survey)를 참조.

**Scanning Laser Beam 주사 레이저 광선** [항공 레이저(라이다) 측량] 움직이는 레이저 방사로서, 고정된 참조물에 관하여 시간에 따라 변하는 방향, 광원 또는 전파형태를 말한다("레이저광선 운영기준"〈국토교통부 고시 제2013-462호〉, 제4조 제13호).

**Scanning Pattern 스캔 패턴** [항공 레이저(라이다) 측량] 레이저 펄스의 반사점(Foot Print)이 그리는 궤적으로서 스캐너의 방식에 따라 지그재그 또는 평행하게 주사선이 그려진다. 한축으로 왕복 진동하는 방식의 레이저 스캐너는 주사선의 각격은 스캔 주파수와 비행속도에 의해 결정되고 주사폭은 스캔각과 대지의 고도에 따라 달라진다.

**Scanning System 주사 체계** 현재 랜드셋과 같은 회전거울을 관측의 기본으로 하는 기계식 스캐너 시스템과 SPOT, MOMS와 같은 수치 광전자식이 있다. 기계식의 원리는 모터에 비행방향과 45°의 경사면을 갖는 프리즘이 연속적으로 회전을 하면서 지상을 스캐닝한다. 프리즘에 도달된 광선은 망원경의 오목렌즈에 의해서 반투과광선 분리기를 통과하게 하도록 유도되며, 그 일부만 검출기에 포착된다. 검출기는 망원경의 초점거리 상에 놓여 있으며 냉각상태로 존재한다. 열 검출기에서는 가시광선은 반사되고 단지 열선만 통과한다. 그러나 회전식 스캐너는 다음과 같은 단점을 가지고 있다. ① 회전 메카닉은 비교적 급속한 개폐를 필요로 하므로 무인 위성에 활용키는 매우 어렵다. ② 신호대 잡음비가 좋지 않아 해상력이 비교적 낮다.

**SCAR(Scientific Committee on Antarctic Research) 남극연구과학위원회** 국제과학연맹(International Council of Scientific Union, ICSU)의 산하기관으로서, 국제 남극 관련 연구 활동을 주도, 조정, 장려하기 위해 1958년 창설되었다. SCAR 창설 이후 남극연구의 지속 수행을 지원하기 위한 정치 기구 협정의 필요성이 제기되어 '남극조약'이 체결되었다. SCAR는 남극 과학연구와 자연환경보전에 관련된 중요한 과학 관심사를 남극조약 협의당사국(Antarctic Treaty Consultative Party, ATCP)에 자문, 제안, 권고사항으로 채택한다. 남극조약체제 안에서 유일한 비정부간 국제기구로서 활동한다. SCAR 사무국은 영국 Cambridge 소재 Scott 극지연구소 내에 위치하고 있다. 우리나라는 1987년 준회원으로 가입하였으며, 1990년 세계 22번째로 정회원으로 승격되었다.

**Scarp 급경사** 지표의 변위에 의해 생기는 절벽 또는 가파른 경사를 말한다.

**Scatter Chart 분산형 차트** 분산형은 데이터에서 경향이나 현상을 확인하기 위해 원인, 결과를 보여주는 데 이용될 수 있다.

**Scatter Plot 산포도(散布度)** 상관연구에서 사용되는 일종의 도표로서, 도표의 가로축과 세로축에 X변수와 Y변수를 설정하고 각각의 X값에 해당되는 Y값을 도표 상에 점으로 표시하여 X와 Y의 상관정도를 추정할 수 있는 도표. 흔히 상관도표라고 하며, 점들의 집락이나 흩어진 정도를 통하여 두 변수 X, Y간의 관련성을 알 수 있다.

**Scattering 산란(散亂)** 빛이 어떤 매질을 통과할 때 빛의 일부는 진행 방향에서 이탈해 다른 방향으로 진행하는데 이를 산란이라 한다. 분자가 자외선이나 가시광선을 받았을 때 분자는 여기 상태(excited vibrational state)로 들뜨게 되고 이 여기상태의 분자는 3가지 기전을 거쳐 다시 바닥상태(ground state)로 내려오게 되는데, 입사 광원의 에너지를 모두 방출하면서 바닥상태로 떨어지면서 입사된 광원과 같은 에너지(주파수)의 빛이 산란되어 방출되는 과정을 레일리 산란(Rayleigh scattering)이라 하고, 반면 분자의 진동에너지만큼 흡수하거나 방출한 후 바닥상태로 돌아오는 과정을 라만 산란(Raman scattering)이라고 한다. 한편, 분자의 진동에너지를 흡수한 후 바닥상태로 돌아오는 경우를 Stokes 효과라 하고 이때 복사선의 에너지가 분자에 의해 흡수되었으므로 입사된 광원보다 낮은 에너지, 즉 보다 긴 파장의 빛이 산란된다. 반면 분자가 가지고 있던 진동에너지를 방출하고 바닥상태로 돌아오는 경우를 Anti-Stokes 效과라고 하고 복사선이 분자로부터 에너지를 얻은 상태이므로 입사된 광원보다 높은 에너지, 즉 짧은 파장의 빛이 산란되어 나온다. 산란은 크게 탄성 산란과 비탄성 산란으로 나누며, 탄성 산란에는 레일리 산란과 미(Mie) 산란이 있고, 비탄성 산란에는 브릴루앙(Brillouin) 산란, 컴퓨턴(Compton) 산란, 라만(Raman) 산란 등이 있다.

**Scattering Coefficient Curves 산란 계수 곡선** 입사각의 함수로 써 보여 지는 상대적인 후방산란을 산란계에 나타낸 곡선을 말한다.

**Scatterometer 산란계** 레이더를 이용하여 전자파를 발산하고 산란된 전자파를 수신하여 이러한 지상의 사물의 특성을 연구하는 시스템을 말한다.

**Scenario 계획안** 미래에 일어날 수 있는 사건이나 발생할 수 있는 상황에 대한 가상적인 줄거리를 구성한 것. 불확실한 미래 환경에 대한 대응책을 찾기 위하여 작성되며, 면담이나 검토, 시험, 프로토타이핑, 전략 수립 등을 수행하기 위하여 작성된다.

**Scene 장면** ① 어떤 격자의 제한적 부분을 표현하는 지리적 기본 요소를 말한다. ② 수동적 원격탐사 체계에서 지표, 에너지원 및 대기에너지가 그 원(Source)에서 지구로 또 지구에서 감지기로 진행할 때 통과하게 되는 대기를 포함한, 공간적으로 또는 시간적으로 감지기 앞에서 발생하는 일절의 것을 말한다.

**Scene Breaker 신분야 마니아** 신상품을 빨리 접하는 얼리 어댑터(Early Adopter)의 일종으로 새로운 분야를 발견하고 체험하기 위해 인터넷을 이용하는 사람을 말한다. 이들은 최신 콘텐츠가 나오는 즉시 자신의 블로그에서 받아볼 수 있도록 자동연동기능을 설치해 정보 업데이트 속도를 배가시키고 있다.

**Schedule Baselining 일정 확정** 실제의 진척 및 예측을 표현하기 위해 의도적으로 계획된 일자를 확정하는 행위를 말한다.

**Schedule Updating 공기 변경** 프로젝트 작업들의 실제 진척 현황을 정기적으로 기록하여 기준 일정과의 차이를 확인하고, 규명하는 행위를 말한다.

**Scheduling 일정 계획** 수행되어야 할 순서대로 프로젝트의 작업 단위들을 나열하는 것으로, 필요한 자원도 예측하여 계산된다.

**Scheimpflug Condition 샤임플러그 조건** 사진의 투영면의 전면이 선명한 상을 얻을 수 있도록 하기 위해서는, 렌즈의 중심각을 통하는 평면과 투영면과 사진면이 일직선으로 만나야 한다는 조건을 말한다.

**Schema 스키마, 도식(圖式)** ① 데이터베이스에 존재하는 자료의 구조 및 내용, 그리고 이러한 자료들에 대한 논리적, 물리적 특성에 대한 정보들을 표현하는 데이터베이스의 논리적 구조를 지칭한다. 일반적으로 데이터베이스에서는 자료의 독립성을 위하여 여러 계층의 스키마를 사용하여 데이터베이스를 표현하고 있다. 데이터 구조를 표현하는 데이터 객체(object/entity; 개체), 개체를 통해 해야 할 작업을 연결하는 관계(relationship), 이들 간의 관계에 대한 정의나 제약 조건(constraint)을 모두 포함한다. (1) '외부 스키마'는 사용자 관점의 스키마로 전체 데이터베이스 중에서 일부분만을 기술 같은 데이터베이스를 서로 다른 관점(view)에서 정의하도록 지원 추상화의 최상위 단계이고 서브 스키마라고도 하며 여러 개가 존재한다. (2) '개념 스키마'는 응용 프로그래머나 사용자가 필요로 하는 자료를 통합해 놓은 것으로서, 범 기관적 입장에서 본 조직 전체의 데이터베이스로서 기술 데이터에 관한 모든 사항을 기술하여 스키마라고 하며 하나가 존재한다. (3) '내부 스키마'는 자료가 실제로 저장되는 방법을 기술하며, 저장 장치 입장에서 본 데이터베이스의 물리적 명세이다. 추상화의 최하위 단계이며 개념 스키마에 대응되는 하나의 내부 스키마가 생성된다. ② 기억 속에 저장된 지식을 말하며, 어떤 새로운 정보가 기억 속에 새로운 자리를 마련하였거나 기존의 정보에 수용되었음을 말한다. 이는 곧 새로운 정보와 구정보와의 상호작용을 뜻한다. 스키마는 추상적인 지식 구조나 기억 속에 저장된 일반적인 개념을 표상하는 자료 구조이다. 스키마 개념을 현대적 의미로 사용한 최초의 연구자는 Bartlett이다. 그러나 Bartlett이전에 이미 Kant는 그의 '순수이성비판'에서 오늘날 스키마 이론가들이 인식하는 의미로서 이 용어를 사용하였다. 칸트는 순수한 선험적 상상(pure a prior imagination)과 현실 세계에서의 경험을 분리하여 순수한 선험적 상상을 스키마라고 불렀다. ③ 지표면의 상황을 기호화하여 일정한 양식으로 나타낸 그림을 말한다.

**Schema ASCII 스키마 아스키** 아스키 파일로 주어진 완전한 응용 스키마를 말한다.

**Schema Language 스키마 언어** 사용된 스키마 언어의 식별을 말한다.

**Schema Model 스키마 모형** 응용 스키마를 표현하기 위한 추상모형이다.

**Schematic Drawing 회로도 설계** 어떤 공간참조도 가지지 않는 그림이나 물체 간에 공간적인 관계보다 덜 기능적 관계를 보여주는 그림을 말한다.

**Schlumberger Array 슬럼버저 배열** 전류 전극을 사이에 두고 양쪽 전위 전극을 벌려가면서 전기 비저항을 측정하는 전극 배열을 말한다.

**School Site 학교 용지(學校用地)** 일정한 구역 내 학교의 교사와 이에 접속된 부속시설물의 부지 및 체육장 등을 학교용지라 한다.

**SCI(Science Citation Index) 국제 과학 논문 색인** 국가의 과학기술력을 나타내는 척도로 여러 나라에서 두루 쓰인다. 미국의 과학 정보 연구소(ISI)라는 시설 기관이 과학 기술력의 척도로, 지난 60년대부터 이 지수를 사용했다. SCI 정보는 수요자의 요구에 따라 국가별, 분야별로 가동되어 온라인, CD-롬에는 3,100종의 논문이 기본 학술지로 이용되는데, 이 때문에 가끔 국가별, 연구 기관별 논문 수 통계 등에서 차이가 생기기도 한다.

**Science Citation Index(SCI) 국제 과학 논문 색인** SCI(Science Citation Index)를 참조.

**Science, Technology, Engineering, Math(STEM) 융합교육정책** STEM(Science, Technology, Engineering, Math)를 참조.

**Scientific Approach 과학적 접근** 자연과 인간세계에 대한 현상을 이성적으로 설명하는 방법이다.

**Scientific Committee on Antarctic Research(SCAR) 남극연구과학위원회** SCAR(Scientific Committee on Antarctic Research)를 참조.

**Scientific Photography 과학 사진** 인간의 시각적 한계를 넘어선 혹은 일반적인 방법으로 기록되기 힘든 대상의 분석, 평가, 측정 등을 위한 사진적 접근 방법을 뜻한다. 적외선 사진, UV 사진, 전자현미경을 활용한 사진 등 다양한 분야가 있으며 X-ray, CT, MRI 촬영 등의 Medical Imaging도 이 범주에 들어간다.

**Scientific Satellite 과학 위성** 천체관측이나 지표 탐사 등 과학연구에 이용되는 저궤도 위성. 우리나라 위성으로는 우리별 위성・과학기술 위성이 대표적이다.

**Scientific Visualization 과학적 가시화** 정보의 직접적인 분석과 해석의 수단으로써 컴퓨터 그래픽에 의해 도움을 얻어 인간에 맞도록 한 가시화 프로세싱 시스템을 말한다.

**S Code(Standard Code) 에스 코드, 표준 코드** GPS 위성으로부터 발신되는 복수 위치 결정용의 신호 중 한 가지로, 일반인이 이용하기 편리한 C/A 코드의 다른 이름이다.

**Scotopic vision 암순응 시각** 어두운 곳에서 적응력이 떨어진 시각을 뜻한다. 색을 감지할 수 있는 능력의 감소에 의해 특성이 나타난다.

**Scratch File 스크래치 파일** ① 아크의 교점을 계산하거나 대상물의 위상 관계를 만드는 작업과 같은 과정에서 생성되는 중간 자료를 저장하는 임시 파일을 말한다. ② 어떤 컴퓨터가 임시 결과와 자료를 저장하는 과정동안 생성되고, 그 과정이 완료된 후에 제거되는 파일을 말한다.

**Screen 영상면** CRT, 모니터 등과 같이 컴퓨터에서 출력되는 문자 및 영상정보를 표시하기 위하여 사용되는 영상 출력 장치를 말한다.

**Screen Copy Device 영상면 복사기** GIS 디스플레이 스크린의 작은 형태의 하드카피를 만들기 위해 사용되는 장치이다. 이 장치는 그래픽 워크스테이션에 연결되어 그래픽 모니터에 나타난 영상을 그대로 출력하는 장치이다. 사용자는 키보드로 간단한 명령만 입력하면 된다.

**Screen Dumps 영상면 덤프** Rasterizer를 이용한 하드 카피 제작을 말한다.

**Screen Editor 화면 편집기** 문서 또는 도표 등과 같은 자료를 제작하기 위하여 사용되는 편집기의 한 가지를 말한다.

**Screen Everywhere 어디에나 스크린** 미래 가정은 가정 내 위치에 상관없이 다양한 디스플레이를 통해 각종 정보를 확인할 수 있는 Screen Everywhere 환경이 갖춰질 것으로 예상되는데, 최근 이러한 Screen Everywhere를 지향하는 커넥티드 디스플레이 개발이 확대되고 있다. 미국 펜실베니아주 피츠버그에 위치한 Carrie Carlino사는 스마트폰과 연동이 가능한 디지털 액자인 'Vikaura Screen'을 개발하였다. Vikaura Screen은 e잉크 디스플레이를 탑재한 디지털 액자로, 스마트폰을 연동해 스마트폰의 사진을 디스플레이하거나 특정 앱을 Vikaura Screen을 통해 확인이 가능하다. 한편, 유럽의 라트비아에 위치한 Draugiem Group은 WiFi 연결을 지원하는 소형 e잉크 디스플레이인 Displio를 개발하였는데, Displio는 사용자가 자신이 원하는 인터넷 정보를 위젯 형태로 이용이 가능한 단말로, 날씨, 달력, 주가 현황, 이메일, 교통 상황, Fibit 데이터, 페이스북(좋아요 및 신규 메시지), 트위터, 페이팔 잔고 등을 확인할 수 있다. 위젯은 사용자가 프로그램 가능하며, 단말을 돌리면 위젯이 변경이 되고, 단말을 두드리면 내용이 업데이트되는 형태이다. 이상에서 언급한 2개 디스플레이 모두 중요 정보를 지속적으로 제공하는 공통점이 있으며, TV에 적용 시 '시청하지 않는 시간에는 TV를 꺼놓는다.'는 인식을 바꿀 수 있을 것으로 판단된다.
TV는 커브드 스마트 TV가 출시되는 등 디스플레이 측면에서는 해상도와 디자인이 대폭 개선되었으나, 여전히 소파에 앉아서(lean back) 수동적으로 콘텐츠를 시청하는 단말의 특성이 강한 상태이다. 미래 가정에서는 디스플레이가 있는 스마트 주방, 정보 확인이 가능한 스마트 거울 등 TV Everywhere 환경이 갖춰질 것으로 예상되는데, 이러한 환경에 맞춰 TV 역시 지금보다는 좀 더 스마트해져야 할 필요가 있다. 향후 TV는 가족 간 커뮤니케이션 허브 역할을 하는 동시에 Vikaura Screen이나 Displio와 같이 TV를 시청하지 않는 시간에는 가족의 사진과 중요 정보를 디스플레이하는 디지털 액자 기능을 제공할 것이다.

**Screenphone 스크린폰** 인터넷 서핑을 할 수 있도록 스크린과 함께 제공하는 전화를 말한다.

**Scribe Coat 스크라이브 코드** 선이나 다른 부호들이 없어질 수 있는(투명한 기반 상에서) 불투명한 플라스틱 막으로, 마지막으로 그려진 시트(Sheet)는 음각 사진으로서 사용될 수 있다.

**Scribing 스크라이빙, 묘각(描刻)** 다색도 지도 인쇄를 위하여 스크라이브법은 종래의 제도 용지를 대신하여 신축이 없는 필름 위에 화학방사적으로 불투명하게 판각될 수 있는 물질이 코팅된 투영 플라스틱 베이스에 직접 묘각 제도하여 제판용 원도로 이용하는 방법이다. 사진이나 동판을 새기는 도구들을 가지고 투명한 기반으로부터 사진학적을 불투명한 막의 부분들을 제거하는 것을 말한다.

**Scribing Sheet 제판용 필름** 폴리에스트로 베이스상에 차광성과 삭각성(削刻性)을 갖춘 피막을 형성시킨 필름. 일반적으로 지도 원도 작성에 묘각 제도용으로 사용된다.

**Script 스크립트** 컴퓨터에 자동으로 처리를 실행하기 위한 명령을 나열한 파일을 말한다.

**Script Kiddie Hacker 스크립트 키디 해커** 해커의 등급은 엘리트, 세미 엘리트, 디벨롭 키디, 스크립트 키디, 레이머 등 5등급으로 분류된다. 스크립트 키디 해커는 4등급으로서, 운영체제(OS)에 대한 기술과 지식은 부족하지만 DDoS공격을 하는 등 이미 만들어진 해킹 툴과 프로그램을 활용해 해킹을 시도할 수 있는 해커이다. Hacker, White Hacker, Black Hacker, Gray Hacker, Elite Hacker, Semi-Elite Hacker, Developed Kiddie Hacker, Lamer Hacker를 참조.

**Scrub 스크러브** 설명서의 준비, 디지타이징 이전의 그림이나 지도(예를 들면, 잘못된 도로 이름, 기둥에 대한 틀린 위치 번호)의 정확성과 검증을 수정하는 것을 말한다.

**Scrubbing** Cleaning을 참조.

**SD TV(Standard Definition TV) 표준화질 티이브이** 기존 아날로그 방송과 HDTV 방송의 중간 정도 해상도를 갖는 TV 방식으로, 다채널 방송에 유리하며 유럽에서 선호하는 방식이다.

**SDE(Spatial Database Engine) 에스디이, 공간 자료기반 엔진** SDE S/W는 표준 ROBMS에서 저장 및 관리되는 공간 자료에 빠르게 접근하도록 도와주는 ESRI의 S/W기술이다. RDBMS상에서 운영되는 공간 데이터베이스 엔진으로 클라이언트/서버 구조로 되어 있다. 네트워크 환경에서 사용자들이 공간데이터베이스에 동시에 연결하여 공간 데이터의 처리, 분석을 수행하게 하는 공간 자료 관리 역할을 수행한다. SDE의 일반적인 특징은 다음과 같다.
- 매우 방대한 공간자료 지원
- 공간자료 불러오기의 높은 수행능력
- 유연하고, 높은 수행능력을 갖는 공간 검색기능
- 공유하는 다중 사용자 환경을 고려한 디자인
- Cooperative Processing을 채택하는 오픈체계 Client/Server
- 다중 컴퓨터 플랫폼의 지원
- 논리적으로 연속적인 비타일 구조의 공간 객체 모형
- 강력하고 유연한 어플리케이션 개발 환경
- 공유하는 환경에 대한 유연한 보안 계획

**SDK(Software Development Kit) 소프트웨어 개발 키트** 소프트웨어 개발자가 특정 운영체제용 응용프로그램을 만들 수 있게 해주는 소스(Source)와 도구 패키지이다.

**SDLC(Synchronous Data Link Control) 동기자료 연결 조정** System Network 구조 개념의 한 요소로서 IBM사에 의해 개발된 Bit 지향형 통신 규약으로서 많은 주요한 컴퓨터 판매상들은 SDLC 프로토콜을 지원한다.

**SDLC(System Development Life Cycle) 시스템 개발 생명주기** 시스템을 개발하는 과정에 거치는 분석 · 설계 · 구현 · 시험의 개발 방법론을 말한다.

**SDML(Spatial Data Manipulation Language) 공간 데이터 조작 언어** 공간자료에 적합한 추가연산자를 갖는 자료조작언어를 말한다. SDML은 기존 DML을 확장함으로써 이 표준에서 정의된 기능과 조건문(Predicates)을 추가해서 만들었다.

**SDN(Software Defined Networks) 정의 네트워크** 제어용 소프트웨어로 통신 흐름을 관제 · 운용 · 기록하는 통신 네트워크이다. 컴퓨팅 서버 · 스토리지 · 망 자원 등을 소프트웨어(SW)로 관리한다. 일종의 가상 통신망 체계이다. 특정 통신망 장비 · 설비에 얽매이지 않고 이용자 필요에 맞춰 망을 구성할 수 있는 게 특징이며, 비용과 효율성의 장점이 있다. SDN을 구현하는 도구는 오픈소스 기반 네트워크 가상화 기술인 '오픈플로(Open Flow)'이다.

SDO(Spatial Data Option)공간 자료 옵션 Oracle사는 SDO라는 소프트웨어를 개발함으로써 점진적인 RD-BMS 기술의 확장을 도모하고 RDBMS를 공간 자료와 속성 자료의 공동 저장소로 활용할 수 있도록 하는 개발 방향을 설정하고 있다. 이러한 개발 방향은 대규모 공간 자료의 저장과 접근을 용이하게 하고 조직 전반 차원에서 공간 자료를 통합할 수 있는 방안을 제공해 줄 것으로 기대된다.

**SDR(Sediment Dilivery Ratio) 유사 전달률** 원 지점에서 침식된 토립자들은 흐름에 연행 이송되어 하류로 내려가다가 경사가 완만해지는 곳이나 움푹 파인 지점 또는 장애물 등에 의해 중간에 퇴적될 수 있으며, 이렇게 원 지점에서 침식된 토립자들 중 하류 일정 지점까지 내려오는 입자들의 비를 말한다.

**SDSS(Spatial Decision Support System) 공간 의사 결정 지원 체계** 비즈니스나 조직적 의사결정 활동을 지원하는 공간정보 시스템으로서, 데이터베이스, GIS소프트웨어, 법칙(Rule), 추론 메커니즘(추론 엔진이라는 소프트웨어로 구현됨) 등을 결합 활용하여 공간과 관련된 의사결정을 지원하는 체계를 의미한다.

**SDTS(Spatial Data Trasfer Standard) 공간자료교환표준, 에스디티에스** 미국 연방에서 서로 다른 지리정보 및 공간데이터베이스를 송 · 수신하기 위해 설계된 표준포맷으로 디지털 지리정보의 보존과 대용량 전송을 목적으로 하는 벤더 중립적, 정적인 형태이다.

**SDW(Spatial Data Warehouse) 공간정보데이터웨어하우스** 자료저장소는 기업의 의사결정을 지원하는 객체 지향의 통합적이면서 시간상의 구애를 받지 않는 비휘발성 자료의 집합체라고 정의할 수 있다.

**Sea 바다, 해(海)** 지표면에서 육지 이외의 부분으로 대규모 염수(鹽水)로 채워진 수역이다. 일반적으로 육지에 반대되는 말로 대양(ocean)보다는 규모가 작다.

**Sea Level 조위** Water Level, Tidal Level, Heigh of Tide를 참조.

**Sea Route Surveying 항로 측량** Passage Survey를 참조.

**Sea Surveying 해양 측량(海洋測量)** 해양을 적극적으로 활용하고 개척하기 위해 해양의 제반 자료를 얻기 위하여 각종 해도 작성, 해안선 형태, 해양 중력 및 지자기 분포, 바다의 수평 및 수직 위치 결정, 조류 및 조석 관측, 해저 지형 측량 등을 말한다.

**Sea-Floor Spreading 해저 확장** 중앙 해령에서 인접한 판들이 서로 벌어지면서 새로운 해저 지각이 생기는 과정. 여러 지질학적 기록에 따른 면이 거리는 매년 0.5에서 10cm에 달한다.

**SEAGHA(System for Electronically Adapted Data Interchange) 항만 정보 체계** APICS와 연계하여 항만 관련 업체에게 정보를 제공하는 체계이다.

**Seamless Database 연속 데이터베이스** 인접한 지도를 연속적으로 저장하는 수치 공간 정보 데이터베이스를 말한다.

**Seamless Digital Map 연속수치지도** 과거 도엽단위로 제작되어 온 수치지도의 도엽간 불연속성을 극복하기 위해 제작된 전국 단위의 통합 수치지도이다. 우리나라는 1/5,000 국가기본도를 바탕으로 제작되었으며, 2011년 전국을 하나로 통합하고 DB로 구축 완료하였다.

**Seam Line 영상 경계선** 영상 모자이크 작업에서 두 영상간의 경계선이 보이지 않는 최적의 라인이다.

**Seamount 해저산(海底山)** 수중에 잠겨 있고 해저로부터 1,000m 이상의 높이로 솟아 있는, 해저 화산활동으로 형성된 원추형의 고지(高地)로서, 해산(海山)이라고도 하며, 뾰족한 것은 해봉(海俸)이라고 부른다.

**Seamount Chain 해저산맥(海底山脈)** 여러 개의 해저산이 직선 또는 아치 형태로 연속되어 있는 해저지형으로서, 이동하는 판에 열점에 기인한 화산활동으로 만들어지는 것으로 해석되고 있으며, 해저산열(海底山列)이라고도 한다.

**Search 검색, 찾기** 검색기능은 인접 기능 중 가장 일반적인 기능의 하나로, 인접 지역의 특성에 따라 각 대상 지역에 어떤 값을 부여한다. 인접 지역의 탐색에 있어서 정의되는 3가지 기본적인 요소는 대상 지역, 인접 지역, 그리고 인접 지역에 값을 생성시키기 위해 인접 지역에 적용되는 함수이다. 대상 지역과 인접 지역의 요소는 일반적으로 하나 또는 여러 개의 자료층으로 저장된다.

**Search Engine 검색 엔진** 인터넷상에서 방대한 분량으로 흩어져 있는 자료를 가운데 원하는 정보를 쉽게 찾을 수 있도록 도와주는 소프트웨어를 말한다. 검색방법으로는 ① 단어별 검색엔진(word-oriented searching) : 검색하고자 하는 내용을 입력하면, 검색사이트에 있는 데이터베이스를 찾아 웹페이지로 보여주는 검색엔진, ② 주제별 검색엔진(subject-oriented searching) : 인터넷상에 있는 정보를 큰 범위에서 좁은 범위로 좁혀가며 찾는 방식의 검색엔진 및 ③ 메타 검색엔진(Meta-search engine) : 인터넷에서 규모가 큰 검색엔진들에 사용자가 입력한 검색키워드에 대하여 의뢰한 뒤 결과를 가져오는 검색엔진 등이 있다.

**Search Engine Marketing(SEM) 검색 엔진 마케팅** SEM(Search Engine Marketing)를 참조.

**Search Engine Optimization(SEO) 검색 엔진 최적화** SEO(Search Engine Optimization)를 참조.

**Search Words 검색어** 자료 검색을 위한 일반적인 용어이다.

**Searchnomics 서치노믹스** 인터넷 검색을 뜻하는 서치(Search)와 경제학을 뜻하는 이코노믹스(Economics)를 합친 신조어이다. 인터넷 검색이 단순히 정보수집 수단을 뛰어넘어 검색광고 등 새로운 시장을 만들고 전자상거래 산업의 폭발을 이끄는 등 경제의 중요한 동력으로 부상했다는 의미이다.

**Seasat 시샛** 해양 관측용 위성을 말한다.

**Sea Surface Salinity(SSS) 해수 표면 염도** SSS(Sea Surface Salinity)를 참조.

**Seat Reservation Service(SRS) 좌석 예약관리 단위서비스** SRS(Seat Reservation Service)를 참조.

**Secalar Variation 영년 변화** Secular Change를 참조.

**SECAM(SEquential Couleur Avec Memoire = Sequential Color with Memory) 세캄 방식** [영상] SECAM방식은 주사선마다 색차 신호를 순차적으로 교차시키는 TV방송 표준방식을 말한다. SECAM방식은 프랑스에서 제안하여 소련을 비롯한 동유럽국과 일부 중남미 국가에서 표준으로 채택했으며 주파수 진폭에 따른 영상의 일그러짐을 없앴지만 수직방향의 해상도가 떨어지는 약점이 있다. 세계적으로 쓰이는 TV 방송표준 방식은 주사선수, 초당 화면 수, 변조방식, 채널대역폭, 영상신호대역폭, 오디오채널변조 등에 따라 달라지는데 방송표준이 다른 외국 방송을 보려면 별도의 변환장치를 거쳐야 한다. 프랑스, 러시아, 동유럽은 Secam 방식을 사용하고 있다. 현재 한국과 일본, 미국은 NTSC방식을 사용하고 있다.

**Secant 할선** 지도를 위해 사용될 표면이 지도의 대표비로 지구를 "자르는" 지도 투영법으로 절단선을 따라 왜곡이 없는 지리적 공간을 지도화할 수 있다. 예를 들어, 원추도법과 같이 복수의 절단이 가능하다.

**Secant Projection 할선/분할 투영** 임의의 표현 축척에서 투영면이 가상의 지구본을 관통한 투영법으로서, 할선을 따라 투영 왜곡이 존재하지 않게 된다. 원추의 경우에는 다수의 할선 투영법을 동시에 적용할 수 있다.

**Second** Angular Second, Arc-second, Second of Arc를 참조.

**Second Class Leveling 2등 수준측량, 2등 고저측량** 평탄지에 있는 시가지 또는 하천측량 등에서 정밀을 요하는 경우에 실시하는 수준측량으로 2등 수준점 이상을 이용하며, 왕복 측량시 그 편도거리를 Skm라고 하면 왕복 차의 오차는 5mm $\sqrt{S}$ 이다. 2등 수준측량이라고도 한다.

**Second Normal Form 제2정규형** E. F. Codd에 의해 개발된 자료 모형화의 정규화 접근에서 두 번째 단계. 2NF 또는 2차 정규형 관계는 NF일 뿐 아니라, 모든 비 키속성이 기본키에 완전함수 종속 규칙을 만족해야 한다.

**Second Order 2등 기준점** 영구 기준점으로서, 측지 측량에 의해 결정된 두 번째 정확도의 표준으로 만들어진 자료를 말한다.

**Second Order Benchmark 2등 수준점** 수준점 중에서 국토지리정보원에서 1등 수준점 다음의 정확도로 측량하여 그 높이를 결정한 점으로 국도를 따라 약 2~4km(당초에는 2km)마다 설치되어 있다.

**Second Order Effect 2차 효과** 공간 현상의 형태를 기술하기 위해 공간 분석에서 사용되는 용어. 2차 효과는 자료 내부의 공분산에서 나온다. 즉, 2개 이상의 변수는 공간에서 서로 의존한다. 예를 들면, 집의 가격은 그것의 개별적 특성 뿐 아니라, 그것의 근접한 이웃의 다른 집들의 가격에 의존한다. 그러한 효과는 국부적이거나 소축척 형태로서 스스로 밝혀진다.

**Second Order Leveling 2등 수준측량** 1등 수준측량 다음의 정확도를 요하는 측량으로, 공공 측량 및 그 밖의 측량 기준이 된다. 2등 수준점 사이의 평균 거리는 약 2~4km(당초에는 2km)이다.

**Second Order Plotting Instrument 2급 도화기** 1급 도화기와 마찬 가지로 엄밀히 포로-코페의 원리를 이용한 기계로서 사용 사진은 경사가 몇도 이내인 수직 항공사진에 한한다.

**Second Order Structured 2차 구조화** 정위치 MT의 자료와 정위치 관계 자료를 이용하여 기하모형의 자료를 작성하는 것을 말한다.

**Second Order Triangulation Point 2등 삼각점** 2등 삼각측량으로 이루어진 삼각점으로 그 평균 거리는 10Km 정도이고, 규정된 표석이 설치된다.

**Second TV 제2 텔레비전** 일반 가정 거실에 자리 잡은 TV와 달리 비교적 작은 크기의 디스플레이를 갖춰 거실 TV를 보조하는 개념이다. 그동안 PC 모니터에 방송 수신 칩을 탑재한 TV 겸용 모니터에 주로 사용됐다. 최근 N스크린 서비스가 늘어나면서 대화면 스마트폰 · 스마트패드 등이 세컨드 TV 시장에서 경쟁하는 양상이다.

**Secondary Parabola 2차 포물선** 종단곡선을 설치하기 위한 방법의 하나로 포물선 방정식 $y=ax^2$을 적용하여 설치한다.

**Secondary Supplementary Contour 2차 조곡선** 조곡선을 써서도 표현하지 못하는 작은 지형을 표시할 필요가 있을 때 사용하는 곡선으로 곡선 간격은 조곡선의 반절이다.

**Secondary Wave 횡파, 에스파** P파보다 속도가 느리며, 매질의 입자가 파의 진행 방향에 직각으로 진동하는 횡파이다. S파는 고체만 통과한다.

**Secondlife 세컨드라이프** 미 샌프란시스코의 인터넷기업 린든랩(Linden Labs)이 2003년 출범한 서비스로 3차원 가상공간에서, 가입자는 사이버 분신인 '아바타(Avatar)'라는 캐릭터를 주인공으로 삼아 가상공간에서 친구를 사귀거나 집을 짓고, 학교도 가며 사이버머니로 물건도 구입하는 등 일종의 대리만족을 위한 서비스이다. 린던 리서치(Linden Research Inc)에서 만든 3D 가상세계인 세컨드라이프는 한 달에 120만 명이 로그인하며 린덴 서버에는 사용자가 생성한 아이템이 20억 개 이상 저장되어 있다. 세컨드라이프는 3차원 게임과 같은 가상세계 또는 환경중 하나에 불과하지만, 게임에 기반을 두지 않은 가상 중에는 가장 규모가 크다. 가상세계에서는 즐겁고 재미있게 시간을 보낼 수 있을 뿐만 아니라 미지의 영역을 찾아보고 상상의 커뮤니티를 시각적으로 확인해 참여하며 실제 고객 및 동료들과 함께 가상 마켓플레이스에서 비즈니스를 수행할 수 있다.

**Section 단면도(斷面圖)** ① 건축물이나 사물의 내부를 나타내기 위해 절단한 부분을 그린 도면. ② Route를 구성하는데 사용되는 아크(Arc)나 아크(Arc)의 일부분을 의미. ③ 관련된 메타자료의 요소를 정의한 메타자료의 부분 집합이다.

**Section Corner 부분 모서리** 부분경계(세분코너 : Subdivision Corner)의 선단에 있는 모서리(Corner)를 말한다.

**Section Leveling 단면 수준 측량** 노선(도로, 철도, 수로 등)을 따라 일정 간격으로 표면의 고저차를 측량하고 단면의 형태를 결정하는 측량이다.

**Section Line 종단** 종단의 위치를 정의하는 지형 표면상인 선을 말한다.

**Section Surveying 단면 측량** 터널 등 지하굴착의 굴착량, 건축한계, 완성형상, 변형 등을 조사하기 위한 측량으로 토털스테이션 등에 의한 방법과 사진측량 방법을 활용하는 방법 등이 있다.

**Section Table Sectioning Method 단면법** 철도, 도로 및 수로 등을 축조할 때처럼 자세히 토지의 토공량을 산정하는데 이용된다.

**Secular Change 영년 변화** 수백 년을 주기로 변하는 것으로 그 주기와 변화량은 장소에 따라 동편과 서편으로 구별되며 우리나라는 서편에 속한다.

**Secular Precession 세차 운동** 세차 운동의 주기는 25,756년으로 이것은 1년에 50.3"씩 회전하는 것을 의미하며, 이 중에서 약 20"는 태양의 인력으로 인하여 발생하고, 30"는 달에 의해 발생하는 것으로 알려져 있다. 이러한 세차운동을 일으키는 인력들은 일정하지 않고, 일정 시간을 주기로 변화 한다.

**Secular Variation 주차(週差)** 자침 편차의 주기적인 변화 가운데 수백 년을 주기로 하여 극히 완만하게 연속적으로 변화하는 자침편차를 말한다.

**Secure Sockets Layer(SSL) 보안 소켓 계층** SSL(Secure Sockets Layer)를 참조.

**Security 보안** 사람이 고의적 또는 우발적으로 정보를 유출, 전송, 변경 또는 파괴하는 것을 방지하는 것으로, 안전성, 기밀보호, 컴퓨터에 관한 보안은 하드웨어, 소프트웨어, 정보에 관한 것 등을 생각할 수 있다.

**Security of Things 사물 보안** 사물인터넷(Internet of Things) 시대에 대비해 보안의 중요성이 대두되며 나타난 용어이다. 사물인터넷 성장과 동시에 보안을 강화해야 한다는 의미로 IT 업계에서 주목을 끌고 있다. PC나 스마트폰 위협보다도 사물에서의 보안이 더 위협이 될 수 있고 이에 잘 대비해야 한다는 것이다. 2014년 발표된 한 조사결과에 따르면 전 세계 총 75만여 건의 피싱과 스팸메일이 해킹당한 TV나 냉장고 등 가전제품에서 발송된 것으로 밝혀졌다. 사물보안을 위해서 기업, 정부, 개인이 모두 노력해야 한다. 기업에서는 최초 제품 기획 단계부터 보안을 최우선으로 고려하는 전환 인식이 필요하다. 정부에서도 사물보안을 위한 명확한 가이드라인을 제시할 필요가 있다. 가이드라인으로 정부와 소비자가 올바른 방향으로 나갈 수 있도록 해야 한다. 사용자도 개인 보안에 위협을 받지 않도록 보안을 강화해야 한다. 실제 네트워크에 연결되는 기기를 선택할 때 기능뿐 아니라 보안 능력을 우선 고려할 요소로 놓아야 한다.

**Sediment Dilivery Ratio(SDR) 유사 전달률** SDR(Sediment Dilivery Ratio)를 참조.

**Sediment Trap 이토실** 우수받이의 저부에 설치하는 것으로 토사 등이 관거로 유출되는 것을 방지하는 시설을 말한다.

**Sedimentary Rocks 퇴적암(堆積岩)** 퇴적암은 풍화작용에 의하여 분해된 다른 암석이 유수, 바람, 빙하 등에 의하여 이동·퇴적되어 만들어진 암석이며, 퇴적물의 종류에 따라 쇄설성 퇴적암, 화학적 퇴적암, 유기적 퇴적암 등으로 세분된다. 쇄설성 퇴적암 중 대표적인 수성쇄설암은 유수에 의하여 이동 퇴적되어 형성된 암석으로 구성입자의 크기에 따라 역암, 각력암, 사암, 셰일, 이암 등으로 구분된다. 화학적 퇴적암에는 석회암, 고회암, 암염, 석고, 쳐어트 등이 있고, 유기적 퇴적암에는 석회암(생물의 유해), 백악, 규조토, 석탄, 아스팔트 등이 있다. 퇴적암은 성인 및 구성물질에 따라 쇄설성 퇴적암(육성 쇄설암, 화산 쇄설암 등), 비쇄설성 퇴적암(유기적 퇴적암, 화학적 퇴적암) 등으로 분류될 수 있다.

**SEDRIS(Synthetic Environment Data Representation & Interchange Specification) 합성환경 표현과 응용서비스** SEDRIS는 미국방성이 1000억 원의 예산을 투입하여 국방 시뮬레이션에 사용되는 환경 데이터에 대한 데이터 상호운용성 및 재사용성을 확보하기 위해 개발된 표준화기술로써 1999년 ISO/IEC JTC1/SC24를 통해 국제표준화를 추진하여 현재에 이르고 있으며 '데이터 표현모델(DRM; Data Representation Model)', '환경데이터코딩규약(EDCS; Environment Data Coding Specification)', '공간참조모델(Spatial Referense Model)', 'SEDRIS 교환 포맷(STF; SEDRIS Transmittal Format)', 'SEDRIS API'의 5개 기술 요소로 구성되어 있다.

**SEDRIS APISEDRIS Transmittal Format(STF) 합성환경 표현과 응용서비스 교환 포맷** SEDRIS(Synthetic Environment Data Representation & Interchange Specification)를 참조.

**Seed 시드** 전체 지역의 속성을 나타내기 위해 사용될 수 있는 지역 내의 점. 예를 들면, 소유주, 주소, 토지이용 형태, 수치 영상 처리의 분류 과정에서 사용되는 자료를 참조하기 위해 사용한다. 연습용 표본과 동의어이다.

**Seek 탐색** 레코드 내의 특정 항목의 특성을 조사하는 것을 말한다.

**Seek or Stream 탐색 또는 흐름** 탐색 기능은 특정한 규칙을 이용하여 출발 위치에서 단계적으로 바깥 방향으로 직접적인 탐색을 하는 기능을 말한다. 시작점에서 규칙적인 격자를 이용하여 적용되며, 자동화된 노선 선택을 위해 전개 기능과 함께 사용된다.

**Seep or Dray Survey 소해측량** 얕은 암초, 침선 등의 장애물 탐지, 제거를 위한 측량을 말한다.

**Sega Corporation 세가** 일본의 대표적 아케이드 게임 개발사. 1960년 6월 3일 설립된 이 회사는 '소닉'이라는 게임 캐릭터로 널리 알려져 있다. 특히 오락실에서 동전을 넣고 즐기는 아케이드 게임기에 강점을 보이는 회사였다. 이를 바탕으로 1983년에는 가정용 게임기 시장에 진출했지만 별 반응을 얻지 못했다. 1989년 발매된 16비트 게임기 '메가드라이브'가 소닉의 인기에 힘입어 전 세계적으로 히트한다. 세가는 1994년 3D게임기인 '세가 새턴'을 내놓으면서 닌텐도에 대적하려 했지만 소니의 플레이스테이션의 등장으로 좌절하게 되고, 이후 콘솔게임 사업에서 철수한다. 최근에는 닌텐도, 소니, MS, 애플 등과 소프트웨어나 아케이드 기판, 앱 개발 등을 통한 협력 제휴 관계를 유지하고 있다.

**Segment 선분** 선호를 구성하는 절점과 정점 또는 정점과 정점을 연결하는 선분으로 2개의 끝점으로 정의된 선형 요소로 지도의 일부분. 전형적으로 거리 한 블록 단위나 지적도 구획의 경계의 한 부분이다. Street Segment는 DIME 파일에서 지리 코드 체계의 기록 단위이다.

**Segmentation 분할** 영상을 유사한 특성을 가지는 영역들로 나누는 처리. 이 처리는 주로 패턴 인식에서 첫 번째로 수행된다.

**Seiche 부진동** 만이나 호수에서 생기는 물의 진동을 말한다.

**Seismic Discontinuity 지진 불연속면** 지구 내에서 P파 또는 S파 속도가 급격히 변하는 면 또는 얇은 층을 말한다.

**Seismic Load 지진하중** 지진에 의해 추가적으로 구조물에 작용되는 설계하중으로서 지하구조물에서는 관성력, 지반변위, 주면전단력으로 구성된다.

**Seismic Prospecting 탄성파 탐사(彈性波探査), 탄성파 측량(彈性波測量)** Seismic Surveying를 참조.

**Seismic Reflection Survey 탄성파 반사법 탐사** 지하매질을 전파하는 탄성파는 매질의 밀도와 속도의 곱으로 표현되는 음향임피던스(acoustic impedence)가 차이가 나는 곳에서는 탄성파 에너지의 일부는 반사되어 지표로 되돌아오고 나머지는 투과되어 계속 전파된다. 따라서 반사법탐사 측면에서 보면 암상이 똑같더라도 음향임피던스가 달라지는 면은 지층 경계면이라 할 수 있다. 반사법탐사는 지표면에서 발생시킨 탄성파가 지하매질을 전파하는 과정에서 지층의 경계면들에서 반사되어 되돌아오는 모든 파를 수진기로 기록하여 지질구조에 대한 정보를 얻는 방법이다. 탄성파 반사법 탐사는 탄성파 속도가 다른 물질 경계에서 발생하는 파의 반사 현상을 지하 매질을 영상화하는 기법이다. 반사법 탐사는 기본적으로 진원으로부터 발생되어, 지하매질을 투과–반사되어온 모든 신호를 자료 처리 과정에서 사용하므로 자료의 양이 매우 방대하고 자료의 처리 시간도 엄청나게 소요되므로 디지털 형태로 획득된 실제 탐사자료의 처리 및 해석은 컴퓨터의 도움이 없이는 불가능하다. 반사법 탐사는 수십에서 수백 킬로미터의 대규모 지질구조, 지각구조 등의 연구 분야의 응용에서부터 지표하 수십 내지는 수백 미터의 상대적으로 소규모적인 지하매질의 조사 분야에 이르기까지 다양한 크기의 대상체에 대해 조사가 가능하다. 탄성파 반사법 탐사는 기본적으로 파의 투과 능력과 해상 능력이 상응하는 관계로 깊은 심도의 매체 조사 시에는 낮은 해상력을, 얕은 심도의 조사 시에는 상대적으로 높은 해상력을 갖는다. 그러므로 탐사의 대상물에 따라 진원과 수진기, 기록시간 및 측정간격 등에 대한 설정이 합리적으로 이루어져 탐사 목적에 부합하는 효과를 얻을 수 있도록 탐사가 설계되어야만 한다.

**Seismic Refraction Survey 탄성파 굴절법 탐사** 지표 부근에서 발파 등으로 탄성파(P파, S파)를 발생시켜 속도가 다른 지층 경계에서 굴절되어 돌아오는 굴절파를 지표에 설치한 측정 장치로 기록하여 지하의 속도구조를 알아내는 탐사법이다. 땅 속을 전파하는 탄성파에는 실체파인 P파와 S파가 있는데 굴절법에서는 P파 초동을 이용한 측정 방법이 일반적으로 사용된다. 반면에 S파 탐사는 토질지반을 대상으로 비교적 천부의 속도구조를 구하는 경우에 이용된다. 탄성파 굴절법 탐사는 육상에서 기반암의 심도 및 암 판정을 위한 기초 자료로써 많이 활용되고 있으며, 대규모적인 조사를 통한 지체 구조 연구 분야에도 활용되고 있다. 굴절법 탐사는 임계 굴절하여 최초로 도착한 초동 신호의 도달 시간과 탄성파 진원(source)에서부터의 거리를 도시하는 방식으로 표현된다. 기본적으로 탄성파 굴절파 속도는 임계각에 도달한 파가 층의 경계를 따라 전파하는 특성을 이용하므로 하부에 저속도 층이 존재하는 경우에는 저속도 층의 유무를 판별할 수 없는 단점을 가지는 반면, 많은 양의 자료들 중 초동 감지 신호만을 가지고 처리하므로 반사법이나 표면파, 토모그래피 탐사에 비해 자료의 처리 및 유지 보관이 간편하며, 직접적인 지하 매질의 탄성파 속도 추정을 통해 암반의 분류가 가능하다는 장점을 가지고 있다.

**Seismic Sea Waves 지진해일, 쓰나미** 지진 진파는 해저지진 혹은 화산폭발과 같은 지구물리학적 현상에 의해 발생되는 해양파로서, 깊은 바다에서는 파고가 1m 이내이지만 얕은 바다로 전파되어 오면서 파고가 높아져서 해안에 큰 피해를 입힌다. 어부가 먼 바다에 나가 낚시를 할 때에 작은 나블이 지나갔는데, 어항에 돌아와 보니 큰 파도가 되어 휩쓸려 나갔다고 해서 진파(쓰나미)라는 말이 유행했는데, 이 일본어가 국제용어로 쓰이고 있다.

**Seismic Surveying 탄성파 측량(彈性波測量)** 지표면이나 수면에서 인위적으로 발생시킨 탄성파가 지하 지층에서 반사되거나 또는 굴절되어 되돌아오는 것을 수진기로 기록하여, 지하 지질구조나 물리적 특성을 규명하거나 지하에 매장되어 있는 석유, 가스 또는 광물 자원을 탐사하는 방법.

**Seismic Wave 지진파(地震波)** 지진이나 폭발 등에 의해 지구에서 전파되는 지진파를 말한다.

**Seismicity 지진 활동** 시간과 공간에서 나타나는 지진의 발생양상을 말한다.

**Seismograph 지진계(地震計)** 지진파에 의한 지표면의 진동을 시간에 따른 함수로 기록하는 기구를 말한다.

**Seismology 지진학** 지진의 원인 및 지구를 통한 파동의 전파 등을 연구하는 학문을 말한다.

**Seismometer 지진계(地震計)** 지진계에서 센서에 해당하는 부분, 보통 매달린 추의 형태로 되어 있다.

**Seismoscope 지진기** 시간 표시 없이 판에다 기록하는 간단한 지진계를 말한다.

**Select 셀렉트, 선택, 설정** ① 데이터베이스에서 레코드들의 일부분을 추출하기 위해 설계된 DBMS 명령어이다. ② 좌표 입력 장치로 객체를 출력하여 이동 · 복사 · 지우기 등을 할 객체를 지정하는 것이다.

**Select Ground Control Points 지상 기준점의 설정** 레이어는 컴퓨터 스크린 상의 절대 좌표를 기준으로 작성된 만큼 일정 좌표계에 맞추기 위한 좌표계의 변환이 필요하다. 이러한 좌표계의 변환은 되도록 넓게 일정 간격 분포된 지상의 기준점(Ground Control Points)의 좌표를 기준으로 실시된다.

**Selecting Station 선점** Point Selection을 참조.

**Selection 선택** 지도로 나타내야 될 지리적 공간, 지도의 축척, 지도 투영 방법 등을 고려하면서 지도 목적에 맞는 적절한 자료와 변수들을 선정한다.

**Selection of Stations 선점** 답사와 계획에 따라 측점을 현지에서 확정하는 것을 말한다.

**Selective Availability(SA) 에스에이, 고의 잡음** SA(Selective Availability)를 참조.

**Selective Radiator 선택적 복사체** 복사율이 파장대에 따라 변화하는 물체를 말한다.

**Selfie 셀피** 스스로 찍은 사진을 의미하는 자가 촬영 사진(Self-Picture) 줄임말이다. 자신 모습을 직접 찍은 사진을 말한다. 디지털 카메라 신제품 기획부터 소셜네트워크서비스(SNS)에 이르기까지 IT업계 전반에 영향을 주는 신조어이다. 우리나라에서는 셀카(셀프카메라)라고 한다.

**Selfie Drone 셀카 드론** [드론] 자기 자신의 모습을 스스로 촬영하는 셀카가 정보기술(IT)을 만나 첨단으로 진화하고 있다. 예전에는 단순히 휴대전화에 자기 얼굴을 담는 것에 그쳤다면 요즘은 다양한 기기를 이용하고 최신 기술을 적용해 '작품'을 만들어 내는 수준에 이르렀다. 드론도 기술이 대중화하면서 궁극의 셀카 장비로 주목받고 있다. 셀카 드론의 핵심기능은 조종하지 않아도 나를 알아서 따라오는 이른바 "팔로미(follow me)" 기능이다. 3D Robotics의 Solo, Airdog의 Airdog, Lily Robotics의 Lily Camera, Squadrone System의 Hexo+, GoPro Hero4 뿐만 아니라, 인텔이 개발을 지원하고 있는 '닉시', 소셜펀딩 사이트 킥스타터에 올라온 '자노' 등은 아예 '셀카 드론'을 표방한 제품들이다. '닉시'는 평소에는 손목시계처럼 팔에 차고 다니다 필요할 때 날려 보내 주변 풍경이나 셀카를 찍는다. 촬영이 끝나면 부메랑처럼 다시 주인에게 돌아온다. 손바닥만 한 크기의 '자노'도 비슷하다. 스마트폰을 이용해 자노를 공중에서 조정하고 원하는 위치와 각도에서 사진 · 동영상을 찍을 수 있다. '추적 모드'를 이용하면 자전거나 오토바이를 타면서도 찍을 수 있다. 개발자들은 주로 스포츠 활동가를 대상으로 한 시장에서 수요가 많을 것으로 기대하고 있다. Follow Me 참조.

**Self Similarity 자체 유사성** 처리과정 또는 현상의 한 양상이 단순 확대 또는 축소와 같은 축척 변화 에서 변하지 않는 특성을 나타낸다. 이러한 프랙틀 자체 유사성에는 기하학적 자체 유사성과 통계학적 자체 유사성이 있다.

**Self Testing 자기 점검 기능** 해석 도화기 하드웨어 상태의 좋고 나쁨을 체크하기 위한 기능으로, 항목 · 방법 · 사양은 각각의 장비에 따라 다르다.

**Selling Dreams 드림케팅** 고객의 꿈을 파는 행위, 이야기를 전달하고 흥미를 끄는 기술, 상품이 아닌 꿈을 광고하는 행위, 꿈을 중심으로 브랜드를 구축하는 행위, 열풍과 유행을 불러일으키는 행위로 정의될 수 있다.

**SEM(Search Engine Marketing) 검색 엔진 마케팅** 광고자들이 검색 결과 옆에 관련 광고를 게재하도록 연결시켜주는 프로그램을 말한다.

**Semantic Accuracy 정성적 정확도** 지리자료군의 정석적 측면의 정확도를 기술한 품질 매개변수이다.

**semantic consistency 정성적 일관성** 지리자료군의 정성적 측면에 영향을 주는 내역들을 고려한 논리적 일관성이다.

**Semantic Search 시맨틱 검색** 검색 사용자가 입력한 문장의 의미를 분석해 정보를 제공하는 기술이다. 중복 정보 없이 검색어에 대한 정보를 카테고리나 주제별로 한 번에 제공한다.

**Semantic Search Service 시맨틱 검색 서비스** 단순한 키워드 검색 수준을 뛰어넘는 지능형 검색 서비스이다. 흩어져 있는 개별 정보 사이를 꿰뚫고 있는 공통된 지점을 포착해서 이것을 컴퓨터가 이해하고 처리할 수 있는 형태인 '링크드 데이터'로 바꿔내는 기술에 의해 가능하다. 단순 나열형 정보가 아닌, 훨씬 더 깊이 있고, 체계적인 지식 콘텐츠를 찾아내는 한 단계 높은 검색 기술이다.

**Semantic Web 시맨틱 웹** 시맨틱(Semantic)은 '의미론적인'이라는 뜻으로, 현재의 인터넷과 같은 분산환경에서 리소스(웹

문서, 각종 파일, 서비스 등)에 대한 정보와 자원 사이의 관계-의미 정보(Semanteme)를 기계(컴퓨터)가 처리할 수 있는 온톨로지 형태로 표현하고, 이를 자동화된 기계(컴퓨터)가 처리하도록 하는 프레임워크이자 기술이다. 즉, 웹상에 분산되어 있는 다양한 데이터, 서비스들을 의미적 관계로 연동하기 하기 위해 시맨틱 정보를 활용할 수 있도록 하고, 이를 통해 복잡한 의미적 연결과 이에 기반한 처리가 가능하도록 하기 위한 시맨틱 웹기술과 응용에 대한 표준이다. 센서 기술에 필요한 온톨로지(ontology) 및 센서 마크업 언어를 위한 시맨틱 어노테이션(annotation)에 대한 표준인 시맨틱 센서 네트워크 표준, 사람들 간의 네트워크인 소셜 네트워크와 관련된 소셜 웹 표준, 그리고 다양한 형태의 데이터를 온톨로지 기반으로 개방하여 방대한 정보를 효율적으로 활용할 수 있도록 하는 Linked Data 표준 기술 등이 핵심기술이다. 온톨로지 정의 및 활용에 필요한 기본적인 표준인 온톨로지 표준언어와 온톨로지 질의 및 규칙 언어 표준, 센서기술에 필요한 온톨로지 및 센서 마크업 언어를 위한 시맨틱 어노테이션에 대한 표준인 시맨틱 센서 네트워크 표준, 사람들 간의 네트워크인 소셜 네트워크와 관련된 서비스 및 응용을 웹 환경에서 실현할 때 필요한 접근성, 국제화, 개인화 및 신뢰성 등에 대한 표준으로 소셜 웹 표준개발에 중점을 두고 있다. Microsoft에서는 Wallop 프로젝트를 추진하고 있는 것을 비롯하여, digg, meetup, orkut, youtube, facebook, frienster 등의 다양한 소셜 네트워크 기반의 응용들에 대한 연구 개발이 증대되고 있다. 한편, Flickr나 Rojo 등을 중심으로 자동태깅 기술과 효과적인 태깅 방법에 대한 연구를 비롯해 tag cloud 구성 기술, 다중 응용에서의 협업적 태깅 기술, 태깅 기반의 협업적 콘텐츠 필터링 기술에 대한 연구, 폭소노미 기반의 관계 추출, 온톨로지와 연계한 폭소노미 기술 등에 대한 많은 연구들이 진행되고 있다.

**Semantic Web Portals 시맨틱 웹 포털** 웹 포털과 시맨틱 웹 포털의 모든 차이는 온톨로지의 유무로부터 파생된다. 시맨틱 웹 포털에서는 해당 분야 도메인에 대한 온톨로지 스키마를 정의하고, 서비스할 필요가 있는 모든 도메인 콘텐츠를 온톨로지 인스턴스로 구축하게 된다. 즉, 포털에서 서비스되는 모든 개별 단위 콘텐츠가 온톨로지 스키마 상의 특정 클래스의 인스턴스로 연결되어 있는 것이다. 또한, 시맨틱 웹 포털에서는 개념적이고 명시적인 지식 체계인 온톨로지에 대한 스키마 브라우징 및 인스턴스 검색 기능을 제공함으로써, 사전 지식이 부족한 포털 이용자들에게 포털 접근의 수월성을 제공할 수 있어야 한다.

**Semi Controlled Mosaic Photo Map 반조정 집성 사진 지도** 편의수정기에 의해 편의를 일부 수정하여 집성한 사진 지도로서 등고선이 삽입되지 않았다.

**Semi Major Unit 장반경 단위** 장반경 단위명을 말한다.

**Semi Minor Axis 장반경 축** 지구를 나타내는 타원체에서는 장반경은 타원체의 중심으로부터 한 쪽의 적도까지의 거리이다.

**Semi Permanent Mark 일시 표지** 측표와 측량표지 막대를 말한다.

**Semi Variogram 중간 분산도, 세미베리오그램** 지리통계학적 분석에서 관측치 간 공간적 특징(혹은 자기상관)의 베리오그램을 나타내는 그래프이다. 다른 위치에서 측정된 양 사이의 평균 평방 차이로서, 표현된 공간 현상의 연속성의 측정. 중간 분산도로, 보다 보편적으로 설명되는 분산도은 크리징으로 알려진 보간기법에서 사용된다.

**Semi-Automated Digitising 반자동 디지타이징** 선추적의 대부분이 기계(하드웨어나 소프트웨어)에 의해 제어되지만, 지형물을 식별하고, 불량을 해결하는데 기계를 지원하기 위해 항상 가까이에 조작자를 필요로 하는 지도를 디지타이징 방법과 VTRAK는 그런 시스템의 예이다.

**Semi-Elite Hacker 세미 엘리트 해커** 해커의 등급은 엘리트, 세미 엘리트, 디벨롭 키디, 스크립트 키디, 레이머 등 5등급으로 분류된다. 세미 엘리트 해커는 2등급으로서, 시스템의 취약점을 알고 해킹 코드를 만들어내는 실력을 갖추고는 있는 해커이다. 다만 완벽하지 않아서 다양한 모험을 시도하다 해킹 흔적을 남겨 추적을 당하기도 하는 해커이다. Hacker, White Hacker, Black Hacker, Gray Hacker, Elite Hacker, Developed Kiddie Hacker, Script Kiddie Hacker, Lamer Hacker를 참조.

**Semimajor Axis 장반경 축** 지구 타원체의 적도축 반경을 말한다.

**Semi-Passive Tag** 배터리를 내장하고 있지만 판독기로부터 신호를 받아들일 때까지 작동하는 태그로서 장시간 사용가능하다.

**Senseg 센세그** 핀란드의 벤처기업으로 디스플레이 상에서 다양한 '손맛'을 느낄 수 있는 촉각 피드백기술 'e-Sense'를 개발한 회사이다.

**Sensibility 감도** 조건을 달리하였을 때 분석 결과를 비교하여 차이가 발생하는지 검토하는 것을 말한다.

**Sensible Heat 현열, 감열** 물질의 온도변화를 일으키는데 필요한 열량을 말하며, 온도계로 측정할 수 있는 열량이다.

**Sensitivity 감도(感度)** ① [영상] 각종 기기나 센서가 입력에 대해 응답하는 정도를 나타낸다. ② 원하는 출력을 만들기 위해 필요한 최소 입력레벨을 말한다. TV나 비디오카메라에서는 원하는 S/N비를 얻기 위해 필요한 수신 입력 레벨 또는 피사체 조도로 정의된다. ③ 단위 입력당 출력의 크기를 말한다. 광센서 등에서는 입사 광속당 출력전류로 정의되는 광전 감도가 일반적으로 이용된다. ④ 사진 및 제판용 감광물질이 노광에 의하여 감광 상태에 도달하는 반응을 수치로 나타낸 것으로서 인화지나 필름이 빛을 느끼는 속도를 말한다.

**Sensitivity Assistance 감도 보조 정보** GNSS는 일반적으로 (GPS 기준) 50bps와 같은 낮은 비트율(bit rate)과 (GPS 기준) 약 1 Mcps의 높은 코드율(code rate)을 갖는데 데이터 구간보다 긴 구간의 신호 누적을 위하여 데이터에 대한 정보는 매우 유용하다. 따라서 감도 보조 정보는 현재 GNSS 신호에 담겨있는 항법 메시지 비트(navigation message bit) 값 및 현재 측정되고 있는 신호의 비트 에폭(epoch)에 대한 정보 등을 포함하고, 단말기가 비트 천이(bit transition)를 예측할 수 있어 동기 적산(coherent integration) 시간을 증가시킬 수 있다.

**Sensitivity of Bubble 기포관 감도(氣泡管感度)** 기포관의 한 눈금(일반적으로 2mm)에 대응하는 기포관 원호의 중심각을 말한다.

**Sensitivity Ratio 예민비(銳敏比)** 점토는 교란(disturbed)되면 불교란(undisturbed) 상태에서의 강도 중 일부를 잃어버리게 된다. 예민비는 교란시료의 강도에 대한 불교란된 시료의 강도의 비를 나타낸다. 즉,

$$\text{예민비}(S_t) = \frac{\text{불교란 흙의 일축 압축강도}}{\text{교란된 흙의 일축 압축강도}} = \frac{q_u}{q_{ur}}$$

따라서 예민비가 큰 흙은 교란되면 강도가 크게 감소한다.

**Sensor 센서, 감지기** ① 대상물에서 반사 혹은 방사되는 전자기파를 수집하여 사진, 영상 또는 기타 기록 매체로 기록을 하기 위한 장비로서 수동적 감지기(Camera, MSS, TM, HRV)와 전자기파를 보내서 다시 받는 능동적 감지기(Radar, Laser)가 있으며 탐측기라고도 한다. ② 여러 종류의 물리량을 검지, 검출한다든지, 판별, 계측하는 기능을 갖춘 장치. 현재 대상이 되고 있는 물리량은 온도, 압력, 염분, 습도, 자기 변위, 진동, 가속도, 회전수, 유량, 유속, PH, DO, 액체성분, 가스성분, 가시광, 적외선, 초음파, 마이크로파, 자외선, 방사선, X선 등 매우 다양하다. 감지기에 쓰이는 재료도 매우 다양하며, 출력 신호로서는 전기신호를 이용하고 있는 것이 많다.

**Sensor Band High Wavelength 감지기 대역 고파장** 감지기가 지정된 대역 내에서 수집할 수 있는 최고 파장 길이를 말한다.

**Sensor Band Information 감지기 대역 정보** 공통된 특성을 갖는 전자기 분광대 내의 인접 파장으로 구성되는 대역을 말한다.

**Sensor Band Low Wavelength 감지기 대역 저파장** 감지기가 지정된 대역 내에서 수집할 수 있는 최저 파장 길이를 말한다.

**Sensor Band Sequence Identifier 감지기 대역계 식별인자** 감지기가 작동되는 파장 대역을 식별하는 번호를 말한다.

**Sensor Category 감지기 종류** 영상 감지기에 대한 구체적 특정 목록 식별을 말한다.

**Sensor Data Mining 센서 데이터 마이닝** USN(Ubiquitous Sensor Network, 유비쿼터스 센서 네트워크)에서 센싱데이터, 외부 데이터(Legacy data), 메타데이터, 그리고 선행 마이닝 결과들의 기존 정보들을 통합하여 새로운 정보를 예측하고 추론하기 위한 기능을 의미한다.

**Sensor Data Security 센서데이터보안** 센서네트워크 미들웨어는 센서노드에서의 경량보안 칩, 경량보안 OS 기술과 센서노드들 간의 협력을 통하여 센싱데이터를 보호하기 위한 방법을 제공해야 한다.

**Sensor Mode 감지기 방식** 영상취득에 사용된 감지방식(FRAMING, NTM, PUSHBROOM, SPOT, SWATH, TBO, WHISKBROOM)을 말한다.

**Sensor Name 감지기 이름** 영상 취득에 이용되는 감지기의 이름을 말한다.

**Sensor Network 센서네트워크** 유비쿼터스 컴퓨팅 구현을 위한 초경량, 저전력의 많은 센서들로 구성된 유·무선 네트워크로, 기본적으로 센서노드(Sensor Node)와 싱크노드(Sink Node)로 구성된다. Sensor Network센서 네트워크, 감지기망 분산된 환경이나 혹은 한 영역 내에서 분할된 영역을 각각의 센서들이 담당하여 센서를 통하여 획득된 여러 목표의 정보를 망으로 구성된 통합 환경 내에서 재구성하여 정보처리를 하는 것을 말한다.

**Sensor Network Database 센서 네트워크 데이터베이스** USN (Ubiquitous Sensor Network, 유비쿼터스 센서 네트워크)에서 센서노드들에 존재하는 데이터 집합들을 데이터베이스에서

이용하는 테이블로서 간주할 때, 전체 센서 네트워크는 테이블들의 데이터가 네트워크상에 분산되어 저장된 일종의 분산 데이터베이스의 형태를 지니게 된다. 센서 네트워크 데이터베이스는 이러한 분산 데이터베이스의 연구 이슈를 그대로 보유하고 있다. 그러나 네트워크 환경이 유선이 아닌 불안한 무선 환경이라는 점과 각 분산 데이터를 저장하고 있는 센서노드의 자원 환경이 매우 열악하다는 특징으로 인하여, In-network 데이터 처리와 같은 새로운 이슈가 존재한다. In-network 데이터 처리는 센서 네트워크 데이터베이스에서 주로 연구되는 분야로 질의를 게이트웨이나 서버에서 처리하는 것이 아니라, 센서 노드들간의 네트워크에서 미리 수행하는 것이다. 이 기술은 목적은 센서 네트워크에서 질의를 미리 수행하여 게이트웨이 또는 서버로 전송되는 센싱 데이터의 양을 줄이고, 이를 통하여 데이터 통신 횟수를 줄임으로써, 전체 센서 네트워크의 전력 소모를 줄이는 것이다. In-network aggregation, In-network estimation, In-network approximation, 그리고 In-network join 등의 연구 이슈가 존재한다.

**Sensor Networks Metadata 센서 네트워크 메타데이터** 센서 노드 사양, 센서네트워크 사양 등과 같은 정적인 정보와 센싱데이터 종류 및 타입, 센서네트워크 트래픽 현황, 모바일 센서노드의 위치, 센서노드의 자원소모 현황 등과 같은 동적인 정보를 포함할 수 있다.

**Sensor Networks Middleware 센서 네트워크 미들웨어** 센서 노드, 싱크노드와 게이트웨이를 포함하는 센서네트워크에서 동작하는 미들웨어이다. 센서노드의 제한된 자원사양, 센서네트워크의 확장성, 그리고 센서노드들의 이질성 등을 고려하여 (1) 센싱데이터에 대하여 노드 에너지 효율적으로 여과 및 분석 작업을 수행하기 위한 센서네트워크 데이터베이스 기술, (2) 수집된 센싱데이터를 무선통신을 이용하여 에너지 효율적으로 신속하고 정확하게 전송하기 위한 무선네트워크기술, (3) 센서노드의 이동, 추가, 삭제 등의 센서네트워크 변동 상황 관리, 센서노드의 자원상태 파악 및 관리, 그리고 Autonomic 센서노드 기능 변경 등을 포함하는 센서네트워크 관리기술 등이 존재할 수 있다. 일반적으로 대부분의 USN 미들웨어와 센서네트워크 미들웨어는 USN 응용서비스에 대하여 좋은 성능을 제공하기 위하여 Tightly-coupled 시스템으로 구성되어 있다.

**Sensor Networks-based Context-aware 센서 네트워크 기반 상황인식** USN 응용서비스는 응용종류에 따라서 기본 센싱데이터로부터 새로운 상황정보의 생성을 필요로 할 때가 있다. 이를 위하여 USN 미들웨어는 기존 정보를 분석하여 새로운 상황정보를 생성하기 위한 context-aware관리 기능을 보유한다. Context-aware관리 기능은 사용자가 요구하는 context rule들을 저장하고 효율적으로 처리하기 위한 rule engine과 센서데이터마이닝 기능을 포함한다. 이러한 context-aware기능은 대부분 서버에서 수행되나, USN 응용서비스의 context rule이 간단한 경우, 센서네트워크에서 수행될 수도 있다.

**Sensor Node 센서노드** 환경, 물리계에서 센싱(Sensing, 감지)된 정보 또는 센서에 관련된 특정 이벤트를 유・무선통신기술 기반으로 하여 전달하거나 컴퓨팅을 수행하는 센서, 프로세서, 통신소자로 구성되는 시스템이다.

**Sensor Tag 센서태그** 부착된 사물에 대한 식별 정보 및 추가적인 정보로서 센싱정보를 제공하는 RFID 태그로서 박막의 전지 및 트랜시버를 갖추고 있다.

**Sensor Web 센서 웹** 각종 센서 데이터를 인터넷 망을 통해 적극적으로 수집, 교환, 이용하려는 노력을 말한다. 특히 OGC(Open Geospatial Consortium : http://www.opengeospatial.org/)에서는 SWE(Sensor Web Enablement)라는 프레임워크를 제시하는데, 여기서는 일련의 웹 서비스용 interface와 통신 프로토콜을 규정함으로써 서로 다른 센서 네트워크 간의 통신을 가능케 하고 있다.

**Sensor Web Enablement(SWE) 센서 웹 표준** SWE(Sensor Web Enablement)를 참조.

**SensorMap 센서맵** 지도와 결합시켜 차별화된 지도와 신규 서비스를 만들며 부가가치를 창출할 수 있는 콘텐츠로 가장 각광받고 있는 것이 바로 센서 정보이다. 교통, CCTV, 온도, 대기, 수질 등 각종 센서에서 얻은 정보를 실시간으로 지도와 결합시켜 다양한 신규 콘텐츠 및 서비스를 만들어가고 있다. 이것은 산불이나 지진, 해일 등 위기상황 에서 즉각적으로 대비할 수 있는 기본 정보가 되고 있다. 지도 위의 각종 센싱 정보와 교통정보를 결합시킨 것 등을 들 수 있다.

**SEO(Search-Engine Optimization) 검색엔진 최적화** 검색엔진으로부터 어떤 웹사이트에 도달하는 트래픽의 양과 질을 개선하는 작업을 말한다. 흔히 어떤 사이트가 검색 결과에 빨리 나타날수록, 즉 순위가 더 높을수록 사용자들이 그 사이트를 클릭할 가능성이 커진다. 또한 SEO는 이미지 검색, 지역 검색, 구체적 업종에 대한 검색 등 여러 종류의 검색을 목표로 삼는다.

**SEP(Spherical Error Probable) 구체 오차확률** GNSS 위치정밀도 측정치로서 실제 위치를 중심으로 한 3차원 위치 추정값의 50%를 포함하는 구의 반경이다.

**Separability 분리성** 2차원의 연산이 1차원 연산으로 분할될 수 있도록 허용하는 특성. 이것은 계산상의 관점에서 볼 때 매우 효과적인 특성이다.

**Separation 분리** 유체의 흐름을 구속하는 수로 단면형이 변함으로 인해 벽에서 흐름방향으로 압력이 증가하여(역압력경사, adverse pressure gradient) 흐름이 벽면을 따라가지 않고 벽에서 분리되는 현상을 말한다.

**Sequence 연속** 유한의 명칭을 갖고 서로 관련성이 있는 항목(객체 또는 값)의 순서 붙여진 모음. 논리적으로 연속은 대(對)(항목, 객체)집합이며, 괄호에서 연속을 구분 짓고 연속의 가운데 요소는 콤마로 구분하는 방법을 이 규격으로 이용된다.

**Sequence Diagram 시퀀스 다이어그램** UML(Unified Modeling Language, 통합 모델링 언어)의 시퀀스 다이어그램은 특정 Use Case에 대한 상세한 흐름이나 심지어는 특정 Use Case의 일부분까지도 보여준다. 시퀀스에서 다른 객체들 간의 호출관계를 보여주고 있고, 다른 객체들로의 다른 호출까지 상세하게 보여줄 수 있다. 시퀀스 다이어그램은 2차원으로 표현되며, 수직은 발생 시간 순서로 메시지/호출 시퀀스를 보여주고 수평은 메시지가 전송되는 객체 인스턴스를 나타내고 있다. 시퀀스 다이어그램은 매우 간단하며, 다이어그램의 상단에 각 클래스의 인스턴스를 박스 안에 놓아 클래스 인스턴스(객체)를 구분한다. 박스 안에 클래스 인스턴스 이름과 클래스 이름을 스페이스/콜론/스페이스 " : "로 분리시킨다. 클래스 인스턴스가 메시지를 또 다른 클래스 인스턴스로 보내면 클래스 인스턴스를 받는 곳을 가리키는 화살표를 긋고, 그 라인 위에 메시지/메소드 이름을 적는다. 중요한 메시지의 경우는 원래의 클래스 인스턴스를 다시 향하도록 점선 화살표를 그릴 수 있다. 점선 위에 리턴 값을 표기한다. 리턴 값을 포함하면 상세한 부분을 읽기 쉬운 장점이 있다. UML 참조.

**Sequential 순차** 동시가 아니고 겹쳐지는 일도 없이 시간 순으로 사상이 생기는 것에 관한 용어를 말한다.

**Sequential Color Schemes 연속적 색체** 명도를 사용하여 표현하는 방법으로, 통상적으로 낮은 데이터 명도는 밝은 색으로 표현되고 높은 값은 어두운 색으로 표현된다. 간혹 색체 간의 변이(Transition)가 같이 쓰일 수도 있으나 '밝은색-어두운색'으로의 순차적 배열이 주로 쓰인다. 지형 경사도나 인구 밀도도와 같은 주제도의 경우 매우 효과적으로 표현될 수 있다. 예를 들어, 인구를 나타내는 그래픽에서는 보통 짙은 색체를 높은 값에 배치하고, 인구가 적어질수록 옅은 색체를 사용하게 된다.

**SEquential Couleur Avec Memoire(SECAM) 세캄 방식** SECAM(SEquential Couleur Avec Memoire=Sequential Color with Memory)을 참조.

**Sequential Data Set 순차 자료 집합** 각 레코드의 구성이 자기테이프의 경우와 같이 물리적인 순번에 따라서 배열되어 있는 자료 집합을 말한다.

**Sequential Fields 순차 필드** 필드 순차(Field Sequential) 항목 참조.

**Sequential File 순차 파일, 순서 파일** [데이터베이스] 입력되는 데이터들을 논리적인 순서에 따라 물리적 연속 공간에 순차적으로 기록하는 방식이다. 급여 관리 등과 같이 변동 사항이 크지 않고 기간 별로 일괄 처리를 주로 하는 경우에 적합하다. 주로 순차 접근이 가능한 자기 테이프에서 사용된다. 순차 파일의 장점은 기록 밀도가 높아 기억 공간을 효율적으로 사용할 수 있으며, 매체 변환이 쉬워 어떠한 매체에도 적용할 수 있다. 또한 레코드를 기록할 때 사용한 키 순서대로 레코드를 처리하는 경우, 다른 편성법보다 처리 속도가 빠르다. 순차 파일의 단점은 파일에 새로운 레코드를 삽입·삭제하는 경우 파일 전체를 복사해야 하므로 시간이 많이 소요되며, 데이터 검색 시 처음부터 순차적으로 하기 때문에 검색 효율이 낮다.

**Sequential Indicator Simulation 순차 지표 모의관측** 지표 모의관측을 이용하여 순차 모의관측을 하는 것으로 매 단계에서 예측된 자료를 다음 단계의 계산에서는 알려진 자료값으로 가정한다. 순차 지표 모의관측에서도 새로운 값을 예측하기 위한 경로는 반드시 임의의 경로를 따라야 한다.

**Sequential Simulation 순차 모의관측** 주어진 n개의 자료와 공분산 함수를 만족하면서 N개의 자료를 순차적으로 생성해내는 기법으로 매 단계에서 생성된 자료를 다음 계산 단계에서 알려진 자료값으로 가정하는 기법이다.

**Sequential Transformation 순차 변환** 가능한 하드웨어 채널 수를 초과하여 추적되는 위성 신호들을 위해 사용되는 GPS 수신기 순차 수신기는, 특별한 미리 정해진 결과를 위해 주기적으로 하드웨어 채널을 재배열한다.

**Sergey Mikhaylovich Brin 세르게이 브린** 구글의 공동 창업자. 스탠퍼드대학교에서 컴퓨터 공학을 전공했으나 박사 과정 중에 래리 페이지를 만나 학위를 그만두고 구글을 설립하였다. 수학의 천재였던 그는 구글의 기술력을 높이는데 주력하여 기술 부문 사장으로 일해오고 있다.

**Serial Communications 직렬 통신** 디지털 통신의 중요 분류 체계로서, 자료는 동기식 또는 비동기식으로 한 번에 1비트씩 전송된다. 비동기 통신선은 특정한 타이밍 없이 자료를 전송한다. 동기 통신에서, 자료를 포함하는 비트의 패킷(Packet : 컴퓨터 정보 통신에서 한 번에 전송하는 정보 조작 단위)은 예정된 시간 순서에 따라 보내지며 직렬선은 컴퓨터 통신망의 주변장치를 연결하는데 사용된다.

**Serial Line Internet Protocol(SLIP) 직렬회선 인터넷 통신 규약** SLIP(Serial Line Internet Protocol)를 참조.

**Serial Port 직렬 포트, 시리얼 포트** 한 번에 1비트씩 전달하는, 직렬 통신(Serial Communication)에 사용되는 포트. 직렬(Serial) 포트를 'COM 포트'라고도 불린다. 이 포트는 직렬 방식을 사용함으로써 병렬 포트보다 빠른 속도로 데이터를 전송한다. 직렬 포트를 사용하는 장치에는 모뎀, 일부 마우스, 직렬 프린터 등이 있다.

**Serial Transmission 직렬 전송** 동일의 전신 또는 자료 신호를 구성하는 신호 요소를 시계열(Time Series)적으로 하나의 회로에 순차 전송하는 것을 말한다.

**Series Information 간행물 정보** 자료들의 연속적인 발행에 대한 정보를 말한다.

**Series Name 시리즈 명** 연속적으로 발표된 자료들의 이름을 말한다.

**Server 서버** 사용자 프로그램들의 요청을 기다리고 있다가 요청을 수행하는 프로그램을 말한다. 예를 들어, 단순한 클라이언트 프로그램인 웹브라우저가 HTML 파일을 요청하면 웹서버가 그 파일을 보여준다.

**Server Based Computing(SBC) 서버 기반 컴퓨팅** SBC(Server Based Computing)를 참조.

**Server Database 서버 자료기반** 또 다른 자료기반에 정보를 제공하는 자료기반이다.

**Server Message Block(SMB) 에스엠비** SMB(Server Message Block)를 참조.

**Service 서비스** 인간 또는 자동화된 타 시스템 등과의 연계를 위하여 시스템에 제공되는 기능성 또는 역량의 분명한 부분을 말한다. 사용자 경우는 UML에서 「의미를 갖은 집단 안에 있는, 사용자로부터 논리적으로 도출된 요구로」 정의되고 있다.

**Service Center 서비스 센터** 차량과 무선통신으로 상호 커뮤니케이션을 하며 차량에서 필요로 하는 각종 정보와 서비스를 제공해주는 역할을 한다.

**Service Chain 연속 서비스** 인접한 서비스의 쌍들에 대해 첫 번째 행동의 발생이 두 번째 행동의 발생을 위해 필요한 곳에서의 서비스의 연계이다.

**Service Connection Top 급수전** 급수관의 말단에 설치하는 수도꼭지를 의미한다. 그러나 상수 관리 실무자들은 급수전과 연결된 계량기를 관리하기 위한 용도로 급수전을 사용하고 있다.

**Service Interface 접속 서비스** 인간이나 자동화된 시스템 간에 공유하는 영역을 말한다.

**Service Load 사용하중(使用荷重)** 고정하중 및 활하중과 같이 이 기준에서 규정하는 각종 하중으로서 하중계수를 곱하지 않은 하중으로서, 작용하중이라고도 한다. Dead load, Live Load 참조.

**Service Mobile Location(SMLC) 이동 위치 서비스** SMLC(Service Mobile Location)를 참조.

**Service Oriented Architecture(SOA) 서비스 지향 아키텍쳐** SOA (Service Oriented Architecture)를 참조.

**Service R&D 서비스 알앤디** 새로운 서비스의 개발 또는 서비스 전달체계의 개선, 제품과 서비스의 융합 등의 활동을 말한다. 기술개발, 비즈니스 모델 개발, 인문・사회・문화 측면에서의 연구개발 등이 여기에 포함된다.

**Service Quality Management(SQM) 서비스 품질 관리** SQM (Service Quality Management)를 참조

**Service Requirement 서비스 요건** 규정된 접속에서의 고유의 서비스에 관한 필요한 것의 기술을 말한다.

**Service-Driven-Network 서비스 주도 네트워크** 네트워크 서비스 발전(애플리케이션)이 네트워크 인프라(통신망) 발전을 앞당겼다.

**Serving GPRS Support Node(SGSN) 패킷 교환 지원 노드** SGSN(Serving GPRS Support Node)를 참조.

**Servitization 서비타이제이션** 제품과 서비스의 결합(Product Servitization), 서비스의 상품화(Service Productization), 그리고 기존 서비스와 신규 서비스의 결합 현상을 포괄하는 개념이다. 제품에 서비스를 결합하는 대표 사례는 자동차에 유비쿼터스 환경을 구현해 주는 정보기술(IT)이 있으며, 서비스의 상품화는 농촌 체험마을 관광 상품을 들 수 있다.

**Servlet 서블릿** 서블릿은 서버에서 실행되는 작은 프로그램이다. 이 용어는 웹 페이지와 함께 별도의 파일로 보내지는 작은 프로그램인 자바 애플릿의 맥락에서 만들어진 신조어이다. 자바 애플릿들은 사용자를 위해 간단한 계산업무를 수행하거나 사용자의 반응에 기반하여 이미지를 위치시키는 등과 같은 서비스를 위해 대개 클라이언트에서 실행되도록 만들어진다.

**Servo 서보** [드론] 서보(servo)는 "추종한다", "따른다"는 의미이다. 해당 기기를 시스템이 요구하는 특정 위치로 이동하거나, 특정한 속도나 토크로 가동시킬 때, 피드백이나 에러 정정을 통해 정확하게 제어할 수 있는 구조를 갖추고 있다는 의미이다. 예를 들어, 명령에 의해 제어되는 모터를 서보모터라고 한다. 즉, 서보모터의 경우 움직임을 지정하면 원형으로 빙빙 돌기만 하는 일반적인 모터와는 달리 제어계측 회로에 의해 정확하게 움직일 수 있는 모터란 뜻이다. 선풍기, 믹서기, 윤전기 등의 모터처럼 적당한 속도로 돌아가는 모터나, 자동차의 파워 윈도우처럼 사용자가 일일이 멈추고 움직임을 제어하는 모터를 서보모터라고 하지 않는다. 이에 반해서 프린터, DVD, CCTV 카메라, 캠코더 등에 사용되는 모터처럼 명령에 따라 정확한 위치와 속도를 맞출 수 있는 모터를 서보모터라고 한다.

**Session 세션, 세션 관측** ① 해당 측량을 위하여 일정한 관측간격을 두고 동시에 GPS측량을 실시하는 단위작업을 말한다(「GPS에 의한 기준점측량 작업규정」 제2조 제7호). 「GPS에 의한 기준점측량 작업규정」 제9조 제 1항에서 GPS관측은 관측 Session도에 의하여 관측점에 GPS측량기를 설치하고 GPS위성으로부터 전파를 수신하여 기록하는 것이며, 직접 또는 간접수준측량을 실시하는 것을 포함한다고 규정하고 있다. 여기서 「GPS에 의한 기준점측량 작업규정」 제7조 제2항에서 관측 Session도는 선점도를 기초로 하며 관측의 강도 및 표고 결정의 방법을 고려하여 작성하도록 하고 있으며, 관측 Session도는 최소도형이 삼각형이 되도록 구성하고 인접 Session과는 1변 이상을 중복하도록 하고, 영방향점 등은 삼각점과 일체로 하여 동일 Session에서 관측이 되도록 구성하도록 규정하고 있다. ② 정적 상대측위에 의한 정밀 기준점 측량시 적용되는 GPS관측 기법으로서 최소 4대 이상의 GPS를 1개 관측 그룹으로 하여 일정시간동안 동시에 관측(측량)하는 것을 세션관측이라 한다. 세션간에는 반드시 중복 기선을 취해야 하며, 1세션의 연속 관측시간은 최소 2시간(기본 측량은 4시간) 이상으로 한다. 또한 각 세션의 관측간격은 4시간 이상으로 한다. 또한 관측데이터 취득간격(에포크 · Epoch)은 30" 이내로 하며, 관측시 GPS안테나는 동일한 방향(통상 북방향)으로 향하도록 한다. 관측시 GPS안테나고는 mm 단위까지 측정하여 입력한다.

**Session 세션** ① 이용자에 의해 발생한 하나이상의 트랜잭션을 말한다. ② 세션이란 2대 혹은 그 이상의 GPS 수신기를 가지고 동시에 관측하여 자료를 수집하는 일련의 관측을 말한다. 일련의 관측이란, 1시간부터 수 시간에 걸쳐 정수치 바이어스(Bias)를 확정하기 충분한 수의 자료를 취득하기 위한 것으로, 이를 근거로 기선결과를 얻을 수 있다. 예를 들어, 1시간 관측 후 장비를 철수하였다가 다시 1시간 관측하였다면, 처음관측을 세션 1이라 하고 다음번 관측을 세션 2라 일컫는 것이 보통이며 높은 정도를 필요로 하는 측량에서는 여러 세션의 관측을 하여 얻어진 수개의 기선 해를 평균하여 성과로 한다.

**Session Mode Analysis 세션 모드의 계산** 간섭 위치 결정에서는 일반적으로 복수의 수신기를 이용하여 동시에 최저 4개의 동일위성조의 관측을 하려면, 전측점을 연결하는 기선 벡터를 계산한다. 이와 같은 복수 수신기의 자료를 일괄하여 계산하고, 전기선을 동시에 계산하는 방법을 세션방식이라 한다. 이때 약간의 관측 오차가 발생하는데, 전기선을 계산할 때 망 평균 조작이 이루어진다.

**Set 집합** 반복을 허락하지 않는 관련한 항목(객체 또는 값)의 순서를 갖지 않는 모음이다.

**Set Function 집합 함수** 단 하나의 값 대신에 동시에 여러 값으로 동작하는 명령. 공간 데이터베이스의 명령은 Union, Intersection, 그리고 Subtraction과 같은 집합 명령들에 의해 자주 표현된다.

**Settlement 침하(沈下)** ① 지반의 하향 변위를 말하는 광의적 표현으로서 포장면 균열부를 통해 빗물이 침투 또는 상하수관의 누수 등으로 포장층이 약화되거나 붕괴직전의 도로함몰 발생으로 인하여 포장면이 내려앉은 현상을 일컫는다. 협의적으로는 도로의 포장면에 구멍 형태가 없이 아래로 내려앉은 파손 형태를 말한다. ② 즉시침하(immediate settlement) 또는 탄성침하(elastic settlement)는 사질토에서 건조토, 불포화토, 포화도가 함수비의 변화 없이 탄성변형 때문에 일어나는 하중을 가한 즉시 발생하는 침하이다. 점성토에서 발생하는 1차 압밀침하(primary consolidation settlement)는 포화점토에서 간극을 채우고 있는 물이 빠져나감으로서 발생되는 체적의 변화로 인하여 발생하는 시간의존적 침하이며, 2차 압밀침하(secondary consolidation settlement)는 과잉 간극수압이 모두 소산된 후에도 하중이 지속적으로 작용하는 경우에 발행하는 시간의존적 침하로 흙 구조의 소성적 조정(plastic adjustment)이 주원인(유기질 성분이 많은 흙)이다. 일반적으로 침하량은 St(전체침하량)=Si(즉시침하량)+Sc(1차압밀침하량)+Ss(2차압밀침하량)으로 표현된다.

사질토는 투수계수가 커서 간극수압 증가와 함께 배수가 일어나 지반의 부피감소로 지반침하가 발생하며, 즉시침하와 압밀침하가 동시에 일어난다. 한편, 점성토는 투수계수가 매우 작아 하중에 의한 과잉간극수압의 소실 시간이 오래 걸린다. 따라서 즉시침하가 발생한 후 오랫동안 압밀침하가 발생하며, 일반적으로 압밀침하량이 즉시침하량보다 매우 크다.

**Set-Top Box 셋 톱 박스** TV세트에 올려놓는 전자 장치로서 인터넷, 게임 콘솔, 케이블 시스템과의 연결을 가능케 한다.

**Sewage Survey 하수도 측량** 기본계획을 위한 평면 고저, 지형, 부설 평면도, 종단면도 등에 관한 측량, 하수관 설치 측량, 준공 하수관 도면 제작 등을 행한다.

**Sewer Outlet 토구** 분류식 우수관거, 합류식 관거, 처리장, 우수배수 펌프장 등의 방류관거로부터 하천, 해역, 호소 등으로 하수를 방류하는 하수 유출구를 말한다.

**Sewerage 하수도** 오수 또는 우수를 배제 또는 처리하기 위하여 설치되는 도관 및 기타 시설의 전체를 말하며, 여기서 도관이란 하수관거(sewer)를 뜻한다. 하수도의 목적은 (1) 기본적 위생시설 : 하수내의 각종 불순물, 즉 유기물질과 각종 유해물질을 수집, 처리함으로써 도시의 건전한 발전과 공중위생의 향상에 기여하고, 공공수역의 수질을 보전하여 쾌적한 생활환경을 조성하기 위한 것으로서 지역 주민의 생활환경 정비 및 향상을 목적으로 한다. (2) 순환 수자원 : 물을 재이용하는 것으로서 "안전한 물 생산"에서 "수처리"로 개념이 바뀌어가고 있다. (3) 수질 보전 : 하수중의 질소, 인 및 VOCs(volatile organic compounds, 휘발성 유기화합물) 등을 제거한다. 질소($NH^{4+}$−N) 1mg/ℓ는 4.6 mg/ℓ의 용존산소를 고갈시킨다. 인(P) 1mg/ℓ는 124 mg/ℓ의 용존산소를 고갈시키며, 부영양화를 초래하는 문제 외에도 수중의 용존산소를 고갈시키는 문제가 있으므로 하수처리장 계획 시 충분히 고려되어야 한다. 냄새는 "휘발성 유기물질"(VOCs)에 기인하며, 냄새뿐만 아니라 도시 스모그에도 중요한 역할을 하는 것으로 알려져 있어 대기로 방출되지 않도록 하는 설계와 계획이 필요하다.

**Sewerage and Drainage Law 하수도법** 이 법은 하수도를 개량하고 정비하기 위하여 그 설치 및 관리의 기준 등을 정함으로써, 도시의 건전한 발전과 공중위생의 향상에 기여하고 공공용 수역의 수질을 보전함을 목적으로 한다(동법 제1조). 동법에서 '하수도'라 함은 하수, 우수 또는 오수(농작물의 경작으로 인한 하수는 제외)를 배제 또는 처리하기 위하여 설치하는 도관 기타의 공작물과 시설의 총체를 말한다. 그리고 '공용 하수도' 란 주로 시가지에서의 하수를 배제 또는 처리하기 위하여 지방 자치 단체가 설치 또는 관리하는 하수도를 말하며 '종말 처리장'이라 함은 하수를 최종적으로 처리하여 하천, 바다, 기타 공유수면에 방류하기 위한 하수의 처리시설과 이를 보완하는 시설을 말한다.

**Sewerage Book Management Standard System(SBMSS) 하수도대장관리표준체계** SBMSS(Sewerage Book Management Standard System)를 참조.

**Sewerage of Combind System 합류식 하수도** 하수도에서 오수와 우수를 같은 관내에 모아서 제거하는 방식이나 수질 오염 방지를 위해서는 분류식이 바람직하다.

**Sexedesimal Representation 60진법 표시** Plane Angle를 참조.

**Sextant 육분의(六分儀), 섹스탄트** 관측 정밀도는 낮으나 손으로 잡고 순간적으로 간편하게 수평각 또는 수직각을 관측할 수 있는 측량기. 항해 중 위치 결정에 이용된다.

**Sextant Surveying 육분의 측량(六分儀測量)** 측각에 육분의를 써서 하는 간단한 측량으로서 천문측량이나 항해 시에 사용한다. Sextant를 참조.

**SG(Shutter Glasses) 셔터글라스** 모니터에서 좌안/우안의 영상이 번갈아가며 나오고 이에 전사적으로 반응하는 안경 역시 빠른 속도로 번갈아 열고 닫혀 3D로 인식되는 것을 말한다. Active Glasses라고도 불린다.

**SGSN(Serving GPRS Support Node) 패킷 교환 지원 노드** SGSN (Serving GPRS Support Node) GPRS의 새로운 기능적 요소를 뜻한다.

**Shade Mark 쉐이드 마크** 태양의 고도가 낮은 경우 이 빛으로 인하여 유적의 기복을 발견할 수도 있는데 이를 쉐이드마크라 한다.

**Shader 셰이더** [영상처리] 물체 표면의 색 변화를 생성해내기 위한 알고리즘이다. 기본적으로 객체(오브젝트) 표면의 normal (법선, 수직방향)값에 대한 정보와 투명도나 반사도, 물체 색상 등의 일반적인 표면 속성, 조명의 종류와 개수와 방향 등에 대한 정보들을 이용해 계산한다.

(1) Vertex Shader(정점 셰이더) : 주로 물체의 정점 정보에 수학적인 연산을 함으로써 물체에 특별한 효과를 주는 데 쓰인다. 각각의 정점이 정의되는 방법은 다양하다. 정점이 가지는 정보는 3차원의 위치를 나타내는 x, y, z좌표나, 색상, 텍스처, 조명 정보 등이 있다. 정점 셰이더는 이런 정점의 정보값을 변화시켜서, 물체를 특별한 위치로 옮기거나 텍스처를 바꾸거나 색상을 바꾸는 등의 일을 할 수 있다. 하지만 기존의 정점을 지우거나 새로운 정점을 추가하는 등의 작업은 할 수 없다.

(2) Geometry Shader(지오메트리 셰이더) : 정점 셰이더에서는 할 수 없는 점이나 선, 삼각형 등의 도형을 생성할 수 있는 기능이 있다. 지오메트리 셰이더 프로그램은 정점 셰이더가 수행되고 난 뒤에 수행된다. 지오메트리 셰이더 프로그램은 버텍스 셰이더를 거쳐 온 도형 정보를 입력받는데, 정점 3개가 지오메트리 셰이더에 들어오면, 셰이더는 정점을 모두 없앨 수도 있고 더 많은 도형을 만들어 내보낼 수도 있다. 지오메트리 셰이더는 테셀레이션이나 그림자 효과, 큐브 맵을 한 번의 처리로 렌더링하는 데에 주로 쓰인다.

(3) Pixel Shader(픽셀 셰이더) : 렌더링 될 각각의 픽셀들의 색을 계산한다. 따라서 픽셀 셰이더는 최종적으로 픽셀이 어떻게 보일지를 결정한다. 픽셀 셰이더는 간단하게 언제나 같은 색을 출력하는 간단한 일에서부터, 텍스처로부터 색을 읽어오거나, 빛을 적용하는 것, 범프 매핑, 그림자, 반사광, 투명처리 등 복잡한 현상 등을 수행할 수 있다. 픽셀 셰이더는 픽셀의 색 말고도 깊이(Z버퍼에 쓰인다)나 또 다른 색을 출력할 수 있다. Gouraud Shading, Phong Shading을 참조.

**Shade Symbol 음영 기호** 면을 쉐이드하는 데 사용되는 패턴, 쉐이드 심볼 패턴에는 Crosshatch, 반복되는 형식. Solid Fill이 포함된다.

**Shaded Relief Map 음영 기복도** 일정한 방향에서 태양이 비칠 때, 특정한 시점에서 관찰되는 지형의 그림자 분포를 계산하여 음영기복의 지도를 제작하는 기법이다.

**Shading 음영법(陰影法)** ① 지형 표현법의 하나로서, 태양 광선이 정북 방향으로 또는 서북쪽에서 경사 45° 각도로 비춘다고 가정했을 때 생기는 그림자를 이용해 지형의 기복을 나타내는 방법이며, 일반적으로 후자가 널리 사용된다. 따라서 서북 사면은 가장 밝게, 동남 사면은 가장 어둡게 나타내며, 지형의 입체감이 가장 잘 나타나는 방법이다. 음영법 자체만으로는 지형의 높이를 알 수 없으므로, 독립적으로 쓰이기보다는 등산용 지도 등고 같이 등고선도와 함께 사용되는 경우가 많다. ② 선·속성·기호로, 지역을 나타내는 데 사용되는 그래픽 형태, 음영 형태로 지역을 표현하는 방법을 말한다. 음영법은 하나의 영역과 다른 영역을 구별하거나 영역의 특성, 즉 그것의 모양이나 크기와 같은 것을 강조하기 위해 사용된다.

**Shadow 음영, 그림자** 사진 판독 : 어떤 피사체의 형태를 읽기 위해서는 그 자체가 갖는 색조 이외에도 피사체의 윤곽을 주는 음영이 큰 역할을 하고 있다. 판독 시 빛의 방향과 촬영시의 빛의 방향을 일치시키는 것이 정체감을 얻기 쉽다. 따라서 음영이 자기 앞에 오도록 하여 관찰하는 것이 좋다.

**Shadow Effect 음영 효과** 건물이나 나무와 같이 물체에 의해 햇빛을 직접 받지 못하는 그늘진 지역에서 나타나는 효과를 말한다.

**Shadow Spot(Hot Spot) 섀도우 스포트** 항공사진상에서 항공기의 그림자가 생기는 지점의 부근에서 삼림 등이 있을 때 생기는 밝은 부분. 그 부근에서는 그림자는 나타나지 않고, 태양이 비치고 있는 밝은 부분만이 촬영되어 생긴다. 연직점에 대하여 선 스포트와 대칭 위치에 있다.

**Shadowing 그림자 처리법** 3D 그래픽에서 광원과 물체의 위치를 계산해 그림자를 생성하는 방법을 말한다.

**Shaft 수직갱도(垂直坑)** 수평갱이나 사갱에서의 수직 방향의 갱도를 말한다.

**Shallow Water Constituent 천해분조** 천해에서 천문조의 변형에 기초를 둔 분조로, 복합조 및 배조로 이루어진다.

**Shape 셰이프 파일형식, 형상** ① 비위상 관계의 속성과 공간 데이터를 포함하는 ESRI에 의해 개발된 지리관계형 공간데이터 저장 형식을 말하며, 파일구조가 단순해서 구조화된 데이터에서는 거의 표준으로 사용되는 GIS파일형식을 말한다. 배포되는 자원의 형식의 일종이다. ② 사진 판독 : 사물의 모습, 생김새, 외양을 가리키는 말로서, 즉 사물의 구체적 형태·형식·종류를 나타낸다.

**Shape Line 형상 선** 지도학적 기본요소의 자리를 정의하는 좌표 열을 말한다.

**Shapefile 형상파일** 점, 선, 면의 위치 및 속성 정보를 저장하는데 사용되는 벡터형의 파일구조를 말한다.

**Shared Data 공용 자료** 어느 하나의 응용 프로그램이나 시스템을 위한 자료가 아니라, 여러 응용 시스템들이 공동으로 소유하고 유지하며 이용하는 자료를 말한다. 즉, 여러 사람이 서로 다른 목적으로 자료를 공동으로 이용한다는 것을 의미한다.

**Shared File System 공유 파일 체계** 파일 공유 혹은 단순 공유라고도 말한다. 통신망상에서 복수의 사용자로부터 접근 가능한 파일 시스템에서 사용 가능하다.

**Shared Service 셰어드 서비스** 셰어드 서비스란 기업의 기능 중 일부를 모기업과 별도의 경영구조를 갖는 반 자치산업 단위로 집중시켜 내부고객인 모기업의 능률향상, 가치창출, 비용절감 및 서비스 개선을 도모하는 일종의 협업 전략이다. 따라서 모기업에 속한 부분단위이기보다는 공개시장에서 경쟁적으로 이루어지는 비즈니스 형태와 유사할 수 있다.

**Shareware 셰어웨어** 배포를 위해 공개되었지만 사용하거나 지원을 받기 위해서는 제작자에게 비용을 지불해야 하는 데이터나 소프트웨어를 말한다.

**Sharing 분할** 분할해서 사용하거나 분할해서 소유하는 것을 가리킨다.

**Sharing Economy 공유경제** 한 번 생산된 재화나 서비스를 여러 사람이 공유해 쓰는 협업소비를 기본으로 한 경제용어로, 쉽게 말해 '나눠쓰기' 운동이다. IT와 SNS의 활성화로 다양한 분야에서 재화와 지식을 공유하는 새로운 소비 패턴의 움직임이 빨라지고 있다. 해외에서는 이미 그 대표적인 성공사례로 자신의 빈 집이나 방을 타인에게 제공할 수 있도록 도와주는 숙소 공유서비스 '에어비앤비(AirBnB)'가 매년 급성장을 거듭하며 빠르게 성장하고 있다. 그밖에 자동차를 공유하는 '우버(Uger)', 시간제로 차를 빌려 쓸 수 있는 '집카' 등이 있다.
공유경제는 집, 책, 자동차 등 다양한 재화의 공유는 물론이고 재능 및 지적재산의 공유영역까지 확대되고 있다. 일례로 취업준비생 및 대학생들을 위해 온라인에서 직업별, 업종별로 원하는 멘토를 찾아 상담 및 조언을 할 수 있는 소셜멘토링 '잇다', 삶의 경험과 이야기를 공유하는 플랫폼 '위즈돔' 등이 있다. 이처럼 공유경제는 소비와 생산의 경계가 허물어지며 탄생한 새로운 소비형태로 소비생태계에 새로운 지각변동을 일으키고 있으며, 각종 기업에서도 공유기업에 투자하거나 공유 서비스를 출시하는 등 변화에 합류하고 있다. 어도비는 사진공유 서비스 '포토리아'를 인수했으며, 페이스북은 사진공유서비스 '인스타그램'을 인수하는 등 '공유경제'는 기업들에게 신선한 마케팅 사례로 작용하고 있다. 향후 공유경제의 핵심은 정보의 비대칭을 해소하고 소비자, 공급자 모두에게 최대한의 정보를 공유하는 것으로, 새로운 비즈니스 기회를 확대해 나가는 근간이 될 것이다.

**Sharpening 선명화** 고주파 보존 필터링에 기반을 둔 영상처리로 영상의 시각적 형상을 보다 뚜렷하게 하는 것이다.

**Sharpness 선명도, 첨예도** [영상] 생생하고 정밀한 질감과 디테일을 보여주는 상이나 또는 그런 부분을 표현하는 용어이다.

**Shear Modulus 전단계수** Shear Stress, Poisson's Ratio를 참조.

**Shear Strain 전단 변형율** Shear Stress, Torsion Stress, Poisson's Ratio를 참조.

**Shear Stress 전단응력(剪斷應力)** 전단응력은 어떤 재료의 면에 접하는 방향으로 작용하는 힘에 의한 응력이다. 접선 응력(Tangential Stress)이라고도 한다. 어떤 재료의 표면에 접선방향의 힘, 즉 전단력을 작용하였을 때 전단변형율(Shear Strain)은 재료가 기울어진 각도($\theta$)이다. 전단응력과 전단변형율의 관계는 다음과 같다. 즉, $\tau = G\theta$. 여기서, G는 전단계수(shear modulus)이고, 탄성 계수와 마찬가지로 재료의 고유한 성질이다. Stress, Compressive Stress, Poisson's Ratio를 참조.

**Shear Wave 횡파(橫波), 전단파(剪斷波)** 진동원으로부터 파동 진행 방향에 직각으로 진동하는 파(波, wave)로서 'S파', '비틀림 파'라고도 한다. SV파와 SH파 2가지가 있다.

**Sheet Line 내도곽선(內圖廓線)** 1개의 도엽을 둘러싼 윤곽선으로 지도의 도곽선을 말한다. Neatlines를 참조.

**Sheet Line Management Data 도곽 관리 자료** 정위치 자료의 유지, 관리를 목적으로 작성된 관리 자료 파일을 구성하는 3종류의 관리용 자료의 하나. 수치 지도를 실시한 지역 내의 모든 도곽에 관한 관리 정보, 도곽 식별 번호, 도곽 명, 볼륨 번호, 작업 기관명 등의 항목으로 되어 있다.

**Sheet Line Record 도곽 레코드** 각 도곽의 도곽 명칭, 도곽 좌표, 도곽 내에 포함되는 정위치 자료의 작성 수정에 관한 사항 등의 자료가 기록된 레코드이다.

**Sheet Pile 쉬트 파일, 널말뚝** 흙막이나 물막이를 목적으로 시공 전에 지반에 타입(打入)하는 폭이 넓은 판 모양의 말뚝으로서, 목제, 강, 콘크리트 등의 재료가 있다.

**Shelf Edge 대륙붕단(大陸棚斷)** Shelf Break를 참조.

**Shelf Break 대륙붕단(大陸棚斷)** 대륙붕(continental shelf)이 끝나고 대륙 사면(continental slope)이 시작되는 경계로서 해저면의 경사도가 급격히 변화하는 곳으로서, 일반적으로 수심 약 120m~150m에 위치한다.

**Shell 쉘** ① 폐합되는 단순한 곡면으로서, 3차원 좌표계 가운데 입체 경계요소를 기술하기 위해 사용된다. ② LAN 매니저에서는 리다이렉터(Redirector)라는 이름으로 불리는 프로그램 모듈로, NOS가 가상 드라이브나 통신망용 인쇄기를 이용하려 할 때 도스로 전달되는 명령어를 가로채 실행하는 역할을 한다. 램에 상주하며 도스와 LAN을 연결하는 역할을 한다.

**Shepard LANC 셰퍼드 랭크** 스틸 또는 동영상 디지털 카메라 2대를 연결해 동시 동작시켜 3D 촬영을 할 수 있게 한 Mount 장치 및 동기화 리모콘이다.

**Shielding Theory 차폐 이론** 비행장 주변 가장 높은 자연 장애물 그림자 속으로 건물이 들어가는 높이까지 건축을 허용하는 것을 말한다.

**Shield TBM(Tunnel Boring Machine) 쉴드 터널 보링 머신, 쉴드 티비엠** 터널굴착 시 굴착상부 및 막장부분의 토압을 견딜 수 있도록 세그먼트 등 보강재를 투입하여 안전하게 터널굴착을 하는 공법이다. 구조는 전면에서 굴착을 담당하는 커터헤드부, 이수를 채워 막장을 지지하는 흙막이 역할과 굴착토사가 이수와 혼합되어 배니관을 통해 배출되는 공간인 후드부, 실드기를 구동시키는 거더부, 터널내부에 세그먼트를 복공하여 터널을 완성시키는 테일부로 나누어져 있다. 쉴드기 전면의 커트 헤더가 회전하면서 토사나 암반을 굴착하고, 이때 굴착된 토사는 이수와 함께 파이프를 통해 지상으로 배출된다. 세그먼트의 폭만큼 굴착이 되면 추진 잭을 당기고, 그 자리에 수직구로부터 운반된 세그먼트를 조립하게 되는데, 조립은 바닥부터 좌우로 해나가며, 마지막에 키 세그먼트를 밀어 넣어 1개의 링을 완성하게 된다. 이렇게 해서 링이 완성되면, 다시 추진 잭으로 세그먼트를 지지하면서 커터헤드로 굴착이 시작되고, 이때 실제 장비로 굴착된 터널 굴착면과 조립된 세그먼트 외경 사이 빈 공간에, 토나이트와 시멘트로 구성된 뒷채움재를 주입함으로써 세그먼트가 안정되어 점차 터널을 완성해 나가게 된다. TBM 참조.

**Shift Transformation 이동 변환** 객체의 위치만을 변환시키는 변환을 말한다.

**Shifting Device 이심 장치(移心裝置)** 측량 장비 중 중심추의 위치를 이동시킬 수 있는 장치이다.

**Shoal 모래톱** 강이나 호소 또는 바다의 주변 바닥보다 수심이 얕은 볼록한 부분으로서, 단단하지 않은 모래나 진흙 등이 쌓인 곳으로 항해에 위험한 지역이며, 암초나 산호 등 단단한 물질로 되어있는 초(reef)와 구별된다.

**SHOALS(Scanning Hydrographic Operational Airborne Lidar Survey) 해양수심측량 라이다, 해저지형측량 라이다** 근해에서 수심측량을 목적으로 하는 라이다 측량으로서, 지형과 수심측량이 동시에 가능하며, 신속한 데이터 취득 및 처리가 가능하다. 해저지형측량 LIDAR시스템은 Airborne Lidar Bathymetry 또는 Airborne Lidar Hydrography라고도 하며, 원리는 육상지형 측량 LIDAR와 유사하나 해저자료 취득에 적색(Red) 파장대와 청색(Blue) 및 녹색(Green)의 파장대 빔을 사용한다. 수심은 물 표면에서 반사한 레이저(red)와 해저에서 반사된 레이저(Blue, Green)와의 시간차에 의하여 계산된다. 수심측량(bathymetry) LIDAR는 암초나 사퇴 등 장애물이 많은 해안에서 선박에만 의존하던 기존의 해저지형측량의 한계를 극복하는 획기적인 기술이다. 해저측량 LIDAR시스템은 선박측량에 비하여 다음과 같은 장점이 있다. ① 수심이 얕은 해안일지라도 지형의 복잡성과 무관하게 측량할 수 있다. ② 해저 장애물로부터 안전하게 측량할 수가 있다. ③ 광범한 구역을 지역을 신속하고 정확하게 측량할 수 있다. 반면, 수심측량(bathymetry) LIDAR는 수심이 깊거나 물의 혼탁도가 높을 경우 수중에서 레이저광선의 산란으로 인하여 해저의 정확한 반사 값을 얻기가 어렵다. 현재 LIDAR로 측정할 수 있는 최대 수심은 약 50m이지만, 우리나라 서해안은 혼탁도가 높아 수심이 얕은 지역이라도 LIDAR사용이 어렵다.

**SHORAN 쇼란** Short-range Navigation은 제2차 세계대전 중 폭격기에 탑재되었던 중근거리용 정밀위치 측량체계이며, 레이다를 사용한 삼변측량의 실용화 장치를 말한다.

**Shore 해변, 해안(海岸)** 간조대를 비롯하여 바닷물과 직접 접촉하는 육지의 일부분 지역을 말한다.

**SHORE(Scalable Heterogeneous Object REpository) 쇼어** Wisconsin 대학에서 개발한 저장 시스템으로서 역시 같은 대학에서 개발 중인 GIS S/W인 Paradise(Parallel Data Information System)의 공간 객체 저장 시스템으로 사용된다. Paradise는 데이터베이스에 질의하거나 데이터베이스를 브라우징(Browsing) 할 수 있는 그래픽 사용자 인터페이스를 제공한다. Paradise는 공간 객체 모형화를 위하여 확장 관계형(Extended-Relation) 자료 모형을 사용하고 있다. SHORE는 GIS 응용뿐만 아니라 CAD 체계, 멀티미디어 응용 등 다양한 데이터베이스 응용을 지원하기 위하여 제작된 다목적 객체 저장 체계이다.

**Shoreline 해안선(海岸線), 정선(汀線)** 육지면과 해수면이 만나는 선으로서, 구체적으로는 기본 수준면이 육지와 만나는 교선을 말한다. 해안선은 해수면의 승강(昇降) 또는 해변의 전진·후퇴에 따라 항상 변동하고 있으며, 이에 따른 해안선의 변동을 알면 과거의 기후환경, 지사(地史)는 물론 표사량의 추정, 해안 침식의 상황 등을 파악할 수 있다.

**Shor's Algorithm 쇼어 알고리즘** 소인수 분해(integer factorization)를 빠르게 처리할 수 있는 양자 알고리즘이다. 미국 MIT대학 수학과 교수인 피터 쇼어(Peter W. Shor)가 제안했다. 쇼어 알고리즘을 사용하면 크기가 N인 수를 소인수 분해할 때 $O(\log^3 N)$의 시간과 $O(\log N)$의 저장 공간이 필요하다. 이 알고리즘을 이용하면 공개 키 암호방식을 쉽게 깰 수 있다. 공개 키 암호의 한 종류인 RSA의 경우, 매우 큰 2개의 소수를 곱한 값을 공개 열쇠 N으로 사용한다. 이러한 방식이 안전한 이유는 N을 빠른 시간 안에 효율적으로 소인수 분해하는 알고리즘이 지금까지 발견되지 않았기 때문이다. 그러나 쇼어 알고리즘을 충분히 큰 수에 대해서 적용할 수 있는 기계가 만들어지면, 오늘날의 공개 키 암호 방식은 모두 무용지물이 된다. 이런 점에서 쇼어 알고리즘은 양자컴퓨터의 킬러 애플리케이션(killer application)인 셈이다. Quantum Computer를 참조.

**Short Code 쇼트 코드** 디즈니의 50293 같이 고객이 홍보 행사 참여 등을 위해 기업에 문자 메시지를 보낼 때 쓸 수 있는 특수한 번호를 말한다.

**Short Message Service(SMS) 휴대전화 단문서비스** SMS (Short Message Service)를 참조.

**Short Message Peer-to-Peer(SMPP) 에스엠피피** SMPP(Short Message Peer-to-Peer)를 참조.

**Short Message Service(SMS) 단문 메시지 서비스** SMS(Short Message Service)를 참조.

**Short Message Service Center(SMS-C) 단문 메시지 서비스 센터** SMS-C(Short Message Service Center)를 참조.

**Short-range Wireless Communication 근거리 무선통신** 가까운 거리에서 서로 접촉하지 않은 채 정보를 전달할 수 있는 기술로서, 스마트폰, 태블릿 PC 등에 쓰인다. 손을 쓰지 않고 전화통화를 하거나 정보기기 간에 데이터를 송·수신하는 등 기능이 제한적이었으나 관련 기술이 발달하면서 비접촉식(contactless) 결제 분야로 쓰임새를 넓혔다. 대표적으로 블루투스(Bluetooth), 와이파이(WiFi), 지그비(Zig bee), NFC(Near Field Communication) 등이 있다. NFC는 2011년 초부터 새롭게 주목받는 기술로서, 이동통신사업자뿐만 아니라 신용카드사, 은행, 자동차제조회사 등이 관심을 기울이면서 NFC를 이용한 모바일 결제 시장을 넘겨보기 시작했다.

**Short Tangent Length 단접선장(短接線長)** 크로소이드 곡선에서는 1개의 크로소이드 곡선에 2개의 접선장이 있으며, 접선장 길이는 각각 다르다. 단접선장은 곡률이 큰 쪽의 접선장을 말한다.

**Short Wave InfraRed(SWIR) 단파장 적외** SWIR(Short Wave InfraRed)를 참조.

**Shortest Path Search 최단 경로 탐색** 네트워크의 한 점으로부터 시작과 종점이 이어졌을 때 다른 점까지 최소 경비 경로를 결정하는 기법. 최단 거리 경로는 거리를 최소화하는데 반하여, 최소 시간 경로는 시간을 최소화한다.

**Shortest Path Solution 최단 경로 솔루션** Optimal Path Selection을 참조.

**Shoulder 갓길** 도로의 주요 구조부를 보호하고, 도로의 전망을 넓히고 고장 난 차량 등이 일시 정지하는 장소이다. 차도(車道)의 갓 쪽에 만든 띠 모양으로 된 부분으로서, 갓길의 넓이는 도시도로에서는 0.5m 이상, 도시고속도로에서는 1.25m 이상으로 규정되어 있다.

**Show Notes 쇼 노트** 팟캐스트나 비디오캐스트에 대한 텍스트 요약이다. 추가적인 정보를 제공하기도 한다. 콘텐츠의 특정한 부분을 빨리 넘어갈 수 있도록 소요 시간 관련 데이터를 포함할 수도 있다.

**Showrooming 쇼루밍** 오프라인 매장에서 제품을 보고 실제 구매는 저렴한 온라인으로 하는 현상을 말한다. O2O, Webrooming을 참조.

**Showyou 소유** 동영상 공유 소셜 서비스로서 SNS상 다양한 영상들을 모아 플립보드 형식으로 시청이 가능하다.

**Shrinkage Correction 신축보정** 필름의 신축(film shrinkage)에 의해 어느 정도의 왜곡이 발생하게 되는데 이러한 왜곡은 기계좌표계로부터 사진 좌표계로 변환될 때에 보정이 가능하다. 이 변환에 사용되는 변환식에 의하여 균등한 신축, 필름을 감는 방향 혹은 이 방향과 직교하는 방향의 신축, 평행사변형적인 신축 등을 보정할 수 있다.

**Shrinkage Index(SI) 수축지수** 소성한계와 수축한계의 차이를 수축지수라 한다. 즉, SI=PL－SL. 수축지수가 큰 흙일수록 흙의 팽창성이 크다. Atterberg Limits 참조.

**Shrinkage Limit(SL) 수축한계(收縮限界)** 반고체 상태와 고체 상태의 경계 함수비이다. 즉, 점토의 체적수축이 일어나는 함수비의 하한계이다. Atterberg Limits 참조.

**Shutter Glasses(SG) 셔터글라스** SG(Shutter Glasses)를 참조.

**SI(Le Systeme International d'Unites) 국제단위계** 1954년 제10차 국제도량위총회(CGPM)에서는 실용적인 계량 단위계의 기본단위로서 길이, 질량, 시간, 전류, 열역학적 온도, 물질량, 광도의 7개 물리량을 채택하였다. 1960년 제11차 CGPM에서는 상기의 실용적 관측 단위 체계를 '국제 단위계'라고 이름 지었으며 접두어, 유도 단위 및 추가 단위에 대한 원칙을 확립하였다.

**SI(System Integration) 시스템통합** 기업의 업무가 복잡해지고 정보처리 기술이 고도화되면서 엄청난 기술력과 경험을 요구하는 정보 체계의 대규모화, 통합화, 경영 전략화라는 흐름이 대두되고 있다. 이에 따라 최종 사용자가 직면한 문제를 자신의 힘만으로는 해결할 수 없게 되어 문제 해결을 전문 업체에게 일괄 위탁하게 되는데, 이것이 시스템 통합 개념의 출발이다. 시스템 통합은 경영/시스템 컨설팅에서부터 시스템 개발 및 유지보수까지를 전체적으로 용역받아 사용자의 상황에 가장 적합한 시스템을 구축해주는 활동이다. 이를 위하여 시스템 통합 사업자는 컨설팅 능력(경영, 시스템, 감사), 시스템 개발 능력(개발, 프로젝트 관리), 유지보수 능력을 보유하여야 한다.

**Side Condition 변조건(邊條件)** 삼각망 중의 한 변의 길이가 순차적으로 계산될 때, 그 값은 계산 순서에 관계없이 항상 일정하다는 조건이다.

**Side Equation 변 조건식(邊 條件式)** Length Equation를 참조.

**Side Gutter 측구(側溝)** 도로의 노면배수를 위하여 연석에 접하여 설치한 배수로 및 도로와 사유지의 경계선을 따라서 도로부지 내에 설치한 배수로로서, Side Ditch라고도 한다.

**Side Lap 횡중복(도), 횡중복(橫重複)** 코스간의 중복도로 30% (최소한 5%)이어야 한다. Overlap, Side, Lateral Overlap를 참조.

**Side Light 측광(測光)** [영상] 필 라이트(Fill Light, 측광 조명)와 같이 피사체의 측면에서 비춰주는 것으로 피사체의 머리와 어깨선을 강조하여 입체감을 표현하는 데 적합하다.

**Side Looking Airborne Radar(SLAR) 측방 감시 항공 레이다** SLAR(Side Looking Airborne Radar)를 참조.

**Side Scan Sonar 측면주사음향측심기** 해저면에 직각방향으로 배를 끌면서 비스듬히 음파를 보내서 그 반사파를 이용하여 해저면을 형상화하는 음향장비(acoustic instrument)이다. 음파의 송수파기는 선미의 케이블로 수중에서 견인하므로 선박의 rolling, pitching 영향을 적게 하여 안정된 관측을 할 수 있는 이점이 있다. 측면주사음향측심기는 침선, 장애물, 해저전선, 해저파이프라인, 어초 등의 물체나 구축물의 확인 등의 조사에 사용할 수 있다. 해저의 탐사 폭은 100m부터 30km까지 다양하다.

**Side Telescope 측위 망원경** 주망원경의 측면의 수평축에 보조망원경을 평행하게 부착한 망원경을 말한다.

**Side Track 측선** 철도에서 본선 이외의 모든 선로를 말한다.

**Side-by-Side 좌우배치** 한 쌍의 이미지, 한 쌍의 카메라 또는 한 쌍의 영사기 등을 좌우로 나란하게 배치하는 것을 말한다.

**Sidereal 항성** Fixed Star를 참조.

**Sidereal Day 항성일(恒星日)** 춘분점이 연속해서 같은 자오선을 2번 통과하는데 걸리는 시간이다. 지구가 항성을 기준으로 하여 1번 자전하는 시간을 말한다. 평균태양일은 23시간 56분 4.0908 평균태양시에 해당한다.

**Sidereal Month 항성월(恒星月)** 달이 지구주위를 1공전(revolution)하는데 걸리는 시간이다. 1항성월은 27.321661일(27일 7시간 43분 11초)에 해당한다.

**Sidereal Time(ST) 항성시(恒星時)** ST(Sidereal Time)를 참조.

**Sidereal Year 항성년(恒星年)** 지구가 항성을 기준으로 하여 태양의 둘레를 1번 공전하는 시간을 항성년이라 한다.

**Siding 측선(側線)** Side Track를 참조.

**Sieve Mapping 체 지도제작** 중첩 분석의 수작업에 적용할 수 있는 용어이다. 투명한 필름에 그려진 지도는 일치점과 상호작용을 알아내기 위해서 서로에 대해서 위에 겹치게 된다.

**Sievert 시버트** [방사선] 등가 선량(Equivalent Dose)을 나타내는 SI 단위계의 단위이다. 기호는 Sv이다. 시버트는 일반적인 방사선의 흡수량은 물론 생물학적 효과까지 반영한 단위이다. 시버트라는 단위는 방사능 노출 측정 및 생물학적 영향을 연구한 스웨덴의 유명한 의학 및 물리학자인 시버트(Rolf Maximilian Sievert, 1896~1966)의 이름을 딴 것이다. $1Sv = 1J/kg = 1m^2 \cdot s^{-2}$의 관계식이 성립한다. 이것은 그레이(Grey)와 같은 단위이다. 흡수량과 조사량의 혼동에 따른 위험을 피하기 위해, 흡수되는 방사선에 대해서는 그레이를 써야 하고, 조사량에 대해서는 시버트를 써야 한다.

**SIF(Standard Interchange Format) 표준 교환 형식** 인터 그래프사에 의해 개발된 도형 자료 교환 형식으로서, 서로 다른 특성과 양식을 가진 체계로부터 자료의 교환을 위한 중간 구조를 말한다.

**Sift 체치기** 최소 지물 크기보다 작은 지물을 제거하는 것을 말한다.

**Siftable 시프테이블** 기기는 크래커 정도의 크기인 4개의 무선 사각형 블록으로 이루어져 있다. 각각의 기기는 무선 비디오 디스플레이다. 이들 기기는 서로는 물론 컴퓨터와도 호환된다.

**Sight Distance 시거(視距)** 운전자가 자동차 진행방향의 전방에 있는 장애물 또는 위험요소를 인지하고 제동을 걸어 정지하든가 혹은 장애물을 피해서 주행할 수 있는 길이를 말한다.

**Sight Method 시각법** 팔을 펴서 높이를 아는 물체를 자로 시준했을 때 팔길이와 아는 물체의 높이의 기하학적 특성으로 거리를 관측하는 방법을 시각법이라고 한다. 이 관측법은 정밀 관측보다는 대략적 거리를 관측할 경우에 사용할 수 있다.

**Sight Reduction Table for Marine Naviga 천측계산표** 천문항해에서 천측의 위치를 계산하는데 필요한 제원을 수록한 서적이다. 우리나라는 국립해양조사원에서 간행하고 있다.

**Sight Vane 시준판(視準板)** 콤파스, 알리데이드 등에 부착시켜서 시준선을 결정하기 위하여 들여다보는 판을 말한다.

**Sign 표지(標識)** 통행하는 사람들에게 정보를 제공하는 도로와 관련된 현상을 말한다.

**Signal 신호(信號)** 통신 통로 또는 통신체계를 통하여 전송되는 효과(예컨대 전자에너지의 펄스), 신호는 감지기에 의하여 장면으로부터 수신되어 처리체계에의 전송을 위하여 다른 형태로 변환된다.

**Signal Clamp 시그널 크램프** 외부연결코일(38khz)의 소형 발신 장비로서 케이블이나 금속관의 일부분이 땅위로 노출되어 직접 부착될 수 있을 경우에 효과적인 방법이다.

**Signal Lock 시그널 락** 위성으로부터의 신호를 추적하여 연속적인 수신이 가능할 때 시그널 락 되었다고 한다.

**Signal Point 대공 표지** 지상점을 항공사진 상에 명확히 표시하기 위하여 설치하는 표지를 말한다.

**Signal Strength(SS) 신호세기** SS(Signal Strength)를 참조.

**Signal System7(SS7) 신호체계7** SS7(Signal System7)를 참조.

**Signal Target 측표(測標), 시표** 주로 시준표가 되는 것으로 평야지와 삼림 등에서 상호 시통을 위하여 설치한 것으로 측기, 보통 측표, 간이 측표, 고 측표 등이 있다.

**Signal to Noise 신호 대 잡음비** Signal Strength를 참조.

**Signal to Noise Ratio(SN Ratio) 신호대 잡음 비** SN Ratio (Signal to Noise Ratio)를 참조.

**Signal Transmission 신호전달** 사진기의 영상취득면 사이를 연결해주는 것으로, 신호는 기계적인 것과 디지털적인 것이 있다.

**Signaling Traffic 시그널링 트래픽** 스마트폰 응용프로그램(앱)이 사용자의 상태를 확인하기 위해 수시로 무선인터넷을 통해 수집하는 신호용 데이터. 어디에 있는지, 무슨 기능을 사용 중인지 파악하면 앱을 실행하는 시간이 단축되지만 통신망에 부담을 주기도 한다.

**Signal-To-Noise Ratio(STN or SNR) 잡음 대 신호 비율** STN or SNR(Signal-To-Noise Ratio)를 참조.

**Signature 기호, 서명** 어떠한 자료가 인식될 수 있도록 하는 일련의 특성들을 말한다. Spectral Signature를 참조.

**Signature Extension 특징 연장** 한 지역으로부터 얻은 훈련 통계를 사용하여 멀리 떨어져 있는 유사한 지역의 자료를 분류하는 것. 기상 조건 지리 조건과 시간적 차이에 의하여 동일한 종류의 신호가 변화하는 것을 고려한다. Spectral Signature를 참조.

**Significance Level 유의수준(有意水準)** 통계적인 가설 검정에서 사용되는 기준값이다. 가설 검증을 할 때, 표본에서 얻은 표본통계량이 일정한 기각역(棄却域, rejection area)에 들어갈 확률, 즉 오차가능성을 말한다. 즉, 가설 검정에서 1종 오류가 허용되는 확률 수준, 영가설이 참인데도 그것을 잘못 기각할 확률의 허용한계, 영가설이 참인데도 대립가설을 잘못 선택할 확률의 최대값이다. 95%의 신뢰도를 기준으로 한다면 (1-0.95)인 0.05 값이 유의수준값이 된다. 가설 검정의 절차에서 유의수준값과 유의확률값을 비교하여 통계적 유의성을 검정하게 된다.

**Significance Probability 유의 확률(有意確率)** 귀무가설이 맞다고 가정할 때 얻은 결과보다 극단적인 결과가 실제로 관측될 확률로서, 귀무가설을 기각할 수 있는 최소한의 확률을 의미하며, p값(p-value)이라고도 한다. 확률변수로서 0~1 사이의 값을 가진다.

**Significance Testing 유의도검정(有意度檢定), 유의도 검증** 통계적 방법을 사용하여 모집단의 상황을 추론을 하고자 할 때, 그 추론이 어느 정도나 오류의 가능성을 가지고 있을 것인지에 대한 확률적 추론이다. 통계적 가설 검정이나 신뢰구간 설정에 의하여 얻어진 통계치들이 어느 정도나 오류의 가능성을 가지는지를 추론하게 된다. 예를 들어, 영가설에 의하여 이론적으로 가정된 상황의 표집분포에 비추어 볼 때, 하나의 통계치가 관찰될 확률이 5%나 1% 이하일 경우 그 통계치는 각각 5%나 1% 수준에서 유의하다는 결론을 내린다. 연구 설계에 따라 유의도검정은 모집단의 평균의 차이, 상관의 정도, 비율의 크기, 분류 결과의 이론 적합성, 분포의 동질성, 이론적 모형의 실제 자료 설명력 등의 검정을 포함한다.

**Significant Figure 유효 숫자** 정확한 수치에다가 마지막에 부정확한 숫자를 하나만 첨가한 전체 숫자를 말한다.

**SIIS(Spatial Imagery Information System) 공간영상정보 시스템** 고해상도의 첨단 위성영상, 항공사진 등 원격탐사 자료로부터 만들어지는 영상형태의 공간정보를 수집, 관리하는 정보시스템을 일컫는다. 공간영상정보 시스템은 지형지물을 단순 기호화시킨 기존의 벡터형태의 공간 정보와는 달리 사실적인 지형지물을 그대로 표현하기 때문에 공간상에 연속된 정보를 생략 없이 나타낼 수 있어 도로 노선 개선, 위성영상지도 제작 등에 널리 활용된다.

**Silicon Alley 실리콘앨리** 실리콘앨리는 뉴욕의 첨단 정보통신(IT) 기업이 모여 있는 지역이다. 캘리포니아주 샌프란시스코 남부의 정보통신 기업 집약지인 실리콘밸리에 빗댄 표현으로 직역하면 '실리콘 골목'이란 뜻이다. 1990년대 중반에 뉴욕 맨해튼 소호 지역에 IT 벤처가 늘어난 시기가 '실리콘앨리 1.0'이라면, 요즘 IT 트렌드의 변화로 뉴욕시 전체에 IT 벤처가 빠르게 느는 현상을 '실리콘앨리 2.0'으로 부른다.

**Silo Effect 사일로 효과** 사일로(silo)는 곡식을 저장해두는 큰 탑 모양의 창고를 말한다. 기업에서 조직의 각 부서들이 사일로처럼 서로 다른 부서와 담을 쌓고, 자기 부서의 이익만 추구하는 현상을 일컫는다. 책임 경영이라고 하는 기업의 운영 시스템을 가동하면서 자기 부서의 실적과 이익에만 몰두하다보니 서로간의 의사소통이 이루어지지 않아 개별 부서의 효율은 커지는데 회사 전체의 경쟁력을 잃어버리는 결과를 초래한다. Organizational Silos Effect라고도 한다.

**Silver Halide 은할로겐감광제** 흑백필름의 표면에 있는 에멀젼 내에 존재하는 grains의 특성으로 빛을 쏘이게 되면 은이 반응을 일으켜 검게 나타나게 되어 잠재적인 영상을 맺게 된다.

**Silver Haloid 할로겐화은** 할로겐과 은과의 화합물을 말하며 염화은(Agcl), 브롬화은(Agbr), 요드화은(AgI)이 있다. 필름, 인화지 등의 감광층(유제층)으로서 재라틴과 혼합하여 표면에 도포하는 감광물질을 말한다.

**Silver Screen 은막** 극장용으로 쓰이는, 반사율 높은 금속 스크린. 은막은 빛을 산란시키지 않으므로 편광 영사에 적당하다.

**Silvers 실버스** 2개의 지형 특성이 같은 지형위치를 가질 때, 수치 지형 자료에서 나타나는 2개의 지형 특성의 잘못된 조정(Alignment)을 말한다.

**SIM(Satellite Image Map) 위성 영상 지도** 1997년 프로젝트가 시작되었고, 목적은 말레이시아 내 위성 영상 지도를 제작하기 위한 효과적인 기술과 처리 방법 등의 방침을 제정하고, 위성 영상에 벡터 정보를 추가한 수치 위성 영상 DB를 구성하는 것이다.

**SIM(Subscriber Identity Module) 가입자 확인 모듈** SIM 카드는 현 세대의 사용자들에게 엄청난 범위로 카드의 사용을 가능케 하였다. GSM 모바일 폰에 사용되는 스마트카드로 가입자의 특별한 정보는 보안성을 가진다.

**Similarity Measure 유사성 관측** 정합 요소가 정량적으로 서로 얼마나 잘 대응되는가를 관측하는 것이다. 유사성 정도의 기준은 최댓값이나 최솟값이 될 수 있는데, 상관 계수법(Cross Correlation Coefficient)이나 최소 제곱법에서는 최댓값을 기준으로 사용한다.

**Similarity Transformation 등각 변환** 형태가 보존되는 기하학적 변환을 말한다.

**Simple 단순(성)** 그 내부가 등방적(Isotropic; 전체의 점은 동일한 인접성을 갖고 있다)인 기하 객체의 성질로서, 이로 인해 적당한 차원을 갖는 유클리드 좌표 공간의 개(開)방 부분 집합과 어느 장소에서도 국부적으로 동형이다. 이것은 내부의 직접 위치가 어느 정도 종류의 자기교차도 없다고 말하는 것을 의미한다.

**Simple Adaptive Maintenance 용역 유지보수** 환경의 변화에 따른 제도(양식, 절차, 조직) 변경으로 발생되는 소프트웨어 유지보수 범위 중 간단한 기능변경 및 사용방법의 개선을 말하며, 이 범위를 넘어서면 재개발 형태에 속한다.

**Simple Bouguer Anomaly 단순 부게이상** Gravity Correction을 참조.

**Simple (Circle) Curve 단곡선(單曲線), 원곡선(圓曲線)** 도로, 철도 등에서 중심선에 곡선부분이 있을 때 곡선반지름이 일정한 구간이며, 곡선반지름은 설계속도에 따라 정해진다. 원곡선(circular curve)이라고도 한다. 단곡선 1개의 원으로 이루어지는 곡선으로 곡선설치법에 기본적인 곡선이다. 지하철에서는 곡선반경 R=800m보다 큰 曲線에서는 완화곡선을 생략하고 원곡선(圓曲線)으로만 부설한다(도시철도 건설규칙 제13조).

**Simple Continuous Query 단순 연속 질의** Continuous query로서, simple instant query에 질의 수행의 주기와 기간을 추가 입력으로 제공함으로써, 질의가 주어진 주기와 기간 동안에 계속하여 수행되는 것을 의미한다. Event query와 비교하면 continuous는 질의가 항상 진행 중임을 의미하며, event는 특정 상황에서만 질의가 진행됨을 의미한다.

**Simple Event Query 단순 이벤트 질의** Event query로서, 질의가 이미 설치되어 있으며 특정 event가 발생하였을 때만 설치된 그 질의가 진행되는 것을 의미한다.

**Simple Feature 단순 형상** OGIS에 명시된 한 점에서 시작되어 중간의 어느 점도 교차하지 않으며 시작된 점으로 반드시 끝나는 폐합된 도형을 말한다. 부여된 복수의 정점으로부터 보간에 의한 속성 중 임의의 점의 위치를 구하는 것이 가능하고 2차원 기하속성에 제한된 공간속성 및 비공간적 속성을 지닌 형상으로서 건물, 도로경계선처럼 하나의 주제로 구성된 형상을 말한다.

**Simple Feature Specification 단순 형상 사양** 다양한 시스템이 점, 선, 면으로 구성된 단순 벡터 형상을 이용하여 대화하도록 해주는 개방형 인터페이스를 위한 Open GIS명세, 3가지 프로파일, 즉 SQL, COM 기반, CORBA 분산 컴퓨팅 플랫폼이 발표되었다.

**Simple Image Service(SIS) 단순 이미지 서비스** SIS(Simple Image Service)를 참조.

**Simple Kriging 단순 크리깅** 단순 크리깅은 오차 분산을 최소로 하는 가중치를 구하여 주위의 알려진 값들의 선형 조합으로 미지의 값을 예측하는 방법으로 크리깅의 변화된 기법. 예를 들어, 단순 크리깅에서는 자료의 첫 치수요소는 알려져 있고 나머지 집합을 제공하기 위해 원래 표본점으로부터 제외될 수 있다. 이것은 특별한 기법이 필요로 하는 가정 때문에 다른 형태의 크리깅보다는 빈번히 응용될 수는 없지만 보간의 문제를 단순하게 한다.

**Simple List 단순 목록** 데이터베이스의 가장 간단한 형태는 모든 항목을 단순하게 기록한 목록이다. 이 경우에 새로운 항목이 파일의 뒷부분에 계속 추가되어 파일은 계속 길어지게 되므로, 정보를 입력하기에는 편리하지만 정보의 수정은 어렵다.

**Simple Macro Language(SML) 에스엠엘** SML(Simple Macro Language)를 참조.

**Simple Mail Transfer Protocol(SMTP) 단순 전자우편 전송 규약** SMTP(Simple Mail Transfer Protocol)를 참조.

**Simple Network Management Protocol(SNMP) 간이 통신망 관리 규약** SNMP(Simple Network Management Protocol)를 참조.

**Simple Object 단순 객체** 다른 객체들로 분할될 수 없는 객체를 말한다.

**Simple Object Access Protocol(SOAP) 단순 객체 접근 통신 규약** SOAP(Simple Object Access Protocol)를 참조.

**Simple Query 단순 질의** Instant query로서, 조건 없이 센서 노드의 값을 단순히 읽어오는 질의를 의미한다.

**Simple Random Sampling 단순 임의표본 추출** 대상영역에서 각 표본단위는 난수를 사용하여 선택되며, 랜덤 추출기법이므로 통계적으로 안정된 결과를 보인다.

**Simplification 단순화** 자료의 중요한 특성의 결정, 중요하지 않는 세부 형상들을 제거, 중요한 특성의 보유 등을 포함하는 지도 제작 일반화의 요소 중 하나. 일반화처럼 단순화도 보통 축척에서 축소와 결합되어 사용된다.

**Simpling 단순화** 연속적인 영상소에 속하는 정량화되지 않는 아날로그 비디오 신호의 변하는 형태를 의미한다.

**Simpson's Rule 심프슨 공식** 사다리꼴이나 직사각형으로 근사하지 않고 비슷한 모양의 2차함수로 근사값을 적용하여 적분의 넓이를 구하는 방식이다. 영역을 2차 함수 그래프로 근사시켜 계산하는데, 사다리꼴의 윗변을 2차 함수의 그래프로 바꾸면 많은 경우 함수의 그래프의 곡선 부분에 보다 정확하게 맞출 수 있게 되므로 더 좋은 근사값을 얻게 된다.

**Simpson's First Formula 심프슨 제1법칙** 면적을 계산하는데 사용되는 공식 중의 하나로, 두 구간을 하나로 묶어 면적을 구하는 공식이다. 1/3법칙이라고도 한다. 구간의 거리를 d라 하고 각 구간의 높이를 각각 $y_0$, $y_1$, $y_2$라고 하면, 이 두 구간의 면적은 $A=\frac{d}{3}(y_0+4y_1+4y_2)$이다. 이렇게 두 구간으로 전 구간을 나누어 이를 각각의 면적을 합함으로써 전체 면적을 구할 수 있다.

**Simpson's Second Formula 심프슨 제2법칙** 면적을 계산하는데 사용되는 공식 중의 하나로, 세 구간을 하나로 묶어 면적을 구하는 공식이다. 3/8법칙이라고도 한다. 구간의 거리를 d라 하고 각 구간의 높이를 각각 $y_0$, $y_1$, $y_2$, $y_3$라고 하면, 이 세 구간의 면적은 $A=\frac{3d}{8}(y_0+3y_1+3y_2+y_3)$이다. 이렇게 세 구간으로 전 구간을 나누어 이를 각각의 면적을 합함으로써 전체 면적을 구할 수 있다.

**SIMTOOKIT(Subscriber Identify Module Application Toolkit) 심투킷** SIM툴킷은 SIM 카드의 역할을 넓히고 진보된 위치 결정, 사전 지불, 은행 어플리케이션과 같은 SIM카드의 혁신적이고 진보된 발전을 가능하게 하였다.

**Simulated Hill-Shade Map 현상 기복도** 컴퓨터에 의해 (혹은 수동으로) 융기된 지형의 형세에 대해 음영 효과를 만들어 지표면이 마치 태양이 자연스럽게 비칠 때처럼 점차적으로 밝아지도록 한 지도를 말한다.

**Simulation 현상 실험** GIS에서 여러 가지 처리과정에 의해서 결과를 얻고자 할 때 수학적 모형을 사용하는 과정이며 현실 세계에서 발생하는 상황을 컴퓨터 시스템을 통하여 가상적으로 재현하는 작업을 의미한다.

**Simulation Model 현상 모형** 실세계에서 일어나는 일들을 묘사할 수 있는 동적 모델 중 중요한 것 중의 하나이다.

**Simulator 시뮬레이터, 모의실험기** 시뮬레이션을 수행하는 장치, 컴퓨터 프로그램 또는 시스템을 말한다.

**Simultaneous Bundle Adjustment 광속 조정법** 블록에 포함되어 있는 관측 지상 기준점의 절대 좌표와 지상 기준점 및 연결점(Pass Point), 접합점(Tie Point) 또는 중복 촬영된 임의의 점에 대한 사진 좌표들을 이용하여 각 사진의 외부 표정 요소(촬영 시 카메라의 3차원 절대 좌표 및 사진의 회전량)와 주어진 사진 좌표들에 대응하는 절대 좌표를 결정하는 방법, 광속(Bundle)을 조정의 기본단위로 한다.

**Simultaneous Contrast 동시 대조** 배경색에 따라 색체가 다르게 지각되는 현상으로, 자료를 명도의 변화로 나타낼 때 해당 범주를 범례와 비교하여 지도상에서 선택하기 어렵게 됨으로써 발생하는 현상이다.

**Sine Formula 정현공식(正弦公式)** 측지학에서 구면삼각형의 내각을 각각 A, B, C라 하고, 변 AB, BC, CA에 대한 지구 중심각을 a, b, c라고 할 때, sin A/sin a = sin B/sin b = sin C/sin c가 성립하는데 이를 정현공식이라 한다.

**SINES(Spatial Information Enquiry Service) 공간 정보 질의 서비스** 공간 정보 질의 서비스(SINES)는 영국 정부 부처에서 갖고 있는 공간 정보 자료군의 메타 데이터서비스이다. SINES는 환경부 대신에 OS(Ordenance Survey)에 의해 실행되었다.

**Single Baseline Analysis 단 기선 해석** 간섭 위치 결정에 있어 동시에 많은 수신기를 사용하여 같은 조의 위성을 관측하려면 각 수신기를 장치한 측점을 연결하여 전체 기선의 길이와 방위를 구한다. 이때 기선마다 각기 다른 해석 처리 방식을 말한다.

**Single Collimator 단일시준기** 평행광선을 형성시키기 위한 광학장치. 주로 광학장치의 테스트나 조정, 예를 들면 시준축의 위치측정 등에 사용된다.

**Single Difference 단일차분, 단중차** 1위성/2수신기간(수신기간 차분) 위상관측식을 계산함으로서 위성시계의 오차항을 제거하거나 또는 2위성/1수신기간(위성간 차분)의 위상관측식을 계산함으로써, 두 점에서 동시에 동일한 위성으로부터 반송파의 위상차를 측정한 결과의 차이로부터 위성의 궤도와 시계의 오차가 상쇄되어 수신기 시계의 오차항을 제거한다.

$$D\Phi=-\Delta\rho/\lambda-f(dT)+\Delta d_{ion}-\Delta d_{trop}+\Delta N+\Delta\epsilon$$
$$\approx-\Delta\rho/\lambda-f(dT)+\Delta N+\Delta\epsilon$$

GPS 위성의 고도에 비해 두 수신기 사이의 거리가 짧다면 궤도오차와 대기권 지연오차를 줄일 수 있다. 이 방법은 위상자료에 대해 사용되지만 의사거리자료에도 사용될 수 있다.

**Single Differencing 단일차** GPS 측량의 기선해석기법의 하나. 수신 기간의 단일차는 위성의 시계오차를 제거하며, 위성간의 단일차는 수신기 시계의 오차를 제거한다.

**Single Ended Connection 일단 결합** 지하시설물과의 신호연결방법 중의 하나로 원거리에 접지를 사용하는 방법이다.

**Single Freqency Model 일주파수형(一周波數形)** GPS 위성에서 발신되는 L1대와 L2대의 전파에 L1대만을 수신하는 위치 결정. 측량을 하는 수신기의 형식을 말한다.

**Single Image Random Dots Stereogram 3차원 단일 이미지식 불규칙 점묘 방식** SIRDS(Single Image Random Dots Stereogram)를 참조.

**Single Lens 단일 렌즈** 단일 렌즈방식 중에 가장 많이 사용되고 있는 항공사진기에는 Wild(현재 Leica) RC-10, Zeiss의 RMK 등이 있다.

**Single Lens Reflex(SLR) 일안 반사식(카메라)** SLR(Single Lens Reflex)을 참조.

**Single Origin Plane Rectangular Coordinate System 단일 평면 직각좌표계** 전국규모의 연속적인 자료구조를 가진 지리정보의 생산 및 구축에 활용하기 위하여 2004년 6월 국토교통부에서 고시한 "기본지리정보구축을 위한 단일평면지각좌표계"에 따른 것으로, 명칭은 한국형 UTM좌표계(UTM-K)를 따른다. 횡메르카토르(Transversal Mercator projection; TM) 도법을 원칙으로 하며, 기존 평면 직각좌표와의 혼란방지와 차별화를 위해 투영원점의 수치를 달리한 것이며, 좌표를 전개하는데 있어서의 축척계수는 0.9996이며, 좌표 단위는 소수점 이하 2자리까지 미터(meter)로 기록한다. 단일 평면 기준좌표계의 원점은 북위 38° 동경 127°30′으로 하며, 원점 좌표값은 X=2,000,000m, Y = 1,000,000m으로 한다.

**Single Measurement 단측법(單測法)** 1개의 각을 1회 관측하는 방법이다.

**Single Phase Difference 1중 위상차** 2개의 위성 반송파 위상적산치의 차로서 1개의 위성을 2대의 수신기로 관측한 각 위성적산치의 차이다. 크게 구별하면 전자를 위성 간 일중위차, 후자를 수신기 간 일중위차라 한다. 간섭 위치 결정의 기선해석 제1단계로 계산하는 양이다.

**Single Photogrammetry 단 사진측량(單寫眞測量)** 입체시를 사용하지 않고 1장의 사진만으로 수평위치(X, Y)를 정하거나 도화하는 사진측량이다.

**Single Positioning 일점 위치관측** Point Positioning를 참조.

**Single Precision 단일 정밀도** 감지기의 탐측기 불균형에 의해 발생한 원격 탐사 영상에서 보이는 선형 랜드셋 MSS영상에서 이 효과는 6개의 독립된 탐지기로 구성된 감지기의 결과인 '6번째 선형 띠'로 알려진 형태인 매 6번째 선이나 띠로 나타난다.

**Single Row Triangles 단열 삼각망(單列三角網)** 삼각망 가운데 가장 간단한 형상이며, 동일 측점 수에 비하여 포괄 거리가 가장 길기 때문에 원격지를 간단히 연결할 수 있다. 따라서 노선, 하천, 터널 등과 같이 폭이 좁고 거리가 먼 지역의 측량에 적합하다.

**Single Sign On(SSO) 싱글 사인 온** SSO(Single Sign On)를 참조.

**Sink 제거** 온실가스, 에어러솔, 이것들의 전구물질을 대기로부터 제거하는 과정, 활동, 메커니즘의 총칭이다.

**Sinkhole 싱크홀, 함몰(陷沒)** ① 석회암 지역에서 자연적으로 형성된 함몰지이다. 주로 석회암 지반에서 오랜 시간 지하수에 용해되어 동공(洞空)이 생겼다가 동공 내에 채워져 있던 지하수가 빠지는 경우와 화산재 지반에서 균열부로 빗물이 침투하면서 일시에 지반이 세굴되는 경우에 발생한다. 주로 해외사례가 많으며, 우리나라는 강원도 삼척, 영월지역 등이 석회암으로 구성되어 있어, 자연적인 싱크홀 발생 가능성이 크다. ② 토사지반에서 터널굴진 등으로 지반함몰이 발생한다. 지하수위가 높은 토사지반에서 터널 등을 굴착할 때, 터널 상부에 동공(洞空)을 형성하게 되는 경우에 발생한다. 발생형태가 자연적 싱크홀과 유사하여 '인위적 싱크홀'이라고도 한다. 국립국어원은 '함몰구멍', '땅 꺼짐'을 선정하였으나, 지질 등 다양한 발생원인 및 규모 등이 반영되지 않아 선정된 용어에는 한계가 있다.

**Sinking 함몰(陷沒)** ① 토사지반에서 터널굴착 등으로 인한 붕괴로서 지하수가 높은 토사지반에서 터널 굴착 중 지반보강이 불충분한 경우 전방 상부 지반이 지하수위 감소와 함께 지지력을 잃게 되는 순간 지상까지 붕괴되어 지반붕괴가 발생된다. 대규모의 지반함몰은 터널굴착 중 상부지반이 서서히 침하되고 지중에 있던 상하수관이 파손되어 누수가 중첩되면서 발생하는 경우가 많다. 발생형태가 자연적 싱크홀과 유사하여 인위적 싱크홀로 불리기도 한다. ② 상하수관로 손상 등으로 인한 붕괴로서 상하수도 연결부가 노후화 또는 지반 침하와 같은 외적 요인으로 파손되어 누수가 되는 경우 토사가 물과 함께 빠져나가면서 생긴 물길이 점점 큰 동공으로 확대되어 지반붕괴가 발생한다. 국내의 경우 상하수도 등 지하 시설물의 누수로 인한 도로 함몰 빈도가 가장 높다. ③ 굴착공사 흙막이 배면의 토사유실로 인한 붕괴로서 지하수위가 높은 토사지반을 굴착하는 경우 흙막이 벽체를 따라 지하수 및 토사가 유출됨으로서 배면 지반에 동공이 커지면서 지반붕괴가 발생한다. 지하구조물 설치를 위한 지반 굴착 시 주로 발생한다.

**Sink Node 싱크 노드** 센서노드(Sensor Node)에서 감지된 센싱(sensing) 정보를 취합하거나, 이벤트성 데이터를 센서 네트워크 외부로 연계하고 관련 센서 네트워크를 관리하는 시스템으로서, 베이스 노드라고 불리기도 한다.

**Sinusoidal Equal Area Projection 시뉴소이드 등적 투영** 이 투영에 의한 지도는 중앙 자오선과 직각으로 만나는 평행선을 가진다. 다른 자오선은 사인 곡선이다. 축척은 오직 중앙 자오선과 평행선에서만 1이다. 동-서 보다 남-북이 큰 국가들이 많이 사용된다.

**Siphon 사이펀** 관의 일부가 동수경사선 위에 있어도 일부 수압이 대기압보다 작은 부(-)압을 받아 물이 자동유하로서 흐르는 관수로를 말한다.

**Sir francis Drake 프랜시스 드레이크 경** 세계에서 두 번째, 영국에서는 첫 번째로 세계 일주에 성공한 모험가, 제독 국가 공인 해적, 군인 신실한 프로테스탄트인 철두철미하며, 해적이면서도 대학살과 고문, 강간을 목적으로 하지 않으며 인간적인 모습의 사람으로 알려졌다. 17세기 카리브 해적들의 표본이다.

**SIRDS(Single Image Random Dots Stereogram) 3차원 단일 이미지식 불규칙 점묘 방식** [영상] 반복되는 무늬 패턴을 이용해 하나의 이미지 안에 3D이미지를 숨겨 놓은 것을 말한다. 예) 매직아이.

**Siri 시리** 감정이 담긴 인공지능 기술. 시리는 사용자의 언어를 받아들여 문맥을 이해하고 사용자가 원하는 검색 결과나 기능을 실행해 주는 서비스이다. 사람의 말을 직접 듣는다는 점이 시리의 핵심이다. 시리가 사용자의 말을 분석하는 과정은 애플 서버를 이용한다. 사용자가 시리와 대화할 때마다 사용자가 말한 문장이 애플 서버에 데이터로 쌓인다는 뜻이다.

**SIS(Simple Image Service) 단순 이미지 서비스** 네오엠텔에서 개발한 동영상 이미지 포맷이다. SIS Image는 모바일용으로 최적화되어 PC에 비해 느린 모바일 단말기에서도 빠른 속도의 애니메이션이 가능하다. 또한 GIF에 비해 용량이 작은 편이며 내부적으로 Layer 개념을 응용하여 보다 작은 크기의 이미지를 생성할 수 있다.

**SIS(Spatial Information System) 공간 정보 체계** 지구 표면의 위치에 관계된 공간적, 시간적 위상 관계를 고려하여, 자료를 획득·저장·검사·통합·조작·분석·디스플레이 및 처리·해석을 하기 위한 컴퓨터 체계. 일반적으로 지리 정보 체계(또는 공간 정보 체계)는 한 종류의 지도 또는 다른 지도를 다루는 데 이용된다. 이것들은 각 층(Layer)이 특정 종류의 지형물에 대한 자료를 보유한 곳의 몇 개의 다른 층으로 나타난다. 각 지형물은 지도의 그래픽 영상 위의 위치에 연결된다. 자료층들은 조사되고 공간 분석을 위해 조직화된다. 이용은 주로 도시계획·지방권·공공 시설물 관리·환경·자원 관리·공학·사업·영업권 분포에 관련된 정보이다.

**SIS(Strategic Information System) 전략 정보 체계** 정보 기술과 경쟁 전략을 결합시켜 정보 자원을 전략적으로 활용함으로써 기업의 경쟁 우위를 확보하고 부가 가치를 높이기 위한 체계이다.

**Site 위치** 좌표를 결정하기 위하여 설치한 수신기의 위치이다.

**Site Drawing 시공도** 시공에 사용되는 도면으로서, 현장에서의 배관이나 기기의 배치를 명확히 나타낸 것을 말한다.

**Site Suitability Analysis 적지 분석** 토지이용계획이나 시설물 계획 시 어느 곳이 가장 좋고 나쁜지를 구분하기 위한 중첩이나 버퍼 등의 여러 가지 작업으로, 생태학적 분석에서는 민감도 분석이라고도 한다.

**Situation Location 상호 위치 관계** 사진 판독 : 어떤 사진상이 주위의 사진상과 어떤 관계가 있는가를 파악하는 것으로 사진상은 주위의 사진상과 연관되어 성립되는 것이 보통이다.

**Sixth Sense 식스 센스** MIT미디어 랩에서 2009년 말에 TED (Technology, Entertainment·Design) 미팅에서 식스센스(SixthSense)라는 증강현실 기술을 발표했다. 카메라, 프로젝터와 거울, 손가락을 이용해 인터페이스를 구성한 이 기술은 손가락을 허공에 대고 사각형으로 만들기만 하면 카메라 없이도 사진을 찍을 수 있고, 프로젝터가 손바닥에 비춰주는 숫자 버튼을 누르기만 하면 휴대전화 없이 전화를 걸 수 있다.

**Size 크기** ① 기호의 크기와 선의 두께는 양적인 차이를 표현한다. 물리적 차이는 심리적 느낌과 일치하지 않는다. ② 사진 판독 : 피사체가 갖는 입체적, 평면적인 넓이와 길이를 뜻하며, 사진 상에 나타나는 촬영이 갖는 가장 기본적인 요소가 된다.

**Skeleton of Control Surveying 기준점 측량, 골조 측량** 광대한 지역을 측량하여 요구된 정확도를 갖도록 하려면 측량 구역 전체가 포함되도록 일정한 밀도로 측점을 설치하여 정밀하게 측량하는 것을 골조 측량 또는 기준점 측량이라 한다.

**Skeleton Surveying 골조 측량(骨組測量)** 세부측량의 기준이 되는 기준점의 위치 결정을 위한 측량으로 세부측량보다 높은 정확도로 실시되어야 한다. 트래버스측량, 삼각측량 등을 이용하여 실시되며, 기준점측량이라고도 한다.

**Sketch Method 약도식** 약도를 그려가지고 골격과 지거를 측정하여 기입하는 방법으로 측량 구역이 좁고 기입 사항이 적을 때 적합하다.

**Sketchmaster 도화기(圖化機)** 반 투명경을 이용하여 항공사진과 지도의 상을 중복시켜 관찰하고 도화 또는 수정을 할 수 있는 기계를 말한다.

**Skew 비뚤어짐** 실제 형태나 대칭 형태로부터의 왜곡. 이 용어는 지구의 자전이나 그것의 경로를 따라가는 위성의 이동에 기인하는 수치 영상의 왜곡을 명명하기 위해 원격탐사에서 자주 사용된다.

**Skewness 왜도(歪度)** 자료값 분포의 비대칭성 척도. 확률분포의 비대칭성을 나타내는 지표이다. 왜도의 값은 양수나 음수가 될 수 있으며 정의되지 않을 수도 있다. 왜도가 음수일 경우에는 확률밀도함수의 왼쪽 부분에 긴 꼬리를 가지며 중앙값을 포함한 자료가 오른쪽에 더 많이 분포해 있다. 왜도가 양수일 때는 확률밀도함수의 오른쪽 부분에 긴 꼬리를 가지며 자료가 왼쪽에 더 많이 분포해 있다는 것을 나타낸다. 평균과 중앙값이 같으면 왜도는 0이 된다. 정규분포는 대칭이므로 왜도가 없다.

**Ski Area 스키장** 스키를 타는 장소를 말한다.

**Ski Jump 스키점프장** 스키 점프에 이용되는 경사로를 말한다.

**Skin 스킨** 블로그 디자인. 게임 등장인물들과 관계되어, 이것들에게 특별한 텍스쳐 또는 '모습'을 주기위하여 사용되는 그래픽 파일을 말한다.

**Skydio 스카이디오 드론** [드론] 지능형 드론으로서, 미국 캘리포니아주 멘로 파크에 위치한 Skydio가 장애물 회피 기능이 있는 지능형 드론을 출시하였다. Skydio의 지능형 드론은 컴퓨터 비전 기술과 함께 모션 플래닝 알고리즘을 적용해 주위 사물을 인식하고 장애물을 회피할 수 있다. 예를 들어, 비행경로에 사람이 있거나 나무가 있으면, 이를 인식하고 방향을 선회해 비행이 가능. 아울러 드론 조정도 스마트폰을 손에 든 상태에서 손을 상하좌우로 움직이면 드론이 방향에 따라 움직이는 등 직관적인 조정이 가능한 것도 특징이다. 한편, Intel은 CES 2015에서 자사의 3D 비전 기술인 RealSense 기술을 적용한 장애물 회피 기능이 있는 드론을 공개하였다. 해당 드론은 6개의 3D 카메라를 탑재해 주위 환경을 3D로 인식하며, 사람이 접근할 경우 뒤로 물러서는 등 장애물 인식 및 회피가 가능하다.

**Skylight 천공관** 태양광이 대기에 의하여 산란되어 방사원으로서 역할을 하는 것을 말한다.

**Skyplot 스카이플롯** GPS 위성으로부터 수신된 위성 궤도의 대략적인 위치를 알 수 있게 하는 알마낙(almanac, 궤도력) 자료를 이용하여 위성의 위치를 도시한 것이다.

**Slack 확폭(擴幅)** 자동차가 곡선구간을 주행할 때에 뒷바퀴는 앞바퀴보다 곡선의 내측에 편기되어 통과하므로 차선폭을 $\epsilon$만큼 증가시킬 필요가 있다. 확폭은 차선의 내측에 두는 것이 원칙이며, 크기 다음과 같다. 즉,

$$\epsilon = \mathrm{R} - \sqrt{\mathrm{R}^2 - \mathrm{L}^2} \approx \frac{\mathrm{L}^2}{2\mathrm{R}}.$$

여기서, $\epsilon$는 확폭량, L은 차량의 전면에서 뒷바퀴까지의 거리, R은 곡선반경이다.

**Slaking 비화작용** 점착성이 있는 흙은 물속에 담글 때 고체→반고체→소성→액성의 단계를 거치지 않고 물을 흡착함과 동시에 입자간의 결합력이 약해져 바로 액성 상태로 되어 붕괴되는 현상이다. 비화작용이 생기면 전단강도가 감소한다.

**Slant Range 경사 거리** 안테나와 목표물의 객체 사이에 가상의 직선으로 측정된 거리를 말한다.

**Slant Range Distance 경사 방향 거리** 경사 거리(slant range)를 따라서 측정된 거리를 말한다.

**Slant Range Image 경사 거리 영상** 객체들이 항공기의 경로로부터의 경사 거리와 동일한 좌표에 위치하는 영상을 말한다. 경사 거리 영상에서 관측 방향(Range Direction)의 스케일은 근접한 거리의 지역일수록 축소된다.

**SLAR(Side Looking Airborne Radar) 측방 감시 항공 레이다** 측방 감시 항공 레이다(SLAR)는 실개구 레이더(RAR : Real Aperture Radar)와 합성개구 레이더(SAR : Synthetic Aperture Radar)가 있다. SLAR는 비행체의 밑면에 고정되어 있어 레이다 신호를 Transmit와 수신하기 위해 옆면을 바라본다.

**Slate 슬레이트** 판자처럼 얇고 키보드가 없는 컴퓨터를 말한다.

**Slave Station 종극** 전파 거리 측량 시 주극의 신호를 수신하여 다시 주극으로 송신하는 무선국을 말한다.

**SLF(Scalability Logger Format) 확장형 로거 양식** 초창기 미국방성 지도국의 데이터 형식을 말한다.

**Slickenside 단층 마찰면, 단층 활면** 단층운동에 의해 단층면 양측의 암석면에 생긴 마찰면을 단층 마찰면 또는 단층활면이라고 한다. 단층이 여러 번 운동을 했을 때의 마찰에 의해 연마되어 매끈매끈하고 광택을 가진 면이 형성되고, 홈 상태의 단층조선(striation)이 발달하기도 한다.

**SLIP(Serial Line Internet Protocol) 직렬회선 인터넷 통신** 규약 전화선이나 RS-232 케이블을 사용하는 직렬 통신 회선을 통해 정보 제공 서비스를 인터넷으로 전달하기 위해 사용되는 통신 규약을 말한다.

**Slit 슬릿** 주사 광점의 현상을 결정하기 위해 사용된다.

**Sliver 슬리버, 중복부** 실제로 존재하지 않는 지리사상이 데이터 캡처나 중첩 시의 오류에 의해 작고 좁은 폴리곤 형태로 생겨난 것을 말한다.

**Sliver Polygons 중복부 다각형** 경계가 완전하게 일치되지 않은 2개의 벡터 그래픽 파일을 중첩하는 과정에서 생긴 오차 다각형으로, 중복부 다각형은 원자료 파일에서 다각형의 경계가 잘못된 경우에 생긴다. 많은 GIS는 이 문제를 해결하기 위해서 Epsilon Banding으로 알려진 기법을 사용하는 알고리즘을 이용한다. Spurious Polygon을 참조.

**Slivers 중복부** Sliver Polygons를 참조.

**Slope 경사(傾斜)** ① 경사는 수평면을 기준으로 구조면이 기울어진 정도를 각도로 나타낸다. 수평면일 경우 경사는 0°이고 수직면일 경우 경사는 90°이다. 경사방향은 주향과 수직이다. ② z값(예 : 높이)의 변동을 이동거리(예 : 길이)로 나눈 것을 통계학적 표면의 경사라고 한다. ③ 기울어진 정도, 즉 기울기를 일컫는다. 다만, 경사가 기울어진 면을 가리킬 때는 경사면, 곧 빗면을 뜻한다. 지리학에서 지층면과 수평면의 서로 빗나간 정도이다.

**Slope Map 경사 지도** 분석(즉, 퍼센트 경사로서 각 셀의 경사구배를 계산하는 것)을 위해 사용되는 지형적 고도와 정보를 묘사하는 지도를 말한다. Clinometric Map을 참조.

**Slope of High Water Surface 고수 경사(高水경사), 고수 구배(高水句配)** 하천의 수위 중에서 매년 반드시 1~2회 발생할 정도의 높은 수위를 고수위라 하며, 고수위의 수면경사를 고수경사라 한다.

**Slope of Low Water Surface 저수경사(低水경사), 저수구배(低水句配)** 하천의 수위 중에서 1년 중 275일간은 이보다 내려가지 않는 수위를 저수위라 하며, 저수위일 때의 수면경사를 말한다.

**Slope of Mean Water Surface 평균경사** 하천의 수면경사 중 평균수위(평균수면)에 의해서 구한 수면경사를 말한다.

**Slope of River Bed 하상경사(河床경사)** 하저경사라고도 하며, 하천에 있어서 하저의 최심부를 연결하는 선을 뜻하는 것이나, 하천의 최심부는 반드시 그 중심선과 일치하지 않고, 그 위치를 찾아내기도 어려운 일이므로, 보통은 횡단측량의 결과에서 얻은 최심부의 종단도에서 구한다. 하저경사의 크기는 수평거리에 대한 고저차의 비로 나타낸다.

**Slope of River Surface 수면경사, 수면구배** 하천 또는 수로에서의 수면의 경사를 말하는 것이며, 같은 시간에 측정한 많은 수위표에 의한 수위차와 수위표 사이의 거리에 의해서 구한다. 수면경사는 수위에 따라 고수경사, 저수경사, 평균경사 등으로 구분한다.

**Slope Orientation Effects** 경사 방향에 따라 받는 열이 차이가 있다. 남향이 북향 경사에 비해 더 많은 열을 받는다.

**Slot 슬롯** 확장용 접속 단자, 주변장치의 접속에 사용한다.

**Slotted Templet 슬로티드 템플릿** 항공 사진상의 사선방향을 두꺼운 종이에 밑홈(groove)을 잘라 표시한 것으로, 슬로티드 템플릿 법으로서 사진 대용으로 사용되는 것을 말한다.

**Slotted Templet Method 유공템플리트법** 슬로티드 템플릿을 사용하여 사선법을 기계적, 도해적으로 향하는 방법을 말한다.

**Slow City 슬로 시티, 참살이 지역** 느림의 철학을 바탕으로 자연 생태 환경과 전통문화를 지키는 지역민 중심의 공동체를 이르는 말로서, 국립국어원은 slow city의 우리말로 '참살이 지역'을 선정하였다. 1999년 이탈리아 그레베 인 키안티(Greve in Chianti)의 파올로 사투르니니(Paolo Saturnini) 전 시장 등이 모여 '치따슬로(cittaslow)', 즉 슬로시티(slow city)운동을 출범시켰다. 이 운동은 슬로푸드 먹기와 느리게 살기(slow movement)로부터 시작된 것이다. 빠름과 느림, 농촌과 도시, 로컬과 글로벌, 아날로그와 디지털 간의 조화로운 삶의 리듬을 지키는 것으로 달콤한 인생과 정보 시대의 역동성을 조화시키고 중도를 찾기 위한 처방이다. 인구가 5만 명 이하이고, 도시와 환경을 고려한 정책이 실시되고 있으며 전통문화와 음식을 보존하려 노력하는 등 일정 조건을 갖춰야 슬로시티로 가입할 수 있다.

**SLR(Satellite Laser Ranging) 인공위성 레이저 추적시스템, 위성레이저 거리측정** 레이저를 이용하여 위성까지 거리를 측정하는 가장 정밀한 인공위성 추적 시스템이다. SLR 시스템의 원리는 극초단파의 레이저 빔을 광학 망원경을 통해 발사하여 인공위성에 장착된 레이저 반사경에 의해 반사되어 되돌아오는 레이저 빔의 왕복 비행시간(Time of Flight, TOF)을 측정함으로써 거리를 구한다. 1964년 발사된 Beacon Explorer-B 위성의 궤도결정을 위해 SLR 기술이 NASA에 의해 처음 사용되었는데, 당시에는 거리측정 오차가 50m 수준이었다. 현재는 전자, 광학 및 제어 기술의 발달에 힘입어 그 오차가 mm 수준으로 크게 향상되어 인공위성 운영, 지구물리, 우주측지 및 우주감시 등 다양한 분야에 활용되고 있다.

SLR 시스템은 레이저의 고유성 및 안정성, 발진기의 내구성에 따라 거리측정 정밀도에 큰 영향을 미친다. 레이저의 주요 파라미터는 레이저의 종류, 레이저의 주/부 파장 및 에너지, 펄스 폭, 반복률, 증폭단 수, 레이저빔 지름이 있다. 일반적으로 SLR 시스템은 수십에서 수백 ps정도로 펄스폭이 매우 짧으며 펄스당 에너지가 큰 레이저를 사용한다. 레이저의 펄스폭이 100ps인 경우 인공위성의 거리측정 정밀도는 약 6mm를 지닌다. 그러나 일정 시간 동안의 데이터를 취합하여 통계적인 계산을 수행하면 더욱 정밀한 거리측정 데이터를 얻을 수 있다. 최근에는 레이저 반복률을 2KHz까지 크게 함으로써 레이저 펄스당 수신되는 광자의 수는 적으나 상대적으로 초당 검출되는 광자 수를 증가시켜 저궤도 위성에 대해 보다 정밀한 거리측정을 수행하고 있다.

현재 전 세계적으로 약 40여 개의 SLR 관측소가 국제레이저추적기구(ILRS, International Laser Ranging Service)에 가입하여 활동하고 있으며, 인공위성의 정밀한 거리측정을 위해 레이저 반사경이 장착된 위성 50여 개가 운영 중에 있다. 고정밀 지구관측 위성 대부분에 레이저 반사경이 장착돼 있으며 러시아의 GLONASS 항법체계를 구성하는 모든 항법위성에도 레이저 반사경이 장착돼 있다. 유럽우주기구에서 추진하는 갈릴레오 및 중국의 Compass 항법위성도 레이저 반사경이 장착될 예정이다. 최근에는 행성탐사 및 달탐사 우주선에 SLR 시스템의 활용 범위가 확대됨에 따라 SLR 시스템의 국제적 수요가 꾸준히 증가하고 있다. 우리나라의 나로과학위성 및 다목적실용위성 5호에도 레이저 반사경이 장착돼 발사되고 있으며, 한국천문연구원은 2012년 40cm 크기의 망원경을 지닌 이동형 SLR 시스템 개발을 완료했으며, 2015년 1m급 고정형 SLR 시스템 개발을 완료했다.

**SLR(Single Lens Reflex) 일안 반사식** [카메라] "일안 리플렉스"라고도 한다. 렌즈와 필름 사이에 움직이는 거울을 사용하여 화상을 매트 초점 스크린에 투사하는 카메라를 말한다. 대부분 렌즈를 통화한 화상이 뷰 파인더에 맺히도록 한다.

**Sludge 슬러지** ① 하수처리장, 정수장, 공장 폐수처리시설 등에서 발생하는 액체상태 부유물질의 총칭으로서, 하수 슬러지는 좁은 의미로 1차 슬러지, 잉여슬러지, 반송슬러지, 농축슬러지 및 소화슬러지 등이라 하고 넓은 의미로는 침사, 스크린 협잡물 및 스컴도 포함한다. ② 수중의 부유고형물(SS)이 중력, 생물, 응집제 등의 작용에 의해 침전 및 퇴적하여 진흙 모양으로 된 것을 말한다. ③ 하수 또는 폐수처리 과정에서 액체로부터 분리되어 축적된 고형물을 말한다. ④ 하천 등 기타 물에서 밑바닥에 침전된 고형물의 덩어리를 말한다.

**Sluice Valve 제수변** 관이 파열 및 누수방지와 접속공사를 위해 관로의 일부를 필요에 따라 개폐하여 관의 물 흐름을 조정하는 밸브이며, 관의 기점, 교차점, 분기점과 직선 관에 적당한 간격으로 설치한다. 일반제수변과 구역제수면, 수압(조절)제수변 등이 있으며, 급수장치의 수량조절시에는 '지수전'이라고 한다. Gate Valve, Regulating Valve라고도 한다.

**Small Area Surveying 소지 측량(小地 測量)** 지구곡률을 고려하지 않은 측량으로서, 1/1,000,000 정밀도에서 반경 11km이내의 지역을 평면으로 취급하여 평면측량(Plane Surveying)이라고도 한다.

**Small Circle 소원** 지구의 대원 그 밖의 평면과 지표면의 교선을 말한다.

**Small Scale 소축척** 작은 지면에 큰 지역을 표시한 지도를 말한다. 소축척 지도와 같이 축소의 정도가 큰 경우에는 지구상에 있는 대개의 선상물체나 기타 작은 사물을 충실하게 축소하게 되면 눈에 보이지 않게 되어버리기 때문에 지도상에 표시하기 위해서는 특히 확대, 과장하던가 또는 특별한 기호화가 필요하게 된다. 소축척 지도에서는 현실의 모양을 선택적으로 또한 단순화하여 표시해야 한다.

**Small Scale Map 소축척 지도** 작은 지면에 큰 지역을 표시한 지도를 말한다. 소축척 지도와 같이 축소의 정도가 특히 큰 경우에는 지구상에 있는 대개의 선상 물체나 기타 작은 사물을 충실하게 축소하게 되면 눈에 보이지 않게 된다. 따라서 지도상에 표시하기 위해서는 특히 확대 과장하던가 특별한 기호화가 필요하게 된다. 소축척 지도나 대축척 지도는 상대적 개념이나 대축척 지도는 1 : 500, 1 : 1,000, 1 : 2,500과 같은 좁은 지역을 자세히 나타낸 지도이다. 이에 비해 소축척 지도는 1 : 50,000, 1 : 100,000등 넓은 지역을 좁은 도면에 나타낸 것을 말한다.

**Small Scale Plotting 소축척 도화(小縮尺圖化)** 고고도촬영(촬영고도 3,000m 이상)에 의하여 얻어진 사진을 도화한 것을 말한다.

**Small Triangulation Point 소 삼각점** 도근측량의 기초가 되는 삼각점으로, 대삼각측량을 기초로 하여 결정되어진다. 소삼각 1등점은 대삼각보점에 의하여 실시된 삼각측량이며 삼각형의 평균변장이 약 5km이고 현행 지적법의 지적삼각점의 규모와 같다. 소삼각 2등점은 대삼각보점이나 소삼각 1등점에 의하여 실시된 삼각측량이며 삼각형의 평균변장이 약 2.5km 이고 현행 지적법의 지적삼각보조점의 규모와 같다.

**Smallworld GIS 스몰월드 지아이에스** 영국 캠브리지의 스몰월드사가 개발한 객체 지향형 GIS 소프트웨어이다. 스몰 월드사는 1988년에 설립되어 이 분야에서는 비교적 알려지지 않은 회사지만 객체 지향 기술의 활용으로 GIS 특유의 문제와 처리를 간편히 실현하는 제품을 개발해낸 기업으로, 현재에는 GIS 소프트웨어의 주요 공급업체로서 전 세계에 알려져 있다. GIS 고유의 문제를 해결하기 위해 개발된 스몰 월드사의 제품은 객체 지향 언어인 Magic이라는 CASE Tool의 내장으로 빠른 개발 속도를 유지할 수 있고, 자료 모델링, 해석, View 기능을 제공한다.

**Small-World Network 작은 세계 네트워크** 작은 세계 네트워크란 수많은 구성원들이 있지만 불과 몇 명만 거치면 다른 구성원과 연결이 가능한 관계 구조를 지칭하는 말로 사람은 많아도 관계의 거리는 가까운 작은 세상을 의미한다.

**Smart 스마트** 소프트웨어나 하드웨어에 관하여 말할 때 정보처리 능력을 가지고 있다는 것을 나타내는 용어. 특히 지금까지는 기대할 수 없었던 정도의 정보 처리 능력을 가지고 있다는 의미를 나타낸다. 지능화된 또는 지능형(intelligent)이라는 용어와 같은 의미이다.

**Smart Address 스마트 주소** 영어나 숫자로 돼 있는 사이트나 전화번호를 "자국어.자국어"(예 : '구미서관.한국') 주소로 통일한 주소체계를 말한다. 인터넷 주소창에서 입력하므로 포털 검색창에 치는 키워드 입력과는 다르다. 한편, 스마트폰 연락처에 114 전화번호부가 검색되어 있으므로 개인이 일일이 번호를 입력하지 않아도 된다.

**Smart Answer 스마트 앤서** 스마트 앤서는 다음이 보유한 전문 DB를 기반으로 이용자들의 질의어를 분석, 해당 답변을 추출해 원클릭으로 제공한다. 검색 결과를 한 번에 확인할 수 없고, 지식 · 블로그 등 다른 창을 열어야 하는 내용들을 최상단에 원하는 일목요연하게 정리해 제시해 준다는 게 특징이다.

**Smart Book 스마트북** 스마트북은 이름에서 알 수 있듯이 스마트폰과 넷북을 잇는 기능을 가진 제품이다. 스마트폰처럼 이동통신망과 무선 랜(Wi-Pi)을 이용한 웹 접속과 위성추적시스템(GPS)을 통한 위치기반서비스에 활용될 수  있다. 리눅스 등 모바일 운용체계(OS)에서 구동되는 스마트북은 신속한 전원공급이 가능하며 단일 배터리로 8~9시간을 이용할 수 있다.

**Smart Card 스마트 카드** 신용카드나 현금카드는 플라스틱에 마그네틱을 부착하는데 스마트 카드에는 플라스틱에 집적회로(IC) 칩을 넣는다. 마그네틱 카드보다 100배 이상 정보를 저장할 수 있는데다 칩 성격에 따라 양방향 통신과 정보보호 기능도 가능하다.

**Smart City 스마트 도시** 어디서나 인터넷 접속이 가능하고 영상회의 등 첨단 IT기술을 자유롭게 사용할 수 있는 미래형 첨단도시이다. 유시티라고도 불리며 유비쿼터스 기술을 이용하여 도시 내 모든 시설들이 지능화시키고 통신하면서 다양한 유비쿼터스 서비스를 제공하는 도시의 개념이다.

**Smart Clothes 스마트 의류** 여러 첨단 기능으로 주인을 즐겁게 하거나 생활을 편리하게 하는 옷이다.

**Smart Disaster Management 스마트 재난관리** 스마트폰, 태블릿 PC 등 최신 ICT 기반으로 재난관리 전 과정(예방, 대비, 대응, 복구) 업무 처리 및 대국민 재난정보 서비스가 가능한 체계를 말한다.

**Smart Dust 스마트 더스트** 스마트 더스트는 초소형 센서 장치다. 사방 1$mm^3$ 또는 더 작은 크기의 실리콘 모트(Silicon Mote · 티끌) 안에 자율적인 센싱(Autonomous Sensing)과 통신 플랫폼(Communication Platforms)을 갖춘 컴퓨팅 시스템이다. 칩 하나에 시스템이 담긴 시스템 온 칩(System on Chip · SoC)의 일종. 시각을 달리하면 극소형 로봇인 '밀리(mm) 봇(Bot)' 또는 유틸리티 포그(Utility Fog)와 같은 '나노(nm · 10억분의 1m) 봇(bot)'으로도 진화할 수 있다. 그만큼 기술이 한창 개발 중이고 발전 가능성과 쓰임새도 무궁무진하다. 최근에는 USN(Ubiquitous Sensor Network · 유비쿼터스 센서 네트워크)의 핵심 기술로 각광받고 있다.

**Smart Energy System 스마트 에너지 시스템** 한전KDN과 ETRI · IBM이 공동으로 연구개발한 다국적 프로젝트이다. 2.4GHz 기반의 지그비 방식으로 구선된 원격검침인프라(AMI) 시스템이 적용됐다.

**Smart Grid 스마트 그리드** ICT가 융합된 '스마트 그리드'는 전력 생산에서부터 소비에 이르는 전 과정의 효율화를 목표로 하는 기술이다. 기존 전력망은 화력, 원자력 등 중앙집중형 발전으로 전력을 생산하여 소비자에게 단순 전달하는 방식으로 장비고장과 정전사고에 취약한 구조이다. 특히, 공급자중심의 폐쇄적인 운영으로 급증하는 피크타임 수요에 탄력적으로 대응이 어려워 대규모 예비 전력시설이 필요하는 등 비효율적이라 할 수 있다. 이러한 전력망에 유·무선 통신, 제어, 센서 등 ICT 기술이 접목되는 스마트그리드를 통해 공급자와 소비자가 양방향으로 실시간 전력정보를 교환함으로써 전력공급 및 수요 시스템 혁신이 가능해지고 있다. "스마트 그리드"는 전력의 생산 유통 소비에 이르는 모든 과정을 개방하여 소비자가 실시간으로 반응·협력함으로써 양방향 통신을 통해 운영 효율을 최적화하는 미래 전력시스템이라고 할 수 있다. 스마트그리드를 구성하는 핵심 요소로는 생산측면에서 태양열/풍력 등의 신재생 에너지, 송배전 전력망고도화, 에너지저장시스템(ESS), 전기차 및 충전소, 소비측면에서 스마트미터인프라(AMI)와 피크타임 수요반응(DR)및 에너지관리시스템(EMS) 등이 있다. 스마트그리드가 되면 화력, 원자력이 전체의 절반이상을 차지하는 중앙집중형 전력생산 방식이 태양광, 풍력, 지열 등 신재생 에너지나 지역 복합발전 등의 분산 생산방식으로 변화하게 된다. 태양광, 풍력과 같은 신재생 에너지의 활용은 탄소배출량 감소 측면에서 주요한 에너지원으로 주목받고 있지만, 기존의 전력시스템과는 달리 중앙 집중된 통제는 불가능하고 시간대나 날씨에 따라 발전량이 불규칙하여 조정이나 예측이 어렵다는 문제가 있다. 고도화된 제어기술과 통신기술을 통해 현존하는 전력 네트워크를 기반으로 발전량이 항상 일정하지 않은 풍력, 태양광 등 재생에너지원의 발전을 효율적으로 통합·활용하여 안정적으로 분산 및 이동시킴으로써 전력계통 운영의 안정성을 향상시킬 수 있다. 또한, 전력망에 센서기술, 통신 인프라, 정보기술을 접목하여 전력망 운영자가 송전망에 대해 디지털 제어를 함으로써 배전관리, 전력누수 탐지, 자산관리, 부하관리, 전력망 안정화 등에서 운영효율성을 기대할 수 있다. 한편, 스마트그리드의 핵심은 피크수요 감축에 의한 에너지 소비 효율화이다. 스마트그리드에서는 시간대에 따른 적절한 가격정보를 제공하고 피크시간에 소비자 스스로 실시간으로 전력 사용량을 파악하여 전기 사용량을 줄이거나 사용 시간대를 옮기도록 유도하여 피크타임 수요를 감축할 수 있다. 전력 공급자와 소비자간 양방향 전력거래 시스템을 통해 소비자는 전기를 자율적, 경제적으로 사용함으로써 전기 요금절감 효과와 함께 에너지절약에도 동참할 수 있게 된다. 홈, 건물, 공장 등의 에너지 관리 시스템(EMS)을 통해 전력소비를 효율화하고 이는 온실가스 감축 효과를 가져와 환경문제 해결에도 기여할 것으로 기대된다.

**Smart Home 스마트홈** 스마트홈이란 컴퓨터로 모든 것이 자동화 처리되는 집을 말한다. 집에 들어가기 전에 휴대폰으로 집에 전화를 걸면 보일러가 가동되는 광고를 본 적이 있을 것이다. 이처럼 집에서 떨어진 상태에서도 휴대폰으로 제어가 가능한 집이 스마트홈이다.

**Smart Hyway 스마트 하이웨이** 첨단 도로기술, 정보통신기술, 차세대 자동차 기술이 상호 융합된 미래 지능형 고속도로(ITS)를 말한다.

**Smart Learning 스마트 러닝** 아이폰(iPhone) 출시 전만 하더라도 PDA나 노트북, 타블렛 PC, 핸드폰과 같은 모바일기기로 이루어지는 교육이 '모바일 러닝(Mobile Learning)' 또는 'm-러닝', '엠러닝(m-Learning)' 등으로 일컬어지더니, '스마트폰(SmartPhone)'의 선두주자인 아이폰 출시 이후 '스마트(Smart)'라는 신조어의 사용이 두드러지게 사용되고 있다. 스마트 러닝은 아무래도 '스마트폰을 활용한 학습', 즉 여러 모바일기기를 활용하는 'm-Learning'과 달리 '스마트폰' 기기를 활용한 학습만을 지칭하는 의미가 강하다. 또한 한편으로는 '지능형 단말기'라는 의미의 '스마트폰'의 경우와 같이, '언제(Anytime)', '어디서나(Anywhere)' 맥락적·상호작용적 학습이 가능한 '스마트한(신선하고 발전적인) 학습', 더 나아가 유비쿼터스(Ubiquitous) 환경에서 가능한 유러닝(u-Learning)을 떠올리게도 하는 일거양득의 용어이다.

**Smart Learning Service 스마트 러닝 서비스** ICT 기술을 기반으로 스스로 학습할 수 있는 콘텐츠와 각종 서비스를 휴대용 단말기를 통해 제공하는 것을 말한다.

**Smart Meter 스마트 미터** 공동 주택 등에 설치한 전력량계 값을 검침해 전력 공급자와 소비자 모두에게 알려주는 원격 전력 검침·관리장치이다. 가정 내 전자제품의 전력 사용을 자동으로 최적화하는 기능까지 갖춰 에너지 이용 효율을 높이는 데 쓰인다.

**Smart Mobs 스마트몹** 미국의 미래학자 하워드 라인골드가 2002년 10월 출간한 (스마트몹)을 통해 처음 내놓은 개념이다. 첨단 디지털 기기를 갖추고 통신과 네트워크를 활용해 정치·경제·사회문화 등 여러 영역에 영향력을 행사하는 군중을 의미한다.

**Smart Payment 스마트 결제** 스마트 결제 서비스는 기존의 결제, 신용카드, T캐시, 멤버십, 쿠폰, 각종 포인트 등 독립적으로 제공하던 서비스를 휴대폰에서 통합 관리, 고객이 다양한 결제 수단을 결제 시점에 선택할 수 있는 서비스이다. 이용자는 휴대폰 하나로 결제뿐만 아니라 포인트 적립 및 쿠폰 적립/할인, 이벤트 참여, 영수증 및 거래내역 현황 파악까지 한 번에 통합이 가능해 결제가 편리해진다. 각종 쿠폰과 멤버십, 포인트 등의 관리도 쉬워진다. 가맹점은 SK텔레콤 광고 플랫폼을 이용해 고객을 유치하고 매출을 증대시킬 수 있으며 카드사는 소액결제 증가와 함께 카드 제작, 전달, 교체 비용을 절감할 수 있다.

**Smart Phone 스마트폰** Smartphone을 참조.

**Smart Product 스마트 프로덕트** 기존 스마트디바이스(TV, 휴대폰 등)에 애플리케이션(앱)을 합쳐 만든 새로운 스마트기기로 SNS와 연계하는 게 특징이다.

**Smart Shopp 스마트 쇼퍼** 인터넷 쇼핑에서 이동 중에 모바일로 쇼핑 또는 물건/상품을 구매하는 데 익숙한 사용자를 말한다.

**Smart Show Window 스마트 쇼윈도** 3D 기술을 활용한 부스다. 특정 부스 안에서 3D 입체 영상이 구현되기 때문에 보다 공간감 있고 입체적인 체험을 할 수 있다. 부스 내부에 터치스크린이 있는데 화면 내부에는 TV가 있고, 외부에는 특수필름이 있어 쇼윈도 내·외부에서 2가지 영상이 동시에 입체적으로 새로운 영상을 구현한다. 투사율이나 영상의 종류에 따라 다양한 입체를 구현할 수 있으며, 부스 내 화면 외부에도 영상을 구현할 수 있어 영상이 화면에서 외부로 쏟아져 나오는 느낌을 구현할 수도 있다.

**Smart SIM Card 스마트 심 카드** 스마트 심이란 고성능 프로세서(ARM9)와 대용량 메모리(1GB)를 탑재한 SIM 카드이다. 휴대폰에서만 실행할 수 있었던 다양한 응용프로그램(애플리케이션)을 심 카드에 탑재하고 실행할 수 있도록 만들었다. 이용자들은 휴대폰을 교체하더라도 스마트 심에 저장된 애플리케이션을 실행할 수 있다. 스마트 심은 1GB의 메모리를 가진 것이 특징이다. 기존 유심(USIM)의 7000배 수준으로 기존 USIM 용량이 주소록 500개, SMS 20개 정보만 저장이 가능했던 데 비해 주소록, 멤버십 정보, 게임, MP3, 사진, 동영상 등 풍부한 콘텐츠 저장과 금융 프로그램, 안드로이드 등 각종 응용프로그램 저장 및 구동이 가능하다.

**Smart Society 스마트 사회** '지능형 사회'를 의미하며, 인간과 사물 간 의사소통에서 사물과 사물 간 의사소통까지 확장하고, IT간 융합에서 나아가 타 산업과 융합하며, 스마트폰·스마트TV·스마트패드 등 지능형 기기를 활용한다. 일하는 방식 및 생활양식, 사회문화 등 국가 사회 전반의 혁신을 통해 새로운 가치를 창출하게 된다. 스마트 사회의 핵심 기술·요소로는 유비쿼터스(Ubiquitous), 컨버전스(Convergence), 인공지능(AI) 등이다. Smart Society = Benefit(2)/Input(1/2). 즉, 투입은 반으로 줄이고, 효익은 2배가 되는 사회구현이 핵심 가치이다.

**Smart Terminal 스마트 단말기** 사용자로부터 입력된 자료를 간단히 처리한 다음, 통신 회선을 통하여 중앙에 있는 컴퓨터에 자료를 전달하고, 중앙의 컴퓨터로부터 전달되는 정보를 전달받아 간단한 처리 작업을 통하여 영상면에 표시할 수 있는 능력을 가지고 있는 단말기, 즉 일반 단말기에 비하여 자체 처리 능력을 가지고 있다는 특징이 있다.

**Smart Traffic(SMT) 스마트 교통** SMT(Smart Traffic)를 참조.

**SmarTV(Super-intelligent Multimedia Anytime-anywhere Realistic TV) 지능형 통합정보 방송** 고도화된 방송망 및 방송·통신 연동망을 통하여 언제 어디서나 이용자의 취향과 요구에 따라 맞춤형 방송서비스를 능동적으로 실감있게 이용할 수 있게 하는 차세대 지능형방송이다. 미래의 방송환경은 정보전달 수단인 방송·통신망의 디지털화 완성에 이어 망의 통합화가 이루어질 것이며, 가정내의 정보 및 가전기기들은 댁내망으로 연결될 것이다. 또한, 대형 디스플레이를 갖는 고선명TV를 포함하여 PDA, 휴대폰, 나아가서는 오디오 기기, 냉장고 및 전자레인지 등의 가전기기들도 그 용도에 따른 다양한 형태의 멀티미디어 정보 처리 능력을 보유하게 된다. 따라서 이용자의 입장에서 볼 때 콘텐츠를 전달하고 이용하는 수단보다 콘텐츠 자체의 가치가 더욱 중요해진다. SmarTV 기술은 이렇게 변화된 환경에서 이용자로 하여금 필요로 하는 콘텐츠를 쉽게 획득하고 가공하게 할 수 있는 지능적인 방송기술로서 이용자가 원하는 지능형 방송서비스에 최적화된 방송 전송기술, 방송·통신망 연동기술, 지능형방송 콘텐츠·서비스·단말기술 등 지능형방송 전송·서비스 시스템 및 단말 기술개발을 통칭하여 일컫는다. 여기서 서비스라 함은 새로운 방송서비스를 위하여 방송시스템에서 제공하는 전송 프로토콜, 미들웨어, 콘텐츠 표현, 리턴채널 연동기술 등을 의미한다.

**Smart Watch 스마트 워치** 무선통신 기능을 갖춘 손목시계로 블루투스와 와이파이로 스마트폰·스마트패드 등과 연동된다. 통화는 물론 문자와 SNS 확인, 날씨 등 간단한 정보를 얻을 수 있다.

**Smart Water Grid 스마트 워터 그리드** 물의 생산과 소비 정보를 실시간으로 체크하면서 수자원과 상하수도를 효율적으로 관리하는 시스템으로서, 물 낭비를 줄이고 수자원의 생물학적·화학적 정보를 수집해 수질 관리에도 기여한다. 선진국은 이미 스마트 워터 그리드를 직접 운영하고 기술개발에 나서면서 미래 '물 전쟁' 시대에 대비하고 있다. 미국 IBM은 뉴욕주(州) 동부를 흐르는 길이 507km의 허드슨 강에 센서를 띄워 관측 네트워크를 구축하였다. 컴퓨터 칩이 들어 있는 센서들은 강물의 생물학적·화학적 정보를 수집해 강을 깨끗하게 유지하도록 돕고 재난에도 대비할 수 있게 한다. IBM은 폭풍·가뭄 등의 상황에 강이 어떻게 반응하는지 실시간으로 파악, 수자원 공급의 효율을 높이는 데 주력하고 있다. 한편, 미국 매사추세츠 공대(MIT) 연구진은 수도관 내부를 자유롭게 탐사하면서 누수 등을 확인하는 휴대용 로봇과 관련된 연구결과를 발표하기도 했다.

**Smart Work 스마트 워크, 똑똑하게 일하기** 종래의 사무실 개념을 탈피해 언제 어디서나 편리하고 효율적으로 일할 수 있는 미래지향적 업무환경 개념이다. 모바일기기를 이용해 업무를 수행할 수 있는 모바일 오피스, 영상회의 시스템 등을 활용하는 원격근무, 재택근무 등이 포함된다. 불필요한 낭비요인을 제거해 보다 효율적이고 창의적으로 업무를 수행한다는 것을 의미한다.

**Smart Work Center 스마트 워크 센터** 각 지역 주거지 인근에 구축된 업무 전용 시설(센터)이다. 직장인이 교통혼잡을 피해 집 근처 스마트워크센터에 출근, IT인프라스트럭쳐(초고속인터넷, 전화, 영상회의 시스템 등)를 활용해서 사무실과 유사한 환경에서 근무할 수 있다.

**SMART-ing 스마팅** 스마트워크와 진행형 'ing'를 결합한 신조어인 '스마팅'은 모바일 오피스, 원격근무, 재택근무 등의 스마트워크와 이를 지원하는 클라우드 컴퓨팅 등 같은 인프라 산업이 성장함으로써 가능하게 되었다.

**Smartphone 스마트폰** Smart와 Phone의 합성어이다. 휴대폰과 개인휴대단말기(PDA : Personal Digital Assistant)의 장점을 합친 것으로, 휴대 전화기에 일정관리·팩스 송수신 및 인터넷 접속 등의 데이터 통신기능을 통합시킨 것이다. 인터넷 정보검색은 물론 액정디스플레이에 전자펜으로 문자를 입력하거나 약도 등 그림 정보를 송·수신할 수 있다. 선택사양인 데이터 어댑터를 장착하면 일반 전화선으로도 데이터를 전송할 수 있다. 그러나 제한된 메모리 환경 때문에 파일 시스템을 탑재할 수는 없다. 스마트폰에 쓰이는 주 운영 체제는 심비안, 팜 OS, 임베디드 리눅스, 윈도 모바일, 윈도 임베디드 CE 등이 있고, 새로운 스마트폰의 플랫폼으로 애플 아이폰과 구글 안드로이드폰, 삼성전자 옴니아, 림 블랙베리이 스마트폰이다.

**Smartphone Banking 스마트폰 뱅킹** KT의 아이폰, 삼성전자의 옴니아폰, 모토로라의 모토로이 등 스마트폰을 통해 제공되는 모바일 금융 거래 서비스. 일반적인 모바일 뱅킹이나 인터넷 뱅킹보다 빠르고 편리해 이용객이 늘고 있다. 현재는 KT의 아이폰에서만 가능하다.

**Smartphone Card Settlement 스마트폰 카드결제** 공인인증서 등을 활용해 스마트폰으로 전자상거래 사이트에 들어가 구매하는 서비스이다. 유선전화기·PC·TV 등에 이어 휴대폰으로 가정·사무실 이외의 곳에서 자유롭게 쓸 수 있게 된다. 스마트폰을 기존 '플라스틱 카드'처럼 결제하는 것은 기술적으로 어렵지 않으나 동글(인식기)을 교체해야 한다.

**Smartphone CPU 스마트폰 씨피유** 스마트폰 전체의 성능을 결정하는 핵심 부품으로 사람으로 치면 '두뇌'에 해당한다. 애플리케이션 프로세서(AP)라고도 불리는데, CPU 성능이 높을수록 초고화질 동영상과 3D 게임 등을 빠르게 처리할 수 있다.

**Smartphone Divide 스마트폰 디바이드** 스마트폰을 적극적으로 활용해 정보를 재빨리 습득하는 사람과 그러지 못하는 사람 사이에 발생하는 지역별, 연령별, 성별 격차를 뜻한다. 스마트폰을 통해 이동 중 인터넷 검색, 이메일 확인, 트위터 소통 등이 즉각적으로 가능해 정보시차(情報時差)를 유발하기도 한다.

**Smartphone Mobile Office 스마트폰 모바일 오피스** 스마트폰을 통해 모바일 앱 등 솔루션을 이용하여 사내 네트워크(인트라넷)에 접속해 전자결제, 메일 등의 그룹웨어 서비스와 현장 단속 및 관리 등의 특화현장업무 서비스 등을 이용하여 회사 업무를 처리할 수 있는 업무 시스템.

**Smartphonoid 스마트포노이드** 안드로이드, 휴머노이드처럼 인간 형체를 닮은 로봇 등을 지칭할 때 붙는 접미어 'oid'를 스마트폰(Smartphon)에 붙인 말. 스마트포노이드(Smartphonoid) 기계인 스마트폰과 일심동체가 돼서 한시도 몸에서 떼지 않는 신감각 인류라는 의미이다.

**Smasumer 스마슈머** 똑똑한 소비자를 뜻한다. 스마슈머는 스마트(Smart)와 컨슈머(Consumer)를 합성한 단어의 줄임말로 '똑똑한 소비자'를 의미한다. 일반적으로 스마트슈머는 스마트폰의 다양한 기능을 활용해 실용적인 소비를 하면서 동시에 재미, 건강, 문화생활 등 부수적 효과까지 누리는 신 소비계층을 말한다. 최근 웰빙을 추구하는 소비자들의 확산으로 제품의 원재료, 효능, 가격과 실용성 등 다방면으로 꼼꼼히 파악한 뒤 조금이라도 나은 제품을 구입하는 현명한 소비자, '스마슈머'가 증가하고 있다. 이러한 트렌드는 식품·외식업계, 교육뿐만 아니라 모바일 업계까지 이어지고 있어 다양한 분야에서 스마슈머의 마음을 사로잡기 위한 업체들의 치열한 경쟁이 일어나고 있다. 또한, 스마슈머는 신용카드 업계에도 혁명을 일으키고 있다. 빅 데이터를 기반으로 고객의 소비패턴을 분석해 맞춤형 할인혜택을 제공하는 이른바 'CLO(Card Linked Offer)'서비스이다. 스마슈머는 제품을 구매한 뒤 자신의 블로그와 SNS를 통해 제품후기를 공유하고 있어 구매에도 상당한 영향력을 행사한다. 기업들은 영향력 있는 소비층으로 부상한 스마슈머의 블로그와 SNS를 홍보채널로 적극 활용하고 있다. 이처럼 똑똑한 소비자의 마음을 사로잡기 위해 소비자와의 소통을 활발히 하고 구매패턴, 취향 등을 고려하는 것은 기업의 마케팅 전략에 필수 고려 요소로 자리 잡아나가고 있다.

**SMB(Server Message Block) 에스엠비** 통신망 내에서 파일 서비스와 프린트 서비스를 진행하기 위해 지정된 메시지 형태를 의미한다.

**Smear 스미어** [영상] 실제 사람이 눈으로 보는 것과 촬상을 했을 때의 화상이 다르게 되면 이는 화상 왜곡에 해당된다. 스미어 현상은 화상 왜곡의 하나로서, 화소의 수광부 이외로의 빛의 누설, 신호 전자의 불완전한 이동 등에 의해 화면의 밝은 부분에 상하로 밝은 선이 보이는 현상이다. CCD에서 특히 많이 발생한다. 스미어를 막기 위해서는 화소를 설계할 때 빛이 필요한 부분에만 들어가도록 하고, 전자가 넘치지 않게 해야 한다.

**Smishing 스미싱** 문자메시지(SMS)와 피싱(Phishing)의 합성어다. 쿠폰 제공, 초대장, 택배 확인 등과 같은 문자메시지를 이용해 금전적인 손실을 입히는 금융 사기이다. 스미싱 문자메시지는 받은 사람이 문자메시지에 표시된 인터넷주소를 클릭하면 휴대폰에 악성코드가 설치돼 소액결제가 이뤄지거나 개인·금융정보가 빠져나간다.

**SML(Simple Macro Language) 에스엠엘** 매크로 프로그래밍 능력을 갖춘 고도의 Algorithmic Language 이며 적용에 있어서 사용자 인터페이스(User Interface)에 맞춰 구성된 도구의 집합. 화면상에서의 메뉴 생성능력과 아크 명령어의 매개변수(Parameter)의 상태, 부여, 사용, 지도 또는 페이지단위 좌표를 가져오거나 이용하는 기능들이 포함되어 있다.

**SMLC(Service Mobile Location) 이동 위치 서비스** 모바일 디바이스의 위치 결정을 수행하기 위한 자원의 전면 협조와 일정을 관리한다.

**Smooth Criterion 평탄화 기준** 한 모형상의 고저차가 촬영고도의 10/100~15/100일 경우 평탄한 지형이라고 한다.

**Smoothing 평활화** ① 많은 시계열 자료들은 그 값들이 들쭉날쭉 하는 모습을 갖기 마련이다. 어느 시점에서의 값은 큰가하면 다른 시점에서는 작은 값을 갖게 되고, 또 오랜 기간 동안에 걸쳐서 그 시계열 자료는 상승하거나 하강하는 형태를 띄우고 있기도 한다. 평활법은 이러한 시계열의 변동을 어떻게 부드럽게 조정하여 예측할 수 있느냐 하는 문제이다. 즉, 어떤 부드러운 곡선을 기준으로 임의로(Random) 이탈하여 시계열자료 값들이 얻어진 것이라는 전제하에서 그 부드러운 곡선의 패턴을 찾아내자는 방법이다. 따라서 평활화 방법은 과거 시계열 자료들에 어떤 방법으로 가중치를 부여하여 예측하느냐에 따라 크게 이동평균(Moving Average)방법과 지수평활법(Exponential Smoothing) 방법의 2가지 방법이 있다. ② 좁은 범위에서 선, 면, 연속된 자료의 편이에 의해 발생된 오류를 제거하는 절차. 영상 처리된 결과가 광학적 왜곡과 잡음에 의해 상의 곡선부와 직선부가 부자연스러울 때 선을 매끄럽게 하는 것. 자료의 국지적인 복잡성을 줄여 일반화시키는 방법이다. 평면상에 분포된 변수에 적용된 경우 국지적인 급격한 변화가 완화된다. 선형 요소에 적용된 경우에는 굴곡이 부드러워진다. Low-Pass Filter를 참조. ③ 잡영이나 은폐된 상세 부분을 제거함으로써 매끄러운 외양의 영상을 만들어 내는 기술을 포함한다.

**Smoothing Filtering 평활화 필터** 곡선화를 하여 최대한 요소와 일치시킨다.

**Smoothing Technique 스무딩 기술, 평활 기술** 잡음이 섞인 신호에서 잡음을 제거 또는 줄여 부드러운 신호를 만드는 수치해석적인 기술로 다항식을 이용하는 방법, 주파수 영역에서의 로우패스(low pass)필터링을 이용하는 방법 등 다양한 기법들이 있다.

**Smoothness 평활도** 종이 표면의 매끄러움의 정도로 종이의 인쇄적성을 평가하는 요소의 일종을 말한다.

**SMPP(Short Message Peer-to-Peer) 에스엠피피** SMS-C로의 외부 인터페이스는 단순 메시지를 받고 보내기 위한 어플리케이션에 의해 사용된다.

**SMS(Short Message Service) 휴대전화 단문서비스** 휴대전화를 통하여 메시지를 최대 160글자까지 보낼 수 있는 서비스이다. 휴대전화가 꺼져 있거나, 심지어 통화가 불가능한 지역에 있다 하더라도, 통화가 가능한 상태가 될 때까지 보존되는 기능도 있다.

**SMT(Smart Traffic) 스마트 교통** 도로 소통 정보를 통계화해 제공하는 서비스로서, 내비게이션은 실시간 도로 교통정보를 안내하는 TPEG에 SMT 서비스까지 반영해 더욱 정확하고 빠른 경로 및 최적의 경로 안내를 제공할 수 있다.

**SMTP(Simple Mail Transfer Protocol) 단순 전자우편 전송 규약** POP3와는 반대로 전자우편 송신용으로 사용되는 규약. 수신처의 전자 주소 POP 서버에 메일을 송신하는 역할을 한다. 이것도 인터넷 세계에서는 표준 형식으로 되어 있어 거의 대부분의 메일 소프트웨어에서 대응 가능하다.

**SN Ratio(Signal to Noise Ratio) 신호대 잡음 비** 정보를 지닌 신호의 세기를 잡음의 세기로서 나눈 값. 간단하게 S/N으로 쓴다. 신호에 동반하는 잡음 성분의 양을 수치로 표시한 것으로 신호(SIGNAL, S)와 잡음 (NOISES, N)의 비율로 표시한다. 단위는 dB이고 수치가 클수록 노이즈가 작음을 의미한다.

**SNA(System Network Architecture) 시스템 통신망 구조** IBM사에 의해 개발된 독점적인 자료 통신 구조로서, IBM 주 컴퓨터와 원거리에서 연결된 마이크로컴퓨터와 터미널 사이의 자료 통신을 위한 주요한 구조가 되었다. SNA설계는 Tree조직을 기초로 한다. 최종적인 통신망의 제어는 모든 통신망 노드를 지원하는 하나 또는 그 이상의 통신 처리 장치에 할당된다.

**Snap 스냅** 일정 반경 내에 있는 둘 이상의 점이 동일한 점이 되도록 조정하는 것으로서, 보통 좌표를 평균하여 나타낸다.

**Snap Distance 스냅 거리** 정점 간의 최단 거리. 2개 절점 사이의 거리가 이 값보다 짧으면 Clean이나 Build시에 서로 이어진다.

**Snap Tolerance 스냅 허용 한계** 두 요소가 연결될 수 있는 범위로 절점 붙여주기 허용 한계와 아크 붙여주기 한계로 구분된다. 절점 붙여주기 허용 한계는 절점과 절점은 연결시킬 수 있는 최소거리로 아크의 추가, 위치이동, 삭제 또는 절점 이동 등을 일으킬 때 발생한다.

**Snapping 붙여주기** 떨어져 있는 선들을 자동적으로 연결시켜 주는 것을 말한다. 붙여주기는 일반적으로 현 수선이나 불완전한 다각형을 방지하기 위해 디지타이징 과정에서 사용된다. Undershoot, Overshoot를 참조.

**Snapping Distance 붙여주기 거리** 붙여주기 점들이나 선에 발생하는 거리. 붙여주기 거리는 보통 특정 자료를 적합시키기 위해서 또는 디지타이징의 경우에 조작자의 기술을 명시할 수 있다.

**Snapshot 스냅샷** 주어진 시간에 데이터베이스 상태를 기록하기 위한 데이터베이스의 질의. 종종 임시 자료를 다루는 수단으로서 또는 특정 시간에 자료의 백업을 수행하기 위해서 DBMS에서 사용된다. 스냅샷은 저장 요구에 관한 효과 때문에 데이터베이스 또는 데이터베이스 히스토리로 시간을 통합하는 불충분한 해결책이다.

**Snapshot Model 스냅샷 모델** 스냅샷 모델에서는 같은 주제의 여러 레이어에 시간을 기록하는 방식이다. 즉, 우리가 고려하고자 하는 모든 시간에 새로운 레이어로 저장하고 시간을 속성으로 저장한다. 여기에서 레이어 간의 다른 상태를 만든 사건에 대한 어떠한 정보도 기록되지 않는다. 이 모델은 유효 시간(Valid Time)만 지원하며 입도는 달라질 수 있다. 공간적 영역은 고정되고, 속성 영역은 변화한다. 현재의 GIS시스템 대부분이 시간 자료를 지원하지 않으므로, 이 스냅샷 모델이 가장 일반적으로 사용된다.

**Snarky 스나키** 20세기 초반 영국에서 사용되던 속어로 '괴롭히다', '헐뜯다' 등의 의미를 가진다. 블로고스피어에서 냉소적이거나 신랄하다는 의미의 형용사로 사용된다.

**Snell 스넬** 스넬의 법칙을 확립한 네덜란드의 물리학자 · 수학자이다. 네덜란드 이름은 "빌레브로르트 스넬리우스"(Willebrord Snellius, 1580~1626)이다. 네덜란드에서 법률을 공부했으며, 수학으로 진로를 바꾸었다. 레이덴 대학교의 수학 교수가 되어 수학과 역학을 가르쳤으며, 동시에 천문학 연구에도 몰두하여 1615년, 삼각법(三角法, trigonometry)을 제안하여 지구의 크기를 측정하는 방법을 만들었는데, 이것은 1617년 그의 책 「바타비아의 에라토스테네스」에 상세하게 실려 있다. 스넬은 뛰어난 수학자이기도 해서 수학의 중요 규칙인 사인(sin)의 법칙을 발견하였다. 1615년 그가 확립한 스넬의 굴절 법칙은 광학 연구의 최대 진보로 손꼽힌다.

**Snell's law 스넬의 법칙, 굴절의 법칙** 굴절은 파의 진행속도 차이 때문에 생긴다는 굴절에 관한 물리법칙이다. 네덜란드의 물리학자, 수학자인 스넬리우스(Willebrord Snellius, 1580~1626)의 이름을 따라 붙여졌다. 스넬의 법칙은 프레넬 방정식의 일부이며, 빛이 진행하는 경로에 대한 페르마의 원리로도 설명할 수 있다. 실제로 페르마의 (최소 시간) 원리가 발표된 후, 이를 증명 및 실험에 의해 1621년 스넬의 법칙이 발표되었다.
굴절률이 $n_1$과 $n_2$인 서로 다른 두 매질이 맞닿아 있을 때 매질을 통과하는 빛의 경로는 이는 호이겐스 원리에 의해 파면에서 생성된 구면파가 매질 속에서 속도가 달라져서 구면파들이 만드는 포락선의 방향이 꺾어지기 때문에, 매질마다 빛의 속도(v)가 다르므로 휘게 되는데, 그 휜 정도를 빛의 입사 평면상에서 연직선을 중심으로 각도로 표시하면 $\theta_1$과 $\theta_2$가 된다. 스넬의 법칙은 다음과 같이 정의된다. 즉,

$$\frac{\sin\theta_1}{\sin\theta_2}=\frac{v_1}{v_2}=\frac{\lambda_1}{\lambda_2}=\frac{n_2}{n_1}\ \text{또는}\ n_1\sin\theta_1=n_2\sin\theta_2$$

여기서, λ는 빛의 파장이다. 스넬의 법칙은 굴절이 일어나는 정도가 두 매질의 굴절률의 비에만 의존하고 각각의 굴절률에는 무관하다는 것을 말해주고 있다. 한편, 굴절률의 비, 즉 $n=\frac{n_2}{n_1}$를 상대굴절률(relative refractive index)이라 한다.

**SNG(Social Networking Game) 소셜 네트워크 게임** 소셜 네트워크 게임(소셜 게임, SNG)은 트위터, 블로그, 페이스북과 같은 소셜 네트워크 서비스(SNS)의 장점과 게임의 재미를 융합한 서비스(소셜 기능과 결합한 게임)를 의미한다. SNS와 연동하며 자신과 인맥관계가 형성된 지인들과 게임을 하면서 친목도 도모하는 형식을 취한다. 이는 동시 접속을 통한 온라인게임과 달리, 등록된 상대가 접속 중이 아니더라도 자신의 흔적을 남겨 지속적 관계 쌓기를 하므로 게임의 몰입도와 지속성에 도움을 주게 된다.

**SNMP(Simple Network Management Protocol) 간이 통신망 관리 규약** 학계와 기업이 산학 협동의 형태로 만들어낸 규약. 정보 교환과 메시지의 블록화를 위해 만들어낸 통신 규약이다.

**Snowfield 설원** 산간지대나 고지대의 만년설 지역을 말한다.

**SNP(Social Network Platform) 소셜 네트워크 플랫폼** 누구나 정보를 자유롭게 생산하고 들여다보는 웹 공간이다. 누구나 내용을 볼 수 있다는 뜻에서 플랫폼이라는 말이 붙었다. 다수가 소통하는 과정에서 플랫폼 내용과 틀이 형성된다는 뜻에서 소셜이라는 단어가 쓰였다. 엔터프라이즈 2.0은 SNP를 기업 목적에 활용하는 것을 뜻한다. 맥아피 박사는 소셜 소프트웨어 플랫폼이라는 용어를 사용했으나 이 기사에서는 여러 사람 간 상호작용을 통해 결과물을 만들어내는 네트워크 효과를 강조하기 위해 SNP라는 용어를 썼다.

**SNR Ratio(Signal to Noise Ratio) 신호 대 잡음비** SNR은 위성 신호의 강도를 표현하는 것으로 단위가 없다. Signal Strength를 참조.

**SNS(Social Networking Service) 소셜 네트워크 서비스, 누리소통망 서비스** 온라인에서 인적 관계망 형성과 소통을 도와주는 서비스로서, 국립국어원에서는 SNS의 다듬은 말로 '누리소통망(서비스)'을 선정하였다. SNS는 소통과 공유를 강조하는 '웹 2.0'시대의 철학을 기반으로 성장하였으며, 이용자들이 새로운 인간관계를 맺거나 기존 인간관계를 연장하며, 네트워크에서 활동하는 커뮤니티형 웹사이트를 말한다. 이용자 개인이 직접 자신의 개성으로 포장한 블로그, 카페 등을 운영하며 타인들에게 공개하기도 한다.

**SNS Loving Fighter 에스엔에스 러빙 파이터** 정보 유통, 인맥 구축 등 SNS의 순기능은 적극적으로 받아들이고(Loving) 불법·유해정보 확산, 프라이버시 침해 등 역기능과는 싸우자(Fighter)는 뜻이다. SNS는 인위적인 심의와 규제가 어려운 만큼 이용자 자정 문화가 필요하다는 의미를 담고 있다. 미국의 문화비평가 닐 포스트먼이 저서 '테크노폴리'에서 다룬 '러빙 리지스턴스 파이터(Loving Resistance Fighter)'를 응용한 조어이다. 닐 포스트먼은 기술의 역기능에 맞서는 방법은 '인간성의 고양'이라고 주장하며 책과 교육이 중요하다고 강조했다.

**Snob Effect 백로효과, 속물효과, 스놉효과** 특정상품에 많은 사람이 몰리면 희소성이 떨어져 차별화를 위해 다른 상품을 구매하려는 현상을 말한다. 즉, 우아한 백로처럼 남들과 다르게 보이려는 심리를 반영한다고 해서 백로효과라고 하지만 비판적으로는 속물효과(스놉효과, snob effect)라고도 한다. 흔히 희귀한 미술품, 고급가구, 의류나 한정판으로 제작되는 재화에서

이런 효과를 볼 수 있다. 밴드왜건효과를 주장한 미국의 경제학자 하비 라이벤스타인(Harvey Leibenstein, 1922~1994)이 발표한 이론이지만 밴드왜건 효과와는 상반된 의미를 갖는다.

**SOA(Service Oriented Architecture) 서비스 지향 아키텍쳐** 대규모 컴퓨터 시스템을 구축할 때의 개념으로 업무상에 일처리에 해당하는 소프트웨어 기능을 서비스로 판단하여 그 서비스를 네트워크상에 연동하여 시스템 전체를 구축해 나가는 방법론이다. 업무 처리 변화를 시스템에 빠르게 반영하고자 하기 위해 기업의 전반적인 정보 시스템을 서비스 단위로 구축해 다른 서비스와 연동·통합될 수 있도록 하는 시스템 구조를 말한다. 1996년에 가트너가 처음 소개한 개념으로, 기업의 IT 시스템을 비즈니스에 맞춰 유연하게 사용할 수 있다. 소프트웨어 인프라를 구축하는 방법론 가운데 하나로, 정보 시스템 구축 방식에 일정한 규칙을 두고 공유하거나 다시 사용할 수 있는 서비스를 만드는 플랫폼 기술을 의미한다.

**SOAP(Simple Object Access Protocol) 단순 객체 접근 통신규약** SOAP로 서버와 클라이언트 간에 통신을 한다. SOAP는 복잡한 데이터를 간단하게 만들어준다. 곧 클라이언트에서 서버 사이드의 매소드를 쉽게 호출하고, 매개변수로 쉽게 전달해 준다는 의미이다.

**SoC(System on Chip) 시스템 온 칩** 하나의 칩에 여러 시스템을 집적시킨 단일 칩 시스템 반도체이다. 연산 기능과 데이터의 저장 및 기억, 아날로그와 디지털 신호 변화 등을 칩 하나로 해결할 수 있다. 매우 기술집약적 반도체로 불린다. SoC는 단일 면적에 제조되는 소자 수가 많아지고 패키지가 단순해진다. 생산비용을 크게 줄이면서 신뢰성을 얻는다. SoC 기술은 하나의 칩에 여러 시스템이 구현되게 하고 제품에 필요한 칩의 개수를 줄였다. 부품 공간이 적어 제품 크기도 줄어든다. 칩을 별도로 장착할 때 발생하는 노이즈 문제도 해결했다. 회로판 위에서 서로 떨어져 있는 칩 간 정보 교환을 위해 소요되던 전기 사용량도 감소했다. 개별 부품을 칩 하나에 모두 포함한 SoC의 가장 대표적인 것은 모바일 애플리케이션프로세서(AP)이다. 연산, 제어, 멀티미디어, 입·출력 등 기술이 단일 칩 공간 내 집적돼 있다. 이에 따라 모바일AP 속에는 비디오 녹화, 카메라 작동, 모바일 게임 실행 등 여러 시스템 구동을 담당하는 많은 서브 프로세서가 구성된다.

**SOC(Social Overhead Capital) 사회간접자본** '사회적 간접자본', '사회자본', '간접자본' 등으로 불리기도 한다. 일반적으로는 도로, 철도, 항만 등의 산업발전의 기반이 되는 여러 가지 공공시설을 통틀어 지칭한다. 즉, 사회전반의 경제활동을 위한 기반이 된다는 의미에서 기반시설(Infrastructure)과 같은 개념으로 사용하고 있다. 이러한 시설들은 대부분 정부나 지방 공공단체의 통제 하에 있기 때문에 '사회적 자본'이라 불리며, 또한 특정 기업 또는 개인에게만 혜택이 돌아가는 게 아니라 다수의 기업 활동 또는 전체 공익과 관련되는 간접적 필요에 의해 마련되는 것이므로 '간접자본'이라고도 한다. 사회간접자본은 기업의 생산 활동과 국민생활의 편의를 향상시키기 위하여 설치하게 된다. 즉, 기업의 생산 활동을 위한 지원기능과 일상생활을 위한 기반이 되는 재화의 특성을 갖는다. 따라서 사회간접자본시설의 확충은 중요한 국가적 과제이다.

**SOCET SET 소켓 셋** 항공사진과 SPOT, 랜드셋 등 영상 자료의 처리 기능이 있으며, 항공사진 및 영상의 표정 기능, 자동적인 삼각 측량 기능, 수치 지형 모델 형성 기능, 모자이크 기능, 투시 기능, 지형지물 추출 등을 통한 벡터와 래스터 혼합처리 기능을 갖고 있다.

**Social Analytics 소셜 분석** 가트너는 소셜 분석을 '소셜 웹상에 있는 사람들, 주제, 브랜드, 그리고 생각 등에 대한 상호 교류와 연합의 결과를 수집, 측정, 분석하여 해석하는 프로세스'로 정의하고 있다.

**Social Attention 소셜 어텐션** 사회 구성원의 한정된 주목(Attention)을 공유시키는 서비스이다.

**Social B2B 소셜 기업간 전자상거래** 소셜커머스를 뒷받침하는 플랫폼과 시스템을 운영하는 분야이다. SI, 결제솔루션, 마케팅 대행, 평판, 통계 등이 속한다.

**Social Bookmark 소셜 북마크** 소셜 북마크는 대부분의 블로그, 웹사이트, 뉴스 사이트, 스포츠 사이트, 업데이트된 콘텐츠를 주기적으로 제공하는 페이지에서 볼 수 있는 작은 아이콘이다.

**Social Bookmarking 소셜북마킹** 소셜네트워크의 일종으로, 회원들은 인터넷에서 찾은 정보를 저장하고 공유하고 주석을 달고 설명이나 댓글을 남길 수 있다.

**Social Business 소셜 비즈니스** 쇼핑, 게임 등 기존의 다양한 산업분야에 소셜네트워크가 결합되어 새로운 비즈니스 모델이 출현된 것을 말한다.

**Social Collaboration 소셜 협업** 사회 구성원이 모여 특정 작업을 완수하는 일을 말한다.

**Social Comment 소셜 댓글** 특정 사이트에 가입하지 않고 소셜 네트워크서비스(SNS) 계정으로 로그인해 댓글을 다는 서비스이다. 댓글을 달기 위해 일일이 각 사이트에 가입해야 하는 불편을 줄이고 댓글을 SNS 친구에게 전파해 자신의 의견을 지인들과 공유할 수 있다. 사이트 운영사는 개인정보 관리부담을 덜 수 있다.

**Social Commerce 소셜 커머스, 공동할인구매** '소셜'(social)은 소셜 네트워크 서비스 분야에서 온라인상의 사회관계망 또는 그 미디어를 뜻하며, '커머스'(commerce)는 상업, 즉 상품을 판매하기 위한 모든 사업 활동을 의미한다. 즉, 누리소통망(소셜 네트워크 서비스, SNS)을 이용한 전자 상거래의 일종을 일컫는 말로서, 국립국어원은 social commerce의 다듬은 말로 '공동할인구매'를 선정하였다. 소셜 네트워크 서비스인 페이스북이나 트위터 등을 통해 제품을 홍보하거나 물품을 판매하는 일련의 과정이 소셜 커머스 분야에 해당한다.

**Social Computing 소셜 컴퓨팅** '집단'으로 하여금 의사소통, 협업 및 업무를 수행할 수 있도록 하는 플랫폼을 기반으로 한다.

**Social Computing Platform 소셜 컴퓨팅 플랫폼** 사회적 상호작용 및 커뮤니케이션을 지원하는 기반기술을 말한다.

**Social Connect 소셜 커넥트** SNS 내에 구축된 정보 등을 외부 웹사이트에서도 손쉽게 이용할 수 있도록 한 기술이나 서비스를 총칭한다.

**Social Contents 소셜 콘텐츠** 콘텐츠를 통해 사회적 경험과 정보를 공유하는 기능과 서비스이다.

**Social Curation 소셜 큐레이션** 소셜 큐레이션은 인터넷에서 다수 사용자가 자신의 취향대로 정보를 가공해 다른 사람과 공유하는 것을 말한다. 큐레이터가 박물관에서 기존과 다른 방식으로 유물을 전시해 새 의미를 부여하는 것처럼, 각 사용자가 자기 취향대로 인터넷에서 사진이나 그림, 동영상 등을 끌어 모아 자기만의 전시회를 만드는 식이다. 여럿이 함께 콘텐츠를 전시하고 공유한다는 의미에서 '소셜' 큐레이션이라고 부른다.

**Social Currency 소셜 화폐** SNS(트위터, 페이스북, 포스퀘어 등) 사용자가 글을 쓰거나 사진·동영상을 올리고 친구를 추천하는 것 같은 일상적 활동이 바로 돈으로 인정받을 수 있다는 뜻이다.

**Social Engineering 사회공학** 사회행동의 과학적 연구로 얻어진 기초적인 식견이나 법칙을 응용하여 사회생활에서 당면하는 여러 가지 실천상의 특수 문제를 해결하고 또 그 때문에 필요한 여러 기술적 문제들을 연구하는 학문이다.

**Social Entrepreneurship 사회적 기업가정신** 일반 기업처럼 이윤 극대화를 목적으로 하기보다는 사회적 목적 실현을 위해 이윤의 대부분을 재투자하는 기업가정신을 말한다. 주로 일자리 마련, 사회통합, 국가 안보, 교육 등 서비스 제공, 지역경제 지원 등 삶의 실질적인 문제를 해결하는데 초점을 둔다. 우리나라는 사회적 기업 육성위원회의 공식 인증을 받아 일반기업이 사회적 기업으로 인증되면 경영 컨설팅이나 조세 감면 등에서 정부 지원을 받을 수 있다.

**Social Genome 소셜 게놈** 소셜 미디어 이용자의 성향을 분석하는 기법으로서, 월마트가 개발해 2012년 9월부터 인터넷 쇼핑몰 '월마트닷컴' 등에 적용했다. '트위터'나 '페이스북' 같은 소셜 네트워크 서비스를 이용하는 이가 자주 쓰는 단어·사람·제품·장소·사건을 검색하고 분석해 상품 판촉에 쓴다. 단순히 단어를 찾아내는 데 머무르지 않고 검색한 말과 이용자 간 맥락을 살핀 결과를 제공한다. 이른바 '시맨틱(Semantic) 검색' 체계이다.

**Social Graph 소셜 그래프** 페이스북에서 주창한 개념으로 사용자가 소셜 웹사이트를 이용 하면서 생긴 정보(자신의 상태나 프로파일, 친구 목록, 자신이 올린 사진이나 동영상 등 모두 포함).

**Social Link 소셜 링크(형)** 커머스 사이트에 소셜네트워크로 이동할 수 있는 버튼 형식의 링크를 게재하는 방식이다. 버튼을 클릭하면, 웹문서의 웹링크가 생성되어 해당 소셜네트워크 글쓰기에 자동으로 삽입되거나, 자신의 소셜 네트워크에 웹문서가 그대로 복사되어 게시물로 생성되게 된다. 소셜 커머스의 가장 기본적인 유형으로 '셰어디스(Share This)' 등을 통하면 아주 손쉽게 적용할 수 있다.

**Social Market 소셜 마켓** 소셜네트워크를 통해 물건을 판매하는 활동을 말한다. 옥션, 지마켓과 같은 오픈마켓, 소셜클럽, 블로그몰, 커뮤니티의 수많은 장터 등이 포함된다.

**Social Marketing 소셜 마케팅** 사회적으로 바람직하다고 여겨지는 방향으로 공중의 행동(Public Behavior)을 변화시키는 노력을 의미한다. 대부분의 사회가 알코올중독, 약물남용, 쓰레기 무단 투기 등등의 행동을 개인적으로나 사회적으로나 바람직하지 않다고 간주한다. 소셜 마케팅은 대다수가 지지하는 아이디어와 대의명분의 채택을 증가시키는 마케팅 기술의 적용이다. 소셜 마케팅은 인센티브, 촉진책, 프로모션 등의 사용을 통해 긍정적인 변화를 이끌어낸다. 소셜네트워크를 활용한 마케팅 활동으로 분산형마케팅, 소셜평판, 소셜추천, 소셜상담 등이 속한다. 위젯, 페이스북 팬페이지, 트위터 상담, 사용자 후기, 구매독자 추천서적 등이 여기에 포함된다.

**Social Media 소셜 미디어** 뉴미디어 회사인 가이드와이어 그룹(Guidewire Group)의 창업자 크리스 시플리(Chris Shipley)가 2004년 'The BlogOn Conference'에서 최초로 사용. 소셜 미디어는 사람들의 의견, 생각, 경험, 관점 들을 서로 공유하기 위해 사용하는 온라인 도구나 플랫폼을 말한다. 소셜 미디어는 문자, 이미지, 오디오, 비디오 등의 다양한 형태들 취할 수 있다. 인기 있는 소셜 미디어 형식은 블로그, 소셜네트워킹서비스(SNS), 위키(Wiki), 사용자제작물(UCC), 마이크로블로그(Microblog), 인터넷 포럼, 팟캐스팅, 비디오 블로그(Vlog) 등이 있다.

**Social Network 소셜 네트워크** 사람과 사람 사이의 연결망을 말한다.

**Social Network Platform(SNP) 소셜 네트워크 플랫폼** SNP(Social Network Platform)를 참조.

**Social Networking Service(SNS) 소셜 네트워크 서비스, 누리 소통망 서비스** SNS(Social Networking Service)를 참조.

**Social Networking 소셜 네트워킹, 사회연결망, 온라인 인맥구축** 사람들이 생각과 정보, 그리고 이미지를 공유하며 친구나 가족 또는 뜻이 통하는 사람들과 인맥을 형성할 수 있게 해주는 웹사이트들을 말한다.

**Social Networking Game(SNG) 소셜 네트워크 게임** SNG(Social Networking Game)를 참조.

**Social Networking Site(SNS) 소셜 네트워킹 사이트** SNS(Social Network Service)를 참조.

**Social Networks 소셜 네트워크** 자신만의 온라인 사이트를 구축하여 콘텐츠 서비스를 만들고, 친구들과의 연결을 통해 서비스와 커뮤니케이션을 공유하는 것으로 소셜 네트워크 서비스라고도 불리운다.

**Social Overhead Capital(SOC) 사회간접자본** SOC(Social Overhead Capital)를 참조.

**Social Platform 소셜 플랫폼** 소셜 네트워크 서비스(SNS) 내 사용자의 프로필 정보, 친구 관계 등의 자원을 활용하는 게임 등 어플리케이션을 SNG 내에서 즐길 수 있도록 만들어진 통합 형태를 의미(예 : 싸이월드 등)한다.

**Social Process 소셜 프로세스** 5W1H 법칙을 이용해 질의된 쿼리를 자동으로 SNS 노드에 전파하고 사용할 수 있게 하는 것을 말한다.

**Social Score 소셜 스코어** 개인의 소셜 네트워크 서비스(SNS)를 포함한 온라인 활동과 다양한 주제에 대한 영향력을 평가해 숫자로 반영한 것이다. 타인에게 미치는 인터넷상에서의 영향력 정도를 의미한다. 소셜 스코어는 제품 판매, 마케팅, 홍보, 지식 전파 등에 널리 활용될 수 있다. 평판과 호감도가 높은 소셜 스코어 고득점자에게 중점적으로 자원을 투입해 입소문을 퍼뜨리는 식이다. 소셜 스코어를 잘 활용하면 마케팅에 큰 효과를 거둘 수 있다.

**Social Service 소셜 서비스** 소셜 네트워크 서비스(SNS)가 확장된 개념으로, 사람들 간의 관계(소셜)를 기반으로 게임, 지역, 검색 등 다양한 분야의 서비스를 제공한다.

**Social Shopping 소셜 쇼핑** 인터넷을 통해 특정 품목을 하루 동안만 파격적으로 낮은 가격에 판매하되 사이트 운영자가 사전에 정한 최소 물량이 팔려야 거래가 성사된다. 구매자는 할인 혜택을, 판매자는 대량 판매와 홍보 효과를 동시에 누린다. 배송할 필요 없는 외식권, 상품교환권, 서비스 이용권 등이 주로 거래된다. 전혀 모르는 사람들이 모여 공동구매를 하거나 함께 쇼핑을 하는 행위를 말한다. 한개몰, 공동구매, 그룹쿠폰 등이 여기에 속한다.

**Social Software 소셜 소프트웨어** 온라인으로 사람을 연결해 주는 도구. 소셜 소프트웨어 종류로는 이메일, 메신저, 채팅, 카페, 게시판, 싸이월드, 블로그, 위키피디아, 유튜브, 트위터 등이 있다.

**Socialsumer 소셜슈머** 소셜슈머는 사회(SOCIAL)와 소비자(conSUMAR)의 합성어로서 소비자 개인의 만족뿐 아니라 사회 전체의 혜택을 위해 의견을 개진하고 관철시키는 사회활동가로서의 소비자를 가리킨다. 최근 기업의 사회적 책임(Corporate Social Responsibility, CSR) 개념이 발전해 기업과 사회 모두의 가치를 증대하자는 공유 가치 창출(Creating Shared Value, CSV) 개념이 등장하며 주목받는 현상과 맥을 같이 한다.

**Social TV 소셜 티브이** TV를 보면서 다른 지역에 있는 사람들과 의견을 나누거나 토론할 수 있도록 하는 것을 말한다.

**Social Venture 소셜 벤처** 창업으로 사회 문제를 해결하려는 고민에서 출발한 기업. 공공의 이익에 부합하는 비즈니스모델을 기반으로 활동한다.

**Social Web 소셜 웹(형)** 커머스를 소셜네트워크와 적극적으로 결합하는 것으로, 커머스 사이트 안에서도 소셜네트워크의 기능을 구현해주는 방식이다. 커머스 사이트에서 이뤄지는 소비자의 구매, 평가, 리뷰 등의 활동이 소비자의 소셜네트워크에 자동으로 반영되어, 친구들과 공유된다. 또한, 같은 소셜네트워크의 친구들이 커머스 사이트에서 어떤 활동을 하는지 보여줄 수도 있다.

**Social Web Suite 소셜 웹 슈트** 수많은 소셜 미디어들 중 자신의 비즈니스, 성향, 목적 등에 맞는 소셜 미디어들을 하나로 묶어주는 것을 칭하는 용어로 같은 의미로 소셜 웹 컨테이너라고도 한다. 분산되어 있는 소셜 웹 서비스를 각 개인에게 맞춰서 하나의 서비스로 묶는 것을 칭하는 말이다.

**Socialcam 소셜캠** 동영상 공유 소셜 서비스로서 직접 찍은 영상의 공유 편리, 가장 많은 사용자를 가지고 있다.

**Socialization 사회화(社會化)** 생산력과 생산관계의 역사적 변화를 의미하는 마르크스주의의 개념이다.

**Socialtainer 소셜테이너** Social과 Entertainer가 합성된 용어로서 사회적 이슈에 적극적으로 개입하는 연예인을 말한다.

**Socialympics 소셜림픽** 페이스북이나 트위터와 같은 SNS의 '소셜'과 '올림픽'의 합성어로, 인터넷올림픽이라 불린 베이징에서 한 단계 더 나아간 것이다.

**Socket 소켓** 어떤 통신망의 특정 노드상의 특정 서비스를 식별하는 식별자. 소켓은 노드 주소와 서비스를 식별하는 포트 번호로 구성된다. 예를 들면, 인터넷 노드상의 포트 80은 월드 와이드 웹(WWW) 서버를 표시한다.

**Socratic Effect 소크라테스 효과** 소크라테스가 자기 제자들에게 질문을 던져 스스로 결론에 이르도록 한 것처럼 사람들도 자발적으로 자신의 태도를 논리적으로 일관성 있게 변화시킨다. 이런 현상을 '소크라테스 효과'라고 한다. 사람들이 어떤 대상이나 인물에게 가지고 있는 심리적 호오(好惡) 감정을 태도라고 한다. 이렇게 사람들이 가지고 있는 태도는 몇 가지 특징을 가지고 있다. 첫째, 태도는 시간이 흐를수록 더욱 강해진다. 사람들은 자신이 가지고 있는 태도를 스스로 반복적으로 검토하면서 자신의 태도를 강화시킨다. 둘째, 사람들은 평소 태도에 일관성이 있어야 한다는 심리적 압박을 받고 있다. 따라서 태도는 시간이 흐를수록 논리적으로 변한다.

**Soft Breakline(Softline) 약 불연속선** 선형 개체에 따른 z값(도로중심선 등의 표고)을 유지하면서 불규칙삼각망(TIN)의 모서리에 불연속선을 강제로 생성하여 TIN 표면 모델에서 선형 개체와 다각형의 모서리가 유지되도록 한다. 약 불연속선은 연속적인 x, y, z좌표를 나타내기 때문에 3-D 불연속선과 유사하다.

**Soft Copy 소프트 카피** 종이 또는 필름 등과 같이 영구적인 인쇄 매체에 출력되는 것이 아니라, 임시로 사용되는 기록 매체를 통하여 표시되는 것. 예를 들어, 컴퓨터의 작업 결과가 영상면에 일시적인 영상으로 나타났다가 사라지는 것. 소프트 카피 출력은 벡터형 표시 스크린과 래스터형 표시스크린으로 구분할 수 있다.

**Softcopy Photogrammetry 영상 사진 측량**
Digital Photogrammetry를 참조.

**Softcopy Stereoplotters 수치 도화기** 디지털입체도화기라고도 한다. 컴퓨터기반의 지도제작과 사진측량학의 결합형태로 투명양화를 통해 빛을 통과시킴으로써 입체 모형을 보여주기 보다는 겹쳐진 영상이 사진으로부터 주사된 격자형 파일로서 입력된다.

**Soft Rock 연암** 암편의 내압강도(kgf/cm$^2$)가 200~1,000이다. 혈암, 사암 등으로 균열이 10~30cm 정도로서 굴착 또는 절취에는 화약을 사용해야 하나 석축용으로는 부적합한 암질이다.

**Software 소프트웨어** ① 넓은 의미로는 컴퓨터 하드웨어를 가장 효과적으로 사용하기 위한 모든 기술로서, 컴퓨터 프로그램과 프로그램을 이용하기 위한 여러 가지절차, 이에 관계되는 모든 문서들, 그리고 전산화된 데이터와 정보 등을 말한다. 좁은 의미로는 사용 중인 프로그램의 집단을 말한다. 일반적으로 효과적으로 컴퓨터를 운전하기 위하여 개발된 모든 프로그램의 집합체를 '소프트웨어'라고 한다. 또한 소프트웨어 산업이란 복잡한 업무를 전산화시키기 위해서 효과적인 프로그램을 작성하기 위한 기술 산업을 의미한다. 소프트웨어는 인간의 자율 신경계와 비슷한 '시스템 소프트웨어'(System Software)와 이 시스템 소프트웨어의 감시와 보조로 어떤 특정한 요구에 맞추어서 문제를 해결해주는 '응용 소프트웨어'(Application Software)로 분류된다. System Software를 참조. ② GIS를 위한 소프트웨어는 공간 정보의 입력・편집・검색・추출・분석 등을 위한 컴퓨터 프로그램의 집합체를 나타낸다. GIS 소프트웨어의 주요 구성은 자료 입・출력 및 검색, 자료 저장 및 데이터베이스관리, 자료의 출력과 도식, 자료의 변환, 사용자와의 연계 등으로 구분된다. GIS를 구성하고 있는 소프트웨어는 단계별로 규정할 수 있다. 하위 레벨(Low-Level) 소프트웨어는 기본적인 시스템 운용을 지원하는 소프트웨어이고, 상위 레벨(Upper-Level) 소프트웨어나 응용소프트웨어는 지도 제작이나 지리 분석 작업을 수행하기 위해 사용되는 프로그램으로 구성된다. 간단히 말하면, 소프트웨어는 업무를 수행하기 위해 컴퓨터 하드웨어에게 내려지는 명령어의 집합이라 할 수 있다. 소프트웨어는 컴퓨터의 기본 운영 절차와 분배를 제공하는 시스템 메모리에 프로그램이 저장됨으로써, 컴퓨터 내부에서 작동된다. GIS 소프트웨어는 GIS에서 작업을 수행하기 위해 가장 빈번히 사용되는 프로그램이다. GIS를 위해 개발된 응용 소프트웨어는 기본적인 지도 제작과 자료 관리를 위한 핵심(Core)패키지와 지리 분석이나 지도 제작 수행을 위해 통합된 개별 응용 패키지의 두 부분으로 개념화할 수 있다. 핵심 패키지의 일부로 제공되거나 또는 특수 응용 소프트웨어의 일부로 제공되는 특수 형태의 기능들은 소프트웨어 개발업체별로 다양하다. 그러나 넓은 의미에서 핵심 패키지는 그래픽 처리기능, 데이터베이스 관리 기능, 기본적인 지도 제작 기능과 지형분석 유틸리티와 같은 하나 또는 그 이상의 요소를 포함한다. 지도제작을 위해 설계된 소프트웨어 패키지는 원칙적으로 그래픽처리 기능을 강조하고, 제한된 데이터베이스 관리 기능과 지형 분석 유틸리티를 갖는다. 소프트웨어업체에 의해 공급되는 GIS 소프트웨어 패키지는 도형 자료와 비도형 속성 사이를 강하게 연결함으로써 동시에 도형 및 비도형 자료를 관리할 수 있게 해준다. 네트워크 추적, 지형 분석, 주제도 제작 등과 같은 응용패키지는 특정 사용자를 지원하기 위해 핵심 패키지와 통합될 수 있다.

**Software Architect 소프트웨어 아키텍트** 기술적 관점에서 시스템을 바라보고, 설계와 구현 전체를 책임지며 개발팀을 이끄는 사람.

**Software as a Service(SaaS) 서비스로서의 소프트웨어, 사스** SaaS(Software as a Service)를 참조.

**Software Defined Networks(SDN) 정의 네트워크** SDN(Software Defined Networks)을 참조.

**Software Development Kit(SDK) 소프트웨어 개발 키트** SDK (Software Development Kit)를 참조.

**Software Engineering 소프트웨어 공학** 소프트웨어의 생산성, 유지 보수, 품질을 최적화하기 위해 소프트웨어의 설계, 구현, 테스팅, 문서화에 과학적이고 기술적인 지식, 방법, 그리고 경험의 체계적 응용을 말한다.

**Software House 소프트웨어 하우스** 각종 소프트웨어를 상업적으로 개발하는 전문 회사를 말한다.

**Software Package 소프트웨어 패키지** 특정 작업을 수행하기 위해 설계된 완전히 문서화된 프로그램이나 프로그램 집합을 말한다. 예로, 워드프로세서가 있다.

**Software Rendering 소프트웨어 렌더링** 3D 하드웨어를 사용하지 않고 3D 장면을 렌더링하는 방법으로서, 3D 그래픽처리 작업은 CPU에서 모두 수행한다.

**Soil 흙, 토양(土壤)** 암반(巖盤, Rock Mass)이 물리적 풍화작용, 화학적 풍화작용, 용해작용 등에 의해 미세한 조각으로 나누어진 것을 말한다. (1) 물리적 풍화작용 : 암석이 모암으로부터 동결작용, 온도변화로 인한 수축 팽창, 유수에 의한 마모 등에 의해서 미세한 조각으로 파쇄되거나 마모되어가는 과정을 말한다. (2) 화학적 풍화작용 : 모암이 공기 중의 산소/이산화탄소/유기산, 물속의 염분 등과 반응하여 그 성질이 화학적으로 바뀌는 과정을 말한다. (3) 용해작용 : 암반에서 가용성 광물은 녹이고 불용성 광물은 잔류물로 남겨두는 과정을 말한다. 일반적으로 실트, 모래, 자갈 등은 물리적 풍화작용에 의해 생성되며, 점토는 화학적 풍화작용에 의해 생성된다. 흙의 생성방법에 의한 분류로는 잔적토, 운적토(퇴적토), 매립토 등이 있다. 토양은 대체로 생성된 장소 근처에 남아 있으며 유기물을 많이 포함하고 있다. 지표상에 나타나는 암석 부스러기의 잔유물인 표토(表土)는 토양과 비슷하나, 단단하게 고화되지 않았다는 점에서 토양과 구별된다. 토양은 지표상에 존재하는 모든 생물의 근본적인 토대이며, 인간에 있어서도 매우 중요하다. 즉, 인간 생활에 필수적인 식량과 생활필수품을 제공하는 농업·축산업·임업 등과 같은 1차 산업의 토대를 이루고 있으며, 건물·고속도로·비행장 등과 같은 인공구조물의 건설에도 필요하다.

**Soil Adjusted Vegetation Index(SAVI) 토양 보정 식생 지수** SAVI(Soil Adjusted Vegetation Index)를 참조.

**Soil Boring Log 시추주상도(試錐株狀圖)** Drill Log를 참조.

**Soil Information System 토양환경정보시스템(흙토람)** 토양환경정보시스템 "흙토람"은 농림축산식품부 산하의 농촌진흥청에서 생산, 배포하고 있는 방대한 토양, 농업환경정보 데이터베이스와 수십 년 동안의 조사·연구 경험을 집대성한 한국의 토양환경정보 포털로서, 기본적으로 토양정보를 제공하고 있으며, 농사 등을 짓고자 할 때 토양특성에 맞는 작물을 재배할 수 있도록 알맞은 비료량 등을 추천해주는 누구나 쉽게 이용할 수 있는 인터넷 시스템이다. "흙토람"은 토양환경정보시스템의 브랜드명으로 "토양의 정보를 열람한다."라는 의미를 갖고 있다. 농촌진흥청은 토양정보시스템과 농업환경자원정보시스템을 통합해 새로운 토양환경정보시스템 '흙토람'을 구축하여 2011년부터 서비스하고 있다. 흙토람은 61개 작물의 재배 적지와 토양 특성에 따른 맞춤형 시비(비료)처방, 토양의 물리적 · 화학적 특성 등 기존 토양정보와 정밀농업기후도, 생물상분포도, 농업환경변동정보 등 농업환경정보를 제공하고 있다. 특히, 작물재배적지지도, 정밀농업기후도 등 토양환경지도는 1:5,000축척의 GIS를 이용하여 필지별 정밀 토양관리가 가능하다. 이와 함께 토양과 농업환경 관련 각종 통계 · 교육 · 홍보 · 정책자료 등 다양한 정보를 제공하고 있다.

**Soil Investigation 토질조사, 지반조사**
Geotechnical Investigation을 참조.

**Soil Map 토양도(土壤圖)** 토양의 성질, 성분, 분포상태를 구별하여 나타낸 지도이다.

**Soil Mapping Unit 토양 지도 단위** 조사목적의 축척도에서 나타나는 잡다한 면적, 토양, 토양의 조합, 흙 같은 것들의 지칭이다.

**Soil Mark 소일 마크** 사진색조가 표층토양의 함수율이 낮은 곳은 희게, 높은 곳은 검게 찍히는데 이를 soil mark라 한다.

**Soil Noise 토양 간섭** 모든 토양은 반사 특성이 고유하여, 서로 다른 토양들은 서로 다른 반사 분광대를 가진다. 토양 간섭의 문제는 식생 피복도가 낮을 때 매우 민감하다.

**Soil Profile 토양 단면** 모암의 풍화가 계속되면서 보다 성숙한 토양이 형성되면 지표면에 평행한 층(토양층준, soil horizons)들이 형성된다. 토양층준의 수직적 분포를 토양단면(soil profile)이라 한다. 토양단면은 다음의 과정을 통하여 토양의 구성물질, 물리화학적 특징, 유기물의 함량 및 조직이 변화되면서 토양단면이 형성된다. 즉, (1) 변형(transformation) : 풍화, 유기물 분해 등 토양 성분의 분해와 결합과정, (2) 이동(translocation) : 유기 및 무기물질이 물과 유기물에 의해 상하로 이동하는 과정, (3) 첨가(addition) : 잎, 대기먼지, 지하수 등에 의한 성분의 첨가, (4) 제거(loss) : 지하수에 의해 토양성분이 빠져나가는 작용 등이다. 토양단면은 일반적으로 상부에서 하부로 가면서 그 특성에 따라 5개의 주요 토양층(master horizons)인 O층, A층, E층, B층, C층(이들 전체를 'solum'이라 함)과 모암층(bedrock)인 D층 또는 R층으로 분류한다. FAO(Food and Agriculture Organization of the United Nations, 유엔식량농업기구)에서는 O층의 상부를 H층(수분으로 포화된 유기물층으로서 점토질이 60% 이상인 토양에서는 30%의 유기물이, 점토질이 그 이하인 경우에는 20% 정도의 유기물을 함유하는 토양층)으로 더 분류하기도 한다.

**Solar Day 태양일** 태양을 통과하는 2개의 연속된 경로의 시간 간격이다. 태양기를 기준으로 하여 1번 자전하는 시간을 말한다.

**Solar Panel 태양 전지판** 햇빛을 전기 에너지나 전기열로 바꾸는 태양전기 장치를 말한다.

**Solar Time 태양시(太陽時)** 태양에 대한 지구자전의 1주기를 1태양일로 하는 시간체계. 지구자전축의 경사와 공전궤도의 변동을 평균한 평균태양시가 이용된다.

**Solar Year 태양년** 태양이 춘분점을 지나서 다시 돌아오기까지 걸리는 시간으로 회귀년이라고도 한다.

**Solid 입(방)체** 경계가 있는 연결된 3차원 기하 기본 요소로서, 3차원 유클리드 공간 영역의 연결된 모양을 표현하고, 그 때문에 3개의 매개변수를 갖는 직접위치의 집합으로서 국소적으로 완전하게 실현될 수 있는 3차원 기하 기본요소. 입체의 경계는 입체의 범위를 포함한다.

**Solid Angle 입체각(立體角)** 2차원의 각도(라디안)를 3차원으로 확장한 것으로서, 한 점에서 어떤 곡면(曲面)을 보았을 때의 입체적인 각을 말한다. 입체각의 차원은 무차원이며, 단위로 스테라디안(sr)을 사용한다. 폐곡면(閉曲面) 전체에 대한 입체각은 $4\pi$[sr]이다. Steradian참조.

**Solid Model 솔리드 모델** 3차원 형상의 물체를 표면 처리하여 표현하는 것. 솔리드 모형에는 사상의 위치가 정의되어 있으므로, 은선 소거나 입체끼리의 결합이나 조합이 가능하다.

**Solid State Drive(SSD) 솔리드 스테이트 드라이브** SSD(Solid State Drive)를 참조.

**Solution 솔루션** 소프트웨어 패키지나 응용 프로그램 등과 연계된 문제를 처리해주는 하드웨어나 소프트웨어로 전사적 자원 관리, 고객 관리 등을 비롯해 서버 · 스토리지와 같은 하드웨어 시스템 등을 솔루션이라 부른다.

**Solution Space Method 위치 비교 방식** DGPS 보정처리 방식의 하나로서, 기준점의 좌표로부터 기준국에서 위치 결정한 위치에 대한 벡터 이동량을 구하여 관측점의 좌표를 이동시켜 보정하는 방법. 경우의 수가 너무 많아서 실시각 보정처리에는 사용치 않는다.

**Somoclo 소모클로** 리서치 회사인 애버딘 그룹이 만들어냈다. 소(So) · 모(Mo) · 클로(Clo)는 소셜(Social), 모바일(Mobile), 클라우드(Cloud)의 첫 음절을 조합한 용어이다. 소셜, 모바일, 클라우드 등 3가지, 기술의 중요성을 강조하면서 동시에 이 3가지 기술이 융합되고 있는 추세라는 점을 강조하고 있다.

**Sonar 소나, 수중 음파탐지기(水中音波探知機)** SONAR(Sound Navigation and Ranging)를 참조.

**SONAR(Sound Navigation and Ranging) 소나, 수중 음파탐지기(水中音波探知機)** 해저 영상획득을 위해 음향을 이용하는 능동형 원격탐사 기기를 말한다.

**Sonde 탐침** 공관로나 비금속관로의 탐사를 위해 사용되며, 강선의 끝부분에 장착해 관에 직접 삽입하여 위치를 탐사하는 소형발신장비이다.

**Sonic Prospecting 음파 탐사** 음파탐사란 음파의 물리적 특성을 이용하여 간접적으로 해저지형, 저질 및 지질구조를 조사하는 것을 말한다.

**SOQ(Statement of Qualification) 에스오큐, 자격요건** 자료요청서(RFI : Request For Information)에 대응하는 정보 제공자로서, 프로젝트에 참여하기를 원하는 회사들에 의해 제출된 문서이다.

**Sorting 정렬** ① 자료를 수의 크기나 알파벳 순서 등에 따라 체계적으로 배열하는 것. 예를 들면, 고용인의 이름 목록이 알파벳순으로 정렬된다. ② 정보의 레코드를 키 항목이나 필드값에 따라 일정하게 배열하는 것. ③ 각 레코드에 포함된 키에 따라 오름차순 또는 내림차순으로 파일을 재배열하는 시스템 프로그램. ④ 자료 항목의 모임을 새로운 순서로 다시 정렬하는 것.

**SOSI(Samordnet Opplegg for Stedfestet Information) 소시** 노르웨이 지리자료 교환 표준으로 만들어졌으며, SOSI는 지리자료의 전환포맷으로서 노르웨이에서 채택하고 있다.

**Sound Code 사운드 코드** 사운드 코드는 음악, 음성, 라디오방송 등 오디오 콘텐츠에 전자신호를 포함시켜 스피커를 통해 전달하면 그 정보를 인식할 수 있는 휴대폰(마이크로폰)이 음파를 인식해 데이터를 검출하는 음파통신 기술이다. 음성 바코드 기술로도 불린다. TV나 라디오에서 사운드 코드를 적용한 음악이 나오면 휴대폰이 소리를 인식해 가수정보, 가사, MP3 저장 등을 휴대폰에 자동으로 보여주거나, TV CF 속에 소개되는 물품 정보, 구매 정보를 휴대폰에서 받아 관련된 서비스를 제공할 수 있다.

**Sound Navigation and Ranging(SONAR) 수중음 파탐지기(水中音波探知機), 소나** SONAR(Sound Navigation and Ranging)를 참조.

**Sound Wave Signal 음파신호** 소리를 사용해서 느껴지는 파동을 이용하여 통신하는 방법을 말한다.

**Sounding 수심측량, 사운딩** ① 하천측량에서의 수심측량은 하천의 수면으로부터 하저까지의 깊이를 구하는 측량으로 횡단측량과 같이 실시하며, 수위의 변동이 적을 때에 수면 말뚝을 기준으로 수면 횡방향 5~10m마다 수심을 측정하고, 하저의 토질, 자갈의 굵기 등도 조사한다. 이때의 수위는 상류와 하류에 있는 수위표를 관측하여 결정한다. 해양측량에서의 수심측량은 해양의 수심을 측량하는 것을 말하며, 이는 해도의 중요부인 해양의 수심, 지질, 등심선 및 장애물 등을 도시하기 위해서 실시하는 것이며, 또한 수심을 대신하여 등심선으로 해저지형도를 작성하는 경우도 있다. 수심측량은 원칙적으로 음향측심기를 사용한다. ② 사운딩은 로드(Rod) 하단에 장착된 일정규격의 저항체를 지반내로 관입, 회전 또는 인발하면서 저항치를 측정하여 지반의 견고성, 상대밀도, 상대강도 등의 특성을 간편·신속하게 현장측정할 수 있는 방법으로 특히 연약지반에서 널리 적용되는 조사방법이다. 사운딩은 지반의 개황을 파악하는 것이 목적이므로 조사능력이 큰 사운딩을 선정하여 정도는 다소 낮더라도 지층을 빠짐없이 조사하는 것이 중요하다. 지반개황을 알고 있는 경우는 지반의 강도, 밀도 등의 세부적인 자료를 얻기 위하여 토질 및 심도에 적합한 사운딩을 선정하여 정도 및 신뢰성을 높일 필요가 있다. 일반적으로 사운딩의 목적, 조사능력, 적용 적합한 토질상태 및 심도, 정도 및 신뢰성, 신속성, 경제성 등의 조건을 고려하여 2가지 이상의 사운딩 자료를 종합하여 판단하는 것이 바람직하며, 동일지층에서 채취된 시료에 대한 실내시험결과와 비교·검토하는 것이 중요하다. 일반적인 사운딩 방법에는 표준관입(Standard Penetration), 동적 콘관입(Dynamic Cone), 휴대형 콘관입(Portable Cone), 화란식 콘관입(Dutch Cone), 스웨덴식 사운딩(Swedish Sounding), 베인(vane) 등이 있다.

**Sounding Lead 측심추** 수심을 측량하기 위하여 사용하는 납추를 말한다.

**Sounding Method 측심 방법** 하천의 수심을 관측하는 방법으로 측심방법은 측심간이나 측심추를 사용하는 직접법과 음향측심기를 사용하는 간접법이 있다. 수심이 10~20m의 얕은 곳에는 직접법이, 이보다 깊은 수심에서는 음향측심기가 많이 사용된다.

**Sounding Rod 측심봉(測深棒)** 샛강이나 운하와 같이 비교적 얕은 물의 깊이를 재기 위해 한 쪽 끝을 납으로 무겁게 만든 눈금 막대기를 말한다.

**Source Citation 원자료 인용** 원자료들의 출처에 대한 참조를 말한다.

**Source Code 원천 코드** 컴퓨터에 의해 처리되기 전의 코드로서 FORTRAN, COBOL, BASIC, C같은 제3또는 제4세대 프로그래밍언어로 쓰여진 컴퓨터 프로그램을 말한다.

**Source Contribution 자료 출처 도움** 자료들에 도움이 되는 자료 출처에 대한 정보를 말한다.

**Source Coordinate Reference System Datum Name 원좌표 참조 체계 자료** 명목적 좌표 참조 체계를 기반으로 하는 데이터의 이름을 말한다.

**Source Coordinate Reference System Dimension 원좌표 참조 체계 차원** 셋에서 원자료 좌표 체계의 좌표들의 {3, 2, 1} 수를 말한다.

**Source Coordinate System Name 원좌표 체계명** 측지학적 지구 타원체의 투영된 좌표가 입력되면 투영법에 대한 구체적인 식별이 요구된다.

**Source Data 원시 자료** 각종 정보원에서 취해진 최초의 자료로서 지도(Maps) · 도면(Drawing) · 대장(Cards) · 조서(Records) 및 기타 자료 등을 말한다.

**Source Date/Time 원자료 일/시** 원자료 정보가 수집된 일자/시간을 말한다.

**Source Date/Time Precision 원자료 일/시의 정확도** ISO의 일자 및 시간 단위로 표시된 시간적 불확정 요일을 말한다.

**Source Date/Time Determination Method 원자료 일/시 결정 방법** 원자료 정보 일/시가 결정된 원칙을 말한다.

**Source Datum 원자료 기준계** 원자료에서 사용된 공간 기준계를 말한다.

**Source Description 원자료 설명** 자료의 제작에 사용된 정보(임무 · 매개 변수 · 원자료)에 대한 기술을 말한다.

**Source Extent 원자료 범위** 원자료 정보가 적용된 공간, 수직 및 시간 영역을 말한다.

**Source Extent Bounding Area Type 원자료 범위 영역 유형** 표현되는 영역의 유형을 말한다.

**Source Extent Coordinate String 원자료 범위 좌표열** 원 자료가 커버하는 영역을 정의하는 연속적인 X, Y좌표를 말한다.

**Source Information 원자료 정보** 자료들의 자료 출처에 대한 정보를 말한다.

**Source Material 원시 자료** 지도 제작 · 도표화 · 측지학 생성을 만드는데 요구되는 자료의 형태. 원시 자료는 스케치 · 지도 · 차트 · 지형학 · 수로학 · 측고법 · 자기학 · 측지학 · 해양학 · 기상학 정보, 그리고 지도 제작 또는 차트화하기 위한 영역의 지형과 지물에 관한 리포트를 포함한다.

**Source Program 원시 프로그램** 고급언어 또는 어셈블리어 등과 같이 기호 언어를 사용하여 작성된 프로그램이다.

**Source Scale Denominator 원자료 축척의 분모** 지도상에서 표현(예 : 1/5,000일 경우 5,000)되는 축척의 분모값을 말한다.

**Source Step 원시자료 진행** 원시자료에 대한 제작 과정에서의 이벤트에 대한 정보를 말한다.

**Source Time Period of Content 출처 이용 가능 기간** 출처 자료들의 이용 가능 기간을 말한다.

**South Bounding Coordinate 남쪽 경계 좌표** 위도로 표시되는 영역의 가장 남쪽 좌표를 말한다.

**South Bounding Latitude 남쪽 경계 위도** 위도로 표현된 남쪽 군 범위의 최남단 좌표를 말한다.

**South Pole 남극(南極)** 지구의 자전축이 남쪽에서 지표면과 만나는 점을 말한다.

**Sovinformsputonik 소빈폼스푸트니크** KVR-1000을 참조.

**SOW(Statement of Work) 작업 지시서** 고객의 요구 사항 및 프로젝트의 결과 등을 상세히 기술해 놓은 명세서로서, 상호 기대 사항을 공유하고 의사소통을 증진시키기 위한 것으로서, 프로젝트 계획서의 일부 혹은 전부가 포함될 수 있다.

**Space Coordinate System 공간 좌표계** Space Rectangular Coordinates를 참조.

**Space Imaging 스페이스 이미징** IKONOS-2를 참조.

**Space Intersection 공간 전방 교회** 공간 후방 교회(Space Resection)에 의해 결정된 6개의 표정 인자와 상점(X, Y)을 이용하여 임의 3차원 좌표(X, Y, Z)를 구하는 처리 루틴을 말한다.

**Space Oblique Mercator(SOM) 우주 경사 메르카토르** SOM (Space Oblique Mercator)를 참조.

**Space Photogrammetry 우주 사진측량(宇宙寫眞測量)** 탐측기(Sensor)가 탑재된 인공위성을 이용하여 우주의 혹성·위성·인공위성을 대상으로 한 사진 측량을 말한다.

**Space Probe 우주 탐사체** 우주 탐사체는 승무원이 없이 고정밀의 탐사기계를 이용하여 우주의 다양한 자연 현상을 탐사하는 것이다. 궤도 운동을 하는 인공위성과는 달리 우주 탐사체는 충분한 연료를 가지고 지구의 중력장을 벗어나 행성들 사이를 운항하며 임무를 수행한다. 우주 탐사체의 궤적은 지상 통제실에 의한 전파명령과 자체 컴퓨터에 의해 조정되며, 임무 수행 중 획득하는 데이터 역시 지상의 자료 처리국으로 전송된다. 따라서 임무에 따라 자력계, 방사능 측정계, 텔레비전 카메라 등의 다양한 센서들을 탑재하고 있으며, 이로부터 얻어지는 자료는 과학자들이 우주의 기원, 행성의 진화 및 환경을 연구하는 데 큰 도움이 된다.

**Space Resection 공간 후방 교회** 지도상에 자기의 위치를 알지 못할 때 이용하는 방법으로 2개 또는 3개의 미지(未知)의 지점이나 찾기 쉬운 지형지물 또는 이미 알고 있는 산봉우리 및 지형지물을 이용하여 자기의 위치를 알아내는 방법이다.

**Space Segment 우주 부분** GPS는 우주 부분(SS, space segment), 제어 부분(CS, control segment), 사용자 부분(US, user segment)로 구성되어 있다.

우주 부분(SS)은 궤도를 도는 GPS 위성(또는 Space Vehicles, SV)을 의미한다. GPS는 24개의 인공위성이 6개의 궤도면 상에 분포하도록 설계되었다. GPS 위성의 평균 수명은 약 8년 정도이다. 궤도면의 중심은 지구의 중심과 일치하며 각 궤도면은 지구 적도면으로부터 55°만큼 기울어져 고정되어 있다. GPS 위성의 고도는 약 20,200 km이며, 궤도 반경은 약 26,600 km이다. 항성일마다 궤도를 2번 일주하며, 각각의 GPS 위성은 지상의 한 점을 하루에 1번 통과하게 된다. GPS 궤도는 지상의 대부분 위치에서 최소한 6개의 GPS 위성을 관측할 수 있도록 배열되어 있다. 2012년 12월까지 32개의 GPS 위성이 운용 중이다. 추가 위성들은 기본 위성에 문제가 발생할 경우의 백업 역할을 함과 동시에 GPS 수신기의 정밀도를 향상시키는 데에 이용된다. 1978년부터 1985년까지 초기에 발사된 GPS 위성들을 Block-I/IA로 분류하며 현재 이들 위성은 모두 퇴역하였다. 1989년부터 발사된 위성들은 Block-II로 분류되며 1995년에 완전작전능력이 선언되었다. Block-IIR 위성은 1997년부터 기존의 Block-II/IIA 위성을 대체하기 시작하였다. Block-IIR 위성은 중앙처리장치를 재프로그래밍할 수 있도록 개선되었으며, 또한 새로운 군사용 신호인 M-코드 신호를 L1과 L2 채널에, 민간용의 개량된 신호인 L2C 신호를 L2 채널에 담아 송신하는 기능이 추가되었다. Block-IIR의 개량형인 Block-IIR-M 위성은 2005년 발사되었다. Block IIF 및 Block III가 추진 중에 있다.

**Space Shuttle 우주 왕복선** 200~350km의 고도에서 일반적으로 고해상도 영상을 촬영할 수 있지만, 단기간 부 정기적인 관측만이 가능하다.

**Space Station 우주정거장** 지구궤도에 건설되는 대형 우주 구조물로서 사람이 반영구적으로 생활하면서 우주실험이나 우주 관측을 하는 기지를 말한다.

**Space Surveying 공간측량(空間測量)** 공간상에 있는 항성, 기기, 관측점 등에 의한 측량으로 천문측량, 인공위성측량(GPS, SPOT 등), 초장기선간섭계(very long baseline interferometry, VLBI)측량, 레이저측량, 사진측량 등을 말한다. Extra-Terrain Surveying이라고도 한다.

**Space Technology 우주 기술** 측지학의 분야에서 전파성이나 인공위성을 이용하는 고정밀도의 측량 기술. 구체적으로 초장기선 간섭계 (VLBI), 인공위성 레이저 측량기 및 GPS측량 등이 이에 속한다.

**Space Time Composite Model 시공간 복합 모델** 시공간 복합 모델은 어떤 시작 시간에서의 2차원 상황(레이어)으로부터 출발한다. 나중에 대상물에 변화가 발생하면, 이것을 처음 레이어에 투영하여, 기존의 대상과 중첩 연산을 함으로써, 점진적으로 폴리곤 Mesh가 증가하게 된다. 시간이 지날수록 점점 더 많은 폴리곤이 저장된다. 이 Meshdp에 있는 모든 폴리곤에는 속성으로서 역사가 저장된다. 속성 영역은 고정되고 공간 영역은 변화한다.

**Space Time Cube Model 시공간 입방체 모델** 이 모델은 2차원 공간(x, y축 방향)을 기반으로, 대상이 시간축(X축 방향)으로 기록됨으로써 3차원 입방체를 만드는 방법이다. 이 모델은 유효시간만을 다룰 수 있다. 속성의 영역은 고정되고 공간적 영역은 변화한다.

**Space Vehicle(SV) 위성** SV(Space Vehicle)를 참조.

**SPACEN 공간정보산업진흥원** 공간정보 오픈플랫폼(브이월드) 등 국가가 보유한 공간정보를 누구나 쉽게 활용해 새로운 비즈니스를 창출할 수 있도록 지원하기 위해 설립된 재단이다.

**Spaghetti 스파게티 자료구조** 벡터 자료구조에서 공간 정보를 저장하는 자료 모형 · 점 · 선 · 다각형을 단순한 좌표 목록으로 저장되기 때문에 위상관계가 정의되지 못한다. 스파게티(Spaghetti) 자료 구조는 X, Y좌표의 나열에 의한 선의 연결을 의미한다. 점은 X, Y좌표로 나타나며, 선은 이러한 좌표들의 나열에 의해 표현된다. 다각형에 의해 표현되는 영역은 경계를 나타내는 X, Y좌표들의 연결로 나타낸다. 인접 다각형을 나타내는 경계는 각 다각형에 각각 한 번씩, 두 번 기록된다. 이러한 정보를 가진 공간 정보는 고유의 구조를 가지지 않은 좌표의 나열로 나타난다. 그래서 국수 가락처럼 길게 연결되어 있다 해서 스파게티 자료 구조라고 부른다. 이 자료 구조는 매우 간단하고 이해하기 쉽다. X, Y좌표의 자료 파일은 실제적인 자료 구조이다. 이는 공간 정보가 컴퓨터에 저장된 그런 형태를 가진다. 모든 공간적 특징을 기록할 수는 있지만, 이 특징들 사이의 공간 관계는 입력되지 않는다. 스파게티 자료 구조는 공간 관계가 계산에 의해서 나오기 때문에 공간 분석에는 비효율적이다. 그러나 공간 관계와 같은 정보는 그리는 작업에는 불필요한 정보이므로, 수치 지도를 다시 만드는 경우에는 효율적인 자료이다.

**Spaghetti Data 스파게티 자료** 객체 속에 위상적으로 구조화되거나 조직화되지 않고, 기하학적으로 분명하지 않는 선형 세그먼트로 구성된 벡터 자료. 스파게티 자료는 필요한 모든 것이 사각 영상이나 지도 도면이고, 공간 분석이 수행될 수 없을 때 유용할 수도 있다. 이것은 자료가 특별히 부호화될 필요가 없기 때문이고 비싼 과정이 될 수 있다.

**Spaghetti Lines 스파게티 선** 교차하거나 1번 이상의 경로를 지나는 호를 가진 선 유형이다.

**Spaghetti Model 스파게티 모형** 초기의 자료 저장 방식으로, 점은 하나의 X, Y좌표로, 선은 X, Y좌표의 연속으로 면은 다각형으로 표현되어 닫힌 상태의 루트를 나타내는 X, Y좌표의 연속으로 표현한다. 이 모형은 단순하며 이해하기 쉬우나, 공간상의 객체 상호 연관성, 즉 연결성 · 계급성 등은 파악되지 못한 단점이 있다.

**Spam 스팸** 전자 매체를 통해 무차별적으로 전송되는 원치 않는 메시지를 말한다.

**Spam Blog 스팸 블로그** 검색엔진 트래픽을 유발해서 광고를 하기 위한 목적만으로 만들어진 블로그를 말한다.

**Spatial 공간** GIS에서 다루는 공간의 개념은 지형 정보를 해석하는 데 필요한 대상물들 사이의 상호 위치 관계와 제반 학술적 현상의 발생 영역 또는 범주라고 할 수 있다.

**Spatial Aggregation 공간 통합** 동종한 속성 값을 가지는 형상의 군집화에서 형성된 경계들을 가지는 다각형(Polygon)을 생성하기 위한 공간 분석 기능은 서로 다른 속성을 갖고 있는 별개의 다각형을 1개의 다각형으로 통합시키는 기능으로서, 이는 행정 구역별로 있는 자료 또는 도시 계획 구역별로 있는 속성 자료를 필요에 따라 통합시킬 때 유용하게 활용된다.

**Spatial Analysis 공간 분석** 공간 데이터를 분석하여 유용한 정보를 추출하는 것이다. GSIS의 가장 중요한 기능은 의사 결정 지원을 위하여 공간 자료와 속성의 분석을 가능케 하는 것으로, 공간적 특징들에 대해 새로운 정보를 추출하거나 작성하는 과정, 특징의 분포, 네트워크 또는 영역 및 이들 특징 사이의 관계를 결정하는 기술로서, 공간 분석은 적합성 평가, 추정과 예측, 지리 지형과 현상의 위치와 분석을 해석하고 이해하는데 유용하다. 그러므로 공간 분석이란 간단한 산술, 논리 연산에서 복잡한 모형 분석까지를 말한다. 공간 분석에는 인접성 분석, 지표면 분석, 연결성 분석, 래스터 분석의 4가지 유형과 위상적 중첩(Topological Overlay)이 있다.

**Spatial and Attribute DB(Database) 공간 및 속성 데이터베이스** 공간 DB는 화면에 지도를 출력하기 위해 필요한 건물의 경계, 도로 중앙 분리대, 호수 등과 같은 geometry 데이터를 저장한다. 지도 DB는 그래픽 출력을 위한 데이터를 저장하는데 비해 공간 DB는 공간 데이터를 피쳐(feature) 단위의 객체로 저장한다. 속성 DB는 공간 DB에 저장된 공간 데이터에 대한 비공간 데이터 값을 저장하고 있는 DB로서 공간 DB의 레코드와 1 : 1 매핑된다. 속성 DB는 공간 DB와의 연관성이 매우 크므로 효율적인 처리를 위하여 물리적으로 공간 DB와 같이 저장되기도 한다. 지도의 현장 수정을 위한 매핑 분야에서는 공간 DB와 속성 DB를 명확히 구별할 수 없고 화면출력을 위한 그래픽 요소 형태로 주로 도엽단위의 캐드 파일로 저장된다. 시설물 관리 분야에서는 공간 DB 및 속성 DB는 시설물에 대한 DB를 의미하고 사람이 인식하기 쉽도록 단순 화면출력을 위한 보조적인 지형도는 다음에 설명할 지도 DB로 분리하여 취급하기도 한다. Map DB(Database)를 참조.

**Spatial Archive and Interchange Format(SAIF)(Canadian) 공간자료 압축 및 교환형식(캐나다), 새이프** SAIF(Spatial Archive and Interchange Format)(Canadian)를 참조.

**Spatial Attribute 공간 속성** ① 지리적 형상의 공간적 특성을 나타내는 형상 속성. ② 좌표나 수학적인 함수, 경계 위상 관계 등으로 지물의 공간적 표현을 기술하는 속성을 말한다.

**Spatial Autocorrelation 공간 자기 유사성** 하나가 변할 때 다른 것이 변하는 2개 이상의 공간 변수 사이에 존재하는 관계의 정도를 설명하는 용어이다. 이 변화는 예를 들어, 토양이나 수림 형태에 양 또는 음으로 위존하는 높은 유사성 관계를 갖는다. 공간분석을 사용한 공간 자동수정의 일반적인 측정은 Moran's I와 Geary's C 이다.

**Spatial Autocorrelation Principle 공간 자기 유사성의 원리** 공간에서 가까운 위치는 비슷한 값을 가진다는 원리를 말한다.

**Spatial Continuity 공간적 연속성** 1장의 영상에 넘어서는 지물은 연결되어야 한다. 예를 들어, 도로는 연속적인 선상에 있어야 하며, 영상이 이어지는 지점에서 뛰어넘는 현상이 일어나서는 안 된다. Edge Matching을 참조.

**Spatial Correlation 공간 상호 관계** 상대적인 위치가 서로 다른 공간적인 요소들 사이에 존재하는 관계성의 강도를 결정하는 정도를 측정하는 것을 의미한다.

**Spatial Data 공간정보** 지상·지하·수상·수중 등 공간상에 존재하는 자연적 또는 인공적인 객체에 대한 위치정보 및 이와 관련된 공간적 인지 및 의사결정에 필요한 정보를 말한다(「국가공간정보기본법」 제2조 제1호).

**Spatial Database 공간 자료 기반** 공간 데이터베이스란 수치지도를 이용하여 입력된 공간 및 속성자료가 입력, 검색, 수정 등이 용이하게 이루어질 수 있도록 형성된 정보의 보관소이다. 공간 데이터베이스에서는 수치지도와 관련된 공간 속성자료가 공간 색인에 의하여 상호 연결되어 수치지도의 중첩과 같은 공간 분석시 색인에 의하여 각각의 공간객체에 관련 속성보가 연결될 수 있도록 하였다.

**Spatial Database Engine(SDE) 에스디이, 공간 자료기반 엔진** SDE(Spatial Database Engine)를 참조.

**Spatial Data Clearinghouse 공간정보 유통 관리기구** 공간 정보와 관리자, 그리고 이용자를 인터넷 등의 컴퓨터 통신망으로 연결시켜 공간 정보 이용의 극대화를 추구하도록 행정적, 제도적 뒷받침을 하는 기구이다.

**Spatial Data Database 공간정보 데이터베이스** 공간정보를 체계적으로 정리하여 사용자가 검색하고 활용할 수 있도록 가공한 정보의 집합체를 말한다(「국가공간정보기본법」 제2조 제2호).

**Spatial Data Handling 공간 자료 처리** Geoinformation data Handling을 참조.

**Spatial Data Industry Promotion Act 공간정보산업 진흥법** 이 법은 공간정보산업의 경쟁력을 강화하고 그 진흥을 도모하여 국민경제의 발전과 국민의 삶의 질 향상에 이바지함을 목적으로 한다(「공간정보산업 진흥법」 제1조). 「공간정보산업 진흥법」은 법률 제12735호에 의거 일부 개정되었으며, 2015년 6월 4일부로 시행되었다.

• 개정이유 : 공간정보기술자에 대한 체계적인 관리를 위하여 공간정보기술자의 정의 규정을 신설하고, 공간정보산업의 육성과 발전을 위하여 공간정보사업자 및 기술자의 신고 규정을 마련하며, 현재 국토교통부장관이 공간정보산업을 효율적으로 지원하기 위하여 공간정보산업진흥지원기관을 지정하도록 한 규정을 대체하여 공간정보산업진흥원의 설립·운영의 근거를 마련하고, 공간정보산업진흥원의 수익사업 및 민간의 출연·기부 등의 근거를 신설하여 그 기능을 활성화하는 한편, 공간정보기술자도 공간정보산업협회의 구성원이 될 수 있도록 개선하고 설립등기, 발기인, 정관, 설립인가, 사업, 감독 등 공간정보산업협회와 관련된 제반 규정을 신설하며, 공간정보산업의 개념에는 측량업 및 지적측량업이 포함되는바, 「공간정보구축 및 관리 등에 관한 법률」에서 설립 근거가 삭제된 측량협회 및 지적협회를 이 법에 따라 설립된 공간정보산업협회 중 하나로 보도록 하며, 그 밖에 국토교통부장관이 공간정보산업에 관한 통계를 작성하여 관리할 수 있도록 하는 등 공간정보산업과 관련한 제도 전반을 정비하려는 것이다.

• 개정 주요내용 : (1) 국토교통부장관이 공간정보산업에 관한 통계를 작성하여 관리할 수 있도록 함(제5조의2 신설). (2) 국가공간정보를 공간정보를 이용하려는 자에게 제공할 수 있도록 함(제6조). (3) 공간정보사업을 영위하려는 자 및 공간정보기술자는 국토교통부장관에게 신고하도록 함(제22조의2 및 제22조의3 신설). (4) 공간정보산업진흥지원기관 제도를 폐지하고, 그 대신 공간정보산업진흥원의 설립·운영근거를 신설함(제23조 및 부칙 제2조). (5) 공간정보기술자도 공간정보산업협회의 구성원이

될 수 있도록 하고, 설립등기, 발기인, 정관, 설립인가, 감독 등 공간정보산업협회와 관련한 제반 규정을 신설함(제24조). (6) 「공간정보구축 및 관리 등에 관한 법률」에서 측량협회 및 지적협회의 설립 근거가 삭제됨에 따라 해당 협회를 이 법에 따른 공간정보산업협회로 보도록 하고, 법 시행 후 6개월 내에 정관을 변경(부칙 제3조)하도록 함이다.

**Spatial Data Integration 공간 자료 통합** 복수의 공간 자료들을 조합하고 그것들의 저장·검색·분석, 그리고 눈에 띄는 조판법을 대비하는 과정이다.

**Spatial Data Manipulation Language(SDML) 공간 데이터 조작 언어** SDML(Spatial Data Manipulation Language)를 참조.

**Spatial Data Mining 공간데이터마이닝** 공간적 자기상관성과 공간적 이질성을 고려할 뿐 아니라 대용량의 공간 데이터 내에 잠재하고 있는 유용한 정보들을 분석할 수 있는 방법으로써 지리적 위치와 공간자료의 잠재된 지식을 추출하는 기법이다.

**Spatial Data Model 공간 자료 모형** 형상의 공간특성을 표현하는데 필요한 클래스 및 관계들의 집합이다.

**Spatial Data Organization 공간 정보 구성** Spatial Data Organization Information을 참조.

**Spatial Data Organization Information 공간 자료 구성 정보** 공간 자료를 암호화(Encoding)하기 위해 어떠한 공간 자료 모형(래스터나 벡터 모형 등)이 사용되었으며, 얼마나 많은 공간 객체가 구축되었으며, 좌표값 이외에 장소를 인지하는 방법(직접적 : 위도 및 경도, 간접적 : 가로 주소나 우편 번호)은 무엇인가에 대한 내용 등을 수록한 것으로 메타데이터 구성 요소의 한 항목이다.

**Spatial Data Representation Information 공간 자료 표현 정보** 자료군에서 공간 정보를 표현하기 위해 사용된 메카니즘과 관련된 정보를 말한다.

**Spatial Data System 공간정보 체계** 공간정보를 효과적으로 수집·저장·가공·분석·표현할 수 있도록 서로 유기적으로 연계된 컴퓨터의 하드웨어, 소프트웨어, 데이터베이스 및 인적 자원의 결합체를 말한다(「국가공간정보기본법」 제2조 제3호).

**Spatial Data Trasfer Standard(SDTS) 에스디티에스, 공간자료교환표준** SDTS(Spatial Data Trasfer Standard)를 참조.

**Spatial Data Warehouse(SDW) 공간정보 데이터 웨어하우스** SDW(Spatial Data Warehouse)를 참조.

**Spatial Datum 공간 기준면** 좌표 위치 정보를 위한 기준으로서 제공되는 자료를 말한다.

**Spatial Decision Support System(SDSS) 공간 의사결정 지원 체계** SDSS(Spatial Decision Support System)를 참조.

**Spatial Deletes 공간 삭제** 특정 목적을 위하여 데이터를 읽고 선별하기 위하여 사용되는 기능으로, 어떠한 대상물의 점·선·면에 대하여 일정한 거리 이내 및 이상지역에 대한 적용이 가능하다.

**Spatial Distribution 공간 분포** 지리적 공간에서 조사된 도형, 객체 및 측량값의 입지를 말한다.

**Spatial Domain 공간 영역** 공간적 영역으로 래스터 자료에서는 영상자료의 일반적 영역, 위치에 대한 밝기값을 말한다.

**Spatial Enhancement 공간 강조** 강조하려는 픽셀의 주변 픽셀들을 조절하여 수행하는 방법. 가장 낮거나 가장 높은 픽셀값들의 차이인 공간 주파수를 다룬다. 일반적으로 공간 강조는 여러 가지 필터 카널(Filter Kernel)을 이용한 회선법이나 커널을 이용하지 않고 자체 픽셀 값만으로 수행되는 일반 필터링으로 이루어진다.

**Spatial Entity 공간 객체** 공간객체의 구성은 기본적으로 점·선·면, 3가지 구성요소로 나뉘어진다.

**Spatial Entity Registry Number 공간 객체 등록번호** 공간정보를 효율적으로 관리 및 활용하기 위하여 자연적 또는 인공적 객체에 부여하는 공간정보의 유일식별번호를 말한다(「국가공간정보기본법」 제2조 제7호).

**Spatial Extent 공간 범위** 공간 및 시간 범위 합성에서 공간범위 컴포넌트를 말한다.

**Spatial Feature 공간 형상** 공간객체와 공간형상의 구성관계 시각화를 말한다. Geographic Feature를 참조.

**Spatial Filter 공간 필터** 공간 필터는 이미지의 향상을 위해 사용된다. 공간 필터에는 Low Pass 필터와 High Pass 필터 등이 있는데, Low Pass 필터는 잡음과 같은 높은 공간 주파수(Frequency)의 데이터를 제거하고, High Pass 필터는 스트라이프(Stripe)와 같은 낮은 공간 주파수의 데이터를 제거하는데 사용된다.

**Spatial Filtering 공간 필터링** 각종 공간 필터를 사용하여 원영상을 재현하기도 하고, 강조하기도 하여, 특징을 추출할 수 있도록 그의 질을 개선하는 변환을 말한다. 한 영상의 정보내용 중 사용자가 관심을 가지고 있는 영상의 어느 부분을 증폭시키거나 강조시키기 위한 강조 방법(Enhancement Methods)들을 위색 영상이나 영상 대비(Contrast)변환에 의해 이루어질 수 있으나, 각각의 경우 영상 디스플레이 기억장치 내에 잡힌 수치값은 변환되지 않는다. 다시 말하면, 방사적 강조 처리와는 달리 처리 수행과 동시에 원래 영상의 픽셀값들 자체도 변환되는 강조 방법을 필터링이라 한다. 영상에 나타날 수 있는 수평 밴드 형태와 노이즈(Noise)제거를 위한 필터링 방법이 개발되었고, 다른 측면으로, 영상의 불선명(Blurring)을 감소시킴으로써 좀 더 미려한 영상을 만들기 위해 영상의 색조와 톤(Tone)이 비교적 비슷한 지역들의 경계(Edge)와 같은 관심 형상(Feature)들의 강조를 원할 때도 필터링을 수행한다. 하나의 디지털 필터(Digital Filter)는 영상 내에서 원하는 스케일 구성요소 추출에 이용될 수도 있다. 다음의 자주 이용되는 필터링 방법들이다. *컨볼루션 필터링(Convolution Filtering〈Low Frequency & High Frequency〉), *크리스프 필터링(Crisp Filtering〈High Frequency〉), *어댑티브 필터링(Adaptive Filtering), *미디언 필터링(Median Filtering Frequency〈Low Frequency〉), *모드 필터링(Mode Filtering〈Low Frequency〉), *무빙 필터링(Moving Averge Filtering〈Low Frequency〉).

**Spatial Frequency 공간 빈도, 공간 주파수** 공간 주파수란 래스터 영상이나 지도의 특정 부분에서 발생하는 단위 거리당 화소값의 변화되는 수이다. 즉, 영상 내의 어떤 지역에서 밝기값의 변이가 크지 않다면 이 지역은 낮은 주파수 영역이라고 볼 수 있다. 반면 어떤 지역에서 주변지역들 사이에 밝기값 변이가 상당히 크다면 이 지역은 높은 주파수 영역이라고 볼 수 있다. 공간주파수 필터는 고주파영역과 저주파영역의 분리를 통해 영상의 강조나 평활화 효과를 구현하는데 사용된다.

**Spatial Frequency Filtering 공간 주파수 필터** 영상의 주기적 요소에 대한 특성화. 인접 화소들 사이의 밝기값의 변화가 고주파이다. 같은 밝기값을 가지는 영역이나 영상의 밝기값이 천천히 변화하는 부분은 저주파이다.

**Spatial Identification 공간 식별자** 경계선 집합 내의 지형 위치에 기반하여 지형 속성(예, 도·군·우편 번호 등)을 지정하는 공정을 말한다.

**Spatial Image 공간 영상** 지도학적 공간을 점유하거나, 어떤 지상 좌표계(경도·위도)에 따른 위치 정보를 가지는 영상을 말한다.

**Spatial Imagery Information 공간영상정보** 위성영상, 항공사진 등 원격탐사 자료로부터 만들어지는 래스터 형태의 공간정보. 정사 영상, 고도 정보, 토지 피복 영상, 구름 분포 영상 등이 있다.

**Spatial Imagery Information System(SIIS) 공간영상정보 시스템** SIIS(Spatial Imagery Information System)를 참조.

**Spatial Indexing 공간 색인** 커버리지의 하나 또는 그 이상의 지형 요소에 대하여 형상 기준 색인(Feature-Based Index)을 써서 커버리지의 작도(Drawing), 선택(Spatial Selection)과 지형 요소의 확인(Identification)을 빠르게 처리하도록 하는 방법을 말한다.

**Spatial Information 공간정보(空間情報)** 지상·지하·수상·수중 등 공간상에 존재하는 자연적 또는 인공적인 객체에 대한 위치정보 및 이와 관련된 공간적 인지 및 의사결정에 필요한 정보이다(「국가공간정보기본법」 제2조 제1항 및 「국토지리정보원 공간정보 표준화지침」 제2조 제1항). 즉, 지상·지하·수상·수중 등에 존재하는 자연적, 인공적인 물체에 대한 위치정보 및 속성정보는 공간정보이다.

**Spatial Information Database 공간정보 데이터베이스** 공간정보를 체계적으로 정리하여 사용자가 검색하고 활용할 수 있도록 가공한 정보의 집합체를 말한다(「국가공간정보기본법」 제2조 제2호). 「국가공간정보기본법」 제21조 제1항 및 제2항에서는 공간정보 데이터베이스의 관리기관은 해당 기관이 생산 또는 관리하는 공간정보가 다른 기관이 생산 또는 관리하는 공간정보와 호환이 가능하도록 공간정보와 관련한 표준 또는 기술기준에 따라 공간정보데이터베이스를 구축·관리하고, 공간정보데이터베이스가 최신 정보를 기반으로 유지하도록 규정하고 있다.

**Spatial Information Enquiry Service(SINES) 공간정보 질의 서비스** SINES(Spatial Information Enquiry Service)를 참조.

**Spatial Information Industry 공간정보산업** 공간정보를 생산·관리·가공·유통·활용 또는 다른 정보·기술과 융합해 시스템을 구축하거나 서비스를 제공하는 산업으로서 공간정보, 디지털 맵, GPS, LBS, u-City 등과 융·복합하며 수많은 분야에 활용되고 있다.

**Spatial Information Open Platform 공간정보 오픈 플랫폼** 국가 또는 민간이 보유하고 있는 공개 가능한 공간정보를 모든 국민이 자유롭게 활용할 수 있도록 다양한 방법 제공하는 컴퓨터 플랫폼을 말한다.

**Spatial Information System 공간정보체계** 공간정보를 효과적으로 수집·저장·가공·분석·표현할 수 있도록 서로 유기적으로 연계된 컴퓨터의 하드웨어, 소프트웨어, 데이터베이스 및 인적자원의 결합체를 말한다(「국가공간정보기본법」 제2조 제3호).

**Spatial Intelligence 공간 지능** 시각 또는 공간정보를 인식할 수 있는 능력이다.

**Spatial Interaction Model 공간 상호작용 모형** 거리에 기초하여 접근성과 주요 측면에서 원점과 끝점 사이의 사람, 재화와 용역의 흐름과 이동을 분석하기를 시도하는 모델의 형태. 그것들은 접근성과 수요를 고려한 서비스의 최적 위치를 결정하기 위해 사용된다. 중력 법칙으로 알려진 일반 공간 교차 모델에 여러 종류가 있으며, 모두 일반적인 형태를 갖는다.

**Spatial Interpolation 공간 보간** 측정 혹은 표본추출(sampling) 되지 않은 측점의 값을 추정하는 데 사용된다. 공간 보간은 공간적으로 서로 가까이 측점값들은 '양(+)의 공간적 자기상관'이라 하며, 유사한 값의 속성을 갖는 경향이 있다는 개념에 기초한다. ① 역거리 가중(Inverse Distance Weighted, IDW) 보간법 : 가까이 있는 실측값에 더 큰 가중 값을 주어 보간하는 방법으로서, 거리가 가까울수록(거리 값이 작을수록) 높은 가중 값이 적용되기 때문에 역거리 가중법이라고 한다. 반대로 실측값으로부터 멀어질수록 가중되는 값의 영향력은 줄어든다.

② 크리깅(Kriging) 보간법 : 크리깅은 관심 있는 지점에서 특성치를 알기 위해 이미 그 값을 알고 있는 주위의 값들의 선형 조합으로 그 값을 예측하는 지구통계학적 기법이다. 이 방법은 보간을 위해 주위의 실측값들을 선형으로 조합하며, 통계학적인 방법을 이용하여 값을 추정한다. IDW가 실측점 사이의 값을 추정하는 것에 비해 크리깅은 주변의 많은 측정값을 통계적으로 분석하여 값을 추정한다. 즉, 값을 추정할 때 실측값과의 거리뿐만 아니라 주변에 이웃한 각 측정 값 사이의 상관강도를 반영한다.

**Spatial Join 공간 결합** 특정 지점에서 각 지점까지의 거리를 계산할 때 사용한다.

**Spatial Modeling 공간 모형화** GIS로 적용되는 분석 과정. GIS에서 지형, 지물에 적용할 수 있는 공간적인 모형화에는 3가지 종류가 있다. ① 대상물 간의 유클리드 거리를 계산하거나 대상 지역을 만들고 면적과 둘레를 계산하는 등의 가하모형. ② 위상적(Topological) 중첩과 같은 일치 모델. ③ 인접모델(경로 탐색, 구역의 재설점, 할당) 3가지 모형 모두 점·선·면·틴·격자 같은 공간 자료의 처리를 지원한다. 모형화의 기능은 분석을 위해 원하는 정보를 이끌어내기 위한 순서적인 단계로 구성된다.

**Spatial Motion Interface 공간 동작 인터페이스** 손으로 종이를 집는 것처럼 화면 위에 있는 영상들을 이리저리 배치하거나, 종이를 구겨서 휴지통에 넣는 것처럼 입체적으로 정렬할 수도 있는 동작 인식 인터페이스를 말한다.

**Spatial Object 공간 객체** ① 현상을 수치적으로 표현한 공간객체를 말한다. ② 벡터모형, 래스터 모형, 행렬 모형으로 분류된다.

**Spatial Operation 공간 연산** a measurement framework that identifies a particular category, then maps the location of that object(as a point, a line or an area).

**Spatial Operator 공간 연산자** 연사자의 정의역 또는 차역에 최소한 하나의 공간 매개 변수를 가지는 연산자를 말한다.

**Spatial Pattern Recognition 공간 형태 인식** 자신을 둘러싼 다른 픽셀들과 픽셀 자신과의 공간적인 관계에 따라 영상의 모든 픽셀들을 항목화하는 것이다.

**Spatial Phenomena 공간 현상** 속성을 가지는 실세계를 표현하는 공간 실체를 말한다.

**Spatial Precision 공간 정밀도** Precision을 참조.

**Spatial Presumption 공간 추정** 이미 속성값을 알고 있는 일정 지역 내에 속한 특정 지점의 속성값을 알기 위하여 사용하는 방식이다. 이 방식에는 경계선 이용 기법과 표면분석 기법이 주로 사용된다.

**Spatial Primitive 공간 기본 객체** 공간 스키마에 정의된 기하 기본 요소 또는 위상 기본 요소를 말한다.

**Spatial Query 공간 질의** 위치나 공간관계에 기초하여 지형물을 선정하는 과정으로서, 즉 사용자가 지도상에 위치한 사상의 속성이나 지도의 영상면출력(Display)이나 찾는 것을 가능하게 하는 GIS의 기능이다. 예를 들어, 도로의 300m 내의 모든 지형·지물을 검색해라.

**Spatial Reference 공간 참조, 공간 기준** 지표상의 위치를 확인할 수 있는 특정 위치나 지구 표면에 있는 위치에 관계된 정보의 표시나 코드값 등으로 사용된 지도 투영법의 이름, 매개 변수, 격자 좌표 기법에 대한 정보 등이 포함된다.

**Spatial Reference By Coordinates 좌표에 의한 공간 기준** 좌표를 키로서 지형·지물의 위치를 특정하는 좌표 기준계를 정의하여, 이로써 여러 가지 지형·지물의 위치적 정합이 가능하다.

**Spatial Reference By Geographic Identifiers 지리 식별자에 의한 공간 기준** 지리적인 식별자, 예를 들면, 행정 구역 단위,

우편 주소, 도로 번호, 다른 것들 간에 키로써 점을 기반으로 한 공간 기준을 말한다.

**Spatial Reference By Geographic Identifiers System Citation 지리 식별자에 의한 공간 기준계명** 지리적 식별자 시스템을 설명하는 문서의 인용을 말한다.

**Spatial Reference By Identifiers 식별자에 의한 공간 기준** 특정한 지리적 위치에 명확히 대응시킬 수 있도록 정해진 지리적 식별자를 기반으로 하는 공간 참조. 예를 들면, 행정 구역 단위, 우편 주소, 도로 번호와 다른 것들 간에 킬로미터 점을 기반으로 한 공간 기준점을 말한다.

**Spatial Reference Framework 공간 기준 프레임워크** GIS에서 지형, 지물의 독립적이고, 관계적인 위치를 정의하는데 사용되고, 측량 관측에 기초한 좌표 체계를 말한다.

**Spatial Reference Information 공간 참조 정보** 자료군에서 좌표를 표현하기 위한 방법과 기준 프레임에 대한 설명. 좌표적 위치가 부호화(Encoding)되었는지의 여부, 사용된 투영법과 직각좌표 체계는 무엇이며, 수평, 수직 기준점에 대한 정보 제공과 다른 좌표 체계로 자료가 변환되기 위해서 사용된 매개 변수(Parameter)에 대한 정보를 수록하는 것을 말하며, 이는 메타데이터의 구성 요소의 한 항목이다.

**Spatial Reference System 공간 참조 체계, 공간기준계** 실세계 공간에서의 위치를 수학적으로 표현되는 벡터 공간에서의 좌표에 의한 기하학에 연관시키거나, 반대로 좌표값과 기하학을 실세계의 위치에 연관시키는 기능을 말한다. 공간참조를 실현하는 방법에는 공간 좌표에 의한 방법과 식별자에 의한 방법이 있다.

**Spatial Reference System(SRS) 공간기준계, 공간 참조 체계** SRS(Spatial Reference System)를 참조.

**Spatial Reference System Type 공간 기준 좌표계 유형** 자료군에서 공간점 위치정보를 나타내기 위해 사용된 기준 좌표계를 말한다. 예를 들어, 지형 식별자(Geographic Identifiers), 좌표(Coordinates) 등이 있다.

**Spatial Referencing System 공간 기준 체계** 실세계에서 위치를 규정하기 위한 체계를 말한다.

**Spatial Referense Model(SRM) 공간 참조 모델** SEDRIS (Synthetic Environment Data Representation & Interchange Specification)를 참조.

**Spatial Referential Information 공간 기준 정보** Spatial Reference Information을 참조.

**Spatial Relationships 공간 관계** 어떤 공간 차원에서 2개 이상의 요소 관계를 말한다. 예를 들어, 일정 도심 지역에 화재를 대비하여 소방서를 신축하는 경우, 소방서의 신축 지점에서 전 도심지역 내의 공간적 관계의 파악을 위한 도로망, 인구 밀집 상태, 소방서 신축 예정지 등, 이 모든 조건이 제각기 공간적 관계를 가지고 변화하는 만큼 지리 정보의 활용에 공간적 관계의 구현은 대단히 중요하다.

**Spatial Representation Info 공간 표현 정보** 자료군에 공간 정보를 표현하는데 사용된 수치 메커니즘을 말한다.

**Spatial Representation Type 공간적 표현 유형** 자료군 내에서 지리적 정보를 공간적으로 표현하는데 사용되는 방법을 말한다.

**Spatial Resolution 공간 해상도** [영상처리] 영상이나 사진에서 아주 가까운 별도의 물체를 구별하는 능력을 말한다. 보통 구별될 수 있는 가장 가까운 공간상의 선과 단위 거리로써 표현된다. 주변부의 이미 관측된 값에서 추출되지 않은 점에 대한 속성값을 예측하는 작업으로, 표본 추출 영역내의 특정 지정 값을 추정하는 기법이다.

**Spatial Resource Planning(SRP) 공간 자원관리 시스템** SRP (Spatial Resource Planning)를 참조.

**Spatial Schema 공간 스키마** 지형, 지물의 그 자체의 위치, 형상, 차원 및 방향 등을 나타내는 기하학적 특성과 지형, 지물간의 공간적인 접속 관계를 나타내는 위상적 특성으로 분류된다.

**Spatial Smoothing 공간 평활화, 공간 완만화** Smoothing을 참조.

**Spatial Temporal Extent 시공간 범위** 일시와 관련된 범위를 말한다.

**Spatial Temporal GIS 시공간 지아이에스, 4차원 지아이에스** 2차원 평면상의 공간자료에 국한되어 있던 GIS의 자료 영역을 확장하는 분야. 우선 지질학이나 대기 과학, 지하시설물 관리와 같은 GIS 응용에 필수적인 4차원 자료의 저장과 분석을 위하여 사용되고 있다. 또한, 지리적 현상의 공간적 분석에 시간의 차원을 고려하여, 시간의 변화와 공간 변화를, 또 그 상호 작용을 동시에 파악하고 분석할 수 있는 기능을 말한다.

**Spatial Topology 공간 위상** 공간 요소들 간에 근접성, 연결성과 같은 관계를 말한다.

**Spatial Triangulation Surveying 공간 삼각측량** 기구 등을 매개로한 공간 삼각망, 공간 삼변망에 의한 위치결정을 말한다.

**Spatial Unit 공간 단위** ① 특정한 속성값에 따라 지역을 세분화한 것을 말한다. 예를 들어, 영역(Region)을 말한다. ② 다른 형상의 공간 위치를 간접적으로 표현하는 지물 클래스를 말한다.

**Spatial Ware 스페셜 웨어** 미국의 맵인포 사에서 개발된 GIS 도구이며, 클라이언트/서버 아키텍쳐를 이용하여 관계형 데이터베이스에서 수행되는 객체 지향 공간 자료 엑세스 엔진이다. 스페셜 웨어는 대용량의 데이터베이스를 지원하고 공간 자료와 관련된 자료를 단일의 Oracle로 결합시킬 수 있어 2가지 유형의 자료를 쉽게 접근하고 사용할 수 있다. 스페셜 웨어는 RDBMS와 호환하여 GIS에서 지리적인 정보를 관리하는 일종의 DBMS로 일반적으로 사용하는 SQL표준에 근거한 자료 처리를 하고 있다.

**Spatially Enabled 공간적 활성** 공간 분석이 가능하게 추가된 지형 요소(경위도를 가지는 점, 수치화된 경계선과 선)를 가지는 자료를 말한다.

**Spatio-Temporal Data 공간과 시간상의 자료** 공간과 시간, 모두 관계된 자료를 말한다.

**Spatio-Temporal Database 공간과 시간상의 데이터베이스** 저장과 관리를 위해 설계된 데이터베이스. 대부분의 GIS는 공간자료에 맞춰 설계되었지만, 시간적 자료를 저장하고 조작하는 데는 제한된 능력만을 가지고 있다.

**SPDFDM(Standard Procedure and Data Format for Digital Mapping) 일본 수치지도 제작 자료 형식 표준** 사진 측량 자료의 취득과 교환을 위한 절차를 목적으로 만들어졌다. 항공 지도 제작과 관련된 대부분의 일본 항공 측량회사와 연합해서 개발되었으며, 일본 내 자료 제공자와 자료 사용자로부터 지지를 얻고 있는 표준이다.

**Spear Phishing 스피어 피싱** 가짜 인터넷 사이트를 만들어 놓고 이곳에 접속한 불특정 다수의 개인 정보를 훔치는 일반적인 '피싱(Phishing)'과 달리, 특정인을 목표로 한 피싱 공격을 말한다. 물속에 있는 물고기를 작살로 잡는 '작살 낚시(Spearfishing)'에 빗대 '스피어 피싱'이라 부른다.

**Spec 규격, 명세** ① Specification의 줄임말. ② 부품, 장치, 프로그램, 시스템 등의 주문, 설계에 필요한 부품 명, 수량, 성능, 특성, 조건 등 상세한 요구 사항을 기술하는 것. ③ 설계자가 작성하고, 시공자는 이에 입각하여 공사를 시행한다. ④ (촬영) 항공사진을 촬영함에 있어서 필요로 하는 기준이나 방침을 기술해 놓은 지침서를 말한다.

**Special Communication Software 의사교환 소프트웨어** 컴퓨터 체계가 복잡해질수록 컴퓨터망에서 많은 장치를 제어할 수 있는 운영 체계를 지원하는 특별한 의사교환 소프트웨어가 요구된다. 의사교환 소프트웨어로 수행되는 일반적인 기능은 복잡한 근거리 통신망 지원 및 원거리 통신망 지원, 통신망 간의 자료 교환 지원 등이며, 교통망 및 통신망의 문제 해결과 감시 기능에도 유용하다.

**Special Datum Plane 특별 기준면** 한나라에서도 멀리 떨어져 있는 섬에서는 본국의 기준면을 직접 연결할 수 없으므로 그 섬 특유의 기준면을 사용한다. 또한 하천 및 항만공사에서는 전국의 기준면을 사용하는 것보다 그 하천 및 항만의 계획에 편리하도록 각자의 기준면을 가진 것도 있다. 이것을 특별 기준면이라 한다.

**Special Map 특수 지도(特殊地圖)** 일반도와 주제도 외에 어떤 특수한 사용목적을 위하여 측량 또는 기제작된 기도(지형도)를 목적에 맞게 편집하여 제작한 지도. 해도·지질도·통신도·임상도·통계도·역사도·도시도·도로망도·관광 안내도·항공도·지하철 노선도·맹인용 지도·입체 모형 지도·사진 지도(Photo Map) 등 여러 종류의 지도가 모두 여기에 포함된다.

**Special System Utilities and Support Programs 시스템 유틸리티 소프트웨어** 시스템 유틸리티, 소프트웨어에 대해서는 정확한 정의를 내릴 수 없다. 어떤 시스템에서 유틸리티로 여겨지는 프로그램이 다른 시스템에서는 운영 체계 또는 응용 소프트웨어로 간주되기도 한다. 많은 유틸리티 프로그램은 운영체계와 밀접하게 연관되어 있으며, 컴퓨터 업체에서는 운영체계 소프트웨어의 일부로 제공하기도 한다. 다른 유틸리티 또는 지원 프로그램은 응용 소프트웨어와 함께 공급되거나, 처음 시스템을 설치할 때 관련 협력업체로부터 제공받을 수 있다.

**Special Three Point 특수 3점** 사진의 특수 3점이란 주점, 연직점 및 등각점을 총괄하여 말하며 사진의 성질을 설명하는데 중요한 점이다.

**Specific 3-Point 특수3점** Special Three Point를 참조.

**Specific Class 상세화 클래스** 슈퍼클래스를 구성하는 하위클래스를 말한다.

**Specific Gravity 비중(比重)** 물체의 무게(W)를 그 물체의 부피와 같은 4℃ 물의 무게($W_o$)로 나눈 값을 말한다. 즉, $G = \frac{W}{W_o} = \frac{\gamma}{\gamma_o}$. 여기서, G는 비중이며 무차원이다. $\gamma$는 물체의 단위중량, $\gamma_o$은 물의 단위중량이다. 물의 비중 $G_w \approx 1$이다.

**Specific Height 비고(比高)** 주위의 평균높이 등을 기준으로 한 어느 지점까지의 상대적인 높이를 의미하며, 표고차(difference in elevation)라고도 한다.

**Specific Map 특수도(特殊圖)** Special Map를 참조.

**Specific Surface Area 비표면적(比表面積)** $비표면적 = \frac{표면적}{부피}$ 로 정의되며, 단위 질량(부피)당 토립자의 표면적으로 정의되기도 한다. 이 경우 $m^2/g$으로 표시한다. 같은 정육면체의 모양을 가진다고 해도 크기가 작을수록 비표면적은 커지게 되며, 같은 부피에서 비표면적이 최소인 기하학적 모양은 구(球)이다. 활성도가 큰 점토는 흡착수를 많이 결합할 수 있도록 비표면적이 크다. 즉, 비표면적이 큰 흙은 흡수성이나 콜로이드 성질이 현저하고 활성이 증가된다.

**Specification 세분화, 사양** ① 나누어진 분류를 필요에 따라 보다 세분하는 것을 세분화라 하고 이와는 반대로 나누어진 항목을 합쳐서 분류 항목을 줄이는 것을 일반화라고 한다. ② 특정 내용, 활용 요건 및 표준 구현을 위한 지시등을 규정하고 있는 서술들이다. 제작 사양은 지리데이터 제작을 완전하게 서술하는데 필요한 모든 요소들을 포함하고 있다.

**Speckle Noise 스페클 잡영** SAR의 해상도 요소에서 여러 개 대상물의 역산란 신호가 중첩되어 발생하는 공간적으로 무작위적인 잡영을 말한다.

**Spectra 분광** 분광주사에서 얻은 자료로서, 일정한 지역에 대해서 넓은 분광 파장 영역에 걸쳐 얻은 분광 출력의 변화에 대한 관측 결과를 말한다.

**Spectral 분광, 파장별** Spectra를 참조.

**Spectral Band 분광대** 전자파 분광대에서 연속적이고 잘 규정된 한 파장영역서 위성은 가시광・적외선・레이더 영역 등 감지기가 감지할 수 있는 에너지의 분광대별로 밝기값을 기록한다. 예로서, 0.5~0.6$\mu m$ 분광대를 말한다.

**Spectral Characteristics 분광 특성** 가시광선은 전자기파 에너지의 극히 일부이다. Radio나 TV전파, 열, 자외선, 엑스레이 등이 모두 전자기파의 일부분이다. 이들은 모두 본질적으로 유사하며, 동일한 원리에 의해 에너지를 방출한다.

**Spectral Information 분광 정보** 한 장면 안에 있는 개개의 분해 한계 면적에서 얻는 분광감이 제공해주는 정보를 말한다.

**Spectral Irradiance 분광 복사 입력** Irradiance를 참조.

**Spectral Map 분광 지도** 지표 유형이 아닌 상대적 파장 특정에 의해서 분류된 지도를 말한다.

**Spectral Pattern Recognition 분광 형태 인식** 자동적인 토지피복 분류 과정의 근거로 각 픽셀의 분광 정보를 사용하는 분류 과정의 집합을 말한다.

**Spectral Radiance 분광 반사량** 한 물체나 표면에서 나오는 복사 세기를 파장의 함수로 나타낸 것을 말한다.

**Spectral Radiant Exitance 분광 복사 출력** 한 물체나 표면의 단위면적에서 나오는 복사 출력을 파장 함수로 나타낸 것을 말한다.

**Spectral Reflectance 분광 반사율** 분광(Sspectral)이라는 용어를 붙인 경우, 단위 파장을 말하며 파장을 횡축으로 한 함수로 주어진다. 분광 반사율은 파장의 함수로 나타낸 반사율이다.

**Spectral Reflectance Curves 분광 반사율 곡선** 연속된 파장길이를 가로지르는 전자기 에너지에서 일반적으로 나타나는 본질적인 흡수와 반사 특징의 양식을 의미한다.

**Spectral Regions 분광 영역** 전체 전자파 분광대를 편리하게 나눈 파장영역, 즉 가시 영역, X-선 영역, 외선 영역, 중간 외영역 등으로 나누어진다.

**Spectral Resolution 분광 해상도** 원격탐사 장비가 감지하는 전자기파 스펙트럼에서 특정 파장의 간격의 개수나 크기로서, 감지기에 의해서 감지될 수 있는 가장 작은 크기의 파장 영역. 이것은 일반적으로 마이크로미터 단위로 정의된다. 감지기가 물체로부터의 방사량을 몇 개의 파장대로 분해하여 감지할 수 있는가를 나타내는 것으로 대역의 폭 또는 대역수로서, 대역의 폭이 좁을수록, 대역의 수가 많을수록 분광 해상도가 좋다. 기상학의 인공위성 감지기들은 분광 해상력이 상대적으로 낮다. 즉, 넓은 파장 영역의 분광 분석을 영상화할 때는 상대적으로 높은데, 좁은 파장 영역에서는 반사와 흡수 양식에 대한 미세한 차이점을 관측하는 게 좁은 파장 영역에서는 중요하기 때문이다. 분광 해상도가 좋을수록 여러 개의 대역(Band)을 갖게 된다. Bandwidth를 참조.

**Spectral Response 분광 반응** 입사하는 전자파에 대한 물질의 반응을 파장의 함수로써 나타낸 것. 특히 물질에 의해 반사 또는 복사된 관측 가능한 에너지로써 나타낸다.

**Spectral Sensitivity 분광 감도** 감광유제가 반응하는 파장의 범위를 말한다.

**Spectral Sensor 분광 감지기** 지구상으로 복사하는 전자 복사에너지(Electromagnetic Radiation Energy)가 지구 표면에서 반사되는 에너지를 특정 분광영역에 담는 장치를 말한다.

**Spectral Signature 분광 신호** 지구 표면에 있는 한 대상물 혹은 대상물 집단의 파장별 특성, 자연 경관의 복잡한 분광별 표현 문제를 단순화하는 방법으로 흔히 사용된다. Spectral Reflectance Curves를 참조.

**Spectral Vegetation Index(SVI) 분광 식생지수** SVI(Spectral Vegetation Index)를 참조.

**Spectrometer 분광계** 투사하는 복사의 특징들이 파장의 기능으로써 관측될 수 있도록 하는 프리즘이나 회전 격자, 원형의 간섭 필터와 같은 분산시키는 요소를 갖고 있는 복사계를 말하는데, 이는 물체에서 여러 파장대에서 나오는 복사 또는 시간적으로 변화하면서 나오는 복사를 파장에 따라서 관측하는 광학기기이다.

**Spectrophotometer 분광 광도계** 시료의 분광 투과도나 반사도를 측정하기 위한 장치를 말한다. Spectrometer, Spectroradiometer, Spectroradiophotometer를 참조.

**Spectroradiometer 분광 복사계** 좁은 전자기파 분광범위에서 방출되거나 반사되는 에너지를 측정하는 기기를 말한다. Spectrometer를 참조.

**Spectroradiophotometer** Spectrometer를 참조.

**Spectroscope 분광기** 일반적으로 가시광이나 비가시광 영역의 빛을 사용하여 그것의 파장 성분별로 분산하여 분광성분을 결정하거나 측정하기 위한 일련의 장치들 중 하나이다.

**Spectrum 스펙트럼, 분광대** 빛을 프리즘 등 분광기(分光器)로 분해했을 때 생기는 무지개와 같은 색상의 띠를 말한다. Electromagnetic Spectrum을 참조.

**Specular Reflection 거울 반사, 정반사** 반사 에너지가 흩어지지 않고, 입사각이 반사각과 동일한 곳의 대상물로부터 전자기적 에너지의 반사. 거울같이 반사하는 표면은 입사에너지에 상대적으로 부드럽다. 예를 들어, 거울 원격 탐사에서 잔잔한 물이 이에 해당한다.

**Specular Shading 반사광 셰이딩** 3D렌더링에서 현재의 광원을 정확하게 폴리곤의 표면으로 그대로 반사해줄 수 있는 폴리곤의 기능이다. Specular Shading 또는 Highlighting은 객체 표면의 빛을 광원의 위치와 관찰자 양쪽 모두를 고려하는 알고리즘이다. Specular Highlights는 어떻게 빛나게 표면이 보이는지 분석한다. Specular Highlights 효과가 많을수록, 표면은 더 빛나게 된다.

**Speed and Distance Considerations 속도와 거리 변수** 모든 컴퓨터 통신은 자료가 전송될 수 있는 속도와 장치들이 위치한 곳까지의 거리에서 한계를 지닌다. 속도와 거리 한계는, 부분적으로는 전송 매체의 형태, 신호의 세기 그리고 품질에 영향을 줄 수 있는 주변 환경에 의해서도 결정된다. 자료 통신에서 사용되는 속도는 보통 "초당 비트 수(BPS)"로 표현된다. 이러한 척도는 주어진 시간 간격 동안 전송될 수 있는 자료의 양을 나타낸다. 아날로그 전송 방식에서 자주 이용되는 속도와 척도는 보드(Baud) 또는 초당 신호 단위(Signal Unit)이다.

**Speed Ratio 속도율** 움직임을 전달하는 물체의 속도에 대한 움직임을 전달받는 물체의 속도비. 보통 회전체에 사용한다.

**Speed Violation Enforcement Service 속도위반 차량 단속** 단위서비스도로상에서 제한 속도를 위반하는 차량을 자동으로 검지하고, 번호판을 인식하여 운전자와 관련 기관에 해당 정보를 제공하는 서비스이다.

**Speedometer 속력계** 차량 바퀴의 평균각 회전량을 관측하여 주행거리를 구하는 장치를 말한다.

**Spherical Aberration 구면 수차(球面收差)** 한 점 광선 중에서 렌즈의 외면부를 지나는 광선은 중심부를 지나는 광선보다 굴절이 커서 광선이 한 점에서 만나지 않으면 상이 선명하지 못한 현상을 말한다.

**Spherical Angle 구면각** 구면삼각형의 내각을 구면각이라 하며, 2개의 대원이 만나는 점에서의 접선과 이루는 각이다.

**Spherical Coordinate System 구면 좌표계** Spherical Coordinates를 참조.

**Spherical Coordinates 구면 좌표(球面座標)** 지구 표면상의 객체를 위치적으로 표현해줄 수 있는 경도와 위도 값을 말한다.

**Spherical Error Probable(SEP) 구체 오차 확률** SEP(Spherical Error Probable)를 참조.

**Spherical Excess 구과량(球過量)** 구면 삼각형의 내각의 합과 평면 삼각형의 내각의 합 180°와의 차이를 말한다.

**Spherical Orthogonal Coordinate 구면 직각 좌표계** 구면상의 원점을 지나는 자오선을 X축, 여기에 직교하는 대원을 Y축으로 하는 좌표계를 말한다.

**Spherical Triangle 구면 삼각형(球面三角形)** 세 변이 대원의 호로 이루어진 구면상의 삼각형으로 구면 삼각형의 세 변의 길이는 대원호의 중심각과 같은 각 거리로 표시된다.

**Spherical Trigonometry 구면 삼각법** 구면 삼각형에 관한 삼각법으로 측지 측량의 삼각망 계산 지표상 두 점간의 대원호 길이 계산 등에 이용된다.

**Spheroid 회전타원체** 기하도형에서 구를 닮은 고체, 지구의 모양을 설명하기 위해 사용된 용어 중의 하나이다. Rotational Ellipsoid, Ellipsoid of Revolution을 참조.

**Spheroid of Revolution 회전타원체**
Rotation Ellipsoid, Ellipsoid of Rotation을 참조.

**Spheroidal Coordinates 타원체 좌표** Geocentric Coordinate System을 참조.

**Spike 스파이크** 주사기나 격자방안 선추적 정보처리기법에 의해서 발생된 돌출된 선으로서, 수치 표고 모형(DEM)에서 보간 표면 주변 자료값들보다 월등히 크거나 작은 수치값을 갖는 잘못된 고도 자료. 오류 데이터에 의해서 발생된 선상에서 급작스런 이탈로 나타난다.

**Spin TV 스핀 티브이** 콘솔 회전으로 화면을 구현하는 원통형 디스플레이를 말한다. 내부 콘솔에 설치한 수십 개 LED를 고속으로 회전해 눈의 잔상 효과로 화면을 구현한다. 이 때문에 착색, 색 번짐, 영상 뒤틀림 현상 없이 360° 어느 방향에서나 동영상과 정지 영상을 보여준다. 벤치·천장형 등 다양한 형태로 개발이 가능해 외부 조경용으로도 활용도가 높아지고 있다.

**Spirit Level 기포관, 수준기(水準器)** ① 기포관을 장착하여 수평 상태를 조사하는 장치를 말한다. ② 촬영시의 사진기 경사도 및 경사방향 기록을 말한다.

**Spline Interpolation 스플라인 보간** [자료처리], [영상처리] 자료 점들의 부분집합에 저차 다항식을 적용시켜나가는, 연결 다항식을 스플라인 함수라고 한다. 함수는 일반적으로 완만하게 변하지만, 특정 구역에서는 급격히 변하는 경우도 있다. 스플라인 함수는 국부적으로 급격히 변화하는 함수의 거동에 우수한 근사값을 제공한다.

수학적 함수를 이용해 그려지는 선을 단순히 Line이라 하지 않고 Spline이라 하는 이유는 곡률표현 때문이다. 과거에 선의 곡률이 매우 중요한 배의 선체나 건물의 돔을 디자인하기 위해서 제도사들은 가늘고 긴 철사나 나무로 그 곡률을 맞추기 위해 운형(雲形) 자를 사용했는데, 그것을 Spline이라 불렀다. 그리고 이를 유연하게 조절하기 위해서 필요한 곳에 납덩이를 달아서 그 무게 정도에 따라 세밀하게 곡률을 조절하였다. 이것에 착안해서 현재 다양한 프로그램에서 현재 우리가 곡률을 사용하는 선을 그리는 툴로 프로그램화시켰다. 그렇기 때문에 곡률이 구현되는 선을 단순히 Line이라 하지 않고 Spline이라고 부르는 것이다. 실제로 베지어 커브나 Cardianl Spline이나 NURBS나 실제 끝점을 가지고 선분의 곡률을 조정하는 것이 아닌 조절점을 가지고 곡률을 조정하는 것이니, 옛날 Spline에 달린 납을 가지고 곡률을 조정한 제도사들이 했던 것과 같은 이치라서 더더욱 Spline이라 부르는 것이다.

Lagrange 보간법이나 Newton의 보간법은 주어지는 점의 수에 비례하여 다항식의 차수가 높게 된다. 이 때문에, 점의 수가 많으면 진동하는 경향을 보이는 등의 문제가 있다. 이들의 문제를 해결하는 방법으로서 구분적으로 보간다항식 함수를 작성하여, 이것을 유연하게 연결하여 결합할 수 있는 방법이 있다. 이 구분적인 다항식을 spline 함수(spline function)라 하며, spline 함수를 이용하여 보간 함수를 구하는 문제를 spline 보간(spline interpolation)이라고 한다.

Spline은 통과해야 하는 점(절점)을 고정하는 것에 따라, 왜곡(歪曲) 에너지가 최소로 되는 형태가 된다. 이 에너지는 spline의 곡률의 제곱을 호의 길이에 관해서 적분한 값에 비례하며, 절점간은 3차 다항식으로 표현되고, 옆 구간의 다항식에서는 절점에서 1계와 2계 미분이 연속이 되어 연결된다. 이것으로부터 spline 함수 중에서 3차 spline(cubic spline)함수가 이용된다. 이것은, 절점 $x_i (i = 1, 2, \cdots, n)$과 그 함수값 $f(x_i)$이 주어진 경우, (1) 각 구간 $[x_i, x_{i+1}] (i = 1, 2, \cdots, n-1)$을 3차 다항식으로 보간한다. (2) 각 구간을 접속하는 끝점에서는, 함수값 및 1계와 2계 도함수의 값을 동일하게 한다. (3) 양단 $x_1$, $x_n$에서의 단조건(end condition)을 만족시키는 조건으로부터 다항식의 계수를 정하는 것이다. 구체적으로는, 제 i 번째의 구간 $[x_i, x_{i+1}]$을 고려하여 $h_i = x_{i+1} - x_i$, $w = (x - x_1)/h_i$, $\underline{w} = 1 - w$, $y_i = f(x_i)$에 있어서, 이 구간의 3차 다항식을 $p_i(x) = wy_{i+1} +$

$\underline{w}y_i + h_i^2\{(w^3 - w)\sigma_{i+1} + (\underline{w}^3 - \underline{w})\sigma_i\}$의 형태로 표현하는 것으로 한다. 계수 $\sigma_i$, $\sigma_{i+1}$은 정수이고, 접속 조건을 만족시키도록 결정한다고 한다. 이 다항식은, 구간 양단의 함수값의 조건 $p_i(x_i) = y_i = f(x_i)$, $p_i(x_{i+1}) = y_{i+1} = f(x_{i+1})$을 만족시키고 있다. 여기서 $\Delta_i = \dfrac{y_{i+1} - y_i}{h_i}$을 정의하고, $p_i(x)$의 1계와 2계의 도함수를 구하면 $p_i'(x) = \Delta_i + h_i\{(3w^2 - 1)\sigma_{i+1} - (3\underline{w}^2 - 1)\sigma_i\}$, $p_i''(x) = 6(w\sigma_{i+1} + \underline{w}\sigma_i)$이다. 구간 양단의 1계 도함수의 연속성은 $p_{i-1}'(x_i) = p_i'(x_i)$으로 주어지므로 $\Delta_{i-1} + h_{i-1}(2\sigma_i + \sigma_{i-1}) = \Delta_i - h_i(\sigma_{i+1} + 2\sigma_i)$가 되고, $h_{i-1}\sigma_{i-1} + 2(h_{i-1} + h_i)\sigma_i + h_i\sigma_{i+1} = \Delta_i - \Delta_{i-1}$의 조건을 유도할 수 있다. 구간 양단의 2계 도함수의 연속성은 $p_{i-1}''(x_i) = p_i''(x_i) = 6\sigma_i$이므로, 이미 만족하고 있다. 위의 식은 $i = 2, 3, \cdots, n-1$의 합계 $(n-2)$개의 연립 방정식이다. 미지 파라미터 $\sigma_i (i = 1, 2, \cdots, n)$은 n개이므로, 조건 2개가 필요하다. 이 2개의 조건을 단조건으로서 준다. 단조건을 주는 방법으로는, 다음의 2가지가 일반적이다. 즉, (1) 첫 번째 방법은 전 구간 양단에서 1계 도함수의 값을 주고, $p_1'(x_1) = \Delta_1 + h_1(\sigma_2 + 2\sigma_1) = y_1'$, $p_{n-i}'(x_n) = \Delta_{n-1} + h_{n-1}(2\sigma_n + \sigma_{n-1}) = y_{n-1}'$의 조건을 포함한다. $y_1'$, $y_{n-1}'$의 값이 정해지지 않았다면, 각각 $\Delta_1$, $\Delta_{n-1}$으로 근사하면 된다. (2) 또 다른 방법은 전 구간 양단에서의 2계 도함수를 0이라고 한다. 이 경우, $p_1''(x_1) = \sigma_1 = 0$, $p_{n-1}''(x_n) = \sigma_n = 0$이 된다. 이 조건을 만족시키는 것은 3차 자연 spline(natural cubic spline)이라고 한다. 3차 자연 spline의 경우는, 다음의 연립 1차 방정식의 해를 구하면 된다.

$$\begin{bmatrix} 2(h_1 + h_2) & h_2 & 0 \quad h_2 \\ 2(h_2 + h_3) & h_3 & \ddots \\ \ddots & \ddots & h_{n-3} \\ 2(h_{n-3} + h_{n-2}) & h_{n-2} & 0 \quad h_{n-2} \\ 2(h_{n-2} + h_{n-1}) & & \end{bmatrix} \begin{bmatrix} \sigma_2 \\ \sigma_3 \\ \vdots \\ \sigma_{n-2} \\ \sigma_{n-1} \end{bmatrix} = \begin{bmatrix} \Delta_2 - \Delta_1 \\ \Delta_3 - \Delta_2 \\ \vdots \\ \Delta_{n-2} - \Delta_{n-3} \\ \Delta_{n-1} - \Delta_{n-2} \end{bmatrix}$$

이 연립 방정식에 Gauss의 소거법을 적용하면, 다음과 같은 상삼각 방정식으로 변형할 수 있다.

$$\begin{bmatrix} \alpha & h_2 & 0 \\ \alpha_3 & h_3 & \ddots \\ \ddots & & \\ \alpha_{n-2} & h_{n-2} & 0 \\ \alpha_{n-1} & & \end{bmatrix} \begin{bmatrix} \sigma_2 \\ \sigma_3 \\ \vdots \\ \sigma_{n-2} \\ \sigma_{n-1} \end{bmatrix} = \begin{bmatrix} \beta_2 \\ \beta_3 \\ \vdots \\ \beta_{n-2} \\ \beta_{n-1} \end{bmatrix}$$

여기서, $\alpha_i = 2(h_{i-1} + h_i) - h_{i-1}^2/\alpha_{i-1} (i = 3,4,\cdots,n-1)$ $\beta_i = \Delta_i - \Delta_{i-1} - \beta_{i-1}h_{i-1}/\alpha_{i-1} (i = 3, 4, \cdots, n-1)$이다. 후진 대입에 따라 $\sigma_i$는 $\sigma_{n-1} = \beta_{n-1}/\alpha_{n-1}$, $\sigma_i = (\beta_i - h_i\sigma_{i+1})/\alpha_i$ $(i = n-2, n-3, \cdots, 2)$으로 계산할 수 있다. 실제의 계산에서는 구간 $[x_i, x_{i+1}]$의 다항식은 $p_i(x) = y_i + b_i(x - x_i) + c_i(x - x_i)^2 + d_i(x - x_i)^3$의 형태로 하여, 계수 $b_i$, $c_i$, $d_i$ $(i = 1, 2, \cdots, n)$를 기억시키는 경우가 많다. 각 계수는 $i = 1, 2, \cdots, n-1$에 대하여 $b_i = \Delta_i - h_i(\sigma_{i+1} + 2\sigma_i)$, $c_i = 3\sigma_i$, $d_i = (\sigma_{i+1} - \sigma_i)/h_i$을 얻는다. Interpolation, Linear Interpolation, Ferguson Curve, Hermite Interpolation, Newton Interpolation, Lagrange Interpolation, Bezier Curve, Cardinal Spline, Cubic Spline Curve, Patch Surface, B-Spline, NURBS를 참조.

**Splining 스플리닝** Spline Smoothing을 참조.

**Split 분할** 나누어진 테두리를 가지는 지형 대상물을 자름으로써 새로운 대상영역을 생성하는 것을 말한다.

**Splitting 스플리팅** 기저 레이어의 특성에 따라 입력 래스터를 몇 개의 작은 레이어로 분리하는 과정. 각각의 새로운 커버리지는 스플릿 커버리지 폴리곤과 중첩되는 입력 레이어의 사상들만을 포함한다.

**Spoofing 스푸핑** 네트워크에서 MAC 주소, IP주소, 포트 등 네트워크 통신과 관련된 정보들을 속여서 통신 흐름을 왜곡시키는 공격으로서, 메시지가 실제 와야 할 곳으로부터 온 것인지 확인하는 종단인증(end point authentication)을 통해서 해결한다.

**SPOT(Satellite Probatoire pour l'Observation de la Terr) 스팟 위성** 프랑스에 의하여 1986년에 최초로 발사하기 시작한 위성으로서 현재 7호 위성까지 발사되어 있다. SPOT은 프랑스어 Satellite Probatoire pour l'Observation de la Terr의 약자이며, 영어로는 "Satellite for observation of Earth", 즉 "지구관측 위성"이라는 뜻으로서, 우주에서 지구관측 위성체로부터

상업용 고해상도의 광학영상을 취득한다.

프랑스의 국립 우주센터(Centre national d'études spatiales, CNES)가 1970년대에 벨기에의 SSTC(Belgian scientific, technical and cultural services)와 스웨덴의 SNSB(Swedish National Space Board)가 공동으로 개발하기 시작한 원격 탐사시스템이다. SPOT위성은 Landsat위성과 거의 비슷한 태양 동주기 극궤도로 운용되고 있다. SPOT위성의 운용 궤도는 98.7°의 궤도 경사각을 가지고 있으며, 지구 상공 832km고도에서 지구 주위를 원궤도로 움직이고 있다. SPOT의 적도 통과 시각은 10 : 30 AM이고, 26일의 반복 회전 주기를 갖는다. 지점 감지기를 지니고 있는 다중 분광대 원거리 감지 위성 체계이다. 이 위성의 IFOV는 다중 분광대 양식에서는 20m이고 단색의 양식에서는 10m이며 중복 관측이 가능하다. 선형 배열 센서, Push-Broom 스캐닝, 그리고 포인트 할 수 있는 광학 특성을 갖는 원격탐사 시스템으로서, 병렬 인공위성 궤도로부터 전화면 입체경 영상화가 가능하다.

(1) SPOT 1, SPOT 2, SPOT 3 : SPOT 1호는 1986년 2월 22일 발사되었으며, 1990년 12월 31일 종료하였다. SPOT 2호는 1990년 1월 22일 발사되었으며, 2009년 7월 궤도를 이탈하였다. SPOT 3호는 1993년 12월 26일 발사되었으며, 1997년 11월 14일 기능 정지하였다. SPOT 1, 2, 3에는 HRV(High Resolution Visible) 센서가 2대씩 탑재되어 10m의 해상도로 지구관측을 하기 때문에 주로 지도제작을 주목적으로 하였다. 또한 20m의 Multi-Spectral 센서도 탑재하여 3Band의 다중분광모드로 지구관측을 하였다.

(2) SPOT 4 : SPOT 4호는 1998년 3월 24일 발사되었으며, 2013년 7월 기능 정지하였다. SPOT 4호는 멀티스펙트럴 모드(XS Mode)와 팬크로매틱(Pan)의 2개의 모드를 가지고 있어 XS의 경우 20m×20m, Pan의 경우 10m×10m의 공간 해상도를 가지는 영상 자료를 제공한다. SPOT 4호 위성에는 중간 적외선 밴드가 추가된 HRVIR(High Resolution Visible and Infrared) 센서가 탑재되어 있다. Landsat 위성의 TM센서가 주사경의 회전에 의한 주사 방식(whiskbroom type scanner)을 채택하고 있는데 반해 SPOT 위성의 HRV 센서는 선형 CCD를 이용하는 주사 방식(pushbroom type scanner)을 채택하고 있다. 뿐만 아니라 경사관측이 가능하여 한 지역에 대한 스테레오 영상의 획득이 가능하므로 입체시 효과를 이용한 표고 자료 추출에 활용되고 있다. 관측폭은 60km×60km이다. HRVIR(High Resolution Visible and Infra-red) 센서는 이전의 HRV보다 진보된 형태로서 지구 및 환경 모니터링 역할을 한다.

(3) SPOT 5 : SPOT 5호는 2002년 5월 4일 발사되었다. SPOT5는 공간해상도를 향상시킨 HRG(High Resolution Geometry) 센서 2대를 탑재하고 있어 5m의 공간해상도와 Resampling을 할 경우 최대 2.5m 공간해상도의 흑백영상과 가시광선과 근적외선 영역의 3개 밴드를 가지는 10m 해상도의 다중분광 영상 및 20m 해상도의 중간적외선 영역 영상을 제공한다.

■ SPOT 5호 위성 HRG 센서의 밴드별 파장대역

| 밴드 | 밴드 1 (초록색 영역) | 밴드 2 (빨간색 영역) | 밴드 3 (근적외선 영역) | 밴드 4 (중간적외선 영역) |
|---|---|---|---|---|
| 파장($\mu$m) | 0.50-0.59 | 0.61-0.68 | 0.78-0.89 | 1.58-1.75 |

(4) SPOT 6, SPOT 7 : SPOT 6호는 2012년 9월 9일 발사되었으며, SPOT 7호는 2014년 6월 30일 발사되었다. SPOT 7호는 2014년 12월 아제르바이잔(Azerbaijan)의 우주센터 Azercosmos에 매각되었으며, 이름도 Azersky로 변경되었다. SPOT 6호와 SPOT 7호의 694km 고도의 궤도를 돌며 서로 90°도 떨어져서 2-by-2 위성군을 형성한다. 주사면적(Footprint)은 60km × 60으로서, 매일 3백만km$^2$의 면적의 데이터를 취득한다.

■ SPOT 6, SPOT 7의 해상도 및 밴드별 파장대역

| 해상도 | 밴드 |
|---|---|
| Panchromatic: 1.5 m<br>Colour merge: 1.5 m<br>Multispectral: 6 m | Panchromatic (450～745 nm)<br>Blue (450～525 nm)<br>Green (530～590 nm)<br>Red (625～695 nm)<br>Near-infrared (760～890 nm) |

| Satellites | Spectral bands | Ground pixel size(m) | Spectral range($\mu$m) |
|---|---|---|---|
| Spot 5 | Panchromatic | 2.5 or 5 | 0.48 - 0.71 |
| | B1: green | 10 | 0.50 - 0.59 |
| | B2: red | 10 | 0.61 - 0.68 |
| | B3: near infrared | 10 | 0.78 - 0.89 |
| | B4: short-wave infrared (SWIR) | 20 | 1.58 - 1.75 |
| Spot 4 | Monospectral (panchromatic) | 10 | 0.61 - 0.68 |
| | B1: green | 20 | 0.50 - 0.59 |
| | B2: red | 20 | 0.61 - 0.68 |
| | B3: near infrared | 20 | 0.78 - 0.89 |
| | B4: short-wave infrared (SWIR) | 20 | 1.58 - 1.75 |
| Spot 1<br>Spot 2<br>Spot 3 | Panchromatic | 10 | 0.50 - 0.73 |
| | B1: green | 20 | 0.50 - 0.59 |
| | B2: red | 20 | 0.61 - 0.68 |
| | B3: near infrared | 20 | 0.78 - 0.89 |

※ HRV(High Resolution Visible) : 각각 Panchromatic mode에서 10m와 Multispectral mode에서 20m의 해상도를 가지는 센서이다. 주로 토목 공학에 관련된 기능을 수행하며 환경을 감시하고 농학과 임학에 사용된다. HRG 전면 거울의 자세는 지상의 기지국에서 제어가 가능하기 때문에 위성으로부터 수직으로 관측하기 힘든 지역에 대해 비스듬한 자세로 관측이 가능하게 한다. 거울의 움직임이 가능한 각도는 +/−27°이다.

**Spot Elevation 표고점** 높이가 기술되는 지도상의 점으로서 도로 분기점, 요함지, 산정, 고개, 하천 분기점, 큰 평탄지 등에 표시하는 점을 말한다. Spot Height를 참조.

**Spot Features 독립 물체, 소 물체** 기념비, 입상 등과 같은 것으로 축척화하면 지도에 나타나지 않지만 필요하다고 생각되는 것은 도식기호화하여 표시한다.

**Spot Height 표고 높이** 특정한 점의 구해진 높이자료를 말한다. Spot System을 참조.

**Spot System 점고법(點高法)** 지표면상 임의 점의 표고를 도상에 있는 숫자에 의하여 지표를 나타내는 방법이며, 해도・하천・호안・항만・심천을 나타내는 경우에 사용된다.

**Spotcrime 스포크라임** 구글 지도 위에 범죄 발생 장소와 유형이 표시된다. 사건별로 개략적 설명도 제공되며, 경찰이 공개한 범죄정보를 공간정보와 활용해 구글 지도 위에서 표시하는 식으로 데이터베이화 했다. 민간 기업의 점포 위치 선택 등에 활용된다.

**Spread Function 전개 기능, 확산 기능** 전개 기능은 광범위한 현상의 분석에 사용되는 강력한 기능이다. 조직망과 접근성 기능 모두를 포함하며 거리로써 축적된 현상을 평가한다. 복잡한 지표면의 교통 시간이나 관련 비용을 계산하는데 사용될 수 있으며, 또한 임의의 한 점에서 시작하여 표고를 이용하여 물의 흐름을 파악하며 배수 지역을 구분 짓는데 사용한다.

**Spread Sheet 스프레드시트** 사용자가 줄과 칸을 가진 테이블에 숫자와 문자를 입력하고 이들 숫자를 테이블 구조를 이용하여 유지하고 조작할 수 있도록 한 컴퓨터 프로그램.

**Spread Spectrum 스펙트럼 확산, 대역 확산** 송신되는 신호는 보통 좁은 송신밴드로 충분하지만, 어떤 경우에는 밴드폭을 확산시켜 송신하는 경우가 있다. 예를 들어, GPS 항법메세지를 송신하는 데에는 초당 50비트로 50Hz 정도의 밴드폭에 실어 전송하지만, 확산방식을 취하면 밴드폭이 1MHz인 C/A 코드로 전송된다. 정보를 전송하기 위해 필요한 대역보다 넓은 에너지를 분산시키는 통신 방법이다. 장해에 강한 단위대역의 에너지 밀도가 낮기 때문에 비화성이 우수하다. 직접 확산법에 의한 스펙트럼 확산은 거리 측정에 가장 적합한 통신방식으로, GPS에 채택되고 있다. 즉, GPS 위성은 PRN code로 L Band 신호를 변조함으로 Spread−Spectrum 전송을 사용한다. 이러한 전송은 GPS 수신기가 모든 위성들을 구분하고 수신할 수 있도록 하며, 잡음이나 다중경로의 간섭에 대해 어느 정도 저항할 수 있도록 하기도 한다.

**Spread Spectrum Radio 대역 확산비** 1985년까지 대역 확산(spread spectrum)의 대부분 군용으로만 사용되었다. 1985년에 미연방 통신 위원회에서는 Spread Spectrum을 허가하지 않았던 민간 사용을 3개의 주파수대에서 허용하였다. SSR은 다른 상업 전파 기술 체계와 다른데, 신호를 넓은 주파수 범위에 펼쳐서 보내는데 특징이 있는데, 본래 신호 대역폭의 몇 배에 해당하는 넓은 신호대역으로 신호를 송신한다.

**Spring 샘물** 자연적으로 물이 땅속으로부터 분출되는 장소를 말한다.

**Spring Equinox 춘분점** Vernal Equinox Point를 참조.

**Spring Framework 스프링 프레임워크** 자바 플랫폼을 위한 오픈 소스 애플리케이션 프레임워크로서 간단히 스프링(spring)이라고 한다. 동적인 웹 사이트 개발을 위한 여러 가지 서비스를 제공한다. EJB 기반으로 개발을 하지 않고 POJO(Plain Old Java Object) 기반으로 개발을 하더라도 가볍고, 제어가 가능한 상호 관련이 적은, AOP(Aspect Oriented Programming, 관점지향 프로그래밍)을 지원하고, 컨테이너를 통해 라이프사이클을 관리하고, XML 기반으로 컴포넌트를 개발할 수 있도록 지원해주는 프레임워크를 말한다.

**Spring Height 대조고(大潮高)** 기본 수준면에서 대조의 평균 고조면까지의 높이를 말한다.

**Spring Range 대조차(大潮差)** 대조 때의 고조와 대조평균 저조간의 해면의 높이 차를 말한다.

**Spring Rise 대조승(大潮昇)** 해도 기준면으로부터 대조의 평균 고조면까지의 높이, 평균해면상에 $M_2$ 및 $S_2$ 분조의 반조차를 합한 높이로 나타낸다.

**Spring Tide 사리, 대조(大潮)** 매달 음력 보름과 그믐 후 1~2일에 일어나는 조차가 가장 큰 조석을 말한다. 이때는 달, 지구 및 해양이 일직선상에 놓여 달과 태양이 해수에 미치는 인력을 함께하는 까닭에 조차가 커지게 된다.

**SpringBoard 스프링보드** 아이폰을 처음 부팅하면 처음 나오는 스크린을 스프링보드라고 한다. 리스프링은 스프링보드를 재부팅한다는 뜻이다.

**Sprocket 극약처방** 필름 감개의 톱니를 가리키는 말이며, 이 책에서는 35mm 필름의 상단과 하단에 나있는 톱니 구멍과 같은 의미로 사용했다.

**SPS(Standard Positioning Service) 표준 측위 서비스** GPS는 표준측위서비스(Standard Positioning System, SPS)와 정밀측위서비스(Precise Positioning System, PPS)로 나누어진다. SPS는 주로 민간 부문의 서비스용이며, PPS는 주로 군사부문의 용도에 사용된다.

SPS는 전 세계적으로 연속적인 표준의 측위 및 시간 측정 서비스를 자격요건에 제한 없이 제공한다. SPS는 단일 주파수(L1)를 이용하며, 낮은 비율은 PRN 문자열을 사용하고 이는 1.023Mbps의 C/A코드를 사용하며, 시간은 334 나노초(nano-second)이다. SPS의 경우 고의적으로 위치정확도를 떨어뜨리기 위한 SA (Selective Availability)기능을 이용하여 정확도를 떨어뜨릴 수 있다. 현재는 2000년 5월 1일 미국 대통령이었던 빌 클린턴 대통령의 발표에 따라 고의 잡음인 SA(Selective ability)를 해제하여 민간용 항법 시스템의 성능이 비약적으로 향상되었다.

**SPT(Standard Penetration Test) 표준관입시험(標準貫入試驗)** 표준관입시험은 KSF 2318 규정에 의거한 시험방법에 따라 실시한다. 시험회수는 지층이 변할 때마다 또는 동일층이라도 1.5m 깊이마다 1회씩 실시하여야 하며 N치가 50회에 도달하더라도 관입깊이가 10cm 미만일 때는 타격을 중지하고 그때의 관입깊이와 타격회수를 기록한다.

표준관입시험에 의한 타격횟수(N치)는 중량 63.5kg의 해머를 76cm 높이에서 자유 낙하시켜 표준외경 50.8mm의 Split Spoon Sampler가 30cm 관입하는데 소요되는 타격횟수로서 45cm 관입하는데 소요되는 타격횟수를 측정하며, 초기 15cm관입에 소요된 타격횟수는 예비 타격으로 간주하여 제외하고, 나머지 30cm 관입에 소요된 타격횟수를 관입저항치인 N치로 표기한다. 지층이 매우 조밀하여 50회 이상 타격을 가하여도 30cm 관입이 불가능한 지층에서는 50회 타격에 의한 관입량을 측정하여 주상도에 기록한다. 표준관입시험에 의해 채취된 시료는 함수비의 변화가 없도록 시료병에 넣어 필요한 사항(조사명, 조사일자, 공번, 시료채취심도, N치, 토질명 등)을 기재하여 시료표본 상자에 정리 보관하여 시험을 각종 토성 시험을 한다. 한편, 관입을 위한 해머의 에너지 효율테스트가 검증된 조사장비를 사용하며, 성과품에 표준관입시험 N치의 보정 산출근거를 수록한다. 표준관입시험으로 토층의 판별, 지층의 분류 및 N치를 측정하며 다음과 같은 여러 가지 공학적 특성 등을 추정 또는 산정할 수 있다.

| 구분 | | 판정 및 추정사항 |
|---|---|---|
| 조사결과로 판정 가능한 사항 | | - 지반분류, 지하수위, 깊이별 변화경향(N값) 등<br>- 연약층의 두께, 개략적인 압축성, 지지층 위치 등 |
| N값으로 추정할 수 있는 공학적 특성 | 사질토 | 상대밀도, 내부 마찰각의 범위, 지지력, 액상화 가능성 등 |
| | 점성토 | 연경도, 일축압축강도 또는 점착력, 지지력 등 |
| | 일반 사항 | 지반의 극한 지지력, 말뚝의 지지력, 지반반력계수 등 |

**Spurious Band 스퓨리어스 대역** 스퓨리어스라는 말은 수신기에 있어서 불필요한 감도라는 의미 외에도, 송신기 본래의 송신 주파수 이외의 불필요한 복사가 발생하는 현상을 의미하기도 한다.

**Spurious Polygon 의사 다각형** Sliver Polygon을 참조.

**Sputnik 스프트니크** 1957년 구소련이 발사한 세계 최초의 우주선.

**SQL(Structured Query Language) 구조화 질의 언어, 에스큐엘** [데이터베이스] 사용자와 관계형 데이터베이스를 연결시켜주는 표준 검색 언어이다. Structured Query Language의 약자가 의미하듯, 이미 정해진(구조화된) 질의 언어라는 뜻으로서, 일정한 질의 언어로 DB를 제어할 수 있으므로, 데이터를 매우 쉽게 관리할 수 있다. 데이터베이스에서 쓰이는 언어 중에서 가장 널리 알려지고 많이 사용되고 있으며, SELECT FROM WHERE 구조로 특징지을 수 있는 관계 사상을 기초로 한 대표적 언어이다. SQL은 데이터 정의, 데이터 조작, 제어 기능에 대한 명령을 모두 포함하고 있다. SQL은 데이터를 정의하는데 쓰이는 명령문과 데이터를 삽입·삭제하는 등의 조작에 쓰이는 부분, 그리고 query 명령문 부분과 그 외의 기능을 수행하는 부분들로 이루어져 있다.

(1) DDL(데이터 정의어) : SCHEMA, DOMAIN, TABLE, VIEW, INDEX를 정의하거나 변경 또는 삭제할 때 사용하는 언어로서, 데이터베이스 관리자나 데이터베이스 설계자가 사용한다.

■ 데이터 정의어(DDL)의 3가지 유형

| 명령어 | 기능 |
|---|---|
| CREATE | Schema, Domain, Table, View, Index를 정의함 |
| ALTER | Table에 대한 정의를 변경하는 데 사용함 |
| DROP | Schema, Domain, Table, View, Index를 삭제함 |

(2) DML(데이터 조작어) : 데이터베이스 사용자가 응용 프로그램이나 질의어를 통하여 저장된 데이터를 실질적으로 처리하는데 사용하는 언어로서, 데이터베이스 사용자와 데이터베이스 관리 시스템 간의 인터페이스 제공한다.

■ 데이터 조작어(DML)의 4가지 유형

| 명령어 | 기능 |
|---|---|
| SELECT | 테이블에서 조건에 맞는 튜플을 검색함 |
| INSERT | 테이블에 새로운 튜플을 삽입함 |
| DELETE | 테이블에서 조건에 맞는 튜플을 삭제함 |
| UPDATE | 테이블의 조건에 맞는 튜플의 내용을 변경함 |

(3) DCL(데이터 제어어) : 데이터의 보안, 무결성, 데이터 회복, 병행 수행 제어 등을 정의하는데 사용하는 언어로서, 데이터베이스 관리자가 데이터 관리를 목적으로 사용한다.

■ 데이터 제어어(DCL)의 종류

| 명령어 | 기능 |
|---|---|
| COMMIT | 데이터베이스 조작 작업이 정상적으로 완료되었음을 관리자에게 알려줌 |
| ROLLBACK | 데이터베이스 조작 작업이 비정상적으로 종료되었을 때 원래의 상태로 복구함 |
| GRANT | 데이터베이스 사용자에게 사용권한을 부여함 |
| REVOKE | 데이터베이스 사용자의 사용권한을 취소함 |

**SQL 3 구조화 질의어 3** 국제 표준의 자료 모형으로 모든 자료를 표현할 수 있다.

**SQL MM 구조화 질의어 엠엠** 지형적 자료의 접근과 조작을 포함하는 멀티미디어를 처리하는 데 이용되는 SQL을 확장하기 위한 ISO가 지원하는 국제 표준을 말한다.

**SQL Query 에스큐엘 질의, 구조화 질의어** 질의 항목의 속성들 자체와 항목들 간의 객체 관계에 의해 데이터베이스로부터 정보를 선택하는 것을 말한다.

**SQL Server 구조화 질의어 서버** IBM사가 개발한 데이터 관리 시스템을 말한다.

**SQL Windows 구조화 질의어 창** 거의 모든 언어의 특색을 고루 가지고 있기 때문에 특정 언어에서 파생되었다고 보기 어렵다. 클라이언트/서버 체계를 구현하기 위한 전문도구로서, 강력한 데이터베이스 관리기능과 편리한 사용법을 제공한다.

**Square Method 방안법** 정지작업을 하려고 할 때 많이 쓰이며, 트랜싯과 테이프를 이용, 측량구역을 정방향, 장방향으로 나누고, 교점의 높이를 측정한 뒤 도상에서 등고선을 삽입한다.

**Squared Reception Mode 제곱 수신 모드** 이중 반송파 주파수와 P코드에서 사용하지 않는 GPS L2 신호를 추적하기 위하여 사용되는 방법을 말한다.

**Squaring-type Channel 제곱형 채널** 코드 변조를 포함하지 않는 반송파의 두 번째 고주파 취득에 의해 수신된 신호를 곱하는 GPS 수신기 채널이다.

**SQM(Service Quality Management) 에스큐엠, 서비스 품질관리** 애플리케이션 성능관리(APM), 인시던트 및 문제관리(IPM), 서비스 수준 관리 등을 통합한 솔루션. 서비스 수준 협약을 준수하고, ITIL 등의 베스트 프랙티스에 부합하는 IT 관리를 통해 고품질의 비즈니스 서비스 관리를 실현하도록 돕는다.

**Squrl 스컬** 동영상 공유 소셜 서비스로서 SNS상 영상 공유 및 넷플릭스, 훌루 등 플레이스트 공유를 할 수 있다.

**SRAM(Static Random Access Memory) 에스 램** SRAM은 Static Random Access Memory의 약자이다. SRAM의 하나의 기억소자는 4개의 트랜지스터와 2개의 저항 또는 6개의 트랜지스터로 구성되어 있다. 이렇게 트랜지스터로 기억소자를 구성하고 있기 때문에 전원이 차단되지 않으면 기록된 데이터가 지워지지 않고 속도가 매우 빠르다. 하지만 회로가 복잡하여 집적도가 낮고, 값이 매우 비싼 단점이 있다. 따라서 SRAM은 빠른 속도의 CPU와 연동되는 캐시 메모리로 주로 사용된다. 때로 모바일 장치나 중대형 이상의 컴퓨터들(예를 들면, 슈퍼컴퓨터) 같이 고속의 메모리를 요구하는 컴퓨터의 주기억장치로 사용되기도 한다. 예전에는 메인보드에 꼽는 형식의 SRAM이 사용되었지만, 요즘에는 칩의 형태로 CPU 안에 위치하는 경우기 많다.

삼성전자는 2015년 세계 최초로 10나노 핀펫(FinFET) 공정 S램을 개발했다. 경쟁사인 인텔과 TSMC가 발표한 10나노대 S램은 아직 14나노, 16나노에 그치고 있다. 기가급 스마트폰 시대가 도래할 전망이다. D램보다 속도가 빠른 S램은 중앙처리장치(CPU) 캐시 메모리로 활용된다. 10나노 S램을 개발했다는 것은 동일 공정 시스템반도체 양산 준비가 순조롭게 이뤄지고 있다는 증거이다. 이런 추세면 2017년 초 10나노 기술을 적용한 모바일 애플리케이션 프로세스(AP)가 본격 양산될 전망이다. 10나노 AP는 기가바이트(GB)급 모뎀 칩을 하나로 묶을 것으로 예상된다. 속도가 빨라진다. 국제반도체회로학회(ISSCC)는 이 같은 내용을 담은 2016년도 채택 논문 초록을 2015년 11월 공개했다. 삼성전자가 학회에서 발표하는 10나노 핀펫 공정 S램은 128메가비트(Mb) 용량으로 셀 면적은 0.040제곱마이크로미터($\mu m^2$)이다. 과거 삼성전자의 14나노 S램(0.064$\mu m^2$) 대비 셀 면적이 37.5% 줄었다. 삼성전자는 논문에서 "고속 작동이 가능한 대용량 캐시 메모리를 최소 면적으로 구현했다."고 강조했다. 이 S램이 탑재되는 스마트폰용 AP도 다이 면적 최소화, 성능 개선이 예상된다.

**SRG(Standardised Raster Graphic, Standardized Raster Graphic) 표준화 격자 도형** 독취에 의해 획득되고, 수치 저장 매체에 저장되고, 래스터 스크린이나 래스터 도화기에 디스플레이 되고, 종이 지도나 도표의 정규 독취에 의해 얻을 수 있는 지도나 도표의 수치표현. RGB나 색상코드의 래스터 자료 집합으로 구성된다.

**SRM(Spatial Reference Model) 공간참조모델** SEDRIS의 다른 좌표계에서 쉽게 환경적 묘사를 사용하거나 방법을 제공한다.

**SRP(Spatial Resource Planning) 공간 자원 관리시스템** ERP(Enterprise Resource Planning, 기업의 기간업무인 회계, 인사, 재무, 구매, 생산, 물류 등을 통합관리하는 시스템)와 지형 공간 정보를 결합하여 기업의 기간 업무를 관리해주는 체계이다.

**SRS(Seat Reservation Service) 좌석 예약관리 단위서비스** 전화, ARS, PC통신, 인터넷, 공중 단말기 등을 통해 좌석을 예약할 수 있도록 하는 서비스. 주로 고속버스와 시외버스를 대상으로 제공되는 서비스이다.

**SRS(Spatial Reference System) 공간기준계, 공간 참조 체계** 공간참조시스템은 실세계 공간에서의 위치를 수학적인 표현되는 벡터 공간에서의 좌표에 의한 지오미트리(geometry)에 연관시키거나, 반대로 좌표값과 지오미트리(geometry)를 실세계의 위치에 연관시키는 기능(function)을 말한다. 공간참조를 실현하는 방법에는 공간좌표에 의한 방법과 구별자(identifier)에 의한 방법이 있다.

**SS(Signal Strength) 신호 세기** 위성 신호의 세기는 신호 대 잡음비(Signal-to-Noise Ratio, SNR)라 불리는데, 이러한 비율이 감소한다는 것은 정보가 잡음으로 인해 손실된다는 것을 의미한다. 신호의 질은 신호 정도(Signal Level)가 증가함에 따라 향상된다. 고도각 30°인 위성에 대한 일반적인 L1 신호의 정도는 12에서부터 20까지 분포한다. L1 신호정도가 20 이상이면, 이는 매우 좋은 것이다. 배치되어 있는 위성 중에 한 위성의 L1 신호 정도가 6 이하라면, 관측 자료의 질은 나쁜 상태이다. 이처럼 낮은 신호 정도는 측량에는 부적합한 위치를 제공하지만, 항법에는 무관하다. L2의 SNR은 L1의 SNR보다 낮은 값을 갖는다. L2의 SNR은 15를 좀처럼 초과하지 못한다. 따라서 관측 자료의 잡음(Data Noise)을 평가하기 위해서는 L1 신호의 강도(SNR)에 초점을 맞추어야 한다. GPS 위성 신호는 상대적으로 약한 편이다. 대부분의 경우에 주변에 항상 존재하는 잡음이 GPS 신호보다 더 강하다. 특별히 위성 신호의 세기가 약한 경우, 이러한 관측값에서 계산된 위치는 정확도가 저하되는 경향을 갖는다. GPS 위성 신호가 약하게 되는 데는 2개의 일반적인 원인이 있다. 첫째, 위성 신호가 나무와 같은 장애물을 통과한 후에 안테나에 도달한다면, 위성 신호가 약화된다. 나무와 같은 장애물에 의해 신호가 약하게 되는 것은 이와 같은 영향을 받지 않도록 수신기를 다시 설정하여 최소화할 수 있다. 두 번째, 낮은 고도각을 갖는 위성의 신호는 높은 고도각을 갖는 위성의 신호보다 더 약하게 된다. 또한 낮은 고도각을 갖는 위성의 사용은 다중 경로(Multipath) 오차(굴절된 GPS 신호로부터 야기되는 오차)를 야기시킬 수 있다. 이와 같이 낮은 고도각 위성에 대한 해로운 영향을 피하기 위해 측량에 권장되는 고도각을 사용해야 한다. 후처리되는 대부분의 측량은 15°의 고도각을 실행되는 반면에, 실시간 측량은 13°의 고도각으로 실행된다. 위성들이 고도각이 10° 이하에 있는 경우의 위성 관측 자료는 좀처럼 수집되지 않는다.

**SS(Suspended Solids) 부유 물질** 수중에 부유하고 물질의 총칭으로서, 클로이드 입자(colloid particle)로부터 상당히 큰 현탁물까지 여러 가지 형태로 존재하며, 보통 부유물의 측정방법에 의해 측정되는 것을 일컫는다.

**SS7(Signal System7) 신호체계7** SS7규약에 기반한 GSM/GPRS의 통신망 지원 신호를 말한다.

**SSD(Solid State Drive) 솔리드 스테이트 드라이브** 메모리반도체인 낸드플레시를 이용해 정보를 저장하는 저장장치. 하드디스크드라이브에 비하여 속도가 빠르고 기계적 지연이나 실패율,

발열·소음도 적으며, 소형화·경량화할 수 있는 장점이 있다. HDD와 달리 물리적인 구동 장치가 없어 소음이 없고 데이터 처리 속도가 빠르다. 앞으로 HDD 시장을 잠식할 것으로 예상하고 있다.

**SSL(Secure Sockets Layer) 보안 소켓 계층** SSL은 네트워크 계층에서 보안성을 제공해주는 Ipsec이 만들어지기 전에 사용되던 기술이다. 인터넷에서 인증서로 상대방을 인증하고, 기밀성과 무결성을 제공한다. 본래 SSL은 표준화되기 전의 이름으로, 표준화된 정식 명칭은 전송 계층 보안(TLS : Transport Layer Security)이다. 오랫동안 사용되면서 지금도 이것을 따르고 있다. 비밀이 보장되어야 하는 메시지를 맡은 프로그램은 웹브라우저 또는 HTTP와 같은 응용프로그램과 인터넷의 TCP/IP 계층 사이에 들어가야 한다는 것이다. 여기서 "소켓"이라는 용어는 데이터를 네트워크상의 클라이언트와 서버 프로그램 사이 또는 같은 컴퓨터의 프로그램 계층끼리 주고받는 소켓 방식을 줄여서 말한 것이다.

**SSOs(Sanitary Sewer Overflows) 분류식 하수관거의 월류수(越流水)** 초기 강우수량에 의해 노면상의 각종 오염물질이 우수와 함께 우수관에 유입되는데, 이 초기강우는 지역에 따라 오수보다 더 높은 오염물질을 함유하고 있다. 따라서 초기 강우수에 대해 공공수역으로 배출 전, 적당한 처리를 하는 것이 필요하다. 초기 강우수와 같이 처리되지 않고 하천에 방류되는 월류수를 SSOs(Sanitary Sewer Overflows)라고 한다. 관거 설치 공사 때 충분한 품질을 확보하여 하수처리장의 여유용량으로 처리하거나 별도의 SSOs 처리시설을 설치한다.

**SSO(Single Sign On) 싱글 사인 온** 한 번의 로그인으로 여러 사이트나 서비스를 이용할 수 있는 시스템으로 첫 글자만 따서 SSO라고 불리기도 한다. 여러 개의 사이트나 서비스를 운영하는 대기업이 회원을 통합 관리할 필요성으로 개발됐으며, 최근에는 이용자가 많은 개인정보를 입력하지 않고도 간편하게 이용할 수 있어 더욱 각광받고 있다.

**SSO(Sun Synchronous Orbit) 태양 동주기 궤도** 궤도면과 지구의 공전면이 이루는 각이 일정하고, 궤도면의 회전 방향과 주기가 지구의 공전 방향 및 주기와 같은 궤도. 이 궤도면은 태양에 대하여 항상 일정한 각도이고 위성 내의 온도 조절이 간단하며 태양에너지가 유효하게 사용된다. Polar-Orbiting Satellite를 참조.

**SSS(Sea Surface Salinity) 해수 표면 염도** 바닷물(海水) 중에는 염화나트륨(NaCl, 일명 소금)을 비롯한 염화마그네슘(일명 간수), 황산칼슘, 황산칼륨 등의 염류가 녹아 있다. 바닷물 1000g(=1kg)에 들어있는 염류의 양을 g수로 나타낸 것을 염분이라고 한다. 일반적으로 염분의 단위는 퍼밀(per-mil, 천분율〈千分率〉, 수를 1000과의 비로 나타내는 방법, 기호 : ‰)로 나타내는데, 바닷물의 평균적인 염분은 35‰이다. 즉, 해수 1kg 중에 35g의 염류가 녹아 있다는 것이다. 염분은 지역이나 계절에 따라 달라지지만, 염류를 구성하는 성분 비율은 항상 일정하게 유지되는데, 이것을 '염분비 일정의 법칙'이라 한다. 따라서 해수 중에 녹아 있는 어느 한 염류의 양만 알면 그 해수의 염분을 구할 수 있다. 염분의 변화에 가장 큰 영향을 미치는 것은 증발량과 강수량이다. 즉, 강수량이 증발량보다 많은 지역에서는 바닷물이 묽어져 염분이 낮게 나타나고, 증발량이 강수량보다 많은 지역에서는 바닷물이 진해져 높은 염분을 나타난다. 또한 강물이 흘러 들어오거나 빙하가 녹는 바다에서는 염분이 낮게 나타난다. 태평양의 평균 염분은 34.6‰이지만, 빙하가 녹는 북극해에서는 30‰ 정도이며, 건조한 지역에 위치한 홍해의 염분은 40~43‰이며, 내륙으로 둘러싸인 채 증발이 활발하게 일어나는 사해는 200‰에 이르기도 한다. 전체 해양의 수평적인 염분 분포를 보면 위도 30° 부근의 아열대 해상에서 염분이 가장 높게 나타나며, 수직적인 염분 분포를 보면 해수면에서 200~300m까지는 염분이 높지만, 그 아래에서는 염분이 감소하다가 심해층에서 다시 증가하는 경향을 보이고 있다. 해수의 염분은 수온과 함께 해양의 물성, 및 대양 대순환 등을 이해할 수 있는 가장 기본적인 변수이다. 최근의 연구 결과는 염분이 수온 못지않게 기후 변화와 지구환경 변화에 중요한 역할을 한다는 사실이 밝혀지고 있다.

**ST(Sidereal Time) 항성시(恒星時)** 관측자의 자오선과 춘분점이 자오선에 이루는 시간각에 의해 결정된다. 항성일을 24등분하면 항성시가 된다.

**Stadia Computer 시거 계산기척** 스타디아측량을 할 때 사용하는 원형의 계산기로서 중앙원판의 수평거리 부분에는 $\text{Iogcos}^2a$가, 고저차의 부분에는 $\text{Iog}(1/2\sin^2 a)$의 값이 새겨져 있고, 외판에는 IogRl=100으로 해서 새겨져 있다. 여기에서 a는 고저각이고 R은 승상수, l은 협장이다.

**Stadia Constants 시거 상수(視距常數)** 시거 공식에서의 승상수 K와 가상수 C, 일반적으로 K는 100이며, C는 0이다.

**Stadia Formula 시거 공식** 망원경의 광학적인 특성과 시거선과의 관계로부터 전계되는 공식을 말한다.

**Stadia Hair 시거선(視距線)** 트랜시트나 망원경 평판시준기의 망원경시야에 망원경 초점거리와 일정한 관계를 갖도록 그 간격이 정확하게 설계되어 있는 2개의 선을 말한다.

**Stadia Survey 시거 측량(視距測量)** 망원경에 그어진 시거선 사이에 낀 표척의 협장과 연직각에 의하여 두 점간의 거리와 높이의 차이를 간접적으로 구하는 측량을 말한다.

**Stadia Surveying 시거 측량(視距測量), 스타디아 측량** Stadia Survey를 참조.

**Stadium 스타디움** 고대 그리스에서는 특정 경기장의 경주용 트랙의 표준 길이를 1 Stadium으로 표시하고 이를 길이의 단위로 사용하였다.

**Staff 표척(標尺)** 수준 측량에서 측점에 수직으로 세우는 자이다.

**Staffing 직원채용** 프로젝트에 필요한 인적 자원을 확보하는 절차로서 필요한 시점과 적정한 인원 확보가 고려되어야 한다.

**Stalling 실속현상(失速現象)** [항공] 날개 주의의 공기흐름이 무질서 상태가 되면서(난류, 터뷸런스) 양력(상승하려는 힘)을 급격히 상실하는 현상을 말한다. 비행체가 비행 중 기체(機體)에 작용하는 힘은 엔진으로 추진되는 힘인 추력(thrust), 동체와 날개 단면적과 표면 마찰력 등에 의해 비행을 방해하려는 항력(drag), 날개에서 발생하는 양력(lift), 기체의 중량에 의한 중력(weight)으로 구성된다. 등속으로 수평비행을 할 때 이 네 힘은 평형을 이룬다. 그런데 항공기가 갑자기 양력을 상실해 고도가 급격히 저하는 경우가 있다. 이것을 실속(失速)이라 한다. 실속 속도는 비행기를 날 수 있는 최소한의 속도이다. 비행기 속도가 실속 속도 이하가 되면 더 이상 조종이 불가능하다. 비행 가능한 양력이 발생되지 않기 때문이다. 항공기 날개는 공기흐름과의 적절한 각을 형성하였을 때 양력을 발생시킬 수 있다. 하지만 만약 항공기 날개와 공기 흐름의 각이 너무 커지면 날개를 따라 흐르던 공기 흐름이 불규칙하게 흐트러지면서 갑자기 양력이 사라지는 실속 현상이 나타난다. 따라서 항공기는 고도를 상실해 추락하게 된다. 항공기의 실속은 주로 높은 기동성이 요구되는 전투기에서 많이 발생된다. 적 전투기를 보다 적절하게 공격하기 위해서는 저속의 높은 받음각의 자세가 우세한 공격위치가 되는 때가 있기 때문에 전투기는 의도적으로 실속 부근까지 속도를 낮추기도 한다. 받음각은 비행기가 날아가는 방향과 날개가 놓인 방향 사이의 각을 말하는데, 고속에서는 작은 받음각으로 날 수 있지만 이륙이나 착륙 시에는 속도가 낮아지므로 더 큰 받음 각이 필요해진다.

**Stand of The Tide 정조** 고조(high water) 또는 저조(low water)의 전후에서 해면의 승강이 매우 느려서 마치 정지하고 있는 것과 같이 보이는 상태를 말한다. 대개 정조의 지속시간(duration)은 조차(range of tide)에 따라서 다른데, 적은 조차가 큰 조차에서보다 길다. 쌍조(double tide)가 우세한 곳에서 정조는 큰 조차에서도 몇 시간 동안 지속된다. 조류(tidal current)에서 사용하는 게조(slack tide)라는 용어와 비슷한 의미로 사용된다.

**Stand of Tide 정조** Stand of The Tide를 참조.

**Stand-Alone 독립** ① 조작하는데 다른 장치의 도움을 필요로 하지 않는 장치로서, 전적으로 그 자신에 의해서 동작하는 것. ② 워크스테이션, 인텔리전트 터미널 등을 호스트 컴퓨터를 사용하지 않고 독립된 형태로 사용하는 것을 말한다.

**Standard 표준화(標準化), 표준(標準)** 공통적인 특성을 바탕으로 일반화하여 다수의 동의를 얻어 규정된 것이다. ISO(International Organization for Standardization, 국제 표준화 기구)는 공식적으로 승인된 조직체에 의해 설정, 반복적인 사용에 대한 지침, 규칙의 제공, 최적 수준의 성취에 목적을 둔 문서라고 정의하고 있다. 한편, 우리나라의 공정거래위원회의 「공정거래법 자율준수를 위한 표준화기구의 모범운영기준」에서는 "표준화"란 다수의 사업자가 상품 및 서비스의 규격, 기술적 특징 등에 대한 공통의 기준을 설정하고 이를 널리 보급하는 일련의 과정을 의미하며, "표준화 기구"란 표준의 개발, 조정, 공개, 수정, 개정, 해석 또는 기타 표준화 활동을 수행하는 법인이나 단체 등을 의미한다고 정의하고 있다.

「국가표준기본법」(법률 제10615호) 제3조에서는 각종 표준에 대하여 다음과 같이 정의하고 있다. 즉, (1) "국가 표준"이란 국가사회의 모든 분야에서 정확성, 합리성 및 국제성을 높이기 위하여 국가에서 통일적으로 준용하는 과학적 · 기술적 공공기준으로서 측정표준 · 참조표준 · 성문표준 등에서 규정하는 모든 표준을 말한다. (2) "국제 표준"이란 국가 간의 물질이나 서비스의 교환을 쉽게 하고 지적 · 과학적 · 기술적 · 경제적 활동 분야에서 국제적 협력을 증진하기 위하여 제정된 기준으로서 국제적으로 공인된 표준을 말한다. (3) "측정 표준"이란 산업 및 과학

기술 분야에서 물상상태(物象狀態)의 양의 측정단위 또는 특정량의 값을 정의하고, 현시(顯示)하며, 보존 및 재현하기 위한 기준으로 사용되는 물적척도, 측정기기, 표준물질, 측정방법 또는 측정체계를 말한다. (4) "국가 측정 표준"이란 관련된 양의 다른 표준들에 값을 부여하기 위한 기준으로서 국가적으로 공인된 측정표준을 말한다. (5) "국제 측정 표준"이란 관련된 양의 다른 표준들에 값을 부여하기 위한 기준으로서 국제적으로 공인된 측정표준을 말한다. (6) "참조 표준"이란 측정데이터 및 정보의 정확도와 신뢰도를 과학적으로 분석·평가하여 공인된 것으로서 국가사회의 모든 분야에서 널리 지속적으로 사용되거나 반복 사용할 수 있도록 마련된 물리화학적 상수, 물성값, 과학기술적 통계 등을 말한다. (7) "성문 표준"이란 국가사회의 모든 분야에서 총체적인 이해성, 효율성 및 경제성 등을 높이기 위하여 강제적으로 또는 자율적으로 적용하는 문서화된 과학기술적 기준, 규격, 지침 및 기술규정을 말한다. (8) "산업 표준"이란 광공업품의 종류, 형상, 품질, 생산방법, 시험·검사·측정방법 및 산업 활동과 관련된 서비스의 제공방법·절차 등을 통일하고, 단순화하기 위한 기준을 말한다. 한편, "측정"이란 산업사회의 모든 분야에서 어떠한 양의 값을 결정하기 위하여 하는 일련의 작업으로 정의하고 있다.

어느 조직이나 정보구조 개발전략의 필수적인 구성요소이며 표준이 없다면 일관성이 결여되어 서로 상이하고 호환되지 않는 시스템을 양산하는 결과가 발생하여 시스템의 운용, 데이터 관리, 데이터의 공유나 통합이 불가능하며, 이를 해결하기 위한 응용개발에 대한 이중투자가 발생하게 된다.

우리나라는 공업진흥청 표준국이 KBS(Korean Bureau of Standards) 라는 명칭으로 1963년 ISO에 최초로 회원 가입하였으며, 1997년 국립기술품질원(KNITQ : Korean National Institute of Technology and Quality)으로 명칭을 변경하였고, 1999년 이후 기술표준원(KATS : Korean Agency for Technology and Standards)이 정회원으로 활동하고 있다.

**Standard Code(Digital Map) 표준 코드(수치지도)** 수치지도 제작의 용이성과 데이터간의 호환성을 확보하기 위하여 각 지형·지물을 체계적으로 분류하여 일정한 형식으로 부여한 각각의 부호를 말한다.

**Standard Code(S Code) 에스 코드, 표준 코드** S Code(Standard Code)를 참조.

**Standard Datum of Geographical Coordinates 경위도 원점(經緯度原点)** 지구상 제점의 수평위치는 경도와 위도로 표시함을 원칙으로 하며, 이 경위도의 어떤 지역에서의 기준을 경위도 원점이라고도 한다. 한국 최초의 '대한민국 경위도원점'(국토교통부 국토지리정보원 고시 제57호)이 1985년 12월 27일 발표되었으며, 수원 국토지리정보원 내에 위치하고 있다. 그 성과는 다음과 같다. 경도 : 127°03′05.1452″, 위도 : 37°16′31.9031″, 원방위각 : 170°58′18.190″, 원방위각은 경기도 화성군 동학산에 있는 2등 삼각점에 이르는 방위각이다. 그 후 2002년 2월 4일 지리학적 경위도를 세계측지계에 따라 측정하도록 측량법이 개정됨에 따라, 새롭게 결정된 대한민국 경위도 원점의 위치와 수치는 다음과 같다(측량법 시행령 제2조 4의1). 위치 : 경기도 수원시 팔달구 원천동 111(국토지리정보원내 대한민국 경위도 원점 금속표의 십자선 교점) 경도 : 127°03′14.8913″, 위도 : 37°16′33.3659″, 원방위각 : 3°17′32.195″(원점으로부터 진북을 기준하여 우회로 측정한 서울과학기술대학교 내 위성측지기준점 금속표 십자선 교점의 방위각), Origin of Longitude and Latitude, Standard Datum of Geographical Coordinates를 참조.

**Standard Datum of Leveling 수준원점(水準原點)** 고저측량의 기준이 되는 수준점으로 우리나라는 인천의 인하공업전문대학내에 설치되어 있으며 그 원점 값은 26.6871이다. Vertical Datum을 참조.

**Standard Definition TV(SD TV) 표준화질 티이브이** SD TV (Standard Definition TV)를 참조.

**Standard Deviation 표준 편차(標準偏差)** 한 관측, 측정 집합 내에 있는 측정값들 간의 상이한 정도를 나타내는 값으로서 각 측정값이 평균으로부터 이탈한 편차의 제곱을 평균한 것(분산)에서 구한 평방근이다. 표본이나 모집단에서 모두 계산이 가능하다. 표본일 경우 편차제곱을 평균할 때 분모를 n으로 나누는 경우와 n-1로 나누는 경우가 있다. 표본을 기술하는 데는 전자가, 모집단에 대한 추론을 하는 데는 후자가 적합하다. 편차의 절대치를 사용하는 절대편차와 대비된다. 평균값에 대한 편차의 평균. 자료의 산포도를 나타내는 수치로, 분산의 음이 아닌 제곱근으로 정의된다. 표준편차가 작을수록 평균값에서 변량들의 거리가 가깝다. 통계학과 확률에서 주로 확률의 분포, 확률변수 혹은 측정된 인구나 중복집합을 나타낸다. 일반적으로 모집단의 표준편차는 $\sigma$로, 표본의 표준편차는 S로 나타낸다.

**Standard Distance 표준 거리** 평균중심점에 대한 점 분포의 분산 정도 측정치로서, 2차원 상의 표준 편차로써 점의 집합에 대해서 북동 방향의 표준 편차에서 만들어진 표준화된 거리이다.

**Standard Error 표준 오차(標準誤差)** 통계에서의 표준 편차로, 측량에서 대개 오차라고 부르며, 관측값 사이의 긴밀한 정밀도를 나타내는 척도이다. 잔차(관측값과 그 최확값의 차)의 제곱의 합을 관측수보다 하나 적은 수로 나누고, 그 제곱근을 취한 값으로 68% 신뢰 수준의 오차이다.

**Standard Gravity 표준중력** 지오이드에 가장 가까운 지구타원체를 설정하고 이 타원체 안에 지구의 전 질량이 들어 있으며 밀도는 수평적으로 균일하다고 가정한 다음, 위도에 따른 만유인력과 원심력을 계산하여 이론적으로 구한 중력값을 표준중력이라 한다.

**Standard in GIS 지아이에스 표준** GIS는 지표면과 지하 및 지상공간에 존재하고 있는 각종 자연물, 인공물에 대한 위치 정보와 속성정보를 컴퓨터에 입력 후 이를 연계시켜 각종 계획수립과 의사결정 및 산업활동을 효율적으로 지원할 수 있도록 만든 첨단 정보시스템이다. 효율적 GIS시스템 구축을 위해서는 GIS 표준의 수립이 필수적이다. GIS표준은 GIS관련 분야의 합의에 의해 작성되어, 국가의 승인을 통해 GIS목표 수준 성취가 가능한 공통적이고 반복적인 사용에 대한 규정이다. 이를 통해 국가 및 공공 GIS사업을 지원하여 중복구축으로 인한 국가적 비용의 최소화, 시스템간의 상호 운용성 및 확장성 확보를 통해 국가 GIS산업 발전의 원동력 역할이 가능하다. 우리나라의 GIS관련 표준은 정보통신부의 정보통신표준과 산업자원부의 국가산업 표준의 한 분야로 이원화되어 개발되었다. 국제표준과의 연계는 ISO의 GIS분야인 ISO/TC211(International Organization for Standardization/Technical Committees 211)을 중심으로 활동하고 있다.

GIS표준화는 공간정보를 구축하고 이를 관리 및 갱신하며 필요한 공간정보를 수요자에게 서비스하기 위한 일련의 활동으로서 국가GIS는 우리나라 전 국토를 대상으로 하고 있으므로 육지와 해양 부분에서 각각 필요한 국가GIS사업 수행하고 있다. 그러나 육지와 해양의 특성에 따라 국가GIS사업을 수행해야 하는 경우도 있으나 공동으로 활용할 수 있는 사업도 존재한다. 한편, 육지와 해양에서 이미 개발된 기반표준은 각각의 특성에 맞게 프로파일화하고 각 분야의 표준은 국가GIS표준으로 개발되었다.

GIS표준화는 표준화 대상에 따른 표준화 방법에 따라 (1) 공간정보의 내용을 대상으로 하는 자료표준화로 자료의 분류, 내용, 표현, 전송 등과 관련된 사항에 대한 표준화 방법론, (2) 공간정보의 생산, 관리 및 갱신, 서비스 활동을 대상으로 각 활동의 구체적인 방법과 절차를 정하는 절차에 대한 표준화 방법론, (3) 공간정보의 생산, 관리 및 갱신, 서비스 활동을 효율적으로 수행하기 위한 수단을 대상으로 이에 필요한 기술에 대한 표준화 방법론 등이 있다.

GIS 국제표준 현황으로는 ISO/TC211와 OGC표준이 있다. (1) ISO/TC211은 기반이 되는 표준 개발로서 1994년 6월에 지구의 지리적 위치와 직·간접적으로 관계가 있는 객체나 현상에 대한 정보 표준 규격을 제정하였으며, 지리정보를 쉽게 활용할 수 있는 환경 제공 및 지리정보를 다루는 컴퓨터 시스템간의 상호운용성 실현을 통해 지리정보의 접근성과 통합성의 증대를 목표로 하고 있다. ISO/TC211은 29개 참가국과 31개 참관국으로 구성되어 있다. 표준에 대한 실무는 표준간의 연관성 및 적용 범위 등을 고려한 분야별 Working Group의 분야는 기술의 발전에 따라 유동적으로 조정하며, 인터넷의 확산, 새로운 정보기술의 대두, 무선정보통신의 발달 등 GIS활용기술이 발달추세에 따라 개발되고 있다. 지리정보 생산에 대한 표준에 중점을 두었던 것을 GIS 활용기술에 중점을 두어 개발되고 있다. 대표적인 Working Group은 다음과 같다. 즉, WG 1(기본구조 및 참조모형) : 참조모델, 개념적 스키마, GIS용어 등, WG 2(지형공간자료모형연산자) : 공간객체스키마, 시간스키마 등, WG 3(지형공간자료관리) : 지형지물 목록화 방법, 품질원칙, 메타데이터 등, WG 4(지형공간서비스) : 위치서비스, 지리정보묘사, 부호화 등, WG 5(프로파일 및 기능표준) : 프로파일, 기능표준, WG 6(영상) : 메타데이터, 데이터 프레임워크, 데이터센서와 자료모델 등, WG 7(정보 커뮤니티) : GIS전문가자격 및 인증, 메타데이터 -XML스키마구현 등, WG 8(위치기반 서비스) : 위치기반 추적 및 내비게이션 서비스, 위치기반서비스-참조모형 등, WG 9(정보관리) : 지리위치의 위·경도 및 고도 표현 표준, 자료 질 측정 등 (2) OGC 표준은 개방형 지리정보 컨소시움(Open Geospatial Consortium, OGC)으로서 1994년 개방형 기술을 GIS분야에 활용코자 민간산업체를 기반으로 설립되었으며, 개정작업 Group(8개 소그룹), 특별 관심분야 Group(2개 소그룹), Working Group으로 구성되었다. 제정된 표준으로는

- GML 단순피처 프로파일 구현사양서, 지리객체구현사양서,

그리드 커버리지,

• 서비스 구현 사양서, 웹커버리지 서비스 구현사양서 등 19개의 사양서 개발

등이 있다.

**Standard Interchange Format(SIF) 표준 교환 형식** SIF(Standard Interchange Format)를 참조.

**Standard Interval 표준 간격** ISO 31-1에 의해 규정된 하나의 단위로, 하나의 등간격 시간 척도상의 시간 길이를 측정하기 위한 기준을 말한다.

**Standard Land Price 기준지가** 공공, 공익사업을 시행하지 않았을 경우의 상태에서 이루어진 지가대 매수 또는 보상함으로서 공공·공익사업의 시행을 용이하게 하고, 지가를 안정시키며 공익사업 시행으로 인한 지가의 앙등 및 여러 가지 폐해를 방지하는 수단으로 정부가 정하는 지가를 말한다.

**Standard Lens 표준 렌즈** [영상] 사용 필름의 대각선 길이와 초점거리가 비슷한 렌즈를 표준렌즈라고 하며, 일반적인 35mm 카메라의 경우에는 초점거리 50mm 내외의 렌즈가 표준렌즈에 해당된다. 사람의 눈에 가장 가까운 느낌을 주고, 일그러짐이나 과장이 거의 없는 것이 특징이며, 일상적인 시각(視角)을 중시하거나 객관적인 입장에서 주관을 배제하고자 할 때 가장 효과적이다. 일반적인 촬영에 많이 쓰이는 보편적 렌즈이다. Normal lens라고도 한다.

**Standard LineStandard Map Symbols 표준 도식** 수치지도를 구성하는 도형의 형태·크기·선호 구조 및 방향을 정하여 도면의 통일을 기하기 위한 도식으로서, 국토지리정보원 원장이 정하는 것을 말한다.

**Standard Meridian 기준 자오선, 표준 자오선** 그 나라(또는 지역)의 표준시를 정하는 자오선을 말한다. 우리나라는 조선시대까지는 연경(지금의 북경)과 같은 동경 120°선을 표준자오선으로 택하였으나, 1910년 4월 1일 일본과 시차를 없애기 위해 동경 135°선을 채택하고, 한국의 11시를 일본의 12시에 맞추어 정오로 하였다. 1954년 3월 21일 우리나라만의 표준자오선인 동경 127°30′을 표준자오선으로 취하였으나 여러 가지가 불편하여 1961년 8월 10일부터 동경 135°선을 표준자오선으로 설정하였다. 이에 따라 한국표준시는 일본표준시와 일치하며, 그리니치표준시보다 9시간이 빠르다.

**Standard Model 표준 모형** 수치 지도에서 표준적인 기하 모형으로 개별점 모형, 개별선 모형, 개별면 모형, 네트워크 모형, 영역분할 모형의 5종류가 있다. 표준 기하 모형이라고도 한다.

**Standard of Levelling 수준 원점** Vertical Datum을 참조.

**Standard Order Process 표준 주문 절차** 자료의 획득, 처리되는 방법과 관련 지침, 가격에 관한 정보를 말한다.

**Standard Parallel 표준 위선, 기준 평행선** ① 지도 투영법에서 투영면과 접하는 위선. 표준 위선에서 멀어질수록 왜곡이 커진다. ② 북반구와 남반구를 나누며 위도의 기준이 되는 0°선이다.

**Standard Penetration Test 표준관입시험** SPT(Standard Penetration Test)를 참조.

**Standard Positioning Service(SPS) 표준측위서비스, 에스피에스** SPS(Standard Positioning Service)를 참조.

**Standard Procedure and Data Format for Digital Mapping (SPDFDM) 일본 수치지도 제작 자료 형식 표준** SPDFDM(Standard Procedure and Data Format for Digital Mapping)를 참조.

**Standard Tension 표준 장력(標準張力)** 줄자에 눈금을 새길 때의 장력 보통은 10kg. 줄자를 써서 거리측정을 할 때, 표준 장력과 다른 크기의 장력을 주었을 때에는 장력 보정을 할 필요가 있다.

**Standard Time 표준시(標準時)** 지방시를 직접 사용하면 불편하므로 실용상 곤란을 해결하기 위하여 경도 15°간격으로 전 세계에 24개의 시간대(時間帶; Time Zone)를 정하고, 각 경도대 내의 모든 지점을 동일한 시간을 사용하도록 하는데 이를 표준시라 한다. 우리나라 표준시는 동경 135°를 기준으로 하고 있다.

**Standard Topology File 표준 위상 파일** 기하 모형에 있어 위치·형상을 나타내는 점, 선 및 면의 관계를 기록한 파일. 개별면 모형, 네트워크 모형, 영역 분할 모형의 경우에 이용한다.

**Standardised Raster Graphic(SRG) 표준화 격자 도형** SRG (Standardised Raster Graphic, Standardized Raster Graphic)를 참조.

**Standardization 표준화** 표준화는 필요한 표준을 합리적으로 설정하여 조직적으로 활용하는 행위를 말하며, 사회 전반에 걸쳐 모든 사물에 대하여 적용할 수 있고 생산성 향상, 부적합한 개발 방지 및 경제적 효과를 증대하기 위해 표준화가 필수적이다. 표준은 '사람들 간의 편의, 효율, 그리고 안전을 위한 서로간의 약속'으로 정의된다(최종완). 다시 말해, 표준이란 사물의 정도를 정하는 기준이나 목표 또는 다른 것들의 규범이 되는 준칙이나 규격을 말한다. 규격은 사물의 표준이 되는 정형화의 형태이며, 기준은 기초가 되는 표준, 준칙은 준거할 기준이 되는 규칙을

말한다. ISO/IEC에서는 '표준이란 재료, 제품, 프로세스 및 서비스가 사용하고자 하는 의도에 맞는가를 보장하기 위해 사용되는 기술적 사양이나 규칙, 지침 및 특성 정의와 같은 명확한 규범 내지 기준 등에 관한 문서화된 약속이다.'라고 정의하고 있다.

**Standardized Profile 표준 프로파일** 1개 이상의 프로파일을 정의하기 위해, 조정되고 합의된 문서를 말한다.

**Standardized Raster Graphic(SRG) 표준화 격자 도형** SRG(Standardised Raster Graphic, Standardized Raster Graphic)를 참조.

**Standards 표준** 개별적으로는 얻을 수 없는 것들을 공통적인 특성을 바탕으로 일반화하여 다수의 동의를 얻어 규정해 놓은 것을 말한다.

**Star Sensor 항성 감지기** 위성의 자세를 측정하기 위해서 별을 관측하는 장치로 위성의 감지기 중에서 가장 높은 정확도를 제공한다.

**Start Node 시점 절점** 변이 사용되고 있는 위상복체 중 변의 시작점으로서의 절점이고, 유효한 임의의 기하적인 실현이 곡선의 시작점에 일치하는 변의 경계로서의 절점을 말한다.

**Start Node of Network 네트워크 개시 노드** 하나 이상의 활동이 시작되지만 끝나는 활동은 없는 애로우 다이어그램에서의 노드를 말한다.

**Start Point 출발점** 곡선 최초의 점을 말한다.

**Starting Point of Central Part 중부 원점** Central Datum을 참조.

**Startup 스타트업** 이제 막 사업을 준비하고 시작한 기업을 의미한다. 현재의 가치보다는 미래의 가치로 평가받을 수 있는 큰 잠재력과 성장가능성을 갖춘 기술 중심의 회사를 뜻한다. 더불어 팀이 아닌 실제 회사의 모습을 가지고 있어야 한다. 팀 혹은 프로젝트는 스타트업에 해당되지 않는다. 캘리포니아대학 버클리 비즈니스 스쿨의 스티브 블랭크 교수는 스타트업은 기업이라기보다는 반복과 탐색 가능한 비즈니스 모델을 찾아가는 조직이라고 정의하고 있다. 한편, 에릭 리스(Eric Ries)는 「Lean Startup」(2011)에서 "스타트업은 고객들에게 제공할 새로운 제품과 서비스를 창조하는 조직이다."라고 정의하였다. Lean Startup을 참조.

**State 상태** 어떤 기간 중 시간 길이를 지속하는 조건을 말한다. 각각의 형상 속성의 명칭이나 값은 지형지물의 상태를 기술한다.

**State Land 국유지(國有地), 역둔토(驛屯土)** ① 국가의 소유에 속하는 토지. ② 국유지의 별칭으로 원래 역토와 둔토만을 의미하였으나 1906년 이후 일제는 제실재산과 국유재산을 정리한다고 하면서 역둔토를 국유지의 별칭으로 쓰기 시작하다가 1908년부터는 공공연하게 국유농지를 총칭하여 역둔토라 불렀다. 따라서 1908년 이후부터는 역둔토에는 역토와 둔토뿐만 아니라 궁장토, 목장토, 능원묘위토, 기타 궁위와 관위의 부속토지가 모두 포함되었다.

**State Plane 주 단위** 48개의 미국 주에서 일반적으로 사용되는 좌표 체계로써 측량의 응용에 사용된다. 이것은 주에 따라서 횡축 메르카도르 도법과 램버트 정형 원추 도법을 기반으로 그려진다.

**State Plane Coordinate System 주 단위 평면 좌표계** 미국 GIS 기술에 주로 사용되고 국가적 측지학 조사에 의해 유지되는 각 주의 X, Y좌표 체계. 대개 2가지 투영법(Tranverse Mercator〈남북방향의 주들〉 또는 Lambert Conformal〈동서방향의 주들〉) 중의 하나는 각주의 한 지역 혹은 더 구체적인 지역들을 한정한다.

**State Plane Coordinates 주 단위 좌표** 지형 좌표계로서 측량 성과를 이용하여 충분한 정확도를 가지고 'Sea Level'을 나타내는 수학적 기준면에 대해서 그리드화된 기준을 가지고 지표면상의 어떤 점을 표시한 것을 말한다.

**Statecraft 스테이트크래프트** 전통적인 외교수단을 새로운 네트워크와 기술에 접목시켜 상호 연결된 세계에서 외교목표를 달성하기 위한 새로운 프레임워크라고 할 수 있다.

**Statement 서술문** 자료군의 연혁에 대한 자료생산자의 지식에 관한 일반적인 설명을 말한다.

**Statement of Qualification(SOQ) 자격 요건, 에스오큐** SOQ(Statement of Qualification)를 참조.

**Statement of Work(SOW) 작업 지시서** SOW(Statement of Work)를 참조.

**Statically Determinate Structure 정정구조물(靜定構造物)** 힘이 가해졌을 때 지점에 생기는 반력이나 구조부재에 생기는 응력을 힘의 평형조건식만으로 구할 수 있는 구조를 말한다. 2차원 구조물의 경우 사용 가능한 평형방정식은 다음과 같다.

(1) $\Sigma\vec{F} = 0$ : 구조물에 작용하는 힘(Force)들의 벡터 합은 영(零, zero)이다. 즉,

① $\Sigma\vec{F_x} = 0$ : 힘(Force)들의 수평성분의 합은 영(零, zero)이다.

② $\Sigma \overrightarrow{F_y} = 0$ : 힘(Force)들의 수직성분의 합도 영(零, zero)이다.

(2) $\Sigma \overrightarrow{M} = 0$ : 임의의 점에 대한 모든 힘의 모멘트(Moment)의 합은 영(零, zero)이다.

평면구조물에는 위와 같이 3개의 평형방정식이 존재하므로 3개의 독립된 반력성문에 대해서만 풀 수 있다. 이때 미지반력수가 3인 경우 외적으로 정정(靜定, Statically Determinate)하다고 한다. Statically Indeterminate Structure(부정정 구조물)를 참조.

**Statically Indeterminate Structure 부정정 구조물(不靜定構造物), 정적 부정정 구조물** 부정정 구조물의 정의는 첫째, 안정될 것, 둘째, 하중 때문에 생긴 외적인 힘과 내적인 힘의 성격을 힘의 평형방정식만으로는 완전히 계산되지 않는 구조물을 말한다. 즉, 정역학적 평형방정식만으로 내력과 반력을 구할 수 없는 구조물을 의미하며, 미지력의 개수가 평형방정식의 수를 초과하는 경우를 말한다. 따라서 부정정 구조물을 해석하기 위해서는 재료의 성질과 적합조건에 대한 고려가 필요하다.

인간이 만든 구조물들은 수학적 평형방정식을 그 수에 맞추어야 하는데, 모든 반력을 다 구할 수가 없을 수 있다. 이러한 구조물, 그렇지만 안정된 구조물을 부정정구조물이라고 할 수 있다. 부정정구조물의 해법은 여러 가지가 있으나 계산할 수 없는 반력에 대하여, 하중에 따른 구조물 자체의 변형을 고려해야 한다. 구조물의 구조형식에 따라, 3련(三連) 모멘트법, 처짐각법, 모멘트 분배법, 탄성방정식에 의한 법 등이 주로 사용되고 있다.

지점반력을 평형방정식을 통해 구할 수 있더라도 내력을 구할 수 없는 경우나 내력을 평형방정식으로 구할 수 있더라도 지점반력을 구할 수 없는 경우도 있다. 즉, 구조물의 정정 또는 부정정 여부는 외적정정(지점반력과 관련) 뿐만 아니라 내적정정여부도 관련된다. 구조물의 부정정 차수는 M − N으로 정의되는데, 여기서 M은 미지부재력 및 반력의 개수, N은 서로 독립인 평형방정식의 개수이다. Statically Determinate Structure(정정구조물)를 참조.

**Static Database 정적 데이터베이스** 최소의 변화와 갱신을 요구하는 고정된 데이터 세트로서 예를 들어, 행정 구역 경계선의 데이터베이스는 그 경계선들이 불규칙적으로 변화하므로 정적이다.

**Static Datum 정적 측지계** 모든 위치들이 고정되어 있거나 시간에 따라서 변화하지 않는다는 가정이다. 정적 기준은 지구의 표면이 지각 운동으로 인하여 지속적으로 변하고 있기 때문에 부정확한 가정이다.

**Static Elastic Modulus 정탄성계수** 암석의 변형 거동을 지배하는 주요 요인으로서, 암석에 정적인 하중을 가한 후 얻어진 응력과 변형률의 관계이다. 영률(Young's modulus), 포아송비(Poisson's ratio), 강성률(modulus of rigidity), 체적계수(bulk modulus) 등이 있다.

**Static Model 정적 모델** 정적 모델은 어느 특정 시점에서 지도나 데이터베이스는 어떠한 사건들의 1가지 상태만을 표현한다. 대부분 실세계의 개발 혹은 변화 등은 이러한 모델에서 쉽게 알아낼 수 없다.

**Static Observation 정지 관측** Static Survey를 참조.

**Static Positioning 정지 위치결정** 운반파의 위상을 이용하여 기선해석을 실시할 때, 시간경과에 따라 변화하는 위성의 위치정보를 이용하여 불확실 정수(Integer Ambiguity)가 결정된다. 관측 중에는 수신기가 관측점에 고정되어 연속적으로 자료를 취득하여 관측시간을 거리에 따라 1시간 혹은 3시간이다. 관측 중에 수신이 중단되어도 기선해석에서 신호 단절(Cycle Slip)을 소거할 수 있으며, 기선해석은 후처리 방법에 의한다. GPS에서 시간에 걸쳐 다중-위치결정 평균의 사용을 허용하는 정적 수신기를 사용한 위치결정, 용어는 배타적으로 운송파 위상 측위를 의미하도록 되었다.

**Static Survey 정지 측량(靜止測量)** Static Surveying을 참조.

**Static Surveying 정지 측량(靜止測量)** 단일 측량 세션 동안 수신기 1대는 고정점에, 다른 수신기는 미지점에 거의 1시간 동안 동시에 관측하는 기법이다. GPS에 의한 수치지도 자료의 취득방법으로서, 고정된 점 또는 저속으로 움직이는 지점의 좌표를 GPS 위성과 GPS 측량장비를 이용하여 취득된 좌표 자료와 그 지점의 속성 정보를 결합함으로써 수치지도의 자료를 구성하는 방법이다. 이 방법은 관측되는 점의 위치에 관계없이 동일한 좌표 체계 내에서 비교적 저렴한 비용으로 높은 정확도의 좌표값을 얻을 수 있는 장점을 가지고 있다. 정지 측량은 비교적 긴 관측 시간을 요하는 만큼 장거리 기선장의 정밀관측에 유효하다. 기준점 측량에 주로 사용되며 기선장에 따른 오차의 크기는 1ppm(기선장 10km당 1cm 오차)정도이다.

**Station 측점** 측량할 때 그 위치를 결정하는 점 또는 다각측량에 있어서는 어떤 측선과 그와 이웃하는 측선과의 교점을 말하며, 다각점이라고도 한다.

**Station Condition 측점 조건(測点條件)** 어느 한 관측점을 포함하는 주위에 있는 모든 각의 합은 360°라는 조건이다.

**Station File 측점 파일** 그래픽 출력(Graphic Display)과 그래픽 입력 환경에서 필요로 하는 명령어를 포함하는 AML 파일을 말한다.

**Station Mark 측표** Signal Target를 참조.

**Stationarity 정상성** 자료 내의 독립성을 설명하기 위해 공간 분석에서 사용되는 용어이다. 공간 절차는 그것의 통계적 특성이 절대 위치에 독립적이라면 고정적이거나 동일 특성을 갖는다고 한다. 이것은 평탄과 분산이 일정해서 위치에 의존하지 않는다는 것을 의미한다. 공간 자료의 2차 요소에서 고정성은 많은 공간적 통계 방법이 고정성에 의존하기 때문에 유용하다고 가정할 수 있다.

**Statistical Analysis 통계 분석** 통계 분석을 속성자료에 대해서 행함으로써 어떤 현상의 지형 공간상 경험을 파악할 수 있으며 그 결과를 지도로 출력할 수 있어야 한다. 통계 분석은 일반 통계학에서 사용하는 방식을 간단하게 사용할 수 있도록 되어 있어야 한다.

**Statistical Data 통계 자료(統計資料)** 통계적 분석에 이용되는 자료를 말한다.

**Statistical Reports 통계 보고서** 효율성 있는 서술적인 통계 자료가 표준 보고서의 양식으로 손쉽게 만들어질 수 있다. 이러한 자료는 하나의 커버리지에 대하여 전부 혹은 선별된 특징의 전체 숫자를 포함한 측정치를 제공한다. 이러한 유형의 보고서는 훌륭한 재고목록에 관한 사항이 되며, 추후 보다 복잡한 GIS 분석에 사용될 수 있다.

**Statistical Surface 통계 평면, 확률 표면** 기온, 강수량, 대기 중 공해 물질 농도 등 어느 지점에서나 연속적으로 나타나고 있는 현상이지만, 이러한 자료들의 표면은 실제로는 존재하지 않으며 따라서, 관찰할 수 없는 확률적인 방법으로 규정된 표면을 말한다.

**Statistics 통계학(統計學)** 자료를 수집·정리하고 과학적으로 분석하여 의사결정자에게 최적의 정보를 제공하는 제반 방법론을 연구하는 학문. 표본자료의 요약을 기술하는 기술통계학과 표본자료를 근거로 모집단에 대한 추론, 즉 모수추정과 가설검증을 하는 추리(추론)통계학으로 나뉜다.

**Statoscope 고도차계, 기압계** 마노미터(기압 차계)의 원리에 따라서 미소 기압차를 재고, 그것으로서 미소 고도차를 구하는 기계를 말한다.

**Status 상태** 자료들의 상태 및 관리에 대한 정보를 말한다.

**Status Date 현황일** 현재의 일정표상의 현 상황을 말한다.

**Status Monitoring of Sensor Networks and Sensor Node 센서 네트워크 및 센서 노드 상태감지** 무선통신오류, 센서 노드의 자원고갈로 인한 정지, 센서 노드의 이상동작으로 인한 잘못된 센싱 정보생성 등의 장애에 대비하기 위하여, USN 미들웨어는 센서 네트워크 및 센서 노드의 자원 및 동작 상태를 주기 또는 비주기적으로 감지하여 이상여부를 정확히 파악하고, 필요한 경우 자동 복구하는 기능이 필요하다.

**Steady Flow 정상류** 유체의 흐름 특성이 시간에 관계없이 항상 일정한 흐름으로서, 유동장 내의 임의의 한 점에서 유동조건이 시간에 관계없이 항상 일정한 흐름이다. 즉,

$$\frac{\partial V}{\partial t} = 0, \frac{\partial p}{\partial t} = 0, \frac{\partial \rho}{\partial t} = 0.$$

**Stealth 스텔스** 상대의 레이더, 적외선 탐지기, 음향 탐지기 및 육안에 의한 탐지까지를 포함하는 모든 탐지 기능에 대응하는 은폐 기술을 말한다.

**Stealth Marketing 스텔스 마케팅** 대중매체가 아닌 입소문 등을 통해 자연스럽게 브랜드를 알리는 마케팅 기법을 말한다.

**STED(Standard for the Exchange of Data) 표준 자료 교환** IGES를 대체하기 위해서 ISO에 의해 개발된 그래픽 자료 교환 형식을 말한다.

**Steel Tape 강철자** 강철자는 습도에 의한 길이의 신축이 거의 없어 정밀 거리 측량에 사용되나, 무겁고 녹이 슬기 쉬우며, 부러지기 쉬워 사용할 때 주의하여야 한다.

**Stefan-Boltzmann Constant 스테판볼쯔만 상수** 스테판볼쯔만 법칙은 I=aT4로 나타낼 수 있으며, 이 비례상수 a를 스테판볼쯔만 상수라 한다.

**Stefan-Boltzmann's Law 스테판볼쯔만 법칙** 흑체의 단위표면적에서 방출되는 모든 파장의 빛에너지의 총합 I는, 흑체의 절대온도 T의 4제곱에 비례한다는 법칙. 1879년 J.스테판이 온도복사의 연구를 통해 실험적으로 발견하고, 이것을 1884년 L.

볼쯔만이 열역학적으로 정립하였다.

**Stefan-Boltzmann's Radiation Law 스테판볼쯔만 복사 법칙** 이 복사 법칙은 흑체에서 나오는 모든 복사 에너지의 합은 이 흑체의 절대 온도의 4승에 비례한다.

**Stella Method 천체관측법** 시각에 따른 좌표가 알려진 별의 집합을 타깃 array로 이용한 카메라 검교정방법이다.

**Stellar Parallax 연주시차(年周視差)** 어떤 천체를 바라보았을 때 지구의 공전(公轉, revolution)에 따라 생기는 시차이다. 따라서 지구 공전의 결정적 증거 중의 하나이다. 시차(視差, Parallax)는 고정된 먼 배경이 존재하는 상황에서 한 물체를 서로 다른 위치에 있는 두 관측자가 관측했을 때 발생하는 위치의 차이 또는 변위이다. 두 관측점과 물체가 이루는 각의 1/2로 측정한다. 가까운 물체는 멀리 떨어진 물체보다 큰 시차를 가지게 된다. 따라서 연주시차를 구하면 해당 천체와의 거리를 구할 수 있다. 별의 거리는 여러 가지 방법으로 측정할 수 있는데, 가장 기본적인 것은 연주시차, 즉 지구와 태양 사이의 거리를 한 변으로 하는 삼각 시차를 이용하는 것이다. 연주시차를 이용하여 별의 거리를 나타낼 때 pc 단위를 사용하며, pc은 연주시차가 1″ 인 거리를 나타낸다. 즉, 별까지의 거리 r은 $r(pc) = \frac{1}{연주시차('')}$ 이다. 그러나 대부분의 별은 매우 멀리 있어 연주시차도 매우 미소하고, 지구의 대기 산란효과 등으로 인해 미세한 연주시차는 계산할 수 없기 때문에 연주시차를 이용해 천체 거리를 구하는 것은 매우 제한적이어서, 별이 100pc 정도만 떨어져 있어도 측정하기가 어렵다. 우리 은하의 중심까지의 거리가 85,000pc이므로 실제 연주시차를 이용하여 거리를 구할 수 있는 별의 숫자는 그리 많지 않다. 그러나 연주 시차 외에 별의 밝기와 거리의 관계를 이용하면 보다 멀리 있는 별까지의 거리를 구할 수 있다. 최근에는 인공위성을 사용해 멀리 있는 별들의 연주시차를 구하는 프로젝트도 계획되고 있다.

• 천문학자 티코 브라헤는 천문 현상에 대한 수많은 관측 자료를 축적해왔으나, 그 당시 망원경으로는 연주 시차를 측정할 수 없었다. 결국 브라헤는 지구가 태양 주위를 공전한다는 지동설을 포기하였다. 당시 티코 브라헤의 연주 시차 측정 한계는 1″였는데, 이 정도 연주 시차를 가지려면 별이 적어도 수천 AU 이내에 존재해야 하지만, 별은 이보다 훨씬 멀리 있으므로 육안 관측으로는 연주 시차의 측정이 불가능하였던 것이다. 그러다 망원경이 발달하면서 보다 정밀한 관측을 할 수 있게 됨으로써 많은 사람들이 연주 시차를 측정하려고 노력하였으나, 1838년에야 베셀에 의해 처음으로 측정되었다. 이 별은 백조자리 61번 별이었으며, 연주 시차는 0.3″ 였다. 가장 가까운 별인 센타우루스 알파(a Centaurus)의 시차는 076″ 이다. 오늘날 지상에서의 관측을 통해서는 별의 시차를 ±0.004″ 정도의 오차 범위에서 구할 수 있다. 1989년 유럽 우주국에서 발사한 히파르코스(Hipparcos) 위성의 이름은 고정밀 시차 수집 위성(High Precision Parallax Collecting Satellite)의 약자를 딴 것이며, 고대의 천문학자인 히파르코스를 기념하기 위한 목적도 있다 히파르코스 위성은 지구에서 36,000km 떨어진 곳에서 가장 정확한 시차를 측정하도록 설계되었다. 이 위성은 약 100,000개의 별에 대하여 0.001~0.002″ 의 정확도로 위치를 측정하였다. 별의 거리를 나타내는 단위로는 파섹(pc)과 광년(Light Year, LY)이 있다. 1pc은 연주 시차가 1″ 인 별까지의 거리이고, 1광년은 빛이 1년간 가는 거리이다. 1pc은 326광년에 해당한다.

**STEM(Science, Technology, Engineering, Math) 융합교육정책** STEM이란 말은 과학(Science), 기술(Technology), 공학(Engineering), 수학(Math)의 준말로 1990년대 들어서 미국과학재단(NSF)이 집중적으로 사용하기 시작한 용어로서, 융합형 인재를 키워 경쟁력 유지에 필요한 혁신을 주도하자는 것이다.

**Stem and Leat Display 줄기 잎 그림** 각 구간과 구간에 속한 자료값을 구체적으로 나열하는 형태로 자료의 값을 그대로 유지하는 장점이 있지만 방대한 표본인 경우 그리기 어려운 단점이 있다. 줄기 잎 그림도 히스토그램의 형태를 나타냄을 유의하여야 한다.

**Step 단계** 본을 구성하는 최소 명령 단위로서 프로그램 수행을 위한 실행문, 환경 선언, 데이터 선언 등을 말한다.

**Stepped Statistical Surface 단계적 통계 표면** 지도의 일종으로 지역의 윤곽이 수치값에 비례한 높이의 비율로 튀어나오게 보이거나 원근 도법으로 보인다. 지역은 값에 비례한 높이의 비율로 원주가 보인다.

**Steradian 스테라디안, 입체각** sr(steradian)은 입체각의 국제단위(SI)이다. 평면에서 각도를 나타내는 라디안처럼, 3차원 공간에서 각도로 나타나는 영역을 나타낼 때 사용된다. 입체각($\Omega$)은 $\Omega = \frac{S}{r^2}$ 이다. 여기서, S는 구(입체)의 표면적, r은 구의 반지름이다. 스테라디안은 라디안(radian)처럼 무차원상수이다.

즉, 구 전체의 입체각은 4π sr이 된다.

**Stereo Analytical Plotter 해석도화기** Analytical Plotter를 참조.

**Stereo Base 입체 기선** 입체시를 위한 한 쌍의 입체사진에서 상호 관련된 두 점간의 거리를 말한다.

**Stereo Camera 3차원 카메라, 입체 사진기** 6~7cm 떨어진 두 렌즈를 이용해 조리개와 셔터 설정이 같은 두 프레임을 동시 촬영하여 3D 이미지를 구현할 수 있는 카메라를 말한다. Terrestrial Camera를 참조.

**Stereo Comparator 입체 정밀 좌표 관측기** 입체 사진에서 각 점의 사진좌표와 시차 등을 관측하는 좌표 관측기를 말한다.

**Stereo Model 입체 모델, 유효 면적** 한 쌍의 항공사진에서 50% 이상 종중복(End Lap) 촬영하였을 경우, 입체시 되는 부분으로 3차원 가상좌표를 얻을 수 있는 부분을 말한다. Stereoscopic Model을 참조.

**Stereo Pair 3차원 쌍** 서로 합쳐져 하나의 3D 이미지를 형성하는 왼쪽 눈 이미지와 오른쪽 눈 이미지를 말한다.

**Stereo Photography 입체 사진(立體寫眞)** 공통의 피사체가 50%이상 종중복 촬영되어 입체가 가능한 한 쌍의 사진을 말한다.

**Stereo Plotter A8 입체 도화기 A8** Leica(구 Wild) 사에서 제작한 기계식 입체 도화기를 말한다.

**Stereo Print 3차원 인화** 왼쪽 눈 사진을 왼쪽에, 오른쪽 눈 사진을 오른쪽에 나란히 배치해 인화한 한 쌍의 사진을 말한다.

**Stereo Projector 3차원 영사기** 편광 필터가 부착된 2개의 렌즈를 갖춘 슬라이드 영사기를 말한다.

**Stereo SAR 입체 합성 개구 레이더** 입체 영상에 존재하는 시차를 이용하여 대상물의 3차원 좌표를 구하는 방법이다. 인공위성인 경우 인접한 위성궤도에서 동일한 지역을 다른 각도에서 피복한 두 영상을 통하여 입체 영상을 얻을 수 있다. 입체 합성 개구 레이더(Stereo SAR) 방법은 광학적인 사진 측량 방법과 그 원리에서는 비슷하나, 완전히 다른 투영 기하학과 수학적 모델을 사용한다. 기본적으로 입체 영상의 관측각이 크면 클수록 Stereo SAR 기하학적 측면에서는 더 안정적인 해를 구할 수 있다. 수학적 모델로서 두 영상(master, Slave)의 영상 좌표에서 지상 좌표(x, y, z)를 얻기 위해서 Range Equ-atron과 Doppler Equatron이 사용된다. SAR, INSAR를 참조.

**Stereo Slide 3차원 슬라이드** 뷰어를 이용해 3D 이미지를 감상할 수 있도록 포지티브 필름 한 장에 사진상을 담은 것을 말한다.

**Stereocompara Graph 간이 도화기** 소축척의 도화에 사용하기 위하여 근사적인 방법으로, 사진 측량의 주 문제를 해결하여 기구를 간단하게 한 도화기를 말한다.

**Stereocompilation 입체 도화** 사진 측량 장비에 의하여 측지학적 기준 자료와 항공사진으로부터 지도나 도표를 작성하는 것을 말한다.

**Stereodigitizer 스테레오 디지타이저** 항공사진에서 직접적인 자료(면적 · 좌표 · 고도)의 취득을 위한 정밀 입체 도화 장비를 말한다.

**Stereodigitizing 입체 디지타이즈하는** 면적 · 좌표 · 고도 자료를 수집하기 위하여 정밀 입체 도화 장비를 사용하여 항공사진에서 직접적으로 자료 취득을 하는 것을 말한다.

**Stereogram 입체도** 입체시가 가능하게 정확히 표정된 한 쌍의 입체 사진 또는 입체 영상면을 말한다. 3D 보기(Stereoview)를 참조.

**Stereogrammic Organization** Visual Hierarchy를 참조.

**Stereograph 입체화** 3D 보기 참조.

**Stereographer 스테레오그래퍼** 입체영화 제작과정에서 입체기술을 전담하는 스태프를 지칭한다.

**Stereographic Projection 평사도법(平射圖法)** 투영면과 지구와의 접점의 대척점에 시점을 두고 지도를 그리는 것을 말한다. 각도의 관계가 정확히 보존된다(등각 투영). 거리나 면적은 주변부로 갈수록 확대된다.

**Stereometer 시차관측간, 시차관측봉** 좌우 2개의 측표의 간격을 바꿈에 따라서 시차를 측정하는 장치를 말한다. Parallax Bar를 참조.

**Stereometric Camera 입체 사진기** 2개의 사진기가 광축을 평행으로 하여 공통의 대에 고정된 것을 말한다.

**Stereonet 평사투영망** 평사투영망은 지표 지질조사시 측정된 3차원적인 형태의 지질구조요소, 즉 면구조(층리, 엽리, 단층, 절리 등)와 선 구조(습곡축, 단층, 경면, 광물배열방향)를 알기 쉽게 2차원적으로 표현하기 위하여 고안된 방법이다. 평사투영법에 사용되는 평사투영망(Streonet)에는 등각도망(equal angle net)인 Wulff Net과 등면적망(equal area net)인 Schmidt(or Lambert) Net이 있다. 토목지반분야, 암반공학, 응용지질공학, 지질학 분야에서 평사투영망을 사용한다.

**Stereopair 입체쌍** 물체나 영역의 입체적 조사를 가능하게 하는 충분한 세부 묘사의 원근 중첩된 두 사진을 말한다. Aerial Stereopair, Stereoscopic Pair를 참조.

**Stereophotogrammetry 입체 사진 측량** 입체 모델을 사용하여 행하는 사진 측량을 말한다.

**Stereoplotter 입체도화기(立體圖化機)** 정밀 입체도화기의 좌우 2개의 투영기에 한 입체 모델을 이루는 좌우 사진의 투면 양화를 장착하고 빛을 비추면 그 광속의 교점들은 실제지형과 상사인 입체 모델을 재현하게 되며, 그 후 표정점들을 찾아 절대좌표를 도화기상에 입력하고 부점(Floating Point)으로 원하는 지형·지물을 추적하면 그에 따라 지형도상에 가입될 세부 지형이 도화된다. 입체 도화기 등에 의하여 등고선과 평면도 등을 그리는 작업을 하며, 사진 측량을 이용하지 않을 때도 도화할 때가 있으나, 이때는 실측 또는 기존 자료를 이용하여 지도상에 기호화하는 것을 말한다. Stereoscopic Plotter를 참조.

**Stereoplotting Instrument 입체 도화기** Stereoplotter를 참조.

**Stereopsis 입체시** [영상] 거리를 인식해 입체감을 느끼는 능력을 말한다.

**Stereoscope 입체경** 입체시를 하는 장비로, 렌즈식 입체경과 반사식 입체경 등이 있다.

**Stereoscopic 3D(S3D) 3차원 스테레오스코픽** S3D(Stereoscopic 3D)를 참조.

**Stereoscopic Display 양안방식** 3D 입체영상의 기본 원리는 두 눈의 양안시차(Binocular Display)를 이용하여 평면적인 디스플레이 하드웨어에서 가상적으로 입체감을 느낄 수 있게 하는 것. 좌, 우의 눈은 각각 서로 다른 2차원 영상을 보게 되고, 이 두 영상이 망막을 통해 뇌로 전달되면서 뇌는 이를 정확히 서로 융합하여 본래의 3차원 입체 영상의 깊이감과 실재감을 재생한다.

**Stereoscopic MAF(Multimedia Application Format) 3차원 영상 마프 표준** 스테레오스코픽 MAF의 표준화와 관련된 휴대폰, 디지털카메라, DVD, PMP 등과 같은 다양한 디지털 영상기기를 중심으로 디지털 콘텐츠가 널리 보급되고 있다. 또한, 자연계의 정경에 보다 가깝고 자연스러운 입체감 및 현실감을 제공하는 스테레오스코픽 콘텐츠의 획득, 생성기술 및 디스플레이 기술이 발전함에 따라 스테레오스코픽 콘텐츠를 이용한 응용 서비스 및 관련 기기에 대한 시장이 형성되고 있다. 따라서 이들 응용분야에서 스테레오스코픽 콘텐츠의 획득/생성, 저장, 전송 및 재생을 위한 메타데이터 정의와 파일포맷에 대한 표준이 시급하다. 스테레오스코픽 콘텐츠는 정지영상 및 동영상을 포함한다. 스테레오영상의 구성(Stereoscopic Format)으로서, (1) side by side format은 스테레오 영상의 왼쪽 영상의 홀수 수직라인과 오른쪽 영상의 짝수수직라인을 1개의 영상으로 만든 포맷을 의미한다. (2) vertical line interleaved format은 LCD에서 배리어 판넬이 장착된 편광 LCD에서 입체영상을 디스플레이 할 수 있도록 구성한 영상이다. 초록색 부분이 왼쪽 영상의 홀수 수직라인이며, 파란색 부분이 오른쪽 영상의 짝수 수직라인이다. (3) frame or field sequential format은 왼쪽 영상과 오른쪽 영상을 번갈아 디스플레이시켜 입체영상 효과를 내는 방식이다.

**Stereoscopic Measurement 입체 측정** 입체시에 의하여 시차차를 측정하여 대상물의 원근의 차를 측정하는 방법을 말한다.

**Stereoscopic Model 입체 모델** Stereomodel를 참조.

**Stereoscopic Pair 입체 쌍** Stereopair를 참조.

**Stereoscopic Photographs 입체 사진(立體寫眞)** 공통의 피사체가 50%이상 종중복 촬영되어 입체가 가능한 한 쌍의 사진을 말한다.

**Stereoscopic Plotter 입체 도화기** 항공사진의 입체 쌍을 이용하여 지형도를 제작하는 장치를 말한다. Stereoplotter를 참조.

**Stereoscopic Techniques 양안시차 방식** 가장 입체효과가 큰 좌우 눈의 시차 영상을 이용하는 것으로서, 안경 방식과 무안경 방식이 있다. 안경 방식에서는 직시형 디스플레이나 프로젝터에 좌우 시차 영상의 편광 방향을 바꿔서 또는 시분할 방식으로 표시하고, 각각 그 편광 안경 또는 액정 셔터 안경을 사용하여 3차원 영상을 보게 된다. 무안경 방식은 일반적으로 좌우 시차 영상의 광축을 분리하기 위한 패럴랙스 베리어(parallax barrier) 등의 광학판을 표시화면의 앞에 또는 뒤에 설치하는 방식이다. 이들 방식은 일반적으로 유효 시야가 상당히 좁고, 한 사람 밖에 이용하지 못했지만, 시점 추종 광축 제어방식 등에 의한 광시역화로 발전되었고, 최근 복수 관찰자도 시청할 수 있는 멀티시점 추종방식도 발표되었다. Stereoscopic Techniques, Anaglyph Stereoscopic Technique, Polarized Filter Stereoscopic Technique, Parallax Barrier Stereoscopic Technique, Lenticular Stereoscopic Technique을 참조.

**Stereoscopic Viewer 입체경** 슬라이드나 인화지에 담긴 사진의 쌍을 3D 사진으로 감상할 수 있게 한 장치이다.

**Stereoscopic Viewing 입체시** 동일한 대상을 찍은 2장의 입체사진을, 왼쪽 눈은 왼쪽 영상을, 오른쪽 눈은 오른쪽 영상을 보게 되면 입체감이 느껴지게 되는데, 이렇게 입체로 물체를 보는 것을 입체시라고 한다. 입체로 보이는 대상을 "3차원 모델"이라고 한다. Stereoscopy를 참조.

**Stereoscopic Vision 3차원 시력** 물체를 두 눈으로 동시에 응시함으로써 깊이를 지각할 수 있는 능력.

**Stereoscopic Vision 입체시** Stereoscopy를 참조.

**Stereoscopy 입체시(立體視)** ① 두 눈에 의한 시차차(視差差)를 이용하여 대상물의 3차원 좌표(X, Y, Z)를 확인함으로써 입체감을 느끼게 하는 것을 말한다. 중복사진을 명시거리(약 25cm 정도)에서 왼쪽 사진을 왼쪽 눈으로, 오른쪽 사진을 오른쪽 눈으로 보면 좌우가 하나의 상으로 융합되면서 입체감을 얻게 되는 것을 말한다. 입체사진의 조건은 (1) 1쌍의 사진을 촬영한 사진기의 광축은 거의 동일 평면 내에 있어야 한다. (2) 기선고도비(Base-Height Ratio, B/H)가 약 0.25정도의 적당한 값이어야 한다. (3) 2매의 사진축척은 거의 같아야 한다. 축척차가 15%까지는 어느 정도 입체시 될 수 있지만 장시간동안 입체시 할 경우에는 5%이상은 좋지 않다.
② 선 구조, 면 구조 및 대상물의 3차원적 구조요소를 나타내는 투영법으로 절리계의 분포상태, 집중 또는 분산성, 주된 방향을 파악하고 불연속면간의 상관관계를 해석할 수 있다. Base-Height Ratio 참조.

**Stereotemplet Method 스테레오 템플릿 법** 모델 내의 각 점의 위치를 2장의 형판에 전개시켜 그것을 조합하여 모델의 축척, 방위를 수정하는 방법을 말한다.

**Stereotype 정형화** UML 메타모델 요소의 기존의 종류에 기초하는 모델 내에서 정의된 모델 요소의 새로운 종류를 말한다.

**Stereoview 3차원 보기** 입체경을 이용해 3D 이미지로 감상할 수 있도록 사진 쌍이나 이미지 쌍을 나란히 배치한 카드. 입체도나 입체화라고도 한다.

**Steve Wozniak 스티브 워즈니악** 애플의 공동 창업자. 캘리포니아대학교 버클리에서 컴퓨터공학을 전공하다 중퇴하고 고교 친구였던 잡스, 직장 동료였던 웨인과 함께 애플을 설립했다. 애플 II, 매킨토시 등 초기 애플 제품을 설계했으며 그 중 애플 II는 혼자서 설계한 마지막 개인용 컴퓨터가 되었다. 애플에서 나온 이후 벤처기업을 세우는 등 업계에서 활발히 활동했으며 자선 사업가로도 명성을 높였다.

**Steven Anthony Ballmer 스티브 발머** 마이크로소프트 현 CEO. 하버드대학교에서 기숙사 친구였던 빌 게이츠의 권유로 1980년 마이크로소프트에 입사했다. 빌 게이츠와는 개인적으로 가까운 친구이며 기술적 지식은 있으나 영업력이 비교적 부족한 게이츠 회장을 대신해 20여 년간 판매와 영업을 담당했다. 윈도 운영체제에 주력하던 경영 전략을 인터넷 중심으로 재편하는 등 오늘의 마이크로소프트가 있게 한 주역이며 2000년 빌 게이츠의 후임으로 CEO가 되었다.

**STF(SEDRIS Transmittal Format) 합성환경 표현과 응용서비스 교환 포맷** SEDRIS의 환경 데이터의 전송 및 저장을 말한다.

**Stickers 스티커스** 빈 벽만 있으면 대형 멀티터치스크린과 일부 미디어 파사드 효과를 결합시켜 하나의 광고판으로 만드는 기술을 말한다.

**Stick PC 스틱 컴퓨터** 손가락 2개 크기의 막대기형태의 미니 PC이다. 저가형 노트북PC를 대체하면서 인기가 상승하고 있다. 스틱PC는 인텔이 2015년 CES에서 공개한 뒤 관심을 받기 시작했다. 인텔이 선보인 컴퓨트 스틱은 길이 10cm USB 메모리처럼 생겼다. 무게는 42g이다. 인텔 프로세서와 2기가바이트(GB) 램, 32GB 저장 공간을 지원한다. 운용체계(OS)는 윈도 8.1을 쓴다. 스틱PC 장점은 주머니에 가지고 다니다가 HDMI 포트가 있는 모니터에 꽂기만 하면 웹서핑을 할 수 있다는 점이다. 동영상 스트리밍, 문서작업, SNS, 게임 등 간단한 PC 업무가 가능하다. 이런 장점이 각광받으며 다른 PC 제조사도 비슷한 제품을 연달아 내놓고 있다. TV에도 연결이 가능해 비싸지 않은 가격에 기존 TV를 스마트TV처럼 활용할 수 있다는 점도 주목받는 이유이다.

**Sticky 스티커** 인터넷 사용자를 특정 사이트에 머물게 하는 수법 또는 장치.

**STN or SNR(Signal-To-Noise Ratio) 잡음 대 신호 비율** 관측된 수치의 품질에 대한 정보를 제공해 주는 관측법이다.

**Stochastic Interpolation 확률적 보간** 무작위성 개념을 사용하며 보간된 표면은 관측되어 왔던 많은 표면 중의 하나로써 개념화되며, 이들 모두는 기지의 자료점을 만들 수 있다.

**Stochastic Mode 통계 모형** 특별히 불규칙한 변수의 오차에 대한 통계적인 표현과 모형을 일컬으며, 이러한 모형은 분산-공분산 행렬을 통해 관측값의 상대 정밀도에 관한 정보를 제공한다.

**Stochastics 확률형** 산출물, 결과 또는 값이 우연에 의존하는 프로세스나 모델 또는 변수에 관계된 것을 말한다.

**Stockyard 임시 가축 사육장** 가축이 임시로 사육되는 닫힌 공간을 말한다.

**Stoke's Law 스톡의 법칙** Stoke의 법칙은 입자의 침강속도는 입자의 크기, 형상, 밀도, 점성 등에 의해서 결정되며, 입자 직경의 제곱에 비례한다는 것으로서, 입자가 완전한 구형이고 입자간 간섭은 무시한다고 가정한다. 즉, $V_s = \frac{1}{18}\frac{\rho_s - \rho_w}{\mu} g\, d_p^2$. 여기서, $V_s$은 입자의 침강속도, g는 중력가속도, $\rho_s$는 입자의 밀도, $\rho_w$는 액체의 밀도, $\mu$는 액체의 점성계수, $d_p$는 입자의 직경이다. 실험에 따르면 점토입자는 Stoke의 법칙보다 수십~수백 배 빠른 속도로 침강하며, 침강속도가 매우 느린 점토에 대해 일부 Stoke의 법칙이 타당하다고 알려져 있다. 준설토의 침강속도는 Stoke의 법칙으로 개략적으로 산정할 수 있다.

**Stone Mark 표석(標石)** 기준점 등의 위치에 매설한 돌기둥, 금속 등의 영구표지를 말한다.

**Stop 멈춤** 버스정류장이나 전철역처럼 자원들이 네트워크를 경유하여 경로(Path)를 따라 선적하거나 하역되는 지점(Node)을 나타낼 때 이용된다.

**Stop and Go 스탑앤고** GPS를 이용한 이동측량의 기법 중의 하나로 수신기를 켜놓은 채로 한 관측지점에서 정지하여 수분간의 신호를 수신하고, 다음 관측점으로 이동하여 또 수분간의 신호를 수신하는 방식으로 관측하는 것을 말한다.

**Storage 기억장치** 데이터와 프로그램을 보존하는 데 사용되는 컴퓨터 체계의 부분을 말한다.

**Storage Area Network(SAN) 광저장장치 영역 네트워크** SAN(Storage Area Network)를 참조.

**Storage Exchange 기억장소 교환** 입력 회선으로부터의 자료 정보를 일단 축적하였다가 출력 회선을 선택하여 전송하는 교환 방식이다.

**Storage Memory 기억 메모리** 영구 저장 메모리는 어플리케이션뿐만 아니라 데이터를 저장하기 위해서 사용된다.

**Storage Structure 기억장소 구조** 특정 자료 구조가 특정 체계 자료 기록에 어떻게 저장되는가의 내역(명세)을 말한다.

**Store 저장** 자료를 나중에 꺼내 사용할 수 있도록 일시적 또는 영구적으로 보존하는 것을 말한다.

**Stored Data 저장된 자료** 컴퓨터가 접근할 수 있는 저장매체에 저장된 자료를 말한다.

**Storinomics 스토리노믹스** 스토리(Story)와 경제(Economics)를 합쳐 만든 신조어. 이야기가 지닌 경제적 가치를 역설하는 제목이다.

**Storm Hydrograph 호우 수문곡선** 주어진 기간 동안의 직접 강우, 지표수, 중간 흐름이 합하여진 하천 유량 수문 곡선을 말한다.

**Storm Overflow Chamber 우수토실** 합류식 하수도에서 우천 시에 어떤 일정량의 하수를 차집하여 하수처리장에 수송하고 나머지 하수를 하천 등의 수역으로 방류하기 위한 웨어 등의 시설을 말한다.

**Storm Sewer 우수거(雨水渠), 우수관** 빗물만이 흐르는 하수관으로서 우수받이에서 빗물을 모아 배수한다. 콘크리트제의 암거가 많고, 분류식하수도시스템에서 사용된다.

**Storydesign 스토리디자인** 기존의 이야기를 만들었던 방식들 발굴, 개발, 창작의 개념을 모두 포괄한다. 사전적인 의미에서의 디자인은 설계, 도안, 기획, 구상 등의 의미를 지닌다. 스토리디자인은 구상, 기획부터 실제 설계, 도안까지 디자인이 내포한 모든 개념을 적극적으로 수용한 신조어라 할 수 있다.

**Storytelling 스토리텔링** 스토리텔링(Storytelling)은 세 낱말의 합성어이다. 'Story(이야기)'+'tell(말하다)'+'ing(진행형)'의 세 단어로 구성되어 있다. 마지막에 ing(현재진행형)이 붙어있으므로 이야기를 하고 있는 진행상황이 강조된다. 사전적으로는 어떤 사물이나 사실, 현상에 대하여 일정한 줄거리를 가지고 하는 말이나 글을 말한다. 정리하면 스토리텔링이란 이야기를 들려주는 활동, 이를 통해 이야기가 담화로 변하는 과정이다. 다시 말해 단순한 이야기의 전달이 아니라 일정한 사건이나 현상에 대해 줄거리를 만들고 거기에 전달자의 생각(가치, 메시지)을 전달하면서 감정의 오묘한 맛을 엮어놓은 기술이다.

**Storytelling Marketing 스토리텔링 마케팅** 상품에 얽힌 이야기를 가공, 포장하여 광고와 판촉 등에 활용하는 브랜드 커뮤니케이션이다.

**Straight Baseline(SB) 직선 기선** 해안선의 굴곡이 현저한 지역 또는 해안에 근접하여 일련의 도서가 있는 경우 영해(領海)의 폭을 측정하는 기선을 획선함에 있어서 적절한 선을 연결하는 직선기선의 방식을 사용한다.

**Straight Vertical Longitude From Pole 극에서 직선 수직 경도** 북극이나 남극에서 직선으로 그은 경도를 말한다.

**Strain 변형률(變形率)** 소재의 크기에 관계없이 소재의 변형된 정도를 나타내는 양이다. 변형률에는 크게 2종류가 있다. 즉,

(1) 수직(선형) 변형률 : 길이의 변화이다. $e = \frac{\Delta L}{L_0}$. 여기서, e는 길이의 변화율, $L_0$는 초기 길이, $\Delta L$은 길이의 변화량이다.

(2) 전단 변형률 : 비틀림 변화이다. 즉, $\gamma = \frac{a}{h} = \tan\theta \cong \theta$. 여기서, h는 초기 길이이며, a는 틀어짐 길이이다. Stress, Compressive Stress, Poisson's Ratio를 참조.

**Strain Gauge 변형률 게이지, 변형 계측기, 변형계** 기계적인 미세한 변화(Strain)를 전기신호로 해서 검출하는 센서(sensor)이다. Strain Gauge를 기계나 구조물의 표면에 접착해두면, 그 표면에서 생기는 미세한 치수의 변화, 즉 Strain을 측정하는 것이 가능하고, 그 크기로부터 강도나 안전성의 확인을 하는데 중요한 응력을 알 수 있다. 최근 기계나 구조물의 안전에 대한 관심이 한층 높아지고, 고온, 저온 등에서의 악조건에서 사용되는 기회도 많아지고 있다. 또한 경제성이나 성능면에서 경량화가 요구되는 등 보다 고도의 설계기술이 요구되고 있다. 안전진단 및 설계검증 등을 위하여 응력측정의 중요성이 한층 높게 되어 자동차, 항공기는 물론 교량, 댐 등의 거대한 구조물에 이르기까지 Strain Gauge는 넓게 이용되고 있다. strain Gauge는 힘, 압력, 가속도, 변위, Torque 등의 물리량을 전기신호로 바꾸기 위한 Sensor의 수감 소자로도 응용되고, 계측제어용으로도 널리 이용되고 있다. Strain Gauge는 금속저항소자의 저항치 변화에 따라, 피측정물의 표면의 변형을 측정하는 것이다. 일반적으로 금속재료의 저항치는 외부로부터의 힘에 따라 늘어나면 증가하고 압축되면 감소하는 성질을 가지고 있다. 최초의 길이 $l$의 물체가 $\delta l$만큼 늘어났을 경우, 최초 R이었던 저항치가 $\Delta R$만큼 변했다면 다음과 같은 관계가 성립된다. 즉, $\Delta R/R = K_s\,\epsilon$. 여기서, $\epsilon$는 Strain(변형율), $K_s$는 게이지 율(gauge factor)로서, Strain Gauge의 감도를 나타내는 계수이다. 일반용의 Strain Gauge에 이용되고 있는 동, 니켈계, 니켈·크롬합금에서는 2에 가까운 값을 갖는다. 미소(微小) 저항치 변화를 효율적으로 전기신호로 전환시키기 위해서는 Strain Gauge는 일반적으로 휘스톤 브리지(Wheatstone Bridge) 회로를 사용한다. 브리지(Bridge) 회로 설계에 따라 온도에 의한 영점이동을 제거하기도 하고, 측정하고 싶은 신호만을 얻을 수도 있다. Strain Gauge는 접착제로 피측정물에 부착해서 사용한다.

**Strait 해협(海峽)** 육지 사이에 끼여 있는 좁고 긴 바다(대한 해협, 제주 해협 등)를 말한다.

**Strandbeest 해변 동물** '21세기 레오나르도 다빈치'라 불리는 테오 얀센의 작품으로, 연료 없이 풍력에 의해 움직이는 3D 프린터로 제작한 예술품이다.

**Strategic Information System(SIS) 전략 정보 체계** SIS(Strategic Information System)를 참조.

**Strengths, Weakness, Opportunities, Threats(SWOT) 스위트(분석)** SWOT(Strengths, Weakness, Opportunities, Threats)를 참조.

**Stratified Random Sampling 층화 임의 추출(層化任意標本抽出), 층화 임의 표본** 모집단(母集團, population)의 변동을 고려하기 위해 관측치를 층화 추출하는 표본으로서, Random Sampling과 유사하지만 관심 영역에 대한 사전 지식을 사용하여 영역을 몇 개의 계층으로 분리하고 각 계층에서의 임의로 표본을 추출한다는 것이 다르다. 이 방법은 계층이 작다고 할지라도 표본에 포함된다는 것이 장점이다.

**Stratosphere 성층권(成層圈)** 지구 기권(atmosphere)의 일부분으로, 지상 약 11km의 권계면(tropopause)으로부터 지상 약 50km 사이의 대기층을 일컫는다. 성층권에서는 고도에 따른 온도의 변화가 없으며, 약 −60℃의 온도가 50km의 높이까지 일정하다.

**Stratum 지층(地層)** 순서 있는 체계 내에서 수직적인 층으로서, 수평면 중의 하나(예 : 지하·지표면·지상)를 말한다. ① 자연적/무작위적 경계에 의해 구분되는 해양, 대기, 지질학의 영역. ② 특히 교육/문화에 대해 동일하거나 유사한 지위의 사람들로 구성된 사회의 사회경제적 수준. ③ 동일하거나 유사한 고도의 식생대의 의미로 사용.

**Stratum Keyword 층 키워드** 자료군의 위치를 나타내기 위해 이용되는 수직 위치의 이름을 말한다.

**Stream Digitizing 연속 디지타이징** 포인트 모드와는 달리 디지타이징할 때 선을 따라 마우스를 이동시키면 자동적으로 점이 입력되는 방법. 정해진 시간을 초과하면 점이 자동 생성되는 방식이 일반적이다.

**Stream Mode 연속 방식, 연속 모드** 반자동 디지타이징 모드의 수치화 입력 방법으로, 한 번의 커서 작동으로 일련의 점들이 연속적으로 입력되는 방법으로서, 긴 하천이나 해안선과 같은 대상을 디지타이징할 때 주로 사용된다. 이 방법은 자료를 빠른 속도로 생성하기 때문에, GIS상의 선 일반화과정을 거쳐 과다한 점이나 돌출하는 점들을 즉시 제거할 수 있다.

**Stream Order 하천 차수(河川次數)** 유역 내에서 하천이 얼마나 많은 지천 또는 세천을 갖고 있는가 하는 척도가 된다.

**Streamer 스트리머** ① 입출력 속도가 매우 빠른 테이프 구동장치의 일종. ② 카세트테이프 등을 사용하여 하드디스크에 기억되어 있는 파일의 정리, 백업 등에 사용하는 장치. 테이프의 기억 형식에 호환성이 없으므로, 타 기종과의 자료 교환에는 적합하지 않다.

**Streaming 스트리밍** 인터넷상에서 음성·영상 콘텐츠를 실시간으로 재생하는 방식을 말한다. 전체 파일을 저장 공간에 내려받는 다운로드 방식과 대비된다. 별도 저장 공간이 필요 없기 때문에 하드디스크 용량에 관계없이 콘텐츠를 자유롭게 재생할 수 있다. 동영상 전문 웹사이트인 유튜브(U-tube)를 생각하면 이해가 쉽다. 1~2초 분량으로 조각난 짧은 콘텐츠 분량을 실시간으로 계속 내려 받기 때문에 빠른 속도의 인터넷 속도가 필수적이다. 하지만 와이파이 보급 확대로 무선인터넷 서비스 품질이 높아지며 무선으로 스트리밍 서비스를 이용하는 환경이 구축되고 있다.

**Street 가로(街路)** 교통 처리가 주목적이 아니고 연도의 이용으로 도시 공간을 이용한 다원적 역할을 하는 도로이다.

**Street Address Conversion(SACS) 주소 변환 체계** SACS(Street Address Conversion)를 참조.

**Street Fixture 가로 비품** 가로등·벤치·표시판·버스 정류장·매점·식물·기타 가로의 장비를 말한다. 자동차의 대중화에 따라서, 가로수는 보도를 희생하여 확장하는 경우가 많아 사실상 보도는 지하 공간에 공간시설(전화, 상·하수도 등)의 수용 공간을 제공하는 기능을 하여 최근에는 이 같은 공공 시설물의 증가로 그것을 설치할 수 있는 장소가 부족한 형편이다.

**Street Inlet 빗물받이** 도로측구 또는 가옥으로부터 유입하는 빗물을 모아서 하수관거에 유입시키기 전에 설치하는 물받이를 말하며, storm-water inlet이라고도 한다.

**Street Lamp 가로등** 거리를 밝히고 미화도 겸하여 가로에 설치한 등을 의미한다.

**Street Network System 가로망 체계** 도시 안에 있는 도로를 가로라 하여 일반 도로와 구별한다. 이 가로망 체계는 노폭과 기능에 따라 간선 가로(Main Street), 보조 간선 가로, 지구 가로 등으로 망을 구성하며, 자동차시대에 접어들면서 고속 교통, 완속 교통 또한 보행자 전용(Pedestrian Mall) 등 교통 기능과 이용수단에 알맞게 가로망을 체계적으로 구성하여 운영함으로써 시민 교통을 효과적으로 수용하고 있다. GIS에서 가로망 관리를 위하여 대축척 또는 중축척 지도와 공간 분석은 차량 배치, 도로, 주택, 검색과 적지 선정, 구급차 서비스, 수송계획 등에 이용된다.

**Street Segment 가로 요소** 하나의 도로 교차점에서 시작하여 다음 교차점에서 끝나는 여행로의 물리적인 실체. 그것은 도로망에서 위상(Topology)을 정립하는 기본단위이다. 도로 부분(Segment)을 따라서 주소의 범위와 도로의 이름에 의해 유일하게 정의된다.

**Street Side 스트리트 사이드** 구글의 스트리트뷰와 유사한 기능을 갖고 있다.

**Street View 스트리트 뷰** 거리를 실사로 볼 수 있는 서비스이다.

**Street View Trekker 스트리트 뷰 트레커** 무게 19kg으로 사람들이 매고 걸어서 갈 수 있는 곳이라면 어디든지 360도 촬영이 가능한 배낭 크기의 스트리트 뷰 카메라. 등산로, 국립공원, 스키장의 산책로나 골목길, 건물 내부까지도 저장된다.

**Strength of Figure 도형 강도(圖形强度)** 그 삼각망 내에서의 각의 크기, 변 조건의 수, 기선의 분포, 기지점의 분포 등으로 결정된다. 그러므로 도형의 강도는 절대적인 것이 아니고 상대적인 비로서 나타낸다.

**Stress 응력(應力)** 외부에 힘을 받아 변형을 일으킨 물체의 내부에 발생하는 단위면적당 힘이다. 단위면적당 힘인 "압력"과 단위는 같지만, 의미는 전혀 다르다. 압력은 응력의 대각 성분의 평균으로 정의되는 스칼라량이다. 응력은 텐서(Tensor)로 표시된다. 2차 텐서로 나타낼 수 있기 때문에 보통 3차원에서 어느 물체의 내부에 한 지점에서의 응력을 표시할 때에는 3×3 행렬을 이용하여 나타낸다. 즉,

$$\begin{bmatrix} \sigma_{xx} & \tau_{xy} & \tau_{xz} \\ \tau_{yx} & \sigma_{yy} & \tau_{yz} \\ \tau_{zx} & \tau_{zy} & \sigma_{zz} \end{bmatrix}$$

이 행렬에서 "행"은 '힘이 작용하는 면'을, "열"은 '힘이 작용하는 방향'을 나타낸다. 예컨대, $\tau_{yz}$의 경우 y축을 법선벡터로 하는

면에서 z축 방향으로 작용하는 힘을 가리킨다. $\tau$성분을 '전단 응력', $\sigma$성분을 '압축 응력' 또는 '인장 응력'이라고 한다. 미소 입자에서 작용하는 힘이 면의 어떤 점에서나 일정하다면 법선 벡터의 부호가 반대인 상자의 반대 면에 작용하는 $\sigma$, $\tau$성분은 크기가 같고 방향이 반대이다. 물체가 평형상태라면 이때 모멘트가 보존되어야 하므로, 이 행렬은 대칭행렬이 된다. 즉, $\tau_{yz}=\tau_{zy}$. 따라서 행렬의 9가지 성분 중 독립적인 성분은 6가지이다. 행렬의 축 벡터(pivot vector)를 취하면 x, y, z, 세 축에 수직한 방향의 응력을 알 수 있다. Compressive Stress를 참조.

**Stress Drop 응력 강화** 파괴가 일어나는 동안 단층면에서 응력이 갑작스럽게 감소되는 값을 말한다.

**Stretch/Rectify 확장/수정** 왜곡을 없애기 위해 좌표를 조절하는 기능을 말한다.

**Striding 보측(步測)** Pacing을 참조.

**Strike 주향(走向)** 지층의 구조면과 수평면이 이루는 교선의 방향을 주향이라 한다. 지층의 구조면은 층리면, 단층면, 벽개면, 암맥 등이 있다. 수평면은 가상의 해수면으로 중력과 수직방향의 평면이다. 이 두 평면의 교선은 주향선으로 구조면이 가진 방위를 대표하며, 주향선의 방향을 주향이라 한다. 주향은 진북을 기준으로 주향선이 향하는 곳의 방위로 나타낸다. 실제 측정할 때는 자북을 기준으로 하는데, 측정 후 편각을 이용해서 주향값을 보정해주어야 한다. 주향값을 측정했을 때 나침반을 기준으로 북점에서 동점방향으로 40° 기운 방향이 주향선의 방향이면 이 구조의 주향은 N40°E로 표현한다. 주향선은 직선이므로 직선의 반대방향으로 표현할 수도 있는데 N40°E는 S40°W로 표시되기도 한다. 주향선이 정확히 남북을 향할 때는 N0° 또는 S0°로 표시하며 정확히 동서방향일 경우 E0° 또는 W0°로 표시한다.

**Strike Slip Fault 주향 이동 단층** 상대변위가 순전히 수평적으로 이루어진 단층을 말한다.

**String 문자열, 연속선분** ① 하나의 자료를 구성하기 위하여 일련의 문자들의 집합으로 구성된 정보. ② 두 절점을 잇는 서로 교차하지 않는 선. 스트링기법은 자료를 선(String)으로 저장하는 방법으로서, 지형 자료로 입력된 등고선과 설계 자료 등을 입체적인 자료 형태로 보조하는 것을 말한다. 지선이 없는 Line Segment의 연결을 표현하여 순차적으로 연결(주의 : String은 자신이나 다른 String과 교차가능)하는 것을 말한다. 위상 정보를 포함하지 않는다. Chaine, Line and Arc를 참조.

**Strip 종접합 모형(縱接合模型), 스트립** ① 사진 측량 : 사진이나 모형이 종방향(촬영 진행 방향)으로 접합된 형태를 말한다. ② RS : 인공위성 관측 감지기를 구성하는 감지기 중 어느 하나가 감지 특성 변화나 기능 저하를 나타내는 경우, 영상 자료에는 일정한 간격의 줄이 나타나게 되는데 이를 Strip이라고 한다.

**Strip Adjustment 스트립 조정(-調整), 종접합 모형 조정(從接合模型調整)** 사진 기준점 측량의 오차의 조정을 한 코스씩 따로 조정하는 방법을 말한다.

**Strip Aerotriangulation 스트립 항공 삼각 측량** 촬영경로를 단위로 해서 입체도화기 및 정밀좌표측정기에 의하여 사진상의 무수한 점들의 좌표를 측정한 다음 소수의 지상 기준점 측량성과를 이용하여 무수한 점의 좌표를 여러 방법에 의해 절대 또는 측지좌표로 환산하는 것을 말한다.

**Strip Camera 스트립 사진기, 종접합 사진기** 필름을 연속적으로 감으면서 가늘고 긴 틈을 통하여 연속적으로 촬영하는 사진기를 말한다.

**Strip Mosaic 종접합 모자익** 도로, 파이프라인 등과 같은 선형 Project의 계획과 설계에 유용한 모자이크방식이다.

**Strip Photograph 종접합 사진** 연속 코스 사진기로 촬영한 사진을 말한다.

**Striping 스트라이핑** 하나의 데이터를 동시에 여러 저장 장치에 분배하는 기술이다.

**Strong Force 강력(强力)** 4 (Basic) Forces in Universe를 참조.

**Strong Substitutability 강한 대체성** 어떤 환경에서 그것의 선례 대신에 사용되었던 계층, 유형 또는 접속의 후속이 되는 어떤 한 계층의 사례를 위한 능력을 말한다.

**Stroop Effect 스트루프 효과** 사람에게는 크게 2가지 종류의 주의(Attention)력이 있는데, 바로 의식적 주의력과 무의식적이며 자동적 주의력인 고정 관념이 있다. 고정 관념은 반복되어 익숙하고 학습된 것으로 이미 우리 뇌 속에 인쇄된 그 무엇이다. 이러한 고정 관념의 자동적 주의력이 의식적으로 인지하려는 것에 영향을 미치는 현상을 스트루프 효과(Stroop effect)라 한다. 디지털 시대로 상징되는 스피드 사회에서, 정보를 재빠르게 처리하기 위하여 눈에 익숙한 사물의 정보들에 대하여 자동적이고 무의식적으로 처리할 수 있는 시스템, 즉 자동 인식 추출 시스템을 뇌 속에 갖추고 있다. 이러한 이유로, 어떤 사물 또는 특정 제품에 대한 자동적인 인지 정보를 벗어난 새로운 정보를 받아들이는 경우,

정보를 처리하는데 더 많은 시간과 에너지가 소요된다.

**Structural Color 구조색** 색은 일반적으로 물질고유의 색에 의하지만 빛의 회절, 간섭에 의해서도 나타난다. 이러한 색을 구조색(Schemochromes)이라 한다.

**Structural Design 구조 설계(構造設計)** 프로그램에 주요 구성요소간의 관계를 정의하는 것을 말한다.

**Structure 구조(構造)** 도로·건물·행정 경계 등 지도를 구성하고 있는 자료 중 지리적인 파악을 위해 이용되는 구조화 자료의 취급 단위를 말한다. 예를 들면, 교통망의 파악에 이용하는 도로와 지역을 파악하기 위해 이용하는 구획 등 여러 종류의 구조체가 있다.

**Structure of Earth 지구의 구조** 지구는 크게 보아서 층상 구조를 이루고 있으며 대기권, 수권, 암권, 내권의 4부분으로 되어 있다.

**Structured Data 구조화 자료** 구조화 자료 파일을 구성하는 자료, 정위치 자료 파일을 기본으로 개별점 모형, 개별선 모형, 개별면 모형, 네트워크 모형, 영역 분할 모형의 표준 기하 모형 및 표준 기하 모형을 조합한 확장 기하 모형에 의해 구획, 도로, 행정 경계, 건물 등을 구조화한 자료를 말한다.

**Structured Data File 구조화 자료 파일** GIS 등에서 지도 자료의 이용 목적에 따라 정위치 자료, 그 외의 지도자료, 속성 자료 등을 이용하여 구조화한 수치 지도 정보 자료를 기록 매체에 기록한 파일을 말한다.

**Structured Edit 구조화 편집** 자료 간의 지리적 상관관계를 파악하기 위하여 정위치 편집된 지형, 지물을 기하학적 형태로 구성하는 작업을 말한다.

**Structured Model 구조화 모형** 지도 정보의 상호관계 등을 표현하기 위한 모형으로서 일반적으로 ① 개별점 모형 ② 개별선 모형 ③ 개별면 모형 ④ 네트워크 모형 ⑤ 영역 분할 모형이 표준적인 모형으로서 고려된다. 이용 목적에 따라서는 상기 모형을 복수 조합한 확장 모형을 적용하는 일도 있다.

**Structured MT 구조화 자기테이프** 수치지도에서 4개의 표준 MT(자기테이프) 중의 하나이다. 정위치 MT의 자료를 기본으로 하여 도로·건물·행정 경계 등 각각의 개별 구조체로 나누고 기하모형에 의해 구조화된 MT이다. GIS에서 표준화된 지리정보의 교환매체로서 이용한다. 구조화 자료파일이라고도 한다.

**Structured Query Language(SQL) 구조화 질의어** SQL(Structured Query Language)를 참조.

**Structurized Editing 구조화 편집** 자료 간의 지리적 상관관계를 파악하기 위하여 정위치 편집된 지형지물을 기하학적 형태로 구성하는 작업을 말한다. Structured Edit를 참조.

**StumbleUpon 스텀블어펀** 콘텐츠 검색 및 공유 전문 사이트이다.

**Stuxnet 스턱스넷** 수퍼 산업시설 바이러스 웜을 뜻한다. 바이러스 코드 안에 'Stuxnet'으로 시작하는 이름의 파일이 많아 이렇게 불리게 됐다. 폐쇄망으로 운용되는 원자력·전기·철강 등 기간산업의 제어시스템에 침투해 작동 교란을 유도하는 명령코드를 입력해 시스템을 마비시킨다.

**Styled Layer Descriptor 레이어 묘사 구형 사양서** 이 문서는 맵을 구성하고 스타일을 설정하는 것에 대해 기술한다.

**Stylus 스타일러스** 펜과 비슷하게 생긴 것으로 디지타이저 퍽처럼 사용되는 입력 장치를 말한다.

**Sub Chord 단현(端弦)** 곡선구간에서 측점과 측점사이를 직선으로 이은 선. 곡선시점으로부터 첫 번째 측점을 이은 직선은 시단현(始端弦)이 되며, 곡선 중 마지막 측점으로부터 곡선종점을 이은 직선은 종단현(終端弦)이다.

**Sub Feature 부(部) 형상** 형상을 구성하는 지도 자료의 단위, 지도 자료의 최소 단위에는 면·선·원·원호·점·방향·주기·속성 등이 있다.

**Subbottom Echo Character Chart 천부 지층 분포도** 해저 표층 탐사기를 이용하여 해저 퇴적물 구조와 형태를 그 분모 범위에 따라 도면으로 표시한 것을 말한다.

**Subbottom Profiler 해저지층탐사기** 해저면을 관총시키는 저주파수와 고압의 펄스를 사용해서 해저면을 층별로 도시하는 음향장비(acoustic instrument)이다.

**Subcomplex 부분 복합체** 그 요소가 보다 큰 복합체에도 포함되고 있는 복합체로서, 이 정의에서는 기하복합체와 위상복합체가 경계연산의 근원으로 끝나는 것만 요구되기 때문에, 특정의 차원과 그것 이하의 차원의 임의의 주 요소 집합은 항상 근원보다 큰 복합체의 부분복합체가 된다. 그러므로 임의의 완전한 평면 위상복합체는 부분 복합체로서 경계절점도형을 포함한다.

**Subduction Zone 섭입대** 해구로부터 멀어지며 점차 아래로 하강하는 해양 판. 이곳에서 보통 베니오프대를 구성하는 증발 및 심발지진들이 일어난다.

**Subject Feature Type Attribute Name 주제 형상 유형의 속성 명칭** 주제 형상 유형의 속성을 고유하게 확인하는 문자열을 말한다.

**Subject Feature Type Name 주제 형상 유형명** 기능을 시작하는 형상을 고유하게 확인하는 문자열을 말한다.

**Submarine Valley 해저계곡(海底溪谷)** 대륙붕이나 대륙 사면에 있는 해저의 골짜기(valley)로서 완만하게 경사지고 비교적 넓고 얕게 파인 계곡이다. 완만하게 경사가 지고 비교적 넓고 낮게 패어 있다. 좁고 깊게 패어 있는 해저 협곡(canyon)과 구별된다.

**Submarine Canyon 해저 협곡(海底峽谷)** 바다 밑의 좁고 긴 계곡(원산 심해 장곡 등)을 말한다.

**Sub-meter 서브미터** 위성에서 촬영한 영상이 1m 미만의 물체를 파악할 정도로 정밀하다는 뜻이다.

**Submerged Unit Weight 수중 단위중량** 흙의 물속에서 부력을 받아 가벼워진 상태의 단위중량이다. 간단히 수중 밀도(submerged density)라고도 한다.

$$\gamma_{sub} = \gamma_{sat} - \gamma_w = \frac{G_s - 1}{1 + e}\gamma_w.$$

여기서, $\gamma_{sub}$는 수중 단위중량, $\gamma_{sat}$는 포화 단위중량, $\gamma_w$는 물의 단위중량, $G_s$는 토립자의 비중, e는 간극비이다.

**Subroutine 아래경로** 하나의 프로그램을 구성하는 독립적인 루틴 프로그램이 처음 실행될 때 시작이 되는 메인 프로그램 루틴으로부터 호출되어 작업을 수행하는 독립적인 함수 또는 프로시저를 말한다.

**Subroutine Libraries 아래경로 라이브러리** 서브루틴 라이브러리는 운영체계의 일부로 제시되며, 때로는 GIS 응용 소프트웨어의 일부로 제공되기도 한다. 서브루틴 Assembler, Fortran, C 등 사용자가 접근할 수 있는 다양한 프로그램 언어에서 쓰이는 프로그램 모듈로, 사용자가 시스템 기능에 접근하는 응용 프로그램 개발에 사용할 수도 있다.

**Subscale Vernier 아들자** 어미자의 눈금보다 더 세분된 눈금을 읽을 수 있도록 어미자에 부착한 자를 말한다.

**Subschema 서브스키마** External Schema를 참조.

**Subscriber Identify Module Application Toolkit(SIMTOOKIT) 심투킷** SIMTOOKIT(Subscriber Identify Module Application Toolkit)를 참조.

**Subscriber Identity Module(SIM) 가입자 확인 모듈** SIM(Subscriber Identity Module)를 참조.

**Subset 부분 집합** 다른 자료군의 일부분일 경우에만 사용되는 자료 집합의 동의어이다.

**Subsetting 부분 집합법, 부분 집합화** 자료군에서 한 부분만을 추출하는 것을 말한다.

**Subsidence 지반함몰(地盤陷沒)** 지반이 함몰되는 현상으로서 다양한 원인이 있다. (1) 토사지반 터널 굴진 등의 원인으로 발생하는 경우 : 지하수가 높은 토사지반에서 터널 등을 굴착할 때, 전방의 지반이 붕락되어 터널 단면상부에 동공(洞空)을 형성하게 되는 경우 발생한다. 발생형태가 자연적 싱크홀과 유사하여 인위적 싱크홀로 불리기도 한다. (2) 상・하수도 등 지하 시설물 손상에 의해 발생하는 경우 : 상하수도 등 지하 시설물의 누수로 인해 발생되는 현상으로 가장 빈도가 높다. 상하수도 연결부의 노후화, 지반 침하와 같은 외적 요인에 의한 연결부 파손으로 인하여 연결부에서 누수가 발생되고 이때 토사가 물과 함께 빠져나와 점점 지반에 동공이 생겨 최종적으로 지반 함몰이 발생한다. (3) 굴착에 따른 흙막이 가시설 배면 토사유실로 발생하는 경우 : 구조물 등의 시공을 위한 지하 굴착시 발생한다. 지하수가 높은 토사 지반을 굴착하는 경우, 벽체를 따라 지하수 및 토사가 유출됨으로써 배면 지반에 동공이 발생하여 지반 함몰이 발생한다.

**Subtense Bar 수평 표척** 간접거리 측량에 이용되는 표척을 말한다.

**Subtraction 뺄셈** 집합 연산, 두 집합의 뺄셈 연산의 결과는 하나의 입력 집합에는 속하지만, 두 번째 입력 집합에는 존재하지 않는 집합이다.

**Subtractive Color 감법 색상** 하얀색에서 단계적으로 감하여 만들어지는 색을 뜻한다. 감하는 기본적인 단계는 청록색(Syan), 마젠타(Magenta)와 노란색(Yellow)이다.

**Subtractive Primary Colors 감법 감색 색상** 인쇄 과정에서 다른 색상을 만들기 위해 이용되는 기본 색상(삼원색)으로, 빨강, 녹색, 파랑을 말한다.

**Subtree 하위 트리** [자료 구조] 하나의 큰 트리에 속해있는 부분을 하위 트리라고 한다. Tree Structure를 참조.

**Subversion(SVN) 서브버전** SVN(Subversion)를 참조.

**Subway 지하도, 지하철(地下鐵)** ① 땅 속에 만든 길로서, 교통량이 많은 도로나 철도 밑에 만들어 건너는 사람의 안전을 꾀하고 교통의 흐름을 원활하게 하는 지하구조물이다. 육교에 비해 비나 바람의 영향을 받지 않고 시가지의 경관을 해치지 않는 장점이 있다. ② 대중교통 수단의 하나로 지하철은 전용 공간에 궤도를 갖는다. 따라서 대량 인원을 신속하게 단시간 안에 수송할 수 있는 장점이 있어 도시가 대형화되면서 도시 교통 수단으로 크게 각광을 받고 있다. 우리나라는 1969년에 서울시의 지하철 1호선을 착공하여 1974년에 개통하였다.

**Subway Line 지하도선** 지하시설물도면에 나타내는 지하도의 선을 말한다.

**Successful Bid 낙찰** 입찰의 결과 도급자가 결정되는 것, 경쟁계약에 있어서의 승낙을 뜻한다.

**Successive Orientation 접합 표정(接合標定)** 입체모델 또는 스트립 간을 접합하기 위한 작업. 축척·미소 변위·위치 및 방위를 결정하는 것으로, 대지 표정을 완료한 모델에 맞추어 인접 사진의 표정 요소만을 사용하여 모델을 표정하는 것을 말한다.

**Successor 상속자** 선행되는 작업 단위의 종료 또는 시작 시점의 제약을 받는 작업 단위이다.

**Suffocation 질식(窒息)** 우리 몸에 정상적으로 산소가 공급되지 않는 상태를 말하며, 「산업안전보건법」에서는 적정공기 농도를 산소농도 18% 이상으로 정하고 있다. 산소농도가 18%미만인 공기를 마시게 되면 인체의 각 조직에 산소가 부족하게 되어 맥박과 호흡이 빨라지고 구토·두통 등의 증상이 나타난다. 또 산소농도가 10%이하가 되면 의식상실, 경련, 혈압강화 등과 함께 맥박수가 감소하게 되어 질식으로 사망하게 된다. 특히, 산소가 결핍된 장소에 들어가는 경우 질식위험성을 인지하지 못한 채 대부분 그 자리에서 바로 쓰러져 수분 내에 사망하는 경우가 많다.

**Suit 슈트** 의복 전체에 피부가 압점 및 통점을 느낄 수 있도록 센서를 장착한 특수한 의복이다.

**Summer Time 서머타임** 낮 길이가 긴 여름 기간에 시곗바늘을 1시간 앞당겨 일광이 비치는 시간을 더 활용하는 조치로 밤시간 조명을 밝히는데 드는 비용을 절약할 수 있다.

**Summit 산정(山頂)** 지형의 정상부분으로, 능선과 계곡이 뻗어있다. 일반적으로 급한 형태의 산정은 최고점을 중심으로 3방향 방사 계곡선이 나타나며 완경사의 산정부분은 지성선이 불분명하고 4방향 이상의 계곡선 나타난다.

**Sun Azimuth Angle 태양 방위각** 영상이 획득된 시간에 정북에서 오른쪽 시계방향으로 측정된 태양의 방위각을 말한다.

**Sun Elevation 태양 고도** 지표면과 광학적인 가시선의 교차점에서 목표면으로부터 측정된 태양고도(0°~90°)를 말한다.

**Sun Raster 선 래스터** SUN사에서 개발한 래스터 구조이다.

**Sun Spot 선 스팟** 사진에서 태양 광선의 반사 때문에 주위보다 밝게 보이는 부분을 말한다. Shadow Spot를 참조.

**Sunshine Quantity Survey 일조량 측량** 태양에서 얻은 에너지인 일조의 시간, 일사량을 관측하는 것이다.

**Sunspot 태양흑점(太陽黑點)** 태양표면의 자기장 활동에 의해 잠재된 에너지가 태양으로부터 일시에 강한 전파와 많은 양의 고에너지 입자를 방출시키는 태양흑점 폭발 현상 등이 발생하고 있다. 태양흑점이란 태양 표면의 기체의 다수 소용돌이로서 표면의 온도가 약간 낮아(1500~2000도 정도) 검게 보이는 부분이다. 1611년 갈릴레이가 흑점을 망원경 관측으로 처음 발견하였다. 1860년경 캐링턴(Richard Christopher Carrington, 1826~1875)은 태양흑점 관측을 통해 태양이 강체처럼 회전하는 것이 아니라 태양의 위도에 따라 다른 속도로 자전하며, 적도 부근의 자전속도가 가장 빠르다는 사실을 발견했다. 적도나 극지방 주변에서는 태양흑점이 보이지 않는다. 1859년 9월의 '캐링턴 사건'은 태양 흑점 폭발로 인해 발생한 대표적인 피해 사례로 꼽힌다. 당시 유럽과 북미에서는 약 22만 5천km에 달하는 컴퓨터망이 마비되고 전신국에 화재가 발생하는 등의 피해가 잇달았다. 또 이탈리아 로마와 미국 하와이 등지에서도 오로라가 관측됐으며, 밝은 오로라로 인해 밤에도 신문을 읽을 수 있을 정도였다. 캐링턴 사건이란 명칭이 붙은 이유는 영국의 천문학자 캐링턴(Richard Christopher Carrington)이 당시의 태양 활동을 처음 관측했기 때문이다. 태양흑점은 태양의 활동도와 밀접한 관계가 있어 활동이 활발할 경우에 많이 발생한다. 크기는 약 10,000km정도이며, 수명은 수일에서 수개월 정도로 흑점 수의 변화는 11.2년 주기로 증감을 보이고 있으며, 극대기에는 평균 150여개가 나타나고 있다.

**Sun Synchronous Orbit(SSO) 태양 동주기 궤도** SSO(Sun Synchronous Orbit)를 참조.

**Super Computer 슈퍼컴퓨터** 과학 기술 계산을 주로 처리하는 초고속 컴퓨터이다. 일기예보나 회로설계, 암호문 처리, 유전자 분석과 같이 많은 양의 연산이 요구되는 분야에서 사용된다.

**Superfish 슈퍼피시** 사용자 인터넷 사용 기록을 분석해 광고를 띄워주는 일종의 애드웨어(광고) 프로그램이다. 단순한 애드웨어가 아니라 악의적으로 해커가 이용할 수 있는 위험성이 있다. 슈퍼피시의 표면적 목적은 무단으로 웹페이지에 자바스크립트 삽입 광고를 표시하는 애드웨어 기능처럼 보이지만 슈퍼피시가 광고를 표시하기 위해 사용하는 방법은 안전한 통신을 담보로 하기 위해 쓰이는 SSL 통신 인증기관(CA)을 무단 위조하는 것이다.

**Super-intelligent Multimedia Anytime-anywhere Realistic TV 지능형 통합정보 방송** SmarTV(Super-intelligent Multimedia Anytime-anywhere Realistic TV)를 참조.

**Super Phone 슈퍼폰** '슈퍼카'처럼 기존 제품보다 하드웨어 성능을 배 이상 높인 스마트폰. 쿼드코어 알고리즘과 칩세트를 개발한 ARM과 엔비디아가 '슈퍼폰'이라는 용어를 먼저 사용했다.

**Super Router 슈퍼 라우터** 용량을 높이고 라우팅 기능을 집약한 고성능 코어 라우터. 트래픽이 기하급수적으로 늘어나며 투자를 줄이는 동시에 성능을 높일 목적으로 개발이 시작됐다. 기타 기능을 빼 라우팅 순도를 높이고 전송 등 일부 기능을 추가해 효율개선을 꾀하는 점이 특징이다.

**Supersymmentry Particle 초대칭 입자** 초대칭은 소립자의 '스핀'에 대한 대칭성이다. 우주는 대칭성으로 구성되어 있다. 예를 들어, 어떤 사람이 과학실험을 하고 있다. 그리고 실험결과를 얻었다. (1) 실험을 광속에 근접하게 달리는 우주선 안에서 해도 결과는 마찬가지일 것이다(속도의 대칭성). (2) 실험을 어떤 각도에서 바라봐도 결과는 마찬가지일 것이다(각도의 대칭성). (3) 실험을 우주 저편에서 한다고 해도 결과는 마찬가지일 것이다(위치의 대칭성). (4) 실험을 내일 아침에 다시 한다고 해도 결과는 마찬가지일 것이다(시간의 대칭성). 이상은 일반적 의미의 과학에서의 대칭성이다.

초대칭은 소립자의 '스핀'에 대한 대칭성이다. 스핀이란 소립자의 각(degree)운동량을 말하는 것이다. 스핀 값이 1이라는 뜻은 각 운동량이 h라는 것이고, h는 플랑크 상수를 $2\pi$로 나눈 값이다. 이러한 대칭성은 각각의 입자들이 초대칭 짝을 가져야 한다. 초대칭 짝은 원래의 입자와 스핀 값이 1/2차이가 나는 입자로서, 전자(스핀 1/2)의 경우는 스핀이 0인 초대칭 짝이 존재해야 한다는 뜻이다. 스핀이 0이므로 전자의 초대칭 짝은 힘전달 입자이다. 즉, 보존(Boson)은 페르미온(Fermion)으로 이루어진 짝이 존재하고, 페르미온은 보존으로 이루어진 짝이 존재함을 뜻한다. 셀렉트론(selectron), 스뉴트리노(sneutrino), 스쿼크(squark), 포티노(photino, 광자의 초대칭 짝), 글루이노(gluino), 위노(wino)와 지노(zino)(W보존, Z보존의 초대칭 짝) 등이 있다.

**Supervised Classification 감독 분류** 감독 분류는 분류 항목 및 각 분류 항목별 교사 자료(training data)를 분석자가 지정하고, 교사 자료의 특징을 기준으로 영상 자료를 분류하는 방법이다. 감독 분류에서는 분석자에 의하여 사전에 분류 항목 및 각 분류 항목별 교사 자료(training data)가 선정되며, 선정된 교사 자료의 특징을 근거로 하여 각 화소가 어떤 교사 자료와 가장 유사한지를 판별함으로서 영상 자료에 대한 분류가 수행된다. 따라서 분류를 위해서는 영상 자료를 분석하여 분류 항목을 우선 설정하여야 하며, 설정된 분류 항목별 교사 자료를 선정해 주어야 한다. 어떤 화소가 어떤 교사 자료와 가장 유사한 지를 판별하는 기준에 따라서 최소거리법(Minimum Distance), 평행사변형법(Parallelipiped), 최대우도법(Maximum Likelihood), 분광각도법(Spectral Angle Mapper), 인공신경망법(Neural Network) 등의 방법으로 구분된다.

영상자료의 분류(classification)는 영상자료에 포함된 여러 가지 대상물들을 종류별로 구별하여 인식하기 위하여 유사한 특징을 보이는 화소들을 하나의 항목으로 지정하는 과정을 말한다. 이러한 항목을 분류 항목(class)이라고 하며, 대개 화소의 분광적 특징이 분류의 기준이 된다. 토지피복도(Land Cover Map)는 위성영상의 분류를 통해서 생성될 수 있는 가장 일반적인 주제도(Thematic Map) 중 하나이며, 토지피복도는 피복 종류별 토지 이용 현황에 대한 후속 조사 작업을 통하여 토지이용도(Land Use Map)로 발전될 수 있다.

**Super Wide Angle 초광각** 렌즈의 빛을 모으는데 있어 매운 큰 각도를 가지는 것을 말한다. Focal Length를 참조.

**Super Wide Angle Camera 초광각 사진기(超廣角寫眞機)** 렌즈 화각이 120° 전후의 초광각 렌즈를 갖춘 측량용 사진기를 말한다.

**Super Wide Angle Photography 초광각 사진(超廣角寫眞)** 렌즈 화각이 약 120°이며, 초점거리가 88mm인 23cm×23cm의 항공사진을 말한다.

**Super WiFi 슈퍼 와이파이** 주파수 효율이 좋고 통신 구역(커버리지)이 넓어, 기존 '와이파이'보다 넓은 곳에서 쓸 수 있어 '슈퍼'라는 수식어가 붙었다.

**Superelevation 편경사(偏傾斜)** 곡선부를 주행하는 차량이 원심력에 의해 바깥쪽으로 튀어나가는 것을 막기 위해 차도의 횡단면에 안쪽으로만 붙여진 구배를 말한다.

**Super-Microcomputer 고성능 워크스테이션** 마이크로컴퓨터의 경우와 같이, 1명의 사용자와 주변 장치들을 지원하지만, 보다 뛰어난 기능과 저장 능력을 가지며 통신망에서는 서버로 이용될 수 있다. 이용되는 운영 체계(대부분 UNIX에서 파생된)는 멀티태스킹, 과부하 업무, 그리고 고해상 그래픽 업무를 지원한다. 메모리는 보통 64MB 이상을 지원하며, 모형에 따라서는 2GB 이상의 자료 저장능력을 갖기도 한다.

**Supervised Classification 감독 분류** 일정 개수의 표본 지역(Sample Site)의 값을 조사하여 표본으로 하고 이를 근거로 전체 조사 대상 지역의 속성값을 분류하는 기법을 말한다.

**Supervisory Control And Data Acquisition(SCADA) 원격 감시 제어, 스카다** SCADA(Supervisory Control And Data Acquisition)를 참조.

**Supplementary Contour 조곡선(助曲線)** 등고선에 있어서 간곡선의 간격을 1/2로 다시 구분한 선이다. 간곡선으로 나타내기 어려운 상세한 지형을 표현하기 위한 선으로 짧은 점선으로 나타낸다. 조곡선은 1 : 10,000 축척 지형도에서는 1.25m 간격으로, 1 : 25,000 지형도에서는 2.5m간격으로, 1 : 50,000 지형도에서는 5m 간격으로 기복을 표현하기 위하여 사용하는 점선이다.

**Supplementary Control Point 도근점** Supplementary Control Surveying을 참조.

**Supplementary Control Surveying 도근점 측량(圖根點測量)** 상위 기준점인 국가 기본 삼각점, 지적 측량용 삼각점 및 삼각 보조점을 기초로 세부 측량의 기준이 되는 도근점을 설치할 목적으로 행하는 측량이다. 다각 측량에 의하고 경우에 따라서는 교선법을 병행하기도 한다. 그 결과는 평면 직각 좌표로 표시한다.

**Supplementary Units 보조 단위** SI단위는 7개의 기본 단위와 2개의 보조단위가 있다. 이 보조 단위에는 평면각인 라디안(rad)과 입체각인 스테라디안(sr)이 있다. 평면각은 두 길이의 비율로, 입체각은 넓이와 길이의 제곱과의 비율로 표현되므로 2가지 모두 기하학적인 양이고 무차원의 양이다. Auxiliary Units를 참조.

**Supply 공급** 중앙에 있는 재화나 용역의 가용성, 공급의 형태의 예는 식료품점에서 우유의 가용성, 차 판매소에서 차, 영화관에서 영화 스크린의 수의 가용성이다.

**Surface 표면** 3차원으로 정의된 장소에 관한 공간 관측의 높이, 등고선, 등치선, 수심 등. 부피를 갖고 있는 표면 자료의 경우 3차원의 속성을 갖고 있으나, 2차원의 지표면 위에 나타내기 위해서는 고도를 나타내는 등고선 지도와 같이 주어진 면적 위에 등치선으로 그 크기를 나타낸다. 대부분의 지리현상은 점이나 선, 면적을 사용하여 쉽게 표현할 수 있는 데, 이는 이러한 현상들이 불연속적인 경계를 갖고 있기 때문이다. 그러나 표면(Surface)은 조금 다른 개념을 갖는다. 예를 들어, 임의의 위치에 대한 고도값을 생각해 보면, 지표면의 무한한 점에 대한 무한한 고도값이 존재함을 알 수 있다. 즉, 지표면은 연속된 형상(Feature)인 것이다. 표면은 일반적으로 연속된 등고선으로 표현된다. 그러나 이 방법은 공간 분석에 적합하지 않다. 즉, 등고선에서 경사(Slope)와 주향(Aspect)을 계산하기에 적합하지 않다. 표면 분석(Surface Analysis) 에는 어떠한 위치의 값도 주의의 기지의 값에서 보간되어 계산값을 구할 수 있도록, 이론적인 모델이 구성되어야만 한다. 지형 면을 예로 들면, 지표면에는 무한한 점이 존재하므로 어떠한 평면 내에서 몇 개의 기지 값을 사용해야 하는가를 결정하는 것이 매우 중요하다. 지표면의 고도를 표현하는데 일반적으로 사용되는 방법은 수치 고도 모형(Digital Elevation Model)이다. DEM은 규칙적으로 분포된 고도값으로 구성된다. 또 다른 방법은 불규칙 삼각망법(Triangulated Irregular Network)이다. Surface Model을 참조.

**Surface II 표면 2** Kansas Geological Survey 회사가 만든 초창기의 컴퓨터 지도제작 일괄 프로그램이다.

**Surface Analysis 표면 분석** 하나의 자료층에 있는 변량들 간의 관계분석에 적용한다.

**Surface Fitting 표면 근사** 주어진 표고의 관측점에서 1개의 면, 즉 국소적으로 연속한 다수의 면을 대표하는 면 중 형성하는 것을 말한다.

**Surface Float 표면 부자** 하천의 유속을 관측하는데 사용되는 부자(浮子)의 일종이다. 부자 일부분이 수면 밖으로 나오게 한 것으로 나무, 코르크 등 가벼운 것으로 만들어 유하시켜 표면 유속을 관측한다. 이 표면 부자는 바람이나 소용돌이 등의 영향을 받지 않도록 주의해야 하며, 답사나 홍수 시 급히 유속을 결정해야 할 때 많이 사용된다.

**Surface Grape 표면 도표** 표면의 하위 집합과 동일 구조인 2차원 위상 복잡도(면에 대한 위상 구조로 면과 면의 인접성에 대한 정보를 가지고 있다).

**Surface Load 상재하중(上載荷重)** 흙의 자중에 의한 하중을 제외한 지반 위에 가해지는 모든 형태의 하중을 말하며, 구조물 상부에 작용하는 활하중, 사하중 등을 일컫는다.

**Surface Model 표면 모형** 자료의 수치 추상화 또는 근접치 자료가 무한한 점을 포함하기 때문에, 점들의 부분 집합은 표면을 표현하기 위해 사용되어야 한다. 각 모델은 형식화된 자료 구조 규칙 X, Y, Z 자료를 나타내기 위해 사용될 수 있는 점 측정치를 포함한다. TIN을 참조.

**Surface Modeling 표면 모형화** ① 지세와 같이 3차원적 개발된 통계학에 기초한 분리된 범주로의 자료의 분류이다. ② 지세와 같이 3차원적 표면을 표현하기 위한 분석적인 기술들을 말한다.

**Surface of Equal Parallax 등시차면(等視差面)** 입체 측정을 했을 때 횡(X)시차가 같은 점에 의하여 구성된 면을 말한다.

**Surface of Projection 투영면(投影面)** 투영에 의하여 표시된 도형의 면을 말하며 평면 또는 평면에 모두 끊어서 펼칠 수 있는 원통면, 원추면이 쓰이고 있다.

**Surface of Spheroid 회전 타원면(回轉楕圓面)** 한 타원의 주축을 중심으로 회전하여 생기는 입체면을 말한다.

**Surface Patch 표면 소구역** 동종(同種)의 보간법(補間法)과 정의법을 사용해서 만들어진 곡면의 구성요소를 나타내는 2차원으로 연결한 기하요소를 말한다.

**Surface Phenomenon 표면 현상** 전자기복사와 물체의 표면 사이에서 상호 발생되는 현상이다.

**Surface Reconstruction 지형 복원** 지형의 기하학적 3차원 모델링을 수행하는 것으로, DEM과 같은 원시 자료로부터 명확한 정보를 추출하고 이 정보를 건물 및 도로 등의 인공 지물이나 수계와 같은 자연지물과 같은 객체를 인식하고 해석할 수 있도록 하는 것이다.

**Surface Roughness 표면 거칠기** See Roughness라고도 하며 레이더에서 지형 표면에 불규칙적으로 발생되는 소규모의 수직적 반복 정도를 나타낸다.

**Surface Structure 표면 구조** 지도에 보이거나 그려진 기호(Symbol)를 말한다.

**Surface Survey 표면 측량** 지표상에서 이루어지는 측량으로 지형 측량, 노선 측량, 하천 측량, 지적 측량 및 지구 형상과 지구 운동에 관한 측량 등이다.

**Surface Surveying 갱외 측량** 갱내측량을 하기 위해 갱외부에서 사전에 이루어지는 측량으로, 지표중심선측량, 중심선 말뚝 측설, 수준측량, 지형측량 등이 있다.

**Surface Tension 표면 장력** 액체 입자의 응집력에 의하여 그 표면적을 최소로 하려고 하는 힘을 말한다.

**Surface Wave 표면파(表面波)** 탄성매질의 표면이나 경계면에서는 실체파와는 다른 파가 생성되는데 이를 '표면파'라고 한다. 표면파는 에너지가 표면이나 경계면 가까이에 밀집되어 전파되므로 지진이 발생했을 때 지표면을 진동시켜 큰 피해를 입힌다. 대표적인 표면파로는 Rayleigh파와 Love파가 있다. 표면파의 속도는 S파보다 느려서 지진기록계상에 가장 늦게 나타난다.

**Surround Video 서라운드 비디오** 360°로 촬영한 장면을 컴퓨터상에서 전후좌우로 회전시키면서 입체적으로 볼 수 있는 이미지이다.

**Surveillance Satellite(Information Gathering Satellite) 정찰위성** '스파이 위성'이라고도 한다. 정보 수집을 위한 군사위성으로, 저고도의 극궤도를 돌면서 광학사진이나 적외선·레이더 등에 의한 영상정보를 수집한다.

**Survey 측량(測量)** Surveying을 참조.

**Survey Control Base 측량 기준선** 현장 측량에 의해 정확히 설정된 지구표면의 수평, 수직의 상호 관계를 가진 점을 말한다.

**Survey Control Point 측량 기준점** 측량의 정확도를 확보하고 효율성을 높이기 위하여 특정 지점을 측량기준에 따라 측정하고 좌표 등으로 표시하여 측량 시에 기준으로 사용되는 점을 말한다(「공간정보구축 및 관리 등에 관한 법률」 제2조 제7호).

**Survey Engineer 측량 기술자** 측량법의 규정에 의한 등록을 하여 측량업을 영위하는 자를 말한다.

**Survey Enterprise 측량업** Surveying Work를 참조.

**Survey for Correction 보정측량** 항만, 항로, 연안 등 해양의 일부 구역에서 항만확장, 준설, 매립 등의 공사를 한 경우에 이미 간행된 해도를 수정, 최신 상태로 유지하기 위하여 이 변화 부분만을 다시 측량하는 것을 말한다. Correction Survey를 참조.

**Survey History 측량사** 육지, 바다, 그리고 그 위에 있는 구조물의 효율적인 관리 운영을 기획, 실시하는데 이용되는 토지 및 개발 동향에 관한 지세정보를 수집하기 위한 과학적 측정을 수행하는 전문가로서의 학문적 자격과 기술적 경험을 갖춘 자이다

(FIG에 의한 측량사의 정의).

**Survey Law 측량법** 이 법은 측량에 관한 기준을 정하여 측량의 정확성을 확보함으로서 측량제도의 발전을 도모함을 목적으로 한다. 이 법에서 정의하는 측량이라 함은 지표면, 지하, 수중 및 공간의 일정한 점의 위치를 관측하여 그 결과를 도면 및 수치로 표시하고 거리, 높이, 면적, 체적 및 변위의 계산을 하거나 도면 및 수치로 표시된 위치를 현지에 재현하는 것을 말하며, 지도(수치지도를 포함)의 제작, 연안해역의 측량과 측량용 사진의 촬영을 포함한다.

**Survey Markers 측량표(測量標)** 측량을 실시한 현지의 점에 설치한 표지. 영구표지, 일시표지, 임시설치표지가 있다.

**Survey Monument 측량표(測量標), 측량표석** Monument, Survey Marker를 참조.

**Survey Network 측량망** 형상을 위치시키기 위한 기준점처럼 토지 측량사들에 의해 사용되고, 지구상에 위치한 일련의 물리적 경계 표지들은 지도에 다른 그림이나 측량 기록으로 기록된다. 이러한 경계 표지의 위치들은 작은 지형적 지역(지역 관측망에서처럼) 내에서만 또는 지구지오이드(측지적 측량망) 상에서 넓게 참고된다.

**Survey of Water Depth 수심 측량** 하천, 저수지, 호수 또는 연안에 있어서 수저부의 지형을 파악하기 위하여 수위와 조위, 수심 및 측심 위치를 측정하여, 횡단면도 또는 수심도를 작성하는 작업을 말한다.

**Survey Operation Organ 측량 작업 기관** Organization of Surveying Operation을 참조.

**Survey Planning Organ 측량 계획 기관** Organization of Surveying Plan을 참조.

**Survey Station 측점(測點)** Survey Point 참조.

**Surveyed Map 실측도(實測圖)** 실제로 지상에서 직접 측량하거나 또는 항공사진을 사용 도화기 등으로 작성한 지도를 말한다.

**Surveyed Value 측량값** 하나 또는 둘 이상의 조정 환산값으로 측량값이 얻어진다.

**Surveying 측량, 측량학(測量學)** ① 공간상에 존재하는 일정한 점들의 위치를 측정하고 그 특성을 조사하여 도면 및 수치로 표현하거나 도면상의 위치를 현지(現地)에 재현하는 것을 말하며, 측량용 사진의 촬영, 지도의 제작 및 각종 건설사업에서 요구하는 도면작성 등을 포함한다(「공간정보의 구축 및 관리 등에 관한 법률」 제2조). ② [지반] 대지 내의 토층, 토질, 지하수위, 지반의 내력, 장해물 상황 등을 조사하는 것으로서, 기본설계 또는 실시설계에서 시설물 설치를 위하여 지리·지형·지장물 등에 관한 정보를 측정하는 일련의 행위를 말한다('기본설계 등에 관한 세부시행기준', 국토교통부고시 제2014-268호).

**Surveying Abstracts 측량 성과(測量成果)** 측량에서 얻은 최종결과로서, 성과표, 망도, 지도, 항공사진 등은 측량성과이며 관측수부, 계산부 등은 측량기록에 해당한다. 「공간정보의 구축 및 관리 등에 관한 법률」 제2조에서는 측량을 통하여 얻은 최종 결과로 정의하고 있다.

**Surveying Data 측량 성과(測量成果)** Surveying Abstracts를 참조.

**Surveying Information System 측량 정보 체계** 측지 정보, 사진 측량 정보, 원격 탐사 정보를 체계화하는데 활용된다.

**Surveying Instrument 측량 기계(測量機械)** 측량에 쓰이는 기계를 말한다. 각을 측정하는 트랜싯, 경위의, 고저차를 측정하는 레벨, 사진측량용의 편위수정기, 도화기, 광파측거의, 전파측거의 등이 있다.

**Surveying Markers 측량표** 측량에 관한 표식으로서 영구표지, 일시 표지, 가설 표지 등이 있다.

**Surveying Record 측량기록(測量記錄)** 측량성과를 얻을 때까지의 측량에 관한 작업의 기록을 말한다(「공간정보구축 및 관리 등에 관한 법률」 제2조 제9호).

**Surveying Reference 측량기준** 한 국가의 측량의 기준으로서 「공간정보구축 및 관리 등에 관한 법률 시행령」 제7조에 의하면 우리나라의 측량의 기준은 다음과 같다. 즉, 1. 위치는 세계측지계(世界測地系)에 따라 측정한 지리학적 경위도와 높이(평균해수면으로부터의 높이)로 표시한다. 다만, 지도 제작 등을 위하여 필요한 경우에는 직각좌표와 높이, 극좌표와 높이, 지구중심 직교좌표 및 그 밖의 다른 좌표로 표시할 수 있다. 2. 측량의 원점은 대한민국 경위도원점(經緯度原點) 및 수준원점(水準原點)으로 한다. 3. 수로조사에서 간출지(干出地)의 높이와 수심은 기본수준면(일정 기간 조석을 관측하여 분석한 결과 가장 낮은 해수면)을 기준으로 측량한다. 4. 해안선은 해수면이 약최고고조면(일정기간 조석을 관측하여 분석한 결과 가장 높은 해수면)에 이르렀을 때의 육지와 해수면과의 경계로 표시한다.

**Surveying Technician 측량 기능사(測量技能士)** 국가기술자격법령상의 기능계 자격분야. 주로 시공측량과 토공설계의 보조업무에 종사한다.

**Surveying Work 측량업** 기본 측량, 공공측량, 일반측량, 측지측량업 및 항공사진촬영업 등의 용역을 도급받아 수행하는 영업을 말한다.

**Suspended Solid 부유 물질** SS(Suspended Solids)를 참조.

**SUT(System Under Test) 시험용 체계** 시험도중 연구되는 결과를 이용 가능하게 하기 위해 필요한 컴퓨터 하드웨어, 소프트웨어, 통신망을 말한다.

**SV(Satellite Vehicle) 인공위성** ① 인공위성체를 뜻한다. ② 각 GPS 위성의 위성번호(PRN)를 의미한다.

**SV Ephemeris Error 위성 시계오차 및 궤도오차** Satellite Clock Error and SV Ephemeris Error를 참조.

**SV Hlth 위성 건강상태** 위성 궤도력에 지시된 위성 건강상태를 표시한다.

**SV Number 위성 번호** 우주기라는 의미로, GPS에서는 번호를 나타낸다. 현재는 별도의 번호 PRN NO라고 하는데, 과거에는 위성 번호를 표시하는 방법이 여러 번 변경되었기 때문에 오래된 기록과 대조할 때는 주의가 필요하다.

**SVI(Spectral Vegetation Index) 분광 식생지수** AVHRR 영상의 2개 분광밴드로부터 계산되어지는 식생지수이다.

**SVN(Subversion) 서브버전** 자유 소프트웨어버전 관리시스템이다. 명령행 인터페이스에서 사용하는 명령어를 따서 "SVN"이라고 줄여서 부르기도 한다. 제한이 있던 CVS를 대체하기 위해 2000년부터 콜랩넷에서 개발되었다.

**SVs 위성들** 위성수(3개 이상 추적되어야 위도, 경도, 높이의 측정이 가능)를 말한다.

**Swag Marketing 스웨그 마케팅** 스웨그 마케팅은 이슈가 되는 사회현상이나 유머 등을 언어유희나 패러디 등의 방법으로 가볍고 재미있게 내용을 전달하는 마케팅을 말한다. '스웨그(Swag)'란 단어는 '허세', '자유분방함', '으스대는 기분' 등을 표현하는 힙합 용어로 사용되다가 사회문화적인 측면에서 '가벼움', '여유', '자유로움' 등을 상징하는 용어로 통용되고 있다. 스웨그 마케팅은 사회적인 이슈를 빠르게 캐치해 재미 요소를 가미하여 가공함으로써 주목도를 높이고, 모바일과 SNS 등을 통해 빠르게 확산된다는 장점이 있다. 아무리 스웨그 마케팅이 참을 수 있는 가벼움이라고 해도, 너무 경박하거나 자극적인 마케팅은 서비스나 브랜드의 이미지를 실추시킬 수 있다.

**Swarms 군발지진** 같은 지역에서 발생하는 일련의 지진들로 이들 중 특별히 강한 규모의 지진이 없는 경우를 말한다.

**Swash 스워시** 파도가 부서질 때 해변 위로 밀려 올라오는 부서진 물보라를 말한다.

**Swath Width 주사폭, 관측폭** 위성 원격 탐사체계의 한 주사선의 길이, 랜드셋 TM과 MSS영상에 대해 Swath Width는 185km, 반면 TIROS/NOAA AVHRR센서에 대해서는 3,000km이다.

**S Wave 엑스 파** P파에 이어 두 번째로 도달하는 지진파. 파의 전파방향에 직각인 탄성 진동으로 구성된다. 액체는 통과하지 않는다.

**SWE(Sensor Web Enablement) 센서 웹 표준** OGC에서 주관하고 있는 센서정보 관련 공간정보 표준을 말한다.

**Swell 너울** 풍파가 바람이 멈추거나 바람이 불고 있는 해역을 떠나서 직접적으로 바람의 영향을 받지 않는 해파를 말한다.

**Swelling 팽윤** 점토가 물을 흡수하여 팽창하는 현상이다. 몬모리로나이트가 특히 크다. Bulking 참조.

**Swift 스위프트** 애플이 2014년 내놓은 신규 프로그래밍 언어로 기존 언어를 대체하며 빠르게 사용이 증가하고 있다. 스위프트는 모바일 운용체계(OS) iOS와 컴퓨터용 OS인 OS X 개발용으로 사용할 수 있는 새 프로그래밍 언어이다. 함수형과 객체형 언어 중간 격으로 스크립트 언어이기 때문에 컴파일이 필요 없다. 새 언어는 2014년 월드 와이드 디지털 콘퍼런스(WWDC145) 이후 개발자 사이에서 선풍적 인기를 끌고 있다. 이전까지 애플 관련 프로그램 개발을 위해 오브젝트C를 사용해 왔지만 이보다 더 쉽고 빠르게 애플리케이션을 만들 수 있다는 장점이 있다. 동일한 LLVM 컴파일러뿐 아니라 오브젝트C 옵티마이저, 오토벡터링, 오토매틱 레퍼런스 카운팅 ARC 메모리 매니저, 런타임 등을 사용한다.

**SWIR(Short Wave InfraRed) 단파장 적외** 단파장 적외선은 3~8$\mu$m 파장 범위와 38~100THz 주파수 범위로서 식물의 함수량에 따라 반응하기 때문에 지질조사에 사용된다.

**Swiss Cheese Model 스위치 치즈 이론** [안전] 휴먼 에러(human error) 연구의 대가인 영국 맨체스터대학교의 리즌(James T. Reason)은 사고발생 과정을 치즈 숙성과정에서 특수한 박테리아가 배출하는 기포에 의해 구멍이 숭숭 뚫려 있는 스위스(Swiss) 치즈를 가지고 설명하였는데, 이를 재해발생에 관한 '스위스 치즈 모델'(The Swiss Cheese Model)이라고 한다.

이 이론에 의하면 보통 사고는 연속된 일련의 휴먼 에러에 의해 발생하는 것이 일반적이고, 사고 이전에 오래전부터 사고 발생과 관련한 전조가 있게 마련이다. 다행히 시간축 상에서 사고방지를 위한 안전장치 등 방지체계가 잘 작동하면 휴먼 에러와 사고는 방지될 수 있다. 그러나 방지체계나 인간은 완벽하지 않기에 결함(치즈의 구멍)이 있게 마련이고, 이러한 구멍들을 통해 일련의 사건이 전개된다면 그것이 최종적인 휴먼 에러를 통해 사고로 이어지게 된다. 이 모델에서는 사고의 방지를 위해 휴먼 에러 방지를 가장 우선시한다. 휴먼 에러의 방지를 위해서는 안전장치와 방치체계(시스템)들의 결함을 최소화하여, 인간이 에러 발생을 최소화하는 것을 목표로 한다. Heinrich's Law, Bird's Domino Law, Human Error, Broken Windows Theory, Safety, Danger를 참조.

**Swiss Federal Office of Topography** GPS/DGPS, 측량, 지도제작, 위성 영상, 수치 성과물 등을 수행한다.

**Switchable Barrier Method 스위처블 배리어 방식** 왼쪽 눈과 오른쪽 눈 영상을 모니터에 표시하면, 스위처블 배리어가 두 영상을 번갈아 차단해 해당 영상이 왼쪽 눈과 오른쪽 눈에만 각각 전달하도록 한다.

**SWOT(Strengths, Weakness, Opportunities, Threats) 스워트 분석** 기업 및 기관의 환경 및 내부의 강약점을 분석하여 비전 및 전략 수립의 방향성을 설정하기 위한 방법으로, 환경에 관련된 이슈를 크게 기회(Opportunities), 위협(Threats), 강점(Strengths), 약점(Weakness)으로 구분하여 파악한다.

**Swype 스와이프** 미국 스와이프사가 개발한 스와이프는 터치스크린에서만 가능하다. 손가락으로 알파벳을 하나하나 훱쓸어 끌어와 영문자를 입력하는 기능으로, 한 단어 안에서는 손가락을 뗄 필요 없이 이어서 입력하면 된다. 현재 영어, 스페인어, 독일어, 프랑스어 등이 가능하며 한국어 버전 개발에 대한 기대도 높아지고 있다.

**Sybase 사이베이스** 데이터베이스 통합(Integrator)을 통해 접근할 수 있는 관계형 데이터베이스 관리 체계의 일종이다.

**Sybase RDBMS 사이베이스 관계형 자료기반 관리 체계** Sybase Unix 분야에서 또 하나의 주요 클라이언트/서버 RDBMS 주자이다. Sybase의 RDBMS(SQL 서버)는 단일 프로세서와 SMP 체계 모두에서 이의 좋은 성능으로 알려진 다중 스레드 데이터베이스 관리 체계이다.

**SYMAP 에스와이엠에이피** 초창기의 다목적 컴퓨터 지도제작 일괄 프로그램이다.

**Symbian 심비안** 노키아가 2002년 인수한 OS개발사 이름. 심비안 Ltd.에서 개발한 모바일 기기용 운영체제로, 라이브러리, 사용자 인터페이스, 프레임워크, 다양한 도구를 포함한다.

**Symbol 기호, 부호, 도식기호(圖式記號)** ① GIS는 많은 다양한 점 위치의 도형적 표현을 위해 점·선·면 등을 갖추고 있다. 지형도에 표현되는 내용 및 그 표시 방법 등을 정하고, 지형도의 규격에 대한 통일을 도모할 목적으로 만들어진 형식을 말한다. 지리적 사상을 나타내는 표현도식으로 점·선·면의 특징을 나타내는 도형요소이다. 예를 들어, 선형기호는 아크 형상을 나타내고 그림 기호는 점을, 음영 기호는 면을, 그리고 문자 기호는 주석을 나타낸다. 기호의 색상, 크기, 형식과 그 외의 여러 가지 특징으로 정의된다. ② 지형, 지물을 지도상에 표시하기 위하여 정해져 있는 기호를 말한다.

**Symbol of Road Width 도로 기호** 지도에 도로의 폭원크기를 기호로서 표시하기 위하여 정해놓은 기호이다.

**Symbol Recognition 기호 인식** 독취된 지도상에서 기호(Symbol)들을 인식하고 위치시키는 진행과정을 말한다.

**Symbolization 기호화** ① 기호화의 유형에는 두 종류가 있는데, 하나는 실제 형상과 같은 모습으로 설계하여 나타내는 복사적 기호화로 주로 해안선, 나무, 철도, 가옥 등 유형적인 형상을 나타낼 때 사용되는 기호이다. 또 다른 하나는 추상적 기호화로 흔히 기하학적 형태로 나타내는 경우가 많다. ② 기호만으로는 객체의 모든 속성을 나타내기는 곤란하다. 너무 많은 기호를 기입하면 오히려 이해하기가 어렵다. 이때 점·선·면 객체들을 기호화하여 시각적으로 속성을 나타낼 수 있다.

**Sync Time 동기시** 이는 수신기가 자료 저장이나 위치를 갱신하는 비율을 나타낸다. 이것은 초기 시기 비율(Epoch Rate)라고도 한다.

**Synchronization 동기화** ① 독립된 2개 이상의 주기적인 형상들을 어느 시점, 어느 위치에서든지 적절한 방법으로 결합, 제어함으로써 일정한 위상 관계를 지속시키는 일이다. ② 호스트 PC와 모바일 단말기간의 데이터 일관성을 일치시키는 작업으로서 일반적으로 작업을 위하여 호스트 PC로부터 데이터를 모바일 단말기로 다운로드받고 현장에서 갱신한 후에 작업 결과를 호스트 PC로 업로드하는 과정으로 진행된다.

**Synchronized Cameras 동기화된 카메라** 초점을 동일하게 설정하고 정확히 동시에 셔터가 동작하도록 연결한 한 쌍의 카메라.

**Synchronized Code 동기 신호** 위성과 수신기에서 생성된 신호는 똑같은 2진 신호로 위성과 수신기에서 정확히 같은 시각에 발생된다.

**Synchronous Communications 동기 통신** 많은 Main Computer System과 고 속도의 근거리 통신망(LAN)을 가진 컴퓨터 구성에 사용된다. 예를 들면, 이러한 통신 방법은 시스템 네트워크 구조를 사용한 IBM 구성이나 이더네트(Ethernet)표준에 근거한 근거리 통신망에 이용되어 사용된다.

**Synchronous Data Link Control(SDLC) 동기자료 연결 조정** SDLC(Synchronous Data Link Control)를 참조.

**Syncicator 신디케이터** 콘텐츠 공급자와 수요자들을 연결해주는 중개상을 말한다.

**Sync Signal 동기 신호** [영상] 화상전송 계통에서 수신측의 재현동작을 송신측과 맞추기 위하여 이용되는 신호를 말한다. TV에서는 수평방향과 수직방향의 동기를 맞출 필요가 있고, 이를 위하여 수평 동기신호와 수직 동기신호를 합성한 복합 동기신화가 영상신호의 귀선소거(blanking) 기간 중에 삽입된다. 주사(scanning)는 화면의 왼쪽 위 모퉁이에서부터 시작하여 왼쪽에서 오른쪽으로 진행하는데 이것을 작화선(trace)이라고 한다. 한 라인의 주사가 끝나면 재빨리 다음 라인의 앞부분이 있는 왼쪽 끝으로 돌아오는데 이것을 귀환선(retrace)이라고 하며 이것은 그림을 그리는 것이 아니기 때문에 눈에 보이면 안 된다. 따라서 귀환선(retrace) 기간 동안에 귀선소거(blanking) 신호라고 부르는 펄스를 삽입하여 흑백보다 더 낮은 전압 레벨로 만들어준다. 주사선이 화면의 맨 아래 주사선의 주사를 마치고 끝에 도달하면 다시 맨 위의 시작점으로 복귀하여야 하는데 복귀하는 동안 화면에 보이지 않아야 한다. 따라서 귀선소거(blanking)하는 이 기간을 수직귀선소거기간(VBI : Vertical Blanking Interval)이라고 한다. Scanning 참조.

**Syntax 문법** 프로그래밍 언어나 명령어의 구조를 지배하는 규칙의 모음을 말한다. 컴퓨터 프로그램을 컴파일(번역, 해독)할 때 컴파일러에 의해 수행되는 첫 번째 명령 중의 하나는 규칙이 올바른지 검증하는 것이다. 어떤 소프트웨어는 수용할 데이터에 상당히 관대한 반면, 다른 것들은 올바른 규칙을 요구한다. 규칙은 종종 프로그래머의 가장 큰 어려움이다.

**Synthetic Aperture Radar(SAR) 전천후관측 영상레이더, 합성개구(合成開口)레이다** SAR(Synthetic Aperture Radar)를 참조.

**Synthetic Array Approach 합성 배열 방법** 안테나를 합성하는 기법중 하나이다.

**Synthetic Environment Data Representation & Interchange Specification(SEDRIS) 합성환경 표현과 응용서비스** SEDRIS (Synthetic Environment Data Representation & Interchange Specification)를 참조.

**Synthetic Stereo Images 합성 입체 영상** 하나의 영상을 디지털처리함으로써 stereo 영상으로 재구성한 영상으로, 위상학적 데이터들이 시차를 계산하기 위해 사용된다.

**Syphon 사이펀** 관의 일부가 그 동수 경사선 위에 있어도 물이 자동 유하로서 흐르는 관수로를 말한다.

**SysML(Systems Modeling Language) 시스템 모델링 언어** 시스템은 "상호간 관계를 갖는 요소로부터 구성되고, 어떤 목적을 위해서 기능을 한다."는 추상적인 개념을 말한다. 구체적으로는 항공기, 자동차 같은 것도 시스템이라고 할 수 있다. 이러한 인공적인 시스템은 일반적으로 하드웨어나 소프트웨어로부터 구성되지만 시스템의 개념은 '하드웨어'나 '소프트웨어'를 구별하지 않고 포함하는 것이다.

SysML은 시스템의 사양화, 분석, 설계, 타당성 확인/검증을 위해 사용할 수 있고 현재 자동차, 항공우주, 통신 분야 등에서 광범위하게 활용되고 있다. SysML은 "OMG Systems Modeling Language"의 명칭으로 "UML(Unified Modeling Language)"과 같이 OMG(Object Management Group)에 의해 사양이 책정되었다. SysML의 특징은 (1) 그래픽컬 모델링 언어 : SysML은 그래픽컬한 모델링 언어이기 때문에 SysML 모델은 직관적인 이해가 용이하고 설계자의 사고를 돕는다. (2) 표준언어 : SysML은 표준 언어이기 때문에 SysML에 의한 설계는 담당자간 모델에 대한 이해의 차이가 발생하기 어렵다. (3) 컴팩트한 언어 사양 : SysML 언어 사양은 UML을 베이스로 하기 때문에 보다 컴팩트하게 정리되어 있기 때문에 SysML은 익히기 쉽고 도입이 용이하다. UML 참조.

**System 체계, 시스템** 지형과 공간상에 존재하는 대상물들의 특성과 현상을 관측함으로써 자료가 취득되며, 이러한 자료를 통합하여 특별한 의미를 부여하게 될 때 생성되는 것이 정보이다. 이러한 다양한 정보의 상관관계를 규정함으로써 여러 종류의 정보에 대한 연결을 시도하고, 이에 대한 자체적인 제어 능력을 가진 개별 요소들의 집합체를 체계라고 한다.

**System Access and Accounting 자료 접근 제한** 운영 체계는 자료 및 프로그램에 안전하게 접근할 수 있도록 사용자를 제한하고 있다. 접근 방식은 "읽기", "읽기와 수정기능", "읽기, 수정, 삭제 기능" 등 다양하게 선택할 수 있다. 이 같은 방식은 특정한 파일이나 사용자의 식별 코드(Identification Code)에 따라서 파일을 묶어서 저장한다. 대부분의 운영 체계는 사용된 메모리 량, 연결 시간, 사용자가 처리 과정을 수행하는데 소요된 시간, 인쇄기 및 플로터와 같은 주변 장치를 사용하는데 소요된 시간, 다른 사용자의 사용 시간 등의 시스템 관련 자료를 관리하는 프로그램이 내장되어 있다.

**System Analysis 시스템 분석** 대상으로 하고 있는 시스템을 다시 구성 요소(Sub System)로 나누고, 대상 시스템에 대해서는 개선해야 할 구성 요소를 발견하기 위해서 행해진다. 이것을 다음과 같이 정의할 수가 있다. 결국 '불확실성 하에 있는 선택의 문제에 대한 접근법 또는 사물의 관점'으로 표현된다. 이외에도 시스템 분석은 여러 가지 말로서 정의되지만, 목적을 달성하기 위해서는 보다 우수한 시스템을 구성하여 선택한다고 하는 것에 대해서는 모두 일치되고 있다. 차이는 주로 분석 과정 또는 기능의 강조할 부분에 있다. 따라서 이 시스템 분석을 일반적으로 정의한다면 다음과 같다. '복잡한 문제를 해결하기 위해서 의사 결정자의 목적을 정확하게 파악한 후 대체안을 시스템적으로 비교·평가하고 혹은 개발함으로써 의사 결정자가 최적의 대체안을 선택하는 시스템적인 방법'이다. 시스템 분석은 다음과 같은 특징 혹은 분석 프로세스를 가지고 있다. 문제를 넓은 시야에서 포착하고 목적을 명확히 하여 분석의 대략적인 구성을 결정하는 문제의 명확화의 과정, 대체안의 열거, 개발을 명확히 하고 분석을 위한 자료를 정리하는 조서의 과정, 각 대체 안의 비용 및 효과를 객관적으로 비교·검토하는 분석의 과정 및 계량할 수 없는 요인이나 불확실성을 고려하여 종합적인 결론을 이끌어내는 해석과 평가의 과정을 거치며, 의사결정자의 밀접한 관계를 끊임없이 유지하면서 만족할만한 결론이 얻어질 때까지 이들 과정을 반복하는 순환 순서를 밟는다. 이와 같은 과정을 거치면서 문제를 해결하는 분석 전체를 총칭하는 말이다.

**System Catalog 시스템 카탈로그** 시스템이 필요로 하는 데이터베이스, 테이블, 뷰, 인덱스, 접근 권한 등에 관한 정보를 메타 데이터 형태로 포함하는 시스템 데이터베이스이다. 메타는 '근원적인 정의 또는 설명'을 의미하는 접두사이다. 따라서 메타 데이터(Meta data)는 데이터에 대한 정의 또는 설명을 말한다. 사용자가 SQL 문을 실행시켜 기본 테이블, 뷰, 인덱스 등에 변화를 주면 시스템 카탈로그가 자동으로 테이블을 갱신한다. 카탈로그 자체도 시스템 테이블로 구성되어있어 일반 이용자도 SQL을 이용하여 내용을 검색해볼 수 있으나 카탈로그의 내용을 삽입, 삭제, 갱신할 수 없다. 잘못될 경우 치명적인 오류를 초래하므로 사용자의 직접적인 접근을 허용하지 않는다. 데이터 디렉토리(Data Directory)는 시스템 카탈로그라는 시스템 데이터베이스에 수록된 데이터에 실제로 접근할 때 필요한 정보를 관리하고 유지하는 시스템이다.

**System Configurations and Data Communications 시스템 구성 및 자료 구성** 컴퓨터의 통신망은 한 장소 내의 여러 장치 간에 구성될 수도 있고, 전국에 분배된 장치들 간에 발생할 수도 있다. 마이크로 컴퓨터를 사용하는, 사용자가 1명인 GIS에서는, 마이크로 컴퓨터, 디스크 장치, 컬러그래픽 모니터, 펜 플로터, 1대의 인쇄기가 여러 종류의 케이블로 연결되어 있다. 보다 복잡한 시스템에서는 빌딩과 빌딩 간에 다수의 컴퓨터 주변 장치들을 연결하기 위해 여러 종류의 복잡한 케이블로 확장될 것이다. 전화나 마이크로파 전송 혹은 기타 통신 위성을 이용한 원격 통신 기술을 통해 매우 넓은 영역 간에도 이러한 여러 장치들을 연결할 수 있다.

**System Design 시스템 설계** 시스템의 분석 결과로 도출된 시스템의 요구 상황을 바탕으로, 이러한 요구 상황을 처리할 수 있는 시스템의 전체 구조 및 시스템을 구성하는 각각의 부분들에 대한 상호 관련성 등을 정의하는 작업을 말한다.

**System Development 시스템 개발** 설계로 시작되어 평가를 거쳐서 사용될 시스템, 즉 하드웨어 및 소프트웨어가 선정된 후 구입 설치한다. 시스템 설계는 업무 지원 프로그램개발의 조사와 정의가 끝나야 한다. 이러한 업무를 지원할 수 있는 처리의 기능 및 필요한 대수 및 통신망의 요구 조건 등을 조사하여 사양서를 작성하여야 한다. 기존의 시스템 구성과 앞으로의 운영 방식 등을 고려하여 전체적인 하드웨어 구성을 고려하여야 한다.

**System Development Life Cycle(SDLC) 시스템 개발 생명주기** SDLC(System Development Life Cycle)를 참조.

**System Development Methodology 시스템 개발 방법론** 효과적이고 효율적인 계획 분석, 설계, 구조, 구현, 그리고 컴퓨터 체계의 공급을 위한 기법과 방법의 통합된 집합을 말한다.

**System Engineer 시스템 기술자** 시스템 전반에 관한 관리나 자문을 담당하며, 컴퓨터의 도입 계획과 이행 계획을 세우고 운영을 담당하는 자를 말한다.

**System for Electronically Adapted Data Interchange(SEAGHA) 항만 정보 체계** SEAGHA(System for Electronically Adapted Data Interchange).

**System Integration(SI) 시스템 통합** SI(System Integration)를 참조.

**System Integration Technology 시스템 통합 기술** 컴퓨터, 워크스테이션, 지리 정보 체계, 자료기반 시스템 등 다양한 형태의 컴퓨터 체계를 통신으로써 서로 연계하여 활용할 수 있도록 하는 기술을 말한다.

**System International d'Unite's(SI) 국제단위계(國際單位系)** SI(System International d'Unites) 참조.

**System LSI 시스템 엘에스아이** 데이터를 연산·처리하는 기능을 하는 비메모리반도체를 뜻하며 시스템반도체 혹은 시스템온칩(system on chip, 칩 하나로 모든 기능을 처리하는 반도체) 등으로도 불린다. PC와 모바일기기 등의 CPU와 휴대전화용 이미지센서, 기타 주문형 반도체 등 종류가 다양하다. 정보를 저장하고 기억하는 메모리반도체와 구별된다.

**System Modeling Language(SysML) 시스템 모델링 언어** SysML(Systems Modeling Language)를 참조.

**System Network Architecture(SNA) 시스템 통신망 구조** SNA(System Network Architecture)을 참조.

**System of Instrument Height 기고식** 종·횡단 수준 측량과 같이 중간점이 많은 경우 사용하는 야장 기입법이다.

**System Of Reference In Plotting Instruments 도화기 기계 좌표(圖化機의 機械座標)** 도화기에 고정되어있는 공간 좌표를 말한다.

**System Software 시스템 소프트웨어** 컴퓨터를 처음 켰을 때의 모든 작업들을 제어하게 되며, 사용자가 소프트웨어를 사용할 경우에 사용자의 작업 지시를 컴퓨터에 전달해 주는 역할을 수행, 즉 운영체제(OS : Operating System)라고 한다. 운영체제는 사용자와 하드웨어를 연결하는 가장 핵심적인 소프트웨어로서, 시스템 운영(System operation), 시스템 지원(System support), 시스템 개발(Systemdevelopment) 프로그램 등으로 구분할 수 있다.
시스템 운영프로그램은 사용자의 프로그램이 수행되는 동안 그에 필요한 하드웨어와 소프트웨어를 관리해 주는 프로그램으로 운영체제, 데이터베이스 관리 시스템(DataBaseManagement System, DBMS), 통신 모니터(Communication monitor) 등으로 분류할 수 있다. 운영체제는 컴퓨터 시스템의 자원을 보다 효율적으로 관리하고 운영하여 시스템의 생산성을 향상시키며, 사용자들에게 컴퓨터 시스템의 편의성을 제공하는 프로그램의 집합체이다. 데이터베이스 관리시스템(DBMS)은 이용자의 데이터를 디스크 등의 저장장치에 저장하고 유지하며 쉽게 활용할 수 있도록 지원해주는 소프트웨어이다. 즉, 데이터베이스의 구성, 접근방법, 유지관리 등에 대한 모든 책임을 지고 있는 소프트웨어라고 할 수 있다. 통신 모니터는 컴퓨터 통신과 병합하여 컴퓨터 네트워크를 구성한다. 즉, 컴퓨터와 컴퓨터 사이에 전자 통신 선로를 연결하고 단절하기도 한다. 이를 통해 데이터를 송·수신하며, 이 과정에서 오류를 검출하고 수정하는 등의 기능을 수행하는 프로그램 집단이 통신 모니터이다.

**System Tables 시스템 테이블** 자료 사전과 데이터베이스 트랜잭션과 같은 데이터베이스에 대한 정보를 포함하는 테이블을 말한다.

**System Under Test(SUT) 시험용 체계** SUT(System Under Test)을 참조.

**System User 시스템 이용자** 자료 처리 체계에 의하여 발생된 정보의 사용자를 말한다.

**Symmetric Difference 계통차이** 입력 레이어의 사상과 기저 레이어의 사상 간 기하학적 교차를 계산하는 연산 과정으로서, 입력 레이어 사이에서 중첩되지 않은 사상 전체 또는 일부가 출력 레이어에 기록된다.

**Systematic Distortion 계통 왜곡** 기지의 혹은 미리 예상 가능한 특성들에 의해서 야기된 image상의 기하학적인 불일치성으로 제거가 가능하다.

**Systematic Errors 정오차, 계통적 오차** 일정한 조건하에서 일련의 관측값에 항상 같은 방향과 같은 크기로 발생하는 오차로 관측 횟수에 따라 오차가 누적됨으로써 누차 또는 정오차라고도 한다. 오차가 일정한 법칙에 따라 생기므로 원인과 상태만 알면 오차를 제거할 수 있다.

**Systematic Sample 계통표본(系統標本)** 정해진 체계에 따라 추출된 표본으로서, 대상영역 상에서 동일한 간격으로 표본을 추출하는 것으로 전체 영역에서 균일하게 표본을 추출하기가 용이하다.

**Systems Network Architecture(SNA) 시스템 통신망 구조** SNA (System Network Architecture)를 참조.

**System Semiconductor 시스템 반도체** 정보(데이터)를 저장하는 메모리 반도체와 달리 중앙처리장치(CPU)처럼 데이터를 해석·계산·처리하는 비메모리 반도체이다. 사람 명령에 따라 컴퓨팅 기기 작동을 조절한다. 사람이 명령하지 않더라도 자동차를 비롯한 온갖 기계에 내장돼 최적의 운영 조건을 유지하고 관리해 준다. 기기의 뇌라 할 수 있다. 세계 반도체 시장의 80%를 시스템 반도체가 차지한다. 인텔과 텍사스인스트루먼츠 같은 기업이 강자이다.

**SDML(Spatial Data Manipulation Language) 공간 데이터 조작 언어** 공간자료에 적합한 추가연산자를 갖는 자료조작언어이다.

**TA(Technical Architecting) 티에이, 기술 아키텍처** 비즈니스, 데이터, 애플리케이션 아키텍처를 지원하는 데 필요한 정보기술 인프라 요소 및 구조, 그리고 이들 간의 관계를 표현한 아키텍처를 일컫는다.

**Table 도표, 테이블** ① 하나 이상의 인수(argument)들에 의해 관련지어진 각 항목(ISO)이나 자료 배열을 말한다. 행과 열에 레코드를 배치하는 구조의 일종으로서, 관계형 데이터베이스에서 자료를 체계적으로 정리한 것이다. 속성자료는 행과 열로 구분되어 저장된다. 분류 코드, 이름, 주소 등과 같이 동일한 성질의 집합을 규정하는 것은 열(Column)로써 처리하는데, 이를 필드(항목)라고도 한다. 대상 자료의 원소는 행(Row)으로 처리하는데 이를 레코드(Record)라고도 한다. 이렇게 행렬로 표시된 자료를 출력하기 위해서 가장 많이 사용되는 것이 도표이다. ② 레이블이나 다른 항목과 관련된 위치 또는 그 외의 다른 방법에 의해 유일하게 지정된 항목에서의 자료의 집합(ANSI)을 말한다.

**Table Aggregation 도표의 축약화** 축약하는 전체의 구성보다 일목요연하게 나타내기 위하여 개체들보다는 테이블의 기능적인 면에 중점을 두어 요약 표현하는 것으로 서로 다른 개체들의 집합을 특별한 논리 자료 모형 등과 같이 하나의 요약된 개체로 표현하는 것이다. 또한 어떤 출력물이 있을 경우에는 그 이름 끝에 기재한다. 필요한 부분을 쉽고 빠르게 찾아서 사용되도록 하기 위하여 기능별 또는 주제별로 묶어 풀-다운 메뉴 방식으로 편안하게 만들듯이, 이 과정도 기능별로 묶어 전체 내용이 일목요연하게 표현되도록 하는 것이다.

**Table Digital 수치 도표** 특히 행의 방향으로 체계적으로 나타난 사실 또는 형상의 수치 표현 형태를 말한다.

**Table Digitizing 탁상형 디지타이징** 좌표값을 수작업으로 자료를 생성하는 방법과 비슷하지만, 디지타이저 장비를 사용한다는 점에서 차이가 있다. 도면을 그 위에 놓고 퍽(Puck)으로 점을 선택하여 도면을 입력하는 방법으로, 가장 보편화된 자료 생성 방법이다.

**Table Generalization 도표의 일반화** 테이블 사이의 중복을 없애기 위한 과정이다. 이 과정을 통하여 기억장치(Disk) 사용량이 줄어들고, 처리속도도 빨라지게 된다.

**Table Row 도표의 행** 테이블에서 하나의 항목에 대한 모든 정보를 포함하는 것으로 레코드에 해당한다.

**Tablet 태블릿** 노트북에 비해 휴대가 간편하고 스마트폰보다 큰 화면을 가진 휴대용 디지털 기기를 말한다. 대개 7~10인치 화면을 가지고 있으며, 마우스나 키보드 없이 손가락을 이용한 터치 방식으로 간편하게 조작할 수 있는 것이 특징이다. 마이크로소프트가 2001년 처음으로 제품을 내놓았으나 시장 형성에 실패했다. 올해 애플과 삼성전자가 아이패드와 갤럭시탭을 출시하면서 본격적으로 주목받고 있다. Graphics Tablet, Digitizer를 참조.

**Tablet Pad(PC) 태블릿 패드(피씨)** Tablet PC(Pad)를 참조.

**Tablet PC(Pad) 태블릿 피씨(패드)** 손가락이나 터치펜을 사용, 스크린을 직접 터치해서 쉽게 조작할 수 있는 휴대용 PC(개인용 컴퓨터). 스마트폰과 일반 노트북 PC의 중간 정도 크기이다. 2000년 11월 당시 마이크로소프트의 빌 게이츠 회장이 처음 선보였다.

**Tabular Data 도표 자료** 가로와 세로열 형식의 자료 또는 통계 자료와 같은 숫자 자료의 목록 등을 말한다. Spatial Data를 참조.

**Tabular Listing 도표 기입** 영상면 보기 형식이나 파일 형식이든지 행이나 열들로서 표현되는 컴퓨터 체계의 결과를 말한다.

**Tacheometer 타키오미터** Tachymeter를 참조.

**Tachymeter 타키오미터** 특수한 스타디아선이나 프리즘에 의하여 거리와 높이를 간단히 구할 수 있는 트랜싯을 말한다. 트랜싯의 대물경에 특수한 보조 렌즈(prism)를 달고, 특수한 수평간을 써서 간접거리 측정을 할 수 있도록 만들어진 장치이다.

**Tacit Activity 암묵적 활동** 동료들이나 고객들과 정보를 공유하거나, 의사결정을 하거나, 어떠한 사실에 대해서 다양한 측면을 고려하고 이를 바탕으로 업무를 하는 활동 전반을 의미한다.

**Tag 태그, 표지** 어떤 정보에 메타데이터(metadata)로 부여된 키워드 또는 분류이다. 태그는 동적이고 유연한 맥락적 메타데이터(metadata) 정보로 날짜, 시간, 제목 같은 메타데이터 요소들과는 구분된다. 일반적인 분류 체계와는 다른 어느 하나의 정보에는 여러 개의 태그가 붙어 그 정보를 다양한 면에서 연관성을 보여줄 수 있으며 이렇게 제공된 정보나 자료는 접근이 쉽게 해주어 손쉽게 그 정보를 검색하고 노출시키고 분류하거나 다른 자료와 엮어 네트워크로 만드는 일을 쉽게 해 준다. 태그는 웹 2.0 서비스를 가능하게 하는 핵심적인 내용 중 하나이다. Markup Language, Metadata를 참조.

**Tag Cloud 태그 구름** 콘텐츠에 붙은 태그들을 분석하여 웹사이트나 블로그의 콘텐츠 현황을 시각적으로 보여주는 방식. 대개의 경우 많이 사용된 태그를 더 큰 글씨로 보여주며, 방문자가 사이트의 주제를 한눈에 파악하는 데 도움을 준다.

**Tagged Image File(TIF) 표식이 붙은 영상파일** TIF(Tagged Image File)를 참조.

**Tagging 태깅** 웹상에서 어떤 이미지나 파일 따위에 이름을 붙이는 것으로 해당 내용을 대표할 수 있는 키워드를 다는 것이다. 이때 선정한 키워드에 따라 내용이 분류되므로 한 가지 내용에 여러 개의 태그를 연결할 수 있다.

**Tag Image File Format(TIFF) 표식이 붙은 영상파일형식, 티프** TIFF(Tag Image File Format)를 참조.

**TAI(International Atomic Time) 국제원자시(國際原子時)** '국제단위계'(SI)의 시간 단위인 초는 1967년의 제13회 국제 도량형 총회(CGPM)에서 '세슘 원자(Cs133)가 기저 상태에서 2개의 초미세 준위 간 경년 변화치에 대응하는 주파수 방사인 9,192,631,770Hz의 계속 시간'으로서, "국제 원자시(TAI)"로 결정되었다. 원자시는 세슘원자의 고유 진동수로 정의된 원자초(原子秒)가 기준이 됨을 1972년 1월 1일 확정하였다. 원자초를 적산하면 원자시가 얻어진다. 새로운 초의 정의에 따라 운용되는 세계 각지의 원자시를 비교해서 국제 도량형국(BIPM)이 합성하는 원자시를 '국제 원자시'(TAI)라고 한다. TAI의 원점은 1958년 1월 1일 0시 0분 0초의 만국 표준시 2(UT2)로 결정되어, 만국 표준시와 국제원자시의 차이가 거의 0에 가까웠고, 점차 이 시점에서 차이가 벌어지고 있다. 협정 세계시와 '1초의 정수 배' 만큼 차이가 난다.

**Tangential Distortion 접선 왜곡, 접선 수차** 왜곡수차의 접선 방향의 성분을 말한다.

**Tangible Benefit 현실적 이익** 관측될 수 있는 이익을 말한다.

**Tangible Interface 실감형 사용자 인터페이스** 실제로 물건을 만지고, 느끼고, 잡고, 옮기는 등의 행위를 통해 디지털 정보를 조작하는 인터페이스 기술이다. MIT 미디어랩의 Tangible Media Group에서 처음 제안된 것으로, 인간이 실생활에서 오랜 시간 발전시켜 온 감각과 운동을 인터페이스에 적용시킨 것이다.

**Tail Rotor 꼬리 날개, 테일 로터** [항공] 헬리콥터의 꼬리 날개이다. 헬기는 큰 회전날개(main rotor, 주 회전익)를 수직한 축 주위로 회전하는 원리로 상승 또는 추진력을 만들어낸다. 즉, 관성 모멘트가 큰 주 회전익이 돌면서 큰 운동량을 가지게 된다. 이때 허공에 떠있는 기체는 각 운동량 보존에 의해 주 날개의 회전방향과 반대로 몸체가 돌려고 하는 불안정한 상태가 되어 버린다. 그러므로 헬기의 뒤쪽에 꼬리날개를 달아 몸체의 회전을 멈추는 토크(torque)를 가하여 안정 상태로 만들어 준다. 헬기의 형태는 주 회전익에서 발생하는 토크를 해소하는 방법에 따라 결정된다. 로터 블레이드(주 회전익)의 회전(위에서 내려다 보았을 때 반시계 방향)에 의해 기체는 반대방향(시계방향)으로 회전하려는 토크가 발생하는데, 이 토크는 꼬리 날개에 의해 상쇄되어진다. 이러한 이유로 꼬리 날개(tail rotor)는 반토크 로터(Antitorque rotor)라고도 한다.

**Tangential Stress 접선 응력(接線 應力)** Shear Stress를 참조.

**Taptic Engine 탭틱 엔진** 탭틱 기술은 '촉감(햅틱, Haptic) 피드백'을 제공하는 진동 전자부품이다. 그리스 말로 터치를 뜻하는 햅틱(haptic)은 '촉각의', '촉각적인'이란 의미로서, 인간의 오감 중 촉각 효과에 초점을 맞춘 기술을 햅틱 기술이라고 한다. 기존 스마트폰 등에서 디스플레이를 터치했을 때는 반응을 느낄 수 없지만 이 부품을 사용하면 터치에 따라 반응을 진동으로 느낄 수 있다. 예를 들어, 사용자가 1의 힘으로 화면을 누른다면 탭틱 엔진이 1의 힘을 인식하고 1의 힘에 맞는 신호를 보내면, 사용자는 신호를 통해서 내가 1의 힘으로 누르고 있구나를 감지하는 방식이다. 탭틱엔진은 애플워치에 처음 탑재됐다. 애플이 3D터치로 부르는 압력 인식 터치 기술이 확산되며 탭틱엔진 수요 역시 늘어날 것으로 전망된다. 시냅틱스도 유사한 기능을 구현하는 '클리어 포스'를 공개했다. 스마트폰 업계 전반으로 터치

신기술 적용이 확대되며 탭틱엔진은 더 다양해질 전망이다.

**Tap Water 상수도** 보건위생 및 소화(消火)가 주요 목적인 계통적인 급수설비를 말한다.

**Tape 권척(卷尺), 줄자** 천, 강철, 인바 등의 재료로 만들어졌고, 눈금이 표시된 거리나 길이를 관측하는데 사용되는 눈금있는 줄을 말한다.

**Tape Drive 테이프 장치** 후에 사용하기 위해 마그네틱테이프에 자료를 기록하는 데 사용되는 주변 대용량 저장장치. 자주 사용되지 않는 소프트웨어나 자료를 저장하는데 Real-to-Real 또는 카트리지형으로 이용 가능한 테이프 드라이브는 디스크 드라이브의 자료 소프트웨어의 주기적인 백업이나 다른 컴퓨터 간의 자료나 소프트웨어를 전달하는 일을 수행한다.

**Tape Library 테이프 라이브러리** 다수의 테이프(구멍을 뚫거나 자기 또는 감광 물질을 입혀 정보의 입력, 저장, 출력 등에 사용하는 좁고 기다란 재료) 카트리지를 가진 대용량 고속 백업용 저장 장치.

**Taping Downhill Method 강측법(降測法)** 테이프를 이용하여 경사지를 측량할 때 계단식으로 구분한 후 전진하면서 수평거리를 측량하여 이 값을 합함으로서 전체 길이를 구하는 관측방법이다. 이때 측량의 시작점을 경사지 위로 하여 점차 아래로 내려가면서 각 구간의 거리를 재는 방법으로 각 구간의 구분을 추를 이용함으로서 정확히 나눌 수 있다. 경사지의 아래에서 위로 올라가면서 행하는 등측법(登測法)보다 정확도가 높다.

**Tap-to-Call 탭-투-콜** 사용자가 한 번의 터치로 즉시 전화를 걸 수 있도록 스크린 상에 전화번호를 제공하는 광고 요소이다.

**Tap-to-Social Network 탭-투-소셜 네트워크** 사용자가 스크린을 터치하면 곧바로 페이스북, 트위터 같은 소셜 네트워크 서비스로 연결되는 광고 요소이다.

**Tap-to-Video 탭-투-비데오** 사용자가 스크린을 터치하면 곧바로 동영상이 나오게 하는 광고 요소이다.

**Target 목표, 결과, 표적** ① 방사 또는 방출에 의하여 원격 탐사 체계에 의하여 관측되는 복사를 발생시키는 지표의 부분을 말한다. ② COPY, REN, MOVE 등과 같은 명령어에 입력된 파일에 대하여 작업을 수행함으로써 결과적으로 생긴 파일이다. ③ 컴퓨터에서 어떠한 연산이 수행되는 경우에 이러한 연산에서 목표로 하고 있는 작업을 말한다.

**Target Format 목표 형식** GIS 자료가 마지막으로 저장될 형식을 말한다.

**Target GIS 목표 지아이에스** GIS 자료를 마지막으로 사용할 소프트웨어를 말한다.

**Tarketing 타게팅** 기업의 목적이나 어떠한 제품의 주요 목표 집단을 선정하여 노리는 것을 말한다.

**Task 작업** 컴퓨터가 내부에서 다른 프로그램에 영향을 받지 않고 자기 독자적으로 실행될 수 있는 하나의 프로그램을 말한다.

**Task Check List 작업 검토 목록** 해야 할 일 또는 제공할 산출물에 대한 상세한 내용으로서 타스크에 포함하거나 제거해야 할 것을 명시하고, In-process Task Status를 평가하는데 도움을 준다.

**Task Management Component(TMC) 작업(이벤트) 관리 컴포넌트** TMC(Task Management Component)를 참조.

**Task Ontology 업무온톨로지** 의학이나 자동차 등의 일반적인 영역 내지는 진단이나 판매 등의 일반적인 업무 등에 관련된 개념들을 다룬다.

**Tau Criterion 타우 표준** 관측 이탈물들을 찾기 위한 통계적인 기법을 말한다.

**Taxonomy 텍사노미, 분류 체계** 전문가그룹에 의해 정의된 구축체계. 온톨로지 모델링에서 부모/자식 관계의 계층관계로 이루어진 클래스들 간의 분류체계를 말한다.

**Taylor Rule 테일러 준칙** 미국 경제학자 존 테일러(John B. Taylor) 교수가 제시한 통화정책 운용준칙(Monetarypolicy Rule)으로 적정 인플레이션율과 잠재 경제성장률(GDP) 아래에서의 균형금리 수준을 의미한다. 미국 연방준비제도이사회(FRB), 한국은행을 비롯한 각국 중앙은행이 통화정책을 평가하는 지표로 이 준칙을 화룡하고 있다.

**TAZ(Traffic Analysis Zone) 교통 분석 지대** 교통 분석 지대는 교통 계획에서 승객이나 화물 이동과 흐름을 추정하기 위한 단위 공간을 말한다.

**TBM(Temporary Bench Mark) 임시 수준점, 가수준점(假水準點), 티비엠** 어느 지역에서 임시로 사용하는 수준점을 말한다.

**TBM(Tidal Bench Mark) 기본 수준점표** 수직 기준면의 참고로서 이용하도록 수심기준면 및 평균해수면으로부터 높이를 정확히 구해 놓은 고정된 물체나 표시를 말하며, 기본수준점표는 일반적으로 검조주(tide staff)나 검조소 근처에 설치한다.

**TBM(Time Based Preventive Maintenance) 시간기준보존** 과거 고장 데이터를 통하여 평균 고장 간격을 도출한다. 이를 기초로 점검 수리시기와 정비기간을 결정한다. 정기점검이나 정기적인 부품교환 등에 의해 사전에 고장을 방지하려는 목적으로 실시한다. 고장데이터 분석이 적절하지 못한 경우에는 과잉보전이나 미흡한 보전을 초래할 수 있다.

**TBM(Tunnel Boring Machine) 터널 보링 머신** 다수의 디스크커터를 장착한 커터헤드를 회전시켜 암반을 압쇄하여 굴진하는 고부가가치와 최첨단 융복합 장비의 성격을 갖고 있는 원형의 회전식 터널 굴진기이다. TBM공법은 TBM을 사용하여 굴진하고 버력을 반출, 지보작업(Segment조립 등)을 연속적으로 수행하여 터널을 시공하는 것으로 과거의 발파-굴착에 의존해온 기존 공법에 비해 시공의 고속화 및 안전성향상, 환경성 및 경제성이 향상된 장점을 고루 갖춘 공법이다. TBM은 본체, 후속설비, 부대시설로 구성되고 본체는 커터, 커터헤드, 추진시스템, 클램핑 시스템, 이렉터 등이 있고 후속설비에는 벨트컨베이어, 광차가 있고 부대시설은 버력처리장, 오탁수정화시설, 환기시설, 수전설비, 급수설비, 배수설비 등으로 구성된다. TBM본체는 크게 후드부, 거더부, 테일부의 3부분으로 구성되며 후드부에는 회전하면서 지반과 맞닿아 원형의 굴착을 하는 커터헤드가 있고 커터헤드 내에는 토사용 굴착시 사용되는 소모품인 커터비트 다수 또는 암반 절삭 도구인 디스크커터 다수가 배치되어 있다. 커터헤드 뒤에는 굴진면 지지 압력을 제어하고 유지시키는 공간인 커터헤드 챔버가 있다. 거더부는 커터헤드를전진시키는 유압추진잭과 그리퍼(Gripper), 굴착을 위해 커터헤드를 회전시카는 구동장치(모터)로 구성되어 있다. 테일부는 세그먼트 조립장치인 이렉터와 외부의 토사 및 지하수유입을 방지하는 테일실, 뒤채움 그라우팅 주입장치 배토 및 버력반출 장비가 위치해 있다. TBM은 쉴드의 유무, 지보방법, 개방형, 밀폐형, 전단면, 부분단면 굴착으로 구분할 수 있다. (1) 쉴드의 유・무 : 기계화 시공법의 대표적인 분류항목으로 현재는 사각형이나 2중 원형 등도 제작되고 있으나 통상적으로 원통형으로 제작되어 사용된다. 쉴드가 없는 경우는 Open TBM, Main-bean TBM으로 구분하고 쉴드가 있는 경우는 쉴드 TBM으로 분류한다. (2) 지보방법 : 터널굴착 중 굴착장비에 의한 터널의 주변, 막장면을 대상으로 하는 지보방법을 말한다. 터널 주면에 대한 지보방법은 무지보 또는 쉴드에 의한 지보로 구분한다. (3) 반력을 얻는 방법 : 터널굴착기계를 추진하기 위한 반력을 어떻게 얻는가에 대한 것으로서 로드헤더 등의 부분단면 굴착기는 대부분 자중에 의한 반력을 이용하여 쉴드가 없는 TBM은 통상 Gripper를 이용 터널 주면 벽면을 지지하는 힘에 의해 반력을 얻는다. 쉴드TBM의 경우는 세그먼트를 미는 유압잭(Jack)에 의해서 반력을 얻으며 일부는 더블쉴드 TBM과 같이 그리퍼와 세그먼트 모두에서 반력을 얻는 방법도 있다. (4) 전단면 굴착과 부분단면 굴착 : 로드헤더(Road Header), 유압해머(Hydraulic Hammer) 등의 붐형(Boom-Type)의 경우는 터널막장면을 부분적으로 분할하여 굴착하므로 부분단면 출착기에 속하고 대부분의 TBM의 경우는 전단면굴착기로 분류할 수 있다. 다만 TBM의 경우에도 커터헤드가 없는 경우는 부분단면 굴착기로 분류할 수 있다. 이 분류 항목은 TBM 앞부분의 개폐여부 및 커터헤드의 유・무의 분류항목과 밀접하게 연관되어 있다.

**TC 211 OGC Coordination Group(TOCG) 티오씨지** TOCG(TC 211 OGC Coordination Group)를 참조.

**T cash 티캐쉬** 교통카드를 휴대폰에 넣어서 사용하는 서비스로 일정금액을 충전한 후 지하철/버스/택시, 편의점 등 일반상점 및 온라인 가맹점에서 휴대폰만으로 간편하게 결제할 수 있다.

**TCAS(Traffic alert and Collision Avoidance System) 공중충돌방지장치** [항공] 미국 연방항공청(Federal Aviation Administration, FAA)의 '공중충돌방지장치'에 대한 명칭이다. 국제민간항공기구(International Civil Aviation Organization, ICAO)에서는 Airborne Collision Avoidance Systems(ACAS)이라고도 한다. 항공기는 비행하는 동안 발신기(트랜스폰더)를 통해 주변의 항공기에게 지속적으로 질문파를 발신하여 해당 항공기의 운항정보를 요청한다. 이를 수신한 항공기는 정보를 제공하며(응답), 수신된 반송파에 포함된 거리, 고도 및 방위정보를 분석하여 조종사에게 주위에 다른 항공기가 있다는 정보를 제공하는 장치다. (1) Traffic Advisories(TA) : 단순한 트래픽 접근. 조종사는 주변을 둘러보며 주의를 기울인다. (항공기 간 거리가 24km 이내), (2) Resolution Advisory(RA) : 회피 기동 필요. 조종사는 RA가 제공되는 즉시 이에 따라야 한다. (항공기 간 충돌이 7초 안에 가능할 때), (3) Clear of Conflict : 경보 해제 등이 있다.

**TCIS(Traffic Control Information Service) 교통 제어정보 제공 서비스** 도로상에 설치된 검지기를 통하여 고속도로의 교통정보를 수집하고, 이를 가공·처리하여 도로 및 교통 상황 정보, 대안도로 안내, 돌발 상황 정보제공, 전방향 도로 및 차로 폐쇄정보 등 교통류 제어 목적의 교통정보를 운전자에게 제공한다.

**T Commerce 티 커머스** 텔레비전(television)과 커머스(commerce)를 결합한 단어로 텔레비전 시청 중 전화를 하지 않고 전용 리모컨을 사용해 상품정보를 확인, 구매까지 한 번에 마칠 수 있는 양방향 서비스. 텔레비전이 디지털통신망에 연결되면서 가능해진 것으로 홈쇼핑과 홈뱅킹·증권투자 등의 금융업무와 각종 부가서비스가 가능하다.

**TCP(Transmission Control Protocol) 전송 제어 규약** 미 국방성에서 구축한 컴퓨터망인 아르파넷(Arpanet)에서 개발된 규약의 이름. NCP가 아르파넷에서 사용되다가 1983년 1월에 들어 이 표준을 사용했다. Arpanet가 Milnet를 독립시키고 이 두 통신망 사이의 통신으로 인터넷 이용할 무렵 미 방위 통신청(DCA; Defense Communication Agency)은 모든 아르파넷을 이용하는 주 컴퓨터 등을 TCP/IP로 사용하도록 한 것이 시초이다. 독립적인 개방형 구조로서 여러 종류의 컴퓨터에서 사용 가능하며, 전송 시 오류 복구를 위해 매우 복잡한 구조를 지니고 있다. 국내에서는 현재 유닉스와 비유닉스 시스템간의 표준통신 규약으로 인식되고 있다. ISO OSI 구조와 비슷하기 때문에 향 후 OSI가 실현되기 전까지는 표준 규약으로 인식되고 있다.

**TCP/IP(Transmission Control Protocol/Internet Protocol) 전송 제어 규약/인터넷규약** 컴퓨터 간의 통신을 위해 미국 국방부에서 개발한 통신 규약으로, TCP와 IP를 조합한 것. TCP/IP는 현재 인터넷에서 사용되는 통신 규약이 통일됨에 따라 세계 어느 지역의 어떤 기종과도 정보 교환이 가능하게 되었다. OSI 기본 참조 모델을 기준으로 하면 제3계층과 제4계층에 해당한다. 인터넷에서 경로 제어를 하며 종단 간(end-to-end) 신뢰성이 높은 통신을 실현하고 있다. TCP와 IP의 2가지 통신 규약만을 가리키는 것이 아니라 관련되는 모든 규약을 총칭하는 경우가 많다.

**TCR(Total Core Recovery) 코어 회수율** 시추심도에 대한 회수된 코아의 백분율로서 조사대상의 보링 연장에 대한 실제 채취된 코아 연장의 비율이다. 암석의 연경도와 풍화도를 간접적으로 반영하고 있으나, 시추기의 회전속도, 시추구경, 사용 비트(bit) 및 시추압력 등의 작업조건에 따라서 코아회수율이 달라질 수 있다. $\mathrm{TCR} = \dfrac{\text{회수된 코어의 길이}}{\text{굴진 길이}} \times 100(\%)$

**TCU(Transmission Control Unit) 이동형 컴퓨터 장치** 엔진기어비를 제어하는 트랜스미션의 전자 제어를 담당하는 유닛을 말한다.

**TDB(Barycentric Dynamical Time) 태양계 역학시** 뉴턴의 운동법칙과 중력법칙에 따르는 천체의 궤도운동을 상대론으로 수정하면 역학적 시간의 함수로 나타낼 수 있다. 1925년 국제천문연맹(IAU)은 역표시(Ephemeris Time, ET)라고 부르는 역학적 시간을 지구의 공전운동에 기초를 두고 정의했다. 실제로 ET는 달의 운동을 관측하고 달 역표시를 사용하여 보다 정확히 계산될 수 있었다. 1967년 이후부터는 레이더와 레이저, 전파 천문학, 우주선 등의 개발·발전으로 보다 정밀한 관측이 가능해지고 원자시계가 개발된 후로는 상대론적으로 개선된 역표시가 필요하게 되었다. 1984년 ET는 국제역서에서 질량중심역학적시간(Barycentric Dynamical Time, TDB)으로 대체되었는데, 태양계의 질량 중심을 기준으로 상대론적 보정항을 포함한 것이었다. 서로 다른 상대론이 다양한 형태의 TDB에 쓰였기 때문에 IAU는 수치적으로 TDB를 정의할 특별한 역표시를 규정하지 않았다. 또한 IAU는 보조적 시간척도로 지구중심역학적시간(Terrestrial Dynamical Time, TDT)을 정했는데 TDT는 지구중심에 대한 겉보기 역표시에 쓰기 위한 것으로서, 지구중심을 기준으로 한 운동방정식을 사용한다. 정의에 따라 TDT=TAI+32.184(초)라는 결과를 얻을 수 있다. 여기서, TAI는 국제원자시이다. TAI(International Automic Time)를 참조.

**TDD(Time Division Duplex) 시분할 이중 통신 방식** 전송과 수신을 위해 시간 간격을 분할하는 것에 의해서 작동하는 송·수신 통신의 방법이다.

**TDD/TTY Telephone 티디디/티티와이 전화** 청각 장애인이 기관이나 개인과 대화할 수 있는 전화번호를 말한다.

**TD-LTE(Time-Division Long-Term Evolution) 시분할 연동 롱텀에볼루션** 국제표준 차세대 LTE 기술. 중국에서 최초로 상용화에 성공해 중국식 LTE로도 불린다. TD-LTE는 같은 주파수 대역에서 업로드와 다운로드를 동시에 처리하는 것이 특징이다. 기존 LTE는 데이터 업로드와 다운로드가 사용하는 주파수가 구분되는 방식을 사용한다.

**TDMA(Time Division Multiple Access) 시분할 다중 접속** 많은 채널에서 나오는 정보에 미리 지정된 타임 슬롯을 기초로 단일 와이어의 대역폭을 할당할 수 있는 기법으로 여러 스테이션에서 하나의 전송 매체를 공유하는 방식을 말한다.

**TDOP(Time Dilution Of Precision) 티덥, 시간 정밀도 저하율** GPS의 정밀도를 떨어뜨리는 요인 중 하나로, 시간의 정확성에 의해 좌우되는 것을 의미한다. Dilution of Precision, Dilution of Precision 참조.

**TDRS (Tracking and Data Relay Satellite) 추적 및 자료 중계 위성** 미국 항공 우주국(NASA)이 개발한 지구국-위성(TDRS)-위성(사용자)-지구국으로 구성되는 경로로 중계하는 특수 목적의 통신 위성이다. TDRS-A 위성은 1983년에 우주 연락선에 의해 발사된 뒤 2개의 위성을 발사하여 위성 간 데이터 중계망을 구성하였다.

**TDT(Terrestrial Dynamical Time) 지구 역학시** 지구 중심을 기준으로 한 시간. 관성계를 만족하는 매우 균질한 시간계를 말한다.

**TEC(Total Electron Count) 총 전자 함유량** 태양 흑점의 변화, 자기장의 변화, 계절의 변화, 지상에서의 위치 및 관측 방향 등의 많은 변수에 의해 영향을 받는다.

**Techart Marketing 데카르트 마케팅** 데카르트는 Tech(기술)과 Art(예술)의 합성어로, 데카르트 마케팅은 IT제품이나 자동차와 같은 하이테크 기술로 생산된 제품에 예술을 접목시켜 소비자의 이성과 감성을 자극하는 마케팅 기법을 말한다. 이와 같은 콜라보를 추진하는 이유는 하이테크가 주는 차가운 이미지를 옛 화가들의 명화 이미지라던가 유명한 디자이너와의 작품 협업 등 예술과의 접목을 통해 감성적인 이미지로 탈바꿈하기 위함이다. 이제 소비자들은 단순히 제품의 스펙으로만 구매결정을 하지 않고, 제품의 디자인이나 제품이 주는 느낌, 그리고 회사의 이미지까지도 구매 시 고려한다. 데카르트 마케팅은 IT 제품에 주로 활용되는데 명화가 프린트된 스마트폰 케이스 등이 한 예이다. 데카르트 마케팅은 단기적 효과보다는 확고한 방향성 아래 장기적인 계획으로 추진하는 것이 성공할 가망성이 높고, 마케팅 목표달성시 이후 오랫동안 회사의 브랜드 이미지 제고 효과를 지속할 수 있다.

**Technical Architecting 기술 아키텍처**
TA(Technical Architecting)를 참조.

**Technical Prerequisites 기술적 선결 조건** 고객이 공급자가 제공하는 형식으로 자료들을 사용해야 하는 기술적 기능을 말한다.

**Technical Quality(TQ) 기술적 품질** TQ(Technical Quality)를 참조.

**Technology Impact Cycle 기술 영향 사이클** 과학과 사회에 대한 기술 변화의 영향에 대한 모델. 기술 변화는(우리가 수행하는) 방법론에 대한 변화를 가져오며, 이는 우리의 세계관에 영향을 미치고, 전체적인 패러다임의 변화를 가져온다. 변화된 패러다임은, 기대의 변화를 유발하며 이는 더 나은 기술의 변화를 촉진한다.

**Technology Viewpoint 기술 관점** 한 시스템 내에서의 기술의 선택에 초점을 맞춰진 ODP 시스템과 환경에 대한 관점을 말한다.

**Technology, Entertainment, Design(TED) 테드** TED(Technology, Entertainment, Design)를 참조.

**Technorati.com 테크노라티** 가장 유명한 블로그 검색엔진 중 하나이다.

**TechSavvy 테크새비** Technological과 Savvy의 합성어이다.

**Tectonic Earthquakes 구조 지진** 지구의 변형으로 인하여 축적된 에너지가 갑작스럽게 방출되면서 일어나는 지진을 말한다.

**Tectonism (조)구조작용** 조구조운동(예 : 해양분지 형성, 산맥 형성 등)에 의해 일어나는 지각의 모든 운동을 구조작용이라 한다. 암석이나 지층이 형성된 후 어느 시기에 그것을 변위 또는 변형작용 등에 의해 습곡·단층 등의 구조적 변형이나 파괴를 일으키는 운동 및 과정을 말한다. 조구조운동(造構造運動)이라고도 한다. 중요한 구조운동은 조산운동(Orogeny)에 수반해서 일어나지만, 암체의 변위나 변형은 그 형성과정, 화성작용 그리고 변성작용 등과 밀접한 관계가 있으므로 구조운동의 개념을 조산운동에까지 확장해서 사용하는 경우도 있다. 이와 같은 구조작용의 역사를 반영하는 구조(fabrics)를 함유한 암석을 구조암(Tectonite)라고 하며, S-tectonite, L-tectonite, 그리고 LS tectonite가 있다. S-tectonite는 판상의 면구조가, L-tectonite는 주상의 선구조가, 그리고 LS-tectonite는 면구조와 선구조가 모두 발달된 암석을 의미한다.

**TED(Technology, Entertainment, Design) 테드** 기술(Technology), 엔터테인먼트(Entertainment), 디자인(Design)을 의미하는 TED는 기술·예술·감성이 어우러진 멋진 강연회로 청중을 감동시킨다. TED는 미국의 비영리 재단으로 정기적으로 열리는 기술, 오락, 디자인 등에 관련된 강연회를 개최하고 있다. TED는 미국뿐만 아니라 유럽, 아시아 등에서도 개최하고 있으며 TDEx란 형식으로 각 지역에서 독자적인 강연회를 개최하기도 한다. 2005년부터는 매년 3명의 TED상이 수여되는데 '세상을 바꾸는 소망'을 가진 이들에게 수여하게 된다. "널리 퍼져야 할 아이디어"(Ideas worth spreading)가 모토이다.

**TED(Twitter Earthquake Detector) 트위터 지진 감지기** 미국 지질조사국은 트위터의 위치정보서비스(Geolocation)를 이용하여 트위터(Twitter)에 올라오는 글 중에 '지진(earthquake)'이라는 말이 들어간 낱말을 수집하여 지진의 위치정보를 모으고, 온라인 지도에 지진활동과 상황을 표시한다.

**Telecommunications Industry Association(TIA) 미 전기 통신 공업 협회** TIA(Telecommunications Industry Association)를 참조.

**Telecommuting 텔레컴퓨팅, 재택근무** 통신회선을 통한 데이터 처리를 말한다. 원거리 통신 설비를 갖춘 컴퓨터 체계를 사무실과 연결하여 가정에서 업무를 처리하는 것을 말한다.

**Telematics 텔레매틱스** 통신(Telecommuncation)과 정보과학(Informatics)의 합성어. 차량·항공·선박 등 운송장비에 내장된 컴퓨터와 무선통신 기술, 위성항법장치(GPS), 인터넷 등 무선 통신망을 통해 이메일 등 각종 정보를 검색할 수 있는 서비스이다. 운전자가 원격으로 차량을 진단하고 차량에 장착된 PC로 90년대 중반부터 미국과 일본 등 자동차 선진국에서 개발이 시작됐다. 통신(telecommunication)과 정보 과학(Informatics)을 합친 개념으로, 무선 통신망을 통해 운전자에게 운전은 물론 생활에 필요한 다양한 정보와 서비스를 실시간으로 제공하는 시스템이다. 이동 통신과 컴퓨터, 자동차가 결합돼 있어 내비게이션을 통한 지리·위치 정보를 제공하는 데 그치지 않고, 운전 차량의 현재 위치를 감지해 진행 방향의 각종 교통 정보를 제공한다. 특히, 차량에 장착된 감지기로 사고여부를 자동으로 감지해 보험사 또는 긴급 출동 기관에 통보하는 긴급 구난 서비스를 제공하며 운전자 스스로 버튼 하나로 위급 상태를 알릴 수도 있다. 무선 통신 서비스를 통해 인터넷상의 생활·뉴스·금융 정보 제공과 e메일 송·수신도 가능하며 차량의 상태를 자동으로 감지해 운전자에게 이상 유·무를 통보하거나 원격으로 고장부위를 처치하는 활동도 가능하다.

**Telematics Communications Unit 텔레메틱스 통신 유닛** 중앙 서비스 센터에 위치 정보에 대한 통신을 하며, 차례로 센터는 이동 전화 및 근거리 전용 패킷 통신망을 통하여 운전자에게 정보를 제공한다. 이러한 서비스는 응급 구조 서비스의 신속한 처리, 노변 정보의 제공, 내비게이션 정보의 전달, 실시간 교통 정보의 제공 등을 지원한다. 그리고 TCU는 엔진 제어 유닛(On-Board Computer)에 연결이 가능하며, 이러한 기능을 통해 원격 엔진 진단과 같은 강화된 서비스의 제공이 가능해 진다. 북미지역에서는 TCU가 GPS 수신기, 셀룰러 송·수신기, 모뎀/송·수신기 제어 보드를 포함하고 있으며, 유럽에서는 GPS 수신기와 GSM 송·수신기를 포함한 제품들이 제공되고 있다.

**Telematics/Telemetry 텔레메틱스/원격 측정** 자료의 수집과 보급 및 원격 제어 장치를 이용한 컴퓨터 과학과 무선 통신의 통합 환경이다(무선 Machine-To-Machine통신). 텔레매틱스(Telematics)는 고정 디바이스를 중심으로 적용된다.

**Telematiks 텔레메틱스** 통상 텔레메틱스는 독일어에서 어원을 찾는다. 말 그대로 전화와 컴퓨터를 조합한 정보체계를 뜻하는 이 말처럼 텔레메틱스 체계의 주요 특성은 무선망으로 연결된 단말기, 차량의 상태를 점검·제어하는 정보 단말기, 차량 내 전자 장비 등 다양한 의미를 내포하고 있다.

**Telemeter 자동계측전송장치** 자동으로 계측하고 측정값을 무선이나 유선을 사용하여 원격지로 자동 전송하는 장치이다. 예를 들면, 우주선에서 땅위의 장소로 자료를 전송할 수 있다.

**Telemetry 원격 측정** 측정치를 무선이나 유선을 사용하여 멀리 떨어진 곳으로 전송하는 것. 예를 들면, 우주선에서 땅위의 장소로 자료를 전송할 수 있다.

**Telemetry Word(TLM) 티엘엠, 원격측정 신호** TLM(Telemetry Word)을 참조.

**Telephone Outside Plant Management(TOMS) 통신선로 관리 체계** TOMS(Telephone Outside Plant Management)를 참조.

**Telephoto Lens 망원 렌즈** [영상] 협각렌즈(Narrow-angle less)라고도 한다. 사용 필름의 대각선의 길이보다 초점거리가 긴 렌즈로서, 일반적인 35mm 카메라의 경우 90mm, 135mm, 200mm 등 여러 가지가 있다. 표준렌즈에 비해 찍히는 범위가 좁아서 피사체가 비교적 크게 찍히고, 원근감이 약화되어 실제 거리보다 가까이 느껴지며, 피사체심도가 얕아서, 즉 초점이 맞는 부위가 좁아서 주된 피사체와 배경 또는 주위가 분리되어 묘사된다. 이러한 현상은 초점거리가 길어질수록, 즉 먼 망원이 될수록 더 심해진다. 멀리 떨어진 피사체를 찍거나 얕은 피사체심도를 이용한 포트레이트에 유리하다. 또 주된 피사체를 주위와 분리시켜 두드러지게 묘사하거나 거리감이 없어짐을 이용하여 밀집상태를 과장해서 묘사하는 데 효과적으로 쓰인다. 망원 렌즈의 효과는 초점 거리가 길수록 화상이 크게 찍히고 그것이 짧으면 작게 찍히는 성질이 있으며 그 정도는 정확히 초점 거리에 비례해서 달라지도록 되어 있다. 가령 50mm 의 표준렌즈가 만드는 상의 크기를 1로 한다면 135mm 망원 렌즈가 만드는 상은 135/50, 즉 약 2.7배 큰 상을 필름 면에 기록하게 되는 것이다. 그러므로 망원 렌즈가 만드는 화상은 초점 거리가 짧은 표준렌즈나 광각 렌즈가 만드는 상에 비해 같은 거리에 있는 피사체의 를 찍을 경우 화상은 커지고 화각은 작아지고 원근감은 적고 피사계의 심도는 얕아지게 된다. 망원 렌즈는 전경이 조금밖에 나타나지 않는다. 멀리 떨어져 있는 물체도 크게 확대된다.

**Telepresence 텔레프레젠스, 원격 실재** 'tele'와 'presence'의 합성어로 실물 크기의 화면으로 상대방의 모습을 보며 화상회의를 할 수 있는 솔루션(solution)을 의미한다.

**Telescope Alidade 망원경 시준기** 연직 잣눈과 스타디아 헤어선이 있고 먼 거리 측량용이다. 수직 또는 수평 거리를 계산할 수 있게 되었다.

**Television Commerce 티-커머스** 텔레비전을 이용한 전자상거래, 즉 텔레비전을 시청하면서 프로그램 중에 제공되는 상품정보를 검색하고, 주문 및 결제까지 할 수 있는 양방향 디지털 방송 서비스를 뜻한다.

**Television Infrared Operational Satellite(TIROS)** TIROS (Television Infrared Operational Satellite)를 참조.

**Teleworker 텔레워커** 자택에서 일하는 SOHO를 일컫는 말.

**Telluroid 텔루로이드** 지구타원체로부터 지오이드와 지표면의 높이에 상응하는 높이의 점들로 이루어진 면을 말한다.

**Tellurometer 전파 측정기, 텔루로미터** 1957년 남아프리카 국립통신연구소의 T.L. Wadley에 의하여 처음으로 고안되었다. 이 장비는 주·야간 관계없이 80km 이상의 거리 관측이 가능하다.

**Telnet 텔넷, 원격 로그인** 인터넷에서 네트워크 컴퓨터에 로그온하기 위해 광범위하게 사용되는 터미널 에뮬레이션 프로토콜이다. 텔넷은 원격지에서 로그온하는 사용자를 위한 텔넷 프로토콜을 사용하는 응용 프로그램을 의미하기도 하다.

**Temperature 온도** 물질의 분자가 운동하는 정도를 표시하는 것으로써 분자 운동의 속도가 빨라지면 그 물체의 온도는 높아진다.

**Temperature Sensor 온도센서** 온도의 변화에 응답하는 센서로 온도변화를 감지하여 온도관리를 자동화하는데 이용된다. 온도센서란 열을 감지하여 전기신호를 내는 센서로 일반적으로 접촉식과 비접촉식으로 나누어진다. 접촉식은 실제 측정대상에 직접 접촉시켜서 온도값을 측정하는 방식이며 비접촉식은 물체로부터 방사되는 열선을 측정하는 방법이다. 온도센서는 온도가 높아지면 저항값이 감소하는 부저항온도계수의 특성이 있는 전자회로용 소자로, 열용량이 작아서 미세한 온도변화에도 급격한 저항 변화가 생기므로 온도 제어용 센서로 많이 이용된다.

**Template 템플릿, 보기판** ① 블로그나 사이트상의 기본 구성형식과 디자인양식. ② 자동 처리된 커버리지들에서 시작 부분으로 일반적인 특성을 포함하는 커버리지. 시간과 특별한 겹침의 정밀도 증가량을 저장한다. 지도 보기 판은 일반적인 지도들을 위한 경계선, 북쪽 방향, 로고 또는 다른 유사한 지도 요소들을 포함한다. 수치 지도 보기판 다른 지도제작을 자동화하는데 출발점으로 사용하기 위한 땅-물 경계와 같은 일반적인 지형요소 경계를 포함하는 수치 지도, 보기판은 시간을 절약하고 위상 중첩의 정밀도를 향상시킨다.

**Temporal 시공간** 자료군의 시간 참조를 말한다.

**Temporal Accuracy 시공간 정확도, 시간 정확도** 측정 데이터셋(data-set)이 얼마나 잘 갱신되었는지를 나타내는 것으로서, 측정 시간의 정확도 및 정밀도(예 : 측정일) 뿐만 아니라, 여러 가지 자료들간의 시간적 일관성 등도 포함된다. 시간이 흘러감에 따라 공간 자료의 위치, 속성도 함께 혹은 독립적으로 변화하게 되므로 이들에 대한 시간적 유효성에 대해서도 고려할 필요가 있다. 예를 들어, 필지의 경계는 수 년 동안 고정되어 있을 수 있지만, 소유권 속성은 자주 변할 수 있다.

**Temporal Attribute 시공간 속성** 형상의 시간적 특성을 설명하는 형상 속성을 말한다.

**Temporal Characteristic 시공간 특성** 시간 영역 내에서 형상의 이름, 정의, 값에 대한 참조 자료를 갖는 메타 자료 요소나 형상 속성을 말한다.

**Temporal Coordinate 시공간 좌표** 시간 좌표계의 기초로 사용되는 간격 시간 척도의 원점으로부터의 거리를 말한다.

**Temporal Coordinate System 시공간 좌표 체계** 단일 표준 간격과 관련되어 정의된 시간 간격 척도를 기초한 시간 기준 체계를 말한다.

**Temporal Database 시공간 자료기반** 시간별로 올려진 정보를 포함하는 데이터베이스. 시간은 불연속 단계로 나타나든지 일반적으로 더 적게 연속적인 변수로 나타낼 수 있다.

**Temporal Date/Time 시공간적 일/시** 자료군의 내용에 적용되는 일자 및 시간을 말한다.

**Temporal Feature Operation 시공간 형상 조작** 시간의 함수로서 생기는 1개 이상의 형상 속성 값의 변화에 의해 특징 지워진 형산조작을 말한다.

**Temporal Feature Relationship 시공간 형상 관계** 시간에 기준하거나 혹은 시간의 제한 사항에 의해 특성화된 형상 관계로서, 형상의 관계가 시간 위치로 표현되는 형상간의 관계를 말한다.

**Temporal GIS 시공간 지아이에스** GIS에 구축된 정보의 공간적 변화가 갱신되고 있으나, 인간과 환경의 상호 관련된 지리 현상의 공간적 분석에서 시간의 개념을 도입하여 시간의 변화에 따른 공간 변화를 이해하는 방법으로, 현재는 DBMS 분야를 중심으로 시공간 GIS에 대한 연구가 주목을 받고 있다. 시공간 GIS는 지리 현상의 공간적 분석에서 시간의 개념을 도입하여, 시간의 변화에 따른 공간 변화를 이해하기 위한 방법이다.

**Temporal Pattern Recognition 시공간 형태 인식** 대상 물체들을 분류하기 위한 도구로 시간을 이용한다. 예를 들어, 농작물 조사 분야에서, 작물의 성장 기간 중 서로 다른 분광 및 공간적인 변화는 단일 영상에서 구분이 불가능할지도 모르지만, 여러 날짜의 영상에선 식별 가능하다.

**Temporal Position 시공간 위치** 시공간 기준 체계에 관계한 위치를 말한다.

**Temporal Primitive 시공간 요소** 시공간 차원 내의 기본적인 기하학적 요소를 말한다.

**Temporal Resolution 시간 해상도, 주기 해상도** 특정 지역에 대하여 얼마나 자주 영상 자료를 획득할 수 있는지를 나타낸다. 동일 지역을 자주 방문할수록 시간 또는 주기 해상도가 높다고 할 수 있다. 위성의 궤도와 고도에 따라서 결정된다. 최근의 위성들에 탑재되어 있는 원격탐사 센서 시스템들은 좌우로 기울여 영상을 획득할 수 있는 기능을 가지고 있어 주기 해상도가 매우 향상되고 있다

■ **각종 원격탐사 위성들의 공간 해상도 및 주기 해상도**

| 원격탐사 위성 | 공간 해상도(m) | 주기 해상도(일) |
|---|---|---|
| Landsat TM | 15/30/60 | 16 |
| Kompsat | 6.6 28 | 28 |
| SPOT | 10/20 | 26 |
| IRS | 5.8 | 3 |
| IKONOS | 1/4 | 1-3 |
| QuickBird | 0.82/3.2 | 1-4 |

원격탐사 영상자료는 공간 해상도, 분광 해상도, 방사 해상도, 그리고 주기 해상도의 4가지의 해상도에 의하여 그 특징이 결정된다. 이러한 해상도들은 활용 목적에 적합한 영상 자료를 선택하는 기준이 된다.

**Temporal Schema 시공간 스키마** 형상이 가지는 시간적 특성을 기술한 것으로 시간에 관한 형상 속성, 형상 조작, 형상 관계 및 메타데이터 요소가 포함된다.

**Temporary Bench Mark(TBM) 임시 수준점, 가수준점(假水準點), 티비엠** TBM(Temporary Bench Mark)를 참조.

**Temporary File 임시 파일** 프로그램을 필요에 따라 기억시켜 두었다가 필요할 때 다시 꺼내서 사용하는 파일을 말한다.

**Temporary Map 임시 지도** GIS 진행 과정 중에서 중간에 존재하는 생성물로, 사용하기 위해서 제작된 지도를 의미한다. 일반적인 지도 제작 순서에는 적용이 안 된다.

**Temporary Mark 임시 표지, 임시 설치 표지** 측량에 사용되는 표기 및 임시 측량 표지 막대를 말하고, 이들은 그 측량작업 동안에만 사용된다.

**Temporary Point 임시 표지, 가설 표지(假設標識)** Temporary Station을 참조.

**Temporary Space 임시 공간** SQL 중간 결과를 보유하는 저장 공간이다.

**Temporary Station 임시 표지, 가설 표지(假設標識)** 형편에 따라 임시로 쓰기 위해 설치하는 점 또는 표지를 말한다.

**Temporary Work 가설 공사** 공사를 하기 위하여 임시로 필요한 설비를 위한 공사를 말한다.

**Tennis Court 테니스장** 테니스 경기를 하는 지역을 말한다.

**Tensile Stress 인장응력(引張應力)** Stress, Compressive Stress, Poisson's Ratio를 참조.

**Tension Correction 장력 보정** Correction for Full을 참조.

**Tension Gauge 장력계** 장력을 관측할 수 있는 장비를 장력계라 한다.

**Teoriya Resheniya Izobretatelskikh Zadatch(TRIZ) 트리즈** TRIZ(Teoriya Resheniya Izobretatelskikh Zadatch)를 참조.

**Tera 테라** $10^{12}$을 뜻하는 접두어로서, 기호 T로 표시하며, trillion단위이다.

**Terabyte(TB) 테라바이트** TB(Terabyte)를 참조.

**Term Equivalent 대등 용어** 다른 언어상에서의 용어의 언어학적 동의어를 말한다.

**Term Harmonization 용어 조정** 다양한 언어에서 같거나 유사한 특성을 반영하거나 혹은 같거나 약간 다른 형태들을 가지는 용어들로부터 하나의 개념을 지정하는 활동이다.

**Terminal 단말(기)** 사용자가 정보를 입력하고 컴퓨터에서 생성된 정보를 눈으로 볼 수 있도록 키보드와 모니터 등으로 구성되어 있다. 컴퓨터로 통신하기 위해 사용되는 키보드와 CRT (Cathode Ray Tube) 스크린으로 구성되어 있는 컴퓨터 체계의 하드웨어 장치를 말한다.

**Terminal Emulator 단말기 에뮬레이터** 하드웨어 장치 또는 다른 소프트웨어의 기능. 일반적으로 다른 컴퓨터를 모방하는 소프트웨어 패키지 또는 프로그램이다. 예를 들어, 단말기 에뮬레이터는 사용자가 단말기의 다른 형식에서 한 형식의 단말기를 위하여 설계된 프로그램을 실행할 수 있도록 한다. 단말기 에뮬레이터는 일반적으로 PC가 소형과 대형 컴퓨터와 호환하도록 이용된다.

**Terminating Node 종료 절점** 선을 끝내는 연결 절점을 말한다.

**Terminator 종단** 표준적인 케이블 링에서는 LAN의 전기신호가 양끝에서 반사되는 것을 막기 위해 터미네이터라는 마감 장치를 사용한다.

**Terminological Record 용어 기록** 하나의 개념에 관련된 용어 데이터의 구조화된 모음이다.

**Terms Description 기술함** 벡터산출물 형식(VPF) 또는 SDTS에 정의된 공간 자료 개념을 이용하여 기술된 점, 선 및 면에 대한 정보를 말한다.

**Terra Soar 테라 솔** 현재 서비스하고 있는 지역은 호주의 각주와 주요 도시 지역, 뉴질랜드, 인도네시아이다. 테라솔은 인덱스 지도를 이용한 검색 방법과 경위도 좌표를 이용하여 검색할 수 있다.

**Terrace 단구(段丘)** 침식, 융기, 침강 등의 작용으로 강, 호수, 바다의 연안에 생기는 계단 모양의 지형으로서, 하안단구(河岸段丘), 해안단구(海岸段丘) 등이 대표적이다.

**Terrain Analysis 지형 분석(地形分析)** 표고, 깊이, 높이(Z 자료)와 같은 3차원 공간을 이용하거나 이에 집중된 GIS 작업과 응용을 말한다. 예를 들면, 유역묘사 등의 3D 디스플레이를 위한 X, Y, Z 자료의 이용이다.

**Terrain Correction 지형 보정** 실제 지형은 능선이나 계곡 등의 불규칙한 형태를 이루고 있으므로, 이러한 지형의 영향을 보정하는 것을 말한다. Gravity Correction을 참조.

**Terrain Photogrammetry 지형 사진 측량** 항공사진 측량 방법에 의하여 지형도를 제작하는 것을 말한다.

**Terrain Representation Data 지형 표현 자료** 등고선법, 수치지형 모형법(DTM법), 지도 디지타이저법 또는 그것들의 병용법 등으로 취득된 등고선 등의 지형을 표현하기 위한 자료를 말한다.

**Terrain Trafficability 지형의 통과성** 다양한 조건을 가진 지형 통과시 소요되는 통과시간을 예측하는 것. 이러한 응용은 군사적인 용도로서 자주 사용되며, 이러한 통과의 난이도 또는 움직임의 용이성이나 속도는 지표면의 상태나 지형, 교통수단, 여행하는 계절 등 여러 가지의 요인에 따라 다양하게 변한다.

**Terrestrial Camera 지상 사진 측량용 사진기** 지상 사진 측량을 위한 사진을 촬영하는 사진기의 총칭이다.

**Terrestrial Dynamical Time(TDT) 지구 역학시** TDT(Terrestrial Dynamical Time)를 참조.

**Terrestrial Magnetism 지자기(地磁氣)** 지구 내부의 외핵의 물리적 현상과 외핵의 강자성체에 의해 지구와 지구주위에 나타나는 자석과 같은 성질을 말한다. 지자기는 그 방향과 크기를 구하는 것에 의하여 정하여 진다. 그의 방향이 자오선의 방향과 이루는 각을 편각, 수평각과 이루는 각을 복각이라 하며 지자기의 강도를 전자력이라 부른다. 전자력의 수평 방향의 성분을 수평 분력, 연직 방향의 성분을 연직 분력이라 한다. 일반적으로 어느 지점에서의 자력은 편각, 복각, 수평 분력의 3요소에 의하여 나타난다.

**Terrestrial Magnetism Survey 지자기 측량** 지형도 이용을 위한 지자기 분포 측량, 자기 이상을 이용한 지하자원 측량을 말한다.

**Terrestrial Photogrammetry 지상 사진 측량(地上寫眞測量)** 일반적으로 지상에서 촬영한 사진을 이용하여 건조물, 시설물의 형태 및 변위 관측 등을 행하는 측량 방법으로 300m 이내의 경우 근거리 사진측량이라 하며, 고산 지대의 지형 해석을 위한 촬영 방법이다.

**Terrestrial LiDAR 지상라이다 측량, 3차원 레이저 측량** 지상라이다 측량은 대상체면에 투사한 레이저의 간섭이나 반사를 이용하여 3차원의 위치정보를 취득하는 측량으로서, 대상체에 대한 점 자료(point data) 형태의 점군(點群, point cloud)을 형성하여 3차원 지형공간좌표를 구축한다. 스캔(scan)밀도는 스캔 시간, 자료의 정확도와 활용성, 데이터의 용량 및 품질 등에 큰 영향을 미치는 중요한 요소로서, 요구되는 대상물의 정밀도에 따라 각각의 스캔 영역을 분리하고 점밀도를 변화시켜가며 스캐닝을 수행한다.

지상라이다 측량은 대상 영역의 점밀도를 설정한 후 대상물의 3차원 점군자료의 취득을 의미하며, 대상물의 점군자료 취득 시 장애물과 스캔 계획 등의 오류로 인한 폐쇄 영역이 생성되지 않도록 지상라이다측량 계획을 수립하여야 한다. 지상라이다측량은 기존의 지상측량이나 항공사진측량 기술을 통해 취득하기 어려운 지역이나 정밀한 지형자료의 구축뿐만 아니라 지적측량, 토목·건축, 지형측량, 자연재해, 과학수사, 플랜트 등에서의 3차원 모델링 고정밀 자료취득이 가능하고, 취득 데이터의 높은 정확도를 제공함으로써 연안침식 측량, 토목에서의 사면관리 등 안전관리, 문화재의 정확한 형상 기록 및 보존, 문화재 보호 및 관리를 위한 정밀한 3차원 모델링, 도로, 댐, 교량, 터널 등의 구조물 정밀계측, 플랜트의 정밀 안전진단 등 활용분야가 점차 다양해지고 있다.

**Terrestrial Photography 지상 사진** 사진기 축이 수평면에 평행하고, 화면이 연직되게 촬영된 사진을 말한다.

**Terrestrial Reference Frame(TRF) 지구 기준좌표계** TRF(Terrestrial Reference Frame)를 참조.

**Terrestrial Sea Base Line Point 영해 직선 기점** 영해 및 접속수역법 시행령 법 제2조 제2항의 규정에 따라 영해 폭을 측정함에 있어서 직선기선으로 하는 각 수역의 기점을 말한다.

**Terrestrial Sea Base Point 영해 기점** 영해 및 접속수역법에 의거한 우리나라 관할해역의 확정 기준점을 말한다.

**Terrestrial Target 대공 표지** Air Photo Signal을 참조.

**Terrestrial Time(TT) 지구시** TT(Terrestrial Time)를 참조.

**Territorial Baseline 영해 기선** 국가의 주권 또는 관할권을 행사할 수 있는 모든 수역은 일정한 기준선에서 출발하여 일정한 범위까지 한계선을 긋게 되는데 이를 영해기선이라 한다. 다시 말해 영해는 접속 수역, 배타적 경제 수역 등 모든 수역의 범위를 정함에 있어서 영해기선에서 일정한 범위의 한계선을 긋고 그 수역 내에서 국가 주권 및 관할권을 행사하게 된다. 영해기선의 또 다른 중요한 점은 영해 기선에 따라 내수가 결정된다는 것으로 내수는 국가의 영토와 같아서 이곳은 연안국의 절대적 주권, 즉 관할권이 미친다.

**Territorial Sea Control Points 영해 기준점(領海基準點)** 한 나라의 영해를 획정(劃定)하기 위하여 정한 기준점을 말한다(공간정보의 구축 및 관리 등에 관한 법률 시행령 제8조). 영해(Territorial sea)의 범위는 기선으로부터 측정하여 그 외측 12해리의 선까지에 이르는 수역이다. 영해의 폭을 측정하기 위한 통상의 기선(Baseline)은 우리나라가 공식적으로 인정한 대축척 해도에 표시된 해안의 저조선이다. 지리적 특수사정이 있는 수역에 있어서는 대통령령으로 정하는 기점을 연결하는 직선으로 할 수 있다.

**Territorial Sea 영해(領海)** 영토에 인접한 해역으로, 한 나라의 주권이 미치는 바다이다. 우리나라의 영해는 영해법에 따라 한반도와 그 부속 도서의 육지에 접한 12해리까지를 포함한다. 다만 영해법 시행령에 따라 대한해협에 대해서는 일본과의 관계를 고려하여 잠정적으로 3해리까지만을 한국의 영해로 하고 있다. 영해에서도 국가권력은 그 상공·해상 및 해저지하에 미친다.

**Tesla 테슬라** ① 테슬라(기호 T)는 자속 밀도에 대한 국제단위(SI)의 유도단위이다. 자속 밀도는 자기장의 밀도로 정의할 수 있다. 니콜라 테슬라(Nikola Tesla)를 기리기 위한 단위이다. $1\,T = 1\,Wb \cdot m^{-2} = 1\,N \cdot m^{-1}A^{-1} = 1\,kg \cdot s^{-1} \cdot C^{-1}$. 여기서, Wb(weber)는 자기 선속의 국제단위(SI)이며, $1Wb=T \cdot m^2$이다. A는 암페어(ampere)로서 전류를 측정하는데 사용하는 SI 기본단위이다. N(Newton)은 힘의 SI 기본단위로 $kg \cdot m \cdot s^{-2}$이다. C(Coulomb)는 SI 단위계의 전하(電荷) 단위로서, 1쿨롬(Coulomb, C)은 전류 1암페어가 1초 동안 흘렀을 때 이동한 전하의 양이다. 즉, $1C = 1A \cdot 1s$.

② 니콜라 테슬라(Nikola Tesla, 1856~1943)는 세르비아계 오스트리아 출신의 미국의 발명가, 물리학자, 기계공학자 및 전기공학자이다. 교류 전기를 발명한 테슬라는 800가지가 넘는 발명품을 만들어냈고, 25개국에서 272개의 특허를 획득한 세기의 발명가이자 과학자이다. 상업 전기에 중요한 기여를 했으며, 19세기 말과 20세기 초 전자기학의 혁명적인 발전을 가능케 하였다. 1884년 미국으로 건너가 에디슨 회사에서 수년간 발전기와

전동기(電動機)를 연구, 뉴욕에서 테슬라 연구소를 설립하고, 1888년 최초의 교류유도전동기(交流誘導電動機), 1891년 테슬라 변압기 등을 만들었다. 1895년 그가 개발한 2상교류방식은 웨스팅하우스사(社)에 의하여 나이아가라 수력발전소에 이용되었다. 자기력선속밀도(磁氣力線束密度)의 단위인 테슬라는 이 이름에서 딴 것이다. 테슬라는 전기 배전의 다상시스템과 교류 모터를 포함한 현대적 교류시스템의 기초를 세웠다. ③ 2003년에 창립한 전기자동차 전문 회사이다. 테슬라는 신생 기업이 자동차 시장에서 성공하기는 어렵다는 고정관념을 깨고 신생 자동차 기업으로 등장 1년 만에 높은 판매량을 기록하였으며 발전을 이어가고 있다. 일반적인 전기자동차 주행 가능거리는 최대 100마일(약 160km) 수준이지만, 노트북용으로 사용되는 리튬이온전지를 자동차에 대량 채용하면서 주행거리를 3배 이상 향상시켰으며, 전기자동차는 대개 소형 도심형 자동차에 적합하지만 테슬라는 중대형 럭셔리 세단에 중점을 두고 있다. 창립자는 엘론 머스크(Elon Musk)로서, 온라인 출판 소프트웨어 회사 Zip2, 민간 우주로켓 회사 스페이스X, 세계 최대의 주거용 태양광 발전업체 SolarCity 등을 설립했으며, 결제 서비스 PayPal의 설립멤버이다. 소프트웨어에서 우주로켓까지 엘론 머스크는 거대한 비전과 분석적 사고를 통한 정확한 의사결정, 그리고 기술적, 사업적 능력으로 인정받고 있다.

**Tessellation 공간 분할, 모자이크식 커버리지** ① 공간을 규칙적 혹은 불규칙적인 다각형으로 나누는 것을 말한다. Tessern(사각형 대리석)에서 유래하였다. ② 중첩 없이 동일한 크기, 형태를 갖는 기하학적인 형태에 의해 이루어진 커버리지를 말한다. Thiessen Polygons를 참조.

**Tesseral 등축척정계의** 토막난 다각형으로의 평면 격자 표현. 이 다각형은 일반적으로 사각(래스터), 삼각(TIN) 또는 육각형이다. 이 모형들은 계층적인 구조로 이루어지고, 항해에 이용할 수 있는 알고리즘의 범위를 갖는다.

**Test 시험(試驗)** 개발된 소프트웨어를 서로 연결하여 하나의 통합된 시스템으로 작용하는지를 시험하는 것. 시험의 종류에 따라 소프트웨어적인 무결성 뿐만 아니라, 장애 복구, 보안, 피크 타임시의 처리능력 테스트의 대상이 된다.

**Test Bed 테스트 베드** 신규로 개발・시험되는 정보시스템의 성능 평가, 특징을 추출하기 위해 시작되는 실험시스템. 이 방법에 의해 시작 시스템의 성능이 설계값에 대하여 어느 정도 만족되고 있는가 혹은 과도적인 정보 부하에 대하여 어떤 거동을 나타내는가 등의 특징을 알기 위해 만들어진다.

**Test Case 테스트 케이스** 각 시험을 수행하기 위한 시험 시나리오. 각 케이스별로 입력물의 유형을 정의하고, 그에 따른 예상 결과를 기술한 것을 말한다.

**Test of Means 평균 검정** 2개의 샘플에 대해 각각의 평균과 표준 편차를 이용해서 동일한 모집단에 속하는지를 검사하는 복합적인 시험이다.

**Test Pitting 시굴(試掘)** 지질 조사, 기타의 목적으로 표토를 벗기거나 조사공을 파는 것을 말한다.

**Test Statistic 검정(檢定) 통계량** 표본자료에 기초하여 계산된 검정통계량은 귀무가설 Ho가 참인 겨우 해당 자료가 우리가 기대하는 것으로부터 얼마나 멀리 벗어나는지를 측정한다. 통계량의 값이 큰 경우 이것은 해당 자료가 Ho와 일치하지 않는다는 사실을 알려준다. 검정통계량이 어떤 값을 극단적인 것 또는 실제로 관찰되는 것보다 더 극단적인 것으로 받아들일 확률을 검정의 p-값(p-value)이라 하며, 이는 Ho가 참이라는 가정 하에서 계산된다. p-값이 작을수록 해당 자료가 제공하는 Ho와 상반되는 증거는 더 강해진다.

**Testing Laboratory 시험 실습관** 적합성 평가를 수행하는 조직을 말한다.

**Tethering 테더링** 인터넷에 연결된 스마트폰 등을 인터넷 모뎀으로 활용해 다른 기기가 이를 통해 인터넷에 접속할 수 있게 하는 기술이다. 스마트폰을 노트북이나 태블릿 PC, PMP, 휴대용 게임기 등에 블루투스 무선 기술이나 USB 케이블 등으로 두 기기를 연결하여 사용할 수 있으며, 이때 인터넷 접속이 가능한 기기가 다른 기기의 모뎀 역할을 하게 된다. 따라서 이 기술을 활용하면 외부에서 노트북 등으로 인터넷에 접속하기 위해 별도의 와이브로나 3G 무선인터넷 서비스가 필요하다.

**TETRA 테트라** 공공안전 통신을 위해 개발한 유럽형 개방형 디지털 방식의 주파수공용통신(TRS) 시스템이다. 전문적인 이동무전기 사용자들의 요구 사항을 충족시키기 위해 유럽전기통신표준협회(ETSI)에 의해 정의된 디지털 공용 무전의 표준 규격이다. 음성 및 데이터를 고속으로 전송할 수 있으며 암호화 기능이 있어 경찰, 소방, 군 등 국가기관은 물론 정유, 항공, 항만, 철도 등 사회기간시설과 대형 사업장에서 자가통신망을 구축할 때 많이 도입한다. 특정주파수에 다수의 채널을 사용해 주파수

효율성을 높인 통신인 주파수공용통신(TRS) 기술에는 테트라를 비롯해 APCO-25를 비롯해 모토로라의 비개방형 규격인 아이덴(iDEN) 등이 있다.

**Tetrachoric Correlation 사분상관(四分相關)** 이변량 정규분포를 이루는 두 변수 X, Y를 인위적으로 이분한 두 변수간의 상관. 사분상관은 두 변수가 각각 여러 유목을 갖는 다분상관의 특수한 경우이다. 예를 들어, 수학시험에서 낙제하는 것과 영어시험에서 낙제하는 것의 상관정도를 알아보고 싶을 경우 사분상관계수를 내볼 수 있다.

**TEXEL(TEXture Element) 텍셀** TEXture ELement의 줄임말이다. 각각의 픽셀이 폴리곤에 적용될 때 텍스쳐로서 사용되는 비트맵 그래픽을 구성하는 각각의 픽셀을 말한다. Text 문자지도 위에 쓰여 지는 인쇄 가능한 특성의 조합된 정보. 특수한 제어 코드를 갖지 않은 문자열로 된 문서로, 컴퓨터의 기종과 소프트웨어에 의한 차이가 거의 없으므로 통신 등에 자주 사용한다. 이를 화면과 인쇄기에 보내면 우리가 읽을 수 있는 문자를 표시한다.

**Text Attribute 문자 속성** 지도 위에 출력되는 문자의 특성을 규정한 일련의 매개변수. 문자 속성은 색상, 글꼴, 크기, 위치, 각을 포함한다.

**Text Cursor 문자 커서** 깜박이는 수직막대로 편집, 삽입, 삭제가 가능한 문자 위치를 나타낸다.

**Text Data 문자 자료** 공간과 관련된 보고서나 문서 자료들을 말한다.

**Text Editor 문자 편집기** 간단한 내용의 메모, 문서 보고서 또는 프로그램 등을 작성하거나 내용을 수정하기 위하여 사용되는 프로그램을 말한다.

**Text Elements 문자 요소** 폰트 모양, 크기, 색, 정렬 등의 정보가 있다.

**Text Envelope 문자 경계 사각형** 특히 수치 지도 위의 문자열의 경계를 짓는 사각형, 높이는 Y축의 최댓값과 최솟값의 차이와 같고, 넓이는 X축의 최댓값과 최솟값의 차이가 된다.

**Text Label 문자 표지** Label를 참조.

**Text Mining 텍스트 마이닝** 비/반정형 텍스트 데이터에서 자연어처리(Natural Language Processing)기술에 기반하여 유용한 정보를 추출, 가공하는 것을 목적으로 하는 기술이다.

**Text Placement 문자 배치** 지도상의 특정 위치에 문자열을 위치시키는 지도 자동화 소프트웨어의 기능을 말한다.

**Text String 문자 스트링** 구획 문자(Delimiter)에 의해 각각 분리된 단어들의 스트링을 말한다.

**Text Style 문자 형** 문자 자료의 그래픽 외관, 또한 글꼴로써 알려지는 일반문자 형은 로마체, Arial, 고딕체 등이다.

**Text Symbol 문자 부호** 지도와 커버리지의 지형요소 명을 칭하는데 쓰이는 다양한 글자체, 크기, 색깔의 문자 부호를 말한다.

**Textore 텍스토어** 텍스트(text·글)와 스토어(store·상점)의 합성어로, 디지털 콘텐츠 형태의 신문·잡지·도서 등을 사고파는 인터넷 모바일 상점이다. 고객들은 전자책 단말기·스마트폰·태블릿PC·PC 등을 통해 텍스토어에 접속, 원하는 콘텐츠를 구매할 수 있다.

**Textual Fidelity 문자의 충실** 지형 자료군 안의 문자의 정확함을 말한다.

**Texture 결, 질감** ① 사진 판독 : 사진상의 세부 모양, 평면적인 느낌으로서, 평활, 조, 밀, 세밀의 넷으로 구분한다. ② GIS : 자료, 선, 기호의 순환 또는 반복되는 유형은 상이성뿐만 아니라 유사성을 표현한다. ③ 3D : 3D 객체의 표면 그래픽들이다. 텍스쳐들이 없다면, 3D 객체는 폴리곤의 뼈대와 같이 보이게 된다. 텍스쳐들은 객체가 사실감을 갖도록 하는 역할을 한다. 벽돌벽, 도마뱀의 피부 또는 번쩍이는 우주선의 금속 표면은 이러한 텍스쳐들이 적용되어야 표현될 수 있다. 3D 프로그램은 텍스쳐를 그래픽 패턴으로서 저장하고 이것을 폴리곤의 구조로 적용한다.

**Texture Analysis 텍스처 분석** 텍스처는 규칙적인 공간 주파수를 갖는 반복되는 패턴(pattern)들의 조합이다.

**Texture Compression 텍스처 압축** 텍스처양이 풍부한 어떤 형태의 데이터(압축하드웨어에 의하여 정의된)를 대체하고 적은 크기의 팔레트로 사용될 수 있도록 최적화하여 대체하는 방법으로 큰 크기의 데이터로부터 작은 크기로 텍스처 데이터를 압축하여 줄여주는 기능이다. 이 기능은 낮은 색상의 텍스처와 영상인공물(깨짐 증상)이 나타남으로서 디더링 효과가 나타나게 되는 원인이 된다.

**TEXture Element(TEXEL) 텍셀** TEXEL(TEXture Element)를 참조.

**Texture Mapping 텍스처 매핑** [영상처리] 외부에서 주어지는 값으로 변수나 색상 값을 대체하는 과정이다. 보통 Texture 매핑이라고 하면 비트맵 이미지를 이용해서 객체(오브젝트) 표면의 무늬를 입히는 것으로만 생각하는 경우가 많다. 물론 이 경우가 Texture 매핑의 대표적인 예이기는 하지만, 그 자체가 Texture 매핑은 아니다. 즉, Texture 매핑의 정확한 의미는 "외부에서 주어지는 값으로 변수나 색상 값을 대체하는 과정"이라고 할 수 있다. 객체(오브젝트) 표면에 무늬를 입히는 경우는 객체 표면의 색상을 결정하는 Diffuse값에 매핑을 적용한 경우에 해당된다. 매핑에 의해 객체의 각 부분의 Diffuse 색상이 각기 다른 값을 갖게 되고, 이것은 결국 Texture Map이 객체 표면에 씌워진 것과 같은 결과를 만들어준다. 즉, Diffuse 매핑 혹은 Color 매핑이라고 부르는 방법이다. 물체의 투명도(Opacity 혹은 Transparency) 값에 매핑을 사용한다면 물체의 각 부분에 서로 다른 투명도를 적용되는 것이고, Shininess 값에 사용되면 물체 각 부분의 정반사 정도가 달라지게 된다.

매핑을 위해 "외부에서 값을 주는" 가장 대표적인 방법은 비트맵 이미지를 사용하는 것인데, 이때 사용되는 비트맵 이미지를 Texture Map 혹은 매핑 소스(Mapping Source)라고 한다. 또 다른 방법으로는 Texture를 일련의 과정을 통해 자동적으로 생성해서 사용하는 방법인데, 이런 방법은 Procedural Texture 라고 한부다. Mapping을 참조.

**Texture Seams 텍스처 경계** 서로 이웃하여 매핑된 2개의 텍스처 사이의 영상 깨짐 증상 및 갈라진 픽셀이다. 보통 갈라짐은 흰색 또는 흰 픽셀이거나, 세밀하게 보게 되면 배경 그림을 보게 될 것이다. 일반적으로 프로그래밍 또는 비디오 드라이버의 오류로 인해 발생된다.

**Texture Storage Space 텍스처 저장공간** 텍스처 데이터(폴리곤에 적용되게 되는 비트맵 그래픽)가 저장되는 매체를 가리킨다. 텍스처 저장 공간은 (가장 빠른 것부터 느린 것까지) 그래픽 카드의 비디오 메모리, 시스템 메모리 또는 하드드라이브까지 적용될 수가 있다.

**Texture Unwrap 텍스처 펼치기** [영상처리] 매핑(mapping) 작업은 일반적으로 매핑 소스를 먼저 준비한 다음, 매핑 좌표를 잘 조절해서 원하는 위치에 Texture Map을 적용시키는 방식으로 진행된다. 그러나 이런 방법을 사용하기 적합하지 않은 경우도 있다. 예를 들어, 사람 얼굴을 위한 Texture Map을 만드는 경우 아무런 기준도 없이 모델에 딱 맞는 매핑소스를 그린다는 것은 매우 어렵다. 이런 경우에는 맵을 그려 객체에 맞추는 것이 아니라 매핑 좌표에 맞춰 객체를 펼쳐 놓고, 이 위에 맵을 그리는 방식으로 작업을 진행하는데, 이런 방법을 Texture Unwrap이라고 한다.

**TF(Total Float) 총 여유** 종료일에 영향을 미치기 이전에 연장 또는 연기할 수 있는 시간이다.

**TGIF(Twitter, Google, iPhone, Facebook) 티지아이에프** Twitter(트위터), Google(구글), iPhone(아이폰), Facebook(페이스북)의 머리글자를 의미한다.

**Thalweg 유심선(流深線)** 하천의 각 단면에서 가장 수심이 깊은 곳을 흐름방향으로 연결한 선이다.

**Thalweg 요선(凹線)** 산의 곡선(谷線)을 말하며, 등고선은 그 위치를 일반적으로 철선, 요선 상에서 결정하고 현지의 상황을 관찰하여 그려 넣는다.

**The Third Wave 제3의 물결** "제3의 물결"(The Third Wave)은 미국의 미래학자인 앨빈 토플러가 1980년에 쓴 책의 제목이며 앨빈 토플러가 제안한 물결 이론으로 현대 정보사회를 설명하고자 하는 이론의 이름이다. 이 책은 20세기 후반과 21세기의 다가오는 정보혁명과 정보사회를 예견하여 유명하다. 토플러는 제1의 물결인 농업혁명, 제2의 물결인 산업혁명에 이은 제3의 물결로서 정보혁명을 설명하고 있다. 1. 첫 번째 물결은 농업 혁명에 의한 수렵 채집사회에서 본격적 문명의 시대로 도래하게 되는 농경사회로의 혁명적 사회 변화이다. 2. 두 번째 물결은 산업 혁명에 의한 농경사회에서 산업 사회로의 사회 변화이다. 핵가족, 공장 같은 교육시스템과 기업의 주요 요소를 가진다. 토플러는 "제2의 물결의 사회는 고도로 산업화되어 있으며 대량생산, 대량분배, 대량소비, 대량교육, 대량휴양, 대중문화와 대량살상무기들에 기반하고 있다. 이러한 것들은 표준화, 중앙화, 집중화, 그리고 동기화를 통해 엮어지게 되며 우리들이 관료주의라 부르는 조직에 의해 운영된다."라고 하였다. 3. 세 번째 물결, 곧 "제3의 물결"은 후기 산업화 사회이며 정보화 사회이다. 1950년대 후반부터 산업 사회에서 정보 사회로의 변혁이 일어나기 시작했다. 이 사회에서는 탈대량화, 다양화, 지식기반 생산과 변화의 가속이 있을 것이라고 그는 예측했으며, 그는 "변화는 탈선형화 되어 있으며 거꾸로도, 앞으로도 그리고 옆으로도 발전이 가능하다."라고 주장하고 있다.

**Thermal-infrared remote sensing 열적외선 원격탐사** 열적외선 스캐닝은 물체의 온도에 민감한 원격탐사기법으로 해양이나 하천의 수온 변화를 측정하는 목적으로 많이 사용하고 있다.

초기의 열적외선 위성영상은 낮은 해상도를 가지고 있었으나 대기상의 구름 분포나 이동을 감지하는 데는 매우 유용하다. 물체에서 복사되는 전자기파를 감지하여 정보를 얻는 방법으로서, 주 이용 파장의 범위는 3~14$\mu$m 이며, 물체의 온도에 따라 복사량이 달라져 열적외가 다르게 나타난다. 해수면 온도 측정에 주로 적용하는 원격탐사 기술이다.

**Thematic Accuracy 주제 정확도** 정량적 속성들의 정확도와 비정량적 속성 및 형상과 형상간의 관계 분류의 정확성을 말한다.

**Thematic Attribute 주제 속성** 공간・시간・품질・메타데이터 및 위치 속성에 의해 포함되는 것을 제외한 형상의 임의의 특징을 기술하는 지형・지물 속성을 말한다.

**Thematic Classification 주제 분류** 이용 가능한 지형 공간 자료들의 그룹핑과 검색을 지원하기 위해 고차원 비중복적인 지형공간 자료의 주제 분류. 예를 들어, 지적(Cadastral), 문화와 인구(Cultural and Demographic), 고도(Elevation), 측지 기준(Geodetic Control), 지질(Geologic), 육상 수송(Ground Transportation), 정치적인 경계(Politic Boundaries), 토양(Soils), 식물(Vegetation), 물(Water), 습지대(Wetlands), 해양학(Oceanographic), 환경적 감시(Environmental Monitoring), 모의실험과 모델(Simulation and Model), 시설물(Facilities) 등이 있다.

**Thematic Data Modeling 주제 자료 모형화** 실세계 대상물은 너무 복잡해서 그것들은 공간 데이터베이스에서 주제 자료 모형화를 통해 어떤 유사성을 갖는 객체 등급으로 분류되어야 한다. 공간 데이터베이스에서 여러 객체는 관련 속성을 가진 실세계 대상물의 대표로서 정의된다. 일반적으로 지리 공간 자료는 장소, 속성과 시간이라는 3가지 주요한 구성 요소로 되어 있다. 속성은 종종「주제 자료」나 혹은「비공간 자료」라는 용어로 정의되며, 그것은 공간 자료나 기하학적 도형 자료와 연계되어 있다. 하나의 속성은 실세계에서 대상물의 정의된 특징을 갖고 있다. 속성은 이름, 순위, 숫자, 조건이 다른 여러 가지 성질로서 분류될 수 있다. 속성값은 여러 속성과 점, 선, 면, 객체와 같은 공간 자료사이의 관계, 또한 여러 속성과 여러 속성간의 관계를 생성하는 속성표에서 종종 목록화 된다.

**Thematic Map 주제도(主題圖)** 특정한 주제를 강조하여 표현한 지도로서 도시계획도, 지질도, 토지이용도, 인구분포도, 관광도, 교통도 등이 대표적인 예이다. 지질, 인구, 교통, 경제 등의 '주제'를 보여주고자 디자인된 지도로서, 특정 지도 형태를 사용하여 단일한 공간 분포나 패턴을 보여주며, 어떤 특정 이용목적에 사용하도록 특정한 주제에 대하여 이를 특히 강조하여 표현된 지도이다. 국가 기본도를 기초로 하여 그 위에 특별한 기호나 색채로 주제를 표현한 지도로서 주제는 토지 이용・방재・식생・지질・토양・중력・도로・하천・경제・인구・문화재 현황 등 매우 다양하다. 이런 주제를 대상으로 작성한 지도의 명칭은 주제의 이름에 따라 도시 계획도, 지질도, 토지 이용도, 인구분포도, 관광도, 교통도, 토양도, 산림도, 지하 시설물도, 산업, 교통, 인구 등의 통계도, 지역 계획 및 국토 개발 계획도 등으로 불린다.

**Thematic Map Composition 주제도 작성** 정위치 편집된 성과를 지도 도식 규칙 및 도식 표준에 따라 지도 형식의 도면으로 출력하는 것을 말한다.

**Thematic Map Construction 주제도 제작** 각 주제도에 대한 데이터베이스를 구축하고 목적에 따라 수치 지도를 제작, 편집한 후, 자동 제도기로 주제도를 출력하는 일련의 과정을 말한다.

**Thematic Map Database 주제도 자료기반** 주제별로 입력한 정보를 구조화 편집하여 구축한 도형 자료와 그 내용을 나타내는 속성 자료의 집합을 말한다.

**Thematic Map Input 주제도 입력** 컴퓨터의 입력 장치를 이용하여 기존의 원시 자료를 수치화된 자료로 독취하는 것을 말한다.

**Thematic Map Production 주제도 생성** 토지 이용 분류, 온도 분포, 수치 표고 모형 등 분석 결과를 주제도로 작성하여, GIS 자료로 사용하기 위해 자료 형식 변환 등을 거쳐 2차적인 주제도를 생성한다.

**Thematic Mapper(TM) 티엠, 씨매틱 매퍼**
TM(Thematic Mapper)을 참조.

**Thematic Mapping 주제도 작성** 주제의 등급이나 값을 표현하기 위해 구역이나 지도 지형을 그리거나 상징화함으로써 토지 이용, 지질학 또는 인구 분산 같은 지리적 변수나 주제를 기술하는 것이다. 특정 수치값에 비례하여 음영, 컬러를 표시해서 특정 주제도를 생성하는 기능이다. 가령, 행정 구역 단위별 인구 밀도를 음영을 사용해서 표시하는 경우가 이에 속한다. 주제도는 주제(Theme) 또는 GIS 데이터베이스에 구축되어 있는 자료의 특성을 반영하는 항목을 중심으로 하여 생성된다. 주제도에서 각 요소의 부호 또는 음영은 데이터베이스의 속성 자료를 근거로 하여 생성된다.

**Thematic Topics 주제 제목** 베이스 자료와 사용되도록 고려된 자료의 단일 형태를 이루는 지도의 한 부분이다.

**Theme 주제** 지형 공간 자료군을 분류하고 검색을 위해 필요한 비중복적인 지형 공간 자료의 주제 분류. 예를 들면, 식생도는 Douglas-Fir, Sage, Pinyon-Juniper와 같은 식물이 성장 가능한 지역을 그린 것이다.

**Theme Keyword 주제 핵심어** 자료군의 주제를 나타내기 위해 사용되는 공통된 단어를 말한다.

**Theodolite 데오도라이트, 경위의(經緯儀)** 정밀도가 높은 각 관측 장비로서 정밀한 각 관측에 주로 사용된다. 수평 눈금의 읽음 장치가 버니어 또는 수치화되어 있으며, 최소 읽음값이 0.1초에 이르는 것도 있다.

**Theory of Error 오차론(誤差論)** 우연오차에 관한 확률론적 취급을 주체로 한 이론. 최소자승법 · 실험식 · 측량평균법은 이 응용이다.

**Thermal Capacity 열용량** 물체가 열을 통과하는 비율을 관측하는 것을 말한다. 물은 다른 물체에 비하여 열 흡수력이 매우 높다.

**Thermal Conductivity 열전도율, 열전도도** 열이 물체를 통과하는 비율을 관측하는 것을 말한다.

**Thermal Diffusivity 열확산계수** 순간적인 열의 흐름 정도를 나타낸 수치. 열전도율을 비열과 밀도의 곱으로 나눠서 구한다.

**Thermal Inertia 열관성** 온도의 변화에 대한 물체의 반응으로서 열관력이 높은 물체는 낮과 밤 동안에 표면온도가 균일하다.

**Thermal Infrared 열적외** 열적외선은 파장범위 8~14$\mu$m, 주파수 범위 22~38THz으로서 수온이나 지표온도 등의 온도 측정에 이용된다.

**Thermal Infrared Imagery 열적외선 영상** 야간에 방사되는 에너지를 기록하고 탐지할 수 있으므로 야간 활동의 탐색에 효과적으로 이용된다. 적외선 영역은 전자 스펙트럼 상에서 0.7~300$\mu$m 이나 열적외선 영상 획득에 이용되는 부분은 3~14$\mu$m 의 범위에 한한다. 열적외선 사진은 비가시역 에너지를 이용하는 방법 중의 하나로써 특히 물체로부터 방사되는 열에너지를 탐사 하거나 기록하고자 할 때 우수한 성능을 발휘한다.

**Thermal Infrared Remote Sensing 열적외 원격 탐사** 열적외선 영역(3~10$\mu$m)에 대하여, 주로 대상물로 방사되는 전자파를 측정하여 온도 관련 자료로 변환한다. 탐사기는 열적외선 주사기라고 한다.

**Thermal IR 열적외선** 적외선 영역 중 파장이 3~14$\mu$m 범위에 해당되는 부분을 말한다.

**Thermal IR Multispectral Scanner(TIMS) 열적외선 다분광 주사기** TIMS(Thermal IR Multispectral Scanner)를 참조.

**Thermal Map 열지도** 지도 위에 데이터가 많거나 값이 큰 지역일수록 붉은색으로, 데이터가 적거나 값이 작은 지역일수록 점차 푸른색으로 표시하여 지역별 데이터 분포를 알 수 있게 한 지도이다.

**Thermal Model 열모델** 인공위성 설계의 적합성 여부를 열 측면에서 조사하기 위해 열 진공 환경시험(Thermal Vacuum Test)용으로 만든 모델이다.

**Thermal Plotter 감열식 인쇄기** 열 처리식 인쇄기는 다른 래스터 유형과 같은 원리이나, 열에 민감한 지면 위에 열로써 제도하는 장치이다. 그러나 시간이 지남에 따라 종이가 바래므로 하드카피 밖에는 활용되지 못하고 있다.

**Thermal Printer 감열식 인쇄기** 비충격식 인쇄기의 일종으로, 열에 의해 변화되는 특수 종이를 사용하여 종이에 열을 가함으로써 글자를 인쇄한다. 즉, 펄스상의 전류에 의하여 인쇄기 헤드에 붙어 있는 핀이 열을 받거나 냉각을 되풀이하면서 용지 위에 문자의 도트를 나타낸다.

**Thermal Transfer Plotter 열전사 인쇄기** 특수 처리된 종이에 왁스의 잉크점을 녹이는 가열 방법을 사용해서 컴퓨터 자료의 그래픽 도면을 만드는 주변 장치이다. 대부분의 열전달은 컬러 영상을 도면화하기 위해 3~4단계를 거쳐야 한다. 한 가지의 주요한 색 또는 검은색은 각각의 단계에서 기입된다.

**Thermal Wave 열변화 곡선** 일조열을 받는 토양 중에는 3~5m 깊이에서는 일정한 연간 온도가 관찰되는 건조하지 않은 상태의 연간 변화 곡선이 있다. 연간 열 변화 곡선이라고도 한다.

**Thermography 서모그래피** 적절한 정확도로 매우 빠른 온도 변화들을 검출하기 위해서 유용한 비접촉 도구이다.

**Thermosphere 열권(熱圈)** 공기가 매우 희박하고 높이에 따라 온도가 상승하고 낮과 밤의 온도차가 심하다. 열권은 고도 약 1,000Km까지이다.

**Thick Lens 복합 렌즈** 여러 개의 렌즈로 이루어진 렌즈를 말한다. 수차를 제거하기 위해서 사용되기도 한다.

**Thiessen Polygon 티센 다각형** 어떤 인접점보다 한 점에 가까운 영역을 경계 짓는 다각형. 다각형은 이분된 선분들이 직각으로 교차하여 지역을 분할하는 방법. 이때 변들은 TIN을 구성한다. 보르노이 도형과 Dirichlet 모자이크로도 불리는 Thiessen 다각형은 일반적으로 우량계 자료와 같은 기후 자료 해석시에 이러한 방법이 많이 이용된다. 티센 다각형에 의한 점보간 방법은 최근린 보간법(Nearest Neighbor Interpolation)이다. 티센 다각형 내의 모든 점은 동일한 관측값을 갖는다. Voronoi Polygons, Dirichlet Tessellations, Voronoi Diagrams를 참조.

**Thin Client 신 클라이언트** 기존 컴퓨터가 각종 응용 소프트웨어를 내장하고 데이터 처리까지 했던 것과 반대로 중앙 서버에 있는 여러 소프트웨어 및 자원들을 사용자에게 보여주는 인터페이스로 기능을 한정시킨 단말기를 의미한다. 단말기 자체에는 연산을 위한 중앙처리장치나 저장을 위한 하드디스크 등이 거의 탑재되지 않거나 최소화되어 있다.

**Think 싱크** 2가지 이상의 정보기술 기기 내 특정 데이터를 똑같은 내용으로 업그레이드해주는 '동기화' 기능을 의미한다. 스마트폰과 PC를 연결해 콘텐츠, 프로그램, 애플리케이션을 주고받아 PC와 스마트폰 양쪽에서 동일한 서비스를 누릴 수 있다.

**Thinning 세선화** 선의 기본 형태를 유지하고 자료점의 수를 작게 하는 연속적인 법칙 적용을 통해 선형 지형을 일반화하는 과정이다. 보통 제거 알고리즘은 거리 횡단 알고리즘, N번째 점 선택 알고리즘, 각 선택 알고리즘, William의 점 경감 알고리즘, Douglas-Peuoker 알고리즘을 포함한다. 폭이 큰 격자형의 자료를 단위 폭의 망조직으로 바꾸는 처리를 말한다. Weeding을 참조.

**Third Class Leveling 3등 수준측량, 3등 고저측량** 도로, 하천 등 각종 공사에 필요한 측량의 기준, 노선, 하천 등의 종단측량, 도화를 위한 수준 측량의 기준을 제공하기 위하여 실시하는 수준측량으로 2등 수준점 이상을 사용하며, 왕복 차의 오차는 10mm $\sqrt{S}$ 이다.

**Third Generation(3rd Generation) 제3세대** 3rd Generation (Third Generation)을 참조.

**Third Generation Partnership Program 제3세대 협력 계획** 범지구적 차원의 조직 구성원들이 GSM Core 통신망과 Radio 접근 기술의 기반 하에, 3G를 위한 전 세계적으로 응용 가능한 보고서와 규약을 협력하여 생산하는 것에 동의할 것이다. 협력 파트너들은 GPRS와 EDGE과 함께 GSM(Global Systems for Mobile Communication)의 표준방식의 개발과 유지에 협력할 것을 동의하였다.

**Third Order Plotting Instrument 3급 도화기** 축소한 원판을 사용하여 측정하는 멀티플렉스(Multiplex)와 비슷한 표정방법을 사용한 스트레오토프(Stereotope)와 같이 주로 소축척 도화용으로 설계된 기계로서 정도는 1, 2급 도화기보다 좋지 않다.

**Third Order Triangulation 3등 삼각측량** 3등 삼각측량으로 설치한 삼각점으로 상호거리는 5Km이고, 오차 범위는 1방향 ±20"이다.

**Third Party 제3자** 어떤 분야를 처음 개척하거나 원천기술을 확보한 주요 기업이 아닌, 해당 분야의 호환이 가능한 상품을 출시하거나 주요 기업의 기술을 활용해 파생상품 등을 생산하는 회사를 말한다.

**Third-Order Work 3차망** 경계표지(Munument)를 설치하기 위한 측량 작업의 가장 낮은 순서이다.

**Thixotrophy 딕소트로피** [지반] 재성형(remodelling)한 흙 시료를 함수비의 변화 없이 그대로 방치하여 두면 시간이 경과되면서 강도가 회복되는 현상을 말한다.

**Three Dimensional Cadastre 3차원 지적(三次元 地籍)** 토지에 대한 지표·지상·지하시설물 등을 등록·관리하는 지적 제도로서 입체 지적이라고도 한다.

**Three Dimensional Cartesian Coordinate 3차원 직교좌표, 3차원 직각좌표** 지구 전체를 하나의 단일 좌표계로 표시하고자 할 때, 매우 편리한 좌표계로서 지심직각좌표(Geocentric Coordinates) 또는 타원체좌표(Spheroidal Coordinates)라고도 한다. 이 좌표계는 인공위성에 의한 지구상의 위치 결정이나 또는 서로 다른 기준 타원체간의 좌표 변환 시에 많이 사용된다. 3차원 직각좌표계에서는 2차원 때와 마찬가지로 원점으로부터 각 축방향의 성분의 길이로 위치를 표현한다.

**Three Dimensional Coordinate Record 3차원 좌표 레코드** 도형 등의 좌표 자료를 3차원 좌표(X, Y, Z)로 기록한 레코드를 말한다.

**Three Dimensional Polar Coordinate 3차원 극좌표계** 원점으로 임의의 점까지를 나타내는 위치벡터의 길이. X축을 기준으로 X, Y평면상에서 위치벡터의 X, Y평면으로 투영된 벡터의 각도, 그리고 X, Y평면으로부터 위치벡터 r이 이루는 각도로 위치가 표현된다.

**Three Dimensional Survey 3차원 측량** 3차원 지구좌표계에 의한 3차원 위치 결정을 말한다.

**Three Elements of Geomagnetism 지자기 3요소** 지자기에 의한 자성 상태를 나타내기에 필요한 3요소를 말한다. 편각(D), 복각(I), 수평자력(H)을 지자기 3요소라 한다. 어떤 지점의 지자기 3요소를 알면 그 지점의 지구자기장을 파악할 수 있다. 편각과 복각은 각도로, 수평자력은 gauss 단위로 표시한다.

**Three Point Perspective 3소점 투시** 시점의 높이가 대상물의 높이에 비해 매우 높은 경우 대상물의 수직선 부분도 아래쪽에서 좁아지고 수직선의 차수 또한 짧아져서 1소점 투시나 2소점 투시의 작도로 해결할 수 없을 때 작도하는 방법으로, 사각 투시도라고도 한다. 3소점 투시도는 일반적으로 개선법, 기선법, 간략도법 등을 이용하여 작도한다.

**Three Point Problem 3점 문제(三點問題)** 후방교회법에서 3개의 기지점을 이용하여 미지점의 위치를 도면상에 정하는 작업을 3점 문제라 한다. 3점 문제에서 생기는 시오삼각형을 소거하는데 레만법, 벳셀법 및 투사지법이 있다.

**Three Points Method 3점법** 어떤 지점의 하천의 유속은 수면으로부터 하상까지의 깊이에 따라서도 다르다. 3점법은 수면에서 수심의 20%, 60%, 80% 되는 곳의 유속 V0.2, V0.6, V0.8을 측정하여 평균한 것을 평균 유속으로 간주하는 방법으로서 다음 식에 의하여 평균유속 Vm을 구한다.

**Three Tripod Survey 삼각측량** Triangulation Surveying을 참조.

**Three-Dimensional Data(3-D Data) 3차원 형상 자료** 3-D Data(Three-Dimensional Data)를 참조.

**Three-Dimensional Television 3차원 텔레비전(三次元-)** 3차원 물체를 입체적으로 볼 수 있도록 한 텔레비전. 보통은 2대의 카메라를 이용하여 양쪽 눈의 시차에 상당하는 각기 다른 화면을 전송 표시하는 2안식을 이용한다. 두 화면의 합성 분리 방법으로는, 두 브라운관 위의 화면을 하프 미러로 합성하고 우안상과 좌안상을 색 필터나 편광 필터로 분리하는 방법과 셔터를 이용하여 양쪽 눈에 교대로 영상이 보이도록 하는 시분할 방식이 있다. 안경 등을 필요로 하지 않는 다안식으로는 렌티큘러 판과 브라운관을 조합한 방법도 제안되고 있다.

**Three-Dimensional Printing(3D Printing) 3차원 프린팅** 3D Printing(Three-Dimensional Printing)을 참조.

**Threshold Value 임계값, 경계값** Thresholding을 참조.

**Thresholding 임계값, 한계값** 입력된 자료군을 특별하게 주어진 값, 임계값과 비교하는 데이터변환기법이다. 새로운 자료군은 입력된 값들은 임계값보다 크다, 작다, 같다라는 것을 가리키는 3가지 결과값 중에서 하나로 변환된 결과로 얻어진다.

**Throttle 스로틀, 상하(上下)타** [드론] 조종기의 스틱을 앞, 뒤로 밀어 드론을 위로 띄우거나 아래로 내리는 장치를 말한다.

**Throughput 처리 능력** 통신 링크를 통과할 수 있는 자료의 양. 영상 자료는 대형 자료군으로 존재하는 경향이 있다. 그러므로 한 컴퓨터에서 다른 컴퓨터로 이동하는 영상 자료 집합은 높은 대역폭이 필요하고, 작동은 느려진다. 또한 처리 능력으로 알려진다.

**Thrust 충상단층(衝上斷層)** 지괴(crustal unit)가 다른 지괴 위로 올라타는 움직임 (movement)을 지시한다. 충상단층은 일종의 역단층에 속하며, 단층면의 경사각은 45°보다 작고, 주향 방향으로의 운동성분은 매우 미약하며, 수평 압축응력에 의해 단층면의 상반 지괴가 하반 지괴보다 더 많이 미끄러져 올라간 단층이다. 상반의 이동거리가 보통 수~수십 km로 비교적 규모가 큰 충상단층은 오버쓰러스트(overthrust) 단층이라고 한다.

**Thrust 추력(推力)** 뉴턴(Isaac Newton)의 제2운동법칙과 3운동법칙으로 설명되는 반작용의 힘이다. 회전하는 프로펠러가 공기를 밀어내거나 제트 엔진이 연소된 공기를 분사할 때 비행체는 이 반대 방향으로 추력을 얻는다. 예를 들어, 프로펠러 항공기가 날아다닐 수 있는 것은 프로펠러가 비행기 비행 반대 방향으로 물질(공기)을 밀어내는데 이때 공기는 비행기의 비행 방향으로 추력을 발생시키고 이 힘으로 비행체는 비행하게 되는 것이다. Lift, Drag 참조.

**Thumbnail 섬네일, 마중 그림** 인터넷 홈페이지나 컴퓨터 애플리케이션 등을 한눈에 알아볼 수 있게 줄여 화면에 띄운 것으로서, 축소판, 견본 등으로 이해할 수 있다. 즉, 그래픽 파일의 이미지를 소형화한 것으로서, 일반적으로 작은 크기의 견본 이미지를 가리키며, 미리보기로 진화하는 추세이다. 국립국어원은 "마중 그림"을 다듬은 말로 선정하였다.

**TIA(Telecommunications Industry Association) 미 전기 통신 공업 협회** ANSI가 승인한 기관이다. 미국과 전 세계에서 정보 통신 기술 제품, 자재, 시스템 및 전문 서비스를 제공하는 회사가 회원으로 구성되어 포괄적인 서비스를 제공하는 산업 협회이다. 회원사들은 전 세계 통신망에 사용되는 모든 제품을 제조하거나 공급하며, TIA는 EIA와 함께 부속 단체인 멀티미디어 전기

통신 포럼(MMTA)와 공통으로 전기 통신 업체를 대표하고 있다.

**Tic 기준점** 커버리지에서 좌표를 부여하거나 변환의 기준이 되는 기준점을 말한다. 예를 들면, UTM Universal Transvers Mercator) Meters나 또는 State Plane Feet가 있다.

**Tic File 기준점 파일** 커버리지를 위한 기준점(Tic) 좌표나 ID를 말한다.

**Tic Marks 기준점 표시** 알려진 좌표들을 갖는 지도에서의 일단의 기호. 별개의 지도들을 등록하는 데 디지타이징을 할 때 기준점으로서 사용된다.

**Tic Match Tolerance 눈금 비교 허용 한계** 기존의 Tic과 새로 입력된 Tic 간에 허용 가능한 최대 위치오차로 커버리지 단위로 조정한다.

**Tic Point 기준점** Tic을 참조.

**Tic Tolerance 기준점 허용 오차** 존재하는 기준점과 수치화된 기준점 사이에 허용되는 최대 거리. 이 거리가 한도를 넘으면 수치화된 오차는 받아들여질 수 없고, 지도는 다시 기록되어야 한다. 눈금 허용 오차는 디지타이저로 기록되는 동안 낮은 RMS 오차를 확보하는데 사용된다.

**TICN 전술정보통신체계(사업)** 와이브로와 마이크로웨이브 등의 기술을 이용해 군의 지휘통제 및 무기체계를 유・무선으로 연결하는 차세대 군용망 고도화 사업이다.

**Tics 도곽 기준점** 지도좌표를 한 체계에서 다른 체계로 변환하는데 이용되는 이미 좌표가 정의된 점. 틱이란 커퍼리지를 생성할 때의 시작 부분에서 기준점으로서 사용되며, 보통 네 귀퉁이에 찍는 것이 일반적이다. 적어도 틱은 4개 이상을 찍어야만 정상적인 작업을 수행할 수 있으며, 필요에 따라서는 그보다 많은 수의 틱을 사용하는 경우 같은 기준점을 공유하게 되므로, 공간적으로 상호 연관성을 맞게 할 수 있다. 또한 정확한 중첩 작업을 수행하기 위해서는 틱 좌표를 가능한 정확히 입력하는 것이 중요하다. 모든 틱이 입력되면 틱을 가지고 컴퓨터가 스스로 축척의 변환이나 RMS Error를 통해 작업의 정확도를 체크해 준다. 일반적으로 RMS Error는 0.003 이하가 되도록 한다. 만약 RMS Error가 너무 크면 실제 도면과 디지타이징된 도면 사이의 정확도가 차이가 나게 되므로 주의해야 한다. Ground Control points를 참조.

**Tidal Bench Mark(TBM) 기본 수준점표** TBM(Tidal Bench Mark)를 참조.

**Tidal Bore 강조진파, 조숙** 조석파가 하천을 거슬러 올라가면서 점차 변형하여 마침내는 조석파 전면의 급경사가 마치 벽과 같이 하천을 돌진하는 현상을 말한다.

**Tidal Chart 조석도** 조석도는 기조력에 의해 생성된 조석(tide)의 진행 방향 및 크기를 표시하는 도면으로서, 고조가 일어나는 같은 시간을 표시한 선을 등조시선(cotidal line)이라 하고, 등진폭(반조차)을 표시한 선을 등조차선(corange line)이라 한다. 조석도의 작성에는 경험적 방법과 수치모형을 통한 방법이 있다. 조석도에는 대표적인 $M_2$분조 및 $K_1$분조 등을 각각 개별적으로 표시하는 것이 보통이나 ($M_2$+ $S_2$), ($K_1$+ $O_1$) 등의 합성조를 표시하기도 한다.

**Tidal Constituent 분조** 조석(tide)은 해수입자와 불균등한 운행을 하는 여러 천체들(주로 달과 태양)과의 만유인력으로 인한 해면의 주기적인 승강운동이다. 그런데 이들을 합해서 분석하지 않고 적도상을 지구로부터 일정한 거리로서 각각 고유의 속도를 유지하면서 운행하는 무수한 가상천체에 의하여 일어나는 규칙적인 조석들이 서로 합하여 이루어졌다고 생각할 때, 이 개개의 조석을 분조라 한다. 즉, 조화분해로 얻어지는 성분파를 말하며 분조의 수는 다양하지만 그 중에서 실용적으로 매우 중요한 것은 M2, S2, K1, O1의 4개 분조이다. 우리나라 근해의 조석과 조류 역시 주로 이들 4개 분조에 의한 것이며, 그 외의 분조는 미미한 편이다.

**Tidal Correction 조석 보정** Gravity Correction을 참조.

**Tidal Current 조류(潮流)** 밀물과 썰물 때문에 일어나는 바닷물의 흐름으로 조석 및 해류와는 구별된다.

**Tidal Current Chart 조류도(潮流圖)** 조류의 방향 및 속도를 표시한 지도를 말한다.

**Tidal Datum 조위 기준면** 수위측량에서의 기준면 또는 해안선의 경계선 등을 표시할 때 필요한 하나의 기준면이다.

**Tidal Flat 간석지** Tideland를 참조.

**Tidal Force 조석 힘, 기조력(起潮力)** 지구의 각점에 조석(潮汐)을 일으키는 힘을 말한다.

**Tidal Front 조경** 조석파가 하천을 거슬러 올라가면서 점차 변형하여 마침내는 조석파 전면의 급경사가 마치 벽과 같이 하천을 돌진하는 현상을 말한다.

**Tidal Gauge 검조기** 천체에 의하여 일어나는 해면의 주기적인 승강인 조석의 조위(height of tide)를 연속하여 측정하는 장비이다.

**Tidal Level 조위** 조석에 의하여 변화하는 수면의 높이를 말한다. 조고조라고도 한다. Sea level, Heigh of Tide를 참조.

**Tidal Observation 조석관측, 검조의** 해수면의 주기적 상승의 정확한 양상을 관측하는 측량을 말한다. 연안선 선박 통행, 수심 관측의 기준면 설정, 항만 공사 등의 기준면 설정, 육상 수준측량의 기준면 설정 등에 사용된다.

**Tidal Range 조차(潮差)** 연이은 고조와 저조간의 해면 높이의 차. 장기간에 걸친 조차의 평균을 평균조차(Mean range)라 한다.

**Tidal Station 검조소(檢潮所), 검조장** 검조를 위하여 설치한 구조물을 말한다.

**Tidal Wave 조석파(潮汐波)** 조석파라는 용어는 자주 폭풍해일(storm surge)이나 지진성해일(tsunami)과 같은 파괴적인 파현상에 조석과 직접적인 관계도 없이 사용되고 있다. 하지만 조석이론(tidal theory)에서 조석파는 천체의 인력과 지구운동의 복합적인 작용에 의해서 일어나는 해면의 파동현상이다. 조석파는 해양에서 장파(long wave)의 특징을 갖고 있다. 외양에서 조석파의 효과는 보통 작지만, 연안이나 천해에서 외해의 조석에 대한 반응은 다소간의 공명(resonance)의 결과를 가져와서 큰 조석 변화를 가져온다.

**Tidal Zone 조간대** Intertidal Zone를 참조.

**Tide 조석(潮汐)** 해면의 완만한 주기적인 승강으로 태양과 달 등의 기조력(起潮力)에 의해서 일어난다.

**Tide Age 조령** 삭 또는 망으로부터 조차가 가장 클 때까지의 시간을 말한다. 우리나라 연안에서는 보통 1~2일이다.

**Tide Form Number 조석의 형태 수** 일조주에 대한 반일 주조의 비 [F=(H′+Ho)/(Hm+Hs)], F=0~0.25(반일 주조), F=0.25~1.50(반일 주조가 우세한 혼합조), f=1.50~3.00(일주조가 우세한 혼합조), f>3.0(일주조).

**Tide Gage 검조기(檢潮器)** 밀물과 썰물에 의한 해면(海面)의 높낮이를 관측하는 장치. 검조소에 우물을 파고 바닷물을 끌어들여 부표(浮標)를 띄우고, 부표가 위 아래로 움직이는 것을 기록하도록 한 것이다.

**Tide Generating Force 기조력** 조석(tide)을 일으키는 힘을 말한다. 기조력은 지구와 천체(주로 달과 태양)간의 인력(gravity force)에서 지구 자체의 원심력(centrifugal force)을 뺀 차이다.

**Tide Observation 검조** Tidal Observation을 참조.

**Tide Pole 검조주(檢潮住)** 조위(潮位)를 관측하기 위하여 검조소에 설치된 표적을 말한다.

**Tide Staff 검조주** 조위(height of tide)를 직접 읽을 수 있도록 해수에 움직이지 않게 세운 눈금이 달린 표척을 말한다.

**Tide Station 검조장** 조위를 검조위(Tide Guage)로 연속해서 관측하는 장소를 말한다.

**Tide Table 조석표(潮汐表)** 조석(潮汐)을 조사하여 그 제원을 기록한 표를 말한다.

**Tide Wave 조랑** 지구 각 지역에 대한 조석을 관찰해 보면 고조시 한쪽에서 다른 곳으로 감에 따라 점차 늦어지고, 조차도 장소에 따라 차차 변하는 것을 알 수 있다. 즉, 조석은 하나의 파동으로서 이것이 해중을 진행시 파봉이 있는 지점에 도착하면 그 지점은 고조가 되며, 파곡에 도착했을 때는 저조가 된다. 동일 지점에 있어서 파봉에서 파곡까지를 조차라 하며, 파봉에 다음 파봉까지의 시간이 조석의 주기와 같다. 이러한 조석의 파를 조랑이라고 한다.

**Tideland 간석지** 주로 조차가 심한 해안에서 쓰이는 용어로 만조(high water) 때는 바닷물이 들어오고, 간조(low water) 때는 바닷물이 나가는 넓은 갯벌을 말한다.

**Tide-Producing Force 기조력(起潮力)** 기조력은 달 또는 태양의 인력에 의한 것이며 지구표면을 덮는 해수는 기인 장소에 따라 상이한 인력작용을 받기 때문에 조석파가 일어난다. 기조력의 영향을 달과 태양이 지구에 대한 운동의 복잡성에서 각종의 크기와 주기를 갖고 작용하게 되지만 그 퍼텐셜을 이들 주기와 위상에 대응하여 전개한 것이 분조이다. 달의 기조력은 태양의 2배 정도이다. 이는 만유인력의 법칙과 회전 원심력에 의해 유도되어 질량에 비례하고 거리의 세제곱에 반비례하는 것에 기인한다.

**Tie Line Method 계선법(繫線法)** 장애물이 있거나 대각선 투시가 곤란할 때 두 측선을 잇는 선을 계선이라 한다.

**Tie Point 타이 포인트(이기점), 결합점, 타이포인트** ① 사진 기준점 측량을 할 때 인접한 2개의 코스 결합을 위하여 양쪽 코스에서 측정된 점을 말한다. ② [항공 레이저(라이다) 측량] 인접하는 코스마다 식별 가능한 특징적인 지점을 말한다. 항공레이저 측량에서 동일 평면 내에서는 샘플 수가 많은 쪽의 정확도가 향상되므로 운동장이나 주차장, 옥상 등의 평탄하고 넓은 장소가 선정된다. 인접코스에 대해서는 패스포인트라고 한다.

**Tiering Service 티어링 서비스** 기본형, 보급형 등 몇 개의 패키지로 묶어 각각에 대해 차등화된 수신료를 적용하는 요금제도를 말한다.

**TIF(Tagged Image File) 표식이 붙은 영상 파일** 산업 표준 격자 그래픽이나 영상 형식을 말한다.

**TIFF(Tag Image File Format) 표식이 붙은 영상 파일 형식, 티프** 래스터 데이터를 저장하기 위한 공통적인 산업체 표준 파일 형식. 마이크로소프트와 알터스에서 공동으로 개발한 그래픽 파일 형식이며, 이 기종간의 그래픽 자료 교환을 목적으로 개발되었다. TIFF 흑색과 백색, 명암 단계, 유사 색상, 실제 색상 영상을 지원하는데, 이 모든 것은 압축 또는 비압축 형식으로 저장될 수 있다. TIFF는 전자 출판에서 일반적으로 사용되고, 다수의 주사기와 그래픽 패키지에 호환된다.

**TIGER(Topologically Integrated Geographic Encoding and Reference System) 타이거, 위상학적 통합 지형공간암호화 및 참조 파일** 미국 통계청의 국세 조사를 위한 정보 체계. 1990년도의 미국 인구조사(10년을 주기로 함) 준비 과정에서 인구조사 사무국은 USGS와 공동으로 TIGER라고 불리는 새로운 수치 데이터베이스를 개발했다. 타이거는 전국토의 100%를 포괄하는 최초의 미국 내 종합 수치 거리 지도이다. 타이거는 1/100,000 축척으로 전국의 모든 거리와 도로, 가장 큰 345개 도시지역에서의 모든 거리의 각 구획을 따라 위치한 주소의 범위. 전 철도와 운영 회사의 이름, 모든 중요 수로 측량의 특징과 관련 명칭 등의 수치 자료를 갖고 있다. 타이거는 50개 주, 콜롬비아 구역, 푸에르토리코, 버진 아일랜드, 괌, 미국령 사모아, 노던 마리나 아일랜드를 포함하고 있다. 타이거 체계의 개방으로 미국 내의 GIS 개발과 활용은 급속한 전기를 맞이하였다. 타이거의 의미는 다음과 같다.

• Toplogically : 위상(topology)은 지리적 영역을 정의하기 위해 지도에서 점, 선이 어떤 관련을 가지고 있는지에 대한 과학적인 설명을 말한다. 타이거 체계의 데이터베이스는 미국의 지리적 구조를 설명하기 위해 위상의 이론, 원칙을 제공하기 위한 관련된 수학분야의 기술을 채택하였다. Integrated-타이거 체계의 핵심은 지표의 특징과 경계의 특징을 관계화하고, 통합하고, 자동적으로 기술하는데 있다. 타이거 파일의 위상구조는 센서스와 측량으로부터 방대한 지역에 대해 가로(Street), 강, 철도 등의 위치와 관계를 정의한다. 이러한 기본적인 지리정보는 분리되고, 독립된 지도가 아닌 하나의 컴퓨터 데이터베이스의 부분이 된다.

• Geographic : 타이거 파일은 인구조사에서 그들의 센서스 조사와 측량에 이용하기 위한 자동적 기술을 저장하는 보고이다. 이 컴퓨터 데이터베이스는 센서스와 관련된 모든 정보를 가지고 있다. 타이거 체계의 주목적은 이러한 특징이나 영역의 중복 또는 생략을 방지하는데 있다.

• Encoding : 부호화는 기본적인 지리정보를 컴퓨터가 읽을 수 있는 형태로 다시 표현하는 과정이다. 타이거 파일을 만드는 이러한 과정은 지도 스캐닝, 수작업 디지타이징, 표준자료 입력, 정교한 컴퓨터 파일 매칭 등과 같은 다양한 부호화 기법을 채택하고 있다.

• Referencing : 미국 전역의 센서스 관련 정보를 자동으로 접근하고 검색할 수 있게 되어 지도와 지역 분류에 있어서 혼동을 방지할 수 있다.

**Tightly Coupled Modelling 밀접한 관계 모형화** 공통된 데이터 요소와 어떤 시스템 연산자를 통해서 GIS와 수학적인 모델을 연계시키는 데 적용되는 용어이다. 일부분의 데이터 처리와 분석은 결합된 체계 안에서 시도된다.

**Tile 타일** GIS에서 지구표면의 불일치를 나타내는 자료기반의 일부분, 지역을 타일로 나누는 작업을 통해서 자료처리시간을 절약할 수 있다. 관리 가능한 단위로 수치지도 자료를 세분하는데 사용되는 자료의 논리적 직사각형 구획. 타일은 지도 위 지역을 세분하고, 위치별로 자료를 조직한다. 지도의 경우 각 축척별로 도엽이 존재하고 VPF의 경우도 15분×15분을 기준으로 나누어져 있는데 이를 타일이라고 한다.

**Tiling 타일링, 면적 분할** 3차원 데이터 압축, 복원 기술은 데이터 용량은 최소화하면서 데이터 손실이 발생하지 않도록 하는 기술이다. 또한 데이터 전송과 가시화의 경우, 효율성을 최대화한다. 3차원 데이터의 압축, 복원 기술을 통해 대용량 데이터 관리와 처리의 효율성을 증대시킬 수 있다. 3차원 데이터 전송기술은 웹기반 3차원 GIS에 있어 사용자가 필요한 영역의 공간정보 데이터를 서버에 요청하고 서버에 저장돼 있는 공간정보 데이터를 클라이언트에서 점진적으로 실시간 수신하는 기술이다. 이를 통해 3차원 GIS 데이터 용량과 공간적 범위 제한의 한계를 극복할 수 있다.

타일링(Tiling) 기술은 자료의 입력이나 출력, 연산 시 하나의 타일(Tile)을 기본단위로 하여 작업을 수행하며, 타일 하나의 크기는 사용자가 128, 256, 512, 1024bytes 중에서 임의로 설정해줄 수 있도록 하는 기법이다. 이와 같은 타일(Tile) 단위의 메모리 관리는 보다 빠른 작업 수행을 가능하게 함으로써 자료의 입력, 영상의 Display, Update 등에 해당하는 타일만을 로드함으로써 전체적인 메모리와 속도의 향상을 꾀하는 기법이다. 이 기술은 대용량 데이터의 전송과 가시화의 효율성이 증대됨에 따라 대용량 데이터 처리와 분석을 가능하게 한다. 이러한 방식은 Microsoft사가 운영하는 TerraServer에서 사용되고 있다.

**Tiling Search 타일링 검색** 압축 영상을 화면의 해상도와 크기에 맞게 잘라놓고, 검색 시 해당 압축 영상을 신속하게 찾는 기법을 말한다.

**Tilt 경사** ① 시각적으로 사람이 눈을 움직이거나 고개를 이동하는 것 등과 같은 효과를 얻기 위해 사진기의 위치는 고정시킨 상태에서 앵글만을 이동시키는 컴퓨터 애니메이션 기법을 말한다. ② 수평을 유지하여야 하는 펄스의 평균 경사가 일그러지는 현상을 말한다. ③ 비행 방향 축(X축) 주위의 회전방향을 말한다.

**Tilt Displacement 경사 변위(傾斜變位)** 항공사진의 수평거리상 변위를 말하며 사진기 화면이 연직 방향에서의 기울기 때문에 생긴다.

**Tilt-Swing-Azimuth 공간 자세 세 요소** 카메라의 외부표정 6요소는 공간위치 3요소($X_L$, $Y_L$, $Z_L$)와 공간자세 3요소 tilt-swing-azimuth(t-s-a)[또는 omega-phi-kappa($\omega$, $\phi$, $\kappa$)]로 구성된다. tilt는 principal plane상에서 광축과 연직선의 사이각이며, swing은 필름면상에서 사진좌표계 y+ 축에서 principal line에 이르는 각이다. azimuth는 datum면상에서 지상연직점으로부터의 진북방향에서 지상 principal line에 이르는 각이다. tilt의 1/2 각도에 해당하는 principal line상의 점을 등각점(isocenter)라고 하며, 편위수정의 회전중심점이 된다. omega($\omega$)는 x축에서의 회전으로서, 축 바깥쪽에서 원점으로 보아 반시계방향이 + 각도이다. phi($\phi$)는 y축 회전, kappa($\kappa$)는 z축 회전을 말한다. 경사사진에서의 사진좌표계 (x, y, z)와 지상좌표계와 평행한 사진좌표계 (x′, y′, z′)와는 각축에 대한 다음의 회전변환 관계가 있다.

$$\begin{pmatrix} x \\ y \\ z \end{pmatrix} = R_{\kappa\phi\omega}\begin{pmatrix} x' \\ y' \\ z' \end{pmatrix} = R_{\kappa} \cdot R_{\phi} \cdot R_{\omega}\begin{pmatrix} x' \\ y' \\ z' \end{pmatrix}$$

**Tilted Photo 준연직사진** 수직 사진의 경사가 허용범위 밖인 사진을 말하는 것으로 약 1°~3°의 경사를 가진다.

**Tilting Level 미동레벨(微動레벨), 경독 레벨** 경독 나사에 의하여 기포를 중앙에 오도록 하는 레벨이다.

**Tilting Screw 미동나사** 측량기계의 가동부분에서 두 부분을 고정나사로 고정시킨 후 두 부분의 관계 위치를 조금씩 이동시키기 위한 나사이다.

**TIM(Time Interval Meter) 주사계(走査計)** [항공 레이저(라이다) 측량] 레이저 거리계를 구성하는 주요 계측기로서 발신펄스와 수신펄스의 peak파형을 검출하여 센서와 반사체간의 레이저펄스 왕복시산을 검출한다. 왕복시간은 광속(약 30만 km/s)을 이용하여 왕복거리로 환산된다.

**Tim Berners-Lee 팀 버너스 리** 월드와이드웹(WWW)의 창시자이며 시맨틱 웹을 주창하였다. 1989년에 글로벌 하이퍼텍스트 공간 개념을 제시하였는데, 이 개념을 바탕으로 탄생한 것이 바로 월드와이드웹이다. 버너스리의 아이디어 공개를 통해 전세계 인터넷 시대의 문이 열렸고, 이후 월드와이드웹은 인터넷 주소 체계인 URL 등으로 발전하였다.

**Time 시(時)** ① 시간 : 물리적인 양으로 어떠한 주기를 기준으로 관측자의 지구상의 위치를 일정한 간격으로 표시하는 것이다. 시의 기본 단위는 세슘원자의 에너지준위 간의 천이에서 방출되는 고유진동수로 정의된다. 길이 및 질량과 함께 물리 단위를 구성하는 물리량으로서 일정한 주기에 의해 정해진다. 시간은 3차원 공간에서 일어나는 물리현상을 기술하기 위하여 공간좌표와 독립적으로 도입한 매개변수이다. ② GPS : 이동시간은 발송시간과 수신 시간의 차에 기초한다. 그러나 위성 시계와 수신기 시계에는 오차가 포함되어 있다는 것을 명심해야 한다. 위성시계의 오차는 기지값이며, 이러한 오차의 보정값이 항법 메시지에 포함되어 있다. 수신기 시계 오차는 미지수로 계산되어야 한다. GPS 위성과 수신기 사이의 평균 이동 시간은 약 7/100초이다. 이러한 시간 동안에 지구는 거의 30m를 회전하며, J위성은 약 300m를 이동하게 된다. 그러므로 계산된 이동 시간은 위성의 이동뿐만 아니라, 지구의 자전에 대해 보정되어야 한다. 다행히, GPS 측량 수신기들은 유사 거리를 사용해 수신기 자체의 시계 오차를 계산하며, 자료 파일에 이와 같은 정보를 포함하게 한다. 이와 같이 저장된 수신기 시계의 Offset은 ±2×1/10억초(2Nano Second)로 정확하다. 이는 후처리기가 관측된 기선의 해를 구하는 동안에 이러한 보정값을 계산하는 번거로움을 덜어준다.

**Time Based Preventive Maintenance(TBM) 시간기준 보존** TBM(Time Based Preventive Maintenance)을 참조.

**Time Contour Map 등시간도(等時間圖)** 주어진 지점 또는 지역에서 같은 시간에 도달될 수 있는 점을 연결하여 이루어지는 선을 그려 넣은 지도를 말한다.

**Time Difference 시차(時差)** 세계시(그리니치평균시)와 표준시와의 차.

**Time Dilution Of Precision(TDOP) 시간 정밀도 저하율, 티덥** TDOP(Time Dilution Of Precision)를 참조.

**Time Distance 시간 거리** 어떤 교통수단을 이용할 때 어느 지점에서 특정 지점까지 소요되는 시간을 말한다.

**Time Division Duplex(TDD) 시분할 이중 통신 방식** TDD(Time Division Duplex)를 참조.

**Time Division Multiple Access(TDMA) 시분할 다중 접속** TDMA(Time Division Multiple Access)를 참조.

**Time Free 시간 자유** 유·무선 기술로 언제나 지도정보에 접속되는 것을 말한다.

**Time Interval Meter(TIM) 주사계(走査計)** TIM(Time Interval Meter)을 참조.

**Time Limited Schedule** 더 이상 연기할 수 없는 종료일을 명시함으로써 계산된 일정표이며, 자원 한계는 초과될 수 있다.

**Time Line 타임라인** 트위터에서 내가 쓴 글이나 팔로잉한 사람들이 쓴 글들이 모여 있는 공간이다.

**Time Mark 타임 마크** 각 GPS 초(Second)의 가장자리(Leading Edge)에 발생한 1pps(Pulse Per Second)신호이다.

**Time of Concentration 도달 시간(到達時間)** 유역의 가장 먼 지점에서 유출구까지 흐르는 데 걸리는 시간을 말한다.

**Time of Day 시각** 주어진 하루 내에서 특정한 순간의 시간(분, 초는 선택적)을 지정한 것을 말한다.

**Time of Period Information 시기 정보** 자료의 일자와 시간에 대한 정보(이 섹션은 단독으로 사용할 수 없으며, 다른 섹션과 병행하여 사용된다)로서 시기 정보는 단일 일자/시간, 다중 일자/시간, 일자/시간의 범위 등으로 구성된다.

**Time of Week(TOW) 주간시** TOW(Time of Week)를 참조.

**Time Resolution 주기 해상도** 영상에서 시간 변화의 변별력을 말한다.

**Time Series 시계열** 시간의 경과에 따라 관측된 양의 계열. 시간은 객체에 대한 공간 특성이다. 객체는 생명주기를 갖고 있으며, GIS에서는 때때로 어떤 시간의 정보를 요구하고 변화 정보를 필요로 하기도 한다.

**Time Series Analysis 시계열분석(時系列分析)** 동일한 현상을 시간의 경과에 따라 일정한 간격을 두고 반복적으로 측정하여 각 기간에 일어난 변화에 대한 추세를 알아보는 방법이다. 시간의 경과에 따라 연속적으로 측정된 관측값의 계열을 말하는 것으로써 동일한 시간 간격으로 측정한다. 시계열분석의 특징은 같은 시간 간격에 걸쳐 순서적으로 배열된 관측값으로 반드시 시간 순서에 의해 관측값을 분석해야 한다.

**Time Sharing 시분할** 한 컴퓨터 체계에 의하여 둘 이상의 프로그램의 실행에 시간을 조금씩 차이가 나게 유지한다. 따라서 2개 이상의 프로그램이 한 번에 1개를 실행하도록 된 체계에서 시간을 공유한다. 외적으로는 몇 개의 프로그램이 동시에 실행되는 것처럼 나타난다. 이 운영 방법의 형태는 몇 개의 그래픽 단말기가 단일 CPU로 조절되는 경우 사용될 수 있다.

**Time Sharing System 시분할 체계** 컴퓨터를 여러 가지 다른 목적으로 거의 동시에 여러 사용자가 사용하는 운영 방법을 말한다. 컴퓨터가 실제로 짧은 시간 간격 동안 차례로 각 사용자를 서비스해 주지만, 고속의 컴퓨터의 모든 사용자를 동시에 처리해 주는 것처럼 보인다.

**Time Slice 시간 지정 분할** 작업이 자원을 선점 당하지 않고 쓸 수 있는 지정된 시간 간격을 말한다.

**Time Synchronization 시각 동기(時刻同期)** 모든 GPS위성에는 원자시계가 탑재되어 있는데, 초정밀 시계를 맞추는데 사용된다. 현재 전 세계의 국가 표준 시계의 동기는 GPS에 의하여 이루어진다.

**Time to First Fixe(TTFF) 최초 수선 시간** TTFF(Time to First Fixe)를 참조.

**Time To Live(TTL) 티티엘, 폐기 잔여시간** TTL(Time To Live)를 참조.

**Time Zone 시간대** 동일 표준시를 사용하는 지역으로 시간 대 = 지역 시 − 그리니치 평균시(GMT)이다. 그리니치 평균시는 GPS시와 동일하다. Standard Time을 참조.

**Time-Division Long-Term Evolution(TD-LTE) 시분할 연동 롱텀에볼루션** TD-LTE(Time-Division Long-Term Evolution)를 참조.

**Time-Lapse Photography 시간 간격 촬영** 카메라가 일정한 시간 간격을 두고 계속 촬영하는 기법. 움직이는 구름이나 별,

꽃이 피는 모습 등을 담는 데 이용된다.

**Timeline 타임라인** 팔로잉하는 이들의 트위트로 채워지는 트위터의 개인 초기화면을 말한다.

**Time-of-Flight Technique 비행시간(거리측정)법, 주시법** 비행시간 거리측정은 펄스가 발사된 기준 시점과 측정대상물에서 반사되어 되돌아온 펄스의 검출시점 사이의 시간차를 측정하여 거리를 측정하는 원리이다. 이러한 비행시간법 거리측정은 수 m~수백 km 영역의 긴 영역에서 거리 모호성(distance ambiguity) 없이 거리를 측정할 수 있다는 장점이 있고, 비교적 구현이 방법이 간단하기 때문에 조선 산업, 항공 산업과 같은 거대제조업 분야에서의 3차원 형상 측정을 비롯하여 토목, 건축, 도시개발에 필요한 지상기반(groundborne) 또는 비행체기반(airborne)의 측지측량(geodetic survey) 분야에 적용되고 있으며 특히 인공위성 레이저 추적 시스템(SLR), 레이저 고도계(laser altimeter) 및 인공위성간의 거리측정과 같은 우주개발 분야에도 다양하게 응용되고 있다.

**Time-Sharing Method 시분할 방식(時分割方式)** 시분할 방식은 하나의 화면에서 좌우 채널의 이미지가 빠른 속도로 번갈아 가면서 나타내는 화면을 셔터안경 등을 이용하여 빠르게 차단과 개폐를 반복하여 한쪽 눈에 한쪽 방향의 이미지만 들어갈 수 있도록 만드는 방식이다. 이때의 좌우 전환속도는 초당 60회 이상으로 빠르게 작동하여 실제 눈으로는 깜빡임이 느껴지지 않게 만든다.

**Time-Shifted Media 시간이동 미디어** 사용자가 다운로드해서 저장했다가 보고 싶을 때 다시 돌려보는 오디오나 동영상 콘텐츠를 말한다.

**Timothy D. Cook 팀 쿡** 애플의 현 CEO. 듀크대학교에서 경영학 석사 학위를 취득했다. IBM에서 12년간 제조 및 유통 부문을 맡아 실적을 올리고 컴팩에서 6개월 만에 유통망을 만드는 등 뛰어난 경영감각을 보여 잡스에게 발탁, 애플에 합류했다.

**TIMS(Thermal IR Multispectral Scanner) 열적외선 다분광 주사기** 열적외선 다분광 스캐너를 말한다.

**TIN(Triangulated Irregular Network) 불규칙 삼각망** 불규칙 삼각망 자료는 수치 지면 자료(DEM)를 이용하여 불규칙삼각망을 구성하여 제작한 3차원 자료를 말한다("항공레이저측량 작업규정"〈국토지리정보원고시 제2012-1669호〉 제2조 제12호). 불규칙하게 위치해 있는 데이터의 상호 기하학적 관계를 고려하여 지형의 3차원적인 표현을 가능하도록 만든 데이터 구조이다. 점형 모델 중의 하나이며 서로 중첩되지 않으며 연속된 삼각형 면을 구성하는 불규칙하게 배열된 표고점에 기초한 지형모델로 지표면의 점, 선, 면형 지형을 수집하고 표현하는데 적합한 방법이다. TIN을 구성하는 점들은 지형과 무관하게 선택된 점이거나 선형지형의 모서리 점이다. 지형과 무관하게 선택된 점을 '집단 점군'(mass points)이라 하고, 선형지형의 모서리 점을 불연속선 또는 불연속점이라 한다. 이 표고모델은 선택한 표본점의 평면 및 표고위치를 외연적 또는 내연적으로 저장하며, 이들 점들의 이웃관계로부터 위상을 구축하여 표본점이외 지점의 표고를 보간에 의해 계산하여 나타낸다. TIN은 지형의 복잡한 정도에 따라 그 밀도를 가변적으로 적용할 수 있으며, 원시 지표모형(DEM)을 간직하는 장점이 있다. 아울러 3차원 그래픽 랜더링에 사용되는 구조와 유사하여 3차원 지형 표현의 효과를 증대할 수 있다. 이와 같은 장점에 반하여 구축하는 정확한 자료수집에 많은 비용이 소요되기 때문에 구축비용이 비싼 단점이 있다. TIN 데이터는 지표면 데이터를 표현하기에 매우 효과적인 방법으로서, x, y, z좌표를 가지고 있는 점들의 집합을 기본으로 하고 있다. 이 점들을 불규칙한 삼각망으로 구성하게 되는데 이 삼각형들은 각각 경사를 가진 면으로 구성된다. 점 외에도 계곡과 같은 특정 break line을 표현할 선과 작업 영역을 나타내는 면이 TIN을 구성하는 구성요소가 된다. TIN을 활용하여 다양한 분석을 수행할 수 있는데, 첫 번째로 특정 지점에서 고도, 경사도(slope), 향(aspect)분석을 할 수 있고, TIN 데이터로부터 등고선(contour)의 추출, visibility 분석, 토공량 분석 등을 할 수 있다. TIN 자료의 구성 요소는 다음과 같다. * Nodes : TIN을 구성하는 기본 요소로Z(H) 값을 가지며, 모든 절점을 이용하여 삼각망이 구성된다. * Edges : 삼각망을 구성하는 절점은 가장 가까운 절점끼리 연결되어 '변'을 구성한다. 각 변은 2개의 절점은 가지나 각 절점은 여러 개의 변을 구성한다. * Triangle : X, Y, Z 값을 갖는 3개의 절점을 중심으로 구성된다. 체적, 단면도, 가시도 분석에 사용되는 정보를 갖는다. * Hull : TIN을 구성하고 있는 모든 점을 포함하는 다각형으로, TIN에서 보간 가능한 범위이다. Hull의 외부에 대한 정보는 유추할 수 없다.

**Tint 틴트** 점화법의 점 양식으로 정의된 지역 안을 채우는 완화된 컬러를 만드는데 사용된다.

**Tipping Point 티핑 포인트, 급변점** '갑자기 뒤집히는 점'이란 뜻으로 베스트셀러 작가 말콤 글랜드웰이 기술한 현상이다. 사회

현상은 기술의 발전과는 달리, 어떤 사건에 의해 특정 수준 이상의 반응을 일으킬 때 급격하게 장애물을 뛰어넘는 특성을 가지고 있다. 작은 변화가 일정 기간 쌓이면서, 작은 변화가 급격히 큰 영향을 초래할 수 있는 상태가 된 단계이다.

**TIROS(Television Infrared Observation Satellite) 타이로스** 미국이 1960년 발사한 극궤도 1호 위성으로서 적외선 센서를 탑재하여 지구의 기상(당시 구름 포함)을 체계적으로 관측하기 시작하였다.

**TIROS Operational Vertical Sounder(TOVS) 대기 연직 탐사기** TOVS(TIROS Operational Vertical Sounder)를 참조.

**TIS(Transportation Information System) 교통 정보 체계** TIS를 이용하여 육상 교통 관리, 해상 교통 관리, 항공 교통 관리, 교통 계획 및 교통 영향 평가를 할 수 있으며, 교통량, 노선 연장, 운수업, 화물수송량, 도로 보수 공정, 도로 완공 일정 등을 효과적으로 관리할 수 있다. TIS에는 철도 운송 계획 현황, 고속 도로 교통 현황, 국제 선박 여객 운수량, 운행 시간표, 항만 관리 체계, 항만 및 항로 시설물 조직망 구성, 공항별 화물 운수량, 운행횟수, 공항 창고 출입량, 적재량, 항공 운송 정책 조사자료 등이 들어있다.

**TIS(Travler Information Service) 종합 여행안내** 출발, 목적지 간의 경로 대안 및 통행 시간, 대중교통 시간표 및 요금 등에 관한 제반 정보를 여행자의 요구에 맞게 개별적으로 제공한다.

**Title 제목** 자료들의 이름을 말한다.

**TL(Tangent Length) 접선장** 원곡선의 시점 및 종점에서 원곡선에 접선을 그을 때, 두 접선이 교차하는 점을 교점이라 하며, 시점 및 종점에서 교점까지의 거리를 접선장이라 한다.

**TLC(Triple Level Cell) 트리플 레벨 셀** 낸드 플래시의 데이터 저장 방식으로서, 1개 셀에 3비트 정보를 담을 수 있는 기술이다. 멀티레벨셀(MLC)이나 싱글레벨셀(SLC)보다 저장 효율이 2, 3배 뛰어나 더 작은 제품에도 많은 용량을 구현할 수 있다. 생산성은 높지만 속도와 안정성이 SLC, MLC보다 떨어진다. 이 때문에 고성능, 고신뢰성이 필요한 제품보다는 SD카드나 USB에 사용하는 것이 일반적이었다. 낸드플래시에 3차원 구조가 적용되며 약점으로 지목된 수명 문제가 획기적으로 극복되기 시작했다. 반도체 업계는 TLC가 한계에 봉착한 낸드플래시 시장 돌파구로 생각하고 개발을 거듭했다. 그 결과 삼성전자는 높은 신뢰성이 요구되는 서버용 낸드나 소비자용 솔리드 스테이트 드라이브(SSD)에 TLC를 도입했다. 오랜 연구를 거쳐 개발한 컨트롤러 기술로 TLC 방식으로 MLC급 속도와 안정성을 구현할 수 있게 된 것이다. TLC 방식 낸드플래시가 SSD에 탑재되기 시작하며 SSD 시장은 확대되는 추세이다.

**TLI(Transport Level Interface) 티엘아이, 트랜스포트층 인터페이스** 유닉스용 통신망에서 SPX/IPX의 전송층 규약을 직접 호출하는 API이다.

**TLM(Telemetry Word) 티엘엠, 원격측정 신호** 1개의 프레임으로 이루어진 GPS 메시지는 1,500비트(bit)로 이루어져 있다. 50bps(bit per second) 속도로 전송하므로 GPS 메시지를 전송 완료하는데 30초가 걸린다. GPS 신호 프레임(frame)은 다음과 같이 5개의 서브프레임(sub-frames)들로 구성되어 있는데, 데이터를 식별하고 타이밍(timing)을 유지할 수 있도록 하는 특별한 구조를 갖는다.

| Subframe No. | Word No. | Description |
|---|---|---|
| 1 | 1 - 2 | Telemetry word(TLM) and handover word (HOW) |
| | 3 - 10 | - Flags : L2코드와 데이터, 주 번호, 위성의 정확도와 상태<br>- age of data<br>- 위성시계 보정 계수 |
| 2 - 3 | 1 - 2 | Telemetry word(TLM) and handover word (HOW) |
| | 3 - 10 | 위성 궤도정보 (Ephemeris Parameter) |
| 4 - 5 | 1 - 2 | Telemetry word(TLM) and handover word (HOW) |
| | 3 - 10 | - 위성의 궤도정보 (Almanac)<br>- 위성 건강 |

각 서브프레임은 10개의 word(워드) 및 300비트로 구성되고 전송하는데 6초가 걸릴 길이가 걸린다. 1개의 워드(Word)는 30비트(Bit)이다. 각 서브프레임은 2개의 word로 이루어진 헤더(header)와 8개의 word로 이루어진 데이터(data)로 구성되는데, 헤더는 Telemetry Word(TLM, 원격측정 신호)와 Hand-Over Words(HOW, 전달 신호)로 이루어져 있다.

Telemetry Word(TLM)는 수신기가 각 서브 프레임의 시작점을 탐색할 수 있도록 하고 항법 서브프레임이 시작하는 시간을 수신기 시간으로 결정하게 한다. Handover Word(HOW)는 GPS 시간(다음 서브 프레임의 첫 번째 비트가 전송될 실제 시간)을 제공하고 전체 프레임 중에서 특정 서브 프레임을 식별할 수 있도록 한다.

**TLS(Transport Layer Security) 전송 계층 보안** SSL(Secure Sockets Layer)를 참조.

**TM(Thematic Mapper) 티엠, 씨매틱 매퍼** TM은 non-photographic 영상시스템으로 MSS의 후속 스캐너로서 Landsat 4와 Landsat 5에 장착되어 10년이 넘는 기간 동안 작동해 왔다. TM은 MSS보다 지상 해상도, spectral 분산, 기하학적 성능 등의 면에서 더욱 발전된 기능을 보이며, 특히 30m의 해상도로 육상의 연구 등에 유용하게 사용되고 있다. MSS(Multi-Spectral Scanner)는 Landsat 1~5까지 장착되었던 가시광 및 근적외선 영역의 센서로 위성이 통과할 때 지구의 햇빛 받는 쪽으로 서에서 동으로 scanning하는 센서이다. scanning 기하학과 위성의 궤도, 그리고 지구의 회전이 결합해서 육상 표면 연구에 적합하며, MSS의 해상도는 대략 80m이다.

| Landsat 7 Scene (180km × 180km) | | | |
|---|---|---|---|
| Bands | Spectral Range (㎛) | | Ground Resolution(m) |
| Panchromatic | 0.52-0.90 | Visible Green to Near IR | 15 |
| Band 1 | 0.45-0.52 | Visible Blue | 30 |
| Band 2 | 0.53-0.61 | Visible Green | 30 |
| Band 3 | 0.63-0.69 | Visible Red | 30 |
| Band 4 | 0.75-0.90 | Near Infrared | 30 |
| Band 5 | 1.55-1.75 | Short Wave Infrared | 30 |
| Band 7 | 2.09-2.35 | Short Wave Infrared | 30 |
| Band 6a | 10.4-12.5 | Thermal Infrared | 60 |
| Band 6b | 10.4-12.5 | Thermal Infrared | 60 |

**TM(Transverse Mercator) 횡 머케이터, 티엠**
Mercator Projection을 참조.

**TM(Transverse Mercator) Projection 티엠, 횡 머케이터 투영** 회전 타원체에서 직접 평면으로 횡축 등각 원추도법에 의해 투영하는 방법으로 가우스 크뤼거 도법이라고도 한다. 이 도법은 원점을 적도 상에 놓고 중심 투영을 Y축, 적도를 X축으로 한 투영으로 축 상에서는 지구상의 거리와 같다. 투영 범위는 중앙 경선에서 넓지 않은 범위에 한정하며, 넓은 지역에 대해서는 지구를 분할하여 지구 각각에 중앙 경선을 설정하여 투영한다. 투영식은 타원체를 평면의 등각 투영이론에 적용함으로서 구해진다.

**TMC(Task Management Component) 작업(이벤트) 관리 컴포넌트** RFID 이벤트 관리 시스템의 구성요소로서, 미들웨어 내/외부 자원을 이용한 User-defined Customizable Task를 Schedule에 근거하여 운용하는 컴포넌트이다.

**T-Money 티머니** 교통카드 신분에서 확장되어 각종 물건 구입에 사용하는 전자 화폐로 이용되고 있다.

**Tobler's Law of Geography 토블러의 지형 법칙** 가까이 있는 점들이 멀리 떨어져 있는 점보다 더 유사한 값을 갖는다는 법칙을 말한다.

**TOCG(TC 211 OGC Coordination Group) 티오씨지** TC211과 OGC는 근본적으로 공통의 목표를 가지고 있으며, TC211과 OGC는 일면 유사한 작업 환경을 가지고 있다. 상호 보완을 통한 표준 제정의 역량 강화라는 명분이 있으며, 표준 간의 모순 극복을 위해서 협력이 필요하다.

**Toggle 토글** 어플리케이션 아이콘 하나하나를 토글이라고 한다.

**Tokyo Datum 동경원점** ① 1880년대에 일본은 근대적 측지측량을 착수하게 됨에 따라 원점이 필요하게 되어, 원점을 동경의 국토지리원 구내에 설치하고 1885년에 이에 대한 관측을 완료하여 그 결과를 발표하였다. 그 후 관동 대지진에 의해 일본원점의 자오환이 파괴되어 구체적인 원점위치가 없어지게 되었을 뿐만 아니라 단파산, 비차산 삼각점의 수평위치가 변화하였다. 이로 인해 복구측량이 실시되었으며 이때 파괴된 자오환 중심과 신설된 1등 삼각보점과의 방위각이 실측되었다. 경도는 1918년 문부성고시에 의하여 현재 경도값인 대자오중심의 값으로 변경하였다. 그 당시 짓트만점의 경도를 대자오의 중심의 값으로 보정한 경도와 문부성고시에 의한 대자오의 중심의 경도와의 차가 +10.405″ 인 것으로 나타나 모든 삼각점의 경도에 +10.405″를 더하게 되었다. 일본 동경원점의 관측결과는 위도 : 139°44′ 40.5020″, 경도 : 35°39′17.5148″, 원방위각 : 156°25′28.442″ (비야산)이다. ② 1898년 양지아문(量地衙門)을 시초로 하는 우리나라의 토지 관리는 일제시대 때 조선총독부에 임시토지조사국이 설치되면서 측량사업을 바탕으로 하는 근대적 토지관리가 본격적으로 시작되었다. 1910년대 당시의 삼각측량은 대규모 삼각망을 구성하고 이에 준하여 점차 소규모 망을 만들어 도근측량과 일필지 측량의 기초가 되는 기준점을 제공하는 데에 그 목적이 있었다. 삼각측량은 대한해협을 건너서 일본 육지측량부의 1등 삼각점 본점에 연결되는 대삼각망을 구성하고 이점들을 토대로 소삼각점을 배치하여 전국에 평균 2.5km 거리에 1점의 밀도로 삼각점을 구축하였다. 즉, 동경원점을 기준으로 하는 일본의 1등 삼각망의 본점망에 거제도와 절영도를 연결하는 1등 삼각점 본점측량을 실시한 후에 대삼각망을 결합하는 방식을 채용하였으므로 성과의 기준은 동경원점이 되며 우리나라의 경우에는 거제도와 절영도의 두 삼각점이 원점의 기능을 하고 있다. 우리나라는 2010년 세계측지좌표계(GRS80)를 채택하면서 동경좌표계를 더 이상 사용하지 않게 되었다.

**Tolerance 공차(公差), 허용 오차(許用誤差)** ① 규정된 최대치와 규정된 최소치의 차(差)이다. 예를 들면, 기계부품에서는 허용최대규격과 허용최소규격의 차를 말하며, 규정된 기준치와 규정된 한계와의 차도 공차라고 부르기도 한다. ② 제품에 따라 허용될 수 있는 품질 특성값의 차로서 쓰는 데에 별 영향을 미치지 않는 일정한 수량적 범위를 말하기도 한다. 품질 특성값이란 제품의 품질이나 특성을 수량적으로 나타낸 것으로, 이것을 종합 검토하여 판단한 것을 품질 평가의 기준으로 삼는다. 그러나 제품의 특성값이 어느 일정한 범위까지는 약간의 차가 있더라도, 실제로 사용하는 데에는 별로 큰 영향을 끼치지 않는다. ③ 제조된 부품이 특정 치수에서 변화할 수 있는 양, 치수기입의 목적이라면 공차는 더하기/빼기 공차 또는 한계 공차로 나타낼 수 있다. 즉, 기준에서 허용 가능한 편차, 특정 차원을 유지하는데 특히 GIS자료와 관련하여 허가된 변화의 범위를 말한다.

**TOL File 티오엘 파일** 허용오차(Fuzzy, Dangle Length, Tic Match)처리를 포함하는 커버리지 파일이다.

**TOMS(Telephone Outside Plant Management) 통신선로 관리 체계** 한국 통신이 보유하고 있는 통신 선로 시설물을 효율적으로 운영하고, 관리하기 위해 개발된 GIS 응용체계이다.

**Tomtom 톰톰 내비게이션** 세계 차량용 내비게이션 지도사업은 HERE와 톰톰(TomTom)에 의한 독과점 상태이다. 톰톰은 다양한 기관으로부터 수집된 POI들을 그룹핑하여 제공하고 있다. 특정 단말기에 POI 로더가 설치되어 있으면 사용자들이 원하는 POI 정보를 효과적으로 다운로드하여 갱신할 수 있다.

**Tone 색조(色調)** 색체의 3속성 가운데 명도와 채도를 함께 부르는 용어이다. 피사체가 갖는 빛의 반사에 의한 것으로 인간의 육안으로 보통 10~15단계의 구별이 가능하다.

**Tone Gradation 색조** 영상을 표현하는 색상 또는 흑백 밝기 값의 수를 말한다.

**To Node 끝 절점, 종점 절점** 아크의 종점(Endpoint)으로, 마지막 디지타이징된 점을 말한다. Topology를 참조.

**Tone or Color 색조** Tone Gradation을 참조.

**Toolbar 도구막대** 지도화나 그리기에 대한 제어 도구나 명령에 사용되는 다양한 버튼을 포함하는 대상 영역. 표준 도구 막대는 공통적으로 실행하는 작업에 대한 기본 도구(확대 · 선택 · 정보 등)를 제공하고 있다.

**Top Down 하향식** 관리자층에서 먼저 GIS의 필요성을 인식하고 실무자에게 소개하는 방식이다. 관리자는 상세한 실무는 잘 모를지라도 업무에 대한 풍부한 경험을 가지고 있으므로, GIS의 효과에 대한 폭넓은 이해를 가지고 있다. 이 방식은 예산이나 조직적 지원이 쉽다는 장점이 있는 반면, 관리자가 상세한 기술적 사항을 파악하지 못하므로 GIS에 대한 과장된 기대를 갖기 쉬우므로 방향을 잃기 쉽다.

**Top Telescope 정위 망원경** 주망원경의 위에다 지주를 세우고 그 위에 보조망원경을 주망원경에 평행으로 고정된 망원경을 말한다.

**Topical Blog 주제 블로그** 특정분야 전문 블로그. 아주 좁은 범위의 주제에 대해서만 글을 올린다.

**Top-Level Ontology 상위 온톨로지** 특정 영역과는 독립적인 공간, 시간, 대상, 사건 등의 일반적 개념을 기술한다.

**Topographic 지형** 지형도에 표현되는 지형은 지물(Manmade Feature)과 지모(Natual Feature)로 구분할 수 있는데, 지모는 산정, 구릉, 계곡, 평야 등 주로 자연적인 토지의 기복을 말하며, 일반적으로 등고선으로 표시된다.

**Topographic Analysis 지형 분석** 지표의 기복과 강 · 도로 · 도시 등의 위치를 포함하는 지표면상의 형태 분석이다. 대개 측고법(지형의 기복), 수로학(수리와 배수로 현상), 지물(인공 지형), 그리고 식생 등으로 나누어진다.

**Topographic Control Point 도근점(圖根點)** 측량지역 전체에 걸쳐 지형 측량에 필요한 충분한 기준점을 설치하여 측량의 뼈대를 만들어야 하는데, 기설 삼각점 이외에 당해 측량지역의 기준으로 하기위해 새로이 선정한 보조 기준점을 도근점이라고 한다. 후속되는 세부측량은 이 기준점을 기준으로 실시된다.

**Topographic Control Point Survey 도근점 측량** 지형도 및 평판에 전개된 삼각점, 도근점 등을 기준으로 도해법 또는 계산법에 의하여 세부 측량용 기준점을 관측하는 작업을 말한다.

**Topographic Control Point Surveying 도근점 측량** 지형도를 만들기 위한 지형측량이나 평면도 작성 측량에서 기기를 세우기 위한 기준점측량이며, 기계도근측량과 도해도근측량이 있다.

**Topographic Divide 지형 분수계** 이웃한 지표수 경계와의 경계로서 지형적으로 고지(높은 지역)로 나타낸다.

**Topographic Features 지물, 지형 형상** 지형도에 표현되는 지형은 지물과 지모로 구분할 수 있는데, 지모는 산정·구릉·계곡·평야 등 주로 자연적인 토지의 기본을 말하며 일반적으로 등고선으로 표시된다. 지표면의 형상을 뜻하는 말인데 좁은 의미로는 지모를 가리키기도 하고, 그밖에 지물의 상황을 포함시키는 경우가 많다.

**Topographic Inversion 지형전도** 넓은 그림자로 인하여 영상에서 나타나는 착시현상으로서 봉우리는 계곡처럼 보이고 계곡은 봉우리처럼 보이는 현상이다.

**Topographic Map 지형도** 최소한 고도나 지표 형태에 대한 정보를 포함하여 제한된 일련의 도형정보를 보여 주는 지도 형태(예 : 등고선도)로서 지형도는 흔히 내비게이션과 기본지도로서 사용된다. 지표면 상의 자연 및 인공적인 지물, 지모의 형태와 수평, 수직의 위치 관계를 결정하여 그 결과를 일정한 축척과 도식으로 표현한 지도. 지형도를 작성하기 위한 측량을 지형 측량이라고 한다. 우리가 일반적으로 지도라고 하는 것은 대부분 지형도를 가리키는 경우가 많으며, 지형도에는 지물, 지모의 위치 관계뿐만 아니라 수목, 경지 등 지표 식생 피복 상태, 행정 경계 및 지명 등 제반 자연, 인문, 사회사상이 두루 표현되어 다목적으로 사용될 수 있다. 대부분의 자원 개발, 토지 이용 계획, 지역 정책 등 각종 목적에 필요한 기도(Base Map)는 이 지형도를 기초로 하여 편집된다. 따라서 국가에서 제작 관리하는 국토 기본도는 원칙적으로 지형도로 제작된다.

**Topographic Map of Coastal Area 연안 해역 지형도** Coastal Survey, Coastal Chart를 참조.

**Topographic Relief Line 지정선** Basic Relief Line을 참조.

**Topographic Surveying 지형 측량(地形測量)** 기본 삼각점, 공공 삼각점 또는 공공 다각점, 기본 수준점 또는 공공 수준점 등의 골격 측량의 결과에서 구해진 기준점을 기초로 하여 측량 구역 내에 있는 지형, 지물의 위치를 관측하여 지형 현황도를 제작하는 측량을 말한다.

**Topographic Wetness Index 복합 습윤지수** TWI(Topographic Wetness Index) 및 CTI(Compound Topographic Index)를 참조.

**Topographical Database 지형 데이터베이스** 지속되는 지구 표면 위의 자연 지물과 경계에 관련된 자료의 데이터베이스를 말한다.

**Topographical Line 지성선** 지표면이 다수의 평면으로 이루어졌다고 생각할 때, 이 평면들의 교차선을 지성선 또는 지세선이라 한다. 지성선은 능선, 계곡선, 경사 변화선 등과 같이 지형의 뚜렷한 특성을 나타내는 선이다.

**Topographical Surveying 지형 측량** 측량기기를 이용하여 지상의 지형·지물·경계 등을 측량하여 도시하고 지명 및 지물의 명칭 등을 조사하여 평면도 또는 지도를 제작하는 작업을 말한다.

**Topography 지형학(地形學)** 지형을 연구 대상으로 하는 학문으로 지각의 침식 윤회 등에 의해 지형이 변하는 것을 연구한다.

**Topologic Error Checking 위상적 오차 검사** 모든 다각형이 폐합되고, 모든 선이 절점에 연결된 것과 같이 자료의 논리적 일관성을 확인하는 과정이다.

**Topologic Primitive 위상 원형** 더 이상 분해할 수 없는 위상 요소를 말한다.

**Topologic Relationship 위상 관계** 경계 위상과 지물들 간의 점 집합 위상을 기술하는 지물 관계를 말한다.

**Topological 위상적** 고유의 공간 연결성과 지형의 관계가 함축적으로 저장되는 지리적 자료 구조를 표현한 용어이다.

**Topological Codes 위상적 부호** Topological Relationships를 참조.

**Topological Complex 위상적 복합체** 경계 연산 아래 닫혀진 위상학적 기본 요소들의 집합으로서 경계연산 아래에서 닫히는 것은 위상 기본요소가 위상복합체의 가운데에 있다면 그 경계 객체도 그 위상복합체의 가운데 있는 것을 의미한다.

**Topological Consistency 위상적 일관성** 지리정보의 기하학적이고 위상적인 측면에만 영향을 주는 내역들을 고려한 논리적 일관성이다.

**Topological Data Model 위상적 자료 모델** 위상 자료 모델의 장점은 두 다각형이 일반적 경계를 수치화하는데 중첩을 피하는 것과 일반적 경계의 두 버전이 부합하지 않을 때의 문제점을 해결하는 것이다. 단점은 어떠한 단순 오차라도 없이 매우 정확한 위상 자료로 생성해야만 하고, 다각형 안의 섬(islands)을 표현할 수 없다는 것이다.

**Topological Data Structure 위상적 자료 구조** 점, 선, 다각형들에 의해서 표현된 지도 형상이 어떻게 관계하는지의 명확한 정의를 의미하는 것으로, 예를 들면, 도로 부분은 다른 도로의 부분과 각각 교차되는 데에서 2개의 끝점을 가짐에 따라 명확히 정의된다. 반대로, 이러한 끝점들은 다른 도로 부분의 끝점으로 써 명확히 정의된다. 모든 도로 부분은 지역의 경계(Block과 같은)나 완전한 지역 내(ZIP 코드 지역과 같은)의 존재함에 따라 정의된다. GIS의 데이터베이스 내에 저장된 속성 자료는 대개 이러한 명확한 관계를 정의한다.

**Topological Error 위상적 오차** 특별한 소프트웨어 시스템의 요구에 의해 규정된 벡터 자료의 기하에서의 불일치를 나타내기 위해 GIS에서 사용되는 용어. 위상오차의 일반적인 분류에는 현수선, 기준선 미달, 폐합되지 않은 다각형, 다중 중심 등이 있다.

**Topological Expression 위상적 표현** 계산 위상학에서 많은 계산을 위해 사용되는 다변량 다항식처럼 연산되는 원래의 위상학적 기본 요소의 집합이다.

**Topological Layer 위상적 레이어** 명백한 위상적 관계들이 요구되는 레이어를 말한다.

**Topological Map 위상지도** 미터법 지도와는 다르게 지도의 정확한 거리정보보다는 중요한 특징 물체(Icon)들의 상호연관관계를 그래프 형태로 표시하는 방식을 가리킨다. 특징 물체의 정확한 위치보다는 상호간의 상대적인 위치 순서가 중요하게 표시된다. 즉, 사람이 길을 찾아가는 방식과 비슷한 상황에서 사용하는 지도를 의미한다. 이때 특징을 갖는 위치는 정점(Node)으로 표시하고 그 정점에서 이동 가능한 모든 정점들 사이에 분기선(Branch)을 연결하게 된다. Metric Map참조.

**Topological Object 위상적 객체** 계속되는 변형아래 불변의 공간적인 특성들을 나타내는 공간적인 객체이다.

**Topological Overlay 위상적 중첩** 지리 요소의 공간적인 일치를 알아보기 위한 분석 과정을 말한다. Identity, Intersect, Union을 참조.

**Topological Primitive 위상적 주요소** 위상복합체 내의 단일한 아이템을 표현하고, 동시에 위상복합체 안의 다른 요소와의 관계를 갖는 요소를 말한다.

**Topological Properties 위상적 특성** 이들 특성은 데이터베이스에 존재하는 공간적인 요소들 간의 상대적인 관계를 정의한다. 이들은 인접성, 연결성, 억제성을 포함하지만 각도와 거리는 포함하지 않는다. 그러므로 지리적인 형상의 상대적인 위치는 그들의 정확한 위치에 대해서는 독립적이다. 한 예로 지하철이나 기차의 노선망은 일반적으로 실제적인 위치보다는 상대적인 위치를 보여준다.

**Topological Relationships 위상적 관계** 데이터베이스 내에서 요소들 간에 서로 어떻게 관련되는가를 나타내는 것이다. 특히 한 요소의 변화가 어떻게 다른 요소에 영향을 주는가의 관계이다.

**Topological Solid 위상적 입체** 3차원의 위상 기본 요소이다.

**Topological Verification 위상적 관계 확인** 자료 요소 간의 위상학적인 관계의 일치 여부를 확인하는 과정을 말한다.

**Topologically Clean 위상적 순결, 위상적 무결성** 연결되어야 하는 모든 아크가 올바른 좌표를 가진 노드에 연결되고, 중복, 단절 및 결손 없이 아크가 연결되어 폴리곤을 형성했을 때의 디지털 벡터 지도의 상태를 의미한다.

**Topologically Integrated Geographic Encoding and Reference System(TIGER) 위상학적 통합 지형공간암호화 및 참조 파일, 타이거** TIGER(Topologically Integrated Geographic Encoding and Reference System)를 참조.

**Topologically Structured Data 위상적 구조화 자료** 연결성, 인접성, 포함성과 같은 개념을 포함하는 위상이 나타낼 수 있는 관련된 관계와 특징 같은 구조화된 자료를 말한다.

**Topology 위상** 위상 구조는 공간 관계를 명시적으로 정의하는 것으로서, 인접, 연결, 포함, 근접으로 표현되는 지리적 도형 간 관계의 수학적 기술. 따라서 점은 지역 내부에 존재하며, 선은 다른 것과 연결될 수 있고, 지역은 근린을 포함할 수 있다. 이러한 위상 구조에 의해 다각형 분해, 중첩, 네트워크 분석, 최적 노선 선택 등의 공간 분석 기능 등 유리한 점이 많다. 위상 구조를 정의함으로써 많은 양의 자료를 빠르게 처리할 수 있다. 또한 여러 분석 기능을 수행할 수 있으며, 유사한 성격을 갖는 다각형을 결합할 수도 있고, 중첩과 식별이 용이하다. 수학적 방법으로서 입력된 자료의 위치를 좌표값으로 인식하고 각각의 자료 간 정보를 상대적 위치로 저장하며, 선의 방향, 특성들 간의 관계, 연결성(Connectivity : 아크는 절점에서 연결된다), 인접성(Contiguity : 아크는 방향과 함께 좌측과 우측변을 갖는다), 영역정의( Area Definition : 폐합된 아크는 다각형을 정의한다)하는 것을 의미한다. 각종 도형 구조들의 관계를 정의함으로써, GIS의 실질적인 분석기능이 가능하도록 하는 것으로, 선의 방향, 다각형 간의 상대적인 위치 관계, 점과 점, 점과 선의 거리 또는 선의 구성에 따른 각 절점의 연결성 등을 정의하는 것이다. 이러한 기능은 Networking 분석, 공간 분석, 유수 방향의 지정 등에 많은 기능을 제공하는 것으로, 위상관계의 지정에 있어 비효율적이거나, 많은 저장 용량을 소요하는 경우에는 업무 적용에서 효율성이 떨어질 수 있다. 따라서 효율적인 위상 관계는 구성 및 정확성에 대한 비교 검토가 있어야 한다. 공간적 모형 기능은 좌표를 필요로 하는 것이 아니라 오직 위상학적인 정보만을 필요로 하기 때문에, 위상 구조는 GIS자료의 필수 요소는 아니지만 공간 분석을 위해서는 필수적으로 존재해야 한다. 예를 들어, 두 지점 간의 최적 경로를 찾기 위해서는 각 방향으로 각각의 지점을 거쳐 가는 데 드는 비용과 서로 연결된 지점의 목록이 필요하다. 좌표는 최적 경로를 계산한 후에 경로를 그리는 데에만 필요하다.

**Topology Builder 위상 생성기** 객체들 사이에 위상적 관계를 도출하고 저장하는 소프트웨어를 말한다.

**Topology Generation 위상 생성** 커버리지 특성들 위상 관계를 생성하여 처리한다.

**Topology Information 위상 정보** 도형 정보를 구성하는 점·선·면 등의 각 요소의 위치적 관계를 나타내는 정보와 도형 요소 (Link, Node, Centroid)간의 위상 관계를 표현한다. GIS 구축을 위해서 표현되며 CAD만으로서는 표현하기 어렵다.

**Topology Level 위상 레벨** 공간 관계의 복잡도 수준을 말한다.

**Topology Model 위상 모형** 벡터 구조의 다각형 구조는 형상(Shape) 정보 이외에도, 인접성(Neighborhood)과 계급성(Hierarchy)의 3가지 정보를 가져야 하며, 이러한 정보를 종합적으로 제공하는 것을 위상(Topology)이 정립되어 있다고 한다. 위상 정립을 위해서는 점, 선, 면 각각에 대하여 각각의 상호 관계가 기록된 위상 테이블이 기록되어야 하며, 이를 위해서는 면 위상, 점 위상, 선 위상, 선 좌표 테이블 등의 종합적인 정보가 필요하다. 위상 모형의 장점은 인접성 분석이나 연결성 분석과 같은 공간 분석이 가능하며, 지리적 좌표에서 도출되어야 할 공간적인 관계를 구현하는 데 필요한 처리 시간을 최대한 줄이는 저장 방법이다. 위상 모형의 단점은 위상 구조를 위한 편집 과정에 많은 시간과 비용이 들어가고, 자료 구조가 복잡하다. 왜냐하면 도형 정보 구축 시 모든 선의 연결이 끊김이 없어야 하고, 모든 다각형은 완벽하게 닫힌 형태를 갖추어야 위상이 형성된다.

**Topology Ready 위상 준비** Topology Builder에서 위상적인 모호성을 야기하거나 충돌이 없을 만큼 충분히 기하학적으로 완전한 상태를 말한다.

**Toponym 지명** 장소 이름(지명), 기술적인(묘사적인) 이름을 말한다. Place Name을 참조.

**Torque Action 토크 작용** [항공] 헬리콥터는 Blade 회전에 의해 양력을 발생하며, 이 Blade는 시계반대 방향으로 회전하기 때문에 동체는 뉴턴의 제3법칙인 작용과 반작용의 법칙에 의해 헬리콥터의 동체는 회전익 Blade 회전방향에 반대로 회전하려는 경향, 즉 시계방향으로 돌아가려고 하는데 이 현상을 Torque 작용이라 한다. Main Rotor 회전의 직접적인 결과이므로 Main Rotor의 기하학적 중심점에서 작용하며, 회전익은 엔진출력에 의해서 구동되기 때문에 엔진출력 변화는 곧, Torque에 영향을 준다. 동체 후미에 장착된 '반토큐 로터(Anti-torque Rotor)' 또는 'Tail Rotor'의 피치변화로 Torque를 상쇄시킨다.

**Torrens System 토렌스시스템** 오스트레일리아 Robert Torrens 경에 의해 창안되었고, 목적은 토지의 권한을 명확히 하고 토지거래에 따른 변동사항 정리를 용이하게 하여 권리증서의 발행을 손쉽게 행하는데 있다.

**Torsion Stress 비틀림 응력** 원통형의 재료 막대를 생각해보자. 이 막대의 밑면은 땅에 단단히 고정되어있다. 이 막대의 임의의 한 점 A를 통과하는, 밑면에 수직한 선을 생각한 뒤, 이 선이 밑면과 닿는 점을 O라고 하자. 그런 뒤 재료 막대를 비틀어 $\theta$ 만큼 회전시켰다고 하자. 막대가 회전하게 되면 임의의 한 점 A는 A′으로 이동하게 된다. $\overline{OA}$와 $\overline{OA'}$의 각도가 바로 이 재료 막대의 "전단 변형율"이고, 이 전단 변형율을 $\gamma$라고 한다. 이 막대의 단면의 반지름을 r이라고 하고, 선분 $\overline{OA}$의 길이를 L이라고 하자. 대부분의 경우 $\overline{OA'}$의 크기는 거의 같다고 할 수 있다. 따라서, 전단 변형율 $\gamma$와 비틀림 각 $\theta$ 사이에는 다음과 같은 관계가 성립한다. 즉, $r\theta = L\gamma$. $\gamma$는 전단변형율이므로 비틀림에 의해 재료 막대 내부에 작용하는 전단 응력은 $\tau = G = G\theta(r/L)$이다. 그러므로 재료를 비틀 때 비틀림 각을 알고 재료의 비틀린 단면의 반지름과 재료의 길이, 전단 계수를 알면 재료 내부에 작용하는 전단 응력의 크기를 알 수 있다. 이때 $G(r/L)$을 "비틀림 상수"라고 한다.

**Total Audience 통합 오디언스** 미디어 환경 변화에 따라 단순히 종이신문 독자뿐만 아니라 웹사이트, 모바일, 태블릿 PC 등 다양한 도구를 통해 뉴스 콘텐츠를 읽는 모든 신문 수용자를 의미한다.

**Total Core Recovery(TCR) 코어 회수율** TCR(Total Core Recovery)를 참조.

**Total Cost Management 통합 비용 관리** 미국 견적협회(AACE : American Association of Cost Engineers)는 통합 비용 관리 개념을 어떤 사업, 프로그램, 시설, 제품 및 서비스의 생애주기를 걸쳐 비용을 관리하는 체계적인 접근방법이라고 설명하고 있다. 건설비용은 4요소인 재료비, 노무비, 외주비, 경비의 발생을 계약단계에서의 계약비용과 시공단계에서의 실행비용, 그리고 준공단계에서의 정산비용으로 나누어진다.

**Total Defection Angle 총편각** 편각법에 의하여 원곡선을 설치할 때, 시점 또는 종점에 트랜싯트를 설치하고, 접선으로부터 편각과 단현을 이용하여 곡선상의 측점을 설치하며, 이때, 원곡선상의 각 측점에서의 편각을 전부 합한 것을 총편각이라 하고, 교각(IA)의 1/2 크기가 된다.

**Total Departure 합경거(合經距)** 경거의 합계. X좌표를 나타낸다.

**Total Electron Count(TEC) 총 전자 함유량** TEC(Total Electron Count).

**Total Field of View 전시각** 다중스펙트럼 주사기에 의하여 진로에 직방향으로 포함된 전체적 평면각 또는 직선적 지상거리를 말한다.

**Total Float(TF) 총 여유** TF(Total Float)를 참조.

**Total Latitude 합위거(合緯距)** 위거의 합계로서 Y좌표를 나타낸다.

**Total Latitude Method 합위거법** Total Latitude를 참조.

**Total Magnetic Force 전자력** 지자기의 세기, 즉 수평분력과 수직분력의 합을 말한다.

**Total Magnetic Intensity Chart 지자기 전자력도** 자력계를 이용하여 지구의 자기성분을 관측하여 등자력선을 표시한 도면이다.

**Total Ozone Mapping Spectrometer(TOMS) 오존 전량 분광계** TOMS(Total Ozone Mapping Spectrometer)를 참조.

**Total Productive Maintenance(TPM) 전사적 생산보전** TPM (Total Productive Maintenance)

**Total Station 토탈스테이션** 거리와 연직각 및 수평각을 하나의 기계로 관측할 수 있는 장비로서, 공간의 위치를 구하기 위한 수평각·연직각·사거리를 동시에 관측하며 수치적으로 저장이 가능하여 컴퓨터를 이용하여 대량으로 계산 처리를 하거나 이를 이용하여 지형도 등을 작성할 수 있는 장비이다. 전자시거 측량기(Electronic Tacheometer)라고도 한다.

**Total Suspended Particles(TSP) 총 부유 분진, 총 부유 입자상 물질, 총 입자상 물질** TSP(Total Suspended Particles)를 참조.

**Touch 인접** 두 공간 객체가 서로 접해 있는 것을 말한다.

**Touch Panel Method 저항막방식, 접촉식방식(接觸式-)** 필름으로 구성된 상판이 하판에 압력을 가해 입력신호를 읽는다. 필기체 인식이 가능한데다 반응속도와 터치 정확성이 높다. 하지만 압력을 가해야 작동하기 때문에 강하게 눌러줘야 하며, 긁힘 등에 취약해 흠집이 나기 쉽다(2007년 점유율 92%).

**Touch Screen 터치스크린, 감압식** 키보드나 마우스의 조작 없이 자료를 입력하는 방식으로 은행의 ATM에서 사용되는 것과 같이 사람의 손이 닿으면 그 위치의 값이 자료로 바로 입력되는 화면을 말한다. 터치스크린 모듈은 터치 패널, 콘트롤 집적회로(IC), 드라이버 소프트웨어(SW) 등으로 구성된다. 터치스크린 패널의 종류는 굉장히 다양하다. 구현 방법에 따라 감압식(Resistive), 정전용량식(Capacitive), 초음파(SAW) 방식, 적외선(IR) 방식 등으로 구분된다. 휴대폰은 대부분은 저항막 방식과 정전용량 방식이다. 감압식은 터치스크린에 가해지는 압력을 인식해 반응한다. 손가락 이외 물건으로 터치가 잘 되지만 반응 속도는 느린 편이다.

**Touch Screen Panel(TSP) 터치스크린 패널** TSP(Touch Screen Panel)를 참조.

**Tour 일주** 출발점에서 시작하여 여러 정류장을 방문하는 데 정류장을 단지 1번씩만 통과하여 출발점으로 되돌아오는 최소 저항 경로를 말한다. 이것은 외판원의 판매 코스에 대한 문제를 해결하는 데 적용된다. Hamiltonian Circuit를 참조.

**Tourist Map 관광지도(觀光地圖)** 명승·고적·관광시설 등에 대하여 특히 자세하게 나타낸 주제 지도이며, 주요 부분은 확대하고 그 밖은 단지 관계위치만을 개략적으로 표시하였다.

**TOVS(TIROS Operational Vertical Sounder) 대기 연직 탐사기** NOAA 위성에 탑재된 기상관측용 센서로 각 기압면에서의 기온과 습도, 강수량, 총오존량, 바람장 등을 산출하기 위한 복사계로, HIRS(High Resolution IR sounder), SSU(Stratospheric Sounding Unit) 및 MSU(Microwave Sounding Unit)로 구성되어 있다.

**TOW(Time of Week) 주간시** UTC로 일요일 00:00:00부터의 시간을 초단위로 나타내는 것을 말한다.

**Tower 타워** 상승 기능을 제공하는 높은 구조물을 말한다.

**Town Planning Map 도시 계획도** 용도 지역, 용도 지구, 도시 계획 시설물 등 도시 계획 현황을 기록한 지도를 말한다. City Planning Map을 참조.

**Toxic Release 독성 방출** 독성이 있는 가스가 공기 중으로 배출되는 것과 같이 독성이 있는 물질이 환경으로 방출되는 것을 의미한다.

**TP(Turning Point) 티피, 전환점(轉換點)** 수준측량의 시작과 끝 점 사이(수준측량 노선 상)에 전후의 측량을 연결하기 위하여 전시·후시를 하게 되는 표척 설치점을 말한다.

**TPEG(Transport Protocol Expert Group) 실시간 교통정보 서비스** DMB방송 주파수를 이용해 자동차 내비게이션 단말기에 실시간 교통정보, 날씨정보 등을 보여주는 기술이다. TPEG은 원래 유럽방송연맹(EBU) 산하 협회의 이름이며, 이들이 만든 교통 및 여행 정보를 전송하는 국제표준을 뜻하는 말이었지만, 우리나라가 DMB를 기반으로 한 TPEG 상용화에 성공하면서 현재는 실시간 교통정보 서비스를 뜻하는 말로 통용되고 있다.

**TPM(Total Productive Maintenance) 전사적 생산보전(全社的 生産保全)** 최고 경영자에서부터 제일선 작업자에 이르기까지 전원이 참가하는 생산목적을 중시하는 보전으로서 생산시스템 효율의 극대화를 위해 기업체질을 조성하는 것이다.

**TPP(Trans-Pacific Strategic Economic Partnership) 환태평양 경제동반자 협정(環太平洋 經濟 同伴者 協定)** TPP는 태평양을 둘러싼 미국, 일본, 캐나다, 호주 등 태평양 연안의 12개국이 참여하는 광역 자유무역협정(FTA)으로 2015년 10월 6일 타결됐다. Trans-Pacific Partnership이라고도 한다. 각국 정상의 서명과 2016년 상반기 의회의 비준을 절차가 남아 있다. TPP는 2005년 6월 뉴질랜드·싱가포르·칠레·브루나이(P4) 등 4개국의 소규모 FTA로 시작됐으나, 2008년 미국이 참여하면서 협상이 본격화 됐다. 경제규모 1, 3위인 미국과 일본이 주도하고 캐나다, 멕시코, 페루, 칠레, 싱가포르, 브루나이, 베트남, 말레이시아 12개국이 참여하는 다자간 자유무역협정이다. TPP 12개국의 인구수를 합하면, 전 세계 인구의 11%를 차지하며, 2013년 기준 국내총생산(GDP) 비중은 세계 GDP의 37.1%에 달하고, 교역 비중은 25.7%에 달한다. 환태평양경제동반자협정(TPP) 협상 타결로 세계 국내총생산(GDP)의 약 40%인 38조 달러의 거대 경제권이 탄생하게 된 것이다. TPP는 많은 나라가 참여하는 "다자간 협정"임에도 불구하고 양자 FTA(예 : 한미FTA 등) 이상의 높은 수준의 개방을 추구하는 특징이 있다. TPP는 상품 무역은 물론 관세와 무역의 기술적 장벽, 투자, 서비스, 전자상거래, 지적재산권, 노동, 환경, 국영기업, 인터넷, 정부조달 경제 정책 등 모두 30개 항목의 다양한 이슈를 포괄하고 있다. 국제정치적으로는 중국을 견제하기 위한 미국과 일본 중심의 신(新)경제동맹으로 분석된다. 한국 정부는 TPP 협상에서 처음부터 불참했으며, 협상타결에 참여하지 않았으나, 참여를 고려하고 있다. FTAAP, RCEP, AIIB 참조.

**TPMSS(Transportation Pollution Management/Support Service) 교통공해 관리지원 단위 서비스** 첨단 기술을 활용하여 도로 구간의 교통공해 환경을 실시간으로 측정하고 필요시 적절한 교통 제어를 통해 공해 환경을 관리하는 서비스로서, 특히 교통 혼잡으로 발생하는 소음, 대기오염 등의 공해를 최소화하도록 하는 서비스이다.

**TQ(Technical Quality) 기술적 품질** 사용 중인 시스템의 개발 과정에 포함된 기술과 시스템의 기술적 구현이 얼마나 효과적으로 이루어져 있는가를 분석하는 관점으로, 개발자 또는 운영자 관점의 시스템 평가 관점이다.

**Trace Analysis 추적 분석** 네트워크 중에서 선택된 노드 추적 원점(Trace Origin)에 조건적으로 연결된(Conditionally Connected) 부분을 찾고자 하는 기법이다. 어떠한 노드나 선이 조건적으로 연결되었다고 하는 것은, 노드나 선으로부터 추적 원점에 도달하는 경로가 존재하며, 연결된 경로가 조건을 만족하는 것을 말한다. 이러한 조건은 응용에 따라 다르며, 경로의 방향이나 용량, 길이, 경로에 따른 자원 소모 등등이 될 수 있다.

**Tracer 추적기** 프로그램의 실행 과정을 리스트 등에 출력하는 프로그램으로 변수나 레지스터, 스택, 프로그램 계수기의 내용 등을 출력한다.

**Tracing 추적, 트레이싱** ① 원도를 투사지(트레이싱 페이퍼)에 투사하여 먹물 또는 연필로서 청사진 원도용 등으로 그리는 것을 말한다. ② 네트워크 연결을 분할하는 작업을 말한다.

**Tracing Disk 묘화기** 묘사판 위의 흰 원판으로서 가운데에 작은 구멍이 있고, 밑에서 빛을 내어 측표로 하여 사용되는 것을 말한다.

**Tracing Paper 투사지** 도면 위에 겹쳐서 투사하여 지적도의 경계선 등을 그리는데 사용하는 얇은 종이를 말한다.

**Tracing Paper Method 투사지법, 도해 3점법** 측점 주위에 있는 다수의 기지점을 기준으로 신뢰할 수 있는 위치를 결정하는 방법을 말한다.

**Tracing Tablet 묘화기(描化器)** 여색, 편광, 블로킹 방식 등에 의한 입체 도화기의 일부로서, 모델을 이 위에 투사하여 측정도화하는 기구를 말한다.

**Trackback 먼 댓글, 트랙백** 트랙백은 댓글(reply, 답글), 덧글(comment, talkback 등) 기능의 확장판이다. 즉, 기존의 댓글은 해당게시판에 독자가 게시물을 읽고 난 뒤 해당 게시물 밑에 남기는 반면에 트랙백은 내 블로그에 글을 올리고 내 글의 일정 부분이 다른 사람의 댓글로 보이도록 트랙백 핑(TrackBack Ping)을 보내는 것으로서, 댓글을 달고 싶은 남의 글에서 트랙백 주소를 복사한 후 자신의 블로그의 제목 부분에 있는 트랙백(관련 글) 열린 팝업 창에 주소를 붙여 넣고 보내는(submit) 것이다. 트랙백 글은 내 사이트에 있기 때문에 내용을 길게 하거나 동영상을 넣고, 표현을 고치는 등 마음대로 편집할 수 있고, 그 글과 관련되어 다른 여러 글들을 함께 소개할 수 있는 장점이 있다.

**Tracking and Data Relay Satellite(TDRS) 추적 및 자료 중계 위성** TDRS(Tracking and Data Relay Satellite)를 참조.

**Tracking Services 추적 서비스** 개인·차량·재산 등을 추적, 관리하는 서비스 차량과 재산 관리 서비스는 특정 서비스 그룹 사용자의 위치와 상태 추적을 가능하게 한다. 예로는, 직원의 위치와 상태를 파악해야 할 배달 서비스의 감독자, 아이들이 어디 있는지 알아야 할 부모, 동물 추적, 그리고 자산의 추적 등이 있다.

**Tracking Shot 이동 촬영** 카메라가 전방으로 이동하면서 렌즈는 진행 방향에서 90도 되는 쪽을 가리키게 하면서 촬영하는 것. 플프리히 효과를 구현할 때 사용한다.

**Trade Area Map 상업 지역도** 상점의 수익에 대한 어떠한 퍼센트를 구할 수 있는 영역을 나타낸 지도로서, 상업 지역도는 공간 상호 작용 모델에 포함된 정보에 의해 만들 수 있다.

**Trade Off 트레이드 오프** 원격탐사 체계에서 하나의 Factor가 변함으로써 생기는 결과로, 시스템에서 변화를 보정한다.

**Trademark 상표** 소유자나 제작자가 공식적으로 등록하였거나 법적으로 지정한 이름, 기호 또는 제품을 나타내는 식별자를 말한다.

**Trading Card 트레이딩 카드** 스포츠 선수나 유명인의 모습을 인쇄한 카드를 말한다.

**Traffic alert and Collision Avoidance System(TCAS) 공중 충돌방지 장치** TCAS(Traffic alert and Collision Avoidance System)를 참조.

**Traffic Analysis Zone(TAZ) 교통 분석 지대** TAZ(Traffic Analysis Zone)를 참조.

**Traffic and Road Information Service(TRIS) 교통 정보 서비스** TRIS(Traffic and Road Information Service)를 참조.

**Traffic Control Information Service(TCIS) 교통 제어 정보 제공 서비스** TCIS(Traffic Control Information Service)를 참조.

**Traffic Map 교통도(交通圖)** 교통망의 상황에 대하여 중점을 두고 만들어진 주제 지도로서, 용도에 따라 여러 종류가 있다.

**Training Area 표본 영역** 대지 조건이 알려지고, 알려진 종류의 특징을 규정하는 데 기초를 제공하기 위한 수치 영상의 일부분. 표본 영역에서 주어진 자료는 인지 표본으로 알려진다.

**Training Data 표본 자료** 자료 획득 방안 또는 자료 분류 과정을 지정하는 데 사용되는 자료. 또한 인지 표본으로서 알려진 인지 자료는 특히 원격 탐사 영상을 정하는데 사용된다.

**Transaction 트랜잭션** [데이터베이스] 데이터베이스에서 하나의 논리적 기능을 수행하기 위한 작업의 단위로서, 데이터베이스 시스템에서 복구 및 병행 시행 시 처리되는 작업의 논리적 단위이다. 하나의 트랜잭션은 commit 되거나 rollback 된다. 트랜잭션은 일반적으로 회복의 단위가 된다. 트랜잭션의 특징은 (1) Atomicity(원자성) : 트랜잭션의 연산은 데이터베이스에 모두 반영되든지 아니면 전혀 반영되지 않아야 한다. 트랜잭션 내의 모든 명령은 반드시 완벽히 수행되어야 하며, 모두가 완벽히 수행되지 않고 어느 하나라도 에러가 발생하면 트랜잭션 전부가 취소되어야 한다. (2) Consistency(일관성) : 트랜잭션이 그 실행을 성공적으로 완료하면 언제나 일관성 있는 데이터베이스 상태로 변환한다. 시스템이 가지고 있는 고정요소는 트랜잭션 수행 전과 트랜잭션 수행 완료 후의 상태가 같아야 한다. (3) Isolation(독립성, 격리성): 둘 이상의 트랜잭션이 동시에 병행 실행되는 경우 어느 하나의 트랜잭션 실행 중에 다른 트랜잭션의 연산이 끼어들 수 없으며, 수행 중인 트랜잭션은 완전히 완료될 때까지 다른 트랜잭션에서 수행결과를 참조할 수 없다. (4) Durability(영속성, 지속성) : 성공적으로 완료된 트랜잭션의 결과는 영구적으로 반영되어야 한다.

- COMMIT 연산 : 한 작업의 논리적 단위(트랜잭션)가 성공적

으로 끝났고 데이터베이스가 다시 일관된 상태에 있으며, 이 트랜잭션이 행한 갱신 연산이 완료된 것을 트랜잭션 관리자에게 알려주는 연산이다.

▪ ROLLBACK 연산 : 하나의 트랜잭션 처리가 비정상적으로 종료되어 데이터베이스의 일관성을 깨뜨렸을 때, 이 트랜잭션의 일부가 정상적으로 처리되었더라도 트랜잭션의 원자성을 구현하기 위해 이 트랜잭션이 행한 모든 연산을 취소(UNDO)시키는 연산으로 해당 트랜잭션을 재시작하거나 폐기한다.

**Transaction Control 변동 자료 제어** 변동 자료 추적, 변동 자료 기록을 지원하고 변동 자료 충돌 또는 불확실한 상태를 피하기 위한 변동 자료의 관리를 말한다.

**Transaction Record 변동 자료 레코드** 전송의 최초 기록을 말한다.

**Transaction Time 변동 시간** 어떠한 사실이 데이터베이스 안에 통용되거나 검색되는 시간을 말한다.

**Transfer 전송, 이사** 자료를 기억장치의 어떤 부분에서 다른 부분으로 보내는 조작. 이것은 필요한 기억 장소를 지정하는 명령에 의해 실행된다.

**Transfer Format 전송 형식** 컴퓨터 체계 사이의 자료 전송에 사용되는 형식. 일반적인 사용에서 이것은 자료의 구성뿐만 아니라, 성공적으로 전송을 완료하기 위해 요구되는 속성코드와 같은 연관된 정보도 관련된다.

**Transfer Function 전송 함수** 한쪽에서 다른 한쪽으로의 공간적 자료를 투영하도록 수학적으로 정의되어진 방법을 말한다.

**Transfer Orbit 천이 궤도** 지상에서 발사된 인공위성이 목표궤도까지 가려면 힘이 필요하다. 지구 궤도상 200~6,000km 상공에 떠 있는 저궤도 위성이라면 발사체의 힘만으로 자기 궤도를 찾을 수 있다. 하지만 우리나라의 '천리안' 위성처럼 약 36,000km 상공의 정지궤도에 올라가야하는 정지궤도 위성은 발사체의 힘만으로 목표 지점에 도달하기 어렵다. 그래서 정지궤도 위성을 쏘아 올리는 발사체의 경우, 우선 상공 100~300km 고도에 있는 주차궤도(parking orbit)에 인공위성을 올려놓는 것으로 임무를 끝낸다. 주차궤도로의 진입은 위성을 수직으로 쏘아 올려 200~300km 상공의 주차궤도를 7.9km/s의 속도로 자세제어를 하여 돌게 한다. 위성이 주차궤도상의 적도위치에 왔을 때 3,6000km의 정지궤도에 가까운 표류궤도로 아포지 모터(apogee motor)라는 소형 고체 로켓을 점화하여 타원형 천이궤도를 통해 진입시키게 된다. 아포지 모터(apogee motor)는 인공위성을 본 궤도에 올릴 때 사용하는 모터로서, apogee는 정점, 절정이란 뜻과 함께 타원형 궤도에서 가장 먼 지점에 있을 때를 말한다. 인공위성을 정지궤도와 같은 높은 궤도에 올릴 때 한 번에 올리려면 힘이 들기 때문에 이런 경우에는 보통 2단계에 걸쳐 궤도에 올린다. 먼저 타원궤도를 만들어 지구에서 먼 지점까지 인공위성이 가도록 만든 다음, 가장 멀리 떨어졌을 때 어포지 모터를 사용하여 다시 원 궤도가 되도록 하는 방식이다. 초기의 인공위성에는 고체로켓을 많이 사용하였으나 이후 정밀제어를 위해 액체로켓을 많이 쓰고 있다. 고체로켓은 한 번 발사하면 그것으로 끝이지만, 액체로켓은 추력조절을 하거나, On/Off가 가능하기 때문이다. 액체로켓은 액체 어포지 엔진(Liquied Apogee Engien, LAE)라고도 부른다. 즉, 발사체의 임무가 끝난 이후 위성이 정지 궤도까지 올라가는 데 이용되는 것은 인공위성에 장착된 추진시스템과 천이 궤도이다. 주차 궤도를 돌고 있는 인공위성은 특정한 시점이 되면 엔진을 분사해 더 빠른 힘을 낸다. 그러면 인공위성은 주차 궤도보다 더 멀리 날아가게 되고 고도도 점점 더 높아진다. 이때 인공위성은 목표 궤도를 지나는 타원형의 궤도를 돌게 되는데, 이것이 바로 천이 궤도이다. 즉, 천이 궤도는 지구에 가까울 때 상공 약 250km에, 멀어질 때 약 36,000km에 자리하는 타원형의 궤도이다. 이후 원하는 경도(Latitude) 상으로 이동하는데, 이 궤도를 '준정지 궤도'인 '표류 궤도(drift orbit)'라고 한다. 여기에 진입한 인공위성은 자신의 '목표 궤도(target orbit)'에 들어가기 위해 다시 한 번 추가 동력을 사용한다. 목표 궤도인 36,000km에 가까워졌을 때 힘을 발휘해 타원형의 궤도를 원형 궤도로 바꾸는 것이다. Escape Velocity, Geostationary Orbit, Geostationary Orbit Satellite를 참조.

**Transform 변환** 지도화된 영상의 축척과 투영, 표정을 바꾸는 과정을 말한다.

**Transform Fault 변환 단층** 중앙해령, 원호형 군도, 원호형 해령 등에서 나타나는 각 오프셋의 끝을 연결하는 주향이 동단층, 각 판들은 서로 변환 단층을 따라 미끄러진다.

**Transform Projection 투영 변환** 새로운 투영법이나 주어진 투영법에 맞추기 위해 좌표를 조절하는 기능을 말한다.

**Transform Scale 축척 변환** 축척에 맞추기 위해 좌표를 조절하는 기능을 말한다.

**Transformation 변환(變換)** 자료의 좌표 체계의 변화를 의미하는 것으로, 한 좌표 체계에서 다른 좌표 체계로 변경시키는 컴퓨터 과정을 말한다. 공간 객체와 좌표계의 이동(Translation), 확대, 축소, 회전(Rotation) 및 기타 기하학적으로 모양 및 위치를 변환시키는 것이다. Rectification을 참조.

**Transformation Accuracy 변환 정확도** 표준에서 이탈될 때 변환의 정확도를 말한다.

**Transformation Parameter 변환 매개변수** 이 변환 방법과 함께 사용되기 위해 정의된 매개변수 이름이다.

**Transformation Schema 변환 스키마** 하나의 구문 및 또는 표시법에서 다른 것으로 자료의 형태를 변환하기 위한 규칙과 연산자를 규정하는 개념적 스키마를 말한다.

**Transillumination Mode 투과법** 건물의 기둥이나 교각 내부의 균열 조사 등에 이용할 수 있는 방법으로서, 반사파가 아닌 투과파를 수신한다는 점에서 반사법과는 크게 다르다.

**Transit 트랜싯** 눈금판의 중심에 세운 수직축의 둘레에 수평방향 및 연직 내에서 회전할 수 있는 망원경을 달아서 수평각과 연직각을 관측할 수 있는 측량 장비로서 데오돌라이트와 동의어로 사용되기도 하나 버니어를 직독하는 점에서 차이가 있다.

**Transit Rule 트랜싯 법칙** 각의 측정이 거리의 측정보다 더 정밀하게 이루어졌으며 측정할 때 발생하는 오차는 우연오차라는 가정에 그 근거를 두고 있다.

**Transit Surveying 트랜싯 측량** Traverse Surveying을 참조.

**Transiting Fixed Method 부전법** 전측선의 방위각의 크기를 각 측량기계가 가지고 있을 때, 망원경을 후시하고, 다음 우회하여 다음 측선을 시준하여 방위각을 관측하는 방법이다.

**Transiting Method 전경법** 측점을 옮겨가면서 상부 운동에 의해 방위각을 누적하면서 관측하는 방법이다.

**Transiting Reversion Method 반전법** 트래버스측량에서 어떤 지점에서 어떤 측선에 대한 방위각 관측 시 전측선의 방위각의 크기를 각측량기계가 가지고 있을 때, 전측선의 방위각을 기계가 가지고 있는 상태에서 망원경을 반전하여 후시하고, 다음 정위로 하여 다음 방위각을 관측하는 방법으로, 한 번의 잘못된 관측이 다음 관측에 누적된다는 단점이 있다.

**Transition 변환** 기존 시스템이 있는 상황에서 신규 시스템을 개발할 경우, 신규 시스템 개발의 최종 단계로서 기존 시스템을 제거하고, 기존 시스템에서 처리하던 모든 업무를 신규 시스템으로 대체하는 작업을 이행이라고 한다. 이 작업에는 기존 시스템의 자료를 신규 시스템에 적합한 유형으로 변환하여 입력하는 모든 작업이 포함된다.

**Transition Curve 완화곡선(緩和曲線)** 차량이 직선부에서 곡선부로 주행하거나 도로의 곡률이 영에서 급격히 변화하는 경우 원심력이 작용하여 횡방향의 힘을 받게 된다. 이 원심력은 차량의 속도와 곡선부의 곡률에 의해 결정되며 차량을 불안정하게 하는 동시에 승객에게 불쾌감을 준다. 따라서 원심력에 의한 영향을 감소시키기 위해 직선부와 곡선부 사이에 완만한 곡선을 설치하는데, 이 곡선을 완화곡선이라 한다. 완화곡선에는 클로소이드(Clothoid), 렘니스케이드(Lemniscate), 3차 포물선(cubic parabola) 등이 있다.

**Transition Curve of Third Order 3차 완화 곡선** 완화곡선의 형상을 수학적 공식으로 나타내는 데는 여러 가지 공식이 있는데, 이 중에서 3차 방정식 형태로 나타낸 것이며, 주로 철도에서 적용한다.

**Transition Section 완화구간** 완화곡선이 설치되는 구간이며, 이 구간에서는 원심력에 의한 영향을 감소시키기 위하여 곡률이 서서히 변화하는 곡선을 설치한다.

**Translation 옮김, 평행변환** ① 기존 시스템이 있는 상황에서 신규 시스템을 개발한 경우, 신규 시스템 개발의 최종 단계로서 기존 시스템을 제거하고, 기존 시스템에서 처리하던 모든 업무를 신규 시스템으로 대체하는 작업을 이행이라고 한다. 이 작업에는 기존 시스템의 자료를 신규 시스템에 적합한 유형으로 변환하여 입력하는 모든 작업이 포함된다. ② 컴퓨터 도형에서 영상면에 존재하는 정보 영역을 다른 위치로 이동하는 행위. 이때 그림의 모습은 변하지 않고 단지 위치만 변할 따름이다.

**Translation Error 번역 오차** 컴퓨터의 기억장치에서 진법 번역 시 오차를 말한다.

**Transmedia 트랜스미디어** '횡단', '초월'을 뜻하는 '트랜스(Trans)'와 '미디어(Media)'의 합성어. '미디어를 초월한 미디어'를 뜻한다. 장동련 홍익대 교수가 창안했다. 현대사회 모든 분야에서 진행되는 역동적 변화를 수용해 혁신하고 융합함으로써 미디어를 재정의 하겠다는 움직임 중 하나로 기술과 감성이 조화를 이룬 미디어 단계를 일컫는다. 통합(Integration), 상호작용(Interaction), 디지털 기술접목(Digital Code) 단계에서 더 나아가 오픈소싱(Open Sourcing), 창조성(Creation), 집합성(Aggregation) 등

감성적 요소까지 포괄한다.

**Transmedia Storytelling 트렌스미디어 스토리텔링** 여러 가지 미디어의 다양한 형태를 가진 각각의 요소가 시청자, 사용자 혹은 플레이어의 이야기에 대한 이해를 돕도록 하는 스토리텔링을 말한다. 이는 헨리 젠킨스에 의해 2006년 저서 "융합문화(Convergence Culture)"에서 처음 정의되었다. 여러 가지 다양한 미디어 포맷을 통해 이야기의 세계로 사용자를 집중시킬 수 있게 하는 단초를 창출하게 된다.

**Transmission 투과** 원격 탐사에서 전자기 에너지가 대기 중이나 지표면의 물질을 투과하는 것을 일컫는다.

**Transmission Control Protocol(TCP) 전송 제어 규약** TCP(Transmission Control Protocol)를 참조.

**Transmission Control Protocol/Internet Protocol(TCP/IP) 전송 제어 규약/인터넷규약** TCP/IP(Transmission Control Protocol/Internet Protocol)를 참조.

**Transmission Control Unit(TCU) 이동형 컴퓨터 장치** TCU(Transmission Control Unit)를 참조.

**Transmission Hologram 투과형 홀로그램** 투과형 홀로그램은 물체파(Object Wave)와 기준파(Reference Wave)를 같은 방향에서 홀로그램 감광판에 입사시키고, 홀로그램 감광판 뒤에서 빛을 비추어 홀로그램을 투과하여 나온 상을 홀로그램 감광판 앞에서 관찰하도록 제작된다.

**Transmissivity 투과율(透過率)** 어떤 물체를 통과할 수 있는 에너지 양의 비율을 말한다.

**Transmitter 송신기** 송신기는 탐사하려는 케이블이나 금속전도체에 전류를 보내기 위해 사용되는 장치이며, 전류를 보내는 방법은 목표물의 재질에 따라 유도법, 직접 연결법, 외부 코일법 중에서 선택한다.

**Trans-Pacific Strategic Economic Partnership(TPP) 환태평양 경제동반자 협정** TPP(Trans-Pacific Strategic Economic Partnership)를 참조.

**Transparency 투명도, 투명성** ① 투명화, 투명한 사진과 같은 물질로 이루어진 영상. 보통 양화 영상을 말한다. ② 블로그 세계의 용어로 개인의 믿음, 동기, 실천에 대한 정직하고 솔직한 태도를 말한다. ③ 어떤 하나의 시스템을 사용하는 사람에게 시스템의 내부 구조에 상관없이 자신의 업무를 처리할 수 있도록 보장하여 주는 것. 투명성이 보장되는 시스템에서는 내부 구조에 상관없이 작업을 수행할 수 있기 때문에 사용자는 단순히 자신이 원하는 자료만을 명시하고 실제 자료가 저장되어 있는 장소의 위치를 판별하여 자료를 처리하는 작업은 시스템에서 자동적으로 처리하게 된다.

**Transparent Overlay 투명 중첩** 지도를 겹치기 위한 아날로그 방법으로, 지도들을 투명한 종이나 필름으로 투사하거나 촬영을 한 후 기계적인 방법으로 겹치는 것이다.

**Transpiration 증산(蒸散)** 식물이 뿌리를 통해 흡수한 물을 식물 잎의 기공을 통해 대기로 내보내는 과정을 말한다. 다공(多孔) 내부의 증기압이 주위공기의 증기압보다 클 때 발생한다. 증산작용은 식물체 내의 물질의 흐름을 생기게 할 뿐만 아니라, 뿌리로부터 계속 물을 흡수할 수 있게 도와주며, 증산이 일어날 때 많은 열을 빼앗으므로 식물체의 체온 상승을 방지하기도 한다. 온도 및 태양복사열이 증가하면 증산율이 증가하며, 바람은 옆면 주위의 습한 공기를 이동시켜 증산을 증가시킨다. 증산현상의 지배인자로서, (1) 식물생리학적 인자는 식물 잎 면의 다공 밀도와 특성, 엽면구조 및 식물병리학적 요소로서, 증산에 큰 영향은 없다. (2) 환경학적 인자는 온도, 태양복사열, 바람, 토양의 수분 등으로서, 증산에 중요한 역할을 한다. Evaporation, Evapotranspiration을 참조.

**Transponder 트랜스폰더** 적당한 동작 요구 신호를 받으면 자동적으로 신호를 전송시키는 송・수신 장치. 전기 신호를 다중화하여 광 전송을 하고, 반대로 광전송된 신호를 역다중화하여 전기 신호를 만드는 장치이다.

**Transport Layer Security(TLS) 전송 계층 보안** TLS(Transport Layer Security)를 참조.

**Transport Level Interface(TLI) 트랜스포트층 인터페이스, 티엘아이** TLI(Transport Level Interface)를 참조.

**Transport Protocol Expert Group(TPEG) 실시간 교통정보 서비스** TPEG(Transport Protocol Expert Group)을 참조.

**Transportation Information System(TIS) 교통 정보 체계** TIS(Transportation Information System)를 참조.

**Transportation Pollution Management/Support Service(TPMSS) 교통공해 관리지원 단위 서비스** TPMSS(Transportation Pollution Management/Support Service)를 참조.

**Transportation Undirected Network 교통 (무지향성) 네트워크** 도로, 철도, 지하철, 보도 등 선을 따라 이동하는 네트워크 시스템으로 어느 방향으로든 통행이 가능하다.

**Transumer 트랜슈머** '넘어서, 가로질러서, 초월하는'이라는 뜻의 'Trans'와 '소비자'를 의미하는 "Consumer"의 합성어로 이동 중에 쇼핑을 하거나 정보를 얻거나 서비스를 구매하는 사람을 가리킨다. 원래 이 표현이 처음 쓰이게 된 것은 장거리를 이동하는 여행객이 비행기나 기차를 기다리면서 면세점이나 역내 상가에서 쇼핑 등을 하며 자투리 시간을 이용하는 경우였는데, 현재는 그 의미가 확장되어 한정된 시간을 활용하여 새로운 취미 등을 추구하는 소비자를 지칭한다. 오늘날 모바일 시대를 맞아 중요한 소비자 유형으로 떠오르고 있다.

**Transverse 횡측도법** 지도 투영법으로 지도의 축이 적도보다는 극과 극 사이를 따라서 정렬된 것이다.

**Transverse AspectTransverse Case 적도법** 투영축을 적도상으로 이동한 경우를 횡축법(또는 적도법)이라 하며, 그 대표적인 예는 지형도에 이용되는 횡메르카토르 도법이다.

**Transverse Cylindrical Projection 횡원통 투영** 적도에서 지구와 원통을 접하여 투영하는 것이므로 길이가 정확히 투영되는 곳은 적도 부근이다. 따라서 어떤 경선에 연해 남북으로 긴 지역 또는 경선 이외의 대권에 대해서는 원통을 그 지역의 중앙을 통과하는 경선 또는 대권에 접해 투영하면 그 대권에 연해 길이가 정확히 투영된다.

**Transverse Mercator(TM) 횡 머케이터, 티엠** TM(Transverse Mercator)을 참조.

**Transverse Mercator(TM) Projection 티엠, 횡 머케이터 투영** TM(Transverse Mercator) Projection를 참조.

**Ttransverse Projection 횡축 투영법** 적도가 아닌 북극과 남극을 연결한 표준선을 이용하는 투영법으로서 투영축이 지축과 직교한다.

**Trapdoor 트랩도어** 시스템 보안이 제거된 비밀 통로로, 서비스 기술자나 유지·보수 프로그램 작성자의 접근 편의를 위해 시스템 설계자가 일부러 만들어 놓은 시스템의 보안 구멍이다. 백도어(Backdoor)라고도 한다. 대규모의 응용프로그램이나 운영 체제 개발에서는 코드 도중에 트랩도어라는 중단 부분을 설정해 쉽게 보수할 수 있도록 한다. 최종 단계에서 삭제되어야 하는 트랩도어가 남아 있으면 컴퓨터 범죄에 악용되기도 한다.

**Trapezium Formula 제형 공식** 면적산정 방법으로 경계선의 굴곡이 심할 경우 경계선을 직선으로 간주하고, 구할 면적을 몇 개의 대형(臺形)으로 구분하여, 즉 사다리꼴로 보고 면적을 구하는 방법으로 대형법(臺形法)이라고도 한다.

**Travel Time 주행시간** Radar 등 각종 탐사, 측정장비에서 발진된 전자기파 및 탄성파 등이 지하의 반사면이나 물체에 반사되어 돌아오는데 소요되는 시간을 말한다.

**Traversal Method 순회 방법** 그리드 단위에 속성 값들을 순서적으로 할당하는 방법을 말한다.

**Traverse 다각형, 트래버스** 길이와 방향이 정해진 선분이 연속된 것을 말한다. 측점의 위치를 결정하기 위해 사용된 야외 관측에서 얻어진 일련의 측점을 연결하는 선들의 방향과 길이의 결과를 말한다.

**Traverse Network 다각망(多角網), 트래버스망(-網)** 개방형, 결합형, 폐합형 다각형을 소요에 따라 그물망 모양으로 결합한 것을 말한다.

**Traverse Point 다각점** 다각 측량에 의하여 위치가 결정된 측량 기준점이다.

**Traverse Surveying 다각 측량(多角測量), 트래버스 측량** 기본 삼각점 및 공공 삼각점·공공 다각점을 이용하여 측선의 거리와 그 측선들이 만나서 이루는 수평각을 관측하여 각 측선의 경거·위거를 계산하고 각 측점의 좌표를 구함으로써, 기준점 또는 도근점의 수평위치를 결정하는 기준점 측량의 한 방법이다.

**Traversing 순회** [자료 구조] 트리의 노드 전체를 방문하는 것을 순회라고 한다.

**Traversing 다각 측량(多角測量), 트래버스 측량** Traverse Surveying을 참조.

**Traversing Triangulation 삼변 측량** 삼각형을 구성하는 변들과 각들을 관측함에 의해 지구의 표면상에서 수평적 위치를 확정하는 방법을 말한다.

**Travler Information Service(TIS) 종합 여행안내** TIS(Travler Information Service)를 참조.

**T-ray 티-레이** 티-레이란 지금까지 사용이 드물었던 1THz(테라헤르츠) 대역 안팎의 고주파를 말한다. 투과력이 높아 쪼여 주기만 하면 물건의 성분이나 내부 구조를 손쉽게 검사할 수 있다.

**Tree 트리, 수형망** ① 자료 접근 속도를 높이거나 자료 중복을 줄이는 데 사용되는 나무 같은 구조로 조직된 자료 구조의 한 종류를 말한다. Hierarchical Database를 참조. ② 루프를 포함하지 않은 연결된 그래프를 수형망이라 한다.

**Tree Structure 트리 구조** [자료 구조] 트리는 1개 이상의 노드를 갖는 집합으로 노드들은 다음과 같은 조건을 만족한다. (Rooted) 트리(Tree) T는 다음 성질을 만족하는 하나 이상의 노드들의 유한 집합이다. 즉, (1) 트리에는 루트(root)라고 부르는 특별한 노드가 있다. (2) T의 나머지 노드들은 n(≥0)개의 분리된 집합 $T_1, T_2, T_3, \cdots, T_n$으로 분할된다. 여기서, $T_1, T_2, T_3, \cdots, T_n$는 트리이며, 이를 부트리(subtree)라 한다.

**Trend Analysis 추세분석, 경향분석** 변화하는 경향(주가, 시세 등)의 움직임으로부터 추출되는 추세선을 관찰하여 경향을 파악하는 기법이다. 추세분석을 하는 방법은 다음과 같다. ① 경향의 바닥을 이은 지지선과 경향의 천장을 이은 저항선으로 추세선을 설정한다. ② 경향의 상향, 하향, 평형선의 추세를 판가름한다. ③ 추세선의 전환을 앞서 감지하여야 한다.

**TRF(Terrestrial Reference Frame) 지구 기준좌표계** TRF는 순간적으로 변하는 지구(지구의 회전축과 본초 자오선은 시간에 따라 변한다)는 지도 제작의 목적, 측지학적 목적, 군사적인 목적에 의하여 균일한 밀도와 일정한 회전율, 고정된(시간에 대하여) 자전축을 갖는 하나의 고정된 기준 체계이다. 따라서 TRF 체계는 지구 질량의 중심을 좌표계의 원점으로 하고 Z-축은 CIO (Coventional International Origin)로 정의되는 지구의 평균 회전축으로 하며, X-축은 그리니치(Greenwuch) 자오면과 적도면과의 교차선으로 하며 적도면에서 X-축에 직각인 축을 Y-축으로 하는 좌표 체계로서 WGS84, ITRF 등이 이에 속한다.

**Trial Boring 시굴, 시험굴착** 도로를 굴착하여 지반의 상태나 매설 관로를 눈으로 확인하는 작업을 말한다.

**Triangle Division Method 삼변법(三邊法)** 삼각형의 세 변 a, b, c를 관측하여 헤론(Heron)공식에 의해 면적을 구하는 방법이다. 면적 $S = \frac{1}{2}(a+b+c)$ 이다.

**Triangle Method 삼각법 방식** 지하시설물의 깊이 관측 방법 중 하나로서 수신기에 SSV안테나를 끼워 매설물의 정확한 위치로부터 안테나가 45° 되도록 기울여 잡고 검류계의 눈금이 0이 되도록 매설물의 방향과 직각되게 이동한 다음 매설물의 위치에서부터 그곳까지의 거리를 재면, 곧 그것이 깊이가 된다.

**Triangle of Error 시오 삼각형(示誤三角形)** 평판측량에서 후방교회법으로 측점의 위치 및 평판의 방위를 결정할 때, 3개의 기지점을 시준한 방향선이 1점에서 일치되지 않고 만들어지는 작은 삼각형. 시오삼각형의 소거는 레만법, 투사지법, 벳셀법 등이 있다.Triangle Setup 하나의 트라이앵글이 렌더링되기 전에 발생되는 처리과정이다. 이것은 대단히 많은 양의 처리과정이다. 이전 세대의 3D 하드웨어는 이러한 처리과정을 CPU에서 수행하는 것이 필요하였다. 현재의 3D 카드는 이러한 처리과정을 CPU에 부하를 주지 않고 처리한다

**Triangular Division Method 삼각 구분법** 대상지역이 넓지 않고 측점 간 투시가 좋은 곳에 사용된다.

**Triangulated Irregular Network(TIN) 불규칙 삼각망** TIN (Triangulated Irregular Network)를 참조.

**Triangulation 삼각 분할** 2차원 공간을 삼각형으로 나누는 과정으로, 삼각망은 불규칙 삼각망 자료 구조의 기본과 보간의 기본, 이 2가지 목적으로 사용된다. 그러나 이러한 불규칙 삼각망을 기반으로 한 보간이 수치 지형 모형의 자료 구조로서 사용되는 불규칙 삼각망에 비해 보다 널리 이용되고 있다.

**Triangulation Net of Base-Line 기선삼각망** 삼각측량의 기선측량에서 삼각형의 한 변을 직접관측하기 곤란할 때에는 짧은 거리를 관측하여 이를 삼각형의 변에 확대하는데, 이때 이용되는 삼각망을 기선삼각망이라 한다. 기선확대는 최대 10배 이내이고, 1회 확대는 3배 이내 확대 횟수는 3회 이내로 하여야 한다.

**Triangulation Network 삼각망(三角網)** 지역 전체를 고른 밀도로 덮는 삼각형이며, 광범위한 지역의 측량에 사용된다.

**Triangulation Point 삼각점(三角點)** 지리학적 경위도, 직각좌표 및 지구중심 직교좌표 측정의 기준으로 사용하기 위하여 위성기준점 및 통합기준점을 기초로 정한 기준점 이다(공간정보의 구축 및 관리 등에 관한 법률 시행령 제8조). 삼각측량을 통해 이미 위치를 알고 있는 국가기준점으로 토지의 형상, 경계, 면적 등의 정확한 위치결정과 각종 시설물의 설계와 시공에 관련된 기준을 제공하는 공공측량의 기지점(좌표를 이미 알고 있는 점)으로 사용된다. 삼각점은 전국에 일정한 분포로 등급별 삼각망을 구성하고 그 지점에 화강암으로 된 측량표지를 매설하여 경도와 위도, 높이, 평면직각좌표, 방향각 등의 성과를 제공함으로써 지도 제작이나 각종 공사용 도면작성, 지적측량 등 모든 측량의 평면위치결정을 위한 기준자료로 활용되고 있다. 오늘날에는 인공위성을 이용하는 GPS 측량방법이 많이 사용되고 있다. 삼각점은 전국에 약 2.5km~20km 간격으로 대부분 산 정상에 설치되어 있는데, 정확도에 따라서 등급이 구분되어 있다.

**Triangulation Point Data List 삼각점 성과표** Final Results Table of Triangulation을 참조.

**Triangulation Station 삼각점(三角點)** Triangulation Point를 참조.

**Triangulation Surveying 삼각 측량** 1등, 2등, 3등 및 4등의 기본 삼각점 또는 기설 삼각점을 기준으로 이 규정에서 정한 방법이나 정확도로서, 그 점의 위치를 결정하는 작업을 말한다(공공측량작업규정 7조). 작업 방법은 기선을 관측한 다음 각 만을 관측하여 수평 위치 (X, Y)를 구하는 측량 방법으로, 넓은 범위에 삼각망을 설정하고 비교적 정확도가 높은 기준점을 용이하게 설치할 수 있다는 장점이 있다.

**Triaxial Ellipsoid 3축 타원체** 지오이드에 가장 가까운 수학적 표현이 가능한 입체는 3축 타원체이다. 3축 타원체는 자오면뿐만 아니라 적도면도 타원을 이루며 서로 직교하는데, 장축과 중축은 적도면상에 있고, 단축은 주 관성축과 일치한다.

**Triaxial Stress 3축 응력** 어떤 물체가 세 방향의 수직응력 $\sigma x$, $\sigma y$, $\sigma z$를 받고 있을 때 이것을 "3축 응력"을 받고 있다고 한다. 대표적인 예는 액체 속에 있는 물체가 정수압(hydrostatic pressure)을 받고 있는 경우이고, 원자로 용기와 같이 고압용기에서 큰 압력을 받을 때에도 용기벽에 3축 응력이 발생한다. 이 경우 수직응력만 있으므로 전단응력은 0이며 따라서 세 응력이 모두 주응력이다. 이와 같이 3개의 주응력만 받는 물체의 최대전단응력을 구하는 것은 매우 중요하다. 왜냐하면 많은 재료의 파손이 최대전단응력에 기초하여 판단되기 때문이다. 최대전단응력은 원의 반경이므로 x-y평면에서는 $\tau max = \pm(\sigma x - \sigma y)/2$ 이다. 마찬가지로 y-z평면과 x-z평면에서는 각각 $\tau max = \pm(\sigma y - \sigma z)/2$, $\tau max = \pm(\sigma x - \sigma z)/2$ 이다. 3축 응력에서는 가장 큰 응력에서 가장 작은 응력을 뺀 값의 1/2가 최대 전단응력 값이다. 따라서 $\tau max = (\sigma max - \sigma min)/2$ 이다. 3축 응력상태에서 Hooke의 법칙을 확장, 적용하면 다음과 같이 주어진다. 즉,

$$\epsilon x = \frac{1}{E}\ [\sigma x - \nu(\sigma y + \sigma z)]$$

$$\epsilon y = \frac{1}{E}\ [\sigma y - \nu(\sigma z + \sigma x)]$$

$$\epsilon z = \frac{1}{E}\ [\sigma z - \nu(\sigma x + \sigma y)]$$

이 식을 응력에 관하여 풀면 다음 식을 얻을 수 있다.

$$\sigma x = \frac{E}{(1+\nu)(1-2\nu)}\ [(1-\nu)\epsilon x + \nu(\epsilon y + \epsilon z)]$$

$$\sigma y = \frac{E}{(1+\nu)(1-2\nu)}\ [(1-\nu)\epsilon y + \nu(\epsilon z + \epsilon x)]$$

$$\sigma z = \frac{E}{(1+\nu)(1-2\nu)}\ [(1-\nu)\epsilon z + \nu(\epsilon x + \epsilon y)]$$

**Tribrach 정준대** 각을 정확하게 측정하려면 연직축이 정확히 연직이 되어야 한다. 수평분도원과 수평축도 정확히 수평이 되게 하기 위하여 평행판, 정준나사 및 각종 기포관을 있다. 평행판(parallel plates)은 상평행판(upper parallel plate or leveling head)과 하평행판(lower parallel plate or foot plate)으로 되어 있으며, 가운데 3개 혹은 4개의 정준나사(leveling screw)가 있다.

**Tridimensional Datum 3차원 기준점, 3차원 데이텀** 3차원적 좌표를 정의하기 위하여 기준으로 제공되는 자료를 말한다. 현재 WGS84와 같은 지구 중심의 측지 기준점은 3차원적으로 다루어진다.

**Trigonometric Leveling 삼각 고저 측량(三角高低測量), 삼각수준 측량(三角水準測量)** 두 측점 간의 연직각과 수평 거리를 측정하여 삼각법에 의하여 표고차를 구하는 방법을 말한다.

**Trigonometric Network 삼각망** 기준이 되는 위치를 결정하기 위하여 고른 밀도로 분포시킨 삼각형들로 연결된 망을 의미하며 삼각망에는 단열 삼각망, 사변형망, 유심망과 같은 종류들이 있다.

**Trigonometric Parallax 삼각시차** 1838년 벳셀, 핸드슨, 스트루프 등이 별의 거리를 삼각시차에 의하여 구하였다.

**Trigonometry 삼각법(三角法)** 거리가 멀거나 산이나 강 등 장애물이 있어 직접거리 측량이 곤란할 경우 사용하는 방법이다.

**Trihalomethane(THM) 트리할로메탄** 물이 함유하고 있는 유기물질과 정수과정에서 살균제로 사용되는 염소가 서로 반응하여 생성되는 발암성 물질이다. 상수원의 오염이 심해 유기물이 많을수록, 정수과정에서 살균제로 사용하는 염소를 많이 사용할수록, 살균과정의 반응과정이 길수록 많이 생성되며 수소이온농도(pH)가 높을수록, 송수관에서 머무는 기간이 길수록 더욱 활발하게 생성된다. 발암성 물질이므로 미국, 일본 등 선진국에서는 트리할로메탄에 대한 기준치를 0.1ppm으로 정하고 있다.

**Trilateration 삼변 측량** 삼각형의 각 변 또는 삼각망의 전체 변의 거리만을 관측하여 삼각점의 수평 위치를 결정하는 방법. 거리가 먼 경우, 거리 관측이 각 관측에 비해 굴절 오차가 작기 때문에 전자기파 거리 측량기가 등장한 후 1등 삼각망 또는 지각 변동

측량에 주로 이용되고 있다. 현재 국토 지리 정보원에서 1등, 2등 삼각점은 정밀 1차 기준점 측량으로, 3, 4등 삼각점은 정밀 2차 기준점 측량 작업 규정에 의하여 작업을 실시하고 있다.

**Trilinear Filtering 3(중)선형 필터링** 텍스쳐를 덜 픽셀화(부드럽게)되게 만드는 기법이다. 이 기법은 bilinear filter 효과를 2개의 각각의 텍스쳐면 위에 있는 2개의 mip-maps에 적용하는 것을 포함하고 있다. 최종적으로 필터링된 텍스쳐는 다시 필터링 처리가 된다. 따라서 "세 번" Trilinear이다. Trilinear filtering은 집약적인 처리 과정이나 전체적인 객체를 부드럽게 보여주는 역할을 한다. Filtering을 참조.

**Trim 재단** 완성된 판형에 맞춰 인쇄된 낱장을 규격에 맞게 자르는 것을 말한다.

**Trimming 트리밍** [드론] Throttle(스로틀, 상하(上下)타)만을 사용해서 드론을 띄웠는데 드론이 한쪽으로 움직인다면 영점조정에 해당하는 Trimming(트리밍)을 해야 한다. 드론을 착륙시켜 조정기에 달린 4개의 트림 텝을 드론이 움직이는 방향의 반대 방향으로 움직여 영점을 잡으면 된다. 이런 과정을 해야 안정된 제자리 비행(Hovering)이 가능하다.

**Trip Computer 트립 컴퓨터** 70년대부터 상용화된 기술로, 차량 내 각종 진단 감지기를 장착, 운전자에 차량 상태 정보를 제공하는 컴퓨터, 주로 현재 연비, 현재 연료로 주행 가능한 거리, 엔진 오일, 미션 오일 등의 정상 유·무 등에 관한 정보를 제공한다.

**Trip Generation 통행발생(通行發生)** 특정 지점이나 지역을 기점 또는 종점으로 하는 통행의 수. 또는 이를 산정하는 것을 말한다.

**Triple Data Encryption Standard(3DES) 3중 대칭키 암호, 3 데스** 3DES(Triple Data Encryption Standard)를 참조.

**Triple Difference 3중차분, 3중차** 모호정수(Integer Ambiguity)를 없애는 방법으로 doubly differenced 위상자료를 이용한다. 연속된 시간에 따라 빼주는 것으로 정보의 내용이 빈약해서 double difference를 이용하는 것보다 부정확하다. 이 관측치는 상대측위에 있어서의 위치를 초기의 근사적인 좌표로 결정하는 것과 위상자료의 cycle slip을 알아내는데 유용하다. 사이클 슬립은 관측도중 나무와 같은 장애물을 통과하거나 전리층의 활발한 활동 또는 전파가 많이 발사되는 지역에서 전자파 장애로 인하여 생긴다. 시간적으로 인접하는 2중차끼리의 차로부터 모호정수를 제거할 수 있다.

$$DDD\Phi_{(K)} = DD\Phi_{(K)} - DD\Phi_{(K-1)} = -\delta\Delta\Delta\rho/\lambda + \delta\Delta\Delta\epsilon$$

**Triple Phase Difference 3중 위상차** 적분 위상차라고 말하며, 간섭 위치 결정에 있어서, 1개 위성의 위상 시각의 적산치와 다음 적산치와의 차는 그 시간 내의 위성거리 변화를 나타낸다. 이것을 3중 위상차라고 말하며 사이클 슬립이 일어나지 않으면 3중 위상차로는 정수치 편기가 소거되어 기선을 계산한다. 단, 이에 따른 기선의 정확도는 일반적으로 그다지 좋지 않다.

**Triple Point 3중점(三重點)** ① 고체, 액체, 기체의 3상(相)이 서로 열역학적 균형을 유지하는 상태의 압력과 온도를 말한다. 물질은 3중점에 있을 때 세 상(相)이 공존하며, 상호 평형을 이룬다. 고체, 액체, 기체가 공존하는 3중점에서 냉각할 경우 기체가 점점 액체와 고체가 되며 가열할 경우 고체와 액체가 점점 기체가 된다. 또한 압력을 가하면 기체와 액체가 고체로 되며, 압력을 낮추면 고체와 액체가 기체로 변한다. 상평형을 이루는 곡선들은 대개 압력이나 온도축에 평행하지 않은 각도로 3중점에 접하기 때문에 압력이나 온도만 변화시켜서는 곧 하나의 상만 얻을 수 있으나, 압력과 온도를 적당히 동시에 변화시킨다면 두 상에 있는 물질을 얻을 수 있다.

② 물의 3중점 : 물은 강한 수소 결합을 이루기 때문에 응고하면서 부피가 증가하며, 다른 물질들과 달리 융해 곡선이 온도-압력에 대해 음(-)의 방향으로 기울어 있다. 예를 들어, 얼음판 위에서 스케이트 날에 의해 체중이 얼음에 실리면서 압력을 받으면 어는점이 낮아지면 표면의 얼음이 녹게 되어 스케이트 날이 미끄러진다. 물의 고체상인 얼음은 다양한 형태가 존재하여, 다른 3중점들도 있다. 물의 고체, 액체, 기체가 공존하는 3중점(273.16K)은 절대 온도 기준으로 사용된다. 물을 구성하는 수소와 산소는 동위원소를 가지므로, 실제로는 오스트리아 빈의 표준 평균 바닷물(Vienna Standard Mean Ocean Water, VSMOW)의 3중점을 기준으로 한다. Celsius, Fahrenheit, Kelvin 참조.

**Triplet 트리플릿, 3요소** 평면 좌표(X ,Y)와 고도(Z)로 정의되는 하나의 자료를 말한다.

**Tripod 삼각(三脚), 삼각대** 도판, 수준 측량기, 각 측량기 등을 움직이지 않도록 고정시키는 삼각대를 말한다.

**Triptacker 트립트래커** 지도를 기반으로 여행사진을 보여주는 사이트.

**TRIS(Traffic and Road Information Service) 교통 정보 서비스** 교통 정보의 수집, 전달, 안내를 통한 교통 소통 증대, 안전성, 원활을 근본 목표로 하며, 전국 범위의 각 권역별로 구성되어

ITS를 구성하는 각 정보 센터 간 유효 정보를 상호 공유하도록 하는 종합교통정보서비스를 말한다.

**Tristimulus Values 3색 자극값** 어떤 특정한 색상 공간에서 색상을 표현하기 위한 3가지 숫자를 말한다.

**Trivergence 트라이버전스** 인간이 언제 어디서든 네트워크에 접속해 업무는 물론이고 생활 서비스를 해결할 수 있는 환경을 제공하는 것을 말한다.

**TRIZ(Teoriya Resheniya Izobretatelskikh Zadatch) 트리즈** Teoriya Resheniya Izobretatelskikh Zadatch(러)의 약어로서 러시아 과학자 알츠슐러가 특허 20만 건에서 추출한 발명 방법론으로 창의적 문제해결 역량 제고를 위한 경영 이론이다. 3M, 포드, 인텔 등이 도입한 것으로 유명하다.

**Trop 트롭, 대류권 보정** 대류권 지연을 보정하기 위해 위성 관측값에 적용되는 보정값을 말한다.

**Tropic Tide 회귀조(回歸潮)** 15일마다 달의 적위(declination)가 최대일 때, 즉 달이 남북회귀선에 왔을 때 일어나는 조석을 말한다. 이때에 일조부등(diurnal inequality)이 가장 크다. 봄과 가을은 상현과 하현일 때 달이 회귀선에 오며, 여름과 겨울은 삭과 망일 때 달이 회기선에 온다.

**Tropical Year 회귀년, 태양년(太陽年)** 태양이 춘분점을 출발하여 황도를 따라 진행해서 다시 춘분점으로 돌아오기까지의 시간, 태양년이라고도 한다.

**Tropopause 권계면** 대류권(troposphere)과 성층권(stratosphere)의 경계면을 권계면이라 한다. 권계면의 높이는 위도, 계절, 기상 상태에 따라 달라지는 데 대략 적도지방에서는 17km, 중위도에서는 11km, 극지방에서는 7km이다.

**Troposphere 대류권** 기권에서 구름이 생긴다든지 비가 내린다든지 하는 기상 현상은 약 11km까지의 대기 중에서 일어나는데, 이 부분을 대류권이라 한다. 기온이 높이에 따라 감소되고 감소율은 1000m에 대하여 6.5도이다.

**Tropospheric Delay Error 대류층 (지연)오차** 대류층은 일반적으로 대기라고 생각하는 층으로 이온층 아래로 위치하고 있다. 대류층에 의한 오차는 이온층에 의한 오차에 비해 상대적으로 작고 대류층에 포함되어 있는 수증기가 그 주요 원인이다. 대류층에 의한 오차는 이온층의 경우처럼 전파의 주파수 등과 상관이 없어 Dual Frequency Receiver를 사용하여 보정할 수는 없으나 변화가 심하지 않고 모델링이 쉬우면서도 정확해서 위성 신호에서 제공되는 모델을 이용해서 상당부분 보정이 가능한 오차이다.

**Tropospheric Model 대류권 모형** GPS 위성신호가 지상까지 전달되기 위해서는 대류권을 통과하여야 하는데, 대류권에는 중성자로 구성된 대기의 영향에 의해 대류권 지연이 발생한다. 이러한 지연을 보정하기 위한 모형으로서 Saastamoinen 모형, Hopfield 모형, Modified Hopfield 모형 등이 있다.

**Tropospheric Refraction Error 대류권 굴절 오차** GPS의 대류권 굴절 오차는 중성자로 구성된 대기의 영향에 따라 위성 신호가 굴절하여 야기되는 오차를 말한다. 중성자는 15GHz 이하의 주파수를 갖는 라디오파에 대해서 비확산 매개물로 존재하므로, 대기권에 대한 전자파의 전달은 주파수에 무관하게 되며, L1신호나 L2신호에서 유도된 반송파 위상과 코드 의사거리를 구분할 필요가 없게 된다. 즉, 대류권 굴절은 전리층 굴절과는 달리 이주파 수신기를 이용해 소거될 수 없다.

**True Bearing 진방위(眞方位)** 평면직교좌표계에서 어떤 점과 원점을 잇는 선이 자오선과 이루는 방위각이다.

**True Color 자연색** 비트 수를 충분히 사용함으로써 색상이 시각적으로 완전하게 보이도록 그래픽을 표현하는 데 사용되는 형용사. 대부분의 책이나 응용 프로그램에서, 실 색상은 24비트 색상을 의미한다. 각 영상소는 빨강색, 초록색, 파랑의 3바이트 정보로 표현된다. 이 용어는 수년 동안 많이 사용됐으며, 그래픽 제품의 공급자마다 서로 다른 의미로 사용되기도 한다.

**True Error 참오차** 관측값과 참값의 차이이다.

**True Horizontal Line 진 지평선** 사진상에 임의의 장방향 물체나 격자가 촬영되었을 때, 원금감에 의하여 소실점을 형성하게 된다. 이때 이 소실점을 이은 선은 진 수평선이다.

**True Meridian 진북 자오선** 지구 표면에서 북극과 남극을 서로 연결한 선을 말하며 지리자오선 또는 천체 자오선 등으로 부르기도 한다.

**True North 진북** 어느 지점에서의 진북은 그 점을 통하는 자오선의 북쪽이 그 지점의 진북이 된다. 지도에서는 그 지점을 통하는 경선이 진북 방향이다. 지도는 도곽의 상방을 북쪽으로 하는 관습이 있어 대부분의 지도와 국토지리정보원이 발행하는 지형도는 위쪽을 북쪽으로 하고 있다. 그러나 엄밀한 의미에서 지도의 북쪽은 진북을 나타내지 않는다. 즉, 경위선으로 도곽을 나눈 지도에서는 좌우 도곽선(경선)이 진북을 나타낸다. 그렇지 않은 지도에서는 지도의 중심 경선이 진북을 타나내며, 경선의 위치가 표시되지 않는 지도는 별도의 기호로 진북 방향을 표시하고 있다.

**True Random Number 순수 난수, 참 난수** 불규칙적인 자연현상을 숫자로 변환해 난수를 생성한 것이다. 난수는 통신내용을 전송할 때 암호화가 필요한데 이때 사용되는 방법이다. 무작위 숫자를 이용해 도청이 불가능하도록 했다. 그러나 컴퓨터 기술이 발달하면서 인공적인 난수(의사난수) 패턴이 노출되는 문제가 생겼다. 순수난수는 이를 해결하기 위한 방법이다. 단일광자 검출소자는 빛의 최소 단위인 단일광자(single photon)를 검출할 수 있는 초고감도 광학센서이다. 단일광자 움직임을 포착하면 이를 토대로 완전한 무작위수, 즉 순수난수를 만들 수 있다. 양자암호통신을 활용하면 국방이나 행정・금융・의료・사물인터넷(IoT) 산업 분야에서 핵심정보를 안전하게 전송할 수 있게 된다.

**True Random Number Generator 난수 발생기** 이상적인 난수(random number)는 무작위로 선택된 수로 예측불가능하고 편향되지 않는다. 참난수(true random number)를 생성하는 것은 현실적으로 불가능하다. 따라서 난수발생기는 사용되는 잡음원에 따라 비결정론적 난수발생기(non-deterministic random bit generator, NRBG)와 결정론적 난수발생기(deterministic random bit generator, DRBG)로 나뉜다. (1) 비결정론적 난수발생기는 출력이 최대 entropy를 가지도록 설계한 것이며, (2) 결정론적 난수발생기는 시드(seed)라 불리는 데이터를 결정론적 알고리즘에 입력하여 더 긴 길이의 난수를 생성시키는 방법이다.

**True Solar Time 진태양시** '진태양시'는 지구에서 관측되는 태양이 아닌 실제 태양의 위치를 기준으로 삼는다. 나머지 시간 도출 방식은 동일하다.

1억 5천만km 떨어진 태양에서 지구로 도달하는데 약 500초 걸리므로, 지구에서 겉으로 보이는 태양은 실제 태양보다 500초 전(前)의 위치로 관측된다. 500초 뒤처져 있다는 것은 겉보기 태양이 실제 태양에 비해 서쪽으로 0.0057° 치우쳐 있음을 의미한다. 결국 일주운동을 관측할 때 겉으로 보이는 태양이 실제 태양보다 1.37초 정도 빨리 남중하게 되어, 시태양시가 진태양시보다 1.37초 정도 앞선다. 지구는 타원궤도를 돌고 있기 때문에 이 차이는 1.35초~1.39초 정도 범위로 나타난다.

**True Value 참값** 대상물의 길이, 무게, 부피 등 여러 가지 양의 진값을 말한다. 참값은 알 수 없으므로 일반적으로 통계학적, 확률론적으로 추정한 최확값을 참값으로 사용한다. 관측값과 참값과의 차를 참오차라고 한다.

**True-Direction Projection 등방위 투영** 지구와 같은 곡면의 두 지점 사이의 가장 짧은 길은 두 점이 위치한 대원, 즉 평면상의 직선을 따르는 선분이다. 이 투영법은 Conformal 또는 Equal-Area, Equidistant Projection일 수 있다.

**TrueSpace 트루스페이스** 마이크로소프트사가 제공하는 기능으로 구글의 스케치업과 유사한 기능으로 3차원 건물 영상 생성을 위해 사용자들에게 제공하고 있다.

**True-Vue 트루뷰** 35mm 포지티브 필름을 써서(10쌍의 3D 포토가 부착된 직사각형 카드에 배치) 3D 이미지를 구현하는 슬라이드 재생 시스템.

**Trulia Local 트룰리아 로컬** 지역 범죄율, 학교(등급 포함)를 비롯해 음식점, 은행, 주유소와 같은 편의 시설 등 관련 정보를 분석하는 기능이 포함된 구글 맵 기반 부동산 검색 도구이다. 대부분의 주요 도시에 대한 데이터 계층이 제공되며, 트룰리아 사이트의 가격 하락 맵에서는 매도자가 호가를 인하하기 전까지 최초 매물 가격을 유지한 평균 일수를 표시하는 열 지도를 볼 수 있다.

**Truncation Error 절단 오차** 수치 처리 과정에서 무한급수를 유한급수로 처리시의 오차를 말한다.

**Trysumer 트라이슈머** 제품을 직접 체험한 후 구매를 원하는 소비자층을 말한다. 모디슈머와 비슷한 개념으로서 시도를 뜻하는 try와 소비자를 뜻하는 consumer의 합성어로서, 완제품을 체험하고 결정한다. 트라이슈머의 증가로 자사의 상품을 체험할 수 있는 공간을 제공하는 플래그십 스토어도 적지 않게 등장했다. 특히 육아용품 시장에서 트라이슈머가 증가하는 추세이다. 이러한 추세로 인해 제품체험 스토어 등이 생기고, 화장품 샘플존・체험존 등이 생기고 있는데 이는 트라이슈머를 공략하기 위한 마케팅의 일종이라고 할 수 있다.

**TSP(Total Suspended Particles) 총 부유 분진, 총 부유 입자상 물질, 총 입자상 물질** 통상적으로 50$\mu$m 이하의 모든 부유먼지를 말한다. 입자의 크기가 10$\mu$m 이상인 경우에는 도시미관에 영향을 미치긴 하지만 인체의 건강에는 영향이 적기 때문에 90년대 후반 TSP에서 PM-10으로 환경기준을 변경하였다. 미세먼지의 배출원인은 인위적인 발생과 자연적인 발생으로 구분된다. 자연발생원인은 모래바람의 먼지, 화산재, 산불이 일 때 발생하는 먼지 등이다. 해염입자 또한 바다 가까이에 위치한 지역에는 많은 영향을 미친다. 대기오염물질을 포함하는 대기오염물질을 말한다. 미세먼지(fine particles)는 부유분진(suspended particles), 입자상물질(particulate matter) 등으로도 불리며 명칭에 따라 약간씩 다른 의미를 가지고 있다. 입자상물질은 공기역학적 입경(지름)이 10nm에서 100$\mu$m 정도이며, 이보다 입경이 큰 경우는 중력에 의한 침강효과로 대기 중 체류시간이 아주 짧다. PM 10, PM 2.5 참조.

**TSP(Touch Screen Panel) 터치 스크린 패널** TSP는 화면 손가락 위치를 인식하기 위해 2개의 센서(ITO) 층이 필요하다. ITO 센서는 유리에 증착하거나 필름에 인쇄하는 식으로 구현된다. 필름부착방식이 아니라 디스플레이 혹은 커버에 센서를 일체화한 제품을 일체형 TSP라고 한다. 커버 일체형 터치는 센서층 수에 따라 G2, G1으로 구분된다.

**TT(Terrestrial Time) 지구시** 천체 관측에서 많이 사용하는 시각이다. 현재는 높은 정밀도를 위해 국제 원자시와 같은 속도로 시간이 흐르게 약속을 한다. 즉, 국제 원자시와 차이가 고정되어 있는데, 그 값은 대략 32.184초이다. 천문 현상을 다루는 데 있어서 지구의 운동과 독립적으로 다루어질 필요가 있으며, 만국 표준시로 변환할 때 연도별 차이에 따라 보정한다. 이전에는 ET(ephemeris time)이나 TDT(terrestrial dynamical time) 등으로 썼다.

**TTFF(Time to First Fixe) 최초 수선 시간** GPS 수신기로 위치 파악에 걸리는 실제시간. 이 내역은 수신기의 운영 상태와 마지막으로 위치를 수정한 때부터의 시간, 마지막으로 수정한 위치, 그리고 특정한 수신기 설계에 의해서 변한다.

**TTL(Time To Live) 티티엘, 폐기 잔여시간** TTL은 IP헤더 내에서 폐기까지의 시간을 나타낸 부분이다. IP 패킷 내에 있는 값으로서, 그 패킷이 네트워크 내에 너무 오래 있어서 버려져야 하는지의 여부를 라우터에게 알려준다. 패킷들은, 여러 가지 이유로 적당한 시간 내에 지정한 장소에 배달되지 못하는 수가 있다. 예를 들어, 부정확한 라우팅 테이블의 결합은 패킷을 끝없이 순환하게 만들 수도 있다. 일정한 시간이 지나면 그 패킷을 버리고, 재전송할 것인지를 결정하도록 그 사실을 발신인에게 알릴 수 있게 하기 위한 해결책으로 TTL이 사용된다. TTL의 초기치는 시스템에 의해 대개 8비트 길이의 패킷 헤더에 설정된다. 각 라우터는 TTL 필드로부터 적어도 하나의 숫자를 빼도록 되어 있으며, 그 계산은 대개 패킷이 버려지기 전에 허용되는 라우터 홉수를 의미하는데 사용된다. 패킷을 받는 각 라우터는 TTL 필드 내의 값에서 1을 뺀다. 그 값이 0이 되었을 때, 라우터는 그것을 감지하여 그 패킷을 버리고 ICMP 메시지를 발신지 호스트로 보낸다.

**Tundra 툰드라** 북극이나 고산 지역의 수목선 위의 나무가 자라지 않는 지역으로서, 영구 동토층을 형성하고 선태류나 지의류와 같은 식생이 자란다.

**Tungsten Light 텅스텐 조명** [영상] 전류가 통하면 백열광을 내는 가느다란 텅스텐의 선이 들어 있는 전구에서 나오는 광선으로서, 백열광이라고 부르기도 한다.

**Tunnel 터널** 사람, 차량, 물 등을 통할 수 있게 할 목적으로 산악, 구릉 등의 땅을 파서 낸 구멍과 통로. 철도 또는 수로용 터널과 해저 및 해저터널 등이 있다.

**Tunnel Boring Machine(TBM) 터널 보링 머신** TBM(Tunnel Boring Machine)을 참조.

**Tunnel Surveying 터널 측량(-測量)** 터널의 계획, 굴착 등에 필요한 측량이며, 광산측량도 이에 포함된다.

**Tuple 튜플** 데이터베이스내의 주어진 목록과 관계있는 속성값의 모음이다. 관련 테이블에서 행한 수치 이상으로 혼합된 자료 요소를 의미한다. 예를 들어, 지리적 위치는 가끔 2개의 수치로 인해 특성이 명확히 밝혀준다. 한편, 튜플은 릴레이션을 구성하는 각각의 행을 의미한다. 튜플의 수를 카디널리티(Cardinality) 또는 기수라고 한다. 릴레이션은 기본적으로 테이블이다. Relation을 참조.

**Turbidity 혼탁도, 탁도(濁度)** 탁도는 해수 중 부유물질의 농도로서, 측정방법 중 하나는 부유물질에 의한 빛의 흡수량을 이용하는 것이다.

**Turbulent Flow 난류(亂流)** 유체 입자들이 무질서하게 흐르는 흐름 상태로서, 전단응력 $\tau = \eta \dfrac{du}{dy}$이 층류보다 값이 크다. 한편, 난류의 정도를 나타내는 와점성계수 $\eta = \rho l^2 \left(\dfrac{du}{dy}\right)$는 난류의 정도와 유체의 밀도에 의해 결정되는 계수이다. Laminar Flow, Reynolds Number를 참조.

**Turing Test 튜링 테스트** 기계를 지적 존재로 간주할 수 있는지 없는지를 증명하는 데 사용되는 모델. 어느 쪽이 사람이고 어느 쪽이 기계인지 알지 못하는 실험 환경에서 제3자가 각각 동일한 질문에 대해 질의응답을 하여 그것을 통해 사람과 컴퓨터 시스템을 식별한다. 만약 기계가 질문자에게 기계 자신이 인간이라고 납득하게 만들면, 그 기계는 지적 존재로 간주된다. 1990년 괴짜 갑부 휴 뢰브너(Hugh Loebner)는 튜링 테스트를 통과한 최초의 컴퓨터를 만든 사람에게 상금 10만 달러를 주겠다고 약속했다.

**Turn 턴** 네트워크 노드에서 하나의 네트워크 링크가 다른 네트워크 링크로 바뀌는 것을 나타낸다. 실세계의 물리적인 사상의 추상적인 개념이 아닌, 네트워크 링크 간의 상관관계를 표현한다. 또한 네트워크상의 특별한 회전 흐름을 제한하는 데 사용되며, 교차로 상의 Overpass로 통행을 오른쪽으로 제한할 수 있다.

**Turn Impedance 회전비용** 네트워크에서 회전하는 데 드는 이동비용으로서, 네트워크 노드에서 Turn에 대한 임피던스 또는 비용. 좌회전의 Turn 임피던스는 노드에서의 우회전이나 U턴의 Turn 임피던스와는 다를 수 있다.

**Turnaround 납기** 주문 이행에 필요한 소요 시간을 말한다.

**Turnaround Report 납기 보고서** Network Task를 완료하기 위해 책임 있는 사람들에게 주기적으로 배포해야 할 문서로, 담당자는 정보를 갱신하고 보고서를 프로젝트 Coordinator에게 돌려준다.

**Turning Line of Slope 경사 변환선** 동일방향의 경사면에서 경사의 크기가 서로 다른 두 면이 접합할 때 이 접합선을 경사변환선이라고 한다.

**Turning Plate 표척대** 이기점과 같이 중요한 점에서 표척이 이동하거나 가라앉는 것을 막기 위하여 정밀 수준 측량에서는 표척대가 사용된다.

**Turning Point(TP) 티피, 전환점(轉換點)** TP(Turning Point)를 참조.

**Turning Point of Slope 경사 변환점** 동일 방향의 경사면에서 경사의 크기가 다른 평면의 접합선을 말한다.

**Turn-key System 턴키 체계, 완성 인도 방식** 마케팅 개념으로, 턴키는 이미 구성되어 있는 요소에 관계없이 잘 작동하리라는 것을 보장하는 완성자에 의해 모아진 체계에의 접근을 의미한다. 또한, 즉시 작동될 수 있는 체계를 의미하기도 한다. 1개의 제조 회사가 일련의 작업에 이용 가능하도록 설계, 공급하고, 지원하는 하드웨어와 소프트웨어에 의한 GIS 또는 CAD/CAM 체계를 말한다. 사용자는 단지 '키를 받아' '스위치를 키고' 그것을 사용할 수 있다.

**Turn-to-Turn 턴 바이 턴** 애플은 지도 서비스를 바탕으로 한 단계 진화한 내비게이션으로 SK텔레콤의 'T맵'처럼 익명의 통신원들로부터 수집된 교통정보가 실시간으로 반영된다. 음성이나 시각적 지시로 목적지에 이를 때까지 계속해서 방향을 안내하는 방식을 말한다.

**Tweet 트윗** 자신이 트위터에 글을 쓰는 것. 컴퓨터나 스마트폰의 트위터 프로그램을 이용하면 사진, 동영상 등과 함께 올릴 수 있다. 140자로 제한하고 있다.

**Twestival 트웨스티벌** 트위터(Twitter)와 축제(Festival)를 합성한 말. 트위터 등 소셜미디어를 사용해 공익을 위한 오프라인 모임을 하는 것을 의미한다. Tweet, Meet, Give(트윗하자, 만나자, 베풀자)를 모토로 축제처럼 재미있게 펼쳐지며 개발도상국 아동에게 교육 기회를 제공하거나 아프리카 사막 인근 주민에게 식수를 공급하기 위해 기금 모금을 실시한다.

**TWI(Topographic Wetness Index) 복합 습윤지수** CTI(Compound Topographic Index)를 참조.

**Twinsumer 트윈슈머** 온라인상에서 다른 소비자의 사용 후기를 참고한 뒤 상품을 구입하는 소비자를 말한다. 쌍둥이를 뜻하는 twin과 소비자를 뜻하는 consumer의 합성어다. 트라이슈머와 비슷한 개념으로서 다른 사람의 기호, 성향 등을 따라하는 성향도 있지만 제품을 사용한 후 직접 후기를 작성해 상품정보를 공유하는 적극성을 가지기도 한다.

**Twisted-Pair Wire 이중 연선** 전화선과 같이 2개의 선이 한 쌍으로 이루어져 꼬여있는 형태로, 가장 가격이 저렴하며 배선하기 좋다는 장점이 있다. 최대 전송 속도가 초당 4MB로 제한되어 잡음이 끼거나 충격에 민감하다는 단점이 있다.

**Twitsumer 트윗슈머** '트윗슈머'는 트위터(Twitter)와 컨슈머(Consumer)를 합성한 신조어로, 기존 파워블로거 마케팅을 트위터에 적용한 개념으로 소비자들이 개인 트위터를 이용해 기업과 브랜드 소식, 제품후기 등의 다양한 정보를 생산하고 전파하는 새로운 SNS(소셜네트워크서비스) 마케팅 기법이다.

**TwittARound 트위터라운드** 현재 위치 근처에 트위터 친구가 어디 있는지 표시해주는 프로그램이다. 자신이 팔로잉(Following)한 사람의 위치를 찾아 표시해주므로 근처에 있는 사람과 바로 약속을 잡고 식사를 할 수도 있다.

**Twitter 트위터, 지저귐** 트위터(Twitter)는 영어로 '(새가) 지저귀다'라는 뜻을 가지고 있어, 트위터 화면에 왜 항상 새가 등장하는지를 알 수 있다. 이용자가 웹사이트는 물론 휴대전화를 통해서도 최고 140자의 단문으로 글을 작성해 올리는 매우 단순한 형태의 인터넷 커뮤니케이션으로서 '블로그+문자' 서비스를 말한다. 전문가들은 휴대전화 미니 블로그 서비스가 동영상 공유 사이트 '유튜브'나 온라인 커뮤니티 사이트 '마이스페이스'의 뒤를 잇는 히트작이 될 것이라는 전망을 내놓았다. 짧은 메시지를 주고받으며 의사소통을 하는 소셜 네트워킹(Social Networking) 서비스이자 마이크로블로깅(Micro-blogging)이라고도 한다. PC는 물론이고, 아이폰이나 안드로이드폰 같은 스마트폰을 이용해서도 사용할 수 있다. 트위터로 올린 메시지는 내 트위터 홈페이지뿐만 아니라, 내 메시지를 받아보기로 한 다른 사람(Follower・팔로어)의 트위터 홈페이지에도 자동으로 보여진다. 이렇게 나와 다른 사람들이 서로 터놓고 메시지를 주고받기 때문에 인맥이 형성된다. 사용자들 간에 서로의 글을 공개하는 인맥을 맺는 싸이월드의 '1촌 맺기'와 비슷해 보이지만, 1촌 맺기는 상호 동의가 필요한 반면, 트위터는 동의 없이도 원하는 사람이 올리는 메시지를 얼마든지 받아볼 수 있다는 것이 다르다.

**Twitter Earthquake Detector(TED) 트위터 지진 감지기** TED(Twitter Earthquake Detector)를 참조.

**Twitterverse 트위터버스** 트위터가 모든 서비스와 제품에 접목되는 트위터와 우주를 합성한 말이다.

**Two and One-Half Dimensional 2.5 차원** 3차원의 외형을 만들기 위해 깊이 값을 가지고 보여 지는 주어진 X, Y좌표를 위해 하나의 Z값을 가지는 표면을 말한다.

**Two-Phase Locking 이단계 로킹** 트랜잭션의 직렬성을 보장해 주기 위한 규약으로서, 각 트랜잭션이 로크 요청과 로크 해제 요청을 두 단계로 각각 분리하여 수행한다.

**Tyndall Phenomenon 틴들 현상** 빛의 파장과 같은 정도 또는 그것보다 더 큰 미립자가 분산되어 있을 때 빛을 조사하면 광선이 통로에 떠 있는 미립자에 의해 산란되기 때문에 옆 방향에서 보면 광선의 통로가 밝게 나타나는 현상을 말한다. 이 현상을 이용하여 현미경으로는 볼 수 없는 미립자의 위치나 크기를 알 수 있다. 이 현상은 영국의 물리학자 John Tyndall(1820~1893)들에 의해 연구되었으며, 후에 레일리에 의해 이론적으로 설명되었다. 빛이 산란되는 정도가 입자가 클수록 심해지는 것을 이용하여 미립자의 크기를 구할 수 있다. 특히 미립자가 고무나 폴리염화비닐과 같은 고분자물질일 경우에는 분자사슬의 길이를 알 수 있으며 이 현상은 고중합체(高重合體) 물질의 분자량을 구하는 수단으로 이용된다. 맑은 하늘이 푸르게 보이는 것이나 금의 미립자 용액이 여러 가지 색으로 나타나는 것도 틴들현상에 의한 산란광의 세기가 파장에 따라 다르기 때문이다.

**Type 유형** 객체들에 적용되는 연산들과 함께 사례들의 한 정의 영역의 상세화를 위해 사용된 정형화된 계층이다.

**Type I Error 1종 오류(一種誤謬)** 통계적 가설 검정 시 발생할 수 있는 2가지(1종, 2종) 가능한 오류 중의 하나로, 연구자가 상정한 영가설이 실제로 참(true)임에도 이를 기각할 확률. 예를 들어, 모집단에서 집단 간의 평균을 비교하는 경우에 모평균에는 실제로 차이가 없음에도 표본자료의 분석결과 모집단간 차이가 있다고 판단하는 오류를 말한다. 1종 오류는 유의도 수준 $\alpha$에 따라 크기가 결정되므로 $\alpha$-오류라고도 한다.

**Type II Error 2종 오류(二種誤謬)** 통계적 가설 검정 시 발생하는 2가지(1종, 2종) 가능한 오류 중의 하나로, 연구자가 상정한 영가설이 실제로는 참이 아님에도 이를 참이라고 수용할 확률. 예를 들어, 모집단에서 집단 간의 평균을 비교하는 경우에 모집단에서 모평균은 집단 간에 차이가 있음에도, 표본자료의 분석결과 집단 간에 차이가 없다고 판단하는 오류를 말한다. 2종 오류는 1종 오류인 $\alpha$-오류와 대비시켜 $\beta$-오류라고도 부른다.

**Type Class 타입 클래스** 객체에 적용 가능한 오퍼레이션과 함께 인스턴스(객체)의 도메인을 상세화하는 데 사용되는 클래스. 하나의 타입은 속성과 연관 관계를 가질 수 있다.

**Type of Association 관계 유형** 두 자료들의 상호 관계에 대한 설명을 말한다.

**Type of Source Media 출처 매체 유형** 출처 자료들의 매체를 말한다.

**Type Registry 유형 등록** 자료요소 유형들을 묘사하는 등록 기관에 의해 유지・관리되는 요소이다.

**Types of Data Exchange 정보 교환 코드** 대부분의 복잡한 컴퓨터 통신망에는 근거리 내의 처리를 할 수 있는 많은 컴퓨터 장치들을 연결한다. 다수의 컴퓨터 장치가 연결되었다는 것은, 그것이 근거리 연결이던지 또는 원거리 간의 연결이던지, 이들 장치들 간의 자료 변환 문제를 야기시킨다. 예를 들면, 전형적인 근거리 통신망에서, 다수의 서버, 마이크로컴퓨터, 워크스테이션은 같은 자료를 공유하지만 처리는 독립적으로 행한다. 보다 복잡한 환경에서, 예를 들면 메인 프레임에서 워크스테이션이나 마이크로컴퓨터로 자료를 받아야 하는 등의 서로 다른 체계간의 정보 교환이 필요하게 될 수도 있다. 그 복잡성의 정도에 따라 이러한 정보의 교환에 적용될 수 있는 여러 가지 방법이 있다. 사용되는 독특한 접근 방식은 그 적용 분야가 요구하는바(특히 응답 시간)나, 그것을 수행할 때 발생하는 기술적인 복잡성에 달려 있다. 전형적으로 컴퓨터 처리 장치나 통신망 사이의 정보 교환은 매체 전달(Media Transfer), 배치 파일 전송(Direct Batch Transfer), 대화식 자료 통신(Interactive Communication Links) 중의 한 방식으로 수행된다.

**Typosquatter 타이포스쿼터** 예컨대 원래 'r'로 끝나는 상표에 'r'자를 하나 덧붙이는 것 같은 철자 실수를 기회주의적으로 이용하는 마케터를 말한다. 타이포스쿼터는 다른 상품을, 때로는 경쟁력까지 갖춘 상품을 팔려고 시도한다. 예컨대 한 당근 재배자가 'carrot'이라는 상표를 소유하고 이를 이용해 당근을 판매하려고 한다고 해보자. 타이포스쿼터는 'carrot'이라는 이름으로 경쟁 브랜드를 판매할 수도 있고, 당근을 주원료로 만든 특허약품 따위를 팔수도 있다.

**UAV(Unmanned Aerial Vehicle) System 무인기** 조종사가 비행체에 직접 탑승하지 않고 지상에서 원격조종(Remote piloted) 혹은 사전 프로그램된 경로에 따라 자동(Auto-piloted) 또는 반자동(Semi-auto-piloted) 형식으로 자율비행하거나 인공지능을 탑재하여 자체 환경판단에 따라 임무를 수행하는 비행체와 지상통제장비(GCS : Ground Control Station/System), 통신장비, 영상후처리용 S/W 등의 전체 시스템과 관련 콘텐츠를 말한다. 비행형태에 따라 회전익(Rotary Wing) 무인항공기와 고정익(Fixed Wing) 무인항공기로 분류할 수 있다. 무인기(UAV : Unmanned Aerial Vehicle)를 미국에서는 흔히 꿀벌, 개미 등 벌목과 곤충의 수컷을 칭하는 영어 단어인 드론(drone)이라고 부른다. 즉, 무선조종 비행 장치를 뜻하며, 프로펠러를 여러 개 가진 비행체인 경우는 '멀티콥터'라고도 한다. 2000년대 들어 항공촬영 등 전문 분야와 상업적 용도에 활용되고 있다. 국내의 경우, 무인기는 법률상 용어가 아니며, 항공법상 무게 150kg 이하의 '무인비행장치'이다. 그 이상은 '무인 항공기'로 분류한다. 무인비행장치 중 연료를 제외한 자체중량이 12kg을 초과하는 무인비행장치는 관할 지방항공청에 신고를 하고 교통안전공단으로부터 안전성 인증을 받아야 한다. 다만 12kg 이하는 신고 및 안전성 인증 대상에서 제외된다. 12kg 이하 무인비행장치라도 모든 조종자는 항공법에 정한 안전수칙을 반드시 준수해야 한다. 즉, 조종자는 장치를 눈으로 볼 수 있는 범위 내에만 조종해야 하며 비행금지구역 또는 150m 이상의 고도에서 비행하려는 경우는 지방항공청장의 허가를 받아야 한다. 수도권의 경우, 비행금지구역(P-73A, P-73B, P-518)에서의 비행은 사전 허가가 필요하며, 비행제한구역(R-75)에서도 고도 150m 이상에서의 비행은 사전 허가가 필요하다. 국내 항공법은 무인비행장치를 이용한 사업을 "초경량비행장치 사용사업"으로 구분하고, 비료나 농약살포 등의 농업지원, 사진촬영, 육상·해상의 측량 또는 탐사, 산림·공원의 관측 등의 사업에 사용할 수 있도록 정하고 있다. 무인비행장치로 사용사업을 하기 위해서는 항공법에서 정하는 자본금, 인력, 보험 등 등록요건을 갖추고 지방항공청에 등록하여야 하며, 12kg을 초과하는 무인비행장치로 사용사업을 할 경우는 소속 조종자가 조종자 증명을 취득하여야 한다.

**Ubiquitous Sensor Network(USN) 유비쿼터스 센서 네트워크, 사물통신망** USN(Ubiquitous Sensor Network)을 참조.

**Ubiquitous Web 유비쿼터스 웹** 데스크탑 컴퓨터뿐만 아니라 사무자동화 기기, 가정용 전자기기, 이동전화, RFID와 바코드를 포함하는 센서와 이펙터(effector) 등의 다양한 유비쿼터스 기기에서 웹을 심리스(seamless)하게 이용할 수 있도록 하는 표준기술이다. 단순한 유·무선 기반의 통상적인 컴퓨팅 환경에서 벗어나 홈 네트워크, 텔레매틱스, 광대역 통합망, 모바일, 방송 등 다양한 서비스 환경에서 개별 서비스들을 연계, 융합하는 표준 기술로 활용될 것으로 예상되며, 개방형 서비스 표준, 디바이스 API 표준, Geo-location 표준, Web of Thing 표준기술 등이 핵심기술이다. 유비쿼터스 환경에서 심리스한 웹 이용을 위한 메타데이터/온톨로지 표준, 다양한 전달 콘텍스트를 전달하기 위한 클라이언트 표준 등 유비쿼터스 웹 응용 표준 개발에 중점을 두고 추진되고 있으며, 새롭게 거론되는 Web 기술을 이용하여 실제 사물이나 서비스 등을 웹을 통해 접속/제어 할 수 있는 Web of Things 개발에 중점을 두고 있다.

**UC(Unified communications) 통합 커뮤니케이션** 전화, 팩스, 이메일, 핸드폰, 메신저, 영상통화, 음성메일 등 다양한 커뮤니케이션 도구를 단일한 플랫폼을 통해 제공하는 것을 말한다. 미국의 정보 기술 연구 및 자문 회사인 가트너(Gartner, Inc.)는 "개인, 그룹, 조직 간의 생산성을 향상시키는 도구로서 기업의 다양한 통신수단을 사용, 관리, 통합, 제어하는 것을 가능하게 하는 것"으로 정의하였으며, IP전화, 통합 메시징, 이메일, 음성

영상 웹 컨퍼런싱, 인스턴트 메시지 등을 UC 핵심 제품 및 기술로 분류하고 있다. 한편, 미국의 IT 및 통신, 컨수머 테크놀로지 부문 시장조사 및 컨설팅 기관인 IDC(International Data Corporation)는 "유・무선 상의 다양한 디바이스에서 IP전화 음성통화 및 관리, 웹 오디오 비디오 컨퍼런싱, 인스턴트 메시징 등을 지원해 신속한 커뮤니케이션과 의사결정을 지원하는 SW 솔루션 플랫폼"으로 정의하고 있다.

**UCC(User Created Contents) 이용자 제작 콘텐츠, 유씨씨** 전문가나 기관 등 콘텐츠 제공자가 아닌 일반 사용자들이 직접 만들어낸 콘텐츠를 뜻한다. 사업자가 제공하는 것이 아닌 사용자가 직접 생산하여 블로그나 포털을 통해 공유하는 컨텐츠로서, 일반적으로 UCC는 사용자가 제작하여 부가가치를 창출해내는 컨텐츠로 사용자 창작 컨텐츠, 사용자 가공 컨텐츠, 사용자 재창작 컨텐츠를 모두 포함한다. 웹 2.0의 개념이 도입되며 웹이 보다 개방화되고 사용자들의 참여가 크게 늘어나면서 UCC의 범위도 광범위하게 되었다. 웹에서 사용자의 직접 참여가 중요한 화두로 부각되는 이러한 흐름은 생산자와 소비자가 분리되던 것과 달리 소비자가 새로운 콘텐츠를 생산해 내는 새로운 개념으로 진화한 것이다.

**U-City(Ubiquitous City) 유-시티** 첨단 IT 인프라와 유비쿼터스 정보 서비스를 도시공간에 융합하여 원스톱 행정서비스, 자동화한 교통·방범·방재시스템, 주거공간의 홈 네트워크화 등 각종 서비스가 가능해지는 21세기 미래형 도시를 말한다. 유비쿼터스(Ubiquitous)는 "어디에나 존재하는"이란 뜻의 라틴어로서, 컴퓨터나 네트워크를 의식하지 않는 상태에서 장소에 구애받지 않고 네트워크에 접속할 수 있는 환경을 의미한다.

**UDRE(User Differential Range Error) 유디알이, 의사거리 보정오차** 주위의 잡음과 다중경로(멀티패스)로 인한 의사거리 보정오차로서 1$\sigma$ 예측값이다.

**UERE(User Eqllivalent Range Error) 유이알이, 사용자 등가거리오차** GPS 측위에서 오차에 기여하는 어떤 오차원인으로 위성과 수신기간의 거리오차와 같은 의미로 표현한다. 사용자 거리오차(User Renge Error, URE)로도 알려져 있다. UERE 오차는 서로 무관한 원인으로부터 발생되며, 그 원인도 서로 다르다. UERE는 각각 오차의 제곱의 제곱근과 같다. UERE의 초대기대치는 항법메세지의 사용자 거리정밀도(User Range Accuracy, URA)에 있다.

**UI(User Interface) 사용자 인터페이스** 사용자 인터페이스는 사람들이 컴퓨터와 상호 작용하는 시스템이다. 사람(사용자)과 사물 또는 시스템(기계, 컴퓨터 프로그램 등) 사이에서 의사소통을 할 수 있도록 일시적 또는 영구적인 접근을 목적으로 만들어진 물리적, 가상적 매개체를 뜻한다. 사용자 인터페이스에는 일반적으로 다음과 같은 것들이 있으며, 다양하다. 즉 (1) 그래픽 사용자 인터페이스(Graphical User Interface, GUI) : 컴퓨터를 사용하면서 그림으로 된 화면 위의 물체나 틀, 색상과 같은 그래픽 요소들을 어떠한 기능과 용도를 나타내기 위해 고안된 사용자를 위한 컴퓨터 인터페이스이다. 그래픽 사용자 인터페이스에서 어떤 요소를 제어하려면 그 요소에 해당하는 그래픽을 직접 조작한다. (2) 웹 기반 인터페이스(Web User Interface, WUI) : 인터넷과 웹 브라우저를 통해 웹 페이지를 열람하고 조작하는 인터페이스이다. (3) 명령줄 인터페이스 또는 명령어 인터페이스(Command Line Interface, CLI) : 사용자가 컴퓨터 자판 등을 이용해 명령 문자열을 입력하여 체계를 조작하는 인터페이스이다.

**Ultra Light Flying Equipment 초경량 비행장치** [항공] 항공기와 경량항공기 외에 비행할 수 있는 장치로서 국토교통부령으로 정하는 동력비행장치(動力飛行裝置), 인력활공기(人力滑空機), 기구류(氣球類) 및 무인비행장치 등을 말한다(「항공법」 제2조 제28호).

「항공법 시행규칙」 제14조에서 규정한 "초경량 비행장치"에 대해 다음과 같이 정의하고 있다. 즉, (1) 동력비행장치 : 동력을 이용하는 것으로서, 좌석이 1개인 비행장치로서 탑승자, 연료 및 비상용 장비의 중량을 제외한 해당 장치의 자체 중량이 115kg 이하일 것, 프로펠러에서 추진력을 얻는 것일 것, 차륜(車輪)・스키드(Skid) 또는 후로트(Float) 등 착륙장치가 장착된 고정익 비행장치일 것. (2) 인력 활공기 : 체중 이동 등 인력을 이용하여 조종하는 행글라이더와 패러글라이더로서 탑승자 및 비상용 장비의 중량을 제외한 해당 장치의 자체 중량이 70kg 이하인 비행장치. (3) 기구류 : 기체의 성질・온도차 등을 이용하는 비행장치로서 유인자유기구 또는 무인자유기구, 계류식(繫留式) 기구. (4) 회전익 비행장치 : 동력 비행장치의 요건을 갖춘 것으로서 1개 이상의 회전익에서 양력(揚力)을 얻는 초경량 자이로플레인, 초경량 헬리콥터 등의 비행장치이다. (5) 동력패러글라이더 : 낙하산류에 추진력을 얻는 장치를 부착한 착륙장치가 없는 비행장치, 착륙장치가 있는 것으로서 요건을 충족하는 비행장치이다.

(6) 무인비행장치 : 사람이 탑승하지 아니하는 것으로서, (가) 무인동력비행장치 : 연료의 중량을 제외한 자체 중량이 150kg 이하인 무인비행기 또는 무인회전익비행장치, (나) 무인비행선 : 연료의 중량을 제외한 자체 중량이 180kg 이하이고, 길이가 20m 이하인 무인비행선이다.

| 구분 | 항공기 | 경량항공기 | 초경량 비행체 |
|---|---|---|---|
| 무게 | 600kg 이상 | 115~600kg | 115kg 이하 |
| 종류 | 비행기, 비행선, 활공기, 회전익항공기 | 조종형 비행기, 회전익 경량항공기 | 무인비행장치, 기구류, 인력할공기, 동력비행장치 |

「항공법 시행령」 제14조에서 규정한 "신고를 필요로 하지 아니하는 초경량 비행장치"는 (1) 동력을 이용하지 아니하는 비행장치, (2) 계류식(繫留式) 기구류 및 계류식 무인비행장치, (3) 낙하산류, (4) 군사목적으로 사용되는 초경량 비행장치, (5) 무인비행기 및 무인회전익(無人回轉翼) 비행장치 중에서 연료의 무게를 제외한 자체무게가 12kg 이하인 것, (6) 무인비행선 중에서 연료의 무게를 제외한 자체무게가 12kg 이하이고, 길이가 7m 이하인 것, (7) 연구기관 등이 시험·조사·연구 또는 개발을 위하여 제작한 초경량 비행장치, (8) 제작자 등이 판매를 목적으로 제작하였으나 판매되지 아니한 것으로서 비행에 사용되지 아니하는 초경량 비행장치 등이다.

**Ultraspectral remote sensing 극초다분광 원격탐사** 전자기파 스펙트럼에서 수백 또는 수천 개의 밴드에서 데이터를 취득하는 것을 말한다.

**Ultra Wideband(UWB) 초광대역** UWB(Ultra Wideband)를 참조.

**Umbrella Effect 우산효과** 대기 중에 부유하는 미립자(에어러솔)가 일사(日射)를 가로막아 지구상의 기온 상승을 방해하는 작용을 말한다. 에어러솔과 우산이 비슷한 역할을 하고 있다는 데서 비롯된 말이다. 양산효과 또는 차폐효과라고도 한다.

**UML(Unified Modeling Language) 통합 모델링 언어** 객체 지향 분석, 설계용의 모델링 언어로서, 종래의 객체 지향 방법론과 함께 제안되어 모델링 언어 표기법의 표준화를 목적으로 한 것이다. 미국의 Rational Software Corporation에서 방법론의 통일과 표준화 작업에 전념한 결과 1997년 UML 1.1이 객체 관리 그룹(OMG)에 의해 표준으로 채택되었다. UML은 방법론이 아닌 S/W개발에 사용되는 다이어그램을 정의하는 것으로, S/W개발시 산출물들을 비주얼하게 제공함으로써 개발자와 고객 또는 개발자 상호간의 의사소통을 원활하게 할 수 있으며, 산업계 표준으로 채택되었기 때문에 UML을 적용한 시스템은 신뢰성이 있다. SysML(Systems Modeling Language), Sequence Diagram, Class Diagram, Use Case Diagram 참조.

**UNCSGN(United Nations Conference on the Standardization of Geographical Names) 유엔 지명 표준화 회의** 국제 지명표준화를 위한 국제협력 및 자료교환, 그리고 지명의 로마자 표기 통일을 위해 1965년 7월 유엔 경제사회이사회(UN ECOSOC)결의에 따라 설치하였으며, 1967년 회의 이후 원칙적으로 5년마다 뉴욕의 유엔 본부에서 개최한다. 한국은 1992년 제6차 회의 시 동해(East Sea) 영문표기 문제를 최초로 제기한 바 있다.

**Uuconformity 부정합** 상·하 암층 사이에 상당한 기간의 퇴적 중단(hiatus)을 의미하는 면이 존재할 때, 이 면을 부정합면 그리고 이들 상·하암층 사이의 관계를 부정합이라 한다. 즉, 어떤 연속적인 지층의 층서에서 실제로 나타나는 중단 또는 공백이다. 부정합은 상당한 시간동안 퇴적을 중단시키는 환경 조건의 변화 또는 이미 만들어진 퇴적 기록의 일부분을 잃게 만드는 침식(erosion)에 의한 변화 가운데 하나 또는 2가지의 변화 모두를 기록하고 있다. 부정합은 크게 경사 부정합, 평행 부정합, 난정합으로 구분된다. 부정합은 층서상 어떤 단절됨이 있었음을 나타내는 것이며, 이러한 단절은 무퇴적의 기간일 수도 이고, 이미 퇴적된 지층들이 침식작용을 받은 시기일 수도 있다. 지체구조 연구에 있어서 부정합은 퇴적환경에서 무퇴적 환경 또는 침식작용으로 이어지는 환경에서의 기본적인 변화를 기록한 것이므로 중요하며, 큰 규모의 부정합인 경우에는 이러한 변화 자체가 큰 조산운동의 시기를 나타내기도 한다.

**Underdog 언더독** 스포츠에서 우승이나 이길 확률이 적은 팀이나 선수를 일컫는 말이다. '언더독 효과'는 약세 후보가 유권자들의 동정을 받아 지지도가 올라가는 경향으로서, 개싸움에서 밑에 깔린 개(underdog)가 이겨주기를 바라는 것처럼 경쟁에서 뒤지는 사람에게 동정표가 몰리는 현상을 말한다. 1948년 미국 대선 때 여론조사 예상에서 뒤지던 해리 트루먼이 4.4% 포인트 차이로 토머스 두이 후보를 물리치고 당선되자 언론들이 처음 이 말을 쓰기 시작했다.

**Underground Space 지하공간(地下空間)** 경제적 이용이 가능한 범위 내에서 지표면의 하부에 자연적으로 형성되었거나 또는 인위적으로 조성된 일정 규모의 공간(空間, space)자원을 말한다. 이 공간에 일정목적의 시설이 첨가된 경우, 이를 '지하시설' 또는 '지하시설 공간'이라 한다.

**Underground Facility Surveying 지하시설물 측량** 지하 관수로, 지하시설물 등 지표면 아래에 매설한 시설물 및 구조물의 위치 확인을 위한 측량으로서 지하매설물측량이라고도 한다. 미국에서는 특별히 탐사와 연관시켜 Subsurface Utility Explration (SUE)라고도 한다. 미국토목학회(The American Society of Civil Engineers, ASCE)는 건설공사 및 굴착을 위한 지하시설물 조사 및 탐사(SUE)를 위한 '표준 가이드라인' CI/ASCE 38-02를 마련하여, 공사단계별로 4가지 등급을 제시하고 있다.

**Underground Utility 지하시설물** 「지하시설물도 작성 작업규칙」 제2조 1항에서 "지하시설물"은 ① 상수도시설, ② 하수도시설, ③ 가스시설, ④ 통신시설, ⑤ 전기시설, ⑥ 송유관시설, ⑦ 난방열관시설 등의 7대 지하시설물 및 기타 국토지리정보원장이 지정하는 시설로 정의하고 있다. 한편, 「공공측량 작업규정」 제128조 1항에서 지하시설물이란 ① 도로, ② 상수관로, ③ 하수관로, ④ 가스관로, ⑤ 통신관로, ⑥ 전력관로, ⑦ 송유관로, ⑧ 난방열관로 및 ⑨ 기타(신호 및 가로등, 지하철 및 ITS [Intelligent Transport System, 지능형 교통 시스템] 관련 지하시설, 지하케이블TV 및 유선선로, 공동구, 지하도 및 지하상가 등)로 정의하여 지하시설물을 보다 포괄적이고 실질적으로 정의를 하고 있다. 즉, 지하시설물들은 맨홀 등을 통하여 지상에 노출되고 또한 전주나 전신주 등에 의하여 가공선으로 연결되므로 지하시설물의 범위는 지하에 설치된 지상시설물까지를 포함한다.

**Under Shoot 언더슈트** ① 펄스파의 하강부가 기선(基線)을 넘어서 오목한 부분을 발생하는 일이 있다. 이러한 현상 또는 그 부분을 언더슈트 또는 오버행(overhang)이라 한다. 그 정도는 펄스 정상부의 평탄값에 대한 오목 부분의 깊이의 비(比)로 나타낸다. ② [GIS] 아크(arc) 교차하도록 되어 있었으나, 아크가 다른 아크에 도달하지 못하여 발생하는 위상 오류(topological error)를 말한다. Over Shoot 참조.

**UNGEGN(United Nations Group of Experts on Geographical Names) 유엔 지명(地名) 전문가 그룹** 국제 지역 이름 표준화를 목표로 하며, UN지명전문가회의에서 각국의 의견을 취합하여 UN지명표준화회의에 제출한다. 1965년 UN의 경제사회이사회(ECOSOC) 산하에 "UN 지명 전문가 회의(UNGEGN)"와 "UN 지명 표준화회의(UNCSGN)"가 설치되었다. UN지명전문가회의는 2년마다, UN지명표준화회의는 5년마다 개최된다. 본부는 미국 뉴욕 맨해튼에 위치해 있으며 현재 100여 개의 회원국이 가입해 있다. 우리나라는 1979년에 가입하였다. 2012년 8월 UN지명표준화회의에 동해와 일본해를 같이 표기하는 '동해 병기' 안건이 의제로 오른 바 있다.

**Unified Communications 통합 커뮤니케이션** UC(Unified Communications)를 참조.

**Unified Control Point 통합기준점** 수평위치, 높이 값, 중력값을 같이 측정해 놓은 다기능 국가측량기준점이다. 「통합기준점 측량 작업규정」(국토지리정보원고시 제2009-952호) 제2조에서 "통합기준점 측량"은 통합기준점망을 근거로 복수의 위성기준점을 기지점으로 한 GPS측량 · 수준측량 · 중력측량 등을 실시하여 통합기준점의 지리학적 경위도, 높이 및 중력값을 정하기 위해 실시하는 측량이며, "통합기준점망"이라 함은 통합기준점에 의해 전국에 일정한 밀도로 형성되는 복수의 단위다각형과 위성기준점으로 구성되는 망으로 정의하고 있다. 통합기준점의 최종적인 위치는 경위도 및 표고 등으로 표시하며(「통합기준점 측량 작업규정」 제3조), 통합기준점의 번호는 다섯 자리(알파벳과 아라비아숫자)로 구성되며 북 → 남, 서 → 동의 순서로 번호를 부여하며 맨 앞자리에 알파벳 U로 표기한다(「통합기준점 측량 작업규정」 제4조). 한편, 통합기준점은 기존의 획일화된 기준점 표석과는 달리 형상을 1.5m×1.5m 크기로 하여 위성영상과 항공사진 등에서 식별이 가능하도록 하였다(「공간정보구축 및 관리 등에 관한 법률 시행규칙」 제3조 제1항). 2008~2013년 현재, 전국에 5~10km 간격으로 3,650점을 설치하였다. 과거 수평위치의 기준이 되는 국가기준점(삼각점)은 삼각점이 서로 잘 보일 수 있도록 산 정상 부근에 주로 설치하여 기준점의 접근이 어렵고, 측량을 위해서는 벌목 등의 작업이 필요하여 사용하기 불편하였다. 한편, 수준점은 높이의 기준이 되는 점으로, 전국 주요 도로 주변에 설치하였다. 통합기준점은 과거의 국가기준점과는 다르게 관공서, 공원 등 평지에 설치하여 위성측량(GPS), 토탈스테이션 등 디지털 측량기기에 의한 측량이 쉬워졌다. 따라서 기준점 접근 시간과 기준점간 거리단축에 따른 측량 소요시간 감소 및 비용 절감을 할 수 있다.

**Unified Modeling Language(UML) 통합 모델링 언어** UML(Unified Modeling Language)을 참조.

**Uniform Flow 등류** 어떤 순간에 유동장내의 속도벡터가 위치와 관계없이 일정한 흐름을 말한다. 즉, $\frac{dV}{ds}=0$.

**Uninterruptable Power Supply(UPS) 무정전 전원장치** UPS (Uninterruptable Power Supply)를 참조.

**Unified Control Points Surveying 통합기준점측량** 통합기준점망을 근거로 복수의 위성기준점을 기지점으로 한 GPS측량·수준측량·중력측량 등을 실시하여 통합기준점의 지리학적 경위도, 높이 및 중력값을 정하기 위해 실시하는 측량을 말한다. 통합기준점망이라 함은 통합기준점에 의해 전국에 일정한 밀도로 형성되는 복수의 단위다각형과 위성기준점으로 구성되는 망을 말한다.

**Union 결합, 융합** 입력 폴리곤 레이어와 기저 폴리곤 레이어의 사상을 모두 포함하는 OR 연산자에 기초한 2개의 지도 레이어의 중첩을 말한다.

**Unit of Analysis 분석단위(分析單位)** 자료수집 시 표본의 크기를 결정하는데 사용되는 기본단위로서, 표본자료의 분석을 어느 수준에서 하느냐와 밀접한 관련이 있다. 예를 들어, 10개 집단에 각각 20명의 학생이 포함된 표본의 경우에, 집단수준에서의 분석단위는 집단으로서 이 경우에 표본의 크기는 10이 된다. 그러나 개인수준에서의 분석단위는 개인으로서 표본의 크기는 200이 된다. 분석단위는 실험단위(experimental unit)와 관찰단위(observational unit)로 구분되는데, 자료수집 단계에서 표본의 크기를 결정하는데 사용되는 분석단위는 관찰단위이며, 자료 분석단계에서 분석단위간의 상호 독립성을 보장하는 기본단위는 실험단위이다.

**Unit Weight 단위중량(單位重量)** 단위 부피(V)당 물체의 중량 W을 말한다. 즉, $\gamma=\frac{W}{V}$. 여기서, $W=mg$이며, $\gamma$는 단위중량이며, $[kg_f/m^3,\ N/m^3]$ 등의 단위를 사용한다. 물의 단위 중량은 $1t_f/m^3=1g_f/cm^3=9.81kN/m^3$이다.

**United Nations Conference on the Standardization of Geographical Names(UNCSGN) 유엔 지명 표준화 회의** UNCSGN (United Nations Conference on the Standardization of Geographical Names)을 참조.

**United Nations Group of Experts on Geographical Names (UNGEGN) 유엔 지명(地名) 전문가 그룹** UNGEGN(United Nations Group of Experts on Geographical Names)을 참조.

**Universal Transverse Mercator(UTM) Projection 유티엠 투영** UTM Projection을 참조.

**UNIX 유닉스** 1960년대 말에 미국 AT&T 벨(Bell) 연구소에서 개발한 운영체제이다. 원래 워크스테이션/서버용이었지만, 데스크탑이나 임베디드용으로도 쓰인다. 70년대 초 AT&T 연구소에서 개발을 시도했던 시분할 운영체제 멀틱스의 모태가 되었다. 개발자들이 우주여행 게임을 실행하기 위해서 만든 운영체제가 유닉스로서, 멀틱스에서 유래한다. UNIX는 컴퓨터 역사상 가장 중요한 운영체제라고 할 수 있다. 이는 무엇보다도 처음으로 어셈블리가 아니라 C언어라는 고급 프로그래밍 언어로 커널까지 작성된 운영체제이다. 유닉스는 고급 언어인 C언어로 개발되었기 때문에 다른 하드웨어로 이식하기가 쉬웠으며, 멀티태스킹 기술을 도입하여 여러 사용자가 동시에 사용할 수 있게 되었다. 유닉스 이후 시스템 프로그래밍 언어의 업계표준이 된 C언어부터가 원래 유닉스를 프로그래밍하기 위해 개발된 것이다. 이후 유닉스를 모방한 많은 운영체제들이 나타났는데, 이들을 표준화하기 위해 POSIX라는 표준이 등장했다. POSIX 표준을 만족하는 것들을 유닉스 계열 운영체제라고 한다. 리눅스와 Mac OS X가 대표적인 유닉스 계열 운영체제이다. Microsoft Windows는 엄밀히 유닉스는 아니지만 POSIX 표준을 따르는 서브시스템을 제공한다. 서버 운영에 필수적인 CLI 인터페이스가 상당히 강하기 때문에, 서버 시장에서는 윈도우 이상으로 인기가 좋다. 스마트폰용 OS도 시장을 양분하고 있는 iOS(BSD 기반)와 안드로이드(리눅스 기반)가 모두 유닉스 계열이다.

**Unmanned Aerial Vehicle System 무인기** UAV(Unmanned Aerial Vehicle) System 참조.

**Unmeasured Rate 결측률** ① [항공레이저측량] 항공레이저측량은 광학레이저 기기를 이용하므로 어두운 색의 물체에는 레이저 광(光)이 흡수되어 반사가 제대로 이루어지지 않아 결측되는 현상이 나타난다. 예를 들어, 태양광 발전단지나 슬레이트 지붕의 촌락에서는 레이저 광을 소산시키므로 반사율이 매우 낮다. 이러 지역에서는 레이저를 고밀도를 조사(照射)하여도 결측될 가능성이 높다. 결측률의 계산은 다음과 같다. 즉, 격자 단위로 작업 지역을 구분하여 격자 내에 3차원 측량데이터가 없는 경우에는 결측으로 한다. 결측률의 산출은 국토기본도 도곽 단위마다 실시하여 정리한다. 다만, 수계 다각형 경계선 안쪽의 지역은 포함하지 않는다. 결측률은 국토기본도도곽 단위로 10% 이하를 표준으로 한다. 결측률이 표준을 넘었을 경우에는 신속하게 계획기관에 보고하고 그 원인을 검토하여 필요에 따라서 재측량을 실시한다. 결측률은 대상 면적에 대한 데이터의 존재하지 않는 격자수를 다음 계산식으로 구한다.

결측률 = 점군이 존재하지 않는 격자수/전체의 격자수

② "항공레이저측량 작업규정"(국토지리정보원고시 제2012-1669호) 제14조(결측 확인) 제작하고자 하는 수치표고모델의 격자간격마다 항공레이저측량 원시자료가 존재하는지를 확인하여야 한다. 1. 수치표고모델의 격자단위로 항공레이저측량 원시자료가 없는 격자를 결측이라 한다. 다만, 하천, 저수지 등과 같이 레이저가 반사하지 않는 지역은 제외한다. 2. 결측률은 결측 격자수에 대한 전체 격자수의 비로써, 1/25,000 지형도 도엽단위로 계산한다. 3. 원시자료의 결측률이 10% 이상인 경우 재측량을 하여야 한다(「항공레이저측량 작업규정」 제17조 제4호).

**Unsteady Flow 비정상류** 유체의 흐름 특성이 시간이 지남에 따라 변하는 흐름을 말한다. 즉,

$$\frac{\partial V}{\partial t} \neq 0,\ \frac{\partial p}{\partial t} \neq 0,\ \frac{\partial \rho}{\partial t} \neq 0$$

**Unsupervised Classification 무감독 분류, 군집화** 컴퓨터를 이용하여 자동적으로 유사한 특징의 화소들을 그룹화하는 기법이다. 무감독 분류는 일종의 영상분할(Segmentation) 과정으로서, 순차적 군집화(Sequential Clustering), K-평균(K-Means), 그리고 ISODATA 등의 방법이 있다. 무감독 분류에서는 분류 항목을 지정하지는 않으나, 군집 최대 개수, 군집 최대 반경 및 군집간 최소 거리 등 영상화소들을 그룹화하기 위하여 필요한 입력 변수들이 요구된다.

영상자료의 분류(classification)는 영상자료에 포함된 여러 가지 대상물들을 종류별로 구별하여 인식하기 위하여 유사한 특징을 보이는 화소들을 하나의 항목으로 지정하는 과정을 말한다. 이러한 항목을 분류 항목(class)이라고 하며, 대개 화소의 분광적 특징이 분류의 기준이 된다. 토지피복도(Land Cover Map)는 위성영상의 분류를 통해서 생성될 수 있는 가장 일반적인 주제도(Thematic Map) 중 하나이며, 토지피복도는 피복 종류별 토지 이용 현황에 대한 후속 조사 작업을 통하여 토지이용도(Land Use Map)로 발전될 수 있다.

**UPIS(Urban Planning Information System) 도시계획 정보체계** 도시계획과 관련된 모든 자료(현황자료, 이력자료 등)와 정보를 전산화하여 행정기관의 도시계획 관련 의사결정을 지원하며, 도시계획의 입안·결정·집행 등의 전 과정을 투명하게 공개하고, 도시계획의 효율화, 표준화를 통한 도시경쟁력을 제고하고 도시계획 의사결정의 전문성과 과학화를 확보하여 투명한 도시계획 행정업무를 실현하기 위한 것이다. 구조화되어 구축된 도시계획 정보를 활용, 이에 대한 도시정보의 체계적인 연혁관리와 이력정보의 열람으로 업무의 효율성을 제고하며, 매년 발생하는 도시계획 통계를 위한 근거자료 및 민원업무의 실질적인 자료를 제공함으로써, 미집행시설 관리, 지형도면 승인고시 등 추가적으로 발생할 수 있는 용역 및 계획에 대한 예산 절감 효과를 기대할 수 있다. 「토지이용규제 기본법」 제12조 및 동법 시행령 제11조에 의거 국토의 이용 및 관리 업무를 효율적으로 추진하기 위하여 모든 지역·지구 등의 지정내용 등을 국토이용정보체계를 구축하여 운영 및 활용할 수 있다. 「토지이용규제 기본법」 제12조 ① 건설교통부장관, 특별시장, 광역시장, 도지사, 시장, 군수 또는 구청장(이하 "정보체계운영자"라 한다)은 국토의 이용 및 관리업무를 효율적으로 추진하기 위하여 국토이용정보체계를 구축하여 운영할 수 있다. ② 정보체계운영자는 국토이용정보체계를 통하여 다음 각 호의 사항을 일반 국민에게 제공할 수 있다. 1. 지역·지구 등의 지정내용, 2. 지역·지구 등의 행위제한내용, 3. 규제안내서, 4. 그 밖에 대통령령이 정하는 사항. ⑤ 국토이용정보체계를 통하여 관리되는 정보의 내용과 국토이용정보체계를 구축하여 운영하거나 이를 활용한 정보의 제공 및 그 업무처리에 관하여 필요한 사항은 대통령령으로 정한다.

※ 관련근거 : 「국토의 계획 및 이용에 관한 법률」 제128조.

**UPS(Uninterruptable Power Supply) 무정전 전원장치** 지속적으로 전원을 공급해야 하는 작동 중의 컴퓨터를 비롯한 전자기기의 필수장치로서 전압이나 주파수의 변동 순간정전에도 안정된 전원을 공급해 컴퓨터의 데이터가 파괴 또는 소거되는 것을 방지·보호하거나 각종 제어장치의 제어기능 상실 및 오작동 등을 방지하기 위한 장치이다.

**URA(User Range Accuracy) 사용자 거리 정밀도** 각 위성에 대한 사용자의 거리정확도로서, 항법메세지에 있으며, UERE (User Equivalent Range Error, 사용자 등가 거리오차)의 최대

기대치이다.

**Urban and Regional Information Systems Association (URISA) 도시 및 지역정보 시스템 학회** URISA(Urban and Regional Information Systems Association)를 참조.

**Urban Basic Planning 도시 기본계획** 특별시・광역시・시 또는 군(광역시의 관할 구역 안에 있는 군 제외)의 관할 구역에 대하여 기본적인 공간구조와 장기 발전 방향을 제시하는 종합계획으로서 도시관리 계획수립의 지침이 되는 계획이다.

**Urban Granny 어번그래니** 어번그래니는 도시를 나타내는 'Urban'과 할머니를 뜻하는 'Granny'의 합성어로 가정과 자녀라는 족쇄를 벗고 제2의 전성기를 맞이할 준비를 하는 도시적이고 세련된 50~60대 여성을 가리킨다. 어번그래니는 본인의 외모, 건강관리, 취미활동을 위한 투자를 아끼지 않는 특징을 가지고 있어 업계에서는 이미 '큰손'으로서 중요한 소비 집단으로 떠오르고 있다. 이러한 어번그래니의 활약은 패션・뷰티, 유통・외식업계는 물론 디지털시장에서도 큰 영향력을 발휘하고 있어 업계에서는 이들을 사로잡기 위해 발 빠르게 움직이고 있다. 어반그래니는 온라인과 오프라인을 넘나드는 소비행태를 보여주고 있다. 이처럼 경제적, 시간적 여유가 많은 어반그래니는 패션・뷰티업계뿐만 아니라 외식업계에서도 활약이 돋보이고 있다. 한국사회는 초고령 사회로 진입하게 되면서 소비의 주체 세력 역시 중년에서 장년으로 이동하고 있다. 이처럼 다양한 분야에서 어번그래니의 힘이 입증된 현재, 그들이 즐길 수 있는 다양한 콘텐츠를 구축하고 쉽고 편리하게 접근할 수 있는 공간을 배려하기 위한 다양한 마케팅이 전개되고 있다.

**Urban Management Planning 도시 관리계획** 특별시・광역시・시 또는 군(광역시의 관할 구역 안에 있는 군 제외)의 개발・정비 및 보전을 위하여 수립하는 토지이용・교통・환경・경관・안전・산업・정보통신・보건・후생・안보・문화 등에 관한 다음의 계획을 말한다. 즉, 「국토의 계획 및 이용에 관한 법률」에 의거 용도지역・용도지구의 지정 또는 변경에 관한 계획, 나. 개발 제한 구역・도시자연공원 구역・시가화 조정구역・수산자원 보호구역의 지정 또는 변경에 관한 계획, 기반시설의 설치・정비 또는 개량에 관한 계획, 도시개발사업 또는 정비 사업에 관한 계획, 지구단위계획 구역의 지정 또는 변경에 관한 계획과 지구단위계획 등이다.

**Urban Planning Information System(UPIS) 도시계획 정보체계** UPIS(Urban Planning Information System)를 참조.

**URISA(Urban and Regional Information Systems Association) 도시 및 지역정보 시스템 학회** URISA는 도시 및 지역체계에 대한 이해와 관리를 증진시키기 위해 공간정보 및 정보기술을 효과적이고 도덕적으로 활용하는 비영리 단체로 다양한 공간정보 분야의 전문가들이 모여 아이디어를 공유하는 단체이다.

**Use Case Diagram 사용 사례 다이어그램** UML(Unified Modeling Language, 통합 모델링 언어)의 Use Case는 시스템에서 제공한 기능 단위를 설명한다. Use Case Diagram의 주요 목적은 다른 Use Case간 관계뿐만 아니라 주요 프로세스에 대한 시스템과 인터렉팅하는 "액터(actors)" 들과의 관계를 포함하여 개발 팀들이 시스템의 기능적 요구 사항들을 시각화하는 데 있다. Use Case Diagram은 Use Case 그룹들을 보여주는데, Use Case 다이어그램에 대한 Use Case를 보여주려면 Diagram 중간에 타원을 그려서 타원의 중앙 또는 아래에 Use Case 이름을 부여한다. Use Case Diagram에 액터(시스템 사용자)를 그리려면 다이어그램의 왼쪽이나 오른쪽에 사람 모양을 그려 넣는다. Use Case Diagram은 시스템의 고급 기능과 시스템의 범위를 설명하는데 사용된다. UML 참조.

**User Created Contents(UCC) 이용자 제작 콘텐츠, 유씨씨** UCC(User Created Contents)를 참조.

**User Differential Range Error(UDRE) 유디알이, 의사거리 보정오차** UDRE(User Differential Range Error)를 참조.

**User Eqllivalent Range Error(UERE) 유이알이, 사용자 등가거리오차** UERE(User Eqllivalent Range Error)를 참조.

**User Experience(UX) 사용자 경험(使用者經驗)** UX(User Experience)를 참조.

**User Experience for Business(UXB) 비즈니스 사용자 경험** UXB(User Experience for Business)를 참조.

**User Group 사용자 집단** 경험, 정보, 뉴스를 공유하거나 그들 스스로 도움을 주고받는 시스템 사용자의 공식적 또는 비공식적 집단

**User Range Accuracy(URA) 사용자 거리 정밀도** URA(User Range Accuracy)를 참조.

**User Segment 사용자 부분** GPS는 우주 부분(SS, space segment), 제어 부분(CS, control segment), 사용자 부분(US, user segment)으로 구성되어 있다. GPS의 사용자 부분(US)은 GPS 수신기이다. GPS 수신기는 GPS 위성에서 송신하는 주파수에

동조된 안테나, 수정발진기 등을 이용한 정밀한 시계, 수신된 신호를 처리하고 수신기 위치의 좌표와 속도 벡터 등을 계산하는 처리장치, 계산된 결과를 출력하는 출력장치 등으로 이루어져 있다. 모든 GPS 위성이 같은 주파수를 사용하여 신호를 송신하지만, 수신기가 각 GPS 위성의 신호를 구별할 수 있는 이유는 각 위성 고유의 의사잡음 부호를 PSK 변조를 통해 스펙트럼확산하여 송신하기 때문이다. 항법메시지는 C/A코드(Coarse/Acquisition code 또는 Standard code)와 P코드(Precision code)와 함께 반송파(搬送波, carrier wave)에 실려 송신된다. C/A코드와 P코드는 각각 비트율 1.023Mbps, 10.23Mbps로 위성마다 고유한 의사잡음부호(PRN, Pseudo-Random Noise)가 담긴다.

측위 정확도를 높이기 위해 상대측위방식(Differential GPS, DGPS)을 사용하는 경우, GPS 수신기에는 다른 수신기와의 관측 결과 송·수신을 위해 RS-232 등의 통신 포트가 내장된다. 또한 근래에는 USB나 블루투스 등이 내장된 GPS 수신기를 개인용 컴퓨터와 연결해 활용하는 경우도 있다.

**US Geological Survey(USGS) 미국 지질조사국(地質調査局)** USGS(U.S. Geological Survey)를 참조.

**USGS(U.S. Geological Survey) 미국 지질조사국** 미국 내무성 산하의 연구기관으로, 미국 영토 내의 지형이나 천연 자원, 자연재해 등을 주로 측정하며, 또한 지형도와 지질도를 제작하기도 한다. 연구 분야는 생물학, 지질학, 지리학, 수문학쪽이다. 버지니아 주의 레스턴에 본부를 두고 있으며, 주 사무실을 덴버와 멘로파크에도 두고 있다. 미국 내외에 400여개 지부가 있다. 미국의 디지털 지도 데이터의 주요 제공자이다.

**USN(Ubiquitous Sensor Network) 유비쿼터스 센서네트워크, 사물 통신망** USN은 필요한 모든 것(곳)에 RFID 태그 및 각종 센서를 부착하고 이를 통하여 사물의 인식정보는 물론 주변 환경정보까지 탐지하여 이를 실시간으로 네트워크에 연결하여 정보를 관리할 수 있도록 하는 첨단 지능형 사회의 기반 인프라이며 모든 사물에 부착된 RFID 또는 센서를 초소형 무선장치에 접목하여 이들 간의 네트워킹과 통신으로 실시간 정보를 획득, 처리, 활용하는 네트워크 시스템이다.

**USN Middleware Directory Service 유비쿼터스 센서 네트워크 미들웨어 디렉토리 서비스** 센서 네트워크의 메타데이터를 등록 및 저장하며, 검색 요청시 관련 메타데이터를 제공하는 기능을 제공한다. 필요시 USN 미들웨어의 센서 네트워크 모니터링 기능과 연계하여 특정 센서 네트워크의 동적인 정보를 제공할 수 있다.

**USN Middleware Platform 유비쿼터스 센서 네트워크 미들웨어 플랫폼** 센서 네트워크와 USN(Ubiquitous Sensor Network, 유비쿼터스 센서 네트워크) 응용의 중간에 위치하여 (1) 이기종 센서 네트워크 및 RFID 리더로부터 수집한 대용량의 센싱 데이터를 통합·저장·관리·검색하고, (2) 센싱 데이터로부터 새로운 상황정보를 생성하고, (3) 센서 네트워크의 상태를 실시간 모니터링하고, (4) 센싱 데이터와 외부 데이터베이스를 연계하고, (5) USN 응용 서비스를 용이하게 개발할 수 있도록 지원하기 위하여 개방형 인터페이스를 제공하는 서버에서 동작하는 시스템이다.

**UT0(Universal Time 0) 만국 표준시 0, 유티 0** '만국 표준시'(Universal Time, UT)는 지구의 운동을 기준으로 나타낸 시간 체계이며, UT0, UT1, UT2 등으로 분류한다.

UT0는 천체의 일주운동을 관측하면서 나타나는 태양시이다. 관측의 기준은 지표면 기준으로 고정된 지점(즉, 우주에서 봤을 때 지구를 따라 움직이는 지점)을 기준으로 좌표를 세운다. 관측 대상으로 인공위성을 기준으로 삼을 수도 있다. 아무런 보정을 하지 않은 값이며, 현재는 쓰지 않는다.

**UT1(Universal Time 1) 만국 표준시 1, 유티 1** '만국 표준시'(Universal Time, UT)는 지구의 운동을 기준으로 나타낸 시간 체계이며, UT0, UT1, UT2 등으로 분류한다.

태양의 위치는 정밀하게 측정하기 어려워서 별이나 천체의 일주 운동을 이용하여 평균 태양의 이동을 구한다. UT0은 각각의 관측소에서 관찰한 천체의 위치에서 구한 값이며, UT1은 여기에 극운동을 보정하여 실제 지구가 자전한 각도를 계산하여 구한 값이다. 한편 UT2는 지구자전주기의 계절적인 변동을 고려한 것이다. UT1이 가장 일반적으로 사용되는 기준 시각이며, 본초 자오선에서의 '평균태양시'이다. UT0 값에서 자전축 운동(polar motion)을 고려하여 보정한 값이다. 보통 '만국 표준시'라 하면 UT1을 가리킨다. 실제로 지구는 질량 분포가 고르지 않기 때문에, 엄밀히 구형도 아니고 자전축을 기준으로 대칭인 타원체도 아니다. 따라서 지구 자전축과 각운동량 벡터가 약간 차이가 난다. 지구 자체의 각운동량은 보존되지만 자전축은 이 각운동량 벡터를 중심으로 흔들리게 된다. 뿐만 아니라 지구 핵이나 맨틀의 운동, 지진이나 빙하 융해와 같은 지각변동으로 질량분포가 아주 미묘하게 달라지게 되어 흔들리는 폭 역시 주기적으로 변한다. '협정세계시'(UTC)는 UT1과의 차이가 일정한 시간 이하가 되도록 정해진 시기에 보정하여 얻는 시간이다.

**UT2(Universal Time 2) 만국 표준시 2, 유티 2** '만국 표준시'(Universal Time, UT)는 지구의 운동을 기준으로 나타낸 시간 체계이며, UT0, UT1, UT2 등으로 분류한다.

UT2는 UT1에서 주기적인 변동을 보정한 시각으로서 다음 식으로 정의된다. 즉, $UT2-UT1=+0.022\sin(2\pi t)-0.017\cos(2\pi t)-0.007\sin(4\pi t)+0.006\cos(4\pi t)$. 여기서, 단위는 초(second)이며, t(0~1 사이의 값)는 평균태양의 황경이 280도에 도달한 시점(1월 1일)을 기준으로 경과한 시간을 태양년으로 나눈 값이다. UT0과 같이 현재는 거의 쓰지 않는다.

**UTC(Coordinated Universal Time) 협정세계시** 1972년 1월 1일부터 세계 공통으로 사용하고 있는 표준시를 말한다. UTC는 '국제도량형국'(International Bureau of Weights and Measures, BIPM)과 '국제 지구자전 좌표국'(International Earth Rotation and Reference Systems Service, IERS)기관이 관리하며, 표준주파수 및 시보(standard frequency and time signal)로 통보하고 있다. UTC의 초신호 간격은 '국제 원자시'(International Atomic Time, TAI), 즉, 국제단위계(SI)의 시간 단위인 초의 정의에 따라 세계 각지에서 운용되는 원자시계로부터의 데이터를 근거로 하므로 국제 도량형국이 결정하는 원자시와 정확하게 일치한다. 그런데 UTC와 TAI의 초의 간격 또는 속도는 일치하지만, 시각에는 정수 초의 차이가 있다. UTC와 TAI와의 차이를 0.9초 이내로 유지하기 위해 1초를 삽입하는 것을 양의 윤초(positive leap second)라 하고, 1초를 삭제하는 것을 음의 윤초(negative leap second)라 한다.

**Utility Tunnel 공동구(共同溝)** 도로의 노반굴착을 수반하는 매설물(전기・가스・수도의 공급시설 및 하수도 시설 등)을 공동 수용함으로서 도시의 미관, 도로구조의 보전과 원활한 교통의 소통을 위하여 지하에 설치하는 시설물을 말한다.

**UTM Projection 유티엠 투영** 전 지구상 점들의 위치를 통일된 체계로 나타내기 위한 격자 좌표 체계의 하나로 1947년에 개발되었다. UTM 좌표계에서는 지구를 경도 6° 간격의 세로띠로 나누어 횡축 메르카토르 도법으로 그린 뒤, 위도 8° 간격으로 총 60×20개의 격자로 나누어 각 세로 구역마다 설정된 원점에 대한 종・횡 좌표로 위치를 나타낸다. 즉, 지구를 80°S(남위)부터 84°N(북위)까지를 180°W(서경)부터 시작하여 경도 6° 간격으로 총 60개의 세로 격자(띠)로 나눈다. 각 세로띠에는 180°W-174°W부터 시작하여 174°E-180°E까지 동쪽으로 1부터 60까지의 번호가 매겨진다. 각각의 세로띠를 다시 20개의 가로 격자로 나눈다. 각 가로 격자는 위도 8° 간격이며 단, 가장 북쪽의 격자(72°N-84°N)는 12°로 되어 있다. 최남단인 80°S-72°S부터 최북단인 72°N-84°N까지 'C'부터 'X'까지의 알파벳 기호를 매겨 구분하는데, 혼동을 막기 위해 'I'와 'O'는 제외한다.

60개의 세로 구역에 대해 남북 방향으로 왜곡이 상대적으로 적은 횡축 메르카토르 도법으로 지도에 옮긴다. 각 구역의 중앙자오선에서의 축척 계수는 0.9996이며 구역의 경계에서는 약 1.0010 정도이다.

**UVW Coordinates 매핑 좌표** [영상처리] Mapping Coordinate를 참조.

**UWB(Ultra Wideband) 초광대역** 기존의 주파수 대역에 비해 매우 넓은 대역에 걸쳐 낮은 전력으로 대용량의 정보를 전송하는 무선통신 기술이다. FCC(Federal Communications Commission, 미국 연방통신위원회)는 UWB를 '중심주파수의 20% 이상의 점유대역폭을 가지거나 500MHz 이상 점유 대역폭을 차지하는 무선전송기술'로 정의하였다. 일반적으로는 3.1~10.6GHz 대역에서 100Mbps 이상 속도로 기존의 스펙트럼에 비해 매우 넓은 대역에 걸쳐 낮은 전력으로 초고속 통신을 실현하는 근거리 무선통신기술로 규정하고 있다. UWB의 가장 큰 특징은 초광대역을 활용하면서 동시에 출력이 상대적으로 낮다.

UWB 시스템의 경우, 기존 협대역 시스템이나 광대역 CDMA 시스템에 비해 매우 넓은 주파수 대역에 걸쳐 상대적으로 낮은 스펙트럼 전력밀도를 바탕으로 구성되어 있다. 다른 협대역 신호(GPS, Bluetooth, WLAN, ZigBee 등)에 간섭을 주지 않고 주파수에 별 상관없이 통신이 가능하고, 특히 기존의 WLAN이나 Bluetooth 등에 비해 높은 전송 속도와 낮은 전력소모 등에서 월등히 앞서기 때문에 고성능 휴대용기기 간의 접속기술 방식으로 각광받을 수 있으며, 낮은 전력소모는 휴대용기기의 배터리 문제를 해소하는 도움이 될 것으로 전망하고 있다. 현재 UWB는 Bluetooth 및 WLAN 보다 빠른 전송속도를 제공하므로 대용량 파일 전송이 빈번한 PC 및 주변기기에 UWB 기술이 적용단계 중에 있으며, PC주변에 일부 신호들이 사라지고 있는 추세이다. 기본 USB 연결을 제공하던 다양한 주변기기들이 UWB 기반의 USB 기술로 적극 전환 중에 있다.
유비쿼터스 컴퓨팅에서는 필요로 하는 수많은 사물을 유선으로 연결하는 것이 불가능하기 때문에 사용자와 인근사물과의 상호작용이나 기기 간에 상호작용을 지원하기 위한 근거리 무선통신기술이 필요하다. 근거리 무선통신기술로 Bluetooth, ZigBee, UWB 등이 고려되고 있다. Bluetooth, ZigBee 등은 저속 정보전송기술로 기기제어 등에 적합하고, UWB는 영상전달 등에 필수적이다.

**UX(User Experience) 사용자 경험(使用者經驗)** 사용자가 어떤 시스템, 제품, 서비스를 직·간접적으로 이용하면서 느끼고 생각하게 되는 총체적 경험을 말한다. 단순히 기능이나 절차상의 만족뿐 아니라 전반적인 지각 가능한 모든 면에서 사용자가 참여, 사용, 관찰하고 상호 교감을 통해서 알 수 있는 가치 있는 경험이다. 긍정적인 사용자 경험의 창출은 산업 디자인, 소프트웨어 공학, 마케팅, 및 경영학의 중요 과제이며 이는 사용자의 니즈의 만족, 브랜드의 충성도 향상, 시장에서의 성공을 가져다 줄 수 있는 주요 사항이다. 1998년 파인(B. Joseph Pine)과 길모어(James Gilmore)가 "경험 경제로의 초대(Welcome to the Experience Economy)"라는 기사를 하버드 비즈니스 저널에 발표하고, 1999년 이를 저서로 내놓아 경제, 경영계에 사용자 경험에 대한 관심을 불러 일으켰다.

**UXB(User Experience for Business) 유엑스비, 비즈니스 사용자 경험** 사용자 경험(user experience) 중심의 비즈니스 서비스를 구체화하여 PI/ISP 등 비즈니스 컨설팅 이후, 시스템 개발까지 장기간에 걸친 일정 동안 실제로 업무 시스템을 사용하게 될 사용자에게 초점을 집중하는 작업을 말한다.

**Vadose Zone 통기대** 지표면과 지하수면(Ground Water Table) 사이에 위치하여, 물로 부분적으로 포화된 공극이 있는 부분으로서, Zone of Aeration이라고도 하며, 불포화대(Unsaturated Zone)라고도 한다. 물과 공기가 강우 등으로 가변적으로 공극을 메우고 있으므로 ,가변대하고도 한다. 통기대는 지표면으로부터 토양수대, 중간수대, 모세관대로 구분할 수 있다. 통기대에 존재하는 물의 압력은 일반적으로 대기압보다 낮다.

**Validation 검증** 속성자료파일에 입력된 레코드와 디지타이징 또는 스캐닝으로 획득된 지도 자료를 확인하여 이들 자료값들이 예측한 범위 내에 있는지, 그리고 자료값의 분포가 타당한지를 검증하는 절차를 말한다.

**Valuation 밸류에이션** 해당 기업이 가진 가치를 뜻한다. 향후 얼마나 벌 수 있을지를 예상해서 현재 시점의 현금 가치로 환산하는 값이다. 이에 동원되는 지표로는 기업의 매출과 이익, 현금흐름, 증가, 배당, 대주주의 성향 등이며, 그 중 해당 기업의 한 주당 주식의 가격 총 발행주식 방식을 주로 이용한다.

**Value 측정값** ① 길이, 무게와 같은 어떤 양을 자나 저울 등으로 측정하여 얻은 값으로서, 측정값은 근삿값이다. ② 데이터베이스에서 각 레코드의 속성으로서, 측정값은 문자, 숫자, 코드 등으로 표현된다.

**Value Added Network(VAN) 부가가치통신망** VAN(Value Added Network)을 참조.

**Value Attribute Table 속성값 테이블** 데이터셋(data-set)에 있는 셀 값의 빈도를 설명하는 래스터 데이터셋과 관련된 테이블을 말한다.

**VAN(Value Added Network) 부가가치통신망** 전기통신사업자로부터 회선을 차용하여 고도의 통신처리기능 등 부가가치를 붙여서 제3자에게 재판매하는 통신망을 말한다. 본래는 이 기종을 포함하는 다양한 컴퓨터를 효율적으로 접속시킨다는 개념에서 생겨난 통신망 개념이다. VAN의 목적은 통신처리와 회선의 효율화이다. 통신처리란 프로토콜(통신 순서), 변환코드(데이터를 나타내는 기호), 변환포맷(데이터를 나열한 순서), 변환속도(데이터 흐름의 빠르기), 변환미디어(문자, 화면)를 말한다. 효율화한 회선을 다중화하거나 데이터를 더 작은 단위로 나누어 전송하는 패킷교환을 이용함으로써 회선의 사용 효율을 높이고 통신비용을 내리는 기능이다. 최근에는 정보처리, 정보제공 등을 하는 시스템도 등장하여 부가가치통신망의 개념이 넓어져 가고 있다.

**Van Allen Belt 밴 앨런대(帶)** 밴 앨런 복사대(Van Allen radiation belt)라고도 하며, 1958년 밴 알랜(James Alfred Van Allen, 1914~2006)이 발견하였다. 지구 자기장에 의해 잡힌 고(高)에너지 하전 입자들이 이루는 도넛 모양의 지구 매우 높은 곳의 영역이다. 즉, 태양에서 방출된 대전 입자가 지구 자기장에 붙잡힌 도너츠 모양의 방사선대이다. 태양풍에서 지구의 자기권 내부로 유입된 하전입자 중에서 일부는 양극(남극, 북극) 지방에 도달해서 오로라를 일으키지만, 나머지 대부분은 지구 주위의 자기력선에 붙잡혀 태양에서 날아온 대전 입자들이 집중되어 있는 곳이다. 안쪽의 층이 지구에서 2,000~3,000km인 곳에 위치하고, 바깥층이 10,000~20,000km 지역에 위치한다.

**Variability 변산도(變散度)** 측정치들의 분포가 대표값(집중경향치)을 중심으로 하여 어느 정도 밀집 혹은 분산되어 있는가를 나타내는 통계치로서 여러 점수들이 흩어져 있는 정도. 변산도가 클수록 분포의 구성원들은 그만큼 이질적이고, 변산도가 작을수록 동질적임을 나타낸다. 변산도의 측정치에는 범위(range), 사분편차(semi-interquartile range), 분산(variance), 그리고 표준편차(standard deviation)등이 있다.

**Variable 변수(變數)** 속성에 따라 여러 수준으로 분류할 수 있거나 다양한 값을 취할 수 있는 사건, 사물, 현상을 나타내는 개념으로서, 변인이라고도 한다. 변수는 지니는 속성을 수량화할 수 있느냐의 여부에 따라 양적, 질적 변수로 구분하며, 주어진 범위 내에서 어떠한 값이라도 취할 수 있는지 아니면 단지 몇 개의 유목으로만 구분되는지에 따라 연속, 비연속변수로 구분한다. 그리고 한 연구에서 변수 상호간의 관계양상에 따라 독립, 종속 변수로 구분한다.

**Variance 분산(分散)** 한 분포를 구성하는 모든 사례에서 그 분포의 평균을 빼서 나온 편차점수들을 제곱하고, 이를 모두 합한 후 그 분포의 사례수로 나눈 값으로서, 표준편차의 제곱값이며, 변량이라고도 한다. V 또는 Var로 표시하기도 한다. 분산은 흔히 표준편차를 대신해서 한 분포의 변산도를 나타내는 수치로도 사용된다. 분산이 클수록 그 분포는 이질적이라고 할 수 있다.

**Vari-Focal 가변 초점 렌즈** 초점거리를 연속적으로 변화시킬 수 있는 렌즈로서, 주 렌즈 앞에 부가렌즈를 붙여 그것을 이동시킴에 따라 초점거리를 변화시킬 수 있다.

**Variogram 변동도, 베리오그램** 인접한 공간의 두 점사이의 물성값이 멀리 떨려져 있는 두 점 사이의 물성값에 비해 더욱 유사할 것이라고 생각할 수 있다. 이러한 상황을 정량적으로 파악하기위하여 확인된 물성값들이 임의의 공간에서 무작위 값을 갖는다고 하면 통계학적으로 표현되는 기대치(Expectation, E) 또는 분산(Variance, VAR)과 같은 용어와 개념이 도입되어야 한다.

분산은 임의의 거리간격($\Delta h$)에서 확인된 두 점의 물성값 Z들간의 변위량으로서 $VAR[Z(h) - Z(h+\Delta h)] = E[Z(h) - Z(h+\Delta h)^2]$와 같이 표현할 수 있다. 즉, 거리 $\Delta h$ 만큼 떨어져 확인된 모든 두 물성값 간의 편차제곱의 대푯값이며, 이를 $\bar{\gamma}(\Delta h) = \frac{1}{N}\sum_{i=1}^{N}[z(h_i) - Z(h_i+\Delta h)]^2$와 같이 전개할 수 있는데, 이 식을 거리간격(Lag length) 만큼 떨어져 있는 물성값의 변동도(Variogram)라고 한다.

크리깅 보간법의 중요한 통계분석기법은 베리오그램이라 할 수 있다. 그러므로 자료값의 공간적 연속성(spatial continuity)은 베리오그램 분석으로 검증된다. 자료값 간의 베리오그램은 거리에 관한 함수로 표현되어지므로 결국 가중치를 부여함에 있어 가장 중요한 인자는 자료점간의 분리거리(separation distance)라 할 수 있다. 분리거리가 h인 두 점간의 베리오그램 $2\gamma(h)$는 거리에 따른 자료값의 공분산(covariance)으로 $2\gamma(h) = VAR[Z(h+h) - Z(h)]$과 같이 표현되며, 이러한 자료점의 쌍이 n개 존재할 경우 반베리오그램(semi-variogram) $\gamma(h)$는 $\gamma(h) = \frac{1}{2n}\sum_{i=1}^{N}[z(x_i) - Z(x_i+h)]^2$으로 표현된다. 즉, 베리오그램 $\gamma(h)$는 두 자료값간의 차이에 대한 기대값으로 나타난다. 대상 영역에서의 자료의 분포가 연속적이라면 두 자료점의 거리가 가까울수록 베리오그램은 작게 나타나고, 거리가 멀어짐에 따라 베리오그램이 커지거나 혹은 두 자료값이 상관관계를 상실하여 무의미한 값을 가지게 될 것이다. 따라서 주어진 표본공간에서 채집된 자료값들간의 거리와 베리오그램을 계산하여 도식화하면, 일반적인 분리거리-베리오그램 모델을 구할 수 있으며, 이를 실험적 베리오그램(experimental variogram)이라 한다. 분리거리가 점점 커지게 되면 더 이상 자료간의 상관관계가 없거나 일정한 경향을 상실되는 점이 발생될 수 있다. 이 분리거리를 상관거리(range) a라 한다. 또, 이에 대응되는 베리오그램 값을 일컬어 문턱값(sill) Co라고 정의한다. 한편, 이론적 베리오그램(theoretical variogram)이란 실험적 베리오그램이 나타내는 거리와 베리오그램의 관계를 최적화(fitting)하는 수학적 모델을 의미한다. 실험적 베리오그램이 자료간의 공간적 상관관계를 표현하고 있지만 일정 거리 이상에서는 베리오그램이 공간적 상관관계를 충실히 표현하지 못한다. 따라서 자료간의 거리에 따른 베리오그램의 모델에서 베리오그램이 더 이상 공간적 상관관계를 표현하지 못하는 일정 거리를 결정하는 일이 선행되어야 한다. 실험적 베리오그램을 실제 그려보면 문턱값이 명료하게 판단될 수 있는 경우와 분리거리가 증가함에 따라 계속 증가되는 형태도 나타난다. 이 경우에는 문턱값을 결정할 수 없게 되는데, 이와 관련된 이론적 베리오그램 모델은 Power Model, Log Model 등이 있으며 대부분 이론적 베리오그램 모델은 문턱값이 있는 경우에 해당된다. Kriging Method, Geostatistics를 참조.

**Varved Clay 호상점토(互狀粘土)** 얼음(빙하)이 녹은 물에 의해 멀리 운반되어 퇴적된 흙으로서, 얼음이 녹는 속도는 계절에 따라 변화하기 때문에 융해수의 유량과 유속이 달라져서 여름에는 비교적 굵은 입자가 퇴적되고, 겨울에는 가는 입자가 퇴적된다. 이와 같이 얼음(빙하)이 녹은 물에 의해 모래와 점토가 교대로 층을 이루어 퇴적된 흙을 호상점토라고 하며 캐나다와 북유럽에 많이 분포한다. 빙호점토라고도 한다. 층을 이루어 퇴적되어 수평투수계수가 수직투수계수에 비해 매우 크다. 지지력은 매우 작다.

**VBI(Vertical Blanking Interval) 수직 귀선 소거기간** [영상] 주사(sannning)는 화면의 왼쪽 위 모퉁이에서부터 시작하여 왼쪽에서 오른쪽으로 진행하는데 이것을 작화선(trace)이라고 한다. 한 라인의 주사가 끝나면 재빨리 다음 라인의 앞부분이 있는 왼쪽 끝으로 돌아오는데 이것을 귀환선(retrace)이라고 하며, 이것은 그림을 그리는 것이 아니기 때문에 눈에 보이면 안 된다. 따라서 귀환선(retrace) 기간 동안에 귀선소거(blanking) 신호라고 부르는 펄스를 삽입하여 흑백보다 더 낮은 전압 레벨로 만들어 준다. 주사선이 화면의 맨 아래 주사선의 주사를 마치고 끝에 도달하면 다시 맨 위의 시작점으로 복귀하여야 하는데 복귀하는 동안 화면에 보이지 않아야 한다. 따라서 귀선소거(blanking)하는 이 기간을 수직귀선소거기간(VBI : Vertical Blanking Interval)이라고 한다. Scanning 참조.

**VB.NET(Visual Basic .NET) 비주얼 베이직 닷넷** 닷넷 프레임워크에서 구현되고 비주얼 베이직(VB)의 진화된 형태인 객체지향 컴퓨터 프로그래밍언어이다. 마이크로소프트는 현재 비주얼 베이직의 2개의 주된 통합 개발 환경(MS 비주얼 스튜디오, MS 비주얼 스튜디오 익스프레스)을 제공한다. 마이크로소프트가 구현한 비주얼 베이직 닷넷은 "MS Visual Basic"이다. 명령줄 컴파일러인 VBC.EXE는 .NET 프레임워크 SDK의 일부로 설치된다. 또한 모노는 명령줄 VB.NET 컴파일러를 포함한다. 닷넷 프레임워크(.NET Framework)는 마이크로소프트에서 개발한 윈도우 프로그램 개발 및 실행 환경으로서, 네트워크 작업, 인터페이스 등의 많은 작업을 캡슐화하였고, '공통 언어 런타임(Common Language Runtime, CLR)'이라는 이름의 가상 머신 위에서 작동한다.

**VDL-Mode 4 초단파 데이터 링크 모드 4** 항공교통관제사와 조종사간 통신방식을 음성뿐만 아니라 데이터도 교환할 수 있도록 하는 차세대 항공 이동통신 방식이다. VDL은 'VHF Data Link'의 약자로서, 비행계획, 속도, 고도 등을 데이터로 송·수신하는 방식이다. 항공교통관제사 및 조종사의 업무부하 감소, 의사교환 오류 예방으로 인한 안전강화 등의 효과를 기대할 수 있다. ADS-B(Automatic Dependent Surveillance-Broadcast, 자동종속감시시설-방송)용 데이터 링크로서, "VDL Mode 4"기술은 1980년대 말부터 스웨덴에서 최초로 개발되기 시작했으며 단일 채널을 사용하는 다른 ADS-B 데이터 링크들과 달리 다채널을 사용한다. 2개의 분리된 25kHz의 범세계 공용채널을 사용하며 항공교통량이 복잡한 지역에서는 채널을 더 추가해 운영할 수 있도록 유연성을 제공한다. VDL Mode 4 매체 접속은 시분할 다중접속방식으로 데이터 전송률은 19.2kbit/sec에 달한다. 그러나 VHF 운영주파수 특성상 타 항공기 시스템으로부터 간섭에 민감하다는 문제점이 있다. ADS-B를 참조.

**VDOP(Vertical Dilution of Precision) 수직위치 정도(精度) 저하율, 수직위치 정도 열화(劣化)** GPS의 천구상의 배치상태에 따른 정도 열화를 표시하는 계수로서, 수직위치 측위 결과 정확도를 표시한다. DOP(Dilution Of Precision)를 참조.

**VDT Syndrome 영상 단말기 증후군** VDT(video display terminal, 영상표시 단말기)에서 방사되는 전자기파가 인체에 일으키는 육체적·심리적 각종 장해를 말한다. 주로 컴퓨터 사용자들에게서 많이 발견되어 "컴퓨터 단말기 증후군"이라고도 한다. VDT란 컴퓨터, 워크스테이션, CRT(음극관 표시기) 디스플레이 및 최근의 스마트폰 등 영상표시 단말기 전반을 말한다. 초기 증상으로는 눈의 피로와 가벼운 통증이 있고, 심한 경우 눈이 충혈되고 시력이 급격히 떨어진다. VDT 증후군의 하나로 컴퓨터에 익숙하지 않은 사람은 숙련자에 비해 눈의 움직임이 많기 때문에 증상이 심하게 나타난다. 눈의 피로에 못지않게 많은 것이 근골격계의 통증이다. 이는 고정된 자세로 장시간 반복적인 작업을 하는 경우에 많이 발생한다. 통증이 발생하는 부위는 손목, 팔꿈치, 어깨와 같은 관절 부위는 물론 목, 허리에 이르기까지 매우 다양하다. 장시간동안 키보드를 치는 경우 컴퓨터 사용자들은 손목, 팔, 목 부위에 통증을 경험한다. 이런 형태의 질환에는 국소적 근골격계질환(R-MSD), 누적외상성질환(CTD), 반복적인 스트레스성 손상(RSI) 등으로 다양하게 나눠진다.

**Veblen Effect 베블렌 효과, 베블런 효과** 가격이 오르는 데도 일부 계층의 과시욕이나 허영심 등으로 인해 수요가 줄어들지 않는 현상. 상류층 소비자들에 의해 이루어지는 소비 행태로, 가격이 오르는 데도 수요가 줄어들지 않고, 오히려 증가하는 현상을 말한다. 과시욕이나 허영심을 채우기 위해 고가의 물품을 구입하는 사람들의 경우, 값이 오르면 오를수록 수요가 증가하고, 값이 떨어지면 누구나 손쉽게 구입할 수 있다는 이유로 구매를 하지 않는 경향이 있다. 소비편승효과라고도 한다. 미국의 사회학자이자 사회평론가인 베블런(Thorstein Bunde Veblen)이

1899년 출간한 저서 “유한계급론(有閑階級論)”에서 “상층계급의 두드러진 소비는 사회적 지위를 과시하기 위하여 자각 없이 행해진다.”라고 말한 데서 유래하였다.

**Vectograph 벡토그래프** [영상] 플라스틱 카드의 뒷면에 왼쪽 눈 이미지를 인쇄하고, 오른쪽 눈 이미지를 앞쪽에 인쇄해 구현하는 방식의 3D 이미지로서, 두 이미지는 편광 처리되며 편광 안경을 이용해 감상해야 한다.

**Vector 벡터** ① 방향과 크기의 의미를 모두 포함하는 표현 도구로서 주로 힘이나 자기장, 전기장 등의 물리적 개념을 설명할 때 이용된다. 크기만을 의미하는 스칼라량과 비교되는 양이다. 물리적 현상을 나타낼 때는 2차원 또는 3차원 방향의 벡터량을 쓴다. ② 지리 도형을 나타내기 위해 기본적인 구축 단위로서 점, 그리고 연결된 선을 사용하는 지도 데이터 구조로서, 점, 선, 다각형 등의 공간적 특성의 지리적 표현이다. 각각의 형상은 속성을 설명하는 데이터베이스(DB)에 연결되어 있다. 벡터 데이터는 연속적으로 변화하는 현상을 나타내는 데도 사용될 수 있다. 등고선과 불규칙 삼각망(TIN)은 고도 또는 연속적으로 변화하는 값들을 나타내는 데 사용된다. 삼각형의 면은 지형 표면을 나타낸다.

**Vector Data 벡터데이터** 공간을 연속적인 2차원 공간으로 간주하고 좌표체계를 이용하여 객체를 점(point), 선(line), 면(polygon)으로 표현한다. 점은 0차원으로 X, Y 하나의 좌표로만 이루어진 것으로 가로등, 가로수, (소축척에서의) 도시를 표현하는 경우에 사용된다. 선은 1차원으로 순서화된 x, y의 좌표들로 표현되는데, 도로가 가장 대표적인 예이다. 선의 가장 단순한 형태는 시작점의 x, y와 끝점의 x, y, 2개의 좌표로 이루어진 직선의 형태의 것이다. 면은 시작점과 끝점의 x, y좌표가 같은 폐쇄된 선분으로 표현되는데 일반적으로 몇 개의 선분의 집합에 의해서 그 위치와 형태적인 특성이 정의된다.

**Vector Data Structures 벡터데이터 구조** x, y, z 좌표체계에 따라 저장된 점, 선, 면 데이터로서 공간 사상을 표현하기 위해 점, 선, 면을 사용하는 데이터 구조이다.

**Vectorizing 벡터라이징, 선추적화** 지정된 좌표계로 변환된 래스터 자료는 해당 좌표를 Header 부분에 저장하고 있으므로, 파일을 탑재(Loading)하면 지정된 좌표로 영상면에 디스플레이 된다. 스캐닝하여 얻어진 래스터 자료를 벡터라이징 소프트웨어를 이용하여 반자동 및 자동방법으로 벡터라이징한다.

**Vegetation Removal(LiDAR) 수목(樹木)제거** 항공라이다 및 3차원 레이저 스캐너로부터 취득한 점군(point cloud)으로부터 순수한 지표면의 고도로 표현되는 수치지형모델(DEM)제작을 위해서는 수목(樹木)이나 인공(人工) 구조물을 제거하기 위한 수정 작업을 수행하여야 한다.

**Vehicle to Vehicle Communication 차량 간 통신** 차량 간 무선통신(Vehicle to Vehicle)의 약자로 자동차끼리 정보를 주고받는 기술로 근처 차량 위치, 속도 정보를 공유하면서 갑작스러운 교통사고 예방이 가능하다.

**Velocity Made Good(VMG) 유효속도** VMG(Velocity Made Good)를 참조.

**Ventilation Pipe 환기구** 차집 관거 내의 유해가스에 의한 관거 내면의 부식을 방지하고 관거의 유지보수 시 작업원의 안전한 작업환경을 유지하기 위하여 설치한 환기시설을 말한다.

**Vernal Equinox 춘분점(春分點)** 천구의 황도(黃道)와 적도(赤道)의 교차하는 점 가운데, 태양이 적도의 남쪽에서 북쪽으로 통과할 때의 점. 태양이 이 지점을 지날 때의 위치는 적경, 적위, 황경, 황위가 모두 0°이다. 추분부터 태양은 천구의 남반부로 내려가 동지 때 남회귀선(남위 23.5°)에까지 이르렀다가 다시 북상하여 춘분 때 적도에 다다르게 된다. 그래서 추분부터 동지까지 밤이 점점 더 길어지고 낮이 점점 더 짧아졌다가 동지부터 다시 낮이 점점 길어지고 밤이 점점 더 짧아져 춘분에 다시 밤낮이 같아진다. 영어로는 ‘The Spring[Vernal] Equinox Day’이다. 즉, 낮과 밤의 길이가 꼭 같아 봄이 시작하는 첫 날이라는 뜻이다. Autumnal EquinoxEcliptic(황도, 黃道)을 참조.

**Vertex 정점(頂點)** 선을 정의하는 (시작점과 끝점 사이의) 선상의 점들을 말한다.

**Vertical Blanking Interval(VBI) 수직 귀선 소거기간** VBI(Vertical Blanking Interval)를 참조.

**Vertical datum 수직 데이텀** 평균 해수면을 기준으로 높이 값이 알려져 있는 지구상에서 공간적으로 분포하고 있는 지점들의 집합을 말한다.

**Vertical Dilution of Precision(VDOP) 수직위치 정도(精度) 저하율, 수직위치 정도 열화(劣化)** VDOP(Vertical Dilution of Precision)를 참조.

**Vertical Exaggeration 과고감(過高感)** 인공 입체시(Stereopsis)하는 경우 과장되어 보이는 정도를 말하며, 한 쌍의 사진을 입체시할 때 대상물의 실제 기복보다 입체시된 모형에서는 기복이 더 심하게 보이는 현상이다. 항공사진을 입체시하면 평면 축척에 대하여 수직축척이 크게 되기 때문에, 실제 모형보다 산이 더 높게 보인다.

**Vertical Resolution 수직 해상도** [영상] 수직방향의 공간해상도로서, 촬상 소자의 경우 화소 수, 촬상관의 경우 빔의 크기, 그리고 방송방식과 관련이 깊다. 단위는 본 또는 LINE을 사용한다. Horizontal Resolution 참조.

**Vertical Scanning 수직 주사** [영상] 각 수평주사선을 왼쪽으로부터 오른쪽으로 훑어 나가는데 이것이 수평 주사(horizontal scanning)이다. 수평주사를 행함과 동시에 화면의 위에서 아래로 수평주사에 비하여는 훨씬 느린 속도로 이동시키는데 이것을 수직주사(vertical scanning)라고 한다.

수평주사파수 Fh = 525lines/frame × 30frames/sec
= 15,750lines/sec = 15,750Hz,

수직주사파수 Fv = 2lines/frame × 30frames/sec
= 60lines/sec = 60Hz.

Scanning, Horizontal Scanning 참조.

**Very Large Scale Integration(VLSI) 초고밀도 집적회로** VLSI(Very Large Scale Integration)를 참조.

**Very Long Baseline Interferometry(VLBI) 초장기선(전파)간섭계(超長基線電波干涉計)** VLBI(Very Long Baseline Interferometry)를 참조.

**Vessel Monitoring System(VMS) 선박 모니터링 시스템** VMS(Vessel Monitoring System)를 참조.

**Video Auto Iris Lens 비디오형 자동조리개 렌즈** [영상] 자동조리개 렌즈의 일종으로서 직류전원과 영상신호를 공급받아 렌즈 자체에서 일정한 광량을 유지하도록 기능의 회로를 갖고, 영상신호의 레벨을 판단하여 렌즈의 조리개를 자동으로 조정할 수 있도록 한 렌즈를 말한다.

**Video Transmitter(VTX) 비디오 송신기** VTX(Video Transmitter)를 참조.

**Video Web 비디오 웹** 웹 환경에서 제공되는 온라인 비디오에 대한 메타데이터 상호호환성을 지원 및 미디어의 공간적, 시간적 일부분을 유일하게 식별하기 위한 URI 확장 기술, 그리고 웹 기반 미디어 서비스와 관련된 표준 플랫폼 및 IPTV 관련 기술이다. 웹 환경에서 제공되는 온라인 비디오와 관련된 표준기술로 응용이 메타데이터 포맷에 독립적으로 메타데이터 처리를 가능하게 하는 온톨로지(ontology) 및 API 표준기술과 URI를 기반으로 미디어의 공간적, 시간적 일부분을 유일하게 식별할 수 있도록 하는 식별자에 대한 표준 기술, MPEG 표준 기술 기반의 미들웨어 플랫폼 표준, 웹기반 TV 표준, HTTP Streaming 표준기술 등이 핵심기술이다. 웹의 특성에 최적화된 비디오 서비스 제공에 필요한 미디어 어노테이션(annotation), 미디어 프래그먼트 표준 및 비디오 웹 콘텐츠를 소비하는 단말 플랫폼과 관련된 MXM, AIT, 웹기반 TV(스마트 TV 지향) 표준에 중점을 두고 있다.

**View 뷰** ① 모델을 간략하게 기술한 것으로서, 대상의 특성 중 해당 관점에서 의미 있는 것만을 포함하고 나머지는 생략하여 보여준다. ② [데이터베이스] 사용자에게 접근이 허용된 자료만을 제한적으로 보여주기 위해 하나 이상의 기본 테이블로부터 유도된, 이름을 가지는 가상의 테이블이다. 권한이 있는 상태로 저장장치 내에 물리적으로 존재하지 않지만, 사용자에게는 있는 것처럼 간주된다. 뷰(View)의 특징은 기본 테이블로부터 유도된 테이블이기 때문에 기본 테이블과 같은 형태의 구조를 가지며, 조작도 기본 테이블과 거의 같다. 가상 테이블이기 때문에 물리적으로 구현되어 있지 않다. 필요한 데이터만 뷰로 정의해서 처리할 수 있기 때문에 관리가 용이하고 명령문이 간단하다. 뷰를 통해서만 데이터에 접근하게 하면 뷰에 나타나지 않는 데이터를 안전하게 보호하는 효율적인 기법으로 사용할 수 있다. 기본 테이블의 기본키를 포함한 속성(열) 집합으로 뷰를 구성해야만 삽입, 삭제, 갱신 연산이 가능하다. 정의된 뷰는 다른 뷰의 정의에 기초가 될 수 있으며, 하나의 뷰를 삭제하면 그 뷰를 기초로 정의된 다른 뷰도 자동으로 삭제된다.

뷰의 장점은 논리적 데이터 독립성을 제공하며, 동일 데이터에 대해 동시에 여러 사용자의 상이한 응용이나 요구를 지원해준다. 사용자의 데이터 관리를 간단하게 해주며, 접근제어를 통한 자동 보안이 제공된다. 뷰의 단점은 독립적인 인덱스를 가질 수 없으며, 뷰의 정의를 변경할 수 없다. 뷰로 구성된 내용에 대한 삽입, 삭제, 갱신 연산에 제약이 따른다.

**View Finder 뷰 파인더** [영상] 피사체를 보고 프레임을 구성하는 카메라의 작은 창을 말한다.

**Virtual Image 가상 이미지** 3차원 데이터 압축, 복원 기술은 데이터 용량은 최소화하면서 데이터 손실이 발생하지 않도록 하는 기술이다. 또한 데이터 전송과 가시화의 경우, 효율성을 최대화한다. 3차원 데이터의 압축, 복원 기술을 통해 대용량 데이터 관리와 처리의 효율성을 증대시킬 수 있다. 3차원 데이터 전송기술은 웹기반 3차원 GIS에 있어 사용자가 필요한 영역의 공간정보 데이터를 서버에 요청하고 서버에 저장돼 있는 공간정보 데이터를 클라이언트에서 점진적으로 실시간 수신하는 기술이다. 이를 통해 3차원 GIS 데이터 용량과 공간적 범위 제한의 한계를 극복할 수 있다.

'가상 이미지' 기법은 실제 영상이 하드디스크에 저장되는 것이 아니라, 어떤 영상을 처리·가공하면 또 다른 영상이 되는 일종의 '방정식을 저장하는 기법'이다. 따라서 가상이미지를 불러들인다는 것은 가상이미지에 저장된 방정식대로 영상을 가공해서 화면에 보여주는 것을 의미한다. 그러나 사용자는 그 차이를 인식하기 못할 정도로 속도가 빠르게 나타난다. 가상이미지를 또 가공해서 새로운 가상이미지를 만들 수도 있다. ER-Mapper의 '알고리즘'은 이런 기법을 사용하고 있다.

**Virtual Map 가상 지도** 3차원 가상환경은 입체적 시각 정보를 통해서 사용자가 가상환경을 현실로 받아들이고 마치 현장에 위치해 있는 것과 같은 감각을 느끼게 하는 것으로 교육, 광고, 홈쇼핑, 군사훈련, 모의실험 및 의료분야 등 다양한 분야에서 활용되고 있다. 이러한 3차원 가상환경은 사용자의 몰입감을 높이기 위해 최대한 현실과 같은 모습을 제공해야 한다. 최근 3D 디스플레이의 발전과 보급으로 인해 사용자들이 입체감 있는 3차원 가상현실을 손쉽게 접할 수 있게 됨에 따라 가상현실 콘텐츠에 대한 수요는 다양한 분야에서 기하급수적으로 증가하고 있다. 손으로 만질 수 있는 형태 이전의 지도로서 일련의 가상적 지도들의 조합으로 존재한다. 예를 들어, 같은 디지털 기본도와 수치의 조합이 모든 가능한 가상 지도들이 될 수 있다.

**Virtual Reality(VR) 가상 현실(假想現實)** VR(Virtual Reality)를 참조.

**Virtual Reality Modeling Language(VRML) 가상 현실 모델링 언어** VRML(Virtual Reality Modeling Language)을 참조.

**Virtual Reference Station(VRS) GPS Survey 가상 기지국 GPS 측량** VRS(Virtual Reference Station) GPS Survey를 참조.

**Virtual Water 가상수(假想水)** 중동 및 북아프리카 지역전문가였던 영국 런던대학 앨런(Allan) 교수의 "Virtual Water; A Strategic Resource Global Solution to Regional Deficits"에서 처음 소개되었다. 가상수의 개념은 앨런교수가 1998년 처음 제시하였던 협의의 개념에서 2002년 물발자국의 개념을 처음 도입한 Chapagain & Hoekstra에 의하여 가상수의 개념이 물발자국으로 확장되었다. 초창기 앨런 교수의 이론에 의한 가상수는 "농산물 생산에 사용되고 있는 물"로서 수자원이 부족한 국가가 자국에서 생산하는 농산물을 생산하지 않고 수입을 하면 농산물 생산에 사용되는 물을 다른 목적(생활, 공업 등)의 용수로 사용하게 될 경우 결국 농산물에 생산되는 물을 눈에 보이지는 않지만 수입하는 효과가 발생한다는 개념이었다. 다시 말해 쌀 1톤을 생산하는데 물이 1,301$m^3$이 사용된다면 쌀 1톤을 외국에서 수입하면 결국 쌀1톤을 생산하는데 필요로 했던 물 1,301$m^3$을 가상으로 수입한 효과가 발생하고 절약된 1,301$m^3$의 농업용수를 타용수(생활, 공업)로 전환해서 활용할 수 있다는 것이다. 앨런 교수는 축산물과 일반 공산품에 필요한 수량을 측정하려면 복잡한 생산 및 사업 환경 등을 고려해야 하고 국가, 지역간 차이가 크기 때문에 이론의 과도한 적용을 피하고자 하였으나, 가상수에 대한 논의가 전 세계적으로 확산되면서 가상수 이론이 농산물뿐만 아니라 축산물 및 공산품 분야로 확대되었다. 네덜란드의 UNESCO-IHE의 Chapagain & Hoekstra는 국제 가상물 교역에 초점을 맞춰 연구를 진행하였고, 이들은 2004년 연구발표를 통하여 밀, 쌀과 같은 농산물뿐만 아니라 소고기, 닭고기 등 축산물, 그리고 공산품까지 가상수의 개념을 확대시켰다.

**VisBroker 비스브로커** OMG(Object Management Group) 표준의 CORBA(Common Object Request Broker Architecture) 지원 미들웨어이다. OMG에서 제정한 최신 CORBA 사양에 부합되도록, 구현된 제품인 Borland VisiBroker는 세계적인 미들웨어 제작업체인 Borland에서 개발 및 제공하는 제품으로써, CORBA관련 소프트웨어 업계에서 기술적인 리드를 주도해 나가고 있으며, CORBA 분산 오브젝트 미들웨어 기술 분야의 선도적인 제품으로 업계로부터 인정받고 있다. VisiBroker는 CORBA 3.0 표준을 지원하며, Java, Microsoft C++과 C#을 포함한 C++과 .NET 언어를 통한 개발을 지원한다.

**Visibility Range 가시거리(可視距離)** 시계(視界)의 방해를 받지 않고 어떤 목표물을 육안으로 바라볼 수 있는 거리를 말한다.

**Visible Light Communication(VLC) 가시광 통신** VLC(Visible Light Communication)를 참조.

**Vision Positioning 비전 포지셔닝** [드론] DJI의 팬텀 3 및 인스파이어 기종에 추가된 기능으로서 기체 하단부에 달린 센서와 카메라로 바닥의 이미지를 감지해서 안정적으로 제자리를 유지할 수 있는 기능이다. 이전 버전에서는 GPS만을 사용하다가 비전 포지셔닝을 추가하면서 GPS의 약점인 실내 작동과 정확도를 보완하면서 보다 섬세한 제자리 비행(Hovering)이 가능해졌다.

**Visiting 방문** [자료 구조] 노드에 도착해 노드의 자료 값을 읽는 것을 말한다.

**Visual Basic 비주얼 베이직** 마이크로소프트에서 만든 베이직 프로그래밍 언어의 일종으로, 마이크로소프트 비주얼 스튜디오 제품군의 하나이다. 비주얼 베이직은 '사건 기반 프로그래밍(Event-driven programming, EDP)'의 3세대 프로그래밍 언어로서, 마이크로소프트의 컴포넌트 오브젝트 모델에 따른 풍부한 구성 요소를 가진 통합 개발 환경 및 RAD을 가리키기도 한다. 비주얼 베이직은 베이직의 영향을 받았으며, GUI 응용 프로그램의 RAD개발을 가능하게 해 주며, 데이터베이스에 대한 접근을 데이터 액세스 오브젝트, 원격 데이터 오브젝트 또는 ActiveX 데이터 오브젝트들, 그리고 Active X컨트롤과 개체의 생성을 통해 가능하게 한다. 비주얼 베이직의 마지막 버전은 1998년에 출시된 비주얼 베이직 6.0이며, 연장 지원 기간은 2008년 3월에 끝났다. 공식적인 후계 제품은 비주얼 베이직 닷넷이다.

**Visual Basic .NET(VB.NET) 비주얼 베이직 닷넷** VB.NET(Visual Basic.NET)을 참조.

**Visual Interference Level 시각 간섭수준** [항공 레이저(라이다) 측량] 최대허용노광량(MPE) 미만이지만 조종사에게 방해가 되는 시각반응을 유발할 수 있는 가시 레이저광선의 정도를 말한다(「레이저광선 운영기준」〈국토교통부 고시 제2013-462호〉 제4조 제5호).

**Vitrified-Clay Pipe 도관(陶管)** 화학적으로 안정된 점토를 주원료로 하여 높은 온도에서 가열하여 만든 관이다. 산, 알칼리 등에 대한 내약품성, 토압 등의 내하(耐荷)성 및 토사 등에 의한 내마모성에 뛰어난 재료로서, 이형관(異形管)의 제작이나 배관 작업이 용이한 한편, 충격이나 부동침하(不同沈下)에 의한 인장력, 전단력(剪斷力)에 약한 결점이 있기 때문에 굴착작업 등에는 주의가 요구된다.

**VLBI(Very Long Baseline Interferometry) 초장기선(전파)간섭계(超長基線電波干涉計), 우주 측지** 수십억 광년에 있는 전파성 퀘이사(QUASAR)의 전파를 지구상의 2지점 이상에서 동시에 수신하여 수천 km 이상의 거리를 mm 수준으로 측정하는 우주측지기술로서, 퀘이사의 평면전파가 지구상 2대의 안테나에 도달하는 시간차(지연시간)를 이용하여 두 지점간의 거리(Baseline)를 기하학적으로 산출한다. 이러한 전파망원경의 위치 좌표치(안테나의 앙각 축과 수평방위각 축의 교차점)가 VLBI 관측점이며, 「세계측지계」인 ITRF(International Terrestrial Reference Frame, 국제지구기준좌표계)상에서 경위도 원점의 좌표를 구하는 기준점이 된다. 따라서 ITRF에 의거한 국가기준좌표계를 유지·관리하기 위해 측지 VLBI 관측은 필수적이다. 측지 VLBI 시스템은 크게 안테나 시스템, 수신기 시스템, 그리고 백엔드 시스템의 세 부문으로 구성되어 있다. 측지 VLBI 관측은 대한민국 경위도원점 모니터링, 한반도 지각변위 모니터링, 동역학적 측지학 연구, 우주측지기술 활용, 우주측지오차 요소 모델 개발, 재난방재 연구, 달 탐사 등 국내 우주탐사선 추적 시스템 개발 등 다양하게 활용될 수 있으며, 지구자전의 불규칙한 변화 때문에 시간 차이가 발생하는데 측지 VLBI는 시간차이가 누적된 데이터들로 하루 길이의 변화를 계산해 지구 자전축 연구와 세계 시간의 기초자료를 제공하기도 한다.

우리나라는 2012년 3월 세종시에 '우주측지 관측센터'를 준공하여, 천체를 활용하여 초정밀 측량을 수행하는 우주측지 시대를 열었다. 우주측지(VLBI) 관측센터는 직경 22m의 안테나와 수신기 등의 주요 관측 장비를 갖추고 있다. '국제 VLBI 기구'(International VLBI Service for Geodesy and Astrometry, IVS)에 가입하였으며, 글로벌 공동관측을 통해 우리의 우주측량기술의 발전 및 기존 국가기준점(위성기준점, 삼각점)과 VLBI를 통합 운영함으로써 우리나라 측량원점의 좌표값을 보다 정밀하게 재측정할 수 있게 되었다. 참고로 위성측량 오차는 30km당 1cm인 반면, 우주측량(VLBI) 오차는 1천km당 1mm정도이다. QUASAR(QUASi-stellAR radio source, 퀘이사)를 참조.

**VLBI(Very Long Baseline Interferometer) Control Point 우주측지기준점** 국가측지기준계를 정립하기 위하여 전 세계 초장거리간섭계와 연결하여 정한 기준점을 말한다(공간정보의 구축 및 관리 등에 관한 법률 시행령 제8조).

**VLC(Visible Light Communication) 가시광 통신** VLC는 오래전부터 그 가능성이 알려진 통신방식이다. 빛 역시 전자기파의 일종이고 빛을 매개로 하는 통신이 이론적으로 가능하나 일반적인 전자기파에 비해 간섭에 취약하고 직진성이 너무 강해 실험실에서의 단거리 통신이 우선 시도되었다. 모든 조명 하나하나가 "정보전송 노드"가 되어 공간의 통신시스템을 구성한다. 가시광통신은 여러 취약성에도 불구하고 실용화 가능성을 꾸준히 탐색해왔다. 가로등, 신호등을 중심으로 한 지능형 교통시스템(ITS), 고화질 전송을 위한 고속 단대단 통신, 박물관 등 특정지역에서의 지역 콘텐츠 전송 등의 서비스가 검토되었다. 측위는 가시광 통신이 적용 가능한 유망한 분야 중 하나이다. 실내환경에는 조명기구가 촘촘히 설치되어 있고, 이들 조명기구가 자신의 위치를 표시하는 특정신호를 전송하면 스마트폰, 태블릿PC 등 개인의 정보기기는 이들 신호를 검출하여 자신의 위치를 측정하는 것이 가능하다. 가시광 통신을 이용한 측위의 가장 큰 난점 중 하나는 가시광을 검출하기 위한 전용의 포토 센서가 필요하다는 것이다. 전용의 포토 센서를 이용하지 않는 방식은 가시광통신을 이용한 측위의 가장 큰 도전 중 하나이다. 미국의 벤처기업인 ByteLight는 전면 카메라만을 이용해 측위를 시도하는 시스템을 설계하고 시제품을 개발하였다. 전면 카메라 센서를 이용하여 특정한 주파수의 깜박임(Flickering)을 갖는 LED 광원을 검출하여 위치서버에 미리 저장된 LED 광원의 위치정보를 스마트 디바이스에 전송한다. 그러나 Bytelight는 LED 광원의 깜박임 주파수(Flickering Frequency)를 직접 검출하기 위해 푸리에변환(Fourier Transform)을 시도하는 복잡한 기구를 도입하였다. LED 광원을 이용하는 실내 측위 프레임워크의 일반적인 프로세스는 사용자 디바이스는 카메라 모듈을 LED 광원 아래서 구동시켜 LED 광원으로부터 이미지를 얻는다. 얻어낸 이미지로부터 패턴을 추출하는데, 패턴추출에 성공하게 되면 원거리에 있는 위치서버에 저장된 LED 지문지도(Light Fingerprint Map) 상의 지문(Light Fingerprint)의 패턴 데이터와 비교하여 카메라 모듈이 촬영하고 있는 LED 광원의 위치를 얻어낸다. 이 위치가 바로 현재 사용자의 디바이스의 실내위치가 된다. LED 광원의 깜박임을 통해 신호를 전송하고자 한다면 LED 광원과 이 광원을 제어하는 제어 칩이 필요하다. LED 광원은 조도조정을 위해 깜박임의 빈도(Frequency)와 흑백비율(Dimmer Rate)을 조정할 수 있는 제어 칩을 채용하고 있다.

**VLSI(Very Large Scale Integration) 초고밀도 집적회로** LSI (Large Scale Integration, 고밀도 집적회로)의 집적도를 더욱 높인 것이다. 집적도는 1칩당 논리회로로 1만개~100만개, 기억용량으로 256킬로비트(KB) 정도이다. 이 VLSI는 MOS 기술, 미세 가공기술, 자동설비 기술의 고도화에 따라 최근 개발된 것이며, 앞으로 프로세서의 소형·경량화, 저가격화가 이루어질 것이다.

VLSI[뷔엘에스아이]는 컴퓨터 마이크로칩의 소형화 수준을 가리키는 용어로서, 하나의 마이크로칩에 수십만 개, 즉 104개 이상의 트랜지스터가 들어 있는 것을 의미한다. LSI(large-scale integration)는 수천 개의 트랜지스터가 들어있는 마이크로칩을 의미한다. 이전의, MSI (medium scale integration)는 수백 개의 트랜지스터가 들어있는 마이크로칩을, 그리고 SSI(small-scale integration)는 수십 개의 트랜지스터가 집적되어 있는 마이크로칩을 각각 의미하였다.

**VMG(Velocity Made Good) 유효속도** 목표 지점을 가는데 유효 속도로 목표지점에 직선으로 가지 못하고 우회하거나 할 때, 실제로 직선으로는 유효속도가 얼마인지 알려주는 것이다. SPD (속도)가 3.0km/h이고, VMG가 3.0km/h라면 현재 가고 있는 길은 목표지점과 같은 방향이고 그 숫자가 적을수록 목적지에서 멀어지는 방향이 되며 값이 0이라면 전혀 엉뚱한 길로 간다는 의미이다.

**VMS(Vessel Monitoring System) 선박 모니터링 시스템** 선박에 설치된 무선장치, AIS 등 단말기에서 발사된 위치신호가 전자해도 화면에 표시되는 시스템으로서, 선박-육상간 쌍방향 데이터통신망이다. 선박에는 위치정보 송·수신용 VMS 단말기 설치 및 육상에는 모니터링 장치(H/W 및 S/W) 설치된다. VMS를 기반으로 분산된 해양재난안전 관련 정보시스템(33개)의 연계·통합을 통하여 해양안전통합 Database를 구축하여, 선박위치정보를 기반으로 선박등록, 검사, 무선국, 사업자, 선원정보 등 선박관련 정보 일괄조회가 가능한 시스템이다. 주요 기능으로는 선박의 정기위치보고 확인 및 선박운항정보 수집·저장, 위치보고 누락 또는 신호소실시 경보발생, 자동/수동으로 선박호출(Polling/SMS) 및 선박정상운항여부 확인, 여객선 항로감시, 항로 이탈시 경보발생, 이상 발견시 선박·선사 안전(보안)관리자·인근항행선박에 확인요청 등이 있다.

**Voids 간극, 공극, 구멍** ① (LiDAR) 수지지형모델(DEM)제작을 위한 고도 데이터로 사용할 수 없는 디지털 표고 데이터 군(data-set)의 일부를 말한다. ② 흙이나 암석 가운데 액체나 기체가 차지하는 부분으로서 공극이라고도 한다.

**Void Ratio 간극비(間隙比)** 토립자(土粒子, soil particle)의 부피(Vs)에 대한 간극 부피($V_v$)의 비(比)를 말한다. 즉, $e = \frac{V_v}{V_s}$, 여기서, e는 간극비이다. 지반의 침하 및 변형이 발생하면 흙의 체적변화는 물과 공기의 배출에 의한 간극의 부피 변화에 의해 일어난다. 토립자의 부피는 변하지 않는다.

**Volume 입체** ① 3차원의 공간적 넓이를 가지는 물체가 차지하는 부분공간을 추상(抽象)한 기하학적 대상으로, 공간의 의미로도 사용된다. ② 폐합된 연속면의 집합으로 표현된 3차원 지리사상이다.

**Volumetric Strain 체적 변형률** 시료 본래의 부피(V)에 대한 부피 변화량($\Delta V$)의 비(比)를 말한다. 체적 변형률 $\epsilon_V = \frac{\Delta V}{V} = \epsilon_a + 2\epsilon_l$. 여기서, $\epsilon_a$은 축방향 변형률, $\epsilon_l$는 횡방향 변형률이다.

**Vortex Ring 원형 와류(渦流), 소용돌이** [항공] 헬리콥터나 드론의 제자리 비행(Hovering)시 유도기류는 내부로 갈수록 적게 발생한 상태에서 헬리콥터나 드론이 매우 빠르게 하강할 경우에 기류는 하부에서 상부로 이동하는 역기류가 발생한다. 하강기류와 상승기류의 속도가 일치하는 지점에 원형 와류가 발생하며, 블레이드(blade) 끝단의 와류와 함께 역기류가 증가하여 헬리콥터나 드론이 위험한 상황에 빠지게 된다. 이러한 상황에서는 하강속도를 늦추는 것이 중요하다. Downwash 참조.

**VR(Virtual Reality) 가상 현실(假想現實)** 컴퓨터 등을 사용한 인공적인 기술로 만들어낸 실제와 유사하지만 실제가 아닌 어떤 특정한 환경이나 상황 혹은 그 기술 자체를 의미한다. 이때, 만들어진 가상의(상상의) 환경이나 상황 등은 사용자의 오감을 자극하며 실제와 유사한 공간적, 시간적 체험을 하게함으로써 현실과 상상의 경계를 자유롭게 드나들게 한다. 가상현실은 자신(객체)과 배경・환경 모두 현실이 아닌 가상의 이미지를 사용하는데 반해, 증강현실(Augmented Reality, AR)은 현실의 이미지나 배경에 3차원 가상 이미지를 겹쳐서 하나의 영상으로 보여주는 기술이다. 즉, 가상현실은 실제로는 존재하지 않지만 컴퓨터 기술로 사용자의 시각이나 청각, 촉각 등을 자극해서 마치 실제로 있는 것처럼 느끼게 만든 가상의 현실을 말한다. 이때, 만들어진 가상의 환경이나 상황 등은 사용자의 오감을 자극하며 실제와 유사한 공간적, 시간적 체험을 하게함으로써 현실과 상상의 경계를 자유롭게 드나들게 한다. 또한 사용자는 가상현실에 단순히 몰입할 뿐만 아니라 실재하는 디바이스를 이용해 조작이나 명령을 가하는 등 가상현실 속에 구현된 것들과 상호작용이 가능하다. 가상현실은 사용자와 상호작용이 가능하고 사용자의 경험을 창출한다는 점에서 일방적으로 구현된 시뮬레이션과는 구분된다. 인간의 시각, 청각, 촉각, 후각, 미각 등 오감(五感)을 컴퓨터로 계산하여 인공적으로 환경을 만들어 놓은 가상의 세계에서 사람이 실제와 같은 체험을 할 수 있도록 하는 최첨단 기술로서, 이러한 가상현실은 의학 분야에서 수술 및 해부연습에 사용되고 항공・군사 분야에서 비행조정을 실제상황처럼 만들어 놓고 훈련에 이용되고 있다. 사이버공간(cyberspace) ・인공현실(artificial reality)・가상세계(virtual world)・합성환경(synthetic environment)・인공 환경(artificial environment)이라고도 한다.

**VRML(Virtual Reality Nodeling Language) 가상 현실 모델링 언어** 입체 도형을 3차원 좌표값이나 기하학적 데이터 등의 문서(text)로 표현하는 모델링 작성을 위한 언어로서 입체적인 이미지를 갖는 3차원의 가상 세계를 인터넷상에 구축할 수 있다. 인터넷을 통해 연결된 가상세계에서 복수 참여자의 대화형 시뮬레이션을 묘사하기 위해 개발된 언어로 1994년 스위스 제네바에서 처음으로 개최된 World Wide Web Conference에서 탄생되었다. Tim Berners-Lee와Dave Raggett가 WWW에서의 가상 현실 인터페이스를 논의하기 위해 Birds-of-a-Feather (BOF) 회의를 조직했는데, 이 자리에서 여러 BOF 참석자들이 웹과 상호 운용되는 3차원 그래픽 시각화 툴에 대한 프로젝트를 언급하고 3D 세계의 묘사 및 WWW 하이퍼링크를 위한 공통 언어의 필요성에 동의했다. 회의에서는 원래 Virtual Reality Markup Language(VRML)이라는 신조어가 만들어지고 사양작업에 착수하기로 결정하였지만, VRML의 그래픽 특성을 반영하기 위해 "Markup"이라는 단어는 후에 "Modeling"이라는 단어로 바뀌었다. VRML은 대화형 3D 객체와 세계를 묘사하는 파일 포맷이며, 인터넷, 인트라넷, 로컬 클라이언트 시스템 상에서 이용되도록 설계되었다. 또한, 통합된 3D 그래픽과 멀티미디어를 위한 세계적인 교환포맷으로 사용할 목적으로 설계되었다. VRML은 공학, 과학적 시각화, 멀티미디어 프리젠테이션, 오락 및 교육, 웹페이지, 공유된 가상 세계 같은 다양한 분야의 애플리케이션에 이용된다.

**VRS(Virtual Reference Station) GPS Survey 가상 기지국 GPS 측량** 실시간이동측량(RTK) 방식에서의 기준국과 거리에

비례하여 정확도가 떨어지는 거리의존 오차를 보정하고 광범위한 지역에서도 정밀한 위치를 결정하기 위해 도입된 개념이 가상기지국(Virtual Reference Station, VRS)을 활용한 Network RTK 방식이다. VRS 측량은 Network RTK GPS측량 방식 중 1가지 방법으로 GPS 상시관측소로 이루어진 기준국망을 이용하여 오차를 분리하여 모델링하고, 네트워크 내부 임의의 위치에서 관측된 것과 같은 가상기준점을 생성한 후 이 가상기준점과 이동국과의 실시간이동측량을 통하여 정밀한 이동국의 위치를 결정하는 측량방법이다. 가상기지국 GPS 측량방식은 네트워크 내의 실제 기준국을 이용하여 이동국에서 가까운 지점에 가상기준국을 생성한 후 데이터를 중앙서버로 전송한다. 그리고 기준국에 형성된 네트워크를 이용해 계산된 보정 값을 수신하여 가상기준국에 대한 위치를 재계산한 뒤 이동국에 대한 정확한 위치를 결정하는 방식이다. 이 VRS GPS측량 방식의 가장 큰 특징은 기존의 Network RTK GPS측량 방식이 기지국에 1대, 이동국에 1대, 총 2대의 수신기를 필요로 했던 것을 국내에 24시간 가동 중인 국토지리정보원에서 운영하는 상시관측소의 데이터를 사용함으로써 1대의 수신기와 블루투스 통신이 가능한 1대의 휴대전화로 GPS측량이 가능하다.

**VSAM(Virtual Storage Access Method) File 가상 저장 접근방식 파일** [데이터베이스] 동적 인덱스 방법을 이용한 색인 순차 파일이다. 기본 구역과 오버플로우 구역을 구분하지 않으며, 레코드를 삭제하면 그 공간을 재사용할 수 있다. 제어 구간에 가변 길이 레코드를 쉽게 수용할 수 있다. 구성은 (1) 제어 구간(Control Interval) : 데이터 레코드가 저장되는 부분, (2) 제어 구역(Control Area) : 몇 개의 제어 구간을 모아놓은 것, (3) 순차 세트(Sequence Set) : 제어 구역에 대한 인덱스를 저장한 것, (4) 인덱스 세트(Index Set) : 순차 세트의 상위 인덱스 등으로 이루어져 있다.

**VTX(Video Transmitter) 비디오 송신기** [드론] 드론 카메라의 영상을 송신하는 역할을 한다. 비디오 송신기를 선택할 때는 주파수 대역과 출력 전력을 고려해야 한다. 비디오 송신기가 사용하는 주파수 대역은 주로 900Mhz, 1.2Ghz, 1.3Ghz, 2.4Ghz, 5.8Ghz이며, 무선 조종기의 주파수와 간섭에 주의가 필요하다.

**Vworld 브이월드** 국토해양부가 인터넷(www.vworld.kr)으로 제공하는 국가 공간 정보 서비스로서, 3차원(3D) 지도를 곁들여 2012년 7월부터 공개했다. 국가 공간 정보를 시민이 자유롭게 이용할 수 있게 하자는 게 서비스 도입 취지다. 전국 토지 이용 현황, 공시지가, 국토 환경성 평가지도 등을 살펴볼 수 있다. 지도를 들여다보는 것뿐만 아니라 이용자가 공개 정보를 활용해 새로운 서비스를 개발할 수 있게 'Application Programming Interface'를 열어뒀다.

**WAAS(Wide Area Augmentation System) 와스, 초정밀 GPS 보정시스템** 미국에서 2003년부터 공식적으로 운영하고 있는 초정밀 GPS 보정시스템(Satellite Based Augmentation System, SBAS)을 말한다. SBAS(Satellite Based Augmentation System)를 참조.

**WADGPS(Wide Area DGPS) 광역보정시스템** DGPS의 한 형태로 지리적으로 넓은 지역에 걸쳐 분포한 기준국간의 망으로부터 결정된 보정치를 사용자가 수신한다. 현재 GPS(Global Positioning System)를 이용하여 정보통신, 육상교통, 항공우주, 해양, 과학, 군사, 측량, 농업, 레저 등 다양한 분야에서 측위정보를 사용하고 있으나, GPS는 정상적인 동작 중에도 위성시계오차, 궤도오차, 전리층오차, 다중경로오차 등의 여러 오차요인을 포함하고 있어 정밀 측위분야에는 직접 이용하기에 적합하지 않을 뿐 아니라, GPS의 기계적 고장 및 미국의 정책여건 등에 의해 지역적, 한시적으로 측위서비스 기능이 중단되어도 경고방송 등 아무런 조치를 취할 수 없는 매우 높은 취약성을 가지고 있다. GPS의 위치오차와 취약점을 보완하기 위하여 다양한 기술을 접목한 보정시스템이 개발 및 연구되는 실정이며, 다양한 이용분야로부터 측위 서비스에 대한 무결성(Integrity), 정확성(Accuracy), 가용성(Availability)의 성능 향상을 요구하고 있다. 위성항법보정시스템(Differential GPS, DGPS)은 GPS 측위오차를 보정하여 더욱 정확한 측위 정보를 제공하는 시스템이다. DGPS의 기본원리는 이미 자신의 위치를 알고 있는 기준국에 오차를 최소로 가지게 하는 우수한 수신기를 설치하고 각각의 GPS위성 신호를 수신하여 측정된 거리(의사거리)와 이미 알고 있는 거리를 비교 계산한 위성벡터 차이를 보정량으로 하는 위치 보정방식이다.

위성항법보강시스템(DGPS 또는 DGNSS)은 보정치 전달 매체로 '정지위성'을 사용하는가, '지상시스템'을 사용하는가에 따라 크게 "위성기반 보강시스템"(Satellite Based Augmentation System, SBAS)와 "지상기반 보강시스템"(Ground Based Augmentation System, GBAS)으로 구분할 수 있다. 미국의 WAAS, 유럽의 EGNOS, 일본의 MSAS, 인도의 GAGAN 등이 SBAS에 해당되며, 우리나라의 NDGPS(Nationwide Differential GPS) 및 호주의 GRAS(Ground-Based Regional Augmentation System) 등이 GBAS에 해당된다. 또한, 광역의 기준국 망을 사용하는가 아니면 독립적으로 지역 기준국 정보를 사용하는가에 따라 "광역보정시스템"(Wide Area DGPS, WADGPS)과 "지역보정시스템"(Local Area DGPS, LADGPS)으로 구분하기도 한다. DGPS를 참조.

**Wag the dog 왝더 독 현상, 덤 마케팅** 왝더 독은 "The tail wags the dog"이라는 외국의 속담에서 비롯된 표현으로 '꼬리가 개(몸통)를 흔든다.', 즉 하극상이나 주객이 전도된 상황을 의미한다. 이는 주식시장에서 선물시장에 의해 현물시장이 좌지우지되는 현상을 일컫는 단어로 사용되었는데, 소비시장에 있어본 제품(몸통)보다 덤(꼬리)이 더 구매이유의 큰 비중을 차지하는 현상을 의미한다. 마케팅 측면에서는 이를 덤 마케팅, 꼬리 마케팅, 왝더 독 전략, 인질 마케팅 등의 용어로 병용하는데, 기업들이 이와 같은 마케팅 전략을 펼치는 이유는 품질측면에서 제품 간 차별화 요소가 적어짐에 따라 판촉경쟁의 일환으로, '가격할인'의 방식보다 '덤'의 방식이 제품의 이미지에 긍정적으로 기여한다고 판단하기 때문이다. 어떤 덤은 더 이상 공짜라고 무시할 수 있는 증정품이 아니다. 덤 마케팅은 희소성 있고 매력적인 아이템을 선정하는 것도 중요하지만 능동적으로 움직이는 소비자들을 대상으로 2차, 3차의 수익모델까지 고려하는 마케터의 능동성 또한 성과의 열쇠가 된다.

**WAN(Wide Area Network) 광역통신망, 원거리통신망** 국가 이상의 넓은 지역을 지원하는 네트워크 구조이다. LAN과 MAN의 구성에서는 전송 호스트가 공유 버스를 이용한 브로드캐스팅을 사용하기 때문에 교환의 개념이 필요 없으나, 점대점(Point-to-Point)으로 연결된 WAN 환경에서는 전송과 더불어 교환 기능이 필수이다. WAN에서는 전송 매체를 이용해 호스트를 1:1로 연결하는 방식으로 네트워크를 확장한다. 그리고 어떤 호스트가 어떻게 연결되는지에 따라 WAN의 종류가 다양하다. WAN에서는 호스트 사이의 거리가 멀기 때문에 연결 수가 증가할수록 전송 매체를 많이 사용하므로 비용이 많이 든다. 따라서 총 연결 거리를 줄이면서 전체 호스트를 효율적으로 연결하도록 설계해야 한다. WAN에서는 호스트를 스타형, 트리형, 완전형, 불규칙형 등 다양한 구조로 연결할 수 있다. 근거리 통신망(LAN)과 WAN의 구분은 GateWay 내부에 있으면 LAN 또는 내부 네트워크라고 하고, GateWay 바깥에 인터넷 연결하는 선을 WAN이라 한다. MAN, LAN 참조.

**WAS(Web Application Server) 웹 애플리케이션 서버, 웹 응용 서버** 인터넷 상에서 HTTP를 통해 사용자 컴퓨터나 장치에 애플리케이션을 수행해 주는 미들웨어(소프트웨어 엔진)로서, Server 단에서 Application을 동작할 수 있도록 지원한다. 웹 애플리케이션 서버는 동적 서버 콘텐츠를 수행하는 것으로 일반적인 웹 서버와 구별이 되며, 주로 데이터베이스 서버와 같이 수행이 된다. 웹 애플리케이션 서버는 대부분이 자바 기반으로 주로 Java EE 표준을 수용하고 있으나, 자바 기반이지만 Java EE 표준을 따르지 않는 제품과 .NET이나 Citrix 기반인 비Java 계열도 존재한다. WAS로 인해 안정된 시스템 구성이 가능하여 안정적 서비스 보장, 자동적인 어플리케이션 복구기능을 제공하며, 업무 로직이 중간 어플리케이션 서버에 존재하여 쉽고 빠르게 구축할 수 있다.

**Wastewater 하수(下水)** 상수(上水, water supply)에 반대되는 용어로서, 인간생활이나 생산 활동에 사용하고 폐기한 물을 말하며, 공공수역으로 방류되기 전에 필요에 따라 처리한다. 오수(汚水, sanitary), 우수(雨水, storm sewage) 및 공장폐수(工場廢水, industrial water) 등으로 구성된다.

**Water Content 함수비(含水比)** 토립자의 무게($W_s$)에 대한 물 무게($W_w$)의 비(比)를 백분율로 나타낸 것으로서, moisture content라고도 한다. $w = \frac{W_w}{W_s} \times 100$, 여기서 w는 함수비(%)이다.

**Water Conveyance 도수(導水)** 원수(原水)를 취수시설에서 정수장까지 보내는 것으로서 raw water transmission이라고도 한다. 도수 방식으로서는 자연유하방식과 펌프압송방식으로 분류되며, 수리학적으로는 개수로식과 관수로식으로 나누어진다. 수로 노선의 지형, 지세(地勢), 용지취득의 난이(難易), 유지관리성, 경제성에 의해 방식이 정해진다.

**Water Cycle 물 순환** 지구상의 물은 수증기(기체), 물(액체), 얼음(고체)로 그 형태와 성질을 달리하면서 끊임없이 하늘과 땅의 표면 및 지하, 그리고 바다를 순환한다. 인간의 활동에 매우 필요한 담수(淡水, freshwater)는 주로 바다 표면에서 일어나는 증발에 의한 강수에 의한다. 전체 강수량 중 약 80%는 바다에 내리고, 20%가 육지에 내린다. 육지에 내린 물은 다시 강물이나 지하수의 형태로 바다로 흘러가 전체적인 물의 균형이 이루어진다. 이를 "물의 순환"(water cycle)이라 한다. 지구상의 물이 순환하는 기간을 보면 해양에서 약 2500년, 빙하로 1600~9700년, 지하수로 약 1400년, 담수호에서 약 17년, 하천에서 약 16일, 대기에 약 8일정도 머문다.

**Water Footprint 물 발자국** 물 발자국은 개인이나 지역 집단 등이 소비하는 재화와 서비스를 생산하는데 필요한 물의 총량을 의미한다. 한 국가내의 수자원 총량 산출시 국제무역을 통해 수출 수입되는 가상수의 양까지 고려하여 해당 국가의 물수지(Water Budget)를 계산한 것이다. 물발자국의 개념은 한 국가에서 소비되는 농산물, 축산물, 공산품이 해당 국가에서 모두 생산할 수 없다는 가정 하에 어떠한 국가의 수자원 총량은 해당 국가의 국민이 소비하는 모든 물품생산에 필요한 물의 양이다. 물 발자국(Water Footprint) UN의 세계 수자원 보고서에 따르면 지구의 1인당 담수공급량은 20년 안에 3분의 1로 줄어드는데 반해 2050년까지 인구는 93억 명으로 늘어나 향후 전 세계 인구의 20%가 심각한 물 부족현상을 겪을 것으로 예상되고 있다. 이러한 물 부족과 관련하여 가상수(假想水, virtual water)라는 개념이 있는데, 가상수란 일정량의 농산물, 축산물, 공산품과 같은 생산품 혹은 서비스 제공에 필요한 물의 양을 의미한다. 1990년대 초반 영국의 앨렌(Tony Allan) 교수에 의해 만들어졌다. '물 발자국'(Water footprint)은 기존 가상수 개념에 물의 이력을 추가하여 2002년 호엑스트라(Arjen Y. Hoekstra)가 만든 개념이다. 예를 들어, 1t의 밀 생산에 필요한 물의 양은 1,000$m^3$인데 우리나라가 1t의 밀을 미국에서 수입한다고 가정한다면 1,000m$^3$의 물을 수입하는 것과 같다는 의미이다. Hoekstra (2008)가 물발자국 산정시 새롭게 제시한 직접수, 간접수 개념을 적용하게 되면 물 발자국의 개념은 재화를 생산하는데 필요로 하는 원재료의 직접수와 생산유통 과정(Supply Chain) 속에서 투입되는 투입재를 생산하는데 필요로 하는 간접수를 합산, 재화 물품을 생산하는 전 과정에 걸친 물 사용량으로 확대된다. 이러한 가상수 및 물 발자국 개념은 기존 물 관리 정책을 소비 및 교역 정책과 연계할 수 있도록 함으로써 기존 물 문제에 대한 새로운 해법을 모색할 수 있다는 점에서 큰 호응을 얻고 있다. 가상수 및 물발자국 개념은 비교적 최근에 등장한 이론으로 아직까지 국가 차원의 수자원정책에 도입되어 활용되거나 환경 평가에 이용된 사례는 전무한 실정이지만, 다만 일부 국가나 연구자들을 중심으로 특정 지역이나 유역을 대상으로 한 기초적인 연구가 활발히 진행되고 있다. 2004년에 발표된 UNESCO-IHE 연구자료에 의하면 우리나라는 평가대상 100개 국가 중 15번째로 물 수입률(62%)이 높은 나라로 제시되고 있다. 우리나라의 경우 고부가가치 상품의 수출이 많은 반면, 농산물·원유 등 저부가가치 상품 대부분을 수입에 의존하므로, 식량의 무기화 및 보호무역 등에 매우 취약함을 의미하며, 만일의 상황에서의 국내 자급을 위해서는 현 수준 사용량의 1.4배의 물이 더 필요함을 나타낸다고 할 수 있다.

**Water Leakage 누수(漏水)** 상하수도 등의 관로에서 물이 누출되는 현상으로서, 관의 재질, 노후도, 토양, 부식, 지반침하, 시공불량 등에 의해서 발생하거나 포장두께, 대형 차량에 의한 노면하중 공사에 의한 손상 등에 의해 발생한다.

**Water Poverty Index(WPI) 물 빈곤지수** WPI(Water Poverty Index)를 참조.

**Water Table 지하수면(地下水面)** Groundwater table이라고도 한다. 지층의 간극(間隙)을 채워서 연속적으로 존재하는 포화된 지하수대(地下水帶)와 불포화된 토양수대(土壤水帶)의 경계면을 말한다. 지하수면의 위치는 지하수위를 측정하여 알 수 있으며 강수, 증발, 기압 등의 영향을 받아서 변동하고 이 수면이 지표에 나타나면 천(泉)이 된다. 우물의 수면이나 용천 등 수두(水頭)의 측정하면 지하수면의 표고를 알 수 있으며, 이것으로부터 지하수면 등고선도가 작성된다. 이것에 의해 지하수면의 형태나 지하수의 유동방향, 지하수면의 동수구배(動水勾配), 지하수와 하천수와의 교류관계를 알 수 있다.

**Waterway Publications 수로 도서지** 해양에 관한 각종 정보와 그 밖에 이와 관련된 사항을 수록한 인쇄물과 수치제작물(해양에 관한 여러 정보를 수치화한 후 정보처리시스템에서 사용할 수 있도록 제작한 것을 말한다. 이하 같다)로서 수로도지와 수로서지를 말한다(「공간정보구축 및 관리 등에 관한 법률」 제2조 제15호).

**Waterway Survey 수로 측량(水路測量)** 해양의 수심·지구자기(地球磁氣)·중력·지형·지질의 측량과 해안선 및 이에 딸린 토지의 측량을 말한다(「공간정보구축 및 관리 등에 관한 법률」 제2조 제5호). Fundamental Survey, Public Survey, General Survey, Cadastral Survey를 참조.

**WATFCS(Wide-Area Traffic Flow Control Service) 광역 교통흐름 제어 서비스** 개별 교차로나 교통축이 아닌 일정 범위내의 시가지 전체의 교통흐름을 제어하기 위한 기능을 가지며, 해당 범위내의 교통소통 상태를 적정수준으로 유지하기 위해 주요 지점의 유출입 교통량을 제어하는 서비스이다.

**WAVE(Wireless Access in Vehicular Environments) 웨이브** 차세대 지능형 교통시스템을 가능하게 하는 통신방식이다. 고속으로 주행하는 차량 환경에서 통신서비스를 제공하기 위하여 특화된 차세대 ITS 통신이다. 즉, 시속 200km의 고속주행 시에도 끊김이 없는 연속 통신이 가능하다. WLAN 기술을 기반으로 자동차 환경에 맞도록 수정한 기술로서, DSRC(Dedicated Short Range Communication) 기술의 일종이다. 고속도로 상에서 1~1.5km 간격으로 설치된 안테나(RSE)를 통해 차량으로 끊김 없는 CCTV 영상이 전송되고 고속 주행 중 인터넷 접속도 가능하다. 웨이브 통신 기술은 자동차 환경에 맞도록 개발된 차세대 통신 기술로 V2I(V2I, Vehicle to Infrastructure, 차량과 노변 기지국 간 통신) 및 V2V(V2V, Vehicle to Vehicle, 차량 간 통신) 차량 안전 서비스를 위한 최적의 지능형교통시스템(ITS)이다. WAVE는 높은 이동성을 제공하며 도플러 천이 등의 간섭이 잘 발생하는 실외환경에 적합하다. DSRC(Dedicated Short Range Communication) 참조.

**Wave Equation 파동방정식** 모든 파동은 '파동방정식'을 만족한다. 즉, $\frac{\partial^2 f(x,t)}{\partial x^2} = \frac{1}{v^2}\frac{\partial^2 f(x,t)}{\partial t^2}$. 여기서, $v$는 파의 속력이다. 파동에서 마루에서 마루까지 거리를 '파장(wavelength, λ)이라 한다. 파동이 오른쪽으로 속력$v$로 움직일 경우, 한 마루가

다음 마루까지 움직이는데 걸린 시간(T)을 '주기'라고 한다. 파동은 '주기운동'이다.

$$속도 = \frac{이동거리}{시간} = \frac{파장}{주기} = 파장 \times 진동수.\ 즉,\ v = \frac{\lambda}{T} = \lambda f.$$

여기서, $f \equiv \frac{1}{T}$을 '진동수(frequency)'라고 한다.

■ **Sine 파동**

sine 파동은 $y(x,t) = y_0 \sin(\frac{2\pi}{\lambda} - 2\pi f t)$로 정의할 수 있다. 이를 $y = y(x,t) = y_0 \sin(ax + bt)$로 표현하면,

(i) $t = t_0$일 때 관찰자가 본 파동은

$$y(x, t_0) = y(x+\lambda, t_0)$$

$$\rightarrow y_0 \sin(ax - bt_0) = y_0 \sin[a(x+\lambda) - bt_0] = y_0 \sin(ax - bt_0 + a\lambda),\ \therefore\ a = \frac{2\pi}{\lambda}$$

(ii) 관찰자가 $x = x_0$인 곳에서 자기 앞을 지나는 파동을 관찰하면 t일 때와 t+T일 때 진폭은 같다. 즉,

$$y(x_0, t) = y(x_0, t+T)$$

$$\rightarrow y_0 \sin(ax_0 - bt) = y_0 \sin[ax_0 - b(t+T)] = y_0 \sin(ax_0 - bt - bT),\ \therefore\ b = \frac{2\pi}{T} = 2\pi f$$

따라서 파장 λ, 진동수 f인 사인파는

$$y(x,t) = y_0 \sin(\frac{2\pi}{\lambda}x - 2\pi f t) = y_0 \sin 2\pi(\frac{x}{\lambda} - ft)$$

이며

$$y(x,t) = y_0 \sin\frac{2\pi}{\lambda}(x - \lambda f t) = y_0 \sin\frac{2\pi}{\lambda}(x - vt)$$

여기서, $k \equiv \frac{2\pi}{\lambda}$ (wave number, 파수), $\omega = 2\pi f$ (angular frequency, 각진동수)이다.

$$\therefore y(x,t) = y_0 \sin(kx - \omega t) = y_0 \sin k(x - \frac{\omega}{k}t) = y_0 \sin k(x - vt)$$

■ **파동방정식(wave equation)**

줄(string, Rope)로 만든 파동'을 기술하는 파동방정식은 Newton의 운동방정식으로부터,

$$F_y = T_y' - T_y = T\sin\alpha' - T\sin\alpha = T(\sin\alpha' - \sin\alpha)$$
$$= T\Delta(\sin\alpha) \approx T\Delta(\tan\alpha) = T\frac{d}{dx}(\tan\alpha)dx$$
$$= T\frac{d}{dx}(\frac{dy}{dx})dx = T\frac{d^2y}{dx^2}dx$$

한편, $F_y = ma_y = \rho dx \frac{d^2y}{dt^2}$ 이므로,

$\therefore \frac{d^2y}{dx^2} = \frac{1}{v^2}\frac{d^2y}{dt^2}$ : 1차원 파동방정식이라 하며, $v = \sqrt{\frac{T}{\rho}}$ 는 파의 속력이다.

**Waveform Digitizer 파형분석기** [항공 레이저(라이다) 측량] 레이저 펄스의 반사파형을 미세한 시간간격[나노초(nano-second, $10^{-9}$초) 피코초(pico-second, $10^{-12}$초)]으로 샘플링하여 시계열적인 반사강도로 기록표시하는 장치이다. 이러한 반사파형은 지표면 반사물의 성질이나 해수의 혼탁도 파악 등에 이용한다.

**Wavelength 파장** 파동에 있어서 같은 위상을 가진 서로 이웃한 두 점사이의 거리이다. 1초의 주기를 갖는 1파장은 SI단위계로 1헤르츠(Hz)의 주파수를 갖는다고 말하며 초당 1사이클을 의미한다. 광파거리측정기 및 GPS 수신기에 사용되는 변조된 반송파의 대부분은 MHz의 단위 주파수를 갖는다. GPS에서 사용되는 2개의 기본 주파수는 1575.42MHz의 L1파와 1227.60MHz의 L2파이다. 파장의 길이는 다음 식에 의해 산출될 수 있다. 즉, $\lambda = \frac{v}{f}$. 여기서, λ는 파장의 길이(m), v는 광속도(m/s), f는 주파수(Hz)이다. GPS 위성에 의해 전송되는 L1, L2파에 대한 파장 길이는 L1파의 경우는 약 19cm, L2파의 경우는 약 24cm의 값이 위의 식에 의해 계산된다.

$$\lambda_{L1} = \frac{v}{f} = \frac{300 \times 10^6 m/s}{1575.42 \times 10^6 Hz} = 0.19m$$

$$\lambda_{L2} = \frac{v}{f} = \frac{300 \times 10^6 m/s}{1227.60 \times 10^6 Hz} = 0.24m$$

**WDR(Wide Dynamic Range) 역광보정 기능** 밝은 영역에서의 고속도 셔터와 어두운 영역에서의 저속도 셔터를 하나로 모아 형상화시킴으로써 역광의 문제점을 해결하여 선명한 영상을 구현할 수 있는 기능으로 BLC(Backlight Compensation)의 역광보정보다 한 차원 높은 기능이다.

**Weathered Rock 풍화암** 암편의 내압강도($kgf/cm^2$)가 100~700이다. 암질이 부식되고 균열이 1~10cm 정도로서 굴착에는 약간의 화약을 사용해야 할 암질로서, 일부는 곡괭이를 사용할 수도 있는 암질이다.

**Web 2.0 웹 2.0** Web 2.0은 개방·참여·공유의 개념을 대변하는 신조어로서, 서비스 제공자는 플랫폼만 제공하고 사용자 참여를 기반으로 서비스가 운영되는 새로운 패러다임을 말한다. Web 2.0의 개념을 적용한 대표적인 사례로는 Google Maps,

Wikipedia, Blogging, You Tube, ebay 등이 있다.

**Web 3.0 웹 3.0** Web 2.0의 차세대 버전이다. Web 1.0인 월드 와이드 웹(WWW)은 사용자가 신문이나 방송처럼 일방적으로 정보를 받는 것이었고, Web 2.0은 참여, 공유, 개방의 플랫폼 기반으로 정보를 함께 제작하고 공유하는 것이었다. 그러나 Web 3.0은 개인화, 지능화된 웹으로 진화하여 개인이 중심에서 모든 것을 판단하고 추론하는 방향으로 개발되고 활용될 것이다. 시맨틱 데이터를 이용하는 인텔리전트 소프트웨어와 같은 Web 3.0 기술은 자료의 보다 효율적인 이용을 위해 채택하며, 소규모로 사용한다.

**Web Application Server(WAS) 웹 애플리케이션 서버, 웹 응용 서버** WAS(Web Application Server)를 참조.

**Webinar 웨비나** 웹(Web)과 세미나(seminar)의 합성어인 '웨비나'는 일반적으로 인터넷이 연결된 컴퓨터와 마이크나 전화를 이용해 강사와 참석자간에 실시간, 양방향으로 진행된다. 이를 활용하면 세미나 개최 비용을 줄일 수 있고 시·공간의 제약도 피할 수 있다. 참가자들은 자기 자리에 있는 컴퓨터를 통해 쉽게 웨비나에 참석할 수 있다. 최근에는 일반 회사에서도 웨비나의 활용 범위가 넓어지고 있다. 일반인들을 대상으로 한 상품도 등장했다. 기술 발전에 따라 웨비나의 형태도 다양해지고 있다. 유비쿼터스 시대를 반영한 세미나도 등장하여, 예를 들어 냉장고를 통해 인터넷이 연결되면 요리 강좌를 배울 수 있고 고객이 동영상을 통해 강사에게 자신의 요리를 보여줄 수도 있다. 미국에서는 2014년부터 가상기술을 활용한 세미나가 등장했다.

**Webrooming 웹루밍** 스마트폰 등장 이후 나타난 현상으로 온라인으로 제품을 확인하고 오프라인에서 구매하는 현상을 말한다. O2O, Showrooming을 참조.

**Web Server 웹 서버** 인터넷 서비스를 하기 위한 서버의 일종으로서, Web Client(웹 브라우저)에게 컨텐츠를 제공하는 서버로서, 정적인 HTML이나 jpeg, gif 같은 이미지를 HTTP 프로토콜을 통해 웹 브라우저에 전송한다.

**Web Squared 웹 스퀘어드** Web$^2$라고도 하며, "O'Raeilly, T & Battelle, L.(2009). Web squared: Web 2.0 five years on"에서 언급한 개념이다. 모든 정보시스템 인프라가 웹으로 수렴하고 있으며, 사회화된 웹을 통해 집단지성을 끌어내는 웹2.0 이후를 말한다. 모바일웹, 지오웹, 시멘틱 웹 등 무한히 확장된 웹을 기반으로 현실세계 정보의 편린(片鱗)들이 웹의 어딘가에 저장된 정보 그림자(Information Shadow)를 활용하는 사물의 인터넷(Internet of Things) 환경 구현을 위한 인프라로 변화하는 웹 환경을 일컫는다. 공간정보는 웹 스퀘어드(Web$^2$)에 기반을 둔 시스템이다. 환경 구현을 위한 인프라로써 의미를 가지며, 진보된 웹환경 하에서 지능화된 서비스를 통해 특화된 정보 제공 및 탐색이 가능하다.

**Well-Known Binary(WKB) 더블유케이비 형식** WKB(Well-Known Binary)를 참조.

**Well-Known Text(WKT) 더블유케이티** WKT(Well-Known Text)를 참조.

**Wet Unit Weight 습윤 단위중량** 흙이 공기 중에 습윤 상태로 있을 때 단위 부피당 무게를 말한다. 간단히 습윤 밀도(wet density)라고도 한다.

$$\gamma = \gamma_t = \frac{W}{V} = \frac{G_s + S\,e}{1+e} = \frac{1+w}{1+e} G_s \gamma_w$$

**WGS(World Geodetic System) 세계 측지계(世界測地系)** 지구상의 제점의 위치를 나타내기 위한 기준이 되는 좌표계 및 지구의 형상을 표현하는 타원체를 총칭하여 측지 기준계로서, 좌표계의 원점을 지구의 질량 중심으로 하며, 세계 각국에서 공통으로 이용할 것을 목적으로 구축되었다. 세계 측지계로 알려진 측지 기준계는 ITRF, WGS84, PZ의 3가지가 있다. ITRF(국제 지구 기준계)는 IERS(국제 지구 회전 관측 사업국)의 주도로 국제 협력하에 구축된 세계 측지계이며, WGS84가 ITRF와 거의 동일시하게 사용되고 있다. ITRF의 준거 타원체는 GRS80 (Geodetic Reference System 1980)으로 IAG(국제 측지학협회)와 IUGG(국제 측지학 및 지구 물리학 연맹)가 1979년에 채택한 것으로 현재 지구의 형상을 가장 잘 나타내고 있는 타원체이다.

**WGS 84(World Geodetic System 1984) 국제측지기준계 1984, 세계 측지계84** WGS 좌표체계는 지도, 측지 목적으로 미국 국방성에서 개발한 지구 중심좌표계이다. 세계측지체계로 불리는 지심 좌표체계는 지구의 기본적인 기준모형과 기하학적인 모양을 나타내고 지구를 중심력에 의해 모형화한다. WGS84 좌표계는 NSWC 9Z-2의 원점, 축척, 회전량 등을 수정하고 기준 자오선을 국제 시보국(BIH)에서 정의한 자오선과 일치시킨 Conventional Terrestrial System(CTS)이다. WGS84 좌표체계는 BIH-defined CTS와 마찬가지로 원점이 지구의 질량중심이 된다. 따라서 WGS84의 Z축은 극운동에 대한 Conventional Terrestrial

Pole (CTP)의 방향과 평행이다. X축은 BIH에서 정의한 O Merdian에 평행한 기준 자오면과의 교차선이고, Y축은 적도면에 관측되는 우측 지심직각좌표를 이루고 X축으로부터 동쪽으로 90°를 이룬다. WGS84 좌표체계의 원점과 Z축은 WGS84 타원체의 회전축이다. WGS84 좌표체계는 평균 Astronomic Pole (CTP) 주변을 일정한 속도로 회전하는 평균 또는 표준지구의 모형이다. 이 타원체는 1908년 국제측지학과 지구물리학회 기준이 되었다. 이 좌표계는 국제지구자전협회에서 정의한 바와 같이 전통적인 지구중심좌표이다. GPS 위성의 항법메세지의 좌표로 이 좌표기준이다. WGS-84 타원체의 적도 장반경은 6,378,137m이며, 극단방경은 6,356,752.3142m, 평편율은 1/298.257223563이다.

**Where2.0 훼얼 2.0** 웹 2.0을 소개한 바 있는 오라일리(O're-illy) 미디어 그룹이 2005년에 개최한 'Where 2.0 컨퍼런스'에서 처음 사용된 용어이다. 개방과 공유를 통해 사용자 참여를 극대화하고, 쉽고 편리한 인터페이스를 지향하는 새로운 GIS 패러다임이다. 즉, 공개표준 형식(Format) 및 API 공개를 통해 웹 브라우저를 통해 사용자가 쉽고 편하게 위치정보를 활용할 수 있는 인터넷 지리정보서비스의 새로운 패러다임이다. 지리정보를 오픈소스를 통해 웹에서 처리한다는 것은 기존의 S/W 벤더들에게 종속되어 있던 기술이었으나, 상용 DB로 제한되어 있던 자료들의 접근이 용이해졌음을 의미한다. 즉, 플랫폼 개발에 대한 접근도가 자유로워져 기존에 누렸던 혁신 이상의 것을 얻을 수 있다. 이러한 흐름으로 인해 업체들 사이에서는 지역정보 플랫폼에 대한 경쟁이 더욱 치열해지고 있다. Where 2.0의 특징과 변화를 정리하면 다음과 같다. 즉, (1) 데이터 시각화(Data Visualization) : 2D 및 3D 지도 서비스와 데이터가 유저 인터페이스(User Interface, UI)의 급속한 혁신을 이루고 있다. (2) 사회적 위치정보 출현(Social Data) : 사용자들이 직접 지역정보와 위치정보를 결합하는데 익숙해지기 시작, (3) 공개 표준의 대두(The Need for Standards): 위치정보 표시를 위한 공개 표준 포맷 및 시도 서비스에 대한 API 제공, (4) 데스크탑으로 이동(Movement to the Desktop) : 웹브라우저가 표현할 수 없는 고도의 데이터는 데스크탑 S/W를 이용하기 시작했으며 인터넷과 연동도 용이, (5) 광범위한 위치 인식(Location Sensing): GPS, RID 기술과 이를 이용한 다양한 단말기를 통해 위치 정보와 시간 및 지역정보의 결합이 용이해졌다. 현재 구글, 야후, MS는 물론 전 세계 IT 선도 기업들이 'Where 2.0'에 주목하고 있다.

**White Balance 화이트 밸런스** [영상] 광원에서의 빨강, 초록, 파랑의 상대적인 강도로서, 디지털 카메라에서의 화이트 밸런스 컨트롤은 표준 주광 밸런스에서 벗어나는 광원을 위해서 색을 보정하는 것을 말한다.

**White Hacker 화이트 해커** 순수하게 공부, 학업을 목적으로 해킹을 하는 사람을 말한다. 정보 보안 전문가, 컴퓨터 보안 전문가라고도 불리며 보안 취약점에 대해서 연구하고 해킹에 대해 방어 전략을 구상하는 사람들을 말한다. 사이버 수사대, 보안업체 등이 해당한다. Hacker, Black Hacker, Gray Hacker, Elite Hacker, Semi-Elite Hacker, Developed Kiddie Hacker, Script Kiddie Hacker, Lamer Hacker를 참조.

**White Night 백야(白夜)** 지구 자전축이 지구의 공전궤도면에 대해서 23.44도 기울어져 있어, 위도가 남·북위 66.56도 이상인 지역에서 여름에 햇빛이 비치는 곳과 그 곳의 표준시가 일치하지 않아서 생긴다. 북위 48° 이상의 고위도 지방에서는 하지 전후에 밤에도 하늘이 희미하게 빛나는 박명(薄明, twilight)현상이 계속되는데, 이것을 백야라고 한다. 백야(白夜) 현상은 위도가 높은 지역에서 여름 동안 밤에 밝아지는 현상을 말한다. '하얀 밤'이라는 표현은 러시아에서 쓰는 것으로, 스웨덴 등 다른 지방에서는 이를 '한밤의 태양'으로 부른다. 지구는 자전축이 23.5° 기울어져서 자전과 공전을 하고 있으므로 하루 중에서 태양이 있는 쪽에 있으면 그 지역은 낮이 되고 태양의 반대편에 있으면 그 지역은 밤이 된다. 그런데 북극과 남극은 지구가 스스로 하루에 1번 도는 자전축에 위치하고 있어 지구가 공전하여도 계속 같은 위치가 되어 긴 시간 동안 계속 낮이 되거나, 반대로 밤이 되는데 이렇게 하루 중에서 오랜 시간 동안 낮이 되는 것을 백야라고 한다. Polar Night(극야) 참조.

**Wide-angle Lens 광각 렌즈** [영상] 사용 필름의 대각선의 길이보다 초점거리가 짧은 렌즈로, 일반적인 35mm 카메라의 경우 35mm, 28mm, 24mm 등 여러 가지가 있다. 일정한 필름에 찍히는 범위가 표준렌즈보다 넓어서 피사체가 작게 찍히고 피사체심도가 깊다(즉, 초점이 맞는 부위가 넓어 화면 구석구석까지 선명하게 찍힌다). 또 원근감이 과장되어 실제의 거리보다 먼 느낌을 주며, 상의 일그러짐 현상이 생겨 피사체에 가까운 것이 먼 것에 비해 실제보다 크게 묘사되고, 수평선은 둥글게 휜다. 광각 렌즈는 좁은 공간에서 넓은 각도가 필요할 때, 보다 넓은 범위를 찍고자 할 때, 일그러짐을 이용하여 특수효과를 내고자 할 때, 깊은 피사체심도를 이용하여 스냅사진을 찍고자 할 때 유리하다.

**Wide Area Augmentation System(WAAS) 와스, 초정밀 GPS 보정시스템** WAAS(Wide Area Augmentation System)를 참조.

**Wide Area DGPS(WADGPS) 광역보정시스템** WADGPS(Wide Area DGPS)를 참조.

**Wide Area Network(WAN) 광역통신망, 원거리통신망** WAN (Wide Area Network)을 참조.

**Wide-Area Traffic Flow Control Service(WATFCS) 광역 교통 흐름 제어 서비스** WATFCS(Wide-Area Traffic Flow Control Service)를 참조.

**Wide Dynamic Range 광역 역광보정기술(廣域逆光補正技術)** [영상] 밝은 곳과 어두운 곳의 이미지를 동시에 잘 볼 수 있게 구현해 주는 기술이다. 밝은 영역에서 고속 셔터 영상신호와 어두운 영역에서의 저속 셔터 영상 신호를 하나로 모아 영상화함으로써 역광의 문제점을 해결하여 선명한 영상을 구현하는 기능으로 "역광 보정기능(BLC)"보다 한 차원 진화된 기능이다. Dynamic Range는 식별이 가능한 범위 내에서 가장 밝은 부분과 어두운 부분의 비율이다. 자연계에 존재하는 대상물의 밝기를 자기 시스템의 특성에 따라 재현시켰을 때, 식별이 가능한 범위 내에서 가장 밝은 부분(X2)과 가장 어두운 부분(X1)의 비를 dB(데시벨)로 표현하면 다음과 같다. 즉, Dynamic Range(dB) = 20log(X2/X1) Dynamic Range가 클수록 어두운 부분과 밝은 부분을 동시에 잘 표현할 수 있다. 이와 같이 Dynamic Range를 넓게 하는 기술을 통틀어 Wide Dynamic Range 기술이라 한다. CCTV 시스템에서 카메라의 촬상소자로 사용되는 CCD(Charge Coupled Device)는 대개 1 : 1,000 정도의 밝기 차이를 처리할 수 있으므로, 기본적으로 CCD를 이용한 제품의 경우 1회 촬상으로 60dB[=20×log(1,000/1)]의 Dynamic Range를 가질 수 있다. 그러나 CCD 뒷단에 위치해 모니터 상에서 볼 수 있는 형태로 변화시켜 주는 신호처리부가 Dynamic Range를 48~50dB 정도로 감소시켜 대부분의 감시 카메라는 이 정도의 값을 가진다. 이러한 Dynamic Range에 가장 큰 영향을 미치는 요소가 모니터이다. 고가의 전용 모니터가 아닌 일반 모니터는 대개 40dB 정도의 Dynamic Range를 가진다. Dynamic Range 참조.

**Wide Dynamic Range(WDR) 역광 보정 기능** WDR(Wide Dynamic Range)를 참조.

**Wide Lane Solution 광역 폭 기선해석법** L1파에서 L2파를 감하는 방법의 선형조합으로 형성(L5-파라고도 함)된 파에 의한 기선해석방법이다. 파장 길이는 86.2cm이다. 즉, $\phi_{WL} = \phi_{L1} - \phi_{L2}$. 이 해법은 단기선과 중기선에서 적절한 미지정수를 통계적으로 결정하는 것이 용이하며, 미지정수결정의 보조수단으로 사용된다. 또한, 신속정지측량과 같은 매우 짧은 관측 세션에서 사용하는 기선해석방법이다.

**Wi-Fi 와이파이** 국립국어원은 Wi-Fi의 다듬은 말로 '근거리 무선망'을 선정하였으나, 와이파이는 근거리 무선의 일종이지 총체가 아니며, NFC(Near Field Communication, 근접 무선 통신)와의 혼동을 초래할 수 있으므로, 엄밀한 의미에서 적절한 용어라고 할 수 없다. 따라서 '와이파이'가 최선은 아니지만 적합한 용어라고 할 수 있다.

Wi-Fi는 wireless fidelity(무선 데이터 전송 시스템)의 줄임말이다. 와이파이 기술은 미국 연방통신위원회가 1985년 허가 없이도 사용할 수 있는 여러 무선 대역의 주파수를 배포하기로 결정하면서 출발했으며, 업계 위원회는 공통의 기준을 창안해냈고, 1997년에 미국 전기전자기술자협회의 승인을 받았다. 1999년 미국 무선랜협회(Wireless Ethernet Compatibility Alliance/WECA)가 조직되었는데, 이 협회는 새로운 무선 기준을 촉진하기 위해 설립된 전 세계적 비영리 조직이다. WECA는 새로운 기술을 와이파이로 명명했다.

와이파이는 전용선이나 전화선이 없이 근거리통신망(local area networks/LANs)을 가동시킬 수 있어 가정 및 사업장 네트워크 시스템으로 많이 선택되었다. 또한 와이파이는 노트북과 휴대전화, 개인용 휴대 정보 단말기(PDA), 전자 게임기 등 많은 장치들에 무선 광대역 인터넷 접속을 가능하게 해준다. 와이파이 통신은 기본적으로 인터넷에 데이터를 전달해 주는 기능을 하는 AP(액세스 포인트)와 노트북이나 스마트폰과 같이 사용자가 서비스를 받는 단말간의 통신이다. 와이파이를 이용하려면 단말에 연결하기 위한 하드웨어(무선 랜카드)가 있어야 하며, 운영 체제에서 해당 무선랜카드를 인식할 수 있는 장치 드라이버가 설치되어야 한다. 스마트폰이나 노트북 등 이동이 많이 이루어지는 단말에는 기본적으로 탑재되어 있어 사용자는 별다른 설정 없이 와이파이를 사용할 수 있으며, 데스크톱 사용자도 쉽게 설치하여 사용할 수 있다. 근래에 들어 선 없이 인터넷이나 상호간 통신이 가능한 장점 때문에 게임기, 프린터, TV 등 다양한 주변 기기들에서도 와이파이를 지원하고 지원하는 단말들이 늘어나는 추세이다. 이와 같은 기술사항은 IEEE 802.11에 기술되어 있다.

**Wi-Fi Positioning System(WPS) 와이-파이 위치측위 시스템** WPS(Wi-Fi Positioning System)를 참조.

**Wireless Access in Vehicular Environments(WAVE) 웨이브** WAVE(Wireless Access in Vehicular Environments)를 참조.

**Wireless Charging 무선 충전(無線充電)** 기존의 전선으로 전력을 전송하여 기기를 충전하는 방식 대신 전력을 대기를 통해 무선으로 전송하여 기기를 충전하는 방식을 무선충전이라 한다. 무선충전 방식은 크게 3가지로 자기유도 방식, 자기공명(공진) 방식, 전자기파 방식이 있으나, 일반적으로는 자기유도 방식과 공진유도 방식으로 나뉜다. 두 방식의 차이점은 크게 단말기와 충전기 간 접촉 여부로 구분한다. 현재 상용화된 무선충전 기술은 모두 자기유도방식이며, 무선충전 기술 중 하나인 WPC(Wireless Power Consortium, 세계무선충전협회)의 'Qi(치)' 표준을 지원한다. (1) 자기유도 방식(inductive charging) : 자기유도 방식은 전력 송신부 코일에서 자기장을 발생시키면 이 자기장이 수신부의 2차 코일에 유도돼 전류를 공급하는 전자기 유도 원리를 이용한 기술이다. 코일이 근접거리에 위치해야 가능한 방식이다. 자기유도 방식은 전력 전송 효율이 90% 이상으로 매우 높은 장점이 있지만, 수 cm 이상 떨어지거나 송신코일과 수신코일의 중심이 정확히 일치하지 않으면 전력이 거의 전송되지 않을 정도로 효율이 급격히 저하된다는 문제점이 있다. 콘센트에 꼽지만 않았을 뿐 유선을 이용한 충전과 마찬가지이다. (2) 자기공명(resonant inductive coupling) 방식 : 공진(resonance) 유도 혹은 자기공명 방식으로 불리는 기술이다. 송신부 코일에서 공진주파수로 진동하는 자기장을 생성해 동일한 공진 주파수로 설계된 수신부 코일에만 에너지가 집중적으로 전달되도록 하는 것이 공진유도 방식의 원리이다. 즉, 수 MHz에서 수십 MHz 대역의 주파수를 사용하여 자기적 공명을 이루어 전력을 전송하는 기술이다. 전자유도 방식보다 먼 거리에서 높은 효율로 에너지를 전달할 수 있다. 공진 방식의 경우 1m 가량 떨어진 곳에서는 약 90%의 높은 효율로, 2m에서도 약 40%의 효율로 전력 전송이 가능하다. 수신부 코일에서 흡수되지 않은 에너지가 공기 중으로 방사돼 소멸되지 않고 송신부 코일에 다시 흡수되기 때문에 효율이 높은 편이다. 가장 중요한 이슈는 실제 이용 환경에서 전송 거리 및 효율이 저하되는 문제이다. 송·수신기가 공진을 일으키는 주파수 대역이 작으면 작을수록 더 멀리 더 높은 효율로 전력을 전송할 수 있고 이를 위해서는 공진기의 품질계수(Q팩터)가 높게 유지돼야 한다. 신호를 제대로 잡지 못할 경우 발열 문제가 발생할 수 있고 무선으로 전송되는 전력이 인체에 유해하지 않다는 점도 증명돼야 한다. 현재 공진방식에 대한 국제 표준이 전무하다는 것도 상용화에 걸림돌이다.

| 구분 | 자기유도방식 | 공진방식(자기공명방식) |
|---|---|---|
| 충전 원리 | 자기장 공진(共振)을 이용해 근거리에서 전력 공급 | 충전기 내부 코일로 원거리에서 전력 공급 |
| 충전 방법 | 충전기와 접촉 필요 | 충전기 주변에서 자동으로 충전 |
| 장점 | 비용이 적게 들고 인체에 무해하며 전력 전송 효율이 90% 이상. | 원거리 충전으로 동시에 여러 기계의 충전이 가능하며 송신부와 수신부 사이 장애물 존재 가능 |
| 단점 | 전력 전송거리가 짧음 | 인체 유해성 논란이 있음 |

**Wide-Area Traffic Flow Control Service 광역 교통흐름 제어 서비스** WATFCS(Wide-Area Traffic Flow Control Service)를 참조.

**Wireless Location System(WLS) 무선 측위시스템** WLS(Wireless Location System)를 참조.

**Wireless Mesh Network(WMN) 무선 메쉬 네트워크** WMN(Wireless Mesh Network)을 참조.

**WKB(Well-Known Binary) 더블유케이비 형식** OGC(Open Geospatial Consortium)에서 상호 데이터베이스의 운용성을 높이기 위한 데이터 송·수신 형식이다. 다운로드하는 것으로 완료된다. 공간 데이터의 경우에는 지리정보가 연속지도 형태로 통합된 공간데이터베이스 서버에 있기 때문에 원하는 지역에 대한 검색 후 추출과정을 통해 추출된 데이터는 WKB 포맷으로 전송된다. 다운로드한 WKB 데이터는 쉐이프 파일 등의 포맷으로 변환하여 사용한다.

**WKT(Well-Known Text) 더블유케이티 언어** 지도, 공간 객체의 공간 참조 시스템(Spatial Reference System), 그리고 공간 참조 시스템 간의 변환을 표현하기 위한 텍스트 마크업 언어이다. 포맷(Format)은 OGC(Open Geospatial Consortium)에 의해 제정된다. (1) 기하학적 오브젝트(geometric objects) : WKT로 표현할 수 있는 기하학적 오브젝트는 포인트(Point), 선(Line), 폴리곤(Polygon), TIN 그리고 다각형(Polyhedrons)이다. 멀티 지오메트리는 하나의 오브젝트에서 동일한 차원의 1개 이상의 지오메트리를 표현하는데 이용되며 다른 차원의 지오메트리들은 지오메트리 컬렉션(geometry collection)에 저장될 수 있다. (2) 공간 참조 시스템(spatial reference systems) : 공간 참조 시스템에 대한 WKT 문자열은 측지학 데이텀(geodetic datum), 좌표 체계 그리고 공간 오브젝트에 대한 지도 투영 정보를 설명한다. (3) 변환(transformations) : WKT 포맷은 변환 방법과 2개의 서로 다른 공간 참조 시스템 간의 좌표 변환에 사용되는 파라메터를 기술하기 위해 사용된다.

**WLS(Wireless Location System) 무선 측위시스템** 무선 측위기술은 GNSS을 이용하지 않고 이동통신망과 같은 무선통신망을 활용하여 위치를 파악하는 기술로 실내외 연속적인 위치를 파악하기 위해 사용되는 기술이다. 무선 측위기술로는 무선 장치의 위치식별을 위한 상용 무선위치 확인 시스템의 보강 방법, 무선 통신 기지국들을 위한 지피에스 동기화, 무선 로케이션 시스템에서 위치(Location) 기반의 서비스 어플리케이션을 위한 개선된 트리거(trigger), 비-가시선 완화를 위한 다중경로 채널 통계를 이용하는 가중 최소 자승 위치 측정 방법, 향상된 위치 정확도를 위한 이동 내지 비행 센서들과 실시간 공중 조감 영상을 이용하는, 무선 장치의 위치식별을 위한 상용 무선 위치 확인 시스템의 보강 방법 등이 있다.

**WMN(Wireless Mesh Network) 무선 메쉬 네트워크** 장소와 시간을 뛰어넘어 언제 어디서든지 다자간 접속을 가능케 하는 "무선 메시 네트워크"가 건설과 IT간 융·복합 시대의 차세대 핵심기술로 떠오르고 있다. Wireless Mesh Network을 간단히 줄여서 "WMN"이라고도 한다. WMN은 U-City 민간서비스는 물론 초고층 빌딩, 대운하 사업까지 적용될 전망이다. 기존 무선랜 만으로 한계가 있었던 초고층 빌딩 내 데이터 교신이나 유·무선망 설치가 녹록치 않은 지역에서 발생하기 쉬운 문제점들을 손쉽게 해결할 수 있기 때문이다.

WMN이 적용된 대표적인 국내·외 사례로는 해운대·청계천의 U-서비스, 버즈 두바이 등이 있으며, 특히 아랍에미리트 버즈 두바이 프로젝트 공사현장에서 지휘본부와 500m 높이의 타워크레인 공사현장 간 데이터 교신을 가능케 해 주목을 받았다. 해외에선 최근 1~2년 새 인도 뭄바이, 마케도니아, 케냐 등 동남아와 아프리카, 중국 등 유선 인프라가 열악한 국가를 중심으로 급속히 확산되고 있다. 샌프란시스코, 필라델피아 등 미국의 많은 도시도 WMN을 이용한 U-City를 구축하고 있다.

WMN은 우선 이동성은 물론 전송속도와 확장성, 신뢰성 측면에서 블루투스 등 유사기술과 기존 이동통신기술에 비해 월등하다는 평가이다. 특히 기존 이동통신 기술은 제한된 대역폭과 고가의 구축비용으로 저렴한 고품질의 이동 데이터 서비스가 어렵고 이동 중에 접속이 끊기거나 넓은 광역망을 가지기 위해 모든 유선망을 끌어들여야 하는 어려움이 있었다. 그러나 WMN은 고가의 송신탑이나 기지국마다 유선망을 끌어들일 필요가 없어 전체적 망 구성비용이 저렴할 뿐 아니라 고속이동 중에도 이음새 없이 각종 데이터를 제공할 수 있다. 또 적은 출력을 이용해 무선망을 확장할 수 있다는 장점을 가졌다. 자가망 구성(Self-forming) 기능, 자가 치료(Self-healing) 기능, 자체 균형(Self-balancing) 기능 등을 통해 낮은 오버헤드로 고성능 라우팅 구현이 가능하며 링크 상태를 실시간으로 판단할 수 있는 장점도 있다. 특히나 기존 무선랜 방식은 break-before-make 방식을 채용하고 있으나 WMN은 make-before-break 개념으로 끊김 없는 이동성을 보장할 수 있다는 것이 최대 장점이다.

**Wobbling Effect 워블링 현상** [영상] 고주파 진동 등으로 진동이 심한 물체위에는 카메라를 고정하더라도 이미지가 춤추듯이 왜곡되는 현상을 말한다.

**Work 일** 힘이 물체에 작용하여 움직이었을 때, 힘(F)과 변위(D)의 곱으로 나타내는 물리량이다. 즉, $W=\vec{F}\cdot\vec{D}=F\times D\cos\theta$ 이다. 일의 단위는 Joule(J)이며, 1 J은 1 N의 힘을 가하여 물체를 1m 이동하는데 필요한 일이다. "일의 원리"는 어떠한 도구를 사용해서 힘의 이득은 얻을 수 있어도 일의 이득은 얻을 수 없다는 것이다. 즉, 힘이 감소하면 이동 거리는 증가한다.

**Working Design 실시설계** 기본설계의 결과를 토대로 시설물의 규모, 배치, 형태, 공사방법과 기간, 공사비, 유지관리 등에 관하여 세부조사 및 분석, 비교·검토를 통하여 최적안을 선정하여 시공 및 유지관리에 필요한 설계도서, 도면, 시방서, 내역서, 구조 및 수리계산서 등을 작성하는 것을 말한다('기본설계 등에 관한 세부시행기준', 국토교통부고시 제2014-268호, 2014. 5. 21). Detail Design이라고도 한다.

**Workpiece 공작물(工作物), 인공구조물** 공작물이란 용어는 일본식 표현이므로 '인공구조물'이란 용어로 바꾸어 사용하는 것이 바람직하다. Structure라고도 한다. ①「국토의 계획 및 이용에 관한 법률」 제56조에서 공작물은 '인공을 가하여 제작한 시설물'로 정의되고 있다. 즉, 인위적인 노력을 가함으로써 토지에 고정하여 설비된 시설물을 말한다. 건물은 대표적인 공작물이나, 그 밖에 다리, 제방, 터널 등도 전부 공작물에 해당한다. ②「건축법」에서의 공작물은 '토지 위에 인공적으로 설치하는 시설물 전체'를 일컫는다. 건축법 제83조 제1항에 의한 정의 : 대지를 조성하기 위한 옹벽, 굴뚝, 광고탑, 고가수조(高架水槽), 지하 대피호, 그 밖에 이와 유사한 것으로서 대통령령으로 정하는 공작물을 축조하려는 자는 대통령령으로 정하는 바에 따라 특별자치시장・특별자치도지사 또는 시장・군수・구청장에게 신고하여야 한다.

**Work Provision for Public Survey 공공측량 작업규정** 이 규정은「공간정보의 구축 및 관리 등에 관한 법률」 제17조 및 같은 법 시행규칙 제21조에 따라 공공측량 작업계획서 작성기준 등 그 밖에 공공측량에 필요한 사항을 정하여 규격을 통일하고 공공측량 성과의 정확도를 확보함을 목적으로 한다(「공공측량 작업규정」 제1조). 여기서 공공측량이란「공간정보의 구축 및 관리 등에 관한 법률」 제2조 제3호에 의하면 (1) 국가, 지방자치단체, 그 밖에 대통령령으로 정하는 기관이 관계 법령에 따른 사업 등을 시행하기 위하여 기본 측량을 기초로 실시하는 측량, (2) (1)외의 자가 시행하는 측량 중 공공의 이해 또는 안전과 밀접한 관련이 있는 측량으로서 대통령령으로 정하는 측량으로 정의된다.
「공공측량 작업규정」은 총 6개의 편으로 구성되어 있다. 즉, 제1편 총칙, 제2편 공공기준점측량(제1장 개설, 제2장 공공삼각점측량, 제3장 공공수준점측량), 제3편 지형측량(제1장 개설, 제2장 지상현황측량, 제3장 항공사진측량, 제4장 영상지도제작, 제5장 수치표고모델제작, 제6장 일반지도 수치화, 제7장 지도의 축소편집), 제4편 응용측량(제1장 개설, 제2장 노선측량, 제3장 하천 및 연안측량, 제4장 용지측량, 제5장 토지구획정리측량, 제6장 지하시설물측량), 제5편 세계측지계 변환측량(제1장 개설, 제2장 세계측지계 변환), 제6편 네드워크 RTK 측량(제1장 개설, 제2장 작업계획, 제3장 선점, 제4장 측량표의 설치, 제5장 관측, 제6장 계산, 제7장 성과 등의 정리) 등으로 구성되어 있으며, 총 185개의 작업규정(Work Provision) 조항 및 부칙으로 이루어져 있다. 종전의「공공측량 작업규정(국토지리정보원 고시 제2013-605호)은 폐지하며, 국토지리정보원고시 제2013-1887호(2013년 11월 25일)에 의해 2013년 11월 27일부로 시행한다.

• **개정이유** : 최신기술 및 신공법에 대한 공정하고 투명한 기술평가를 위해 기술평가위원회 운영근거를 마련하고, GPS 측량 작업의 효율화를 위해 요구정확도 확보에 문제가 없는 한도 내에서 관측회수와 관측시간을 완화하며, 지하시설물 측량 시 도로 재포장 등 지형 변경 시에도 시설물에 대한 정확한 깊이를 산정할 수 있도록 지하시설물도에 실측 높이값을 입력하도록 하고, 수심 측량 시 수행하는 기준점측량에 대한 기준을 신설하며, 공공측량성과심사규정과 상이한 공공삼각점측량의 허용오차를 통일함

• **주요내용** : (1) 신기술, 신공법에 대한 기술평가를 위해 관계 전문가 5인 이상으로 구성된 위원회를 구성할 수 있고, 위원회는 기술검토를 위해 필요하다고 판단할 경우 해당기기와 작업방법 등에 대해 현장 확인할 수 있음(제12조의2). (2) 공공삼각점측량의 표고 표준편차(20cm)를 성과심사규정의 기준(10cm)으로 통일함(제25조). (3) RTK-GPS측량 및 네트워크 RTK측량의 관측회수 및 시간을 각각 현행 10회, 10초에서 5회, 5초로 완화함(제47조). (4) 수심측량 시 수행하는 기준점측량에 대한 기준을 신설함(제82조). (5) 기준점을 이용한 시설물 측량의 정확도는 제3편 지형측량의 제2장 지상현황측량을 준용토록 함(제142조). (6) 지하시설물 중 하수관로의 시・종점 및 실측지점마다의 관로상단 절대 높이값을 지하시설물도에 입력하도록 함(제148조). (7) 네트워크 RTK측량 시 관측시간을 고정해를 얻고 나서 5초 이상(제179조)으로 하기 위함이다. Act on the Establishment, Management, etc. of Spatial Data(공간정보구축 및 관리 등에 관한 법률), Enforcement Decree on the Establishment, Management, etc. of Spatial Data 참조.

**Workstation 워크스테이션** 최소한 마이크로프로세서, 입력 및 출력장치, 디스플레이, 네트워크 연결을 위한 하드웨어, 소프트웨어가 포함된 컴퓨팅 장치. 워크스테이션은 LAN으로 함께 사용되고, 데이터와 소프트웨어 등을 공유하도록 실계됨.

**World Geodetic System(WGS) 세계 측지계**
WGS(World Geodetic System)를 참조.

**World Bank 세계은행** UN 산하의 World Bank는 1945년 2차 세계대전의 전쟁 피해 복구 및 개발자금을 지원하기 위해 설립되었으며, 현재 174개 회원국으로 구성되었다. 중・저소득 개발도상국에 중장기 개발자금을 원하는 IBRD(국제부흥개발은행)와 저소득 개발도상국의 양허성 자금을 지원하는 IDA(국제

개발협회)와 함께 IFC(국제금융공사), MIGA(다자간투자보증기구)를 합쳐서 World Bank Group으로 통칭하기도 한다.

**World Geodetic System 1984(WGS 84) 국제 측지 기준계 1984, 세계측지계84** WGS 84(World Geodetic System 1984)를 참조.

**World Map 세계지도(世界地圖)** ① 세계지도는 지구 전체 또는 대부분을 보여주는 지도를 말한다. 세계전도, 만국지도라고도 한다. 지형, 지리, 생활 등에 관한 것들을 기호, 문자, 도형, 각종 색깔로 평면상에 도시한다. ② '혼일강리역대국도지도(混一疆理歷代國都之圖)'는 조선 왕조가 세워지고 10년이 지난 1402년에 제작된 세계지도이다. 당대 세계지도로는 가장 우수한 지도이며, 현존하는 우리나라 지도 중 가장 오래된 지도이기도 하다. 이 지도에 실린 조선 부분이 현존하는 가장 오래된 우리나라의 전국지도이다. 혼일(混一)은 통일이라는 의미를 지니며, 개국(開國)의 의미도 가지고 있다. 강리(疆理)는 영토, 땅을 의미하며, 역대국도(歷代國都)는 역대 중국 제왕들의 도성을 의미한다. 좌정승 김사형(金士衡), 우정승 이무(李茂)와 함께 이회(李回)가 검토하여 제작하고, 권근(權近)이 발문을 썼다. 원본은 현재 전하지 않으며 일본에 필사본들이 보관되어 있다. 6백년 전에 이미 아시아와 유럽, 아프리카까지 아우른 세계지도를 작성했다는 데에서 이 지도의 가치는 매우 높다. '강리도'(疆理圖)라고 줄여서 부르기도 한다. 그 당시 아메리카 대륙은 발견되지 않았기 때문에 이 지도에는 없었고, 오스트레일리아 대륙도 없다. 현재 규장각에 소장된 '혼일강리역대국도지도'는 류코쿠 대학 도서관에 소장된 원본을 모사한 것이다.

**World Wide Web(WWW, W3) 월드 와이드 웹** 인터넷에 연결된 컴퓨터를 이용해 사람들과 정보를 공유할 수 있는 거미줄(Web)처럼 얼기설기 엮인 공간을 뜻하는 용어이다. HTTP 프로토콜을 기반으로 작성된 하이퍼텍스트 페이지를 웹 브라우저라는 특정한 프로그램으로 읽을 수 있게 하도록 구성되어 있다. WWW, W3 또는 웹(Web)이라고도 한다. 일반인에게 인터넷이 보급되기 시작한 1990년대 중반부터 사실상 인터넷과 동의어 취급할 정도로 가장 널리 보급된 인터넷 시스템이다. 2015년 현재 거의 모든 다른 인터넷 시스템의 기능들을 흡수하면서 또 다른 소프트웨어 플랫폼으로써의 지위를 누리고 있다.

**WPI(Water Poverty Index) 물 빈곤지수** 1인당 가용 수자원량은 국가별 기본적인 수자원 여건을 판단할 수 있는 지표이다. 물이 부족하더라도 1인당 물 사용량이 적을 경우 물 부족이 발생하지 않으며 물이 풍족하더라도 국민이 물을 사용할 수 있는 기반시설이 없을 경우 물 부족을 겪게 된다. 따라서 가용 수자원량, 물이용량, 수자원 접근율 등을 포함한 종합적인 관점에서 국가별 수자원 여건에 대한 판단이 필요하다. 영국 '생태환경 및 수문학센터'(The Centre for Ecology & Hydrology)에서는 국가의 복지 수준과 물이용 가용성의 관련성을 나타낼 수 있는 통합적인 수치를 만들어내고, 물 부족이 인구에 얼마나 큰 영향을 미치는가를 평가하기 위해 1인당 가용 수자원량(Resources), 수자원 접근율(Access), 사회경제요소(Capacity), 물이용량(Use) 및 환경(Environment) 등을 종합적으로 고려한 '물 빈곤지수'(Water Poverty Index, WPI)를 개발하여 발표하였다. 우리나라의 "물 빈곤 지수"(WPI)는 전체 147개국에서 43위 수준이며, 29개 OECD 국가 중 20위로서 선진국에 비하면 낮은 수준인 것으로 나타났다.

# X



**X.25 엑스.25** WAN용 CCITT 권장 표준을 말한다.

**X.400 엑스.400** 전자 메일용 ISO표준을 말한다.

**X and Y Coordinates 엑스-와이 좌표** 지도요소의 정확한 위치 표현을 위해 사용되는 직각좌표계로서 우리나라는 4개의 직각좌표 원점(동부, 중부, 서부, 동해원점)이 있다. X, Y Coordinations를 참조.

**X Band 엑스(X) 대역** X밴드는 전자기 스펙트럼의 마이크로파 영역으로서, 통신 분야서는 8.5~10.4GHz, 레이더 공학에서는 8.0~12.0GHz로 주파수 범위로 정의한다. "X"는 "확장(extended)"을 의미한다.

**X Band Radar 엑스 밴드 레이더** 8.0~12.0GHz(파장 : 약 2.5cm)의 X밴드 주파수를 사용하는 레이더를 말한다. X밴드는 레이더에서 자주 사용하는 라디오 주파수 범위이다. 비교적 짧은 파장을 가진 X밴드 주파수는, 목표물 식별과 변별을 위한 고해상도 이미지 레이더를 만드는 데 쓰이며, 탐지 거리는 4,000km에 달한다. X밴드 레이더는 continuous-wave, pulsed, single-pole, dual-pole, SAR, 위상배열 등 여러 가지 유형이 있다. 기상관측, 공중관제, 해상관제, 군사용 추적, 경찰의 차량속도측정 등 다양한 용도에 사용된다.

**X-Band SAR 엑스 대역 전천후관측 영상레이더, 엑스 대역 사, 엑스 대역 합성개구 레이다** 8.0~12.0GHz의 X대역 주파수를 사용하는 SAR(Synthetic Aperture Radar, 합성개구 레이다)를 말한다. "독일 항공우주국"(German Aerospace Center)의 DLR과 "유럽 항공방어 및 우주사업청"(European Aeronautic Defence and Space Company, EADS)의 Astrium에서 공동 운용하는 TerraSAR-X의 경우 주파수 9.6GHz(파장 31mm)의 X대역을 사용한다. X대역 SAR는 L-밴드, C-밴드, X-밴드 등과 같이 다양한 파장대의 신호를 이용하여 지표면 특성을 영상화할 수 있다. 지금까지 대부분 L-밴드를 이용한 InSAR기법으로 지표면의 정밀변위관측에 주로 SAR영상이 이용되어 왔다. L-밴드는 타 파장대에 비해 높은 코히런스(coherence)가 유지되기 때문에 InSAR의 적용에는 유용하지만 상대적으로 공간해상도가 떨어지는 단점이 있다. 홍수 등과 같은 시간간격이 짧은 사건의 분석에서 높은 코히런스를 가지는 영상들을 기반으로 신호처리 과정을 거쳐 결과를 도출하는 InSAR기법은 한계가 있다. 이러한 한계를 극복하기 위한 기법으로 짧은 파장대의 X-밴드를 이용하여 공간해상도를 향상시킴으로서 사진측량학적 관점에서 영상을 해석하는 시도가 증가하고 있다.

SAR 영상으로부터 DEM을 생성할 수 있는 방법은 간섭기법의 InSAR(Interferometric SAR)와 레이더 측량기법(radargrammetry 또는 스테레오 기법)이 있으며, 간섭기법을 적용하기 위해서는 두 입체영상 간에 높은 코히어런스가 필요하기 때문에 우리나라와 같이 지형의 기복이 심하고 사계절이 뚜렷한 지역에 적용하기에는 여러 가지 문제점이 있다. 1950년대 '레이더 측량기법'(radargrammetry) 개념이 도입된 이후 X대역을 사용하는 COSMO-SkyMed, TerraSAR-X, RADARSAT-2, KOMPSAT-5 등과 같은 위성이 SpotLight/Ultrafine 모드 등에서 1m급 공간 해상도의 영상을 취득하게 되었고, 이에 따라 레이더 측량기법의 중요성이 증대하고 있다. 국내에서는 X대역 SAR 위성인 KOMPSAT-5를 2013년에 성공적으로 발사하였고, 2014년부터 민간에 배포하여 활용하고 있다. KOMPSAT-5는 영상의 입사각을 조절할 수 있으며 인접 궤도간의 길이가 촬영 가능한 영상의 범위보다 좁아서 레이더 측량기법에 적합하며, 1m급 SAR 영상을 제공한다. KOMPSAT-5 위성의 궤도와 SAR영상 모드 및 한반도의 지형 특성을 고려하여 레이더 측량기법에 적합한 영상 쌍을 제시하고 KOMPSAT-5의 예상 궤도를 도시하고, 각 지상점에서 SAR 영상의 입사각을 계산하며, 두 영상의 시차에 따른 고도민감도 및 고도해상도를 계산한다. X대역 SAR 위성은 우리나라와 같이 사계절이 명확하고,

지형의 변화가 심한 지역에서는 L대역에 비해서 높은 코히런스를 유지하기 힘들기 때문에 간섭기법보다는 상대적으로 코히런스에 영향을 덜 받는 X대역의 레이더 측량기법이 수치지형도(DEM) 생성에 보다 효과적일 수 있다. SAR(Synthetic Aperture Radar)를 참조.

**X Bit Map(XBM) 엑스 비 엠** XBM(X Bit Map)를 참조.

**XBM(X Bit Map) 엑스 비 엠** XBM은 엑스 윈도우 상의 모노크롬 비트맵 형식이다. 영상의 형태는 비트맵이고, 만든 회사는 MIT X 컨소시엄에서 만들었다. 쓰이는 곳은 X Server Xread 비트맵, X Write 비트맵 파일, 그리고 프로그램 상에서 비트맵을 Editing하는 데에 쓰인다. 장점으로서는 직접적으로 읽기가 쉬우며, 단점으로는 너무 거추장스럽고 X상에서만 쓰이고 있다. 이 형식은 X상의 커서나 아이콘의 정의에 쓰인다. 구조는 C프로그램 형태로 되어 있어 쉽게 읽을 수 있으며, 처음에 가로, 세로 크기, 그리고 이 파일의 중심 (Hot Spot)을 나타내는 X, Y좌표가 있고, 그 다음부터는 영상 자료가 16진 형태로 되어 있다.

**XBrowser 엑스 브라우저** 자바 애플리케이션 관리자이다. 마법사 보관함이 이에 해당된다.

**X-Coordinate 엑스 좌표** X축(횡좌표)에 평행하게 관측함으로써 취득된 평면을 말한다.

**XFile 엑스 파일** EFS(파일시스템)을 읽고, 쓰기 위해 SK-VM에서 지원하는 API이다.

**X Generation 엑스 세대** 뜻대로 행동, 그래서 어디로 튈지 모르는 럭비공 같은 세대를 말한다. 1990년대 중반에 가장 많이 쓰였던 명칭이다. 1965~1976년에 태어난 세대로 여러 면에서 N세대와 비슷한 속성을 지니고 있다. 물질적인 풍요 속에서 자기중심적인 가치관을 형성했고 처음 TV의 영향을 받다가 점차 컴퓨터에 심취하기 시작했다. X세대 용어는 캐나다 작가 더글러스 커플랜드의 소설「제너레이션 X」에서 유래됐다. 기성세대인 베이비붐세대(1945~1964년 출생)와 상당히 이질적인 형태를 보이고 있지만 "마땅하게 정의할 용어가 없다."는 뜻에서 X라는 글자가 붙여졌다.

한편, "이해하기 힘들다."는 의미를 가진 X세대의 특징은 구속이나 관념의 틀에서 얽매이지 않고 자유롭게 생각하고 뜻대로 행동한다. 그래서 어디로 튈지 모르는 럭비공에 비유되기도 한다. 자기중심적이고 소비에 민감하며, 컴퓨터와 인터넷사용이 가능한 세대 중 가장 나이가 많은 연령층이다. M Generation, N Generation, Y Generation, Z Generation을 참조.

**XL, YL, ZL 공간 위치 3요소** 투영중심의 위치를 나타내는 평면직각좌표계상의 3축좌표이다.

**XML(Extensible Markup Language) 확장성 생성 언어, 엑스엠엘** 인터넷 웹 페이지를 만드는 HTML을 획기적으로 개선하여 만든 언어로서 홈페이지 구축기능과 검색 기능 등이 향상되었고, 웹 페이지의 추가와 작성이 편리하다. XML은 구조적인 데이터를 위한 것이며, 다소 HTML 같이 보인다. XML은 텍스트이며, 읽혀지는 것만을 뜻하지 않는다. XML은 기술의 집합이며, 새로운 기술이기보다는 발전된 기술이다. 한편, XML은 모듈식이며, RDF(Resource Description Framework, 웹상의 자원의 정보를 표현하기 위한 규격)와 시맨틱 웹(Semantic Web)의 토대이다. 시맨틱 웹은 '의미론적인 웹'이라는 뜻으로, 현재의 인터넷과 같은 분산 환경에서 리소스(웹 문서, 각종 화일, 서비스 등)에 대한 정보와 자원 사이의 관계-의미 정보(Semanteme)를 기계(컴퓨터)가 처리할 수 있는 온톨로지 형태로 표현하고, 이를 컴퓨터가 처리하도록 하는 기술이다.

**XML Schema 확장성 생성 언어 스키마** XSD(XML Schema Definition)를 참조.

**XML Schema Definition(XSD) 확장성 생성 언어 스키마 정의(-定義)** XSD(XML Schema Definition)를 참조.

**X-Parallax 횡시차** 한 쌍의 사진상에 있어서 동일점에 대한 상점이 연직하에서 만나야 되는 일점에서 생기는 횡방향의 시각적인 오차를 말한다. Horizontal Parallax를 참조.

**X Ray 엑스선** [방사선] 1895년 Roentgen이 처음 X선을 발견했는데, 고진공상태의 유리관 속에 음전극선(cathode)과 맞은편에 양전극구리판(anode) 표적물질을 둔 장치에 고전압을 통과하게 되면 음전극선의 전자가 양전극판 쪽으로 가속되면서 구리판 표적물질과 충돌한다. 이때 구리판의 양전극판으로부터 투과력이 매우 강한 방사선이 발생된다. Roentgen은 이것을 미지의 방사선이라는 의미에서 X선이라고 하였다.

일반적으로 X선은 2가지로 나뉘어지는 데, 특성 X선은 여기 상태의 전자가 기저 상태 궤도로 천이하면서 방출하는 것으로 단일 에너지의 특성을 가진다. 제동복사선은 고에너지의 전자가 텅스텐이나 구리와 같은 무거운 금속 표적물질과 충돌하면서 표적물질 원자핵 근처까지 접근을 하게 되고 인력작용(전자는 음전하, 핵은 양전하)으로 편향(deflection)이 일어난다. 편향은 전자의 에너지를 감소시키는 작용을 하게 되고 이 과정에 X선이 발생한다. X선 발생장치는 병원에서 의료용으로 많이 이용된다.

**X-Ray Photograph 엑스-선 사진** X선에 의한 영상은 렌즈 왜곡과 공기의 굴절이 없는 거의 완전한 중심 투영이다. X선은 대상물의 특성에 따라 투과 비율이 다른 특성을 가지므로, 이러한 특성을 이용하여 악성 종양, 암 등의 비정상적인 발육 또는 몸 안에 들어간 이물질, 뼈가 부러진 정도나 위치들을 관측하는데 많이 쓰이고 있다. 공학적으로는 용접 부분의 이상 여부, 구조물의 결합 여부, 품질관리 등에 쓰인다.

**X-SAR 엑스 사** 미국·독일·이탈리아 삼국이 공동으로 위성 탑재기(엔데버호)에 합성개구 레이더를 설치하여 1994년 4월과 9월 2번에 걸쳐 지구를 관측한 프로젝트이다. 그 목적은 지구 전역에 걸친 광범위한 지구물리학적 현황 조사와 환경 변화를 감시하는데 있다. X-SAR 안테나의 전체 크기는 12m×4m로서, 탑재기와 경사 방향으로 설치가 가능하며 특히 탄소 광합성수지 CFRP(Carbon Fiber Reinforced Plastic Composite)로 제작되어 높은 정도의 안정성과 온도변화에 민감하지가 않다. ① 3cm 짧은 파장을 이용하며 물체 표면의 반사에 대한 민감한 반응을 나타내어 높이 결정시에 유리하다. ② 입사각을 다양하게 변화시킬 수 있다(15~65°).

**XSD (XML Schema Definition) 확장성 생성 언어 스키마 정의(-定義)** 확장성 생성 언어(XML) 문서에서 각 요소를 형식적으로 기술하는 방법을 규정한 월드 와이드 웹 컨소시엄(W3C)의 권고 사항. XML 스키마는 XML 객체의 속성과 요소 간 상호 관계의 추상적 표현으로 문서에서 스키마를 나타내기 위해 구조 분석과 각 구조 요소를 정의한다. 예를 들어, 웹 사이트의 경우 웹 사이트 요소와 웹 페이지 요소 및 기타 콘텐츠 요소를 XML, HTML 태그를 사용하여 정의한다. 문서형 정의(DTD)나 단순 객체 XML(SOX : Simple Object XML)과 같은 언어보다 다소 유리하고 XML로 되어 있기 때문에 파서(parser)에 의한 매개 처리 없이 직접 처리되며, 자기 기록, 자동 스키마 생성, XSL 변환(XSLT)을 통한 정의 능력 등의 이점이 있다.

**XVM(eXtended Virtual Machine) 엑스브이엠, 확장 가상 머신** XCE와 SK텔레콤이 공동 개발한 무선인터넷 서비스 플랫폼. J2ME(Java 2 Micro Edition) 상에서 개발된 자바 응용 프로그램을 실행시키는 것으로 Clean Room 방식으로 자체 개발한 J2ME 실행 환경을 제공한다. KVM과 같은 기능을 제공하는 XVM(extended Virtual Machine)이라는 가상머신을 사용하며 CLDC를 구현한 M-Configuration과 MIDP를 구현한 M-Profile을 탑재할 뿐만 아니라 SK텔레콤의 OEM-Specific API인 SKT-Service API를 탑재하였다. 통상 SK-VM라 칭한다.

**XWD 엑스 더블유 디** X 윈도우 상에서 윈도우의 영상을 저장하거나 복원하기 위해 사용된 형식이다. 영상의 형태는 비트맵이고, 만든 회사는 MIX X 컨소시엄이다. X 윈도우의 Xwd, Xwud, Xloadimage 등에 쓰인다. 이 형식의 장점은 많은 표준 X 윈도우 어플리케이션을 지원하는 점이다. 단점으로는 X 윈도우 이외의 체계에서는 쓰이지 않고, 저장 크기도 효율적이지 못하다. 구조는 Dump Header, 칼라지도, 영상자료 부분으로 되어 있다.

**X Window 엑스 윈도우** 윈도우는 모니터상의 화면을 여러 개의 다중화면으로 분할하여 각기 다른 작업을 수행할 수 있게 해주는 방법이다. 윈도우의 종류는 여러 가지가 있으나 미국 MIT 공대에서 개발한 X 윈도우가 거의 표준화되어 있다. X 윈도우 체계는 UNIX 워크스테이션의 GUI를 위한 기초 수단으로서 확고한 지위를 누리고 있다. 윈도우 체계는 컴퓨터와 사용자간의 대화를 위한 사용자 인터페이스 기능을 제공한다. 컴퓨터의 사용자 이너페이스는 윈도우 체계가 등장하기 이전부터 이미 터미널을 사용하는 방법으로 널리 이용되어 왔다. 그러나 사용자 인터페이스가 사용자에게 사용하기 쉬운 환경을 제공하는 데에는 한계가 있다. 또한 멀티 태스크(Multi-Task)와 같은 운영체계기능이나 고도의 그래픽 기능을 충분히 살리지 못하는 등의 문제가 있다. 윈도우 체계는 터미널이 가지고 있는 이와 같은 사용자 인터페이스의 계약을 극복하기 위하여 출현하였다.

**X-Y Coordinations 엑스 와이 좌표** 지물의 정확한 위치를 위한 좌표 체계로서, 예를 들면 "경도=X, 위도=Y"로 표시된다. X and Y Coordinates를 참조.

**X-Y Plotter 엑스 와이 인쇄기** 종이가 Y축, 펜이 X축 방향으로 이동함으로써 그림을 표시하는 인쇄기를 말한다.

**Yaw 요** [드론] 로봇, 비행체, 드론 등의 자세를 의미하는 각도는 롤(Roll), 피치(Pitch), 요(Yaw)로 나타낸다. 비행기의 항법장치에 필수적인 요소이다. 요(Yaw)는 z축 방향 회전을 의미한다. Yaw의 회전축은 z축 방향, 즉 중력방향과 같다. 따라서 가속도센서보다는 자이로 센서의 z축 값을 측정해서 이 값을 이용해 yaw 값을 계산하고 드리프트(drift)되는 오차를 보상하는 다른 센서를 추가적으로 사용하는데, 바로 지자기센서이다. 3축 지자기 센서를 적용해서 yaw 방향을 측정하는 것이다. Roll, Pitch, Accelerometer, Gyro Sensor 참조.

**Yawing 요잉** [항공] 3차원 공간상의 직교좌표계의 세 축이 만나는 점(원점)에 비행체의 중심이 위치하도록 하되, x축은 비행체의 머리 방향과 나란하도록 하고 y축은 날개와 나란하게 둔다. 그러면 수직 꼬리날개는 z축과 나란해진다. 여기서 비행기의 동체가 x축을 중심으로 회전하는 것을 롤링, y축을 중심으로 회전하는 것을 피칭, z축을 중심으로 회전하는 것을 요잉이라고 한다. 즉, 선회를 위해 좌우 지향점을 바꾸는 것이 요잉이다.

**Y-Code 와이 코드** 암호화된 P코드이다. AS(Anti-Spoofing, 위성사용금지) 모드에서 GPS 위성에 의해 전송되는 P-Code의 암호로 고쳐 쓴 것(Version)으로서, 원래는 P코드가 조사용 비밀부호였는데, 현재는 실질적으로 공개되었다.

**Yammer 야머** 소셜네트워킹서비스(SNS)의 대표적인 아이콘으로 떠오르고 있는 트위터의 기업용 버전이다. 불특정 다수를 대상으로 하는 트위터와 달리 야머는 회사에서 임직원들 간의 소통 도구로 활용되고 있다. 매장에 설치된 3D 스캐너로 자신의 신체 치수를 잰 고객이 옷 크기와 깃의 모양, 소매길이와 단추, 원단 종류 등 총 10가지 세부 디자인을 모니터에서 고르고 아바타에 직접 디자인한 옷을 입혀보고 나서 구매를 결정할 수 있다.

**Yaw 요, 수평요동** 비행기의 날개를 수평으로 유지한 채로 비행기 기수를 좌·우로 움직이는 것을 말한다.

**Yawing 수평요동, 요잉** ② 지구의 비대칭 중력장으로 인하여 인공위성이 진행방향의 좌·우 방향으로 요동하게 되는 현상을 말한다.

**Y-Coordinate 와이(Y) 좌표** Y축(세로좌표)에 평행하게 관측함으로써 취득된 평면을 말한다. X, Y and X, Y, Z Coordinate와 Z-Value를 참조.

**Yellow Filter 황색필터** Haze Filter라고도 한다. 노랑 색광을 투과시켜 노란색을 밝게 묘사하므로 상대적으로 청색 계열의 색상은 어둡게 표현된다.

**Yellow Page 옐로우 페이지** 원뜻은 미국의 업종별 전화번호부를 의미하지만 최근에는 인터넷의 사이트 목록을 분야별로 정리해 놓은 자료를 의미한다. 또 통신망에 분산되어 있는 자료기반을 관리하기 위해서 사용하는 통신망 정보 관리 체계의 명칭이기도 하다.

**Yelp 옐프** 대표적인 지역 기반 소셜네트워크. 여러 도시의 식당, 백화점, 병원 등에 대한 평판을 크라우드 소싱을 이용해 모으는 서비스이다. 회원들은 특정 지역의 비즈니스, 서비스, 명소 등에 대한 추천과 리뷰를 공유할 수 있다.

**Y Generation 와이 세대** 튀는 패션에 쇼핑을 즐기는 새 천년시대의 세대를 말한다. Y세대는 지난 1997년 미국에서 2000년, 즉, Y2000에 주역이 될 세대를 이렇게 부르면서 생겨난 용어이다. 보험회사 프루덴셜사가 미국 청소년들을 대상으로 실시한 지역사회봉사활동 실태조사보고서에서 처음으로 사용했다. 밀레니엄세대라고도 불리며 베이비붐세대가 낳았다고 해서 에코세대(메아리세대)라고도 한다. 나이로는 13~18세 정도여서 「1318세대」라고 부르기도 하였다. Y세대는 X세대의 특성을 거의 그대로 수용하고 있지만 생활양식 면에서 차이를 보이고 있다. X세대는 패션이 튀고 대중문화에 열광하면서 자기주장이 강하며, 다소 충격적인 모습을 보여주는 세대였으나, Y세대는 대부분

컴퓨터를 보유하고 서구식 사고나 생활방식에 거부감이 없으며 쇼핑을 즐기며, 유행에 민감하고 소비일변도의 세대로서, 컴퓨터와 휴대폰으로 전자상거래를 생활화하며 유행을 주도한다. M Generation, N Generation, X Generation, Z Generation을 참조.

**YIQ 와이 아이 큐** 북미 NTSC Broadcast Television에 사용되는 색상 모델. Y는 밝기 값을, I와 Q는 색상을 나타낸다.

**Y-Level 와이레벨** 망원경이 2개의 Y지가에 의해서 지지된 레벨을 말한다.

**yocto 욕토** $10^{-24}$을 뜻하는 접두어로서, 기호 y로 표시하며, septillionth 단위이다.

**Yotta 요타** $10^{24}$을 뜻하는 접두어로서, 기호 Y로 표시하며, septillion 단위이다.

**Young's Modulus 영률** 선형 탄성 재료가 단축(單軸, uni-axial)의 인장(引張) 또는 압축하중을 받는 경우, 축방향 응력 $\sigma$와 변형률 $\epsilon$ 사이에는 $\sigma = E\epsilon$의 관계가 성립한다. E는 인장 또는 압축에 대한 재료의 저항 정도를 나타내는 값으로, 탄성계수(彈性係數, modulus of elasticity) 또는 종탄성계수(縱彈性係數, modulus of longitudinal elasticity) 또는 영계수(Young's modulus)라 한다. 변형률 $\epsilon$는 수식적으로 $\epsilon = \frac{\Delta l}{l}$으로 표현되며, 응력 $\sigma$는 $\sigma = \frac{P}{A}$으로 표현된다. $\sigma = E\epsilon$이므로, 탄성계수(영률) $E = \frac{\sigma}{\epsilon} = \frac{l}{\Delta l} \cdot \frac{P}{A}$(단위 : $kg/cm^2$, MPa)의 관계가 성립한다. 탄성계수(영률)는 실제적으로 응력 - 축 변형률 곡선의 기울기로부터 구한다. 즉, $E = \frac{\sigma_y}{\epsilon_y}$. 기울기 구하는 방법에 따라 '접선 영률', '평균 영률', '할선 영률' 등이 있다. Stress, Compressive Stress, Poisson's Ratio를 참조.

**YouTube 유튜브** 인터넷 사용자들이 비디오 클립을 웹사이트에 올려서 사용자들 간에 사진이나 비디오를 공유할 수 있도록 만든 웹 2.0 기반의 비디오 공유 웹사이트이다.

**Y-Parallax 종시차** 한 쌍의 사진 상에 있어서 동일점에 대한 상점이 연직 하에서 만나야 되는 일점에서 생기는 종방향의 시각적인 오차를 말한다.

**Y-Ring 와이-가** 와이-레벨의 망원경을 받치는 2개의 Y형으로 되어있는 지주를 말한다.

**Y-Ring Adjusting Screw 와이-가 조정나사** Level Bar Adjusting Screw를 참조.

**YUV 와이 유 브이** 유럽 PAL Broadcast Television에 사용되는 색상 모델. Y는 밝기 값을, U와 V는 색상을 나타낸다.

**Z 39.50 제트 39.50** 인터넷을 통한 정보 Retrieval Service와 규약의 ANSI /ISO 표준을 말한다.

**Z Value is Ambiguous 고도값 오류** 등고선, 삼각점, 수준점, 표고점의 고도값이 논리적 오류를 범한 경우이다.

**Zazu 자주** 모바일 알람시계 겸 일정 알리미 역할을 하는 플랫폼이다. 상세한 일정표, 이메일, 일기예보, 음성 전달 뉴스 등을 제공해 사용자가 하루를 시작하면서 필요한 정보를 모두 얻을 수 있도록 해준다.

**Z-buffer Algorithm 제트 버퍼법** [영상처리] 컴퓨터로 어떤 이미지를 렌더링할 때, 그림에 대한 디지털 정보들은 frame buffer라고 불리는 특정 메모리 블럭(block)에 각 픽셀별 색상 값의 형태로 임시 저장되게 되는데, z-buffer algorithm에서는 각 객체(오브젝트)별로 시점에서부터의 깊이를 판별하기 위해 frame buffer와 거의 유사한 방식의 z-buffer를 사용한다. 이때 z-buffer에 저장되는 값은 픽셀별 색상 값이 아니라 시점에서부터의 거리값이 되는데 거리가 멀수록 큰 값을, 가까울수록 작은 값을 할당한다. z-buffer algorithm의 경우 painter's algorithm처럼 미리 sorting하지 않았기 때문에 특별한 순서 없이 무작위로 객체들을 렌더링하게 되는데, 이미 계산되어 거리값이 지정된 픽셀에 또 다른 객체가 중복되게 되면 새로 계산된 값과 이미 지정된 값을 비교해서 작은 값을 취하게 된다. 이러한 z-buffer algorithm은 속도가 빠르기도 하지만 같은 정보가 물체의 그림자를 만들어주거나 범프매핑(bump mapping) 등의 맵을 생성할 때도 유용하게 사용되기 때문에 매우 널리 사용되고 있다. 하이엔드(high-end) 그래픽 워크스테이션이나 그래픽 가속보드에서는 z-buffering 기능을 하드웨어 상에서 지원하기 때문에 실시간 depth sorting이 가능하다.

**Z-Coordinate 높이 좌표** 3차원 X, Y, Z 좌표계에서 한 점의 높이와 고도를 표현하는 좌표를 말한다. X, Y, Z Coordinate, Z-value를 참조.

**Z Count 제트 계수, 제트 카운트** GPS 주(GPS week)시작 이후 1.5초 단위 기간의 수로서 정수이다. 기본적인 GPS 시간단위로 29비트 2진수이다. 이 중 10비트는 GPS 주를 나타내고 나머지 19비트는 그 주의 시간을 1.5초를 단위로 나타낸다. HOW(Hand-Over Word)에 보고된 시간이다. 각각의 HOW는 Z-Count를 포함하는데, 다음 서브 프레임이 전송을 시작하는 시간이다. Z-Count는 1.5초 단위로 계수되는데, 이는 각 서브 프레임을 전송하는 데 6초 필요하므로 각 서브 프레임 사이에는 4Z-Count가 필요하다. 한편, Z Count를 초로 표현된 TOW(Time Of Week)로 변환하려면 6을 곱하면 된다.

**Zeeman effect 제이만 효과, 제만효과** 외부 자기장에 의하여 원자나 분자의 방출 스펙트럼 선 가운데 일부가 여러 개의 선으로 갈라지는 현상이다. 자기장은 양자수에 따라 각각의 전자에 다르게 영향을 미치므로, 각 원자 궤도의 에너지를 약간 바꾸게 된다. 따라서 같은 에너지를 갖고 있던 서로 다른 몇 가지의 원자 궤도는 이제 서로 다른 에너지를 갖게 된다. 네덜란드의 물리학자 피터르 제이만이 1897년에 발견하였다. 전기장에 의해서 생기는 비슷한 효과는 슈타르크 효과라고 한다.

**Zeigarnik effect 자이가르닉 효과, 미완성 효과** 열중하던 일을 도중에 멈출 경우 정신적 강박이 형성되고 미련이 남아 뇌리에 박히게 되는 심리현상으로서, 완결된 과제보다 완결되지 않은 과제가 기억에 더 강하게 남는 '미완성 효과'를 의미한다. 사람들은 어떤 과제를 받으면 인지적으로 불평형 상태(Disequilibrium State)가 된다. 다시 말해 긴장한다. 그런 긴장은 문제가 해결될 때까지 계속된다. 만약 문제가 해결되지 않으면 그런 긴장은 지속되고, 그 문제와 관련된 기억은 생생하게 남는다.

**Zeiss Parallelogram 자이스의 평행사변형** 도화기의 투사기를 고정한 채로 축척을 규제하기 위한 평행사변형의 원리에 의한 장치를 말한다.

**Zenith 천정(天頂)** 바로 머리 위, 반대는 천저(Nadir)인 천구에 있는 점을 말한다. 원격 탐사에서 위성은 바로 머리 위에 있을 때 천정에 있다.

**Zenith and Nadir 천정과 천저** 관측자의 연직선이 위쪽에서 천구(Celestial Sphere)와 만나는 점을 천정(Z), 아래쪽에서 만나는 점을 천저(Z')라 한다.

**Zenith Angle 천정각(天頂角)** Zenith Distance를 참조.

**Zenith Distance 천정각 거리** 천문측량 등에 주로 이용되는 각으로 연직선 위쪽을 기준으로 목표점까지 내려서 잰 각. 천정각, 천정거리각이라고도 한다.

**Zenithal Projection 천정 도법** 평면이 지표의 접선면에 위치하고 도화지역이 평면 위에 투영된 것처럼 구축된 지도 투영면의 형태. 이런 투영면에 있는 모든 점들은 그것들의 실제 나침반의 방위를 유지한다. Azimuthal Projection, True-Direction Projection, Planar Projection을 참조.

**zepto 젭토** $10^{-21}$을 뜻하는 접두어로서, 기호 z로 표시하며, sextillionth 단위이다.

**Zero 제로** 절대 시스템에서 정의된 좌표계의 원점 X, Y, Z축을 조정하여 각각의 영(제로) 위치를 정확하게 정하는 조작을 말한다.

**Zero Circle 기준원(基準圓)** 측륜의 면이 항상 극침을 향하도록 한 상태에서 추적침을 움직이면 측륜은 전혀 회전하지 않으므로 눈금은 변화가 없고 측침의 궤적이 원을 그리는 현상을 말한다.

**Zero Correction 영점 보점** 전자파 거리 측량기의 거리 측량의 기점(영점)이나 반사경의 중심은 통상 지상측점과 일치하지 않으므로 오차를 보정하는 것을 말한다.

**Zero Differential Rectification 등고선대법** Zonal Differential Rectification를 참조.

**Zero Direction 영방향(零方向)** 방향관측법에 있어서 제1목표의 방향을 특히 영방향이라고 함. 방향관측법에 의해 관측된 각 목표방향의 방위각을 구할 때 이 방향의 시준과 관측이 결과에 영향을 주므로 특히 중요한 방향이다.

**Zero Energy Building 제로 에너지 빌딩** 제로 에너지 빌딩은 에너지 효율성을 극대화하고 건물 자체에 신재생 에너지 설비를 갖춤으로써 외부로부터 추가적인 에너지 공급 없이 생활을 영위할 수 있는 공간이다. 제로 에너지 빌딩이 되기 위해서는 크게 3가지 조건이 필요하다. (1) 고효율 저에너지 소비의 실현이다. 단열, 자연 채광, 바닥 난방, 고효율 전자기기 사용 등을 통해 일상생활에 필요한 난방, 조명 등의 에너지 소비를 최소화하는 것이 가장 기본적인 조건이다. (2) 건물에 자체적인 에너지 생산 설비를 갖추어야 한다. 태양광, 풍력 등 자체적인 신재생에너지 생산 설비를 갖추고 생활에 필요한 에너지를 자체적으로 생산하는 것이 필요하다. 에너지 절감이 제로 에너지 빌딩의 실현을 위한 필요조건이라면 신재생에너지에 의한 에너지 생산은 충분조건이라 할 것이다. (3) 전력망과의 연계이다. 제로 에너지 빌딩이라면 자체 에너지 설비를 갖추기 때문에 전력망과의 연계는 필요하지 않다고 생각할 수 있다. 그러나 태양광, 풍력 등 신재생에너지는 계절이나 시간, 바람 등 외부 환경에 의해 에너지를 생산할 수 있는 양에 큰 편차가 존재한다. 바람이 잘 불거나 햇빛이 강할 때는 필요 이상의 에너지를 제공하다가 막상 바람이 멈추거나 밤이 되면 에너지를 생산할 수 없게 된다. 따라서 기존 전력망과의 연계를 통해 에너지를 주고받는 과정이 필요하다. 즉, 자체적으로 생산되는 양이 충분할 때는 이를 외부에 공급하고, 부족한 시기에는 외부로부터 에너지를 받으면서 연간 기준으로 제로(Net Zero)를 달성하는 과정이 필요하다. 물론 자체 생산되는 에너지를 저장해서 사용하는 것도 가능하며, 이 경우 전력망과의 연계는 필요 없을 수 있다. 그러나 현재의 에너지 저장 기술을 고려하면 전력망을 통해 에너지를 주고받는 것에 비해 원가가 더 높기 때문에 전력망과의 연계를 우선적으로 고려하게 된다.

**Zero-Length Spring 영-길이 스프링** 응력과 변형률의 관계가 선형적이고 스프링의 길이가 0이 되면 변형률이 0이 되게 한 스프링. 즉, 스프링에 작용하는 외부의 힘을 모두 제거하면 스프링의 유효 길이는 0이 된다. La Coste(1934)가 중력계를 설계하는 과정에서 고안하였다.

**Zero Line 영 선** 도상에서 노선선정을 할 때 지형도의 등고선을 이용하여 소정의 노면 경사로 목적하는 두 지점을 연결하는 점을 말한다.

**Zero Meridian 영 자오선** 경도가 측정되는 것에서 선정된 자오선 평면 중심 혹은 영 자오선은 공통적으로 영국 그리니치를 거치는 그리니치 자오선처럼 1884년 이후 수용되어졌다.

**Zero Meridian Plane 본초 자오면** Zero Meridian를 참조.

**Zero Parallax 영점** 두 카메라의 컨버전스로 인해 시차정보가 영이 되는 특정 지점을 지칭하며 상영 시 영점은 스테레오 윈도우로 바뀌게 된다.

**Zero Point Error 영점오차** 영점(zero point) 변동에 따른 관측오차를 영점오차라 한다.

**Zero Sum Kerel 제로 섬 커널** 커널 내 모든 계수(Coefficient)의 합계가 0인 커널을 말한다. 그러므로 제로-섬 커널을 이용하여 강조 처리를 수행하고자 할 때는 일반 컨볼루션 처리와 같이 계수들의 합으로 나누지 않는다. 즉, 입력 주파수가 낮은 지역은 0에서 가까운 완만한(Smooth) 출력값이, 입력 주파수가 높은 지역에서는 튀는(Sharpening)값이 나오게 된다. 다시 말해, 대비가 높은 영상내의 경계지역 만을 살려줌으로 인해 영상 내의 존재하는 경계선만을 추출해 주는 역할을 한다. 이 방법은 주로 영상 내의 방향성 경계선을 찾아주는 방법으로도 이용된다.

**Zero/One/Two Cell 영/일차/이차 셀** TIGER의 전문용어로 점, 선, 면을 의미한다.

**Zero Effort Commerce(ZEC) 주문 노력 최소화 상거래, 제크** 소비자 시간과 노력을 최소화해 원하는 제품을 한 번에 얻을 수 있는 쇼핑으로서, 전자상거래 기업 이베이(eBay)의 '미래형 쇼핑' 서비스 개발팀에서 처음으로 제안한 개념이다. 마음에 드는 제품을 찾은 경우 스마트폰 등으로 사진을 찍기만 하면, 폰이 스스로 제품을 검색해 자동으로 구매 목록에 띄워주고, 버튼을 누르면 바로 집으로 배송이 되는 방식이다. 아마존은 단 한 번의 클릭만으로 주문이 이뤄지는 '아마존 대시(Amazon Dash)' 등을 개발했다.

**Zero Effort and Connected(ZEC) UX 주문노력 최소화 · 연결 사용자 경험** 주문 노력(effort)을 zero로 수렴시키고, 주문하기 전에 배송하거나 직접 제품을 생산할 수 있는 툴을 제공하여 모방과 대체가 불가능하면서 희귀한 가치를 산출하는 전략이다. 사과를 먹고 싶다. 그런데 냉장고에 사과가 없다. 굳이 마트까지 가야 하거나, 온라인 쇼핑몰을 방문하여 복잡한 온라인 주문 프로세스를 경험해야 한다. 새로운 패러다임의 UX(User eXperience, 사용자 경험)는 굳이 마트까지 가지 않고(Zero Effort), 온라인 쇼핑몰이 나한테 오게 하는(Connected) 것이다. 즉, "체화(体化)된 인지(embodied cognition)"를 기반으로 사람을 통찰하고, 사물을 connecting하는 UX의 생태계 구축이다.

**Zero-sum Game 제로섬 게임** "한쪽의 이득+다른 쪽 손실=제로"가 되는 게임이론이다. 승자의 이득은 곧 패자의 손실을 뜻하므로 전체의 합은 증가하지 않는다. 즉, 제로섬 게임은 "승자독식(勝者獨食, winner-take-all)으로 승자가 되기 위한 치열한 대립과 경쟁을 유발시킨다.

**Zetta 제타** $10^{21}$을 뜻하는 접두어로서, 기호 Z로 표시하며, sextillion 단위이다.

**ZEUS 제우스** 한국통신데이터의 한국통신 멀티미디어연구소 데이터베이스개발팀이 데이터베이스관리시스템(DBMS)기술을 바탕으로 GIS에 데이터베이스를 통합한 우리나라 최초의 GIS용 솔루션이다.

**Z Generation 제트 세대, 지 세대** 소비시장에 막대한 영향을 끼치는 10살 안팎의 어린 세대로서, 유행에 극히 민감한 점이 강조되어 붙여진 이름으로 Y세대와 비슷하다. Z라는 글자에 특별한 의미가 있는 것이 아니라 단순히 X세대와 Y세대의 다음 세대라는 뜻에서 그런 이름이 붙었다고 할 수 있다. 일명 between의 준말인 「트윈세대」라고도 불리며, 대체로 8~14세의 어린이와 청소년 사이의 연령층을 말한다. 비록 어린 나이지만 경제호황기에 자란 탓으로 구매력이 높다. 유행에 민감하고 부모에게서 받은 풍족한 용돈을 외모치장과 의상 및 스낵류 구입에 써버린다. 또 부모들이 승용차나 가전제품을 살 때도 의사결정에 영향력을 끼쳐 소비시장에 막대한 영향을 미친다. Z세대의 특징은 인터넷은 기본이고 E메일과 실시간 채팅으로 친구들과 대화한다. 인터넷게임과 랩 음악을 좋아하고 헐렁한 힙합의상을 즐겨 입는다. M Generation, N Generation, X Generation, Y Generation을 참조.

**ZigBee 지그비** 저속 전송속도를 갖는 홈오토메이션 및 데이터 네트워크를 위한 표준기술로서, 버튼 하나로 하나의 동작으로 홈오토메이션, 빌딩 자동화, 공장 자동화분야, 무선 리모콘, 자동차 센서 등 보안 및 제어기능이 요구되는 분야에 적용가능한 기술이다. ZigBee는 zig-zag로 날아다니면서 다른 동료들에게 정보를 전달하는 Bee(벌)의 정보전달 체계에 착안한 명칭이며, Bluetooth의 고가격, 고전력 소비의 단점을 보완한 기술이다.

• 유비쿼터스 컴퓨팅에서는 필요로 하는 수많은 사물을 유선으로 연결하는 것이 불가능하기 때문에 사용자와 인근사물과의 상호작용이나 기기 간에 상호작용을 지원하기 위한 근거리 무선통신 기술이 필요하다. 근거리 무선통신기술로 Bluetooth, ZigBee, UWB 등이 고려되고 있다. Bluetooth, ZigBee 등은 저속 정보

전송기술로 기기제어 등에 적합하고, UWB는 영상 전달 등에 필수적이다.

• IEEE 802.15.4에서 표준화가 진행되며, 주파수 대역은 2.4GHz, 868/915MHz를 사용하고, 변조방식은 DSSS, 데이터 전송속도는 20~250Kbps이다. 다른 무선통신기술에 비해 전력소모가 적고, 저가제품 구현이 용이하여 산업, 전자, 군사용으로 널리 사용되고 있다. Zigbee는 하나의 무선네트워크에 255대의 기기에 연결 가능하며, AA건전지로 1~2년을 작동할 정도로 전력 소모가 적으므로 초소형 저전력 저가격 시장에 적합하다. ZigBee 노드는 센서와 같은 역할을 하기 때문에 대량의 정보 전송이나 높은 주파수를 필요로 하지 않는다.

**Zigbee USIM 지그비 심** 모바일 메모리칩과 유심에 근거리 무선통신(지그비 : Zigbee) 기능을 내장해 지그비 기능이 없는 휴대폰에서도 통신과 관리, 제어 기능을 제공한다. 지그비란 벌들이 꽃들 사이를 지그재그로 날아다니는 모습이 마치 효율적인 근거리 무선통신을 연상케 한다고 이름 지어진 벌(Bee)과 지그재그(Zigzag)의 합성어이다. 근거리 통신을 지원하는 IEEE 802.15.4 표준 중 하나로서 가정·사무실 등의 무선 네트워킹 분야에서 10~20m 내외의 근거리 통신과 유비쿼터스 컴퓨팅을 위한 기술이다.

**ZIP(Zone Improvement Plan) 집** Mosaic을 참조.

**Zip2save 집투세이브** 자동차, 컴퓨터·전자제품, 오락, 이벤트, 식품·음료 등 주제별로 분류한 쿠폰을 제공한다.

**ZIPcode 우편 번호** 미국의 우편 번호이다. 이것은 5개의 숫자에 선택적으로 4개의 숫자를 더할 수 있도록 구성되어 있다.

**Zombie PC 좀비 피씨** 악성 소프트웨어, 악성 코드에 감염돼 원래 PC 사용자 모르게 다른 사람에 의해 원격 조종되는 PC이다.

**Zombie Phone 좀비 폰** 악성코드에 감염된 개인 스마트폰을 지칭한다. 악성코드에 스마트폰이 감염되면 해커는 사용자 몰래 스마트폰을 제어해 분산서비스 거부(DDoS)공격·악성스팸메일 유포·스파이웨어 설치·개인정보 유출 등에 악용, 다른 스마트폰 사용자를 좀비 폰으로 만들거나 특정 사이트를 공격할 수 있다. 특히, 좀비 PC와 달리 좀비 폰은 24시간 전원이 켜져 있는 탓에 동원이 언제든지 가능해 사이버 공격 시 파괴력이 크다.

**Zone 존** 같은 속성값을 가지는 셋(set)들의 집합이다.

**Zone Improvement Plan(ZIP) 집** ZIP(Zone Improvement Plan)을 참조.

**Zoom Transfer Scope(ZTS) 확대 축소 변환 한계** ZTS(Zoom Transfer Scope)를 참조.

**Zoom Window 대상영역 추출** 특정한 부분을 확대/축소하는 기능을 말한다.

**Zooming 확대** 영상면에 나타난 지도의 축척을 조절함으로써 영상면을 증가시키거나 감소시키는 과정. 확대(ZOOM IN)라는 말에 사용되는 단어로서, 이는 대상물을 좀 더 자세히 보기 위해 영상면의 축척을 크게 하는 것을 의미하며, 축소(ZOOM OUT)는 전체적인 것을 보기 위해 영상면의 축척을 줄이는 것이다. 그리고 Draw Overview는 영상면에 모든 데이터베이스가 표시될 수 있는 축척으로 변경시키는 것을 말한다.

**Zone Factor 지진구역 계수** [지진] 지진구역계수 Z는 각 지진구역에서의 평균 재현주기 500년에 해당하는 지진지반운동의 최대지반가속도값을 중력가속도(g)로 나눈 값이다. Acceleration Coefficient, Peak Ground Acceleration 참조.

**Z Printer(3D Printer) 3차원 프린터, 3차원 인쇄기** 3D Printer (Z Printer)를 참조.

**Zoom Lens 줌렌즈** [영상] 일정한 범위 안에서 초점거리를 연속적으로 변경시켜 화상을 원하는 크기로 조절할 수 있게 만든 렌즈로, 같은 거리에 있는 피사체는 초점을 다시 맞추지 않아도 그 배율을 마음대로 변경시킬 수 있다. 줌렌즈는 초점 거리가 변화되도록 설계된 렌즈로서 '줌 링'을 움직임으로써 초점거리가 바뀌고 촬영화상을 크고 작게 조절할 수 있다. 따라서 줌렌즈 하나로 몇 개의 렌즈 역할을 한다. 초점 위치와 조리개(F number)의 크기가 변하지 않고 초점 거리만이 변화하기 때문에 많은 렌즈를 쓰거나 카메라를 이동시킬 필요도 없이 자유롭게 원경에서 근경까지 촬영가능하다. 줌 렌즈는 영상이 급격하게 다가온다거나 멀어진다거나 하는 독특한, 이른바 주밍(zooming)효과가 그 특징이라는 점에서 영화촬영용 렌즈로 발달했으며, 최근에는 TV카메라는 물론 소형 영화용 카메라 분야에서도 널리 사용되게 됐다.

**Z-Tracking Technique 제트 트래킹기술** GPS의 L2 전송파를 재건하기 위한 의사 코드리스(quasi-codeless) 신호 처리기법 중 하나이다. 제한된 사용자만이 P코드를 사용할 수 있도록 신호를 변조하는 것을 A-S(anti-spoofing)라 하며, A-S가 작동 중일

때, 최상의 성과를 제공하는 기술로서, L1 및 L2 전송파의 Y코드와 복사된 P코드의 상관관계를 이용하여 전송파를 재건한다.

**ZTS(Zoom Transfer Scope) 확대 축소 변환 한계** 지도나 다른 그래프 위에 그래프나 사진을 놓기 위한 시각적인 장치. 그것은 종종 직접 자동 기록 장치에 의한 기록에 의해 신속히 지도를 최선의 것으로 만드는데 사용된다.

**Z Value 제트값, 고도값** X, Y 다음의 고도를 표현하는 세 번째 좌표값(높이 혹은 길이), 일반적으로 Z값은 3차원 형상(지형·지물)을 말한다. 하지만 GIS에서는 2.5차원 형상으로서 알려진 것을 말한다(예, 산의 높이가 3,000미터). 초기의 GIS에서는 Z(H) 값이 속성값으로 처리되는 경우가 많았으나, 점점 감소하는 추세이다. Z-Coordinate를 참조.

**Zulu Time 줄루 시(時)** [항공] 일반적으로 군대 또는 항해 중에 만국공동시(UCT)를 지칭하는 용어로 사용된다. "Zulu"는 무선 송신 시 "Z"의 발음을 명확하게 하기 위하여 사용되는 단어이다. 전통적으로, 선박이나 비행기 항해는 Zulu 시각을 사용하여 이루어졌다.

# 부록
Appendices

- **부록 I** 그리스 문자 및 첨두어
- **부록 II** 국제단위계(SI 단위계)
- **부록 III** 단위환산표
- **부록 IV** 평면도형의 면적 공식
- **부록 V** 입체도형의 면적 및 체적 공식

# 부록 I 그리스 문자 및 첨두어



## 1. 그리스 문자 (Greek Alphabet)

| 대문자 | 소문자 | 명칭 |
|---|---|---|
| Α | α | Alpha |
| Β | β | Beta |
| Γ | γ | Gamma |
| Δ | δ, ∂ | Delta |
| Ε | ε | Epsilon |
| Ζ | ζ | Zeta |
| Η | η | Eta |
| Θ | θ | Theta |
| Ι | ι | Iota |
| Κ | κ | Kappa |
| Λ | λ | Lambda |
| Μ | μ | Mu |
| Ν | ν | Nu |
| Ξ | ξ | Xi |
| Ο | ο | Omicron |
| Π | π | Pi |
| Ρ | ρ | Rho |
| Σ | σ | Sigma |
| Τ | τ | Tau |
| Υ | υ | Upsilon |
| Φ | ϕ / φ | Phi |
| Χ | χ | Chi |
| Ψ | ψ | Psi |
| Ω | ω | Omega |

## 2. SI 접두어 (prefix)

접두어나 그 기호는 단위의 명칭이나 기호에 직접 붙여서 그 단위의 십진 배량 및 분량을 형성한다. 현재까지 국제도량형총회(CGPM))에 채택된 접두어를 다음의 표와 같이 정리하였다.

| prefix | symbol | factors | decimal number | short scale |
|---|---|---|---|---|
| yotta | Y | $10^{24}$ | 1,000,000,000,000,000,000,000,000 | septillion |
| zetta | Z | $10^{21}$ | 1,000,000,000,000,000,000,000 | sextillion |
| exa | E | $10^{18}$ | 1,000,000,000,000,000,000 | quintillion |
| peta | P | $10^{15}$ | 1,000,000,000,000,000 | quadrillion |
| tera | T | $10^{12}$ | 1,000,000,000,000 | trillion |
| giga | G | $10^{9}$ | 1,000,000,000 | billion |
| mega | M | $10^{6}$ | 1,000,000 | million |
| kilo | k | $10^{3}$ | 1,000 | thousand |
| hecto | h | $10^{2}$ | 100 | hundred |
| deca | da | $10^{1}$ | 10 | ten |
| – | - | $10^{0}$ | 1 | one |
| deci | d | $10^{-1}$ | 0.1 | tenth |
| centi | c | $10^{-2}$ | 0.01 | hundredth |
| milli | m | $10^{-3}$ | 0.001 | thousandth |
| micro | μ | $10^{-6}$ | 0.000 001 | millionth |
| nano | n | $10^{-9}$ | 0.000 000 001 | billionth |
| pico | p | $10^{-12}$ | 0.000 000 000 001 | trillionth |
| femto | f | $10^{-15}$ | 0.000 000 000 000 001 | quadrillionth |
| atto | a | $10^{-18}$ | 0.000 000 000 000 000 001 | quintillionth |
| zepto | z | $10^{-21}$ | 0.000 000 000 000 000 000 001 | sextillionth |
| yocto | y | $10^{-24}$ | 0.000 000 000 000 000 000 000 001 | septillionth |

# 부록 Ⅱ 국제단위계(SI 단위계)



## 1. 국제단위계(SI 단위계)

국제도량형총국은 프랑스 파리에 있으며 1875년에 설립되었다. SI 단위계는 1971년 제14회 도량형총회에서 결정된 7개의 기본 물리단위계 또는 이들의 유도단위를 말한다. SI는 "Le Systeme International d'Unites"의 약어이다. 모든 SI 기본단위의 공식적인 정의는 국제도량형총회(CGPM, La Conféence gééale des poids et mesures, 영어로는 the General Conference on Weights and Measures)에서 채택된다. 1889년에 최초로 2개의 정의가 채택되었으며, 가장 최근의 것은 1983년에 채택되었다. 이러한 정의들은 과학이 발전함에 따라 수시로 수정된다.

### ■ 기본 단위

국제단위계(SI)와 같은 단위체계를 확립하기 위해서는 먼저 양들 사이의 관계를 정의하는 일련의 방정식들을 포함하는 양의 체계를 먼저 확립하는 것이 필요하다. 양들 사이의 방정식이 단위에 관한 방정식을 결정하기 때문이다. 소위 기본단위라고 하는 적은 개수의 단위에 대한 정의를 선택하고 난 후 다른 모든 양들에 대해서는 기본단위의 거듭제곱의 곱으로 주어지는 소위 유도단위라고 하는 단위를 정의하는 것이 편리하다. 7개의 기본 물리단위는 다음과 같다.

| | 길이 | 질량 | 시간 |
|---|---|---|---|
| 명칭 | meter | kilogram | second |
| 기호 | m | kg | s |

| 전류 | 열역학적 온도 | 물질의 양 | 광도 |
|---|---|---|---|
| ampere | kelvin | mole | candela |
| A | K | mol | cd |

### ■ 1 meter의 정의 / 길이의 정의

백금-이리듐으로 만든 '국제미터원기'에 근거한 1889년의 미터의 정의는 제11차 CGPM(1960)에서 크립톤86 원자(86Kr)의 복사선의 파장에 근거를 둔 정의로 대치되었다. 이 변경은 미터 정의를 구현하는 정확도를 향상시키기 위하여 채택되었으며, 이동식 현미경이 장착된 간섭계를 사용하여 간섭무늬의 개수를 계수하여 광경로차를 측정함으로써 이루어졌다. 이 정의는 1983년에 제17차 CGPM(1983, 결의사항1; CR, 97 및 Metrologia, 1984, 20, 25)에서 다시 다음과 같은 현재의 정의로 대치되었다.

"미터(m)는 빛이 진공에서 1/299,792,458초 동안 진행한 경로의 길이이다."

이에 따라 진공에서 빛의 속력은 정확히 299,792,458m/s이다. 참고로 1889년의 제1차 CGPM(CR, 34-38)에서 인준된 최초의 '국제미터원기'는 1889년에 지정한 조건하에 아직도 국제도량형국(Bureau international des Poids et Mesures, BIPM)에 보관되어 있다.

### ■ 1 kg의 정의 / 질량의 정의

백금-이리듐으로 만들어진 '국제킬로그램원기'는 제1차 CGPM(1889)에서 지정한 조건하에 국제도량형국에 보관되어 있으며 당시 CGPM은 국제원기를 인가하고 다음과 같이 선언하였다.
"이제부터 이 원기를 질량의 단위로 삼는다."
제3차 CGPM(1901)은 흔히 사용되고 있는 "무게(重量)"라는 단어가 갖는 뜻의 모호함을 없애기 위한 선언에서 다음과 같이 확인하였다.

"킬로그램은 질량의 단위이며, 국제킬로그램원기의 질량과 같다." 따라서 '국제킬로그램원기'의 질량은 정확히 1kg이다.

### ■ 1 초의 정의 / 시간의 정의

시간의 단위인 초(秒, second)는 예전에는 평균태양일의 1/86,400로 간주된 적이 있었다. "평균태양일"의 정확한 정의는 천문학자들에게 맡겨졌었다. 그러나 지구의 불규칙한 자전으로 이 정의가 불충분하다는 것이 측정에 의해 밝혀졌다. 제11차 CGPM(1960)은 시간의 단위를 좀 더 엄밀하게 정의하기 위하여 국제천문연맹이 1900년도의 태양년을 기초로 하여 만든 정의를 채택하였다. 그렇지만 원자나 분자의 두 에너지 준위 사이의 전이에 기초를 둔 시간의 원자표준이 구현가능하고 훨씬 더 정확하게 재현될 수 있다는 것이 실험결과로 증명되었다. 제13차 CGPM(1967/68)은 초의 엄밀한 정의가 과학과 기술에 필요불가결하다는 점을 고려하여 다음과 같이 초의 정의를 바꾸었다.

"초는 세슘 133 원자(133Cs)의 바닥상태에 있는 두 초미세 준위 사이의 전이에 대응하는 복사선의 9,192,631,770주기의 지속시간이다."

이에 따라 세슘133 원자의 바닥상태의 초미세 갈라짐은 정확히 9,192, 631,770 헤르츠(Hz)이다. 한편 CIPM은 1997년 회의에서 이 정의에 대하여 다음 사항을 명시하였다. "이 정의는 0°K의 온도에서 바닥상태에 있는 세슘 원자에 적용된다."

### ■ 1 A(암페어)의 정의 / 전류의 정의

전류와 저항에 대한 국제 전기단위는 1893년 시카고에서 열린 국제전기협의회에서 도입되었고, '암페어'(Ampere, 전류의 단위)와 '옴'(Ohm, 저항의 단위)의 정의는 1908년 런던국제회의에서 추인되었다. CIPM(1946, 결의사항2; PV, 20, 129~137)에 의해 제안된 다음의 정의를 제9차 CGPM(1948)에서 전류의 단위로 암페어를 채택하였다.

"암페어(Ampere)는 무한히 길고 무시할 수 있을 만큼 작은 원형 단면적을 가진 2개의 평행한 직선 도체가 진공에서 1m의 간격으로 유지될 때, 두 도체 사이에 1m 당 $2\times10^{-7}$N의 힘을 생기게 하는 일정한 전류이다."

자유공간의 투자율 $\mu_0 = 4\pi\times10^{-7}$ H/m 이다. 투자율(透磁率, permeability)은 어떤 매질이 주어진 자기장에 대하여 얼마나 자화하는지를 나타내는 값이다. 헨리(Henry, 기호 H)는 인덕턴스의 SI 단위이다. 인덕턴스(inductance, 유도계수 · 誘導係數) 또는 자기인덕턴스는 전류의 변화로 코일 등의 유도기에 유도기전력이 나타나는 성질로서, 어떤 회로에서 전류의 변화율이 1초당 1A(암페어)이면 기전력은 1V이며 이 회로의 인덕턴스는 1H(헨리)이다.

### ■ K(캘빈)의 정의 / 온도의 정의

열역학적 온도의 단위는 제10차 CGPM(1954, 결의사항3; CR, 79)에서 물의 삼중점을 기본 고정점으로 선정하고, 이 고정점의 온도를 273.16 K로 정의했다. 제13차 CGPM(1967/1968)에서 "켈빈도"(기호 °K) 대신 "빈"(기호 K) 명칭을 채택하였고, 역학적 온도의 단위를 아래와 같이 정의하였다(CGPM 1967/1968, 결의사항4; CR, 104 및 Metrologia, 1968, 4, 43).

"열역학적 온도의 단위인 켈빈은 물의 삼중점에 해당하는 열역학적 온도의 1/273.16이다."

이에 따라 물의 삼중점의 열역학적 온도는 정확히 $T_{tpw}$ = 273.16 K이다. 온도 눈금이 정의되었던 방법 때문에 기호T로 표시되는 열역학적 온도를 물의 어는점인 기준온도 T0=273.15K과 의 차이로 나타내는 것이 관례로 남아있다. 이 온도 차이를 섭씨온도라 하며, 기호는 t로 표시하고 다음 식으로 정의된다. 즉, t=T−T0. 섭씨온도의 단위는 섭씨도(기호℃)이며, 정의에 의해 켈빈과 그 크기가 같다. 온도차이 또는 온도 간격은 켈빈이나 섭씨도로 표현할 수 있다(제13차 CGPM, 1967/1968, 결의사항3). 섭씨도로 표시된 섭씨온도 t의 값은 다음과 같이 주어진다.

t /℃=T/K−273.15

켈빈과 섭씨도는 모두 1989년 CIPM 권고사항5에서 채택된 1990년 국제온도눈금(ITS-90)의 단위이다(CI-1989; PV, 57, 115 및 Metrologia, 1990, 27, 13).

### ■ 1 mole(몰)의 정의 / 물질량의 정의

물질량의 단위는 몰(mole)이라 부르며 기호는 mol이다. 탄소 12 원자 1몰로 이루어진 탄소 12의 질량을 몰로 정의한다. 국제적인 합의에 의하여 이 값은 0.012kg, 즉 12g으로 정해졌다. IUPAP, IUPAC, ISO의 제안에 따라 CIPM은 1967년에 몰의 정의를 내리고, 이를 1969년에 재확인하였다. 제14차 CGPM(1971, 결의사항3; CR, 78 및 Metrologia, 1972, 8, 36)에서 이 정의를 채택하였다.

1. 몰은 탄소 12의 0.012킬로그램에 있는 원자의 개수와 같은 수의 구성요소를 포함한 어떤 계의 물질량이다. 그 기호는 "mol"이다.
2. 몰을 사용할 때에는 구성요소를 반드시 명시해야 하며 이 구성요소는 원자, 분자, 이온, 전자, 기타 입자 또는 이 입자들의 특정한 집합체가 될 수 있다.

이에 따라 탄소 12의 물질량은 정확히 M(12C)=12g/mol이다.

### ■ 1 cd(칸델라)의 정의 / 광도의 정의

1948년 제9차 CGPM에서 광도단위로 칸델라(candela, 기호 cd)가 채택되었다. 제16차 CGPM(1979, 결의사항3; CR, 100 및 Metrologia, 1980, 16, 56)은 다음과 같은 칸델라에 대한 새로운 정의를 채택하였다.

"칸델라(candela)는 진동수가 $540 \times 10^{12}$ Hz 인 단색광을 방출하는 광원의 복사도가 어떤 주어진 방향으로 1스테라디안 당 1/683 와트일 때 이 방향에 대한 광도이다."

이에 따라 진동수가 $540 \times 10^{12}$ Hz 인 단색광에 대한 분광시감효능(K)은 K= 683 lm/W = 683 cd sr/W이다.

※ 광속(光束, Luminous Flux)은 광원으로부터 나오는 모든 빛의 총량을 나타낸다. 광원이 발할 때 발생하는 모든 방향의 빛을 합한 값으로서 단위는 루멘(Lumen, lm)이다.

※ 광도(光度, Luminous Intensity)는 빛의 방향에 수직한 면을 통과하는 빛의 양을 말하는 것으로 단위면적을 일정 시간동안 통과하는 광속의 크기에 따라 광도를 결정한다. 광도의 단위는 칸델라(candela, cd)이며, 1스테라디안(steradian)당 빛의 세기를 의미한다.

스테라디안(steradian, 기호 sr)은 입체각으로서, $sr = \frac{A}{r^2}$ 로 정의된다. A는 빛이 비추는 구(球)의 표면적이다.

※ 조도(照度, Illuminance)는 일정 면적당 들어오는 광속의 밀도를 의미한다. 단위는 룩스(lx)이며, $m^2$당 광원이 비추는 빛의 양을 의미한다. 즉, $lx = lm / m^2$이다.

※ 휘도(輝度, Luminance)는 한 방향에서 본 물체의 밝기로서, 어느 방향에서 얼마만큼 밝게 보이는가를 말한다. 디스플레이 화질 평가에 사용되는 요소 중 하나이다. 휘도가 높다는 것은 외부 광원에 강하다는 것을 의미한다. 휘도 단위는 $cd/m^2$이며, nit(니트)라고도 한다. 참고로 조도는 단위면적당 얼마만큼의 빛이 도달하는가를 표시한다.

**2. SI 유도단위** : 국제단위계(SI 단위계)의 유도단위(derived unit)는 국제단위계의 7개의 기본단위를 조합해 다른 양을 측정하는 단위를 얻을 수 있다. 크기가 없는 2개의 유도단위 라디안(rad)과 스테라디안(sr)과 함께 20개의 유도단위가 있다.

| 이름 | 기호 | 물리량 | 다른 단위로 표시 | SI 기본 단위로 표시 |
|---|---|---|---|---|
| 헤르츠<br>Hertz | Hz | 진동수 $f=\frac{v}{\lambda}$ | $s^{-1}$ | $s^{-1}$ |
| 라디안<br>Radian | rad | 평면각, 부채꼴의 호와 반지름의 비 | $\frac{m}{m}=m\cdot m^{-1}$ | 무차원 |
| 스테라디안<br>Steradian | sr | 입체각, 구의 일부 표면적과 반지름의 비 | $\frac{m^2}{m^2}=m^2\cdot m^{-2}$ | 무차원 |
| 뉴턴<br>Newton | N | 힘 $\vec{F}=m\vec{a}$, 무게 $W=mg$ | $kg\cdot m/s^2$ | $kg\cdot m\cdot s^{-2}$ |
| 파스칼<br>Pascal | Pa | 압력 $P=\frac{F}{A}$, 응력 $\sigma=\frac{F_n}{A}$ | $N/m^2$ | $m^{-1}\cdot kg\cdot s^{-2}$ |
| 줄<br>Joule | J | 에너지, 일, 열량 $W=F\cdot S$<br>$1J=1N\cdot m=1kg\cdot m/s^2\cdot m=1\frac{kg\cdot m^2}{s^2}$ | $N\cdot m=C\cdot V=W\cdot s=VA\cdot s$ | $m^2\cdot kg\cdot s^{-2}$ |
| 와트<br>Watt | W | 일률, 전력 $P=\frac{dW}{dt}=\frac{d(F\cdot S)}{dt}=F\cdot v=mg\cdot v$ | $J/s=V\cdot A$ | $m^2\cdot kg\cdot s^{-3}$ |
| 쿨롱<br>Coulomb | C | 전하 또는 전하량 $Q=i\cdot t$ | $s\cdot A$ | $s\cdot A$ |
| 볼트<br>Volt | V | 전압, 전위, 기전력 $V=\frac{P}{I}=\frac{W}{A}$ | $W/A=J/C$ | $m^2\cdot kg\cdot s^{-3}\cdot A^{-1}$ |
| 패럿<br>Farad | F | 전기 용량 $C=\frac{Q}{V}$ | $C/V$ | $m^{-2}\cdot kg^{-1}\cdot s^4\cdot A^2$ |
| 옴<br>Ohm | $\Omega$ | 전기 저항 $R=\frac{V}{I}$ | $V/A$ | $m^2\cdot kg\cdot s^{-3}\cdot A^{-2}$ |
| 지멘스<br>Siemens | S | 전도율 $1S=\frac{1}{R}=\frac{I}{V}$ | $1S=\Omega^{-1}=1A/V=1A^2/W$<br>$=1kg^{-1}\cdot m^{-2}\cdot s^3\cdot A^2$<br>$=1kg^{-1}\cdot m^{-2}\cdot s\cdot C^2$ | $m^{-2}\cdot kg^{-1}\cdot s^3\cdot A^2$ |
| 웨버<br>Weber | Wb | 자기 선속 (자기력 선속) $1Wb=1T\cdot m^2$ | $J/A=J\cdot A^{-1}=V\cdot s$<br>$=N\cdot m\cdot A^{-1}$ | $m^2\cdot kg\cdot s^{-2}\cdot A^{-1}$ |
| 테슬라<br>Tesla | T | 자기장세기, 자기력선속밀도 $1T=\frac{1Wb}{m^2}$ | $V\cdot s/m^2=Wb/m^2$<br>$=N/(A\cdot m)$ | $kg\cdot s^{-2}\cdot A^{-1}$ |
| 헨리<br>Henry | H | 인덕턴스 $\epsilon=\frac{d\phi}{dt}$ $L=\frac{d\phi}{di}$<br>$\phi$ : 자기선속, $\epsilon$: 기전력 | $V\cdot s/A=Wb/A$ | $m^2\cdot kg\cdot s^{-2}\cdot A^{-2}$ |
| 섭씨<br>Celsius | ℃ | 섭씨 온도 | $K-273.15$ | $K-273.15$ |
| 루멘<br>Lumen | lm | 광선속 $lm=lx\cdot m^2$ | $lx\cdot m^2$ | $cd\cdot sr$ |
| 럭스<br>Lux | lx | 조도 $lx=lm/m^2$ | $lm/m^2$ | $m^{-2}\cdot cd\cdot sr$ |
| 베크렐<br>Becquerel | Bq | 방사능 $1Bq=s^{-1}$ | $s^{-1}$ | $s^{-1}$ |
| 그레이<br>Gray | Gy | 흡수선량 $1Gy=\frac{1J}{kg}$ | $J/kg$ | $m^2\cdot s^{-2}$ |
| 시버트<br>Sievert | Sv | 등가선량 $1Sv=\frac{1J}{kg}$ | $J/kg$ | $m^2\cdot s^{-2}$ |
| 캐탈<br>Katal | kat | 촉매 활성도 $1kat=1\ mol/s$ | $mol/s$ | $s^{-1}\cdot mol$ |

■ 진동수(振動數, frequency)는 주기적인 현상이 단위시간 동안 몇 번 일어났는지를 나타내며 주파수(周波數)라고도 한다. SI단위로는 헤르츠(Hz)를 쓴다. 1Hz는 1초에 주기적인 현상이 몇 번 일어나는지를 나타낸다.

■ 압력(壓力, pressure)은 단위 면적당 가해지는 힘을 나타내는 물리량이다. SI 단위계에서 압력을 나타내는 단위는 파스칼(Pa, pascal)이며, 1파스칼은 1제곱미터 당 1뉴턴의 힘이 가해지는 압력을 나타낸다. 즉,

$$1Pa = N \cdot m^{-2} = kg \cdot s^{-2} \cdot m^{-1}.$$

1960년 압력의 SI단위는 "평방미터당 뉴턴($N/m^2$)이었으나, 1971년 파스칼(Pa)로 변경되었다.

※ bar 단위

1 bar = 100,000 Pa = 1,000,000 dyn/$cm^2$

1 데시바(dbar) = 0.1 bar = 10,000 Pa = 100,000 dyn/$cm^2$

1 밀리바(mbar) = 0.001 bar = 100 Pa = 1,000 dyn/$cm^2$

bar 단위는 1911년 Bjerkness(1862~1951)에 의하여 제안된 것으로 1914년 영국에서 기상통보에 채택했었다. 일본에서는 기압은 수은주밀리미터를 사용하였으나, 1961년 이후 '밀리 바'(mbar)로 변경하였다.

$$1 \text{ bar} = 750.062 \text{ mmHg} = 1.02 \text{ kg}_f/cm^2$$

국제도량형위원회에서는 bar를 국제단위계와 함께 잠정적으로 유지되는 단위로 하고 있지만 ISO에서는 파스칼과 병용하는 단위로 격상시켰다. 기상 분야에서는 밀리바아(mb)를 사용하기도 한다. 대기압은 통상적으로 밀리바(mb)를 사용하여, "표준" 해수면 압력을 1.01325bar와 같은 1013.25mb(hPa, 헥토파스칼)로 정의한다. 밀리바(mb)는 SI 단위계가 아닌데도 불구하고, 기상학 분야에서 대기압을 기술하는 압력 단위로 사용되고 있다.

※ 표준 기압

기압(氣壓, 기호 : atm)은 압력의 단위로, 지구 해수면 근처에서 잰 대기압을 기준으로 한다.

$$1 \text{ atm} = 101,325 \text{ Pa} = 760 \text{ mmHg}$$

$$1 \text{ Pa} = 1 \text{ N/m}^2 = 10^{-5} \text{ bar} = 9.8692 \times 10^{-6} \text{ atm}$$

※ 공학 기압

공학 기압(工學 氣壓, 기호 : at)은 압력 단위로서 1at = 1$kg_f/cm^2$ 이지만, SI 단위는 아니다.

$$1at = 1kg_f/cm^2 = 98,066.5 \text{ Pa} = 0.96784 \text{ atm}$$

※ Torr

토르(Torr)는 압력의 단위로 1mm의 수은주 압력에 해당한다. 즉, 1 Torr = 1 mmHg.

1기압은 760 mmHg이므로 1Torr는 1기압의 1/760이다. 이탈리아의 과학자 에반젤리스타 토리첼리(Evangelista Torricelli, 1608~1647)의 이름을 따서 만들어졌다.

※ 수주(水柱) 미터($mH_2O$)

0.999972g/$cm^3$의 밀도를 가진 1m 높이의 액주(물 기둥)가 9.80665m/$s^2$인 중력 하에서 액주 바닥에 미치는 압력으로 정의된다.

$$1mH_2O = 9,806.65Pa = 9.807kPa$$

※ 수은주 미터

1수은주 미터는 표준 중력 가속도를 기준으로 하여 밀도가 13,595.10kg/$m^3$인 수은(mercury) 기둥 1미터 높이가 9.80665m/$s^2$의 중력으로 수은 밑면에 미치는 압력의 크기이다. 기호는 mHg.

$$1 \text{ 수은주 미터} = 1 \text{ mHg} = 133,320 \text{ Pa} = 1.3158 \text{ atm}$$

■ 응력(應力, stress)은 단위면적당 작용하는 힘으로서, 변형력이라고도 한다. 응력의 개념은 연속체(Continuum)라는 가정 아래 성립한다. 응력의 SI단위는 파스칼(Pa)이다. 압력과 같은 단위지만, 압력과 응력은 전혀 다른 개념이다. 수직응력(Normal Stress)은 인장(Tension) 또는 압축(Compression)으로 작용한다. 응력의 변화를 변형률(Strain)이라 한다.

■ 에너지(energy)는 일을 할 수 있는 능력을 나타낸다. 1J은 1N의 힘으로 물체를 1m 움직이는 동안에 하는 일에 해당한다. 또한 1(W)의 전력을 1초간에 소비하는 일의 양과 같다.

※ 칼로리(calorie)는 에너지의 단위로, 물질의 온도를 높이는 데 소요되는 열의 양이다. 라틴어의 '열'을 의미하는 'calor'에서 유래하였다. 칼로리는 "물 1g을 1°C 올리는 데 필요한 열량"이며, 정확히 "1기압 하에서 14.5℃의 물 1g을 15.5℃까지 올리는 데 필요한 열량"이다. 1칼로리는 4.184J(줄)이다. 칼로리 단위의 기호는 cal, kcal 등을 쓰며, 영양학에서는 주로 Cal(=kcal)을 사용한다. 1948년의 국제도량형총회

에서 칼로리는 가능한 한 사용하지 말고 사용할 경우에는 줄(J)을 병기할 것을 결의했다. 에너지, 열량의 국제단위계(SI)의 표준 단위는 줄(J)이다.

- 일률(Power)은 단위시간당 일의 양이다. SI 단위계에서 와트(W)로 표시하고 시간당 줄과 같다. 기타 단위로는 영국마력(HP), 미터마력(프랑스마력, PS), Cheval Vapeur(CV)가 있다. 1마력(HP)은 745.7W이며, 1마력(PS)은 735.5W이다.

- 전하(電荷, electric charge)는 어떤 물질이 갖고 있는 전기의 양이다. 특히 공간에 있는 가상의 점이 갖는 전하를 점전하라고 하고, 전하의 양을 전하량이라고 한다. 전하의 국제단위는 쿨롱(Coulomb)이며, 기호는 C이다. 1 쿨롱은 약 $6.24\times10^{18}$개의 전자나 양성자들의 전하의 양이다. 반대로, 전자 또는 양성자 1개의 전하량은 $1.6021773349\times10^{-19}$쿨롱이며, 이를 기본 전하라고 한다.

- 전압(電壓) 또는 전위차(電位差)는 전기 또는 전자 회로에 있는 두 지점 간 전위의 차이로, 전기가 흐르게 하는 원인이다. 기전력(起電力)이라고도 한다. 단위는 볼트(V)이다. 1V는 1A의 전류가 도체의 두 점 사이를 흐를 때 소모되는 전력량이 1W일 때, 그 두 점 사이의 전압으로 정의된다. 따라서 SI 기초 단위로 볼트는 $m^2 \cdot kg \cdot s^{-3} \cdot A^{-1}$로 표현되며, 이는 J/C에 해당한다.

$$1\ V = 1\ W/A = 1\ m^2 \cdot kg \cdot s^{-3} \cdot A^{-1}$$

- 전기용량(電氣容量, capacitance) 또는 '전기들이'는 축전기가 전하를 저장할 수 있는 능력을 나타내는 물리량이며, 단위 전압에서 축전기가 저장하는 전하이다. 국제단위는 패럿(Farad)이며, 기호는 대문자 C이다. 전기용량은 단위 전압 당 물체가 저장하거나 물체에서 분리하는 전하의 양이다. 전기 용량은 보통 물체의 총 전하량을 물체의 전압으로 나눈 값으로 정의한다.

- 전기저항(電氣抵抗, electrical resistance) 또는 저항은 전류의 흐름을 방해하는 정도를 나타내는 물리량이며, 물체에 흐르는 단위 전류가 가지는 전압이다. 국제단위계에서 단위는 옴이다. 전기 저항은 크기 변수이므로, 물체의 크기에 따라서 달라진다. 전기저항에 해당하는 세기 변수(intensive variable)은 비저항이다. 한편, 임피던스(impedance, 온저항)는 교류회로의 전압과 전류의 비로서, 국제단위계는 옴이다.

- 전도율(傳導率, conductance)은 전기저항의 역수이다. 국제단위는 지멘스(Siemens)이다. 혹은 크기가 같은 모(mho)를 단위로 사용하기도 한다.

지멘스(siemens, 기호 S)는 전도율의 국제단위이다. 옴의 역수와 같다. 다시 말해, 1 볼트의 전압이 걸렸을 때 1 암페어의 전류를 통과시키는 전도율이다. 전도율은 전기저항의 역수로, 회로를 통과하는 전류와 회로에 걸린 전압의 비이다. 따라서 전도율의 국제단위인 지멘스는 저항의 단위인 옴의 역수로, 1 암페어 퍼 볼트와 같다. 식으로 쓰면 다음과 같다.

$$1S = \Omega^{-1} = 1A/V = 1A^2/W = 1kg^{-1} \cdot m^{-2} \cdot s^3 \cdot A^2$$
$$= 1kg^{-1} \cdot m^{-2} \cdot s \cdot C^2$$

- 자기 선속(磁氣線束, magnetic flux) 또는 '자기 다발'은 가상의 곡면에 작용하는 총 자기력을 나타내는 물리량으로서 곡면의 넓이와 곡면에 대하여 수직인 자기장 성분의 곱이다. 즉, 단위는 넓이의 단위와 자기장의 단위의 곱이다. 국제단위계에서는 자기장의 단위가 테슬라이므로, 자기 선속의 국제단위인 웨버(Wb)는 다음과 같다.

$$1\ Wb = 1\ m^2 \times 1\ T(\text{테슬라})$$

- 인덕턴스(inductance, 유도계수·誘導係數)는 코일 등의 유도기에서 전류의 변화로 유도기전력이 발생되는 성질이다. 국제단위는 헨리(H)이며, 기호는 L이다.

- 켈빈(kelvin)은 온도의 국제단위이며, 기호는 K이다. 켈빈은 절대 온도를 측정하기 때문에, 0K은 절대 영도(이상기체의 부피가 0이 되는 온도)이며, 섭씨 0도는 273.15K에 해당한다. 절대 영도와 빈 표준 평균 바닷물(Vienna Standard Mean Ocean Water, VSMOW)의 삼중점을 정의하면 0도와 간격을 정의할 수 있다. 절대 영도는 열에너지가 있을 수 없는 어떤 계(system)의 안정된 상태인데 이런 물체는 우주에 존재하지 않는다. 온도가 1 켈빈 상승하는 것과 섭씨 1도 상승하는 것은 같다. 0K는 −273.15도라는 것을 의미하므로, 섭씨는 켈빈온도로 켈빈온도는 섭씨로 변환을 할 수 있다.

| 온도 변환 공식 |
|---|
| ℉ = ℃ × 1.8 + 32 |
| ℃ = (℉ − 32) / 1.8 |
| K = ℃ + 273.15 |
| ℃ = K − 273.15 |

■ 방사성 붕괴(放射性崩壞) 또는 핵붕괴(核崩壞, radioactive decay)는 불안정한 원자핵이 자발적으로 이온화 입자와 방사선의 방출을 통해서 에너지를 잃는 과정이다. 이러한 붕괴(에너지의 손실)로 인해 한 종류의 원자를 다른 종류의 원자로 변환되는데, 원래의 원자를 '부모 핵종'(parent nuclide), 변환 후의 원자를 '딸 핵종'(daughter nuclide)이라고 한다.

베크렐(Becquerel, 기호 Bq)은 방사능 활동의 양을 나타내는 단위로서, 국제 표준단위이다. 1초에 방사성 붕괴가 1번 일어날 때 1베크렐이다. 즉, 1Bq은 1초당 1번의 붕괴로 정의된다. 이전에는 단위로 퀴리(Ci)를 썼다. 1퀴리는 $3.7\times10^{10}$베크렐이다. 1 Bq은 매우 작은 측정량이므로, GBq(기가베크렐, 초당 $10^9$번 붕괴) 또는 TBq(테라베크렐, 초당 $10^{12}$번 붕괴) 등의 양이 주로 쓰인다.

■ 흡수선량(吸收線量, absorbed dose)은 방사선이 피폭하는 물질에 흡수되는 단위 질량당 에너지양을 말한다. 방사선의 수를 표시하는 양으로는 특정시간에 단위면적을 통과하는 입자수인 플루엔스(fluence), 방사선이 운반하는 에너지양인 커마(Kerma)가 있으며, 커마와 흡수선량은 피폭받은 물질의 단위질량당 흡수된 평균 에너지 양으로 기본단위는 Joule/kg이고 SI 단위로는 그레이(Gy)이다. 흡수선량의 국제표준단위인 1Gy는 물질 1kg당 1 Joule(J)의 에너지가 흡수된 양을 뜻하므로 1Gy = 1J/kg이다.

■ 등가선량(equivalent dose)은 인체 조직 및 기관이 방사선에 노출되었을 때, 같은 흡수선량이라 하더라도 방사선의 종류에 따라서 인체가 받는 영향의 정도가 다른 것을 고려한 것으로, 방사선에 노출된 조직 및 기관의 평균 흡수선량에 방사선 가중계수(radiation weighted factor)를 곱하여 구하고 단위는 Sv(Sievert)이다.

$$1\ Sv = 1\ J/kg = 1\ m^2 \cdot s^{-2}$$

시버트는 그레이와 단위는 같지만(J/kg), 구별되어 사용된다. 즉, 흡수당량을 위해서는 그레이, 등가선량을 위해서는 시버트가 사용된다.

■ 촉매(觸媒, catalyst)란 반응과정에서 소모되거나 변화되지 않으면서 반응속도를 빠르거나 느리게 변화시키는 물질을 말한다. 기존 반응 경로와 다른, 즉 다른 형태의 전이 상태를 형성하여 반응이 일어나는 데 필요한 활성화 에너지를 변화시켜 반응속도를 변화시키는 것이 촉매의 역할이다. 촉매는 소량만 있어도 반응 속도에 큰 영향을 미친다. 활성화 에너지를 낮추어서 반응속도를 높여주는 촉매를 정촉매, 활성화 에너지를 높여 반응속도를 낮추는 촉매를 부촉매라고 한다.

■ 캐탈(katal, 기호: kat)은 촉매 활성에 대한 SI단위로, 효소나 다른 촉매의 활성에 대한 유도 단위이다. 캐탈은 초당 몰을 나타내며 1 kat = 1 mol/s, 촉매 활성도를 나타내는 데 사용된다.

## 3. 기타 단위

### ■ 속도

1 m/s : 물체가 1초간 1m 이동하는데 걸린 속도

1 km/h : 물체가 1시간동안 1 km 이동하는데 걸린 속도

1 km/h = 0.28 m/s = 0.62 mile/h = 0.54 knot = 0.000817 mach

### ■ mach(마하)

주로 비행기의 속력단위로 사용하며 음속의 몇 배인가로 표시하며, 1 mach보다 큰 속력을 "초음속"이라 한다.

1 mach = 340 m/s at 15℃ = 0.211 mile/s

1 mach = 1,224 km/h = 760.558 mile/h = 660.907 knot

### ■ mile(마일)

거리를 나타내는 단위로서 5,280ft(피트)를 법정단위인 1마일로 정한 것이다. 로마어의 '1000걸음'(m ille passus)에서 나온 말로서, 엘리자베스 1세 여왕 재위기간 중 1593년에 법령을 발표하여 1mi은 5,280ft가 되었다.

1 mile(육상마일) = 5,280 ft = = 1,760 yd = 1,609 m = 0.868976 해리

### ■ 해리(海里, 해상마일, nautical mile/nmile)

1929년 국제수로회의에서 1nmile을 1,852m로 통일했다. 지구의 둘레를 360°로 나누면 1°의 길이는 111.12km가 되며 이것을 다시 60′으로 나눈 값, 즉 1분의 값이 1,852m이다. 배가 1시간 동안 1해리를 가는 속도를 knot(노트)라고 한다.

1 해리(海里, nautical mile) = 1,852 m = 1.852 km = 1.151 mile

1 knot = 1 해리/h = 1.151 mile/h = 1.852 km/h =0.514 m/s

■ **중력가속도 g**

Newton의 만유인력의 법칙은 다음과 같다. 즉,

$$F = G\frac{M \cdot m}{r^2}$$

F는 만유인력, M은 물체 A의 질량, m은 물체 B의 질량, r은 두 물체사이의 거리이다. 행성의 경우 공전궤도반경이다. G는 만유인력상수로서 $G = 6.67 \times 10^{-11}\ N \cdot m^2/kg^2$이다.

F = mg이므로 만유인력식에 대입(代入)하면,

$$F = G\frac{M \cdot m}{r^2} = mg \text{이다.}$$

$$g = \frac{G \cdot M}{r^2}$$

(→ 지구의 질량)

$$= \frac{6.67 \times 10^{-11} N \cdot m^2/kg^2 \times 6 \times 10^{24} kg}{(6.4 \times 10^6 m)^2}$$

(→ 지구반경)

$$\approx 9.8\ m/s^2$$

- 표준중력가속도(Standard Gravity, Standard Acceleration Due To Gravity) : $9.80665m/s^2$

  표준중력가속도는 위도 45도, 평균해수면에서의 중력가속도로서 g0나 gn으로 표기한다. 이 표준중력은 ISO 80000-3에 의거 정의되었다. 이 값은 1901년 3차 "국제 도량형 총회(CGPM)"에서 물체의 표준 무게를 정하기 위해 정의를 하였다.

- 포츠담 중력값(Potsdam Gravity) : $9.81274m/s^2$ = 981.274 Gal. 1906년 독일 Potsdam의 Pendelsaal에서 측정된 절대 중력값으로서, GRS 67이 개정되기까지 표준중력으로 이용되었다.

- 위도($\phi$)에 따른 1987표준중력식

$$g_\phi(1987) = 9.7803267714 \times (1 + 0.00193185138639\sin^2\phi) \times (1 - 0.00669437999013\sin^2\phi)\ m/s^2$$

- 위도($\phi$)에 따른 1980 표준중력식(GRS80 표준중력 공식)

$$\gamma_\phi = 9.7803267715(1 + 0.0052790414\sin^2\phi + 0.0000232718\sin^4\phi + 0.0000001262\sin^6\phi + 0.0000000007\sin^8\phi)\ m/s^2$$

- 대한민국 중력원점 : 수원 국토지리정보원 구내
  경도 : 127°3′21.979″E　　위도 : 37°16′21.576″N
  표고 : 56.5273m
  중력값 : $9.79918775\ m/s^2$

- 우리나라 주요 지역의 절대중력값($m/s^2$)

| 수원 | 9.79918775 | 태백 | 9.7976798 |
|---|---|---|---|
| 인천 | 9.7995768 | 원주 | 9.7988471 |
| 세종 | 9.7983050 | 안동 | 9.7984927 |
| 대전 | 9.7983135 | 포항 | 9.7985607 |

| 서산 | 9.7988074 | 진도 | 9.7959954 |
|---|---|---|---|
| 군산 | 9.7983470 | 제주 | 9.7956267 |
| 광주 | 9.79746827 | 울릉 | 9.8007422 |
| 여수 | 9.7971224 | 독도 | 9.8003297 |

- 중량(무게)은 지구상의 위치에 따라 중력가속도가 변하므로 엄밀하게는 차이가 있다.
  (1) 원인 : ① 지구의 자전에 의한 원심력 : 약 65% 차지
  ② 지구의 극반경과 적도반경의 차이 : 약 35% 차지
  - 지구의 평균반경 : 6,400km
  - 지구의 극반경 : 6,357km
  - 지구의 적도반경 : 6,378km
  → 적도반경이 극반경보다 약 21km가 길다.

(2) 결과
- 적도에서의 중력가속도 : $9.785\ m/s^2$

→ 적도반경이 크므로 지구질량의 중심인 지구중심까지의 거리가 멀다.

- 극에서의 중력가속도 : $9.835\ m/s^2$

⇒ 극지방 중력값 − 적도지방 중력값 = $0.05m/s^2 = 5\ cm/s^2$ = 5 gal

→ 극지방에서 중력값이 적도지방에서의 중력값보다 5 gal 정도 크다.

– 지구와 태양계 행성과의 중력가속도 비교

| 태양계 | | 태양으로부터의 거리 | 직경(km)<br>(직경비, 지구=1) | 질량(Kg)<br>(질량비, 지구=1) | 밀도<br>(g/cm$^3$) | 표면 중력(m/s$^2$)<br>(중력비, 지구=1) |
|---|---|---|---|---|---|---|
| 태양(太陽)<br>Sun | | 0.0 | 1,392,000<br>(109.0) | 2×1030<br>(332,946) | 1.408 | 273.95<br>(27.9 g) |
| 지구형 행성 | 수성(水星)<br>Mercury | 5,800km<br>(0.4 AU) | 4,879.4<br>(0.383) | 3.302×1023<br>(0.055) | 5.427 | 3.701<br>(0.377 g) |
| | 금성(金星)<br>Venus | 1억km<br>(0.7 AU) | 12,103.70<br>(0.9488) | 4.869×1024<br>(0.815) | 5.204 | 8.872<br>(0.904 g) |
| | 지구(地球)<br>Earth | 1억 5천만 km<br>(1.0 AU) | 12,756.27<br>(1.0) | 5.974×1024<br>(1) | 5.515 | 9.8226<br>=1 g |
| | 화성<br>(火星)<br>Mars | 2억 3천만 km<br>(1.5 AU) | 6,804.90<br>(0.533) | 6.419×1023<br>(0.107) | 3.934 | 3.69<br>(0.376 g) |
| 목성형 행성 | 목성(木星)<br>Jupiter | 7억 8천만 km<br>(5.0 AU) | 142,984.36<br>(11.209) | 1.899×1027 | 1.326 | 23.12<br>(2.358 g) |
| | 토성(土星)<br>Saturn | 14억 3천만 km<br>(10.0 AU) | 120,536.28<br>(9.449) | 5.686×1026 | 0.6873 | 8.96<br>(0.914 g) |
| | 천왕성<br>(天王星)<br>Uranus | 28억 7천만 km<br>(20.0 AU) | 51,118.50<br>(4.007) | 8.685 ×1025 | 1.318 | 8.69<br>(0.886 g) |
| | 해왕성<br>(海王星)<br>Neptune | 45억 km<br>(30.0 AU) | 49,528.72<br>(3.883) | 1.024×1026 | 1.638 | 11.15<br>(1.14 g) |

| 지구의 위성 | 지구로부터의 거리<br>(km) | 자전 주기 | 직경(km)<br>(직경비, 지구=1) | 질량(kg) | 밀도<br>g/cm$^3$ | 표면 중력(m/s$^2$)<br>(중력비, 지구=1) |
|---|---|---|---|---|---|---|
| 달(月)<br>Moon | • 근지점 363,104<br>(0.0024 AU)<br>• 원지점 405,696<br>(0.0027 AU) | 27.321 661<br>day | 3,476.2<br>(0.273) | $7.347 \times 10^{22}$<br>(0.0123) | 3.346 | 1.622<br>(0.1654 g) |

※ AU(Astronomical Unit, 천문단위)는 지구와 태양과의 평균 거리로서 1 AU = $1.5 \times 10^{11}$m (=1억 5천만 km)이다.

※ 지구의 중심에서 달의 중심까지의 거리 : 평균 약 38만 4,400km이며, 가장 멀 때(원지점) 약 40만 7,000km, 가장 가까울 때(근지점) 약 35만 7,000km이다.

※ 중력 비율 : 지구의 중력가속도를 1로 정의하여 상대적으로 비교한 비율이다.

※ 지구형 행성(수성, 금성, 화성, 지구) : 목성형 행성보다 크기가 확연히 작고, 자전속도가 목성형 행성에 비해 느리고, 편평도가 목성형 행성보다 매우 작은 값을 가지지만, 지구형 행성의 평균밀도는 목성형 행성보다 적어도 3배 이상 높다.

지구형 행성은 모두 대기를 가지고 있는 것으로 관측되었다. 수성은 칼슘과 나트륨, 마그네슘으로 채워진 미약한 대기가 존재하며, 금성과 화성의 경우 이산화탄소가 가장 많고, 지구의 경우 질소를 많이 함유하고 있어서 목성형 행성과 달리 대기가 무거운 원소로 이루어져 있다.

※ 목성형 행성(목성, 토성, 천왕성, 해왕성) : 지구형 행성에 비해 반경이 크고, 이에 반해 평균밀도는 지구형 행성보다 작은 편이다. 토성의 경우 $0.69g/cm^3$로 물($1g/cm^3$)보다도 작다. 그러나 크기가 매우 커서 전체적인 질량은 지구형 행성보다 큰 반면에 목성형 행성들의 자전속도는 지구형 행성보다 빨라서 편평도가 크다. 목성형 행성의 대기는 수소, 헬륨, 메테인, 암모니아 등의 가벼운 휘발성 기체들로 이루어져 있다. 특히 수소와 헬륨의 양이 대체로 태양의 구성성분과 비슷하며 태양으로부터 멀리 떨어져 있는 것으로 보아 목성형 행성의 대기는 이들의 생성 시에 존재했던 원시 가스물질의 성분을 그대로 유지하고 있는 원시대기 형태로 볼 수 있다. 한편, 많은 위성들을 가지고 있으며 대부분 얼음과 암석 성분으로 구성된 고리를 가지고 있다.

■ **힘의 단위**

- 1 N(Newton) : 질량 1 kg인 물체를 1 $m/s^2$의 가속도로 움직이게 하는 힘이다.

  $1\ N = 1\ kg \times 1\ m/s^2 = 1\ kg \cdot m/s^2$

- 1 dyne : 1 g의 질량을 1 $cm/s^2$의 가속도로 움직이는 힘이다.

  $1\ dyne = 1\ g \times 1\ cm/s^2 = 1\ g \cdot cm/s^2$

  $1\ N = 1\ kg \cdot m/s^2 = 1000g \times 100\ cm/s^2$

  $= 10^5\ g \cdot cm/s^2 = 10^5\ dyne$

  $\Rightarrow 1\ N = 10^5\ dyne$

- 1 $kg_f$(1kg중) : 질량 1 kg인 물체를 지구가 중력가속도($9.8/s^2$)로 잡아당기는 힘으로서, 물체의 중량(무게)을 나타낸다.

  $1\ kg_f = 1\ kg \times 9.8\ m/s^2 = 9.8\ kg \cdot m/s^2 = 9.8\ N$

  ※ 공학에서는 보통 f를 생략하여 사용한다. 예를 들어,

  1 PS(마력) = 75 kg · m/s라고 할 때의 kg은 $kg_f$를 뜻한다.

■ **절대단위계와 공학단위계**

- 절대단위계 : 길이(L, Length), 질량(M, Mass), 시간(T, Time)의 기본 단위를 사용한다. 따라서 MLT단위계라고도 한다. MKS단위에서는 m, kg, s를 쓰고 cgs단위로는 cm, g, s를 사용한다.

- 공학단위계 : 길이(L)와 시간(T)의 단위로는 m와 s를 사용하고, 질량대신 중량(무게) 단위, 즉 힘(F, Force)의 단위를 사용한다. 즉, 길이(L), 힘(중량, f), 시간(T)의 기본 단위를 사용한다. F(중량, 무게)의 단위로는 $g_f$, $kg_f$, N(Newton) 등을 사용한다. 따라서 FLT단위계라고도 한다.

# 부록 Ⅲ 단위환산표

지형공간정보체계 · Geo-Spatial Information System 용어사전

■ 참고: 단위환산표 읽는 법

| 단위 | cm | m | ② km |
|---|---|---|---|
| 1 cm | 1 | 0.01 | 0.00001 |
| ① 1 m | 100 | 1 | 0.001 |
| 1 km | 1×10⁵ | 1,000 | 1 |

예를 들어, 1m를 km로 환산할 경우 ① 좌측 끝의 세로축에서 1m를 선택한다. ② 상단 가로축에서 변환하려는 단위를 선택한다. 2개에서 각각 수평, 수직선을 내려 겹치는 곳의 값을 읽는다. 이 경우 1m는 0.001km이다.

## 1. 길이

| 단위 | cm | m | km | in | ft | yd | mile | nm | 尺 | 里 |
|---|---|---|---|---|---|---|---|---|---|---|
| 1 cm | 1 | 0.01 | 0.00001 | 0.3937 | 0.0328 | 0.0109 | $6\times10^{-6}$ | $5.4\times10^{-6}$ | 0.033 | $2.5\times10^{-5}$ |
| 1 m | 100 | 1 | 0.001 | 39.37 | 3.2808 | 1.0936 | 0.0006 | $5.4\times10^{-4}$ | 3.3 | $2.5\times10^{-3}$ |
| 1 km | $1\times10^{5}$ | 1,000 | 1 | 0.3937 | 3,280.8 | 1,093.6 | 0.62137 | 0.54 | 3,300 | 2.5 |
| 1 in | 2.54 | 0.0254 | $2.54\times10^{-5}$ | 1 | 0.0833 | 0.0278 | $1.6\times10^{-5}$ | $1.4\times10^{-5}$ | 0.0838 | $6.5\times10^{-5}$ |
| 1 ft | 30.48 | 0.3048 | $3.04\times10^{-4}$ | 12 | 1 | 0.3333 | 0.00019 | $1.65\times10^{-4}$ | 1.0058 | $776\times10^{-4}$ |
| 1 yd | 91.438 | 0.9144 | $9.14\times10^{-4}$ | 36 | 3 | 1 | 0.0006 | $4.94\times10^{-4}$ | 3.0175 | 0.0002 |
| 1 mile | 160,930 | 1609.3 | 1.6093 | 63360 | 5280 | 1760 | 1 | 0.869 | 5310.8 | 0.4098 |
| 1 nm | 185,200 | 1,852 | 1.852 | 72,913 | 6,076 | 2,025 | 1.151 | 1 | 6,111 | 4.716 |
| 1 尺 | 30.303 | 0.303 | $3.03\times10^{-4}$ | 11.93 | 0.9942 | 0.3314 | 0.0002 | $1.65\times10^{-4}$ | 1 | 0.00008 |
| 1 里 | 39,272 | 392.7 | 0.392727 | 15461 | 1288 | 429.5 | 0.244 | 0.212 | 1,296 | 1 |

※ 尺(척=자)은 손가락을 펴서 엄지와 장지의 길이에 근거한다.

※ 인치(inch)는 1150년경 스코틀랜드의 데이비드 1세에 의해서 엄지손가락 손톱의 뿌리 부분의 폭으로 정의된 바 있으며, 14세기 초 에드워드 2세의 통치 기간에는 1인치(in)는 "마르고 둥근 3개의 보리 낟알을 길이 방향으로 늘어놓은 것"으로 정의하였다. 1959년 이후 1 in는 2.54cm로 공식적으로 정의되었다. 예를 들어, 42인치 TV의 경우 브라운관의 대각선의 길이가 42인치=42×2.54cm=약 106cm이다.

※ 피트(feet)는 옛날 성인 남자 발 길이를 측정했으나, 인치와 맞추기 위해서 12인치를 1피트라고 정의해 1피트(ft)=1×12인치=30.48cm로 정했고, 1야드(yd)=3피트=36인치=36×2.54cm=91.44cm이다.

※ nm(Nautical Mile)는 바다 위의 거리를 나타내는 해리(海里)로서 nmi으로 표기하기도 한다. 자오선(Meridian, 지구 표면의 남북극을 잇는 선) 상에서, 위도(Latitude)의 "1 분"에 해당하는 거리를 "1 해리"로 정의하며, 1,852m이다. "해상 마일"인 해리와 구별하기 위해 마일(mile)을 "육상 마일(land mile)" 혹은 "법정 마일(statute mile)"이라고도 한다. 1 해리 = 1.15 (육상) 마일이다.

※ '노트'(knot)는 선박(船舶)이나 조류(潮流), 바람, 비행기의 빠르기를 나타내는 단위이다. 1노트는 1시간 동안 1해리를 움직인 속도이다. 즉, 1 knot = 1 nm/hr.

## 2. 면적

| 단위 | 평방자 | 평 | 단보 | 정보 | $m^2$ | a(아르) | $ft^2$ | $yd^2$ | acre |
|---|---|---|---|---|---|---|---|---|---|
| 1 평방자 | 1 | 0.02778 | 0.00009 | 0.000009 | 0.09182 | 0.00091 | 0.98841 | 0.10982 | - |
| 1 평 | 36 | 1 | 0.00333 | 0.00033 | 3.3058 | 0.03305 | 35.583 | 3.9537 | 0.00081 |
| 1 단보 | 10800 | 300 | 1 | 0.1 | 991.74 | 9.9174 | 10674.9 | 1186.1 | 0.24506 |
| 1 정보 | 108000 | 3000 | 10 | 1 | 9917.4 | 99.174 | 106794 | 11861 | 2.4506 |
| 1 $m^2$ | 10.89 | 0.3025 | 0.001008 | 0.0001 | 1 | 0.01 | 10.764 | 1.1958 | 0.00024 |
| a(아르) | 1089 | 30.25 | 0.10083 | 0.01008 | 100 | 1 | 1076.4 | 119.58 | 0.02471 |
| 1 $ft^2$ | 1.0117 | 0.0281 | 0.00009 | 0.000009 | 0.092903 | 0.000929 | 1 | 0.1111 | 0.000022 |
| 1 $yd^2$ | 9.1055 | 0.25293 | 0.00084 | 0.00008 | 0.83613 | 0.00836 | 9 | 1 | 0.000207 |
| 1 acre | 44071.2 | 1224.2 | 4.0806 | 0.40806 | 4046.8 | 40.468 | 43560 | 4840 | 1 |

1hectare(헥타르) = 100are = 10000$m^2$

## 3. 부피

| 단위 | 홉 | 되 | 말 | $cm^3$ | $m^3$ | ℓ | $in^3$ | $ft^3$ | $yd^3$ | gal(美) |
|---|---|---|---|---|---|---|---|---|---|---|
| 1 홉 | 1 | 0.1 | 0.01 | 180.39 | 0.00018 | 0.18039 | 11.0041 | 0.0066 | 0.00023 | 0.04765 |
| 1 되 | 10 | 1 | 0.1 | 1803.9 | 0.0018 | 1.8039 | 110.041 | 0.0637 | 0.00234 | 0.47656 |
| 1 말 | 100 | 10 | 1 | 18039 | 0.01803 | 18.039 | 1100.41 | 0.63707 | 0.02359 | 4.76567 |
| 1 $cm^3$ | 0.00554 | 0.00055 | 0.00005 | 1 | 0.000001 | 0.001 | 0.06102 | 0.00003 | 0.00001 | 0.00026 |
| 1 $m^3$ | 5543.52 | 0 | 55.4352 | 1000000 | 1 | 1000 | 61027 | 35.3165 | 1.3082 | 264.186 |
| 1 ℓ | 5.54352 | 0.55435 | 0.05543 | 1000 | 0.001 | 1 | 61.027 | 0.03531 | 0.0013 | 0.26418 |
| 1 $in^3$ | 0.09083 | 0.00908 | 0.0091 | 16.387 | 0.000016 | 0.01638 | 1 | 0.00057 | 0.00002 | 0.00432 |
| 1 $ft^3$ | 156.966 | 15.6666 | 1.56966 | 28316.8 | 0.02831 | 28.3169 | 1728 | 1 | 0.03703 | 7.48051 |
| 1 $yd^3$ | 4238.09 | 423.809 | 42.3809 | 764511 | 0.76451 | 764.511 | 46656 | 27 | 1 | 201.974 |
| 1 gal(美) | 20.9833 | 2.0983 | 0.20983 | 3785.43 | 0.00378 | 3.78543 | 231 | 0.16368 | 0.00495 | 1 |

| 단위 | $m^3$ | gal(UK) | gal(US) | ℓ |
|---|---|---|---|---|
| 1 $m^3$ | 1 | 220 | 264.2 | 1000 |
| 1 gal(UK) | 0.004546 | 1 | 1.201 | 4.546 |
| 1 gal(US) | 0.003785 | 0.8327 | 1 | 3.785 |
| 1 ℓ | 0.001 | 0.22 | 0.2642 | 1 |

1gal(US)=0.8327gal(UK), 1gal(UK)=1.201gal(US)

## 4. 무게

| 단위 | g | kg | ton | 그레인 | 온스 | lb | 돈 | 근 | 관 |
|---|---|---|---|---|---|---|---|---|---|
| 1 g | 1 | 0.001 | 0.000001 | 15.432 | 0.03527 | 0.0022 | 0.26666 | 0.00166 | 0.000266 |
| 1 kg | 1000 | 1 | 0.001 | 15432 | 33.273 | 2.20459 | 266.666 | 1.6666 | 0.26666 |
| 1 ton | 1000000 | 1000 | 1 | - | 35273 | 2204.59 | 266666 | 1666.6 | 266.666 |
| 1 그레인 | 0.06479 | 0.00006 | - | 1 | 0.00228 | 0.00014 | 0.01728 | 0.00108 | 0.000017 |
| 1 온스 | 28.3495 | 0.02835 | 0.000028 | 437.4 | 1 | 0.06525 | 7.56 | 0.0473 | 0.00756 |
| 1 lb(파운드) | 453.592 | 0.45359 | 0.00045 | 7000 | 16 | 1 | 120.96 | 0.756 | 0.12096 |
| 1 돈 | 3.75 | 0.00375 | 0.000004 | 57.872 | 0.1323 | 0.00827 | 1 | 0.00625 | 0.001 |
| 1 근 | 600 | 0.6 | 0.0006 | 9259.556 | 21.1647 | 1.32279 | 160 | 1 | 0.16 |
| 1 관 | 3750 | 3.75 | 0.00375 | 57872 | 132.28 | 8.2672 | 1000 | 6.25 | 1 |

※ 여기서 g, kg 은 질량이 아닌 $g_f$(g중), $kg_f$(중)의 중량(무게)을 의미한다.

## 5. 온도

| | | |
|---|---|---|
| 섭씨(℃) → 화씨 (℉) | ℉ = {(9/5)×℃}+32 | 100 ℃ = 212 ℉ |
| 화씨(℉) → 섭씨(℃) | ℃ = (5/9) ×(℉-32) | 32 ℉ = 0 ℃ |

## 6. 속도

| 단위 | m/s | km/h | kn(노트) | ft/s | mile/h |
|---|---|---|---|---|---|
| m/s | 1 | 3.6 | 1.944 | 3.281 | 2.237 |
| km/h | 0.2778 | 1 | 0.54 | 0.9113 | 0.6214 |
| kn(노트) | 0.5144 | 1.852 | 1 | 1.688 | 1.151 |
| ft/s | 0.3048 | 1.097 | 0.5925 | 1 | 0.6818 |
| mile/h | 0.447 | 1.609 | 0.869 | 1.467 | 1 |

## 7. 힘

| 단위 | N | dyn | kgf | lbf | pdl |
|---|---|---|---|---|---|
| 1 N | 1 | 1.00E+05 | 0.101972 | 0.2248 | 7.233 |
| 1 dyn | 1.00E-05 | 1 | 1.02E-06 | 2.25E-06 | 7.23E-05 |
| 1 kgf | 9.80665 | 9.81E+05 | 1 | 2.205 | 70.93 |
| 1 lbf | 4.44822 | 4.45E+05 | 0.4536 | 1 | 32.17 |
| 1 pdl | 0.138255 | 1.38E+04 | 0.0141 | 0.03108 | 1 |

## 8. 압력

| 단위 | $kgf/cm^2$ | bar | Pa | atm | $mH_2O$ | mHg | $lbf/in^2$ |
|---|---|---|---|---|---|---|---|
| 1 $kgf/cm^2$ | 1 | 0.980665 | 9.81E+04 | 0.9678 | 10 | 0.7356 | 14.22 |
| 1 bar | 1.0197 | 1 | 1.00E+05 | 0.9869 | 10.197 | 0.7501 | 14.5 |
| 1 Pa | 1.02E-05 | 1.00E-05 | 1 | 9.87E-06 | 1.02E-04 | 7.50E-06 | 1.45E-04 |
| 1 atm | 1.0332 | 1.01325 | 1.01E+05 | 1 | 10.33 | 0.76 | 14.7 |
| 1 $mH_2O$ | 0.1 | 0.09806 | 9.81E+03 | 0.09678 | 1 | 0.07355 | 1.422 |
| 1 mHg | 1.3595 | 1.3332 | 1.33E+05 | 1.3158 | 13.6 | 1 | 19.34 |
| 1 $lbf/in^2$ | 0.07031 | 0.06895 | 6.90E+03 | 0.06805 | 0.7031 | 0.05171 | 1 |

1 Pa=1N/$m^2$, 1 bar=1E5Pa, 1 Pa=7.5E-3torr

## 9. 응력

| 단위 | $kgf/cm^2$ | $kgf/mm^2$ | Pa | $N/mm^2$ | $lbf/ft^2$ |
|---|---|---|---|---|---|
| 1 $kgf/cm^2$ | 1 | 1.00E-02 | 9.81E+04 | 0.0980665 | 2048 |
| 1 $kgf/mm^2$ | 1.00E+02 | 1 | 9.81E+06 | 9.80665 | 2.05E+05 |
| 1 Pa | 1.02E-05 | 1.02E-07 | 1 | 1.00E-06 | 0.02089 |
| 1 $N/mm^2$ | 10.1972 | 0.101972 | 1.00E+06 | 1 | 2.09E+04 |
| 1 $lbf/ft^2$ | 0.0004882 | 4.88E-06 | 47.86 | 4.79E-05 | 1 |

1 $N/mm^2$= 1MPa

## 10. 체적유량

| 단위 | ℓ/s | ℓ/min | $m^3/s$ | $m^3/min$ | $m^3/h$ | $ft^3/s$ |
|---|---|---|---|---|---|---|
| 1 ℓ/s | 1 | 60 | 1.00E-03 | 0.06 | 3600 | 0.03532 |
| 1 ℓ/min | 0.01666 | 1 | 1.67E-05 | 1.00E-03 | 6.00E-02 | 0.00059 |
| 1 $m^3/s$ | 1.00E+03 | 6.00E+04 | 1 | 60 | 3600 | 35.31 |
| 1 $m^3/min$ | 1.67E+01 | 1.00E+03 | 1.67E-02 | 1 | 60 | 0.5885 |
| 1 $m^3/h$ | 2.78E-04 | 1.67E+01 | 2.78E-04 | 1.67E-02 | 1 | 0.00981 |
| 1 $ft^3/s$ | 2.83E+01 | 1.70E+03 | 2.83E-02 | 1.69833 | 101.9 | 1 |

## 11. 일, 에너지 및 열량

| 단위 | J | kgf·m | kW·h | kcal | ft·lbf | Btu |
|---|---|---|---|---|---|---|
| 1 J | 1 | 0.10197 | $2.78\times10^{-7}$ | $2.39\times10^{-4}$ | 0.7376 | $9.48\times10^{-4}$ |
| 1 kgf · m | 9.807 | 1 | $2.72\times10^{-6}$ | $2.34\times10^{-3}$ | 7.233 | $9.30\times10^{-3}$ |
| 1 kW · h | $3.60\times10^{6}$ | $3.67\times10^{5}$ | 1 | 860 | $2.66\times10^{6}$ | 3413 |
| 1 kcal | 4186 | 426.9 | $1.16\times10^{-3}$ | 1 | 3087 | 3.968 |
| 1 ft · lbf | 1.356 | 0.1383 | $3.77\times10^{-7}$ | $3.24\times10^{-4}$ | 1 | $1.29\times10^{-3}$ |
| 1 Btu | 1055 | 107.6 | $2.93\times10^{-4}$ | 0.252 | 778 | 1 |

1 J = 1 W · s, 1 kgf · m = 9.80665 J, 1 W · h = 3600 W · s, 1 cal = 4.18605 J

## 12. 일률

| 단위 | kW | kgf·m/s | PS | HP | kcal/s | ft·lbf/s | Btu/s |
|---|---|---|---|---|---|---|---|
| 1 kW | 1 | 101.97 | 1.3596 | 1.3405 | 0.2389 | 737.6 | 0.948 |
| 1 kgf · m/s | 9.81E-03 | 1 | 1.33E-02 | 1.32E-02 | 2.34E-03 | 7.233 | 9.30E-03 |
| 1 PS | 0.7355 | 75 | 1 | 0.9859 | 0.1757 | 542.5 | 0.6973 |
| 1 HP | 0.746 | 76.07 | 1.0143 | 1 | 0.1782 | 550.2 | 0.7072 |
| 1 kcal/s | 4.186 | 426.9 | 5.691 | 5.611 | 1 | 3087 | 3.968 |
| 1 ft · lbf/s | 1.36E-03 | 0.1383 | 1.84E-03 | 1.82E-03 | 3.24E-04 | 1 | 1.29E-03 |
| 1 Btu/s | 1.055 | 107.6 | 1.434 | 1.414 | 0.252 | 778 | 1 |

■ 직사각형(Rectangle)

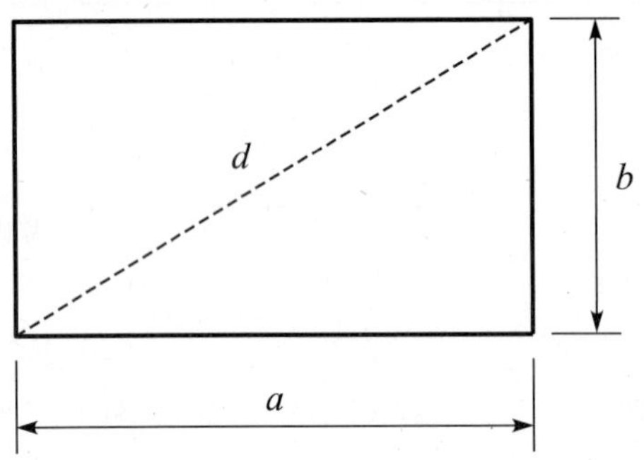


$$d = \sqrt{a^2 + b^2}$$

$$A = a \times b$$

■ 평행사변형(Parallelogram)

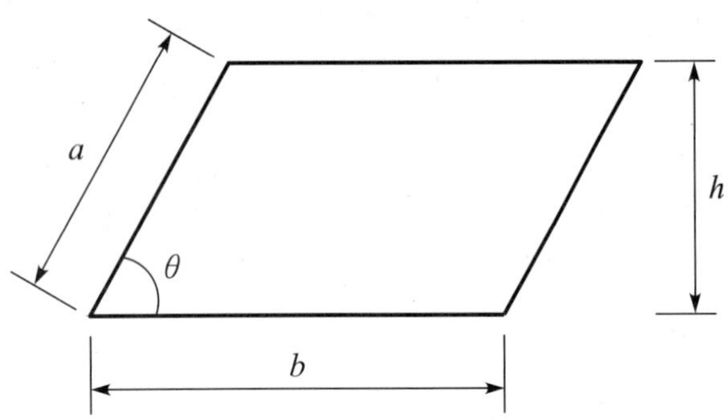


$$a = \frac{h}{\sin\theta}$$

$$A = b \times h = a \times b \times \sin\theta$$

■ 마름모꼴(Trapezoid)

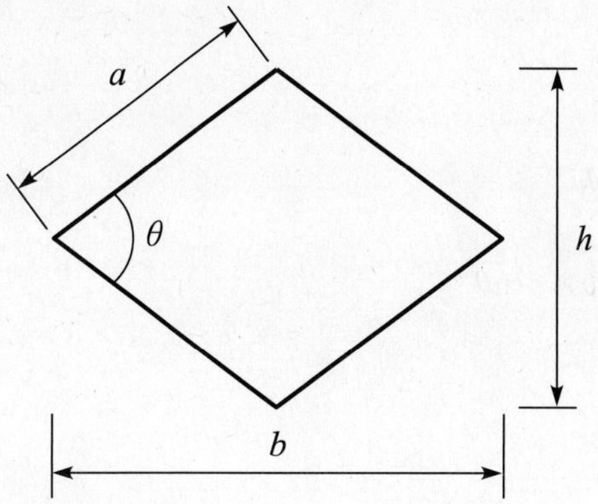


$$h = 2 \times a \times \sin\theta$$

$$b = 2 \times a \times \cos\theta$$

$$A = \frac{1}{2} \times b \times h = a^2 \times \sin\theta$$

■ 사다리꼴(Trapezoid)

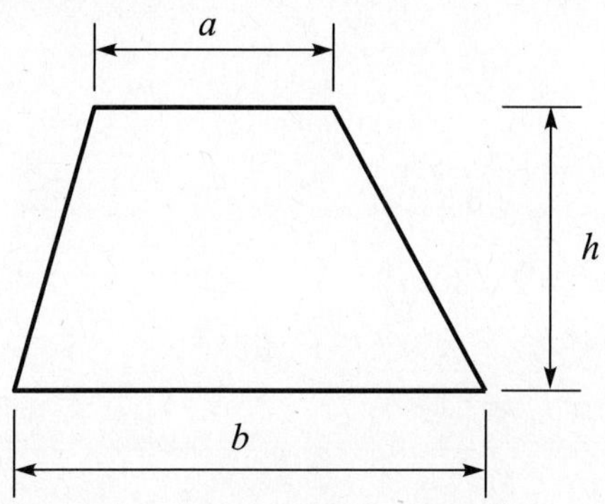


$$A = \frac{1}{2} \times (a + b) \times h$$

■ 사변형(Quadrilateral)

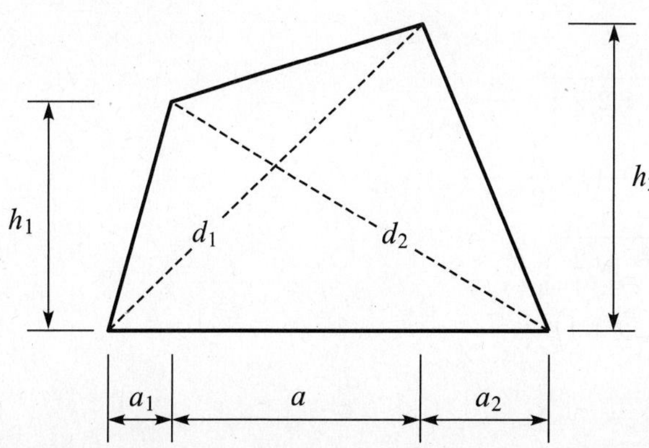


$$d_1 = \sqrt{(a + a_1)^2 + h_2^2}$$

$$d_2 = \sqrt{(a + a_2)^2 + h_1^2}$$

$$A = \frac{1}{2}\left[a \times (h_1 + h_2) + a_1 \cdot h_1 + a_2 \cdot h_2\right]$$

- 삼각형(Triangle)

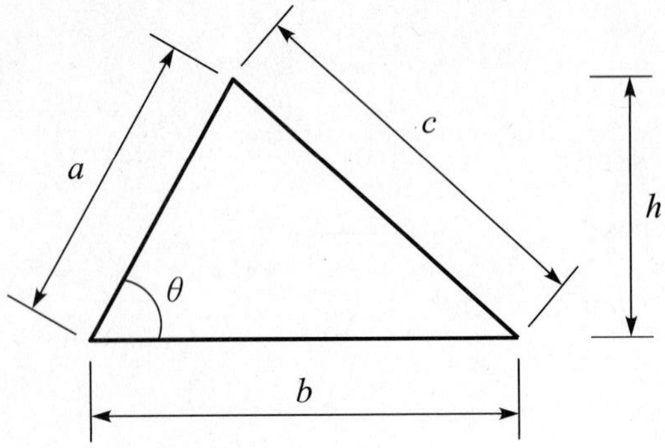


$$A = \frac{1}{2} \times b \times h$$
$$= \frac{1}{2} \times a \times b \times \sin\theta$$

- 육각형(Hexagon)

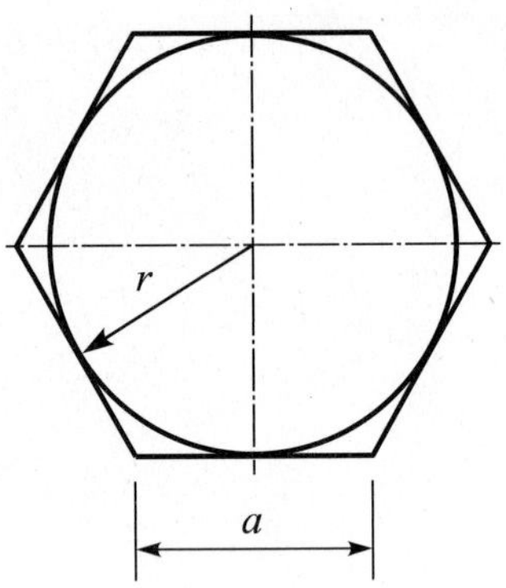


$$r = \frac{\sqrt{3}}{2} \times a,\ a = \frac{2}{\sqrt{3}} \times r$$
$$A = \frac{3\sqrt{3}}{2} \times a^2 = 2\sqrt{3} \times r^2$$

- 팔각형(Octagon)

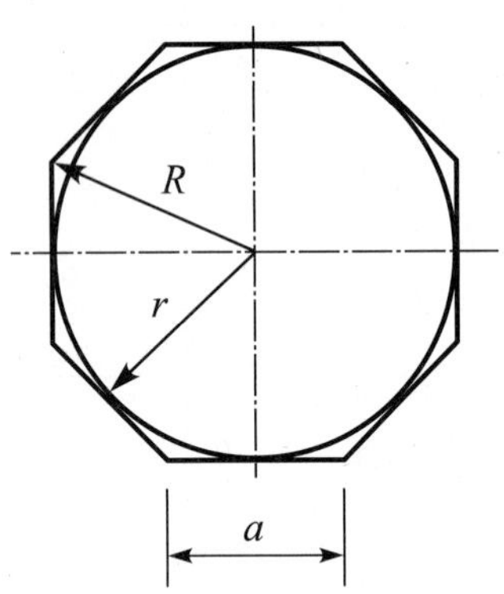


$$R = \sqrt{4 + 2\sqrt{2}} \times \frac{a}{2}$$
$$r = (\sqrt{2} + 1) \times \frac{a}{2}$$
$$a = \sqrt{2 - \sqrt{2}} \times R$$
$$A = 2(\sqrt{2} + 1) \times a^2$$

■ 원형(Circle)

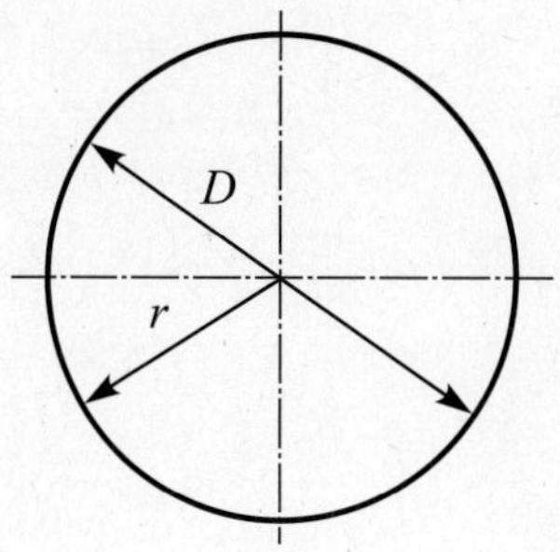


$$l = 2 \times \pi \times r = \pi \times D$$

$$A = \pi \times r^2 = \frac{\pi \times D^2}{4}$$

■ 원환(Doughnut)

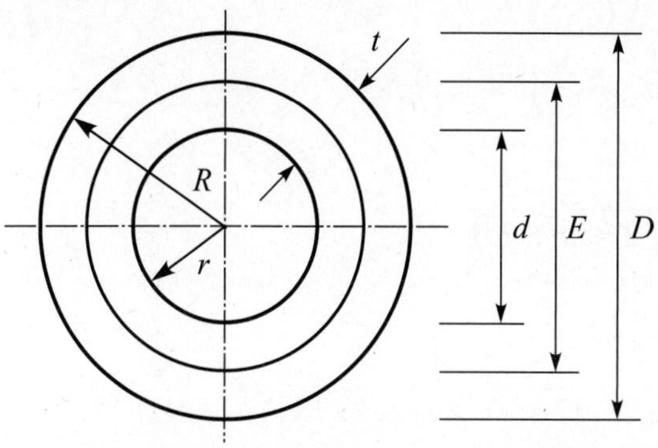


$$t = \frac{D-d}{2},\ E = \frac{D+d}{2}$$

$$A = \pi \times (R^2 - r^2) = \frac{\pi}{4} \times (D^2 - d^2) = \pi \times E \times t$$

■ 부채꼴(Sector of Circle)

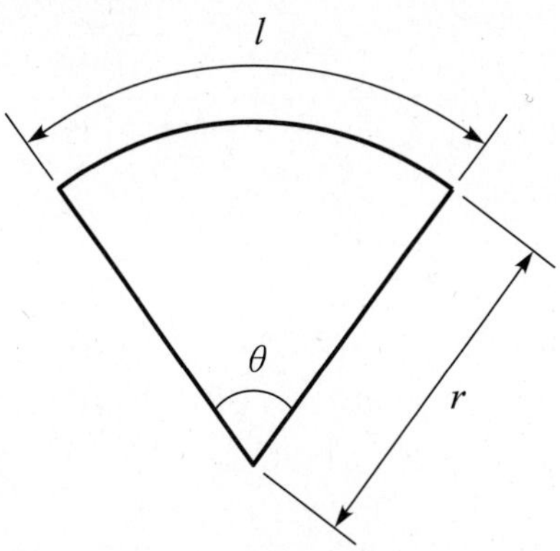


$$l = \frac{\pi \times r \times \theta}{180}$$

$$A = \pi \times r^2 \times \frac{\theta}{360}$$

$$= \frac{1}{2} \times r \times l$$

■ 활꼴(Segment)

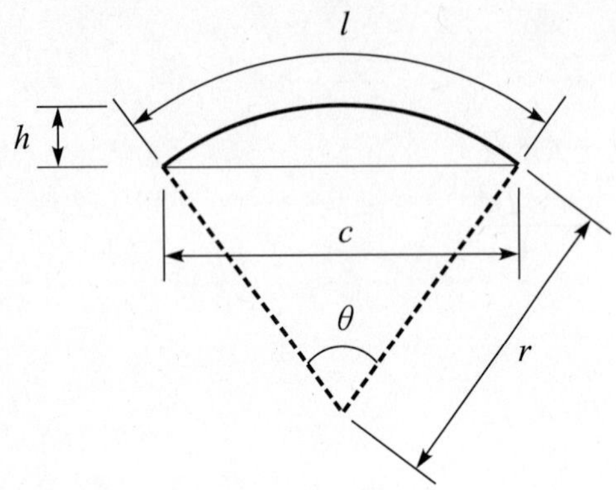


$$h = r - \sqrt{r^2 - \left(\frac{c}{2}\right)^2}$$

$$r = \frac{1}{8h} \times (C^2 + 4h^2)$$

$$C = 2r \times \sin\frac{\theta}{2}$$

$$A = \frac{1}{2} \times [r \times l - c \times (r - h)]$$

■ 타원형(Ellipse)

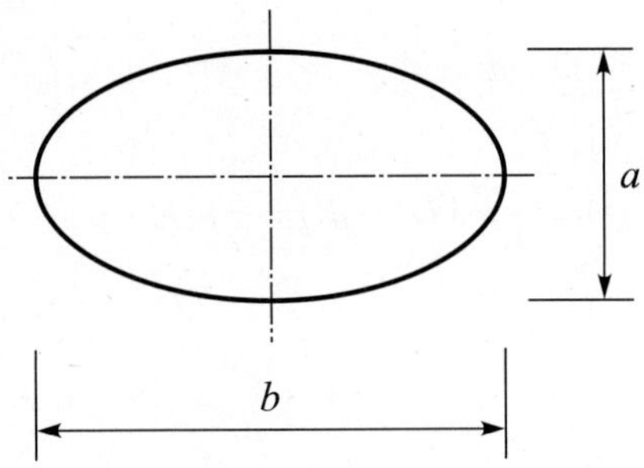


$$l = \pi \times \sqrt{2 \times (a^2 + b^2)}$$

$$A = \frac{\pi \times a \times b}{4}$$

■ 입방체(Rectangular parallelepiped)

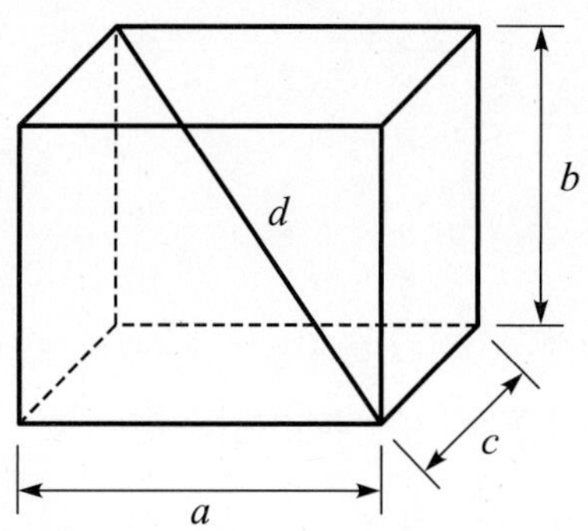


$$d = \sqrt{a^2 + b^2 + c^2}$$

$$S = 2(a \cdot b + b \cdot c + c \cdot a)$$

$$V = a \times b \times c$$

■ 사각뿔(Quadrangular pyramid)

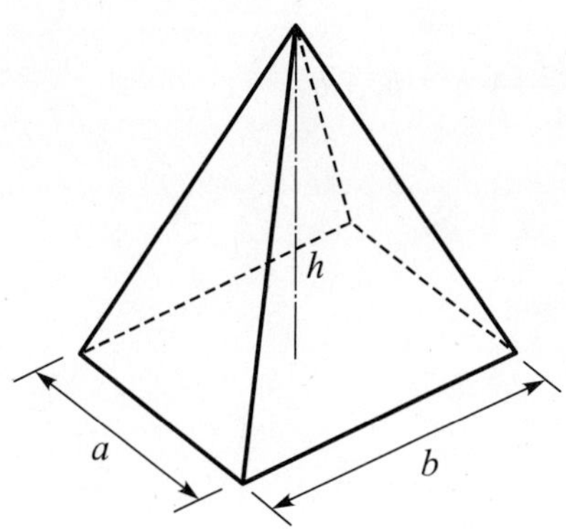


$$S = a \times \sqrt{(b/2)^2 + h^2} + \sqrt{(a/2)^2 + h^2}$$

$$V = \frac{1}{3} \times a \times b \times h$$

- 삼각뿔(Triangular pyramid)

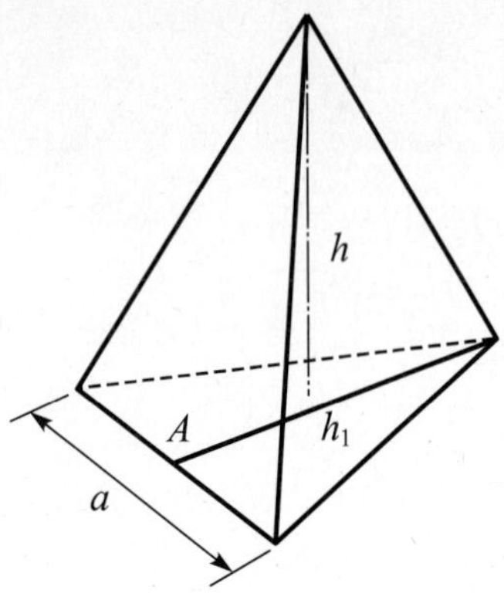


$$S = \sqrt{3} \times a^2 \text{ (정사면체일 경우)}$$

$$V = \frac{1}{3} \times A \times h$$

- 4각뿔대(Frustum)

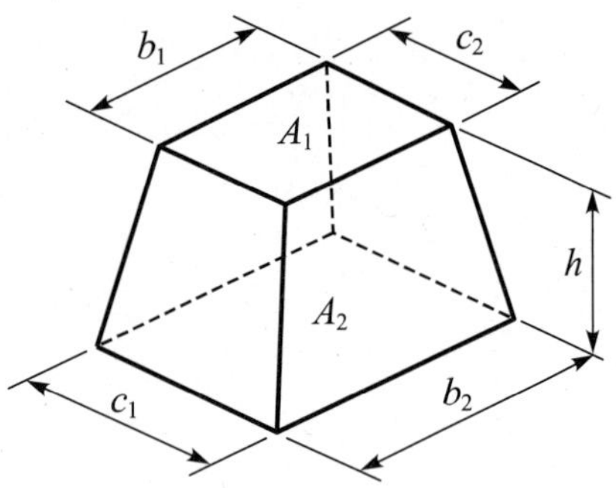


$$V = \frac{h}{6} \cdot [(2a_1 + a_2) \cdot b_1 + (a_1 + 2a_2) \cdot b_2]$$

$$= \frac{h}{3} \cdot (A_1 + A_2 + \sqrt{A_1 \cdot A_2})$$

$$S = \sqrt{\frac{(b_1 - b_2)^2}{4} + h^2} \cdot (a_1 + a_2)$$

$$+ \sqrt{\frac{(a_1 - a_2)^2}{4} + h^2} \cdot (b_1 + b_2)$$

- 육각뿔(Hexagonal pyramid)

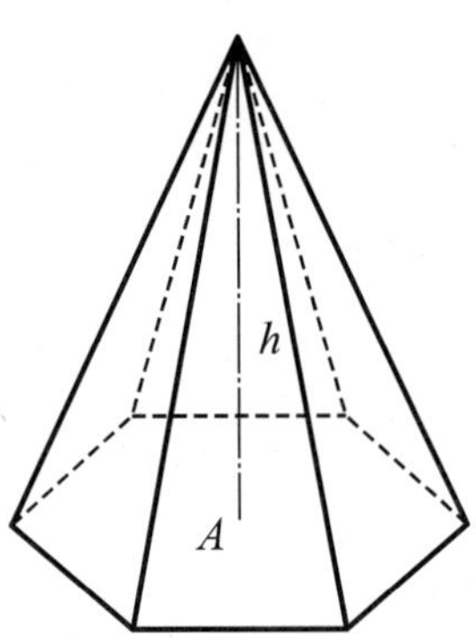


$$V = \frac{A \times h}{3}$$

■ 원기둥(Circular cylinder)

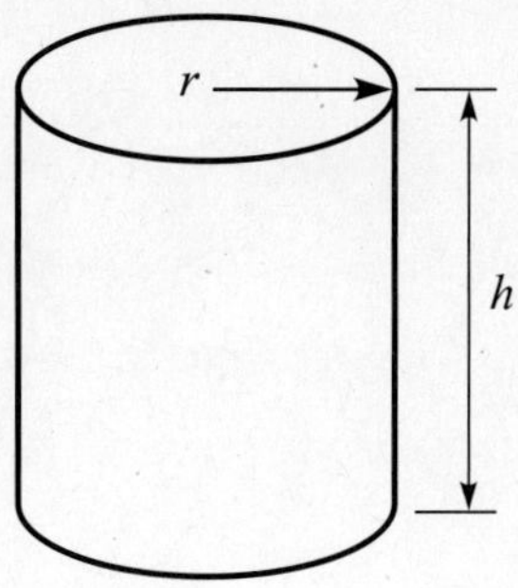


$$S = 2\pi \times r(r+h)$$

$$V = \pi \times r^2 \times h$$

■ 중공원기둥(Hollow cylinder)

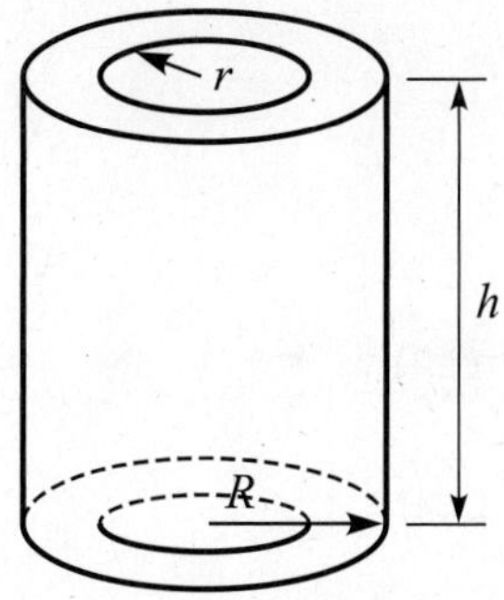


$$V = \pi \cdot h\left(R^2 - r^2\right)$$

■ 기울어진 바닥을 가진 원기둥

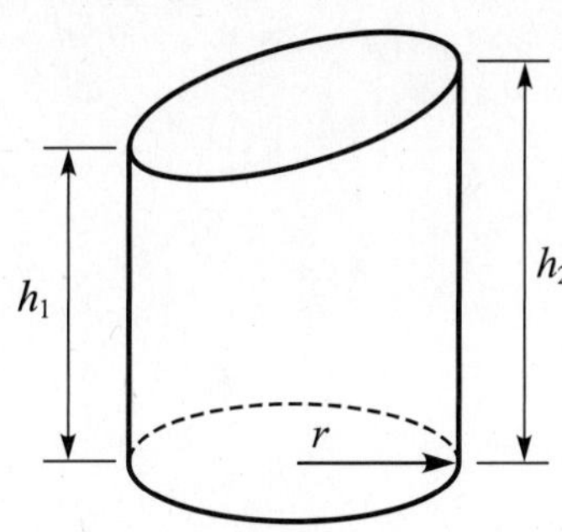


$$S = 2\pi \cdot r \cdot h + 2\pi \cdot r^2 + \frac{\pi}{4}(h_2 - h_1)^2$$

$$V = \pi \cdot r^2 \cdot \frac{h_1 + h_2}{2}$$

■ 원뿔(Circular cone)

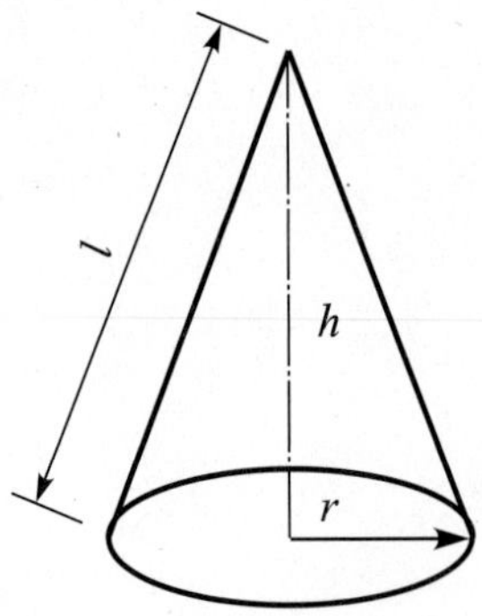


$$l = \sqrt{r^2 + h^2}$$

$$S = \pi \cdot r(r + l)$$

$$V = \frac{1}{3}\pi \cdot r^2 \cdot h$$

■ 원뿔대(Truncated circular cone)

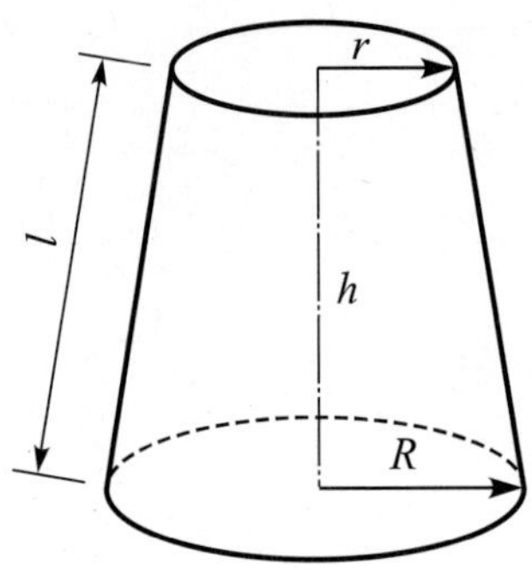


$$l = \sqrt{\frac{(R-r)^2}{4} + h^2}$$

$$S = \pi \cdot l(R + r) + \pi\left(R^2 + r^2\right)$$

$$V = \frac{1}{3}\pi \cdot h\left(R^2 + R \cdot r + r^2\right)$$

■ 구(Sphere)

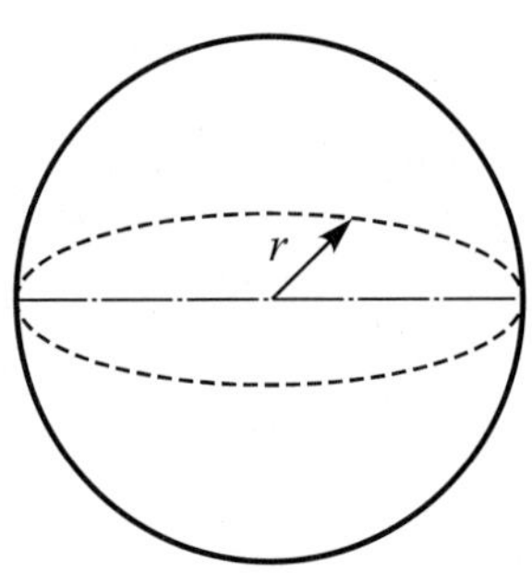


$$S = 4\pi \cdot r^2$$

$$V = \frac{4}{3}\pi \cdot r^3$$

■ 결구(Sphere cap)

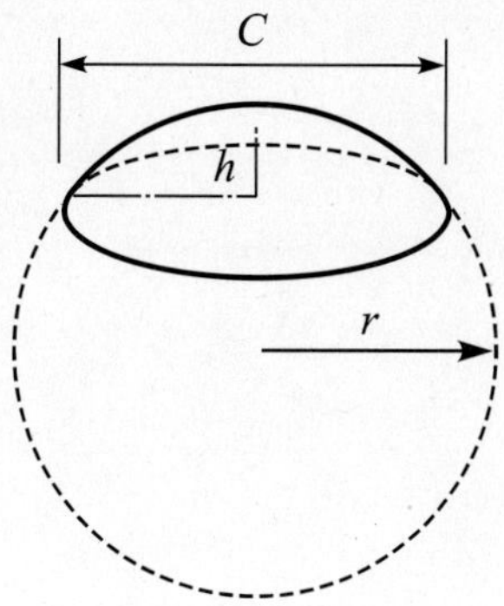


$$C = 2\sqrt{2r \cdot h - h^2}$$

$$S = 2\pi \cdot r \cdot h$$

$$V = \pi \cdot h^2\left(r - \frac{h}{3}\right)$$

■ 구분

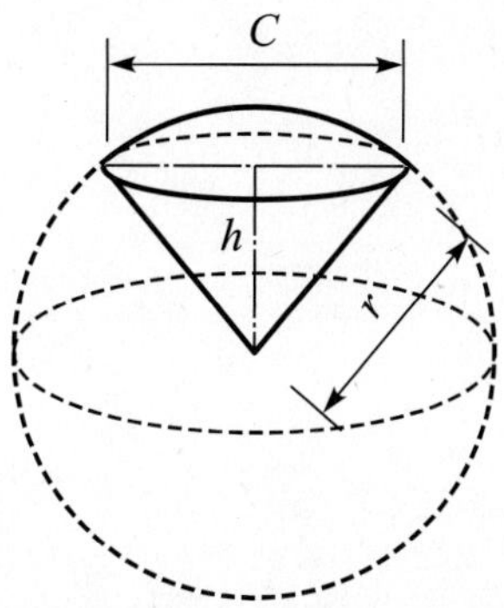


$$C = 2\sqrt{2r \cdot h - h^2}$$

$$S = \pi \cdot r\left(2h + \frac{C}{2}\right)$$

$$V = \frac{2}{3}\pi \cdot r^2 \cdot h$$

■ 구대

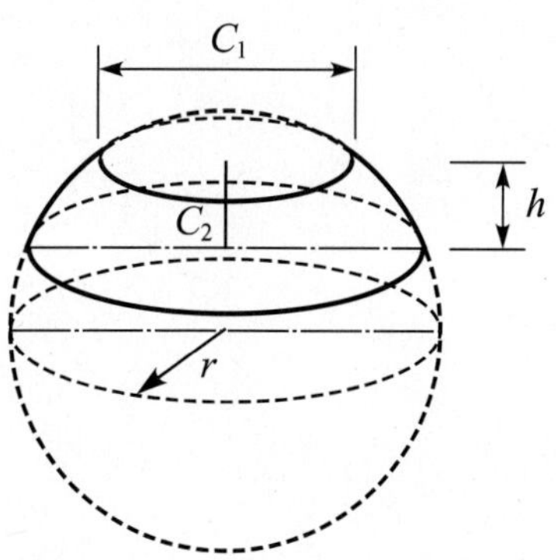


$$S = 2\pi \cdot r \cdot h$$

$$V = \frac{\pi \cdot h}{6}\left(\frac{3}{4}C_1^2 + \frac{3}{4}C_2^2 + h^2\right)$$

■ 타원구(Ellipsoid)

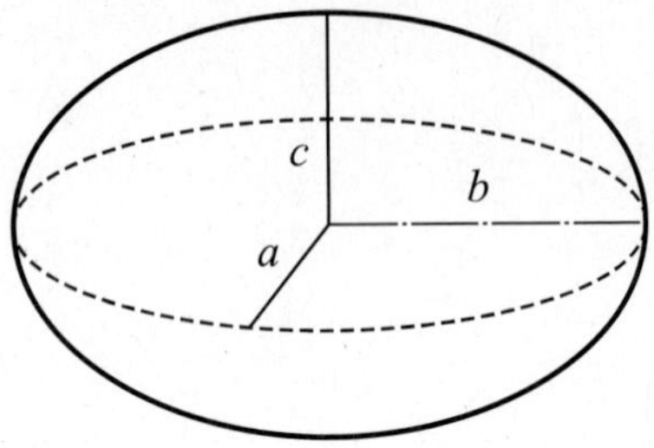


$$V = \frac{4\pi}{3} a \cdot b \cdot c$$

■ 원환체(Torus)

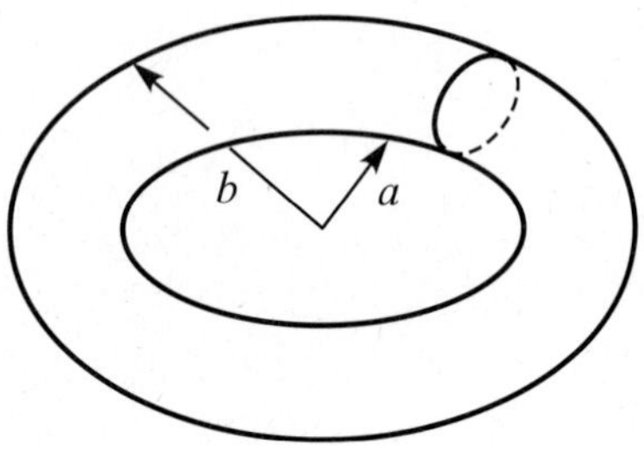


$$S = \pi^2 (b^2 - a^2)$$

$$V = \frac{1}{4}\pi^2 (a+b)(b-a)^2$$

# 한글 찾아보기

## 1



## 2



## 3

## ㄴ

## ㄷ

## ㄹ

ㅁ

ㅂ

## ㅅ

## ㅇ

ㅈ

## ㅊ

ㅋ

## ㅌ

## ㅍ

## 저자소개

**이강원**(李康元)은 공학박사와 기술사(측량 및 지형공간정보)로서 한진정보통신(주)의 임원을 역임하고, 현재 (주)한국에스지티 대표와 고려대학교 겸임교수로 활동하고 있습니다. 그동안 지형공간정보체계(GSIS) 및 지하공간정보 분야의 실무 경험을 바탕으로 활동을 하고 있습니다. 특히 '지리정보시스템(GIS) 용어사전'과 '지하공간정보 관리론'은 각종 서적, 신문 및 학술지를 바탕으로 저자의 오랜 노력으로 이루어진 결실이었습니다. 「지형공간정보체계 용어사전」을 보다 깊이 있게 이해하는 데 도움이 될 책으로, 현재 「지하공간정보 관리론」이 출간되었으며, 「드론 사진측량」이 출간될 예정입니다.

**손호웅**(孫鎬雄)은 공학박사로서 미국 Duke대학교에서 박사학위를 취득하였으며, 배재대학교 건설환경철도공학과 교수를 역임하였고, 현재 한국공간정보연구소 대표로 활동하고 있습니다. 그동안 각종 지반물리탐사, 문화재 조사, 지상라이다 측량을 활용한 암반사면 안정성 분석 및 문화재 복원, 남극 지도제작 및 지반조사, 3차원 GPR 지하영상화 등 다양한 연구활동을 하였으며, 최근 종합적인 공간관리 및 재난관리 체계 등으로 연구범위를 확장하고 있습니다. 「지형공간정보체계 용어사전」을 보다 깊이 있게 이해하는 데 도움이 될 책으로, 「지하공간정보 관리론」을 출간하였으며, 「드론 사진측량」이 출간될 예정입니다.


지형**공간정보체계**용어사전
Geo-Spatial Information System • GSIS

정가 45,000원

저자 : 이강원 · 손호웅

발행인 : 임해진
발행처 : 도서출판 구미서관

인쇄 : 2016년 1월 1일 초판
발행 : 2016년 1월 3일 초판

등록 : 1979년 6월 29일 No.9-6호

주소 : 서울시 마포구 신촌로 2길 5-15 구미빌딩
전화 : 02-333-1101
팩스 : 02-335-2201
**http://www.goomibook.com**

ISBN : 978-89-8225-487-1 (93530)